# Lexikon der Physik 2

# Lexikon der Physik

in sechs Bänden

Zweiter Band
De bis Gy



Spektrum Akademischer Verlag Heidelberg · Berlin

Die Deutsche Bibliothek - CIP-Einheitsaufnahme
**Lexikon der Physik:** in sechs Bänden / Walter Greulich [Hrsg.]. -
Heidelberg: Spektrum, Akad. Verl.

Bd. 2 1999
ISBN 3-86025-292-5



Redaktion: Walter Greulich Verlagsservice, Weinheim
Produktion: Detlef Mädje
Grafiken: Grafische Produktionen Neumann, Rimpar
Gesamtgestaltung: Gorbach Büro für Gestaltung und Realisierung, Buchendorf
Satz: Konrad Triltsch, Würzburg
Druck und Bindung: LegoPrint S.p.A., Lavis

Printed in Italy

# Hinweise für den Benutzer

**Reihenfolge der Stichworteinträge:**
Die Einträge im Lexikon sind streng *alphabetisch* angeordnet, d.h. in Einträgen, die aus mehreren Begriffen bestehen, werden *Leerzeichen*, *Bindestriche* und *Klammern* ignoriert.
Bei Einträgen, die ein *Komma* enthalten, wird nach dem Wort vor dem Komma sortiert.
*Kleinbuchstaben* kommen vor Großbuchstaben.
*Umlaute* (ä, ö, ü) und *Akzente* (é, è usw.) werden wie die Grundvokale (a, o, u bzw. e) sortiert, ß wie ss.
*Griechische Buchstaben* werden entsprechend ihrem ausgeschriebenen Namen eingeordnet:

| Griechischer Buchstabe | Name |
|---|---|
| Α, α | Alpha |
| Β, β | Beta |
| Γ, γ | Gamma |
| Δ, δ | Delta |
| Ε, ε | Epsilon |
| Ζ, ζ | Zeta |
| Θ, θ (ϑ) | Theta |
| Ι, ι | Jota |
| Κ, κ | Kappa |
| Λ, λ | Lambda |
| Μ, μ | My |
| Ν, ν | Ny |
| Ξ, ξ | Xi |
| Ο, ο | Omikron |
| Π, π | Pi |
| Ρ, ρ | Rho |
| Σ, σ | Sigma |
| Τ, τ | Tau |
| Υ, υ | Ypsilon |
| Φ, ϕ (φ) | Phi |
| Χ, χ | Chi |
| Ψ, ψ | Psi |
| Ω, ω | Omega |

Analog werden Buchstaben aus anderen Sprachen sortiert (z.B. das hebräische ℵ wie »Aleph«).
*Ziffern*: Führende Ziffern (wie bei »21-cm-Linie«) werden wie die ausgeschriebenen Zahlen sortiert (der hier genannte Eintrag also wie »Einundzwanzig-cm-Linie«), andere Ziffern, die z.B. als Index oder Exponent auftreten (wie in $^{14}$C, $^3$He oder $B^0$) werden ignoriert (d.h. z.B. die »$B^0\bar{B}^0$-Mischung« wird wie »BB-Quer-Mischung« sortiert).

**Typen und Aufbau der Einträge:**
Das Lexikon enthält neben den üblichen Lexikonartikeln längere, besonders hervorgehobene Essaybeiträge. Alle Einträge beginnen mit dem Stichwort (in halbfetter Schrift). Bei den *normalen Einträgen* folgen nach dem Stichwort, durch Komma getrennt, mögliche *Synonyme* (in Kursivschrift); danach wird – wieder durch Komma getrennt – eine kurze Definition des Stichworts gegeben (bei reinen *Verweisstichworten* kommen hier direkt die Verweise), und anschließend folgt, falls angebracht, eine ausführliche Beschreibung des Gegenstandes. Geht die Länge eines Beitrags über ungefähr eine Spalte hinaus, so kann am Ende das *Autorenkürzel* stehen (in eckigen Klammern; siehe auch Verzeichnis der Mitarbeiter des Lexikons). Sind bei längeren Artikeln keine Autorenkürzel angegeben, so haben mehrere Autoren, zum Teil auch zusammen mit der Redaktion, zum jeweiligen Text beigetragen. *Essaybeiträge* haben üblicherweise eine Länge von einigen Druckseiten und sind vom übrigen Text durch Querbalken davor und dahinter abgetrennt. Die Namen der Autoren erscheinen hier direkt nach dem Titel; oft finden sich am Ende eines Essays Literaturhinweise.

**Verweise:**
Kennzeichen eines Verweises ist der *schräge Pfeil* vor dem Stichwort, auf das verwiesen wird. Verweise, die am Ende eines Textes in Klammern gebracht werden, sind als *Siehe-auch-Verweise* zu verstehen, also als Verweise auf Texte, die weitergehende Information zum gleichen Themenkomplex enthalten.

**Einheiten:**
Im Lexikon werden fast durchgehend SI-Einheiten verwendet. Bei Beiträgen, in denen aus inhaltlichen Gründen andere Einheiten vorgezogen werden mußten, folgt direkt nach dem Stichwort ein hochgestellter Hinweis auf das benutzte Einheitensystem: ein $^{[n]}$ für natürliche Einheiten oder ein $^{[G]}$ für Gaußsche Einheiten. Auf die Umrechnung von Nicht-SI-Einheiten in SI-Einheiten wird in den zugehörigen Beiträgen (z.B. »natürliche Einheiten«) eingegangen.

**Schreibweisen:**
*Kursivschreibung*: Kursiv geschrieben werden Synonyme und im Lauftext auftretende besonders wichtige Begriffe (siehe auch unten: physikalische Größen).
*Physikalische Größen, Variablen*: Alle physikalischen Größen sind kursiv geschrieben, dreidimensionale Vektoren kursiv und halbfett, Operatoren und Tensoren kursiv (falls nötig, sind Operatoren zusätzlich durch ein Dach über dem Symbol gekennzeichnet); die *mathematischen Konstanten* e, i, π sowie die Kurznamen für weitere rein mathematische Objekte, die gemäß ihrer Definition keinen physikalischen Inhalt haben (z.B. die trigonometrischen Funktionen sin, cos, tan oder *spezielle Funktionen* wie die Airy-Funktion Ai, Bessel-Funktionen J und Kugelflächenfunktionen $\mathrm{Y}_{lm}$) sind steil geschrieben.
*Eigennamen*, beispielsweise von Organisationen oder Preisen, werden wie in der Originalsprache bzw. in der ursprünglichen Umgebung gebracht.
*Russische Namen* wurden eingedeutscht (also z.B. Tscherenkow – nicht Cherenkov).

*Chemische Elemente*: Es wird durchgehend die von der International Union of Pure and Applied Chemistry (IUPAC) empfohlene Schreibweise verwendet (also z.b. Iod anstatt früher Jod, Bismut anstatt früher Wismut, usw.).

**Abkürzungen/Sonderzeichen:**
Die im Lexikon verwendeten Abkürzungen und Sonderzeichen erklären sich weitgehend von selbst oder werden im jeweiligen Textzusammenhang erläutert. Die in der physikalischen Literatur gängigen Symbole für wichtige physikalische Größen und Einheiten finden sich auf den vorderen und hinteren Innenseiten der Buchdeckel von Band 1.

**Markennamen:**
Markennamen sind im Lexikon nicht besonders gekennzeichnet.

# Mitarbeiter des zweiten Bandes

**Redaktion:**
Silvia Barnert
Dr. Matthias Delbrück
Dr. Reinald Eis
Natalie Fischer
Walter Greulich (Schriftleiter)
Carsten Heinisch
Sonja Nagel
Dr. Gunnar Radons
Lynn Schilling-Benz
Dr. Joachim Schüller

**Physikhistorische Beratung:**
Dr. Dieter Hoffmann, Berlin

**Autoren (A) und Berater (B):**
In eckigen Klammern steht das Autorenkürzel, die Zahl in der runden Klammer ist die Fachgebietsnummer; eine Liste der Fachgebiete findet sich im Vorwort des ersten Bandes.

Prof. Dr. Hans Christian von Baeyer, Williamsburg, USA [HCB] (A) (Essay *Fermis Lösung*)
Katja Bammel, Berlin [KB2] (A) (13)
Prof. Dr. W. Bauhofer, Hamburg (B) (20, 22)
Sabine Baumann, Heidelberg [SB] (A) (26)
Dr. Günther Beikert, Viernheim [GB1] (A) (04, 10, 25)
Prof. Dr. Hans Berckhemer, Frankfurt [HB1] (A, B) (29)
Prof. Dr. Klaus Bethge, Frankfurt (B) (18)
Prof. Dr. Tamás S. Biró, Budapest [TB2] (A) (15)
Prof. Dr. Helmut Bokemeyer, Darmstadt [HB2] (A) (19)
Prof. Dr. David S. Broomhead, Manchester, UK (A) (Essay *Fourier-Analyse*)
Dr. Thomas Bührke, Leimen [TB] (A) (32)
Angela Burchard, Genf [AB] (A) (20, 22)
Dr. Yoonsuhn Chung, Berlin [YC] (A) (02)
Prof. Dr. Bunny C. Clark, Ohio, USA [BCC] (A) (Essay *Frauen in der Physik*)
Dr. Peter Damerow, Berlin [PD] (A) (02)
Stefan Deibel, Mainz [SD] (A) (04, 14)
Dr. Matthias Delbrück, Dossenheim [MD] (A) (12, 24, 29)
Prof. Dr. Mildred Dresselhaus, Cambridge, MA, USA [MSD] (A) (Essay *Frauen in der Physik*)
Albrecht Ehrmann, Karlsruhe [AE] (A) (20)
Dr. Wolfgang Eisenberg, Leipzig [WE] (A) (15)
Dr. Frank Eisenhaber, Heidelberg [FE] (A) (27)
Dr. Roger Erb, Kassel [RE1] (A) (33; Essay *Farbe und Farberscheinungen*)
Dr. Angelika Fallert-Müller, Groß-Zimmern [AFM] (A) (16, 26)
Prof. Dr. Rudolf Feile, Darmstadt (B) (20, 22)
Stephan Fichtner, Dossenheim [SF] (A) (31)
Dr. Thomas Filk, Freiburg [TF3] (A) (10, 15)
Natalie Fischer, Dossenheim [NF] (A) (32)
Thomas Fuhrmann, Heidelberg [TF1] (A) (14)
Christian Fulda, Heidelberg [CF] (A) (07)
Frank Gabler, Frankfurt [FG1] (A) (22)
Dr. Harald Genz, Darmstadt [HG1] (A) (18)
Michael Gerding, Kühlungsborn [MG2] (A) (13)
Andrea Greiner, Heidelberg [AG1] (A) (06)
Uwe Grigoleit, Göttingen [UG] (A) (13)
Prof. Dr. Michael Grodzicki, Salzburg [MG1] (A, B) (01, 16; Essay *Dichtefunktionaltheorie*)
Dr. Andreas Heilmann, Chemnitz [AH1] (A) (20, 21)
Carsten Heinisch, Kaiserslautern [CH] (A) (03)
Dr. Marc Hemberger, Heidelberg [MH2] (A) (19)
Dr. Hermann Hinsch, Heidelberg [HH2] (A) (22)
Jens Hoerner, Hannover [JH] (A) (20)
Dr. Dieter Hoffmann, Berlin [DH2] (A, B) (02; Essays *Einstein, Albert*, und *Geschichte der Physik*)
Dr. Frank James, London, UK [FJ] (A) (02)
Renate Jerecic, Heidelberg [RJ] (A) (28)

Dr. Ulrich Kilian, Hamburg [UK] (A) (19)
Dr. Alexei Kojevnikov, College Park, USA [AK3] (A) (02)
Thomas Kluge, Mainz [TK] (A) (20)
Achim Knoll, Straßburg [AK1] (A) (20)
Andreas Kohlmann, Heidelberg [AK2] (A) (29)
Dr. Barbara Kopff, Heidelberg [BK2] (A) (26)
Dr. Bernd Krause, Karlsruhe [BK1] (A) (19)
Ralph Kühnle, Heidelberg [RK1] (A) (05)
Volker Lauff, Magdeburg [VL] (A) (04)
Dr. Jost Lemmerich, Berlin (A) (02)
Dr. Kun Liu, Shanghai, China [KL] (A) (Essay *Fullerene*)
Dr. Andreas Markwitz, Dresden [AM1] (A) (21)
Holger Mathiszik, Bensheim [HM3] (A) (29)
Mathias Mertens, Mainz [MM1] (A) (15)
Dr. Dirk Metzger, Mannheim [DM] (A) (07)
Dr. Rudi Michalak, Warwick, UK [RM1] (A) (23)
Helmut Milde, Dresden [HM1] (A) (09)
Guenter Milde, Dresden [GM1] (A) (12)
Maritha Milde, Dresden [MM2] (A) (12)
Dr. Andreas Müller, Kiel [AM2] (A) (33)
Dr. Nikolaus Nestle, Regensburg [NN] (A) (05)
Prof. Dr. Stefan Odenbach, Bremen [SO] (A) (Essay *Flüssigkeitsphysik*)
Dr. Thomas Otto, Genf [TO] (A) (06)
Dr. Brian W. Petley, Teddington, UK [BP] (A) (Essay *Fundamentalkonstanten*)
Christof Pflumm, Karlsruhe [CP] (A) (06, 08)
Dr. Oliver Probst, Monterrey, Mexico [OP] (A) (30; Essay *Energietechnik*)
Dr. Roland Andreas Puntigam, München [RAP] (A) (14)
Prof. Dr. Gisbert zu Putlitz, Heidelberg [GZP] (A) (Essay *Exotische Atome*)
Dr. Gunnar Radons, Mannheim [GR1] (A) (01, 02, 32)
Prof. Dr. Günter Radons, Stuttgart [GR2] (A) (11; Essay *Fraktale*)
Oliver Rattunde, Freiburg [OR2] (A) (16)
Dr. Helmut Rechenberg, München [HR2] (A) (02)
Ingrid Reiser, Manhattan, USA [IR] (A) (16)
Dr. Uwe Renner, Leipzig [UR] (A) (10)
Dr. Ursula Resch-Esser, Berlin [URE] (A) (21)
Prof. Dr. Jürgen Renn, Berlin [JR] (A) (02; Essay *Einstein, Albert*)
Prof. Dr. Hermann Rietschel, Karlsruhe [HR1] (A, B) (23)
Dr. Peter Oliver Roll, Mainz [OR1] (A, B) (Essay *Distributionen*)
Prof. Dr. Siegmar Roth, Stuttgart [SR] (A) (Essay *Fullerene*)
Hans-Jörg Rutsch, Heidelberg [HJR] (A) (29)
Dr. Margit Sarstedt, Newcastle upon Tyne, UK [MS2] (A) (25)
Rolf Sauermost, Waldkirch [RS1] (A) (02)
Prof. Dr. Arthur Scharmann, Gießen (B) (06, 20)
Dr. Andreas Schmidt, Mainz (A) [AS6] (22)
Jörg Schuler, Karlsruhe [JS1] (A) (06, 08)
Dr. Joachim Schüller, Dossenheim [JS2] (A) (10)
Dr. Volkmar Schüller, Berlin [VS] (A) (02)
Prof. Dr. Heinz-Georg Schuster, Kiel [HGS] (B) (11)
Richard Schwalbach, Mainz [RS2] (A) (17)
Prof. Dr. Walter Seibt, Gießen [WS2] (A) (Essay *Fehlerrechnung*)
Prof. Dr. Klaus Stierstadt, München [KS] (B) (07, 20)
Cornelius Suchy, Brüssel [CS2] (A) (20)
Dr. Thomas Volkmann, Köln [TV] (A) (20)
Rolf vom Stein, Köln [RVS] (A) (29; Essay *Geodynamik*)
Patrick Voss-de Haan, Mainz [PVDH] (A) (17)
Thomas Wagner, Heidelberg [TW2] (A) (29)
Dr. Hildegard Wasmuth-Fries, Ludwigshafen [HWF] (A) (26)
Manfred Weber, Frankfurt [MW1] (A) (28)
Dr. Burghard Weiss, Lübeck [BW2] (A) (02)
Markus Wenke, Heidelberg [MW3] (A) (15)
Dr. Karl-Heinz Wiederkehr, Hamburg [KHW] (A) (02)
Dr. Harald Wirth, Saint Genis-Pouilly, F [HW1] (A) (20)
Steffen Wolf, Freiburg [SW] (A) (16)
Dr. Kai Zuber, Dortmund [KZ] (A) (19)

De

$\delta_{ij}$ ↗Kronecker-Symbol.

**δ-Notation,** in der Spurenstoffanalyse, insbesondere bei der Bestimmung von Isotopengehalten, und in der ↗*Umweltphysik* verwandte Notation zur Kennzeichnung des Gehalts eines bestimmten Isotops in einer Probe. Dieser Gehalt wird dabei als die Abweichung des Verhältnisses zweier Isotope desselben Elements von einem international anerkannten Standard angegeben. Für das Sauerstoffisotop $^{18}$O in Wasser beispielsweise gilt als Standard das *Standard Mean Ocean Water* (*SMOW*), dieses hat das Verhältnis $[^{18}\mathrm{O}]/[^{16}\mathrm{O}] = R_{^{18}\mathrm{O,SMOW}} = 2000{,}5 \cdot 10^{-6}$. Der *δ-Wert* einer Probe mit einem gemessenen Isotopenverhältnis $R_{^{18}\mathrm{O,\,Probe}}$ ergibt sich dann zu

$$\delta^{18}\mathrm{O}_{\mathrm{Probe}} = 1000 \cdot \left(\frac{R_{^{18}\mathrm{O,\,Probe}}}{R_{^{18}\mathrm{O,\,SMOW}}} - 1\right)\ [‰].$$

(↗*Isotopenhydrologie*).

**Delta-Resonanz,** *Δ-Resonanz*, *Δ(1232)*, eine ↗*Resonanz*, die durch Streuung von positiven oder negativen Pionen an Protonen bei einer Anregungsenergie von 180 MeV auftritt und die als erster angeregter Zustand des Protons angesehen wird (↗*Resonanz-Teilchen*). Δ-Resonanz-Teilchen haben eine Masse von $m = 1232\,\mathrm{MeV}/c^2$ und eine Lebensdauer von $\tau = 5{,}7 \cdot 10^{-23}\,\mathrm{s}$.

**Delta-Stereophonie-System,** *DSS*, *Delta Stereophony System*, ein laufzeitgesteuertes Beschallungssystem (↗*Beschallungstechnik*) für richtungstreue und ambiente (↗*Ambiophonie*) Schallgestaltung in großen Räumen und im Freien. Durch dezentrale Lautsprecheranordnung wird eine gleichmäßige Lautstärkeverteilung im Publikumsbereich erzeugt. Die Mikrophonsignale werden für jeden Lautsprecher elektronisch so verzögert, daß dessen akustisches Signal später als der ↗*Direktschall* der jeweiligen Schallquelle bei den Hörern eintreffen. Damit ist nach dem ↗*Gesetz der ersten Wellenfront* gesichert, daß jeder Hörer die Schallquelle von ihrem Orignalstandort aus hört. Zusätzlich können auch künstlich erzeugte ↗*Raumschallsignale* zur Gestaltung des *Raumeindrucks* eingespielt werden.

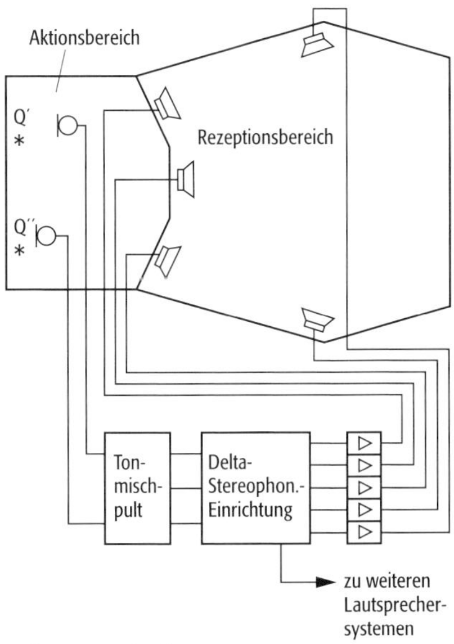


**Delta-Stereophonie-System:** Prinzipschaltung.

**Delta-Trägerrakete,** mehrstufige Trägerrakete mittlerer Leistungsklasse, die seit 1960 in verschiedenen Varianten von den Vereinigten Staaten gebaut und eingesetzt wird. Sie ist mit Abstand die am häufigsten und erfolgreichsten von der NASA verwendete Trägerrakete. Die Nutzlastkapazität der Delta liegt je nach Version und Höhe des Zielorbits zwischen 280kg und 2600kg. Der Startschub des Flüssigkeitstriebwerks der ersten Stufe beträgt 912kN und steigt im Vakuum auf 950kN an. Das Triebwerk der zweiten Stufe liefert dagegen einen Vakuumschub von 45kN, während als dritte Stufe je nach Bedarf Feststofftriebwerke unterschiedlicher Schubstärke zum Einsatz kommen.

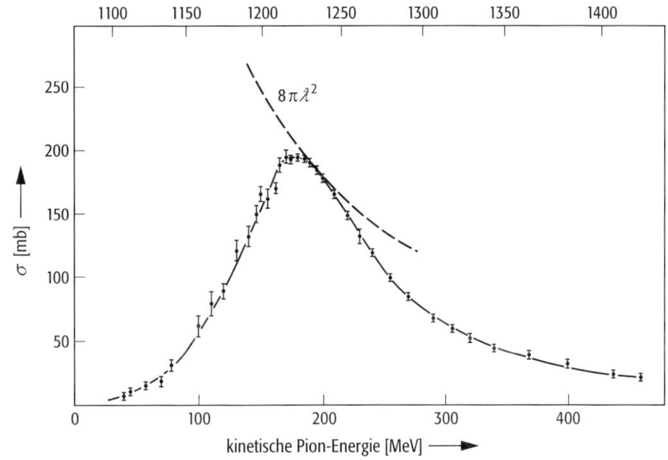


**Delta-Resonanz**

**de Maricourt,** *Pierre*, ↗Maricourt, Pierre de.

**Dematerialisation** ↗Annihilation.

**de Maupertuis,** *Pierre Louis Moreau*, ↗Maupertuis, Pierre Louis Moreau de.

**DEMO,** Konzeptname für das erste stromerzeugende Demonstrations-Fusionskraftwerk, dessen Entwicklung seit den frühen 50er Jahren Ziel der *Fusionsforschung* ist (↗Kernfusion). Die technischen Informationen, die für den Bau von DEMO benötigt werden, sollen mit Hilfe des Testreaktors ↗*ITER* gewonnen werden. Wenn DEMO ein ↗*Tokamak* wird, werden sich seine zentralen Maschinenparameter wohl nicht wesentlich von denen von ITER unterscheiden. Wenn das Experiment ↗*Wendelstein 7-X* erfolgreich verläuft, ist es aber auch denkbar, daß DEMO ein ↗*Stellarator* wird.

**Demodulation,** die Rückgewinnung des Information tragenden Signals aus dem durch ↗*Modulation* entstandenen Gemisch von Träger- und Signalfrequenzen am Ende des Übertragungsweges (↗Nachrichtentechnik). Dies geschieht mit *Demodulatoren*, im einfachsten Fall durch Gleichrichtung des modulierten Signals, z.B. bei Amplitudenmodulation mit einem Hüllkurvendetektor. Eine kompliziertere Schaltung ist die ↗*Audion*-Schaltung zur Demodulation und Verstärkung von Hochfrequenz-Schwingungen.

**de Moivre,** *Abraham*, ↗Moivre, Abraham de.

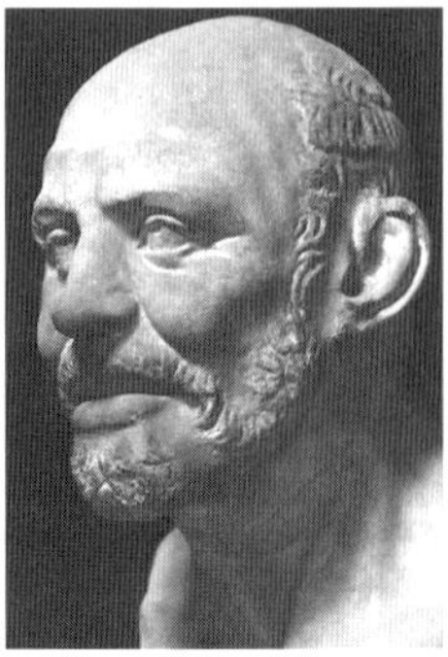

**Demokrit**

**Demokrit,** *Demokrit von Abdera,* griechisch *Demokritos,* griechischer Philosoph, * um 460 v. Chr. Abdera (Thrakien), † um 375 v. Chr.; einer der größten Philosophen des Altertums; Schüler des Leukipp; stand mit Anaxagoras in Kontakt; löste die Frage nach dem Urgrund des Seins durch die Annahme unendlich vieler, unteilbarer, kleinster Teilchen, die er Atome (a-tomos »unteilbar«) nannte; sah als erster die Milchstraße als aus zahlreichen Sternen bestehend an; untersuchte den Bau der niederen Tiere und teilte die Tiere in solche mit Blut (Wirbeltiere) und solche ohne Blut (Wirbellose) ein; verfaßte mehrere Schriften über Physik, Mathematik, Astronomie, Medizin, Musik und Sprache, von denen allerdings nur Bruchstücke erhalten sind; seine Atomtheorie gewann in der Renaissance zunehmend an Bedeutung.

**Dempster,** *Arthur Jeffrey*, kanadischer Physiker, *14.8.1886 Toronto, †11.3.1950 Stuart; 1927–50 Professor in Chicago; bedeutende Arbeiten zur Massenspektroskopie; entwickelte den ersten Massenspektrographen mit Richtungsfokussierung für quantitative Messungen an Isotopen; entdeckte 1935 das seltene Uranisotop $^{235}$U mit einem von ihm konstruierten Massenspektrographen mit Doppelfokussierung; entwickelte eine Ionenquelle für Untersuchungen im Bereich der Schwerionenphysik.

**Denaturierung,** Verlust der nativen Struktur eines ↗*Biomakromoleküls* und Übergang in einen ungeordneten Knäuelzustand unter dem Einfluß zu hoher (Hitzedenaturierung) oder zu niedriger (kalte Denaturierung) Temperatur, extrem niedriger pH-Werte (Säuredenaturierung) oder chemischer Stoffe (Denaturanten wie Harnstoff, Guanidylclorid, Seifen etc.). Bei ↗*Proteinen* versteht man unter Denaturierung den Verlust der sequenzspezifischen Tertiärstruktur. Im Falle von ↗*Nukleinsäuren* wird bei der Denaturierung die spezifische Paarung und Packung der Nukleinsäurebasen in doppelsträngigen Bereichen aufgelöst.

Die Renaturierung (spontane teilweise oder vollständige Wiederherstellung der nativen Struktur) ist bei einem Teil der Biomakromoleküle möglich, wenn der denaturierende Faktor entfernt wird. In diesem Fall ist die Information über die Raumstruktur ausschließlich in der Monomersequenz des Biomakromoleküls gespeichert.

**Dendrit:** Simulation von dendritischem Wachstum durch diffusionslimitierte Aggregation (DLA).

**Dendrit, 1)** *Kristallographie*: verästelte Wachstumsformen von Kristallen (Abb.). Dendrite sind einkristallin, die Äste haben aber mehrere ausgeprägte Wachstumsachsen. Sie entstehen z.B. beim Wachstum von Einkristallen aus der Schmelze oder Lösung, wenn die Unterkühlung bzw. Übersättigung von der wachsenden Kristalloberfläche in die Mutterphase hinein zunimmt. Solche Systeme von Kristall und Mutterphase sind instabil. Ein zufällig gebildeter Vorsprung, der Ast, wird nicht wieder eingeebnet, sondern wächst weiter vor, bis er bei einer gewissen Größe ebenfalls instabil wird und dann neue Seitenzweige entstehen. Das dendritische Wachstum ist bei der Kristallzüchtung wegen häufig anzutreffender Verunreinigungen und der ungünstigen Form der Endprodukte unerwünscht. Anders als die Dendrite besitzen Stengelkristalle und nadelförmige Kristalle nur eine bevorzugte Wachstumsrichtung.

**2)** *Biophysik* ↗Neuron.

**Dendrochronologie,** *Baumringchronologie*, *Jahresringchronologie*, in den zwanziger Jahren von dem amerikanischen Astrophysiker A.E. ↗*Douglass* entwickeltes Verfahren zur ↗*Datierung* von Holzproben durch Vergleich des Baumringmusters mit Mustern bekannten Alters aus einem »*Baumringkalender*«. Durch Über- und Aneinanderlegen von Baumringproben, deren bekannte Alter sich überschneiden, ist es möglich, weit in die Vergangenheit zurückreichende Baumringkalender zu rekonstruieren (bis in das siebte vorchristliche Jahrtausend). Die Dendrochronologie erlaubt nicht nur eine sehr hoch aufgelöste Datierung von Holzproben, sondern liefert auch Aufschlüsse über Wuchsbedingungen und Klimaeinflüsse während des Aufwuchses (↗*Paläoklimatologie*). Darüber hinaus spielte sie eine große Rolle bei der Etablierung der *$^{14}$C-Methode* der Altersbestimmung (↗Altersbestimmung, radioaktive): Durch gleichzeitige Anwendung beider Methoden auf dieselbe Probe wird die $^{14}$C-Methode geeicht; klima- oder umweltbedingte systematische Fehler (z.B. bei Proben aus der Zeit nach Ende der letzten ↗*Eiszeit*) konnten so erkannt und korrigiert werden (*$^{14}$C-Korrektur*). Während früher die Auswertung der Baumringproben durch Abzählen erfolgte, wird heute vielfach ↗digitale Bildverarbeitung eingesetzt.

**Denkökonomie,** in der heutigen Physik ein methodisches Prinzip, unter alternativen Möglichkeiten der theoretischen Beschreibung die einfachste auszuwählen. In seiner allgemeinsten Form, nämlich der Forderung nach dem kürzesten Beweisweg für theoretische Behauptungen und einer möglichst kompakten Darstellung der Erkenntnis ist es traditioneller Bestandteil wissenschaftlicher Methodologie und findet seine Konkretisierung in den Versuchen der Axiomatisierung wissenschaftlicher Theorien (↗Axiomensystem).

Als methodologische Norm wurde das Prinzip der Denkökonomie bereits von W. von Ockham formuliert (*Ockhamsches Rasiermesser*, *Occam's razor*). Es finden sich in der Ideengeschichte der Physik jedoch immer wieder metaphysische Umdeutungen, so bei Galilei (die Natur macht nicht mit großem Aufwand, was sie mit geringem machen kann), und später nach der Formulierung der Minimalprinzipien in der Mechanik, insbesondere dem Prinzip der kleinsten Wirkung. In der zweiten Hälfte des 19. Jahrhunderts wurde es als methodisches Prinzip oder als Norm u.a. von Helmholtz, Kirchhoff, Hertz und Mach vertreten und in der Form konkretisiert, daß es Aufgabe der Mechanik sei, die in der Natur ablaufenden Bewegungen vollständig und auf die einfachste Weise zu beschreiben. Vor allem Mach begründet mit der Berufung auf das Prinzip der Denkökonomie die Forderung nach einer »hypothesenfreien« Physik, aus der alle metaphysischen Elemente, d.h. alle Begriffe ohne direkten Bezug zur Wahrnehmung, zu eliminieren seien. Dieser Versuch, auf der Basis der damaligen physikalischen Erkenntnis eine subjektivistische Erkenntnistheorie zu begründen, findet im 20. Jahrhundert seine Fortsetzung vor allem im ↗logischen Empirismus mit seinem Programm der Eliminierung aller theoretischen Terme aus den empirisch-wissenschaftlichen Theorien. Diese Machsche Umdeutung der methodologischen Funktion des Prinzips der Denkökonomie stieß bei vielen zeitgenössischen Physikern jedoch auf Ablehnung, so bei Planck und vor allem bei Born mit seiner Empfehlung: »If we want to economize, the best way would be to stop thinking entirely.«

**Depolarimetrie** ↗*Dead-Stop-Methode.*

**Depolarisationsresonanzen** ↗Resonanzen.

**Depolarisator,** ein Stoff, der in einem ↗galvanischen Element der *galvanischen Polarisation* entgegenwirkt. Die Hauptursache der galvanischen Polarisation ist die Abscheidung von Wasserstoff an der Kathode, wodurch die Spannung erniedrigt und der ↗Innenwiderstand erhöht wird. Daher besteht ein Depolarisator meist aus oxidierenden Substanzen, die der Kathode oder dem Elektrolyten beigemischt werden, wie Chrom- oder Salpetersäure, Kaliumbichromat oder Braunstein ($MnO_2$). Dieser gab der ↗Braunsteinzelle, die z.B. als 1,5-V-Taschenlampenbatterie benutzt wird, ihren Namen.

**Deponiegas,** von Mülldeponien emittiertes Gasgemisch aus Stoffwechselprodukten anaerober Bakterien (mittlere Zusammensetzung siehe Tabelle). Es entsteht, wenn bei der Ablagerung von Müll auf Deponien mit nachfolgender Verdichtung auf ca. 1/5 des ursprünglichen Volumens tieferliegende Schichten vom Luftsauerstoff abgeschlossen werden. Dadurch kommt es zu einem im wesentlichen *anaeroben Abbau* der organischen Bestandteile des Mülls durch Bakterien. Das von diesen erzeugte ↗*Biogas* diffundiert an die Oberfläche, wo es u.a. Geruchsprobleme verursacht und die Begrünung erschweren kann. Das in die Atmosphäre emittierte Deponiegas ist eine wichtige Quelle des Treibhausgases Methan, das bei den anthropogenen ↗Klimaänderungen eine große Rolle spielt (↗*Treibhauseffekt*). Aus diesen Gründen wird in modernen Deponien das Gas mit Hilfe von Gasbrunnen und speziellen Gebläsen abgesaugt. Die Gasproduktion beträgt im ersten Jahrzehnt der Deponienutzung etwa 10 $m^3$ pro Tonne Hausmüll und Jahr bei einem Methananteil von ca. 55%. Die Entscheidung für eine energetische Nutzung hängt im wesentlichen vom Anteil an organischen Bestandteilen sowie von Temperatur und Feuchte ab. Möglichkeiten der Nutzung von Deponiegas bestehen z.B. in der Stromerzeugung mittels Gasmotoren auf der Deponie sowie der Fortleitung des Gases mit anschließender Wärmeerzeugung.

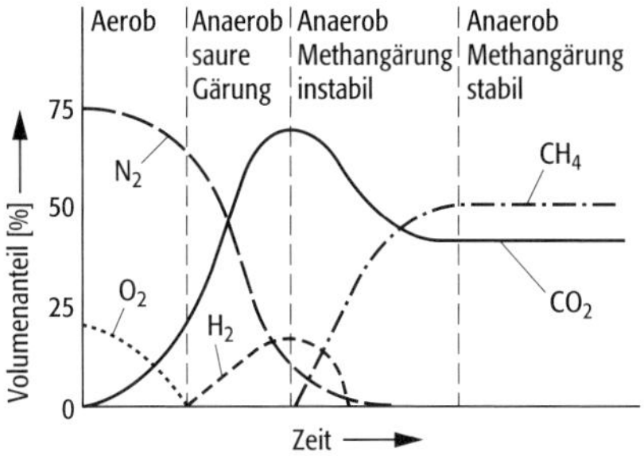


**Deponiegas:** Zeitliche Entwicklung der Zusammensetzung von Deponiegas beim Abbau von Hausmüll.

**Deponiegas:** Mittlere Zusammensetzung von Deponiegas bei Hausmülldeponien.

| Komponente | Formel | Volumenanteil |
|---|---|---|
| Methan | $CH_4$ | 60% |
| Kohlendioxid | $CO_2$ | 38% |
| Stickstoff | $N_2$ | 0,45% |
| Sauerstoff + Argon | $O_2$ + Ar | 0,13% |
| Ethan | $C_2H_6$ | 0,01% |
| Schwefelwasserstoff | $H_2S$ | 60 ppm |

**Deposition,** Materialabscheidung auf festen Oberflächen zur Erzeugung dünner Schichten mit Schichtdicken im sub-μm-Bereich. Durch Aufbringen solcher Schichten können Oberflächen mit spezifizierten mechanischen, optischen, elektromagnetischen, chemischen oder kristallographischen Eigenschaften hergestellt werden, die von den Eigenschaften des Substrates abweichen. Durch Kombination von Depositionsverfahren und ↗Ätzverfahren lassen sich weiterhin strukturierte Bereiche mit unterschiedlichen Eigenschaften auf der Oberfläche erzeugen. Die Deposition kann durch physikalische Prozesse (↗physikalische Gasphasenabscheidung, *PVD*) unter Ausnutzung von Kondensation aus der Dampfphase, chemische Prozesse (↗chemische Gasphasenabscheidung, *CVD*) aufgrund chemischer Reaktionen von Gasen an der Oberfläche sowie durch galvanische und mechanische Verfahren erfolgen. (↗Beschichtung)

**Depositionstechniken** ↗Beschichtungstechnologien.

**Depression, astronomische,** die negative ↗*Höhe* eines Gestirns, das noch unter dem ↗*Horizont* steht.

**DEPT,** *Distortionless Enhancement by Polarization Transfer*, Methode der ↗NMR-Spektroskopie, die eine einfache und zuverlässige Bestimmung der Anzahl der direkten Kopplungspartner eines Kerns erlaubt.

**Derham,** *William*, britischer Physiker, *26.11. 1657 Stoughton, †5.4. 1735 Upminister; studierte Theologie in Oxford; 1682 Priester in Upminister in Essex; bekannt durch seine Messung der Schallgeschwindigkeit, die nur etwa 1% vom heutigen Tabellenwert abweicht; selbst ↗Newton korrigierte in der 2. Ausgabe der *Principia* seine wesentlich geringeren Werte; führte in seinen Büchern *Physico-Theology* (1713) und *Astro-Theology* (1715) die Newtonsche Mechanik und Kosmologie als Beweis für die Existenz Gottes an.

**Déri,** *Max Karl*, ungarischer Elektrotechniker, *27.10.1854 Budapest, †3.3.1938 Meran; leistete Pionierarbeit in der Entwicklung von Hochspannungsnetzen mit Transformatoren zur ökonomischen Übertragung von elektrischem Wechselstrom; konstruierte 1884 die selbsterregende Wechselstrommaschine; erfand 1888 den Einankerumformer; nach ihm benannt ist der *Déri-Motor,* ein Einphasen-Wechselstrommotor (Repulsionsmotor).

**Derrick-Theorem** ↗Solitonen.

**Desaguliers,** *John Theophilus*, französisch-britischer Physiker, *13. 3 1683 La Rochelle, †29.2. 1744 London; hielt 1710 in Oxford öffentliche Vorträge über Wissenschaft und ihre Anwendungen; zog 1713 nach London und wurde Newtons Assistent; hatte einen großen Anteil an der Verbreitung der Newtonschen Theorie in England und auf dem Kontinent; befaßte sich viel mit elektrischen Experimenten und führte als erster die Begriffe Widerstand und Leiter ein; verbesserte zudem die Dampfmaschine durch ein Sicherheitsventil und eine interne Wasserzufuhr.

**Desakkommodation** ↗magnetische Nachwirkung.

**Descartes,** *René*

**Descartes,** *René*, latinisiert *Renatus Cartesius*, französischer Philosoph, Mathematiker und Naturwissenschaftler, *31.3.1596 La Haye (Touraine), †11.2.1650 Stockholm; Schüler an der Jesuitenschule in La Flèche; studierte 1613–17 Jura, Literatur, Mathematik und Philosophie in Paris und Poitiers; im Dreißigjährigen Krieg Offizier unter Tilly; lebte nach langen Reisen durch Europa seit 1629 in freiwilliger Einsamkeit in den Niederlanden; folgte im Herbst 1649 der Einladung der Königin Christine als Lehrer des Königshauses nach Stockholm, wo er aber schon wenige Monate später starb; Hauptbegründer der neueren Philosophie; geht in seiner philosophischen Lehre zunächst vom völligen Zweifel an allem aus, findet aber, daß der zweifelnde Mensch an seinem eigenen Dasein nicht zweifeln kann, denn »indem ich denke, bin ich« (»cogito, ergo sum«); wurde als einer der hervorragendsten Mathematiker seiner Zeit unter anderem durch Einführung des nach ihm benannten rechtwinkligen ↗*kartesischen Koordinatensystems* mit den Achsenbezeichnungen $x$, $y$, $z$ bekannt, das für die Begründung der analytischen Geometrie entscheidend war; führte die Exponentenschreibweise (z.B. $a^3$) ein; sah als Physiker die Atome als nicht unteilbar an, da unteilbare Materie nicht denkbar sei; veröffentlichte 1637 sein berühmtes Werk »Discours de la méthode pour bien conduire sa raison et chercher la vérité« mit einem Anhang (»Essais«), bestehend aus den Schriften »La géometrie» (über Grundlagen der analytischen Geometrie), »Dioptrique« (mit einer Theorie der Lichtbrechung), »Météores« (mit einer detaillierten Erklärung des Regenbogens); gab als erster eine Formulierung des Impulssatzes; veröffentlichte 1637 eine »Wirbeltheorie« zur Entstehung des Sonnensystems und zur Erklärung der Bewegungen der Planeten, die für mehrere Jahrzehnte mit der Gravitationstheorie von I. ↗Newton konkurrierte; stärkste Wirkung in seiner Zeit hatte seine Korpuskularphilosophie, die versuchte, die Erscheinungsformen der Materie aus den Bewegungen der kleinsten Bestandteile zu interpretieren, und welche die Möglichkeit eines Vakuums ausschloß.

**de Sitter,** *Willem*, niederländischer Astronom, *6.5.1872 Sneek, †20.11.1934 Leiden; ab 1908 Professor und seit 1919 Direktor an der Sternwarte in Leiden; grundlegende Untersuchungen zu Stellarstatistik, Himmelsmechanik, Allgemeinen Relativitätstheorie und Kosmologie; entdeckte 1916 die geodätische Präzession (↗*De-Sitter-Effekt*); schuf 1917 als erster ein nach ihm benanntes kosmologisches Modell des expandierenden Weltalls (↗*De-Sitter-Kosmos*); schloß 1927 aus der Bewegung des Mondes auf eine Verlangsamung der Rotationsdauer der Erde aufgrund von Gezeitenreibung.

**De-Sitter-Effekt,** *geodätische Präzession*, die im Rahmen der ↗Allgemeinen Relativitätstheorie auftretende Präzession eines frei fallenden ↗Gyroskops (relativ zu einem asymptotischen Inertialsystem) im Gravitationsfeld eines Zentralkörpers. Der Effekt wurde 1916 entdeckt, als W. de Sitter das Erde-Mond-System als Gyroskop betrachtete, dessen Achse im Gravitationsfeld der Sonne pro Jahrhundert um etwa 2″ präzedieren sollte.

Allgemein präzediert der Drehimpuls $\boldsymbol{L}$ eines Gyroskops im Feld eines Zentralkörpers mit $\dot{\boldsymbol{L}} = \boldsymbol{\Omega} \times \boldsymbol{L} = (3G/2c^2)(\boldsymbol{v} \times \nabla U) \times \boldsymbol{L}$, wobei die Präzession vom Newtonschen Gravitationspotential $U$ der Quelle und von der Geschwindigkeit $\boldsymbol{v}$ des Gyroskops abhängt. $\dot{\boldsymbol{\Omega}}$ steht hier für die Winkelgeschwindigkeit, $G$ für die Newtonsche Gravitationskonstante und $c$ für die Lichtgeschwindigkeit. Der De-Sitter-Effekt, der eng mit der in der ↗Speziellen Relativitätstheorie auftretenden ↗Thomas-Präzession und mit dem vom gravitomagnetischen Feld verursachten ↗Lense-Thirring-Effekt verwandt ist, wurde 1988 mit einer Genauigkeit von 1 % erstmals experimentell nachgewiesen. Ein wesentlich präziseres Experiment ist in Vorbereitung (↗Gravity Probe-B).

**De-Sitter-Kosmos,** ein homogen-isotropes, stationäres kosmologisches Modell des Universums mit nichtverschwindender ↗kosmologischer Konstante. Das im Jahr 1917 von W. de Sitter vorgeschlagene Modell basiert auf der homogen-isotropen ↗Robertson-Walker-Metrik und beschreibt ein flaches, expandierendes Vakuum-Universum. Obwohl der De-Sitter-Kosmos keine Materie enthält und daher ein unrealistisches Modell darstellt, ist er von theoretischem Interesse. Er ist das einzige kosmologische Modell, das stationär, aber nicht statisch ist, also einerseits dem vollkommenen ↗kosmologischen Prinzip genügt und andererseits eine nichtverschwindende ↗Hubble-Konstante aufweist. Zudem ist der De-Sitter-Kosmos der Grenzwert jedes kosmologischen Modells mit positiver kosmologischer Konstante im Limes großer Skalen $R \to \infty$.

**Deslandres,** *Henri Alexandre*, französischer Astrophysiker, *24.7.1853 Paris, †15.1.1948 Paris; zunächst Astronom an der Pariser Sternwarte, später am Meudon-Observatorium bei Paris; 1902 Mitglied der Académie des Sciences; 1927 Direktor der vereinigten Sternwarten Paris und Meudon; Arbeiten über die Theorie der Bandenspektren in der Atomphysik, über die Spektroskopie der Molekülbanden sowie zur Sonnenphysik, insbesondere über die Photographie der Sonne im monochromatischen Licht; entwickelte 1891 unabhängig von G.E. ↗Hale den Spektroheliographen; führte Untersuchungen über das solare Magnetfeld durch und bestimmte auf spektroskopischem Weg die Rotationsperioden von Jupiter und Uranus; gab eine nach ihm benannte Formel *(↗Deslandressche-Bandenformel)* zur Berechnung der Frequenzen aller zu einer Bande eines Molekülspektrums zählenden Spektrallinien an.

**Deslandressche Bandenformel,** eine von H.A. *↗Deslandres* angegebene Formel für die Frequenzen $\nu$ aller zu einer Bande eines Molekülspektrums gehörenden Spektrallinien:

$$\nu = A \pm 2B \cdot m + C \cdot m^2 .$$

Dabei sind $A$, $B$ und $C$ für die Bande charakteristische Konstanten, und die Laufzahl $m$ kann die Werte $m = 1,2,3,...$ annehmen. Die graphische Darstellung dieser Gleichung im *Fortrat-Diagramm* ergibt Parabeln.

**Désormes,** *Charles Bernard*, französischer Chemiker, *3.6.1777 Dijon, †30.8.1862 Verberie; entdeckte 1801 mit seinem Schwiegersohn N. ↗Clément-Désormes das Kohlenmonoxid; veröffentlichte zusammen mit ihm 1819 eine wichtige Arbeit über die Bestimmung des Verhältnisses von spezifischer Wärme bei konstantem Druck zur spezifischen Wärme bei konstantem Volumen.

**Desorption,** Übergang von Atomen oder Molekülen von der Oberfläche eines Materials in die Gasphase als Umkehrung der ↗Adsorption. Die Teilchen müssen dazu eine Energiebarriere (die Desorptionsbarriere), überwinden. Die erforderliche Energie kann durch thermische Anregung oder durch gezielte Anregung elektronischer bzw. vibronischer Zustände zugeführt werden. Chemisorbierte Teilchen sind aufgrund ihrer höheren Bindungsenergien thermisch stabiler als physisorbierte. Experimentell zugänglich ist die temperatur- und bedeckungsabhängige Desorptionsrate $\varrho$, die Zahl der pro Zeit- und Oberflächeneinheit desorbierten Teilchen. Sie ist mit der Desorptionsenergie $E_{\rm des}$ und der Bedeckung $\theta$ verknüpft ($m$: Reaktionsordnung):

$$\varrho \sim \exp(-E_{\rm des}/RT)\,\theta^m .$$

Desorption tritt auch auf, wenn durch andere Einflüsse, wie z.B. durch Verändern des *↗Dampfdruckes* über dem Adsorbat, das thermodynamische Gleichgewicht des Systems gestört wird (u.a. beim Leerpumpen einer Vakuumkammer). Experimentelle Untersuchungen von Desorptionsvorgängen werden im Rahmen der *↗Desorptionsspektroskopie* durchgeführt. Desorptionsprozesse sind auch in der Vakuumerzeugung und bei der heterogenen Katalyse von Bedeutung.

**Desorptionsspektroskopie,** Methode zur Untersuchung von Desorptionsvorgängen und chemischen Reaktionen an Oberflächen. Den adsorbierten Molekülen oder Atomen wird Energie zugeführt, so daß die Bindungen aufgebrochen und die Teilchen in die Dampfphase übergehen können. Dort werden sie i.a. mit massenspektroskopischen Methoden nachgewiesen. Am weitesten verbreitet ist die *thermische Desorptionsspektroskopie* (*TDS*), d.h. kontrolliertes Heizen der Probe und quantitative Erfassung der Menge der desorbierten Teilchen. Weitere Methoden sind die *Ionenstoßdesorption* (*IID, ion impact desorption*) und die *Photodesorption* (*PD*), bei der die Anregung von Adsorbatelektronen oder von Molekülschwingungen zur Desorption führt. Die *Felddesorption* (*FD*) erfolgt aufgrund der durch das angelegte Feld geänderten Adsorptionspotentiale. *Elektronenstoßdesorption* (*ESD*) wird durch Übergang des Adsorbats in angeregte oder Ionisationszustände nach Elektronenbeschuß hervorgerufen. Desorptionsexperimente ermöglichen Aussagen über die Existenz verschiedener Adsorptionszustände, die Übergänge zu angeregten Adsorptionszuständen, den *Bedeckungsgrad*, die *Adsorptionsgeometrie* und die *Desorptionsenergien* der adsorbierten Spezies.

**Desoxyribonukleinsäure** ↗DNS.

**Dessauer,** *Friedrich*, deutscher Biophysiker, Ingenieur und Philosoph, *19.7.1881 Aschaffenburg, †16.2.1963 Frankfurt a.M.; 1920 Professor für medizinische Physik in Frankfurt a.M., dort Gründer und Leiter des ersten deutschen Instituts für physikalische Grundlagen der Medizin; 1924–33 Mitglied des Reichstags (Zentrum); wurde von den Natio-

**Dessauer,** *Friedrich*

nalsozialisten zur Aufgabe seines Lehrstuhls gezwungen; emigrierte zunächst in die Türkei; 1934 Professor in Istanbul und Begründer des Instituts für Radiologie und Biophysik; 1937 Professor für Physik und Direktor des physikalischen Instituts in Freiburg (Schweiz); 1953 wieder in Frankfurt a.M.; begründete um 1922 durch seine Untersuchungen zur ↗*Treffertheorie*, mit der sich die Wirkungen ionisierender Strahlung (z.B. Röntgenstrahlen) auf die lebende Zelle quantitativ erfassen lassen, die ↗*Quantenbiologie*; leistete Pionierarbeit zur Entwicklung der ↗*Strahlenbiophysik* und Röntgenmedizin; setzte sich insbesondere für den Ausbau der Röntgentechnik ein, förderte die Tiefentherapie mit Röntgenstrahlen und den Einsatz der Röntgenkinematographie in der Medizin (gewann 1909 erstmals Aufnahmen des schlagenden Herzens).

**Destillation,** Verfahren zur Reinigung oder Trennung von Flüssigkeiten (Zerlegung homogener Systeme). Die Flüssigkeit wird bei Siedetemperatur verdampft, der Dampf kondensiert und als Destillat, entweder zusammen (einfache Destillation) oder nach Siedebereichen getrennt (fraktionierte Destillation), aufgefangen. Die einfache Destillation eignet sich für die Trennung von Flüssigkeitsmischungen, deren Siededifferenz mindestens 100 K beträgt. Bei kleinen Siededifferenzen wird statt der Gleichstromdestillation, bei der Dampf und Destillat in die gleiche Richtung geführt werden, die Gegenstromdestillation (Rektifikation) angewandt. Empfindliche Verbindungen werden durch Vakuumdestillation getrennt. Die thermodynamischen Grundlagen der Destillation (Dampf-Flüssigkeits-Gleichgewichte) werden durch die Clausius-Clapeyron-Gleichung, das Raoultsche und das Daltonsche Gesetz beschrieben.

**Destriau,** *G.*, französischer Physiker, *1903, †1961; bekannt durch den nach ihm benannten ↗*Destriau-Effekt*.

**Destriau-Effekt,** die nach G. ↗*Destriau* benannte Erscheinung der ↗*Elektrolumineszenz* von Festkörpern, bei der die Anregung durch ein an den Kristall angelegtes elektrisches Wechselfeld erfolgt. Die Intensität der Lichtemission ist proportional zu $\exp(-a/E)$; dabei sind $a$ eine Konstante und $E$ die elektrische Feldstärke.

**destruktive Interferenz,** die Erscheinung, daß die Gesamtintensität zweier sich überlagernder Wellen geringer ist als die Summe der Intensitäten der beiden einzelnen Wellen (↗Interferenz von Wellen).

**DESY 1:** siehe Farbtafelteil.

**DESY,** *Deutsches Elektronen-Synchrotron*, Forschungsinstitut für die Elementarteilchenphysik mit Sitz in Hamburg. Das DESY wurde am 18. Dezember 1959 in Hamburg gegründet und nahm 1964 sowohl die erste Synchrotronquelle DESY als auch den ersten Linearbeschleuniger in Betrieb. Seit 1. Januar 1992 bildet das Institut für Hochenergiephysik in Zeuthen ein Teilinstitut von DESY. An beiden Instituten sind etwa 1600 Mitarbeiter, davon etwa 350 Wissenschaftler, beschäftigt. Die Forschungsgruppen sind international ausgerichtet, so daß etwa 2600 Wissenschaftler aus 280 Forschungseinrichtungen in 35 Nationen an Forschungsvorhaben des DESY beteiligt sind.

Das DESY betreibt mehrere Beschleuniger, wobei ältere Geräte als Vorbeschleuniger für die Synchrotrons ↗*DORIS* III (1990, 4, 5 GeV) und ↗*PETRA* II (1978, 12 GeV) und den Hadron-Elektron-Speicherring ↗*HERA* (1990, 30 GeV ($e^+e^-$), 820 GeV (p)) dienen (Abb. 1 im Farbtafelteil und Abb. 2). HERA widmet sich vor allem Untersuchungen zum Quark-und-Gluon-Inhalt und zum Spin von Protonen und Neutronen. Letztere Experimente, bei denen mit polarisierten Elektronen- und Targetstrahlen gearbeitet wird, laufen unter dem Namen ↗HERMES. Die beiden wichtigsten Detektoren bei HERA sind der ↗H1- und der ↗ZEUS-Detektor. Mit dem ursprünglichen Elektron-Positron-Speicherring DORIS und dem ARGUS-Detektor gelangen in der Zeit von 1978 bis 1993 einige wichtige Entdekkungen: der Nachweis der Umwandlung des Bottom-Quarks in andere Quarks (Charm-, Up- und Top-Quark – letzteres indirekt), die damals weltweit beste Bestimmung der Masse des Tau-Neutrinos sowie der Nachweis von angeregten Charm-Mesonen und Charm-Baryonen. DORIS III wird seit 1993 ausschließlich als Synchrotronstrahlungsquelle betrieben und bildet das Herzstück des HASYLAB (Hamburger Synchrotron-Laboratorium, 1981 gegründet). Die Synchrotronstrahlungsexperimente reichen von physikalisch/technischen Grundlagenfragen (z.B. ↗Freie-Elektronen-Laser) über die Materialforschung bis zur biomedizinischen Forschung. PETRA arbeitet nicht nur als letzte Vorstufe für HERA, sondern seit der Inbetriebnahme eines ↗Undulators 1995 auch als Quelle für harte Röntgenstrahlung hoher Kohärenz (↗Röntgenlaser).

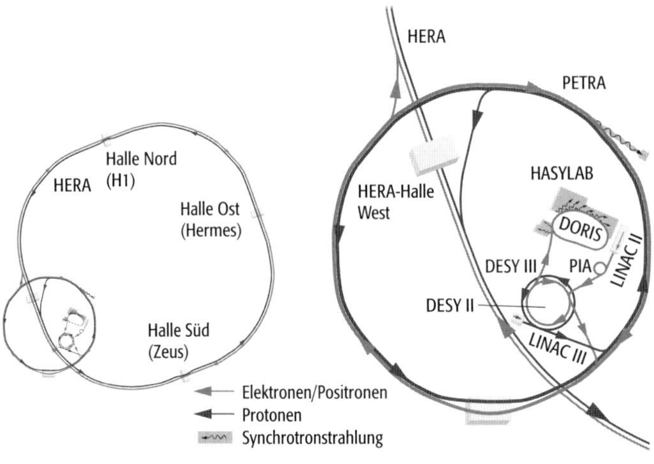


**DESY 2:** Schematischer Aufriß der Beschleunigungsstrecken und der Experimentierstationen.

**Detachment,** Abspaltung eines Elektrons von einem negativen Ion (im Gegensatz zum

↗*Attachment*). Die dafür erforderliche Energie kann durch Strahlungsabsorption (Photodetachment), durch Stöße oder durch chemische Reaktionen geliefert werden. Bei derartigen chemischen Reaktionen bildet das negative Ion mit anderen Atomen oder Molekülen ein neues Molekül (assoziatives Detachment).

**Detachment-Spektroskopie,** Spektroskopieverfahren aus der Molekül-und Clusterphysik, das auf dem ↗*Photoeffekt* basiert. Durch ein Photon mit definierter Energie wird ein Elektron aus dem Teilchen herausgelöst und dessen kinetische Energie gemessen. Die Intensitätsverteilung der Photoelektronen, aufgetragen gegen die kinetische Energie, ist dann ein Spiegelbild der im Teilchen vorhandenen Elektronenorbitale. Im Unterschied zur ↗Photoelektronenspektroskopie wird die Detachment-Spektroskopie nur an negativ geladenen Teilchen durchgeführt. Das hat den Vorteil, daß die Teilchen relativ leicht z.B. mit Hilfe eines ↗*Flugzeitmassenspektrometers* oder eines ↗*Wien-Filters* massenselektiert werden können.

**Detektion,** der Vorgang des Nachweises oder der Vermessung von Eigenschaften sowohl von Korpuskularstrahlung als auch von elektromagnetischer Strahlung, einschließlich der Atom- und Kernstrahlung. Das eingesetzte Meßgerät bezeichnet man als ↗Detektor.

**Detektor,** Gerät bzw. Einrichtung zum Nachweis und zur Bestimmung der Eigenschaften meist hochenergetischer Teilchen. Die Wirkungsweise von Detektoren beruht auf Wechselwirkungen der Partikel mit dem sensitiven Material des Zählers; die Partikel werden also nicht direkt, sondern über Sekundärstrahlung oder -partikel nachgewiesen.

Die hauptsächlichen Wechselwirkungen geladener Partikel mit Materie sind Ionisation und Anregung (↗Bethe-Bloch-Formel); bei relativistischen Energien tritt noch ↗Bremsstrahlung hinzu. Neutrale Teilchen (z.B. Neutronen, Photonen oder Neutrinos) müssen erst in Wechselwirkungen geladene Teilchen erzeugen, die dann nachgewiesen werden können. Bei Photonen sind die entsprechenden Mechanismen der ↗Photoeffekt, der ↗Compton-Effekt und die ↗Paarbildung von Elektronen und Positronen.

Als erster Einsatz eines Teilchendetektors kann H. ↗Becquerels Beobachtung der Schwärzung photoempfindlicher Emulsionen durch radioaktive Strahlung (1896) gelten; für eine längere Periode blieben solche und ähnliche, wenn auch verfeinerte Methoden der Teilchenmessung mit optischen Nachweisgeräten dominierend. In den letzten Jahrzehnten verlagert sich der Trend jedoch immer stärker hin zu den rein elektronisch auslesbaren Detektoren, hauptsächlich, da diese um Größenordnungen höhere Datenraten verarbeiten können (↗Datenerfassung). Die wichtigsten heute gebräuchlichen Detektortypen sind, klassifiziert nach ihrem hauptsächlichen Meßziel, in der Tabelle aufgeführt.

Zu den klassischen Detektoren gehören ↗*Kernemulsionen*, in denen photographisch empfindliche Schichten der Teilchenstrahlung ausgesetzt werden. Die Partikel ionisieren die Photoschicht, die nach der Entwicklung ein Bild der Teilchenspur zeigt. Durch Stapeln vieler Schichten ist eine räumliche Auswertung der Spuren möglich, die einen Hinweis auf die Energie des Teilchens liefert. Allerdings gehen durch den Entwicklungsprozeß die Zeitinformationen des Ereignisses verloren. ↗*Ionisationszähler*, z.B. der Geiger-Müller-Zähler, registrieren den Ionisationsstrom, der vom Durchgang eines geladenen Partikels durch das Zählergas verursacht wird. ↗*Halbleiterdetektoren* nutzen die Stöße der eindringenden Teilchen mit dem Halbleitermaterial aus. Die dadurch verursachten Änderungen der Ladungsverteilung (Erzeugung von Elektron-Loch-Paaren) im Material führen zu einer kurzfristigen Erhöhung der Leitfähigkeit, die in den angeschlossenen Meßgeräten einen Stromstoß bewirkt. Mit Halbleiterdetektoren können hohe Energieauflösungen von etwa 0,1% erreicht werden. ↗*Szintillationszähler* bestehen aus einem Szintillatormaterial in fester oder flüssiger Form und einem ↗*Sekundärelektronenvervielfacher* (SEV). Das eindringende Teilchen regt die Elektronen des Materials an, die bei der Rückkehr in ihren Grundzustand Photonen emittieren. Der SEV wandelt diesen Lichtblitz in ein elektronisches Signal um und verstärkt es, wobei die Impulshöhe zur Energie des Teilchens proportional ist. Bei Szintillatormaterialien sollte daher der angeregte Zustand eine kurze Lebensdauer besitzen und das Absorptionsspektrum des Materials nicht identisch mit dem Emissionsspektrum sein, da sonst die Autoabsorption eine sinnvolle Auswertung der Lichtblitze unmöglich macht. In ↗*Spurdetektoren* nutzt man die

**Detektor:** Klassifizierung der wichtigsten Detektortypen nach ihrem hauptsächlichen Meßziel.

| Meßziel | Detektoren |
|---|---|
| Orts- und Ionisationsmessung | Auslösezähler (Geiger-Müller-Zähler), Driftkammern, Funkenkammern, Ionisationskammern, Nebelkammern, Kernemulsionen, Plastikdetektoren, Proportionalzähler, Mikrokanalplatten, Streamer-Kammern, Streamer-Rohre, Thermolumineszenz-Detektoren, Vieldraht-Proportionalkammern, Zeit-Projektionskammern (TPC) |
| Zeitmessung | planare Funkenzähler, Sekundärelektronenvervielfacher, Szintillatoren, |
| Teilchenidenidifizierung | Flugzeitzähler, Tscherenkow-Zähler, Übergangsstrahlungsdetektoren |
| Energiemessung | Halbleiterzähler, Kalorimeter |
| Impulsmessung | Magnetspektrometer |

Wechselwirkung der eindringenden Teilchen mit einer Füllsubstanz, welche die Teilchenbahn sichtbar macht, etwa in ↗*Nebel-*, ↗*Blasen-* oder ↗*Streamer-Kammern* oder in ↗*Zeit-Projektionskammern.* Durchsetzt ein homogenes Magnetfeld den Detektor, so werden geladene Teilchen abgelenkt, so daß aus der Bahnform des Teilchens Aussagen über die Ladung möglich sind, während die Länge der Bahn Aussagen über die Teilchenenergie ermöglicht. Bei ↗*Drahtkammern* (↗*Proportionalzähler* bzw. *-kammer*, ↗*Driftkammer*) befinden sich die Hülle und ein oder mehrere Zähldrähte auf einem unterschiedlichen Potential. Sie sind mit einem Gas gefüllt, das von einem eindringenden Teilchen ionisiert wird. Die freigesetzten Elektronen werden von der Anode abgezogen und bewirken einen Stromstoß in der Meßapparatur, der einen Hinweis auf die Energie des Teilchens liefert.

In der *Atomphysik* setzt man zum ortsempfindlichen Nachweis von Strahlung und Teilchen meist ↗*Mikrokanalplatten* (MKP) ein; zur besseren Verstärkung werden oft mehrere MKP hintereinander angeordnet.

Die *Astronomie* verwendet eine Reihe von Detektoren zum Empfangen der Strahlung aus allen Wellenlängenbereichen. Der klassische Detektor für den optischen Bereich ist die ↗*Astroplatte.* Hier, wie auch im infraroten Spektralbereich, werden heutzutage überwiegend ↗*CCDs* eingesetzt. Radiodetektoren dienen zum Empfang von Radiostrahlung. Im kurzwelligen Spektralbereich reicht die Palette von ↗*Photozellen* bis CCDs, im ultravioletten Spektralbereich bis hin zu ↗*Teilchendetektoren* wie ↗*Proportionalzählern*, die auf Satelliten zum Empfang von Röntgen- und Gammastrahlung eingesetzt werden. (↗astronomische Instrumente)

**Detektorauflösung,** der zeitliche oder räumliche Abstand innerhalb eines gemessenen Detektorsignals, bei dem zwei unterschiedliche Signale noch getrennt werden können. Zu detektierende Meßgrößen sind beispielsweise die Energieverteilung eines Teilchenstrahls oder die zeitliche Variation der Teilchenzahl. Grenzen der Detektorauflösung hängen von der zu messenden Größe ab, werden auf der technischen Seite aber immer durch das statistische ↗*Rauschen* im Detektorsystem sowie die Statistik des gemessenen Signals beeinflußt. In der Praxis wird als Vergleichsgröße oft die ↗*Halbwertsbreite* genannt. (↗*Auflösung*)

**Detergenzien:** Die Senkung der Oberflächenspannung basiert auf der Molekülstruktur: ein hydrophober Schwanz (meist langkettige Kohlenwasserstoffe) und ein hydrophiler Kopf.

**Detergenzien,** *Tenside*, organische *amphiphile* Verbindungen mit einem hydrophoben und einem hydrophilen Molekülteil. Detergenzien setzen die Oberflächenspannung des Wassers herab. Sie reichern sich an der Wasseroberfläche an und richten sich so aus, daß der hydrophile Molekülteil in das Wasser hineinragt und der hydrophobe Molekülteil von der Wasseroberfläche weg weist (hydrophober Effekt, Abb.). Oberhalb einer bestimmten Konzentration, der kritischen Micellenbildungskonzentration (meist $10^{-4}$ bis $10^{-3}$ M), bilden sich Cluster aus, die sog. Micellen.

**Determinante,** die einer $n \times n$-Matrix $a_{ij}$ zugeordnete Zahl $D = \sum_{i,j,k,\ldots} \varepsilon_{ijk\ldots} a_{i1} a_{j2} a_{k3} \cdots$, wobei $\varepsilon_{ijk\ldots} = 1$ ist, wenn die $i,j,k\ldots$ eine gerade Permutation von 1,2,3,... sind, $\varepsilon_{ijk\ldots} = -1$ im Falle einer ungeraden Permutation und $\varepsilon_{ijk\ldots} = 0$, wenn sich ein Index wiederholt (↗Levi-Civita-Symbol). (Eine Permutation heißt gerade, wenn sie sich aus einer geraden Zahl von Transpositionen zusammensetzt.) Man schreibt

$$D = \det(A) = \begin{vmatrix} a_{11} & a_{12} & \cdots & a_{1n} \\ a_{21} & \ddots & & \vdots \\ \vdots & & \ddots & \vdots \\ a_{n1} & \cdots & \cdots & a_{nn} \end{vmatrix}.$$

Etwas handlicher ist die *rekursive Definition*

$$\det(A) = \sum_i (-1)^{(i+j)} a_{ij} \det(B_{ij})$$

für beliebige $j$, die man Laplacesche Entwicklung nach der $j$-ten Spalte nennt; die Matrix $B_{ij}$ erhält man, wenn man aus $A$ die $i$-te Zeile und die $j$-te Spalte streicht. Für das Rechnen mit Determinanten gelten folgende *Regeln:*

a) $\det(A^T) = \det(A)$,
b) $\det(kA) = k^n \det(A)$,
c) $\det(A + B) = \det(A) + \det(B)$,
d) Vertauschung zweier Zeilen oder Spalten kehrt das Vorzeichen der Determinante um,
e) $\det(A) = 0$, wenn $A$ singulär ist; $\det(A) \neq 0$ ist äquivalent dazu, daß die inverse Matrix $A^{-1}$ existiert,
f) $\det(AB) = \det(A)\det(B)$, also insbesondere $\det(B^{-1}AB) = \det(A)$, d.h. ähnliche Matrizen besitzen dieselbe Determinante,
g) die Determinante einer Dreiecksmatrix ist gleich dem Produkt der Diagonalelemente.

Die Determinante einer $3 \times 3$-Matrix ist

$$\begin{vmatrix} a_1 & b_1 & c_1 \\ a_2 & b_2 & c_2 \\ a_3 & b_3 & c_3 \end{vmatrix} = a_1 b_2 c_3 - a_1 b_3 c_2 + a_2 b_3 c_1 - a_2 b_1 c_3 + a_3 b_1 c_2 - a_3 b_2 c_1,$$

dies ist gleichbedeutend mit dem *Spatprodukt* $\boldsymbol{a} \cdot (\boldsymbol{b} \times \boldsymbol{c})$. Eine orthogonale $3 \times 3$-Matrix beschreibt genau dann eine ↗Drehung, wenn ihre Determinante $+1$ beträgt, ist sie dagegen $-1$, handelt es sich um eine Drehspiegelung.

Die numerische Lösung eines linearen Gleichungssystems $Ax = b$ gestaltet sich dann besonders schwierig, wenn die Matrix $A$ nahezu singulär, d.h. wenn $\det(A) \ll 1$ ist.

In quantenmechanischen Systemen aus mehreren Fermionen, z.B. bei Atomen mit mehr als einem Elektron, spielt die ↗*Slater-Determinante* eine Rolle. Die Determinante der *Jacobi-Matrix* wird für allgemeine Koordinatentransformationen benötigt.

**Determinismus,** philosophische Theorie, nach welcher das gesamte Geschehen innerhalb des Universums, einschließlich menschlicher Handlungen, durch unveränderliche (Natur-) Gesetze eindeutig vorherbestimmt sei. Dabei muß diese Bestimmtheit nicht notwendig kausaler Natur sein. Entscheidend ist lediglich die Existenz eines gesetzartigen Zusammenhangs. Dies ist insofern von Bedeutung, als die überwiegende Zahl der ↗physikalischen Gesetze nicht kausal interpretierbar, aber dennoch deterministisch ist. Zwischen Determinismus und der Annahme einer uneingeschränkten Gültigkeit des Kausalprinzips (↗Kausalität) ist daher sorgfältig zu unterscheiden.

Als philosophisches Prinzip hat der Determinismus seine Wurzeln in der griechischen Philosophie; für die Physik wurde er jedoch erst im 18. Jahrhundert mit dem Ausbau der Newtonschen Mechanik relevant, die eine deterministische Beschreibung von Bewegungsvorgängen oder allgemeiner von Zustandsänderungen liefert: Sind alle Zustandsgrößen eines mechanischen Systems zu einem Zeitpunkt $t_0$ bekannt, läßt sich der Zustand im Prinzip für jeden zukünftigen Zeitpunkt $t$ mit Hilfe der Gesetze der Mechanik berechnen. Mit dieser durch die mechanischen Gesetze vermittelten eindeutigen Bestimmtheit der Zukunft durch die Vergangenheit lieferte die Newtonsche Mechanik zunächst eine Präzisierung der allgemeinen Vorstellung des Determinismus, die ihren konkreten Ausdruck in den Erfolgen etwa bei der Beschreibung der Planetenbewegungen fand. Vor allem aber mit ihren technischen Anwendungen, die mit dem auf mechanischen Erkenntnissen beruhenden Bau von Instrumenten und Maschinen zum ersten Mal eine wissenschaftlich bestimmte Arbeitspraxis mit der Möglichkeit zuverlässiger Voraussagen begründeten, lieferte sie die Basis für eine »Mechanisierung des Weltbildes«, die die Natur als Uhrwerk (Holbach) und den Menschen als Maschine (de la Mettrie) begriff. In seiner reinsten Form findet sich der Gedanke einer vollständigen Determiniertheit der Welt schließlich im ↗Laplaceschen Dämon, einem Wesen mit übermenschlicher Intelligenz, das in der Lage sein sollte, aus der Kenntnis der Koordinaten und Impulse aller Teilchen des Universums für einen bestimmten Zeitpunkt anhand der Naturgesetze alle vergangenen und zukünftigen Konstellationen des Universums zu bestimmen. Dieser mechanische Determinismus hat das Weltbild der Physik bis ins 20. Jahrhundert hinein entscheidend geprägt, unbeschadet der Tatsache, daß schon in der klassischen Mechanik die Anfangsbedingungen nie mit beliebiger Genauigkeit bestimmt werden können. Dies sah man aber lediglich als ein praktisches, und nicht als prinzipielles Problem an, das durch Fortschritte in der Meßtechnik zu überwinden sein müßte. Auch die zur Mitte des 19. Jahrhunderts einsetzende Entwicklung der Statistischen Mechanik wurde nicht als Einwand gegen eine universelle Gültigkeit des Determinismus betrachtet, weil die Statistik lediglich als Folge der Unkenntnis der Anfangsbedingungen begriffen wurde.

Ein Umdenken setzte erst mit der Entwicklung der ↗Quantenmechanik ein, als klar wurde, daß gemäß der ↗Heisenbergschen Unschärferelation die gleichzeitige Festlegung von Ort und Impuls, die für eine deterministische Beschreibung der Bewegung eines Teilchens im Sinne der Mechanik benötigt wird, prinzipiell nicht realisierbar ist. Aus dieser Tatsache läßt sich allerdings nicht der Schluß ziehen, daß damit die Annahme einer durchgehenden Determiniertheit des Naturgeschehens widerlegt sei. Interpretiert man die Unschärferelation nämlich derart, daß lediglich die meßtechnische Realisierung dieser Anfangsbedingungen unmöglich ist, kann man immer noch behaupten, die Bewegung auch quantenmechanischer Teilchen sei deterministisch, solange keine Messung stattfindet. Eine solche Behauptung ist mit empirischen Methoden natürlich nicht mehr zu widerlegen. Auf dieser Basis könnte dann weiter argumentiert werden, daß die Quantenmechanik unvollständig sei, d.h. daß ein Satz physikalischer Größen existierte, die sogenannten ↗verborgenen Parameter (↗Bohm-Theorie), der eine durchgängige Determiniertheit des Geschehens wiederherstellt. Schließlich ist die Quantenmechanik insofern eine deterministische Theorie, als die zeitliche Entwicklung eines quantenmechanischen Zustandes zwischen zwei Messungen durchaus deterministisch ist. Die entscheidenden Argumente gegen einen uneingeschränkt gültigen Determinismus liefert dann auch weniger die Quantenmechanik als die nichtlineare Dynamik. Sie zeigt, daß der Determinismus der klassischen Mechanik im wesentlichen dadurch bedingt ist, daß deren Bewegungsgleichungen lineare Differentialgleichungen bezüglich der Zeit $t$ sind (↗Chaos, ↗deterministisches Chaos). Trotzdem bleibt festzuhalten, daß primär durch die Quantenmechanik die Entwicklungen initiiert wurden, die zu der für die moderne Physik charakteristischen Änderung der Grundeinstellung führten: Der Determinismus wird weder als notwendige Eigenschaft der Natur noch als methodisches oder heuristisches Prinzip angesehen. Gesetzartige Beschreibung und Erklärbarkeit haben mit Determinismus nichts zu tun und sind auch dort möglich, wo Prozesse nicht bis ins einzelne deterministisch ablaufen. Insgesamt ist dennoch innerhalb der Physik gegenwärtig kein Konsens über den ontologischen Status und die methodische Relevanz des Determinismus festzustellen, sondern man findet die folgenden Einstellungen zum Determinismus-Problem:

1. *Metaphysischer Determinismus*: Die Natur, d.h. alle wirklichen Prozesse, die in der Außenwelt ablaufen, sind streng deterministisch. Alles geschieht mit absoluter Notwendigkeit, und zufällige Ereignisse gibt es nicht. Alle statistischen Gesetzmäßigkeiten müssen folglich zumindest im Prinzip auf deterministische

reduzierbar sein. Physikalische Theorien, die dies nicht gewährleisten, müssen als unvollständig angesehen werden und sind entsprechend zu erweitern.
2. *Wissenschaftlicher Determinismus*: Die Physik liefert zwar keinen Beweis für einen metaphysischen Determinismus; als methodisches Prinzip ist der Determinismus jedoch unentbehrlich, d.h. ohne die heuristische Annahme eines Determinismus ist die für die Physik kennzeichnende gesetzartige Beschreibung unmöglich. Vorgänge, die nicht deterministisch ablaufen, sind einer gesetzartigen Beschreibung nicht zugänglich.
3. Jede Art von Annahme über einen Determinismus ist für die Physik irrelevant. Was unter Determinismus zu verstehen ist, läßt sich sinnvoll erst relativ zu einer Theorie definieren. In einem absoluten Sinn gibt es in der Physik sowohl deterministische als auch statistische Gesetze, die nicht auf deterministische reduzierbar sind. Bezogen auf eine bestimmte Theorie können jedoch die statistischen Gesetze durchaus als deterministisch bezüglich der Beschreibung des Verhaltens von Gesamtheiten interpretiert werden. Insbesondere ist eine Ergänzung der Quantenmechanik um verborgene Parameter nicht sinnvoll, weil damit der Quantenmechanik ein Begriff von Determinismus aufgezwungen wird, der nur relativ zur klassischen Mechanik einen Sinn hat.
4. Es gibt in der Natur überhaupt keine im strengen Sinn deterministischen Prozesse. Schon die klassische Mechanik liefert keinen Beweis für einen Determinismus; dieser ist vielmehr das Ergebnis der Vereinfachungen und Idealisierungen der klassisch-mechanischen Beschreibung. Letztlich sind alle Gesetzmäßigkeiten statistischer Art. [MG1]

**deterministisches Chaos,** ein irreguläres, chaotisch erscheinendes Verhalten von Systemvariablen, das jedoch einer deterministischen Dynamik gehorcht, also nicht durch zufällige äußere Einflüsse wie z.B. ↗*Rauschen* zustande kommt. Grund für diese Irregularität ist die Existenz von lokalen Instabilitäten, die eng benachbarte Systemzustände exponentiell schnell auseinander laufen lassen, sowie von Nichlinearitäten, die bewirken, daß dieselben oder ähnliche instabile Systemzustände immer wieder eingenommen werden. Ein Grundmechanismus für das Zustandekommen von Chaos, das wiederholte »Strecken und Falten«, ist in einfachster Weise z.B. in der ↗*Bäcker-Abbildung* oder dem sog. *Smaleschen Hufeisen* realisiert. Ein Maß für die Instabilität, der maximale ↗*Ljapunow-Exponent*, ist die mittlere Separationsrate von Trajektorien entlang eines durch die Bewegungsgleichungen erzeugten Orbits. Dies bedeutet auch, daß kleine Störungen einer Trajektorie exponentiell verstärkt werden (»Schmetterlingseffekt«). Ein charakteristisches Merkmal für eine ↗*chaotische Trajektorie* ist daher ein positiver maximaler Ljapunow-Exponent, der Instabilität ausdrückt, und ein zufällig erscheinendes Verhalten im ↗*Phasenraum* oder einem Teil davon, welches z.B. durch eine positive ↗*Kologorow-Sinai-Entropie* beschrieben werden kann (↗*Ergodentheorie*). Ein einfaches Entscheidungskriterium für das Auftreten von Chaos ist z.B. das transversale Schneiden von stabilen Mannigfaltigkeiten und instabilen Mannigfaltigkeiten in sog. ↗*homoklinen Punkten.*

Ein anderes Chaoskriterium, wobei Chaos in einem etwas anderen Sinne aufgefaßt wird, ist durch das ↗*Li-Yorke-Theorem* gegeben. Der Ursprung des zufällig erscheinenden Verhaltens chaotischer Trajektorien kann auf die Festlegung von Anfangswerten eines instabilen *dynamischen Systems* zurückgeführt werden. Mit einer exakten Festlegung der Anfangswerte ist zwar einerseits das gesamte zukünftige Verhalten einer Trajektorie bestimmt (Determinismus), andererseits jedoch entspricht dies der Festlegung einer bestimmten Zufallssequenz von Zuständen (Chaos). Da in der Natur eine beliebig genaue Festlegung der Anfangsbedingungen nicht möglich ist, sind chaotische Systeme nur für eine bestimmte Zeit vorhersagbar. Letzteres wird besonders klar für das Beispiel der Verschiebungsabbildung, die zu einer ↗*Bernoulli-Verschiebung* und damit letztlich einem Münzwurf äquivalent ist. Umgekehrt erhält man durch das Beobachten einer chaotischen Trajektorie immer mehr Information über den Anfangszustand des Systems. Die Analogie zu einem Münzwurf zeigt weiterhin, daß in solchen Systemen auch periodische Abfolgen von Systemzuständen möglich, aber sehr unwahrscheinlich sind. Mit Methoden der ↗*Chaoskontrolle* können solche periodischen Orbits unter gewissen Voraussetzungen stabilisiert werden, was in der Satelliten-Navigation bereits erfolgreich praktisch umgesetzt worden ist.

Deterministisches Chaos tritt in praktisch allen Bereichen der Natur auf. Bekannte Beispiele findet man in der Laserphysik, der Hydrodynamik, bei chemischen Reaktionen und in den meisten mechanischen Problemen. Obwohl das chaotische Verhalten von drei wechselwirkenden Körpern (↗*Dreikörperproblem*) von H. Poincaré schon Ende des 19. Jh. untersucht worden war, wurde das Gebiet jedoch erst nach Arbeiten des Meteorologen E.N. ↗*Lorenz* populär, der im Jahr 1963 einfache Modellgleichungen für die atmosphärische Dynamik untersuchte (↗*Lorenz-System*). [GR2]

**Deuterium,** *schwerer Wasserstoff, D,* ↗Wasserstoff-Isotop $^2_1$H mit der doppelten Masse des Wasserstoffs (griech. το δευτερον = das Zweite), Ordnungszahl 1. Der Kern des Deuteriums (Deuteron) besteht aus einem Proton und einem Neutron und ist das einzige Nukleonensystem, das quantenmechanisch exakt zu berechnen ist. Das Deuteriummolekül $D_2$ unterscheidet sich in seinen chemischen

**Deuterium 1:** Allgemeine, chemische und festkörperphysikalische Eigenschaften.

| | |
|---|---|
| relative Atommasse ($^{12}C = 12{,}0000$) | 2,01410222 |
| Oxidationszahl | $^{-}$I, 0, I |

**Deuterium 2:** Thermische, elektromagnetische und kernphysikalische Eigenschaften.

| | |
|---|---|
| Siedetemperatur [K] | 23,67 |
| Schmelztemperatur [K] | 18,73 |
| Siedeenthalpie [kJ mol$^{-1}$] | 1,23 |
| Schmelzenthalpie [kJ mol$^{-1}$] | 1,23 |
| Kernspin | 1 |
| magnetisches Moment [$\mu_K$] | 0,85744 |

und physikalischen Eigenschaften vom $H_2$ und ist reaktionsträger als dieses. $D_2$ wird zur Synthese deuterierter Verbindungen verwendet. Die wichtigste Deuteriumverbindung ist das *schwere Wasser* $D_2O$.

In der *Umweltphysik* ist Deuterium ein wichtiger Umwelttracer (↗*Isotopenhydrologie*), der Aufschlüsse über den Wasserstoff- und Kohlenstoffkreislauf liefert. Durch Vergleich des Deuteriumgehalts rezenter und fossiler Wasserproben (*Paläowässer*) kann auf die paläoklimatischen Verhältnisse geschlossen werden (↗*Paläoklimatologie*). Das Verhältnis von Deuterium- zu normalen Wasserstoffatomen in standardisiertem Meerwasser (*Standard Mean Ocean Water, SMOW*) beträgt $R_{D,\,SMOW} = 155{,}76 \cdot 10^{-6}$.

Damit stehen praktisch unbegrenzte Mengen Deuterium in Form von schwerem Wasser zur Verfügung, was es zu einem bevorzugten Brennstoff für Fusionskraftwerke macht (↗Kernfusion). Die Kosten der Gewinnung sind vernachlässigbar: Ein Fusionskraftwerk mit 1 GW Leistung hätte einen Verbrauch von etwa 250 g Deuterium pro Tag, was nach heutigen (1998) Preisen etwa 1000 DM kosten würde.

**Deuteriumkern,** *Atomkern* des schweren Wasserstoffs (*Deuterium*), auch ↗*Deuteron* genannt.

**Deuterium-Tritium-Fusionsreaktion** ↗d-t-Prozeß.

**Deuteron,** *Deuton*, *d*, gebundener Zustand von Proton und Neutron, Kern des Deuteriumatoms D (des schweren Wasserstoffs), der einfachste der zusammengesetzten Atomkerne. Das Deuteron hat eine Bindungsenergie von 2,2 MeV. Wegen dieser im Vergleich zur Bindungsenergie je Nukleon in schweren Kernen sehr geringen Bindungsenergie wird es häufig als Projektil in Kernstoßexperimenten verwendet, weil es dabei leicht in seine Bestandteile zerfällt. Auf hohe Energien beschleunigt, dient es zum Studium der Kernkraft, insbesondere über seine Streuung an Protonen und Neutronen. Auf Deuterium und Tritium geschossen, wird es zur Erzeugung von Neutronen verwendet (↗*Neutronenquellen*). Masse, Spin und magnetisches Moment sind der Tabelle zu entnehmen. Die elektrische Ladung des Deuterons ist nicht genau kugelsymmetrisch verteilt, sondern zeigt ein Quadrupolmoment (siehe Tabelle). Protonen- und Neutronenspin sind gleichgerichtet (Triplettzustand $^3S_1$), der Singulettzustand mit entsprechenden Spins ist nicht stabil und kann nur virtuell auftreten.

**Deuteron:** Eigenschaften.

| | |
|---|---|
| Masse | 2,01410222 u |
| Bindungsenergie | − 2,22464 MeV |
| Spin | 1 |
| Quadrupolmoment | $2{,}86 \cdot 10^{-27}\,cm^2$ |
| magnetisches Moment | $\mu = 0{,}857393\,\mu_K$ |

Das Deuteron ist als einfachster Bindungszustand stark wechselwirkender Teilchen theoretisch ausgiebig untersucht worden. Wegen des von null verschiedenen Quadrupolmoments kann die zur Beschreibung der Bindung eingeführte Kernkraft zwischen Proton und Neutron keine reine Zentralkraft sein. Die nichtzentrale Kraft (auch Tensorkraft genannt) bewirkt, daß dem Triplett-Zustand $^3S_1$ ein kleiner Anteil von höherem Drehimpuls beigemischt ist. Er ist verantwortlich für die Abweichung des magnetischen Moments von der Summe der magnetischen Momente von Proton und Neutron. Der gemessene Wert für das Quadrupolmoment spricht dafür, daß das Deuteron im Grundzustand eine kleine etwa 4%ige Beimischung eines $^3D_1$-Zustands zum $^3S_1$-Zustand besitzt.

**Deutlichkeitsmaß,** in der ↗*Raumakustik* eine objektiv meßbare Größe, die mit der ↗*Verständlichkeit* korreliert ist. Zu ihrer Feststellung wird mit einer Impulsschallquelle, welche die Richtcharakteristik eines Sprechers hat, die ↗*Raumantwort p* aufgenommen. Der Effektivwert des Schallanteils der ersten 50 ms wird dann mit dem Effektivwert des Schallanteils nach 50 ms verglichen. Das Deutlichkeitsmaß $C_{50}$ berechnet sich daraus (nach Ahnert) zu:

$$C_{50} = 10\ \lg \frac{\int_0^{50\mathrm{ms}} p^2(t)\,dt}{\int_{50\mathrm{ms}}^{\infty} p^2(t)\,dt}\,\mathrm{dB}.$$

Mit dem Deutlichkeitsmaß wird die Wirkung raumakustischer Maßnahmen zur Verbesserung der Verständlichkeit kontrolliert.

**Deuton** ↗*Deuteron*.

**Deutsche Forschungsanstalt für Luft- und Raumfahrt,** *DLR*, ↗Normeninstitute, Behörden und andere übergeordnete Forschungseinrichtungen.

**Deutsche Forschungsgemeinschaft,** *DFG*, Interessengemeinschaft unter Mitwirkung von Bund, Ländern und Wissenschaftlichen Instituten. Aufgabe der DFG ist die Förderung von Forschung, Nachwuchswissenschaftlern sowie der Zusammenarbeit unter den Wissenschaftlern. Zudem soll sie Behörden beraten sowie wissenschaftliche Beziehungen zum Ausland unterhalten und pflegen.

Das *Normalverfahren* bildet den Kern der Forschungsförderung durch die DFG. Jeder Forscher mit einer abgeschlossenen wissenschaftlichen Ausbildung kann hier Anträge auf Finanzierung eines Forschungsvorhabens stellen.

Überregionale *Schwerpunktprogramme* können vom Senat der DFG eingerichtet werden, wenn die koordinierte Förderung für das betreffende Gebiet wissenschaftlichen Gewinn verspricht.
*Sonderforschungsbereiche* (*SFB*) sind langfristige, in der Regel auf die Dauer von 12 bis 15 Jahren angelegte Forschungseinrichtungen der Hochschulen, in denen Wissenschaftler im Rahmen fächerübergreifender Forschungsprogramme zusammenarbeiten. Die Hochschulen stellen dabei die personelle und materielle Grundausstattung zur Verfügung und sind Antragsteller sowie Empfänger der Förderung.
*Transferbereiche* sind projektförmig konzipierte, sachlich und zeitlich definierte Kooperationen zwischen Forschungsinstitutionen und Industrieunternehmen oder anderen Anwendern, die der Umsetzung von Ideen und Erkenntnissen der wissenschaftlichen Grundlagenforschung in der Praxis dienen. Transferbereiche arbeiten im vorwettbewerblichen Feld, ihre Arbeit endet mit dem Erreichen prototypischer Ergebnisse.
*Graduiertenkollegs* sind längerfristige Einrichtungen der Hochschulen zur Förderung des graduierten wissenschaftlichen Nachwuchses, die an Forschungsvorhaben beteiligt werden. Mit ihnen sollen Doktoranden Gelegenheit finden, im Rahmen eines systematisch angelegten Studienprogramms ihre Promotion vorzubereiten und mit ihrer Dissertation in einem umfassenden Forschungszusammenhang zu arbeiten. Graduiertenkollegs dienen insofern einer forschungsorientierten Integration von Forschung und Ausbildung. (↗Wissenschaftliche Organisationen)

**Deutsche Geophysikalische Gesellschaft,** *DGG*, wissenschaftliche Vereinigung mit dem Ziel der Förderung der ↗*Geophysik* in Forschung, Lehre und Anwendung. Die DGG wurde 1922 als Deutsche Seismologische Gesellschaft gegründet, 1924 Umbenennung in den heutigen Namen. Sie hat etwa 900 Mitglieder in 35 Ländern (1998), der Sitz ist Potsdam. Sie ist assoziiert mit der ↗*Deutschen Physikalischen Gesellschaft*; Publikationsorgan (gemeinsam mit der ↗*European Geophysical Society*, EGS, und der entsprechenden britischen Gesellschaft) ist das »Geophysical Journal International«. (↗*International Union of Geodesy and Geophysics*)

**Deutsche Gesellschaft für Akustik e.V.,** *DEGA*, 1989 gegründeter gemeinnütziger wissenschaftlicher Verein zur Förderung der Akustik mit Sitz an der Universität Oldenburg. Die DEGA veranstaltet jährlich eine große wissenschaftliche Tagung (DAGA) und gibt in Zusammenarbeit mit der *European Acoustics Association* die wissenschaftliche Zeitschrift »Acustica/Acta Acustica« heraus. Die fachliche Arbeit ist auf zehn Fachausschüsse verteilt: 1. Bau- und Raumakustik, 2. Elektroakustik, 3. Hörakustik, 4. Hydro- und Geoakustik, 5. musikalische Akustik, 6. Ultraschall, 7. Sprachakustik, 8. technischer Schall- und Schwingungsschutz, 9. physikalische Akustik, 10. Lehre der Akustik.

**Deutsche Gesellschaft für Biophysik e.V.,** *DGfB*, Assoziation von Biophysikern aus Deutschland und deutschsprachigen Nachbarländern. Das Spektrum der Ziele reicht von der Förderung der biophysikalischen Forschung in Deutschland über die Durchführung wissenschaftlicher Konferenzen bis zur Organisation der Hochschulausbildung auf dem Gebiet der ↗*Biophysik*. Die DGfB wurde 1943 gegründet (die erste biophysikalische Arbeitstagung fand bereits 1941 in Schlema in Sachsen statt) und umfaßt heute die drei Sektionen (1) Molekularbiophysik, (2) Membranen, Zellen und Netzwerke und (3) Strahlen- und Umweltbiophysik. Sie hat ca. 460 Mitglieder. Neben der DGfB gibt es in Deutschland noch die kleinere Deutsche Gesellschaft für Physikalische Biologie.

**Deutsche Physikalische Gesellschaft,** *DPG*, an Traditionen früherer Gesellschaften anknüpfende wissenschaftliche Fachgesellschaft (↗physikalische Gesellschaften und assoziierte Gesellschaften), die direkt und unmittelbar der reinen und angewandten Physik dienen soll. Zu ihren Aufgaben gehört u.a. die Zusammenarbeit mit der Industrie und Öffentlichkeitsarbeit, das Veranstalten von Tagungen und Fachtagungen auf nationaler und internationaler Ebene sowie die Trägerschaft des Physikzentrums in Bad Honnef und des Magnushauses in Berlin. Verbandsorgan der DPG sind die *Physikalischen Blätter*. Die DPG hat (1998) über 30700 Mitglieder; etwa 30% sind Studenten und 2% Lehrer. Die Gesellschaft verleiht mehrere international bedeutsame ↗Preise.

**Deutscher Akademischer Austauschdienst,** *DAAD*, ↗Studienförderung.

**Deutscher Verband Technisch-Wissenschaftlicher Vereine e.V.,** *DVT*, ↗wissenschaftliche Organisationen.

**Deutsches Elektronen-Synchrotron** ↗DESY.

**Deutsches Institut für Normung,** *DIN*, ↗*Normeninstitute, Behörden und andere übergeordnete Forschungseinrichtungen*.

**Dewar,** Sir *James*, britischer Physiker und Chemiker, *20.9.1842 Kincardine on Forth (Schottland), †27.3.1923 London; 1875–77 Professor in Cambridge, anschließend Professor für Chemie an der Royal Institution in London; 1896 erster Direktor des neugegründeten Davy-Faraday-Laboratoriums; ab 1877 Untersuchungen zur Gasverflüssigung; stellte 1885 große Mengen flüssiger Luft und flüssigen Sauerstoffs durch Kompression der mit flüssigem Ethan gekühlten Gase her; untersuchte 1891 die magnetischen Eigenschaften von flüssiger Luft und Ozon; entwickelte 1893 das ↗*Dewar-Gefäß;* stellte durch Ausnutzen des Joule-Thomson-Effekts erstmals flüssigen (1898) und festen Wasserstoff (1899) her; erkannte, daß der elektrische Widerstand reiner Metalle bei Annäherung an den absoluten Nullpunkt gegen null geht;

befaßte sich ferner mit der Bestimmung von hohen Temperaturen und spezifischen Wärmekapazitäten sowie mit Vakuumtechnik.

**Dewar-Gefäß,** *Vakuummantel-Gefäß, Weinholdsches Gefäß, Isolier-* oder *Thermosflasche,* 1893 von J. ↗*Dewar* zur Aufbewahrung flüssiger Gase entwickeltes doppelwandiges Gefäß (Flasche oder Becher) aus Glas oder Metall, das von einem Vakuummantel umgeben ist. Dieser Mantel ist teilweise evakuiert und meist auch auf der Innenseite verspiegelt, so daß die Wärmeleitfähigkeit und -abstrahlung sehr gering sind.

**Dewar-Strukturen** ↗Valenzstrukturmethode.

**De-Witt-Vielwelten-Theorie** ↗Vielwelten-Theorien.

**Dezi** (zu lat. decima pars »Zehntel«), Vorsatzzeichen d, Vorsatz vor SI-Einheiten für den Faktor $10^{-1}$, z.B. $1\,\text{Dezimeter} = 1\,\text{dm} = 10^{-1}\,\text{m}$.

**Dezibel** (nach A. ↗Bell), Einheitenzeichen dB, Einheit für logarithmierte Verhältnisgrößen, wenn der dekadische Logarithmus verwendet wird. Das dB ist eine dimensionslose Zahl und entspricht 0,1 B.

Für das Verhältnis $x_F$ zweier Feldgrößen (d.h. Größen, deren Quadrate der Leistung proportional sind), gilt

$$x_F = 2\left(\lg_{10}\left|\frac{F_1}{F_2}\right|\right), \quad B = 20\left(\lg_{10}\left|\frac{F_1}{F_2}\right|\right)\text{dB}.$$

Für das Verhältnis $x_P$ zweier Leistungsgrößen (d.h. Größen, die der Leistung proportional sind), gilt

$$x_P = \left(\lg_{10}\left|\frac{P_1}{P_2}\right|\right), \quad B = 10\left(\lg_{10}\left|\frac{P_1}{P_2}\right|\right)\text{dB}.$$

Eine ähnliche Definition gilt für das ↗*Neper*, das auf dem natürlichen Logarithmus basiert, international aber wesentlich weniger gebräuchlich ist. Das *Bel* hat sich für den praktischen Gebrauch als zu groß erwiesen, weswegen meist das Dezibel verwendet wird.

**Dezimalsystem,** Einheitensystem, in dem sich die Untereinheiten durch Potenzen von Zehn aus einer anderen Einheit derselben Größe herleiten lassen, z.B. 10 cm = 1 dm.

**Dezimalzähler,** ein digitaler ↗*Zähler*, der aus vier ↗*JK-Flipflops* und einer zusätzlichen Logikschaltung besteht. Die Ausgangszustände der Flipflops nehmen bei der Zählung nacheinander die Binär-Werte 0000 bis 1001 an, die den Dezimalziffern 0 bis 9 entsprechen. Nach Erreichen der 9 sorgt die Logikschaltung dafür, daß der Zähler auf den Wert 0 zurückspringt.

**Dezimeterwellen,** ↗elektromagnetische Wellen mit einer Wellenlänge $\lambda$ im Dezimeterbereich. (↗Mikrowellen)

**DFB,** *Distributed Feedback*, räumlich verteilte Rückkopplung, Laserprinzip, bei dem die optische Rückkopplung nicht ausschließlich an den Spiegeln des ↗*Laserresonators* stattfindet, sondern durch eine räumlich periodische Struktur oder Interferenzverteilung des Lichtes im ↗*Lasermedium* erreicht wird; dadurch wird eine verbesserte longitudinale Modenselektion bewirkt. Das Prinzip wird bei Diodenlasern (↗*DFB-Diodenlaser*) und bei Farbstofflasern (↗*DFB-Farbstofflaser*) angewandt, bei denen der Einmodenbetrieb wichtig ist.

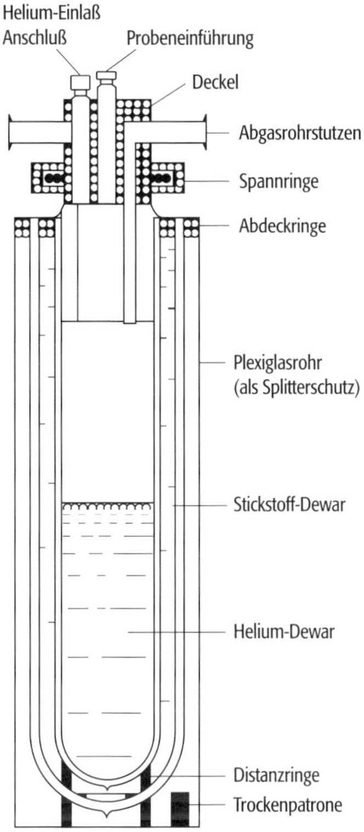


**Dewar-Gefäß:** Schematische Darstellung.

Die unerwünschten transversalen ↗*Moden* können durch eine exakte Justage der Spiegel meist eliminiert werden, aber die longitudinalen Moden des Resonators, die alle annähernd dieselben ↗*Beugungsverluste* an den Spiegeln erfahren, lassen sich durch Justage nicht auf eine einzelne Mode reduzieren, so daß ohne zusätzliche Modenselektion der Laser auf vielen longitudinalen Moden gleichzeitig schwingt. Das Prinzip des DFB basiert auf dem *Bragg-Effekt* (↗Braggsches Reflexionsgesetz), der die Wechselwirkung von elektromagnetischer Strahlung mit räumlich periodischen Strukturen beschreibt. Bei DFB-Diodenlasern ist je nach Typ entweder die Grenzfläche zwischen aktiver Zone und n-Schicht als periodisches Gitter ausgeführt, oder ein optischer Wellenleiter, der die Diode durchzieht, ist über eine gewisse Strecke hinweg periodisch strukturiert (Variation der Brechzahl oder des Wellenleiterquerschnitts). Der Bragg-Effekt bewirkt, daß bei der Beugung an den periodischen Strukturen nur solche Wellenlängen eine Verstärkung im Lasermedium erfahren, die die Bragg-Bedingung erfüllen. Beim DFB-Farbstofflaser werden zwei kohärente Pumpstrahlen in der Farbstoffzelle überlagert, und die Periodenlänge der so entstandenen Interferenzstreifenmuster bestimmt dann die Wellenlänge der Farbstofflaser-Emission.

**DFB-Diodenlaser,** ↗*Diodenlaser*, der das Prinzip der räumlich verteilten Rückkopplung

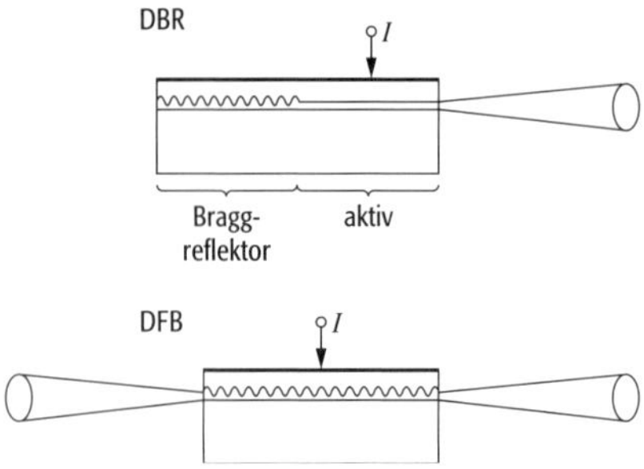


**DFB-Diodenlaser:** Schematischer Aufbau eines DBR- und eines DFB-Diodenlasers.

(Distributed Feedback, ↗*DFB*) zur Verbesserung der Modenselektion nutzt. Aufgrund der kleinen Resonatorlänge liegen die ↗*Resonatormoden* (Wellenlängen, die im Resonator eine Verstärkung erfahren können) sehr dicht beieinander, was das »*Mode-Hopping*« (Springen zwischen verschiedenen Moden) begünstigt. Verursacht wird das Mode-Hopping meist von einer Verschiebung des ↗*Verstärkungsprofils* durch kleinste Schwankungen im Diodenstrom oder in der Temperatur. Man unterscheidet zwei Ausführungsformen: Einmal kann die für das Distributed Feedback typische räumlich periodische Struktur in die aktive Zone des Halbleiters integriert sein (die Grenzfläche der n-Schicht ist als periodisches Gitter ausgebildet) (Abb.); zum anderen ist es möglich, ein passives Element, z.B. einen Wellenleiter, der die Diode durchzieht, periodisch zu strukturieren (Variation der Brechzahl oder des Querschnitts). Letzeres Prinzip wird auch Distributed Bragg-Reflector (DBR) genannt. Die Modenselektion durch DBF oder DBR ist insbesondere für Diodenlaser von Bedeutung, die mit variabler Laserleistung bzw. gepulst betrieben werden. Hier kommt es durch den modulierten Injektionsstrom zur Anregung vieler longitudinaler Moden im Energiebereich des Laserübergangs. Dies läßt sich durch DBF oder DBR jedoch unterdrükken, so daß auch gepulste Diodenlaser im Einzelmodenbetrieb laufen können.

**DFB-Farbstofflaser,** ↗*Farbstofflaser*, der das Prinzip der räumlich verteilten Rückkopplung (*Distributed Feedback*, ↗*DFB*) zur Verbesserung der Modenselektion nutzt. Die Abbildung zeigt eine Möglichkeit für den Aufbau eines DFB-Farbstofflasers. Generell wird hier ein Pumplaserstrahl durch einen Strahlteiler in zwei kohärente Pumpstrahlen geteilt, die unter

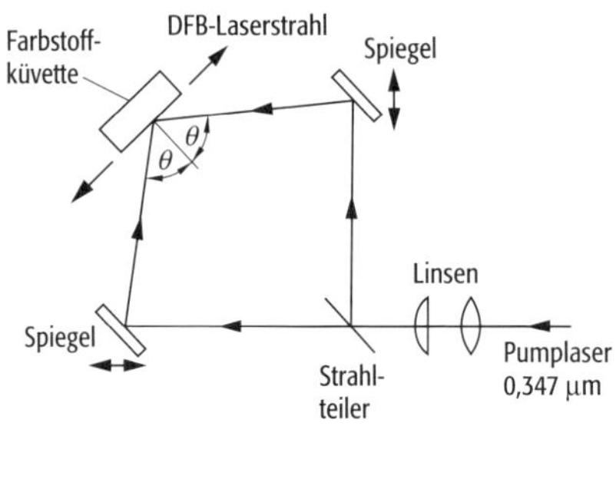


**DFB-Farbstofflaser:** Aufbau und Strahlengang.

den Winkeln $\pm\theta$ (bezogen auf die Normale der Oberfläche) in die Farbstoffzelle eintreten. Hier kommt es durch die Interferenz der Strahlen zu einer räumlich periodischen Modulation der Besetzungsdichte $N_i(z)$ der absorbierenden Farbstoffmoleküle. Ist $\lambda_\text{P}$ die Wellenlänge des Pumplasers, so gilt für die Modulationsperiode $\Lambda$: $\Lambda = \lambda_\text{P}/2\sin\theta$. Für die Wellenlänge $\lambda_\text{F}$ der vom Farbstoff emittierten Laserstrahlung muß die Bragg-Bedingung $\lambda_\text{F} = 2\Lambda/n$ gelten, wobei $n$ die Brechzahl der Farbstofflösung ist. Nur für diese Wellenlänge ergibt sich konstruktive Interferenz aller Teilwellen in $\pm z$-Richtung, und nur für diese Wellenlänge ist die Verstärkung für eine stimulierte Emission groß genug. Es wird ein Laserpuls emittiert, der kürzer ist als der Pumplaserpuls.

**DFB-Moden,** die longitudinale ↗*Moden* eines *DFB-Lasers*.

**DF-Laser** ↗Laser, chemische.

**D-Flipflop,** *Data-Flipflop*, ein ↗*Flipflop*, bei dem im Unterschied zum ↗*getakteten RS-Flipflop* der $R$-Eingang mit dem $S$-Eingang über ein ↗*NICHT-Gatter* verbunden ist, so daß nur ein Eingang, der $D$-Eingang vorhanden ist. Hierdurch wird vermieden, daß der beim getakteten RS-Flipflop vorhandene unbestimmte Ausgangszustand bei der Eingangskombination H-H (High-High) auftritt.

**DFT 1)** ↗*diskrete Fourier-Transformation*, **2)** ↗*Dichtefunktionaltheorie*.

**DGG** ↗Deutsche Geophysikalische Gesellschaft.

**Diac,** ein bidirektionaler Halbleiterschalter ohne Steuerelektrode. Er schaltet durch, sobald die anliegende Spannung einen Wert von typischerweise 20 bis 30 V überschreitet. Im einfachsten Fall ist ein Diac aus drei Schichten n-p-n (*Triggerdiode*) aufgebaut. Hier ist die Spannung im durchgeschalteten Zustand (*Haltespannung*) relativ hoch. Eine Verbesserung wird mit einer Fünfschichtanordnung erreicht, die im Prinzip zwei antiparallelgeschaltete ↗*Thyristoren* ohne Gate darstellt.

**Diagonalisierung,** *orthogonale* bzw. *unitäre Transformation* einer Matrix, vermittels derer diese zu einer Diagonalmatrix wird. Symmetrische Matrizen $S$ können durch orthogonale Transformationen, hermitesche Matrizen $H$ durch unitäre Transformationen diagonalisiert werden. Die Matrix $O$ bzw. $U$, welche die hierfür erforderliche orthogonale bzw. unitäre Transformation beschreibt, enthält die orthonormierten Eigenvektoren von $S$ bzw. $H$ als Spaltenvektoren. Es ist dann $D_{ij} = (U^\dagger HU)_{ij} = (O^\text{T}SO)_{ij} = \lambda_i\delta_{ij}$; die entstehende Diagonalmatrix enthält die Eigenwerte von $S$ bzw. $H$ als Diagonalelemente.

Die Diagonalisierung bedeutet den Übergang zu einem geeigneteren Koordinatensystem. Der *Trägheitstensor* wird beispielsweise durch eine symmetrische $3\times3$-Matrix dargestellt. Die Eigenwerte des Trägheitstensors heißen *Hauptträgheitsmomente*, die Eigenvektoren sind die *Hauptachsen*, und die Diagonalisierung des Trägheitstensors wird *Hauptachsentransformation* genannt. Die Untersuchung gekoppelter Schwingungen in linearer Näherung führt auf ein System von $n$ linearen Differentialgleichungen mit konstanten Koeffizienten, wobei $n$ die Zahl der Freiheitsgrade ist. Die Differentialgleichungen können durch Diagonalisierung der Koeffizientenmatrix entkoppelt werden. Die Eigenvektoren der Koeffizientenmatrix ergeben die *Normalschwingungen*, aus den Eigenwerten resultieren die zugehörigen Schwingungsfrequenzen. In der *Quantenmechanik* sucht man zu hermiteschen Operatoren dasjenige System von Basisfunktionen, vermittels dessen die Matrixdarstellung des Operators diagonal wird. Die Eigenwerte bzw. Eigenvektoren heißen dann Spektrum bzw. Eigenzustände des Operators.

**Diagonalmatrix,** eine Matrix, die nur auf der Hauptdiagonale von null verschiedene Elemente enthält.

**DIAL,** *Differential Absorption LIDAR*, Kombination der ↗DOAS- und ↗LIDAR-Methode zur Messung von Konzentrations-Höhenprofilen atmosphärischer Spurenstoffe.

**Dialysegerät,** Apparat zur Reinigung des Blutes, insbesondere bei Nierenschwäche. In einem Dialysegerät wird das Blut des Patienten zunächst einer Kammer zugeführt. Diese ist mit einer semipermeablen Membran unterteilt. Auf der einen Seite befindet sich eine mit dem Blut verträgliche Substanz, welche die Membran ungehindert durchdringen kann (↗Osmose). Wegen des Konzentrationsgefälles durchdringen die im Blut gelösten Giftstoffe von der anderen Seite die Membran und werden so dem Blutkreislauf entzogen.

**Dialyt-Prisma,** ein ↗Reflexionsprisma, bei dem das Licht viermal reflektiert wird. Mit dem Dialyt-Prisma erreicht man eine vollständige Bildumkehr ohne Richtungsänderung.

**Diamagnetikum,** Stoff mit negativer ↗magnetischer Suszeptibilität $\chi_m < 0$. Der ↗Diamagnetismus ist eine universelle Eigenschaft der Materie. Diamagnetika werden die Stoffe genannt, deren Suszeptibilität *rein* diamagnetisch ist, d.h. die keine permanenten ↗magnetischen Momente besitzen. Diamagnetika sind meistens Stoffe, die keine ungepaarten Elektronen besitzen, also insbesondere Edelgase (mit abgeschlossenen Elektronenschalen) oder Hauptgruppenelemente aus der zweiten, vierten oder sechsten Gruppe. Moleküle mit abgesättigten Bindungen sind meist ebenfalls diamagnetisch. Das Sauerstoffmolekül zeigt dagegen durch seinen ↗Paramagnetismus, daß es radikalisch gebaut ist (↗Radikal).

**diamagnetisches Atom,** Atom, das kein permanentes magnetisches Moment aufweist. Zwar erzeugt jedes Elektron in seinem Orbital ein magnetisches Moment, doch in einem diamagnetischen Atom heben sich die magnetischen Momente aller Elektronen des Atoms auf. Mit dieser Vorstellung läßt sich das Phänomen des ↗*Diamagnetismus* erklären.

**diamagnetische Sonde,** in einem ↗*Tokamak* oder einem ↗*Stellarator* eine um den kleinen Torusumfang gewundene Leiterschleife, mit der der Energieinhalt des Plasmas, genauer gesagt der über einen poloidalen Querschnitt integrierte Plasmadruck, gemessen werden kann. Da das Plasma diamagnetisch ist (↗Diamagnetismus), verringert seine Anwesenheit den toroidalen magnetischen Fluß, und zwar proportional zum Plasmadruck, während die Spannung in der diamagnetischen Sonde wiederum proportional zur Zeitableitung des toroidalen magnetischen Flusses ist.

**diamagnetische Verschiebung,** *diamagnetische Energieverschiebung*, eine Verschiebung der ↗*Zeeman-Energie* von Atomen in einem starken äußeren Magnetfeld $\boldsymbol{B}_{\text{ext}}$. Bei allen Stoffen wird in der Atomhülle durch das äußere Feld ein zusätzliches magnetisches Moment $\boldsymbol{m} \sim \boldsymbol{B}_{\text{ext}}$ induziert (↗*Diamagnetismus*), das bei hinreichend hoher Magnetfeldstärke $B_{\text{ext}}$ durch eine Energieverschiebung nachweisbar ist. Die Energieverschiebung ist proportional zu $B^2_{\text{ext}}$, weshalb sie auch als *quadratischer Zeeman-Effekt* bezeichnet wird. Da das induzierte Moment mit dem Abstand der Elektronenhülle vom Kern zunimmt, fällt die diamagnetische Verschiebung besonders bei Zuständen mit hoher ↗*Hauptquantenzahl n* ins Gewicht.

**Diamagnetismus,** das Auftreten eines Magnetfeldes $\boldsymbol{M}$, der sogenannten ↗*Magnetisierung* (s.u.), bei Anlegen eines äußeren Magnetfeldes $\boldsymbol{B}_{\text{ext}}$ an eine Substanz, wobei die Magnetisierung dem äußeren Feld entgegengerichtet ist.

Die Ursache hierfür ist die *Präzessionsbewegung* der Atome bzw. Moleküle des Materials um die Richtung von $\boldsymbol{B}_{\text{ext}}$ (↗*Larmor-Präzession*). Diese Präzessionsbewegung läßt sich klassisch als eine »Taumelbewegung« der Atome interpretieren, welche ein dem äußeren Feld entgegengesetztes Magnetfeld induziert (↗Lenzsche Regel). Diamagnetismus tritt in allen Stoffen auf, wird jedoch bei manchen von weitaus stärkeren Effekten ↗*Paramagnetismus* und *Ferromagnetismus* überlagert.

Die Frequenz der induzierten Kreisströme, die ↗Larmor-Frequenz, ist gegeben durch $\omega_L = -e\boldsymbol{B}_{\text{ext}}/m_e$ ($e$: ↗Elementarladung, $\boldsymbol{B}_{\text{ext}}$: äußere ↗magnetische Flußdichte, $m_e$ Elektronenmasse). Das induzierte mikroskopische ↗magnetische Moment ist

$$\boldsymbol{m} = Ze\langle r^2\rangle\omega_L/2 = -Ze^2\langle r^2\rangle\boldsymbol{B}/(2m_e)$$

($\langle r^2\rangle$: mittleres Abstandsquadrat der Elektronen von der Drehachse, $Z$: Anzahl der Elektronen bzw. Ordnungszahl). Mit der Anzahldichte $n$ und der Magnetisierung $\boldsymbol{M} = n\boldsymbol{m}$ folgt für die ↗magnetische Suszeptibilität

$$\chi_m = M\mu_0/B_{\text{ext}} = -\mu_0 n\langle r^2\rangle Ze^2/(2m_e).$$

Der auf den Diamagnetismus zurückgehende Anteil von $\chi_m$ ist also temperaturunabhängig, sofern sich die Dichte nicht merklich ändert, und stets negativ.

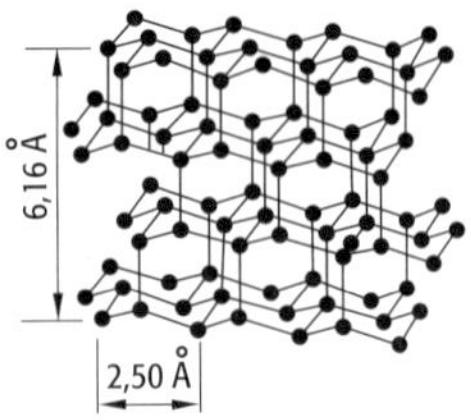


**Diamantgitter 1:** Ausschnitt aus dem kubischen Diamantgitter. Die tetraedrische Koordination der Kohlenstoffe ist deutlich erkennbar.

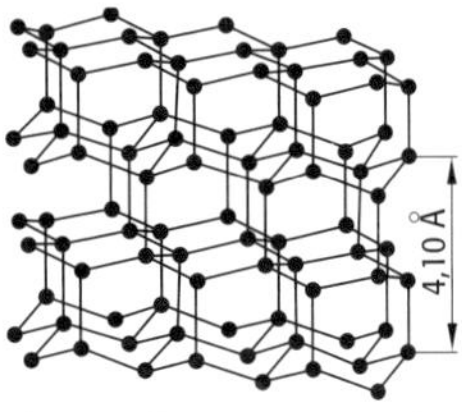


**Diamantgitter: 2:** a) kubisch, b) hexagonal. Die Sesselform der Kohlenstoffringe ist deutlich erkennbar.

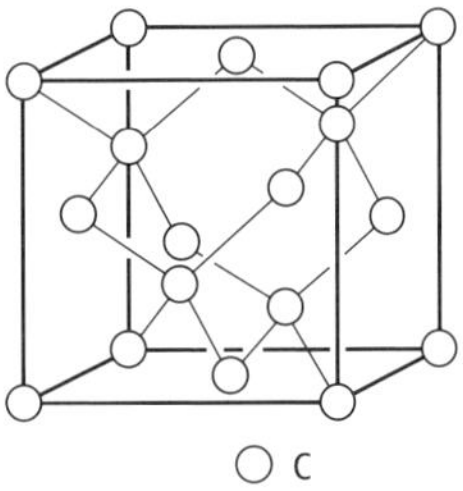


**Diamantgitter 3:** Ausschnitt aus dem Gitter von 1. Die Flächenzentrierung des kubischen Gitters ist klar zu erkennen.

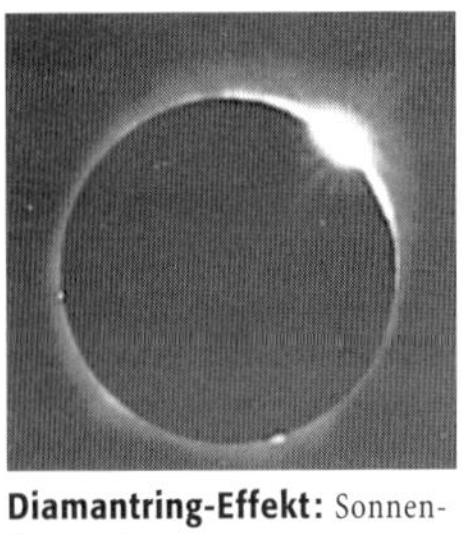

**Diamantring-Effekt:** Sonnenfinsternis 1966.

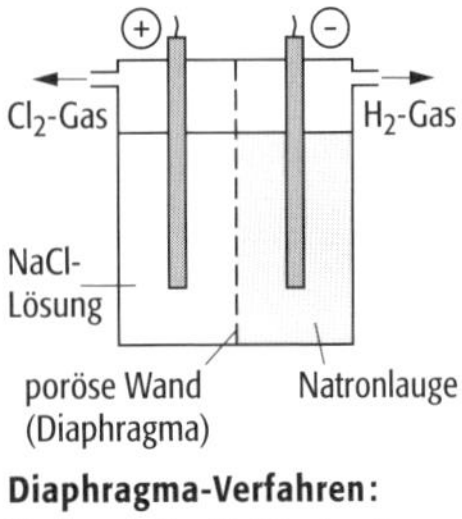


**Diaphragma-Verfahren:** Trennung der Elektrodenräume durch ein Asbest- oder Kunstharz-Diaphragma.

Stoffe, deren Suszeptiblität hiermit vollständig erklärt werden kann, heißen diamagnetisch bzw. ↗Diamagnetika. Wegen ihrer negativen Suszeptibilität ist ihre ↗Permeabilitätszahl $\mu_r$ kleiner als 1, das Magnetfeld wird aus dem Körper herausgedrängt. Ein ideales Diamagnetikum ist der ↗Supraleiter: Dort verschwindet das Magnetfeld im Inneren völlig, es ist $\chi_m = 0$ bzw. $\mu_r = -1$.
In einem inhomogenen Magnetfeld wird ein diamagnetischer Probekörper zu Stellen geringerer Feldstärke getrieben; wenn z.B. ein diamagnetisches Stäbchen zwischen die Pole eines ↗Elektromagneten mit zugespitzten Polschuhen gehängt wird, so stellt es sich senkrecht zur Verbindungslinie der Polschuhe (äquatorial); ein paramagnetisches Stäbchen stellt sich dagegen parallel.
Auch Plasmen können Diamagnetismus zeigen, wenn sie nicht im thermischen Gleichgewicht sind und hohen äußeren Magnetfeldern ausgesetzt sind. Auch beim Elektronengas tritt Diamagnetismus auf und trägt z.B. zur Suszeptibilität von Metallen bei. (↗Landau-Diamagnetismus, ↗Magnetismus) [MD]

**Diamantgitter,** Idealtyp der kovalenten Bindung, ein ↗*Atomgitter*, bei dem jedes Kohlenstoffatom tetraedrisch von vier Nachbarkohlenstoffatomen umgeben ist. Die C-Atome besetzen die Positionen zweier kubisch-flächenzentrierter Raumgitter (*dichteste* ↗*Kugelpackung*), die so ineinander gestellt sind, daß sie um ein Viertel einer Raumdiagonalen der Elementarzelle gegeneinander verschoben sind. Die Atome des einen Teilgitters besetzen dabei jeweils die Position jeder zweiten tetraedrischen Lücke des anderen Teilgitters und umgekehrt (Abb. 1). Außer der kubischen Modifikation des Diamants existiert noch eine seltenere hexagonale (Abb. 2).

**Diamantring-Effekt,** astronomisches, von der Erde aus beobachtbares optisches Phänomen kurz vor Eintritt oder nach Ende der totalen Phase einer ↗Sonnenfinsternis, bei dem die Sonne gerade noch durch ein Mondtal durchscheint und wie ein Diamant auf dem Ring der ↗Chromosphäre aufleuchtet.

**Diamantstempelzelle,** Gerät, mit dem Proben unter sehr hohen Drücken untersucht werden können. Damit lassen sich z.B. die im ↗*Erdkern* herrschenden Bedingungen im Labor simulieren (↗*Petrophysik*). Eine Diamantstempelzelle besteht aus zwei präzise geschliffenen Diamanten, deren untere, zueinander parallele Flächen nur einen Querschnitt von ca. 0,1 mm haben. Eine dazwischen plazierte Probe kann so einem Druck von bis zu $4 \cdot 10^{11}$ Pa (4 Mbar) ausgesetzt werden, dies ist das Viermillionenfache des normalen irdischen Luftdrucks. Da Diamanten durchsichtig sind, kann die Probe während des Experiments beobachtet oder mit Laserlicht erhitzt oder angeregt werden. Ebenso sind Röntgenstrukturuntersuchungen möglich (↗Röntgenstrukturanalyse).

**Diamantsynthese,** Herstellung von künstlichem Diamant aus Graphit unter Anwendung sehr hoher Drücke und Temperaturen (z.B. 13 GPa und 3300 K). In Anwesenheit von Katalysatoren (Nickel, Cobalt oder Eisen), die gleichzeitig als Lösungsmittel für den Kohlenstoff dienen, ist die Diamantsynthese bereits bei 5,3 bis 10 GPa und 1800 bis 2100 K möglich. Eine weitere Synthesemethode stellt die Pyrolyse von Methan dar, bei der Diamant als kinetisch begünstigtes Produkt abgeschieden wird. Künstliche Diamanten (Jahresproduktion ca. 20 t, d.h. 100 Millionen Karat) werden hauptsächlich für die Herstellung von Schleifscheiben verwendet.

**Diamant-Trägerrakete,** dreistufige französische Trägerrakete (↗Raumfahrt, bemannte, ↗Raumfahrt, unbemannte).

**Diaphragma-Verfahren, 1)** *Kern- und Reaktorphysik*: spezielle Anordnung zur ↗*Anreicherung* von Isotopen. Ähnlich dem *Trenndüsenverfahren* erfolgt die Trennung von Gaspartikeln unterschiedlicher Masse beim Austritt durch eine besonders geformte ↗*Laval-Düse*. Bei dem dabei mit Überschallgeschwindigkeit austretenden Gas befinden sich die schwereren Isotope im Inneren, die leichteren in der Mantelzone des Gasstrahls.
**2)** *Physikalische Chemie*: elektrolytisches Verfahren zur Gewinnung von Chlorgas, Wasserstoff und Natronlauge aus einer wäßrigen NaCl- oder KCl-Lösung unter Verwendung eines Diaphragmas, d.h. einer porösen Trennwand aus Asbest oder Kunstharz zur Abtrennung der Elektrodenräume (Abb.). Als Elektroden kommen eine Netzkathode aus Eisen und eine mit Rutheniumoxid aktivierte Titananode zum Einsatz. Die Aktivierung der Anode mit diesem Material ist nötig, um die Chlor-Überspannung (↗*Überspannung*) herabzusetzen.

**Diaphragmen-Trennmethode** ↗*Diaphragma-Verfahren*.

**Diapositiv** ↗Projektor.

**diasklerale Durchleuchtung,** Untersuchungsmethode in der Augenheilkunde zur Diagnose tumoröser Augenerkrankungen. Hierbei wird eine kegelförmige Leuchte, die nur am vorderen Ende Licht austreten läßt, senkrecht auf die Lederhaut des Auges (↗dioptrischer Apparat) aufgesetzt. Beim gesunden Auge leuchtet die Pupille rot auf, da das Licht ungehindert die Lederhaut und das Augeninnere durchdringen kann; liegen dazwischen aber lichtabsorbierende Gewebe, z.B. Tumorgewebe oder Blut, bleibt die Pupille dunkel.

**diatherman,** aus dem Griechischen für »wärmedurchlässig«, die Eigenschaft der Körper, Wärmestrahlen nicht zu absorbieren, sondern hindurchzulassen. Gegensatz: ↗adiatherman.

**Diathermie,** *Hochfrequenzwärmebehandlung*, Verfahren zur Wärmebehandlung bestimmter Gewebe im Körperinneren durch die Einwirkung hochfrequenter elektrischer oder magnetischer Wechselfelder oder durch Bestrahlung mit gebündelten hochfrequenten elektromagnetischen Wellen, die im Körper in ↗*Joulesche Wärme* umgewandelt werden. Je nach der verwendeten Wellenlänge der verwendeten Strahlung spricht man von Kurzwellen- (11 m), Dezimeter- (0,69 m) bzw. Mikrowellentherapie (0,12 m), mit denen unterschiedliche Tiefenwirkungen im Gewebe erzielt werden.

**Dichotomie,** die exakte Halbphase von Himmelskörpern, die ↗*Phasen* aufweisen (z.B. Mond, Merkur und Venus). Bei Venus weicht die berechnete Dichotomie von der beobachteten um ein bis zwei Tage ab.

**Dichroismus,** Erscheinung, daß bei ↗*optisch anisotropen* Medien das Absorptionsverhalten des Mediums nicht nur von der Wellenlänge des eingestrahlten Lichts abhängt, sondern auch von dessen ↗*Polarisation* und Strahlrichtung. Optisch einachsige Kristalle besitzen zwei Eigenfrequenzen, die jeweils für die Absorption von Licht parallel *oder* senkrecht zur optischen Achse verantwortlich sind (Abb.). Optisch anisotrope Kristalle können daher je nach Polarisation des einfallenden weißen Lichts zwei unterschiedliche Farben annehmen. Die meisten Kristalle erscheinen trotzdem durchsichtig ungefärbt, da ihre Eigenfrequenzen im IR- oder UV-Spektralbereich liegen.

Da unter bestimmten Bedingungen auch Mischfarben auftreten können, spricht man v.a. in der Mineralogie von ↗*Pleochroismus*.

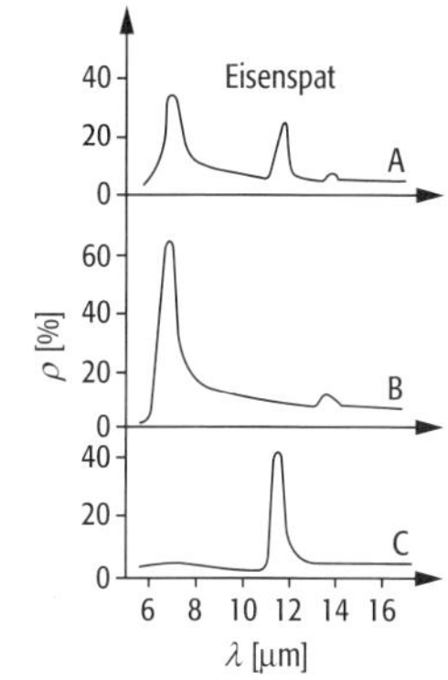


**Dichroismus:** Dichroismus bei Eisenspat: a) natürliches Licht (keine ausgezeichnete Polarisationsrichtung); b) Polarisation senkrecht zur optischen Achse; c) Polarisation parallel zur optischen Achse.

**Dichromasie,** *Farbenblindheit*, ↗Farbsinnstörung.

**Dichromat,** optisches System, das den ↗Farbortsfehler korrigiert, so daß die paraxiale ↗Schnittweite für jeweils zwei Farben gleich ist.

**Dichte, 1)** im weiteren Sinne der Quotient aus einer physikalischen Größe und einer Längeneinheit (*Liniendichte*), Flächeneinheit (*Flächendichte*) oder Raumeinheit (*Raumdichte*). Je nachdem, welche Größen zueinander ins Verhältnis gesetzt werden, spricht man beispielsweise in der Elektrodynamik von der *Flächenladungsdichte*, d.h. der elektrischen Ladung $q$ je Flächeneinheit $A$, $\sigma = \mathrm{d}q/\mathrm{d}A$; von der *Raumladungsdichte* $\rho = \mathrm{d}q/\mathrm{d}V$, die als Quotient von Ladungselement $\mathrm{d}q$ im Volumenelement $\mathrm{d}V$ definiert wird, von der elektrischen ↗*Stromdichte*, dem Vektor $\boldsymbol{j}$ mit der Richtung des Ladungsflusses und dem Betrag $j = \mathrm{d}I/\mathrm{d}A_\perp$, der der Quotient aus infinitesimalem Stromstärkeelement $\mathrm{d}I$ und senkrecht zum Stromfluß durchsetztem Querschnittsflächenelement $\mathrm{d}A_\perp$ ist.

Analoge Dichten und Stromdichten können für zahlreiche weitere Größen definiert werden, beispielsweise für Energie, Impuls und elektrisches oder magnetisches ↗Dipolmoment. In den letzten beiden Fällen nennt man die Dichten ↗*Polarisation* und ↗*Magnetisierung*. In diesem Sinne spielt der Dichtebegriff in allen Feldtheorien eine große Rolle; in den Quantenfeldtheorien beispielsweise wird statt des Einteilchen-Hamilton-Operators die ↗*Hamilton-* bzw. ↗*Lagrange-Dichte* eingeführt. Über die eingangs gegebene Erklärung hinaus wird der Begriff der Dichte oft auch benutzt, wenn eine Größe nicht auf geometrisch erklärte Längen, Flächen oder Volumina bezogen wird. Zum Beispiel versteht man unter der ↗*Spektraldichte* bei Spektren die Intensität je Wellenlängenintervall $\mathrm{d}\lambda$ oder unter ↗*Zustandsdichte* die Anzahl der stationären Quantenzustände je Energieintervall $\mathrm{d}E$.

**2)** im engeren (ursprünglichen) Sinne die *Raumdichte der Masse* physikalischer Körper, d.h. die Masse eines Stoffes je Volumeneinheit. Außer vom Material des Körpers hängt die Dichte indirekt über die Volumenabhängigkeit auch vom Druck und der Temperatur ab. Diese Abhängigkeit ist bei Flüssigkeiten und Gasen besonders ausgeprägt (Tabelle). Bei homogenen Körpern gilt: $\rho = m/V$, bei beliebig inhomogenen Körpern $\rho = \mathrm{d}m/\mathrm{d}V$, wobei $m$ die Masse und $V$ das Volumen des betrachteten Körpers ist. Die SI-Einheit der Dichte ist $\mathrm{kg/m^3}$, außerdem üblich sind kg/l und $\mathrm{g/cm^3}$. Der Kehrwert der Dichte wird als *spezifisches Volumen* bezeichnet. Er gibt an, welches Volumen von der Masseneinheit des Stoffes eingenommen wird.

Die Dichte fester Körper bestimmt man direkt aus Masse und Volumen; läßt sich letzteres nicht berechnen, so wird es durch Eintauchen in eine geeignete Flüssigkeit bekannter Dichte ermittelt. Bei der Wägung ist der vom Luftdruck abhängige Auftrieb in Luft zu berücksichtigen. Eine weitere Möglichkeit bietet das auf dem ↗Archimedischen Prinzip beruhende *Auftriebsverfahren*, bei dem sich die Dichte aus der Gewichtsabnahme beim Eintauchen in eine spezifisch leichtere Flüssigkeit ergibt (*hydrostatische Waage*). Beim *Schwebeverfahren* erhält man unmittelbar die Dichte des Körpers, da sie derjenigen der Flüssigkeit gleich ist, wenn der Körper schwebt. Die Dichte der Meßflüssigkeit wird durch Mischen zweier ideal mischbarer Flüssigkeiten bekannter Dichte eingestellt. Varianten hiervon sind die Methode der *Dichtegradientensäule*, die *Schlierenmethode* und die *Magnetschwebemethode*.

Der mit konventionellen Verfahren ermittelbaren Dichte kann die röntgenographische Dichte (kurz Röntgendichte) von Festkörpern gegenübergestellt werden. Sie errechnet sich als Quotient aus der Masse der in einer Elementarzelle gemäß der Strukturbestimmung enthaltenen Atome und dem Volumen der Elementarzelle. Meist ergibt sich für die Röntgendichte ein etwas größerer Wert als für die herkömmlich ermittelte Dichte. Dies ist ein Indiz für das Vorhandensein von Leerstellen (Gitterdefekten, Poren, Einschlüssen von Gasbläschen, etc.) in der Realstruktur.

Die Dichte von Flüssigkeiten wird am genauesten durch Wägen der Probesubstanz im ↗*Pyknometer* bestimmt. Da der Auftrieb in

**Dichte:** Dichten von festen, flüssigen und gasförmigen Stoffen bei gegebener Temperatur und gegebenem Druck.

| Dichte einiger fester und flüssiger Stoffe [g/cm³] bei 20 °C | |
|---|---|
| Aluminium | 2,70 |
| Blei | 11,35 |
| Eisen | 7,86 |
| Gold | 19,30 |
| Quecksilber | 13,54 |
| Uran | 18,70 |
| Diamant | 3,50 |
| Silber | 10,50 |
| Platin | 21,40 |
| Osmium | 22,50 |
| **Dichte von Wasser bzw. Eis bei verschiedenen Temperaturen** | |
| 0 °C | 0,917 |
| 4 °C | 1,000 |
| 20 °C | 0,998 |
| **Dichte einiger Gase [g/l] bei 1,01325 bar und 0°C** | |
| Helium | 0,1785 |
| Luft | 1,2930 |
| Methan | 0,7168 |
| Sauerstoff | 1,4290 |
| Stickstoff | 1,2505 |
| Wasserstoff | 0,0988 |

einer Flüssigkeit ihrer Dichte $\rho$ und dem verdrängten Volumen proportional ist, kann $\rho$ an einem ↗*Aräometer* (*Senkwaage*) bei geeigneter Kalibrierung seiner Skala direkt abgelesen werden. Auch ↗kommunizierende Röhren können zur Dichtebestimmung von Flüssigkeiten verwendet werden. Weitere Meßverfahren sind die *Permanentmagnet-Methode*, bei der die Kraft bestimmt wird, die erforderlich ist, um einen magnetischen Schwimmkörper in einer Flüssigkeit unterzutauchen, und der Einsatz von (*Biege-*)*Schwingermeßgeräten*, bei denen ausgenutzt wird, daß das Quadrat der Eigenschwingungsfrequenz eines flüssigkeitsgefüllten Rohrstücks umgekehrt proportional zu seiner Gesamtmasse ist. Die Dichte von Gasen wird meist auf ↗Normalbedingungen, d.h. auf die Temperatur von 0°C und den Druck von 101325Pa bezogen. Als Vergleichsgas wird oft Luft benutzt. Gasdichten können in Gasballons ermittelt werden, indem man diese evakuiert und zunächst mit Wasser gefüllt und dann mit dem zu messenden Gas gefüllt wiegt. Dem Auftriebsverfahren entspricht bei Gasen die Bestimmung der Dichte mit der *Gaswaage*. Gasdichtemessungen dienen häufig zur Bestimmung der relativen Molekülmasse, da die Dichten proportional den relativen Molekülmassen sind.

Da in den Massenschwächungskoeffizienten für ionisierende Strahlung die Dichte eingeht, kann aus der Messung der Schwächung einer das Meßgut durchsetzenden Röntgen-, $\gamma$- und unter Umständen auch $\beta$-Strahlung bei bekannten Massenschwächungskoeffizienten auf die Dichten des durchstrahlten Stoffes geschlossen werden, solange die Absorption der Dichte proportional ist.

*Dichtebestimmung für Strömungsuntersuchungen*: Die Dichte in ebener gasdynamischer Strömung kann man mit Hilfe von Interferometern ermitteln, wobei vorwiegend das ↗*Mach-Zehnder-Interferometer* benutzt wird. Man unterscheidet zwei Verfahren:

(i) Wenn alle vier Spiegel genau parallel stehen und die optischen Wege beider Lichtstrahlen gleich lang sind, müßte bei fehlender Strömung theoretisch die Nullinterferenz vorliegen und das gesamte Gesichtsfeld eine gleichmäßig getönte Fläche sein. In der Praxis ist jedoch immer eine Restfigur mit großem Streifenabstand vorhanden. Nach dem Einsetzen der Strömung werden Streifen sichtbar, die Linien gleicher Dichte darstellen. In isentroper Strömung sind es gleichzeitig Linien konstanter Geschwindigkeit, konstanten Druckes und konstanter Temperatur.

(ii) Im Ruhezustand ist ein Nullgitter vorhanden. Aus der Ablenkung der Streifen infolge von Dichteunterschieden in der Strömung können die Linien konstanter Dichte ermittelt werden.

**3)** *Optik*: Als *spektrale Dichte* bezeichnet man den zu einem bestimmten Frequenzintervall gehörende Anteil einer Strahlungsgröße an der Gesamtgröße, im Grenzfall den Differentialquotient aus der ↗*Strahlungsgröße* und der Frequenz bzw. der Wellenlänge:

$$X_\nu = \frac{\partial X}{\partial \nu}, \quad X_\lambda = \frac{\partial X}{\partial \lambda}\,.$$

$X$ bezeichnet hier eine beliebige Strahlungsgröße, der Index kennzeichnet den spektralen Anteil der Größe. Für die spektrale Dichte der ↗*Strahlungsleistung* gilt z.B. $\Phi_\nu = \partial\Phi/\partial\nu$.

Die *spektrale Dichtefunktion* ist definiert als der Quotient aus der spektralen Dichte und dem Funktionswert an einem Bezugspunkt $\nu_0$ oder $\lambda_0$:

$$S(\nu) = \frac{X_\nu(\nu)}{X_\nu(\nu_0)}, \quad S(\lambda) = \frac{X_\lambda(\lambda)}{X_\lambda(\lambda_0)}.$$

$S$ heißt *Strahlungsfunktion* und ist dimensionslos. (↗optische Dichte, ↗Ewald-Oseen-Theorem)

# Dichtefunktionaltheorie

*Michael Grodzicki, Lübeck*

## 1 Einführung

Die Dichtefunktionaltheorie (DFT) [1,2] kann als die exakte Darstellung des quantenmechanischen Vielteilchenproblems durch die Einteilchendichte $n(\boldsymbol{r})$ bezeichnet werden. Ihre Wurzeln reichen mit der Thomas-Fermi(TF)-Theorie (↗*Thomas-Fermi-Näherung*) als der einfachsten Theorie quantenmechanischer Vielteilchensysteme bis in die Anfangszeit der Quantenmechanik zurück. Die TF-Theorie ermöglicht zwar mit relativ wenig Aufwand die Gewinnung formal exakter Ergebnisse, der Vergleich mit den Eigenschaften realer elektronischer Systeme offenbart aber eine Reihe schwerwiegender Defekte der Theorie. So hat die durch direkte Integration der TF-Gleichung erhaltene Dichte $n(\boldsymbol{r})$ das falsche asymptotische Verhalten für kleine und große $r$, die für die atomaren Elektronendichten charakteristische Schalenstruktur wird nicht erhalten, und vor allem kann die Existenz kondensierter Materie nicht deduziert werden. Erweiterungen der TF-Theorie durch Dirac mit der Berücksichtigung des Austauschs, durch Fermi und Amaldi mit der Korrektur der Selbstwechselwirkung in einer gemittelten Form, durch Weizsäcker mit der Verbesserung der kinetischen Energie über eine Gradientenentwicklung, sowie zahlreiche, meist phänomenologische Modifikationen zeigten in quantitativer Hinsicht nur bescheidene Erfolge. Die Einsicht, daß viele Defekte der TF-Theorie in der schlechten Darstellung der kinetischen Energie begründet sind, führte 1951 zuerst Slater zur Formulierung eines Ansatzes, in dem die kinetische Energie entsprechend der Hartree-Fock(HF)-Theorie (↗*Hartree-Fock-Näherung*) mit Hilfe von Wellenfunktionen berechnet, der Austausch aber entsprechend der TF-Theorie über alle besetzten Zustände gemittelt wurde. Die Verallgemeinerung dieses Ansatzes zur sog. X$\alpha$-Näherung lieferte mit der Hartree-Fock-Slater(HFS)-Theorie (↗*Hartree-Fock-Slater-Näherung*) den Rahmen für eine ganze Klasse von Methoden zur Berechnung der elektronischen Struktur von Molekülen und Festkörpern [3]. Deren praktische Erfolge in den siebziger und frühen achtziger Jahren wurden in Anbetracht der relativen Einfachheit dieses theoretischen Schemas allgemein als überraschend, wenn nicht gar als reiner Zufall angesehen. Daß die guten Ergebnisse der HFS-Theorie kein Zufall sind und auch die TF-Theorie keine fiktive, für praktische Zwekke irrelevante Modelltheorie darstellt, zeigt die Integration beider Ansätze in die DFT; die DFT kann insofern als die exakte, quantenmechanische Erweiterung der TF-Theorie angesehen werden.

Die zentrale Aussage der DFT, daß die Grundzustandseigenschaften eines quantenmechanischen Vielteilchensystems allein durch seine Einteilchendichte $n(\boldsymbol{r})$ eindeutig und vollständig bestimmt sind, ist durchaus bemerkenswert und keineswegs selbstverständlich, insbesondere vor dem Hintergrund »konventioneller« Darstellungen des quantenmechanischen Vielteilchenproblems. Darunter sind alle Darstellungen zu verstehen, deren zentrale Größe die Vielteilchenwellenfunktion $\Psi$ ist. In diesem Rahmen können die Vielteilcheneffekte mit Hilfe der Paardichte (↗*Korrelation*) beschrieben werden, die symbolisch in der Form $p(\boldsymbol{r},\boldsymbol{r}') = 1/2n(\boldsymbol{r})n(\boldsymbol{r}')[1-f(\boldsymbol{r},\boldsymbol{r}')]$ darstellbar ist, wobei $f(\boldsymbol{r},\boldsymbol{r}')$ die Paarkorrelationsfunktion bezeichnet. In HF-Näherung ist $f(\boldsymbol{r},\boldsymbol{r}')=0$ entsprechend dem Modell unabhängiger Teilchen, während etwa die Entwicklung von $\Psi$ nach ↗*Slater-Determinanten* dazu führt, daß die Paardichte nicht mehr faktorisierbar ist. Insofern kann man sagen, daß in der konventionellen Darstellung des Vielteilchenproblems alle Vielteilcheneffekte in der Paardichte enthalten sind. Es ist verständlich, daß vor diesem Hintergrund jede Theorie, die mit der Einteilchendichte auszukommen behauptet, als nicht exakt erscheinen muß; daß dies nicht der Fall ist, gehört zu den grundlegenden Ergebnissen der DFT.

## 2 Der theoretische Rahmen
## 2.1 Die Hohenberg-Kohn-Theoreme

Als Geburtsjahr der DFT kann das Jahr 1964 gelten, in dem mit einer Arbeit von Hohenberg und Kohn [4] die theoretische Basis und der konzeptionelle Rahmen dieser Theorie in Form einer Reihe von Sätzen begründet wurde, die heute den Namen *Hohenberg-Kohn(HK)-Theoreme* tragen. Um deren Bedeutung und Tragweite verständlich zu machen, sei daran erinnert, daß in der konventionellen Behandlung des $N$-Elektronenproblems das von der Kernanordnung erzeugte »externe« Potential $v_{\text{ext}}(\boldsymbol{r})$ zusammen mit der Elektronenzahl $N$ den Hamilton-Operator und damit im Prinzip alle Eigenschaften des Grundzustands eindeutig festlegt. Das erste HK-Theorem besagt nun in seiner ursprünglichen Formulierung, daß im Fall eines nichtentarteten Grundzustands statt $N$ und $v_{\text{ext}}(\boldsymbol{r})$ auch die Einteilchendichte $n(\boldsymbol{r})$ dies leistet:

*(HK1)* Das externe Potential $v_{\text{ext}}(\boldsymbol{r})$ eines $N$-Elektronensystems ist bis auf eine physikalisch bedeutungslose Konstante eindeutig durch die Einteilchendichte $n(\boldsymbol{r})$ bestimmt. Die Energie $E_0$ des Grundzustands ist ein eindeutiges Funktional dieser Dichte, d.h. $E_0 = E[n]$.

Da die Einteilchendichte $n(\boldsymbol{r})$ über die Normierungsbedingung $\int n(\boldsymbol{r})d^3\boldsymbol{r} = N$ die Zahl der Elektronen festlegt, bestimmt sie im Prinzip auch die Wellenfunktion des Grundzustands. Ferner ist das externe Potential $v_{\text{ext}}(\boldsymbol{r})$ nicht auf Coulomb-Potentiale beschränkt; es muß lediglich lokal sein und kann daher auch entsprechende von außen angelegte elektrische Felder einschließen. Der Beweis dieses Theorems ist erstaunlich einfach und beruht auf *reductio ad absurdum*: es werden zwei wesentlich, d.h. um mehr als eine Konstante verschiedene, externe Potentiale angenommen, die zu derselben Grundzustandsdichte gehören sollen; anschließend wird gezeigt, daß diese Annahme auf einen Widerspruch führt. Es besteht daher ein umkehrbar eindeutiger Zusammenhang zwischen $n(\boldsymbol{r})$ und $v_{\text{ext}}(\boldsymbol{r})$. Darüber hinaus gilt für die Einelektronendichte ein Variationsprinzip, in dem die Grundzustandsdichte das Funktional $E[n]$ der Gesamtenergie stationär macht:

*(HK2)* Gegeben sei eine Elektronendichte $n'(\boldsymbol{r})$, die die Bedingungen $n'(\boldsymbol{r}) \geq 0$ (für alle $\boldsymbol{r}$) und $\int n'(\boldsymbol{r})\mathrm{d}^3r = N$ erfülle. Dann ist die damit berechnete Energie immer größer als die exakte Grundzustandsenergie $E_0$, d.h. $E[n'] \geq E_0$, und das Gleichheitszeichen gilt genau dann, wenn $n'(\boldsymbol{r})$ gleich der exakten Einteilchendichte $n(\boldsymbol{r})$ des Grundzustands ist.

Ist außerdem $E[n]$ differenzierbar, läßt sich unter der Nebenbedingung fester Teilchenzahl $N$ die Euler-Lagrange-Gleichung

$$\frac{\delta E[n]}{\delta n(\boldsymbol{r})} = \mu, \qquad (1)$$

herleiten, wobei der Lagrange-Parameter $\mu$ als ↗*chemisches Potential* interpretiert werden kann. Die Existenz des Funktionals $E[n]$ ist dabei aufgrund von (HK1) zwar gesichert, über dessen konkrete Form gibt das Theorem aber keine Auskunft.

Einen ersten Schritt in diese Richtung stellt das dritte HK-Theorem dar:

*(HK3)* Die Gesamtenergie eines $N$-Elektronensystems in einem lokalen, externen Potential $v_{\text{ext}}(\boldsymbol{r})$ kann dargestellt werden in der Form

$$\begin{aligned} E[n] &= \int n(\boldsymbol{r}) v_{\text{ext}}(\boldsymbol{r}) \mathrm{d}^3 r + T[n] + V_{\text{ee}}[n] \\ &= V_{\text{ext}}[n] + F_{\text{HK}}[n] \end{aligned} \quad (2)$$

mit einem von $v_{\text{ext}}(\boldsymbol{r})$ unabhängigen und in diesem Sinn universellen Funktional $F_{\text{HK}}[n]$, das sich aus der kinetischen Energie $T[n]$ der Elektronen und der Elektron-Elektron-Wechselwirkung $V_{\text{ee}}[n]$ zusammensetzt.

In Bezug auf seine $n$-Abhängigkeit hat demnach $F_{\text{HK}}[n]$ in allen Systemen dieselbe Form, so daß das $N$-Elektronenproblem in einen allgemeinen, systemunabhängigen und in einen systemspezifischen Teil zerlegt werden kann. Der allgemeine Teil des Problems hat die Frage zu klären, in welcher Form $F_{\text{HK}}$ von $n(\boldsymbol{r})$ abhängt, während der systemspezifische Teil ausschließlich durch die spezielle Form von $n(\boldsymbol{r})$ bestimmt ist: beim Übergang von einem elektronischen System zu einem anderen ändert sich folglich nur $n(\boldsymbol{r})$, nicht dagegen die funktionale Form von $F_{\text{HK}}$. Diese Zerlegung der Gesamtenergie ist von fundamentaler Bedeutung, da sie im Prinzip die Behandlung des $N$-Elektronenproblems unabhängig von Annahmen über spezielle Systeme ermöglicht.

## 2.2 Die Kohn-Sham-Darstellung

Über die konkrete Form von $F_{\text{HK}}$ als Funktional von $n(\boldsymbol{r})$ wird in den Hohenberg-Kohn-Theoremen keine Aussage gemacht. Die Bestimmung dieses Funktionals ist eine der zentralen Aufgaben der DFT, weil dies nicht nur die notwendige Voraussetzung für praktische Anwendungen schafft, sondern gleichbedeutend mit der Lösung des Vielteilchenproblems ist. Die größte Schwierigkeit stellt dabei die kinetische Energie $T[n]$ dar, weil sie einen großen Beitrag zur Gesamtenergie liefert und deswegen sehr genau berechnet werden muß. Da eine direkte Berechnung, wie sie im Rahmen der TF-Theorie versucht wird, zu schlechte Ergebnisse liefert, um für praktisch relevante Anwendungen konkurrenzfähig zu sein, schlugen Kohn und Sham [5] einen Lösungsansatz vor, der heute die Basis der meisten numerischen Rechnungen im Rahmen der DFT bildet. Die Grundidee dieser Kohn-Sham(KS)-Darstellung besteht darin, die kinetische Energie $T_0[n]$ des wechselwirkungsfreien $N$-Elektronensystems, die den bei weitem größten Beitrag zur kinetischen Energie liefert, in exakter Form darzustellen und die verbleibende kleine Korrektur $T_c[n]$ getrennt zu behandeln. Die Anwendung des Variationsprinzips führt dann auf eine Euler-Lagrange-Gleichung der Form

$$\frac{\delta T_0[n]}{\delta n(\boldsymbol{r})} + v_{\text{eff}}(\boldsymbol{r}) = \mu, \quad (3)$$

wobei das lokale, effektive Potential

$$v_{\text{eff}}(\boldsymbol{r}) = v_{\text{ext}}(\boldsymbol{r}) + \int \frac{n(\boldsymbol{r}')\mathrm{d}^3 r'}{|\boldsymbol{r} - \boldsymbol{r}'|} + v_{\text{xc}}[n(\boldsymbol{r})] \quad (4)$$

als einzigen, nicht exakt bestimmbaren Beitrag das Austauschkorrelationspotential $v_{\text{xc}}[n(\boldsymbol{r})]$ (↗ *Austauschkorrelationsenergie*) enthält. Diese Darstellung des quantenmechanischen Vielteilchenproblems hat die Struktur eines Problems unabhängiger Teilchen, ist aber unverändert exakt. Auch damit ist allerdings die direkte Lösung von Gleichung (3) nicht möglich, weil die explizite Form von $T_0[n]$ als Funktional von $n(\boldsymbol{r})$ bisher nicht bekannt ist. Geht man aber zur Orbitaldarstellung der kinetischen Energie $T_0[n]$ über und führt die Variation nach den Orbitalen statt nach der Dichte durch, erhält man die kanonische Form der Kohn-Sham(KS)-Gleichungen in Orbitaldarstellung:

$$\begin{aligned} &\left\{-\frac{\Delta}{2} + v_{\text{eff}}(\boldsymbol{r})\right\}\psi_i(\boldsymbol{r}) = \\ &\left\{-\frac{\Delta}{2} + v_{\text{ext}}(\boldsymbol{r}) + \int \frac{n(\boldsymbol{r}')d^3 r'}{|\boldsymbol{r} - \boldsymbol{r}'|} + v_{\text{xc}}[n(\boldsymbol{r})]\right\}\psi_i(\boldsymbol{r}) \\ &\qquad = \varepsilon_i \psi_i(\boldsymbol{r}). \end{aligned}$$

Diese Gleichungen sind nichtlinear und müssen iterativ gelöst werden, wobei die Selbstkonsistenz zwischen der Einteilchendichte $n(\boldsymbol{r})$ und $v_{\text{eff}}(\boldsymbol{r})$, Gleichung (4), zu erreichen ist. Sie haben unverändert die Struktur von Einteilchengleichungen, sind aber nichtsdestoweniger eine exakte Darstellung des $N$-Elektronenproblems, wobei alle Vielteilcheneffekte in $v_{\text{xc}}[n(\boldsymbol{r})]$ enthalten sind. Als der entscheidende Vorteil der KS-Darstellung im Vergleich zur direkten Berechnung von $T[n]$ erweist sich dabei, daß der Übergang zur Orbitaldarstellung die zwar indirekte, aber exakte Behandlung des größten Teils $T_0$ der kinetischen Energie ermöglicht. Dadurch werden nämlich die wesentlichen Defekte der TF-Theorie, wie das falsche asymptotische Verhalten von $n(\boldsymbol{r})$, das Fehlen der Schalenstruktur bei Atomen sowie der chemischen Bindung in Molekülen und Festkörpern, beseitigt. Der Preis, den man für diese Verbesserung zu zahlen hat, ist allerdings, daß nun $N$ Gleichungen für $\psi_i(\boldsymbol{r})$ zu lösen sind statt einer einzigen für $n(\boldsymbol{r})$. Dennoch bleibt der Aufwand für die Lösung der KS-Gleichungen vergleichbar mit dem des quasiklassischen Hartree-Problems.

## 2.3 Dichtefunktionaltheorie im Vergleich zur Wellenfunktionstheorie

Zusammenfassend läßt sich feststellen, daß die DFT eine Darstellung des quantenmechanischen $N$-Elektronenproblems liefert, die in gewisser Weise reziprok zu den konventionellen Ansätzen der Wellenfunktionstheorie (WFT) ist, in symbolischer Darstellung:

$$N, v_{\text{ext}}(\boldsymbol{r}) \underset{\text{DFT}}{\overset{\text{WFT}}{\rightleftarrows}} n(\boldsymbol{r}).$$

Zentrale Größe der DFT ist die Einteilchendichte $n(\boldsymbol{r})$ des Grundzustands, die im Gegensatz zur abstrakten Vielteilchenwellenfunktion $\Psi$ eine Observable und als Funktion im dreidimensionalen Ortsraum leicht interpretierbar ist. Der Hamilton-Operator des $N$-Elektronensystems wird in der KS-Darstellung der DFT in ein lokales Funktional der Einteilchendichte transformiert und hat dadurch die Struktur eines Einteilchenoperators. Die HF-Gleichungen enthalten dagegen mit dem HF-Austauschpotential einen wesentlichen nichtlokalen Term und sind daher nicht als Spezialfall der KS-Gleichungen rekonstruierbar. Als System von Einteilchen-Gleichungen sind die KS-Gleichungen numerisch relativ leicht zu lösen, bilden aber unverändert eine exakte Darstellung des $N$-Elektronenproblems. Daß dies kein Widerspruch ist, hat seinen Grund darin, daß empirisch signifikant nur der Erwartungswert $\langle\psi|H|\psi\rangle$ ist, nicht dagegen $\psi$ oder $H$ allein. Es spielt daher keine Rolle, ob die Vielteilcheneffekte wie in der WFT über $\psi$ berücksichtigt werden, oder wie in der DFT über den Hamilton-Operator $H$, der in Form des Austauschkorrelationsfunktionals sämtliche Vielteilcheneffekte enthält. Neben dessen Berechnung, die eine der zentralen Aufgaben darstellt, umfaßt die aktuelle Forschung innerhalb der DFT die Untersuchung von Grundlagenproblemen mit dem Ziel einer Verbesserung der theoretischen Basis (↗N-Darstellbarkeit), Erweiterungen der Theorie etwa auf die Beschreibung angeregter Zustände bis hin zu der von nichtelektronischen Systemen, sowie die praktischen Anwendungen in Form der Berechnung von $n(\mathbf{r})$ für reale Systeme wie Atome, Moleküle und Festkörper.

## 2.4 Theorieerweiterungen

In ihrer ursprünglichen Formulierung bezieht sich die DFT auf den Grundzustand eines $N$-Elektronensystems in einem zeitunabhängigen, lokalen, externen Potential ohne Berücksichtigung magnetischer und relativistischer Effekte. Mittlerweile existieren jedoch eine ganze Reihe von Erweiterungen dieses »Theoriekerns«, wie eine zeitabhängige und eine relativistische DFT, eine DFT der Supraleitung sowie Formulierungen für mehrkomponentige und nichtelektronische Systeme.

Die für praktische Anwendungen besonders wichtige Erweiterung der KS-Gleichungen auf Systeme mit offenen Schalen ist im Rahmen einer nichtrelativistischen Beschreibung leicht möglich. Enthält der Hamilton-Operator keine spinabhängigen Wechselwirkungen und externe Magnetfelder, kann man ganz analog zum spinfreien Fall ein System von spinabhängigen (»spin-polarisierten«) KS-Gleichungen getrennt für $n_\uparrow(\mathbf{r})$ und $n_\downarrow(\mathbf{r})$ herleiten. Die daraus resultierende Erweiterung wird als Spindichtefunktionaltheorie (SDFT) bezeichnet. Eine andere wichtige Erweiterung der DFT betrifft die elektronisch angeregten Zustände. Für die allgemeine Lösung dieses Problems existiert zwar eine Reihe von Ansätzen [1, 2], insgesamt muß man jedoch sagen, daß eine formal befriedigende und gleichzeitig praktisch nutzbare Beschreibung angeregter Zustände bisher nicht existiert, obwohl im pragmatischen Sinn die DFT in der Regel für die Berechnung mindestens der niedrigsten angeregten Zustände funktioniert.

## 2.5 Konstruktion von Funktionalen

Die Austauschkorrelationsenergie $E_{xc}$ ist in der KS-Darstellung definiert als Differenz zwischen der exakten Grundzustandsenergie und denjenigen Anteilen, die exakt berechenbar sind. Eine exakte analytische Darstellung auch des Austauschkorrelationsfunktionals $E_{xc}[n]$ kann dagegen nicht erwartet werden, denn das würde ja bedeuten, daß das quantenmechanische $N$-Elektronenproblem analytisch lösbar wäre. Da eine solche Lösung nicht einmal für das freie oder homogene Elektronengas als dem einfachsten elektronischen System existiert, muß man zwangsläufig auf Näherungen zurückgreifen. Die einfachste ist die sog. Lokale-Dichte- bzw. die Lokale-Spin-Dichte (LSD)-Näherung, in deren Rahmen die Austauschkorrelationsenergie eines beliebigen, inhomogenen Systems lokal, d.h. in einem infinitesimal kleinen Volumen $d^3r$ wie die eines homogenen Systems angenommen wird. Trotz ihrer zahlreichen Erfolge [3, 6] enthält die LSD-Näherung eine Reihe charakteristischer Schwächen, die zu einem großen Teil auf die unzureichende Darstellung des Austauschbeitrages zu $E_{xc}[n]$ zurückzuführen sind. Die meisten dieser Defekte lassen sich jedoch durch Austauschkorrelationfunktionale beseitigen, die Gradientenkorrekturen erster Ordnung in $n(\mathbf{r})$ einschließen (*Gradienten-Näherung*). Damit konnten in den letzten Jahren große Fortschritte, insbesondere bei der Berechnung von Bindungsenergien und damit der thermochemischen Charakterisierung von Molekülen erzielt werden [7]. Ein großes Problem stellen dagegen nach wie vor die stark korrelierten Systeme dar, was insofern verständlich ist, als die gradientenkorrigierten Funktionale von einer Verbesserung der LSD-Näherung ausgehen. Fortschritte in diesem Bereich dürften deswegen eher von einem alternativen Ansatz zu erwarten sein, bei dem Austauschkorrelationsfunktionale ausgehend von der Dichte Matrix Darstellung der WFT konstruiert werden.

# 3 Anwendungen

Der ursprüngliche Anwendungsbereich numerischer DFT-Methoden, wenn man von Anwendungen der TF-Theorie absieht, ist die Festkörperphysik. Die ersten Bandstrukturrechnungen mit dem Slaterschen Austauschpotential (↗Hartree-Fock-Slater-Näherung) datieren aus den fünfziger Jahren, und heute erfolgen schätzungsweise mehr als 90 % aller Berechnungen der elektronischen Struktur von Festkörpern, Oberflächen und dünnen Schichten im Rahmen der DFT. Während bis etwa Anfang der achtziger Jahre überwiegend die

Lokale-Dichte-Näherung verwendet wurde, gehören heute Rechnungen mit gradientenkorrigierten Funktionalen zum Standard. Erste Rechnungen an Molekülen sind erst Ende der sechziger Jahre versucht worden, und bis Mitte der achtziger Jahre stellten die DF-Methoden eher eine Randerscheinung innerhalb der traditionellen Quantenchemie dar. Die bis dahin durchweg verwendeten LSD-Methoden lieferten zwar recht gute Ergebnisse für die elektronische Struktur und zahlreiche spektroskopische Daten, ergaben aber erheblich zu große Bindungsenergien und waren damit für die thermochemische Charakterisierung von Molekülen nicht geeignet. Dies änderte sich erst mit dem Einsatz gradientenkorrigierter oder noch allgemeinerer (»nichtlokaler«) Austauschkorrelationsfunktionale; seither zählen die DF-Methoden auch in der Quantenchemie zu den am meisten verwendeten Verfahren. Aus diesen Gründen ist eine repräsentative Beschreibung der numerischen Anwendungen der DFT in der Atom-, Molekül- und Festkörperphysik mit wenigen Sätzen nicht mehr möglich. Im großen und ganzen kann man jedoch sagen, daß die Berechnung meßbarer Größen wie Geometrien, Dipolmomente, Ionisierungspotentiale, Bindungsenergien, Schwingungsfrequenzen und Hyperfein-Parameter bereits in LSD-Näherung oftmals bessere Ergebnisse liefert als die HF-Näherung, während mit den gegenwärtig zur Verfügung stehenden nichtlokalen Funktionalen in den meisten Fällen eine mit den besten Vielteilchenrechnungen vergleichbare Güte erreicht werden kann. Die Vorteile der DF-Methoden werden besonders deutlich bei den Verbindungen der Übergangsmetalle, bei denen HF-Methoden häufig qualitativ falsche Resultate liefern und die Anwendung von Vielteilchenmethoden sehr aufwendig ist, sowie bei der Behandlung großer Systeme wie biologischer Moleküle. Schließlich sind die in letzter Zeit stark zunehmenden Untersuchungen zur Charakterisierung chemischer Reaktionen zu erwähnen, sowie die erfolgreiche Kombination von DF-Methoden mit der Moleküldynamik zur Bestimmung von Strukturen kleiner Cluster [6]. Bei allen diesen Erfolgen sollte jedoch nicht übersehen werden, daß die DFT noch weit davon entfernt ist, das Allheilmittel für die Bewältigung sämtlicher Probleme der Elektronentheorie von Atomen, Molekülen, Clustern und Festkörpern zu sein.

### 4 Zusammenfassung

Die DFT liefert eine formal exakte Darstellung des quantenmechanischen Vielteilchenproblems, die in gewisser Weise komplementär zu den traditionellen Methoden der Wellenfunktionstheorie (WFT) ist. Die Entwicklungen der letzten 30 Jahre haben dabei gezeigt, daß in dieser Umformulierung des Vielteilchenproblems sowohl in praktischer als auch in konzeptioneller Hinsicht ein enormes Potential liegt. Denn die Existenz einer exakten Theorie, in der die Einteilchendichte die Schlüsselrolle spielt, die im Gegensatz zur Vielteilchenwellenfunktion observabel und leicht interpretierbar ist, liefert nicht nur eine ganze Familie effizienter Berechnungsverfahren, sondern vor allem einen begrifflichen Rahmen, der den empirischen Begriffssystemen der Physik und Chemie wesentlich angepaßter ist als das abstraktere Begriffssystem der WFT. Die Popularität und Verbreitung der DFT bei der Untersuchung von Elektronenstrukturproblemen dürfte aus diesen Gründen auch in der Zukunft weiter zunehmen.

### Literatur


[1] R.G. Parr, W. Yang: *Density-Functional Theory of Atoms and Molecules*, Oxford University Press, Oxford 1989.

[2] R.M. Dreizler, E.K.U. Gross: *Density Functional Theory*; Springer, Heidelberg–New York 1990.

[3] J.P. Dahl, J. Avery (Eds.): *Local Density Approximations in Quantum Chemistry and Solid State Physics*, Plenum Press, New York–London, 1984.

[4] P. Hohenberg, W. Kohn, *Phys. Rev.* **136** (1964) B864-871.

[5] W. Kohn, L.J. Sham, *Phys. Rev.* **140** (1965) A1133-1138.

[6] R.O. Jones, O. Gunnarsson, *Rev. Mod. Phys.* **61**(1989) 689-746.

[7] R.F. Nalewajski (Hrsg.), *Density Functional Theory I; Top. Curr. Chem.* **180**, Springer 1996.


---

**Dichtegradient,** hydrodynamische Technik zur Trennung verschiedener Fraktionen eines molekularen Gemisches, z.B. von ↗Biomakromolekülen bei der Ultrazentrifugierung oder bei der Elektrophorese (↗Hydrodynamik).

**Dichtematrix,** Matrixdarstellung des ↗Dichteoperators.

**Dichtematrix-Formalismus** ↗Dichteoperator-Formalismus.

**Dichtemessung** ↗Dichte.

**Dichteoperator,** *statistischer Operator*, quantenmechanischer Operator zur Beschreibung von stochastischen Systemen bzw. von *Ensembles*. Der Dichteoperator ist ein zentraler Begriff der ↗*Quantenstatistik*, dessen Analogon in der klassischen statistischen Physik der Begriff der ↗*Verteilungsfunktion* ist. Für ein stochastisches System, das sich mit Wahrscheinlichkeit $P_m$ ($m = 1,2,...$) im Quantenzustand $|\psi_m\rangle$ befindet, lautet der Dichteoperator $D = \sum_m |\psi_m\rangle P_m \langle\psi_m|$. Der Erwartungswert einer Observablen $A$ ist dann $\overline{A} = \mathrm{Tr}(AD)$, wobei $\mathrm{Tr}(A)$ die Spur des Operators $A$ bezeichnet, und die Wahrscheinlichkeit, den Eigenwert $a$ zu messen, beträgt

$P(a) = \mathrm{Tr}\big(\Pi(a)\,D\big)$, wobei $\Pi(a)$ der Projektionsoperator auf denjenigen Teilraum ist, der von den Eigenzuständen zum Eigenwert $a$ aufgespannt wird. Dichteoperatoren sind positiv semidefinite hermitesche Operatoren, deren Spur gleich 1 ist. Daraus folgt, daß die Summe der Eigenwerte $d_j$ von $D$ gleich 1 ist, und die $d_j$ sind die Wahrscheinlichkeiten dafür, das System im Eigenzustand zum Eigenwert $d_j$ zu finden. Der Dichteoperator beschreibt einen *reinen Zustand*, wenn $D^2 = D$, anderenfalls einen *gemischten Zustand*. Die Zeitentwicklung des Systems gehorcht der Gleichung $\mathrm{i}\hbar\frac{\mathrm{d}}{\mathrm{d}t}D(t) = \big[H, D(t)\big]$, die Entropie ist $S(D) = -\,k_{\mathrm{B}}\mathrm{Tr}(D\ln D)$. Die Matrixdarstellung des Dichteoperators bezüglich einer beliebigen Orthonormalbasis $|\varphi_j\rangle$ heißt *Dichtematrix*. Das Diagonalelement $D_{ii}$ der Dichtematrix $D$ heißt *Population* des Zustandes, während das Außerdiagonalelement $D_{ij}$ als *Kohärenz* zwischen den Zuständen $|\varphi_i\rangle$ und $|\varphi_j\rangle$ bezeichnet wird. [GB1]

**Dichteoperator-Formalismus**, im Bereich der kermagnetischen Resonanz ein vom quantenmechanischen ↗Dichteoperator $\sigma(t)$ und der Liouville-von-Neumann-Gleichung $\mathrm{d}\sigma/\mathrm{d}t = 2\pi\mathrm{i}[\sigma, H(t)]$ ausgehender Formalismus zur Analyse der zeitlichen Entwicklung von Spin-Systemen ($H(t)$ ist der Hamilton-Operator des Spinsystems). Der Dichteoperator-Formalismus arbeitet im Gegensatz zu klassischen und semiklassischen Modellen (wie z.B. den bekannten ↗Bloch-Gleichungen) nicht direkt mit ↗Observablen, sondern mit der zeitlichen Entwicklung der jeweiligen Eigenzustände des Systems. Observablen (wie z.B. die Magnetisierung) können aus diesen Eigenzuständen berechnet werden. In der Praxis werden Dichteoperator-Rechnungen meist mit Hilfe des sogenannten *↗Produktoperator-Formalismus* durchgeführt. Besonders wichtig ist im Bezug auf die Entwicklung der Eigenzustände des Spinsystems der Begriff der ↗Kohärenz. Von einer Kohärenz zwischen den Eigenzuständen $j$ und $k$ spricht man dann, wenn das zugehörige Element $s_{jk}$ der ↗Dichtematrix von null verschiedenen ist.

**Dichteparameter**, das Verhältnis $\Omega$ der im Universum vorhandenen mittleren Materiedichte $\rho$ zur ↗kritischen Dichte $\rho_c$: $\Omega = \rho/\rho_c$. Der Wert dieses dimensionslosen Dichteparameters ist im ↗Standardmodell der Kosmologie entscheidend für die globale Struktur des Universums: im Fall $\Omega = 1$ ist das Universum euklidisch (↗Einstein-de-Sitter-Kosmos); gilt jedoch $\Omega < 1$ (bzw. $\Omega > 1$), so leben wir in einem ↗offenen (bzw. ↗geschlossenen) Universum. Aus dynamischen Messungen kann $\Omega > 0{,}1$ abgeschätzt werden, allerdings trägt die Dichte der leuchtende Materie $\rho_{\mathrm{lum}}$ (Sterne, Galaxien usw.) mit weniger als 1 % bei, d.h. $\Omega_{\mathrm{lum}} < 0{,}01$. Entscheidend ist daher die im Universum vorhandene ↗dunkle Materie, deren Dichte $\rho_{\mathrm{dm}}$ jedoch nur bis auf einen Faktor zehn bekannt ist ($0{,}1 < \Omega_{\mathrm{dm}} < 2$).

**Dichteprofil**, Variation der Plasmadichte als Funktion des Abstandes von der magnetischen Achse in einem Tokamak oder Stellarator.

**dichteste Kugelpackung** ↗*Kugelpackung*.

**Dichtewellentheorie**, eines von mehreren theoretischen Modellen, die versuchen, die Entstehung von Spiralarmen in Galaxien zu erklären. Sie wurde in den zwanziger Jahren von E. ↗Lindblad begründet und 1964 von C.C. Lin analytisch ausgearbeitet. Die meisten Galaxien mit einer rotierenden Scheibe besitzen Spiralarme, deren Lage z.B. durch OB-Assoziationen markiert wird. Spiralarme besitzen jedoch nur eine begrenzte Lebensdauer und werden nach einigen hundert Millionen Jahren durch die ↗differentielle Rotation der Galaxien zerstört. Das Alter und die hohe Zahl von Spiralgalaxien legen daher nahe, daß Spiralarme ständig neu gebildet werden müssen. Die differentielle Rotation einer Galaxie wird durch ein entsprechendes Gravitationspotential dargestellt. Befindet sich in der Scheibe einer Galaxie ein Gebiet mit größerer Gasdichte, so ruft diese eine lokale Erhöhung des galaktischen Potentials hervor. Dies bedeutet, daß die Sterne und das Gas dorthin zu strömen versuchen. An anderer Stelle wird die Dichte dagegen verringert, so daß dem galaktischen Potential ein wellenförmiges Muster überlagert wird. Die Struktur und die Ausbreitung der Dichtewellen werden durch ein System von Differentialgleichungen bestimmt, dessen Lösung eine quasistationäre Spiralstruktur ergibt. In der Milchstraße rotiert die Dichtewelle beispielsweise mit einer Geschwindigkeit von etwa 13,5 km/s pro kpc, was der halben Geschwindigkeit der Rotation der Sterne entspricht. Die beobachtbaren Spiralarme entstehen, nachdem das Gas von der konkaven Seite her in die Dichtewelle einströmt. Aufgrund des höheren Potentials wird das Gas verdichtet. Gebiete mit bereits hoher Gasdichte, wie zum Beispiel Molekülwolken, werden dadurch instabil und beginnen zu kollabieren, so daß neue Sternhaufen entstehen, die als HII-Regionen und OB-Assoziationen hinter der Dichtewelle sichtbar werden. Bei der Dichtewellentheorie treten, wie auch bei anderen alternativen Modellen, Schwierigkeiten auf. Beispielsweise ist nicht klar, wie die Wellen angefacht und gedämpft werden oder welche Rolle die interstellaren Magnetfelder spielen. Eine weitere Frage wirft die Beobachtung auf, daß Spiralarme in der Regel nicht gleichmäßig ausgeformt sind. Bei genauerem Hinsehen lassen sie zum Beispiel Lücken und Beulen oder Verbindungen zwischen verschiedenen Spiralarmen erkennen. [GR1]

**dicht ionisierende Strahlen**, Strahlen aus schweren geladenen Teilchen, die stärker als Photonen mit Materie wechselwirken, weil die Coulomb-Kraft zwischen den Teilchen und den Hüllenelektronen der Atome im Material wirkt. Meist führen die Stöße mit den Hüllenelektronen zur Ionisation. Sehr viele dicht gelegene

Stöße sind notwendig, um den Teilchenstrahl ganz abzubremsen. Die massiven Teilchen werden auf ihrer Bahn durch das Material von den viel leichteren Elektronen kaum abgelenkt, so daß eine geradlinige Spur definierter Länge entsteht. Die Energieabgabe bleibt über einen großen Teil der Spur konstant, steigt dann aber am Ende, wenn die Teilchen fast abgebremst sind, zu einem Maximalwert an. Dieser ↗*Bragg-Peak* tritt bei allen Teilchenstrahlen auf, am ausgeprägtesten jedoch bei schweren Ionen. In dieser scharf begrenzten Spur mit der starken Energieabgabe am Ende und der geringen seitlichen Aufstreuung liegt der Vorteil von Teilchenstrahlen für die ↗*Strahlentherapie*. Starke Dosen können so genau auf das Tumorvolumen konzentriert werden, ohne danebenliegende, strahlenempfindliche Organe sowie das zu durchstrahlende gesunde Gewebe zu schädigen. (↗Bethe-Bloch-Formel)

**Dicke,** *Robert Henry*, amerikanischer Physiker, *6.5.1916 St. Louis, Missouri, †4.3.1997 Princeton, New Jersey; Studium in Princeton; 1957 Professor für Physik in Princeton; 1975–84 Inhaber des Albert-Einstein-Lehrstuhls; widmete sich 1964 der Suche nach der kosmischen Hintergrundstrahlung, die von ↗A. Penzias und ↗R. Wilson 1965 gefunden wurde; entwarf zusammen mit C. ↗Brans die ↗Brans-Dicke-Theorie (↗Jordan-Brans-Dicke-Theorie), nach der die Gravitationskonstante im Laufe der Zeit abnimmt.

**dicke Filme** ↗*dicke Schichten.*

**Dickel,** *Gerhard*, Physikochemiker, *1913; entwickelte 1938 zusammen mit K.P.A. ↗Clusius das nach ihnen benannte ↗Clusius-Dickel-Verfahren zur Trennung von Gasen (Gasentmischung) und Isotopen mittels thermischer Diffusion.

**Dickeneinführung** ↗Linse.

**dicke Schichten,** *dicke Filme*, in der Oberflächenphysik und Materialwissenschaft ↗*Beschichtungen*, die im Gegensatz zu ↗*dünnen Schichten* Schichtdicken von 20 μm und mehr besitzen. Dicke Schichten unterscheiden sich kaum mehr vom Festkörpermaterial. Die Herstellung von dicken Schichten (z.B. für *Schichtwiderstände*) erfolgt durch *Siebdruckfahren* oder durch *Pastentechnologien.* (↗*Dickschichttechnik*)

**Dickschichttechnik,** Technik zur Herstellung elektronischer Schaltungen und Elemente. Bei der Dickschichttechnik werden nacheinander mehrere pastenförmige Ausgangsstoffe auf einen Träger aufgebracht und gebrannt. Der Nachteil liegt in entsprechend vielen Brennvorgängen, welche den Träger und bereits aufgetragene Schichten belasten. Neuere Techniken tragen mehrere Schichten nacheinander auf, die gemeinsam gebrannt werden. Dadurch wird der Träger weniger belastet, anderseits können die innenliegenden Schichten weniger genau kontrolliert werden. Dieses Verfahren ermöglicht jedoch die Herstellung von Mikrostrukturen und Schaltungen auf einem Substrat und in einer Technologie.

**Didaktik-Preis** ↗Preise.

**Diederklassen** ↗Kristallfeldzustände.

**Diedersymmetrie** ↗Kristallfeldzustände.

**Dielektrikum,** ein Material mit sehr hohem ↗*spezifischen Widerstand* ($10^8$–$10^{14}\,\Omega$m). Dielektrika sind damit elektrisch nahezu nichtleitende, aber polarisierbare Substanzen (↗*elektrische Polarisation*), weswegen oft das Wort *Isolator* als Synonym für Dielektrikum verwendet wird. Ein ideales Dielektrikum hat keine freien Ladungsträger, die Abgrenzung realer Dielektrika gegenüber ↗*Halbleitern* ist unscharf (s.u.). Dielektrisches Verhalten ist in allen Aggregatzuständen anzutreffen, es ist sowohl in kristallinen als auch in amorphen Stoffen realisiert (↗amorphe Festkörper). Der Begriff »Dielektrikum« wird vor allem dann verwendet, wenn es nicht nur auf die isolierende Eigenschaft eines Stoffes ankommt, sondern vor allem auf sein Verhalten zwischen den Belegungen eines ↗*Kondensators*, dessen Kapazität es gegenüber dem Vakuumwert erhöht. Das dielektrische Verhalten eines Stoffes bezüglich der Transmissions- und Absorptionseigenschaften gegenüber ↗elektromagnetischen Wellen wird aus theoretischer Sicht durch seine ↗komplexe Dielektrizitätskonstante $\varepsilon^*$ bzw. seinen ↗Verlustwinkel $\delta$ beschrieben; aus technischer Perspektive ist zur Charakterisierung zudem die ↗*Durchschlagfestigkeit* $E_{DS}$ von Bedeutung.

Für die mikroskopische Beschreibung ist aufgrund theoretischer Überlegungen das für Halbleiter durchgängig anwendbare ↗*Bändermodell* auf reale Dielektrika nicht direkt übertragbar, da die Beweglichkeit der Ladungsträger in einem Dielektrikum außerordentlich klein ist. Die ↗*verbotene Zone* (energetischer

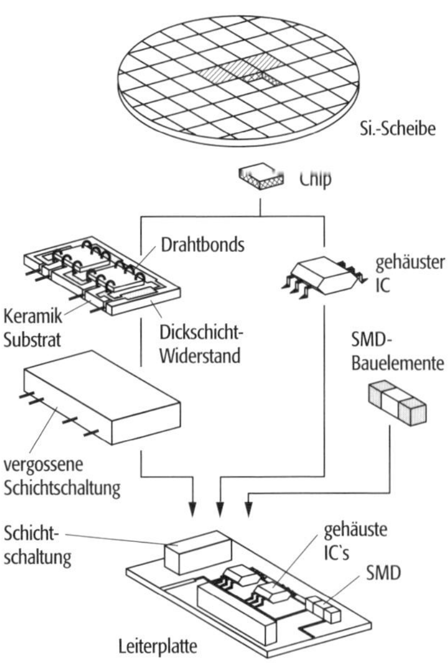


**Dickschichttechnik:** Herstellung einer elektronischen Schaltung mittels Dickschichttechnik.

Abstand zwischen den Valenzelektronen- und den Leitungsniveaus) ist mit $>3$eV extrem groß. Der Ladungstransport kann alternativ mit dem ↗*Hopping-Mechanismus*, dem ↗*Tunneleffekt* oder mit ↗*Ionenleitung* erklärt werden.
Man teilt Dielektrika zweckmäßig in anorganische und organische Dielektrika ein. *Anorganische Dielektrika* sind Elemente wie ↗Schwefel, ↗Phosphor, ↗Bor, ferner Diamant; die meisten Gase (auch in verflüssigtem und festem Zustand); ferner Siliciumoxid und Metalloxide wie Aluminiumoxid und Tantaloxid; Gläser, Keramiken, Glimmer und Asbest. Ebenfalls zu den anorganischen Dielektrika gehören die Ferro-, Ferri- und Antiferroelektrika (↗Ferroelektrizität, ↗Ferrielektrizität, ↗Antiferroelektrizität). *Organische Dielektrika* sind praktisch alle organischen Verbindungen außer solchen mit einem ausgeprägten System konjugierter Doppelbindungen, einigen Molekülkomplexen und pyrolysierten graphitähnlichen Produkten. Bekannte Vertreter sind Polymere wie *Polystyrol*, *PVC* und *Polyethylen*, ↗*Bernstein*, Harze, Paraffine, Öle und viele andere organische Flüssigkeiten.
Eine andere Einteilung der Dielektrika geht vom möglichen Polarisationszustand aus:
1) *Nichtpolare Dielektrika* sind Materialien, bei denen Änderungen der Dielektrizitätskonstanten bei Frequenzen im sichtbaren Bereich auftreten (*Elektronenpolarisation*). Zu dieser Gruppe gehören alle festen, flüssigen oder gasförmigen Dielektrika mit einem einzigen Typ von Atomen.
2) *Polare Dielektrika* mit frequenzabhängigen Änderungen der Dielektrizitätskonstanten (↗*Dispersion*) haben Atomgruppen, bei denen durch ein elektrisches Feld elastische Verschiebungen auftreten (↗Verschiebungspolarisation). Wichtig ist, daß jedes einzelne Molekül ein resultierendes elektrisches ↗Dipolmoment erhält. Beispiele sind Kohlendioxid, Paraffin, Benzol, Kohlenstofftetrachlorid, Öle, Ionengitter-Festkörper wie Natriumchlorid und andere Alkalihalogenide oder Titan(IV)-oxid.
3) Dielektrika mit permanenten Dipolen, bei denen ↗Orientierungspolarisation (↗Polarisation) beobachtet wird. Zu dieser Gruppe gehören alle Materialien, die aus Dipolmolekülen bestehen (*dipolare Dielektrika*). Bei tiefen Temperaturen friert die Fähigkeit der Dipole ein, sich in einem Feld auszurichten. Deshalb verhalten sich dipolare Dielektrika bei tiefen Temperaturen wie Materialien der Gruppe 2). Dielektrika mit permanentem makroskopischem Dipolmoment heißen ↗*Elektrete*.
Analog zu ↗Diamagnetismus und ↗Paramagnetismus werden Dielektrika auch unterteilt in eigentlich dielektrische Stoffe (Gruppe 2; analog zum Diamagnetismus wird hier auch von »*Dielektrizität*« gesprochen), *paraelektrische Stoffe* (Gruppe 3, ↗Paralektrizität) und die ferro-, ferri- und antiferroelektrischen Stoffe.
In der Technik werden Dielektrika mit extrem hoher Durchschlagfestigkeit, Kriechstromfestigkeit, hoher mechanischer Festigkeit und guter chemischer Stabilität benötigt. [MD]

**dielektrische dünne Schichten,** optisch vermeßbare Schichten einer Substanz, die zur Bestimmung der ↗*komplexen Dielektrizitätskonstanten* $\varepsilon^*$ dieser Substanz dienen. Die Dicke der Schicht wird in der Größenordnung der Wellenlänge des einfallenden Lichts gewählt (im sichtbaren Spektralbereich bei etwa 0,4–0,8 μm). Mißt man zwei Größen, wie beispielsweise den ↗*Reflexionsgrad* und den ↗*Transmissionsgrad* der Schicht, so können daraus der Real- und Imaginärteil des komplexen Brechungsindex $\tilde{n}$ (↗*Brechzahl*) oder der komplexen Dielektrizitätskonstante bestimmt werden.

**dielektrische Erwärmung,** *kapazitative Erwärmung*, *Kondensatorfelderwärmung*, das Erhitzen von Stoffen mit geringer ↗elektrischer Leitfähigkeit im elektrischen Feld eines ↗Kondensators. Das zu erwärmende Material bildet zusammen mit zwei Plattenelektroden das verlustbehaftete Dielektrikum eines Kondensators, der mit Hochfrequenz gespeist wird. Durch die ↗dielektrischen Verluste wird die Probe gleichmäßig erwärmt.

**dielektrische Festigkeit** ↗Durchschlagfestigkeit.

**dielektrische Polarisation,** Typ der ↗elektrischen Polarisation dielektrischer Materie (↗Dielektrikum), bei der im Gegensatz zur ↗Orientierungspolarisation mikroskopische elektrische Dipole erst induziert werden. Man unterscheidet zwischen ↗Verschiebungspolarisation und ↗Gitterpolarisation.

**dielektrischer Durchschlag** ↗Durchschlag.

**dielektrische Relaxation,** zeitverzögerter Aufbau der ↗elektrischen Polarisation $\boldsymbol{P}$ eines dielektrischen Mediums (↗Dielektrikum) nach Anlegen eines äußeren elektrischen Feldes $\boldsymbol{E}$. Die charakteristische hierfür benötigte Zeit wird als *Relaxationszeit* $\tau$ bezeichnet.
Der allgemeine Ansatz im Rahmen der Theorie der ↗linearen Antwort für den Aufbau der dielektrischen Verschiebung $\boldsymbol{D} = (1/\varepsilon_0)\boldsymbol{E} + \boldsymbol{P}$ ist

$$\boldsymbol{D}(t) = \varepsilon_0\varepsilon_\infty \boldsymbol{E}(t) + \varepsilon_0 \int_{-\infty}^{+\infty} G(t-t')\boldsymbol{E}(t')\mathrm{d}t'.$$

Für elektrische Wechselfelder $\boldsymbol{E}(t)$ führt dies zu einer frequenzabhängigen ↗komplexen Dielektrizitätskonstanten $\varepsilon^*(\omega)$ mit

$$\boldsymbol{D}(t) = \varepsilon_0\big(\varepsilon^*(\omega) - \varepsilon_\infty\big)\boldsymbol{E}(t).$$

$\varepsilon^*$ ist meist nicht rein reell, es kommt also zu einer Phasenverschiebung $\delta$ zwischen $\boldsymbol{D}$ und $\boldsymbol{E}$ (↗*Verlustwinkel*), für die $\tan\delta = \mathrm{Im}\,\varepsilon^*(\omega)/\mathrm{Re}\,\varepsilon^*(\omega)$ gilt. Der anschauliche Grund für diese Phasenverschiebung ist ein »Nachhinken« der Reaktion der atomaren Dipole auf die erregende elektrische Welle. Die Tatsache, daß die ↗elektrische Polarisation $\boldsymbol{P}$ dem elektrischen Feld $\boldsymbol{E}$ erst nach endlicher Zeit folgt, wird dielektrische Relaxation genannt. Die mittlere hierfür benötigte Zeit wird als *Relaxationszeit* $\tau$ bezeichnet. Der Imaginärteil

$\mathrm{Im}\,\varepsilon^*(\omega)$ nimmt bei $\omega \geq \tau^{-1}$ ein Maximum an, während der Realteil $\mathrm{Re}\,\varepsilon^*(\omega)$ eine Stufe von einem großen Wert bei tieferen Frequenzen zu einem niedrigen Wert bei höheren Frequenzen durchläuft. Bei mittleren und hohen Frequenzen $\omega \geq \tau^{-1}$ wird dementsprechend die Phasenverschiebung $\delta$ zwischen $\boldsymbol{E}$ und der dielektrischen Verschiebung $\boldsymbol{D}$ besonders groß, woraus die ↗dielektrischen Verluste erwachsen.

Für die genaue Form der dielektrischen Relaxation, also für den Verlauf der Funktion $\varepsilon^*(\omega)$ und den Wert der Relaxationszeit, gibt es eine Reihe phänomenologischer Modelle, deren historisch erstes die *Debyesche Dipoltheorie* war, in der die ↗Orientierungspolarisation unter der Annahme berechnet wird, daß die kugelförmigen Dipole sich in einer Lösung der Viskosität $\eta$ drehen können (↗*Debye-Relaxation*). Weitere wichtige Ansätze sind die ↗*Kohlrausch-Williams-Watts-Relaxation* und die ↗*Havriliak-Negami-Relaxation*. (↗elektrische Polarisation, ↗Dispersion)

**dielektrischer Rückstand,** *elektrisches Residuum*, das Auftreten von Ladungsanhäufungen an Inhomogenitäten eines ↗Dielektrikums. Bei der Entladung eines ↗Kondensators mit Dielektrikum werden diese Ladungen mit einer wesentlich größeren Zeitkonstanten als die Ladungen auf den Kondensatorplatten abgegeben.

**dielektrischer Tensor,** die Verallgemeinerung der Dielektrizitätszahl auf anisotrope Medien (↗Dielektrizitätskonstante). In anisotropen Medien, z.B. Kristallen mit einer oder mehreren kristallographischen ↗Hauptachsen, sind ↗dielektrische Verschiebung $\boldsymbol{D}$ und ↗elektrische Feldstärke $\boldsymbol{E}$ nicht mehr unbedingt parallel, aber noch linear abhängig. Dies wird durch den symmetrischen dielektrischen Tensor $\varepsilon = \{\varepsilon_{ij}\}$ beschrieben: $\boldsymbol{D} = \varepsilon \cdot \boldsymbol{E}$ bzw. in Komponentenschreibweise $D_i = \sum_{j=1}^{3} \varepsilon_{ij} E_j$ mit $\varepsilon_{ij} = \varepsilon_{ji}$. $\varepsilon$ kann durch eine Koordinatentransformation auf die drei kristallographischen Hauptachsen in Diagonalform gebracht werden (↗Hauptachsentransformation). Die drei Diagonalelemente $\varepsilon_k$ werden dann *Hauptdielektrizitätskonstanten* genannt. (↗Kristalloptik)

**dielektrischer Verlust,** Verlust elektrischer Energie in dielektrischer Materie (↗Dielektrikum) aufgrund von Polarisationseffekten (↗elektrische Polarisation). Ein Beispiel ist der Energieverlust in einem Kondensator bei Einschalten des elektrischen Feldes.

Für die ↗dielektrische Verschiebung gilt allgemein $\boldsymbol{D}(\omega) = \varepsilon^*(\omega)\boldsymbol{E}(\omega)$ mit $\varepsilon^*(\omega)$ als ↗komplexer Dielektrizitätskonstanten. $\varepsilon^*$ ist meist nicht rein reell, es kommt also zu einer Phasenverschiebung zwischen $\boldsymbol{D}$ und $\boldsymbol{E}$. Der anschauliche Grund für diese Phasenverschiebung ist ein »Nachhinken« der Reaktion der atomaren Dipole auf die erregende elektrische Welle (↗dielektrische Relaxation). Dies führt zu einer Abnahme der ↗elektrischen Energiedichte $w = \boldsymbol{ED}/2$, die im Dielektrikum in Wärmeenergie umgewandelt wird (dielektrische Erwärmung). Der Energieverlust $\Delta W$ eines Wechselfeldes der Kreisfrequenz $\omega$, der der abgegebenen Wärme $Q$ entspricht, ist

$$Q = \Delta W = \omega\,\varepsilon_0 \cdot \varepsilon''(\omega)\,E_0^2/2$$

mit $\varepsilon''(\omega) \equiv \mathrm{Im}\,\varepsilon^*(\omega)$, der Dielektrizitätskonstanten des Vakuums $\varepsilon_0$ und der Amplitude des elektrischen Feldes $E_0$. Der Imaginärteil der komplexen Dielektrizitätskonstanten ist also der entscheidende Parameter zur Beschreibung des elektrischen Energieverlustes in Materie; daher die Bezeichnung *Verlustmodul* für $\varepsilon''$. Die Stärke der dielektrischen Verluste wird üblicherweise durch den ↗Verlustwinkel $\delta$ angegeben, dem Phasenwinkel von $\eta(\omega)$: $\tan\delta(\omega) = \mathrm{Im}\,\varepsilon^*(\omega)/\mathrm{Re}\,\varepsilon^*(\omega)$.

Das Verhalten von $\varepsilon''$ kann mit einer Relaxationszeit $\tau$ beschrieben werden. Die Verluste werden maximal, wenn $\tau^{-1} \sim \omega_0$ gilt ($\omega_0$: Resonanzfrequenz, ↗dielektrische Relaxation, ↗Dispersion). Für die ↗Orientierungspolarisation liefert die *Debyesche Dipoltheorie* $\tau = 4\pi\eta r^3/k_BT$ ($\eta$: Viskosität, $r$: Molekülradius, $k_B$: Boltzmann-Konstante, $T$: absolute Temperatur, ↗Debye-Relaxation).

Durch die Raumladungspolarisation (Eindringen von Ladungsträgern) kann es zu weiteren dielektrischen Verlusten kommen.

**dielektrische Spektroskopie,** *Dielektrometrie, Impedanz-Spektroskopie, Wechselstrom-Spektroskopie*, Untersuchung der Absorption von elektromagnetischen Wellen in einem Frequenzbereich von $10^{-4}$ Hz bis zu etwa 20 GHz durch Materie. Die Methode richtet die Aufmerksamkeit auf elektrische Übergänge, die langsamer und weiträumiger sind als jene aus der klassischen UV- oder IR-Spektroskopie, d.h. auf die induzierte Polarisation und Orientationspolarisation (die Bewegung von Ladungen und induzierten und permanenten Dipolen als Reaktion auf veränderliche elektrische Felder). Die passiven elektrischen Eigenschaften eines Systems können vollständig durch

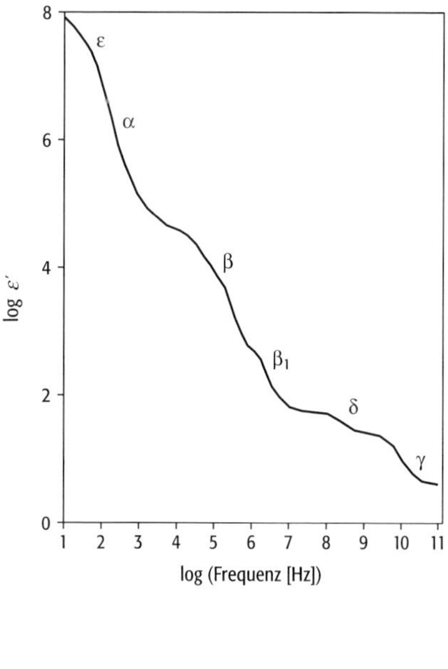


**dielektrische Spektroskopie:** Abhängigkeit des Realteils der Dielektrizitätskonstante eines typischen biologischen Gewebes von der Frequenz mit Bezeichnung der Bereiche bekannter dielektrischer Dispersionen (α, β, $\beta_1$, γ, δ).

die frequenzabhängige ↗komplexe Dielektrizitätskonstante $\varepsilon^*$ (oft: Permittivität) und die Leitfähigkeit $\sigma$ beschrieben werden. Um deren Werte zu messen, legt man an die Probe ein elektrisches Wechselfeld an, wodurch in ihr ein Strom erzeugt wird. Anschließend bestimmt man den *Leitwert G* (reziproker Widerstand) und die elektrische ↗Kapazität $C$ in einem ausreichenden Frequenzintervall. Diese beiden Größen spiegeln die phasengleiche und die um 90° phasenverschobene Komponente des Stromes zum angelegten sinusförmigen Potential wider. Es gibt im wesentlichen drei Ausführungsformen von dielektrischen Spektrometern: Frequenzganganalysatoren, Impedanzmeßbrücken und koaxiale Reflektometer. In der Physik der kondensierten Materie wird die dielektrische Spektroskopie zur Bestimmung der dielektrischen Relaxationseigenschaften eingesetzt, wobei die ↗Relaxationsprozesse mit hoher Auflösung über den gesamten Frequenzbereich detektiert werden können.

In der ↗*Biophysik* wird die dielektrische Spektroskopie hauptsächlich zum Studium der ↗*Hydratation* von ↗*Biomakromolekülen* eingesetzt. Das typische dielektrische Spektrum von biologischem Gewebe hat drei Hauptbereiche (α, β, γ) und zwei kleinere ($\beta_1$, δ) dielektrische Dispersionen (Abbildung). Der Effekt ist sehr groß im Vergleich zur Dielektrizitätszahl des Wassers ($\varepsilon_r \approx 80$ bei 25 °C). Die Hauptmechanismen sind die Relaxation von Ionen an geladenen Zellmembranen (α), das Aufladen der Kapazität der Zellmembranen (β), die Rotation kleiner Dipole, hauptsächlich Wassermoleküle (γ), die Rotation von Proteinmolekülen ($\beta_1$), und die Rotation von Aminosäureseitenketten der Proteine und von adsorbierten Wassermolekülen (δ). [FE]

**dielektrische Stärke** ↗Durchschlagfestigkeit.

**dielektrische Suszeptibilität** ↗elektrische Suszeptibilität.

**dielektrische Verschiebung,** *Verschiebungsdichte, elektrische Flußdichte, elektrische Erregung, D*, vektorielle Größe zur Beschreibung des elektrischen Feldes in polarisierbarer Materie (↗Dielektrikum). Die SI-Einheit der dielektrischen Verschiebung ist $\mathrm{As/m^2} = \mathrm{C/m^2}$. $\boldsymbol{D}$ wird mittels der ↗elektrischen Feldstärke $\boldsymbol{E}$ und der ↗elektrischen Polarisation $\boldsymbol{P}$ definiert: $\boldsymbol{D} = \varepsilon\boldsymbol{E} = \varepsilon_0\boldsymbol{E} + \boldsymbol{P}$ ($\varepsilon$: ↗Dielektrizitätskonstante). $\boldsymbol{D}$ kann als effektives elektrisches Feld im Dielektrikum betrachtet werden, dessen Quellen neben der äußeren, makroskopischen Ladungsverteilung auch die über ein hinreichend großes Volumen gemittelte atomare bzw. molekulare Ladungsverteilung $\rho = \rho_{\mathrm{ext}} + \rho_{\mathrm{mol}}$ sind, so daß die makroskopische erste ↗Maxwellsche Gleichung $\nabla \cdot \boldsymbol{D} = \rho$ gilt. Höhere Momente als das Dipolmoment der atomaren oder molekularen Ladungsverteilung des Mediums und nichtlineare Effekte werden in diesem Ansatz vernachlässigt.

Die Einführung von $\boldsymbol{D}$ ermöglicht es, den Einfluß der elektrischen Polarisation formal zu eliminieren. $\boldsymbol{D}$ erscheint auch in der vierten Maxwell-Gleichung $\nabla \times \boldsymbol{H} = \mathrm{d}\boldsymbol{D}/\mathrm{d}t + \boldsymbol{j}$ ($\boldsymbol{H}$: magnetische Feldstärke, $\boldsymbol{j}$: elektrische Stromdichte). Die zeitliche Änderung von $\boldsymbol{D}$ wird dabei als ↗Verschiebungsstrom(dichte) aufgefaßt. Beim Übergang zwischen zwei Medien ist die zur Grenzfläche normale Komponente von $\boldsymbol{D}$, also $D_n$, immer stetig, sofern die Grenzfläche keine Oberflächenladungen trägt.

**Dielektrizität,** 1) Dielektrizitätszahl, ↗Dielektrizitätskonstante, 2) analog zum ↗Diamagnetismus das Verhalten der im eigentlichen Sinne die elektrischen Stoffe, ↗Dielektrikum.

**Dielektrizitätskonstante,** $\varepsilon$, *DK, Permittivität, Influenzkonstante, elektrische Feldkonstante*, Proportionalitätsfaktor zwischen der ↗elektrischen Feldstärke $\boldsymbol{E}$ und der ↗dielektrischen Verschiebung $\boldsymbol{D}$:

$$\boldsymbol{D} = \varepsilon\boldsymbol{E} = \varepsilon_0\varepsilon_r\boldsymbol{E}.$$

1) Dielektrizitätskonstante des Vakuums, *Influenzkonstante, elektrische Feldkonstante*: Im Vakuum gilt: $\boldsymbol{E} = \varepsilon_0 \cdot \boldsymbol{D}$.

$\varepsilon_0$ hat im ↗SI-System den Zahlenwert und die Einheit

$$\varepsilon_0 = \frac{1}{\mu_0 c^2} = \frac{10^7}{4\pi c^2}\frac{\mathrm{Am}}{\mathrm{Vs}} = 8{,}854 \cdot 10^{-12}\,\frac{\mathrm{C}}{\mathrm{Vm}},$$

dabei ist $c$ die ↗Lichtgeschwindigkeit im Vakuum. Im ↗CGS-System gilt hingegen $\varepsilon_0 = 1$. Die Influenzkonstante kann also als Umrechnungskonstante zwischen Gaußschen CGS-Einheiten und SI-Einheiten betrachtet werden;

2) *relative Dielektrizitätskonstante*, $\varepsilon_r$, *Dielektrizitätszahl, Dielektrizität, Permittivitätszahl*, das (dimensionslose) Verhältnis der ↗Dielektrizitätskonstanten in Materie und im Vakuum: $\varepsilon_r = \varepsilon/\varepsilon_0$.

Im Gegensatz zur Dielektrizitätskonstanten des Vakuums ist die relative Dielektrizitätskonstante $\varepsilon_r$, die Dielektrizitätszahl, Träger von physikalischer Information: in ihr ist das Verhalten dielektrischer Materie (↗Dielektrikum) in einem äußeren elektrischen Feld parametrisisert. Die ↗dielektrische Verschiebung $\boldsymbol{D}$ bei Anlegen eines elektrischen Feldes $\boldsymbol{E}$ an ein Dielektrikum ist

$$\boldsymbol{D} = \varepsilon_r\varepsilon_0\boldsymbol{E}.$$

Im Vakuum ist $\varepsilon_r$ gleich eins; der hiervon verschiedene Zahlenwert in dielektrischen Materialien rührt daher, daß ein äußeres elektrisches Feld $\boldsymbol{E}$ die elektrischen Ladungen in den Atomen bzw. Molekülen des Dielektrikums verschiebt, wodurch sich wiederum das elektrische Feld im Inneren des Dielektrikums ändert; das Medium wird also elektrisch polarisiert (↗*elektrische Polarisation*). Es gilt: $\boldsymbol{D} = \varepsilon_r\varepsilon_0\boldsymbol{E} = \varepsilon_0\boldsymbol{E} + \boldsymbol{P}$, im isotropen Medium auch $\boldsymbol{D} = \varepsilon_0(1 + \chi_e)\boldsymbol{E}$ ($\boldsymbol{P}$: elektrische Polarisation, $\chi_e = \varepsilon_r - 1$: ↗*elektrische Suszeptibilität*). In isotropen Medien ist $\varepsilon_r$ für manche Materialien näherungsweise ein konstanter Skalar (s. Tabelle), meist jedoch eine komplexe, von der Frequenz des elektrischen Feldes abhängige Funktion (↗*komplexe Dielektrizitätskonstante* $\varepsilon^*(\omega)$); in anisotropen Medien hingegen

**Dielektrizitätskonstante:** Relative Dielektrizitätskonstante einiger Stoffe.

| Material | Dielektrizitätszahl $\varepsilon_r = \varepsilon/\varepsilon_0$ |
|---|---|
| $BaTiO_3$ | $10^2$–$10^3$ |
| (Ferroelektrikum) | (je nach Modifikation) |
| $CaTiO_3$ | |
| (Ferroelektrikum) | 150–180 |
| Diamant | 16,5 |
| Eis | 16 (−20°C) |
| Glas | 5–10 |
| Porzellan | 7 |
| Neopren | 6,9 |
| Schwefel | 3,6–4,3 |
| Papier | 3,7 |
| Plexiglas | 3,4 |
| Hartgummi | 2,5–3,5 |
| Blausäure | 95 |
| Nitrobenzol | 37 (15°C) |
| Ethanol | 25,8 (20°C) |
| Petroleum | 2,1 (18°C) |
| Wasser | 88 (0°C) |
| Wasser | 81,1 (18°C) |
| Wasser | 73,4 (40°C) |
| Wasserdampf | 1,026 (110°C, 105Pa) |
| Luft | 1,000576 (0°C, 105Pa) |
| Luft | 1,05404 (0°C, 107Pa) |
| Wasserstoff | 1,000264 (0°C, 105Pa) |
| Schwefeldioxid | 1,0099 (0°C, 105Pa) |
| Stickstoff | 1,000606 (0°C, 105Pa) |
| Vakuum | 1 |

sind *E* und *D* oft nicht mehr parallel, $\varepsilon_r$ hat also tensoriellen Charakter (↗*dielektrischer Tensor*). Dies ist insbsondere in der ↗Kristalloptik von Bedeutung.

Wird ein Isolator zwischen die Platten eines ↗Kondensators gebracht, entstehen durch die Polarisation Oberflächenladungen (↗Influenzladungen), die dessen ↗Kapazität gemäß $C = \varepsilon_r \cdot C_{Vakuum}$ erhöhen, was große technische Bedeutung hat und auch zur Messung von $\varepsilon_r$ benutzt werden kann.

Bewegt sich eine elektromagnetische Welle durch ein Dielektrikum, so erfährt sie eine frequenzabhängige Richtungsänderung (↗Brechung). Die optische ↗*Brechzahl n* ist mit $\varepsilon_r$ und der relativen magnetischen ↗*Permeabilität* $\mu_r$ des Materials durch die ↗Maxwell-Relation $n = \sqrt{\varepsilon_r \mu_r}$ verknüpft. Die Verknüpfung von Optik und Elektromagnetismus, die unter anderem in dieser Beziehung zum Ausdruck kommt, zählt zu den wichtigsten Leistungen der Physik des 19. Jahrhunderts.

**Dielektrizitätskonstante des Vakuums** ↗Dielektrizitätskonstante.

**Dielektrizitätsmodul,** *A*, Kehrwert der ↗Dielektrizitätskonstanten $\varepsilon$:

$$A = 1/\varepsilon = 1/\varepsilon_r\varepsilon_0 \ ,$$

mit der Dielektrizitätszahl $\varepsilon_r$ und der Dielektrizitätskonstanten des Vakuums $\varepsilon_0$.

**Dielektrizitätszahl,** *relative Dielektrizitätskonstante*, ↗Dielektrizitätskonstante.

**Diesel**, *Rudolf Christian Karl*

**Diesel,** *Rudolf Christian Karl,* deutscher Maschineningenieur, *18.3.1858 Paris, †29.9.1913 (im Ärmelkanal ertrunken); befaßte sich nach dem Studium in München (Schüler von C.P.G. von ↗Linde) zunächst mit Problemen der Kältetechnik und führte das Ammoniak zur Verbesserung des Wirkungsgrades von Kältemaschinen ein; entwickelte nach Studien zur Verbesserung des thermischen Wirkungsgrades von Wärmekraftmaschinen 1893–97 zusammen mit der Maschinenfabrik Augsburg und der Firma F. Krupp den nach ihm benannten Hochdruckverbrennungsmotor (↗*Diesel-Motor*).

**Diesel-Motor,** von R. ↗Diesel 1895 entwikkelte ↗Verbrennungskraftmaschine. Der Diesel-Motor ist, gleich dem ↗Otto-Motor, eine Kolbenmaschine. Kennzeichnend für ihn sind vor allem folgende Merkmale:

1) mechanische Kraftstoffeinspritzung in den Zylinder bzw. Brennraum,
2) Selbstzündung bei Kompression,
3) langsame Verbrennung.

Ein Arbeitszyklus des Diesel-Motors besteht aus vier Teilprozessen. Beim ersten Takt wird reine Luft eingesaugt, die beim zweiten Takt so hoch verdichtet wird (3–6MPa = 30–60bar), daß sich der Brennstoff selbst entzündet. Als Folge der mechanischen Einspritzung verbrennt der Kraftstoff im dritten Takt, dem eigentlichen Arbeitstakt, relativ langsam, und im vierten Takt wird das verbrannte Gemisch aus dem Zylinder herausgetrieben.

Der Hauptvorteil des Diesel-Motors besteht darin, daß man zu seinem Betrieb billige Brennstoffe verwenden kann. Es werden heute Diesel-Motoren in einem weiten Leistungsbereich (etwa von 2kW–35 000kW) und in den unterschiedlichsten Ausführungsformen gebaut. Zu unterscheiden sind *Viertakt-* und *Zweitaktmotoren*, *freisaugende* und *aufgeladene Motoren*, *Reihen-* und *V-Motoren* mit unterschiedlicher Zylinderzahl, Motoren mit Wasserkühlung und Luftkühlung.

**Differential,** die Änderung d*F* einer Funktion *F* bei infinitesimaler Änderung ihrer Argumente $(x_1, x_2, ...)$ zu $(x_1 + dx_1, x_2 + dx_2, ...)$:

$$dF = F(x_1 + dx_1, x_2 + dx_2, \ldots) - F(x_1, x_2, \ldots)$$
$$= A\,dx_1 + B\,dx_2 + \ldots \ ,$$

mit $A = \partial F/\partial x_1$, $B = \partial F/\partial x_2$ usw. Diese Größe d*F* wird als *vollständiges Differential* oder *exaktes Differential* von *F* bezeichnet.

Als *unvollständiges* oder *unexaktes Differential* bezeichnet man eine beliebige Linearkombination $đG = \sum_i C_i(x_1, x_2, \ldots)dx_i$, zu der keine Funktion $G(x_1, x_2, ...)$ existiert, deren Differential im obigen Sinne $đG$ ist. Die Begriffe des vollständigen und des unvollständigen Differentials spielen eine wichtige Rolle in der Thermodynamik; beispielsweise sind im ↗ersten Hauptsatz $dU = đW + đQ$ die Differentiale der Wärme *Q* und der Arbeit *W* unvollständige Differentiale, das Differential der Energie *U* hingegen ein vollständiges Differential.

**Differential-Diskriminator,** *SCA*, *Single Channel Analyzer*, ↗Einkanal-Diskriminator.

**Differentialfilter,** in der Elektrotechnik eine besondere Form des Bandpasses (↗Filter). Ein Differentialfilter besteht aus mehreren gekoppelten Schwingkreisen, deren Durchlaßkurve Nullstellen besitzt, die durch passende Dimensionierung symmetrisch um eine Frequenz mit maximaler Durchlässigkeit angeordnet werden können.

**Differentialformen,** antisymmetrische kovariante ↗*Tensorfelder* auf einer $n$-dimensionalen ↗*Mannigfaltigkeit* $X$. Eine Differentialform $\phi$ vom Grad $p$, kurz $p$-Form, beschreibt an jedem Punkt $x \in X$ eine antisymmetrische $p$-Linearform

$$\phi_x\colon T_x(X) \times \ldots \times T_x(X) \to \mathbb{R}$$

($p$ Faktoren). $T_x(X)$ ist der *Tangentialraum* von $X$ bei $x$. Der Raum der antisymmetrischen $p$-Linearformen auf einem $p$-dimensionalen Vektorraum ist $n!/p!(n-p)!$-dimensional für $0 < p < n$, sonst $p$-dimensional. Daher gibt es keine von 0 verschiedenen Differentialformen vom Grad $p > n$. Es bezeichne $\mathcal{E}_p(X)$ den Raum der glatten $p$-Formen auf $X$ und $\mathcal{E}(X) = \mathcal{E}_0(X) \oplus \ldots \oplus \mathcal{E}_n(X)$ den Raum aller glatten Differentialformen auf $X$. Insbesondere ist $\mathcal{E}_0(X)$ der Raum $C^\infty(X)$ der glatten Funktionen auf $X$. Durch das äußere Produkt $\wedge$ wird $\mathcal{E}(X)$ eine *Graßmann-Algebra.* $\wedge$ ist assoziativ,

$$(\phi \wedge \psi) \wedge \omega = \phi \wedge (\psi \wedge \omega),$$

distributiv,

$$\phi \wedge (\psi + \omega) = \phi \wedge \psi + \phi \wedge \omega,$$

und graduiert kommutativ,

$$\phi \in \mathcal{E}_p(M),\ \psi \in \mathcal{E}_q(M) \Rightarrow \phi \wedge \psi = (-1)^{pq} \phi \wedge \psi.$$

Für $f \in \mathcal{E}_0(M)$ ist

$$f \wedge \phi = f\phi,$$

und für zwei 1-Formen $\alpha$, $\beta$ gilt

$$\alpha \wedge \beta = \alpha \otimes \beta - \beta \otimes \alpha.$$

Die *innere Ableitung* $\lrcorner$ nach einem ↗*Vektorfeld* $v$ ordnet einer $p$-Form $\phi$ die $(p-1)$-Form $v \lrcorner \phi$ zu, definiert durch

$$(v \lrcorner \phi)(w_1, \ldots, w_{p-1}) = \phi(v, w_1, \ldots, w_{p-1})$$

für Vektorfelder $w_i$. Die äußere Ableitung d ordnet einer $p$-Form eine $(p+1)$-Form $\mathrm{d}\phi$ zu: Sind $x^1, \ldots, x^n$ lokale ↗*Koordinaten* und $\partial_1, \ldots, \partial_n$ die zugehörigen Vektorfelder, so sind die 1-Formen $\mathrm{d}x^i$ dual zu den $\partial_n$, d.h. $\mathrm{d}x^i(\partial_j) = \delta_{ij}$ (*Kronecker-Symbol*). Jede $p$-Form $\phi$ besitzt eine Darstellung

$$\phi = \frac{1}{p!} \phi_{i_1 \ldots i_p} \mathrm{d}x^{i_1} \wedge \ldots \wedge \mathrm{d}x^{i_p}$$

(unter Verwendung der ↗*Einsteinschen Summenkonvention*!). Dann ist

$$\mathrm{d}\phi = \frac{1}{p} \phi_{i_1 \ldots i_p, k} \mathrm{d}x^k \wedge \mathrm{d}x^{i_1} \wedge \ldots \wedge \mathrm{d}x^{i_p}.$$

Insbesondere gilt für eine 0-Form

$$\mathrm{d}f = \frac{\partial f}{\partial x^i} \mathrm{d}x^i,$$

und für $\phi \in \mathcal{E}_p(X)$, $\psi \in \mathcal{E}_q(X)$ ist

$$\mathrm{d}(\phi \wedge \psi) = \mathrm{d}\phi \wedge \psi + (-1)^p \phi \wedge \mathrm{d}\psi.$$

Es gilt: $\mathrm{d}^2 = 0$. $\phi$ heißt *geschlossen*, falls $\mathrm{d}\phi = 0$, und exakt, falls $\phi = \mathrm{d}\psi$. Die Einschränkung einer geschlossenen Form auf eine hinreichend kleine Umgebung ist exakt. Die *Lie-Ableitung* von $\phi \in \mathcal{E}(X)$ nach einem Vektorfeld $v$ ist

$$\mathcal{L}_v \phi = v \lrcorner \mathrm{d}\phi + \mathrm{d}(v \lrcorner \phi).$$

Die Lie-Ableitung nach einem Vektorfeld $v$ und die innere Ableitung nach einem Vektorfeld $w$ erfüllen die wichtige Relation

$$\mathcal{L}_v(w \lrcorner \phi) - w \lrcorner (\mathcal{L}_v \phi) = [v, w] \lrcorner \phi,$$

wobei $[v, w]$ die *Lie-Klammer* von $v$ mit $w$ ist. Trägt $X$ eine *Orientierung*, so kann man $p$-Formen über $p$-dimensionale Untermannigfaltigkeiten integrieren (↗*Integralsätze*). Ist auf $X$ zusätzlich eine ↗*Metrik* $g$ gegeben, so erhält man ein ausgezeichnetes ↗*Volumenelement* $\varepsilon$ und einen ↗*Hodge-Stern* $*$. Metrik und äußere Ableitung definieren den ↗*Gradienten.* Die Koableitung einer $p$-Form $\phi$ ist die $(p-1)$-Form

$$\delta\phi := (-1)^{n(p+1)+s} * \mathrm{d} * \phi,$$

wobei $s$ die Signatur der Metrik ist. Die Metrik ordnet einem Vektorfeld $v$ die 1-Form $\tilde{v} = g_{ij} v^i \mathrm{d}x^j$ zu; die Koableitung von $\tilde{v}$ ist die ↗*Divergenz* des Vektorfeldes $v$. Der Laplace-Beltrami-Operator ist

$$\Delta = \delta\mathrm{d} + \mathrm{d}\delta.$$

Im euklidischen $\mathbb{R}^n$ (Metrik $g_{ij} = \delta_{ij}$, $s = 0$) gilt

$$\delta\left(f \mathrm{d}x^{i_1} \wedge \ldots \wedge \mathrm{d}x^{i_p}\right) = \sum_{k=1}^{p} (-1)^{k-1} \frac{\partial f}{\partial x_{i_k}} \mathrm{d}x^{i_1} \wedge \ldots \wedge \mathrm{d}x^{i_{k-1}} \wedge \mathrm{d}x^{i_{k+1}} \wedge \ldots \wedge \mathrm{d}x^{i_p},$$

$$\Delta\left(f \mathrm{d}x^{i_1} \wedge \ldots \wedge \mathrm{d}x^{i_p}\right) = \frac{\partial^2 f}{\partial x^k \partial x_k} \mathrm{d}x^{i_1} \wedge \ldots \wedge \mathrm{d}x^{i_p}.$$

Wichtig ist schließlich noch der *Pullback* von Differentialformen (↗*Tensorfelder*): Ist $f\colon X \to Y$ eine glatte Abbildung und $\phi \in \mathcal{E}(Y)$, so ist der Pullback $f^*\phi$ eine $p$-Form auf $X$, definiert durch

$$(f^*\phi)_x(v_1, \ldots, v_p) := \phi_{f(x)}(T_x f(v_1), \ldots, T_x f(v_p))$$

für Tangentenvektoren $v_i \in T_x(X)$, wobei $T_x f$ die Ableitung von $f$ an der Stelle $x$ ist (*Tangentialraum*).

*Beispiele*: In der Mechanik verwendet man die *kanonischen Formen* $\theta = p_i \mathrm{d}q^i$ und $\omega = -\mathrm{d}\theta = \mathrm{d}q^i \wedge \mathrm{d}p_i$ und das *Liouville-Maß* $\Omega = \mathrm{d}q^1 \wedge \ldots \wedge \mathrm{d}q^n \wedge \mathrm{d}p_1 \wedge \ldots \wedge \mathrm{d}p_n$ auf dem Phasenraum. In der ↗*Elektrodynamik* bilden der *Vierer-Strom* $J = J_\mu \mathrm{d}x^\mu$ und das ↗*Vierer-Potential* $A = A_\mu \mathrm{d}x^\mu$ 1-Formen. Der ↗*Feldstärketensor* ist die 2-Form $F = \frac{1}{2} F_{\alpha\beta} \mathrm{d}x^\alpha \mathrm{d}x^\beta = \mathrm{d}A$. *Damit lauten die* ↗*Maxwell-Gleichungen*: $\mathrm{d}F = 0$ und $\delta F = J$. Die ↗*Eichfelder* $A$ der ↗*Yang-Mills-Theorien* sind 1-Formen, ihre

Feldstärken $F$ sind 2-Formen. In der Thermodynamik bildet man aus der Temperatur $T$ und der Entropie $S$ die 1-Form $T\mathrm{d}S$; das Integral $\int_\gamma T\mathrm{d}S$ über einen Weg (Prozeß) $\gamma$ im Phasenraum ist die dem System während des Prozesses insgesamt zugeführte Wärme. In der Allgemeinen Relativitätstheorie können ↗*Krümmung* und ↗*Torsion* als 2-Formen interpretiert werden. [SD]

**Differentialgeometrie,** Teilgebiet der Mathematik, in dem die *Differentialrechnung* auf Fragen über das Verhalten von Kurven und Flächen (und geometrischen Objekten höherer bzw. beliebiger Dimension) in Umgebungen von Punkten angewendet wird. Dadurch kann man z.T. auch Aussagen über das globale Verhalten der Objekte erhalten. Beiträge wurden u.a. von C.F. ↗*Gauß* und B. ↗*Riemann* geliefert. (↗*Riemannsche Geometrie*)

**Differentialgleichung,** mathematische Gleichung, die Ableitungen einer unbekannten Funktion $y$ enthält. Differentialgleichungen spielen in der Physik eine überragende Rolle, da physikalische Gesetze und Zusammenhänge sich häufig als Differentialgleichung darstellen lassen.

*Begriffe und Schreibweisen:*

Jede Funktion, welche eine gegebene Differentialgleichung erfüllt, heißt *Lösung* dieser Differentialgleichung, in der Regel gibt es davon unendlich viele. Das Lösen einer Differentialgleichung besteht darin, *alle* Lösungen zu finden. Stellt man an die Funktion $y$ oder ihre Ableitungen in bestimmten Punkten gewisse Bedingungen, so läßt sich die Lösungsmenge einschränken. Beziehen sich diese Bedingungen auf einen bestimmten Zeitpunkt $t_0$ und ist man am Verhalten $y(t)$ der Funktion für $t > t_0$ interessiert, nennt man sie *Anfangsbedingungen.* Gibt man Funktionswerte auf dem Rand eines räumlichen Gebietes vor und ist am Verhalten der Funktion im Gebiet interessiert, spricht man dagegen von *Randbedingungen.* Bei Differentialgleichungen, die sowohl Orts- als auch Zeitableitungen enthalten, kommen auch kombinierte Anfangs- und Randbedingungen vor. *Anfangswertprobleme,* d.h. Differentialgleichungen zusammen mit Anfangsbedingungen, sind unter ziemlich allgemeinen Voraussetzungen eindeutig lösbar, während bei reinen *Randwertproblemen* die Lage verwickelter ist.

Die *Ordnung* einer Differentialgleichung ist die höchste Ordnung der Ableitungen, die in ihr vorkommen. Die meisten Differentialgleichungen in der Physik sind von der Ordnung eins oder zwei. *Lineare Differentialgleichungen* haben die Form $L[y(x)] = R(x)$, wobei $L$ ein linearer ↗*Differentialoperator* und $R$ eine reellwertige Funktion ist. Viele wichtige Differentialgleichungen in der Physik sind linear. *Nichtlineare Differentialgleichungen* können entweder linearisiert, d.h. durch eine lineare Differentialgleichung angenähert bzw. durch eine geeignete Transformation in eine lineare Differentialgleichung überführt werden, oder sie führen zu Phänomenen wie ↗*Bifurkation, Katastrophe,* ↗*Hysterese* und ↗*Chaos. Gewöhnliche Differentialgleichungen* sind solche, in denen nur Ableitungen nach einer Veränderlichen vorkommen, während *partielle Differentialgleichungen* Ableitungen der unbekannten Funktion nach mehreren Variablen enthalten. Wichtige Beispiele gewöhnlicher Differentialgleichungen in der Physik sind die *Bewegungsgleichungen,* die nur zeitliche Ableitungen enthalten, z.B. die Newtonsche Bewegungsgleichung und die *Schwingungsgleichung,* und darüber hinaus solche Gleichungen, die als Zwischenschritte bei der Lösung partieller Differentialgleichungen auftreten, z.B. die *Besselsche* und die *Legendresche* Differentialgleichung. Partielle Differentialgleichungen sind z.B. die *Schrödinger-Gleichung,* die *Maxwell-Gleichungen,* die *Wellengleichung,* die *Poisson-Gleichung,* die *Laplace-Gleichung* und die *Diffusionsgleichung.* Sie enthalten räumliche Ableitungen nach den drei Ortskoordinaten und teilweise auch zeitliche Ableitungen.

In Differentialgleichungen wird die erste, zweite und $n$-te Ableitung einer Funktion $y$ nach einer Variablen $x$ als $\mathrm{d}y/\mathrm{d}x$, $\mathrm{d}^2y/\mathrm{d}x^2$ und $\mathrm{d}^ny/\mathrm{d}x^n$, als $\partial y/\partial x$, $\partial^2y/\partial x^2$ und $\partial^ny/\partial x^n$, als $\partial_xy, \partial_x^2y, \partial_x^ny$ oder als $y_x$, $y_{xx}$, $y_{xxx}$ usw. geschrieben, wobei das Symbol »$\partial$« anstelle von »d« insbesondere bei partiellen Differentialgleichungen verwendet wird. Bei gewöhnlichen Differentialgleichungen verwendet man auch die Schreibweisen $y'$, $y''$ und $y^{(n)}$, da hier Verwechslungen der Variablen ausgeschlossen sind. In Bewegungsgleichungen werden erste und zweite Zeitableitungen auch als $\dot{y}$ und $\ddot{y}$ bezeichnet; die Verwendung höherer als zweiter Zeitableitungen bringt für physikalische Probleme in der Regel keinen Nutzen. In partiellen Differentialgleichungen kommt häufig der ↗*Laplace-Operator* $\Delta$ vor, der in kartesischen Koordinaten $(x, y, z)$ die Darstellung $\Delta = \left(\partial^2/\partial x^2 + \partial^2/\partial y^2 + \partial^2/\partial z^2\right)$ besitzt.

*Bewegungsgleichungen*:

Die Zeitentwicklung eines Systems beschreibt man durch *Bewegungsgleichungen*, bei denen es sich um gewöhnliche Differentialgleichungen erster oder zweiter Ordnung in der Zeit handelt. Zusammen mit Anfangsbedingungen (der Funktionswert und im Falle einer Differentialgleichung zweiter Ordnung auch die Zeitableitung des Funktionswertes zu einem Anfangszeitpunkt) sind solche Gleichungen eindeutig lösbar. Die Bewegungsgleichung $\mathrm{d}x/\mathrm{d}t = kx$ beschreibt Situationen, in denen die Änderungsrate einer Größe proportional zur Größe selbst ist. Gewöhnliche Differentialgleichungen erster Ordnung, die separabel sind, d.h. sich in der Form $\mathrm{d}x/\mathrm{d}t = P(t)/Q(x)$ schreiben lassen, können durch Integration gelöst werden: $\int Q(x)\mathrm{d}x = \int P(t)\mathrm{d}t$. In der obigen Gleichung ist $P(t) = 1$ und $Q(x) = 1/x$, daher ist $x = x_0 \exp\left(k(t - t_0)\right)$ die Lösung unter der Anfangsbedingung $x(t_0) = x_0$. Im

**Differentialgleichung 1:** Lösungen einiger eindimensionaler Bewegungsgleichungen.

| Physikalisches Problem | Bewegungsgleichung | Lösung (unter den Anfangsbedingungen $x(t_0) = x_0$ und gegebenenfalls $\dot{x}(t_0) = v_0$ |
|---|---|---|
| Exponentielles Wachstum | $\dot{x} = kx \quad (k > 0)$ | $x(t) = x_0 e^{k(t-t_0)}$ |
| Exponentielles Abklingen | $\dot{x} = -kx \quad (k > 0)$ | $x(t) = x_0 e^{-k(t-t_0)}$ |
| Kräftefreie Bewegung | $\ddot{x} = 0$ | $x(t) = v_0(t - t_0) + x_0$ |
| Freier Fall | $\ddot{x} = -g$ | $x(t) = -\frac{g}{2}(t - t_0)^2 + v_0(t - t_0) + x_0$ |
| Freie Schwingung | $\ddot{x} + \omega^2 x = 0$ | $x(t) = \frac{v_0}{\omega} \sin \omega(t - t_0) + x_0 \cos \omega(t - t_0)$ |
| Gedämpfte Schwingung | $\ddot{x} + 2\Gamma\dot{x} + \omega_0^2 x = 0$ $(\Gamma < \omega_0)$ | $x(t) = e^{-\Gamma(t-t_0)} \left( \frac{v_0 + \Gamma x_0}{\omega_1} \sin \omega_1(t - t_0) + x_0 \cos \omega_1(t - t_0) \right)$, $\omega_1 = \sqrt{\omega_0^2 - \Gamma^2}$ |

Falle von $k > 0$ beschreibt dies ein exponentielles Wachstum, bei $k < 0$ ein exponentielles Abklingen. Für die Lösung der Differentialgleichung $dx/dt + tx = 0$ mit der Anfangsbedingung $x(0) = 1$ erhält man in analoger Weise die Gauß-Funktion $x = \exp(-t^2/2)$. Gleichungen, die nicht separabel sind, lassen sich manchmal durch Substitution auf separable Gleichungen zurückführen. In ihrer allgemeinsten Form $dx/dt = f(t, x)$ lassen sich gewöhnliche Differentialgleichungen erster Ordnung zwar nicht analytisch lösen, aber man kann zu numerischen Verfahren greifen. Sehr intuitiv ist die ↗*Euler-Methode*, die aber nicht besonders genau und stabil ist. Hier wird der Differentialquotient einfach durch den Differenzenquotient ersetzt. Besser sind *Mehrschrittverfahren*, z.B. das ↗*Adams-Bashforth-* oder das ↗*Adams-Moulton-Verfahren*, bzw. ↗*Prediktor-Korrektor-Algorithmen*. Am häufigsten verwendet man jedoch die ↗*Runge-Kutta-Methoden*.

Diese numerischen Methoden lassen sich auch auf *Systeme von Differentialgleichungen* erster Ordnung verallgemeinern. Solche Systeme, die auch als *gekoppelte Differentialgleichungen* bezeichnet werden, lassen sich in der Form $\dot{x} + f(x,t) = 0$ schreiben, wobei $x$ ein Vektor ist, und sind eine ziemlich allgemeine Klasse von Gleichungen. Dies rührt daher, daß sich Systeme gewöhnlicher Differentialgleichungen höherer Ordnung in einfacher Weise durch Substitution aller Ableitungen durch neue Variable auf ein Differentialgleichungssystem erster Ordnung zurückführen lassen. Die *kanonischen Gleichungen*

$$\frac{\partial H}{\partial q_i} = -\dot{p}_i, \ \frac{\partial H}{\partial p_i} = \dot{q}_i, \ i = 1, \dots, N$$

der ↗*analytischen Mechanik* bilden ein System von $2N$ gewöhnlichen Differentialgleichungen erster Ordnung. Einen wichtigen Sonderfall, den man auch analytisch lösen kann, stellen *Systeme homogener linearer Differentialgleichungen erster Ordnung mit konstanten Koeffizienten* dar, welche die allgemeine Form $\dot{x} + Ax = 0$ besitzen, wobei $x$ ein Vektor und $A$ eine Matrix ist. Wenn $A$ nicht entartet ist, d.h. wenn die Eigenwerte $\lambda_i$ von $A$ alle verschieden sind, lautet die Lösung $x = \sum_i c_i e^{\lambda_i t} a_i$, wobei die $a_i$ die Eigenvektoren zu den Eigenwerten $\lambda_i$ sind und sich die Konstanten $c_i$ aus den Anfangsbedingungen $x_0 = x(t_0)$ ergeben. Ein solches Differentialgleichungssystem sind z.B. die kanonischen Gleichungen gekoppelter Oszillatoren. Systeme linearer Differentialgleichungen mit konstanten Koeffzienten lassen sich oft sehr elegant mit Hilfe der ↗*Laplace-Transformation* lösen; dies gilt auch dann, wenn sie inhomogen sind.

*Lineare Differentialgleichungen:*

Viele Differentialgleichungen der Physik sind linear. Lineare Differentialgleichungen (LDGln) lassen sich als $L[y(\boldsymbol{x})] = R(\boldsymbol{x})$ schreiben, wobei $L$ ein linearer ↗*Differentialoperator* ist. Sie können sowohl partielle als auch gewöhnliche Differentialgleichungen und sogar Systeme von Differentialgleichungen sein, und die meisten der Aussagen in diesem Abschnitt gelten für alle diese Fälle. Eine LDGl heißt *homogen*, wenn $R(\boldsymbol{x}) = 0$, anderenfalls *inhomogen*. Die *Inhomogenität* $R(\boldsymbol{x})$ wird häufig auch als *Störung* bzw. Störfunktion bezeichnet. Aus der Linearitätseigenschaft $L[ay_1 + by_2] = aL[y_1] + bL[y_2]$, wobei $a$, $b$ beliebige Konstanten und $y_1$, $y_2$ beliebige Funktionen sind, folgen die nachstehenden *Superpositionssätze:*

a) Sind $y_1$ und $y_2$ Lösungen einer homogenen LDGl, dann ist für beliebige Konstanten $c_1$ und $c_2$ der Ausdruck $c_1y_1 + c_2y_2$ ebenfalls eine Lösung.

b) Ist $y_{\mathrm{i}}$ eine Lösung einer inhomogenen LDGl und $y_{\mathrm{h}}$ eine Lösung der zugehörigen homogenen LDGl, d.h. zur Gleichung, die man aus der ursprünglichen inhomogenen Gleichung erhält, indem man die rechte Seite null setzt, dann ist auch $y_{\mathrm{i}} + y_{\mathrm{h}}$ eine Lösung der inhomogenen LDGl.

Die Lösungen einer homogenen LDGl bilden einen Vektorraum. Bei gewöhnlichen Differentialgleichungen ist dessen Dimension gleich der Ordnung der Differentialgleichung, bei partiellen Differentialgleichungen ist er im allgemeinen unendlichdimensional. Eine Basis dieses Vektorraumes heißt *Fundamentalsystem* von Lösungen der Differentialgleichung. Die Funktionen $y_1 = \sin(\omega t)$ und $y_2 = \cos(\omega t)$ bilden ein Fundamentalsystem von Lösungen der Schwingungsgleichung $\ddot{y} + \omega^2 y = 0$. Kennt man ein Fundamentalsystem $y_1, \ldots, y_n$, so lassen sich die allgemeine Lösung einer homogenen LDGl in der Form $y = \sum_i \alpha_i y_i$ schreiben; die allgemeine Lösung der Schwingungsgleichung lautet $y(t) = A\sin(\omega t) + B\cos(\omega t)$ mit beliebigen Konstanten $A$ und $B$. Inhomogene gewöhnliche LDGln lassen sich ebenfalls mit dem Ansatz $y = \sum_i \alpha_i y_i$ lösen, wenn die Koeffizienten $\alpha_i$ als variabel aufgefaßt werden. Dieses Verfahren nennt man ↗*Variation der Konstanten*. Zur Gleichung $\ddot{y} + \omega_0^2 y = A\sin\omega t$, die eine ungedämpfte erzwungene Schwingung mit Eigenfrequenz $\omega_0$ und Anregungsfrequenz $\omega$ beschreibt, findet man auf diese Weise die Lösung

$$y_S(t) = \begin{cases} \dfrac{A\sin\omega t}{\omega_0^2 - \omega^2} & \text{für} \quad \omega \neq \omega_0 \\ -\dfrac{A}{2\omega_0} t\cos\omega_0 t & \text{für} \quad \omega = \omega_0 \end{cases}.$$

Dabei handelt es sich jedoch nur um eine *spezielle* oder *partikuläre Lösung* dieser inhomogenen LDGl; die *allgemeine Lösung* $y(t)$ läßt sich als Summe einer solchen speziellen Lösung und der allgemeinen Lösung der zugehörigen homogenen LDGl schreiben: $y(t) = y_S(t) + B\sin(\omega_0 t) + C\cos(\omega_0 t)$. Anfangsbedingungen $y(t_0) = y_0$ und $y'(t_0) = v_0$ führen schließlich auf ein lineares Gleichungssystem für die Koeffizienten $B$ und $C$, das wegen des Nichtverschwindens der *Wronski-Determinante* $W(t) = \begin{vmatrix} y_1 & y_2 \\ \dot{y}_1 & \dot{y}_2 \end{vmatrix}$ eindeutig lösbar ist. Im Falle von Randbedingungen kann das entstehende Gleichungssystem hingegen eine, keine oder unendlich viele Lösungen besitzen.

Eine andere Methode zur Lösung inhomogener LDGln, die insbesondere bei Randwertproblemen partieller LDGln häufig angewendet wird, ist die Verwendung von ↗*Green-Funktionen*. Eine Funktion $G(x,x')$ heißt Green-Funktion zu einem linearen Differentialoperator $L$, wenn $L[G(x,x')] = \delta(x - x')$ gilt. In diesem Fall ist $y_G(x) = \int f(x)G(x,x)dx$ eine Lösung der LDGl $L[y(x)] = f(x)$, wie man unmittelbar durch Einsetzen verifizieren kann. Kennt man also eine Green-Funktion, kann man zu inhomogenen LDGln für beliebige Störfunktionen $f(x)$ durch direkte Integration eine Lösung finden. Dieses Prinzip läßt sich auf Probleme mit *homogenen Randbedingungen* ausdehnen, d.h. solche Randbedingungen, die durch $y \equiv 0$ erfüllt werden. Kennt man nämlich eine Green-Funktion, die in $x$ solchen Randbedingungen genügt, dann werden diese auch von $y_G(x)$ erfüllt. Die Green-Funktion des Laplace-Operators, die der Randbedingung $G(\mathbf{r},\mathbf{r}') \to 0$ für $\mathbf{r} \to \infty$ genügt, ist $G(\mathbf{r}, \mathbf{r}') = -(4\pi|\mathbf{r} - \mathbf{r}'|)^{-1}$. Demnach lautet die Lösung der Poisson-Gleichung $\Delta\Phi(\mathbf{r}) = -4\pi\varrho(\mathbf{r})$ unter denselben Randbedingungen $\Phi(\mathbf{r}) = \int \rho(\mathbf{r})/|\mathbf{r} - \mathbf{r}'|d\mathbf{r}'$.

*Lineare partielle Differentialgleichungen zweiter Ordnung*:

Lineare partielle Differentialgleichungen, in denen Ort und Zeit als Variable auftreten, gehören zu den wichtigsten Differentialgleichungen der Physik (Tabelle 2). Alle in der

**Differentialgleichung 2:** Partielle Differentialgleichungen der Physik.

| Gleichung | Name | Physikalischer Ursprung |
|---|---|---|
| $\Delta\Phi = 0$ | Laplace-Gleichung | Elektrostatik, Magnetostatik, stationäre Wärmeleitung ohne Quellen |
| $\Delta\Phi = -4\pi\rho$ | Poisson-Gleichung | Elektrostatik, Magnetostatik, stationäre Wärmeleitung mit Quellen |
| $\Delta\Phi + k^2\Phi = 0$ | Helmholtz-Gleichung | Eigenschwingungen und Eigenmoden |
| $-\frac{\hbar^2}{2m}\Delta\psi + (V(\mathbf{r}) - E)\psi = 0$ | stationäre Schrödinger-Gleichung | stationäre Zustände in der Quantenmechanik |
| $D\Delta\Phi - \frac{\partial\Phi}{\partial t} = 0$ | Diffusionsgleichung | Diffusion, Wärmeleitung, Transport |
| $-\frac{\hbar^2}{2m}\Delta\psi + V(\mathbf{r})\psi - i\hbar\frac{\partial\psi}{\partial t} = 0$ | zeitabhängige Schrödinger-Gleichung | Quantenmechanik |
| $\eta\Delta v - \rho\frac{dv}{dt} = \text{grad}\, p$ | Navier-Stokes-Gleichung | inkompressible Flüssigkeiten |
| $\Delta\Phi - \frac{1}{c^2}\frac{\partial^2\Phi}{\partial t^2} = 0$ | Wellengleichung | Freie Wellen |
| $\Delta\Phi - \frac{1}{c^2}\frac{\partial^2\Phi}{\partial t^2} = -4\pi\rho(\mathbf{r}, t)$ | inhomogene Wellengleichung | angeregte Wellen |
| $\Delta\Phi - \frac{1}{c^2}\frac{\partial^2\Phi}{\partial t^2} - \mu^2\Phi = 0$ | Klein-Gordon-Gleichung | Wellen mit Dispersion, relativistische Quantenmechanik |
| $\Delta\Phi - \frac{1}{c^2}\frac{\partial^2\Phi}{\partial t^2} - k\frac{\partial\Phi}{\partial t} = 0$ | Telegraphengleichung | gedämpfte Wellen |

Tabelle aufgeführten Gleichungen sind von zweiter Ordnung in den Ortskoordinaten, wobei die Ortsableitungen stets durch den *Laplace-Operator* gegeben werden. Nicht aufgeführt sind die Maxwell-Gleichungen, bei denen es sich um ein System partieller Differentialgleichungen erster Ordnung handelt, die aber durch die Einführung von Potentialen in inhomogene Wellengleichungen für das skalare Potential und das Vektorpotential umgeformt werden können. Die linearen partiellen Differentialgleichungen zweiter Ordnung werden in drei Klassen eingeteilt: *elliptische Differentialgleichungen* (z.B. Laplace-Gleichung), *parabolische Differentialgleichungen* (z.B. Diffusionsgleichung): *hyperbolische Differentialgleichungen* (z.B. Wellengleichung). Elliptische Differentialgleichungen sind eindeutig lösbar, wenn die Funktionswerte auf dem Rand eines Gebietes vorgegeben werden (*Dirichletsche Randbedingungen*). Werden stattdessen die Normalableitungen auf dem Rand des Gebietes vorgegeben (*Neumannsche Randbedingungen*), ist die Lösung nur bis auf eine additive Konstante eindeutig bestimmt. Im Falle parabolischer und hyperbolischer Differentialgleichungen benötigt man für eine eindeutige Lösung neben Dirichletschen oder Neumannschen Randbedingungen noch Anfangsbedingungen $\Phi(\boldsymbol{r},t_0)$ und gegebenenfalls auch $\partial\Phi/\partial t$ zu einem Zeitpunkt $t = t_0$.

Partielle Differentialgleichungen formuliert man am besten in solchen Ortskoordinaten, die zu den Randbedingungen passen, d.h. in denen die Randbedingungen eine möglichst einfache Form besitzen. Hierzu benötigt man insbesondere die verschiedenen Formen des *Laplace-Operators* in den einzelnen Koordinatensystemen. Kartesische Koordinaten $(x, y, z)$ sind geeignet, wenn die Funktionswerte auf dem Rand eines rechteckigen oder quaderförmigen Gebietes vorgegeben sind, also z.B. für die Eigenschwingungen einer rechteckigen Membran oder die elektromagnetischen Eigenmoden eines kastenförmigen Hohlraumes. Zylinderkoordinaten $(r, \varphi, z)$ eignen sich eher für die Lösung der Navier-Stokes-Gleichung in einem zylindrischen Rohr oder für die Bestimmung der Eigenmoden eines Hohlleiters. Für die häufig anzutreffende Randbedingung $\Phi(\boldsymbol{r}) \to 0$ für $|\boldsymbol{r}| \to \infty$ verwendet man am besten Kugelkoordinaten $(r, \theta, \varphi)$.

Zur Lösung partieller Differentialgleichungen kann man eine oder mehrere der folgenden Strategien anwenden:

a) *Variablentrennung*: Hierzu macht man für die Fundamentallösungen der homogenen Gleichung einen Produktansatz der Art $\Phi(x,y) = X(x)Y(y)$. Durch Trennung von Orts- und Zeitvariablen gelangt man beispielsweise von der zeitabhängigen zur stationären Schrödinger-Gleichung: Setzt man $\psi(\boldsymbol{r},t) = \Phi(\boldsymbol{r})T(t)$ für die Lösungen von

$$-\frac{\hbar^2}{2m}\Delta\psi + V(r)\psi - \mathrm{i}\hbar\frac{\partial\psi}{\partial t} = 0$$

an, erhält man nach Einsetzen und Division durch $\psi$ die Gleichung

$$-\frac{1}{\Phi}\frac{\hbar^2}{2m}\Delta\Phi + V(r) = \frac{\mathrm{i}\hbar}{T}\frac{\mathrm{d}T}{\mathrm{d}t}.$$

Da deren linke Seite nur von $\boldsymbol{r}$ und die rechte Seite nur von $t$ abhängt, müssen beide Seiten konstant sein. Bezeichnet man diese Konstante mit $E$, erhält man für den zeitlichen Teil die Gleichung $E = \frac{\mathrm{i}\hbar}{T}\frac{\mathrm{d}T}{\mathrm{d}t}$ und für den räumlichen Teil die stationäre Schrödinger-Gleichung

$$-\frac{\hbar^2}{2m}\Delta\Phi + (V(\boldsymbol{r}) - E)\Phi = 0.$$

Die ursprüngliche partielle Differentialgleichung mit drei Orts- und einer Zeitkoordinate wurde also in eine partielle Differentialgleichung in den drei Ortskoordinaten und eine gewöhnliche Differentialgleichung in der Zeit überführt, die durch die *Trennungskonstante E* miteinander gekoppelt sind. Auf analoge Weise gelangt man von der Wellengleichung zur Helmholtz-Gleichung. Durch Trennung nach den Raumkoordinaten kann man in vielen Fällen partielle Differentialgleichungen, die nur vom Ort abhängen, auf drei gewöhnliche Differentialgleichungen zweiter Ordnung zurückführen, die über zwei Trennungskonstanten miteinander verbunden sind. Unter Berücksichtigung der Randbedingungen sind für die Trennungskonstanten in der Regel nur diskrete Werte möglich.

b) *Integraltransformation*: Unter *Fourier-Transformation* (ebenso wie unter *Laplace-Transformation*) werden Ableitungen zu Multiplikationen mit einer Konstanten. Aufgrund dieser Eigenschaft lassen sich Differentialgleichungen in transformierter Form häufig leichter lösen: Partielle Differentialgleichungen werden zu gewöhnlichen Differentialgleichungen, und Systeme gewöhnlicher Differentialgleichungen werden zu algebraischen Gleichungssystemen.

c) *Greensche Funktion*: Mit Hilfe von ↗Green-Funktionen lassen sich inhomogene Differentialgleichungen mit homogenen Randbedingungen, wie weiter oben bereits beschrieben, durch Integration lösen. Die Probleme bestehen dann darin, inhomogene Randwertaufgaben in homogene Randwertaufgaben zu verwandeln, zu gegebenen Differentialoperatoren und Randbedingungen die Green-Funktion zu finden und schließlich das resultierende Integral auszuwerten.

d) *Numerische Lösung*: Partielle Differentialgleichungen lassen sich mit Computern lösen, indem man den Raum bzw. die Raum-Zeit mit Hilfe eines Gitters diskretisiert. Die ↗*Diskretisierung* des linearen Differentialoperators ergibt lineare Gleichungen für die Funktionswerte in den Gitterpunkten. In diskretisierter Form ist eine lineare partielle Differentialgleichung folglich ein im allgemeinen sehr großes und dünn besetztes lineares Gleichungssystem für die Funktionswerte in den Gitterpunkten, dessen rechte Seite durch die Randbedingungen, d.h. die Funktionswerte in den Randpunkten bestimmt wird. Probleme bei der Numerik partieller Differentialgleichungen bestehen darin, geeignete Gitter zu finden, die zu einem stabilen Lösungsverhalten führen, das Gitter an die Form des Randes anzupassen und schließlich das sich ergebende lineare Gleichungssystem effizient zu lösen (↗*Gauß-Seidel-Verfahren*, ↗*Methode der konjugierten Gradienten*, ↗*Mehrgitterverfahren*). Die durch die Gitterpunkte und deren Verknüpfungen bewirkte Raumzerlegung bezeichnet man auch als Zerlegung in ↗*finite Elemente*.

*Eigenwert-Differentialgleichungen*:
Eigenwert-Differentialgleichungen sind homogene, lineare Differentialgleichungen von der Form $L[y] = \lambda y$, wobei $L$ ein linearer Differentialoperator ist. Sie können sowohl gewöhnliche als auch partielle Differentialgleichungen sein. Unter gegebenen Randbedingungen gibt es nur für manche Werte von $\lambda$ Lösungen; diese Werte bezeichnet man als *Eigenwerte* des Differentialoperators $L$, und die Lösungen zu einem speziellen Eigenwert $\lambda$ nennt man *Eigenfunktionen* von $L$ zum Eigenwert $\lambda$. Meist fordert man außerdem, daß $L$ *selbstadjungiert* unter einem geeigneten *Skalarprodukt* $(y_1,y_2)$ ist, d.h. daß für alle Funktionen $y_1$, $y_2$ die Beziehung $(L[y_1],y_2) = (y_1,L[y_2])$ gilt. Zu Eigenwert-Differentialgleichungen mit selbstadjungierten Differentialoperatoren sind alle Eigenwerte reell, und zwar auch dann, wenn die Funktionen $y$ komplexwertig sein dürfen; außerdem sind Eigenfunktionen $y_i$, $y_j$ zu verschiedenen Eigenwerten $\lambda_i$, $\lambda_j$ orthogonal, d.h. sie erfüllen $(y_i,y_j) = 0$ unter demselben Skalarprodukt, unter dem $L$ selbstadjungiert ist. Ist $L$ darüber hinaus ein Differentialoperator zweiter Ordnung, lassen sich die Eigenfunktionen so wählen, daß sie eine vollständige orthogonale Basis des Funktionenraumes unter den entsprechenden Randbedingungen bilden; eine beliebige mit den Randbedingungen verträgliche Funktion $z(x)$ läßt sich dann in der Form $z(x) = \sum_n a_n y_n(x)$ schreiben (*Entwicklung nach Eigenfunktionen*). Die stationäre Schrödinger-Gleichung $H\psi = E\psi$ der Quantenmechanik ist eine Eigenwert-Differentialgleichung mit dem Hamilton-Operator $H$ als selbstadjungiertem Differentialoperator zweiter Ordnung. Gewöhnliche Eigenwert-Differentialgleichungen zweiter Ordnung treten in der Physik außerdem bei der Variablentrennung partieller Differentialgleichungen auf. Diese sind dann zwar im allgemeinen nicht selbstadjungiert, können aber stets durch eine geeignete Transformation in selbstadjungierte Form gebracht werden.

Wichtige gewöhnliche Eigenwert-Differentialgleichungen zweiter Ordnung sind

a) die *Legendre-Gleichung* $(1-x^2)y'' - 2xy' = \lambda y$ unter der Randbedingung $y(\pm 1) < \infty$, deren Eigenfunktionen zu den Eigenwerten $\lambda_l = -l(l+1)$ die *Legendre-Polynome* $\mathrm{P}_l(x)$ sind,

b) die *zugeordnete Legendre-Gleichung*

$$(1-x^2)y'' - 2xy' - \frac{m^2}{1-x^2}y = \lambda y$$

mit den Eigenwerten $\lambda_l = -l(l+1)$ und den Eigenfunktionen

$$\mathrm{P}_l^m(x) = (1-x^2)^{m/2}\frac{\mathrm{d}^m}{\mathrm{d}x^m}\mathrm{P}_l(x)$$

(*zugeordnete Legendre-Polynome*),

c) die *Bessel-Gleichung*

$$x^2y'' + xy' + x^2y = \lambda y$$

unter den Randbedingungen $y(0) < \infty$ und $y(x) \to 0$ für $x \to \infty$ mit den Eigenwerten $\lambda_n = n^2$ und den Eigenfunktionen $\mathrm{J}_n(x)$ (*Bessel-Funktionen*),

d) die *sphärische Bessel-Gleichung*

$$x^2y'' + 2xy' + x^2y = \lambda y$$

mit den Eigenwerten $\lambda_n = l(l+1)$ und den Eigenfunktionen $\mathrm{j}_l(x)$ (*sphärische Bessel-Funktionen*),

e) die *Hermitesche Differentialgleichung*

$$-y'' + 2xy' = \lambda y$$

mit den Eigenwerten $\lambda_n = 2n$ und den Eigenfunktionen $\mathrm{H}_n(x)$ (*Hermite-Polynome*),

f) die stationäre ↗*Schrödinger-Gleichung*

$$-\psi'' + x^2\psi = E\psi$$

für den eindimensionalen harmonischen Oszillator mit den Eigenwerten $E_n = 2n+1$ und den Eigenfunktionen $\psi_n = \exp(-x^2/2)\,\mathrm{H}_n(x)$,

g) die zugeordnete *Laguerresche Differentialgleichung*

$$xy'' + (k+1-x)y' - \lambda y$$

mit den Eigenwerten $\lambda_n = -n$ und den Eigenfunktionen $\mathrm{L}_n^k(x)$ (zugeordnete *Laguerre-Polynome*).

Eigenwert-Differentialgleichungen, deren Eigenwerte und analytische Lösungen nicht bekannt sind, können numerisch durch die *Schießmethode* gelöst werden, bei der man für $\lambda$ einen geratenen Wert $k$ verwendet, die Differentialgleichung mit dem geratenen Wert, z.B. mit Hilfe des *Numerow-Algorithmus*, von einem Randpunkt $a$ beginnend numerisch integriert und prüft, ob die erhaltene Funktion $f_k(x)$ die Randbedingung $y(b) = y_b$ im anderen Randpunkt einhält. Das Problem der Eigenwertbestimmung besteht dann darin, die Nullstellen der Funktion $F(k) = f_k(b) - y_b$ zu finden. [GB1]

**Differentialkalorimeter,** *Zwillingskalorimeter*, kalorimetrisches Prinzip, bei dem zwei ↗Kalorimeter derart gekoppelt werden, daß Differenzen zweier Wärmemengen mit großer Genauigkeit gemessen werden können, so z.B. zum Nachweis der Wärmeentwicklung bei radioaktiven Zerfällen oder bei der Messung von Wärmemengen im Vergleich zu einer Referenz in der ↗Differential-Scanning-Kalorimetrie.

**Differentialoperator,** vermittelt eine Abbildung $y \to \mathrm{D}y$ einer Funktion auf eine andere unter Verwendung von Ableitungen der ursprünglichen Funktion und von algebraischen Operationen. Ein Differentialoperator $L$ heißt *linear*, wenn für alle Funktionen $y_1$ und $y_2$ und für beliebige Konstanten $a_1$ und $a_2$ gilt: $L[a_1y_1+a_2y_2]=a_1L[y_1]+a_2L[y_2]$. Wichtige Differentialoperatoren der Physik sind der ↗*Laplace-Operator* sowie der ↗*Gradient*, die ↗*Divergenz* und die ↗*Rotation*, die formal linear sind und alle mit Hilfe des ↗*Nabla-Operators* dargestellt werden können.

**Differential-Scanning-Kalorimetrie,** *Differential Scanning Calorimetry, DSC*, ↗thermische Analyse einer Proben- und einer Referenzsubstanz (inerte Verbindungen: Aluminiumoxid, Siliciumcarbid, Glaskugeln), die in einem Zwillingskalorimeter einer Wärmezufuhr bei konstanter Temperatur (isotherm) ausgesetzt werden. Die Temperatur wird ständig abgetastet (Scanning) und ausgeglichen. Die Wärmestromänderungen (gemessen in $Js^{-1}$) der beiden Substanzen werden als Enthalpiedifferenz $\Delta H/\Delta T$ in Abhängigkeit von der Umgebungstemperatur $T$ aufgezeichnet. Die DSC wird zur Bestimmung von physikalischen und chemischen Eigenschaften eingesetzt, die mit Enthalpieänderungen verbunden sind (z.B. Kristallisation, Verdampfung, Sublimation, Adsorption, Curie-Punkt, Flüssigkristallumwandlung, Chemosorption, Dehydratisierung, Oxidation, Polymerisation). Wichtige Anwendungsgebiete sind Untersuchungen von quantitativer Zusammensetzung, Reinheit und thermischer Stabilität von Polymeren, Werkstoffen und Pharmazeutika.

**Differentialthermoanalyse,** *DTA*, weitverbreitetes thermisches Meßverfahren, mit dem man exo- oder endotherme Umwandlungen in einer Probe untersuchen kann. Das Prinzip der DTA besteht aus der gleichzeitigen Erhitzung (oder Kühlung) der zu untersuchenden Probe sowie einer inerten Referenzprobe, die im untersuchten Bereich keiner Transformation unterliegt. Dabei wird der relative Temperaturunterschied beider Proben als Funktion der Heiztemperatur aufgezeichnet. Aus der Zeitabhängigkeit dieser Kenngröße läßt sich die Kinetik mancher chemischer Reaktionen bestimmen. Bestimmt werden mit dieser Methode vor allem Phasenübergangs- und Reaktionsenthalpien.

**Differentiation, 1)** *Astronomie*: bei der *Planetenentstehung* der Prozeß, durch den sich die Ursubstanz des ↗*Protoplaneten* in schwere und leichte Bestandteile trennt. Erstere konzentrieren sich im Zentrum, während sich letztere, im wesentlichen silikatische Substanzen in den Außenbereichen ansammeln.

**2)** *Geophysik*: das Trennen der einzelnen mineralischen Komponenten in Gesteinsschmelzen u.a. bei der ↗Erdentstehung. (↗Geodynamik)

**3)** *Mathematik*: die Bildung der Ableitung einer Funktion.

**Differentiator,** eine Schaltung zum Differenzieren von analogen Signalen. Ein idealer

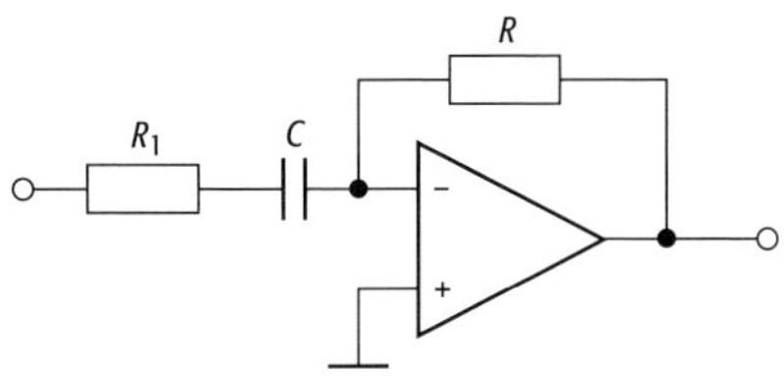


**Differentiator:** Schaltbild.

Differentiator besitzt einen Frequenzgang $\sim\omega$ und eine Phasenverschiebung zwischen Ausgangs- und Eingangssignal von $90^0$. Ein einfacher aus einem Widerstand $R$ und einem Kondensator $C$ gebildeter Hochpaß erfüllt diese Forderung für Frequenzen $\omega \ll \omega_g = 1/RC$, wobei $\omega_g$ die ↗*Grenzfrequenz* ist. Der Einsatz eines ↗*Operationsverstärker* erhöht die Grenzfrequenz. Zur Vermeidung der Instabilität eines Differentiators mit einem Operationsverstärker muß ein Widerstand $R_1$ eingesetzt werden, der die Schaltung für hohe Frequenzen zu einem ↗*invertierenden Verstärker* werden läßt.

**differentielle Rotation,** eine Drehung, bei der die Winkelgeschwindigkeit mit dem Abstand von der Rotationsachse variiert, im Gegensatz zu einer starren Rotation. In der Astronomie tritt sie z.B. bei der Sonnenrotation in Erscheinung: Die Rotationsdauer der Sonnenoberfläche nimmt vom Äquator zu den Polen hin zu (bereits 1630 von Scheiner beschrieben). Gemessen wird sie z.B. durch die Beobachtungen der täglichen Sonnenfleckenbewegung. Eine befriedigende Erklärung für die differentielle Rotation gibt es noch nicht. Wahrscheinlich wird sie durch Gasströmungen in der unterhalb der Photosphäre gelegenen Konvektionszone verursacht, in der außer Energie auch Drehimpuls transportiert wird. Dieser wird offenbar so umverteilt, daß die äquatornahen Gebiete auf Kosten der polnahen beschleunigt werden. Die differentielle Rotation ist auch für die alle 11 Jahre auftretende Umpolung des Sonnenmagnetfeldes verantwortlich (Abb.). Auch bei der Bewegung der

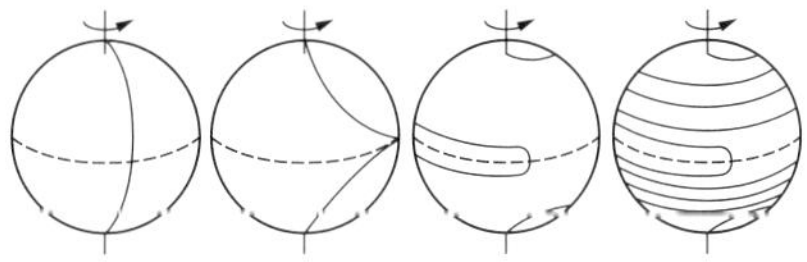

**differentielle Rotation:** Die Sonnenoberfläche ist angefüllt mit magnetischen Flußröhren, die ein schwaches, fast dipolförmiges globales Magnetfeld erzeugen. Die differentielle Rotation wickelt dieses mittlere Feld in einer immer enger werdenden Spirale um die Sonne.

Himmelskörper innerhalb der Milchstraßenbewegung zeigt sich eine differentielle Rotationsbewegung.

**differentieller Wirkungsquerschnitt** ↗Wirkungsquerschnitt.

**Differenzdichte** ↗*Deformationsdichte*.

**Differenzthermoanalyse,** *DTA*, ↗thermische Analyse einer Proben- und einer Referenzsubstanz (inerte Verbindungen: Aluminiumoxid, Siliciumcarbid, Glaskugeln), die einer linearen Temperaturänderung ausgesetzt werden. Die Temperaturveränderungen der beiden Substanzen, die mit Thermoelementen gemessen werden, werden als Temperaturdifferenz in

**Differenzthermoanalyse:** Thermogramm von Calciumoxalat in Gegenwart von Sauerstoff.

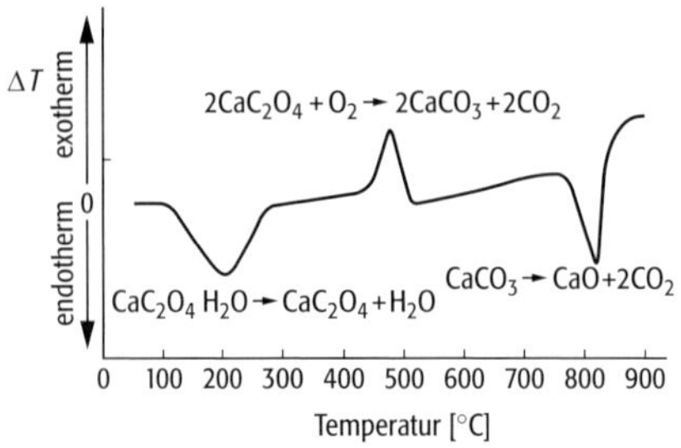


Abhängigkeit von der Umgebungstemperatur aufgezeichnet. Bei einer Abkühlung im Vergleich zur Referenzsubstanz (Minimum im Thermogramm) liegt eine endotherme Reaktion vor und bei einer Erwärmung (Maximum im Thermogramm) eine exotherme Reaktion. Die Peakflächen $A$ sind der Masse $m$ und der Enthalpie $\Delta H$ direkt proportional. Mit $k'$, einem gerätespezifischen Kalibrierfaktor gilt: $A = k' m \Delta H$. Die DTA wird zur Analyse der quantitativen Zusammensetzung, Reinheit und thermischen Stabilität von Polymeren und Werkstoffen und zur Ermittlung von Phasendiagrammen sowie von Schmelz-, Siede- und Zerfallspunkten eingesetzt (Abb.).

**Differenztöne,** *Kombinationstöne*, die durch *nichtlineare Verzerrungen* aus etwa gleichstarken Tönen (↗Ton) entstehen. Ihre Frequenz berechnet sich aus der Differenz der Frequenzen der Ursprungstöne.

**Differenzverstärker,** ein ↗*Kleinleistungsverstärker*, der im Idealfall nur die Differenz zwischen zwei Eingangssignalen verstärkt. Er wird aus zwei möglichst gleichen ↗*Transistoren* mit gemeinsamen Emitteranschlüssen (bzw. Sourceanschlüssen), die über eine Konstantstromquelle versorgt werden, aufgebaut. Liegt an den Eingängen eine gleich hohe Eingangsspannung mit gleicher Phase, ein sog. Gleichtaktsignal, so sollte bei einer idealen Konstantstromquelle (Innenwiderstand $= \infty$) am Ausgang kein Signal auftreten. Die *Gleichtaktverstärkung* $v_g$ (Verhältnis des Ausgangssignals zum Gleichtaktsignal) ist null. Ein reines Differenzsignal, das aus zwei gleich großen, gegenphasigen Signalen besteht, erfährt eine *Differenzverstärkung* $v_d = \pm(1/2)SR_C$ ($S$ = Steilheit, $R_C$ = Kollektorwiderstand, ↗*Bipolar-Transistor*). Das Vorzeichen hängt davon ab, welches der beiden Ausgangssignale benutzt wird. Bei nicht idealer Konstantstromquelle ist die Gleichtaktverstärkung $v_{gl} > 0$. Das Verhältnis $v_d / v_{gl} = G$ wird als *Gleichtaktunterdrückung* bezeichnet. Die Eingangswiderstände sind für Differenz- und Gleichtaktaussteuerung unterschiedlich.

**Differenzverstärker:** Grundschaltung.

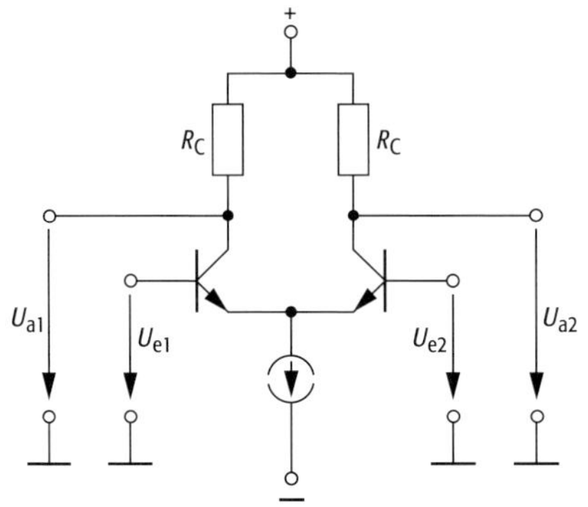


**difforme Systeme,** Stoffsysteme mit ein- oder zweidimensional anisotroper Ausdehnung ihrer ↗*Bauverbände*. Bei verstärkter Ausdehnung in einer Raumrichtung handelt es sich um fibrilläre (faserförmige) Systeme, wenn die Strukturelemente vorwiegend zweidimensional ausgedehnt sind, spricht man von laminaren Systemen.

**Diffraktion** ↗Beugung.

**Diffraktionsstreuung,** bei atomaren Streuprozessen in einem schmalen Winkelbereich in Vorwärtsrichtung auftretendes Phänomen, das auf die Interferenz von einfallender und gestreuter Welle zurückzuführen ist. (↗Streutheorie)

**diffuse Nebel,** Bezeichnung für unregelmäßig geformte ↗*galaktische Nebel*, die aus Gas und Staub bestehen. Wird das Gas durch Sterne oder andere Prozesse innerhalb des Nebels zum Leuchten angeregt, spricht man von ↗*Emissionsnebeln*, reflektiert ein Nebel das Sternlicht, nennt man ihn ↗*Reflexionsnebel*. Ist beides nicht der Fall, bezeichnet man einen Nebel als ↗*Dunkelwolke*.

**Diffusion,** Konzentrationsausgleich durch molekularen Massentransport zwischen verschiedenen Teilvolumina eines makroskopischen Systems nach einer Zusammensetzungsänderung. Ein Beispiel ist die sich im Laufe der Zeit vollständig einstellende Durchmischung zweier verschiedener, zu einem ursprünglichen Zeitpunkt getrennter Gase oder Flüssigkeiten. Die treibende Kraft dieser stets irreversiblen, also unter Zunahme der Gesamtentropie ablaufenden Diffusionsprozesse ist die thermische Agitation der Moleküle (↗Brownsche Bewegung). Die Diffusion in Gasen – ein bekanntes Beispiel ist die Ausbreitung von Duftstoffen in der Luft – verläuft aufgrund der geringeren Dichte und der stärkeren thermischen Bewegung meist schneller als die in Flüssigkeiten, in denen die Durchmischung zweier Phasen bei Abwesenheit von Strömungsbewegungen bisweilen Monate dauern kann. In Festkörpern, in denen die Bewegungsmechanismen anderer Art sind, finden solche Prozesse in nochmals deutlich längeren Zeitskalen statt. In jedem Falle ist eine starke Temperaturabhängigkeit zu beobachten; je höher die Temperatur ist, desto schneller laufen diffusive Prozesse ab, und am absoluten Temperaturnullpunkt, an dem jede thermische Bewegung zum Erliegen kommt, sollte auch keine Diffusion mehr stattfinden. Man unterscheidet zwischen

1) *Fremd-* oder *Gegendiffusion*, der durch ein Konzentrationsgefälle verursachten Bewegung von Fremdteilchen in einem anderen Stoff;

2) *Selbst-* oder *Eigendiffusion*, der von einem Dichtegradienten hervorgerufenen Bewegung von Partikeln in einer gleichartigen Umgebung;
3) von einem Temperaturgradienten im System herrührender *Thermodiffusion*, die in Gasen und Flüssigkeiten eine nur unwesentliche Rolle spielt (dazu siehe unten);
4) der von einem Druckgradienten verursachten Druckdiffusion; und
5) *Rotationsdiffusion*, der Orientierungsänderung nicht-kugelsymmetrischer Partikel in flüssigen Systemen, die stets in Richtung einer völlig regellosen Orientierung der Symmetrieachsen verläuft. Dieser Mechanismus verhindert z.B die völlige Ausrichtung polarer Moleküle in einem elektrischen Feld.

Die mathematische Behandlung isothermer Diffusionsprozesse in räumlich isotropen Systemen basiert auf den beiden *Fickschen Gesetzen*, die der deutsche Physiologe A. ↗Fick 1855 formulierte. Die erste dieser beiden Gesetzmäßigkeiten beschreibt den durch einen Konzentrationsgradienten $\mathrm{d}c/\mathrm{d}x$ verursachten Durchtritt von $N$ Molekülen durch eine Querschnittsfläche $A$ je Zeitintervall:

$$\frac{\mathrm{d}N}{\mathrm{d}t} = -D \cdot A \cdot \frac{\mathrm{d}c}{\mathrm{d}x}\,.$$

Der Proportionalitätsfaktor $D$, der als *Diffusionskoeffizient* oder *Diffusionskonstante* bezeichnet wird, ist ein Maß für die Häufigkeit der Zusammenstöße der Partikel, also zur ↗mittleren freien Weglänge und zur mittleren Geschwindigkeit der Moleküle proportional, und seine Dimension ist $\mathrm{cm}^2\,\mathrm{s}^{-1}$. In der Diffusionskonstanten ist die gesamte Temperaturabhängigkeit des Prozesses parametrisiert; näheres dazu siehe unten. Ausgehend von dieser ersten Gleichung gelangt man zu einer zeitabhängigen Beschreibung in Form des zweiten Fickschen Gesetzes durch Berücksichtigung der Kontinuitätsgleichung für die Teilchenzahlerhaltung:

$$\frac{\partial n}{\partial t} = D\,\frac{\partial n^2}{\partial x^2}\,.$$

Diese Beziehung wird auch einfach als *Ficksches Gesetz* oder *Diffusionsgleichung*, ein dieser Gesetzmäßigkeit gehorchender Vorgang als *Ficksche Diffusion* bezeichnet.

Tatsächlich gelten die phänomenologisch motivierten Fickschen Gesetze nur im Grenzfall geringer Konzentrationen; eine strengere theoretische Betrachtung im Rahmen der makroskopischen irreversiblen Thermodynamik berücksichtigt neben dem Einfluß eines Temperatur- und eines Druckgradienten auch äußere Kräfte. Die Stromdichte des sogenannten *Diffusionstroms* $\boldsymbol{j}$, der infolge der Relativbewegungen der Partikel auftritt, kann als

$$j = -\alpha\,\nabla(\mu + V) - \beta\,\nabla T$$

mit zwei Parametern $\alpha$ und $\beta$ angesetzt werden, wenn die Gradienten des chemischen Potentials $\mu$, des Potentials der äußeren Kraft $V$ und der Temperatur $T$ nicht zu groß sind. Der Vergleich mit den fundamentalen phänomenologischen Gleichungen der irreversiblen Thermodynamik

$$\dot{X}_i = \sum_j \gamma_{ij}\,\frac{\partial S}{\partial x_j}\,,$$

die über die kinetischen Koeffizienten $\gamma_{ij}$ den Zusammenhang der Änderung der makroskopischen Parameter $X_i$ mit der Änderung der Entropie $S$ herstellen, zeigt, daß $\alpha = \gamma_{11}$ und $\beta\,T = \gamma_{12}$ gelten muß, so daß die Diffusionsstromdichte als

$$j = \gamma_{11}\nabla(\mu + V) + \gamma_{12}\frac{\nabla T}{T}$$

geschrieben werden kann. Der letzte Term der rechten Seite dieser wichtigen Gleichung beschreibt die besonders bei der Behandlung der ↗metallischen Leitfähigkeit wichtige *Thermodiffusion*, die in Gasen und Flüssigkeiten keine entscheidende Rolle spielt. Geht man vom chemischen Potential $\mu$ zu den Variablen $c$, $T$ und dem Druck $p$ über, so erhält man den allgemeinsten Auduck für den Diffusionsstrom

$$j = -\rho\left[D\,\nabla c + \frac{D_p}{p}\,\nabla p + \frac{D_T}{T}\,\nabla T - c\,B\,\nabla V\right]$$

mit dem *Barodiffusionskoeffizienten* $D_p$, der die *Druckdiffusion* beschreibt, dem *Thermodiffusionskoeffizienten* $D_T$ und der ↗*Beweglichkeit* $B$. Die Stromdichte zerfällt also in den durch das Konzentrationsgefälle verursachten, den durch den Druck- und den durch den Temperaturgradienten hervorgerufenen Anteil der Diffusion und einen von der äußeren Kraft $\boldsymbol{F} = -\nabla V$ abhängigen Driftanteil (↗Driftbewegung).

Die allgemeine Diffusionsgleichung in Form einer Differentialgleichung für die Konzentration ergibt sich, indem man mit Hilfe der Kontinuitätsgleichung $\rho c = \nabla \cdot \boldsymbol{j}$ die Stromdichte eliminiert; beschränkt man sich auf isotherme und isobare Vorgänge, so vereinfacht sie sich zur *inhomogenen Diffusionsgleichung*

$$\left(\frac{\partial}{\partial t} - D\Delta\right)c(\boldsymbol{r},t) = B\,\bar{c}\,\nabla V(\boldsymbol{r},t),$$

die für $V = const.$ wieder in das Ficksche Gesetz übergeht. Dabei ist $\bar{c}$ die mittlere Teilchenkonzentration, $D$ wieder die Diffusionskonstante und $B$ die *Beweglichkeit* gegenüber äußeren Kräften. Diese letzten beiden Koeffizienten, die im übergeordneten Konzept der ↗Transporttheorie als Transportkoeffizienten verstanden werden können, berechnen sich gemäß:

$$D = -\gamma_{11}\left(\frac{\partial \mu}{\partial c}\right)_T\,, \quad B = -\gamma_{11}/\bar{c}.$$

Für ideale Gase ist der Selbstdiffusionskoeffizient $D = v\lambda/3$, mit der mittleren thermischen Geschwindigkeit $v$ und der mittleren freien Weglänge $\lambda$. Für zwei Gase mit den Molmassen $m_1$ und $m_2$, dem mittleren Stoßquerschnitt $\sigma_{12}$ und den Dichten $n_1$ und $n_2$ liefert die ↗kinetische Gastheorie:

$$D = \frac{2\left(2 \cdot k_B \cdot T\right)^{1/2}}{3\,\pi^{3/2}\left(n_1 + n_2\right)\sigma_{12}^2}\left(\frac{m_1 + m_2}{m_1 \cdot m_2}\right)^{1/2}.$$

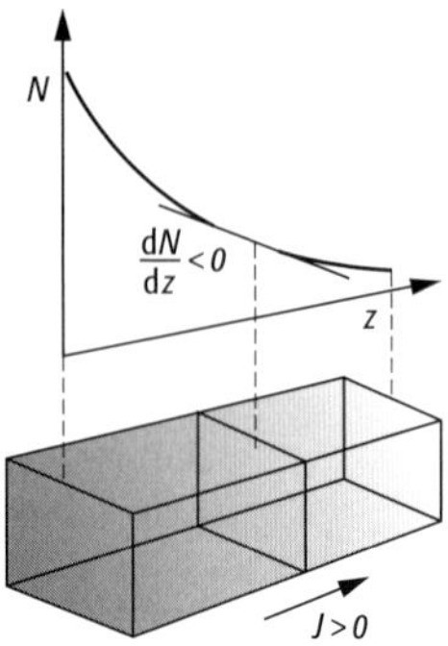


**Diffusion:** Zur Illustration des Fickschen Gesetzes.

Die Diffusionskonstante ist also umgekehrt propotional zur Wurzel aus dem Molekulargewicht. Im Rahmen der Einsteinschen Theorie der Brownschen Bewegung gelangt man unter der Voraussetzung, daß der Moleküldurchmesser $a$ groß gegenüber der mittleren freien Weglänge ist, zu den Ausdrücken

$$D = RT/6\pi\eta a \quad \text{und}$$

$$D_{\text{rot}} = RT/8\pi\eta a^3$$

für die translatorische Diffusionskonstante $D$ und die Rotationsdiffusionskonstante $D_{\text{rot}}$. $R$ ist hier die Gaskonstante, $\eta$ die ↗Viskosität der Umgebung.

**Diffusion:** Größenordnung der Diffusionskonstanten.

| Aggregatzustand | $D$ [cm²/s] |
|---|---|
| Gase | $10^{-1}$–1 |
| Flüssigkeiten | $10^{-5}$ |
| Festkörper | $10^{-5}$–$10^{-20}$ |

Wichtige Anwendungen findet die Diffusion bei der Trennung von Gasen verschiedener molarer Masse, insbesondere von verschiedenen Isotopen des gleichen chemischen Elements – das bekannteste Beispiel hierfür ist die Trennung der beiden Wasserstoffisotope mit den relativen Atommassen 1 und 2 durch G. ↗Hertz im Jahr 1932 –, in der von Gaede 1915 entwickelten ↗Diffusionspumpe, mit deren Hilfe man Vakua bis zu $10^{-9}$ Pa erreichen kann, und in der ↗Halbleitertechnik, in der Diffusionsprozesse u.a. für gezielte Dotierungen von Halbleiterkristallen eingesetzt werden. [JS2]

**Diffusion, ambipolare,** gemeinsame Diffusion von Elektronen und positiven Ionen in einem Plasma. Die weniger trägen Elektronen diffundieren zunächst schneller, wodurch es zur Ladungstrennung und zum Aufbau eines Potentialgefälles entgegen dem Dichtegradienten kommt. Das elektrische Feld bremst die Diffusion der Elektronen und beschleunigt die der Ionen. Es stellt sich eine gemeinsame mittlere Diffusionsgeschwindigkeit ein.

**Diffusion im Plasma** ↗Transport im Plasma.

**Diffusion in Festkörpern,** Massentransport im kristallinen Festkörper durch mikroskopische Relativbewegungen der Teilchen. Die ↗Diffusion in Festkörpern unterscheidet sich von der in Gasen und Flüssigkeiten, weil sich ein Körper im festen Zustand mit einem anderen Stoff nicht so vermischen kann wie zwei Gase oder Flüssigkeiten. Bei der *Selbstdiffusion*, die dem entsprechenden Vorgang in Gasen oder Flüssigkeiten analog ist, wandern eigene Kristallbausteine im Festkörper, bei der Gegendiffusion sind es Atome eines fremden Stoffes; daher nennt man die Gegendiffusion in der Kristallbautheorie *Fremddiffusion.* Wegen der meist notwendigen thermischen Aktivierung genügt der Diffusionskoeffizient $D$ einem ↗Arrhenius-Gesetz: $D = D_0 \exp(-E/k_B T)$. Dabei ist $D_0$ eine Konstante, $E$ die Aktivierungsenergie, $k_B$ die Boltzmann-Konstante und $T$ die absolute Temperatur. Während interstitiell eingebaute *Fremdatome* direkt von einem Zwischengitterplatz zum nächsten wandern können, sind die Diffusion von substitutionell eingebauten Fremdatomen und die Selbstdiffusion nur durch direkten Austausch von Kristallbausteinen (↗Platzwechsel) oder durch die Wanderung atomarer Fehlstellen nach folgenden Mechanismen möglich:

1) Ein Zwischengitteratom springt von einem Zwischengitterplatz zum nächsten (↗*Zwischengitterdiffusion*).

2) Ein Gitterbaustein bewegt sich von seinem regulären Gitterplatz auf einen Zwischengitterplatz. Ein benachbartes Zwischengitteratom füllt die entstandene Leerstelle auf (↗*Zwischengitterdiffusion*).

3) Eine Leerstelle wandert durch Bewegung eines regulär eingebauten Gitterbausteins in die benachbarte Leerstelle (↗*Leerstellendiffusion*).

4) Wanderung eines Crowdions (↗*Crowdionen-Diffusion*).

Welcher der Prozesse im jeweiligen Material dominiert, hängt von der Konzentration und der Beweglichkeit der verschiedenen Fehlstellen in dem Material ab.

Mit Hilfe der Statistik kann $D$ durch die Anzahl $\Gamma$ der Platzwechsel bzw. der atomaren Sprünge der diffundierenden Kristallbausteine je Zeiteinheit ausgedrückt werden. Für kubische Kristalle gilt $D = \lambda^2\Gamma/6$, wenn $\lambda$ die bei einem Sprung zurückgelegte Distanz ist. Bei der Selbstdiffusion über die Wanderung von Fehlstellen ist $\Gamma = z c w$, wobei $z$ die ↗Koordinationszahl, $c$ die Konzentration der diffundierenden Fehlstellen und $w$ die Anzahl der Sprünge einer Fehlstelle pro Zeiteinheit (↗Eigenfehlstellen) ist.

In realen Festkörpern gibt es oft Diffusionswege mit gegenüber dem sonstigen Kristallvolumen stark erhöhtem Diffusionskoeffizienten:

1) ↗*Korngrenzendiffusion* entlang der Korngrenzen. Die Vergrößerung des Diffusionskoeffizienten ist ebenfalls durch die Störung des regelmäßigen Kristallaufbaus zu erklären und äußert sich meist in einer Verminderung der Aktivierungsenergie der Diffusion im Festkörper. Die Korngrenzendiffusion spielt deshalb besonders bei niedrigen Temperaturen eine Rolle.

2) *Pipe-Diffusion* entlang der Versetzungen. Die Erhöhung des Diffusionskoeffizienten entsteht durch die aufgelockerte Gitterstruktur im Zentrum der Versetzung, dem Versetzungskern. Bei Kleinwinkelkorngrenzen ist die Korngrenzendiffusion mit der Pipe-Diffusion identisch.

3) ↗*Oberflächendiffusion*, also die Bewegung von Oberflächenatomen oder -leerstellen auf einer Festkörperoberfläche. Die Erhöhung des Diffusionskoeffizienten erfolgt durch eine Verkleinerung der Aktivierungsenergie. Wegen der andersartigen Geometrie der Diffusion in Festkörpern auf der Oberfläche gegenüber dem Kristallvolumen gilt hier $D = \alpha\,\lambda^2\,\Gamma$.

Die Selbstdiffusion wird meist mit radioaktiv markierten Kristallbausteinen gemessen. Diffusionsmessungen sind ein wichtiges Hilfsmittel zum Studium der Eigenschaften atomarer Fehlstellen.
Die praktische Bedeutung der Diffusion in Festkörpern liegt vor allem auf dem Gebiet der Halbleiterbauelemente. (↗Halbleiterphysik)
[JS2]

**diffusionsbegrenztes Wachstum,** englisch *Diffusion Limited Aggregation, DLA*, ein einfaches, vor allem in zwei Dimensionen intensiv untersuchtes Wachstumsmodell für die Entstehung *fraktaler Aggregate* (Abb.). In diesem Modell werden ausgehend von einer Keimzelle sukzessive Teilchen angelagert, die sich in einem diffusiven Prozeß (z.B. Ionen in einer Elektrolytlösung) dem jeweils schon bestehenden Cluster nähern und am ersten, durch den Zufall bestimmten Kontaktpunkt hängen bleiben. Mathematisch wird das Modell im Kontinuumsgrenzfall näherungsweise durch die ↗*Laplace-Gleichung* für die Ionenkonzentration $c(r,t)$ bestimmt: $\Delta c(r,t) = 0$. Dabei wird als Randbedingung angenommen, daß $c$ weit entfernt vom Aggregat konstant ist und auf der Oberfläche des wachsenden Clusters verschwindet. Dasselbe Wachstumsphänomen mit seiner charakteristischen fraktalen Struktur findet man in ganz verschiedenen Gebieten, wie beim elektrischen ↗*Durchschlag*, bei der viskosen Fingerbildung oder beim *dendritischen Wachstum* (↗Dendrit), da diese mathematisch den gleichen Gesetzen folgen.

**diffusionsbegrenztes Wachstum:** Beispiel eines DLA-Clusters, der auf einem quadratischen Gitter durch eine Computersimulation erzeugt wurde.

**Diffusionsgleichung** ↗Diffusion, ↗Neutronendiffusion, ↗Neutronentransporttheorie.

**Diffusionskoeffizient,** *Diffusionskonstante D*, ↗Diffusion.

**Diffusionskonstante** ↗Diffusion.

**Diffusionslänge, 1)** *Festkörperphysik*: die mittlere Entfernung $L$, die ein Nichtgleichgewichtsladungsträger im Halbleiter aufgrund der ↗Diffusion während der Lebensdauer $\tau$ (↗Rekombination) zurückgelegt: $L^2 = D\tau$. Dabei ist $D$ der ↗Diffusionskoeffizient. Die Diffusionslänge wird häufig zur qualitativen Charakterisierung von Halbleiterkristallen verwendet, da sie bei vorgegebener Temperatur für ein bestimmtes Material von der Zahl an ↗Rekombinationszentren und ↗Haftstellen abhängt.
**2)** *Reaktorphysik*: bei der Neutronendiffusion anschaulich die Relaxationslänge eines Neutronenfeldes; die Diffusionslänge charakterisiert den Abfall der Exponentialfunktion, die die Ortsabhängigkeit des Neutronenflusses beschreibt.
Im Falle einer flächenhaften, ebenen Quelle thermischer Neutronen gibt die Diffusionslänge an, in welcher Entfernung von der Fläche die Neutronendichte infolge Absorptionen auf den e-ten Teil abgefallen ist. Wie man vergleichsweise feststellt, ist die Diffusionslänge für Wasser wesentlich kleiner als die Bremslänge für Wasser (↗Neutronenbremsung), wohingegen für schweres Wasser und für Graphit das Umgekehrte der Fall ist (Tabelle). Das hat zur Folge, daß der Prozentsatz der Neutronen, deren Energien oberhalb der thermischen liegen, besonders groß ist bei $H_2O$-moderierten Reaktoren und nur relativ klein bei Reaktoren, die $D_2O$ oder Graphit als Moderator enthalten.

**Diffusionslänge** einiger Substanzen.

| | $H_2O$ | $D_2O$ | Beryllium | Graphit |
|---|---|---|---|---|
| $L$ in cm | 2,85 | 116 | 20,8 | 54,4 |

**Diffusionsnebelkammer,** eine Form der ↗*Nebelkammer*, die mit einem Gas-Dampf-Gemisch gefüllt und permanent sensitiv ist. Mit Hilfe eines konstanten Temperaturgradienten wird ein Gebiet erzeugt, in dem sich ständig übersättigter Dampf befindet. Ein in dieses Gebiet eindringendes Teilchen wird ohne weitere Auslösebedingungen registriert. Ein Säuberungsfeld sorgt für die Entfernung der positiven Ionen. Nachteile von Diffusionsnebelkammern sind die geringen Volumina übersättigten Dampfes, zudem sind die Ereignisse nicht zu triggern, so daß auch uninteressante Untergrundereignisse registriert werden. Wie alle Nebelkammern wird auch die Diffusionsnebelkammer heute wegen der oben genannten Nachteile und wegen der photographischen Registrierung der Signale nur noch selten eingesetzt.

**Diffusionspotential,** *Flüssigkeitspotential, Diffusionsspannung*, Potentialdifferenz, die an der Phasengrenze zweier verschieden konzentrierter Elektrolytlösungen auftritt. Die beiden Elektrolytlösungen können dabei durchaus den gleichen Elektrolyten enthalten. Betrachtet man zwei unterschiedlich konzentrierte Salzlösungen entlang ihrer Grenzfläche, so beobachtet man, daß die kleinere Ionenspezies zügig in die Phase geringerer Konzentration wandert. Die größere Ionenart folgt wesentlich langsamer, so daß an der Phasengrenzfläche eine Potentialdifferenz entsteht. Im stationären Zustand hat sich ein Gleichgewicht eingestellt, und das Potential hat einen bestimmten Wert angenommen. Diffusionspotentiale können auch an Diaphragmen (porösen Trennwänden) und an semipermeablen Membranen, z.B. in lebenden Organismen, auftreten, wo sie für biologische Prozesse eine zentrale Rolle spielen (Membranpotentiale).

**Diffusionspumpe,** von Wolfgang Gaede 1915 sowohl theoretisch als auch praktisch ausgearbeiteter Typ einer ↗*Treibmittelpumpe*, bei der der *Ansaugdruck* $p_A$ im Mischraum wesentlich niedriger ist als der statische Druck im *Treibstrahl* $p_2$ (↗*Vakuumpumpe*). Der Name rührt daher, daß bei der Diffusionspumpe die Durchmischung von Treibstrahl und abgesaugtem Gas durch Diffusion des Gases in den Strahl erfolgt, während dies bei den übrigen Strahlpumpen vorzugsweise in einer turbulenten Grenzschicht geschieht. Die Diffusionspumpe hat prinzipiell dieselbe Funktionsweise wie eine ↗*Dampfstrahlpumpe*, Diffusionspum-

**Diffusionspumpe:** Arbeitsweise einer Diffusionspumpe: H: Heizung, S: Siederaum, PK: Pumpenkörper, KR: Kühlrohre, $F_A$: Hochvakuumflansch, G: Gasmoleküle des abzupumpenden Gases, DS: Dampfstrahl, V: Vorvakuumstutzen, A,B,C,D: Düsen, T: Treibmitteldampf.

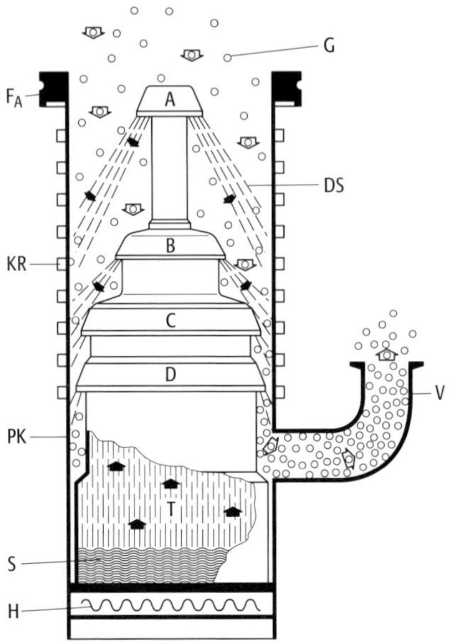


pen haben geringere Heizleistungen und niedrigere ↗*Arbeitsdrücke* (zwischen $10^{-1}$ und $10^{-9}$ Pa). Im Betrieb steigt das erhitzte Treibmittel in Dampfrohren nach oben und tritt durch eine oder mehrere Düsen als Dampfstrahl mit mehrfacher Schallgeschwindigkeit in den Pumpenkörper (Abb.). Dabei wird es nach unten abgelenkt und reißt die abzusaugenden Gasmoleküle mit. Das Gas wird dann von der Vorpumpe abgepumpt, das kondensierte Treibmittel läuft an den Wänden des Pumpenkörpers nach unten, zurück in den Siederaum. Als Treibmittel wurde früher ausschließlich Quecksilber verwendet. Da dieses jedoch bei Kühlwassertemperatur einen relativ hohen Dampfdruck ($\approx 0{,}1\,\text{Pa} = 10^{-3}$mbar) besitzt und überdies giftig ist, werden heute meistens hochmolekulare Treibmittel auf der Basis von Erdöl, Siliconen oder bestimmten Estern verwendet (*Öl-Diffusionspumpen*).

**Diffusionsspannung,** ↗*Diffusionspotential.*

**Diffusionsstrom,** ↗*Halbleitertechnik*: Der bei der Diffusion von Ladungsträgern in der Kontaktzone zweier Halbleiter auftretende Strom.

**Diffusionsthermoeffekt** ↗*Dufour-Effekt.*

**Diffusionswärme,** *Überführungswärme*, Wärmemenge, die aufgewendet werden muß, um in einem Gas- oder Flüssigkeitsgemisch ein Mol eines Bestandteils von einer Stelle höherer zu einer Stelle niedrigerer Konzentration isotherm zu überführen. Die Diffusionswärme muß dabei der Stelle höherer Konzentration von der Stelle niedrigerer Konzentration zugeführt werden. Das Verhältnis der Diffusionswärme zur absoluten Temperatur heißt *Überführungsentropie.*

**Diffusionszahl,** *D*, das Produkt aus dem ↗Diffusionskoeffizienten *D* bei unendlicher Verdünnung einer gelösten Substanz und der ↗Viskosität $\eta$ des Lösungsmittels: $[D] = \eta \cdot D$.

**Diffusität,** in der ↗*Raumakustik* ein Maß für die Gleichmäßigkeit der Intensitätsverteilung des reflektierten Schalles über alle Raumrichtungen des oberen Halbraumes. Zu ihrer Messung wird der Raum (nach Thiele) mit einem stationären *Heulton* beschallt und an den interessierenden Plätzen mit einem drehbaren ↗*Richtmikrophon* die mittlere Abweichung der raumwinkelabhängigen Schallintensitätsverteilung über der oberen Halbkugel gemessen. Die Diffusität sorgt bei der Wiedergabe von Musik für die Verschmelzung des Klanges der Musikinstrumente im Raum und führt zu einem angenehmen *Raumempfinden.* Eine geschlossene Zuordnung der Diffusitätsmeßwerte zu subjektiv als ↗*gute Akustik* empfundenen raumakustischen Verhältnissen ist noch nicht bekannt.

**diffusive Abbildungen** ↗chaotische Diffusion.

**Diffusivität,** in der ↗Hydrologie der feuchteabhängige »Diffusionskoeffizient« der Bodenwasserbewegung (↗Bodenwasserbewegung, Potentialkonzept dar).

**Diffusor,** in der ↗Strömungsmechanik verwendete technische Vorrichtung, die zur Senkung der ↗Strömungsgeschwindigkeit dient. Dies wird durch Querschnittsveränderungen erreicht. (↗Kontinuitätsgleichung, ↗Drosselgeräte)

**DIGGER,** *Discrete Isolation from Gradient-Governed Elimination of Resonances*, Verfahren der volumenselektiven NMR-Spektroskopie, bei der die Kernmagnetisierung außerhalb der interessierenden Probenteile durch Sättigung unterdrückt wird.

**Digital-Analog-Wandler,** *D/A-Wandler, Digital-Analog-Konverter, Digital-Analog-Umsetzer, DAC, Digital-to-Analog-Converter*, wandelt eine anliegende Digitalzahl *D* in einen proportionalen analogen Spannungspegel $U_A(D)$ um. In Binärdarstellung für DAC mit einer Wandlerbreite von vier ↗*Bit* gilt für *D*:

$$D = D_3 \cdot 2^3 + D_2 \cdot 2^2 + D_1 \cdot 2^1 + D_0 \cdot 2^0,$$

wobei die $D_i$ nur die Werte 0 (Low) bzw. 1 (High) annehmen können. Die einfachste Ausführung stellt ein *R-2R-Netzwerk* dar. Die zugrundeliegende Methode ist die des ↗*Spannungsteilers.* Beträgt der Wert von $D_i = 1$, so ist der zugehörige Transistorschalter durchgeschaltet. Für die diskreten Werte des analogen Ausgangssignals gilt nun:

$$U_A(D) = \frac{U_{\text{ref}}}{2} \sum_{i=0}^{n-1} \frac{D_i}{2^{n-i-1}}.$$

Betrachtet man am Beispiel des 4-Bit-DAC das Bitmuster 1000 ($D_3 = 1$), so wird am jeden der drei folgenden Knoten die Spannung halbiert. Der Vorteil in dieser Methode liegt darin, daß nur Widerstände mit *R* oder 2*R* benötigt werden. Der Absolutwert der Widerstände spielt dabei nur eine untergeordnete Rolle, da nur das Verhältnis relevant ist. Dies ermöglicht vernünftige Werte für die Widerstände, und Variationen werden minimiert. Digital-Analog-Wandler finden in vielen Bereichen der Steuer-

und Regeltechnik Verwendung (z.B. digitale Signalgeneratoren, Aktoren).

**digitale Bildverarbeitung,** automatische Auswertung von Bildern mit Hilfe von Computern. Bilder entstehen entweder durch eine optische Abbildung und eine anschließende Aufnahme mit einer CCD-Kamera (↗*CCD-Bildsensor*) oder durch ein anderes bildgebendes Verfahren, z.B. *Tomographie* oder *Sonographie*. Das diskretisierte und digitalisierte Bild wird dann in einer *Bildmatrix* gespeichert. Das Ergebnis der digitalen Bildverarbeitung ist im einfachsten Fall ein verändertes Bild, in dem sich die gesuchte Information leichter finden läßt als im Originalbild, im anderen Extremfall eine Beschreibung des Bildinhaltes. Hierzu werden Helligkeitstransformationen vorgenommen, Filteroperationen zur Glättung und zur Kantendetektion durchgeführt, das Bild in verschiedenen Auflösungsstufen dargestellt (*Bildpyramide*) und Verfahren zur *Mustererkennung* angewendet. Spezielle Teilgebiete sind die Verarbeitung von *Fokusserien*, d.h. von dreidimensionalen Bildern, die 3D-Rekonstruktion aus Stereobildern und die ↗*Bildfolgenanalyse*. Die digitale Bildverarbeitung wird in vielen Bereichen als Meßmethode eingesetzt, so z.B. in der Astronomie, in der Photogrammetrie, bei der Auswertung von Satellitenbildern, bei der Beobachtung von Verbrennungsvorgängen, bei der Untersuchung von Gasaustauschvorgängen an Wasseroberflächen und bei der Klassifikation von Chromosomen. Es ist zu erwarten, daß sie sich in Zukunft noch weitere Anwendungsgebiete erschließen wird.

**digitale Elektronik,** ein Teilgebiet der ↗*Elektronik*, in dem ein Signal nur zwei Zustände (wahr – falsch, 0 – 1, High – Low) annimmt. Diese zwei Zustände werden in den meisten Fällen durch unterschiedliche Spannungs- oder Strompegel realisiert. Grundlage der digitalen Elektronik ist die ↗*Schaltalgebra*, die auf der zweiwertigen Logik der *Booleschen Algebra* beruht. Die digitale Elektronik ist in Form von einfachen *logischen Grundschaltungen* bis hin zu hochintegrierten ↗*Mikroprozessoren* in praktisch alle technischen Bereiche vorgedrungen.

**digitale Filter,** aus digitalen Bausteinen aufgebaute ↗*Filter*. Durch *Abtastung* und ↗*Analog-Digital-Wandler* werden analoge Signale in zeitdiskrete binäre Zahlenfolgen umgesetzt, aus denen durch eine numerische Verarbeitung Filterfunktionen gebildet werden können. Die Berechnung der Filterfunktionen erfolgt per ↗*Signalprozessoren* oder mit dem Computer. Ein ↗*Digital-Analog-Wandler* stellt anschließend wieder ein analoges Signal her. Digitale Filter haben gegenüber *analogen Filtern* eine Reihe von Vorteilen: hoher Störabstand, geringe Schwankungsempfindlichkeit, exakte Reproduzierbarkeit der Übertragungsfunktion, hohe Flexibilität mit einer einzigen Anordnung, Linearphasigkeit, Filterung extrem niederfrequenter Signale.

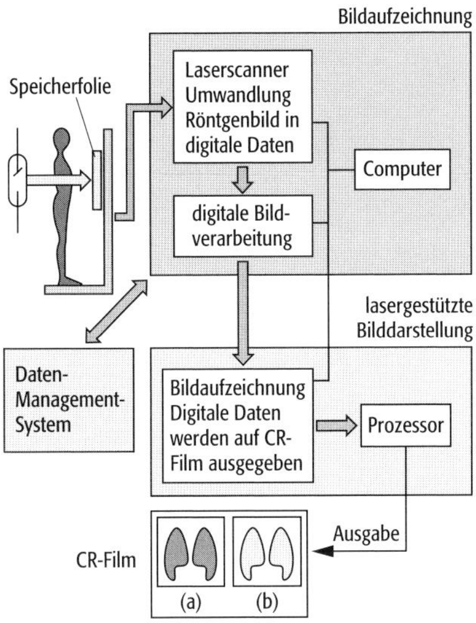


**digitale Lumineszenz-Radiographie:** Mit dem Verfahren lassen sich Bilder, die dem konventionellen Röntgenbild ähnlich sind (a), digital bearbeiten und verbessern (b).

**digitale Lumineszenz-Radiographie,** in der ↗*Röntgendiagnostik* verwendetes Bildauffangsystem, bei dem anstelle des Röntgenfilms in einer *Röntgenkassette* eine Speicherfolie (*Lumineszenzfolie*) als Aufnahmemedium dient. Durch die ↗Röntgenstrahlung werden in den Kristallen der Folie Atome angeregt, indem Elektronen auf höhere Energieniveaus gebracht werden. Das Röntgenbild wird dabei durch die Verteilung der Elektronen auf die verschiedenen Energiezustände gespeichert. Zum Auslesen tastet man die Folie mit einem dünnen Laserstrahl zeilenweise ab. Die Elektronen fallen dadurch wieder in ihre ursprünglichen Energieniveaus zurück und emittieren Licht. Diese Bildinformation wird dann digital gewandelt und kann in einem Computer gespeichert bzw. weiterverarbeitet werden. Gleichmäßige Bestrahlung mit Laserlicht löscht die Information auf der Speicherfolie, so daß die Folie wiederverwendet werden kann.

**digitale Optik,** Verwendung lichtoptischer Verfahren zum Verarbeiten, Speichern und Übertragen digitaler Informationen (↗*optische Datenverarbeitung*). Bei der Übertragung der Informationen über längere Strecken greift man dabei zumeist auf ↗*Lichtwellenleiter* zurück, während die sog. *Freiraumoptik* für die Verarbeitung und Speicherung eingesetzt wird. Zusätzlich verbessert die Freiraumoptik die Übertragung zwischen Komponenten, da die Verbindungen dreidimensional und damit kompakter ausgeführt werden können als zweidimensionale elektronische Verbindungen.

Optische Logik-Komponenten auf Basis elektrooptischer Verfahren erreichen derzeit noch nicht die Leistungsfähigkeit elektronischer Bauteile. Die digitale Optik wird darum derzeit hauptsächlich genutzt, um die Vorteile der dreidimensionalen Verbindungen mit der Leistungsfähigkeit elektronischer Bauteile zu koppeln (↗integrierte Optik).

**digitale Signalspeicherung,** Sammelbegriff für die Speicherungstechnologie digitalisierter Signale von Zeitfunktionen in der ↗*Elektroakustik* (↗*Compact Disk*, ↗*DAT*, ↗*DCC*, ↗*DVD*) und anderen Bereichen der *Medientechnik*. Um ein Signal digital speichern zu können, müssen dessen Momentanwerte in Zeitabständen, die maximal einer halben Periode der höchsten im Signal enthaltenen Frequenz entsprechen, ausreichend genau gemessen und als kodierter Zahlwert aufgezeichnet werden. Das bedeutet beispielsweise für ein *Schallereignis* mehr als 32000 Meßwerte pro Sekunde (Abtastrate 32 kHz) aus einem Wertebereich von $\pm 2{,}8 \cdot 10^{-5}$ bis $\pm 2{,}8$ (Maximalwerte des ↗*Schalldruckes* von der ↗*Hörschwelle* bis zur lautesten Musikstelle) auf drei Dezimalstellen genau. Mit linearen ↗Digital-Analog-Wandlern ist eine Auflösung von mindestens 16 Bit erforderlich. Diese Datenmenge muß so schnell, wie sie entsteht (in *Echtzeit*), gespeichert bzw. in ein analoges ↗*Schallsignal* zurückgewandelt werden.

**digitale Subtraktions-Angiographie,** in der ↗*Röntgendiagnostik* verwendetes Verfahren zur Darstellung von Blutgefäßen. Dabei wird zunächst ein Röntgenbild der Gefäße ohne Injektion eines *Kontrastmittels* erstellt (*Leerbild*). Die darauffolgende Aufnahme wird dann mit Kontrastmittel im untersuchten Gefäßbezirk durchgeführt (*Füllungsbild*). Nachdem beide Aufnahmen digital gewandelt wurden, wird das Leerbild vom Füllungsbild subtrahiert und überflüssige Information beseitigt. Durch diese Subtraktion des Bildhintergrunds genügt eine geringere Kontrastmitteldichte als bei herkömmlicher Angiographie.

**Digitalmultimeter,** Gerät zur digitalen Messung von elektrischen Strömen, Spannungen und Widerständen (↗Multimeter, ↗Strom- und Spannungsmessung, ↗Widerstandsmessung). Kernstück eines Digitalmultimeters ist ein ↗Analog-Digital-Wandler (ADC), der die analoge Eingangsgröße in ein ihr entsprechendes digitalisiertes Ausgangssignal umwandelt. Hierbei wird zwischen integrierenden Wandlern und solchen, die den Momentanwert der Meßgröße erfassen, unterschieden. Letztere haben eine hohe Umwandlungsgeschwindigkeit, sind aber störanfälliger. Digitalmultimeter besitzen meist eingebaute Mikroprozessoren, die den Meßvorgang steuern, Selbstkalibrierungen durchführen und arithmetische Operationen wie z.B. die Berücksichtigung der Kennlinien von Meßwertaufnehmern oder auch die Berechnung statistischer Größen von Meßreihen ausführen. Zur Messung von Wechselspannungen oder -strömen werden wie bei Analoggeräten Meßgleichrichter (↗Graetz-Schaltung, ↗Gleichrichter) oder ↗Thermoumformer verwendet. Digitalmultimeter bieten eine geringe relative Meßunsicherheit (zwischen ca. $10^{-3}$ und $10^{-6}$), große Meßbereiche und -geschwindigkeiten, einfache Bedienung und – dies ist vor allem für die computergestützte Datenverarbeitung von Bedeutung – die Möglichkeit, die Daten direkt im Computer zu speichern bzw. weiterzuverarbeiten.

**Digitaloszilloskop,** ein in Aussehen und Bedienung der konventionellen analogen Ausführung ähnliches Oszilloskop, das jedoch mit einem Hochleistungscomputer für eine schnelle Datenerfassung und mindestens einem *Flash-ADC* ausgestattet ist (↗Analog-Digital-Wandler). Die Signale werden von den ADCs regelmäßig abgetastet, gespeichert und auf dem Bildschirm graphisch dargestellt. Über eine Menüsteuerung lassen sich vielfältige Funktionen bequem auswählen. Die meisten Geräte verfügen über eine ↗*Schnittstelle* zum Anschluß an einen Computer, so daß sich die Daten des Gerätes problemlos übertragen lassen. Digitaloszilloskope sind dem ↗*Transientenrecorder* ähnlich, die Übergänge zwischen beiden sind fließend.

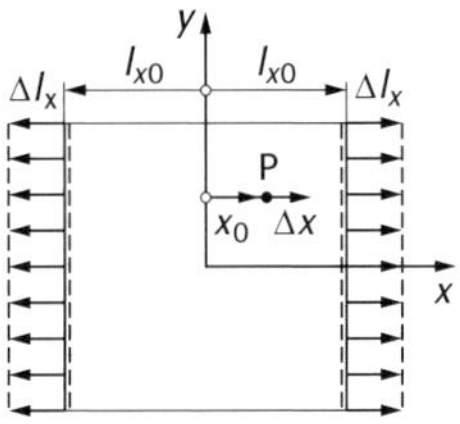

**Dilatation:** positive, homogene Dehnung $x_x$ in $x$-Richtung. Der Punkt $P$ wird von seiner Ausgangsposition $x_0$ um den Betrag $\Delta x$ verschoben.

**Dilatation,** das Verhältnis der durch eine Kraft bewirkten Verschiebung eines Punktes $P$ zu seiner Koordinate im kräftefreien Zustand. Wird z.B. das in der Abb. gezeichnete Volumen durch eine *Zugspannung* in $x$-Richtung gedehnt (↗*Dehnung*), so ist die Dilatation $x_x = \Delta x / x_0 = \Delta l_x / l_{x,0}$ *an jeder Stelle des Volumens die gleiche. Bei einer Dehnung ist* $x_x$ positiv, bei einer *Stauchung* negativ, d.h. positive ↗*Normalspannungen* $X_x$ (*Druckbelastungen*) erzeugen negative Dilatationen und umgekehrt. In der Literatur wird der Begriff Dilatation auch häufig für ↗*Wärmeausdehnung* verwendet.

**Dilaton** ↗Stringtheorie.

**Dilution refrigeration** ↗$^3$He-$^4$He-Entmischungskühlung, ↗Tieftemperaturphysik.

**Dimension, 1)** *Mathematik*: die Dimension eines endlich erzeugbaren Vektorraumes ist die eindeutig bestimmte Anzahl seiner Basisvektoren. Die Dimension des Vektorraumes $\mathbb{R}^n$ ist $n$.

**2)** *Physik*: *Dimension einer physikalischen Größe,* der Anteil einer physikalischen ↗*Größe*, der nur ihre Qualität, nicht aber ihre Quantität enthält. Man gelangt zu der Dimension, wenn man in der Definitionsgleichung der Größe von deren Vektor- oder Tensoreigenschaft, allen numerischen Faktoren einschließlich des Vorzeichens und gegebenenfalls bestehenden Sachbezügen absieht. Beispiel: Länge, Breite, Höhe, Radius, Durchmesser, Kurvenlänge haben alle die Dimension Länge, trotz der unterschiedlichen Sachbezüge. Die Dimension einer physikalischen Größe wird üblicherweise durch ihren Zusammenhang mit den Basisgrößen Masse ($M$), Länge ($L$) und Zeit ($T$) beschrieben. Formal kann man die Absicht, die Dimension einer Größe angeben zu wollen, dadurch zum Ausdruck bringen, daß man die Größe in eckige Klammern schreibt. Die Dimension der Geschwindigkeit $v$ ist z.B. die Dimension der Länge dividiert durch die Dimension der Zeit, also: $[v] = L/T = LT^{-1}$. (↗*Dimensionsanalyse*) Der Begriff *Größenart* (auch Art einer Größe genannt) umfaßt ebenfalls nur qualitative

Eigenschaften physikalischer Größen; er wird allerdings nicht einheitlich definiert. Meist versteht man darunter etwas, das man aus einer physikalischen Größe erhält, wenn man von allen numerischen Faktoren absieht, aber Vektor- und Tensorcharakter sowie Sachbezüge beibehält. So haben z.B. Volumen, Flächenmoment 1. Grades und Widerstandsmoment dieselbe Dimension, sie gelten aber als unterschiedliche Größenarten zugehörig.

**dimensionale Regularisierung,** Verfahren zur Behandlung divergenter Integrale in quantenfeldtheoretischen Berechnungen ('t Hooft und Veltmann, Bollini und Giambiagi, Ashmore, Cicuta und Montaldi 1972). Man verallgemeinert dabei die Dimension der ↗Lagrange-Dichte der Theorie zu einer beliebigen, im allgemeinen kleineren Dimension $d$ und nutzt aus, daß Bereiche im komplexen $d$-dimensionalen Raum existieren, in welchem alle ↗Feynman-Integrale endlich sind und berechnet werden können. Setzt man nach der Berechnung $d$ zu der ursprünglichen Dimension (z.B. vier) fort, äußern sich die ursprünglichen Divergenzen der ↗Feynman-Diagramme als Pole im $d$-dimensionalen Raum, die durch die physikalischen Parameter der Theorie absorbiert werden können. Nachdem die Divergenzen auf diese Weise regularisiert wurden, kann die Theorie renormiert werden (↗Renormierung). Die dimensionale Regularisierung hat gegenüber anderen Regularisierungsmethoden wie der *Cut-Off-Regularisierung* (↗Abschneidevorschrift) oder der *Gitter-Regularisierung* den großen Vorteil, daß sie wichtige Symmetrien (Lorentzinvarianz, Eichinvarianz) erhält. Diese Eigenschaft erleichtert praktische Berechnungen erheblich und führte dazu, daß die dimensionale Regularisierung zur am häufigsten eingesetzten Regularisierungsmethode wurde. (↗Regularisierung)

**Dimensionsanalyse,** *Dimensionsbetrachtung*, die Untersuchung der Dimensionen der in einer physikalischen Formel vorkommenden Größen mit dem Ziel, mögliche Fehler in der Formel zu entdecken oder Schlüsse über den Zusammenhang der Größen abzuleiten (↗*Dimensionsgleichung*). Das Vorgehen sei anhand eines Beispiels erläutert:

Angenommen, man habe für eine Strecke $x$ die Formel $x = vt + (1/2)at$ aufgestellt, wobei $v$ die Geschwindigkeit, $t$ die Zeit und $a$ die Beschleunigung sei. Da $x$ die ↗*Dimension* einer Länge hat ($[x] = L$), müssen die beiden Summanden auf der rechten Seite der Gleichung ebenfalls jeweils die Dimension einer Länge besitzen, sonst ist die Formel nicht richtig. Für $vt$ gilt: $[vt] = (L/T) \cdot T = L$ – dieser Summand erfüllt die Forderung. Für $(1/2)at$ dagegen erhalten wir: $[(1/2)at] = [at] = (L/T^2)T = L/T$ – diese Dimension stimmt nicht, d.h. die gesamte Formel muß falsch sein.

**Dimensionsgleichung,** Gleichung, die statt eines funktionellen Zusammenhangs zwischen Größen nur deren Dimensionen (im Sinne von Maßeinheiten) betrachtet. Dimensionsgleichungen dienen, wenn sie in Ähnlichkeitsbeziehungen eingesetzt werden (↗*Dimensionsanalyse*), der Gewinnung von Kennzahlen für einen physikalischen Vorgang. Ein bekanntes Beispiel ist die ↗Reynolds-Zahl. Nach dem Buckinghamschen Theorem kann ein durch $n$ physikalische Größen vollständig beschriebener Vorgang auch durch $s \ll n$ dimensionslose Kennzahlen vollständig charakterisiert werden. Die Kennzahlen sind Potenzprodukte der $n$ physikalischen Größen.

**Dimensionssystem,** systematische Zusammenfassung von ↗*Dimensionen* zur qualitativen Beschreibung von physikalischen Größen in Form von Potenzprodukten. (↗*Einheit*)

**Dimere,** zweigliedrige *Kettenmoleküle*, die entstehen, wenn sich zwei gleichartige oder verschiedene ↗Monomere als Grundbausteine der Polymerisation zusammenfinden. Bei diesem Vorgang handelt es sich um eine ↗Polymerisation mit einem Polymerisationsgrad von zwei.

**DIN,** *Deutsches Institut für Normung*, ↗*Norminstitute, Behörden und andere übergeordnete Forschungseinrichtungen.*

**Dineutron,** ungebundenes System aus zwei Neutronen. Es ist derjenige aus zwei ↗*Neutronen* des ↗*Projektils* bestehende Anteil, der bei einer ↗*Kernreaktion* in einem sogenannten Einstufen-↗*Strippingprozeß* transferiert wird. Ein typisches Beispiel hierfür stellt die (t,p)-Reaktion dar, bei der die beiden Neutronen des Tritium-Projektils t während der Kernreaktion abgestreift werden und auf den ↗*Targetkern* übergehen, während das ↗*Proton* p aus dem Tritium am Targetkern vorbeifliegt.

**Diode,** Halbleiterbauelement mit zwei Anschlüssen und einer stark richtungsabhängigen Leitfähigkeit. Die Anschlüsse werden als *Anode* und *Kathode* bezeichnet. Dioden gibt es in verschiedenen Ausführungen und für unterschiedliche Einsatzzwecke. Die früher übliche *Röhrendiode* ist praktisch vollständig durch die ↗*Halbleiterdiode* verdrängt worden. Unter den Dioden ist die auf dem Prinzip des ↗*pn-Überganges* beruhende *pn-Diode* der wichtigste Vertreter. Sie wird im gesamten Wechselstrombereich vor allem als ↗*Gleichrichter* eingesetzt. Daneben gibt es eine Reihe von Spezialdioden: die ↗*Zener-Diode* als Spannungsreferenz und zur Spannungsstabilisierung, die ↗*Schottky-Diode* vor allem als schnelle Schaltdiode in der Digitalelektronik, die *Kapazitätsdiode* als spannungsgesteuerte Kapazität, für Spezialanwendungen die ↗*Tunneldiode* und die ↗*Backward-Diode*. Die ↗*Gunn-Diode* unterscheidet sich von den anderen Dioden dadurch, daß sie wegen des Fehlens einer inneren Struktur keine Richtungsabhängigkeit der Leitfähigkeit besitzt.

**Diodengleichrichtung,** in Rundfunkempfängern verwendete Schaltung zur ↗Demodulation mit einer ↗Diode als nichtlinearem Bauelement. Die Diodengleichrichtung kann nur bei amplitudenmodulierten Signalen verwendet werden.

**Diodenlaser,** *Halbleiterlaser*, ein ↗*Laser*, dessen ↗*Lasermedium* eine ↗*Halbleiterdiode* (Laserdiode) ist, bei der die Besetzungsinversion durch einen Injektionsstrom, Elektronenstrahlen, elektrische Impulse mit hoher Feldstärke oder durch optisches Pumpen herbeigeführt wird. Als Halbleitermaterialien finden Verbindungen vom Typ $A_{III}B_V$ (GaAs, GaInP, GaAlAs, GaAlSb u.a.) und $A_{IV}B_{VI}$ (PbS, PbSSe, PbTe u.a.) Verwendung, sog. ↗III-V-Halbleiter. (Die Indizes III, IV, V und VI kennzeichnen die Hauptgruppe im Periodensystem.) Die Spektralbereiche verschiedener Halbleiterlaser sind in Abb. 1 dargestellt; sie liegen zwischen

**Diodenlaser 1:** Übersichtsdarstellung der Spektralbereiche verschiedener Halbleiterlaser.

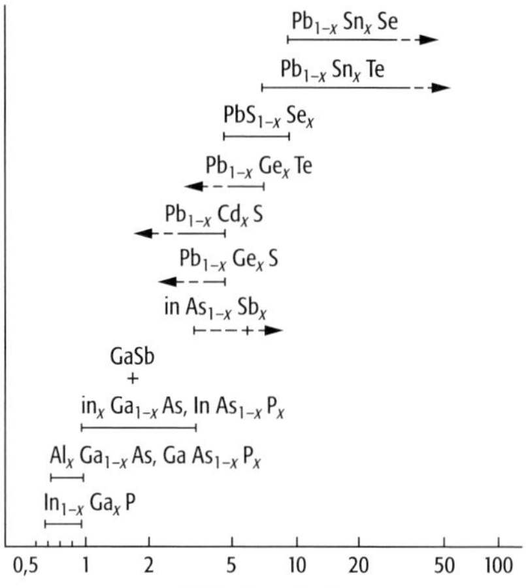


500 nm und 32 μm, mit der Möglichkeit, die Wellenlänge durch Temperatur- oder Druckänderung durchzustimmen. Die Strahlungsleistung eines Diodenlasers ist als Folge des kleinen Volumens der aktiven Schicht ($0{,}5 \times 0{,}2 \times 0{,}1\ mm^3$) relativ gering, sie erreicht 1 W im kontinuierlichen und bis zu 200 W im Pulsbetrieb bei Pulsdauern um 1 μs und Pulsfolgefrequenzen bis zu einigen kHz. Der Wirkungsgrad ist im allgemeinen höher als bei allen anderen Lasertypen; er liegt zwischen 10 und 90 %. Aufgrund der kleinen Querausdehnung des strahlenden Bereichs ($10^{-2}$ bis $10^{-3}$ mm) ergeben sich große Beugungsverluste und ein großer Divergenzwinkel der Strahlung (bis zu 50°).

Besetzungsinversion kann nur in der aktiven Schicht am pn-Übergang der Halbleiterdiode erreicht werden, und zwar dadurch, daß den Elektronen im Leitungsband der n-Schicht eine bestimmte Zahl von Defektelektronen, also Löchern, im Valenzband der p-Schicht gegenübersteht. Laserstrahlung entsteht dann, wenn Elektronen und Löcher direkt rekombinieren (Abb. 2). Die Rekombination findet unter Aussendung eines Photons statt, dessen Energie ungefähr dem Bandabstand entspricht. Die verschiedenen Typen von Halbleiterlasern unterscheiden sich in der Art, wie die Elektron-Loch-Paare erzeugt werden. Es gibt hauptsächlich drei Methoden: Einstrahlung von Photonen, Beschuß mit Elektronen und Injektion von Minoritätsträgern über den pn-Übergang. Während die ersten beiden Verfahren vor allem von wissenschaftlichem Interesse sind, hat die dritte Methode große praktische Bedeutung und soll deshalb näher erläutert werden: An jedem pn-Übergang stellt sich im thermischen Gleichgewicht eine Potentialbarriere ein, die verhindert, daß Elektronen und Löcher zusammenfließen. Durch Anlegen einer Spannung erhalten die Elektronen eine höhere potentielle Energie, wodurch sie ein kurzes Stück in das p-leitende Material eindringen und dort eine angeregte Zone bilden können. Typische Werte für die Dicke dieser Zone liegen zwischen 1 und 2 μm. Die angeregte Zone ist auch die laseraktive Zone, denn hier finden spontane und induzierte Rekombinationsprozesse statt, die bei geeigneter Rückkopplung zur Selbsterregung führen.

Der Aufbau eines einfachen Diodenlasers ist in Abb. 3 dargestellt. Meist sind beide Enden der Diode verspiegelt, so daß die Diode sowohl *Lasermedium* als auch -resonator ist und kein externer Resonator mehr benötigt wird.

Der erste Diodenlaser wurde 1962 entwickelt. Er konnte nur gepulst betrieben werden, und lange Zeit blieb die Diodenlaseremission auf den infraroten Bereich des Spektrums beschränkt und ließ sich nur bei Temperaturen weit unter 0 °C erreichen. Vor allem durch die Entwicklung neuer Halbleitermaterialien ist es inzwischen möglich, Diodenlaser auch ohne Kühlung und im sichtbaren Spektrum zu

**Diodenlaser 2:** Laserniveauschema eines Diodenlasers mit vier Niveaus: Aus dem Valenzband angeregte Elektronen (1) fallen in die niedrigsten unbesetzten Zustände des Leitungsbandes (2), wonach die Rekombination aus dem Leitungs- in das Valenzband geschieht und ein Photon mit der Energie $h\nu$ ($h$: Plancksche Konstante, $\nu$: Frequenz) emittiert wird. Die Elektronen gehen zuletzt in die niedrigsten unbesetzten Zustände des Valenzbandes über (4).

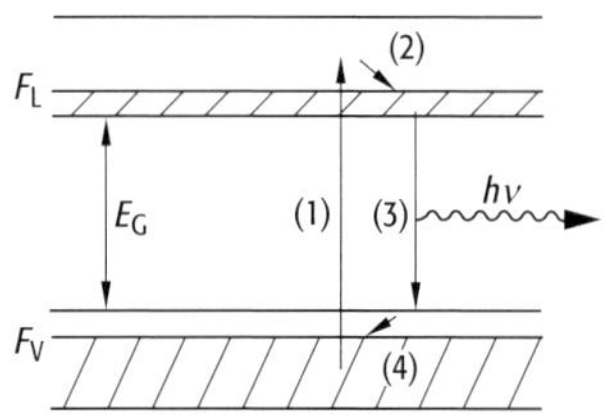


betreiben. Um den Schwellstrom, unter welchem keine Besetzungsinversion und daher keine Laseremission möglich ist, zu reduzieren, wurde eine Reihe verschiedener Lasertypen, wie z.B. Doppel-Heterostruktur-, indexgeführte und Quantum-Well-Diodenlaser, entwickelt. Diese unterscheiden sich hauptsächlich in Anordnung und Kombination der verschiedenen Halbleitermaterialien. Der ↗*DFB-Diodenlaser* wurde speziell entwickelt, um eine bessere Modenselektion zu erreichen. Anwendung findet der Diodenlaser insbesondere in der optischen Nachrichtenübertragung, der integrierten Optik, der Meßtechnik und Sensorik wie auch als Pumplaser. Wegen der relativ geringen Anschaffungs- und Betriebskosten findet der Diodenlaser zusätzlich zunehmend Anwendung im technischen Bereich, z.B. in CD-Playern, in Laserkopierern und

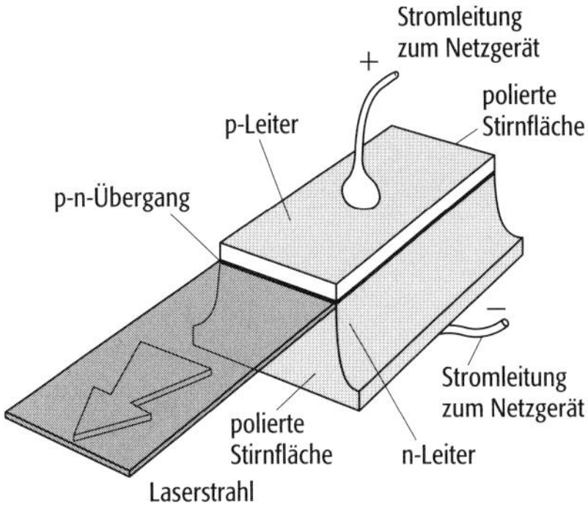


**Diodenlaser 3:** Aufbau eines einfachen Diodenlasers.

Laserdruckern sowie in der Medizin. Eines der wichtigsten Ziele der industriellen Forschung ist die Herstellung von Laserdioden, die im blauen Bereich des Spektrums emittieren, da durch die kleinere Wellenlänge eine viermal größere Speicherdichte auf einer CD erreicht werden kann. [PVDH]

**Diodenlaser, indexgeführter,** spezielle Form des ↗*Diodenlasers*, bei der ein begrenzter aktiver Kanal für die Laseremission geschaffen wird.

**Diodenmischung,** im Frequenzbereich über 300 MHz zur ↗Modulation eines Trägers oder zum Umsetzen auf eine Zwischenfrequenz verwendete Schaltung. Eine Frequenz $\nu_1$ mit großer Amplitude steuert den Durchlaßwiderstand einer Halbleiterdiode, über die eine Hochfrequenz $\nu_2$ auf einen abgestimmten Schwingkreis gegeben wird, der aus den entstehenden Modulationsprodukten die gewünschte Frequenz $\nu_3 = \nu_1 - \nu_2$ aussiebt. Problematisch ist die Entkopplung der drei Frequenzen. Nachteile dieser Schaltungsart sind daher eine hohe Oszillatorausstrahlung über die Antenne und eine hohe Rauschzahl.

**Dioptrie,** Einheitenzeichen dpt, zulässige Einheit außerhalb des SI zur Angabe des Brechwerts von optischen Systemen. 1 Dioptrie ist gleich dem Brechwert eines optischen Systems mit der Brennweite 1 m in einem Medium der Brechzahl 1 (also z.B. in Luft): 1 dpt = 1/m.

**Dioptrieausgleich,** zur Kompensation der Fehlsichtigkeit des menschlichen Auges an optischen Systemen angebrachtes und entlang der optischen Achse verschiebbares ↗Okular. Beim Fernrohr ermöglicht der Dioptrieausgleich das Scharfstellen auf nahe Objekte. Im ↗Mikroskop erreicht man durch das Verschieben der objektseitigen Okularbrennebene vom Ort des Zwischenbildes weg, daß dieses in den Augenfernpunkt projiziert wird und ohne ↗Akkommodation scharf gesehen werden kann.

**Dioptrik,** altmodische Bezeichnung für die Lehre von der ↗Brechung des Lichtes. Die Gaußsche Dioptrik (*Gaußsche Abbildung*) behandelt die Gesetzmäßigkeiten der idealen optischen Abbildung im Paraxialgebiet.

**dioptrisch,** Adjektiv zur Beschreibung optischer Systeme, die die Lichtbrechung (mittels ↗Linsen, ↗Prismen usw.) als wesentliches Funktionselement beinhalten.

**dioptrischer Apparat,** zusammenfassende Bezeichnung für die das Licht brechenden Strukturen des ↗Auges, bestehend aus Hornhaut, vorderer Augenkammer, Linse und Glaskörper der hinteren Augenkammer. Der optische Apparat des Auges entwirft ein verkleinertes, reelles, umgekehrtes Bild der Umgebung auf die Netzhaut.

**Dip Coating** ↗*Eintauchbeschichtung*.

**Dipol,** eine felderzeugende Quellenverteilung, deren ↗*Multipolentwicklung* vom ersten Moment, dem ↗*Dipolmoment*, dominiert wird. Das Monopolmoment eines Dipols, also das Integral über die Quellendichte (die »Gesamtladung«) verschwindet, und die höheren Momente sind ebenfalls gleich null oder im Vergleich zum Dipolmoment zu vernachlässigen.

Ein Beispiel eines Dipols sind zwei betragsmäßig gleiche elektrische Ladungen von entgegengesetztem Vorzeichen, die sich in einem gewissen Abstand $d$ voneinander befinden. Im Grenzfall $d \rightarrow 0$ verschwinden alle höheren Momente exakt (*idealer Dipol*), während bei endlichem $d$ die höheren Momente nicht alle gleich null sind (*realer Dipol*, ↗Dipolfeld)

Im Gegensatz zum ↗*Elektromagnetismus* gibt es bei der ↗*Gravitation* keine Dipole, da es nur eine Sorte »gravitativer Ladung«, nämlich die Masse, gibt. (↗*elektrischer Dipol*, ↗*magnetischer Dipol*)

**Dipolantenne** ↗Antenne, ↗Hertzscher Dipol.

**dipolar, 1)** *Kristallographie*: *bipolar*, *doppelpolig*, Bezeichnung für Achsen, die nach beiden Seiten gleich symmetrisch sind; Gegensatz: ↗polar;

**2)** *Festkörperphysik, Elektrostatik*: die Eigenschaft eines Dielektrikums, im äußeren Feld ↗Orientierungspolarisation, jedoch keine ↗Verschiebungspolarisation zu erfahren.

**Dipolbindung,** Bindungstyp, bei dem der intermolekulare Zusammenhalt durch (permanente) Dipol-Dipol-Wechselwirkungen geschaffen wird. (↗*chemische Bindung*)

**Dipoldichte** ↗elektrische Polarisation.

**Dipol-Dipol-Wechselwirkung,** Wechselwirkung zwischen zwei elektrischen Dipolen.

Die Wechselwirkung zweier Dipole $p_1$ und $p_2$ wird durch folgenden Energieausdruck $V_{\text{Di-Di}}$ beschrieben:

$$V_{\text{Di-Di}} = \frac{1}{4\pi\varepsilon_0} \frac{p_1 p_2 - 3(\boldsymbol{n}\boldsymbol{p}_1)(\boldsymbol{n}\boldsymbol{p}_2)}{r^3}.$$

(wobei $\boldsymbol{n}$ ein Einheitsvektor in Richtung $\boldsymbol{r}$ ist). Die Dipol-Dipol-Wechselwirkung ist typisch z.B. für die neutralen Atome, bei denen als erstes Glied in der Taylor-Entwicklung der Energie die Dipol-Dipol-Wechselwirkungsenergie auftritt. (↗*zwischenmolekulare Wechselwirkungen*)

**Dipolfalle,** Anordnung zur Speicherung von Atomen mit Hilfe von Laserlicht. Die zugrundeliegende Wechselwirkung ist die ↗*Dipolkraft* zwischen dem durch das Lichtfeld induzierten

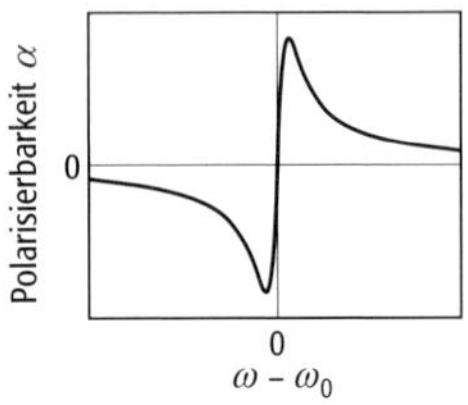


**Dipolkraft:** Polarisierbarkeit eines Atoms in Abhängigkeit der Lichtfrequenz in der Nähe einer resonanten, atomaren Übergangs.

atomaren Dipolmoment und dem Lichtfeld selbst. Die Dipolkraft zeigt im Falle eines rotverstimmten Lasers in Richtung der höchsten Laserintensität. Die einfachste Form einer Dipolfalle wäre also ein in eine atomare Probe fokussierter Laser mit Gaußschem Strahlprofil, der die Atome in das Gebiet des Fokus zieht. Für blauverstimmte Laser muß das Strahlprofil so sein, daß die gewünschte Fallenregion von einem Gebiet hoher Laserintensität umgeben ist (man spricht hier von einer *Doughnut-Mode*). Da die atomare Dichte in einer solchen Falle relativ klein ist, wird die Dipolfalle oft in Verbindung mit anderen Fallentypen verwendet. So kann man Atome z.B. in einer ↗*magnetoopischen Atomfalle* einfangen, womit sich Dichten bis ca. $10^{11}$ Atome pro $cm^3$ erreichen lassen, und dann in eine Dipolfalle umladen. Dies ist z.B. dann sinnvoll, wenn das Fallenmagnetfeld der magnetooptischen Falle für die Anwendung störend ist. (↗Atom- und Ionenfallen)

**Dipolfeld,** das von einem ↗*Dipol*, also einer Quellenverteilung mit endlichem Dipol-, aber verschwindendem Monopolmoment, ausgehende Feld (↗Multipolentwicklung). Für das Feld $\boldsymbol{E}_{\text{Dipol}}$ eines idealen elektrischen Dipols gilt:

$$E_{\text{Dipol}} = \frac{3\boldsymbol{e}_{\text{r}}(\boldsymbol{e}_{\text{r}} \cdot \boldsymbol{p}) - \boldsymbol{p}}{4\pi\varepsilon_0 r^3} - \frac{\boldsymbol{p} \cdot \delta(\boldsymbol{r})}{3\varepsilon_0}$$

($\boldsymbol{p}$: *elektrisches* ↗*Dipolmoment*, $\boldsymbol{e}_{\text{r}}$: Einheitsvektor in Ortsvektorrichtung, $\delta(\boldsymbol{r})$: ↗*δ-Funktion*, $\boldsymbol{r}$: Ortsvektor, $\varepsilon_0$: Dielektrizitätskonstante

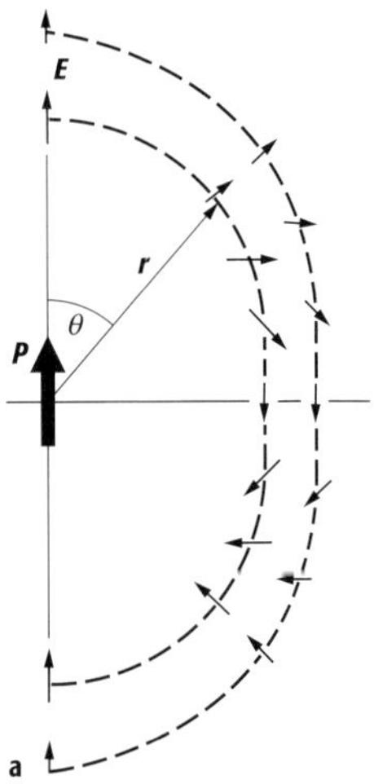


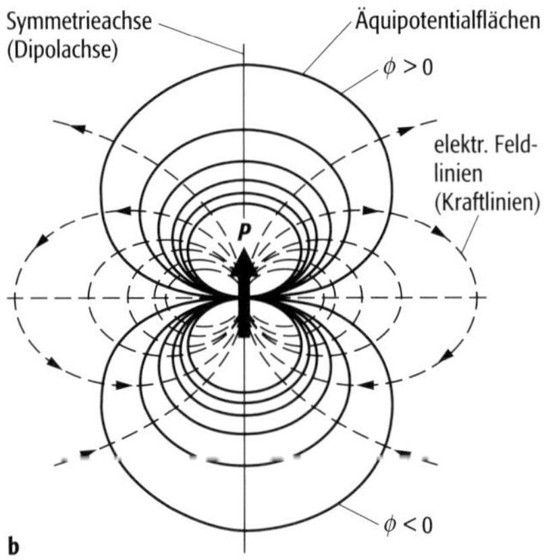


**Dipolfeld:** Links: Feld eines elektrischen Dipols. Die Feldstärken sind in einigen Raumpunkten als Pfeile gezeigt, deren Länge proportional zu $1/r^3$ abnimmt; rechts: Bild der Feldlinien und Äquipotentialflächen. Die Potentialflächen sind rotationssymmetrisch um die $p$-Achse. Das Potential wird $+\infty$ am Ort des positiven und $-\infty$ am Ort des negativen Ladungsschwerpunkts.

des Vakuums). In ↗*Polarkoordinaten* für einen längs der $z$-Achse orientieren Dipol mit Mittelpunkt im Ursprung schreibt sich dies als:

$$E_r = \frac{2p\cos\theta}{4\pi\varepsilon_0 r^3}, \quad E_\vartheta = \frac{p\sin\theta}{4\pi\varepsilon_0 r^3}, \quad E_\varphi = 0.$$

In großen Entfernungen vom Ursprung verhält sich das Dipolfeld also wie $1/r^3$ (*Fernfeld*).

Das Feld eines *idealen Dipols* ist in der Natur nicht realisiert, da sich dann die Quellen in infinitesimalem Anstand voneinander befinden müßten, während ihre Ladungen gegen $\pm\infty$ gingen, wobei das Dipolmoment $\boldsymbol{p} = \int \boldsymbol{x}'\rho(\boldsymbol{x}')\mathrm{d}^3x'$ unverändert bleiben müßte. Bei einem realen Dipol, z.B. einem Paar elektrischer Punktladungen gleichen Betrags, aber entgegengesetzten Vorzeichens (↗elektrischer Dipol), oder einem Ringstrom (↗magnetischer Dipol), gilt die $1/r^3$-Abhängigkeit nur in hinreichend großem Abstand vom Dipol. In der Nähe des Ursprungs ist die Feldverteilung wesentlich komplizierter, da hier auch höhere Multipolmomente nicht mehr vernachlässigt werden können (*Nahfeld*).

**Dipolkraft,** Kraft, die ein elektromagnetisches Feld auf ein neutrales, polarisierbares Teilchen, z.B. ein Atom, ausübt. Betrachtet man ein Atom mit der ↗Polarisierbarkeit $\alpha$ in einem homogenen elektrischen Feld $\boldsymbol{E}$, so wirkt auf das im Atom induzierte Dipolmoment $\boldsymbol{p} = \alpha \cdot \boldsymbol{E}$ die Kraft $\boldsymbol{F} = -(\boldsymbol{p} \cdot \nabla)\boldsymbol{E}$.

Im oszillierenden elektromagnetischen Feld, z.B. eines eingestrahlten Lasers, wird dies zu:

$$F_{\text{Dipol}} = -\tfrac{1}{2} \cdot \alpha \cdot \nabla(\boldsymbol{E}^2), \tag{1}$$

wobei $\alpha$ von der Frequenz der elektromagnetischen Welle abhängt. Diese Abhängigkeit ergibt sich aus der Theorie der ↗*Dispersion*. In der Umgebung eines Resonanzübergangs bei der Frequenz $\omega_0$ ist die Abhängigkeit besonders stark. Sie ist für ein ruhendes Atom gegeben durch:

$$\alpha(\omega) = \frac{e^2}{2\,m\,\omega_0} \cdot \frac{\omega - \omega_0}{(\omega - \omega_0)^2 + (\gamma/2)^2}, \tag{2}$$

wobei $\gamma$ die bei der eingestrahlten Lichtintensität gültige ↗*Linienbreite* des Übergangs und $m$ die Masse des Atoms ist. Der Verlauf dieser Kurve ist in der Abb. dargestellt. Daraus erkennt man, daß die Polarisierbarkeit für $\omega < \omega_0$, d.h. für rot-verstimmtes Licht, negativ ist. Zusammen mit Gl. (1) ergibt sich, daß die Kraft in diesem Fall in Richtung des Gradienten der eingestrahlten Intensität zeigt, d.h. Atome werden zum Maximum der Lichtintensität hingezogen. Für $\omega > \omega_0$ ist die Kraft zu Bereichen kleinerer Intensität hin gerichtet, d.h. das Atom wird von dem Lichtstrahl abgestoßen. Diese Kraft kann man ausnutzen, um z.B. Atome mit Hilfe von Laserlicht zu speichern. (↗optische Atomfallen, ↗Dipolfalle)

**Dipolkristall,** ein ↗*Kristall* mit lokalisierten elektrischen Dipolmomenten. Dipolkristalle sind aus ↗*Dipolmolekülen* oder Molekülionen mit einem *permanenten elektrischen Dipolmoment* aufgebaut, z.B. $H_2O$-Moleküle oder Cyanidionen ($CN^-$). Sind die Dipole so ausgerichtet, daß das resultierende Moment verschwindet, so entsteht dies in einem äußeren elektrischen Feld durch Umorientierung (↗*Orientierungspolarisation*). Dabei müssen die Dipole nicht notwendigerweise frei drehbar sein, sondern es können auch diskrete Gleichgewichtslagen in bestimmten Kristallrichtungen existieren, die durch Potentialberge voneinander getrennt sind. Die Wechselwirkung zwischen den Dipolen ist eine der verschiedenen Bindungsarten in Kristallen und als *Dipolbindung* bekannt.

**Dipolmoleküle,** *polare Moleküle*, unsymmetrisch aufgebaute Moleküle mit einem *permanenten elektrischen Dipolmoment*. Beispiele sind das $H_2O$- und das HCl-Molekül. Das permanente Dipolmoment ist eng mit der Symmetrie des Moleküls verknüpft. So besitzen Moleküle mit einem *Symmetriezentrum* kein permanentes Moment. Umgekehrt erhält man Informationen über die Molekülstruktur bzw. die Symmetrie durch Messung des Dipolmoments. Dies geschieht experimentell anhand des Rotationsspektrums durch die Messung der Polarisierbarkeit. Dipolmoleküle bilden die Gitterbausteine von ↗*Dipolkristallen*.

**Dipolmoment, 1)** *Elektrodynamik*: das zweite Glied der ↗*Multipolentwicklung*. Das Dipolmoment ist das Moment mit $l = 1$; daher wird es auch als »*erstes Moment*« bezeichnet, obwohl der erste *Term* der Entwicklung das *Monopolmoment* ist, das »nulltes Moment« genannt wird. Das Dipolmoment ist ein Vektor bzw. ↗Tensor erster Stufe. (↗*elektrisches Dipolmoment*, ↗*magnetisches Dipolmoment*)

**2)** *Atom-* und *Molekülphysik*: Die *permanenten* ↗*elektrischen Dipolmomente p* sind wichtige Kenngrößen von Molekülen, Atomen und Atomkernen, weil sie Rückschlüsse auf die Ladungsverteilung $\rho(r)$ und den elektronischen Zustand ermöglichen. Ist $\rho(r)$ proportional zum Betragsquadrat einer quantenmechanischen Wellenfunktion, verschwindet $\mu$ für alle Zustände definierter Parität, da dann $\rho(r)$ eine gerade Funktion in $r$ ist. Aus diesem Grund besitzen Atomkerne und freie Atome im elektronischen Grundzustand kein elektrisches Dipolmoment. Viele Moleküle haben dagegen ein permanentes elektrisches Dipolmoment, das sich additiv aus dem Beitrag der (positiv geladenen) Atomkerne und dem der Elektronen zusammensetzt:

$$p = e\sum_A Z_A R_A - \int r\rho(r)\mathrm{d}^3r,$$

wobei $e$ der Betrag der elektrischen Elementarladung, $R_A$ der Ortsvektor des Atoms A der Kernladungszahl $Z_A$ und $\rho(r) = en(r)$ die Ladungsdichte des Elektronensystems ist. Für neutrale Moleküle ist das Dipolmoment unabhängig von der Wahl des Koordinatensystems, während Dipolmomente von Molekülionen üblicherweise bezüglich des Massenschwerpunkts angegeben werden. Molekulare Dipolmomente liegen in der Größenordnung von $10^{-30}$ Cm und werden meistens in Debye angegeben, wobei $1\,\mathrm{D} = 3{,}33564 \cdot 10^{-30}$ Cm ist. Damit liegen die Beträge der meisten molekularen Dipolmomente im Bereich von 0–10 D.

Das durch ein äußeres Feld *E induzierte Dipolmoment* ist eine Funktion der ↗*Polarisierbarkeit* $\alpha$ des entsprechenden Atoms oder Moleküls $p_{ind} = \alpha \cdot E$, wobei $\alpha$ im allgemeinen richtungsabhängig, d.h. eine Tensorgröße ist.

Experimentell können Dipolmomente freier Moleküle (d.h. in der Gasphase) aus der Aufspaltung der Rotationslinien infolge des ↗Stark-Effekts, aus Intensitätsmessungen der reinen Rotationslinien oder der Ablenkung von ↗Molekularstrahlen in elektrischen Feldern bestimmt werden. Die theoretische Bestimmung erfordert die Berechnung der Elektronendichte $n(r)$ und ist daher mit quantenmechanischen Methoden durchzuführen.

Das Dipolmoment ist ein Maß für die Polarität einer Bindung, und viele der ↗*zwischenmolekularen Wechselwirkungen* in Gasen und Flüssigkeiten beruhen auf Wechselwirkungen zwischen permanenten und/oder induzierten Dipolmomenten.

Das *magnetische Dipolmoment* von Atomen und Molekülen ist die Summe der magnetischen Momente der Atomkerne und der Elektronenhülle. Zum magnetischen Moment der Elektronen kann außer dem ↗Spin auch ein nichtverschwindender ↗Bahndrehimpuls beitragen. Das atomare magnetische Moment ist von der Größenordnung des ↗*Bohrschen Magnetons* und damit um etwa einen Faktor $10^3$ größer als das Kernmoment. Üblicherweise werden atomare magnetische Momente in Vielfachen des Bohrschen Magnetons $\mu_B$ angegeben und liegen überwiegend im Bereich von 0–5 $\mu_B$. Die experimentelle Bestimmung kann mit Hilfe der ↗ESR-Spektroskopie oder durch Messung der magnetischen ↗Suszeptibilität erfolgen. Verschwindet das magnetische Dipolmoment der Elektronenhülle eines Systems, wird es als diamagnetisch, andernfalls als paramagnetisch bezeichnet (↗Diamagnetismus, ↗Paramagnetismus). Die Wechselwirkungen der magnetischen Momente der Elektronen in Molekülen und Festkörpern führen zu einer Vielfalt sehr unterschiedlicher magnetischer Eigenschaften, die auch von großer technischer Bedeutung sind (↗*Magnetismus*).

**3)** ↗Kerndipolmoment. [MB, MG1]

**Dipolschicht** ↗Doppelschicht.

**Dipolstrahlung, 1)** ↗*Elektrodynamik*: die von einem schwingenden ↗Hertzschen Dipol ausgehende Strahlung;

**2)** *Atom-* und *Kernphysik*: die bei einem Dipolübergang zwischen zwei Energieniveaus emittierte Strahlung (↗Multipolstrahlung). Man unterscheidet elektrische und magnetische Multipolstrahlung. Übergänge in der Elektronenhülle sind in der Regel elektrische Dipolübergänge.

**Dipolströmung,** inkompressible Potentialströmung, die dadurch entsteht, daß der Abstand $\delta$ zwischen der auf der $x$-Achse befindlichen Quelle und Senke der gleicher Ergiebigkeit gegen Null geht. Bei diesem Grenzübergang geht $Q \to \infty$, so daß das Dipolmoment $p \geq Q\,\delta$ konstant bleibt. Der Dipol wird daher auch als Quellensenke bezeichnet. Man unterscheidet zwischen ebener und räumlicher Dipolströmung:

1) *Ebene Dipolströmung*: Aus dem komplexen Potential

$$F(z) = \frac{M}{2\pi b}\frac{1}{z}$$

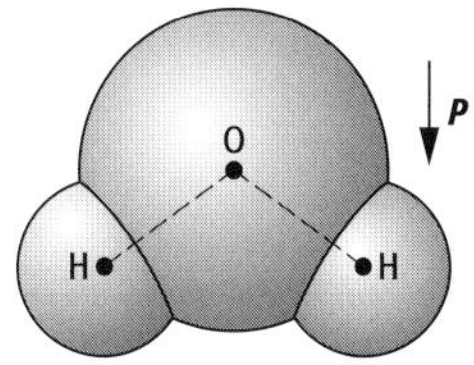


**Dipolmoleküle:** das permanente Dipolmoment des $H_2O$-Moleküls weist vom $O^{2-}$-Ion zur Mitte der Verbindungslinie der beiden $H^+$-Ionen und hat eine Größe von $p = 6{,}1 \cdot 10^{-30}$Asm.

erhält man das Potential

$$\Phi = \frac{Mx}{2\pi br^2} = \frac{M}{2\pi b}\frac{\cos\varphi}{r}$$

und die ↗Stromfunktion

$$\Psi = -\frac{My}{2\pi br^2} = \frac{M}{2\pi b}\frac{\sin\varphi}{r}.$$

Dabei bedeuten $z = x + \mathrm{i}y$ komplexe Veränderliche; $r$, $\varphi$ sind die Polarkoordinaten, $b$ ist die Länge senkrecht zur $xy$-Ebene. Die Stromlinien sind Kreise, die die $x$-Achse im Nullpunkt tangieren. Die Potentiallinien stehen senkrecht darauf; es sind Kreise, die die $y$-Achse im Nullpunkt berühren (Abb.). Die $x$ -Achse wird *Dipolachse* genannt und gibt die Richtung des Quellen-Senken-Paares an, aus dem der Dipol durch Grenzübergang hervorgegangen ist. Die Geschwindigkeit $c = M/2\pi br^2$ ist proportional zu $1/r^2$, während sie bei Quelle und Senke nach außen mit $1/r$ abnimmt.

2) *Räumliche Dipolströmung*: Das Potential der analog aus räumlicher Quelle und Senke entstehenden Strömung lautet $\Phi = M\,r/4\pi r^3$.

**Dipolzeile,** eine lineare Kette von ↗Hertzschen Dipolen im Abstand von jeweils einer halben Wellenlänge. Die Dipolzeile hat eine in Kettenrichtung scharf gebündelte, in der dazu senkrechten Ebene wenig gerichtete Abstrahlcharakteristik. Nach diesem Prinzip werden *Sendeantennen* oder *Lautsprecherzeilen* konstruiert. (↗Antenne, ↗Lautsprecher)

**Dirac**, *Paul Adrien Maurice*

**Dirac,** *Paul Adrien Maurice*, englischer Physiker, *8.8.1902 Bristol, †20.10.1984 Tallahassee; Studium der Elektrotechnik und Mathematik; 1927 Mitglied des Lehrkörpers des St. Johns-College an der Universität Cambridge; 1930 Mitglied der Royal Society; 1932 Professor für Mathematik (Lucasian-Lehrstuhl) in Cambridge; 1971 in Tallahassee; einer der bedeutendsten theoretischen Physiker des 20. Jahrhunderts mit grundlegenden Beiträgen zur Quantentheorie, relativistischen Wellenmechanik und Quantenelektrodynamik; veröffentlichte 1926 eine verallgemeinerte Form der Quantenmechanik; stellte etwa gleichzeitig mit E. ↗Fermi eine Quantenstatistik *(↗Fermi-Dirac-Statistik)* für Teilchen mit halbzahligem Spin, die dem Pauli-Prinzip gehorchen, auf; formulierte 1927 eine Theorie der Wechselwirkung von Lichtquanten mit Atomen, womit er die Grundlagen der Quantentheorie des elektromagnetischen Strahlungsfeldes und der Quantenelektrodynamik schuf; entwickelte eine quantenmechanische Störungstheorie zur Berechnung von zeitlich veränderlichen mikrophysikalischen Vorgängen; schuf 1928 eine quantenmechanische relativistische Theorie des Elektrons *(↗Diracsche Theorie des Elektrons, Dirac-Wellengleichung)*, die letztlich (als Ergebnis seiner »Löchertheorie« zur Erklärung von Zuständen negativer Energie) zur Voraussage der Existenz eines Antiteilchens des Elektrons, des 1932 von C.D. ↗Anderson entdeckten Positrons, führte; berechnete 1928 das mit dem Elektronenspin verbundene magnetische Moment des Elektrons und postulierte 1931 die Existenz von magnetischen Monopolen; ferner Arbeiten zur Quantenfeldtheorie und Kosmologie sowie zur Quantisierung des Gravitationsfeldes; erhielt 1933 zusammen mit E. ↗Schrödinger den Nobelpreis für Physik.

Werke (Auswahl): »The Principles of Quantum Mechanics« (1930, deutsch »Die Prinzipien der Quantenmechanik«), »Quantum Mechanics« (1947), »Lectures on Quantum Field Theory« (1966), »General Theory of Relativity« (1975).

**Dirac-Feld[n],** zeit- und raumabhängige Größe $\Psi(x)$, die sich bei einer ↗Lorentz-Transformation wie ein ↗Dirac-Spinor transformiert. Die insgesamt vier Komponenten des Dirac-Feldes beschreiben Spin-$\frac{1}{2}$-Teilchen und deren Antiteilchen (↗Dirac-Gleichung).

Zur Quantisierung wird das Dirac-Feld nach ebenen Wellen entwickelt, wobei die Entwicklungskoeffizienten Dirac-Spinoren sind (↗zweite Quantisierung):

$$\hat{\psi}(x) = \int \frac{\mathrm{d}^3p}{(2\pi)^3}\frac{m}{E}\cdot$$
$$\cdot \sum_{\alpha} \left[\hat{a}(\boldsymbol{p},\alpha)\,u(\boldsymbol{p},\alpha)\,\mathrm{e}^{\mathrm{i}p\cdot x} + \hat{b}^\dagger(\boldsymbol{p},\alpha)\,v(\boldsymbol{p},\alpha)\,\mathrm{e}^{-\mathrm{i}p\cdot x}\right],$$

mit $E = \sqrt{\boldsymbol{p}^2 + m^2}$. Hierbei genügen die Erzeugungs- $(\hat{a}^\dagger,\hat{b}^\dagger)$ und Vernichtungsoperatoren $(\hat{a},\hat{b})$ den fermionischen Vertauschungsrelationen

$$\{\hat{a}(\boldsymbol{p},\alpha), \hat{a}^\dagger(\boldsymbol{q},\beta)\} = \frac{E}{m}\,(2\pi)^3\,\delta^3(\boldsymbol{p}-\boldsymbol{q})\,\delta_{\alpha\beta}$$

und analog für die $\hat{b}$ und $\hat{b}^\dagger$; $\boldsymbol{p}$ bzw. $\boldsymbol{q}$ bezeichnen den Dreierimpuls und $\alpha$ bzw. $\beta$ den Spinzustand. Das Dirac-Feld selbst erfüllt die Bedingung

$$\{\hat{\psi}_\alpha(t,\boldsymbol{x}), \hat{\psi}^\dagger_\beta(t,\boldsymbol{y})\} = \delta^3(\boldsymbol{x}-\boldsymbol{y})\,\delta_{\alpha\beta}.$$

Die $u$-Spinoren stellen Eigenlösungen zum Dirac-Hamilton-Operator $\hat{H} = \boldsymbol{a}\hat{\boldsymbol{p}} + \beta m$ mit dem ↗Eigenwert $+E$ dar, jedoch die $v$-Spinoren solche mit dem Eigenwert $-E$ bzw. die entsprechenden Antiteilchen mit dem Eigenwert $+E$.

**Dirac-Gleichung,** relativistische Wellengleichung für Teilchen mit der Masse $m$ und dem Spin $s = 1/2$. In kovarianter Schreibweise hat sie die Form

$$(-\mathrm{i}\gamma^\mu\partial_\mu + \kappa)\psi = 0 \qquad (1)$$

mit dem ↗Lorentz-Index $\mu = 0, 1, 2, 3$, $\kappa = mc/\hbar$, $\partial_\mu = \partial/\partial x^\mu$ und den Diracschen γ-Matrizen $\gamma^\mu$ , die sich durch $4\times4$-Matrizen darstellen lassen, die auf die vierkomponentige Wellenfunktion des Dirac-Feldes $\psi(x)$ wirken (↗Dirac-Matrizen):

$$\psi(x) = \begin{pmatrix} \psi_1(x) \\ \psi_2(x) \\ \psi_3(x) \\ \psi_4(x) \end{pmatrix}$$

mit $x = (ct, \boldsymbol{r})$. Dementsprechend handelt es sich bei der Dirac-Gleichung um ein System von vier Gleichungen, dessen (freie) Lösungen die beiden Spineinstellungen $s = \pm 1/2$ von Teilchen (Lösung positiver Energie) und ↗Antiteilchen (Lösung negativer Energie) beschreiben.

Die Dirac-Gleichung ist die fundamentale Gleichung zur Beschreibung aller fermionischen Elementarteilchen, damit also, gemäß dem ↗Standardmodell der Elementarteilchen, aller Materie; sie ist die grundlegende Bewegungsgleichung nicht nur der relativistischen Einteilchen-Quantenmechanik, sondern auch der Quantenfeldtheorien der Fermionfelder (↗Quantenelektrodynamik, ↗Glashow-Weinberg-Salam-Modell der elektroschwachen Wechselwirkung und ↗Quantenchromodynamik).

Die Dirac-Gleichung hat axiomatischen Charakter, sie kann also, gleich der nichtrelativistischen ↗Schrödinger-Gleichung, nicht streng bewiesen werden, läßt sich jedoch mit Hilfe der relativistischen Beziehung zwischen Energie $E = cp_0$ und Impuls $\boldsymbol{p}$ des Teilchens motivieren, wenn man letztere gemäß

$$p_0^2 - \boldsymbol{p}^2 - mc^2 = \left(\sum\nolimits_{\mu=0}^3 \gamma^\mu p_\mu + mc\right)\left(\sum\nolimits_{\mu=0}^3 \gamma^\mu p_\mu - mc\right) = 0$$

in das Produkt zweier Ausdrücke zerlegt, die linear in $E$ und $\boldsymbol{p}$ sind; dadurch wird die Analogie zur Schrödinger-Gleichung hergestellt, die die Energie ebenfalls nur linear enthält. Die Diracschen γ-Matrizen $\gamma^\mu$ müssen dabei den Relationen

$$\gamma^\mu\gamma^\nu + \gamma^\nu\gamma^\mu = 2g^{\mu\nu}, \qquad (2)$$

mit dem pseudoeuklidischen metrischen Tensor $g^{\mu\nu}$ genügen ($g^{00} = -g^{11} = -g^{22} - g^{33} = 1$, $g^{\mu\nu} = 0$ für $\mu \neq \nu$). Ersetzt man nun $p_\mu$ durch $-\mathrm{i}\hbar\partial_\mu$, so folgt direkt die Dirac-Gleichung (1).

*Schreibweisen der Dirac-Gleichung*:

1) In *Komponentenschreibweise* lautet die Dirac-Gleichung

$$(-\mathrm{i}(\gamma^\mu)_{\alpha\beta}\partial_\mu + \kappa\delta_{\alpha\beta})\psi_\beta = 0$$

mit $\alpha,\beta = 1, 2, 3, 4$, wobei über doppelt auftretende Indizes jeweils summiert wird.

2) *Dirac-Slash-Schreibweise*: insbesondere in der Elementarteilchenphysik gebräuchlich ist die Form der Dirac-Gleichung in ↗natürlichen Einheiten $\hbar = c = 1$ und der Konvention $\not{a} = a_\mu\gamma^\mu$ für einen beliebigen Vierervektor $a_\mu$. Mit $-\mathrm{i}\hbar\partial_\mu \to p_\mu$ und dem Ansatz für ein freies Teilchen $\psi = u(\boldsymbol{p})\mathrm{e}^{-\mathrm{i}px}$ ergibt sich

$$(\not{p} - m)u(\boldsymbol{p}) = 0,$$

wobei der Viererspinor $u$ unabhängig von $x$ ist.

3) Bei der Suche nach Energieeigenzuständen ist es bequem, die Form

$$H\psi \equiv (\alpha \cdot \boldsymbol{p} + \beta m)\psi = E\psi$$

mit dem Hamilton-Operator $H$ und $\beta = \gamma^0$, $\alpha_k = \beta\gamma^k$ zu verwenden.

*Verhalten unter Lorentz-Transformationen*:

Bei ↗Lorentz-Transformationen $x^\mu \to x'^\mu = \Lambda^\mu_\nu x^\nu$ muß die Dirac-Gleichung forminvariant (*relativistisch kovariant*) sein. Daher transformieren sich $\psi(x)$ und $\gamma^\mu$ gemäß $\psi'(x') = S(\Lambda)\psi(x)$. Die Größen $S(\Lambda)$ bilden eine Spinordarstellung der ↗Lorentz-Gruppe; sie sind $4 \times 4$-Matrizen, die der Relation $\Lambda^\mu_\nu\gamma^\nu = S^{-1}(\Lambda)\gamma^\mu S(\Lambda) = (\gamma^\mu)'$ genügen müssen.

Andererseits ist die Gleichung (2) bei beliebigen nichtsingulären Transformationen $\gamma' = S^{-1}\gamma S$ invariant. Die konkrete Darstellung der Dirac-Matrizen ist daher nur bis auf derartige Transformationen festgelegt.

Die Größe $s^\mu = c\psi\gamma^\mu\psi$ genügt der Kontinuitätsgleichung $\partial_\mu s^\mu \equiv \partial_t\rho + \operatorname{grad}\boldsymbol{j} = 0$, wobei

$$\rho = \psi^\dagger\psi = |\psi_1|^2 + |\psi_2|^2 + |\psi_3|^2 + |\psi_4|^2$$

positiv definit und $\boldsymbol{j} = c\psi^\dagger\boldsymbol{\alpha}\psi$ mit $\boldsymbol{\alpha} = \begin{pmatrix} 0 & \sigma \\ \sigma & 0 \end{pmatrix}$

ist; $\rho$ kann daher als Wahrscheinlichkeitsdichte und $\boldsymbol{j}$ als Wahrscheinlichkeitsstrom im Sinne der Schrödingerschen Wellenmechanik interpretiert werden.

Die kräftefreie Dirac-Gleichung ist invariant unter räumlichen Spiegelungen $\boldsymbol{r} \to \boldsymbol{r}' = -\boldsymbol{r}$ (Paritätstransformation). Verzichtet man auf diese Invarianz, so genügen bei verschwindender Ruhemasse bereits zweikomponentige Spinoren zur Beschreibung dieser Teilchen (z.B. Neutrinos). (↗Weyl-Gleichung, ↗Chiralität)

*Lösungen der freien Dirac-Gleichung*:

Die Dirac-Gleichung hat ebene Wellen der Gestalt $\psi(x) = \mathrm{e}^{-\mathrm{i}(px)/\hbar}u(\boldsymbol{p})$ mit $(px) = p_0x^0 - \boldsymbol{pr} = Et - \boldsymbol{pr}$ zur Lösung, wobei $u(\boldsymbol{p})$ ein Viererspinor ist, der der Dirac-Gleichung im Impulsraum $(\gamma^\mu p_\mu + mc)u(p) = 0$ genügt. Da $E = \hbar\omega = \pm\hbar c\sqrt{k^2 + \kappa^2}$ sowohl positiv als auch negativ sein kann, erhält man vier linear unabhängige Lösungen für $u(\boldsymbol{p})$ und damit vier linear unabhängige Lösungen der Dirac-Gleichung; führt man $k_0 = +c\sqrt{k^2 + \kappa^2}$ ein, so lauten diese

$$\psi^\uparrow_+(k,r,t) = N\begin{pmatrix} k_0 + \kappa c \\ 0 \\ k_3 \\ k_1 + \mathrm{i}k_2 \end{pmatrix} \mathrm{e}^{\mathrm{i}(kr - k_0t)}$$

$$\psi^\downarrow_+(k,r,t) = N\begin{pmatrix} 0 \\ k_0 + \kappa c \\ k_1 \quad \mathrm{i}k_2 \\ -k_3 \end{pmatrix} \mathrm{e}^{\mathrm{i}(kr - k_0t)}$$

$$\psi^\uparrow_-(k,r,t) = N\begin{pmatrix} k_3 \\ k_1 + \mathrm{i}k_2 \\ -k_0 + \kappa c \\ 0 \end{pmatrix} \mathrm{e}^{\mathrm{i}(kr + k_0t)}$$

$$\psi^\downarrow_-(k,r,t) = N\begin{pmatrix} k_1 - \mathrm{i}k_2 \\ -k_3 \\ 0 \\ -k_0 + \kappa c \end{pmatrix} \mathrm{e}^{\mathrm{i}(kr + k_0t)}$$

mit dem Normierungsfaktor $N = 1/\sqrt{2k_0(k_0 + \kappa c)}$.

Die ersten beiden Lösungen gehören zu positiver Energie und Spin $+1/2$ bzw. $-1/2$, wie sich aus ihrem Verhalten unter Rotationen ergibt; die letzten beiden Lösungen gehören dementsprechend zu negativer Energie und Spin $+1/2$ bzw. $-1/2$. Die Lösungen zu negativer Energie erfordern eine sorgfältige Interpretation. Eine konsistente Beschreibung ist möglich im Rahmen relativistischer Quantenfeldtheorien mit Erzeugungs- und Vernichtungsoperatoren für Teilchen- und Antiteilchenzustände (↗zweite Quantisierung). Eine frühe Interpretation der Antiteilchen-Zustände geht auf Dirac zurück und führte zur theoretischen Vorhersage des ↗Positrons (↗Dirac-See) (↗Diracsche Theorie des Elektrons). [BK1]

**Dirac-Jordansche Hypothese** ↗*Diracsche Hypothese.*

**Dirac-Hamilton-Formalismus** ↗ADM-Formalismus.

**Dirac-Klammer-Quantisierung,** Quantisierungsverfahren für den Übergang von der klassischen Mechanik zur Quantenmechanik, das eine Alternative zur kanonischen Quantisierung im Rahmen des Hamilton-Formalismus darstellt.

Bei der kanonischen Quantisierung werden die klassischen ↗Poisson-Klammern der kanonisch konjugierten Operatoren der Impulse ($\boldsymbol{p}$) und der Koordinaten ($\boldsymbol{q}$) $\{p_i, q_j\} = \delta_{ij}$ durch entsprechende ↗Vertauschungsrelationen $[\hat{p}_i, \hat{q}_j] = -\mathrm{i}\,\hbar\,\delta_{ij}$ ersetzt.

Falls aber nicht alle $p_i$ und $q_i$ unabhängig sind, muß das kanonische Verfahren modifiziert werden. Sind unter den Nebenbedingungen $\Phi_r(q,p) = 0$ solche, die gemäß dem Diracschen Schema von zweiter Klasse sind, können also ihre Poisson-Klammern nicht als eine Linearkombinbation der vorhandenen Bedingungen geschrieben werden, so gelten die obigen einfachen Vertauschungsrelationen nicht mehr. Die Poisson-Klammern werden in diesem Fall durch die *Dirac-Klammern* ersetzt:

$$\{A,B\}^* = \{A,B\} - \{A,\Phi_r\}\, c_{rs}\, \{\Phi_s,B\},$$

wobei die Matrix $c_{rs}$ durch $c_{rs}\{\Phi_s,\Phi_t\} = \delta_{rt}$ definiert ist. Die quantenmechanische Zeitentwicklung für einen Operator $\hat{O}(\hat{p},\hat{q})$ ist dann durch

$$\mathrm{i}\,\hbar\,\dot{\hat{O}} = \left[\hat{O}, \hat{H} - \mu_r\,\hat{\Phi}_r\right]^*$$

gegeben, wobei der Stern-Kommutator aus dem herkömlichen Kommutator in gleicher Weise wie die Dirac-Klammer aus der Poisson-Klammer abgeleitet wird.

**Dirac-Matrizen,** *Diracsche $\gamma$-Matrizen,* die in der ↗Dirac-Gleichung auftretenden $4 \times 4$-Matrizen, die auf der vierkomponentigen Wellenfunktion eines Fermions operieren. Die Dirac-Matrizen $\gamma^\mu$ mit dem Lorentz-Index $\mu = 0, 1, 2, 3$ sind über ihre Algebra gemäß den Antikommutator-Beziehungen

$$\gamma^\mu\gamma^\nu + \gamma^\nu\gamma^\mu = 2g^{\mu\nu}$$

definiert, wobei $g^{\mu\nu}$ der pseudoeuklidische metrische Tensor ist. Die explizite Darstellung der Matrizen ist nicht eindeutig. Mit der Matrix $\gamma$ sind auch alle Matrizen $\gamma'$, die durch die unitäre Transformation $\gamma' = S^{-1}\gamma S$ über die nichtsinguläre Matrix $S$ mit $\gamma$ verbunden sind, eine erlaubte Darstellung. In der *Dirac-Darstellung* lauten die $\gamma$-Matrizen

$$\gamma^0 = \begin{pmatrix} 1 & 0 \\ 0 & 1 \end{pmatrix}; \quad \gamma^k = \begin{pmatrix} 0 & \sigma^k \\ -\sigma^k & 0 \end{pmatrix}$$

$$\gamma^5 = \mathrm{i}\,\gamma^0\gamma^1\gamma^2\gamma^3 = \begin{pmatrix} 0 & 1 \\ 1 & 0 \end{pmatrix},$$

wobei

$$1 = \begin{pmatrix} 1 & 0 \\ 0 & 1 \end{pmatrix}; \quad 0 = \begin{pmatrix} 0 & 0 \\ 0 & 0 \end{pmatrix},$$

und

$$\sigma^1 = \begin{pmatrix} 0 & 1 \\ 1 & 0 \end{pmatrix}; \ \sigma^2 = \begin{pmatrix} 0 & -\mathrm{i} \\ \mathrm{i} & 0 \end{pmatrix}; \ \sigma^3 = \begin{pmatrix} -1 & 0 \\ 0 & 1 \end{pmatrix}.$$

(↗Clifford-Algebra)

**Diracsche Delta-Funktion** ↗$\delta$-Funktion.

**Diracsche Hypothese,** *Diracsches Prinzip, Dirac-Jordansche Hypothese,* von P. ↗Dirac für einen speziellen Fall angenommenes Prinzip, makroskopische oder mikroskopische Naturkonstanten wie die Gravitationskonstante, das Plancksche Wirkungsquantum oder die Elementarladung nicht als Konstante, sondern als Funktion des Weltalters zu deuten. Da Spektren ferner Galaxien keine Hinweise darauf zeigen, daß die mikroskopischen Konstanten im jungen Universum anders gewesen wären, geht die Diracsche Hypothese davon aus, daß die Gravitationskonstante zeitabhängig ist: $G(t) \sim 1/t$. Wenn sich auch die Idee Diracs nicht in ihrer ursprünglichen Form verwirklichen ließ, so hat sie doch zu Erweiterungen der Einsteinschen Gravitationstheorie Anlaß gegeben, eben den Skalar-Tensor-Theorien, die dann ähnliche Veränderlichkeiten der Gravitationskonstanten vorhersagten. Diese Ideen wurden vor allem von E. ↗Jordan und Thiry diskutiert und später von C.-H. ↗Dicke und R.H. ↗Brans aufgegriffen. (↗Jordan-Brans-Dicke-Theorie)

**Diracsche Löchertheorie[n],** Theorie zur Physik der ↗Dirac-Gleichung relativ zu dem ↗Dirac-See genannten Grundzustand: Nicht nur die Lösungen mit positivem Energie-Eigenwert, sondern auch die Fehlstellen (Löcher) im Kontinuum negativer Energien werden als Teilchen mit bestimmtem Impuls, d.h. als Anregungen des Grundzustandes, verstanden. Durch diese Konstruktion tragen die Löcher denen des zugeordneten Partikels entgegengesetzte innere Quantenzahlen bezüglich Ladung und ↗Helizität und können daher als Antiteilchen interpretiert werden.

Die Dirac-Gleichung für ein Teilchen mit der Ladung $e$ im äußeren Feld $\gamma^\mu(\mathrm{i}\partial_\mu - eA_\mu)\psi = m\,\psi$ gilt auch für den ladungskonjugierten Spinor $\psi^c$ mit der Ladung $-e$: $\gamma^\mu(\mathrm{i}\partial_\mu + eA_\mu)\psi^c = m\,\psi^c$. Aus der Transponierten der ersten Gleichung kann gefolgert werden, daß eine Matrix $C$ mit der Eigenschaft $C\gamma_\mu^T C^{-1} = -\gamma_\mu$ zur Beschreibung der Ladungskonjugation verwendet werden kann: $\psi^c = C\,\psi$, wobei eine Phase unbestimmt bleibt. Unter Verwendung der ↗Dirac-Matrizen kann man $C = \mathrm{i}\,\gamma^2\gamma^0$ schreiben.

**Diracsches Prinzip** ↗*Diracsche Hypothese.*

**Diracsche Theorie des Elektrons,** Beschreibung der Bewegung relativistischer geladener Fermionen in einem elektromagnetischen Feld auf der Basis der ↗Dirac-Gleichung. Die freie Dirac-Gleichung, die die freie Bewegung von Elektronen und Positronen beschreibt, kann zu diesem Zweck durch die sog. minimale Kopplung leicht erweitert werden. Dabei wird der Impulsoperator $p_\mu$ gemäß $p_\mu \to -\mathrm{i}\,\hbar\,\partial_\mu - e\,A_\mu/c$ ersetzt ($A_\mu$: Viererpotential des elektromagnetischen Feldes); dies entspricht der Ersetzung der normalen Ableitung $\partial_\mu$ durch die ↗kovariante Ableitung $D_\mu = \partial_\mu - \mathrm{i}\,e\,A_\mu/\hbar\,c$. Damit lautet die Dirac-Gleichung mit äußerer Quelle

$$\left(-\mathrm{i}\,\gamma^\mu\,\partial_\mu + \frac{m\,c}{\hbar}\right)\psi(x) = \frac{e}{\hbar\,c}\,\gamma^\mu A_\mu\,(x)\,\psi(x).$$

Führt man nun durch $\psi^C = C\,\bar{\psi}^T$, wobei die Matrix $C$ durch $(\gamma^\mu)^T = -C^{-1}\,\gamma^\mu\,C$ mit $C^T = -C$ und $C^\dagger C = 1$ definiert ist (der Index T bedeutet den transponierten Spinor bzw. die transponierte Matrix), den ladungskonjugierten Spinor $\psi^C$ ein, so genügt dieser der Gleichung

$$\left(-\mathrm{i}\,\gamma^\mu\,\partial_\mu + \frac{m\,c}{\hbar}\right)\psi^C(x) = -\frac{e}{\hbar\,c}\,\gamma^\mu A_\mu\,(x)\psi^C(x)$$

und beschreibt daher Teilchen der Masse $m$ und der Ladung $-e$. Der elektrische Strom $j_\mu$ kann nun in einfacher Weise relativistisch kovariant

$$j^\mu = e\,c\,s^\mu = e\,c\,(\overline{\psi}\,\gamma^\mu\,\psi - \overline{\psi}^{\,C}\,\gamma^\mu\,\psi^C)/2$$

geschrieben werden.

Mit diesem Ansatz kann die Bewegung von Elektronen in einem äußeren Potential, z.B. im Wasserstoffatom, unter Berücksichtigung relativistischer und vom Spin hervorgerufener Effekte beschrieben werden (↗Feinstruktur); im nichtrelativistischen Grenzfall $(E - m\,c^2) \ll (E + m\,c^2)$ geht die Dirac-Gleichung mit elektromagnetischem Wechselwirkungsterm in die Pauli-Gleichung über: Führt man gemäß

$$\psi = \begin{pmatrix}\chi\\ \eta\end{pmatrix},\quad \chi = \begin{pmatrix}\psi_1\\ \psi_2\end{pmatrix},\quad \eta = \begin{pmatrix}\psi_3\\ \psi_4\end{pmatrix}$$

die Zweierspinoren $\chi$ und $\eta$ ein und benutzt die Diracsche Darstellung der $\gamma$-Matrizen, so folgt die Dirac-Gleichung in der Form

$$\left[c\begin{pmatrix}0 & \sigma^k\\ \sigma^k & 0\end{pmatrix}p^k + m\,c^2\begin{pmatrix}1 & 0\\ 0 & -1\end{pmatrix}\right]\begin{pmatrix}\chi\\ \eta\end{pmatrix} - E\begin{pmatrix}\chi\\ \eta\end{pmatrix},$$

d.h. als System von zwei gekoppelten Differentialgleichungen für $\chi$ und $\eta$.

Für kleine Energien ist $E \approx m\,c^2$, $p_k = m\,v_k$ und $\eta = \sigma^k v_k\,\chi/2c$. Es ist daher wegen $v/c \ll 1$ auch $\eta \ll \chi$, für $\chi$ ergibt sich $c^2\,(\sigma^k\,p_k)^2\,\chi/(E + m\,c^2) + m\,c^2\chi = E\chi$. Bei Anwesenheit eines äußeren Feldes ist $p_k = -\mathrm{i}\,\hbar\,\partial_k - e\,A_k/c$ zu setzen, und es folgt mit $E' = E - m\,c^2$ die ↗*Pauli-Gleichung*

$$-\frac{\hbar^2}{2\,m}\,\Delta\chi - \frac{e\,\hbar}{2\,m\,c}(\sigma^k\,H\,k) = E'\,\chi,$$

wobei $H$ das äußere Magnetfeld, $\mu = e\,\hbar/2\,m\,c$ das (innere) magnetische Moment des Elektrons ist, das erst in der ↗Quantenelektrodynamik durch Korrekturterme höherer Ordnung ergänzt wird (↗anomales magnetisches Moment). Aus höheren relativistischen Korrekturen ergibt sich u.a. die Spin-Bahn-Wechselwirkung $V_{SB} \sim \sigma\cdot(\boldsymbol{r}\times\boldsymbol{p})$.

Der größte Erfolg der Theorie ist jedoch die Berechnung relativistischer Korrekturen beim Spektrum des Wasserstoffatoms:

$$E_{n,j} = m\,c^2\left(1 + \frac{Z^2\alpha^2}{(n-\delta_j)^2}\right)^{-1/2}$$

mit

$$\delta_j = (j + 1/2) - \sqrt{(j+1/2)^2 - Z^2\alpha^2}.$$

Im Wasserstoffatom ($Z = 1$) bedeutet dies eine Aufspaltung der nichtrelativistisch noch entarteten Energieniveaus (Feinstruktur), z.B. $E(2\mathrm{P}_{3/2}) - E(2\mathrm{P}_{1/2}) = 4{,}53\cdot 10^{-4}\,\mathrm{eV}$. Eine Katastrophe passiert jedoch ab $Z = 137$: $\delta_{1/2}$ wird imaginär. Diese mathematische Besonderheit hängt damit zusammen, daß in starken Feldern ↗Elektron-Positron-Paare erzeugt werden. [TB2]

**Dirac-Schreibweise** ↗*Bracket-Notation.*

**Dirac-See,** *Diracscher Elektronensee*, eine 1930 von P. ↗*Dirac* vorgeschlagene Interpretation der Zustände negativer Energie, die sich als Lösungen der ↗Dirac-Gleichung ergeben (*Diracsche Löchertheorie, Diracsche Theorie des Elektrons*). Obwohl diese erste Interpretation Diracs nicht der endgültige Standpunkt blieb, sondern vom feldtheoretischen Ansatz der ↗Quantenelektrodynamik abgelöst wurde, folgten aus ihr dennoch sehr wichtige Vorhersagen (Existenz des ↗Positrons, dessen Ladung und Masse sowie die Phänomene der ↗Paarerzeugung aus dem Vakuum und der ↗Paarvernichtung, z.B. eines Elektron-Positron-Paares), die sein Erklärungsmodell heute noch als sehr instruktiv erscheinen lassen: Den Lösungen negativer Energie können in der Diracschen Löchertheorie Teilchen positiver Energie gleichen Betrages, aber entgegengesetzter Ladung zugeordnet werden. Man nimmt dazu an, daß alle Zustände negativer Energie normalerweise besetzt seien und kein Elektron mit positiver Energie vorhanden ist. Da Elektronen der ↗Fermi-Dirac-Statistik und daher dem ↗Paulischen Ausschlußprinzip genügen, also jeden Zustand nur einmal besetzen können, ist das prinzipiell möglich, ohne daß alle Elektronen in den energetisch tiefsten Zustand absinken. Wegen der von Null verschiedenen Masse $m$ sind dann alle Zustände mit Energien $E \le -mc^2$ besetzt (Diracscher Elektronensee, kurz Dirac-See). Durch Zuführung einer Energie $E \ge 2mc^2$ kann solch ein Elektron negativer Energie auf einen Zustand positiver Energie $E \ge mc^2$ angehoben werden; dabei entsteht zugleich ein Loch in den Zuständen negativer Energie, das sich gegenüber dem Normalzustand durch das Fehlen einer negativen Ladung, d.h. als positive Ladung, bemerkbar macht. In einem elektrischen Feld bewegt sich dieses Loch wie ein Elektron mit positiver Ladung und positiver Energie, d.h. wie ein *Positron*. Die Dirac-

Gleichung beschreibt daher sowohl Elektronen wie auch deren ↗Antiteilchen, die Positronen; $\psi(x)$ wird deshalb auch als Elektron-Positron-Feld bezeichnet. Die Anhebung eines Elektrons negativer Energie in einen Zustand positiver Energie entspricht daher der Erzeugung eines Elektron-Positron-Paares. [BK1]

**Dirac-Spinoren,** die vierkomponentigen Elemente der Darstellung $(0;1/2)\oplus(1/2;0)$ der ↗Lorentz-Gruppe SO(1;3). (↗Darstellung einer Gruppe)

Die allgemeinste Darstellung der Lorentz-Gruppe wird von dem Operator $\hat{M}_{\mu\nu} = \hat{L}_{\mu\nu} + \hat{S}_{\mu\nu}$ generiert, wobei $\hat{L}_{\mu\nu}$ der Bahn-Drehimpuls-, $\hat{S}_{\mu\nu}$ der Spinoperator ist und die $M_{\mu\nu}$ die Vertauschungsrelationen

$$[M_{\mu\nu}, M_{\rho\sigma}] = \mathrm{i}\, g_{\nu\rho}\, M_{\mu\sigma} - \mathrm{i}\, g_{\mu\rho}\, M_{\nu\sigma} + \\ + \mathrm{i}\, g_{\mu\sigma}\, M_{\nu\rho} - \mathrm{i}\, g_{\nu\sigma}\, M_{\mu\rho}.$$

erfüllen ($g$: ↗Minkowski-Metrik). Die $\hat{M}_{\mu\nu}$-Generatoren können durch die Einführung von $\hat{N}_i = \frac{1}{2}\left(\frac{1}{2}\varepsilon_{ijk}\,\hat{M}_{jk} + \mathrm{i}\,\hat{M}_{0i}\right)$ auf zwei Subalgebren aufgeteilt werden, wobei die lateinischen Buchstaben nur räumliche Richtungen bezeichnen und $\varepsilon_{ijk}$ das ↗Levi-Civita-Symbol ist. Nun entmischen die Algebren von $\hat{N}_i$ und $\hat{N}_i^\dagger$, so daß zwei Gruppen vom Typ SU(2) das Lorentz-Transformationsverhalten bezeichnen. Je nach den Eigenwerten der ↗Casimir-Operatoren $\hat{N}_j\,\hat{N}_j$und $\hat{N}_j^\dagger\,\hat{N}_j^\dagger$ werden die Darstellungen der Lorentz-Gruppe klassifiziert.

Die triviale Darstellung $(0;0)$ beschreibt ein skalares Feld, die Darstellungen $(1/2;0)$ und $(0;1/2)$ linkshändige bzw. rechtshändige ↗Spinoren (*Weyl-Spinoren*). Physikalisch beschreiben beide Darstellungen Zustände mit zwei Möglichkeiten: »Spin oben« und »Spin unten«. Wenn aber auch nach der ↗Parität der Zustände unterschieden werden soll, muß die Linearkombination $(0;1/2)\oplus(1/2;0)$ benutzt werden. Die vierkomponentigen Elemente dieser Darstellung sind die Dirac-Spinoren.

**Dirac-Theorie** ↗Dirac-Gleichung.

**Direct Mode,** direkte Umsetzung elektrischer Signale in ablesbare physikalische Informationen. Im einfachsten Fall kann dies mit einem Digitalvoltmeter oder ↗*Zähler* geschehen, bei größeren Datenmengen auch mit ↗*Vielkanalanalysatoren*.

**direkte Bandlücke** ↗Energielücke.

**direkte Halbleiter,** Halbleiter mit einer *direkten Bandlücke*, das heißt, das Minimum des ↗Leitungsbandes und das Maximum des ↗Valenzbandes liegen bei demselben Wellenzahlvektor. Ein Elektron am Leitungsbandminimum kann jederzeit mit einem Loch, das am Valenzbandmaximum liegt, rekombinieren. In einem *indirekten Halbleiter* dagegen muß beim Übergang von Leitungsbandminimum zu Valenzbandmaximum zusätzlich ein Impuls übertragen werden. Da aufgrund dessen ein drittes Teilchen, meist ein Phonon, an der Rekombination beteiligt sein muß, ist die Rekombinationswahrscheinlichkeit gegenüber einem direkten Halbleiter geringer, weil nicht immer ein solches Phonon zur Verfügung steht.

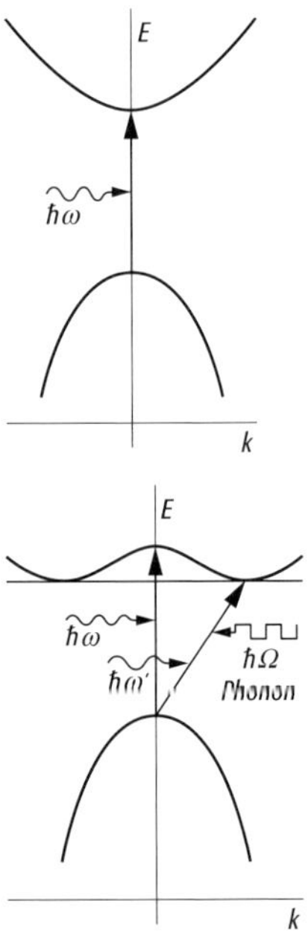


**direkte Halbleiter:** Direkte und indirekte Bandübergänge. Der optische Übergang verläuft praktisch senkrecht im $E(k)$-Diagramm, da das Photon nur wenig Impuls mitnimmt. Beim indirekten Bandübergang können Elektron und Loch nur dann rekombinieren, wenn Phononen die Impulsbilanz ausgleichen können.

Für optische Bauelemente wie Halbleiterlaser und Dioden sind daher direkte Halbleiter besonders geeignet, da die Lichtausbeute sehr viel größer ist.

**direkte Interbandübergänge,** optische Übergänge in ↗direkten Halbleitern, bei denen nur ein Photon beteiligt ist.

**direkte Kernreaktion,** eine Kernreaktion, bei der kein quasistationärer Zwischenzustand entsteht, sondern die Wechselwirkung zwischen Projektil und Targetkern im wesentlichen an der Oberfläche des Kerns stattfindet. Direkte Kernreaktionen gibt es vor allem bei höheren Einschußenergien ($>10$ MeV), sie können aber auch bei niedrigeren Energien in Gebieten auftreten, die zwischen zwei Compoundzuständen liegen (↗*Compoundkernreaktionen*). Das Modell der direkten Kernreaktionen eignet sich besonders zur Beschreibung von deuteroneninduzierten Reaktionen. Die ↗*Stripping-reaktionen* (d, p), $({}^3_2\mathrm{He}, \mathrm{d})$ usw. und die inversen Reaktionen, die ↗*Pick-up-Reaktionen*, sind typische direkte Kernreaktionen.

**direkter Speicherzugriff,** *DMA, Direct Memory Access,* hardwareunterstützter Datenaustausch mit hohen Transferraten. Dabei greift eine externe ↗*Ein-Ausgabe-Einheit* direkt auf den Arbeitsspeicher eines Computers zu. Sendet beim DMA-Betrieb ein spezieller DMA-Controller ein Busanforderungssignal (*DMA-Request*), wird die ↗*Zentraleinheit* (CPU) vom Daten- und Adreßbus abgeschaltet, und die jeweilige Einheit übernimmt die bestimmende Funktion (*Master*). Im Burstmodus gibt der Controller den Systembus nach jeder Übertragung sofort wieder frei, um den Prozessor möglichst wenig zu behindern. DMA-Betrieb ist insbesondere beim Transfer von Daten zum oder vom Speicher vorteilhaft.

**direkter Übergang,** Übergang im Energiespektrum eines Festkörpers durch Absorption oder Emission eines Photons bei konstantem Impuls, im Gegensatz zum *indirekten Übergang.* Bei einem direkten Übergang besitzt das Photon den Impuls $\hbar k$, der gegenüber dem Impuls des Elektrons vernachlässigt werden darf. Der Wellenvektor des Elektrons kann sich daher aufgrund des Impulserhaltungssatzes nur um $k$ ändern. Das bedeutet, daß ein Übergang, der ausschließlich durch Absorption bzw. Emission eines Photons erfolgt, nur als direkter Übergang möglich ist. Die inversen Übergänge werden als *direkte Rekombinationen* bezeichnet. An der ↗Absorptionskante von Halbleitern und Isolatoren können direkte Übergänge nur bei Substanzen auftreten, in denen das Maximum des Valenzbandes und das Minimum des Leitungsbandes beim gleichen Wellenvektor $k$ liegen; in der Regel liegen sie dann bei $k=0$. Man bezeichnet solche Halbleiter auch als *direkte Halbleiter.* Bei ihnen ist wiederum zu unterscheiden, ob der Übergang bei $k=0$ erlaubt oder verboten und dann nur bei $k \neq 0$ erlaubt ist. Im ersten Falle spricht man von direkten erlaubten Übergängen, im zweiten Falle von direkten verbotenen Übergängen.

**Direktionskraft** ↗Rückstellkraft.

**Direktionsmoment** ↗Rückstellmoment.

**Direktor** ↗Antenne.

**Direktschall,** *Direktschallsignal*, derjenige Teil des akustischen Signales in einem Raum, der im Gegensatz zum ↗*Raumschallsignal* auf direktem Wege, d.h. ohne Reflexion an Wänden oder Hindernissen, zum Hörer bzw. Mikrophon gelangt. Im Direktschallsignal sind noch keine von den Raumeigenschaften geprägten Veränderungen enthalten, es repräsentiert deshalb ausschließlich die Eigenschaften der Schallquelle. Das ↗*Gehör* kann aus dem Unterschied von Amplitude und Phase dieses Signales am rechten und am linken Ohr die Richtung zur Schallquelle bestimmen (↗*Gesetz der ersten Wellenfront*). (↗Meßtechnik, akustische, ↗Meßräume, akustische)

**Dirichlet,** *Johann Peter Gustav*, eigentlich *Lejeune-Dirichlet,* deutscher Mathematiker französischer Abstammung, *13.2.1805 Düren, †5.5.1859 Göttingen; 1831 Professor in Berlin; 1855 (als Nachfolger von C.F. ↗Gauß) Professor in Göttingen; grundlegende Arbeiten zur Zahlentheorie (algebraische Zahlen, Primzahlen) und Reihentheorie *(Dirichletsche Reihe),* ferner über Variationsrechnung, Randwertprobleme, Potentialtheorie und Integralrechnung; schuf den modernen Funktionsbegriff; in der Elektrodynamik sind die nach ihm benannten ↗*Dirichletschen Randbedingungen* von Bedeutung.

**Dirichletsche Randbedingungen,** nach J.P.G. ↗Dirichlet benannte Klasse von Randbedingungen elektrostatischer Probleme (↗Elektrostatik), bei denen das elektrische Potential $\phi(\boldsymbol{x})$ auf dem Rand $A$ eines Raumgebietes vorgegeben ist. Je nachdem, ob das Gebiet inner- oder außerhalb von $A$ liegt, spricht man von einem *inneren* oder *äußeren Dirichlet-Problem.* Wenn in dem Gebiet die Ladung $\rho(\boldsymbol{x})$ verschwindet, ist $\phi(\boldsymbol{x})$ allein durch die Dirichletschen Randbedingungen überall eindeutig festgelegt.

Ein typisches Beispiel für Probleme mit Dirichletscher Randbedingung ist eine geerdete leitende Hohlkugel.

Elektrostatische Probleme, bei denen Dirichletsche Randbedingungen gemeinsam mit den ↗*Neumannschen Randbedingungen*, bei denen die Normalkomponente des elektrischen Feldes auf dem Rand gegeben ist, erfüllt werden sollen, können im allgemeinen nicht gelöst werden, da das Problem überbestimmt ist (*Cauchysche Randbedingungen*). Die Lösung der ↗Poisson-Gleichung unter Dirichletschen Randbedingungen geschieht mit der Methode der ↗Green-Funktionen auf Grundlage der Greenschen Identitäten, mit denen auch die Eindeutigkeit der Lösungen bewiesen werden kann. (↗Differentialgleichungen)

**disjunktive Normalform** ↗Normalformen.

**Disklination,** linienhafter Defekt in Analogie zur ↗Versetzung. Zur Erzeugung einer Disklination in einem elastischen Kontinuum wird zunachst die gleiche Schnittkonstruktion wie bei der Konstruktion einer Versetzung ausgeführt. Danach aber werden die beiden Schnittufer nicht durch eine starre Translation gegeneinander versetzt, sondern um eine Rotationsachse gegeneinander verdreht, wobei durch Wegnahme oder Hinzufügen von Material die Kontinuität des Mediums wiederhergestellt wird. Das Ende der Schnittfläche markiert die Disklinationslinie. Ist die Drehachse parallel zu dieser Linie, so entsteht eine *Keildisklination.* Ist sie senkrecht dazu, so entsteht eine *Twistdisklination.* Wegen der mit einer Disklination verbundenen starken Verzerrung treten Disklinationen in kristallinen Materialien im allgemeinen nicht auf. Sie werden jedoch benutzt, um Defekte in glasartigen Strukturen zu definieren.

**Diskrepanz,** Differenz zwischen zwei Meßwerten derselben Größe. Ob eine Diskrepanz signifikant ist, d.h. ob sich die beiden Messungen widersprechen, hängt vom Verhältnis der Diskrepanz zu den Unsicherheiten der beiden Meßwerte ab.

**diskrete Fourier-Transformation,** *DFT*, die Abbildung

$$g_u = \frac{1}{M}\sum_{m=0}^{M-1} f_m \exp\left(-\frac{2\pi i m u}{M}\right)$$

eines $M$-komponentigen Vektors $f_m$ auf einen anderen $M$-komponentigen Vektor $g_u$ bzw. die Abbildung

$$G_{uv} = \frac{1}{MN}\sum_{m=0}^{M-1}\sum_{n=0}^{N-1} F_{mn}\cdot \cdot\exp\left(-\frac{2\pi i m u}{M}\right)\exp\left(-\frac{2\pi i n v}{N}\right)$$

einer $M \times N$-Matrix $F_{mn}$ auf eine andere. Die Rücktransformationen lauten

$$f_m = \sum_{u=0}^{M-1} g_u \exp\left(\frac{2\pi i m u}{M}\right)$$

bzw.

$$F_{mn} = \sum_{u=0}^{M-1}\sum_{v=0}^{N-1} G_{uv}\exp\left(\frac{2\pi i m u}{M}\right)\exp\left(\frac{2\pi i n v}{N}\right).$$

Die Eigenschaften der DFT sind weitgehend analog zu denen der eigentlichen ↗*Fourier-Transformation*, deren diskrete Näherung sie darstellt. Sie wird in der Signalverarbeitung und in der ↗*digitalen Bildverarbeitung* zur Bestimmung von Spektren und als Vorbereitung für die Durchführung von Faltungsoperationen eingesetzt. Die diskrete Fourier-Transformation kann sehr effizient mit Hilfe von *FFT-Algorithmen* (FFT: Fast Fourier Transformation) berechnet werden.

**diskretes Gauß-Modell,** spezielles ↗Gittermodell der Statistischen Physik, bei dem jedem Gitterpunkt $i$ als lokalem Freiheitsgrad eine ganze Zahl $h_i$ zugeordnet wird. Die Energie $E$ einer Konfiguration ist durch

$$E = \varepsilon\Sigma_{\langle i,j\rangle}|h_i - h_j|^2$$

gegeben, wobei die Summation über alle benachbarten Gitterpunkte $\langle i,j \rangle$ läuft und $\varepsilon$ eine Energiekonstante darstellt.
Das diskrete Gauß-Modell besitzt in zwei Dimensionen einen ↗Kosterlitz-Thouless-Phasenübergang und ist eng verwandt mit dem ↗Villain-Modell sowie dem zweidimensionalen ↗Coulomb-Gittergas. Es findet beispielsweise Anwendung in der Theorie der Grenzflächen (↗Oberflächenphysik).

**diskrete Symmetrien** ↗Symmetrien, ↗CPT-Theorem.

**Diskretisierung,** Darstellung einer Funktion $y(x)$ durch Werte $y_i(x_i)$ an endlich vielen Stützstellen $x_i$. Wenn $x$ ein Vektor ist, bezeichnet man die Stützstellen auch als *Gitter.* Zusammen mit einer Interpolationsregel (z.B. lineare Interpolation zwischen den Stützstellen) kann eine Diskretisierung auch als ↗*Approximation* der urspünglichen Funktion aufgefaßt werden. Neben der schlichten Datenrepräsentation spielen Diskretisierungen bei der numerischen Lösung von Differentialgleichungen eine wichtige Rolle. Hierzu muß neben der gesuchten Funktion auch der *Differentialoperator* diskretisiert werden. Durch Diskretisierung von Funktion und Differentialoperator werden lineare partielle Differentialgleichungen in ein lineares Gleichungssystem für die $y_i$ überführt.

**Diskriminator,** elektronische Schaltung, die ein logisches Signal erzeugt, wenn das analoge Eingangssignal definierte Bedingungen erfüllt. Diskriminatoren haben eine zentrale Bedeutung bei den meisten ↗*Auslösemechanismen.* Prinzipiell müssen zwei verschiedene Anwendungsbereiche unterschieden werden: 1) Bei der Analyse von Impulshöhen handelt es sich um die Überwachung eines analogen Eingangssignals und Ausgabe eines logischen Signals beim Überschreiten einer eingestellten ↗*Diskriminatorschwelle.* Schwerpunkt für die Güte der Diskriminatoren ( ↗*Einkanal-Diskriminator*, ↗*Amplituden-Diskriminator*) ist hierbei die Amplitudengenauigkeit und die Stabilität der Schwelle. 2) Bei der Untersuchung und Messung von Zeiten und zeitlichen Beziehungen ist die Unabhängigkeit des Diskriminators von der Amplitude und der Anstiegszeit des Analogsignals das entscheidende Kriterium. (↗*Leading-Edge-Diskriminator*, ↗*Zweischwellen-Diskriminator*, ↗*CF-Diskriminator*, ↗*ARC-Timing-Diskriminator*)

**Diskriminatorschwelle,** einstellbarer Spannungswert, ab welchem ein ↗*Diskriminator* ein logisches Ausgangssignal liefert. Die Schwelle wird vorwiegend so eingestellt, das sie oberhalb des Rauschens, aber unterhalb der zu erwartenden Größe des zu messenden Signals liegt.

**Diskscanner, konfokaler,** ↗*Konfokalmikroskop*, bei dem das Licht nicht durch eine einzelne Lochblende, sondern durch eine Drehscheibe mit Hunderten von Lochblenden (*Nipkow-Scheibe*) tritt. Das entstehende Bild stellt eine Vielzahl von einzelnen Lichtquellen dar, die mittels des Mikroskopobjektives auf die Probe fokussiert werden. Das von der Probe reflektierte Licht oder das entstehende Fluoreszenzlicht wird nach dem zweiten Durchlaufen der Lochmaske von einer Scanlinse auf ein Detektorarray fokussiert und dort nachgewiesen. Die Lochmaske selbst rotiert und stellt dadurch sicher, daß jeder Punkt in der Fokalebene tatsächlich überstrichen und detektiert wird. Der Vorteil der konfokalen Diskscanner gegenüber den Punktscannern liegt in der parallelen Detektion vieler Objektpunkte und damit in der Detektionsgeschwindigkeit. Der Nachteil besteht in der vergleichsweise schlechten optischen Auflösung und der geringen Lichtstärke solcher Systeme.

**Dislokation** ↗Versetzung.

**Disparation,** Phänomen des stereoskopisch sehenden Augenpaares, bei dem eine Differenz in den jeweiligen Abständen der von der Netzhaut wahrgenommenen Bildpunkte eines festen Objektpunktes vom Punkt schärfsten Sehens (*Fovea centralis*) als Tiefeninformation bewertet wird.

**disperse Systeme** ↗Dispersion.

**Dispersion, 1)** *Wellen*: im allgemeinen Sinne die Abhängigkeit einer bei der Wellenausbreitung relevanten Größe von der Wellenlänge $\lambda$ bzw. der Kreisfrequenz $\omega$; im engeren Sinne die Wellenlängenabhängigkeit der Ausbreitungsgeschwindigkeit. Dabei ist zwischen der ↗*Gruppengeschwindigkeit* $v_g$ eines endlichen Wellenzuges (↗Wellenpaket), d.h. der Geschwindigkeit seines Schwerpunktes, und der ↗*Phasengeschwindigkeit* $v_p$ zu unterscheiden. Der Zusammenhang zwischen den beiden Geschwindigkeiten ist durch die ↗*Rayleighsche Beziehung*

$$v_g = v_p - \lambda \frac{dv_p}{d\lambda}$$

gegeben, die unabhängig von der Art der Welle ist und damit sowohl für optische (allgemeiner elektromagnetische) Wellen und elastische Wellen (z.B. Schallwellen) als auch Materiewellen gilt.
Der *Dispersionsparameter D* ist definiert als

$$D = \frac{1}{c^2} \frac{dv_g}{d\lambda}.$$

Die *Gruppengeschwindigkeit* repräsentiert diejenige Geschwindigkeit, mit der sich ein bestimmter Energiebetrag fortpflanzt oder mit der Informationen übertragen werden können. Sie ist gemäß den Postulaten der ↗Speziellen Relativitätstheorie stets kleiner oder gleich der ↗Vakuumlichtgeschwindigkeit $c$. Bei dispersionsfreier Wellenausbreitung sind $v_g$ und $v_p$ gleich; in einem dispergierenden Medium hingegen zerfließt ein kompakter Wellenzug, der als Überlagerung monofrequenter Wellen dargestellt werden kann (↗Fourier-Analyse), mit der Zeit; seine räumliche Ausdehnung ändert sich also, da sich seine Komponenten mit unterschiedlichen Geschwindigkeiten ausbreiten. Monochromatische Wellen unterliegen definitionsgemäß *keiner* Dispersion.

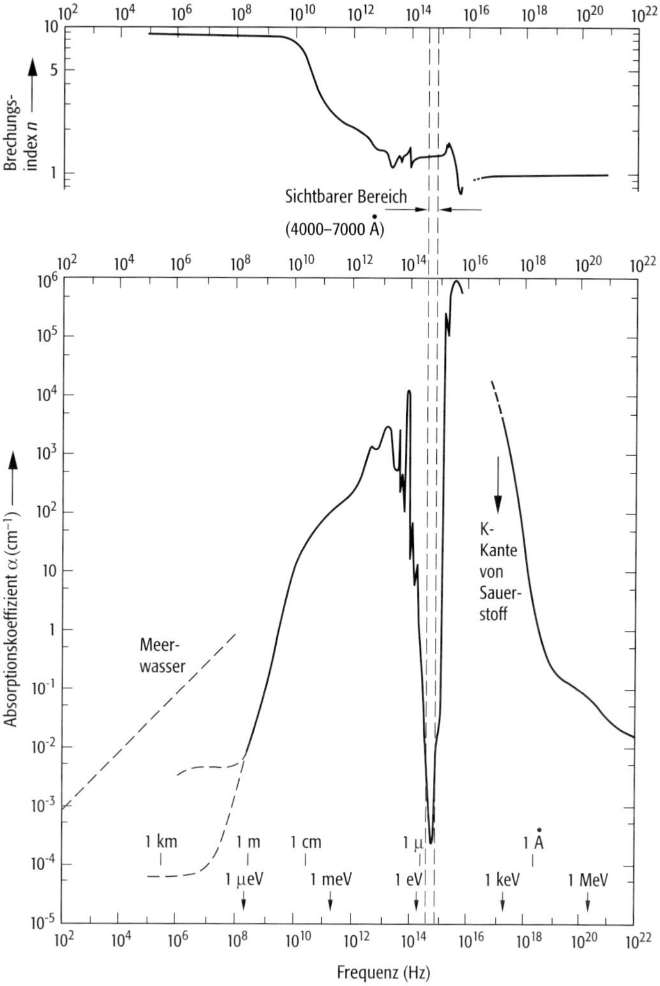


**Dispersion 1:** Realteil (oben) und Imaginärteil (unten) der Dielektrizitätskonstanten von Wasser in Abhängigkeit von der Frequenz. Der sichtbare Bereich normaler Dispersion ist markiert.

Die konkrete Form der Dispersion hängt stark von der Art der Welle und des dispergierenden Mediums ab, durch das sich die Welle fortpflanzt.

*Elektrodynamik, Optik*:

Die Dispersion elektromagnetischer Wellen wird durch die Frequenzabhängigkeit des Realteils der ↗komplexen Dielektrizitätskonstanten $\varepsilon^*(\omega)$ bzw. der ↗Brechzahl $n(\omega)$ beschrieben, die angenähert die Beziehung $n(\omega) = \mathrm{Re}\sqrt{\varepsilon^*(\omega)}$ erfüllen (Abb. 1, ↗Brechzahl).

Der einfache empirische Ansatz von A. ↗Cauchy vom Ende des 19. Jh. beschreibt die Dispersion im sichtbaren Bereich des Spektrums zufriedenstellend:

$$n^2 = A + \frac{B}{\lambda^2} + \frac{C}{\lambda^4} + \dots$$

mit den empirischen Parametern $A$, $B$, $C$, ... Eine demgegenüber verfeinerte Beschreibung liefert die ↗*Ketteler-Helmholtzsche Gleichung*. Im Rahmen des mikroskopischen ↗*Oszillatormodells für die Dielektrizitätskonstante* werden die Elektronen und Atomkerne der Materie im elektromagnetischen Feld zu erzwungenen Schwingungen angeregt und treten dadurch in Wechselwirkung mit der Strahlung. Aus diesen Modellvorstellungen folgt für die Frequenzabhängigkeit der Brechzahl die Beziehung

$$n(\omega) \approx \mathrm{Re}\left[1 + \frac{Ne^2}{\varepsilon_0 m_e} \sum_j \frac{f_j}{\omega_j^2 - \mathrm{i}\omega\gamma_j - \omega^2}\right]^{1/2}$$

($\varepsilon_0$: Dielektrizitätskonstante des Vakuums, $N$: Moleküldichte des Mediums, $e$: Elektronenladung, $m_e$: Elektronenmasse, $f_j$, $\omega_j$: ↗Oszillatorstärke und Bindungsfrequenz der Elektronen, $\gamma_j$: Dämpfungskonstante) (↗*Drudesche Formel*).

In der Umgebung der Resonanzfrequenzen $\omega_j$ treten starke Schwankungen auf. Man unterscheidet hier zwischen Bereichen *normaler Dispersion*, in denen $\mathrm{d}n/\mathrm{d}\omega > 0$ bzw. $\mathrm{d}(\mathrm{Re}\,\varepsilon^*)/\mathrm{d}\omega > 0$ gilt, und Bereichen *anomaler Dispersion*, in denen $\mathrm{d}n/\mathrm{d}\omega < 0$ bzw. $\mathrm{d}(\mathrm{Re}\,\varepsilon^*)/\mathrm{d}\omega < 0$ ist. Normale Dispersion beobachtet man in allen Frequenzbereichen außer in der Umgebung der Resonanzfrequenzen, anomale Dispersion entsprechend nur dort. Bei $\omega = \omega_j$ verschwindet in der Drudeschen Formel der Realteil des Nenners, so daß hier entsprechend den ↗Dispersionsrelationen der Imaginärteil $\alpha$ der Dielektrizitätskonstanten, der das Absorptionsverhalten bezüglich elektromagnetischer Wellen beschreibt, sehr groß wird. Die Bereiche der anomalen Dispersion sind daher auch die Bereiche mit ↗Resonanzabsorption.

Bei der Signalübertragung ist sowohl normale als auch anomale Dispersion als eine Störungserscheinung zu betrachten, da das Zerfließen der Wellenzüge mit einer nur schwer kontrollierbaren Verzerrung der elektromagnetischen Signale verbunden ist (man spricht auch von der *Varianz* der Signale). Daher muß insbesondere in der ↗Nachrichtentechnik darauf geachtet werden, die Übertragungswege möglichst dispersionsfrei zu realisieren.

In diesem Zusammenhang ist die Dispersion u. a. bei der Lichtnachrichtenübertragung in ↗Lichtwellenleitern von Bedeutung, da sie die Dichte der Informationen und damit die Übertragungsrate bestimmt (Abb. 2). Die Dispersion führt über die unterschiedlichen Ausbreitungsgeschwindigkeiten zu einem »Verschmieren« des Pulses, wobei die Zeitdifferenz der einzelnen Wellenlängenkomponenten innerhalb des Pulses $\Delta t_g = LD\Delta\lambda$ beträgt ($D$: Dispersionsparameter, $L$: Länge der Übertragungsstrecke). Das in der Anwendung wichtige Produkt aus Übertragungsrate $B$ und Wegstrecke $L$ berechnet sich zu $BL \leq (2D\Delta\lambda)^{-1}$. Mit Hilfe sich dispersionsfrei ausbreitender Einzelwellen (↗Solitonen) versucht man diese Bitratenbegrenzung zu umgehen.

*Optik*:

Optisch versteht man unter Dispersion die Farbzerlegung von Licht (*chromatische Dispersion*). Neben der oben beschriebenen elektromagnetischen Dispersion, die bei der Zerlegung

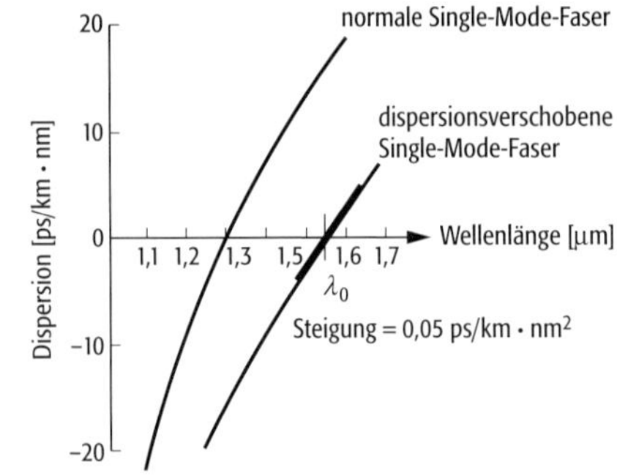


**Dispersion 2:** Chromatische Dispersion innerhalb einer Single-Mode-Glasfaser: Bei der normalen Faser beträgt die chromatische Dispersion im Absorptionsminimum der Faser zwischen 1,5 und 1,6 µm rund 15ps/(km · nm), bei der dispersionsverschobenen Faser ist sie hier ungefähr Null.

von einfallendem weißem Licht in seine Spektralfarben beim Durchgang durch ein Prisma beobachtet werden kann (*Brechungsdispersion*, ↗Brechung), treten optische Dispersionsphänomene auch bei der ↗Beugung von Licht auf, da der Ort der Beugungsmaxima von der Wellenlänge abhängt (*Beugungsdispersion*). Dies ist die Grundlage vieler Spektralapparate, z.B. der häufig eingesetzten ↗Beugungsgitter. Die Dispersion eines solchen Apparates läßt sich als $\mathrm{d}\phi/\mathrm{d}\omega$ (*Winkeldispersion*) oder $\mathrm{d}l/\mathrm{d}\omega$ (*Lineardispersion*) angeben, wobei $\phi$ der Ablenkungswinkel bzw. $l$ die Auslenkung auf einem Beobachtungsschirm ist. Bei einem Gitter der Gitterkonstante $d$ hat die Winkeldispersion bei senkrechtem Lichteinfall den Betrag

$$\frac{\mathrm{d}\phi}{\mathrm{d}\omega}=\frac{m}{d\cos\alpha}$$

($m$: Ordnungszahl, $\alpha$: Ablenkungswinkel).
Eine weitere optische Variante der Dispersion ist bei der ↗Doppelbrechung zu beobachten, bei der neben der Differenz der Hauptbrechungsindizes auch die Lage der optischen Symmetrieachsen Ursache einer Dispersionserscheinung, der *Lagendispersion*, ist.
Schließlich findet man Dispersion auch beim optischen Drehvermögen einiger Substanzen. Man spricht dann von Dispersion der Zirkularpolarisation oder auch von *Rotationsdispersion*.
In der praktischen Optik verwendet man zur Charakterisierung von Glassorten häufig die *relative Dispersion* $\vartheta_{\mathrm{rel}}$ oder ihren Kehrwert, die ↗Abbesche Zahl $\nu$. Die relative Dispersion setzt die Differenz der Brechzahlen der Fraunhoferschen Linien C und F ($n_{\mathrm{C}}$, $n_{\mathrm{F}}$) in Beziehung zu der um Eins verminderten Dispersion der D-Linie:

$$\vartheta_{\mathrm{rel}}=\frac{n_{\mathrm{F}}-n_{\mathrm{C}}}{n_{\mathrm{D}}-1}.$$

*Paramagnetismus*:
Hier ist die Dispersion ein durch ↗*paramagnetische Relaxation* in einem magnetischen Wechselfeld verursachter Effekt. Die ↗*Magnetisierung* $M$ eines Paramagneten folgt einem äußeren Magnetfeld $H=H_1\cdot\mathrm{e}^{\mathrm{i}\omega t}$ mit einer Phasenverzögerung, die von der Frequenz $\omega$ abhängt. Dies äußert sich in einer komplexen und frequenzabhängigen ↗*magnetischen Suszeptibilität* $\chi_{\mathrm{m}}^*(\omega)=\chi'_{\mathrm{m}}(\omega)+\mathrm{i}\chi'_{\mathrm{m}}(\omega)$, die experimentell mit der ↗*Dispersions-Absorptions-Methode* untersucht werden kann (Äquivalent zur komplexen Suszeptibilität ist die Verwendung einer ↗*komplexen Permeabilität* $\mu^*$). Der zu $\chi'_{\mathrm{m}}$ proportionale Anteil der Magnetisierung ist mit dem Feld $H$ in Phase, während der Anteil $M\sim\chi''_{\mathrm{m}}$ um $\pi/2$ phasenverschoben ist. Außerdem ist der Imaginärteil $\chi''_{\mathrm{m}}$ mit der Energieabsorption pro Volumeneinheit verknüpft: $\mathrm{d}W/\mathrm{d}t=\frac{1}{2}\mu_0\chi''_{\mathrm{m}}H_1^2$ ($\mu_0$: ↗*Permeabilität* des Vakuums).
*Radioastronomie*:
die von der Wellenlänge bzw. Frequenz abhängige Verzögerung von Radiowellen beim Durchlaufen eines ↗Plasmas.
*Akustik*:
die Frequenzabhängigkeit der ↗*Phasengeschwindigkeit* von Schallwellen (↗Schalldispersion).
**2)** *Hydrodynamik*: über die ↗Diffusion hinaus vergrößerte Ausbreitung eines mit einer Strömung transportierten Stoffes. Im Gegensatz zum Zerlaufen eines Wellenpaketes in einem dispergierenden Medium, sind für die hydrodynamische Dispersion nicht unterschiedliche Ausbreitungsgeschwindigkeiten für verschiedene Wellenlängen der Auslöser, sondern relativ zur Größe des betrachteten Transportphänomens kleinskalige Variationen der Strömungsgeschwindigkeit.
**3)** *Physikalische Chemie*: eine aus zwei oder mehreren Phasen bestehende Mischung, bei der eine Substanz (das Dispergens) in einer anderen (dem Dispersionsmittel) in feinster Form verteilt ist. Die Substanzen können dabei fest, flüssig oder gasförmig sein. Je nach Teilchengröße des Dispergens unterscheidet man zwischen a) molekulardispersen (Durchmesser unter 1 nm), b) kolloiddispersen (Durchmesser 1–100 nm) und c) grobdispersen (Durchmesser über 100 nm) Systemen.
Beispiele für Dispersionen sind Suspensionen, Emulsionen, Aerosole und Rauch. Bei genauer Kenntnis der Phasengleichgewichte können Art und Ausmaß der Dispersion beeinflußt werden und so die mechanischen Eigenschaften von z.B. Werkstoffen eingestellt werden. So ist für gehärteten Stahl die Bildung einer Carbidphase als feine Verteilung in der gesättigten festen Eisenphase erwünscht.

**Dispersions-Absorptions-Methode,** Meßverfahren zur Untersuchung der *paramagnetischen* ↗*Dispersion*, d.h. der Frequenzabhängigkeit der ↗*paramagnetischen Suszeptibilität* einer Substanz. In einer *Wechselinduktionsbrücke* mißt man ↗*Magnetisierung* und Leistungsabsorption einer Probe in einem statischen Magnetfeld $H_0$, dem ein schwaches Wechselfeld $H_1\mathrm{e}^{\mathrm{i}\omega t}$ überlagert ist ($H_1\ll H_0$), als Funktion der Frequenz $\omega$. Aus der Dispersions- und der Absorptionskurve ergeben sich der Realteil $\chi'_{\mathrm{m}}(\omega)$ bzw. der Imaginärteil $\chi''_{\mathrm{m}}(\omega)$ der komplexen magnetischen Suszeptibilität $\chi_{\mathrm{m}}^*(\omega)=\chi'_{\mathrm{m}}(\omega)+\mathrm{i}\chi''_{\mathrm{m}}(\omega)$. Mit Hilfe des ↗*Maxwellschen Relaxationstheorems* berech-

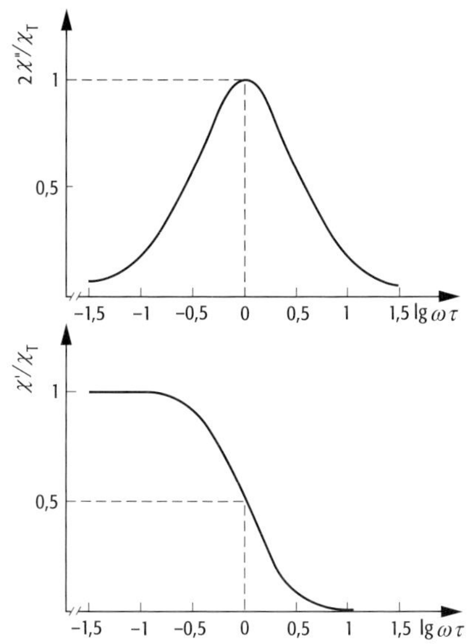


**Dispersions-Absorptions-Methode:** Komplexe paramagnetische Suszeptibilität im magnetischen Wechselfeld: die Dispersionskurve $\chi'_{\rm m}$ und die Absorptionskurve $\chi''_{\rm m}$.

nen sich Dispersion und Absorption zu

$$\chi'_{\rm m}(\omega) = \frac{\chi_0}{1+\omega^2\omega_{\rm R}^2} \text{ und } \chi''_{\rm m}(\omega) = \frac{\chi_0\omega/\omega_{\rm R}}{1+\omega^2/\omega_{\rm R}^2}$$

mit $\chi_0 = \chi(H = H_0)$. Bei hohen Frequenzen, die groß gegen die *Relaxationsfrequenz* $\omega_{\rm R}$ sind, vermag die Magnetisierung dem Wechselfeld nicht mehr zu folgen. Gleichzeitig markiert $\omega_{\rm R}$ das Maximum der Leistungsabsorption, woraus die Relaxationsfrequenz experimentell bestimmt werden kann. Mit der Dispersions-Absorptions-Methode werden daher auch die Vorgänge bei der *paramagnetischen Relaxation* untersucht.

**Dispersionsbeziehung** ↗Dispersionsrelation.

**Dispersionsfärbungsmikroskopie,** mikroskopisches Verfahren, mit dem die Grenzschicht zwischen transparenten Objekten und dem Einbettmedium hervorgehoben werden kann. Bei diesem Verfahren stimmt die Brechzahl des Einbettmediums mit der des eingebetteten Objektes in einer Wellenlänge überein. Das Einbettmedium hat darüber hinaus eine geringfügig höhere Dispersion als das Objekt. Unter diesen Bedingungen erscheinen sowohl das Einbettmedium als auch das Objekt an der Grenzschicht gefärbt.

**Dispersionsfilter,** *Dispersionslichtfilter*, Filter, bestehend aus zwei optischen Medien mit unterschiedlichem Dispersionsverhalten. Sie lassen die Wellenlänge passieren, für die sich die Dispersionskurven der beiden Substanzen schneiden. Für den sichtbaren Bereich bestehen die Filter z.B. aus einer organischen Flüssigkeit, die sich zusammen mit einer dichten Schüttung eines Pulvers aus optischem Glas in einer Filterküvette befindet.

**Dispersionsgesetz** ↗Dispersionsrelation.

**Dispersionskoeffizient,** $d$, Faktor zur Kennzeichnung der ↗Dispersion in der Formel

$$c = c_0\frac{1+d/f_0^2}{1+d/f^2}$$

($c_0$ ist die Schallgeschwindigkeit bei der höchsten Frequenz $f_0$, $c$ die Schallgeschwindigkeit bei der Frequenz $f$ des Signalspektrums).

**Dispersionskräfte** ↗*zwischenmolekulare Wechselwirkungen.*

**Dispersionslichtfilter** ↗*Dispersionsfilter.*

**Dispersionsprisma,** Bezeichnung für ein optisches Bauelement aus einem transparenten optischen Material, das mindestens zwei nichtparallel, sich schneidende Flächen besitzt. Deren Schnittwinkel wird als brechender Winkel $\gamma$ bezeichnet. Als Hauptschnitt bezeichnet man die senkrecht zu den Schnittgeraden stehenden Flächen. Die Ablenkung $\delta$ bezüglich der Einfallsrichtung kommt durch die ↗Brechung an den nicht parallelen Flächen zustande. Fällt polychromatisches Licht auf ein Dispersionsprisma, so kommt es zu einer spektralen Zerlegung des Lichtes. Verantwortlich dafür ist die Dispersionseigenschaft des optischen Materials, d.h. die Abhängigkeit der ↗Brechzahl $n$ von der Wellenlänge $\lambda$ (↗Dispersion). Wegen der Invarianz der Brechungsgesetzes bzw. der ↗numerischen Apertur gegenüber der Brechung muß sich bei konstantem Einfallswinkel $\varepsilon$ der Brechungswinkel $\varepsilon_1$ ändern (Abb.). Damit

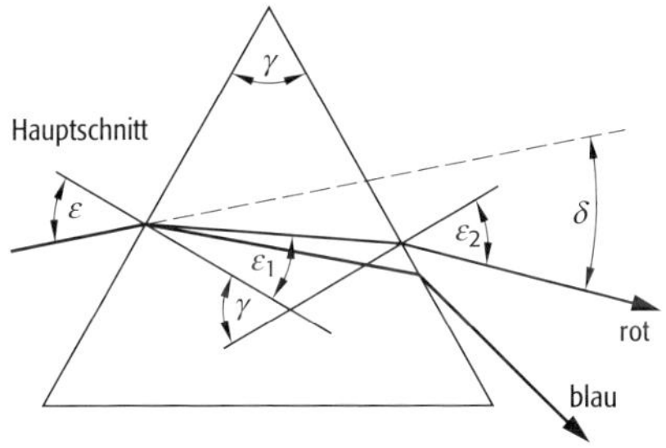


**Dispersionsprisma:** Strahlengang, $\varepsilon$: Einfallswinkel, $\varepsilon_1$: Brechungswinkel, $\varepsilon_2$: Austrittswinkel, $\delta$: Ablenkung, $\gamma$: brechender Winkel.

ändern sich die Ablenkung $\delta$ und die Austrittsrichtung. Durchsetzt das Lichtbündel das Prisma symmetrisch, d.h sind Eintritts- und Austrittswinkel $\varepsilon_2$ gleich groß, so erhält man die minimale Ablenkung $\delta_{\rm min}$:

$$\delta_{\rm min} = n \cdot \sin\varepsilon/2.$$

Ein geradsichtiges Dispersionsprisma besteht aus mindestens drei miteinander verkitteten Prismen im symmetrischen Aufbau, wobei das stärker dispergierende von den beiden schwächer dispergierenden eingeschlossen ist. Dabei werden die Brechzahlen und die Winkel so gewählt, daß für eine bestimmte Wellenlänge die Gesamtablenkung null ist.

**Dispersionsrelation,** Beziehung zwischen dem Realteil (Re) und dem Imaginärteil (Im) der (ins Komplexe fortgesetzten) ↗Fourier-Transformierten $g(\omega)$ einer physikalischen Größe $G(t)$. $G(t)$ bzw. $g(\omega)$ können experimentell meßbare Größen sein (wie z.B. die komplexe frequenzabhängige ↗Dielektrizitätskonstante $\varepsilon(\omega)$, ↗Transportkoeffizienten der irreversiblen Thermodynamik oder energieabhängige ↗Formfaktoren $F(s)$, die Streuprozesse in der Elementarteilchenphysik beschreiben), aber auch nicht direkt meßbare Größen wie z.B. Streuamplituden in der Quantenmechanik bzw. Quantenfeldtheorie. Da oft sowohl $\mathrm{Im}\, g(\omega)$ als auch $\mathrm{Re}\, g(\omega)$ physikalische Bedeutung haben, spielen Dispersionsrelationen in vielen Gebieten der Physik, vor allem bei der Ausbreitung von Wellen in Substanzen, eine große Rolle.

Ausgangspunkt für Dispersionsrelationen sind im allgemeinen kausale Beziehungen zwischen einer Ursache $U(t)$ und der zugehörigen Wirkung $W(t)$ vom Typ der ↗linearen Antwort (Linear Response)

$$W(t) = \int_{-\infty}^{\infty} \mathrm{d}t'\, G(t')\, U(t-t'),$$

wobei also der gesamte Verlauf von $U$ in der Vergangenheit des Zeitpunktes $t$ den jeweiligen Wert von $W(t)$ bestimmt, oder, anders ausgedrückt, ein System mit einer Wirkung $W$ linear auf eine Ursache $U$ reagiert. Aus Gründen der Kausalität muß $G(t) = 0$ für $t < 0$ gelten, da sonst die Ursache $U$ zu Zeiten $t' > t$ zur Wirkung $W$ zur Zeit $t$ beitragen könnte. Aus dem angegebenen Zusammenhang zwischen $W$ und $U$ folgt durch Fourier-Transformation $W(\omega) = g(\omega)U(\omega)$ mit $g(\omega) = \int_0^\infty G(t)e^{\mathrm{i}\omega t}\mathrm{d}t$. Die Funktion $g(\omega)$ kann in die obere (komplexe) $\omega$-Halbebene fortgesetzt werden, wo $e^{(\mathrm{iRe}\,\omega - \mathrm{Im}\,\omega)t}$ wegen $t > 0$ beschränkt und $g(\omega)$ daher holomorph ist. Verschwindet $g(\omega)$ für $\omega \to \infty$ so stark, daß das Integral über den Halbkreis mit $r \to \infty$ verschwindet, dann ergibt die Anwendung des ↗Cauchyschen Integralsatzes

$$g(\omega) = \frac{1}{\mathrm{i}\pi}\, \mathrm{P} \int_{-\infty}^{+\infty} \frac{g(\omega')}{\omega' - \omega}\, \mathrm{d}\omega',$$

wobei das Symbol P bedeutet, daß der Hauptwert des Integrals zu nehmen ist (↗Cauchyscher Hauptwert). Daraus folgt aber

$$\mathrm{Re}\, g(\omega) = \frac{1}{\pi}\, \mathrm{P} \int_{-\infty}^{+\infty} \frac{\mathrm{Im}\, g(\omega')}{\omega' - \omega}\, \mathrm{d}\omega' \text{ und}$$

$$\mathrm{Im}\, g(\omega) = \frac{1}{\pi}\, \mathrm{P} \int_{-\infty}^{+\infty} \frac{\mathrm{Re}\, g(\omega')}{\omega' - \omega}\, \mathrm{d}\omega',$$

Real- und Imaginärteil von $g(\omega)$ sind also durch eine Hilbert-Transformation miteinander verknüpft. Diesen Zusammenhang bezeichnet man als Dispersionsrelation für $g(\omega)$.

Häufig geht $g(\omega)$ für $\mathrm{Im}\,\omega \geq 0$ nicht stark genug gegen Null, aber die Funktion $f(\omega) = [g(\omega) - g(\omega_0)]/(\omega - \omega_0)$; dann gelten die *abgeleiteten Relationen* für $f$. Für $g$ folgt dann

$$\mathrm{Re}\, g(\omega) = \mathrm{Re}\, g(\omega_0) + \frac{\omega - \omega_0}{\pi} \cdot \mathrm{P} \int_{-\infty}^{+\infty} \frac{\mathrm{Im}\, g(\omega') - \mathrm{Im}\, g(\omega_0)}{(\omega' - \omega)(\omega' - \omega_0)}\, \mathrm{d}\omega'$$

und entsprechend für $\mathrm{Im}\, g(\omega)$. Man nennt diese Relationen *einmal subtrahierte Dispersionsrelationen*, $\omega_0$ den *Subtraktionspunkt* und $g(\omega_0)$ die *Subtraktionskonstante*.

Dispersionsrelationen wurden zuerst in der Optik benutzt (↗Dispersion).

Dispersionsrelationen finden darüber hinaus weitgreifende Anwendung in der quantenmechanischen Streutheorie für den Real- und Imaginärteil der Streuamplitude. Auch hier gilt ein kausaler Zusammenhang: Zur Zeit $t = 0$ treffe ein Wellenpaket am Streuzentrum ein, von dem – unter Umständen mit einer Verzögerung – die Streuwelle emittiert wird; die Streuamplitude, als Funktion der komplexen Energievariablen, genügt einer Dispersionsrelation, die schließlich zu einer Relation umgeformt werden kann, die die Eigenschaften der gebundenen Zustände und Resonanzen mit einem Integral über dem Streuquerschnitt als Funktion der Energie der einfallenden Teilchen verknüpft. Diese Form der Dispersionsrelationen hat in den letzten Jahren eine wesentliche Rolle in der Elementarteilchenphysik bei der Beschreibung der stark wechselwirkenden Teilchen, der Hadronen, gespielt (analytische ↗S-Matrix-Theorie). Ein wichtiger moderner Anwendungsbereich für Dispersionsrelationen ist auch die Berechnung von Feynman-Integralen in der Elementarteilchenphysik. Hierbei wird ausgenutzt, daß sich der Imaginärteil eines ↗Feynman-Diagrammes leicht mit Hilfe der ↗Cutkosky-Regeln bestimmen läßt. Den Realteil des Diagrammes erhält man über ein Dispersionsintegral. Insgesamt wird durch dieses Verfahren die Zahl der notwendigen Integrationen stark reduziert.

Dabei wurden die im Falle der nichtrelativistischen Quantenmechanik mathematisch streng ableitbaren Dispersionsrelationen mit recht gutem Erfolg auf den Fall einer relativistischen Dispersionstheorie übertragen. Tatsächlich können relativistische Dispersionsrelationen in der ↗axiomatischen Quantenfeldtheorie, allerdings nicht in dem in der analytischen ↗S-Matrix-Theorie benutzten Umfang, streng bewiesen werden. Die Grundlage bildet auch hierbei die Kausalitätsbedingung, wonach der Kommutator (bzw. Antikommutator) zweier Bose- (bzw. Fermi-)Operatoren für raumartige Abstände $c^2(t-t')^2 - (\mathbf{r} - \mathbf{r}')^2 < 0$ verschwindet, d. h. $[A(x), B(x')]_\pm = 0$ für $(x - x')^2 < 0$ ist, da sich die Streuamplituden in der Quantenfeldtheorie als Matrixelemente solcher Kommutatoren ausdrücken lassen. Auf diese Weise erhält man über die experimentelle Prüfung der Richtigkeit solcher Dispersionsrelationen im Prinzip auch Aufschluß über die Zulässigkeit der quantenfeldtheoretischen Annahmen, wie etwa der obigen Kausalitätsbedingung.

In einem weiteren Sinne wird in einer beliebigen Wellentheorie oft auch der Zusammenhang zwischen Frequenz $\nu$ und Wellenlänge $\lambda$, meist in der Form $\omega = \omega(k)$, als Dispersionsrelation oder Dispersionsbeziehung bezeichnet, wobei $\omega = 2\pi n$ die Kreisfrequenz und $k = 2\pi/\lambda$ die Wellenzahl ist. Beispielsweise ist $\omega = ck/n$ die Dispersionsrelation einer elektromagnetischen Welle in einem Medium mit der Brechzahl $n$ (↗Dispersion). [BK1]

**Dispersionsrelation für Phononen,** die Abhängigkeit der Phononenfrequenz $\omega$ vom *Wellenvektor* $\boldsymbol{k}$ der ↗*Phononen* $\omega = \omega_i(\boldsymbol{k})$ ($i = 1, ..., 3r$, mit $r$: Anzahl der Atome in einer ↗*Elementarzelle*). Der Index $i$ numeriert die Lösungen der Bewegungsgleichung der ↗*Gitterschwingungen.* Zu jedem Wellenvektor $\boldsymbol{k}$ gibt es im allgemeinen $3r$ Frequenzen $\omega$, und damit $3r$ ↗*Dispersionszweige.* Diese setzen sich aus drei ↗*akustischen Zweigen* und $3r-3$ ↗*optischen Zweigen* zusammen. Häufig existieren *Frequenzbänder*, für die eine Ausbreitung der entsprechenden Wellen im ↗*Kristall* nicht möglich ist; ein entsprechendes Phänomen findet man für Elektronen in Festkörpern (↗*Leitungsband*). Phononische Dispersionsrelationen können mit verschiedenen experimentellen Verfahren bestimmt werden, beispielsweise durch die Streuung von thermischen Neutronen (↗*Neutronenstreuung*) oder ↗*elektromagnetischer Wellen* (↗*Raman-Streuung*, ↗*Brillouin-Streuung*, ↗*Röntgenstreuung*).

**Dispersionszweige,** die Lösungen der ↗Dispersionsrelation für Phononen (↗Gitterschwingungen). Die Dispersionszweige werden in ↗akustische Zweige und ↗optische Zweige eingeteilt.

**Dispositionsbegriff,** Begriff für eine physikalische Eigenschaft, die nur unter bestimmten Bedingungen auftritt, wie Löslichkeit, Leitfähigkeit oder Härte. Das Problem, auf welche Weise Dispositionsbegriffe ihre Bedeutung bekommen (↗Definition), hat bei den Versuchen einer Rekonstruktion der Wissenschaftssprache innerhalb des ↗*logischen Empirismus* eine wichtige Rolle gespielt.

**Disruption,** vollständiger Abbruch des Plasmastroms in einem ↗*Tokamak* und Verlust der gesamten im Plasma gespeicherten Energie im Verlauf weniger Millisekunden. In großen Tokamaks führt eine Disruption zu einer hohen thermischen und mechanischen Belastung des Vakuumgefäßes und stellt daher einen mittelschweren Unfall dar, den es zu vermeiden gilt. Man kennt heute die verschiedenen Ursachen und Entstehungsmechanismen von Disruptionen recht gut, dennoch ist es bisher nicht gelungen, sie vollständig zu unterbinden.

**Dissertation in Nuclear Physics Award** ↗Preise.

**Dissipation,** *Energiedissipation*, Übertragung einer bestimmten, meist makroskopischen Energie auf mikroskopische Energiemengen der zahlreichen Freiheitsgrade eines großen Systems, verbunden mit dem Anwachsen der Entropie dieses Systems. *Dissipative Prozesse* sind also stets irreversibel. Da die dissipierte Energie im allgemeinen nicht nutzbar ist, spricht man auch von Energievergeudung.

In einer *mechanischen* Sichtweise ist Dissipation eine Folge von ↗Reibung, bei der die Umwandlung mechanischer Energie $E_{\text{kin}}$ makroskopischer Körper in thermische Bewegung der Umgebungsmoleküle, also Wärme, erfolgt. Im Formalismus der ↗Lagrange-Gleichungen ist die Bewegungsgleichung eines makroskopischen Systems bei Berücksichtigung der Dissipation

$$\frac{\mathrm{d}}{\mathrm{d}t}\frac{\partial L}{\partial \dot{q}_i} - \frac{\partial L}{\partial q_i} = -\frac{\partial D}{\partial \dot{q}_i},$$

mit der Lagrange-Funktion $L = E_{\text{kin}} - V$, den Koordinaten $q_i$, der potentiellen Energie $V$ und der durch ↗Rayleigh zur Beschreibung viskoser Medien eingeführten *Dissipationsfunktion* oder *Rayleighschen Dissipationsfunktion* $D = -1/2(\mathrm{d}E/\mathrm{d}t)$ als homogen quadratische Funktion der Zeitableitungen der ↗verallgemeinerten Koordinaten $\dot{q}_i$ mit den konstanten Koeffizienten $\alpha_{ik}$ angegeben: $D = 1/2\sum_{i,k}\alpha_{ik}\,\dot{q}_i\,\dot{q}_k$; $D$ ist also die Energieabgabe je Zeiteinheit.

Dissipation tritt bei jeder ↗plastischen Verformung fester Körper auf; die aufzuwendende Dissipationsleistung bestimmt sich gemäß $\int_V \sigma_{ij}\,\dot{\varepsilon}_{ij}\,\mathrm{d}V$. Hierin sind die $\sigma_{ij}$ die Komponenten des ↗Spannungstensors und die $\dot{\varepsilon}_{ij}$ die Zeitableitungen der Komponenten des ↗Verzerrungstensors.

In der *Thermodynamik* wird der Entropiezuwachs $\mathrm{d}S/\mathrm{d}t$ pro Zeiteinheit durch eine Dissipationsfunktion $D$ beschrieben, die in formaler Analogie zur mechanischen Dissipationsfunktion konstruiert ist: $D = 1/2\sum_{i,k} L_{ik}X_iX_k$. Hierbei bedeuten die $L_{ik}$ die ↗Onsager-Koeffizienten und $X_i$ und $X_j$ die thermodynamischen ↗verallgemeinerten Kräfte.

Die Dissipationsfunktionen spielen eine Rolle in der ↗irreversiblen Thermodynamik und bei der Untersuchung von Fluktuationen. Der Zusammenhang zwischen den dissipativen Eigenschaften und den Fluktuationseigenschaften liefert das ↗Dissipations-Fluktuations-Theorem.

**Dissipations-Fluktuations-Theorem,** *Dissipations-Schwankungs-Theorem*, *Fluktuations-Dissipations-Theorem*, von H.B. *Celton* und T.A. *Welton* 1951 gefundener allgemeiner Zusammenhang zwischen der linearen Reaktion eines Gleichgewichtssystems auf schwache äußere Störungen (↗lineare Antwort, *linear response*) und den zeitlichen Korrelationen von Gleichgewichtsschwankungen oder Schwankungserscheinungen.

Das Dissipations-Fluktuations-Theorem bildet eine Brücke zwischen Gleichgewichts- und Nichtgleichgewichtsstatistik. Dem Theorem liegt der physikalische Sachverhalt zugrunde, daß die Reaktion des Systems auf Abweichungen gegenüber den statistischen Mittelwerten nicht davon abhängt, ob diese Abweichungen durch zufällige Fluktuationen oder durch äußere Einwirkung entstanden sind. Im einfachsten Fall koppelt die äußere Einwirkung an eine einzige skalare physikalische Größe $A$ des Systems; die Hamilton-Funktion bzw. der Hamilton-Operator des gestörten Systems lautet dann $H = H^0 - AX(t)$, wobei $X(t)$ als beliebig vorgebbare ↗verallgemeinerte Kraft aufzufassen ist. Die Reaktion des Systems wird durch eine ver-

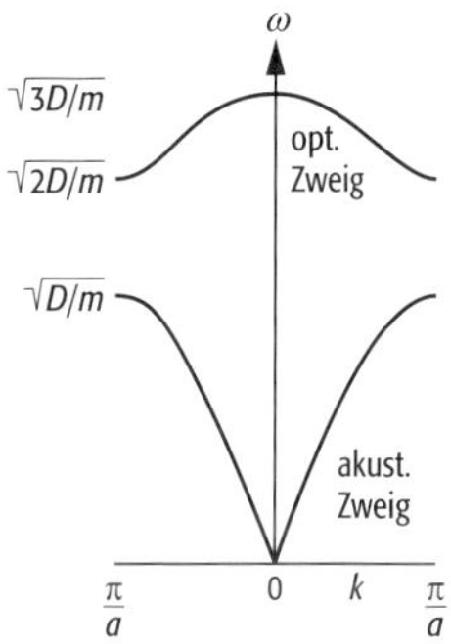


**Dispersionszweige:** akustischer und optischer Zweig der Dispersionsrelation für Phononen.

allgemeinerte, komplexe und frequenzabhängige Suszeptibilität $\alpha(\omega)$ entsprechend $\langle A(\omega)\rangle = \alpha(\omega)\, X(\omega)$ beschrieben. Die ↗Autokorrelationsfunktion der Gleichgewichtsschwankungen kann bei einem quantenmechanischen System durch Benutzung des ↗Antikommutators $\varphi(t) = \frac{1}{2}\langle [A(t), A(0)]_+\rangle$ als reelle Funktion definiert werden; $A(t) = \exp(iH^0 t/\hbar)$ ist der Operator in ↗Heisenberg-Darstellung; die spitzen Klammern bezeichnen den quantenstatistischen Mittelwert; vereinfachend wurde der ungestörte Mittelwert $\langle A\rangle$ selbst gleich null gesetzt. Aus der gegebenen Definition folgt $\varphi(t) = \varphi(-t)$.

Das Dissipations-Fluktuations-Theorem verknüpft die Fourier-Transformierte von $\varphi(t)$ mit dem Imaginärteil der komplexen Suszeptibilität:

$$\varphi(\omega) = \hbar \coth\left(\frac{\hbar\omega}{2k_B T}\right) \cdot \mathrm{Im}\,\alpha(\omega) \approx \frac{2}{\omega} k_B\, T \cdot \mathrm{Im}\,\alpha(\omega).$$

$k_B$ ist die Boltzmann-Konstante und $T$ die Temperatur. $(\hbar\omega/2)\coth(\hbar\omega/2k_B T)$ kann als mittlere Energie eines ↗harmonischen Oszillators im Gleichgewicht aufgefaßt werden, entsprechend ist $k_B T$ der klassische Grenzwert dieser Größe. Die Bedeutung von $\varphi$ als Fluktuationsgröße ist offensichtlich, und $\mathrm{Im}\,\alpha$ bestimmt die Energiedissipation bei äußerer Störung, d.h. die Verteilung der über die äußere Kraft am System verrichteten Arbeit auf die vielen mikroskopischen Freiheitsgrade des Systems (↗Dissipation). (Unter isothermen Bedingungen wird die dissipative Energie durch Wärmeleitung schließlich an den umgebenden Thermostaten abgegeben.) Das bekannteste Beispiel ist der Imaginärteil der verallgemeinerten ↗komplexen Dielektrizitätskonstanten $\varepsilon^*$, die proportional zum Realteil der Leitfähigkeit ist.

Das Dissipations-Fluktuations-Theorem kann einerseits benutzt werden, um aus Aussagen oder Näherungen für die Suszeptibilität entsprechende Aussagen über $\varphi(t)$ zu gewinnen. Das gilt insbesondere für die Ermittlung des Schwankungsquadrats $\langle(\Delta A)^2\rangle = \varphi(0)$. Auf diese Weise können die Dichteschwankungen und die damit unmittelbar zusammenhängende ↗Paarverteilungsfunktion aus der linearen Antwort auf ein äußeres Störungspotential ermittelt werden. Vorherrschend ist aber die Anwendung des Theorems zur Ermittlung von ↗Transportkoeffizienten; insbesondere kann die Leitfähigkeit auf das Verhalten langwelliger Stromfluktuationen zurückgeführt werden.

Falls mehrere physikalische Größen $A_i$ und zugeordnete Kräfte $X_i(t)$ gleichzeitig betrachtet werden, also $H = H^0 - \sum_i A_i X_i$, besitzt die Matrix der gemischten Korrelationsfunktionen Symmetrieeigenschaften, die aus der (eventuell durch ein äußeres Magnetfeld modifizierten) mikroskopischen Reversibitität folgen. Daraus ergeben sich entsprechende Symmetrieeigenschaften der Transportkoeffizienten, insbesondere die ↗Onsager-Casimirschen Reziprozitätsbeziehungen in der Thermodynamik irreversibler Prozesse. Diese Relationen haben im Dissipations-Fluktuations-Theorem ihre theoretische Wurzel. [JS2]

**Dissipationsfunktion** ↗Dissipation.

**Dissipations-Schwankungs-Theorem** ↗*Dissipations-Fluktuations-Theorem.*

**dissipative Prozesse,** unter ↗Dissipation von Energie ablaufende Prozesse. Reale (irreversible) Prozesse in der Natur führen nach dem Zweiten Hauptsatz stets zur Erhöhung der inneren Entropie des Systems ($d_iS > 0$), indem sie Energie irreversibel in Wärme umwandeln. Beispiele hierfür sind die Reibungsvorgänge in der Mechanik und in viskosen Medien, Deformationen von Festkörpern und widerstandsbehaftete elektrische Vorgänge.

In offenen Systemen können neben dissipativen Prozessen auch Prozesse mit Entropieexport $d_E S < 0$ auftreten, so daß, falls $|d_E S| \geqslant d_i S$, die Gesamtentropie des Systems folglich auch konstant bleiben oder sogar abnehmen kann. Diese Voraussetzung bietet fernab vom thermodynamischen Gleichgewicht, im Zusammenhang mit nichtlinearen Kopplungen der auftretenden Einzelprozesse, die Möglichkeit zur Bildung von Nichtgleichgewichtsstrukturen, den sogenannten *dissipativen Strukturen.* Ein Beispiel hierfür ist die Bildung von Konvektionszellen (↗*Bénardsche Zellen*) in einer Flüssigkeitsschicht bei Überschreitung eines kritischen Temperaturgradienten im Schwerefeld der Erde.

**dissipatives Quantenchaos,** ein quantenmechanisches System, dessen klassischer Grenzfall (Wellenlänge $\lambda \to 0$) ein ↗dissipatives System darstellt, das chaotisches Verhalten zeigt (↗Quantenchaos, ↗Chaos). Solche Systeme treten meist bei der Kopplung an Wärmebäder auf, die die Temperatur des betrachteten Systems konstant halten.

**dissipative Strukturen,** Nichtgleichgewichtsstrukturen, die in thermodynamisch nicht isolierten Systemen auftreten, d.h. in Systemen, die mit der Umgebung Stoff und / oder Energie austauschen (↗Selbstorganisation). I. ↗Prigogine hat 1967 vorgeschlagen, die stabilen räumlichen, zeitlichen oder raumzeitlichen Strukturen, die sich weitab vom Gleichgewicht jenseits kritischer Parameterwerte im nichtlinearen Bereich ausbilden können, als dissipative Strukturen zu bezeichnen. Zu den entscheidenden Merkmalen der dissipativen Strukturen gehört die Stabilität gegenüber kleinen Störungen und der überkritische Abstand vom Gleichgewicht. Bei starken Abweichungen vom thermodynamischen Gleichgewicht genügen die Systemvariablen nicht mehr linearen Gleichungen, sondern nichtlinearen dynamischen Gesetzen. Die Stabilität der dissipativen Strukturen beruht auf einer Balance von Nichtlinearität und Energiedissipation. Die Entstehung dissipativer Strukturen ist von fundamentaler Bedeutung für die

Strukturbildung in der unbelebten Natur und damit überhaupt für die Möglichkeit der Evolution. (↗Synergetik)

Die wichtigste Teilklasse der dissipativen Strukturen bilden die *stationären dissipativen Strukturen*, die im Laufe der Zeit bei konstanten äußeren Bedingungen keinen Änderungen unterworfen sind. Die Entropieänderung $dS$ verschwindet dann. Dies ist nur möglich, wenn die immer positive Änderung $dS_i$, die durch die inneren Nichtgleichgewichtsprozesse bewirkt wird, durch eine negative Änderung $dS_i = -dS_{ext}$, die durch die Wechselwirkung des Systems mit seiner Umgebung entsteht, genau kompensiert wird. Das System muß also Entropie nach außen abgeben, um die ↗Entropieproduktion im Inneren ausgleichen zu können (*Glansdorff-Prigogine-Prinzip*). Für den speziellen Fall eines isotherm-isochoren Systems gilt $dF_{ext} = T\,dS_i > 0$ und für ein isotherm-isobares System $dG_{ext} = T\,dS_i > 0$, d.h. stationäre Nichtgleichgewichtssysteme müssen freie Energie $F$ oder freie Enthalpie $G$ einführen. Bezeichnet man nach Ostwald und Bertalanffy einen stationären (d.h. zeitunabhängigen) Nichtgleichgewichtszustand eines offenen Systems, der stabil gegenüber kleinen Schwankungen ist, als Fließgleichgewicht, so entsprechen stationäre dissipative Strukturen überkritischen Fließgleichgewichten, d.h. solchen Fließgleichgewichten, die sich jenseits kritischer Abstände vom thermodynamischen Gleichgewicht einstellen können.

Ein typisches Beispiel für eine dissipative Struktur ist die ↗Bénard-Instabilität.

**dissipative Systeme,** vor allem in der *Chaos- und der Systemtheorie* Bezeichnung für physikalische, chemische oder biologische Systeme, bei denen die Größe eines Volumenelements im Phasenraum mit der Zeit gegen null geht (Systeme, bei denen das Phasenraumvolumen konstant bleibt, heißen *konservative Systeme*). Nichtlineare dissipative Systeme können chaotisches Verhalten zeigen (↗*Chaos*, ↗*deterministisches Chaos*), sie werden üblicherweise durch Flüsse (Differentialgleichungen erster Ordnung von der Form $\dot{\boldsymbol{x}} = \boldsymbol{F}(\boldsymbol{x})$, $\boldsymbol{x} = (x_1, x_2, \ldots, x_d)$) oder iterierte Abbildungen beschrieben. Wichtige Beispiele für chaotische dissipative Systeme sind gedämpfte getriebene Systeme, die im Grenzfall starker Dämpfung auf eindimensionale Abbildungen wie die logistische Abbildung führen können. Eine Besonderheit chaotischer dissipativer Systeme ist das Auftreten sog. ↗*Seltsamer Attraktoren.*

**Dissonanz,** (lat. dissonare: *auseinanderklingen*), in der musikalischen Akustik ein aus zwei oder mehr ↗*Tönen* bestehender ↗*Klang*, der im Gegensatz zur ↗*Konsonanz* nicht zu einer einheitlichen Empfindung verschmilzt. Nach der Klangverwandtschaftstheorie von H. v. ↗*Helmholtz* entsteht eine Dissonanz, wenn in den ↗*Obertonreihen* der beteiligten Töne keine übereinstimmenden Teiltöne vorkommen. Unter den *musikalischen Intervallen* trifft das für Sekunden, Septimen sowie alle übermäßigen und verminderten Intervalle zu. In der klassischen Harmonielehre ist die Dissonanz ein Spannungsklang, der die Auflösung in eine Konsonanz verlangt.

**Dissoziation,** 1) *allgemein*: Spaltung von Molekülen in kleinere Moleküle, in Atome, Atomgruppen oder Ionen. Die Dissoziation ist ein energieverbrauchender Vorgang, da hierbei chemische Bindungen gelöst werden müssen. Die ↗*Dissoziationsenergie* kann durch die Einwirkung von Hitze (↗Thermolyse, Pyrolyse), Strahlung (↗Photolyse), mechanischer Energie (↗Tribochemie) oder im Fall der *elektrolytischen Dissoziation* durch die ↗*Lösungsenthalpie* aufgebracht werden. Des weiteren unterscheidet man nach der Art der entstehenden Teilchen bzw. nach den Orten der Bindungsspaltung die Homolyse (Zerlegung in ↗Radikale), die Heterolyse (in ↗Ionen) sowie die Fragmentierung und Eliminierung (zu kleineren Molekülen).

2) *Dissoziation des Wassers, Autoprotolyse, Heterolyse*, Spaltung des Wassers in $OH^-$- und $H^+$-Ionen: $H_2O \rightarrow H^+ + OH^-$. Die Gleichgewichtskonstante für diese reversible Dissoziation lautet:

$$K_{eq} = \frac{[H^+][OH^-]}{[H_2O]}.$$

In reinem Wasser ist die Konzentration der $OH^-$- und der $H^+$-Ionen genau gleich und beträgt bei 25 °C jeweils $10^{-7}$ mol l$^{-1}$. Der Ausdruck $[H^+][OH^-]$ wird als Ionenprodukt bezeichnet. Das $H^+$-Ion ist mit einem $H_2O$-Molekül assoziiert und liegt als $H_3O^+$-Ion vor. Die Ionen werden im Lösungsmittel Wasser hydratisiert, wodurch eine Ladungstrennung erfolgt. Die Hydratationsenergie (für $OH^-$: $-511$ kJ mol$^{-1}$ und für $H^+$: $-1168$ kJ mol$^{-1}$) ist größer als die aufzuwendende Dissoziationsenergie (499 kJ mol$^{-1}$) und stellt – trotz negativer Entropieeffekte – die Triebkraft der Dissoziation dar.

**Dissoziationsenergie,** in der allgemeinen Bedeutung die zur Trennung (↗*Dissoziation*) eines gebundenen Systems in Fragmente erforderliche Energie. Der Begriff wird jedoch vorwiegend im Zusammenhang mit der (homolytischen) Dissoziation eines Moleküls in

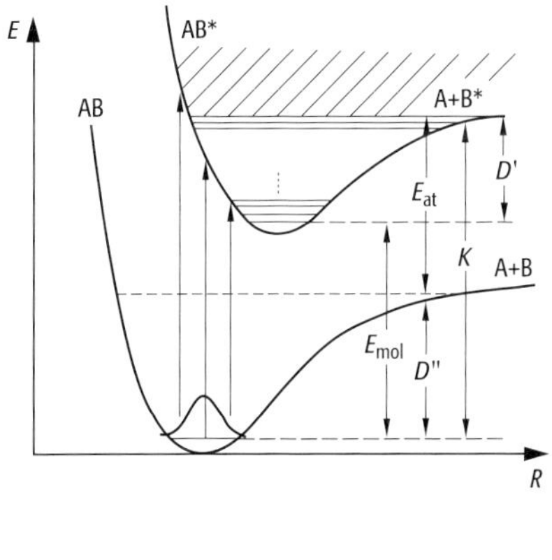


**Dissoziationsenergie:** Die Dissoziationsenergie $D''$ kleiner Moleküle AB im Grundzustand und $D'$ in einem elektronischen Anregungszustand kann mit Hilfe der Konvergenzstelle im Bandenspektrum bestimmt werden. Dabei sind $E_{at}$ bzw. $E_{mol}$ die Anregungsenergien der Atome bzw. Moleküle, die bei der Dissoziation entstehen.

elektroneutrale Fragmente benutzt. Bei der Dissoziation in zwei Fragmente spricht man auch von Bindungsdissoziationsenergie, bei der vollständigen Dissoziation in Atome von Atomisierungsenergie. Die Bindungsdissoziationsenergie hängt von der Art der chemischen Bindung, den Atomabständen und der Temperatur ab.
Zur experimentellen Bestimmung der Dissoziationenergie können außer spektroskopischen auch thermochemische Methoden verwendet werden. Beim Vergleich mit berechneten ↗*Bindungsenergien* sind die ↗*Nullpunktsenergie* und temperaturabhängige Korrekturen zu berücksichtigen.

**Dissoziationskonstante,** Gleichgewichtskonstante der ↗*elektrolytischen Dissoziation*. Für die Dissoziation eines Elektrolyten AB in die Ionen $A^+$ und $B^-$ ergibt sich die Dissoziationskonstante $K_D$ zu:

$$K_D = \frac{c_{A^+} \cdot c_{B^-}}{c_{AB}}.$$

$K_D$ läßt sich z.B. aus Leitfähigkeitsmessungen bestimmen. (↗Ostwaldsches Verdünnungsgesetz)

**Distar-Linse,** Vorsatzlinse (konkave Form mit negativer Brennweite) für Photoobjektive zur Verlängerung der ↗Brennweite.

**Distorsion** ↗Verzeichnung.

**Distorted Wave Approximation,** *DWA*, *Distorted Wave Born Approximation, DWBA*, ↗*Bornsche Näherung mit gestörten Wellen.*

**Distributed Feedback** ↗DFB.

# Distributionen

*Peter O. Roll, Mainz*

Distributionen – verallgemeinerte Funktionen (englisch »generalized functions«) – sind stetige lineare ↗*Funktionale* auf geeigneten Funktionenräumen. (Für die genauen Definitionen s.u. Abschnitt »Definitionen«.)
Sie stellen eine Verallgemeinerung des klassischen Funktionsbegriffs dar, bei der die übliche Zuordnung einer Funktion von Zahlen auf andere Zahlen (deren Funktionswerte), also

$$\text{Funktion: Zahl} \longrightarrow \text{Zahl}$$

zu einer Zuordnung

$$\text{Distribution: Funktion} \longrightarrow \text{Zahl}$$

erweitert wird. Die Distribution ordnet dabei der ganzen Funktion (der sogenannten »Testfunktion«, siehe unten) einen Zahlwert zu.

Mit dieser abstrakten Verallgemeinerung des Funktionsbegriffs wird erreicht, daß sie eine exakte Lösung von mathematischen Problemen gestattet, welche sonst – nur mit Methoden der klassischen Analysis – nicht möglich oder formulierbar wäre. Im klassischen Funktionssinn hätten die gestellten Probleme keine Lösung. Zu solchen Situationen führen insbesondere viele physikalisch motivierte Problemstellungen, so daß sich der mathematische Aufwand, gemessen an der Relevanz für die praktische Verwertbarkeit in der Physik, durchaus lohnt. Allerdings wird häufig in physikalischen Anwendungen lediglich darauf hingewiesen, daß es sich bei den zur Lösung des gestellten Problems benötigten Objekten um Distributionen handelt, für die bestimmte Rechenregeln zu beachten sind und mit denen bestimmte Manipulationen nicht durchgeführt werden dürfen. Je nach Ziel oder persönlicher Neigung empfindet man ein solches Vorgehen als mehr oder weniger gerechtfertigt oder letztlich doch unbefriedigend.

Die wichtigsten und bekanntesten Beispiele stellen die *Diracschen δ-Distributionen* (↗δ-Funktion) $\delta(x-x')$ dar, mit deren Hilfe idealisierte Punktdichteverteilungen (daher ihr Name) behandelt werden können, wie z.B. Punktladungen, Punktdipole u.a., und welche immer noch häufig als Einstieg in die Theorie der Distributionen verwendet werden. Als Beispiel und zur Illustration der oben erwähnten Sachverhalte kann das ↗*Poisson-Gesetz* für eine Einheits-Punktladung in der Elektrodynamik dienen, bei dem die dreidimensionale δ-Distribution
$\delta^{(3)}(\boldsymbol{x}-\boldsymbol{x}') := \delta(x-x')\,\delta(y-y')\,\delta(z-z')$ bei der Anwendung des ↗*Laplace-Operators* $\nabla^2$ auf die Funktion $\frac{1}{|\boldsymbol{x}-\boldsymbol{x}'|}$ im ganzen Raum auftritt:

$$\nabla^2 \frac{1}{|\boldsymbol{x}-\boldsymbol{x}'|} = -4\,\pi\,\delta^{(3)}(\boldsymbol{x}-\boldsymbol{x}').$$

Daneben erscheinen diese Diracschen δ-Distributionen oft als »kontinuierliche« ↗*Kronecker-Symbole*, z.B. in der Quantenmechanik in der Form $\langle x|y\rangle = \delta(x-y)$, oder in Vertauschungsrelationen der Form $[\phi_i(\boldsymbol{x}),\phi_j(\boldsymbol{y})] = \mathrm{i}\,\hbar\,\delta_{ij}\delta^{(3)}(\boldsymbol{x}-\boldsymbol{y})$.

Ein weiteres wichtiges Beispiel (und historisch vielleicht das erste) stellt die ↗*Heavisidesche Stufen- oder Sprungfunktion* Θ dar, deren Ableitung Θ′ gerade δ ist:

$$\Theta(x) = \begin{cases} 1, & x \geq 0 \\ 0, & x < 0 \end{cases}$$

$$\Theta' = \delta.$$

In der Theorie der Fourier-Integrale (↗*Fourier-Analysis*) lösen Distributionen das Problem, daß oftmals ganz einfache Funktionen keine *Fourier-Transformierte* im gewöhnlichen Funktionensinn haben, jedoch beispielsweise in der Behandlung von partiellen linearen

Differentialgleichungen mit Randbedingungen alle auftretenden Funktionen als Fourier-Integral ausgedrückt werden müssen. So besitzen konstante Funktionen keine Fouriertransformierte – die Fouriertransformierte der 1 ist die Diracsche δ-Distribution; dies liefert umgekehrt eine besonders für die Physik wichtige Integraldarstellung der δ-Distribution, dazu siehe unten.

## Definitionen

Für die genaue Definition benötigt man zunächst einige Begriffe. Ausgangspunkt bilden dabei besonders »gutartige« Funktionen, mit denen man die sogenannten Testfunktionenräume bildet, auf welchen die Distributionen dann als stetige lineare Funktionale definiert werden. Besonders »gut« sind beliebig oft stetig differenzierbare Funktionen $\varphi : \mathbb{R}^n \to \mathbb{R}$, die allerdings zusätzlich auch noch besonders »gut« integrierbar sein müssen. Dazu betrachtet man den mathematischen Abschluß der Menge $\{x \in \mathbb{R}^n | \varphi(x) \neq 0\}$, welche Träger von $\varphi$ heißt, geschrieben supp($\varphi$) (aus dem englischen »support«). Grundlage aller folgenden Definitionen ist der lineare Raum $\mathfrak{D}$ aller Funktionen, welche beliebig oft stetig differenzierbar sind und einen kompakten Träger besitzen (d.h. sie sind auch über beliebige Gebiete integrierbar). Die Elemente dieses Raumes heißen *Testfunktionen* oder *Grundfunktionen*. Ein Beispiel einer solchen Testfunktion ist $t(x)$.

$$t(x) = \begin{cases} \exp\left(-\dfrac{1}{1-x^2}\right), & |x| < 1 \\ 0, & |x| \geq 1 \end{cases},$$

deren Träger die Kugel vom Radius 1 ist.

Die Menge der linearen Funktionale $T$, d.h. der linearen Abbildungen $T$: $\mathfrak{D} \to \mathbb{R}$ in den Körper des Vektorraums, bildet selbst einen Vektorraum, den sog. algebraischen Dualraum von $\mathfrak{D}$. Um den sog. topologischen Dualraum $\mathfrak{D}'$ von $\mathfrak{D}$, d.h. den Raum der stetigen linearen Funktionale auf $\mathfrak{D}$ zu konstruieren, benötigt man einen Konvergenzbegriff in $\mathfrak{D}$. Man sagt, daß eine Folge $\varphi_n$ von Funktionen in $\mathfrak{D}$ konvergiert, geschrieben $\varphi_n \to \varphi$, wenn zwei Bedingungen erfüllt sind:

1. Es gibt ein Kompaktum $K$, so daß $\text{supp}(\varphi_n) \subset K \; \forall n$ und
2. für alle Multiindizes $\alpha$ gilt, daß alle partiellen Ableitungen $\mathfrak{D}^\alpha \varphi_n \rightrightarrows \mathfrak{D}^\alpha \varphi$, d.h. gleichmäßig konvergieren. Dann heißt ein lineares Funktional T auf $\mathfrak{D}$ stetig, wenn aus $\varphi_n \to \varphi$ in $\mathfrak{D}$ folgt, daß auch $T(\varphi_n) \to T(\varphi)$.

Solche stetigen linearen Funktionale $T$ auf $\mathfrak{D}$ heißen Distributionen. Man schreibt

$$T(\varphi) = \langle T, \varphi \rangle, \; \varphi \in \mathfrak{D}$$

und $\mathfrak{D}'$ für den Raum aller Distributionen.

Von besonderer Bedeutung für die Physik sind die *$\delta_x$-Distributionen*, welche für alle Punkte $x \in \mathbb{R}^n$ definiert sind durch $\langle \delta_x, \varphi \rangle = \varphi(x)$. Die Anwendung der $\delta_x$-Distribution auf die Testfunktion liefert als Zahlenwert den Funktionswert am Punkt $x$ (daher gibt es strenggenommen für jeden Punkt des Raumes eine δ-Distribution).

Eine wichtige Möglichkeit, stetige lineare Funktionale auf $\mathfrak{D}$ zu konstruieren, d.h. Distributionen zu erzeugen, ergibt sich durch Integration: Jede lokal integrierbare Funktion $f$ erzeugt eine Distribution $[f]$ durch

$$\langle [f], \varphi \rangle = \int_{\mathbb{R}^n} \mathrm{d}^n x \, f(x) \varphi(x), \quad \varphi \in \mathfrak{D}$$

Alle Distributionen, welche sich auf diese Art durch Integration ergeben, heißen *regulär*, alle Distributionen, welche nicht regulär sind, heißen *singulär*. Dazu gehören insbesondere die δ-Distributionen. Die in der Physik oft zu findende Schreibweise

$$\int \mathrm{d}^n x \; \delta^{(n)}(x - x_0) f(x) = f(x_0)$$

ist rein formal zu verstehen, gemeint ist $\langle \delta^{(n)}_{x_0}, f \rangle = f(x_0)$.

Obige Gleichung kann nicht durch einen Grenzübergang mit einer Funktionenfolge realisiert werden, da dies den Lebesgueschen Grenzwertsatz verletzen würde.

## Einige Rechenregeln

Ein Vorteil obiger Definition ist, daß man nun eine lineare Substitution und beliebige partielle Ableitungen von Distributionen über die jeweilige Operation der Testfunktionen definieren kann. Die folgenden Rechenregeln, welche häufig in physikalischen Anwendungen benötigt werden, lassen sich leicht für reguläre Distributionen herleiten und werden entsprechend – per definitionem – auf singuläre Distributionen übertragen.

Ist $y = Ax + b$ eine lineare Transformation von $x \in \mathbb{R}^n$, wobei $A$ eine $n \times n$-Matrix und $b \in \mathbb{R}^n$ ist, und ist $g(x) = f(Ax + b)$ sowie $[g]$ die von g erzeugte Distribution, so gilt

$$\langle [g], \varphi(x) \rangle = \frac{1}{|\det A|} \langle [f], \varphi(A^{-1}(y - b)) \rangle, \; \varphi \in \mathfrak{D}.$$

Genauso, wie man diese Formel für reguläre Distributionen mit Hilfe der Transformationsformel für mehrdimensionale Integrale im $\mathbb{R}^n$ zeigen kann, führt Produktintegration unter Ausnutzung der Tatsache, daß die Integranden wegen der kompakten Träger der Testfunktionen im Unendlichen verschwinden, auf die folgende Rechenvorschrift:

$$\langle \mathrm{D}^k [f], \varphi \rangle = (-1)^{|k|} \langle [f], \mathrm{D}^k \varphi \rangle.$$

Distributionen besitzen also Ableitungen beliebiger Ordnung. Beispiel: $\langle \delta'_{x_0}, \varphi \rangle = -\varphi'(x_0)$. Damit kann man folgende Rechenregeln zeigen:

$$\delta_{ax} = \frac{1}{|a|} \delta_x, \; a \in \mathbb{R} \text{ konstant},$$

$$\delta_{f(x)} = \sum\nolimits_{x_i} \frac{1}{|f'(x_i)|} \delta_{x_i},$$

wobei $x_i$ die einfachen Nullstellen der Funktion $f$ sind.

Für die Gültigkeit der bisherigen Überlegungen ist von zentraler Bedeutung, daß die Testfunktionen im Unendlichen verschwinden. Man kann die Definitionen nun noch erweitern, indem man diese Voraussetzung etwas abschwächt und als Testfunktionen auch solche zuläßt, die für die auftretenden Integrationen im Unendlichen hinreichend schnell »abfallen«. Dies führt auf einen Funktionenraum $\mathfrak{S}$, den sog. Schwartzschen Raum der schnell-fallenden Funktionen (»schneller als jede Potenz von $1/x$ fallend«). Die mathematisch genaue Definition lautet: Eine beliebig oft stetig differenzierbare Funktion $\phi$ auf dem $\mathbb{R}^n$ heißt schnell-fallend (und ist ein Element von $\mathfrak{S}$), wenn zu jedem Multiindex $\alpha$ und zu jedem $k \in \mathbb{N}$ eine Konstante $c$ existiert, so daß

$$\left|D^\alpha \phi(x)\right| \leq \frac{c}{\left(1+|x|\right)^n} \quad \forall x \in \mathbb{R}^n.$$

Es ist $\mathfrak{D}$ ein Teilraum von $\mathfrak{S}$, genauer liegt $\mathfrak{D}$ dicht in $\mathfrak{S}$. Stetige lineare Funktionale auf $\mathfrak{S}$ heißen *temperierte Distributionen*. Diese benötigt man für die Fourier-Transformation: Für Funktionen $f \in \mathfrak{S}$ existiert die Fouriertransformierte $\mathfrak{F}[f(x)](p)$ definiert als

$$\mathfrak{F}\left[f(x)\right](p) = \frac{1}{(2\pi)^{n/2}} \int_{\mathbb{R}^n} d^n x\, \varphi(x) e^{-ipx}.$$

Analog zu den obigen Definitionen wird die Fourier-Transformierte von temperierten Distributionen $T$ über die Fourier-Transformierte der Testfunktion definiert:

$$\langle \mathfrak{F}[T], \varphi \rangle = \langle T, \mathfrak{F}[\varphi] \rangle.$$

Mit geeigneten »Fortsetzungen« für einige Distributionen aus $\mathfrak{D}'$ in $\mathfrak{S}'$ kann man für diese ebenfalls eine Fourier-Transformation erklären. Auf diese Weise erhält man eine wichtige Fourier-Darstellung der δ-Distribution

$$\delta(x - x_0) = \frac{1}{2\pi} \int_{-\infty}^{+\infty} dp\, e^{ip(x-x_0)},$$

und für beliebige Ableitungen $D_x^k \delta(x-y)$ der δ-Distribution gilt

$$\mathfrak{F}\left[D_x^k \delta(x-x_0)\right] = \left[(ip)^k e^{-ipy}\right].$$

Das Konzept der verallgemeinerten Funktionen als Funktionale auf Testfunktionenräumen erlaubt eine mathematisch präzise Beschreibung von ↗*Quantenfeldern*. Weil diese als Funktionen eines Punktes $x$ des ↗*Minkowski-Raumes* in der Form $\phi(x)$ keine wirkliche ↗*Observable* darstellen können – dies erforderte unendlich hohe Energie –, erscheint es sinnvoll, nur einen »gemittelten« Wert über eine hinreichend kleine Umgebung des Punktes als meßbare Größe zu betrachten. Man definiert daher Quantenfelder als operatorwertige Distributionen auf dem Minkowski-Raum, d.h. man verwendet in Matrixelementen der Form $\langle \psi_2 | \phi(x) | \psi_1 \rangle$ das Quantenfeld $\phi$ als ein mit einer Testfunktion $f$ »verschmiertes« Quantenfeld $\phi(f) = \int d^4x\, \phi(x) f(x)$. Ein anderes Beispiel für das Auftreten der Distributionen-Theorie in der Physik findet man im Rahmen der elementaren Quantenmechanik bei der Lösung der ↗*Schrödinger-Gleichung*: Die zur Lösung dieser Gleichung benutzten ↗*ebenen Wellen* $e^{ikx}$ gehören gerade nicht zu den zulässigen Lösungsvektoren im Hilbert-Raum, nämlich den quadratintegrablen Funktionen. (Das Integral einer Funktion, die, wie z.B. $e^{ikx}$, auf dem ganzen Raum vom Betrag 1 ist, divergiert.) Auch diese Problematik wird mathematisch konsistent mit Hilfe von *Gelfand-Tripeln*, also innerhalb der Theorie der Distributionen gelöst.

Somit zeigt sich, daß nicht nur in der »klassischen« Einführung der δ-Distribution als Dichtefunktion einer Punktladung, sondern auch in der Feldtheorie oder der Quantenmechanik Distributionen vertraute physikalische Idealisierungen mathematisch exakt abbilden. Die δ-Distribution wurde formal 1925 als Punktdichtefunktion mit geeigneten Rechenregeln, welche die Besonderheiten dieses Konstrukts berücksichtigten, von P.A.M. ↗*Dirac* eingeführt. S.L. Sobolew (1908–1989) benutzte 1936 verallgemeinerte Funktionen im heutigen mathematischen Sinn zur Lösung des *Cauchy-Problems* für hyperbolische ↗*Differentialgleichungen*. Die vollständige Theorie wurde in der zweiten Hälfte der vierziger Jahre vom französischen Mathematiker L. Schwartz (geb. 1915) entwickelt und in einer Monographie [1] niedergelegt. Eine umfassende Darstellung einschließlich der Gelfand-Tripel bieten die vier Bände von Gelfand, Schilow und Wilenkin [2], [3]. Kurze Einführungen bieten [4] und [5]. Als gutes deutsches Standardwerk kann [6] gelten; Anwendungen der Theorie der Distributionen im Bereich partieller Differentialgleichungen werden in [7] und im Bereich von Pseudodifferentialoperatoren in [8] dargestellt. [9] enthält eine kurze Darstellung der Anwendung von operatorwertigen Distributionen in der relativistischen Quantenfeldtheorie.

## Literatur


[1] Schwartz, L.: *Théorie des Distributions.* Herman, Paris 1966.

[2] Gelfand, I.M., Schilow, G. E.: *Verallgemeinerte Funktionen (Distributionen)*, Bd I (1960), II (1962), III (1964) VEB Berlin.

[3] Gelfand, I.M., Wilenkin, N.J.: *Verallgemeinerte Funktionen (Distributionen)*, Bd IV (1964).

[4] Constantinescu, F.: *Distributionen und ihre Anwendung in der Physik*, Teubner, Stuttgart 1974.

[5] Lighthill, M J: *Einführung in die Theorie der Fourier-Analysis und der verall-*

*gemeinerten Funktionen*, BI, Mannheim 1966.
[6] Jantscher, L.: *Distributionen*, de Gruyter, Berlin 1971.
[7] Wloka, J.: *Partielle Differentialgleichungen*, Teubner, Stuttgart 1982.
[8] Taylor, M. E.: *Pseudodifferential Operators*, Princeton UP, Princeton 1981.
[9] Streater, R. F., Wightman, A. S.: *PCT, Spin, Statistics, and all that*, Benjamin, Cummings, Reading 1964.

**div,** Symbol für die ↗Divergenz eines Vektorfeldes.

**Divergenz, 1)** *Feldtheorie*: das einem dreidimensionalen Vektorfeld $F(r)$ zugeordnete skalare Feld $(\operatorname{div} F)(r)$, das man durch Anwendung des *Divergenzoperators* aus diesem erhält. Die Divergenz spielt in der *Elektrodynamik* (↗*Maxwell-Gleichungen*) und in der ↗*Hydrodynamik* eine wichtige Rolle. Für Vektorfelder und deren Divergenz gilt der *Gaußsche Satz* $\oint_S F(r)\mathrm{d}A = \int_V (\operatorname{div} F)\mathrm{d}V$, gemäß dem das Flächenintegral eines Vektorfeldes über eine geschlossene Fläche $S$ gleich dem Volumenintegral der Divergenz dieses Feldes über das von $S$ eingeschlossene Volumen $V$ ist. Aus dem Gaußschen Satz ergibt sich eine anschauliche Deutung der Divergenz: Faßt man $F(r)\mathrm{d}A$ als »Ausströmung« aus $V$ durch das Flächenelement $\mathrm{d}A$ auf, so muß die von $S$ umschlossene Divergenz die »Quelle« dieser Strömung sein. Die Divergenz wird daher auch als *Quelldichte* bezeichnet. Orte mit positiver Divergenz heißen *Quellen* des Vektorfeldes, Orte mit negativer Divergenz heißen *Senken*. Ist die Divergenz überall Null, heißt das Vektorfeld *divergenzfrei*. Magnetfelder sind immer divergenzfrei. Zu einem divergenzfreien Feld $F(r)$ läßt sich stets ein anderes Vektorfeld $A(r)$ finden, für das $\operatorname{rot} A = \nabla \times F = F$ gilt (↗Rotation). Häufig schreibt man die Divergenz auch als Skalarprodukt $\operatorname{div} F = \nabla \cdot F$ des *Nabla-Operators* $\nabla$ mit dem Vektor $F$.

Die Divergenz $\operatorname{div} F$ lautet in *kartesischen Koordinaten* $(x,y,z)$

$$\operatorname{div}(F_x e_x + F_y e_y + F_z e_z) = \frac{\partial F_x}{\partial x} + \frac{\partial F_y}{\partial y} + \frac{\partial F_z}{\partial z},$$

in ↗Zylinderkoordinaten $(\rho,\phi,z)$

$$\operatorname{div}(F_\rho e_\rho + F_\phi e_\phi + F_z e_z) = \frac{1}{\rho}\frac{\partial}{\partial\rho}(\rho F_\rho) + \frac{1}{\rho}\frac{\partial}{\partial\phi}F_\phi + \frac{\partial}{\partial z}F_z$$

und in ↗Kugelkoordinaten $(r,\theta,\phi)$

$$\operatorname{div}(F_r e_r + F_\theta e_\theta + F_\phi e_\phi) = \frac{1}{r^2}\frac{\partial}{\partial r}(r^2 F_r) + \frac{1}{r\sin\theta}\frac{\partial}{\partial\theta}(\sin\theta\, F_\theta) + \frac{1}{r\sin\theta}\frac{\partial}{\partial\phi}F_\phi .$$

Für beliebige Vektorfelder $A(r)$, $B(r)$ und skalare Felder $\Phi(r)$ gelten außerdem die Formeln

$$\begin{aligned}
\operatorname{div}(\operatorname{rot} A) &= 0,\\
\operatorname{div}(\Phi A) &= \Phi(\operatorname{div} A) + (\operatorname{grad}\Phi) \times A,\\
\operatorname{div} r &= 3 \text{ und}\\
\operatorname{div}(A \times B) &= B \operatorname{rot} A - A \operatorname{rot} B.
\end{aligned}$$

Die Divergenz des Gradienten eines skalaren Feldes $\Phi$ ist der ↗*Laplace-Operator*: $\Delta F := \operatorname{div}(\operatorname{grad}\Phi)$.

**2)** *Mathematik*: die Eigenschaft einer Folge, keinen Grenzwert zu besitzen, die Eigenschaft einer Reihe, nicht zu konvergieren, oder die Eigenschaft eines uneigentlichen Integrals, nicht zu existieren.

**3)** *Optik*: Bezeichnung für das Auseinanderlaufen von Lichtstrahlen, im Gegensatz zur ↗*Konvergenz* (Zusammenlaufen von Strahlen).

**4)**[n] *Quantenfeldtheorie*, *Elementarteilchenphysik*: die Bezeichnung für alle Arten von Unendlichkeiten, die bei der Berechnung physikalischer Observabler, z.B. Wirkungsquerschnitte, Zerfallsbreiten usw. auftreten. Man unterscheidet ultraviolette (UV), infrarote (IR) und kollineare Divergenzen sowie Coulomb-Singularitäten. Um mit divergenten Zwischenausdrücken sinnvoll umgehen zu können, müssen diese geeignet regularisiert werden (↗Regularisierung); summiert man alle Beiträge des vollen physikalischen Prozesses, so heben sich sämtliche IR-, kollinearen-, und Coulomb-Singularitäten gegenseitig weg. Die UV-Divergenzen werden durch die ↗Renormierung beseitigt.

*Kollineare* und *Infrarot-Divergenzen*: Kollineare Divergenzen (sog. *Massensingularitäten*) treten nur in ↗Feynman-Diagrammen mit masselosen äußeren Teilchen auf, und zwar genau dann, wenn sich zwei masselose ein- oder auslaufende Teilchen mit Impulsen $p_1$, $p_2$ parallel zueinander bewegen, also für die Viererimpulse $p_1 \cdot p_2 = 0$ gilt. IR-Divergenzen können in Diagrammen mit geschlossenen Schleifen auftreten, bei denen mindestens ein Teilchen in der Schleife masselos ist, oder in Bremsstrahlungsdiagrammen mit masselosen abgestrahlten Teilchen. Die IR- und kollinearen Divergenzen werden durch die Hinzunahme der Beiträge mit der zusätzlichen Abstrahlung eines »weichen« masselosen Teilchens kompensiert. Physikalisch ist diese Vorgehensweise gerechtfertigt, da man im Detektor die zusätzlichen Beiträge experimentell nicht vom eigentlich interessierenden Prozeß trennen kann.

Die *Coulomb-Singularität* tritt in Fällen auf, in denen zwei Teilchen »in Ruhe« produziert werden, d.h. wenn die Relativgeschwindigkeit $v \to 0$ geht. Sie stellt einen nichtstörungstheoretischen Effekt dar und modifiziert das – anziehende oder abstoßende – Potential zwischen den beiden Teilchen. In der Praxis werden die $1/v$-Singularitäten in der Wellenfunktion am Ursprung $|\varphi(0)|^2$ absorbiert.

*UV-Divergenzen* treten bei der Berechnung von Feynman-Diagrammen auf, die zu Strahlungskorrekturen höherer Ordnung (Schleifen-

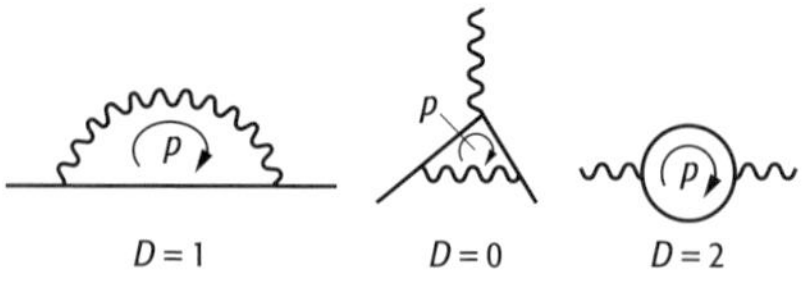


**Divergenz:** Bei der Berechnung von Strahlungskorrekturen, z.B. in der Quantenelektrodynamik, führt die Integration über den inneren Impuls $p$ zu unendlichen Beiträgen. Links die Elektron-Selbstenergie (Divergenzgrad $D = 1$), in der Mitte der Elektron-Photon-Vertex ($D = 0$), rechts die Photon-Selbstenergie ($D = 2$).

Diagramme, engl. *loop diagrams*) gehören. Die entsprechenden Integrale vom Typ $\int \frac{d^4p}{p^2 - m^2}$ ($p$ ist der Schleifen-Impuls, über den integriert wird, Abb.) divergieren für $p \to \infty$ (ultravioletter Bereich). Der Grad $D$ der Divergenz eines Feynman-Diagramms bzw. seines entsprechenden Integrals läßt sich für große Impulse $p$ durch einfaches Abzählen der Potenzen von $p$ ermitteln (*power counting*). Jeder Boson-Propagator trägt $p^{-2}$ und jeder Fermionpropagator $p^{-1}$ bei, jede Schleife eine Integration mit $p^4$ und jeder Vertex mit $n$ Ableitungen höchstens $p^n$. Das Integral wird divergent, wenn die Gesamtpotenz von $p$, der sog. Divergenzgrad $D$, gleich oder größer Null ist. Zur Verdeutlichung soll das Beispiel der Quantenelektrodynamik dienen: jedes Diagramm der QED besteht aus einer bestimmten Anzahl innerer ($I_\psi$) und äußerer ($E_\psi$) Elektronlinien sowie $I_A$ inneren und $E_A$ äußeren Photonlinien; es enthält $L$ Schleifen und $V$ Vertizes. Dann beträgt der Divergenzgrad

$$D = 4L - 2I_A - I_\psi .$$

Er kann auch als Funktion nur der äußeren Linien geschrieben werden,

$$D = 4 - \frac{3E_\psi}{2} - E_A ,$$

d.h. der Divergenzgrad in der QED ist unabhängig von der unter Umständen komplizierten Struktur der inneren Linien. Man rechnet leicht nach, daß die Selbstenergie des Elektrons den Divergenzgrad $D = 1$, die Selbstenergie des Photons hingegen $D = 2$ aufweist.

**Divertor,** in der *Fusionsforschung* ein vielversprechendes Konzept zur Lösung der Probleme der ↗*Plasma-Wand-Wechselwirkung* (↗Kernfusion). Der Kern des Divertorkonzeptes besteht darin, das Plasma innerhalb des durch die ↗*Separatrix* begrenzten Bereiches, in dem es magnetisch eingeschlossen ist, nicht mit materiellen Strukturen in Berührung kommen zu lassen. Die Alternative ist das Limiterkonzept, bei dem das Plasma unmittelbar durch einen materiellen ↗*Limiter* begrenzt wird. Wenn wie beim Divertorkonzept das Plasma statt dessen von einer Separatrix begrenzt wird, bezeichnet man diese auch als *magnetischen Limiter.* Diejenigen Plasmateilchen, die aus dem Kernplasma über die Separatrix nach außen diffundieren, folgen den Magnetfeldlinien, bis diese auf eine materielle Wand treffen, an der sie einen Teil ihrer Energie abgeben und sich als relativ kaltes, dichtes Plasma (Divertorplasma) stauen. Beim Divertorkonzept führt man die Magnetfeldlinien außerhalb der Separatrix auf sogenannte *Prall-* oder *Divertorplatten.* Das Divertorplasma beschränkt die thermische Belastung der Divertorplatten, ohne das Kernplasma unerwünschterweise zu kühlen, denn es ist ja von diesem räumlich getrennt. Durch Abpumpen des Divertorplasmas erreicht man außerdem eine kontrollierte Teilchenabfuhr, die insbesondere für die Abfuhr der Heliumasche in einem Fusionskraftwerk von Bedeutung sein wird. Das Divertorkonzept wurde bereits 1958 von L. ↗*Spitzer* vorgeschlagen. Erst 1982 aber erzielte es beim Garchinger Tokamak ↗*ASDEX* einen Erfolg: Die ↗*H-Mode*, ein Plasmazustand mit verbesserten Wärmedämmeigenschaften, wurde entdeckt. Daraufhin wurde auch ↗*JET*, das weltweit größte Fusionsexperiment, auf Divertorbetrieb umgerüstet und konnte 1986 die Garchinger Ergebnisse reproduzieren. Auch der Testreaktor ↗*ITER* wird mit einem Divertor ausgestattet werden, dessen Funktionsweise bereits heute im Tokamak ↗*ASDEX-Upgrade* eingehend untersucht wird. Dabei gelang 1994 eine weitere Konzeptverbesserung, nämlich die Entkopplung von Energie- und Massenabfuhr aus dem Plasma unter Beibehaltung der guten Wärmedämmeigenschaften in der sogenannten ↗*CDH-Mode*. Der Inseldivertor des in Bau befindlichen Stellarators ↗*Wendelstein 7-X* wird ab 1997 an dessen Vorgängermodell ↗*Wendelstein 7-AS* konzeptionell getestet. [GB1]

**Divertorplatte,** *Prallplatte,* ↗Divertor.

**DL 50,** *Dosis letalis 50 %*, für biologisches Material jene Dosis, deren Anwendung bei 50 % der bestrahlten Tiere oder Pflanzen zum Absterben führt.

**DLVO-Theorie,** Theorie, welche die Stabilität von ↗Solen gegen Koagulation beschreibt. Sie wurde von D. Derjaguin und L.D. ↗Landau und unabhängig davon von E. Verwey und J.T.G. Overbeck entwickelt. Die DLVO-Theorie berücksichtigt die elektrostatische Abstoßung zwischen den elektrischen Doppelschichten, eine an der Phasengrenze entstandene Ladungsverteilung benachbarter Teilchen und die Van-der-Waals-Anziehung der Moleküle.

**DMA,** *Direct Memory Access,* ↗*direkter Speicherzugriff.*

**DMS** ↗*Dehnungsmeßstreifen.*

**D-Mesonen,** ↗*Mesonen* mit offener Charm-Quantenzahl $C \neq 0$, d.h. der Beteiligung eines ↗Charm-Quarks c bzw. Charm-Antiquarks $\bar{c}$ (↗Charm). Es sind sowohl Quarkkombinationen mit antiparallelen als auch parallelen Spins möglich; erstere ergeben die D-Mesonen $D^0 = (u\bar{c})$, $D^+ = (\bar{d}c)$ und $D_s^+ = (\bar{s}c)$, letztere bilden entsprechend $D^{*+}$, $D^{*0}$ und $D_s^{*+}$; dazu kommen die jeweiligen ↗Antiteilchen. Alle diese D-Mesonen konnten experimentell nachgewiesen werden. Beim Zerfall von D-Mesonen spielen die seltsamen K-Mesonen eine charakteristische Rolle, denn dem ↗*GIM-Mechanismus* zufolge gehen c-Quarks bevorzugt in s-Quarks über, ↗*K-Mesonen* treten also entsprechend häufig unter den Zerfallsprodukten von

D-Mesonen auf und dienen als Signal für ihre Detektion. (↗*D-Physik*, ↗Elementarteilchen)

**DNA** ↗*DNS*.

**DNMR,** *dynamische NMR*, nicht eindeutiger Begriff, bezieht sich entweder auf ↗NMR-spektroskopische Experimente an nur kurzzeitig beständigen Substanzen oder aber auf die Beobachtung von chemischem Austausch oder von Bewegungen mittels NMR-Methoden.

**DNS, 1)** *Biophysik*: *Desoxyribonukleinsäuren*, *DNA* (Abk. von engl. Deoxyribonucleic Acid), hochpolymere ↗*Nukleinsäuren* aus 2′-Desoxynukleotiden.

*Chemische Struktur*: Die DNS besteht aus linearen Kettenmolekülen, in denen als Monomere fast ausschließlich vier verschiedene Standardnukleotide (2′-Desoxyribonucleosidmonophosphate A, C, G, und T) in gebundener Form vorkommen (Abb. 1): dAMP (2′-Desoxyadenosinmonophosphat, Adenin, A), dCMP (2′-Desoxycytosinmonophosphat, Cytosin, C), dGMP (2′-Desoxyguaninmonophosphat, Guanin, G) und dTMP (2′-Desoxythymidinmonophosphat, Thymin, T). Die Zahl der Monomere in einem DNS-Molekül kann sehr große Werte annehmen und übersteigt alle von anderen Polymeren bekannten Größenordnungen ($\approx 10^5$ beim Bakteriophagen T2, Abb. 4, $\approx 10^6$ bei der Bakterie *Escherichia coli* und $\approx 10^9$ bei Säugetieren, im letzteren Falle ist die Gesamtlänge der DNS etwa 1 Meter, ↗Biomakromoleküle).

*Raumstruktur und physikalische Eigenschaften*: Die bestimmenden Faktoren der lokalen Raumstruktur der DNS sind 1) die hydrophoben Wechselwirkungen der benachbarten Nukleinsäurebasen eines Stranges (Stapelpackung der planaren Nukleinsäurebasen, »Stacking«), 2) Wasserstoffbrücken zwischen den funktionellen Gruppen der Nukleinsäurebasen sequentiell weit auseinanderliegender Nukleotide oder verschiedener Kettenmoleküle (Basenpaarung), 3) die elektrostatische Abstoßung gleichgeladener Phosphatgruppen, 4) die hohe Zahl von Konformationsfreiheitsgraden der Zucker-Phosphat-Kette (flexibles Rückgrat). Dies sind die Ursachen, weshalb DNS zwar eine Sekundärstruktur, aber keine eigene Tertiärstruktur ausbildet.

Ein DNS-Einzelstrang lagert sich beim Vorhandensein eines sogenannten komplementären DNS-Stranges an diesen an (Modell der doppelsträngigen Helix, Abb. 2 im Farbteil und 3). Der daraus entstehende Doppelstrang nimmt wegen des Kompromisses aus optimalem Stacking und möglichst geringer elektrostatischer Abstoßung der Phosphate eine Helixstruktur an. Die funktionellen Gruppen der Nukleinsäurebasen unterschiedlicher Stränge werden dabei mit Wasserstoffbrücken abgesättigt.

Die durch die heterozyklischen Nukleinsäurebasen bedingte Absorption im UV-Bereich (bei 260 nm) wird häufig zum Nachweis der DNS mit ↗*Absorptionsspektroskopie* genutzt. Die

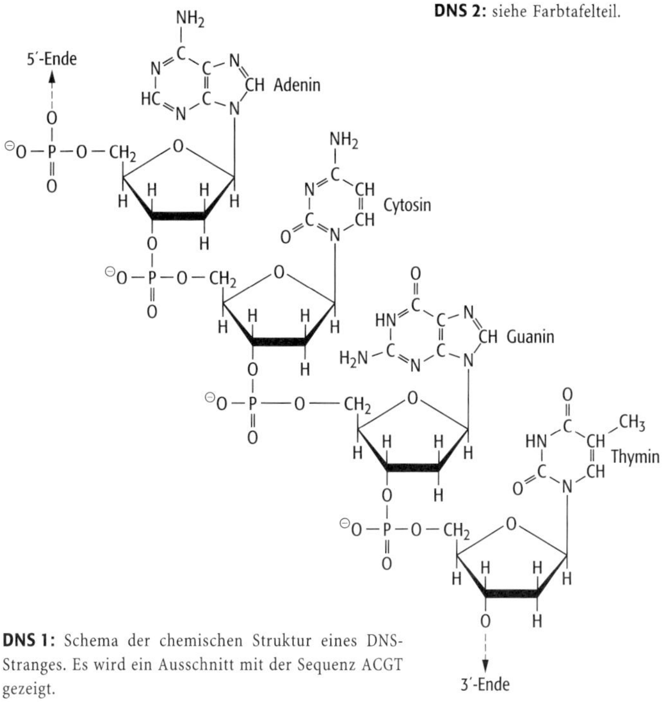


**DNS 1:** Schema der chemischen Struktur eines DNS-Stranges. Es wird ein Ausschnitt mit der Sequenz ACGT gezeigt.

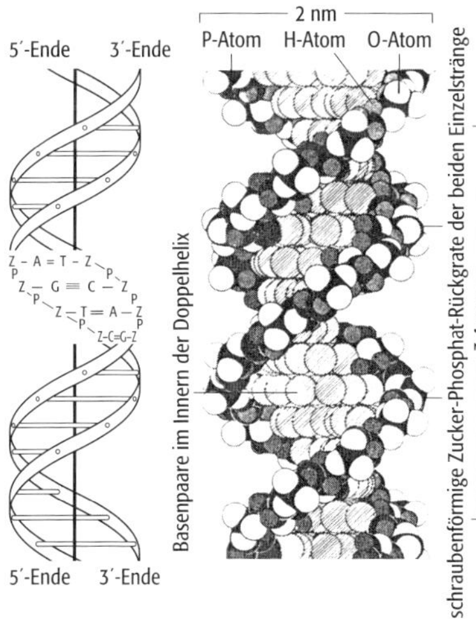


↗*CD-Spektroskopie* im gleichen Wellenlängenbereich ist ein einfaches Mittel zum Verfolgen der Denaturierung der DNS.

*Biologische Bedeutung*: Die nichtzufällige Sequenz der Monomere im DNS-Kettenmolekül dient als Speicher der *genetischen Information* sowohl bei allen ein- und mehrzelligen Organismen als auch bei Viren (↗genetischer Code, Abb. 4). Einzige Ausnahme bilden sogenannte RNS-Viren und Phagen, in denen der Genom in Form der Nukleotidsequenz von ↗*RNS* verschlüsselt ist. Dabei verfügt bei mehrzelligen Organismen jede Zelle zumindest im Anfangsstadium ihrer Entwicklung über einen kompletten Satz der gesamten genetischen

**DNS 2:** siehe Farbtafelteil.

**DNS 3:** Schema der Struktur der Doppelhelix (B-Form). Links ist ein Ausschnitt von etwa zwei Windungen Länge dargestellt. Rechts davon ist ein Teil des linken Bildes als Kalottenmodell wiederholt.

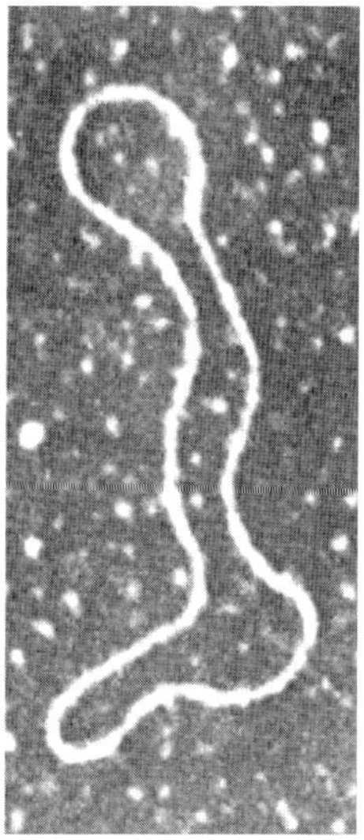

**DNS 4:** Elektronenmikroskopische Aufnahme des isolierten DNS-Moleküls des Bakteriophagen T2. Die Länge des Fadens beträgt 56 µm (etwa 180000 Basenpaare).

Information des Organismus. Das Modell der doppelsträngigen DNS-Helix erklärt, wie die DNS ihre biologische Aufgabe wahrnehmen kann: Durch die Paarung komplementärer Stränge ist es DNS-Reparatursystemen *in vivo* möglich, einen einzelnen beschädigten Strang, z.B. infolge der Einwirkung von ↗*ionisierender Strahlung*, durch Vergleich mit dem Partnerstrang zu identifizieren und wiederherzustellen. Damit ist eine gewisse Sicherheit bei der Informationsspeicherung über große Zeiträume gewährleistet. Andererseits kann jeder der Stränge als Matrix für die Synthese neuer DNS dienen (Replikation). Dabei entstehen zwei neue Doppelspiralen, jede mit einem alten und einem neuen Strang. Die identischen Kopien der genetische Information stehen dann bei Zellteilung (oder Virusvermehrung) den Tochterzellen (oder den neuen Viren) zur Verfügung. [FE]

**2)** *Elektronische Kommunikation*: *Domain Name System*, ↗Internet.

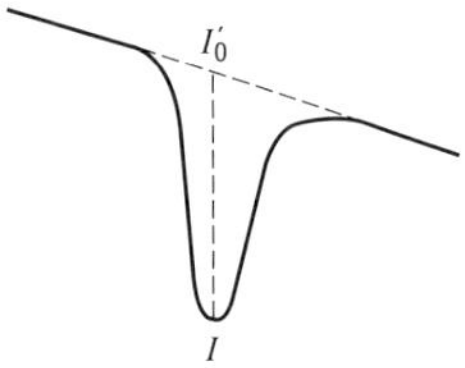


**DOAS:** Die differentielle optische Dichte $\tau'$ einer Absorptionslinie kann aus der zwischen den Bandenschultern interpolierten Intensität $I'_0$ und der Intensität in der Bandenmitte, $I$, berechnet werden: $\tau' = \ln(I'_0/I)$.

**DOAS,** *differentielle optische Absorptionsspektroskopie*, eine Methode zur simultanen Messung der Konzentrationen verschiedener atmosphärischer Spurengase, bei der die Lichtabsorption durch die interessierenden Stoffe im sichtbaren und UV-Spektralbereich untersucht wird. Die Spurengaskonzentrationen in einem Luftvolumen werden dabei aus den jeweils charakteristischen Absorptionsstrukturen durch Vergleich mit Absorptionslinien in Referenzspektren bestimmt (hierauf geht die Bezeichnung »differentielle Absorptionslinien« zurück). Aufgrund der hohen Meßempfindlichkeit (die ↗*optische Dichte* kann kleiner als 0,001 sein) eignet sich DOAS insbesondere zur Messung von Stoffen wie ↗*Ozon*, *Stickoxiden*, *Benzol* oder *Halogeniden*, die für den *katalytischen Ozonabbau* verantwortlich sind (z.B. OClO, BrO). Für die Bestimmung troposphärischer Spurenstoffkonzentrationen wird die Abschwächung künstlicher Lichtquellen gemessen (*Langpfad-DOAS*, *Multireflektionssysteme*). Die Messung stratosphärischer Spurenstoffe erfolgt durch die Aufnahme von Spektren von im Zenit gestreutem Sonnenlicht, Mond- oder Sternenlicht.

**Dobson-Einheit,** *Dobson Unit, DU,* nach dem britischen Pionier der Ozonforschung G. M. B. Dobson benannte Maßeinheit für die vertikal integrierte atmosphärische Ozonkonzentration, d.h. die »Dicke« der *Ozonschicht* (↗Ozon). 1 DU ist als eine ↗Säulenhöhe von Ozon von 10 μm definiert. Da sich diese Strecke bei einem Luftdruck von $10^{-3}$ atm und einer Temperatur von 0 °C auf 1 cm ausdehnen würde, kann 1 DU auch als 1 matm · cm gesetzt werden. Das Ozon in der Erdatmosphäre hätte unter ↗Normalbedingungen (1 atm ≡ 1013 hPa, 0 °C) in einer ca. 3,5 mm dünnen Schicht Platz, seine mittlere Säulenhöhe beträgt also rund 350 DU.

**Dobson-Spektrometer,** Instrument zur absorptionsspektroskopischen Bestimmung des atmosphärischen ↗Ozon-Gehalts vom Erdboden aus. Seit den 40er Jahren entstand ein weltweites Meßnetz mit mehreren hundert Geräten.

**Docht,** eine in der Regel aus Baumwollfäden gewebte oder verdrillte Schnur, die in Petroleumlampen und Kerzen den Brennstoff nach oben zur Flamme hin transportiert. Die Funktion des Dochtes beruht auf der Saugwirkung der ↗Kapillarität.

**Dolby-Verfahren,** ein von dem amerikanischen Elektrotechniker R.M. Dolby 1965 entwickeltes Verfahren zur ↗Rauschunterdrückung bei Tonaufzeichnungen mit Magnetbändern.

**Doliwo-Dobrowolski,** *Michael Ossipowitsch*, russischer Elektrotechniker, *2.1.1862 St.Petersburg, †15.11.1919 Heidelberg; 1909 technischer Direktor bei der AEG; entwickelte den ersten Drehstrom-Asynchronmotor (1889) und Drehstromtransformator (1890); führte den mehrphasigen Wechselstrom (von ihm Drehstrom genannt) in die Technik (insbesondere zur elektrischen Energieübertragung) ein.

**Dollond,** *John*, englischer Optiker, *10.6.1706 London-Spitalfields, †30.11.1761 London; ursprünglich Seidenweber; entdeckte 1757, daß sich aus einer Kombination verschiedener Glassorten (Kron- und Flintglas) nahezu farbenreine Objektive für Fernrohre und Mikroskope (Achromate) herstellen lassen; baute zusammen mit seinem Sohn *Peter Dollond*, der 1765 den Dreifach-Achromaten erfand, die damals besten Refraktoren *(Dollondsche Fernrohre)*; J. Dollond vervollkommnete das Spiegelteleskop und konstruierte 1754 auch das erste einsetzbare Heliometer; *George Dollond*, der Neffe von P. Dollond, führte die Familientradition in der dritten Generation fort.

**Domain Name System,** *DNS*, ↗Internet.

**Domäne 1)** *Biophysik*: ↗Biomakromoleküle, ↗Proteine.

**2)** *Festkörperphysik*: ein makroskopisches Gebiet in einem Kristall, in dem eine vektorielle Größe bei Abwesenheit äußerer Felder überall den gleichen Wert hat. Der Kristall ist im allgemeinen in viele Domänen unterteilt, so daß der mittlere Wert der Vektorgröße über den gesamten Kristall verschwindet. Beispiele sind die ↗Weiss'schen Bezirke und die ↗Seignette-elektrischen Domänen. Bringt man bestimmte Halbleiter in ein elektrisches Feld, so können in ihnen Gebiete auftreten, in denen die Feldstärke stark vom Mittelwert abweicht; diese Gebiete bezeichnet man als *elektrische Domänen*.

**Domänengrenzen,** *Domänenwände*, Grenzflächen zwischen den ↗*Weiss'schen Bezirken* innerhalb von ↗*Domänenstrukturen*. Da die Domänengrenzen Bezirke mit unterschiedlichen Magnetisierungsrichtungen trennen, erfolgt in der Grenzregion eine Verkippung benachbarter Spins. Dadurch erfordert der Aufbau von Domänengrenzen die Überwindung der *Austauschenergie*, die bei Parallelstellung der Spins minimal ist (↗*Austausch*).

Beim Durchgang durch die Domänengrenze erfolgt das Umklappen der Magnetisierung stetig über eine sog. ↗*Bloch-Wand*. Domänengrenzen können mit dem ↗*Bitterschen Verfahren* sichtbar gemacht werden.

**Domänenstruktur,** eine Struktur von ↗*Weiss'schen Bezirken* oder *Domänen*, die in unterschiedliche Richtungen magnetisiert sind, da die ↗*Magnetisierung M* innerhalb eines *Ferromagneten* nicht einheitlich ist (↗*Ferromagnetismus*). Dadurch ist das resultierende magetische Moment der Probe verringert und kann sogar verschwinden. Der Magnetisierungsvektor innerhalb der Weiss'schen Bezirke liegt infolge der ↗*magnetischen Anisotropie* in den sog. *leichten Richtungen*, die z.B. beim Eisen die [100]-, [010]- und [001]-Richtung und die entsprechenden Gegenrichtungen sind. Zum Aufbau von ↗*Domänengrenzen* muß Arbeit geleistet werden, die durch die gleichzeitig sinkende magnetische Feldenergie $\int HdM$ gewonnen wird. Die Domänenstruktur stellt sich so ein, daß die Gesamtenergie minimal ist. In einigen Fällen bilden sich sog. ↗*Abschlußdomänen*.

**Donator,** *Donor*, eine flache Störstelle im Halbleiterkristall, die in der Lage ist, ein Elektron so schwach zu binden, daß es bereits durch thermische Anregung ins Leitungsband gelangen kann. (↗Bändermodell)

Diese so erzeugten Elektronen können sich unter Anlegen einer elektrischen Spannung durch den Halbleiter bewegen und tragen so zur ↗elektrischen Leitfähigkeit bei.

Energetisch erzeugt das Potential des Donators in der verbotenen Zone im Abstand von größenordnungsmäßig $10^{-2}$eV unterhalb der Leitungsbandkante zusätzliche Energieniveaus, die *Donatorniveaus*. Bei $T = 0$ sind alle Donatorniveaus mit Elektronen besetzt. Mit wachsender Temperatur werden die Donatoren in zunehmendem Maße ionisiert, d.h. die Elektronen werden ins Leitungsband angeregt. Die dazu nötige Energie heißt *Ionisierungs-* oder *Bindungsenergie* des Donators. Typische Donatoren bzgl. Halbleitern der vierten Spalte des Periodensystems sind die Elemente der fünften Spalte. Ein Beispiel für einen Donator ist Arsen in Silicium. Da Arsen mit fünf Valenzelektronen eines mehr als Silicium hat, bleibt beim Einbau auf einem Silicium-Gitterplatz ein Valenzelektron übrig, das nur schwach gebunden ist, so daß nur eine geringe Ionisierungsenergie $E_d$ benötigt wird, um es ins Leitungsband anzuregen.

**Donator-Akzeptor-Komplexe,** Molekülkomplexe zwischen einem als ↗Donator und einem als ↗Akzeptor wirkenden Molekül. Die Stabilität dieser Komplexe ist um so größer, je kleiner die Ionisationsenergie des Donators und je größer die Elektronenaffinität des Akzeptors ist. Die Bindung der Donator-Akzeptor-Komplexe erklärt man durch eine ↗Mesomerie zwischen einer nicht-ionischen Grenzstruktur und einer ionischen Grenzstruktur. Im Grundzustand überwiegt die nicht-ionische Grenzstruktur, in der zwischen den Donator- und den Akzeptor-Molekülen nur klassische ↗Van-der-Waals-Kräfte wirken. Im angeregten Zustand wird die Gesamtladungsverteilung überwiegend von der ionischen Grenzstruktur bestimmt, in der ein Elektron vom Donatormolekül zum Akzeptormolekül übergegangen ist.

**Donatorniveau,** Energiezustand $E_D$ des ↗Donators in der ↗Energielücke. Das Donatorniveau wird im Bänderschema (↗Bändermodell) um den Energiebetrag unterhalb des Leitungsbandminimums $E_C$ eingetragen, der der Ionisierungsenergie $E_D = E_C - E_D$ entspricht.

**Donatorterme** ↗Akzeptorterme.

**Donders,** *Frans Cornelis*, niederländischer Physiologe und Ophthalmologe, *27.5.1818 Tilburg, †24.3.1889 Utrecht; 1847 Professor in Utrecht; Mitbegründer der modernen Augenheilkunde (Ophthalmologie); bedeutende Arbeiten zur Akkommodation und Refraktion, über entoptische Wahrnehmungen (»mouches volantes«) und zu den Schielvorgängen; unterschied als erster zwischen Übersichtigkeit und Alterssichtigkeit; führte die zylindrische Brille (zur Korrektur des Astigmatismus) und prismatische Brille ein.

**Donnan,** *Frederick George*, britischer Chemiker, *6.9.1870 Colombo (Ceylon, Sri Lanka), †16.12.1956 Canterbury; 1904 Professor für physikalische Chemie in Liverpool; 1906–13 Direktor des dortigen Muspratt-Laboratoriums; 1913–37 Professor für Chemie am University College in London; Mitbegründer der physikalischen Chemie in England; Arbeiten zur Kolloidchemie, über osmotische Vorgänge und die Theorie der Lösungen; beschrieb 1911 das ↗*Donnan-Potential;* setzte sich ab 1918 für eine internationale Kommunikation der Naturwissenschaftler ein; verhalf nach 1933 vielen deutschen Forschern zur Emigration nach Großbritannien.

**Donnan-Potential,** elektrisches Potential an einer Phasengrenzfläche, zu deren beiden Seiten sich Elektrolytlösungen befinden und die für mindestens eine Ionenart impermeabel

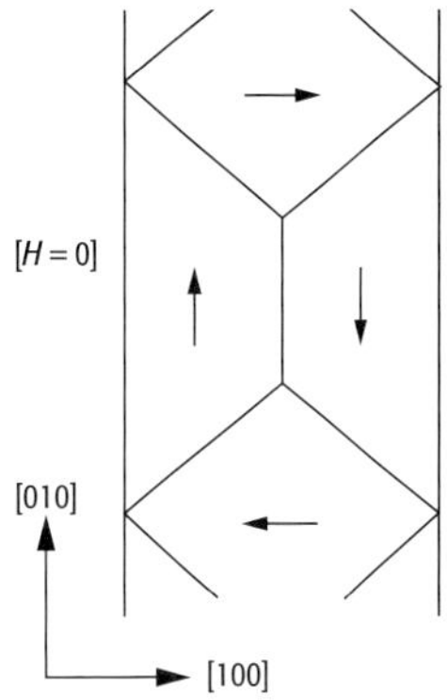


**Domänenstruktur:** Schematische Domänenstruktur eines Ferromagneten. Die Pfeile kennzeichnen die Magnetisierungsrichtung innerhalb der Weiss'schen Bezirke.

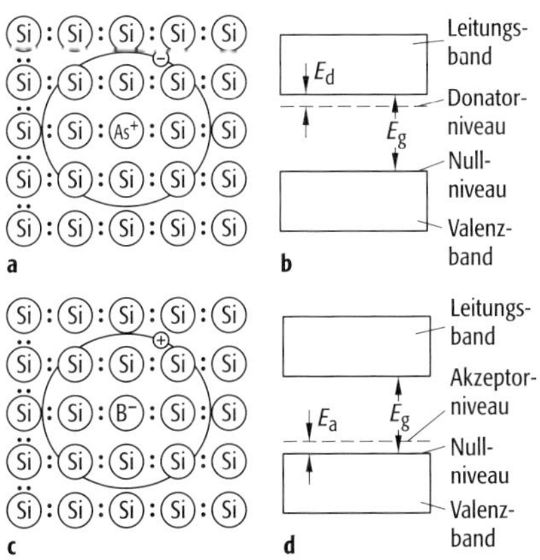


**Donator:** a) Schematische Darstellung der Wirkung eines Arsen-Atoms als Donator in einem Silicium-Kristall. Der Bohrsche Radius der Elektronenbahn ist nicht maßstabsgetreu dargestellt, er ist in Wirklichkeit mehr als zehnmal so groß wie der Abstand der Silicium-Atome; b) Lage des Energieniveaus für den Grundzustand eines Donatoratoms. $E_d$ ist die Ionisierungsenergie des Donators; c) Schematische Darstellung der Wirkung eines Bor-Atoms als Akzeptor in einem Silicium-Kristall; d) Lage des Energieniveaus des Grundzustands eines Akzeptor-Atoms. $E_a$ ist die Ionisierungsenergie des Akzeptors.

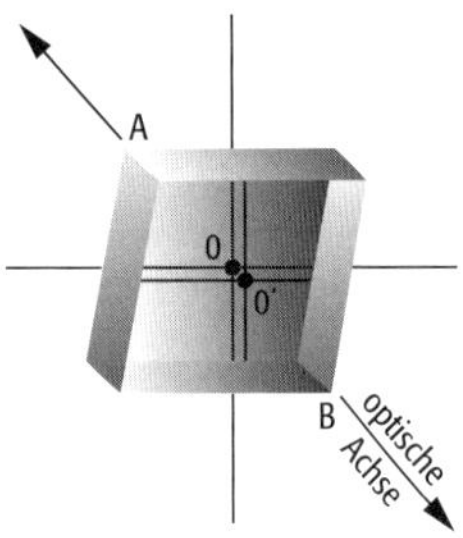


**Doppelbrechung 1:** Beispiel für die Doppelbrechung in einem Kalkspat-Rhomboeder.

(z.B. für das Makroion eines Polyelektrolyten) und für mindestens einen Elektrolyten passierbar ist (z.B. $Na^+$, $K^+$ oder $Cl^-$). Die Impermeabilität kann durch die zu geringe Porengröße einer Membran oder die räumliche Fixierung der ionischen Gruppen in einer der beiden Phasen (z.B. in makromolekularen Netzwerken im Gel im Inneren eines Ionenaustauscherkorns oder an intrazellulären ↗*Biomakromolekülen* wie Proteinen oder Nukleinsäuren) bedingt sein. Dieses kombinierte osmotische und elektrochemische Gleichgewicht wurde erstmals von Donnan 1911 untersucht.

**Donnereffekt,** eine bei der Lichttonwiedergabe von Doppelzackenschrift (↗*Lichttontechnik*) durch *nichtlineare Verzerrungen* verursachte Erscheinung. Mit geeigneter Wahl der Kopierbedingungen sowie der Negativ- und Positivmaterialien läßt sich der Effekt vermeiden.

**Donor** ↗Donator.

**Doppelarmspektrometer,** Paar identischer Spektrometer zum gleichzeitigen Nachweis von Teilchen-Antiteilchen-Paaren, z.B. $e^+e^-$-Paaren, die in Proton-Nukleon-Stößen erzeugt werden.

**Doppelaustausch** ↗*Superaustausch.*

**Doppelbildokular,** mikroskopische Okularoptik zur Separation von Bildern. Üblicherweise werden die Bilder in komplementären Farben mit einem lateralen Versatz dargestellt. Der laterale Versatz und damit die vom Auge wahrgenommene ↗*Disparation* zur Trennung in zwei Einzelbilder kann individuell eingestellt werden.

**Doppelbindung** ↗Mehrfachbindung.

**doppelbrechende Filter,** meist aus ein oder mehreren Quarzplatten bestehende Filter, bei denen die Eigenschaft von Quarz ausgenutzt wird, optisch anisotrop zu sein, also ↗*Doppelbrechung* zu zeigen. Wegen ihrer im Vergleich zu ↗*Prismen* und ↗*Gittern* geringeren optischen Verluste werden diese Filter häufig zur ↗*Wellenlängenselektion* in Dauerstrich-↗*Farbstofflasern* eingesetzt. Bei fester Plattendicke gibt es bestimmte Wellenlängen, für die die Phasendifferenz von ordentlichem und außerordentlichem Strahl ein ganzzahliges Vielfaches der Wellenlänge ist – in diesem Fall bleibt der Polarisationszustand erhalten. Die Wirkung einer doppelbrechenden Platte in einem Laserresonator ist abhängig von deren Orientierung und der Wellenlänge. Zur Minimierung der Verluste bei der gewünschten Wellenlänge wird die Quarzplatte im *Brewster-Winkel* (↗Brewstersches Gesetz) zum Strahlengang im Resonator angeordnet und verhält sich so gleichzeitig selbst noch als Polarisator. Ordnet man zusätzlich im Resonator ein oder mehrere ↗Polarisatorplättchen an (man spricht dann bei der Gesamtanordnung von einem ↗*Lyot-Filter*), so werden die Verluste für Wellenlängen, bei denen der Polariations-zustand nicht erhalten bleibt, deutlich erhöht, und das Anschwingen der entsprechenden ↗Resonatormoden wird unterdrückt. Abstimmen läßt sich ein solcher Laser, indem die Polarisatorplättchen um den Winkel $\phi$ um eine Achse parallel zur Oberflächennormale der Quarzplatte gedreht werden.
Da die Filterwirkung einer einzelnen doppelbrechenden Platte im allgemeinen nicht ausreicht, die Linienbreite eines abstimmbaren Lasers genügend einzuengen, werden Mehrfachfilter eingesetzt. Diese bestehen meist aus drei, manchmal vier oder mehr Platten ganzzahliger Dickenverhältnisse (z.B. 1:3:9 oder 1:4:16), die in einem gemeinsamen Halter um den gleichen Winkel verstellt werden. Die Abstimmeigenschaften eines solchen Mehrfachfilters werden dann durch die dünnste Platte bestimmt, die spektrale Breite aber durch die dickste.

**Doppelbrechung,** Phänomen, daß ein Lichtstrahl beim Durchgang durch einen optisch anisotropen Körper in zwei Lichtstrahlen aufgespalten wird, die sich unabhängig voneinander mit unterschiedlichen Lichtgeschwindigkeiten ausbreiten. Das Phänomen wurde erstmals 1669 von E. ↗*Bartholinus* bei der Lichtausbreitung in Kalkspat (Calcit) beobachtet (Abb. 1). Der eine Strahl breitet sich gemäß dem ↗*Snelliusschen Brechungsgesetz* aus und heißt *ordentlicher Strahl* (im französischen Original »rayon ordinaire«; o-Strahl), der andere Strahl folgt diesem Gesetz nicht und heißt *außerordentlicher Strahl* (franz. »rayon extraordinaire«; e-Strahl). Beiden Strahlen kann man unterschiedliche Brechzahlen $n_o$ und $n_e$ zuordnen, deren Differenz für die Stärke der Doppelbrechung charakteristisch ist. Aus den unterschiedlichen Brechzahlen und dem ↗*Huygensschen Prinzip* lassen sich die unterschiedlichen Strahlrichtungen erklären (Abb. 2). $n_e$ ist abhängig von der Strahlrichtung und wird üblicherweise senkrecht zur optischen Achse des Kristalls angegeben. Entsprechend dem Vorzeichen der Differenz $n_e - n_o$ spricht man von *optisch negativen* oder *optisch positiven Kristallen.*
Beide Strahlen sind linear ↗*polarisiert*, da sich in einem anisotropen Medium nur linear polarisierte Wellen ausbreiten können. Doppelbrechende Medien wirken also als *Polarisatoren.* Die Polarisationsrichtungen von e- und o-Strahl stehen aufeinander senkrecht, wobei eine Richtung mit dem *Hauptschnitt* des Kristalls zusammenfällt. Der *Strahlhauptschnitt* bezeichnet diejenige Ebene, die aus der optischen Achse des Kristalls und dem Einfallslot des Lichtstrahls aufgespannt wird. Fällt diese Ebene mit der Einfallsebene zusammen, werden ordentlicher und außerordentlicher Strahl nicht getrennt. In jedem anderen Fall wird der e-Strahl aus der Einfallsebene herausgebrochen (Abb. 3). In optisch negativen Kristallen wie Kalkspat vergrößert sich dabei der Winkel zwischen optischer Achse und e-Strahl. In optisch positiven Kristallen

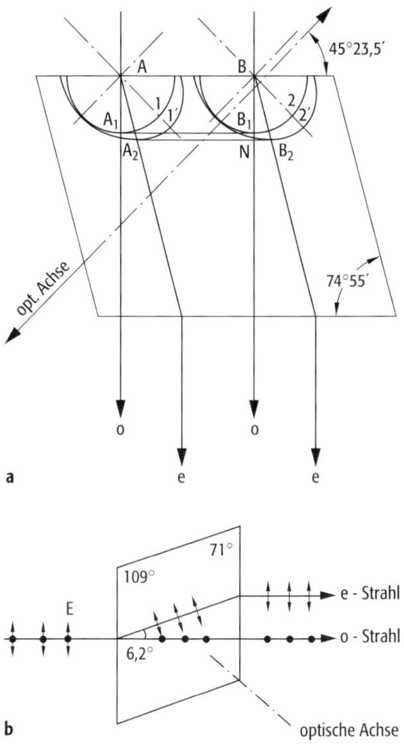


**Doppelbrechung 2:** a) Ausbreitung von ordentlichem (o) und außerordentlichem (e) Strahl nach dem Huygensschen Prinzip. b) Die Polarisationsrichtungen von e- und o-Strahl stehen senkrecht aufeinander.

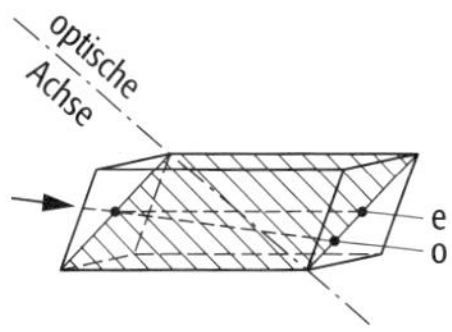


**Doppelbrechung 3:** Schema der Doppelbrechung an einem Kalkspat-Rhomboeder; perspektivische Darstellung (schraffiert: Hauptschnitt); o: ordentlicher Strahl, e: außerordentlicher Strahl.

**Doppelbrechung:** Beispiele für $n_e$ und $n_o$ ($\lambda = 589{,}3\,\mathrm{nm}$).

| Material | $n_o$ | $n_e$ | $n_e - n_o$ |
|---|---|---|---|
| Kalkspat | 1,6584 | 1,4864 | −0,1720 |
| Quarz | 1,5442 | 1,5533 | +0,0091 |
| Wassereis | 1,309 | 1,313 | +0,004 |

wie Quarz kehrt sich der Effekt um, und der Winkel zwischen e-Strahl und optischer Achse wird kleiner.

Gibt es in einem Kristall zwei Achsen, in denen o- und e-Strahl zusammenfallen, d.h. auch zwei optische Achsen, handelt es sich um einen ↗*optisch zweiachsigen Kristall.* In Richtung der optischen Achse ist ein Kristall jeweils *optisch isotrop.* Stoffe, die in zunächst jeder Richtung optisch isotrop sind wie z.B. Glas, können durch äußere Einflüsse wie Druck oder elektrische Felder anisotrop werden. Man spricht dann von *induzierter* oder *akzidentieller Doppelbrechung.* Man unterscheidet dabei *elektrooptische Effekte* (z.B ↗*Kerr-Effekt*), bei denen ein optisch isotropes Medium beim Anlegen eines elektrischen Feldes optische Doppelbrechung zeigt, und ↗*magnetooptische Effekte* (z.B. Cotton-Mouton-Effekt), bei denen die Doppelbrechung durch das Anlegen eines magnetischen Feldes induziert wird. [MG2]

**Doppelfokusinterferometer,** mikroskopisches Interferometer, bei dem zwei Strahlen mit jeweils unterschiedlichem Fokus zur Abstandsbestimmung benutzt werden. Mittels eines Doppelfokusinterferometers kann der Abstand zwischen den Lagen zweier Foki interferometrisch bestimmt werden.

**doppelfokussierendes Massenspektrometer,** Massenanalysatorsystem bestehend aus einem magnetischen und einem elektrostatischen Sektorfeld, bei dem die Energie-Ladungs-Dispersionen beider Sektorfelder sich gegenseitig kompensieren, so daß die Massenseparation nur noch von der Ladung (nicht mehr zusätzlich von der Energie) abhängt. (↗Massenspektrometer)

**Doppelgalaxien,** aus jeweils zwei physisch miteinander verbundenen ↗Galaxien bestehende extragalaktische Sternsysteme. (↗Antennengalaxien)

**Doppelimpuls-Auflösung,** die Fähigkeit, bei einer Messung zwei kurz hintereinander eintreffende Signale eindeutig zu trennen. Bei schnellen ↗*Zeitsignal-Diskriminatoren* ist diese Auflösung im wesentlichen von der ↗*Totzeit* bestimmt, die aber abhängig von der Eingangsamplitude sein kann.

**Doppelionisationskammer,** aus zwei ↗Ionisationskammern zusammengesetztes Gerät, dessen beide Kammern nur durch eine Metallfolie getrennt sind. Die Doppelionisationskammer dient zur Registrierung derjenigen Teilchen, deren Bahn innerhalb einer der beiden Hälften der Kammer endet. An den äußeren Enden der Kammern liegen betragsmäßig gleiche Spannungen entgegengesetzten Vorzeichens an, die Metallfolie ist mit der Registrierapparatur verbunden. Fliegt ein Teilchen durch beide Kammern hindurch, treffen von der einen nur die positiven, von der anderen nur die negativen Ionen auf die Folie, deren Ladungen sich näherungsweise aufheben. Endet die Teilchenspur jedoch in einer der Kammern, so kommen aus einer Kammer weniger Ionen als aus der anderen, so daß das Teilchen registriert wird.

**Doppel-Isotopen-Methode,** *Radioreagensanalyse* in der nuklearmedizinischen Labordiagnostik zur quantitativen Bestimmung me-

**Doppelgalaxien:** Die Whirlpool-Galaxie M52, ein Beispiel für eine Doppelgalaxie.

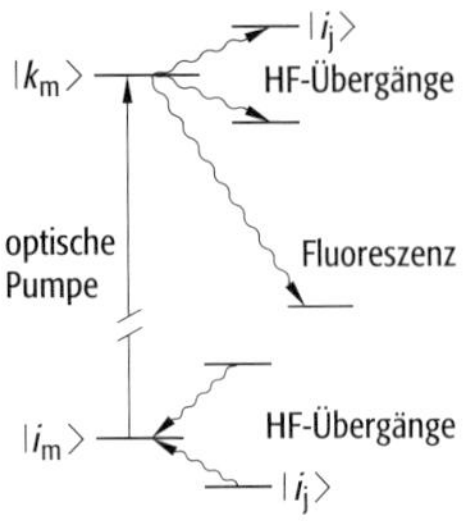


**Doppelresonanzverfahren 1:** Optische / Radiofrequenz-Doppelresonanz.

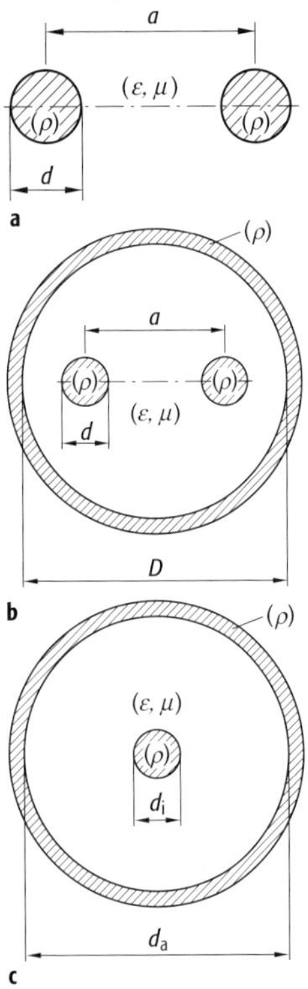


**Doppelleitung:** Querschnitte von Doppelleitungen mit spezifischem Widerstand $\rho$ in einem Medium mit Dielektrizitätskonstante $\varepsilon$ und Permeabilität $\mu$: a) ungeschirmte Paralleldrahtleitung (Lecher-Leitung), $d$: Leiterdurchmesser, $a$: Leiterabstand;
b) geschirmte Paralleldrahtleitung, $d$: Leiterdurchmesser, $a$: Leiterabstand, $D$: Innendurchmesser der Abschirmung; c) Koaxialleitung, $d_i$: Innen-, $d_a$: Außenleiterdurchmesser.

dizinisch relevanter Substanzen, z.B. von Hormonen. Die Methode ermöglicht es zusätzlich, die beim Trennverfahren auftretenden Substanzverluste zu ermitteln und die Meßwerte entsprechend zu korrigieren. Dies geschieht, indem man der inaktiven Serumprobe mit der zu messenden Substanz eine kleine Menge der gleichen Substanz zusetzt, die jedoch mit einem ↗*Radionuklid* A markiert wurde. Nach Zugabe eines mit einem anderen Nuklid B markierten Reaktionspartners und Abtrennung des Reaktionsproduktes läßt sich aus dem Aktivitätsanteil des Nuklids A im Reaktionsprodukt der bei der Trennung erfolgte Substanzverlust bestimmen.

**Doppelkopfscanner** ↗Gammascanner.

**Doppelleitung,** *Zweidrahtleitung*, *Paralleldrahtleitung*, Leitung zur Übertragung von ↗elektromagnetischen Wellen im Hochfrequenz-Bereich (Wellenlängen oberhalb des Meterbereichs, ↗Hochfrequenztechnik). Eine Doppelleitung besteht aus zwei parallelen metallischen Leitern, deren Abstand klein gegenüber der Längsausdehnung ist. Man unterscheidet symmetrische (↗Lecher-Leitung) und unsymmetrische Doppelleitungen (z.B. ↗Koaxialkabel). Die symmetrischen Leitungen werden noch in *ungeschirmte* und *geschirmte Doppelleitungen* unterteilt. Angewendet werden Doppelleitungen in der Energieverteilungstechnik (z.B. als Freileitung) und in der Nachrichten- und Hochfrequenztechnik (z.B. als Meßleitung). Außer zur Übertragung dienen Doppelleitungen auch als ↗elektrische Resonatoren zur Erzeugung von Hochfrequenz-Wellen (z.B. ↗Koaxialresonator).

**Doppelpendel,** eine Anordnung von Pendeln (↗Pendel), bei der an ein Pendel ein zweites gekoppelt ist.

**doppelpolig** ↗*dipolar.*

**Doppelpulsare** ↗Pulsare.

**Doppelquasare,** das durch eine ↗Gravitationslinse hervorgerufene doppelte Bild eines ↗Quasars.

**Doppelresonanzverfahren, 1)** *magnetische Resonanzspektroskopie*: Gesamtbezeichnung für die Verfahren bei ↗magnetischen Resonanz-Experimenten, bei denen zwei verschiedene Resonanzen gleichzeitig angeregt werden und sich gegenseitig beeinflussen. Dadurch werden normalerweise entweder die ↗*Kopplung* oder die *Polarisationstransfervorgänge* beeinflußt. Doppelresonanzexperimente erlauben es unter anderem, Wechselwirkungen zwischen verschiedenen Resonanzen gezielt zu untersuchen, Spektren durch ↗*Entkopplung* zu vereinfachen und schlecht direkt detektierbare Resonanzen auf einem Kanal mit höherer Empfindlichkeit nachzuweisen. Wichtige Doppelresonanzexperimente sind die Elektron-Kern-Doppelresonanz (↗*ENDOR*), die Elektron-Elektron-Doppelresonanz (↗*DEER*, ↗*ELDOR*) und die ↗*J-Kreuzpolarisation*. Zu den magnetischen Doppelresonanzexperimenten zählen auch die Methoden der optisch detektierten magnetischen Resonanz (↗*ODMR*).

**2)** *Optische Spektroskopie*: eine spezielle Methode, die vor allem durch den Einsatz von Lasern als Pumpquelle interessant wurde. Alle Verfahren dieser Art benutzen eine Pumpqelle und eine Sondenquelle. Mit der Pumpquelle wird ein atomarer Zustand selektiv bevölkert oder entvölkert. Die Sondenquelle fragt diesen Zustand ab, indem sie Übergänge von diesem Zustand aus induziert. Durch diese Übergänge werden die Besetzungszahlen der am Pumpprozeß beteiligten Zustände geändert, was wiederum den Pumpprozeß selbst beeinflußt und als Nachweis für die Übergänge der Sondenquelle dienen kann. Als Pumpquelle werden heute in der Regel Laser verwendet, doch auch vor der Erfindung des Lasers gab es bereits Doppelresonanzexperimente, und zwar mit Licht aus Hohlkathodenlampen oder Mikrowellenentladungen. Die Sondenquelle kann ein weiterer Laser, ein Radiofrequenzfeld oder ein Mikrowellenfeld sein. Je nach Art der Sondenquelle unterscheidet man folgende Arten von Doppelresonanzverfahren:

(i) *Optische / Radiofrequenz-Doppelresonanz*
Diese Methode wird eingesetzt, wenn atomare oder molekulare Zustände in eng benachbarte Unterzustände aufgespalten sind, wie z.B. Hyperfeinstrukturniveaus molekularer Rotationszustände oder Zeeman-Unterniveaus in atomaren Systemen.

(ii) *Optische / Mikrowellen-Doppelresonanz*
Die Mikrowellenspektroskopie wird häufig eingesetzt, um Molekülkonstanten zu bestimmen. Sie ist aber beschränkt auf thermisch besetzte Rotations-Schwingungszustände. Durch zusätzliches optisches Pumpen kann die Mikrowellenspektroskopie auf höhere, thermisch nicht besetzte Zustände ausgedehnt werden.

(iii) *Optisch / optische Doppelresonanz (OODR)*
Hierbei werden zwei optische Übergänge untersucht, die ein gemeinsames Niveau haben. Das gemeinsame Niveau kann entweder der Grundzustand oder ein angeregter Zustand sein. Dementsprechend unterscheidet man verschiedene Typen der OODR, wie in Abb. 2

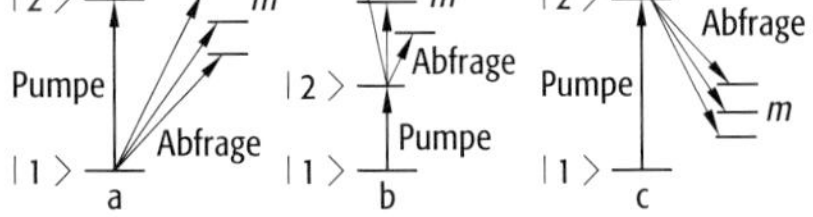


**Doppelresonanzverfahren 2:** Optisch / optische Doppelresonanz.

zu sehen. Bei der V-Typ-OODR werden ein Übergang $|1\rangle$ nach $|2\rangle$ optisch gepumpt und weitere Übergänge aus Zustand $|1\rangle$ mit dem Sondenlaser abgefragt. Bei der stufenweisen Anregung wird aus dem angeregten Zustand $|2\rangle$ weiter angeregt. Bei der $\Lambda$-Typ-OODR wird als Sonde ein Übergang vom angeregten Zustand $|2\rangle$ in einen anderen tiefer liegenden Zustand gepumpt.

Doppelresonanzverfahren finden vielfach Einsatz in der modernen Spektroskopie, da sie sehr präzise Messungen mit gutem Signal-Rausch-Verhältnis erlauben. [NN, SW]

**Doppelröhre,** *Verbundröhre*, eine ↗*Elektronenröhre*, bei der zur Platzersparnis zwei Röhrensysteme in einem Glaskolben untergeberacht sind. Meist besitzen die Röhren eine gemeinsame Kathode.

**Doppelschicht,** *Dipolschicht*, eine mit ↗elektrischen oder ↗magnetischen Dipolen belegte Fläche, bei der das Dipolmoment überall senkrecht auf der Fläche steht. Bei einer ↗*elektrischen Doppelschicht* gilt für die Dichte des Dipolmoments $\boldsymbol{p} = \sigma \boldsymbol{d}$ ($\sigma$: Flächenladungsdichte, $\boldsymbol{d}$: Abstandsvektor).

Das ↗elektrische Potential einer homogenen, unendlich ausgedehnten Doppelschicht ist

$$\phi = \frac{1}{4\pi\varepsilon} \int p \, d\boldsymbol{\Omega},$$

($\varepsilon$: ↗Dielektrizitätskonstante), wenn $d\boldsymbol{\Omega}$ das vom Aufpunkt aus gebildete Raumelement ist. Beim Durchtritt durch die Doppelschicht macht das ↗elektrische Potential $\phi$ einen Sprung um $\Delta\phi = |\boldsymbol{p}|/\varepsilon$. Der Grenzfall einer infinitesimal kleinen Doppelschicht ist der *Punktdipol* mit dem Potential $\boldsymbol{p} \cdot \boldsymbol{e}_r / 4\pi\varepsilon_0 r^2$ ($\varepsilon_0$: Dielektrizitätskonstante des Vakuums) im Abstand $r$. Ein Beispiel für eine reale elektrische Doppelschicht ist die Grenzschicht zwischen einem Metall und einem ↗Elektrolyten.

Das Magnetfeld einer *magnetischen Doppelschicht* (*Ampèresche Dipolschicht, magnetisches Blatt*) mit konstantem Dipolmoment je Flächeneinheit ist identisch mit demjenigen einer stromdurchflossenen Schleife längs der Umrandung der Doppelschicht.

**Doppelschlußmaschine,** *Doppelschlußmotor, Compoundmaschine, Verbundmotor*, ein ↗Elektromotor, bei dem die Erregerwicklung in zwei Teile $E_1$ und $E_2$ geteilt ist, von denen die eine parallel und die andere in Reihe mit dem ↗Anker geschaltet ist. Die Drehzahlcharakteristik liegt je nach Bemessung der Wicklungen zwischen der eines Haupt- und der eines Nebenschlußmotors. Mit der Auslegung eines Hauptschlußmotors als Doppelschlußmaschine mit einer schwachen Nebenwicklung kann das Durchgehen bei Entlastung verhindert werden. Häufiger ist der umgekehrte Fall, in dem ein Nebenschlußmotor durch eine Hauptschlußwicklung mit wenigen Windungen bei Überlast stabilisiert wird.

**Doppelspalt-Versuch** ↗Welle-Teilchen-Dualismus.

**Doppelspat,** besonders reiner, auf Island vorkommender ↗Kalkspat. Seine Kristalle zeigen die besondere Eigenschaft der ↗*Doppelbrechung*. Der Doppelspat wird für die Herstellung von Prismen (↗*Nicols*, benannt nach W. Nicol) verwendet, die der Polarisation von Licht dienen.

**Doppelsterne,** Bezeichnung für zwei Sterne, die an der Himmelssphäre so eng beieinander stehen, daß sie meist nur mit Hilfe eines Fernrohres getrennt werden können. Bei den meisten dieser Sternpaare handelt es sich um eine scheinbare Nachbarschaft zweier Sterne, die im Raum weit voneinander entfernt stehen (*optische Doppelsterne*). Im Gegensatz dazu bilden in *physischen Doppelsternen* die Komponenten auf Grund ihrer gegenseitigen Massenanziehung eine physische Einheit. Die massereichere Komponente oder, wenn diese nicht feststellbar ist, die hellere Komponente, wird als *Hauptstern* bezeichnet und wird scheinbar von der masseärmeren bzw. lichtschwächeren Komponente (*Begleiter*) umkreist. In Wahrheit laufen aber beide Sterne auf elliptischen Bahnen um das gemeinsame *Schwere-* oder *Baryzentrum*.

Optische und physische Doppelsterne gehören zur Gruppe der *visuellen Doppelsterne*, da sie mit visuellen Mitteln (Teleskop usw.) getrennt werden können. Handelt es sich um sehr enge Doppelsterne, so läßt sich der Doppelsterncharakter nur durch besondere physikalische Methoden nachweisen, nach denen sich traditionsgemäß die Doppelsterne in Gruppen einteilen lassen: Bei *astrometrischen Doppelsternen* ist es alleine die Registrierung einer periodischen Schwingung in der Eigenbewegung eines von einem unsichtbaren Begleiter umlaufenden Sterns (z.B. Sirius), während *photometrische Doppelsterne* (↗*Bedeckungsveränderliche*) nur dadurch identifiziert werden können, daß bei ihnen eine Komponente die andere verdeckt und so periodische Helligkeitsschwankungen verursacht. *Röntgendoppelsterne* lassen sich durch die von ihnen ausgehende Röntgenstrahlung identifizieren, die dadurch zustande kommt, daß von einem gewöhnlichen, massereichen Stern mit ausgedehnter Atmosphäre Materie auf die Oberfläche eines kleineren, aber sehr dichten Begleitsterns (meist ein Neutronenstern) herüberströmt (↗*Akkretion*) und dabei derart aufgeheizt wird, daß es zur Aussendung von Röntgenstrahlen kommt. In *spektroskopischen Doppelsternen* schließt man auf Grund von Änderungen der Spektrallinien auf die Anwesenheit einer weiteren Komponente: da beide Sterne ihr gemeinsames Massenzentrum umkreisen, nähert sich uns eine der Komponenten, während sich die andere von uns entfernt. Wegen des ↗*Doppler-Effekts* führt dies zu einer periodischen Blau- bzw. Rotverschiebung der Spektrallinien. Je größer das Verhältnis der Linienintensitäten ist, desto unterschiedlicher sind auch die Helligkeiten der Sterne. Im Extremfällen sind nur die Spektrallinien der helleren Komponente sichtbar. Ein anderes Klassifikationssystem benutzt als Kriterium den relativen Abstand der Komponenten voneinander: in *getrennten Systemen* haben die Komponenten einen so großen Abstand, daß deren physikalischer Zustand völlig unbeeinflußt von der jeweiligen anderen Komponente ist. In *halbgetrennten Systemen* ist der Abstand so klein, daß Masse von einer

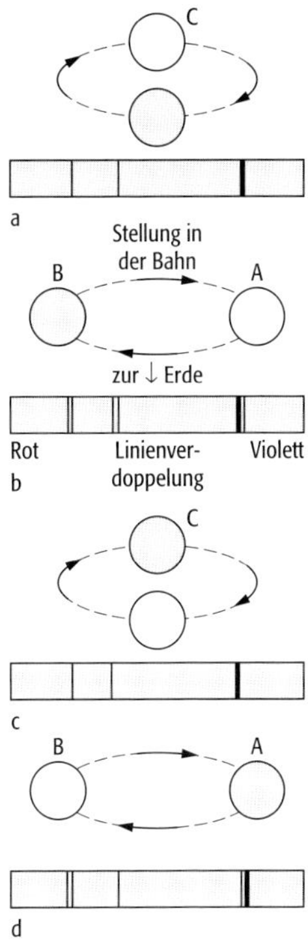


**Doppelsterne 1:** Die Teilabbildungen a bis d zeigen die Bewegungsverhältnisse eines spektroskopischen Doppelsternsystems mit den zu diesen Zeitpunkten gemessenen Spektren: normale Lage der Linien (Stellung C) und nach Violett (Stellung A) bzw. nach Rot verschobene Linien (Stellung B) (Linienverdopplung).

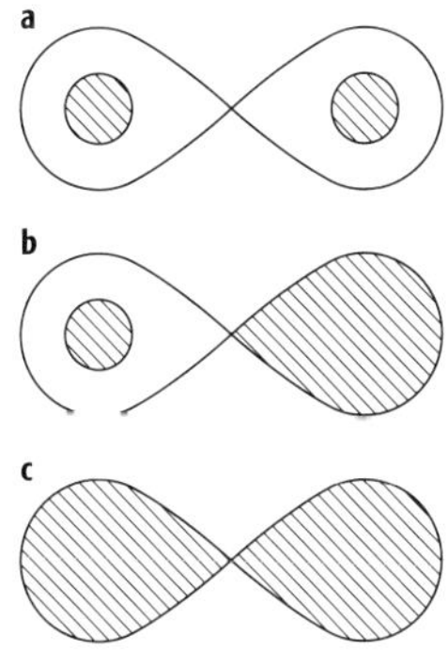


**Doppelsterne 2:** Schema eines getrennten (a) und eines halbgetrennten (b) Doppelsternsystems sowie eines Kontaktsystems (c). Die masseerfüllten Volumina sind schraffiert gezeichnet. Die beide Komponenten einhüllende Linie stellt einen Schnitt durch die kritische Roche-Fläche dar.

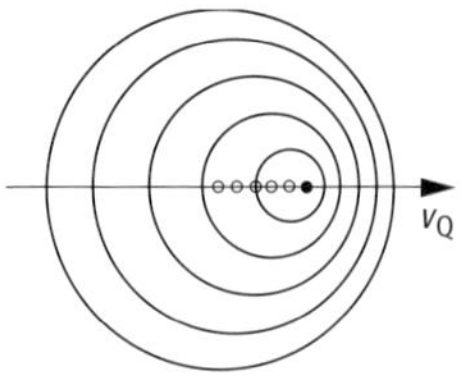


**Doppler-Effekt 1:** Doppler-Effekt für $v_Q < c$. Der gefüllte Kreis ist jeweils die Quelle, die leeren Kreise die Orte, an denen die eingezeichneten Kugelwellen ausgesandt wurden. Der Beobachter sei in Ruhe.

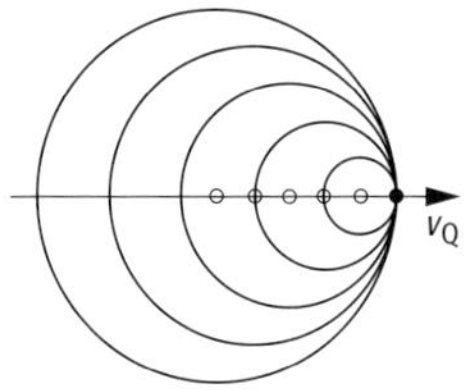


**Doppler-Effekt 2:** Für $v_Q = c$ baut sich am Ort der Quelle die Schallmauer auf.

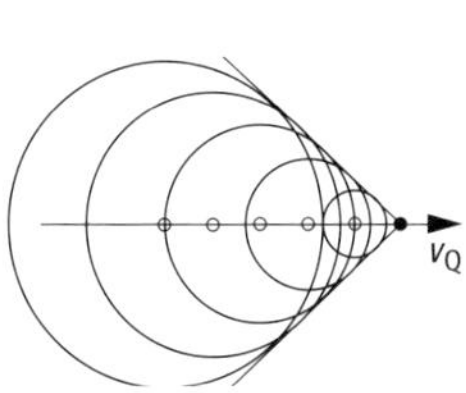


**Doppler-Effekt 3:** Ist schließlich $v_Q > c$, so zieht die Quelle den Mach-Kegel hinter sich her, der als Überschallknall deutlich hörbar ist.

**Doppler**, *Christian Johann*

Komponenten zur anderen fließt, wodurch sowohl der physikalische Aufbau als auch die Entwicklung der Komponenten durch die Anwesenheit des anderen Sterns beeinflußt wird und anders verläuft, als wenn beide Sterne Einzelsterne wären (siehe auch ↗*kataklysmische Veränderliche*). In ↗*Kontaktsystemen* stehen beide Komponenten so nahe und in einem so starken Massenaustausch, daß sie praktisch eine gemeinsame äußere Hülle haben. [GR1]

**Doppelstrangbruch,** Bruch beider Stränge des als doppelte Wendel angeordneten ↗DNS-Moleküls nach Einwirkung von Röntgen- oder Gammastrahlung oder Wechselwirkung mit geladenen Teilchen. Im Gegensatz zu ↗*Einzelstrangbrüchen* führen Doppelstrangbrüche zu Chromosomenveränderungen und tödlichen Schäden.

**Doppelstreuung,** experimentelle Technik zur Untersuchung sowohl der Kernpolarisation als auch der Polarisation der Teilchen bei der Kernstreuung und bei Kernreaktionen. Dabei werden die an einem Target gestreuten Teilchen mit Hilfe der Streuung an einem zweiten Target auf ihre Polarisition hin untersucht, d.h. das erste Target oder auch Streuzentrum dient als Polarisator, das zweite als Analysator.

**doppelter Betazerfall** ↗Betazerfall.

**doppelt magische Kerne,** Kerne, bei denen sowohl die Anzahl der Protonen als auch die der Neutronen einer ↗*magischen Nukleonenzahl* entsprechen. Dazu gehören z. B. ${}^{4}_{2}He_2$, ${}^{16}_{8}O_8$, ${}^{40}_{20}Ca_{20}$, oder ${}^{208}_{82}Pb_{126}$.

**Doppler,** *Christian Johann*, österreichischer Physiker und Mathematiker, *29.11.1803 Salzburg, †17.3.1853 Venedig; 1829–35 Mathematiklehrer am Polytechnikum in Wien; 1835–47 Dozent am Polytechnikum in Prag; Professor für Physik und Mechanik an der Bergakademie Schemnitz; 1848 Professor für praktische Geometrie am Polytechnikum in Wien; 1851 Professor für Physik an der Universität Wien und Direktor des neugegründeten Physikalischen Instituts; Mitglied der Akademie der Wissenschaften; vielseitiger Physiker mit Beiträgen zur Akustik, Optik, Elektrizitätslehre und Astronomie sowie zur analytischen Geometrie; entdeckte 1842 den ↗*Doppler-Effekt* und stellte eine Formel auf, welche die Beziehung zwischen der Tonfrequenz und der Relativgeschwindigkeit zwischen Schallquelle und Beobachter angibt; erkannte die Gültigkeit des Doppler-Effekts auch für den optischen Bereich (optischer Doppler-Effekt bei Relativbewegung von Lichtquelle und Beobachter) und versuchte damit die verschiedenen Farben der Sterne zu erklären (was nicht zutrifft); ferner Arbeiten über die Bestimmung von Durchmesser und Entfernung der Sterne.

**Doppler-Effekt,** das Phänomen, daß ein Beobachter, der sich relativ zu einem Wellensender bewegt, eine andere Frequenz registriert als die tatsächlich von der Quelle erzeugte. Bewegen sich Sender und Empfänger aufeinander zu, so treffen die Wellenzüge in schnellerer Folge beim Beobachter ein, die Frequenz erscheint erhöht (*Blauverschiebung*). Bei einer Bewegung voneinander weg erscheint die Frequenz verkleinert (*Rotverschiebung*).
Benannt ist das Phänomen nach C.J. ↗*Doppler*, der den Effekt 1842 zuerst bei Schallwellen bemerkte. Im Alltag kann man den Doppler-Effekt sehr gut bei schnell vorbeifahrenden Autos erkennen, vor allem, wenn diese eine Sirene eingeschaltet haben: die Sirene klingt bei der Annäherung des Fahrzeugs zunächst höher und nach der Vorbeifahrt am Zuhörer tiefer. Dies wird *akustischer Doppler-Effekt* genannt.
Breiten sich Wellen in einem Medium aus, so sind die Geschwindigkeiten des Beobachters $v_B$ und der Quelle $v_Q$ bezüglich des wellentragenden Mediums ausschlaggebend für die Stärke des Doppler-Effekts. Bewegen sich Sender und Empfänger auf einer Linie und sendet die Quelle Wellen der Frequenz $f_Q$ aus, so mißt der Beobachter die Frequenz

$$f_B = \frac{c - v_B}{c - v_Q} f_Q,$$

wobei $c$ die ↗Phasengeschwindigkeit der Welle im umgebenden Medium ist.
Ein interessanter Effekt tritt ein, wenn sich die Quelle schneller bewegt als die Welle selbst. In den Abb. 1, 2 und 3 sind verschiedene Situationen anschaulich dargestellt, wobei die Kreise Wellenberge darstellen sollen. Für $v_Q = c$ drängen sich die ausgesandten Wellenfronten am Ort der Quelle zur *Schallmauer* zusammen. Dies kann bei Düsenflugzeugen starke Turbulenzen verursachen. Für noch größere Geschwindigkeiten zieht die Quelle den nach E. ↗Mach benannten *Mach-Kegel* hinter sich her, auf dessen Mantel sich die Wellenfronten addieren. Diese Überlagerung ist als *Überschallknall* bei Düsenflugzeugen deutlich hörbar. Für den Öffnungswinkel $\alpha$ des Kegels gilt

$$\sin\frac{\alpha}{2} = \frac{c}{v_Q} = \frac{1}{M},$$

wobei $M$ die *Mach-Zahl*, also die Geschwindigkeit in Einheiten der Schallgeschwindigkeit ist. Ebenfalls eine Art Überschallknall, den ↗*Tscherenkow-Effekt*, kann man auch bei Licht beobachten, wenn die Geschwindigkeit eines Teilchens in Materie größer ist als die Phasengeschwindigkeit in diesem Medium. Es sendet in diesem Fall die sog. *Tscherenkow-Strahlung* aus.
Da elektromagnetische Wellen kein Übertragungsmedium benötigen, hängt die Frequenzverschiebung beim *optischen Doppler-Effekt*, also dem Doppler-Effekt von Licht, nur von der Relativbewegung zwischen Beobachter und Quelle ab. Man kann deshalb die Quelle als stationär und nur den Beobachter als bewegt betrachten. Bezeichnet man seine Geschwindigkeit wieder mit $v_B$, so kann die Berechnung der Frequenzverschiebung im Rahmen der ↗*Speziellen Relativitätstheorie* sehr einfach durchgeführt werden, da man nur die Licht-

welle in das Bezugssystem des Beobachters zu transformieren braucht (↗Lorentz-Transformation). Bilden die Bewegungsrichtung des Beobachters und der Lichtstrahl den Winkel $\theta$ (siehe Abb. 4), so gilt mit $\beta = v_B/c$

$$v_B = \frac{\sqrt{1-\beta^2}}{1-\beta\cos\theta}\, v_Q.$$

Im Gegensatz zum akustischen Doppler-Effekt erfolgt beim optischen Doppler-Effekt auch bei senkrechter Beobachtungsrichtung eine Frequenzänderung. Dieser *transversale Doppler-Effekt* wurde an Licht emittierenden Kanalstrahlen experimentell bestätigt. Der optische Dopplereffekt ist in der Astronomie von großer Bedeutung, z.B. bei der Geschwindigkeitsbestimmung einer Galaxie anhand ihres Spektrums. Man interpretiert die dabei festgestellte Rotverschiebung in den Spektrallinien (*kosmologischer Doppler-Effekt*) als Maß für die Relativbewegung zur Erde, wodurch die Geschwindigkeit der Galaxien bestimmt werden kann. Der ↗Hubble-Effekt gibt daraus Auskunft über ihre Entfernung.

Zusammen mit der ungeordneten thermischen Bewegung von Atomen führt der Doppler-Effekt auch zu einer Verbreiterung der Spektrallinien von Gasen, der sog. *↗Doppler-Verbreiterung.*

In akustischen Bauelementen, bei denen akustische ↗Oberflächenwellen genutzt werden, kann unter Nutzung des Doppler-Effekts die Frequenz des gebeugten Lichts moduliert werden. Eine weitere sehr wichtige Anwendung ist die kontinuierliche Messung der Geschwindigkeit von Körpern, die Schallwellen, Radarsignale oder Laserstrahlen reflektieren, z.B. bei Autos, Teilchen in Flüssigkeitsströmen (Laser-Doppler-Anemometrie), Molekularstrahlen oder Blut (↗Ultraschall-Dopplerverfahren). [CP]

**Doppler-freie Zwei-Photonen-Spektroskopie,** Methode der Laserspektroskopie zur Vermessung von *↗Spektrallinien* unter Ausschaltung der *↗Doppler-Verbreiterung*. Absorbiert ein Atom aus zwei kollinear gegenläufigen Laserstrahlen je ein Photon, so lautet die Resonanzbedingung unter Berücksichtigung der *↗Doppler-Verschiebung* eines Atoms mit dem Geschwindigkeitsvektor $\boldsymbol{V}$ für einen Übergang $|g\rangle$ nach $|e\rangle$:

$$E_e - E_g = \hbar(\omega_1+\omega_2) - \hbar\cdot \boldsymbol{V}(\boldsymbol{k}_1+\boldsymbol{k}_2),$$

wobei $\omega_1$ und $\omega_2$ bzw. $\boldsymbol{k}_1$ und $\boldsymbol{k}_2$ die Kreisfrequenzen bzw. die Wellenvektoren der beiden Photonen sind. Für kollinear gegenläufige Photonen der gleichen Frequenz wird der zweite Term null, da $\boldsymbol{k}_1 = -\boldsymbol{k}_2$, und die Resonanzbedingung wird unabhängig von der Geschwindigkeit der Atome. Das bedeutet, die Doppler-Verbreiterung wird ausgeschaltet, es nehmen aber alle Atome an der Absorption teil. Die Anordnung eines solchen Experiments ist in der Abb. dargestellt. Ein durchstimmbarer Laser wird in eine Absorptionszelle

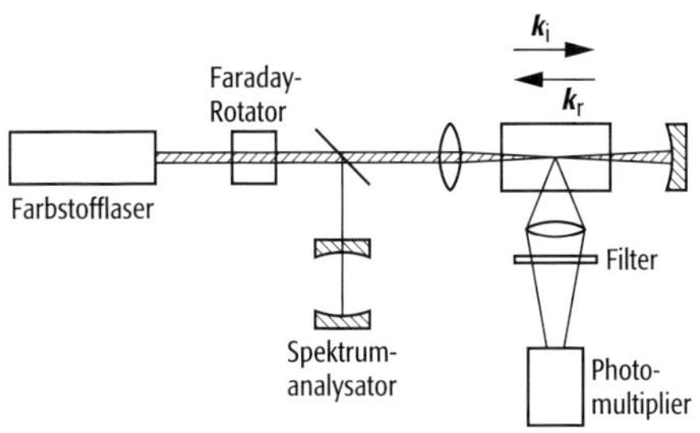


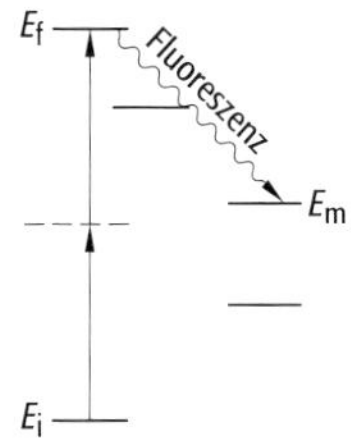


**Doppler-freie Zwei-Photonen-Spektroskopie:** Schematischer Aufbau (links) und Lage der Energieniveaus (rechts).

fokussiert und der Strahl mit einem sphärischen Spiegel in sich zurückreflektiert. Die Anregung wird durch die Fluoreszenz nachgewiesen, die meist kurzwelliger ist. Diese Methode ist eine Möglichkeit zur Ausschaltung des Problems der Doppler-Verbreiterung.

**Doppler-Grenze,** Grenztemperatur bei der *↗Laserkühlung* in einer *optischen Melasse.* Durch die dauernd stattfindenden Aborptions- und Reemissionsprozesse in einer Melasse ergibt sich eine Beschleunigung der Atome, die der Abbremsung durch den gerichteten Impulsübertrag entgegenwirkt. Aus dem Gleichgewicht dieser beiden Prozesse ergibt sich die Doppler-Grenze. Sie stellt allerdings keine absolute Untergrenze für die Temperatur lasergekühlter Atome dar. Selbst in den üblichen Melassen sind Prozesse wirksam, die tiefere Temperaturen erlauben. (*↗Polarisationsgradienten-Kühlung, ↗Sisyphus-Effekt*)

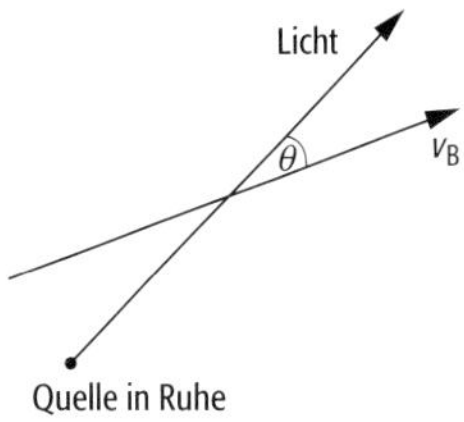


**Doppler-Effekt 4:** Geometrische Verhältnisse beim optischen Doppler-Effekt.

**Doppler-Rückstoßmethode,** Methode zur Bestimmung der Lebensdauer sehr kurzlebiger angeregter Kernzustände. Dabei wird der durch ein schwereres Projektil gebildete Kern, dessen γ-Übergänge man untersuchen möchte, nach einer bestimmten Entfernung vom Target gestoppt. Da die Energie des im Flug emittierten γ-Quants von dem nach dem Stoppen in Ruhe emittierten verschieden ist, gibt das Intensitätsverhältnis der Doppler-verschobenen zur nicht verschobenen Linie eine Information über die Lebensdauer des Zustands. Die Rückstoßgeschwindigkeit des emittierten Kerns ist aus der Reaktionskinematik bekannt, der Abstand zwischen Target und Stopper wird der zu messenden Lebensdauer angepaßt. Für kürzere Lebensdauern wählt man kürzere Abstände. Die untere Meßgrenze liegt bei Lebensdauern von 0,2 ps. Für noch kürzere Lebensdauern benutzt man die *↗Doppler-Shift Attenuation Method.*

**Doppler-Shift Attenuation Method,** Methode zur Bestimmung der Lebensdauer sehr kurzlebiger angeregter Kernzustände. Im Gegensatz zur *↗Doppler-Rückstoßmethode* wird hierbei das Target direkt auf den Stopper aufgebracht. Die Lebensdauer ist dann direkt aus der Linienform zu ermitteln. Der Bereich dieser Methode liegt bei $10^{-11}\,\mathrm{s} < \tau < 10^{-14}\,\mathrm{s}$.

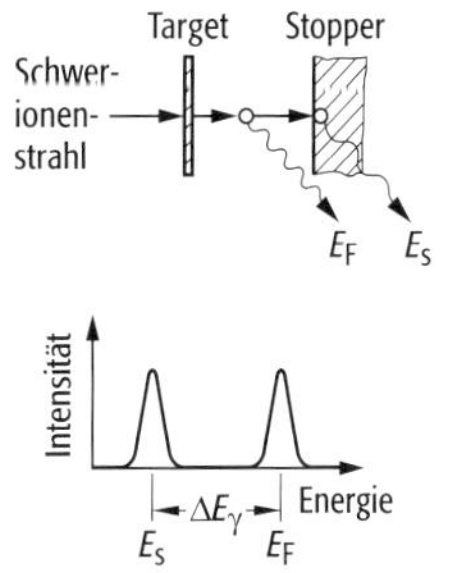


**Doppler-Rückstoßmethode:** prinzipieller Aufbau (oben) und Intensitätsspektren mit Doppler-verschobener ($E_F$) und nicht verschobener ($E_S$) Linie (unten).

**Doppler-Verbreiterung,** Verbreiterung von *↗Spektrallinien* aufgrund der Eigenbewegung der emittierenden oder absorbierenden Atome. Bewegt sich ein angeregtes Atom während der

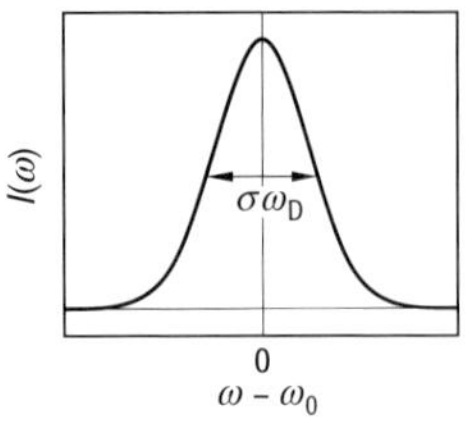


**Doppler-Verbreiterung:** Spektrale Intensitätsverteilung einer Doppler-verbreiterten Spektrallinie mit Halbwertsbreite $\delta\omega_D$.

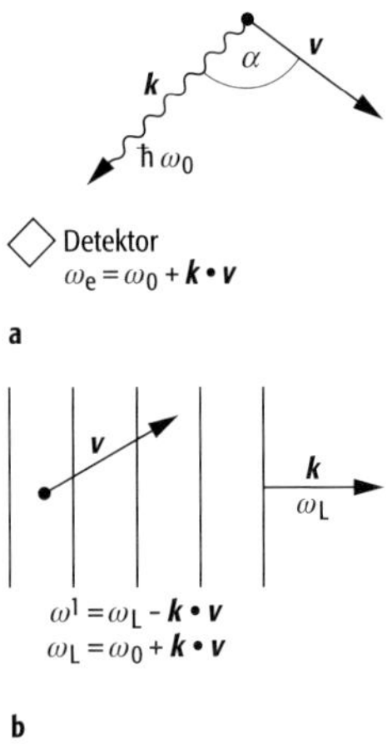


**Doppler-Verschiebung:** a) verschobene Frequenz $\omega_e$ bei einer monochromatischen Emmisionslinie; b) die Frequenz $\omega_L$ eines Lichtfeldes kann absorbiert werden, wenn $\omega_L = \omega_0 + \boldsymbol{k} \cdot \boldsymbol{v}$ ($\omega_0$: Resonanzfrequenz).

**Dornier**, *Claude*

Emission eines Photons mit der Geschwindigkeit $\boldsymbol{v}$, so ist die Emissionsfrequenz $\omega$ gegenüber der Frequenz $\omega_0$ eines ruhenden Atoms wegen des ↗*Doppler-Effekts* verschoben (↗*Doppler-Verschiebung*):

$$\omega = \omega_0 + \boldsymbol{k} \cdot \boldsymbol{v} = \omega_0 \cdot \left(1 + \frac{\boldsymbol{v} \cdot \boldsymbol{e}_k}{c}\right),$$

wobei $\boldsymbol{k} = \frac{2\pi}{\lambda} \cdot \boldsymbol{e}_k$ der Wellenvektor des Photons ist. Da in einem thermischen Gas $\boldsymbol{v}$ eine bestimmte Verteilungsfunktion erfüllt (↗*Maxwell-Verteilung*), führt dies zu einer Verbreiterung der Spektrallinie. Die resultierende Linienform ist ein ↗*Gauß-Profil.* Für die spektrale Intensitätsverteilung $I(\omega)$ einer solchen Linie gilt:

$$I(\omega) = I(\omega_0) \cdot \exp\left[-\frac{c(\omega - \omega_0)}{\omega_0 \cdot v_W}\right]^2 .$$

wobei $v_W = \sqrt{2 k_B T / m}$ die wahrscheinlichste Geschwindigkeit der Atome nach der Maxwell-Verteilung ist ($k_B$: Boltzmann-Konstante, $T$: absolute Temperatur, $m$: Atommasse).

Eine wichtige Kenngröße einer solchen Verteilung ist die Halbwertsbreite $\delta\omega_D = (\omega_0/c)\sqrt{8 k_B T \ln 2/m}$, die die spektrale Breite der Funktion bei halber maximaler Intensität angibt.

Die gleiche Intensitätsverteilung erhält man auch für ↗*Absorptionslinien.* Vor allem die Auflösung spektroskopischer Methoden wird durch diesen Effekt verschlechtert. Mit Methoden der modernen ↗*Laserspektroskopie* ist es jedoch vielfach gelungen, diese Einschränkung zu umgehen.

**Doppler-Verfahren,** vornehmlich zur Gefäßdiagnostik oder zur Bestimmung des Herzschlags bei Feten genutzte Verfahren, bei denen ein (gepulstes oder ungepulstes) Ultraschallfeld auf das zu untersuchende Gebiet gerichtet wird. Das Schallfeld wird von der Herzwand oder den sich bewegenden Blutkörperchen zurückgestreut, wobei sich seine Frequenz gemäß dem ↗*Doppler-Effekt* verschiebt.

Auf der Basis dieser Verfahren funktionieren auch bildgebende Untersuchungsverfahren. Beim Rastern einer zu untersuchenden Fläche lassen sich die empfangenen Doppler-Signale räumlich aufgelöst auf einem Bildschirm darstellen. Mit einer kontinuierlichen Schallquelle erhält man dreidimensionale Schnitte durch den Körper, mit einer gepulsten Quelle läßt sich der Scan auf eine Ebene beschränken. Die gebräuchlichste dieser Methoden ist das ↗*B-Bild-Verfahren.* Überlagert man dem B-Bild zusätzlich ein (farbiges) Bild etwa der Geschwindigkeitsverteilung, spricht man von *Farb-Doppler-Verfahren.* Sie erreichen dieselbe räumliche Auflösung wie gewöhnliche Ultraschallverfahren und eine Abbildungstiefe von einigen Zentimetern, benötigen aber keine Kontrastmedien. (↗Ultraschall-Angiographie)

**Doppler-Verschiebung,** Verschiebung der Frequenz der von bewegten Atomen und Molekülen emittierten oder absorbierten ↗*Spektrallinien.*

Bewegt sich ein angeregtes Atom während der Emission eines Photons mit der Geschwindigkeit $\boldsymbol{v}$, so ist die Emissionsfrequenz $\omega_e$ gegenüber der Frequenz $\omega_0$ eines ruhenden Atoms wegen des ↗*Doppler-Effekts* verschoben:

$$\omega_e = \omega_0 + \boldsymbol{k} \cdot \boldsymbol{v} = \omega_0 \cdot \left(1 + \frac{\boldsymbol{v} \cdot \boldsymbol{e}_k}{c}\right),$$

wobei $\boldsymbol{k} = \frac{2\pi}{\lambda} \cdot \boldsymbol{e}_k$ der Wellenvektor des Photons ist. Entscheidend für die Verschiebung ist dabei die Projektion des Wellenvektors auf die Flugrichtung des Atoms. Emittiert es in oder entgegen der Flugrichtung, so ist die Doppler-Verschiebung am größten, senkrecht zur Flugrichtung dagegen ist sie null. Die Lichtfrequenz ist zu größeren Frequenzen verschoben (Blau-Verschiebung), wenn das Atom in Flugrichtung emittiert, während sich die Frequenz bei Emission entgegen der Flugrichtung zu kleineren Werten verschiebt. Analog zu der obigen Gleichung gilt für die Frequenz einer Absorptionslinie eines relativ zum Lichtfeld bewegten Atoms: $\omega_L = \omega_0 + \boldsymbol{k} \cdot \boldsymbol{v}$, wenn $\omega_L$ bzw. $\boldsymbol{k}$ die Frequenz bzw. der Wellenvektor des Lichtfeldes ist.

**DORIS,** *Doppel-Ring-Speicher*, Anlage zum Beschleunigen von Teilchen auf hohe Energien am ↗DESY in Hamburg. Der Speicherring dient zur Untersuchung teilchenphysikalischer Fragestellungen und als Synchrotronstrahlungsquelle. Die Strahlenergie von DORIS beträgt 5,6GeV. Die Anlage ist seit 1974 in Betrieb. Seit 1993 dient sie unter dem Namen *DORIS III* ausschließlich als Synchrotronstrahlungsquelle für Experimente des ↗HASYLAB.

**Dornier,** *Claude (Claudius),* deutscher Flugzeugkonstrukteur, *14.5.1884 Kempten, †5.12.1969 Zug; 1910 Mitarbeiter von Graf ↗Zeppelin; gründete 1914 eine Flugzeugwerft bei Friedrichshafen (*Dornier-Metallbauten GmbH*, heute Luft- und Raumfahrtunternehmen *Dornier GmbH* mit Sitz in Friedrichshafen); führte den Ganzmetallflugzeugbau ein, insbesondere für Wasserflugzeuge (besonders berühmt wurden das erste Großverkehrsflugboot *Dornier-Wal* [1922] sowie das Großflugboot *Do X* [1929] mit 12 Motoren); im Zweiten Weltkrieg Bau von Kampfflugzeugen; 1955 Bau von Kurzstartflugzeugen und Senkrechtstartern; initiierte die Entwicklung des zweisitzigen Militärflugzeugs Alpha Jet (Erstflug 1973).

**Dosimeter** ↗Dosimetrie.

**Dosimetrie,** Lehre von den Verfahren zur Messung der ↗*Dosis* bzw. der Dosisleistung bei der Wechselwirkung von Material mit ionisierender Strahlung. Das Untergebiet der Mikrodosimetrie untersucht die stochastische Natur der Wechselwirkung von Strahlung und absorbierendem Material und die dadurch bedingten Fluktuationen der absorbierten Energie. Für die ↗*Strahlenbiophysik* haben folgende Instrumente bzw. Verfahren Bedeutung gewonnen:

1) *Die Ionisationskammer*: Die in einem Gasvolumen durch Bestrahlung erzeugten Ionen

bewegen sich im angelegten elektrischen Feld. Der hierbei fließende Strom ist der Ionendosisleistung, gemessen in C/(kg s), proportional, wenn die angelegte Spannung hoch genug ist, um Ionenrekombinationen zu verhindern. Gewebeäquivalenz wird mit Füllgas und Wandmaterial der gleichen mittleren Ordnungszahl wie Gewebe erreicht.

2) *Das Fricke-Dosimeter*: Die Oxidation von $Fe^{2+}$ zu $Fe^{3+}$ in wäßriger Lösung durch ionisierende Strahlung wird zur Dosismessung genutzt. Die Konzentration des Eisen(III)-ions wird spektralphotometrisch bei 304 nm gemessen. Dieses System erreicht eine sehr gute Gewebeäquivalenz. Der Meßbereich liegt zwischen 10 und 100 Gy.

3) *Filmdosimeter*: Als Maß der Dosis dient die Schwärzung photographischen Materials. Das Hauptanwendungsgebiet ist die Überwachung von Personen, die professionell mit ionisierender Strahlung zu tun haben. Die Nachweisempfindlichkeit ist sehr gut (bis zu 400μGy), es muß aber eine sorgfältige Standardisierung von Filmmaterial und Entwicklungsprozeß vorgenommen werden.

4) *Thermolumineszenzdosimeter*: Einige Kristalle, z.B. $CaF_2$, haben die Eigenschaft, strahlenerzeugte angeregte Elektronen für längere Zeit stabil zu halten. Bei Erwärmung gehen diese Elektronen unter Lichtemission wieder in ihren Grundzustand über. Diese Dosimeter können miniaturisiert und gewebeäquivalent (z.B. mit Teflon als Träger) hergestellt werden. Ihr Meßbereich ist zwischen $10^{-5}$ und $10^{2}$ Gy.

5) *Kalorimetrische Dosimetrie*: Dieses Verfahren basiert auf der Messung der Temperaturänderung eines Materials (z.B. Graphit) bei Bestrahlung. Die Genauigkeit ist hoch, wenn chemische Reaktionen ausgeschlossen werden können. Weil die kalorimetrische Dosimetrie nur für hohe Dosen einsetzbar ist, wird sie nur als Primärstandard eingesetzt. [FE]

**Dosis,** *Strahlungsdosis*, *Energiedosis*, *Absorptionsdosis*, Energie der ↗*ionisierenden Strahlung*, die vom bestrahlten Material aufgenommen wurde, im Verhältnis zu dessen Masse. Der Begriff der Dosis quantifiziert die Strahleneinwirkung. Die Maßeinheit der Energiedosis ist das Gray [Gy], 1 Gy = 1 J/kg. Eine ältere Einheit ist rad [rd] mit der Umrechnung 1 rd = 0,01 Gy. Häufig hängt der Effekt der Strahlung nicht nur vom Betrag der absorbierten Dosis, sondern auch von der zeitlichen Verteilung der Applikation ab. Deshalb gibt es den Begriff der Dosisleistung [Gy/s]. Die ↗*Dosimetrie* ist die Lehre von den Verfahren zur Messung der Dosis.

1) *Ionendosis*: Die direkte kalorimetrische Messung der absorbierten Strahlenenergie ist schwer möglich, da die relevanten Energiebeiträge sehr klein sind. Außerdem ist die Strahlenenergie zum Teil in Form von chemischer Energie festgelegt. Daher benutzt man zur Dosismessung die Eigenschaft ↗*ionisierender Strahlung*, Gase zu ionisieren. Die dabei gemessene Ionendosis (Expositionsdosis) wird in Coulomb pro kg [C/kg] angegeben. Da die Energie zur Erzeugung eines Ionenpaares bekannt ist (34 eV in der Luft), kann man die Ionendosis in die Absorptionsdosis umrechnen (1 C/kg entspricht 34 Gy in der Luft bzw. 36–38 Gy im Wasser und im Gewebe für β- und γ-Strahlung). Das Röntgen [R] ist eine veraltete Einheit der Ionendosis mit der Umrechnung $1\,R = 2{,}58 \cdot 10^{-4}$ C/kg.

2) *Äquivalentdosis*: Selbst gleiche Energiedosen verschiedener Strahlenarten können höchst unterschiedliche biologische Wirkung haben. Die relative biologische Wirksamkeit *RBW* (↗Strahlenwirkung) einer Strahlenart ist das Verhältnis der Dosis $D_W$ einer Standardstrahlung (200–250 kV Röntgen) zu der Dosis *D* der untersuchten Strahlenart, die zum identischen biologischen Effekt führt:

$$RBW = \frac{D_W}{D}.$$

Die Standardstrahlendosis $D_W$ wird auch *Dosis-Äquivalent* genannt (↗Äquivalentdosis). Ihre Einheit ist das Sievert [Sv]. Einer Dosis von 1 Gy einer Strahlenart mit dem *RBW*-Faktor 1 entspricht 1 Sv. Die veraltete Einheit der Äquivalentdosis ist rem (engl. roentgen equivalent men) mit der Umrechnung 1 rem = 0,01 Sv.

Die relative biologische Wirksamkeit einer Strahlenart hängt einerseits mit dem linearen Energieverlust des Strahlenpartikels im Gewebe zusammen (↗*ionisierende Strahlung*) und ist andererseits auch verschieden für unterschiedliche biologische Parameter und Bestrahlungsregimes. Während die relative Wirksamkeit von elektromagnetischer und β-Strahlung bei langandauernder Bestrahlung etwa 1 ist, ist sie für Neutronenstrahlung je nach Energie 3–10. Der natürliche Strahlungshintergrund (kosmische Strahlung, natürliche Radioaktivität des Bodens, der Luft und des Wassers) entspricht maximal 0,125 Sv pro Mensch und Jahr. Eine Ganzkörperbestrahlung von mehr als 4 Sv in kurzer Zeit führt ohne medizinisches Eingreifen zum Tode. Dieselbe Äquivalentdosis im Verlaufe eines Lebens hat keine sichtbaren Folgen. Eine Strahlendosis von 5 Sv pro Jahr wird bei professioneller Tätigkeit als maximal zulässig betrachtet. Therapeutische Bestrahlungen einzelner Organe und Gewebe können Dutzende Sievert umfassen.

Verschiedene Gewebe und Organe des Menschen tragen in unterschiedlichem Maße zur Strahlenwirkung bei. Bei ungleichmäßiger Verteilung der Dosis über den ganzen Körper kann das Maß der Bestrahlung mit der sog. effektiven Äquivalentdosis $D_{EW}$ abgeschätzt werden:

$$D_{EW} = \sum_i W_i D_{W,i},$$

wobei $D_{W,i}$ die Äquivalentdosis der Bestrahlung des *i*-ten Organes oder Gewebes ist und $W_i$ den Beitrag des Organes bzw. Gewebes an den Bestrahlungsfolgen beschreibt (Tabelle).

**Dosis:** Beiträge $W_i$ verschiedener menschlicher Gewebe und Organe an den Bestrahlungsfolgen für den ganzen Körper (nach einer Empfehlung der Internationalen Kommission für Strahlenschutz (ICRP)).

| Gewebe/Organ | $W_i$ |
|---|---|
| Gonaden | 0,25 |
| Brustdrüse | 0,15 |
| rotes Knochenmark | 0,12 |
| Lunge | 0,12 |
| Schilddrüse | 0,03 |
| Haut, Knochen | 0,03 |
| übrige Gewebe und Organe | 0,30 |

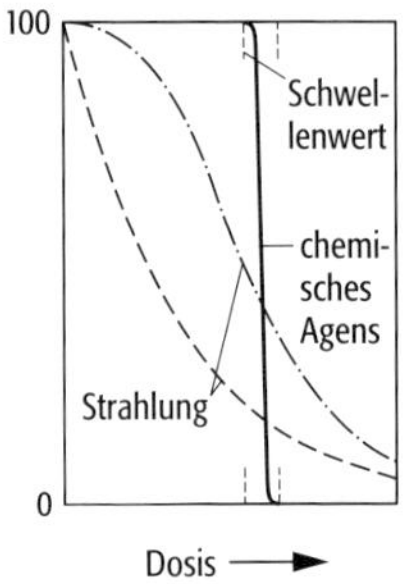


**Dosis-Effekt-Kurve:** Im Unterschied zu chemischen Agentien konnten bei ionisierender Strahlung bisher keine Schwellenwerte nachgewiesen werden.

Die Summe aller Wirkkoeffizienten $W_i$ ergibt 1.
3) *Kollektive Dosis*: Dieser Dosisbegriff wird zur Beschreibung der Bestrahlung von Populationen, z.B. von Menschengruppen, angewandt. Die gesamte Absorptions- bzw. Äquivalenzdosis der Population ist die Summe der entsprechenden Strahlungsdosen der Individuen. (↗Strahlenbelastung) [FE]

**Dosis-Äquivalent,** ↗*Äquivalentdosis*, eine ↗*Dosis* ionisierender Strahlung, welche zu einem definierten biologischen Effekt führt.

**Dosisaufbaufaktor** ↗Reaktorabschirmung.

**Dosis-Effekt-Kurve,** *Dosis-Wirkungs-Kurve*, graphische Darstellung der Abhängigkeit des Logarithmus des biologischen Effektes (z.B. Überlebensrate von Bakterien, Viren oder Zellkulturen, Restaktivität von Enzymen, Schwere der Strahlenkrankheit) von der ↗*Dosis* der ionisierenden Strahlung (Abb.). Die Treffertheorie versucht, die Dosis-Effekt-Kurven mit dem stochastischen Prozeß der Strahlenabsorption durch das Postulat strahlenempfindlicher Ziele (engl.: targets) zu verbinden. Typischerweise gibt es vier Formen von Dosis-Effekt-Kurven :
1) *Exponentieller Verlauf* (z.B. Inaktivierung von Enzymen oder Viren): Ein Inaktivierungsmodell, in welchem ein einziger Treffer ausreicht, ist mit dieser Kurve vereinbar.
2) *Schulterkurve*: Niedrige Strahlendosen führen zu sehr geringem Effekt. Erst bei steigenden Dosen nimmt die Kurve exponentiellen Verlauf an. Diese Kurve entspricht Modellen mit mehrfachen Treffern, entweder in ein und demselben Kompartiment oder in mehreren disjunkten empfindlichen Treffbereichen.
3) *Zweiphasige »durchhängende« Kurven*: Sie sind erklärbar für heterogene Populationen (z.B. von Bakterien) mit unterschiedlicher Strahlenempfindlichkeit. Der zunächst höhere Effekt entsteht durch die stärkere Betroffenheit der empfindlicheren Subpopulation.
4) *Stimulationskurven*: Manchmal treten bei niedrigen Strahlendosen positive Effekte auf, d.h. die Bestrahlung initiiert Reparaturprozesse, welche den Strahlenschaden überkompensieren. Diese Erscheinung ist bei Pflanzen, Tieren und Pilzen bekannt.

**Dosisgrößen** ↗Dosis, ↗Äquivalentdosis.

**Dosiskonstante** ↗Gammastrahlungskonstante.

**Dosisleistung,** die pro Zeiteinheit aufgenommene ↗Dosis ionisierender Strahlung.

**Dosisrate** ↗Dosisleistung.

**Dosisreduktionsfaktor,** die Zahl, mit der die ↗*Bestrahlungsdosis* multipliziert werden muß, damit bei Gegenwart eines chemischen Strahlenschutzstoffes (z.B. Cysteamin) der gleiche biologische Effekt erzielt wird.

**Dosis-Wirkungskurve** ↗*Dosis-Effekt-Kurve*.

**dotierte Halbleiter,** Halbleiter, in deren Gitter gezielt Fremdatome eingebaut werden, um ↗n-Leitung bzw. ↗p-Leitung zu erzeugen. (↗Dotierung)

**Dotierung,** kontrolliertes Einbringen von Fremdatomen in Halbleiterkristalle mit dem Ziel, die physikalischen und die elektronischen Eigenschaften des Halbleiters zu ändern, insbesondere ↗*Akzeptoren* und ↗*Donatoren* mit ↗*pn-Übergängen* zu erzeugen. Die Dotierung kann entweder beim oder aber nach dem Wachstum des Kristalls vorgenommen werden; während des Wachstums beispielsweise durch Beimischung der Dotierstoffe in die Schmelze, so daß man eine homogene Verteilung der Dotieratome im gesamten Kristall erhält, oder durch Dotierung während ↗*epitaktischen Wachstums*, womit man heute extrem dünne Schichten erzeugen kann, die nur aus wenigen Atomlagen bestehen (↗*Epitaxie*). Nach dem Wachstum kann der Kristall durch ↗*Ionenimplantation* von Fremdatomen dotiert werden, was den Vorteil hat, daß räumlich scharfe Dotierprofile erzeugt werden können, oder durch *Diffusion* von Fremdatomen in den Kristall (↗Diffusion in Festkörpern).

**Dotierungsübergitter** ↗Übergitter.

**Double-Zeta-Funktion** ↗Atomorbital.

**Douglas,** *Donald Wills*, amerikanischer Flugzeugingenieur, *6.4. 1892 New York, †1.2. 1981 Palm Springs; Studium an der US Naval Academy und am Massechussetts Institute of Technology; baute 1920 das erste Flugzeug, das eine Ladung transportieren konnte, die größer war als das Flugzeugeigengewicht; arbeitete für die US-Marine; gründete 1928 die Douglas Aircraft Company, die nach langen Jahren des Erfolgs 1967 von McDonnell übernommen und zur neuen Firma McDonnell-Douglas Corp. umgestaltet wurde.

**Douglass,** *Andrew Ellicott*, amerikanischer Astronom und Dendrochronologe, *5.7. 1867 Windsor (Vermont), †20.3. 1962 Tucson; 1906 Professor für Astronomie und Physik an der Universität von Arizona; arbeitete zunächst über den 11jährlichen Sonnenfleckenzyklus; hoffte, eine Korrelation zwischen der Sonnenfleckenaktivität und dem irdischen Klima zu finden, was dazu führte, daß er sich ganz dem Studium der Wachstumsringe von Bäumen und dem Zusammenhang mit Klimaveränderungen in der Vergangenheit widmete; begründete damit in den zwanziger Jahren die ↗*Dendrochronologie*, mit der man damals in der Lage war, das Klima bis ins 8. Jhdt. zurückzuverfolgen. (↗Altersbestimmung, radioaktive)

**Dove,** *Heinrich Wilhelm*, deutscher Physiker und Meteorologe, *6.10.1803 Liegnitz, †4.4.1879 Berlin; 1828 Professor in Königsberg; 1829 Direktor des Preußischen Meteorologischen Instituts in Berlin; gilt als Mitbegründer der neueren Meteorologie und vergleichenden Klimatologie; schuf als erster Karten der Monatsisothermen (1849).

**Dove-Prisma,** Umkehrprisma, welches aus vier rechteckigen Flächen besteht und von zwei trapezförmigen Flächen mit 45°-Winkeln begrenzt wird (Abb.). Der Lichtstrahl wird im Prisma zweimal gebrochen und einmal reflek-

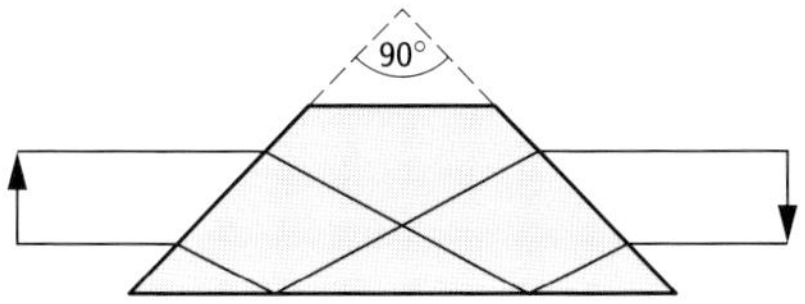


tiert. Fällt das Licht unter einem Winkel von 45° ein, so ergibt sich eine einseitige Vertauschung des Bildes ohne Richtungsänderung. Das Dove-Prisma wird auch in ↗*Periskopen* eingesetzt.

**Down-Quark,** *d-Quark*, Elementarteilchen, das zusammen mit dem ↗Up-Quark als Isospin-Dublett die erste Generation der ↗Quarks bildet. Das Down-Quark weist die elektrische Ladung −1/3, die Isospin-Komponente $I_z = -1/2$ (das Up-Quark hat $I_z = +1/2$) und, wie alle Quarks, den Spin 1/2 und die Baryonenzahl 1/3 auf. d- und u-Quark sind die Bestandteile von Proton und Neutron; sie sind somit die Quarks, die in der stabilen Materie vorkommen.

**DPG** ↗Deutsche Physikalische Gesellschaft.

**D-Physik,** zusammenfassende Bezeichnung für den Zweig der Teilchenphysik, der sich mit der theoretischen und experimentellen Untersuchung von ↗*D-Mesonen* beschäftigt.

Von Interesse sind vor allem die schwachen Zerfälle von D-Mesonen, die sich je nach Art der Teilchen im Endzustand in hadronische, leptonische und semileptonische Zerfälle einteilen lassen. Während erstere Zerfälle aufgrund der Komplexität der starken Wechselwirkung der Hadronen untereinander schwierig rechnerisch zu behandeln sind, läßt sich der Einfluß der starken Kraft auf die leptonischen Zerfälle, bei denen der Endzustand nur aus einem Lepton-Neutrino-Paar besteht, mit nur einer einzigen Konstante beschreiben, falls das zerfallende Meson ein Pseudoskalar ist. Die Zerfallsraten für leptonische Prozesse sind allerdings sehr klein und schwierig zu messen. Semileptonische Zerfälle, bei denen zusätzlich mindestens ein weiteres Meson im Endzustand auftritt (z.B. $D \to \bar{K} l^+ \nu_l$), $l$ steht für eine der Leptonen-Familien e, μ, τ), sind hingegen experimentell wesentlich besser zugänglich, mit ihnen lassen sich sehr gut die Auswirkungen der starken Kraft auf den zugrunde liegenden schwachen Prozeß untersuchen. Semileptonische Zerfälle benötigen im allgemeinen mehrere energieabhängige ↗Formfaktoren (Strukturfunktionen) zur Parametrisierung der starken Effekte; Informationen über sie ergeben sich aus Messungen von Winkel- und Energieverteilungen.

**DPPH,** *Diphenyl-Pikryl-Hydrazyl*, ein stabiles freies Radikal, das eine wichtige Test- und Eichsubstanz mit einem ↗*g*-Faktor von 2,0036 für die ↗Elektronenspinresonanz ist.

**dpt** ↗*Dioptrie*.

**d-Quark** ↗*Down-Quark*.

**Drachenfliegen,** antriebsloses Fliegen mit drachenförmigen Fluggeräten unter Ausnutzung der *Thermik*.

**Drachenpunkte** ↗Knoten der Mondbahn.

**Drag-Effekt,** *Phonon-Drag*, ein *thermoelektrischer Transporteffekt* bei ↗*Phononen* in ↗*Halbleitern* und Metallen. Ein elektrischer Strom in einem Festkörper ist mit einer Verschiebung der ↗*Fermi-Fläche* des Elektronensystems im *k-Raum* um $\delta\boldsymbol{k} = -e\boldsymbol{E}\tau/\hbar$ verbunden (***E***: ↗*elektrische Feldstärke* , τ: Zeit seit Anlegen des Feldes). Wenn nun das Elektronensystem mit den Phononen in Wechselwirkung tritt und nur diese *Elektron-Phonon-Wechselwirkungen* vorliegen, werden die Phononen versuchen, mit dem verschobenen Elektronensystem ins Gleichgewicht zu kommen, d.h. das Phononensystem selbst wird dazu tendieren, in seinem eigenen *k*-Raum verschoben zu werden. Der Elektronenstrom zieht also einen Phononenfluß mit sich und umgekehrt; dies ist der *Drag-Effekt* (von englisch to drag: mitreißen). Außer ↗*Umklapp-Prozessen* reduzieren bei Raumtemperatur auch ↗*Phonon-Phonon-Wechselwirkungen* den Drag-Effekt deutlich. Bei tiefen Temperaturen und insbesondere in Halbleitern kann dieser jedoch deutlich beobachtet werden.

**Drahtbond-Verfahren,** Fügemethoden zur Herstellung diskreter elektrischer Verbindungen, wobei neben der räumlichen Entfernung auch Höhendifferenzen überwunden werden können. Die Drähte bestehen überwiegend aus Gold- oder Aluminiumlegierungen mit Durchmessern ab 10 μm. Bei Drahtbond-Verfahren werden die Drähte nicht geschmolzen, sondern die Oxidschicht an der Oberfläche durch Druck, Wärme oder Ultraschall aufgerieben, wonach die Drähte und die entsprechenden Kontaktflächen auf den Substraten (*Pads*) in so engen Kontakt gebracht werden, daß sie durch Van-der-Waals-Kräfte dauerhaft verbunden sind. Man unterscheidet mehrere Methoden. Bei der *Thermokompression* (*Warmpreßschweißen*) werden die Drähte aufgeheizt, wodurch die Oxidschicht abplatzt, und bei etwa 280°C auf den Pad gepreßt. Beim *Ultraschallschweißen* reißen Ultraschallschwingungen, die tangential zur Oberfläche und senkrecht zur Kraft gerichtet sind, die Oxidschicht auf und verbinden Draht und Pad. Beim *Thermosonicbonden* (*Ultraschallwarmschweißen*) wird der Draht außerdem erwärmt, wodurch sich die ↗*Duktilität* zusätzlich erhöht und die Oberflächen durch Ausgasen zusätzlich gereinigt werden. Es stellt das Standardverfahren bei der Bestückung von ICs, Dioden und Transistoren dar. Nach der Handhabung der Drähte unterscheidet man zum einen in *Ball-Wedge-Bonden* (*Kugel-Keil-Schweißen*), bei dem der Draht auf den ersten Kontakt gefahren, kurz erwärmt und angepreßt wird, wodurch er dort verschweißt. Ohne Drehung des Trägers kann der Draht sofort auf den zweiten Kontakt gefahren werden, wo er keilförmig angepreßt wird und so kontrolliert abreißt. Beim anderen Verfahren, dem *Wedge-Wedge-Bonden* (*Keil-Keil-Bonden*), werden

**Dove-Prisma:** Strahlengang.

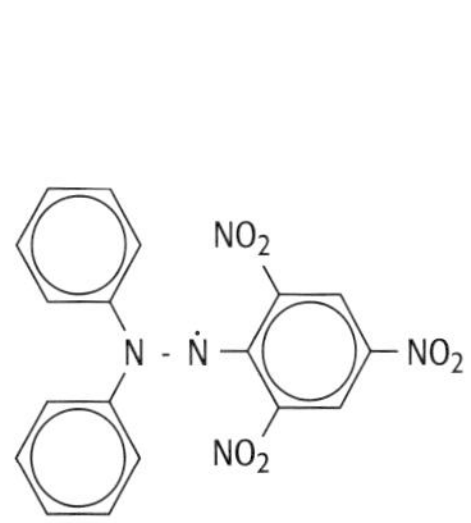


**DPPH:** Strukturformel.

beide Enden keilförmig angesetzt. Um mechanische Spannungen im Draht zu vermeiden, muß der Träger hier entsprechend der Form des ersten Keils gedreht werden.

**Drahtkammer,** mit einem Zählgas und einer großen Zahl von Anodendrähten angefüllter Ortsdetektor mit Energieverlustmessung, bei dem das Prinzip des ↗Proportionalzählers auf einen großflächigen Detektor übertragen wird. Drahtkammern sind entweder eben oder aber zylindrisch geformt, wenn es einen großen Raumwinkel zu überdecken gilt; sie wurden zunächst in Form von ↗*Vieldraht-Proportionalkammern* mit einer sehr großen Zahl von Anodendrähten eingesetzt (typische Ortsauflösung bis etwa 1 mm, Zeitauflösung bis ca. 30 ns), wurden jedoch weitgehend von ↗*Driftkammern* abgelöst, die insgesamt eine wesentlich geringere Zahl an Drähten besitzen, dafür aber zur Verbesserung der Feldqualität zwischen je zwei Anodendrähten einen Potentialdraht aufweisen; die Ortsauflösung kann so auf 0,1 mm gesteigert werden.

**Drahtwelle,** eine an einem einzelnen Draht entlanglaufende ↗elektromagnetische Welle. Eine solche Welle kann mit hochfrequentem Wechselstrom angeregt werden (↗Hochfrequenztechnik), ihre Fortpflanzung verläuft ähnlich wie bei einer ↗Doppelleitung. Die Fortpflanzungsgeschwindigkeit ist bei verschwindendem Widerstand gleich der Lichtgeschwindigkeit $c$, bei endlichem Widerstand ist sie geringer, und es tritt zusätzlich Amplituden-Dämpfung auf. Das elektrische Feld im Draht ist ein ↗Drehfeld, d.h. der Feldvektor ändert seine Orientierung während einer Periode um 360°. Neben dieser elektrischen *Hauptwelle* treten auch gedämpfte elektrische und magnetische *Nebenwellen* mit anderer Feldverteilung und starker Wärmeentwicklung auf.

**Drain-Schaltung,** Grundschaltung des ↗*Feldeffekttransistors*, bei der der Drain-Anschluß der Bezugpunkt ist und das Signal am *Gate* liegt, analog zur ↗*Kollektorschaltung* des ↗Bipolar-Transistors. Der Arbeitswiderstand ist am Drain angeschlossen, wo das Ausgangssignal abgenommen wird. Drain-Schaltungen werden hauptsächlich zur Impedanzwandlung eingesetzt.

**Drake,** *Frank Donald*, amerikanischer Radioastronom, *28.5.1930 Chicago; 1964 Professor am Center for Radiophysics and Space Research der Cornell-Universität in Ithaca; erforschte mit radioastronomischen Methoden das Zentrum des Milchstraßensystems und wies den Strahlungsgürtel des Jupiter nach; vor allem bekannt durch seine seit 1960 im Rahmen der CETI-Projekte (»Communication with Extraterrestrial Intelligences«) durchgeführten Arbeiten und Versuche zum Nachweis der Existenz von intelligenten Lebewesen auf anderen Planeten durch Empfang von kosmischen Radiosignalen.

**Drall,** veraltete Bezeichnung für ↗Drehimpuls.

**Draper,** *Henry*

**Drallellipsoid,** Wirken auf einen in seinem Schwerpunkt gelagerten ↗Kreisel mit den Hauptträgheitsmomenten $T_{1,2,3}$ keine äußeren Kräfte ein und bleibt sein Schwerpunkt in Ruhe, so ist seine Energie $E$ eine Konstante, und es gilt

$$\frac{L_1^2}{T_1} + \frac{L_2^2}{T_2} + \frac{L_3^2}{T_3} = 2E\ ,$$

wobei $L_{1,2,3}$ die Komponenten des Drehimpulses sind. Dies entspricht der Gleichung eines Ellipsoids, des Drallellipsoids.

**Drallstabilisierung,** *Rotationsstabilisierung*,

**1)** ↗*Ballistik*: Bahnstabilisierung von Geschossen durch Rotation um die Längsachse. Aufgrund des Luftwiderstandes ist die Reichweite von Flugkörpern stark beschränkt. Längliche Körper besitzen einen geringeren Luftwiderstand, geraten jedoch während des Fluges in heftige Trudelbewegungen, was die Vorhersage der Flugrichtung und -weite stark erschwert. Versetzt man die Körper jedoch in Rotation um die Längsachse, so beginnen sie, um die momentane Bahntangente zu präzedieren (↗Präzession), wodurch die Bewegung stabilisiert wird. Bei Geschossen liegt die Präzessionsfrequenz im Sekundenbereich, ist also oft größer als die Flugdauer.

**2)** *Raumfahrttechnik*: raumstabile Fixierung einer Achse – meist der Hauptachse – eines unbemannten Raumflugkörpers durch Rotation um diese Achse. Die Flugkörper erhalten die Rotation dabei entweder mittels Drallübertragung durch die letzte Antriebsstufe oder durch kleine Dralldüsen. Es ist dies die einfachste Methode, einer Raketenstufe, einem Satelliten oder einer Raumsonde während ihrer Antriebsphase und dem darauffolgenden freien Flug eine feste räumliche Orientierung aufzuzwingen. So rotieren die geostationär postierten Meteosat-Wettersatelliten mit ungefähr 100 Umdrehungen pro Minute um ihre eigene Achse.

**DRAM** ↗dynamisches RAM.

**Draper, 1)** *Henry*, amerikanischer Physiologe und Amateurastronom, Sohn von J.W. Draper, *7.3.1837 Prince Edward County, †20.11.1882 New York; 1860 Professor in New York; leistete Pionierarbeit bei der Einführung der Photographie in die Astronomie; machte in seiner Privatsternwarte in Hastingson-Hudson photographische Aufnahmen von Mond, Planeten, Kometen und Nebeln und ihren Spektren (über 100); wies als erster Wasserstoff auf der Sonne nach; nach ihm benannt sind eine von A.J. ↗Cannon am Harvard-Observatorium entwickelte Spektralklassifikation der Sterne *(Draper-Klassifikation)* und der von E.C. ↗Pickering und A.J. Cannon 1918–24 veröffentlichte ↗*Henry-Draper-Katalog*, der die Spektralklassifikation von 225300 Sternen enthält.

**2)** *John William*, amerikanischer Chemiker, Vater von H. ↗Draper, *5.5.1811 Saint Helens, †4.1.1882 Hastings; 1836 Professor in Virginia; 1839 Professor in New York; erkannte als einer der ersten, daß chemische Reaktionen durch Licht ausgelöst werden können und gilt damit als einer der Begründer der Photochemie; fertigte 1840 als erster eine photographische Aufnahme des Mondes an (↗*Daguerreotypie*) und photographierte erstmals Objekte durch ein Mikroskop; erkannte um 1843, daß sich die Spektrallinien anhand ihrer Wellenlänge identifizieren lassen und gehört damit zu den Wegbereitern der Spektroskopie.

**Drehachse, 1)** *Mechanik*: *Rotationsachse*, diejenige Gerade, die bei der ↗Drehbewegung eines Körpers ortsfest bleibt. Bei einer allgemeinen Drehung kann man zu jedem Zeitpunkt eine solche Gerade finden, die sich allerdings laufend ändert und dann *momentane Drehachse* genannt wird.

**2)** *Kristallographie*: aus der Symmetrieoperation ↗Drehung entstehendes Symmetrieelement. Bei der Drehung um eine feste Achse gehen die Punkte eines Kristallgitters über in die Punkte eines symmetrieäquivalenten Kristallgitters, wobei entsprechende Punkte denselben Abstand von der Drehachse aufweisen und in einer zur Drehachse senkrechten Ebene liegen. Charakteristisch für die Drehung ist die Lage der Drehachse und der Drehwinkel. Zwischen dem kleinsten Drehwinkel $\varphi$ und der Zähligkeit $n$ gilt folgende Beziehung: $\varphi = 360°/n$. In der Kristallographie erhält die Drehachse üblicherweise das Symbol $n$ ($n = 2,3,4,6$). Zwei-, drei-, vier- und sechszählige Drehachsen werden auch als Di-, Tri-, Tetra- und Hexagyren oder di-, tri-, tetra- und hexagonale Achsen bezeichnet. Drehachsen anderer Zähligkeit können in zwei- und dreidimensional periodischen Körpern als Symmetrieelement nicht auftreten. Die Drehachse der Zähligkeit 1 wird als Identiät bezeichnet.

**Drehanodenröhre,** eine ↗*Röntgenröhre* mit scheibenförmiger Anode, die im Betrieb mit ca. 1400 U/min rotiert. Der Elektronenstrahl trifft auf dem Rand der Scheibe auf. Während sich das Material bei feststehender Anode im ↗*Brennfleck* stark erhitzt, führt die Rotation der Drehanode zu einer besseren Verteilung der Abwärme. Somit lassen sich Röntgenröhren hoher Leistung und Lebensdauer bauen.

**Drehbeschleunigung** ↗*Winkelbeschleunigung*.

**Drehbewegung,** *Drehung*, *Rotation*, Bewegung eines Systems von Massenpunkten, z.B. eines starren Körpers, um eine Achse, die so abläuft, daß sich alle Massenpunkte auf konzentrischen Kreisen um die zur Drehebene senkrechte, zumindest momentweise raumfeste Achse, die *Drehachse*, bewegen. Führt diese Achse selbst eine Bewegung im Raum aus, so spricht man von einer momentanen Drehachse. Die Richtung dieser Achse wird so festgelegt, daß sie gemeinsam mit der Drehebene, die gemäß dem *Drehsinn* der Rotation orientiert ist, ein Rechtssystem bildet (Abb.). Der Drehwinkel $\boldsymbol{\varphi}$ wird, ebenso wie seine erste und zweite zeitliche Ableitung, der *Winkelgeschwindigkeit* $\boldsymbol{\omega} = \dot{\boldsymbol{\varphi}}$ und der *Winkelbeschleunigung*

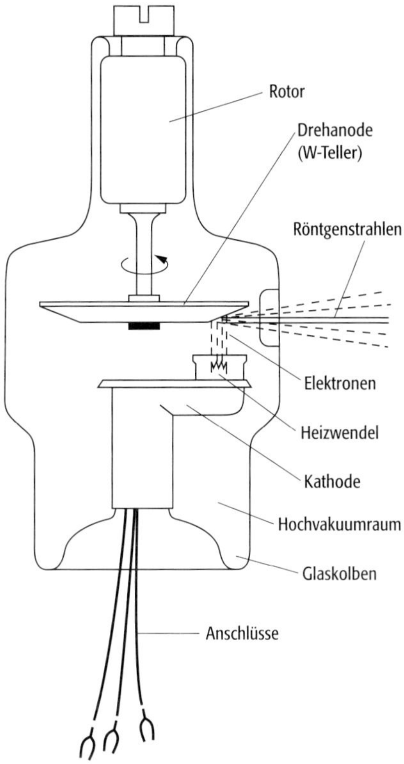


Drehanodenröhre

$\boldsymbol{\alpha} = \ddot{\boldsymbol{\varphi}}$, als vektorielle Größe behandelt, deren Richtung im Raum derjenigen der Drehachse entspricht. Bei diesen Vektoren handelt es sich allerdings, wie auch beim ↗Drehimpuls, um ↗axiale Vektoren, die ein anderes Verhalten bei Raumspiegelungen aufweisen als »gewöhnliche«, d.h. polare Vektoren.

Die ↗*Kreisbewegung* stellt einen Spezialfall der Drehbewegung dar, bei der – gemäß ihrer Definition als räumlich periodische Bewegung eines Massenpunktes um ein Zentrum – stets volle Umläufe stattfinden.

Bei einer gleichförmigen Rotation, also einer solchen mit konstanter Winkelgeschwindigkeit (dies ist z.B. die kräftefreie Drehung eines starren Körpers um seinen Schwerpunkt oder die Kreisbewegung eines Planeten um ein Zentralgestirn) ist die Angabe der ↗*Drehzahl* oder *Umlauffrequenz* $\nu$ sinnvoll, die die Anzahl der Umdrehungen pro Zeiteinheit beschreibt. Wird der Winkel im Bogenmaß angegeben, so gilt zwischen dem Betrag der Winkelgeschwindigkeit, der hier als *Kreisfrequenz* bezeichnet wird, und der Drehzahl der Zusammenhang $\omega = 2\pi\nu$.

Jede freie Bewegung eines starren Körpers kann auf die Überlagerung einer Translation und einer Rotation um den Schwerpunkt zurückgeführt werden; die Drehachse führt dabei eine gleichförmige Translationsbewegung aus, besitzt aber eine konstante Richtung.

Die Bewegungsgesetze der Rotation entsprechen denjenigen der Translation, wenn gemäß

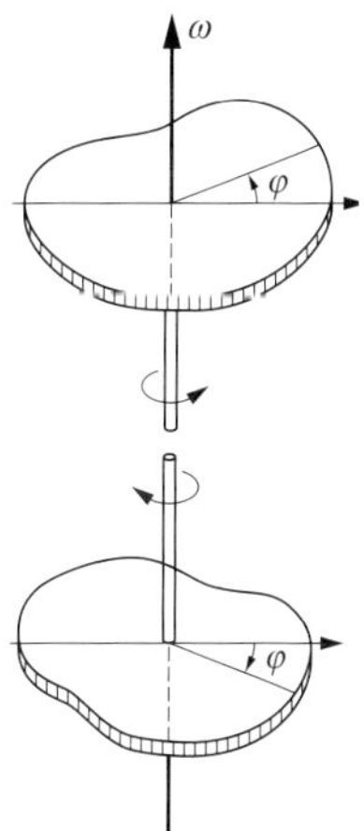


**Drehbewegung** eines starren Körpers.

**Drehbewegung:** Analogie von Translation und Drehbewegung.

| Translation | Drehbewegung |
|---|---|
| Ort $r$ | Drehwinkel $\varphi$ |
| Geschwindigkeit $v$ | Winkelgeschwindigkeit $\omega$ |
| Masse $m$ | Trägheitsmoment $\Theta$ |
| Impuls $p = mv$ | Drehimpuls $L = \Theta\omega$ |
| Kraft $F = \frac{d}{dt}p = m\frac{d}{dt}v$ | Drehmoment $M = \frac{d}{dt}L = \Theta\frac{d}{dt}\omega$ |

der Tabelle die charakteristischen Größen der letzteren durch die analogen Größen der Drehbewegung ersetzt werden.

**Dreheiseninstrument,** *Weicheisenmeßwerk*, *Drehmagnetinstrument*, *Rundspulmeßwerk*, ein elektrisches Meßinstrument, bei dem im Gegensatz zum häufiger benutzten ↗Drehspulinstrument keine drehbare Spule im Feld eines Dauermagneten, sondern eine drehbare Weicheisen-Nadel im Magnetfeld einer vom Meßstrom durchflossenen Spule verwendet wird. Das Gerät dient bevorzugt der ↗*Strom- und Spannungsmessung* bei Wechselstrom ($\lesssim 1$kHz), da die Kraftwirkung auf die Nadel nahezu unabhängig von der Stromrichtung ist (bei deren Umkehr ändert sich auch die Polarität des Eisens). Dreheiseninstrumente sind besser überlastbar und mechanisch widerstandfähiger als Drehspulinstrumente, haben jedoch i.a. einen höheren Eigenverbrauch. Präzisionsgeräte werden mit magnetischen Abschirmungen versehen, oder es werden zwei um 180° gegeneinander versetzte Meßwerke benutzt (↗Astasierung).

Es wird zwischen Flachspulinstrumenten und Rund- oder Ringspulinstrumenten unterschieden. Beim älteren *Flachspulgerät* wird ein exzentrisch gelagertes und mit einem Zeiger verbundenes Eisenplättchen in die schlitzförmige Öffnung einer Flachspule hineingezogen. Beim heute überwiegend verwendeten *Rundspulgerät* ist eine von zwei Eisennadeln drehbar gelagert und mit dem Zeiger, die andere fest mit der Spule verbunden. Wenn durch die Spule ein Meßstrom fließt, stoßen die Nadeln sich ab, da sie im Spulen-Magnetfeld gleichsinnig magnetisiert werden (Abb.).

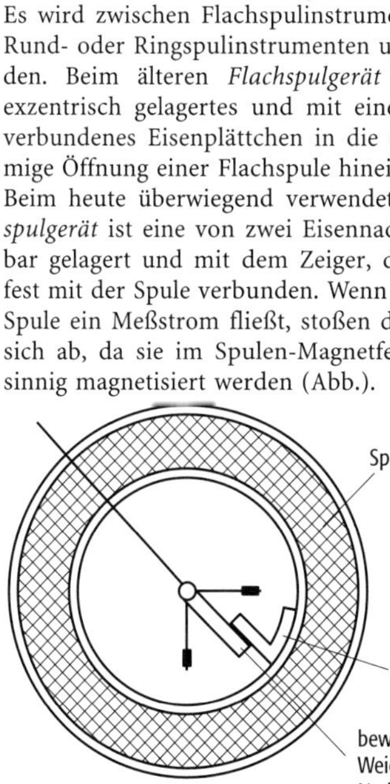


**Dreheiseninstrument:** Dreheisen-Rundspulinstrument im Schnitt.

**Drehen,** wie das ↗*Schleifen* ein *spanendes Fertigungsverfahren*; es zeichnet sich durch seine Vielseitigkeit in der Werkstückbearbeitung aus. Auf einer *Drehbank* wird das zu bearbeitende Werkstück in schnelle Umdrehungen versetzt und das Werkzeug dagegen vorbewegt (vgl. ↗*Fräsen*). Hohe Ansprüche werden dabei an die Schneidstoffe des Werkzeuges gestellt. Dies sind vorzugsweise *Hartmetalle*, *Diamant*, *Bornitrid* oder *Oxidkeramiken*.

**Drehfeld,** meist ein magnetisches (selten auch elektrisches) Feld, das um eine Achse rotiert. Drehfelder werden z.B. in ↗Drehstromgeneratoren durch ein umlaufendes Magnetsystem erzeugt. Beim Drehstrommotor wird der Läufer vom Drehfeld in Drehung versetzt. Im einfachsten Fall kann ein Drehfeld auch durch zwei Wicklungen erzeugt werden, deren Achsen aufeinander senkrecht stehen. Allgemein entsteht ein (elliptisches) Drehfeld durch die Überlagerung zweier oder mehrerer gleichfrequenter Wechselfelder, die einen räumlichen und zeitlichen Winkel miteinander bilden. Ein *Kreis-Drehfeld*, bei dem das Feld mit konstanter Stärke umläuft, ergibt sich, wenn die Felder gleich groß sind, ihre Achsen den Kreis in gleiche Teile teilen und ihre zeitliche und räumliche Phasenverschiebung ebenfalls gleich groß sind.

**Drehfeldinstrument,** ein elektrisches Meßgerät, dessen Drehmoment durch ein magnetisches oder elektrisches ↗Drehfeld erzeugt wird. Hierzu gehört vor allem das ↗Induktionsmeßwerk (*Ferraris-Zähler*), das als »Elektro-Zähler« in Industrie und Haushalten große Verbreitung gefunden hat. Als Zeigerinstrumente werden Drehfeldmeßwerke wegen ihrer Frequenz- und Temperaturabhängigkeit nur noch selten benutzt (siehe auch ↗Wattmeter), eine Ausnahme ist das ↗Tachometer. Ein elektrostatisches Drehfeldinstrument ist das ↗Synchronoskop nach Sieber.

**Drehgeschwindigkeit** ↗*Winkelgeschwindigkeit*.

**Drehgruppe,** im engeren Sinne die Menge der Drehungen im dreidimensionalen Anschauungsraum $\mathbb{R}^3$, die zusammen mit der Operation der Hintereinanderausführung zweier Drehungen die algebraische Struktur einer ↗*Gruppe* bildet. Da im allgemeinen die Reihenfolge, in der zwei Drehungen nacheinander ausgeführt werden, eine Rolle spielt, ist die Gruppe der Raumdrehungen nicht abelsch. Jede Raumdrehung kann als Übergang zu einem anderen Koordinatensystem aufgefaßt werden und kann folglich durch eine orthogonale $3 \times 3$-Matrix, die *Drehmatrix*, dargestellt werden. Die Drehmatrizen bilden in analoger Weise ebenfalls eine Gruppe, wenn die Hintereinanderausführung durch die Matrixmultiplikation ersetzt wird. Die Determinante ist entweder $+1$ oder $-1$; im ersten Fall spricht man von *eigentlichen*, im zweiten Fall von *uneigentlichen* Drehungen. Eigentliche Drehungen lassen sich stetig in die identische Abbildung überführen, d.h. aus vielen kleinen Teildrehungen zusammensetzen, während bei den uneigentlichen Drehungen dazu mindestens eine Spiegelung erforderlich ist. Erweitert man die Drehgruppe um die Lorentz-Trans-

formationen, gelangt man zur homogenen *Lorentz-Gruppe*, welche die relativistische Verallgemeinerung der Drehgruppe darstellt und deren Elemente durch $4 \times 4$-Matrizen im Minkowski-Raum repräsentiert werden können.
Häufig werden auch andere Verallgemeinerungen der gewöhnlichen Drehgruppe als Drehgruppen bezeichnet, nämlich die *orthogonalen Gruppen* $O(n)$ (orthogonale $n \times n$-Matrizen), die *speziellen orthogonalen Gruppen* $SO(n)$ (orthogonale $n \times n$-Matrizen mit Determinante 1), die *unitären Gruppen* $U(n)$ (unitäre $n \times n$-Matrizen) und die *speziellen unitären Gruppen* $SU(n)$ (unitäre $n \times n$-Matrizen mit Determinante 1). Die Drehgruppe im engeren Sinne heißt in dieser Terminologie O(3), während die Gruppe der eigentlichen Drehungen mit SO(3) bezeichnet wird. Die Gruppen SO($n$) und SU($n$) sind wichtige Beispiele für ↗*Lie-Gruppen*, wobei die SU($n$) in der Quantenmechanik und dort insbesondere in der Elementarteilchenphysik eine bedeutende Rolle spielen.

**Drehimpuls** **1)** *Mechanik*: (veraltet: *Drall*, *Impulsmoment*), grundlegender Begriff der Mechanik des Massepunktes und des starren Körpers. Der Drehimpuls ist definiert als das Vektorprodukt $\boldsymbol{L} = \boldsymbol{r} \times \boldsymbol{p}$ des Ortsvektors $\boldsymbol{r}$ bezüglich eines beliebigen Bezugsspunktes und des Impulses $\boldsymbol{p}$. Er kann in der SI-Einheit N·m·s angegeben werden. Der Drehimpuls gehört zu den ↗*Bewegungsintegralen* der Mechanik; für abgeschlossene, allgemein für beliebige rotationsinvariante Systeme ist er eine Erhaltungsgröße (↗Drehimpulserhaltungssatz). Der Drehimpuls eines Systems von Massenpunkten ergibt sich als lineare Summe der Einzeldrehimpulse: $\boldsymbol{L} = \sum_i \boldsymbol{r}_i \times \boldsymbol{p}_i$. Für eine kontinuierliche Massenverteilung mit der Dichte $\rho$, z.B. für einen starren Körper, wird dies zu $\boldsymbol{L} = \int \boldsymbol{r} \times \boldsymbol{v} \mathrm{d}m = \int \boldsymbol{r} \times \boldsymbol{v} \rho \,\mathrm{d}V$, wobei $\mathrm{d}m = \rho \,\mathrm{d}V$ das aus dem Volumenelement $\mathrm{d}V$ und der Dichte $\rho$ zusammengesetzte Massenelement ist. Im Schwerpunktsystem des Körpers kann man den Drehimpuls als $\boldsymbol{L} = \boldsymbol{\Theta} \cdot \boldsymbol{\omega}$ schreiben; $\boldsymbol{\Theta}$ steht hier für den Trägheitstensor, $\boldsymbol{\omega}$ für den Vektor der Winkelgeschwindigkeit.
Im allgemeinen hängt der Drehimpuls vom Bezugssystem ab. Sind K und K′ zwei Bezugssysteme, deren Ursprünge um die Strecke $a$ voneinander entfernt sind, so besteht zwischen den Ortsvektoren $\boldsymbol{r}$ und $\boldsymbol{r}'$ ein und desselben Punktes die Beziehung $\boldsymbol{r} = \boldsymbol{r}' + \boldsymbol{a}$, und für den Drehimpuls ergibt sich $\boldsymbol{L} = \boldsymbol{L}' + \boldsymbol{a} \times \boldsymbol{P}$. Dabei ist $\boldsymbol{P} = \sum \boldsymbol{p}$ der Gesamtimpuls des Systems (↗Impuls). Der Drehimpuls ist somit nur dann unabhängig vom Bezugssystem, wenn der Gesamtimpuls $\boldsymbol{P}$ verschwindet, das System als Ganzes also ruht. Handelt es sich bei K und K′ um zwei Inertialsysteme, wobei K′ das Schwerpunktsystem sei, und bewegt sich das eine mit einer Geschwindigkeit $v$ relativ zum anderen, so erhält man für den Gesamtdrehimpuls des Systems $\boldsymbol{L} = \boldsymbol{L}' + \boldsymbol{R} \times \boldsymbol{P}$ (mit dem Ortsvektor $\boldsymbol{R}$ des Schwerpunktes). Der Gesamtdrehimpuls des Körpers in einem beliebigen Bezugssystem setzt sich also aus dem Eigendrehimpuls $\boldsymbol{L}'$ (im Schwerpunktsystem) und dem von der Schwerpunktsbewegung als Ganzes herrührenden Bahndrehimpuls $\boldsymbol{R} \times \boldsymbol{P}$ zusammen.
In einer mehr mathematischen Betrachtungsweise kann der Drehimpuls als die infinitesimale Erzeugende der räumlichen Drehungen betrachtet werden, die die Lie-Gruppe SO(3) bilden; der Zusammenhang zwischen dieser Sichtweise und der obigen physikalischen Definition wird im Rahmen des Konzepts der ↗kanonischen Transformationen (↗*analytische Mechanik*) offensichtlich.

**2)** *Quantenmechanik*: Durch ↗Quantisierung, das heißt durch Ersetzen der Orts- und Impulskomponenten $x_i$ und $p_j$ durch ↗hermitesche lineare Operatoren $\hat{x}_i, \hat{p}_j$, die den ↗Vertauschungsrelationen $[\hat{x}_i, \hat{p}_j] = \mathrm{i}\hbar\,\delta_{ij}$ und $[\hat{x}_i, \hat{x}_j] = [\hat{p}_i, \hat{p}_j] = 0$ genügen, entstehen dadurch für die Komponenten $\hat{L}_x, \hat{L}_y, \hat{L}_z$ des Operators $\hat{L}$, in der ↗Quantenmechanik auch als *Bahndrehimpulsoperator* bezeichnet, die Vertauschungsrelationen $[\hat{L}_i, \hat{L}_j] = \mathrm{i}\hbar \sum_k \varepsilon_{ijk} \hat{L}_k$ ($\varepsilon_{ijk}$: ↗Levi-Civita-Symbol). Die einzelnen Drehimpulskomponenten vertauschen also nicht miteinander; dies bedeutet, daß nicht alle drei Komponenten simultan gemessen werden können (siehe unten). Da in der Quantenmechanik auch andere Drehimpulsoperatoren, wie zum Beispiel der ↗*Spin*, auftreten, muß der Begriff des Drehimpulses in der Quantenmechanik verallgemeinert werden. Man bezeichnet hier einen Operator $\hat{J}$, dessen Komponenten $\{\hat{J}_x, \hat{J}_y, \hat{J}_z\}$ den Kommutationsrelationen $[\hat{J}_i, \hat{J}_j] = \mathrm{i}\hbar \sum_k \varepsilon_{ijk} \hat{J}_k$ gehorchen, als *Drehimpulsoperator*. Die Operatoren $\{\hat{J}_x, \hat{J}_y, \hat{J}_z\}$ spannen eine ↗Lie-Algebra, die sog. *Drehimpulsalgebra*, auf. Anhand der Kommutationsrelationen erkennt man, daß die Drehimpulsalgebra isomorph zu den Lie-Algebren $so(3) \cong su(2)$ ist. Der einzige ↗*Casimir-Operator* der Drehimpulsalgebra ist der ↗*Beltrami-Operator* $\hat{J}^2 = \sum_i \hat{J}_i^2$.
In der Quantenmechanik werden häufig Systeme betrachtet, die eine Rotationssymmetrie besitzen; dann gilt $[D(R), \hat{H}] = 0$; $D$ ist dabei eine Darstellung der Drehgruppe auf dem quantenmechanischen ↗Hilbert-Raum $H$, $R$ eine beliebige Drehung, also ein Element der zugrunde liegenden Drehgruppe (↗Dastellung einer Gruppe). Betrachtet man die stationäre Schrödinger-Gleichung $\hat{H}\,\psi_{n,i} = E_n\,\psi_{n,i}$, wobei die $\psi_{n,i}$ Eigenvektoren zum Energie-Eigenwert $E_n$ sind, die durch $i$ entartet sein können, so folgt aus der Invarianz des Systems unter Drehungen, daß die $D(R)\,\psi_{n,i}$ für eine beliebige Drehung $R$ wieder Eigenvektoren zum Energie-Eigenwert $E_n$ sind. Der durch Anwendung aller Drehungen $D(R)$ auf $\psi_{n,i}$ erzeugte Raum besitzt eine irreduzible Darstellung der Drehgruppe, da er aufgrund seiner Konstruktion keine invarianten Unterräume bezüglich der Drehungen besitzt (↗Darstellung einer Gruppe). Aus diesem Grund interessiert sich die Physik für die *irreduziblen Darstellungen* der Dreh-

gruppe und somit für die irreduziblen Darstellungen der zugehörigen Drehimpulsalgebra.

Die irreduziblen Darstellungen der Drehimpulsalgebra werden nach Eigenwerten des Casimir-Operators $\hat{J}^2$ und der *Cartan-Unteralgebra*, die o.B.d.A. durch $\hat{J}_z$ aufgespannt wird, definiert. Physikalisch entspricht dies der Tatsache, daß aufgrund der Kommutationsrelationen die einzelnen Komponenten des Drehimpulsoperators nicht simultan meßbar sind. Dagegen sind der *Beltrami-Operator* $\hat{J}^2$ und eine Komponente des Drehimpulsoperators $\hat{J}$ simultan meßbar. Man wählt deshalb eine beliebige Drehimpulskomponente, üblicherweise $\hat{J}_z$, aus und betrachtet eine Basis des Darstellungsraumes, die aus Eigenvektoren der Operatoren $\hat{J}^2$ und $\hat{J}_z$ bestehen. Die Eigenvektoren werden mit $|j,m\rangle$ bezeichnet, die den Eigenwertgleichungen $\hat{J}^2|j,m\rangle = j(j+1)|j,m\rangle$ und $\hat{J}_z|j,m\rangle = m|j,m\rangle$ genügen, wobei man $j$ als *Drehimpulsquantenzahl* und $m$ als *magnetische Quantenzahl* bezeichnet; letztere Benennung stammt aus der Atomphysik. Man definiert die Leiteroperatoren $\hat{J}_+ := \hat{J}_x + \mathrm{i}\hat{J}_y$ und $\hat{J}_- := \hat{J}_x - \mathrm{i}\hat{J}_y$ mit den Kommutationsrelationen $[\hat{J}_z,\hat{J}_+] = \hat{J}_+, [\hat{J}_z,\hat{J}_-] = -\hat{J}_-$ und $[\hat{J}_+,\hat{J}_-] = 2\hat{J}_z$. Aus den Kommutationsrelationen folgt, daß $\hat{J}_+|j,m\rangle = \sqrt{(j+m+1)(j-m)}|j,m+1\rangle$ und $\hat{J}_-|j,m\rangle = \sqrt{(j-m+1)(j+m)}|j,m-1\rangle$. Dabei gilt für die Quantenzahlen, daß $j \in \{0, 1/2, 1, 3/2, 2, \ldots\}$ und $m = -j, -j+1, \ldots, j-1, j$. Somit ist jeder irreduzible Darstellungsraum, der durch eine Drehimpulsquantenzahl $j$ beschrieben wird, $(2j+1)$-fach entartet. Man bezeichnet diese Eigenschaft als *Richtungsentartung*.

Wird jedoch die Rotationssymmetrie des physikalischen Systems beispielsweise durch ein äußeres Magnetfeld gebrochen, so kann der quantenmechanische Drehimpuls keine beliebigen Werte annehmen, sondern sich zu jeder Drehimpulsquantenzahl $j$ nur in $2j+1$ verschiedene Richtungen einstellen (*Richtungsquantisierung, Richtungsquantelung, räumliche Quantelung*).

In der Ortsdarstellung hat der *Bahndrehimpulsoperator* die Form $\hat{L} = -\mathrm{i}\hbar\, \boldsymbol{r} \times \nabla$, woraus sich in ↗Kugelkoordinaten

$$\hat{L}_x = \mathrm{i}\hbar\left\{\frac{\sin(\varphi)\partial}{\partial\vartheta} + \cot(\vartheta)\cos(\varphi)\frac{\partial}{\partial\varphi}\right\},$$

$$\hat{L}_y = \mathrm{i}\hbar\left\{-\cos(\varphi)\frac{\partial}{\partial\vartheta} + \cot(\vartheta)\sin(\varphi)\frac{\partial}{\partial\varphi}\right\},$$

$$\hat{L}_z = \mathrm{i}\hbar\frac{\partial}{\partial\varphi}$$

und für den Beltrami-Operator

$$\hat{L}^2 = \hbar^2\left\{\frac{1}{\sin(\vartheta)}\frac{\partial}{\partial\vartheta}\left(\sin(\vartheta)\frac{\partial}{\partial\vartheta}\right) + \frac{1}{\sin^2(\vartheta)}\frac{\partial^2}{\partial^2\varphi}\right\}.$$

ergibt. Die zugehörigen Eigenvektoren $\{|l,m\rangle\}$ sind die ↗Kugelflächenfunktionen $Y_{lm}(\vartheta,\varphi)$, wobei nur ganzzahlige Drehimpulsquantenzahlen $l$, also $l \in \{0,1,2,\ldots\}$ auftreten. Die halbzahligen Drehimpulsquantenzahlen werden in der Quantenmechanik durch den ↗*Spin* beschrieben. Die Komponenten des *Spinoperators* $\hat{S}$ erfüllen ebenfalls die Kommutationsrelationen der Drehimpulsalgebra, haben jedoch die Eigenvektoren $|s,m_s\rangle$ mit halbzahligen Eigenwerten $s \in \{1/2, 3/2, \ldots\}$. [MM1]

**Drehimpulsaddition, quantenmechanische**

↗Kopplung von Drehimpulsen.

**Drehimpulsalgebra,** eine ↗Lie-Algebra, die von Operatoren $\hat{J}_i$, $i \in \{1,2,3\}$ erzeugt wird, die den ↗Vertauschungsrelationen $[\hat{J}_i,\hat{J}_j] = \mathrm{i}\hbar\sum_k \varepsilon_{ijk}\hat{J}_k$ genügen ($\varepsilon_{ijk}$: ↗Levi-Civita-Symbol). Die Drehimpulsalebra ist somit isomorph zu den Lie-Algebren $\mathrm{so}(3) \cong \mathrm{su}(2)$. Entsprechende Erzeugende sind zum Beispiel die Komponenten $\hat{L}_i$, $i \in \{1,2,3\}$ des ↗Bahndrehimpulsoperators $\hat{L}$ oder die Komponenten $\hat{s}_i$, $i \in \{1,2,3\}$ des Spinoperators $\hat{S}$ (↗Spin); (↗Drehimpuls)

**Drehimpulserhaltungssatz,** *Drehimpulssatz*, fundamentaler Erhaltungssatz der Mechanik. Der ↗*Drehimpuls* $\boldsymbol{L}$ eines Systems von Massenpunkten bleibt erhalten, wenn die Bewegungsgleichungen invariant gegenüber räumlichen Drehungen sind. Das ist genau dann der Fall, wenn die zeitliche Ableitung des Drehimpulses null ist: $\frac{\mathrm{d}}{\mathrm{d}t}\boldsymbol{L} = 0$. Ist das Massenpunktsystem abgeschlossen, so wird über $\frac{\mathrm{d}}{\mathrm{d}t}\boldsymbol{L} = \frac{\mathrm{d}}{\mathrm{d}t}\sum_i(\boldsymbol{r}_i \times \boldsymbol{p}_i) = \sum_i(\boldsymbol{r}_i \times \boldsymbol{F}_i) = \boldsymbol{M}$ das ↗*Drehmoment* $\boldsymbol{M}$ des Systems definiert, wobei $\boldsymbol{p}_i$ die Impulse und $\boldsymbol{F}_i$ die am System in den Punkten $\boldsymbol{r}_i$ angreifenden äußeren Kräfte sind. Damit lautet der Drehimpulserhaltungssatz alternativ: Der Drehimpuls bleibt erhalten, wenn das resultierende Drehmoment des Systems verschwindet. Der Drehimpulssatz für abgeschlossene Systeme hängt eng mit der Isotropie des Raumes zusammen, damit also, daß keine Richtung des Raumes a priori ausgezeichnet ist. Ein typisches Beispiel eines abgeschlossenen Systems bildet der ↗*starre Körper*. In der Physik des starren Körpers spielt der Drehimpulssatz eine entscheidende Rolle.

Betrachtet man nicht ein System aus Massenpunkten, sondern einen einzelnen Massepunkt und untersucht dessen Bewegung in einem Zentralpotential, so nimmt der Drehimpulssatz eine besonders einfache Form an. Vollführt der Massenpunkt eine stets ebene Bewegung um den Usprung des Systems, so gilt für den Drehimpuls:

$$L = m\frac{\mathrm{d}}{\mathrm{d}t}A = const.,$$

wobei $A$ die Fläche ist, die der Radiusvektor $\boldsymbol{r}$ vom Ursprung zum Ort des Massepunkts in der Zeiteinheit überstreicht. Dies ist der *Flächensatz*, auch bekannt als zweites ↗*Keplersches Gesetz*.

Die allgemeinste Begründung für den Drehimpulssatz ergibt sich aus dem ↗*Noether-Theorem*, das raumzeitliche Symmetrien des betrachteten Systems mit erhaltenen Größen verknüpft. Der Drehimpulssatz liefert drei erste ↗*Bewegungsintegrale* und ist daher für die Mechanik von ebenso weitreichender Bedeutung wie der Impuls- oder der Energiesatz.

**Drehimpulsquantenzahl,** die in der ↗Quantenmechanik dem ↗Casimir-Operator $\hat{J}^2$ eines *Drehimpulsoperators* $\hat{J}$ zugeordnete Zahl $j \in \{0, \frac{1}{2}, 1, \frac{3}{2}, 2, \dots\}$, die der Eigenwertgleichung $\hat{J}^2 |j, m\rangle = j(j+1) |j, m\rangle$ genügt. (↗Drehimpuls)

**Drehimpulssatz** ↗Drehimpulserhaltungssatz.

**Drehimpulstransport,** in der Kernphysik der mögliche Austausch von Drehimpuls beim Zusammenstoß schwerer Ionen. Durch diesen Übertrag kann der Drehimpuls eines nuklearen Systems vergrößert, der Kern also in immer stärkere Rotation versetzt werden. Während leichte Ionen im allgemeinen keine großen Drehimpulse aufweisen können, kann man bei energiereichen Schwerionenreaktionen wegen der großen Masse des Projektils einen besonders hohen Drehimpuls auf den Targetkern übertragen. Dies gilt für den Transfer von Nukleonen, vor allem aber für die Verschmelzung schwerer Systeme. Ein nukleares System aus zwei mittelschweren Kernen ist bei maximalem Stoßparameter aufgrund des hohen Drehimpulses bereits bei solchen Energien nicht mehr stabil, bei denen es aus Gründen der Anregungsenergie noch stabil wäre, da die Rotationsfrequenz so groß ist, daß sich ein solches System in zwei schwere Fragmente spaltet. Interessant ist hier der Bereich unmittelbar unterhalb der Zerreißgrenze, weil die Kerne hier ihre Form stark verändern. Im Grundzustand oblate Kerne verwandeln sich in prolate (zigarrenförmige) oder in triaxiale Formen. Bei den kürzlich entdeckten superdeformierten Zuständen wird ein Achsenverhältnis von 1:2 erreicht.

**Drehimpulsvektor,** ein Vektor, dessen Betrag der Größe des ↗Drehimpulses proportional ist und der in Richtung der momentanen Drehachse zeigt.

**Drehinversion,** *Inversionsdrehung*, in der Kristallographie die ↗Symmetrieoperation, die sich aus einer Drehung und einer Inversion zusammensetzt. Das betreffende Symmetrieelement ist die Drehinversionsachse, auch Inversionsdrehachse oder Gyroide genannt. Die mathematische Beschreibung einer Drehinversion erfolgt üblicherweise durch eine Matrixdarstellung, wobei man die Matrix einer gewöhnlichen Drehung mit der Inversionsmatrix multipliziert. Die Drehinversionsachsen werden analog zu den Drehachsen, aber mit einem zusätzlichen Querstrich symbolisiert: $\bar{2}, \bar{3}, \bar{4}, \bar{6}$ (sprich: zwei quer, etc.).

**Drehkraft,** eine veraltete Bezeichnung für ↗Drehmoment.

**Drehkristallaufnahme,** von W.H. und W.L. ↗*Bragg* 1913 entwickeltes Verfahren der Röntgenstrukturanalyse, bei dem ein ↗Einkristall um eine kristallographische Achse (z.B. um eine Achse, die parallel zu einer der Basisvektoren des Kristallgitters verläuft) gedreht und gleichzeitig ein monochromatisches Röntgenstrahlbündel meist senkrecht zur Drehachse eingestrahlt wird. Die schematische Darstellung des Beugungsvorganges mit Hilfe des ↗reziproken Gitters und der *Ewaldschen Ausbreitungskugel* zeigt, daß bei einer derartigen Kristalljustierung die reziproken Gitterpunkte auf Ebenen senkrecht zur Drehachse liegen. Die Ebenen schneiden die Ausbreitungskugel in Parallelkreisen, so daß alle reflektierten Strahlen auf koaxialen Kegelmänteln liegen. Meist werden die Reflexe auf einem zylindrischen Film aufgezeichnet, dessen Achse mit der Drehachse zusammenfällt. Jeder dieser Kegelmäntel schneidet den zylindrischen Film auf einer Kreislinie; auf dem abgewickelten Film werden diese Kreislinien zu parallelen Geraden, den *Schichtlinien*, die alle Reflexe wiedergeben. Aus den Abständen der Schichtlinien voneinander erhält man Aufschluß über die Abmessung der Elementarzelle in Richtung der Drehachse. Zur Indizierung einer Drehkristallaufnahme wird ein sogenanntes *Bernal-Netz* verwendet, das es gestattet, jedem Reflex Zylinderkoordinaten $\varrho$ und $\varphi$ des ihm entsprechenden reziproken Gitterpunkts zuzuordnen. Die Indizierung ist jedoch meist nicht eindeutig. Dagegen lassen sich *Schwenkaufnahmen*, bei denen der Kristall nicht fortlaufend um seine Achse gedreht, sondern um diese Achse um einen bestimmten Winkel (z.B. 15°) hin und her geschwenkt wird, meist eindeutig indizieren. Schwenkaufnahmen werden häufig auch zum Justieren von Kristallen verwendet.

**Drehmagnetinstrument** ↗Dreheiseninstrument.

**Drehmasse,** veraltete Bezeichnung für ↗Trägheitsmoment.

**Drehmatrix** ↗Drehgruppe, ↗Drehung.

**Drehmoment,** das Moment der an einem Massepunkt angreifenden Kraft $\boldsymbol{F}$ bezüglich eines festen Punktes O. Seine SI-Einheit lautet N · m. Es spielt eine besonders wichtige Rolle bei der Bewegung ↗*starrer Körper*. Ist O der Ursprung des Bezugssystems, so wird das Drehmoment $\boldsymbol{M}$ durch das Vektorprodukt des Ortsvektors $\boldsymbol{r}$ und des Kraftvektors $\boldsymbol{F}$ definiert: $\boldsymbol{M} = \boldsymbol{r} \times \boldsymbol{F}$. Das Drehmoment bezeichnet also das Vektorprodukt einer Kraft mit dem Dreharm, an dem sie angreift.

Ein Vergleich der Definitionen zeigt, daß das Drehmoment als zeitliche Ableitung des ↗*Drehimpulses* $\boldsymbol{L} = \boldsymbol{r} \times \boldsymbol{p}$ geschrieben werden kann:

$$\boldsymbol{M} = \frac{\mathrm{d}}{\mathrm{d}t}\boldsymbol{L} = \frac{\mathrm{d}}{\mathrm{d}t}(\boldsymbol{r} \times \boldsymbol{p}) = \boldsymbol{r} \times \boldsymbol{F}.$$

Für ein System von $i$ Massenpunkten ergibt sich das Drehmoment als lineare Überlagerung der Einzeldrehmomente: $\boldsymbol{M} = \sum_i \boldsymbol{r}_i \times \boldsymbol{F}_i$. Somit folgt als direkte Konsequenz aus dem ↗*Drehimpulserhaltungssatz*, daß das Gesamtdrehmoment aller abgeschlossenen und aller rotationssymmetrischen Systeme verschwindet.

Im allgemeinen ist der Wert des Drehmoments vom Bezugssystem abhängig; bei der Verschiebung des Ursprungs um eine Strecke $\boldsymbol{a}$ ändert sich das Drehmoment gemäß $\boldsymbol{M}' = \boldsymbol{M} - \boldsymbol{a} \times \boldsymbol{F}$. Diese Formel zeigt, daß das Drehmoment dann vom Bezugssystem unabhängig ist, wenn die Summe der an einem Körper angreifenden Kräfte gleich null ist (↗Kräftepaar).
Ein starrer Körper befindet sich genau dann im Gleichgewicht, wenn die Summe der an ihm angreifenden äußeren Kräfte sowie die Summe der Drehmomente dieser Kräfte verschwindet.

**drehmomentfreier Kreisel,** *freier Kreisel*, ein ↗Kreisel, auf den keine Drehmomente einwirken.

**Drehpendel,** *Torsionspendel*, ↗Pendel.

**Drehschieberpumpe,** eine ↗*Verdrängerpumpe* mit einem exzentrisch gelagerten Rotor, der von einer Motorwelle angetrieben wird (↗*Vakuumpumpe*). In dem Rotor sind zwei oder mehr Schieber angebracht, die durch Federn oder Zentrifugalkräfte während der Rotation an die Gehäusewand gepreßt werden. Das abzusaugende Gas tritt durch den Ansaugstutzen in den sich bei der Rotation vergrößernden sichelförmigen Schöpfraum durch eine Stirnfläche ein (Abb., Stellung i). Da der Ansaugraum bei jedem Ansaugen quasi neu gebildet wird, entsteht kein *schädliches Volumen*. Durch die Vergrößerung des *Schöpfraumes* beim Drehen des Rotors kommt die Saugwirkung der Pumpe zustande. Ungefähr bei Stellung ii hat der Schöpfraum sein maximales Volumen $V_{\max}$. Beim Weiterdrehen (Stellung iii) kommt das vorher angesaugte Gas in den Verdichtungsraum, während im Schöpfraum neues Gas aus dem zu evakuierenden Behälter angesaugt wird. Drehschieberpumpen werden in ein- und zweistufiger Ausführung gebaut. Zweistufige Pumpen haben bessere Enddrücke und ein höheres ↗*Saugvermögen S* bei niedrigen Drücken. Der Arbeitsbereich von Drehschieberpumpen liegt zwischen $10^5$ und $10^{-5}$ Pa.

**Drehschwingkreisel** ↗*dynamisch abgestimmter Kreisel.*

**Drehschwingung,** ↗*Torsionsschwingung*, Schwingung eines drehbar aufgehängten Körpers um eine seiner Achsen.

**Drehsinn,** Richtung einer ↗*Drehung*. Man unterscheidet entsprechend dem Vorzeichen des Drehwinkels in einem Rechtssystem zwischen positiven Drehungen im *Gegenuhrzeigersinn* und negativen Drehungen im *Uhrzeigersinn.*

**Drehspiegelung,** ↗Symmetrieoperation, bei welcher zusätzlich zu einer Drehung eine Spiegelung an der zur Drehachse senkrechten Ebene ausgeführt wird. Das zugehörige Symmetrieelement ist die Drehspiegelachse. Die Durchspiegelung läßt sich auch als Kombination von drei Spiegelungen auffassen, wobei die drei Ebenen so liegen, daß sie genau einen Punkt gemeinsam haben. Dieser Punkt ist der einzige Fixpunkt. Die Drehspiegelung wird üblicherweise mit einer $(3 \times 3)$-Matrix dargestellt. Durch Matrizenmultiplikation läßt sich zeigen, daß dieselben Symmetrieoperationen entstehen wie bei den ↗Drehinversionen, nur in einer anderen Reihenfolge. Die Drehspiegelachsen werden entsprechend der Zähligkeit der zugrundeliegenden Drehung mit $S_1$, $S_2$, $S_3$, $S_4$ und $S_6$ bezeichnet. Die Operation $S_1$ entspricht einer Spiegelebene $m$, $S_2$ einem Inversionszentrum $\bar{1}$; außerdem sind $S_3$ und $\bar{6}$, $S_4$ und $\bar{4}$ sowie $S_6$ und $\bar{3}$ einander äquivalent.

**Drehspulamperemeter** ↗Galvanometer, ↗Drehspulinstrument.

**Drehspule,** eine runde oder rechteckige, meist kleine und leichte ↗Spule aus feinem Draht, die um ihre Symmetrieachse drehbar gelagert bzw. aufgehängt ist. Sie dient als elektrisches oder magnetisches Meßwerk (↗Drehspulinstrument). Durch Drehung einer Spule in einer zweiten lassen sich regelbare Kopplungen, ↗Gegeninduktivitäten, oder, bei Serienschaltung der Spulen, Eigeninduktivitäten erzeugen (Drehspul-Variometer, ↗Variometer).

**Drehspulgalvanometer,** ein ↗Galvanometer nach dem Prinzip des ↗Drehspulinstruments (bewegliche Spule, fester Dauermagnet).

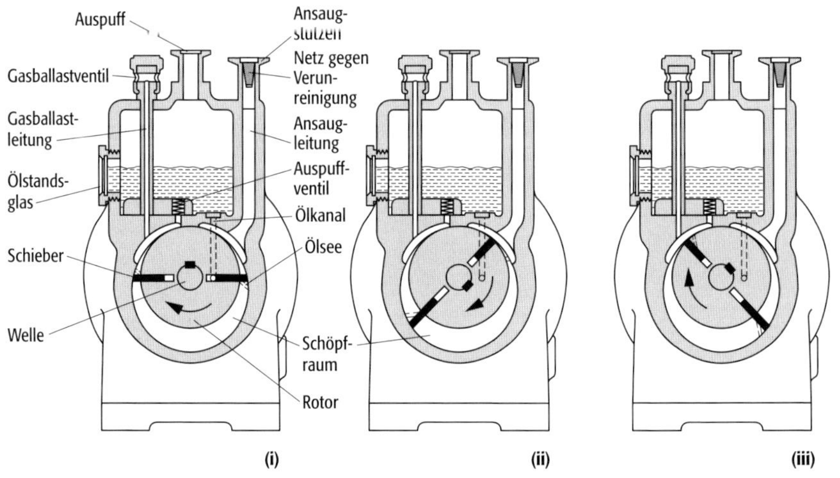


**Drehschieberpumpe:** Die Pumpphasen einer Drehschieberpumpe.

**Drehspulinstrument**, ein elektrisches Meßinstrument, dessen Meßgröße der Drehwinkel einer Spule (*Drehspule*) im Feld eines Dauermagneten ist. Die Wirkungsweise ist in der Abb. gezeigt. Der Dauermagnet M erzeugt einen Magnetfluß, der durch die Polschuhe P und und den ↗Weicheisenkern K im Luftspalt L konzentriert wird. Die vom Meßstrom durchflossene Spule S erfährt ein Drehmoment und bewegt den Zeiger Z. Das Drehspulinstrument zeigt den arithmetischen Mittelwert des durchfließenden Stromes an, das Gerät ist somit sowohl als Strommesser als auch als stromverbrauchender Spannungsmesser bei Gleichstrom verwendbar (↗*Strom- und Spannungsmessung*). Mit Hilfe von Meßgleichrichtern (↗Graetz-Schaltung, ↗Gleichrichter) oder ↗Thermoumformern kann auch bei Wechselstrom gemessen werden. Das ↗Galvanometer ist ein besonders empfindliches Drehspulinstrument.

**Drehstrom**, *Dreiphasenstrom*, ein System aus drei ↗Wechselströmen gleicher Frequenz, die um je 120° phasenverschoben sind. Die Ströme werden auch *Phasen* genannt und mit den Buchstaben R, S, T bezeichnet (dies darf nicht mit dem *Phasenwinkel* verwechselt werden). Drehstrom kann bei gleichem Leitungsquerschnitt mehr Leistung übertragen als Einphasenwechselstrom, und zwar im Verhältnis $1 : \sqrt{3}$. Der robuste und einfache ↗Drehstrommotor wird mit Drehstrom betrieben. Drehstrom wird in ↗Drehstromgeneratoren erzeugt und im *Hochspannungs-Dreileiternetz* über weite Entfernungen transportiert. Bei Niederspannung tritt meist noch ein geerdeter *Mittelpunktsleiter* $M_p$ hinzu (*Vierleiternetz*). Die drei Phasen können entweder in ↗*Dreiecksschaltung* oder in ↗*Sternschaltung* zum Verbraucher übertragen werden. Die Spannung zwischen zwei Phasen (*verkettete Spannung, Leiterspannung*) beträgt dabei das $\sqrt{3}$fache der Spannung zwischen einer Phase und Erde bzw. $M_p$ (*unverkettete Spannung, Strangspannung*). Daher können im Vierleiternetz zwei unterschiedliche Spannungen, üblicherweise 220V (z.B. für Glühbirnen oder Computer) und 380V (z.B. für Elektroherde oder Motoren) bereitgestellt werden. Bei symmetrischer Belastung, wie beim Drehstrommotor, sind Phasenströme gleich groß, und der Strom im Mittelpunktsleiter bei Sternschaltung bzw. die Summe der umlaufenden Ströme bei Dreiecksschaltung verschwindet.

**Drehstromgenerator**, *Synchrongenerator*, Maschine zur Erzeugung von ↗Drehstrom, der folgendes Prinzip zugrunde liegt: Ein kleines Magnetsystem, das mit Gleichstrom erregt wird, läuft in den drei festliegenden Ankerwicklungen des Ständers um und induziert dort Wechselspannungen. Die Wicklungen bilden jeweils Winkel von 120°, so daß die erzeugten Wechselspannungen gegeneinander ebenfalls um 120° phasenverschoben sind. Zur Fortleitung des Stromes werden entweder die inneren Enden der Ankerwicklungen im *Sternpunkt* zusammengefaßt und die äußeren mit den Leitungen (*Phasen*) des Drehstromnetzes verbunden (↗Sternschaltung), oder die Wicklungen werden in Reihe zu einem Dreieck geschaltet, an dessen Ecken die Phasen abgegriffen werden (↗Dreiecksschaltung). Zwischen der Frequenz $\nu$ des erzeugten Wechselstromes, der Antriebsdrehzahl $n$ und der Polzahl $2p$ (Gesamtzahl der Nord- und Südpole des Magnetsystems) besteht die Beziehung $\nu = pn$. Daher muß eine zweipolige Maschine mit 3000 U/min laufen, um eine 50-Hz-Wechselspannung zu erzeugen (*Turbogenerator*), mehrpolige Maschinen z.B. in Wasserkraftwerken entsprechend langsamer. Arbeiten mehrere Drehstromgeneratoren parallel auf einem Netz, müssen alle Maschinen »synchron« laufen, also in Gleichtakt mit der Netzfrequenz. Die für die Speisung des Erregerfeldes nötige Gleichspannung wird meist einer kleinen Gleichstrommaschine (sog. Erregermaschine) entnommen, die mit der Welle des Drehstromgenerators gekoppelt ist.

Fast die gesamte elektrische Energie wird heute durch Drehstromgeneratoren erzeugt. Es sind Anlagen von bis zu 100MW in Betrieb. Für spezielle Anwendungen können Frequenzen von bis zu 500Hz erzeugt werden, für höhere Frequenzen, bis etwa 10kHz, gibt es Sonderbauten umlaufender Generatoren.

**Drehstrommotor**, ein mit ↗Drehstrom betriebener ↗Elektromotor. Der *Ständer* des Drehstrommotors besteht aus drei mit den Phasen des Drehstromnetzes verbundenen, in Nuten gebetteten Ankerwicklungen (*Innenpolmaschine*). Diese Statorwicklungen sind meistens mit einer ↗Sternschaltung verbunden, zur Anlaufstrombegrenzung kann auf ↗Dreiecksschaltung umgeschaltet werden. Die Wicklungen stehen im Winkelabstand von 120° und erzeugen im ringförmigen Luftspalt ein magnetisches ↗Drehfeld, das den Läufer antreibt. Je nach Bauart des Läufers wird nun zwischen synchronen und asynchronen Drehstrommotoren unterschieden: Der ↗*Synchronmotor* entspricht im Aufbau dem ↗Drehstromgenerator, d.h. der Läufer ist ein Elektro- oder Dauermagnet, der mit dem Drehfeld synchron umläuft. Enthält dieser nicht nur ein, sondern $p$ Polpaare (*Polzahl* $2p$), spricht man von einer *Vielpolmaschine*. Der asynchrone Drehstrommotor (↗*Asynchronmotor, Induktionsmotor,*) besitzt meistens keine Läuferwicklung, sondern Stäbe aus Kupfer, Aluminium oder Bronze, die unisoliert in Nuten des Läuferblechpakets eingelassen sind und über Kurzschlußringe verbunden sind (*Käfigläufer, Kurzschlußläufer*). Der Asynchronmotor mit Schleifringläufer hat eine dreiphasige Läuferwicklung, mit der der Läuferwiderstand und damit die Drehzahl (verlustbehaftet) reguliert werden kann. Er besitzt außerdem ein größeres Anlaufmoment. Der komplexere *Drehstrom-Kommutatormotor* ermöglicht eine ver-

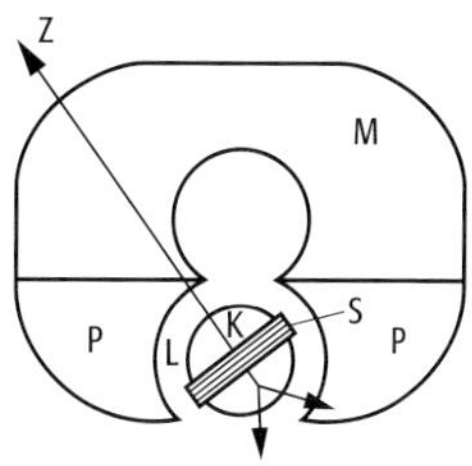


**Drehspulinstrument:** Aufbau des Drehspulinstrumentes.
M: Dauermagnet, P: Polschuhe, L: Luftspalt, K: Weicheisenkern, S: Drehspule, Z: Zeiger.

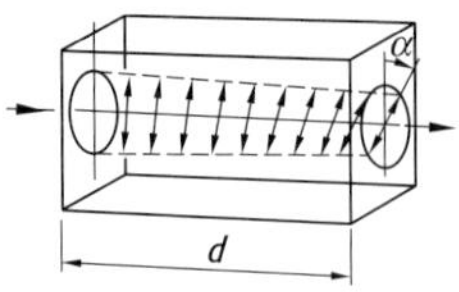


**Drehvermögen:** Drehung der Schwingungsebene einer elektromagnetischen Welle in einem (rechtsdrehenden) optisch aktiven Medium.

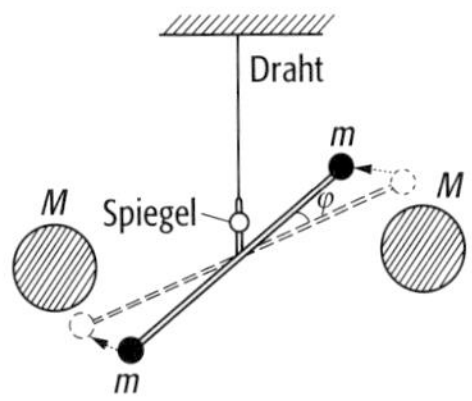


**Drehwaage 1:** Cavendish-Drehwaage. *m* und *M*: Massen, *F*: Gravitationskraft.

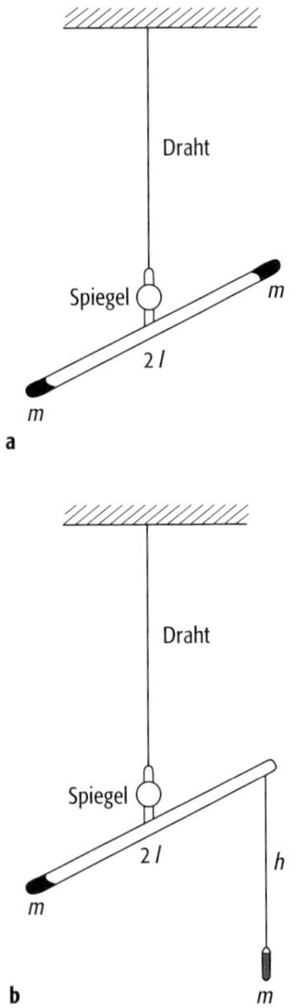


**Drehwaage 2:** Eötvös-Drehwaage a) zur Bestimmung eines horizontalen Schweregradienten; b) zur Bestimmung eines vertikalen Schweregradienten. *m*: Massen.

lustfreie Drehzahlregelung. Er ist ähnlich wie ein ↗Gleichstrommotor mit ↗Stromwendern (Kommutatoren) ausgestattet.

**Drehtransformator** ↗Phasenregler.

**Drehung, 1)** *Physik*: ↗*Drehbewegung*.

**2)** *Mathematik*: ↗*Koordinatentransformation*, bei der der Ursprung des Koordinatensystems, die Länge der Vektoren sowie die Orientierung der Basis erhalten bleiben. Algebraisch wird eine Drehung eines Koordinatensystems $\boldsymbol{x} = (x,y,z)$ des dreidimensionalen Raumes in ein neues $\boldsymbol{x}' = (x',y',z')$ in einer Gleichung $\boldsymbol{x}' = A\boldsymbol{x}$ dargestellt, in der $A$ für die Drehmatrix, eine $3 \times 3$-Matrix mit der ↗Determinante 1, steht.

Für eine Drehung in der Ebene, bei der nicht nur der Koordinatenursprung, sondern eine Achse, die Drehachse, erhalten bleibt, nimmt die Drehmatrix die Gestalt $A = \begin{pmatrix} \cos\varphi & -\sin\varphi \\ \sin\varphi & \cos\varphi \end{pmatrix}$ an, in der $\varphi$ der *Drehwinkel* ist. Eine beliebige Drehung des dreidimensionalen Raumes kann durch drei solche nacheinander ausgeführte ebene Drehungen um die ↗Eulerschen Winkel dargestellt werden.

Sowohl die Drehungen in der Ebene als auch die des Raumes bilden je eine Gruppe im mathematischen Sinn, die ↗*Drehgruppe* SO(2) bzw. SO(3).

Ebenfalls als Drehungen im mathematischen Sinn sind die homogenenen ↗Lorentz-Transformationen des vierdimensionalen Raumzeitkontinuums der Speziellen Relativitätstheorie aufzufassen, die neben den räumlichen Drehungen die Transformationen in gleichförmig bewegte Koordinatensysteme umfassen; diese verallgemeinerten Drehungen bilden die homogene Lorentz-Gruppe.

**3)** *Optik*: ↗Drehvermögen.

**Drehvermögen, 1)** *optisches Drehvermögen, optische Drehung der Polarisationsebene, optische Aktivität, Rotationsdispersion, Gyration*: Eigenschaft eines Stoffes, die ↗Polarisationsebene einer linear polarisierten Welle bei Durchgang durch diesen Stoff zu drehen (↗*optische Aktivität*).

**2)** *magnetisches Drehvermögen, magnetische Drehung der Polarisationsebene, Faraday-Effekt*: die Drehung der Polarisationsebene von linear polarisiertem Licht beim Durchgang durch magnetisierte Stoffe (↗*Faraday-Effekt*).

**Drehwaage,** empfindliches Meßinstrument zur Messung abstoßender oder anziehender Kräfte. Bei der *Cavendish-Drehwaage* sind zwei kleine Massen $m$ an den Enden eines frei aufgehängten Balkens befestigt (Abb. 1). Zwei wesentlich größere Massen $M$ werden nun in gleicher Höhe den kleinen Massen genähert. Aufgrund der Anziehungskraft $F = GmM/r^2$ wird der Waagebalken um den Winkel $\varphi$ aus der Ruhelage ausgelenkt. Aus den bekannten Größen $m$, $M$ und dem Richtmoment des Drahtes läßt sich dann die Graviationskonstante $G$ berechnen.

Die *Eötvös-Drehwaage* dient zur Messung von Gradienten des Schwerefeldes, nicht des Schwerefeldes selbst. Der Aufbau des leichten Drehwaagebalkens gleicht dem der Cavendish-Drehwaage. Der Waagebalken wird in verschiedenen Meßstationen durch horizontale Schweregradienten unterschiedlich weit verdreht (Abb. 2 a). Eine Variante, bei der die beiden Massen in unterschiedlicher Höhe angebracht sind, erlaubt die Messung auch vertikaler Schweregradienten (Abb. 2 b).

Das Prinzip der Eötvös-Drehwaage wurde in den Jahren nach 1990 dazu benutzt, sehr strenge Limits für die Existenz einer fünften fundamentalen Wechselwirkung (»*Fifth Force*«) zu bestimmen (neben Gravitation, elektromagnetischer Wechselwirkung, schwacher und starker Wechselwirkung). Diese ↗*Fünfte Kraft* sollte auf inhomogene Massenverteilungen wirken. Mit Drehwaagen wurde in Gebieten mit starken Schweregradienten (in der Nähe von Klippen) oder mit zeitlich veränderlichen Masseverteilungen (an Stauseen, die periodisch gefüllt und geleert werden) experimentiert, und es wurde kein Unterschied zu den Vorhersagen der Gravitationstheorie gefunden.

Die *Coulombsche Drehwaage* (Abb. 3) diente als frühes Meßinstrument für elektrostatische Abstoßungskräfte zweier gleichnamig geladener, isoliert aufgehängter Metallkugeln, erkennbar am Ausschlag des Waagebalkens. Heute ist noch die nach demselben Prinzip aufgebaute *magnetische Drehwaage*, mit der die ↗magnetische Suszeptibilität von Probekörpern gemessen werden kann, von Bedeutung. Hier bewegen in einem Magnetfeld aufgehängte Körper aus dia- oder paramagnetischem Material einen Drehwaagebalken.

**Drehwinkel, 1)** *Mathematik*: ↗*Drehung*.

**2)** *Physik*: vektorielle Größe zur Charakterisierung einer ↗*Drehbewegung*, deren Betrag gleich dem Verhältnis von Bogenlänge zu Radius der Kreisbahn ist und deren Richtung mit der der Drehachse der Rotation übereinstimmt. Diese Richtung ist konventionsgemäß so gewählt, daß die Drehebene, die gemäß dem Drehsinn orientiert ist, zusammen mit der Drehachse bzw. dem Drehwinkel ein Rechtssystem bilden. Der Drehwinkel kann entweder im Gradmaß – eine Volldrehung entspricht dann 360° – oder zweckmäßiger im Bogenmaß, in dem eine Volldrehung einem Winkel von $2\pi$ gleichkommt, angegeben werden.

**Drehzahl,** *Umlaufzahl, Umdrehungszahl, Umlauffrequenz, n*, die Anzahl der Umdrehungen eines physikalischen Systems pro Zeiteinheit, wobei angenommen wird, daß das System gleichförmig, also mit konstanter Winkelgeschwindigkeit $\omega$, rotiert. Für den Zusammenhang zwischen Drehzahl und Winkelgeschwindigkeit gilt: $\omega = 2\pi n$. Die Einheit der Drehzahl ist $s^{-1} = Hz$ (Hertz). Der Kehrwert der Drehzahl ist die Umlaufzeit oder Umlaufdauer $T$, d.h. die Zeit, die ein Massenpunkt des rotierenden Systems für eine volle Umdrehung benötigt.

**Drehzahl, spezifische,** Kennzahl zum Vergleich von ↗Wasserkraftmaschinen, etwa ↗Turbinen oder ↗Pumpen. Sie ist definiert als

$$n_q = n\frac{\sqrt{Q}}{H^{3/4}}$$

mit $n$: Drehzahl der Maschine, $Q$: ↗Volumenstrom durch die Maschine und $H$: ↗Fallhöhe des strömenden Mediums. Je nach spezifischer Drehzahl der Turbine oder Pumpe und Fallhöhe des strömenden Mediums kommen verschiedene Typen zum Einsatz.

**Drei-Achsen-Spektrometer,** Vielzweckaufbau für Neutronenspektroskopie im *Bragg-Reflektionsmode* oder als ↗*Flugzeitmassenspektrometer*, bestehend aus den unabhängig gegeneinander drehbaren Segmenten Monochromator, Probentisch und Analysator. Wenn alle drei Achsen plus der Detektor-Kollimator kollinear aufgebaut sind, kann man das *Neutronenspektrum* des Reaktors oder die Energievariation messen. Andere Geometrien erlauben es, *inelastisch gestreute Neutronen* zu unterdrücken oder ein gewöhnliches Diffraktometer (Strukturbestimmungen) zu betreiben.

**Drei-Alpha-Prozeß,** *Tripel-Alpha-Prozeß, Salpeter-Prozeß, Heliumbrennen*, eine Fusionskette, durch die ↗Rote Riesen den größten Teil ihrer Energie erzeugen, indem sie Helium in Kohlenstoff und schwerere Elemente umwandeln. Bei diesem Prozeß verbinden sich zwei Alphateilchen (also zwei Heliumkerne) zuerst zu einem Berylliumkern, der ein weiteres Alphateilchen einfängt, wobei ein Kohlenstoffkern entsteht.

$$^4\text{He} + {}^4\text{He} + 95\ \text{keV} \rightarrow {}^8\text{Be} + \gamma$$
$$^8\text{Be} + {}^4\text{He} \rightarrow {}^{12}\text{C} + \gamma + 7{,}4\ \text{MeV}$$

Einfang weiterer Heliumkerne führt zur Bildung von Sauerstoff, Neon und anderen schweren Elementen. Die bei Temperaturen von über $10^8$ K ablaufende Reaktion bildet ein wichtiges Glied der ↗Sternentwicklung, denn ein Stern, der seinen Wasserstoffvorrat verbraucht hat, muß sich erst zusammenziehen, wobei Druck und Temperatur im Sterninneren ansteigen, bis die Bedingungen für die Zündung des Drei-Alpha-Prozesses vorliegen.

**dreidimensionaler Oszillator** ↗harmonischer Oszillator.

**3d-Ionen** ↗Kristallfeld.

**Dreiecksanaomalie** ↗Anomalie.

**Dreiecksgraph,** ↗Feynman-Diagramm, das eine Vertexkorrektur darstellt, wobei oft eine klassische Symmetrie der Wirkung gebrochen wird (↗Anomalien). Dreiecksgraphen haben ihren Namen wegen ihrer graphischen Gestalt erhalten.

**Dreiecksmatrix,** eine Matrix, die nur auf einer Seite der Hauptdiagonalen von null verschiedene Elemente besitzt. Eine obere Dreiecksmatrix liegt vor, wenn $A_{ij} = 0$ für $i > j$, eine untere Dreiecksmatrix, wenn $A_{ij} = 0$ für $i < j$. Die Determinante einer Dreiecksmatrix ist gleich dem Produkt ihrer Hauptdiagonalelemente.

**Dreiecksschaltung,** Schaltung zur Verkettung der Phasen beim ↗Drehstrom (Abb.). Die Spulen des ↗Drehstromgenerators sind in Reihe zu einem Dreieck zusammengefaßt, dessen Ecken mit den drei Leitern (*Phasen*) verbunden sind. Bei dieser Schaltung verschwinden bei symmetrischer Belastung die Summen der in den Spulen induzierten Spannungen. Bei der Dreiecksschaltung liegen die Generatorspulen und die Lastwiderstände parallel, der Strom durch eine Spule beträgt das $\sqrt{3}$fache des Stromes durch den zugehörigen Lastwiderstand. Die Dreiecksschaltung wird daher bei hohen Leitungsströmen gegenüber der ↗*Sternschaltung* bevorzugt. Die Widerstände einer Dreiecksschaltung können in eine gleichwertige Sternschaltung umgerechnet werden. (Dreiecks-Stern-Umwandlung, ↗Ersatzschaltbild)

**Dreiecksungleichung,** die Aussage $|x+y| \leq |x| + |y|$, die in beliebigen normierten ↗Vektorräumen für alle Vektoren $x$ und $y$ gilt. Für den dreidimensionalen Anschauungsraum $\mathbb{R}^3$ sagt sie aus, daß jede Seite eines Dreiecks stets kleiner oder gleich der Summe der beiden anderen Seiten ist.

**Dreiersysteme,** Einheitensysteme mit drei (mechanischen) Basiseinheiten (meist Einheiten der Länge, der Masse und der Zeit, aber auch der Kraft bzw. Energiedichte), mit deren Hilfe man auch die elektromagnetischen Erscheinungen behandeln kann. Wichtigstes Dreiersystem ist das ↗*CGS-System*.

Den Ausgangspunkt bilden die Punktkraftgesetze, durch die die elektrische Ladung bzw. die magnetische Polstärke direkt an eine Längen- und eine Kraftmessung angeschlossen sind. Zur Verknüpfung der Einheiten gibt es drei Vorgehensweisen: a) man definiert zunächst über das Coulomb-Gesetz die elektrischen Einheiten und dehnt die Gültigkeit dann über das Durchflutungsgesetz auf den Magnetismus aus *(elektrostatisches System)*; b) man beginnt umgekehrt mit dem magnetischen Punktkraftgesetz und erweitert dann über das Durchflutungsgesetz auf das elektrische Feld *(elektromagnetisches System)*; c) man entwickelt den elektrischen Teil vom elektrischen, den magnetischen Teil vom magnetischen Punktkraftgesetz ausgehend und verknüpft beide Teile durch das Durchflutungsgesetz *(symmetrisches* oder *gemischtes System)*.

Alle drei Vorgehensweisen sind gleichwertig, allerdings unterscheiden sich die elektromagnetischen Größen durch ihre Verknüpfung mit den Basiseinheiten und weisen dementsprechend unterschiedliche Größenarten auf.

**Dreifachbindung** ↗*Mehrfachbindung*.

**Dreifachfärbung,** mikroskopische Präparationstechnik, bei der drei verschiedene Fluoreszenzfarbstoffe spezifische Bestandteile eines Präparates anfärben. Mittels einer breitbandigen Lichtquelle können die verschiedenen

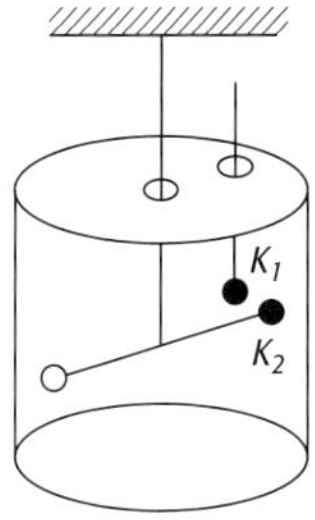


**Drehwaage 3:** Coulombsche Drehwaage. $K_1$: feste Metallkugel, $K_2$: drehbare Metallkugel.

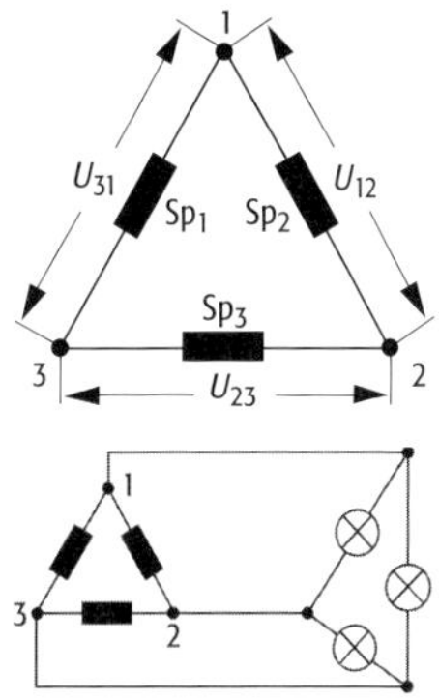


**Dreiecksschaltung:** Oben: am Generator, $Sp_{1,2,3}$: Generatorspulen, 1,2,3: Phasen; unten: Schaltung mit Verbrauchern (Lampen).

Fluoreszenzprozesse simultan angeregt werden. Durch den Einsatz optischer Bandpaßfilter können die spezifischen Emissionen getrennt von einander dargestellt werden.

**Dreifarbenphotometrie,** die Bestimmung der Helligkeit eines Himmelskörpers, meist eines Sterns, in mehreren optischen Spektralbereichen (*Farben*). Durch Bildung des ↗*Farbindex* gewinnt man aus diesen drei Farben Hinweise auf die spektrale Energieverteilung.

**Dreifarbentheorie,** *Dreikomponententheorie*, Beschreibung der Physiologie des Farbensehens, nach der die *Zapfen* des ↗*Auges* trichromatisch arbeiten, d.h. einen Farbreiz in drei voneinander unabhängige Anteile – einen blauen, einen grünen und einen roten – aufspalten und diese Anteile zu einem Gesamt-Farbeindruck linear überlagern. Die Dreifarbentheorie liefert damit die physiologischen Grundlagen der additiven ↗*Farbmischung*. Nicht erklärt werden kann jedoch u.a., weshalb *vier* Farben dem Betrachter besonders rein und unvermischt erscheinen, nämlich blau, grün, gelb und rot, während orange als Mischfarbe wahrgenommen wird. Auch die Zuordnung von je zwei Farben (blau und gelb, rot und grün) zu *Komplementärfarben*, von denen nur je eine in einer Mischfarbe enthalten scheint, bleibt trotz der Dreifarbentheorie unklar.

**Drei-Finger-Regel** ↗Rechte-Hand-Regel.

**III-V-Halbleiter,** ↗*Verbindungshalbleiter*, der aus einem Element der Gruppe III und einem Element der Gruppe V zusammengesetzt ist. Die meisten III-V-Halbleiter kristallisieren in der ↗*Zinkblendestruktur* und sind ↗*direkte Halbleiter*, das heißt, sie sind besonders für optische Bauelemente geeignet.

III-V-Halbleiter finden Anwendung in Leuchtdioden und Lasern sowie in Lichtdetektoren. GaN zum Beispiel wird heute für den Bau von blauen Leuchtdioden verwendet.

**3j-Symbole** ↗Wigner-Symbole.

**Drei-Kelvin-Strahlung** ↗kosmische Hintergrundstrahlung.

**Dreiklang,** ↗*Akkord* aus ↗*Grundton*, ↗*Terz* und ↗*Quinte* der diatonischen ↗*Tonleiter*. Dreiklänge bilden die Grundlage der Klangbeziehungen in der dur-moll-tonalen Musik. Je nachdem, ob es sich bei der Terz um eine große oder kleine und bei der Quinte ggf. um eine verminderte oder übermäßige handelt, kann der Dreiklang in vier Kombinationen erscheinen: 1. Durdreiklang (große Terz, normale Quinte), 2. Molldreiklang (kleine Terz, normale Quinte), 3. verminderter Dreiklang (kleine Terz, verminderte Quinte), 4. übermäßiger Dreiklang (große Terz, übermäßige Quinte).

**Dreikomponententheorie** ↗*Dreifarbentheorie*.

**Dreikörperproblem,** das nicht allgemein lösbare mechanische Problem der Wechselwirkung dreier physikalischer Systeme; speziell in der Himmelsmechanik das Problem der Bewegung dreier Himmelskörper unter dem Einfluß ihrer gegenseitigen Massenanziehung auf der Basis des ↗Newtonschen Gravitationsgesetzes. Das Dreikörperproblem führt zu neun gewöhnlichen Differentialgleichungen zweiter Ordnung und erfordert daher insgesamt 18 Integrationskonstanten, von denen jedoch nur 10 aus den allgemeinen Erhaltungssätzen für die Energie, den Impuls, den Drehimpuls und die Schwerpunktsbewegung folgen. Trotz der Bemühungen großer Mathematiker seit mehr als zwei Jahrhunderten konnte noch keine allgemeine Lösung oder ein allgemeines Nährungsverfahren angegeben werden; es ergab sich dagegen, daß es keine weiteren ↗Bewegungsintegrale außer den aus den genannten Erhaltungssätzen folgenden gibt, die algebraische bzw. eindeutige analytische Funktionen der Orte und Geschwindigkeiten der Himmelskörper sind.

Von J. L. ↗Lagrange wurden zwei exakt lösbare Sonderfälle angegeben, und zwar

1) wenn die drei Massenpunkte die Ecken eines gleichseitigen Dreiecks besetzen und sich dann mit gleicher Umlaufzeit auf einander ähnlichen Ellipsen bewegen, wobei die Gleichseitigkeit des Dreiecks erhalten bleibt, näherungsweise verwirklicht für die Himmelskörper Sonne, Jupiter und die Planetoiden der Trojanergruppe;

2) wenn die drei Massenpunkte auf derselben rotierenden Geraden liegen.

Die beiden Lagrangeschen Spezialfälle führten zur genaueren Untersuchung partikulärer oder periodischer Lösungen des Dreikörperproblems, die besonders von H. ↗Poincaré für das *eingeschränkte Dreikörperproblem* allgemein betrachtet wurden, wobei zwei der Massen, $m_2$ und $m_3$, in bestimmter Weise klein gegenüber der Masse $m_1 = 1/\alpha$ sind: $m_2 = \alpha_2 m$; $m_3 = \alpha_3 m$; $\alpha \to 0$, $\alpha_1, \alpha_2 = const.$ Im Falle des *erweiterten eingeschränkten Dreikörperproblems* wird nur $m_3 \approx 0$ angenommen; $m_1$ und $m_2$ bewegen sich dabei auf Kreisen um den gemeinsamen Schwerpunkt. Ist ferner $m_2 \ll m_1$, so kann, wie dies für das Dreikörperproblem Sonne, Erde und Mond zutrifft, bei bestimmten Klassen von Bewegungen die Stabilität nachgewiesen werden. Für das allgemeine Dreikörperproblem sind nur numerische Integrationsmethoden anwendbar.

Poincaré erkannte im Rahmen seiner Untersuchungen, daß das Dreikörpersystem unter Umständen chaotisches Verhalten zeigen kann; dies führt einerseits z.B. dazu, daß die meisten Bahnen der Planeten und insbesondere der Asteroiden und Kometen im Sonnensystem langfristig instabil sind, andererseits ermöglicht es, mit dem Verfahren der ↗*Chaoskontrolle* instabile Bahnen von Raumsonden und Satelliten durch kleine Korrekturen zu stabilisieren.

**Dreileitersystem,** Leitungssystem zum Verbessern der Spannungsübertragung in Gleichstromnetzen (↗Drehstrom). Hierbei wird die Generatorspannung $U$ auf zwei gleich große

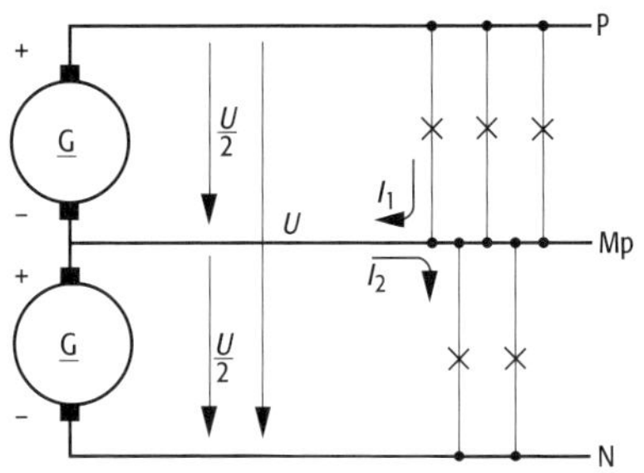


**Dreileitersystem:** Bei fester Verbraucherspannung verdoppelt sich die Übertragungsspannung im Vergleich zum Zweileitersystem, dadurch vervierfacht sich die übertragene Leistung. Der Mittelleiter Mp ist meist geerdet.

Teilnetze aufgeteilt, mit einem geerdeten Mittelleiter wird dann bei gleicher Verbraucherspannung die Übertragungsspannung verdoppelt (Abb.). Da bei festem Leiterquerschnitt die Entfernung, über die elektrische Leistung übertragen werden kann, mit dem Quadrat der Spannung wächst, vervierfacht sich somit die Reichweite der Leitung. Kleinere Verbraucher (z.B. Glühlampen) werden auf die beiden Netzhälften mit $U/2$ aufgeteilt, größere (z.B. Motoren) an die Außenleiter mit $U$ angeschlossen. Der Strom im Mittelleiter ist gleich der Differenz der Außenströme, bei gleichmäßiger Verteilung der Verbraucher führt er also nur wenig Strom und kann einen kleineren Querschnitt als die Außenleiter besitzen.

**Drei-Niveau-Laser,** ↗*Laser*, bei dem drei ↗*Energieniveaus* an der Laseremission beteiligt sind. Durch Pumpen, z.B. mit einer Blitzlampe, gehen Atome vom Grundzustand $E_1$ in angeregte Zustände über, die ein breites Zustandsband $E_3$ weit über dem Grundniveau bilden. Von dort relaxieren sie strahlungslos und sehr schnell in den Zustand $E_2$, der etwas tiefer liegt und eine relativ große Lebensdauer hat. Besetzungsinversion (die Voraussetzung für die Laseraktivität) wird erreicht, weil (bei genügender Intensität des Pumplichts) viele Atome sehr schnell in den Zustand $E_2$ gelangen und nur wenige von dort durch spontane Emission in den Grundzustand $E_1$ zurückkehren. Sobald der Übergang $E_2 \rightarrow E_1$ stimuliert wurde, gehen die meisten angeregten Atome in den Grundzustand über, d.h. es kommt zur Emission einer sehr schmalen, intensiven Laserlinie. Der typische Vertreter der Drei-Niveau-Laser ist der Rubinlaser.

**Drei-Niveau-Maser** ↗Maser.

**Dreiphasenpunkt** ↗Tripelpunkt.

**Dreiphasenstrom** ↗Drehstrom.

**Dreiphasenwechselspannung** ↗Drehstrom.

**Dreipunktformel** ↗Diskretisierung.

**dreizählige Achse** ↗Trigyre.

**Dreizentrenbindung** ↗*Mehrzentrenbindung*.

**Drell-Yan-Prozeß,** Lepton-Paarproduktion in hadronischen Streuprozessen, wie z.B. Proton-Proton- oder Proton-Antiproton-Kollisionen in Hochenergiebeschleunigern. Ein Beispiel ist die Reaktion $p + p \rightarrow \mu^+\mu^- +$ Hadronen (Abb.). Der Drell-Yan-Prozeß, von S.D. Drell und T.M. Yan 1970 erstmals beschrieben, kann erfolgreich im Rahmen des ↗*Quark-Parton-Modells* behandelt werden.

**Dreyer,** *Johann Lous Emil*, dänischer Astronom, *13. 2 1852 Kopenhagen, †14. 9 1926 Oxford; 1882–1916 Direktor des Armagh-Observatoriums; bekanntester Beitrag zur Astronomie ist der *New General Catalogue of Nebulae and Clusters of Stars* (1888), allgemein *NGC* genannt, sowie dessen beiden Ergänzungsbände die *Index Catalogues (IC)* die 1895 und 1908 erschienen; in ihnen sind über 13000 Sternhaufen, Gasnebel und Galaxien verzeichnet.

**Driftbewegung,** in der Plasmaphysik Bewegung konstanter Geschwindigkeit von geladenen Teilchen senkrecht zum Magnetfeld, die der *Gyration* überlagert ist. Driftbewegungen besitzen die bemerkenswerte Eigenschaft, daß sie senkrecht auf der Kraft stehen, durch die sie bewirkt werden. Die wichtigsten Driftbewegungen sind die ↗*E × B-Drift*, die durch ein elektrisches Feld senkrecht zum Magnetfeld bewirkt wird, sowie die ↗*Krümmungsdrift* und die *Grad-B-Drift*, die auf Inhomogenitäten des Magnetfelds zurückzuführen sind.

**Driftfläche,** bei einem geladenen Teilchen, das sich in einer toroidalen Magnetfeldkonfiguration bewegt, eine Fläche, die von der Bahnkurve des Führungszentrums ergodisch gefüllt wird. In ↗Tokamaks und ↗Stellaratoren weichen die Driftflächen aufgrund der Driftbewegungen leicht von den ↗*magnetischen Flächen* ab; diese Abweichung leistet nach der Theorie des ↗*neoklassischen Transports* einen wesentlichen Beitrag zum Energie- und Teilchenverlust senkrecht zum Magnetfeld.

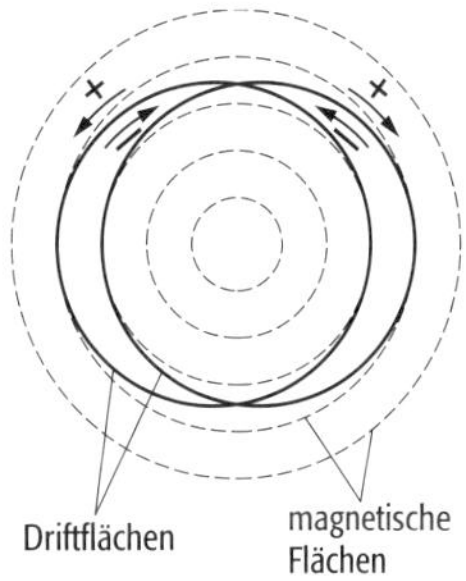


**Driftfläche:** Poloidale Projektion der Driftflächen je eines Ions und Elektrons.

**Driftgeschwindigkeit,** $v_d$, in der ↗*Festkörperphysik* die mittlere Geschwindigkeit der Elektronen in einem Festkörper zum Zeitpunkt $t$: $\langle v_d(t)\rangle = N_e^{-1}\sum_i v_i(t)$ (mit $N_e$: Anzahl der Elektronen, $v_i$: momentane Geschwindigkeit des $i$-ten Elektrons). Die Driftgeschwindigkeit überlagert sich bei Anwesenheit eines äußeren ↗*elektrischen Feldes* $E(t)$ der isotropen Bewegung der Elektronen, deren Mittelwert null ergibt. Im elektrischen Feld erhalten alle Elektronen in der Zeit $\tau$ zwischen zwei Stößen den zusätzlichen Impuls $m_e v_d(\tau)$ (mit $m_e$: Elektronenmasse), der die *Fermi-Kugel* im *k-Raum* in Feldrichtung wandern läßt. $\tau$ wird auch ↗*Relaxationszeit* genannt, und das Produkt aus Relaxationszeit und Elektronengeschwindigkeit ist die ↗*mittlere freie Weglänge*. Aus der Bewegungsgleichung $m_e\,\dot{v}_d(t) = e\,E$ ($e$: ↗*Elementarladung*) folgt $v_d = e\tau E/m_e$. Die Proportionalitätskonstante zwischen Driftgeschwindigkeit und elektrischem Feld ist die ↗*Beweglichkeit* $\mu$, für sie gilt: $\mu = v_d/E = \tau e/m_e$. Im elektrostatischen Fall $E = const.$ (↗*Elektrostatik*) hängen Stromdichte $j$, Driftgeschwindigkeit und elektrisches Feld gemäß dem ↗*Ohmschen Gesetz*

$$j = -e\frac{N_e}{V}v_d = \frac{e^2}{m_e}\frac{N_e}{V}\tau E = \sigma E$$

zusammen ($\sigma$: ↗*elektrische Leitfähigkeit*).

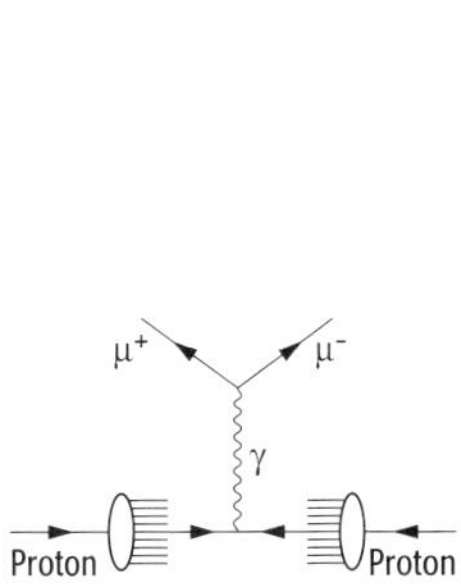


**Drell-Yan-Prozeß:** Feynman-Graph des Prozesses $p + p \rightarrow \mu^+\mu^- +$ Hadronen.

**Driftkammer,** mit einem Zählgas sowie einer großen Zahl von Anoden- und Potentialdrähten gefüllte ↗Drahtkammer, die als Ortsdetektor mit Energieverlustmessung dient.
Das Prinzip der Driftkammer beruht auf der Beobachtung, daß in einer ↗Proportionalkammer die Zeitdifferenz zwischen Teilchendurchgang und der Anstiegsflanke des Anodenimpulses eindeutig mit dem Abstand zwischen dem Ort der Primärionisation und dem Anodendraht zusammenhängt. Ein eindringendes Teilchen verursacht eine Reihe von Ionisationen, deren Elektronenlawinen zum nächstgelegenen Draht driften. So können gleichzeitig die Bahn und der Impuls geladener Teilchen gemessen werden, wobei der Impuls aus dem axialen Feld und dem Krümmungsradius bestimmt wird. Mit der Stromteilungsmethode kann aus dem Verhältnis der Ströme eines Drahtes an beiden Endplatten der Ort auf der Zylinderachse gemessen werden, an dem die Ionisation stattfand. Die erreichbare Ortsauflösung beträgt etwa 0,1 mm, die Zeitauflösung liegt im ns-Bereich.
Gleich den ↗Vieldraht-Proportionalkammern werden Driftkammern als ebene sowie als zylindrische Kammern gebaut; zylindrische Driftkammern werden bevorzugt in ↗Collidern eingesetzt, da sie praktisch den gesamten Raumwinkel überdecken können. In ihnen sind die Anoden- und Potentialdrähte entlang der Zylinderachse gespannt, wobei die Endplatten die gesamte mechanische Spannung der Drähte aufnehmen müssen, die der Gewichtskraft von einigen Tonnen entsprechen.
Um Teilchen identifizieren zu können, sind genauere Energieverlustmessungen nötig, als man mit den üblichen Driftkammern erreichen kann. In *Jet-Driftkammern* erhöht man daher die Zahl der Drähte von 10 bis 15 Drähten pro Zelle bei normalen Driftkammern auf etwa 50 Drähte pro Zelle und unterteilt den Detektor in radiale Segmente. In ↗*Zeit-Projektionskammern* (TPC), die frei von Anoden- und Potentialdrähten sind, wird das Driftkammerprinzip für den Einsatz in zentralen Spurdetektoren erweitert.

**Driftkörper,** *Triftkörper*, ↗Lagrange-Methode.

**Driftnäherung,** beschreibt die Bewegung geladener Teilchen in a) schwach inhomogenen Magnetfeldern und b) Magnetfeldern, denen ein schwaches zusätzliches Feld überlagert ist. Die Driftnäherung ist anwendbar, wenn die Feldvariation, die ein Teilchen während eines Umlaufs um die Magnetfeldlinien (*Gyration*) sieht, klein gegen den Betrag des Magnetfelds ist. Sie geht auf H. ↗*Alfvén* zurück und wurde später u.a. von Kruskal, Littlejohn und Balescu weiter ausgearbeitet. Im Rahmen der Driftnäherung wird die Bewegung zerlegt in 1. die Gyration, 2. die Bewegung parallel zum Magnetfeld und 3. eine gleichförmige Bewegung senkrecht zum Magnetfeld (↗*Driftbewegung*). Auf diese Weise beschreibt man die Bewegung von Einzelteilchen z.B. in Fusionsplasmen mit magnetischem Einschluß oder im Strahlungsgürtel der Erde.

**Driftröhren,** rohrförmige, feldabschirmende Elektrode, in der ein Strahl geladener Teilchen ohne Einwirkung äußerer elektrischer Felder transportiert werden kann. Driftröhren werden z.B. in einigen Hochfrequenz-Linearbeschleunigern eingesetzt. Die Beschleunigung der Teilchen erfolgt nacheinander in einer Reihe von Beschleunigungsstrecken, an die eine hochfrequente Spannung mit fester Frequenz angelegt ist. Zwischen den Beschleunigungsstrecken liegen die in ihrem Inneren feldfreien Driftröhren, deren Länge so bemessen ist, daß die Driftzeiten synchron mit den Zeitpunkten sind, an denen das Hochfrequenzfeld sich umpolt. So erreichen die Teilchen den Beschleunigungsspalt zwischen den Driftröhren immer in der gleichen Phasenlage. Der vorher kontinuierliche Ionenstrahl wird dabei in Teilchenpakete (Bunche) zerlegt. Die erreichbare Teilchenenergie ist proportional zur Anzahl der Beschleunigungsspalte und zur anliegenden Spannung. Die Felder zwischen den Driftröhren können dabei zu einer bestimmten Zeit entweder von Lücke zu Lücke alternieren (*Wideroe-Struktur*, Driftstreckenlänge $L = \beta\lambda/2$) oder in die gleiche Richtung weisen (*Alvarez-Struktur*, Driftstreckenlänge $L = \beta\lambda$). Dabei beschreibt $\beta$ den relativistischen Faktor $v/c$, und $\lambda$ steht für die Vakuumwellenlänge. Mit wachsender Teilchengeschwindigkeit muß die Länge der Driftröhren angepaßt werden.

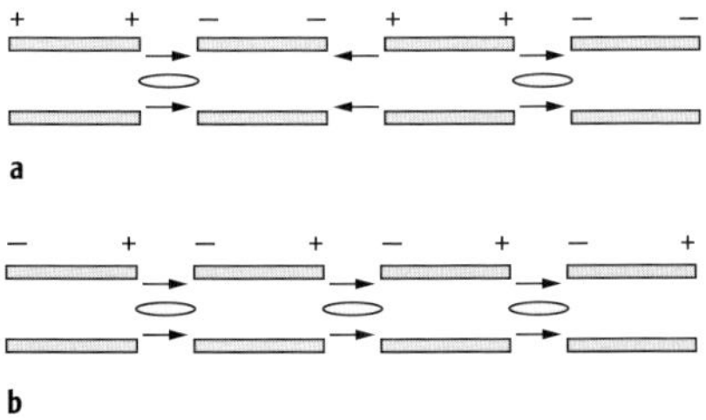


**Driftröhren:** Driftröhren und Feldverteilung zu einem Zeitpunkt $t_0$ für a) Wideroe-Struktur; b) Alvarez-Struktur. Ebenfalls dargestellt sind die zu beschleunigenden Teilchenpakete.

**Drillung** ↗Torsion.

**dritter Hauptsatz der Thermodynamik,** *Nernstsches Wärmetheorem, Nernstscher Wärmesatz*, 1906 von W. Nernst gefundenene Gesetzmäßigkeit über das Verhalten von thermodynamischen Funktionen und Materialgrößen von reinen und homogenen Systemen im thermodynamischen Gleichgewicht bei Annäherung an den ↗absoluten Nullpunkt der Temperatur. Für den dritten Hauptsatz gibt es folgende Formulierungen:
1) Bei Annäherung eines (reinen homogenen) thermodynamischen Systems im Gleichgewicht an den absoluten Nullpunkt der Temperatur hört die Entropie $S$ auf, von irgendwelchen thermodynamischen Parametern $x_\alpha$, z.B. Volumen, Magnetfeld, abzuhängen und nimmt einen konstanten Wert $S_0$ an, den man ohne Einschränkung der Allgemeinheit gleich null setzen kann, d.h. $S \to S_0 = const. = 0$ für

$T \to 0$ oder

$$\lim_{T \to 0} (\partial S / \partial x_\alpha) = 0.$$

2) Der absolute Temperaturnullpunkt ist nicht erreichbar. Allein aus der Tatsache, daß S für $T \to 0$ endlich bleibt, folgt, daß die Wärmekapazitäten $C_p$ und $C_V$ für $T \to 0$ verschwinden; denn bei konstantem Druck bzw. Volumen gilt $dS = C_p\, dT/T$ bzw. $dS = C_V\, dT/T$. Diese Änderungen liefern für $T \to 0$ nur dann endliche Integrale, wenn $C_p$ und $C_V \to 0$ gilt. Weiter kann gezeigt werden, daß aufgrund des dritten Hauptsatzes der thermische Ausdehnungskoeffizient $(\partial V/\partial T)_p$ und der thermische Druckkoeffizient $(\partial p/\partial T)_V$ für $T \to 0$ verschwinden. Bei sehr tiefen Temperaturen werden in jedem System Quanteneffekte wesentlich, und man muß bei der statistischen Behandlung die ↗Quantenstatistik verwenden. Erst sie ermöglicht eine natürliche Erklärung des dritten Hauptsatzes. Am absoluten Temperaturnullpunkt befindet sich das thermodynamische System im Grundzustand, und es sind keine höheren Energiezustände angeregt. Das ↗statistische Gewicht $\Omega$ des Grundzustandes ist eins; wegen $S = k_B \ln \Omega$ ist die Entropie dann gleich null.

Allerdings zeigt eine genauere Betrachtung, daß diese Überlegung noch keinen wirklichen Beweis des dritten Hauptsatzes in seiner praktisch bedeutsamen Form liefert, denn die angeregten Zustände eines makroskopischen Systems liegen normalerweise so dicht über dem Grundzustand, daß eine Bevorzugung des Grundzustandes allein im thermodynamischen Gleichgewicht erst bei praktisch unerreichbar tiefen Temperaturen auftreten würde. Tatsächlich macht daher der dritte Hauptsatz eine Aussage über das Energiespektrum der unteren Anregungszustände. Die theoretische Analyse der bei tiefen Temperaturen auftretenden Substanzen, nämlich Kristalle, gegebenenfalls mit quasifreien Elektronen, und flüssiges Helium bestätigt den dritten Hauptsatz.

So ist z.B. die spezifische Wärmekapazität des freien Elektronengases bei tiefen Temperaturen proportional $T$. Für einen Kristall ist die spezifische Wärmekapazität nach der ↗Debyeschen Theorie proportional $T^3$. Für Gläser und amorphe Stoffe geht die Entropie jedoch nicht gegen null bei $T \to 0$, da sich diese Systeme nicht im thermodynamischen Gleichgewicht, sondern infolge schneller Abkühlung bei der Herstellung in einem gehemmten oder metastabilen Gleichgewicht befinden. Dasselbe gilt für Gemische, bei denen auch für $T \to 0$ die Mischungsentropie übrig bleibt.

**dritter Schall,** Schallanregung in supraflüssigen Heliumfilmen, die auf Oberflächenwellen aufgrund von *Van-der-Waals-Wechselwirkungen* (↗chemische Bindung) beruht, vgl. ↗Schallanregungen in supraflüssigem Helium.

**Drossel** ↗*Drosselspule.*

**Drosseleffekt** ↗Joule-Thomson-Effekt.

**Drosselfunktion** ↗Enthalpie.

**Drosselgeräte,** Oberbegriff für die in der ↗Strömungsmechanik verwendeten technischen Vorrichtungen zur Veränderung der ↗Strömungsgeschwindigkeit strömender Medien. Meist werden ↗*Blenden* oder ↗*Düsen* verwendet, die die Geschwindigkeitsänderung durch eine Querschnittsveränderung herbeiführen (↗Kontinuitätsgleichung). Drosselgeräte werden in der Technik u.a. dazu verwendet, auf der Grundlage der ↗Bernoullischen Gleichung bzw. der verallgemeinerten Bernoullischen Gleichung Messungen von ↗Volumenströmen durchzuführen (z.B. ↗Venturi-Düse).

**Drosselkalorimeter,** Kalorimeter, bei dem an einer gut isolierten Drosselstelle feuchter Wasserdampf entspannt wird (Enthalpie konstant). Aus den Drücken und Temperaturen des Dampfes vor und nach der Drosselung läßt sich bei konstantem $c_p$ der Wassergehalt des Dampfes berechnen. Durch einen zweiten Versuch mit gleichen Anfangsbedingungen, aber geänderter Drosselung, läßt sich auch $c_p$ bestimmen.

**Drosselkette,** ein ↗Kettenleiter, der aus ↗Spulen (Induktivitäten) und querliegenden ↗Kondensatoren (Kapazitäten) besteht und wie ein ↗Tiefpaß wirkt (↗Filter).

**Drosselkurve** ↗Isenthalpe.

**Drossellinie** ↗Isenthalpe.

**Drosselprozeß** ↗Joule-Thomson-Prozeß.

**Drosselspule,** *Drossel*, Bauelement der Elektrotechnik. Die Drossel nutzt den frequenzabhängigen ↗Blindwiderstand in einer ↗Spule. Sie sperrt (drosselt) Ströme höherer Frequenzen, während Gleichstrom nur durch den geringen ohmschen Widerstand der Spule beeinflußt wird. Die Drosselspule wird im algemeinen mit einem Eisenkern (bei hohen Frequenzen mit einem Ferritkern) aufgebaut. Drosselspulen werden zur Trennung von Gleich- und Wechselstrom oder als induktiver Widerstand in einem Wechseltromkreis, z.B. als Antennen- oder Siebdrossel oder zur Funkentstörung, angewendet.

**Druck,** Quotient $p$ aus der Kraft $F$ (genauer: des senkrecht auf einer Fläche stehenden Kraftanteils $F_\perp$) und der Fläche $A$, auf die sie einwirkt: $p = F_\perp/A = \boldsymbol{F} \cdot \boldsymbol{n}_A$ ($\boldsymbol{n}_A$: Normalenvektor von $A$). Bei ungleichmäßiger Krafteinwirkung oder bei gekrümmten Flächen ist ein hinreichend kleines Flächenelement $\mathrm{d}A$ zu betrachten: $p = \mathrm{d}F_\perp/\mathrm{d}A$. Der Druck auf einen Körper ist positiv, wenn die Kraft zum Körper hin gerichtet ist, ein negativer Druck entspricht einem Zug. Eine Übersicht über Druckeinheiten gibt die Tabelle.

Druck tritt nicht nur an Grenz- und Oberflächen, sondern auch im Inneren von Festkörpern, Flüssigkeiten oder Gasen auf. Diese Verallgemeinerung kann veranschaulicht werden, wenn man sich innerhalb des Körpers kleine Teilvolumina herausgeschnitten und somit neue Ober- bzw. Grenzflächen erzeugt denkt.

**Druck:** Umrechnungen von verschiedenen Druckeinheiten.

| Einheitenname | Einheitenzeichen | Beziehung | Äquivalent |
|---|---|---|---|
| Dyn pro Quadratzentimeter | dyn/cm² | | 0,1 Pa |
| Torr | Torr | 1/760 atm | 133,322 Pa |
| konventionelle Millimeter-Quecksilbersäule | mmHg | | 133,322 Pa |
| konventionelle Meter-Wassersäule | mWs | 0,1 at | 9806,65 Pa |
| Kilopond pro Quadratzentimeter | kp/cm² | | 98 066,5 Pa |
| technische Atmosphäre | at, ata, atu, atü | 1 kp/cm² | 98 066,5 Pa |
| Bar | bar | $10^6$ dyn/cm² | $10^5$ Pa |
| physikalische Atmosphäre | atm | | 101 325 Pa |
| poundal per square foot | pdl/ft² | | 1,488 16 Pa |
| pound-force per square foot | lbf/ft² | | 47,880 3 Pa |
| conventional inch of water | $inH_2O$ | | 249,089 Pa |
| foot of water | $ftH_2O$ | | 2 989,07 Pa |
| conventional inch of mercury | inHg | | 3386,39 Pa |
| pound-force per square inch | lgf/in², psi | | 6894,76 Pa |
| ton-force per square inch | tonf/in² | 2240 lbf/in² | $15{,}444\,3 \cdot 10^6$ Pa |

Als *absoluten Druck* bezeichnet man den auf einen Referenzdruck bezogenen Druck. Man nutzt als Referenzdruck, ähnlich dem absoluten Nullpunkt der Temperatur, gewöhnlich das Vakuum mit $p = 0$.

**1)** *Thermodynamik*: Ein System im thermodynamischen Gleichgewicht hat einen einheitlichen Druck, der sich als eine der ↗*verallgemeinerten Kräfte* darstellt, wobei das Volumen $V$ der zugehörige äußere Parameter ist:

$$p = -T\frac{\partial S}{\partial V} = -\left(\frac{\partial U}{\partial V}\right)_S$$

($T$: Temperatur, $S$: Entropie).

**2)** *Strömungsmechanik*: Hier unterscheidet man zwischen hydostatischem, statischem und dynamischem Druck. Der *hydrostatische Druck* (die hydrostatische Spannung) ist der Druck innerhalb einer ruhenden Flüssigkeit oder eines ruhenden Gases. Die Druckkraft steht dabei senkrecht auf jeder beliebigen Schnittfläche innerhalb der Flüssigkeit (↗*Pascalsches Prinzip*). Der hydrostatische Druck $p_{\rm hydr}$ setzt sich aus dem von außen aufgeprägten *Betriebsdruck* $p_{\rm a}$ und dem höhenabhängigen, für Gase und Flüssigkeiten unterschiedlichen ↗*Schweredruck* $p_{\rm h}$ zusammen.

$$p_{\rm hydr} = p_{\rm a} + p_{\rm h}.$$

Bemerkenswert ist, daß der Druck auf den Boden eines mit einer Flüssigkeit gefüllten Gefäßes nur von der Füllhöhe, nicht aber von der Form des Gefäßes abhängt (↗*hydrostatisches Paradoxon*). Bei Flüssigkeitssäulen geringer Höhe kann der Schweredruck vernachlässigt werden, und die dann allseitige Gleichheit des hydrostatischen Druckes findet eine wichtige technische Anwendung in der ↗*hydraulischen Presse*.

Demgegenüber ist der *statische Druck* als der nicht dynamische Teil des in der ↗*Bernoullischen Gleichung* betrachteten Gesamtdruckes, der sich aus dem ↗*Betriebsdruck* und dem ↗*Schweredruck* (*geodätischer Druck*) zusammensetzt, teilweise auch durch das Strömen einer Flüssigkeit oder eines Gases bedingt.

Der *dynamische Druck* in einer strömenden Flüssigkeit ist definiert als $p_{\rm dyn} = \frac{\varrho}{2}v^2$, wobei $\rho$ die Dichte und $v$ die ↗*Strömungsgeschwindigkeit* der Flüssigkeit bedeutet. Der dynamische Druck ist der die Dynamik beschreibende Term in der *Bernoullischen Gleichung*.

Die meisten Methoden der *Druckmessung* beruhen auf den Prinzipien der ↗*Hydrostatik* und der ↗*Hydrodynamik* (↗*Manometer*, ↗*Drucksensor*).

Die Tangentialkräfte $F$, die bei elastisch oder auch plastisch verformten Körpern oder bei Strömungen zäher Flüssigkeiten auftreten, und die sich nicht durch den Druck beschreiben lassen, werden zusammen mit den Normalkräften durch Spannungen beschrieben und im ↗*Spannungstensor* mathematisch erfaßt.

**3)** *Plasmaphysik*: der *magnetische Druck* in einem Plasma ist identisch mit der Energiedichte des magnetischen Feldes $B^2/(2\,\mu_0)$. Der magnetische Druck ist für das Verständnis des ↗*magnetischen Plasmaeinschlusses* wichtig. Die magnetische Kraft setzt sich aus dem Gradienten des magnetischen Drucks und dem Term $-\boldsymbol{B}\,\nabla\,\boldsymbol{B}/\mu_0$ zusammen und kompensiert im ↗*magnetohydrodynamischen Gleichgewicht* gerade den Gradienten des Plasmadrucks. Zum Einschluß eines Plasmas wird ein Magnetfeld benötigt, dessen magnetischer Druck mindestens gleich dem Plasmadruck ist. Das Verhältnis von Plasmadruck und magnetischem Druck heißt *Beta* oder ↗*Plasmabeta* und stellt ein Maß für die Effizienz einer Gleichgewichtskonfiguration dar.

**4)** *Optik*: Lichtdruck ↗Strahlungsdruck.

**Druckabfall,** *Druckverlust*, die Verminderung des Druckes in Strömungen. In Strömungen erfolgt ein *statischer Druckabfall*, wenn die Flüssigkeitsteilchen beschleunigt werden. Das ist in ↗Düsen und bei gekrümmtem Verlauf der Stromlinien (↗Strömungsfeld) der Fall. Die Bezeichnung Druckabfall wird jedoch vorwiegend für die Abnahme des Gesamtdrukkes infolge der Reibung des Strömungsmediums verwendet; sie ist damit gleichbedeutend mit dem *Druckverlust* (↗Strömungswiderstand). In zähen Flüssigkeiten tritt in Strömungsrichtung ein Abfall des Gesamtdruckes $p_{\rm tot}$ auf (↗Nachlauf), den man durch den dimensionslosen Verlustbeiwert $\zeta = \Delta p_{\mathrm{tot}}/q$ erfaßt; $q$ ist der Bezugsstaudruck. Beim Strömen durch zylindrische Rohre mit konstantem Querschnitt ist der Gesamtdruckverlust gleich dem statischen Druckabfall $\Delta p$, und der ↗Widerstandsbeiwert $\lambda$ ist hier definiert als $\lambda = \Delta pd/ql$ (↗Rohrströmung); $d$ ist der Rohrdurchmesser, $l$ ist die Rohrlänge. Bei laminarer Rohrströmung ist der Druckabfall proportional der mittleren Durchflußgeschwindigkeit, im turbulenten Bereich ist er jedoch näherungsweise proportional dem Quadrat der mittleren Geschwindigkeit. Infolge der turbulenten Mischbewegung wird mehr Strömungsenergie dissipiert, so daß der Druckabfall in turbulenter Strömung größer ist als in laminarer.

**Druckadaption bei Lebewesen,** die Anpassung an zum Teil extreme Druckschwankungen im Lebensbereich verschiedener Lebewesen. Bei Tauchtiefen bis 1 km (Wale) müssen Überdrücke bis 100 bar und auf Mt.-Everest-Höhe (Zugvögel) Unterdrücke bis 0,25 bar kompensiert werden. Das physikalische Problem in großen Höhen ist der Sauerstoffpartialdruck, der ungefähr nach der ↗barometrischen Höhenformel abnimmt. Bei großen Tauchtiefen treten viele medizinische Probleme auf, z.B. aufgrund einer Kombination von Lösungs- und Diffusionsvorgängen: Der Druck des Atemgases muß gleich dem Außendruck sein, und nach dem ↗Raoultschen Gesetz gilt für die Gaskonzentration $c$ im Blut $c \sim p$ ($p$ ist der Partialdruck des Gases über der Flüssigkeit). Beim Auftauchen wird also Gas frei, nur der Sauerstoff wird gleich im Hämoglobin gebunden. Die fatale Bläschenbildung (Caisson-Krankheit) im Blut kann nur vermieden werden, indem man so langsam auftaucht, daß das freiwerdende Gas in der Lunge per Diffusion ausgetauscht und dann ausgeatmet werden kann, wobei bei konstanter Temperatur gilt: $D \sim M^{-1/2}$ ($D$ ist der Diffusionskoeffizient, $M$ die Teilchenmasse). Dies führt bei großen Tauchtiefen zu impraktikablen Auftauchdauern, weswegen Tauchgase neben $O_2$ oft schwach lösliche ($N_2$, Edelgase) bzw. leichte, hochbewegliche ($H_2$, He) Gasanteile enthalten.

**Druckamplitude,** Maximalwert der Druckschwankungen (↗*Schalldruck*) in einer ↗*Schallwelle*.

**Druckarbeit,** die von der Druckkraft an einem System verrichtete Arbeit. Um eine reversible (isotherme) Veränderung des Volumens $\mathrm{d}V$ des Systems beim allgemein volumenabhängigen ↗Druck $p$ zu bewirken, muß die Druckarbeit $\mathrm{d}W$ beliebig langsam ausgeführt werden. In diesem Fall hängen die Größen über $\mathrm{d}W = -p\,\mathrm{d}V$ zusammen. (↗Arbeit)

**Druckaufnehmer** ↗*Drucksensor*, ↗Druckmeßverfahren.

**Druckbehandlung,** Verfahren der Werkstoffbearbeitung, das vor allem beim ↗*Sintern* und ↗*Gießen* angewandt wird. Der Sinterprozeß wird dabei während der Wärmebehandlungsphase durch eine Druckerhöhung unterstützt (*Drucksintern*). Beim Druckguß werden zum Füllen der Gießform Drücke im Bereich von 10–1000 MPa aufgebracht. Der Vorteil dieses Verfahrens ist die hohe Maßgenauigkeit und geringe Nacharbeit der Werkzeuge, jedoch lassen sich aufgrund der hohen thermischen und mechanischen Beanspruchung der Druckgußformen nur spezielle *Druckgußlegierungen* mit niedrigen Gießtemperaturen verarbeiten (z.B. ZnAl- und AlSi-Legierungen).

**Druckeffekte,** in der *Festkörprphysik* Wirkungen von äußerem mechanischem Druck auf die Eigenschaften und die Struktur eines Kristalls. Dazu gehören: Piezoelektrizität (der mechanische Spannungszustand erzeugt eine elektrische Polarisation an der Oberfläche des Kristalls), Phasenumwandlungen (Umwandlung der Kristallstruktur in ein anderes Kristallgitter) sowie Veränderungen der mechanischen Eigenschaften (Deformation, Plastizität, Elastizität).

**Druckenergie,** Bezeichnung für den Ausdruck $E_D = pV$ ($p$: ↗Druck, $V$: Volumen, etwa eines Gases). Die Druckenergie entspricht der ↗Arbeit, die ein Gas verrichtet, wenn es bei konstantem Druck sein Volumen von 0 auf $V$ erhöht. Zur Änderung der Druckenergie $E_D$ bei konstantem Druck ist es notwendig, das Volumen zu verändern: $\mathrm{d}E_D = -p\mathrm{d}V$. Dieser Term ist Bestandteil der sog. Gibbsschen Fundamentalgleichung.

**Druckerhaltung** ↗Bernoullische Gleichung, ↗hydrodynamisches Paradoxon.

**Druckersches Postulat,** *Stabilitätspostulat*, besagt, daß auch bei beliebigen plastischen Formänderungen die Formänderungsarbeit nicht negativ ist (↗*Deformationen*). Das ist gewährleistet, wenn die Formänderungsarbeit für jede, insbesondere auch differentielle Belastung nicht negativ ist. Für den eindimensionalen Fall bedeutet dies, daß die ↗*Verfestigungskurve* monoton steigt, eine durch das *Iljuschinsche Postulat* (*Irreversibilitätspostulat*) geforderte Voraussetzung der ↗*Plastizitätstheorie*.

**Druckfestigkeit,** die statische Festigkeit $\sigma_{dB}$ beim ↗Druckversuch. Sie ist der Quotient aus der Höchstkraft $F_{max}$, die beim Bruch der Probe auftritt, und der ursprünglichen Querschnittsfläche $q_0$: $\sigma_{dB} = F_{max}/q_0$. Zur Bestimmung der Druckfestigkeit von Metallen verwendet man oft einen Probekörper in Form eines Kreiszylinders, bei dem der Durchmesser der Höhe entspricht.

**Druckfortpflanzung,** hydrodynamische Modellvorstellung für die Beschreibung von Wasser- und ↗Schallwellen (↗Akustik). Wellen werden dabei als sich fortpflanzende Druckänderungen interpretiert. Beschrieben wird die Druckfortpflanzung durch das Potential $\Phi$ der Geschwindigkeit der strömenden Teilchen, $v = -\nabla\Phi$, dessen Existenz durch die Annahme der Wirbelfreiheit der Bewegung garantiert wird. Aus den ↗Eulerschen Gleichungen läßt sich eine Wellengleichung für $\Phi$ ableiten, mit deren Hilfe sich die ↗Schallgeschwindigkeit bzw. die Ausbreitungsgeschwindigkeit der Druckstörung ermitteln läßt. (↗Schwerewellen, ↗Kapillarwellen)

**Druckgasschalter,** ein ↗*Hochleistungsschalter*, bei dem der nach Trennung der Kontakte sich ausbildende Schaltlichtbogen durch Einblasen eines geeigneten »Löschgases« (z.B. Schwefelhexafluorid, $SF_6$) innerhalb weniger Millisekunden gelöscht wird.

**Druckgefäßreaktor,** ↗*Kernreaktor*, dessen Spaltzone sich in einem Druckgefäß befindet, das dem Druck des unter normalen Verhältnissen verdampfenden Kühlmittels standhält.

**Druckgradientenaufnehmer,** *Druckgradientenempfänger, Druckgradientenmikrophon,* ↗*Mikrophon*, dessen Ausgangssignal proportional zum Schalldruckunterschied (Druckgradient) zwischen zwei Schalleinlaßöffnungen ist, die auf Vorder- und Rückseite einer Membran oder auf zwei akustisch gekoppelte Membranen wirken. In ↗*Schallwellen* tritt die maximale Druckdifferenz zwischen Punkten auf, die in Ausbreitungsrichtung hintereinander liegen; in den Ebenen parallel zur Wellenfront ist der Druckunterschied (bei ebenen Wellen) null. Dieser Zusammenhang führt beim idealen Druckgradientenaufnehmer zu einer frequenzunabhängigen 8förmigen ↗*Richtcharakteristik*. Durch akustische Netzwerke mit einer zusätzlichen Phasendrehung im Schallweg zwischen den Einlaßöffnungen kann man die Richtcharakteristik in weiten Grenzen beeinflussen; dadurch entstehen verschiedene Formen von ↗*Richtmikrophonen*.

**Druckkraft** ↗Druck.

**Druckmeßfühler** ↗*Drucksensoren*, ↗Druckmeßverfahren.

**Druckmeßverfahren,** allgemein alle Verfahren zur Messung des Drucks; in der ↗*Ultrahochvakuumtechnik* die Messung und Überwachung des Vakuums. Da sich die einzelnen Druckbereiche von $10^{-7}$ Pa bis $10^{11}$ Pa erstrekken, also etwa 18 Größenordnungen umfassen, werden unterschiedliche Verfahren und Geräte, allgemein als *Manometer* eingesetzt. Man kann diese grob in mechanische und elektrische Verfahren unterteilen. Zu den mechanischen Verfahren gehören die *Druckmeßdose*, ein geschlossener Behälter mit einer korrugierten Membran. Je nach dem Umgebungsdruck wölbt sich diese Membran nach außen oder nach innen. Die Wölbung wird durch ein Hebelwerk abgetastet und bis auf wenige Prozent genau gemessen. Der Druckbereich geht von hohen Drücken bis etwa 1 mbar. Das *Wärmeleitungsvakuummeter* besteht aus einem Röhrchen, das an das zu messende Vakuum angeflanscht wird, und einem im Röhrchen axial angebrachten Draht, der aus einer elektrischen Quelle beheizt wird. Die dabei entstehende Wärme wird durch druckabhängige Wärmeleitung im umgebenden Gas, durch Wärmeleitung an den Drahtenden und durch thermische Strahlung abgeführt. Die beiden letzten Beiträge können technisch konstant gehalten werden, so daß aus der Temperaturänderung die Druckänderung abgelesen werden kann. Der Meßbereich reicht hierbei von etwa $10^{-3}$ bis zu einigen hundert mbar. Im *Reibungsvakuummeter* wird eine Stahlkugel magnetisch in einem Meßvolumen aufgehängt und zur Rotation gebracht. Durch die Reibung mit dem Gas verändert sich die Rotationsgeschwindigkeit in Abhängigkeit vom Gasdruck. Dieses Verfahren eignet sich für absolute Druckmessungen in einem Bereich zwischen $10^{-7}$ und $2 \cdot 10^{-2}$ mbar. Zu den elektrischen Verfahren zählen die *Ionisationsvakuummeter*, die auf dem Prinzip der Glühkathode beruhen. Bringt man eine Glühkathode in ein Gas, umgibt sie spiralförmig mit einer Anode und zündet eine unselbständige Gasentladung, so wird das Gas durch die Elektronen teilweise ionisiert. Die Ionen können die Anodenwicklung ungehindert passieren und werden von einem Ionensammler aufgefangen. Der Ionenstrom ist damit ein direktes Maß für den Druck. Der Meßbereich reicht hierbei von etwa $10^{-10}$ bis 1 mbar. Beim *Penning-Ionisationsvakuummeter* wird zwischen zwei Elektroden eine selbständige Gasentladung gezündet, wobei der Gasentladungsstrom druckabhängig ist. Die emittierten Elektronen werden durch ein Magnetfeld auf Spiralbahnen gezwungen, um die Ionisationsausbeute zu erhöhen. Der Meßbereich beträgt hierbei etwa $10^{-8}$ bis $10^{-2}$ mbar. (↗Drucksensor) [GR1]

**Druckprofil,** Variation des Plasmadruckes als Funktion des Abstandes von der magnetischen Achse in einem Tokamak oder Stellarator.

**Druckpunkt,** Angriffspunkt der resultierenden Kraft auf einen ↗Tragflügel; die Kraft setzt sich dabei aus der ↗Widerstandskraft und der Kraft des dynamischen ↗Auftriebs zusammen. Der Abstand $x_D$ des Druckpunktes von der Vorderkante des Profils bestimmt sich bei verschwindender Widerstandskraft gemäß

$$x_D = \frac{t}{4} \cdot \frac{\alpha + 4f/t}{\alpha + 2f/t}$$

($\alpha$: ↗Anstellwinkel, $f$: Wölbungshöhe des Profils, $t$: Profiltiefe). Für flache Platten liegt der Druckpunkt also bei einem Viertel der Flügeltiefe, wandert aber bei gewölbten Profilen im allgemeinen mit dem Anstellwinkel. Dies kann zu Instabilitätserscheinungen führen, weshalb die Entwicklung »druckpunktfester« Profile von großer Bedeutung ist.

Experimentell kann der Druckpunkt es durch die Messung des ↗Drehmomentes $M$ um die Vorderkante des Tragflügels bestimmt werden: $M = \frac{\rho}{2} v^2 A\, x_D \left(c_A \cos\alpha + c_W \sin\alpha\right)$. Dabei gelten die Bezeichnungen $\rho$: ↗Dichte des strömenden Mediums, $v$: ↗Anströmgeschwindigkeit, $A$: Flächeninhalt der Projektion des Tragflügels auf die Ebene senkrecht zur Anströmgeschwindigkeit, $c_A$: ↗Auftriebsbeiwert und $c_W$: ↗Widerstandsbeiwert.

**Druckreaktor** ↗Druckwasserreaktor.

**Druckrohrreaktor,** ↗*Kernreaktor*, dessen zylinderförmige Brennelemente von einem Rohr umgeben sind, das dem Druck des zwischen Brennelementen und Rohr fließenden Kühlmittels standhält.

**Drucksensor,** *Druckaufnehmer, Druckmeßfühler*, Bauelement zur Messung von Drücken, das Druckänderungen in elektrische Signale umwandelt. Weit verbreitet sind Druckmeßdosen, die mit ↗*Dehnungsmeßstreifen* oder kapazitiv (über die Änderung des Luftspaltes zwischen zwei Kondensatorplatten) oder induktiv (Übertragung einer Membrandurchbiegung auf den Tauchanker einer Spule) arbeiten. Daneben werden piezoelektrische Drucksensoren eingesetzt, die den ↗*piezoelektrischen Effekt* ausnutzen, sowie auf dem ↗*piezoresistiven Effekt* beruhende Halbleiter-Drucksensoren. Bei letzteren sind typischerweise in eine n-dotierte Siliciummembran mehrere p-dotierte ↗*Piezoelemente* eindiffundiert oder implantiert, die eine ↗*Wheatstone-Brücke* bilden. Bei Verformung ändert sich der elektrische Widerstand der Piezoelemente und dadurch in Abhängigkeit von dem auf die Membran wirkenden Druck die an der Brücke gemessene Spannung. (↗Druckmeßverfahren, ↗Sensoren)

**Drucksonde,** *Strömungssonde*, Gerät zur Messung des statischen Drucks (↗Druck) eines strömenden Fluids. In Drucksonden wird meist mit piezoelektrischen ↗Drucksensoren gearbeitet.

**Druckspannung,** inneren Druck erzeugende mechanische *Eigenspannung* in einem Bauteil, welches sich im Temperaturgleichgewicht befindet und auf das keine äußeren Kräfte oder Momente einwirken. Eine zum Bruch führende Zugspannung muß diese zunächst überwinden, so daß die Zugfestigkeit erhöht zu sein scheint (↗*Ermüdung*). Zur Erzeugung von Druckspannungen wird beim thermischen Verfestigen das Material von einer Temperatur, bei der es bleibend verformbar ist, rasch abgekühlt. Dabei wird das Innere des Materials, das zu dem Zeitpunkt, an dem die äußere Schicht bereits erstarrt ist, noch eine höhere Temperatur als der Außenbereich aufweist, zug- und die Oberfläche druckverspannt. Beim *chemischen Verfestigen* von Glas entstehen Druckspannungen durch den Austausch kleinerer Alkaliionen der Glasoberfläche (z.B. $Na^+$) gegen größere in Salzschmelzen. Analog hierzu lassen sich die Oberflächen *keramischer Werkstoffe* über eine Mischkristallbildung vergrößern.

**Drucksprung** ↗Enzyme.

**Druck-Temperatur-Diagramm** ↗*p,T-Diagramm.*

**Druckthermometer,** ↗Ausdehnungsthermometer, bei denen der von einem Meßfluid, z.B. Quecksilber oder Stickstoff, in einem geschlossenen Gefäß ausgeübte Druck zur Temperaturmessung benutzt wird. Druckthermometer werden meist in Form von *Gas-* oder *Flüssigkeits-Federthermometern* realisiert. Das Gefäß ist durch eine Kapillarleitung mit einem Manometer oder einem Druckschreiber verbunden. Für genauere Messungen kann man die durch die Temperaturdifferenzen längs der Kapillarleitung bedingten Meßfehler mit einer zweiten Kapillarleitung kompensieren. Druckthermometer sind im allgemeinen weniger empfindlich als ↗Dampfdruckthermometer, umfassen aber einen größeren Temperaturbereich und ändern dabei ihre Empfindlichkeit nur wenig. Mit einer Quecksilberfüllung können Temperaturen bis zu 600°C bestimmt werden.

**Druckvergasung** ↗Lurgi-Verfahren.

**Druckverlust** ↗*Druckabfall.*

**Druckversuch,** ein selten angewandtes Materialprüfungsverfahren zur Untersuchung z.B. von Widerlagern und anderen unter ständiger Druckbelastung stehenden Werkstücken. Analog zum ↗Zugversuch, bei dem ein ↗Spannungs-Dehnungs-Diagramm registriert wird, wird beim Druckversuch die am Werkstück wirkende Druckspannung über der Stauchung (Verkürzung) aufgetragen.

**Druck-Volumen-Diagramm** ↗*p-V-Diagramm.*

**Druckwandler** ↗*Drucksensor.*

**Druckwasserreaktor,** Variante eines ↗*Leichtwasserreaktors* (↗*Kernreaktor*), bei dem im Gegensatz zum ↗*Siedewasserreaktor* die Kühlung des Reaktors (*Primärkreislauf*) und die Dampferzeugung zur Stromerzeugung in einer Dampfturbine (*Sekundärkreislauf*) technisch voneinander getrennt sind. Durch ein solches Zweikreissystem soll erreicht werden, daß die

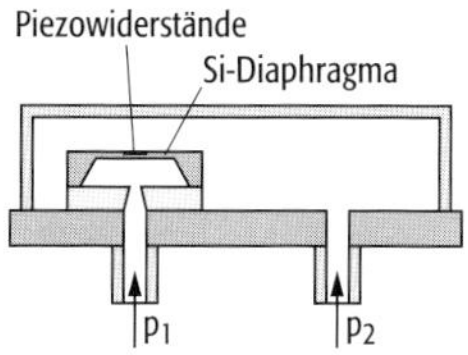


**Drucksensor:** Beispiel für einen piezoelektrischen Drucksensor.

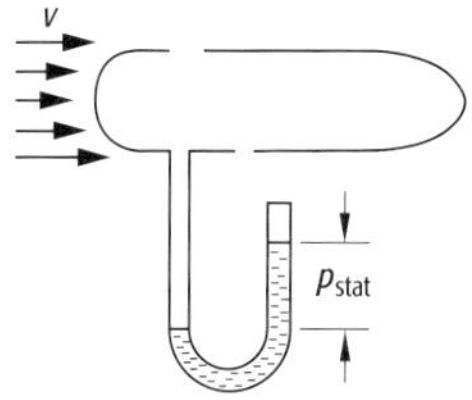


**Drucksonde:** Messung des statischen Drucks $p_{stat}$ durch radiale Öffnungen im Mantel der Sonde.

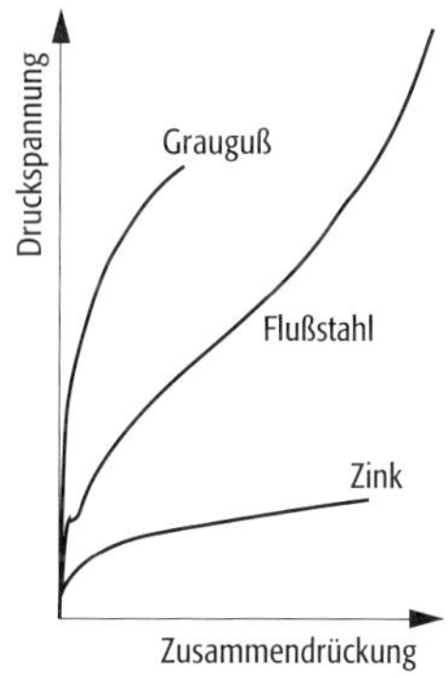


**Druckversuch:** Spannungs-Stauchungs-Diagramm für Grauguß, Flußstahl und Zink.

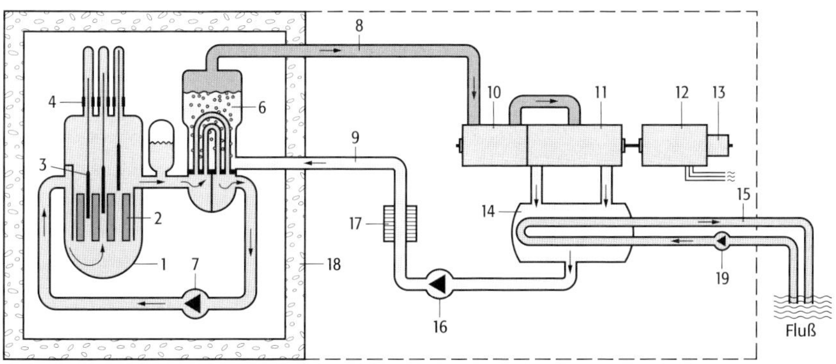


**Druckwasserreaktor:** Schematischer Aufbau. 1) Reaktordruckbehälter, 2) Uranbrennelemente, 3) Steuerstäbe, 4) Steuerstabantriebe, 5) Druckhalter, 6) Dampferzeuger, 7) Kühlmittelpumpe, 8) Frischdampf, 9) Speisewasser, 10) Hochdruckteil der Turbine, 11) Niederdruckteil der Turbine, 12) Generator, 13) Erregermaschine, 14) Kondensator, 15) Flußwasser, 16) Speisewasserpumpe, 17) Vorwärmanlage, 18) Betonabschirmung, 19) Kühlwasserpumpe.

**Druckwasserreaktor:** Technische Daten der Druckwasserreaktoren Biblis A und Philippsburg.

| Kenngröße | Biblis A | Philippsburg |
|---|---|---|
| thermische Leistung | 3500 MW | 3764 MW |
| elektrische Leistung | 1200 MW | 1268 MW |
| Betriebsdruck | 155 bar | 158 bar |
| Wassertemperatur Reaktor-Austritt | 320 °C | 326 °C |
| jährliche Uranmenge | 30 t | 30 t |
| jährliche Verfügbarkeit | 75% | ~ 7000 Vollaststunden |
| Kühlwasserdurchsatz | 20 $m^3$/s | 58,3 $m^3$/s |
| Gesamtwirkungsgrad | n.v. | 34,2% |

im Reaktorkühlmittel auftretenden radioaktiven Stoffe auf den ersten Kühlkreis beschränkt bleiben und nicht in die Turbine und den Kondensator gelangen. Im Primärkreislauf zirkuliert das Kühlmittel Wasser unter hohem Druck im Reaktor, wobei es die bei der ↗*Kernspaltung* freiwerdende Wärme beim Durchströmen zwischen den Brennelementen aufnimmt. Durch den hohen Druck (typischerweise 15 - 16 MPa bzw. 150–160 bar) kann das Wasser nicht zum Sieden kommen. Die aufgenommene Wärme wird in Wärmetauschern, den sog. Dampferzeugern, an den Sekundärkreislauf abgegeben. Der hier erzeugte Wasserdampf treibt eine Turbine mit einem angekoppelten ↗*Generator* zur Stromerzeugung an und kühlt sich dabei ab. Im Kondensator wird der Wasserdampf wieder verflüssigt, so daß er einer erneuten Dampferzeugung zugeführt werden kann.

**Druckwelle,** eine in Gasen und Flüssigkeiten infolge plötzlicher einmaliger Druckänderung entstehende ↗*Welle*, die mit der akustischen Erscheinung eines Knalles verbunden ist (*Knallwelle*). Ihre *Fortpflanzungsgeschwindigkeit* ist um so größer, je größer die Druckänderung ist, und geht bei sehr kleinen Druckänderungen in die ↗*Schallgeschwindigkeit* über. In einer Druckwelle mit Druckerhöhung (*Verdichtungswelle*) nimmt die Ausbreitungsgeschwindigkeit wegen der adiabatischen Temperaturerhöhung bereits innerhalb der Welle zu, so daß der nachfolgende Teil der Welle in den vorauslaufenden Teil hineinläuft und die *Druckamplitude* mit fortlaufender Welle ansteigt. Es entsteht ein sogenannter *Verdichtungsstoß*, und man spricht auch von *Stoß- oder Schockwellen*. Diesem Vorgang wirkt entgegen, daß die Wellenfront in der Regel gekrümmt ist und sich dadurch mit der Ausbreitung vergrößert, was eine Abnahme der Druckamplitude zur Folge hat. Stoßwellen bilden sich vorzugsweise in Rohren und in der Nähe von *Explosionen* aus und sind z.B. bei der Berechnung von *Schalldämpfern* für Verbrennungsmotoren von Bedeutung.

In einer *Verdünnungswelle* nimmt die Ausbreitungsgeschwindigkeit innerhalb der Welle ab, so daß diese auch als ebene Welle zwangsläufig abklingt.

Wenn sich ein Körper schneller als mit der Fortpflanzungsgeschwindigkeit (z.B. mit ↗*Überschallgeschwindigkeit*) bewegt, regt der *Druckstau* vor diesem Körper die sog. *Kopfwelle* (eine besondere Form der Druckwelle) an, die sich senkrecht zur Bewegungsrichtung des Körpers ausbreitet. Bei einem mit Überschallgeschwindigkeit fliegenden Flugzeug führt das zum sogenannten *Überschallknall.*

Die Berechnung von Ausbreitung, Reflexion und Überlagerung von Druckwellen ist Gegenstand der instationären Gasdynamik. (↗Stoßwelle, ↗Druckfortpflanzung)

**Druckwiderstandsbeiwert** ↗Druckwiderstandskraft.

**Druckwiderstandskraft,** ↗Kraft auf einen umströmten Körper, die durch die Differenz der ↗Drücke in der strömenden ↗Flüssigkeit vor und hinter dem Körper verursacht wird. Die Ursache für diese Druckdifferenz ist die Bildung von ↗Wirbeln, welche bei nach hinten sich verjüngenden Körpern in Strömungen reibender Flüssigkeiten durch die ↗Grenzschichtablösung erfolgt. Durch die Wirbel an der Rückseite des umströmten Körpers ist die ↗Strömungsgeschwindigkeit dort erhöht, wodurch sich der Druck erniedrigt (↗hydrodynamisches Paradoxon). Für inkompressible Medien wird die Druckwiderstandskraft durch $F_D = c_D \frac{\rho}{2} v^2 A$ beschrieben ($\rho$: ↗Dichte der strömenden Flüssigkeit, $v$: Strömungsgeschwindigkeit, $A$: Fläche der Projektion des umströmten Körpers auf die Ebene senkrecht zur Strömungsrichtung). Die Proportionalitätskonstante $c_D$ wird *Druckwiderstandsbeiwert* genannt. (↗Strömungswiderstand).

**Drude,** *Paul*, deutscher Physiker, *12.7.1863 Braunschweig, †5.7.1906 Berlin (Freitod); 1894 Professor in Leipzig; 1900 Professor in Gießen, 1905 in Berlin; förderte die Anwendung der Maxwellschen Theorie auf die Theorie des Lichts sowie auf magnetooptische Erscheinungen; bestimmte die optischen Konstanten von Stoffen und erforschte den Zusammenhang zwischen der elektrischen Leitfähigkeit von Substanzen und deren Absorption von elektromagnetischen Wellen (↗*Drudesche Formel);* schuf eine Elektronentheorie der Metalle (↗*Drude-Lorentz-Theorie)* für die elektrische und thermische Leitfähigkeit; arbeitete ferner über elektromagnetische Wellen.

**Drude-Lorentz-Theorie,** Modell von P. ↗*Drude* und H.A. ↗*Lorentz* zur Beschreibung des Ladungs- und Wärmetransports in Metallen, das auf der Vorstellung eines klassischen *Elektronengases* aufbaut (↗Elektronengasmodell, klassisches). Danach bewegen sich die Elektronen mit der thermischen Geschwindigkeit $v_{th}$, bis sie nach einer ↗mittleren freien Weglänge $l$ durch einen Stoß abgelenkt werden. Im elektrischen Feld $E$ erfährt ein Elektron die zusätzliche Beschleunigung $dv_z/dt = -eE/m_e$ ($e$: Elementarladung, $m_e$: Elektronenmasse). Innerhalb der *freien Flugdauer* $\tau = l/v_{th}$ erhält es somit zusätzlich die Geschwindigkeit $v_z = -eE\tau/m_e$, so daß sich das Elektron im zeitlichen Mittel mit der ↗*Driftge-*

*schwindigkeit* $v_d = -(eE\tau)/2m_e$ entgegen der Feldrichtung bewegt (die Driftgeschwindigkeit wird manchmal auch ohne den Faktor 1/2 definiert). Mit der Stromdichte $j = \sigma E = -env_d$ ($n$: Anzahldichte der Elektronen) ergibt sich für die ↗*elektrische Leitfähigkeit*

$$\sigma = \frac{1}{2}\frac{e^2 n\tau}{m},$$

die in Übereinstimmung mit dem ↗*Ohmschen Gesetz* nicht von der Feldstärke $E$ abhängt. Berücksichtigt man noch die ↗*Wärmeleitfähigkeit* $\lambda = nv_d lk_B/2$ eines einatomigen Gases ($k_B$: Boltzmann-Konstante), so ergibt sich als das Verhältnis von thermischer zu elektrischer Leitfähigkeit gerade das empirisch ermittelte ↗*Wiedemann-Franz-Gesetz*:

$$\frac{\lambda}{\sigma} = \frac{m_e v^2 k_B}{e^2} = \frac{3k_B^2}{e^2}T.$$

**Drudesche Formel,** von P. ↗Drude entwickelte Formel, die den Beitrag der in Atomen oder Molekülen *gebundenen* Elektronen zur ↗Dispersion elektromagnetischer Wellen in Materie beschreibt. Diese wird mit der ↗komplexen Dielektrizitätskonstanten $\varepsilon^*(\omega)$ quantifiziert. Die Theorie geht aus von $Z$ Elektronen in $N$ Atomen bzw. Molekülen, die in einem Volumenelement mit Eigenfrequenzen $\omega_i$ und Dämpfungskonstanten $\gamma_j$ um ihre Ruhelage schwingen. Die Anzahl der Elektronen im $j$-ten Schwingungszustand betrage $f_j$ (*Oszillatorstärke*), dann gilt

$$\begin{aligned}\varepsilon^*(\omega) &= \varepsilon_0 + N\alpha^*(\omega)\\ &= \varepsilon_0 + \frac{Ne^2}{m_e}\sum_j \frac{f_j}{\omega_j^2 - i\omega\gamma_j - \omega^2}.\end{aligned}$$

Dabei ist $\varepsilon_0$ die ↗Dielektrizitätskonstante des Vakuums, $\alpha^*(\omega)$ die ↗komplexe Polarisierbarkeit des Mediums, $e$ die ↗Elementarladung und $m_e$ die Elektronenmasse. Für die Oszillatorstärken $f_j$ gilt der *f-Summensatz*: $\Sigma f_j = Z$. Der Beitrag der *freien* Elektronen in Metallen wird von der *Drudeschen Theorie der elektrischen Leitfähigkeit* (↗Drude-Lorentz-Theorie) beschrieben.

**Drug Design,** computergestützte Konstruktion von niedermolekularen Liganden für ethiologisch oder pathogenetisch wichtige ↗*Proteine*. Das Ziel sind Ideen für neue pharmazeutisch bedeutsame Verbindungen, welche die Wirkstoffe in Medikamenten gegen noch unheilbare Krankheiten sein könnten.

**DSA,** *Digitale Subtraktions-Angiographie*, ↗Angiographie.

**DSN** ↗*Deep Space Network*.

**D-Schicht,** Gebiet der ↗*Ionosphäre* in einer Höhe von ca. 60–100km. Die D-Schicht ist der unterste Abschnitt der ↗*Ionosphäre*, die Elektronenkonzentration ist mit $10^8$–$10^{10}\,m^{-3}$ geringer als in den darüberliegenden Schichten (die Neutralgasdichte beträgt dagegen noch $10^{21}\,m^{-3}$). Die Ladungsträger in der D-Schicht entstehen durch die Ionisierung des NO-Spurengases durch die *Lyman-α-Linie* des ↗*Sonnenspektrums* und durch die kurzwellige solare ↗*Röntgenstrahlung* im Bereich unterhalb 10nm. Die D-Schicht verschwindet daher nachts nahezu vollständig. Die geladenen Bestandteile (Elektronen, Ionen) befinden sich annähernd im photochemischen Gleichgewicht zwischen Photoionisation von Neutralgas und der Rekombination von Ionen und Elektronen. Die Elektronen- und Ionenkonzentration in der D-Schicht kann aber bei Sonneneruptionen (↗*Protuberanzen*) und magnetosphärischen Störungen (↗*Magnetosphäre*) für mehrere Tage um ein Vielfaches ansteigen. Hieraus resultiert auch zeitweise eine anormale Dämpfung von Radiowellen (↗*Mögel-Dellinger-Effekt*).

**D″-Schicht,** 200 bis 300 km mächtige Übergangszone zwischen ↗*Erdmantel* und ↗*Erdkern* (↗*Erde*). Die D″-Schicht kann als chemische und thermische Grenzschicht interpretiert werden, z.B. nimmt die Temperatur vom unteren Mantel zum Kern um etwa 1400 °C zu. Sie koppelt die ↗*Konvektion* des äußeren Kerns an die des Erdmantels. Die D″-Schicht gilt als Akkumulationsbereich von Resten subduzierter Platten (↗*Subduktion*). Verbunden mit kleinräumiger Konvektion führt dies zu chemischen Inhomogenitäten und der Ausbildung von thermischen Instabilitätsbereichen. Sie stellt damit vermutlich die Ursprungsregion der ↗*Manteldiapire* dar (*hot spots*).

**DTL,** *Dioden-Transistor-Logik*, eine ↗Logikfamilie.

**d-t-Prozeß,** *Deuterium-Tritium-Prozeß*, *d-t-Reaktion*, Fusion von Deuterium d und Tritium t zu Helium und einem Neutron gemäß der Reaktionsgleichung d + t = He + n + 17,6 MeV. Der d-t-Prozeß bietet die Grundlage für intensive Quellen schneller Neutronen. Der stark exotherme Charakter des Prozesses und die niedrige Coulomb-Barriere des Tritiums erlauben es, bereits mit Deuteriumenergien von 100 bis 200 keV Neutronen mit Energien von 14 MeV zu erzeugen. Die d-t-Reaktion spielt darüber hinaus eine entscheidende Rolle bei der Energieerzeugung in der Wasserstoffbombe sowie beim *Fusionsreaktor* (↗Kernfusion).

**DU,** *Dobson unit*, ↗*Dobson-Einheit*.

**duales Gitter,** in der statistischen Physik ein Gitter, das durch eine ↗Dualitätstransformation aus einem anderen Gitter hervorgeht.

Bei einem zweidimensionalen Gitter vertauschen Gitterpunkte und Gitterflächen ihre Rollen: Zwei Gitterpunkte im dualen Gitter sind benachbart, wenn die zugehörigen Flächen im ursprünglichen Gitter benachbart waren. Das Dreiecksgitter ist in diesem Sinne dual zu einem hexagonalen Gitter, und ein Quadratgitter ist selbstdual.

Bei einem dreidimensionalen Gitter entsprechen unter einer Dualitätstransformation den Gitterpunkten die Elementarvolumina und den Gitterlinien die Plaketten. Zwei Gitterpunkte im dualen Gitter sind benachbart, wenn die zugehörigen Volumina im ursprünglichen Gitter benachbart sind. Gitterlinien im dualen Gitter beranden eine Gitterfläche, wenn im ursprünglichen Gitter die zugehörigen Gitterflächen eine gemeinsame Gitterlinie besitzen.

**Dualismus Welle-Teilchen** ↗Welle-Teilchen-Dualismus.

**Dualität, 1)** in der *klassischen* ↗*Elektrodynamik* die Invarianz der ↗Maxwellschen Gleichungen im Vakuum

$$\nabla \times B = \frac{\partial E}{\partial t}, \nabla \times E = -\frac{\partial B}{\partial t}$$

unter den Transformationen

$$E \to B, B \to -E.$$

(*elektrisch-magnetische Dualität*). Die Symmetrie bleibt sogar bestehen, wenn man der Theorie zugleich mit den elektrischen auch magnetische Ladungen und Ströme hinzufügt. P.A.M. ↗Dirac postulierte, darauf aufbauend, die Existenz magnetischer ↗*Monopole* als Träger der magnetischen Ladung. Die Quantisierung dieser Theorie erstreckt sich auf elektrische ($q_e$) und magnetische ($q_m$) Ladungen und führt auf die Diracsche Quantisierungsbedingung $q_e q_m = 2n\pi$, wobei $n$ eine beliebige ganze Zahl ist. In der Natur ist diese erweiterte elektrisch-magnetische Dualität anscheinend nicht realisiert, da bisher keine magnetischen Monopole beobachtet werden.

**2)** ↗*Quantenfeldtheorie*: Während Maxwells klassische Elektrodynamik die Existenz von Monopolen nicht verlangt und auch ohne sie voll konsistent ist, gibt es ↗Eichtheorien, in denen Monopole als Folge der ↗spontanen Symmetriebrechung zwingend existieren müssen. So untersuchten C. Montonen und D. Olive bereits 1977 eine spontan gebrochene SU(2)-Theorie, die bei starker Kopplung durch eine duale, schwach gekoppelte U(1)-Eichtheorie beschrieben wird, in der die magnetischen Monopole die elementaren, störungstheoretischen Anregungen darstellen. Die Kopplungskonstanten der beiden zueinander dualen Eichtheorien hängen über die Diracsche Quantisierungsbedingung zusammen und können daher beide nicht gleichzeitig klein sein. Allgemeiner ausgedrückt verbindet eine Dualitätsbeziehung zwei Theorien derart, daß der Bereich schwacher Kopplung in der einen Theorie dem Bereich starker Kopplung in der anderen Theorie entspricht und sich letztere somit auch mit Hilfe der schwach gekoppelten Theorie störungstheoretisch behandeln läßt.

Die Hypothese von Montonen und Olive entsprang einer klassischen Analyse, läßt sich jedoch in einer bestimmten Klasse supersymmetrischer Theorien auch bei der Anwesenheit von Quantenkorrekturen aufrecht erhalten. So konnten N. Seiberg und E. ↗Witten 1994 in der asymptotisch freien supersymmetrischen $N=2$-SU(2)-Eichtheorie die Quantenkorrekturen im Bereich starker Kopplung mit Hilfe einer Dualitätsbeziehung zu einer schwach gekoppelten $N=2$-Theorie vollständig bestimmen.

Untersuchungen der vergangenen Jahre haben gezeigt, daß auch für ↗Stringtheorien im Bereich starker Kopplung eine duale Beschreibung mit Hilfe einer schwach gekoppelten Theorie möglich ist, die entweder auch eine perturbative Stringtheorie oder die sogenannte M-Theorie ist. [UK]

**Dualitätstransformation,** von Wegener 1971 für Zwei-Zustandsmodelle (verallgemeinerte ↗Ising-Modelle) formulierte Transformation eines Gittermodells auf einem $d$-dimensionalen Gitter zu einem Gittermodell auf dem zugehörigen ↗dualen Gitter. Das Energiefunktional bzw. die Wechselwirkungen für das transformierte Modell hängen dabei von der Dimension des Gitters ab. Dualitätstransformationen wurden später für weitere Gittermodelle verallgemeinert.

Das Ising-Modell auf einem zweidimensionalen Quadratgitter ist beispielsweise selbstdual, ebenso die Zwei-Zustands-Gittereichtheorie (↗Gittereichtheorie) auf einem vierdimensionalen hyperkubischen Gitter. Das Ising-Modell auf einem dreidimensionalen Gitter ist dual zu einer Zwei-Zustands-Gittereichtheorie auf dem dreidimensionalen dualen Gitter.

**Dual Port Memory,** *DPM*, Speicher mit zwei ↗*Schnittstellen*. Durch eine Sicherung gegen Zugriffskonflikt ermöglicht das DPM die Kopplung zweier Prozessoren.

**Dualraum,** zu einem ↗*Vektorraum* $V$ über einem Körper $K$ der Vektorraum aller linearen Abbildungen von $V$ nach $K$.

**Dual-Slope-Prinzip,** insbesondere zur Digitalisierung von Gleichspannungen und langsamen Signalen verwendetes Funktionsprinzip bei ↗*Analog-Digital-Wandlern*. Das Verfahren beruht auf der Messung von Integrationszeiten eines Kondensators beim Aufladen durch die Meßspannung und der Entladung gegen eine Referenzspannung. Der Meßzyklus teilt sich dabei in drei Phasen auf. In der ersten Phase lädt sich der Kondensator über einen Widerstand auf, wobei die Ladung proportional zu dem Integral über der Eingangsspannung ist. In der zweiten Phase entlädt sich der Kondensator linear gegen die Referenzspannung, ein Zähler zählt dabei solange, bis ein ↗*Komparator* ihn stoppt. Der Zählerstand ist dann proportional der Ladung bzw. zur Eingangsspannung. Das Zurücksetzen des Zählers und Kondensators schließt die dritte Phase und somit den Meßzyklus ab. Eine typische Anwendung dieses störsicheren, aber langsamen Funktionsprinzips ist bei den gebräuchlichen Digitalmultimetern zu finden.

**Duane,** *William*, amerikanischer Physiker, *17.2.1872 Philadelphia, †7.3.1935 Devon; 1898 Professor an der University of Colorado in Denver; 1913 Mitarbeiter von M. ↗Curie im Curie-Radium-Laboratorium in Paris; 1917 Professor für Biophysik an der Harvard-Universität in Cambridge; Arbeiten zur Radioaktivität und Röntgenphysik (insbesondere Röntgenspektroskopie und -therapie); wies

1915 zusammen mit F.L. ↗Hunt die kurzwellige Grenze der (kontinuierlichen) Röntgenbremsstrahlung nach und stellte mit ihm das ↗*Duane-Huntsche Verschiebungsgesetz* auf.

**Duane-Huntsches Verschiebungsgesetz,** Beschreibung der umgekehrten Proportionalität zwischen minimaler Wellenlänge $\lambda_{\text{min}}$ und

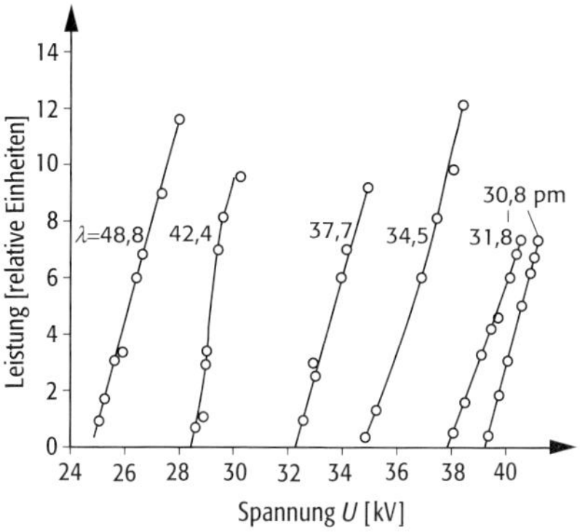


Beschleunigungsspannung *U* beim *inversen Photoeffekt*:

$$\lambda_{\text{min}} U = \frac{hc_0}{e} = \text{const.}$$

($h$ ist das Planksche Wirkungsquantum, $c_0$ die Lichtgeschwindigkeit und $e$ die Elementarladung). Diese 1916 zuerst von W. ↗*Duane* und F.L. ↗*Hunt* gemessene Beziehung gibt an, daß u.a. zum Erzeugen von ↗*Bremsstrahlung* einer bestimmten Wellenlänge eine Mindestbeschleunigungsspannung, nicht aber eine minimale Elektronendichte notwendig ist (Abb. 1). Umgekehrt ergibt sich bei konstanter Wellenlänge ein kontinuierliches Röntgenspektrum mit einer scharfen Kante nur auf der kurzwelligen Seite (Abb. 2). Mit höheren Spannungen

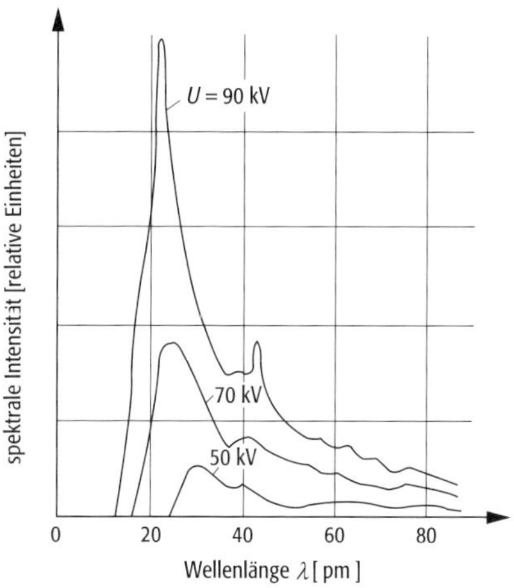


steigt dabei die Gesamtintensität an. Das Duane-Huntsche Verschiebungsgesetz bestätigt A. ↗Einsteins Theorie des Lichts als Korpuskeln (Lichtquanten, ↗*Quantenoptik*) und ermöglicht die experimentelle Bestimmung des *Planckschen Wirkungsquantums*.

**Duane-Huntsches Verschiebungsgesetz 1:** Spektrale Leistung monochromatischer Röntgenstrahlung verschiedener Wellenlängen $\lambda$ als Funktion der Beschleunigungsspannung *U*.

**Duanten,** *Dees*, 1) D-förmige Hohlelektroden eines ↗Zyklotrons, zwischen denen sich ein elektrisches Wechselfeld befindet, das die eingespeisten Teilchen beschleunigt. 2) ↗Duanten-Elektrometer.

**Duanten-Elektrometer,** ein *Nadel-Elektrometer* (↗Elektrometer), bei dem ein leichter Aluminium- oder Platin-Flügel an einem *Wollaston-Draht* über einer zweigeteilten gut abgeschliffenen Fläche (*Duanten*) schwebt. Die Duanten werden auf ein Hilfspotential von maximal 30V aufgeladen. Die Verdrehung des Fadens kann mit Spiegel und Fernrohr abgelesen werden. In evakuierten Räumen können damit Spannungs- bzw. Ladungsempfindlichkeiten von 20m/V bzw. $6\text{m}/10^{-12}\text{C}$ erzielt werden (etwa 1mm pro 1000 Elementarladungen).

**Dublett, 1)** *Atomphysik*: doppelte Linien im Spektrum von Mehrelektronensystemen (↗Atomspektren).

**2)** *Optik*: optisches System, das aus zwei Teilsystemen von Einzellinsen besteht, die einen gegenüber ihren ↗Brennweiten nicht zu vernachlässigenden Abstand haben. Besteht mindestens ein Teilsystem aus mehr als einer Linse, so spricht man von einer *Dublettvariante*. In der Abb. ist ein symmetrisches Dublett dargestellt.

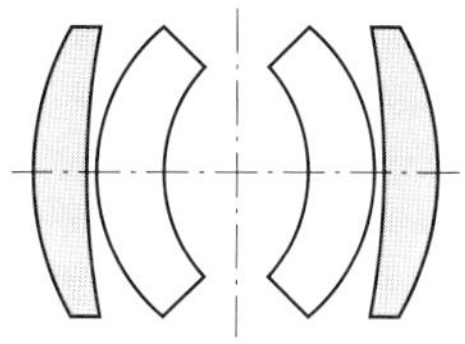

**Dublett**: Symmetrisches Dublett.

**Dubnium,** *Db*, *Eka-Tantal, Unnilquadium, Unq*, ein ↗*Transactinoid*, Element der Nebengruppe IV des Periodensystems, Ordnungszahl 105. Dubnium ist der von der IUPAC 1997 empfohlene Name für das künstliche, radioaktive und extrem instabile Element 105, das erstmalig 1964 im russischen Forschungszentrum Dubna hergestellt und 1969 von A. Ghiorso (Berkeley) identifiziert wurde. Bis jetzt sind neun Isotope mit den Massenzahlen 254 – 262 bekannt. Dubnium wird durch künstliche Elementumwandlung hergestellt, wie z.B. beim Beschuß von Californiumtargets mit beschleunigten Stickstoffkernen oder von Berkeliumtargets mit beschleunigten Sauerstoffkernen:

$$^{249}_{98}\text{Cf} + {}^{15}_{7}\text{N} \rightarrow {}^{260}_{105}\text{Db} + 4\text{n},$$
$$^{250}_{98}\text{Cf} + {}^{15}_{7}\text{N} \rightarrow {}^{261}_{105}\text{Db} + 4\text{n},$$
$$^{249}_{97}\text{Bk} + {}^{16}_{8}\text{O} \rightarrow {}^{261}_{105}\text{Db} + 4\text{n},$$
$$^{249}_{97}\text{Bk} + {}^{18}_{8}\text{O} \rightarrow {}^{262}_{105}\text{Db} + 5\text{n}.$$

Die Dubnium-Isotope mit den Massenzahlen 260, 261 und 262 sind $\alpha$-Strahler.

**Dubnium:** Wichtige Isotope.

| Db-Isotop | Halbwerts-zeit[s] | Zerfalls-produkt |
|---|---|---|
| $^{260}_{105}\text{Db}$ | 4,5 | $^{256}_{103}\text{Lr}$ |
| $^{261}_{105}\text{Db}$ | 3 | $^{256}_{103}\text{Lr}$ |
| $^{262}_{105}\text{Db}$ | 65 | $^{256}_{103}\text{Lr}$ |

**Duane-Huntsches Verschiebungsgesetz 2:** Kontinuierliches Röntgenspektrum (Bremsspektrum) mit überlagertem Linienspektrum für verschiedene Spannungen *U*.

**Du Bois-Reymond,** *Emil*, deutscher Physiologe, *7.11.1818 Berlin, †26.12.1896 Berlin; 1851 Mitglied der Preußischen Akademie der Wissenschaften; 1855 Professor für Physiologie in Berlin; 1858 Direktor des Physiologischen Instituts der Universität; umfangreiche und fundamentale Untersuchungen über Elektrizität im Tierreich, die ihn zum Begründer der Elektrophysiologie werden ließen; konstruierte mehrere physikalische Versuchs- und Meßgeräte für elektrophysiologische Untersuchungen; prägte die Begriffe »Laplacescher Dämon«

**Du Bois-Reymond,** *Emil*

und »Welträtsel« (»Die sieben Welträthsel«, 1882); 1845 Mitbegründer der »Physikalischen Gesellschaft zu Berlin«, die 1899 zur ↗*Deutschen Physikalische Gesellschaft* wurde.

**Duddell Medal and Prize** ↗Preise.

**Dudelsack,** *Sackpfeife,* Holzblasinstrument (↗*Aerophone*), bei dem die Atemluft in einem Luftsack zwischengespeichert wird. Der Dudelsack stammt ursprünglich aus dem asiatisch-orientalischen Raum und ist erst seit dem Mittelalter in Europa bekannt.

**Du Fay** (Dufay), *Charles-François* de Cisternay, französischer Physiker, *14.9.1698 Paris, †16.7.1739 Paris; 1723 Mitglied der Académie des Sciences in Paris; vielseitige Forschungen zur Botanik, Chemie und Physik; in der Physik einer der Wegbereiter der Reibungselektrizität; postulierte 1733 aufgrund von elektrostatischen Experimenten (elektrisches Aufladen von Korkstückchen mittels geladener Glas- bzw. Bernsteinstäbe) die Existenz von zwei verschiedenen Elektrizitätsarten (»Glas-« bzw. »Bernstein-Elektrizität«), da er festgestellt hatte, daß sich gleichartig elektrisierte Körper gegenseitig abstießen, ungleichartig (Glas/Bernstein) elektrisierte gegenseitig anzogen.

**Duffing-Oszillator,** *Duffing-Schwinger,* ein gedämpftes, schwingfähiges ↗*dynamisches System,* das von einer nichtlinearen Kraft periodisch angetrieben wird, z.B. ein Drehpendel mit Unwucht (Abb.). Die Bewegungsgleichung lautet $m\ddot{x} + D x + E x^3 + k\dot{x} = F \cos \omega t$ (mit $x$, $t$: Orts- bzw. Zeitkoordinate, $m$: Masse, $D, E$: Konstanten der nichtlinearen Rückstellkraft, $k$: Dämpfungskonstante, $F, \omega$: Amplitude und Frequenz der Erregerkraft). Je nachdem, welche Werte die Parameter einnehmen, kann das System periodisches, bistabiles oder chaotisches Verhalten zeigen (↗*Chaos*). Eine der Ursachen hierfür ist die Interferenz von (sehr langem) Einschwingvorgang und erzwungener Schwingung. Der Duffing-Oszillator ist ein gutes Beispiel für einen Übergang ins Chaos gemäß der *Feigenbaum-Sequenz* (↗*Wege ins Chaos*).

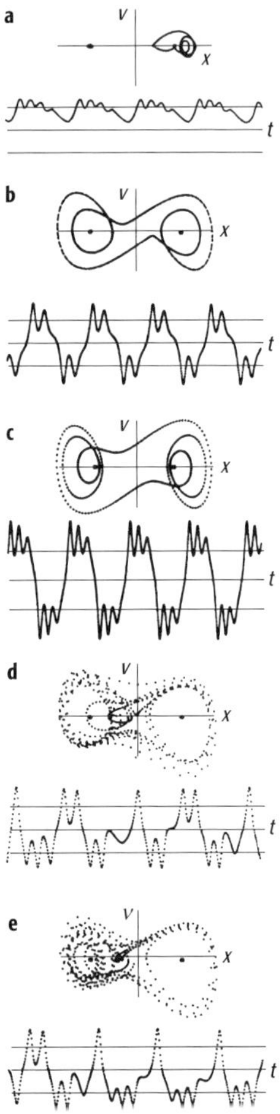


**Duffing-Oszillator,** Drehpendel mit Unwucht als Beispiel für einen Duffing-Oszillator. Dargestellt sind die Phasentrajektorie $v(x)$ (oben) und der Schwingungsverlauf $x(t)$ (unten), jeweils nach einem Einschwingvorgang von 200 Perioden. a) Bei kleiner Erregeramplitude schwingt das Rad um eine Gleichgewichtslage, bei größeren Werten wird das Verhalten bistabil (b), c)). d) und e) zeigen chaotisches Verhalten und eine hohe Empfindlichkeit gegen die Anfangsbedingungen (die Anfangsausschläge unterscheiden sich nur um 0,2 %).

**Dufour,** *Louis,* schweizerischer Physiker, *1832, †1892, bekannt durch den nach ihm benannten ↗*Dufour-Effekt.*

**Dufour-Effekt,** *Diffusionsthermoeffekt, inverser Thermodiffusionseffekt,* nach ihrem Entdecker L. ↗*Dufour* benannte Erscheinung, daß in physikalischen und chemischen Systemen ein Wärmestrom durch einen vorhandenen Konzentrationsunterschied hervorgerufen wird. In einem System gilt zwischen den ↗*thermodynamischen Kräften* $X_j$ und Strömen $J_i$ der Komponenten $i, j$ die allgemeine Beziehung $X_i = \sum_j L_{ij} X_j$. Dabei sind die $L_{ij}$ die Transportkoeffizienten des Systems, deren räumliche und zeitliche Symmetrieeigenschaften durch die ↗*Onsager-Casimirschen Reziprozitätsbeziehungen* wiedergegeben werden. Diese Beziehung führt zu verschiedenen Überkreuzeffekten, wie z.B. dem *Thermodiffusionseffekt* (allein durch einen Temperaturgradienten hervorgerufener Teilchenstrom, ↗*Thermodiffusion, Soret-Effekt*) und dem inversen Effekt, dem Diffusionsthermoeffekt oder Dufour-Effekt. Der Dufour-Effekt tritt auf z.B. bei Flüssigkeiten und binären Gasmischungen, aber auch z.B. bei ↗*Neutronendiffusion* oder bei Diffusion von Nichtgleichgewichtsladungsträgern in Halbleitern, etwa bei deren Erzeugung durch Absorption von Laserstrahlung.

**Duhem,** *Pierre Maurice Marie,* französischer Physiker, Philosoph und Wissenschaftshistoriker, *10.6.1861 Paris, †14.9.1916 Cabrespine; 1887 Professor für theoretische Physik in Lille, 1893 in Rennes, 1894–1916 in Bordeaux; Gegner des Atomismus; Arbeiten zur Hydrodynamik und Elektrodynamik sowie zur Wärmelehre, wobei er bei seinen Untersuchungen zur klassischen Thermodynamik (insbesondere über den Begriff der freien Energie in Anwendung auf den Ablauf von chemischen Reaktionen) auf den Arbeiten von J.W. ↗Gibbs und H. von ↗Helmholtz aufbaute; führte Messungen der Gefrierpunkte, Dampfdrücke und Löslichkeiten von Stoffen durch und untersuchte Systemgleichgewichte bei Gasen und Flüssigkeiten; gab 1887 die erste präzise Definition von reversiblen Prozessen; nach ihm benannt sind die ↗*Duhem-Quine-These,* die ↗*Duhem-Margules-Gleichung* und die ↗*Gibbs-Duhem-Gleichung,* eine allgemeine Beziehung für die Ableitung extensiver Größen nach Mengenvariablen (↗*chemisches Potential*).

**Duhem-Margules-Gleichung,** *Duhemsche Gleichung,* zuerst 1886 von P. ↗*Duhem* abgeleitete und 1895 von M. ↗*Margules* ausführlich diskutierte Beziehung zwischen dem ↗chemischen Potential $\mu_k$ einer Komponente eines mehrkomponentigen Systems und den Teilchenzahlen $n_j$:

$$\sum_l n_l \left(\frac{\partial \mu_k}{\partial n_j}\right)_{T,p,n_j} = 0.$$

Ein Spezialfall der Duhem-Margules-Gleichung ist die Beziehung zwischen den Partialdrücken $p_1$ und $p_2$ im Dampf über einer kondensierten Mischung und den Molenbrüchen $x_1$ und $x_2$ in der flüssigen Phase:

$$x_1 \frac{d \ln p_1}{dx_1} + x_2 \frac{d \ln p_2}{dx_2} = 0.$$

Die analoge Beziehung für die ↗freie Enthalpie ist die ↗Gibbs-Duhem-Gleichung.

**Duhem-Quine-These,** eine auf I. ↗Lakatos zurückgehende Bezeichnung für die 1908 von P. ↗*Duhem* getroffene Feststellung, daß bei einem Vergleich von Experiment und Theorie in der Physik nie eine einzelne Hypothese, sondern immer eine Gruppe von Hypothesen mit dem Experiment konfrontiert wird. Aus diesem Grund besteht keine eindeutige Beziehung zwischen Theorie und Erfahrung, weil das Experiment keine Auskunft darüber gibt, welche der zur Auswahl stehenden Hypothesen im

Fall einer Diskrepanz zwischen Theorie und Experiment abzuändern ist. Den radikalsten Schluß aus dieser Mehrdeutigkeit hat Quine mit der Behauptung gezogen, daß nicht nur eine Gruppe von Hypothesen, sondern im Prinzip das gesamte wissenschaftliche Wissen bei einem Experiment-Theorie-Vergleich zur Disposition steht. Diese radikale Variante ist zwar logisch nicht zu widerlegen, entspricht aber nicht der Forschungspraxis der Physik und ist daher methodologisch irrelevant. Die schwächere Duhemsche These stellt dagegen eine der Grundlagen für die Rekonstruktion der Beziehung zwischen Theorie und Erfahrung dar.

**duktile Verformung,** die vor dem Brechen auftretende irreversible ↗*Deformation* in einem Festkörper, der unter hoher oder zeitlich lang anhaltender Spannung steht (↗*Bruch*, ↗*Bruchmechanik*, ↗*Rheologie*).

**Duktilität,** *Verformbarkeit*, die bei gegebener Geschwindigkeit maximal erreichbare *plastische Dehnung* eines Werkstücks, bevor es zum Bruch kommt (↗Bruchmechanik, ↗Dehnung, ↗Ermüdung).

**Dulong,** *Pierre Louis*, französischer Chemiker und Physiker, *12.2.1785 Rouen, †19.7.1838 Paris; 1811 Hochschullehrer an der École Normale; 1820 Professor und Direktor an der École Polytechnique in Paris; 1823 Mitglied der Académie des Sciences; erkannte die Bedeutung des Wasserstoffs in den Säuren; führte 1820 mit J.J. von Berzelius eine Analyse des Wassers durch; untersuchte mit A.T. ↗Petit den thermischen Ausdehnungskoeffizienten, die spezifische Wärme (1819 Aufstellung der ↗*Dulong-Petitsches Gesetz*) und die Wärmeleitung verschiedener Stoffe; bestimmte Reaktionswärmen und Heizwerte und führte Messungen des Wasserdampfdrucks bei hohen Temperaturen durch; untersuchte das Verhalten von Gasmolekülen unter dem Einfluß von äußeren Kräften.

**Dulong-Petitsches Gesetz,** *Dulong-Petitsche Regel*, Gesetzmäßigkeit, derzufolge die molare ↗*Wärmekapazität* (*Atomwärme*) aller chemisch einfachen, festen kristallinen Stoffe etwa $3R \approx 25\ \mathrm{J \cdot mol^{-1} \cdot K^{-1}}$ beträgt (wobei $R$ die ↗allgemeine Gaskonstante ist). Diese empirisch gefundene Regel wird in der klassischen kinetischen Theorie der Wärme mit dem ↗*Gleichverteilungssatz* begründet. Dabei geht man von der Annahme aus, daß der Festkörper aus einer regelmäßigen Anordnung von $N_A$ Atomen pro Mol besteht ($N_A$ ist die ↗Avogadro-Konstante). Jedes Atom führt in diesem Kristallgitter Schwingungen um die Gleichgewichtslage in den Richtungen $x$, $y$ und $z$ aus. Die gesamte Energie eines Atoms im Festkörper setzt sich dann aus drei ↗Freiheitsgraden der kinetischen Energie und drei Freiheitsgraden der potentiellen Energie zusammen:

$$E = \tfrac{1}{2}mv_x^2 + \tfrac{1}{2}mv_y^2 + \tfrac{1}{2}mv_z^2 + \tfrac{1}{2}kx^2 + \tfrac{1}{2}ky^2 + \tfrac{1}{2}kz^2\ ,$$

wobei $\boldsymbol{v} = (v_x, v_y, v_z)$ die Geschwindigkeit und $k$ die Federkonstante ist. Nach dem Gleichverteilungssatz ist die mittlere Energie eines Atoms gleich $1/2\, k_B T$ pro Freiheitsgrad ($k_B$: Boltzmann-Konstante, $T$: absolute Temperatur). Somit beträgt die ↗innere Energie $U$ von $n$ Molen eines Festkörpers

$$U = 6 \cdot \tfrac{1}{2} nRT = 3nRT.$$

Daraus ergibt sich die molare Wärmekapazität $C_m$ zu $3R$, denn $C_m = 1/n\, \mathrm{d}U/\mathrm{d}T$.
Das Dulong-Petitsche Gesetz ist nur eine grobe Näherung, die mit abnehmender Atommasse des betreffenden Elements erst bei höheren Temperaturen gilt, denn bei Annäherung an den absoluten Nullpunkt geht die Atomwärme aller Kristalle infolge des ↗Einfrierens von Freiheitsgraden gegen null.

**Dunér,** *Nils Christofer*, schwedischer Astronom, *21.5.1839 Billeberga, †10.11.1914 Stockholm; 1888–1909 Professor und Direktor der Sternwarte in Uppsala; Arbeiten über Sternspektroskopie und Veränderliche; bestimmte 1888–1901 anhand von Messungen der Doppler-Verschiebung als erster spektroskopisch die ↗differentielle Rotation der Sonne (unterschiedliche Rotationsperioden in den verschiedenen Breitengraden der Sonne).

**Dunkeladaptation** ↗Adaptation.

**Dunkelentladung,** unselbständige und stromschwache ↗*Gasentladung* ohne Leuchterscheinung. Die freien Ladungsträger, die den Strom tragen, werden dabei in der Regel durch ionisierende Strahlung erzeugt (↗Townsend-Formel). In der ↗Strom-Spannungs-Kennlinie von Dunkelentladungen lassen sich drei Bereiche unterscheiden: Im *Proportionalbereich* bei niedrigen Spannungen gilt das Ohmsche Gesetz und der Strom ist proportional zur Spannung. Bei höheren Spannungen geht der Strom in ↗*Sättigung*, d.h. er steigt mit zunehmender Spannung nicht weiter an. In diesem *Sättigungsbereich* ist der Strom proportional zur erzeugten Ladungsmenge. Die Erklärung dafür ist, daß im Sättigungsbereich alle Ladungsträger abgesaugt werden, bevor sie rekombinieren können, während im Proportionalbereich die Rekombination überwiegt. Erhöht man die Spannung noch weiter, gelangt man in den *Stoßionisationsbereich*, in dem sich Stoßionisationslawinen ausbilden und der Strom wieder mit der Spannung ansteigt. Der Stoßionisationsbereich ist nach oben durch die ↗*Zündspannung* begrenzt. Dunkelentladungen werden in ↗*Zählrohren* und ↗*Driftkammern* für den Nachweis und die Messung ionisierender Strahlung verwendet, dabei wird meist der Sättigungsbereich genutzt.

**Dunkelfeldmikroskopie,** ein der ↗Durchlichtmikroskopie zuzurechnendes Verfahren zur Erhöhung des Bildkontrastes. Bei der Dunkelfeldmikroskopie wird das Präparat durch einen sog. *Dunkelfeldkondensor* so beleuchtet, daß das ungebeugte Hauptmaximum 0. Ordnung nicht in der optischen Achse liegt

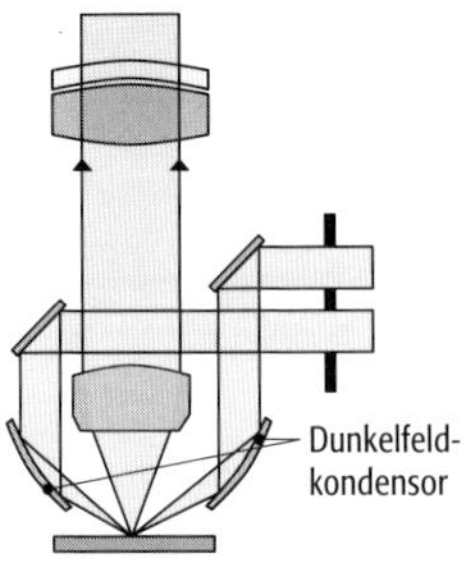


**Dunkelfeldmikroskopie:** Schema eines Dunkelfeldkondensors.

und deshalb von der Beobachtung ausgeschlossen bleibt. Dazu wird das Licht in einem Winkel zur optischen Achse eingestrahlt, d.h. nur das am Präparat gebeugte Licht höherer Ordnung (> 0. Ordnung) wird detektiert (*Dunkelfeldbeleuchtung*). Der besondere Vorteil der Dunkelfeldmikroskopie liegt in der Darstellungsmöglichkeit dünner linearer Strukturen (z.B. Kanten, Kratzer oder lange dünne Objektstrukturen). Der Bildhintergrund erscheint bei der Dunkelfeldmikroskopie dunkel, die linearen Strukturen höherer Ordnung hingegen erscheinen hell. Durch dieses Kontrastverfahren können sich sehr feine Oberflächenstrukturen an Präparaten vom Hintergrund abheben und darstellen lassen, die im Hellfeld nicht zu erkennen sind.

**Dunkelfeldprinzip,** optisches Verfahren zur automatischen Zellenzählung bei der Blutbilderstellung, welches die Blutzellen anhand ihrer Lichtstreuung erfaßt.

**Dunkelkennlinie** ↗Solarzelle, ↗p-n-Übergang, ↗Halbleiterdiode.

**Dunkel-Soliton** ↗Solitonen, ↗optische Nachrichtentechnik.

**Dunkelwolken,** *Dunkelnebel*, eine räumlich begrenzte Ansammlung von Gas und ↗*interstellarem Staub* im Milchstraßensystem und in anderen ↗Galaxien, die das Licht der hinter ihnen liegenden Sterne verdecken und so ein sternarmes oder sternleeres, also relativ dunkles Gebiet vortäuschen. Zu ihnen zählen sowohl kleine Objekte wie *Bok-Globulen* (↗Globulen) als auch ausgedehnte Gebiete wie ↗*Molekülwolken*-Komplexe. Die ↗Elementhäufigkeiten im Gas betragen etwa 75 % Wasserstoff, 23 % Helium und 2 % schwere Elemente. Der Anteil des Staubs beträgt nur etwa 0,1 % der Wolkenmasse. Da besonders die ausgedehnten Wolken die energiereiche Strahlung absorbieren, liegen die Temperaturen im Innern der Dunkelwolken bei etwa 10 K. Einzelne Atome können sich dort an der Oberfläche von Staubteilchen anlagern und mit anderen verbinden, so daß Moleküle entstehen. Radioastronomisch sind sowohl einfache Moleküle wie Hydroxyl (OH) als auch Vorstufen zu Aminosäuren nachgewiesen. Dunkelwolken sind eine Vorstufe der ↗Sternentstehung. Unregelmäßigkeiten der Masseverteilung innerhalb großer Wolken führen dazu, daß kleinere Bereiche unter ihrer eigenen Anziehungskraft kollabieren und so neue Sterne bilden. (↗dunkle Materie)

**Dunkelsehen** ↗*Dämmerungssehen.*

**dunkle Materie,** im Weltraum befindliche Materie, die sich bei verschiedenen astronomischen Untersuchungen durch ihre Gravitationswirkung bemerkbar macht, jedoch unsichtbar ist. Das Phänomen wird manchmal auch als *Missing-mass-Problem* bezeichnet. Erstmals vermutete der Astronom F. ↗*Zwikky*, daß es in ↗*Galaxienhaufen* große Mengen an dunkler Materie gibt. Seine Folgerungen beruhten auf dem ↗Virialsatz, wonach die potentielle Energie einer Anzahl von Massenpunkten (bei beschränkter Ortsänderung und Geschwindigkeit) gleich dem doppelten negativen Mittelwert der kinetischen Energie ist. Demnach wäre die aus der sichtbaren Materie (Sterne und Gas) abgeleitete Gesamtmasse zu gering, um die Galaxien an die Haufen zu binden. Diese Beobachtungen konnten mit modernen Methoden bestätigt werden. Man schätzt heute, daß Sterne und Gas weniger als 10% zur gravitativ wirksamen Masse in den Haufen beitragen. Weitere 10–40% stammen von rund $10^8$K heißer, ↗intergalaktischer Materie, der Rest ist unsichtbar.

Es gilt heute als sicher, daß durchschnittliche Galaxien mindestens 90 % unsichtbare Materie enthalten. Bei ↗*Spiralgalaxien* fand man heraus, daß die äußeren Regionen schneller rotieren als man nach dem ↗Keplerschen Gesetz erwarten würde. Hier vermutet man, daß rund zehnmal mehr dunkle als sichtbare Materie existiert, die hierfür verantwortlich ist. Die dunkle Materie befindet sich wahrscheinlich in haloartigen Gebieten, die die Galaxien sphärisch umgeben. Etwa die Hälfte der theoretisch ermittelten Halomasse liegt vermutlich in Form sog. ↗*MACHOs* vor. Diese Massive Compact Halo Objects, bei denen es sich möglicherweise um ↗Braune Zwerge oder ↗Weiße Zwerge handelt, konnten aufgrund des ↗Mikrolensing nachgewiesen werden. Darüber hinaus gibt es Hinweise auf die Existenz von zusätzlicher dunkler Materie, die im Universum auf größeren Skalen (Galaxien, Galaxienhaufen) verteilt ist. Die tatsächlich vorhandene mittlere Dichte dunkler Materie ist ein entscheidender Parameter der Kosmologie, der wichtig ist, um die mittlere Materiedichte des Universums festzulegen (↗Dichteparameter). Damit ist die dunkle Materie entscheidend für die Zukunft des Universums: Liegt die Materiedichte, die der Summe der Dichte von leuchtender und dunkler Materie entspricht, oberhalb der ↗kritischen Dichte, so leben wir in einem ↗geschlossenen Universum, dessen momentane Expansion ausreichend verlangsamt wird (↗Akzelerationsparameter), um sich schließlich umzukehren und zu rekollabieren. Anderenfalls ist das Universum offen (↗offenes Universum) und expandiert immer weiter. Obwohl die Existenz dunkler Materie unbestritten ist, konnte trotz intensiver Forschung weder die mittlere Dichte der dunklen Materie genauer als im Bereich einer Größenordnung bestimmt werden, noch ist die Frage nach ihrer Herkunft und Zusammensetzung überzeugend geklärt.

Konservative Modelle postulieren die Existenz von baryonischer dunkler Materie in Form von erloschenen massiven oder supermassiven Sternen (↗Schwarze Löcher, ↗Neutronensterne, leuchtschwache ↗Weiße Zwerge) oder von ↗Braunen Zwergen, d.h. massearmen Sternen, die zu lichtschwach sind, um optisch beobachtet zu werden (MACHOs). Allerdings liefert die Theorie der ↗primordialen Nukleosynthese nur dann Resultate, die mit der beobachteten Häufigkeit der leichten Elemente übereinstimmen, wenn nicht mehr als etwa 15 % der Gesamtmasse des Universum baryonisch ist. Nichtbaryonische Materie könnte zur dunklen Materie einerseits in Form von sogenannter heißer dunkler Materie beitragen. Einen gewichtigen Anteil hiervon würden wegen ihrer Häufigkeit ↗Neutrinos bilden, falls ihre Ruhemasse nicht verschwindet; schon die Neutrinomasse von 10–30 eV würde ausreichen, um die Dichte des Universum über die kritische Dichte zu bringen. Andererseits könnte das Universum auch von kalter dunkler Materie dominiert sein, die sich aus bisher empirisch nicht nachgewiesenen »exotischen« Elementarteilchen (↗WIMPs) zusammensetzen könnte.

Die Entwicklung der Struktur des Universum hängt neben der absoluten Dichte auch vom Verhältnis der Dichten von heißer und kalter dunkler Materie ab. Numerische Simulationen deuten darauf hin, daß bei Überwiegen von heißer dunkler Materie zuerst große Strukturen entstehen, die später in kleinere Teile zerfallen, während bei der Dominanz von kalter dunkler Materie umgekehrt erst kleinskalige Strukturen entstehen, die dann zu größeren Objekten verschmelzen. Mit beiden Szenarien kann man für bestimmte Modellparameter wesentliche Merkmale der beobachteten Struktur des Universums reproduzieren. (↗Dunkelwolken) [RAP, TB]

**dünne Schichten,** *dünne Filme, Thin Films,* Atom- bzw. Molekülaggregate, die sich auf einem festen oder flüssigen Substrat befinden und deren vertikale Abmessung (*Schichtdicke*) mit maximal 20 μm wesentlich kleiner als die laterale Ausdehnung ist. Dünne Schichten haben sowohl Festkörpereigenschaften als auch spezielle Eigenschaften, die sich aus ihrer Geometrie ergeben. Schichten mit Dicken > 20 μm werden auch ↗*dicke Schichten* genannt. Die Schichtdicke von dünnen Schichten kann weniger als eine Monolage (diskontinuierliche atomare bzw. molekulare *Adsorptionsschichten*) oder auch einige Mikrometer betragen. Bedeckt die Schicht nicht vollständig das Substrat, was insbesondere bei Schichten < 10 nm häufig der Fall ist, wird von einer *diskontinuierlichen Schicht* gesprochen. Eine freitragende dünne Schicht kann auch als ↗*Membran* bezeichnet werden. Freitragende dünne Schichten mit Schichtdicken im Nanometerbereich können im täglichen Leben z.B. als Interferenzfarben an Seifenblasen oder Ölfilme auf Flüssigkeiten (↗*Newtonsche Ringe*) beobachtet werden. Dünne Schichten auf festen Substraten finden breiteste technische Anwendung, für ihre Herstellung (↗*Beschichtung*) wurden verschiedene ↗*Beschichtungstechnologien* entwickelt, vor allem die ↗*chemische Gasphasenabscheidung* (*CVD*), die ↗*physikalische Gasphasenabscheidung* (*PVD*), die ↗*Eintauchbeschichtung* und die ↗*Schleuderbeschichtung.*

Dünne Schichten entstehen im allgemeinen durch einen Aufwachsprozeß von Atomen bzw. Molekülen auf einem Substrat. Die erste Stufe dieses Aufwachsens, während der einzelne Atome bzw. Moleküle auf dem Substrat adsorbiert oder auch in die Kristallstruktur des Substrats eingebaut werden, wird als ↗*Keimbildung* bezeichnet. Das weitere Wachstum der Schicht kann auf verschiedene Weise erfolgen. Beim Inselwachstum (↗*Volmer-Weber-Wachstum*) bilden sich größere *Kristallite* bzw. Aggregate, die erst spät zu einer geschlossenen Schicht zusammenwachsen. Eine so entstandene Schicht besitzt eine große ↗*Oberflächenrauhigkeit.* Bildet sich während der Keimbildung zunächst eine monoatomare geschlossene Schicht und wächst die Schicht auch weiter in Form von einzelnen Monolagen, wird das Aufwachsverhalten als ↗*Franck-van-der-Merve-Wachstum* bezeichnet. Weiterhin ist es möglich, daß nach der ersten Monolage die Schicht weiter in Form von Inseln aufwächst (↗*Stranski-Krastanow-Wachstum*).

Der Aufbau einer kontinuierlich dünnen Schicht gliedert sich in einen *oberflächennahen Bereich,* das eigentliche *Schichtvolumen,* in dem sich (z.B. bei Metallschichten) eine Kristallstruktur herausbilden kann, und einen *substratnahen Bereich.* Besonders dieser Bereich bestimmt zusammen mit den inneren Spannungen im Schichtvolumen die ↗*Haftfestigkeit* der dünnen Schicht. Im Schichtvolumen können vertikale und laterale Inhomogenitäten (Gradientenschichten) auftreten.

Dünne Schichten können nach dem entstehenden Material in ↗Metallschichten, ↗Halbleiterschichten und ↗Polymerschichten eingeteilt werden. Besteht das Schichtvolumen nicht aus einem einheitlichen, sondern verschiedenen Materialien, so wird von ↗Kompositschichten gesprochen. Werden Schichten aus unterschiedlichen Materialien übereinander hergestellt, ohne daß sich die einzelnen Schichten vermischen, entstehen *Mehrlagenschichten.* Dabei kann es jedoch zu diffusiver Vermischung zwischen den einzelnen Schichtlagen kommen (↗*Diffusion*).

Die Schichtdicke kann über eine Massenbestimmung (*Schwingquarzmessung*), mechanische Abtastung (*Tastschnittverfahren*) oder durch optische Interferometrie (*Tolanski-Interferometer*) bestimmt werden (↗*Schichtdickenmessung*). Zur mikrostrukturellen Charakterisierung von dünnen Schichten eignen sich besonders Methoden der Festkörperanalytik wie die ↗*Elektronenmikroskopie,* die optische Spektroskopie und Elektronenspektroskopie sowie oberflächensensitive Untersuchungsmethoden wie die ↗*Rastertunnelmikroskopie.* [AH]

**Dünnfilmsolarzelle** ↗*Dünnschichtsolarzelle.*

**Dunning,** *John Ray,* amerikanischer Physiker, *24. 9 1907 Shelby, †27. 8 1975 Key Biscayne;

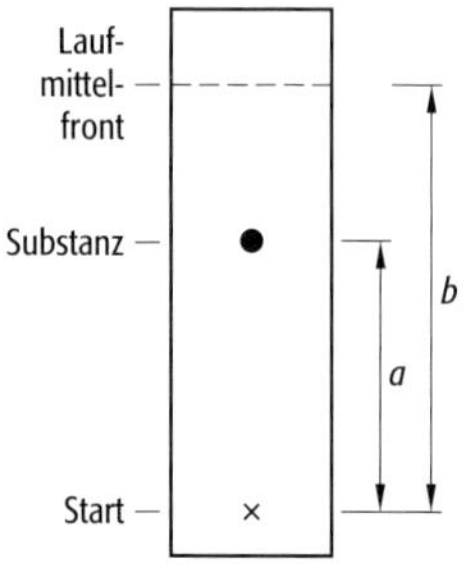


**Dünnschichtchromatographie:** Die getrennten Substanzen werden qualitativ durch den Rf-Wert (Ratio of fronts) charakterisiert: $Rf = a/b$, wobei $a$ und $b$ die Abstände des Substanzflecks und der Laufmittelfront zum Startpunkt sind.

**Dünnschichtsolarzelle 1:** Mikrostruktur zweier polykristalliner Dünnschichtsolarzellen, sichtbar gemacht im Rasterelektronenmikroskop. Die ZnO-Schicht stellt in beiden Fällen den transparenten Kontakt dar, die Mo-Schicht den Rückkontakt. Beide Zellen liefern Wirkungsgrade um 15%. a) $CuInSe_2$; b) $CuIn(Se,S)_2$.

**Dünnschichtsolarzelle 2:** Prozesse in einer polykristallinen Dünnschichtsolarzelle. 1: Ausbildung eines Photostrompfades, 2: Rekombination der Ladungsträger an einer Korngrenze, 3. Rekombination der Ladungsträger an der Grenzfläche zwischen Absorber und Fenster, 4: Rekombination im Volumen, 5: Kurzschluß.

Studium an der Wesley-Universität in Nebraska; 1934 Promotion an der Columbia-Universität in New York; 1950 Professor für Physik; beteiligt am Manhattan-Projekt, das zum Bau der ersten Atombombe führte; konnte 1939 zeigen, daß die Anreicherung von $^{235}U$ als gasförmiges und extrem korrosives Uranhexafluorid technisch möglich ist.

**dünn ionisierende Strahlen,** elektromagnetische Strahlung, deren Wechselwirkungen beim Durchgang durch Materie mit den Elektronen der Atomhülle seltene, statistisch verteilte Ereignisse sind, die räumlich deutlich voneinander getrennt sind und deswegen »dünn« erscheinen – im Unterschied zur Wechselwirkung von Teilchenstrahlen mit Materie (↗*dicht ionisierende Strahlen*).

**Dünnschichtchromatographie,** *DC*, *thin layer chromatography* (*TLC*), flüssigkeitschromatographische Analysemethode, die bezüglich der Zusammensetzung der stationären und mobilen Phase und der Elutionsreihenfolge auf der Adsorptionschromatographie basiert (↗Chromatographie). Die stationäre Phase, die sich auf einer (meist quadratischen) Glasplatte befindet, ist ca. 200 μm dick und besitzt eine Korngrößenverteilung zwischen 10 und 40 μm. Bei der High-Performance-Dünnschichtchromatographie (*HPDC*), die eine höhere Trennleistung aufweist, liegen die Korndurchmesser bei 3, 5, 7 und 10 μm. Die Proben werden am unteren Rand der beschichteten Platte aufgetragen und nach dem Trocknen in einer Entwicklungskammer in das Elutionsmittel gestellt, das durch Kapillarkräfte nach oben steigt. Bei einer Zirkularentwicklung werden die Proben in der Mitte der Platte auf einem Kreissegment aufgetragen und das Elutionsmittel auf dessen Mittelpunkt gegeben. Der Fließmitteltransport kann zusätzlich durch nach außen gerichtete Fliehkräfte unterstützt werden (Forced-Flow-Techniken). Die Detektion der getrennten Substanzen erfolgt mittels UV-Strahlung oder Nachweisreagenzien. Eine quantitative Auswertung ist mit Hilfe eines Densimeters möglich.

**Dünnschichtsolarzelle,** *DS-Zelle*, *Dünnfilmsolarzelle*, eine in *Dünnschichttechnologie* hergestellte ↗*Solarzelle* (↗*dünne Schichten*). Dünnschichtsolarzellen sind vielversprechende Kandidaten für eine deutlich Reduktion von Material- und Energieeinsatz (und damit der Kosten) bei der Herstellung von Solarzellen, welche eine Voraussetzung für deren massiven Einsatz ist. DS-Zellen lassen sich in *polykristalline* und *amorphe DS-Zellen* aufteilen. Wichtige Kriterien für die Auswahl von DS-Zellmaterialien sind ein an das Sonnenspektrum angepaßter *Bandabstand* $E_{gap} = 1{,}0...2{,}0\,eV$, ein großer optischer ↗*Absorptionskoeffizient* ($> 2 \cdot 10^{-1}$), eine hohe ↗*Diffusionslänge* der (lichterzeugten) ↗*Minoritätsträger*, n/p-Dotierbarkeit, Verfügbarkeit der Elemente sowie Abscheidbarkeit auf billigen Substraten. Die Herstellung kann je nach

**Dünnschichtsolarzelle:** Auswahl einiger für die Herstellung von Dünnschichtsolarzellen geeigneter Halbleitermaterialien. $a$–(Si,C): amorphe Silizium/Kohlenstofflegierung, $a$–(Si,Ge): amorphe Silizium/Germaniumlegierung.

| Halbleiter | Bandabstand [eV] | Leitungstyp |
|---|---|---|
| $a$–(Si,C) | 1,75–3,0 | p/n durch Fremddotierung |
| $a$–(Si,Ge) | 1,0–1,75 | p/n durch Fremddotierung |
| CdTe | 1,5 | p/n durch Eigendefekte oder Fremddotierung |
| CdSe | 1,7 | n durch Eigendefekte |
| ZnTe | 2,26 | p durch Eigendefekte oder Fremddotierung |
| $Cu_2S$ | 1,2 | p durch Eigendefekte |
| $CuInSe_2$ | 1,04 | p/n durch Eigendefekte |
| $CuGaSe_2$ | 1,68 | p durch Eigendefekte |
| $CuInS_2$ | 1,5 | p/n durch Eigendefekte |
| $Cu(In,Ga)Se_2$ | 1,04–1,68 | p durch Eigendefekte |
| $FeS_2$ | 0,8 | p/n durch Eigendefekte |
| $FeSi_2$ | 0,9 | p durch Eigendefekte |
| $WSe_2$ | 1,3 | |

Zelltyp mit Hilfe oberflächentechnischer Verfahren wie *CVD* (chemische Gasphasenabscheidung), Hochvakuumaufdampfen oder elektrochemischer Abscheidung erfolgen. Erreichte ↗*Wirkungsgrade* liegen bei 8 – 15 %. DS-Zellen wurden bisher hauptsächlich für Geräte mit sehr geringer Leistungsaufnahme (Uhren, Taschenrechner) verwendet. Seit kurzem sind jedoch auch langzeitstabile DS-Zellen auf der Basis von $a$-Si verfügbar. Der Preis liegt bei typischerweise 5 US $/Watt Nennleistung (1998).

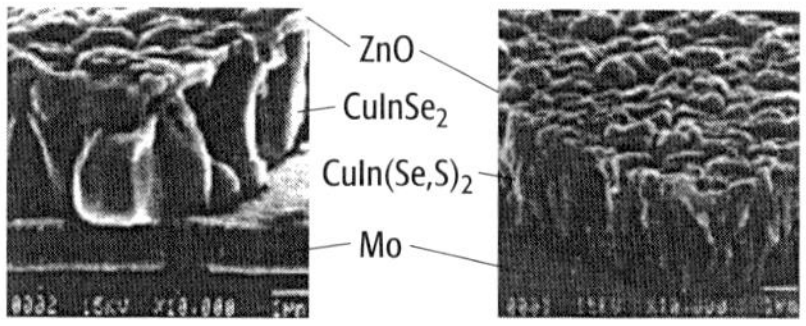


**1a** **1b**

2

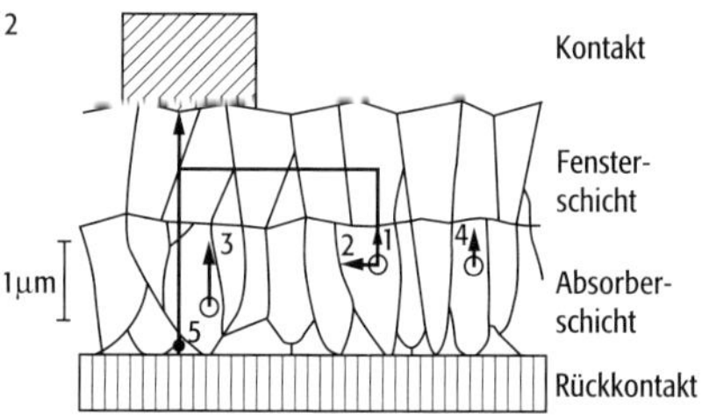


**Dunst,** Bezeichnung für in der ↗*Atmosphäre* optisch wirksame ↗*Aerosole* mit einem Radius $r > 0{,}1\,\mu m$. Dunstpartikel bestehen aus einer Mischung von ↗*Salzen*, vorwiegend Chloriden, Sulfaten und Nitraten von Calcium, Natrium, Magnesium, Kalium und Ammonium. Aufgrund ihrer ↗*Löslichkeit* senken diese Partikel den ↗*Dampfdruck* des Wassers und erlauben dadurch die Anlagerung von Wasser schon in ungesättigter Luft. Dadurch unterliegen Dunstpartikel in Abhängigkeit von der Luftfeuchte einer hohen Größenvariabilität. In feuchter (aber noch ungesättigter) Luft führen vergrößerte optische ↗*Streuquerschnitte* zu einer Verminderung der atmosphärischen ↗*Sichtweite*. Ausgeprägte räumliche Gradienten der Luftfeuchte sind daher oft an einer starken Änderung der Sichtweite zu erkennen. (*Dunstgrenze*, ↗*Nebel*)

**Duodiode,** *Doppeldiode*, eine ↗Elektronenröhre, die in einem Kolben zwei Diodensysteme enthält.

**Duplex-Betrieb,** Datenübertragung in beide Richtungen. Geschieht diese Übertragung gleichzeitig, so spricht man von *Vollduplex-Betrieb*. Erfolgt der Datentransfer über nur einen Übertragungskanal, so werden die Daten von einem ↗*Multiplexer* zusammengefaßt. Wird die Übertragungsrichtung jeweils umgeschaltet, so bezeichnet man dies als *Halbduplex-Betrieb*.

**Duplex-Scanner,** Schallkopf in der ↗*Sonographie*, in den zwei voneinander unabhängige Wandler (↗*Transducer*) eingebaut sind. Dies ermöglicht es, gleichzeitig eine eindimensionale Messung im ↗A-Bild-, ↗M-Bild- oder Doppler-Verfahren durchzuführen und eine anatomische Darstellung des untersuchten Bereiches im ↗B-Bild-Verfahren zu erzeugen. In diesem wird dem Untersucher die Position des Schallkopfes anhand einer Linie angezeigt.

**Duplikator,** Vorrichtung zum Aufladen eines isolierten Leiters mittels ↗Influenz, ähnlich dem wenig älteren ↗*Elektrophor*. Beide sind im Prinzip *Influenz-Elektrisiermaschinen*.

**Dur,** Begriff aus der Musiklehre, mit dem man seit dem 17. Jahrhundert ein bestimmtes *Geschlecht* (↗*Moll*) einer diatonischen ↗Tonleiter bzw. einer ↗*Tonart* bezeichnet. Auf jedem der 12 Halbtöne, in die eine ↗*Oktave* eingeteilt werden kann, entsteht eine Dur-Tonleiter, wenn man die Stufenfolge $1-1-{}^1\!/_2-1-1-1-{}^1\!/_2$ auswählt.

**Durchbiegung,** Bezeichnung für die Form einer Linse. Unter der *Variation der Durchbiegung* versteht man die gleichzeitige Veränderung der Krümmungsradien der Linsenflächen unter Beibehaltung der ↗Brennweite. Neben der Linsendicke und dem Linsenabstand kann die Durchbiegung so variiert werden, daß das optische System nahezu ideal korrigiert ist.

**Durchbrennen,** Beschädigung bzw. Zerstörung eines technischen Bauteils durch unzureichende Wärmeabfuhr. Wird beispielsweise bei einer ↗Glühlampe der Glühdraht zu heiß, schmilzt er und bricht. Um das Schmelzen zu verhindern, wird die Lampe mit Edelgasen (Argon oder Krypton) gefüllt. ↗Halogenlampen sind mit Iod- oder Bromdampf gefüllt, der mit den abgedampften Metallatomen Verbindungen eingeht, die in der Nähe des Drahtes wieder aufbrechen und diesen so regenieren. Dadurch können Halogenlampen bei höheren Temperaturen betrieben werden und damit heller sein als normale Glühlampen, ohne durchzubrennen. Bei ↗Elektronenröhren kann die ↗Glühkathode durchbrennen.

Versagt bei einem ↗Kernreaktor die Kühlung der ↗Brennelemente, kommt es zum *Durchbrennen des Reaktorkerns*, der ↗Kernschmelze, wie z.B. beim Unfall von Tschernobyl im Jahre 1986, der zu schwersten Verstrahlungen weiträumiger Gebiete vor allem in Osteuropa führte.

**Durchbruch,** 1) *magnetischer Durchbruch*: durch Anlegen eines starken Magnetfeldes verursachter Übergang von Metallelektronen von einem Leitungsband in ein anderes. Das Magnetfeld übt auf die Elektronen eine stärkere Kraft aus als die Gitterionen, die Elektronen bewegen sich in diesem Fall auf kreisartigen Bahnen wie freie Elektronen. Der magnetische Druchbruch refolgt mit einer Wahrscheinlichkeit $\sim\exp(-B_0/B)$, die *Durchbruchfeldstärke* $B_0$ beträgt einige Zehntel T oder mehr. Die starke Veränderung der Elektronenbahnen hat große Auswirkungen auf zahlreiche elektronische Eigenschaften, insbesondere auf den ↗Magnetowiderstand und die Quantenoszillationen.

2) *elektrischer Durchbruch*: ↗Gasentladungen, ↗Durchschlag.

**Durchbruchfeldstärke,** *Durchschlagfeldstärke*, ↗Durchschlagsfestigkeit, ↗Durchschlag.

**Durchbruchspannung** ↗Zündspannung, ↗Gasentladung.

**Durchflußgleichung,** ↗Kontinuitätsgleichung.

**Durchflußsensoren** ↗Sensoren.

**Durchflußwandler,** ein *Gleichspannungswandler*, bei dem sowohl in der Leit- als auch der Sperrphase eines Schalttransistors ein Strom durch den Lastwiderstand fließt. Er besteht aus einem Schalttransistor, einer Diode und einer Induktivität sowie einem Kondensator als Tiefpaß zur Mittelwertsbildung. In der Leitphase wird die Induktivität aufgeladen und in der Sperrphase über die dann leitende Diode entladen. Unter der Annahme, daß der Strom durch die Induktivität nicht Null wird, ist die Ausgangsspannung $U_a$ durch $U_a=(t_{ein}/T)U_e$ gegeben. $U_e$ = Eingangsspannung, $t_{ein}$ = Dauer der Leitphase, $T$ = Schaltperiodendauer. Es gilt daher $U_a \leq (t_{ein}/T)U_e$.

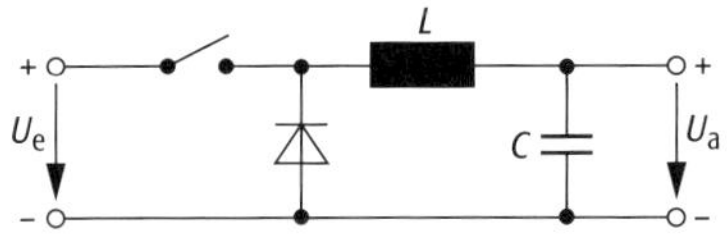


**Durchflußwandler:** Schaltbild.

**Durchflußzahl,** dimensionslose Kenngröße für ↗Drosselgeräte, definiert durch

$$\alpha=\sqrt{1-\frac{W_{R,12}/\Delta V}{\rho_2\, v_2^2/2}}\,.$$

Dabei bedeuten $W_{R,12}$ die ↗Reibungsarbeit, die an einem infinitesimal kleinen Volumenelement $\Delta V$ beim Durchgang durch das Drosselgerät von einer Stelle (Index 1) zu einer anderen Stelle (Index 2) geleistet wird, $\rho_2$ und

$\upsilon_2$ sind die Dichte und die ↗Strömungsgeschwindigkeit des Mediums an der Stelle 2. Das Produkt aus der ↗Expansionszahl und der Durchflußzahl ist das ↗Korrekturfaktorprodukt, das zur Messung von Strömungsgeschwindigkeiten herangezogen werden kann.

**Durchflutung,** *Ampèrewindungszahl*, *AW*, nach Emde die Summe aller durch eine Fläche *O* tretenden elektrischen Ströme *I*:

$$AW = \iint_O \boldsymbol{j}\, d\boldsymbol{n}$$

($\boldsymbol{j}$: Stromdichte, $\boldsymbol{n}$: Normalenvektor). Nach dem zweiten ↗Ampèreschen Gesetz (*Durchflutungsgesetz*) ist diese in der ↗Magnetostatik und für ↗quasistationäre Ströme gleich der magnetischen ↗Randspannung $\oint_\Gamma \boldsymbol{H}\, d\boldsymbol{s}$ ($\boldsymbol{H}$: ↗magnetische Feldstärke, $\Gamma$: Grenzkurve der Fläche). Bei einer ↗Spule ist $AW = Iz$ ($z$: ↗Windungszahl). Die Größe $I \cdot z/l$, genommen in Achsenrichtung einer Spule mit der Länge $l$, heißt auch *Strombelag*, sie ist in diesem Fall gleich der magnetischen Feldstärke.

**Durchflutungsgesetz** ↗Ampèresche Gesetze.

**Durchgang,** 1) das Überschreiten des ↗*Meridians* durch ein Gestirn infolge der täglichen Drehung der Erde. Durchgänge werden in ↗*Durchgangsinstrumenten* zur Messung der ↗Rektaszension und der Zeit benutzt.

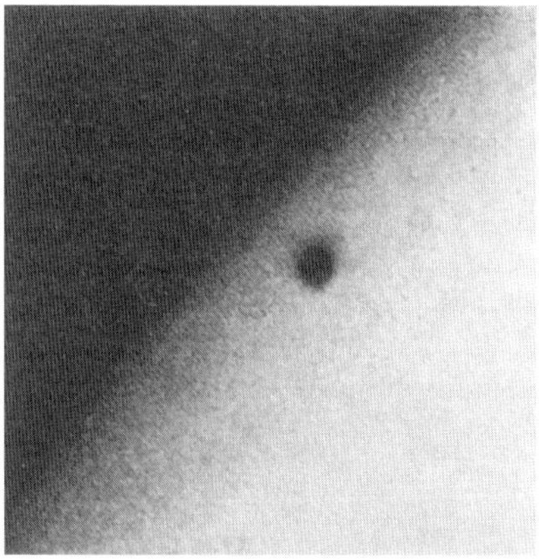

**Durchgang 1:** Merkur bei seinem Vorübergang vor der Sonne (1953).

2) *Transit*, das Vorbeiwandern eines kleinen Himmelskörpers vor einem anderen. Beispiele sind der Durchgang eines ↗Planeten vor der Sonne (Abb.) oder der Transit eines Sterns vor einem anderen (↗Bedeckungsveränderliche).

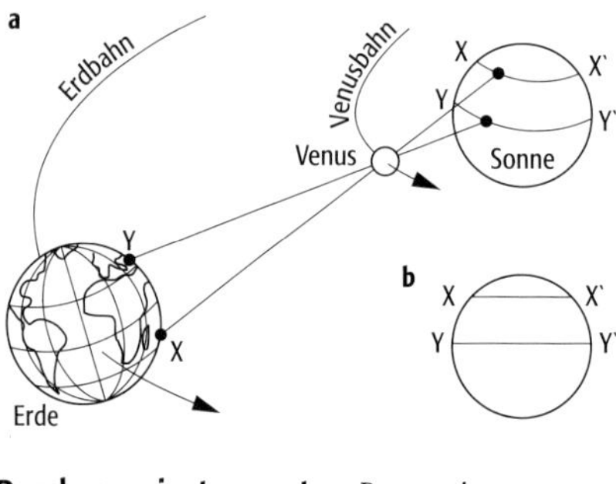


**Durchgang 2:** Vorübergang der Venus vor der Sonne: a) räumliche Darstellung; b) scheinbare Venusbahn von der Erde aus.

**Durchgangsinstrument,** *Passageinstrument*, *Meridiankreis*, ein speziell montiertes Fernrohr zur genauen Bestimmung des Meridiandurchgangs eines Gestirns. Durchgangsintrumente bestehen aus einem Teleskop, das senkrecht einer horizontalen Achse befestigt ist, die fest auf zwei Pfeilern liegt. Das Teleskop kann auf und ab, aber nicht seitwärts bewegt werden. Damit liegt die optische Achse stets in der Meridianebene des Beobachters. Mehrere vertikale und horizontale Fäden (man verwendet meist Spinnweben, die extrem dünn sind) im Gesichtsfeld, die zudem beleuchtet sind, ermöglichen die genaue Bestimmung des Durchgangs. Zusammen mit einer genauen ↗astronomischen Uhr ist so die Bestimmung der ↗*Rektaszension* möglich. Mit der Entwicklung der ↗Meridiankreise im frühen 19. Jahrhundert, die auch seitlich beweglich waren, konnte zudem die *Zenitdistanz* und somit auch die ↗*Deklination* gemessen werden. Danach wurden Durchgangsinstrumente nur noch zur Zeitbestimmung benutzt.

**Durchgangsventil,** ein ↗*Vakuum-Ventil*, dessen Rohranschlüsse in einer Achse liegen, im Gegensatz zum ↗*Eckventil*, dessen Rohranschlüsse einen rechten Winkel bilden. Man unterscheidet zwei Arten von Durchgangsventilen: a) Ventile, bei denen der *Ventilteller* den Ventilquerschnitt auch im geöffneten Zustand nur teilweise freigibt. Diese Ventile entsprechen bis auf die andere Geometrie im wesentlichen den verschiedenen Bauformen des Eckventils. b) Ventile, die im geöffneten Zustand den Querschnitt völlig freigeben; sie werden auch *Schieberventile* oder *Schieber* genannt. Diese haben eine geringe Bauhöhe, freien Durchgang und daher hohen Strömungsleitwert. Charakteristisch für alle Schieberventile ist die Auftrennung der Bewegung des Ventiltellers beim Schließen und Öffnen in die eigentliche, abdichtende Schließbewegung und die Freigabe des Rohrquerschnitts.

**Durchgriff,** *D*, das Verhältnis der Kapazität $C_{AK}$ des Anode-Kathode-Systems zur Kapazität $C_{GK}$ des Gitter-Kathode-Systems einer ↗Triode: $D = C_{AK}/C_{GK}$. Bei negativer Gitterspannung $U_G$ gilt:

$$D = -\left.\frac{\partial U_G}{\partial U_A}\right|_{I_A = const.}$$

($U_A$, $I_A$: Anodenspannung bzw. -strom). $D$ ist nur von der Röhrengeometrie abhängig, meistens ist $D \ll 1$. Zwischen $D$, der Steilheit $S$ der ↗Strom-Spannungs-Kennlinie und dem Innenwiderstand $R_i$ der Röhre gilt die ↗*Barkhausensche Röhrenformel* $SDR_i = 1$. Der Kehrwert des Durchgriffs heißt *Verstärkungsfaktor* $V = 1/D$. $V$ gibt die maximale Verstärkung einer Triode an, die allerdings durch Einbau weiterer Gitter gesteigert werden kann (↗Tetrode, ↗Pentode usw.).

**Durchlaßbereich,** der Bereich mit geringem elektrischen Widerstand und positiver Anodenspannung $U_A$ in der ↗Strom-Spannungs-Kennlinie einer ↗Diode. Der Durchlaßbereich teilt sich in das *Raumladungs-* und das *Sättigungsstromgebiet*.

**Durchlässigkeit,** *Lichtdurchlässigkeit, Transmission*, allgemeiner Ausdruck für die Eigenschaft eines Mediums oder einer optischen Anordnung, Licht hindurchzulassen. Der Durchlässigkeitskoeffizient (Durchlaßgrad, Transmissionsgrad) ist definiert als Verhältnis von hindurchgelasener zu auftreffender Intensität: $\sigma = I/I_0$. Das logarithmierte Intensitätsverhältnis wird ↗optische Dichte ($\tau$) genannt. Das Gegenteil der Durchlässigkeit ist die Opazität: $O = 1/\sigma$.

**Durchlaßrichtung,** die Richtung (bzw. das Vorzeichen) der Spannung an einem Halbleiterbauelement, bei der es zu einem Stromfluß kommt. Eine ↗Diode ist z.B. in Durchlaßrichtung beschaltet, wenn der p-Halbleiter mit dem positiven Pol und der n-Halbleiter mit dem negativen Pol einer Stromquelle verbunden ist. Die natürliche Diffusion der n- und der p-Ladungsträger vergrößert sich, so daß ein Strom fließt.

**Durchleuchtung** ↗Ophtalmoskopie.

**Durchlichtmikroskopie,** *optische Transmissionsmikroskopie*, mikroskopisches Verfahren zur Untersuchung von durchsichtigen (transparenten) Objekten, bei dem das Beleuchtungslicht durch die Probe hindurchtritt. Man unterscheidet im wesentlichen zwei Beleuchtungsarten: die ↗Hellfeld- und die Dunkelfeldbeleuchtung (↗Dunkelfeldmikroskopie). Das Prinzip sei am Beispiel der ↗Köhlerschen Beleuchtung (neben der ↗kritischen Beleuchtung das zweite Hellfeldverfahren) beschrieben. Mit Hilfe eines ↗Kollektors und einer Leuchtfeldblende wird die Lichtquelle über ein Prisma und einen ↗Kondensor in die Objektebene abgebildet. Das Objekt wird mit dem ↗Objektiv vergrößert in der Zwischenbildebene abgebildet. Das als ↗Lupe fungierende ↗Okular ermöglicht dann die nochmals vergrößerte Betrachtung des zu untersuchenden Objektes (Abb.). Da transparente Präparate wenig streuen oder absorbieren und damit unter normalen Umständen nur einen sehr geringen Kontrast ergeben, wird bei solchen Proben im Durchlicht oft eine Phasenkontrasteinrichtung verwendet. Zur Mikroskopie lichtundurchlässiger (opaker) Objekte dient die ↗*Auflichtmikroskopie*. Im IR- und UV-Bereich verwendet man meist optische ↗*Rasterverfahren*.

**Durchmischung,** der von der ↗Grenzflächenspannung gesteuerte Prozeß der Durchdringung zweier Flüssigkeiten. Die Durchmischung ist das Analogon zur ↗Benetzung beim Angrenzen von Flüssigkeiten an feste Oberflächen. Durchmischung tritt ein, wenn die Grenzflächenspannung zwischen den beiden Flüssigkeiten negativ ist. Die Verbindung zweier sich nicht mischender Flüssigkeiten heißt ↗Emulsion.

**Durchmusterung,** *Survey*, allgemein jede systematische Untersuchung des Himmels, mit der Sterne oder bestimmte Objekte gesucht und katalogisiert werden. Beispiele aus moderner Zeit sind Galaxien-Durchmusterungen wie der CfA-Redshift-Survey. Besonders im deutschsprachigen Raum Abkürzung für zwei ↗*Sternkataloge*, die *Bonner Durchmusterung* und die *Córdoba-Durchmusterung*.

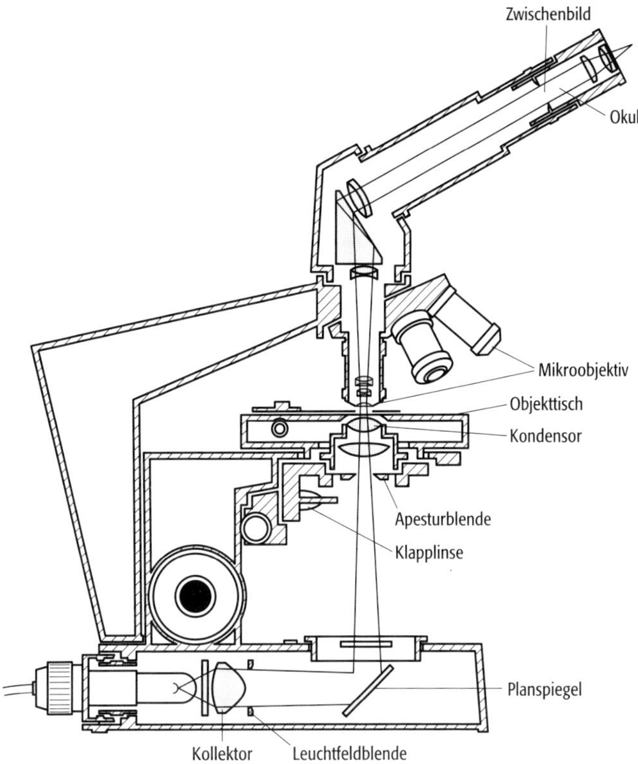


**Durchlichtmikroskopie:** Schnittbild und Strahlengang.

**Durchsatz,** *Throughput*, die pro Zeiteinheit übertragene Menge an Nutzinformation, angegeben meist als ↗*Bits* oder ↗*Datenpakete* (↗Bytes) pro Sekunde.

**Durchschlag, 1)** *Halbleiterphysik*: ↗Kristallgleichrichter.

**2)** *Elektrodynamik*: eine elektrische Entladung durch ein nichtleitendes Medium (↗*Dielektrikum*, ↗*Isolator*). Handelt es sich dabei um ein Gas, spricht man von ↗*Gasentladung*, in der Atmosphäre auch von *Blitzschlag* (↗*Blitz*). Das starke Anwachsen der Ladungsträgerzahl beim Durchschlag tritt entweder infolge von Stoßionisation (*elektrischer Durchschlag*) oder durch Erwärmung (*thermischer Durchschlag, Wärmedurchschlag*) ein. Beim rein elektrischen Durchschlag werden einzelne der in geringer Anzahl vorhandenen Leitungselektronen durch hohe elektrische Feldstärken so stark beschleunigt, daß sie durch Streuprozesse das Gitter lokal zerstören und so in weniger als 1 µs eine große Anzahl von Ladungsträgern freisetzen können. Beim thermischen Durchschlag hingegen führt die Erwärmung im Dielektrikum (↗dielektrischer Verlust) zur Freisetzung von Ladungsträgern. In der Endphase ist jeder Durchschlag ein Wärmedurchschlag, feste Isolatoren werden dabei entlang eines *Durchschlagskanals* zerstört. Im Festkörper kann unter Umständen ein der Gasentladung analoger Durchschlag, der *Lawinendurchschlag*, auftreten. Ein Durchschlag, der entlang der Grenzfläche zwischen einem festen Isolierstoff und Luft erfolgt, heißt ↗*Überschlag*. Die Spannung, bei der bei einem Material gerade noch kein Durchschlag auftritt, heißt *Durchschlagsspannung*, die äußere Feldstärke, ab der der Durchschlag bei festem Material irreversibel ist, *Durchschlagfeldstärke* oder ↗*Durchschlagfestigkeit*.

**Durchschlagfestigkeit**, *elektrische Festigkeit, dielektrische Festigkeit, Durchbruchfeldstärke, Durchschlagfeldstärke*, $E_{DS}$, die ↗elektrische Feldstärke, bei der bei einem ↗Dielektrikum ein irreversibler Anstieg der Leitfähigkeit eintritt (↗Durchschlag, Funke). Bei Flüssigkeiten oder Gasen kann nach einer gewissen Abklingzeit der ursprüngliche Zustand wiederhergestellt werden, oftmals laufen jedoch auch hier irreversible chemische Vorgänge ab. Die zur Bildung von Funken notwendige Spannung ist proportional zur Strecke, über der der Überschlag erfolgen soll. Die Feldstärke ist also z.B. für jedes Gas bei einem bestimmten Druck konstant. Bei Luft unter Atmosphärendruck liegt die Durchschlagfeldstärke bei ca. $10^6$ V/m, in Dielektrika kann sie bis zu zehnmal größer sein. Die Durchschlagfestigkeit hängt von Temperatur, Feuchtigkeit und vor allem der Anwesenheit von Fremdkörpern und Lufteinschlüssen im Material ab. Bei Transformatorenöl z.B. sind es Verunreinigungen durch Fasern, die im elektrischen Feld Brücken bilden und den Durchschlag einleiten können. Die Durchschlagfeldstärke ist ein wichtiger Parameter bei der Konstruktion von Hochspannungsanlagen.

**Durchschlagfestigkeit** $E_{DS}$ einiger Materialien:

| Material | $E_{DS}$ in MV/cm |
|---|---|
| Glas | 4–7 |
| Quarz | 4–6 |
| Glimmer | 8–12 |
| Polyethylen | 7 |
| Polymethylmetacrylat | 12 |
| Polystyrol | 5–7 |
| Polyisobuten | 3 |
| Polyvinylchlorid (PVC) | 0,1–0,6 |
| Porzellan | 1–3 |
| Hartpapier | 0,01–0,1 |
| Transformatorenöl | 0,05–0,3 |

**durchschnittliches Feld**, *mittleres elektrisches Feld, makroskopisches Feld*, das für die makroskopischen Eigenschaften von ↗*Dielektrika* ausschlaggebende, gemittelte lokale ↗*elektrische Feld*: $\boldsymbol{E} = \frac{1}{V}\int \boldsymbol{e}(\boldsymbol{r})\mathrm{d}^3\boldsymbol{r}$, $\boldsymbol{e}(\boldsymbol{r})$: mikroskopisches elektrisches Feld am Ort $\boldsymbol{r}$. Die Mittelung findet meistens über eine ↗*Elementarzelle* des kristallinen Dielektrikums statt. Man kann mit dem durchschnittlichen Feld nicht nur elektrostatische Probleme, sondern auch alle Probleme der ↗*Elektrodynamik* der Dielektrika lösen, solange die Wellenlängen des Feldes, das mit dem Dielektrikum in Wechselwirkung tritt, groß sind im Vergleich zur ↗*Gitterkonstante*.

**Durchschnittsbeschleunigung** ↗Beschleunigung.

**Durchschnittsgeschwindigkeit** ↗Geschwindigkeit.

**Durchsichtigkeit, 1)** *Optik*: *Transparenz*, allgemeine Bezeichnung dafür, wie weitgehend ein Körper (Medium) für Licht durchlässig ist. **2)** *Akustik*: *Zeitdurchsichtigkeit, horizontale Durchsichtigkeit, Transparenz, Klarheit*, engl. *definition*, in der ↗*Raumakustik*, ↗*Elektroakustik* und ↗*Beschallungstechnik* ein Kriterium für die Beurteilung der zeitlichen Schallfeldstruktur bei komplexen *Hör-Ereignissen*. Durchsichtigkeit bedeutet, aufeinanderfolgende Töne oder Klänge von Musik, die musikalisch bedeutungsvoll sind, deutlich erkennen bzw. unterscheiden zu können. Sie wird durch Hörtests ermittelt. Wesentlichen Einfluß auf die Durchsichtigkeit hat das Verhältnis der frühen zu den späten Schallanteilen in der ↗*Raumantwort*.

**durchstimmbarer Laser**, *abstimmbarer Laser*, ein ↗*Laser*, dessen Wellenlänge innerhalb eines bestimmten Bereichs weitgehend kontinuierlich variiert werden kann und der besonders in der Spektroskopie Anwendung findet. Durchstimmbare Laser zeichnen sich durch eine breite, im wesentlichen homogen verbreiterte Verstärkungskurve aus und liefern Strahlung sowohl kontinuierlich als auch im Pulsbetrieb mit Pulsdauern bis in den ps-Bereich. Durchstimmbare Laser der verschiedenen Typen überdecken insgesamt einen Spektralbereich von 100 nm bis 32 μm. Der Wellenlängenbereich, in dem ein durchstimmbarer Laser emittiert, wird durch das Verstärkungsprofil des ↗*Lasermediums* und durch den ↗*Resonator* des Lasers bestimmt. Soll nur Licht eines schmalen Frequenzbereichs erzeugt werden, so muß man demnach entweder das Verstärkungsprofil oder die optischen Eigenschaften des Resonators entsprechend verändern. In den meisten Fällen (z.B. bei Farbstofflasern) kommt die zweite Methode zum Einsatz. Dabei erreicht man die Wellenlängenselektion, indem im Resonator ein drehbares Gitter oder Etalon angebracht (oder die Resonatorlänge variiert) wird (Abb.). Dadurch kann nur Licht eines schmalen Frequenzbereichs zurück in den Resonator reflektiert werden und zur induzierten Emission beitragen. Licht anderer Wellenlängen wird aus dem Resonator hinausreflektiert. Durch Drehen von Gitter oder Etalon kommen nacheinander verschiedene Frequenzen zur Rückkopplung, und die Farbe des Laserlichts kann durchgestimmt werden.

Der überstreichbare Wellenlängenbereich eines solchen resonator-durchgestimmten Lasers wird durch die Breite des Verstärkungsprofils des Mediums begrenzt. Um größere Bereiche durchstimmen zu können, muß auch das Verstärkungsprofil zu anderen Wellenlängen verschoben werden. ↗*Diodenlaser* haben bei-

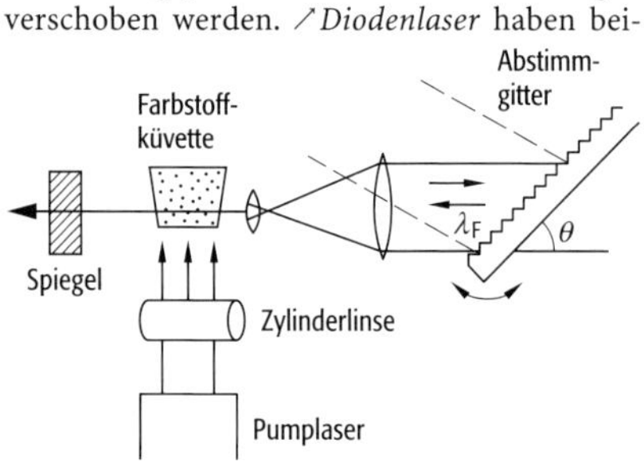


**durchstimmbarer Laser:** Prinzip der Abstimmung eines Farbstofflasers.

spielsweise bei tieferen Temperaturen kürzere Emissionswellenlängen, weil sich mit der Temperatur auch die Energieniveaus im aktiven Medium verschieben. Die Durchstimmung mittels Veränderung des Verstärkungsprofils hat allerdings den Nachteil, daß sie Modensprünge begünstigt, weil sich das Maximum des Verstärkungsprofils von einer Resonatormode zur nächsten verschiebt. Will man einen Diodenlaser im ↗*Single-Mode-Betrieb* kontinuierlich durchstimmen, so muß man diese Modensprünge unterdrücken. Das läßt sich erreichen, indem man Lasermedium und Laserresonator gleichzeitig in der Frequenz so verschiebt, daß immer dieselbe Resonatormode im Maximum des Profils liegt.
Zu den durchstimmbaren Lasern zählen neben den Diodenlasern: ↗*Farbstofflaser*, ↗*Excimerlaser*, vibronische ↗*Festkörperlaser*, ↗*Spin-Flip-Raman-Laser* und ↗*Farbzentrenlaser*. [PVDH]

**Durchstrahlungs-Elektronenmikroskop** ↗Transmissionselektronenmikroskop.

**Durchtrittsreaktion** ↗Elektrodenvorgänge.

**Dürr,** *Hans-Peter*, deutscher Physiker, *7.10.1929 Stuttgart; 1958–1976 Mitarbeiter von Werner Heisenberg; seit 1963 Mitglied des MPI für Physik und Astrophysik, 1969 Professor an der Universität München, 1971–1995 in der Leitung des MPI für Physik; Arbeiten zur Kernpysik, Elementarteilchenphysik, Gravitation und Erkenntnistheorie sowie zu gesellschaftspolitischen Fragen (Verantwortung des Wissenschaftlers, Abrüstung und Friedenssicherung, Energie, Ökologie und Ökonomie); 1987 erhielt er den Right Livelihood Award (»Alternativer Nobelpreis«).

**Düse, 1)** *Strömungsmechanik*: Bauteil zur Umwandlung von Druckenergie in Bewegungsenergie strömender Medien; dies wird durch Querschnittsveränderungen erreicht. Die Düse zählt mit der ↗Blende zu den ↗Drosselgeräten, wobei der Unterschied zur Blende darin besteht, daß bei der Düse die Querschnittsveränderung allmählich herbeigeführt wird, um eine möglichst verlustlose Geschwindigkeitsänderung zu erreichen, während durch die Blende eine abrupte Querschnittsveränderung herbeigeführt wird. Daher besteht bei der Düse im Unterschallbereich keine Gefahr der ↗Grenzschichtablösung (Abb. a); der Strömungswiderstand wird hier nur durch die Reibung hervorgerufen.
Wichtige Beispiele für Düsen sind im Unterschallbereich die ↗*Venturi-Düse* (Abb. b) und zur Erzeugung von ↗Überschallströmungen die ↗*Laval-Düse*. Die Anwendungen von Düsen in der Technik reichen von der Erzeugung von kompakten freien Gas- oder Flüssigkeitsstrahlen (Freistrahl, z.B. *Schubdüsen* von Strahltriebwerken, *Düsentriebwerk* (↗*Düsenantrieb*), *Spinndüsen*, ↗*Einlaufdüsen*, Abb. c, ↗*Entspannungsdüsen* in Raketentriebwerken) über die Zerstäubung (z.B. *Einspritzdüse*) und Mischung von ↗Flüssigkeiten bis hin zur Durchflußmessung (z.B. *Normdüse*, *Venturi-Düse*).
**2)** *Luft- und Raumfahrttechnik*: ein an der ↗*Brennkammer* einer Rakete angeschlossenes Bauteil, dessen Aufgabe es ist, die thermische Energie der heißen und verdichteten Verbrennungsgase in kinetische Energie des ↗*Antriebsstrahls* umzuwandeln. Dabei spielt neben vielfältigen thermodynamischen Wechselbeziehungen vor allem die Form der Düse eine entscheidende Rolle. Sie bewirkt einen zusätzlichen Entspannungseffekt beim Ausströmen der ↗*Turbinengase* ins Freie, der zur Gewinnung zusätzlichen Schubs ausgenutzt wird (↗*Entspannungsdüse*).

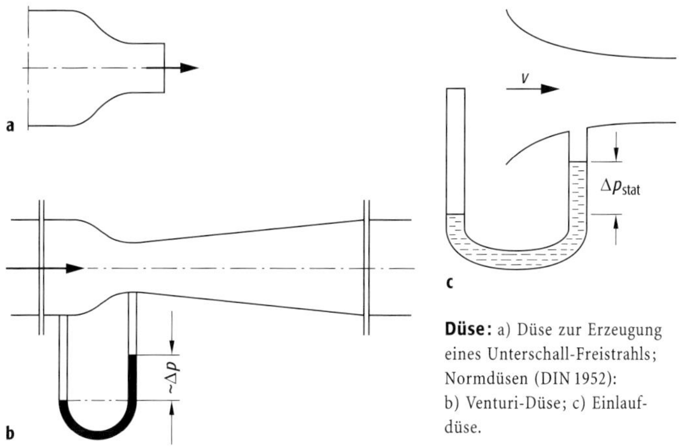


**Düse:** a) Düse zur Erzeugung eines Unterschall-Freistrahls; Normdüsen (DIN 1952): b) Venturi-Düse; c) Einlaufdüse.

**Düsenantrieb,** *Düsentriebwerk*, Antrieb unter Ausnutzung des ↗*Rückstoßprinzips*. Unterscheiden lassen sich zwei grundsätzliche Formen: Der ↗*Raketenantrieb* mit sauerstoffliefernden Treibstoffen für den Antrieb im luftleeren Raum sowie der ↗*Strahlantrieb*, der den zur Verbrennung notwendigen Sauerstoff aus der das Triebwerk umgebenden Atmosphäre entnimmt (↗Triebwerke, luftatmend).

**Düsenflugzeug,** *Strahlflugzeug*, Luftfahrzeug, welches seinen Vortrieb mit Hilfe des ↗Düsenantriebs bewerkstelligt.

**Düsenstrahlquelle** ↗*Clusterquelle*.

**Düsentriebwerk** ↗*Düsenantrieb*.

**Dutton,** *Clarence Edward*, amerikanischer Geologe, *15.5.1841 Wallingford, †4.1.1912 Englewood; erforschte die Plateaulandschaften im Westen der USA und die Geologie Hawaiis; entwickelte Methoden zur Lokalisierung der Entstehungsorte von Erdbeben und zur Messung der Geschwindigkeit seismischer Wellen; neben G.B. ↗Airy 1892 Mitbegründer der Lehre von der »Isostasie« (Lehre vom hydrostatischen Gleichgewicht der Erde); vermutete 1906 als erster einen Zusammenhang zwischen der Wärmeproduktion radioaktiver Elemente im Erdinnern und geologischen Erscheinungen.

**DVD,** englisch: *Digital Versatile Disc*, digitales Speichermedium, das eine Weiterentwicklung der ↗*Compact Disk* (*CD*) darstellt (↗*digitale*

*Signalspeicherung*). Durch eine Halbierung der minimalen Pit-Länge auf ca. 0,4 μm und des Spuren- bzw. Track-Abstands auf ca. 0,75 μm ergibt sich eine Vervierfachung der Speicherkapazität, die durch doppelseitiges Beschreiben und die Verwendung mehrerer Layer noch weiter erhöht werden kann. Eine einseitige und einlagige (*single side, single layer*) DVD hat eine Kapazität von etwa 2–4 GB, eine zweiseitige mit zwei Layern (*double side, dual layer*) von bis zu 17 GB. Eine weiterer Unterschied zur CD besteht in einem wesentlich schnelleren Datenzugriff, der u.a. dadurch erreicht wird, daß im Gegensatz zur CD Daten in zwei Richtungen (von »innen« nach »außen« u.u.) gespeichert und gelesen werden können.

Die ersten Anwendungen waren *DVD-Video* und *DVD-ROM*, mit denen komplette Spielfilme bzw. Computerdaten im Nur-Lesezugriff (*Read-Only-Memory*) vertrieben werden. 1997/98 wurden *DVD-R* (einmalig beschreibbare DVDs) und *DVD-RAM* (beliebig oft beschreibbar, *Random-Access-Memory*) zum Einsatz im EDV-Bereich auf den Markt gebracht, letztere besitzen einseitig 2,6 GB, zweiseitig 5,2 GB Speicherkapazität. Dem Einsatz im Audiobereich (*DVD-Audio*, ↗*Medientechnik*) stehen derzeit (1998) noch ungeklärte Normfragen und urheberrechtliche Probleme im Weg.

**D-Verstärker,** eine verstärkende ↗*Elektronenröhre*, mit fester Gittervorspannung, deren Arbeitspunkt im unteren Drittel der $I_a$-$U_g$-Kennlinie liegt ($I_a$: Anodenstrom, $U_g$: Gitterspannung). Er liegt somit zwischen A-Verstärker (*A-Betrieb*) und B-Verstärker (*B-Betrieb*). (↗*Verstärker*)

**DWA** ↗*Bornsche Näherung mit gestörten Wellen.*

**DWBA,** *Distorted-Wave Born Approximation*, ↗*Bornsche Näherung mit gestörten Wellen.*

**d-Wellen-Supraleitung** ↗Paarwellenfunktion eines Supraleiters, ↗Energielücke eines Supraleiters.

***d*-Wert,** im Kristallgitter der Abstand zweier Netzebenen der gleichen Netzebenenschar (*hkl*). Der *d*-Wert kann mittels Röntgen-Beugung experimentell bestimmt werden (Bragg-Gleichung) und liegt in der Größenordnung von einigen wenigen bis einigen 10 Å.

**Dy,** Elementsymbol für ↗Dysprosium.

**Dyade** ↗Tensor.

**dyadisches Produkt,** die Verknüpfung zweier Vektoren $\boldsymbol{a}_i$ und $\boldsymbol{b}_i$ zum Tensor $\{A_{ij}\} = \{a_i b_j\}$.

**Dye Jet,** engl.: Farbstoffstrahl, Bezeichnung für ein in ↗*Farbstofflasern* verwendetes System, in dem die Farbstofflösung als freier Flüssigkeitsstrahl durch die optische Anregungszone (den Pumplaserstrahl) geschickt wird, so daß die Gefahr des Zusammenbruchs der ↗*Besetzungsinversion* verringert wird. Die Verweildauer der Moleküle im Pumplaserstrahl liegt bei Strömungsgeschwindigkeiten von 10 bis 100 m/s im Bereich von 1 μs. In dieser Zeit wird nur ein geringer Teil der Moleküle im sogenannten Triplettzustand gefangen, so daß die Besetzungsinversion aufrecht erhalten werden kann und die Lasertätigkeit nicht unterbrochen wird.

**Dye-Laser** ↗*Farbstofflaser.*

**Dyn** (griech. *dýnamis* »Kraft«), Einheitenzeichen dyn, abgeleitete Einheit der Kraft im CGS-System, ursprünglich definiert als $1\,\text{dyn} = 1\,\text{cm} \cdot \text{g/s}^2$. SI-Einheit ist das Newton. $1\,\text{dyn} = 10^{-5}\,\text{N}$.

**Dynamical Time** ↗*Ephemeridenzeit.*

**Dynamik,** vom griechischen Wort dýnamis für »Kraft«.

**1)** *Physik allgemein*: Lehre von den Bewegungen, also den Zustandsänderungen physikalischer Systeme unter dem Einfluß äußerer oder innerer Kräfte bzw. Wechselwirkungen. Aufgabe der Dynamik ist die Aufstellung von dynamischen Grundgesetzen in Form von ↗*Bewegungsgleichungen*, die die Bewegungen der Systeme in Raum und Zeit beschreiben, und die praktische Lösung dieser Gleichungen. Die *Dynamik im engeren Sinne* beschäftigt sich lediglich mit den Änderungen des *mechanischen Systemzustandes*; hierzu gehören etwa die Dynamik des Massenpunktes und des starren Körpers, sowie die Aerodynamik und die Hydrodynamik.

Die Grundlagen der Dynamik des Massenpunktes stammen von Newton, der die ↗dynamische Grundgleichung und das Gravitationsgesetz formulierte und damit die Keplerschen Gesetze über die Bewegung der Planeten aus der Wirkung von Gravitationskräften erklären konnte.

D'Alembert bezeichnete mit Dynamik ursprünglich nur die Lehre vom Zusammenhang zwischen den Kräften und den von ihnen erzeugten Bewegungen, die auch *Kinetik* genannt wird. Die Darstellung der Kräfte selbst – ihrer charakteristischen Eigenschaften, wie beispielsweise die Zerlegung in Komponenten, die geometrische Addition zu Resultierenden, die Äquivalenz- und Gleichgewichtsbedingungen – ist Gegenstand der Statik, die gelegentlich auch als Grenzfall der Kinetik bei verschwindender Bewegung verstanden wird. Demgegenüber muß die ↗*Kinematik* abgegrenzt werden, die eine Phänomenologie der Bewegungsformen ohne jede Berücksichtigung der zugrunde liegenden Kräfte darstellt; ihr Gegenstand ist ausschließlich die Geometrie der Bewegungen.

Die Bewegungsgleichungen werden in den klassischen Disziplinen meist nur in einer linearen Form betrachtet. Dies bildet streng genommen nur eine erste Annäherung an die wahre Bewegung, kann aber einen großen Teil der bekannten Phänomene hinreichend genau beschreiben. Häufig verändert sich jedoch das dynamische Verhalten eines Systems tiefgreifend, wenn nichtlineare Effekte eine nicht zu vernachlässigende Rolle spielen; oft tritt dann chaotisches Verhalten ein. Dies ist Gegenstand der ↗*Nichtlinearen Dynamik*, die einen neuen

Zweig der Physik bildet, der sich in einer stürmischen Entwicklung befindet und zunehmend an Bedeutung gewinnt.
Zur *Dynamik im weiteren Sinne* gehören auch die Thermodynamik, die hauptsächlich innere Zustandsänderungen behandelt, und die klassischen und quantenmechanischen Feldtheorien, die vorwiegend Zustandsänderungen der entsprechenden Felder untersuchen, wobei sowohl raumzeitliche Änderungen als auch Änderungen innerer Parameter betrachtet werden.
**2)** *Angewandte Akustik*: Wechsel der Schallintensität. Die Dynamik nimmt entscheidenden Einfluß auf die ästhetische Wirkung einer Musikdarbietung. Daher muß von Schallsendern und -empfängern, die an Musikübertragungen beteiligt sind, ein gewisses Minimum an Dynamik gefordert werden, also die Fähigkeit, stark wechselnde Schallintensitäten abzustrahlen bzw. aufzunehmen.

**dynamisch abgestimmter Kreisel,** *Drehschwingkreisel*, ein ↗Kreiselgerät, mit dem Drehgeschwindigkeiten gemessen werden. Der dynamisch abgestimmte Kreisel stellt damit eine Alternative zum ↗Wendekreisel dar. Seine Vorteile sind eine bessere Driftkonstanz, kostengünstigere Herstellung und höhere Lebensdauer. Das Gerät besteht prinzipiell aus einer Antriebswelle, die durch einen Elektromotor auf konstanter Drehgeschwindigkeit gehalten wird. Der Rotor ist mit der Welle durch Torsionsfedern verbunden, die nur gegen Verdrehung, nicht aber gegen Verbiegung und Längenänderung nachgiebig sein sollen. Da der Rotor aufgrund der Drehimpulserhaltung seine Lage im Raum beibehält, führt der Kreisel beim Schwenken der Antriebswelle Drehschwingungen mit der Winkelgeschwindigkeit $\omega$ senkrecht zur Antriebswelle aus. Diese werden (z.B. mit Hilfe von Magneten) sofort korrigiert, so daß der Rotor der Bewegung der Antriebswelle folgt.

**dynamische Differenzkalorimetrie,** *DDK*, ↗thermische Analyse-Methode, die mechanische Eigenschaften einer Probe in Abhängigkeit von der Temperatur mißt, während die Probe unter der Wirkung einer periodischen Kraft (Be- und Entlasten, Biegeschwingung) steht. Die zugeführte thermische Energie führt z.B. zu Änderungen der Kristallstruktur oder zu Bewegungen des Kristallgitters, die sich makroskopisch in meßbaren Dimensions- oder Volumenänderungen zeigen. Das viskoelastische Verhalten einer Probe wird unter der Einwirkung einer sinusförmigen Deformationskraft in Abhängigkeit von der Temperatur untersucht. Das komplexe Elastizitätsmodul $E^*$ setzt sich aus der elastischen Komponente $E'$ (Speichermodul: Teil der aufgenommenen mechanischen Energie, der wieder abgegeben wird) und der viskosen Komponente $E''$ (Verlustmodul: Teil der aufgenommen mechanischen Energie, der bei der Deformation in Wärme verloren geht) zusammen: $E^* = E' + iE''$. Die Dämpfung (Verlustwinkel $\tan\delta$) entspricht dem Verhältnis $E''/E'$.

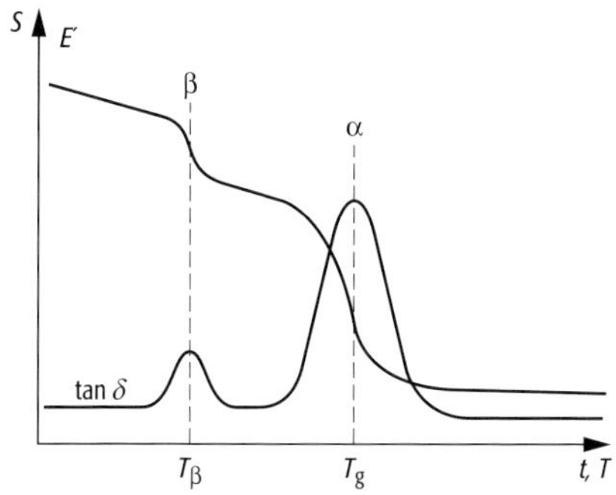


**dynamische Differenzkalorimetrie:** Thermogramm einer amorphen Substanz. Durch Temperaturerhöhung verändert sich das Bewegungsverhalten von Strukturelementen, das sich in Stufen in der Kurve des Speichermoduls $E'$ und in Peaks im Verlustwinkel $\tan\delta$ äußert ($T_\beta$: β-Relaxation, $T_g$: Glasübergang).

**dynamische Elektrochemie,** Teilgebiet der Elektrochemie, welches sich mit elektrochemischen Reaktionen beschäftigt. Dazu gehören Elektrodenprozesse (*Elektrodenvorgänge*), elektrochemische Prozesse wie z.B die ↗*Elektrolyse*, ↗*elektroanalytische Methoden* sowie die ↗*Korrosion*.

**dynamische Grundgleichung,** *Newtonsches Grundgesetz*, zweites der ↗*Newtonschen Axiome*, grundlegendes Axiom der Mechanik des Massenpunkts, postuliert die Gleichheit der auf einen Körper einwirkenden Kraft $\boldsymbol{F}$ und der daraus resultierenden Änderung des Impulses $\boldsymbol{p}$:

$$\mathrm{d}\boldsymbol{p}/\mathrm{d}t = \dot{\boldsymbol{p}} = \boldsymbol{F}.$$

Im Falle zeitlich unveränderlicher (träger) Massen $m$ wird dies zur grundlegenden Bewegungsgleichung des Massenpunktes,

$$m\boldsymbol{a} = m\ddot{\boldsymbol{r}} = \boldsymbol{F},$$

in der die äußere Kraft mit der Beschleunigung des Massenpunktes $\boldsymbol{a} = \ddot{\boldsymbol{r}}$ verknüpft wird.

**dynamische NMR** ↗*DNMR*.

**dynamischer Fluß,** die mathematische Beschreibung eines ↗dynamischen Systems. Eine stetige Abbildung $\Phi: \mathbb{R} \times M \to M$ heißt dynamisches System oder dynamischer Fluß auf einem offenen Gebiet $M \subset \mathbb{R}^n$, wenn es die beiden folgenden *Flußaxiome* erfüllt: 1) $\Phi(0, x) = x$ für alle $x \in M$,
2) $\Phi(s, \Phi(t, x)) = \Phi(t + s, x)$ für alle $s, t \in \mathbb{R}$, $x \in M$.

**dynamisches RAM,** *DRAM*, *Dynamic Random Access Memory*, dynamischer Halbleiterspeicher, in dessen Speichermatrix sich pro Bit als Speicherzelle ein Kondensator befindet, dessen Speicherkapazität in der Größenordnung von $10^{-2}$pF liegt. Die binäre Informationsspeicherung erfolgt über die Aufladung dieser Kapazität. Die Adressierung der Speicherzelle geschieht über einen Transistorschalter, der sie mit der Datenleitung (Bitleitung, BL) verbindet. Um die Speicherzelle zu lesen oder zu schreiben, wird die Wortleitung (WL) auf einen hohen Spannungspegel gelegt, wodurch sich der Transistorschalter öffnet und die Speicherzelle mit der Datenleitung verbunden wird. Entsprechend der gewünschten

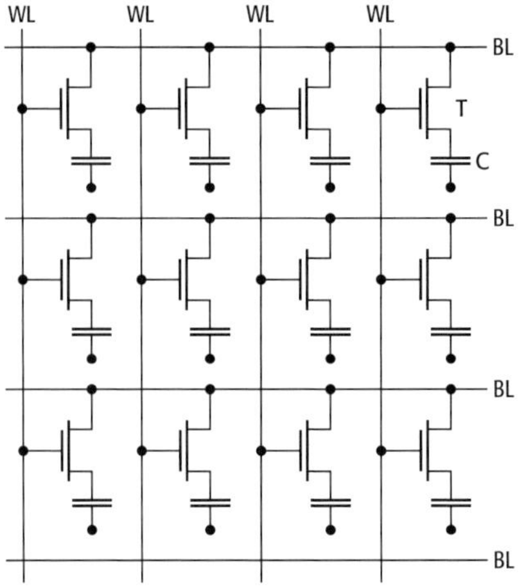


**dynamisches RAM:** Speichermatrix mit je einer Speicherzelle für ein Bit. Die Speicherung erfolgt über die Aufladung des Kondensators C in einer Speicherzelle, zur Adressierung dienen die Transistoren T, die Informationsleitung (Lesen, Schreiben) geschieht mittels der Wortleitung (WL) und Bitleitung (BL).

binären Speicherinformation (0 oder 1) wird die Kapazität beim Schreiben geladen oder entladen. Beim Lesen der Information, wird durch die gespeicherte Ladung auf der Datenleitung eine kleine Spannungsänderung erzeugt. Diese wird von einem empfindlichen Verstärker in die ursprünglichen Signalpegel für 0 und 1 umgesetzt und über einen Decoder zum Datenausgang weitergereicht. Wegen der kleinen Kapazitäten der Speicherzellen und unvermeidlichen Verlustströmen, ist eine periodische *Speicherauffrischung* (*Refresh-Zyklus*) des Ladungsinhaltes notwendig. Dazu werden die Bitmuster Zeilenweise umkopiert und anschließend zurückgeschrieben, wobei sie verstärkt werden. Durch diese von der ↗*zentralen Verarbeitungseinheit* oder von einen Speichercontroller durchgeführten Auffrischvorgänge sind DRAMs relativ langsam (ca. 50 ns), deshalb wird für schnelle Prozesse meist ↗*statisches RAM* verwendet (↗*Cache*).

**dynamische Systeme,** Begriff aus der System- und der Chaostheorie, der ganz allgemein eine Menge von Größen $x_1$, $x_2$, $x_3$, ... meint, deren Werte sich mit der Zeit ändern. Oft werden diese Größen zu einem Vektor $\boldsymbol{x}$ zusammengefaßt, der den Systemzustand charakterisiert. Der Begriff umfaßt die in der klassischen Mechanik untersuchte ↗*Dynamik* von Punktteilchen oder Körpern, läßt sich jedoch auch auf so unterschiedliche Dinge wie Konzentrationen der Reaktanden einer chemischen Reaktion, Populationszahlen in der Biologie oder volkswirtschaftliche Größen und Aktienkurse anwenden. Wenn die Zeitpunkte infinitesimal aufeinanderfolgen, spricht man von *stetiger*, sonst von *diskreter Dynamik*. Stetige Dynamiken werden durch Differentialgleichungen beschrieben. Tritt keine explizite Zeitabhängigkeit in den Bewegungsgleichungen auf, so heißt die Dynamik *autonom*. Wenn der Systemzustand in folgenden Zeitpunkten von den vorhergehenden Zuständen eindeutig bestimmt ist, spricht man von einem *deterministischen dynamischen System*. In deterministischen nichtlinearen Systemen kann es zu langfristig unvorhersagbarem Verhalten kommen (↗*Chaos*, ↗*deterministisches Chaos*), wenn kleine Änderungen in den Anfangsbedingungen exponentiell verstärkt werden (»*Schmetterlingseffekt*«). Der Raum mit den Koordinaten $x_1$, $x_2$, $x_3$, ... heißt ↗*Phasenraum*, die Kurve $\boldsymbol{x}(t)$ wird ↗*Trajektorie* oder *Orbit* genannt. Insbesondere nichtlineare Dynamiken werden oft anhand von Schnittbildern des Phasenraumes, sog. ↗*Poincaré-Schnitten*, untersucht. Eine mathematische Definition kann mit dem Konzept des ↗*dynamischen Flusses* gegeben werden.

**dynamische Zetafunktion** ↗Zetafunktion, dynamische.

**Dynamo, 1)** *Elektrotechnik*: *Dynamomaschine*, veraltete bzw. umgangssprachliche Bezeichnung für den ↗Generator (»*Fahrrad-Dynamo*«), vor allem Gleichstrom-, aber auch Wechselstromgenerator.

**2)** *Geophysik*: ↗Geomagnetismus, ↗ionosphärischer Dynamo, ↗Dynamo-Effekt.

**Dynamo-Effekt,** die Erzeugung eines ↗Magnetfeldes in einem Himmelskörper durch elektromagnetische ↗Induktion aufgrund der Wechselwirkung zwischen ↗Konvektion in elektrisch leitender Materie und rascher Rotation. Dabei muß die zur Verfügung stehende Leistung ausreichen, die natürliche Abschwächung elektrischer Ströme in einem Leiter endlicher Leitfähigkeit zu überwinden, d.h. die magnetische ↗Reynolds-Zahl muß einen bestimmten kritischen Wert überschreiten. Die Bewegungen müssen helikal sein. Diese Asymmetrie ist mit dem Wicklungssinn einer Feldspule eines selbsterregenden Dynamos vergleichbar und entsteht durch die ↗Coriolis-Kraft aufgrund der Rotation des Himmelskörpers. Die Planeten zeigen Magnetfelder, die durch den Dynamo-Effekt erklärt werden können: Die mehr oder weniger flüssigen Kerne der ↗terrestrischen Planeten sind reich an Eisen. Der Dynamo-Effekt wird auch für das sehr komplexe Magnetfeld der ↗Sonne verantwortlich gemacht, das beispielsweise in den ↗Sonnenflecken deutlich wird.

**dynamoelektrisches Prinzip,** *Dynamoprinzip*, das der Selbsterregung von ↗Generatoren zugrundeliegende Prinzip. W. v. ↗Siemens stellte 1866 fest, daß der im Eisenkreis eines Nebenschluß-Gleichstromgenerators vorhandene Restmagnetismus (↗Remanenz) ausreicht, um eine geringe elektrische Spannung zu induzieren, die *Remanenzspannung*. Diese treibt einen kleinen ↗Erregerstrom durch den ↗Anker und die parallelgeschaltete Erregerwicklung an. Das von diesem induzierte Magnetfeld verstärkt das Remanenzfeld und damit wiederum die Remanenzspannung. Durch diesen Selbstverstärkungsmechanismus steigt schließlich die Spannung der Hauptmaschine bis zur Arbeitsspannung an, bei der die Selbsterregung zum Erliegen kommt, da im Eisenkreis die ↗Sättigungsmagnetisierung erreicht ist.

**Dynamomaschine** ↗Gleichstromgenerator.

**Dynamometer,** *Kraftmesser*, Gerät zur Bestimmung mechanischer bzw. elektromagnetischer Kräfte. *Mechanische Dynamometer* beruhen meist auf der Deformation von Federn (*Federdynamometer*) unter Einwirkung von Druck- oder Zugkräften. *Hydraulische Dynamometer* messen die auf eine Querschnittsfläche wirkende Kraft als Druck in einem ↗Manometer. Elektrische Dynamometer sind die allgemeinste Form des ↗Drehspulinstruments, sie werden zur ↗Strom- und Spannungsmessung verwendet. Mechanische Kräfte können auch mit einem *elektromagnetischen Dynamometer* gemessen werden, bei denen die Anziehungskraft von ferromagnetischem Material ausgenutzt wird.

**Dynamomodell,** 1) Theorie zur Entstehung des Erdmagnetfeldes (↗Dynamo-Effekt, ↗Geomagnetismus), 2) Modell des ↗ionosphärischen Dynamos.

**Dynatron,** eine ↗Triode unter speziellen Betriebsbedingungen, bei der in der $U_A$-$I_A$-Kennlinie (Anodenspannungs-Anodenstrom-Kennlinie) im Bereich positiver Anodenspannung ein Abschnitt mit negativer Steigung auftritt (Abb.), der Strom also mit wachsender Spannung abnimmt. Auf diese Weise kann ein ↗Schwingkreis bis zur Selbsterregung entdämpft werden. Die fallende Kennlinie wird erzeugt, indem an das Gitter eine höhere positive Spannung gelegt wird als an die Anode. Die an der Anode ausgelösten Sekundärelektronen fließen dann zum Gitter, so daß der Nettoanodenstrom bei wachsender Spannung (und damit höherem Sekundärelektronenfluß) abnimmt. Eine analoge Kennlinie ergibt sich bei einer ↗Pentode zwischen Anode und Schirmgitter, wenn das Bremsgitter ausgeschaltet wird.

**Dynoden,** die gestaffelten ↗Elektroden des ↗Sekundärelektronenvervielfachers, an denen die aus der ↗Photokathode austretenden ↗Sekundärelektronen weiter verstärkt werden. Die letzte Dynode ist die ↗Anode.

**Dyson,** *Freeman John*, britisch-amerikanischer theoretischer Physiker, *15. 12. 1923 Crowthorne; trat 1953 in das Institute of Advanced Studies in Princeton ein; faßte die zwischen 1946 und 1948 von J.↗Schwinger, S.-I. Tomonaga und R.P.↗Feynman erstellten Ansätze zur Quantenelektrodynamik zu einer einheitlichen Theorie zusammen.

**Dysprosium,** *Dy*, Element der Gruppe der ↗Lanthanoide des Periodensystems mit der Ordnungszahl 66. Dysprosium besitzt die Elektronenkonfiguration $[Xe]4f^{10}6s^2$ und kommt in der Natur in sieben Isotopen vor (Tab. 1).
[AFM]

**Dysprosium 1:** Wichtige Isotope.

| Isotop | Natürliche Häufigkeit [%] | Atommasse | Halbwertszeit $T_{1/2}$ |
|---|---|---|---|
| $^{154}Dy$ | 0 | 153,924429 | $3 \cdot 10^6$ a |
| $^{156}Dy$ | 0,06 | 155,924287 | stabil |
| $^{158}Dy$ | 0,10 | 157,924412 | 2,71 d |
| $^{160}Dy$ | 2,34 | 159,925203 | stabil |
| $^{161}Dy$ | 19,0 | 160,926939 | stabil |
| $^{162}Dy$ | 25,5 | 161,926805 | stabil |
| $^{163}Dy$ | 24,9 | 162,928737 | stabil |
| $^{164}Dy$ | 28,1 | 163,929183 | stabil |

**Dysprosium 2:** Allgemeine, chemische und festkörperphysikalische Eigenschaften.

| | |
|---|---|
| relative Atommasse ($^{12}C = 12{,}0000$) | 162,50 |
| Dichte [$g\,cm^{-3}$] | 8,54 |
| Molvolumen [$cm^3$] | 19,00 |
| Oxidationszahlen | II, III, IV |

**Dysprosium 3:** Thermische und elektromagnetische Eigenschaften.

| | |
|---|---|
| Siedetemperatur [K] | 2608 |
| Schmelztemperatur [K] | 1682 |
| Siedeenthalpie [$kJ\,mol^{-1}$] | 293 |
| Schmelzenthalpie [$kJ\,mol^{-1}$] | 17,2 |
| Wärmeleitfähigkeit [$W\,m^{-1}\,K^{-1}$] | 10,7 |
| spezifische Wärme [$kJ\,kg^{-1}\,K^{-1}$] | 0,173 |
| thermischer Längenausdehnungskoeffizient [$10^{-6}\,K^{-1}$] | 10,0 |
| spezifischer Widerstand [$10^{-8}\,\Omega m$] | 57 |
| spezifische magnetische Suszeptibilität [$10^{-6}\,kg^{-1}\,m^3$] | 8,00 |

**Dysprosium 4:** Atom- und kernphysikalische Eigenschaften.

| | |
|---|---|
| Termsymbol | $^5I_8$ |
| 1. Ionisierungsenergie [eV] | 5,939 |
| 2. Ionisierungsenergie [eV] | 11,67 |
| Elektronenaffinität [eV] | < 0,5 |
| Elektronegativität (Pauling) | 1,22 |
| effektive Kernladung (Slater) | 2,85 |
| Ionenradius ($Dy^{3+}$) [nm] | 0,091 |
| Kovalenzradius [nm] | 0,159 |
| Atomradius [nm] | 0,1773 |
| Kernspin | |
| $^{161}Dy$ | 5/2 |
| $^{163}Dy$ | 5/2 |
| kernmagnetisches Moment $\mu_K$ | |
| $^{161}Dy$ | − 0,482 |
| $^{163}Dy$ | 0,676 |
| Einfangquerschnitt für thermische Neutronen [barn] | 930 |

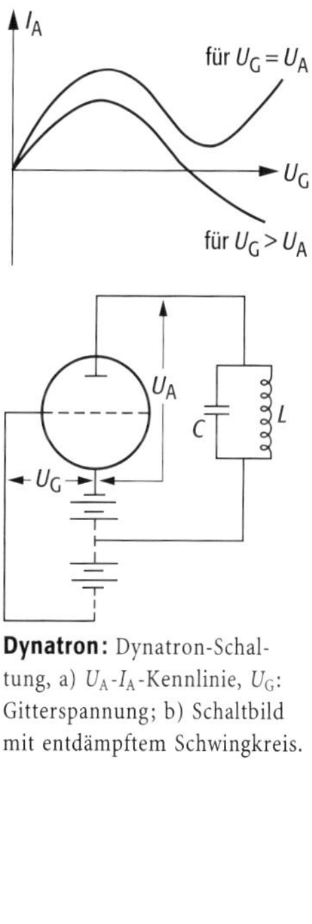


**Dynatron:** Dynatron-Schaltung, a) $U_A$-$I_A$-Kennlinie, $U_G$: Gitterspannung; b) Schaltbild mit entdämpftem Schwingkreis.

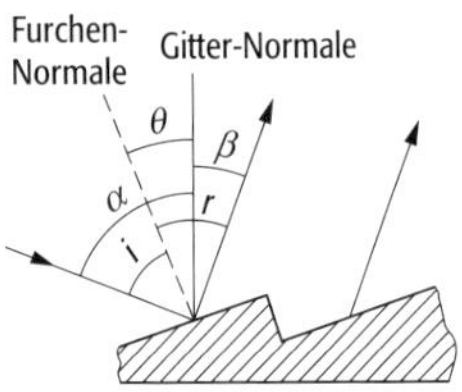


**Echelette-Gitter:** Strahlverlauf. $\alpha$ ist der Sägezahnwinkel, $\theta$ der Blaze-Winkel.

**Eccles**, Sir *John Carew*

**e** ↗*Euler-Zahl.*

**E, 1)** ↗*Eötvös*; **2)** Vorsatzzeichen für ↗*Exa* (entsprechend $10^{18}$).

**Earle K. Plyler Prize for Molecular Spectroscopy** ↗Preise.

**Early Bird,** erster kommerzieller aktiver Fernmeldesatellit (↗Raumfahrt, bemannte, ↗Raumfahrt, unbemannte).

**Eastman,** *George*, amerikanischer Erfinder und Industrieller, *12.7.1854 Waterville, †14.3.1932 Rochester (Freitod); verbesserte die Herstellung photographischer Trockenplatten; ließ sich 1884 den Rollfilm patentieren und schuf 1888 die Rollfilmkamera »Kodak«; gründete 1880 in Rochester (N.Y.) die *Eastman Kodak* Co..

**Ebbe,** ↗Gezeiten.

**ebene Welle,** *Planwelle*, eine ↗Welle der Form $u = f(\boldsymbol{k}\cdot\boldsymbol{r} - \omega t)$, wobei $u$ auch eine Vektorgröße sein kann (↗Polarisation). Alle Punkte auf Ebenen senkrecht zu $\boldsymbol{k}$, dem ↗Ausbreitungsvektor mit $|\boldsymbol{k}| = \omega/c = 2\pi/\lambda$, schwingen in Phase mit der Kreisfrequenz $\omega = 2\pi\,\nu$ (darin ist $\nu$ die Frequenz). $u$ ist die Größe der sich periodisch in Raum (Wellenlänge $\lambda = 2\pi\, c/\omega = c/\nu$) und Zeit (Periode $T = 2\pi/\omega = 1/\nu$) ausbreitenden Störung, z.B. eine Komponente des elektrischen Feldes. $c = \lambda\,\nu$ ist die Phasengeschwindigkeit, mit der eine Ebene gleicher Phase fortschreitet. Streng gesehen existieren ebene Wellen nach der obigen Definition gar nicht, denn dazu müßte eine unendlich ausgedehnte Ebene in Phase schwingen. Jedoch kann z.B. eine ↗Kugelwelle in großer Entfernung von ihrem Zentrum durch eine ebene Welle angenähert werden, etwa die von der Sonne auf die Erde treffenden Lichtwellen. Interessant ist auch der Spezialfall harmonischer ebener Wellen der Form $u = A\cdot e^{i(\boldsymbol{k}\cdot\boldsymbol{r}-\omega t)}$, da beliebige Wellen nach ihr entwickelt werden können (↗Fourier-Analyse).

**Ebullioskopie,** Methode zur Molmassenbestimmung einer gelösten Substanz B mit Hilfe der ↗Siedepunktserhöhung $\Delta T$ des Lösungsmittels A. Die Ebullioskopie hat heute als Methode der Molmassenbestimmung nur noch geringe Bedeutung. Sie wird jedoch weiterhin in der Thermoanalyse zur Reinheitsprüfung von Flüssigkeiten angewendet.

**Eccles,** Sir *John Carew*, australischer Physiologe, *27.1.1903 Melbourne, †2.5.1997 Locarno; 1951 Professor für Physiologie in Canberra; 1966 Professor am Institute for Biomedical Research in Chicago, später in Buffalo (N.Y.); bedeutende Arbeiten zur Erregungsleitung im Nervensystem, über das Gehirn und Rückenmark; entdeckte die erregenden und hemmenden postsynaptischen Membranpotentiale; formulierte das Konzept der funktionalen Spezifität, nach dem es im Nervensystem nur zwei Grundtypen von Nervenzellen (hemmende und erregende) gibt, die jedoch den gleichen Neurotransmitter haben können; erhielt 1963 zusammen mit A.L. ↗Hodgkin und A.F. ↗Huxley den Nobelpreis für Physiologie oder Medizin; zahlreiche wissenschaftliche Veröffentlichungen.

**ECE,** *Electron Cyclotron Emission,* ↗Elektronenzyklotronemissionsspektroskopie.

**Echelette-Gitter,** gelegentlich ↗*Blaze-Gitter* genannt, eine besondere Form der ↗*Reflexionsgitter*, bei der die Beugungsrichtung für die 1. Ordnung einer bestimmten Wellenlänge der geometrischen Reflexionsrichtung entspricht. Dies wird durch eine besondere Sägezahnform der reflektierenden Oberfläche erreicht (Abb.). Echelette-Gitter erreichen damit einen Beugungswirkungsgrad von annähernd 100%. Da bei einer typischen Zahl von mehreren hundert Strichen pro Millimeter gleichzeitig das Auflösungsvermögen eines solchen Gitters sehr hoch ist (ca. 200 000 in 2. Ordnung), werden Echelette-Gitter häufig in Spektrometern eingesetzt. Der typische Wellenlängenbereich eines Spektrometers mit Echelette-Gitter ist durch den ↗*Blaze-Winkel* $\theta$ festgelegt. Erfunden wurde das Echelette-Gitter 1910 von R.W. ↗*Wood*, der systematisch den Einfluß der Furchenform von Reflexionsgittern auf die Intensität der gebeugten Strahlen untersuchte.

**Echo,** *Widerhall*, in der ↗Akustik getrennt wahrnehmbare Wiederholung eines Schallsignals, im weiteren Sinne eine durch Reflexion an ihren Ursprungsort zurückkehrende Welle. Der Effekt wird beim ↗*Echolot* und beim ↗*Radar* zur Messung des Abstandes $a$ zwischen Meßort und Hindernis genutzt: $a = c\,t/2$ ($c$ ist die Schallgeschwindigkeit, $t$ die Zeit bis zum Eintreffen des Echos). Ein hörbares Echo entsteht, wenn Schallwellen an einem Hindernis (Gebäude, Felswand) reflektiert werden und die Laufzeit über 20 ms beträgt. Dazu muß das Hindernis mindestens 34 m vom Hörer des Echos entfernt sein. Bei kürzeren Entfernungen verschmilzt das Echo mit dem ↗*Nachhall.* Für die *Hörsamkeit* in Räumen ist das Auftreten von Echos außerordentlich nachteilig. Es vermindert die Silbenverständlichkeit und stört die Musikwiedergabe.

**Echograph,** Zusatzgerät zum ↗*Echolot* für die fortlaufende Registrierung der Meerestiefe.

**Echographie,** ↗*Sonographie*, Verfahren zur Ultraschalldiagnose in der Medizin.

**Echolot,** *Behm-Lot,* elektroakustisches Sende- und Empfangsgerät zur Messung der Entfernung zwischen dem Schallsender und einem schallreflektierenden Objekt. Das Echolot wurde 1912 von dem deutschen Physiker A. ↗*Behm* erfunden, ursprünglich zur Ortung von Hindernissen oder Fischschwärmen (»*Fischlupe*« für die Schiffahrt), in der ↗*Ozeanographie* vor allem zur Bestimmung der Wassertiefe. Vom Boden eines Schiffes werden dabei ↗*Ultraschall*-Impulse ausgesandt, die am Meeresboden reflektiert werden. Bei bekannter Schallgeschwindigkeit (in Meerwasser etwa 1500 m/s) kann aus der Laufzeit die Wassertiefe berechnet werden. Zur fortlaufenden Messung können die Ergebnisse mit einem *Echographen* registriert werden. Die Schallabstrahlung erfolgt mit einem Schwingungserzeuger, der auf dem magnetostriktiven Effekt basiert (↗*Magnetostriktion*), für höhere Frequenzen auch piezoelektrisch (↗*Piezoelektrizität*). Typische Frequenzen liegen zwischen 10 und 30kHz. Allgemein wird das Verfahren zur Ortung von Gegenständen unter Wasser mit Hilfe ausgesandter Schallimpulse auch ↗*Sonar* genannt, dieses ist mit der ↗*Radar*-Ortung verwandt. Weiterentwicklungen der einfachen Echolot-Ortung sind das *Vielstrahl-Sonar*, bei dem mit mehreren abgestrahlten Schallimpulsen gearbeitet wird, um den Meeresboden flächenhaft erfassen zu können, und das ↗*Seitensichtsonar*. In der Geologie wird ein dem Echolot verwandtes Verfahren mit Explosionsdruckwellen eingesetzt.

**Echo-Satellit** ↗Raumfahrt, bemannte, ↗Raumfahrt, unbemannte.

**Echtzeit,** *real-time,* ↗*Echtzeit-Betriebssystem.*

**Echtzeit-Betriebssystem,** *RTOS, Real-Time Operating System,* ↗*Betriebssystem*, das in extrem kurzer Zeit auf externe Ereignisse (↗*Interrupts*) reagieren kann. Dazu muß ein gerade laufendes Programm unterbrochen und ein anders Programm gestartet bzw. fortgesetzt werden können. Dies erfordert eine spezielle Soft- und Hardware, die eine Vorrangentschlüsselung der ↗*Tasks* entsprechend der jeweiligen *Priorität* ermöglicht. Der *Betriebssystem-Kern* wird bei einem RTOS aus einer *Taskverwaltung* gebildet. Die Reaktionszeit des Systems auf einen Interrupt wird dabei im wesentlichen durch Umschaltungszeit zwischen zwei Tasks bestimmt. Zur Festlegung von Zeitbedingungen ist ebenfalls eine *Echtzeituhr* erforderlich. Ein typisches RTOS für Systeme der ↗*Datenerfassung* auf VME-Rechnern stellt ↗*OS9* für MC680x0-CPUs dar.

**Echtzeitübertragung,** Verfahren, bei dem Telemetriedaten von Raumflugkörpern oder auch Bilddaten von Wettersatelliten in Echtzeit zur Bodenstation übertragen werden.

**ECI,** *Energetic Cluster Impact Deposition*, Beschichtungsverfahren mit ausschließlich ionisierten Clustern variabler kinetischer Energie. (↗*Clusterbeschichtung*)

**Eckenwirbel,** ↗Wirbel, die in ↗Strömungen an festen Wänden oder bei der Umströmung von Körpern auftreten, wenn in der Wand oder an dem umströmten Körper scharfe Kanten oder Ecken auftreten. Diese Wirbel entstehen durch die ↗Grenzschichtablösung. Typische Beispiele sind etwa die ↗Abrißkante an Kraftfahrzeugen oder plötzliche Querschnittserweiterung in Rohren.

**Eckert,** *John Presper* Jr., amerikanischer Computerwissenschaftler, *8. 4 1919 Philadelphia; Studium an der Moore School of Electrical Engeneering an der University of Pennsylvania; begann 1941 seine lange Zusammenarbeit mit J.W. Mauchly, in deren Rahmen sie die historisch wichtigen frühen Computer ENIAC, EDSAC und UNIVAC bauten.

**Eckventil,** ein ↗*Vakuumventil*, dessen Rohranschlüsse einen rechten Winkel bilden, im Gegensatz zum ↗*Durchgangsventil*, dessen Rohranschlüsse in einer Achse liegen. Der Leitwert eines Eckventils ist vergleichbar mit dem eines *Rohrbogens* gleichen Eckmaßes. Die automatischen Ventile sind im strom- bzw. preßluftfreien Zustand geschlossen, sie schließen bei Stromausfall selbsttätig. Sie verfügen oft über elektronische Ventilstellungsgeber, die einen Einbau in ferngesteuerte Anlagen ermöglichen.

**ECL,** *Emitter-Coupled-Logic, emittergekoppelte Logik*, eine ↗Logikfamilie.

**ECMA,** *European Computer Manufacturer Association*, Europäische Standardisierungsorganisation für Datenverarbeitung.

**ECRH,** *Electron Cyclotron Resonance Heating*, in der *Fusionsforschung* (↗Kernfusion) eines der Verfahren zur ↗*Plasmaheizung*. Bei der ECRH werden Mikrowellen mit der ↗*Elektronenzyklotronfrequenz* in das Plasma eingestrahlt, die dort *Elektronenzyklotronwellen* anregen, welche ihrerseits schließlich über ↗*Zy-*

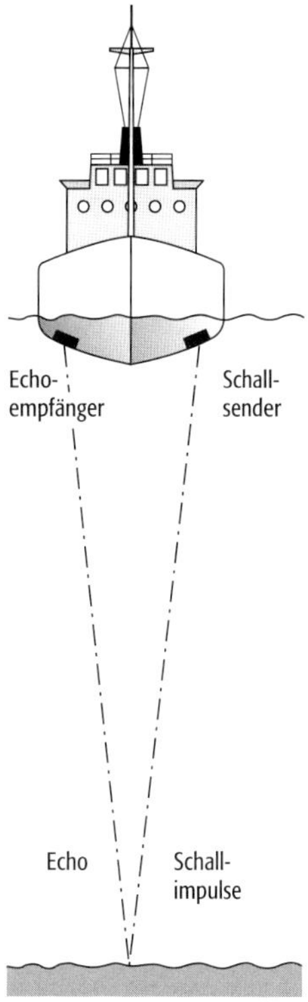


**Echolot:** Vermessung des Meeresbodens mit Schallimpulsen.

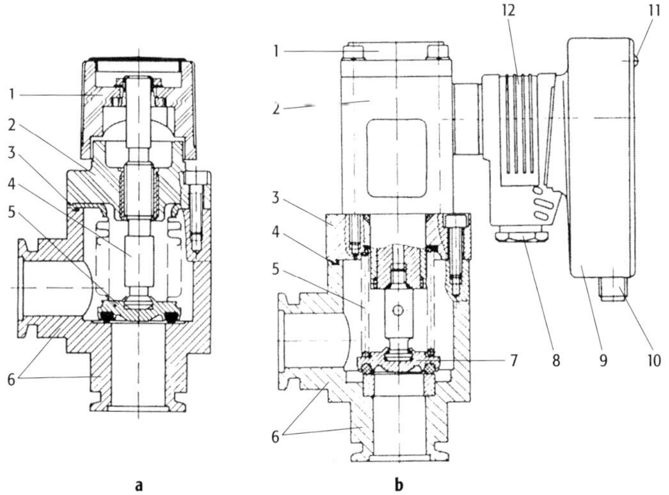


**Eckventil:** Vakuum-Eckventile, a) Handbetätigtes Eckventil, 1: Drehknopf, 2: Deckel, 3: Dichtringe, 4: Innenteil mit Federbalg, 5: Ventilteller mit Dichtring, 6: Gehäuse mit Anschlußflanschen; b) Eckventil mit elektromagnetischem Antrieb,
1: Deckel mit Sensor,
2: Magnet, 3: Zwischenflansch,
4: Dichtring, 5: Schließfeder,
6: Gehäuse mit Anschlußflanschen, 7: Ventilteller mit Dichtring, 8: Durchführung zur Stromversorgung, 9: Elektronik,
10: Stellungsmelder-Anschluß,
11: Optische Verstellungsanzeige (LED), 12: Steckerteil.

*klotrondämpfung* das Plasma aufheizen. Besonders wichtig ist die ECRH für ↗*Stellaratoren*, bei denen sie für den Plasmaaufbau und die Aufheizung des Plasmas bis auf hohe Temperaturen benötigt wird. Zur Erzeugung der Mikrowellen werden *Gyratrons* verwendet, für deren Weiterentwicklung die Fusionsforschung eine starke Triebfeder darstellt.

**EC-Theorie** ↗*Einstein-Cartan-Theorie.*

**Eddington**, *Arthur Stanley*

**Eddington,** Sir *Arthur Stanley*, englischer Physiker und Astronom, *28.12.1882 Kendal, †22.11.1944 Cambridge; 1913 Professor für Astronomie in Cambridge; 1914 Direktor des dortigen Observatoriums; grundlegende Arbeiten zur theoretischen Astrophysik, insbesondere über den inneren Aufbau der Sterne, die er als nur aus Gas bestehend erkannte (1924 Aufstellung der ↗*Masse-Leuchtkraft-Beziehung* für die Hauptreihensterne); wies auf die Bedeutung des Wasserstoffgehalts für die Leuchtkraft der Sterne hin; bestätigte durch Beobachtung von Sternpositionen während der totalen Sonnenfinsternis von 1919 auf Principe (Golf von Guinea) von A. ↗Einstein in seiner Relativitätstheorie vorausgesagte Lichtablenkung in Gravitationsfeldern und war einer der ersten Verfechter der Relativitätstheorie; stellte die Pulsationstheorie der ↗*Cepheiden* auf; verfaßte zahlreiche (zum Teil populärwissenschaftliche) Schriften; nach ihm sind die *Eddington-Leuchtkraft* sowie das *Eddington-Standardmodell* benannt.

**Eddington-Finkelstein-Koordinaten** ↗Kerr-Lösung.

**Eddington-Zahl,** die Gesamtzahl $N$ der Nukleonen im Universum. Eddington glaubte, daß das Universum geschlossen ist und argumentierte, daß $N = 10^{80}$. Dies ist lediglich eine grobe Schätzung für die tatsächliche Anzahl der Nukleonen im beobachtbaren Universum.

**Eddy,** englisch: *Wirbel*, *Strudel*, speziell in der Geophysik die Abweichung einer ozeanischen oder atmosphärischen Strömung vom zeitlichen oder zonalen Mittel.

**Edelgascluster,** ↗*Cluster* aus Edelgasatomen. Die Atome sind durch ↗*Van-der-Waals-Wechselwirkung* aneinander gebunden und gehören damit zur Gruppe der *Van-der-Waals-Cluster.* Typische Bindungsenergien liegen bei 100 meV pro Atom. Eine besondere Eigenschaft der Edelgascluster ist die Ladungsabhängigkeit ihrer ↗*Photoabsorption.* Neutrale Cluster sind wegen ihrer großen Bandlücke (8 – 20 eV) für den sichtbaren Teil des elektromagnetischen Spektrums unsichtbar. Bei der Ionisation bildet sich im Inneren des Clusters ein geladenes Chromophor, das durch ein Photon des sichtbaren Spektralbereichs angeregt werden kann (Abb.).

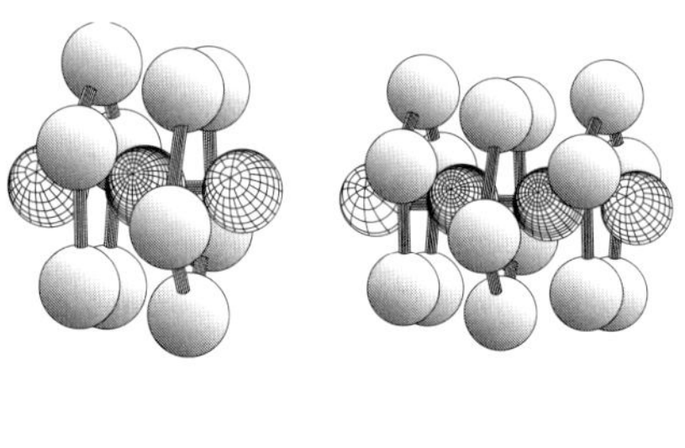

**Edelgascluster:** Modell geladenener Edelgasclusters mit 13 bzw. 19 Atomen. Die neutralen Atome gruppieren sich in Ringen um das linear angeordnete, geladene Chromophor aus drei bzw. vier Atomen.

Helium nimmt bei den Edelgasclustern eine Sonderstellung ein. Aufgrund der geringen Masse der Heliumatome und der Van-der-Waals-Wechselwirkung spielen Quanteneffekte eine übergeordnete Rolle. Zum Beispiel ist die Ortsunschärfe eines Atoms größer als die Abstände zwischen den Atomen. Den Heliumatomen kann kein fester Ort innerhalb einer vorgegebenen Struktur zugeordnet werden. Heliumcluster sind demnach auch bei extrem tiefen Temperaturen flüssig.

**Edelgase,** *Inertgase*, die sechs gasförmigen ↗homologen Elemente der Hauptgruppe VIII des Periodensystems: ↗*Helium*, ↗*Neon*, ↗*Argon*, ↗*Krypton*, ↗*Xenon* und ↗*Radon.* Sie besitzen eine vollständig gefüllte Elektronenschale $1s^2$ bzw. $ns^2np^6$. Edelgase sind einatomige Gase, die aus kugelförmigen, unpolaren Atomen bestehen. Zwischen den Atomen wirken schwache Van-der-Waals-Kräfte, die mit zunehmender Polarisierbarkeit der Atome (also mit wachsender Ordnungszahl) stärker werden. Die Stabilität der Elektronenkonfiguration zeigt sich auch darin, daß die Edelgase die höchste Ionisierungsenergie ihrer Gruppe aufweisen.

**Edelgas-Hydrologie,** die Untersuchung von Wasserproben anhand der darin gelösten Edelgaskonzentrationen und -isotopenverhältnisse, sie dient u.a. zur Bestimmung von Alter oder Bildungstemepratur der Probe. (↗Edelgasthermometer, ↗Hydrologie)

**Edelgaskontinuum,** Lichtquelle für die Spektroskopie im vakuum-ultravioletten Spektralbereich (ca. 0,2 – 200 nm). Die kontinuierliche Strahlungsemission wird von angeregten Edelgasmolekülen verursacht, die in einer Funkenentladung erzeugt werden.

**Edelgaskristalle,** kristalline Erscheinungsform mancher Edelgase, welche nur bei tiefen Temperaturen existiert. Die Edelgaskristallbindung ist eine reine Van-der-Waals-Bindung, ihre Bindungsenergie ist mit ca. 8 kJ/mol sehr gering. Typische Eigenschaften dieser Kristalle sind außer den niedrigen Schmelzpunkten ihre starke thermische Ausdehnung und ihre geringe mechanische Härte.

**Edelgasthermometer,** in der ↗*Paläoklimatologie* benutzte Methode zur Bestimmung der Temperaturen zur Bildungszeit fossiler Wasserproben (*Paläowässer*), wie sie z.B. in Bergwerken oder aus Sediment- und Gesteinsbohrkernen gewonnen werden können (↗*Bohrlochgeophysik*). Sie beruht auf der Temperaturabhängigkeit der Löslichkeit atmosphärischer ↗*Edelgase* (Neon, Argon, Krypton und Xenon) in Wasser. (↗*Umweltphysik*)

**Edelmetalle,** acht besonders beständige Metalle: *Silber*, *Gold* und die Elemente der ↗Platinmetallgruppe *Ruthenium*, *Rhodium*, *Palladium*, *Osmium*, *Iridium* und *Platin.* Sie stehen in der Spannungsreihe hinter dem Wasserstoff, besitzen eine geringe Elektronenaffinität und ein positives Normalpotential. Formal gesehen können auch die ↗Transactinoide ↗Hassium, ↗Meitnerium und das ↗Element 110 hierzu gezählt werden, wegen ihrer extremen Kurzlebigkeit könen jedoch keine chemischen Untersuchungen an ihnen durchgeführt werden.

**EDENDOR,** *Electrically Detected Electron-Nuclear Double Resonance*, spezielle Methode der ↗ENDOR-Spektroskopie, bei der resonante Änderungen der elektrischen Leitfähigkeit der Probe zum Nachweis der Elektronenspinresonanz genutzt werden. (↗EDEPR)

**EDEPR,** *Electrically Detected Electron Paramagnetic Resonance*, Nachweis von ↗*Elektronenspinresonanz* über Veränderungen der elektrischen Leitfähigkeit einer Probe. Mechanismen der resonanten Leitfähigkeitsänderung können unter anderem sein: spinabhängige Rekombination von freien Elektron-Loch-Paaren oder von Donator-Akzeptor-Paaren (solche Effekte werden vor allem in ↗p-n-Übergängen in Halbleitern sowie in leitfähigen Polymeren beobachtet), spinabhängige Streuung an neutralen Störstellen und die Veränderung der Besetzung spinaufgespaltener ↗Landau-Niveaus unter den Bedingungen des ↗Quanten-Hall-Effekts.

**EDESR,** mehrdeutige Abkürzung, die entweder für *Electrically Detected Electron Spin Resonance* (↗EDEPR) steht oder für *Electrical Dipole Excited Electron Spin Resonance*. Letzteres Phänomen (d.h. die Kopplung von ESR-Übergängen an ein elektrisches Wechselfeld und nicht nur an das magnetische wie normalerweise) tritt vor allem in Substanzen mit ausgeprägter Spin-Bahn-Wechselwirkung auf, z.B. in InSb.

**Edison,** *Thomas Alva*, amerikanischer Erfinder und Industrieller, *11.2.1847 Milan, †18.10.1931 West Orange; entwickelte sich als Autodidakt durch Genie, Ausdauer und Optimismus zum größten Erfinder der USA und war mit etwa 1300 Patenten einer der erfolgreichsten Erfinder aller Zeiten; gründete in Newark eine Fabrik zum Bau seiner Apparate; baute 1876 in Menlo Park bei New York ein Laboratorium; richtete sich 1887 in West Orange bei New York das zur damaligen Zeit größte und am besten ausgestattete private Forschungslabor der Welt ein, in dem er mit bis zu 80 Ingenieuren und Naturwissenschaftlern zusammenarbeitete; zu seinen Erfindungen gehört unter anderem die Konstruktion des ersten Vierfachtelegraphen (Quadruplextelegraph); schuf 1876 das Kohlekörnermikrophon und verbesserte 1877 das von A.G. ↗Bell erfundene Telephon; erfand 1878 die Sprechmaschine (Phonograph, Vorläufer des Grammophons oder Plattenspielers) und 1879 die Kohlefadenglühlampe für Beleuchtungszwecke (die bereits 1854 von H. *Göbel* erfunden worden, aber wieder in Vergessenheit geraten war); von besonderer Bedeutung ist die von ihm konstruierte erste direkt mit einer Dampfmaschine gekoppelte Dynamomaschine (Verbundmaschine) zur Erzeugung von elektrischem Strom; am 4.9.1882 setzte er das erste Elektrizitätswerk der Welt in New York in Betrieb; 1883 schuf er mit der Entdeckung des glühelektrischen Effekts (*Edison-Effekt*, ↗Richardson-Effekt) die Grundlagen für die Entwicklung der Elektronenröhre; konstruierte 1889 einen Kinoaufnahmeapparat, 1895 einen Filmprojektor und entwickelte 1904 den Nickel-Eisen-Akkumulator (↗*Akkumulator*); erfand ferner Apparate zur magnetischen Aufbereitung eisenhaltiger Erze; gilt als Pionier des Betonguß-Hauses; nach ihm sind auch das *Edison-Gewinde* und die *Edison-Schrift* (mit vertikaler Auslenkung der Graviernadel arbeitendes mechanisches Schallaufzeichnungsverfahren) benannt.

**Edison**, *Thomas Alva*

**Edison-Akkumulator** ↗*Nickel-Eisen-Akkumulator*, ↗Akkumulator.

**Edison-Effekt,** *glühelektrischer Effekt*, ↗Richardson-Effekt.

**Edward A. Bouchet Award,** *Visiting Minority Lectureship Award*, ↗Preise.

**Edwards-Luftwaffenbasis** ↗Weltraumbahnhöfe.

**EDX,** *Energy Dispersive X-ray Spectroscopy*, ↗*Röntgenspektroskopie*.

**EEG,** *Elektroenzephalogramm* (↗Elektroenzephalographie).

**EELS,** *Electron Energy Loss Spectroscopy*, ↗*Elektronen-Energieverlustspektroskopie*.

**effektive Äqivalentdosis** ↗Dosis.

**effektive Bandlücke** ↗*Energielücke*.

**effektive elektromotorische Kraft** ↗elektromotorische Kraft.

**effektive Feldtheorie[n],** Bezeichnung für eine nichtrenormierbare Feldtheorie mit klar definiertem, eingeschränktem Gültigkeitsbereich relativ zur jeweils zugrundeliegenden »vollen« Theorie. In effektiven Feldtheorien werden sämtliche Parameter der vollen Theorie beseitigt, die bei der betreffenden Energieskala keine Rolle spielen, wodurch sich die praktischen Berechnungen vereinfachen. Die grundlegende Idee der effektiven Feldtheorien ist, daß ein physikalischer Prozeß, der durch die typische Energieskala $E$ charakterisiert ist, beschrieben werden kann durch eine Entwicklung in $E/\Lambda_i$, wobei die $\Lambda_i$ verschiedene im Problem vorkommende Energieskalen (bzw. Massen) sind, die größer als $E$ sind.

Effektive Feldtheorien werden auf vielen verschiedenen Gebieten erfolgreich angewandt. Beispiele aus Atom-, Kern- und Elementarteilchenphysik sind die ↗Fermi-Theorie, die ↗chirale Störungstheorie, die Heavy-Quark Effective Theory (HQET) oder die nicht-relativistische QED (NRQED). Der Übergang von der vollen Theorie zu der entsprechenden effektiven Feldtheorie ist in der Regel nicht trivial. Er erfordert eine mit den entsprechenden Niederenergie-Symmetrien konsistente Operatorentwicklung.

**effektive Ionenkonzentration** ↗*Aktivität*.

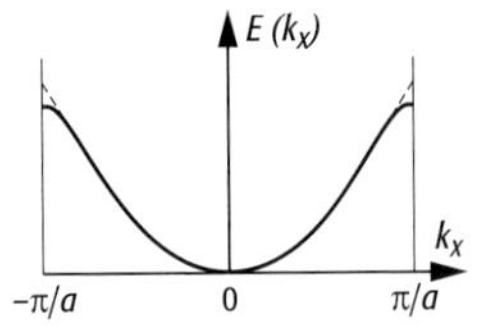

a

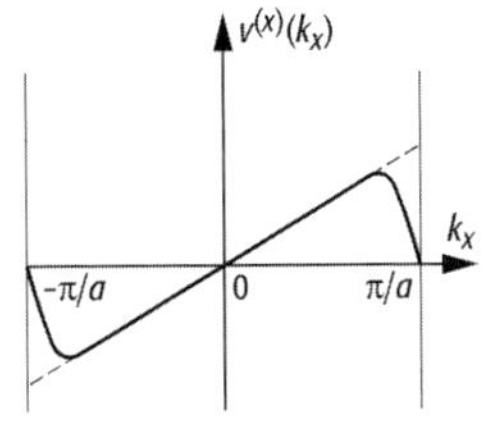

b

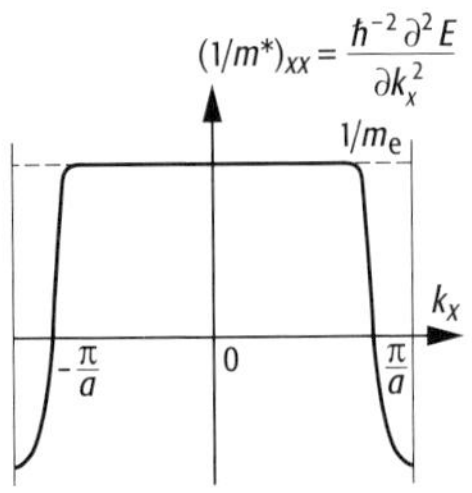

c

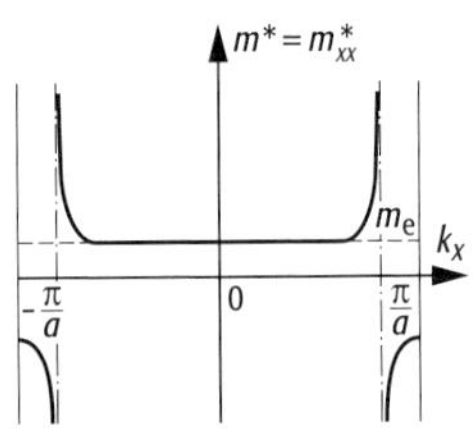

d

**effektive Masse:** a) Energie $E(k_x)$; b) Geschwindigkeit $v(k_x)$; c) reziproke effektive Masse $1/m^*$; d) effektive Masse $m^*$ eines schwach gebundenen Elektrons im tiefsten Energieband eines eindimensionalen Kristalls. Die Abweichung von der Energieparabel des freien Elektrons (gestrichelt) am Rand der Brillouin-Zone führt zum Absinken der Geschwindigkeit auf null und zur Umkehr des Vorzeichens der reziproken effektiven Masse in der Nähe des Randes der Brillouin-Zone.

**effektive Kernladungszahl** ↗Zentralfeldnäherung.

**effektive Masse,** *elektronische effektive Bandmasse*, Parameter, der analog zur Masse eines freien Teilchens die Bewegung eines Elektrons oder eines Loches im Festkörper unter Berücksichtigung der von außen einwirkenden und der inneren Kräfte im Gitter beschreibt. Die effektive Masse steht mit der Krümmung der Dispersionsrelation $E(\boldsymbol{k})$ (↗Bänderschema) in Verbindung und ist i.a. ein ↗Tensor $m^*_{ij} = \left(\frac{1}{\hbar^2}\frac{\partial^2 E(\boldsymbol{k})}{\partial k_i \partial k_j}\right)^{-1}$. Im einfachsten Fall sind im Hauptachsensystem alle drei effektiven Massen gleich und $m^* = \frac{\hbar^2}{\mathrm{d}^2E/\mathrm{d}k^2}$. Damit nimmt die Dispersionsrelation wieder die Gestalt derjenigen für freie Elektronen an, $E(\boldsymbol{k}) = \hbar^2\boldsymbol{k}^2/2m^*$, wobei jedoch die Masse des freien Elektrons durch die effektive Bandmasse ersetzt wurde.

Schmale Bänder weisen in der Regel kleinere Krümmungen auf und besitzen somit größere effektive Massen als breite Bänder. Ist das Band am Rand der ↗*Brillouin-Zone* negativ gekrümmt, so hat auch die effektive Masse negatives Vorzeichen. Auf ein angelegtes elektrisches Feld reagieren in diesem Fall die Elektronen an der oberen Bandkante und an der unteren Bandkante mit Bewegungen in entgegengesetzte Richtungen.

Die *Zyklotronmasse* ist die effektive Masse eines Elektrons bei seiner Umlaufbewegung im Magnetfeld. Die Zyklotronmasse $m_c$ hängt mit der Zyklotronfrequenz $\omega_c$ durch die Relation $\omega_c = |\,e\,|\,B/m_c$ zusammen, wobei $B$ die Magnetfeldstärke und $e$ die Elektronenladung ist. Für freie Elektronen stimmt die Zyklotronmasse mit der wahren Elektronenmasse überein. In Festkörpern ist die Zyklotronmasse proportional zur mittleren Rotationsgeschwindigkeit des Elektrons. Die Zyklotronmassen betragen etwa $10^{-3}$ bis zu einigen Elektronenmassen und werden hauptsächlich durch ↗Zyklotronresonanz, insbesondere die Azbel-Kaner-Resonanz in Metallen, experimentell bestimmt.

**effektiver Ladungszustand** ↗elektronischer Energieverlust.

**effektiver Massentensor** ↗effektive Masse.

**effektives Magnetfeld,** $H_{\mathrm{eff}}$, das gesamte Magnetfeld, mit dem das magnetische Moment eines Atoms oder Ions an einem bestimmten Gitterplatz $i$ eines Festkörpers wechselwirkt. Das effektive Magnetfeld setzt sich zusammen aus dem externen Magnetfeld $\boldsymbol{H}_{\mathrm{ext}}$, den magnetischen Dipolfeldern $\boldsymbol{H}_{\mathrm{D},k}$ aller in der Probe enthaltenen magnetischen Momente $k \neq i$ und dem ↗*Austauschfeld* $H_{\mathrm{E}}$: $\boldsymbol{H}_{\mathrm{eff},i} = \boldsymbol{H}_{\mathrm{ext}} + \boldsymbol{H}_{\mathrm{E}} + \sum_k \boldsymbol{H}_{\mathrm{D},ki}$. Dabei ist $\boldsymbol{H}_{\mathrm{D},ki}$ das Dipolfeld vom Moment $k$ am Ort des Moments $i$. Die Summe der Dipolfelder zusammen mit dem externen Feld $\boldsymbol{H}_{\mathrm{ext}}$ ohne das Austauschfeld wird als das *lokale Magnetfeld* bezeichnet. In der ↗*Molekularfeldnäherung* wird der ↗*Ferromagnetismus* zurückgeführt auf die Wechselwirkung der atomaren magnetischen Momente mit dem effektiven Magnetfeld.

**effektives Saugvermögen,** $S_{\mathrm{eff}}$, $S_{\mathrm{K}}$, das am *Kesselflansch* (Flansch am Vakuumbehälter) tatsächlich wirksame Saugvermögen einer ↗*Vakuumpumpe*. Es weicht vom ↗*Saugvermögen S* um das Druckverhältnis $p_{\mathrm{A}}/p_{\mathrm{K}}$ zwischen Vakuumbehälter und Ansaugstutzen ab: $S_{\mathrm{K}} = S \cdot p_{\mathrm{A}}/p_{\mathrm{K}} < S$. Mit dem Leitwert $L$ der Pumpenleitung ergibt sich die Gleichung $S_{\mathrm{K}} = S/(1+S/L)$. Das Verhältnis aus effektivem und allgemeinem Saugvermögen, $S_{\mathrm{K}}/S$, wird *Pumpenwirkungsgrad* genannt; dieser ist immer kleiner als eins. Bei sehr kleinen Leitwerten ($L \ll S$) wird $S_{\mathrm{K}} \approx L$, ist also unabhängig vom Saugvermögen der Pumpe.

**effektive Temperatur** ↗*Effektivtemperatur.*

**effektive Topfbreite** ↗Exzitonen.

**effektive Wellenlänge** ↗Crova-Wellenlänge.

**effektive Zustandsdichte,** diejenige ↗Zustandsdichte (Zahl der Zustände pro Volumen), die von Elektronen im Leitungsband bzw. Löchern im Valenzband besetzt werden können, und bei der statt der Masse des Elektrons die ↗effektive Masse $m^*$ für das jeweilige Band eingesetzt werden muß. Im ↗Leitungsband ist die effektive Zustandsdichte:

$$N_{\mathrm{C}} = 2\left(2\pi m^* k_{\mathrm{B}} T/h^2\right)^{3/2} M_{\mathrm{C}},$$

wobei $M_{\mathrm{C}}$ die Zahl der Energieminima in dem Band ist.

Die effektive Zustandsdichte wird benötigt, um die Zahl der Ladungsträger im Leitungsband zu berechnen.

**Effektivtemperatur,** *effektive Temperatur*, diejenige Temperatur eines Sterns, die ein ↗schwarzer Körper hätte, wenn er die gleiche Leuchtkraft wie der Stern besäße. Da die Spektren normaler Sterne denjenigen schwarzer Körper ähneln, ist die Effektivtemperatur ein gutes Maß für die tatsächliche Temperatur der ↗Photosphäre. Die Effektivtemperatur $T$ ist eine wichtige Größe, da sie nach dem ↗Stefan-Boltzmann-Gesetz den gesamten Strahlungsstrom des Sterns liefert: $\Phi(T) = \sigma T^4$ ($\Phi$ ist der Gesamtstrahlungsstrom pro Sekunde und Flächeneinheit, $\sigma = 5{,}67 \cdot 10^{-8}\,\mathrm{Wm^{-2}K^{-4}}$ die ↗Stefan-Boltzmann-Konstante).

**Effektivwerte von Wechselstromgrößen,** bei ↗Wechselstrom der Wert von z.B. Stromstärke $I$ oder Spannung $U$, bei der ein Verbraucher unter ↗Gleichstrom im Mittel dieselbe Wärmeleistung aufnehmen würde. Dieser Effektivwert entspricht dem quadratischen Mittel der zeitabhängigen Größe:

$$I_{\mathrm{eff}} = \sqrt{\frac{1}{T}\int_0^T i(t)^2 \mathrm{d}t} \quad \text{bzw.}$$

$$U_{\mathrm{eff}} = \sqrt{\frac{1}{T}\int_0^T u(t)^2 \mathrm{d}t}$$

($T$: Periodendauer, $t$: Zeit). In der Elektrotechnik werden meistens die Effektivwerte mit großen, die Augenblickswerte mit kleinen Buchstaben bezeichnet, in diesem Fall wird der Index »eff« oft auch weggelassen.
Für eine sinusförmige Wechselspannung (wie im öffentlichen Stromnetz) gilt $I_{eff} = I_0/\sqrt{2}$ ($I_0$: *Scheitelstromstärke*, diese und die folgenden Gleichungen gelten für $U$ ganz analog), das Verhältnis $I_0/I_{eff}$ heißt *Scheitelfaktor*. Er ist bei einer Rechteckspannung gleich 1 ($I_{eff} = I_0$), bei einer Sägezahnspannung gleich $\sqrt{3}$.

**Effelsberg-Radioteleskop,** das mit einem Durchmesser von 100m größte frei schwenkbare Radioteleskop der Erde bei Effelsberg in der Eifel (Abb. im Farbtafelteil). Es wird vom Max-Planck-Institut für Radioastronomie in Bonn betrieben. Bei einer Wellenlänge von 2cm besitzt das Teleskop eine Winkelauflösung von einer Bogenminute. Die hohe Genauigkeit der Reflektoroberfläche erlaubt Beobachtungen bis herunter zu einer Wellenlänge von 0,5mm. Zu den Forschungsaktivitäten zählen insbesondere Radiokartierungen des Himmels, die Untersuchung von Sternentstehungsgebieten und ↗*Radiogalaxien*, die Bestimmung von Isotopenhäufigkeiten und die Beobachtung ↗*interstellarer Magnetfelder*. Darüber hinaus ist das Effelsberger Radioteleskop in verschiedene Netze der sog. *Very Long Baseline Interferometry* eingebunden.

**Effusiometer** ↗*Bunsen-Effusiometer*.

**Effusion,** Ausströmen von Gasmolekülen aus einem kleinen Loch in einem Behälter. Um von Effusion im Gegensatz zum hydrodynamischen Ausströmvorgang sprechen zu können, muß der Durchmesser des Loches klein gegen die ↗mittlere freie Weglänge des Gases sein, so daß das Gleichgewicht im Innern des Behälters nicht gestört wird. Mit Molekularstrahlen, die durch Effusionsprozesse erzeugt wurden, läßt sich die Richtigkeit der ↗Maxwellschen Geschwindigkeitsverteilung überprüfen. Für die Effusion gelten die gleichen mathematischen Gesetzmäßigkeiten wie für die ↗Diffusion.

**Effusionsgeschwindigkeit,** Geschwindigkeit, mit der ein Gas unter Druck aus einer kleinen Öffnung herausströmt. Sie ist gleich dem Produkt aus der Häufigkeit, mit der die Gasteilchen auf die Fläche der Öffnung auftreffen, und der Fläche des Lochs. (↗Grahamsches Gesetz)

**Effusionszelle,** Gerät zum Verdampfen der Quellenmaterialien in der ↗*Molekularstrahlepitaxie* bzw. bei der Herstellung dünner Schichten im Ultrahochvakuum. Sie besteht aus einem Tiegel (meist aus pyrolytischem Bornitrid (PBN)), in dem das Quellenmaterial in fester Form eingelagert ist. Der Tiegel wird von einem Heizdraht umgeben und ist zur Temperaturbestimmung mit einem Thermoelement versehen. Die ganze Zelle ist zur thermischen Isolierung von einer Wasserkühlung umgeben (Abb.). Man benutzt heute im wesentlichen *Langmuir-Zellen*, d.h. Zellen mit

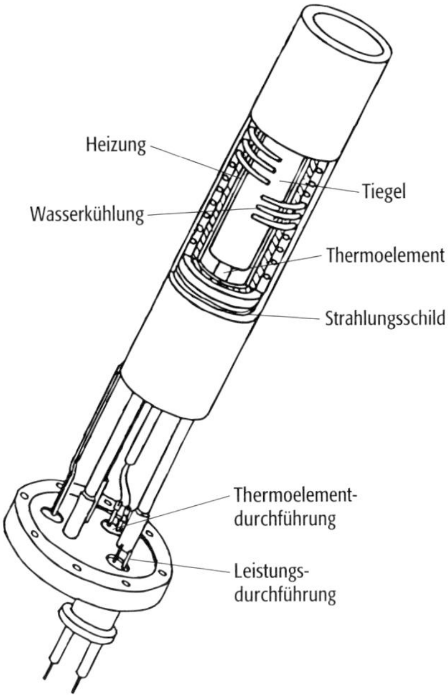


**Effusionszelle:** Schematische Darstellung einer Effusionszelle, wie sie in der Molekularstrahlepitaxie eingesetzt wird.

großer Öffnung, die im Gegensatz zur *Knudsen-Zelle* nicht im thermodynamischen Gleichgewicht arbeiten. Alle in einer Effusionszelle verwendeten Materialien müssen einen sehr niedrigen Dampfdruck bei Betriebstemperaturen bis ca. 1400 °C haben und dürfen nicht mit dem Quellmaterial reagieren. Die Herstellung qualitativ guter Schichten erfordert reproduzierbare Temperatureinstellungen mit einer Genauigkeit von bis zu 0,1 °C bei ca. 1000 °C Betriebstemperatur. Eine Sonderform der Effusionszelle ist die sog. *Cracker-Zelle*, die molekular verdampfende Quellmaterialien, z.B. As in der III-V-MBE, in einer Zone mit erhöhter Temperatur zerlegt. In der Si-MBE werden häufig Effusionszellen verwendet, in denen die Verdampfung des Quellmaterials durch Elektronenbeschuß erfolgt.

**e-Funktion** ↗Exponentialfunktion.

**EFTEM** ↗Energiefilterelektronenmikroskop.

**Egelstaff-Widomsche Regel,** Regel, der zufolge das Produkt aus isothermer Kompressibilität und Oberflächenspannung einer Flüssigkeit am Tripelpunkt weitgehend unabhängig vom Charakter der Flüssigkeit (geschmolzene Metalle und Salze, Wasser, organische Flüssigkeiten) ist und damit auch nicht stark vom Charakter der Bindungskräfte abhängt. Der Betrag des Produktes liegt zwischen 0,17 und $0{,}47 \cdot 10^{-8}$cm.

**Eggert,** *John Emil Max*, deutscher Physikochemiker, *1.8.1891 Berlin, †29.9.1973 Muttenz; 1921 Mitarbeiter bei der Agfa und Leiter des wissenschaftlichen Zentrallabors in Berlin; 1923–37 Professor für Photochemie in Berlin; 1946–61 Professor für Photographie in Zürich; Forschungen über die Aufklärung photochemischer Vorgänge und über chemische Kinetik, insbesondere schnell ablaufender photochemischer Reaktionen; wies als erster thermisch ionisierte Atome in Sternatmosphären nach und stellte mit M. ↗Saha die ↗*Eggert-Saha-Gleichung* auf.

**Eggert-Saha-Gleichung,** Gleichung, die angibt, welcher Anteil von Atomen oder Molekülen in einem Gas bei einer bestimmten Temperatur ionisiert ist. Zu einer Ionisierung kommt es, wenn die Teilchen mit anderen Atomen und Molekülen des Gases zusammenstoßen. Teilchen mit großer Geschwindigkeit haben eine höhere Wahrscheinlichkeit, andere zu ionisieren. Außerdem hängt der Anteil der ionisierten Teilchen von ihrer ↗*Ionisationsenergie* ab. Die daraus resultierende Eggert-Saha-Gleichung lautet:

$$\frac{n_i}{n_0} = \frac{(2\pi m k_B T)^{3/4}}{n_0^{1/2}\, h^{3/2}} \cdot e^{-E_i/2k_B T}.$$

Dabei sind $n_i$ bzw. $n_0$ die Teilchenzahldichten der ionisierten bzw. der neutralen Atome, $m$ die Atommasse, $k_B$ die Boltzmann-Konstante, $T$ die absolute Temperatur und $E_i$ die Ionisationsenergie.

**EGS** ↗European Geophysical Society.

**Ehrenfest,** *Paul*, österreichischer Physiker, *18.1.1880 Wien, †25.9.1933 Amsterdam (Freitod); nach Tätigkeit in St.Petersburg ab 1912 Professor in Leiden; arbeitete über statistische Mechanik, Plancksche Strahlungstheorie und Atomphysik; stellte 1911 mit *Tatjana Ehrenfest* die sogenannte Quasi-Ergodenhypothese auf und formulierte 1916 die ↗*Adiabatenhypothese* (Adiabatensatz); veröffentlichte 1927 das ↗*Ehrenfestsche Theorem*, das eine Beziehung zwischen der Quantentheorie und der klassischen Physik herstellt (die Erwartungswerte der Quantenmechanik folgen den Bewegungsgleichungen der klassischen Mechanik).

**Ehrenfestsche Gleichungen,** die Gleichungen

$$\frac{dp}{dT} = \frac{c_{p,1} - c_{p,2}}{V_m(\gamma_1 - \gamma_2)} \text{ und } \frac{dp}{dT} = \frac{\gamma_1 - \gamma_2}{\kappa_1 - \kappa_2}, \text{ welche}$$

bei ↗*Phasenübergängen zweiter Ordnung* die Steigung der Übergangskurve im Druck-Temperatur-Diagramm der beiden Phasen verknüpfen, mit den spezifischen Wärmekapazitäten bei konstantem Druck $c_{p,1}$ und $c_{p,2}$, den kubischen Ausdehnungskoeffizienten $\gamma_1$ und $\gamma_2$, sowie den isothermen Kompressibilitäten $\kappa_1$ und $\kappa_2$ und dem Molvolumen $V_m$.

**Ehrenfestsches Theorem,** von P. ↗*Ehrenfest* aufgestellter Satz der Quantentheorie, der die Frage behandelt, in welchem Sinne die klassische Newtonsche Mechanik in der Quantenmechanik als Grenzfall enthalten ist. In allgemeiner Form lautet das Theorem

$$\frac{d}{dt}\langle A\rangle = \frac{i}{\hbar}\langle [H,A]\rangle + \left\langle \frac{\partial A}{\partial t}\right\rangle,$$

wobei $H$ der Hamilton-Operator und $A$ ein beliebiger linearer Operator sind und eckige Klammern den Kommutator, spitze Klammern die Mittel- bzw. Erwartungswertbildung bedeuten. Wendet man dies auf den Orts- und den Impulsoperator an, erhält man die Gleichung

$$m\frac{d^2}{dt^2}\langle \boldsymbol{x}\rangle = \langle -\nabla V(\boldsymbol{x})\rangle,$$

die der Newtonschen Bewegungsgleichung ähnelt. Im klassischen Grenzfall mißt man mit hoher Wahrscheinlichkeit Werte, die sehr nahe bei den Erwartungswerten liegen, in diesem Fall gehen die Gleichungen ineinander über. Eine gängige, aber etwas unpräzise Formulierung des Ehrenfestschen Theorems in Worten lautet »Die klassischen Gleichungen gelten für die Mittelwerte«.

**Ehrenhaft,** *Felix Albert*, österreichischer Physiker, *24.4.1879 Wien, †4.3.1952 Wien; 1919 Professor in Wien; Tätigkeit in Frankreich am Fond de Recherche; Direktor des Physikalischen Instituts in Rio de Janeiro; 1939 Professor in den USA, 1946 wieder in Wien; entdeckte die Photophorese-Bewegung ultramikroskopischer Teilchen; schlug 1907 die Öltröpfchenmethode zur Präzisionsbestimmung der elektrischen Elementarladung des Elektrons vor (R. A. ↗Millikan); stellte 1913 in Gasen durch elektrische Zerstäubung Kolloide her.

**E-H-Transformator** ↗Anpassungstransformator.

**Eichbosonen,** *Trägerteilchen*, *Austauschteilchen*, ↗Elementarteilchen, die Träger der Wechselwirkungen zwischen den Elementarteilchen sind. So wird z.B. die abstoßende ↗elektromagnetische Wechselwirkung zwischen zwei Elektronen durch ein ↗*Photon* vermittelt, Quarks (↗starke Wechselwirkung) tauschen ein ↗*Gluon* aus, und bei der ↗schwachen Wechselwirkung dienen die intermediären ↗*Vektorbosonen* $W^{\pm}$ und Z als Austauschteilchen. Eine Gemeinsamkeit der Photonen, Gluonen, W- und Z-Bosonen ist ihr Spin 1 (↗Bosonen). Auch für die Gravitation sollte es ein Eichboson geben, das ↗*Graviton* mit Spin 2, das allerdings bisher nicht beobachtet wurde.

Die Beschreibung der elementaren Kräfte durch den Austausch von Eichbosonen ist eine Konsequenz der Eichsymmetrie der zugrunde liegenden Feldtheorie (↗Eichtheorie). Der Teilchenaustausch läßt sich mit ↗Feynman-Diagrammen veranschaulichen (Tab.). Solche Diagramme stellen eine präzise Vorschrift zur Berechnung der Wechselwirkungseffekte dar.

Hervorzuheben ist, daß die Eichbosonen in ihrer Funktion als Austauschteilchen als *virtuelle Teilchen* aufzufassen sind, deren Auftreten aufgrund der quantenmechanischen ↗Unschärferelation möglich ist. Gleichfalls aus der Unschärferelation folgt, daß die Reichweite einer Kraft umgekehrt proportional zur Masse des ausgetauschten Teilchens sein muß. Die Reichweite der elektromagnetischen Kraft ist also unbeschränkt, während die sehr kurze Reichweite der schwachen Kraft mit der hohen Ruhemasse ihrer Eichbosonen, der intermediären Vektorbosonen, zusammenhängt (Tab.). Die Gluonen sind zwar auch masselos; da sie jedoch selbst Träger der Ladung der starken Wechselwirkung (↗Farbladung) sind, ist die effektive Reichweite der starken Kraft auf Atomkern-Dimensionen begrenzt.

**Eichenwald-Versuch** ↗Röntgen-Eichenwald-Versuch.

**Eichfelder,** *Kapteynsche Felder, Selected Areas,* 252 symmetrisch zum galaktischen Äquator verteilte Himmelsfelder, in denen spezielle Eigenschaften der Sterne, wie die Positionen, scheinbaren ↗Helligkeiten, ↗Spektralklassen und ↗Leuchtkraftklassen bis zu einer bestimmten Grenzgröße mit großer Genauigkeit bestimmt wurden. Aus diesen Werten leitete man den räumlichen Aufbau des ↗Milchstraßensystems ab.

**Eichfixierung[n],** zur Quantisierung von ↗Eichtheorien notwendige Einschränkung an die ansonsten in den ↗Eichtransformationen der Eichfelder $A_\mu$ frei wählbare Funktion $\partial_\mu\chi$, für die ein spezieller Wert und damit eine bestimmte Eichung gewählt wird. Die dadurch in die Theorie eingeführten unphysikalischen Freiheitsgrade werden mit Hilfe der Fadejew-Popow-Geister beseitigt, vorausgesetzt, die Variation $\delta A_\mu = \partial_\mu\chi$ ist invertierbar. Es gibt mehrere Möglichkeiten, die Eichung zu fixieren. Man kann zum einen explizite Bedingungen an das Eichfeld formulieren wie im Falle der Coulomb-Eichung $\nabla_i A_i = 0$, man kann aber auch einen zusätzlichen Term $-1/2\alpha(\partial_\mu A^\mu)^2$ in die Lagrange-Dichte einführen, der je nach Wahl von $\alpha$ verschiedene Eichungen repräsentiert, z.B. *Landau-Eichung* ($\alpha = 0$), *'t-Hooft-Feynman-Eichung* ($\alpha = 1$) oder *unitäre Eichung* ($\alpha = \infty$).

**Eichfreiheit,** die Freiheit bei der Wahl einer ↗*Eichung.*

**Eichgruppe,** Gruppe der lokalen Phasentransformationen (↗*Eichtransformationen*), unter denen die zugehörige ↗Eichtheorie invariant ist. Eine Eichgruppe ist eine ↗Lie-Gruppe, ihre raumzeit-abhängigen Elemente $\Omega_{ij}(x) = \left(e^{-i\theta^a(x)\tau^a}\right)_{ij}$ werden durch den Parametersatz $\theta^a(x)(a = 1, ..., n)$ und die Erzeugenden $\tau^a$ bestimmt, wobei $n$ die Dimension der Gruppe ist. Je nachdem, ob die Erzeugenden vertauschen oder nicht, spricht man von einer abelschen bzw. nicht-abelschen ↗Gruppe. Die fundamentalen Wechselwirkungen der Elementarteilchen werden durch Eichtheorien mit der abelschen und eindimensionalen Eichgruppe U(1) (Quantenelektrodynamik) sowie den nicht-abelschen Gruppen SU(2) (schwache Wechselwirkung, $n = 3$) und SU(3) (starke Wechselwirkung, $n = 8$) beschrieben. Die Eichgruppe der vereinigten elektroschwachen Wechselwirkung (↗Glashow-Weinberg-Salam-Modell) ist das semidirekte Produkt SU(2)× U(1). Der bekannteste Versuch der Vereinheitlichung der starken und der elektroschwachen Wechselwirkung basiert auf der ↗*Eichgruppe* ↗*SU(5).* In der String-Theorie sondert die Bedingung der Freiheit von quantenmechanischen ↗*Anomalien* die Gruppen SO(32) und $E_8$ aus.

**Eichbosonen** der vier elementaren Wechselwirkungen.

| Wechselwirkung | Eichbosonen | Masse | Eff. Reichweite |
|---|---|---|---|
| elektromagnetisch 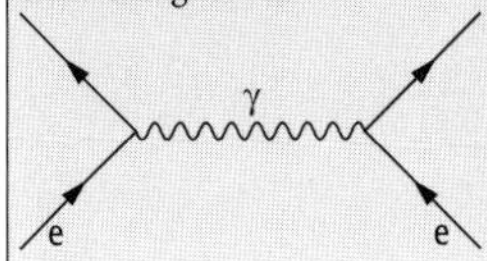  a | Photon γ | 0 | ∞ |
| stark 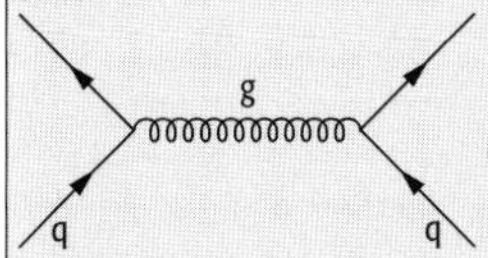  b | Gluon g | 0 | $10^{-15}$ m |
| schwach 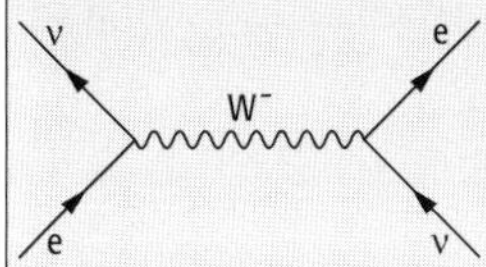  c | $W^\pm$-, Z-Bosonen | ≈90 GeV | $10^{-18}$ m |
| Gravitation 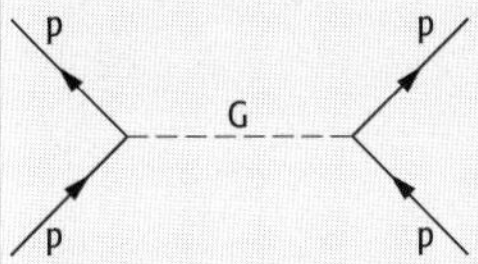  d | Graviton G | 0 | ∞ |

**Eichinvarianz,** die Invarianz ↗*Eichtransformationen* gegenüber. Die Wirkung einer ↗*Eichtheorie* baut sich auf der invarianten Lagrange-Dichte $\mathcal{L} = \frac{1}{2}\,\mathrm{tr}\, F\cdot F$ auf, wobei der Feldstärketensor aus der kovarianten Ableitung D zu gewinnen ist: $F = D \wedge DA = dA + A \wedge A$. Hierbei ist $A$ das Vektorpotential. Die fundamentalen Felder (Higgs-Bosonen oder Fermionen) werden zu Eichbosonen durch Ausdrücke gekoppelt, in denen die raumzeitliche Ableitungen durch eichkovariante Ableitungen ersetzt wurden. Eichinvariante Ausdrücke kann man immer mit Hilfe der kovarianten Ableitung und der Spurbildung aufbauen. Die Eichinvarianz ist eines der wichtigsten und grundlegendsten Prinzipien der Quantenfeldtheorie.

**Eichsymmetrie,** eine lokale, kontinuierliche Symmetrie der inneren Freiheitsgraden von Elementarteilchen. Gerade weil die Symmetrie lokal ist, d.h. die Parameter einer ↗*Eichtransformation* zeit- und raumabhängig sind, kann eine Umdefinition dieser inneren Freiheitsgrade zu jedem Raumzeitpunkt erfolgen.

**Eichtheorie[n],** allgemeines Modell für eine Feldtheorie, das auf der Forderung nach

Invarianz gegenüber lokalen Phasentransformationen aufbaut. Diese lokale Symmetrie hat sich als Grundbaustein für die Beschreibung der fundamentalen Wechselwirkungen von Elementarteilchen erwiesen, da die Raum-Zeit-Abhängigkeit der Transformationen die Existenz unabhängiger Vektorfelder verlangt, die in der physikalischen Natur den ↗Eichbosonen entsprechen, welche die Wechselwirkungen der Teilchen übertragen.

Das grundlegende Konzept der Eichtheorie wurde 1918 von H. ↗Weyl bei dem Versuch der Vereinheitlichung von Gravitation und Elektromagnetismus entwickelt, in der die vereinheitlichte Lagrange-Dichte invariant unter Rekalibrierung (»Eichung«) der Längenskala ist. Zwar erwies sich Weyls Theorie als nicht gangbar, sie führte aber in der Folge zur Formulierung der Elektrodynamik als Eichtheorie und schließlich zum vereinheitlichten ↗Standardmodell der Elementarteilchen als Prototyp einer ↗Yang-Mills-Theorie.

**1)** *Quantenfeldtheorie*: Aus quantenfeldtheoretischer Sicht ist die Forderung nach *lokaler Eichinvarianz* zwingend: Die ↗Quantenmechanik lehrt, daß nur Wahrscheinlichkeitsdichten, nicht jedoch Phasenfaktoren beobachtbar sind, und das Kausalitätsprinzip verbietet die gleichzeitige, nicht-lokale Festlegung der Phasen im ganzen Universum, da dies eine instantane Informationsübertragung voraussetzen würde. Sowohl die elektromagnetische als auch die schwache und die starke Wechselwirkung werden heute als Eichtheorien formuliert. Die Gravitationtheorie läßt sich ebenfalls aus einer *Eichsymmetrie* gewinnen, allerdings nur auf klassischem Niveau und nicht – wie im Fall der anderen drei Wechselwirkungen – als ↗Quantenfeldtheorie (siehe unten).

Der Mechanismus einer Eichtheorie läßt sich am Beispiel der elektromagnetischen Kraft erläutern: die ↗Dirac-Gleichung $(\mathrm{i}\gamma^\mu\partial_\mu - m)\psi(x) = 0$ ist nicht invariant unter der lokalen abelschen U(1)-Phasentransformation

$$\begin{aligned}\psi(x) \to \psi'(x) &= \Omega\psi(x)\\ &= \mathrm{e}^{\mathrm{i}\alpha(x)}\psi(x)\end{aligned}$$

des Elektronfeldes $\psi(x)$; der von der Raum-Zeit-Koordinate abhängige Transformationsparameter $\alpha(x)$ verursacht durch die Ableitung in der Dirac-Gleichung einen zusätzlichen Term, der die Symmetrie zerstört. Erst die Ankopplung des Elektrons an ein *Eichfeld* $A^\mu$, das elektromagnetische Potential, durch die Definition einer verallgemeinerten *kovarianten Ableitung* $\partial_\mu \to \mathrm{D}_\mu = \frac{\partial}{\partial x^\mu} + \mathrm{i}eA_\mu$ stellt die Symmetrie unter lokalen Phasentransformationen wieder her, wenn gleichzeitig das Vektorfeld entsprechend eichtransformiert wird, $A_\mu \to A'_\mu = A_\mu - \frac{1}{e}\frac{\partial}{\partial x^\mu}\alpha(x)$; dadurch wird der störende Term eliminiert. Die Invarianzforderung stellt also ein dynamisches Prinzip dar, das die Ankopplung des Eichfeldes an das Elektronfeld erzwingt. Die elektromagnetische Wechselwirkung läßt sich somit durch eine abelsche Eichtheorie mit der inneren Symmetrie U(1) beschreiben, der ↗Quantenelektrodynamik. Dem Eichfeld entspricht in der Natur das masselose ↗*Photon*.

Das Eichprinzip kann auf höhere und nichtabelsche Eichgruppen SU(N) erweitert werden. Bereits 1954 präsentierten C.N. ↗Yang und R.L. ↗Mills eine lokale Version der SU(2)-Eichsymmetrie zur Beschreibung stark wechselwirkender Hadronen. In der Folge hat sich für alle SU(N)-Eichtheorien die Bezeichnung ↗*Yang-Mills-Theorien* eingebürgert; in ihnen lauten die lokalen Phasentransformationen der fermionischen Felder (in einer bestimmten gewählten Darstellung)

$$\begin{aligned}\psi'_i(x) &= \Omega_{ij}(x)\psi_j(x)\\ &= \left(\mathrm{e}^{\mathrm{i}\alpha^a(x)\tau^a}\right)_{ij}\psi_j\end{aligned}$$

mit den lokalen Variablen $\alpha^a(x)$ und den Erzeugenden $\tau^a$ der Gruppe mit den charakteristischen Vertauschungsrelationen $[\tau^a, \tau^b] = \mathrm{i}f^{abc}\tau^c$ (↗Eichgruppe). Analog zur U(1)-Eichtheorie löst die verallgemeinerte Ableitung $\mathrm{D}_\mu \equiv \partial_\mu - \mathrm{i}gA^a_\mu(x)\tau^a$ das Problem des störenden Ableitungsterms, denn $\mathrm{D}_\mu$ verhält sich kovariant unter Phasentransformationen, $\mathrm{D}_\mu\psi' = \Omega\mathrm{D}_\mu\psi$, wenn die Eichfelder (auch Zusammenhang genannt), deren Anzahl der Zahl der Gruppenparameter entspricht, wie $A'_\mu(x) = -\frac{\mathrm{i}}{g}\left[\partial_\mu\Omega(x)\right]\Omega^{-1}(x) + \Omega(x)A_\mu(x)\Omega^{-1}(x)$ variieren. Aus der Kovarianz der Ableitung $\mathrm{D}_\mu$ folgt automatisch die Kovarianz des Feldstärketensors

$$\begin{aligned}F_{\mu\nu} &= \frac{\mathrm{i}}{g}\left[\mathrm{D}_\mu, \mathrm{D}_\nu\right]\\ &= \left(\partial_\mu A^a_\nu - \partial_\nu A^a_\mu + g\,f^{abc}A^b_\mu A^c_\nu\right)\tau^a\,,\end{aligned}$$

d.h. $F_{\mu\nu}$ transformiert wie $F_{\mu\nu} \to \Omega F_{\mu\nu}\Omega^{-1}$. Damit ergibt sich für die *Wirkung* der Yang-Mills-Theorie als einfachste Möglichkeit

$$S = \int \mathrm{d}^4x\,\frac{1}{2}\,\mathrm{Tr}\,(F_{\mu\nu}F^{\mu\nu});$$

sie bildet den Ausgangspunkt für die ↗Quantisierung und die weitere Diskussion der Eichtheorien.

Der ↗Pfadintegral-Formalismus ermöglicht eine kovariante Quantisierung, für die allerdings die Eichung fixiert werden muß, da alle durch eine Eichtransformation auseinander hervorgehenden Yang-Mills-Theorien physikalisch äquivalent sind (↗Eichfixierung). Diese Maßnahme zerstört jedoch die Unitarität, welche durch die Einführung zusätzlicher skalarer, fermionischer Felder repariert werden muß (↗Geisterfelder). Die Yang-Mills-Theorie mit der Eichgruppe $\mathrm{SU}(2)\times\mathrm{U}(1)$ und insgesamt vier Eichbosonen hat sich, nachdem die Quarks als fundamentale Teilchen etabliert waren und das Problem der Vereinbarkeit von massiven Eichbosonen und Renormierung gelöst war (spontane Symmetriebrechung), erfolgreich als die Theorie der elektroschwachen Wechselwirkung erwiesen (↗*Glashow-Weinberg-Salam-Modell*). Ihre geladenen Eichbosonen, die W-Bosonen, wurden 1983 am CERN in $p\bar{p}$-Kollisionen nachgewiesen (↗*Vektorbosonen*). Die Eichtheorie der starken Wechselwirkung basiert auf der Eichgruppe SU(3) und erfordert acht Eichbosonen, die ↗*Gluonen* (↗*Quantenchromodynamik*). Im Unterschied zur abelschen U(1)-Eichtheorie tragen die Eichfelder der nicht-abelschen Yang-Mills-Theorien innere Ladungen und können daher miteinander wechselwirken; es existieren also fundamentale ↗Feynman-Diagrammen, die nur Eichfelder enthalten.

Es steht heute außer Zweifel, daß mit dem Eichprinzip ein wesentlicher Aspekt der Natur aufgedeckt wurde, die Physik aber andererseits erst am Anfang einer interessanten Entwicklung steht, an deren Ende möglicherweise eine vollständige Reduktion physikalischer Begriffsbildungen wie Ladung und Masse auf geometrische Eigenschaften eines universellen hochdimensionalen Raumes stehen könnte.

**2)** *Gravitation*: Die Formulierung der Gravitation als Eichtheorie ist erstens – aufbauend auf dem Erfolg der Beschreibung der starken, der schwachen und der elektromagnetischen Wechselwirkung als Eichtheorie – von der Suche nach einer vereinheitlichten Theorie der vier fundamentalen Wechselwirkungen motiviert und zweitens vom Mißerfolg bei der Quantisierung der Allgemeinen Relativitätstheorie (↗Quantengravitation) angeregt.

Zur Formulierung der Gravitationstheorie als Eichtheorie müssen zunächst sowohl eine ↗Eichgruppe als auch eine eichinvariante ↗Lagrange-Dichte gewählt werden; abhängig von der Wahl ergeben sich verschiedene Modelle. Der allgemeinste Ansatz basiert auf der vierdimensionalen affinen Gruppe $A(4,\mathbb{R}) = \mathbb{R}^4 \times GL(4,\mathbb{R})$, dem semidirekten Produkt der Translationsgruppe $\mathbb{R}^4$ mit der allgemeinen linearen Gruppe $GL(4,\mathbb{R})$. Die Eichung der affinen Gruppe, angelehnt an den Formalismus der Yang-Mills-Eichtheorie, führt zur *metrisch-affinen (Eichtheorie der) Gravitation* (MAG). Die Eichpotentiale der MAG sind die Metrik $g_{\alpha\beta}$, die Kobasis $\vartheta^\alpha$ und die lineare Konnexion $\Gamma_\alpha{}^\beta$, die entsprechenden Feldstärken sind die Nichtmetrizität $Q_{\alpha\beta}$, die Torsion $T^\alpha$ und die Krümmung $R_{\alpha\beta}$. Mathematisch ergeben sich die Feldstärken durch Bildung der äußeren kovarianten Ableitung der Eichpotentiale, d.h. formal gilt

$$(Q_{\alpha\beta}, T^\alpha, R_\alpha{}^\beta) = \mathrm{D}(g_{\alpha\beta}, \vartheta^\alpha, \Gamma_\alpha{}^\beta).$$

Die Eichung von Untergruppen der affinen Gruppe führt zu degenerierten Spezialfällen der MAG. Die *Poincaré-Eichteorie* ist die Klasse von Eichtheorien, die auf der Eichung der ↗Poincaré-Gruppe basieren. Hier ist die Metrik kovariant konstant, d.h. $Q_{\alpha\beta} = g_{\alpha\beta} \equiv 0$, wodurch sich in Anlehnung an die MAG Torsion und Krümmung als Feldstärken der Poincaré-Eichteorie ergeben. Durch die Festlegung der eichinvarianten Lagrange-Dichte ergeben sich verschiedene Untermodelle, zu denen als wichtigstes Beispiel die ↗Einstein-Cartan-Theorie gehört, die als eine (geringfügige) Verallgemeinerung der Allgemeinen Relativitätstheorie verstanden werden kann. Die experimentellen Vorhersagen der Einstein-Cartan-Theorie weichen nur so schwach von denen der Allgemeinen Relativitätstheorie ab, daß momentan experimentell nicht zwischen den beiden Theorien unterschieden werden kann.

Schließlich führt die Eichung der Translationsgruppe $\mathbb{R}^4$ zur *Fernparallelismus-Theorie* der Gravitation, die in den dreißiger Jahren von Einstein selbst formuliert wurde. In dieser Theorie verschwindet außer der Nichtmetrizität auch die Krümmung, so daß nur die Torsion als gravitative Feldstärke übrigbleibt. Dementsprechend ist die zugrundeliegende Geometrie ein sog. Weitzenböck-Raum. Die Fernparallelismus-Theorie und die Allgemeine Relativitätstheorie sind zwei mathematisch vollständig äquivalente Formulierungen der Gravitation. [BK, TB2, UK]

**Eichtransformation, 1)** *Quantenfeldtheorie*: eine lokale (d.h. in der Raumzeit von Punkt zu Punkt verschiedene) Transformation innerer Freiheitsgrade. Verschiedene physikalische Größen verhalten sich unterschiedlich der Eichtransformation gegenüber: Fermionfelder transformieren sich nach der fundamentalen Darstellung $\Psi' = U(x)\Psi$, der Feldstärketensor von Eichbosonen nach der adjungierten Darstellung $F' = U(x)FU^{-1}(x)$. Das Vektorpotential ist dagegen kein Tensor im Sinne der Eichtransformation, sondern eine ↗Konnexion: $A' = U(x)\ AU^{-1}(x) + U(x)\,\mathrm{d}U^{-1}(x)$. Die Eichtransformationen $U$ zeigen Gruppeneigenschaften, sie können deshalb in der Basis einer ↗*Eichgruppe* komponentenweise geschrieben werden: z.B. $U = \exp(igT^a\omega^a(x))$ für eine Lie-Gruppe. Aus jeder Feldkonfiguration kann in einer Eichtheorie eine physikalisch äquivalente, aber formal verschiedene andere Feldkonfiguration durch eine Eichtransformation gewonnen werden.

**2)** *Elektrodynamik*: Transformation der elektromagnetischen Potentiale, des skalaren Potentials $A^0$ und des Vektorpotentials $\boldsymbol{A}$, die die elektromagnetischen Feldstärken $\boldsymbol{E} = -\nabla A^0 - \partial\boldsymbol{A}/\partial t$ und $\boldsymbol{B} = \nabla \times \boldsymbol{A}$ ungeändert läßt und durch

$$A^0 \to A^{0'} = A^0 + \partial\chi/\partial t$$
$$\boldsymbol{A} \to \boldsymbol{A}' = \boldsymbol{A} - \nabla\chi$$

mit einer beliebigen Funktion $\chi(\boldsymbol{r},t)$ gegeben ist. Das Viererpotential $A^\mu = (A^0, \boldsymbol{A})$, aus dem sich der Feldstärketensor $F_{\mu\nu} = \partial_\mu A_\nu - \partial_\nu A_\mu$ mit den Komponenten $F_{0i} = -F_{i0} = E_i$ und $F_{ij} = -F_{ji} = \varepsilon_{ijk}B_k$ ergibt, transformiert sich folglich gemäß $A_\mu \to A'_\mu = A_\mu + \partial_\mu\chi$ ($\varepsilon_{ijk}$: ↗Levi-Civita-Symbol). Je nach der Wahl von $\chi$ können verschiedene *Eichungen* der Potentiale realisiert werden:

i) die *Lorentz-Eichung* mit $\partial^\mu A_\mu = 0$ ist eine kovariante Eichung;
ii) die *Coulomb-Eichung* mit $\nabla A = 0$ zeigt die Transversalität des Vektorpotentials an;
iii) die *axiale Eichung* $n^\nu A_\nu = 0$ mit einem beliebigen Vierervektor $n^\nu$, bei der $\boldsymbol{A}$ im allgemeinen auch eine longitudinale Komponente hat.

**Eichung, 1)** *Metrologie*: eine von den Eichbehörden vorzunehmende Prüfung und Kennzeichnung von Meßgeräten (auch Maßverkörperungen), die im öffentlichen Bereich verwendet werden. Durch die Prüfung wird festgestellt, ob das Gerät den Eichvorschriften genügt, d.h. ob es den an seine Beschaffenheit und seine meßtechnischen Eigenschaften zu stellenden Anforderungen genügt, insbesondere ob die Beträge der Meßabweichungen die durch die Eichordnung vorgegebene Eichfehlergrenze(n) nicht überschreiten. Die Kennzeichnung (Stempelung) beurkundet, daß das Meßgerät zum Zeitpunkt der Prüfung den Anforderungen genügt hat und aufgrund seiner Beschaffenheit auch in Zukunft genügen wird.

Der Begriff »Eichen« wird ungenau auch für das ↗*Justieren* bzw. ↗*Kalibrieren* von Meßgeräten verwendet.

**2)** *Feldtheorien*: a) der Prozeß, in dem eine globale Symmetrie auf die entsprechende lokale Symmetrie erweitert wird, welche dann einer *Eichfeldtheorie* zugrunde liegt.

b) die durch die Wahl der Eichfixierung entstehende partikuläre Bedingung für die Eichfelder. Die Eichfreiheit läßt eine Wahl in der Bedingung zwischen den Komponenten des Vektorpotentials zu, welche Ausdrücke nur bis zu den ersten Ableitungen enthält: $\mathcal{F}(A, \mathrm{d}A) = 0$. Einige oft verwendete Beispiele sind die Coulomb-Eichung: $\nabla \cdot \boldsymbol{A} = 0$, die Lorentz-Eichung: $\partial_\mu A^\mu = 0$, die axiale Eichung: $n_\mu A^\mu = 0$ mit dem $(n^2-1)$-dimensionalen räumlichen Einheitsvektor oder die temporale Eichung (wie die axiale Eichung, nur mit dem $(n^2-1)$-dimensionalen zeitartigen Einheitsvektor). In nichtabelschen Eichtheorien findet die Hintergrund-Eichung Verwendung: $D_\mu A^\mu = 0$, wobei die kovariante Ableitung nur den nichtfluktuierenden Hintergrundanteil des Vektorpotentials enthält. Eine Eichfixierung hat eine Modifikation der Lagrange-Dichte zu

$$\mathcal{L}_{\text{eff}} = \mathcal{L}\frac{\lambda}{2}\operatorname{tr}\mathcal{F}A^2 + i\bar{\Theta}\frac{\delta(\mathcal{F})}{\delta A}\Theta$$

zur Folge. Die *Fadejew-Popow-Geister* $\Theta$ und $\bar{\Theta}$ (↗*Geisterfelder*) treten deswegen auf, weil die Eichbedingung $\mathcal{F}$ eine nichtlineare Funktion des Vektorpotentials sein kann. In einer Eichfeldtheorie sind die ↗*Feynman-Regeln* unter Berücksichtigung dieser Zusatzterme abzuleiten. In der Pfadintegral-Darstellung der ↗*Quantenfeldtheorie* kann die Eichfixierung dank des *Fadejew-Popow-Tricks* durch eine Mittelung über die Eichgruppe ersetzt werden. Diese Methode wird in der ↗*Gittereichtheorie* angewandt.

**Eichwesen,** die Sicherstellung und Kontrolle redlicher Verwendung der Maße und Einheiten. Es ist im Gesetz über das Meß- und Eichwesen von 1969 geregelt. Danach unterliegen Meßgeräte, die im geschäftlichen oder amtlichen Verkehr, im Verkehrswesen, im Bereich der Heilkunde und bei der Herstellung und Prüfung von Arzneimitteln verwendet werden, einer *Eichpflicht,* d.h. sie sind mit den Normalgeräten *(Eichnormalen)* der Eichbehörden abzustimmen (zu eichen). In bestimmten Bereichen (Meßgeräte für die Abgabe von Elektrizität, Gas, Wasser oder Wärme) besteht keine Eichpflicht, hier genügt eine Bauartprüfung. – Zuständig für das Eichwesen in der Bundesrepublik Deutschland sind die Physikalisch-Technische Bundesanstalt in Braunschweig und Berlin sowie die Eichaufsichtsbehörden und Eichämter der Länder (↗*Meßwesen*).

**Eigen**, *Manfred*

**Eigen,** *Manfred*, deutscher Physikochemiker, *9.5.1927 Bochum; 1985 Professor und Direktor am Max-Planck-Institut für biophysikalische Chemie in Göttingen; Pionierarbeiten (ab 1951) zur Untersuchung des Verlaufs extrem schneller chemischer Reaktionen in Lösungen (insbesondere von enzymkatalysierten Umsetzungen) mittels der Relaxationsmethode; bestimmte 1955 erstmals die Neutralisationsgeschwindigkeit; ferner Arbeiten über dissipative Strukturen, Entropie und Fragen der präbiologischen Evolution; entwickelte ein physikalisch-chemisches Modell der Selbstorganisation belebter Systeme (Hyperzyklus); stellte 1962 eine Relaxationstheorie für Mehrstufenprozesse auf; formulierte für bestimmte Replikationsmodelle zusammen mit P. Schuster die Theorie der Quasispezies; erhielt 1967 zusammen mit R.G.W. ↗Norrish und G. ↗Porter den Nobelpreis für Chemie.

**Eigenbewegung,** scheinbare Winkelbewegung eines Sterns in der Himmelsebene, gemessen in Bogensekunden pro Jahr (″/a). Zusammen mit der ↗*Radialbewegung* ergibt sie die tatsächliche räumliche Bewegung eines Sterns. ↗*Barnards Pfeilstern* besitzt mit 10,31″/a die größte bekannte Eigenbewegung. Die bislang genauesten Messungen lieferte der Satellit ↗*Hipparcos.* Durch ihn sind von rund 100000 Sternen die Eigenbewegungen bis auf 0,001″/a und von einer Million Sternen bis auf 0,01″/a bekannt. Diese Daten sind wichtige Parameter für die Ermittlung der Dynamik und der räumlichen Struktur des ↗*Milchstraßensystems.*

**Eigendiffusion** ↗Diffusion.

**Eigendrehimpuls** ↗Spin.

**Eigenfehlstellen,** *Eigenfehlordnungen*, nulldimensionale Gitterfehlstellen, die in einem Idealkristall bei tiefen Temperaturen durch Temperaturerhöhung entstehen. Ihre Anwesenheit in realen Kristallen entspricht der Tatsache, daß der Idealkristall bei jeder vom absoluten Nullpunkt verschiedenen Temperatur nicht den thermodynamisch günstigsten Zustand darstellt. Eigenfehlstellen sind einzelne Leerstellen, Zwischengitteratome oder Ansammlungen davon.

Zur Erzeugung von Eigenfehlstellen muß eine Bildungsenergie aufgewendet werden, die für Leerstellen etwa 1–2 eV beträgt und gleich der Bindungsenergie eines Gitterbausteins ist. Die Bildungsenergie der Zwischengitteratome ist meist um den Faktor zwei bis vier größer, da das Gitter in der Umgebung der zusätzlichen Atome aus Raumgründen stark komprimiert werden muß.

Je nachdem, ob sich in Kristallen bei konstanter Temperatur Gleichgewichtskonzentrationen der Eigenfehlstellen bilden oder nicht, spricht man von *Gleichgewichtsfehlordnung* oder von nicht im thermischen Gleichgewicht befindlichen Eigenfehlstellen.

Man unterscheidet mehrere Arten von Gleichgewichtsfehlordnungen (thermische Fehlordnungen). Die *Schottky-Fehlordnung* (↗Schottky-Defekten) entsteht durch Wanderung von Kristallbausteinen aus dem Inneren des Kristalls an die Oberfläche, an eine innere Grenzfläche oder an eine Versetzung und besteht deshalb nur aus Leerstellen. Die *Anti-Schottky-Fehlordnung* bildet sich durch Wanderung von Kristallbausteinen von der Oberfläche in das Kristallinnere, sie besteht also aus Zwischengitteratomen. Die *Frenkel-Fehlordnung* entsteht, wenn Kristallbausteine ihren Gitterplatz verlassen und sich auf Zwischengitterplätze begeben. Sie setzt sich deshalb aus einer gleichen Anzahl von Leerstellen und Zwischengitteratomen zusammen. In *Verbindungskristallen* können sich in den einzelnen Teilgittern unterschiedliche Fehlordnungen mit unterschiedlichen Fehlstellenkonzentrationen ausbilden. In Ionenkristallen muß jedoch die Ladungsneutralität der Kristalle gewahrt bleiben.

Eigenfehlstellen beeinflussen eine Reihe strukturempfindlicher Kristalleigenschaften, z.B. die Dichte, die spezifische Wärme sowie die optischen und mechanischen Eigenschaften. Bestimmte Transportphänomene in Festkörpern, z.B. die Diffusion und die Ionenleitfähigkeit, werden durch das Vorhandensein von Eigenfehlstellen überhaupt erst ermöglicht. Die experimentelle Bestimmung der Eigenschaften der Eigenfehlstellen erfolgt durch Messung der von ihnen beeinflußten Größen, besonders durch die Untersuchung der Transportprozesse, bei Assoziaten wegen des meist vorhandenen Dipolcharakters auch der elektrischen und der mechanischen ↗Relaxation. Viele Informationen erhält man auch aus Ausheilungsuntersuchungen bei konstanter Temperatur (isotherme Ausheilung), bei unterschiedlichen Temperaturen mit konstanten Temperzeiten (isochrone Ausheilung) oder mit einer Kombination beider Methoden.

**Eigenfluoreszenz** ↗*Autofluoreszenz.*

**Eigenfrequenzen,** von rücktreibenden Kräften, der Dämpfung und den Trägheitseigenschaften abhängige Frequenzen, mit welchen ein schwingungsfähiges System ohne Einfluß äußerer Kräfte schwingen kann (*Eigenschwingungen*). Sie lassen sich durch Integration der Schwingungsgleichung ermitteln (↗Schwingung). Die allgemeine Schwingungsform des Systems ohne äußere Kräfte läßt sich als Linearkombination dieser Eigenschwingungen beschreiben. Bei erzwungenen Schwingungen fallen die Resonanzfrequenzen (↗Resonanz) mit den Eigenfrequenzen des Systems zusammen.

**Eigenfunktion,** Lösung einer Eigenwert-Differentialgleichung unter gegebenen Randbedingungen und zu einem gegebenen Eigenwert (↗*Differentialgleichungen*). Die Eigenfunktionen zu einem linearen Differentialoperator $L$ sind die entsprechenden Lösungen der Gleichung $L[y] = \lambda y$. Für selbstadjungierte (hermitesche) Differentialoperatoren sind Eigenfunktionen zu verschiedenen Eigenwerten orthogonal. In der Quantenmechanik sind die stationären Zustände die Eigenfunktionen des Hamilton-Operators. Zu den Operatoren der Quantenmechanik läßt sich insbesondere ein vollständiges System aus orthonormierten Eigenfunktionen finden.

**Eigenhalbleiter** ↗Eigenleitung.

**Eigeninduktionskoeffizient** ↗*Selbstinduktionskoeffizient.*

**Eigeninduktivität** ↗*Selbstinduktivität.*

**Eigenkonvektion,** *natürliche Konvektion,* Strömung in Flüssigkeiten oder Gasen, die durch Temperaturunterschiede bzw. die dadurch bedingten Dichteunterschiede verursacht wird. Sie spielt u.a. bei der Wärmeübertragung eine wesentliche Rolle. Die Ähnlichkeitsgesetze der Wärmeübertragung werden hierbei durch die Nußelt-Zahl, die Grashof-Zahl und die ↗Prandtl-Zahl bestimmt.

**Eigenleitung,** Leitfähigkeitseffekt im Inneren eines Halbleiters, der dann auftritt, wenn das elektrische Verhalten des Halbleiters nicht durch Störstellen im Kristall bestimmt wird. Die Konzentration der ↗Donatoren bzw. der ↗Akzeptoren muß klein sein im Vergleich zur Konzentration der thermisch vom Valenzband ins Leitungsband angeregten Ladungsträger $n_i$, die als *intrinsische Konzentration* oder *Eigenleitungskonzentration* bezeichnet wird. Sie ist von der Temperatur $T$ und der Energiebreite $E_g$ der verbotenen Zone abhängig:

$$n_i = \sqrt{n_0 p_0}\,\exp\left(-\frac{E_g}{2k_B T}\right),$$

wobei $n_i$ und $p_0$ die *Entartungskonzentrationen* sind, $k_B$ ist die Boltzmann-Konstante und $T$ die Temperatur. Sind der ↗Bandparameter $E_g$, die effektive Masse $\mu_n^*$ der Elektronen und $\mu_p^*$ der Defektelektronen sowie die Temperatur im Halbleiter bekannt, kann mit dieser Formel eine Mindestreinheit des Halbleiters für das Auftreten von Eigenleitung abgeleitet werden.

**Eigenleitungskonzentration** ↗Eigenleitung.

**Eigenlicht des Auges,** Gesamtheit der ohne äußere Reize (z.B. durch Licht) ausgelösten Lichtempfindungen des Auges, die nur durch chemisch-physikalische Prozesse in der Netzhaut zustande kommen.

**Eigenpotential, geoelektrisches,** *EP*, *SP* (*Self-Potential*), durch elektrochemische und elektrokinetische Prozesse (↗elektrokinetische Erscheinungen) erzeugtes ↗elektrisches Potential. Wichtiger Parameter bei der geophysikalischen Lagerstätten- und Deponieerkundung (↗Geoelektrik).

**Eigenraum** ↗Eigenwert.

**Eigensche Evolutionstheorie,** von M. ↗Eigen entwickelte Theorie der präbiologischen Evolution. (↗Evolution)

**Eigenschwingung,** Schwingung eines Systems mit einer seiner ↗Eigenfrequenzen.

**Eigentemperatur,** diejenige Temperatur $T_C$, die sich infolge der Reibung an der Oberfläche eines umströmten, völlig wärmeisolierten Körpers einstellt. In inkompressibler Strömung ist der Unterschied zwischen Eigentemperatur und Temperatur des Strömungsmediums außerhalb der Grenzschicht meist vernachlässigbar klein. In kompressiblen Strömungen stellen sich dagegen mit steigender ↗Mach-Zahl beträchtliche Temperaturunterschiede zwischen Wand und Außenströmung ein. Sie werden durch die Reibungsvorgänge in der wandnahen Grenzschicht verursacht. Neben der Strömungsgrenzschicht kommt es zur Ausbildung einer Temperaturgrenzschicht. Beide beeinflussen sich bei hohen Mach-Zahlen gegenseitig sehr stark. Infolge der Zähigkeit des Gases wird in der Grenzschicht kinetische Energie in Reibungswärme umgewandelt, die zu einer beträchtlichen Aufheizung der dünnen wandnahen Schicht führt. Das sich ausbildende Temperaturprofil erreicht unmittelbar an der Wand einen Maximalwert $T_W$ und geht asymptotisch in die Temperatur $T_\infty$ der Außenströmung über. Für den wärmeundurchlässigen Körper ist $T_W$ gleich der Eigentemperatur. Sie kann näherungsweise mit der Beziehung

$$T_e = T_\infty + \frac{c_\infty^2}{2c_p} = T_\infty\left(1 + \frac{\kappa - 1}{2} Ma^2\right)$$

berechnet werden, die ebenfalls für die Stautemperatur $T_R$ gültig ist. Hierbei sind $c_\infty$ die Zuströmgeschwindigkeit, $c_p$ die ↗spezifische Wärme bei konstantem Druck, $\kappa$ ist der Isentropenexponent und $Ma$ die Mach-Zahl. Zur genauen Berechnung der Eigentemperatur muß das System der Differentialgleichungen von Strömungsgrenzschicht, Temperaturgrenzschicht, Kontinuitätsgleichung und Zähigkeitsgesetz $\eta(T)$ gelöst werden. Als wesentliche Kennzahl tritt die ↗Prandtl-Zahl $Pr = \nu/a = \eta\, c_p/\lambda$ auf, in der $\nu$ die kinematische Zähigkeit und $\eta$ die dynamische Zähigkeit des Gases, $a$ die Temperaturleitfähigkeit und $\lambda$ die Wärmeleitfähigkeit ist.

Die Oberfläche von schnell fliegenden Flugkörpern, z.B. Flugzeugen, Raketen, künstlichen Erdsatelliten etc. erfährt beim Flug in der Atmosphäre durch adiabatische Kompression und Reibungswärme eine beträchtliche Aufheizung. Sie beträgt beispielsweise bei einem Flug in der Stratosphäre bei Mach 0,9 etwa 29 K und bei Mach 2 etwa 178 K. Ein mit Mach 100 in die Atmosphäre eintauchender ↗Meteorit wird dennoch nicht auf den theoretischen Wert von 446000 K aufgeheizt, da ein großer Teil der Wärmeenergie durch Dissoziation und Ionisation der Luft abgeführt wird.

**Eigenvektor** ↗Eigenwert.

**Eigenvolumen** ↗Van-der-Waals-Gleichung.

**Eigenvorspannung** ↗Self-Bias.

**Eigenwert,** zu einer linearen Selbstabbildung $A$ eines Vektorraumes ein Wert $\lambda$, der so beschaffen ist, daß die *Eigenwertgleichung* $Ax = \lambda x$ Lösungen mit $x \neq 0$ besitzt. Die Eigenwerte sind genau die Nullstellen des ↗charakteristischen Polynoms $p_A(\lambda) = \det(A - \lambda I)$ mit der entsprechenden Einheitsmatrix $I$. Die Lösungen $x$ zu einem gegebenen Eigenwert $\lambda$ heißen dann *Eigenvektoren* zu diesem Eigenwert. Der von den Eigenvektoren zu einem Eigenwert aufgespannte Unterraum heißt *Eigenraum* zu diesem Eigenwert, und seine Dimension wird *geometrische Vielfachheit* (Entartungsgrad) des Eigenwertes genannt. Wenn diese eins ist, kann der Eigenraum durch einen einzigen Eigenvektor repräsentiert werden. Ist sie größer als eins, wird der Eigenwert als *entartet* bezeichnet, in diesem Fall muß der Eigenraum durch eine Basis von Eigenvektoren zum selben Eigenwert dargestellt werden. In einem $n$-dimensionalen Vektorraum kann $A$ bis zu $n$ Eigenwerte besitzen. Trifft dies zu, dann bilden die Eigenvektoren zu den Eigenwerten eine Basis des Vektorraumes, bezüglich der die Abbildung $A$ als Diagonalmatrix dargestellt wird. Ist $A$ symmetrisch bzw. hermitesch, dann sind die Eigenwerte alle reell, und Eigenvektoren zu verschiedenen Eigenwerten sind orthogonal. In Anwendungen sind Eigenwerte und Eigenvektoren insbesondere für die ↗*Diagonalisierung* von $A$ von Interesse, d.h. für die Suche nach einem für die Darstellung von $A$ besonders geeigneten Koordinatensystem. *Eigenwert-Differentialgleichungen*, bei denen $A$ ein Differentialoperator und $x$ eine Funktion ist, treten bei der Variablentrennung partieller ↗*Differentialgleichungen* auf und spielen in der ↗*Quantenmechanik* eine große Rolle.

**Eigenwert-Differentialgleichung** ↗Differentialgleichung.

**Eigenzeit,** die in einem mit dem mitbewegten Bezugssystem ablaufende Zeit. Die Eigenzeit ist ein fundamentaler Begriff der Relativitätstheorie. Die Eigenzeit eines Beobachters entspricht der Länge der ↗Weltlinie dieses Beobachters, sie hängt mit dem Linienelement der ↗Metrik über $d\tau = 1/c\sqrt{-ds^2}$ zusammen (↗Riemannscher Raum).

Die Eigenzeit $d\tau$ ist der Skalar, der in der relativistischen Kinematik an die Stelle des Zeitdifferentials $dt$ der Newtonschen Mechanik tritt (↗Vierergeschwindigkeit, ↗Viererimpuls). In der Speziellen Relativitätstheorie ist das Eigenzeitelement eines Körpers, der sich gegen ein ↗Inertialsystem mit der Geschwindigkeit $v$ bewegt, gleich $d\tau = dt \cdot \sqrt{1 - v^2/c^2}$; dabei ist $t$ die Zeit im betrachteten Inertialsystem. Die Eigenzeit des bewegten Körpers verstreicht also stets langsamer als die des Inertialsytems (↗Zeitdilatation).

**Eigenzustand,** Zustand eines quantenmechanischen Systems, der einem Eigenvektor $|\psi\rangle$ des Hilbert-Raums entspricht: $A|\psi\rangle = a|\psi\rangle$. Das System befindet sich in einem Eigenzustand $|\psi\rangle$ bezüglich der Observablen $A$, wenn der Erwartungswert $\langle\psi|A|\psi\rangle$ gleich einem Eigenwert $a$ von $A$ ist. Eine Messung der Oberservablen $A$ des Systems führt also zum Resultat $a$; die komplementäre (kanonisch konjugierte) Observable ist entsprechend der ↗Heisenbergschen Unschärferelation vollkommen unbestimmt.

Für ↗hermitesche Operatoren $A$ läßt sich eine Basis des Hilbert-Raumes aus Eigenzuständen $|a_i\rangle$ konstruieren, die durch die Eigenwerte $a_i$ gekennzeichnet werden (↗Bracket-Notation): $|\psi\rangle = \sum_i c_i|a_i\rangle$ für jeden beliebigen Zustand $|\psi\rangle$, wobei die $c_i$ Entwicklungskoeffizienten sind.

**Eightfold Way** ↗achtfacher Weg.

**Eikonal,** »Bild«, in der Theorie der geometrisch-optischen Abbildung die Bezeichnung von Abbildungsfunktionen, die die Beziehung zwischen Objekt- und Bildraum beschreiben. Gemäß dem ↗*Fermatschen Prinzip* nimmt das Licht im Verlauf der Abbildung denjenigen Weg zwischen zwei durch stetige Flächen (Spiegel, Linsen oder Prismen) in getrennten Medien liegenden Punkten A und B, der nicht dem kürzesten geometrischen Weg $l$, sondern aufgrund der unterschiedlichen Fortpflanzungsgeschwindigkeiten in den Medien dem kürzesten optischen Weg $n \cdot l$, d.h. dem kleinsten Produkt aus geometrischer Weglänge $l$ und ↗Brechzahl $n$, entspricht. Die Summe der optischen Weglängen ist $H = \sum_k n_k l_k$ bzw. $H = \int_A^B n\,dl$. Sie wird als charakteristische Funktion oder auch als das *Brunssche Eikonal* eines optischen Systemes bezeichnet. Die Forderung nach einem Extremum in der charakteristischen Funktion läßt sich als:

$$\delta \sum_k n_k \cdot l_k = 0$$

formulieren. Zeigt das Medium eine kontinuierliche Brechzahländerung, so geht die Summe in das Integral über:

$$\delta \int_A^B n\,dl = 0.$$

Dieser Aspekt spielt eine wichtige Rolle bei der wellentheoretischen Betrachtung. Wird z.B. mit einer vollständig korrigierten Linse Licht vom Punkt A in den Punkt B abgebildet, so gehen von A divergente Kugelwellen aus, die in B konvergieren. Hierbei sind A und B singuläre Stellen der Wellenfronten, die in einem Punkt degenerieren. Die Fortpflanzungszeit der verschiedenen Strahlen muß dabei gleich sein, da sonst die Strahlen mit Gangunterschieden in B eintreffen und miteinander interferieren. Solange man (wie bei der geometrischen Optik) die Lichtwellenlänge als verschwindend klein gegenüber allen anderen auftretenden Abmessungen betrachtet, läßt sich eine Funktion der Ortskoordinaten eines Objektpunktes A mit $(x_0, y_0, z_0)$ und der des konjugierten Bildpunktes B mit $(x_1, y_1, z_1)$ angeben, und der Extremwert $H$ ist i.a. nur von diesen Koordinaten abhängig. Mit Hilfe des Eikonals lassen sich Strahlengänge berechnen und der Zusammenhang zwischen einzelnen optischen Abbildungsfehlern deutlicher bestimmen als bei der Berechnung mit den trigonometrischen Funktionen. Hält man A fest und variiert B so in seiner Lage, daß $H(\mathrm{A}, \mathrm{B})$ gleich bleibt, so bilden die Punkte B eine Wellenfläche der von A in verschiedenen Richtungen ausgehenden Strahlen. Für die charakteristische Funktion $H$ gilt die Differentialgleichung

$$\left(\frac{\partial H}{\partial x}\right)^2 + \left(\frac{\partial H}{\partial y}\right)^2 + \left(\frac{\partial H}{\partial z}\right)^2 = n^2,$$

Für den Fall der astigmatischen Abbildung läßt $H$ aufgrund seines singulären Verhaltens in den Bildpunkten keine eindeutige Berechnung zu. W. Hamilton benutzte das Eikonal, um eine grundsätzliche Analogie zwischen Strahlenoptik und klassischer Dynamik zu zeigen, die wiederum Schrödinger zur Konzeption einer der Wellenoptik analogen Wellenmechanik angeregt hat.

Das von K. Schwarzschild eingeführte Winkel-Eikonal $W$, mit dem die Singularität vermieden wird, beschreibt die zwei korrespondierenden Lichtstrahlen nicht mit Hilfe der Koordinaten von A und B, sondern durch den Richtungskosinus der Strahlen im Objekt- und Bildraum, die als unabhängige Variablen eingeführt werden.

Das häufig benutzte Seidelsche Eikonal (Seidelsches Winkel-Eikonal) $S$ fügt dem Winkel Eikonal $W$ geeignete Funktionsausdrücke hinzu und beschreibt den Lichtweg eines Strahles durch einen Objektpunkt und den Durchtrittspunkt durch die Austrittspupille. Die Differentialquotienten des Eikonals $S$ zeigen gemäß der verschiedenen Variablen dann die Strahlabweichung von der Gaußschen Abbildung beim Verlassen des ↗Paraxialgebietes. [KB2]

**Eimerversuch, Newtonscher** ↗Machsches Prinzip.

**einachsige Kristalle,** Kristalle, deren optische Achse mit der kristallographisch ausgezeichneten Rotationsachse, üblicherweise der c-Achse des Kristallgitters, zusammenfällt. Optisch einachsig sind Kristalle des tetragonalen, trigonalen und hexagonalen Kristallsystems. (↗*Indexellipsoid*)

**Einankerumformer,** ein Wechselstrom-Gleichstrom-Umformer, der meist als ↗Gleichrichter verwendet wird. Beim Einankerumformer treibt ein ↗Wechselstrommotor oder auch Drehstrommotor einen ↗Gleichstromgenerator an. Außer dem ↗Stromwender gibt es bei Wechselstrom zwei, bei Drehstrom sechs zusätzliche Schleifringe, die mit Anzapfungen der Ankerwicklung verbunden sind. Die in der Ankerwicklung induzierte Spannung steht somit an den Schleifringen als Wechselspannung, am Stromwender als Gleichspannung zur Verfügung. Zwischen beiden Spannungen besteht daher immer ein festes Verhältnis. Der Einankerumformer benötigt zum Anlassen eine Synchronisiereinrichtung oder synchronen Drehstrom, wenn er nicht eine zusätzliche Anlaßwicklung besitzt. (↗Umformer)

**Ein-Atom-Maser,** ein ↗*Maser*, dessen Medium aus nur einem Atom bestehen kann. Mit dem Ein-Atom-Maser lassen sich insbesondere bestimmte Aspekte der ↗*Quantenelektrodynamik* überprüfen.

In einem Ofen wird ein Strahl aus Alkaliatomen erzeugt und durch eine Blende kollimiert. Durch eingestrahltes Laserlicht lassen sich dann im Atomstrahl gezielt hohe ↗*Rydberg-Zustände* mit sehr langen Lebensdauern anregen. Die angeregten Atome gelangen in einen Hohlraumresonator, der durch mechanische Deformation im Bereich der Übergangsfrequenz $\nu = (E_n - E_{n-1})/h$ der Atome zwischen den zwei Rydberg-Zuständen $|n\rangle$ und $|n-1\rangle$ abgestimmt werden kann. Durch spontane Emission eines Photons kann ein den Hohlraumresonator duchfliegendes Atom in den Zustand $|n-1\rangle$ übergehen und eine Resonatormode anregen. Die Lebensdauer dieser Resonatormode hängt wesentlich von der Resonatorgüte ab. Durch Kühlung auf eine Temperatur von nur einigen Kelvin werden die Wände des Resonators supraleitend, und die Resonatorgüte steigt auf Werte von $Q \geq 10^{10}$. Das entpricht einer Lebensdauer der Resonatormode von mehr als 1 s. Erniedrigt man bei einem derart präparierten Resonator die Dichte des Atomstrahls nun immer mehr, so kann man erreichen, daß sich während der Zeitspanne, die die Atome typischerweise zum Durchfliegen des Resonators brauchen, nur ein einzelnes Atom im Resonator befindet. Bei geeigneter Wahl der kinetischen Energie der Atome im Strahl ist diese Durchflugszeit kleiner als die Lebensdauer der Resonatormode, und man kann bequem die Wechselwirkung des einzelnen Atoms mit dem elektromagnetischen Feld des Resonators untersuchen. Das Atom, das spontan ein Photon emittiert und dadurch die Resonatormode angeregt hat, kann das Photon beispielsweise wieder absorbieren und auf diese Weise in seinen Ausgangszustand $|n\rangle$ zurückkehren. Nach dem Verlassen des Resonators wird durch ↗*Feldionisation* festgestellt, in welchem der Rydberg-Zustände ($|n\rangle$ oder $|n-1\rangle$) sich die einzelnen Atome befinden. Auf diese Weise konnte nachgewiesen werden, daß im Resonanzfall, wenn also die Rydberg-Übergangsfrequenz und die Resonatormode aufeinander abgestimmt sind, die Wechselwirkung zwischen Atom und Resonatormode die Lebensdauer des Zustands $|n\rangle$ verkürzt, und zwar dadurch, daß eine stimulierte Emission angeregt wird, d.h. es kommt zum Maser-Übergang $|n\rangle \rightarrow |n-1\rangle$.

**Einatommodell,** *modifiziertes Einatommodell von Einstein*, ein auf A. ↗Einstein zurückgehender Ansatz, die *Gitterdynamik* als typisches *Vielkörperproblem* auf ein modifiziertes Einatommodell zurückzuführen. Im Vielkörperansatz der Gitterdynamik sind alle Atome durch *Federkräfte* aneinander gebunden, d.h. ihre Bewegungen sind nicht unabhängig voneinander, sondern miteinander gekoppelt. In der *Bornschen Gitterdynamik* und in der *Debyeschen Kontinuumstheorie* wird das durch Zerlegen der allgemeinsten Bewegung in Eigenschwingungen (*Gitterwellen*, ↗*Gitterschwingungen*) berücksichtigt. Da diese orthogonal, d.h. voneinander unabhängig sind, kann die thermische Energie nach der ↗*Bose-Einstein-Verteilung* auf die gequantelten Eigenschwingungen aufgeteilt werden. Im konkreten Fall ist dies eine sehr schwierige und umfangreiche Aufgabe.

Der Einsteinsche Einatomansatz geht dagegen von der Betrachtung der Bewegung eines einzelnen Atoms aus. Die Kopplung an alle anderen Atome wird (sehr vereinfachend) durch die Vorstellung ersetzt, daß das betrachtete Atom durch das starr gedachte Restgitter an seinem Gitterplatz »eingesperrt« ist und hier Schwingungen um die Gleichgewichtslage ausführt. Alle gleichen Atome sollen dabei dieselbe, durch das umgebende Gitter bestimmte Frequenz haben und als unabhängige Oszillatoren behandelt werden. Eine wesentliche Anwendung des Einatommodells ist das ↗*Einstein Modell* für die Wärmekapazität von Festkörpern.

**Ein-Ausgabe-Einheit,** *I/O-Einheit*, *Port*, verbindet die Außenwelt mit dem Mikrocomputersystem. Über sie erfolgt der Datentransfer von dem System zur *Peripherie*, wie z.B. dem Drucker, der Tastatur, dem Bildschirm etc. und umgekehrt. Verwendung finden parallele und serielle I/O-Einheiten. Ein universeller, programmierbarer Ein- und Ausgabebaustein wird *PIA* (*Peripheral Interface Adapter*) genannt. Mit ihm lassen sich parallele, serielle und universelle ↗*Schnittstellen* realisieren. Die I/O-Einheit besitzt eine eigene Adresse und wird von der ↗*Zentraleinheit* zum Lesen/Schreiben ähnlich einem ↗*Schreib-Lesespeicher* (RAM) angesprochen.

**Eindeutigkeitssatz** ↗Vogtscher Eindeutigkeitssatz.

**Eindeutigkeits-Theorem** ↗No-Hair-Theorem.

**eindimensionale elektrische Leiter,** ein Spezialfall eines elektrisch leitenden Festkörpers (↗*Festkörperphysik*, ↗*Bändermodell*). Eindimensionale Leiter lassen sich theoretisch behandeln durch Lösung der ↗*Schrödinger-Gleichung* für Elektronen in einem Potential mit unendlich hohen Schwellen. Die Lösungen sind ↗*Eigenfunktionen* $\psi_n$ der Form

$$\psi_n = A \cdot \sin\left(\frac{2\pi}{\lambda_n}x\right)$$

mit den *Energieeigenwerten*

$$\varepsilon_n = \frac{\hbar^2}{2\,m_e}\left(\frac{n\pi}{L}\right)^2$$

($\lambda_n = 2L/n$, $L$: Länge des Leiters, $x$: Ortskoordinate, $A$: Amplitude, $m_e$: Elektronenmasse). Jede Eigenfunktion (mit zugehörigem Eigenwert) entspricht einem erlaubten Quantenzustand im Leiter. Unter Berücksichtigung des ↗*Pauli-Prinzips* kann jeder dieser Zustände mit maximal zwei Elektronen mit unterschiedlichem ↗*Spin* besetzt sein. Es ergibt sich somit bei $N$ Elektronen im Leiter ein eindimensionales *Fermi-Niveau* von

$$\varepsilon_F = \frac{\hbar^2}{2m_e}\left(\frac{N\pi}{2L}\right)^2.$$

Experimentell lassen sich eindimensionale Leiter mit sogenannten ↗Quantendrähten und mit ↗leitenden Polymeren annähernd realisieren.

**eindimensionaler Oszillator** ↗harmonischer Oszillator.

**eindimensionale Supraleiter** ↗exzitonische Supraleiter.

**Eindringtiefe 1)** *elektromagnetische Wellen*: die Strecke $d$, nach der die Amplitude einer ↗elektromagnetischen Welle in einem leitenden Medium um den Faktor $1/e$ abgeklungen ist.

Für die elektromagnetische Wellen der Kreisfrequenz $\omega$ in einem Medium mit der ↗Leitfähigkeit $\sigma$, der ↗Dielektrizitätskonstanten $\varepsilon$ und der ↗Permeabilität $\mu$ läßt sich aus den ↗Telegraphengleichungen für das elektrische und magnetische Feld die komplexe Wellenzahl $k$ zu

$$\mathrm{Re}\,k = \omega\sqrt{\frac{\mu\varepsilon}{2}\left[\sqrt{1+\left(\frac{\sigma}{\varepsilon\omega}\right)^2}+1\right]}$$

$$\mathrm{Im}\,k = \omega\sqrt{\frac{\mu\varepsilon}{2}\left[\sqrt{1+\left(\frac{\sigma}{\varepsilon\omega}\right)^2}-1\right]}$$

bestimmen. Der Realteil von $k$ beschreibt die Transmissions-, der Imaginärteil die Dämpfungseigenschaften des Mediums für elektromagnetische Wellen. Für die Eindringtiefe $d$ gilt $d = 1/\mathrm{Im}k$.

Bei guten Leitern (z.B. Silber oder Kupfer) ist bei der Wellenlänge $\lambda = 100$ m (Mittelwellen) $d = 50$ µm, bei $\lambda = 1$ m (Ultrakurzwellen) ist $d = 5$ µm, und bei $\lambda = 1$ cm (↗Mikrowellen) ist $d = 5$ nm. Eine ↗elektromagnetische Abschirmung dieser Wellen ist also bereits mit dünnen Blechen möglich. Für $\lambda = 1$ µm (↗Infrarot) ist $d = 5$ nm, also nur einige Atomlagen; dies erklärt, warum Metalle »glänzen«. (↗Brechzahl).

**2)** *eines Magnetfeldes in Supraleiter*: *Londonsche Eindringtiefe*, $\lambda$, die Länge, über die in einem ↗*Supraleiter* in der ↗*Meißner-Phase* ein magnetisches Feld auf $1/e$ ($e = 2{,}718...$: ↗*Euler-Zahl*) seines Werts an der Oberfläche abfällt. In der ↗Londonschen Theorie der Supraleitung ist diese Länge durch

$$\lambda(T) = \frac{m_S}{n_S(T)e_S^2}$$

gegeben ($m_S$, $n_S$, $e_S$: Masse, Anzahldichte und Ladung der supraleitenden Ladungsträger). Für die Temperaturabhängigkeit liefert das ↗*Zweiflüssigkeitsmodell* die Näherung

$$\frac{\lambda(T)}{\lambda(0)} = \frac{1}{\sqrt{1-(T/T_c)^4}}$$

($T_c$: ↗*Sprungtemperatur* des Supraleiters). Für supraleitende Elemente liegt $\lambda(0)$ im Bereich 20–40nm; für keramische ↗*Hochtemperatursupraleiter* ist $\lambda(0)$ stark richtungsabhängig und kann mehrere 100nm betragen.

**3)** *Teilchenstrahlen*: ↗Bethe-Bloch-Formel, ↗Reichweite.

**Einelektronenatom** ↗wasserstoffähnliche Atome.

**Einelektronen-Spektrum,** Gesamtheit der ↗*Spektrallinien*, die von einem einzigen Elektron der Elektronenhülle eines Atoms oder Moleküls erzeugt werden. Beispielsweise werden die Spektren der Alkaliatome (↗*Alkalispektren*) im sichtbaren und im nahen Ultraviolett-Bereich von einem einzigen ↗*Valenzelektron* bestimmt.

**Einelektronen-Tunneleffekt bei Supraleitern,** der quantenmechanische ↗*Tunneleffekt* für einzelne Elektronen durch eine isolierende Barriere, die zwei ↗*Supraleiter* bzw. einen Supraleiter und einen *Normalleiter* voneinander trennt. Wird an eine solche ↗*Tunneldiode* bei $T = 0$ eine Spannung $U$ angelegt, so kann erst für $eU > \Delta_1(0) + \Delta_2(0)$ ein Strom $I$ fließen ($\Delta_{1,2}(0)$: ↗*Energielücken* der beiden Supraleiter für $T = 0$). Wie erstmals von I. *Giaever* 1961 angegeben, eignen sich solche Tunnelexperimente zur Messung der Energielücke eines Supraleiters. Für stark koppelnde Supraleiter erlauben sie zudem die Bestimmung der Frequenzabhängigkeit der Energielücke (↗*Eliashberg-Theorie*) und damit Rückschlüsse auf den Kopplungsmechanismus (↗*Elektron-Phonon-Mechanismus der Supraleitung*).

**Einfachbindung** ↗Mehrfachbindung.

**Einfachfärbung,** Präparation bei der ↗Fluoreszenzmikroskopie, bei der nur ein einzelner Fluoreszenzfarbstoff in die Probe eingebracht wird.

**einfach-kubische Kristallsysteme,** Kristallsysteme, bei denen alle Kanten der Elementar-

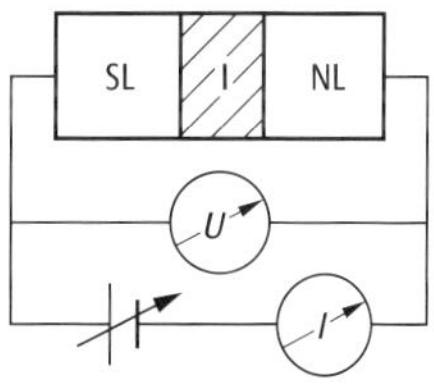


**Einelektronen-Tunneleffekt bei Supraleitern 1**: Anordnung zur Messung der $I(U)$-Kennlinie an einer Normalleiter-Isolator-Supraleiter-Tunneldiode (schematisch).

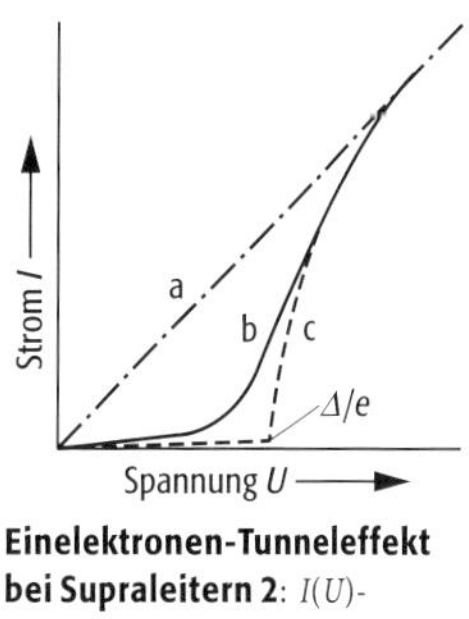


**Einelektronen-Tunneleffekt bei Supraleitern 2**: $I(U)$-Kennlinie einer Tunneldiode für die oben gezeigte Anordnung. a) $T > T_c$ (Normalleiter-Isolator-Normalleiter); b) $T_c > T > 0$; c) für $T = 0$.

zelle gleich groß sind und in denen sämtliche Winkel 90° betragen. Es liegen keine Zentrierungen vor.

**Einfachstreuung,** eine der Annahmen, die der Durchführung und Interpretation von ↗Streuexperimenten der Atomphysik zugrunde liegt und die besagt, daß innerhalb der Wechselwirkungszone jedes Projektilteilchen nur einmal mit einem Targetteilchen wechselwirkt. Diese Bedingung wird durch entsprechende Teilchendichten im Projektil- und Targetstrahl erreicht.

**Einfallslot** ↗Brechung.

**Einfangquerschnitt,** in der Atomphysik ein ↗Wirkungssquerschnitt für eine spezielle ↗Streureaktion, die Einfangsreaktion, bei der ein Targetelektron infolge des Streuprozesses auf das Projektil übergeht.

**Einfangwirkungsquerschnitt** ↗Einfangquerschnitt.

**Einflüssigkeitsmodell,** Ansatz zur magnetohydrodynamischen Beschreibung eines Plasmas, bei dem man im Unterschied zum ↗*Zweiflüssigkeitsmodell* annimmt, daß die Ionen- und die Elektronenkomponente gleiche Temperaturen haben.

**Einfrieren von Freiheitsgraden,** die Erscheinung, daß im Widerspruch zum klassischen ↗Gleichverteilungssatz bei niedrigen Temperaturen manche Freiheitsgrade keinen Beitrag zur spezifischen Wärme eines ↗idealen Gases leisten. Dies äußert sich experimentell insbesondere im ↗*Adiabatenexponenten*. Das Einfrieren von Freiheitsgraden ist ein quantenmechanischer Effekt. Die charakteristische Temperatur für das Einfrieren ist $T_G = \Delta E / k_B$, wobei $\Delta E$ der Abstand zweier Energieniveaus des Freiheitsgrades und $k_B$ die Boltzmann-Konstante ist. Bei den meisten Gasen liegt diese Grenztemperatur zwischen 1500 und 6000K. Für einen Rotationsfreiheitsgrad mit Trägheitsmoment $I$ beträgt die Grenztemperatur $T_G = \hbar^2 / 2k_B I$. Bei zweiatomigen Gasen sind unterhalb dieser Grenztemperatur die Schwingung der beiden Atome gegeneinander und die Rotation um die Molekülachse eingefroren, und deswegen hat beispielsweise ein Molekül ($N_2$ oder $O_2$) der Luft bei Raumtemperatur eine durchschnittliche Energie von $5/2 k_B T$ und nicht $7/2 k_B T$.

Daß sich die experimentell beobachteten Adiabatenexponenten nicht im Rahmen der klassischen Maxwell-Boltzmannschen Theorie erklären lassen, war bereits Maxwell bewußt, spielte aber bei der historischen Entwicklung der Quantentheorie keine Rolle.

Es sei betont, daß das Einfrieren von Freiheitsgraden ein quantenmechanischer und kein quantenstatistischer Effekt ist, denn er tritt bei beliebig niedrigen Dichten auf. Höchstens im Rahmen der zweiten Quantisierung kann er quantenstatistisch gedeutet werden.

**Eingangsimpedanz** ↗*Eingangswellenwiderstand.*

**Eingangswellenwiderstand,** $Z_E$, *Eingangswiderstand, Eingangsimpedanz*, bei einer ↗Doppelleitung der generatorseitige ↗Wellenwiderstand, allgemein beim ↗*Vierpol* das Verhältnis aus Eingangsspannung und -strom: $Z_E = U_1/I_1$. In der komplexen Wechselstromrechnung ist $Z_E$ ebenso wie $U_1$ und $I_1$ komplex. (↗komplexe Größen in der Elektrotechnik). Der Begriff »Eingangsimpedanz« wird manchmal auch für den Absolutwert des Eingangswellenwiderstandes gebraucht.

**eingeprägte Spannung** ↗Leerlaufspannung.

**Einheit,** ein aus der Menge derjenigen (physikalischen) ↗*Größen*, die durch Messung miteinander vergleichbar sind, herausgegriffener Größenwert, der durch Vereinbarung in reproduzierbarer Weise festgelegt wird, sei es durch eine Verkörperung (↗*Etalon* bzw. Prototyp) wie das Kilogramm oder durch eine Meßvorschrift wie das Ampere.

In einem ↗*Dimensionssystem* kann jeder Basisdimension eine *Basiseinheit* zugeordnet werden. Eine Basiseinheit ist eine aus der Menge der Größen gleicher Dimension bezüglich ihres Größenwerts ausgewählte und festgelegte Größe. Dabei wird bei der ausgewählten Größe von ihrer Vektor- oder Tensoreigenschaft und ihrem Vorzeichen abgesehen. Die Basiseinheiten bilden die Grundlage eines ↗*Einheitensystems.* Die den abgeleiteten Dimensionen zugeordneten *abgeleiteten Einheiten* ergeben sich dadurch, daß man in dem Potenzprodukt der ↗*Dimensionen* (Dimensionsprodukt) die Basisdimensionen durch die ihnen entsprechenden Basiseinheiten ersetzt. Wenn dabei nur ein Zahlenfaktor 1 auftritt, nennt man sie *kohärent,* sonst *inkohärent.*

Basiseinheiten des *Internationalen Einheitensystems* (↗*SI-System*) sind das Meter für die Länge, das Kilogramm für die Masse, die Sekunde für die Zeit, das Ampere für die elektrische Stromstärke, das Kelvin für die thermodynamische Temperatur, das Mol für die Stoffmenge und die Candela für die Lichtstärke. Dazu sind noch die *ergänzenden Einheiten* Radiant und Steradiant für den ebenen bzw. den Raumwinkel definiert; sie sind in manchen Bereichen der Physik unentbehrlich (z.B. in der Photometrie), wogegen sie in anderen Bereichen (z.B. bei der Angabe des Drehmoments) vernachlässigt und gleich 1 gesetzt werden. Dezimale Vielfache oder Teile von SI-Einheiten werden mit Hilfe von ↗*Einheitenvorsätzen* gebildet. Die SI-Einheiten sind kohärent; die weiter zugelassenen anderen Einheiten (auch die mit Einheitenvorsätzen gebildeten Vielfachen bzw. Teile von SI-Einheiten) sind inkohärent. Das SI ist u.a. formuliert in DIN1301.

*Gesetzliche Einheiten* sind alle Einheiten des SI sowie einige weitere Einheiten, auf die man aus praktischen Gründen nicht verzichten will (z.B. Tonne als allgemein anwendbare Einheit der Masse oder Elektronenvolt als Einheit der Energie in Atom- und Kernphysik).

Die Namen der Einheiten sind überwiegend sächlich (z.B. das Meter, das Ampere), eine Ausnahme ist die Candela. Die Einheitenzeichen (z.B. m für Meter, A für Ampere) sind in der Regel Kleinbuchstaben, bei von Personen abgeleiteten Einheitennahmen verwendet man Großbuchstaben. Sie werden stets in gewöhnlicher Schrift gesetzt. In Formeln läßt sich die Einheit einer Größe darstellen, indem man den Formelbuchstaben der Größe in eckige Klammern setzt, z.B. gilt für die Einheit der Masse: $[m] = 1$ kg.

**Einheitengleichungen,** Gleichungen zur Angabe von zahlenmäßigen Beziehung zwischen Einheiten; sie werden auch zur Definition von abgeleiteten Einheiten benutzt. Beispiel: $1\,\text{N} = 1\,\text{m} \cdot \text{kg} \cdot \text{s}^{-2}$; $1\,\text{kWh} = 3{,}6\,\text{MJ}$; $1\,\text{m} = 100\,\text{cm}$.

**Einheiteninvarianz** ↗Größe.

**Einheitensysteme,** früher auch *Maßsysteme,* die systematischen Zusammenstellungen von Basiseinheiten, abgeleiteten Einheiten und ergänzenden Einheiten.

Ausgehend von einer (grundsätzlich frei wählbaren) Zahl sog. Basiseinheiten lassen sich die abgeleiteten Einheiten innerhalb eines Einheitensystems durch Potenzprodukte der Basiseinheiten in der Form $[X] = b_1[B_1]^{a_1} \cdot \ldots \cdot b_n[B_n]^{a_n}$ darstellen (mit Zahlen $a_i$ und $b_i$ und den Einheiten $[B_i]$ der Basisgrößen $B_i$). Teilweise erhalten abgeleitete Einheiten einen besonderen Namen. Die ergänzenden Einheiten (beispielsweise die Winkeleinheiten im *Internationalen Einheitensystem,* ↗SI-System) sind Einheiten, die für gewisse Teilbereiche notwendig sind, in anderen Gebieten jedoch problemlos als 1 gesetzt werden können.

*Einteilung der Einheitensysteme:*

Einheitensysteme, bei denen sich alle abgeleiteten Einheiten durch Potenzprodukte der Basiseinheiten herleiten lassen, d.h. in denen alle $b_i$ gleich 1 sind, heißen *kohärent* oder *abgestimmt,* andere Einheitensysteme heißen *inkohärent.* Ein Einheitensystem, in dem sich Gleichungen so schreiben lassen (bzw. in dem die Größen so definiert sind), daß die in Gleichungsform dargestellten physikalischen Gesetzmäßigkeiten eine vorhandene geometrische Symmetrie explizit ausdrücken, heißt *rational;* beispielsweise muß dann bei Vorliegen einer Kugel- oder Zylindersymmetrie ein Faktor auftreten, der die Zahl $\pi$ enthält. Die Unterscheidung von rationalen und nichtrationalen Einheitensystemen hat besonders in der Beschreibung der elektromagnetischen Felder eine große Rolle gespielt. Gehören das Meter, das Kilogramm und die Sekunde (bzw. deren Vielfache) zu den Basiseinheiten, spricht man von einem *MKS-System* bzw. allgemeiner von einem *metrischen Einheitensystem.* Einheitensysteme für Länge, Masse und Zeit wurden historisch auch *absolute Einheitensysteme* genannt (absolut im Gegensatz zu willkürlich vereinbarten *relativen* (z.B. elektrischen) Einheiten), ohne daß eine tiefere Bedeutung hinter dem Begriff steckte.

*Anwendungen von Einheitensystemen auf elektromagnetische Erscheinungen:*

Die Zahl der Basiseinheiten in einem Einheitensystem ist grundsätzlich beliebig; sie wird durch meßtechnische und didaktische Gesichtspunkte bestimmt. Dennoch bedeutet die Entscheidung für eine bestimmte Zahl von Basiseinheiten in Bezug auf Elektrizität und Magnetismus auch eine physikalische Aussage: Will man den elektrischen und magnetischen Phänomenen keine eigene physikalische Qualität zuordnen und betrachtet sie als definitionsgemäß ableitbar aus der Mechanik, reichen drei Basiseinheiten aus (↗*Dreiersysteme*). Räumt man Elektrizität und Magnetismus neben der Mechanik je eine unabhängige physikalische Qualität ein, braucht man fünf Basiseinheiten (↗*Fünfersysteme*). Betrachtet man dagegen die magnetischen Phänomene als ein aus den elektrischen Erscheinungen abzuleitendes Teilgebiet der Elektrizität und diese als unabhängig von der Mechanik (das ist heute die gängige Anschauung), dann braucht man vier Basiseinheiten; üblicherweise verwendet man drei mechanische und eine elektrische. In diesem Sinne ist das *Internationale Einheitensystem* (*SI-System*) – trotz seiner sieben Basiseinheiten – ein ↗*Vierersystem.*

Gebräuchlichstes Einheitensystem ist das Internationale Einheitensystem (SI); ihm entstammen auch fast alle gesetzlichen Einheiten. Weitere wichtige und besonders in der theoretischen Physik verbreitete Einheitensysteme sind das (Gaußsche) ↗*CGS-System,* außerdem dessen Erweiterungen zum elektrostatischen bzw. elektromagnetischen CGS-System (CGS-E, CGS-M). Ein Beispiel für ein nicht-metrisches Einheitensystem ist das ↗*British Imperial System,* das auf den Einheiten yard (yd), pound (lb) und Sekunde (s) basiert. [CH]

**Einheitenvorsätze,** *SI-Vorsätze,* z.T. historische und durch Übereinkunft der Generalkonferenz für Maß und Gewicht eingeführte, gesetzlich zugelassene Präfixe, um die dezimalen Vielfachen und Teile der SI-Einheiten zu benennen (z.B. Nanometer: $1\,\text{nm} = 10^{-9}\,\text{m}$). Die Einheitenvorsätze dürfen nicht zusammen mit Winkeleinheiten oder Zeiteinheiten (außer Sekunde) angewendet werden.

Bei der Anwendung wird der Vorsatz unmittelbar vor dem Namen der Einheit (bzw. das Vorsatzzeichen vor dem Einheitenkürzel) geschrieben. Es darf nicht mehr als ein Vorsatz verwendet werden. Bei als Produkten oder Quotienten gebildeten Einheiten kann der Vorsatz bei jedem der Bestandteile stehen; in der Potenzschreibweise bezieht sich der Exponent auf Vorsatz und Einheit gemeinsam, z.B. $1\,\text{cm}^2 = 1\,\text{cm} \cdot 1\,\text{cm} = 10^{-4}\,\text{m}^2$, *nicht* $1\,\text{cm}^2 = 1\,\text{c}(\text{m} \cdot \text{m}) = 10^{-2}\,\text{m}^2$.

**einheitliche Feldtheorie,** Versuch einer Beschreibung von *Gravitationsfeld* und *elektromagnetischem Feld* sowie ihrer Wechselwirkung im Rahmen einer rein geometrischen

**Einheitenvorsätze**

| Vorsatz | Vorsatzzeichen | Faktor |
|---|---|---|
| Yotta | Y | $10^{24}$ |
| Zetta | Z | $10^{21}$ |
| Exa | E | $10^{18}$ |
| Peta | P | $10^{15}$ |
| Tera | T | $10^{12}$ |
| Giga | G | $10^{9}$ |
| Mega | M | $10^{6}$ |
| Kilo | k | $10^{3}$ |
| Hekto | h | $10^{2}$ |
| Deka | da | $10^{1}$ |
| Dezi | d | $10^{-1}$ |
| Zenti | c | $10^{-2}$ |
| Milli | m | $10^{-3}$ |
| Mikro | µ | $10^{-6}$ |
| Nano | n | $10^{-9}$ |
| Piko | p | $10^{-12}$ |
| Femto | f | $10^{-15}$ |
| Atto | a | $10^{-18}$ |
| Zepto | z | $10^{-21}$ |
| Yokto | y | $10^{-24}$ |

Theorie. Da das Gravitationsfeld aufgrund des ↗*Äquivalenzprinzips* mit der ↗*Metrik* der Raum-Zeit zusammenhängt, bedeutet das vor allem eine Geometrisierung des elektromagnetischen Feldes. Je nachdem, welche geometrische Größe man physikalisch mit dem Feldstärke-Tensor bzw. dem ↗*Vektorpotential* des elektromagnetischen Feldes identifiziert, erhält man verschiedene Möglichkeiten einer einheitlichen Feldtheorie. Das Ziel ist es dabei, physikalische oder mathematische Prinzipien zu finden, die die Wahl weitgehend einschränken. Deshalb fordert man mathematisch, daß die Feldgleichungen für das vereinigte Gesamtfeld aus einer ↗Lagrange-Funktion folgen. Entsprechend einem einheitlichen ↗Variationsprinzip hängt diese nur von geometrischen Größen ab. Physikalisch ist der Wunsch bestimmend, auf diese Weise Modelle von Elementarteilchen in Form von singularitätsfreien Lösungen (Singularitätsproblem) der einheitlichen Feldgleichungen zu erhalten. Ausgangspunkt ist dabei in allen Fällen die in der ↗*Allgemeinen Relativitätstheorie* formulierte geometrische Theorie des Gravitationsfeldes von A. ↗Einstein. Demzufolge gibt es prinzipiell drei Möglichkeiten, eine Gravitationstheorie zu einer unitären Theorie der Gravitation und des Elektromagnetismus zu erweitern:

1) Die in die Lagrange-Funktion der allgemeinen Relativitätstheorie eingehende *Christoffelsche Übertragung* wird im Rahmen einer nichtriemannschen Geometrie durch allgemeinere, unsymmetrische Übertragungsgrößen ersetzt.

2) Die vierdimensionale Raum-Zeit wird durch einen höherdimensionalen, Riemannschen Raum ersetzt und darin die analoge Lagrange-Funktion zur allgemeinen Relativitätstheorie zugrunde gelegt.

3) Es werden Lagrange-Funktionen zugelassen, in die der Riemannsche Tensor (↗Krümmungstensor) in einer höheren als der ersten Potenz eingeht.

Vor allem der erste Ansatz wurde in verschiedenen Varianten untersucht, darunter auch von Einstein selbst im Rahmen seiner unsymmetrischen unitären Feldtheorie. Keiner dieser Versuche hat jedoch zu physikalisch prüfbaren Konsequenzen geführt.

**Einheitskreis,** Kreis mit Radius eins.

**Einheitsmatrix,** *Einsmatrix*, die Matrix $M_{ij} = \delta_{ij}$, die auf der Hauptdiagonale nur Einsen und sonst nur Nullen enthält. Durch Multiplikation mit einer Einheitsmatrix wird jeder Vektor und jede Matrix auf sich selbst abgebildet. Die Einheitsmatrix wird oft mit dem Symbol *I* oder *1* bezeichnet.

**Einheitsvektor,** Vektor vom Betrag eins. Der Einheitsvektor zu einem Vektor $\boldsymbol{x}$ ist $\boldsymbol{e}_x = \boldsymbol{x}/|\boldsymbol{x}|$. Einheitsvektoren werden auch als normiert bezeichnet. Eine Basis aus paarweise orthogonalen Einheitsvektoren $\boldsymbol{x}_i$ heißt *Orthonormalbasis*, für sie gilt $\boldsymbol{x}_i \cdot \boldsymbol{x}_j = \delta_{ij}$.

**Einheitszeit,** *Zonenzeit*, einheitliche Zeitangabe innerhalb einer ↗*Zeitzone*, wobei für jede dieser Zonen die mittlere ↗Sonnenzeit ihres Mittelmeridians gilt. Die Einteilung ist so gewählt, daß die Einheitszeit jeweils um eine volle Stundenzahl von der ↗*Weltzeit* abweicht, die durch den durch Greenwich verlaufenden Nullmeridian festgelegt ist. So liegt die Mitteleuropäische Zeit (MEZ) um eine Stunde vor der Weltzeit.

**Einheitszelle** ↗Elementarzelle.

**Ein-Ion-Modell,** Modellierung des Kristallgitterfelds. Als Näherung vernachlässigt man dabei interionische Wechselwirkungen und ersetzt die Umgebung des Ions durch ein inhomogenes elektrisches Kristallfeld.

**Einkanal-Diskriminator,** *SCA*, *Single Channel Analyzer*, elektronische Schaltung, die aus zwei ↗*Amplituden-Diskriminatoren* besteht, deren Schwellen einen einstellbaren Abstand haben. Überschreitet das Eingangssignal die untere der beiden Schwellen, bleibt jedoch unter der oberen, so befindet es sich im *Fenster* und bewirkt ein logisches Ausgangssignal. Die meisten Einkanal-Diskriminatoren besitzen zwei Betriebsarten zur Einstellung der Schwellen: separate Justierung der Schwellen und den sog. Fensterbetrieb, bei dem die untere Schwelle und die Differenz zwischen beiden eingestellt wird.

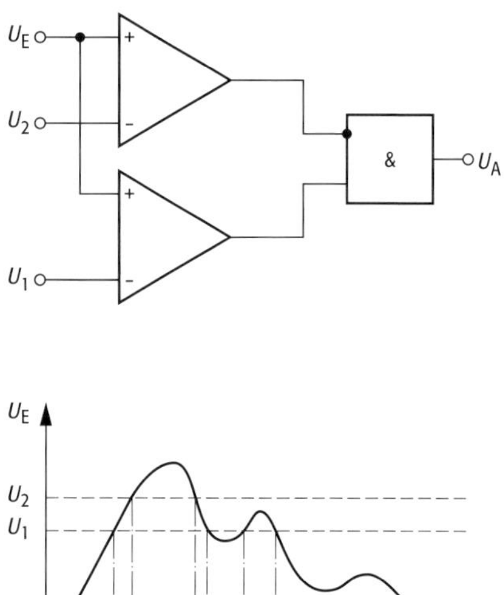


**Einkanal-Diskriminator 1:** Prinzip-Schaltbild. $U_E$: Eingangssignal, $U_1$ und $U_2$: untere und obere Schwelle, $U_A$: Ausgangssignal.

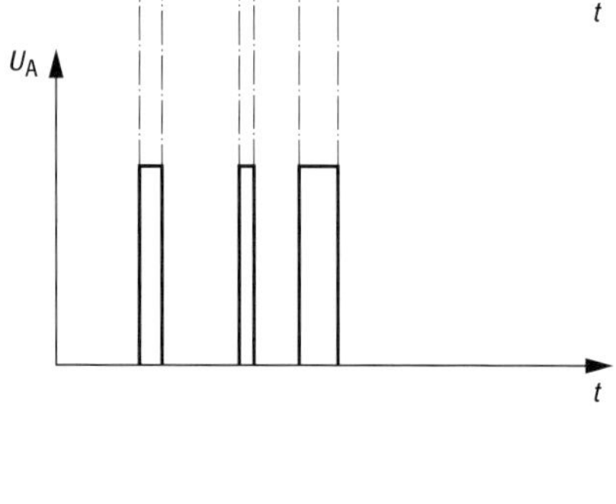


**Einkanal-Diskriminator 2:** Ein logisches Ausgangssignal wird nur erzeugt, wenn das Eingangssignal die untere Schwelle überschreitet, aber unter der oberen Schwelle bleibt.

**Einkristall,** ein realer Kristall, der aus einem einzigen, nahezu fehlerfreien Kristall oder aus fast fehlerfreien Bereichen besteht, deren analoge Kristallachsen zueinander parallel liegen (gleiche Orientierung). Diese Bereiche sind dann nur durch Gitterfehler getrennt. Zur Herstellung von Einkristallen gibt es besondere Verfahren der Kristallzüchtung (z.B. ↗*Brigdman-*, ↗*Czochralski-*, ↗*Verneuil-Verfahren*). Einkristalle besitzen große Bedeutung in der Forschung, da viele grundlegende Untersuchungen nur an Einkristallen durchgeführt werden können, sowie in der Industrie, z.B. bei der Herstellung von Halbleiterbauelementen.

**Einlagerungsfremdatome** ↗Dotierung.

**Einlagerungsmischkristalle,** Kristalle, bei denen Atome mit hinreichend kleinen Radien in Lücken bzw. auf Zwischengitterplätzen eines Kristallgitters eingelagert werden. Ein bekanntes Beispiel ist das System Fe-C (Stahl).

**Einlaufdüse,** Sonderform der ↗Düse, die vorzugsweise am Einlauf von rohrtechnischen Systemen Verwendung findet. Die Einlaufdüse wandelt einen radialen Zulauf in eine zylindersymmetrische Parallelströmung um.

**einmessen** ↗kalibrieren.

**Einmoden-Faser** ↗Single-Mode-Faser.

**Einmündungsgesetz,** Gesetzmäßigkeit für die ↗Magnetisierung $M$ im Bereich der Einmündung in die ↗Sättigungsmagnetisierung $M_s$, also bei hohen magnetischen Feldstärken $H$. In diesem Bereich treten starke Abweichungen vom üblichen linearen Zusammenhang auf; es gilt

$$M = M_s(1 - a/H - b/H^2 - \ldots) + \alpha(H).$$

Hierbei sind $a$ und $b$ Konstanten. Der erste Term beschreibt die Drehung, die Funktion $\alpha(H)$ die Erhöhung der spontanen Magnetisierung durch den ↗Paraprozeß.

**Einphasenmotor,** ein ↗Wechselstrommotor, der nicht mit Drehstrom, sondern »normalem«, einphasigem Wechselstrom betrieben wird. (↗Elektromotor)

**Einphasenwechselstrom,** im Gegensatz zum Dreiphasenstrom (↗Drehstrom) der normale ↗Wechselstrom mit einer Phase (spannungsführender Leiter) und einem geerdeten Nullleiter.

**Ein-Photonen-Ionisation,** spezielle Form der ↗*Photoionisation* in Atomen oder Molekülen, bei der die Ionisation durch ein einzelnes absorbiertes Photon verursacht wird. Bei der ↗*Multi-Photonen-Ionisation* dagegen müssen zum Erreichen der Ionisationsschwelle mehrere Photonen gleichzeitig absorbiert werden. (↗Ein-Photonen-Spektroskopie, ↗Einstein-Stark-Gesetz, ↗Einstufen-Anregung)

**Ein-Photonen-Spektroskopie,** ↗*Laserspektroskopie*, bei der die zu untersuchenden Teilchen, im Gegensatz zur ↗*Mehr-Photonen-Spektroskopie*, nur jeweils ein Photon des Laserstrahls absorbieren. (↗Ein-Photonen-Ionisation, ↗Einstein-Stark-Gesetz, ↗Einstufen-Anregung)

**Ein-Photonen-Übergänge** ↗*Brillouin-Streuung*.

**Einpunktscanner,** ↗*konfokales Mikroskop*, bei dem der Lichtstrahl mittels Spiegeln oder akustooptischer Deflektoren über das Präparat gerastert wird. Der Einpunktscanner hat von allen konfokalen Mikroskopiersystemen das beste Signal/Rausch-Verhältnis und die beste Photonenausbeute. Die Unterschiede zwischen Spiegel- und Deflektorsystemen bei den Einpunktscannern liegen zum einen in der Scangeschwindigkeit, zum anderen in der Kolokalisation der unterschiedlichen Fluoreszenzwellenlängen. Der Einpunkt-Spiegelscanner ist der langsamere, kann aber aufgrund der fehlenden Dispersion des Ablenkspiegels die einzelnen Wellenlängen des Fluoreszenzsignals optimal überlagern und detektieren. Der Einpunkt-Deflektorscanner ist der schnellere, kann aber aufgrund der Dispersion des Deflektorkristalls die verschiedenen Wellenlängen des Fluoreszenzlichtes nicht kolokalisieren.

**einsames Elektron,** ungepaartes Elektron in einem Molekül, das in guter Näherung an einem Atom lokalisiert ist. Einsame Elektronen sind daher gar nicht oder nur unwesentlich an der chemischen Bindung beteiligt. Moleküle mit einsamen Elektronen sind in der Regel paramagnetisch und werden auch als Radikale bezeichnet. Befinden sich mehrere einsame Elektronen in demselben Molekül, können deren magnetische Momente koppeln und dadurch unter Umständen einen diamagnetischen Zustand ergeben (↗*Superaustausch*). Informationen über die elektronische Struktur solcher Moleküle lassen sich experimentell oft mit Hilfe der ↗*ESR-Spektroskopie* gewinnen.

**einsames Elektronenpaar,** zwei Elektronen in einem Molekül, die sich in demselben räumlichen Orbital befinden und in guter Näherung an einem Atom lokalisiert sind. Damit haben die Elektronen eines Paares entgegengesetzten Spin (↗*Pauli-Prinzip*) und sind gar nicht oder nur unwesentlich an der chemischen Bindung beteiligt. Beispielsweise besitzt das Wassermolekül zwei einsame Elektronenpaare am Sauerstoff, von denen sich das eine in einem Orbital senkrecht zur Molekülebene befindet und aus Symmetriegründen strikt nichtbindend ist, während das zweite in der Molekülebene liegt und ganz schwach bindend ist. In der ↗*Photoelektronenspektroskopie* sind einsame Elektronenpaare in der Regel anhand scharfer Peaks mit geringer Schwingungsstruktur zu identifizieren. Moleküle mit einsamen Elektronenpaaren können von Atomen oder Molekülen koordinativ gebunden werden, die eine Elektronenlücke in der Valenzschale haben. (↗*Komplexverbindungen*)

**Einschaltvorgang,** das verzögerte Anwachsen des Stromflusses in einem Stromkreis mit einer nicht zu vernachlässigenden ↗Induktivität $L$ (↗Induktion). Durch das Einschalten des Stromes $I$ wird eine Spannung $U_{\text{ind}} = -L\mathrm{d}I/\mathrm{d}t$ hervorgerufen, die nach der ↗Lenzschen Regel der Polarität der Spannungsquelle des Kreises entgegengesetzt ist. Damit ergibt sich für den zeitlichen Verlauf des Stromes:

$$I(t) = I_{\max}\left(1 - e^{-\frac{R}{L}t}\right)$$

Dabei ist $I_{\max}$ der nach Ende des Einschaltvorganges erreichte konstante Maximalwert des Stromes und $R$ der ohmsche Widerstand des Stromkreises. Die Größe $L/R$ kann auch als *Zeitkonstante* des Einschaltvorgangs betrachtet werden, eine große Induktivität bedeutet also einen langen Einschaltvorgang. Das Ausschalten des Stromkreises kann ganz analog verstanden werden (*Ausschaltvorgang*), in diesem Fall gilt:

$$I(t) = I_{\max} \cdot e^{-\frac{R}{L}t}$$

Die meist als störend empfundenen Ein- und Ausschaltvorgänge können an vielen elektrischen Geräten beobachtet werden. Eine Möglichkeit, sie zu vermeiden, sind Präzisionswiderstände mit bifilarer Wicklung, die aus einem U-förmig gebogenen und dann aufgewickelten Draht bestehen, bei dem jede Windung vom Strom immmer in zwei Richtungen durchlaufen wird. Hierdurch verschwindet die Eigeninduktivität des Widerstandes nahezu vollständig.

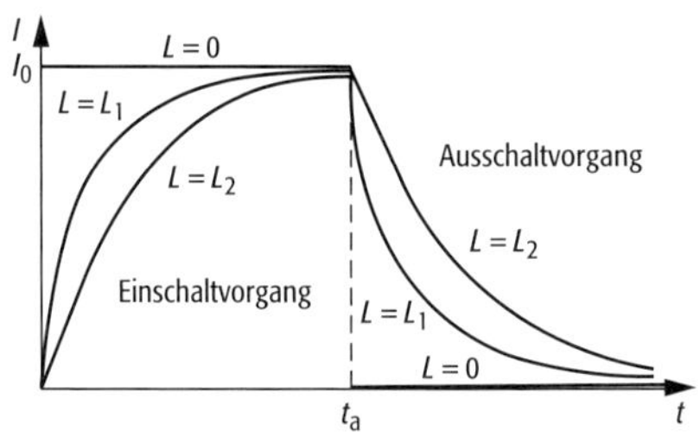


**Einschaltvorgang:** Zeitlicher Verlauf des Stromes beim Ein- und Ausschalten eines Stromkreises mit kleiner ($L_1$) bzw. großer ($L_2$) Induktivität.

**Einschlaghypothese,** Theorie, derzufolge das Ende des *Erdmittelalters* bzw. der Beginn des *Tertiärs* und damit auch das Artensterben, dem u.a. die Dinosaurier zum Opfer fielen (*Kreide-Tertiär-Grenze*), durch einen Kometeneinschlag im Golf von Mexiko hervorgerufen wurde (↗Erdentstehung).

**Einschleifen-Diagramm** ↗Feynman-Diagramme.

**Einschluß** ↗Materialfehler, ↗magnetischer Einschluß.

**Einschlußmittel,** Einbettmedium bei der Präparation einer mikroskopischen Probe. Für die ↗*Durchlichtmikroskopie* muß das Einbettmedium transparent und farblos sein. Die Brechzahl des Einschlußmittels sollte der der Probe und der des Deckglases möglichst ähnlich sein. Damit kann ↗Totalreflexion an der Grenzschicht vermieden und Auflösungsverlusten vorgebeugt werden. Des weiteren sollte die Brechzahl des Einschlußmittels möglichst temperaturunabhängig sein. Bei der ↗*Auflichtmikroskopie* nichttransparenter Proben wird üblicherweise eine Imprägnierungsschicht aufgebracht, und die Probe wird anschließend poliert.

**Einschlußmodus,** Betriebszustand eines Tokamaks, der sich durch ein spezifisches Verhalten der ↗*Energieeinschlußzeit* auszeichnet. Bei rein ohmscher Heizung und niedrigen Dichten steigt die Energieeinschlußzeit mit der Temperatur an (*LOC-Modus*), während bei höheren Dichten Sättigung eintritt (*SOC-Modus*). Bei Zusatzheizung beobachtet man *Leistungsdegradation*, d.h. die Energieeinschlußzeit nimmt mit der Heizleistung ab. Hier unterscheidet man die ↗*L-Mode*, bei der die Leistungsdegradation voll zum Tragen kommt, und die ↗*H-Mode*, bei der sie weniger stark ausgeprägt ist.

**Einschlußthermometer,** spezielles ↗Ausdehnungsthermometer (*Flüssigkeitsthermometer*). Beim Einschlußthermometer ist eine dünnwandige Kapillare mit einem angeschmolzenen Gefäß, das das Meßfluid enthält, zusammen mit dem Skalenträger in ein Umhüllungsrohr eingeschlossen.
Ein Einschlußthermometer hat üblicherweise eine Auflösung von etwa 0,1 K und einen Meßbereich von etwa 60 K; mit einem Satz verschiedener Einschlußthermometer kann ein Temperaturbereich von etwa $-10$ bis $+450\,^{\circ}$C abgedeckt werden.

**Einschuß,** *Injektion*, Eintritt eines Raumflugkörpers in eine sog. *Freiflugbahn*. Der Bahneinschuß erfolgt dabei im *Injektionspunkt*, der mit dem Brennschluß der letzten Stufe des Antriebssystems identisch ist. Folglich sind auch die Werte für Einschußgeschwindigkeit, Flugrichtung etc. generell identisch mit denen des Raumflugkörpers im Brennschlußpunkt und damit bestimmend für den weiteren Verlauf seiner Flugbahn.

**Einschwingvorgang,** die Entwicklung einer Schwingung bei einem schwingungsfähigen System (Saite, Luftsäule, elektrischer Schwingkreis,...) vom Zustand der Ruhe bis zum Erreichen einer praktisch konstanten Amplitude. Die hierzu erforderliche Zeit ist die *Einschwingzeit*. Bei einer erzwungenen Schwingung (↗Schwingung, erzwungene) schwingt das System nach einer genügend langen Zeit mit der Frequenz der äußeren Kraft. Während des Einschwingvorgangs ist der Bewegung jedoch auch eine freie Schwingung (↗Schwingung, freie) mit der Eigenfrequenz des Systems überlagert, welche durch ↗Dämpfung jedoch schnell abklingt. Aus diesem Grund ist das Frequenzspektrum eines schwingungsfähigen Systems während des Einschwingvorgangs sehr breit, und die Intensitäten der verschiedenen Frequenzkomponenten sind sehr wechselnd, weshalb dieser Zeitraum z.B. wesentlich zum Klang von Musikinstrumenten beiträgt.

**einseitig schiefe Beleuchtung** ↗schiefe Beleuchtung.

**1/f-Rauschen,** *Funkelrauschen*, *Flicker-Noise*, eine bei Halbleitern auftretende Rauscherscheinung, die ein Leistungsdichtespektrum

(Leistung pro Frequenzintervall) annähernd proportional zu $1/f$ zeigt, wobei $f$ die Frequenz ist. Es stellt daher oft bei tiefen Frequenzen die überwiegende Rauschquelle dar. Ursachen können beispielsweise Änderungen im Halbleiter durch Diffusion oder Umladung von Fremdatomen sein. Bei ↗*Bipolar-Transistoren* übersteigt das $1/f$-Rauschen unterhalb von etwa 1 kHz alle anderen Rauschquellen. Bei verschiedenen ↗*Sperrschicht-Feldeffekt-Transistoren* liegt diese Grenze bei etwa 100 Hz. (↗*Rauschen*)

**Eins-Element,** dasjenige Element einer (multiplikativen) ↗Gruppe, das bei Verknüpfung mit einem beliebigen anderen Element dieses Element unverändert läßt. Die Existenz eines Eins-Elementes gehört zu den Gruppenaxiomen. Die Einheitsmatrix ist das Eins-Element der Gruppe der regulären $n \times n$-Matrizen. Bei Gruppen von Abbildungen ist die identische Abbildung das Eins-Element. (↗Eins-Operator)

**Eins-Operator,** mathematischer Operator $E$, bisweilen auch einfach als 1 geschrieben, der das Objekt $A$, auf das er angewandt wird (z.B. ein Vektor oder eine Funktion), in sich selbst überführt: $EA = A$. (↗Eins-Element)

# Einstein, Albert

*geb. 14.3.1879 Ulm,*
*gest. 18.4.1955 Princeton.*

*Jürgen Renn und Dieter Hoffmann, Berlin*

Albert Einstein wurde durch seine Beiträge zu den begrifflichen Veränderungen im Übergang von der klassischen zur modernen Physik zu einer Zentralfigur der Physik des 20. Jahrhunderts. Er revolutionierte mit der ↗*Speziellen Relativitätstheorie* (SRT) von 1905 und der ↗*Allgemeinen Relativitätstheorie* (ART) von 1915 das Verständnis der klassischen Physik von Raum und Zeit. Durch die Formulierung der Lichtquantenhypothese im Jahre 1905 hat er in entscheidender Weise die Entwicklung der Quantentheorie vorangetrieben und damit zur Revolutionierung des Strahlungs- und Materiebegriffs der klassischen Physik beigetragen. Dies und die Fülle anderer herausragender Beiträge zur zeitgenössichen Physik, aber auch die Stellung, die er in der Öffentlichkeit einnahm, machen ihn zu einem der bedeutendsten Wissenschaftler des Jahrhunderts.

## Zur Biographie

Einstein wurde am 14.3.1879 in Ulm als Sohn einer jüdischen Familie geboren. Sein Vater war zunächst in München und dann in Italien im Elektrogewerbe tätig. 16jährig ging Einstein, nach Konflikten mit dem autoritären deutschen Schulsystem, für kurze Zeit nach Italien. 1896 holte er im schweizerischen Aarau das Abitur nach und studierte anschließend an der Eidgenössischen Technischen Hochschule (ETH) in Zürich Physik und Mathematik. Nach dem Diplom-Abschluß im Sommer 1900 fand er zunächst keine reguläre Anstellung und war in den nächsten zwei Jahren unter anderem als Aushilfslehrer tätig. Seit 1902 arbeitete er als Gutachter am Eidgenössischen Patentamt in Bern. 1903 nahm er die Schweizer Staatsbürgerschaft an, die er bis zu seinem Tode behielt. Einstein wurde 1905 promoviert und habilitierte sich drei Jahre später. 1903 heiratete er seine Kommilitonin Mileva Marič. Aus dieser Verbindung entstanden drei Kinder, die Tochter Lieserl (1902) und die beiden Söhne Hans-Albert (1904) und Eduard (1910). Die Ehe mit Mileva wurde 1919 geschieden. Im selben Jahr heiratete Einstein seine Cousine Elsa Löwenthal-Einstein.

In Einsteins Schweizer Zeit (1895 bis 1914, mit einer Unterbrechung in Prag) fällt sein »annus mirabilis« 1905. Aufbauend auf Vorleistungen von M. ↗*Planck*, L. ↗*Boltzmann* und H.A. ↗*Lorentz*, erzielte er in diesem Jahr auf verschiedenen Gebieten der Physik fundamentale Durchbrüche und legte mit seinen Arbeiten zur Lichtquantenhypothese, zur Brownschen Bewegung und zur Elektrodynamik bewegter Körper den Grundstein für seine wissenschaftliche Anerkennung. 1909 wurde er außerordentlicher Professor für theoretische Physik an der Universität Zürich; 1911 Ordinarius für theoretische Physik an der Deutschen Universität in Prag. Zwischen 1912 und 1914 wirkte er in gleicher Funktion an der ETH Zürich.

1914 wurde er auf Betreiben von F. Haber, W. Nernst, M. Planck, H. Rubens und E. Warburg nach Berlin berufen. Dort konnte er als hauptamtliches Mitglied der Preußischen Akademie der Wissenschaften und als Direktor des 1917 gegründeten Kaiser-Wilhelm-Instituts für Physik frei von Lehrverpflichtungen seinen Forschungen nachgehen. Mit Einsteins Berufung nach Berlin war die Hoffnung verbunden, daß er mit seinen theoretischen Forschungen die Integration von Physik und Chemie angesichts der durch die Einführung der Quantenhypothese aufgeworfenen Grundlagenprobleme voranbringen könne. Das der Gründung des Kaiser-Wilhelm-Instituts für Physik zugrundeliegende Modell der Forschungsförderung be-

**Einstein,** *Albert* (1927)

währte sich jedoch nicht. In seinen eigenen Forschungen konzentrierte sich Einstein in seinen ersten Berliner Jahren auf den Abschluß der ART. Die Berliner Jahre und insbesondere die Zeit der Weimarer Republik markierten den Höhepunkt von Einsteins wissenschaftlicher und gesellschaftlicher Anerkennung; sie waren allerdings auch eine Zeit zunehmender politischer und antisemitisch geprägter Angriffe gegen Persönlichkeit und Werk Einsteins. Als im Januar 1933 A. Hitler zum Reichskanzler ernannt und die Diskriminierung und Vertreibung der jüdischen Bevölkerung Staatspolitik wurde, beschloß Einstein, von einem Forschungsaufenthalt in den USA nicht mehr nach Deutschland zurückzukehren und legte aus Protest unter anderem seine Mitgliedschaft in der Berliner Akademie nieder.

Zunächst als Emigrant, ab 1940 als amerikanischer Staatsbürger wirkte Einstein bis zu seinem Tode als Fellow am neugegründeten Institut for Advanced Study in Princeton. Angesichts der Verbrechen des Dritten Reiches, insbesondere des Holocausts, ist Einstein nie wieder in das Land seiner Geburt zurückgekehrt. Er starb am 18. April 1955 in Princeton.

### Das Frühwerk

Der junge Einstein fühlte sich als Rebell gegen die etablierte Physik. Ausgehend von avancierten Resultaten der klassischen Physik fand er neue, zum Teil revolutionäre Interpretationen dieser Resultate. Auf drei Gebieten der modernen Physik hat er Grundlegendes beigetragen, zur statistischen Physik, zur Quantentheorie und zur Relativitätstheorie. In seinen frühen Aufsätzen (1902/04) hat er etwa gleichzeitig und ohne Kenntnis der Arbeiten von J.W. ↗*Gibbs* die Grundlagen der statistischen Mechanik formuliert. Auf der Grundlage der Resultate Boltzmanns versuchte er eine kinetische Theorie der Wärme zu entwickeln, die unter anderem auch auf die Elektronentheorie der Metalle und die Strahlungstheorie anwendbar ist, während Boltzmanns Bemühungen eher auf eine Begründung der klassischen Thermodynamik in der Mechanik zielten. In diesem Zusammenhang entstand Einsteins quantitative Erklärung der sogenannten ↗*Brownschen Bewegung* als statistische Wärmebewegung suspendierter Teilchen. Seine Arbeit zur Brownschen Bewegung wurde zum Ausgangspunkt der experimentellen Bestätigung der Atomhypothese durch J. ↗*Perrin* ab 1909.

### Quantentheorie

Einstein begründete seinen ersten Beitrag zur ↗*Quantentheorie*, die Formulierung der Lichtquantenhypothese im Jahre 1905, ebenfalls mit statistischen Argumenten. Wiederum ging er von einem avancierten Resultat der klassischen Physik aus, der Planckschen Formel für die Energieverteilung der Strahlung im thermischen Gleichgewicht. Einstein entwickelte eine revolutionäre Interpretation dieses Ergebnisses. Auf der Suche nach einer physikalisch befriedigenden Herleitung der ↗*Planckschen Strahlungsformel* formulierte er den »heuristischen Gesichtspunkt«, daß das Licht aus einzelnen Korpuskeln, den sogenannten Lichtquanten, besteht. Diese »Lichtquantenhypothese« wandte er auf die Erklärung des *lichtelektrischen Effektes* (↗photoelektrischer Effekt) und verwandter Erscheinungen (Lumineszenz, Ionisierung) an. Damit hatte Einstein für die Plancksche Quantenhypothese neben der Wärmestrahlungstheorie weitere Anwendungsgebiete erschlossen. Für die Erklärung des lichtelektrischen Effektes erhielt er im Jahre 1921 den Nobelpreis für Physik. Einsteins Lichtquantenhypothese wurde zum Ausgangspunkt für eine lebenslange Beschäftigung mit Fragen der Quantentheorie: 1907 lieferte er eine erste quantentheoretische Theorie der spezifischen Wärme von Festkörpern, 1909 führte er im Rahmen von Überlegungen zur Hohlraumstrahlung den Gedanken des Welle-Teilchen-Dualismus des Lichts in die Physik ein. 1912 formulierte Einstein das photochemische Äquivalenzgesetz. 1916 lieferte er auf der Grundlage des Bohrschen Atommodells eine neue (statistische) Ableitung der Planck-

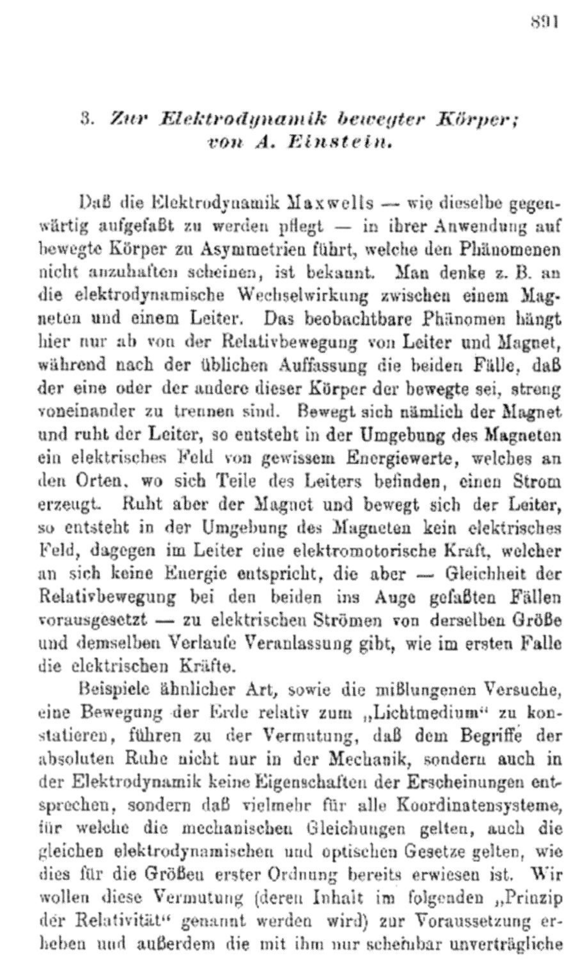

891

3. *Zur Elektrodynamik bewegter Körper;*
*von A. Einstein.*

Daß die Elektrodynamik Maxwells — wie dieselbe gegenwärtig aufgefaßt zu werden pflegt — in ihrer Anwendung auf bewegte Körper zu Asymmetrien führt, welche den Phänomenen nicht anzuhaften scheinen, ist bekannt. Man denke z. B. an die elektrodynamische Wechselwirkung zwischen einem Magneten und einem Leiter. Das beobachtbare Phänomen hängt hier nur ab von der Relativbewegung von Leiter und Magnet, während nach der üblichen Auffassung die beiden Fälle, daß der eine oder der andere dieser Körper der bewegte sei, streng voneinander zu trennen sind. Bewegt sich nämlich der Magnet und ruht der Leiter, so entsteht in der Umgebung des Magneten ein elektrisches Feld von gewissem Energiewerte, welches an den Orten, wo sich Teile des Leiters befinden, einen Strom erzeugt. Ruht aber der Magnet und bewegt sich der Leiter, so entsteht in der Umgebung des Magneten kein elektrisches Feld, dagegen im Leiter eine elektromotorische Kraft, welcher an sich keine Energie entspricht, die aber — Gleichheit der Relativbewegung bei den beiden ins Auge gefaßten Fällen vorausgesetzt — zu elektrischen Strömen von derselben Größe und demselben Verlaufe Veranlassung gibt, wie im ersten Falle die elektrischen Kräfte.

Beispiele ähnlicher Art, sowie die mißlungenen Versuche, eine Bewegung der Erde relativ zum „Lichtmedium" zu konstatieren, führen zu der Vermutung, daß dem Begriffe der absoluten Ruhe nicht nur in der Mechanik, sondern auch in der Elektrodynamik keine Eigenschaften der Erscheinungen entsprechen, sondern daß vielmehr für alle Koordinatensysteme, für welche die mechanischen Gleichungen gelten, auch die gleichen elektrodynamischen und optischen Gesetze gelten, wie dies für die Größen erster Ordnung bereits erwiesen ist. Wir wollen diese Vermutung (deren Inhalt im folgenden „Prinzip der Relativität" genannt werden wird) zur Voraussetzung erheben und außerdem die mit ihm nur scheinbar unverträgliche

**Einstein,** *Albert* **2:** Faksimile der Titelseite von Einsteins Originalarbeit zur Speziellen Relativitätstheorie.

schen Strahlungsformel und führte in diesem Zusammenhang den Begriff der ↗*Übergangswahrscheinlichkeiten* für die spontane und induzierte Emission und Absorption von Strahlung ein. Dies war die theoretische Grundlage für das Laserprinzip. Schließlich entwickelte Einstein 1924/25 aufbauend auf Arbeiten von Sir. J.C. ↗Bose die sogenannte ↗*Bose-Einstein-Statistik* für ein ideales Gas ununterscheidbarer materieller Teilchen (↗*Bosonen*). Obwohl Einstein mit diesen Beiträgen zu den wichtigsten Pionieren der Quantentheorie gehörte, akzeptierte er die Quantenmechanik in ihrer statistischen Interpretation nicht als eine vollständige Beschreibung der physikalischen Realität. In Diskussionen mit N. ↗*Bohr* und anderen Wegbereitern der modernen Quantenmechanik hat er immer wieder versucht, auf die Unvollständigkeit der Theorie hinzuweisen und so seiner Überzeugung vom deterministischen Ablauf aller Naturvorgänge Ausdruck gegeben (↗Bohr-Einstein-Dialog). Seine klassisch gewordene Bemerkung gegenüber M. ↗*Born* (1926), daß der »Alte ... nicht würfelt«, dokumentiert diese Haltung ebenso wie das sogenannte Einstein-Podolsky-Rosen-Paradoxon (↗*EPR-Paradoxon*) (1935).

## Relativitätstheorie

Bildete für den jungen Einstein die Auseinandersetzung mit der Planckschen Strahlungsformel den Ausgangspunkt für seine Pionierrolle in der Geschichte der Quantentheorie, so knüpfte seine Begründung der SRT in seiner Arbeit aus dem Jahr 1905 »Zur Elektrodynamik bewegter Körper« an die Lorentzsche Elektrodynamik an. Obwohl diese auf dem Begriff eines unbeweglichen Äthers beruhende Theorie mit dem damaligen Erfahrungswissen gut übereinstimmte, gab es insbesondere Schwierigkeiten, für die Invarianz der Lichtgeschwindigkeit in allen Bezugssystemen eine plausible physikalische Erklärung zu liefern. Einstein überwand diese Schwierigkeit, ebenso wie – unabhängig von ihm – H. ↗*Poincaré*, durch die Ersetzung der in der klassischen Mechanik gültigen ↗*Galilei-Transformation* von Raum- und Zeitkoordinaten zwischen zueinander bewegten Bezugssystemen durch die sogenannte Lorentz-Transformation. Er setzte damit einen bereits von Lorentz eingeschlagenen Weg fort, verknüpfte ihn aber mit der Einführung neuer Begriffe von Raum und Zeit, insbesondere eines neuen Begriffs von Gleichzeitigkeit. Dies ermöglichte ihm die Ausdehnung des Relativitätsprinzips der klassischen Mechanik auf die ganze Physik. Denn durch die Einführung der ↗*Lorentz-Transformation* mit ihren scheinbar paradoxen Konsequenzen wie Längenkontraktion und Zeitdilatation war gewährleistet, daß alle Inertialsysteme physikalisch gleichberechtigt sind, d.h. die Gesetze der Physik in ihnen dieselbe Form besitzen und insbesondere die Lichtgeschwindigkeit konstant ist. 1905 leitete Einstein eine weitere Konsequenz der SRT ab, die Äquivalenz zwischen Masse und Energie, ausgedrückt durch die berühmte Formel $E = mc^2$. Die SRT bildete den Ausgangspunkt für die durch H. ↗*Minkowski* im Jahre 1908 begründete Auffassung von Raum und Zeit als einem vierdimensionalen Kontinuum – danach kommt nur der Raum-Zeit, nicht aber Raum und Zeit separat physikalische Bedeutung zu. Nach 1907 war Einstein darum bemüht, die Grundlagen für eine relativistische Gravitationstheorie zu legen, in der die ↗*Gravitation* im Gegensatz zur klassischen Newtonschen Theorie als Feld aufgefaßt wird. Schwierigkeiten der Realisierung dieses Vorhabens führten ihn schon bald dazu, zugleich nach einer Verallgemeinerung der SRT zu suchen. Angeregt durch E. ↗*Machs* historisch-kritische Studien zur Mechanik formulierte Einstein das Ziel, eine verallgemeinerte Relativitätstheorie auszuarbeiten, in der die in beschleunigten Bezugssystemen spürbaren Trägheits-

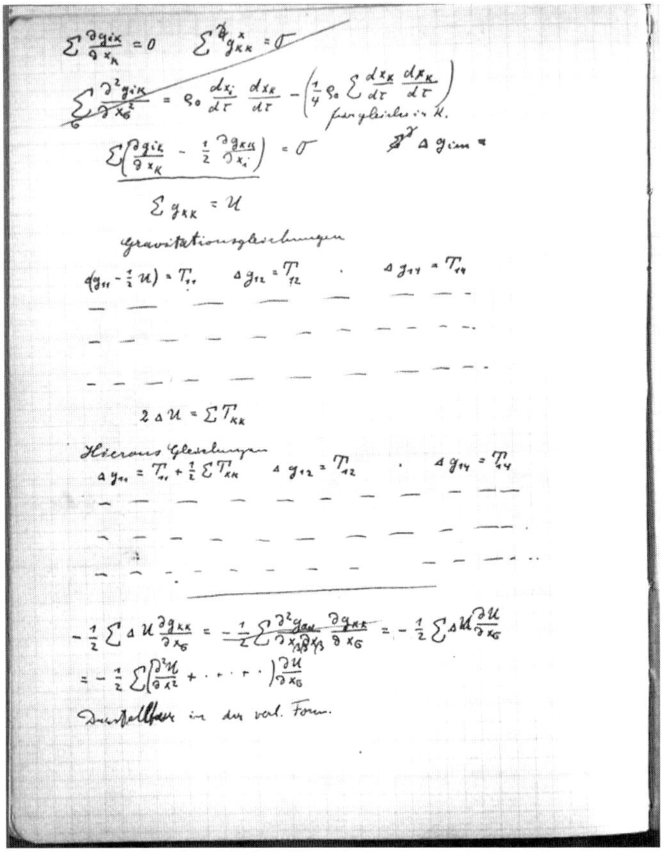

**Einstein,** *Albert* **3:** Faksimile einer Seite aus Einsteins Züricher Notizbuch von 1912/13 mit den nach ihm benannten Feldgleichungen. (Mit freundlicher Genehmigung des Albert-Einstein-Archivs, The Jewish National & University Library, The Hebrew University of Jerusalem, Israel.)

kräfte mit Gravitationskräften wesensgleich sind und die empirisch gesicherte Gleichheit von träger und schwerer Masse eine theoretische Erklärung findet. Seine heuristische Leitidee war das sogenannte Äquivalenzprinzip, nach dem ein gleichförmig beschleunigtes Bezugssystem und ein Inertialsystem mit einem homogenen statischen Gravitationsfeld als äquivalent angesehen werden können. 1912 gelang ihm durch die Einführung des ↗*metrischen Tensors* als mathematischer Repräsentation des Gravitationspotentials ein erster Durchbruch auf dem Wege zur Realisierung dieser Idee. So gelang es Einstein, das vierdimensionale Kontinuum Minkowskis, das wie der Raum der klassischen Physik eine unveränderliche »Bühne« des physikalischen Geschehens ist, zu einer vierdimensionalen gekrümmten Raum-Zeit zu verallgemeinern, deren metrische Eigenschaften von den Massen des Universums abhängen. Mit Hilfe des Mathematikers M. *Grossmann* fand Einstein bereits 1912/13 die im wesentlichen korrekten Feldgleichungen für die Gravitation, verwarf sie aber wieder, weil ihm die physikalische Interpretation dieser Gleichungen nicht gelang. 1915 kehrte er zu diesen Gleichungen zurück und vollendete die Formulierung der ART. Die ART lieferte insbesondere eine quantitative Erklärung der seit langem bekannten ↗*Periheldrehung* der Merkurbahn, die für die klassische Gravitationstheorie ein Problem war. Sie machte außerdem Vorhersagen für weitere nicht-klassische Effekte, die in der Folge bestätigt wurden, insbesondere die Krümmung eines Lichtstrahls im Schwerefeld der Sonne sowie die spektrale ↗*Rotverschiebung* im Gravitationsfeld. Einsteins ART wurde Ausgangspunkt neuartiger kosmologischer Modelle.

Einstein selbst hat die ART nicht als eine vollständige Lösung der Probleme angesehen, die er sich ursprünglich gestellt hatte. Insbesondere blieb zunächst unklar, inwieweit die Theorie den Machschen Gedanken einer Erklärung der Trägheit durch die Verteilung der kosmischen Massen (von Einstein im Jahre 1918 als ↗*Machsches Prinzip* eingeführt) realisierte. Zur Lösung dieses Problems erwog Einstein unter anderem die Einführung eines zusätzlichen Terms in den Feldgleichungen von 1915, den sogenannten *kosmologischen Term*. Für ihn setzte die Theorie darüber hinaus den Teilchen-Feld-Dualismus der klassischen Elektrodynamik fort. Er suchte deshalb nach einer einheitlichen Feldtheorie. Bis zu seinem Lebensende unternahm Einstein immer neue Versuche zur Formulierung einer solchen Theorie.

Einstein hat sich nicht nur mit den theoretischen Grundlagen der Physik beschäftigt, er war stets auch darum bemüht, die experimentellen Konsequenzen seiner theoretischen Arbeiten auszuloten. 1915/16 führte er in Berlin gemeinsam mit W. J. *de Haas* Versuche zum experimentellen Nachweis des gyromagnetischen Effektes durch (↗*Einstein-de Haas-Versuch*). Außerdem meldete er in den zwanziger Jahren eine Reihe von Patenten an, unter anderem die *Einstein-Szilard-Pumpe* für die Konstruktion von Kältemaschinen.

## Gesellschaft und Politik

Einsteins politisches Verhalten war im Vergleich zu dem seiner Fachkollegen exzeptionell. Während des ersten Weltkriegs entzog er sich allen chauvinistischen und nationalistischen Stellungnahmen, denen sich seine Kollegen oft bedenkenlos anschlossen. Sein politisches Verhalten – sein pazifistisches Engagement, sein Einsatz für die Weimarer Republik und seine zunehmende Unterstützung für die zionistische Bewegung – machte ihn zum Außenseiter. Aufgrund seines wissenschaftlichen Erfolgs, insbesondere durch die experimentelle Bestätigung der Krümmung des Lichts im Schwerefeld der Sonne nach einer britischen Sonnenfinsternisexpedition im Jahre 1919, rückte Einstein zunehmend ins Licht der Öffentlichkeit. Sein Ruhm in Verbindung mit seiner pazifistischen und demokratischen Grundhaltung machten ihn zu Beginn der zwanziger Jahre zum Angriffspunkt chauvinistischer und antisemitischer Hetzkampagnen. Nach der Machtergreifung der Nationalsozialisten 1933 war er einer der wenigen prominenten deutschen Wissenschaftler, die die einsetzende Verfolgung und Vertreibung jüdischer und anderer dem NS-Regime mißliebiger Bürger ebenso öffentlich und kompromißlos kritisierten wie das duldende Schweigen und das opportunistische Verhalten der meisten seiner Kollegen gegenüber dem nationalsozialistischen Terror.

Im amerikanischen Exil machte er in einem Brief aus dem Jahre 1939 an den amerikanischen Präsidenten Roosevelt auf die potentielle Gefahr der Entwicklung einer deutschen Atombombe aufmerksam und wurde so zum Mitinitiator des amerikanischen Atombombenprojektes, an dem er selbst nicht beteiligt war. Nach den amerikanischen Atombombenabwürfen auf Hiroshima und Nagasaki setzte er sich für die Ächtung der Kernwaffen ein. Einstein plädierte für eine Weltregierung zur Regelung der zwischenstaatlichen Konflikte und gehörte zu den entschiedensten Kritikern des kalten Krieges. Kurz vor seinem Tode wurde ihm die Präsidentschaft des Staates Israel angetragen, die er jedoch ablehnte.

**Literatur:**


*Primäre Quellen:*
- *The Collected Papers of Albert Einstein*, Princeton University Press 1987 ff; bisher sechs Bände erschienen.
- K.v. Meyenn (Hrsg.): *A. Einsteins Relativitätstheorie. Die grundlegenden Arbeiten zur Relativitätstheorie*, Braunschweig 1990.
- A. Einstein: *Mein Weltbild*, hrsg. v. C. Seelig, Zürich 1984.
- A. Einstein: *Aus meinen späten Jahren*, Stuttgart 1979.
- A. Einstein: *Über den Frieden*, hrsg. v. D. Nathan u. H. Norden, Bern 1975.
- A. Einstein: *Die Evolution der Physik*, Wien 1950.

*Dokumente:*
- P.A. Schilpp (Hrsg.): *Albert Einstein als Philosoph und Naturforscher*, Evanston 1949.
- Chr. Kirsten und H.-J. Treder (Hrsg.): *Albert Einstein in Berlin 1913-1933, Darstellung und Dokumente*, Bd. 1 und 2, Berlin 1979.
- S. Grundmann: *Einsteins Akte*, Heidelberg 1997.

*Briefwechsel:*
- *A. Einstein/A. Sommerfeld*, hrsg. v. A. Hermann, Basel, Stuttgart 1968.
- *A. Einstein/M. u. H. Born*, kommentiert von M. Born, München 1969.
- *A. Einstein/ M. Besso*, Paris 1972.

*Biographien/Spezialstudien:*
- Ph. Frank: *Einstein - Sein Leben und seine Zeit*, Braunschweig 1979.
- C. Seelig: *Albert Einstein. Leben und Werk eines Genies unserer Zeit*, Zürich 1960.
- L. Pyenson: *The Young Einstein*, Bristol 1985.
- A. Pais: *Raffiniert ist der Herrgott ...*, Braunschweig 1986.
- D. Howard, J. Stachel (Hrsg.): *Einstein and the history of general relativity*, Boston 1989.
- J. Eisenstaedt, A.J. Kox (Hrsg.): *Studies in the history of general relativity*, Boston 1992.
- M. Beller, J. Renn, R.S. Cohen (Hrsg.): *Einstein in Context*, in: *Science in Context* **6** (1993) 1.
- J. Earman, M. Janssen, J.D. Norton: *The attraction of gravitation: new studies in the history of general relativity*, Boston 1993.
- A. Fölsing: *Albert Einstein*, Frankfurt/Main 1993.
- A. Hermann: *Einstein. Der Weltweise und sein Jahrhundert*, München 1994.

*Hinweise auf wichtige Aufsätze Einsteins:*
- »Über einen die Erzeugung und Verwandlung des Lichtes betreffenden heuristischen Gesichtspunkt«, *Annalen der Physik* **4/17** (1905) 132–148.
- »Über die von der molekularkinetischen Theorie der Wärme geforderte Bewegung von in ruhenden Flüssigkeiten suspendierten Teilchen«, *Annalen der Physik* **4/17** (1905) 549–560.
- »Zur Elektrodynamik bewegter Körper«, *Annalen der Physik* **4/17** (1905) 891–921.
- »Experimenteller Nachweis der Ampereschen Molekularströme« (mit W.J. de Haas). *Naturwissenschaften* **3** (1915) 237–238.
- »Die Grundlage der allgemeinen Relativitätstheorie«, *Annalen der Physik* **4/49** (1916) 769–822.
- »Zur Quantentheorie der Strahlung«, *Physikalische Zeitschrift* **18** (1917) 121–128.
- »Zur Quantentheorie des einatomigen Gases«, *Sitzungsberichte der Preussischen Akademie der Wissenschaften, Mathematisch-Physikalische Klasse* (1924) 261–267; (1925) 3–14, 18 25.


**Einstein-Beziehung** ↗Einstein-Relation.

**Einstein-Bose-Statistik** ↗*Bose-Einstein-Statistik.*

**Einstein-Brillouin-Keller-Quantisierung** ↗Torus-Quantisierung.

**Einstein-Cartan-Theorie,** *EC-Theorie*, eine allgemein-relativistische (d.h. dem ↗Äquivalenzprinzip unterworfene) Theorie der Gravitation, zugleich das einfachste Beispiel einer speziellen Klasse von ↗Eichtheorien der Gravitation, der *Poincaré-Eichtheorien.* Die EC-Theorie wurde 1961–1965 auf der Basis der ↗Allgemeinen Relativitätstheorie nach Ideen des französischen Mathematikers E. Cartan entwickelt. Die Weiterentwicklung besteht darin, daß neben dem ↗Energie-Impuls-Tensor auch der ↗Spintensor als gravitative Ladung, also als Quelle eines Gravitationsfeldes, betrachtet wird. Ein heuristisches Argument dafür liefert die Klassifizierung von Elemen-

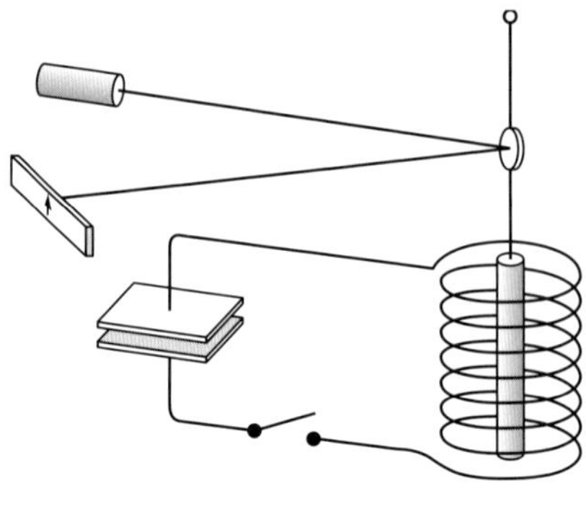

**Einstein-de-Haas-Versuch:** Schematischer Versuchsaufbau des Einstein-de-Haas-Versuchs. Ein Eisenstab hängt in einer Spule an einem Torsionsfaden, dessen Drehbewegung mit einem Drehspiegel und einem Laserstrahl gemessen wird.

tarteilchen in der ↗Speziellen Relativitätstheorie nach den zwei Invarianten der ↗Poincaré-Gruppe, die eng mit Masse und Spin der Teilchen verknüpft sind.

Die Feldgleichungen der EC-Theorie lauten

$$R_{\alpha\beta} - \frac{1}{2} g_{\alpha\beta} R + \Lambda g_{\alpha\beta} = \kappa \Sigma_{\alpha\beta}$$

$$T_{\alpha\beta}{}^{\gamma} + 2\delta^{\gamma}{}_{\alpha} T_{\beta\delta}{}^{\delta} = \kappa \tau_{\alpha\beta}{}^{\gamma}$$

In den zwei Feldgleichungen koppelt – dies noch in Analogie zu den ↗Einstein-Gleichungen der Allgemeinen Relativitätstheorie – der Energie-Impuls-Tensor der Materie an die ↗Krümmung der Raumzeit. Zusätzlich koppelt jedoch auch der Spintensor $\tau_{\alpha\beta}$, verstanden als der Spin der fermionischen Elementarteilchen, an den Torsionstensor $T_{\alpha\beta}{}^{\gamma}$, und in einem weiteren Unterschied zur Allgemeinen Relativitätstheorie ist der sogenannte *kanonische Energie-Impuls-Tensor* $\Sigma_{\alpha\beta}$ im allgemeinen unsymmetrisch. Die Kopplungskonstante $\kappa$ ist die Einsteinsche Gravitationskonstante.

Für spinlose Materie stimmt die EC-Theorie mit der Allgemeinen Relativitätstheorie überein. Die Spin-Wechselwirkung ist eine Kontaktwechselwirkung, deshalb ist die Torsion – im Gegensatz zu allgemeineren Poincaré-Eichtheorien – ein nicht-propagierendes Feld, es treten also keine Torsionswellen im Vakuum auf. Unter Normalbedingungen ist die Spin-Wechselwirkung so schwach, daß die EC-Theorie keine meßbare Abweichung von der experimentell gut bestätigten Allgemeinen Relativitätstheorie vorhersagt; sie ist somit eine diskussionswürdige Gravitationstheorie. Abweichungen werden erst für Materiedichten von der Größenordnung $\rho = 10^{50}$ kg m$^{-3}$ für Elektronen bzw. $\rho = 10^{57}$ kg m$^{-3}$ für Neutronen relevant. Solche extrem hohen Dichten tauchen nur in der Nähe der finalen Singularität nach einem Gravitationskollaps (↗Schwarze Löcher) oder im sehr frühen Kosmos (↗Urknall) auf, wodurch die Einstein-Cartan-Theorie oder ähnliche Eichtheorien der Gravitation bei der Suche nach einer konsistenten Theorie der ↗Quantengravitation als klassische Alternative zur Allgemeinen Relativitätstheorie von Bedeutung sein könnten. [RAP]

**Einstein-de-Haas-Effekt,** ↗Einstein-de-Haas-Versuch.

**Einstein-de-Haas-Versuch,** 1915 von A. ↗Einstein und W.J. ↗de Haas durchgeführtes Experiment zur Bestimmung des ↗gyromagnetischen Verhältnisses des Elektrons. Mit dem Einstein-de-Haas-Versuch konnte der Zusammenhang zwischen dem ↗magnetischen Moment $\boldsymbol{m}$ und dem ↗Gesamtdrehimpuls $\boldsymbol{J}$ der Atome eines Eisenstabes bewiesen werden.

Bei dem Experiment ist ein Eisenstab in einer Spule an einem Torsionsfaden so aufgehängt, daß er sich frei um die Längsachse der Spule drehen kann. Mit einem Drehspiegel und einem Laserstrahl können Drehungen des Fadens und damit des Stabes extrem genau gemessen werden. Wird der Spulenstrom kurz angeschaltet (bei Einstein und de Haas durch den Entladestrom eines Kondensators), werden die magnetischen Momente der Eisenatome zumindest teilweise ausgerichtet. Hierdurch ändert sich ihr Drehimpuls. Da der Gesamtdrehimpuls des Stabes erhalten bleibt, muß sich der Stab äußerlich sichtbar entgegengesetzt drehen. Bei magnetisch ausreichend hartem Stahl bleibt nach dem Ausschalten eine Remanenzmagnetisierung $\boldsymbol{M}_r$ mit dem entsprechenden magnetischen Moment $\boldsymbol{m}_r = V\boldsymbol{M}_r$ ($V$: Probenvolumen) bestehen. Der entsprechende Drehimpuls $\boldsymbol{L}$ des Stabes läßt diesen mit der Frequenz $\boldsymbol{\omega} = \boldsymbol{L}/\theta$ aus der Gleichgewichtslage schwingen ($\theta$: ↗Trägheitsmoment des Stabes). Damit ergibt sich das gyromagnetische Verhältnis der Elektronen zu

$$m_r/J = m_r/L = VM_r/\theta\omega.$$

Die Messung ergibt ungefähr den Wert $1{,}76 \cdot 10^{11}$C/kg; dies entspricht dem Quotienten aus Elementarladung $e$ und Elektronenmasse $m_e$. Dieser Wert ist annähernd das Doppelte des Wertes, der sich aus dem klassischen Bild des um den Kern kreisenden Elektrons ergibt (↗Ampèresche Molekularströme). Der Versuch ist daher auch ein Beweis für die Existenz des ↗Spins, genauer gesagt dafür, daß der ↗Ferromagnetismus auf dem Elektronenspin beruht. Das exakte Verhältnis vom gemessenen Wert zur klassischen Erwartung für das gyromagnetische Verhältnis, der Landésche ↗g-Faktor, weicht etwas vom Wert 2 ab. Dieser Effekt ist ist erst im Rahmen der ↗Quantenelektrodynamik zu verstehen.

**Einstein-de-Sitter-Kosmos,** ein kosmologisches Modell aus der Klasse der ↗Friedmann-Modelle, das ein flaches Universum beschreibt, in dem der Druck der kosmischen Materie verschwindet (↗materiedominierter Kosmos) und die Materiedichte $\rho$ genau mit der ↗kritischen Dichte $\rho_c$ übereinstimmt. Die zeitliche Entwicklung des 1932 von A. ↗Einstein und W. ↗de Sitter vorgeschlagenen dynamischen Modells mit verschwindender ↗kosmologischer Konstante beginnt mit einer Singularität, bei der die Skalenfunktion $R$ verschwindet (↗Urknall). Anschließend expandiert der Kosmos gemäß $R(t) \sim t^{2/3}$, woraus sich die Hubble-Funktion $H(t) = 2/(3t)$ und der Akzelerationsparameter $q_0 = 1/2$ ergeben.

Es läßt sich zeigen, daß alle kosmologischen Modelle, die von einem Urknall zur Zeit $t = 0$ ausgehen, zu frühen Zeiten wie der Einstein-de Sitter-Kosmos mit $R(t) \sim t^{2/3}$ expandieren. Im ↗Standardmodell der Kosmologie markiert der Einstein-de-Sitter-Kosmos die Grenze zwischen den Modellen eines ↗offenen und eines ↗geschlossenen Universums; seine Dichte $\rho = \rho_c$ kann mit der Beobachtung nur in Einklang gebracht werden, wenn man von einem erheblichen Anteil an ↗dunkler Materie in Universum ausgeht. (↗de-Sitter-Kosmos, ↗Einstein-Kosmos)

**Einstein-Gleichung,** zur Beschreibung der Austrittsarbeit der Elektronen, die beim ↗*Photoeffekt* aufgrund von Strahlungsabsorption in einem Metall emittiert werden. *A.* ↗*Einstein* wandte auf diesen Prozeß die Plancksche Lichtquantenhypothese an, nach der Lichtenergie nur in Portionen des Betrags $h\nu$ auftritt. Damit gelangte er zur Gleichung für die kinetische Energie $E_{\text{kin}}$ der emittierten Elektronen: $E_{\text{kin}} = h\nu - E_a$, wobei $h$ das Plancksche Wirkungsquantum, $\nu$ die Lichtfrequenz und $E_a$ die Austrittsarbeit der Elektronen in dem bestrahlten Material ist. Elektronenemission kann aber nur dann stattfinden, wenn die Energie $h\nu$ eines Photons größer ist als die Austrittsarbeit $E_a$.

**Einstein-Gleichungen,** die grundlegenden Feldgleichungen der ↗Allgemeinen Relativitätstheorie:

$$G_{\alpha\beta} + \Lambda g_{\alpha\beta} = \kappa T_{\alpha\beta} \qquad (1)$$

$G_{\alpha\beta}$ ist hier die ↗Metrik, $\Lambda$ die ↗kosmologische Konstante, $\kappa$ die Einsteinsche Gravitationskonstante und $T_{\alpha\beta}$ der ↗Energie-Impuls-Tensor. Der ↗Krümmungstensor $R^{\alpha}{}_{\beta\gamma\delta}$ wird hier benötigt, um sukzessive zuerst den ↗Ricci-Tensor $R_{\alpha\beta} = R^{\gamma}{}_{\alpha\gamma\beta}$, daraus den Krümmungsskalar $R = R^{\alpha}{}_{\alpha}$ und schließlich den ↗Einstein-Tensor $G_{\alpha\beta} = R_{\alpha\beta} - \frac{1}{2} g_{\alpha\beta} R$ zu definieren.

Die Einstein-Gleichungen beschreiben den quantitativen Zusammenhang zwischen der Metrik $g_{\alpha\beta}$ der Raumzeit, die eine vierdimensionale ↗Riemannsche Mannigfaltigkeit darstellt, und dem Energie-Impuls-Tensor $T_{\alpha\beta}$. Die zehn unabhängigen Komponenten der Metrik sind dadurch bis auf vier beliebige Koordinatentransformationen eindeutig bestimmt. Durch die Form der Feldgleichungen unterscheidet sich die Allgemeine Relativitätstheorie von anderen Mitgliedern der Klasse der ↗metrischen Gravitationstheorien.

Die Einstein-Gleichungen (1) können nicht streng bewiesen werden, sondern sind als Axiome zu verstehen; sie können jedoch eindeutig hergeleitet werden, wenn man von den folgenden Bedingungen ausgeht (↗Allgemeine Relativitätstheorie):

1) Die Gleichungen müssen kovariant sein.
2) Die Raumzeit besitzt außer der Metrik keine weitere geometrische Struktur.
3) Die Feldgleichungen enthalten keine höheren Ableitungen der Metrik als die zweite.
4) Im nichtrelativistischen Grenzfall, also bei schwachen Feldern und kleinen Geschwindigkeiten, muß die Theorie in die Newtonsche Gravitationstheorie übergehen.

Ausgehend von diesen Bedingungen fand Einstein die Feldgleichungen im November 1915. Die vierte Bedingung fixiert die Gravitationskonstante $\kappa$, da die Gleichungen im nichtrelativistischen Grenzfall in die Poisson-Gleichung $\Delta U = 4\pi G\rho$ für das Newtonsche Gravitationspotential $U$ übergehen, wenn $\kappa = 8\pi G/c^2$ ($G$ = Newtonsche Gravitationskonstante) gesetzt wird.

Praktisch gleichzeitig und unabhängig von Einstein leitete der Mathematiker David ↗Hilbert die Feldgleichungen der Allgemeinen Relativitätstheorie durch die Variation der Wirkung

$$W = \int_{\Omega} (\mathcal{L}_G + \mathcal{L}_M) \mathrm{d}^4 x \qquad (2)$$

her, wobei über eine beliebige Raumzeit-Region $\Omega$ integriert wird. Die Lagrange-Dichten $\mathcal{L}_G$ bzw. $\mathcal{L}_M$ bilden den geometrischen bzw. den materiellen Teil der Wirkung $W$. Hilbert setzte $\mathcal{L}_G = (1/2\kappa)\sqrt{-g}R$ mit $g = \det(g_{\alpha\beta})$ und erhielt so die Einstein-Gleichungen (1) als ↗Euler-Lagrange-Gleichungen der Wirkung (2). Bei diesem Zugang ergibt sich der Energie-Impuls-Tensor als die Variationsableitung

$$T^{\alpha\beta} = \frac{2}{\sqrt{-g}} \frac{\delta \mathcal{L}_M}{\delta g_{\alpha\beta}},$$

wobei eine der physikalischen Situation angemessene Materie-Lagrange-Dichte $\mathcal{L}_M$ gewählt werden muß. [RAP]

**Einstein-Hilbert-Wirkung,** der materiefreie Anteil des Wirkungsfunktionals in der ↗*Allgemeinen Relativitätstheorie*. Diese läßt sich als eine Feldtheorie auf einer vierdimensionalen ↗*Mannigfaltigkeit M* auffassen. Die dynamischen Variablen sind die Raum-Zeit-Metrik $g$, welche die Gravitation beschreibt, und andere Felder $\phi$, welche die Materie einschließlich der übrigen Wechselwirkungen beschreiben. Die Feldgleichungen folgen als Euler-Lagrange-Gleichungen aus dem ↗*Wirkungsprinzip*. Das Wirkungsfunktional ist $\mathcal{S}(g,\phi) = \mathcal{S}_{\text{EH}}(g) + \mathcal{S}_{\text{Materie}}(g,\phi)$. Der materiefreie Anteil ist die Einstein-Hilbert-Wirkung

$$\mathcal{S}_{\text{EH}}(g) = \frac{1}{16\pi G_N} \int_M \sqrt{|\det(g_{\mu\nu})|} R \mathrm{d}^4 x,$$

$G_N$ ist die Newtonsche Gravitationskonstante und $R$ die aus $g$ gebildete skalare Riemannsche ↗*Krümmung*. Die aus $\mathcal{S}_{\text{EH}}$ folgenden Euler-Lagrange-Gleichungen sind die Einsteinschen Feldgleichungen. (↗*metrische Gravitationstheorien*, ↗*Eichtheorie der Gravitation*, ↗*Einstein-Cartan-Theorie*)

**Einsteinium,** *Es*, Element der Gruppe der ↗Actinoide des Periodensystems (benannt nach A. Einstein), Ordnungszahl 99. Es ist

ein *Transuran*-Element, das in der Natur nicht vorkommt. Einsteinium besitzt die Elektronenkonfiguration $[Rn]5f^{11}7s^2$ und ist radioaktiv. Bis jetzt sind 14 Isotope mit den Massenzahlen 243–256 bekannt. Einsteinium wird durch künstliche Elementumwandlung, wie z.B. durch Beschuß von Plutonium mit Neutronen, gewonnen:
$^{239}_{94}Pu \xrightarrow{+14n;\,-5\beta^-} {}^{253}_{99}Es$. Dieses Einsteinium-Isotop ist ein $\alpha$-Strahler und zerfällt mit einer Halbwertszeit von 20,4d. Die Einsteinium-Isotope $^{254}_{99}Es$ und $^{255}_{99}Es$ erhält man ebenfalls durch Beschuß von Plutonium mit Neutronen. Das Isotop $^{246}_{99}Es$ (Halbwertszeit 7,7min) wird aus Uran durch Beschuß mit energiereichen Stickstoffkernen hergestellt:
$^{238}_{92}U \xrightarrow{+^{14}_{7}N;\,-6n} {}^{246}_{99}Es$. [AFM]

**Einsteinium 1:** Wichtige Isotope.

| Isotop | Natürliche Häufigkeit [%] | Atommasse | Halbwertszeit $T_{1/2}$ |
|---|---|---|---|
| $^{252}Es$ | 0 | 252,082944 | 1,29 a |
| $^{253}Es$ | 0 | 253,084818 | 20,47 d |
| $^{254}Es$ | 0 | 254,088019 | 275 d |
| $^{255}Es$ | 0 | 255,090270 | 39,8 d |

**Einsteinium 2:** Allgemeine und chemische Eigenschaften.

| | |
|---|---|
| relative Atommasse ($^{12}C = 12{,}0000$) | 252 |
| Oxidationszahl | $Es^{III}$ |

**Einsteinium 3:** Thermische, atom- und kernphysikalische Eigenschaften.

| | |
|---|---|
| Schmelztemperatur [K] | $1333 \pm 30$ |
| Termsymbol | $^4I_{15/2}$ |
| 1. Ionisierungsenergie (berechnet) [eV] | 6,42 |
| Elektronegativität (Pauling) | 1,3 |
| effektive Kernladung (Slater) | 1,65 |
| Ionenradius ($Es^{3+}$) [nm] | 0,0928 |
| Atomradius [nm] | 0,186 |
| Einfangquerschnitt für thermische Neutronen ($^{253}Es$) [barn] | 160 |

**Einstein-Koeffizienten**

**Einstein-Koeffizienten,** die Übergangswahrscheinlichkeiten zwischen Zuständen in einem Zwei-Niveau-System, die von *A. ↗Einstein* zur Ableitung der Planckschen Strahlungsformel eingeführt wurden. Betrachtet seien zwei Energieniveaus $E_1$ und $E_2$ mit den Besetzungszahlen $N_1$ und $N_2$, wie in der Abb. dargestellt. Einstein führte die Prozesse *↗spontane Emission*, *↗stimulierte Emission* und *↗Absorption* als mögliche Übergänge zwischen den Zuständen ein. Die Wahrscheinlichkeiten für diese Prozesse bezeichnete er mit $B_{12}$ für die Absorption, $B_{21}$ für die stimulierte Emission und $A_{21}$ für die spontane Emission.

**Einstein-Kosmos,** *Einsteinsche Zylinderwelt*, ein homogen-isotropes, statisches, materiedominiertes, flaches kosmologisches Modell mit nichtverschwindender ↗kosmologischer Konstante. Das Modell des Einstein-Kosmos wurde als erstes kosmologisches Modell im Rahmen der ↗Allgemeinen Relativitätstheorie 1917 von Einstein vorgeschlagen. Als kartesisches Produkt aus dreidimensionalen Sphären (den Raumschnitten) und einer Geraden (der Zeit) ist der Einstein-Kosmos das vierdimensionale Analogon des dreidimensionalen Zylinders, daher auch der Name *Zylinderwelt*. Einstein hatte für dieses Modell die kosmologische Konstante in die Allgemeine Relativitätstheorie eingeführt, um eine statische kosmologische Lösung der Feldgleichungen zu erhalten. Der statische Einstein-Kosmos stand jedoch seit der Entdeckung der ↗kosmologischen Rotverschiebung als erstem Indiz für die Expansion des Universums im Jahr 1929 im Widerspruch zum Experiment. Auch aus rein theoretischer Sicht ist der Einstein-Kosmos problematisch, da er instabil in dem Sinne ist, daß bereits kleinste Fluktuationen der Materiedichte einen Kollaps oder eine Expansion verursachen. (↗de-Sitter-Kosmos, ↗Einstein-de-Sitter-Kosmos)

**Einstein-Lobatschewski-Geometrie des Geschwindigkeitsraumes,** dem ↗Additionstheorem der Geschwindigkeiten entsprechende Metrik des Raumes der Geschwindigkeitsvektoren im dreidimensionalen ↗euklidischen Raum (↗Spezielle Relativitätstheorie). Der Betrag der Relativitätsgeschwindigkeit zweier Körper, die sich gegen ein Bezugssystem $\Sigma$ mit $\boldsymbol{v}$ und $\boldsymbol{v} + d\boldsymbol{v}$ bewegen, lautet

$$ds^2 = \left[d\boldsymbol{v}^2 - \left(\frac{\boldsymbol{v}}{c} \times d\boldsymbol{v}\right)^2\right]\left[1 - \frac{\boldsymbol{v}^2}{c^2}\right]^{-2} . \quad (1)$$

Dieser Ausdruck ist unabhängig vom speziellen Bezugssystem $\Sigma$. Die Länge eines endlichen Relativgeschwindigkeitsvektors ist $|\boldsymbol{v}_{12}| = c \cdot \tanh s$. Hierbei ist $s$ die nach (1) berechnete Länge der Verbindungegeraden von $\boldsymbol{v}_1$ nach $\boldsymbol{v}_2$ und $c$ die Vakuumlichtgeschwindigkeit. Das Additionstheorem paralleler Relativgeschwindigkeiten gleicht damit dem Additionsgesetz des hyperbolischen Tangens (↗Lorentz-Gruppe). Mit der Metrik (1) ist der Geschwindigkeitsraum ein dreidimensionaler Raum konstanter negativer Krümmung. Die Transformation $\boldsymbol{v} = c\,(\tanh\rho \cdot \sin\theta \cdot \cos\varphi,\ \tanh\rho \cdot \sin\theta \cdot \sin\varphi,\ \tanh\rho \cdot \cos\theta)$ liefert die Standardform der Metrik eines solchen Raumes:

$$ds^2 = d\rho^2 + \sinh^2\rho\,\left(d\theta^2 + \sin^2\theta\, d\varphi^2\right).$$

**Einstein-Maxwellsche Gleichungen$^{(G)}$,** Gleichungssystem, das die Ankopplung des elektromagnetischen Feldes an das Gravitationsfeld im Rahmen der ↗Allgemeinen Relativitätstheorie mit Hilfe des Einsteinschen ↗Äquivalenzprinzips beschreibt.

Dabei wird der ↗Energie-Impuls-Tensor $T^{\mu\nu}$ des elektromagnetischen Feldes als Quelle des Gravitationsfeldes $g_{\mu\nu}$ in die ↗Einstein-Gleichungen eingesetzt ($F_{\mu\nu} = \partial_\mu A_\nu - \partial_\nu A_\mu$: ↗Feldstärketensor, $A_\mu$: ↗Viererpotential).

Im ↗Minkowski-Raum mit ebener ↗Metrik $\eta_{\mu\nu}$ haben die Maxwell-Gleichungen die Form:

$$F^{\mu\nu}{}_{;\lambda} = 0 \quad (1)$$

$$F_{\mu\nu;\lambda} + F_{\nu\lambda;\mu} + F_{\lambda\mu;\nu} = 0 \quad (2)$$

(↗kovariante Formulierung der Elektrodynamik). Das Index-Symbol »;$\lambda$« bezeichnet die ↗kovariante Ableitung nach der Koordinate $\lambda$ bezüglich $\eta_{\mu\nu}$. In ↗Inertialsystemen ist diese gleich der gewöhnlichen Ableitung $\partial_\lambda \equiv \partial/\partial x^\lambda$. Beim Übergang in einen Raum mit Gravitation (↗Riemann-Raum) wird $\eta_{\mu\nu}$ durch die das Graviationsfeld beschreibende Metrik $g_{\mu\nu}$ ersetzt. In (2) muß außerdem die kovariante Ableitung nach $\eta_{\mu\nu}$ durch die nach $g_{\mu\nu}$ ersetzt werden. Aus den Einstein-Gleichungen

$$R_{\mu\nu} - \tfrac{1}{2} g_{\mu\nu} g^{\rho\sigma} R_{\rho\sigma} = -\kappa T_{\mu\nu} \qquad (3)$$

($R_{\mu\nu}$: ↗Ricci-Tensor, $\kappa = 8\pi G/c^2$: Einsteinsche Gravitationskonstante) ergeben sich dann mit (1) die Einstein-Maxwellschen Feldgleichungen:

$$R_{\mu\nu} - \tfrac{1}{2} g_{\mu\nu} R = -\,\kappa\big(F_{\mu\sigma} F_{\nu\tau} g^{\sigma\tau} - \tfrac{1}{4} g_{\mu\nu} F_{\kappa\lambda} F_{\alpha\beta} g^{\kappa\alpha} g^{\gamma\beta}\big)$$

$$\big(g^{\sigma\tau} F_{\mu\tau}\big)_{;\sigma} = 0$$

$$F_{\mu\nu;\lambda} + F_{\nu\lambda;\mu} + F_{\lambda\mu;\nu} = 0$$

**Einstein-Modell,** *Einsteinsche Theorie der spezifischen Wärmekapazität*, eine der ersten quantenmechanischen Theorien der ↗*Wärmekapazität* von Festkörpern, die 1907 von A. ↗*Einstein* entwickelt wurde. Grundlage der Theorie ist die Annahme, daß alle Atome des Festkörpers mit der gleichen Frequenz $\omega_{\mathrm{E}}$, der *Einstein-Frequenz*, harmonisch und isotrop um ihre Gleichgewichtspositionen schwingen und ihre Bewegungen nicht korreliert sind. Das Modell beschreibt somit im wesentlichen *optische Phononen* (↗*Phononen*, ↗*optischer Zweig*), und die ↗*Phononenzustandsdichte* $g(\omega)$ im Einstein-Modell ist eine ↗*δ-Funktion*:
$g(\omega) = 3\,N\,r\,\delta(\omega - \omega_{\mathrm{E}})$
($N$: Anzahl der ↗*Elementarzellen*, $r$: Anzahl der Atome in einer Elementarzelle). Die Schwingungsenergie $E$ eines Kristalls ergibt sich im Einstein-Modell zu

$$E = \int_0^\infty g(\omega)\left(\frac{1}{2} + \mathrm{n}(\omega)\right)\hbar\omega\,\mathrm{d}\omega,$$

wobei $n(\omega)$ für die ↗*Besetzungswahrscheinlichkeit* eines Zustands mit der Energie $\hbar\omega$ nach der ↗*Bose-Einstein-Verteilung* steht. Unter Verwendung der ↗*Einstein-Temperatur* $\Theta_{\mathrm{E}} = \hbar\omega_{\mathrm{E}}/k_{\mathrm{B}}$ erhalt man für die Gesamtenergie genau das $3Nr$-fache der Energie eines mit $\omega_{\mathrm{E}}$ schwingenden einzelnen harmonischen Oszillators:

$$E = 3\,N\,r\,k_{\mathrm{B}}\,\Theta_{\mathrm{E}}\left(\frac{1}{2} + \frac{1}{\mathrm{e}^{\Theta_{\mathrm{E}}/T} - 1}\right)$$

($k_{\mathrm{B}}$: ↗*Boltzmann-Konstante*). Die zugehörige ↗*spezifische Wärmekapazität* $c_V$ ergibt sich somit zu:

$$c_V = \left(\frac{\partial E}{\partial T}\right)_V = 3\,R\left(\frac{\Theta_{\mathrm{E}}}{T}\right)^2 \frac{\mathrm{e}^{\Theta_{\mathrm{E}}/T}}{\left(\mathrm{e}^{\Theta_{\mathrm{E}}/T} - 1\right)^2},$$

wobei $R = N \cdot k_{\mathrm{B}}$ die ↗*allgemeine Gaskonstante* bezeichnet. Für *hohe Temperaturen* ($T \gg \Theta_{\mathrm{E}}$) kann man die Exponentialfunktionen entwickeln und erhält mit $c_V \approx 3\,R$ das

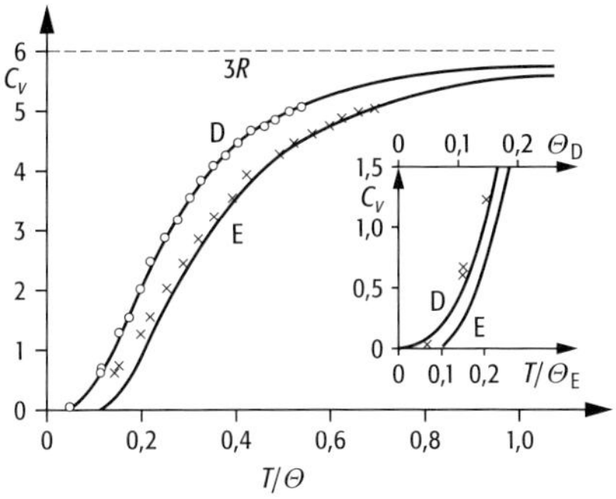


**Einstein-Modell:** Unterschiedliche Verläufe der Wärmekapazität ($C_V$) in Abhängigkeit von der Temperatur $T$ im Debye-Modell (D) und im Einstein-Modell (E). $R$: allgemeine Gaskonstante, $\Theta_{\mathrm{D}}$: Debye-Temperatur, $\Theta_{\mathrm{E}}$: Einstein-Temperatur.

klassische ↗*Dulong-Petitsche Gesetz.* Für *niedrige Temperaturen* ($T \ll \Theta_{\mathrm{E}}$) ergibt sich wegen $\mathrm{e}^{\Theta_{\mathrm{E}}/T} \ll 1$ für die Wärmekapazität $c_V \approx 3\,R\left(\Theta_{\mathrm{E}}/T\right)^2 \mathrm{e}^{-\Theta_{\mathrm{E}}/T}$. Hier geht deren Wert mit abnehmender Temperatur gegen null, folgt aber nicht der experimentell beobachteten $T^3$-Abhängigkeit (↗*Debyesches $T^3$-Gesetz*), die sich aus dem komplizierteren ↗*Debye-Modell* ergibt. Hier zeigt sich der Näherungscharakter des Einstein-Modells, das exakt nur für zweiatomige Moleküle gilt, die als unabhängig schwingende Oszillatoren angesehen werden können. Trotz der sehr einfachen Annahmen beschreibt das Einstein-Modell die Wärmekapazitäten von Festkörpern relativ gut, insbesondere im Bereich hoher Temperaturen. [HW1]

**Einstein-Observatorium,** *HEAO2*, einer von drei in den siebziger Jahren gestarteten Satelliten zur Erforschung der Röntgen- und Gammastrahlung. HEAO2 (High Energy Astronomy Observatory) startete 1978 und war auf die Messung einzelner Röntgenquellen spezialisiert.

**Einstein-Podolsky-Rosen-Paradoxon** ↗EPR-Paradoxon.

**Einstein-Raum,** ein Riemannscher Raum (↗Riemannsche Geometrie), dessen ↗Ricci-Tensor $R_{\alpha\beta}$ die Bedingung $R_{\alpha\beta} = \lambda\,g_{\alpha\beta}$ erfüllt. Dabei ist $g_{\alpha\beta}$ der metrische Tensor (↗Metrik), und $\lambda$ ist eine skalare Funktion. Einen Einstein-Raum, für den $\lambda = 0$ gilt, bezeichnet man als *speziellen Einstein-Raum.* Für den Krümmungsskalar $R = g^{\alpha\beta} R_{\alpha\beta}$ eines Einstein-Raums der Dimension $n$ gilt $R = n\lambda$, für einen speziellen Einstein-Raum $R = 0$. In der ↗Allgemeinen Relativitätstheorie sind die durch die ↗Einstein-Gleichungen mit kosmologischer Konstante bestimmten Riemannschen Räume im Vakuum vierdimensionale Einstein-Räume der Signatur 2 (↗Metrik), während die Einstein-Gleichungen ohne kosmologische Konstante im Vakuum spezielle Einstein-Räume bestimmen. Insbesondere ist der ↗Minkowski-Raum der ↗Speziellen Relativitätstheorie ein spezieller Einstein-Raum.

**Einstein-Relation,** *Einstein-Beziehung*, für die ↗Brownsche Bewegung gültige Beziehung zwischen dem ↗Diffusionskoeffizienten $D$, der ↗Beweglichkeit $\mu$ gegenüber äußeren Kräften und der Temperatur $T$:

$$D = \mu\, k_B\, T,$$

wobei $k_B$ für die Boltzmann-Konstante steht. Die Einstein-Relation wurde erstmals 1905 von A. ↗Einstein im Rahmen eines theoretischen Modells der Brownschen Molekularbewegung angegeben. Allgemein gilt diese Beziehung für die Diffusion niedriger Konzentrationen von schweren Gaspartikeln in einer Umgebung leichterer idealer Gase, für die die ↗Maxwell-Verteilung Gültigkeit haben muß; es wird also ein partielles thermodynamisches Gleichgewicht vorausgesetzt.

**Einstein-Ring,** ein im Jahre 1936 von A. ↗*Einstein* vorhergesagtes Phänomen, bei dem ein weit entferntes kosmisches Objekt durch die gravitative Wirkung einer zwischen dem Objekt und dem Beobachter liegenden großen Masse als Ring abgebildet wird (↗*Gravitationslinsen*). 1988 gelang im Radiobereich die Aufnahme eines mutmaßlichen Einstein-Ringes.

**Einstein-Rosen-Brücke,** *Schwarzschild-Wurmloch*, ↗Wurmlöcher.

**Einsteinsche Gravitationskonstante** ↗*Einstein-Gleichung.*

**Einsteinsches Additionstheorem der Geschwindigkeiten** ↗*Additionstheorem der Geschwindigkeiten.*

**Einsteinsches Äquivalenzprinzip** ↗*Äquivalenzprinzip.*

**Einsteinsches Gesetz** ↗*Einstein-Stark-Gesetz.*

**Einsteinsche Summenkonvention,** die Vereinbarung, daß in Produkttermen der Vektor- und Tensoralgebra über Indizes, die in zwei Faktoren auftreten, summiert wird. Das Skalarprodukt zweier Vektoren $\boldsymbol{x}\cdot\boldsymbol{y} = \sum x_i y_i$ wird mit $x^i y_i$ abgekürzt, das Matrix-Vektor-Produkt $(A\boldsymbol{x})_i = \sum_j A_{ij} x_j$ liest sich $A_i^j x_j$, das Produkt zweier Matrizen wird $(AB)_{ij} = A_i^k B_{jk}$ geschrieben, und das Vektorprodukt läßt sich in der Form $(\boldsymbol{a}\times\boldsymbol{b})_i = \varepsilon_{ijk} a^j b^k$ darstellen, wobei $\varepsilon_{ijk}$ das ↗Levi-Civita-Symbol ist. Dabei ist außerdem zu beachten, daß griechische Indizierung Summation über die vier Raumzeitkomponenten von 0 bis 3 bedeutet (*Lorentz-Index*), lateinische Indizierung hingegen Summation nur über die drei Raumkomponenten 1, 2, 3. Die Einsteinsche Summenkonvention vereinfacht die Koordinatendarstellung der Vektor- und Tensoralgebra und –analysis, den größten Nutzen bringt sie aber in der Relativitätstheorie.

**Einsteinsche Theorie der spezifischen Wärmekapazität** ↗*Einstein-Modell.*

**Einsteinsche Vereinheitlichungsversuche,** Ansätze A. Einsteins zur einheitlichen Beschreibung von Gravitation und Elektromagnetismus im Rahmen der klassischen Feldtheorie. Nach Einsteins Vorstellung würde eine Ergänzung des metrischen Tensors $g_{\mu\nu}$ mit einem antisymmetrischen Anteil neue Beiträge im Krümmungstensor und dadurch in der Wirkung generieren, die mit der Wirkung des Strahlungsfeldes identifiziert werden könnte. Heute haben diese Versuche nur noch eine geschichtliche Bedeutung, weil sie weder Quanteneffekte noch die zwei weiteren fundamentalen Wechselwirkungen (die starke und die schwache) berücksichtigen.

**Einsteinsche Zylinderwelt** ↗Einstein-Kosmos.

**Einstein-Stark-Gesetz,** *Stark-Einstein-Gesetz*, *Einsteinsches Gesetz*, Gesetz, demzufolge der Primärschritt bei einem photochemischen Prozeß in der Absorption eines Photons durch das Molekül besteht. Die von einem reagierenden Molekül absorbierte Energie beträgt $E = h\nu$. Das Einstein-Stark-Gesetz sagt nichts darüber aus, wie viele der absorbierten Photonen auch wirklich zu einer Reaktion führen. Bei Verwendung sehr starker Lichtquellen kann das Einstein-Stark-Gesetz seine Gültigkeit verlieren. In diesem Fall kann ein Molekül auch mehrere Photonen absorbieren. (↗Ein-Photonen-Ionisation, ↗Ein-Photonen-Spektroskopie, ↗Einstufen-Anregung)

**Einstein-Temperatur,** $\Theta_E$, eine charakteristische, im ↗*Einstein-Modell* definierte Temperatur, die mit der *Einstein-Frequenz* $\omega_E$ gemäß $\hbar\,\omega_E = k_B\,\Theta_E$ zusammenhängt ($k_B$: ↗*Boltzmann-Konstante*). Die Einstein-Temperatur hängt von den elastischen Eigenschaften des betrachteten Festkörpers ab (↗*Elastizitätstheorie*). Für die Temperaturabhängigkeit der Wärmekapazität des aus relativ leichten Kohlenstoffatomen aufgebauten ↗*Diamantgitters* wird eine gute Übereinstimmung zwischen Theorie und Experiment mit $\Theta_E = 1320$ K erreicht. Die Einstein-Temperatur der meisten anderen Festkörper liegt bei ungefähr 300 K.

**Einstein-Tensor,** der auf einer ↗Riemannschen Mannigfaltigkeit aus dem ↗Ricci-Tensor $R_{\alpha\beta}$ und dem Krümmungsskalar $R = g^{\alpha\beta} R_{\alpha\beta}$ gebildete symmetrische Tensor $G_{\alpha\beta} = R_{\alpha\beta} - \frac{1}{2} g_{\alpha\beta} R$. Der Einstein-Tensor spielt in der ↗Allgemeinen Relativitätstheorie eine fundamentale Rolle. Im Vakuum lauten die Feldgleichungen $G_{\alpha\beta} = 0$ oder, in äquivalenter Formulierung, $R_{\alpha\beta} = 0$. Im Fall eines nichtverschwindenden Energie-Impuls-Tensors $T_{\alpha\beta}$ sind die erlaubten Raumzeit-Geometrien duch $G_{\alpha\beta} = \kappa T_{\alpha\beta}$ bestimmt (↗Einstein-Gleichung). Aus der zweiten ↗Bianchi-Identität folgt die *kontrahierte Bianchi-Identität* $G_{\alpha\beta}{}^{;\beta} = 0$, d.h. die kontrahierte kovariante Ableitung (↗Konnexion) des Einstein-Tensors verschwindet identisch. Zusammen mit den Einstein-Gleichungen ergeben sich daraus die lokale »Kontinuitätsgleichung« $T_{\alpha\beta}{}^{;\beta} = 0$ und in weiterer Konsequenz die ↗geodätische Gleichung, also die Bewegungsgleichung der Allgemeinen Relativitätstheorie.

**Einstein-Turm,** im Jahre 1925 errichtetes Turmteleskop, mit dem einige Vorhersagen der ↗*Allgemeinen Relativitätstheorie* überprüft werden sollten. Es steht auf dem Gelände des Astrophysikalischen Observatoriums Potsdam und dient heute der Sonnenforschung.

**Einstellfernrohr,** ↗Teleskop, das an einem Lichtmikroskop das Okular ersetzt und mit dem die hintere Brennebene des Objektivs beobachtet werden kann. Das Einstellfernrohr wird für die üblichen Lichtmikroskopie nicht benötigt und nur zu Justagezwecken eingesetzt.

**Einstell-Lupe** ↗Einstellfernrohr.

**Einstufen-Anregung,** Art der *Anregung* von Atomen und Molekülen durch elektromagnetische Strahlung. Dabei wird der angeregte Zustand durch einen einzigen Absorptionsprozeß erreicht. Im Gegensatz dazu steht die ↗*Mehrstufen-Anregung*, bei der zur Anregung eines Zustands Zwischenzustände besetzt werden. (↗Ein-Photonen-Ionisation, ↗Ein-Photonen-Spektroskopie, ↗Einstein-Stark-Gesetz)

**Einsturztheorie,** *Impakttheorie*, 1) eine der Theorien zur Erklärung der Entstehung des Erde-Mond-Systems. Hiernach stieß in der Frühzeit des Planetensystems ein großer ↗Planetesimal mit der Erde zusammen, als diese noch teilweise geschmolzen, jedoch bereits soweit chemisch differenziert war, daß sich der Eisenkern ausgebildet hatte. Beim Aufprall wurden die Krusten der beiden Körper zerstört und in den Weltraum geschleudert. Ein Teil des Materials verblieb in einer Umlaufbahn um die Erde. Aus ihm bildete sich der Mond. Da dieses Material aus den Mantelbereichen der beiden Körper stammte, war es arm an Eisen, und die flüchtigen Elemente verdampften bei den hohen Temperaturen während des Einschlags. Dies würde die geringere Dichte des ↗Mondes im Vergleich zur Erde erklären. 2) in der Mondforschung die Erklärung der Mondkrater durch den Einschlag von ↗Meteoriten, im Gegensatz zur Vulkantheorie.

**Eintauchbeschichtung,** *Dip Coating*, eine ↗*Beschichtungstechnologie* (↗*Beschichtung*), bei der das Beschichtungsmaterial flüssig vorliegt und der Kontakt mit dem Substrat durch Eintauchen unter kontrollierten Bedingungen (Geschwindigkeit, Temperatur) erfolgt. Die Schicht bildet sich durch eine chemische Reaktion oder auch nur durch Eintrocknen (Verdampfung von flüchtigen Komponenten) sowie durch Abkühlen. Eine besondere Methode der Eintauchbeschichtung ist die ↗*Langmuir-Blodgett-Technologie*.

**Eintauchwinkel,** *Eintrittskorridor*, Winkel zwischen der Flugrichtung und der Horizontalebene im Punkt des Eintauchens eines Raumflugkörpers in die aerodynamisch wirksame Atmosphäre der Erde oder eines anderen Himmelskörpers. Das Eintauchen muß mit hoher Genauigkeit erfolgen, der optimale Wiedereintrittskorridor ist oft nur ein schmaler Winkelausschnitt im Bereich von 5–12°. Bei zu steilem Eintritt wächst die thermische Belastung stark an, und der Raumflugkörper verglüht teilweise oder ganz. Bei zu flacher Eintauchbahn ist die Verzögerung dagegen nicht groß genug, und der Wiedereintrittskörper prallt an der Oberfläche der Atmosphäre ab, ähnlich einem Stein, den man in flachem Winkel auf eine Wasseroberfläche schleudert.

**Einteilchenmodell,** *Kernphysik*: ↗*Schalenmodell.*

**Einteilchennäherung** ↗Atommodelle, ↗Atomtheorie.

**Einteilchensystem,** ein aus einem meist als punktförmig idealisierten Partikel bestehendes System, das in diesem Zusammenhang als unteilbare, im allgemeinen auch strukturlose Einheit betrachtet wird, die sich in einem äußeren Feld bzw. unter dem Einfluß äußerer Kräfte befinden kann. In der klassischen Mechanik und der (Einteilchen-)Quantenmechanik ist das Einteilchensystem neben dem ↗Zweikörperproblem, das zwei miteinander wechselwirkende Partikel behandelt, das einzige System, dessen ↗Bewegungsgleichungen exakt analytisch lösbar sind. Bereits für das ↗Dreikörperproblem kann nachgewiesen werden, daß es nicht mehr analytisch lösbar ist.

**Einteilchenzustand, quantenmechanischer,** stationärer Zustand eines quantenmechanischen Teilchens, z.B. eines Elektrons (↗*Einteilchensystem*). Die Wellenfunktion eines Einteilchenzustandes wird als Lösung einer stationären ↗Schrödinger-Gleichung für ein Teilchen in einem vorgegebenen äußeren Potential bestimmt. Falls das Potential kugelsymmetrisch ist, sind die Einteilchenzustände durch die Hauptquantenzahl $n$, die Drehimpulsquantenzahlen $l$ und $m_l$ sowie die Spinquantenzahl $s$ charakterisiert. Auch im Rahmen von Näherungsverfahren zur Berechnung der Wellenfunktionen für Mehrteilchensysteme, z.B. dem ↗Hartree-Fock-Verfahren, werden Einteilchenzustände verwendet, da diese im Gegensatz zu den Vielteilchenzuständen exakt analytisch berechenbar sind (*Einteilchennäherung*, ↗Atomtheorie). Bei diesen Verfahren wird die Wechselwirkung eines Teilchens mit allen anderen näherungsweise durch ein nur von den Koordinaten dieses Teilchens abhängiges Potential beschrieben, so daß eine Schrödinger-Gleichung zur Berechnung der Einteilchenzustände formuliert werden kann.

**Einthoven,** *Willem*, niederländischer Physiologe, *21.5.1860 Semarang, †29.9.1927 Leiden; Schüler von F.C. ↗Donders, 1885 (noch vor seinem Staatsexamen) Professor der Physiologie und Histologie in Leiden; Begründer der Elektrokardiographie durch die Konstruktion des Saitengalvanometers (1903), mit dem die bei der Herztätigkeit auftretenden elektrischen Aktionsströme im von ihm so genannten ↗Elektrokardiogramm (EKG) aufgezeichnet werden konnten; erhielt 1924 den Nobelpreis für Physiologie oder Medizin.

**Einthoven,** *Willem*

**Eintreffervorgang,** Effekt in einem biologischen Objekt, zu dessen Erzeugung ein einziger Absorptionsakt eines Strahlungsquants oder eines Teilchens ausreicht. Nach der ↗*Treffertheorie* machen sich Eintreffervorgän-

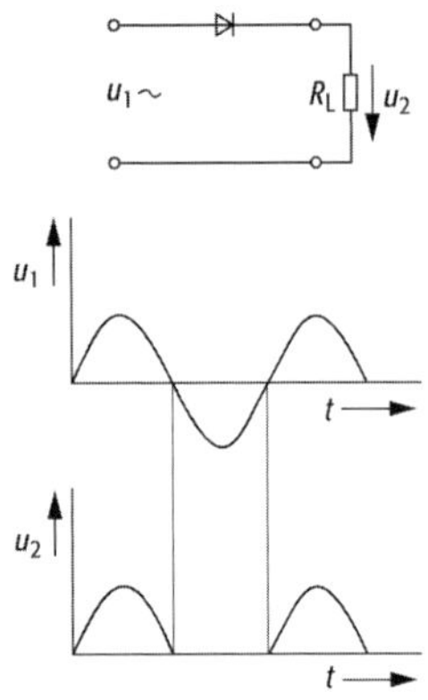


**Einweggleichrichtung:** Schaltung und Spannungsverlauf.

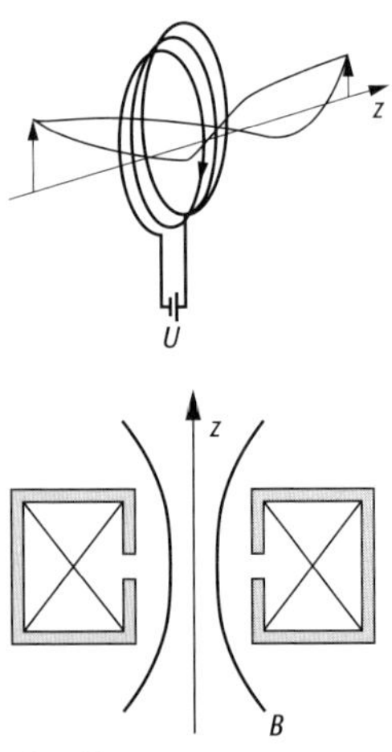


**Einzellinse 1:** Magnetische Einzellinse: Die geladenen Teilchen werden in dem durch eine Spule erzeugten Magnetfeld abgelenkt (oben) und erfahren eine Fokussierung. Das Magnetfeld kann durch einen Eisenkern verstärkt werden (unten).

ge durch eine exponentielle ↗*Dosis-Effekt-Kurve* bemerkbar. Sie treten z.B. bei der Inaktivierung und Mutation von Mikroorganismen durch energiereiche Strahlen auf. Bei den höheren Organismen erfolgen Genveränderungen und Chromosomenbrüche grundsätzlich durch einen einzigen Treffer, zumindest wenn man energiereiche Strahlen anwendet.

**Eintrittsdruck,** in technischen Strömungssystemen – etwa ↗Pumpen – übliche Bezeichnung für den ↗Druck in der Flüssigkeit am Eingang des Strömungssystems. Infolge der ↗Zähigkeit der Flüssigkeit sowie aufgrund der Umwandlung von ↗Druckenergie in ↗kinetische Energie in dem Strömungssystem sind Eintrittsdruck und ↗Austrittsdruck nicht identisch und daher zu unterscheiden. Die Differenz von Eintritts- und Austrittsdruck ist ein Maß für die Förderhöhe und den ↗Wirkungsgrad von Pumpen.

**Eintrittskorridor** ↗*Eintauchwinkel.*

**Eintrittsmoment,** in technischen Strömungssystemen, etwa ↗Turbinen, übliche Bezeichnung für das von der strömenden Flüssigkeit auf das Strömungssystem ausgeübte ↗Drehmoment am Eingang des Strömungssystems. Die Differenz von Eintrittsmoment und ↗Austrittsmoment ist damit gleich dem Drehmoment, welches auf das gesamte Strömungssystem ausgeübt wird.

**Eintrittspupille,** der Punkt des minimalen Strahlquerschnitts bei einer mikroskopischen Optik (↗Blende). Das Zentrum der Pupille liegt im Kreuzungspunkt von Fundamentalstrahlen mit der optischen Achse.

**Eintrittspupille des Auges,** *Iris* oder ↗*Augenpupille*, eine Ringblende variablen Durchmessers, die die Stärke des Lichtstromes bestimmt (↗*Adaptation*). Der Durchmesser der Iris stellt sich je nach Helligkeit zwischen ca. 1 und 8 mm ein; die Iris unterstützt die ↗*Akkomodation* durch Einstellen der Schärfentiefe.

**21-cm-Linie,** Spektrallinie des neutralen Wasserstoffs im Grundzustand mit einer Wellenlänge von 21,11 cm, die beim Umklappen des Elektronenspins relativ zum Protonenspin entsteht. Sie wird als Emissionslinie beobachtet, wenn beim Übergang vom parallelen zum antiparallelen Spinzustand Energie frei wird. Dieser Übergang ist ein ↗*verbotener Übergang.* Wird dem System Energie zugeführt (z.B. durch Einstrahlung einer kontinuierlichen Radioquelle), so erfolgt der Übergang von der antiparallelen Spinausrichtung zur parallelen, und die Linie erscheint als Absorptionslinie. Die 21-cm-Linie wird in der Astronomie zur Untersuchung von Wasserstoffwolken verwendet, in denen auf Grund der großen Anzahl von Wasserstoffatomen der verbotene Übergang häufig genug auftritt, um die Emissionslinie von Radioteleskopen mit empfindlichen Empfängern auf der Erde zu registrieren. Die Intensität der Strahlung aus einer bestimmten Richtung gibt Aufschlüsse über die Menge des Wasserstoffs entlang des Sehstrahls, die als *Säulendichte* wiedergegeben wird. Oft befinden sich mehrere interstellare Wolken auf dem Sehstrahl, so daß man ein ↗*Spektrum* mit mehreren verschoben Intensitätsmaxima mißt. Die genaue Lage dieser Maxima liefert zusammen mit einem Modell der galaktischen Rotation Hinweise auf die Entfernung der einzelnen Wolken vom galaktischen Zentrum und ermöglichte so die Radiokartierung der ↗*Milchstraße* und Messungen des Dichteverlaufes in der Milchstraße. Bei entfernten Galaxien liefert deren Vermessung praktisch sofort die an den Himmel projizierte Flächendichte der Wasserstoffverteilung und somit auch Hinweise auf die räumliche Dichte.

**Einweggleichrichtung,** einfachste Schaltung eines ↗Gleichrichters mit nur einer Diode. Bei der Einweggleichrichtung wird jeweils nur eine Halbwelle durchgelassen. Gegenüber der ↗Zweiweggleichrichtung sind daher der Gleichstrominnenwiderstand und der Aufwand für die Glättung höher.

**Einwegleitung,** eine Hochfrequenzleitung, die Wellen in Vorwärtsrichtung praktisch ungehindert durchläßt und in Rückwärtsrichtung absorbiert (↗Isolator). Sie dient der Entkopplung von Leitungsabschnitten, z.B. dem Schutz von Generatoren vor Rückwirkungen durch *Fehlanpassungen.* Realisiert werden Einwegleitungen vor allem mit *Ferrit-Bauteilen*, die über einen hohen spezifischen Widerstand von bis zu $10^6\,\Omega$m verfügen und damit für Mikrowellen fast durchsichtig sind und deren ↗komplexe Permeabilität $\mu^*$ (und damit ihr Absorptionsverhalten) über äußere Magnetfelder gesteuert werden kann.

**Einzelfeldbestrahlung** ↗perkutane Bestrahlung.

**Einzelionenkanäle** ↗Patch-Clamp-Technik.

**Einzellinse,** rotationssymmetrische teilchenoptische Linsenanordnung zur Fokussierung von Elektronenstrahlen bzw. Ionenstrahlen. Man unterscheidet *elektrostatische* und *magnetische Einzellinsen.* Letztere, auch *Solenoidlinsen* genannt, nutzen die Lorentz-Kraft, also die ablenkende Kraft auf geladene Teilchen im Magnetfeld, aus. Durch eine achsenzentrierte, kurze Spule (Abb. 1 oben) wird ein axiales Magnetfeld erzeugt. Alle in radialer Richtung zeigenden Geschwindigkeitskomponenten der Teilchen resultieren in einer azimutalen Bewegungskomponente. Dabei kommt es sowohl zu einer Fokussierung des Strahls als auch zu einer Drehung des Bildes. Die Fokussierung achsenparalleler Strahlen wird durch deren azimutale Ablenkung im inhomogenen Randfeld der Spule ermöglicht. Für die ↗Brennweite $f$ einer *magnetischen Einzellinse* ergibt sich:

$$\frac{1}{f} = \frac{1}{8\Phi_0}\frac{q}{m}\int_{-\infty}^{\infty} B_z^2\,\mathrm{d}z.$$

Dabei beschreiben $q$ und $m$ Masse und Ladung der Teilchen und $B_z$ die magnetische Feldstärke auf der Achse. Die Teilchenenergie ist durch $q\Phi_0$ gegeben. Aufgrund der Proportionalität von Brennweite und Teilchenenergie werden magnetische Einzellinsen vorwiegend im niederenergetischen Bereich eingesetzt. Sie sind aufgrund der quadratischen Abhängigkeit der Brechkraft von der Feldstärke $B$ immer fokussierend. Das Magnetfeld, und damit die Fokussierungsstärke der Linse, kann durch Kapselung in einem Eisenkern verstärkt werden (Abb. 1 unten).

In *elektrostatischen Einzellinsen* wird die Ablenkung geladener Teilchen in statischen elektrischen Feldern ausgenutzt. Die Felder werden in Spalten zwischen jeweils zwei von insgesamt drei rohrförmigen Elektroden erzeugt. Damit setzt sich eine elektrostatische Einzellinse aus einer Kombination von zwei ↗Immersionslinsen zusammen. Die beiden äußeren Elektroden liegen auf gleichem Potential ($\Phi_1$), die mittlere auf dazu positiverem bzw. negativerem Potential $\Phi_2$ (Abb. 2). Die Teilchen werden, je nach Ladungsvorzeichen und Polung der Elektroden, zunächst verzögert und dann wieder auf ihre ursprüngliche Energie beschleunigt (bzw. umgekehrt). Entsprechend unterscheidet man zwischen Verzögerungs- bzw. Beschleunigungslinsen. Gleichzeitig findet in den verschiedenen Abschnitten der Linse eine Fokussierung bzw. eine Defokussierung statt. Da die Teilchenenergie in den Bereichen der Defokussierung jedoch immer größer ist als in den fokussierenden Bereichen, kommt es insgesamt zu einer fokussierenden Wirkung. [MS]

**Einzelnukleonenmodell** ↗*Schalenmodell.*

**Einzelspinauflösung,** Bezeichnung für Nachweismethoden der ↗magnetischen Resonanz, deren Empfindlichkeit ausreicht, um die Einstellung einzelner Spins zu detektieren. Es gibt zwei Ansätze hierzu: auf der Basis der Kraftmikroskopie und mit optischen Methoden. Im Gegensatz zu anderen Methoden wäre man bei der Einzelspinauflösung nicht mehr auf einen (oft extrem geringen) thermischen Besetzungsüberschuß der Spins angewiesen, sondern könnte direkt die beiden möglichen Einstellungen eines einzelnen Spins nachweisen.

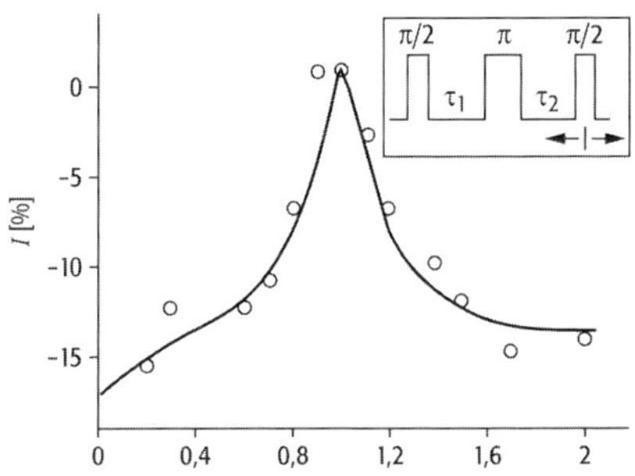


**Einzelspinauflösung**

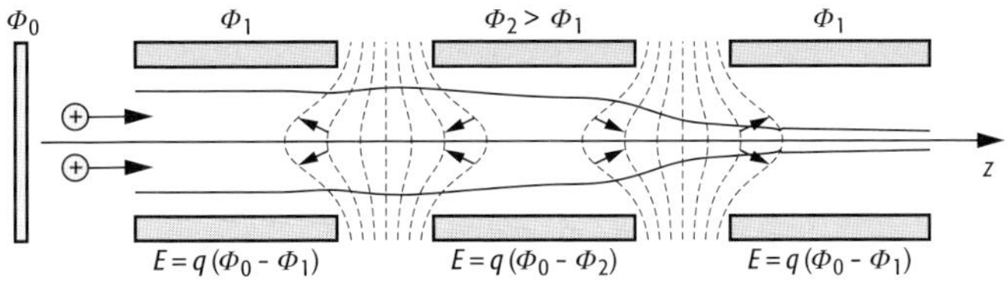


**Einzellinse 2:** Elektrostatische Einzellinse: Schema der Äquipotentiallinien (punktiert), der Feldrichtung (Pfeile) sowie der sich daraus ergebenden Teilchenbahnen für den Fall einer Verzögerungslinse für positiv geladene Teilchen.

**Einzelstrangbruch,** Bruch eines der beiden Stränge des als doppelte Wendel angeordneten ↗*DNS*-Moleküls nach Einwirkung von Röntgen- oder Gammastrahlung oder Wechselwirkung mit geladenen Teilchen. Einzelstrangbrüche können (anders als Doppelstrangbrüche) von den geschädigten Zellen unter bestimmten Voraussetzungen wieder repariert werden (↗*Reparaturmechanismen*).

**Eis,** der feste Aggregatzustand des Wassers. Der Umwandlungspunkt von flüssigem Wasser in Eis (*Gefrierpunkt*) liegt bei Normaldruck (1013,25 hPa) bei 0 °C und ist einer der Fundamentalpunkte der Temperaturskala (↗*Fixpunkte*, ↗*Eispunkt*). Es gibt mehrere *Modifikationen* des Eises (↗*Eisgitter*). Im Zustandsdiagramm (Abb.) geben die über die ↗*Tripelpunkte* hinausgehenden Linienstücke Beobachtungen instabiler Zustände an. Je nach den Versuchsbedingungen sind die polymorphen Umwandlungen reversibel oder irreversibel. Die normale Struktur von Eis ist hexagonal. Eis kann wegen seiner großen ↗*Schmelzwärme* (335 kJ/kg) zu Kühlzwecken verwendet werden (↗*Kältemaschine*, ↗*Carrésche Eismaschine*). Viele Wolken bestehen ganz oder teilweise aus Eiskristallen (↗*Eiswolken*). Außer den vielfältigen Bedeutungen, die Eis in Industrie und Technik, vor allem in den Anrainergebieten der Arktis, hat, spielt es in ↗*Paläoklimatologie* und ↗*Umweltphysik* eine große Rolle als ↗*Klimaarchiv*. Der Zweig der Geophysik, der sich mit den Eigenschaften natürlicher Eisvorkommen beschäftigt, ist die ↗*Glaziologie*.

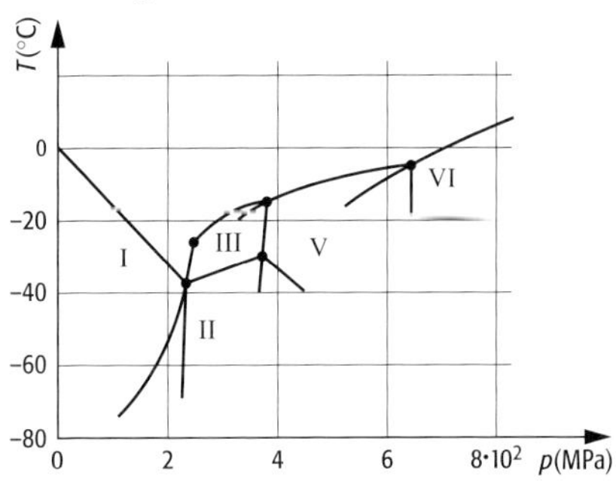


**Eis:** Zustandsdiagramm des Eises. Die Modifikationen Eis I bis Eis VI haben unterschiedliche Struktur (Eisgitter).

**Eisblumen,** ebene Kristallformen von ↗Eis auf einem festem Träger. Die sechseckige mikroskopische Grundform geht auf die hexagonale Symmetrie von Eis zurück (↗Eisgitter). Sie ist meist überlagert von einem makroskopischen dendritischen Wachstum (ein Beispiel für ↗*diffusionsbegrenztes Wachstum*), welches aber nicht vollständig verstanden ist. Es wird schon durch Änderungen der Temperatur um ein halbes Grad und der Luftfeuchtigkeit um ein halbes Prozent merklich beeinflußt. In diesen Punkten besteht große Ähnlichkeit zu *Schneeflocken*, den Eisformen, die bei der Kristallisation in der Luft entstehen. Bei Eisblumen kann außerdem (z.B. mit dem polarisierten Himmelslicht und einem Polarisationsfilter) die ↗Doppelbrechung von Eis beobachtet werden, die in allen Ausbreitungsrichtungen außer der Hauptachse der sechszähligen Symmetrie auftritt. (↗Eiszapfen)

**Eisbohrkern,** Bohrlochprobe aus Bohrungen in den ↗*polaren Eisschilden* oder ↗*Gletschern* von Gebirgen wie den Alpen (↗*Glaziologie*). Eisbohrkerne sind wichtige ↗*Klimaarchive*, dabei werden Informationen aus geschmolzenen Wasserproben (↗*Isotopenhydrologie*), in diesen enthaltenen Ionen und Staubpartikeln und aus Lufteinschlüssen (Zusammensetzung früherer Atmosphären) gewonnen (↗*Paläoklimatologie*).

**Eisen,** *Fe*, Element der Nebengruppe VIII des Periodensystems – der ↗Eisengruppe – bzw. der Gruppe Nr. 8 des Langperiodensystems, Ordnungszahl 26. Eisen besitzt die Elektronenkonfiguration $[Ar]3d^6 4s^2$ und kommt in der Natur in vier Isotopen vor (Tabelle 1). Es bildet den Hauptbestandteil des Erdkerns (90%; neben 10% Ni) und der »Siderit«-Meteorite, dies deshalb, da die Atomkerne des Eisens besonders stabil sind. Biologisch wichtig ist die Funktion des Eisens beim Sauerstofftransport im Blut. Eisen ist das verbreitetste Gebrauchsmetall; es wird im Hochofen durch Reduktion der oxidischen Eisenerze mit Koks gewonnen. Chemisch reines Eisen kommt in drei enantiotropen Modifikationen vor: α- (kubisch raumzentriert; ferromagnetisch), β- (kubisch dichtest; paramagnetisch) und δ-Eisen (kubisch raumzentriert; paramagnetisch).

Der Magnetismus des reinen α-Eisens ist nur temporär, während kohlenstoffhaltiges Eisen, insbesondere ↗*Stahl*, permanentmagnetisch ist. Eisen und Stahl rosten in Gegenwart von Luft und Wasser unter Bildung des hydratisierten Oxids $Fe(OH)_3$. Ein Schutz vor Rost wird erreicht durch: Farbanstrich, *Galvanisieren* (elektrolytisches Abscheiden von Zn oder Sn, ↗Galvanisation), ↗*Passivieren* (oxidative Bildung von schützendem $Fe_2O_3$), eine *Schutzanode* (Mg oder Zn). Die Atomkerne des

**Eisen 1:** Wichtige Isotope.

| Isotop | Natürliche Häufigkeit [%] | Atommasse | Halbwertszeit $T_{1/2}$ |
|---|---|---|---|
| $^{52}Fe$ | 0 | 51,948114 | 8,28 h |
| $^{54}Fe$ | 5,8 | 53,9396120 | stabil |
| $^{55}Fe$ | 0 | 54,938296 | 2,7 a |
| $^{56}Fe$ | 91,7 | 55,9349390 | stabil |
| $^{57}Fe$ | 2,2 | 56,9353960 | stabil |
| $^{58}Fe$ | 0,3 | 57,9332780 | stabil |
| $^{59}Fe$ | 0 | 58,934877 | 44,51 d |
| $^{60}Fe$ | 0 | 59,934080 | ca. $10^5$ a |

**Eisen 2:** Allgemeine, chemische und festkörperphysikalische Eigenschaften.

| | |
|---|---|
| relative Atommasse ($^{12}C = 12{,}0000$) | 55,847 |
| Dichte [$g\,cm^{-3}$] | 7,874 |
| Molvolumen [$cm^3$] | 7,09 |
| Oxidationszahlen | – II, – VI |
| photoelektrische Arbeit [eV] | 4,40 |
| Debye-Temperatur (α-Fe) [K] | 462 |

**Eisen 3:** Thermische und elektromagnetische Eigenschaften.

| | |
|---|---|
| Siedetemperatur [K] | 3023 |
| Schmelztemperatur [K] | 1808 |
| Siedeenthalpie [$kJ\,mol^{-1}$] | 354,1 |
| Schmelzenthalpie [$kJ\,mol^{-1}$] | 15,47 |
| Wärmeleitfähigkeit [$W\,m^{-1}\,K^{-1}$] | 80,2 |
| spezifische Wärme [$kJ\,kg^{-1}\,K^{-1}$] | 0,452 |
| thermischer Längenausdehnungskoeffizient [$10^{-6}\,K^{-1}$] | 12,3 |
| spezifischer Widerstand [$10^{-8}\,\Omega m$] | 10,1 |
| Curie-Temperatur [K] | 1043 |
| spezifische magnetische Suszeptibilität (α-Fe) | ferromagnetisch |

**Eisen 4:** Atom- und kernphysikalische Eigenschaften.

| | |
|---|---|
| Termsymbol | $^5D_4$ |
| 1. Ionisierungsenergie [eV] | 7,871 |
| 2. Ionisierungsenergie [eV] | 16,183 |
| Elektronenaffinität [eV] | 0,151 |
| Elektronegativität (Pauling) | 1,8 |
| effektive Kernladung (Slater) | 3,75 |
| magnetisches Moment $\mu_B$ | 6,708 |
| Ionenradius ($Fe^{3+}$) [nm] | 0,064 |
| Kovalenzradius [nm] | 0,1117 |
| Atomradius [nm] | 0,1241 |
| Kernspin ($^{57}Fe$) | 1/2 |
| kernmagnetisches Moment $\mu_K$ ($^{57}Fe$) | 0,09042 |
| Einfangquerschnitt für thermische Neutronen [barn] | 2,56 ($\pm$ 0,05) |

Eisen-Isotops $^{58}_{26}Fe$ werden nach Durchlaufen von Schwerionenbeschleunigern zur künstlichen Elementsynthese durch sanfte Kernfusion verwendet (↗Hassium, ↗Meitnerium). Atomkerne des Eisen-Isotops $^{45}_{26}Fe$, das einen großen Protonenüberschuß aufweist, wurden 1996 beim Beschuß eines Berylliumtargets mit einem Nickel-58-Strahl hergestellt. [AFM]

**Eisengranat,** Klasse von *Ferrimagnetika* der Formel $M_3Fe_5O_{12}$, die ein kubisches Gitter bilden (↗*Ferrimagnetismus*). M ist ein dreiwertiges Metallion und Fe das dreiwertige Eisenion mit der Spinquantenzahl $S = 5/2$ und der Bahndrehimpulsquantenzahl $L = 0$. Alle Metallionen sind durch ↗*Superaustausch* über die $O^{2-}$-Ionen gekoppelt. Das ferrimagnetische Moment wird von den $Fe^{3+}$-Ionen erzeugt, von denen sich jeweils drei bzw. jeweils zwei auf den beiden entgegengesetzt magnetisierten Untergittern befinden. Somit trägt bei $T = 0$ K ein $Fe^{3+}$-Ion mit $5\,\mu_B$ ($\mu_B$: ↗*Bohrsches Magneton*) zum magnetischen Moment pro Molekül bei. Bekannte Vertreter der Eisengranate sind Yttrium-Eisengranat $Y_3Fe_5O_{12}$, kurz *YIG* (Yttrium Iron Garnet), die z.B. für ↗*YIG-Filter* verwendet werden, und die Seltenerd-Eisengranate $SE_3Fe_5O_{12}$, kurz *RIG* (Rare Earth Iron Garnet).

**Eisengruppe,** Nebengruppe VIII der vierten Periode des Periodensystems. Die Eisengruppe enthält die nebeneinander angeordneten Elemente *Eisen*, *Cobalt* und *Nickel*, die den Gruppen 8, 9 und 10 des Langperiodensystems angehören, alle ferromagnetisch sind und sich in ihren physikalischen Eigenschaften sehr ähneln.

**Eisenkern,** ein Kern aus *magnetisch weichem* Material (z.B. *Weicheisen*, ↗Permalloy-Legierungen) in ↗Spulen, ↗Transformatoren und ↗Elektromagneten, der der Erzeugung eines starken Magnetfeldes bei relativ geringem Stromverbrauch dient. Der Eisenkern soll möglichst geringe ↗Remanenz und möglichst wenig ↗Eisenverluste zeigen. Es werden sowohl *Pulver-* und *Sintermagnete* als auch *Ferrite* verwendet. In Großgeräten (Transformatoren, Motoren) besteht der Eisenkern aus mehreren Blechen mit isolierenden Zwischenschichten (↗*Blätterung* des Eisenkerns). Bei Elektromagneten werden Eisenkerne mit besonders hoher ↗Sättigungsmagnetisierung benötigt.

**Eisennadel-Theorie,** eine von den englischen Kosmologen F. ↗*Hoyle* und C. Wickramasinghe aufgestellte Theorie zur alternativen Erklärung der ↗*kosmischen Hintergrundstrahlung*. Demnach stammt das isotrope Strahlungsfeld von Eisennadeln mit ca. 1 μm Durchmesser und 1 mm Länge, die gleichmäßig im Universum verteilt sind. Sie sollen im interstellaren Medium, insbesondere in den eisenreichen Explosionswolken von ↗*Supernovae* entstehen, Licht von Sternen absorbieren und bei größeren Wellenlängen wieder emittieren. Diese Theorie wird von den meisten Kosmologen abgelehnt.

**Eisensterne,** Sterne, in deren Emissionsspektren man ungewöhnlich starke Eisenlinien findet.

**Eisenverluste,** die elektromagnetische Energie, die bei Verwendung eines ↗Eisenkerns in einer wechselstromdurchflossenen Spule in Wärme umgewandelt wird. Eisenverluste treten insbesondere in ↗Transformatoren und ↗Elektromagneten auf. Die Eisenverluste treten zusätzlich zu den *Wicklungsverlusten* auf, welche auf den ohmschen Widerstand der Spule und die nichtideale Isolation zurückgehen; sie setzen sich aus den ↗Wirbelstromverlusten, den ↗*Hystereseverlusten* und den *Nachwirkungsverlusten* zusammen. Bei Ferriten treten dazu noch ↗*dielektrische Verluste* auf.

**Eisenwasserstoffwiderstand,** ein ↗Kaltleiter zur selbsttätigen Stabilisierung elektrischer Ströme. Der Eisenwasserstoffwiderstand besteht aus einem mit Wasserstoff (etwa 7 kPa) gefüllten Glaskolben, in dem sich ein Eisendraht befindet. Dieser erwärmt sich durch den hindurchfließenden Strom bis zur Rotglut. Wegen des großen positiven Temperaturkoeffizienten des Widerstandes und einer bei dieser Temperatur eintretenden Modifikationsänderung des Eisens nimmt der Widerstand des Eisenwasserstoffwiderstandes mit steigendem Strom zu und wirkt so dem Stromanstieg entgegen.

**Eisgitter,** Raumgitter des ↗Eises, ähnlich dem Diamantgitter. Die normale Form des Eisgitters (Eis I) ist aus zwei ineinandergestellten, hexagonal flächenzentrierten, dichtesten Packungen aufgebaut. Im Eisgitter bestehen von jedem Sauerstoffatom vier Wasserstoffbrückenbindungen zu den Wasserstoffatomen der benachbarten $H_2O$-Moleküle. Um die Vorzugsrichtung, die ***c***-Achse, herrscht eine dreizählige Symmetrie. Die ***c***-Achse steht senkrecht auf der Ebene einer Schneeflocke oder ist die Achse eines sehr reinen ↗Eiszapfens. Neue Ebenen, die senkrecht zur ***c***-Achse liegen, sind aber in der Realität schwierig zu bilden. Deswegen wachsen Schneeflocken viel schneller in ihrer Ebene als senkrecht dazu. Je nach den herrschenden Druck- und Temperaturverhältnissen können auch orthorhombische (Eis II) und tetragonale (Eis III) Eismodifikationen existieren. Eis V und Eis VI sind weitere Modifikationen, deren Struktur noch nicht abschließend geklärt ist. (↗Eisblumen)

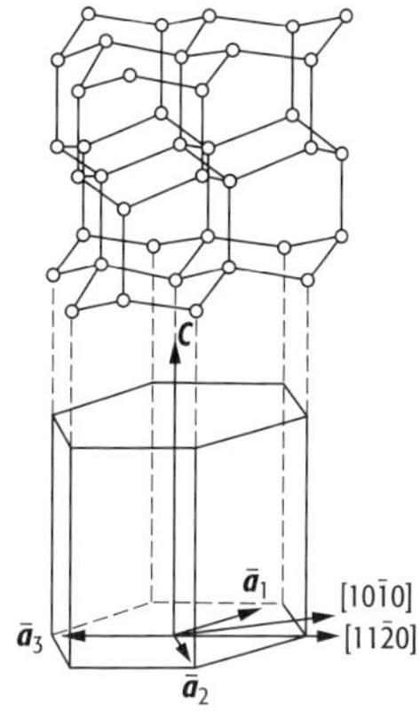


**Eisgitter 1:** Ausschnitt aus dem hexagonalen Eisgitter. Die kristallographischen Achsen sind angegeben.

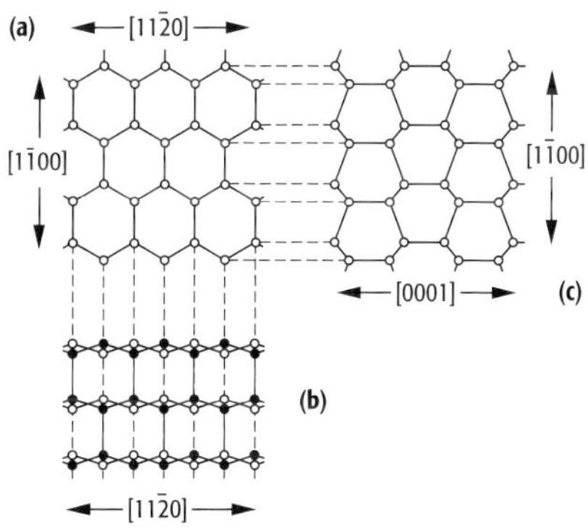


**Eisgitter 2:** Gitterquerschnitte entlang der angegebenen Richtungen bzw. Ebenen.

**Eiskalorimeter,** *Bunsen-Kalorimeter*, von R.W. ↗Bunsen entwickeltes ↗Kalorimeter mit einem Eismantel. Das Kalorimetergefäß selbst ist unten mit Quecksilber und darüber mit einem Gemisch aus Calciumchlorid und Wasser gefüllt. Der Meniskus des Quecksilbers befindet sich in dem mit einer Volumenskala versehenen Rohrabzweig. Von der Prüfsubstanz abgegebene Wärme kann aus der Volumenänderung des Eises und seiner Schmelzwärme errechnet werden.

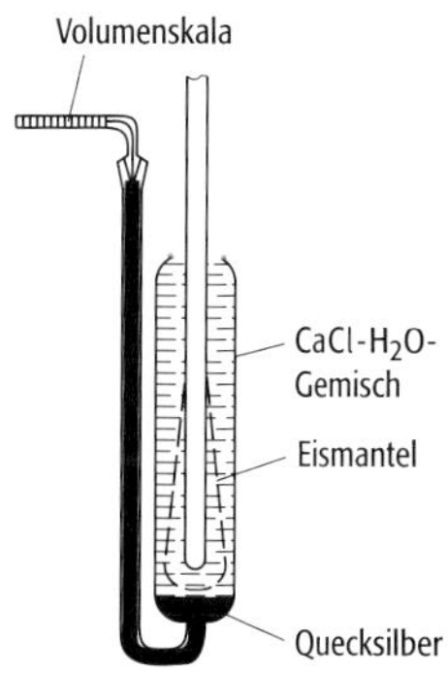


**Eiskalorimeter:** Schematische Darstellung.

**Eiskeime,** *Gefrierkerne*, *Kristallisationskerne*, ↗atmosphärische Aerosole, die aufgrund ihrer Größe sowie ihrer ↗Kristallstruktur und ↗Löslichkeit für die Bildung von gefrorenen Wolkenpartikeln geeignet sind. (↗Wolken, ↗Niederschlag)

**Eismaschine** ↗Carrésche Eismaschine, ↗Kältemaschine.

**Eis-Modell** ↗Sechs-Vertex-Modell.

**Eisnukleations-Proteine,** *Ice-Nucleation-Proteins, INP,* ↗*Proteine*, welche speziell von Organismen synthetisiert werden, um die Eisbildung zu fördern (im Gegensatz zu ↗*Antifreeze-Proteinen*). INP wurden bei Bakterien, welche an Pflanzen parasitieren, Insekten (auch bei deren Larven), Pflanzen und Flechten gefunden. Die Struktur der INP besteht hauptsächlich aus repetitiven β-Faltblatt-Strukturen. Regelmäßig angeordnete polare Aminosäureseitenketten initiieren die Bildung von Eis. Mögliche Funktionen könnten die Gewinnung von Wasser in Trockenperioden bzw. die Frostschädigung der Wirtspflanze zur Erleichterung des Eintritts parasitierender Bakterien sein.
Biotechnologische Anwendungen von INP wurden in der Produktion künstlichen Schnees bzw. in der Kontrolle des Gefrierungsprozesses in der Lebensmittelindustrie erkannt.

**Eispunkt,** Gefriertemperatur des Wassers unter ↗Normalbedingungen. Der Eispunkt ist einer der ↗Fixpunkte der empirischen ↗Temperaturskala; er diente ursprünglich neben dem Siedepunkt des Wassers zur Festsetzung des Nullpunktes der ↗Celsius-Skala, die jedoch heute auf den ↗Tripelpunkt von Wasser bezogen wird. Im Rahmen der Meßungenauigkeit ist der Eispunkt mit dem Nullpunkt der Celsius-Skala identisch, seine ↗absolute Temperatur beträgt $T = 273{,}15\,\mathrm{K}$.

**Eiswolken,** aus Eiskristallen, Schneesternen oder (selten) unterkühlten Wassertröpfchen bestehende ↗*Wolken*, die im oberen Wolkenstockwerk der ↗Troposphäre bei Temperaturen unter $-30\,^\circ\mathrm{C}$ vorkommen. Zu ihnen zählen die Wolkengattungen ↗*Cirrus*, ↗*Cirrostratus* und ↗*Cirrocumulus*. Obwohl ihre vertikale Ausdehnung mehrere Kilometer betragen kann, sind Sonne und Mond hinter ihnen meist gut erkennbar und häufig von *Kränzen* oder *Halos* umgeben (↗*Optik, atmosphärische*).

**Eiszapfen,** spitzkegeliger Zapfen aus herablaufendem und dabei gefrierendem Wasser. Die abgerundete Spitze des Eiszapfens wird durch die Form des daran hängenden Tropfens bestimmt, also letztlich durch die Oberflächenspannung. Der Krümmungsradius der Spitze und der Radius von Wassertropfen stimmen meist auf wenige Millimeter überein. Oft findet sich auch ein wassergefüllter Kanal, der sich von der Spitze aus einige Zentimeter nach oben zieht. Nach dem Überfrieren des Tropfens mit einer Eishaut kann das noch flüssige Innere nur noch durch Wärmeleitung abkühlen. Ein flüssiger Hohlkanal bildet sich, wenn bei ausreichender Wasserzufuhr die Wachstumsgeschwindigkeit des Zapfens größer ist als die durch Wärmeleitung bestimmte Fortschrittsgeschwindigkeit der Gefrierzone im Innern. Die Orientierung der Eiskristalle (↗Eisgitter) im Zapfen kann mit polarisiertem Licht untersucht werden, da Eis doppelbrechend ist. (↗Eis, ↗Eisblumen)

**Eiszeit,** *Glazial, Glazialzeit*, Zeitalter der Erdgeschichte, das infolge einer globalen Abkühlung durch große Ausdehnung von festländischer Vergletscherung und Meereisbedeckung geprägt ist (↗Paläogeophysik). Die Ursache für die Entstehung von Eiszeiten sind vermutlich langfristige Variationen in der solaren Einstrahlung, die auf Variationen der Erdbahnparameter zurückgehen (↗*Milanković-Zyklen*). U.a. aus der Untersuchung von ↗*Eisbohrkernen* weiß man, daß Beginn und Ende von solchen Klimaphasen oft sehr abrupt eintreten können (Größenordnung Jahrzehnte, ↗*Paläoklimatologie*). Der Grund hierfür liegt in Rückkopplungseffekten, an denen Veränderungen der globalen ↗*Meeresströmungen* und der atmosphärischen Strahlungsbilanz beteiligt sind (↗*Atmosphäre*). Diese werden bei der *Klimamodellierung* untersucht (↗*Klimaänderungen*).

**Ejektionstheorie,** *Auswurftheorie*, Theorie zur Erklärung der ↗*Spiralarme*. Hierbei nimmt man an, daß aus dem Kern der Galaxie durch eruptive Vorgänge große Materiemengen in entgegengesetzte Richtungen ausgestoßen werden. Das Material stößt auf die ↗*interstellare Materie*, wobei sich eine spiralförmig nach außen abbiegende *Stoßfront* bildet. Solche Eruptionen müßten sich alle etwa $10^8$ Jahre wiederholen. Heute wird im allgemeinen der ↗*Dichtewellentheorie* zur Erzeugung der Spiralarme der Vorzug gegeben.

**Eka-Element,** Element, das unterhalb eines bestimmten (bekannten) Elements in der nächsten Periode steht. Diese Bezeichnungsweise wurde von Mendelejew für noch unbekannte Elemente eingeführt. Das von Mendelejew vorgeschlagene Periodensystem ermöglichte die Voraussage der Eigenschaften dieser Eka-Elemente, die später mit der Entdeckung der entsprechenden Elemente bestätigt wurden. Beispiele sind: Eka-Bor (Scandium), Eka-Aluminium (Gallium), Eka-Silicium (Germanium), Eka-Mangan (Technetium), Eka-Tellur (Polonium), Eka-Caesium (Francium).

**Eka-Gold,** *Eka-Au, Unununium, Uuu*, das mit Hilfe des Periodensystems vorausgesagte ↗Element 111, das unterhalb von Gold in der nächsten Periode steht.

**Eka-Hafnium,** ↗*Rutherfordium, Eka-Hf, Rf*, das mit Hilfe des Periodensystems vorausgesagte Element 104, das unterhalb von Hafnium in der nächsten Periode steht.

**Eka-Iridium,** ↗*Meitnerium, Eka-Ir*, das mit Hilfe des Periodensystems vorausgesagte Element 109, das unterhalb vom Iridium in der nächsten Periode steht.

**Eka-Osmium,** ↗*Hassium, Eka-Os*, das mit Hilfe des Periodensystems vorausgesagte Element 108, das unterhalb von Osmium in der nächsten Periode steht.

**Eka-Platin,** *Eka-Pt, Ununnilium, Uun*, das mit Hilfe des Periodensystems vorausgesagte ↗Element 110, das unterhalb von Platin in der nächsten Periode steht.

**Eka-Quecksilber,** *Eka-Hg, Ununbium, Uub*, das mit Hilfe des Periodensystems vorausgesagte ↗Element 112, das unterhalb von Quecksilber in der nächsten Periode steht.

**Eka-Rhenium,** ↗*Bohrium, Eka-Re, Bh*, das mit Hilfe des Periodensystems vorausgesagte Element 107, das unterhalb von Rhenium in der nächsten Periode steht.

**Eka-Tantal,** ↗*Dubnium, Eka-Ta, Db, Hahnium, Ha*, das mit Hilfe des Periodensystems vorausgesagte Element 105, das unterhalb von Tantal in der nächsten Periode steht.

**Eka-Wolfram,** ↗*Seaborgium, Eka-W, Sg*, das mit Hilfe des Periodensystems vorausgesagte Element 106, das unterhalb von Wolfram in der nächsten Periode steht.

**EKG** ↗Elektrokardiographie.

**Eklipsen,** die ↗Finsternisse von Sonne und Mond.

**Ekliptik,** die scheinbare jährliche Bahn der Sonne am Himmel. Sie ist der Schnitt der Erdbahnebene, der sogenannten Ekliptikebene, mit der Himmelssphäre. Die Ekliptikebene ist gegen die Äquatorebene, dem Schnitt des Erdäquators mit der Himmelssphäre, um 23,5 Grad geneigt. Man nennt dies die Schiefe der Ekliptik. Der Schnittpunkt von Äquatorebene und Ekliptikebene ist der ↗*Frühlingspunkt*. Das Band der Sternbilder, durch das die Ekliptik verläuft, definiert den ↗*Tierkreisgürtel*.

**Ekliptikalsystem,** das durch die ↗Ekliptik definierte astronomische ↗Koordinatensystem.

**Ekman,** *Vagn Walfrid*, schwedischer Physiker und Ozeanograph, *3.5.1874 Stockholm, 9.3.1954 Gostad; Professor in Lund; Mitbegründer der modernen Ozeanographie; schuf 1905 bzw. 1923 Theorien der durch Erdrotation bzw. Winde erzeugten Meeresströmungen; nach ihm sind der Driftstrom (*Ekman-Strom*) und die *Ekman-Spirale* (aus der Windtheorie) benannt.

**Ekman-Drift,** *Ekman-Transport*, englisch: *ekman layer transport*, ↗Ekman-Spirale.

**Ekman-Gleichungen** ↗Ekman-Spirale.

**Ekmansche Reibungstiefe** ↗Ekman-Spirale.

**Ekman-Schicht,** *Oberschicht, Drehungsschicht*, nach V.W. ↗Ekman benannter oberster Bereich in der ↗planetaren Grenzschicht der irdischen ↗*Atmosphäre*. In der Ekman-Schicht dreht die Windrichtung von der Richtung des Bodenwindes in die des *geostrophischen Windes* (↗Ekman-Spirale). Die vertikale Ausdehnung der Ekman-Schicht beträgt im Mittel 1km, kann jedoch bei stark stabiler bzw. labiler ↗atmosphärischer Schichtung durchaus auch halb bzw. doppelt so groß sein. Vor allem im angelsächsischen Bereich wird auch im Ozean von einer »*ekman layer*« gesprochen, und zwar ist dies die Schicht zwischen Oberfläche und *Ekmanscher Reibungstiefe* (↗Ekman-Spirale).

**Ekman-Spirale,** idealisierte mathematische Beschreibung der durch Reibungs- und Coriolis-Kraft bestimmten Geschwindigkeitsverteilung in der Grenzschicht von Atmosphäre oder Ozean (↗*Grenzschicht*, ↗*planetare Grenzschicht*).

1) In der ↗*Ozeanographie*: Das zuerst von F. *Nansen* Ende des 19. Jh. bei Fahrten ins Nordpolarmeer beobachtete Phänomen, daß die Richtung der Eisdrift um 20–40° von der Windrichtung abweicht, wurde von V.W. ↗*Ekman* 1905 erklärt. Aus der hydrodynamischen Bewegungsgleichung für die Wassermassen in einem homogenen, unendlich tiefen und ausgedehnten Ozean folgen bei Berücksichtigung der vom Wind erzeugten Oberflächen-↗*Schubspannung*, der Reibungs- und der Coriolis-Kraft (↗*Coriolis-Beschleunigung*) die *Ekman-Gleichungen*

$$f\,v_v + A_z \frac{\partial^2 v_u}{\partial z^2} = 0, \quad -f\,v_u + A_z \frac{\partial^2 v_v}{\partial z^2} = 0$$

($f = 2\Omega \cdot \sin\phi$: Coriolis-Parameter, $A_z$: konstant angenommener Koeffizient für die ↗*turbulente Diffusion* bezüglich vertikaler Reibung, $z$: Tiefenkoordinate, $v_u$, $v_v$: Geschwindigkeit parallel zu den Breiten- bzw. Längenkreisen). Stellt man die resultierenden Geschwindigkeitsvektoren räumlich dar, so bilden sie eine sich (im Ozean) nach unten verjüngende Wendeltreppe, die Ekman-Spirale. Die Geschwindigkeit ist an der Oberfläche um etwa 45° zur Windrichtung abgelenkt. Die *Stromvektoren* drehen auf der Nordhalbkugel mit zunehmender Tiefe nach rechts, auf der Südhalbkugel nach links. Als *Ekmansche Reibungstiefe* bezeichnet man die Tiefe, in der der Stromvektor um 180° zur Windrichtung gedreht ist. Der integrierte Massentransport in der darüberliegenden (ozeanischen) ↗*Ekman-Schicht* ist senkrecht zur Windrichtung gerichtet (*Ekman-Drift*). Er ist linear abhängig von der Schubspannung, aber unabhängig von der Reibungstiefe.

2) In der ↗*Atmosphäre*: *Windspirale*. Während die Luftströmung in der *freien Atmosphäre* fast parallel zu den ↗*Isobaren* verläuft, wird sie in der ↗*Prandtl-Schicht* durch die *Bodenreibung* verlangsamt und folgt aufgrund der damit verbundenen kleineren Coriolis-Kraft merklich dem Druckgefälle. In der dazwischen liegenden (atmosphärischen) Ekman-Schicht geht der Bodenwind mit zuneh-

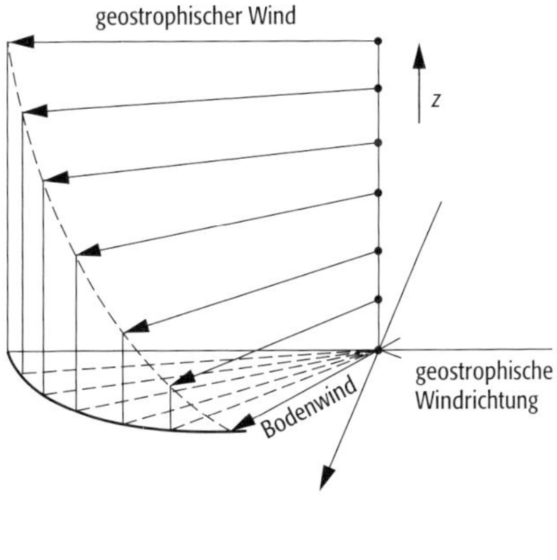


**Ekman-Spirale:** Drehung der Windrichtung in der atmosphärischen Ekman-Schicht mit der Höhe, dargestellt für die Nordhalbkugel der Erde.

mender Höhe stetig in den nahezu *geostrophischen Wind* über. Bei räumlicher Darstellung der Geschwindigkeitsvektoren bildet sich wiederum eine Spirale, die sich in diesem Fall nach oben verjüngt (Abb.). [HJR, AK2]

**Ekman-Strömungsmesser,** veraltetes Gerät zur Messung von ↗*Meeresströmungen*, das an stationären Bojen oder vom verankerten Schiff aus verwendet wurde. Der Betrag der Strömungsgeschwindigkeit wurde aus der Umdrehungsrate eines Propellers bestimmt. Die Richtung ermittelte man mit einem Gerät, das periodisch kleine Kugeln in einen Auffangteller mit Sektoreneinteilung fallen ließ, der am Erdmagnetfeld ausgerichtet war. Der in den 60er Jahren entwickelte *Savonius-Rotor* stellt eine Weiterentwicklung dar. Moderne Propeller-Meßgeräte wie der *Bergen-Strommesser* besitzen zur Richtungsbestimmung eine *Stromfahne*. Zusätzlich können mit diesen Geräten auch weitere physikalische Größen gemessen werden.

**$E\times B$-Drift,** *E-kreuz-B-Drift*, ↗*Driftbewegung* geladener Teilchen in gekreuzten elektrischen und magnetischen Feldern. Im homogenen elektrischen Feld $\boldsymbol{E}$ ergibt sich der Geschwindigkeitsvektor der $E\times B$-Drift einfach zu $\boldsymbol{v}_{E\times B}=\frac{\boldsymbol{E}\times\boldsymbol{B}}{B^2}$. Die $E\times B$-Drift steht senkrecht auf $\boldsymbol{E}$, also senkrecht auf der Kraft, durch die sie bewirkt wird. Außerdem hängen ihre Richtung und ihr Betrag weder von der Masse noch von der Ladung des Teilchens ab. Im inhomogenen elektrischen Feld ist diese Symmetrie aufgehoben. Im Rahmen der ↗*Driftnäherung* gilt dann $\boldsymbol{v}_{E\times B}=\left(1+\frac{1}{4}r_{\mathrm{L}}^2\nabla^2\right)\frac{\boldsymbol{E}\times\boldsymbol{B}}{B^2}$, wobei $r_{\mathrm{L}}$ der Larmor-Radius ist, der für Ionen viel größer ist als für Elektronen.

**elastische Dehnung,** Dehnung fester Körper, die nach dem Abfall einer Spannungsbelastung verschwindet. Nachdem es streng genommen keine vollkommen elastische Dehnung gibt, da nach langen Belastungszeiten keine Dehnung streng reversibel ist, wird den praktischen Bedürfnissen entsprechend, jede ↗*Dehnung* als elastisch definiert, deren bleibende Dehnung nach Wegfall der Spannungsbelastung unter einem gewissen Wert, z.B. 0,1 %, bleibt.

**elastische Energie,** *Formänderungsenergie*, *Verzerrungsenergie*, eine Form der ↗*potentiellen Energie* in elastischen Systemen, die im einfachsten Fall durch die ↗*Federkonstante c* und die Verschiebung $x$ aus der Ruhelage ausgedrückt werden kann: $E=\frac{1}{2}cx^2$. Für isotrope, elastische Festkörper mit ↗*Elastizitätsmodul E*, ↗*Schubmodul G* und ↗*Poisson-Zahl* $\nu$ ist die auf das Volumen bezogene Verzerrungsenergie bei Gültigkeit des ↗*Hookeschen Gesetzes*

$$\frac{\mathrm{d}W}{\mathrm{d}V}=\frac{(1-2\nu)}{6E}\left(\sum\nolimits_i\sigma_{ii}\right)^2+\frac{1}{12G}\sum\nolimits_{k,l}\left[(\sigma_{kk}-\sigma_{ll})+6\sigma_{kl}^2\right].$$

Der erste Summand entspricht der potentiellen Energie in der räumliche Dehnung, der zweite Term der Schubverzerrung.

**elastische Energiedichte,** bei der Verzerrung eines Kristalls je Volumeneinheit durch äußere Kräfte geleistete Arbeit $F$. Die Normal- bzw. Scherspannung ergibt sich aus dem elastischen Potential durch Differentiation nach den Deformationen:

$$X_x=-\frac{\partial F}{\partial x_x}\,,\ \text{zyklisch in } x,y,z$$

$$Y_z=-\frac{\partial F}{\partial y_z}\,,\ \text{zyklisch in } x,y,z$$

Die elastischen Energiedichten reduzieren sich für eine Flüssigkeit, in der alle Scherspannungen verschwinden, auf das eine Glied

$$F=\frac{c_{11}}{2}(x_x^2+y_y^2+z_z^2)=\frac{3c_{11}}{2}\left(\frac{\Delta l}{l}\right)^2=\frac{c_{11}}{6}\left(\frac{\Delta V}{V}\right)^2$$

wobei $V=xyz$ das homogen komprimierte Flüssigkeitsvolumen darstellt. Es genügt also ein ↗*Elastizitätsmodul* zur Beschreibung des elastischen Verhaltens einer Flüssigkeit.

**elastische Entspannungstheorie,** von H.F. Reid unter dem Eindruck der Beobachtungen im Herdgebiet nach dem San-Francisco-Beben 1906 entwickelte Erklärung für den Erdbebenherdprozeß, die er 1911 als »elastic rebound theory« bezeichnete. Die Theorie geht davon aus, daß sich in Gebieten, wo die Erdkruste durch großtektonische Bewegungen langsam, aber stetig deformiert wird ↗*Plattentektonik*, sich elastische Spannungen so lange aufbauen, bis an der schwächsten Stelle die Bruchspannungsgrenze erreicht wird. Von dieser Stelle breitet sich ein Scherungsbruch mit der Geschwindigkeit von 2–3km/s aus. Der Herdbereich entspannt sich momentan. Ein Teil der Energie (5–50 %) wird bei der Rückfederung in elastische Wellenenergie umgesetzt. Die elastic rebound theory wird auch heute noch als im wesentlichen zutreffend angesehen.

**elastische Hysterese** ↗Anelastizität.

**elastische Konstanten,** Oberbegriff für die vier Materialkonstanten für isotrope feste Körper, nämlich ↗*Kompressionsmodul K*, ↗*Elastizitätsmodul E*, ↗*Torsionsmodul* (Schubmodul) $G$ und ↗*Poisson-Zahl* (Querkontraktionszahl) $\mu$. Mit ihnen kann bei Kenntnis des Spannungszustandes eines Körpers (↗*Spannungstensor*), d.h. der Gesamtheit der anliegenden Spannungen, seine Formänderung (sein *Deformationszustand*) vorhergesagt werden.

Das Kompressionsmodul kann ausgedrückt werden als $K=\frac{E}{3(1-2\mu)}$. Die anderen elastischen Konstanten hängen zusammen über die Gleichung $G=\frac{E}{2(1+\mu)}$. Eine alternative Schreibweise erlauben die beiden *Laméschen Konstanten der Elastizität*, die mit $m$ und $l$

**elastische Konstanten:** Zusammenhang mit den Beanspruchungen.

| Ursache (*Beanspruchung*), Einheit: N/m$^2$ | Antwort (*Deformation*), Einheit: 1 | Proportionalitätskonstante (*elastische Konstante*), Einheit: N/m$^2$ | Gesetzmäßigkeit |
|---|---|---|---|
| Normal-/Zugspannung $\sigma$ | Dehnung $\varepsilon = \frac{\Delta l}{l_0}$ | Dehnungsmodul (auch Youngscher oder Elastizitätsmodul) $E$ | $\sigma = E \cdot \varepsilon$ |
| Scherspannung $\tau$ | Scherung $\gamma = \frac{\Delta l}{l_0}$ | Schubmodul (auch Torsions- oder Gleitmodul) $G$ | $\tau = G \cdot \gamma$ |
| Druck (allseitig) $\Delta p$ | Kompression $-\frac{\Delta V}{V_0}$ | Kompressionsmodul $K$ | $\Delta p = -K \cdot \frac{\Delta V}{V_0}$ |

bezeichnen werden. $m$ ist identisch mit dem Torsionsmodul $G$, für Elastizitätsmodul $E$ und Poisson-Zahl $\mu$ gelten die Beziehungen

$$E = \frac{m(3l+2m)}{l+m} \quad \text{und} \quad \mu = \frac{2(l+m)}{l} \,.$$

Anisotrope Körper weisen je nach Richtung der Beanspruchung unterschiedliche elastische Konstanten auf. Dem wird durch tensorielle Schreibweise in Form der ↗*Elastizitätsmodule* mit 36 Koeffizienten Rechnung getragen. (↗Elastizitätstheorie)

**elastische Konstanten, akustische Methoden zur Messung von,** Bestimmung der ↗*elastischen Konstanten* eines Kristalls durch Messung der Geschwindigkeit von Ultraschallwellen. Ein auf die Probe geklebter Quarzkristall erzeugt mit Hilfe des piezoelektrischen Effekts Ultraschallwellen im MHz-Bereich. Dieser Effekt wird auch verwendet, um die an der Rückwand der Probe reflektierten Schallwellen, im Quarzkristall angekommen, erneut in elektrische Signale umzuformen. Typischerweise werden Schallpulse im Abstand 10 μs verwendet, um Sende- und Echopuls gleichzeitig auf dem Oszillographen sichtbar zu machen, woraus sich unmittelbar die Laufzeit ergibt.

Im Falle kubischer Kristalle gilt für longitudinale bzw. transversale Schallwellen in (100)-Richtung:

$$v_l^{(100)} = \sqrt{\frac{C_{11}}{\rho}} \text{ bzw. } v_t^{(100)} = \sqrt{\frac{C_{44}}{\rho}},$$

in (110)-Richtung:

$$v_l^{(110)} = \sqrt{\frac{C_{11}+C_{12}+C_{44}}{2\rho}}$$

$$v_{t1}^{(110)} = \sqrt{\frac{C_{44}}{\rho}}; \quad v_{t2}^{(110)} = \sqrt{\frac{C_{11}-C_{12}}{\rho}}.$$

**elastische Netzwerke,** Netzwerke bzw. ↗*Cluster*, deren Verbindungslinien harmonische Federn repräsentieren. Damit dieses System auch gegen Scherkräfte stabil ist, betrachtet man oft Federn mit einer potentiellen Energie auch für transversale Auslenkungen (proportional zum Quadrat des Auslenkungswinkels). Elastische Netzwerke bilden eine Verallgemeinerung der ↗*Gittermodelle* zur Beschreibung von Kristallschwingungen in der harmonischen Näherung. Aufgrund der ungeordneten Struktur der elastischen Netzwerke können die quantisierten Anregungen dieser Schwingungen (die beim regulären Gitter den ↗*Phononen* entsprechen) jedoch lokalisiert sein (↗*Lokalisierung*). Da elastische Netzwerke oft ↗*fraktale Dimension* haben, bezeichnet man diese Anregungen auch als ↗*Fraktonen*.

**elastischer Bereich,** Spannungs- bzw. Dehnungsbereich, innerhalb dessen ein Festkörper nach Entlastung seine ursprüngliche Gestalt wieder annimmt. In diesem Bereich gilt in der Regel das ↗*Hookesche Gesetz*, im ↗*Spannungs-Dehnungs-Diagramm* durch eine Gerade vom Ursprung bis zur Elastizitätsgrenze gekennzeichnet.

**elastische Rückstreuanalyse,** *Elastic Recoil Detection, ERD*, nukleare Analysemethode zur tiefenaufgelösten und nahezu zerstörungsfreien quantitativen Analyse leichter Teilchen (mit Kernladungszahlen $Z$: $1 \le Z \le 9$) an der Oberfläche von Festkörpern. Je nach Art der Probenoberfläche und des Projektils geht die Reichweite bis in Tiefen von einigen Mikrometern. ERD wurde 1976 eingeführt und ist seitdem eine weit verbreitete kernphysikalische Analysemethode, welche RBS-Untersuchungen (für $Z > 11$) ergänzt und Methoden der *Nuclear Radiation Analysis* (*$^{15}$N-Methode*) aufgrund ihrer Einfachheit weitgehend abgelöst hat. Bei der ERD dringt ein Teilchenstrahl in ein Target ein verliert dort Energie aufgrund der elastischen Stöße mit den Targetatomen und wird an diesen gestreut. Dabei werden leichtere Teilchen von den schwereren Projektilen aus dem Target herausgelöst und unter einem Vorwärtswinkel $\Theta$ spektroskopiert. Ebenfalls herausgeschlagene schwere Teilchen werden durch eine vor dem Detektor befindliche

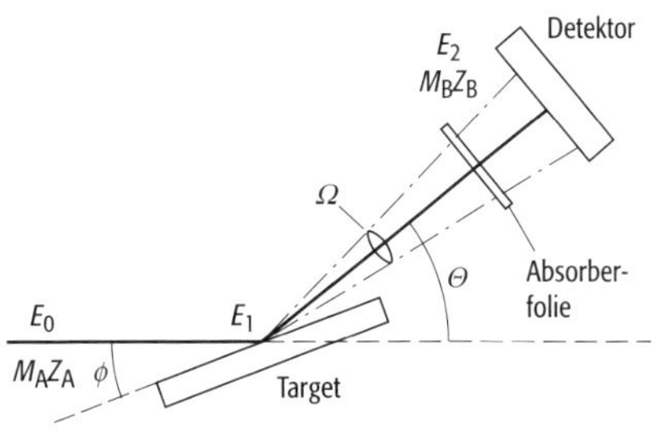


**elastische Rückstreuanalyse 1:** Schematische Darstellung der elastischen Rückstreuanalyse zum Nachweis leichter Teilchen. Das Projektil besitzt die Masse $M_A$, die Kernladungszahl $Z_A$ und die Energie $E_0$. Das Ejektil besitzt die Masse $M_B$, die Kernladungszahl $Z_B$ und die Energie $E_1$ bzw. nach Passieren der Absorberfolie die Energie $E_2$. Der Kippwinkel ist $\phi$, der Detektorwinkel $\Theta$ und der Detektoröffnungswinkel $\Omega$.

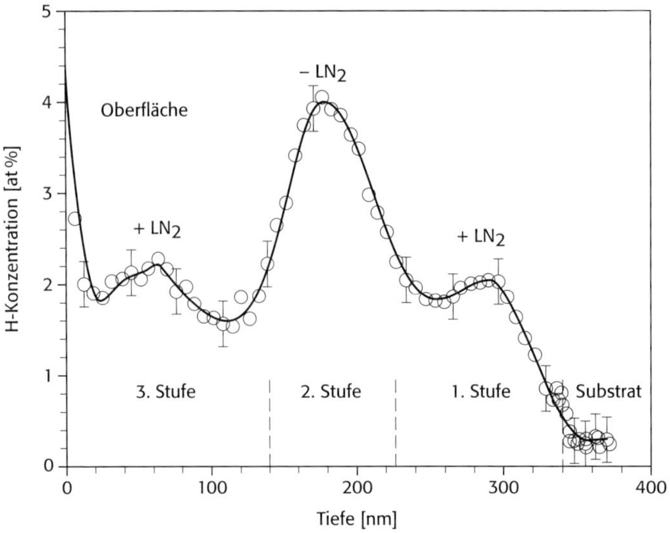


**elastische Rückstreuanalyse 2:** ERD-Analyse zur Bestimmung der Wasserstoff-Konzentrationsverteilung in PVD-Siliciumnitridfilmen. Gezeigt ist der Restgaseinfluß während der Filmherstellung auf die H-Konzentration.

↗*Absorberfolie* gestoppt. Die Energie der gemessenen Teilchen sowie ihre ↗*Energieaufweitung* ermöglichen eine Umwandlung der gemessenen Spektren in Konzentrationstiefenverteilungen. Höhere Nachweisgrenzen bzw. Tiefenauflösungen für leichte Elemente erhält man durch Koinzidenzmessungen von rückgestreuten und gestreuten Teichen (*Coincidence Elastic Recoil Detection CERD*), ↗*Flugzeitmassenspektrometern* oder magnetischen Spektrometern. ERD ermöglicht beispielsweise die Messung der Tiefenverteilung von Wasserstoff in PVD-Siliciumnitridfilmen in Tiefen von bis zu 500nm.

**elastische Verformung** ↗Deformation.

**elastische Wellen,** in Festkörpern propagierende elastische Deformationen, die zur Bestimmung der elastischen Konstanten in Festkörpern verwendet werden. Anstatt statischer Zugversuche etc. können auch sogenannte dynamische Verfahren angewendet werden, bei denen man Eigenschwingungen oder elastische Wellen mit vorgegebener Laufrichtung in der Probe beobachtet.

Sowohl die Schwingungsform als auch die Ausbreitungsgeschwindigkeit hängen in komplizierter Weise von der Kristallsymmetrie und von der Ausbreitungsrichtung ab.

Beispielsweise gilt für eine Probe mit kubischem Kristallgitter bei Ausbreitung der elastischen Welle längs der Symmetrieachsen folgender Zusammenhang:

a) Ausbreitung längs der [100]-Richtung:

$$v_L = \sqrt{\frac{c_{11}}{\rho}}, \quad v_T = \sqrt{\frac{c_{44}}{\rho}}$$

b) Ausbreitung längs der [101]-Richtung:

$$v_L = \sqrt{\frac{c_{11}+c_{12}+2c_{44}}{2\rho}}, \quad v_{T_1} = \sqrt{\frac{c_{11}-c_{12}}{2\rho}},$$

$$v_{T_2} = \sqrt{\frac{c_{44}}{\rho}}$$

c) Ausbreitung längs der [111]-Richtung:

$$v_L = \sqrt{\frac{c_{11}+2c_{12}+4c_{44}}{3\rho}},$$

$$v_T = \sqrt{\frac{c_{11}-c_{12}+c_{44}}{3\rho}}.$$

Es gibt jeweils eine Longitudinalwelle mit der Phasengeschwindigkeit $v_L$ und zwei zueinander senkrechte linear polarisierte Transversalwellen mit den Geschwindigkeiten $v_{T_1}$ und $v_{T_2}$. Diese sind in den beiden Fällen (a) und (c) miteinander symmetrieentartet, so daß hier $v_{T_1} = v_{T_2} = v_T$ ist.

In einer beliebig schief zu den Symmetrieachsen liegenden Ausbreitungsrichtung existieren (entsprechend den drei möglichen Bewegungsrichtungen eines Massenteilchens) ebenfalls immer drei elastische Wellen, die jedoch nicht mehr rein longitudinal oder rein transversal sind. Für sie gelten kompliziertere Formeln für die Schallgeschwindigkeit.

**elastische Wellen, Dämpfung der,** durch Änderungen der Materialparameter im Erdinneren hervorgerufene Dämpfung der longitudinalen (P-Welle) und transversalen (S-Wellen) seismischer Wellen (↗*Seismologie*). Ursachen sind räumliche Veränderungen in der chemischen Zusammensetzung und Kristallveränderungen durch thermische und Druckeinflüsse im Erdmaterial.

**Elastizität,** Eigenschaft fester Körper, unter Zug-, Scher- oder Druckbeanspruchung ihre Form vorübergehend zu ändern und nach Wegfall der Belastung ihre urspüngliche Gestalt wieder einzunehmen. Gemäß dem ↗*Hookeschen Gesetz* ist die elastische Verformung (bis zur Elastizitätsgrenze) proportional den einwirkenden Kräften (↗*Elastizitätstheorie*).

Dieser lineare Zusammenhang folgt auch theoretisch aus der Bornschen Gittertheorie: dabei wird vorausgesetzt, daß die Atome im Kristallgitter sich in stabilen Gleichgewichtslagen gegenüber den Gitterkräften befinden, und daß die Kraft, mit der zwei Teilchen des Gitters aufeinander wirken, eine Zentralkraft ist. Sobald nun äußere Kräfte auf ein Gitter einwirken, werden die einzelnen Gitterpunkte sich so weit aus der Gleichgewichtslage entfernen, bis die rücktreibenden Kräfte, die durch die Verzerrung des gitters Hervorgerufen werden, mit den äußeren Kräften im Gleichgewicht sind. Für den Verzerrungszustand ergeben sich die sechs Gleichungen des verallgemeinerten Hookeschen Gesetzes. Die dabei auftretenden 36 Konstanten werden als ↗*Elastizitätsmodule* bezeichnet. Werden nun diese sechs Gleichungen nach den Deformationsgrößen aufgelöst, so erhält man sechs entsprechende Gleichungen mit wiederum 36 Konstanten, die als ↗*Elastizitätskoeffizienten* bezeichnet werden. Überschreiten die äußeren Kräfte beim elastischen Körper die zwischenmolekularen Kräfte, dann geht er in den plastischen Zustand (↗*Plastizität*) über. Oben erwähntes linear-elastisches Verhalten unterscheidet sich vom energie- und entropieelastischen Verhalten (↗*Kautschukelastizität*), das bei Hochpolymeren auftritt, die eine teilweise (teilkristalline) oder völlig ungeordnete (amorphe) Struktur aufweisen. Rückstellkräfte resultieren aus einer Änderung der Molekülabstände und Valenzwinkel bzw. einer Abnahme der Entropie und sind in der Regel nicht proportional zur Dehnung. (↗Festkörper, deformierbare)

**Elastizitätsgrenze,** *Dehngrenze*, *Fließgrenze*, diejenige Spannung $R_\mathrm{p}$, ab der ein Körper nach dem Ende einer Zug- oder Druckbelastung nicht mehr seine ursprüngliche Form annimmt. Bei weiterer Erhöhung der Spannung über die Elastizitätsgrenze hinaus erleidet der Körper eine *plastische Verformung*. Das genaue Einsetzen plastischer Verformung ist experimentell nur schwer zu bestimmen; mit zunehmender Auflösung des Meßgerätes nimmt die ermittelte Elastizitätsgrenze für gewöhnlich ab. Man behilft sich deshalb bei der Charakterisierung von Materialeigenschaften mit der Angabe der *Fließgrenze*, die aus dem ↗*Spannungs-Dehnungs-Diagramm* bei einer vorher vereinbarten Längenänderung abgelesen werden kann. Für Kupfer und Aluminium wird z.B. die 0,2 %-Elastizitätsgrenze $R_{\mathrm{p},(0,2)}$ angegeben.

**Elastizitätskoeffizienten** (engl. *compliances*), reziproke Spannungen, welche die Koeffizienten einer 6×6-Matrix, dem ↗*Elastizitätsmodul*, bilden. Die Einheit der Elastizitätskoeffizienten ist N/m$^2$. Jeweils sechs Koeffizienten beschreiben den Zusammenhang zwischen den Verzerrungen (↗*Dilatationen*) und den diese verursachenden Spannungen bzw. Drücken.

$$-x_x = s_{11}X_x + s_{12}Y_y + s_{13}Z_z + s_{14}X_z + s_{15}X_y + s_{16}X_x$$
$$-y_y = s_{21}X_x + s_{22}X_y + s_{23}X_z + s_{24}X_z + s_{25}X_y + s_{26}X_x$$
$$-z_z = s_{31}X_x + s_{32}X_y + s_{33}X_z + s_{34}X_z + s_{35}X_y + s_{36}X_x$$
$$-y_z = s_{41}X_x + s_{42}X_y + s_{43}X_z + s_{44}X_z + s_{45}X_y + s_{46}X_x$$
$$-z_y = s_{51}X_x + s_{52}X_y + s_{53}X_z + s_{54}X_z + s_{55}X_y + s_{56}X_x$$
$$-x_x = s_{61}X_x + s_{62}X_y + s_{63}X_z + s_{64}X_z + s_{65}X_y + s_{66}X_x$$

Aufgrund der Symmetrie der Matrix $s_{\mu\nu} = s_{\nu\mu}$ existieren nur 21 unabhängige Koeffizienten. Je nach Kristallsystem reduziert sich die Anzahl der Koeffizienten, die die elastischen Eigenschaften eines Kristalls beschreiben, von 21 für ein triklines System auf nur zwei für einen isotropen Körper (Tabelle).

Im sogenannten Hauptachsensystem reduzieren sich die Komponenten zu den jeweils drei Hauptachsenkomponenten der Spannung und der Dehnung.

**Elastizitätskoeffizienten:** Anzahl der unabhängigen Elastizitätskoeffizienten für einige Kristallformen.

| Kristallsystem | Anzahl unabhängiger Koeffizienten |
|---|---|
| triklin | 21 |
| monoklin | 13 |
| rhombisch | 9 |
| trigonal | je nach Kristallklasse 7 oder 6 |
| tetragonal | je nach Kristallklasse 7 oder 6 |
| hexagonal | 5 |
| kubisch | 3 |
| isotroper Körper | 2 |

**Elastizitätsmodul** (engl. *stiffness*), maximal sechsdimensionaler symmetrischer Tensor, der die lineare Antwort (lineare ↗*Elastizitätstheorie*) eines Körpers auf beliebige mechanische Deformationen wiedergibt. Die Komponenten dieser Matrix sind reziproke Spannungen und heißen ↗*Elastizitätskoeffizienten*. Die Einheit des Elastizitätsmoduls ist N/m$^2$. Da sich jede beliebige Deformation durch Überlagerung von drei Dehnungen in $x$-, $y$- und $z$-Richtung und drei Scherungen um jede dieser Richtung beschreiben läßt, sind insgesamt $6 \times 6 = 36$ Koeffizienten nötig. Aufgrund der Symmetrie der Matrix $s_{\mu\nu} = s_{\nu\mu}$ existieren jedoch nur 21 unabhängige Konstanten. Für hinreichend kleine Deformationen, d.h. innerhalb des Elastizitätsbereichs, sind die Elastizitätsmodule vom Ausmaß der Beanspruchungen und der Deformation unabhängig. In der Literatur wird der Elastizitätsmodul häufig mit dem Dehnungsmodul gleichgesetzt.

**Elastizitätstheorie** anisotroper Medien, eine mathematische Theorie der ↗*Versetzungen*. Es werden rechnerisch die Versetzungseigenschaften behandelt, wobei die Bestimmung des Verzerrungs- und Spannungshofes in der Umgebung einer Versetzungslinie das Hauptproblem ist. Es müssen dabei die Versetzungen als Eigenspannungszustand in einem elastischen Kontinuum angesehen werden. Die *kontinuumstheoretische* Auffassung der Versetzungen, die sich vollkommen unabhängig von der *gittertheoretischen* aufbauen läßt, wurde schon von Volterra in den Grundzügen behandelt.

Es zeigt sich bei den Rechnungen, daß die Verzerrungen im Versetzungskern so stark sind, daß der Gültigkeitsbereich der linearen Elastizitätstheorie, also des ↗*Hookeschen Gesetzes*, überschritten wird. Es müssen also die nichtlinearen Effekte, die z.B. für die Behandlung der Wechselwirkung nahe benachbarter Versetzungslinien wesentlich sind, noch erfaßt werden. Eine Anwendung der nichtlinearen Elastizitätstheorie auf Versetzungsprobleme ist mathematisch schwierig, weshalb man Modelle entwickelt hat, die einen Kompromiß zwischen der elastizitätstheoretischen und der gittertheoretischen Auffassung darstellen.

Die lineare Elastiztitätstheorie wird kontinuumstheoretisch sehr gut durch die *lineare Antworttheorie* beschrieben.

**Elastizitätszahl** ↗Elastizitätsmodul.

**Elastogramm,** bei Durchstrahlung eines zu elastischen Schwingungen angeregten würfelförmigen Körpers mit sichtbarem Licht entstehendes Beugungsbild. Im Körper bilden sich durch die longitudinalen und transver-

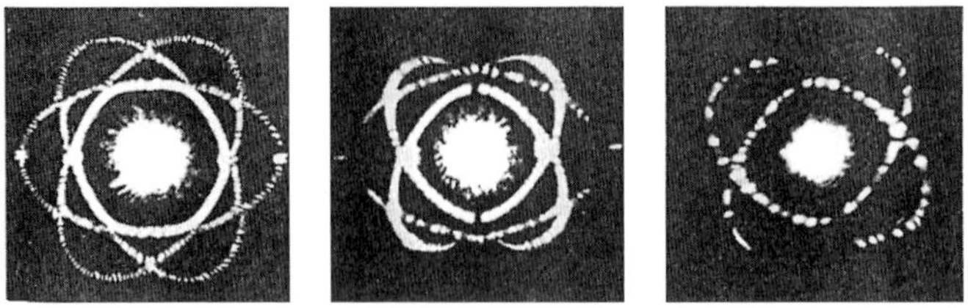

a b c

**Elastogramm:** Elastogramm eines Quarzwürfels. Durchstrahlungsrichtung entlang der $z$- (a), $y$- (b) und $x$-Achse (c).

salen Schwingungen ↗*dreidimensionale Gitter* aus, die aufgrund des Unterschiedes von ↗*Elastizitätsmodul* und ↗*Torsionsmodul* des Körpers unterschiedliche Gitterkonstanten besitzen und folglich verschiedene erste Beugungsordnungen der Lichtwelle erzeugen. Aus dem Beugungsbild kann man die verschiedenen elastischen Konstanten des Körpers und ggf. die verschiedenen Gittersymmetrien eines Kristalls berechnen.

**Elastoleitfähigkeit,** die Änderung der ↗*elektrischen Leitfähigkeit* $\sigma$ eines Festkörpers bei *elastischen Deformationen*, vor allem bei homogenem Spannungszustand, d.h. gleichmäßiger Dehnung. Da die Elastoleitfähigkeit i.a. zwischen zwei Tensoren zweiter Stufe (Leitfähigkeit, Dehnung) vermittelt, ist sie ein Tensor vierter Stufe. Die Zahl der nicht verschwindenden Elemente und der unabhängigen Komponenten ist durch die Gittersymmetrie gegeben und charakteristisch für die jeweilige Kristallklasse. Die physikalische Ursache der Elastoleitfähigkeit liegt in der Änderung des Kristallpotentials und damit der ↗*Bandstruktur* durch die Deformation. Dabei werden die einzelnen Bandkanten nach Vorzeichen und Betrag unterschiedlich verschoben. Dies wirkt sich vor allem dann stark auf die ↗*Elektronenbeweglichkeit* aus, wenn bei bestimmten Drücken Überschneidungen zweier Bandkanten auftreten, da sich die zu den Bandkanten gehörenden ↗*effektiven Massen* meist wesentlich unterscheiden. Ein entsprechender Effekt tritt bei *Mehrtalhalbleitern* auch bei uniaxialer Deformation auf, wenn dabei die im entspannten Zustand bestehende Entartung von Bandkanten aufgehoben wird.

**Elastomere,** *Elaste*, ↗*Polymere*, die ein elastisches (kautschukartiges) Verhalten zeigen. Da ihre *Glasübergangstemperatur* weit unterhalb der Zimmertemperatur liegt, besitzen Elastomere eine hohe Beweglichkeit der Polymerketten, die bei äußerer Krafteinwirkung aneinander vorbeigleiten. Elastomere, zu denen alle Sorten von natürlichem und künstlichem Kautschuk gehören, zeigen Eigenschaften von Festkörpern (definierte Form, definierter Schmelzpunkt, elastische Verformung mit Formveränderungsrest, teilweise Kristallisation bei Dehnung) und Flüssigkeiten (amorph im ungedehnten Zustand, geringe Kompressibilität, niedermolekulare chemische Verbindungen können sich lösen oder eindiffundieren). Technische Elastomere enthalten Füllstoffe (z.B. Ruß bzw. carbon black) sowie Weichmacher zur Erhöhung der Kettenbeweglichkeit und sind häufig vulkanisiert (Einbau von kettenvernetzenden Schwefelbrücken).

**elastooptische Effekte,** *photoelastische Effekte*, Interaktion von elastischen mit optischen Wellen im Festkörper. Wird auf einen Festkörper mechanische Spannung hoher Frequenz ausgesetzt, führt dies zu periodischen Deformationen, die von ebenso periodischen Änderungen der optischen Brechzahl begleitet sind. Die Wechselwirkung von elastischen und optischen Wellen wird in diversen optischen Systemen angewendet, um beispielsweise die Amplitude eines Laserstrahls zu modulieren, die Wellenlänge eines monochromatischen Lichtstrahls zu variieren oder den Brechungswinkel eines optischen Geräts zu verändern.

**ELDOR,** *Electron-Electron Double Resonance*, ↗*Doppelresonanz*-Experiment, bei dem die Intensität einer ESR-Linie gemessen wird als Funktion der Sättigung einer anderen ESR-Linie. Das Experiment wird normalerweise in der cw-Technik durchgeführt.

Mit ELDOR-Messungen können Informationen über unterschiedliche Elektronenspinrelaxationsmechanismen sowie über den im Spinsystem stattfindenden Austausch gewonnen werden. (↗DEER, ↗ESR-Spektroskopie)

**Electron Channeling Contrast,** *ECC*, Kontrastverfahren in der Elektronenmikroskopie bei der Untersuchung kristalliner Substanzen. Im Gegensatz zu amorphen Materialien, bei denen die Anzahl der transmittierten und rückgestreuten Elektronen nur von der Anzahl der Atome innerhalb der Probe abhängt, hängen die Intensitäten der rückgestreuten bzw. transmittierten Elektronen bei kristallinen Proben auch vom Bestrahlungswinkel ab. Falls die Elektronen unter statistisch verteilten Winkeln auf eine Probe treffen, ist die Wahrscheinlichkeit groß, daß Elektronen in Kernnähe geraten und dort elastisch aus dem Gitter gestreut werden. Trifft ein räumlich kohärenter Elektronenstrahl auf eine kristalline Probe, so können die Elektronen unter günstigen Winkelbedingungen einen Kanal finden, dessen Potentialwände die Elektronen durch den Kristall leiten. Die Symmetrie kristalliner Proben ermöglicht eine große Zahl von Gitterebenen, zwischen denen die Elektronen solche Potentialkanäle nutzen können. Die Winkel zwischen Strahlrichtung und Symmetrieachse des Kristalls, unter denen das Electron-Channeling funktioniert, müssen der Bragg-Bedingung $\sin\theta = \frac{\lambda}{2\cdot d_{\rm hkl}}$ genügen, wobei $\lambda$ die De-Broglie-Wellenlänge der Elektronen und $d_{\rm hkl}$ der Abstand der Gitterebenen mit den Miller-Indizes (hkl) ist. Für 20-keV-Elektronen liegt die De-Broglie-Wellenlänge in der Größenordnung von 0,01 nm. Bei typischen Gitterabständen von 0,3 nm beträgt der Bragg-Winkel zwischen einem und zwei Grad. Wenn der

Eintrittswinkel der Elektronen in dieser Größenordnung geändert wird, ergibt sich durch das electron channeling ein erhöhter Kontrast sowohl in Transmission als auch in Reflexion. Grundvoraussetzung dafür ist allerdings ein möglichst perfekter Aufbau des Kristalls mit möglichst wenig Verunreinigungen und ↗*Gitterfehlern.*

**Electronic Mail** ↗Internet.

**Elefantenrüssel,** aus kühlem Staub- und Gas bestehende ↗*Dunkelwolken*, die schlauch- oder rüsselförmig in heiße vorwiegend aus ionisiertem Wasserstoff bestehende Gaswolken hineinragen (Abb. im Farbtafelteil). Wahrscheinlich handelt es sich zumindest in einigen Fällen um Gebiete der ↗*Sternentstehung*. Stark ausgeprägte Elefantenrüssel befinden sich z.B. im Rosetten- oder Adlernebel.

**Elefantenrüssel:** siehe Farbtafelteil

**Elektret,** ein ↗*Dielektrikum* mit permanenter ↗elektrischer Polarisation. Der Elektret ist das elektrische Analogon zum ↗*Magnet*, die Bezeichnung stammt von O. ↗*Heaviside*. Erstmals hergestellt wurden Elektrete von *Sato* (1922) und *Eguchi* (1925). Anders als Magnete verlieren jedoch Elektrete ihre Wirkung nach Stunden oder Tagen aufgrund des endlichen Widerstandes aller Dielektrika. Am einfachsten lassen sich Elektrete herstellen, indem man flüssige Dielektrika (Harz, Wachs) in einem starken elektrischen Feld erstarren läßt. Weiterhin eignen sich *Ferroelektrika*, bei denen sowohl die ferroelektrische ↗*Curie-Temperatur* $T_C$ hinreichend hoch als auch die ↗*Koerzitivfeldstärke* so groß ist, daß der Polarisationszustand nicht durch äußere elektrische Felder gestört wird. Die elektrischen Ladungen können aber auch durch Elektronenbeschuß in einen Polymerfilm eingebracht werden. An Elektreten treten ↗*Oberflächenladungen* von bis zu $10^{-5}$As/m$^2$ auf. Elektrete werden z.B. als Signalwandler in Mikrophonen und Lautsprechern verwendet.

**Elektrid,** salzartiges kristallines Material, bei dem *alle* ↗*Anionen* durch Elektronen ersetzt sind. Dabei werden die ↗*Kationen* durch *Komplexbildner*-Moleküle daran gehindert, mit den anionischen Elektronen zu rekombinieren. Da Elektronen aufgrund ihrer geringen Masse nicht an ihren Gitterplätzen fixiert bleiben (↗*Unschärferelation*), sondern mit benachbarten Elektronen wechselwirken oder die Plätze tauschen können, weisen Elektride ungewöhnliche elektrische, magnetische und optische Eigenschaften auf. Es wird, je nach Beweglichkeit der anionischen Elektronen, zwischen metallähnlichen delokalisierten und halbleiterähnlichen lokalisierten Elektriden unterschieden. Mögliche Anwendungen liegen im Bereitstellen von *solvatisierten* Elektronen für großtechnische chemische Synthesen oder als lichtempfindliche Detektoren in ↗*Photomultipliern.*

**elektrisch** ↗Elektrizität.

**elektrische Abschirmung** ↗elektromagnetische Abschirmung.

**elektrische Aufladung** ↗elektrostatische Aufladung.

**elektrische Doppelschicht,** eine ↗Doppelschicht elektrischer Ladungsträger, die sich u.a. dann aufbaut, wenn eine Elektrode in einen Elektrolyten eintaucht. Im einfachsten Fall der Grenzfläche Elektrode/Elektrolyt bildet sich an der Oberfläche der Elektrode eine positiv geladene Schicht und in der Lösung unmittelbar davor eine negativ geladene Schicht bzw. umgekehrt. (↗Elektrodenvorgänge, ↗Gony-Chapman-Modell, ↗Helmholtz-Modell)

**elektrische Energie,** allgemein die mit den elektrischen Erscheinungen verbundene ↗*Energie*. Zum einen ist hiermit die Energie eines Ladungsträgers im elektrischen Feld, vor allem in statischen Feldern (*elektrische Feldenergie*, ↗*elektrostatische Energie*), gemeint. Zum anderen wird unter elektrischer Energie die mit dem ↗*elektrischen Strom* verbundene Energie, die ↗*elektrische Stromarbeit*, verstanden. Diese ist neben den fossilen Brennstoffen die weitaus am häufigsten in Industrie und Haushalten verbrauchte Energieform (↗*Energieversorgung*). Physikalisch gesehen sind alle genannten Fälle Spezialfälle der ↗*elektromagnetischen Feldenergie.*

**elektrische Energiedichte,** $w_e$, die Raumdichte der ↗*elektrischen Energie*. In der von M. ↗*Faraday* begründeteten ↗*Nahwirkungstheorie* ist das ↗*elektrische Feld* Träger der potentiellen elektrischen Energie. Die elektrische Energiedichte $w_e$ ist demnach die zum Aufbau des elektrischen Feldes in einem Volumenelement d$V$ zu leistende Arbeit, und es gilt: $w_e = \boldsymbol{E}\boldsymbol{D}/2 = \varepsilon\, \boldsymbol{E}^2/2$ ($\boldsymbol{E}$: ↗*elektrische Feldstärke*, $\boldsymbol{D}$: ↗*dielektrische Verschiebung*, $\varepsilon$: ↗*Dielektrizitätskonstante*). Dies gilt für beliebige Verteilungen von Punktladungen, für im Raum oder auf Flächen kontinuierlich verteilte Ladungen und ebenso für bewegte Ladungen und ↗*elektromagnetische Wellen*. In der ↗*Elektrodynamik* wird $w_e$ mit der ↗*magnetischen Energiedichte* $w_m$ zur *elektromagnetischen Energiedichte* $u = w_e + w_m$ zusammengefaßt (↗*elektromagnetische Feldenergie*). Im anisotropen Medium gilt $w_e = \boldsymbol{E}\boldsymbol{D}/2 = \boldsymbol{E}\varepsilon\boldsymbol{E}/2$ ebenfalls, allerdings ist $\varepsilon$ dann ein Tensor. Ganz allgemein, auch für $\varepsilon = \varepsilon(\boldsymbol{E})$, ist $w_e = \int \boldsymbol{E}\,\mathrm{d}\boldsymbol{D}$.

**elektrische Erregung** ↗*dielektrische Verschiebung.*

**elektrische Feldenergie,** potentielle *elektrische Energie*. Nach M. ↗*Faraday* sind die im Raum verteilten elektrischen und magnetischen Felder Ursachen der elektromagnetischen Erscheinungen (↗*Nahwirkungstheorie*). Insbesondere ist die mit den elektrischen Erscheinungen verbundene Energie, die elektrische Feldenergie, als Integral über eine im ganzen Raum vorhandene *Energiedichte des elektrischen Feldes* $w_e$ definiert. Diese läßt sich aus dem auf der Energie einer Ladungsverteilung $\rho(\boldsymbol{x})$ beruhenden Energiebegriff (↗*elektrostatische Energie*) mit Hilfe der ↗*Poisson-Gleichung* $\rho(\boldsymbol{x}) = -\varepsilon_0\nabla^2 f(\boldsymbol{x})$ gewinnen:

$$W_e = \frac{1}{8\pi\varepsilon_0}\int\int\frac{\rho(\boldsymbol{x})\rho(\boldsymbol{x}')}{|\boldsymbol{x}-\boldsymbol{x}'|}\,\mathrm{d}^3x\mathrm{d}^3x' =$$
$$= \frac{1}{2}\int\rho(\boldsymbol{x})\phi(\boldsymbol{x})\,\mathrm{d}^3x = \frac{1}{2}\varepsilon_0\int\boldsymbol{E}^2(\boldsymbol{x})\,\mathrm{d}^3x =$$
$$= \int\frac{1}{2}\boldsymbol{E}(\boldsymbol{x})\boldsymbol{D}(\boldsymbol{x})\,\mathrm{d}^3x = \int w_e\,\mathrm{d}^3x$$

mit $\phi(\boldsymbol{x})$: ↗*Coulomb-Potential*, $\boldsymbol{E}(\boldsymbol{x}) = -\nabla\phi(\boldsymbol{x})$: ↗*elektrische Feldstärke*, $\boldsymbol{D}(\boldsymbol{x})$: ↗*dielektrische Verschiebung*.

**elektrische Feldkonstante,** die ↗Dielektrizitätskonstante des Vakuums.

**elektrische Feldlinien,** Linien, welche die Richtung und Größe des ↗*elektrischen Feldes* (↗*Feldlinien*) veranschaulichen. Ihre Tangenten stimmen in jedem Raumpunkt mit der Richtung der ↗*elektrischen Feldstärke* $\boldsymbol{E}$ überein, sie zeigen also immer von positiven zu negativen Ladungen. Hierdurch ist die technische ↗*Stromrichtung* festgelegt. Die Anzahl der durch eine Einheitsfläche tretenden elektrischen Feldlinien, die *Feldliniendichte*, wird nach M. ↗*Faraday* meist proportional zur elektrischen Feldstärke bzw. zum ↗*elektrischen Fluß* durch diese Fläche gewählt. Die Feldlinien des *elektrostatischen Feldes*, z.B. im ↗*Plattenkondensator*, stehen immer senkrecht auf den *Äquipotentialflächen*. Elektrische Feldlinien können außer durch punktweises Vermessen der Kraftwirkung des Feldes auch mit kleinen, voneinander isolierten Körnchen sichtbar gemacht werden. Diese werden zu ↗*elektrischen Dipolen* und reihen sich kettenartig entlang der Feldlinien auf. Hierzu eignen sich besonders Gipskristalle, Kohlepulver oder sehr feine Fäden in Öl.

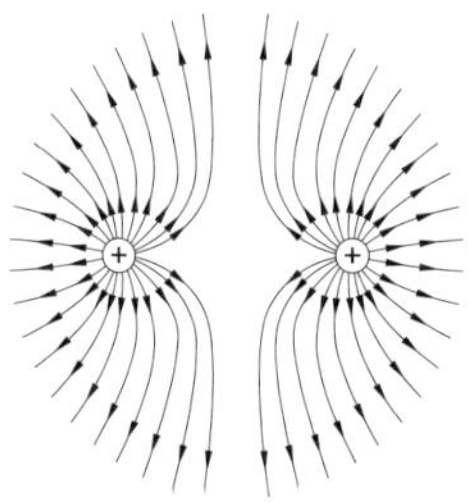

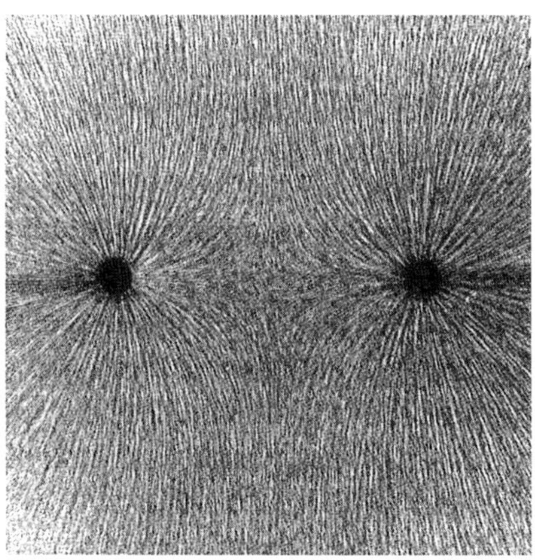

**elektrische Feldlinien:** Oben: Die elektrischen Feldlinien zweier positiver Punktladungen; unten: das Feldlinienbild, veranschaulicht durch sehr feine Fäden in Öl.

**elektrische Feldstärke,** $E$, ein Vektor, der die Stärke des ↗*elektrischen Feldes* in jedem Punkt des Raumes angibt. Die elektrische Feldstärke an einem Punkt $\boldsymbol{x}$ ist definiert als das Verhältnis aus der Kraft $\boldsymbol{F}$, die eine elektrische Ladung $+Q$ an diesem Punkt erfährt, und der Ladung: $\boldsymbol{E} = \boldsymbol{F}/Q$. Die Richtung von $\boldsymbol{E}$ zeigt also immer von positiven zu negativen Ladungen (↗*Stromrichtung*). Die Einheit der elektrischen Feldstärke ist V/m. Die räumliche Verteilung der elektrischen Feldstärke kann durch die ↗*elektrischen Feldlinien* angegeben werden. Die elektrische Feldstärke ist das elektrische Analogon zur ↗*magnetischen Feldstärke* $\boldsymbol{H}$, während die ↗*dielektrische Verschiebung* $\boldsymbol{D}$ das Analogon zur ↗*magnetischen Flußdichte* $\boldsymbol{B}$ ist (↗*Materialgleichungen*).

**elektrische Fernwirkung** ↗Fernwirkungstheorie.

**elektrische Fesselung,** die ↗*Fesselung* eines ↗*Kreisels* an eine bestimmte Lage durch ein elektrisches Feld. Ein elektrischer Dipol z.B. richtet sich in einem elektrischen Feld immer parallel zu diesem aus. Rotiert der Dipol, so führt er deshalb eine Präzessionsbewegung (↗*Präzession*) um die Feldrichtung aus, er ist also an die Richtung des Feldes gefesselt.

**elektrische Festigkeit** ↗Durchschlagfestigkeit, ↗Durchschlag.

**elektrische Flußdichte,** alternative Bezeichnung für die ↗dielektrische Verschiebung.

**elektrische Influenz** ↗Influenz.

**elektrische Kapazität** ↗Kapazität.

**elektrische Kippschwingungen** ↗Kippspannung.

**elektrische Ladung,** *Elektrizitätsmenge*, Quantität, welche die ↗*elektromagnetische Wechselwirkung* eines Körpers oder Systems bestimmt. Elektrische Ladungen sind durch die Kraftwirkungen gekennzeichnet, die sie aufeinander ausüben. Sie treten in zwei Arten auf, die *positive* und *negative Ladung* genannt werden. Diese Bezeichnung geht auf B. ↗*Franklin* zurück, der (fälschlich) Elektrizität als Überschuß oder Mangel an *einer* Ladungsart definierte, und zwar die durch ↗*elektrostatische Aufladung* auf Glas erzeugte Menge als Überschuß, also *positiv*, die auf ↗*Bernstein* erzeugte als *negativ*. Mit »elektrischer Ladung« wird außer dem *geladenen Zustand* auch sehr oft der Ladungsträger bezeichnet, also der mikro- oder makroskopische Körper, der eine elektrische Ladung besitzt.

Die elektrische Ladung ist eine *skalare, additive Größe*, d.h. die Ladung eines Systems ist die Summe der Ladungen aller Teilsysteme, wobei eine gleich große Anzahl von positiven und negativen Ladungen die Gesamtladung null ergibt. Systeme mit verschwindender Gesamtladung werden *elektrisch neutral* genannt. Die Einheit der elektrischen Ladung ist das Coulomb (C), 1C = 1As. Sie ist *gequantelt*, d.h. sie tritt immer nur in ganzzahligen Vielfachen der ↗*Elementarladung* $e = 1{,}602\cdot10^{-19}$C auf. Dies wurde 1909 von R. ↗*Millikan* bewiesen

(↗*Millikan-Versuch*). Die Ladung ist eine vom Bewegungszustand des Körpers unabhängige Größe. Von den Elementarteilchen besitzen z.B. das ↗*Proton* und das ↗*$W^+$-Boson* die Ladung $+e$, das ↗*Elektron*, das ↗*Myon* und das ↗*$W^-$-Boson* die Ladung $-e$, die jeweiligen ↗*Antiteilchen* besitzen die entgegengesetzte Ladung. Neutral sind u.a. ↗*Neutronen*, ↗*Neutrinos* und das ↗*Photon*. ↗*Quarks* besitzen Ladungen von $\pm 1/3$ oder $\pm 2/3$, sie treten jedoch nie einzeln auf, sondern immer nur in Systemen aus zwei oder drei Quarks, die jeweils ganzzahlige Ladungen aufweisen oder elektrisch neutral sind (↗*Confinement*). In makroskopischen Systemen sind positive und negative Ladung fast immer vollständig ausgeglichen. Die Kraftwirkung zwischen 1 kg Protonen und 1 kg Elektronen wäre nämlich unvorstellbar groß, sie betrüge das $10^{39}$-fache der Massenanziehung zwischen ihnen (↗*Kopplungskonstanten*)!

Elektrische Ladungen sind die Quellen des ↗*elektrischen Feldes*: $\varepsilon_0 \cdot \oiint \boldsymbol{E}\mathrm{d}\boldsymbol{A} = Q$ bzw. $\varepsilon_0 \operatorname{div} \boldsymbol{E} = \varepsilon_0 \nabla \boldsymbol{E} = \rho$ ($\rho$: *elektrische Ladungsdichte*). Bewegte Ladungen erzeugen zusätzlich auch ↗*Magnetfelder*. In Materie führt die ↗*elektrische Polarisation* dazu, daß die wahren Ladungen durch ↗*scheinbare Ladungen* z.T. abgesättigt werden. Dadurch wird das $\boldsymbol{E}$-Feld reduziert, es gilt jedoch mit der ↗*dielektrischen Verschiebung* $\boldsymbol{D} = \varepsilon \boldsymbol{E}$ in Vakuum wie in Materie: $\operatorname{div} \boldsymbol{D} = \rho$, d.h. die wahren Ladungen sind immer die Quellen des $\boldsymbol{D}$-Feldes ($\varepsilon$: ↗*Dielektrizitätskonstante*). Die nicht abgesättigten Ladungen werden auch *freie Ladungen* genannt.

**elektrische Ladungsdichte** ↗Ladungsdichte.

**elektrische Leistung,** die pro Zeiteinheit verrichtete *elektrische Arbeit* bzw. *Energie* (↗*Leistung*). Die Einheit der elektrischen Leistung ist das ↗*Watt*, $1\,\mathrm{W} = 1\,\mathrm{VA} = 1\,\mathrm{J/s}$; mit der letzten Gleichung wird die Verbindung zwischen den mechanischen und elektrischen Einheiten des ↗*SI-Systems* hergestellt. Die im Volumen $V$ umgesetzte Leistung ist $P = \int_V \boldsymbol{jE}\mathrm{d}V$ ($\boldsymbol{j}$: *elektrische Stromdichte*, $\boldsymbol{E}$: ↗*elektrische Feldstärke*). Für einen stationären ↗*Gleichstrom* ist $P = UI$ ($U$: *Spannung*, $I$: *Stromstärke*, ↗*elektrischer Strom*). Die in einem Widerstand $R$ in Wärme umgewandelte Leistung beträgt, bei Gültigkeit des ↗*Ohmschen Gesetzes*, $P = U^2/R$ (↗*Joulesche Wärme*). Bei ↗*Wechselstrom* wird zwischen *Wirk-*, *Blind-* und *Scheinleistung* unterschieden, da $P = UI$ dann nur noch momentan gültig ist (↗*Wechselstromleistung*); wichtig ist hierbei die Phasenverschiebung zwischen Strom und Spannung. (↗*Leistungsaufnahme*)

**elektrische Leitfähigkeit,** *(elektrisches) Leitvermögen*, *(elektrische) Konduktivität*, $\sigma$, die Fähigkeit eines Stoffes, elektrische ↗*Ladungsträger*, vor allem *Elektronen* und *Ionen*, zu transportieren. $\sigma$ ist der Kehrwert des ↗*spezifischen Widerstandes* $\rho$ und hat die Einheit Siemens pro Meter: $\mathrm{S/m} = 1/\Omega\mathrm{m} = \mathrm{A/Vm}$. Der Zahlenwert von $\sigma$ entspricht der Länge eines Leiters mit $1\,\mathrm{m}^2$ Querschnittsfläche und elektrischem Widerstand $R = 1\,\Omega$. Dessen Kehrwert heißt *elektrischer Leitwert* und hat die Einheit Siemens, $1\,\mathrm{S} = 1\,\Omega^{-1} = 1\,\mathrm{A/V}$. Wie der Widerstand variiert $\sigma$ um 27 Zehnerpotenzen zwischen Bernstein und Silber, bei Supraleitern ist $\sigma$ noch mindestens $10^{14}$-mal größer. Mit der elektrischen Leitfähigkeit kann der Zusammenhang zwischen ↗*elektrischer Stromdichte* $\boldsymbol{j}$ und der ↗*elektrischen Feldstärke* $\boldsymbol{E}$ besonders einfach formuliert werden: $\boldsymbol{j} = \sigma \boldsymbol{E}$. Bei *Wechselfeldern* wird $\sigma$ komplex (↗*Dispersion*) und hängt eng mit der ↗*komplexen Dielektrizitätskonstanten* $\eta$ zusammen. Bei einigen wenigen *irregulären Metallen*, die meist hexagonale, trigonale oder tetragonale Kristallstruktur besitzen, ist $\sigma$ ein Tensor, d.h. die elektrische Leitfähigkeit ist richtungsabhängig. Für alle Mechanismen der ↗*elektrischen Leitung* hängt $\sigma$ mit der ↗*Beweglichkeit* $\mu$ der Ladungsträger gemäß $\sigma = Ne n\mu$ zusammen ($N$: Anzahl der Elementarladungen pro Ladungsträger, $e$: ↗*Elementarladung*, $n$: Anzahldichte der Ladungsträger), für die mittlere Geschwindigkeit $\langle \boldsymbol{v} \rangle$ der Ladungsträger gilt $\boldsymbol{j} = ne\langle \boldsymbol{v} \rangle$. $\mu$ und $\sigma$ sind über die fundamentale ↗*Hall-Konstante* $A^{\mathrm{H}} = \mu/\sigma$ verknüpft (↗*Hall-Effekt*).

Eine hohe elektrische Leitfähigkeit ist oft mit einer hohen ↗*Wärmeleitfähigkeit* $\lambda$ verbunden. Bei nicht zu tiefen Temperaturen $T$ gilt für viele Metalle das ↗*Wiedemann-Franz-Gesetz*: $\lambda/\sigma = aT$ mit $a \approx 3k_{\mathrm{B}}^2/e^2$ ($k_{\mathrm{B}}$: ↗*Boltzmann-Konstante*). Weiteres zur Temperaturabhängigkeit und anderen Aspekten von $\sigma$ siehe unter ↗*elektrischer Widerstand* und ↗*elektrische Leitung*.

**elektrische Leitung,** *Stromleitung*, **1)** der Transport von ↗*elektrischer Ladung* bzw. *Ladungsträgern* durch ein Medium, das i.a. *Leiter* genannt wird. Auch durch nichtleitende Medien (↗*Isolatoren*) erfolgt Ladungstransport, jedoch ist deren ↗*elektrische Leitfähigkeit* um 20 Zehnerpotenzen und mehr kleiner als die von Leitern. Außer in Festkörpern tritt elektrische Leitung auch in Flüssigkeiten (↗*Elektrolyse*, ↗*elektrolytische Leitfähigkeit*), Gasen (↗*Gasentladung*) und Plasmen (↗*Transport im Plasma*) auf. Die auch im Alltag am häufigsten auftretende Form der elektrischen Leitung ist die *metallische Leitung*. Sie kommt durch die Wanderung von delokalisierten Elektronen, den *Leitungselektronen*, zustande. In Flüssigkeiten und Gasen sind auch *Ionen* am Ladungstransport beteiligt, so daß hier auch ein Massentransport mit der elektrischen Leitung verbunden ist (↗*Ionenleitung*). Bei tiefen Temperaturen geht der elektrische Widerstand bei vielen Metallen und Metallverbindungen schlagartig gegen Null, und es kommt zur ↗*Supraleitung*.

**2)** *in Halbleitern*: Der Ladungstransport im Halbleiter entsteht dadurch, daß Ladungsträger durch Anregung von Elektronen ins

↗*Leitungsband* oder von Löchern ins ↗*Valenzband* erzeugt werden. Dazu ist wegen der ↗*Energielücke* eine endliche Energie nötig, so daß am absoluten Temperaturnullpunkt $T = 0\,K$ im Halbleiter keine elektrische Leitung möglich ist. Eine charakteristische Größe für die elektrische Leitung ist die *spezifische Leitfähigkeit* $\sigma = e(\mu_n n + \mu_p p)$ (↗*spezifischer Leitwert*), die mit zunehmender Elektronenkonzentration $n$ und Löcherkonzentration $p$ sowie deren ↗*Beweglichkeiten* $\mu_n$ und $\mu_p$ zunimmt ($e$: Elementarladung). Im allgemeinen bestimmt die Temperaturabhängigkeit der Ladungsträgerkonzentrationen $n$ bzw. $p$ die Temperaturabhängigkeit der elektrischen Leitung, da die *Beweglichkeit* weniger stark temperaturabhängig ist.

Man unterscheidet *intrinsische Leitung*, bei der die Ladungsträger im wesentlichen nur durch Anregung von Elektronen aus dem Valenzband ins Leitungsband erzeugt werden, und *extrinsische Leitung*, bei der Ladungsträger im wesentlichen durch Ionisierung von Störstellen erzeugt werden. Intrinsische Leitung findet bei hochreinen Halbleitern und bei hohen Temperaturen statt. Die Wahrscheinlichkeit für ein Elektron, ins Leitungsband angeregt zu werden, ist proportional zur ↗*effektiven Zustandsdichte* $N_C$ an der unteren Bandkante und der Wahrscheinlichkeit, daß ein solcher freier Zustand besetzt wird. Da Elektronen ↗*Fermionen* sind, muß diese Wahrscheinlichkeit mit der ↗*Fermi-Dirac-Statistik* berechnet werden. Bei Raumtemperatur ist jedoch die Energielücke eines typischen Halbleiters mit etwa 1 eV sehr viel größer als die thermische Energie $E_{th} = k_B T$) eines Elektrons (etwa 25 meV), so daß die Fermi-Verteilung durch die ↗*Boltzmann-Verteilung* genähert werden kann. Die Elektronenkonzentration $n$ ist dann $n = N_C \exp(-(E_C - E_F)/k_B T)$ bzw. die Löcherkonzentration $p = N_V \exp(-(E_F - E_V)/k_B T)$ ($N_V$: effektive Zustandsdichte im Valenzband, $E_C$: Energie an der Unterkante bzw. $E_V$ an der Oberkante des Valenzbandes).

Da der Halbleiter als ganzes neutral sein muß, ist $n = p = n_i$ die intrinsische Ladungsträgerkonzentration. Daraus erhält man die Lage des *Fermi-Niveaus* $E_F$. In intrinsischen Halbleitern liegt das Fermi-Niveau in der Mitte zwischen Valenzband und Leitungsband.

Bei *dotierten Halbleitern* beobachtet man extrinsische Leitung. In diesem Falle gibt es zusätzlich zu den intrinsischen Elektronen und Löchern auch noch Donatoren und Akzeptoren im Material, die ionisiert werden können und dadurch zusätzliche Ladungsträger erzeugen. Die Wahrscheinlichkeit, einen Donator mit der Ionisierungsenergie $E_D$ zu ionisieren, ist:

$$N_D^+ = N_D(1 - 1/(1 + 1/g(E_D - E_F)/k_B T)).$$

Im Gegensatz zur intrinsischen Leitung geht hier die Fermi-Verteilung ein, da $E_D$ sehr viel kleiner als die Energielücke $E_G = E_C - E_V$ ist, und in der Größenordnung von $k_B T$ sein kann. Der Faktor $g$ ist der sogenannte *Entartungsfaktor* und gibt an, wieviele Elektronen einen Energiezustand besetzen dürfen (↗*Entartung*). Er ist für Donatoren zwei, da nach dem ↗*Pauli-Prinzip* gerade zwei Elektronen, deren Spins antiparallel stehen, in eine Zustand passen.

Durch die ionisierten Störstellen $N_A^-$ und $N_D^+$ wird die Bedingung der Ladungsneutralität zu: $n + N_A^- = p + N_D^+$. Je nach Akzeptor- und Donatorkonzentration weicht die Löcherkonzentration von der Elektronenkonzentration ab. Das Produkt aus $n$ und $p$ ist jedoch konstant und entspricht dem Quadrat der intrinsischen Ladungsträgerkonzentration $n_i$:

$$n_i^2 = np = N_C N_V \exp(-E_G/k_B T)\,.$$

Diese Beziehung gilt für alle Halbleiter unabhängig von der Störstellenkonzentration und entspricht dem Massenwirkungsgesetz der chemischen Reaktionskinetik.

**3)** *Elektrotechnik*: Transportwege, mit denen *elektrische Energie* für Haushalte und Industrie bereitgestellt wird, ↗*Kabel*. Für große Entfernungen werden ↗*Hochspannungsleitungen* verwendet, zur Übermittlung von elektrischen Wellen in der Fernmelde- und Hochfrequenztechnik dienen u.a. ↗*Koaxialkabel* (↗*Lecher-Leitung*).

**elektrische Linse,** spezielle Form von ↗*Elektronenlinsen*, bei denen ein Elektronenstrahl durch inhomogene elektrische Felder abgelenkt wird.

**elektrische Maschinen,** Sammelbegriff für alle Maschinen, die mechanische in elektrische

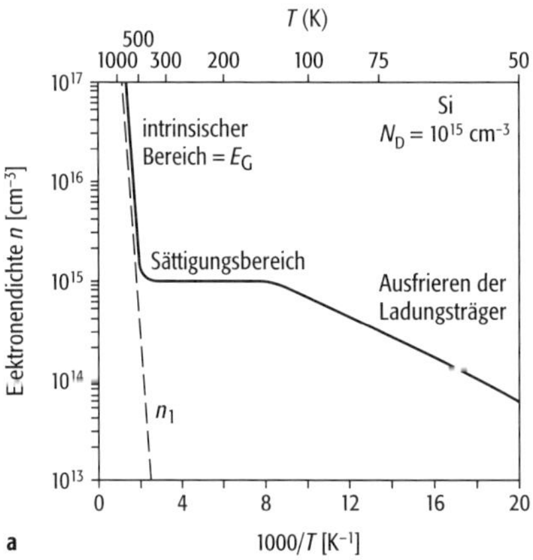


a

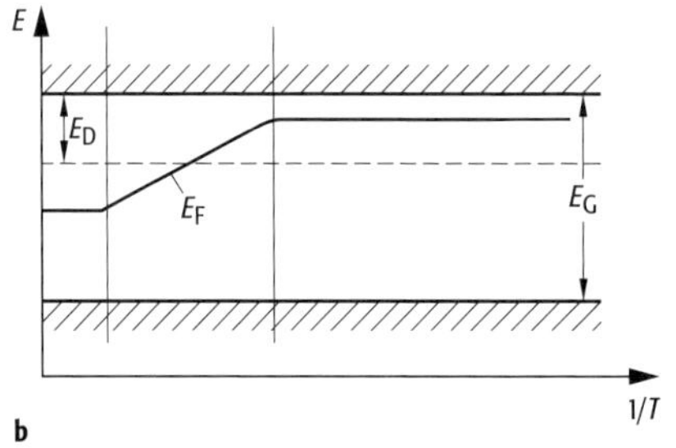


b

**elektrische Leitung:** a) Elektronendichte als Funktion der Temperatur für den Halbleiter Silicium, das mit einer Donatorkonzentration von $10^{15}\,cm^{-3}$ dotiert ist; b) Lage des Fermi-Niveaus in der Bandlücke gezeigt.

Energie umwandeln (↗*Generator*) oder umgekehrt (↗*Elektromotor*) oder verschiedene Arten elektrischer Energie ineinander umformen (↗*Umformer*, ↗*Transformator*).

**elektrische Musikinstrumente,** Sammelbegriff für Musikinstrumente, bei denen Töne elektrisch erzeugt und/oder verstärkt bzw. verändert werden. Bei der Klangerzeugung werden verschiedene ↗*Wechselstromgeneratoren*, z.B. Sinus-, Kipp- oder Rauschgeneratoren verwendet. Die Klangfarbe kann durch (nichtlineare) Schaltelemente beeinflußt werden. Die erzeugten Wechselschwingungen werden durch *elektroakustische Wandler* (↗*Lautsprecher*) in Schallwellen umgesetzt, z.B. bei der *elektrischen Orgel* oder dem *Synthesizer*. Ein Nachteil dieses Verfahrens ist das Fehlen des dynamischen Anschlags, d.h. Lautstärke und Klang können nicht durch verschiedene Anschlagtechniken (wie beim akustischen Klavier) beeinflußt werden. Daher wird bei vielen elektrischen Musikinstrumenten, vor allem der E-Gitarre und dem E-Piano, der Klang akustisch erzeugt und dann mit *elektromechanischen Wandlern* (↗*Tonabnehmer*) in ein elektrisches Signal verwandelt. Dieses wird dann elektrisch verstärkt und beeinflußt, z.B. durch ↗*Filter* oder *Verzerrer*. Eine weitere Möglichkeit ist die elektromechanische Schwingungserzeugung, bei der rotierende Scheiben über kapazitative, lichtelektrische oder magnetische Abnehmer Wechselspannungen liefern, z.B. bei der Hammond-Orgel.

Zwischen 1960 und 1980 hatten die elektrischen Musikinstrumente große Bedeutung für die Entwicklung von klassischer und Rock-Musik. Seitdem ist die digitale Erzeugung und Verarbeitung von Klängen immer mehr in den Vordergrund gerückt. Mit Hilfe der ↗*MIDI*-Norm können auf einem Computer oder einem beliebigen Musikinstrument erzeugte Töne digital bearbeitet und weitergeleitet werden. Ebenso können Geräusche oder menschliche Stimmen als digitale »Musikinstrumente« definiert und über eine Klaviertastatur oder eine elektrische Gitarre »gespielt« werden (↗*Sampler*).

**elektrische Nahwirkung** ↗Nahwirkungstheorie.

**elektrische Organe,** Organe einiger Fische, mit denen sie makroskopische ↗*bioelektromagnetische Felder* erzeugen können. Die elektrischen Organe, die unabhängig im Laufe der biologischen Evolution bei verschiedenen Knochen- und Knorpelfischarten entwickelt wurden (mehrmalige, konvergente Evolution), dienen der Orientierung (Elektroortung), der Verteidigung bzw. dem Beutefang.

Nach der Leistung unterscheidet man zwischen starken (Spannung 1–800 V) und schwachen elektrischen Organen (mV-Bereich). Starke elektrische Entladungen werden von den marinen Zitterrochen, dem afrikanischen Zitterwels, dem südamerikanischen Zitteraal und einigen Himmelsguckern zum Lähmen der Beute und zur Feindabwehr eingesetzt. Die übrigen ca. 200 Arten der elektrischen Fische bauen nur schwache elektromagnetische Felder um sich herum auf, welche der *Elektroortung* dienen.

**elektrische Polarisation,** *dielektrische Polarisation*, *Elektrisierung*, *Polarisation der Materie*, *Dipoldichte*, auf die Volumeneinheit bezogenes ↗*elektrisches Dipolmoment* eines Körpers. Die Einheit von $\boldsymbol{P}$ ist $\mathrm{As/m^2} = \mathrm{C/m^2}$. Die elektrische Polarisation ist somit analog zur magnetischen Polarisation oder ↗*Magnetisierung*. Durch die elektrische Polarisation kommt es dazu, daß in Materie nicht mehr nur die reinen Ladungen Quellen des ↗*elektrischen Feldes* $\boldsymbol{E}$ sind. Dies kann durch die Einführung der ↗*dielektrischen Verschiebung* $\boldsymbol{D}$ umgangen werden (↗*Maxwell-Gleichungen*), deren Quellen immer die reinen Ladungen sind. Der Zusammenhang zwischen $\boldsymbol{D}$, $\boldsymbol{E}$ und $\boldsymbol{P}$ ist durch $\boldsymbol{D} = \varepsilon_0\boldsymbol{E} + \boldsymbol{P}$ gegeben, der zwischen $\boldsymbol{E}$ und $\boldsymbol{P}$ durch $\boldsymbol{P} = \chi_e\varepsilon_0\boldsymbol{E}$, mit $\chi_e$ als ↗*elektrischer Suszeptibilität*. Ein polarisierter Körper bleibt insgesamt elektrisch neutral, an seiner Oberfläche entstehen jedoch ↗*Oberflächenladungen*, die das elektrische Feld im Inneren abschwächen (↗*Entelektrisierung*).

Neben der Bezeichnung eines *elektrischen Zustandes* des Körpers wird der Begriff elektrische Polarisation auch häufig für die *Erzeugung* von elektrischen Dipolmomenten in einem Körper durch ein äußeres elektrisches Feld $\boldsymbol{E}$ verwendet (↗*induziertes elektrisches Dipolmoment*). Es wird unterschieden zwischen *spontaner* oder *permanenter*, *dielektrischer* und ↗*paraelektrischer Polarisation*.

Die *permanente elektrische Polarisation*, die auch ohne äußeres elektrisches Feld erhalten bleibt, stellt das Analogon zur ↗*permanenten Magnetisierung* dar, obwohl die Ursachen anderer Natur sind: In einem ↗*Permanentmagneten* kann die Polarisation nicht durch freie magnetische Ladungen kompensiert werden, während dies im elektrischen Fall möglich ist. Ein Körper mit permanenter elektrischer Polarisation wird ↗*Elektret* genannt. Formen von natürlich auftretender permanenter elektrischer Polarisation sind z.B. ↗*Piezoelektrizität* und ↗*Pyroelektrizität*. Bei bestimmten Kristallen, den ↗*Ferroelektrika* und *Antiferroelektrika* (↗*Antiferroelektrizität*), ordnen sich die permanenten Dipole in kleinen räumlichen Bereichen, ganz analog zu den entsprechenden magnetischen Materialien. Generell sind jedoch permanente elektrische Polarisationen wesentlich seltener und unauffälliger als magnetische und wurden daher auch erst später entdeckt (Elektrete wurden erstmals 1922 hergestellt).

Mit *dielektrischer Polarisation* werden alle Vorgänge bezeichnet, bei denen wie beim ↗*Diamagnetismus* durch ein äußeres elektrisches Feld in einem Körper ohne permanente atomare Dipolmomente eine makroskopische elektrische Polarisation hervorgerufen wird.

Dies ist der häufigste Fall bei ↗*Dielektrika*. Hierzu gehört vor allem die ↗*Verschiebungspolarisation* (Elektronenpolarisation), bei der durch Verschiebung der Elektronen gegenüber den Atomrümpfen ein Dipol induziert wird, und außerdem die ↗*Gitterpolarisation*, bei der geladene Atome bzw. -gruppen gegeneinander verschoben werden. Beide Polarisationsarten werden auch als *Deformationspolarisation* zusammengefaßt.

Unter *paraelektrischer Polarisation* versteht man die Ausrichtung bereits vorhandener, ungeordneter mikroskopischer Dipole im elektrischen Feld wie beim ↗*Paramagnetismus*. Dieser Vorgang wird meist ↗*Orientierungspolarisation* genannt.

Wird ein Dielektrikum mit Elektroden kontaktiert, dringen Ladungsträger ein, die im äußeren Wechselfeld oszillieren und zu zusätzlichen ↗*dielektrischen Verlusten* führen. Dieser Effekt heißt ↗*Raumladungspolarisation* und kann auch an Kontaktflächen zwischen zwei Dielektrika auftreten.

Im weiteren Sinne wird auch die Ladungsumverteilung aufgrund elektrischer Felder in Medien mit frei beweglichen Ladungsträgern wie Metalle, Plasma oder Elektrolyte als elektrische Polarisation bezeichnet. Diese Art der Polarisation stellt den Grundmechanismus der *elektrischen Abschirmung* in solchen Stoffen dar (↗*elektromagnetische Abschirmung*).

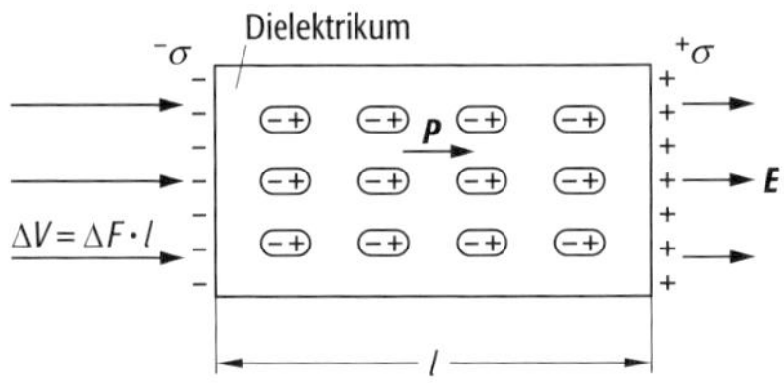


**elektrische Polarisation:** Zur elektrischen Polarisation in einem homogenen Dielektrikum. $\sigma$: Oberflächenladung, $F$: Oberfläche, $l$: Länge des Dielektrikums. $P\Delta V$ ist das elektrische Dipolmoment im Volumen $\Delta V$.

**elektrische Polarisationsdichte** ↗elektrische Polarisation.

**elektrische Pole,** die Ausgänge einer ↗*Spannungsquelle*; dabei ist der *Pluspol* positiv, der *Minuspol* negativ geladen. Im Schaltzeichen einer Spannungsquelle wird der Pluspol durch einen kurzen dicken, der Minuspol durch einen langen dünnen Strich symbolisiert. Die mit den jeweiligen Ausgängen verbundenen Leitungen werden z.T. ebenfalls mit »*plus*« und »*minus*« bezeichnet. In der ↗*Elektrolyse* heißt die mit dem Pluspol verbundene Elektrode *Anode*, die mit dem Minuspol verbundene *Kathode*.

**elektrische Probeladung** ↗Probeladung.

**elektrische Randspannung** ↗Randspannung.

**elektrischer Dauerstrom,** *Dauerstrom*, der widerstandslose ↗*elektrische Strom* in ↗*Supraleitern*. Die Zeitkonstante seines Abklingens ist die genaueste Methode zur Messung sehr kleiner Widerstände.

**elektrischer Dipol,** eine Verteilung elektrischer Ladungen $\rho(\boldsymbol{x})$, deren nulltes Moment, die Gesamtladung, verschwindet, deren Dipolmoment jedoch von null verschieden ist (↗*Multipolentwicklung*). Im einfachsten Fall besteht ein elektrischer Dipol aus einer positiven und einer gleich großen negativen ↗*Punktladung* $Q$ im Abstand $\boldsymbol{d}$. In diesem Fall ist das ↗*elektrische Dipolmoment* $\boldsymbol{p} = Q \cdot \boldsymbol{d}$. Das Potential eines elektrischen Dipols im Ursprung ist (mit $\boldsymbol{e}_r$ als Einheits-Ortsvektor):

$$\phi_{\text{Dipol}} = \frac{\boldsymbol{e}_r \cdot \boldsymbol{p}}{4\pi\varepsilon_0 r^2} \, .$$

In großen Entfernungen vom Ursprung verhält sich das elektrische ↗*Dipolfeld* $\boldsymbol{E}_{\text{Dipol}} = \boldsymbol{\nabla}\phi_{\text{Dipol}}$ wie $1/r^3$ (*Fernfeld*), in der Nähe des Ursprungs bzw. zwischen den Punktladungen im obigen Beispiel ist das Feld wesentlich komplizierter, da hier auch höhere ↗*Multipolmomente* eine Rolle spielen (*Nahfeld*). Typische elektrische Dipole sind z.B. das *Wassermolekül* $H_2O$, ein Wasserstoffatom im ersten angeregten Zustand mit Bahndrehimpuls-Quantenzahl $l = 1$ oder ein ↗*Hertzscher Dipol*. Im Hertzschen Dipol schwingen positiver und negativer Ladungsschwerpunkt gegeneinander, was zur Abstrahlung von ↗*elektromagnetischen Wellen* führt.

In einem homogenen elektrischen Feld erfährt ein elektrischer Dipol ein Drehmoment $\boldsymbol{M} = \boldsymbol{p} \times \boldsymbol{E}$, das ihn in Feldrichtung dreht ($\boldsymbol{M} = 0$, wenn $\boldsymbol{p} \parallel \boldsymbol{E}$), seine potentielle Energie ist $W_{\text{pot}} = -\boldsymbol{p} \cdot \boldsymbol{E}$. Im inhomogenen Feld wirkt auf den Dipol eine zusätzliche resultierende Kraft $\boldsymbol{F} = (\boldsymbol{p} \cdot \boldsymbol{\nabla})\boldsymbol{E}$ .

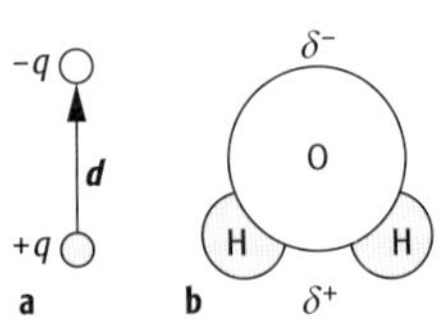


**elektrischer Dipol:** Beispiele, a) zwei Punktladungen im Abstand $d$, mit Dipolmoment $p$; b) $H_2O$-Molekül.

**elektrische Reaktions-Audiometrie,** *ERA*, elektronische Ableitung von Reizantworten des Hörsystems. In wiederholter Folge werden der Testperson auditorische Reize appliziert und die Änderung der Hirnaktivität mittels ↗*Elektroenzephalographie* (*EEG*) registriert. Ein Computer addiert die Messungen auf. Da die spontane Hirnaktivität statistisch schwankt, die Reizantwort jedoch gleichbleibend ist, kristallisiert sich nach mehreren Messungen die Reizantwort aus dem Rauschen heraus. Zur Ableitung des Signals werden herkömmliche EEG-Elektroden verwendet. Man unterscheidet nach der anatomischen Herkunft der einzelnen Potentiale zwischen früh-(FAEP), mittel-(MAEP), spät-(SAEP) und sehr spät (SSAEP) auditorisch evozierten Potentialen. Die Methode erlaubt Aussagen über neurale und zentrale Schwerhörigkeit, funktionelle Hirnstörungen und ermöglicht Hörprüfungen bei Säuglingen.

**elektrischer Fluß,** $\Phi$, das Integral der ↗*dielektrischen Verschiebung* $\boldsymbol{D}$ über eine Fläche $A$: $\Phi = \int_A \boldsymbol{D} \cdot \boldsymbol{n} \mathrm{d}A$ ($\boldsymbol{n}$: *Normalenvektor* des Flächenelementes $\mathrm{d}A$). Für den Fluß durch eine geschlossene Oberfläche (z.B. eine Kugeloberfläche) gilt das ↗*Gaußsche Gesetz*: $\Phi = \oint_A \boldsymbol{D} \cdot \boldsymbol{n} \mathrm{d}A = Q$ ($Q$: Summe der eingeschlossenen Ladungen). Analog zum ↗*magnetischen Fluß* $\int_A \boldsymbol{B} \cdot \boldsymbol{n} \mathrm{d}A$ mit der ↗*magnetischen Induktion* oder *magnetischen Flußdichte* $\boldsymbol{B}$ wird der Vektor $\boldsymbol{D}$ manchmal »*elektrische*

*Flußdichte*« genannt. Der elektrische Fluß wird manchmal auch als Integral über die ↗*elektrische Feldstärke* ***E*** definiert. Der Begriff elektrischer Fluß ist in Analogie zum *Strömungsfeld einer Flüssigkeit* gebildet, die Ladungen entsprechen dann den *Quellen* (↗*Strömungsmechanik*).

**elektrischer Formfaktor** ↗Formfaktoren.

**elektrischer Kompensator,** bei einer ↗Kompensationsschaltung das die Gegenspannung liefernde Gerät.

**elektrischer Kreisstrom,** im allgemeinen mikroskopische Ladungsbewegungen auf geschlossenen Kreisbahnen (↗Bohrsche Theorie, ↗Ampèresche Molekularströme, ↗Ringströme).

**elektrischer Leitwert,** *G*, *Y*, der Kehrwert des ↗*elektrischen Widerstandes R* mit der Einheit Siemens $1\,\mathrm{S} = 1\,\Omega^{-1} = 1\,\mathrm{A/V}$ (↗*elektrische Leitfähigkeit*), vor allem der Kehrwert des komplexen ↗*Wechselstromwiderstandes Z*. Es wird unterschieden zwischen *Schein-*, *Wirk-* und *Blindleitwert* (↗*komplexe Größen in der Elektrodynamik*).

**elektrischer Resonator,** ein schwingfähiges elektrisches Gerät zur Erzeugung von ↗*elektromagnetischen Wellen* im Hochfrequenzbereich (↗*Radiowellen*, ↗*Mikrowellen*). Bei Wellenlängen $\lambda$ im Meterbereich (*UKW*) und größer können noch ↗*Schwingkreise* mit Induktivitäten *L* (Spulen) und Kapazitäten *C* (Kondensatoren) als getrennten Bauteilen verwendet werden. Bei kleineren Wellenlängen wird die Spule zum kreisförmigen oder viereckigen Drahtbügel, dessen Enden sich gegenüberstehen (*Hertzscher elektrischer Resonator*). Noch kleinere Wellenlängen im Mikrowellenbereich (*Dezimeter-* und *Zentimeterwellen*) werden mit ↗*Hohlraumresonatoren* erzeugt (↗*Topfkreis*).

**elektrischer Spannungsmesser** ↗Strom- und Spannungsmessung.

**elektrischer Strom,** *Strom*, die Bewegung von elektrischen Ladungsträgern (Ionen, Elektronen, Elementarteilchen) in einer Vorzugsrichtung. Fließen diese durch ein ruhendes Medium, z.B. einen Leitungsdraht, spricht man von *Leitungsstrom*, werden sie mit ihrem Träger durch den Raum bewegt, wie beim ↗*Sonnenwind*, von *Konvektionsstrom*. Aufgrund des ↗*Relativitätsprinzips* sind beide Sichtweisen völlig gleichwertig. Als *(technische) Stromrichtung* ist die Bewegungsrichtung einer positiven Ladung festgelegt, also immer *vom Plus- zum Minuspol*. Da in den in Alltag und Technik überwiegend verwendeten metallischen Leitern (z.B. Kupferkabel) jedoch die negativ geladenen Elektronen Träger des Stromes sind, wird bisweilen die Stromrichtung *vom Minus- zum Pluspol* als *physikalische Stromrichtung* bezeichnet. Die Stromrichtung ist stets parallel zur Richtung des ↗*elektrischen Feldes* ***E***.

Kurven, deren Tangenten mit der momentanen Stromrichtung zusammenfallen, heißen ↗*elektrische Stromlinien*. Beim ↗*Gleichstrom* führen die Ladungsträger im Mittel eine gerichtete Bewegung aus, die aber durch Streuprozesse und thermische Bewegungen stark verlangsamt sein kann (↗*elektrische Leitung*, ↗*Elektronenbeweglichkeit*). Beim ↗*Wechselstrom* dagegen schwingen sie unter dem Einfluß eines periodischen elektrischen Feldes.

Die *elektrische Stromstärke I* ist die pro Zeiteinheit *t* durch eine Querschnittsfläche *A* tretende Ladungsmenge *Q*, also ein *Ladungsfluß*: $I = A\mathrm{d}Q/\mathrm{d}t$. Bewegen sich *N* Ladungsträger der Ladung *Q* im Einheitsvolumen mit der Geschwindigkeit $v$, dann ist $I = NAvQ$. Mit der *Ladungsdichte* $\rho$ und der *Stromdichte* $\boldsymbol{j} = \rho\boldsymbol{v}$ gilt: $I = \int \boldsymbol{j}\mathrm{d}A = \int \rho\boldsymbol{v}\mathrm{d}A$. Zwischen $\boldsymbol{j}$ und $\boldsymbol{E}$ gilt die wichtige Beziehung $\boldsymbol{j} = \sigma\boldsymbol{E}$ bzw. $U = RI$ ($\sigma$: ↗*elektrische Leitfähigkeit*, *U*: ↗*elektrische Spannung*, *R*: ↗*elektrischer Widerstand*, ↗*Ohmsches Gesetz*). Die Einheit des elektrischen Stromes ist das ↗*Ampere* (1 A), eine der Basiseinheiten des ↗*SI-Systems*. Das Produkt aus elektrischer Stromstärke und Spannung ist die ↗*elektrische Leistung* $P = IU$.

Mit Ausnahme der widerstandslosen Ströme in ↗*Supraleitern* ist jeder elektrische Strom mit einer Wärmeentwicklung verbunden (↗*Joulesche Wärme*, ↗*Joulesches Gesetz*).

**elektrischer Stromkreis,** *Netzwerk*, eine beliebige Zusammenschaltung von elektrischen Strom- bzw. ↗*Spannungsquellen* mit Schaltelementen wie Spulen, Kondensatoren, Transformatoren, Widerständen usw. Besonders wichtig sind ↗*Gleichstromkreise* und ↗*Wechselstromkreise*. Von diesen wiederum sind die ↗*Schwingkreise* hervorzuheben, bei denen durch Verwendung eines Widerstands *R*, einer Induktivität *L* und einer Kapazität *C* das Analogon einer gedämpften mechanischen Schwingung realisiert wird. Von größter praktischer Bedeutung sind logische, Rechen- u.ä. *Schaltkreise*, insbesondere die hochintegrierten Schaltkreise (*Mikrochips*), die die Grundlage der Computertechnologie bilden.

Wenn in einem Stromkreis tatsächlich Ladung fließt, heißt er *geschlossen*; bei einem *offenen Stromkreis* ist kein Stromfluß möglich, z.B. wegen eines geöffneten Schalters oder bei einem Kondensator im Gleichstromkreis. Die Summe aller Spannungen entlang eines geschlossenen Stromkreises ist null (*Kirchhoffsche Maschenregel*), an einem Verzweigungspunkt ist die Summe aller zu- und abfließenden Ströme ebenfalls null (*Kirchhoffsche Knotenregel*). Die physikalische Grundlage der ↗*Kirchhoffschen Regeln* sind der Energie- und der Ladungserhaltungssatz.

**elektrischer Widerstand,** *R*, der Widerstand, den ein elektrischer Leiter einem durch ihn fließenden Strom *I* entgegensetzt. Mit »Widerstand« wird dabei sowohl die physikalische Größe als auch ein Bauteil mit einem elektrischen Widerstand bestimmter Größe bezeichnet (↗*technischer elektrischer Widerstand*). Liegt an den Enden des Leiters eine Spannung

$U$ an, dann ist der Widerstand als $R=U/I$ definiert (↗*Ohmsches Gesetz*). Die allgemeinste Definition lautet

$$R=\frac{\int_1^2 \boldsymbol{E}\,\mathrm{d}\boldsymbol{s}}{\oint \boldsymbol{j}\,\mathrm{d}\boldsymbol{A}}=\frac{\int_1^2 \boldsymbol{E}\,\mathrm{d}\boldsymbol{s}}{\sigma\oint \boldsymbol{E}\,\mathrm{d}\boldsymbol{A}}$$

($\boldsymbol{E}$: elektrische Feldstärke, $\boldsymbol{j}$: elektrische Stromdichte, $\mathrm{d}\boldsymbol{A}$: Element der Leiter-Querschnittsfläche, $\sigma$ elektrische Leitfähigkeit, 1 und 2 sind die Zu- bzw. Ableitung des Stromes am Leiter). Die Einheit des elektrischen Widerstandes ist das Ohm, $1\,\Omega=1\,\mathrm{V/A}$. Der Kehrwert von $R$ heißt ↗*elektrischer Leitwert* $G$, seine Einheit ist Siemens, $1\,\mathrm{S}=1\,\Omega^{-1}$. Werden in einem Stromkreis mehrere Widerstände $R_i$ hintereinandergeschaltet (↗*Reihenschaltung*), so addieren sie sich zu einem *Ersatzwiderstand* $R_{\mathrm{ers}}=\sum R_i$, bei Parallelschaltung addieren sich die Leitwerte: $1/R_{\mathrm{ers}}=\sum 1/R_i$ (↗*Parallelschaltung*, ↗*Ersatzschaltbild*).

Für einen homogenen, zylindrischen Leiter (*Draht*) mit homogenem Stromfluß in Achsenrichtung hängt $R$ von Länge $l$ und Querschnittsfläche $A$ des Leiters gemäß $R=\rho l/A$ ab. $\rho=\sigma^{-1}$ heißt ↗*spezifischer Widerstand*, $\sigma$ ↗*elektrische Leitfähigkeit*. Die Einheit von $\rho$ ist $\Omega\mathrm{m}$, die von $\sigma$ ist S/m. $\rho$ ist zahlenmäßig gleich dem Widerstand eines 1 m langen Leiters mit einer Querschnittsfläche von $1\,\mathrm{m}^2$. Da $\rho$ bzw. $\sigma$ zwei Vektorgrößen ($\boldsymbol{E}$ und $\boldsymbol{j}$) verbinden, sind sie i.a. Tensoren zweiter Stufe, die aber bei Fehlen eines Magnetfeldes stets symmetrisch sind. Die Zahl der maximal sechs unabhängigen Komponenten wird bei Festkörpern durch die Kristallklasse bestimmt, kubische Kristalle sind isotrop. Störungen der Kristallsymmetrie durch äußere elektrische oder magnetische Felder (↗*Magnetowiderstand*) oder mechanische Spannungen bewirken eine zusätzliche Anisotropie.

Von besonderer Bedeutung ist das Temperaturverhalten von $R$ bzw. $\rho$, das durch den *Temperaturkoeffizienten* $\alpha=\frac{1}{\rho}\frac{\mathrm{d}\rho}{\mathrm{d}T}$ beschrieben wird. Für viele Stoffe, hauptsächlich Metalle, gilt in kleinen Temperaturintervallen die Näherung $\rho=\rho_0(1+\alpha T)$ mit in diesem Bereich konstantem $\alpha$. Leiter mit positivem $\alpha$ werden PTC-Leiter (positive temperature coefficient, ↗*Kaltleiter*), solche mit $\alpha<0$ NTC-Leiter (negative temperature coefficient, ↗*Heißleiter*) genannt. Metalle haben positives $\alpha$ in der Größenordnung von $10^{-3}\mathrm{K}^{-1}$, für Halbleiter, Elektrolyte und Kohle ist $\alpha<0$. Bei tiefen Temperaturen geht der elektrische Widerstand bei verschiedenen Metallen und keramischen Verbindungen schlagartig gegen null, und es kommt zur ↗*Supraleitung*.

Wenn $U$ und $I$ linear voneinander abhängen, spricht man von *linearen Widerständen*, sonst von nichtlinearen. Die Linearität kann mit der ↗*Strom-Spannungs-Kennlinie* überprüft werden. Insbesondere bei Gasen ist die Einführung des differentiellen Widerstandes $R_{\mathrm{diff}}=\partial U/\partial I$ sinnvoll. Kleine positive Werte von $R_{\mathrm{diff}}$ treten z.B. bei ↗*Varistoren* oder ↗*Gasentladungen* auf, große positive Werte beim ↗*Eisenwasserstoffwiderstand*. Negatives $R_{\mathrm{diff}}$ bedeutet, daß bei steigendem Strom die Spannung abfällt und umgekehrt. Dies kann auf einer starken Abnahme der Beweglichkeit (↗*Gunn-Effekt*) oder Konzentration der Ladungsträger mit der Feldstärke beruhen. Beides kann bei Halbleitern auftreten.

Die mikroskopische Erklärung des Widerstandes von Metallen und Halbleitern liefern die Quantentheorie bzw. die Festkörperphysik (↗*elektrische Leitung*). Der bisher betrachtete elektrische Widerstand wird auch als *ohmscher Widerstand* bezeichnet. Er hat rein dissipativen Charakter, d.h. die beim Stromdurchgang aufzuwendende *elektrische Energie* wird vollständig in *Stromwärme* überführt. In Wechselstromkreisen treten dagegen komplexwertige ↗*Wechselstromwiderstände* auf; diese berücksichtigen auch Phasenverschiebungen zwischen Strom und Spannung. Beim Durchtritt von hochfrequenten Wechselfeldern und ↗*elektromagnetischen Wellen* durch Materie treten ebenfalls komplexe, frequenzabhängige Leitfähigkeiten bzw. Widerstände auf (↗*komplexe Dielektrizitätskonstante*, ↗*komplexe Größen in der Elektrodynamik*).

**elektrische Schwingung**, ↗Schwingkreis.

**elektrisches Dipolmoment**, $\boldsymbol{p}$, **1)** *allgemein* das erste *Moment* einer ↗*Ladungsverteilung* $\rho(\boldsymbol{x})$ (↗*Multipolentwicklung*). $\boldsymbol{p}$ läßt sich aus der Ladungsverteilung berechnen gemäß $\boldsymbol{p}=\int \boldsymbol{x}'\rho(\boldsymbol{x}')\,\mathrm{d}^3x$. Atome haben mit Ausnahme von angeregten Zuständen des Wasserstoffs aus Paritätsgründen keine ↗*permanenten elektrischen Dipolmomente*. Zahlreiche Moleküle besitzen jedoch ein permanentes Dipolmoment, insbesondere das *Wassermolekül* $H_2O$, sie heißen ↗*polare Moleküle*. In ↗*unpolaren Molekülen* kann ein ↗*induziertes elektrisches Dipolmoment* von einem äußeren elektrischen Feld hervorgerufen werden; dieser Vorgang heißt ↗*elektrische Polarisation*. (↗elektrischer Dipol)

**2)** *Elementarteilchenphysik*: Elektrische Dipolmomente nichtentarteter, stationärer Zustände, wie z.B. dasjenige eines Elementarteilchens

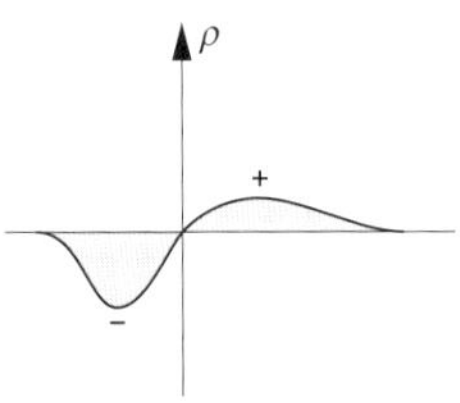


**elektrisches Dipolmoment 1:** Eine asymmetrische Verteilung der Ladungsdichte $\rho$ im Neutron kann ein elektrisches Dipolmoment erzeugen.

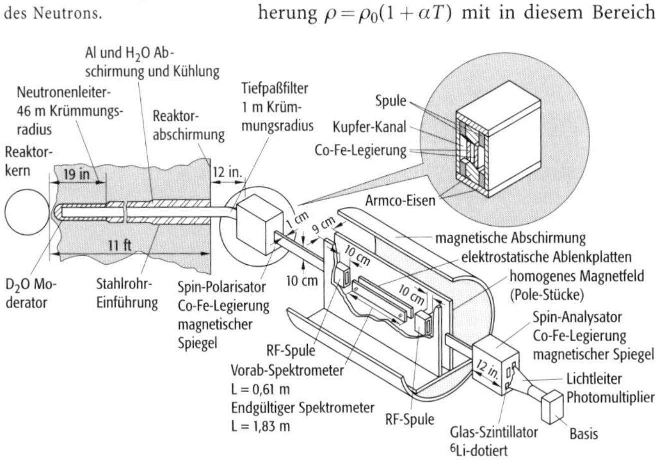


**elektrisches Dipolmoment 2:** Aufbau des Experiments von Dress et al. (1968) zur Messung des elektrischen Dipolmoments des Neutrons.

mit Spin, konnten bisher in der Natur nicht gefunden werden. Ein nichtverschwindendes elektrisches Dipolmoment eines Elementarteilchens verletzt die diskreten Symmetrien ↗*Parität* P und ↗*Zeitumkehr* T und, unter der Annahme der Gültigkeit des ↗*CPT-Theorems*, auch die kombinierte Symmetrie CP (↗*CP-Verletzung*). An die elektrischen Dipolmomente elementarer Teilchen, vor allem des Neutrons (Abb. 1, 2) und einiger Atome, gibt es sehr starke experimentelle Schranken, die eine wichtige Rolle in der Modellbildung in der Elementarteilchenphysik spielen.

**elektrisches Feld,** der elektrische Zustand des (leeren oder materieerfüllten) Raumes. Das elektrische Feld wird durch ruhende (*elektrostatisches Feld*) oder bewegte ↗*elektrische Ladungen* erzeugt (↗*elektromagnetisches Feld*). Das elektrische Feld wird durch den Vektor der ↗*elektrischen Feldstärke* $\boldsymbol{E}$ mit der Einheit V/m beschrieben. $\boldsymbol{E}(\boldsymbol{x})$ kann durch die ↗*elektrischen Feldlinien* dargestellt werden, sein Energiegehalt wird ↗*elektrische Feldenergie* genannt.

Das elektrische Feld im Abstand $\boldsymbol{r}$ von einer ↗*Punktladung* $Q$ ist $\boldsymbol{E} = Q\boldsymbol{r}/(4\pi\varepsilon_0 r^3)$. Das Feld mehrerer Ladungen ergibt sich durch Addition der Einzelfelder (↗*Superpositionsprinzip*). Für eine ↗*Ladungsverteilung* $\rho$ gilt: $\varepsilon_0 \mathrm{div}\boldsymbol{E} = \rho$ (↗*Gaußscher Satz*, ↗*Maxwell-Gleichungen*). In nichtleitender Materie (↗*Dielektrikum*) wird das elektrische Feld durch die ↗*elektrische Polarisation* verändert, daher wird die ↗*dielektrische Verschiebung* $\boldsymbol{D} = \varepsilon\boldsymbol{E}$ eingeführt ($\varepsilon$: ↗*Dielektrizitätskonstante*), für die in Vakuum und Materie $\mathrm{div}\boldsymbol{D} = \rho$ gilt. Innerhalb eines Leiters verschwindet das elektrische Feld, da jede *Potentialdifferenz* durch die frei beweglichen Ladungsträger sofort wieder ausgeglichen würde.

Das elektrostatische Feld ist *wirbelfrei* ($\mathrm{rot}\boldsymbol{E} = 0$), daher kann es als Gradient eines skalaren Feldes dargestellt werden, des ↗*Coulomb-Potentials* $\phi$: $\boldsymbol{E} = -\nabla\phi$. Im dynamischen Fall gilt $\mathrm{rot}\boldsymbol{E} = -\mathrm{d}\boldsymbol{B}/\mathrm{d}t$ und $\boldsymbol{E} = -\nabla\phi - \mathrm{d}\boldsymbol{A}/\mathrm{d}t$ (↗*Lorentz-Eichung*, $\boldsymbol{B}$: ↗*magnetische Flußdichte*, $\boldsymbol{A}$: ↗*Vektorpotential*). In der relativistischen oder ↗*kovarianten Formulierung der Elektrodynamik* verschmelzen elektrisches Feld und ↗*Magnetfeld* zum ↗*Feldstärketensor*. In der ↗*Quantenelektrodynamik* (QED) wird das (kontinuierliche) elektrische Feld als makroskopischer Limes des Austausches von diskreten, virtuellen Feldquanten, den ↗*Photonen*, interpretiert.

Eine elektrische Ladung $Q$ erfährt im statischen elektrischen Feld eine Kraft $\boldsymbol{F} = Q\boldsymbol{E}$, die sog. *Coulomb-Kraft*, allgemein die ↗*Lorentz-Kraft* $\boldsymbol{F} = Q(\boldsymbol{E} + \boldsymbol{v} \times \boldsymbol{B})$ ($\boldsymbol{v}$: Geschwindigkeit der Ladung, z.T. wird mit Lorentz-Kraft auch nur die *magnetische Kraft* $Q\boldsymbol{v} \times \boldsymbol{B}$ gemeint). Über diese Kraftwirkung kann das elektrische Feld gemessen werden, eine andere Möglichkeit ist z.B. der ↗*elektrolytische Trog*. Ein *elektrisches Feld* mit parallelen Feldlinien wie z.B. im ↗*Plattenkondensator* heißt *homogen*. Dort erfährt ein ↗*elektrischer Dipol* $\boldsymbol{p}$ ein Drehmoment $\boldsymbol{M} = \boldsymbol{p} \times \boldsymbol{E}$; im inhomogenen Feld wirkt auf den Dipol eine zusätzliche resultierende Kraft $\boldsymbol{F} = (\boldsymbol{p} \cdot \nabla)\boldsymbol{E}$.

Der Begriff des elektrischen (und des magnetischen) Feldes wurde 1831 von M. ↗*Faraday* eingeführt. Er ersetzte die ältere Auffassung von der momentanen Fernwirkung der elektrischen Kräfte (↗*Fernwirkungstheorie*). Das Feld ist demnach ein durch die Ladungen hervorgerufener Spannungszustand des Raumes selbst, der sich mit endlicher Geschwindigkeit ausbreitet (↗*Nahwirkungstheorie*). Die Annahme, es gebe dabei wie beim Schall ein eigenes, den Raum erfüllendes Medium (↗*Äther*), wurde durch das ↗*Michelson-Morley-Experiment* widerlegt und ist seit A. ↗*Einsteins* ↗*Spezieller Relativitätstheorie* obsolet.

**elektrische Spannung,** $U$, die Arbeit je Ladung bei Verschiebung von Ladungen im ↗*elektrischen Feld* $\boldsymbol{E}$. Wird eine Ladung $Q$ im elektrischen Feld von 1 nach 2 verschoben, wird die Arbeit $W = -Q\int_1^2 \boldsymbol{E}\mathrm{d}\boldsymbol{s}$ geleistet, damit ist $U = -\int_1^2 \boldsymbol{E}\mathrm{d}\boldsymbol{s}$. $U$ ist positiv, wenn gegen die Feldrichtung verschoben wird. Die Einheit von $U$ ist ↗*Volt*, $1\,\mathrm{V} = 1\,\mathrm{W/A} = 1\,\mathrm{J/As} = 1\,\mathrm{m^2kg/As^3}$. In der ↗*Elektrostatik* oder bei ↗*quasistationären Strömen* verschwindet nach dem ↗*Gaußschen Satz* die Spannung längs eines geschlossenen Weges (*Randspannung* oder *Umlaufspannung*), und $U$ ist als Potentialdifferenz $\Delta\phi$ eindeutig bestimmt (↗*elektrisches Potential*). Dies ist u.a. die Grundlage der *Kirchhoffschen Maschenregel*. Bei zeitlich veränderlichen Magnetfeldern treten dagegen nichtverschwindende Umlaufspannungen auf (↗*Induktion*). Die Spannung zwischen den Klemmen eines Verbrauchers heißt *Klemmenspannung* oder *Spannungsabfall*. Zeitlich konstante Spannungen heißen *Gleichspannungen*, variieren sie periodisch, vor allem sinusförmig, spricht man von *Wechselspannungen* (↗*Gleichstrom* bzw. ↗*Wechselstrom*). Bei Wechselspannungen wird unterschieden zwischen dem Momentanwert $u = U(t)$, der *Scheitelspannung* $U_0$- und der *Effektivspannung* $U_{\mathrm{eff}}(t)$. (↗*Strom- und Spannungsmessung*)

**elektrische Spitzenwirkung,** starke Zunahme der ↗*elektrischen Feldstärke* an einer spitzen oder scharfkantiger Elektrode. Die Feldstärke an einer Kugeloberfläche ist $E = U/R$ ($U$: Spannung, $R$: Kugelradius). Faßt man die Spitze einer Elektrode als sehr kleine Kugel auf, so zeigt sich, daß dort sehr große Feldstärken herrschen. Wird eine solche Spitze und eine Platte in einigen Zentimetern Entfernung voneinander auf, so erscheint bei negativ gepolter Spitze ein leuchtender Punkt, bei positiver Polung schwach leuchtende Büschel. Beide rühren von der Stoßionisation der Luftmoleküle durch bereits vorhandene Ladungsträger her, die in der Nähe der Spitze stark beschleunigt werden. Gleichzeitig mit der

Entladung entsteht ein *elektrischer Wind*, der von der Spitze wegbläst.
Anwendungen sind der ↗*Blitzableiter* und das ↗*Feldemissionsmikroskop*, das mit einfachen Mitteln atomare Auflösungen erreicht. Auch das ↗*Elmsfeuer* beruht auf der elektrischen Spitzenwirkung.

**elektrisches Potential,** $\phi$, die ↗*potentielle Energie W* eines Teilchens im ↗*elektrischen Feld*, geteilt durch seine Ladung $Q$: $\phi = W/Q$. Das elektrische Feld $\boldsymbol{E}$ kann durch Differentiation aus diesem Potential hergeleitet werden. In der ↗*Elektrostatik* ist das elektrische Potential das ↗*Coulomb-Potential* $\phi$ ($\boldsymbol{E} = -\nabla\phi$), in der ↗*Elektrodynamik* leitet sich $\boldsymbol{E}$ aus dem *skalaren Potential* $\phi$ und dem ↗*Vektorpotential* $\boldsymbol{A}$ ab: $\boldsymbol{E} = -\nabla\phi - \mathrm{d}\boldsymbol{A}/\mathrm{d}t$ (↗*Eichtransformation*, ↗*elektrodynamische Potentiale*). Beide werden zum ↗*Vierer-Potential* $A_\mu$ zusammengefaßt, das in der ↗*kovarianten Formulierung der Elektrodynamik* und der ↗*Relativitätstheorie* eine große Rolle spielt. Für eine Punktladung $Q$ beträgt das Coulomb-Potential im Abstand $r$: $\phi = Q/(4\pi\varepsilon_0 r)$. Diese $1/r$-Abhängigkeit ist unmittelbar mit der Tatsache verknüpft, daß die ↗*elektromagnetische Wechselwirkung* eine unendliche Reichweite bzw. daß ihr *Feldquant* oder *Austauschteilchen*, das ↗*Photon*, keine Masse hat (↗Quantenelektrodynamik). Die Differenz des elektrischen Potentials zwischen zwei Punkten ist die ↗*elektrische Spannung*.

**elektrisches Signal,** in der ↗*Elektroakustik* verwendeter Begriff zur Unterscheidung vom *akustischen Signal* (↗*Schallsignal*). Ein elektrisches Signal entsteht am Ausgang eines elektroakustischen ↗*Wandlers* bzw. wird von einem elektroakustischen Wandler in ein akustisches Signal umgesetzt. Je nach Prinzip und Betriebsschaltung des Wandlers wird die Information der gewandelten akustischen Größe (↗*Ausschlag*, ↗*Schalldruck*, ↗*Schallschnelle*, Beschleunigung) in der Spannung oder im Strom abgebildet. Das elektrische Signal ist zunächst ein *analoges Signal*, dessen Momentanwert dem Momentanwert der gewandelten akustischen Größe entspricht. Mit einem ↗*Analog-Digital-Wandler* kann ein *digitales elektrisches Signal* erzeugt werden, bei dem die Information unabhängig von den elektrischen Eigenschaften des signalverarbeitenden Netzwerkes ist.

**elektrische Stromarbeit,** $W$, die in einem stromdurchflossenen Leiter vom elektrischen Feld $\boldsymbol{E}$ an den bewegten Ladungsträgern verrichtete Arbeit (↗*elektrischer Strom*). Durch die Stromarbeit wird Feldenergie in andere Energieformen überführt, in mechanische Energie (z.B. ↗*Elektromotor*), chemische Energie (↗*Elektrolyse*), Wärme (↗*Joulesche Wärme*) u.a. Die Umwandlung in Wärme bedeutet meistens einen Verlust an nutzbarer Energie, wird aber bei der *Glühbirne* oder der (sehr ineffektiven) elektrischen Raumheizung ausgenutzt.
Erfährt eine bewegte Ladung $Q$ in einem Leiter der Länge $l$ während der Zeit $t$ die Kraft $QE$, dann ist die Stromarbeit $W = QEl = IElt$ ($I = Q/t$: *elektrische Stromstärke*). Mit der ↗*elektrischen Spannung* zwischen den Leiterenden $U = El$ und der ↗*elektrischen Leistung* $P = UI$ gilt dann weiterhin $W = UIt = Pt$. Die Einheit von $W$ ist demnach Ws = J (↗*Joule*).

**elektrische Stromdichte** ↗elektrischer Strom.

**elektrische Stromlinien,** Linien, die beim ↗*elektrischen Strom* analog zu den ↗*Stromlinien* eines ↗*Strömungsfeldes* definiert werden. Sie dienen der Veranschaulichung des Ladungstransports in Flüssigkeiten und Leitern, die nicht (wie z.B. Drähte) eindimensional beschrieben werden können. Die Tangenten der elektrischen Stromlinien fallen an jedem Punkt mit der momentanen Bewegungsrichtung einer positiven Ladung zusammen; sie zeigen somit immer in Richtung des ↗*elektrischen Feldes* $\boldsymbol{E}$. Die Dichte der Stromlinien ist ein Maß für die örtliche *elektrische Stromdiche* $\boldsymbol{j}$.

**elektrische Stromstärke** ↗elektrischer Strom.

**elektrische Suszeptibilität,** *dielektrische Suszeptibilität*, $\chi_e$, dimensionslose Proportionalitätskonstante zwischen der ↗*elektrischen Polarisation* $\boldsymbol{P}$ und der mit $\varepsilon_0$ multiplizierten ↗*elektrischen Feldstärke* $\boldsymbol{E}$: $\boldsymbol{P} = \chi_e\varepsilon_0\boldsymbol{E}$. Die makroskopische Größe $\chi_e$ ist mit der atomaren ↗*Polarisierbarkeit* $\alpha$ und einem etwaigem permanenten atomaren Dipolmoment $p_p$ über $\chi_e = \varepsilon_0 N(\alpha + p_p^2/3k_BT)$ verknüpft ($N$: Anzahl der Atome bzw. Moleküle pro Volumeneinheit). Dabei ist $\varepsilon_0 N\alpha$ der Beitrag der ↗*Verschiebungspolarisation* und $\varepsilon_0 p_p^2/3k_BT$ derjenige der ↗*Orientierungspolarisation*. In isotropen Medien sind $\boldsymbol{P}$, $\boldsymbol{E}$ und die dielektrische Verschiebung $\boldsymbol{D}$ parallel, und es gilt: $\boldsymbol{D} = \varepsilon_r\varepsilon_0\boldsymbol{E} = \varepsilon_0\boldsymbol{E} + \boldsymbol{P} = \varepsilon_0\boldsymbol{E} + \chi_e\varepsilon_0\boldsymbol{E}$, also $\chi_e = \varepsilon_r - 1$ ($\varepsilon_r$: Dielektrizitätszahl). In anisotropen Medien ist $\chi_e$ wie $\varepsilon_r$ ein Tensor. Für elektromagnetische Wellen in leitenden und nichtleitenden Medien kann $\chi_e$ wie $\alpha$ und die ↗*Dielektrizitätskonstante* $\varepsilon$ als frequenzabhängige komplexe Größe definiert werden. (↗*komplexe Dielektrizitätskonstante*)

**elektrisches Wärmeäquivalent** ↗Joulesche Wärme.

**elektrische Thermometer,** eine wichtige Gruppe von ↗*Sekundärthermometern* (manchmal auch zu den ↗*Tertiärthermometern* gezählt), die auf der Temperaturabhängigkeit elektrischer Größen wie Widerstand, Spannung oder Kapazität beruhen. Zu den ↗*Widerstandsthermometern* gehören Metall- (*Platin-Thermometer*, *Rhodium-Thermometer*), Halbleiter- (*Germanium-Thermometer*) und das *Kohle-Widerstandsthermometer*, der Temperaturbereich liegt typischerweise zwischen 10 und 500K, beim Kohlewiderstand bei $10^{-3}$–50K. Ebenfalls zu dieser Gruppe gehört die ↗*Brükkenwiderstands-Thermometrie*. ↗*Thermoelemente* nutzen den ↗*Peltier-Effekt*, der darin besteht, daß an den Enden einer aus zwei aneinandergelöteten Metalldrähten bestehenden, offenen Drahtschlaufe eine *Thermospannung* entsteht, sofern diese unterschiedliche Temperatur haben. Durch Verwendung unterschiedlicher Legierungen kann ein Temperaturbereich von $10^3$K (*Cu-Konstantan-Thermoelement*) bis zur Temperatur flüssigen Heliums ($\lesssim$4K, *Au-Co-Thermoelement*) abgedeckt werden. Kapazitive Thermometer nutzen die Temperaturabhängigkeit der ↗*Dielektrizitätskonstanten* von Metallkeramiken (z.B. Strontiumtitanat, $SrTiO_3$) aus, sie sind sehr klein und unempfindlich gegen hohe magnetische Flußdichten von $\lesssim$8T.

**elektrische Torsionsinstrumente,** elektrische Meßgeräte, bei denen die Meßgröße ein Drehmoment auf einen Torsionsfaden oder eine -feder ausübt. Deren Verdrehung kann mit einer Lichtquelle (↗*Laser*) und einem Spiegel auf eine weit entfernte Skala übertragen und dann sehr genau abgelesen werden (↗*Galvanometer*, ↗*Drehwaage*).

**elektrische Verschiebung** ↗dielektrische Verschiebung.

**elektrische Weiche** ↗Frequenzweiche.

**elektrische Wellen,** Bezeichung für ↗*elektromagnetische Wellen*, die z.B. von elektrischen ↗*Schwingkreisen* erzeugt werden. Ihr Frequenzbereich liegt zwischen 0 und $10^{12}$Hz.

**elektrisch-mechanische Analogien,** Methoden zur übersichtlichen Darstellung und Berechnung von akustischen oder mechanischen Strukturen mit Hilfe einer analogen elektrischen Ersatzschaltung. Dabei werden die Zeitfunktionen der elektrischen Grundgrößen Strom ($i$) und Spannung ($u$) durch entsprechende Zeitfunktionen der mechanischen Schwingungsgrößen ↗*Schalldruck* ($p$), Kraft ($F$), ↗*Schallschnelle* ($v$) oder ↗*Schallfluß* ($q$) so substituiert, daß sich als Produkt beider Größen die Leistung ergibt. Die Tabelle zeigt die möglichen Zuordnungen. Für die Bauelemente Widerstand (Leitwert), Induktivität und Kapazität ergeben sich entsprechende mechanische Bauelemente ↗*Standwert*, (↗*Mitgang*), ↗*Nachgiebigkeit* und Masse. Eine systematische ingenieurtechnische Aufarbeitung stammt von W. ↗*Reichardt*. Aus den sechs möglichen Analogien wird je eine vorteilhafte Analogie für mechanische translatorische Netzwerke (a), akustische Netzwerke (b) und für in einer Ebene große flächenhafte Konstruktionen (c) ausgewählt.

**elektrisch-mechanische Analogien**

| elektrische Größe | analoge mechanische Größe a | b | c |
|---|---|---|---|
| $u$ | $p$ | $p$ | $v$ |
| $i$ | $v$ | $q$ | $F$ |

**elektrisch neutral,** Eigenschaft eines Systems, gleich viele positive wie negative ↗*elektrische Ladungen* zu enthalten.

**Elektrisierung** ↗elektrische Polarisation.

**Elektrisierungskurve,** hystereseartiger Zusammenhang einer in einem elektrischen Feld $E^{ext}$ gemessenen *Elektrisierung* $P/V$ einer Probe mit deren innerem Feld (↗*elektrische Polarisation*). Ferroelektrika weisen eine spontane Elektrisierung $P_s/V$ auf, die um viele Größenordnungen stärker als die dielektrische Polarisation $P/V$ von nichtferroelektrischen Substanzen ist. Die in einem Feld gemessene Elektrisierung $P/V$ hängt mit dem inneren Feld der Probe keineswegs reversibel wie bei dielektrischen Substanzen zusammen, sondern folgt einer Elektrisierungskurve mit Hysterese (Abb. 1). Antiferroelektrika werden bei einem kritischen äußerem Feld $E_c$ zu Ferroelektrika, wodurch die Elektrisierung sprunghaft ansteigt (Abb. 2). Dabei klappen die vormals antiparallel zum Feld polarisierten Ketten in die elektrisch günstigere Richtung um.

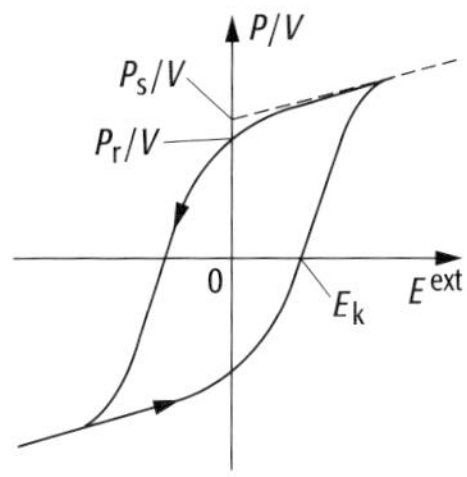


**Elektrisierungskurve 1:** Hystereseschleife eines Ferroelektrikums. $P_s/V$ = Spontanelektrisierung, $P_r/V$ = Remanenz, $E_k$ Koerzitivfeld.

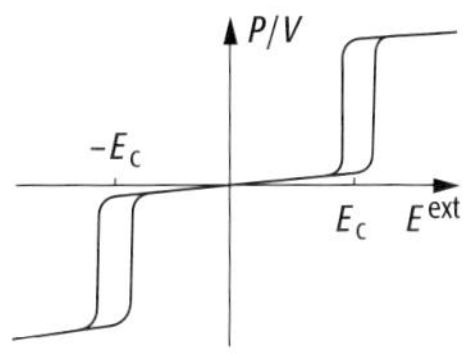


**Elektrisierungskurve 2:** Hystereseschleife eines Antiferroelektrikums. $E_c$ ist das Feld, bei dem der Umschlag in den induzierten ferroelektrischen Zustand erfolgt.

**Elektrizität, 1)** Gesamtheit der Erscheinungen, die durch ruhende (↗*Elektrostatik*) oder bewegte (↗*Elektrodynamik*) ↗*elektrische Ladungen* und die von ihnen erzeugten ↗*elektromagnetischen Felder* hervorgerufen werden, im engeren Sinne nur die Phänomene, in denen der ↗*Magnetismus* keine Rolle spielt. Elektrische Effekte wurden bereits im Altertum um 600 v.Chr. von ↗*Thales von Milet* bei der ↗*elektrostatischen Aufladung* von ↗*Bernstein* (griechisch ηλεκτρον) beobachtet, der Begriff »Elektrizität« wurde um 1600 von W. Gilbert eingeführt. Elektrizität und ↗*Magnetismus* wurden 1862 von J.C. ↗*Maxwell* in der Theorie des ↗*Elektromagnetismus* als einheitliches Phänomen beschrieben; in der modernen Physik berücksichtigt die ↗*Quantenelektrodynamik* (QED) darüber hinaus die Erkenntnisse der ↗*Quantentheorie* und der ↗*Speziellen Relativitätstheorie*.

**2)** die in Industrie und Haushalten verwendete ↗*elektrische Energie*.

**Elektroakustik,** Abkürzung: *ELA*, zwischen ↗*Akustik* und ↗*Elektrotechnik* fachübergreifendes Arbeitsgebiet in der ↗*technischen Akustik*, das sich mit der Wandlung von ↗*Schallsignalen* in elektrische Signale, der Verstärkung, Speicherung und Übertragung der elektrischen Signale sowie ihrer Rückwandlung in akustische Signale (↗*Schallwiedergabe*) befaßt. Aus der Sicht der physikalischen Akustik handelt es sich dabei um die Messung und Analyse von Schallfeldgrößen in dem Frequenzbereich von etwa 16Hz bis 16kHz (technisch gerundet 20Hz bis 20kHz). Aus der Sicht der Elektrotechnik ist die Elektroakustik ein Teilgebiet der *Schwachstromtechnik* (H.G. ↗*Barkhausen*). Das erste elektroakustische Experiment führte J.P. Reis 1861 mit der Übertragung von Schallsignalen auf einer elektrischen Leitung anläßlich einer Sitzung des Physikalischen Vereins in Frankfurt am Main vor. 1876 hatte Alexander Graham Bell daraus ein gebrauchsfähiges Telefon mit elektromagnetischen Wandlern entwickelt, das 1878 mit dem von David Edward Hughes erfundenen hochempfindlichen ↗*Koh-*

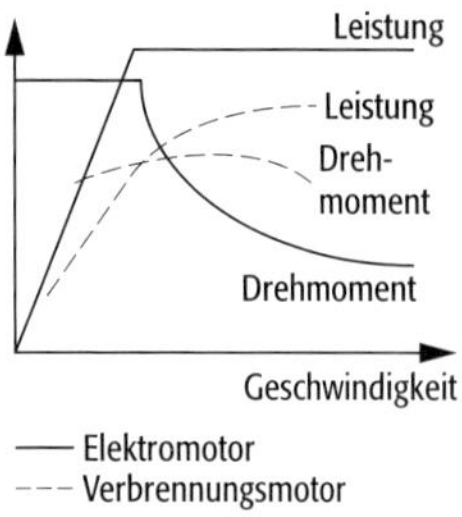


**Elektroauto:** Qualitativer Vergleich der Kennlinien von elektrischem und Verbrennungsantrieb beim Automobil. Während der Elektromotor schon aus dem Stand seine volle Zugkraft entwickelt, muß der Verbrennungsmotor dazu erst auf 800–1000 U/min kommen.

*lemikrophon* die Form erhielt, in der es nach über 100 Jahren immer noch verwendet wird. Den wohl wichtigsten Impuls aus der Elektrotechnik erhielt die Elektroakustik mit der Erfindung der ↗*Elektronenröhre* (Robert v. Lieben 1906). Damit wurde es möglich, die Übertragung des ↗*elektrischen Signals* mit einer Leistungsverstärkung zu verbinden und für die elektroakustische Wiedergabe die erforderliche Leistung unabhängig vom aufgenommenen Signal bereitzustellen. Gleichzeitig konnte man dadurch mit besserem Störabstand übertragen und die elektrischen Signalparameter (Strom oder Spannung) an die Erfordernisse der Rundfunkübertragung, der Speichertechniken und der Anzeige in Meßgeräten anpassen.
Die drahtlose Telephonie entwickelte sich zum Rundfunk (1923), der elektroakustische ↗*Plattenspieler* löste das ↗*Grammophon* ab (1924), mit der ↗*Lichttontechnik* wurde der Tonfilm vervollkommnet (1927), die ↗*Magnettontechnik* erreichte nach Einführung der Hochfrequenz-Vormagnetisierung (1940) den höchsten Stand, der für analoge Signalspeicherung vorstellbar war. In den dreißiger Jahren begann man bei der Verfeinerung der Übertragungs- und Wiedergabetechnik, mehr und mehr Erkenntnisse zur Schallwahrnehmung in die Entwicklung einzubeziehen. Die Zeit der ↗*Hi-Fi-Technik* und der subjektiven Tests (Hörvergleiche) begann. Ein Meilenstein war die Einführung der ↗*Stereophonie* in den frühen fünfziger Jahren (erste Versuche mit Schallplatten 1931 und Magnetband 1941–43). Mit der Weiterentwicklung der digitalen Informationsverarbeitung begannen sich auch die Informatiker für die hörbaren Informationen zu interessieren. 1977 kam das erste Aufzeichnungssystem für digitale Audiosignale mit Puls-Code-Modulation (PCM) auf den Markt. Die Information im elektrischen Signal war von den Eigenschaften der Informationsträger Strom, Spannung, Magnetisierung usw. unabhängig geworden.
Die elektrische Signalverarbeitung ist inzwischen aus keinem akustischen Arbeitsgebiet, auch nicht der Raum- und Bauakustik, mehr wegzudenken. So kommt es, daß sich für diese Arbeitsgebiete mehr und mehr der Begriff *technische Akustik* durchsetzt. Diese gliedert sich in ↗*Audiotechnik*, *akustische Meßtechnik*, ↗*Lärmabwehr*, ↗*Bauakustik* und ↗*Raumakustik*. Rundfunk- und Fernmeldetechnik haben sich schon lange als selbständige Fachbereiche der Elektrotechnik etabliert, und Elektroakustik ist in der technischen Akustik praktisch nicht mehr als geschlossenes Fachgebiet abzugrenzen. [HM1]

**elektroakustischer Schallgeber,** ↗Schallsender, elektroakustischer ↗Wandler, mit dem ein ↗elektrisches Signal in ein ↗Schallsignal gewandelt und als ↗Schallwelle abgestrahlt wird.

**Elektroanalyse** ↗elektroanalytische Methoden.

**elektroanalytische Methoden,** Verfahren zur quantitativen Bestimmung von Metallen in Lösungen durch kathodische Reduktion der Metallkationen und deren Abscheidung. Als Methoden kommen z.B. die ↗*Polarographie* oder die ↗*Coulometrie* in Frage.

**Elektroauto,** *Elektromobil*, Bezeichnung für Fahrzeuge, deren Hauptantrieb ein ↗*Elektromotor* ist. Diese Form des Antriebs wird auch *Elektrotraktion* genannt. Bereits 1881, vier Jahre, bevor C. *Benz* und fünf Jahre bevor G. *Daimler* Motorkutschen mit ↗*Verbrennungsmotoren* vorstellten, gab es in Paris elektrisch betriebene Wagen, und die »Jamais Contente« von C. Jenatzky war 1899 das erste Automobil, das schneller als 100 km/h fuhr. Erst mit der Erfindung des elektrischen *Anlassers* für Otto-Motoren und der immer größeren Verfügbarkeit fossiler Kraftstoffe bis in die 70er Jahre des 20. Jh. wurde der Elektroantrieb immer mehr verdrängt.
Elektroantriebe können je nach Art der Stromerzeugung in drei Klassen geteilt werden: Batteriegetriebene Fahrzeuge, bei denen Netzstrom aus der öffentlichen Stromversorgung in ↗*Akkumulatoren* gespeichert wird, Solarmobile, die direkt ↗*Sonnenenergie* in Strom umwandeln, und Fahrzeuge mit ↗*Brennstoffzellen*, die aus Wasserstoff oder aus reformierten Kohlenwasserstoffen wie Erdgas, Methanol oder Biomasse elektrochemische Energie gewinnen. Fahrzeuge mit gemischtem Antrieb, insbesondere solche mit einer Kombination aus Elektro- und Verbrennungsantrieb, heißen *Hybridfahrzeuge* (*Hybridantrieb*).
Die wichtigsten Unterschiede zwischen Elektro- und Verbrennungsantrieb liegen in Wirkungsgrad, Drehmoment- und Leistungskennlinien, Reichweite und Emissionscharakteristik. Beim *Wirkungsgrad* ist es wichtig, die gesamte Umwandlung von Primärenergie in Fahrleistung zu berücksichtigen. Ein Verbrennungsmotor hat etwa 40 % Wirkungsgrad, der mittlere Gesamtwirkungsgrad von Rohölgewinnung, Transport, Umwandlung und Übertragung aufs Rad dagegen liegt bei nur 20 %. Ein Elektromotor setzt elektrische Energie mit einem Wirkungsgrad von 80–90 % um. Dieser wird jedoch z.T. erheblich durch den Gesamtwirkungsgrad der Stromerzeugung vermindert. Dies gilt besonders für mit Netzstrom betriebene Akkumulatorfahrzeuge, aber auch für Brennstoffzellen, die mit elektrolytisch erzeugtem Wasserstoffgas betrieben werden (Gesamtwirkungsgrad bei 25 %). Am günstigsten liegen hier Brennstoffzellen mit *reformierten Kraftstoffen* wie Erdgas; hier liegt der Gesamtwirkungsgrad bei 70 %.
Die *Emissionscharakteristik* von Elektromobilen hängt sehr von der Stromversorgung ab: Bei netzbetriebenen Fahrzeugen handelt es sich nur um eine Verlagerung der Emissionen vom Fahrzeug zum stromerzeugenden Kraftwerk. Bei ungünstigem Gesamtwirkungsgrad kann ein primärenergieverbrauchender Verbrennungsmotor u.U. sogar weniger $CO_2$ produzieren als ein Akku-Elektrofahrzeug. Brenn-

stoffzellen dagegen emittieren nur Wasserdampf, Solarzellen überhaupt nichts. Hier können nur bei Herstellung oder Recycling Schadstoffe anfallen.

Ein großer Vorteil des Elektroantriebs liegt im Fahrverhalten: während ein Verbrennungsmotor erst ab 800–1000U/min nennenswerte Zugkraft entwickelt, besitzt ein Elektromotor bereits im Stand sein volles Drehmoment. Dies ermöglicht ein völlig ruckfreies Anfahren, Kupplung und Getriebe werden überflüssig. Die Leistungsabgabe eines Elektromotors ist darüber hinaus bis zu höchsten Drehzahlen nahezu konstant (Abb.). Bei Geschwindigkeiten bis 120km/h beschleunigt ein Elektroauto stärker als ein herkömmliches Fahrzeug, bei höheren Geschwindigkeiten ist die Leistungsdichte der Stomversorgung (d.h. maximale elektrische Leistung pro Aggregatmasse) derzeit der begrenzende Faktor.

Das Hauptproblem, das einer weiten Verbreitung des Elektroautos zur Zeit noch im Wege steht, ist zweifellos die geringe *Reichweite.* Diese wird bei Akkufahrzeugen vom Batteriegewicht begrenzt und liegt bei 100–200km pro Aufladung im Vergleich zu 500–700km bei Verbrennungsfahrzeugen. Im Prinzip besitzen Brennstoffzellen ähnliche Reichweiten wie Verbrennungsmotoren, jedoch ist die Versorgung mit Wasserstoff bzw. die Wasserstoffgewinnung aus Kohlenwasserstoffen (*Reformierung*) im Detail noch zu schwierig. *Solarmobile* besitzen im Prinzip unbegrenzte Reichweite, sofern genug Sonnenlicht vorhanden ist, der Solarantrieb eignet sich aber wegen des geringen Wirkungsgrades bisher nur für extrem leichte Spezialfahrzeuge.

**elektrochemische Reaktion,** chemische Reaktion, die mit dem Austausch von Ladungsträgern einhergeht. Dies ist der Fall bei ↗*Redox-Reaktionen*, galvanischen Prozessen und der ↗*Elektrolyse.*

**elektrochemisches Äquivalent,** $A$, gibt die Menge der bei der ↗*Elektrolyse* durch ein Coulomb abgeschiedenen Ionen in Gramm an (↗*Faradaysche Gesetze*).

**elektrochemisches Gleichgewicht,** ein für die Zellreaktionen bei einer elektrochemischen Reaktion charakteristisches Gleichgewicht, welches sich einstellt, wenn keine äußeren Einflüsse, d.h. keine äußere Spannung, mehr einwirken. Im Gleichgewicht ist die Potentialdifferenz zwischen den beiden Halbzellen gleich null, es wird keine elektrochemische Arbeit mehr geleistet. Für die Reaktion:

$$\mathrm{Ox^a + Red^b \rightarrow Ox^b + Red^a},$$

welche freiwillig von links nach rechts abläuft, kann die Gleichgewichtskonstante $K$ mit Hilfe der ↗*Nernstschen Gleichung* berechnet werden:

$$\ln K = \frac{\Delta E \cdot n \cdot F}{R \cdot T},$$

mit $\Delta E$: Potentialdifferenz der beiden Halbzellen, $n$: Anzahl der verschobenen Elektronen, $F$: Faraday-Konstante, $R$: allgemeine Gaskonstante, $T$: Temperatur.

**elektrochemische Spannungsreihe,** Auflistung der Redox-Paare nach ihrer reduzierenden Wirkung. Dazu wird das Standardpotential oder auch Normalpotential der Elemente festgestellt. Zu diesem Zweck taucht man eine Elektrode eines Elementes in seine einnormale Lösung und stellt die an der Phasengrenzfläche auftretende Potentialdifferenz fest. Diese läßt sich aber nur schwer messen, und so mißt man die Spannungsdifferenz des Systems gegenüber einer Bezugselektrode. Im allgemeinen bedient man sich einer ↗*Normalwasserstoffelektrode*, deren Potential mit null festgesetzt wird. Die gemessene Potentialdifferenz ist das Normalpotential $E_0$ des betreffenden Elements. Beim Eintauchen eines negativeren Elementes in die Lösung eines Elements mit positiverem Potential scheidet sich das positivere Element ab. Die Differenz der Normalpotentiale zweier Elemente gibt die Spannung an, die ein mit ihnen gebildetes galvanisches Element liefert. Eine wichtige Anwendung der elektrochemischen Spannungsreihe ist die Vorhersage von Redox-Vorgängen. Je negativer das Potential, desto stärker ist seine reduzierende Form in der Lage zu reduzieren, und umgekehrt wirkt seine oxidierte Form umso stärker oxidierend, je positiver das Potential ist. Bei einem Redox-Vorgang

$$\mathrm{Ox^1 + Red^2 \rightarrow Red^1 + Ox^2}$$

muß $\Delta E$ (Differenz der Redoxpotentiale) positiv sein.

**elektrochemische Spannungsreihe:** Einige ausgewählte Standardpotentiale.

| Reduktions-Halbreaktion | $E$ [V] |
|---|---|
| $Li^+ + e^- \rightarrow Li$ | − 3,05 |
| $Mg^{2+} + 2e^- \rightarrow Mg$ | − 2,36 |
| $2H_2O + 2e^- \rightarrow H_2 + 2OH^-$ | − 0,81 |
| $Fe^{2+} + 2e^- \rightarrow Fe$ | − 0,44 |
| $Fe^{3+} + 3e^- \rightarrow Fe$ | − 0,04 |
| $2H^+ + 2e^- \rightarrow H_2$ | 0 per Def. |
| $Cu^{2+} + e^- \rightarrow Cu^+$ | + 0,16 |
| $Cu^{2+} + 2e^- \rightarrow Cu$ | + 0,34 |
| $Ag^+ + e^- \rightarrow Ag$ | + 0,80 |
| $Au^+ + e^- \rightarrow Au$ | + 1,69 |
| $F_2 + 2e^- \rightarrow 2F^-$ | + 2,83 |

**elektrochemisches Potential,** Potential, das für eine elektrisch geladene Teilchenart, z.B. ein Ion $i$, in einer festen oder flüssigen Phase durch die Gleichung $\tilde{\mu} = \mu_i + f_i F \phi$ definiert ist ($\mu_i$, $f_i$: ↗*chemisches Potential* und Wertigkeit des Ions, $F$: ↗*Faraday-Konstante*, $\phi$: elektrisches Potential im Innern der Phase). Im Gleichgewicht zwischen zwei Phasen, z.B. an einem stromlosen Übergang Elektrode-Elektrolyt-Lösung, muß gelten $\phi_1 - \phi_2 = \Delta\phi = (\mu_1 - \mu_2)/f_i F$. $\Delta\phi$ ist die *Galvani-Spannung* zwischen den beiden Phasen.

**elektrochemische Thermodynamik,** Teilgebiet der Physikalischen Chemie, welches sich mit Gleichgewichtszuständen elektrochemischer Reaktionen beschäftigt.

**elektrochemische Zelle,** eine Zelle, die aus zwei Elektroden und einem Elekrolyten (ioni-

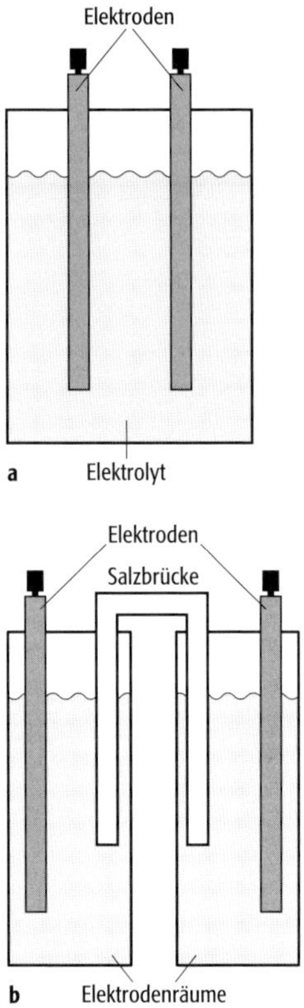


**elektrochemische Zelle:** Schema a) einer elektrolytischen Zelle und b) eines galvanischen Elements.

scher Leiter) besteht. Der Raum um eine Elektrode wird *Elektrodenraum* genannt. Sind die Elektrodenräume voneinander getrennt, benötigt man einen sog. Stromschlüssel (*Salzbrücke*), um den Stromfluß zwischen diesen beiden *Halbzellen* zu ermöglichen. Grundsätzlich gibt es zwei Arten von elektrochemischen Zellen: die *elektrolytische Zelle* (Abb. a) und das ↗*galvanische Element* (Abb. b).
Während mit einem galvanischen Element durch freiwillig ablaufende elektrochemische Reaktionen zwischen beiden Halbzellen Strom erzeugt wird, erreicht man bei einer elektrolytischen Zelle die zwangsweise Umkehr dieses Prozesses durch Anlegen einer äußeren Spannung. Das Prinzip der elektrolytischen Zelle kommt bei der ↗*Elektrolyse* zur Anwendung, das galvanische Element ist als Batterie aus dem täglichen Leben nicht wegzudenken.

**Elektrochirurgie,** Verfahren, bei dem operative Eingriffe mit Hilfe von Hochfrequenzstrom vorgenommen werden, beispielsweise zur Abtragung von Gewebe oder zur Blutstillung (↗*Elektrokoagulation*).

**Elektrocochleographie,** Ableitung von akustisch evozierten Potentialen aus dem Innenohr mit Hilfe von Nadelelektroden. Es werden drei Potentiale unterschiedlichen Ursprungs registriert. Als auditorische Reize dienen Tonbursts und Klicks. Um mechanische und elektrische Artefakte bei der Signaldetektion zu vermeiden, werden die Reize über eine Schlauchleitung oder Lautsprecher zugeführt. Zeitpunkt und Amplitude des Potentials werden aufgezeichnet. Die Aussagen der Amplituden-Lautstärkefunktion und der Zeitverzögerung der gemessenen Potentiale gegenüber dem auslösenden Reiz ermöglichen eine differenzierte Innenohrdiagnostik. So läßt sich u.a. eine neurale Schwerhörigkeit ausschließen; dies ist eine wichtige Voraussetzung für ein ↗*Cochlear-Implantat*.

**Elektrocyte** ↗elektrische Organe.

**Elektrode,** elektrisch leitende Teile (meist aus Metall), die den Ladungsaustausch zwischen zwei Medien ermöglichen oder ein elektrisches Feld erzeugen. Die positive Elektrode wird ↗*Anode*, die negative Elektrode ↗*Kathode* genannt. Technische Anwendungen für Elektroden findet man z.B. bei ↗*Elektrolysen*, bei *galvanischen Prozessen* wie dem ↗Eloxal-Verfahren, im *Korrosionsschutz* als ↗Schutzelektrode oder bei ↗*Elektronenstrahlröhren* als Glühkathode. In der *Medizin* werden Elektroden zur Ableitung von Aktionspotentialen, hervorgerufen durch elektrische Vorgänge im Körper (↗*Elektrodiagnostik*), und zur ↗*Reizstromtherapie* eingesetzt. (↗Elektrode erster Art, ↗Elektrode zweiter Art, ↗Elektrode dritter Art, ↗Elektrodenvorgänge)

**Elektrode dritter Art,** Typ einer ↗*Elektrode*, bei der die Aktivität der potentialbestimmenden Ionen durch die Anwesenheit zweier fester Phasen bestimmt wird. Ein Beispiel hierfür ist ein Zinkstab in einer Lösung von Calciumionen mit einem Bodenkörper aus Zink-und Calciumoxalat. Das Potential der Zinkelektrode wird dabei durch die Aktivität der $Ca^{2+}$-Ionen bestimmt; diese verhält sich also wie eine in wäßriger Lösung kaum zu realisierende Calciumelektrode.

**Elektrode erster Art,** ↗*Elektrode* in Form einer einfachen Kombination aus Element und Elektrolytlösung. Bei *Kationenelektroden* erfolgt die Gleichgewichtseinstellung zwischen einem *elektropositiven* Element (Metallelektroden, *Wasserstoffelektrode*) und dem Kation der Elektrolytlösung, bei *Anionenelektroden* zwischen Stoffen, die negative Ionen liefern und diesen Ionen (meist Nichtmetalle, z.B. ↗*Sauerstoffelektrode* oder Halogenelektroden). Das Einzelpotential $E$ einer Kationen- ( + ) bzw. Anionenelektrode ( – ) folgt aus der ↗*Nernstschen* Gleichung: $E = E_0 \pm \frac{RT}{f_\pm F} \ln a_\pm$ ($E_0$: Normalpotential, $R$: allgemeine Gaskonstante, $T$: absolute Temperatur, $F$: ↗*Faraday-Konstante*, $f_\pm$, $a_\pm$: Wertigkeit und Aktivität der Kationen bzw. Anionen).

**Elektrodeneffekt,** Verminderung der Ladungsträgerzahl gleichnamigen Vorzeichens in einem vollständig mit ↗*Ionen* gefüllten ↗*Kondensator* nach Anlegen einer Spannung an die Elektroden. Die damit verbundene ↗*Raumladung* in der Nähe der Elektroden ruft eine entsprechende Feldänderung hervor. In der Atmosphäre tritt der Elektrodeneffekt nur über größeren Seen auf, nicht aber über dem Lande.

**Elektrodenpotential,** *Standard-Elektrodenpotential,* einer Elektrode zugeordnete intensive Größe, die durch die ↗*Gleichgewichtszellspannung* einer galvanischen Zelle bestimmt wird, deren linke Seite aus einer ↗*Normalwasserstoffelektrode* und deren rechte Seite aus der fraglichen Elektrode besteht. Jede der beiden Elektroden liefert ihren Beitrag zur Zellspannung. Das Potential kann nur relativ gemessen werden, und so wird das Standard-Elektrodenpotential $E_0$ der Normalwasserstoffelektrode (willkürlich) per Definition gleich null gesetzt. Die Standard-Elektrodenpotentiale wurden tabelliert und dienen als sog. ↗*elektrochemische Spannungsreihe* der Ermittlung der Gleichgewichtszellspannung einer beliebigen Zelle.

**Elektrodenraum,** *Elektrodenkammer,* der Teil einer ↗elektrochemischen Zelle, der eine Elektrode enthält.

**Elektrodenreaktion** ↗Elektrodenvorgänge.

**Elektrodenvorgänge,** Bezeichnung für alle Vorgänge, die an Phasengrenzflächen mit einer *elektrochemischen Potentialdifferenz* auftreten und die mit einem Transport von Ionen und/oder Elektronen bzw. der Bildung oder Entladung von Ionen verknüpft sind. Meistens handelt es sich dabei um eine feste Metallelektrode in einer Elektrolytlösung. An der Phasengrenze entsteht dann eine Dipolschicht (↗*Doppelschicht*), die eine elektrische Potentialdifferenz erzeugt, die *Galvani-Spannung*. Fließt durch die Grenzschicht ein Strom, so treten infolge des damit verbundenen Stoffumsatzes Konzentrationsunterschiede einzelner Komponenten auch außerhalb der Doppelschicht auf, und die Phasengrenzschicht weitet sich über den Bereich der Doppelschicht hinaus aus. Aufbau und Ausmaß der Doppelschicht hängen von den Ionenkonzentrationen, der Wertigkeit der Ionen, ihrer Solvation und der Anwesenheit spezifisch adsorbierter Ionen ab; sie werden weitgehend durch Kapazitätsmessungen an der Doppelschicht erschlossen.

Das *Helmholtz-Modell* der elektrischen Doppelschicht unterscheidet dabei die innere Helmholtz-Schicht, die aus den Ladungen an der Elektrodenoberfläche besteht, von der äußeren Helmholtz-Schicht, welche aus den solvatisierten Ionen der Lösung gebildet wird. Dabei wird von einer starren Schicht ausgegangen. Das *Gouy-Chapman-Modell* berücksichtigt die thermische Bewegung der Ionen in Lösung und stellt der ausgedehnten Elektrodenoberfläche eine Wolke von Gegenionen gegenüber (↗*Debye-Hückel-Onsager-Theorie*). Das *Stern-Modell* schließlich kombiniert beide Modelle und beschreibt die der Elektrode benachbarten Ionen als feste Helmholtz-Schicht, während die weiter entfernten Ionen vom Gouy-Chapman-Modell erklärt werden.

Der wichtigste Elektrodenvorgang ist die *Durchtrittsreaktion*, d.h. der eigentliche Übergang der Ladungsträger durch die Phasengrenze. Ihr Ergebnis ist in der festen Phase ein adsorbiertes Metallion (*Adatom*) oder Anion (*Adion*) und in der Lösung ein hydratisiertes bzw. solvatisiertes oder komplex gebundenes Ion. Bei einer Redox-Elektrode gelangt ein Elektron von der Metalloberfläche zu einer Schicht adsorbierter Ionen (z.B. der äußeren *Helmholtz-Fläche*) oder umgekehrt, das Ion ist anschließend reduziert bzw. oxidiert. Der mit der Durchtrittsreaktion meist verbundene Stoffumsatz führt zu Konzentrationsverschiebungen und diese zu Diffusionsbewegungen, des weiteren zu Verschiebungen im Dissoziations- oder Assoziationsgleichgewicht bei Kristallisations- und Abbauprozessen. Die Geschwindigkeit des Ladungstransports entspricht einer chemischen Reaktionsgeschwindigkeit, die zugehörige Stromstärke heißt Reaktionsstromstärke $I_r$.

Die Veränderung des Galvani-Potentials einer Elektrode bei Stromdurchfluß heißt ↗*Überspannung* oder *Elektrodenpolarisation*. Sie ist ein Maß für die Irreversibilität bzw. die Hemmung der entsprechenden Reaktion und von entscheidender Bedeutung für den energetischen Wirkungsgrad von ↗*galvanischen Elementen*, insbesondere ↗*Brennstoffzellen*, und von großtechnischen Elektrolyseprozessen in der chemischen Industrie. Dabei ist überall eine gute *Depolarisation* wichtig, d.h. die Herabsetzung der Überspannungen durch chemische Hilfsmittel (Depolarisatoren), aktive Elektrodenoberflächen, gute Rührung u.ä.

Bei der *anodischen Auflösung* von Metallen steigt die Stromdichte in einigen Fällen mit wachsender Überspannung zunächst normal an, sinkt aber oberhalb eines Schwellenwertes steil auf sehr kleine Werte ab; es gehen dann also nur noch sehr wenige Ionen in Lösung. Diese *Passivität* der Metalle ist von großer praktischer Bedeutung. Die verbleibende Reststromdichte heißt *Korrosionsstromdichte*, ein Maß für die dann noch ablaufende, geringfügige Korrosion. Ein passiviertes Metall ist von einer porenfreien Deckschicht aus Salz oder Oxid oder einer vollständigen Schicht chemisorbierten Sauerstoffs überzogen. Die *Passivierung* kann durch kathodische Ströme wieder aufgehoben werden. Das Potential, bei dem der Übergang in den passivierten Zustand und zurück geschieht, heißt *Flade-Potential*. Passivierung kann auch durch die vorübergehende Einstellung eines Mischpotentials durch oxidierende Agentien herbeigeführt werden, z.B. bei Eisen durch konzentrierte Salpetersäure.

**Elektrode zweiter Art,** Anordnung, in der die Konzentration der potentialbestimmenden Ionen durch die Anwesenheit einer schwerlöslichen gleichionigen Verbindung, welche eine zweite feste Phase liefert, festgelegt ist. Solche Elektroden besitzen ein konstantes, gut reproduzierbares Potential. Elektroden zweiter Art kommen wegen ihrer einfachen Handhabung oft an Stelle einer Normalwasserstoffelektrode als Bezugselektroden zur Anwendung. Die potentialbestimmenden Metallkationen-Reaktionspartner befinden sich analog zu den Gaselektroden im heterogenen Gleichgewicht. Als Beispiele seien die *Silber-Silberchlorid-Elektrode* und die ↗*Kalomelelektrode* genannt. Die Silber-Silberchlorid-Elektrode besteht aus einem mit Silberchlorid überzogenen Silberdraht, der von einer chloridionenhaltigen Lösung umspült wird. Die Silberionenkonzentration ist durch die Gegenwart der Chloridionen in der Lösung sehr klein und durch das Gleichgewicht $Ag^+ + Cl^- \rightleftarrows AgCl$ eindeutig bestimmt. Die *Standard-Galvani-Spannung* dieser wie auch der Kalomelelektrode ist direkt abhängig von der Konzentration der Chloridionen.

**Elektrodiagnostik,** Teilgebiet der Elektromedizin. Dabei werden elektrische Verfahren verwendet, um Funktionen des Körpers bzw. seiner Organe und Nerven zu überprüfen. Die Elektrodiagnostik läßt sich in drei Teilbereiche gliedern. Zur *Aktionsstromdiagnostik* zählen etwa die ↗*Elektroenzephalographie* und die ↗*Elektrokardiographie*. Bei der ↗*Reizstromdiagnostik* wird die Antwort von Nerven und Muskeln auf einen elektrischen Strom untersucht. Die ↗*Widerstandsdiagnostik* überprüft z.B. die Kreislauffunktion anhand der elektrischen Leitfähigkeit der Blutgefäße.

**Elektrodynamik,** im engeren Sinne die Lehre von den durch bewegte ↗*elektrische Ladungen*

**Elektrodynamik:** siehe Farbtafelteil

hervorgerufenen Erscheinungen, im Gegensatz zur ↗*Elektrostatik*, im weiteren Sinne die gesamte Theorie der Elektrizität und des Magnetismus (↗*Elektromagnetismus*). Alle elektromagnetischen Erscheinungen können aus den vier ↗*Maxwell-Gleichungen* abgeleitet werden. Diese können im Gegensatz zu den ↗*Newtonschen Axiomen* der klassischen Mechanik durch eine geeignete *Eichung* (↗*Eichtransformation*) in kovariante Form gebracht werden, d.h. sie ändern dann bei einer ↗*Lorentz-Transformation* ihre Form nicht. Daher ist die Elektrodynamik mit der ↗*Speziellen Relativitätstheorie* verträglich (↗*kovariante Formulierung der Elektrodynamik*). Eine überaus wichtige Konsequenz der Maxwell-Gleichungen ist die Existenz von ↗*elektromagnetischen Wellen*, zu denen neben den *Radio-* und *Mikrowellen* das *sichtbare Licht* und die *Infrarot-*, *Ultraviolett-*, *Röntgen-* und *Gammastrahlung* gehören (↗*elektromagnetisches Spektrum*, Abb. im Farbtafelteil).

Die Elektrodynamik im engeren Sinne kann in drei Gebiete eingeteilt werden:

1) ↗*Stationäre Ströme* und ihre zeitlich konstanten elektrischen und magnetischen Felder;

2) ↗*Quasistationäre Ströme* und ihre Felder, deren zeitliche Änderung so gering ist, daß die endliche Ausbreitungsgeschwindigkeit der Felder $c$ (d.h. die ↗*Lichtgeschwindigkeit*) vernachlässigt werden kann. Dies ist auf jeden Fall für ↗*Wechselströme* mit Freqzenzen $\nu \leq 1\,\text{kHz}$ immer erfüllt, weil dort die Wellenlänge $\lambda$ immer groß gegen die Geräteabmessungen ist (bei 1kHz ist $\lambda \approx 300\,\text{km}$);

3) Schnell veränderliche elektromagnetische Felder, bei denen der endliche Wert von $c$ berücksichtigt werden muß (↗*Hochfrequenztechnik*). Hierzu gehört auch deren Ausbreitung in Materie, deren charakteristische Größen ↗*Dielektrizitätskonstante*, magnetische ↗*Permeabilität* und ↗*elektrische Leitfähigkeit* dann komplexe Werte annehmen (↗*komplexe Größen in der Elektrodynamik*).

Die Elektrodynamik ist eine klassische Theorie, d.h. sie beschreibt nicht die Erscheinungen im atomaren und subatomaren Bereich; dafür sind die ↗Quantenelektrodynamik und die ↗Quantenchromodynamik zuständig.

**elektrodynamische Grundgleichungen,** ↗Maxwell-Gleichungen, ↗Materialgleichungen.

**elektrodynamische Potentiale,** zeitabhängige Potentiale, aus denen im allgemeinen Fall die zeitabhängigen elektromagnetischen Felder durch Bildung zeitlicher und räumlicher Ableitungen berechnet werden können. Durch die Potentialansätze

$$E = -\frac{\partial \phi}{\partial r} - \frac{\partial A}{\partial t} \quad \text{und} \quad B = \frac{\partial}{\partial r} \times A$$

werden das skalare Potential $\phi$ und das Vektorpotential $A$ so eingeführt, daß unabhängig von der Wahl der elektrodynamischen Potentiale die beiden homogenen ↗*Maxwellschen Gleichungen*, also das Induktionsgesetz und die Quellfreiheit von $B$, erfüllt werden. Aus den inhomogenen Gleichungen ergeben sich dann Differentialgleichungen für die Potentiale (↗*Hertzscher Dipol*). Die elektrodynamischen Potentiale sind durch die elektromagnetischen Felder nicht eindeutig bestimmt, sondern können noch ↗*Eichtransformationen* unterworfen werden. Bei der relativistischen Formulierung der Elektrodynamik bildet $(\phi, cA)$ einen Vierervektor.

**elektrodynamischer Lautsprecher,** ↗Lautsprecher, bei dem die Kraft auf einen stromdurchflossenen Leiter im Magnetfeld als Antrieb verwendet wird.

**elektrodynamisches Meßwerk** ↗Elektrodynamometer.

**elektrodynamische Wandler,** elektroakustische ↗*Wandler*, bei denen der Zusammenhang zwischen einem Magnetfeld und einem bewegten Leiter (Kraft, Geschwindigkeit, Strom, Spannung) für die Wandlung genutzt wird.

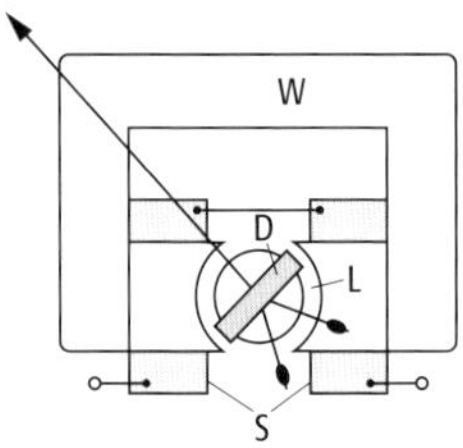


**Elektrodynamometer:** Elektrodynamometer: S feste Spule, D Drehspule, L Luftspalt, W Weicheisenkern.

**Elektrodynamometer,** *elektrodynamisches Drehspulinstrument*, elektrisches Meßinstrument, das nach dem Prinzip des ↗*Drehspulinstruments* arbeitet, jedoch statt eines Dauermagneten eine zweite Spule besitzt. Somit können auch Wechselströme und -spannungen gemessen werden. Der Ausschlag ist proportional dem Produkt der Ströme durch die feste Spule und die Drehspule. Man unterscheidet Ausführungen mit Weicheisenkern und eisenlose Instrumente.

Das Elektrodynamometer wird hauptsächlich für Präzisionsmessungen des Effektivwertes von Wechselströmen und -spannungen sowie zur Leistungsmessung in Gleich- und Wechselstromkreisen verwendet. Dazu werden die feste Spule in den Stromkreis und die Drehspule über einen Vorwiderstand an die Spannung gelegt. Der Vorteil des Elektrodynamometers bei Leistungsmessungen liegt in der linearen Skaleneinteilung.

**Elektroencephalographie** ↗Elektroenzephalographie.

**Elektroendosmose,** ↗Elektroosmose, ↗elektrokinetische Erscheinungen.

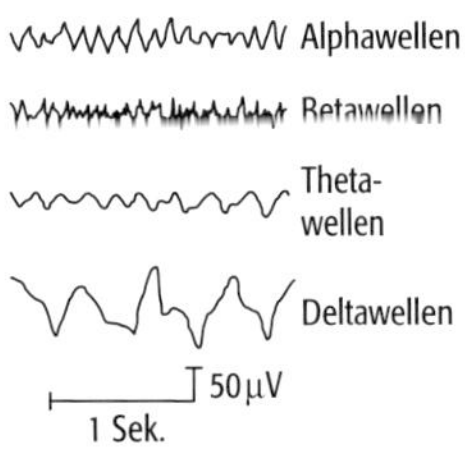


**Elektroenzephalographie:** Typische Formen von Hirnstromwellen.

**Elektroenzephalographie,** elektrophysiologisches Verfahren zur Registrierung der elektrischen Aktivität des Gehirns (*Elektroenzephalogramm, EEG*). Dazu werden zunächst Elektroden auf der Kopfhaut angebracht, unter Umständen durch Öffnen des Schädels auch direkt am Gehirn. Die Elektroden registrieren dann die periodischen Potentialschwankungen, die mit Strömen durch die Hirnrinde verbunden sind. Diese Hirnstromwellen werden in Abhängigkeit von ihrer Frequenz eingeteilt. Man unterscheidet *Alphawellen* (8–12Hz), *Betawellen* (13–30Hz), *Thetawellen* (4–7Hz) und *Deltawellen* (< 4Hz, Abb.). Bei der Beurteilung des Enzephalogramms muß stets das Alter des Patienten berücksichtigt werden, da es entscheidenden Einfluß auf den vorherrschenden Rhythmus nimmt. Während bei Säuglingen und Kleinkindern Delta- und Thetawellen dominieren, liegen bei Erwachsenen eher alpha- und beta-artige Rhythmen vor. Zudem spiegelt ein Enzephalogramm das Aktivitätsniveau des Gehirns wider. Bei geistiger Betätigung erhöht sich die Frequenz der Hirnstromwellen und verlagert sich in den Betabereich. Demgegenüber sinkt sie während des Schlafes in den Theta- und Deltabereich ab. Mit Hilfe eines Enzephalogramms lassen sich einige Hirnerkrankungen oder Störungen des zentralen Nervensystems diagnostizieren. Darüber hinaus dient das Enzephalogramm heute zur Feststellung des Hirntodes. Bei Erlöschen der bioelektrischen Hirntätigkeit sind keine Potentialschwankungen nachweisbar, und man erhält eine sog. Nullinie.

**Elektroerosion,** ein abtragendes Fertigungsverfahren zur Bearbeitung von harten, elektrisch leitenden Materialien. Die Abtragung erfolgt durch kurzzeitige Entladungen, die zum Abschmelzen bzw. Verdampfen der obersten Werkstoffschicht führen. (↗*abrasive Verfahren*)

**Elektroerzeugung,** die Erzeugung von Elementarteilchen durch Streuung schneller Elektronen. Sie wird durch die elektromagnetische Wechselwirkung, welche auf dem Austausch virtueller Photonen beruht, hervorgerufen. Beispiel: $e^- + p \to e^- + n + \pi^+$.

**Elektrofilter,** *elektrostatische Luftfilter*, ↗elektrostatische Entstaubung.

**Elektrogenese an Biomembranen,** ↗Membranpotential, ↗Hodgkin-Huxley-Katz-Theorie.

**Elektrogravimetrie,** spezielles Verfahren der ↗Gravimetrie.

**Elektroheizung,** *Elektrothermie*, ↗Elektroofen.

**elektroinduzierte Emission,** Elektronenemission aufgrund eines elektrischen Feldes, ↗Feldemission.

**Elektrojet** ↗äquatorialer Elektrojet, ↗polarer Elektrojet, ↗Ionosphäre.

**elektrokalorischer Effekt,** die Umkehrung der ↗*Pyroelektrizität.* An einem pyroelektrischen Kristall treten im elektrischen Feld dem ↗*Prinzip vom kleinsten Zwang* entsprechend Temperaturunterschiede auf.

**Elektrokapillarität,** die Abhängigkeit der Grenzflächenspannung $\kappa$ an der Phasengrenze zwischen zwei Flüssigkeiten von der *Flächenladungsdichte* $\sigma$ bzw. der *Potentialdifferenz* $\Delta\phi$. Es gelten die *Helmholtz-Lippmann-Gleichung* $-\sigma = (\partial\kappa/\partial\phi)_\sigma = const.$ und die Gleichung für die differentielle Kapazität der elektrischen ↗*Doppelschicht* $-\partial\sigma/\partial\phi = (\partial\kappa^2/\partial\phi^2) = const.$ Sie bestimmen der Verlauf der *Elektrokapillarkurve* $\kappa = f(\phi)$. Im einfachsten Fall ist $\kappa = -C\phi^2 + const.$ mit konstantem $C$.

Die spezifische Adsorption von ↗*Anionen* an der Grenzfläche verschiebt das Maximum der Elektrokapillarkurve zu negativeren Potentialen, bei ↗*Kationen* zu positiven. In beiden Fällen wird das Maximum erniedrigt. Die jeweils adsorbierten Ionen werden *kapillaraktiv* genannt. Die Elektrokapillarität wird hauptsächlich am System Quecksilber/Elektrolyt untersucht, der Effekt kann zum Nachweis elektrischer *Potentialdifferenzen* herangezogen werden.

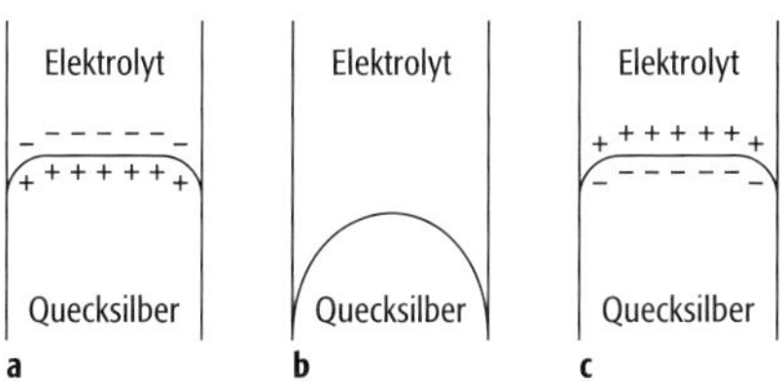

**Elektrokapillarität:** Grenzfläche zwischen Quecksilber und einem Elektrolyten: a) bei positiver, b) ohne und c) bei negativer Aufladung des Quecksilbers.

**Elektrokardiogramm,** *EKG*, *Herzstrombild*, Registrierung und graphische Darstellung der summarischen vom Herzmuskel ausgehenden elektrischen Potentialschwankungen (↗*bioelektromagnetische Felder*) im Verlauf der zyklischen Herztätigkeit mit Hilfe des Elektrokardiographen. Das Prinzip wurde 1902 von W. Einthoven erfunden. Beim heute üblichen Verfahren werden die Spannungen (im Bereich von wenigen mV) mit Oberflächenelektroden an mehreren standardisierten Stellen der Extremitäten (Ableitungen I–III: I – zwischen beiden Armen, II – zwischen dem linken Bein und dem rechten Arm, III – zwischen dem linken Bein und dem linken Arm), des Brustkorbes (Ableitungen $V_1$–$V_6$) oder mit einer Stabelektrode in der Speiseröhre des Patienten abgeleitet.

Impulsartige Abweichungen von der Nullinie im Elektrokardiogramm nennt man *Zacken*, relativ horizontale Kurvenverläufe (häufig entlang der Nullinie) zwischen zwei Zacken werden als *Strecken* bezeichnet. Durch die normalerweise synchrone, periodische Entladung einer großen Zahl von Herzmuskelzellen ergeben sich deutlich rhythmische EKG-Kurven. Die Zacken tragen standardisierte Namen: P, Q, R, S, T und U; die Strecken werden durch die sie begrenzenden Zacken beschrieben (z.B. ST-Strecke). Die einzelnen Phasen der EKG-Kurve können definierten Erregungszuständen des Herzens zugeordnet werden. Die diagnostische Bedeutung des EKG ergibt sich aus der Möglichkeit, Störungen der Erregungsausbreitung während des Herzzyklus durch lokale oder allgemeine Störungen wie Elektrolytverschiebungen, Stoffwechsel- und Durchblutungsstörungen verschiedener Art, der Nerveneinwirkung etc. festzustellen.

**Elektrokardiographie** ↗Elektrokardiogramm.

**Elektrokinetik** ↗elektrokinetische Erscheinungen.

**elektrokinetische Erscheinungen,** vorwiegend auf den Fall flüssig/fester Mehrphasensysteme mit beweglichen Ionen oder Elektronen beschränkte Bezeichnung für solche Transporterscheinungen, die auf elektrischen *Potentialdifferenzen* beruhen. Die dabei auftretenden elektrischen Ströme sind im Gegensatz zur

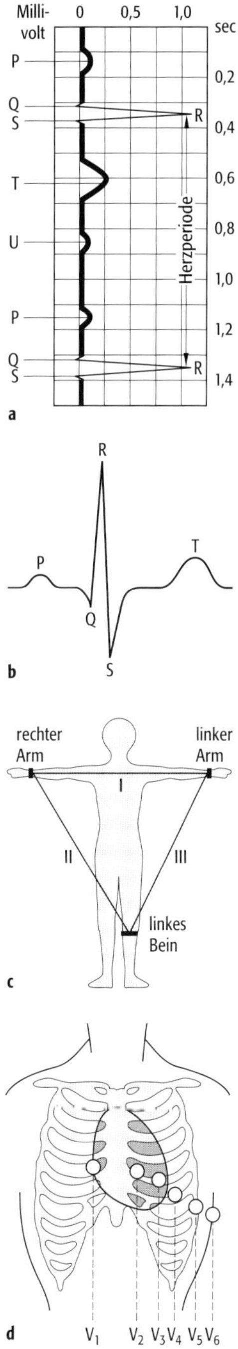

**Elektrokardiogramm:** a) normales EKG; b) Herzstromkurve; c) Standardableitungen I–III nach Einthoven; d) Brustwandableitungen.

↗Elektrolyse *unipolar*. An der Grenzfläche entsteht eine elektrische ↗*Doppelschicht*. Diese Doppelschicht kann aufgefaßt werden als ein innerer, mit der festen Phase starr verbundener Teil und ein äußerer, der durch Reibung bei der Bewegung abgestreift werden kann. Es treten vor allem zwei Situationen auf:

1) Die feste Phase ist fixiert, und die flüssige Phase bewegt sich hindurch, z.B. eine Elektrolytlösung durch eine poröse Membran oder eine Kapillare. In diesem Fall gibt es eine Druckdifferenz $\Delta p$ und eine Potentialdifferenz $\Delta\phi$ über die Membran. Für den Materiefluß $J$ und den elektrischen Strom $I$ durch die Membran gilt bei nicht zu großen Werten von $\Delta p$ und $\Delta\phi$: $J = a\Delta p + b\Delta\phi$, $I = b^*\Delta p + \sigma\Delta\phi$ ($a$: Permeabilität, $b$: *elektroosmotische Permeabilität*, $b^*$: *Strömungsleitfähigkeit*, $\sigma$: elektrische Leitfähigkeit, wegen der thermodynamischen ↗*Onsagerschen Reziprozitätsbeziehungen* gilt $b = b^*$). $\Delta p \neq 0$ bedeutet hier, daß die Flüssigkeit durch die Membran gepreßt wird, wobei der äußere Teil der Doppelschicht durch die *innere Reibung* der Flüssigkeit mitgerissen wird; in diesem Fall wird $I$ *Strömungsstrom* genannt. Ist $I = 0$, heißt das sich einstellende Potential $\Delta\phi = -(b/\sigma)\Delta p$ *Strömungspotential*. Ist $\Delta p = 0$ (und $\Delta\phi \neq 0$), so wird von ↗*Elektroosmose* gesprochen. Das anliegende Potential wirkt dann auf den äußeren Teil der Doppelschicht, der durch die innere Reibung die Flüssigkeit mit sich reißt. Wenn sich bei gegebenem $\Delta\phi$ ein stationäres Gleichgewicht einstellt, d.h. $J = 0$, dann heißt der entsprechende Druck $\Delta p = -(b/a)\Delta\phi$ *elektroosmotischer Druck*. Er kann beispielsweise als Steighöhe in einem U-Rohr gemessen werden. Es gilt die *Saxénsche Beziehung* $(\Delta\phi/\Delta p)_{I=0} = -(J/I)_{\Delta p=0}$.

2) Die feste Phase besteht aus Partikeln, die in einer nichtleitenden Flüssigkeit suspendiert sind, d.h. sie ist die *disperse Phase* und die Flüssigkeit das *Dispersionsmittel*. Diese Konstellation findet man in einem *dispersen System* oder *Kolloid* (↗*Dispersion*), z.B. Harn, Speichel oder Leim. Wird an solch ein System ein elektrisches Potential angelegt oder bewegen sich die Partikel aufgrund äußerer Kräfte (z.B. der Schwerkraft), so tritt ↗*Elektrophorese* auf. Auch hier wird der äußere Teil der die Partikel umgebenden Doppelschicht abgestreift. Dadurch erhalten die bewegten Partikel eine effektive Ladung, was zu einem *elektrophoretischen Strom* führt; das disperse System erhält eine *elektrophoretische Leitfähigkeit*. Wirkt auf die Partikel eine äußere Kraft, so tritt ein *elektrophoretisches Potential* oder *Sedimentationspotential* auf, das bei *Gasdispersionen*, z.B. ↗*Aerosolen*, als *Aufrahmpotential* bezeichnet wird. Das effektive Potential, das auf die sich bewegenden Partikel wirkt, wird als *elektrokinetisches* oder *Zeta-Potential* (*ζ-Potential*) bezeichnet.

**elektrokinetisches Gravitationspotential,** im weiteren Sinne das *Sedimentationspotential* (↗*elektrokinetische Erscheinungen*), im engeren Sinne das Potential, das schon bei einer geringen statischen Verschiebung des Dispersionsmittels (↗*Dispersion*) gegenüber einem Gelgerüst, z.B. durch die Erdanziehung, auftritt.

**elektrokinetisches Potential,** 1) ↗Zeta-Potential, ↗elektrokinetische Erscheinungen; 2) ↗Vektorpotential.

**elektrokinetische Transformation,** die Erzeugung eines statischen oder wechselnden Drucks im Dispersionsmittel (↗*Dispersion*) durch Einwirkung *elektrokinetischer Potentiale* und die Rückverwandlung in das entsprechende Potential an anderer Stelle (↗*elektrokinetische Erscheinungen*). Es wird vermutet, daß die elektrokinetische Transformation bei elektrophysiologischen Vorgängen in Organismen von Bedeutung ist.

**Elektrokoagulation,** Verfahren, bei dem durch elektrischen Strom erzeugte Wärme zur Blutstillung oder Gewebezerstörung genutzt wird. Dabei wird insbesondere bei der Blutstillung oftmals eine Sonde direkt an die zu behandelnde Stelle geführt.

**Elektrokristallisation,** Kristallwachstum bei der ↗*Elektrolyse* in Lösungen oder Schmelzen. Anwendungen sind die Herstellung galvanischer Überzüge und die Herstellung oder Raffination von Metallen (*Elektrometallurgie*).

**Elektrolumineszenz,** Anregung von ↗*Lumineszenz* durch elektrische Felder, welche die Elektronen in einem Festkörper in angeregte Zustände heben. Beim Übergang in den Grundzustand senden diese Licht der Frequenz $\Delta E/h$ aus ($\Delta E$: Energiedifferenz, $h$: Plancksches Wirkungsquantum). 1936 wurde Elektrolumineszenz durch Wechselfelder an Kristallen von G. ↗Destriau entdeckt (↗*Destriau-Effekt*).

Die wichtigsten Anregungsmechanismen bei der Elektrolumineszenz sind

1) Injektion von Minoritätsladungsträgern (*Injektionslumineszenz*): Aus äußeren Metallelektroden oder an pn-Übergängen treten Elektronen (in ↗*p-Halbleitern*) bzw. Löcher (in ↗*n-Halbleitern*) ins Valenzband und rekombinieren mit den jeweiligen Majoritätsladungsträgern unter Aussendung eines Photons (z.T. über Zwischenzustände). Dies geschieht bereits bei kleinen Spannungen (wenige V), die Ausbeute ist jedoch, z.B. wegen strahlungsloser Rekombinationen, relativ gering.

2) *Elektronenstoßanregung*: Elektronen oder Löcher werden durch die angelegte Spannung beschleunigt und erzeugen Elektron-Loch-Paare, die wiederum strahlend rekombinieren.

3) *Feldionisation von Störstellen*: In starken elektrischen Feldern treten Elektronen von Störstellenatomen ins Leitungsband und rekombinieren strahlend. Meist überwiegen jedoch die ersten beiden Mechanismen, z.B. bei GaP-Halbleitern der erste, bei Cu-dotierten ZnS-Halbleitern der zweite.

Elektrolumineszenz tritt vor allem an II-VI- oder III-V-Halbleitern auf, außerdem bei Germanium, Silicium und Siliciumcarbid (SiC). Seit Beginn der 90er Jahre hat man Elektrolumineszenz auch bei organischen Halbleitern (*konjugierte Polymere*) oder in nanoporösem Silicium gefunden.
Eine sehr wichtige Anwendung des Effektes sind die Leuchtdioden (↗*LED*), außerdem ↗*Halbleiterlaser*. Zukünftige Entwicklungen sind weitere optoelektronische Bauelemente und vor allem ↗*optische Computer*.

**Elektrolyse,** *galvanische Abscheidung*, die Zersetzung von ↗*Elektrolyten* durch Anlegen eines elektrischen Stromes. Elektrolyte sind bis auf wenige Ausnahmen (↗*Festelektrolyte*) entweder geschmolzene oder in einer Flüssigkeit gelöste *heteropolare Verbindungen*, die in *Kationen* und *Anionen* dissoziieren. Diese Ionen sind von einer *Hydrathülle* umgeben und in der Lösung bis auf den viskosen Reibungswiderstand frei beweglich (↗*elektrolytische Leitfähigkeit*). Bei konstanter Konzentration und Temperatur gilt im Elektrolyten das ↗*Ohmsche Gesetz*. Die Ionen wandern zu den mit einer Gleichspannungsquelle verbundenen ↗*Elektroden* und werden dort neutralisiert. Bei den meisten Elektrolyseverfahren sind dabei Kathoden- und Anodenraum durch ein Diaphragma getrennt.
Chemisch handelt es sich bei der Elektrolyse um ↗*Redox-Reaktionen* (Reduktions-Oxidations-Vorgänge, ↗*Elektrodenvorgänge*). An der Kathode (Minuspol) findet dabei eine Reduktion, an der Anode (Pluspol) eine Oxidation statt. Beispiele für kathodische Reduktion sind
1) *Reduktion von Kationen*:
$Na^+ + e \rightarrow Na$, $2H^+ + 2e \rightarrow H_2$,
$Fe^{3+} + e \rightarrow Fe^{2+}$,
2) *Reduktion neutraler Moleküle*:
$Cl_2 + 2e \rightarrow 2Cl^-$, $O_2 + 4H^+ + 4e \rightarrow 2H_2O$,
3) *Reduktion von Anionen*:
$NO_3^- + 2H^+ + 2e \rightarrow NO_2^- + H_2O$.
Beispiele für anodische Oxidation sind:
1) *Oxidation von Metallen und Kationen*:
$Ag \rightarrow Ag^+ + e$, $Fe^{2+} \rightarrow Fe^{3+} + e$,
2) *Oxidation neutraler Moleküle*:
$O_2 + 4H^+ + 4e \rightarrow 2H_2O$,
3) *Oxidation von Anionen*: $2Cl \rightarrow Cl_2 + 2e$.
Die an der Anode freigesetzten Elektronen wandern durch den Stromkreis zur Kathode und werden dort bei der Reduktion wieder verbraucht, es finden also bei der Elektrolyse immer Oxidation und Reduktion gleichzeitig statt. Die an den Elektroden neutralisierten Stoffe verhalten sich sehr unterschiedlich: Während $H^+$- oder $Cl^-$-Ionen als Gasmoleküle entweichen, schlagen sich viele Metalle auf den Elektroden nieder. Das chemische Ergebnis der Elektrolyse hängt aber auch vom Elektrodenmaterial ab: Bei der Elektrolyse von $CuSO_4$ mit Kupferelektroden schlägt sich Kupfer an der Kathode nieder, wird aber aus der Anode freigesetzt, so daß die Konzentration in der Lösung gleichbleibt. Bei Platinelektroden dagegen wird quantitativ Kupfer aus der Lösung entfernt.
Zwischen der abgeschiedenen Stoffmasse $m$ (gleich welcher chemischen Zusammensetzung) und der in der Zeit $t$ mit der Stromstärke $I$ transportierten Ladung $Q = It$ gelten die beiden ↗*Faradayschen Gesetze*. Damit die Elektrolyse ablaufen kann, ist eine Mindestspannung erforderlich, die von Temperatur, Elektrolytzusammensetzung und Elektrodenmaterial abhängige ↗*Zersetzungsspannung*.
Die Elektrolyse wird in der chemischen Industrie angewendet
1) zur Gewinnung von Alkalilaugen (z.B.: Natronlauge), Chlor, Wasserstoff, Sauerstoff und Peroxidverbindungen und von Metallen (*Elektrolytmetalle*),
2) zur Herstellung von metallischen Überzügen (*Galvanostegie*) und metallischen Kopien von Gegenständen (*Galvanoplastik*),
3) zum Polieren, Beizen, Entmetallisieren und Ätzen (*Galvanotechnik*) und
4) zur elektrochemischen Metallbearbeitung.
In der analytischen Chemie beruhen die Elektrogravimetrie, Polarographie und Coulometrie auf der Elektrolyse.
Die Elektrolyse wurde 1800 von J.W. ↗*Ritter* entdeckt, von H. ↗*Davy*, dem »Entdecker« M. ↗*Faradays*, mit der erstmaligen Darstellung von elementarem Kalium und Natrium (1807) weiterentwickelt. Die o.a. Faradayschen Gesetze wurden 1833 gefunden, die Hypothese von der elektrolytischen Dissoziation stellte S. ↗*Arrhenius* 1884 auf. [MD]

**Elektrolyt,** *Ionenleiter*, ein flüssiger oder fester Stoff mit ↗*Ionenleitfähigkeit*. Bis auf wenige Ausnahmen (↗*Festelektrolyte*) sind Elektrolyte entweder geschmolzene oder in einer Flüssigkeit gelöste *heteropolare Verbindungen*, chemisch gesehen handelt es sich um Salze, Säuren oder Basen. Die Zersetzung bzw. Abscheidung, die ein Stromdurchgang im Elektrolyten bewirkt, heißt ↗*Elektrolyse*. Der sich in der Nähe der Elektroden befindende Elektrolyt wird auch *Anolyt* bzw. *Katolyt* genannt.
*Geschmolzene Elektrolyte* sind ganz oder überwiegend aus beweglichen Kationen und Anionen aufgebaut. Sie unterscheiden sich durch die interionischen Wechselwirkungen stark von anderen Flüssigkeiten. Die starken Coulomb-Kräfte bewirken eine Nahordnung, die zu statistisch verteilten kurzlebigen Ionengruppierungen führt. Diese Assoziate beeinflussen wesentlich das chemische und physikalische Verhalten. Die Leitfähigkeit von Elektrolytschmelzen liegt um einige Größenordnungen über der von Elektrolytlösungen (↗elektrolytische Leitfähigkeit). In ihnen lösen sich alle Arten von Stoffen, selbst Edelgase und Metalle.
In meist wäßrigen Elektrolytlösungen dissoziieren die Elektrolyte mehr oder weniger vollständig in Ionen (*elektrolytische Dissoziation*). Sie liegen in hydratisierter Form vor,

sind also von einer Hülle aus Wasser-Dipolen umgeben. Je nach Dissoziierungsgrad $\alpha$ wird zwischen *starken* ($\alpha \approx 1$) und *schwachen* ($\alpha \ll 1$) *Elektrolyten* unterschieden. Ein *starker Elektrolyt* ist in Lösung vollständig dissoziiert, d.h. er besitzt eine große Dissoziationskonstante $K_c$ (z.B. Salze, starke Säuren). Die Abhängigkeit der molaren Leitfähigkeit von der Konzentration $c$ des zugesetzten Elektrolyten wird beschrieben durch die Gleichung

$$\Lambda_m = \Lambda_m^0 - K\sqrt{c}\,.$$

Dies ist *Kohlrauschs Quadratwurzelgesetz.* Der Koeffizient $K$ hängt von der Stöchiometrie des Elektrolyten ab. $\Lambda_m^0$ ist die *molare Grenzleitfähigkeit* bei unendlicher Verdünnung. Sie besteht aus der Summe von molaren Grenzleitfähigkeiten ($\lambda_+,\lambda_-$) der einzelnen Ionen und ergibt so das *Gesetz der unabhängigen Ionenwanderung*:

$$\Lambda_m^0 = \nu_+\lambda_+ + \nu_-\lambda_-\,.$$

Hierbei sind $\nu$ die Zahlen der einzelnen Ionen pro Formeleinheit des Elektrolyten.

Ein *schwacher Elektrolyt* ist in Lösung nicht vollständig dissoziiert, d.h. er besitzt eine kleine Dissoziationskonstante $K_c$ (z.B. schwache Säuren und Basen wie Essigsäure und Ammoniak). Die molare Leitfähigkeit, die von der Zahl der Ionen abhängt, ist proportional zum Dissoziationsgrad $\alpha$ - dem Bruchteil der Moleküle, der in Ionen dissoziiert ist - des zugesetzten Elektrolyten:

$$\Lambda_m = \alpha\Lambda_m^0\,.$$

$\Lambda_m^0$, die molare Grenzleitfähigkeit des Elektrolyten bei unendlicher Verdünnung, läßt sich mit Hilfe des ↗*Ostwaldschen Verdünnungsgesetzes* experimentell bestimmen.

Ein Lösungsmittel kann auch selbst dissoziieren, selbst mehrfach destilliertes Wasser ist ein, wenngleich äußerst schwacher, Elektrolyt ($\alpha \approx 10^{-9}$). Hochkonzentrierte Elektrolytlösungen können auch als geschmolzene Salze betrachtet werden, in denen ein geringer Anteil an Wasser gelöst ist. Die Struktur des »gelösten« Wassers ist nicht identisch mit normalem Wasser, es hat z.B. eine deutlich niedrigere ↗*Dielektrizitatskonstante.* In hochkonzentrierten Säuren liegen in großen Anteilen undissoziierte Moleküle vor, oder es treten neue Ionenarten auf, wie in Salpetersäure bei $c > 99{,}6\,\%$: $4HNO_3 + H_2O \rightarrow (HNO_3)_2 + 2H_2O + NO_2^+ + NO_3^-$. [AFM, MD]

**elektrolytische Leitfähigkeit,** elektrische Leitfähigkeit $\sigma$ eines ↗Elektrolyten. $\sigma$ hängt außer von der Temperatur $T$ auch von der Ionenkonzentration $c$ und dem *Dissoziationsgrad* $\alpha$ ab. Es gilt

$$\sigma = 1/\rho = j/E = e(f_+\mu_+n_+ + f_-\mu_-n_-),$$

$\rho$: spezifischer Widerstand, $j$: Gesamtstromdichte, $E$: elektrische Feldstärke, $f_{+/-}$: Wertigkeit, $\mu_{+/-}$: *Beweglichkeit*, $n_{+/-}$: Anzahldichte der Kationen bzw. Anionen. Aus der Ladungserhaltung folgt $f_+n_+ = f_-n_-$ und daher $\sigma = ef_+n_+(\mu_+ + \mu_-)$. Bei konstanter Konzentration und Temperatur und nicht zu großen Feldstärken ($E < 10^3$V/m) gilt im Elektrolyten somit das ↗*Ohmsche Gesetz*: $\sigma(E) = const.$ Widerstand bzw. Leitfähigkeit von Elektrolytlösungen müssen mit Wechselstrom gemessen werden, da bei Gleichstrom die Elektroden »polarisieren«, was die Feldverhältnisse ändert (↗Elektrodenvorgänge).

Bei verdünnten Lösungen, d.h. bei vollständiger Dissoziation ($\alpha = 1$) ist $\sigma \sim c$ bzw. $\rho \sim c^{-1}$ (Tabelle 1). Die Gesamtbeweglichkeit $\mu_+ + \mu_-$ beträgt etwa $10^{-7}$m²/Vs und damit ca. $10^{-4}$ der ↗Beweglichkeit von Elektronen in Metallen (Tabelle 2). Auskunft über die separaten Beweglichkeiten von Kationen und Anionen geben die ↗*Hittorfschen Überführungszahlen* $\nu_{+/-} = \frac{\mu_{+/-}}{\mu_+ + \mu_-}$ an. Bei höheren Konzentrationen wird statt mit $\sigma$ mit der *Äquivalentleitfähigkeit* $\Lambda = \sigma/\eta$ gerechnet ($\eta = 10^{-3}n/N_A$: Molarität der Elektrolytlösung). Auch $\Lambda$ ist konzentrationsabhängig und nimmt mit steigender Konzentration ab. Dies kann für *schwache Elektrolyte* mit der abnehmenden Dissoziation erklärt werden (↗*Ostwaldsches Verdünnungsgesetz*), bei *starken Elektrolyten* mit der Bildung von *Gegenionenwolken*, die die Beweglichkeit verkleinern (↗*Debye-Hückel-Onsager-Theorie*).

**elektrolytische Leitfähigkeit 1:** Spezifischer Widerstand von NaCl-Lösungen verschiedener Konzentration $c$ bei 18°C:

| $c$ [mol/m³] | $\rho$ [Ωm] |
|---|---|
| 0,1 | 930 |
| 1 | 94 |
| 10 | 9,8 |
| 100 | 1,09 |
| 1000 | 0,135 |

**elektrolytische Leitfähigkeit 2:** Beweglichkeiten von Ionen in wäßriger Lösung bei 18°C und unendlicher Verdünnung:

| $\mu^+$ [$10^{-8}$m²V⁻¹s⁻¹] (Kationen) | | $\mu^-$ [$10^{-8}$m²V⁻¹s⁻¹] (Anionen) | |
|---|---|---|---|
| $H^+$ | 33 | $OH^-$ | 18,2 |
| $Li^+$ | 3,5 | $Cl^-$ | 6,85 |
| $Na^+$ | 4,6 | $Br^-$ | 7,0 |
| $K^+$ | 6,75 | $J^-$ | 6,95 |
| $Ag^+$ | 5,7 | $NO_3^-$ | 6,5 |
| $NH_4^+$ | 6,7 | $SO_4^{2-}$ | 7,1 |
| $Zn^{2+}$ | 4,8 | $CO_3^{2-}$ | 6,2 |

**elektrolytische Leitung** ↗elektrolytische Leitfähigkeit.

**elektrolytische Raffination,** ein Trennverfahren zur Gewinnung hochreiner Metalle, insbesondere Kupfer (z.B. für die Elektrotechnik). Bei diesem Elektrolyseprozeß wird das Rohkupfer, welches vorwiegend durch Zink, Eisen, Silber und Gold verunreinigt ist, als Anodenplatte (90×70×4cm³) in verdünnte Schwefelsäure getaucht. Als Kathoden werden Feinkupferbleche verwendet. Bei der folgenden Elektrolyse geht Kupfer an der Anode in Lösung und scheidet sich als Reinstkupfer an der Kathode ab. Dabei bleiben die unedleren Verunreinigungen in Lösung, und die edleren sedimentieren im Anodenschlamm und können daraus gewonnen werden. Für diesen Vorgang wird eine Stromdichte bis 300 A/m² benötigt, und es herrscht eine Elektrolysenbadspannung von etwa 0,3V. Das entstandene *Elektrolytkupfer* besitzt eine Reinheit von bis zu 99,99 %.

**elektrolytischer Trog,** eine Anordnung zur Nachbildung und Ausmessung von statischen ↗*elektrischen Feldern* oder analogen Geschwindigkeitsfeldern in Strömungen. Der elektrolytische Trog besteht aus einer flachen, mit einem homogenen ↗*Elektrolyten* gefüllten Schale. In diese tauchen Elektroden ein, deren Form derjenigen der felderzeugenden Leiter oder Ladungen nachgebildet ist. Bei Anlegen einer Gleichspannung entsteht in der Flüssigkeit ein stationäres Strömungsfeld, und das Potential $\phi$ des zugehörigen elektrischen Feldes genügt der ↗*Laplace-Gleichung* $\Delta\phi = 0$. Mit Hilfe einer stromlosen Sonde kann dann die Lage der Äquipotentiallinien ausgemessen werden. Störungen durch elektrische Polarisationserscheinungen können durch Verwendung einer niederfrequenten Wechselspannung ($\approx 50$ Hz) vermieden werden (↗*Elektrodenvorgänge*).

**Elektrolytkondensator,** neben dem keramischen ↗*Vielschichtkondensator* der in der Mikroelektronik gebräuchlichste Kondensatortyp. Moderne Elektrolytkondensatoren bestehen aus einem hochporösen, gesinterten Metallstück, dessen innere Oberfläche durch Anodisieren mit einer dielektrischen, 0,1–0,5 μm dicken Oxidschicht überzogen ist. Meist wird dabei Tantal mit einer Porosität von etwa 60 % verwendet. Der zweite Kondensatorbelag wird aus einer Mangannitratlösung hergestellt, die sich bei ca. 300 °C zu keramischem, leitendem Mangandioxid zersetzt. Dieses Material setzt bei Erwärmung, z.B. bei einem ↗*Durchschlag*, Sauerstoff frei, der die entstandene Lücke im Dielektrikum teilweise wieder schließen kann.
Durch die große innere Oberfläche (bis zu $1\,\text{m}^2/\text{cm}^3$, zehnmal mehr als ein Vielschichtkondensator) haben Elektrolytkondensatoren trotz der relativ geringen *Dielektrizitätszahlen* (↗*Dielektrizitätskonstante*) von 8–27 extrem große Kapazitäten von 1 μF bis zu 1 F. Die Nachteile von Elektrolytkondensatoren sind zum einen die Anfälligkeit für Durchschläge aufgrund der geringen Dicke des Dielektrikums, zum anderen können sie nicht umgepolt werden. Eine typische Anwendung ist der Schutz von *integrierten Schaltungen* vor Schwankungen in der Spannungsversorgung.

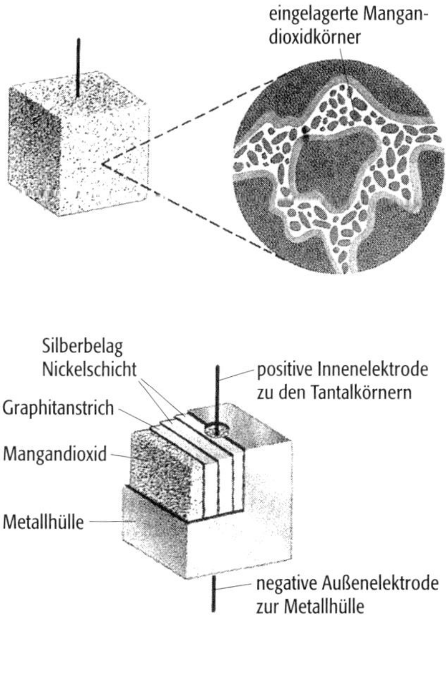


**Elektrolytkondensator:** Oben: Schema eines Elektrolytkondensators aus Tantal und Manganoxid mit Umhüllung; unten: Pore des oxidierten Tantalstücks mit Mangandioxid als zweiter Belegung.

**Elektrolytlösung,** Lösung von Ionen in Wasser, die den elektrischen Strom leitet. Die Ionen entstehen durch elektrolytische Dissoziation von Substanzen (Salze, Säure, Basen) im Lösungsmittel. Für einen binären Elektrolyten AB, der in ein Kation $A^+$ und ein Anion $B^-$ dissoziiert, gilt für verdünnte Lösungen das Massenwirkungsgesetz:

$$\frac{c_A \cdot c_B}{c_{AB}} = K_c\,,$$

mit $c$ als Konzentration und der Dissoziationskonstanten $K_c$. Da die spezifische Leitfähigkeit $\kappa$ einer Lösung von der Zahl der Ionen abhängt, wird die molare Leitfähigkeit $\Lambda_m$ definiert als:

$$\Lambda_m = \frac{\kappa}{c}\,.$$

Aufgrund der starken interionischen Wechselwirkungen weist die Elektrolytlösung selbst bei starker Verdünnung merkliche Abweichung vom idealen Verhalten auf. Die Dissoziation einer Substanz in Ionen wirkt sich auch auf die kolligativen Eigenschaften aus, da die Zahl der Teilchen höher ist, als der molaren Einwaage entspricht.

**Elektromagnet,** ein ↗*Magnet*, der im Gegensatz zum ↗*Dauermagneten* nur dann ein Magnetfeld besitzt, wenn durch ihn ein elektrischer Strom fließt. Obwohl bereits eine einfache stromdurchflossene ↗*Spule* ein Magnetfeld besitzt, werden unter einem Elektromagneten gewöhnlich ein oder zwei Spulen verstanden, in deren Innerem sich ein *Eisenkern* befindet. Dieser besteht aus einem ↗*magnetisch weichen* Material (z.B. *Weicheisen*, ↗*Permalloy-Legierungen*) mit möglichst geringer ↗*Remanenz* und möglichst hoher ↗*Permeabilitätszahl* $\mu_r$. Die ↗*magnetische Flußdichte* $\boldsymbol{B}$ im Eisenkern ist um den Faktor $\mu_r$ größer als in einer Spule ohne Kern, sofern keine Sättigung auftritt. Die gesamte magnetische Energie kann auf einen kleinen Raum konzentriert werden, wenn der Elektromagnet einen Luftspalt (↗*Interferrikum*) enthält. Im Interferrikum ist das $\boldsymbol{B}$-Feld das gleiche wie im Eisenkern, die ↗*magnetische Feldstärke* $\boldsymbol{H}$ ist dagegen gleich der des Außenraums. Die *Haltekraft* (Tragkraft) des Magneten ergibt sich aus der Tendenz des Luftspalts, sich zu verkleinern, da sich dann die magnetische Feldenergie verringert. Sie berechnet sich aus der magnetischen Energie $E_{magn} = 1/2AxB^2/\mu_0$ zu

$$F = \frac{dE_{magn}}{dx} = \frac{1}{2}\frac{AB^2}{\mu_0}$$

($A$: Querschnitt, $x$: Abstand des Polschuhs von dem anzuziehenden Werkstück, $\mu_0$: Permeabilität des Vakuums).

Bei Gleichstrom ist der Eisenkern massiv, bei Wechselstrom wird er zur Vermeidung von ↗*Wirbelstromverlusten* aus einzelnen, voneinander isolierten Blechen aufgebaut. Diese Konstruktion wird auch *Blättermagnet* oder *Blätterung des Eisenkerns* genannt (↗*Eisenverluste*).

Technische Elektromagnete bestehen aus den beiden ↗*Polschuhen*, den beiden *Polkernen*, dem *Eisenrückschluß* oder *Joch* und dem Spulensystem, das sich zur Vermeidung von Streuflüssen möglichst nahe am Luftspalt befindet. Elektromagnete werden in Forschung, Technik und Alltag universell eingesetzt. Einige Beispiele sind in der Forschung Massenspektrometer, Teilchenbeschleuniger, Elektronenmikroskope, Kernspintomographen, in Alltag und Technik Telephone, Mikrophone und Hubmagnete, mit denen tonnenschwere Lasten gehoben werden können. Von besonderer Bedeutung sind *supraleitende Magnete*, die bei tiefen Temperaturen extrem hohe Magnetfelder verlustfrei erzeugen können, und die bei vielen großen Anwendungen (Beschleuniger, Fusionsforschung) unentbehrlich sind.

**elektromagnetische Abschirmung,** *Schirmung*, das Fernhalten oder Einschließen elektrostatischer, magnetostatischer oder elektromagnetischer Felder von oder in einem begrenzten Gebiet. Dabei heißt, vor allem bei der magnetischen Abschirmung, das Verhältnis der Feldstärken inner- und außerhalb des abgeschirmten Gebiets *Schirmfaktor S*, dessen Logarithmus *Schirmdämpfung*.

1) *elektrostatische Abschirmung, elektrische Abschirmung*: Der abzuschirmende Raum wird allseitig mit einer leitenden Wandung umgeben. In den so entstehenden Hohlraum kann kein Feld eindringen, da das Innere eines ↗Leiters inklusive eingeschlossener Hohlräume immer feldfrei ist. Die elektrischen Feldlinien enden in den ↗*Oberflächenladungen*, die sich an der Außenseite der Wandung infolge der elektrischen ↗*Influenz* bilden. Praktische Ausführungen bestehen entweder aus massiven Metallwänden mit hoher Leitfähigkeit (↗*Faraday-Käfig*), oder, bei geringeren Anforderungen an die Abschirmwirkung, aus durchbrochenen Metallflächen, z.B. Drahtgitter. Diese zeigen jedoch in der Nähe des Gitters einen gewissen Durchgriff des elektrischen Feldes. Diese Abschirmung ist auch bei niederfrequenten Wechselfeldern wirksam. Eine elektrostatische Abschirmung ist in der Meßtechnik vor allem zur Messung von großen Widerständen ($R \gtrsim 10\,\mathrm{M\Omega}$) bzw. kleiner Ströme oder Ladungen unerläßlich.

2) *Abschirmung gegen Kriechströme*: Eine Abschirmung gegen ↗*Kriechströme* ist überall dort erforderlich, wo die durch die Isolierungen fließenden Ströme vergleichbar mit den zu messenden bzw. den durch das Meßobjekt fließenden Strömen sind. Dies geschieht entweder mit *Stützspannungen*, welche die Potentialdifferenz an der Isolierung verringern, oder mit zusätzlichen Schutzelektroden (*Guard-Technik*).

3) *Magnetische Abschirmung*: In diesem Fall wird der abzuschirmende Raum mit einem ↗*magnetisch weichen* Material mit hoher ↗*Permeabilitätszahl* ($\mu_r \approx 10^3$–$10^5$) umgeben. Die Schirmwirkung nimmt mit $\mu_r$ und der Wanddicke zu. Im magnetostatischen Fall beruht die Schirmung allein auf der Nebenschlußwirkung der magnetisch gut leitenden Hülle (↗*magnetischer Kreis*), bei Wechselfeldern kann die Wirkung durch ↗*Wirbelstrom-Effekte* erheblich gesteigert werden.

4) *Abschirmung elektromagnetischer Wechselfelder, Abschirmung in der Hochfrequenztechnik*: Die Abschirmung ähnelt der elektrostatischen, es treten jedoch zusätzlich ↗*Wirbelstromverluste* (↗*Joulesche Wärme*) und eine Stromverdrängung zur Oberfläche hin (↗*Skin-Effekt*) auf. Der Idealfall einer Hochfrequenz-Abschirmung ist eine völlig geschlossene metallische Hohlkugel. Während die elektrische Feldkomponente auf diese Weise vollständig abgeschirmt wird, ist die magnetische Abschirmung frequenzabhängig.

Außer in der Meßtechnik sind Abschimungen notwendig bei Niederfrequenz- und Hochfrequenzkabeln, Telephonleitungen, als Schutzvorrichtung für Arbeitsräume gegen starke Felder (z.B. in der Nähe von Rundfunksendern oder Hochspannungsentladungen), insbesondere für Menschen mit Herzschrittmachern und ähnlichen Geräten (↗Elektrosmog).

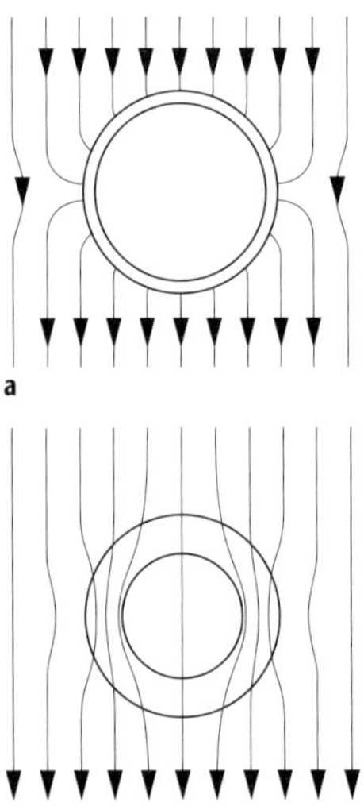


**elektromagnetische Abschirmung:** a) Abschirmung eines elektrostatischen Feldes durch eine elektrisch leitende Umhüllung; b) Abschirmung eines magnetostatischen Feldes durch eine weichmagnetische Umhüllung.

**elektromagnetische Feldenergie,** die mit der ↗*elektromagnetischen Wechselwirkung* verbundene Form der ↗*Energie*. Wenn die elektrischen Ladungsträger ruhen (↗*Elektrostatik*) oder sich mit konstanter Geschwindigkeit $v \ll c$ bewegen (↗*Magnetostatik*, ↗*quasistationärer Strom*), kann zwischen der ↗*elektrischen Feldenergie* $\int \boldsymbol{ED}/2\mathrm{d}V$ und der ↗*magnetischen Feldenergie* $\int \boldsymbol{HB}/2\mathrm{d}V$ unterschieden werden. Die Integranden werden dabei als die jeweiligen *Energiedichten* bezeichnet. Einfache Beispiele sind die elektrostatische Energie eines ↗Plattenkondensators $CU^2/2$ ($C$: ↗Kapazität, $U$: Spannung) oder die magnetische Energie einer ↗Spule $LI^2/2$ ($L$: ↗Induktivität, $I$: Stromstärke).

Relativistisch korrekt wird die Energie des elektromagnetischen Feldes durch den ↗*Energie-Impuls-Tensor* $T_{\mu\nu}$ beschrieben, dessen Komponente $T_{00} = (\boldsymbol{ED} + \boldsymbol{HB})/2$ die *Energiedichte* des elektromagnetischen Feldes angibt, das Integral über $T_{00}$ ergibt die gesamte Feldenergie in einem Volumen $V$.

Die von elektromagnetischen Wellen transportierte Energie (*Lichtenergie*) wird klassisch durch den ↗*Poynting-Vektor* $\boldsymbol{S} = \boldsymbol{E} \times \boldsymbol{H}$ ausgedrückt, der die auf die Fläche bezogene Energiestromdichte der elektromagnetischen Strahlung angibt.

**elektromagnetischer Formfaktor** ↗Formfaktor.

**elektromagnetischer Generator** ↗Generator.

**elektromagnetischer Puls,** *EMP*, extrem kurzzeitiger elektromagnetischer Impuls als Folge von Kernwaffenexplosionen in der oberen Atmosphäre oder im erdnahen Weltraum. Bei einer charakteristischen Dauer von $10^{-7}$s können Spitzenfeldstärken von $10^4$ bis $10^5$V/m auftreten. Elektromagnetische Pulse entstehen in den oberen Schichten der Erdatmosphäre bei der Abbremsung der im magnetischen Erdfeld abgelenkten Compton-Elektronen, die vorher durch Wechselwirkung der bei der Explosion emittierten γ-Strahlung mit Luftmolekülen gebildet werden. Die Bedeutung des elektromagnetischen Pulses beruht darauf, daß ein solcher Impuls elektronische Geräte, die aus integrierten Bauelementen aufgebaut sind, zerstören kann. Die Störempfindlichkeit solcher Bauelemente wächst mit dem Integrationsgrad.

**elektromagnetischer Selbstunterbrecher** ↗Unterbrecher.

**elektromagnetisches CGS-System,** *magnetostatisches CGS-System*, spezielle Ausprägung des ↗*CGS-Systems*, in dem man der Konstante $K_\mathrm{m}$ im Punktkraft-Gesetz für die magnetische Polstärke

$$F = \frac{1}{K_\mathrm{m}} \frac{p \cdot p'}{4\pi r^2} \frac{\boldsymbol{r}}{r}$$

den Wert $1/4\pi$ zuweist, so daß es die einfache Form

$$\boldsymbol{F} = \frac{p \cdot p'}{r^2} \frac{\boldsymbol{r}}{r}$$

annimmt ($\boldsymbol{F}$ Kraft, $\boldsymbol{r}$ Abstand zwischen den Magnetpolen der Stärke $p$ bzw. $p'$); für die Einheit der Stromstärke $I$ ergibt sich $1\,\mathrm{dyn}^{1/2} = 1\,\mathrm{cm}^{1/2} \cdot \mathrm{g}^{1/2} \cdot \mathrm{s}^{-1/2}$, die Einheit der Ladung ist $1\,\mathrm{cm}^{1/2} \cdot \mathrm{g}^{1/2}$. Das elektromagnetische hängt mit dem ↗*elektrostatischen CGS-System* über die Beziehung

$$\frac{K_\mathrm{m}}{K_\mathrm{e}} = c^2$$

mit der Lichtgeschwindigkeit $c$ zusammen. In den USA kennzeichnet man die Einheiten dieses Systems mit der Vorsilbe ↗*ab*.

**elektromagnetisches Feld,** zusammenfassende Bezeichnung für zeitlich veränderliche elektrische und magnetische Felder, die nicht mehr getrennt behandelt werden können, da sie durch ↗*Induktion* und ↗*Verschiebungsstrom* miteinander verknüpft sind (↗*Elektrodynamik*, ↗*Maxwell-Gleichungen*). Insbesondere ist die Frage, ob ein Körper ein elektrisches Feld $\boldsymbol{E}$, ein magnetisches Feld $\boldsymbol{B}$ oder beide spürt, abhängig von seinem Bewegungszustand: Im *Ruhesystem* $S$ einer Ladungsverteilung $\rho$ herrscht ein statisches $\boldsymbol{E}$-Feld, da kein Strom fließt, ist $\boldsymbol{B} = 0$. Im System eines gegen $S$ mit der Geschwindigkeit $\boldsymbol{v}$ bewegten Beobachters dagegen stellt $\rho$ einen Strom $\boldsymbol{j} = \rho \boldsymbol{v}$ dar und erzeugt ein Magnetfeld mit $\boldsymbol{\nabla} \times \boldsymbol{B} = \mu_0 \boldsymbol{j}$. Diese *Relativität der Felder* wird aufgehoben durch die Einführung des ↗*Feldstärketensors* $F_{\mu\nu}$, dessen sechs unabhängige Komponenten den Komponenten von $\boldsymbol{E}$ und $\boldsymbol{B}$ entsprechen und der sich aus dem ↗*Vierer-Potential* $A_\mu$ durch Bildung der *Vierer-Rotation* ableitet:

$$F_{\mu\nu} = \frac{\partial A_\nu}{\partial x_\mu} - \frac{\partial A_\mu}{\partial x_\nu}$$

(↗*kovariante Formulierung der Elektrodynamik*). Beschleunigte elektrische Ladungen erzeugen elektromagnetische Felder, die sich im Vakuum mit Lichtgeschwindigkeit ausbreiten, in Materie ihrer ↗*Brechzahl* $n$ entsprechend langsamer (↗*elektromagnetische Wellen*).

**elektromagnetisches Spektrum,** die Intensität (Strahlungsleistung) ↗*elektromagnetischer Wellen* in Abhängigkeit von der Frequenz. Wegen der großen Bandbreite des Spektrums der in der Natur vorkommenden elektromagnetischen Wellen werden verschiedene Teilbereiche des Spektrums wie eigene Strahlungsarten betrachtet (vgl. Abb. »Elektrodynamik« im Farbtafelteil). Die Erkenntnis, daß es sich bei ↗*Radiowellen-*, ↗*Mikrowellen-*, ↗*Lichtwellen-* und ↗*Röntgenwellen* um dasselbe Phänomen handelt, folgt aus den ↗*Maxwell-Gleichungen* und wurde erstmals mit den *Hertzschen Versuchen* bewiesen. Einen Überblick über die Bereiche des elektromagnetischen Spektrums gibt Tabelle 1; die Abgrenzungen sind, z.T. aus historischen Gründen, nicht scharf, sondern als Größenordnungen aufzufassen. Aufgrund des ↗*Welle-Teilchen-Dualismus* besitzen die elektromagnetischen Wellen auch Teilcheneigenschaften (↗*Photonen*), Röntgen- und höherenergetische Strahlen haben überwiegend Teilchencharakter. Man unterscheidet *Emissionsspektren*, bei der die Wellen von einer Quelle ausgesandt werden, und *Absorptionsspektren*, bei denen Teile eines kontinuierlichen Spektrums in einer Substanz absorbiert werden. Sehr enge Spektralbereiche heißen Spektrallinien, deren Breite immer größer als die von der Unschärferelation vorgegebene *natürliche Linienbreite* ist. Die Untersuchung von Emissions- oder Absorptionsspektren natürlicher oder künstlicher Strahlungsquellen (↗*Spektroskopie*) ist ein wesentliches Hilfsmittel in Chemie, Kernphysik und insbesondere der Astronomie. Praktisch das gesamte heutige kosmologische Wissen beruht auf den Spektren der galaktischen und extragalaktischen Materie.

**elektromagnetische Strahlung,** die Übertragung von Energie durch ↗*elektromagnetische Wellen* bzw. ↗*Photonen*. Dabei überwiegt bei hohen Energien (z.B. ↗*Röntgenstrahlung*, ↗*Gammastrahlung*) der Teilchen-, bei niedrigen Energien (z.B. ↗*Radiowellen*, ↗*Mikrowellen*) der Wellencharakter (↗*Welle-Teilchen-Dualismus*). Die Unterscheidung der elektromagnetischen Strahlung nach der Energie $E$ bzw. Frequenz $\nu$ wird ↗*elektromagnetisches Spektrum* genannt. $E$ und $\nu$ sind über das Plancksche Wirkungsquantum $h$ verknüpft:

**Elektromagnetisches Spektrum:** Übersicht über das elektromagnetische Spektrum. Die Temperatur eines schwarzen Strahlers ist diejenige, bei der das Strahlungsmaximum $\nu_{max}$ der angegebenen Frequenz entspricht (↗*Wiensches Verschiebungsgesetz*).

| Spektralbereich | Frequenz $\nu$ | Wellenlänge $\lambda$ | Temp. eines schwarzen Strahlers (n. Wien) | Energie $E=h\nu$ | natürliche Quellen bzw. Prozesse | Nutzung |
|---|---|---|---|---|---|---|
| elektrische Wellen, Hertzsche Wellen | 10–100 Hz | $10^3$–$10^4$ km | $10^{-10}$–$10^{-9}$ K | ≈ $10^{-13}$ eV | | Wechselstrom |
| | $10^2$–$10^4$ Hz | 10–1000 km | $10^{-9}$–$10^{-7}$ K | $10^{-13}$–$10^{-11}$ eV | | Telephonie |
| Langwellen | 10 kHz–1 MHz | 0,5–10 km | $10^{-7}$–$10^{-5}$ K | $10^{-11}$–$10^{-9}$ eV | | Rundfunk, Radioastronomie |
| Mittelwellen (AM) | ≈ MHz | ≈ 500 m | ≈ 0,01 mK | ≈ $5\cdot10^{-8}$ eV | Kernspinaufspaltung | Rundfunk, Radioastronomie, Kernspinresonanz (NMR) |
| Kurzwellen | 1–50 MHz | 10–100 m | ≈ 0,1 mK | ≈ 0,1 µeV | Kernspinaufspaltung | Rundfunk, Radioastronomie, Kernspinresonanz (NMR) |
| UKW (FM) | ≈ 100 MHz | ≈ 1 m | ≈ 1 mK | ≈ 0,5 µeV | | (Stereo-)Rundfunk, TV, Radioastronomie |
| Mikrowellen | GHz–THz ($10^9$–$10^{12}$ Hz) | 0,1 mm–10 cm | 0,01–10 K | 5 µeV–5 meV | kosmische Hintergrundstrahlung (≈ 3K), 21-cm-Linie des Wasserstoffs (Hyperfeinstruktur), Molekülrotationen (≈ meV) | Richtfunk, Radar, Elektronenresonanz (ESR), Mikrowellenherd, Hochfrequenz-(HF-)Technik |
| Infrarot (IR) | $10^{12}$–$4\cdot10^{14}$ Hz | 1 mm–800 nm | 10–7000 K | 5 meV–0,1 eV | »Wärmestrahlung« von Lebewesen (≈ 300 K), Molekülvibrationen (≈ 0,1 eV), Strahlungsmaximum der Sonne ($3{,}4\cdot10^{14}$ Hz, 5800 K) | Nachtsichtgeräte, Infrarot-Wärmelampe (Tierhaltung) |
| sichtbares Licht | $4$–$8\cdot10^{14}$ Hz | 800–400 nm | 7000–14000 K | 0,1–0,2 eV | elektronische Übergänge im Atom (äußere Schalen), Photosynthese | Beleuchtung, Astronomie, Mikroskopie usw. |
| Ultraviolett (UV) | $10^{15}$–$10^{17}$ Hz | 400–10 nm | $10^4$–$10^6$ K | 0,2–10 eV | elektronische Übergänge im Atom, atmosph. Ozon-Absorptionsbanden | Sterilisation medizinischer Geräte, Leuchtstoffröhre (»Neonröhre«), Photochemie |
| weiche Röntgenstrahlen | $10^{17}$–$10^{21}$ Hz | 10 nm–1 pm | $10^6$–$10^{10}$ K | 10 eV–100 keV | elektronische Übergänge im Atom (Innere Schalen, 1–100 keV), Bremsstrahlung | »Röntgen«, Kristallstrukturuntersuchungen, Identifizierung von Elementen anhand der charakteristischen Röntgenstrahlung |
| harte Röntgenstrahlen/Gammastrahlen | $>10^{21}$ Hz | < 1 pm | $>10^{10}$ K | > 100 keV | elektromagn. Kernübergänge (1–10 MeV), Compton-Streuung, $e^+e^-$-Paarerzeugung (> 1MeV), Brems-/Synchrotronstrahlung (auch kosmisch: Akkretionsscheiben Schwarzer Löcher, aktive Galaxien, Quasare), kosmische Gamma-Ausbrüche (»Bursts« ), sekundäre Höhenstrahlung ($10^{10}$–$10^{20}$ eV) | Kernphysik: Identifizierung und Anregung von Kernreaktionen, Teilchenphysik: Erzeugung von Mesonen (> 0,3 GeV), Baryonen (> 2 GeV) oder $W^\pm$- und $Z^0$-Bosonen (> 80–90 GeV) durch virtuelle γ-Quanten, Röntgen- und Gammaastronomie |

$E=h\nu$, der Impuls der Strahlung ist $E/c=h/\lambda$ ($c$: Lichtgeschwindigkeit, $\lambda$: Wellenlänge). Dieser Impuls äußert sich als ein ↗*Strahlungsdruck* $P_S$, der z.B. die Ursache der Entstehung von Kometenschweifen ist.

Elektromagnetische Strahlung, die allein von der Temperatur, nicht aber den Materialeigenschaften abhängt, heißt *Temperaturstrahlung* (Gegensatz: ↗*Lumineszenz*). Bei Zimmertemperatur liegt diese Strahlung im infraroten Spektralbereich, deshalb wird dieser (irreführend) auch »Wärmestrahlung« genannt. Die spektrale Intensitätsverteilung der Temperaturstrahlung wird von den ↗*Strahlungsgesetzen* beschrieben. Besonders wichtig ist die *Hohlraumstrahlung* (↗schwarzer Strahler), bei deren Erklärung M. ↗*Planck* zum ersten Mal eine Quantenhypothese aufstellte (↗*Plancksche Strahlungsformel*).

**elektromagnetische Verträglichkeit,** Ausmaß (bzw. die Geringfügigkeit) der infolge elektromagnetischer Felder auftretenden Störungen, die durch Naturvorgänge und in zunehmendem Maße durch technische Geräte entstehen, und die sowohl für Lebewesen (↗*Elektrosmog*) als auch für empfindliche elektronische Geräte und Meßeinrichtungen gefährlich werden können. Störfelder gelangen sowohl durch das Leitungsnetz als auch durch Strahlung in Geräte. Quellen der Störfelder sind z.B. elektrostatische Entladungen (↗*Blitze*), Schaltvorgänge, Funkgeräte und Mobiltelephone sowie Hochfrequenzgeneratoren. Besonders gefährdet sind Computer, Meßgeräte, Verstärker und elektronische Steuerungen wie z.B. in Verkehrsflugzeugen. Maßnahmen zur Reduzierung der Störeinflüsse sind u.a. die Abkapselung von starken Quellen oder Senken (↗*elektromagnetische Abschirmung*) und der Einbau von ↗*Filtern* in elektrische Leitungen.

**elektromagnetische Wandler,** elektroakustische ↗*Wandler*, bei denen die Beziehungen in einem elektrisch beeinflußten Magnetfeld (Kraft, Strom, Spannung) für die Wandlung genutzt werden.

**elektromagnetische Wechselwirkung,** eine der vier fundamentalen Wechselwirkungen im ↗*Standardmodell der Elementarteilchen*. Die elektromagnetische Wechselwirkung greift an elektrischen Ladungen an und ist im mikroskopischen Bereich für den Aufbau der Atome und die Bindung von Atomen zu Molekülen verantwortlich. Da sie, gleich der Gravitation, eine unendliche Reichweite hat, zeigt die elektromagnetische Wechselwirkung im Gegensatz zur starken und zur schwachen Kraft auch im makroskopischen Bereich starke direkte Wirkungen. Die klassische Beschreibung der elektromagnetischen Wechselwirkung im makroskopischen Bereich lieferte J.C. ↗Maxwell 1864 mit den nach ihm benannten Gleichungen, mit denen elektrische und magnetische Phänomene in einer vereinheitlichten Theorie zusammengefaßt werden (↗*Elektrodynamik*); eine zentrale Vorhersage war die der Existenz ↗elektromagnetischer Wellen.

Die quantentheoretische Beschreibung gelang mit der ↗*Quantenelektrodynamik*, die heute zu den experimentell am genauesten getesteten Theorien zählt; nicht zuletzt ihr glänzender experimenteller Erfolg regte dazu an, auch die anderen Wechselwirkungen mit Hilfe lokal eichinvarianter ↗*Quantenfeldtheorien* zu beschreiben. Typische Elementarteilchenprozesse der elektromagnetischen Wechselwirkung sind ↗*Streuprozesse* von Elektronen (und anderen Leptonen) aneinander oder z.B. an ↗*Nukleonen*. Die Untersuchung letzterer Streureaktionen konnte wesentlich zur Erforschung der ↗*Hadronen* beitragen, da Leptonen gegenüber der ↗*starken Wechselwirkung* neutral sind; sie können daher bei genügend hohen Energien tief in die Nukleonen eindringen und deren Struktur »sehen« (↗*Elektron-Nukleon-Streuung*). Ende der sechziger Jahre erkannte man mit solchen Experimenten, daß die Nukleonen aus Partonen (die später mit den ↗*Quarks* identifiziert wurden) zusammengesetzt sind, an denen die Elektronen streuen (↗*Parton-Modell*). Experimente bei noch höheren Energien an Speicherringen, wo es zur Paarvernichtung von Elektronen und Positronen kommt (↗*Elektron-Positron-Vernichtung*), haben in den siebziger Jahren entscheidend zur Herausbildung des Standardmodells der Elementarteilchen beigetragen.

**elektromagnetische Wellen,** elektromagnetische Felder, die sich im Raum ausbreiten. Die Existenz dieser ↗*Wellen* folgt direkt aus den ↗*Maxwell-Gleichungen*, ebenso ihre Ausbreitungsgeschwindigkeit im Vakuum, $c_0 = \sqrt{\varepsilon_0\mu_0}$. Sie wurden 1886 von H. ↗*Hertz* erstmals mit Hilfe von elektrischen ↗*Schwingkreisen* erzeugt (↗*Hertzsche Versuche*). Insbesondere zeigte Hertz, daß die elektromagnetischen Wellen dieselben Eigenschaften wie Lichtwellen besitzen. Dadurch wurde eine der größten physikalischen Erkenntnisse des 19.Jh., die Verschmelzung von Optik und Elektromagnetismus, experimentell bestätigt. Elektromagnetische Wellen werden ganz allgemein durch beschleunigte Ladungen erzeugt, z.B. durch oszillierende Dipole (↗*Hertzscher Dipol*) oder sich kreisförmig bewegende geladene Elementarteilchen in Speicherringen (↗*Synchrotronstrahlung*). Elektromagnetische Wellen kommen in der Natur mit den verschiedensten Frequenzen bzw. Wellenlängen vor: Radiowellen haben bis $10^8$ Hz, Lichtwellen $10^{14}$–$10^{15}$ Hz, und die härteste Gammastrahlung, die sich in der Sekundärstrahlung der ↗*kosmischen Strahlung* findet, kann $10^{25}$ Hz und mehr aufweisen (↗*elektromagnetisches Spektrum*). Bei diesen Frequenzen bzw. Energien dominiert allerdings der Teilchencharakter der elektromagnetischen Strahlung (↗*Photonen*).

Mathematisch werden elektromagnetische Wellen durch die *Telegraphengleichungen* beschrieben (↗*Wellengleichung*):

$$\Delta \boldsymbol{E} = \sigma\mu_r\mu_0 \frac{\partial \boldsymbol{E}}{\partial t} + \varepsilon_r\varepsilon_0\mu_r\mu_0 \frac{\partial^2 \boldsymbol{E}}{\partial t^2}$$

$$\Delta \boldsymbol{H} = \sigma\mu_r\mu_0 \frac{\partial \boldsymbol{H}}{\partial t} + \varepsilon_r\varepsilon_0\mu_r\mu_0 \frac{\partial^2 \boldsymbol{H}}{\partial t^2}$$

($\boldsymbol{E}$, $\boldsymbol{H}$: elektrische bzw. magnetische Feldstärke; $\sigma$: elektrische Leitfähigkeit, $\varepsilon_r$, $\mu_r$: Dielektrizitäts- bzw. Permeabilitätszahl des Mediums; $\varepsilon_0$, $\mu_0$: Dielektrizitätskonstante bzw. Permeabilität des Vakuums). Im Vakuum gilt $\varepsilon_r = \mu_r = 1$. In diesem Fall ergeben sich die *Wellengleichungen*

$$\Delta \boldsymbol{E} - \frac{1}{c_0^2}\frac{\partial^2 \boldsymbol{E}}{\partial t^2} = 0 \text{ und } \Delta \boldsymbol{H} - \frac{1}{c_0^2}\frac{\partial^2 \boldsymbol{H}}{\partial t^2} = 0.$$

Jede Lösung dieser Differentialgleichungen stellt eine elektromagnetische Welle dar, die oberen ergeben dabei gedämpfte, die unteren ungedämpfte Wellen. Der einfachste Lösungstyp sind ↗*ebene Wellen*, die das Feld in hinreichend großem Abstand von beliebigen Erregungszentren approximieren (*Fernfeld*). Ebene Wellen im Vakuum sind reine Transversalwellen, $\boldsymbol{E}$ und $\boldsymbol{H}$ stehen aufeinander und auf der Ausbreitungsrichtung senkrecht.

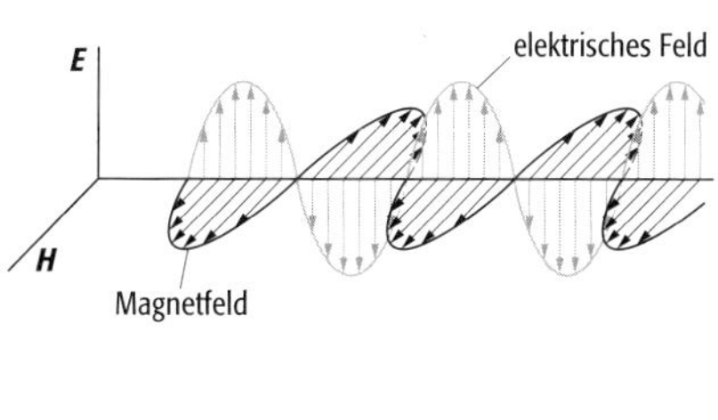


**elektromagnetische Wellen:** Elektrisches und Magnetfeld einer ebenen elektromagnetischen Welle.

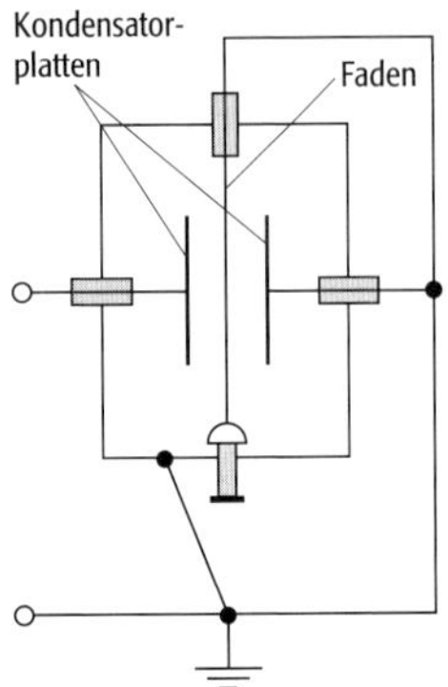


**Elektrometer:** Prinzip des Fadenelektrometers.

Für die Beträge gilt $E/H = \sqrt{\mu_0/\varepsilon_0}$ bzw. $E/B = 1/c_0$. $\sqrt{\mu_0/\varepsilon_0} = Z_0 \approx 377\Omega$ heißt der ↗*Wellenwiderstand* des Vakuums. In einem idealen ↗*Isolator* ($\sigma = 0$) ist die Ausbreitungsgeschwindigkeit $v$ der weiterhin transversalen Wellen geringer als im Vakuum, nämlich $v = 1/\sqrt{\varepsilon_r\varepsilon_0\mu_r\mu_0} = c_0/\sqrt{\varepsilon_r\mu_r}$. $\sqrt{\varepsilon_r\mu_r}$ ist demnach die ↗*Brechzahl* des Mediums (↗*Maxwell-Relation*). Der Wellenwiderstand ist in diesem Fall $Z = \sqrt{\mu_r\mu_0/\varepsilon_r\varepsilon_0}$. Eine *endliche Leitfähigkeit* kann für niedrige Frequenzen $\omega$ durch den Übergang $\varepsilon_r \to \varepsilon_r - \frac{i\sigma}{\varepsilon_0\omega}$ berücksichtigt werden, allgemein muß auch $\varepsilon^* = \varepsilon_r(\omega)$ frequenzabhängig angesetzt werden, um die ↗*Dispersion* des Materials mitzuberücksichtigen (↗*komplexe Dielektrizitätskonstante* $\varepsilon^*(\omega)$). Die magnetische Dispersion durch $\mu_r$ kann dagegen meist vernachlässigt werden. Wenn $\sigma$ bzw. $\mathrm{Im}\,\varepsilon^* \neq 0$, also bei gedämpften Wellen, fallen die Flächen konstanter Phase und Amplitude nicht notwendigerweise zusammen. Beispielsweise bildet sich bei schrägem Einfall in einem absorbierenden Medium eine gedämpfte gebrochene Welle, für die dann auch die Richtungsbeziehungen der Felder komplizierter als bei Transversalwellen sind.

Der mit einer elektromagnetischen Welle verbundene Energietransport wird durch den ↗*Poynting-Vektor* $\boldsymbol{S} = \boldsymbol{E} \times \boldsymbol{H}$ beschrieben (↗*Energie-Impuls-Tensor*). Bei einer ebenen Welle ist $\boldsymbol{S}$ parallel zur Ausbreitungsrichtung, im Fernfeld einer Strahlungsquelle radial nach außen gerichtet. Die *Intensität* $I$ einer elektromagnetischen Welle ist der mittlere Betrag von $\boldsymbol{S}$: $I = \langle S \rangle = E_0H_0/2$ (bei einer sinusförmigen Schwingung mit Amplituden $E_0$ und $H_0$), der ↗*Strahlungsdruck* ist $P_S = I/c_0$.

**Elektromagnetismus,** die Entstehung magnetischer Effekte infolge elektrischer Ströme. Bewegte elektrische Ladungen sind von magnetischen Feldern umgeben. Eine stromdurchflossene Spule besitzt ein Magnetfeld ähnlich einem Stabmagneten: Aus dem einen Ende treten magnetische Feldlinien aus und an dem anderen wieder ein, so daß die Enden der Spule den Polen eines Magneten entsprechen. Das Magnetfeld der Spule kann wesentlich verstärkt werden, wenn das Spuleninnere mit einem ↗Ferromagnetikum ausgefüllt wird. Die im Ferromagnetikum auftretende Magnetisierung macht die Spule zu einem kräftigen Elektromagneten.

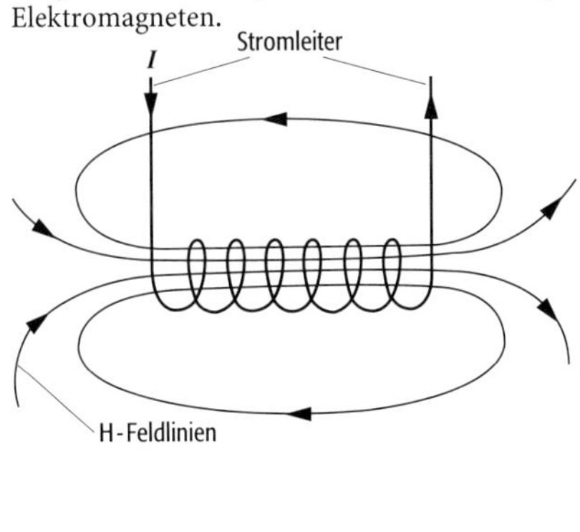


**Elektromagnetismus:** Erregung eines Magnetfeldes infolge eines Stromflusses durch eine Spule.

**elektromechanischer Wandler,** Bauelement (Vierpol) in der ↗*Elektroakustik*, bei dem die elektrischen Größen Strom $I$ und Spannung $U$ mit den mechanischen Größen Kraft $F$ und ↗*Schnelle* $v$ verknüpft sind.

**Elektrometer,** allgemein elektrisches Meßgerät, bei dem zwischen festen und beweglichen Teilen elektrostatische Kräfte wirken.

Die älteste Form des Elektrometers ist das ↗*Elektroskop*, das als *Blättchenelektroskop* auf der elektrostatischen Abstoßung gleichnamig geladener Metallblättchen beruht. Eine modernere Version hiervon ist das *Blättchenelektrometer* nach K.F. ↗*Braun*, bei dem eine bewegliche Nadel von einem festen Träger abgestoßen wird und sich entlang einer Skala bewegt, auf der Spannungen oder Ladungen abgelesen werden können. Beim ↗*Fadenelektrometer* (Abb.) wird ein metallischer Faden vor einer Skala abgelenkt und durch ein Mikroskop beobachtet.

Beim Blättchen- und Fadenelektrometer ohne Hilfsspannung (*idiostatische Schaltung*) ist die Auslenkung proportional zum Quadrat der Spannung. Mit einer Hilfsspannung wird die Auslenkung quasi-linear, und die Genauigkeit erreicht mehrere 100 SKT/V. Fadenelektrometer haben eine kurze Einstelldauer, sind leicht zu bedienen und lageunempfindlich.

Eine sehr hohe Spannungsempflindlichkeit, aber auch eine hohe Kapazität und lange Einstellzeiten besitzen die *Nadel-Elektrometer*, ↗*Binanten-Elektrometer*, ↗*Duanten-Elektrometer* und ↗*Quadranten-Elektrometer*. Dabei dreht sich eine Nadel oder ein leichter Metallflügel in einem in zwei (*Binant*, *Duant*) oder vier Segmente (*Quadrant*) aufgeteilten Behälter. Hiermit lassen sich Ablenkungen von 20 m/V oder 6 m/$10^{-12}$C erzielen (etwa 1 mm pro 1000 Elementarladungen!).

↗*Kapillarelektrometer* werden häufig bei physikalisch-chemischen Messungen als Nullinstrument verwendet. Dabei ändert sich die Oberflächenspannung einer Quecksilbersäule in Kontakt mit Schwefelsäure, wenn eine Spannung angelegt wird. Dies ändert die Höhe der Säule; bei Beobachtung mit einem Mikroskop können Empfindlichkeiten von $10^3$ bis $10^4$ SKT/V erreicht werden.

Das *Absolut-Elektrometer* besteht im Prinzip aus einem ebenen Schutzringkondensator, dessen kreisförmige Mittelplatte frei aufgehängt ist. Die Größe einer an der Platte anliegenden Spannung läßt sich aus der Kraft, mit der die Platte angezogen wird, und den geometrischen Abmessungen des Kondensators ermitteln.

**Elektrometerröhre,** ↗*Elektronenröhre* mit besonders hohem Eingangswiderstand und extrem geringem Gitterstrom (etwa $10^{-15}$A). Man verwendete Elektrometerröhren zur Messung und Verstärkung sehr kleiner Ströme, Spannungen oder Ladungen, besonders bei hohem Innenwiderstand des Meßobjekts (*Elektrometerverstärker*).

**Elektromotor,** eine Maschine zur Umwandlung von elektrischer in mechanische Energie. Der Elektromotor ist also das Gegenstück des *↗Generators*, welcher mechanische in elektrische Energie umwandelt. Generell besitzt ein Elektromotor ein von einer *Erregerwicklung* (*↗Spule*) erzeugtes magnetisches *Hauptfeld* (*Erregerfeld*), das auf den Strom in einer zweiten, der *Ankerwicklung*, eine Kraft oder ein Drehmoment ausübt. Weiter gibt es immer einen feststehenden (*↗Ständer, Stator*) und einen beweglichen Teil (*↗Läufer, Rotor*). Dabei trägt entweder der Ständer die Erreger- und der Läufer die Ankerwicklung (*Außenpolmaschine*) oder umgekehrt (*Innenpolmaschine*). Die Ankerwicklung erzeugt ihrerseits ein Magnetfeld, das das Hauptfeld stört. Diese *Ankerrückwirkung* kann durch zusätzliche Wicklungen behoben werden (*Verbundwicklung, Kompensationswicklung*). Das die Ankerwicklung tragende Bauteil wird *↗Anker* genannt.
Man unterscheidet zwischen *Linear-* und *Rotationsmotoren*: Bei ersteren bewegt sich ein Metallläufer auf zwei geraden, gleichstromdurchflossenen Schienen in einem dazu senkrechten Magnetfeld aufgrund der *↗Lorentz-Kraft* parallel zur Stromrichtung. Dieser Motor hat nur wenige Anwendungen, z.B. zum Antrieb der ausfahrbaren Schublade in CD-Spielern. Wesentlich häufiger und in Technik und Alltag fast allgegenwärtig sind dagegen Rotations-Elektromotoren, daher wird der Begriff »Elektromotor« oft als Synonym für den Rotationsmotor gebraucht. Bei diesem übt das Hauptfeld auf den Strom im Anker ein Drehmoment aus, wodurch das jeweils drehbar gelagerte Bauteil in Rotation versetzt wird. Über eine Welle kann diese Drehbewegung nach außen übertragen werden.
Je nach Art der Stromversorgung unterscheidet man ↗Gleichstrommotoren, ↗Wechselstrommotoren und ↗Drehstrommotoren. *Gleichstrommotoren* haben feste Erregerwicklungen und einen beweglichen Anker, der Läufer trägt also die Ankerwicklung (*Außenpolmaschine*). Um eine kontinuierliche Drehung aufrechtzuerhalten, muß die Stromrichtung in den Ankerwicklungen regelmäßig umgepolt werden; dies geschieht mit einem *Kommutator* oder *↗Stromwender*. Die Stromverbindung zum rotierenden Anker stellen *Schleifringe* oder *Bürsten* her. Bei Gleichstrommotoren wird noch einmal danach unterschieden, ob Erreger- und Ankerwicklung in Reihe (*↗Hauptschlußmotor, Reihenschlußmotor*) oder parallel (*↗Nebenschlußmotor*) geschaltet sind. Eine Zwischenstellung nimmt der *Compoundmotor* (*↗Doppelschlußmaschine*) ein. Haupt- und Nebenschlußmotoren haben verschiedene *Winkelgeschwindigkeits-Drehmoment-Kennlinien* (*↗Momentenkennlinie*): Beim Hauptschluß steigt die Drehzahl bei abnehmender Belastung stark an (der Motor »geht durch«), bei Nebenschluß variiert die Drehzahl nur um 5–10% zwischen Leerlauf

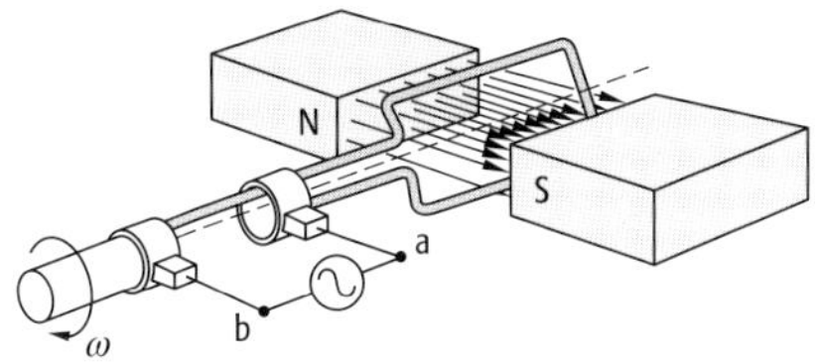


**Elektromotor 1:** Legt man an eine Generatorspule eine Wechselspannung der Frequenz $\omega$ an, so wird der Generator zum Motor.

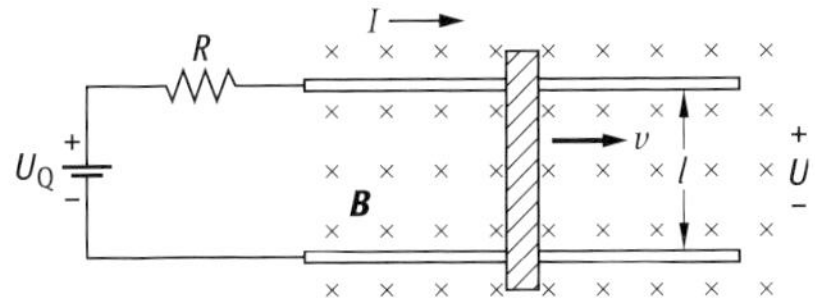


**Elektromotor 2:** Ein einfacher elektrischer Motor in Form eines Metallstabes, der auf Metallschienen mit der Geschwindigkeit $v$ gleitet, in einem Magnetfeld $\boldsymbol{B}$. An die Schienen ist eine Gleichspannungsquelle der Spannung $U_Q$ über einen Widerstand $R$ angeschlossen, die einen Strom der Stärke $I$ erzeugt.

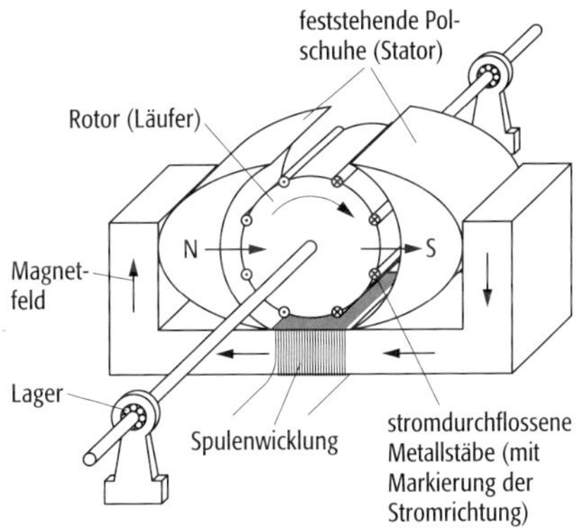


**Elektromotor 3:** Einfacher elektrischer Rotationsmotor. Die Stromrichtung wird durch Kreuze bzw. Punkte dargestellt.

und Vollast. Nebenschlußmotoren gehen nur durch, wenn die Erregerwicklung unterbrochen wird. Bei Nebenschlußmotoren kann die Drehzahl leicht über das Erregerfeld geregelt werden.
Da sich die Drehrichtung beim Hauptschlußmotor nicht ändert, wenn Erreger und Anker *gleichzeitig* umgepolt werden, ist dieser auch für Wechselstrom geeignet, wenn die *↗Wirbelstromverluste* klein gehalten werden (*↗Universalmotor*), er wird daher häufig als Kleinmotor bei Haushalts- und Büromaschinen eingesetzt. Wegen des guten Anfahrmoments dienen Wechselstrom-Hauptschlußmaschinen auch als Motoren von Eisenbahnlokomotiven, hier wird jedoch zur Vermeidung von zu hohen Funkenspannungen die Betriebsfrequenz auf 16,66Hz, d.h. 1/3 der normalen Netzfrequenz von 50Hz, herabgesetzt. Weitere gebräuchliche Wechselstrommotoren sind der

mit dem *Drehstrom-Asynchronmotor* verwandte Kondensatormotor (*Induktionsmotor*, ↗*Asynchronmotor*) und der ↗*Spaltpolmotor*. Beim synchronen ↗*Drehstrommotor* besteht der Ständer aus drei Ankerwicklungen im Winkelabstand von 120°, die mit den drei Phasen einer ↗*Drehstrom*-Leitung verbunden sind. Diese erzeugen ein ↗*Drehfeld*, welches den Läufer in Rotation versetzt. Der Läufer ist meist ein gleichstromerregter Elektromagnet. Beim asynchronen Drehstrommotor (↗*Asynchronmotor*) besteht der Läufer meist aus einem »Käfig« aus kurzgeschlossenen Metallstäben (*Kurzschluß-*, *Käfigläufer*), welcher dem Drehfeld asynchron hinterherläuft. Aufgrund der einfachen Bauweise ohne Schleifring, Bürsten oder Drahtwicklungen ist dieser Motor weit verbreitet, er hat jedoch eine starre Drehzahl. Der Drehstrommotor mit *Schleifringläufer* ist komplizierter gebaut, erlaubt jedoch eine, wenn auch verlustbehaftete, Drehzahlregelung und ein größeres Anlaufmoment. Der noch kompliziertere *Drehstrom-Kommutatormotor* ermöglicht eine verlustfreie Drehzahlregelung.

**elektromotorische Kraft,** *EMK*, *Urspannung*, veralteter Begriff für die ↗*Leerlaufspannung* einer ↗*Spannungsquelle*. Der Name leitet sich aus der Vorstellung ab, daß eine nichtelektrische (z.B. bei einer ↗*Batterie* chemische) Kraft eine Ladungstrennung aufrechterhält, die die Leerlaufspannung erzeugt.

**Elektromyographie,** *EMG*, Verfahren zur Registrierung der elektrischen Aktivität von Muskeln und Muskelfasern. Ähnlich wie in der ↗*Elektrokardiographie* (*EKG*) werden dazu zwei Elektroden auf die Hautoberfläche aufgebracht oder mit Nadeln direkt in den Muskel eingestochen. Die dabei gemessenen elektrischen Potentialschwankungen ermöglichen Aussagen über die Muskelaktivität. So zeigt ein in Ruhe befindlicher Muskel keinerlei elektrische Aktivität. Ein stark beanspruchter Muskel weist dagegen ein dichtes Signalmuster auf. Die Elektromyographie dient damit zur Diagnose von Muskel- und Nervenerkrankungen.

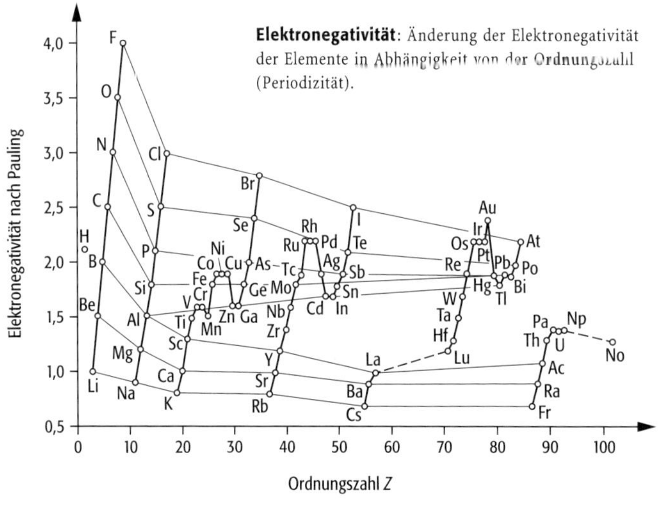


**Elektronegativität**: Änderung der Elektronegativität der Elemente in Abhängigkeit von der Ordnungszahl (Periodizität).

**Elektron,** zur Familie der ↗*Leptonen* gehörendes elementares ↗*Fermion* (↗*Elementarteilchen*). Das Elektron hat eine Masse von $511\,\mathrm{keV/c^2}$, entsprechend $9{,}1096\cdot 10^{-31}\,\mathrm{kg}$ ($5{,}4859\cdot 10^{-4}\,\mathrm{amu}$), eine Ladung entsprechend der ↗*Elementarladung* von $1{,}60219\cdot 10^{-19}\,\mathrm{C}$ und trägt als Fermion einen ↗*Spin* von $1/2\hbar$. Das Elektron unterliegt der starken und elektroschwachen Wechselwirkung. Der Name leitet sich aus dem griechischen Wort für Bernstein ab. J.J. Thomson entdeckte das Elektron in den Jahren 1897–1899 im Rahmen seiner Versuche zur Bestimmung des Ladungs-Masse-Verhältnisses $e/m$ für ↗*Kathodenstrahlen*.

**Elektronegativität,** *EN*, $\chi$, »Maß für die Stärke eines Atoms in einem Molekül, Elektronen an sich zu ziehen« (L. ↗Pauling, 1932). Sie ist keine Eigenschaft des isolierten Atoms, sondern des Atoms in seiner Umgebung. Paulings Elektronegativitätsskala, die auf thermodynamischen Daten (Energie der Valenzelektronen) beruht, ist willkürlich so gewählt, daß Wasserstoff den Wert 2,1 und das elektronegativste Element Fluor den Wert 4 besitzt. R.S. ↗Mulliken hat eine Skala mit absoluten Einheiten abgeleitet und berechnet. Seine Definition für die Elektronegativität lautet:

$$\chi_M = \tfrac{1}{2}(IE_V + EA_V),$$

wobei die Ionisierungsenergie $IE_V$ und die Elektronenaffinität $EA_V$ des Valenzzustands in eV eingesetzt werden. Die Mulliken-Werte können mit folgender Gleichung in die Werte von Pauling umgerechnet werden:

$$\chi = 0{,}336\left[\tfrac{1}{2}(IE_V + EA_V) - 0{,}615\right].$$

Die Definition der Elektronegativität nach Mulliken ist gleich dem Anstieg der Energiekurve der Ionisierungsenergie und der ↗*Elektronenaffinität* (in Abhängigkeit von der Oxidationsstufe) im Ursprung ($z = 0$):

$$\chi = \mathrm{d}E/\mathrm{d}q = \alpha + 2\beta q.$$

Ein hoher Anstieg der Energiekurve z.B. bedeutet, daß bei der Aufnahme eines Elektrons viel Energie frei wird und das entsprechende Atom sehr elektronegativ sein wird. Es besteht auch ein Zusammenhang zwischen *EN* und der Säure-Base-Eigenschaft eines Moleküls.

L.C. Allen definierte die Elektronegativität eines Atoms mittels Orbitalenergien und bezeichnete sie als dessen *Konfigurationsenergie CE*:

$$CE = \frac{m\varepsilon_p + n\varepsilon_s}{m+n}.$$

Hierbei sind $m$ und $n$ die Anzahl bzw. $\varepsilon_p$ und $\varepsilon_s$ die Energien der Elektronen in den p- und s-Orbitalen der Valenzschale. Sie lassen sich spektroskopisch bestimmen. Die *CE* kann die periodischen Eigenschaften der Elemente wie z.B. die kovalente, ionische und metallische Bindung, die Atomradien und Oxidationszah-

len, sowie die besonderen Eigenschaften von Kohlenstoff und Wasserstoff beschreiben.
Die Elektronegativität eines Atoms ist nicht unveränderlich, sondern hängt von seinem Valenzzustand (Hybridisierung) und von der Ladung ab.
Die Elektronegativität der Elemente unterliegt einer *Periodizität*. Innerhalb einer Periode des Periodensystems nehmen die Elektronegativitäten mit steigender Ordnungszahl $n$ zu. Dagegen nehmen die EN innerhalb einer Gruppe von oben nach unten ab.

**Elektron-Elektron-Stöße,** *Elektron-Elektron-Streuung*, Streuprozesse zwischen Elektronen, wobei neben Impuls- und Energieerhaltung das Pauli-Prinzip berücksichtigt werden muß. Besitzen zwei Elektronen vor einem Stoß die Wellenvektoren $\boldsymbol{k}_1$ und $\boldsymbol{k}_2$ und besetzen sie anschließend die Zustände $\boldsymbol{k}_3$ und $\boldsymbol{k}_4$ (Abb. a), so gilt mit dem Impulsvektor $\boldsymbol{p} = h\boldsymbol{k}$ für Elektronen die Beziehung:

$$\boldsymbol{k}_1 + \boldsymbol{k}_2 = \boldsymbol{k}_3 + \boldsymbol{k}_4$$

Aufgrund der Energieerhaltung gilt für freie Elektronen:

$$\frac{\hbar^2}{2m}\left(k_1^2 + k_2^2\right) = \frac{\hbar^2}{2m}\left(k_3^2 + k_4^2\right)$$

Es können nur solche Stöße stattfinden, bei denen die Endzustände vorher leer waren, da wegen des Pauli-Prinzips ein Zustand von höchstens einem Elektron besetzt sein kann. Nach der Fermi-Dirac-Verteilung besteht nur innerhalb einer Energieschale der Dicke $k_BT$ um die Fermi-Energie $\varepsilon_F$ die Wahrscheinlichkeit, sowohl besetzte als auch unbesetzte Zustände mit gleicher Energie vorzufinden, wie es in der Fermi-Kugel in Abbildung b) skizziert ist. Der Anteil dieser Elektronen an der Gesamtzahl innnerhalb der Fermi-Kugel ist etwa $k_BT/\varepsilon_F$, so daß der klassische Wirkungsquerschnitt $\sigma_0$ bei der Streuung zweier Elektronen um $(k_BT/\varepsilon_F)^2$ reduziert ist. Der Wirkungsquerschnitt $\sigma_0$ wird außerdem durch die *elektrostatische Abschirmung* verringert.

**Elektron-Elektron-Stoßzeit,** in einem Plasma die mittlere Zeit, die ein Elektron benötigt, um durch Wechselwirkung mit den anderen Elektronen eine kumulative Ablenkung um 90° zu erleiden. Die Elektron-Elektron-Stoßzeit ist auch ein Maß für die Dauer bis zur Einstellung des thermischen Gleichgewichts unter den Elektronen.

**Elektronenaffinität,** *im Atom*: die Energie, die bei Zugabe eines Elektrons zu einem neutralen Atom frei wird. Die Elektronenaffinität beschreibt die Neigung eines Elementes, Anionen zu bilden; sie ist maßgeblich für die Art der Bindung zwischen zwei Atomen. Atome mit hoher Elektronenaffinität gehen ↗*Ionenbindungen* mit Atomen kleiner ↗*Ionisierungsenergie* ein, wenn dadurch insgesamt ein Energiegewinn auftritt. Klassisches Beispiel dafür ist das NaCl (Elektronenaffinität von Cl: 3,71 eV, Ionisierungsenergie von Na 5,14 eV, Energiegewinn durch elektrostatische Anziehung: 4,51 eV, d.h. insgesamt entsteht durch die Ionenbindung ein Energiegewinn von 3,08 eV). Die Elektronenaffinität ist durch die Elektronenkonfiguration bestimmt; sie nimmt im ↗*Periodensystem der Elemente* von rechts oben nach links unten ab. Halogene haben die größten Elektronenaffinitäten. Das hängt damit zusammen, daß sie durch Aufnahme nur eines Elektrons Edelgaskonfiguration erreichen. Die Elektronenaffinitäten der Alkalimetalle sind dagegen sehr niedrig. Zusammen mit der ↗*Ionisierungsenergie* bildet die Elektronenaffinität die Grundlage zur Berechnung der ↗*Elektronegativität* nach Pauling.
*Im Halbleiter* ist die Elektronenaffinität als Energiedifferenz zwischen Leitungsbandkante an der Oberfläche und Vakuumniveau definiert.

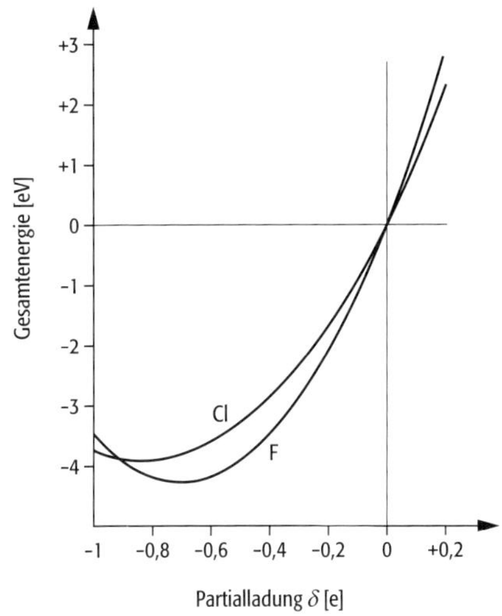


**Elektronenaffinität**: Änderung der Gesamtenergie ($\sum IE + \sum EA$) in Abhängigkeit von der Partialladung für Fluor und Chlor.

**Elektronenaffinitäten** $\chi$ verschiedener Elemente in Elektronenvolt [eV].

| Element | Elektronenaffinität $\chi$ in eV |
|---|---|
| Wasserstoff | 0,747 |
| Fluor | 3,45 |
| Chlor | 3,71 |
| Brom | 3,36 |
| Iod | 3,06 |
| Sauerstoff | 1,47 |
| Lithium | 0,54 |
| Natrium | 0,74 |

**Elektronenanregung,** die ↗Anregung von Elektronen in Metallen und Halbleitern, meist durch Absorption eines Photons. Das beteiligte Elektron nimmt die Photonenenergie auf und besetzt ein höheres Energieniveau. Dabei kann es bei Halbleitern zum Überspringen der ↗*Energielücke* kommen und durch das Besetzen von freien Valenzbandniveaus (↗*Valenzband*) zur ↗*elektrischen Leitung*. Dabei ist zu unterscheiden, ob es sich bei der Anregung um einen *Direktprozeß* oder einen unter Beteiligung von Phononen entstehenden *indirekten Prozeß* handelt (↗Bändermodell, ↗direkter Halbleiter).

**elektronenartige Bahn,** Bezeichnung für die Bahnbewegung eines Kristallelektrons, genauer des Wellenvektors $\boldsymbol{k}$, in einem konstanten Magnetfeld, falls der Umlaufsinn gleich dem eines freien Elektrons ist. Nach der Bewegungsgleichung einer *Elektronenwelle*

$$\frac{d\boldsymbol{k}}{dt} = -\frac{e}{\hbar^2}\left(\boldsymbol{\nabla}_{\boldsymbol{k}}\varepsilon(\boldsymbol{k}) \times \boldsymbol{B}\right)$$

bewegt sich das Elektron im $\boldsymbol{k}$-Raum senkrecht zu $\boldsymbol{\nabla}_{\boldsymbol{k}}\varepsilon(\boldsymbol{k})$, also auf einer Fläche konstanter

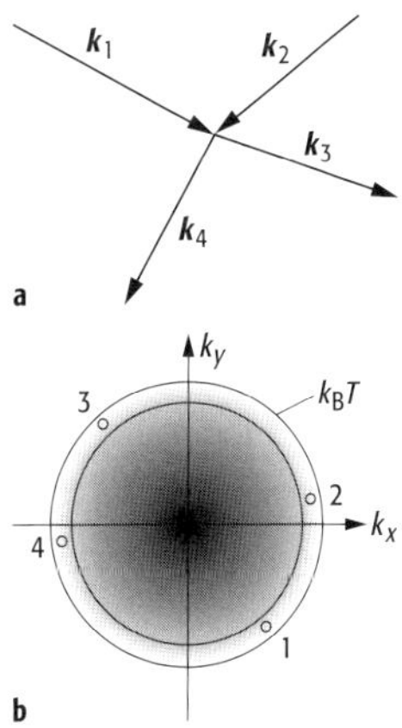


**Elektron-Elektron-Stöße:** a) Stoß zweier Elektronen mit Wellenvektoren $\boldsymbol{k}_1$ und $\boldsymbol{k}_2$, die danach die Wellenvektoren $\boldsymbol{k}_3$ bzw. $\boldsymbol{k}_4$ haben; b) Schnitt durch die Fermi-Kugel in der $k_xk_y$-Ebene vor einem Elektron-Elektron-Stoß mit den besetzten Anfangszuständen 1 und 2 und den unbesetzten Endzuständen 3 und 4.

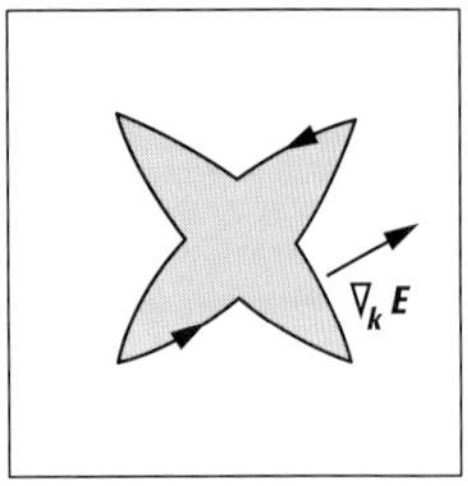


**elektronenartige Bahn:** Bewegung des Wellenvektors $\boldsymbol{k}$ eines Kristallelektrons auf einer Fermi-Fläche längs einer elektronenartigen Bahn. Das Magnetfeld $\boldsymbol{B}$ weist aus der Zeichenebene nach oben.

Energie und außerdem in der Ebene senkrecht zu $\boldsymbol{B}$. Bei einer geschlossenen Bahn auf einer Fermi-Fläche kann die Energie $\varepsilon(\boldsymbol{k})$ sowohl nach außen als auch nach innen zunehmen. Weist $\boldsymbol{B}$ aus der Zeichenebene nach oben und der Vektor $\nabla_k\varepsilon(\boldsymbol{k})$ nach außen, so verläuft die Bahn des Kristallelektrons entgegen dem Uhrzeigersinn (Abb.). Diese Bahn ist elektronenartig, da sie die gleiche Umlaufrichtung beschreibt, die ein freies Elektron in dem gleichen Magnetfeld $\boldsymbol{B}$ hat. Umgekehrt existieren auch Bahnen, die als *lochartig* bezeichnet werden.

**Elektronenauslösung** ↗Elektronenemission.

**Elektronenbeschleuniger,** Gerät zur Beschleunigung von Elektronen auf hohe Energien (mehrere GeV, ↗*Beschleuniger*). Man verwendet zum einen ↗*Linearbeschleuniger*, wie beispielsweise den Stanford Linear Accelerator (↗*SLAC*), der Energien bis 25GeV erzeugt, oder ↗*Kreisbeschleuniger*, zumeist Synchrotrons wie das ↗*DESY*-Synchrotron, mit dem Elektronen auf 7GeV beschleunigt werden. Die Energien liegen allgemein zwischen 1 und 50MeV, die Strahlleistungen gehen bis zu 20kW. Haupteinsatzgebiete sind neben der Grundlagenforschung die Strahlentechnik, -technologie, -therapie und Defektoskopie. Neben den seit vielen Jahren benutzten *Betatrons* haben neuerlich die ↗*Mikrotrons* an Bedeutung gewonnen, insbesondere in der Aktivierungsanalyse über die Photokernreaktionen. Bei Kreisbeschleunigern treten Energieverluste durch ↗*Synchrotronstrahlung* auf (↗Elektronensynchrotron). Dieser ursprünglich unerwünschte Effekt wird heute gezielt in vielen Forschungsbereichen eingesetzt, beispielsweise in der biomedizinischen Forschung und in der Materialforschung.

**Elektronenbeugung,** Beugungserscheinungen von Elektronen bei elastischer Streuung an kristallinen Materialien, an denen die Welleneigenschaften des Elektrons offenbar werden. Die Wellenlänge der Elektronen ist gegeben über die Beziehung $\lambda = h/p$, oder in nichtrelativistischer Näherung durch $\lambda = \sqrt{150/U}$ ($\lambda$ in Å, Beschleunigungsspannung $U$ in V). Sie beträgt 0,4nm bei 10eV bzw. 3,7pm bei 100keV, liegt also in der Größenordnung der interatomaren Abstände in Festkörpern oder darunter. Die Lage der Beugungsmaxima kann, wie in der ↗*Röntgenbeugung*, anhand der ↗Laue-Gleichungen oder mit Hilfe der ↗Ewald-Konstruktion bestimmt werden. Für hochenergetische Elektronen ist der Radius der Ewald-Kugel ($r \sim 1/\lambda$) groß im Vergleich zu den reziproken Gittervektoren eines Kristalls, so daß Beugungsmaxima bereits bei Winkeln um $10^{-1}$rad auftreten. Für die Beugung nieder- und mittelenergetischer Elektronen werden, aufgrund ihrer geringen Eindringtiefe (↗inelastische mittlere freie Weglänge), die Gitterpunkte der Ewald-Kugel durch Gitterstäbe ersetzt (die Periodizität senkrecht zur Oberfläche entfällt, die reziproken Gitterpunkte liegen unendlich dicht zusammen). Die starke Wechselwirkung von Elektronen mit Materie ist auch der Grund dafür, daß, anders als bei der Röntgenbeugung, die kinematische Theorie zur Bestimmung der Streuintensität nicht ohne weiteres angewendet werden kann. Statt dessen ist im Rahmen einer dynamischen Streutheorie Vielfachstreuung zu berücksichtigen. Erstmals beobachtet wurde die Elektronenbeugung 1927 von C.J. ↗Davisson und L.H. ↗Germer bei der Streuung langsamer Elektronen an Ni-Kristallen und von G.P. Thomson mit mittelschnellen Elektronen (50keV) an mikrokristallinen Folien (↗Debye-Scherrer-Verfahren). Ihre Experimente galten als Bestätigung der von L. de Broglie postulierten Materiewellen. Große Verbreitung fanden die Beugungsmethoden allerdings erst in den 60er Jahren im Zusammenhang mit der Entwicklung der Ultrahochvakuum-Technik und den verbesserten Möglichkeiten zur Präparation einkristalliner Oberflächen.

Die Elektronenbeugung ist Grundlage verschiedener Methoden zur Untersuchung von Festkörpern und Gasen. Dabei unterscheidet man zwischen der Beugung nieder-, mittel- und hochenergetischer Elektronen. Elektronen mit Energien zwischen 10 und 1000eV werden in der niederenergetischen Elektronenbeugung (low energy electron diffraction oder ↗*LEED*) verwendet. Diese Untersuchungsmethode wird aufgrund der extrem geringen freien Weglänge der Elektronen zur Analyse der Oberflächenstruktur eingesetzt. Man beobachtet Beugungsbilder in Rückstreugeometrie. Durch Auswertung der *Laue-Bedingungen* wird die Existenz von ↗Oberflächenrekonstruktionen nachgewiesen. Eine Analyse der Spotprofile dient der Untersuchung von Oberflächendefekten, mittels der dynamischen Theorie kann aus der Energieabhängigkeit der Spotintensitäten die Struktur der Elementarzelle bestimmt werden. Elektronen mit Energien von etwa 5 bis 50keV werden in der »Reflection high energy electron diffraction« (↗*RHEED*) eingesetzt. Hier entsteht die hohe Oberflächenempfindlichkeit durch streifenden Einfall der Elektronen, das Beugungsbild wird in Reflexion beobachtet. Eines der wichtigsten Anwendungsgebiete von RHEED ist die Wachstumskontrolle in der Molekularstrahlepitaxie. Dort kann z.B. anhand sog. RHEED-Oszillationen das lagenweise Aufwachsen der Schicht beobachtet und gesteuert werden. Methoden mit noch höheren Elektronenenergien, 20keV–1MeV, werden im Durchstrahlungsmodus (*THEED*, transmission high energy electron diffraction) und oft in Verbindung mit elektronenmikroskopischen Methoden (↗Transmissionselektronenmikroskopie, *TEM*) durchgeführt. In diesem Fall müssen dünne Filme mit Dicken von ca. 1–100nm präpariert werden. [MG2, URE]



a



b

**Elektronenbeugung:** a) Elektronenmikroskopische Aufnahme und b) elektronenoptische Beugungsfigur (Elektronenenergie 100keV) einer 80nm dicken Zinn-Schicht.

**Elektronenbeweglichkeit,** $\mu$, Betrag der ↗*Driftgeschwindigkeit* $\boldsymbol{v}$ im elektrischen

Feld der Stärke eins:

$$\mu = |\boldsymbol{v}|/E$$

Sie ist für Löcher und Elektronen positiv, obwohl deren Driftgeschwindigkeiten negativ sind. Ausgehend von der Definition der Driftgeschwindigkeit ergibt sich für die Elektronenbeweglichkeit der Zusammenhang:

$$\mu_e = e\tau_e/m_e$$

$\tau_e$ ist hierbei die mittlere Stoßzeit der Elektronen mit ↗*Phononen* und anderen Gitterdefekten. Die Beweglichkeit ist schwach temperaturabhängig und läßt sich bei konstanter Ladungsträgerdichte über die ↗*Leitfähigkeit* bestimmen:

$$\sigma = ne\mu_e$$

**Elektronen-Bildspektrometer** ↗Bildspektrometer.

**Elektronenblitzgerät,** Zusatzgerät zum Photoapparat. Wenn die vorhandene Helligkeit zum Photographieren nicht ausreicht, kann durch einen Lichtblitz das Objekt kurzzeitig belichtet werden. Beim Elektronenblitzgerät wird dazu die impulsförmige Entladung eines Kondensators über eine mit Xenon gefüllte Entladungsröhre genutzt.
Beim *Computerblitzgerät* wird die vom Objekt reflektierte Lichtstrahlung gemessen, und eine elektronische Regelschaltung steuert die Blitzdauer so, daß bei ausreichender Belichtung die Blitzröhre abgeschaltet wird.

**Elektronendichte, 1)** *Atomphysik*: Aufenthaltswahrscheinlichkeit eines Elektrons an einem bestimmten Punkt im Atom bzw. Molekül (↗Atomhülle). Bei lokalisierten Bindungen ist sie auf ↗Atomorbitale bzw. ↗Molekülorbitale begrenzt. Sie ist dem Quadrat der Wellenfunktion des Elektrons proportional und wird graphisch als *Elektronendichteverteilung* bzw. als Wahrscheinlichkeitsfunktion (Schalenmodell) dargestellt. Eine Anregung von Elektronen aus dem Grundzustand ist nur durch Zufuhr diskreter Energiepakete möglich, die der Energiedifferenz zu höher gelegenen, unbesetzten Orbitalen entspricht.

**2)** *Festkörperphysik*: Elektronenverteilung in der Hülle isolierter Atome oder um die Atomrümpfe eines Kristallgitters. In Kristallen spiegelt die Elektronenverteilung die Gittersymmetrie wieder, so daß $\rho(\boldsymbol{r})$ invariant ist gegen Symmetrie-Translationen mit jedem Translationsvektor $\boldsymbol{t}$:

$$\rho(\boldsymbol{r}+\boldsymbol{t}) = \rho(\boldsymbol{r})$$

Da einfallende elektromagnetische Strahlung an den Elektronen gestreut wird, bestimmt die Elektronendichte die ↗*Strukturamplitude* bei der Beugung von Röntgenstrahlen an Kristallen (↗*Röntgenbeugung*). Entwickelt man $\rho(\boldsymbol{r})$ in eine Fourier-Reihe nach Vektoren $\boldsymbol{g}$ des reziproken Gitters:

$$\rho(\boldsymbol{r}) = \sum_{h_1,h_2,h_3} A_{h_1,h_2,h_3}\, e^{i\boldsymbol{g}_{h_1,h_2,h_3}\boldsymbol{r}}$$

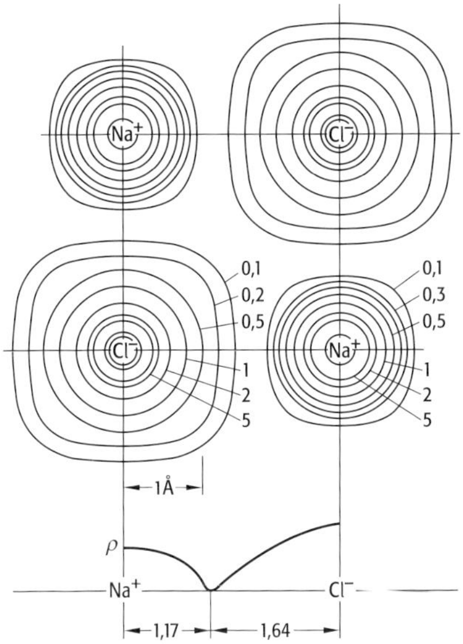


**Elektronendichte:** Elektronendichte [$Å^{-3}$] als Höhenlinien in der (100)-Ebene eines kubisch-flächenzentrierten NaCl-Kristalls.

so sind die Entwicklungskoeffizienten

$$A_{h_1,h_2,h_3} = \frac{1}{V_z}|F_{h_1,h_2,h_3}|$$

bis auf das Volumen $V_z$ einer Elementarzelle gleich den Beträgen der Strukturamplituden $F_{h_1,h_2,h_3}$.
An dünnen Schichten kann die Elektronendichteverteilung auch durch Anwendung der Elektronen- und der Neutroneninterferenz bestimmt werden. Bei delokalisierten Bindungen, wie sie in Metallen vorliegen (↗*metallische Bindung*), ist die Elektronendichte der Leitungselektronen im homogenen positiven Medium der Metallgitterionen als Elektronengas (freie Elektronen) verteilt (↗Elektronengasmodell, klassisches). Die nichtlokalisierten Elektronen besetzen Zustände in Leitungsbändern, innerhalb derer sie durch geringe thermische oder elektrische Energiezufuhr leicht in höhere unbesetzte Zustände wechseln können.

**Elektronendichteverteilung,** graphische Darstellung der ↗*Elektronendichte* (e/$Å^3$) in einem Atom, Molekül oder Festkörper als Funktion des Abstands vom Kern. Sie wird durch Quadrierung der Wellenfunktionen der Elektronen erhalten.

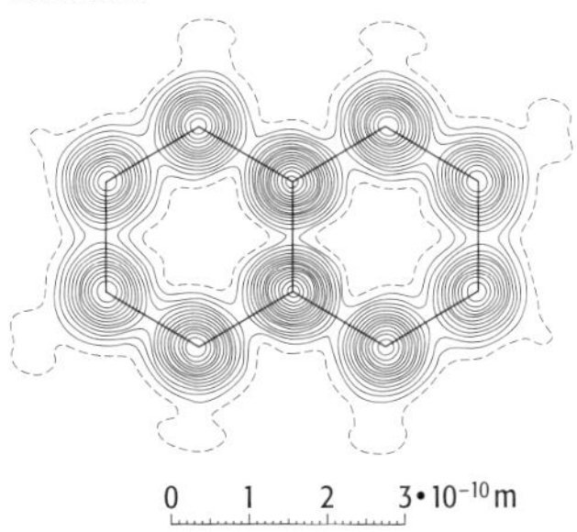


**Elektronendichteverteilung:** Karte der Elektronendichteverteilung (Schichtlinien in Abständen von 1/2 Elektron je $Å^3$) in der Molekülebene von Naphtalin.

**Elektroneneinfang,** ein Typ des ↗*Betazerfalls*, bei dem ein Elektron der K-, L- oder M-Schale vom Kern eingefangen wird. Durch die schwache Kernkraft kommt es zur Wechselwirkung zwischen einem im Kern gebundenen Proton und dem Elektron, und es bildet sich ein Neutron, das ebenfalls im Kern bleibt, während ein Neutrino den Kern verläßt. Dadurch verwandelt sich der Kern – und auch das Atom – in einen mit einer um eins geringeren Protonenzahl und um eins höheren Neutronenzahl, also z.B. $^{71}\mathrm{Ge} \rightarrow {}^{71}\mathrm{Ga} + \nu_e$. Das Tochteratom, also in diesem Fall $^{71}$Ga, hat demnach in seiner K-, L- oder M-Schale eine Leerstelle, die durch Elektronen aus höheren Energieniveaus gefüllt wird. Es kommt dann zur Emission ↗*charakteristischer Röntgenstrahlen* oder von ↗*Konversionselektronen*.

**Elektronenemission,** die Auslösung von Elektronen aus der Elektronenhülle eines Atoms. Die Emission kann durch ↗*Absorption* elektromagnetischer Strahlung und durch Stöße mit geladenen Teilchen (↗*Stoßionisation*) erfolgen.

1) Die Auslösung von Elektronen aus Atomen durch elektromagnetische Strahlung wird ↗*Photoeffekt* bzw. ↗*Photoionisation* genannt. Für die Ionisation mit einem einzigen absorbierten Photon gilt die ↗*Einstein-Gleichung*. Dabei muß die Wellenlänge des Photons je nach ↗*Ionisationsenergie* im ultravioletten Spektralbereich oder im Röntgenbereich liegen. Bei der Ionisation mit intensiven gepulsten Lasern ist auch die gleichzeitige Absorption mehrerer Photonen möglich (↗*Multi-Photonen-Ionisation*). Dies ist auch bei Wellenlängen im nahen Infrarot oder im sichtbaren Spektralbereich möglich. Im sichtbaren und ultravioletten Spektralbereich werden nur ↗*Valenzelektronen* ausgelöst. Im Bereich der Röntgenstrahlung findet auch Ionisation innerer Schalen statt (z.B. ↗*Auger-Effekt*).

Bei sehr harter Röntgen- oder $\gamma$-Strahlung (Photonenenergie größer etwa $10^5$eV) geht der Photoeffekt in den ↗*Compton-Effekt* über, der auch an freien Elektronen auftritt: Es wird nur ein Teil der Energie des auftreffenden Photons in kinetische Energie des Elektrons verwandelt. Der Rest tritt in Form eines gestreuten Lichtquants mit verschobener Energie auf. Ein Lichtquant, dessen Energie mehr als dem Doppelten der Masse des Elektrons (511 keV) entspricht, kann ↗*Paarbildung*, d.h. die Bildung eines Elektron-Positron-Paares, hervorrufen. Die überschüssige Energie tritt als kinetische Energie des Paares auf. Aus Impulserhaltungsgründen kann sich ein solcher Prozeß nur im Feld eines Atomkerns abspielen, der den Impuls aufnimmt.

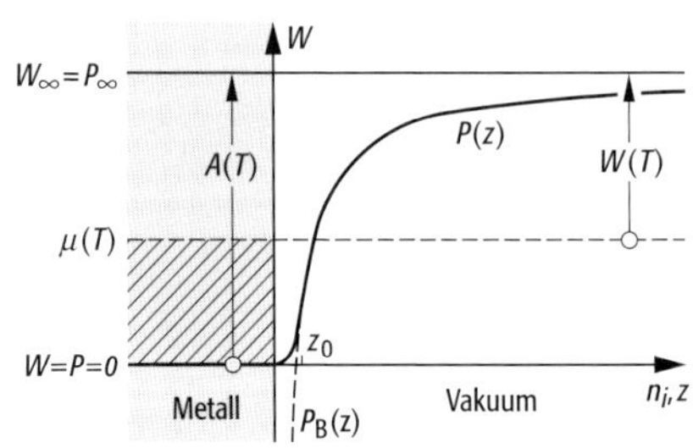


**Elektronenemission:** Austrittsarbeit $W$ für Elektronen-Emission sowie der Potentialverlauf $P(z)$ über dem Abstand von einer Metalloberfläche. Das Bildkraftpotential $P_B(z)$ überlagert sich mit der Oberflächenkraft, deren Reichweite $z_0$ beträgt.

2) *Elektronenemission aus Atomen, Molekülen oder Ionen* kann auch durch Stoßprozesse mit anderen geladenen oder neutralen Teilchen verursacht werden. Die kinetische Energie der Stoßpartner muß mindestens so groß sein wie die Ionisierungsenergie des zu ionisierenden Teilchens. Die Teilchen können Ihre kinetische Energie durch ein statisches elektrisches Feld oder aus einem ↗*Beschleuniger* erhalten. Eine weitere Möglichkeit ist die Verwendung von $\alpha$- oder $\beta$-Strahlen aus radioaktiven Zerfällen. In einem Gas bei genügend hoher Temperatur führen Stöße zwischen Atomen und Molekülen untereinander zur Ionisierung und Anregung, wodurch ein Gemisch aus neutralen und geladenen Teilchen entsteht.

3) *Austritt von Leitungselektronen aus Metallen*: Die Austrittsarbeit kann durch thermische Energie (↗*Glühemission*), hochenergetische Strahlung (↗*Photoemission*) oder durch Anlegen eines elektrischen Feldes (↗*Feldemission*) aufgebracht werden. Die Wechselwirkungen eines Elektrons mit den übrigen Elektronen und den Ionen heben sich im Kristallinnern auf, wirken jedoch an der Oberfläche als rücktreibende Kraft. Die Reichweite $z_0$ dieser Oberflächenkraft beträgt außerhalb des Festkörpers wegen der elektrischen Neutralität nur einige Atomlagen. Durch eine Ladung $-e$ im Abstand $z$ von der Oberfläche wird eine Bildladung $+e$ bei $-z$ erzeugt. Der Potentialverlauf der Bildkraft ist:

$$P_B(z) = A + \int_z^\infty \frac{e^2}{4\pi\varepsilon_0 (2z')^2}\, dz' = A - \frac{e^2}{16\pi\,\varepsilon_0\, z},$$

wobei die Elektronenaffinität $A$ die Differenz der potentiellen Energie $P$ im Probeninnern ($P = 0$ für pseudofreie Elektronen) und in einem unendlichen Abstand ($P = P_\infty$) von der Oberfläche bezeichnet. Die Austrittsarbeit $W$ ist die Energie $W(z \rightarrow \infty) = W_\infty$ des ruhenden Elektrons in einem unendlichen Abstand bezogen auf die Energie $\mu$ an der Fermi-Grenze: $W = W_\infty - \mu$. [SW, TV]

**Elektronen-Energieanalysatoren,** *Elektronenspektrometer*, Gerät zur Analyse der kinetischen Energie freier Elektronen. Alle Arten von Elektronen-Energieanalysatoren selektieren Elektronen bestimmter Energie aus und bewirken, daß nur Elektronen dieser Energie vom Detektor nachgewiesen werden. Die wichtigsten Parameter solcher Analysatoren sind die Energieauflösung und die Nachweiseffizienz. Grundsätzlich unterscheidet man zwei Typen von Analysatoren.

1) *Verzögerungsfeldanalysatoren*: In einem Verzögerungsfeldanalysator wird ein Elektron in einem wohldefinierten elektrostatischen Potential erzeugt und fliegt in Richtung eines Verzögerungsfeldes $U_R$, wie in Abb. 1a dargestellt. Ist die kinetische Energie des Elektrons

höher als das Verzögerungspotential $U_R$, so kann das Elektron das Gitter G passieren und am Kollektor nachgewiesen werden. Durch Variation von $U_R$ kann die Energie der nachgewiesenen Elektronen verändert werden. Das Energiespektrum der Elektronen ergibt sich dann als erste Ableitung des gemessenen Elektronenstroms. Für kleine Werte von $U_R$ können jedoch fast alle Elektronen den Kollektor erreichen, so daß Verzögerungsfeldanalysatoren im niederenergetischen Bereich relativ unzuverlässig sind. Außerdem wird nur die Geschwindigkeitskomponente der Elektronen in Richtung des Verzögerungsfeldes analysiert. Um eine gute Auflösung zu erreichen, muß man also sicherstellen, daß die Elektronen in Richtung des Verzögerungsfeldes fliegen. Dies kann man durch verschiedene Blendenanordnungen erreichen (Abb. 1b, c).
2) *Ablenkanalysatoren* basieren auf der energieabhängigen Ablenkung der Elektronen in statischen elektrischen Feldern. Die Funktionsweise eines Ablenkanalysators wird in Abb. 2a am Beispiel des Parallelplatten-Analysators gezeigt. In einer Anordnung aus zwei Metallplatten können Elektronen durch zwei Löcher in einer der Platten ein- bzw. austreten. Zwischen den beiden Platten liegt ein für Elektronen verzögerndes Potential $U_R$ an. Ein Elektron, das im Punkt A unter einem Winkel $\Theta$ in das Feld eintritt, beschreibt eine parabolische Bahn und kann den Plattenkondensator in Punkt B verlassen, wenn für seine kinetische Energie gilt:

$$E_{kin} = eU_R D/2d \sin 2\Theta$$

Durch Verändern der Spannung $U_R$ variiert man also die Energie der Elektronen, die den Kondensator in Punkt B verlassen können. Mißt man die Anzahl der in B ankommenden Elektronen, so erhält man das Energiespektrum der Elektronen. Die Auflösung dieses Analysators hängt stark davon ab, wie groß die Winkelakzeptanz $\Delta\Theta$ der Anordnung ist. Ist $\Delta\Theta$ klein, so ist die Auflösung hoch, jedoch die Nachweiseffizienz klein, da Elektronen, mit Energie $E_{kin}$, die unter einem Winkel außerhalb des Bereichs $\Theta \pm \Delta\Theta$ einfallen, nicht nachgewiesen werden. Für $\Theta = 45^\circ$ verschwindet dagegen die Abhängigkeit der Energie $E_{kin}$ von $\Theta$ in erster Ordnung; man spricht von Fokussierung erster Ordnung. Der *Zylinderspiegelanalysator* (Abb. 2b) ist eine Erweiterung des Parallelplattenanalysators. Die Platten werden zu Zylindern eines Zylinderkondensators, die Löcher zu Schlitzen in dem inneren Zylinder. Um dabei gute Auflösung zu erreichen, müssen die Elektronen aus einer Punktquelle kommen. Der 127°-Zylinderanalysator (Abb. 2c) ist ebenfalls fokussierend in erster Ordnung und wird typischerweise für zylinderförmige Quellvolumina eingesetzt. Der Kugelsektoranalysator (Abb. 2d) ist ein in zwei Dimensionen fokussierender Analysator und

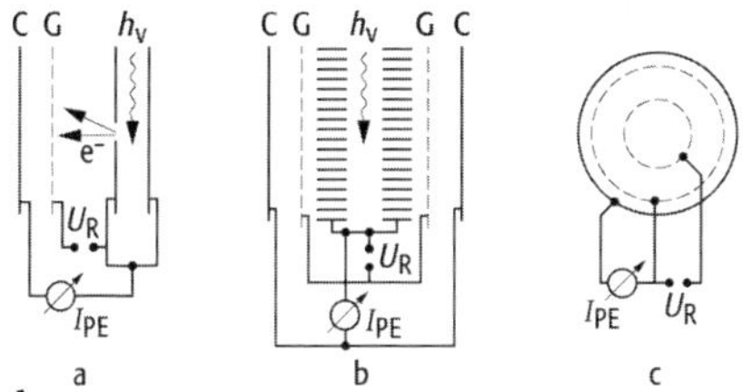


1

**Elektronen-Energieanalysatoren 1:** Schema eines Verzögerungsplattenanalysators. a) Elektrostatisches Verzögerungsfeld, b), c) Blendenanordnungen zur Erhöhung der Energieauflösung.

findet deshalb für punktförmige Quellvolumina Anwendung.
3) Das *magnetische Elektronenenergiefilter* besteht im allgemeinen aus einem magnetischen Sektorfeld. In diesem Sektorfeld, dessen Feldlinien orthogonal zur Bewegungsrichtung der Elektronen ausgerichtet sind, erfahren Elektronen eine ablenkende Kraft $\boldsymbol{E} = \frac{e}{c} \cdot v \times \boldsymbol{B}$, die ↗*Lorentz-Kraft* genannt wird. Die Lorentz-Kraft verändert lediglich die Richtung, nicht aber den Betrag des Geschwindigkeitsvektors. Der Krümmungsradius $\rho$ ist gerade so groß, daß die Zentrifugalkraft gleich der Lorentz-Kraft ist. Damit ergibt sich $\frac{m \cdot v^2}{\rho} = B \cdot e \cdot v$. Durch Umstellen der Formel ergibt sich die Beziehung $m \cdot v = e \cdot B \cdot \rho$. Das Produkt aus Krümmungsradius und Magnetfeldstärke ist proportional zum Inpuls und damit zur Energie der Elektronen.
Die Anwendungen der beschriebenen Geräte liegen im wesentlichen in der ↗*Photoelektronenspektroskopie*, wo hauptsächlich der Kugelsektoranalysator zum Einsatz kommt, sowie in der ↗*Auger-Elektronenspektroskopie*. Für die AES an Oberflächen finden hauptsächlich der Zylinderspiegelanalysator und der Kugelsektoranalysator Verwendung, da es sich hier um punktförmige Quellvolumina handelt. [RK, SW]

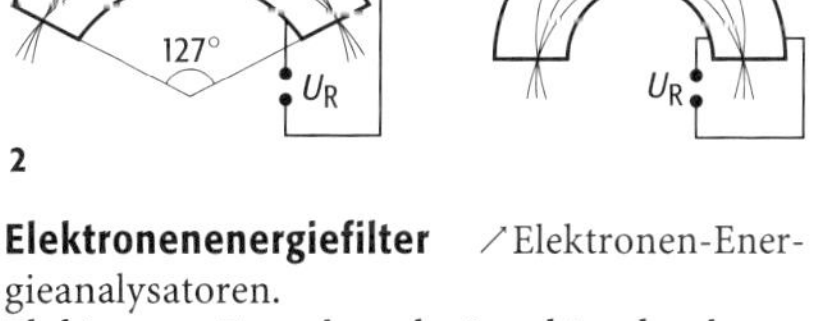


2

**Elektronen-Energieanalysatoren 2:** Schema verschiedener Ablenkanalysatoren. a) Parallelplattenanalysator, b) Zylinderspiegelanalysator, c) 127°-Analysator, d) Kugelsektoranalysator.

**Elektronenenergiefilter** ↗Elektronen-Energieanalysatoren.

**Elektronen-Energieverlustspektroskopie,** *EELS*, Methode zur Untersuchung von Festkörperoberflächen durch inelastische Elektronenstreuung. Ein möglichst monoenergetischer Elektronenstrahl wird an der Probe gestreut, die Energieverteilung der gestreuten Elektronen für verschiedene Winkel mittels Elektronenmonochromator und Detektor aufgenommen. Energieverluste entstehen durch

**Elektronen-Energieverlust-spektroskopie:** Schematischer Überblick über mögliche Anregungsmechanismen, die im EELS-Spektrum nachgewiesen werden können.

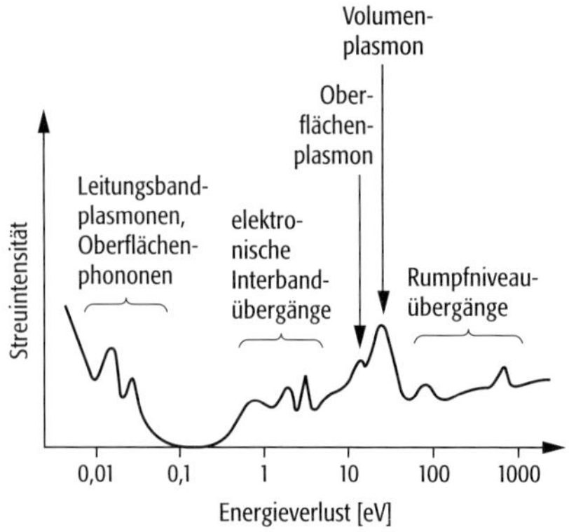


Wechselwirkung mit vibronischen und elektronischen Elementaranregungen von Oberfläche und Festkörper (siehe Abb.). Wechselwirkungsmechanismen sind die Dipolstreuung und die i.a. wesentlich schwächere Stoßstreuung. Die Dipolstreuung wird durch die Energieverlustfunktion $\mathrm{Im}(-1/\varepsilon)$ bzw. für Oberflächen durch $\mathrm{Im}(-1/1+\varepsilon)$ beschrieben. Für Primärenergien kleiner als 50eV spricht man von *hochauflösender Elektronen-Energieverlustspektroskopie* (*HREELS*), welche ausschließlich im ↗Ultrahochvakuum durchgeführt wird. HREELS identifiziert adsorbierte Atome und Moleküle und untersucht ihre Bindungsplätze und Bindungsgeometrie, sie mißt Oberflächenphononen und Oberflächenplasmonen an reinen und adsorbatbedeckten Metallen und Halbleitern. EELS mit Primärelektronenenergien von 100–500eV betrachtet Volumen- und Oberflächenanregungen, wie z.B. Valenzbandplasmonen und elektronische Interbandübergänge.

**Elektronengas** ↗Elektronengasmodell, klassisches.

**Elektronengasmodell, klassisches,** erstmals 1895 von H.A. ↗*Lorentz* aufgestelltes Modell für die Gesamtheit der Leitungselektronen in Metallen. Im Metall sind die Valenzelektronen wegen der geringen Ionisierungsenergie leicht von den Atomrümpfen abtrennbar, so daß sie sich als Elektronengas relativ frei durch das Kristallgitter bewegen können. Die freien Elektronen sind verantwortlich für die typischen physikalischen Eigenschaften eines Metalls, wie die hohe elektrische und Wärmeleitfähigkeit oder die Reflexion von elektromagnetischer Strahlung, worauf der metallische Glanz beruht. Viele Transporteigenschaften von Metallen können durch die einfache Annahme erklärt werden, daß sich die beweglichen Elektronen wie ein klassisches Gas verhalten, also ohne Berücksichtigung des Pauli-Prinzips und der Fermi-Dirac-Statistik, der die Elektronen gehorchen. So ist nach der ↗*Drude-Lorentz-Theorie* die elektrische Leitfähigkeit $\sigma$ begrenzt durch die mittlere Flugdauer $\tau$ eines Elektrons, bevor es einen Stoß mit z.B. Gitteratomen oder anderen freien Elektronen erleidet. Die Leitfähigkeit eines Gases aus $n$ Elektronen pro Volumeneinheit ist danach:

$$\sigma = \frac{1}{2}\frac{e^2}{m}\frac{n\tau}{} .$$

$\sigma$ ist also, im Einklang mit dem Ohmschen Gesetz, unabhängig von dem angelegten elektrischen Feld. Der wesentliche Faktor bei den Transportgrößen, insbesondere bei der Temperaturabhängigkeit, ist die mittlere freie Flugdauer $\tau$. Die Elektronenkonzentration in Metallen hängt praktisch nicht von $T$ ab. Bei den verschiedenen Wechselwirkungen, denen die Elektronen unterliegen und durch die $\tau$ bestimmt ist, muß allerdings geklärt werden, inwieweit die Elektronen als klassische Teilchen behandelt werden können. Entgegen der klassischen Vorstellung wirken nicht etwa die periodisch angeordneten Gitteratome als Streuzentren für die Elektronen, sondern hauptsächlich die Störungen des idealen Kristallgitters durch z.B. Fremdatome und andere ↗Gitterfehler sowie durch thermisch angeregte Gitterschwingungen (*Elektron-Phonon-Wechselwirkungen*). Eine wenn auch geringe Rolle spielen ↗*Elektron-Elektron-Stöße*. Das klassische Elektronengasmodell kann nicht den Beitrag der freien Elektronen zur spezifischen Wärme eines Metalls erklären. Hierzu müssen die Metallelektronen als *Fermi-Elektronengas* behandelt werden. Klassisch betrachtet ist die mittlere kinetische Energie eines freien Elektrons nach Gleichverteilungssatz $E_{\mathrm{kin}} = 3k_BT/2$. Bezogen auf 1mol sollte daher der Beitrag des Elektronengases zur spezifischen Wärme eines Metalls $c_p^{\mathrm{el}} = \frac{3}{2}R_g$ ($R_g$: allgemeine Gaskonstante) betragen. Im Experiment findet man jedoch Werte, die um etwa zwei Größenordnungen kleiner sind, als nach dem klassischen Modell erwartet wird. Die Begründung liegt in den Eigenschaften der Fermi-Dirac-Verteilung der Elektronen, nach der nur die Elektronen an der Fermi-Grenze thermisch angeregt werden können und somit zur spezifischen Wärme beitragen. [TV]

**Elektronengeräte,** aus den 30er und 40er Jahren stammender Begriff für Apparate, in denen die Eigenschaften des freien ↗*Elektrons* – insbesondere seine Ladung und Masse bzw. Energie – technisch nutzbar gemacht werden. Infolge seiner großen spezifischen Ladung ist das Elektron leicht durch elektrische und magnetische Felder beeinflußbar und daher mehr als andere Teilchen für eine praktische Verwendung geeignet.

Die einfachsten Elektronengeräte, in denen hauptsächlich die Ladung des Elektrons eine Rolle spielt, sind die ↗*Photozelle* und die ↗*Elektronenröhre*. In der ↗*Röntgenröhre* ist neben der Ladung auch die Masse des Elektrons von Bedeutung für die technische Anwendung. Ladung und Energie des Elektrons werden ferner im ↗*Elektronenvervielfacher* ausgenutzt. Eine andere Gruppe von Geräten nützt weniger den Elektronenstrom als solchen, sondern vielmehr seine Strahleigenschaften (Fokussierung, Strahlführung) aus.

Zu ihr gehören die Braunsche Röhre und deren Fortentwicklungen, das Kathodenstrahloszilloskop (↗*Oszillograph*) und die Fernsehröhre. In der letzten wichtigen Gruppe befinden sich die elektronenoptischen Abbildungsgeräte, z.B. das ↗*Elektronenmikroskop* und der Bildwandler. Elektronengeräte bildeten ursprünglich die Grundlage der ↗*Elektronik*.

**Elektronengyrationsradius,** Radius der Kreisbewegung von Elektronen in einem Magnetfeld. In einem Plasma der Elektronentemperatur $T_e$, das durch ein Magnetfeld der Stärke $B$ eingeschlossen ist, ist der mittlere Elektronengyrationsradius

$$r_e[m] = 3,4 \cdot 10^{-6} = \frac{\sqrt{k_B T_e[\mathrm{eV}]}}{B[\mathrm{T}]} .$$

**Elektronenhülle,** die Gesamtheit der $Z$ Elektronen, die zusammen mit dem $Z$-fach geladenen Kern das Atom der Ordnungszahl $Z$ bilden. (↗Atomhülle)

**Elektroneninterferenz,** Interferenzerscheinungen von Elektronen, die mittels Beschreibung der Elektronen als Materiewellen verstanden werden können. Diese Materiewellen werden wie Röntgenwellen nach den Interferenzgesetzen in einem Kristall gestreut. Bei Elektronen beruht die Ablenkung auf ihrer Coulomb-Wechselwirkung mit der Hülle der Atome. Elektronen werden viel stärker gestreut als Röntgenquanten, das heißt, die Intensität der Reflexe ist etwa 108 Mal so groß. Die Elektronen dringen jedoch nicht so tief in das Material ein wie Röntgenstrahlen. Deshalb kann man mit Elektronenstreuung nur dünne Schichten und Oberflächen charakterisieren.

**Elektronenkanone,** ein Gerät zur Erzeugung eines möglichst monoenergetischen und scharf gebündelten Elektronenstrahls. Eine Elektronenkanone besteht i.a. aus einer Kathode als ↗*Elektronenquelle*, einer Anordnung von ↗*Elektronenlinsen* zum Fokussieren des Elektronenstrahls und einer Anode zwecks Beschleunigung der Elektronen. Die Emission der Elektronen wird meist mittels ↗*Glühemission* oder ↗*Feldemission* hervorgerufen. Als Kathodenmaterialien dienen Übergangsmetalle mit geringem Dampfdruck und hoher Schmelztemperatur, wie Wolfram und Tantal, oder Verbindungen, wie $LaB_6$. Elektronenkanonen mit hohen Stromdichten arbeiten mit der ↗*Photoemission*, dies ermöglicht auch die Generation polarisierter Elektronen. Als Kathodenmaterial dienen dann Halbleiterverbindungen, wie z.B. GaAs. Je nach Leistung, Fokussierung und Elektronenenergie werden Elektronenkanonen in den unterschiedlichsten Gebieten eingesetzt, angefangen von der Elektronenspektroskopie, über die Elektronenmikroskopie, Lithographie, industrielle Prozesse (u.a. Schweißen, Sterilisieren) bis hin zur Medizin (Anwendung in der Krebstherapie).

**Elektronenkaskade,** Multiplikationsprozeß energiereicher Elektronen ($E > 10$MeV) beim Durchgang durch Materie. Die zugrunde liegenden Mechanismen sind die ↗*Bremsstrahlung* und die Elektron-Positron-Paarerzeugung (↗*Paarerzeugung*). Der Verlauf der Teilchenzahl wird von der *Kaskadentheorie* beschrieben. In der Natur taucht dieses Phänomen in der kosmischen Strahlung auf.

**Elektronen-Kernspin-Doppelresonanz,** *Electron-Nuclear Double-Resonance*, ↗*ENDOR*.

**Elektronenkomponente** ↗Höhenstrahlung.

**Elektronenkonfiguration der Elemente,** Verteilung der Elektronen in Mehrelektronenatomen auf die ↗Atomorbitale im Grundzustand (↗Atomhülle). Das Auffüllen der Atomorbitale beginnt beim 1s-Orbital – dem Orbital mit der niedrigsten Energie – gemäß der ↗*Hundschen Regel* und dem ↗*Pauli-Prinzip*. Die Elektronen der beiden Elemente der ersten Periode mit der Hauptquantenzahl $n = 1$ besetzen das 1s-Orbital: $1s^1$ (H), $1s^2$ (He). Die acht Elemente der zweiten Periode besitzen vier Orbitale mit der Hauptquantenzahl $n = 2$, die mit Elektronen aufgefüllt werden: $1s^2 2s^1$ (Li) bis $1s^2 2s^2 2p^6$ (Ne). In der dritten Periode besetzen die Elektronen vier weitere Orbitale mit der Hauptquantenzahl $n = 3$: $[Ne]3s^1$ (Na) bis $[Ne]3s^2 3p^6$ (Ar). Die 3d-Orbitale werden von den Elementen der dritten Periode nicht besetzt. Die Elemente der vierten Periode besetzen nach dem 4s-Orbital die 3d-Orbitale (d-Block; Übergangselemente) vor den 4p-Orbitalen mit Elektronen und trennen so die zweite und dritte Hauptgruppe voneinander. Deshalb folgen auf $[Ar]4s^2$ (Ca) die Elektronenkonfigurationen $[Ar]4s^2 3d^1$ (Sc) bis $[Ar]4s^2 3d^{10}$ (Zn) und danach $[Ar]4s^2 3d^{10} 4p^1$ (Ga) bis $[Ar]4s^2 3d^{10} 4p^6$ (Kr). Die Besetzung der 5s-, 4d- und 5p-Orbitale der fünften Periode erfolgt analog der vierten Periode. In der sechsten Periode werden nach den 6s-Orbitalen zuerst die 4f-Orbitale (f-Block; innere Übergangselemente) besetzt, anschließend die 5d-Orbitale und schließlich die 6p-Orbitale. Die Orbitale der siebten Periode werden nach dem gleichen Prinzip wie in der sechsten Periode besetzt (↗Atomtheorie).

**Elektronenkonzentration,** Zahl der Elektronen pro Volumen, die im Halbleiter zur elektrischen Leitfähigkeit beitragen.

**Elektronenkühlung,** Ende der sechziger Jahre in Nowosibirsk entwickelte Methode, um Protonen, Antiprotonen oder allgemein Ionen in einem Speicherring eine einheitliche Sollgeschwindigkeit aufzuprägen. Unter Kühlung werden Vorgänge bezeichnet, welche die Ionen möglichst exakt auf Betrag und Richtung der Sollgeschwindigkeit bringen. In einem mit dieser Sollgeschwindigkeit bewegten Koordinatensystem erscheinen die abweichenden Geschwindigkeiten der einzelnen Ionen als unregelmäßige Bewegung, die mit einer Temperatur charakterisiert werden können. Werden die Abweichungen von der Sollgeschwindigkeit kleiner, sinkt die Temperatur des Ionenstrahls. Dazu wird dem Ionenstrahl auf einer Strecke von etwa zwei Metern ein paralleler Strahl von Elektronen mit wohl defi-

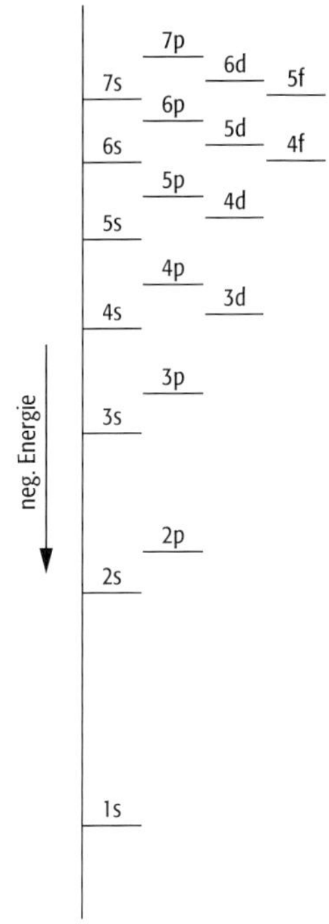


**Elektronenkonfiguration der Elemente:** Besetzung der s-, p-, d- und f-Orbitale im Energieniveauschema.

nierter Geschwindigkeit überlagert. Jedes im Speicherring zirkulierende Ion tauscht dann mehr als eine Million Mal pro Sekunde seine Energie mit dem Elektronenstrahl aus und erhält so in Bruchteilen einer Sekunde exakt die Geschwindigkeit des Elektronenstrahls. Gleichzeitig verringert sich der Durchmesser des Ionenstrahls auf wenige Millimeter, und seine Divergenz wird drastisch reduziert. Als Ergebnis dieser Kühlung kreist im Ultrahochvakuum des Speicherrings für viele Minuten bis Stunden ein für die Experimente geforderter energiescharfer brillanter Ionenstrahl.
Der Ionenstrahl kann auch über eine andere Methode, die *stochastische Kühlung*, gekühlt werden.

**Elektronenlawine,** Prozeß der Elektronenauslösung in einem ↗*Sekundärelektronenvervielfacher*. (↗Elektronenkaskade)

**Elektronenlinsen,** Bauteil zur Ablenkung von Elektronenstrahlen durch inhomogene elektrische und/oder magnetische Felder. Analog zu optischen Linsen können mit Elektronenlinsen von einem Punkt in verschiedene Richtungen ausgehende Strahlen wieder in einem Punkt abgebildet werden. In *elektrischen Linsen* wirkt auf die Elektronen eine der elektrischen Feldstärke proportionale Kraft. Für rotationssymmetrische Felder mit dem Potential $V(z)$ entlang der Symmetrieachse kann die Radialkomponente der elektrischen Feldstärke geschrieben werden als

$$E_r = \frac{r}{2}\frac{\mathrm{d}^2V(z)}{\mathrm{d}z^2}\,.$$

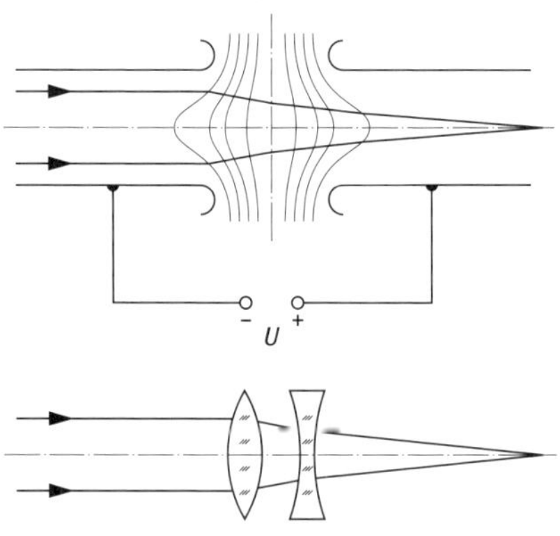


**Elektronenlinsen 1:** Elektronenoptische Rohrlinse mit Potentialfeld und vergleichbare lichtoptische Linse. Der linke Teil wirkt als Sammellinse, der rechte als Streulinse. Aufgrund der Beschleunigung der Elektronen in der Rohrlinse überwiegt die Sammelwirkung.

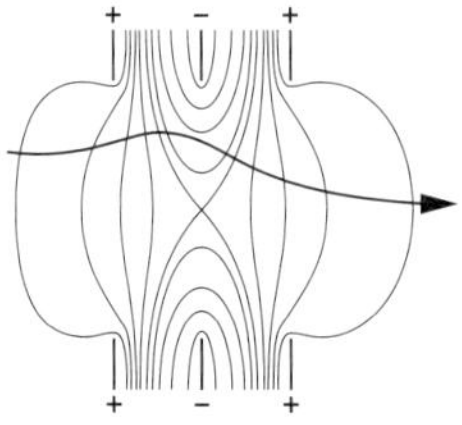


**Elektronenlinsen 2:** Elektronenoptische Einzellinse aus drei Lochblenden mit Potentialfeld und Verlauf der Elektronenbahn.

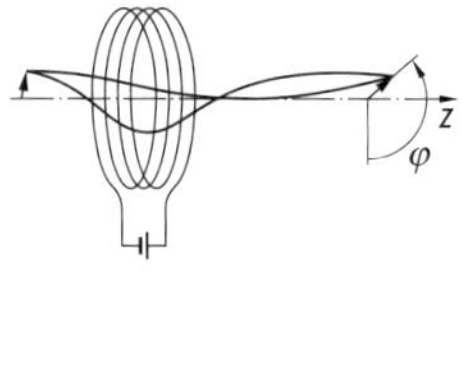


**Elektronenlinsen 3:** Elektronenstrahlverlauf in einer magnetischen Linse. Die Drehung des Bildes gegenüber dem Objekt kommt durch den spiralförmigen Strahlverlauf aufgrund der nur seitwärts ablenkend wirkenden Lorentz-Kräfte zustande.

Die Brennweite $f$ einer elektrischen Linse ergibt sich näherungsweise zu

$$\frac{1}{f} = \frac{3}{16}\int_a^b \frac{\mathrm{d}z}{(V(z))^2}\left(\frac{\mathrm{d}V}{\mathrm{d}z}\right)^2.$$

Abb. 1 und 2 zeigen Beispiele für elektrische Linsen.
In *magnetischen Linsen* erfahren die Elektronen eine Ablenkung aufgrund der aus der magnetischen Feldstärke $B$ resultierenden ↗*Lorentz-Kraft*. Die Brennweite $f$ einer magnetischen Linse ergibt sich zu

$$\frac{1}{f} = \frac{e}{8mU}\int B_z^2\mathrm{d}z$$

mit der $B_z$-Komponente der magnetischen Feldstärke entlang der optischen Achse ($U$: Beschleunigungsspannung). Die für magnetische Linsen notwendigen inhomogenen Felder werden z.B. in Spulen erzeugt (Abb. 3) Für hohe magnetische Feldstärken sind allerdings große Ströme erforderlich. Mit *supraleitenden Elektronenlinsen* kann der Strombedarf für das Aufrechterhalten eines entsprechend starken Magnetfeldes und der Wärmeeintrag in das Mikroskop stark reduziert werden.
Die prinzipielle Funktion von Elektronenlinsen kann im Teilchenbild freier Ladungsträger erklärt werden. Das größere *Auflösungsvermögen* von Elektronenlinsen gegenüber lichtoptischen Linsen kann nur im Bild der ↗*Elektronenoptik* mit *De-Broglie-Materiewellen* erklärt werden.

**Elektronenlithographie,** *Elektronenstrahllithographie*, Teilprozeß der ↗*LIGA-Verfahren*, bei dem durch einen gebündelten Elektronenstrahl Strukturen in eine Trägersubstanz gebrannt werden. Feine Randstrukturen und breitere Gebiete werden mit unterschiedlich eng gebündelten Elektronenstrahlen erzeugt. Die Grenzen für Detailstrukturen liegen bei etwa 0,1 μm.

**Elektronenloch** ↗Loch, ↗Dirac-See.

**Elektronenmasse, effektive** ↗effektive Masse.

**Elektronenmikroskop,** Mikroskop, welches zur Vergrößerung nicht elektromagnetische Strahlung, sondern Teilchenstrahlung (Elektronen) verwendet.
Entwickelt und gebaut wurde das erste Elektronenmikroskop als ↗*Transmissionselektronenmikroskop* von E. ↗Ruska, B. v. Borries, M. Knoll und Mitarbeitern bereits in den Jahren 1931–1933. Elektronenmikroskope wurden entwickelt, um das auf ca. 200 nm begrenzte ↗*Auflösungsvermögen* lichtoptischer Mikroskope zu übertreffen. Das erste ↗*Rasterelektronenmikroskop* wurde im Jahre 1942 gebaut und war im Jahre 1965 erstmals kommerziell erhältlich.
Das räumliche Auflösungsvermögen eines Mikroskops hängt wesentlich von der Wellenlänge der verwendeten Strahlung ab. Aufgrund der *De-Broglie-Beziehung* $\lambda = h/(mv)$ ist die Wellenlänge der verwendeten Partikel (Elek-

tronen) abhängig von der Elektronengeschwindigkeit (↗*Hochvolt-Elektronenmikroskop*). Mit heutigen Elektronenmikroskopen lassen sich Strukturen mit atomarer Auflösung von etwa 0,1 nm abbilden.

Kernstück eines Elektronenmikroskops ist die Mikroskopsäule mit dem evakuierbaren Innenrohr, in dem der Elektronenstrahl mit Hilfe von Linsen und Blenden von der Elektronenquelle zum Präparat und von dort zu einem Fluoreszenzschirm oder einem anderen Nachweismedium geführt wird.

Ein Vakuum von mindestens $10^{-3}$ Pa ist erforderlich, um die mittlere freie Weglänge auf mindestens 1 m – der Distanz zwischen Elektronenquelle und Elektronennachweis – zu vergrößern.

Um den Eintrag von Fremdpartikeln in die Säule zu verhindern, muß das Präparat gegebenenfalls dehydriert werden. Eine Metallbedampfung des Präparats verhindert die elektrostatische Aufladung, sofern das Präparat selbst nichtleitend ist.

Als »Lichtquelle« (Elektronenquelle) wird überwiegend ein geheizter haarnadelförmiger Wolframdraht (↗*Kathode*) verwendet, aus dessen Krümmungsbereich durch Glühemission Elektronen austreten. Die Kathode ist umgeben vom ↗*Wehnelt-Zylinder*, der gegenüber der Glühkathode auf einem negativen Potential liegt. Es bildet sich eine Raumladungswolke um die Kathode, die durch eine positive ↗*Beschleunigungsspannung* durch eine Öffnung im Wehneltzylinder zur Anode beschleunigt wird. Die Elektronen erreichen durch die an der Anode anliegende Beschleunigungsspannung $U_0$ eine Geschwindigkeit von

$$v = \sqrt{\frac{2eU_0}{m}},$$

die wiederum direkt das Auflösungsvermögen beeinflußt.

Eine Elektronenoptik, bestehend aus diversen Linsen und Blenden, fokussiert die aus der Anode austretenden Elektronen zu einem schmalen monochromatischen Strahl. Der elektronenoptische Strahlengang wird im wesentlichen, ähnlich der lichtmikroskopischen Abbildung, durch ein dreistufiges Linsensystem bestimmt. Aus technischen Gründen werden heute fast ausschließlich ↗*magnetische Linsen* verwendet (↗*Elektronenlinsen*).

Die Elektronen treten in Wechselwirkung mit dem Präparat, werden nachgewiesen und in ein Bild umgewandelt. (↗Elektronenmikroskopie, analytische, ↗Elektronenreflektionsmikroskop, ↗Energiefilterelektronenmikroskop) [RK]

**Elektronenmikroskopie** ↗Elektronenmikroskop.

**Elektronenmikroskopie, analytische,** *AEM*, Oberbegriff für verschiedene quantitative elektronenmikroskopische Techniken. Zu den analytischen elektronenmikroskopischen Verfahren zählen die ↗*Röntgenmikroanalyse* (EDX), ↗*Elektronen-Energieverlustspektroskopie* (EELS) sowie die ↗*Energiefilterelektronenmikroskop* (EFTEM).

**elektronenmikroskopischer Bildkontrast,** Bezeichnung für den Helligkeitsunterschied im Bild von elektronenmikroskopisch abgebildeten Objekten. Der Bildkontrast wird durch die Streuprozesse beschränkt, welche bei der Wechselwirkung des abbildenden Strahlenbündels mit den Objektbausteinen bei der Durchstrahlung eines amorphen Objektes auftreten. Sie führen dazu, daß von den Objektpunkten je nach Streuvermögen mehr oder weniger weit geöffnete Strahlenbündel ausgehen und zum Objektiv gelangen.

Bei der Deutung elektronenmikroskopischer Bilder ist die infolge der geringen benutzten Strahlaperturen sehr große Tiefenschärfe zu berücksichtigen, die in der Größenordnung von ca. 50 nm liegt. Es wird also bei der Elektronenmikroskopie (im Gegensatz zur lichtmikroskopischen Abbildung) das Objekt in der gesamten Tiefenausdehnung scharf erfaßt.

**Elektronen-Mikrosonde,** Methode zur spektralchemischen Analyse von Substanzen, mit der die räumliche Verteilung der Elemente qualitativ und quantitativ bestimmt werden kann. Die Elektronen-Mikrosonden-Röntgen-Analyse wurde 1949 von R. Castaing und A. Guinier eingeführt. Mittels Elektronenbeschuß werden in der Probe Röntgenstrahlen erzeugt, aus deren Wellenlängen- und Intensitätsverteilung die vorhandenen Elemente identifiziert und ihre Konzentrationen bestimmt werden.

Der Gebrauch präzise fokussierter Elektronenstrahlen macht die chemische Analyse sehr kleiner Gebiete möglich. Typischerweise haben die Elektronen kinetische Energien von 10–30 keV, womit sie Eindringtiefen um 1 µm erreichen. Die laterale Ausbreitung ist von derselben Größenordnung. Eine adäquate Kor-

**Elektronen-Mikrosonde:** Prinzip.

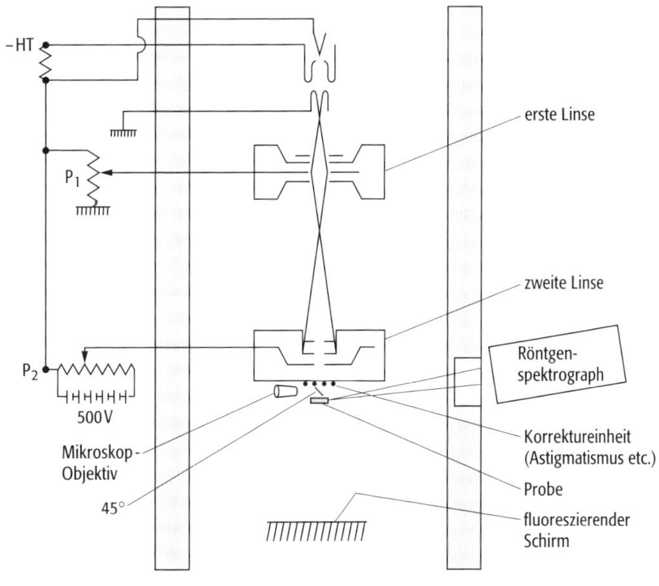

rekturrechnung ist nötig, um Targeteffekte wie Elektronen-Retardation, Elektronen-Rückstreuung, Fluoreszenz-Erhöhung etc. zu eliminieren.

**Elektronenoptik,** Anwendung lichtoptischer Gesetzmäßigkeiten und Prinzipien auf freie Elektronen, denen nach *de Broglie* Welleneigenschaften zugeschrieben werden können (↗*De-Broglie-Wellen* ). Analog der Lichtoptik wird die Strahlablenkung durch eine Änderung der *elektronenoptischen Brechzahl* bewirkt (↗*Fermatsches Prinzip*), die hier jedoch kontinuierlich durch Einwirkung elektrischer und magnetischer Felder auf die Elektronenwelle erfolgt. In diesem Sinne läßt sich die Strahlablenkung auch im Teilchenbild als Wirkung der Felder auf bewegte Ladungen beschreiben. Inhomogene Felder wirken als ↗*Elektronenlinsen*, bei denen die Strahlablenkung abhängig von der Lage des Strahls zum Symmetriezentrum ist, homogene Felder wirken als *Elektronenprismen*, Verzögerungsfelder als Elektronenspiegel.

Viele optische und elektrische Bauelemente nutzen Prinzipien der Elektronenoptik, wie z.B. ↗*Elektronenmikroskope* (deren Auflösungsvermögen aufgrund der geringen Wellenlänge sehr viel größer ist als bei Lichtmikroskopen), ↗*Massenspektrometer* und ↗*Sekundärelektronenvervielfacher*. Aber auch optische Verfahren wie Lithographie und Holographie sind auf Elektronenwellen übertragbar.

**elektronenoptische Aberration,** Fokusversatz bei Elektronenoptiken, der durch den unterschiedlichen Abstand der Elektronen von der optischen Achse bedingt ist. Äußere Linsenzonen haben im Vergleich zur Linsenmitte (optische Achse) eine kürzere Brennweite. Die Folge ist eine Verbreiterung des Brennpunktes zu einem sogenannten Öffnungsfehlerscheibchen mit dem Durchmesser $d_G$ in der *Gaußschen Bildebene* (Bildebene achsennaher Strahlen):

$$d_G = 2\alpha^3 C_s M$$

($\alpha$ ist der Aperturwinkel, $C_s$ die Öffnungsfehlerkonstante, unter dem die Elektronen auf die Linse treten, und $M$ die Linsenvergrößerung).

Als *elektronenoptische chromatische Aberration* bezeichnet man den wellenlängenabhängigen Fokusversatz bei Elektronenoptik. Instabilitäten in der beschleunigenden Hochspannung von Elektronenmikroskopen bewirken eine Unschärfe in der Wellenlänge der Strahlelektronen. Des weiteren können Schwankungen $\Delta I$ im Strom der abbildenden magnetischen Linsen Aberration verursachen. Die dritte Ursache für chromatische Aberrationen ist die inelastische Streuung der Elektronen im Präparat selbst, die eine relative Energieunschärfe von $\Delta E/E$ bewirkt. Der Nettoeffekt aller Schwankungen bewirkt einen Fokusversatz der Objektivlinse von $\Delta f$. Unter der Annahme, daß $\Delta E$ und $\Delta I$ unkorreliert sind, ist $\Delta f$ gegeben durch

$$\Delta f = C_C \sqrt{\left[\left(\frac{\Delta E}{E}\right)^2 + 4\left(\frac{\Delta I}{I}\right)^2\right]}$$

Die Konstante $C_C$ wird Aberrationskonstante genannt.

**Elektronenpaar** ↗Cooper-Paar.

**elektronenparamagnetische Resonanz** ↗Elektronenspinresonanz.

**Elektronenpolarisation** ↗Verschiebungspolarisation.

**Elektronenprisma,** magnetisches Sektorfeld, das auf Elektronen energiedispersiv wirkt. Elektronenprismen werden oft in ↗*Energiefilterelektronenmikroskopen* (EFTEM) eingesetzt.

**Elektronenquelle,** Gerät zur Erzeugung freier Elektronen. Für eine Vielzahl von Experimenten der Atom-, Molekül- und Festkörperphysik werden Elektronenquellen benötigt. Je nach Anforderung des Experiments kommen unterschiedliche Typen von Elektronenquellen zum Einsatz.

↗*Thermische Elektronenquellen* sind relativ einfach zu realisieren und erreichen hohe Elektronenströme von bis zu $10^6\,\mathrm{Acm^{-2}sr^{-1}}$. Grundlage dieser Quellen ist die *Glühemission* von Elektronen aus Festkörpern. Meist arbeitet man nicht im thermischen Gleichgewicht, sondern saugt die Elektronen aus der Kathode durch eine Abzugsspannung zur Anode ab. Dadurch erhalten sie zusätzliche kinetische Energie. In der Praxis kommen neben einfachen Metallkathoden verschiedene andere Kathodentypen zum Einsatz:

1) *Oxidbeschichtete Kathoden*: Dabei werden Oxide der Erdalkaliatome Ba, Sr, Ca als emittierende Oberfläche verwendet.

2) *Matrixkathoden*: Um die Stabilität der Kathoden zu verbessern, wurden seit 1920 Kathoden entwickelt, bei denen das aktive Material (oft eine Ba-Verbindung) in eine Metallmatrix eingebaut werden. Als Matrixmaterial dient meist poröses Ni oder W.

3) *Hart beschichtete Kathoden*: Hierbei werden thermisch sehr stabile Emittermaterialien verwendet, die es erlauben, bei Temperaturen deutlich über 1000 °C zu arbeiten, was sehr hohe Elektronenströme zur Folge hat. Solche Materialien sind z.B. Oxide von Th oder Hexaboride von La, Ca, oder Sr, die sich durch extrem hohe Schmelzpunkte über 2100 °C auszeichnen.

4) *Thorierte Kathoden*: Hierbei wird als Kathodenmaterial eine Legierung aus z.B. W oder Rh und einigen Prozent Th verwendet. Durch kurzfristiges Heizen auf über 2000 °C bildet sich eine Monolage $ThO_2$ an der Oberfläche, die als Emitter dient.

Thermische Elektronenquellen werden z.B. in der Atomphysik für Elektronenstoßexperimente verwendet. Technologisch wichtige Anwendungen sind der Einsatz in ↗*Elektronen-*

*röhren*, ↗*Röntgenröhren* sowie in der ↗*Auger-Elektronenspektroskopie*.
Für höhere Ströme werden häufig *Feldemissionsquellen* (↗Feldemission) eingesetzt. ↗*Photoelektronenquellen* eignen sich hervorragend als Quellen monoenergetischer Elektronen. Eine weitere Möglichkeit, freie Elektronen zu erzeugen, ist die ↗*Sekundärelektronenemission*. Die in der Teilchenphysik benötigten kurzen Elektronenpakete erzeugt man beispielsweise durch Beleuchtung von Halbleitern mit schnell aufeinanderfolgenden Laserimpulsen und nachfolgender Verstärkung des Signals in Sekundärelektronenvervielfachern. Die am Ende der Beschleunigungsstrecke entstandene Elektronenlawine wird dann in einen Beschleuniger eingespeist.

**Elektronenreflektionsmikroskop,** *Reflektionselektronenmikroskop*, *Rückstrahlelektronenmikroskop*, Gerät zur elektronenoptischen Abbildung von Oberflächen mit an der Objektoberfläche reflektierten Elektronen. Bei dem in der Praxis hauptsächlich angewandten Regime kleiner Reflektionswinkel ist die Energie der reflektierten Elektronen in einem geringen Schwankungsbereich bei gleichzeitig hoher Intensität im reflektierten Strahl, so daß Auflösungen bis zu einigen 10nm erreicht werden können. Nachteilig macht sich die Bildverzerrung durch die Schrägstellung des Objektes bemerkbar, welche allerdings durch geeignete Zylinderlinsensysteme kompensiert werden kann.

**Elektronenröhre,** *Vakuumröhre*, ein trägheitsloses elektrisches Steuer- und Verstärkungsgerät für Gleich- und Wechselströme, das die verschiedenartig beeinflußbare Elektronenbewegung im Vakuum ausnutzt. Die Elektronenröhre war lange Zeit das wichtigste Gerät in der Elektrotechnik, bevor viele Funktionen von hochminiaturisierten Halbleiterbauteilen übernommen wurden. Der grundsätzliche Aufbau aller Elektronenröhen besteht aus einem evakuierten Glas- oder Stahlgefäß (ca. $10^{-5}$Pa), in das mindestens zwei Elektroden eingeschmolzen sind. Die Kathode dient dabei als Elektronenquelle, sie ist fast immer ein mit einer *Heizspannung* geheizter Glühdraht, z.B. aus Wolfram, aus dem die Elektronen durch ↗*Glühemission* freigesetzt werden. Die Elektronen werden durch eine positive *Anodenspannung* $U_A$ zur Anode hin beschleunigt, die die Kathode meistens zylinderförmig umschließt. Die Abhängigkeit des Anodenstroms $I_A$ von der Anodenspannung wird durch die ↗*Strom-Spannungs-Kennlinie* beschrieben. Die einfachste Röhre nur mit Kathode und Anode ist die ↗*Vakuumdiode*. Die ↗*Triode* besitzt eine zusätzliche *Gitterelektrode* (*Steuerelektrode*). *Mehrgitterröhren* besitzen zusätzliche Steuer-, Schirm- oder Bremselektroden zur Erzeugung verbesserter bzw. spezieller Kennlinien, je nach Anzahl der Elektroden spricht man von *Tetroden*, *Pentoden*, *Hexoden*, *Heptoden* und *Oktoden*.
Die wichtigsten Aufgaben von Elektronenröhren waren lange Zeit Gleichrichtung, ↗*Demodulation* (Vakuumdiode) und Verstärkung (Triode) elektrischer Schwingungen, diese werden heute überwiegend von Halbleiterbauteilen (↗*Halbleiterdiode*, ↗*Transistor*) übernommen, ebenso Aufgaben in der Schalt- und Regelungstechnik sowie der ↗*Nachrichtentechnik*. Zur Erzeugung hochfrequenter elektrischer Schwingungen werden Röhren dagegen vielfach auch weiter verwendet (↗*Röhrengeneratoren*, ↗*Mikrowellenröhren*, ↗*Klystron*, ↗*Magnetron*). Röhren mit Heizspannungen im kV-Bereich sind eine weitverbreitete Quelle von ↗*Röntgenstrahlen* (↗*Röntgenröhre*). Auch in der Meßtechnik finden Elektronenröhren noch Verwendung.
Röhren, bei denen die Elektronen in einem scharf gebündelten Strahl zur Bildgebung verwendet werden, heißen *Elektronenstrahl-* oder ↗*Kathodenstrahlröhren* (↗*Oszillograph*, ↗*Fernsehen*).

**Elektronenschall,** *Langmuir-Welle*, longitudinale elektrische Welle in einem Plasma, die von Dichtemodulationen des Elektronengases ge-

*Aus dem Vorwort eines Buches zur Elektrotechnik von Barkhausen aus den fünfziger Jahren*:
Die Entwicklungsjahre, die Sturm- und Drang-Periode der Elektronenröhren, in der fast jeder Tag interessante Entdeckungen, geistreiche Erfindungen oder neue technische Anwendungen brachte, ist vorüber. Die eigentliche Entwicklung der Elektronenröhre ist abgeschlossen.

**Elektronenröhre:** Grundlegende Entdeckungen zur Elektronenröhre.

| | | |
|---|---|---|
| 1869 | Hittorf | magnet. Ablenkbarkeit von Elektronen-Kathodenstrahlen |
| 1880/83 | Edison | Glühemission |
| 1884 | Edison | Patent auf Diode als Spannungsgleichrichter |
| 1882 | Goldstein | Kathodenstrahlen |
| 1892 | Lenard | Steuerbarkeit des Elektronenstroms |
| 1901 | Richardson | theoret. Untersuchungen der Glühemission |
| 1903 | Brown | Maschengitter zur Steuerung der Anfangsgeschw. der Elektronen |
| 1904 | Fleming | Patent auf Diode bzw. Zweipolröhre |
| 1904 | Wehnelt | Patent auf Ventilwirkung |
| 1906 | von Lieben | Patent auf Kathodenstrahl-Relais |
| 1906/07 | de Forest | Patent auf Audion-Triode |
| 1910 | Lieben, Reiß, Strauß | Dichtegesteuerte Verstärkerröhre |
| 1913 | Langmuir | Raumladungsgitter Doppelgitterröhre, Patent auf hochevakuierte Röhren |
| 1915 | Schottky | Schirmgitter-Tetrode |
| 1919 | Barkhausen, Schottky | Röhrengleichung, Röhrentheorie |
| 1923 | Loewe | Mehrfachröhre |
| 1926 | Jobst, Tellegen | Bremsgitter-Pentode |

gen einen starren Ionenhintergrund getragen wird. Ist die Wellenlänge $\lambda$ groß gegen die ↗*Debye-Länge*, so breiten sich die Elektronenschallwellen nicht aus, und man erhält als Spezialfall die ↗*Langmuir-Schwingung*. Allgemein gilt zwischen Wellenfrequenz $\omega$ und Wellenzahl $k = 2\pi/\lambda$ die Dispersionsrelation $\omega^2 = \omega_p^2 + \frac{2}{3}k^2 v_{th}^2$, wobei $\omega_p$ die ↗*Plasmafrequenz* und $v_{th}$ die thermische Geschwindigkeit der Elektronen ist. Wegen des Zusammenhangs mit der Langmuir-Schwingung wird die Elektronenschallwelle häufig auch als Langmuir-Welle bezeichnet, und in Analogie zu ↗*Photonen* und ↗*Phononen* werden die Quanten des Elektronenschalls ↗*Plasmonen* genannt.

**Elektronenschauer,** in der Hochenergiephysik verwendeter Begriff für Elektronen, die in großer Zahl gleichzeitig mehr oder weniger parallel in ein bestimmtes Raumgebiet einfallen.

**Elektronenschleuder** ↗Betatron.

**Elektronenschwingungsspektrum,** Spektrum der elektromagnetischen Strahlung, die beim Übergang von Elektronen zwischen zwei Energieniveaus eines mehratomigen Moleküls bei gleichzeitiger Änderung des Schwingungszustands entsteht (↗Elektronenzustände mehratomiger Moleküle). Es ändern sich die Quantenzahlen $v$ und $n$, wobei für die Änderung der Schwingungsquantenzahl keine strenge Auswahlregel besteht, d.h. jeder Schwingungszustand des einen Elektronenzustands kann mit jedem Schwingungszustand des anderen Elektronenzustands kombinieren. Aufgrund des *Franck-Condon-Prinzips* ist der Übergang mit der größten Intensität (größte Übergangswahrscheinlichkeit) im Potentialkurvendiagramm derjenige, der senkrecht vom Ausgangselektronenschwingungsniveau nach oben (Absorption) bzw. unten (Emission) erfolgt. Es entstehen ↗*Bandenspektren*, deren Bandensysteme (Elektronenübergänge) sich aus Teilbanden zusammensetzen (Schwingungen) und die Banden selbst aus zahlreichen Teilbanden (Rotationen). Die Lage der Elektronenbande gibt Auskunft über den Bindungszustand (Art des Molekülorbitals) des Elektrons [σ → σ* ($CH_4$: 122 nm), π → π* ($H_2C=CH_2$: 165 nm), n → σ* ($H_2O$: 167 nm), n → π*-Übergang (C=O-Gruppe, z.B. Acetaldehyd: 293 nm)]. Aus der Intensitätsverteilung der vibronischen Komponenten des Spektrums kann man Rückschlüsse darauf ziehen, ob sich der Gleichgewichtsabstand der Kerne zwischen Grund- und Anregungszustand ändert (↗*Condon-Parabel*).

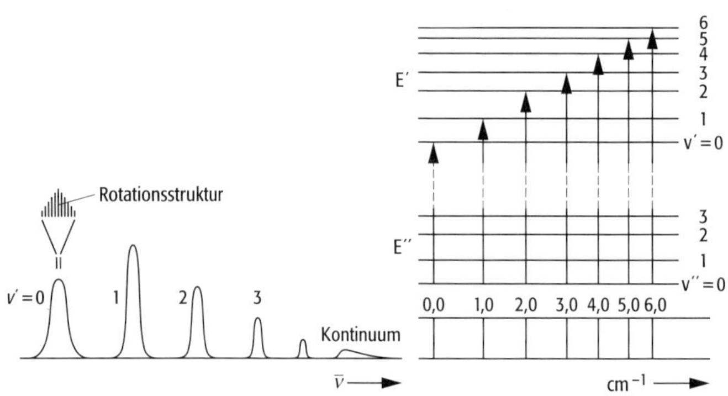


**Elektronenschwingungsspektrum:** *Links*: Schema eines Bandensystems; aus dem Grundzustand $v'' = 0$ erfolgen Übergänge in die Zustände $v' = 0, 1, 2, \ldots$ mit unterschiedlicher Intensität. *Rechts*: schematische Schwingungsstruktur eines Bandensystems beim elektronischen Übergang vom Grundzustand $E''$ in den angeregten Zustand $E'$ und gleichzeitigem Übergang von $v'' = 0$ in $v' = 0, 1, 2, \ldots$

**Elektronenspeicherring,** Kreisbeschleuniger ähnlich dem ↗*Synchrotron*, der mit Elektronen und/oder Positronen mit im allgemeinen hoher Energie (im GeV-Bereich) gefüllt wird. Wegen des extremen Ultrahochvakuums im Speicherring erreicht man große Aufenthaltszeiten der Elektronen im Ring, da die Zahl der unerwünschten Stöße mit Restgasmolekülen gering ist. Der durch die Abstrahlung von elektromagnetischer Energie in Form von *Synchrotronstrahlung* auftretende Energieverlust der im Ring kreisenden Elektronen muß wieder ausgeglichen werden, was mit Hilfe von Beschleunigungsstrecken realisiert wird.

Da Speicherringe bei fester Energie arbeiten, müssen die Strahlen von einem Vorbeschleuniger, meist einem *Synchroton* oder einem *Linac*, mit der passenden Energie angeliefert werden. Sie werden dann ähnlich wie beim Synchrotron mit Hilfe gepulster Magnete in den Speicherring injiziert. Legt man diese Injektion so aus, daß beim Einschuß neuer Teilchen die bereits im Ring umlaufenden nicht verloren gehen, kann man die Injektion beliebig oft wiederholen und somit sehr hohe Teilchenströme erzielen. Beispiele für Elektronen-Speicherringe sind ↗*HERA* am ↗*DESY*, ↗*LEP* am ↗*CERN* und ↗*SLC* in Stanford.

**Elektronenspektrometer** ↗Elektronen-Energieanalysatoren.

**Elektronenspektroskopie zur chemischen Analyse,** *ESCA*, *Electron Spectroscopy for Chemical Analysis*, eine Methode zur chemischen Analyse von Festkörperoberflächen. Gemessen wird die kinetische Energie von Rumpfniveau-Elektronen, die nach ↗*Photoemission* den Festkörper verlassen haben. Die Anregung geschieht durch Bestrahlung der Oberfläche mit weicher Röntgenstrahlung (Energien um 1 keV). Die kinetische Energie der Photoelektronen entspricht der Differenz zwischen der Energie des einfallenden Lichtes und der Bindungsenergie des Elektrons. Sie ist elementspezifisch und ermöglicht damit die chemische Analyse der Oberfläche. In polaren Verbindungen erfolgt aufgrund des Ladungstransfers zwischen den Atomen eine Verschiebung der Energieniveaus und damit der Bindungsenergie der Elektronen. Dieser »chemical shift« kann mittels ESCA bestimmt und dazu benutzt werden, chemische Bindungen zu untersuchen. Der Begriff ESCA geht auf K.M. ↗*Siegbahn* zurück, der für seine Arbeiten zur hochauflösenden Elektronenspektroskopie 1981 mit dem Nobelpreis ausgezeichnet wurde. Obwohl ursprünglich zur Analyse von Festkörpern und Gasen entwickelt, gehört ESCA heute zu den wichtigsten Werkzeugen der

Oberflächenanalyse, sie wird oft auch als ↗*XPS* (X-Ray Photolelectron Spectroscopy) bezeichnet. (↗Elektronen-Energieanalysatoren)

**Elektronenspiegel,** elektronenoptisches Bauelement zur Ablenkung von Elektronenstrahlen. Ein starkes elektrisches Verzögerungsfeld bremst dabei die Elektronen des Strahls bis auf die Geschwindigkeit null an ihrem Umkehrpunkt und beschleunigt sie nach der Richtungsänderung wieder. Als Elektronenspiegel können z.B. elektrische Linsen (↗*Elektronenlinsen*) oder senkrecht zur optischen Achse stehende Einzelelektroden sehr hohen Potentials wirken. Elektrische Linsen wirken mit zunehmendem negativem Potential (abnehmender Eindringtiefe der Elektronen) der Mittelelektrode zunächst als Konkavspiegel und später als Konvexspiegel (Abb.).

**Elektronenspin,** Eigendrehimpuls (↗Spin) des Elektrons. Er wurde 1925 von S.A. ↗*Goudsmit* und G.E. ↗*Uhlenbeck* postuliert, um die beobachtete Aufspaltung vieler Spektrallinien zu erklären. Danach wird dem Elektron ein Eigendrehimpuls $s$ mit dem Betrag

$$|s| = \sqrt{s(s+1)} \cdot \hbar \qquad (1)$$

zugeordnet.
$s$ ist dabei die Spinquantenzahl, deren Wert 1/2 ist. Mit dem Eigendrehimpuls ist auch ein magnetisches Moment verbunden:

$$\mu_s = -g_s \cdot \frac{e}{2m_0} \cdot s \qquad (2)$$

Dabei ist $e$ die Elementarladung, $m_0$ die Ruhemasse des Elektrons und $g_s = 2{,}0023$ der g-Faktor des Elektrons. Dieser Wert wurde zunächst empirisch gefunden und erst im Rahmen der ↗*Quantenelektrodynamik* theoretisch erklärt. In einem äußeren Magnetfeld hat der Elektronenspin zwei diskrete Einstellmöglichkeiten, parallel und antiparallel zum Feld (↗*Stern-Gerlach-Experiment*, ↗Dirac-Gleichung).

**Elektronenspinresonanz,** *ESR*, *EPR*, *Electron Spin Resonance*, *Electron Paramagnetic Resonance*, Verfahren der Hochfrequenzspektroskopie unter Ausnutzung der ↗*magnetischen Resonanz*, bei dem die Übergänge zwischen den verschiedenen Energieniveaus eines Systems von schwach gekoppelten magnetischen Momenten von Elektronen in einem äußeren Magnetfeld nachgewiesen werden.

Der erste experimentelle Nachweis der Elektronenspinresonanz 1945 gelang durch E.K. ↗*Zavoisky* in Kazan (damals UDSSR). Während Zavoisky seine Experimente mit Radiowellen durchführte, veröffentlichten Bleaney und Griffiths (Oxford) bereits 1946 ESR-Messungen im auch heute noch für die ESR üblichen Mikrowellenbereich, der wegen der höheren Quantenenergien eine wesentlich höhere Nachweisempfindlichkeit zuläßt.

*Grundlagen*: Die theoretischen Grundlagen sind sehr ähnlich zu denen der ↗*kernmagnetischen Resonanz-Spektroskopie* (*NMR*). Mit dem ↗*Elektronenspin* ist ein magnetisches Moment $\boldsymbol{\mu} = -g\mu_B \boldsymbol{S}$ assoziiert ($\mu_B$ ist das Bohrsche Magneton und $g$ ist der rationale und dimensionslose Landé-Faktor, ↗g-Faktor). Bei gepaarten Elektronen hebt sich das magnetische Moment auf. Im Falle ungepaarter Elektronen wechselwirkt das Moment $\boldsymbol{\mu}$ mit einem angelegten äußeren Magnetfeld $\boldsymbol{B}$. Je nach Orientierung des Spin in Richtung von $\boldsymbol{B}$ sind zwei Zustände (1 und 2) mit unterschiedlicher potentieller Energie möglich (parallele oder antiparallele Orientation entsprechend der beiden magnetischen Quantenzahlen 1/2 und −1/2)

$$E_{1,2} = \pm\tfrac{1}{2} g\mu_B B .$$

Durch Einstrahlung von elektromagnetischer Energie (im Mikrowellenbereich, ~10 GHz) kann der Übergang zwischen den beiden Energiezuständen induziert werden (Abb.). Diese Energieabsorption wird mit der ESR-Spektroskopie untersucht.

*Apparative Aspekte*: In einem einfachen ESR-Spektrometer befindet sich die Probe in einem magnetischen Schwingungsbauch des kontinuierlich in den Resonator (↗*ESR-Resonatoren*) eingestrahlten Mikrowellenfelds, während das anliegende Magnetfeld $B_0$ langsam variiert wird (↗*ESR-Spektrometer*). Die üblichste Mikrowellenfrequenz für die ESR ist 9,34 GHz im sogenannten X-Band. Für Elektronen mit einem g-Faktor von 2 entspricht dies einem Magnetfeld von ca. 340 mT.

*Anwendungsbereiche*: ESR kann zur Untersuchung aller Arten paramagnetischer Substanzen eingesetzt werden. Voraussetzung sind paramagnetische (also ungepaarte) Elektronenmomente. Diese gibt es vor allem in Ra-

**Elektronenspinresonanz:**

| Typ der Wechselwirkung | Größenordnung der Wechselwirkung [cm$^{-1}$] |
|---|---|
| elektronische Energie des freien Ions | $10^4$–$10^5$ |
| Kristallfeld-WW | $10^3$–$10^4$ |
| Spin-Bahn-WW | $10^1$–$10^3$ |
| Elektronen-Zeeman-WW | 0–1 |
| Hyperfein-WW | 0–1 |
| Spin-Spin-WW | 0–$10^{-2}$ |
| Kern-Zeeman-WW | 0–$10^{-3}$ |
| elektrische Kern-Quadrupol-WW | 0–$10^{-2}$ |

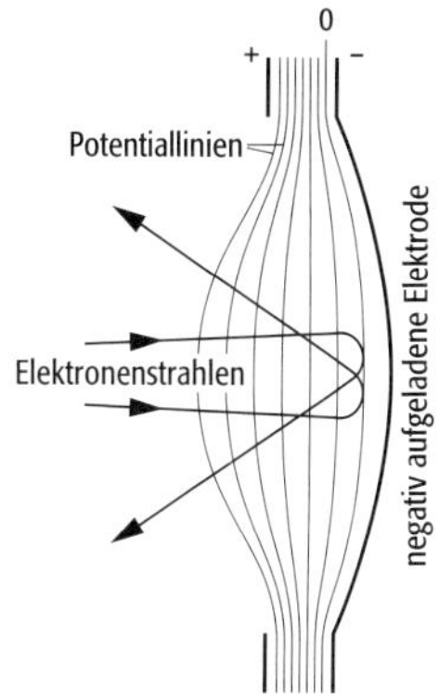


**Elektronenspiegel:** Elektronenspiegel in Form einer elektrischen Linse (mit Potentiallinien und Strahlengängen für verschiedene Potentiale der Mittelelektrode)

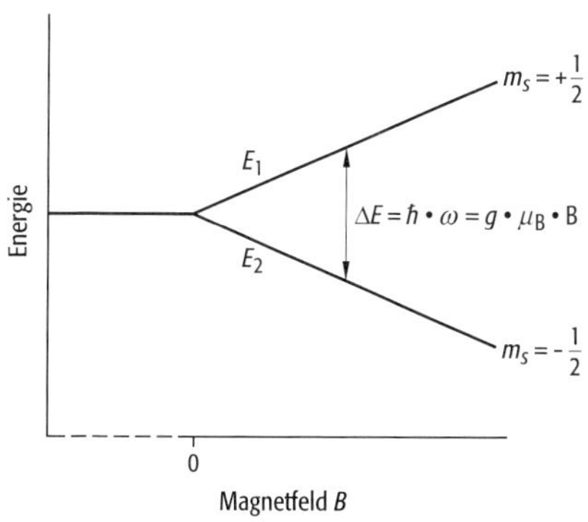


**Elektronenspinresonanz:** ESR-Übergang infolge der Einstrahlung von elektromagnetischer Energie im Mikrowellenbereich.

dikalen (beispielweise photochemischen oder radiolytischen Ursprungs), in Übergangsmetallverbindungen und in Festkörpern (Störstellen, Leitungselektronen). Meßgrößen dabei können sein:
1) *Spektroskopische Informationen* (↗*ESR-Spektroskopie*): ↗g-Tensor, Hyperfeinwechselwirkung (häufig über Doppelresonanz, ↗*ENDOR*), Feinstrukturaufspaltung.
2) *Dynamische Informationen*: Messungen an transienten Radikalen, Austauschprozesse, örtliche Informationen (↗*ESR-Bildgebung*).
Wichtige Anwendungen hat die ESR auch in der ↗*Biophysik*. Paramagnetische Spezies treten häufig als Übergangsprodukte in enzymatischen Reaktionen (z.B. Übergangsmetallkomplexe in Elektronenübertragungsreaktionen) auf oder kommen als Folgeprodukte (Radikale) der Schädigung von ↗*Biomakromolekülen* durch UV-Licht oder ↗*ionisierende Strahlung* vor. Man kann auch die Verteilung und Umwandlung von Makromolekülen mit Hilfe von ESR verfolgen, wenn sie vorher künstlich mit einer stabilen Spinsonde (z.B. auf der Basis des Nitroxylradikals) markiert wurden.
Neben den hier diskutierten direkten Methoden zum Nachweis von ESR gibt es auch indirekte Methoden, die unter Umständen eine deutlich höhere Meßempfindlichkeit erlauben. Die wichtigsten davon sind die optisch detektierte Magnetresonanz (↗*ODMR*) und die »elektrisch detektierte« ESR (↗*EDEPR*).
*Entwicklungsperspektiven*: Ein wichtiger Trend in der ESR-Spektroskopie ist zur Zeit die Erschließung höherer Magnetfelder und Resonanzfrequenzen. Die höheren Felder erlauben vor allem eine verbesserte spektrale Auflösung im Hinblick auf den ↗*g-Tensor*, da die Breiten der *ESR-Linien* (in Magnetfeldeinheiten) weitgehend konstant bleiben. Eine andere wichtige Entwicklung ist die laufende Verbesserung der Methoden und Geräte für die *Puls-ESR*. Dies erlaubt die Übernahme vieler Methoden der Puls-NMR für die ESR. (↗*ENDOR*, ↗*ESR-Spektroskopie*, ↗*ESR-Spektrometer*, ↗ESR-Bildgebung, ↗ESR-Archäometrie) [FE, NN]

**Elektronenspin-Resonanz-Spektroskopie** ↗ESR-Spektroskopie.

**elektronenstimulierte Desorption,** *ESD*, *Elektronenstoßdesorption*, eine Methode der ↗*Desorptionsspektroskopie*, bei der die Desorption von Ionen oder Neutralteilchen durch Elektronenbeschuß (Energien bis etwa 100eV) stimuliert wird. Die Desorptionsprodukte werden zur chemischen Analyse mit massenspektroskopischen Methoden nachgewiesen. Außerdem besteht die Möglichkeit, die desorbierten Ionen auf einen Fluoreszenzschirm zu beschleunigen. Die dadurch sichtbar gemachte Winkelverteilung der desorbierten Spezies gibt Aufschluß über die Geometrie der Adsorptionsplätze. Diese Methode bezeichnet man als ESDIAD (Electron Stimulated Desorption Ion Angular Distribution).

**Elektronenstoßanregung,** Anregung eines Atoms vom Grundzustand in einen elektronisch angeregten Zustand durch inelastische Streuung eines Elektrons an dem Atom. Bei der Streuung von Elektronen an Atomen ist diese Reaktion im Energiebereich von einigen bis ca. 100eV dominant. (↗Elektronenstoßleuchten)

**elektronenstoßinduzierte Emission,** die Emission von Elektronen durch inelastische Stöße zwischen Primärelektronen eines Elektronenstrahls und in einem Festkörper gebundenen Elektronen. Der analoge Prozeß in Festkörpern wird als ↗Elektronenstoßionisation bezeichnet. Damit die Elektronen den Festkörper verlassen können, muß die beim Stoß übertragene Energie mindestens so groß sein wie ihre Bindungsenergie. Die emittierten Elektronen werden als ↗*Sekundärelektronen* bezeichnet. Ein Primärelektron kann die Emission mehrerer Elektronen verursachen, da bei einem inelastischen Stoßprozeß nur ein geringer Teil der Energie des Primärelektrons transferiert wird. Der Effekt wird in ↗*Sekundärelektronenvervielfachern* ausgenutzt.

**Elektronenstoßionisation,** Ionisation von Neutralteilchen eines Gases durch Elektronenstoß. Der analoge Prozeß in Festkörpern wird als ↗elektroneninduzierte Emission bezeichnet. Übersteigt die kinetische Energie eines schnellen Elektrons $E_e$ das Ionisierungspotential $\Phi_i$ eines Neutralteilchens ($E_e > e\Phi_i$), so ist bei einer Kollision der Teilchen eine Ionisation des letzteren prinzipiell möglich. Nach Entfernen des äußersten gebundenen Elektrons kann es zu Mehrfachionisation kommen, wenn die kinetische Energie $E_e$ auch das zweite (usw.) Ionisierungspotential des ursprünglichen Neutralteilchens übersteigt. Unterhalb der Schwellenergie $e\Phi_i$ beträgt die Ionisationswahrscheinlichkeit null. Sie steigt dann steil an, erreicht bei dem drei- bis vierfachen Wert von $e\Phi_i$ ein Maximum und fällt für höhere Energien wieder ab. Die Elektronenstoßionisierung ist ein wichtiger Prozeß für die Ladungsträgerbilanz in ↗*Gasentladungen*. (↗Stoßionisation)

**Elektronenstoßionisierung** ↗Elektronenstoßionisation.

**Elektronenstoßleuchten,** Phänomen der Lichtemission von Gasen unter Beschuß mit Elektronen. Dabei werden Atome oder Moleküle des Gases durch ↗*Elektronenstoßanregung* in einen angeregten Zustand angehoben. Der Übergang des Teilchens von dem angeregten Zustand zurück in den Grundzustand kann durch Emission elektromagnetischer Strahlung vor sich gehen. Die damit verbundene Leuchterscheinung wird als Elektronenstoßleuchten bezeichnet. Im Fall von Atomen stellt die Untersuchung des Elektronenstoßleuchtens einen Spezialfall der ↗*Atom-Emissionsspektroskopie* dar. Dazu wird in der Regel die spektrale Intensitätsverteilung der emittierten Strahlung analysiert.

**Elektronenstrahl-Ionenquelle,** *Electron Beam Ion Source, EBIS*, eine in den Jahren 1967/68 von E.D. Donets eingeführte spezielle ↗*Ionenquelle*, in der durch wiederholte ↗*Elektronenstoßionisation* höchstgeladene Ionen erzeugt werden können. Die Ionen werden durch die Potentialverteilung innerhalb der Quelle (in radialer Richtung durch das Potentialgefälle des Elektronenstrahls selbst, in axialer Richtung durch zusätzlich eingebrachte Blenden) im Bereich des Elektronenstrahls gehalten (eingefangen), bis sie den gewünschten Ladungszustand erreicht haben. Mit dieser Methode konnten Ionen bis zu $U^{92+}$ erzeugt werden. Die Extraktion der geladenen Teilchen kann durch eine Absenkung der Potentialbarriere in axialer Richtung erreicht werden. Die Anzahl der Ladungen pro Puls ist jedoch begrenzt und bewegt sich im Bereich von $10^3$–$10^{10}$.

**Elektronenstrahloszilloskop,** *Kathodenstrahloszilloskop*, ↗Oszillograph.

**Elektronenstrahlröhre,** *Braunsche Röhre, Kathodenstrahlröhre, Bildröhre*, Anzeigeelement auf der Basis der ↗*Elektronenröhre*, das auf der Intensitäts- und Richtungssteuerung eines oder mehrerer Elektronenstrahlen beruht. Zu den Elektronenstrahlröhren zählen Fernsehbildröhren, Radarröhren und Oszillographenröhren.

Die wichtigsten Baugruppen einer Elektronenstrahlröhre sind ein Strahlerzeugungssystem, ein Ablenksystem, eine oder mehrere Anoden und ein ↗*Leuchtschirm*. Das Strahlerzeugungssystem besteht aus der geheizten Kathode, einer Elektrode zur Intensitätssteuerung (Wehnelt-Zylinder) und einer Fokussiereinrichtung. Der *Wehnelt-Zylinder* umschließt die Kathode vollständig bis auf eine kleine Öffnung in Richtung des Leuchtschirmes, wodurch er auch zur Fokussierung des Elektronenstrahles beiträgt. Er entspricht dem Gitter einer Verstärkerröhre. Die elektrische oder magnetische Fokussiereinrichtung bündelt den Strahl so, daß möglichst alle Elektronen auf einem Punkt des Bildschirms auftreffen, durch das Ablenksystem kann der Strahl auf jeden Punkt des Bildschirms gelenkt werden.

Die *Fernsehbildröhre* ist eine Elektronenstrahlröhre zur Bildwiedergabe mit großem Ablenkwinkel. Sie besitzt eine elektrostatische Fokussierung und ein magnetisches Ablenkungssystem. Für die Farbwiedergabe wurde die ↗*Farbbildröhre* mit drei Elektrodensystemen für die drei Grundfarben entwickelt. Die *Radarröhre* ist eine Elektronenröhre zur Bildwiedergabe mit großem Ablenkwinkel und langer Nachleuchtdauer. Die spezielle radiale und kreisförmige Ablenkung des Elektronenstrahls gestattet das Ablesen in Polarkoordinaten. Die *Oszillographenröhre* ist eine Elektronenröhre zur Bildwiedergabe mit elektrostatischer Fokussierung und Ablenkung bei kleinen Ablenkwinkeln und hoher Wiedergabetreue.

**Elektronenstrahltemperung,** Verfahren zur lokalen Erwärmung von Festkörpern in kurzer Zeit (ms), wobei die Probenerwärmung mittels Rasterung eines feinfokussierten Elektronenstrahls (z.B. $E = 20\,\text{keV}$, $I = 3\,\text{mA}$) mit hoher Frequenz erfolgt. Die Vorteile gegenüber der konventionellen *Ofentemperung* liegen in der präzisen Steuerung der Aufheiz- und Abkühlrampen, der Temperzeit und der Temperung unter ↗*Hochvakuum*. Die erreichbaren Temperaturen liegen oberhalb von 1500°C. Gitterschäden nahe der Oberfläche werden vermieden, da der Energieübertrag von Elektron zu Substratatom geringer als 1,6eV ist, notwendig wären hingegen 10–20eV. Die Temperaturmessung erfolgt über Messung der Wärmeabstrahlung.

**Elektronenstrahlung** ↗Höhenstrahlung.

**Elektronenstreuung,** Ablenkung von Elektronen aus ihrer ursprünglichen Bahn. Bei der Elektronenstreuung können grundsätzlich zwei verschiedene Varianten von Streuprozessen unterschieden werden. Wird das Elektron lediglich aus seiner ursprünglichen Flugbahn abgelenkt, ohne daß es Energie abgibt, spricht man von elastischer Streuung. Der Streupartner ist dabei meist das Coulomb-Potential eines Atomkerns. Ein Maß für die Wahrscheinlichkeit dieses Vorgangs ist der elastische Streuquerschnitt $\sigma_{\text{elastisch}} \sim \frac{\lambda^2 \cdot Z^{4/3}}{\pi}$, wobei $Z$ die Ordnungszahl des streuenden Atomkerns und $\lambda$ die De-Broglie-Wellenlänge des Elektrons ist. Falls das Elektron neben einer Änderung der Flugbahn auch noch eine Verminderung der Energie erfährt, spricht man von inelastischer Streuung. Der Streupartner ist dabei meist das gesamte Atom (Kern + Hülle). Der Streuquerschnitt für die inelastische Elektronenstreuung ist $\sigma_{\text{inelastisch}} \sim Z^{\frac{1}{3}}$. Ein Vergleich der beiden Wirkungsquerschnitte der elastischen und der inelastischen Streuung führt für typische Elektronenwellenlängen zu der Beziehung

$$\frac{\sigma_{\text{elastisch}}}{\sigma_{\text{inelastisch}}} = \frac{Z}{26}.$$

Für die Anwendung insbesondere des ↗*Transmissionselektronenmikroskops* ergeben sich daraus wichtige Folgerungen. An leichten Elementen ($Z < 26$) werden die Elektronen vorwiegend inelastisch, d.h. in kleinen Winkeln gestreut, während an schweren Elementen die elastische Streuung überwiegt. Diese Eigenschaft wird insbesondere bei mit Schwermetallen kontrastierten Präparaten zur Kontrasterzeugung genutzt.

Aus Streuversuchen hochenergetischer Elektronen (im MeV- bis GeV-Bereich) an Nukleonen und Kernen können wichtige Kerneigenschaften wie z.B. der Radius des Kerns oder die Substruktur des Nukleons gewonnen werden.

Da die Elektronen mit dem Kern nur elektromagnetisch wechselwirken, spüren sie die

Kernkräfte nicht. Der Kern ist für die Elektronen durchsichtig. Da die Wellenlänge der Elektronen sehr kurz gewählt werden kann (500 MeV entsprechen $\lambda\!\!\!^{-} = 0{,}4\,\text{fm}$), erreicht man eine hohe Auflösung. Die Winkelverteilung der Elektronen bei der Streuung an einem punktförmigen geladenen Objekt mit Kernladungszahl $Z$ wird durch die Mott-Streuformel

$$\left(\frac{d\sigma}{d\omega}\right)_{\text{Mott}} = 4\left(Ze^2\right)^2\frac{E^2}{(qc)^2}\left[1-\beta^2\sin^2\frac{\theta}{2}\right]$$

beschrieben, wobei $E$ die Energie der einfallenden Elektronen und $v=\beta c$ ihre Geschwindigkeit ist. Der Term $\beta^2\sin^2\theta/2$ stammt von der Wechselwirkung des magnetischen Moments der Elektronen mit dem Magnetfeld des Targets. Bei ausgedehnten Strukturen muß zusätzlich die räumliche Verteilung der betrachteten Targetteilchen durch den elektromagnetischen ↗ *Formfaktor* berücksichtigt werden. [HG1, RK]

**Elektronensynchrotron,** Kreisbeschleuniger für Elektronen, bei dem die Sollbahn einen konstanten Radius hat. Dabei ist der Radius $R$ der Teilchenbahn mit deren Energie $E$ und den zur Führung benötigten Magnetfeldern $B$ durch die Relation

$$R = E/ecB$$

festgelegt, wobei $e$ die Ladung und $c$ die Lichtgeschwindigkeit ist. Aus der Konstanz des Radius folgt, daß das Verhältnis $E/B$ konstant gehalten werden muß, was dadurch erreicht wird, indem das Magnetfeld $B$ synchron mit der Energie $E$ hochgefahren wird. Deswegen nennt man diesen Beschleunigertyp auch Synchrotron.

Das Synchrotron besteht aus einer Elektronenkanone, einem Elektroneninjektor, den Ablenk- und Fokussierungsmagneten sowie einer Beschleunigungsstrecke.

Beim Umlauf von Elektronen tritt eine mit der Strahlenergie $E$ stark ansteigende Abstrahlung von elektromagnetischen Wellen, auch *Synchrotronstrahlung* genannt, auf, die zu einem Enrergieverlust $\Delta E \sim E^4$ führt. Dieser Verlust muß durch Zufuhr von Leistung in den Beschleunigungsstrecken kompensiert werden, so daß die obere Grenze etwa bei 10 GeV liegt. Bei der Beschleunigung von Protonen dagegen gibt es keine Verluste, weshalb Energien von über 1000 GeV erreicht werden.

Elektronensynchrotrons werden heute fast ausschließlich als ↗ *AG-Synchrotrons* gebaut.

**Elektronensynchrotron:** Aufbau.

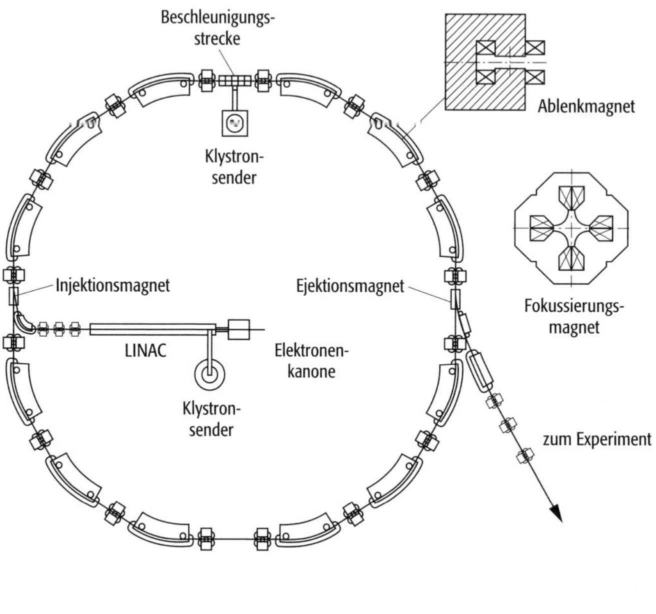


**Elektronentemperatur,** Temperatur der Elektronen in Systemen, in denen sich die Elektronen zwar untereinander, nicht jedoch mit den Atomrümpfen bzw. Ionen im thermischen Gleichgewicht befinden. In Plasmen ist es die Regel, daß die Elektronentemperatur über der Ionentemperatur liegt, was zum einen darauf zurückzuführen ist, daß bei der Plasmaerzeugung und bei den meisten Verfahren der Plasmaheizung zunächst nur den Elektronen Energie zugeführt wird, und zum anderen darauf, daß durch die unterschiedlichen ↗ *Stoßzeiten* die Elektronen schneller untereinander ins thermische Gleichgewicht kommen, als das mit den Ionen geschieht.

**Elektronentemperaturprofil,** Verlauf der Elektronentemperatur als Funktion des Abstandes von der magnetischen Achse in einem ↗ *Tokamak* oder ↗ *Stellarator.*

**Elektronenterme,** Sätze von Quantenzahlen, die den elektronischen Zustand von Atomen oder Ionen (↗ Atomhülle) durch Angabe der gesamten Spinquantenzahl $S$, der Bahndrehimpulsquantenzahl $L$ und der gesamten Drehimpulsquantenzahl $J$ mit der Notation $^{(2S+1)}L_J$ beschreiben. Die sogenannte Multiplizität $(2S+1)$ ist die Zahl der möglichen Spineinstellungen. Üblicherweise werden die Zustände statt mit den Quantenzahlen $L = 0, 1, 2, 3, \ldots$ mit den Buchstaben S, P, D, F, ... bezeichnet. Manchmal wird dem Elektronenterm auch die Hauptquantenzahl $n$ der äußersten Schale vorangestellt. Unter Berücksichtigung der möglichen, gegenseitigen Einstellungen der Vektoren $\boldsymbol{L}$ und $\boldsymbol{S}$ gilt für die gesamte Drehimpulsquantenzahl die Bedingung $|L-S| \le J \le |L+S|$. Im energetisch niedrigsten Zustand ergibt sich die Elektronenkonfiguration und somit der Elektronenterm aus den Hundschen Regeln. Im ↗ *Termschema* sind neben dem Grundzustand auch die angeregten Zustände einer Substanz mit den zugehörigen Energien zusammengefaßt.

**Elektronentherapie,** die Verwendung von ↗ *Elektronen* in der *Strahlentherapie.* Dabei werden die Elektronen mit einem ↗ *Teilchenbeschleuniger* auf Energien zwischen 3 und 50 MeV gebracht. Typische Eindringtiefen in Gewebe betragen beispielsweise 5 cm bei 10 MeV und 10 cm bei 20 MeV. Damit findet die Elektronentherapie bevorzugt bei der Bestrahlung oberflächennaher Tumore Verwendung. Ein Vorteil der Elektronentherapie ist zum einen die über die Elektronenenergie regulierbare Eindringtiefe. Darüber hinaus fällt die Dosis nach Erreichen ihres Maximums steil ab. Damit erfolgt eine weitgehende Schonung des hinter dem zu bestrahlenden Krankheitsherd liegenden gesunden Gewebes.

**Elektronentransport** ↗elektrische Leitung.

**Elektronenvolt,** *Elektronvolt,* Einheitenzeichen eV, zulässige Einheit außerhalb des SI zur Angabe von Energien in der Atom- und Kernphysik. 1 Elektronenvolt ist die Energie, die ein Elektron beim Durchlaufen einer Potentialdifferenz von 1 Volt im leeren Raum gewinnt: $1\,\text{eV} = 1{,}60217733(49)\cdot 10^{-19}\,\text{J}$.

Mit einer Genauigkeit von ca. 1‰ gilt folgende Zahlenwertgleichung für den Zusammenhang zwischen der Energie elektromagnetischer Strahlung $E$ (in eV pro Photon) und ihrer Wellenlänge $\lambda$, wenn man sie in nm angibt: $E = 1234/\lambda$.

**Elektronenwellen,** Wellenpakete zur Darstellung der Bewegung von Elektronen. In Kristallen werden Elektronenwellen mit Hilfe von ↗*Bloch-Funktionen* beschrieben. Mit der Beziehung für die Energie $\varepsilon(\boldsymbol{k}) = \hbar\omega(\boldsymbol{k})$ ergibt sich für die ↗Gruppengeschwindigkeit der Elektronenwelle:

$$\boldsymbol{v} = \frac{1}{\hbar}\nabla_k \varepsilon(\boldsymbol{k}),$$

die dem Elektron zugeordnet wird. Für die Gradientenbildung im $\boldsymbol{k}$-Raum wird die Energiefunktion $\varepsilon(\boldsymbol{k})$ des Bandes benutzt, aus dem das betreffende Elektron stammt. Wirkt eine Kraft $\boldsymbol{F}$ z.B. durch elektrische oder magnetische Felder auf das Elektron ein, so ändert sich während der Zeit $\mathrm{d}t$ die Energie um $\mathrm{d}\varepsilon = \boldsymbol{F}\cdot\boldsymbol{v}\,\mathrm{d}t = \nabla_k\varepsilon\cdot\mathrm{d}\boldsymbol{k}$. Mit der Beziehung für die Gruppengeschwindigkeit $\boldsymbol{v}$ ergibt sich die Bewegungsgleichung:

$$\hbar\frac{\mathrm{d}\boldsymbol{k}}{\mathrm{d}t} = \boldsymbol{F}$$

die u.a. zur Bestimmung von ↗*elektronenartigen Bahnen* in Kristallen benutzt wird. Die Größe $\hbar\boldsymbol{k}$ wird als ↗*Pseudoimpuls* der Elektronenwelle bzw. des Kristallelektrons bezeichnet.

**Elektronenwinkelverteilung,** 1) Aufenthaltswahrscheinlichkeit eines gebundenen Elektrons im Atom, die sich aus der ↗*Wellenfunktion* ergibt.

2) Emissionscharakteristik von Elektronen bei der ↗*Photoionisation.* Diese kann man z.B. in einem ↗*Bildspektrometer* bei Verwendung polarisierten Lichts beobachten.

**Elektronenzählrohr** ↗Ionisationszähler, ↗Geiger-Müller-Zählrohr.

**Elektronenzerfall** ↗Betazerfall.

**Elektronenzustände mehratomiger Moleküle,** die verschiedenen Typen von elektronischen Energieeigenzuständen in mehratomigen Molekülen, die sich durch die Wechselwirkung der Bewegungen der Elektronen und Kerne des Moleküls ergeben. Für diese Niveaus bestehen drei charakteristische Anregungsmöglichkeiten:

1) Nichtbindende Elektronen, die am Zusammenhalt des Moleküls nicht beteiligt sind und zu einer chromophoren Gruppe des Moleküls gehören. Sie weisen eine charakteristische Lichtabsorption auf, die unabhängig von der Lage im Molekül ist. Beispiele sind die Carbonylgruppe C=O mit einem $n \to \pi^*$-Übergang bei 290 nm und die C=C-Doppelbindung mit einem $\pi \to \pi^*$-Übergang bei 180 nm.

2) Bindende Elektronen, deren Anregung zu einer Dissoziation führen kann.

3) Nichtbindende, delokalisierte Elektronen, wie z.B. bei aromatischen Verbindungen (Benzol, Naphtalin, Anthracen) und linearen Polyenen (Retinal, β-Carotin). Mit zunehmender Konjugationszahl verschiebt sich die Absorption zu längeren Wellenlängen. Der Elektronenübergang in angeregte Zustände läßt sich mit Hilfe des Modells von Elektronen im Kasten oder im eindimensionalen Potentialtopf veranschaulichen. Der Unterschied der Energieeigenwerte beträgt:

$$\Delta E = (E_n - E_{n-1}) = \left(n^2 - (n-1)^2\right)\frac{\pi^2 h^2}{8m_0 a^2}.$$

Für die konjugierte Kette des β-Carotins mit $n = 11$ Doppelbindungen und der beobachteten längstwelligen Absorption bei 450 nm ergibt sich eine Länge des Potentialtopfs von 1,77 nm, was mit der Größenordnung der Moleküllänge übereinstimmt.

Bei Charge-Transfer-Übergängen werden Elektronen durch Lichtanregung von einem Teil des Moleküls auf einen anderen übertragen. Ein Beispiel stellt das violette Permanganation $MnO_4^-$ dar, bei dem die Absorption im Bereich zwischen 430 nm und 700 nm zu einem Elektronenübergang zwischen den Liganden (O-Atome) und den d-Orbitalen des Zentralatoms (Mn) führt.

**Elektronenzustände zweiatomiger Moleküle,** Energieeigenzustände der Elektronen in einem zweiatomigen Molekül, die sich durch die Wechselwirkung von Elektronenbewegung und Molekülrotation ergeben. Die Elektronen besetzen im Grundzustand die Molekülorbitale mit der niedrigsten Energie, wobei jedes Orbital höchstens zwei Elektronen besitzt (Pauli-Prinzip). Entartete Orbitale werden zunächst einfach mit paralleler Spinanordnung belegt (Hundsche Regel). Die Einzeldrehimpulse $l_i$ der äußersten Elektronen in unabgesättigten Schalen sind zum gesamten Bahndrehimpuls $\boldsymbol{L}$ gekoppelt. Dessen Quantenzahl $\Lambda$ in Bezug auf die Kernverbindungslinie kennzeichnet die Gesamtzustände einer gegebenen Elektronenkonfiguration (Σ, Π, Λ ... für $\Lambda = 0, 1, 2$ ...). Die Spins der Elektronen koppeln zu einem Gesamtspin $S = \sum m_{S_i}$, der infolge magnetischer Spin-Bahn-Kopplung (Hüllendrehimpuls $\Omega$) die Multiplizität $(2S+1)$ bestimmt. Bei zwei Elektronen kann $S = 1$ und $S = 0$ und die Multiplizität 3 und 1 sein, d.h. es gibt Triplett- und Singulettzustände. Der gesamte Drehimpuls $J$ des Moleküls ergibt sich aus der Wechselwirkung des Drehimpulses der Rota-

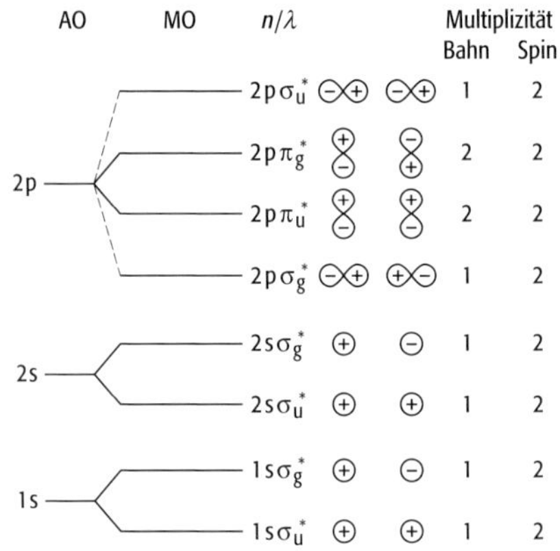


**Elektronenzustände zweiatomiger Moleküle 1:** Durch Linearkombination der Atomorbitale AO entstehen Molekülorbitale MO, die durch die Quantenzahlen $n$ (Hauptquantenzahl des AO), $l$ (Drehimpulsquantenzahl des AO) und $\lambda = |m_l|$ (magnetische Quantenzahl) charakterisiert sind.

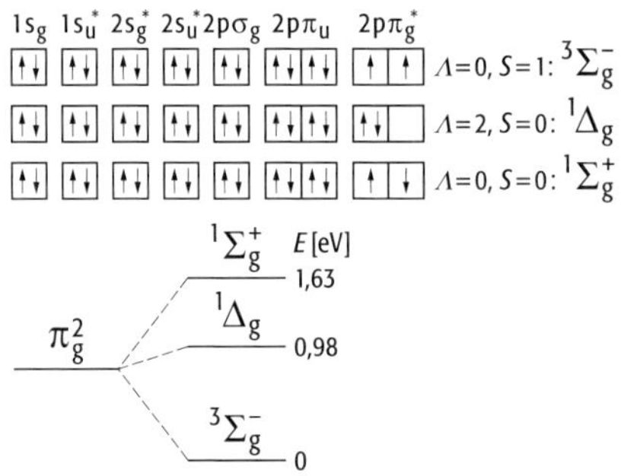


**Elektronenzustände zweiatomiger Moleküle 2:** Mögliche Konfigurationen der beiden äußersten Elektronen im $O_2$-Molekül. Hierbei ist $\Lambda$ die Quantenzahl des Bahndrehimpulses in Richtung der Kernverbindungslinie, $S$ die Gesamtspinquantenzahl, $\Sigma$ und $\Delta$ die Gesamtzustände der Elektronen für $\Lambda = 0$ und $\Lambda = 2$; die Indizes g und u kennzeichnen Molekülorbitale, die durch symmetrische und unsymmetrische Linearkombination gebildet werden.

tion $N$ mit dem Hüllendrehimpuls $\Omega$: $\Omega + N = J$.

**Elektronenzyklotron-Emissionsspektroskopie,** in der *Fusionsforschung* eine Methode zur ortsaufgelösten Bestimmung der Elektronentemperatur eines Plasmas (↗Kernfusion). Ein magnetisch eingeschlossenes Plasma emittiert Mikrowellen bei Vielfachen der Elektronenzyklotronfrequenz (engl. *electron cyclotron emission, ECE*). Die Intensität der Emission bei der doppelten Elektronenzyklotronfrequenz ist proportional zur Elektronentemperatur und zum Quadrat des Magnetfeldes. Da in einem ↗*Tokamak* die Magnetfeldstärke nach außen hin abnimmt, kann man aus dem Mikrowellenspektrum unmittelbar das Elektronentemperaturprofil ablesen.

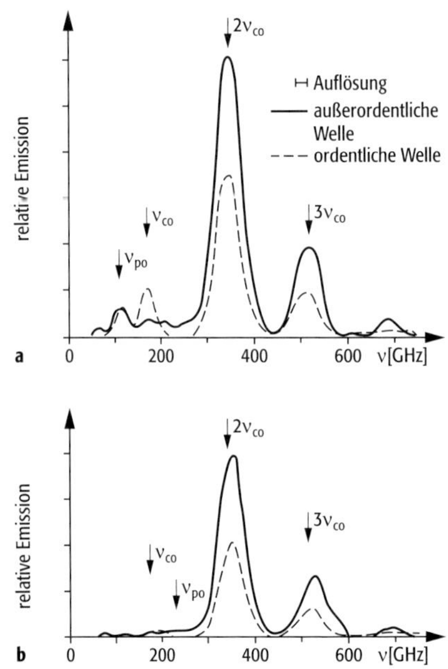


**Elektronenzyklotron-Emissionsspektroskopie:** Typische ECE-Spektren eines Tokamak-Plasmas bei a) $\nu_{co} > \nu_{po}$ und b) $\nu_{co} < \nu_{po}$. $\nu_{co}$: Elektronenzyklotronfrequenz, $\nu_{po}$: Plasmafrequenz.

**Elektronenzyklotronfrequenz,** *Elektronengyrationsfrequenz*, Frequenz der Kreisbewegung von Elektronen in einem Magnetfeld. Diese Zyklotronbewegung stellt sich (im hier ausschließlich betrachteten nichtrelativistischen Fall) so ein, daß die Zentrifugalkraft gleich der magnetischen ↗*Lorentz-Kraft* wird; für die Elektronenzyklotronfrequenz gilt dann: $\nu_{ce} = eB/2\pi m_e$, wobei $e$ die Elementarladung, $m_e$ die Elektronenmasse und $B$ das Magnetfeld ist. Setzt man die Zahlenwerte für $e$ und $m_e$ ein, so erhält man $\nu_{ce}$ [GHz] $= 28B$ [T]. In Fusionsplasmen mit magnetischem Einschluß liegt die Elektronenzyklotronfrequenz im Mikrowellenbereich.

**Elektronenzyklotronwelle,** zirkular polarisierte elektromagnetische Welle in einem magnetisierten Plasma, die sich parallel zum Magnetfeld ausbreitet, bei der das elektrische Feld den selben Drehsinn wie die ↗*Gyration* der Elektronen aufweist und deren Frequenz unterhalb der ↗*Elektronenzyklotronfrequenz* liegt. Elektronenzyklotronwellen in der Ionosphäre werden als ↗*Whistler* bezeichnet. In der Nähe der Elektronenzyklotronfrequenz werden Elektronenzyklotronwellen auch ohne Teilchenstöße stark gedämpft (↗*Zyklotrondämpfung*) und eignen sich daher zur ↗*Plasmaheizung* bei hohen Temperaturen (↗*ECRH*).

**Elektroneurographie,** elektrophysiologisches Verfahren zur Bestimmung der Leitungsgeschwindigkeit der Nerven. Dazu wird der Nerv entweder mit einer Oberflächenelektrode oder direkt mit einer Nadelelektrode gereizt. Die elektrische Antwort der Nerven bzw. Muskeln wird ebenfalls mit Elektroden registriert und zur Berechnung der Nervenleitgeschwindigkeit herangezogen. Mit diesem Verfahren lassen sich Funktionsstörungen der Nerven lokalisieren, die sich beispielsweise durch eine verringerte Nervenleitgeschwindigkeit äußern.

**Elektronik,** die technische Ausnutzung der physikalischen Erkenntnisse über das Verhalten von Ladungsträgern unter den verschiedensten Bedingungen. Hierzu hat die Festkörperphysik, insbesondere die Halbleiterphysik, die Grundlagen geboten. Die Elektronik ist ursprünglich als ein Teilgebiet der ↗*Elektrotechnik* entstanden und bezog sich im wesentlichen auf das Gebiet kleiner Leistungen. Hier waren es vor allem die durch die Elektronenröhre gebotenen Möglichkeiten im Bereich der Nieder- und Hochfrequenzelektronik (↗*Elektronengeräte*) bis hin zu den ersten elektronischen Rechenanlagen. Im Laufe der

Entwicklung ist die Elektronik zu einem eigenständigen Gebiet geworden, was insbesondere auf die Einführung der Halbleiterelektronik mit dem ↗*Transistor* als entscheidendem Bauelement zurückzuführen ist. Die moderne Elektronik hat ihrerseits Gebiete der traditionellen Elektrotechnik besetzt, wie z.B. die Leistungselektronik mit Hochleistungsbauelementen wie dem ↗*Thyristor*. Durch das Eindringen der Elektronik in praktisch alle technischen Bereiche haben sich viele Spezialgebiete entwickelt. Ganz grob läßt sich die Elektronik in zwei Bereiche unterteilen, in die *analoge Elektronik* und die *digitale Elektronik*. Da jedoch die digitale Elektronik gegenüber analogen Verfahren genauer, besser zu reproduzieren und höher integrierbar ist und zwischen beiden Bereichen Umwandlungsverfahren existieren, werden zunehmend analoge Verfahren durch die digitale Elektronik ergänzt bzw. verdrängt. Aus der Verbindung von Optik und Elektronik ist die ↗*Optoelektronik* als ein eigenständiges Spezialgebiet entstanden.

**Elektronik, supraleitende,** elektronische Komponenten, Schaltungen oder Systeme, in denen ↗*Supraleiter* Verwendung finden. In der *Hochfrequenztechnik* sind dies vor allem Resonatoren hoher Güte und, darauf aufbauend, Filter und Antennen für Mobil- und Satellitenfunk, wobei vornehmlich Filme aus ↗*Hochtemperatur-Supraleitern* eingesetzt werden, in der *Digitalelektronik* logische Bausteine und Speicher, deren Grundbausteine ↗*Josephson-Kontakte* sind. Die industrielle Nutzung supraleitender Logiken in hochintegrierten Schaltkreisen scheitert jedoch bislang an der mangelhaften Beherrschung der Herstellung von Josephson-Kontakten und der daraus resultierenden Streuung ihrer Kenndaten. Dagegen werden Josephson-Kontakte einzeln oder in Stückzahlen bis zu einigen Tausend erfolgreich in Magnetfeldsensoren (↗*SQUID*), als Höchstfrequenzmischer in der ↗*Radioastronomie*, in ↗*Photodetektoren* sowie unter Ausnutzung der ↗*Josephson-Effekte* in Spannungsnormalen eingesetzt.

**Elektron-Ion-Stoßzeit,** in einem Plasma die mittlere Zeit, die ein Elektron benötigt, um durch Wechselwirkung mit den Ionen eine kumulative Ablenkung um 90° zu erleiden. Es ist zu beachten, daß z.B. in einem Wasserstoffplasma wegen der größeren Beweglichkeit der Elektronen die Elektron-Ion-Stoßzeit ca. 1000mal kleiner ist als die analog definierte ↗*Ion-Elektron-Stoßzeit*.

**elektronische effektive Bandmasse** ↗effektive Masse.

**elektronische Polarisierbarkeit,** das durch ein äußeres Feld $E$ pro Feldstärkeeinheit im Atom induzierte Dipolmoment. Zur gesamten ↗*Polarisierbarkeit* eines Dielektrikums tragen gewöhnlich neben Ionenpolarisation und Anteilen permanenter Dipole auch die *Elektronenpolarisation* bei, die durch die Verschiebung der Elektronenhülle relativ zum Kern entsteht. Sie ist eine für ein Atom charakteristische Größe, die wesentlich von dessen Volumen abhängt.

Für die elektronische Polarisierbarkeit $\alpha^{\rm el}$ gilt $\boldsymbol{\mu}_{\rm e} = \alpha^{\rm el} \cdot \boldsymbol{E}$ ($\boldsymbol{\mu}_{\rm e}$: induziertes Dipolmoment). Bei einer Anzahldichte $n$ der Teilchen ergibt sich eine makroskopische Polarisation $\boldsymbol{P}$ (Dipolmoment/Volumen):

$$\boldsymbol{P} = n\,\boldsymbol{\mu}_{\rm e} = n \cdot \alpha^{\rm el} \cdot \boldsymbol{E}.$$

Dabei ist für die Polarisation $\boldsymbol{P}$ eines Atoms das ↗*durchschnittliche Feld* $\boldsymbol{E}$ maßgebend.

Im Bereich der optischen Frequenzen ist es fast ausschließlich die elektronische Polarisierbarkeit, die zur ↗*dielektrischen Funktion* $\varepsilon$ beiträgt. Daher lassen sich experimentelle Werte von $\alpha^{\rm el}$ mit Hilfe der *Clausius-Mossotti-Beziehung* bestimmen:

$$\frac{\varepsilon_{\rm r} - 1}{\varepsilon_{\rm r} + 2} = \frac{1}{3\varepsilon_0} N \cdot \alpha^{\rm el}_{\rm mol}$$

mit der Teilchendichte $N$ und der molekularen Polarisierbarkeit $\alpha^{\rm el}_{\rm mol}$. Für ein nicht kugelförmiges Atom ist die elektronische Polarisierbarkeit ein Tensor. Weiterhin ist sie – wie auch $\varepsilon$ – frequenzabhängig.

**elektronischer Energieverlust,** der Anteil des Energieverlustes von Teilchenstrahlen in Materie aufgrund von Wechselwirkungen mit den Elektronen der Targetatome. Der Energieverlust wird durch die Ionisation der Projektile im Festkörper verursacht und setzt sich aus einem hochenergetischen Anteil ($\varepsilon_{\rm h}$) und einem niederenergetischen Anteil ($\varepsilon_{\rm l}$) zusammen:

$$\frac{1}{\varepsilon_{\rm e}} = \frac{1}{\varepsilon_{\rm h}} + \frac{1}{\varepsilon_{\rm l}},$$

wobei $\varepsilon_{\rm e}$ der elektronische Energieverlust ist. Dabei werden $\varepsilon_{\rm h}$ und $\varepsilon_{\rm l}$ definiert durch:

$\varepsilon_{\rm h} = \dfrac{e\,\ln(g + hE)}{E^f}$; $\varepsilon_{\rm l} = a\,E^b + c\,E^d$, mit empirisch zu bestimmenden Parametern $a$ bis $h$.

**elektronischer Spannungsmesser,** ein elektrisches Meßgerät für Gleich- und/oder Wechselspannungen. Es besteht aus einem ↗*Verstärker* zur Verstärkung der Meßspannung, einer Meßgleichrichterschaltung (bei Wechselströmen, ↗*Graetz-Schaltung*, ↗*Gleichrichter*) und einem ↗*Drehspulinstrument* zur Anzeige. Der Hauptvorteil dieser Geräte ist der hohe Eingangswiderstand, der der Meßstelle nur wenig Leistung entnimmt und somit eine der Grundforderungen für die Spannungsmessung erfüllt (↗*Strom- und Spannungsmessung*).

**elektronische Schalter** werden verwendet, um elektronische Signale unter bestimmten Bedingungen weiterzuleiten (↗*lineare Gatter*) oder sie auf unterschiedliche Leitungen zu verteilen (↗*Multiplexer*). Hergestellt werden sie meist als *Halbleiterschalter* oder ↗*Optokoppler*.

**elektronische Zustandsdichte,** die Anzahl der stationären elektronischen Zustände eines großen Systems pro Energieintervall d$E$ und pro Volumen. Ein einfaches Modell beschreibt

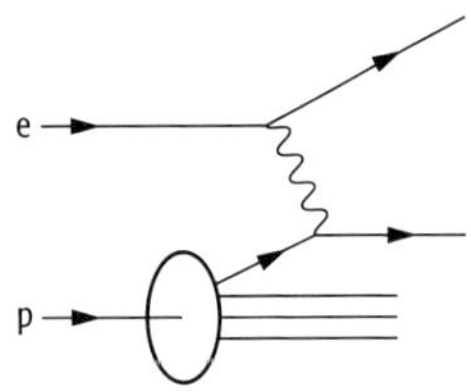


**Elektron-Nukleon-Streuung:** Feynman-Graph der inelastischen Elektron-Nukleon-Streuung.

die freien Elektronen im Potentialkasten. Dort ist die elektronische Zustandsdichte proportional zu $\sqrt{E}$. Dieses Modell gilt näherungsweise für einen Metallkristall. Betrachtet man ein zweidimensionales System, z.B. eine ↗*Epitaxieschicht*, ist die Zustandsdichte konstant. Eindimensionale Systeme, z.B. *Quantenpunkte*, zeigen eine Proportionalität zwischen der Zustandsdichte und $1/\sqrt{E}$. Bei Berücksichtigung des periodischen Potentials eines Kristalls hängt die Zustandsdichte direkt von der ↗*Bandstruktur* $E(\boldsymbol{k})$ ab. Hohe Zustandsdichten treten an den sog. Punkten der Bandstruktur auf, an denen die Bänder $E(\boldsymbol{k})$ im $\boldsymbol{k}$-Raum flach verlaufen, d.h. $\nabla_{\boldsymbol{k}} E(\boldsymbol{k}) = 0$ ist. Diese kritischen Punkte bestimmen wegen der hohen Dichte von Zuständen im wesentlichen die elektronischen Eigenschaften eines Festkörpers. Experimentell kann die Zustandsdichte im Valenzband mittels Photoelektronenspektroskopie bestimmt werden. Optische Spektroskopiemethoden liefern die kombinierte Zustandsdichte von Valenz- ($E_V(\boldsymbol{k})$) und Leitungsband ($E_L(\boldsymbol{k})$). Diese gibt die Dichte der Zustandspaare an, deren Energiedifferenz $E_L(\boldsymbol{k}) - E_V(\boldsymbol{k})$ gleich ist, bei festem $\boldsymbol{k}$. Maxima in der kombinierten Zustandsdichte bedeuten hohe Absorption von Photonen und werden als interbandkritische Punkte bezeichnet.

**Elektron-Loch-Plasma,** elektronischer Anregungszustand im Halbleiter, der durch die ↗*Coulomb-Wechselwirkung* im Vielteilchensystem der angeregten Elektronen und Löcher bestimmt wird (↗*hochangeregte Halbleiter*). Der Zustand Elektron-Loch-Plasma wird durch die effektive Ladungsträgertemperatur $T$ (die höher als die Gittertemperatur sein kann) und die gleichen Dichten von Elektronen und Löchern $n$ beschrieben. Die bei kleinen $n$ dominierenden ↗*Exzitonen* werden durch Abschirmung aufgebrochen (*Mott-Bedingung*). Eine einfache Betrachtung ergibt dafür $D/a_B = 0{,}84$ ($D$: *Debyescher Abschirmradius*, $a_B$: ↗*Bohrscher Radius* des Exzitons).

Die Coulomb-Wechselwirkung im Elektron-Loch-Plasma modifiziert die Bandstruktur, und zwar verringert sich die ↗*Energielücke* $E_g$ durch Austausch- und Korrelationswechselwirkung, näherungsweise $E_g(n) = E_g(0) - \alpha \cdot n^{1/4}$ für tiefe Temperaturen. Addiert man dazu die ↗*Fermi-Energie* $E_F$ der Elektronen und Löcher, die für $T = 0$ eine entartete *Quantenflüssigkeit* ($E_F = (\hbar^2/2\mu^*) \cdot (3n)^{3/2}$, $\mu^*$: reduzierte effektive Masse) bilden, so erhält man das ↗*chemische Potential* $\mu(n)$. Für nichtangeregte Halbleiter gilt $\mu = 0$.

Durch die Abnahme der Energielücke mit $n$ kann es bei genügend tiefen Temperaturen einen Bereich mit $d\mu/dn < 0$ geben, wobei das chemische Potential sogar Werte unterhalb der Exzitonenenergie $E_x$ annimmt. Dann teilt sich das angeregte Volumen in zwei Phasen auf: Ein *Exzitonengas* (oder Elektron-Loch-Plasma) niedriger Dichte umgibt »Tropfen« einer entarteten Elektron-Loch-Flüssigkeit hoher Dichte $n_0$. Dieser ↗*Phasenübergang* erster Ordnung (Kondensation in *Elektron-Loch-Tropfen*) wurde erstmals 1968 von L.V. Keldysch (Moskau) theoretisch erklärt. Oberhalb des kritischen Punktes ($n_c$,$T_c$) verschwindet der Phasenübergang, und das Exzitonengas geht stetig in das voll ionisierte Elektron-Loch-Plasma über.

Die ↗*Plasmafrequenz* des Elektron-Loch-Plasmas ($\omega_P = \sqrt{ne^2/\varepsilon_S\mu^*}$, $e$: Elementarladung, $\varepsilon_S$: (statische) ↗*Dielektrizitätskonstante*) kann über die *Plasma-Resonanz-Reflexion* zur direkten Bestimmung von $n$ genutzt werden. In optischen Spektren treten im Abstand $-\hbar\omega_P$ von der Hauptlinie schwache *Plasmon-Satelliten* auf. Im polaren Halbleiter vereinigen sich Plasmon und longitudinales optisches Phonon zu gemischten Moden, die in ↗*Raman-Streuung* sichtbar gemacht werden können.

Gegenwärtig stellt das Elektron-Loch-Plasma das am besten verstandene Vielteilchensystem in der Festkörperphysik dar. Enge theoretische Beziehungen gibt es zu ↗*dotierten Halbleitern*, zur Metalltheorie (*einkomponentiges Elektronengas*) und zur Plasmaphysik (↗*Plasma*).

**Elektron-Magnetisierungs-Thermometrie,** *Elektron-Suszeptibilitäts-Thermometrie*, ↗magnetische Thermometer.

**Elektron-Neutrino,** ↗Neutrino, das zusammen mit dem ↗Elektron die erste Familie der ↗Leptonen bildet.

**Elektron-Nukleon-Streuung[n],** *eN-Streuung*, Streuprozeß, der sich hervorragend zur Erforschung der Struktur von Proton und Neutron eignet. Da das Elektron nicht an der ↗*starken Wechselwirkung* teilnimmt, kann es mit genügend hoher Energie tief in die Kernbausteine eindringen und »sieht« z.B., wie die elektrische Ladung innerhalb des Protons verteilt ist. Man unterscheidet verschiedene Energiebereiche der Elektron-Nukleon-Streuung: Bei der *elastischen Streuung* wird ein Teil der kinetischen Energie auf den Kern übertragen. Wenn die Elektronenergie groß genug ist, Resonanzen der Nukleonen anzuregen, spricht man von *quasielastischer Streuung*. *Inelastische Streuung* tritt auf, wenn die Energie des Elektrons so groß ist, daß durch den Stoß mehrere zusätzliche Hadronen X erzeugt werden. Die inelastische Streuung kann zum einen in Form eines *neutralen Stromes* ($\gamma$- oder $Z^0$-Austausch) zustande kommen, bei der das Elektron erhalten bleibt, also eN → eX. Möglich ist aber auch der durch einen *geladenen Strom* ($W^{\pm}$-Austausch) vermittelte Prozeß eN → νX. Im Experiment interessiert man sich für Energie und Streuwinkel des abgelenkten Elektrons bzw. Neutrinos. Diese Daten werden dann mit Modellen verglichen, die im Falle von eN → eX den Streuquerschnitt des Elektrons mit Hilfe zweier vom Impulsübertrag $Q^2 = -q^2$ und der dimensionslosen Größe $x = \frac{Q^2}{2M\nu}$ abhängigen unbekannten ↗Formfaktoren $F_1(x,Q^2)$ und $F_2(x,Q^2)$ parametrisieren, wobei $M$ die

Masse des Nukleons und $\nu$ der Energieverlust des Elektrons ist (↗Altarelli-Parisi-Gleichungen). (Für den Prozeß $eN \rightarrow \nu X$ benötigt man drei Formfaktoren.)

Streuexperimente am Linearbeschleuniger SLAC in Stanford/USA Ende der sechziger Jahre zeigten, daß die beste Übereinstimmung mit den experimentellen Daten durch das ↗*Parton-Modell* erreicht wird, nach dem die inelastische Streuung im Proton an einzelnen Streuzentren stattfindet. Später identifizierte man die Partonen mit den Quarks.

**Elektron-Phonon-Mechanismus der Supraleitung,** ein erstmals 1950 von H. ↗Fröhlich vorgeschlagener Mechanismus, der zu einer attraktiven Wechselwirkung zwischen zwei Elektronen und damit zur ↗*Supraleitung* führt. Er beruht auf der Polarisation (Verzerrung) des aus den positiv geladenen Atomrümpfen aufgebauten Kristallgitters durch das erste (zweite) Elektron und der Wechselwirkung des zweiten (ersten) Elektrons mit der diese Polarisation begleitenden positiven Ladungsanhäufung (Abb.). In einer strengen feldtheoretischen Behandlung wird dieser Mechanismus durch den Austausch eines Schwingungsquants (↗*Phonon*) zwischen den beiden Elektronen beschrieben (*Elektron-Phonon-Kopplung*). Die hierauf basierenden Theorien der Supraleitung sind die ↗*BCS-Theorie* und die ↗*Eliashberg-Theorie*. Für die Mehrheit der klassischen Supraleiter konnten Fröhlichs Vorstellungen durch Nachweis des ↗*Isotopeneffekts* und durch den ↗*Einelektronen-Tunneleffekt bei Supraleitern* eindeutig bestätigt werden. Bei den ↗*Hochtemperatur-Supraleitern* ist der Kopplungsmechanismus jedoch noch ungeklärt.

**Elektron-Positron-Annihilation** ↗Elektron-Positron-Vernichtung.

**Elektron-Positron-Feld** ↗Dirac-Gleichung.

**Elektron-Positron-Paar,** leptonisches Teilchen-Antiteilchen-Paar, das bei der Wechselwirkung hochenergetischer Gammaquanten mit geladener Materie entsteht (↗*Paarbildung*). Dazu muß die Energie des Gammaquants $> 2mc^2$, also 1,022 MeV betragen ($m$: Elektronenmasse, $c$: Lichtgeschwindigkeit). Einen eventuellen Überschuß an Gammaenergie übernimmt das Elektron-Positron-Paar als kinetische Energie.

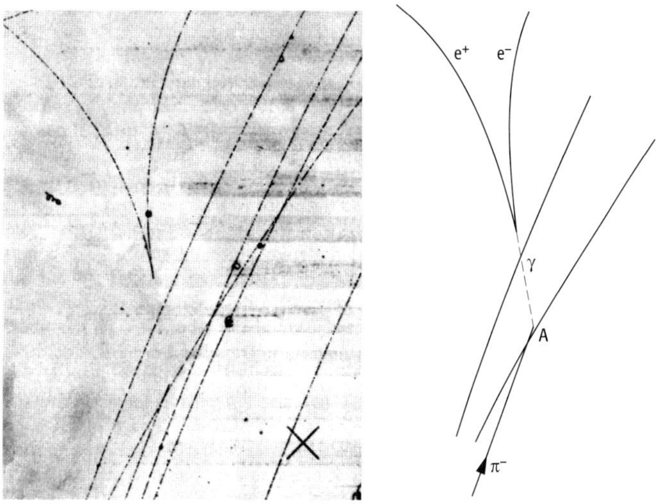


**Elektron-Positron-Paar:** Links die Blasenkammeraufnahme der Konversion eines Photons in ein Elektron-Positron-Paar, rechts das entsprechende Schema. Ein einlaufendes negatives Pion reagiert am Punkt A durch Ladungsaustausch: $\pi^- + p \rightarrow n + \pi^0$, anschließend zerfällt das neutrale Pion: $\pi^0 \rightarrow 2\gamma$. Da die $\pi^0$-Lebensdauer nur $10^{-16}$ s beträgt, scheint das $e^+e^-$-Paar direkt auf den primären Wechselwirkungspunkt zu zeigen.

**Elektron-Positron-Speicherring,** *$e^+e^-$-Speicherring*, ringförmige Beschleunigeranlage, in deren Vakuumröhre Elektronen und Positronen gleichzeitig, aber gegensinnig laufen, um in geeigneten Wechselwirkungszonen miteinander zur Kollision gebracht zu werden. Ausgenutzt wird dabei, daß in Magnetfeldern $\boldsymbol{B}$ im Uhrzeigersinn umlaufende Elektronen mit der Ladung $e$ dieselbe Kraft $\boldsymbol{F}$ erfahren wie die im Gegensinn kreisenden Positronen:

$$\boldsymbol{F} = e(\boldsymbol{v} \times \boldsymbol{B}) = -e(-\boldsymbol{v} \times \boldsymbol{B}).$$

Daher kann man für beide Strahlen dieselbe Magnetstruktur und dieselbe Vakuumkammer benutzen.

Der Elektron-Positron-Speicherring besteht aus zwei mit Ablenk- und Fokussierungsmagneten bestückten Halbbögen, die durch längere ge-

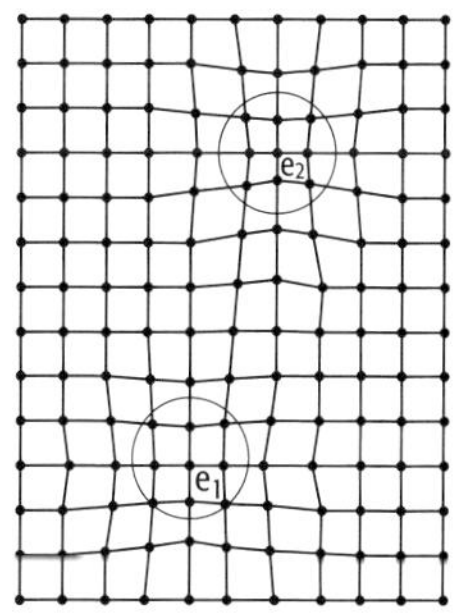


**Elektron-Phonon-Mechanismus der Supraleitung:** Die Polarisation des positiv geladenen Kristallgitters durch zwei Elektronen $e_1$, $e_2$ vermittelt eine anziehende Wechselwirkung

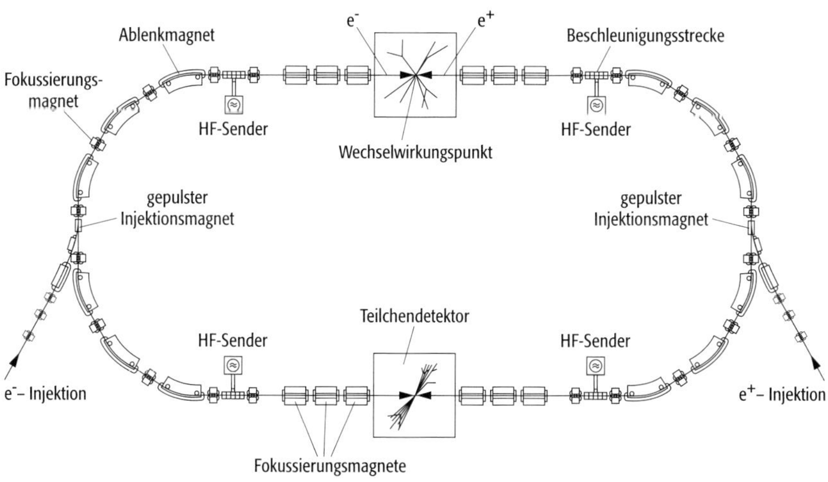


**Elektron-Positron-Speicherring:** Schematischer Aufbau.

rade Strecken getrennt sind, in deren Mitte jeweils ein Kollisionspunkt (auch Wechselwirkungspunkt genannt) der umlaufenden Teilchenstrahlen liegt. Jeder dieser Kollisionspunkte ist von einem entsprechend der physikalischen Aufgabe konzipierten Teilchendetektor umgeben.
Im Vergleich zu Beschleunigern, in denen der Strahl auf ein ruhendes Target trifft, liegen die Vorteile von Speicherringen in der hohen Schwerpunktsenergie. Um eine Schwerpunktsenergie von 60 GeV zu erreichen, müßte ein Festtarget-Beschleuniger eine Strahlenergie von 2 TeV aufweisen. Ein Nachteil der Speicherringe sind die geringen Stoßraten, die allerdings dazu führen, daß sich die Strahlen mehrere Stunden speichern lassen. Zudem können nur stabile Teilchen verwendet werden, wie Protonen, Elektronen und deren Antiteilchen. Der größte $e^+e^-$-Speicherring ist der des ↗*LEP* am CERN mit einem Umfang von etwa 27 km.

**Elektron-Positron-Vernichtung,** *$e^+e^-$-Annihilation*, Elementarteilchenprozeß, bei dem aus der Kollision eines ↗*Elektrons* mit einem ↗*Positron* ein virtuelles ↗*Photon* oder ↗*$Z^0$-Boson* entsteht, das dann in ein ↗*Lepton*-Paar (Abb. a), ein ↗*Quark*-Antiquark-Paar (Abb. b, c) oder ein Paar geladener W-Bosonen zerfallen kann. Die experimentelle Untersuchung dieser Reaktion an ↗*Elektron-Positron-Speicherringen* trug wesentlich zur Erforschung und Bestätigung des ↗*Standardmodells der Elementarteilchen* bei.
In den sechziger Jahren studierte man das Spektrum der ↗*Vektormesonen*, die in der Elektron-Positron-Vernichtung als ↗*Resonanzen* bei der Erzeugung von Mesonenpaaren auftreten. Bei höheren Energien außerhalb der Resonanzen koppelt das Photon direkt an die Quarks, bevor diese in ↗*Hadronen* fragmentieren. Messungen des hadronischen Wirkungsquerschnittes

$$R = \frac{\sigma(e^+e^- \to \text{Hadronen})}{\sigma(e^+e^- \to \mu^+\mu^-)}$$

in diesem Energiebereich belegten die Existenz von drei ↗*Farbladungen* der Quarks.
Seit Inbetriebnahme des $e^+e^-$-Speicherrings ↗*LEP* am CERN stehen Schwerpunktsenergien von über 100 GeV, bei denen ein $Z^0$-Boson aus der Elektron-Positron-Vernichtung hervorgeht, zur Verfügung. Damit konnten die Eigenschaften (Masse, ↗*Zerfallsbreite*) des $Z^0$-Bosons sowie zahlreiche Zerfallsmoden auf Präzisionsniveau untersucht werden. Ferner konnte aus der Zerfallsbreite des $Z^0$-Bosons geschlossen werden, daß keine vierte Generation leichter Neutrinos existiert, mit den drei bekannten Fermion-Generationen also möglicherweise nunmehr alle elementaren Bausteine der Materie entdeckt sind.

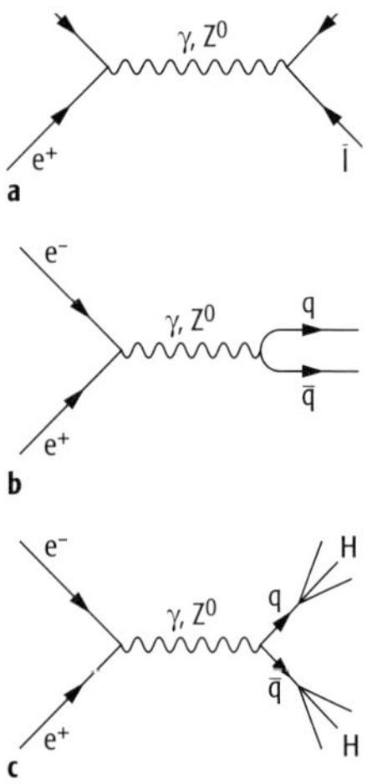


**Elektron-Positron-Vernichtung:** Feynman-Graphen der $e^+e^-$-Annihilation mit a) einem Leptonpaar oder b), c) einem Quark-Antiquark-Paar im Endzustand.

**Elektron-Satelliten,** Meßsatelliten der ehemaligen Sowjetunion zur Untersuchung des irdischen Magnetfeldes. (↗Satelliten)

**Elektron-Suszeptibilitäts-Thermometrie** ↗magnetische Thermometer.

**Elektron-Zyklotron-Resonanz-Ionenquelle,** *EZR-Ionenquelle, ECR-Ionenquelle,* eine in den 60er und 70er Jahren entwickelte spezielle ↗*Ionenquelle*, in der durch wiederholte ↗*Elektronenstoßionisation* hochgeladene Ionen erzeugt werden.
In einem durch Spulen und Permanentmagnete erzeugten Multipolmagnetfeld mit axialer Begrenzung wird durch Mikrowelleneinkopplung Energie auf die im Plasma befindlichen Elektronen transferiert. Ist die Elektron-Zyklotron-Resonanzbedingung erfüllt, können dabei Elektronenenergien zwischen 1 und 10 keV und hierdurch hohe Ladungszustände der Ionen erreicht werden. Da die Ionen bei dem Prozeß nicht aufgeheizt werden, lassen sich nach einer Ionenextraktion Strahlströme bis zu einigen 100 μA erzielen.

**Elektroofen,** *Elektroheizung*, Gerät zur elektrischen Erzeugung von Wärme, insbesondere bei hohen Temperaturen (*Elektrothermie*). Hierzu zählen vor allem die Widerstands- und die Lichtbogenerhitzung, im weiteren Sinne auch das ↗*Elektronenstrahlschmelzverfahren* und die ↗*Hochfrequenzerwärmung*.
Beim *Widerstandsofen* entsteht die Wärme als ↗*Joulesche Wärme* in einem Medium mit hohem Widerstand, z.B. bei *Drahtöfen, Silitöfen* (Silitstäbe als Heizelement, $T$ bis 1450 °C), *Kurzschluß-* bzw. *Tammann-Öfen* (Kohlerohre mit hohen Stromstärken, $T$ kurzzeitig bis 3400 °C), *Kohlegrießöfen* (Heizschicht aus erbsengroßen Kohlestücken) oder Öfen aus Nernst-Masse (↗*Nernst-Brenner*). Beim *Lichtbogenofen* werden zwei Typen unterschieden: Beim Ofen mit *offenem Lichtbogen* brennt zwischen dem Schmelzgut und einer Graphitelektrode ein Lichtbogen, der den größten Teil der Wärme erzeugt; hierzu zählt vor allem der *Stahlofen*. Beim *gedeckten Lichtbogen* steckt die Elektrode tief im Schmelzgut, so daß die Wärmeerzeugung überwiegend im Schmelzgut und im Übergangsbereich zur Elektrode erfolgt. Beispiele hierfür sind der *Roheisenofen* und der *Reduktionsofen*. Die Elektrode besteht meist aus einer Kohlenstampfmasse, die unter dem Einfluß der starken Ofenhitze zusammensintert.

**Elektrookulogramm** ↗Elektrookulographie.

**Elektrookulographie,** elektrophysiologisches Verfahren zur Registierung von horizontalen Augenbewegungen. Dazu werden zunächst Elektroden im inneren Lidwinkel und an einer Schläfe angebracht. Die dabei auftretenden Potentialschwankungen sind charakteristisch beispielsweise für den Stoffaustausch und die Reizaufnahme der Netzhaut und können in einem *Elektrookulogramm* registriert werden.

**elektrooptischer Effekt, linearer** ↗Pockels-Effekt.

**elektrooptischer Effekt, quadratischer** ↗Kerr-Effekt.

**Elektroortung** ↗elektrische Organe.

**Elektroosmose,** *Elektroendosmose*, eine ↗*elektrokinetische Erscheinung* bei der ↗*Elektrolyse* durch ein Diaphragma. Kleine Teilchen nehmen in Flüssigkeiten die angrenzende Flüssigkeitshaut mit, die infolge der vorhandenen ↗*Doppelschicht* meist negativ geladen ist. Sind die Teilchen jedoch unbeweglich, z.B. in einem Diaphragma, so wird die Flüssigkeit in einem elektrischen Feld bewegt. Im Gleichgewichtszustand stellt sich der *elektroosmotische Druck* ein, der z.B. als Steighöhe in einem U-Rohr gemessen werden kann. Ionen in der Flüssigkeit können den Effekt aufheben oder sogar umkehren. Die Elektroosmose findet technische Anwendung beim Entsalzen von Wasser, zur Entwässerung von Torf, Farbpasten oder Kolloiden (z.B. Leim) und zum Austrocknen von Mauerwerk.

**Elektropherographie,** *Trägerelektrophorese*, ↗Elektrophorese.

**elektrophile Reaktion,** eine Reaktion, bei der eine elektrophile (d.h. elektronensuchende) Verbindung die *nukleophile* Verbindung angreift. Das Elektronenpaar für die Bindung stammt von der nukleophilen Verbindung.

**Elektrophone** ↗elektrische Musikinstrumente.

**Elektrophor,** die erste, 1762 von J.C. ↗*Wilcke* erfundene und 1775 von *A.* ↗*Volta* weiterentwickelte ↗*Influenzmaschine*. Der Apparat besteht aus einer Hartgummiplatte H, die auf einem geerdeten Metallteller E steht, und einer etwas kleineren Metallplatte M, die in der Mitte einen Isoliergriff hat. H wird durch Reiben mit einem Wolltuch negativ geladen, anschließend wird die Platte M darauf gesetzt. Durch elektrische ↗*Influenz* wird die Unterseite von M positiv, die Oberseite negativ aufgeladen. Wird die Oberseite geerdet, so fließt die negative Ladung ab. Wenn nun die Platte M angehoben wird, ist sie positiv geladen, gleichzeitig wird wegen der Verringerung der Kapazität die Spannung zwischen M und E erhöht. Der Vorgang kann beliebig oft wiederholt werden. Moderne Realisierungen desselben Prinzips sind ↗*Bandgeneratoren* wie der ↗*Van-de-Graaff-Generator*.

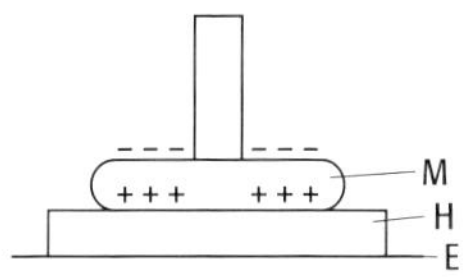


**Elektrophor:** Schema des Elektrophors nach Wilcke bzw. Volta. M: Metallplatte mit isoliertem Griff, H: Hartgummiplatte, E: geerdeter Metallteller.

**Elektrophorese,** die Erscheinung, daß molekulare und kolloide Teilchen einer Lösung sich in einem elektrischen Feld bewegen. Sie wird zur Trennung von Ionen, kolloidalen Teilchen, Makromolekülen, Viren, ↗Biomakromolekülen oder ganzen Zellen aufgrund unterschiedlicher Wanderungsgeschwindigkeit $v$ in einem elektrischen Feld $E$ (bei unendlicher Verdünnung) eingesetzt:

$$v = \mu_e E \text{ mit } \mu_e = \frac{q}{6\pi\eta r}.$$

Hierbei ist $\mu_e$ die elektrophoretische Mobilität, $\eta$ die Viskosität der Lösung, $q$ und $r$ Ionenladung und -radius. Die Migration hängt des weiteren von pH-Wert, Ionenstärke des Puffers, der Feldstärke und der Temperatur ab.

Die Elektrophorese ist der Umkehreffekt der ↗*Elektroosmose*, beide gehören zu den ↗*elektrokinetischen Erscheinungen*. Kleine Teilchen nehmen in Flüssigkeiten die angrenzende Flüssigkeitshaut mit, die infolge der vorhandenen ↗*Doppelschicht* meist negativ geladen ist (↗*Kontaktelektrizität*). Wandern die Teilchen zur Kathode, wird von *Kataphorese*, wandern sie zur Anode, von *Anaphorese* gesprochen. Der analoge Effekt bei niedermolekularen Ionen wird *Ionophorese* genannt. Es gibt eine Vielzahl von technischen Varianten der Elektrophorese. Bei der *freien Elektrophorese* wird die (meist gepufferte) Lösung unmittelbar eingesetzt. Zur Stabilisierung gegen störende Konvektionen kann durch einen inerten Zusatzstoff ein Dichtegradient erzeugt werden (*Dichtegradientenelektrophorese*). Bei der *pH-Dichtegradientenelektrophorese* wird ein pH-Gradient erzeugt, wodurch sich die Moleküle im pH-Bereich ihres jeweiligen ↗*isoelektrischen Punktes* sammeln (*elektrophoretische Fokussierung*). Bei der *Gegenstrom-Elektro-* bzw. *Ionophorese* wird die Ionenwanderung durch einen entgegengesetzten Flüssigkeitsstrom gerade kompensiert. Bei der *Trägerelektrophorese* oder *Elektropherographie* wird die Flüssigkeit durch einen Träger gegen Konvektion stabilisiert. Durch Adsorptions- oder gelchromatographische Ausschlußwirkungen kann die Auflösung noch verbessert werden (*Zonenelektrophorese*). Je nach Trägersubstanz wird zwischen *Papier-*, *Gel-* oder *Dünnschichtelektrophorese* unterschieden. Bei letzterer gelingt durch die Verwendung sehr dünner stabilisierter Flüssigkeitsschichten eine sehr schnelle Trennung, die aber nur für sehr kleine Stoffmengen geeignet ist.

Da die Konvektion ursächlich auf die Gravitation zurückzuführen ist, verspricht man sich von einer Elektrophorese unter der im Weltraum herrschenden Schwerelosigkeit (↗*Mikrogravitation*) ungleich bessere Resultate. Erste Versuche zur Herstellung von Pharmazeutika gab es bereits im Rahmen der *Skylab-*, *Apollo-Sojus- und Spacelab-Programme*.

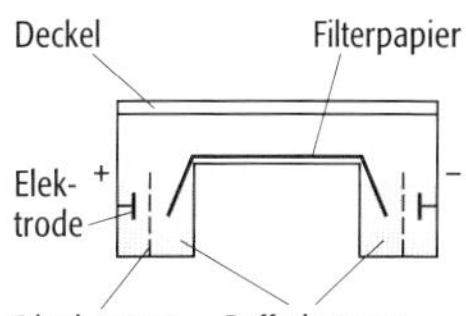


**Elektrophorese:** Trägerelektrophorese auf Papier. Die Enden des mit einem Leitelektrolyten getränkten Papierträgers tauchen in Pufferlösungen ein. Die Elektrodenspannung beträgt mindestens 100 V.

**Elektroretinographie,** elektrophysiologisches Verfahren zur Registrierung der elektrischen Aktivität des Auges. Dazu werden zwei Elektroden an der Hornhaut und einer Schläfe angebracht. Wird die Netzhaut belichtet und infolgedessen erregt, registrieren die Elektroden charakteristische Potentialschwankungen. Diese bilden ein *Retinogramm*, das Aufschluß über Funktionsstörungen der Netzhaut wie z.B. Farbenblindheit geben kann.

**Elektrorezeption** ↗elektrische Organe.

**elektroschwache Parameter,** experimentell zu bestimmende Parameter im Standardmodell der ↗*elektroschwachen Wechselwirkung*, dem ↗*Glashow-Weinberg-Salam-Modell*. Neben den Massen des Higgs-Bosons und der Fermionen sowie deren Mischungsparameter besitzt das elektroschwache Standardmodell noch drei weitere fundamentale freie Parameter; eine mögliche und nützliche Wahl setzt sich zusammen aus der ↗*Feinstrukturkonstante* $\alpha$,

**Elektroskop:** Ein Blättchen-Elektroskop. Die beiden Goldblättchen sind mit einem Metallstab leitend verbunden, an dessen oberem Ende eine Metallkugel befestigt ist. Wird die Metallkugel mit einem aufgeladenen Gegenstand berührt, verteilt sich die Ladung auch auf die Blättchen, und diese stoßen einander daraufhin ab.

der ↗*Fermi-Konstanten* $G_F$ und dem ↗*Weinberg-Winkel* $\theta_W$, meist angegeben in der Form $\sin^2\theta_W$. Die *Feinstrukturkonstante* $\alpha = 1/137{,}0359895(61)$ wird mit Hilfe des ↗Quanten-Hall-Effektes bestimmt. Durch den Einfluß elektroschwacher Strahlungskorrekturen und ihrer ↗Renormierung wird $\alpha$ allerdings abhängig von der Energie des jeweiligen Prozesses und besitzt nur im Grenzfall niedriger Energie den Wert $\alpha^{-1} \sim 137$. Bei Energien nahe der Z-Boson-Masse $M_Z$ erhält man $\alpha^{-1} \sim 128$. Der genauere Wert ist abhängig vom benutzten Renormierungsschema.

Die *Fermi-Konstante* $G_F = 1{,}16639(1) \cdot 10^{-5}$ $\text{GeV}^{-2}$ wird aus der Lebensdauer des Myons extrahiert. Zur Unsicherheit tragen sowohl die in die Rechnung eingehenden Größen als auch Strahlungskorrekturen höherer Ordnung bei.

Der *Weinberg-Winkel* $\sin^2\theta_W$ kann aus der Z-Boson-Masse bzw. weiterer aus der Z-Resonanz gewonnener Observablen, der W-Boson-Masse und aus Prozessen mit neutralen Strömen festgelegt werden. Je nach benutztem Renormierungsschema unterscheiden sich die Werte für $\sin^2\theta_W$ um kleine Faktoren, die von der Masse des Top-Quarks ($m_t$) und des Higgs-Bosons ($M_H$) abhängen. Im sog. $\overline{\text{MS}}$-Schema ergibt sich aus der Z-Boson-Masse ein von $m_t$ und $M_H$ relativ wenig abhängiger Wert $\sin^2\theta_W = 0{,}23124 \pm 0{,}00017$.

**elektroschwache Wechselwirkung,** zusammenfassende Bezeichnung für die ↗*elektromagnetische* und die ↗*schwache Wechselwirkung*, die durch das ↗*Glashow-Weinberg-Salam-Modell* in eine gemeinsame Theorie eingebettet sind. Dieses Modell vereinigt auf natürliche Weise die ↗*Quantenelektrodynamik* mit einer entsprechenden ↗*Quantenfeldtheorie* für die schwache Wechselwirkung. Alle Prozesse der elektroschwachen Wechselwirkung werden im GWS-Modell durch den Austausch von vier ↗*Eichbosonen* erklärt: dem masselosen ↗*Photon*, das die Wechselwirkung zwischen elektrisch geladenen Partikeln vermittelt, und den drei massiven *Vektorbosonen* $W^+$, $W^-$ und $Z^0$, die an der schwachen Ladung der Teilchen angreifen.

Im Gegensatz zum Photon, das nur mit elektrisch geladenen Teilchen wechselwirkt, vermittelt das $Z^0$-Boson auch Prozesse, bei denen elektrisch neutrale Teilchen beteiligt sind, z.B. die Streuung von Neutrinos an Elektronen. 1973 gelang am CERN der Nachweis dieser Reaktionen (↗*neutrale Ströme*). Bei Prozessen mit geladenen Teilchen sind sowohl das Photon als auch das $Z^0$-Boson beteiligt, und es kommt zu experimentell nachweisbaren Interferenzen dieser beiden Austauschvorgänge. Die vom GWS-Modell vorhergesagten massiven Vektorbosonen wurden 1983 am europäischen Beschleunigerzentrum ↗*CERN* entdeckt. Mit Präzisionsexperimenten zur ↗*Elektron-Positron-Vernichtung* am Speicherring ↗*LEP* konnten die Aussagen der elektroschwachen Theorie eindrucksvoll bestätigt werden. (↗*elektroschwache Parameter*, ↗*Standardmodell* der Elementarteilchenphysik)

**Elektroskop,** Gerät zum Nachweis kleiner ↗*elektrischer Ladungen*. Das Elektroskop besteht im einfachsten Fall aus einem Holundermarkkügelchen an einem Seidenfaden, das von einem geladenen Körper angezogen wird. Meist wird ein *Blättchenelektroskop* benutzt, bei dem zwei Gold- oder Aluminiumblättchen an einem Metallstab befestigt sind. Wird dieser Stab mit dem zu untersuchenden aufgeladenen Körper berührt, so geht ein Teil der Ladungen auf die Blättchen über, die sich daraufhin gegenseitig abstoßen. Das Elektroskop ist ein billiges und empfindliches, aber nicht sehr genaues Gerät; höhere Genauigkeiten werden mit ↗*Elektrometern* erzielt. Eine wichtige Anwendung ist die Messung der Strahlungsintensität radioaktiver Präparate. Dabei wird das Elektroskop mit einem Gas gefüllt, das von der Strahlung ionisiert wird. Je größer ihre ionisierende Wirkung ist, desto schneller wird das Elektroskop entladen, bzw. desto größer ist der Entladestrom.

**Elektrosmog,** umgangssprachliche Bezeichnung für die biologische Wirkung hoch- und niederfrequenter zivilisatorischer elektromagnetischer Wechselfelder (z.B. durch leistungsstarke Sender, Hochspannungsleitungen, Umspannstationen, aber auch von Geräten der Unterhaltungselektronik, Mikrowellenherden, Mobiltelephonen usw.).

Der Zusammenhang zwischen der Dosis der aufgenommenen (nicht ionisierenden) Strahlung und ihrer Wirkung wird seit Jahren kontrovers diskutiert. Die konventionellen Abschätzungen gehen von der *thermischen Wirkung* der Felder auf biologische Zellen aus. Es können Beeinträchtigungen des Stoffwechsels oder des Nervensystems, Verhaltensänderungen, aber auch degenerative Wirkungen (z.B. Grauer Star) auftreten. Diese Effekte können in den meisten Fällen mit der spezifischen Energieabsorption (J/kg) oder der spezifischen Absorptionsrate (W/kg) korreliert werden. Weitere Effekte sind Kraftwirkungen innerhalb der Zellen durch *Polarisation* und die Entstehung felderzeugter *Potentialdifferenzen* an Zellmembranen. Während aber die Schwellenwerte für Polarisation für normale Zelldurchmesser (20μm) bei ca. 10V/cm liegen – Werte, bei denen schon eine erhebliche thermische Wirkung auftritt –, wurde für Potentialwirkungen bislang kein Schwellenwert gefunden. Noch bei Flußdichten von ca. $40 \cdot 10^{-6}$T drosselt die Epiphyse ihre Produktion des krebshemmenden Hormons Melatonin; dies korreliert mit Befunden statistischer Untersuchungen in Schweden und den USA, die in der Nähe von Hochspannungstrassen eine signifikant erhöhte Leukämierate feststellten. Weitere Effekte sind wahrscheinlich, da sich insbesondere die *Wirkung niederfrequenter Felder* wohl nicht mit felderzeugten Potentialdifferenzen erklären läßt; die noch un-

klaren Mechanismen könnten *chaotisch* von der Dosis abhängen.
Zur Festlegung von *Grenzwerten* der aufgenommenen Hochfrequenzleistung unterscheidet man einen Resonanzbereich (bei Erwachsenen 70–100MHz, bei Kindern ca. 200–400MHz), in dem das Maximum der Energieabsorption liegt und bei dem es zu »Hot Spots« kommen kann, einen quadratisch von der Frequenz abhängigen Bereich unterhalb und einen wenig frequenzabhängigen Bereich oberhalb der Resonanz. Teilkörper-Grenzwerte liegen für nicht kontrollierte Umgebung bei 20mW pro 10g Körpermasse, Ganzkörper-Grenzwerte bei 0,08W/kg, jeweils gemittelt über 6-Minuten-Intervalle, für kontrollierte Umgebung (beruflich exponierte Personen) gelten etwa fünffach höhere Grenzwerte. Aus den biologischen Wirkungen lassen sich Ganzkörper-Basisgrenzwerte und daraus Grenzwerte für die Leistungsflußdichte ableiten (vgl. Tabelle). Die Grenzwerte für 50-Hertz-Felder sind (für die Allgemeinbevölkerung) 5000 V/m (elektrisches Feld) und 100 Mikrotesla (magnetisches Feld).

**Elektrosmog:** Grenzwerte für die Leistungsflußdichte zur Beurteilung der Feldeinwirkung.

| Frequenz [MHz] | Leistungsflußdichte [W/m$^2$] ([mW/cm$^2$]) | |
|---|---|---|
| | kontrollierte Umgebung | nicht kontrollierte Umgebung |
| 300–400 | 10 (1) | 2 (0,2) |
| 900 | 22,5 (2,25) | 4,5 (0,45) |
| > 2000 | 50 (5) | 10 (1) |

**Elektrostatik,** die Lehre von den Erscheinungen, die durch ruhende ↗*elektrische Ladungen* in Vakuum und Materie hervorgerufen werden. Hierzu gehören vor allem das von den Ladungen erzeugte ↗*elektrische Feld* $\boldsymbol{E}(\boldsymbol{x})$ und das elektrostatische ↗*Potential* $\phi\,(\boldsymbol{x})$, die mit der Ladung $Q$ über $\varepsilon_0 \oint \boldsymbol{E} \mathrm{d}A = Q$ bzw. $\varepsilon_0 \operatorname{div} \boldsymbol{E} = \varepsilon_0 \nabla \boldsymbol{E} = \rho$ und $\boldsymbol{E}(\boldsymbol{x}) = -\boldsymbol{\nabla}\phi\,(\boldsymbol{x})$ verknüpft sind ($\rho$: elektrische Ladungsdichte). Die Aussage $\boldsymbol{E}(\boldsymbol{x}) = -\boldsymbol{\nabla}\phi\,(\boldsymbol{x})$ ist gleichbedeutend damit, daß in der Elektrostatik das $E$-Feld *wirbelfrei* ist, d.h. $\mathrm{rot}\boldsymbol{E} = \boldsymbol{\nabla}\times\boldsymbol{E} = 0$. Wichtige Effekte sind die ↗*elektrische Polarisation* von Medien *ohne* frei bewegliche Ladungsträger (↗*Dielektrika*) und die ↗*Influenz* in Medien *mit* freien Ladungsträgern (↗*Leiter*), ferner der Einfluß von mechanischen Spannungen (↗*Elektrostriktion*, ↗*Piezoelektrizität*) oder Temperaturänderungen (↗*Pyroelektrizität*) auf Dielektrika. Die Polarisation $\boldsymbol{P}$ kann mit Hilfe der ↗*dielektrischen Verschiebung* $\boldsymbol{D} = \varepsilon_0 \boldsymbol{E} + \boldsymbol{P}$ in die im Vakuum gültigen Gleichungen integriert werden, es gilt dann $\mathrm{div}\boldsymbol{D} = \rho$. In den meisten Medien hängen $\boldsymbol{D}$ und $\boldsymbol{E}$ linear voneinander ab (↗*Materialgleichungen*), dann gilt $\boldsymbol{D} = \varepsilon \boldsymbol{E}$. In isotropen Medien ist die ↗*Dielektrizitätskonstante* $\varepsilon$ skalar, und es gilt $\varepsilon = \varepsilon_r \varepsilon_0$ ($\varepsilon_r$: *Dielektrizitätszahl*). Von großer technischer Bedeutung sind schließlich ↗*Kondensatoren*, ↗*galvanische Elemente* bzw. ↗*Batterien* und elektrische Thermometer, die auf der ↗*Thermoelektrizität* beruhen – alle diese Geräte können mit den Methoden der Elektrostatik theoretisch beschrieben werden.
Theoretische Grundlage der Elektrostatik ist das ↗*Coulomb-Gesetz*, das die Kraft zwischen zwei ruhenden Punktladungen $Q_1$, $Q_2$ beschreibt: $\boldsymbol{F} = \frac{Q_1 Q_2}{4\pi\varepsilon_0 r^2} \boldsymbol{e}_r$ ($r$: Abstand zwischen den Ladungen, $\boldsymbol{e}_r$: Einheits-Ortsvektor). Äquivalent dazu ist die ↗*Poisson-Gleichung* $\varepsilon_0 \nabla^2 \phi\,(\boldsymbol{x}) = -\rho(\boldsymbol{x})$, mit der das Potential aus einer gegebenen ↗*Ladungsverteilung* $\rho(\boldsymbol{x})$ bestimmt werden kann. Ein wichtiges Hilfsmittel zur Lösung der Poisson-Gleichung unter bestimmten Randbedingungen sind die Greenschen Identitäten und die ↗*Green-Funktion*, auf denen die ↗*Methode der Spiegelladung* beruht. Weitere wichtige Hilfsmittel sind für zweidimensionale Probleme die ↗*Potentialtheorie* und für Probleme mit radialer Symmetrie die ↗*Multipolentwicklung*. Typische Probleme der Elektrostatik sind: Bestimmung des Potentials eines oder mehrerer Leiter aus der Ladungsverteilung und umgekehrt, Bestimmung der Kapazität von Leitern und Kondensatoren und die Ermittlung von elektrischem Feld und ↗*Influenzladungen* bzw. der Polarisation eines leitenden oder nichtleitenden Mediums in einem gegeben äußeren $E$-Feld.
Bereits 600 v.Chr. berichtete ↗*Thales von Milet*, daß geriebener ↗*Bernstein* (griech. élektron) Papierfetzen anzieht (↗*Reibungselektrizität*). Ebenfalls bereits im Altertum wurden Zitteraale (↗*elektrische Organe*), die starke Stromstöße erzeugen können, als Heilmittel eingesetzt. Aber erst um 1600 wies W. ↗*Gilbert* nach, daß Glas, Harze und andere Stoffe eine gemeinsame Eigenschaft haben und nannte sie »elektrisch«. O.v. ↗*Guericke* baute um 1660 eine Elektrisiermaschine und entdeckte die elektrische Abstoßung. 1733 stellte Ch. ↗*Du Fay* bei der Gegenüberstellung von *Glas-* und *Harzelektrizität* die Verschiedenheit von positiver und negativer Ladung fest. Der erste Kondensator war die Kleistsche bzw. ↗*Leidener Flasche* (ca. 1745). B. ↗*Franklin* erforschte in der zweiten Hälfte des 18. Jh. die Influenz und Gewitter und erfand den ↗*Blitzableiter*, der allerdings auch schon im alten Ägypten bekannt war. Die Formulierung des Coulomb-Gesetzes 1785 und die Übertragung des Potential-Begriffes der Gravitation durch Poisson 1811 brachten entscheidende Fortschritte, G. ↗*Green* entwickelte die Potentialtheorie 1820–30 weiter. C.F. ↗*Gauß* brachte 1839 die Theorie der Elektrostatik und ↗*Magnetostatik* zum Abschluß.

**elektrostatische Abschirmung,** in einem Metall die weitgehende Kompensation einer punktförmigen Ladung durch die hervorgerufene Störung der homogenen Elektronenkonzentration, so daß das elektrische Feld der Ladung reduziert wird. Dies betrifft nicht nur in den Festkörper eingebrachte Fremdionen, sondern auch das Coulomb-Potential eines einzelnen Elektrons ist durch die Felder des Elektronengases abgeschirmt. Das elektrostatische Potential einer Ladung ist im Abstand $r$ nicht mehr $\phi \sim r^{-1}$ wie bei der isolierten Ladung, sondern wird durch ein *abgeschirmtes Coulomb-Potential* beschrieben. Durch die Abschirmung ist die Reichweite der Wechselwirkungen zwischen Elektronen und Ionen oder der Elektronen untereinander geschwächt und liegt in der Größenordnung der ↗*Abschirmungslänge*. Ebenso ist der Wirkungsquerschnitt bei ↗*Elektron-Elektron-Stößen* wesentlich kleiner als nach der Rutherfordschen Streutheorie erwartet wird.

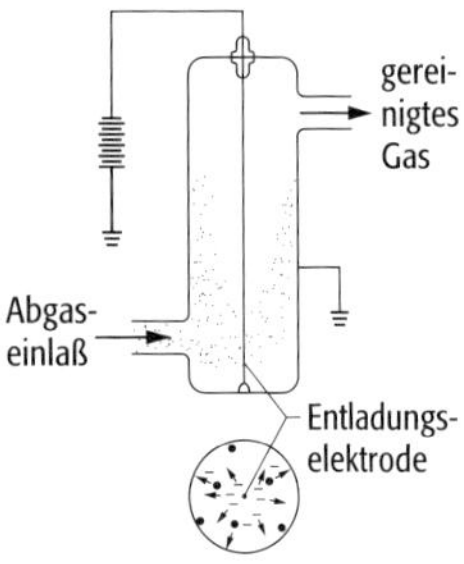

**elektrostatische Entstaubung:** Schema eines Elektrofilters.

**elektrostatische Abstoßung** ↗Anziehung.

**elektrostatische Anziehung** ↗Anziehung.

**elektrostatische Aufladung,** *elektrische Aufladung, Aufladung,* allgemein das Auftreten bzw. Hervorrufen einer Nettoladung auf makroskopischen Körpern (↗*elektrische Ladung*), das zu einer elektrostatischen ↗*Anziehung* bzw. Abstoßung führt. Hierzu zählt vor allem die ↗*Reibungselektrizität*, d.h. die Aufladung von unterschiedlichen, aneinander geriebenen ↗*Isolatoren* wie ↗*Bernstein* und Fell oder Glas und Seide. Die physikalische Ursache dieses Phänomens ist die ↗*Kontaktspannung* zwischen den beiden Isolatoren, die bei plötzlicher Trennung erhalten bleibt, die Reibung dient dabei nur zur Herstellung eines möglichst innigen Kontakts. Die Aufladung durch Reibungselektrizität ist die älteste bekannte elektrische Erscheinung. Bei *Leitern* kann durch ↗*Influenz* ebenfalls eine elektrostatische Aufladung erzeugt werden: Wird z.B. in die Nähe von zwei ungeladenen, sich berührenden Metallkugeln ein positiv geladener Plastikstab gebracht, so wird die näherliegende Kugel positiv, die andere negativ geladen. Werden die Kugeln dann getrennt, bevor der Stab entfernt wird, so behalten sie ihre Aufladung. Relevant ist z.B. die elektrostatische Aufladung von Flugzeugen zwischen geladenen Gewitterwolken, die den Flugfunkverkehr erheblich beeinträchtigen kann.

**elektrostatische Energie,** die potentielle Energie $E_e$ einer elektrischen *Punktladung* $Q_1$ im elektrostatischen Feld einer zweiten Punktladung $Q_2$ im Abstand $r$: $E_e = Q_1 \cdot Q_2 / (4\pi\varepsilon_0 r)$. Für $N$ Ladungen gilt entsprechend:

$$E_e = \frac{1}{8\pi\varepsilon_0} \sum_{\substack{j=1 \\ k\neq j}}^{N} \frac{Q_j Q_k}{r_{jk}},$$

und für eine ausgedehnte Ladungsverteilung:

$$E_e = \frac{1}{8\pi\varepsilon_0} \iint \frac{\rho(\boldsymbol{x})\rho(\boldsymbol{x}')}{|\boldsymbol{x}-\boldsymbol{x}'|} \mathrm{d}^3x\mathrm{d}^3x'$$

Die zweite Formulierung schließt die (unendliche) ↗*Selbstenergie* der Ladungsträger mit ein, da auch am Ort der Ladungen integriert wird. Dieses Problem wird erst in der ↗Quantenfeldtheorie durch das Verfahren der ↗Renormierung gelöst.

Der obige Ausdruck beruht auf der auch dem ↗*Coulomb-Gesetz* zugrundeliegenden ↗Fernwirkungstheorie der elektrischen Erscheinungen, bei der die Ladungen Träger der elektrischen Energie sind. Die von M. ↗Faraday begründete ↗Nahwirkungstheorie, in der die Felder selbst Träger der Energie sind, führt dagegen zur Formulierung der ↗*elektrischen Feldenergie* $W_e = \frac{1}{2}\int \boldsymbol{E}\boldsymbol{D}\mathrm{d}^3x$ ($\boldsymbol{E}$: ↗elektrische Feldstärke, $\boldsymbol{D}$: ↗dielektrische Verschiebung). Beide Betrachtungsweisen sind nur in der ↗Elektrostatik gleichwertig, die ↗Elektrodynamik beruht jedoch auf dem Feldbegriff.

**elektrostatische Entstaubung,** die Entfernung von Staub- und Ascheteilchen aus der Abluft von z.B. Kohlekraftwerken durch *elektrostatische Luftfilter* oder *Elektrofilter*. Diese bestehen aus einem vertikalen zylindrischen Metallrohr, in dessen Mitte eine negative Drahtelektrode verläuft. Das Rohr ist geerdet, zwischen diesem und der inneren Elektrode herrscht eine Spannung im kV-Bereich. Durch das stark inhomogene Feld in der Nähe des Drahtes kommt es dort zu einem elektrischen Durchschlag (↗*elektrische Spitzenwirkung*), wobei u.a. negative $O^{2-}$-Ionen entstehen, die Schadstoffpartikel oder -tröpfchen ebenfalls negativ ionisieren. Dadurch sammeln sich die Schadstoffe an der Außenwand, wo sie entweder hinabfließen oder durch Rüttelung abgelöst werden und hinabfallen. Auf diese Weise können bis zu 99% der bei der Kohleverstromung anfallenden Asche- und Staubteilchen entfernt werden.

**elektrostatische Influenz** ↗Influenz.

**elektrostatische Kraft,** ↗Coulomb-Gesetz, ↗ponderomotorische Kräfte.

**elektrostatische Linearbeschleuniger** ↗Linearbeschleuniger.

**elektrostatische Luftfilter,** *Elektrofilter*, ↗elektrostatische Entstaubung.

**elektrostatisches CGS-System,** spezielle Ausprägung des ↗*CGS-Systems*, in dem man der Konstante $K_e$ im Coulomb-Gesetz

$$F = \frac{1}{K_e}\frac{e \cdot e'}{4\pi r^2}\frac{\boldsymbol{r}}{r}$$

den Wert $1/4\pi$ zuweist, so daß es die einfache Form

$$F = \frac{e \cdot e'}{r^2}\frac{\boldsymbol{r}}{r}$$

annimmt ($F$ Kraft, $\boldsymbol{r}$ Abstand zwischen den Ladungen $e$ und $e'$); als elektrostatische Ladungseinheit ergibt sich $1\,\mathrm{dyn}^{1/2} \cdot \mathrm{cm} = 1\,\mathrm{cm}^{3/2} \cdot \mathrm{g}^{1/2} \cdot \mathrm{s}^{-1/2}$. Das elektrostatische hängt mit dem ↗*elektromagnetischen CGS-System* über die Beziehung $K_m/K_e = c^2$ mit der Lichtgeschwindigkeit $c$ zusammen. In den USA kennzeichnet man die Einheiten dieses Systems mit der Vorsilbe ↗*stat*.

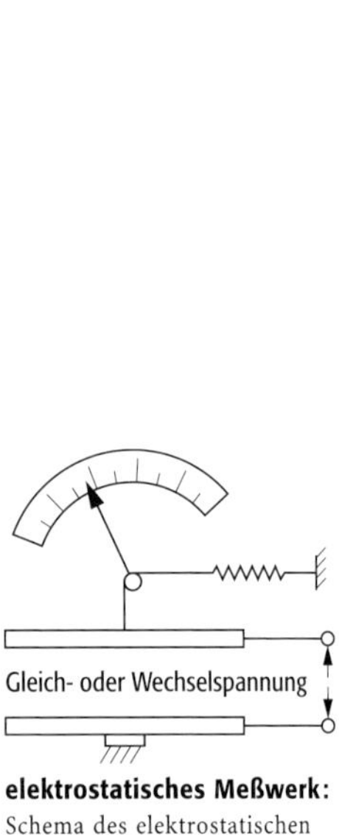

**elektrostatisches Meßwerk:** Schema des elektrostatischen Meßwerks.

**elektrostatisches Meßwerk,** ein *elektrischer Spannungsmesser,* der die Anziehungskraft zwischen elektrisch geladenen Metallplatten ausnutzt. Es ist für Gleich- und Wechselspannung geeignet (↗Strom- und Spannungsmessung, ↗Elektrometer).

**elektrostatisches Potential,** ↗Coulomb-Potential, ↗elektrisches Potential.

**elektrostatische Wandler,** *kapazitive Wandler,* elektroakustische ↗*Wandler*, bei denen die Eigenschaften des elektrischen Feldes (Kraft, Abstand, Ladung, Spannung) für die Wandlung genutzt werden.

**Elektrostriktion,** 1) die elastische Deformation von ↗*Dielektrika* im elektrischen Feld. Die Elektrostriktion beruht auf der Kraftwirkung der durch die ↗*elektrische Polarisation* erzeugten bzw. ausgerichteten mikroskopischen Dipole untereinander. Sie führt in *unpolaren* Dielektrika immer zu einer Kontraktion. Die Volumenänderung $\Delta V$ hängt dann nämlich von der Ableitung der Dielektrizitätszahl $\varepsilon_r$ (↗*Dielektrizitätskonstante*) nach dem Druck $p$ und der elektrischen Feldstärke $E$ ab:

$$\Delta V_{p,T} = -10^{-2} \cdot V\left(\frac{\partial \varepsilon_r}{\partial p}\right)_T \cdot \frac{1}{2}\varepsilon_0 E^2,$$

wie mit thermodynamischen Überlegungen gezeigt werden kann. Da $\varepsilon_r$ schon wegen der Dichte mit zunehmendem Druck immer zunimmt, ist $\Delta V$ immer negativ. In *polaren* Dielektrika, d.h. solchen mit einer Vorzugsrichtung entlang ihrer Symmetrieachse, tritt dagegen eine der Feldstärke proportionale Volumenänderung auf. Dieses Verhalten wird ↗*Piezoelektrizität* genannt – ein Effekt, auf dem u.a. die Funktionsweise der ↗*Quarzuhr* beruht. Eng verwandt mit der Piezoelektrizität ist die ↗*Pyroelektrizität*, die Aufladung polarer Dielektrika bei plötzlicher Temperaturänderung.

2) Als Elektrostriktion wird auch die Volumenabnahme in Lösungen von ↗*Elektrolyten* bezeichnet, die darauf beruht, daß die Dipole des Lösungsmittels (Wasser) im stark inhomogenen Feld der ↗*Ionen* orientiert und komprimiert werden.

**elektrostriktive Konstanten,** empirisch bestimmte Konstanten, welche die Dehnung $\Delta L/L$ eines Piezoelektrikums als Folge eines äußeren angelegten elektrischen Feldes $\boldsymbol{E}$ beschreiben (↗Elektrostriktion, Abb.):

$$\frac{\Delta L}{L} \approx a\Delta|E| + b\Delta|E|^2$$

Aus historischen Gründen wird die lineare elektrostriktive Konstante $a$ häufig als *inverse piezoelektrische Konstante* und die quadratische $b$ als *elektrostriktive Konstante* im engeren Sinn bezeichnet.

**Elektrotechnik,** die Lehre von der Erzeugung und Bereitstellung von *Elektrizität*, d.h. technisch nutzbarer elektrischer Energie. Das Gebiet kann unter verschiedenen Gesichtspunkten unterteilt werden: Zum einen in ↗*Gleichstrom*- und ↗*Wechselstrom*-Technik. Letzte teilt sich in die *Niederfrequenztechnik*, mit dem ↗*technischen Wechselstrom* (50-Hz-Leitungsnetz) und dem *Tonfrequenzbereich* (bis ca. 20 kHz, *Telephonie, Elektroakustik*), und die ↗*Hochfrequenztechnik*, zu der die Erzeugung und Verwendung von ↗*Radiowellen* (↗*Nachrichtentechnik*, ↗*Funktechnik*, ↗*Fernsehen*) und ↗*Mikrowellen* gehören. Oft gehen die Gebiete auch ineinander über, z.B. werden Rundfunksendungen als niederfrequente Signale im Tonbereich aufgezeichnet, jedoch mit einer hochfrequenten ↗*Trägerfrequenz* übertragen (↗Modulation). Zum anderen wird zwischen *Starkstromtechnik* mit Spannung über ca. 250 V (↗*Generatoren*, ↗*Hochspannung*) und *Schwachstromtechnik* (z.B. Fernmeldetechnik, Elektrowerkzeuge) unterschieden. Diese Bezeichnung ist jedoch irreführend, da die Unterscheidung sich nach der verwendeten Spannung, nicht nach der Stromstärke, richtet.

Zur Elektrotechnik im weiteren Sinne zählen auch industrielle Anwendungen elektrischer Ströme wie die *Elektrothermie* (Umsetzung von elektrischer in nutzbare Wärmeenergie), die Konstruktion und Anwendung von ↗*Elektromotoren*, z.B. zur *Elektrotraktion* (*Elektroantrieb*, ↗Elektroauto) oder die Beleuchtungstechnik. Eine herausragende Rolle in der Elektrotechnik spielten vor Aufkommen der Halbleitertechnologie die ↗*Elektronenröhren* (↗*Vakuumdiode*, ↗*Triode*). Deren Aufgaben in der Schalt- und Regelungstechnik werden jetzt vielfach von Halbleiterbauteilen, wie z.B. ↗*Transistoren*, übernommen, die mittlerweile ein eigenes Fachgebiet, die ↗*Elektronik*, bilden. Weiterhin wichtig sind Röhren als ↗*Röhrengeneratoren* für Radio- und Mikrowellen und zur Erzeugung von ↗*Röntgenstrahlen* sowie als ↗*Kathodenstrahlröhren*, z.B. in *Fernsehern, Computermonitoren* oder ↗*Oszillographen*.

Die älteste Zweig der Elektrotechnik ist die ↗*Telegraphie*. Der erste elektrische Telegraph wurde 1809 von S.T.v. ↗*Sömmering* konstruiert. Mit der Entdeckung des ↗*dynamoelektrischen Prinzips* durch W.v. ↗*Siemens* 1866 und der anschließenden Entwicklung von Generator und Elektromotor begann die Elektrotechnik eine stürmische Entwicklung, die eng mit der industriellen Revolution Ende des 19. Jh. verknüpft ist. Weitere Schritte waren die Erfindung des ↗*Telephons* (1861/1876), des ↗*Drehstroms* (1885) und der Elektronenröhren nach dem ersten Weltkrieg. 1893 wurde der VDE (Verband deutscher Elektrotechniker) gegründet. [MD]

**Elektrotraktion,** *Elektroantrieb*, Fahrzeugantrieb mit elektrischer Energieversorgung. (↗Elektroauto)

**Elektrozähler,** ↗Induktionsmeßwerk, ↗Strom- und Spannungsmessung.

**Element, 1)** ↗chemisches Element.

**2)** *Zelle*, eine elektrochemische Strom- bzw. Spannungsquelle (↗*galvanisches Element*).

**Element 110,** nach IUPAC-Empfehlung *Ununnilium*, auch *Eka-Platin*, durch Verschmelzung von $^{208}Pb$ mit $^{62}Ni$ und nach

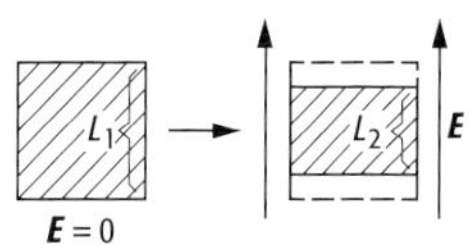


**elektrostriktive Konstanten:** Dehnung $\Delta L/L$ eines Piezoelektrikums als Folge eines äußeren angelegten elektrischen Feldes $E$.

**Element 110:** Die Alpha-Zerfallsketten, mit denen die Isotope des Elements $Z = 110$ mit den Massenzahlen $A = 269$ bis 272 erstmals nachgewiesen und identifiziert wurden.

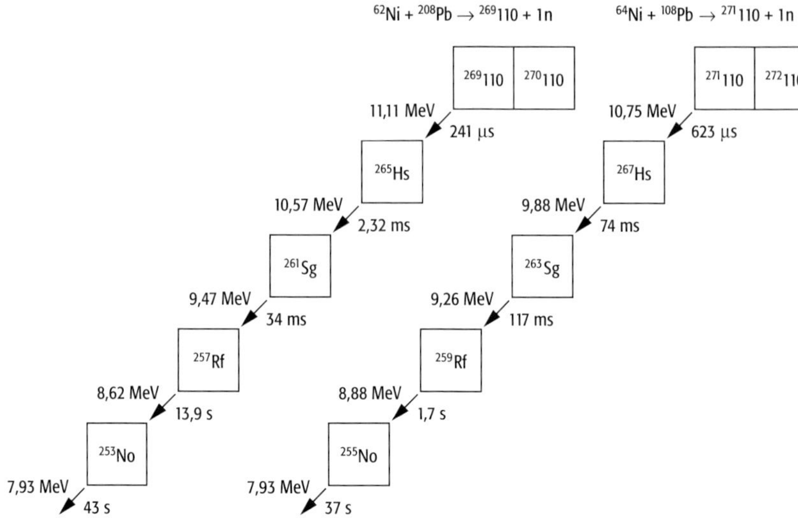


Aussendung eines Neutrons künstlich erzeugter Kern des Isotops $^{269}110$. Das Isotop wurde erstmals bei der ↗*Gesellschaft für Schwerionenforschung* (*GSI*) in Darmstadt 1994 hergestellt und nachgewiesen.

**Element 111,** nach IUPAC-Empfehlung *Unununium*, auch *Eka-Gold*, erstmals 1994 bei der ↗*Gesellschaft für Schwerionenforschung* (*GSI*) in Darmstadt hergestellter Kern des Elements $^{272}111$.

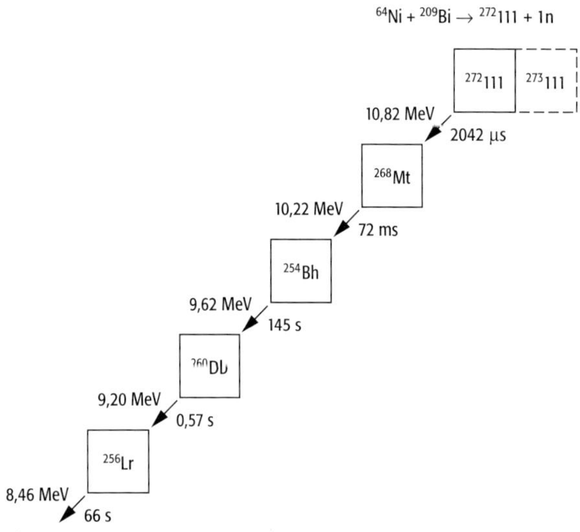


**Element 111:** Die Zerfallskette, mit der die beiden Isotope des Elements $Z = 111$ mit den Massenzahlen $A = 272$ und 273 erstmals nachgewiesen und identifiziert wurden.

**Element 112,** nach IUPAC-Empfehlung *Ununbium*, auch *Eka-Quecksilber*, schwerstes bisher (1997) erzeugtes Element. Der erstmalige zweifelsfreie Nachweis gelang 1996 am *SHIP* bei der ↗*Gesellschaft für Schwerionenforschung* (*GSI*) in Darmstadt. Zur Produktion von Element 112 wird ein Zinkstrahl ($^{70}Zn$) im Hochladungsinjektor des UNILAC erzeugt und auf eine Energie von 344 MeV beschleunigt. Die Projektile treffen dann auf ein Target aus angereichertem $^{208}Pb$. Bei der Verschmelzung der beiden Kerne (auch ↗*Compoundkern* CN genannt) entsteht nach Emission eines Neutrons ein Kern des Elements 112, der nach einer Lebensdauer von nur 280 µs unter Emission von α Teilchen wieder zerfällt.

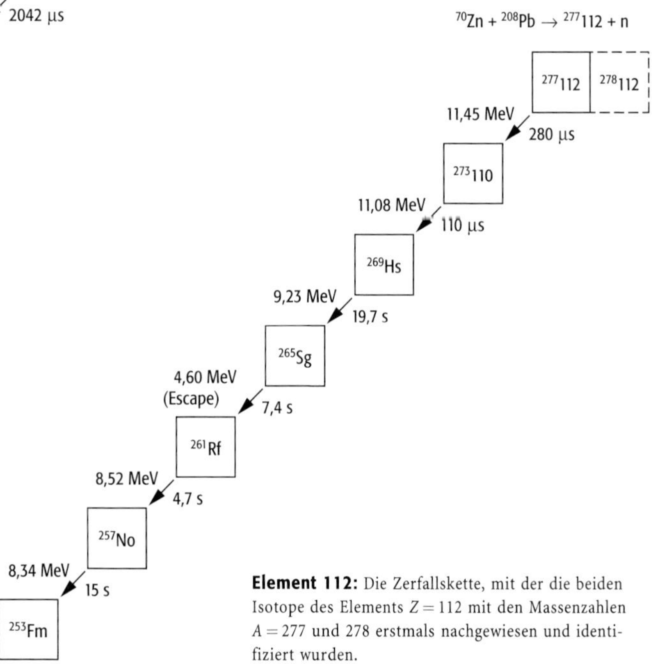


**Element 112:** Die Zerfallskette, mit der die beiden Isotope des Elements $Z = 112$ mit den Massenzahlen $A = 277$ und 278 erstmals nachgewiesen und identifiziert wurden.

**Elementarbezirke** ↗Weiss'sche Bezirke.

**Elementargitter** ↗Elementarzelle.

**Elementarladung,** die kleinste in der Natur frei vorkommende elektrische Ladungsmenge. Ihr Betrag $e = (1{,}60217733 \pm 0{,}00000049) \cdot 10^{-19}$C ist eine ↗Fundamentalkonstante. Von den Elementarteilchen besitzen z.B. das ↗*Proton* und das ↗*$W^+$-Boson* die Ladung $+e$, das ↗*Elektron*, das ↗*Myon* und das ↗*$W^-$-Boson* die Ladung $-e$. ↗*Quarks* besitzen drittelzahlige Ladungen ($\pm e/3$ oder $\pm 2e/3$), sie treten jedoch immer nur in Systemen aus zwei oder drei Quarks auf, die ganzzahlige Ladungen aufweisen (↗*Confinement*). – Die Elementarladung ist über die ↗*Avogadro-Konstante* $N_A$ mit der ↗*Faraday-Konstante* $F$ verknüpft, die die elektrische Ladung von einem Mol Elektronen angibt: $F = eN_A =$ 96485,309C/mol.

**Elementarlänge** ↗Plancksche Elementarlänge.

**Elementarmagnet,** kleinste magnetische Einheit, deren Verhalten die magnetischen Eigenschaften eines Systems bestimmt, so daß bei der theoretischen Behandlung von Struktur und inneren Wechselwirkungen des Elementarmagneten abgesehen werden kann. In der klassischen ↗*Elektrodynamik* waren dies die ↗*Ampèresche Molekularströme*, im ↗*Heisenberg-Modell* des Ferro-, Antiferro- und Ferrimagnetismus die atomaren magnetischen Momente. In der ↗*Langevinschen Theorie des Paramagnetismus* sind dies die Molekülmomente (Molekularmagnet) und im ↗*Superparamagnetismus* die magnetischen Momente kleiner ferromagnetischer Partikel.

**Elementarmasche,** Parallelogramm in einer Netzebene (hkl) eines Kristallgitters, dessen Gitterpunkte so als Eckpunkte gewählt werden, daß keine weiteren Gitterpunkte in dem Parallelogramm enthalten sind.

**Elementaroszillationen** ↗Schwingung, kleine.

**Elementarpendel** ↗Pendel.

**Elementarreaktion,** Grundprozeß der atomaren Bestandteile eines Systems, die das makroskopische Geschehen bestimmen. Eine durch eine Reaktionsgleichung beschriebene Reaktion setzt sich aus mehreren Elementarreaktionen zusammen. Ein typisches Beispiel ist:

$$H + Br_2 \rightarrow HBr + Br$$

Hier greift ein Wasserstoffatom ein Brommolekül an, und es wird ein HBr-Molekül und ein Bromatom gebildet.

**Elementarstruktur der Gleitlinien,** eine elektronenmikroskopisch sichtbare treppenartige Struktur an der Kristalloberfläche bei verformten Metallkristallen. Die einzelnen Stufen nennt man ↗*Gleitlinien*, deren Abstand in der Größenordnung der Lamellenbreite liegt. Kompakte Gruppen von ihnen bezeichnet man als *Gleitbänder*. Gleitlinien haben z.B. bei Aluminium eine Stufenhöhe von 100nm und darunter, ihre Länge beträgt etwa 10nm. Die Stufen kommen durch Wanderung von im Inneren des Kristalls vorhandenen Versetzungen an die Oberfläche zustande.

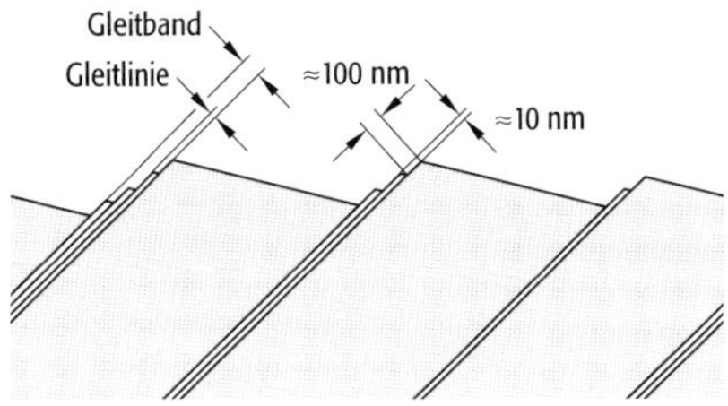


**Elementarstruktur der Gleitlinien:** Schema der Treppenstruktur der Kristalloberfläche bei Verformung.

**Elementarteilchen**[n]**,** *Teilchen*, Bezeichnung für die im phänomenologischen Sinn unteilbaren und fundamentalen Bausteine, aus denen sich die gesamte ↗*Materie* zusammensetzt.

Die Frage »Was ist ein *elementares* Teilchen?« wurde in verschiedenen Phasen der modernen Physikgeschichte unterschiedlich beantwortet. Bis in die dreißiger Jahre des 20.Jh. betrachtete man ↗*Elektronen* und ↗*Protonen* als die einzigen elementaren, d.h. nicht weiter teilbaren, Partikel und Atomkerne als Zusammensetzungen dieser Grundbausteine. Damit konnte man die beobachteten radioaktiven Zerfälle sowie die verschiedenen atomaren Massen und Ladungen erklären. Auch das 1932 entdeckte ↗*Neutron* stellte man sich aus einem Proton und einem Elektron zusammengesetzt vor. Erst die Entdeckung der Ladungsunabhängigkeit atomarer Kräfte 1936 zeigte, daß das Neutron genauso wie das Proton als elementar behandelt werden mußte.

Damit begann eine Epoche, in der sich die Liste sogenannter Elementarteilchen ständig verlängerte und zum sog. »Teilchenzoo« wuchs. Der Entdeckung des ↗*Positrons* (1932) und des ↗*Myons* (1937) folgten in den vierziger Jahren die stark wechselwirkenden ↗*Pionen*, ↗*Kaonen* und ↗*Hyperonen*. Das bereits 1930 von W. Pauli vorhergesagte ↗*Neutrino* konnte 1955 nachgewiesen werden, und die Weiterentwicklung der experimentellen Technik durch die Einführung von ↗*Beschleunigern* und ↗*Blasenkammern* brachte eine Vielzahl weiterer neuer Teilchen ans Licht. Elementarteilchen sind charakterisiert durch ihre Masse (gemessen in Megaelektronenvolt MeV), ihren Spin (in Einheiten von $\hbar$, dem ↗*Planckschen Wirkungsquantum*), ihre elektrische Ladung (in Einheiten der Protonladung $e$), ihr magnetisches Moment sowie durch den Isospin $I$, die Parität $P$, die $G$- und $C$-Parität und die Flavorquantenzahlen, deren wichtigste Vertreter Strangeness (Seltsamkeit) $S$, Charm $C$ und Bottom (auch Beauty genannt) $B$ (↗*Quantenzahlen*) sind. Leptonen und Baryonen (s.u.) ordnet man zudem weitere additive Quantenzahlen zu, die Leptonenzahl (wobei man noch zwischen einer totalen Leptonenzahl $L$ und familienbezogenen Leptonenzahlen $L_e$, $L_\mu$ und $L_\tau$ unterscheidet) und die Baryonenzahl $B$.

Die Daten der Tabellen »Elementarteilchen 1 – 3« entstammen dem *Review of Particle Properties, Physical Review D* **54** (1996) 1.

**Elementarteilchen 1:** Leptonen, Quarks und Eichbosonen

| Symbol | Ladung | $I(J^P)$ | Masse [MeV] | mag. Moment $\mu$ | Lebensdauer $\tau$ [s] | Wichtigste Zerfallskanäle |
|---|---|---|---|---|---|---|
| **Leptonen** | | | | | | |
| e | | $J=\frac{1}{2}$ | $0{,}51099907 \pm 0{,}00000015$ | $1{,}001159652193 \pm 0{,}000000000010\ \mu_B$ | $> 4{,}3 \cdot 10^{23}$ a | |
| $\mu$ | | $J=\frac{1}{2}$ | $105{,}658389 \pm 0{,}000034$ | $1{,}001165923 \pm 0{,}000000008 e\hbar/2m_\mu$ | $(2{,}19703 \pm 0{,}00004) \cdot 10^{-6}$ | $e^-\bar{\nu}_e\nu_\mu$ |
| $\tau$ | | $J=\frac{1}{2}$ | $1777{,}00^{+0{,}30}_{-0{,}27}$ | | $(291{,}0 \pm 1{,}5) \cdot 10^{-15}$ $\pi^-\pi^0\nu_\tau$ | $\mu^-\bar{\nu}_\mu\,\nu_\tau$; $e^-\bar{\nu}_e\,\nu_\tau$ |
| $\nu_e$ | | $J=\frac{1}{2}$ | ?[c] | $< 1{,}8 \cdot 10^{-10} \mu_B$ | $\tau/m_{\nu_e} > 300$ s/eV | |
| $\nu_\mu$ | | $J=\frac{1}{2}$ | $< 0{,}17$ | $< 7{,}4 \cdot 10^{-10} \mu_B$ | $\tau/m_{\nu_\mu} > 15{,}4$ s/eV | |
| $\nu_\tau$ | | $J=\frac{1}{2}$ | $< 24$ | $< 5{,}4 \cdot 10^{-7} \mu_B$ | | |
| **Quarks** | | | | | | |
| u | $+\frac{2}{3}e$ | $\frac{1}{2}\left(\frac{1}{2}^+\right)$ | 2–8[a] | | | |
| d | $-\frac{1}{3}e$ | $\frac{1}{2}\left(\frac{1}{2}^+\right)$ | 5–15[a] | | | |
| s | $-\frac{1}{3}e$ | $0\left(\frac{1}{2}^+\right)$ | 100–300[a] | | | |
| c | $+\frac{2}{3}e$ | $0\left(\frac{1}{2}^+\right)$ | 1,0–1,6 GeV[b] | | | |
| b | $-\frac{1}{3}e$ | $0\left(\frac{1}{2}^+\right)$ | 4,1–4,5 GeV[b] | | | |
| t | $+\frac{2}{3}e$ | $0\left(\frac{1}{2}^+\right)$ | $173{,}8 \pm 5{,}2$ GeV[d] | | | |
| **Eichbosonen** | | | | | | |
| $\gamma$ | | $0{,}1(1^{--})$ | 0 | | stabil | |
| g | | $0(1^-)$ | 0 | | | |
| $W^\pm$ | | $J=1$ | $80{,}41 \pm 0{,}10$ GeV[d] | | $\Gamma = 2{,}07 \pm 0{,}06$ GeV | $l^+\nu$, Hadronen |
| $Z^0$ | | $J=1$ | $91{,}187 \pm 0{,}007$ GeV | | $\Gamma = 2{,}490 \pm 0{,}007$ GeV | $l^+l^-$, Hadronen |

[a] u-, d- und s-Massen sind sog. *current-quark*-Massen (↗ *Quarkmassen*)
[b] c- und b-Massen werden aus den Charmonium-, Bottomonium-, D- und B-Massen bestimmt, ↗ *Quarkmassen*
[c] ↗ Neutrinomassen [d] Stand 1998

Die Namensgebung der verschiedenen Teilchenklassen orientierte sich zunächst, als man nur deren leichteste Vertreter kannte, an der Masse: die *Leptonen* (griech. leicht), zu denen das Elektron gehört, bildeten die leichtesten, die *Mesonen* und *Baryonen* die mittelschweren bzw. schweren Teilchen. Der Spin gruppiert die Elementarteilchen nach ihrem statistischen Verhalten in zwei Klassen: Teilchen mit ganzzahligem Spin (0, 1, 2, ...) gehorchen der ↗ *Bose-Einstein-Statistik* und werden *Bosonen* genannt, Teilchen mit halbzahligem Spin (1/2, 3/2, ...) unterliegen der ↗ *Fermi-Dirac-Statistik* und bilden die Klasse der *Fermionen*. Leptonen und Baryonen sind Fermionen, die Mesonen hingegen Bosonen.

Die Teilchen lassen sich außerdem durch die verschiedenen Wechselwirkungsarten, denen sie unterliegen, charakterisieren: die Leptonen spüren die ↗ *schwache Wechselwirkung* und – falls sie elektrisch geladen sind – die ↗ *elektromagnetische Wechselwirkung*, nicht jedoch die ↗ *starke Wechselwirkung*. Dem gegenüber sind ↗ *Mesonen* und ↗ *Baryonen* auch empfindlich für die starke Wechselwirkung und werden deshalb gemeinsam als ↗ *Hadronen* (griech. stark) bezeichnet.

Welche dieser Teilchen im engen Sinne des Wortes elementar sind, konnte bis Ende der sechziger Jahre nicht beantwortet werden. Pionen entstanden bei der Kollision von Protonen, aber Protonen und Antiprotonen genauso beim Zusammenstoß von Pionen. Einige Theoretiker kleideten dieses Dilemma in das Prinzip der »*nuklearen Demokratie*«, dem zufolge jedes Teilchen – unter Einhaltung bestimmter ↗ *Erhaltungssätze* – als Zusammensetzung aus anderen Teilchen verstanden werden kann.

In den siebziger Jahren bildete sich dann jedoch zunehmend das ↗ *Standardmodell* und sein Verständnis als ↗ *Quantenfeldtheorie* heraus. Damit wurde auch die Unterscheidung zwischen elementaren und zusammengesetzten Teilchen klarer: Elementar sind die Teilchen, deren Felder in der Theorie vorkommen (Tabelle 1): die ↗ *Quarks*, die in sechs verschiedenen ↗ *Flavors* auftreten (und jeweils nochmals in drei *Colors* bzw. ↗ *Farbladungen*), und die sechs Leptonen, sowie zwölf ↗ *Eichbosonen*, die die Wechselwirkungen zwischen Quarks und Leptonen vermitteln: das ↗ *Photon*, acht ↗ *Gluonen* und die ↗ $W^\pm$- und ↗ $Z^0$-*Bosonen*. Unklarheit besteht noch über die Natur des ↗ *Higgs-Bosons*, das im Standardmodell den Teilchen ihre Masse gibt (↗ *spontane Symmetriebrechung*). Die experimentelle Suche nach ihm hat bisher nur zu einer un-

**Elementarteilchen 2:** Mesonen (Auswahl)

| Symbol | $I^G(J^{PC})$ | Masse [MeV] | Halbwertsbreite $\Gamma$ [MeV] bzw. Lebensdauer $\tau$ [s] | Wichtigste Zerfallskanäle [Anteil in %] |
|---|---|---|---|---|
| $S=C=B=0$ | | | | |
| $\pi^\pm$ | $1^-(0^-)$ | $139{,}56995 \pm 0{,}00035$ | $\tau = (2{,}6033 \pm 0{,}0005) \cdot 10^{-8}$ | $\mu^\pm\nu$[100] |
| $\pi^0$ | $1^-(0^{-+})$ | $134{,}9764 \pm 0{,}0006$ | $\tau = (8{,}4 \pm 0{,}6) \cdot 10^{-17}$ | $2\gamma$[99] |
| $\eta$ | $0^+(0^{-+})$ | $547{,}45 \pm 0{,}19$ | $1{,}18 \pm 0{,}11$ keV | $2\gamma$[39], $3\pi^0$[32], $\pi^+\pi^-\pi^0$[23] |
| $f_0(400\text{–}1200)$ | $0^+(0^{++})$ | 400–1200 | (600–1000) | $\pi\pi$[d][1], $\gamma\gamma$[b][2] |
| $\rho(770)$ | $1^+(1^{--})$ | $768{,}5 \pm 0{,}6$ | $150{,}7 \pm 1{,}2$ | $\pi\pi$[100] |
| $\omega(782)$ | $0^-(1^{--})$ | $781{,}94 \pm 0{,}12$ | $8{,}43 \pm 0{,}10$ | $\pi^+\pi^-\pi^0$[89] |
| $\eta'(958)$ | $0^+(0^{-+})$ | $957{,}77 \pm 0{,}14$ | $0{,}201 \pm 0{,}016$ | $\pi^+\pi^-\eta$[44], $\rho^0\gamma$[30], $\pi^0\pi^0\eta$[21] |
| $f_0(980)$ | $0^+(0^{++})$ | $980 \pm 10$ | 40–100 | |
| $a_0(980)$ | $1^-(0^{++})$ | $983{,}5 \pm 0{,}9$ | 50–100 | $\eta\pi$[d] |
| $\phi(1020)$ | $0^-(1^{--})$ | $1019{,}413 \pm 0{,}008$ | $4{,}43 \pm 0{,}05$ | $K^+K^-$[49], $K^0_L K^0_S$[34], $\rho\pi$[13] |
| $h_1(1170)$ | $0^-(1^{+-})$ | $1170 \pm 20$ | $360 \pm 40$ | $\rho\pi$[b] |
| $b_1(1235)$ | $1^+(1^{+-})$ | $1231 \pm 10$ | $142 \pm 8$ | $\omega\pi$[d] |
| $a_1(1260)$ | $1^+(1^{++})$ | $1230 \pm 40$ | $\sim 400$ | $\rho\pi$[b], $\pi\gamma$[b] |
| $f_2(1270)$ | $0^+(2^{++})$ | $1275 \pm 5$ | $185 \pm 20$ | |
| $f_1(1285)$ | $0^+(1^{++})$ | $1282{,}2 \pm 0{,}7$ | $24{,}8 \pm 1{,}3$ | $4\pi$[29], $\eta\pi\pi$[54] |
| $\eta(1295)$ | $0^+(0^{-+})$ | $1295 \pm 4$ | $53 \pm 6$ | $\eta\pi^+\pi^-$[b], $a_0(980)\pi$[b] |
| $\pi(1300)$ | $1^-(0^{-+})$ | $1300 \pm 100$ | 200–600 | $\rho\pi$[b], $\pi(\pi\pi)_{\text{s-wave}}$[b] |
| $a_2(1320)$ | $1^-(2^{++})$ | $1318{,}1 \pm 0{,}7$ | $107 \pm 5$ | $\rho\pi$[70], $\eta\pi$[14], $\omega\pi\pi$[11] |
| $f_0(1370)$ | $0^+(0^{++})$ | 1200–1500 | 300–500 | $\pi\pi$[b], $4\pi$[b] |
| $f_1(1420)$ | $0^+(1^{++})$ | $1426{,}8 \pm 2{,}3$ | $53 \pm 5$ | $K\bar{K}\pi$[d] |
| $\omega(1420)$ | $0^-(1^{--})$ | $1419 \pm 31$ | $174 \pm 60$ | $\rho\pi$[d] |
| $\eta(1440)$ | $0^+(0^{-+})$ | $1415 \pm 10$ | $60 \pm 20$ | $K\bar{K}\pi$[b], $\eta\pi\pi$[b] |
| $\rho(1450)$ | $1^+(1^{--})$ | $1465 \pm 25$ | $310 \pm 60$ | $\pi\pi$[b], $4\pi$[b], $e^+e^-$[b] |
| $f_0(1500)$ | $0^+(0^{++})$ | $1503 \pm 11$ | $120 \pm 19$ | $\eta\eta'(958)$[b], $4\pi^0$[b] |
| $f_1(1510)$ | $0^+(1^{++})$ | $1512 \pm 4$ | $35 \pm 15$ | $K\bar{K}^*$[b] |
| $f'_2(1525)$ | $0^+(2^{++})$ | $1525 \pm 5$ | $76 \pm 10$ | $K\bar{K}$[89], $\eta\eta$[10] |
| $\omega(1600)$ | $0^-(1^{--})$ | $1649 \pm 24$ | $220 \pm 35$ | $\rho\pi$[b], $\omega\pi\pi$[b], $e^+e^-$[b] |
| $\omega_3(1670)$ | $0^-(3^{--})$ | $1667 \pm 4$ | $168 \pm 10$ | $\rho\pi$[b], $\omega\pi\pi$[b] |
| $\pi_2(1670)$ | $1^-(2^{-+})$ | $1670 \pm 20$ | $258 \pm 18$ | $3\pi$[96] |
| $\phi(1680)$ | $0^-(1^{--})$ | $1680 \pm 20$ | $150 \pm 50$ | $K\bar{K}^*(892)$[d] |
| $\rho_3(1690)$ | $1^+(3^{--})$ | $1691 \pm 5$ | $160 \pm 10$ | $4\pi$[71], $4\pi$[71], $\omega\pi$[16] |
| $\rho(1700)$ | $1^+(1^{--})$ | $1700 \pm 20$ | $235 \pm 50$ | $\rho\pi\pi$[d] |
| $f_J(1710)$ | $0^-(J^{++})$ | $1697 \pm 4$ | $175 \pm 9$ | $K\bar{K}$[b], $\eta\eta$[b], $\pi\pi$[b] |
| $\phi_3(1850)$ | $0^-(3^{--})$ | $1854 \pm 7$ | $87^{+28}_{-23}$ | $K\bar{K}$[b], $K\bar{K}^*(892)$ + c.c. |
| $f_2(2010)$ | $0^+(2^{++})$ | $2011^{+60}_{-80}$ | $202 \pm 60$ | $\phi\phi$[b] |
| $f_4(2050)$ | $0^+(4^{++})$ | $2044 \pm 11$ | $208 \pm 13$ | $\omega\omega$[26], $\pi\pi$[17] |
| $f_2(2300)$ | $0^+(2^{++})$ | $2297 \pm 28$ | $149 \pm 40$ | $\phi\phi$[b] |
| $f_2(2340)$ | $0^+(2^{++})$ | $2339 \pm 60$ | $319^{+80}_{-60}$ | $\phi\phi$[b] |
| $S=\pm 1,\ C=B=0$ | | | | |
| $K^\pm$ | $1/2(0^-)$ | $493{,}677 \pm 0{,}016$ | $\tau = (1{,}2386 \pm 0{,}0024) \cdot 10^{-8}$ | $\mu^+\nu_\mu$[63], $\pi^+\pi^-$[21] |
| $K^0_S$ | $1/2(0^-)$ | $497{,}672 \pm 0{,}031$ | $\tau = (0{,}8927 \pm 0{,}0009) \cdot 10^{-7}$ | $\pi^+\pi^-$[69], $\pi^0\pi^0$[31] |
| $K^0_L$ | $1/2(0^-)$ | $497{,}672 \pm 0{,}031$ | $\tau = (5{,}17 \pm 0{,}04) \cdot 10^{-8}$ | $3\pi^0$[21], $\pi^+\pi^-\pi^0$[13], $\pi^\pm\mu^\mp\nu_\mu$[27][3], $\pi^\pm e^\mp\nu_e$[39][4] |
| $K^*(892)$ | $1/2(1^-)$ | $891{,}59 \pm 0{,}24$ $(K^{*\pm})$ | $49{,}8 \pm 0{,}8$ $(K^{*\pm})$ | $K\pi$[100] |
| | | $896{,}10 \pm 0{,}28$ $(K^{*0})$ | $50{,}5 \pm 0{,}6$ $(K^{*0})$ | |
| $K_1(1270)$ | $1/2(1^+)$ | $1273 \pm 7$ | $90 \pm 20$ | $K\rho$[42], $K^*_0(1430)\pi$[28] |
| $K_1(1400)$ | $1/2(1^+)$ | $1402 \pm 7$ | $174 \pm 13$ | $K^*(892)\pi$[94] |
| $K^*(1410)$ | $1/2(1^-)$ | $1412 \pm 12$ | $227 \pm 22$ | $K^*(892)\pi$[> 40] |
| $K^*_0(1430)$ | $1/2(0^+)$ | $1429 \pm 6$ | $287 \pm 23$ | $K\pi$[93] |
| $K^*_2(1430)$ | $1/2(2^+)$ | $1425{,}4 \pm 1{,}3$ $(K^*_2(1430)^\pm)$ | $98{,}4 \pm 2{,}3$ $(K^*_2(1430)^\pm)$ | $K\pi$[50], $K^*(892)\pi$[25] |
| | | $1432{,}4 \pm 1{,}3$ $(K^*_2(1430)^0)$ | $109 \pm 5$ $(K^*_2(1430)^0)$ | |
| $K^*(1680)$ | $1/2(1^-)$ | $1714 \pm 20$ | $323 \pm 110$ | $K\pi$[39], $K\rho$[31], $K^*(892)\pi$[30] |
| $K_2(1770)$ | $1/2(2^-)$ | $1773 \pm 8$ | $186 \pm 14$ | $K^*_2(1430)\pi$[d] |
| $K^*_3(1780)$ | $1/2(3^-)$ | $1770 \pm 10$ | $164 \pm 17$ | $K\rho$[45], $K^*(892)\pi$[27], $K\pi$[19] |
| $K_2(1920)$ | $1/2(2^-)$ | $1816 \pm 13$ | $276 \pm 35$ | $K^*_2(1430)\pi$[b] |
| $K^*_4(2045)$ | $1/2(4^+)$ | $2045 \pm 9$ | $198 \pm 30$ | $K\pi$[10], $K^*(892)\pi\pi$[9] |
| $C=\pm 1$ | | | | |
| $D^\pm$ | $1/2(0^-)$ | $1869{,}3 \pm 0{,}5$ | $(1{,}057 \pm 0{,}015) \cdot 10^{-12}$ | $e^+X$[17], $K^-X$[24][5], $\bar{K}^0X + K^0X$[59] |
| $D^0$ | $1/2(0^-)$ | $1864{,}5 \pm 0{,}5$ | $(0{,}415 \pm 0{,}004) \cdot 10^{-12}$ | $K^-X$[53], $\bar{K}^0X + K^0X$[42] |
| $D^*(2007)^0$ | $1/2(1^-)$ | $2006{,}7 \pm 0{,}5$ | $< 2{,}1$ | $D^0\pi^0$[62], $D^0\gamma$[38] |
| $D^*(2010)^\pm$ | $1/2(1^-)$ | $2010{,}0 \pm 0{,}5$ | $< 0{,}131$ | $D^0\pi^+$[68], $D^+\pi^0$[31] |
| $D_1(2420)^0$ | $1/2(1^+)$ | $2422{,}2 \pm 1{,}8$ | $18{,}9^{+4,6}_{-3,5}$ | $D^*(2010)\pi^-$[b] |
| $D^*_2(2460)^0$ | $1/2(2^+)$ | $2458{,}9 \pm 2{,}0$ | $23 \pm 5$ | $D^+\pi^-$[31], $D^*(2010)\pi^-$[b] |
| $D^*_2(2460)^\pm$ | $1/2(2^+)$ | $2459 \pm 4$ | $25^{+8}_{-7}$ | $D^0\pi^+$[b], $D^{*0}\pi^+$[b] |

(Fortsetzung auf nächster Seite)

**Elementarteilchen 2:** Mesonen (Auswahl) (Fortsetzung)

| Symbol | $I^G(J^{PC})$ | Masse [MeV] | Halbwertsbreite $\Gamma$ [MeV] bzw. Lebensdauer $\tau$ [s] | Wichtigste Zerfallskanäle [Anteil in %] |
|---|---|---|---|---|
| $C=S=\pm 1$ | | | | |
| $D_s^{\pm}$ | $0(0^-)$ | $1968{,}5 \pm 0{,}6$ | $\tau=(0{,}467 \pm 0{,}017) \cdot 10^{-12}$ | $K^- X[13]$, $K^+ X[20]$, $\bar{K}^0 X + K^0 X[39]$ |
| $D_s^{*\pm}$ | $?(?^?)$ | $2112{,}4 \pm 0{,}7$ | $< 1{,}9$ | $D_s+\gamma$[b], $D_s^+ \pi^0$[b] |
| $D_{s1}(2536)^{\pm}$ | $0(1^+)$ | $2535{,}35 \pm 0{,}34$ | $< 2{,}3$ | $D^*(2010)^+ K^0$[b], $D^*(2007)^0 K^+$[b] |
| $B=\pm 1$ | | | | |
| $B^{\pm}$ | $1/2(0^-)$ | $5278{,}9 \pm 1{,}8$ | $\tau=(1{,}62 \pm 0{,}06) \cdot 10^{-12}$ | $l^+ \nu_l X[10]$ |
| $B^0$ | $1/2(0^-)$ | $5279{,}9 \pm 1{,}8$ | $\tau=(1{,}56 \pm 0{,}06) \cdot 10^{-12}$ | $l^+ \nu_l X[10]$ |
| $B^*$ | $1/2(1^-)$ | $5324{,}8 \pm 1{,}8$ | ? | $B\gamma$[d] |
| $B=\pm 1$; $S=\mp 1$ | | | | |
| $B_s^0$ | $0(0^-)$ | $5369{,}3 \pm 2{,}0$ | $\tau=(1{,}61^{+0{,}1}_{-0{,}09}) \cdot 10^{-12}$ | $D_s^- X[87]$, $D_s^- l^+ \nu_l X[8]$ |
| $c\bar{c}$-Mesonen | | | | |
| $\eta_c(1S)$ | $0^+(0^{-+})$ | $2979{,}8 \pm 2{,}1$ | $13{,}2^{+3{,}8}_{-3{,}2}$ | $\eta'(958)\pi\pi[4]$, $K\bar{K}\pi[6]$, $\eta\pi\pi[5]$ |
| $J/\psi(1S)$ | $0^-(1^{--})$ | $3096{,}88 \pm 0{,}04$ | $87 \pm 5$ | Hadronen[88], $e^+e^-[6]$, $\mu^+\mu^-[6]$ |
| $\chi_{c0}(1P)$ | $0^+(0^{++})$ | $3415{,}1 \pm 1{,}0$ | $14 \pm 5$ | $2(\pi^+\pi^-)[4]$, $\pi^+\pi^- K^+ K^-[3]$ |
| $\chi_{c1}(1P)$ | $0^+(1^{++})$ | $3510{,}53 \pm 0{,}12$ | 0»8 ± 0,14 | $3(\pi^+\pi^-)[2]$, $\gamma J/\psi(1S)[27]$ |
| $\chi_{c2}(1P)$ | $0^+(2^{++})$ | $3556{,}17 \pm 0{,}13$ | $2{,}00 \pm 0{,}18$ | $2(\pi^+\pi^-)[2]$, $\gamma J/\psi(1S)[14]$ |
| $\psi(2S)$ | $0^-(1^{--})$ | $3686{,}00 \pm 0{,}09$ | $277 \pm 31$ keV | $J/\psi(1S)\pi^+\pi^-[32]$, $J/\psi(1S)\pi^0\pi^0[18]$ |
| $\psi(3770)$ | $?^?(1^{--})$ | $3769{,}9 \pm 2{,}5$ | $23{,}6 \pm 2{,}7$ | $D\bar{D}$[d] |
| $\psi(4040)$ | $?^?(1^{--})$ | $4040 \pm 10$ | $52 \pm 10$ | $D^0\bar{D}^0$[b] |
| $\psi(4160)$ | $?^?(1^{--})$ | $4159 \pm 20$ | $78 \pm 20$ | |
| $\psi(4415)$ | $?^?(1^{--})$ | $4415 \pm 6$ | $43 \pm 15$ | Hadronen[d] |
| $b\bar{b}$-Mesonen | | | | |
| $\Upsilon(1S)$ | $0^-(1^{--})$ | $9460{,}37 \pm 0{,}21$ | $52{,}5 \pm 1{,}8$ | $\tau^+\tau^-[3]$, $e^+e^-[3]$, $\mu^+\mu^-[3]$ |
| $\chi_{b0}(1P)$ | $0^+(0^{++})$ | $9859{,}8 \pm 1{,}3$ | ? | $\gamma\Upsilon(1S)[<6]$ |
| $\chi_{b1}(1P)$ | $0^+(1^{++})$ | $9891{,}9 \pm 0{,}7$ | ? | $\gamma\Upsilon(1S)[35]$ |
| $\chi_{b2}(1P)$ | $0^+(2^{++})$ | $9913{,}2 \pm 0{,}6$ | ? | $\gamma\Upsilon(1S)[22]$ |
| $\Upsilon(2S)$ | $0^-(1^{--})$ | $10{,}02330 \pm 0{,}00031$ GeV | $44 \pm 7$ keV | $\gamma\Upsilon(1S)\pi^+\pi^-[19]$, $\gamma\Upsilon(1S)\pi^0\pi^0[9]$, $\gamma\chi_{b1}(1P)[7]$, $\gamma\chi_{b2}(1P)[7]$, $\gamma\chi_{b0}(1P)[4]$ |
| $\chi_{b0}(2P)$ | $0^+(0^{++})$ | $10{,}2321 \pm 0{,}0006$ GeV | ? | $\gamma\Upsilon(2S)[5]$ |
| $\chi_{b1}(2P)$ | $0^+(1^{++})$ | $10{,}2552 \pm 0{,}0005$ GeV | ? | $\gamma\Upsilon(2S)[21]$, $\gamma\Upsilon(1S)[9]$ |
| $\chi_{b2}(2P)$ | $0^+(2^{++})$ | $10{,}2685 \pm 0{,}0004$ GeV | ? | $\gamma\Upsilon(2S)[16]$, $\gamma\Upsilon(1S)[7]$ |
| $\Upsilon(3S)$ | $0^-(1^{--})$ | $10{,}3553 \pm 0{,}0005$ GeV | $26{,}3 \pm 3{,}5$ keV | $\gamma\Upsilon(2S)X[11]$, $\gamma\chi_{b2}(1P)[11]$, $\gamma\chi_{b1}(1P)[11]$ |
| $\Upsilon(4S)$ | $?^?(1^{--})$ | $10{,}5800 \pm 0{,}0035$ GeV | $21 \pm 4$ | $B\bar{B}$[d] |
| $\Upsilon(10860)$ | $?^?(1^{--})$ | $10{,}865 \pm 0{,}008$ GeV | $110 \pm 13$ | |
| $\Upsilon(11020)$ | $?^?(1^{--})$ | $11{,}019 \pm 0{,}008$ GeV | $79 \pm 16$ | |

[1] d: dominanter Zerfallskanal
[2] b: beobachteter Zerfallskanal
[3] auch $K^0_{\mu 3}$ genannt
[4] auch $K^0_{e3}$ genannt
[5] $X$ bezeichnet weitere, nicht näher spezifizierte Teilchen

teren Schranke von 58,4 GeV für seine Masse geführt.

Die zahlreichen Mesonen und Baryonen lassen sich als Bindungszustände der Quarks verstehen: Mesonen bestehen aus einem Quark-Antiquark-Paar (z.B. $\pi^+ = u\bar{d}$), Baryonen aus drei Quarks (z.B. $p = uud$). Diese Quarkverbindungen treten jeweils in energetisch verschieden angeregten Zuständen, sog. ↗*Resonanzen*, auf; da diese Zustände definierte Quantenzahlen besitzen, sind sie nicht weniger elementar als die zugehörigen Grundzustände, in die sie zerfallen.

Die Tabellen 2 und 3 enthalten die Teilchen der *Meson and Baryon Summary Tables* des *Review of Particle Properties* aus *Physical Review D* **54**(1996) 1, d.h. die Teilchen, deren Existenz sicher oder zumindest sehr wahrscheinlich ist. Zu den Mesonen gehören die sog. pseudoskalaren Mesonen ($\pi$, K, $\eta$), die als niedrig liegende Resonanzen auftretenden Vektormesonen ($\rho$, $\omega$, $K^*$, $\phi$) sowie weitere zahlreiche Resonanzen. Zu den Baryonen zählen neben den Nukleonen (Proton p und Neutron n) die Lambda-, Sigma-, Xi- und Omega-Hyperonen ($\Lambda$, $\Sigma$, $\Xi$, $\Omega$) sowie deren zahlreiche Resonanzen. Der obere Index an den Symbolen der Teilchen kennzeichnet die elektrische Ladung. Von den Quantenzahlen sind der Spin $J$ und die Paritäten $P$, $G$ (für Mesonen mit Hyperladung $Y=0$) und $C$ (für die Mesonen mit Hyperladung $Y \neq 0$) mit aufgenommen. Die Mesonen-Tabelle ist zudem bezüglich der Flavorquantenzahlen $S$, $C$ und $B$ geordnet. Die Ruhemasse ist in Einheiten von MeV angegeben, die mittlere Lebensdauer $\tau$ in Sekunden; sie hängt im Falle der Resonanzen mit der energetischen Halbwertsbreite $\Gamma$ über $\tau = \hbar/\Gamma$ zusammen. Ferner sind die wichtigsten Zerfälle und (in eckigen Klammern) ihre Ver-

**Elementarteilchen 3:** Baryonen (Auswahl)

| Symbol | $I^G(J^{PC})$ | Masse [MeV] | Halbwertsbreite $\Gamma$ [MeV] bzw. Lebensdauer $\tau$ [s] | Wichtigste Zerfallskanäle [Anteil in %] |
|---|---|---|---|---|
| N-Baryonen ($S=0$, $I=1/2$) | | | | |
| p | $1/2(1/2^+)$ | $938{,}2723 \pm 0{,}00028$ | $\tau > 10^{31}$–$5 \cdot 10^{32}$a | |
| n | $1/2(1/2^+)$ | $939{,}56563 \pm 0{,}00028$ | $\tau = 887{,}0 \pm 2{,}0$ | $pe^-\bar{\nu}_e$[100] |
| N(1440)$P_{11}$ | $1/2(1/2^+)$ | $\sim 1440$ | $\sim 350$ | Nπ[60–70], Nππ[30–40] |
| N(152)$D_{13}$ | $1/2(3/2^-)$ | $\sim 1520$ | $\sim 120$ | Nπ[50–60], Nππ[40–50] |
| N(1535)$S_{11}$ | $1/2(1/2^-)$ | $\sim 1535$ | $\sim 150$ | Nπ[35–55], Nππ[30–55] |
| N(1650)$S_{11}$ | $1/2(1/2^-)$ | $\sim 1650$ | $\sim 150$ | Nπ[55–90], Nππ[10–20] |
| N(1675)$D_{15}$ | $1/2(5/2^-)$ | $\sim 1675$ | $\sim 150$ | Nπ[40–50], Nππ[50–60] |
| N(1680)$F_{15}$ | $1/2(5/2^+)$ | $\sim 1680$ | $\sim 130$ | Nπ[60–70], Nππ[30–40] |
| N(1700)$D_{13}$ | $1/2(3/2^-)$ | $\sim 1700$ | $\sim 100$ | Nπ[5–15], Nππ[85–95] |
| N(1710)$P_{11}$ | $1/2(1/2^+)$ | $\sim 1710$ | $\sim 100$ | Nπ[10–20], ΛK[5–25], Nππ[40–90] |
| N(1710)$P_{13}$ | $1/2(3/2^+)$ | $\sim 1720$ | $\sim 150$ | Nπ[10–20], ΛK[1–15], Nππ[> 70] |
| N(2190)$G_{17}$ | $1/2(7/2^-)$ | $\sim 2190$ | $\sim 450$ | Nπ[10–20] |
| N(2220)$H_{19}$ | $1/2(9/2^+)$ | $\sim 2220$ | $\sim 400$ | Nπ[10–20] |
| N(2250)$G_{19}$ | $1/2(9/2^-)$ | $\sim 2250$ | $\sim 400$ | Nπ[5–15] |
| N(2600)$I_{1,11}$ | $1/2(11/2^-)$ | $\sim 2600$ | $\sim 650$ | Nπ[5–10] |
| Δ-Baryonen ($S=0$, $I=3/2$) | | | | |
| Δ(1332)$P_{33}$ | $3/2(3/2^+)$ | $\sim 1232$ | $\sim 120$ | Nπ[> 99] |
| Δ(1600)$P_{33}$ | $3/2(3/2^+)$ | $\sim 1600$ | $\sim 350$ | Nπ[10–25], Nππ[75–90] |
| Δ(1620)$S_{31}$ | $3/2(1/2^-)$ | $\sim 1620$ | $\sim 150$ | Nπ[20–30], Nππ[70–80] |
| Δ(1700)$D_{33}$ | $3/2(3/2^-)$ | $\sim 1700$ | $\sim 300$ | Nπ[10–20], Nππ[80–90] |
| Δ(1900)$S_{31}$ | $3/2(1/2^-)$ | $\sim 1900$ | $\sim 200$ | Nπ[10–30] |
| Δ(1905)$F_{35}$ | $3/2(5/2^+)$ | $\sim 1905$ | $\sim 350$ | Nπ[5–15], Nππ[85–95] |
| Δ(1910)$P_{31}$ | $3/2(1/2^+)$ | $\sim 1910$ | $\sim 250$ | Nπ[15–30] |
| Δ(1920)$P_{33}$ | $3/2(3/2^+)$ | $\sim 1920$ | $\sim 200$ | Nπ[5–20] |
| Δ(1930)$D_{35}$ | $3/2(5/2^-)$ | $\sim 1930$ | $\sim 350$ | Nπ[10–20] |
| Δ(1950)$F_{37}$ | $3/2(7/2^+)$ | $\sim 1950$ | $\sim 300$ | Nπ[35–40], Nππ[20–40] |
| Δ(2420)$H_{3,11}$ | $3/2(11/2^+)$ | $\sim 2420$ | $\sim 400$ | Nπ[5–15] |
| Λ-Baryonen ($S=-1$, $I=0$) | | | | |
| Λ | $0(1/2^+)$ | $1115{,}684 \pm 0{,}006$ | $\tau = (2{,}632 \pm 0{,}020) \cdot 10^{-10}$ | $p\pi^-$[64], $n\pi^0$[36] |
| Λ(1405)$S_{01}$ | $0(1/2^-)$ | $1407 \pm 4$ | $50{,}0 \pm 2{,}0$ | Σπ[100] |
| Λ(1520)$D_{03}$ | $0(3/2^-)$ | $1519{,}5 \pm 1{,}0$ | $15{,}6 \pm 1{,}0$ | N$\bar{K}$[45], Σπ[42], Λππ[10] |
| Λ(1600)$P_{01}$ | $0(1/2^+)$ | $\sim 1600$ | $\sim 150$ | N$\bar{K}$[15–30], Σπ[10–60] |
| Λ(1670)$S_{01}$ | $0(1/2^-)$ | $\sim 1670$ | $\sim 35$ | N$\bar{K}$[20–30], Σπ[20–60], Λη[15–35] |
| Λ(1690)$D_{03}$ | $0(3/2^-)$ | $\sim 1690$ | $\sim 60$ | N$\bar{K}$[20–30], Σπ[20–40], Λππ[25], Σππ[20] |
| Λ(1800)$S_{01}$ | $0(1/2^-)$ | $\sim 1800$ | $\sim 300$ | N$\bar{K}$[25–40] |
| Λ(1810)$P_{01}$ | $0(1/2^+)$ | $\sim 1810$ | $\sim 150$ | N$\bar{K}$[20–50], Σπ[10–40], N$\bar{K}^*$(892)[30–60] |
| Λ(1820)$F_{05}$ | $0(5/2^+)$ | $\sim 1820$ | $\sim 80$ | N$\bar{K}$[55–65], Σπ[8–14], Σ(1385)π[5–10] |
| Λ(1830)$D_{05}$ | $0(1/2^-)$ | $\sim 1830$ | $\sim 95$ | N$\bar{K}$[3–10], Σπ[35–75], Σ(1385)π[> 15] |
| Λ(1890)$P_{03}$ | $0(3/2^+)$ | $\sim 1890$ | $\sim 100$ | N$\bar{K}$[20–35], Σπ[3–10] |
| Λ(2100)$G_{07}$ | $0(7/2^-)$ | $\sim 2100$ | $\sim 200$ | N$\bar{K}$[25–35], N$\bar{K}^*$(892)[10–20] |
| Λ(2110)$F_{05}$ | $0(5/2^+)$ | $\sim 2110$ | $\sim 200$ | N$\bar{K}$[5–25], Σπ[10–40], N$\bar{K}^*$(892)[10–60] |
| Λ(2350)$H_{09}$ | $0(9/2^+)$ | $\sim 2350$ | $\sim 150$ | N$\bar{K}$[12], Σπ[10] |
| Σ-Baryonen ($S=-1$, $I=1$) | | | | |
| $\Sigma^+$ | $1(1/2^+)$ | $1189{,}37 \pm 0{,}07$ | $\tau = (0{,}799 \pm 0{,}004) \cdot 10^{-10}$ | $p\pi^0$[51,57], $n\pi^+$[48,31] |
| $\Sigma^0$ | $1(1/2^+)$ | $1192{,}55 \pm 0{,}08$ | $\tau = (7{,}4 \pm 0{,}7) \cdot 10^{-20}$ | Λγ[100] |
| $\Sigma^-$ | $1(1/2^+)$ | $1197{,}436 \pm 0{,}0033$ | $\tau = (1{,}479 \pm 0{,}011) \cdot 10^{-10}$ | $n\pi^-$[99,848] |
| Σ(1385)$P_{13}$ | $1(3/2^+)$ | $1382{,}8 \pm 0{,}4$ | $35{,}8 \pm 0{,}8$ ($\Sigma^+$) | Λπ[88] |
| | | $1387{,}7 \pm 1{,}0$ | $36 \pm 5$ ($\Sigma^0$) | |
| | | $1387{,}2 \pm 0{,}5$ | $39{,}4 \pm 2{,}1$ ($\Sigma^-$) | |
| Σ(1660)$P_{11}$ | $1(1/2^+)$ | $\sim 1660$ | $\sim 100$ | N$\bar{K}$[10–30] |
| Σ(1670)$D_{13}$ | $1(3/2^-)$ | $\sim 1670$ | $\sim 60$ | N$\bar{K}$[7–13], Λπ[5–15], Σπ[30–60] |
| Σ(1750)$S_{11}$ | $1(1/2^-)$ | $\sim 1750$ | $\sim 90$ | N$\bar{K}$[10–40], Ση[15–55] |
| Σ(1775)$D_{15}$ | $1(5/2^-)$ | $\sim 1775$ | $\sim 120$ | N$\bar{K}$[37–43], Λπ[14–20], Λ(1520)π[17–23] |
| Σ(1915)$F_{15}$ | $1(5/2^+)$ | $\sim 1915$ | $\sim 120$ | N$\bar{K}$[5–15] |
| Σ(1940)$D_{13}$ | $1(3/2^-)$ | $\sim 1940$ | $\sim 220$ | N$\bar{K}$[< 20] |
| Σ(2030)$F_{17}$ | $1(7/2^+)$ | $\sim 2030$ | $\sim 180$ | N$\bar{K}$[17–23], Σπ[17–23] |
| Σ(2250) | 1(?$^?$) | $\sim 2250$ | $\sim 100$ | N$\bar{K}$[< 10] |
| Ξ-Baryonen ($S=-2$, $I=1/2$) | | | | |
| $\Xi^0$ | $1/2(1/2^+)$ | $1314{,}9 \pm 0{,}6$ | $\tau = (2{,}90 \pm 0{,}09) \cdot 10^{-10}$ | $\Lambda\pi^0$[100] |
| $\Xi^-$ | $1/2(1/2^+)$ | $1321{,}32 \pm 0{,}13$ | $\tau = (1{,}639 \pm 0{,}015) \cdot 10^{-10}$ | $\Lambda\pi^-$[100] |

(Fortsetzung auf nächster Seite)

**Elementarteilchen 3:** Baryonen (Auswahl) (Fortsetzung)

| Symbol | $I^G(J^{PC})$ | Masse [MeV] | Halbwertsbreite $\Gamma$ [MeV] bzw. Lebensdauer $\tau$ [s] | Wichtigste Zerfallskanäle [Anteil in %] |
|---|---|---|---|---|
| $\Xi(1530)P_{13}$ | $1/2(3/2^+)$ | $1531{,}80 \pm 0{,}32$ | $9{,}1 \pm 0{,}5$ ($\Xi^0$) | $\Xi\pi[100]$ |
| | | $1535{,}0 \pm 0{,}6$ | $9{,}9^{+1{,}7}_{-1{,}9}(\Xi^-)$ | |
| $\Xi(1690)$ | $1/2(?^?)$ | $1690 \pm 10$ | $< 50$ | $\Lambda\bar{K}[b],\Sigma\bar{K}[b]$ |
| $\Xi(1820)D_{13}$ | $1/2(3/2^-)$ | $1823 \pm 5$ | $24^{+15}_{-10}$ | $\Lambda\bar{K}[d]$ |
| $\Xi(1950)$ | $1/2(?^?)$ | $1950 \pm 15$ | $60 \pm 20$ | $\Lambda\bar{K}[b]$, $\Xi\pi[b]$ |
| $\Xi(2030)$ | $1/2(> 5/2^?)$ | $2025 \pm 5$ | $20^{+15}_{-5}$ | $\Lambda\bar{K}[20],\Sigma\bar{K}[80]$ |
| $\Omega$-Baryonen ($S = -3$, $I = 0$) | | | | |
| $\Omega^-$ | $0(3/2^+)$ | $1672{,}45 \pm 0{,}29$ | $\tau = (0{,}822 \pm 0{,}012) \cdot 10^{-10}$ | $\Lambda K^-[68]$, $\Xi\pi^-[24]$ |
| $\Omega(2250)^-$ | $0(?^?)$ | $2252 \pm 9$ | $55 \pm 18$ | $\Xi\pi^+K^-[b]$ |
| Baryonen mit Charm ($C = \pm 1$) | | | | |
| $\Lambda_c^+$ | $0(1/2^+)$ | $2284{,}9 \pm 0{,}6$ | $\tau = (0{,}206 \pm 0{,}012) \cdot 10^{-12}$ | $pX[50]$, $nX[50]$, $\Lambda X[35]$ |
| $\Lambda_c(2593)^+$ | $0(1/2^-)$ | $2593 \pm 1{,}0$ | $3,9^{+2,4}_{-1,6}$ | $\Lambda_c^+\pi^+\pi^-[b]$ |
| $\Lambda_c(2625)^+$ | $0(?^?)$ | $2626{,}4 \pm 0{,}9$ | $< 1{,}9$ | $\Lambda_c^+\pi^+\pi^-[b]$ |
| $\Sigma_c(2455)$ | $1(1/2^+)$ | $2452{,}9 \pm 0{,}6$ ($\Sigma_c^{++}$) | | $\Lambda_c^+\pi[100]$ |
| | | $2453{,}5 \pm 0{,}9$ ($\Sigma_c^+$) | | |
| | | $2452{,}1 \pm 0{,}7$ ($\Sigma_c^0$) | | |
| $\Xi_c^+$ | $1/2(1/2^+)$ | $2465{,}6 \pm 1{,}4$ | $\tau = (0,35^{+0{,}07}_{-0{,}04}) \cdot 10^{-12}$ | $\Lambda K^-\pi^+\pi^-[b]$ |
| $\Xi_c^0$ | $1/2(1/2^+)$ | $2470{,}3 \pm 1{,}8$ | $\tau = (0,098^{+0{,}023}_{-0{,}015}) \cdot 10^{-12}$ | $\Lambda\bar{K}^0[b]$ |
| $\Xi_c(2645)$ | $?(?^?)$ | $2643{,}8 \pm 1{,}8$ | $< 5{,}5$ | $\Xi_c^+\pi^-[b]$ |
| $\Omega_c^0$ | $0(1/2^+)$ | $2704 \pm 4$ | $\tau = (0{,}064 \pm 0{,}020) \cdot 10^{-12}$ | $\Sigma^+K^-K^-\pi^+[b]$ |
| Baryonen mit Beauty (Bottom) ($B = \pm 1$) | | | | |
| $\Lambda_b^0$ | $0(1/2^+)$ | $5641 \pm 50$ | $\tau = (1{,}14 \pm 0{,}08) \cdot 10^{-12}$ | $\Lambda_c^+ l^- \bar{\nu}_l X$ $[10 \pm 3]$ |

zweigungsverhältnisse in Prozent für die instabilen Elementarteilchen aufgeführt. Die Zerfallsmoden beziehen sich immer auf das positiv geladene Teilchen, wenn zwei Ladungszustände in einem Symbol zusammengefaßt sind.

Da das Standardmodell vermutlich der Vorläufer einer noch fundamentaleren Theorie ist, ist auch die Frage nach den elementaren Teilchen nur vorläufig beantwortet. Möglich ist, daß sich Quarks und Leptonen in einer Erweiterung der heutigen Theorie als Zusammensetzungen anderer »elementarer« Teilchen erweisen (↗ *GUT*). Möglich ist auch, daß die Grundstruktur der Physik gar nicht durch Teilchen, sondern z.B. durch ↗ *Strings* definiert ist. [UK]

**Elementartemperatur,** nach P. Jordan die Größe $T_e = ch/(k_B l) = 5{,}105 \cdot 10^{12}$K, die sich aus den atomaren Größen Boltzmann-Konstante $k_B$, Plancksches Wirkungsquantum $h$, Elementarlänge $l = 2{,}818 \cdot 10^{-15}$m und Vakuumlichtgeschwindigkeit $c$ zusammensetzt.

**Elementarwelle** ↗ Huygenssches Prinzip.

**Elementarzelle,** *Elementargitter*, in der Kristallographie die Grundeinheit eines Kristallgitters, das durch Translation der Elementarzelle entlang der Basisvektoren aufgebaut wird. Die Elementarzelle wird von den Basisvektoren aufgespannt und hat die Form eines Parallelepipeds. Da der ganze Kristall aus gleichartigen Elementarzellen besteht, genügt es für die Kristallbeschreibung und die Symmetriebetrachtung, eine einzelne Elementarzelle zu betrachten. (↗ Raumgitter)

**Elementbenennung,** ↗ chemische Elemente.

**Elemententstehung,** *Nukleosynthese*, Mechanismen der Synthese der natürlich im Kosmos vorkommenden ↗ chemischen Elemente aus den elementaren Bausteinen. Alle natürlichen Elemente sind im wesentlichen auf zwei Arten entstanden: unmittelbar nach dem ↗ *Urknall* sowie später im Innern von Sternen und ↗ *Supernovae*. Die Idee der Elementsynthese unter nicht-statischen Bedingungen in einem expandierenden Gas wurde 1946 von G. ↗ *Gamow* entwickelt. Er nahm allerdings an, daß alle Elemente, also auch die schweren, auf diese Weise entstanden sind. Nach der heutigen Theorie kommt man zu folgender Vorstellung:

Wenige Sekunden nach dem Urknall, als die Temperatur auf ca. $10^{10}$K abgesunken war, setzte die Entstehung der leichten Elemente ein. Es gab große Mengen an ↗ *Elektronen* und ↗ *Positronen*, in deren Gegenwart sich ↗ *Protonen* (p) und ↗ *Neutronen* (n) ineinander umwandeln konnten. Durch Anlagerung entstanden leichte Teilchen, zunächst vor allem ↗ *Deuterium* durch die Reaktion $p + n \rightarrow {}^2H + \gamma$, wobei auch ein Photon $\gamma$ frei wurde. Oberhalb von $10^{10}$K wird Deuterium wegen seiner geringen Bindungsenergie von 2,2MeV noch zerstört. Durch die folgenden Reaktionen bildeten sich die Elemente Tritium, $^3H$, die beiden Heliumisotope $^3He$ und $^4He$ sowie Lithium:

$$^2H + {}^2H \rightarrow n + {}^3He \rightarrow {}^3H + n$$
$$^3H + {}^2H \rightarrow {}^4He + n$$
$$^4He + {}^3H \rightarrow {}^7Li.$$

Unterhalb von $10^9$K finden kaum noch Anlagerungsreaktionen statt, so daß nach etwa drei Minuten die Bildung der leichten Elemente im Universum abgeschlossen war. Die Häufigkeiten, mit denen die Elemente nach dem Urknall entstanden sind, hingen von den atomaren Reaktionsgrößen und der Materiedichte zur damaligen Zeit ab. Insbesondere ist die Deuteriumhäufigkeit sehr empfindlich von der Dichte abhängig. In Computersimulationen läßt sich heute die Bildungsrate der Elemente sehr genau nachvollziehen. Berücksichtigt man die Expansion des Raumes und eine chemische Entwicklung des Universums, so kann man die damalige Elementhäufigkeit in Abhängigkeit von der *heutigen* Materiedichte in einem Diagramm auftragen (Abb.). Die ermittelten Elementhäufigkeiten lassen sich ausgezeichnet mit den Rechnungen in Einklang bringen, sofern die Materiedichte etwa 1 bis 15% der kritischen Dichte (↗*Weltmodelle*) beträgt. Diese Reproduzierbarkeit der Elementhäufigkeiten wird als wichtiges Indiz für die Richtigkeit der Urknalltheorie angesehen.

Im Innern der Sterne werden durch ↗*thermonukleare Reaktionen* Elemente ineinander umgewandelt, insbesondere werden Deuterium zerstört und die schwereren Elemente aufgebaut. Im Wasserstoffbrennen (↗*Energieerzeugung der Sterne*) wird H in $^4$He umgewandelt, im ↗*CNO-Zyklus* entsteht aus C, N und O vornehmlich $^{14}$N. Oberhalb von $10^8$K entsteht durch Fusion von drei $^4$He-Kernen $^{12}$C. Bei noch höheren Temperaturen erfolgt der Aufbau folgender Kerne aus ↗*Alphateilchen*: $^{20}$Ne, $^{24}$Mg (bei $9\cdot10^8$K), $^{28}$Si, $^{32}$S (bei $2\cdot10^9$K), $^{56}$Fe (bei $4\cdot10^9$K). Durchmischungsprozesse können diese Elemente aus dem Innern an die Oberfläche bringen, von wo aus sie eventuell über ↗*Sternwinde* an die ↗*interstellare Materie* abgegeben werden können. Schwerere Elemente als Eisen entstehen durch ↗*Neutroneneinfang* vorwiegend in ↗*Supernovae*. Man unterscheidet hierbei zwei Vorgänge: den schnellen r- und den langsamen s-Prozeß. Im ersten Fall werden zwei Neutronen nahezu gleichzeitig eingefangen, wobei ein stabiles Isotop entsteht. Beim s-Prozeß wird ein Neutron eingefangen, und noch bevor ein zweites eindringt, zerfällt das erste über den ↗*Betazerfall* in ein Proton und ein Elektron. Es entsteht hierbei also ein instabiles Isotop. Im r-Prozeß bilden sich neutronenreiche Kerne, im s-Prozeß Kerne, die etwa gleichviele Neutronen wie Protonen enthalten. Sämtliche Elemente, die schwerer als Blei sind, gehen aus dem r-Prozeß hervor. Neben dem Neutroneneinfang spielt der *Protoneneinfang* eine Rolle beim Aufbau protonenreicher Kerne. Darüber hinaus beeinflussen ↗*Photodissoziation* und ↗*Spallation* die Entstehungsraten der Isotope. Schwere Elemente können durch den nuklearen s-Prozeß auch in ↗*Roten Riesen* aufgebaut werden. [TB]

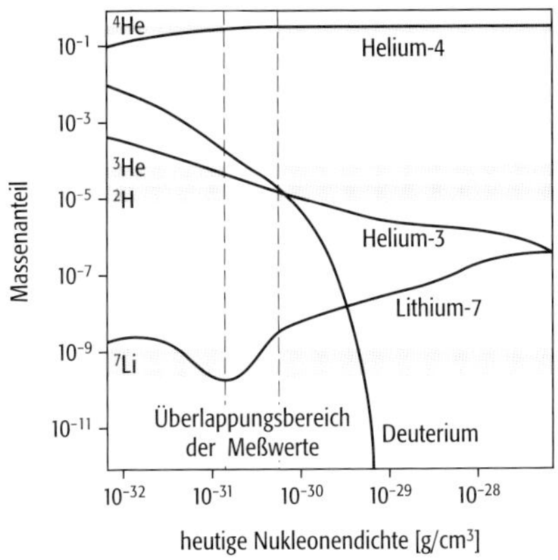


**Elemententstehung:** Berechnete Häufigkeiten der leichten Elemente in Abhängigkeit von der heutigen mittleren Materiedichte.

**Elementhalbleiter,** anorganische ↗Halbleiter, deren Kristallbestandteile nur aus einem chemischen Element bestehen (im Gegensatz zu ↗*Verbindungshalbleitern*). Die ersten vier Elemente der Hauptgruppe IV des Periodensystems kristallisieren in der *Diamantstruktur* mit ↗kovalenten Bindungen und sind Halbleiter, deren ↗*Energielücke* mit zunehmender Ordnungszahl abnimmt. Während Diamant mit einer Energielücke von $E_G = 5{,}47$eV bei 300K ein Isolator ist, sind Si mit $E_G = 1{,}12$eV und Ge mit $E_G = 0{,}66$eV Halbleiter. Sn dagegen hat nur bei 0K noch eine Energielücke von $E_G = 0{,}082$eV, weist bei Raumtemperatur aber keine Energielücke mehr auf und ist damit ein Halbmetall.

**Elementhäufigkeit,** die Häufigkeit der chemischen Elemente in kosmischer Verteilung. Sie ist durch zwei Vorgänge geprägt: die ↗*Elemententstehung* im Urknall und die nachfolgende Umwandlung und Erzeugung neuer Elemente im Innern der Sterne und in ↗*Supernovae*. Die Analyse von ↗*Sternspektren* hat gezeigt, daß die Elementhäufigkeiten für die meisten Objekte, einschließlich der Sonne, sehr ähnlich sind. Man spricht deshalb auch von einer mittleren kosmischen Häufigkeit. Demnach sind Wasserstoff und Helium mit Häufigkeiten von knapp 90% und 10% (in Teilchenzahlen) die weitaus häufigsten Elemente. Es folgen Sauerstoff ($7\cdot10^{-4}$), Kohlenstoff ($3{,}6\cdot10^{-4}$) und Stickstoff ($9\cdot10^{-5}$), die bei Kernreaktionen im Innern der Sterne

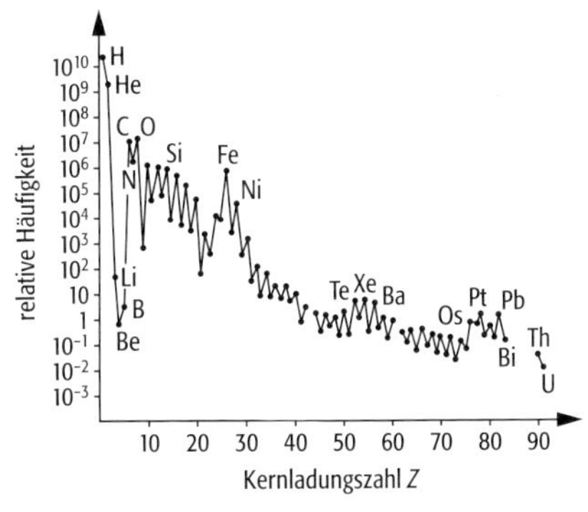


**Elementhäufigkeit:** Schematische Darstellung der mittleren kosmischen Elementhäufigkeit.

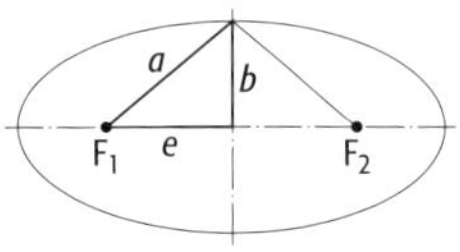


**Ellipse:** Die charakterisierenden Parameter einer Ellipse.

erzeugt werden. Generell nimmt die Häufigkeit mit steigender Atomzahl ab. Eine auffällig geringe Häufigkeit zeigen Lithium, Beryllium und Bor. Sie werden im Innern der Sterne zerstört und entstehen wahrscheinlich ausschließlich durch ↗*Spallation*, wenn schwere Kerne, wie die von C, N oder O, im *interstellaren Gas* (↗*interstellare Materie*) von energiereichen Teilchen der kosmischen Strahlung getroffen und gespalten werden.
In einigen Objekten können die Elementhäufigkeiten mehr oder weniger stark von der kosmischen abweichen. Bei sehr alten Sternen ist z.B. die Häufigkeit der schweren Elemente um bis zu einem Faktor 100 geringer, weil die interstellare Materie während ihrer Entstehungsphase noch nicht stark mit schweren Elementen angereichert war. Auch bei den ↗*Planeten* treten große Abweichungen auf. Sie beruhen darauf, daß sich bei der Entstehung des Sonnensystems die flüchtigen Elemente vornehmlich in der kühlen Region der äußeren Planeten ansammelten.
Auf der *Erde* betragen die Häufigkeiten der verbreitetsten Elemente: Sauerstoff (49,2%), Silicium (25,7%), Aluminium (7,5%), Eisen (4,7%). (↗Erdkruste, ↗Erdmantel, ↗Erdkern)

**Elevation,** die ↗*Höhe* eines Gestirns über dem Horizont.

**Eley-Rideal-Mechanismus,** Mechanismus für eine oberflächenkatalytische Reaktion (↗*heterogene Katalyse*), bei der nur ein Molekül vor dem Zusammenstoß mit dem anderen an der Oberfläche adsorbiert sein muß. Die Geschwindigkeit der Bildung des Produktes $v$ ist proportional zum Partialdruck des nicht adsorbierten Gases $p_A$ und dem Bedeckungsgrad $\theta_B$ (↗*Adsorption*) des adsorbierten Gases B.

$$A + B \rightarrow P, \quad v = kp_A\theta_B$$

**Eliashberg-Theorie,** die von G.M. Eliashberg auf den Fall starker Kopplung erweiterte ↗*BCS-Theorie* für ↗*Supraleiter*. Von letzterer unterscheidet sie sich vor allem durch die Berücksichtigung der Zeitabhängigkeit (Retardierung) der Paarwechselwirkung (↗*Elektron-Phonon-Mechanismus der Supraleitung*) und die damit verbundene Frequenzabhängigkeit der ↗*Energielücke* sowie durch die Renormierung der Elektronenmasse. Die resultierenden Eliashberg-Gleichungen sind ein System gekoppelter, nichtlinearer Integralgleichungen, das im allgemeinen nur numerisch gelöst werden kann. Eine häufig verwandte, parametrisierte Näherungslösung dieser Gleichung für die ↗*Sprungtemperatur* $T_c$ gibt die ↗*McMillan-Formel*.

**Elihu-Thomson-Versuch,** von *Elihu* ↗*Thomson* durchgeführter Versuch, der zeigt, daß Primär- und Sekundärstrom in einem ↗*Transformator* entgegengesetzte Richtung haben: Ein Eisenkern trägt eine Spule und einen Aluminiumring, der als Sekundärspule eines Transformators aufzufassen ist. Wird nun ein Wechselstrom durch die Spule eingeschaltet, so wird der Ring mit großer Gewalt fortgeschleudert. Der in ihm induzierte Strom ist ein sehr starker Kurzschlußstrom, da sein Widerstand sehr klein ist. Er ist in jedem Moment dem Spulenstrom entgegengesetzt, die hiermit verbunden Magnetfelder stoßen sich daher ab und bewirken die heftige Abstoßung. Wenn der Ring festgehalten wird, erhitzt er sich sehr stark. Man kann nach diesem Prinzip Schmelztröge für große Metallmengen konstruieren.

**Ellipse,** ebene geometrische Figur, die zu den ↗*Kegelschnitten* gehört. In der analytischen Geometrie ist die Ellipse der Ort aller Punkte mit den Koordinaten $(x,y)$, die die Gleichung $\frac{x^2}{a^2} + \frac{y^2}{b^2} = 1$ erfüllen. $a$ und $b$ heißen die *Halbachsen* der Ellipse, wobei $a$ vereinbarungsgemäß die längere der beiden ist. Der Kreis ist eine entartete Ellipse mit $a = b = r$, wobei $r$ den Radius des Kreises darstellt. Zur Charakterisierung der Ellipse werden einige weitere Parameter eingeführt: die lineare *Exzentrität* $e^2 = a^2 - b^2$ und die *numerische Exzentrität* $\varepsilon = e/a < 1$. Diese letzte Eigenschaft ist charakteristisch für die Ellipse, für die ↗*Hyperbel* gilt $\varepsilon > 1$, für die ↗*Parabel* ist $\varepsilon = 1$. Die Brennpunkte der Ellipse auf der langen Achse werden durch die sogenannte *erste Fundamentaleigenschaft* definiert: Bildet man ein Dreieck mit der Strecke zwischen ihnen als einer Seite und einem beliebigen Punkt der Ellipse als drittem Punkt, so ist der Umfang aller dieser Dreiecke gleich.
Die Ellipse ist die Form *gebundener Bahnen* im ↗*Gravitationsfeld* bei Gültigkeit der ↗*Newtonschen Gesetze*. Dabei ist einer der Brennpunkte der Ellipse das Zentrum der Bewegung, um das die Schwerpunkte der gravitierenden Körper rotieren. Bei sehr großem Massenunterschied der beiden Körper (z.B. Sonne–Planet oder Erde–Satellit) kann angenommen werden, daß der Zentralkörper in einem der Brennpunkte ruht. Bei der Planetenbewegung heißen die beiden Endpunkte der langen Hauptachse, also der sonnennächste und fernste Punkt, *Perihel* und *Aphel*.

**ellipsoide Kerne,** ↗*deformierte Kerne* mit nicht kugelsymmetrischer Ladungsverteilung.

**ellipsoidische Veränderliche,** eine Klasse von ↗*Doppelsternen*, bei denen die beiden Komponenten einen so geringen Abstand voneinander besitzen, daß sie durch die Gezeitenwirkung verformt werden.

**Ellipsoidspiegel,** Hohlspiegel mit elliptischem Profil, der für spezielle Abbildungsaufgaben in der Lichttechnik sowie für spezielle Monochromatoranordnungen angewendet wird.

**Ellipsometrie,** optische Methode zur Bestimmung der dielektrischen Funktion von Festkörpern, dünnen Schichten und Oberflächen. Dabei wird linear polarisiertes Licht unter einem Einfallswinkel nahe dem Brewster-Winkel auf die Probe eingestrahlt und das reflektierte (i.a. elliptisch polarisierte) Licht analysiert. Die Ellipsometrie mißt lediglich den Polarisa-

tionszustand, nicht die Intensität des reflektierten Lichtes. Auswertung von Verkippung der Ellipse aus der Einfallsebene und dem Verhältnis von großer zu kleiner Halbachse liefert das Verhältnis der *Fresnel-Koeffizienten* und daraus, bei spektral aufgelösten Messungen, die dielektrische Funktion $\varepsilon^*(\omega)$. Ist sie bekannt, kann mittels Ellipsometrie die Schichtdicke eines Films bzw. die dielektrische Funktion der Oberfläche bestimmt werden. Ellipsometrie wird zeitgleich beim Wachstum dünner Schichten zur Bestimmung von Schichtdicke, Morphologie und Komposition eingesetzt.
Eine Sonderform ist die *reflexionsanisotrope Spektroskopie* (*RAS*). Hier wird senkrecht einfallendes Licht durch optische Anisotropien der Probe polarisiert und in zueinander senkrechten Richtungen betrachet. RAS dient zur Analyse der elektronischen und geometrischen Struktur von Oberflächen sowie zur Untersuchung von Wachstumsmechanismen in der ↗metallorganischen Gasphasenepitaxie.

**elliptische Galaxien,** Galaxien von der Form eines Ellipsoids, entstanden vermutlich durch das Verschmelzen (engl. merging) von ↗*Spiralgalaxien*. Sie umfassen einen großen Massenbereich von $10^5$ bis $10^{13} M_\odot$ (Riesenellipsen bis Zwergellipsen). Anders als in Spiralgalaxien bewegen sich die Sterne auf ungeordneten Bahnen, die keinen gemeinsamen ↗*Drehimpuls* besitzen. Außerdem enthalten elliptische Galaxien so gut wie keine ↗*interstellare Materie* und keine jungen, heißen Sterne, sondern vornehmlich rote Sterne, die älter als $10^{10}$ Jahre sind.
Massereiche elliptische Galaxien sind häufig die Zentralobjekte in ↗*Galaxienhaufen* und Quellen von ↗*Radiogalaxien*.

**ellipitsche Galaxien:** Die Galaxie NGC 2457.

**elliptische Inseln,** Struktur im ↗Phasenraum ↗fast-integrabler Systeme, Komplement zu ↗chaotischen Seen.

**elliptische Integrale,** eine Klasse nicht durch elementare Funktionen darstellbarer Integrale, die z.B. bei der Berechnung des Umfangs von Ellipsen oder bei der Untersuchung von Pendelschwingungen ohne harmonische Näherung auftreten. *Elliptische Integrale erster Art* sind

$$F(\alpha,\varphi) = \int_0^{\varphi} \left(1 - \sin^2\alpha \, \sin^2\theta\right)^{-1/2} \mathrm{d}\theta,$$

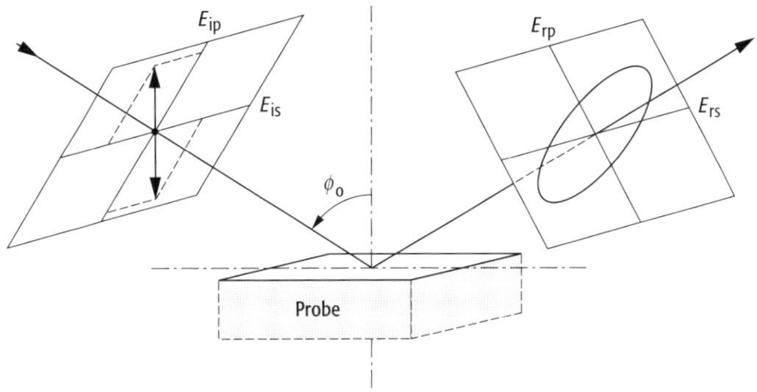


**Ellipsometrie:** Prinzip: Der Polarisationszustand des Lichtes wird durch die Reflektion an einer Probe verändert. Seine Analyse ermöglicht die Bestimmung der dielektrischen Funktion und damit korrelierter Eigenschaften.

die *elliptischen Integrale zweiter Art* sind

$$E(\alpha,\varphi) = \int_0^{\varphi} \left(1 - \sin^2\alpha \, \sin^2\theta\right)^{1/2} \mathrm{d}\theta.$$

Der Umfang einer Ellipse mit großer Halbachse $a$ und Exzentrizität $e$ ist $4aE(e,\pi/2)$.

**elliptische partielle Differentialgleichungen** ↗Differentialgleichungen.

**elliptisch polarisierte Welle,** eine polarisierte Welle (↗Polarisation), bei der die Spitze des Auslenkungsvektors auf einer Ellipse umläuft.

**Elm,** Akronym aus *edge localized mode*, dynamisches Phänomen in einem ↗*Tokamak* mit ↗Divertor, das auf die ↗*Plasmarandschicht* beschränkt ist. Elms treten nur während der ↗*H-Mode* auf, einem Plasmazustand mit verbesserten Wärmedämmeigenschaften. Sie führen zwar einerseits zu einem erhöhten Energietransport aus dem Plasma, andererseits verhindern sie jedoch die unerwünschte Anhäufung von ↗*Verunreinigungen* im Plasmazentrum. Im Hinblick auf ein Fusionskraftwerk sind besonders Elms mit hoher Wiederholfrequenz, aber geringer Intensität (sogenannte Typ-III-Elms) wünschenswert.

**Elmsfeuer,** in der Natur beobachtbare ↗*Gasentladung*. Elmsfeuer treten im Vorfeld von Gewittern an Spitzen, z.B. an Mastspitzen von Schiffen oder an Berggipfeln, in Form von ↗*Koronaentladungen* oder ↗*Büschelentladungen* auf.

**El Niño,** *ENSO* (*El Niño/Southern Oscillations*), eine in Abständen von 2–10 Jahren meist zur Weihnachtszeit auftretende Klimaanomalie im tropischen Pazifik (span. el Niño »Christkind«), die auf Störungen im Ozean-Atmosphäre-System zurückzuführen ist und weltweite Auswirkungen hat. Hauptmerkmal ist die Verdrängung des normalerweise kalten, nährstoff- und fischreichen Meerwassers vor den Küsten Perus und Ecuadors durch warmes, nährstoffarmes Meerwasser. Sie geht einher mit einer Veränderung der Luftdruckverteilung im Südpazifik (*Southern Oscillations*, s.u.), daher die Bezeichnung ENSO für das Gesamtphänomen.
Der vorherrschende Wind über dem äquatorialen Pazifik ist der Südostpassat, dessen

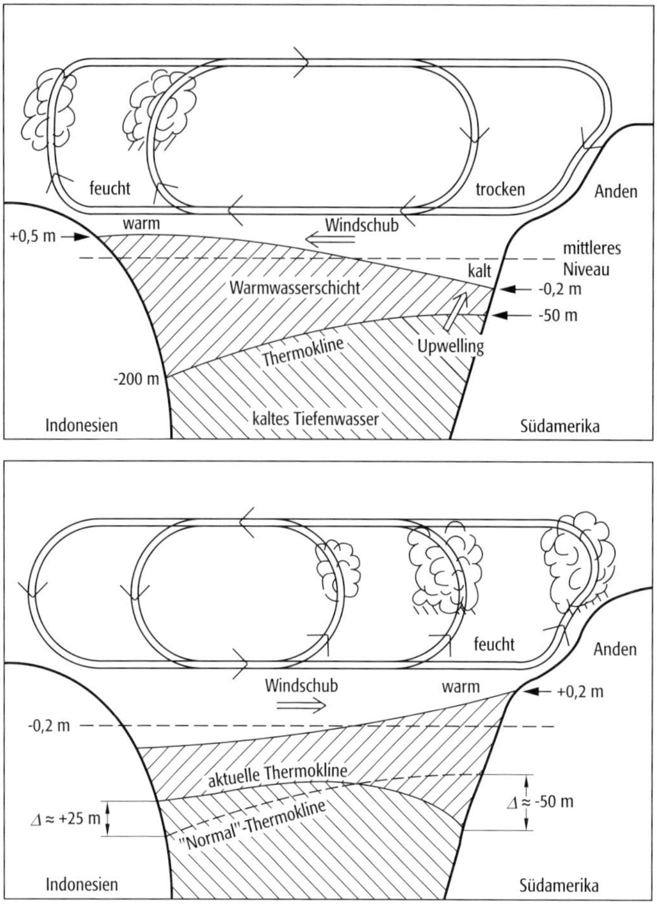


**El Niño:** Schematische, idealisierte Darstellung des El-Niño/Southern-Oscillations-Phänomens. Oben: Normale Zirkulation mit oberflächennahen Südostpassaten und Absenkung der Thermokline im Westpazifik. Unten: Höhepunkt einer El Niño-Entwicklung: Absenkung der Thermokline im Ostpazifik, Umkehrung der atmosphärischen Zirkulation, Niederschläge und Erwärmung des Oberflächenwassers im Ostpazifik.

Stärke vom atmosphärischen Luftdruckunterschied zwischen dem südostpazifischen Hochdruckgebiet und dem indonesischen Tiefdruckgebiet abhängt (↗*atmosphärische Zirkulation*). Gekoppelte Veränderungen des Luftdrucks in diesen Regionen wurden 1923/24 von Walker entdeckt und *Southern Oscillations* genannt. Bei normaler Zirkulation erzeugt der Passatwind durch den Anstau der Passatdrift (↗*Meeresströmungen*) am Malaiischen Archipel einen ostwärts gerichteten Druckgradienten des Oberflächenwassers. Dieser Anstau bewirkt eine Absenkung der ↗*Thermokline* vor Südostasien auf ca. 200m Tiefe, während sie vor Südamerika auf ca. 50m gehoben wird und dort den Aufstieg von kaltem Tiefenwasser ermöglicht (obere Abb.). Während eines El-Niño-Ereignisses nimmt nun in Verbindung mit einer Southern Oscillation die Stärke des Passatwindes aus bisher ungeklärter Ursache erheblich ab. Daduch bricht der Druckgradient im südpazifischen Oberflächenwasser zusammen bzw. kehrt seine Richtung sogar um, so daß warmes Oberflächenwasser (als ↗*Kelvin-Welle*) in Richtung Osten gelenkt wird. Gleichzeitig sinkt die Thermokline vor Südamerika um ca. 50m ab und steigt vor Indonesien auf. Dadurch erwärmen sich die peruanischen Küstengewässer, gleichzeitig führt dies zu heftigen Regenfällen in den sonst extrem trockenen Gebieten im Westen Südamerikas und zu Trockenheit im sonst sehr niederschlagsreichen Südostasien (untere Abb.). Es gibt Hinweise auf weitere klimatische Auswirkungen außerhalb des Pazifiks, wie z.B. extrem kalte Winter in Nordamerika und Eurasien, extreme Dürre in der Sahelzone und Australien und starke Regenfälle im Westen der USA. Besonders starke Ereignisse traten 1982/83 und 1997 auf. [HJR]

**Elongation, 1)** *Astronomie:* Winkelabstand zwischen der Sonne und einem Planeten oder dem Mond. Befindet sich ein Planet in östlicher Elongation, geht er abends nach der Sonne unter, bei westlicher Elongation geht er morgens vor der Sonne auf. Eine Elongation von 0° heißt ↗*Konjunktion*, von 90° ↗*Quadratur* und von 180° ↗*Opposition*.

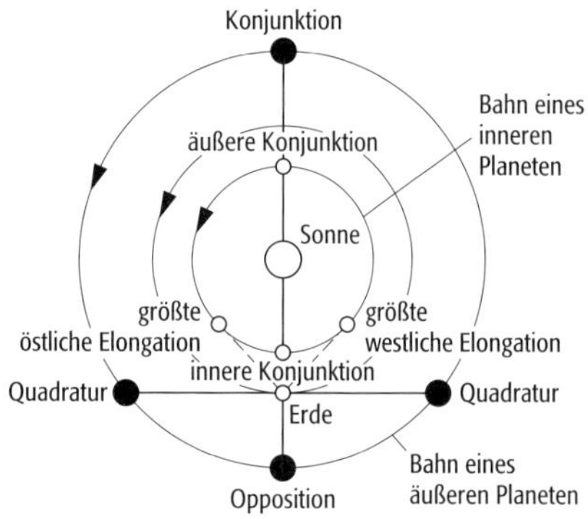


**Elongation:** Elongationen, Konjunktionen, Oppositionen und Quadraturen im Planetensystem.

**2)** *Plasmaphysik:* In einem ↗*Tokamak* das Verhältnis von Höhe zu Breite des Plasmaquerschnitts senkrecht zur Plasmaachse. Im Vergleich zu kreisförmigen Plasmen (Elongation $n = 1$) läßt sich bei elongierten Plasmen ($n > 1$) durch ein gleich starkes Magnetfeld eine größere Plasmamenge einschließen. Für ein Fusionskraftwerk dürfte eine Elongation von ca. 1,6 optimal sein.

**3)** *Schwingungslehre*: ↗Auslenkung.

**Eloxal-Verfahren,** elektrolytischer Prozeß zur ↗*Passivierung* von Aluminium. Aluminium bildet auf seiner Oberfläche eine dünne (0,0001mm), durchsichtige Oxidschicht und ist so trotz seines negativen Redox-Potentials schon geringfügig korrosionsbeständig. Diese natürliche Oxidschicht kann durch elektrolytische anodische Oxidation verstärkt werden. Dazu wird mit einer Aluminiumanode und einer meist aus Blei bestehenden Kathode verdünnte Schwefelsäure elektrolysiert. An der Kathode entsteht Wasserstoff:

$$2H_3O^+ + 2e^- \rightarrow H_2 + 2H_2O$$

Die Anodenvorgänge sind relativ komplex. Es bildet sich Sauerstoff, der, statt zu entweichen,

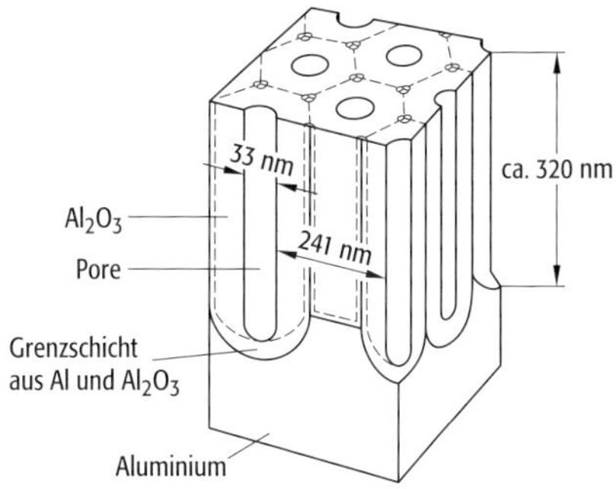

**Eloxal-Verfahren:** Typische Anordnung.

direkt beim Entstehen mit der Anode reagiert und so die Aluminiumoberfläche mit einer porig aufgelockerten Oxidschicht (Abb.) überzieht:

$$3H_3O^+ \rightarrow O + 2H_3O^+ + 2e^-$$
$$2Al + 3O \rightarrow Al_2O_3$$

Zusätzlich können in die Poren Farbstoffe oder lichtempfindliche Substanzen (z.B. AgBr) eingebracht werden. Anschließend wird mit Wasser die Oberfläche nachverdichtet, worauf sich die Poren verschließen. Die Farbstoffe befinden sich nun unter der Eloxaloberfläche und sind beständig.

**Elsasser,** *Walter Maurice,* deutsch-amerikanischer Physiker, *20.3.1904 Mannheim, †14.10.1991 Baltimore (Md.); arbeitete zunächst an der Universität in Frankfurt a.M., nach Emigration seit 1936 in den USA, zuletzt (ab 1962) Professor für Geophysik in Princeton (N.J.); schlug 1925 Versuche zur Beugung von Elektronen an Kristallgittern vor (von C.J. ↗*Davisson* und L.H. ↗*Germer* aufgegriffen), um die Wellennatur des Elektrons zu demonstrieren, und wies 1936 die Neutronenbeugung nach; schuf 1939 die Dynamotheorie des Erdmagnetismus und formulierte 1950 eine Magnetohydrodynamik des Erdkerns; ferner Arbeiten zur Quantenmechanik und Biophysik.

**Elster,** *Julius,* deutscher Physiker, *24.12.1854 Blankenburg/Harz, †8.4.1920 Wolfenbüttel; 1881–1919 Gymnasiallehrer in Wolfenbüttel; führte mit H.F. ↗*Geitel* seit 1884 bedeutende Arbeiten über den lichtelektrischen Effekt (Photoeffekt), Radioaktivität, Luftelektrizität (atmosphärische Ionisation) und Ionenleitung in Gasen durch; wies 1899 nach, daß Glühkathoden negative Elektrizität aussenden; machte Entladungsexperimente, die erste Hinweise auf die Existenz der kosmischen Strahlung gaben; erfand die Photozelle und erkannte die Szintillationswirkung von Alphastrahlen.

**Elution,** das Auswaschen von Stoffen oder ↗*Nukliden,* die an einer anderen Substanz adsorbiert sind, mit Hilfe von geeigneten Lösungsmitteln. Ein Filter verhindert das Mitreißen des Adsorbers. Das Verfahren kann zur Gewinnung kurzlebiger ↗*Radionuklide* eingesetzt werden, wenn das gewünschte Nuklid ein Zerfallsprodukt eines längerlebigen Mutternuklides ist. Gelangt das Mutternuklid in das *Eluat,* spricht man von einem *Durchbruch.*

**E-Mail** ↗Internet.

**Eman,** veraltete Einheit für die *Aktivitätskonzentration:* 1 Eman = $10^{-10}$Ci/l = 3,7kBq/m$^3$ (Bq: ↗*Becquerel*).

**Emanliter,** veraltete Einheit für die ↗Aktivität: 1 Emanliter = $10^{-10}$Ci = 3,7 Bq.

**Embolismus,** das Einfügen eines Tages, Monats oder Jahres in einen ↗Kalender.

**EMC-Effekt,** nach der Europäischen Myon-Kollaboration bezeichneter Effekt, nach dem es als wahrscheinlich gilt, daß im Kernverband ein Teil der Quarks und Gluonen der verschiedenen Nukleonen offenbar von allen Nukleonen geteilt wird.

**Emden,** *Robert,* schweizerischer Astrophysiker, *4.3.1862 St.Gallen, †8.10.1940 Zürich; ab 1907 Professor (bis 1928 an der TH, danach an der Universität) in München, seit 1934 in Zürich; wandte als einer der ersten die Thermodynamik auf den inneren Aufbau der Sterne an (1907) und führte das Konzept des Strahlungsdrucks und der Quantenstatistik in die Astrophysik ein; auch Arbeiten zu Fragestellungen der Luftfahrt-Navigation und Photogrammetrie.

**Emerald-Laser,** Laser mit einem laseraktiven Medium aus einem $Be_3Al_2(SiO_3)_6$-Wirtskristall, der mit $Cr^{3+}$-Ionen dotiert ist (↗*Festkörperlaser, abstimmbare*). Sein Abstimmbereich reicht von 720nm bis zu 842nm.

**EMG** ↗Elektromyographie.

**Emission,** Aussendung von Wellen- oder Teilchenstrahlung durch Atome, Moleküle, Ionen, Flüssigkeiten oder Festkörper. Beispiele sind die Lichtemission von angeregten Atomen oder Molekülen, die Emission von Elektronen aus Festkörperoberflächen (↗*Elektronenquellen*) oder die Aussendung von α-, β- oder γ-Strahlung durch radioaktive Kerne. Bei der *Emission elektromagnetischer Strahlung* durch Atome oder Moleküle beim Übergang von einem energetisch höheren zu einem tieferen Zustand ist die Frequenz $\nu$ der Welle proportional der Energiedifferenz $E$ der beteiligten ↗*Energieniveaus* ($\Delta E = h\nu$, wobei $h$ das Plancksche Wirkungsquantum ist). Ohne äußere Einflüsse erfolgt die Relaxation eines angeregten Atoms oder Moleküls »zufällig« nach statistischen Kriterien, man spricht dann von ↗*spontaner Emission* (Abb.). Für die Zahl $n_2$ der Teilchen, die auf diese Weise pro Zeiteinheit vom angeregten Zustand 2 in den Grundzustand 1 übergehen und damit die Zahl der spontan emittierten ↗*Photonen,* gilt

$$\frac{dn_2}{dt} = -A_{21}n_2,$$

wobei $A_{21}$ den *Einstein-Koeffizienten der spontanen Emission* bezeichnet.

Befindet sich ein Teilchen im Zustand 2 im Strahlungsfeld einer elektromagnetischen Welle der Frequenz $\nu_{21}$, so kann diese Welle die Relaxation in den Zustand 1 unter Emission eines

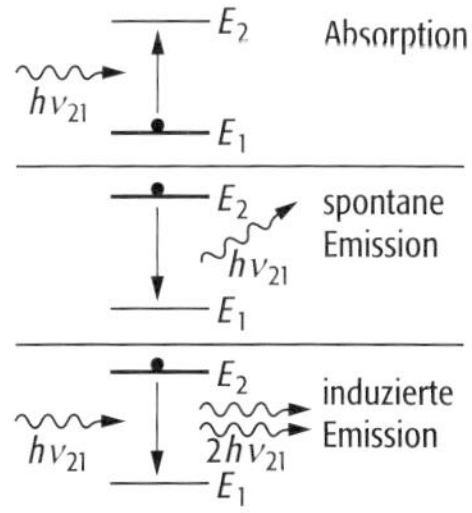

**Emission:** Emission und Absorption von Photonen. Die waagerechten Linien stellen die beteiligten Energieniveaus der Elektronen (Kreise) dar.

weiteren *Lichtquants* der Frequenz $\nu_{21}$ bewirken. Dies nennt man ↗ *induzierte Emission.* Das emittierte Photon entspricht in Frequenz, Phasenlage, Polarisation und Ausbreitungsrichtung dem induzierenden Photon. Für die Änderung der Teilchenzahlen im angeregten Zustand 2 gilt entsprechend bei induzierter Emission

$$\frac{\mathrm{d}n_2}{\mathrm{d}t} = -B_{21} n_2 u_\nu f(\nu),$$

wobei $B_{21}$ der *Einstein-Koeffizient für induzierte Emission* und $u_\nu$ die spektrale Energiedichte ist. Zusätzlich geht hier die normierte Funktion $f(\nu)$ für die *natürliche Linienbreite* ein.

**Emissionscomputertomographie** ↗ Positronenemissionstomographie.

**Emissionsgebiete,** in der Astronomie Regionen mit leuchtendem interstellarem Gas (↗ *interstellare Materie*). Spektroskopisch machen sich die ↗ *Emissionsnebel* durch ein ↗ *Emissionspektrum* bemerkbar.

**Emissionsgrad, spektraler,** stoffspezifische und temperaturabhängige Größe zur Beschreibung von Strahlungsquellen, die durch den wellenlängenabhängigen Quotienten aus der emittierten spektralen ↗ *Strahldichte* $L_\lambda$ der Strahlungsquelle und der emittierten spektralen Strahlungsdichte $L_{\lambda,\mathrm{S}}$ *eines* ↗ *schwarzen Strahlers* definiert ist:

$$\varepsilon(\lambda) = \frac{L_\lambda}{L_{\lambda,\mathrm{S}}(T)}.$$

Es gilt $\varepsilon < 1$, da die tatsächliche Strahldichte eines Temperaturstrahlers immer kleiner ist als die ↗ *Schwarzkörperstrahlung* bei gleicher Temperatur. (↗ Kirchhoffsches Gesetz)

**Emissionslinien,** spektrale Komponenten der Emission elektromagnetischer Strahlung durch ein angeregtes Atom, Molekül oder Ion. Der Emission muß eine *Anregung* des Teilchens in einen angeregten Eigenzustand vorangegangen sein. Emissionslinien entstehen durch Übergänge aus diesem angeregten Zustand in energetisch tiefer liegende Zustände. Die Untersuchung von Emissionslinien ist Gegenstand z.B. der ↗ *Atom-Emissionsspektroskopie*, die Kenntnisse über die Lage atomarer Energieniveaus liefert.

**Emissionsnebel,** in der Astronomie hell leuchtende Gaswolken. In den meisten Fällen wird das interstellare Gas (↗ *interstellare Materie*) durch die Strahlung nahgelegener heißer Sterne angeregt. In einigen Fällen, z.B. bei ↗ *Herbig-Haro-Objekten*, geschieht dies durch ↗ *Stoßwellen.* Zu den wichtigsten Emissionsnebeln zählen die *HII-Regionen*, Gebiete ionisierten Wasserstoffs, in denen sich junge, heiße Sterne befinden (↗ *H-Regionen*).

**Emissionsröntgenspektralanalyse** ↗ Emissionsröntgenspektroskopie.

**Emissionsröntgenspektroskopie,** spezielle Methode der ↗ *Röntgenspektroskopie.* Hierbei wird ein Material mit hochenergetischen, geladenen Teilchen beschossen. Durch ↗ *Stoßanregung* werden Löcher in inneren Schalen der Atome oder Moleküle erzeugt. Werden diese Löcher durch Elektronen höherer Schalen wieder aufgefüllt, so kann die Überschußenergie in Form charakteristischer Röntgenstrahlung emittiert werden. Kennt man die Energien der Röntgenlinien der in Frage kommenden Elemente oder Moleküle, so kann man mit der Methode auch Elementanalyse betreiben. Als anregende Stoßpartner kommen Elektronen, Protonen oder schwerere Ionen in Frage. Die Energien der Elektronen liegen typischerweise bei einigen 10keV, für Protonen bei 1–2MeV.

Spektren von Elektronen zeichnen sich durch einen hohen Untergrund an ↗ *Bremsstrahlung* aus, bei Protonenspektren ist selbiger deutlich geringer. In diesem Fall nennt man die Methode auch ↗ *PIXE* (*Proton Induced X-Ray Emission*). Wegen des kleinen Bremsstrahlungsuntergrunds ist dies eine sehr empfindliche Methode zur Elementanalyse.

**Emissionsspektroskopie,** *Anregungsspektroskopie*, eine Form der ↗ *Laserspektroskopie*, in der ein ↗ *durchstimmbarer Laser* benutzt wird, um ein Probengemisch anhand des Fluoreszenzlichts des Gemisches auf seine Zusammensetzung bzw. das Vorkommen bestimmter Elemente oder Verbindungen zu untersuchen. In der Emissionsspektroskopie wird der Laserstrahl durch eine Zelle geschickt, die das meist gasförmige zu untersuchende Gemisch enthält. Trifft ein vom Laser ausgesandtes Photon in der Zelle auf ein Gasatom, so kann es nur dann absorbiert werden, wenn die Frequenz des Photons, d.h. seine Energie

$$E_{\mathrm{photon}} = h\nu,$$

der Energiedifferenz

$$\Delta E_{ik} = E_k - E_i$$

eines elektronischen Übergangs des Elements entspricht. Im Gegensatz zur ↗ *Absorptionsspektroskopie* wird nicht gemessen, wie stark die Probe den Laserstrahl absorbiert. Statt dessen detektiert man die Fluoreszenzphotonen der Probe: Da die Teilchen nach der Absorption in einem angeregten Zustand $|k\rangle$ sind, werden sie nach kurzer Zeit (typischerweise einige ns) durch ↗ *spontane Emission* eines Photons wieder in einen tieferen Zustand zurückkehren. Gibt es keine strahlungslosen Übergänge, durch die ein angeregtes Atom seine Energie ohne Aussendung eines Lichtquants wieder abgeben könnte, dann induziert jedes absorbierte Photon mindestens ein Fluoreszenzphoton. Mit einer Optik (Linsen, Spiegel, Glasfasern) können diese Lichtquanten, die isotrop ausgesandt werden, gesammelt und mit einem Detektor in einer entsprechenden Meßanordnung mit sehr hoher Empfindlichkeit nachgewiesen werden. Mit ↗ *Photomultipliern* ist es prinzipiell möglich, auch einzelne Fluoreszenzphotonen nachzuweisen, allerdings ist dies aufgrund von Streulicht, Dunkelströmen und Detektorrauschen kaum praktikabel. Sicher nachweisen lassen sich jedoch noch Absorptionsraten von 1000 Photonen/s und damit relative Absorptionen von etwa $\Delta I/I \leq 10^{-15}$ – also bis zu einem Faktor $10^{10}$ empfindlicher als mit der Absorptionsspektroskopie. Die so erreichbare Nachweisempfindlichkeit, die es erlaubt, auch geringste Mengen eines Stoffes in einer Probe nachzuweisen, macht die Emissionsspektroskopie besonders in der Spurenanalytik unverzichtbar. So konnten z.B. schon Natrium-Atom-Konzentrationen im Bereich von 100 Atomen/cm$^3$ gemessen werden. Das ↗*Auflösungsvermögen* ist in der Emissionsspektroskopie vor allem durch die ↗*Doppler-Verbreiterung* der Linien beschränkt, die aus der thermischen Bewegung der Teilchen im Gas resultiert. Erst in der Kombination mit anderen Methoden der Laserspektroskopie, so z.B. der ↗Laserspektroskopie am kollimierten Atomstrahl statt in einer Zelle, ist es möglich, das Auflösungsvermögen über die Doppler-Verbreiterungsgrenze hinaus zu erhöhen.

Bei der Analyse sehr geringer Teilchenkonzentrationen wird oft eine Form der ↗*Ionisationsspektroskopie* angewandt, die durch ihre sehr effiziente Messung der im Gas angeregten Teilchen eine noch bessere Nachweisempfindlichkeit erlaubt.

Die Emission von Fluoreszenzlicht heißer Plasmen wird mittels ↗*Plasmaspektroskopie* untersucht. [PVDH, SW]

**Emissionsspektrum,** ein aus einzelnen Emissionslinien oder Emissionsbanden bestehendes Spektrum, das von einem Medium infolge hoher Temperatur, direkter elektrischer oder chemischer Anregung ausgesandt wird. Emissionsspektren werden genauso wie ↗*Absorptionsspektren* zur qualitativen und quantitativen Analyse verwendet. (↗Emissionsspektroskopie)

**Emittanz,** Maß für Querschnitt und Bündelung eines Teilchenstrahls in einem Beschleuniger, gebildet aus dem mittleren Abstand $2\Delta y$ und den mittleren Winkeln $2\Delta y/\Delta s$ von Teilchen zur idealen Bahn. Für jede der beiden Auslenkungsrichtungen stellt der Strahl eine Ellipse mit der Fläche

$$\varepsilon = \pi \Delta y \cdot \Delta y / \Delta s$$

dar. Es entspricht dies der mit $\pi$ multiplizierten Fläche des aus $\Delta y$ und $\Delta y/\Delta s$ aufgespannten Phasenraums. Nach dem Theorem von Liouville ist $\varepsilon$ in elektronenoptischen Systemen eine Erhaltungsgröße. Man gibt $\varepsilon$ in Einheiten von $\pi \cdot \text{mm} \cdot \text{mrad}$ an. Da die Emittanz energieabhängig ist, hat es sich als zweckmäßig erwiesen, durch

$$\varepsilon_\text{n} = \beta\gamma\varepsilon$$

die normierte, energieunabhängige Emittanz $\varepsilon_\text{n}$ zu definieren. Hierbei ist $\beta = v/c$, wobei $v$ die Teilchen- und $c$ die Lichtgeschwindigkeit darstellt, und $\gamma$ gleich der Teilchenenergie $E = mc^2$ dividiert durch die Ruheenergie $m_0c^2$ ist. (↗Strahlemittanz)

**Emittanzmeßmethoden** ↗Strahlemittanz.

**Emitterfolger** ↗Kollektorschaltung.

**emittergekoppelte Transistorlogik,** *ECL, ECTL, Emitter Coupled Transistor Logic,* schnelles Schaltungsprinzip zur Realisierung von Logikgattern. Die ECL vermeidet Sperrverzögerung aufgrund gesättigter ↗*Transistoren.* Die Grundschaltung (Abb.) der ECL ist der ↗*Differenzverstärker.* Im stationären Zustand ($U_{E1} = U_{E2} = 0\,\text{V}$) fließt der Strom $I$ durch den Referenztransistor $T_0$. Bei $U_{E1}$ oder/und $U_{E2} > 0\,\text{V}$ fließt der Strom durch Transistor $T_1$ bzw. $T_2$. Die Widerstände werden dabei so gewählt, daß keine Sättigung der Transistoren erfolgt. Sollen hohe Schaltgeschwindigkeiten erzielt werden, müssen die Ausgänge niederohmig sein. Der Nachteil der sehr schnellen ECL (Schaltzeiten im Subnanosekundenbereich) liegt in dem hohen Leistungsverbrauch von bis zu 60 mW, da ständig ein Strom durch die Gatter fließt. Durch die große Wärme können nur wenige ECL-Transistoren auf einem Chip integriert werden. ECL-Signale können differentiell übertragen werden, die Abstrahlungen auf Koaxialkabeln oder *Zweidrahtleitungen* (*Twisted Pairs*) sind somit niedrig.

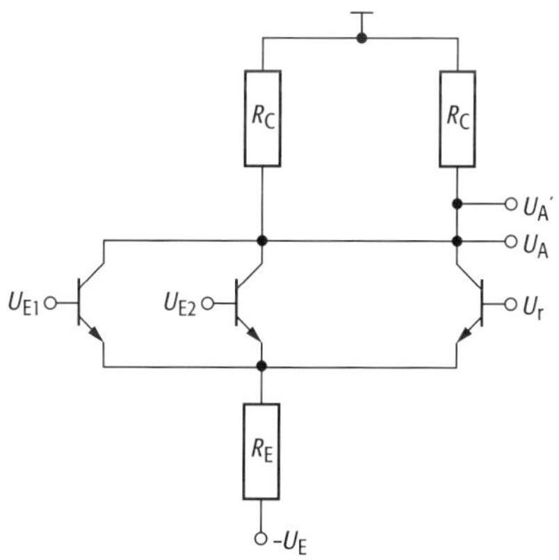


**emittergekoppelte Transistorlogik:** Grundschaltung.

**Emitterschaltung,** gebräuchlichste Grundschaltung des ↗*Bipolar-Transistors.* Der Emitter ist der Bezugsanschluß. An der Basis liegt das Eingangssignal. Deshalb ist der Eingangswiderstand relativ hoch. Am Kollektor wird das Ausgangssignal abgenommen. Mit einem am Kollektor anliegenden Arbeitswiderstand $R_\text{C}$, der klein gegen den Ausgangswiderstand $r_\text{CE}$ des Transistors ist, ergibt sich für die Spannungsverstärkung

$$v_\text{u} = \text{d}U_\text{CE}/\text{d}U_\text{BE} = -SR_\text{C},$$

wobei $S$ für die Steilheit der Übertragungskennlinie (↗*Bipolar-Transistor*) steht.

**Emmetropie** ↗Normalsichtigkeit.

**E-Modul** ↗Elastizitätsmodul.

Empedokles

**Encke**, *Johann Franz*

**EMP** ↗elektromagnetischer Puls.

**Empedokles,** griechischer Naturphilosoph und Wanderarzt, *um 483 v.Chr. in Akragas (heute Agrigent Sizilien), †um 425 v.Chr. (der Legende nach stürzte er sich in den Krater des Ätna). Er begründete die Lehre von den vier unvergänglichen Elementen (Feuer, Wasser, Luft, Erde), aus denen alles, vermittelt durch die Grundkräfte Liebe und Haß (Anziehung und Abstoßung), entsteht. Entstehen und Vergehen sind hierbei im wesentlichen sich verändernde Mischungsverhältnisse und -zustände. Empedokles vertrat in seiner Theorie über das Lebendige die Idee vom Überleben der Tüchtigsten. Mit der Porenlehre stellte Empedokles eine Theorie der Sinnesperzeption auf, in der Partikel, die in eine bestimmte Pore passen, einen Sinnesreiz auslösen. Er erkannte das Herz als das Zentrum der Blutversorgung und hielt es demzufolge für den Sitz des Lebens. Von seinen Werken sind nur Fragmente erhalten.

**Empfänger,** in der ↗*Hochfrequenztechnik* ein Gerät zur Aufnahme und Verarbeitung von ↗*elektromagnetischen Wellen*. Mit der ↗*Antenne*, die diese Wellen aufnimmt, ist ein durchstimmbarer ↗*elektrischer Resonator* gekoppelt, der die gewünschte Senderfrequenz herausfiltert. Bei Rundfunk- oder TV-Empfang müssen die Signale demoduliert und verstärkt werden (↗*Modulation*, ↗*Funktechnik*, ↗*Fernsehen*). (↗*Meßempfänger*)

**Empfangsantenne** ↗Antenne.

**Empfangsmischer** ↗Mischer.

**Empfindlichkeit,** ↗Empfindlichkeitszeit, ↗Nachweisempfindlichkeit.

**1)** *Meßtechnik*: Bei einem Meßgerät das Verhältnis der Änderung seiner Anzeige zu der sie verursachenden Änderung der Meßgröße.

**2)** *Nachrichtentechnik*: Maß für die Fähigkeit eines Empfängers oder einer Empfängerschaltung, schwache Signale zu empfangen. Der Empfänger darf dabei den Rauschabstand des ihm zugeleiteten Signals durch sein Eigenrauschen möglichst wenig verkleinern.

**3)** *Photographie*: ↗Filmempfindlichkeit.

**4)** *Physiologie*: Eintrittsschwelle eines Reizes.

**Empfindlichkeitszeit,** in Gaszählern und Blasenkammern bzw. Nebelkammern die Zeit, in der die Spuren hochenergetischer Teilchen nachgewiesen werden können. Die Empfindlichkeitszeit in Blasen- bzw. Nebelkammern hängt im wesentlichen von der Zeit ab, welche die Tröpfchen bzw. Blasen benötigen, um soweit anzuwachsen, daß sie photographisch festgehalten werden können.

**Emulsion,** spezielles ↗*Kolloid*, eine Dispersion, d.h. ein System aus einer flüssigen Phase in einer anderen flüssigen Phase (z.B. Milch). Emulsionen können hergestellt werden, indem die Komponenten durch starkes Schütteln miteinander vermischt werden. Häufig muß ein sogenannter *Emulgator* zugesetzt werden, der die Stabilität entstandener Emulsion erhöht.

Die Stabilität wird dadurch größer, daß der Emulgator die ↗*Grenzflächenspannung* zwischen den die Emulsion bildenden Flüssigkeiten herabsetzt.

In der *Kernphysik* werden ↗*Kernemulsionen* als einfaches Detektormaterial verwendet.

**Emulsionspolymerisation,** bezeichnet die Überführung von nicht wasserlöslichen ↗*Monomeren* mittels Emulgatoren in eine Monomeremulsion. Dieses sind feinste Tröpfchen, die im Wasser in der Schwebe gehalten werden. Mittels zugesetzten wasserlöslichen Initiatoren vereinigen sich die einzelnen Monomere sehr schnell zu Polymerketten. Die Makromoleküle bilden dann mit dem Wasser eine milchige Kunststoffdispersion, welche für viele technische Zwecke verwandt wird (z.B. Klebstoffe, Bindemittel). Durch Trocknungsverfahren oder Hinzugabe von Fällmitteln kann aus dem Polymerisat ein fester Werkstoff gewonnen werden.

**Enantiomorphie,** (gr. entgegengesetzt) spiegelbildliches Verhalten von Kristallen mit einer polaren Drehachse. Die Kristallpolyeder zeigen je nach Ausrichtung an der polaren Achse ein unterschiedliches Aussehen (z.B. Rechts- und Linksweinsäure). Es ist unmöglich, die Rechts- und Linksform durch eine reelle Drehung zur Deckung zu bringen. Enantiomorphie tritt nur in Kristallsystemen auf, in denen als Symmetrieoperationen ausschließlich Drehungen vorkommen.

Allgemein wird durch die Konvention $a > c$ in einem rechtshändigen Achsensystem die (positive) Richtung der b-Achse festgelegt, und man kann unter dieser Voraussetzung die Sphenoide {hkl} mit $k > 0$ (willkürlich) als rechte und jene mit $k < 0$ als linke bezeichnen.

**Encke,** *Johann Franz*, deutscher Astronom, *23.9.1791 Hamburg, †28.8.1865 Spandau (Berlin); studierte unter anderem in Göttingen bei C.F. ↗*Gauß*, ab 1816 Mitarbeiter der Sternwarte Seeberg bei Gotha, ab 1822 deren Direktor, seit 1825 Direktor der Berliner Sternwarte, ab 1844 Professor der Astronomie; Arbeiten zur Bahnbestimmung und Störungstheorie; entdeckte 1838 die nach ihm benannte *Enckesche Teilung* der Saturnringe; berechnete die Entfernung der Sonne; organisierte die astronomischen Beobachtungen für die Erstellung der von F.W. ↗*Bessel* initiierten »Akademischen Sternkarten«.

**Enckesche Teilung,** *Encke-Keeler-Teilung*, eine ca. 200km breite Lücke im A-Ring des Saturn, die 1837 von J.F. ↗*Encke* entdeckt wurde. Ihr mittlerer Abstand vom Planeten beträgt 133500km. Auf einer Aufnahme der Sonde ↗*Voyager* fand man innerhalb der Enckeschen Teilung einen schmalen, welligen Ring sowie den kleinen Mond Pan.

**Enddruck,** $p_{\text{end}}$, bei einer ↗*Vakuumpumpe* der niedrigste Druck, den die Pumpe ohne Gaseinlaß auf der Saugseite asymptotisch erreichen kann. Der Enddruck wird in in einer für die verschiedenen Pumpenarten (↗*Rotationsvakuumpumpen*, ↗*Diffusionspumpen* usw.) international festgelegten Meßanordnung gemessen. Die Angabe des Enddrucks ist nur dann sinnvoll, wenn der Einfluß der Meßapparatur (Gasabgabe, Leckrate) hinreichend klein ist. Dies ist meist nur bei nicht zu kleinen Drücken der Fall, daher wird im ↗*Hochvakuum* oder ↗*Ultrahochvakuum* statt $p_{\mathrm{end}}$ i.a. der *Betriebsenddruck* $p_{\mathrm{B,end}}$ angegeben.

**Endenergie,** Endprodukt der Energiebereitstellung, wie sie beim Verbraucher vorliegt. Die Endenergie ist das vorletzte Glied der ↗*Energiekette*, die die Umwandlung von ↗*Primärenergie* bis zur ↗*Nutzenergie* beschreibt. Beispiele für Darstellungsformen der Endenergie sind *Heizöl*, *Benzin* und ↗*Strom*.

**endergonisch,** Bezeichnung für einen Prozeß bzw. eine chemische Reaktion mit positiver Änderung der ↗*freien Enthalpie* ($\Delta G > 0$). Gegenteil: ↗*exergonisch*.

**Endlagerung** ↗Entsorgung radioaktiver Abfälle.

**Endmaß,** sehr genaue Verkörperung einer Länge, ausgeführt meist als *Parallelendmaß* mit parallelen Endflächen. Als Materialien werden meist Stahl, Quarz oder Cervit verwendet. Die Endmaße werden nach der zulässigen Größe des Endmaßfehlers in Genauigkeitsklassen eingeteilt; für die beste Klasse 00 gilt ein Fehler von ca. 0,05 μm.

Ein Satz von Parallelendmaßen läßt sich durch haftendes Aneinanderschieben (*Ansprengen*, *Anschieben*) der Meßflächen zu vorgebenen Längen kombinieren; auf diese Weise kann man Längenmaße mit Stufungen bis hinab zu ca. 0,5 mm erzeugen, die man beispielsweise zur Prüfung von Lehren verwendet. Die Länge (das sog. Maß) eines Parallelendmaßes wird durch den an beliebiger Stelle gemessenen Abstand zweier ebener Meßflächen definiert, von denen die eine völlig an die Oberfläche eines Hilfskörpers angesprengt ist. Man benutzt zur Messung einen Taster, vorzugsweise aber interferometrische Verfahren.

**endohedrale Fullerene,** ↗*Fullerene*, die ein oder mehrere Atome in ihrem Inneren einschließen. Zur Beschreibung dieser ungewöhnlichen Klasse von chemischen Substanzen wurde eine neue Nomenklatur eingeführt, die das Formelzeichen @ enthält. So bedeutet La@$C_{82}$, daß ein Lanthanatom im $C_{82}$ eingebaut ist (Abb. im Farbtafelteil).

Mit Hilfe endohedraler Fullerene konnte nachgewiesen werden, daß alle geradzahligen ↗*Kohlenstoffcluster* von $C_{32}$ bis mindestens $C_{600}$ hohle Käfige, also Fullerene sind. Dazu werden durch Laserbeschuß $C_2$-Moleküle aus den Clustern herausgeschlagen. Auf diese Weise wird das nächst kleinere Fulleren erzeugt. Das schrittweise Schrumpfen endet abrupt, wenn der Ionenradius des eingeschlossenen Teilchens mit dem Innenradius des Fullerenkäfigs vergleichbar wird. Beim nächsten Laserblitz zerfällt das Molekül in lineare Kohlenstoffketten. Bei einem eingeschlossenen Kaliumatom bricht der Prozeß beim $C_{44}$ ab. Das noch größere Caesium sprengt den Kohlenstoffkäfig schon beim $C_{48}$ in guter Übereinstimmung mit den Erwartungen, die sich an den Ionenradien orientieren.

**Endophysik,** von Finkelstein und Rössler eingeführte Bezeichnung für die physikalische Beschreibung von Systemen, bei denen keine Trennung zwischen Objektsystem und Beobachter vorgenommen wird. Der Beobachter wird somit als Teil des Objektsystems angesehen. Ein endophysikalisches System schließt alle Beobachtungsmittel ein, d.h. die Begriffsbildung physikalischer Eigenschaften kann niemals operationell erfolgen. Nach K. ↗Popper kann ein Beobachter, der Teil eines endophysikalischen Systems ist, niemals vollständige Kenntnis von diesem System erhalten. Das Gegenteil von Endophysik bezeichnet man als ↗*Exophysik*.

**ENDOR,** *Electron Nuclear Double Resonance*, ↗*Doppelresonanz*-Experiment zwischen Elektronen- und Kernspins: Ein ↗*Elektronenspinresonanzübergang* wird durch Mikrowelleneinstrahlung zumindest teilweise gesättigt. Durch gleichzeitige Einstrahlung eines Radiofrequenzfelds, dessen Frequenz langsam durchgestimmt wird, kann der Kernspinresonanzübergang der Kerne, die mit den angeregten Elektronen gekoppelt sind, ebenfalls gesättigt werden. Dadurch verändern sich die Relaxationsmöglichkeiten der mit dem Mikrowellenfeld angeregten Elektronen durch ↗*Polarisationstransfer* zu den angeregten Kernen, und die Amplitude der teilweise gesättigten ESR-Linie erhöht sich. Diese Veränderungen der ESR-Amplitude können gemessen werden und bilden das ENDOR-Signal. Die ENDOR-Spektroskopie erlaubt die Messung der Wechselwirkungstensoren der ↗*Hyperfeinaufspaltung* und der *Superhyperfeinaufspaltung*. ENDOR-Spektren sind wesentlich einfacher zu analysieren als die Hyperfeinlinienaufspaltung in ESR-Experimenten, da sie bei $N$ an der Hyperfeinaufspaltung beteiligten Kernen nur $(2N+1)$ anstelle von $2^N$ Linien aufweisen.

**endohedrale Fullerene:** siehe Farbtafelteil.

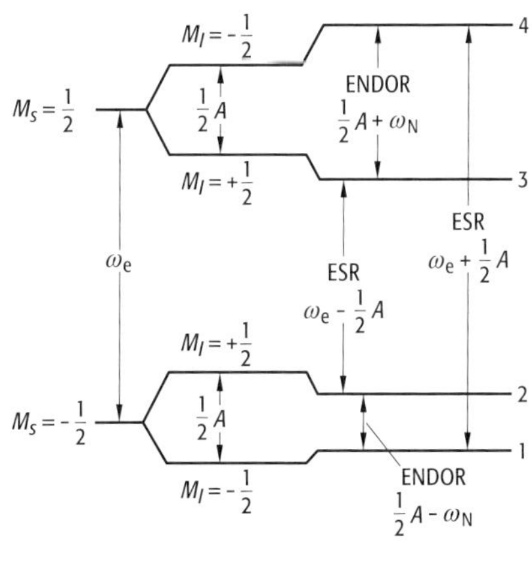


**ENDOR 1:** Energieniveauschema für den Fall $S = 1/2$, $I = 1/2$, in dem die Hyperfeinaufspaltung allein (links) und die Kern-Zeeman-Aufspaltung (rechts) zu sehen sind.

**ENDOR 2:** Abhängigkeit der ENDOR-Frequenz $\omega_{ENDOR}$ von der NMR-Frequenz $\omega_{NMR}$.

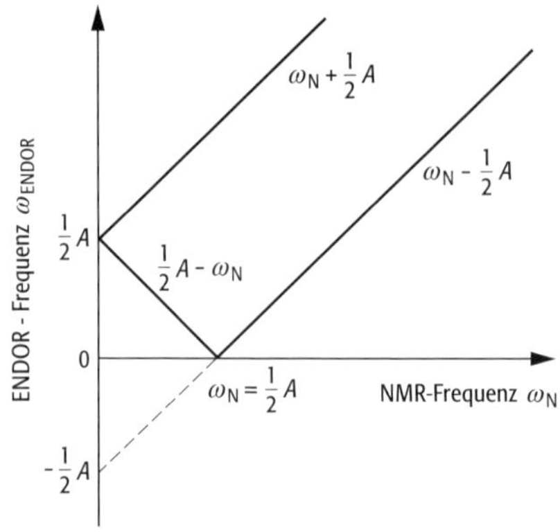


Außerdem kann in ENDOR-Experimenten die höhere Empfindlichkeit der ESR ausgenutzt werden, um Kernresonanzen zu detektieren, die andernfalls eine zu geringe Intensität hätten. Die ersten ENDOR-Messungen wurden 1957 von Feher an ↗*F-Zentren* in KCl durchgeführt. Die Festkörperphysik und speziell Untersuchungen an Störstellen in Kristallen (z.B. ↗*Donatoren* in Halbleitern) sind auch heute noch wichtige Anwendungsgebiete von ENDOR-Methoden. Daneben werden ENDOR-Messungen auch in der Biochemie und der metallorganischen Chemie durchgeführt. Voraussetzung für ENDOR ist das Vorliegen lokalisierter Elektronenspins mit definierten Kopplungspartnern.

Spezielle Varianten der ENDOR-Methode sind gepulste ENDOR-Spektroskopie, optisch detektierte ENDOR-Spektroskopie (ODENDOR) und über Leitfähigkeitsänderung nachgewiesene ENDOR (↗*EDENDOR*). (↗*Elektronenspinresonanz*)

**ENDOR 3:** Vergleich von a) ESR- und b) ENDOR-Spektrum des einfach negativen Diphenylanthracen-Ions.

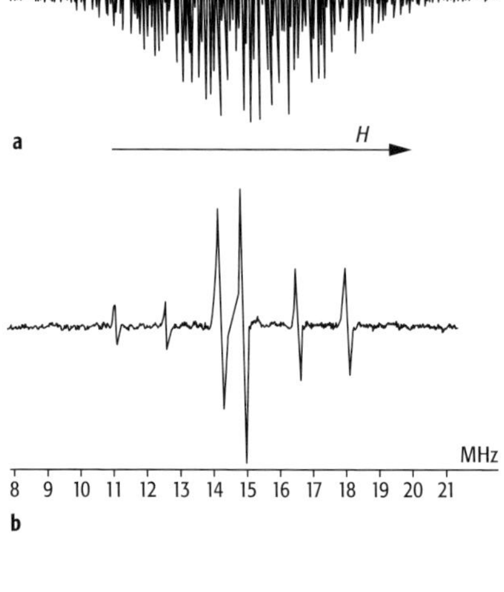


**Endoskop,** Sammelbegriff für optische Instrumente, die in der Medizin zur Betrachtung von Körperhöhlen benutzt werden. So betrachtet man u.a. mit dem Gastroskop den Magen, mit dem Cystoskop die Blase und mit dem Rektoskop den Darm. Bei modernen Endoskopen befindet sich die Lichtquelle außerhalb des Körpers und wird über eine Lichtfaser eingespiegelt. Der Beobachtungs- und der Beleuchtungsstrahlengang befinden sich in einem Rohr mit kleinem Durchmesser, das in die Körperöffnungen eingeführt wird.

**endotherm,** Bezeichnung chemischer Reaktionen, die unter Wärmeaufnahme aus der Umgebung ablaufen. Diese Wärme ist mit einem positiven Vorzeichen versehen und wird als Reaktionswärme bezeichnet. Bei einer unter konstantem Druck ablaufenden Zustandsänderung ist die Reaktionswärme gleich der Reaktionsenthalpie $\Delta H$. Gegensatz: ↗*exotherm*.

**Energie,** im klassischen Sinn Arbeitsvermögen physikalischer Systeme. Die Zufuhr oder Abgabe von Arbeit führt zu einer Änderung des Bewegungszustands der Systeme und/oder zur Änderung ihrer Lage in einem äußeren Kraftfeld, weshalb man bei mechanischen Systemen zwischen der ↗*kinetischen Energie* oder Bewegungsenergie und der ↗*potentiellen Energie* oder Lageenergie (↗*Potential*) unterscheidet. Gemäß der Klassifizierung physikalischer Systeme unterscheidet man mechanische Energie, elektrische Energie und magnetische Energie bzw. elektromagnetische Energie, thermodynamische Energie oder Wärmeenergie, Deformations- oder Formänderungsenergie und ferner noch verschiedene Formen der Bindungsenergie, wie chemische Energie und Kernenergie.

Die Energie gehört zu den fundamentalen Begriffen der gesamten Physik. Dies ist darin begründet, daß

1) alle Energieformen weitgehend ineinander umwandelbar und daher einander äquivalent sind,

2) bei dieser Umwandlung die *Gesamtenergie*, d.h. die Summe aller Energien eines abgeschlossenen Systems, konstant bleibt (↗*Energiesatz*),

3) nach der ↗*Speziellen Relativitätstheorie* jeder Masse $m$ eine Energie gemäß der Einsteinschen Gleichung $E = mc^2$ äquivalent ist, wobei $E$ das Energieäquivalent der Masse $m$ und $c$ die Lichtgeschwindigkeit ist, und

4) die Energie als Arbeitsvermögen physikalischer Systeme von überragender technischer und wirtschaftlicher Bedeutung ist.

Der ↗zweite Hauptsatz der Thermodynamik formuliert wesentliche Einschränkungen für die Umwandlung von Wärme in Arbeit. Daher wird Wärme als minderwertige Energie angesehen; man spricht deshalb von *Energiedegradation*, wenn z.B. mechanische Energie in Wärmeenergie überführt wird, und von *Energiegradation*, wenn z.B. Wärmeenergie in me-

**Energie:** Umrechnungen von Energieeinheiten und Energieäquivalenten

| | J | erg | mkp | cal | eV | T [K] | kcal/mol | $\nu$ [Hz] | $\lambda$ [m] | $m$ [amu] |
|---|---|---|---|---|---|---|---|---|---|---|
| 1J | 1 | $10^{7}$ | 0,1020 | 0,2389 | $6{,}242 \cdot 10^{18}$ | $7{,}244 \cdot 10^{22}$ | $1{,}439 \cdot 10^{20}$ | $1{,}509 \cdot 10^{33}$ | $1{,}986 \cdot 10^{-25}$ | $6{,}701 \cdot 10^{9}$ |
| 1erg | $10^{-7}$ | 1 | $1{,}020 \cdot 10^{-8}$ | $2{,}389 \cdot 10^{-8}$ | $6{,}242 \cdot 10^{11}$ | $7{,}244 \cdot 10^{15}$ | $1{,}439 \cdot 10^{13}$ | $1{,}509 \cdot 10^{26}$ | $1{,}986 \cdot 10^{-18}$ | $6{,}701 \cdot 10^{2}$ |
| 1mkp | 9,807 | $9{,}807 \cdot 10^{7}$ | 1 | 2,343 | $6{,}121 \cdot 10^{19}$ | $7{,}103 \cdot 10^{23}$ | $1{,}411 \cdot 10^{21}$ | $1{,}480 \cdot 10^{34}$ | $2{,}025 \cdot 10^{-26}$ | $6{,}571 \cdot 10^{10}$ |
| 1cal | 4,186 | $4{,}186 \cdot 10^{7}$ | 0,4269 | 1 | $2{,}613 \cdot 10^{19}$ | $3{,}032 \cdot 10^{23}$ | $6{,}023 \cdot 10^{20}$ | $6{,}318 \cdot 10^{33}$ | $4{,}745 \cdot 10^{-26}$ | $2{,}805 \cdot 10^{10}$ |
| 1eV | $1{,}602 \cdot 10^{-19}$ | $1{,}602 \cdot 10^{-12}$ | $1{,}634 \cdot 10^{-20}$ | $3{,}827 \cdot 10^{-20}$ | 1 | 11600 | 23,05 | $2{,}418 \cdot 10^{14}$ | $1{,}240 \cdot 10^{-6}$ | $1{,}073 \cdot 10^{-9}$ |
| $T$ [1K] | $1{,}381 \cdot 10^{-23}$ | $1{,}381 \cdot 10^{-16}$ | $1{,}408 \cdot 10^{-24}$ | $3{,}298 \cdot 10^{-24}$ | $8{,}617 \cdot 10^{-5}$ | 1 | $1{,}986 \cdot 10^{-3}$ | $2{,}084 \cdot 10^{10}$ | 0,0149 | $9{,}250 \cdot 10^{-14}$ |
| 1kcal/mol | $6{,}951 \cdot 10^{-21}$ | $6{,}951 \cdot 10^{-14}$ | $7{,}088 \cdot 10^{-22}$ | $1{,}660 \cdot 10^{-21}$ | 0,0434 | 503,47 | 1 | $1{,}049 \cdot 10^{13}$ | $2{,}858 \cdot 10^{-5}$ | $4{,}657 \cdot 10^{-11}$ |
| $\nu$ [1Hz] | $6{,}626 \cdot 10^{-34}$ | $6{,}626 \cdot 10^{-27}$ | $6{,}756 \cdot 10^{-35}$ | $1{,}583 \cdot 10^{-34}$ | $4{,}136 \cdot 10^{-15}$ | $4{,}799 \cdot 10^{-11}$ | $9{,}532 \cdot 10^{-14}$ | 1 | $2{,}998 \cdot 10^{-8}$ | $4{,}440 \cdot 10^{-24}$ |
| $\lambda$ [1m] | $1{,}986 \cdot 10^{-25}$ | $1{,}986 \cdot 10^{-18}$ | $2{,}025 \cdot 10^{-26}$ | $4{,}475 \cdot 10^{-26}$ | $1{,}240 \cdot 10^{-6}$ | 0,0149 | $2{,}858 \cdot 10^{-5}$ | $2{,}998 \cdot 10^{8}$ | 1 | $1{,}331 \cdot 10^{-15}$ |
| $m$ [1amu] | $1{,}492 \cdot 10^{-10}$ | $1{,}492 \cdot 10^{-3}$ | $1{,}522 \cdot 10^{-11}$ | $3{,}565 \cdot 10^{-11}$ | $9{,}315 \cdot 10^{8}$ | $1{,}018 \cdot 10^{13}$ | $2{,}147 \cdot 10^{10}$ | $2{,}252 \cdot 10^{23}$ | $1{,}331 \cdot 10^{-15}$ | 1 |

chanische Energie überführt wird. Bei jeder Energieübertragung wird infolge von Reibung, ohmschen Widerständen oder Strahlungsverlusten ein gewisser Teil in Wärmeenergie umgewandelt; diesen Vorgang bezeichnet man als ↗*Dissipation*. Die Energiedissipation kann in manchen Fällen durch geeignete Maßnahmen, z.B. durch Schmieren beweglicher Maschinenteile, vermindert, jedoch nur unter ganz besonderen Umständen beseitigt werden (↗*Supraleitfähigkeit*, Suprafluüssigkeit). Die statistische Mechanik deutet die Energiedissipation als Übergang von geordneter makroskopischer Bewegung in die ungeordnete mikroskopische Bewegung von Atomen und Molekülen.

Bei Systemen beliebig bewegter elektrischer Ladungen tritt zur kinetischen Energie der Ladungsträger die im elektrischen (↗*elektrische Energie*) und magnetischen Feld (↗*magnetische Energiedichte*) dieser Ladungen gespeicherte ↗*elektromagnetische Feldenergie* hinzu. Infolge Induktion kann elektrische Energie in magnetische Energie umgesetzt werden und umgekehrt.

Die elektromagnetische, besonders die elektrische Energie spielt beim Aufbau der Natur eine wesentliche Rolle, da sich fast alle ihre Bausteine, die Elementarteilchen, als elektrisch geladen erweisen. So ist der Aufbau der Atome im wesentlichen eine Folge der elektromagnetischen Wechselwirkung der negativ geladenen Elektronen mit dem positiv geladenen Atomkern; auch die chemische Bindung beruht auf ihr. Die Energien der chemischen Bindung bestimmen die bei exothermen chemischen Reaktionen frei werdende und bei endothermen Reaktionen aufgenommene *chemische Energie*; diese kann z.B. im ↗*Akkumulator* gespeichert und dann als elektrische Energie wieder abgegeben werden. Neben dieser chemischen Bindungsenergie ist die ↗*Bindungsenergie* der Kerne zu nennen, die allerdings nichts mit der elektromagnetischen Wechselwirkung zu tun hat, sondern auf die starke Wechselwirkung zwischen den Kernbausteinen zurückzuführen ist.

Die Energie eines physikalischen Systems ist von der Wahl des Bezugssystems abhängig. In der Speziellen Relativitätstheorie bilden Energie und Impuls eines Systems einen Vierervektor (↗*Energie-Impuls-Tensor*).

SI-Einheit der Energie (wie der Arbeit) ist das Joule (J). Wegen der Verschiedenartigkeit der Energieformen und der unterschiedlichen Wertebereiche der frei werdenden Energiebeträge haben sich verschiedene Einheiten herausgebildet, die einander äquivalent sind. So gibt man die mechanische Energie häufig in Newtonmetern (N · m) an, Wärmeenergie und chemische Energie im allgemeinen in der SI-Einheit Joule (J), elektrische und magnetische Energie in Wattsekunden (W · s), die Bindungsenergie der atomaren und inneratomaren Wechselwirkungen in Elektronenvolt (eV). Es gilt: 1 J = 1 N · m = 1 W · s (Tabelle).

*Geschichtliches*: Die physikalische Bedeutung des Energiebegriffes wurde erst im 19. Jh. nach der Entdeckung und Formulierung des Energiesatzes durch R. Mayer, Joule und Helmholtz (1842–1847) offenbar, besonders als erkannt wurde, daß dieser Begriff alle Bereiche der Physik umfaßt. Die klare Definition der Energie wurde erst seit dieser Zeit herausgearbeitet. Vorher nannte Leibniz (1686) die Größe $2T = mv^2$ lebendige Kraft, die Potentialfunktion $V$ wurde 1773 von Lagrange eingeführt, der Begriff der Arbeit erst 1829 von Coriolis und Poncelet. (↗elastische Energie, ↗elektrostatische Energie)

**Energieamortisationszeit,** Zeitdauer, die von einem Kraftwerk oder einer energieumwandelnden Anlage benötigt wird, um diejenige Energiemenge bereitzustellen, die zur Errichtung der Anlage eingesetzt wurde. Der Quotient aus Lebensdauer der Anlage und Energieamortisationszeit wird als ↗*Erntefaktor* bezeichent.

**Energieäquivalent,** Umrechnungsfaktor zwischen verschiedenen Formen der Energie. Das *mechanische Wärmeäquivalent*, der Umrechnungsfaktor zwischen mechanischer und Wärmeenergie, spielte um 1850 eine gewichtige Rolle bei der Bildung des Energiebegriffs und bei der experimentellen Überprüfung des ↗*Energiesatzes*. Seit der Einführung des SI-Einheitensystems, in dem alle Energieformen in einer gemeinsamen Einheit, dem Joule, angegeben werden, ist der Begriff des Energieäquivalents weitgehend gegenstandslos geworden.

**Energieauflösung,** die kleinste Energiedifferenz, die ein Detektor noch trennen kann. Sie wird bestimmt durch die apparative Anordnung des Experiments sowie durch die ↗*Energieaufweitung*. (↗*Auflösungsvermögen*)

**Energieaufweitung,** in der Teilchenphysik die Aufweitung eines ursprünglich monochromatischen bzw. monoenergetischen Teilchenstrahls beim Durchgang durch Materie. Aufgrund der Wechselwirkung zwischen den einfliegenden Teilchen und den Atomen des Targets erleiden die Teilchen einen *Energieverlust*, der prinzipiell von der Zahl der Wechselwirkungen abhängt und im Detail von der ↗*Bethe-Bloch-Formel* beschrieben wird.

**Energiebänder,** ↗Bändermodell, ↗Bandstruktur.

**Energiebilanz,** Vergleich der Energien der Komponenten eines Systems vor und nach einem Prozeß, z.B. der Teilnehmer einer chemischen Reaktion oder der Partner eines Stoßprozesses.

**Energiedichte,** Verhältnis von ↗*Energie* zu Volumen im Grenzfall eines sehr kleinen Volumenelements, dient hauptsächlich zur quantitativen Fassung der für Feldtheorien typischen Vorstellung einer bestimmten räumlichen Energieverteilung. Die Energiedichte des ↗*elektromagnetischen Feldes* ist die Komponente $T_{00} = (\boldsymbol{ED} + \boldsymbol{HB})/2$ des ↗*Energie-Impuls-Tensors* $T_{\mu\nu}$. (↗elastische Energie, ↗elektromagnetische Feldenergie)

**Energiedissipation** ↗Dissipation.

**Energiedosis** ↗Dosis.

**Energiedosisleistung** ↗Dosisleistung.

**Energiedosisrate** ↗Dosisleistung.

**Energieeigenzustand,** mikroskopischer Zustand $\psi$ eines Systems (z.B. der Elektronenhülle eines Atoms), der ein ↗*Eigenzustand* des ↗*Hamilton-Operators* $H$ ist, dessen Energie also dem zugehörigen Energieeigenwert $E$ entspricht. Der Energieeigenzustand ist somit die Lösung der ↗*Schrödinger-Gleichung* $H\psi = E\psi$.

**Energieeinschlußzeit,** in der Fusionsforschung die Zeit, innerhalb der das Plasma seinen Energieinhalt durch Diffusion, Wärmeleitung und Abstrahlung verliert. Die Energieeinschlußzeit kann als Maß für die Güte des Plasmaeinschlusses dienen und ist im Hinblick auf künftige ↗*Fusionskraftwerke* von entscheidender Bedeutung. Die ↗*thermonukleare Fusion* erfordert bei Trägheitseinschluß bei einer Plasmadichte ($n$) von ca. $10^{25}\,\mathrm{cm}^{-3}$ eine Energieeinschlußzeit ($\tau$) von $10^{-9}$s und bei magnetischem Einschluß bei einer Plasmadichte von $10^{14}\,\mathrm{cm}^{-3}$ eine Energieeinschlußzeit von 1 s, eine Größenordnung, die von den größten der heutigen ↗*Tokamaks* bereits erreicht wird (↗*Lawson-Kriterium*). Als Quotient aus Energieinhalt und Heizleistung unter stationären Bedingungen ist die Energieeinschlußzeit experimentell leicht zugänglich. Für die Energieeinschlußzeit, die vom ↗*Transport* im Plasma bestimmt wird, gibt es bisher noch keine schlüssige, auf den physikalischen Grundprinzipien gegründete Theorie. Um für neue Fusionsexperimente die Energieeinschlußzeit vorherzusagen, behilft man sich daher mit empirischen Formeln, die aus bisherigen Experimenten und aus einfachen Dimensionsüberlegungen gewonnen wurden, den sogenannten ↗*Skalierungsgesetzen*.

**Energieellipsoid,** Fläche, auf der sich die Spitze des Vektors der Winkelgeschwindigkeit $\Omega$ bei einem im Schwerpunkt unterstützten, kräftefreien ↗*Kreisel* bewegt. Die Energie ist konstant, und es gilt $E = \frac{1}{2}\,\Omega T \Omega$, wobei $T$ der ↗*Trägheitstensor* ist.

**Energieerhaltung** ↗Energiesatz.

**Energieerzeugung der Sterne,** die thermonuklearen ↗*Fusionsreaktionen*, die im Innern bei hohen Drücken und Temperaturen ablaufen und die allen Sternen der Energieproduktion dienen. Voraussetzung hierfür ist, daß die Masse des neu entstandenen Kerns etwas geringer ist als diejenige der Summe der Komponenten. Aus der Differenz der beiden Werte, dem *Massendefekt* $\Delta m$, ergibt sich die freiwerdende Energie $E$ zu $E = \Delta m \cdot c^2$, mit der Lichtgeschwindigkeit $c$.

Welche Art von Reaktionen im Innern des Sterns ablaufen, hängt von seiner Zentraltemperatur und damit von seiner Masse und seinem Entwicklungsstadium ab (↗*Sternentwicklung*). Im Temperaturbereich von 5 bis $15 \cdot 10^6$K läuft die Wasserstoffusion, auch Proton-Proton (p-p)-Kette genannt, ab. Summarisch werden hier vier Wasserstoffkerne zu einem Heliumkern verschmolzen. Tatsächlich handelt es sich um mehrere Reaktionen, in deren Zwischenschritten auch Deuterium und Tritium entstehen. Die Energieerzeugungsrate $\varepsilon$ steigt hier etwa proportional zur Dichte $\rho$ und mit der fünften Potenz der Temperatur $T$. Bei Temperaturen zwischen 15 und $30 \cdot 10^6$K dominiert der ↗*CNO-Zyklus*. In ihm durchlaufen die Elemente Kohlenstoff, Stickstoff und Sauerstoff katalytisch einen Reaktionszyklus, in dem sie Protonen aufnehmen. Der Zyklus kann also so lange laufen, bis keine freien Protonen mehr zur Verfügung stehen. Hier ist $\varepsilon \sim \rho^2 T^{12\ldots18}$.

Ist im Innern des Sterns der Wasserstoff verbraucht, erlöschen zunächst die thermonuklearen Reaktionen. Der Stern schrumpft, und die Temperatur steigt wieder an. Ab $10^8$K fusionieren dann Heliumkerne, und es entstehen schwerere Kerne nach dem Prinzip:

$$
\begin{aligned}
{}^4\mathrm{He} + {}^4\mathrm{He} &\rightarrow {}^8\mathrm{Be} \\
{}^8\mathrm{Be} + {}^4\mathrm{He} &\rightarrow {}^{12}\mathrm{C} + \gamma \\
{}^{12}\mathrm{C} + {}^4\mathrm{He} &\rightarrow {}^{16}\mathrm{O} + \gamma .
\end{aligned}
$$

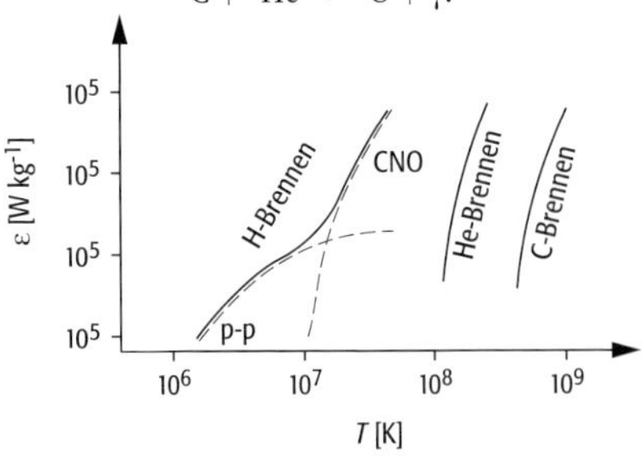


**Energieerzeugung der Sterne:** Abhängigkeit der thermonuklearen Reaktionen im Innern eines Sterns von der Temperatur.

Während dieses Heliumbrennens ist $\varepsilon \sim \rho^2 T^{20...30}$.
Zwischen $5 \cdot 10^8$ und $10^9$K setzen Reaktionen zwischen Kohlenstoffkernen ein,

$$^{12}C + {}^{12}C \rightarrow {}^{24}Mg + \gamma.$$

Der Mg-Kern ist jedoch radioaktiv und zerfällt in $^{23}$Mg, $^{23}$Na und $^{20}$Ne.
Oberhalb von $1{,}4 \cdot 10^9$K fusionieren auch die Sauerstoffkerne:

$$^{16}O + {}^{16}O \rightarrow {}^{32}S + \gamma,$$

wobei der Schwefel in $^{31}$S, $^{31}$P und $^{28}$Si zerfällt. Ab $2 \cdot 10^9$K setzt das Siliciumbrennen ein:

$$^{28}Si + {}^{28}Si \rightarrow {}^{56}Fe.$$

Da Eisen das stabilste Element ist, wird durch weitere Fusion keine Energie mehr freigesetzt. Die nukleare Brennkette ist damit am Ende angekommen.

**Energiefilterelektronenmikroskop,** EFTEM, ↗*Transmissionselektronenmikroskop*, welches die Energie der transmittierten Elektronen analysieren kann. Meist wird das EFTEM zur Elementanalyse einer Probe verwendet.
Grundlage des Verfahrens sind Wechselwirkungen zwischen Strahlelektronen und den Atomen des Präparates. Bei diesen Wechselwirkungen kann zwischen elastischen und unelastischen Streuprozessen unterschieden werden. Um eine Aussage über die Atome innerhalb des Präparates zu machen, sind insbesondere einfach-inelastische Streuprozesse interessant. Die transmittierten Elektronen unterschiedlicher Energie – und damit unterschiedlichen Impulses – werden in einem impulsdispersiven magnetischen Sektorfeld räumlich getrennt. Eine verschiebbare Blende vor einem Detektor ermöglicht nun, den energetisch aufgefächerten Strahl abzutasten und ein Spektrum aufzunehmen.
Bei Ultradünnschnitten mit einer Dicke von 30nm werden viele Elektronen nur einfach-inelastisch gestreut und können deshalb für die Elementanalyse verwendet werden. Bei der Auswertung von Schnitten mit einer Dicke von 60nm bis 150nm werden die inelastischen Elektronen mehrfach gestreut und erleiden mit zunehmender Probendicke vermehrt unspezifische Energieverluste. Darüber hinaus reduziert die Mehrfachstreuung den Kontrast erheblich und führt infolge chromatischer Abbildungsfehler zu unscharfen Bildern.

**Energiefläche, 1)** *Mechanik*: die Fläche $H(\boldsymbol{q}, \boldsymbol{p}) = E$ konstanter Energie $E$ im ↗*Phasenraum* eines *konservativen Hamilton-Systems* mit ↗*Hamilton-Funktion* $H(q,p)$. Die chaotische oder reguläre Bewegung eines Zustands, beschrieben durch die *Hamiltonschen Bewegungsgleichungen*, ist auf eine Energiefläche beschränkt (↗*Energiesatz*), wobei die Anfangswerte $q(t=0)$, $p(t=0)$ von Koordinate und konjugiertem Impus die Energie $E$ festlegen. Die Energiefläche ist typischerweise gekrümmt. Z.B. für einen $n$-dimensionalen harmonischen Oszillator ist sie topologisch eine $(2n-1)$-dimensionale Hyperkugelfläche $S^{2n-1}$.
**2)** *Festkörperphysik*: Flächen konstanter Elektronenenergie im $\boldsymbol{k}$-Raum, deren Form sich aus der Abhängigkeit der Bandenergie $\varepsilon(\boldsymbol{k})$ vom Wellenvektor $\boldsymbol{k}$ ergeben. Für kleine $\boldsymbol{k}$ in der Nähe des Zentrums der 1. Brillouin-Zone verschwindet die 1. Ableitung $\nabla_k\varepsilon$, so daß in erster Näherung

$$\varepsilon(k) = \varepsilon(0) + \sum_{ny} \left(\frac{\partial^2 \varepsilon}{\partial k_{ny}^2}\right)_{k=0} k_{ny}^2$$

gilt (das Koordinatensystem wird so gewählt, daß die gemischten Ableitungen verschwinden) und die Energieflächen $\varepsilon(\boldsymbol{k}) = const.$ ellipsoidförmig sind. In manchen Fällen sind die effektiven Massen $m_i^*$, definiert durch

$$\frac{1}{m_i^*} = \frac{1}{\hbar^2}\left(\frac{\partial^2 \varepsilon}{\partial k_i^2}\right)_{k=0},$$

unabhängig von der Richtung von $\boldsymbol{k}$, und man erhält wegen $m_i^* = m_j^*$ kugelförmige Energieflächen. In primitiven kubischen Gittern sind auch in der Umgebung der Eckpunkte der 1. Brillouin-Zone die Flächen konstanter Energie Kugelschalen um die Eckpunkte, wie es in der Abbildung schematisch dargestellt ist. Spezielle Energieflächen sind die ↗*Fermi-Flächen.*

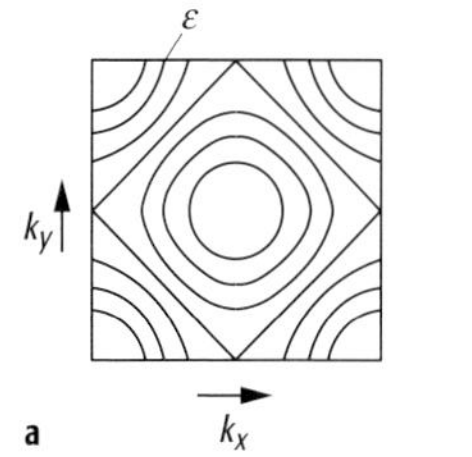

a

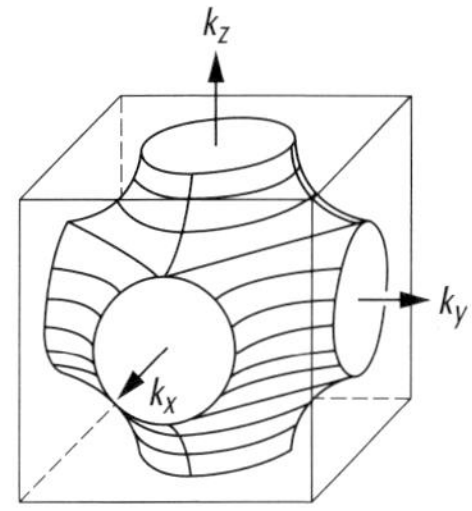

b

**Energiefläche:** Kurven konstanter Energie in der $k_xk_y$-Ebene der 1. Brillouin-Zone eines kubisch primitiven Gitters (a) und eine Energiefläche im $\boldsymbol{k}$-Raum (b).

**Energiefluß** ↗Wärmefluß.

**Energiehyperfläche,** *Potentialoberfläche*, ↗Konformation.

**Energie-Impuls-Tensor** des elektromagnetischen Feldes, $T_{\mu\nu}$, vierdimensionale relativistische Zusammenfassung von Energiedichte $u$, Energiestromdichte $\boldsymbol{S}$ (↗*Poynting-Vektor*), Impulsdichte $\boldsymbol{g} = \boldsymbol{S}/c^2$ und Impulsstromdichte (s.u.) des ↗*elektromagnetischen Feldes* zu einem symmetrischen Tensor 2. Stufe im ↗*Minkowski-Raum*:

$$T = \begin{pmatrix} u & -icg_1 & -icg_2 & -icg_3 \\ -icg_1 & T_{11} & T_{12} & T_{13} \\ -icg_2 & T_{21} & T_{22} & T_{23} \\ -icg_3 & T_{31} & T_{32} & T_{33} \end{pmatrix}$$

Die räumlichen Komponenten von $T_{\mu\nu}$ bilden den ↗*Maxwellschen Spannungstensor* $T_{ij}$, sie stellen die Impulsstromdichte dar und können bei statischen Feldern als Spannungen interpretiert werden. Die SI-Einheit aller Komponenten von $T_{\mu\nu}$ ist J/m$^3$, sie stellen also (Volumen-)Energiedichten dar. Durch Integration über ein geeignetes Volumen $V$ kann daher aus der ersten Spalte (oder Zeile) von $T_{\mu\nu}$ der *Energie-Impuls-Vierervektor* $P_\mu$ des elektromagnetischen Feldes gewonnen werden:

$$P_0 = \int T_{00}\mathrm{d}V,\; P_i = (1/c)\int T_{0i}\mathrm{d}V.$$

Analog zur klassischen Definition von Kraft und Energie ($\boldsymbol{F} = \nabla E$) hängt der Energie-Impuls-Tensor mit der ↗*Lorentz-Viererkraftdichte* $f_\mu$ zusammen:

$$f_\mu = \frac{\partial T_{\mu\lambda}}{\partial x_\lambda} \quad (1)$$

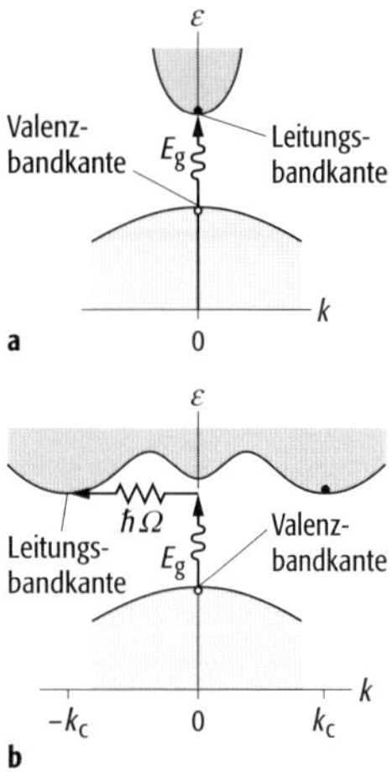


**Energielücke 1:** In der a) direkten Bandlücke haben Leitungsbandkante und Valenzbandkante den gleichen Wellenzahlvektor $\boldsymbol{k}$. In der b) indirekten Bandlücke sind die zwei Wellenzahlvektoren verschieden. Die Schwellenenergie ist im indirekten Übergang um $\hbar\Omega$ erhöht, da sowohl ein Photon als auch ein Phonon erforderlich sind. $E_g$ Energielücke, $\Omega$ Frequenz eines Phonons mit dem Wellenzahlvektor $\boldsymbol{k}_c$.

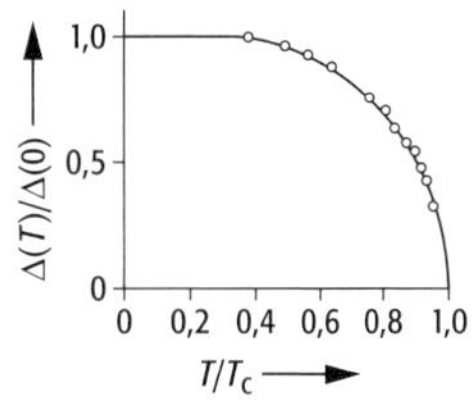


**Energielücke 2:** Temperaturabhängigkeit der Energielücke von supraleitendem Tantal ($T_c = 4{,}4$K, $\Delta(0) = 0{,}65$meV); Kreise: Meßergebnisse, durchgezogene Kurve: BCS-Theorie.

Mit dem Maxwellschen ↗*Feldstärketensor* $F_{\mu\nu}$ gilt die Beziehung:

$$T_{\mu\nu} = \frac{1}{\mu_0}(F_{\mu\lambda}F_{\lambda\nu} + \frac{1}{4}\delta_{\mu\nu}F_{\sigma\tau}F_{\sigma\tau}). \quad (2)$$

$\delta_{\mu\nu}$ ist das ↗*Kronecker-Symbol*, gemäß der ↗*Einsteinschen Summenkonvention* ist über doppelt auftretende Indizes zu summieren. Aus (2) folgt, daß die Spur $T_{\mu\mu}$ des Energie-Impuls-Tensors verschwindet. Durch Volumenintegration über (1) lassen sich der Energie- und Impulserhaltungssatz des elektromagnetischen Feldes gewinnen, analog zur *relativistischen Dynamik*.

**Energiekette,** die sukzessive Umwandlung von Energie von einer Ausgangsform, die als ↗*Primärenergie* bezeichnet wird, bis hin zur Energiedienstleistung beim Verbraucher. Die Zwischenstufen werden ↗*Sekundärenergie*, *Tertiärenergie*, ↗*Endenergie* bzw. ↗*Nutzenergie* genannt. Jeder Umwandlungsschritt ist durch Energieverluste geprägt, die sich durch den ↗*Wirkungsgrad* (auch ↗*Energiewirkungsgrad*) der Umwandlung charakterisieren lassen. Da die Verluste letztendlich als Wärme anfallen, werden sie als Abwärme bezeichnet. Neben den energetischen Verlusten ist die Energiekette z.T auch durch eine Entwertung der Energie geprägt, die durch eine Umwandlung von Energieformen mit hohem Gehalt an ↗*Exergie* (hoher Ordnungsgrad) in solche mit geringem Exergiegehalt entsteht (z.B. bei der Umwandlung der Nutzenergie Strom in die Dienstleistung Wärme). Zur Charakterisierung der Effizienz einer Energieumwandlung hat sich daher neben dem Energiewirkungsgrad der Begriff des ↗*Exergie-Wirkungsgrads* als nützlich erwiesen.

**Energiekonservierung, biologische,** Fixierung von ↗*freier Enthalpie* in der Struktur der Lebewesen. Biologische Systeme (↗*Leben*) sind strukturell hochorganisiert und haben einen hohen Informationsgehalt. Sie sind daher im Sinne des ↗*zweiten Hauptsatzes der Thermodynamik* Systeme mit geringer Entropie. Vergleichbare Systeme mit hohem Ordnungsgrad aus der nichtlebenden Natur sind als ↗Kristalle bekannt. Strukturbildung biologischer Systeme erfolgt nach völlig anderen Prinzipien. Die Erkenntnis, daß Nichtgleichgewichtszustände offener Systeme auch zur Bildung von raum-zeitlichen, sogenannten ↗*dissipativen Strukturen* führen können, ist der Verdienst der Brüsseler Schule (unter der Leitung von I. ↗Prigogine). In Zusammenhang mit der Organisation lebender Systeme entstehen folgende Fragen:

1) Wie weit sind die Organismen vom thermodynamischen Gleichgewicht entfernt?
2) Was ist ihre Quelle freier Enthalpie?
3) Welche Apparate wurden von der Natur zur Fixierung der freien Energie entwickelt?
4) Wie erfolgt die Kopplung der energetischen Fundamentalprozesse und der biologischen Einzelaktivitäten (Muskelkontraktion, Generation des Membranpotentials, Biosynthese komplizierter Moleküle etc.)?

Die universelle Quelle der zur biologischen Strukturbildung notwendigen freien Enthalpie ist die Sonne. Entsprechend dem zweiten Haupsatz findet eine mit dem Wärmefluß von der Sonne zur Erde gekoppelte Umwandlung elektromagnetischer Strahlung in chemische Nutzarbeit (↗*Photosynthese*) in den photoautotrophen Organismen statt. Diese mit dem Energiefluß gekoppelte Entropieverringerung wird auch als *Negentropie* bezeichnet. Thermodynamisch kann der grundlegende Elementarprozeß als lichtbetriebene Umwandlung von Sauerstoff und Wasser zu Glukose angesehen werden. Nur eine sehr geringe Zahl von Mikroorganismen ist *chemoautotroph*; d.h. sie beziehen die freie Enthalpie aus der Oxydation von in der nichtlebenden Natur vorkommenden anorganischen Substanzen ($H_2$, S, $NH_3$, etc.). Alle übrigen heterotrophen Organismen leben auf der Basis der chemischen Umsetzung organischer Verbindungen anderer Lebewesen (↗*Biosphäre*).

**Energielücke,** *Bandlücke*, *engl. Gap*, Energiebereich, in dem der Aufenthalt von Elektronen energetisch verboten ist. Da im Halbleiter die Energiebänder Funktionen des Elektronenimpulses (↗*Wellenzahlvektors*) sind, ist der Abstand von ↗*Valenz-* und ↗*Leitungsband* nicht überall gleich im ↗*k-Raum*. Als Energielücke bezeichnet man die Differenz zwischen der höchsten Energie des Valenzbandes und der niedrigsten Energie des Leitungsbandes. Ist der Wellenzahlvektor für beide Extrema gleich, dann spricht man von *direkter Bandlücke*, sonst von *indirekter Bandlücke* (Abb.). Die Lücken sind von der Größenordnung 0,1 bis 10eV. Bei vielen Stoffen hängt die Energielücke $\Delta$ mit der Sprungtemperatur $T_c$ gemäß $\Delta \approx 3{,}5 k_B T_c$ zusammen.

*Energielücke eines Supraleiters*: Innerhalb der ↗*BCS-Theorie* ist das Anregungsspektrum eines ↗*Supraleiters* durch die Beziehung

$$E_k(T) = (\Delta_k^2(T) + \varepsilon_k^2)^{\frac{1}{2}}$$

gegeben ($\boldsymbol{k}$: Wellenzahlvektor, $\Delta_k(T)$: $\boldsymbol{k}$- und $T$-abhängige Energielücke; $\varepsilon_k$: $\boldsymbol{k}$-abhängige Bänderenergie der Leitungselektronen). Bereits geringe Verunreinigungskonzentrationen schmieren die $\boldsymbol{k}$-Abhängigkeit aus: $\Delta_k(T) \equiv \Delta(T)$. Das sich aus der BCS-Theorie ergebende $\Delta(T)$ ist in Abb. 2 gezeigt, oberhalb der ↗*Sprungtemperatur* $T_c$ verschwindet $\Delta(T)$. In bestimmten Fällen kann die Lücke auch für $T < T_c$ vollständig verschwinden (↗*lückenlose Supraleitung*) oder zumindest an gewissen $\boldsymbol{k}$-Punkten Knoten besitzen (z.B. bei *d-Wellen-Supraleitung*, ↗*Paarwellenfunktion eines Supraleiters*). Innerhalb der BCS-Theorie gilt $2\Delta(0)/k_B T_c = 3{,}52$, für stark koppelnde Supraleiter (↗*Eliashberg-Theorie*) kann dieses Verhältnis aber Werte bis etwa fünf erreichen. In diesem Fall weist die Energielücke eine zusätzliche Frequenzabhängigkeit auf, die direkte Rückschlüsse auf den Kopplungsmechanismus zuläßt (↗*Elektron-Phonon-Mechanismus der Supraleitung*). Die Energielücke bestimmt die thermodynamischen Eigenschaften des Supraleiters bei tiefen Temperaturen (z.B. exponentielles Abklingen der elektronischen spezifischen Wärme) und äußert sich als Schwellenverhalten z.B. in der ↗*Ultraschallabsorption* oder *Infrarotabsorption*, wodurch sie auch experimentell bestimmt werden kann (bei $T = 0$ und für Quantenenergien $h\nu < 2\Delta(0)$ tritt keine Absorption mehr auf). Die genaueste Methode zur Bestimmung der Energielücke bietet der ↗*Einelektronen-Tunneleffekt.*

**Energiemigration,** Verlagerung angeregter Zustände entlang chemischer Bindungen in Molekülen bei der ↗enzymatischen Katalyse und in der Quantenchemie.

**Energieniveau,** einer der von einem quantenmechanischen System in den möglichen stationären oder quasistationären Zuständen angenommenen Energiewerte. Die Gesamtheit der möglichen Energieniveaus bildet das *Energiespektrum* oder *-schema* des Systems, auch *Energieniveauschema* oder *Niveauschema* genannt, das im allgemeinen zwei Teile aufweist, einen diskreten, den gebundenen Zuständen des Systems entsprechenden Teil, der nur ganz bestimmte Energieniveaus enthält (diskretes ↗*Spektrum*), und einen kontinuierlichen, den Streuzuständen entsprechenden Teil (kontinuierliches Spektrum). Das niedrigste Energieniveau gehört zum Grundzustand des Systems, die übrigen diskreten Energieniveaus gehören zu den angeregten Zuständen oder Streuzuständen. Von der Aufspaltung eines Energieniveaus spricht man, wenn eine zunächst im Energieniveauschema enthaltene Entartung durch Wirkung eines zusätzlichen Einflusses auf das System aufgehoben wird. Zum Beispiel sind die Energieniveaus des Drehimpulses der Atomhülle entartet. Diese Entartung wird durch die Wirkung eines äußeren Magnetfeldes aufgehoben (↗*Zeeman-Effekt*). Z.T. bezeichnet man auch den Abstand zweier unmittelbar benachbarter Energieniveaus als Aufspaltung (z.B *Feinstrukturaufspaltung*). In der Spektroskopie ordnet man jedem Energieniveau einen *Term* (↗*Atomspektrum*) zu. Wenn es sich um Energieniveaus von Atomkernen handelt, spricht man von ↗*Kernniveaus.*

**Energieniveauschema,** graphische Darstellung des Energiegehalts (↗*Energieniveaus*) von Elektronen in Atomen bzw. Molekülen, in Abhängigkeit von den Haupt- und Nebenquantenzahlen. Die Energieniveaus werden durch waagerechte Striche symbolisiert. Der Energiegehalt eines Elektrons in der Atomhülle entspricht dem Energiebetrag, der beim Einfangen eines aus »unendlicher« Entfernung kommenden Elektrons in der entsprechenden Atomschale frei wird. Er trägt ein negatives Vorzeichen und ist um so kleiner (d.h. um so negativer), je fester das Elektron an den Atomkern gebunden wird. Der Zahlenwert stellt daher ein Maß für die Stabilität des jeweiligen Elektronenzustands dar (↗*Elektronenkonfiguration der Elemente*). Das Energieniveauschema von Molekülen zeigt den Energiegehalt von Molekülorbitalen im Vergleich zu den Atomorbitalen, aus denen sie gebildet werden. Aus den Atomorbitalen entstehen einerseits energieärmere, bindende und andererseits energiereichere, antibindende Molekülorbitale.

**Energieparabel,** graphische Veranschaulichung des Zusammenhangs zwischen der kinetischen Energie $\varepsilon$ und dem Impuls $\boldsymbol{p}$ bzw. dem Wellenvektor $\boldsymbol{k}$ eines freien Elektrons durch:

$$\varepsilon = \frac{p^2}{2m_e} = \frac{\hbar^2 k^2}{2m_e}$$

Befindet sich das Elektron in einem Kristallgitter, so wird der parabolische Verlauf $\varepsilon(p)$ bei kritischen Werten von $p$ oder $k$ unterbrochen. Ein Elektronenzustand an den Brillouin-Zonengrenzen, an denen der Betrag des Wellenvektors ganzzahlige Vielfache von $k = \pi/d$ ($d$: Netzebenenabstand) annimmt, wird durch *Bragg-Refexion* der Elektronenwellen in zwei Zustände aufgespalten (↗*Braggsches Reflexionsgesetz*). So entsteht eine Folge von *Energiebändern*, die durch eine Energielücke voneinander getrennt sind.

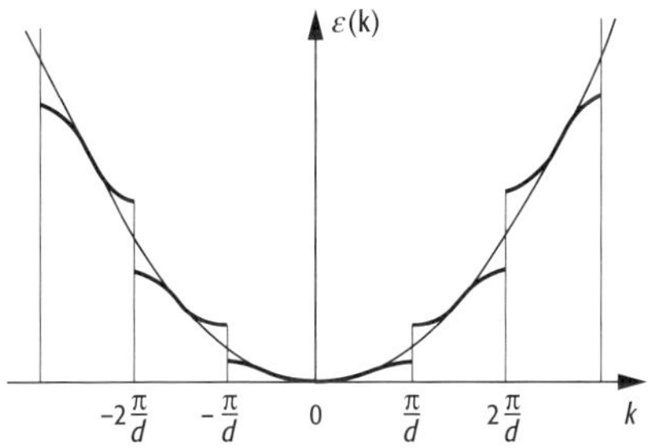


**Energieparabel:** Energieparabel $\varepsilon(k)$ eines freien Elektrons. In einem Kristallgitter wird die Energie bei kritischen Werten aufgespalten.

**Energieprinzip** ↗Energiesatz.

**Energie-Reichweite-Beziehung,** Zusammenhang zwischen der Bewegungsenergie und der Reichweite schneller geladener Teilchen beim Durchgang durch Materie. Die Energie-Reichweite-Beziehung kann durch Integration aus der ↗Bethe-Bloch-Formel, die den spezifischen Energieverlust $\mathrm{d}E/\mathrm{d}x$ beschreibt, gewonnen werden, die Reichweite $R$ für ein Teilchen der Anfangsenergie $E_0$ ergibt sich demnach zu

$$R = \int_{E_0}^{0} \frac{\mathrm{d}E}{\mathrm{d}E/\mathrm{d}x}$$

**Energieresonanz** ↗Geschwindigkeitsresonanz.

**Energiesatz,** *Energieprinzip*, *Satz* oder *Prinzip von der Erhaltung der Energie*, uneingeschränkt gültiges, grundlegendes Prinzip, dem zufolge bei keinem physikalischen Vorgang ↗*Energie* vernichtet oder erzeugt, sondern nur

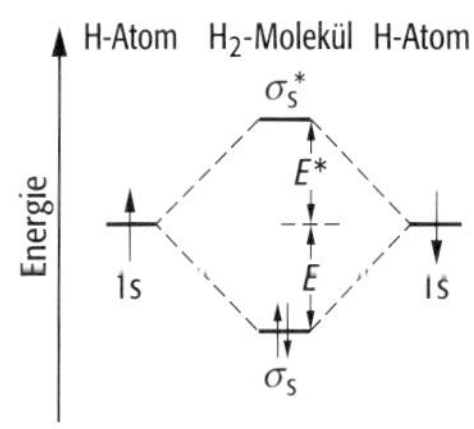


**Energieniveauschema**: Bildung von $\sigma_s$- und $\sigma_s^*$-Molekülorbitalen des $H_2$-Moleküls aus den 1s-Atomorbitalen des Wasserstoffs. Der Energiebetrag $E$ wird zweimal freigesetzt, da zwei 1s-Wasserstoffatomelektronen in das gemeinsame, um $E$ energieärmere $\sigma_s$-Molekülorbital übergehen. Das $\sigma_s^*$-Molekülorbital bleibt in diesem Fall unbesetzt.

von einer Form in eine andere umgewandelt werden kann.

In einem abgeschlossenen System ist demnach die Gesamtenergie, die sich aus Energien in verschiedensten Erscheinungsformen wie Wärme, Licht, chemische Affinität, Elektrizität, Magnetismus oder Masse etc. zusammensetzen kann, eine absolute Erhaltungsgröße, wohingegen jede einzelne dieser Energien eines Systems für sich nicht erhalten sein muß. Soll die Gesamtenergie um einen bestimmten Betrag erhöht werden, so muß dieser Energiebetrag von außen zugeführt werden, so daß das System dann zumindest vorübergehend nicht mehr als abgeschlossen gelten kann. Gibt ein System ein Quantum Energie ab, so sinkt seine Gesamtenergie um eben dieses Quantum; ein ↗*Perpetuum mobile* erster Art ist daher unmöglich.

Betrachtet man das Weltall als abgeschlossenes System, so kann man den Energiesatz auch in folgender Form aussprechen: Der Gesamtvorrat des Weltalls an Energie ist unveränderlich. Schon Huygens (1673) und insbesondere Leibniz, letzterer zunächst auf der Basis metaphysischer Betrachtungen zur Unveränderlichkeit Gottes, von denen er im Laufe der Zeit zu einer fest umrissenen physikalischen Konzeption gelangte, beschäftigten sich mit dem Energiesatz; Leibniz erkannte bereits, daß die »*force vive absolue*« (die Gesamtenergie) als Summe von *vis viva* (kinetischer Energie) und *potentia agendi* (potentieller Energie) erhalten bleibt. Der Energiesatz in allgemeinerer Form wurde von R. Mayer (1842) und H. Helmholtz (1847) formuliert. Mayer beschränkte seine Überlegungen im wesentlichen auf die mechanische Energie und die Wärme, die er als Energieform erkannte, wobei sein besonderes Verdienst darin liegt, daß es ihm gelang, als erste wesentliche experimentelle Bestätigung des Energieprinzips einen Wert für das ↗*mechanische Wärmeäquivalent*, also den Umrechnungsfaktor zwischen mechanischer und Wärmeenergie, zu ermitteln. Helmholtz erweiterte in seiner Abhandlung »Über die Erhaltung der Kraft« den Energiesatz auf alle damals bekannten Energieformen. J.P. Joule konnte in der Zeit zwischen 1842 und 1850 in systematischen Versuchen die Existenz des mechanischen Wärmeäquivalents bestätigen und bereits einen sehr genauen Wert dafür ermitteln. Spätestens damit war es möglich, den Energiesatz als ein empirisch-nachprüfbares Faktum in die Wissenschaft zu integrieren. Bei seiner letzten großen Prüfung im Rahmen der Quantentheorie hat das Energieprinzip seine volle Gültigkeit behalten; Annahmen, wie sie von Bohr und anderen in den zwanziger Jahren gemacht wurden, daß die in der Heisenbergschen Unschärferelation zum Ausdruck kommende prinzipielle Unschärfe der Energie den Schluß erlaube, die Energieerhaltung gelte nur statistisch im zeitlichen Mittel, konnten widerlegt werden.

Im Rahmen des ↗*Noether-Theorems*, das raumzeitliche Symmetrieeigenschaften des betrachteten Systems mit erhaltenen Größen verknüpft, kann die Energieerhaltung auf die Homogenität der Zeit zurückgeführt werden; die Energie stellt in diesem Sinne eines der sieben ↗*Bewegungsintegrale* der Mechanik dar. Es kann dies zwar nicht als Beweis des Energiesatzes in seiner ganzen umfassenden Bedeutung für die gesamte Physik verstanden werden, bis heute ist aber keine einzige physikalische Erfahrung gemacht worden, die der Energieerhaltung widerspricht. Dies hat dazu geführt, daß der Energiesatz in der physikalischen Theorienbildung häufig die Rolle eines Satzes a priori einnimmt, eines Satzes also, der unabhängig von der Erfahrung als notwendige Eigenschaft einer neuen Theorie gefordert wird.

Die Formulierung des Energiesatzes unterscheidet sich in den verschiedenen Gebieten der klassischen und modernen Physik; dabei spielt die historische Entwicklung des jeweiligen Gebietes ebenso eine Rolle wie die Frage, welche Energieformen (↗*Energie*) in dem jeweiligen Bereich von Relevanz sind.

Der *mechanische Energiesatz* (↗*mechanische Energie*), aus dem der allgemeine Energiesatz später hervorgegangen ist, lautet: Die Summe der kinetischen Energie $T$ und potentiellen Energie $V$ ist konstant in Systemen, die entweder abgeschlossen oder nur konservativen Kräften unterworfen sind:

$$T + V = \frac{m}{2}v^2 + V = const.$$

Der absolute Wert der Gesamtenergie ist nur bis auf eine beliebige additive Konstante bestimmt, die meist so fixiert wird, daß die Energie eines freien ruhenden Körpers verschwindet. Von Reibung, durch die mechanische Energie in Wärmeenergie übergeht, wird abgesehen (sog. reine Mechanik). Anderenfalls, wenn also nichtkonservative äußere Kräfte auftreten oder nicht eigentlich mechanische Phänomene wie Reibung oder Wärme zu berücksichtigen sind, gilt der Energiesatz der reinen Mechanik nicht mehr.

In der Thermodynamik und statistischen Mechanik, in der das Energieprinzip, der Namensgebung durch Clausius folgend, als ↗*erster Hauptsatz* der Thermodynamik formuliert wird, müssen Energieformen berücksichtigt werden, die wie z.B. die Wärme auf der statistischen Natur der betrachteten Phänomene beruhen, letzlich aber im Rahmen der kinetischen Wärmetheorie begrifflich auf die mechanischen Energien zurückgeführt werden können.

In den klassischen Feldtheorien, also der Elektrodynamik und der in der Allgemeinen Relativitätstheorie formulierten Theorie der Gravitation, wird eine neue Qualität der Energie eingeführt, indem nicht nur massebehafteten Objekten, sondern auch den immateriellen Feldern Energie zugesprochen wird, die über den von den Feldern eingenommenen Raum kontinuierlich verteilt ist. In der Praxis führt man den Begriff einer räumlichen Dichte der Energie ein. Mit diesem Begriff kann man den Energiesatz in der klassischen Feldphysik so formulieren: In einem abgeschlossenen Raum, dem Energie weder zugeführt noch entzogen wird, ist das Integral über die Energiedichte konstant. Wandert Energie aus dem Raumgebiet zu oder ab, so ist die Änderung des Energieinhaltes gleich ihrem Strom durch die Oberfläche. Die Energie wird also wie strömende Materie in der Gas- oder Hydrodynamik behandelt.

In der Speziellen Relativitätstheorie tritt der Energiesatz in der modifizierten Gestalt

$$E = \frac{mc^2}{\sqrt{1 - v^2/c^2}} + V = const.$$

oder als

$$(E - V)^2 = p^2c^2 + m^2c^4$$

auf. Als eine völlig neue Form der Energie wird hiermit die Ruhenergie erkannt, der Energieinhalt eines ruhenden freien Körpers also, der gemäß der bekannten Formel $E_{\text{Ruh}} = mc^2$ mit der Masse des Körpers idendifiziert werden kann. Im Gegensatz zur nichtrelativistischen Physik ist damit auch der Absolutwert der Energie in einem bestimmten Bezugssystem festgelegt. Der separate Erhaltungssatz für die Masse gilt nun jedoch nicht mehr, da die Masse als eine den anderen Energiearten äquivalente Erscheinungsform auch in diese umgewandelt werden kann. Diese Umwandlung kann beispielsweise bei der Paarerzeugung oder -vernichtung von Elementarteilchen beobachtet werden, bei der Energie »materialisiert« bzw. Masse »zerstrahlt« wird. Ähnliches tritt bei der Masse eines zusammengesetzten Partikels auf, z.B. bei der eines Atoms, die meist nicht gleich der Summe der Massen seiner Konstituenten ist; dies hat seine Begründung darin, daß die Energie, die den Massen der freien Konstituenten entspricht, gleich derjenigen sein muß, die sich aus der der Masse des Atoms entsprechenden Ruhenergie zuzüglich der Bindungsenergie, die die Bestandteile zusammenhält, zusammensetzt: $m_{\text{Atom}}c^2 + E_{\text{Bind}} = \sum_{\substack{i=\text{Nukleonen,}\\ \text{Elektronen}}} m_i c^2$. Dieses Phänomen wird als ↗*Massendefekt* bezeichnet.

Im Rahmen der Quantentheorie ist der Energiesatz nochmals überdacht worden. Die Energie wird hier, gleich den anderen physikalischen Größen, nicht mehr wie in der klassischen Physik als eine Funktion der Koordinaten und der Zeit begriffen, sondern als ein Operator, der ↗*Hamilton-Operator*, der auf die Zustände eines abstrakten Hilbert-Raums wirkt; die Energiewerte ergeben sich als Eigenwerte dieses Operators. In sogenannten nichtstationären Systemen, bei expliziter Zeitabhängigkeit der betrachteten Prozesse also, so z.B. bei einem Streuprozeß, ist die Energie mit einer prinzipiellen Unsicherheit behaftet. Es gilt die Unbestimmtheitsrelation $\Delta E \cdot \Delta t \approx \hbar$. Je kleiner das Zeitintervall $\Delta t$, das zur Messung des Energieinhalts eines Systems zur Verfügung steht, um so größer ist die Ungenauigkeit, mit der die Energie bestimmt ist. Es kann nun zu scheinbaren Verletzungen des Energiesatzes kommen. Beim sogenannten ↗*Tunneleffekt* beispielsweise gelingt es einem Teilchen, ein Hindernis zu »durchtunneln«, das es nach der klassischen Physik aus Energiegründen nicht überwinden könnte. Das Hindernis muß dazu nur so schmal sein, daß die kurze Zeit, die das Teilchen sich in dem Hindernis befindet, nicht ausreicht, um die Energie genauer festzulegen als bis auf den Energiebetrag, der zur Überwindung des Hindernisses nach der klassischen Physik notwendig ist. Ein anderes Beispiel für die scheinbare Verletzung des Energiesatzes in der Quantenmechanik sind die bei Streuprozessen von Elementarteilchen kurzzeitig auftretenden virtuellen Zwischenzustände, deren Energie höher sein kann als der Energieübertrag des Stoßes. Solche Phänomene könnten den Gedanken nahelegen, daß der Energiesatz in der Mikrophysik überhaupt nur im statistischen Mittel gilt. Diese Vermutung ist von Bohr, Kramers und Slater 1924 und nochmals 1929 von Bohr zur Erklärung des scheinbaren Energiedefizits beim atomaren Betazerfall ausgesprochen worden. Experimentell hat sich jedoch erwiesen, daß in jedem Fall, in dem die Energie einen genau definierten Wert annimmt, diese Energie auch exakt erhalten bleibt. Da weiterhin im Rahmen der ↗*Kopenhagener Interpretation* der Quantenmechanik die Unbestimmtheit der Energie nicht etwa als der Ausdruck dessen angesehen wird, daß der eigentlich durchaus wohldefinierte Wert der Energie lediglich aus welchen Gründen auch immer nicht bekannt ist, sondern für eine tatsächliche Nichtexistenz eines exakten Energiewertes steht, stellen die oben angesprochenen Beispiele auch keine Verletzung des Energieprinzips dar, das nur dann angewendet werden kann, wenn die Energie einen definierten Wert annimmt. Mit dieser Einschränkung behält der Energiesatz auch in der Mikrophysik seine volle Gültigkeit.

**Energiesatz der Elektrodynamik** ↗Poyntingscher Satz.

**Energiesparlampe,** umgangssprachliche Bezeichnung für eine ↗*Kompakt-Leuchtstofflampe* mit fest eingebautem elektronischen Betriebsgerät, die den gleichen Sockel wie eine Glühbirne hat und daher unmittelbar gegen eine solche ausgetauscht werden kann. Energiesparlampen nehmen bei gleicher Lichtausbeute dreimal weniger Leistung auf als Glühbirnen.

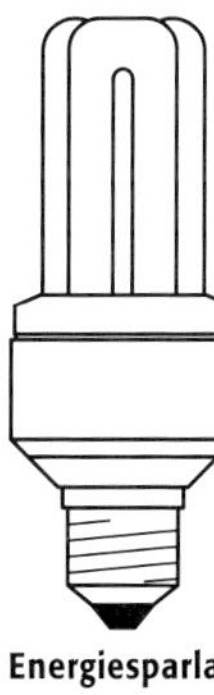

**Energiesparlampe**

**Energiespektrometer,** *Energieanalysator*, Einrichtung zur experimentellen Bestimmung der Energieverteilung eines Teilchenensembles, z.B. eines Plasmas oder eines Teilchenstrahls.

Für die Analyse der Energieverteilung von geladenen Teilchen bietet sich die Verwendung von elektrischen Feldern an. Verschiedene Feldkonfigurationen werden eingesetzt. In Gegenfeldspektrometern laufen die Teilchen parallel zu den Feldlinien in ein elektrostatisches Gegenfeld. Die Teilchen werden dabei abgebremst und erreichen die Detektorplatte am Ende des Gegenfeldspektrometers nur, wenn ihre kinetische Energie $E$ die angelegte Gegenspannung übersteigt. Aus dem Teilchenstrom am Detektor in Abhängigkeit von der angelegten Gegenspannung kann durch Differentiation der Kurve auf die Energieverteilung der Teilchen geschlossen werden. In anderen Spektrometerkonfigurationen treten die Teilchen senkrecht zu den Feldlinien in das elektrostatische Feld ein und beschreiben eine von ihrer Energie abhängige Flugbahn. Für eine vorgewählte Feldstärke erreichen nur Teilchen einer bestimmten Energie $E_0$ den Ort des Detektors; die Energieverteilung ist dann direkt durch die Teilchenintensität in Abhängigkeit von der verwendeten Feldstärke gegeben. Dieses Spektrometerprinzip kann in einem homogenen elektrischen Feld oder auch in zylinderförmigen bzw. sphärischen Ablenkfeldern ausgenutzt werden. Hierbei werden die fokussierenden Eigenschaften von elektrischen Feldern derart ausgenutzt, daß unter verschiedenen Winkeln in das elektrische Feld eintretende Teilchen gleicher Energie nach einer bestimmten Flugbahn wieder auf einen Punkt fokussiert werden; so läßt sich die Energieunschärfe des Spektrometers, $\Delta E$, reduzieren und eine verbesserte Energieauflösung ($E_0/\Delta E$) erzielen.

**Energiestromdichte des elektromagnetischen Feldes,** ↗Poynting-Vektor, ↗Feldstärketensor.

# Energietechnik

*Oliver Probst, Monterey, Mexiko*


## Zusammenfassung

Die moderne Industriegesellschaft benötigt eine beträchtliche Menge Energie, für deren Bereitstellung eine geeignete Energieausgangsform (↗*Primärenergie*) über eine Umwandlungskette (↗*Energiekette*) hin zur ↗*Nutzenergie* umgewandelt werden muß. Die weltweite Energieversorgung beruht heutzutage überwiegend ($\approx 80\%$) auf der Nutzung der ↗*fossilen Energieträger* Erdöl, Kohle und Erdgas sowie zu einem geringen Teil auf ↗*Kernenergie* ($\approx 6\%$) und erneuerbaren Energiequellen (↗*regenerative Energie*), wobei bei den letztgenannten ↗*Wasserkraft* ($\approx 6\%$) sowie ↗*Biomasse* (vorwiegend Holz, $\approx 8\%$) überwiegen. Die beschränkte Verfügbarkeit der fossilen Energieträger gebietet, daß diese langfristig durch erneuerbare Energiequellen ersetzt werden; überdies zeichnet sich ab, daß angesichts der massiven Emissionen des Treibhausgases $CO_2$, das bei der Verbrennung fossiler Energieträger entsteht, und den damit verbundenen Klimaänderungen (↗*Treibhauseffekt*), eine Nutzung der vorhandenen Reserven nicht zulässig sein wird. Kurzfristige Alternativen bestehen im wesentlichen aus einem rationelleren Umgang mit den fossilen Energieträgern und aus der verstärkten Nutzung der Kernenergie sowie der regenerativen Energiequellen bei gleichzeitig drastisch gesenktem Primärenergieverbrauch. Langfristig bleiben nur noch die ausschließliche Nutzung der regenerativen Energiequellen sowie die derzeit noch nicht großtechnisch realisierbare Nutzung der ↗*Kernfusion*. Ein zügiger Übergang in eine energierationelle, auf der Nutzung erneuerbarer Energiequellen basierende Gesellschaft erscheint daher dringend geboten.


## I. Grundlagen

Die Nutzung gespeicherter Energie in Form fossiler Energieträger mit Hilfe der Umwandlung von ↗*Primärenergie* bis hin zur Energiedienstleistung stellt die Grundlage aller menschlichen Gesellschaften dar. Im Unterschied zum primitiven Urmenschen, dessen Energiebedarf im wesentlichen durch seine physiologischen Aktivitäten bestimmt war, benötigt der moderne Mensch ein Vielfaches der metabolisch notwendigen Energiemenge (Abb. 1). Dies zusammengenommen mit dem exponentiellen Anstieg der Weltbevölkerung in den letzten Jahrhunderten hat zu einem enormen Anstieg des Bedarfs an Primärenergie geführt (Abb. 2).

### I.1 Begriffe

↗*Energie* läßt sich definieren als gespeicherte ↗*Arbeit* oder mithin als das Vermögen, mechanische, elektrische etc. Arbeit zu verrichten. In diesem strengen physikalischen Sinne kann Energie stets nur von der einen in die andere Form umgewandelt werden; sie kann im strengen Sinne also nicht verbraucht werden. Praktisch hat die Sprechweise des Verbrauchs von Energie sehr wohl Bedeutung, da bei einem Umwandlungsprozeß stets nur ein Teil der eingesetzten in nutzbare Energie umgewandelt werden kann (↗*Wirkungsgrad*), während der verbleibende Rest als *Abwärme* anfällt. Bei der Energieumwandlung unter Verwendung einer ↗*Wärmekraftmaschine* wird stets Wärme in (zunächst) mechanische Arbeit umgewandelt. Die Umwandlungseffizienz ist durch den Carnotschen Wirkungsgrad $\eta := W/Q = 1 - T_1/T_2$ (↗*Carnotscher Kreisprozeß*) prinzipiell nach oben begrenzt ($W$ gewonnene Arbeit, $Q$ eingesetzte Wärmemenge, $T_1$ untere, $T_2$ obere Prozeßtemperatur). Derjenige Anteil einer Wärmemenge $Q$, der prinzipiell in Arbeit umwandelbar ist (also $\eta Q$) wird als der Exergieinhalt von $Q$ bezeichnet (↗*Exergie*). Bei der Umwandlung von Energie von einer ↗*Primärenergie* bis hin zur vom Verbraucher in Anspruch genommenen ↗*Nutzenergie* ist stets der Aufwand an Energie zum Aufbau und Betrieb der Umwandlungseinrichtungen in Rechnung zu stellen. Im Falle der fossilen Energieträger sind z.B. der Energieaufwand zur Förderung, Raffination, Transport der Energieträger sowie die energetischen Kosten des Baus und Betriebs der Kraftwerke und Raffinerien zu evaluieren. Die Nettonutzenergieausbeute während der Lebensdauer eines Kraftwerks führt zum Begriff des energetischen ↗*Erntefaktors*. Bei einer realistischen Betrachtung sind hier auch die Kosten, die mit der Beseitigung von Umwelt- und Gesundheitsschäden verbunden sind, mit in Rechnung zu stellen.

## I.2 Energienutzung/Treibhauseffekt

Der weltweite Verbrauch an Primärenergie belief sich 1990 auf ca. $10^{17}$ Wh = 100 PWh entsprechend ca. 13 Mrd. t SKE (↗*Steinkohleneinheit*). Der Anteil der Industreländer hieran betrug etwa 45%, derjenige der Entwicklungs- und Schwellenländer bereits 30% mit stark steigender Tendenz. Der Anteil der Stromproduktion am weltweiten Primärenergiebedarf betrug 1990 etwa 12% mit ebenfalls steigender Tendenz. In Deutschland lag der Primärenergiebedarf 1991 bei knapp 400 Mio. t SKE bei einem Anteil von 40% für die Stromerzeugung. Die Deckung dieses Energiebedarfs erfolgt weltweit weiterhin im wesentlichen unter Ausbeutung der Reserven an ↗*fossilen Energieträgern*, die 1990 weltweit zu etwa 80% den Primärenergiebedarf deckten, während die Kernenergie in Form von Kernspaltungsreaktoren nur mit etwa 6% und die erneuerbaren Energiequellen (vor allem Biomasse (Holz) und Wasserkraft) mit insgesamt etwa 14% beitrugen. Der seit etwa 1930 drastisch ansteigende Verbrauch fossiler Energieträger hat eine Zunahme des atmosphärischen Spurengases $CO_2$ verursacht, das bei der Verbrennung des in allen fossilen Energieträgern dominierend vorhandenen Kohlenstoffs notwendigerweise freigesetzt wird. So werden bei der Verbrennung von 1t Steinkohle 2,9t $CO_2$ in die Atmosphäre emittiert; technisch praktikable Rückhalteverfahren für $CO_2$ sind derzeit nicht bekannt. Wenngleich $CO_2$ kein Luftschadstoff im eigentlichen Sinne ist, so kann doch der Anstieg seines relativen Anteils in der Atmosphäre dramatische Folgen für die Menschheit auslösen. Durch seine starke Infrarotabsorption bei gleichzeitiger Transparenz im sichtbaren Bereich des Sonnenspektrums sorgt das $CO_2$ für eine partielle Rückhaltung der Wärmestrahlung der Erde, was zu einem globalen Temperaturanstieg (↗*Treibhauseffekt*) führen wird. Dieser grundsätzliche Sachverhalt wird inzwischen allgemein akzeptiert, wenngleich die Prognosen über den absoluten Wert des Temperaturanstiegs und die damit verbundenen Klimaänderungen zur Zeit noch unsicher sind.

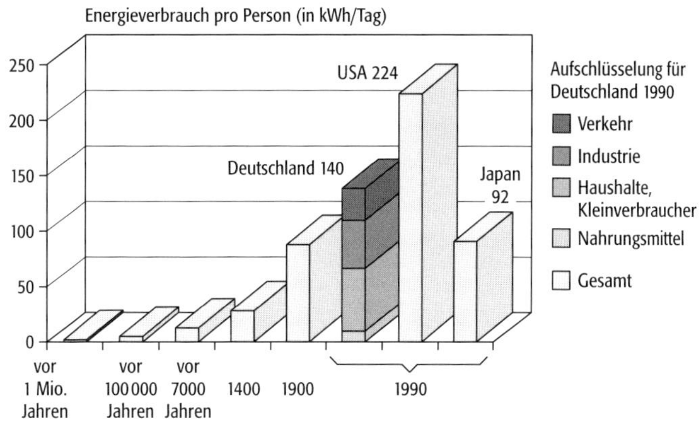


**Energietechnik 1:** Entwicklung des Energieverbrauchs pro Person vom primitiven Urmenschen bis heute. Man beachte auch die großen Verbrauchsunterschiede zwischen den führenden Industrieländern.

## II. Fossile Energieträger

### II.1 Kraft-Wärme-Kopplung

Die Stromerzeugung in einem Verbrennungskraftwerk, das mit fossilen Brennstoffen betrieben wird, ist konzeptionell einfach: Der Brennstoff (Kohle, Öl, Gas etc.) wird in einem Kessel zur Verbrennung gebracht. Die erzeugte Wärme wird zur Erzeugung von Heißdampf benutzt, der seinerseits eine ↗*Dampfturbine* antreibt. Die Dampfturbine ist mit einem Stromgenerator gekoppelt; die erzeugte Elektrizität wird auf die erforderlichen Hochspannungen transformiert und ins Verteilungsnetz eingespeist. Der beim Durchgang durch die Turbine abgekühlte Dampf kondensiert im Kondensator und wird anschließend einer erneuten Dampferzeugung zugeführt. Die bei der Kondensation freiwerdende ↗*Abwärme* muß an ein externes Wärmereservoir (typi-

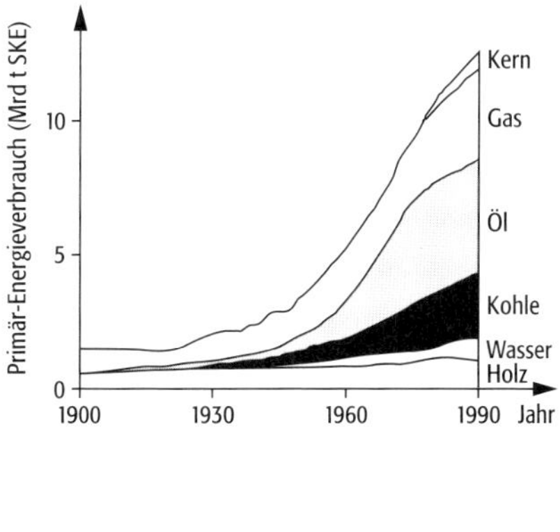


**Energietechnik 2:** Entwicklung des Weltprimärenergieverbrauchs im 20. Jh.

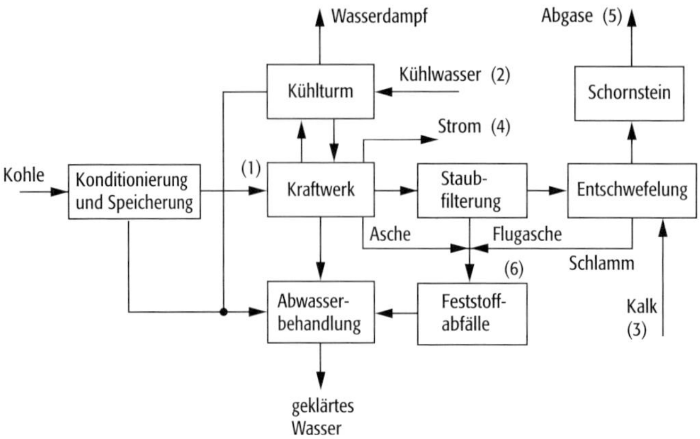


**Energietechnik 3:** Schema zur Emissionskontrolle bei einem modernen Kohlekraftwerk mit 500 $MW_e$ elektrischer Leistung, einer Kapazitätsauslastung von 80% und einem Gesamtwirkungsgrad von 35%.

scherweise Flußwasser) abgeführt werden. Wird eine ↗*Kraft-Wärme-Kopplung* (Abb. 4) eingesetzt, so kann die auf niedrigem Temperaturniveau ($\approx 100\,^\circ$C) anfallende Abwärme für den Einsatz in der Raumheizung abgeführt werden. Für einen hohen ↗*Wirkungsgrad* der Stromerzeugung ist eine hohe Turbineneintrittstemperatur sowie eine niedrige Abwärmetemperatur entscheidend. Heute erreichte Wirkungsgade für die Stromerzeugung liegen bei maximal 35–40%. Eine Abwärmenutzung mittels Kraft-Wärme-Kopplung verschlechert zwar etwas den Wirkungsgrad für die Stromerzeugung, erhöht aber den Gesamtwirkungsgrad auf über 80%. Da ein Großteil des Energiebedarfs ohnehin als Wärmebedarf anfällt, ermöglicht die kombinierte Strom- und Wärmeerzeugung eine erheblich günstigere Emissionsbilanz.

**Energietechnik 4:** Getrennte Strom- und Wärmeerzeugung gegen Kraft-Wärme-Kopplung. Man erkennt, daß bei einer gleichzeitigen Strom- und Wärmeerzeugung erheblich größere Gesamtwirkungsgrade möglich sind.

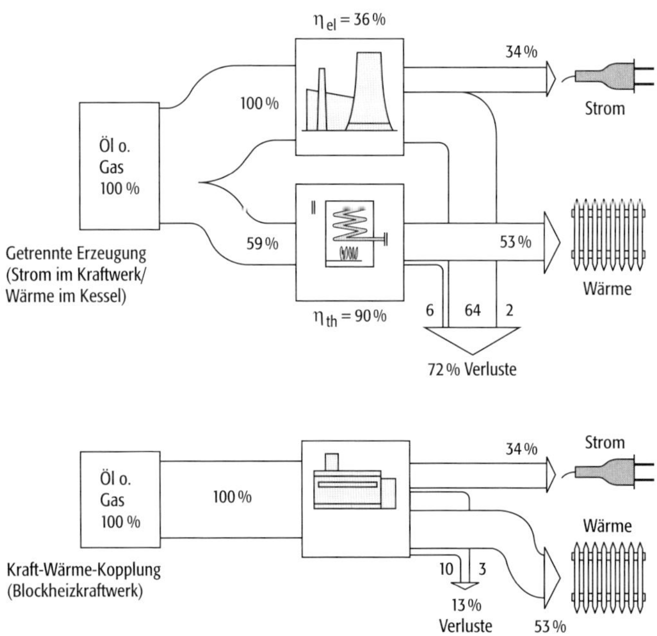


## II.2 Emissionsminderung

In konventionell gefeuerten Kohlekraftwerken werden neben dem notwendigerweise anfallenden $CO_2$ die Luftschadstoffe $SO_2$ und Stickoxide ($NO_x$) sowie toxische Spurenstoffe wie Ar, Be, Cd oder Hg emittiert. Moderne Kohlekraftwerke verfügen daher über Vorrichtungen zur ↗*Entschwefelung, Entstickung* und *Entstaubung* sowie zum Rückhalt der toxischen Spurenstoffe. Eine Entstaubung kann mit Hilfe von *Zyklonen* erfolgen, während toxische Spurenstoffe in *elektrostatischen Abscheidern* zurückgehalten werden. Eine wirkungsvolle Entschwefelung bzw. Reduktion der Stickoxidbildung kann z.B. mit Hilfe der ↗*Wirbelschichtfeuerung* erfolgen.

# III. Kernenergie

## III. 1 Kernspaltung

*III. 1. 1 Grundlagen*

Die Nutzung von ↗*Kernenergie* in ↗*Kernreaktoren* beruht auf der Spaltung des Uranisotops ${}^{235}_{92}$U in zwei Bruchstücke im Massenzahlenbereich zwischen etwa 90 und 100 sowie zwischen 134 und 144. Die Kernspaltungsreaktionen werden induziert durch den Einfang ↗*thermischer Neutronen*, der instabile Formschwingungen des Kerns, gefolgt von der eigentlichen ↗*Kernspaltung*, auslöst. Mögliche Reaktionen sind z.B. ${}^{235}_{92}\mathrm{U} + \mathrm{n} \rightarrow {}^{236}_{92}\mathrm{U}^* \rightarrow {}^{144}_{56}\mathrm{Ba} + {}^{89}_{36}\mathrm{Kr} + 3\mathrm{n}$ oder ${}^{235}_{92}\mathrm{U} + \mathrm{n} \rightarrow {}^{236}_{92}\mathrm{U}^* \rightarrow {}^{140}_{54}\mathrm{Xe} + {}^{94}_{38}\mathrm{Kr} + 2\mathrm{n}$. Bei der Spaltung werden also neben einer Energiemenge von typischerweise 240 eV pro Spaltung auch zwei bis drei (schnelle) Neutronen freigesetzt. Diese Neutronen können ihrerseits weitere Spaltprozesse auslösen und somit zu einer ↗*Kettenreaktion* führen, wenn sie in einem geeigneten ↗*Moderator* auf thermische Energien abgebremst werden. Typische Moderatoren sind Wasser ($H_2O$ oder $D_2O$, sog. ↗*schweres Wasser*) und Graphit. Da eine effektive Neutronenproduktion $> 1$ zu einem exponentiellen Anstieg der Anzahl der Spaltprozesse und somit zu einer Explosion führen würde, muß im zeitlichen Mittel der sog. ↗*Vermehrungsfaktor* exakt bei eins gehalten werden (bei Werten $< 1$ würde die Kettenreaktion erlöschen). Dies wird durch die Verwendung von Neutronenabsorbern – typischerweise Bor oder Cadmium – erreicht, die in die Zwischenräume zwischen den ↗*Brennelementen* eingebracht werden können. Die Regelung des Vermehrungsfaktors wird durch die Tatsache ermöglicht, daß ein geringer Anteil der bei der Kernspaltung emittierten Neutronen als Folge des radioaktiven Zerfalls der Spaltprodukte entsteht und somit verzögert auftritt (↗*verzögerte Neutronen*). Der Anteil des spaltbaren Uranisotops ${}^{235}_{92}$U, der in Natururan nur 0,7% beträgt, muß vor der Nutzung im Kernreaktor zunächst auf etwa 3% angereichert werden (↗*Anreicherung*). Die hierfür eingesetzten Verfahren sind mit einem Energieaufwand von 2000–

3500kWh pro kg angereicherten Urans allesamt energetisch sehr aufwendig. Gängige Verfahren sind das ↗*Gasdiffusions*-, das ↗*Gaszentrifugen*- sowie das ↗*Trenndüsenverfahren*.

*III.1.2 Reaktortypen*

Das Funktionsprinzip eines ↗*Kernkraftwerks* beruht ähnlich wie das Prinzip der Kraftwerke mit fossilen Brennstoffen auf der Erzeugung heißen Dampfes, der eine ↗*Dampfturbine* mit angekoppeltem Stromgenerator (↗*Generator*) antreibt. Die heißen Abgase der Turbine werden in einem ↗*Kondensator* unter Einsatz eines Kühlmittels zur Kondensation gebracht und anschließend mit Hilfe von Pumpen in den Dampferzeuger zurückbefördert. Gängige Kraftwerkstypen sind der ↗*Druckwasser*- und der ↗*Siedewasserreaktor*.

Eine Neuentwicklung, mit der die Verwirklichung des Konzepts der »inhärenten Sicherheit« angestrebt wird (sog. katastrophenfreier Kernreaktor), ist der graphitmoderierte ↗*Hochtemperaturreaktor* (HTR). Durch Ummantelung des Kernbrennstoffs mit einer SiC- sowie mehreren Kohlenstoffschichten und Aufschichtung in einer Kugelhaufenanordnung versucht man eine hinreichende Wärmeabfuhr auch im Ausfall der Kühlung durch passive Maßnahmen zu gewährleisten. Wegen seiner hohen Betriebstemperatur (750–950°C) verspricht der Hochtemperaturreaktor neben der direkten Stromerzeugung Perspektiven für die Erzeugung von Prozeßwärme sowie die Stromerzeugung in nachgeschalteten Gas- und Dampfturbinen. Im Gegensatz zum HTR sind die in der ehemaligen UdSSR üblichen graphitmoderierten wassergekühlten Reaktoren wegen ihres positiven *Reaktionskoeffizienten* auf eine mehrfach redundante aktive Regelung angewiesen; ein Temperaturanstieg im Reaktorkern führt hier nämlich im Gegensatz zu den im Westen üblichen Leichtwasserreaktoren zu einem Anstieg der Reaktivität. Der Katastrophenreaktor von ↗*Tschernobyl* (Typ RBMK-1000) gehörte zu dieser Kategorie.

*III.1.4 Entsorgung*

Das Hauptproblem bei der Nutzung von Kernspaltungsreaktoren ist nach wie vor die Entsorgung der radioaktiven Abfallprodukte (Abb. 6), die auch über geologische Zeitskalen hin sicher sein muß. Radioaktive Abfallstoffe (↗*Abfall, radioaktiver*) lassen sich klassifizieren in

(i) Abfallprodukte des Uranbergbaus, welche im wesentlichen $^{238}$Uran sowie dessen Zerfallsprodukte ($^{234}$Uran, $^{230}$Thorium etc.) in niedrigen Konzentrationen enthalten,

(ii) große Mengen schwachaktiven Materials sowie

(iii) hochaktive Abfallstoffe aus abgebrannten Brennelementen und ggf. Abfälle aus der ↗*Wiederaufbereitung* von Kernbrennstoffen.

Hochaktive Materialien bestehen aus den Spaltprodukten sowie deren Zerfallsprodukten, ↗*Transuranen* (z.B. ↗*Plutonium*), die aus dem Neutroneneinfang von $^{238}$Uran enstehen, sowie weiteren durch Neutroneneinfang aktivierten Materialien. Transuranelemente sind sowohl chemisch höchst toxisch als auch stark radioaktiv und bedürfen daher einer besonders sorgfältigen Behandlung. Ein vollständiges, technisch abgesichertes und von einem sozialen Konsens gestütztes Entsorgungskonzept für radioaktive Abfallstoffe liegt bisher weltweit nirgendwo vor.

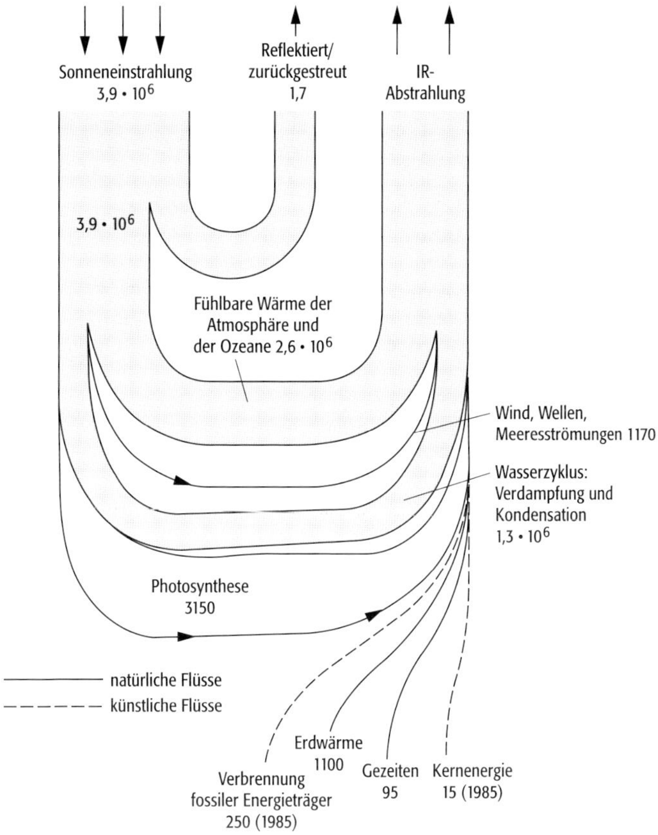


**Energietechnik 5:** Energieflußbild der Erde. Die natürlichen Energieflüsse, die im wesentlichen aus der Sonneneinstrahlung auf die Erdoberfläche resultieren, dominieren bei weitem den vom Menschen hervorgerufenen Energieumsatz. Dennoch tragen die insbesondere von der Verbrennung fossiler Energieträger hervorgerufenen Emissionen an Kohlendioxid (nebst weiteren Treibhausgasen) zur globalen Klimaveränderung bei. Bei der Abschätzung des Nutzungspotentials der regenerativen Energiequellen ist zu berücksichtigen, daß trotz des großen Energieangebots die Energiedichte klein ist, somit i.a. ein großer Flächenbedarf erforderlich ist. Angaben in EJ/Jahr.

## III.2 Kernfusion

*III.2.1 Grundlagen*

Ein alternatives Konzept zur Energiegewinnung aus Kernenergie bildet die Nachahmung der in der Sonne realisierten ↗*Kernfusion*. Während auf der Sonne der (exotherme) Nettoprozeß $4p \rightarrow {}^4_2\mathrm{He} + 2e^+ + 2\nu_e + 26\,\mathrm{MeV}$, also die Verschmelzung von vier Wasserstoffkernen zu Helium abläuft, wird für eine zukünftige Kernfusion unter terrestrischen Bedingungen wegen seines relativ hohen ↗*Wirkungsquerschnitts* der Prozeß $d + t \rightarrow {}^4_2\mathrm{He} + n + 17{,}6\,\mathrm{MeV}$, also die Verschmelzung von ↗*Deuterium* (d) und ↗*Tritium* (t) favorisiert. Deuterium ist in Form von ↗*schwerem Wasser* mit einem relativ großen Anteil von $\mathrm{H:d} = 1{:}10^{-4}$ in den Weltmeeren vorhanden und somit praktisch unerschöpflich. Tritium hingegen muß mittels Neutronenbeschuß aus ↗*Li-*

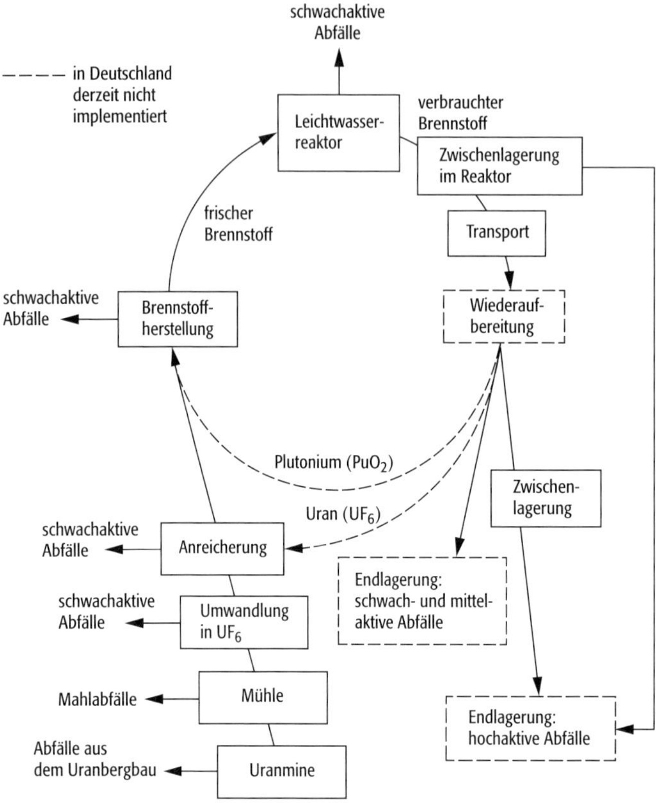


**Energietechnik 6:** Der sog. Brennstoffkreislauf für Leichtwasserkernreaktoren. Der abgebrannte Kernbrennstoff kann prinzipiell einer Wiederaufbereitung und anschließenden Nutzung im Kernreaktor zugeführt werden. Die Wiederaufbereitung ist in Deutschland derzeit nicht realisiert. Über die Fragen der Endlagerung der abgebrannten Kernbrennstoffe ist ebenfalls z.Z. noch nicht entschieden.

*thium* erbrütet werden. Die Weltreserven an Lithium würden bei ausschließlicher Deckung des Weltenergiebedarfs aus der Kernfusion unter Zugrundelegung der aktuellen Verbrauchswerte für etwa 1000 Jahre ausreichen. Das Fusionprodukt Helium ist stabil, so daß primär keine Radioaktivität entsteht. Nachteilig ist allerdings der hohe Neutronenfluß, der im Strukturmaterial eines Fusionsreaktors Aktivierungen mit nachfolgendem radioaktiven Zerfall auslösen kann. Eine positive Konsequenz der Neutronenproduktion ist hingegen die Möglichkeit, bei Umgebung des eigentlichen Reaktors mit einem Lithiummantel den benötigten Brennstoff Tritium in situ zu erbrüten.

*III.2.2 Reaktortypen*

Mögliche Konzepte zur praktischen Realisierung der kontrollierten Kernfusion sind die *Plasmafusion*, bei dem die elektrostatische Abstoßung zwischen den Reaktionspartnern d und t durch Zufuhr entsprechender kinetischer Energie überwunden wird, die ↗*Laserfusion* sowie die noch hypothetische Müonkatalysierte Fusion. Bei der am weitesten entwickelten Plasmafusion existieren zwei experimentell untersuchte Reaktortypen, die ↗*Tokamak*- sowie die *Stelleratoranordnung* (↗*Stellerator*). Im europäischen Projekt ↗*JET* (Joint European Torus) wurde 1991 für eine Zeitdauer von zwei Sekunden zum ersten Male Fusionsbedingungen erreicht, d.h. eine Nettoproduktion von Energie. Ein praktisch taugliches Reaktorkonzept soll in dem seit 1992 in Planung befindlichen europäisch-amerikanisch-russisch-japanischen Pilotprojekt ↗*ITER* (Internationaler thermonuklearer Experimentalreaktor) demonstriert werden.

## IV. Regenerative Energien

Unter regenerativen oder erneuerbaren Energiequellen versteht man all diejenigen Energienutzungsschemata, die ohne die Ausbeutung nur begrenzt vorhandener Vorkommen an Primärenergiequellen auskommen. Dies sind zum einen alle direkten und indirekten Nutzungsmöglichkeiten der ↗*Sonnenenergie* sowie, in global erheblich geringerem Umfange, weitere Quellen wie die ↗*geothermische Energie* (Erdwärme) und die *Gezeitenenergie* (↗*Gezeitenkraftwerk*). Den bisher auf globalem Maßstab bedeutendsten indirekten Einsatz der Sonnenenergie bildet Nutzung des Verdunstungs- und Kondensationszyklus (↗*Wasserkraft*) und der ↗*Biomasse* (Tabelle 1).

## IV.1 Direkte Nutzung der Sonnenenergie

*IV.1.1 Thermische Nutzung*

Der derzeit vielversprechendste Einsatz der Sonnenenergie besteht in ihrer direkten thermischen Nutzung (Abb. 7). Das Grundprinzip besteht in der möglichst vollständigen Absorption der Sonnenstrahlung durch ein geeignetes Medium, gefolgt vom Abtransport der Wärme zur direkten Wärmenutzung oder zur Erzeugung von Elektrizität mit Hilfe einer Dampfturbine. Niedertemperaturwärme im Bereich von 40–60°C zur Warmwasserbereitung bzw. zur Raumheizung kann auf einfache Weise unter Verwendung von thermischen *Flachkollektoren* erzeugt werden, während für die Stromerzeugung sowie die Generierung von *Prozeßwärme* eine Konzentration der (direkten) Sonnenstrahlung erforderlich ist. Thermische Solarkraftwerke (↗*Solarkraftwerk*, ↗*Turmkraft-*

**Energietechnik 1:** Stromerzeugung aus erneuerbaren Energiequellen (ausgenommen Wasserkraft) im Jahre 1994. Obgleich etwa 99,98% des gesamtem Potentials an erneuerbaren Energiequellen sich aus der Sonnenenergie ableiten (vgl. Abb. 5), wird gegenwärtig die Sonnenenergie nur zu einem sehr geringen Anteil genutzt. Hingegen hat die Nischentechnologie Geothermie bereits einen recht hohen Entwicklungsstand.

| | Installierte Kapazität | | Jahresproduktion | |
|---|---|---|---|---|
| | [MW] | [%] | [GWh] | [%] |
| Geothermie | 6456 | 61 | 37 976 | 86 |
| Windenergie | 3517 | 33 | 4878 | 11 |
| Solarenergie | 366 | 3 | 897 | 2 |
| Gezeiten | 261 | 3 | 601 | 1 |
| **Gesamt** | **10 600** | | **44 352** | |

werk, *Parabolrinnenkraftwerk*, ↗*Heliostat*) sind nur in Regionen mit mehr als 3000 Stunden ungetrübter Sonnenstrahlung im Jahr sinnvoll, während Flachkollektoren auch in gemäßigten Zonen wirtschaftlich betrieben werden können. Bei konsequenter Nutzung aller verfügbaren Dachflächen ließe sich bereits heute in Deutschland ein großer Anteil des Wärmebedarfs durch Flachkollektoren decken. Das größte Problem besteht hierbei derzeit noch in der Speicherung der erzeugten Wärme, die notwendig ist, da etwa 80% des Energieeintrags aus der Sonneneinstrahlung während des Sommerhalbjahrs bei relativ geringem Wärmebedarf entstehen. Es existieren bereits erfolgversprechende Ansätze unter Ausnutzung der ↗*Latentwärmespeicherung* sowie der thermochemischen Wärmespeicherung (↗*Wärmespeicherung*), jedoch gibt es auf diesem Gebiet noch einen beträchtlichen Forschungs- und Entwicklungsbedarf. Alternativ wird die Entwicklung *solarer Nahwärmenetze*, die auf der Wärmespeicherung in unterirdischen Kavernen beruhen, vorangetrieben. Eine weitere wichtige Alternative ist die passive Sonnenenergienutzung (↗*transparente Wärmedämmung*, ↗*Trombewand*), bei der die Hausfassade selbst als Sonnenkollektor fungiert. Begleitenden Maßnahmen zur Wärmedämmung kommt überdies eine sehr wichtige Rolle zu.

*IV.1.2 Photovoltaik*

In ↗*Solarzellen* wird die einfallende Sonnenstrahlung zur direkten Umwandlung in elektrischen Gleichstrom genutzt. Verwendete Materialien sind typischerweise Zellen aus mono- und polykristallinem sowie aus amorphem Silicium. Das Grundprinzip beruht hierbei auf der Erzeugung von Elektron-Loch-Paaren in der Solarzelle, die von einem inneren elektrischen Feld (an den vorhandenen p-n-Übergängen) getrennt werden und die dann zur jeweils gegensinnigen Elektrode wandern. Der Stromkreis wird von einem äußeren Verbraucher geschlossen, in dem die gewünschte Stromarbeit verrichtet wird. Die maximale bisher im Labor erreichte Effizienz (= Wirkungsgrad) der Umwandlung von Sonnenlicht in elektrischen Strom beträgt 33,7%, wobei eine GaAs/GaSb-*Tandemsolarzelle* verwendet und das Sonnenlicht 50fach konzentriert wurde. Praktische Wirkungsgrade bei kommerziellen Zellen liegen im Bereich zwischen 10 und 15%. Die Bedeutung eines hohen Wirkungsgrades erklärt sich daraus, daß bei höherem Wirkungsgrad die benötigte Kollektorfläche kleiner und somit der Materialeinsatz geringer ist; aus energetischer Sicht ist jedoch der ↗*Erntefaktor* die wichtigere Größe: Auch bei geringerem Wirkungsgrad kann ein hoher Erntefaktor erzielt werden, wenn die benötigte Materialmenge und somit die (ökonomische und energetische) Investition klein genug ist. Dieser Aspekt wird bei den amorphen Solarzellenmaterialien (↗*amorphe Halbleiter*)

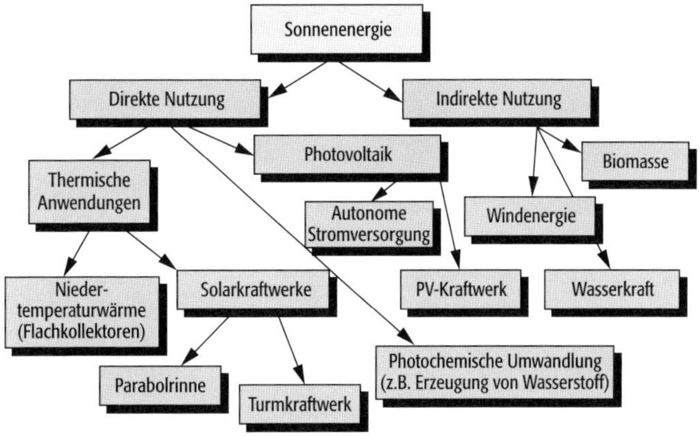


**Energietechnik 7:** Möglichkeiten der direkten und indirekten Nutzung der Sonnenenergie.

berücksichtigt. Solarzellenmodule auf der Basis amorphen Siliciums sind bereits seit längerem bei Kleingeräten (Uhren, Taschenrechnern) im Einsatz und seit kurzem auch für Leistungsanwendungen erhältlich. Eine weitere vielversprechende Alternative stellen Solarzellen auf $TiO_2$-Basis dar, bei denen der Lichtabsorptions- und der Ladungstrennungsschritt unter Verwendung anorganischer Farbstoffe und eines geeigneten Reduktionsagens entkoppelt werden. Derartige Zellen lassen sich sehr ökonomisch herstellen (Abb. 8); früher auftretende Probleme mit der Langzeitstabilität der Farbstoffe sind in den letzten Jahren überwunden worden.

## IV.2 Windenergie

Eine sinnvolle Nutzung der ↗*Windenergie* kann bei durchschnittlichen Windgeschwindigkeiten $> 5 m/s$ erfolgen; dies ist in Deutschland vor allem an den Küsten sowie in den Hochlagen der Mittelgebirge der Fall. Die Windgeschwindigkeit $v$ (Mittelwert und Verteilung) ist der entscheidende Parameter, da die im Wind enthaltene Leistungsdichte mit der dritten Potenz von $v$ anwächst: $p = 1/2\rho v^3$. Die von einem Windgenerator umgewandelte Leistung ergibt sich zu $P = pA\eta$, wobei $A$ eine effektive Querschnittsfläche darstellt und im Falle eines ↗*Horizontalachsenkonverters* einfach durch die überstrichene geometrische Fläche gegeben ist: $A = \pi R^2$. Heutzutage in kommerziellen Windgeneratoren erreichte Radien $R$ liegen bei etwa 40m, so daß über-

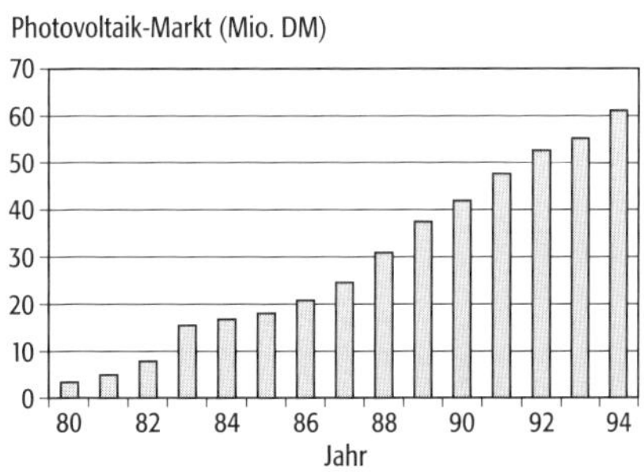


**Energietechnik 8:** Entwicklung des Photovoltaik-Markts in den letzten 15 Jahren. Die Entwicklung der Jahre 1986–1994 läßt sich durch einen jährlichen Anstieg von 15% charakterisieren. Die Verteilung auf die verschiedenen Zelltechnologien ist durch 50% monokristallines Silicium (*Czochralski-Verfahren*), 30% polykristallines Silicium, 20% amorphes Silicium gegeben.

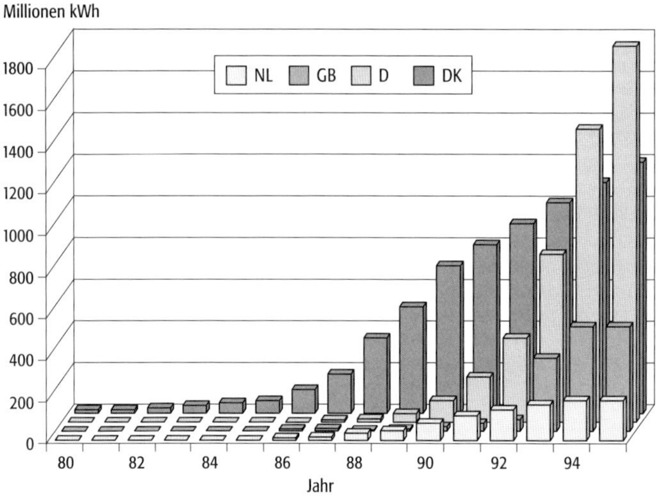


**Energietechnik 9:** Entwicklung der Energieproduktion aus Windenergie in Europa zwischen 1980 und 1995. Dänemark hat die längste Windenergietradition, ist inzwischen dank den jüngsten Förderprogrammen von Deutschland in der Windenergieerzeugung überflügelt worden.

strichene Flächen von mehr als $1000 m^2$ zur Verfügung stehen. Der Wirkungsgrad $\eta$ der Umwandlung liegt theoretisch maximal bei 59,3%; praktisch werden Gesamtwirkungsgrade von 35–40% erreicht. Staatliche Anreize in den letzten Jahren haben in Dänemark sowie seit kurzem auch in Deutschland und in den Niederlanden eine prosperierende Windenergieindustrie hervorgebracht, die neben dem Binnenbedarf insbesondere stark von der Förderung der Windenergienutzung in Kalifornien und von den hieraus resultierenden Exportmöglichkeiten profitiert hat (Abb. 9 und 10). In den genannten Regionen ist die Stromerzeugung aus Windenergie bereits heute wirtschaftlich konkurrenzfähig.

## IV.3 Wasserkraft

Der von der Sonneneinstrahlung bewirkte Verdunstungs- und Kondensationszyklus des Wassers ist zur Zeit eine der wichtigsten regenerativen Energiequellen. Bei der Laufwassernutzung (↗*Laufwasserkraftwerk*) wird Flußwasser zum Antrieb einer Turbine genutzt, häufig in Verbindung mit Schiffsschleusen. Beim *Speicherkraftwerk* wird i.a. Flußwasser mit Hilfe einer Talsperre aufgestaut; das Gefälle zum am Fuße der Staumauer befindlichen Generator wird zur Erzeugung elektrischen Stroms genutzt. Im Unterschied hierzu wird beim ↗*Gezeitenkraftwerk* die Gravitationswirkung von Sonne und Mond ausgenutzt. Das weltweite Potential der Wasserkraftnutzung ist beträchtlich; es wird auf über 20PWh ($=2 \cdot 10^{16}$Wh) pro Jahr geschätzt, entsprechend 20% des Weltprimärenergieverbrauchs im Jahre 1990. Allerdings ist zu berücksichtigen, daß wegen der Umweltauswirkungen dieses Potential nur teilweise genutzt werden kann.

## IV.4 Biomasse

Biomasse ist zusammen mit der Wasserkraft weltweit die wichtigste erneuerbare Energiequelle. In den Entwicklungsländern dominiert hierbei die Nutzung von Holz zur Verbrennung mit den damit verbundenen Umweltschäden durch Übernutzung. Neben dem Holz stehen Abfälle aus Forst- und Landwirtschaft, organische Bestandteile des Industrie-, Gewerbe und Hausmülls, menschliche und tierische Exkremente sowie speziell angebaute Energiepflanzen zur Verfügung. Die Nutzungsmöglichkeiten lassen sich in ↗*Verbrennung*, ↗*Vergasung* und ↗*Vergärung* klassifizieren.

## IV.5 Geothermie

Geothermische Energie oder Geothermie ist die im Erdinnern gespeicherte Wärmeenergie. Obgleich das gesamte Potential dieser Energiequelle (geschätzt etwa $1{,}5 \cdot 10^{26}$J bis zu einer Tiefe von 10km) etwa dem tausendfachen der vermuteten Kohlevorräte entspricht, ist nur ein sehr kleiner Teil dieser Energiemenge der praktischen Nutzung zugänglich. Eine Nutzung geschieht vornehmlich im Bereich sog. geothermischer Anomalien (↗*geothermische Energie*), bei denen aufgrund geologischer Gegebenheiten die heißen Magmamassen relativ nahe (wenige km) unterhalb der Erdoberfläche liegen. Eine weitere Voraussetzung besteht im Vorliegen eines Wasserleitsystems, das von zwei impermeablen Schichten nach oben und nach unten begrenzt und von einem Niederschlagsfeld gespeist wird. Das Wasser wird von den darunterliegenden Magmamassen geheizt und tritt auf natürliche Weise – je nach Beschaffenheit sowie entsprechend den genauen Druck- und Temperaturverhältnissen – als Dampf (z.B. Fumarolen) oder Heißwasser (z.B. Geysire) an der Oberfläche aus. Für eine technische Nutzung hingegen muß i.a. Dampf gezielt erbohrt werden. Stromerzeugung erfolgt i.a. durch eine direkte Entspannung über eine Dampfturbine entweder mit nachfolgender direkter Entlassung in die Atmosphäre oder mit angeschlossenem Kondensator und Abtrenneinheit für die im Dampf enthaltenen nichtkondensierbaren Spurengase. Heißwasser läßt sich ebenfalls zur

**Energietechnik 10:** Windenergieerzeugung in Nordamerika und in Europa zwischen 1980 und 1995. Die Windenergieerzeugung in Nordamerika findet überwiegend in Kalifornien statt.

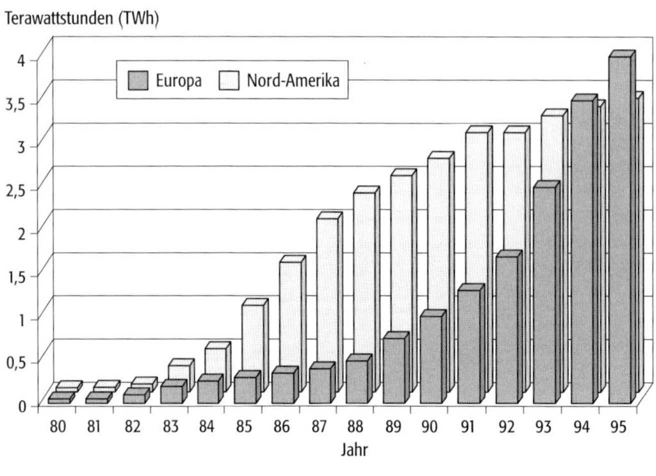

Stromerzeugung nutzen, wenn ein organischer Rankine-Zyklus verwendet wird, allerdings bei entsprechend niedrigen Wirkungsgraden. Die Ende 1996 weltweit aus Geothermie erzeugte Elektrizität betrug 38 GWh/Jahr, entprechend 0,4% des weltweiten Stromverbrauchs (vgl. Tabelle). In neuerer Zeit wurden Untersuchungen zu sog. nichtkonventionellen Nutzungsformen der Geothermie durchgeführt, wie z.B. im ↗*Hot-Dry-Rock*- oder im Magma-Verfahren. In ersterem wird versucht, die im trockenen Tiefengestein enthaltene Wärme mittels eines Umlauferhitzerprinzips zu entziehen, während beim Magma-Verfahren an eine direkte Nutzung der heißen Magmamassen gedacht wird.

## V. Weitere Energieumwandlungssysteme

### V.1 Brennstoffzellen

Eine wichtige Rolle beim Übergang von einer auf der Nutzung fossiler Energieträger beruhenden zu einer nachhaltigen Energiewirtschaft kann den sog. ↗*Brennstoffzellen* zukommen. In einer Brennstoffzelle läuft eine sog. kalte Verbrennung ab, bei der aus einer exothermen ↗*Redox-Reaktion* ohne den Umweg der Wärmeerzeugung elektrischer Strom produziert wird. Der theoretische Wirkungsgrad ist daher nicht durch die Carnot-Effizienz begrenzt. Die Entwicklung von Brennstoffzellen wurde in der Vergangenheit stark für Weltraumanwendungen vorangetrieben; in der letzten Zeit sind jedoch bereits mehrere Pilotkraftwerke auf Brennstoffzellenbasis errichtet worden. Zur Zeit existieren vier Hauptentwicklungslinien für Brennstoffzellen (BZ): (i) Niedertemperatur-BZ mit alkalischem Elektrolyten, (ii) Mitteltemperatur-BZ mit phosphorsaurem Elektrolyten, (iii) Hochtemperatur-BZ mit einer Carbonatschmelze als Elektrolyten sowie (iv) Hochtemperatur-BZ mit einem oxidkeramischen Elektrolyten. Alkalische Brennstoffzellen weisen einen hohen realen Wirkungsgrad auf, verursachen jedoch hohe Investitionskosten. Mittel- und Hochtemperatur-BZ versprechen geringere Investitionskosten bei vergleichbaren Wirkungsgraden. Brennstoffzellen können i.a. nicht direkt mit fossilen Energieträgern betrieben werden, sondern bedürfen einer *Reformierung* des Brennstoffs. Auch bei Berücksichtigung der Reformierungsverluste kann ein hoher Wirkungsgrad eines brennstoffzellengestützten Kraftwerks bei erheblich geringeren Emissionen erwartet werden. Die günstige Emissionsbilanz verspricht weiterhin Perspektiven für den Einsatz im Straßenverkehr.

### Ausblick

Die lokalen und globalen Bedrohungen der Umwelt bedürfen eines raschen und entschlossenen Vorgehens der Weltgemeinschaft. Die Industrieländer können zur Lösung dieser Probleme mit einer Senkung ihres Energieverbrauchs durch eine Effizienzsteigerung und eine entschlossene Förderung der erneuerbaren Energiequellen beitragen. Ein Ausbau der Kernspaltungstechnik kann nur mittelfristig zur Lösung des Energie- und des $CO_2$-Problems beitragen, wobei auch zu berücksichtigen ist, daß das Problem der dauerhaft sicheren Endlagerung von radioaktiven Abfallprodukten nicht gelöst ist. Die Fusionstechnologie wird trotz wichtiger wissenschaftlicher Fortschritte kurz- und mittelfristig nicht zur Verfügung stehen; überdies sind die Umweltauswirkungen der Fusionsreaktortechnologie noch nicht genau bekannt. Die Fortschritte bei den eneuerbaren Energieträgern berechtigen zu der Hoffnung, daß bei einer konsequenten Weiterentwicklung dieser Technologien und gleichzeitiger Schaffung staatlicher Anreize sowie Steigerung der Energieeffizienz eine umweltfreundliche Energienutzung mittel- und langfristig möglich sein wird.

### Literatur

Gordon Aubrecht: *Energy*, Merril Publishing Company, 1989.

Paul Gipe: *Wind Energy comes of Age*, John Wiley, 1995.

Samuel Glasstone, Alexander Sesonske: *Nuclear Reactor Engineering*, Van Nostrand Reinhold Company, 1981.

Jose Goldemberg, Thomas Johansson, Amulya Reddy, Robert Williams: *Energy for a Sustainable World*, Wiley, 1988.

Klaus Heinloth: *Energie*, B.G. Teubner, 1983.

Klaus Heinloth: *Energie und Umwelt. Klimaverträgliche Nutzung von Energie*, B.G. Teubner Stuttgart, VDF Zürich, 1993.

Tomas Marvart (Hrsg.): *Solar Electricity*, UNESCO energy engineering series, John Wiley, 1994.

Joseph Priest: *Energy. Principles, Problems, Alternatives*, 4th edition, Addison-Wesley, 1991.

Hans Rau: *Geothermische Energie. Weltweite Nutzung der Erdwärme*, Udo Pfriemer Verlag, München, 1978.

K. Schultze (Hrsg.): *Klima-verträgliche Energienutzung*, Arbeitskreis Energie auf der 59. Physikertagung Berlin, Deutsche Physikalische Gesellschaft.

Wayne C. Turner: *Energy Management Handbook*, The Fairmont Press, 1993.

---

**Energieverlust in Materie,** Abnahme der Bewegungsenergie pro Wegstrecke, wenn ein Teilchen Materie durchquert oder Bremsstrahlung aussendet. Der Energieverlust beruht auf der *Coulomb-Wechselwirkung* der geladenen schnellen Teilchen mit den Hüllenelektronen der Atome des Bremsmediums und den Ladungen ihrer Atomkerne. Beim Eintritt in

**Energieverlust in Materie:** Schematische Darstellung des Energieverlusts in Materie. Es sind: $E_0$ die Energie, $Z_A$ die Atomzahl und $M_A$ die Masse der einfallenden Ionen. Die Targetfolie hat die Dicke $\Delta x$, die Atomzahl $Z_B$ und Masse $M_B$. $N\tau$ ist die Volumendichte).

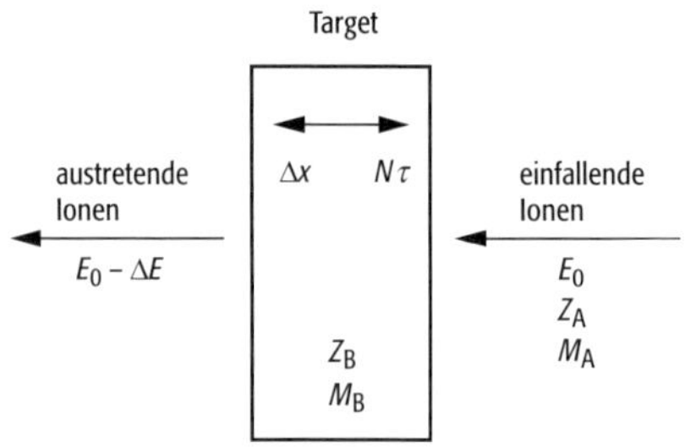


das Bremsmedium wird die Energie vorwiegend durch *elektronische Wechselwirkung* abgegeben, wobei der wesentliche, durch Ionisation hervorgerufene Verlust durch die ↗*Bethe-Bloch-Formel* beschrieben wird. Sind die Teilchen jedoch so langsam geworden, daß die Energie zur Ionisation und Anregung nicht mehr ausreicht, setzt der *nukleare Energieverlust* ein. Unter der Annahme, daß beide Prozesse voneinander unabhängig sind, gilt für den Energieverlust $\mathrm{d}E/\mathrm{d}x$:

$$-\frac{\mathrm{d}E}{\mathrm{d}x} = N\tau\{S_{\mathrm{nukl}}(E) + S_{\mathrm{elek}}(E)\},$$

wobei $S_{\mathrm{nukl}}(E)$ und $S_{\mathrm{elek}}(E)$ das nukleare und elektronische Bremsvermögen, $N$ die Targetdichte und $\tau$ die mittlere freie Flugzeit sind.

**Energieverlustdicke** ↗Grenzschicht.

**Energiewirkungsgrad** ↗Wirkungsgrad.

**Energija-Trägerrakete,** größte bisher gebaute russische ↗*Trägerrakete*, die noch zu sowjetischen Zeiten entwickelt wurde. Ihr Debüt mit einer höchstwahrscheinlich militärischen Nutzlast hatte die knapp 60 m hohe Trägerrakete am 15. Mai 1987. Am 15. November 1988 beförderte Energija den unbemannten sowjetischen ↗*Buran-Raumtransporter* in eine Erdumlaufbahn. Energija gilt als Prestigeobjekt der sowjetischen Raumfahrt, das als Antwort auf das amerikanische ↗*Space Shuttle* entwickelt wurde. Unter anderem wegen finanzieller Engpässe in den Nachfolgestaaten der ehemaligen Sowjetunion ist Energija bis heute kein zweites Mal geflogen.

**Engl,** *Joseph Benedict*, deutscher Physiker, *6.8.1893 München, †8.4.1942 New York; entwickelte 1918–22 mit E. Joseph Massolle (1889–1957) und H. ↗*Vogt* ein Tonfilmverfahren (Triergon-Lichttonverfahren zur Aufnahme und Wiedergabe von Tonfilmen); ferner Arbeiten zur Bau- und Raumakustik.

**Engler,** *Carl Oswald Viktor*, deutscher Chemiker, *5.1.1842 Weisweil (Kreis Emmendingen), †7.2.1925 Karlsruhe; ab 1872 Professor in Halle/Saale, seit 1876 in Karlsruhe, gründete 1880 und leitete (bis 1887) die chemisch-technische Versuchs- und Prüfanstalt; führte 1870 die erste vollständige Indigosynthese durch; vereinheitlichte die Untersuchungsmethoden der Erdölwissenschaft und konstruierte Apparate zur Bestimmung physikalischer und chemischer Eigenschaften des Erdöls (*Engler-Viskosimeter* zur Bestimmung der Viskosität in ↗*Engler-Grad*; *Engler-Apparat* zur Ölanalyse); wies optisch aktive Verbindungen sowie Cholesterin im Erdöl nach und unterstützte damit die Theorie der organischen Erdölentstehung; auch verdient um die Entwicklung der Chromatographie.

**Engler-Grad** (nach C. ↗*Engler*), Einheitenzeichen °E oder E, nicht mehr anzuwendende Einheit der (mit einem *Engler-Viskosimeter* gemessenen) kinematischen Viskosität. Die SI-Einheit ohne eigenen Namen ist $\mathrm{m^2/s}$. Umrechnung meist nach Tabellen: 1 °E entspricht $76 \cdot 10^{-6}\,\mathrm{mm^2/s}$.

**Ensemble,** *Gesamtheit* einer großen Anzahl voneinander unabhängiger physikalischer Systeme, die alle durch dieselben Werte von makroskopischen Parametern wie Druck, Temperatur, Teilchenzahl etc. beschrieben werden, diesen *Makrozustand* jedoch durch verschiedene *Mikrozustände* (Quantenzustände bzw. Orte und Impulse der konstituierenden Teilchen) realisieren. Ensembles sind rein gedankliche Konstruktionen ohne Entsprechung in der physikalischen Realität. Die Vorstellung von Ensembles geht auf *Gibbs* zurück, der mit ihrer Hilfe die statistische Mechanik auf eine strengere mathematische Grundlage stellte. Der Bezug zur Realität erfolgt über die ↗*Ergodenhypothese*, der zufolge das Mittel einer Größe über das ganze Ensemble zu einem festen Zeitpunkt, das sogenannte *Scharmittel*, durch das zeitliche Mittel der Größe über einen kleinen Teil der Gesamtheit, im Grenzfall nur ein einziges System, ersetzt werden kann.

Man unterscheidet in erster Linie drei Arten von Ensembles, nämlich das mikrokanonische, das kanonische und das großkanonische. Im *mikrokanonischen Ensemble* sind die Teilchenzahl und die Gesamtenergie vorgegeben. Das grundlegende Postulat der statistischen Physik lautet, daß in einem mikrokanonischen Ensemble, welches sich im thermodynamischen Gleichgewicht befindet, alle erlaubten Mikrozustände mit gleicher Häufigkeit vorkommen. Das mikrokanonische Ensemble umfaßt also alle erlaubten Mikrozustände eines isolierten Systems. Im *kanonischen Ensemble* sind die Teilchenzahl und die Temperatur vorgegeben, dafür ist die Gesamtenergie variabel. Im *großkanonischen Ensemble* wird auch die Teilchenzahl variabel, dafür sind aber das chemische Potential und die Temperatur vorgegeben. Im kanonischen und im großkanonischen Ensemble genügen die relativen Häufigkeiten der Mikrozustände der *kanonischen* bzw. der *großkanonischen Verteilung* (↗*Gibbssche Statistik*).

**Ensemble-Interpretation,** Interpretation des statistischen Charakters der Quantenmechanik, die eine Alternative zur ↗*Kopenhagener Interpretation* darstellt. Ein ↗*Ensemble* beschreibt die Gesamtheit einer sehr großen Anzahl von gleich präparierten ↗*Systemen*. Soll eine Situation unter statistischen Ge-

sichtspunkten behandelt werden, so ist es notwendig, ein Ensemble zu betrachten. Die ↗*Wahrscheinlichkeiten* für das Eintreten bestimmter Ereignisse sind in einem großen Ensemble durch den Bruchteil der Systeme gegeben, die durch das Eintreten dieser Ereignisse charakterisiert sind.
Der Ensemble-Interpretation, die sich auf Einstein begründet, liegt die Annahme zugrunde, daß für jedes individuelle Quantensystem schon vor dem eigentlichen Experiment einer der möglichen Endzustände realisiert ist. Das Experiment registriert nur noch einen bereits vorhandenen Tatbestand, es entspricht einer Sortierung der Ensemblemitglieder nach den bei der Messung unterschiedenen Merkmalen.

**Ensemble-Mittelwert,** *Scharmittel*, der über alle Systeme eines ↗Ensembles gemittelte Wert eines Systemparameters. In vielen Fällen liegt der Parameterwert für fast alle Systeme des Ensembles sehr nahe am Ensemble-Mittelwert; in solchen Fällen haben die Aussagen der statistischen Physik nahezu deterministischen Charakter. Gemäß der ↗Ergodenhyopthese ist der Ensemble-Mittelwert im Grenzfall sehr großer Ensembles äquivalent dem zeitlichen Mittelwert über nur wenige Systeme im Grenzfall sehr langer Zeiten.

**Enskog,** *David*, schwed. Physiker, *22.4.1884 in Västra Ämtervik, †1.6. 1947 in Stockholm; arbeitete nach der Promotion 1917 zunächst als Lehrer, bis er 1930 Professor für Mechanik und Mathematik am königlichen Institut für Technologie in Stockholm wurde. Er entwikkelte eine Methode zur Lösung der Maxwell-Boltzmann-Transportgleichungen der kinetischen Gastheorie, die er bereits 1911–12 und in einer überarbeiteten Fassung 1917 veröffentlichte. S. ↗*Chapman*, der nahezu zur selben Zeit ähnliche Arbeiten veröffentlicht hatte, übernahm später Enskogs Gleichungen in seine Arbeiten und verhalf ihm zur Dauerstellung an der Universität.

**Entabelung** ↗Abel-Inversion.

**entartete Halbleiter,** Bezeichnung für Halbleiter, für die die ↗*Boltzmann-Verteilung* als Näherung für die *Fermi-Verteilung* (↗*Fermi-Dirac-Statistik*) nicht mehr gültig ist, das heißt, für die die Bedingung

$$E_C - E_F \gg k_B T \text{ bzw. } E_F - E_V \gg k_B T$$

nicht mehr erfüllt ist. Dies ist dann der Fall, wenn das Fermi-Niveau $E_F$ dicht am Leitungsbandminimum $E_C$ oder am Valenzbandmaximum $E_V$ liegt, was für sehr hoch dotierte Halbleiter und für Metalle der Fall ist.

**entartetes Plasma** ↗Plasma, entartetes.

**Entartung, 1)** *Mathematik*: die Situation, daß es in einem Eigenwertproblem zu einem *Eigenwert* mehrere linear unabhängige Eigenvektoren gibt. Ein Eigenwert heißt *n*-fach entartet, wenn die Dimension des *Eigenraumes* zu diesem Eigenwert gleich $n$ ist. Die $3\times 3$-Einheitsmatrix $I$ besitzt beispielsweise 1 als einzigen Eigenwert. Dieser ist jedoch dreifach entartet, da für alle Vektoren $x$ aus $\mathbb{R}^3$ $Ix = x$ gilt. Die *Eigenwert-Differentialgleichung* $y'' = \lambda y$ mit der periodischen Randbedingung $y(x) = y(x + 2\pi)$ besitzt die Eigenwerte $\lambda_n = -n^2$ und die Eigenfunktionen $\sin(nx)$ und $\cos(nx)$. Da die Eigenfunktionen linear unabhängig sind, sind die Eigenwerte je zweifach entartet. Beispielsweise sind die Energieeigenwerte $E_n$ des Hamilton-Operators für das Elektron im Wasserstoffatom (ohne Berücksichtigung des Spins) $n^2$-fach entartet, was bedeutet, daß es zur Energie $E_n$ $n^2$ linear unabhängige Eigenzustände gibt. Das Valenzelektron im Natriumatom sieht im Unterschied zum Elektron im Wasserstoffatom kein $1/r$-Potential, was dazu führt, daß ein Teil der Entartung aufgehoben ist: Die Energieeigenwerte $E_{nL}$ sind nur noch $(2L + 1)$-fach entartet.
**2)** *Wellenlehre*: Besitzt die Schwingungsgleichung eines Systems mit Randbedingungen (Membran, Konzertsaal usw.) zur selben ↗*Eigenfrequenz* mehrere linear unabhängige Lösungen, so nennt man diese (und auch die zugehörige Frequenz, sowie die daraus resultierende Schwingung) *entartet*. In einem Raum hallen die entarteten Frequenzen stärker wider als die nichtentarteten, so daß z.B. bei der Konstruktion von Konzertsälen darauf geachtet werden muß, entartete Frequenzen im hörbaren Bereich möglichst weitgehend zu vermeiden. Auch bei Lautsprechern und Mikrophonen spielen entartete Schwingungen eine Rolle (↗*Membranschwingungen*).
**3)** *Statistische Physik*: Ein ↗*Fermi-Gas* wird als entartet bezeichnet, wenn die Temperatur $T$ klein ist gegen die Fermi-Temperatur $T_F$. Bei hohen Temperaturen $T \gg T_F$ geht die ↗*Fermi-Dirac-Verteilung* in eine Maxwell-Boltzmann-Verteilung (Boltzmannscher Grenzfall) über, die die Besetzung der Energiezustände eines klassischen Gases angibt. Bei $T \ll T_F$ weichen mit abnehmender Temperatur die Eigenschaften des Gases mehr und mehr von denen des idealen Gases ab, und es tritt eine Gasentartung ein. Die Fermi-Dirac-Verteilung hat in diesem Fall einen ähnlichen Verlauf wie für $T = 0$, bei dem alle Zustände bis zur der Fermi-Energie $E_F$ mit Fermionen besetzt und alle Zustände oberhalb $E_F$ leer sind (Fermischer Grenzfall). Demnach besitzen die Teilchen auch am absoluten Nullpunkt eine mittlere Energie. In diesem Zusammenhang wird $T_F$ auch als Entartungstemperatur bezeichnet. (↗Gasentartung) [GB1, JS1, TV]

**Entartungskonzentration,** Bezeichnung für die effektiven Zustandsdichten $N_C$ und $N_V$ im Leitungsband und im Valenzband. Diese Benennung rührt daher, daß ein *nichtentarteter Halbleiter* dadurch charakterisiert ist, daß die Ladungsträgerkonzentrationen $n \ll N_C$ bzw. $p \ll N_V$ sind. (↗*entartete Halbleiter*)

**Entartungstemperatur,** eine für ein Gas charakteristische Temperatur, welche die Grenze markiert zwischen einem Bereich hoher Temperaturen, in dem das Gas klassisch, d.h. mit Hilfe der *Maxwell-Boltzmann-Statistik*, beschrieben werden kann, und einem Bereich niedriger Temperaturen, in dem Quanteneffekte eine Rolle spielen oder das Verhalten des Gases sogar entscheidend bestimmen. Für ein ideales Bose-Gas kann die ↗*Bose-Temperatur*, für ein ideales Fermi-Gas die ↗*Fermi-Temperatur* als Entartungstemperatur angenommen werden. Bei der Entartungstemperatur, die für reale Syteme im allgemeinen nicht scharf definiert ist, liegt die mittlere De-Broglie-Wellenlänge der Gasteilchen in der gleichen Größenordnung wie der mittlere Abstand zweier benachbarter Teilchen (↗*Boltzmann-Näherung*). Die Entartungstemperatur ist proportional zu $n^{\frac{2}{3}}$, wenn $n$ die Teilchenzahldichte ist, und umgekehrt proportional zur Masse der Gasteilchen.

**Entelektrisierung,** *Depolarisation*, der Effekt, daß bei einem ↗*Dielektrikum* endlicher Ausdehnung, das in ein äußeres elektrisches Feld $\boldsymbol{E}_a$ gebracht wird, das Feld $\boldsymbol{E}_i$ in seinem Inneren kleiner ist, als es vorher im Vakuum war. Die elektrische Feldstärke im Inneren muß dabei als Kraft auf eine Probeladung in einem Kanal längs der Feldlinien gedacht werden. Der Grund für die Entelektrisierung liegt in der ↗*elektrischen Polarisation*, also der Erzeugung bzw. Ausrichtung mikroskopischer Dipole, die zur Ausbildung von ↗*Oberflächenladungen* führt. Diese Oberflächenladungen erzeugen das entelektrisierende Feld, das dem äußeren entgegenwirkt. Das ↗*Entelektrisierungsfeld* (und damit auch $\boldsymbol{E}_i$) ist i.a. inhomogen, nur für Ellipsoide ist es homogen und leicht zu berechnen.

**Entelektrisierungsfaktor,** geometrischer Faktor, der angibt, wie stark das elektrische Feld $\boldsymbol{E}_i$ im Inneren eines ↗*Dielektrikums* gegenüber dem äußeren Feld $\boldsymbol{E}_a$ abgeschwächt ist, d.h. wie groß die ↗*Entelektrisierung* ist. Für ein Dielektrikum mit der Gestalt eines Ellipsoiden gilt: $\boldsymbol{E}_i = \boldsymbol{E}_a - N\boldsymbol{P}/\varepsilon_0$ ($\boldsymbol{P}$: ↗*elektrische Polarisation*), wenn das Feld in Hauptachsenrichtung liegt. Für beliebig orientiertes Feld gibt es drei Gleichungen mit verschiedenen $N_x$, $N_y$, $N_z$ mit $N_x + N_y + N_z = 1$. Für eine Kugel gilt $N_x = N_y = N_z = 1/3$.

**Entelektrisierungsfeld,** *Depolarisationsfeld*, das von einer gleichmäßigen Polarisierung herrührende Feld im Inneren eines Dielektrikums.




**Entelektrisierungsfeld:** Das Entelektrisierungsfeld $\boldsymbol{E}_i$ ist der Polarisation $\boldsymbol{P}$ entgegengerichtet. Die gedachten Oberflächenladungen sind angedeutet: Innerhalb des Ellipsoids ist das Feld dieser Ladungen gleich dem Feld $\boldsymbol{E}_i$.

Das Entelektrisierungsfeld $\boldsymbol{E}_i$ wirkt dem außen angelegten Feld $\boldsymbol{E}_a$ entgegen und verringert das makroskopische Feld $\boldsymbol{E}$ im Inneren des Dielektrikums, wenn die dielektrische Funktion im unendlich angenommenen Außenraum $\varepsilon_a$, kleiner als im Dielektrikum selbst, $\varepsilon$, ist:

$$\boldsymbol{E}_i = -\frac{N\boldsymbol{P}_i}{\varepsilon_0} = -\boldsymbol{E}_a N\frac{\varepsilon - \varepsilon_a}{\varepsilon_a}$$

Die Stärke des Entelektrisierungsfeldes $\boldsymbol{E}_i$ ist geometrieabhängig und wird von den ↗*Entelektrisierungsfaktoren* $N(N_x, N_y, N_z)$ bestimmt.

**Entfernungsbestimmung von Himmelskörpern,** geometrische, photometrische und sonstige Methoden zur Bestimmung des Abstandes von Sternen, Galaxien und anderen Himmelskörpern von der Erde. Die geometrischen Methoden (Parallaxenmethoden) funktionieren weitgehend ohne weitere Modellannahmen. Die photometrischen Verfahren setzen hingegen die Kenntnis der Entfernungen einer hinreichenden Anzahl von Sternen jenes Typs, auf die sie angewandt werden sollen, voraus.

Die ↗*trigonometrische Parallaxe* basiert auf der parallaktischen Verschiebung naher Sterne relativ zu entfernten Sternen oder Galaxien aufgrund der jährlichen Bewegung der Erde um die Sonne. Diese Methode reicht bis in Entfernungen von etwa 100 Parsec (pc). Mit den Daten des Satelliten ↗*Hipparcos* läßt sich diese Grenze bis auf 500 pc hinausschieben.

Die ↗*Sternstromparallaxe* kann auf Sterngruppen angewendet werden, in denen sich die Mitglieder in gleicher Richtung und mit gleicher Geschwindigkeit durch den Raum bewegen. Aus der Ermittlung des Fluchtpunktes sowie der räumlichen Bewegungen der Mitglieder läßt sich die Entfernung des Haufens bestimmen. Diese Methode funktioniert bis in eine Entfernung von etwa 2000 pc.

Bei der Rotationsparallaxe geht man von einem bestimmten Modell der Milchstraßenrotation aus und nutzt den Zusammenhang zwischen der Entfernung eines Sterns und seiner Radialgeschwindigkeit aus. Diese Methode reicht unter geeigneten Bedingungen bis in Entfernungen von über 2000 pc.

Bei den *photometrischen Methoden* mißt man die ↗*scheinbare Helligkeit* eines Sterns und ermittelt aus dem Sterntyp dessen ↗*absolute Helligkeit*. Hieraus ergibt sich über das ↗*Entfernungsmodul* die Entfernung.

**Entelektrisierungsfaktor:** Entelektrisierungsfaktoren für verschiedene geometrische Formen von Dielektrika

| Körper | Entelektrisierungsfaktoren $N_x$, $N_y$, $N_z$ |
|---|---|
| Kugel | $N_x = N_y = N_z = 1/3$ |
| langer Zylinder in $x$-Richtung | $N_x = 0$, $N_y = N_z = 1/2$ |
| dünne Platte in $x$-$y$-Ebene | $N_x = 1$, $N_y = N_z = 0$ |
| dünnes, langgestrecktes Rotationsellipsoid ($a \gg b = c$, $a/b = a/c = m$) | $N_x \approx (\ln 2m - 1)/m^2$, $N_y = N_z \approx [1 - (\ln 2m - 1)/m^2]/2$ |
| flacher Diskus ($a = b \gg c$, $a/b = a/c = m$) | $N_x = N_y \approx \frac{\pi}{4m \cdot [1 - 4/(\pi m)]}$, $N_z \approx 1 - \pi/(2m) + 2/m^2$ |

Bei der *spektrophotometrischen Methode* bestimmt man mit Hilfe von Spektren oder von Helligkeitsmessungen in verschiedenen Farbbereichen (↗*Farben-Helligkeit-Diagramm*) die absolute Helligkeit eines Sterns. Diese Methoden lassen sich je nach scheinbarer Helligkeit und Größe der ↗*Extinktion* bis in Entfernungen zwischen 1 und 5000pc anwenden.

Aus der Perioden-Leuchtkraft-Beziehung der ↗*Delta-Cephei-Sterne* und der einheitlichen absoluten Helligkeit der *RR-Lyrae-Sterne* läßt sich ebenfalls die Entfernung dieser Objekte ableiten. Sterne dieses Typs sind sogar in einigen Galaxien nachweisbar; sie dienen daher als zuverlässige Entfernungsindikatoren bis in Distanzen von etwa 20Mpc.

Die Entfernungen von Galaxien lassen sich mit Hilfe verschiedener Methoden ermitteln; im Falle von Spiralgalaxien z.B. mit der *Tully-Fisher-Relation* und bei elliptischen Galaxien mit der *Faber-Jackson-Relation*.

Auch ↗*Supernovae* werden als Entfernungsindikator eingesetzt. Hier nutzt man den empirisch ermittelten Befund, daß die Maximalhelligkeiten von Supernovae des Typs II nur eine geringe Streuung zeigen.

Am weitesten reicht die Methode der spektralen Rotverschiebung. Sie beruht darauf, daß sich nahezu alle Galaxien aufgrund der ↗*Expansion* des Weltalls von uns entfernen, wobei die Größe der Rotverschiebung mit steigender Entfernung wächst. Der Zusammenhang zwischen Entfernung und Radialgeschwindigkeit ist abhängig von dem Wert der ↗*Hubble-Konstanten* und dem ↗*Weltmodell*. [TB]

**Entfernungsmessung,** Längenmessung der Strecke zwischen zwei Punkten. Es sind direkte und indirekte Entfernungsmessungen üblich. Direkte Messungen erfolgen normalerweise mit einem Maßband, einem Lineal oder einer Messlatte. Indirekte Entfernungsmessungen sind oft nötig, weil die zwei Punkte zu weit auseinander liegen (z.B. astronomische Entfernungen) oder weil die Strecke zwischen ihnen nicht überall zugänglich ist (z.B. Geländevermessung), so daß ein direkter Vergleich mit einer Einheitsstrecke unmöglich ist. Bei der indirekten Entfernungsmessung bestimmt man üblicherweise Entfernungen zu anderen Punkten, sogenannten Bezugspunkten, und/oder Winkel, aus denen die gesuchte Entfernung berechnet wird (↗Entfernungsbestimmung von Himmelskörpern, ↗Längenmessung, trigonometrische).

**Entfernungsmodul,** Differenz der ↗*scheinbaren Helligkeit m* und der ↗*absoluten Helligkeit M* eines Himmelskörpers. Aus ihm ergibt sich die Entfernung $r$ zu: $m - M = A_V - 5 + 5\lg r$, wobei $r$ in Parsec angegeben wird. $A_V$ bezeichnet die ↗*Extinktion* im visuellen Bereich. Eine Änderung im Entfernungsmodul um fünf *Größenklassen* bedeutet eine Änderung in der Entfernung um einen Faktor 10.

**Entgasung,** in der ↗*Vakuumtechnik* das Freisetzen von an der Oberfläche von Bauteilen adsorbierten (*Desorption*) oder in ihnen absorbierten Gasmolekülen (*Ausgasung*). Der Begriff bedeutet dabei sowohl das unfreiwillige Entgasen aller Werkstoffe als auch das gezielte Entgasen, z.B. durch Ausheizen, spezieller Bauteile. Auch das Freisetzen von leicht flüchtigen Kohlenwasserstoffen, z.B. aus dem Treibmittel bei Öl-↗*Diffusionspumpen*, wird als Entgasen bezeichnet.

Im ↗*Grobvakuum* beeinflußt die Entgasung die ↗*Auspumpzeit* und den ↗*Arbeitsdruck* i.a. nicht, im ↗*Feinvakuum* nur gering ($p > 0{,}1\,$Pa $= 10^{-3}$mbar). Im ↗*Hochvakuum* und im ↗*Ultrahochvakuum* (UHV) dagegen wird insbesondere die Pumpzeit durch unkontrollierte Entgasungen erheblich verlängert, so daß die Ad- und Absorbate für Messungen im UHV durch Ausheizen vor der Messung möglichst vollständig entfernt werden müssen. Die Entgasungsstromdichte »sauberer« Metall-, Glas- oder Keramikoberflächen $j_{\text{ent}}$ liegt typischerweise bei $10\text{Pa}\cdot\text{m}^3\cdot\text{s}^{-1}\cdot\text{m}^{-2} = 10^{-4}\text{mbar}\cdot\text{l}\cdot\text{s}^{-1}\cdot\text{m}^{-2}$.

**Enthalpie,** *H*, *Gibbssche Wärmefunktion*, *Drosselfunktion*, thermodynamische Funktion oder thermodynamisches Potential $H = U - pV$. Dabei sind $U$ die innere Energie, $p$ der Druck und $V$ das Volumen. $H$ ist eine extensive Größe, d.h. sie hängt von der Stoffmenge der Substanz ab. Das totale Differential der Enthalpie hat mit den natürlichen Variablen (↗*thermodynamisches Potential*) Entropie $S$ und $p$ die Form $\text{d}H = T\text{d}S + V\text{d}p$. Bei einer reversibel-isobaren Zustandsänderung, also $\text{d}p = 0$, ist $\text{d}H = T\text{d}S = \text{d}Q$, d.h., die Änderung der Enthalpie ist gleich der zugeführten Wärme. Für die Wärmekapazität bei konstantem Druck erhält man $C_p = (\partial H/\partial T)_p$. Die Enthalpie ist bei Prozessen, bei denen der Druck anstelle des Volumens als wesentlicher Parameter auftritt, eine geeignetere Bilanzgröße als die Energie.

Eine weitere wichtige thermodynamische Zustandsgröße ist die ↗*freie Enthalpie*.

**Entkeimungsstrahler,** *Ozonstrahler*, ↗Sterilisationslampe.

**Entkopplung,** einfaches ↗*Doppelresonanz*-Experiment mit gekoppelten Kernen, bei dem während der Spektroskopie am einen Kopplungspartner die Resonanzfrequenz des anderen Kopplungspartners mit hoher Intensität eingestrahlt wird. Dadurch kann erreicht werden, daß der Einfluß der ↗*Kopplung* auf das Spektrum des untersuchten Kerns unterdrückt wird, da sein Kopplungspartner zu schnell seine Spineinstellung wechselt, um den anderen Kern noch beeinflussen zu können. Besonders wichtig sind Entkopplungsexperimente bei Experimenten mit sogenannten *Heterokernen*, bei denen die Resonanz der umgebenden Protonen gesättigt wird. Entkopplungsexperimente sind nicht nur interessant, um einfachere und klarere Spektren zu erhalten. Sie können auch eingesetzt werden, um Anhaltspunkte über die Kopplungspartner

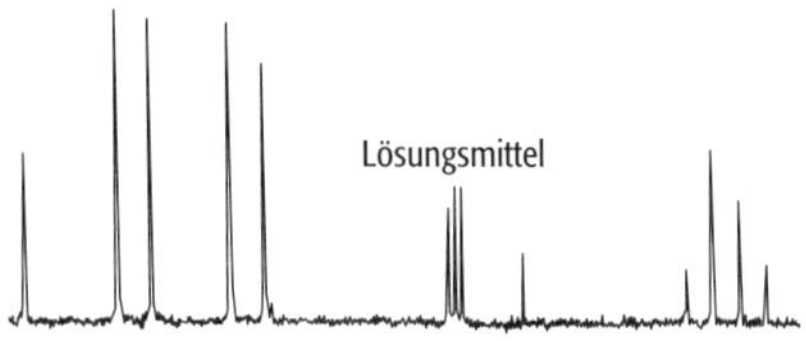


**Entkopplung 1:** NMR-Spektrum von Crotonsäure in $CDCl_3$ mit C,H-Kopplungen, aufgenommen nach dem *Gated-Coupling-Verfahren.*

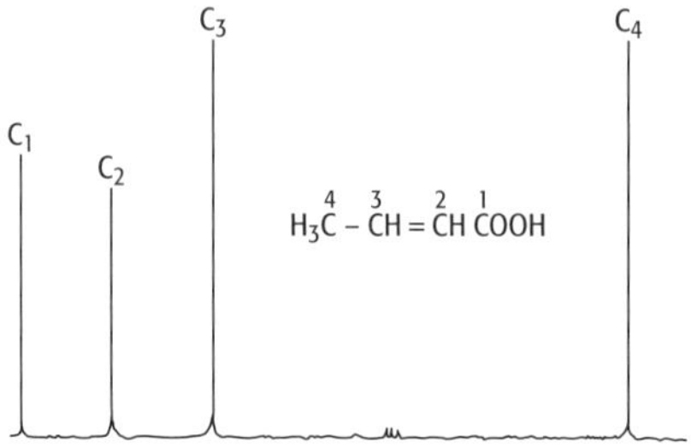


**Entkopplung 2:** wie Abb. 1, jedoch $^1$H-BB-entkoppeltes Spektrum.

eines bestimmten Spins zu erhalten und so Aussagen über molekulare Nachbarschaftsverhältnisse zu gewinnen.

**Entkopplungsmethode** ↗Entkopplung.

**Entladung,** allgemein Ladungsausgleich bei zuvor elektrisch aufgeladen Körpern (z.B. ↗Kondensator), speziell: ↗Gasentladung.

**Entladungslampe** ↗Gasentladungslampe.

**Entladungsquellen** 1) ↗Gasentladungslampe; 2) ↗Ionenquellen.

**Entladungsröhre** ↗Gasentladung.

**Entlastung,** Verringerung der mechanischen Spannungen in einem deformierten Körper. Gegensatz: ↗Belastung.

**Entmagnetisierung,** 1) die Schwächung eines äußeren magnetischen Feldes $\boldsymbol{H}_{\text{ext}}$ im Inneren eines magnetisierten Körpers analog zur ↗*Entelektrisierung.* Diese Schwächung beruht auf dem *magnetischen Dipolfeld,* das von dem aus den *atomaren Kreisströmen* resultierenden *Ampèrschen Oberflächenstrom* hervorgerufen wird (↗*Ampèrescher Strom*). Das Dipolfeld ist, genau wie im elektrischen Fall das entelektrisierende Feld, dem äußeren Feld entgegengesetzt. Die Größe der Entmagnetisierung wird mit dem *Entmagnetisierungsfaktor* $N$ beschrieben, der durch $\boldsymbol{M} = \chi_{\text{m}}\boldsymbol{H}_{\text{ext}}/(1 + N\chi_{\text{m}})$ definiert ist ($\chi_{\text{m}}$ ↗*magnetische Suszeptibilität*). Das innere Feld beträgt demnach $\boldsymbol{H}_{\text{i}} = \boldsymbol{H}_{\text{ext}} - N\boldsymbol{M}$, der Feldanteil $-N\boldsymbol{M}$ heißt *entmagnetisierendes Feld.* In einem unendlich langen Stab tritt keine Entmagnetisierung auf ($N = 0$), da auch die Pole des entmagnetisierenden Feldes im Unendlichen verschwinden. Für eine Kugel ist $N = 4\pi/3$. Wegen der Entmagnetisierung mißt man in nicht geschlossenen *magnetischen Kreisen* nicht die wahre *Magnetisierungskurve,* sondern eine gemäß $\boldsymbol{H}_{\text{i}} = \boldsymbol{H}_{\text{ext}} - N\boldsymbol{M}$ gescherte. In zwei- oder mehrphasigen Stoffen treten auch im Inneren *freie Pole* auf, die analog zu einer inneren Entmagnetisierung führen, welche den Verlauf der Magnetisierungskurve von *Ferromagnetika* in vielen Fällen wesentlich beeinflußt.

2) *Abmagnetisierung,* die Herstellung des vollständig entmagnetisierten Zustandes in *Ferromagnetika.* Diese verlieren aufgrund der ↗*Remanenz* nach Abschalten des magnetisierenden Feldes ihre Magnetisierung nicht vollständig. Zur Entmagnetisierung wird z.B. ein Wechselfeld, dessen Amplitude stetig auf null absinkt, eingesetzt. Zusätzlich wird die Probe auf Temperaturen oberhalb der ↗*Curie-Temperatur* erhitzt und anschließend im feldfreien Raum abgekühlt oder mechanisch erschüttert (bei ↗*magnetisch weichen* Proben). Die verschiedenen Methoden führen zu nicht identischen entmagnetisierten Zuständen, die sich in ihrer *Anfangssuszeptibilität* und ihrem *Magnetisierungsverlauf* (↗*Hysterese*) sowohl untereinander als auch von der ↗*Neukurve* unterscheiden.

3) ↗*adiabatische Entmagnetisierung,* Verfahren zur Erzeugung und Messung tiefster Temperaturen ($< 1$ K) in der ↗*Tieftemperaturphysik.*

**Entmagnetisierungsfaktor,** Geometriefaktor, der die Stärke des *Entmagnetisierungsfeldes* angibt. Der Entmagnetisierungsfaktor ist nur für ellipsoidförmige Proben oder Grenzfälle von Ellipsoiden in homogenen äußeren Magnetfeldern definiert und hängt vom Achsenverhältnis des Ellipsoids und der Richtung des angelegten Magnetfeldes ab. Allgemein gilt $N_{\text{a}} + N_{\text{b}} + N_{\text{c}} = 1$, wobei $N_{\text{a}}$, $N_{\text{b}}$, $N_{\text{c}}$ die Entmagnetisierungsfaktoren längs der Hauptachsen des Ellipsoids sind. Bedeutung und Berechnung sind völlig analog zum ↗*Entelektrisierungsfaktor* (↗*Entelektrisierung*).

**Entmagnetisierungsfaktor:** Entmagnetisierungsfaktoren $N$ für Grenzfälle von Rotationsellipsoiden

| Probenform | Achse | $N$ |
|---|---|---|
| Kugel | beliebig | 1/3 |
| Scheibe | senkrecht | 1 |
| Scheibe | in Ebene | 0 |
| langer Kreiszylinder | longitudinal | 0 |
| langer Kreiszylinder | transversal | 1/2 |

**Entmagnetisierungsfeld,** *entmagnetisierendes Feld,* Magnetfeld im Inneren eines Festkörpers, das von den Dipolfeldern der Gitteratome erzeugt wird. Betrachtet man den Festkörper als Kontinuum, so kompensieren sich im Probeninneren alle Dipole, und nur an den Polenden verbleibt eine Verteilung von Nord- und Südpolen, deren Feld der Magetisierung $\boldsymbol{M}$ bzw. einem von außen angelegten Feld $\boldsymbol{H}_{\text{ext}}$ entgegengerichtet ist und daher entmagnetisierend wirkt. Das Entmagnetisierungsfeld geht damit in das *lokale Magnetfeld* sowie in das *innere Magnetfeld* einer Probe ein. Proben in einem homogenen Magnetfeld sind nur dann homogen magnetisiert, wenn sie die Gestalt eines Ellipsoids besitzen. Das Entmagnetisierungsfeld berechnet sich durch $H_{\text{ent}} = -\dfrac{N}{\mu_0}M$ wobei der ↗*Entmagnetisierungsfaktor* $N$ vom Achsenverhältnis des Ellipsoids abhängt. Analog entsteht bei der ↗*elektrischen Polarisation* einer Probe ein ↗*Entelektrisierungsfeld*.

**Entmagnetisierungskurve,** der im zweiten Quadranten liegende Teil der ↗*Hystereseschleife*. Ihr Verlauf ist vor allem für die Charakterisierung von ↗*magnetisch harten* Werkstoffen und die Dimensionierung von ↗*Dauermagnet*-Systemen wichtig. Aus ihr lassen sich die wesentlichen Kenngrößen ↗*Remanenz*, *Koerzitivfeldstärke* und maximale ↗*magnetische Energiedichte* $(BH/2)_{max}$ entnehmen.

**Entmischung,** der Zerfall einer mehrkomponentigen Mischung in zwei oder mehrere Phasen verschiedener Zusammensetzung. Entmischung tritt bei Systemen mit begrenzter Mischbarkeit in bestimmen Temperaturbereichen auf und beim Erstarren von Schmelzen, falls die Komponenten keine Mischkristalle bilden. Technisch wichtig ist diese Entmischung beim Erstarren von Legierungsschmelzen.

**entoptische Erscheinungen,** visuelle Erscheinungen, die von Objekten, die im Auge lokalisiert sind, oder vom visuellen Zentrum des Gehirns hervorgerufen werden.

In der Mikroskopie ist das Auge selbst Teil des optischen Apparates. Entoptische Phänomene treten hier insbesondere durch Inhomogenitäten der optischen Medien (Hornhaut, Glaskörper, Netzhaut) des Auges auf; sie sind um so ausgeprägter, je kleiner die Austrittspupille des Mikroskopokulars ist.

**entozentrisch** ↗Perspektive.

**Entpolarisierungsfaktor** ↗Entmagnetisierungsfaktor, ↗Entmagnetisierung.

**Entropie,** $S$, thermodynamische Zustandsfunktion, eine der zentralen Größen der Thermodynamik und der Statistischen Physik mit der SI-Einheit J/K. R. Clausius gelangte 1850 im Rahmen der phänomenologischen Thermodynamik über die Betrachtung reversibler ↗*Kreisprozesse* zum Entropiebegriff. In einem solchen Prozeß ist die *reduzierte Wärmemenge* $\oint dQ/T$ stets gleich Null, woraus sich die Existenz einer ↗*Zustandsgröße S* mit dem vollständigen Differential $dS = \frac{dQ}{T}$ ableiten läßt. Dieser Zustandsgröße gab Clausius den Namen Entropie, zu deutsch etwa »Verwandlungsinhalt«. Boltzmann lieferte 1866 die Definition der Entropie auf statistischer Basis. Im Rahmen der Statistischen Physik wird die Entropie als $S = k_B \cdot \ln \Omega$ definiert, wobei $k_B$ die Boltzmann-Konstante ist und $\Omega$ für das *statistische Gewicht* des Zustandes steht, also für die Anzahl der mikroskopischen Zustände im Phasenraum, die mit dem betrachteten makroskopischen Zustand vereinbar sind. $\Omega$ wird gelegentlich auch als *thermodynamische Wahrscheinlichkeit* des Zustandes bezeichnet, obwohl es sich um keine Wahrscheinlichkeit im engen Sinne des Wortes handelt, da keine Normierung vorgenommen wird. Boltzmanns Nachweis dafür, daß diese beiden Definitionen äquivalent sind (↗*Boltzmannsches Prinzip*), kann als Durchbruch für das Verständnis der Thermodynamik als die statistische Mechanik großer Teilchenzahlen betrachtet werden.

In statistischem Sinne ist auch die umgangssprachliche Gleichsetzung des Entropiebegriffs mit dem der »Unordnung« aufzufassen: Je größer die Anzahl der erlaubten, d.h. mit dem Makrozustand vereinbaren Mikrozustände, die nach dem Grundpostulat der statistischen Physik mit gleicher Wahrscheinlichkeit eingenommen werden, desto größer die Entropie; ein System mit nur einem eindeutig fixierten Zustand weist die Entropie null auf.

Die statistische Definition der Entropie zeigt, daß stets $S \geq 0$ gilt. Es sei angemerkt, daß der absolute Wert der Entropie nur im Rahmen der Quantenstatistik eindeutig festgelegt ist; dies rührt daher, daß das statistische Gewicht $\Omega$, die Anzahl der Zustände innerhalb eines bestimmten Energieintervalls, von der Unterteilung des Phasenraumes in Zellen abhängt, deren Größe in der klassischen Statistik willkürlich erfolgt, so daß die Entropie nur bis auf eine beliebige additive Konstante fixiert ist. Im Rahmen der Quantenstatistik jedoch ergibt sich das Volumen einer Phasenraumzelle ganz natürlich zu $\hbar^f$, worin $\hbar$ das Plancksche Wirkungsquantum, $f$ die Anzahl der Freiheitsgrade bedeuten (↗*statistisches Gewicht*, ↗*Phasenraum*), so daß die Entropie absolut festgelegt ist.

Der Verlauf der Entropie in Abhängigkeit von der Energie zeigt das folgende Verhalten: Bei der quantenmechanischen Grundzustandsenergie $E_0$, die im allgemeinen einen eindeutigen, oder, im Entartungsfalle, einige wenige Zustände charakterisiert, verschwindet die Entropie nährerungsweise: $S \approx 0$. Ist die Energie etwas größer, so gilt $S(E) \approx k_B f \cdot (E - E_0)$, wobei die Anzahl der Freiheitsgrade $f$ von der Größenordnung $10^{24}$ ist. Für große Energien wird die Entropie von der Größenordnung $k_B f$, steigt also nur noch langsam mit der Energie.

Die Entropie $S$ ist im allgemeinen keine Erhaltungsgröße mit der Zeit. Nur wenn das System nicht nur thermisch, sondern auch »arbeitsmäßig« isoliert ist, also ein abgeschlossenes System mit konstanter innerer Energie darstellt, hat die Entropie im Gleichgewicht einen bestimmten konstanten Wert. Die Änderung der Entropie eines abgeschlossenen Systems ist Inhalt des ↗*zweiten Hauptsatzes der Thermodynamik*, des sogenannten *Entropiesatzes*, dem zufolge bei allen thermodynamischen Prozessen die Entropie monoton zunimmt oder aber im Grenzfall des thermodynamischen Gleichgewichtes unverändert bleibt, sich niemals jedoch verringert. Gemäß dem dritten Hauptsatz der Thermodynamik, dem ↗*Nernstschen Theorem*, verschwindet die Entropie am absoluten Temperaturnullpunkt.

Die Messung der Entropie kann erfolgen, indem man den zweiten Hauptsatz auf einen infinitesimalen *quasistatischen Prozeß* anwendet, mit dem ein System von einem Zustand 1 in einen Zustand 2 überführt wird; für die Entropiedifferenz $S_{12}$ zwischen den beiden Zuständen gilt dann $S_{12} = \int_1^2 \frac{đQ}{T}$. Die Auswertung des Integrals der rechten Seite liefert, unabhängig vom gewählten quasistatischen Prozeß, einen eindeutigen Wert für die Entropiedifferenz, da der Integrand, im Gegensatz zum Differential der Wärme allein, ein vollständiges Differential darstellt. Wählt man nun beispielsweise einen isothermen Prozeß ($T =$ *const.*), so ist die Entropie einfach als der Quotient aus Übergangswärme und Temperatur meßbar. [JS2]

**Entropieänderung,** die Änderung der ↗*Entropie* $\Delta S$ während einer Zustandsänderung. Es gilt allgemein die Ungleichung $dS \geq \frac{đQ}{T}$, wobei $T$ die absolute Temperatur und $Q$ die Wärmeenergie bedeuten.

Das Gleichheitszeichen gilt bei reversiblen Zustandsänderungen. Deshalb kann $dS \geq \frac{đQ_{rev}}{T}$ oder bei Verwendung des ↗*ersten Hauptsatzes* als $dS = \frac{dU - đW_{rev}}{T}$ geschrieben werden.

Im einfachsten Fall ist $đW_{rev} = -pdV$, stets aber wird durch die angegebene Gleichung $dS$ durch Zustandsgrößen und ihre Differentiale ausgedrückt, so daß die Entropieänderung bei einer beliebigen Zustandsänderung durch Integration längs eines beliebigen Weges im Zustandsdiagramm bestimmt werden kann (*Clausiussches Integral*).

Bei einer quasistatischen Zustandsänderung läßt sich die differentielle Entropieänderung allgemein in der Form

$$dS(U, V, N_i, x_\alpha) = \frac{1}{T}\left(dU - \sum_\alpha X_\alpha dx_\alpha - \sum_i \mu_i dN_i\right)$$

schreiben. Dabei bedeuten $U$ die innere Energie, $V$ das Volumen, $N_i$ die Teilchenzahl der $i$-ten Komponente, $x_\alpha$ die äußeren Parameter, $T$ die absolute Temperatur, $X_\alpha$ die verallgemeinerten Kräfte und $\mu_i$ das chemische Potential der $i$-ten Komponente. Der wichtigste äußere Parameter ist das Volumen $V$, die zugehörige verallgemeinerte Kraft ist der negative Druck $p$. Um die Entropieänderung berechnen zu können, benötigt man noch die thermischen Zustandsgleichungen $X_\alpha = X_\alpha(T, x_1, ..., x_n)$, $\alpha = 1, ... n$ und die kanonische Zustandsgleichung $U = U(T, x_1, ..., x_n)$.

**Entropiebilanz,** Gleichung für die zeitliche Änderung der Entropie eines Systems oder der Entropiedichte. Die integrale Formulierung der Entropiebilanz enthält die Aussage, daß die zeitliche Änderung der Entropie $S$ eines Systems und der Entropiestrom $J_S$ durch die Oberfläche des Systems zusammen gleich der auf die Zeit bezogenen Entropieerzeugung $N_S$ sind. Die differentielle Entropiebilanz für die Entropiedichte $s$ (d. h. die Entropie je Volumeneinheit), aus der man $S$ durch Integration über das Volumen des Systems erhält, lautet:

$$\frac{\partial s}{\partial t} - \mathrm{div}\, j_S = \upsilon_S,$$

wobei $j_S$ der Entropiestromdichtevektor und $\upsilon_S$ die Dichte der Entropieerzeugung (je Zeiteinheit) sind. Auf Grund des zweiten Hauptsatzes muß $\upsilon_S$ in einem abgeschlossenen System größer als null sein. So hat z. B. ein Wärmestrom in einem System ohne Energieerzeugung oder -vernichtung die Entropiestromdichte $j_S = j_q/T$, wobei $j_q$ die Wärmestromdichte und $T$ die Temperatur bedeuten. Die Entropieerzeugung lautet dann $\upsilon_S = \lambda(\mathrm{grad}\ T)^2/T^2$ mit der Wärmeleitfähigkeit $\lambda$.

**Entropiefunktionen,** Bezeichnung für die aus den molaren Wärmekapazitäten (Molwärmen) $C_p$ und $C_V$ gebildeten Integrale

$$S_p = \int C_p \frac{dT}{T} \text{ für konstanten Druck,}$$

$$S_V = \int C_V \frac{dT}{T} \text{ für konstantes Volumen.}$$

Man kann damit z.B. die Temperaturen isentroper Zustandsänderungen unter Berücksichtigung der Temperaturabhängigkeit der spezifischen Wärmekapazitäten berechnen.

**Entropiekonstante,** *Sackur-Tetrodesche Entropiekonstante*, ↗Entropiekraft.

**Entropiekraft,** *Entropiekonstante*, *Sackur-Tetrodesche Entropiekonstante*, der nur linear von der Teilchenzahl, nicht aber von Temperatur oder Volumen, abhängende Anteil der Entropie des idealen Gases.

Sein Wert beträgt

$$S_0 = Nk_B \ln[(2\pi k_B M/L)^{3/2} e^{5/2}/h^3]\nu,$$

wobei $k_B$ die Boltzmann-Konstante, $L$ die ↗Loschmidt-Zahl, $M$ das Molekulargewicht, $h$ das Plancksche Wirkungsquantum und die Zahl e die Eulersche Zahl ist.

Die Entropiekraft ist bei Fragestellungen, in denen ein Teilchenaustausch stattfindet, insbesondere bei Phasengleichgewichten und chemischen Reaktionen von Bedeutung.

Die Entropiekonstante steht durch die Beziehung $i = S_0/R - 5/2$ in einem direkten Zusammenhang mit der Dampfdruckkonstanten $i$, die sich bei der Integration der ↗*Clausius-Clapeyron-Gleichung* ergibt, und mit der Gleichgewichtskonstante beim ↗*Massenwirkungsgesetz*. Hier ist $R$ die allgemeine Gaskonstante.

**Entropieprinzip,** *Prinzip von der Vermehrung der Entropie*, eine der alternativen Formulierungen des ↗*zweiten Hauptsatzes* der Thermodynamik, der zufolge jeder adiabatische Vorgang in einer solchen Richtung verläuft, daß die Gesamtentropie aller am Vorgang beteiligten Körper zunimmt bzw. im Grenzfall umkehrbarer Zustandsänderungen konstant bleibt. Die Gesamtentropie des Systems ist dabei in jedem Augenblick gleich der Summe der Einzelentropien aller beteiligten Körper.

Die einzige Voraussetzung ist, daß das System nicht in Wärmeaustausch mit der Umgebung tritt. Energie anderer Art kann an die Umgebung abgegeben oder von ihr aufgenommen werden.

**Entropieproduktion,** derjenige Anteil der zeitlichen Änderung der Entropie $S$ eines Systems, der die mit dem Ablauf irreversibler Prozesse (im Inneren des Systems) verbundene Entropiezunahme beschreibt. Der Entropieaustausch mit der Umgebung wird dabei nicht mit erfaßt. Aus dem ↗*zweiten Hauptsatz* und der ↗*Gibbsschen Fundamentalgleichung* der Thermodynamik erhält man für die Entropieproduktion $\frac{d_iS}{dt} = \sum_j X_j J_j = 0$. Hierbei sind $J_j$ die Raten der verschiedenen beteiligten irreversiblen Prozesse (z. B. chemische Reaktionen, Wärmestrom, Diffusionsstrom) und $X_j$ die entsprechenden verallgemeinerten Kräfte (z. B. Affinitäten, Temperaturgradienten, Gradienten der chemischen Potentiale).

Im thermodynamischen Gleichgewicht gilt gleichzeitig für alle irreversiblen Prozesse

$$J_j = 0,\ X_j = 0 \text{ und damit } \frac{d_iS}{dt} = 0.$$

In Gleichgewichtsnähe kann man lineare homogene Bedingungen zwischen den Flüssen und Kräften annehmen, und man erhält auf diese Weise die lineare Thermodynamik irreversibler Prozesse.

In stationären Nichtgleichgewichtszuständen wird die Entropieproduktion minimal (↗*Prigoginesches Prinzip der minimalen* Entropieproduktion).

**Entropiesatz** ↗*zweiter Hauptsatz* der Thermodynamik.

**Entschwefelung,** in der Kraftwerkstechnik die Entfernung des Schwefels aus dem Brennstoff bzw. die chemische Bindung von Schwefeloxiden in nichtschädlichen Stoffen. Bei der Verbrennung fossiler Energieträger, insbesondere von Kohle, wird der im Energieträger u.a. als *Pyrit* ($FeS_2$) chemisch gebundene Schwefel mit Sauerstoff zu Schwefeldioxid ($SO_2$) sowie -trioxid ($SO_3$) umgesetzt. Die dadurch hervorgerufenen Emissionen verursachen bereits in geringen Konzentrationen Beeinträchtigungen der Gesundheit sowie Vegetationsschäden. Beim Betrieb von Verbrennungskraftwerken auf Kohlebasis ist daher eine Entschwefelung des Brennstoffs dringend geboten. In der Vergangenheit wurde eine große Zahl verschiedener Verfahren entwickelt, die sich folgendermaßen klassifizieren lassen: (1) Bei der Entschwefelung wird *während der Verbrennung*, z.B. der ↗*Wirbelschichtfeuerung*, durch Hinzufügen von Kalkstaub eine Bindung des Schwefel in Gips erreicht. (2) Alternativ läßt sich die Kohle auch *vor der Verbrennung* entschwefeln. Dies kann u.a. auf physikalischem Wege geschehen (Trennung des als schwachparamagnetischer Pyrit vorliegenden Schwefels unter der Ausnutzung der magnetischen Eigenschaften), auf chemischem Wege, z.B. im Meyer-Verfahren, oder mittels Kohleverflüssigung oder -vergasung mit nachgeschalteter Entschwefelung, wie etwa im *Claus-Verfahren.* (3) Häufig wird den erstgenannten Konzepten eine Entschwefelung *nach der Verbrennung*, mithin eine Rauchgaswäsche, vorgezogen. Insbesondere Prozesse, die auf einer Umsetzung zu Gips ($CaSO_4 \cdot H_2O$) unter Verwendung von Kalkstein ($CaCO_3$) und/oder (gebranntem) Kalk ($CaO$) aufbauen, haben eine große Verbreitung gefunden. Beispielhaft seien hier das Walter-, das Knauf-Research-Cottrell- sowie das Trockenadditivverfahren genannt.

**Entseuchung** ↗Dekontamination.

**Entsorgung radioaktiver Abfälle,** Verbringung schwach- oder hochradioaktiver Abfälle in Zwischen- und Endlager oder in Wiederaufbereitungsanlagen. Radioaktiver Abfall ensteht bei der Herstellung von Nuklearwaffen, beim Betrieb kommerzieller ↗*Kernkraftwerke* (↗*Energietechnik*), bei der Herstellung und ↗*Wiederaufarbeitung* von Kernbrennelementen (↗*Brennelemente*), beim Uranbergbau sowie in der Nuklearmedizin. Neben der Aktivität der Abfallstoffe spielen für ihre Klassifizierung (↗*Abfall, radioaktiver*) und Entsorgung die ↗*Halbwertszeiten* der Inhaltsstoffe eine wichtige Rolle. Während das Gefährdungspotential der Mehrzahl der Spaltprodukte eines Kernreaktors nach größenordnungsmäßig 1000 Jahren auf die Aktivität natürlicher Uranvorkommen abgesunken ist, ist dies bei den ↗*Actiniden* erst nach $>$1 Mio. Jahren der Fall. Die Abfallstoffe müssen daher für geologische Zeiträume sicher von der Biosphäre abgeschlossen werden. Das Entsorgungskonzept in der Bundesrepublik Deutschland sieht eine direkte Verbringung in tiefe geologische Formationen vor, wobei für Stoffe mit geringer Wärmeentwicklung die ehemalige Eisenerzgrube Konrad (Salzgitter) sowie das

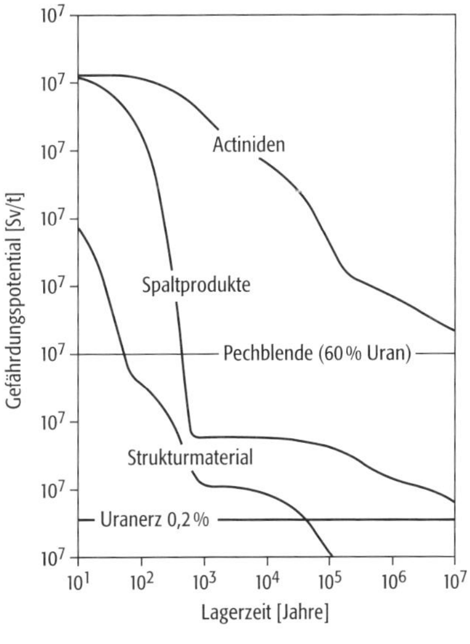


**Entsorgung 1:** Zeitverlauf des Gefährdungspotentials von entladenem Reaktorbrennstoff aus Druckwasserreaktoren bei Aufnahme über die Nahrung (Ingestionspfad)

**Entsorgung radioaktiver Abfälle:** Überblick über bestehende sowie geplante Einrichtungen zur Entsorgung schwachradioaktiver Abfälle sowie über Pläne zur Entsorgung hochaktiver Abfälle. Weltweit ist z.Z. noch kein Endlager für hochaktive Abfälle realisiert. O = überirdische oder oberflächennahe Einrichtung; M = bergmännisch erstelltes Lager oder ehemaliges Bergwerk; ( ) = in Planung befindlich; K = kristallines Gestein (z.B. Granit); – = z.Z. kein Programm zur Entsorgung hochaktiver Abfälle.

| Land | Einrichtungen für schwachaktive Abfälle | Geologische Formationen für hochaktive Abfälle (geplant) |
|---|---|---|
| Argentinien | (O) | K |
| Australien | (O) | – |
| Belgien | (O) | Ton |
| Brasilien | (O) | – |
| Bulgarien | O | – |
| China | (O) | K |
| Deutschland | M | Salz |
| Finnland | M | K |
| Frankreich | O | K, Ton |
| Großbritannien | O, (M) | – |
| Indien | O | – |
| Italien | (O) | K, Ton |
| Japan | O | K, Ton, Tuff |
| Kanada | (O) | K |
| Süd-Korea | (O/M) | – |
| Niederlande | (M) | Salz |
| Norwegen | O, (M) | – |
| Polen | O | – |
| Slowakei | (O) | – |
| Südafrika | O | – |
| Spanien | O | K, Ton, Salz |
| Schweden | M | K |
| Schweiz | (M) | K, Ton |
| Tschechien | O, M | – |
| ex-UdSSR | O | K, Salz |
| Ungarn | O | – |
| USA | O | Salz, Tuff |

ehemalige DDR-Endlager Morsleben dienen sollen (Abb. 3 im Farbtafelteil). Für alle anderen radioaktiven Abfälle, vor allem aber die hochaktiven, ist der Salzstock in Gorleben vorgesehen. Insbesondere die Wahl Gorlebens ist seit Jahren Gegenstand heftiger politischer Auseinandersetzungen. Spezifische Entsorgungskosten werden für den Schacht Konrad mit 10000 DM/m³ Abfall sowie für Gorleben mit 600000 DM/m³ Abfall angegeben. Vor der Einbringung in ein dauerhaft zu verschließendes Endlager werden die hochaktiven Abfälle zunächst einige Jahrzehnte intern in den Kernkraftwerken oder in externen Zwischenlagern bis zum Abklingen der Radioaktivität der kürzerlebigen Isotope zwischengelagert. Weltweit wird die Endlagerung hochaktiver Abfälle in tiefen geologischen Formationen wie Granit, Salz, Ton oder Tuff favorisiert; andere diskutierte Alternativen wie die Versenkung auf dem Meeresgrund oder die Vergrabung in natürlichen oder künstlichen Inseln unterhalb des Meeresspiegels werden z.Z. nicht verfolgt. Eines der größten Probleme bei der direkten Endlagerung besteht in den extrem langen Halbwertszeiten der Actinidenelemente (vor allem Isotope von U, Np, Pu, Am) sowie einiger Spaltprodukte wie $^{99}Tc$ oder $^{129}J$. Daher wird z.Z. die Abtrennung dieser Isotope (*Partioning*) mit anschließender Umwandlung in kürzerlebige Isotope (↗*Transmutation*) mit Hilfe von Neutronenbeschuß untersucht. So kann etwa $^{240}Pu$ mit einer Halbwertzeit von 6550 a über die Reaktion $^{240}Pu + n \rightarrow {}^{241}Pu + n \rightarrow$ Spaltung in überwiegend kurzlebige Spaltprodukte überführt werden, wobei sich die freiwerdende Bindungsenergie im Prinzip wieder zur Energieerzeugung nutzen läßt. Das Hauptproblem bei der Transmutation besteht derzeit noch in der hohen erforderlichen Abtrenngüte für die langlebigen Isoptope, die dieses Verfahren derzeit noch unrealistisch erscheinen lassen. [OP]

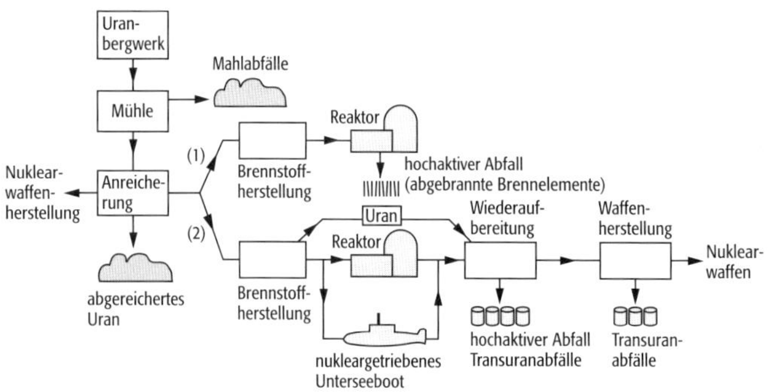


**Entsorgung 2:** Prozesse, bei denen radioaktiver Abfall entsteht, unter Berücksichtigung des militärischen Sektors.

**Entspannungsdüse,** *Expansionsdüse*, *Ausströmdüse*, spezieller Typ einer ↗*Düse*. Entspannungsdüsen bilden denjenigen Teil eines *Raketentriebwerks*, der unmittelbar an die ↗*Brennkammer* anschließt und in dem die thermische Energie der heißen, verdichteten Verbrennungsgase in die kinetische Energie des ↗*Antriebsstrahls* umgewandelt wird. Die Wirkung einer Entspannungsdüse besteht darin, daß der Antriebsstrahl mit Überschallgeschwindigkeit aus der Düsenmündung austritt. Der Vorgang beruht dabei im wesentlichen auf einem Entspannungseffekt der ausströmenden Gase, bei dem neben thermodynamischen Größen v.a. die Form der Entspannungsdüse eine wesentliche Rolle spielt.

Das verbindende Kennzeichen aller Entspannungsdüsen ist die am Brennkammerende befindliche Verengung, der *Düsenhals* sowie ein sich anschließender, unterschiedlich geformter Erweiterungsteil bis zur *Düsenmündung*. Ein konisch geformter Typ der Entspannungsdüse, der auch als ↗*Laval-Düse* bezeichnet wird, ist wegen der hohen Ausströmgeschwindigkeit bei niedrigem Außendruck für den Einsatz in der Raketentechnik besonders geeignet. Grundsätzlich unterscheidet man zwei Grundtypen von Entspannungsdüsen, jene mit innerer (*Laval-*, *Parabol-* und *Ringdüse*) und solche mit äußerer Entspannung (*Ringhalsdüse*) (Abb.).

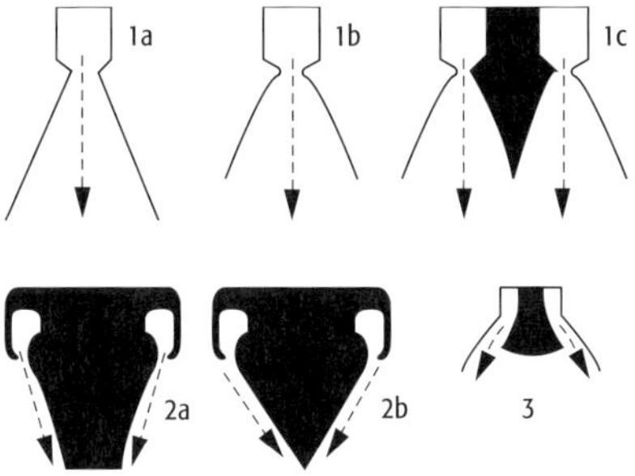


**Entspannungsdüse**: schematische Darstellung von Entspannungsdüsen: 1 Düsen mit innerer Entspannung (a) konische Düse, b) Paraboldüse, c) Ringdüse mit Parabolkontur); 2 Düsen mit äußerer Enspannung (a) Ringhalsdüse mit Parabolkelgel, b) Ringhalsdüse mit geradem Kegel); 3 Düse mit innerer und äußerer Entspannung (E-D-Düse).

**Entspannungsmaschinen,** Kraftmaschinen, deren Arbeitsmedium auf einen niedrigen Druck entspannt und mechanische Arbeit abgegeben wird. Ihre Aufgabe besteht in der Enthalpieverminderung bzw. Temperatursenkung des Gasstromes, also zur Erzeugung von Kälteleistung. Entspannungsmaschinen arbeiten entweder nach dem *Verdrängerprinzip* (Kolbenentspannungsmaschine) oder dem *Strömungsprinzip* (Turboentspannungsmaschine, Entspannungsturbine bzw. Kälteturbine). Erstere werden vorteilhaft für kleine bis mittlere Volumenströme bei hohem, eventuell sogar schwankendem Druckgefälle eingesetzt. Letztere arbeiten am günstigsten, wenn große Volumina bei verhältnismäßig niedrigen Druckverhältnissen zu entspannen sind. Entspannungsmaschinen spielen eine wichtige Rolle bei der Luftzerlegung und der Verflüssigung von Gasen wie Wasserstoff, Helium, Erdgas und bei der Ethylengewinnung.

**Entweichgeschwindigkeit** ↗Fluchtgeschwindigkeit.

**Entwicklung nach Eigenfunktionen,** ↗orthogonale Funktionen.

**Enveloppengleichung,** Differentialgleichung zur Beschreibung des Verlaufs eines homogenen Teilchenstrahls unter Einwirkung innerer und äußerer Kräfte. Beschrieben werden die Strahlenveloppen $X(z)$ und $Y(z)$, d.h. die Strahleinhüllenden jeweils in $x$- und $y$-Richtung. Im Falle achsensymmetrischer Strahlen reicht eine Gleichung für $R(z)$. Für deren zweite Ableitung gilt: $R'' + k^2R - (K/R) - (\varepsilon^2/R^3) = 0$. Dabei steht $\varepsilon$ für die ↗*Strahlemittanz*, $K$ ist ein Raumladungsfaktor.

**enzymatische Katalyse,** die Realisierung chemischer Umwandlungen in biologischen Systemen mit der Hilfe von ↗*Enzymen.* Neben der Untersuchung der Wechselwirkung biologischer Makromoleküle mit Licht (↗*Photobiophysik*) und ↗*ionisierender Strahlung* ist die Enzymkatalyse ein weiteres wichtiges Anwendungsgebiet der Quantenmechanik im Bereich der Biophysik. Die Elektronen-Konformations-Wechselwirkung ist der Schlüsselbegriff zur Erklärung der Absenkung der Aktivierungsenergie der Substrat-Produkt-Umwandlung. Die funktionellen Gruppen des Enzyms gehen mit dem Substrat spezifische Wechselwirkungen ein, welche in ihrer Stärke von der relativen räumlichen Lage (der ↗*Konformation*) der Struktureinheiten des Enzyms abhängen. In diesem äußeren Feld ändert sich die Elektronenverteilung im Substrat. Dabei können sich neue chemische Bindungen bilden bzw. vorhandene chemische Bindungen auflösen. Durch die Struktur des Enzyms ist es möglich, daß angeregte Zustände (z.B. durch konjugierte Spaltung von ↗*Adenosin-5'-Triphosphorsäure, ATP*) auf andere Substratregionen übertragen (Energiemigration) bzw. Elektronen verschoben werden (Ladungstransfer). Besonders gute Bedingungen bestehen dazu bei der Wanderung angeregter Zustände (↗*Exzitonen*) in periodischen, gekoppelten Elektronensystemen durch Resonanzeffekte im Gitter, wie z.B. in Sekundärstrukturen, Guanidingruppen oder gepackten aromatischen Seitenketten.

**Enzyme,** *Fermente*, ↗Biomakromoleküle, die als Biokatalysatoren an den chemischen Umwandlungen unter den Bedingungen lebender Systeme *in vivo* beteiligt sind. Ihre Funktion besteht in der Verringerung der Aktivierungsenergie und damit in der Beschleunigung chemischer Reaktionen. Viele Enzyme haben eine enorme katalytische Leistung, verglichen mit Katalysatoren abiogenen Ursprungs. Sie ermöglichen bei niedrigen Temperaturen, normalem atmosphärischen Druck und geringen Konzentrationen den Ablauf von chemischen Reaktionen, welche bei Abwesenheit des Biokatalysators nur unter extremen Reaktionsbedingungen eintreten würden. Ein klassisches Beispiel ist Umwandlung von Luftstickstoff ($N_2$) zu Ammoniak ($NH_3$) im Haber-Bosch-Verfahren (Temperatur von 250°C und Druck von ca. 300 atm!) und durch $N_2$-fixierende Bakterien (frei lebend oder in Symbiose z.B. in Wurzelknöllchen von Sojabohnen, Temperatur von 20°C und 1 atm). Durch das Hintereinanderschalten mehrerer enzym-katalysierter Reaktionen eines Substrates S zu einem Produkt P wie in

$$S \overset{E_1}{\longleftrightarrow} Z_1 \overset{E_2}{\longleftrightarrow} Z_2 \ldots \overset{E_N}{\longleftrightarrow} P$$

entstehen Fließgleichgewichte, mit deren Hilfe es biologischen Systemen gelingt, auch thermodynamisch ungünstig liegende Reaktionen nahezu vollständig in der erforderlichen Richtung ablaufen zu lassen.

Enzymanwendungen sind ein wichtiger Teil der ↗*Biotechnologie.* In der medizinischen Diagnostik spielen Aktivitätsbestimmungen von Enzymen im Blutserum oder Harn eine große Rolle.

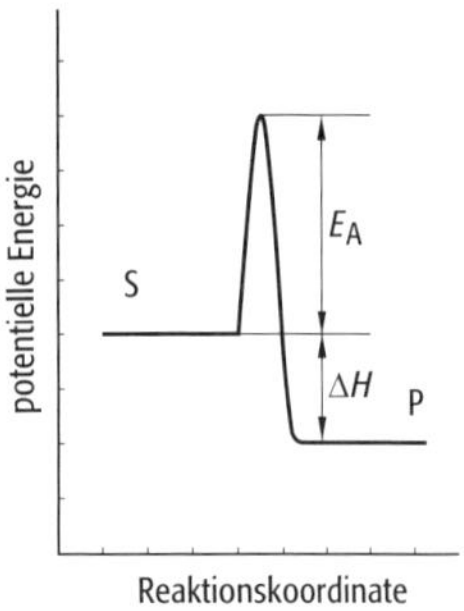


**Enzyme:** Energetische Reaktionskurve. Die Reaktionskoordinate (die Abszisse) beschreibt auf geeignete Weise die gegenseitige Lage der an der Reaktion beteiligten Partnermoleküle. Auf der Ordinate ist die potentielle Energie abgetragen. Der Weg vom Substrat zum Produkt wird durch eine energetische Barriere mit der Höhe der Aktivierungsenergie $E_A$ versperrt.

*Chemische Struktur*: Die überaus größte Zahl der bekannten Enzyme sind ↗*Proteine*, aber seit den achziger Jahren sind auch eine Reihe von Ribozymen (Biokatalysatoren auf der Basis von ↗*RNS*) bekannt. Oft sind Enzyme *Proteide* (zusammengesetzte Proteine).

*Wirkungsmechanismus*: Auf dem Wege des Überganges vom Substrat zum Produkt entlang der sogenannten Reaktionskoordinate überwindet die enzymatische Reaktion eine Energiebarriere (Abb.). Ihre Höhe ist die Aktivierungsenergie $E_A$. Man geht davon aus, daß der erste Schritt der enzymatischen Reaktion die Bildung eines »aktivierten Komplexes« ist. Das Substrat geht dabei nichtkovalente Wechselwirkungen, Wasserstoffbrücken und eventuell auch kovalente Bindungen mit dem aktiven Zentrum ein (Enzym-Substrat-Komplex). Durch das Enzym wird dabei die Elektronenverteilung im Substrat in der Weise geändert, daß der sogenannte Übergangszustand (transition state) stabilisiert wird. Er ist der Zustand mit der höchsten Energie auf dem Weg vom Substrat zum Produkt. Die Stoffumwandlungsprozesse bei der enzymatischen Katalyse bedürfen quantenchemischer Beschreibung. (↗*enzymatische Katalyse*) [FE]

**Enzymkinetik,** Reaktionskinetik (↗*Reaktionsgeschwindigkeit*) einer Reaktion mit einem ↗*Enzym* als ↗Katalysator. Die Theorie der Enzymkinetik wurde 1913 von L. Michaelis und M.L. Menten entwickelt. Nach dieser Theorie bildet das Enzym E mit dem Substrat S zuerst einen Enzym-Substrat-Komplex, der dann in das Produkt und das Enzym E zerfällt. Der Mechanismus sieht nach dieser Theorie wie folgt aus:

$$\mathrm{E} + \mathrm{S} \underset{k'_a}{\overset{k_a}{\rightleftharpoons}} \mathrm{ES} \xrightarrow{k_a} \mathrm{P} + \mathrm{E}$$

Die Gleichung für die Geschwindigkeit der Bildung des Produkts lautet:

$$\frac{\mathrm{d}[P]}{\mathrm{d}t} = \frac{k_b[S]}{K_M + [S]}[E]_0$$

$[E]_0$ ist die Gesamt- bzw. Anfangskonzentration des Enzyms. $K_M$, die Michaelis-Menten-Konstante, ist als

$$K_M = \frac{k_b + k'_a}{k_a}$$

festgelegt. Für den Fall $[S] \gg K_M$ ist die Geschwindigkeit konstant. Es ist so viel Substrat vorhanden, daß das verfügbare Enzym gesättigt ist. Dies wird als Substratsättigung bezeichnet.

**Eötvös,** *Loránd* Baron von, ungarischer Physiker, *27.7.1848 Pest (heute Budapest), †8.4.1919 Budapest; ab 1873 Professor in Budapest, 1889–1905 Präsident der ungarischen Akademie der Wissenschaften, 1894–95 Minister für Kultus und Unterricht, seit 1896 wieder Professor für Physik in Budapest; bedeutende Beiträge zur theoretischen und praktischen Erforschung der Gravitation; konstruierte hochpräzise Drehwaagen (*Eötvös-Drehwaage*, Schwerevariometer) und führte mit ihnen ab 1886 Schwerkraftmessungen zur Prüfung der Äquivalenz von schwerer und träger Masse aus – bedeutend unter anderem für die Relativitätstheorie; 1909 konnte er im berühmten ↗*Eötvös-Experiment* die Äquivalenz von schwerer und träger Masse (*Äquivalenzprinzip*) mit einer Genauigkeit von $10^{-9}$ bestätigen; untersuchte ferner die räumlichen Variationen des Erdmagnetfelds, die Oberflächenenergien bei Flüssigkeiten (stellte die *Eötvös-Regel* auf, nach der die Oberflächenspannung mit zunehmender Temperatur abnimmt) und den kritischen Punkt bei Gasen. Auch nach ihm benannt sind die geophysikalische Einheit ↗*Eötvös* und der *Eötvös-Effekt*.

**Eötvös** (nach L. ↗*Eötvös*), Einheitenzeichen E, veraltete Einheit des Gradienten der Erdbeschleunigung, war gebräuchlich in der Geophysik. $1\,\mathrm{E} = 1\,\mathrm{mGal}/(10\,\mathrm{km}) = 10^{-9}\,\mathrm{Gal/cm} = 10^{-9}\mathrm{s}^{-2}$.

**Eötvös-Drehwaage,** Instrument zur Messung von Gradienten des Schwerefeldes, ↗Drehwaage.

**Eötvös-Experiment,** das von L. ↗*Eötvös* konzipierte Experiment zur Überprüfung der Äquivalenz von schwerer und träger Masse (schwaches ↗*Äquivalenzprinzip*). Bei dem Versuch, den Eötvös bereits 1889 erstmals durchführte und 1909 wiederholte, wurde die Gravitationskraft der Erde auf einen Testkörper mit der Zentripetalkraft aufgrund der Rotation der Erde verglichen (↗*Drehwaage*). Daraus ergab sich, daß die Verhältnisse von gravitativer Masse und träger Masse für die verwendeten Materialien (u.a. Holz, Platin, Kupfer, Asbest, Wasser und Talg) mit einer Genauigkeit von $5 \cdot 10^{-9}$ miteinander übereinstimmen. Neuere Versionen des Eötvös-Experiments, bei denen das Gravitationsfeld der Sonne statt dem der Erde verwendet wurde, erreichten eine maximale Genauigkeit von $1 \cdot 10^{-11}$ für Aluminium und Gold bzw. $1 \cdot 10^{-12}$ für Aluminium und Platin.

**Ephemeride,** ein vorausberechneter scheinbarer Ort eines Himmelskörpers an der Himmelskugel oder eine tabellarische Zusammenstellung solcher Gestirnpositionen. Ephemeriden werden im allgemeinen in astronomischen ↗*Jahrbüchern* veröffentlicht und ermöglichen es, ein Gestirn am Himmel (oder auf einer photographischen Platte) aufzufinden, oder sie dienen dazu, beobachtete mit berechneten Örtern zu vergleichen.

**Ephemeridenrechnung,** Teilgebiet der Himmelsmechanik mit der Aufgabe, die scheinbaren Örter von Himmelskörpern an der Himmelskugel (deren ↗*Ephemeriden*) für vorgegebene Zeitpunkte aus gegebenen Größen zu berechnen. Eine gegebene Größe kann z.B. der mittlere Ort eines Sterns während einer bestimmten Normalepoche sein.

**Ephemeridensekunde,** die Einheit der ↗*Ephemeridenzeit*.

**Ephemeridenzeit,** *ET*, die seit 1960 zur Berechnung der ↗*Ephemeriden* von Sonne,

Mond und Planeten benutzte Zeit. Sie beruht nicht auf der Rotationsgeschwindigkeit der ↗*Erde*, sondern auf einem exakt gleichförmigen Zeitmaß, der ↗*Ephemeridensekunde*. Sie ist als der 31 556 925,9747te Teil des Tropischen Jahres für die ↗*Epoche* 1900 Jan. 0d, 12h definiert. Zehn Jahre später entschloß man sich jedoch aus technischen Gründen, die ET an die Einheit der ↗*Atomzeit* anzuschließen. Seit 1984 verwendet man in den Ephemeriden eine mit der Atomzeit verknüpfte ET, die ↗*Dynamical Time.*

**EPI,** *Echo Planar Imaging*, schnelle Methode der ↗*Kernspintomographie*, die es erlaubt, ein ganzes Schnittbild mit einem einzigen Anregungsimpuls auszulesen. Sie wurde 1977 von Sir Peter Mansfield eingeführt.

**Epifluoreszenzmikroskopie,** fluoreszenzmikroskopisches Verfahren, bei dem die Fluoreszenz auf derselben Seite nachgewiesen wird, von der aus die Anregung erfolgt. Dieses Verfahren funktioniert analog zur Reflexionsmikroskopie, bei der ebenfalls Anregung und Nachweis in derselben Halbebene bezüglich des Präparates stattfinden. Im Gegensatz dazu finden in der Transmissionsfluoreszenzmikroskopie Anregung und Nachweis in verschiedenen Halbebenen statt.

**Epikur,** griech. Philosoph, *vor 341 v. Chr. auf Samos, †270 v. Chr. in Athen. Als 18jähriger reiste Epikur nach Athen und erhielt eine militärische Ausbildung. Danach lehrte er in Mytilene und Lampsacus, bevor er 305 v. Chr. wieder nach Athen zurückkehrte. Wenig beeinflußt von seinen Vorgängern Plato und Aristoteles, verhalf Epikur der Atomtheorie des Demokrit zu neuem Leben und erweiterte sie beträchtlich. Seine Arbeiten blieben durch umfangreiche Fragmente in den Werken von Diogenes Laërtus und in Lucretius Gedicht »De rerum natura« erhalten.

**epitaktische Schicht** ↗Epitaxieschicht.

**epitaktisches Wachstum,** Wachstum von kristallinen Schichten auf kristallinen Substraten durch *Deposition* des Materials auf einer chemisch gleichen (*homoepitaktisch*) oder verschiedenen (*heteroepitaktisch*) einkristallinen Unterlage (↗*Epitaxie*). Unter Ultrahochvakuum-Bedingungen werden einkristalline Schichten abgeschieden, wobei Parameter wie Substrattemperatur und Aufdampfrate entscheidenden Einfluß auf die Qualität der Schichten haben. Die abgeschiedenen Atome werden an das bereits vorhandene Kristallgitter geordnet angefügt und formen so eine neue, ebenfalls einkristalline Oberfläche. Für Schichten, deren Dicke nur noch wenige Atomlagen beträgt, werden insbesondere die ↗*MBE* und ↗*MOCVD*, mit Wachstumsgeschwindigkeiten um 1μm/h, eingesetzt. Da bei diesen Methoden die Quellen innerhalb von Sekundenbruchteilen ab- und zugeschaltet werden können, besteht die Möglichkeit, mehrere, nur wenige Atomlagen dicke Schichten unterschiedlicher Zusammensetzung und Dotierung zu wachsen.

**Epitaxie,** die Herstellung dünner Schichten aus Metallen, Halbleitern oder Isolatoren, die i.a. einkristallin auf einer einkristallinen Unterlage (Substrat) gleichen oder unterschiedlichen Materials (*Homoepitaxie* bzw. *Heteroepitaxie*) abgeschieden werden. Insgesamt existieren eine Vielzahl von unterschiedlichen Epitaxieverfahren und eine noch größere Zahl an Namen und Abkürzungen zu ihrer Beschreibung, manchmal sogar mehrere Bezeichnungen für ein- und dasselbe Verfahren, je nachdem, welcher Aspekt betont ist. Allen Epitaxiemethoden ist gemeinsam, daß Quellenmaterialien mit den elementaren Bestandteilen der zu wachsenden Schicht über ein Substrat gebracht werden, auf dem diese, teils nach chemischer Reaktion, als dünne Schicht aufwachsen. Ob und wie dies geschieht, hängt von verschiedenen Parametern ab, wie zum Beispiel von Orientierung und Qualität der Substratoberfläche, Substrattemperatur und Gitterfehlanpassung zwischen Substrat und Schicht. Unterschiedlich sind auch Form und Zusammensetzung der Quellenmaterialien, Arbeitsdruck und Wachstumsmechanismen an der Oberfläche. Hinsichtlich des Aggregatzustandes der aufwachsenden Spezies unterscheidet man zwischen ↗Flüssigphasenepitaxie (*LPE*, *Liquid Phase Epitaxy*) und Dampf- bzw. ↗Gasphasenepitaxie (*VPE*). Die Flüssigphasenepitaxie wird vor allem in der III-V-Epitaxie zum Wachstum dickerer Halbleiterschichten eingesetzt und war lange Zeit die beste Methode zur Herstellung qualitativ guter Schichten. Die LPE ist allerdings nicht imstande, Strukturen mit atomarer Perfektion herzustellen. Die Gasphasenepitaxie verwendet gasförmige Ausgangsmaterialien. Sie kann weiter unterteilt werden in *Molekularstrahlepitaxie* (*MBE*, *Molecular Beam Epitaxy*) und *chemische Dampfstrahlepitaxie* oder chemische Gasphasenepitaxie (*CVE*, *Chemical Vapor Epitaxy*).

Die MBE wird im Ultrahochvakuum durchgeführt, die Quellmaterialien liegen in elementarer Form vor und werden aus sog. ↗Effusionszellen auf das Substrat gedampft. Ein großer Vorteil der MBE gegenüber anderen Methoden ist die Möglichkeit, die Dampfstrahlen und damit die Wachstumsbedingungen präzise zu steuern, und dadurch Schichtstrukuren mit atomarer Perfektion zu wachsen. Da sie im UHV arbeitet, stehen außerdem die Oberflächenanalysemethoden als In-situ-Diagnostik zur Verfügung. MBE wird außer in der Forschung auch industriell bei der Produktion von Halbleiterbauelementen, wie z.B. *modulationsdotierten Feldeffekttransistoren* (*MODFETs*) und Halbleiterlasern, eingesetzt.

Die CVE arbeitet je nach Verfahren im Druckbereich von 760 bis zu 0,001 Torr. Quellmaterialien sind chemische Verbindungen, die das zum Schichtwachstum erforderliche Element beinhalten. Während in der MBE Wachstum durch Kondensation stattfindet und die Quellmaterialien lediglich einen Phasenübergang erfahren, ist in der CVE zusätzlich eine chemische Reaktion erforderlich. Diese kann thermisch, aber auch mittels Plasmaanregung (Plasma-enhanced CVD) oder Belichtung (Photolytic CVD) stimuliert werden. Anstelle von CVE wird häufig der Begriff *CVD* (*Chemical Vapor Deposition*) benutzt, der auch das Wachstum polykristalliner oder amorpher Stoffe beinhaltet. Bei Verwendung metallorganischer Vorläufersubstanzen (Precursoren), wie in der III-V-Epitaxie üblich, spricht man von MOCVD (*Metal Organic CVD*), bzw. MOVPE (*Molecular Chemical Vapor Epitaxy*). Die CVD wird in vielen Bereichen der Halbleiterindustrie, in letzter Zeit aber auch zunehmend in der Forschung eingesetzt. Ein Nachteil der CVD ist die hohe Toxizität und Brennbarkeit vieler Precursoren. Eine Zwischenstellung nimmt die *metallorganische Molekularstrahlepitaxie* (*Metal Organic Molecular Beam Epitaxy, MOMBE*), *CBE* (*Chemical Beam Epitaxy*), oder *Gas-Source-MBE* ein. Diese Methode benutzt Gase als Quellmaterialien. Diese werden nach Einlaß ins UHV (teilweise) vorzerlegt und als Molekularstrahl auf die Probe gelenkt. Auch in der *Atomlagenepitaxie* (*ALE, Atomic Layer Epitaxy*) wird ein Teilchenstrahl auf das Substrat gelenkt, so daß Schichten mit einer Dicke von einer Atomlage reproduzierbar auf einem Substrat aufgebracht werden können. [URE]

**Epitaxieschicht,** epitaktisch gewachsene oder mittels ↗*Epitaxie* hergestellte dünne, einkristalline Schicht eines Festkörpers. Epitaxieschichten spielen in der modernen Halbleiterelektronik und Optoelektronik eine wichtige Rolle. Sie sind zum Beispiel Bestandteile von LEDs, Halbleiterlasern, Solarzellen und schnellen Transistoren (FET, HBT, HEMT).

**epithermisch,** in der Neutronenphysik Bezeichnung für einen Energiebereich. Der epithermische Bereich beginnt für Neutronen oberhalb des thermischen Bereichs von 1/40eV und reicht bis zu einigen 10eV.

**Epizentrum,** der Ort an der Erdoberfläche, der senkrecht über (grch.: »epi«) dem Erdbebenherd liegt. Meist ist es der Ort maximaler *Erdbebenintensität* (↗Intensitätsskalen, seismische).

**Epizykel,** die Kreisbahn eines Planeten in der ↗*Epizykeltheorie*.

**Epizykeltheorie,** eine um 200 v.Chr. von Apollonius von Perge eingeführte und von ↗*Ptolemäus* vollendete Theorie, die im Rahmen des ↗*geozentrischen Systems* die scheinbare Bewegung der Himmelskörper beschrieb. Hiernach bewegt sich der mittlere Ort eines Planeten mit gleichförmiger Geschwindigkeit auf einem Kreis, dem *Deferenten*, um die Erde. Gleichzeitig bewegt sich der Planet im gleichen Sinne auf einem Kreis, dem ↗*Epizykel* um diesen mittleren Ort. Die resultierende Bewegung sollte die ↗*Schleifenbahnen der Planeten* am Himmel erklären.

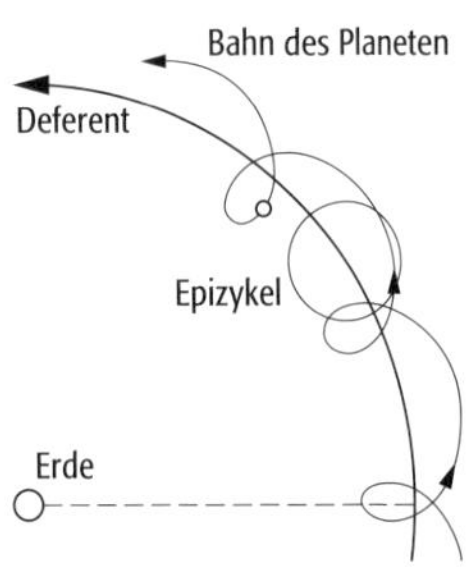


**Epizykeltheorie:** Die Erklärung der Schleifenbahnen der Planeten mit Hilfe der Epizykeltheorie.

**Epoche,** Zeitpunkt der Messung eines Ortes am Himmel für ein vorgegebenes ↗*Äquinoktium*. In den meisten ↗*Sternkatalogen* und ↗*Ephemeriden* wird die Standardepoche 1950,0 verwendet. Das heißt, alle Koordinaten oder Bahnelemente beziehen sich auf die sphärischen ↗*Koordinaten*, die durch den mittleren Himmelsäquator und das Äquinoktium zum Zeitpunkt des Beginn des Jahres 1950 definiert sind. In neueren Katalogen bezieht man sich bereits auf die Epoche 2000,0. Die Festlegung auf einen bestimmten Zeitpunkt ist notwendig, weil sich die Lage des ↗*Frühlingspunktes* durch die ↗*Präzession* ständig verändert. Dadurch verschieben sich auch die auf den Himmelsäquator und den Frühlingspunkt bezogenen Koordinaten ↗*Rektaszension* und ↗*Deklination*.

**Epoxidharz,** ein elektrischer ↗*Isolator*, der, mit Quarzmehl gefüllt, als *Gießharz* verwendet wird und große mechanische und elektrische Festigkeit besitzt. Er wird vor allem für Innenraumisolierungen eingesetzt und erlaubt durch gute Vernetzungseigenschaften auch die hohlraumfreie Einbettung von Armaturen, Elektroden, Wicklungen oder Transformatoren. Mit Aluminiumoxid als Füllstoff ist er besonders leicht zu bearbeiten.

**EPR,** *Electron Paramagnetic Resonance*, ↗*Elektronenspinresonanz*.

**EPR-Paradoxon,** nach A. Einstein, B. Podolski und N. Rosen benanntes Gedankenexperiment (1939) zur Frage der Unvollständigkeit der Quantentheorie, die anhand des Verhaltens kohärenter Zweiteilchenzustände bei der Messung eines der Teilchen demonstriert werden sollte.

Das Experiment wird hier in der Neuformulierung von D. Bohm dargestellt:

Zwei *Spin-1/2-Teilchen* im Singulettzustand $|0,0\rangle = \frac{1}{\sqrt{2}}[|\uparrow\rangle|\downarrow\rangle - |\downarrow\rangle|\uparrow\rangle]$ werden von einer Quelle emittiert und entfernen sich voneinander. Ist der Abstand der beiden Teilchen so groß, daß sie nicht mehr miteinander kommunizieren können, findet man in obigem System folgende Korrelationen bei Messung der Einteilchen-Spin-Zustände: Wenn die $z$-Komponente $S_z$ von Teilchen 1 Spin nach oben aufweist, mißt man bei Teilchen 2 Spin nach unten und umgekehrt. Mißt man die $x$-Komponente $S_x$ von Teilchen 1 und findet $+\hbar/2$, so hat $S_x$ von Teilchen 2 den Wert $-\hbar/2$ und umgekehrt. In diesem System kommt die ↗*Nichtlokalität* der ↗*Quantentheorie* zum Ausdruck: Die Messung von Teilchen 1 beeinflußt das Experiment an Teilchen 2. Die Nichtlokalität als Folge von korrelierten Vielteilchenzuständen führt zu keinen Widersprüchen zur ↗*Relativitätstheorie*. Auch wenn bei Messung einer Spin-Komponente eines Teilchens die des anderen Teilchens sofort bekannt ist, läßt sich damit keine Information übertragen. Die Korrelation kann nach der

Messung festgestellt werden. An dieses Gedankenexperiment haben Einstein, Podolsky und Rosen folgende Argumentation zugunsten einer Theorie von ↗*verborgenen Parametern* geknüpft: Durch die Messung an Teilchen 1 ist das Ergebnis der Messung von Teilchen 2 schon vorher bekannt. Da durch die Separation der Teilchen keine Beeinflussung stattfand, müssen die Meßergebnisse schon vor der Messung festgelegen haben. Das Paradoxon beruht darin, daß zwar die Konsequenzen des quantenmechanischen Zustandes beachtet werden, die inhärente Nichtlokalität aber vernachlässigt wird.

**EPR-Spektroskopie** ↗ESR-Spektroskopie.

**EPS,** *European Physical Society*, *Europäische Physikalische Gesellschaft*, ↗Physikalische Gesellschaften und assoziierte Gesellschaften.

**$\varepsilon'/\varepsilon$,** Parameter, der die ↗*CP-Verletzung* im System der neutralen ↗*K-Mesonen* charakterisiert. Der Parameter $\varepsilon$ beschreibt die indirekte CP-Verletzung in der Mischung der neutralen K-Mesonen. Analog parametrisiert $\varepsilon'$ die direkte CP-Verletzung in den Zerfällen der K-Mesonen.

**$\varepsilon_{ijk}$,** *Levi-Civita-Symbol*, total antisymmetrischer Tensor dritter Stufe, für den gilt: $\varepsilon_{123} = \varepsilon_{231} = \varepsilon_{312} = 1$, $\varepsilon_{321} = \varepsilon_{213} = \varepsilon_{132} = -1$, $\varepsilon_{ijk} = 0$ für $i = j$, $j = k$ oder $i = k$.

**Epstein,** *Paul Sophus*, polnisch-amerikanischer Physiker, *20.3.1883 Warschau, †9.2.1966 Pasadena (Calif.); ab 1921 Professor am California Institute of Technology in Pasadena; behandelte 1916 (unabhängig von K. ↗*Schwarzschild*) den Stark-Effekt in einer exakten Theorie (1926 auf quantenmechanischer Grundlage erweitert); ferner Arbeiten über elastische Schwingungen, die Ausbreitung von elektromagnetischen Wellen und zur optischen Dispersion.

**Er,** Elementsymbol für ↗Erbium.

**Eratosthenes,** *Eratosthenes von Kyrene*, griechischer Gelehrter und Schriftsteller, *um 284 v.Chr. Kyrene (heute Schahhat, Libyen), um 202 v.Chr. Alexandria; einer der bedeutendsten Astronomen und Geographen seiner Zeit; er bestimmte erstmals den Erdumfang, ferner berechnete er die Schiefe der Ekliptik und erstellte einen Sternkatalog mit 675 Sternen; erfand ein Verfahren (*Sieb des Eratosthenes*) zur Auffindung aller Primzahlen unter einer gegebenen Zahl und behandelte das Delische Problem der Würfelverdopplung; von seinen zahlreichen Schriften sind nur wenige Fragmente erhalten.

**Erbium,** *Er*, Element der Gruppe der ↗*Lanthanoide* des Periodensystems, Ordnungszahl 68. Erbium besitzt die Elektronenkonfiguration [Xe]$4f^{12}6s^2$ und kommt in der Natur in sechs Isotopen vor (Tabelle 1). [AFM]

**ERD,** *Elastic Recoil Detection*, ↗elastische Rückstreuanalyse.

**Erdalkalimetalle,** ↗homologe Elemente der Hauptgruppe II des Periodensystems: *Beryllium*, *Magnesium*, *Calcium*, *Strontium*, *Barium* und *Radium*. Auf Grund ihrer höheren Kernladung und der kleineren Atom- und Ionenradien unterscheiden sie sich in ihren physikalischen und chemischen Eigenschaften wesentlich von den ↗Alkalimetallen. Die Erdalkalimetalle besitzen deshalb im Vergleich deutlich höhere Werte für die Ionisierungsenergien, Schmelz- und Siedepunkte, Dichten sowie Schmelz- und Verdampfungsenthalpien.

**Erbium 1:** Wichtige Isotope.

| Isotop | Natürliche Häufigkeit [%] | Atommasse | Halbwertszeit $T_{1/2}$ |
|---|---|---|---|
| $^{162}$Er | 0,14 | 161,928787 | stabil |
| $^{164}$Er | 1,56 | 163,929211 | stabil |
| $^{166}$Er | 33,4 | 165,930305 | stabil |
| $^{167}$Er | 22,9 | 166,932061 | stabil |
| $^{168}$Er | 27,1 | 167,932383 | stabil |
| $^{169}$Er | 0 | 168,934588 | 9,4d |
| $^{170}$Er | 14,9 | 169,935476 | stabil |
| $^{171}$Er | 0 | 170,938027 | 7,52h |

**Erbium 2:** Allgemeine, chemische und festkörperphysikalische Eigenschaften.

| | |
|---|---|
| relative Atommasse ($^{12}$C = 12,0000) | 167,26 |
| Dichte [$g\,cm^{-3}$] | 9,045 |
| Molvolumen [$cm^3$] | 18,44 |
| Oxidationszahl | III |

**Erbium 3:** Thermische und elektromagnetische Eigenschaften.

| | |
|---|---|
| Siedetemperatur [K] | 2783 |
| Schmelztemperatur [K] | 1795 |
| Siedeenthalpie [$kJ\,mol^{-1}$] | 281 |
| Schmelzenthalpie [$kJ\,mol^{-1}$] | 17,2 |
| Wärmeleitfähigkeit [$W\,m^{-1}\,K^{-1}$] | 14,3 |
| spezifische Wärme [$kJ\,kg^{-1}\,K^{-1}$] | 0,168 |
| thermischer Längenausdehnungskoeffizient [$10^{-6}K^{-1}$] | 9,2 |
| spezifischer Widerstand [$10^{-8}\Omega m$] | 87 |
| spezifische magnetische Suszeptibilität [$10^{-6}kg^{-1}m^3$] | 3,33 |

**Erbium 4:** Atom- und kernphysikalische Eigenschaften.

| | |
|---|---|
| Termsymbol | $^3H_6$ |
| 1. Ionisierungsenergie [eV] | 6,108 |
| 2. Ionisierungsenergie [eV] | 11,93 |
| Elektronenaffinität [eV] | < 0,5 |
| Elektronegativität (Pauling) | 1,24 |
| effektive Kernladung (Slater) | 2,85 |
| Ionenradius ($Er^{3+}$) [nm] | 0,088 |
| Kovalenzradius [nm] | 0,157 |
| Atomradius [nm] | 0,1757 |
| Kernspin ($^{167}$Er) | 7/2 |
| kernmagnetisches Moment [$\mu_K$] ($^{167}$Er) | − 0,564 |
| Einfangquerschnitt für thermische Neutronen [barn] | 0,16 ± 0,03 |

**Erdanziehung,** Summe der Kraftwirkung aus ↗Gravitation und ↗Zentrifugalkraft aufgrund der ↗Erdrotation (↗Geoid).

**Erdbeben** ↗Seismologie, ↗Erdbebenvorhersage und Erdbebengefährdung.

**Erdbebengebiete,** Gebiete seismischer Aktivität, insbesondere dort, wo im Sinne der

Eratosthenes bestimmte den Erdumfang durch Messung des Meridianbogens zwischen Alexandria und Syene: Er stellte fest, daß die Sonne zur Zeit der Sommersonnenwende in Syene (dem heutigen Assuan) im Zenit stand (Messung mit Hilfe eines Brunnens), während sie zur gleichen Zeit im nördlich gelegenen Alexandria 7,2° (etwa 1/50 des Vollkreises) vom Zenit entfernt war (Messung mit Hilfe eines Schattenstabes, eines sog. Gnomons). Durch Bestimmung der direkten Entfernung zwischen Syene und Alexandria und unter der Annahme, daß beide Orte auf demselben Meridian liegen (was nicht ganz zutrifft), bestimmte er den Gesamtumfang der Erde zu 46661km, was recht gut an den heute bekannten Wert von 40009km (Polumfang) herankommt.

**Erdbebengebiete:** siehe Farbtafelteil.

↗*Plattentektonik* relativ gegeneinander bewegte ↗*Lithosphärenplatten* aneinandergrenzen (Abb.). Rund 80 % der Erdbebenenergie wird an den Plattengrenzen im zirkumpazifischen Raum freigesetzt, etwa 15 % in den Kollisionszonen des alpidisch-himalajischen Gebirgsgürtels und etwa 3–5 % an den Scherzonen der ↗*Mittelozeanischen Rücken*. Deutschland liegt mit mäßiger Seismizität im nördlichen Randbereich der Kollisionszone von Afrika und Europa. Etwa 2/3 aller Beben liegen innerhalb der ↗*Erdkruste*. Beben mit Tiefen über 60km treten meist in sog. ↗*Wadati-Benioff-Zonen* im Pazifischen Raum auf.

**Erdbebenvorhersage und Erdbebengefährdung,** im strengen Sinne die (kurzfristige) Prognose von Ort, Stärke und Zeit von Erdbebenereignissen in engen Grenzen. Die wissenschaftliche Vorhersagbarkeit von Erdbeben setzt voraus, daß vor dem Eintritt des Ereignisses signifikante *Vorläufererscheinungen* auftreten. Es besteht kein Zweifel und es ist auch physikalisch einleuchtend, daß es durch das nichtlineare Verhalten von Gesteinskörpern beim Aufbau tektonischer Spannungen im Herdgebiet vor Erreichen der kritischen Bruchspannung zu Vorbeben oder anomalen Veränderungen der elastischen, magnetischen und elektrischen Eigenschaften, zu geodätisch meßbaren Bodendeformationen, Grundwasserspiegelschwankungen, Radon- und anderen Gasexhalationen kommen kann. Sie werden jedoch nur sehr unregelmäßig und selten in klarer Form beobachtet, und trotz sehr großer Anstrengungen sind noch keine zweifelsfreien Vorhersagen gelungen. Derzeit muß das Problem der systematischen Kurzfristvorhersage von Erdbeben als ungelöste und wegen der Komplexität von Struktur und stofflichen Eigenschaften der Erdkruste möglicherweise auch als unlösbare Aufgabe bezeichnet werden.

**Erde 1:** siehe Farbtafelteil.

*Mittel- bis Langfristprognosen* für Zeiträume von Monaten und Jahren stützen sich auf räumlich oder zeitlich veränderliche Muster in der regionalen Seismizität. So beobachtet man vor einem starken Erdbeben oft eine sog. seismische Lücke, d.h. einen Zeitraum relativer seismischer Ruhe im zukünftigen Herdgebiet. Je stärker das zukünftige Beben, desto länger andauernd und desto ausgedehnter die Lücke. Auch wurde zyklisches Auftreten von Erdbeben beobachtet, jedoch ist die Reproduzierbarkeit meist schlecht. Es gibt etwa 20 erfolgreiche Langfristvorhersagen. Dem steht allerdings ein Vielfaches an falschen Prognosen gegenüber.

Realistische Bemühungen konzentrieren sich deshalb auf zeitunabhängige oder zeitlich wenig veränderliche statistische Aussagen über die »seismische Gefährdung« eines Gebiets.

Das *seismische Risiko* für einen Standort ist definiert als das Produkt aus seismischer Gefährdung und der »Verletzbarkeit« eines Objekts.

**Erdbebenvorläufererscheinungen** ↗Erdbebenvorhersage und Erdbebengefährdung.

**Erdbeschleunigung,** $g$, die Beschleunigung, die ein an der Erdoberfläche befindlicher Körper erfährt. Sie setzt sich zusammen aus der Schwerebeschleunigung $s$ aufgrund der Massenanziehung und der Zentrifugalbeschleunigung $a$ aufgrund der Erdrotation: $g = s + a$. Aufgrund der Abplattung der Erde (↗Geoid), der ungleichmäßigen Massenverteilung in der Erdkruste und der Breitenabhängigkeit der Rotationsbeschleunigung ist die Erdbeschleunigung ortsabhängig und zeigt nicht genau zum Erdmittelpunkt. Die Zentrifugalbeschleunigung hängt von der geographischen Breite $\varphi$ ab: $a(\varphi) = \omega^2 r(\varphi) \cos\varphi$, wobei $r$ der Abstand vom Erdmittelpunkt ist und $\omega$ die Winkelgeschwindigkeit der Erde. Für die Normalkomponente $g_n$ der Erdbeschleunigung $g$ wurde experimentell (Messung mit ↗Reversionspendeln) ermittelt: $g_n(\varphi) = 9{,}832 – 0{,}052 \cos^2\varphi$. Für $\varphi = 45^\circ$ ist der Wert in Meereshöhe $g_n = 9{,}80665$ m/s². Die Richtungsabweichung von $g$ zur Normalen des Geoids ist $\varepsilon(\varphi) = 0{,}052 \sin\varphi \cdot \frac{\cos\varphi}{g_n(\varphi)}$, der Wert bei $\varphi = 45^\circ$ beträgt $\varepsilon = 9'$.

**Erde,** der größte der ↗*terrestrischen Planeten*. Die Erde ist zusammen mit der ↗*Sonne* und den übrigen Planeten des ↗*Sonnensystems* vor etwa 4,75 Milliarden Jahren aus einem protosolaren ↗*Urnebel* entstanden (↗Erdentstehung, ↗Akkretion, Abb. 1 im Farbtafelteil). Aufgrund der besonderen Bedingungen ihrer weiteren Entwicklung ist die Erde der einzige Planet des Sonnensystems, der Leben in der uns bekannten Form ermöglicht. Eine wichtige Rolle spielen hierbei die ↗*Atmosphäre*, das *Erdmagnetfeld* (↗Geomagnetismus) und das Vorkommen flüssigen Wassers (↗Hydrosphäre) (Abb. 2).

Die Erde umläuft die Sonne mit einer mittleren Geschwindigkeit von 29,8km/s auf einer elliptischen Bahn im Abstand von $(147{,}1–152{,}1) \cdot 10^6$km. Der mittlere Abstand von $149{,}6 \cdot 10^6$km ist als ↗*Astronomische Einheit* definiert. Die Erdachse vollführt wie ein ↗Kreisel eine teils periodische, teils irreguläre Taumelbewegung bezogen auf die Erdbahnebene (↗*Präzession*, ↗*Nutation*, ↗*Polhöhenschwankung*). Diese führt zu einem Wandern des ↗*Frühlingspunktes* und damit der Koordinaten von Sternpositionen am Himmel. Aus diesem Grunde bezieht man Sternkoordinaten stets auf eine bestimmte ↗*Epoche*. Die Neigung der Äquatorebene gegen die Bahnebene (zur Zeit $23^\circ 26'$) ist die Ursache für die ↗*Jahreszeiten*, ihre Verlagerung hat Einfluß auf das klimatische Verhalten der Erde (↗*Klimaänderungen*, ↗*Milanković-Zyklen*).

Eine weitere Folge der Erdrotation sind Abweichungen der *Erdgestalt* von der idealen Kugelform, die tatsächliche Form der Erde wird ↗*Geoid* genannt. Wegen dieser Abweichungen und aufgrund der unregelmä-

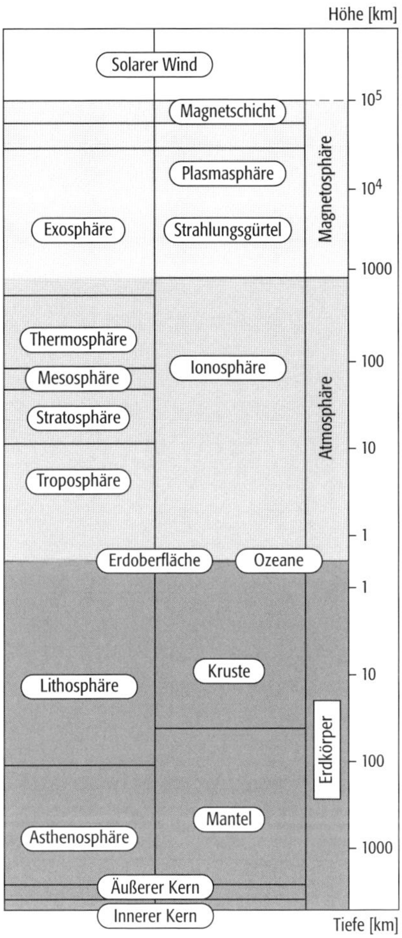


**Erde 2:** Raumbereiche der Erde.

ßigen Massenverteilung im Erdinneren ist die Schwerebeschleunigung abhängig vom geographischen Ort, sie schwankt zwischen 9,78 m/s² am Äquator und 9,83 m/s² an den Polen (↗ *Schwereanomalie*, ↗ *Geodynamik*).
Der *innere Aufbau* des Erdkörpers wurde in erster Linie durch seismische Untersuchungen (↗ *Seismologie*) erschlossen. So weisen Änderungen in den Ausbreitungsgeschwindigkeiten *seismischer Wellen* ebenso wie die Eigenschwingungen der Erde als Folge von Erdbeben auf stoffliche und strukturelle Unterschiede im Erdkörper hin. Hieraus wurde eine grobe schalenartige Gliederung abgeleitet: der ↗ *Erdkern*, der sich aus dem festen *inneren Kern* in ca. 6371–5120 km Tiefe und dem niedrigviskosen *äußeren Kern* (ca. 5120–2900 km) zusammensetzt, der elastisch-viskose ↗ *Erdmantel* (ca. 2900–70 km) und die spröd-elastische ↗ *Erdkruste*, deren Mächtigkeit zwischen 7 und 70 km schwankt. Zwischen Kern und Mantel befindet sich die sog. ↗ *D''-Schicht* (Abb. 2). Neben dieser Gliederung aufgrund der seismischen Geschwindigkeiten läßt sich der Erdkörper in seinem oberen Bereich auch durch seine rheologischen Eigenschaften (↗ Viskosität, ↗ Verformbarkeit) charakterisieren (↗ *Rheologie der Erde*). Man unterscheidet die relativ steife *Lithosphäre*, welche die Erdkruste und den obersten Teil des Mantels umfaßt, von der darunterliegenden, bis in Tiefen von etwa 250 km reichenden, nachgiebigen *Asthenosphäre*. Der Übergang zwischen beiden dürfte ziemlich stetig verlaufen. Während als Hauptbestandteile von Kruste und Mantel überwiegend silicatische Gesteine auftreten, dürfte der Kern vorwiegend aus Eisen und Nickel mit einigen leichteren Beimengungen bestehen (↗ *Petrophysik*). Zum radialen Verlauf weiterer physikalischer Para-

**Erde 3:** Seismische Geschwindigkeiten, Dichte $\rho$, Druck $p$, Schwere $g$ und Temperatur $T$ im Erdinneren. $v_s$ = S-Wellengeschwindigkeit; $v_p$ = P-Wellengeschwindigkeit.

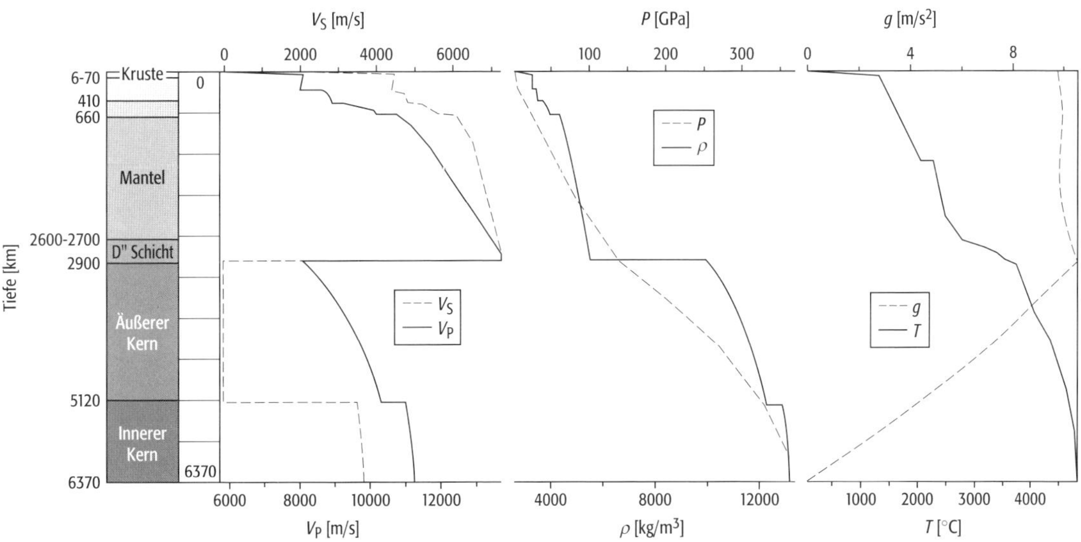

| Ära | Periode | Epoche | Tektonik |
|---|---|---|---|
| Känozoikum (Neozoikum) | Quartär | Holozän | Alpidische Faltungsära |
| | | Pleistozän 0,01 | |
| | Tertiär 1,81 | Jungtertiär: Pliozän 1,81 | Eigentliche Alpenauffaltung (Hochphase vor 22 Ma) |
| | | Jungtertiär: Miozän 5,32 | |
| | | Alttertiär: Oligozän 23,8 | 40 Bildung Rheingraben |
| | | Alttertiär: Eozän 33,70 | |
| | | Paläozän 55,0 | |
| Mesozoikum 65 | Kreide 65 | Oberkreide 65 | |
| | | Unterkreide 98.5 | |
| | Jura 144 | Malm 144 | |
| | | Dogger 169 | 180 älteste Ozeanböden |
| | | Lias 187 | 200 Pangäa zerbricht |
| | Trias 208 | Keuper 208 | |
| | | Muschelkalk 235 | |
| | | Buntsandstein 240 | |
| Paläozoikum 245 | Perm 245 | Zechstein 245 | Variszische Faltungsära |
| | | Rotliegendes 258 | |
| | Karbon 286 | Oberkarbon 286 | |
| | | Unterkarbon 320 | |
| | Devon 360 | Oberdevon 360 | |
| | | Mitteldevon 374 | |
| | | Unterdevon 387 | Kaledonische Faltungsära |
| | Silur 408 | | |
| | Ordovizium 438 | Oberordovizium | |
| | | Unterordovizium | |
| | Kambrium 505 | Oberkambrium | |
| | | Mittelkambrium | |
| | | Unterkambrium | |
| Präkambrium 570 | Proterozoikum 570 | | |
| | Archaikum 2500 | | |
| 4500 | 4500 | | |

**Erde 4:** Perioden der Erdgeschichte. Die Zahlen sind Zeitangaben in Mio. Jahren.

meter. ↗*Erde, Druckverteilung in der*, ↗*Erde, Dichteverteilung in der*, ↗*geothermische Energie* (Abb. 3).

Die *Physiographie* der Erdoberfläche wird durch Prozesse bestimmt, die bis tief in den Erdmantel hinabreichen (↗Geodynamik). Dies wird von der Theorie der globalen ↗*Plattentektonik* erklärt. Danach läßt sich die Lithosphäre in mehrere, in sich relativ starre Platten aufteilen, deren Neubildung, Verschiebung und Vernichtung sich in Erdbeben, Vulkanismus und der Entstehung großtektonischer Strukturen, wie Gebirge und Gräben, äußert. Die Evolution der Kontinente ist Gegenstand der ↗*Paläogeophysik* (Abb. 4). Als Energiequelle der Plattentektonik werden großräumige Konvektionsströmungen im Erdmantel (↗*Konvektion*) und gravitative Instabilitäten der Lithosphärenplatten angenommen (Abb. 5 im Farbtafelteil). [HM3, TB]

**Erde 5:** siehe Farbtafelteil.

**Erde:** Erddaten.

| | |
|---|---|
| Äquatorradius [km] | 6378,137 |
| Polradius [km] | 6356,752 |
| Abplattung | 1:298,257 |
| mittlerer Radius [km] | $6371{,}01 \pm 0{,}02$ |
| Oberfläche Erde [$km^2$] | $5{,}10 \cdot 10^8$ |
| Oberfläche Land [$km^2$] | $1{,}48 \cdot 10^8$ |
| Oberfläche Ozeane [$km^2$] | $3{,}62 \cdot 10^8$ |
| Volumen [$km^3$] | $108{,}321 \cdot 10^{10}$ |
| Masse Erde [kg] | $5{,}9736 \cdot 10^{24}$ |
| Masse Atmosphäre [kg] | $5{,}1 \cdot 10^{18}$ |
| Masse Ozeane [kg] | $1{,}4 \cdot 10^{21}$ |
| Masse Kruste [kg] | $2{,}6 \cdot 10^{22}$ |
| Masse Mantel [kg] | $4{,}043 \cdot 10^{24}$ |
| Masse äußerer Kern [kg] | $1{,}835 \cdot 10^{24}$ |
| Masse innerer Kern [kg] | $9{,}675 \cdot 10^{22}$ |
| mittlere Dichte [$kg/m^3$] | 5515 |
| Schwerebeschleunigung am Äquator [$m/s^2$] | 9,780327 |
| Schwerebeschleunigung an den Polen [$m/s^2$] | 9,832186 |
| mittlerer Sonnenabstand [km] (1 Astronomische Einheit) | $1{,}495978 \cdot 10^8$ |
| mittlerer Mondabstand [km] | 384400 |
| siderische Umlaufzeit [d] | 365,242190 |
| siderische Rotationsperiode [h] | 23,93419 |
| Exzentrizität der Bahn | 0,0167 |
| Neigung des Äquators gegen Bahnebene | 23°26′21″,4119 |
| magnetische Totalintensität [T] (Frankfurt, 1980) | $47{,}6 \cdot 10^{-6}$ |
| geomagnetischer Nordpol (1980) | 78,8°N, 70,9°W |

**Erde, Abplattung der,** Abweichung der äußeren Gestalt des Erdkörpers im Verhältnis $a - c/a = 1/298{,}2$ ($a$: Äquator-, $c$: Polradius der Erde) von der idealen Kugelform (↗*Geoid*), u.a. aufgrund der Erdrotation.

**Erde, Dichteverteilung in der,** radiale Dichteverteilung $\rho(r)$ im Inneren der ↗*Erde*; sie ist von großer Bedeutung für Fragen nach dem Stoffbestand und der Druckverteilung (↗*Erde, Druckverteilung in der*) im Erdinneren sowie nach druckbedingten Zustandsänderungen der Materie und Massenbewegungen, die durch Instabilitäten verursacht werden. Da die *Erddichte* nicht direkt gemessen werden kann, müssen für das Dichte-Tiefenprofil Modelle entwickelt werden, die auf beobachtbaren Größen basieren, wie der Gesamtmasse $M_{\mathrm{E}}$ (bestimmbar aus der Schwereverteilung an der Erdoberfläche, ↗*Schwere*) und dem gesamten ↗*Trägheitsmoment* $\Theta_{\mathrm{E}}$ um die Rotationsachse (↗*Erdrotation*). Hieraus ergeben sich zwei Randbedingungen, denen alle Modelle genügen müssen:

$$M_{\mathrm{E}} = 4\pi \int_0^{r_{\mathrm{E}}} \rho(r) r^2 \mathrm{d}r = (5{,}974 \pm 0{,}004) \cdot 10^{24}\mathrm{kg}$$

und $$\Theta_{\mathrm{E}} = \frac{8\pi}{3} \int_0^{r_{\mathrm{E}}} \rho(r) r^4 \mathrm{d}r \approx 0{,}33 \cdot M_{\mathrm{E}} r_{\mathrm{E}}^2 .$$

Weiterhin müssen die Modelle gemessene Geschwindigkeitsverteilungen seismischer Wellen (↗*Seismologie*) und Modellrechnungen für die *Eigenschwingungen* der Erde berücksichtigen. Für den obersten Erdmantel kann man Dichtewerte von $3300 \mathrm{kg/m^3}$ bzw. für die mittlere Krustendichte von $2670 \mathrm{kg/m^3}$ ansetzen. Für die Dichteverteilung bei stofflicher Homogenität und adiabatischer Temperaturzunahme (insbesondere für die *Konvektionszonen* im äußeren ↗*Erdkern* und weite Teilen des Erdmantels in $>1000 \mathrm{km}$ Tiefe) kann das Dichteprofil aus der ↗*Adams-Williamsonschen Gleichung* abgeleitet werden.

**Erde, Druckverteilung in der,** die radiale Druckverteilung $P(r)$ im Inneren der Erde. Sie ist für das Verständnis der Materiezustände im Innern der ↗*Erde* wichtig und geht, unter Berücksichtigung der Schwereverteilung $g(r)$, unmittelbar aus der Dichteverteilung $\rho(r)$ (↗*Erde, Dichteverteilung in der*) hervor, und zwar durch Integration der sog. *statischen Grundgleichung* $\mathrm{d}P(r) = -g(r)\cdot\rho(r)\mathrm{d}r$. *In der* ↗*Erdkruste* und im oberen ↗*Erdmantel* läßt sich $P$ in Abhängigkeit von der Tiefe $z$ durch die Faustformel $P[\mathrm{MPa}] \approx 3z[\mathrm{km}]$ ($P[\mathrm{kbar}] \approx 0{,}3z[\mathrm{km}]$) abschätzen (mit einer mittleren Gesteinsdichte $\rho \approx 3000 \mathrm{kg/m^3}$ und einer Schwerebeschleunigung $g \approx 10 \mathrm{m/s^2}$).

**erden** ↗Erdung.

**Erdentstehung,** Theorien zur Bildung der ↗*Erde*. Aufgrund der Altersbestimmung von Gesteinsmeteoriten entstand die Erde vor etwa 4,5 Mrd. Jahren; die ältesten kontinentalen Bestandteile sind etwa 3,8 Mrd. Jahre und die ozeanische Kruste höchstens 200 Mio. Jahre alt.

Nach der *inhomogenen Akkretionshypothese* (basierend auf Hypothesen von Kant und Laplace) soll die Urerde durch gravitative Ansammlung Kleinstkörpern (*Planetismals*) und eisenreichen Staubes aus dem planetaren Urnebel um die Sonne aufgewachsen sein. Infolge der Umwandlung von Gravitations- in Wärmeenergie und durch radioaktiven Zerfall trennten sich durch Aufschmelzen der ↗*Erdkern* und der ↗*Erdmantel*. Spätere gravitative Anlagerungen leichterer Elemente bildeten den oberen Mantel, von dem sich die Erdkruste separierte.

**Erderkundungssatelliten,** Satelliten zur ↗*Fernerkundung* der Erdoberfläche. Sie messen die von allen Körpern und Strukturen auf der Erde emittierte elektromagnetische Strahlung, die durch die geometrische Struktur der Oberfläche sowie durch die Zusammensetzung des jeweiligen Körpers bestimmt ist. Spezifische »Signaturen« setzen die Wissenschaftler dann in konkrete Bilder um.

Erderkundungssatelliten werden u.a. eingesetzt in der Land- und Forstwirtschaft (Ernteabschätzung, Überwachung von Weidegebieten, Entdeckung von Waldbränden, Abschätzung von Umweltschäden), in der Kartographie, in der Geologie (Prospektion von Bodenschätzen), in der Meeres- und Gewässerkunde und in der Klimaforschung.

**Erdfunkstelle,** *Bodenrelaisstation,* eine aus einem oder mehreren Sendern und Empfängern bestehende Einrichtung für den Funkverkehr mit Satelliten und Raumfahrzeugen. Sie wird daneben auch für die genaue ↗*Bahnbestimmung* und Bahnverfolgung eingesetzt. Zum Einsatz kommen vorwiegend voll schwenkbare *Cassegrain-Parabolantennen* mit einem Durchmesser bis zu einigen zehn Meter.

**Erdinduktion,** die durch das *Erdmagnetfeld* verursachte *Aufmagnetisierung* (↗*Geomagnetismus*). Wo die Richtung der ↗*Magnetisierung* nicht mit dem lokalen Erdfeld übereinstimmt, werden Gesteinsumlagerungen und -verschiebungen als Ursache angenommen. Die Erdinduktion führt zu Kompaßmißweisungen z.B. auf Schiffen, da auch das Schiff selbst aufmagnetisiert wird.

**Erdinduktor,** *Rotationsinduktor*, Meßgerät, bei dem die ↗*Induktion* des *Erdmagnetfelds* in einer rotierenden Spule insbesondere zur Bestimmung der ↗*Inklination* ausgenutzt wird (↗*Geomagnetismus*). Wenn die Rotationsachse der Spule parallel zu den Feldlinien des Erdfeldes steht, verschwindet der induzierte Strom. Durch eine solche Nullmessung ist die Meßunsicherheit kleiner als $0{,}1'$ im Gegensatz zu einigen Minuten bei Nadelinklinatorien. Die Hauptschwierigkeit liegt in der Messung kleiner Wechselströme ($10^{-6}$A).

**Erdkern,** seismologisch definierter innerster Bereich des Erdkörpers unterhalb einer Tiefe von $2900 \mathrm{km}$ (↗*Erde*). Der Erdkern entstand durch gravitative Differentiationsprozesse im Zuge der frühen Erdentwicklung (↗*Erdentstehung*), er wird unterteilt in den niedrigviskosen (»flüssigen«) *äußeren Erdkern* und, ab $5120 \mathrm{km}$ Tiefe, den festen *inneren Erdkern*. Die *Kern-Mantel-Grenze* (↗*D''-Schicht*) wird durch einen abrupten Rücksprung (der Übergangsbereich ist nur wenige km mächtig) in der Ausbreitungsgeschwindigkeit für *Kompressionswellen* $v_p$ von etwa $13 \mathrm{km/s}$ auf ca. $8 \mathrm{km/s}$ und durch das Verschwinden der *Scherwellen* bestimmt (↗*Seismologie*).

Der Erdkern besteht vor allem aus Eisen und Nickel mit Beimengungen leichter Elemente (Tabelle). Die Zusammensetzung wurde, ebenso wie der Aggregatzustand, aus vergleichenden Beobachtungen zwischen Hochdruck-Hochtemperatur-Laborexperimenten (↗*Petrophysik*), astrophysikalischen Untersuchungen (Zusammensetzung von ↗*Meteoriten*, ↗*Elementhäufigkeit* im Universum) und seismologischen Befunden abgeleitet. An der

**Erdkern:** Durchschnittliche Elementzusammensetzung des Kerns.

| Element | Anteil (Massenprozent) |
|---|---|
| Fe | 84,6 |
| Ni | 7,7 |
| O, S, C, Si, H | 7,7 |

Grenze des inneren Kerns wird eine kontinuierliche Kristallisation der Eisenlegierung im Zuge einer langsamen Abkühlung postuliert (die Schmelztemperatur von reinem Eisen beträgt bei 330 Gpa etwa 4800 K, ↗ *Geodynamik*). Die Wachstumsrate des inneren Kerns dürfte in der Größenordnung Millimeter pro Jahr liegen. Als Folge dieser Kristallisation kommt es zur Anreicherung leichter Kernbestandteile unmittelbar oberhalb der Grenze zum inneren Kern. Seismologische Beobachtungen scheinen eine solche, ca. 100–200 km mächtige Zone zu bestätigen.

Aufgrund seines niedrigviskosen Zustandes gibt es im äußeren Erdkern vermutlich Konvektionsströmungen (↗ *Konvektion*), die das erdmagnetische Hauptfeld erzeugen (↗ *Geomagnetismus*, ↗ *Dynamo-Effekt*). Durch wechselnde, überwiegend hydromagnetische Kopplungen (↗ Magnetohydrodynamik) mit dem ↗ *Erdmantel* kommt es zu Schwankungen der Rotationsgeschwindigkeit der Erde (↗ *Erdrotation*).

**Erdkruste,** seismologisch definierte äußerste Schale des Erdkörpers (↗ *Erde*, ↗ *Seismologie*). Die Erdkruste entstand durch partielle Aufschmelzung und gravitative *Differentiation* des ↗ *Erdmantels* (↗ *Erdentstehung*). Die *Kruste-Mantel-Grenze* besteht aus einer lamellenartig strukturierten Übergangszone, der *Mohorovičić*-Diskontinuität oder *Moho*. Die Erdkruste ist Bestandteil der rheologisch definierten *Lithosphäre* (↗ *Rheologie der Erde*).

Die *kontinentale Kruste* ist deutlich von der *ozeanischen Kruste* zu unterscheiden. So liegt die Krustenmächtigkeit je nach Krustentyp zwischen 5 km unter Ozeanen und 70 km unter Gebirgen. Eine weniger strenge Gliederung in *Oberkruste* und *Unterkruste* ergibt sich durch die unterschiedliche Geschwindigkeit seismischer *Kompressionswellen* $v_p$ (6 bzw. 6,5 km/s). So ist die früher oft als *Conrad-Diskontinuität* bezeichnete Grenze zwischen Ober- und Unterkruste explizit auch nur relativ selten erkennbar. Die *stoffliche Zusammensetzung* der kontinentalen Erdkruste läßt sich abschätzen, indem seismologische Ergebnisse mit Erkenntnissen aus der Hochdruck-Hochtemperatur-Gesteinsphysik (↗ *Petrophysik*) und geologischen *Aufschlüssen* der tieferen Kruste verbunden werden. So dürfte unterhalb einer sedimentären Deckschicht die Oberkruste überwiegend aus $SiO_2$-reichem Kristallingestein mit metamorph umgewandelten Quarziten, Gneisen und Graniten bestehen, die Unterkruste dagegen aus $SiO_2$-ärmeren Amphiboliten und Gabbros. Unterhalb der Kruste bildet dann die Moho die stoffliche Grenze zum oberen Erdmantel. Die kontinentale Oberkruste beinhaltet eine relativ hohe Konzentration an wärmeproduzierenden radioaktiven Elementen, die einen Anteil von etwa 50 % zum kontinentalen Wärmestrom beitragen (↗ *geothermische Energie*).

Die *ozeanische Kruste* ist generell von recht einfachem Aufbau. Unter einer Deckschicht mariner Sedimente folgt die eigentliche Kruste von etwa 5 bis 8 km Mächtigkeit mit basaltischem Chemismus. Sie hat ihren Ursprung in submarinen Lavaergüssen und magmatischen Spaltintrusionen in den Zentren des ↗ *Sea Floor Spreading* (*Meeresbodenwachstum*). Aufgrund des spröd-elastischen Verhaltens der Erdkruste haben tektonische Vorgänge dort ihren Ursprung (↗ *Tektonik*) und führen u.a. zur Bildung von geologischen Großstrukturen (Gebirge und Gräben, ↗ *Grabenbildung*) und Erdbeben. [HM3]

**Erdkruste:** Durchschnittliche geochemische Zusammensetzung (in Prozent) von kontinentaler und ozeanischer Erdkruste (inkl. sedimentärer Bedeckung).

| | Kontinentale Kruste | Ozeanische Kruste |
|---|---|---|
| $SiO_2$ | 60,2 | 48,7 |
| $Al_2O_3$ | 15,2 | 16,5 |
| $Fe_2O_3$ | 2,5 | 2,3 |
| FeO | 3,8 | 6,2 |
| MgO | 3,1 | 6,8 |
| CaO | 5,5 | 12,3 |
| $Na_2O$ | 3,0 | 2,6 |
| $K_2O$ | 2,9 | 0,4 |
| andere | 3,8 | 4,2 |

**Erdlicht,** *Erdschein*, von der Erdoberfläche und der Atmosphäre reflektiertes Sonnenlicht, das nicht-beleuchtete Teile der Mondoberfläche aufhellt. Deshalb erscheint bei schmaler Mondsichel der Rest des Mondes in einem aschgrauen Licht.

**Erdmagnetfeld,** *magnetisches Erdfeld*, ↗ *Geomagnetismus*.

**erdmagnetische Kennziffern,** Maßzahlen zur Charakterisierung der *geomagnetischen Aktivität* bzw. des Zustands der ↗ Magnetosphäre. (↗ *Geomagnetismus*)

**Erdmantel,** seismologisch definierte Tiefenzone der ↗ *Erde* zwischen ↗ *Erdkruste* und ↗ *Erdkern*. Die *Kruste-Mantel-Grenze* (*Mohorovičić*-Diskontinuität) ist durch eine markante Zunahme mit der Tiefe in der Geschwindigkeit seismischer *Kompressionswellen* $v_p$ von 6,8–7,3 km/s auf 7,9–8,3 km/s (↗ *Seismologie*) sowie der Gesteinsdichte $\rho$ von etwa 2900 auf 3300 kg/m$^3$ gekennzeichnet. Die *Kern-Mantel-Grenze* unterhalb der ↗ D″-Schicht ist durch eine sprunghafte Abnahme (mit der Tiefe) von $v_p$ von etwa 13 km/s auf ca. 8 km/s bzw. durch das Verschwinden der *Scherwellen* bestimmt. Der oberste Teil des im wesentlichen aus Olivinen und Pyroxenen bestehenden Mantels wird aufgrund seiner relativ hohen ↗ *Viskosität* zusammen mit der Erdkruste als *Lithosphäre* bezeichnet. In der darunterliegenden *Gutenberg-Zone* (*low velocity layer*) zwischen 60 und 250 km Tiefe ist die Geschwindigkeit seismischer Wellen temperaturbedingt erniedrigt. Diese Zone kann als partielle Schmelze mit niederer Viskosität (Größenordnung $10^{19}$–$10^{21}$ Pa · s gegenüber $10^{23}$–$10^{24}$ Pa · s im mittleren und unteren Mantel) interpretiert werden. Diese *Asthenosphäre* wird durch das duktile Verhalten ihres Mineralgefüges bei Spannungszuständen charakterisiert. In 410km und 660km Tiefe existieren zwei mehrere 10km mächtige Bereiche mit anomaler seismischer Geschwindigkeitszunahme, die als *Phasenumwandlungen* gedeutet werden können: Laborexperimente lassen bei 410km einen Übergang von Olivin in die Hochdruckphase mit Spinellstruktur, bei 660km in die Eisen-Magnesium-Silicate ↗Perowskit und Magnesiumwüstit ($(Mg,Fe)SiO_3$) erkennen (↗Petrophysik).

Obwohl sich der Erdmantel bezüglich seismischer Wellen wie ein Festkörper verhält, finden im Erdmantel aufgrund der hohen Temperaturen und der dadurch reduzierten Viskosität langsam ablaufende (in der Größenordnung cm/a), großräumige Konvektionsbewegungen (↗*Konvektion*) statt. Neben ihrer Rolle beim Wärmetransport vom Kern zur Erdoberfläche (↗*geothermische Energie*), sind diese Prozesse ein wichtiger Bestandteil des Antriebsmotors globaltektonischer Vorgänge (↗*Geodynamik*).

**Erdmantel:** Durchschnittliche geochemische Zusammensetzung des Mantels.

| | Anteil (Massenprozent) |
|---|---|
| $SiO_2$ | 47,4 |
| $Al_2O_3$ | 2,9 |
| FeO | 10,3 |
| MgO | 34 |
| CaO | 2,9 |
| $Na_2O$ | 0,7 |
| andere | 1,8 |

**Erdmond** ↗Mond.

**Erdradius** ↗Geoid.

**Erdrinde,** veraltetes Synonym für ↗*Erdkruste*, manchmal auch im Sinne von »starrer Erdrinde« für *Lithosphäre*. (↗*Erde*, ↗*Erdmantel*)

**Erdrotation,** Drehung der Erde um eine nahezu raumfeste Achse mit einer Periode von 23h 56min 4,12s = 1 Sterntag = 0,99727 Sonnentage. Der *Eigendrehimpuls* beträgt $5{,}9 \cdot 10^{33}$Js und die Rotationsenergie $2{,}158 \cdot 10^{29}$J (= $10^{14}$ Megatonnen TNT). Die Rotationsachse führt einerseits eine Präzessionsbewegung um den Himmelspol ($T = 25735$a) und andererseits eine Kreiselbewegung durch (↗*Chandlersche Periode*, ↗*Eulersche Periode*). Die Rotationsperiode selbst ist im wesentlichen drei Änderungen unterworfen:

a) säkulare Verlangsamung: ca. 1s/100a durch Gezeitenreibung, Gebirgsbildungsvorgänge und Massenverlagerungen im Erdinneren (Jahreslänge im Devon ca. 400d);

b) periodische Veränderungen: ca. $10^{-2}$s durch Gezeiten, Meeresströmungen, atmosphärische Effekte, Grundwasserverschiebungen;

c) unregelmäßige Veränderungen: einige ms durch Abschmelzen von Inlandeis, Materieströmungen im äußeren Erdkern, Gebirgsbildung, Wechselwirkung zwischen der ↗*Magnetosphäre* der Erde und dem ↗*Sonnenwind*.

**Erdschluß,** die ungewollte Verbindung eines spannungführenden Leiters mit der Erde (↗*Erdung*). In Niederspannungsnetzen (220-V-Netz) ist praktisch überall eine Leitung fest geerdet, nämlich der Sternpunkt des Versorgungstransformators, in diesem Fall ist Erdschluß gleichbedeutend mit ↗*Kurzschluß*. Bei Hochspannungsnetzen (↗*Hochspannung*) wird in Deutschland – im Gegensatz zu den USA – der Sternpunkt nicht kurz geerdet, sondern über eine ↗Induktivität mit der Erde verbunden (Löschspule). Wenn an einer Stelle der Leitung ein Erdschluß einer Phase auftritt, fließt ein ↗*Verschiebungsstrom* über die Erdkapazität der intakten Phasen durch die Erde zur Erdschlußstelle. Dieser Strom ist in Gegenphase zum Erdschlußstrom über die Löschspule, beide heben sich nahezu auf, wenn die Induktivität der Löschspule passend zur Leitungskapazität gewählt wird. Auf diese Weise können Erdschluß-Lichtbögen, die z.B. durch herabfallende Äste verursacht werden, selbsttätig gelöscht werden.

**Erdung,** leitende Verbindung von (elektrischen) Geräten mit dem Erdkörper. Wegen der hohen elektrischen ↗*Kapazität* der Erdkugel (0,7mF) hat jeder mit ihr verbundene Körper dasselbe elektrische Potential. Praktisch wird die Erdung meist durch Verbindung mit dem Grundwasser oder einfacher mit einer Wasserleitung durchgeführt. Oft enthält die kommerzielle Stromversorgung auch einen speziellen Erdleiter. Die mit der Erde verbundenen Leitungen dürfen keine Schleifen bilden (sternförmige oder verästelte Schaltung), da sonst durch Fremdfelder Störspannungen induziert werden. Bei großen Anlagen wie ↗*Sendeantennen* sind umfangreiche, netzartige Leiter im Grundwasser erforderlich, damit auch Ströme im Bereich von Hunderten von Ampere hinreichend schnell abfließen können.

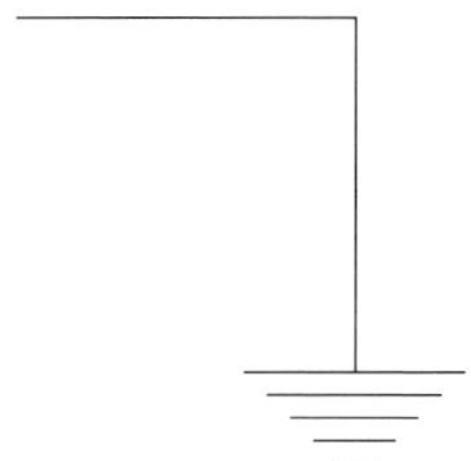

**Erdung:** Elektrotechnisches Schaltsymbol für Erdung.

Die Erdung wird einerseits benötigt, um bei Versuchs- oder Meßanordnungen ein gemeinsames Bezugspotential festzulegen, andererseits als ↗*Schutzerde* zur Vermeidung von Unfällen durch Stromschlag (↗*Blitzableiter*).

**Erdwärme** ↗geothermische Energie.

**Ereignis,** im Rahmen der ↗Speziellen Relativitätstheorie ein Punkt im ↗Raumzeitkontinuum, d.h. ein bestimmter Ort zu einer bestimmten Zeit.

**Ereignishorizont,** die ein Gebiet der ↗*Raumzeit* umgebende lichtartige Fläche, von der aus keine lichtartigen Geodäten mehr ins Unendliche gelangen können. Diese Definition im Rahmen der ↗*Allgemeinen Relativitätstheorie* besagt, daß es sich dabei um einen nichtlokalen Begriff handelt, da Ereignisse in der fernen Zukunft inbegriffen sind, und daß ein Ereignishorizont nur in einer asymptotisch flachen Raumzeit wohldefiniert ist. Ein ↗*Schwarzes Loch* ist »schwarz«, weil es immer von einem Ereignishorizont umgeben ist: Licht, das innerhalb des Horizonts abgestrahlt wird, kann dem Gravitationsfeld des Schwarzen Lochs nicht mehr entweichen. In der ↗*Kosmologie* ist der Begriff des *Ereignishorizonts eines Bobachters* von Bedeutung, also die Fläche, von der aus Lichtsignale nicht in endlicher Zeit beim Beobachter ankommen.

**erf (*x*)** ↗Gaußsche Fehlerfunktion.

**Erg** 1) [zu griech. érgon »Werk, Arbeit«], Einheitenzeichen erg, abgeleitete Einheit der Energie bzw. Arbeit im CGS-System, ursprünglich definiert als $1\,\text{erg} = 1\,\text{dyn} \cdot \text{cm}$. SI-Einheit ist das ↗Joule. $1\,\text{erg} = 1\,\text{cm}^2 \cdot \text{g/s}^2 = 10^{-7}\,\text{J}$.

2) Einheitenzeichen für ↗*Großerg*.

**Ergodenhypothese,** von L. ↗Boltzmann 1887 aufgestellte Annahme über die Dichte der Trajektorien eines statistischen Ensembles im ↗*Phasenraum*.

Obwohl sich die exakte Phasenraumtrajektorie eines klassischen statistischen Systems mit $N$ Freiheitsgraden aus der Lösung der *Hamiltonschen Bewegungsgleichungen* als eindeutige Bahn, also im geometrischen Sinne als eindimensionales Objekt, ergibt, zeigt sich, daß diese Trajektorie für die meisten nicht streng periodischen Bewegungen im Laufe der Zeit mehr oder minder vollständig die gesamte $(N-1)$-dimensionale, durch die Energieerhaltung vorgegebene Hyperfläche des Phasenraums überstreicht. In der Ergodenhypothese ist dieser Sachverhalt durch die Forderung formuliert, daß jeder im Rahmen der Energieerhaltung erlaubte Phasenraumpunkt beliebig dicht von einer vom System im Laufe eines großen Zeitraums tatsächlich durchlaufenen Phasenraumbahn tangiert wird. Makroskopische Systeme, die diesem Postulat gehorchen, werden als *ergodisch*, hingegen solche, die einen Teil der Energiehyperfläche nicht berühren, als *nichtergodisch* bezeichnet.

Die wichtige Folgerung dieser Hypothese ist, daß es gleichgültig ist, ob eine aus einer mikroskopischen Größe abgeleitete makroskopische Größe als Mittelwert längs der Zeitachse über einen kleinen Teil des Systems oder aber zu einem festen Zeitpunkt über alle Partikel des Ensembles gebildet wird. Der Ensemble- oder Scharmittelwert und das zeitliche Mittel einer Größe $B$ sind also gleichwertig,

$$\langle B(t)\rangle \equiv \lim_{N\to\infty} \frac{1}{N}\sum_{k=1}^{N} B^{(k)}(t)$$

$$= \lim_{T\to\infty} \frac{1}{T}\int_0^T B^{(k)}(t)\,\mathrm{d}t \equiv \overline{B^{(k)}},$$

so daß die Notwendigkeit der Lösung der Bewegungsgleichungen zur Beschreibung des Systems entfällt.

Trotz vieler Bemühungen ist es nicht zuletzt aufgrund der Komplexität der mathematischen Behandlung dieses Gebietes bis heute strittig, inwieweit die Ergodenhypothese als notwendiges Postulat für den Aufbau der statistischen Physik gelten muß (↗*Ergodentheorie*). Offensichtlich kann aber die Austauschbarkeit von Zeit- und Ensemblemittel nur für zeitunabhängige makroskopische Größen Gültigkeit haben, so daß dieses Theorem nicht als Grundlage dynamischer makroskopischer Theorien angesehen werden kann.

**Ergodentheorie,** ein Zweig der Mathematik, der probabilistische Aspekte von ↗*dynamischen Systemen* behandelt und dabei versucht, die dynamischen Grundlagen der ↗*statistischen Mechanik* zu erfassen (Boltzmanns ↗*Ergodenhypothese*). Enge Verbindungen bestehen z.B. zur metrischen *Zahlentheorie.* Die Grundlagen der Ergodentheorie wurden bereits von H. ↗*Poincaré* z.B. in seinem Wiederkehrsatz (↗*Poincaréscher Wiederkehrsatz*), sowie durch verschiedene Ergodensätze von G.D. ↗*Birkhoff*, E. ↗*Hopf* und J. ↗*von Neumann* bereitgestellt. Eine wichtige Leistung der Ergodentheorie ist die Klassifizierung dynamischer Systeme oder maßerhaltender Transformationen nach dem Grad ihrer Stochastizität. In der Reihenfolge zunehmender Zufälligkeit kann man unterscheiden zwischen *ergodischen Systemen*, *mischenden Systemen*, ↗*K-Systemen*, *C-Systemen* und *Bernoulli-Systemen.* Sie sind folgendermaßen charakterisiert:

Ergodisches Verhalten bedeutet, daß zeitliche Mittelung und die Mittelung mit einem invariantem Maß (stationäre Verteilung) für alle glatten Funktionen $f(\boldsymbol{x})$ im Phasenraum zum gleichen Ergebnis führen (»Zeitmittel = Scharmittel«). Für ein zeitlich kontinuierliches System heißt das, daß für fast alle Anfangsbedingungen $\boldsymbol{x}(t=0)$ die Gleichung

$$\lim_{T\to\infty} \frac{1}{T}\int_0^T f(\boldsymbol{x}(t))\,\mathrm{d}t = \langle f(\boldsymbol{x})\rangle$$ gilt, wobei die

rechte Seite die Mittelung der Funktion $f(\boldsymbol{x})$ über das betrachtete invariante Maß bedeutet, das typischerweise auf einem anzugebenden Unterraum des Phasenraums definiert ist. Ein einfaches Beispiel ist die Rotation $x_{t+1} = (x_t + \alpha) \bmod 1$, die ein zeitlich diskretes dynamisches System darstellt, das für irrationales $\alpha$ auf dem Kreis ergodisch ist, für rationales $\alpha$ dagegen nicht. Hier wird deutlich, daß diese schwächste Form von zufälligem Verhalten weder chaotisches Verhalten (↗*deterministisches Chaos*) noch ein Auseinanderlaufen von Anfangsverteilungen impliziert. Letzteres ist dagegen bei ↗*mischendem Verhalten* gegeben. In diesem Fall wird ein kleines Phasenraumvolumen (von nicht verschwindendem Maß) im Laufe der zeitlichen Entwicklung im Phasenraum verteilt, ähnlich wie sich ein hinzugefügter Tropfen Milch beim Umrühren von Kaffee in einer Tasse verteilt. Mischendes Verhalten bedeutet insbesondere, daß sich das betrachtete System von einem Nichtgleichgewichtszustand aus einer Gleichgewichtsverteilung annähert. Ferner impliziert Mischen den Zerfall von ↗*Korrelationen*

$$\lim_{t\to\infty} \langle f(x_t)\, g(x_0)\rangle = \langle f(x_0)\rangle\, \langle g(x_0)\rangle$$

und umgekehrt. Eine stärkere Form zufälligen Verhaltens zeigen *K-Systeme* (nach A.N. ↗*Kolmogorow*), die durch eine positive ↗*Kolmogorow-Sinai-Entropie* und damit durch chaotisches Verhalten gekennzeichnet sind. Ein Beispiel hierfür ist das ↗*Bunimowitsch-Stadion*. Systeme, die zusätzlich überall im Phasenraum hyperbolisch sind (Struktur überall ähnlich wie an einem instabilen Fixpunkt) werden oft als *C-Systeme* bezeichnet (Beispiele: ↗*Arnolds Katzenabbildung* und geodätische Bewegung auf Flächen mit überall negativer Krümmung). Den stärksten Grad stochastischen Verhaltens bilden Bernoulli-Systeme, deren Dynamik der ↗*Bernoulli-Verschiebung* (idealisierte Form eines Münzwurf-Experiments) äquivalent ist. Die ↗*Bäcker-Abbildung* ist ein solches System.

Zusätzlich zur Ergodentheorie klassischer Systeme wurde inzwischen eine nicht-kommutative Ergodentheorie (*Von-Neumann-Algebra*) entwickelt, die im Zusammenhang mit ↗*Quantenchaos* diskutiert wird. [GR2]

**ergodisches Verhalten** ↗Ergodentheorie.

**Ergodizität** ↗Ergodenhypothese.

**Ergometer,** Instrument zur Messung der ↗*Muskelarbeit* oder allgemein der körperlichen Leistungsfähigkeit. Ein gebräuchliches Modell ist das *Fahrradergometer*. Der durch die Wicklungen der ↗Wirbelstrombremse fließende elektrische Strom ist ein Maß für die verrichtete Leistung. Ein *Laufbandergometer* ist einem Förderband vergleichbar, welches sowohl im Neigungswinkel $\alpha$ als auch seiner Geschwindigkeit $v$ variiert werden kann. Um an einer Position zu bleiben, muß der Mensch sein Körpergewicht mit der Gewichtskraft $G$ entsprechend schnell entlang eines Wegs $s$ fortbewegen. Für die Leistung gilt dann $P = G \cdot s \cdot \sin\alpha \cdot t^{-1}$.

Bei einer Leistung von 30–60W spricht man von »leichter Arbeit« (hier nicht im physikalischen Sinne), »schwere Arbeit« beginnt bei Leistungen um 150W.

**Ergosphäre,** die ein rotierendes ↗*Schwarzes Loch* (*Kerr-Geometrie*) umgebende Region zwischen dem ↗*Ereignishorizont* und der *statischen Grenze*, dem (zeitartigen) Rand des Gebietes, in dem ein Beobachter relativ zu einem unendlich weit entfernten Beobachter in Ruhe sein kann. Innerhalb der Ergosphäre kann die Energie eines Teilchens *negativ* sein. Dadurch wird ein *Penrose-Prozeß* möglich, mit dem ein Teil der Rotationsenergie eines Schwarzen Loches entnommen werden kann, indem ein Objekt in die Ergosphäre geschossen und dort in zwei Teile zerlegt wird. Wenn ein Teil dabei eine negative Energie erhält und durch den Ereignishorizont stürzt, kann der andere Teil aus der Ergosphäre mit einer Energie entkommen, die größer als die ursprüngliche ist. Penrose zeigte, daß die gewonnene Energie von der Rotationsenergie des Schwarzen Lochs stammt.

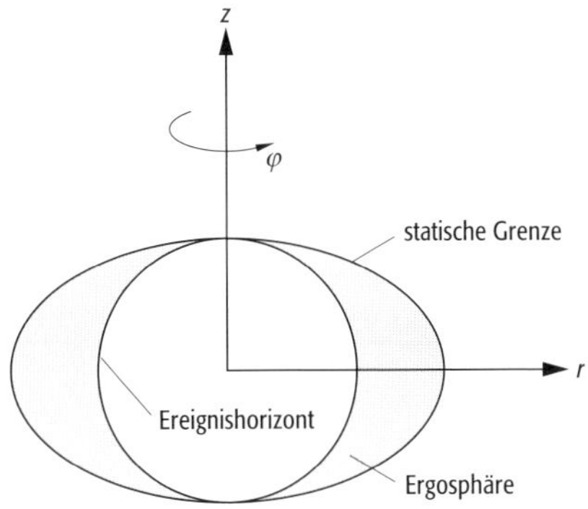


**Ergosphäre:** Umgebung eines um die $z$-Achse rotierenden Schwarzen Loches.

**Erhaltungsgröße,** eine Größe, die einem ↗Erhaltungssatz unterliegt.

**Erhaltungssätze,** physikalische Gesetze über die zeitliche Konstanz der Werte physikalischer Größen, der Erhaltungsgrößen, (z.B. der Energie oder des Impulses) in abgeschlossenen Systemen. Für jedes abgeschlossene System gelten folgende fundamentale Erhaltungssätze, die die äußeren Symmetrien von Raum und Zeit widerspiegeln (↗*Bewegungsintegrale*): *Energieerhaltung* (aufgrund der Äquivalenz von Energie und Masse gleichbedeutend mit Massenerhaltung), *Impulserhaltung, Drehimpulserhaltung* und Erhaltung der Schwerpunktsbewegung.

Im Jahre 1912 bewies E. ↗*Noether*, daß man Erhaltungssätze als eine prinzipielle ↗*Symmetrie* der Welt, d.h. eine ↗*Invarianz* der Naturgesetze gegenüber gewissen ↗*Transformationen* auffassen kann (↗*Noether-Theorem*).

Aus der Homogenität von Raum und Zeit folgt die Invarianz aller physikalischen Gesetze gegenüber den räumlichen und zeitlichen Translationen, daraus folgt die Energie- und die Impulserhaltung. Die Erhaltung des Gesamtdrehimpulses einschließlich des Spins folgt aus der Rotationsinvarianz, die aus der Isotropie des Raumes resultiert. Aus der Invarianz gegenüber den ↗*Lorentz-Transformationen* folgt der Schwerpunktsatz. In der Speziellen Relativitätstheorie werden der Energie- und der Impulserhaltungssatz zum Erhaltungssatz des ↗*Vierer-Impulses* zusammengefaßt.

Neben den aus äußeren Symmetrien folgenden Erhaltungssätzen gibt es die Erhaltungssätze, die den inneren Symmetrien der Materie entstammen. Bei allen bisher bekannten Wechselwirkungen gelten Erhaltungssätze für die elektrische Ladung $Q$, die Baryonenzahl $A$, die Leptonenzahl $L$ und die Statistik-Quantenzahl mit der Fermionenzahl $F$ (↗*Supersymmetrie*). Weiterhin gelten gegenüber der starken Wechselwirkung Erhaltungssätze für die Hy-

**Erhaltungssätze:** Zusammenhang zwischen Erhaltungsgrößen, Symmetrien und Invarianzen.

| Erhaltung von ... | Symmetrie | Invarianz gegenüber ... | Gültigkeitsbereich |
|---|---|---|---|
| Energie (einschl. $m_0c^2$) | Homogenität der Zeit | Zeittranslation: $t \rightarrow t + t_0$ | |
| Impuls | Homogenität des Raumes | Raumtranslation: $\boldsymbol{r} \rightarrow \boldsymbol{r} + \boldsymbol{r}_0$ | |
| Drehimpuls (Spin) | Isotropie des Raumes | Raumdrehung: $\boldsymbol{r} \rightarrow \boldsymbol{A}\boldsymbol{r}$ | |
| Ladung | – | Eichtransformation des Potentials: $\varphi \rightarrow \varphi + \dot{f}$ | universell |
| Baryonenzahl | – | – | |
| Leptonenzahl | – | – | |
| CPT | CPT-Invarianz | CPT-Transformation (Ladungskonjugation + Inversion + Zeitumkehr) | |
| Parität P | Zentralsymmetrie | Inversion | |
| T | Isotropie der Zeit | Zeitumkehr: $t \rightarrow -t$ | |
| CP | CP-Invarianz | CP-Transformation (Ladungskonjugation + Inversion) | starke und elektromagnetische Prozesse |
| Isospin $I_3$, Hyperladung, Strangeness | Isotropie des Isospinraumes | Drehung im Isospinraum | |
| Isospinbetrag $I$, Multiplizität | – | Drehung um $z$-Achse im Isospinraum | starke Prozesse |

perladung $Y$, den Isospin $I$, die innere räumliche Parität P sowie die G- und C-Parität. Diese Erhaltungssätze werden bei den anderen Wechselwirkungen z.T. verletzt, z.B. die Parität bei der ↗*schwachen Wechselwirkung*. [MW3]

**Erholung,** in der Festkörperphysik Reduktion von Gitterdefekten durch thermische Aktivierung. Die durch Kaltverformung, Bestrahlen oder Abschrecken erhöhte Gitterfehlerdichte kann durch Erwärmung auf ca. 30 % der Schmelztemperatur (in Kelvin) verkleinert werden. Bei Erwärmung auf noch höhere Temperaturen kommt es zur ↗*Rekristallisation*. Die Erholung beruht auf der Verringerung von ↗*Leerstellen* und ↗*Zwischengitteratomen* sowie der Annihilation gegenpoliger ↗*Versetzungen* und Zusammenlagerung von Versetzungen zu ↗*Kleinwinkelkorngrenzen*. Das ↗*Gefüge* ändert sich dabei nicht. Der Prozeß der Erholung wird durch die Verkleinerung der freien Enthalpie getrieben, da der vorher vorhandene Zustand erhöhter Gitterfehlerdichte thermodynamisch instabil ist.

**Erholungszeit,** der Zeitraum, der nach dem Ende der ↗*Totzeit* verstreicht, bis ein Detektor wieder ein Signal liefern kann.

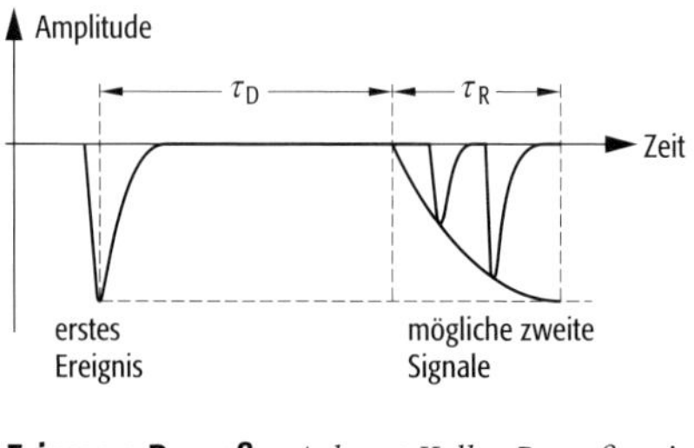


**Erholungszeit:** Totzeit $\tau_D$ und Erholungszeit $\tau_R$ eines Geiger-Müller-Zählrohrs.

**Ericsson-Prozeß,** *Ackeret-Keller-Prozeß*, ein thermodynamischer Vergleichsprozeß mit isothermer Kompression und Expansion sowie isobarer Wärmeübertragung in einem Wärmeübertrager, die zwischen den Maschinen (Verdichter, Turbine) innerhalb eines Gesamtprozesses erfolgt. Beim Ericsson-Prozeß in einer *Gasturbinenanlage* (↗Gasturbine) sind die Beträge der dem Wärmeübertrager zu- und abgeführten Wärme gleich groß ($Q_{23} = |Q_{41}|$). Der Turbine wird bei isothermer Expansion die Wärme $Q_{34}$ von außen zugeführt und bei der isothermen Kompression die Wärme $Q_{12}$ abgeführt. Beim Kreisprozeß wird die Arbeit $|W_{er}| = Q_{34} + Q_{12}$ geleistet. Der thermische Wirkungsgrad ist genauso groß wie beim Carnot-Prozeß und unter ansonsten gleichen Verhältnissen wesentlich besser als beim ↗*Joule-Prozeß*. Jedoch sind die isothermen Zustandsänderungen in einer normalen Gasturbine nicht zu verwirklichen. Man erreicht eine Annäherung an die Isotherme durch stufenweise Verdichtung mit Zwischenkühlung und durch stufenweise Entspannung mit Zwischenerwärmung.

Der Ericsson-Prozeß liegt auch der ↗*Gifford-MacMahon-Maschine* zugrunde (↗Kreisprozesse in der Kältetechnik).

**Erkran-Nachrichtensatelliten,** aktive, geostationäre ↗Kommunikationssatelliten der ehemaligen Sowjetunion.

**Erlanger,** *Joseph*

**Erlanger, Joseph,** amerikanischer Neurophysiologe, *5.1.1874 San Francisco, †5.12.1965 Saint Louis (Mo.). Dozent für Physiologie in Saint Louis; zusammen mit H.S. *Gasser* erforschte er dort die Nervenfasern; 1944 erhielten sie gemeinsam den Nobelpreis für Physiologie oder Medizin für die Entdekkung und Aufklärung der Funktion verschiedener Nervenfasertypen mit Hilfe eines Kathodenstrahloszillographen.

**erleichterte Diffusion** ↗Membrantransportprozesse.

**DESY 1:** Luftaufnahme des DESY. Die Linien markieren den Verlauf der wichtigsten Beschleuniger.

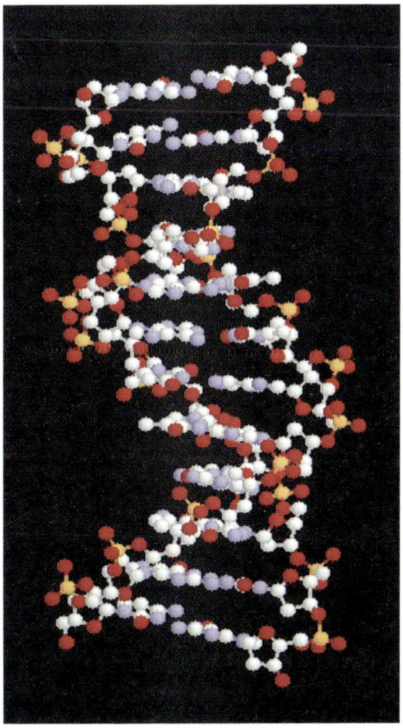

**DNS 2:** Ball-Balken-Darstellung der antiparallelen doppelsträngigen Helix in B-Form des selbstkomplementären Dodekamers CCGGAATTCCGG (Struktur 1BNA aus der Brookhaven Protein Data Bank). Man beachte die beiden verschieden großen, parallel zu den Zucker-Phosphat Rückgraten (engl backbone) verlaufenden Furchen, die als große bzw. kleine Furche bezeichnet werden. Durch diese sind die Nukleinsäurebasen trotz ihrer dichten Packung in erheblichem Maße für Liganden zugänglich. Damit ist das Abtasten der Basensequenz auch ohne Aufspaltung der Doppelhelix möglich. Das ist von großer Bedeutung für die Wechselwirkung mit regulatorischen Proteinen (Repressoren, Aktivatoren), RNS-Polymerasen und Reparaturenzymen.

**Effelsberg-Radioteleskop:** Das Effelsberg-Radioteleskop liegt in einem Tal in der Eifel, wo es von umgebender Störstrahlung weitgehend geschützt ist.

**Elefantenrüssel**

**Elektrodynamik:** Spektrum elektromagnetischer Wellen. Der sichtbare Teil ist zur Verdeutlichung rechts herausvergrößert.

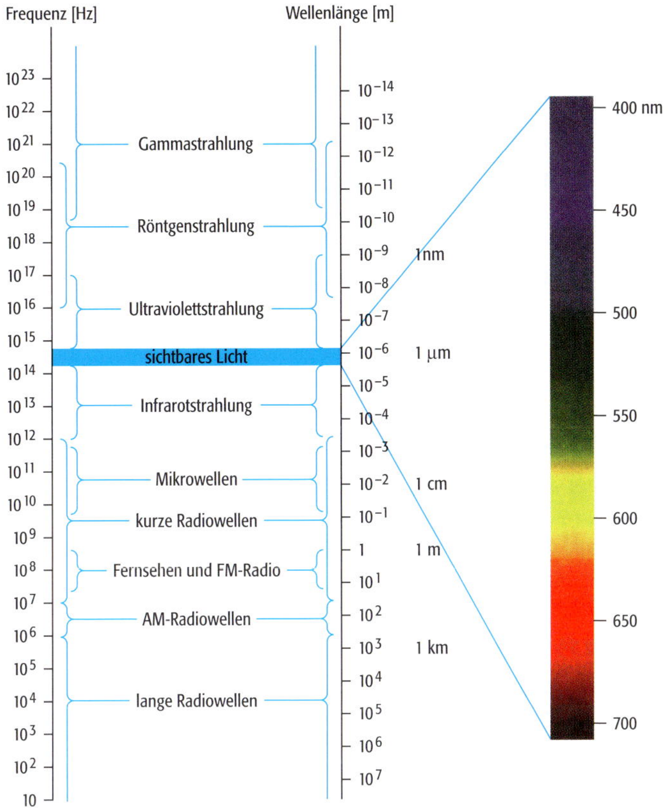


**Elektromotor 4:** Motor eines Rennwagens für eine Modellrennbahn, bei dem die obere Gehäusehälfte entfernt wurde. Die Achse (1) läuft in Lagern (2), die sich auf der rechten und linken Seite befinden. Der Anker besteht aus zwölf dünnen Plättchen (3) aus leicht magnetisierbarem Material, die miteinander verklebt sind. Die Plättchen sind so geformt, daß drei Nuten und drei Pole entstehen. Die Schlitze sind so groß, daß viele Windungen Platz finden. Die gesamten Windungen um einen Pol nennt man eine Wicklung. Die Wicklungsenden sind miteinander verlötet (4) und mit den Kommutatorsegmenten verbunden (5). Im Gehäuseinnern sind Permanentmagnete angebracht (6), die das Statorfeld erzeugen. An die äußeren Anschlüsse (7) wird eine Spannung angelegt. Der Strom fließt durch die obere haarnadelförmige Bürste (8). Von dort fließt er weiter zum oberen Kommutatorsegment, durch die Verbindungsleitungen und über das untere Kommutatorsegment (9) zurück zur Spannungsquelle. Die einzelnen Kommutatorsegmente sind gegeneinander isoliert (10). Man kann die Funktion des Motors durch zwei unterschiedliche Ansätze beschreiben: Entweder erklärt man das Motordrehmoment durch die Wechselwirkung des Ankerstroms mit einem stehenden Magnetfeld, oder man führt das Motordrehmoment auf die Wechselwirkung der feststehenden Magneten mit den wechselnden magnetischen Polen, die der Strom in den Ankerwicklungen erzeugt, zurück. Eine sorgfältige Analyse zeigt, daß beide Ansätze im Grunde gleich sind.

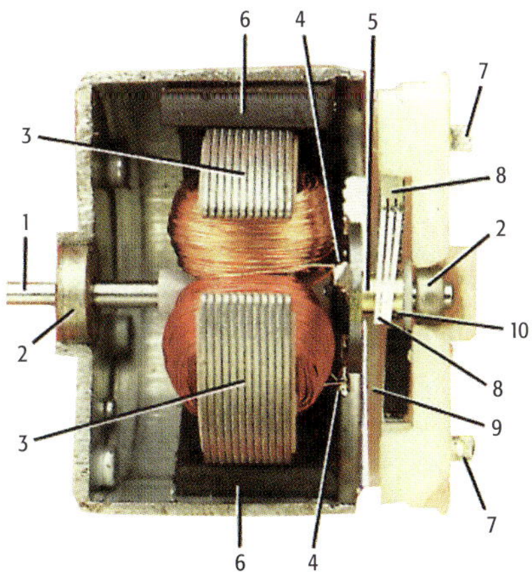

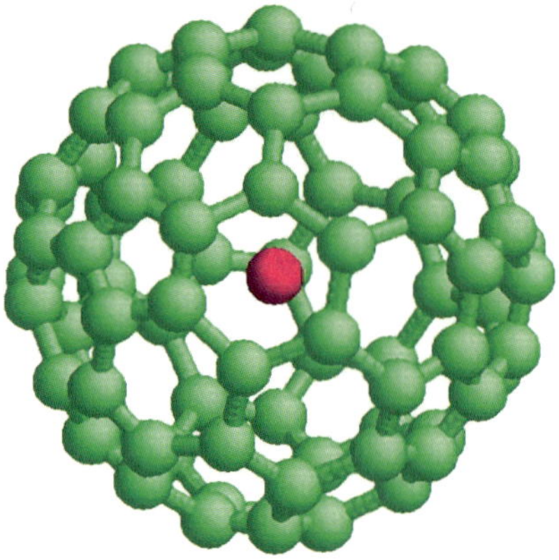

**endohedrale Fullerene:** Fullerene, die in ihrem Inneren ein oder mehrere Atome einschließen, werden als endohedrale Fullerene bezeichnet. Die Abbildung zeigt La@$C_{82}$, d.h. ein Lanthan-Atom in einem $C_{82}$-Molekül.

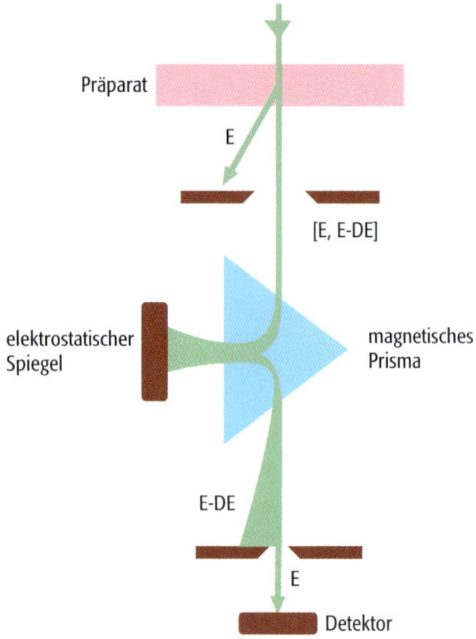


**Energiefilterelektronenmikroskop:** Schema des Aufbaus.

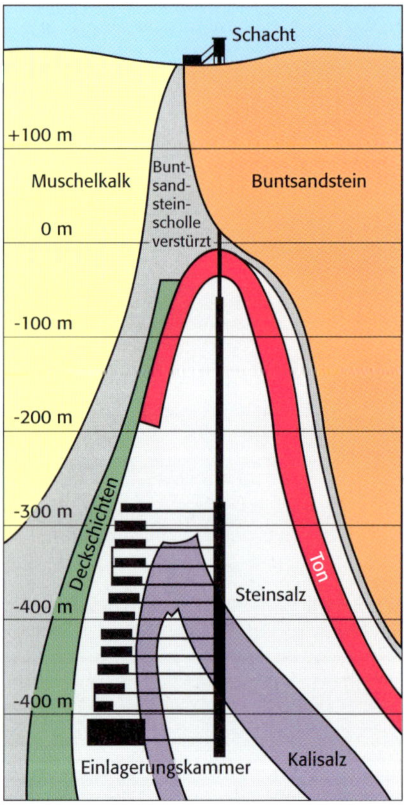


**Entsorgung 3:** Geologische Verhältnisse bei einem Endlager in einem Salzstock.

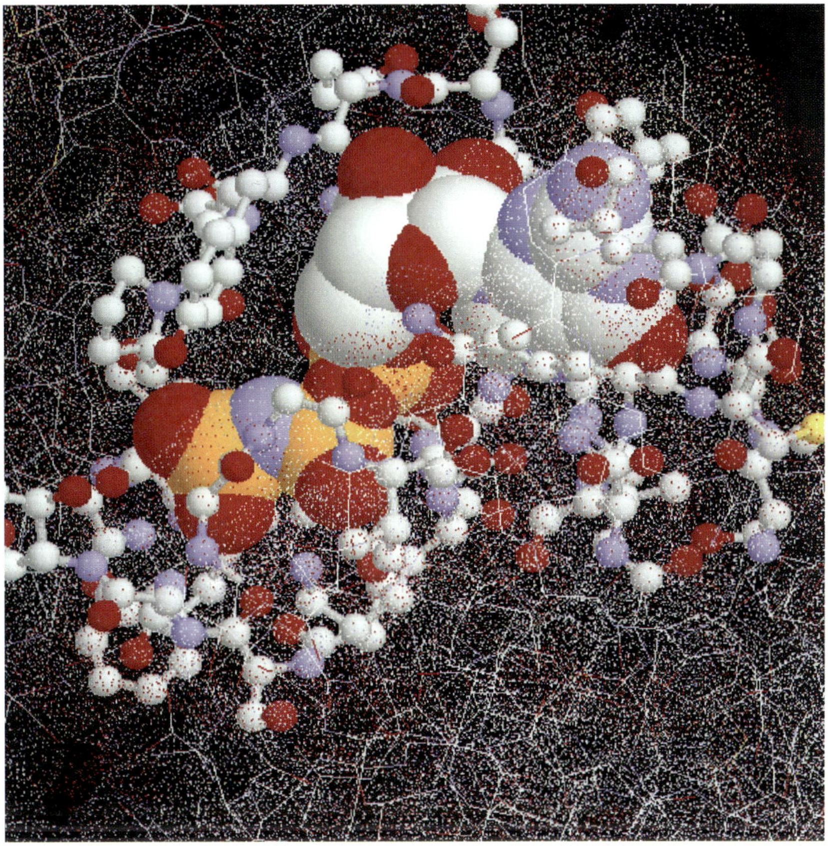

**Enzyme 1:** Bindung von Guanosin-5'-Triphosphorsäure (GTP), durch das H-Ras-P21-Onkogen-Protein (Enzym aus einer zellulären Signaltransduktionskaskade, Eintrag 521P der Brookhaven Protein Data Bank). Das vollständige (hier chemisch modifizierte) GTP ist als *CPK-Modell* dargestellt. Die Van-der-Waals-Oberfläche des nur teilweise gezeigten Proteins ist mit einem feinen Punktnetz angedeutet, um Einsicht in die Bindungstasche zu ermöglichen. Während die Polypeptidkette generell als Drahtmodell gezeigt wird, sind alle Aminosäuren in unmittelbarer Nähe des GTP als Ball-Balken-Modell dargestellt worden. Die Farben Weiß, Rot, Blau und Gelb kodieren die Elemente Kohlenstoff, Sauerstoff, Stickstoff und Phosphor.

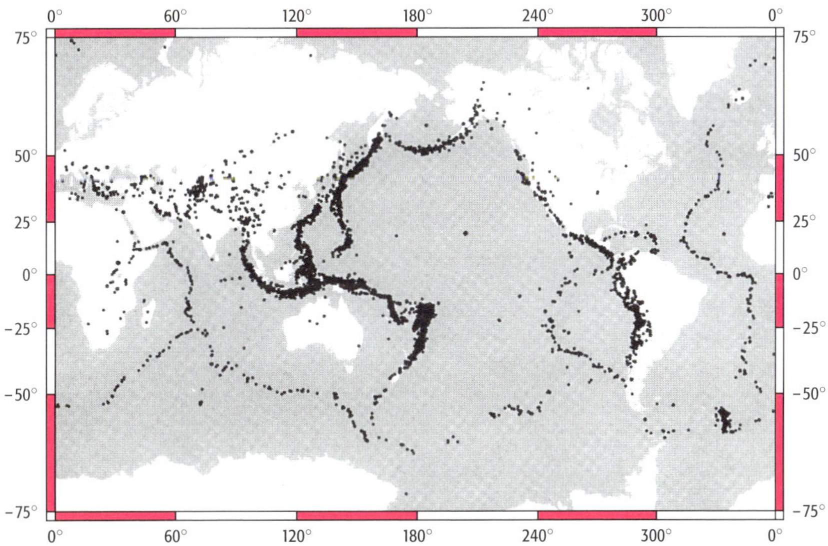


**Erdbebengebiete:** Globale Verteilung der Erdbebenherde mit Magnitude < 5 (1990–1995, US Geological Survey).

**Erde 1:** Weltraumaufnahme der Erde.

**Erde 5:** Überhöhte Falschfarbendarstellung des Erdkörpers, beruhend auf Satellitenvermessungen der Ozeanoberflächen. Die Eindellungen geben die Abweichung von einem idealen Referenzellipsoiden wieder. Die Abweichung reicht von −105 m (blau) bis hin zu +85 m (pink).
(Quelle: ESA/D-PAF, GFZ Potsdam)

**Eulersche Winkel:** Das raumfeste Koordinatensystem $K$ ist schwarz dargestellt, das mit dem Körper mitrotierende Koordinatensystem $K'$ rot. Die Knotenlinie $k$ ist blau und die Eulerschen Winkel $\varepsilon_{1,2,3}$ sind grün eingezeichnet.

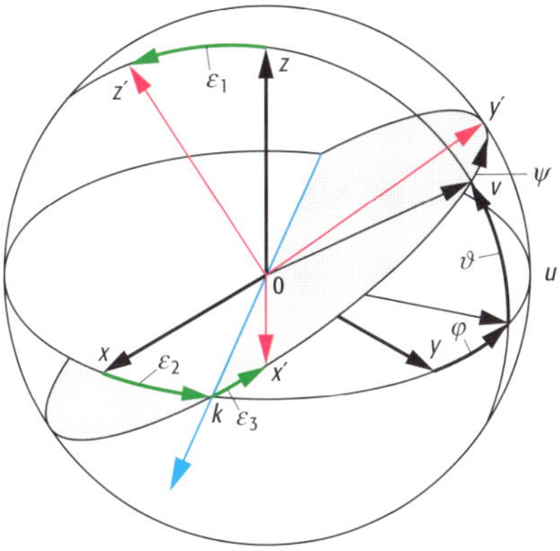


**Farbe und Farberscheinungen 1:** Die schillernden Farben der Pfauenfedern.

**Farbe und Farberscheinungen 5:** Simultankontrast. Die vier grauen Kreisflächen sind objektiv gleich.

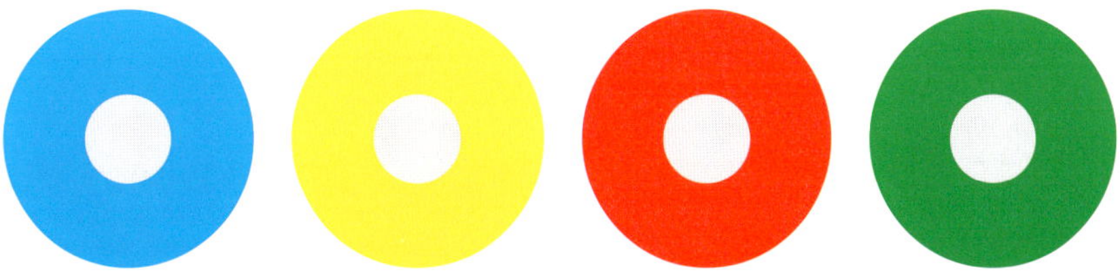

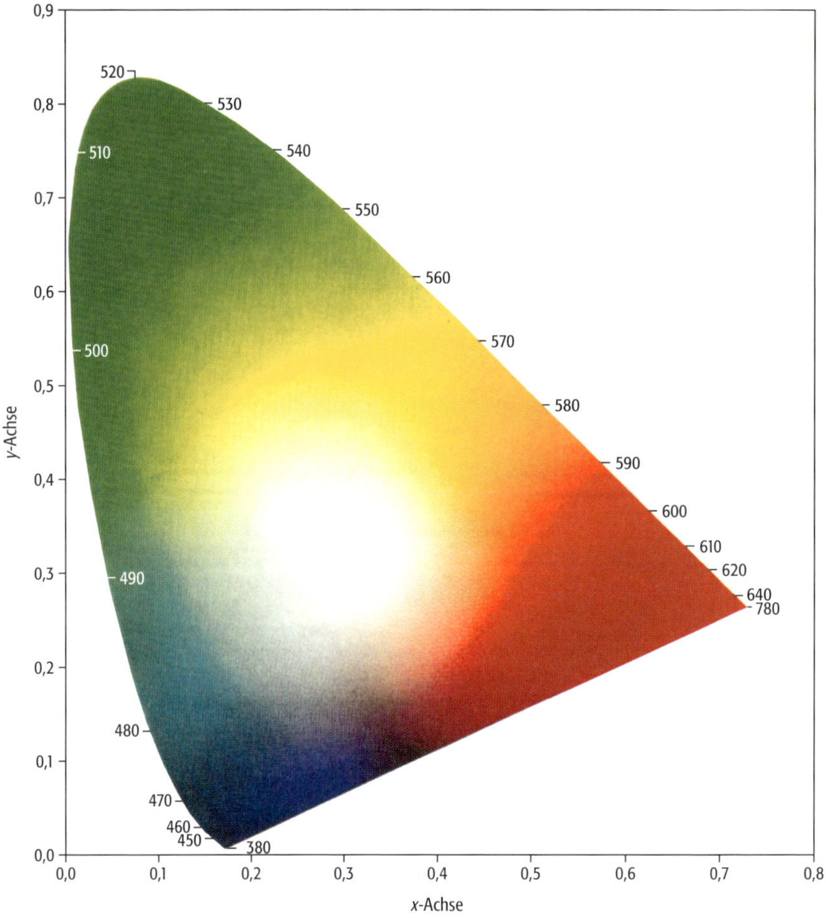


**Farbe und Farberscheinungen 3:** Normfarbtafel.

**Farbe und Farberscheinungen 6:** Durch das Abtasten des Bildes mit dem Auge entstehen Fechnersche Farben.

**Farbe und Farberscheinungen 7:** Interferenzfarben einer Seifenhaut.

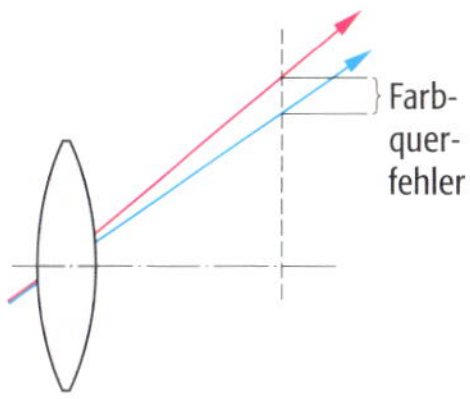


**Farbquerfehler**

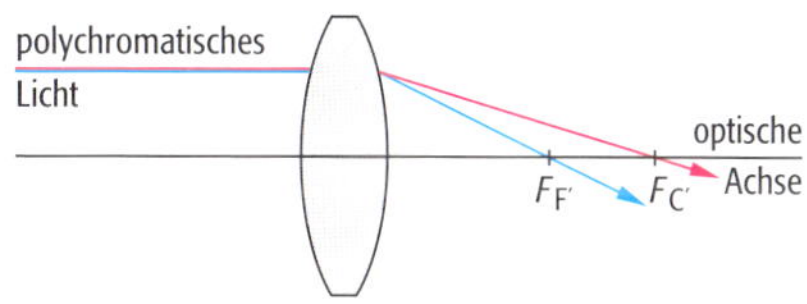


**Farbortsfehler 1:** Farbortsfehler bei einer Konvexlinse.

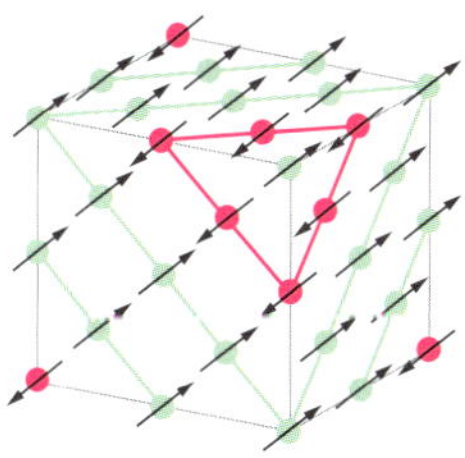

**ferrimagnetische Ordnung:** Ferrimagnetische Spinstruktur des EuSe-Kristalls mit ↑↑↓-Sequenzen der (111)-Ebenen.

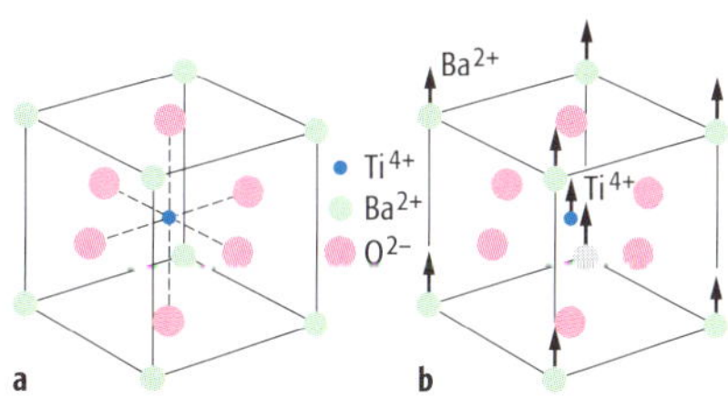


**ferroelektrische Umwandlung 2:** Nach Abkühlung bis unter die Curie-Temperatur kommt es bei $BaTiO_3$ zu einer elastischen Verlängerung der Elementarzelle in Polarisationsrichtung (Übergang vom Teilbild a zum Teilbild b).

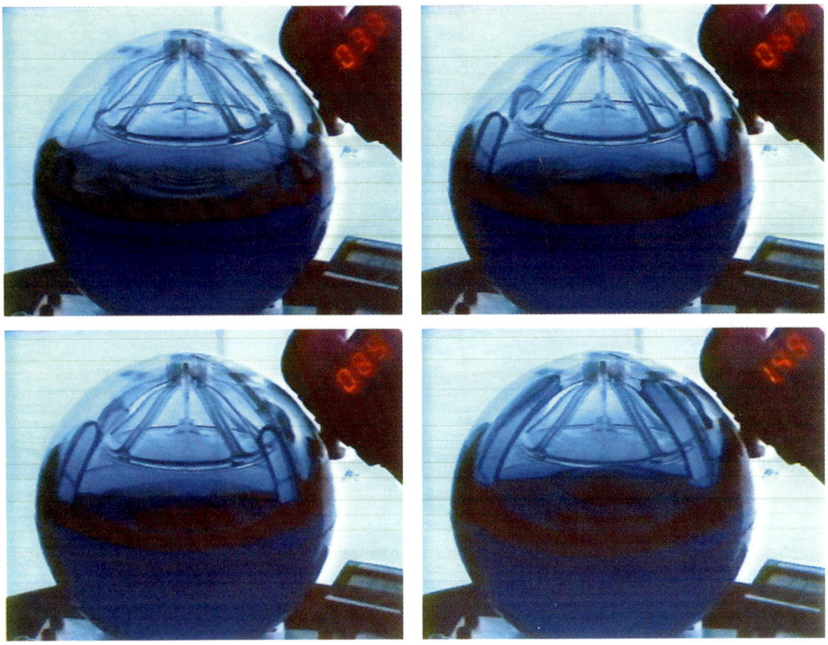

**Flüssigkeitsphysik 7:** Kapillarer Transport einer Flüssigkeit in einem Modell eines Satellitentanks, beobachtet unter reduzierter Schwerkraft am Fallturm Bremen (mit freundlicher Genehmigung von M. Dreyer).

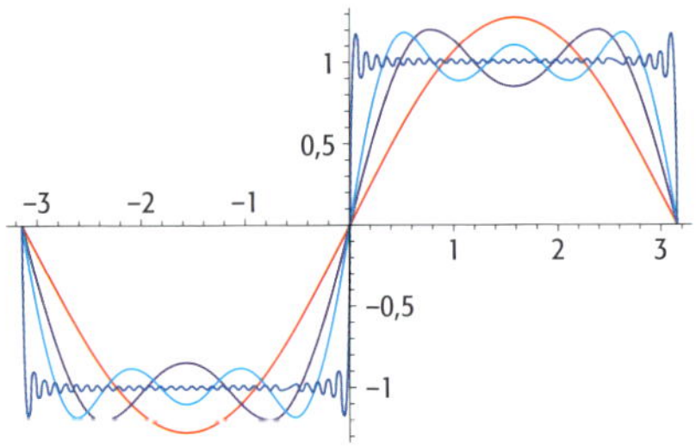


**Fourier-Analyse 1:** Darstellung vier verschiedener Näherungen von Gleichung (17), an denen man die Auswirkung der Hinzunahme weiterer Glieder beobachten kann. Man beachte, daß der Graph um so mehr Oszillationen aufweist, je mehr Glieder berücksichtigt werden.

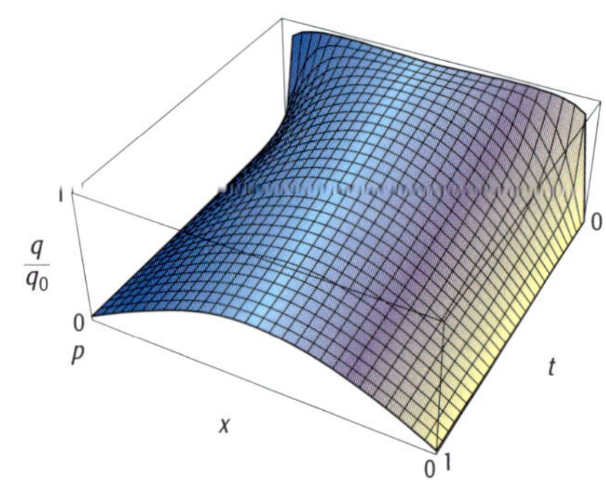


**Fourier-Analyse 2:** Eine Darstellung von $\theta(x,t)$ für den abkühlenden Stab.

**Geodynamik 2:** *Oben*: regelmäßiges Konvektionsmuster aus einer zweidimensionalen Modellrechnung. Dargestellt ist das Temperaturfeld (rot: heißes, aufsteigendes Material; blau: kaltes, absinkendes Material). *Unten*: Konvektionsmuster aus zeitabhängigen Rechnungen. Deutlich zu erkennen ist das turbulente Verhalten des simulierten Erdmantels.

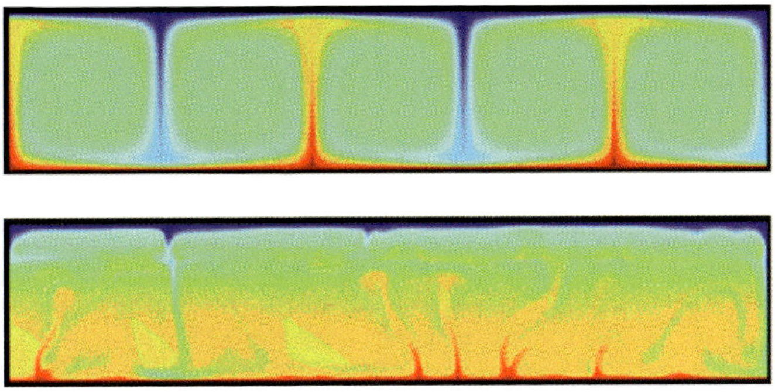

**Glasfaserverstärker:** Optische Glasfaserverstärker: Die Pumpstrahlung nimmt aufgrund der Absorption durch die Erbium-Atome mit der Länge ab, das von links kommende Signal nimmt auf Grund stimulierter Emission zu, bis die Pumpstrahlung zu gering ist und die normale Faserdämpfung wieder überwiegt.

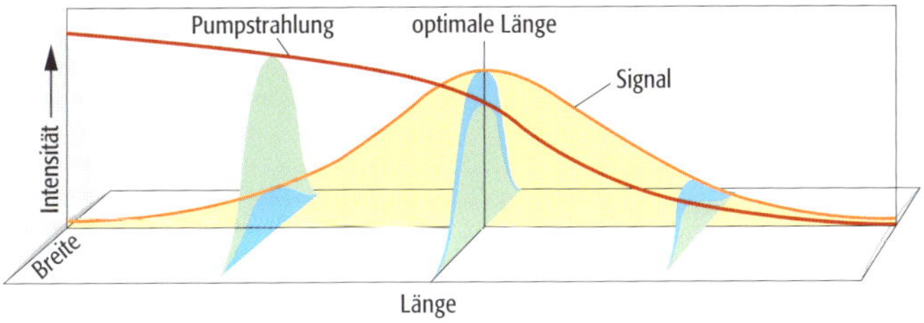


**Gran-Sasso-Labor:** Luftbild.

**Gravitationslinse 1:** Durch das Gravitationsfeld des Galaxienhaufens Abell 2218 werden weiter entfernte Galaxien bogenförmig abgebildet. (Foto: NASA)

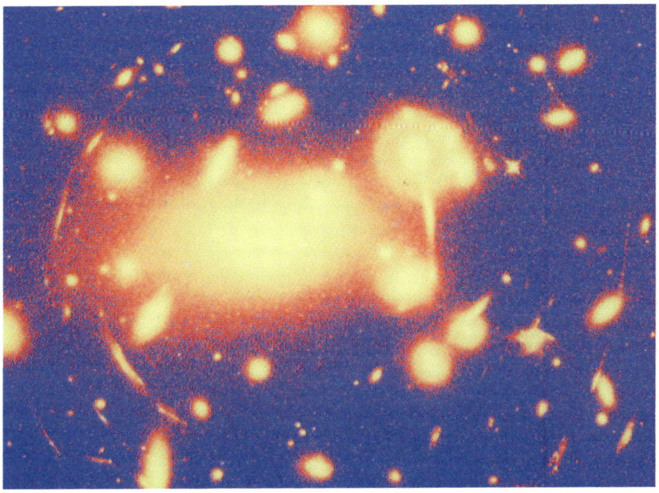

**Gravitationslinse 2:** Gravitationslinseneffekt am Beispiel der Galaxie PRC97-25.

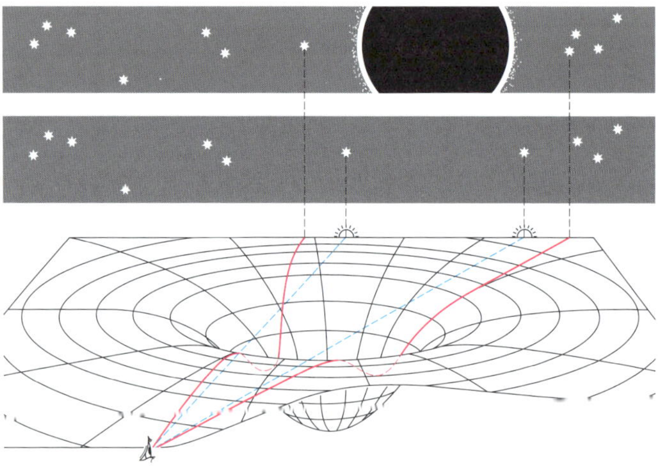

**gravitative Lichtablenkung:** Tatsächliche und scheinbare Position zweier Hintergrundsterne in der Umgebung eines massiven Vordergrundobjekts.

**Ermüdung,** in der Materialwissenschaft Veränderungen in wechselverformten Werkstoffen, die zum Dauerbruch (↗*Brucharten*) führen. Die Ursachen der Ermüdung sind auf geringe plastische Verformungen bei wiederkehrenden Belastungen oder kurzzeitigen Spannungsspitzen (dynamische Belastungen) zurückzuführen. Solche plastischen Verformungen finden vorzugsweise an einzelnen, zufällig überlasteten Stellen des Werkstoffes statt. Die Beanspruchungen sind meist so gering, daß bei einsinniger Verformung kein Bruch auftreten würde, können aber bei häufigen Lastwechseln weit unterhalb der statischen Bruchgrenze zu einem *Ermüdungsbruch* führen. (↗*Rißbildung*)

**Ernst,** *Richard R.*, schweizerischer Physikochemiker, *14.8.1933 Winterthur, 1963–68 Mitarbeiter einer Firma (unter anderem für Spektrometerbau) in Palo Alto (Calif.), ab 1968 in Zürich, seit 1976 Professor an der dortigen ETH; erhielt für seine bedeutenden Beiträge zur Entwicklung der kernmagnetischen Resonanzspektroskopie, die unter anderem der Strukturaufklärung von organischen Verbindungen dient, 1991 den Nobelpreis für Chemie.

**Ernst-Winkel,** Anregungswinkel $\eta_E$ in der Puls-NMR-Spektroskopie, bei dem für einen gegebenen Zeitabstand $T_R$ zwischen zwei Anregungszyklen eine optimale Signalintensität erreicht wird. Es gilt: $\cos\eta_E = e^{-T_R/T_1}$.

**Erntefaktor,** Verhältnis der von einem Kraftwerk oder einer sonstigen energieumwandelnden Anlage innerhalb seiner Lebensdauer bereitgestellten Energiemenge zu derjenigen Energiemenge, die zur Errichtung der Anlage eingesetzt wurde. Der Wert des Erntefaktors $\varepsilon$ eines Kraftwerks kann stark variieren, je nachdem, ob mit *externen Kosten* korrelierte Energieaufwendungen (z.B. für Entsorgung) mit in die Betrachtung einbezogen werden (Tabelle).

**Erntefaktor:** Vergleich der Erntefaktoren für verschiedene Kraftwerkstechnologien (grobe Schätzungen).

| Kraftwerkstyp | $\varepsilon$ (ohne ext. Kosten) | $\varepsilon$ (mit ext Kosten) |
|---|---|---|
| Kohle-KW | 7...9 | 2...4 |
| Kern-KW | 6...8 | 0,5...5 |
| Solar-KW | 2...4 | 2...4 |
| Biogas-KW | 2...4 | 2...4 |
| Wind-KW | 7...9 | 7...9 |
| Wasser-KW (klein) | 8...12 | 8...12 |
| Wasser-KW (groß) | 18...20 | 2...10 |

**Erosion, 1)** *Fertigungstechnik*: ↗*Elektroerosion.*

**2)** *Geophysik*: im internationalen Sprachgebrauch ganz allgemein für *Abtragung*, im Deutschen vor allem die Abtragung von Boden- und Gesteinsschichten durch Wind, Wasser und Eis (↗*Gletscher*). Dabei bilden sich Fließrinnen aus, die durch Reibung, Stoßkraft und Transport bereits erodierten Materials sich vergrößern und so in geologischen Zeiträumen zur Bildung von Tälern führen können. *Bodenerosion* ist in trockenen Gegenden ein ernsthaftes Problem, da einmal abgetragene ↗Böden i.a. nicht mehr regeneriert werden können, so daß es zur Versteppung und Wüstenbildung kommt. Geologisch gesehen ist die Erosion neben der ↗*Plattentektonik* der zweitwichtigste die Gestalt der Erdoberfläche bestimmende Prozeß.

**Erreger,** Gerätschaft zur Anregung erzwungener Schwingungen (↗*Schwingung, erzwungene*).

**Erregerfrequenz,** bei einer erzwungenen Schwingung (↗*Schwingung, erzwungene*) die Frequenz, mit der das System angeregt wird.

**Erregermaschine,** ein ↗*Gleichstromgenerator*, der den ↗*Erregerstrom* für einen (größeren) Gleichstrom- oder Synchrongenerator liefert. Da für die Erregung des magnetischen Hauptfeldes nur ein Bruchteil der Nennleistung der Hauptmaschine benötigt wird, ist die Erregermaschine immer sehr viel kleiner als diese. Die Spannung der Hauptmaschine wird durch einen Widerstand im Kreis der Erregermaschine geregelt. Bei sehr großen Generatoren wird die Erregermaschine wiederum von einer kleineren Erregermaschine angetrieben, man spricht dann von Haupt- und Hilfserregermaschine. Der ↗*Anker* der Erregermaschine ist entweder an derselben Welle wie der ↗*Läufer* des Hauptgenerators angebracht oder wird in einem gesonderten Erregeraggregat von einem Elektromotor angetrieben.

**Ernst,** *Richard R.*

**Erregerstrom,** der Strom, der bei ↗*Gleichstrommotoren* und ↗*Synchronmaschinen* die Erregerwicklungen (*Feldwicklungen*) der Hauptpole durchfließt und das magnetische Hauptfeld der Maschinen erregt. Bei Synchronmaschinen, deren Erregerwicklung meist auf dem ↗*Läufer* angebracht ist, wird der Erregerstrom über Schleifen oder Bürsten zugeführt. Zu seiner Erzeugung ist hier eine ↗*Erregermaschine* oder ein ↗*Gleichrichter* notwendig. Bei ↗*Gleichstromgeneratoren* kann der Erregerstrom auch von den Ankerbürsten der Maschine selbst abgenommen werden (*Selbsterregung*). Kleine Maschinen mit permanenten Polen benötigen keinen Erregerstrom.

**Erregung,** 1) *elektrische Erregung*, ↗dielektrische Verschiebung, 2) ↗magnetische Erregung.

**Erregung, parametrische,** die Anregung von erzwungenen Oszillationen in einem schwingungsfähigen System durch die periodische Änderung der normalerweise festen Parameter. Die Parameter sind die in der Schwingungsgleichung (↗*Schwingungen, kleine*) auftauchenden konstanten Koeffizienten wie die Masse.

Praktisch kann man parametrische Erregung z.B. dadurch realisieren, daß man die Länge eines Fadenpendels (↗*Pendel*) periodisch ändert, wodurch sich auch die Eigenfrequenz $\omega$

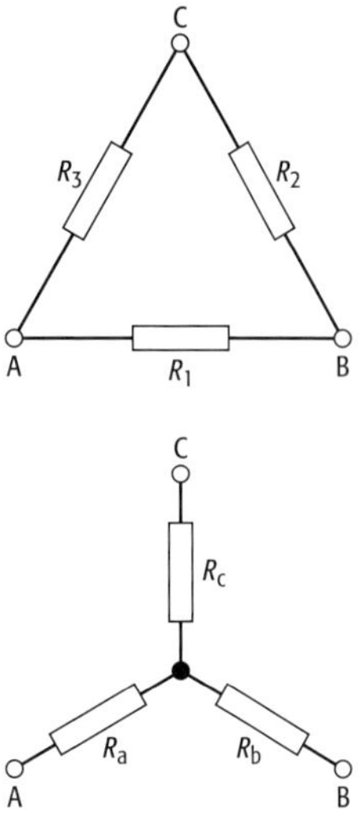


**Ersatzschaltbild:** Umwandlung einer Dreiecks- in eine Stern-Schaltung. $R_{1,2,3}$: Dreieck-Widerstände, $R_{a,b,c}$: Stern-Widerstände, A, B, C: Knoten des Netzes.

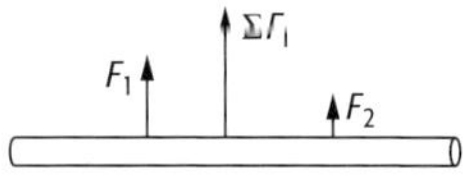


**Ersatzkraft:** Die beiden parallelen Kräfte $F_1$ und $F_2$ können durch eine einzelne resultierende Kraft $\sum F_i$ ersetzt werden, die die gleiche Auswirkung hat.

periodisch ändert, d.h. es gilt $\omega(t+T)=\omega(t)$. Die Bewegungsgleichung $\frac{d^2u}{dt^2}+\omega^2(t)\cdot u=0$ ist damit invariant gegenüber diskreten Transformationen der Form $t\to t+T$. Die allgemeine Lösung der Gleichung ergibt sich aus der Überlagerung zweier Funktionen der Form $u_i=\mu_i^{t/T}\xi_i(t)$, $i=1,\ 2$, $\xi_i(t+T)=\xi_i(t)$. Sind die $\mu_i$ komplex, so gilt $|\mu_1|=|\mu_2|=1$, ansonsten ist $\mu_1=\mu_2^{-1}$. Bei reellen $\mu_1$ gilt also $u_1=\mu^{t/T}\xi_1(t)$, $u_2=\mu^{-t/T}\xi_2(t)$ mit $\mu\neq 1>0$, d.h. $u_1$ wächst mit der Zeit immer weiter an. Man spricht in diesem Fall von *parametrischer Resonanz.* Für den harmonischen Oszillator ist sie besonders stark, wenn $T=\pi/\omega_0$ gilt, wobei $\omega_0$ die Eigenfrequenz ist. Die parametrische Erregung wird auch beim ↗*optisch parametrischen Oszillator* ausgenutzt.

**Erregung, quasistatische,** die Anregung einer erzwungenen Schwingung (↗*Schwingung, erzwungene*), mit der Bewegungsgleichung

$$\underset{\text{Trägheitskr.}}{m\frac{d^2x}{dt^2}}+\underset{\text{Reibungskr.}}{k\frac{dx}{dt}}+\underset{\text{Rückstellkr.}}{Dx}=\underset{\text{äußere Kr.}}{F_0\cos(\omega t)}$$

und sehr kleiner Erregerfrequenz $\omega$. Dann können in der Bewegungsgleichung die Trägheits- und die Reibungskraft vernachlässigt werden, und man erhält als Lösung $x=\frac{F_0}{D}\cos(\omega t)$. Das System folgt der äußeren Kraft somit ohne Phasenverschiebung, wird also *quasistatisch* hin- und hergezerrt, wobei weder die Masse noch die Reibung eine Rolle spielen, da nach der obigen Voraussetzung die Geschwindigkeiten ($\sim\omega$) und die Beschleunigungen ($\sim\omega^2$) klein sind (was im Nachhinein ihr Vernachlässigen bei der Lösung rechtfertigt). Bei einer quasistatischen Erregung nimmt das System über eine Periode $T=2\pi/\omega$ gemittelt keine Energie auf, da die Geschwindigkeit $v=dx/dt\sim\sin(\omega t)$ zur äußeren Kraft $F$ um 90° phasenverschoben ist.

**Ersatzkapazität,** berechnete Größe zum Ersatz mehrerer zusammengeschalteter ↗*Kapazitäten.* (↗*Ersatzschaltbild*).

**Ersatzkraft,** Resultierende der an einem starren Körper angreifenden Kräfte, deren Angriffspunkt so gewählt ist, daß das von ihr erzeugte Drehmoment bezüglich eines beliebigen Punktes gleich dem resultierenden Drehmoment der Einzelkräfte ist.

**Ersatzschaltbild,** Hilfsmittel zur Vereinfachung der Berechnung von Strömen und Spannungen in linearen Netzwerken (↗elektrischer Stromkreis). Das einfachste Beispiel solcher *Netzumwandlungen* sind *Ersatzwiderstände* und *-kapazitäten,* d.h. der Ersatz von jeweils in Reihe oder parallel geschalteten Widerständen oder Kapazitäten. Bei Reihenschaltung addieren sich die Widerstände $R_i$ und die Kehrwerte der Kapazitäten $1/C_i$, bei Parallelschaltung dagegen die Kehrwerte der Widerstände $1/R_i$ und die Kapazitäten $C_i$:

$$R_{ers}^{Reihe}=\sum R_i,\ \frac{1}{C_{ers}^{Reihe}}=\sum\frac{1}{C_i},$$

$$\frac{1}{R_{ers}^{Par}}=\sum\frac{1}{R_i},\ C_{ers}^{Par}=\sum C_i.$$

Ein weiteres Beispiel ist die *Dreieck-Stern-Umwandlung* (↗Dreiecksschaltung, ↗Sternschaltung): Für die Umwandlung eines Dreiecks in einen gleichwertigen Stern gelten die folgenden Regeln (vgl. Abb.):

$$R_a=R_1R_3/(R_1+R_2+R_3),$$
$$R_b=R_1R_2/(R_1+R_2+R_3),$$
$$R_c=R_2R_3/(R_1+R_2+R_3),$$
$$R_1=R_a+R_b+R_aR_b/R_c,$$
$$R_2=R_b+R_c+R_bR_c/R_a,$$
$$R_3=R_c+R_a+R_cR_a/R_b.$$

Auch für kompliziertere Schaltelemente, z.B. Leitungen, ↗*Transformatoren,* ↗*Transistoren,* werden Ersatzschaltbilder konstruiert. Weiterhin gilt der *Helmholtz-Satz*: Jedes lineare Netzwerk mit beliebig vielen Zweipolquellen kann bezüglich seiner Wirkung auf irgendeinen Zweig des Netzes ersetzt werden durch einen Reihenschaltung aus *Ersatzspannungsquelle* $U_0$ und Ersatzinnenwiderstand $R_i$ oder durch eine Parallelschaltung aus *Ersatzstromquelle* $I_0$ und Ersatzinnenwiderstand $R_i$. Die Ersatzspannung ist die ↗*Leerlaufspannung* an den Klemmen nach Entfernung des entsprechenden Zweiges, der Ersatzstrom der ↗*Kurzschlußstrom* bei Kurzschließen des Zweiges. Bei Wechselstrom müssen in den obigen Gleichungen und Regeln jeweils die entsprechenden ↗komplexen Größen verwendet werden.

**Ersatzspannungsquelle,** Ersatzschaltung eines aktiven ↗*Zweipoles* mit einer Spannungsquelle.

**Ersatzstromquelle,** Ersatzschaltung eines aktiven ↗*Zweipoles* mit einer Stromquelle.

**Ersatzwiderstand,** $R_{ers}$, berechnete Größe zum Ersatz mehrerer zusammengeschalteter ↗*elektrischer Widerstände* $R_i$. (↗*Ersatzschaltbild*).

**Erschöpfung,** bei *Halbleitern* der Temperaturbereich, in dem die Ladungsträgerkonzentration konstant bleibt, da alle Donatoren bzw. Akzeptoren ionisiert sind, aber die Temperatur nicht ausreicht, um intrinsische Ladungsträger zu erzeugen. Je nach Dotierung spricht man von Akzeptoren-Erschöpfung in p-Halbleitern und von Donatoren-Erschöpfung in n-Halbleitern.

**Erstarrung,** die ↗*Phasenumwandlung* von der flüssigen Schmelze (S) in die feste Phase ($\alpha$). Der Vorgang wird in die drei Phasen *Keimbildung, Keimwachstum* und *Vergröberung* unterteilt. Unter einem *Keim* versteht man einen durch thermische Fluktuation entstandenen Phasenbereich, der sich in einem kritischen Zustand befindet. Ein Keimwachstum führt zu einem stabileren Phasenbereich, wird jedoch durch Umwandlungshemmungen begrenzt. Zur Überwindung dieser Hemmungen muß Keimbildungsarbeit aufgewandt werden, die aus der freien Enthalpie $\Delta G$ der Schmelze gewonnen wird. Da die Enthalpieerniedrigung beim Keimwachstum proportional der dritten Potenz des Keimradius ist, die Umwandlungshemmungen jedoch mit dem Quadrat des Keimradius wachsen, existiert ein minimaler Keimradius $r^*$, der zum Wachstum und zur Phasenausbildung nötig ist (Abb.).

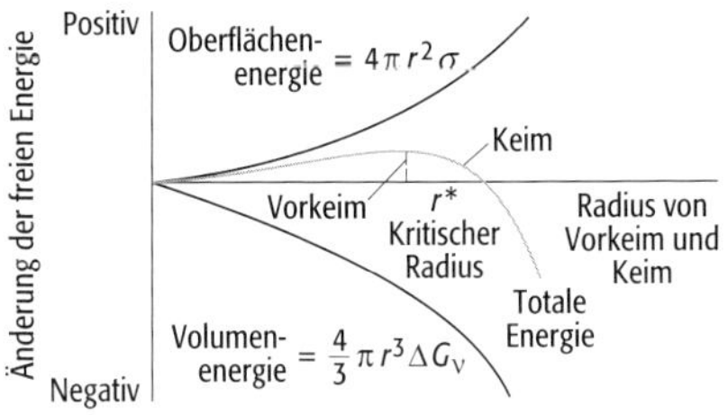


**Erstarrung:** Freie Energie des fest/flüssigen Zweiphasensystems in Abhängigkeit vom Keimradius $r$; $\sigma$ ist die freie Oberflächenenergie, $\Delta G$ die freie Volumenenergie.

**erster Hauptsatz,** *Energiesatz für thermodynamische Systeme*, definiert die ↗*innere Energie U* als Zustandsfunktion. Er stellt eine Erweiterung des Energiesatzes der Mechanik dar. Bei infinitesimalen Zustandsänderungen gilt

$$\mathrm{d}U = \text{đ}Q + \text{đ}W,$$

wenn man eine Wärmemenge $\text{đ}Q$ und eine Arbeit $\text{đ}A$ dann positiv rechnet, wenn sie dem System zugeführt werden. Die Schreibweise $\text{đ}Q$ und $\text{đ}W$ anstelle von $\mathrm{d}Q$ und $\mathrm{d}W$ soll darauf hinweisen, daß es integrale Zustandsgrößen $Q$ und $W$ *nicht* gibt (↗*Differential*).

Es gibt verschiedene Formulierungen des ersten Hauptsatzes:

1) Satz von der *Energieerhaltung* (↗*Energiesatz*).

2) Wärmeenergie und mechanische Energie können wechselseitig ineinander umgewandelt werden. Eine bestimmte Wärme entspricht dabei immer derselben mechanischen Energie (oder anderen Energieformen) und umgekehrt. Der Zusammenhang zwischen beiden Energieformen ist durch das kalorische *Arbeitsäquivalent* gegeben und von der Art der Umwandlung unabhängig.

3) Daraus folgt die *Unmöglichkeit eines* ↗*Perpetuum mobile erster Art*, d.h. einer Maschine, die (z.B. mechanische) Energie erzeugt, ohne die entsprechende Wärmeenergie zu verbrauchen.

Die Bilanz von Arbeit, Wärme und Änderung der inneren Energie gilt ohne Einschränkungen, also auch bei Einbeziehung von Nichtgleichgewichtsprozessen.

**Erster Schall,** diejenige ↗Schallanregung in suprаflüssigem Helium, die dem normalem Schall entspricht. Für die Schallgeschwindigkeit gilt dabei: $c = K/\rho$ ($K$: ↗Kompressionsmodul).

**Ertel,** *Hans*, deutscher Geophysiker, *24.3.1904 Berlin, †2.7.1971 Berlin; ab 1943 Professor für Geophysik an der Uni Innsbruck, ab 1946 an der Humboldt-Universität zu Berlin, seit 1949 Leiter des Instituts für physikalische Hydrographie der Deutschen Akademie der Wissenschaften (1951/61 deren Vize-Präsident); Arbeiten zur Strömungslehre, insbesondere zur theoretischen Hydrodynamik.

**Eruptionen,** ↗chromosphärische Eruptionen auf der Sonne, auch ↗Flares genannt.

**Eruptionsveränderliche,** sehr heterogene Gruppe ↗*veränderlicher Sterne*, die mehr oder weniger starke Lichtausbrüche zeigen. Sie können einmalig auftreten, sich aber auch wiederholen. Die größte Untergruppe stellen die ↗*kataklysmischen Veränderlichen*. Hierbei handelt es sich um ↗*Doppelsterne*, in denen ein kompaktes Objekt, ein ↗*Weißer Zwerg*, ↗*Neutronenstern* oder ein ↗*Schwarzes Loch*, von einem anderen Stern umkreist wird. Von letzterem strömt Gas zu dem kompakten Objekt hinüber und sammelt sich entweder in einer Akkretionsscheibe an oder fällt direkt auf die Oberfläche. Instabilitäten können zu explosionsartigen Ausbrüchen und damit zu Helligkeitsanstiegen führen.

Neben diesen Objekten zählt man auch ↗*Novae* und deren Untergruppen sowie ↗*Supernovae* zu dieser Klasse von Veränderlichen. Im Röntgenbereich zeigen Röntgenburster (↗*Burster*) und ↗*Röntgendoppelsterne* eruptive Ausbrüche.

**Erwärmung, dielektrische,** ↗dielektrische Erwärmung.

**erwartungstreue Schätzung,** ein aus einer Stichprobe ermittelter Näherungswert für einen Parameter, dessen Erwartungswert gleich dem Wert dieses Parameters ist. Das arithmetische Mittel einer Anzahl unabhängiger Realisierungen einer Zufallsgröße ist beispielsweise eine erwartungstreue Schätzung des Erwartungswertes dieser Zufallsgröße.

**Erwartungswert,** zu einer Zufallsgröße $X$ mit der *Wahrscheinlichkeitsdichte* $f(x)$ die Zahl

$$E(X) = \langle X \rangle = \int_{-\infty}^{\infty} x f(x) \mathrm{d}x .$$

Der Erwartungswert wird auch als *erstes Moment* der Verteilung $f(x)$ bezeichnet. Zur empirischen Bestimmung des Erwartungswertes einer Zufallsgröße berechnet man das arithmetische Mittel einer großen Zahl $N$ voneinander unabhängiger Realisierungen dieser Zufallsgröße. Das arithmetische Mittel ist eine *erwartungstreue Schätzung* für $E(X)$, die Unsicherheit dieser Schätzung nimmt wie $N^{-1/2}$ ab (↗*zentraler Grenzwertsatz*). Wegen dieser Eigenschaft bezeichnet man den Erwartungswert auch häufig als *Mittelwert*. Der Erwartungswert einer Funktion $h(X)$ der Zufallgröße ist

$$\langle h(X) \rangle = \int_{-\infty}^{\infty} h(x) f(x) \mathrm{d}x .$$

In der statistischen Physik spricht man von ↗*Ensembles* statt von Zufallsgrößen und arbeitet mit *Ensemble-Mittelwerten* statt mit Erwartungswerten; dieser Unterschied bezieht sich jedoch nur auf die anschauliche Deutung, nicht auf die mathematische Struktur. In der ↗*Quantenmechanik* ist das Ergebnis einer Messung selbst dann eine Zufallsgröße, wenn der Zustand des Systems vor der Messung bekannt ist. Der Erwartungswert des Meßergebnisses ist dann

$$\langle A\rangle = \langle\psi|A|\psi\rangle = \int \psi^\star(\boldsymbol{x})A\psi(\boldsymbol{x})\, \mathrm{d}^3x,$$

wobei $A$ der Operator ist, welcher der zu messenden Größe entspricht, $|\psi\rangle$ den Zustand des Systems vor der Messung bezeichnet und $\psi(\boldsymbol{x})$ die Wellenfunktion ist. In der *Quantenstatistik* beschreibt man ein System nicht durch einen Zustandsvektor, sondern durch den ↗*Dichteoperator* $D$, der Erwartungswert ist hier $\langle A\rangle = \mathrm{Tr}(AD)$.

**Erweichung glasartiger Stoffe,** der Übergang flüssig-glasig, der sich über einen mehr oder weniger langen Temperaturbereich erstreckt und kontinuierlich, ohne Auftreten scharf getrennter Phasen, verläuft (↗*Glaszustand*). Charakteristisch ist die starke Veränderung der Zähigkeit. Der Verlauf der Ausdehnungskurve (Dehnung in Abhängigkeit von der Temperatur) gibt ein anschauliches Bild (Abb.):

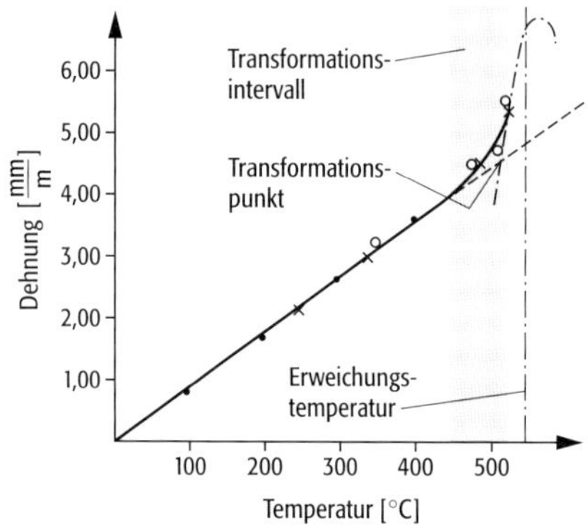


**Erweichung glasartiger Stoffe:** Ausdehnungskurve.

**Erythrocyten,** *rote Blutkörperchen*, stellen 44 Volumprozent der *Blutzellen* (↗*Blut*). Es sind flache, runde, in der Mitte eingedellte Scheiben mit einem mittleren Durchmesser von 7,5 μm. Im Vergleich zur Kugelform haben die Erythrocyten eine größere Oberfläche, kürzere Diffusionswege und sind bei der Passage durch enge und gekrümmte Kapillarabschnitte leichter verformbar. Die Erythrocyten tragen auf ihrer Oberfläche Antigenstrukturen, die bei der *Hämagglutination* eine Rolle spielen. Das spezifische Gewicht der Erythrocyten (1,096) ist höher als das des *Blutplasmas* (1,027). Die Hauptmasse der Erythrocyten (90 % des Trockengewichts) macht das *Hämoglobin* aus. Ein μl Blut enthält ca. fünf Millionen Erythrocyten. Ihre Anzahl wird entweder in einer Zählkammer unter dem ↗*Mikroskop* oder aus der ↗*Lichtstreuung* oder der Änderung der ↗*elektrischen Leitfähigkeit* bestimmt.

**erzeugende Funktion,** zu einer Folge $a_n$ diejenige Funktion $f(x)$, in deren Potenzreihenentwicklung $f(x)=\sum a_n x^n$ die Folgenglieder als Koeffizienten auftreten. $(x+1)^n = \sum_{k=0}^{n}\binom{n}{k}x^k$ ist die erzeugende Funktion der *Binomialkoeffizienten*. Funktionenfolgen können mit Hilfe von erzeugenden Funktionen in äußerst handlicher Weise definiert werden. Die erzeugende Funktion der *Bessel-Funktionen* $J_n(x)$ ist

$$g(t,x) = \exp[(x/2)(t-1/t)] = \sum_{n=-\infty}^{\infty} \mathrm{J}_n(x)t^n,$$

die erzeugende Funktion der *Legendre-Polynome* $\mathrm{P}_n(x)$ lautet

$$g(t,x) = \left(1-2xt-t^2\right)^{-1/2} = \sum_{n=0}^{\infty} \mathrm{P}_n(x)t^n.$$

Die letzte Gleichung besitzt eine unmittelbare physikalische Anwendung für die Berechnung des Potentials von *Multipolen*.

**Erzeugungsoperator,** in der Quantenfeldtheorie ein Operator $a^\dagger$, der bei physikalischen Größen mit einem Spektrum äquidistanter Eigenwerte einen Quantenzustand in den mit dem nächstgrößeren Eigenwert überführt (im Gegensatz zum Vernichtungsoperator $a$, dessen Anwendung den Übergang zu einem Zustand mit dem nächstkleineren Eigenwert bewirkt); dies entspricht der Erzeugung eines zusätzlichen Teilchens eines gegebenen Zustands. Betrachtet sei beispielsweise der eindimensionale harmonische Oszillator (Masse $m$, Frequenz $\omega$, Impuls $p$), dessen Hamilton-Funktion sich darstellen läßt als

$$H = \frac{1}{2}P^2 + \frac{1}{2}\omega^2 Q,$$

wobei die Substitutionen $P = p/\sqrt{m}$ und $Q = x/\sqrt{m}$ für den Impuls bzw. die Ortskoordinate verwendet wurden. Der entsprechende Hamilton-Operator lautet

$$\hat{H} = -\frac{1}{2}\hat{P}^2 + \frac{1}{2}\omega^2\hat{Q},$$

und die zugehörigen Erzeugungs- und Vernichtungsoperatoren ($a^\dagger$ bzw. $a$) werden dann wie folgt definiert:

$$a^\dagger = \sqrt{\frac{\omega}{2}}\hat{P} - \mathrm{i}\hat{Q},\quad a = \frac{1}{\sqrt{2\omega}}\hat{P} + \mathrm{i}\hat{Q}.$$

Der Hamilton-Operator wiederum kann mit Hilfe dieser Operatoren ausgedrückt werden: $\hat{H} = aa^\dagger + \frac{1}{2}$. Nach der Heisenbergschen Unschärferelation kommutieren die Operatoren $a$ und $a^\dagger$ nicht: $[a, a^\dagger] = 1$. Der Erzeugungsoperator $a^\dagger$ kann für jede freie Hamilton-Funktion in obiger Form definiert werden; z.B. kann er auch Übergänge zwischen Spinzuständen beschreiben. Von einem Zustand mit niedrigster Energie ausgehend, wird eine Reihe von Zuständen durch die mehrmalige Anwendung von Erzeugungsoperatoren gewonnen, die den sog. ↗*Fock-Raum* aufspannen.

**Erzmikroskop,** Auflichtmikroskop, mit dem mittels polarisiertem Licht Erze oder andere nichttransparente und optisch anisotrope Materialien identifiziert und analysiert werden können.

**erzwungene Konvektion,** durch äußeren Antrieb (z. B. Pumpen, Verdichter) herbeigeführte Bewegung von Flüssigkeits- und Gasteilchen, wobei der Konvektion nur noch eine untergeordnete Rolle zukommt. Die erzwungene Konvektion hat große Bedeutung für die Wärmeübertragung in Strömungen.

**Es,** Elementsymbol für ↗Einsteinium.

**ESA,** *European Space Agency,* ↗Normeninstitute, Behörden und andere übergeordnete Forschungseinrichtungen.

**Esaki,** *Leo,* japanischer Physiker, *12.3.1925 Osaka; nach Tätigkeit (ab 1956) bei der Sony Corporation in Tokio seit 1961 in einem Forschungszentrum der IBM in Yorktown Heights (N.Y., USA); Arbeiten zur Festkörperphysik, insbesondere über die Physik dünner Schichten sowie die elektrischen und optischen Eigenschaften von Halbleitern; entdeckte 1957 bei der Untersuchung des Verhaltens von Elektronen beim Durchqueren von sehr dünnen Halbleiter-Grenzschichten (pn-Übergänge) das Auftreten des Tunneleffekts und entwickelte unter Ausnutzung dieses Effekts die unter anderem als kleiner und sehr schneller elektronischer Schalter sowie zur Verstärkung und Schwingungserzeugung dienende ↗*Tunneldiode* (*Esaki-Diode*); erhielt 1973 zusammen mit I. ↗*Giaever* und B.D. ↗*Josephson* den Nobelpreis für Physik.

**Esaki**, *Leo*

**Esaki-Diode** ↗Tunneldiode.

**Esau,** *Abraham,* deutscher Physiker, *7.6.1884 Tiegenhagen (Kreis Marienburg), †12.5.1955 Düsseldorf; ab 1925 Professor in Jena, 1939–45 Präsident der Physikalisch-Technischen Reichsanstalt in Berlin, seit 1949 Professor in Aachen; bedeutende Arbeiten zur Hochfrequenztechnik, insbesondere im Dezimeter- und Zentimeterwellenbereich; untersuchte die Einwirkung von Ultrakurzwellen auf lebendes biologisches Gewebe und ihre Einsetzbarkeit für medizinisch-therapeutische Zwecke; auch verdient um die Etablierung des Übersee-Funkverkehrs.

**ESCA,** *Electron Spectroscopy for Chemical Analysis,* ↗Elektronenspektroskopie zur chemischen Analyse.

**E-Schicht,** *Heaviside-Schicht,* Teilschicht der ↗*Ionosphäre* in etwa 100–140km Höhe. Die Maximalkonzentration der Elektronen und Ionen tritt in etwa 110–120km Höhe auf und erreicht Werte von $10^9$ bis $10^{10}\,m^{-3}$ bei Nacht und bis zu $2\cdot10^{11}\,m^{-3}$ am Tag (Neutralgasdichte: $2\cdot10^{18}\,m^{-3}$). Die dominierenden Ionensorten sind $NO^+$ und $O_2{}^+$. Wie die darunterliegende ↗*D-Schicht* ist die E-Schicht annähernd im photochemischen Gleichgewicht. Die Rekombinationsrate (dissoziative und Strahlungsrekombination) ist proportional zum Quadrat der Elektronendichte (*Chapman-α-Schicht*). Die E-Schicht weist häufig eine Feinstruktur auf (*E2-Schicht* sowie weitere Zwischenschichten zwischen E- und ↗*F-Schicht*). Zusätzlich treten häufig, aber völlig unregelmäßig, sporadische E-Schichten (*Es-Schicht*) auf, deren Ursache Transportprozessen beim Auftreten starker Strömungsgradienten zugeschrieben wird. Aufgrund der relativ hohen Gasdichte in der E-Schicht werden die Ladungsträger von der Gezeitenbewegung mitgenommen. Auf diese Weise entstehen hier elektrische Ströme, deren Magnetfelder sich dem permanenten Magnetfeld der Erde überlagern und gut nachweisbare tageszeitliche Variationen hervorrufen. Die Ströme sind auf eine relativ dünne Schicht beschränkt, in der die elektrische Leitfähigkeit besonders hoch ist (*Dynamo-Region,* ↗*ionosphärischer Dynamo*). Beim Auftreten von ↗*Polarlichtern* erhöhen sich Elektronen- und Ionenkonzentration in höheren geomagnetischen Breiten durch den Einfall hochenergetischer Teilchen aus der ↗*Magnetosphäre.*

**Esclangon-Preis** ↗Preise.

**ESD-Magnet,** *Magnet from Elongated Single Domain Particles,* ↗Pulvermagnet.

**ESEEM,** *Electron Spin Echo Envelope Modulation,* Verfahren der gepulsten Elektronenspinresonanz, bei dem der Einfluß der Elektron-Kern-Kopplung auf die Amplitude eines ↗*Spin-Echos* von Elektronen untersucht wird. ESEEM kann eindimensional und mehrdimensional durchgeführt werden, mittlerweile besonders gebräuchlich ist die zweidimensionale Variante ↗*HYSCORE.*

**ESO,** *European Southern Observatory, Europäische Südsternwarte,* 1962 gegründete europäische astronomische Organisation der acht Mitgliedsländer Belgien, Deutschland, Dänemark, Frankreich, Italien, Niederlande, Schweden und Schweiz. Die ESO betreibt auf dem 2400m hohen Berg La Silla in den chilenischen Anden ein Observatorium. Derzeit sind 14 optische Teleskope mit Spiegeldurchmessern bis zu 3,6m sowie ein 15-m-Submillimeter-Teleskop in Betrieb. Das modernste Instrument ist das ↗*New Technology Telescope.* Es ist mit ↗*aktiver* und ↗*adaptiver Optik* ausgestattet. Im Bau ist das ↗*Very Large Telescope* auf dem Berg Paranal, das nach Fertigstellung (wahrscheinlich 2001) neben dem ↗*Keck-Teleskop* das größte Teleskop der Welt sein wird.

**ESOC** ↗European Space Operation Centre.

**Espy, James Pollard,** amerik. Meteorologe, *9.5.1785 in Washington County, Pennsylvania, †24. 1. 1860 in Cincinnati, Ohio; ab 1839 staatlicher Meteorologe in Philadelphia; danach am Smithsonian Institute tätig, wo sich aus seiner Arbeitsgruppe und seinem Beobachternetz im Laufe der Zeit das Weather Bureau bildete. Espy war der erste, der für eine konvektive Theorie einer geschichteten Atmosphäre eintrat, in welcher der Austausch von latenter Wärme zur Kondensation von Wolken führt. Er konnte dies in einem »Nepheloskop« genannten Laborgerät simulieren und so Kühlraten berechnen.

**ESR, 1)** *Electron Spin Resonance*, übliche Abkürzung für ↗Elektronenspinresonanz.

**2)** ↗*Experimentier-Speicherring* der Gesellschaft für Schwerionenforschung in Darmstadt.

**ESR-Archäometrie,** Bestimmung des Alters von (bio)mineralischen Proben durch Analyse der von strahlunsginduzierten Defekten (Radikalen) herrührenden ESR-Linien (↗Elektronenspinresonanz). Das maximal bestimmbare Alter hängt von der jeweiligen Lebensdauer der strahlungsinduzierten Defekte ab und kann bis zu einigen Milliarden Jahren reichen. (↗*ESR-Dosimetrie*, ↗Altersbestimmung)

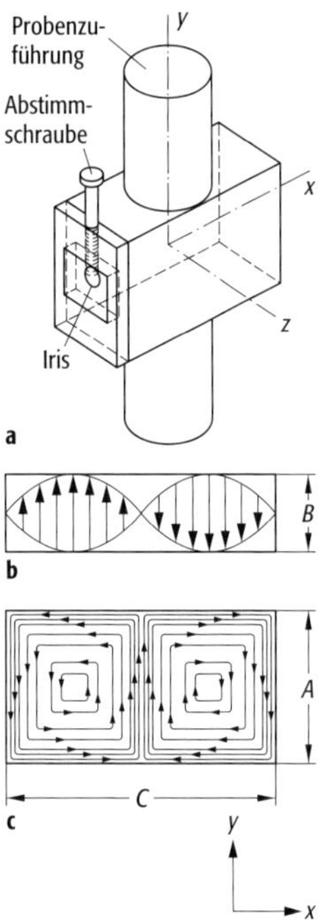


**ESR-Resonatoren:** a) metallischer Hohlraumresonator; b), c) Feldverlauf im Innern des Resonators.

**ESR-Bildgebung,** Methode der ↗*Elektronenspinresonanz*, bei der die räumliche Verteilung der paramagnetischen Elektronen bestimmt wird. Das Grundprinzip (Kodierung von Ortsinformation durch gezieltes Anlegen magnetischer Feldgradienten) entspricht dem der ↗*NMR-Bildgebung*. Die größere spektrale Aufspaltung, die kurzen Relaxationszeiten und die zumeist geringere Häufigkeit der resonanten Zentren erschweren die experimentellen Bedingungen im Vergleich zur NMR deutlich. Bei der Anwendung auf biologische Systeme ergeben sich zusätzliche Schwierigkeiten, da einerseits die meisten paramagnetischen Substanzen in höheren Konzentrationen relativ giftig sind und andererseits die elektrische Leitfähigkeit biologischer Systeme so groß ist, daß (vor allem bei höheren Frequenzen) die Güte üblicher Resonatoren stark verringert wird.

Trotzdem werden mittlerweile auch biologische Proben erfolgreich vermittels ESR-bildgebenden Verfahren untersucht. Als spintragendes Radikal wird dabei oftmals das NO-Radikal benutzt, das in vielen natürlichen Stoffwechselprozessen eine wichtige Rolle spielt. Ähnlich wie die ↗*ESR-Spektroskopie* wird auch die ESR-Bildgebung entweder nach der *cw-Methode* oder nach der *Puls-Methode* durchgeführt, wobei die cw-Methode wegen der kürzeren Relaxationszeiten wesentlich weiter verbreitet ist. Daneben werden auch alternative Methoden wie die longitudinale Detektion (↗*LODESR*) sowie der indirekte Nachweis über die Kerne (↗*PEDRI*) diskutiert.

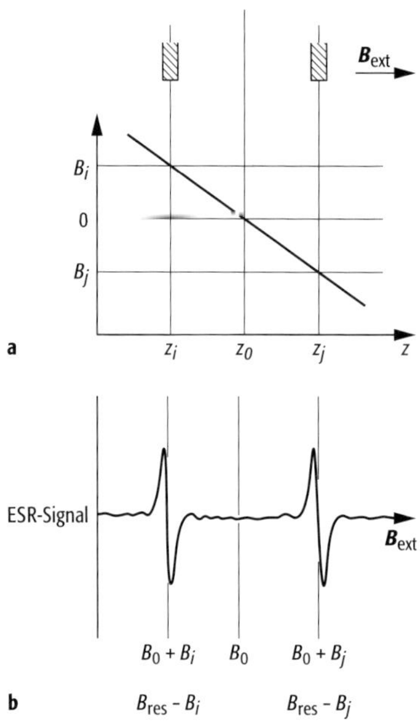


**ESR-Bildgebung:** a) Gradiententeil des Magnetfeldes; b) Magnetfeld am Ort der Probe, $B_{ext}$ an der Resonanzstelle.

**ESR-Datierung** ↗ESR-Archäometrie, ↗Altersbestimmung.

**ESR-Dosimetrie,** Messung von Dosen ionisierender Strahlung durch die Untersuchung der ↗*Elektronenspinresonanz* von strahlungsinduzierten Radikalen. Bei geeigneten Testsubstanzen (organische und anorganische Kristalle, Polysaccharidgele) können aus Intensität, Form und Lage der gemessenen Resonanzlinien vielfältige Rückschlüsse auf die Dosis und Art der Strahlenexposition gezogen werden. Kann unter bestimmten Voraussetzungen auch für Datierungszwecke eingesetzt werden (↗*ESR-Archäometrie*).

**ESR-Relaxation** ↗Relaxationsphänomene.

**ESR-Resonatoren,** in der ↗*ESR-Spektroskopie* (↗*Elektronenspinresonanz*) verwendete Mikrowellenresonatoren. Ein solcher Resonator sollte ganz allgemein eine hohe Güte für die vorgesehene Mikrowellenresonanzfrequenz besitzen. Außerdem muß er einen hinreichend großen Bereich mit hoher magnetischer Wechselfeldkomponente besitzen, in den die Probe eingebracht werden kann. Diese sollte die Güte des Resonators nicht zu stark beeinträchtigen. Die wichtigsten Resonatortypen sind: metallische Hohlraumresonatoren (zylindrisch oder quaderförmig, Abb.), Wendelleiterresonatoren, dielektrische Resonatoren sowie Interferometerresonatoren (bei quasioptischer Anregung im fernen Infrarot sowie im hochenergetischen Mikrowellenbereich, ↗*W-Band*). Entscheidend für die Nachweisempfindlichkeit eines ESR-Resonators sind die Güte und der Füllfaktor. Hohe Güten bei hohen Füllfaktoren können besonders in dielektrischen Resonatoren erreicht werden.

**ESR-Spektrometer,** Gerät zur Aufnahme von Spektren der Elektronenspinresonanz. Üblicherweise wird hierfür im Mikrowellenbereich gearbeitet (im Gegensatz zur ↗*kernmagnetischen Resonanz*, die im UKW-Bereich betrieben wird; Grund für die anderen Arbeitsfrequenzen ist das um etwa einen Faktor 1000 größere magnetische Moment der Elektronen). Wichtige Komponenten eines solchen ESR-Spektrometers sind:

• der Magnet, mit dem das Feld für die Zeeman-Aufspaltung der Elektronenspins erzeugt wird; das Feld dieses Magneten muß im Gegensatz zur NMR variabel sein; deshalb finden hier vorwiegend normalleitende Elektromagnete Verwendung (bei hohen Feldern auch Supraleiter),
• ein Mikrowellensender,
• ein Mikrowellenresonator, in den die Probe eingebracht wird, sowie
• ein Verstärker zur Detektion der Resonanz.

Man unterscheidet zwischen *Puls-Spektrometern* und *cw-Spektrometern*. Weitaus die meisten ESR-Spektrometer arbeiten nach dem cw-Prinzip: hierbei wird die Probe kontinuierlich mit Mikrowellen fester Frequenz bestrahlt, während das Magnetfeld langsam variiert wird. Gemessen wird dann die Mikrowellenabsorption der Probe als Funktion des Magnetfelds. Dabei wird normalerweise ein ↗*Lock-In-Verfahren* angewandt: Zusätzlich zur langsamen Variation des Hauptfeldes wird diesem gleichzeitig noch ein schnell variierendes Modulationsfeld aufgeprägt. Als Meßsignal dient dann die durch diese Modulation hervorgerufene schnelle Veränderung der Absorptionsamplitude als Funktion des Hauptfeldes. Die so erhaltenen Signale sind ableitungsförmig.

Im Gegensatz zur NMR hat sich wegen der wesentlich kürzeren Relaxationszeiten der Elektronenspins die Puls-ESR noch nicht als allgemeines Meßprinzip durchsetzen können, da hierfür sehr leistungsstarke Sender und schnelle AD- und DA-Wandler zum Auslösen der Pulse beziehungsweise zum Auslesen des freien Induktionsabfalls (Zeit: typischerweise einige 100ns bis einige μs) benötigt werden. Ähnlich wie bei der ↗*kernmagnetischen Resonanz* können auch bei der Puls-ESR sogenannte mehrdimensionale Spektren aufgenommen werden, aus denen zusätzliche Informationen über die Molekülstruktur und ihre Dynamik entnommen werden können. Wichtige mehrdimensionale Verfahren der Puls-ESR sind ↗*HYSCORE* und ↗*DEER*. Ein weiterer Vorteil der Puls-ESR ist auch die Möglichkeit, wie in der NMR Relaxationszeiten direkt zu messen (anstatt sie nur aus einer Linienformanalyse zu rekonstruieren). Mittlerweile wurde sogar das Feldzyklus-Verfahren aus der NMR (↗*Field-Cycling*) erfolgreich auf die ESR übertragen. [NN]

**ESR-Spektroskopie,** Anwendung der ↗*Elektronenspinresonanz*, bei der vor allem die Information aus Lage und Form der Resonanzlinien im Vordergrund steht.

Die wichtigsten Meßgrößen der ESR-Spektroskopie sind:

1) ↗*g-Tensoren*, d.h. die Lage der Resonanzlinien in Abhängigkeit der Orientierung der Probe zum Feld: *g*-Tensoren könnnen im allgemeinen nur für Einkristalle direkt bestimmt werden. In polykristallinen Materialien und in Pulvern erhält man komplizierte spektrale Abhängigkeiten, sogenannte *Pulverspektren*, aus denen die Information über den *g*-Tensor eventuell durch Linienformanalyse erschlossen werden kann. Vor allem bei breiten Linien ist dies jedoch nur sehr schwer mit guter Genauigkeit möglich. Bei schnell rotierenden oder flüssigen Proben erhält man schließlich nur noch einen räumlich gemittelten Wert für den *g*-Tensor – einen skalaren ↗*g-Faktor* also.

2) Die *Hyperfeinaufspaltung* der ESR-Linien (↗*Hyperfeinstruktur*): Aus der Multiplizität und Lage der Hyperfeinaufspaltung können Informationen über die beteiligten Kerne und über die Stärke der Hyperfein-Wechselwirkung zwischen Elektronen und Kernen gewonnen werden. Für genauere Untersuchungen wird hier oft auf Doppelresonanzmethoden wie ↗*ENDOR* oder die Overhauser-Verschiebungsmethode (↗*Overhauser-Effekt*) zurückgegriffen.

3) Die *Feinstrukturaufspaltung* (↗*Feinstruktur*): sie tritt in Systemen mit wechselwirkenden Elektronenspins ($S > 1/2$) auf und kommt durch die Wechselwirkung der magnetischen Dipolmomente der Elektronen untereinander zustande. Sie führt bereits ohne äußeres Magnetfeld zu einer Energieaufspaltung (↗*Nullfeldaufspaltung*).

Neben der spektralen Lage von ESR-Linien spielt auch ihre Form eine wichtige Rolle: im einfachsten Fall (sogenannte homogen verbreiterte Linie) ist dies eine *Lorentz-Linie*, bei Vorliegen einer Verteilung unterschiedlicher Resonanzfrequenzen, deren Linien sich überlagern, treten auch andere Linienformen (z.B. ↗*Gauß-Verteilung*) auf. Man spricht dann von inhomogener Linienverbreiterung.

Wichtige Anwendungsbereiche der ESR-Spektroskopie sind Verbindungen, in denen paramagnetische Ionen enthalten sind, biologische Systeme (Enzyme mit paramagnetischen Zentren, Radikale, freie paramagnetische Ionen), Störstellen in Kristallen (Farbzentren, Dotieratome in Halbleitern), photochemische und radiochemische Effekte. [NN]

**Essen,** *Louis*, britischer Physiker, *6.9.1908 Nottingham, †24.8.1997 Great Bookham, Surrey, England; baute 1938 die erste Quarzuhr, mit der man die Ungleichmäßigkeiten der

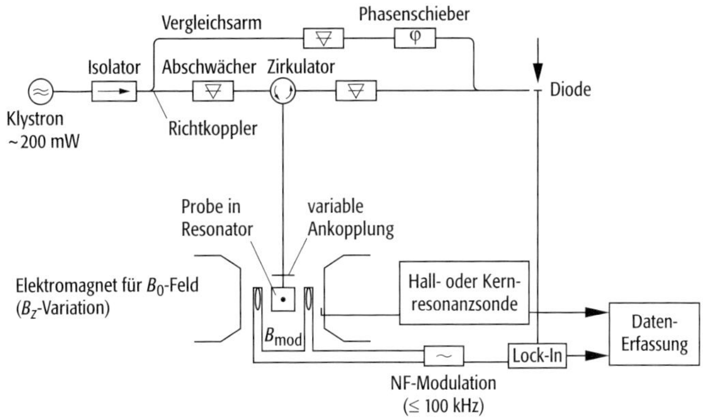


**ESR-Spektrometer:** Blockschaltbild eines ESR-Spektrometers.

Erdrotation feststellte, bestimmte 1948 die Lichtgeschwindigkeit und konstruierte 1955 die erste ↗*Atomuhr*.

**ESTEC** ↗European Space Technology Centre.

**Estnische Physikalische Gesellschaft** ↗*physikalische Gesellschaften und assoziierte Gesellschaften*.

**Etalon, 1)** *Metrologie*: allgemein die Verwirklichung einer physikalischen ↗*Einheit*, entweder durch natürliche Maße bzw. Naturkonstanten, Prototype (Urmaße, Urnormale) oder durch definierende Meßvorschriften; im engeren Sinne wird die Bezeichnung Etalon nur für Einheiten benutzt, die durch ein Prototyp oder durch Normale verkörpert sind. Ein Etalon dient als Grundlage für den Vergleich anderer Meßgeräte (*Kontrolletalon*) und für die Bestimmung der Maßgenauigkeit von Normalen. In der Hierarchie der Meßgeräte nehmen die internationalen Etalons den höchsten Rang ein. Sie werden durch internationale Übereinkunft geschaffen und kontrolliert. Gleichwertige Kopien gelten als nachrangige Etalons und können durch entsprechenden staatlichen Beschluß zu nationalen Etalons erklärt werden. **2)** *Optik*: ↗Fabry-Perot-Interferometer.

**Ethernet,** lokales Computernetz (↗*LAN*), das sich auf die beiden untersten Ebenen des ↗*OSI-Modells* beschränkt. Der Schwerpunkt bei der Entwicklung wurde auf Einfachheit und Kompatibilität gelegt, so daß Daten problemlos auf der ↗*Sicherungsebene*, auch zwischen Komponenten verschiedener Hersteller, ausgetauscht werden können. Dabei sollen alle Stationen des Systems mit einer Nachricht adressiert werden können und am Netz gleichberechtigt sein. Der Verkehr auf dem Netz erfolgt im ↗*Halbduplex-Betrieb*. Die Hardware-Schnittstellen des Ethernets sind ein spezifiziertes Koaxialkabel-Interface und das sog. Transceiverkabel. Das Ethernet arbeitet nach dem *CSMA/CD-Prinzip* (*Carrier Sense Multiple Access/Collision Detect*), nach dem jede Station das Recht hat, spontan auf das Medium zuzugreifen, wenn geprüft wurde, ob der Bus frei ist (Carrier Sense).

Die Adressierung der Daten erfolgt in einem speziellen Format, den *Ethernetpaketen* (Abb. 1). Das 7 Byte breite Vorwort, das den Inhalt 10101010 hat, dient zur Synchronisation der Empfangsuhr. Das Zieladressfeld beginnt mit einem ersten Bit, das angibt, ob es sich bei der Zieladresse um eine Einzeladresse oder einer Vielfachadresse handelt. Im darauffolgenden Längenfeld steht die Zahl der Bytes der anschließenden Nachricht (0 bis 1500). Damit die Gesamtlänge des Paketes nicht 64 Byte unterschreitet, schließt sich wenn notwendig ein sog. PAD-Feld an. Die letzten 32 Bit des Paketes dienen zum Konsistenztest (*CRC, Cycle Redundancy Check*), um Fehler aufzudecken und zu korrigieren. Die Übertragungsgeschwindigkeit beträgt 10 Mbit/s, die Bitdarstellung erfolgt in der störungsunanfälligen ↗*Manchestercodierung*. Nachteilig ist, daß das Ethernet keine Prioritäten bei der Datenübertragung erlaubt, so daß dringliche Signale nicht schneller als unwichtige Daten übertragen werden. Eine typische Ethernet-Topologie besteht aus einem maximal 500 m langen Koaxialkabel mit maximal 100 ↗*Transceiver*-Anschlüssen (Stationen). Das Transceiver-Kabel darf dabei nicht länger als 50 m sein. Ein solches Basissegment kann mit einem ↗*Repeater* an ein weiteres Segment angeschlossen werden (Abb. 2).

| 7 | 1 | 6 | 6 | 2 | Länge |
|---|---|---|---|---|---|
| Vorwort | 1 | Zieladresse | Absender | Len | Inhalt |

| 1-1500 | 0-46 | 4 | Länge |
|---|---|---|---|
| Daten | PAD | Check | Inhalt |

**Ethernet 1:** Format des Ethernetpakets.

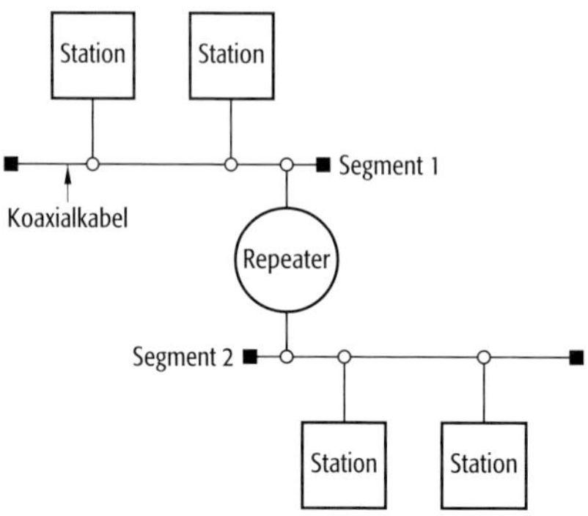


**Ethernet 2:** Aus zwei Segmenten aufgebautes Ethernet.

**Ethernetpakete** ↗Ethernet.

**Ethernet-Switch,** ermöglicht mehrere (8–16) unabhängige ↗*Ethernet*-Netzwerke zu verbinden. Für die lokalen Netze besteht dabei keine Möglichkeit, Nachrichten weiterzureichen. Der Ethernet-Switch kann bei Bedarf gleichzeitig Verbindungen zwischen den verschiedenen Strängen schalten, so daß der Durchsatz des Gesamtnetzes ein Vielfaches des Ethernetdurchsatzes von 10 Mbit/s beträgt.

**Ettinghausen,** Albert, Freiherr von, österr. Physiker, *1850, †1932; entdeckte 1886 den ↗*Ettinghausen-Effekt*.

**Ettinghausen-Effekt,** ein nach A. v. ↗*Ettinghausen* benanntes Phänomen, das wie der ↗*Hall-Effekt* zu der Gruppe der ↗*galvanomagnetischen Effekte* gehört. Er besagt, daß beim Fließen eines Stromes der Dichte $j$ durch einen bandförmigen Leiter der Breite $b$ in einem Magnetfeld $H$ senkrecht zu $H$ und $j$ eine Temperaturdifferenz entsteht: $\Delta T = A_E b\,|\Delta \boldsymbol{H}|\,|\boldsymbol{j}|$. Hierbei ist $\boldsymbol{H} \perp \boldsymbol{j}$ vorausgesetzt; $A_E$ ist die *Ettinghausen-Konstante* (*Ettinghausen-Koeffizient*). Gute metallische Leiter haben einen kleinen Ettinghausen-Koeffizienten in der Größenordnung $10^{-10}$ K · cm$^3$/V · As, während er für Bismut bei 7,3 K · cm$^3$/V · As liegt.

**Ettinghausen-Nernst-Effekt,** 1) *erster Ettinghausen-Nernst-Effekt*, nach A. v. ↗*Ettinghausen* und W. ↗*Nernst* die Erscheinung, daß beim Einwirken eines Magnetfeldes $\boldsymbol{B}$ auf einen Wärmestrom $\Phi$ in einem Elektronenleiter senkrecht zum Strom und senkrecht zum

Magnetfeld eine elektrische Spannung $U_{EN} = A_{EN}B\Phi/d$ entsteht. $A_{EN}$ ist dabei der *Ettinghausen-Nernst-Koeffizient*, $d$ die Probendicke. Dieser Effekt ist das thermische Analogon zum klassischen ↗*Hall-Effekt*.
2) *zweiter Ettinghausen-Nernst-Effekt*, die Erscheinung, daß unter gleichen Bedingungen wie bei 1) eine longitudinale Temperaturdifferenz entsteht. Dieser Effekt gehört zu den ↗*thermomagnetischen Effekten*.
3) Auch in einem longitudinalen Magnetfeld treten an Proben, die von einem elektrischen oder Wärmestrom durchflossen sind, zusätzliche Potential- und Temperaturgradienten auf. Diese Effekte sind nicht benannt.

**Eu, 1)** *Chemie*: Elementsymbol für ↗Europium.
**2)** *Strömungsmechanik*: ↗Euler-Zahl.

**Eucken,** *Arnold Thomas*, deutscher Physikochemiker, *3.7.1884 Jena, †16.6.1950 Traunstein (Freitod); ab 1915 Professor in Breslau, 1930–50 in Göttingen; führte genaue Bestimmungen der spezifischen Wärme und Wärmeleitfähigkeit von Festkörpern und Gasen durch und bestätigte experimentell die Gültigkeit des von P.J.W. ↗*Debye* gefundenen $T^3$-Gesetzes sowie des Nernstschen Wärmesatzes (dritter Hauptsatz der Thermodynamik); ferner Beiträge zur Grenzflächenphysik und -chemie, über Molekülschwingungen und elektrochemische Fragestellungen.

**Euklid,** griechisch *Eukleides*, griechischer Mathematiker, * um 365 v.Chr., um 300 v.Chr. in Alexandrien; studierte vermutlich an der Platonischen Akademie in Athen und lehrte unter Ptolemäus Soter am Museion in Alexandria Mathematik; leitete mit seinen »Stoicheia« (=»Elemente«), einer systematischen Darstellung der damaligen mathematischen Kenntnisse in 13 Büchern, sowie den »Data«, einer Ergänzung dazu, die klassische Epoche der griechischen Mathematik ein und wurde zum Begründer der heutigen Elementargeometrie; dieses vielfach übersetzte Werk gilt als das einflußreichste Mathematikbuch aller Zeiten und war für über zwei Jahrtausende Grundlage der Mathematikausbildung. Euklid bewies, daß es unendlich viele Primzahlen gibt, und gab auch einen Beweis des Lehrsatzes des Pythagoras; er befaßte sich ferner mit der geradlinigen Ausbreitung des Lichts (sah Lichtstrahlen als gerade Linien an) und erkannte bereits das Reflexionsgesetz. Nach ihm sind der Kathetensatz (*Euklidischer Lehrsatz*), der *Euklidische Algorithmus* und die *Euklidische Geometrie* (↗*euklidischer Raum*) benannt.

**euklidische Feldtheorie,** Feldtheorie zu Feldern, die auf einem euklidischen Raum (bzw. einer Riemannschen Mannigfaltigkeit) definiert sind, im Gegensatz zu den relativistischen Feldtheorien, bei denen die Felder über einem Minkowski-Raum bzw. einer pseudo-Riemannschen Mannigfaltigkeit leben. Ausgangspunkt für die Untersuchungen ist meist eine ↗euklidische Wirkung. Die nicht-trivialen stationären Lösungen (beispielsweise ↗Instantonen in der vierdimensionalen euklidischen SU(2)-Eichtheorie) spielen unter anderem für die ↗euklidischen Quantenfeldtheorien eine große Rolle und können als Übergänge zwischen verschiedenen lokalen Vakua der zugehörigen Quantenfeldtheorie interpretiert werden.

**euklidische Green-Funktionen,** analytische Fortsetzung der kausalen ↗Green-Funktionen von Lorentz-invarianten Differentialoperatoren zu imaginären Zeitargumenten, d.h. formal zu den entsprechenden Differentialoperatoren mit euklidischer Metrik. Von besonderer Bedeutung sind die euklidischen Green-Funktionen des Wellenoperators, des Klein-Gordon-Operators und des Dirac-Operators. Die Fourier-Darstellung der euklidischen Green-Funktionen ist im allgemeinen eindeutig und entspricht nach analytischer Fortsetzung zu physikalischen Zeitargumenten den kausalen Green-Funktionen. Das Problem der Integration über die Singularität zur ↗Massenschale wird durch die euklidische Formulierung somit umgangen.

**euklidische Gruppe,** ↗*Gruppe* der Transformationen, die sowohl Rotationen und zeitliche und räumliche Translationen als auch die ↗*Galilei-Transformationen* enthält. Die euklidische Gruppe beschreibt alle im Rahmen der Newtonschen Mechanik möglichen Transformationen. (↗Poincaré-Gruppe)

**euklidische Quantenfeldtheorie,** Arbeitsgebiet, das sich mit den Eigenschaften der ↗Schwinger-Funktionen zu einer Quantenfeldtheorie, ihrer Darstellung als $n$-te Momente eines geeigneten Maßes über dem Raum der temperierten ↗*Distributionen* sowie den Methoden ihrer störungstheoretischen oder nichtstörungstheoretischen Berechnung beschäftigt. Die Vakuumerwartungswerte von Produkten von Feldoperatoren $\Phi(x)$ einer relativistischen Quantenfeldtheorie, d.h. die Wightman-Distributionen

$$W(x_1,\ldots,x_n) = \langle \Omega|\Phi(x_1)\ldots\Phi(x_n)\,|\,\Omega\rangle,$$

lassen sich analytisch in ihren Argumenten $x_i = (t_i, \boldsymbol{x}_i)$ fortsetzen. Insbesondere existieren die Fortsetzungen zu rein imaginären Zeitargumenten, die sogenannten Schwinger-Distributionen:

$$S(t_1,\boldsymbol{x}_1,\ldots,t_n,\boldsymbol{x}_n) = W(\mathrm{i}t_1,\boldsymbol{x}_1,\ldots,\mathrm{i}t_n,\boldsymbol{x}_n).$$

Aus den Schwinger-Distributionen lassen sich umgekehrt auch wieder die Wightman-Funktionen bestimmen. Dazu müssen die Schwinger-Funktionen einem Satz von Bedingungen genügen, die oft als Axiome einer euklidischen Quantenfeldtheorie bzw. ↗Osterwalder-Schrader-Axiome bezeichnet werden (↗axiomatische Quantenfeldtheorie).
In der euklidischen Quantenfeldtheorie wird postuliert, daß sich diese Schwinger-Distributionen als Momente eines Maßes $d\mu[\phi]$ über dem Raum der temperierten Distributionen

darstellen lassen:

$$S(x_1, ..., x_n) = \int \phi(x_1)...\phi(x_n) d\mu[\phi].$$

Die Untersuchung der Eigenschaften dieses Maßes sind ebenfalls Gegenstand der euklidischen Quantenfeldtheorie. Die axiomatischen Eigenschaften der Schwinger-Distributionen lassen sich auch als Eigenschaften für das Maß formulieren.

In Anlehnung an den Funktionalintegralformalismus einer Quantenfeldtheorie (↗Pfadintegral) schreibt man für das Maß oft:

$$d\mu[\phi] = D\phi \exp(S_E[\phi]).$$

Hierbei bezeichnet $S_E[\phi]$ die ↗euklidische Wirkung zu einer Feldtheorie und $D\phi$ ein geeignetes invariantes Maß. Eine solche Darstellung ist jedoch rein formal, da die Existenz des Maßes $D\phi$ im allgemeinen nicht gewährleistet ist. Insbesondere verlangt die Funktionalintegraldarstellung von fermionischen Feldtheorien die Einführung von Graßmann-Algebrawertigen Feldern.

Trotzdem ist die Funktionalintegraldarstellung für die Formulierung von Methoden zur Berechnung der Schwinger-Distributionen oft hilfreich. So läßt sich aus der Funktionalintegraldarstellung formal die euklidische Störungstheorie herleiten, wobei in den ↗Feynman-Integralen die kausalen Propagatorfunktionen durch die entsprechenden ↗euklidischen Green-Funktionen zu ersetzen sind. Wegen der fehlenden Singularität dieser euklidischen Green-Funktionen auf der Massenschale lassen sich Feynman-Integrale in der euklidischen Formulierung oft leichter berechnen.

Auch bei der Entwicklung nicht-störungstheoretischer Verfahren zur Berechnung der Schwinger-Distributionen dient die formale euklidische Funktionalintegraldarstellung vielfach als Anhaltspunkt. In diesem Zusammenhang sind die Gitterregularisierungen von euklidischen Quantenfeldtheorien, insbesondere die ↗Gittereichtheorien, besonders hervorzuheben. Durch sie wurde es möglich, effektive numerische Verfahren (↗Monte-Carlo-Methoden) zur Bestimmung der euklidischen Erwartungswerte zu entwickeln. [TF3]

**Euler**, *Leonhard*

**euklidischer Raum,** in der Geometrie ein linearer $n$-dimensionaler Punktraum, in dessen Vektorraum $B$ eine euklidische Metrik gilt, d.h. der Grundkörper von $B$ ist der der reellen Zahlen, und die quadratische Fundamentalform ist positiv definit. Durch eine geeignete Wahl einer Basis, die dann orthonormiert heißt, läßt sich die Fundamentalform auf die Gestalt $(ds)^2 = \sum_{k=1}^{n} \left(dx^k\right)^2$ bringen. Die Komponenten $g_{ik} = \delta_{ik}$ des Metriktensors sind dann dem Kronecker-Symbol $\delta_{ik}$ gleich. Im Unterschied dazu ist der ↗*Minkowski-Raum* pseudoeuklidisch; sein Metriktensor hat die Komponenten $g_{00} = -1$, $g_{ik} = \delta_{ik}$ für $i, k \neq 0$ (pseudoeuklidische Metrik).

In jedem euklidischen Raum verschwindet der Krümmungstensor, und umgekehrt ist jeder Raum euklidisch, dessen Krümmungstensor null ist.

**euklidischer Vektorraum,** endlichdimensionaler ↗*Vektorraum* mit Skalarprodukt über dem Körper der reellen Zahlen. (↗euklidischer Raum)

**euklidische Vakuumerwartungswerte** ↗Schwinger-Funktionen.

**euklidische Wirkung,** Wirkungsfunktion, die sich ergibt, wenn man in der gewöhnlichen Wirkung zu einer $(d+1)$-dimensionalen Lorentz-invarianten Feldtheorie ($d$ = Anzahl der Raumdimensionen) die Minkowski-Metrik durch die euklidische Metrik (bis auf ein konventionsabhängiges Vorzeichen) ersetzt. Im allgemeinen entspricht diese Ersetzung einem Wechsel des Vorzeichens vor dem kinetischen Term und ist somit gleich dem Negativen des Energiefunktionals einer entsprechenden Theorie in $(d+1)$ Raumdimensionen. Formal erhält man die euklidische Wirkung auch durch analytische Fortsetzung der Lagrange-Dichte im Zeitargument, allerdings muß beispielsweise bei der Dirac-Wirkung berücksichtigt werden, daß sich auch die Antikommutatorregeln für die Dirac-Matrizen durch diese Vorschrift ändern. Euklidische Wirkungen spielen in der ↗euklidischen Feldtheorie bzw. ↗euklidischen Quantenfeldtheorie eine große Rolle.

**Euler,** Leonhard, schweizer Mathematiker, Physiker, Astronom, *15.4.1707 in Basel, †18.9.1783 in St. Petersburg.

Nach dem Besuch der Lateinschule begann Euler mit 13 Jahren an der Universität Basel das Studium der Philosophie und Theologie, studierte aber schließlich nur noch Mathematik. 1727 ging er an die neugegründete Akademie in St. Petersburg, an der er 1730 Professor für Physik, 1733 Professor für Mathematik wurde. Friedrich II. von Preußen berief ihn 1741 an die Berliner Akademie, wo er Direktor der mathematischen Klasse wurde und nach dem Tod des Präsidenten P.L. Maupertuis faktisch die Aufgaben des Präsidenten übernahm, ohne daß Friedrich II. ihn zum Präsidenten ernannte und Eulers überragenden wissenschaftlichen Rang zu würdigen wußte. Wegen schwerer Differenzen mit Friedrich II, die ihre Ursache in gravierenden weltanschaulichen und charakterlichen Unterschieden hatten und sich an heftigen Auseinandersetzungen um die Finanzierung der Akademie entzündeten, kehrte Euler 1766 wieder nach St. Petersburg zurück. Trotz der dort einsetzenden Erblindung als Folge des Altersstars arbeitete Euler dank der Unterstützung seines Sohnes Johann Albrecht Euler (1734–1800) und anderer jüngerer Mathematiker unermüdlich weiter. Euler hat ein gigantisches Werk (866 Titel führt Eneström an) hinterlassen, das alle wichtigen mathematischen und physikalischen Disziplinen seiner Zeit berührt. Mit seinen Lehrbüchern hat er, obwohl er nie als akademischer Lehrer wirkte, Generationen von Mathematikern geprägt und auch dadurch die Entwicklung der Mathematik und Physik entscheidend mitbestimmt. Während Newton, Leibniz und die Brüder Bernoulli die Analysis noch sehr geometrisch und anschaulich formulierten, benutzte Euler konsequent den Funktionsbegriff und untersuchte die Eigenschaften der Funktionen vorwiegend mit Hilfe ihrer Darstellung als Potenzreihen. In seinen Lehrbüchern hat Euler seine eigenen Forschungsergebnisse im Zusammenhang mit den Resultaten seiner Vorgänger dargestellt und dadurch sowohl inhaltlich als auch methodisch mancher mathematischen Disziplin das noch heute tragfähige Fundament gegeben oder sogar ganz neue Gebiete begründet, wie z.B. die Variationsrechnung. Für die Analysis sind besonders zu nennen seine *Introductio in analysin infinitorum* (2 Bde., Lausanne 1748), *Institutiones calculi differentialis* (Petersburg 1755) und *Institutiones calculi integralis* (4 Bde., Petersburg 1768–1794). In seiner *Mechanica sive motus scientia analytice exposita* (2 Bde., Petersburg 1736) gibt Euler eine Einführung in die Newtonsche Mechanik, wobei er sich der neuen Ergebnisse und Möglichkeiten der Infinitesimalrechnung bedient, aber erst 1750 gelingt es ihm in seiner Schrift *Decouverte d'un nouveau principe de mecanique*, das sogenannte Newtonsche Kraftgesetz (Kraft = Masse × Beschleunigung) in einer äquivalenten Form mit Hilfe von Differentialen zu formulieren, welches er als »die eine einzige Formel« bezeichnet, die alle Prinzpien der Mechanik enthält (Opera omnia, Ser. 2 Tom. V pag. 89).

Newtons Theorie von den Planeten und Kometen baut Euler in seiner *Theoria motuum planetarum et cometarum* (Berlin 1744) weiter aus, allerdings lehnt er die Vorstellung von der Gravitationskraft als einer Fernkraft strikt ab und versucht sein ganzes Leben lang, die Gravitation mit Hilfe irgendeiner feinen Materie bzw. einem Äther zu erklären. In seiner *Dioptrica* (3 Bde., Petersburg 1769–1771) veröffentlicht Euler wichtige Beiträge zur geometrischen Optik. Als ein schönes Beispiel für seine Fähigkeit, seine Wissenschaft in den Dienst praktischer Anwendungen zu stellen, sei seine Schrift *Théorie complète de la construction et de la manoevre des vaisseaux* (Petersburg 1773) genannt. Seine *Anleitung zur Algebra* (Petersburg 1770) ist von solcher Klarheit und Einfachheit, daß sie sogar in Reclams Universalbibliothek (Nr. 1801–1805) erschien. Die für die älteste Tochter des Markgraf Friedrich Heinrich von Brandenburg-Schwedt geschriebenen *Lettres à une princesse d'Allemagne sur divers sujets de physique et de philosophie* (3 Bde. Petersburg 1768–1772) sind ein Meisterwerk populärwissenschaftlicher Darstellung und zeigen, daß Euler auch eigenständige Ideen und Gedanken in der Philosophie und Theologie vertrat. Zwar hat sich Euler sein ganzes Leben lang intensiv mit physikalischen Problemen beschäftigt, aber offenbar niemals experimentiert, für ihn war die Physik immer angewandte Mathematik.

*Literatur*:

Leonhard Euler, *Opera omnia* (Basel, seit 1911 in vier Serien, geplant sind 87 Bände, bisher sind 73 Bände erschienen);

Gustav Eneström, *Verzeichnis der Schriften Leonhard Eulers* (Jahresber. der Dt. Mathematiker-Vereinigung, Erg. Bd. IV Lfg. 1. 2. Leipzig 1910, 1913);

G.K. Mikhailow, *Notizen über die unveröffentlichten Manuskripte von Leonhard Euler* (in: *Leonhard Euler zum 250. Geburtstag*, hrsgb. von Kurt Schröder, Berlin 1959). [VS]

**Euler-Cauchy-Verfahren,** *Euler-Methode*, numerisches Verfahren zur Lösung gewöhnlicher ↗*Differentialgleichungen* erster Ordnung, das im wesentlichen den Graphen der Lösungsfunktion durch einen Polygonzug approximiert. Die Vorgehensweise sei anhand der Differentialgleichung erster Ordnung $y' = f(x, y)$ mit der Anfangsbedingung $y(x_0) = y_0$ skizziert (Existenz und Eindeutigkeit der Lösung werden vorausgesetzt): Ausgehend von der Anfangssteigung $y'(x_0) = y_0' f(x_0, y_0)$ lassen sich durch Iteration die Funktionswerte $y_{i+1} = y_i + h \cdot f(x_i, y_i)$ berechnen; man schreitet also von der Stelle $x_i$ zur Nachbarstelle $x_{i+1} = x_i + h$ geradlinig mit der Steigung $y_i' = f(x_i, y_i)$ voran und konstruiert somit einen aus kleinen Geradenstücken zusammengesetzten Polygonzug. Ist die Schrittweite $h$ größer als null, so heißt die Iteration *Vorwärtsintegration*, andernfalls *Rückwärtsintegration*. Man kann allerdings erwarten, daß sich der Polygonzug und damit das Näherungspolynom im Laufe des Verfahrens immer weiter von dem gesuchten Graphen und der gesuchten Lösung $y(x)$ entfernen. Durch Verkleinerung der Schrittweite kann die Annäherung verbessert werden, jedoch nur um den Preis eines beträchtlich erhöhten Rechenaufwandes. Man wählt daher in der Praxis andere Verfahren (z.B. *Mehrschrittverfahren* nach *Adams-Bashforth* oder *Runge-Kutta-Verfahren*), die auch für Differentialgleichungssysteme und Differentialgleichungen höherer Ordnung anwendbar sind. Praktische Anwendung findet die Euler-Methode z.B. bei der Messung von Strömungen (insbes. ↗*Meeresströmungen*).

**Euler-Chelpin,** *Ulf Svante* von, schwedischer Physiologe, *7.2.1905 Stockholm, †10.3.1983 Stockholm; ab 1939 Professor (später Direktor) am Karolinska-Institut in Stockholm; entdeckte um 1934 (unabhängig von M.W. Goldblatt) in Samenflüssigkeit die Prostaglandine (prägte diese Bezeichnung wegen ihrer ursprünglich vermuteten Herkunft aus der Prostata); klärte die Funktion des Noradrenalins als chemischer Informationsübermittler (Transmitter) in den

Nervenleitungen auf; erhielt 1970 zusammen mit J. ↗*Axelrod* und B. ↗*Katz* den Nobelpreis für Physiologie oder Medizin.

**Euler-Gleichung** ↗Euler-Lagrange-Gleichung.

**Euler-Lagrange-Gleichung,** die Differentialgleichung

$$\frac{\partial f}{\partial y} - \frac{\mathrm{d}}{\mathrm{d}t}\left(\frac{\partial f}{\partial \dot{y}}\right) = 0 \quad \text{mit} \quad \dot{y} = \mathrm{d}y/\mathrm{d}t,$$

die eine notwendige Bedingung dafür darstellt, daß das Integral $J = \int_{t_1}^{t_2} f(y, \dot{y}, t)\mathrm{d}t$ einen stationären Wert annimmt, d.h. unter kleinen Variationen konstant ist (↗*Variationsrechnung*). Ist $y$ ein Vektor, so muß obige Differentialgleichung für jede Komponente gelten. Sind die Komponenten von $y$ *verallgemeinerte Koordinaten* und ist $f$ die *Lagrange-Funktion*, dann werden die Euler-Langrange-Gleichungen zu den Lagrangeschen Bewegungsgleichungen der ↗*analytischen Mechanik*.

**Euler-Methode** ↗Euler-Cauchy-Verfahren.

**Eulersche Gammafunktion,** *Γ-Funktion*, ↗Gammafunktion.

**Eulersche Gleichungen, 1)** *Mechanik*: *Eulersche Kreiselgleichungen*, drei gekoppelte Differentialgleichungen, welche die Bewegung eines ↗*Kreisels* in einem Koordinatensystem beschreiben, dessen Achsen mit den ↗*Hauptträgheitsachsen* des Kreisels zusammenfallen. Wird ein Kreisel im Punkt $P$ festgehalten und sind $\boldsymbol{L}$ und $\boldsymbol{M}$ der Drehimpuls bzw. das Drehmoment bezüglich $P$ in einem raumfesten Koordinatensystem $K$, dessen Ursprung in $P$ liegt, so gilt der *Drehimpulssatz*: $\mathrm{d}\boldsymbol{L}/\mathrm{d}t = \boldsymbol{M}$. Bezeichnet $T$ den ↗*Trägheitstensor* des Kreisels, so gilt weiterhin $\boldsymbol{L} = T\boldsymbol{\Omega} = \boldsymbol{\Omega}T$, wobei $\boldsymbol{\Omega}$ die Winkelgeschwindigkeit des Kreisels ist und das zweite Gleichheitszeichen aus der Symmetrie des Trägheitstensors folgt. Beachtet man, daß allgemein $\boldsymbol{L} = \sum_{\mathrm{n}} m_{\mathrm{n}}\boldsymbol{r}_{\mathrm{n}} \times (\boldsymbol{\Omega} \times \boldsymbol{r}_{\mathrm{n}})$ gilt, wobei die Summe über alle Teilchen des starren Körpers zu nehmen ist, so erhält man durch Ableiten nach der Zeit $\dot{\boldsymbol{L}} = \dot{\boldsymbol{\Omega}}T + \boldsymbol{\Omega} \times (T\boldsymbol{\Omega}) = \boldsymbol{M}$. Diese Differentialgleichung für $\boldsymbol{\Omega}$ (und damit für die momentane Drehachse) gilt als Vektorgleichung in jedem beliebigen Koordinatensystem. Wählt man ein mit dem Kreisel verbundenes Koordinatensystem, dessen Achsen mit den Hauptträgheitsachsen zusammenfallen und dessen Ursprung in $P$ liegt, so ergeben sich die Eulerschen Gleichungen:

$$T_1 \frac{\mathrm{d}\Omega_1}{\mathrm{d}t} + (T_3 - T_2)\Omega_2\Omega_3 = M_1$$
$$T_2 \frac{\mathrm{d}\Omega_2}{\mathrm{d}t} + (T_1 - T_3)\Omega_3\Omega_1 = M_2$$
$$T_3 \frac{\mathrm{d}\Omega_3}{\mathrm{d}t} + (T_2 - T_1)\Omega_1\Omega_2 = M_3$$

Führt man die ↗*Eulerschen Winkel* $\varepsilon_{1,2,3}$ ein, so gilt

$$\Omega_1 = \dot{\varepsilon}_2 \sin\varepsilon_1 \sin\varepsilon_3 + \dot{\varepsilon}_1 \cos\varepsilon_3$$
$$\Omega_2 = \dot{\varepsilon}_2 \sin\varepsilon_1 \cos\varepsilon_3 - \dot{\varepsilon}_1 \sin\varepsilon_3$$
$$\Omega_1 = \dot{\varepsilon}_2 \cos\varepsilon_1 + \dot{\varepsilon}_3$$

Diese Ausdrücke kann man in die Eulerschen Gleichungen einsetzen und erhält daraus drei nichtlineare, gekoppelte Differentialgleichungen für die Eulerschen Winkel, die sich nur in Ausnahmefällen exakt lösen lassen.

**2)** *Hydrodynamik*: Gleichungssystem, welches die ↗*Dynamik* einer *idealen Flüssigkeit* (↗Flüssigkeit, ideale) beschreibt:

$$\rho\frac{\mathrm{d}v_x}{\mathrm{d}t} = \rho F_x - \frac{\partial p}{\partial x}$$
$$\rho\frac{\mathrm{d}v_y}{\mathrm{d}t} = \rho F_y - \frac{\partial p}{\partial y}$$
$$\rho\frac{\mathrm{d}v_z}{\mathrm{d}t} = \rho F_z - \frac{\partial p}{\partial z}.$$

Darin bedeuten $v_x$, $v_y$ und $v_z$ die Geschwindigkeitskomponenten eines Flüssigkeitsteilchens in $x$-, $y$-, oder $z$-Richtung, $\mathrm{d}/\mathrm{d}t$ ist die ↗*totale Ableitung* nach der Zeit, $\rho$ die als konstant angenommene ↗*Dichte* der ↗*Flüssigkeit*, $F_x$, $F_y$ und $F_z$ die Beschleunigungskomponenten der Masseteilchen durch die *Massenkraft* und $p$ der ↗*Druck* in der Flüssigkeit.

Die Eulerschen Gleichungen bilden die Grundlage der Hydrodynamik der idealen Flüssigkeiten. Durch Integration läßt sich aus ihnen die ↗*Bernoullische Gleichung* gewinnen. Sie bilden mit der ↗*Kontinuitätsgleichung* ein System von vier ↗*Differentialgleichungen* für die vier Unbekannten $v_x$, $v_y$, $v_z$ und $p$. [CF, CP]

**Eulersche Knickformel,** dient zur Bestimmung der Maximallast oder *Knicklast* $F_{\mathrm{K}}$ eines auf Druck belasteten schlanken Stabes. Beim Überschreiten von $F_{\mathrm{K}}$ kommt es zur ↗*Knikkung* des Stabes. Je nach Randbedingungen differenziert man vier *Euler-Knickfälle*, für die sich $F_{\mathrm{K}}$ nur durch dimensionslose Vorfaktoren unterscheidet. Es gilt $F_{\mathrm{K}} = \pi^2 EI/(fL)^2$ ($E$: Elastizitätsmodul, $L$: Länge, $I$: Flächenträgheitsmoment des Stabes; $f$: Vorfaktor). Die Größenkombinationen $E \cdot I$ und $f \cdot L$ werden auch als Biegesteifigkeit bzw. Knicklänge bezeichnet.

**Eulersche Periode,** nach L. ↗*Euler* benannte Periode der kreisförmigen Bewegung der Drehachse eines rotierenden, starren Körpers um seine Figurenachse (↗*Nutation*), besonders beim Erdkörper (↗*Erdrotation*). Der Nutation liegt die unterschiedliche Massenverteilung um die Figurenachse und um eine senkrecht dazu liegende Achse in der Äquatorebene zugrunde, aus der verschiedene Trägheitsmomente bezüglich dieser Achsen folgen. Werden diese Trägheitsmomente mit $A$ und $C$ bezeichnet, so berechnet sich die Eulersche Periode der starren Erde zu $T = A/(C - A) \approx 305$ Tage. Da die Erde kein starrer Körper ist, beträgt die tatsächliche Periode allerdings etwa 437 Tage (↗*Chandlersche Periode*).

**Eulersche Winkel,** drei Winkel, welche die Lage zweier rechtwinkliger Koordinatensysteme mit gemeinsamem Ursprung zueinander beschreiben. Sie wurden von L. ↗*Euler* zur

Behandlung der Bewegung des ↗*Kreisels* eingeführt. In diesem Fall geben die Eulerschen Winkel $\varepsilon_{1,2,3}$ die relative Lage eines mit dem rotierenden Körper verbundenen Koordinatensystems gegenüber einem vorgegebenen (raumfesten) Koordinatensystem an. Es seien zwei Koordinatensysteme $K$ und $K'$ vorgegeben. Die $xy$-Ebene schneidet die $x'y'$-Ebene in der *Knotenlinie k*. Ihre positive Richtung wird so gewählt, daß sie der Richtung des Vektorprodukts $\boldsymbol{e}_z \times \boldsymbol{e}_{z'}$ entspricht, wobei $\boldsymbol{e}_z$ und $\boldsymbol{e}_{z'}$ die Einheitsvektoren in $z$- bzw. $z'$-Richtung darstellen. Dann ist $\varepsilon_1$ ist der Winkel zwischen $z$ und $z'$, $\varepsilon_2$ derjenige zwischen $x$ und $k$ und $\varepsilon_3$ schließlich bildet den Winkel zwischen $k$ und $x'$ (Abb. im Farbtafelteil).

Die Eulerschen Winkel spielen in der Gruppentheorie, insbesondere bei Drehgruppen (↗*unitäre Transformationen*), eine bedeutende Rolle. Jede räumliche Drehung läßt sich als Ergebnis einer Drehung um die $z$-Achse mit dem Winkel $\varepsilon_1$, einer anschließenden Drehung um die neue $x$-Achse mit dem Winkel $\varepsilon_2$ und einer darauf folgenden Drehung um die neue $z$-Achse mit dem Winkel $\varepsilon_3$ erhalten, wobei $\varepsilon_{1,2,3}$ die Eulerschen Winkel sind. Die Gesamtdrehung kann man als das Produkt dreier unitärer Matrizen darstellen, die durch zwei komplexe Parameter $a$ und $b$, die sog. Cayley-Kleinschen Parameter, charakterisiert werden. Es gilt:

$$a = e^{-i\frac{\varepsilon_1+\varepsilon_3}{2}} \cos\frac{\varepsilon_2}{2}, \; b = e^{-i\frac{\varepsilon_3-\varepsilon_1}{2}} \sin\frac{\varepsilon_2}{2}.$$

**Euler-Zahl,** *Eu*, dimensionslose Kennzahl in ↗*Strömungen*, wie etwa die ↗*Reynolds-Zahl* oder die ↗*Froude-Zahl* (↗*Ähnlichkeit*). Die Euler-Zahl ist definiert durch $Eu = \frac{\Delta p}{\rho c^2}$, mit $\Delta p$ = Druckdifferenz in einer strömenden ↗*Flüssigkeit* der ↗*Dichte* $\rho$ zwischen zwei Punkten, zwischen denen die ↗*Strömungsgeschwindigkeit* $c$ besteht. Die Euler-Zahl gibt damit das Verhältnis von Druckkraft zu ↗*Trägheitskraft* an.

**EURECA,** *European Retrievable Carrier*, die erste europäische Weltraumplattform, auf der autonom und unbemannt über mehrere Monate hinweg Experimente im freien Weltraum ablaufen können. EURECA startet typischerweise an Bord eines ↗*Space Shuttles* und wird von diesem in einer Höhe von 300–500 km ausgesetzt, wo die Schwerkraft nur noch ca. $10^{-5}g$ beträgt. Nach drei bis sechs Monaten wird die Plattform dann zurück zur Erde geholt und die Experimente an Bord ausgewertet. Die EURECA-Plattform ist 2,6 m lang, 4 m breit und besitzt eine Gesamtmasse von 4500 kg (davon sind 80 % Nutzlast). Das Nutzlastvolumen entspricht 8,5 m³. Zwei Sonnenpaddel liefern der Plattform 1000 W elektrischer Leistung für die Experimente. Wissenschaftlicher Schwerpunkt auf den bisherigen Flügen war die Mikrogravitationsforschung, so u.a. die Züchtung von Halbleiterkristallen aus einer wäßrigen Lösung, die Untersuchung kritischer Phänomene in Fluiden und der Einfluß kosmischer Strahlung auf Werkstoffe und biologische Systeme wie z.B. Bakterien oder Pflanzensamen.

**EUREKA,** eine europäische Forschungsinitiative mit dem Ziel, Industrie und Forschungseinrichtungen in Europa zu verstärkter grenzüberschreitender Zusammenarbeit auf dem Gebiet technologischer Forschung und Entwicklung für zivile Zwecke zu motivieren. Mitglieder von EUREKA sind die 15 Länder der Europäischen Union sowie Island, Norwegen, Polen, die Russische Föderation, die Schweiz, Slowenien, Tschechien, die Türkei und Ungarn. Als Besonderheit der Initiative gilt, daß die Projektanstöße »von unten«, also von den beteiligten Wissenschaftlern kommen. Die Finanzierung der Projektanteile erfolgt in jedem teilnehmenden Land gesondert, wobei in jedem Land unterschiedliche Regelungen gelten.

**EUREKA:** Projekte in Zahlen (Stand: 18.04.97).

| | |
|---|---|
| Anzahl der laufenden Projekte | 656 |
| Anzahl der beendeten Projekte | 494 |
| Finanzvolumen (laufende Projekte) | 19 Mrd. DM |
| Anzahl der Projektteilnehmer (laufende Projekte) | 3175 |
| davon Unternehmen | 2191 |
| davon kleine und mittelständische | 1170 |
| Forschungseinrichtungen | 851 |
| andere Organisationen (z.B. Verbände) | 133 |

**Europäische Synchrotronstrahlungsquelle** ↗*European Synchrotron Radiation Facility*.

**Europäische Physikalische Gesellschaft,** *European Physical Society*, *EPS*, Zusammenschluß nationaler physikalischer Gesellschaften aus ganz Europa, der über 3000 individuelle Mitglieder und über die nationalen Gesellschaften mehr als 70 000 Mitglieder angehören. Hauptaktivitäten sind die Organisation von Tagungen, das Herausgeben von Fachzeitschriften und die Unterstützung der Gesellschaften und Physiker in Staaten des ehemaligen Ostblocks sowie Öffentlichkeitsarbeit.

**Europäisches Nachrichtensatellitensystem,** *ECS*, EUTELSAT, europäisches System von Nachrichtensatelliten, dessen Dienste u.a. von den Mitgliedsstaaten der ESA und des Eurovisions-Verbundes (EBU) genutzt werden. Daneben erweitern die Satelliten das intereuropäische Telefonnetz und erleichtern den Austausch von Programminhalten. Nach Indienststellung wurden die modular aufgebauten, geostationären Satelliten jeweils in ↗*EUTELSAT* umbenannt. Ihre Übertragungskapazität beträgt jeweils 12 600 Fernsprechkanäle sowie zwei Fernsehkanäle.

**Europäische Spallationsquelle,** *ESS*, ↗Neutronenstrahlungsquelle.

**Europäische Südsternwarte,** ↗*ESO*, ↗astronomische Observatorien.

**Eulersche Winkel:** siehe Farbtafelteil.

**Europa-Raketen,** die ersten gemeinsam von mehreren europäischen Staaten im Rahmen des *ELDO-Programms* (ELDO: European Launcher Development Organization) gebauten mehrstufigen Flüssigkeitsraketen und Vorläufer der ↗*Ariane-Trägerraketen.*

**European Acoustics Association,** *EAA*, europäische Vereinigung der Akustiker. Die EAA wurde 1992 von elf nationalen europäischen Akustikvereinigungen gegründet. Sie ist Herausgeberin der wissenschaftlichen Zeitschrift *Acustica/Acta Acustica*, die 1996 aus der Vereinigung der traditionellen deutschen Akustikzeitschrift *Acustica* und der seit 1993 von der EAA herausgegebenen Zeitschrift *Acta Acustica* hervorgegangen ist.

**European Geophysical Society,** *EGS*, die europäische Vereinigung zur Förderung der geophysikalischen Erforschung von Erde, menschlicher Umwelt und dem erdnahen Weltram einschließlich der Planeten; Lehre und Anwendung sind ebenfalls wichtige Gebiete. Weitere Ziele sind die Förderung des wissenschaftlichen Nachwuchses, der Kontakt zu Politik und Gesellschaft und die Pflege der Beziehungen zu verwandten nationalen und internationalen wissenschaftlichen Organisationen (↗*International Union of Geodesy and Geophysics*). Die EGS wurde 1971 gegründet, ihr Sitz ist in Katlenburg-Lindau (*Max-Planck-Institut für Aeronomie*).

**European Southern Observatory** ↗ESO.

**European Space Agency,** *ESA*, europäische Weltraumorganisation, die am 31. Mai 1975 nach Auflösung der bisherigen Organisationen ESRO (European Space Research Organisation) und ELDO (European Launcher Development Organisation) an deren Stelle trat. Mitglieder von ESA sind Belgien, Dänemark, die Bundesrepublik Deutschland, Frankreich Irland, Italien, die Niederlande, Schweden, die Schweiz, Spanien und Großbritannien. Norwegen und Österreich sind assoziierte Mitglieder, und Kanada hat seit 1981 einen Beobachterstatus im ESA-Rat. Gemäß Artikel 2 ihrer Konvention hat die europäische Weltraumorganisation ESA die Aufgabe, die Zusammenarbeit europäischer Staaten auf dem Gebiet der friedlichen Erforschung und Erschließung des Weltraums zu koordinieren, zu fördern und weiterzuentwickeln. Als wichtigster Auftraggeber der europäischen Weltraumindustrie obliegt ihr auch die Steigerung der Wettbewerbsfähigkeit der europäischen Weltraumindustrie im internationalen Bereich. Neben ihrer Hauptverwaltung in Paris unterhält die ESA drei große Außenzentren für die Bereiche Forschung und Entwicklung (↗*ESTEC*), Bahnverfolgung (↗*ESOC*) sowie Dokumentation (↗*ESRIN*) in Noordwijk (Niederlande), Darmstadt (Deutschland) und Frascati (Italien) sowie das ↗*Europäische Astronautenzentrum* (EAC) in Köln-Porz. (↗Normeninstitute, Behörden und andere übergeordnete Forschungseinrichtungen)

**European Space Operation Centre,** *ESOC*, das europäische Weltraumkontrollzentrum der ↗*European Space Agency* in Darmstadt. ESOC ist mit der lückenlosen Überwachung und dem Betrieb der Satelliten sowie der Erfassung und Verarbeitung der von ihnen empfangenen Daten betraut. Zu diesem Zweck existieren Bodenempfangsstationen in Carnarvon (Australien), Kourou (Französisch-Guayana), Malindi (Kenia), Redu (Belgien), Fucino (Italien), Michelstadt (Deutschland) und Villafranca (Spanien) – die drei letztgenannten für ↗*geostationäre Satelliten*. Im Kontroll- und Rechenzentrum der ESOC arbeiten etwa 250 Fachleute aus verschiedenen Ländern.

**European Space Technology Centre,** *ESTEC*, europäisches Zentrum für Weltraumforschung und Technologie im niederländischen Noordwijk. Dem ESTEC obliegt der Entwurf, die Überwachung der Entwicklung sowie die Erprobung von Satelliten und Nutzlasten, mit deren Bau die europäische Industrie von der ↗European Space Agency ESA betraut wurde. Hier wird also die technische Entwicklung und Realisierung von Raumfahrtprojekten der ESA koordiniert. In einer Vakuumkammer, die realistische Weltraumbedingungen simulieren kann, werden die von den einzelnen Mitgliedsländern gefertigten Satellitenkomponenten dabei auf Herz und Nieren getestet. Ein weiterer Schwerpunkt der Arbeit der rund 800 Mitarbeiter von ESTEC liegt aber auch in der Vorbereitung zukünftiger Missionen.

**European Synchrotron Radiation Facility,** *Installation Europeenne de Rayonnement Synchrotron*, *ESRF*, *IERS*, *Europäische Synchrotronstrahlungsquelle*, gegründet 1988, betreibt in Grenoble einen Elektronenspeicherring, dessen Elektronen eine Energie von 6 GeV erreichen können und Synchrotronstrahlung mit einer Photonenenergie von 3–30 keV erzeugen. Forschungsbereiche sind vor allem die Physik der kondensierten Materie, die Chemie und die Biowissenschaften. Das Institut wird von zwölf europäischen Staaten finanziert.

**Europium,** *Eu*, Element der Gruppe der ↗Lanthanoiden des Periodensystems, Ord-

**Europium 1:** Wichtige Isotope.

| Isotop | Natürliche Häufigkeit [%] | Atommasse | Halbwertszeit $T_{1/2}$ |
|---|---|---|---|
| $^{151}$Eu | 47,8 | 150,919847 | stabil |
| $^{152}$Eu | 0 | 151,921742 | 13,4a |
| $^{152m}$Eu | 0 | | 9,3h |
| $^{153}$Eu | 52,2 | 152,921225 | stabil |

**Europium 2:** Allgemeine, chemische und festkörperphysikalische Eigenschaften.

| | |
|---|---|
| relative Atommasse ($^{12}$C = 12,0000) | 151,965 |
| Dichte [g cm$^{-3}$] | 5,253 |
| Molvolumen [cm$^3$] | 28,98 |
| Oxidationszahlen | II, III |
| photoelektrische Arbeit [eV] | 2,50 |

**Europium 3:** Thermische und elektromagnetische Eigenschaften.

| | |
|---|---|
| Siedetemperatur [K] | 1870 |
| Schmelztemperatur [K] | $1095 \pm 5$ |
| Siedeenthalpie [$kJ\,mol^{-1}$] | 176 |
| Schmelzenthalpie [$kJ\,mol^{-1}$] | 10,5 |
| Wärmeleitfähigkeit [$W\,m^{-1}\,K^{-1}$] | 13,9 |
| spezifische Wärme [$kJ\,kg^{-1}\,K^{-1}$] | 0,175 |
| thermischer Längenausdehnungskoeffizient [$10^{-6}\,K^{-1}$] | 32 |
| spezifischer Widerstand [$10^{-8}\,\Omega\,m$] | 90 |
| spezifische magnetische Suszeptibilität [$10^{-6}\,kg^{-1}\,m^3$] | 2,81 |

**Europium 4:** Atom- und kernphysikalische Eigenschaften.

| | |
|---|---|
| Termsymbol | $^8S_{7/2}$ |
| 1. Ionisierungsenergie [eV] | 5,67 |
| 2. Ionisierungsenergie [eV] | 11,24 |
| Elektronenaffinität [eV] | $< 0,5$ |
| effektive Kernladung (Slater) | 2,85 |
| magnetisches Moment [$\mu_B$] | 7,937 |
| Ionenradius ($Eu^{3+}$) [nm] | 0,095 |
| Kovalenzradius [nm] | 0,185 |
| Atomradius [nm] | 0,2042 |
| Kernspin | |
| $^{151}Eu$ | 5/2 |
| $^{153}Eu$ | 5/2 |
| magnetisches Kernmoment [$\mu_K$] | |
| $^{151}Eu$ | 3,463 |
| $^{153}Eu$ | 1,530 |
| Einfangquerschnitt für thermische Neutronen [barn] | $4100 \pm 100$ |

nungszahl 63. Europium besitzt die Elektronenkonfiguration $[Xe]4f^7 6s^2$ und kommt in der Natur in zwei Isotopen vor (Tabelle 1).

**Eurospace,** europäisches Industriekonsortium für Raumfahrtstudien. 1961 von französischen und britischen Industriegruppen gegründeter Verband, der sich die Entfaltung industrieller Aktivitäten auf dem Gebiet der Raumfahrt zum Ziel gesetzt hat.

**Eustachische Röhre,** *Tuba Eustachii, Ohrtrompete*, am ↗Ohr die nach dem italienischen Anatom B. Eustachi (1520–1574) benannte Verbindung zwischen Mittelohr und Nasen-Rachen-Raum. Die Eustachische Röhre dient zum Ausgleich des statischen Luftdruckes zwischen Mittelohr und Außenraum.

**eutaktische Polymere,** ↗Polymere, z.B. Polybutadiene, bei denen die Grundbestandeile der Polymerketten vollständig räumlich geordnet sind. (↗*Taktizität*)

**Eutektikum** ↗eutektisches Gemisch.

**eutektisches Gemisch,** *Eutektikum*, festes Gemenge aus mindestens zwei im flüssigen Zustand vollständig mischbaren Stoffen, dessen Schmelze wie ein reiner Stoff bei einer bestimmten Temperatur erstarrt, wobei die Komponenten sich aber entmischen und als feinkristallines Gemenge vorliegen. Kühlt man z.B. eine wäßrige Salzlösung ab, so scheiden sich die ersten Eiskristalle unterhalb des üblichen Eispunktes ab. Bei weiterer Abkühlung fallen immer mehr Kristalle aus, und die Lösung wird immer konzentrierter. Erreicht man den *eutektischen Punkt*, bleibt die Temperatur konstant, und das Gemisch erstarrt als Eutektikum.

**EUVE** ↗Extreme Ultraviolet Explorer.

**eV,** Einheitenzeichen für ↗*Elektronenvolt.*

**Evaporographie,** die Herstellung von Bildern mittels Einstrahlung infraroten Lichts und dadurch bewirkter Materialverdampfung. Auf einer dünnen Membran befindet sich ein sehr dünner Ölfilm, welcher bei bildseitiger Bestrahlung im Vakuum an der bestrahlten Stelle durch Verdampfen verschwindet. Die Beobachtung des Bildes ist mit Hilfe der Interferenzfarbe möglich. Die Evaporographie ist das älteste Verfahren der Thermographie; es wurde 1840 von F. W. ↗Herrschel erfunden. Er photographierte dabei das Sonnenspektrum im infraroten Spektralbereich auf alkoholgetränktem Papier. Im Jahre 1929 benutzte M. Czerny Kampfer und Naphtalin in dünnen Schichten zum gleichen Zweck.

**Evapotranspiration,** zusammenfassender Begriff für das vom offenen ↗*Boden* verdunstende (*Evaporation*) und das von Pflanzen (meist als Wasserdampf) an die ↗*Atmosphäre* abgegebene Wasser. Dabei ist die Evaporation ein rein physikalischer Vorgang, während die Transpiration außer vom *Wasserdampfdefizit* der Luft auch von vielfältigen physiologischen Mechanismen reguliert wird, mit denen die Pflanze der Austrocknung entgegenzuwirken sucht. Die Evapotranspiration ist die Hauptkomponente des von der Erdoberfläche in die Atmosphäre gerichteten Wasserflusses (↗*Wasserkreislauf*). (↗*Hydrologie*)

**Evektion,** eine Ungleichförmigkeit in der Bewegung des Mondes, verursacht durch gravitative Störungen durch Sonne und Planeten. Sie führt zu einer Verschiebung der ↗*Apsidenlinie.* Die Abweichung des wahren vom mittleren Mondort beträgt bis zu 1°16′ mit einer Periode von 32 Tagen. Die Evektion wurde bereits im Alterum von ↗Ptolemäus entdeckt.

**Even-Cup,** ↗Konversionselektrode zum Nachweis von ionisierten ↗*Clustern* in einem ↗*Flugzeitmassenspektrometer.* Die Clusterionen werden indirekt durch die von ihnen beim Aufprall auf ein Target (Metallblech) ausgelösten Sekundärelektronen nachgewiesen. Die erzeugten Sekundärelektronen werden durch ein Loch in der Seite des Bechers abgezogen und anschließend mit einem ↗*Szintillator* detektiert (Abb.).

**Everett III,** *Hugh*, amerikanischer Physiker, *1930, †1982; in den fünfziger Jahren Doktorand von J. ↗*Wheeler* in Princeton; veröffentlichte 1957 eine berühmte Arbeit über die Grundlagen der Quantenmechanik, die als ↗*Vielwelten-Theorie* bekannt wurde.

**Everhart-Thornley-Detektor,** Detektor zum Nachweis von Sekundärelektronen in der analytischen ↗*Elektronenmikroskopie*, der ei-

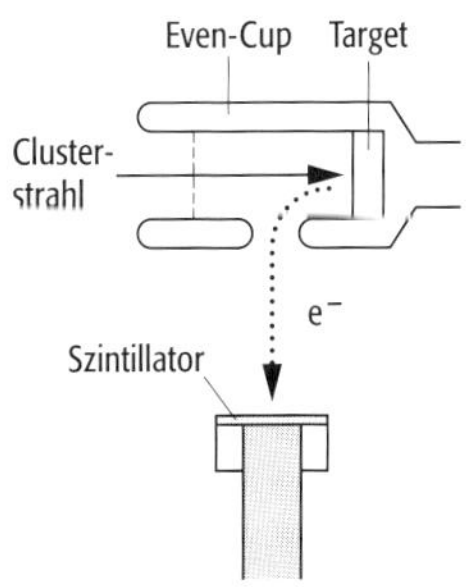


**Even-Cup** zum Nachweis von ionisierten Clustern.

nen Szintillator über eine Lichtleitfaser mit einem Photomultiplier koppelt und sich durch eine hohe Konversionseffizienz auszeichnet.

**Evershed-Abetti-Effekt** ↗Sonnenflecken.

**E-Verzweigung,** *Reihen-T-Verzweigung, Serien-T-Verzweigung*, eine T-förmige ↗*Hohlleiter*-Verzweigung in der Ebene des elektrischen Feldvektors $\boldsymbol{E}$. Im Ersatzschaltbild sind die Impedanzen in Reihe geschaltet. Eine spezielle T-Schaltung ist das »↗*Magische T*«.

**Evolution, 1)** *allgemein*: Veränderung als Funktion der Zeit, Entwicklung, Folge von Ereignissen mit starker Richtungskomponente, Umwandlung, auch Höherentwicklung im Sinne der funktionellen Vervollkommnung eines Systems.

**2)** *Physikalische Evolution bzw. kosmische Evolution*: eine Systemeigenschaft weniger komplexer Systeme ohne intern gespeichertes Enwicklungsprogramm. Fundamentale physikalische bzw. chemische Gesetzmäßigkeiten steuern die Entwicklung dieser Systeme zum Erreichen vorher bestimmter Endzustände (Gleichgewichtszustände). Im engeren Sinne meint die physikalische Evolution die raumzeitliche Entwicklung eines durch partielle Differentialgleichungen und Anfangsbedingungen beschriebenen Systems, dessen Verhalten damit völlig determiniert erscheint. Erkenntnisse über das mögliche chaotische Verhalten (↗*Chaos*, ↗*Benard-Problem*), wobei geringe Veränderungen der Anfangsbedingungen zu qualitativ unterschiedlichen Evolutionsergebnissen führen können, zeigen, daß die Entwicklungsmöglichkeiten solcher Systeme umfangreicher sind als ursprünglich angenommen.

**3)** *Biologische Evolution*: umfaßt (i) die Entstehung des Lebens (↗*Leben*) aus nichtlebender Materie über verschiedene Stadien hochkomplexer und informationsverarbeitender Nichtgleichgewichtssysteme mit eingespeichertem Entwicklungsprogramm (Genom) und (ii) die Veränderung des Genoms und der damit verbundenen phänotypischen Eigenschaften (z.B. der Morphologie) lebender Organismen in Zeiträumen, die größer als die Lebenszeit einzelner Individuen (Phylogenese, Stammesgeschichte) sind. Im Gegensatz dazu bezeichnet man die Veränderungen eines Individuums im Laufe seiner Existenz als Ontogenese (Individualentwicklung).

Eine Vielzahl von biophysikalischen Problemen der Evolution harrt ihrer Lösung. Dazu gehören das Problem der fixierten Chiralität der Monomerbausteine in Biomakromolekülen, die Frage nach der Einheitlichkeit des genetischen Kodes und des genetischen Übersetzungsapparates als auch der Ähnlichkeit der Zellteilungsmechanismen. Die biologische Evolution kann in drei Phasen eingeteilt werden:

a) Die chemische Evolution führt von kleinen anorganischen Verbindungen zu Oligomeren der Bausteine der heutigen Biomakromoleküle.

b) In den Mischungen der Biomakromoleküle finden Selbstorganisationsprozesse statt. Das entsprechende theoretische Modell, der »Hyperzyklus«, welches ursprünglich von M. ↗*Eigen* eingeführt wurde, beruht auf Anwendung der chemischen Kinetik auf matrizeninduzierte Replikation und Translation von Polynukleotiden. Diese Fähigkeit zur Selbstreplikation führt zu einem »Darwinismus« auf dem Niveau von Biomakromolekülen. Darüber hinaus lassen sich obere Schranken für ein Genom ableiten, welches mit hinreichender Genauigkeit kopiert werden kann. Das Ergebnis der molekularen Selbstorganisationphase ist eine zelluläre Struktur.

c) Ausgehend von primitiven einzelligen Lebewesen entwickelt sich die gegenwärtige Biosphäre. [FE]

**Evolution, biologische** ↗Evolution.

**Ewald,** *Peter Paul*, deutscher Physiker, *23.1.1888 Berlin, †22.8.1985 Ithaca (N.Y.); 1921–37 Professor in Stuttgart, nach der Emigration 1939–49 in Belfast, danach am Polytechnical Institute in Brooklyn (New York); bedeutende theoretische Untersuchungen (1917) zur Streuung von Röntgenstrahlen an Kristallgittern; fand eine geometrische Methode (↗*Ewald-Konstruktion*, *Ewaldsche Ausbreitungskugel*) zur Ermittlung der Richtungen und Wellenvektoren der bei der Kristallstrukturanalyse an den Netzebenen des Kristallgitters reflektierten Strahlen; nach ihm und C.W. Oseen ist das ↗*Ewald-Oseen-Theorem* zur Ausbreitung von Licht in einem Medium benannt.

**Ewald-Konstruktion,** eine nach P.P. ↗*Ewald* benannte Methode zur einfachen Ermittlung der Richtungen, in die eine in einen Kristall einfallende Welle gebeugt wird (↗*Beugung*). Dazu wird im ↗*reziproken Gitter* der Wellenvektor $\boldsymbol{k}_0$ der einfallenden Welle so eingetragen, daß sein eines Ende auf den Ursprung $\boldsymbol{O}$ zeigt. Um sein anderes Ende $\boldsymbol{L}$ wird dann die *Ewaldsche Ausbreitungskugel* mit Radius $r=|\boldsymbol{k}_0|=2\pi/\lambda$ gezeichnet (Abb.). Beugungsreflexe sind in Richtungen $\boldsymbol{k}=\boldsymbol{L}\pm\hat{\boldsymbol{h}}$ möglich, in denen ein Punkt $\hat{\boldsymbol{h}}$ des reziproken Gitters auf dieser Kugelschale zu liegen kommt. Es ist zu beachten, daß sowohl die Gitterpunkte (durch thermische Bewegung sowie ↗*Kristallfehler*), als auch die Ewaldsche Ausbreitungskugel aufgrund der Linienbreite der eintreffenden Welle eine endliche Breite besitzen.

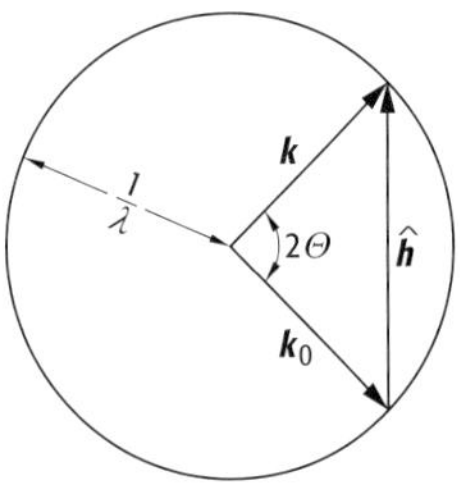


**Ewald-Konstruktion:** Die eintreffende Welle mit dem Wellenvektor $\boldsymbol{k}_0$ kann in die Richtung $\boldsymbol{k}$ gebeugt werden, da $\hat{\boldsymbol{h}}=\boldsymbol{k}-\boldsymbol{k}_0$ ein Vektor des reziproken Gitters ist.

**Ewald-Oseen-Theorem,** Theorie zur Ausbreitung von Licht in einem Medium unter Verwendung der ↗*Maxwellschen Gleichungen*. Aufgrund der im Medium durch die einfallende Welle ausgelösten Elektronenoszillationen kommt es zu einer *Dipolstrahlung*, die proportional der Atomdichte des Mediums ist. Aus der Wechselwirkung aller Dipole ergeben sich damit Integral-Differential-Gleichungen zur Beschreibung des elektrischen und magnetischen Feldes im Medium. Die Lösung einer solchen Gleichung besteht aus der Summe zweier Terme: Einer beschreibt exakt die Ausbreitung der Welle im Vakuum, die innerhalb des Mediums vollständig mit der einfallenden Welle interferiert und diese auslöscht. Der zweite Term beschreibt die Ausbreitung einer – nicht ausgelöschten – Welle mit der Geschwindigkeit $v = c/n$ und einer i.a. von der einfallenden Welle abweichenden Ausbreitungsrichtung. Für die ↗*Brechzahl* $n$ gilt nach Lösung der Differentialgleichung

$$\frac{4\pi}{3} N\alpha = \frac{n^2 - 1}{n^2 + 1}$$

mit der Atomzahldichte pro Einheitsvolumen $N$ im Medium und dessen Polarisierbarkeit $\alpha$ (in cgs-Einheiten). Dieser Ansatz wurde als *Extinktions-Theorem* 1912 von P.P. ↗Ewald für kristalline und 1915 von C.W. Oseen für isotrope Medien eingeführt.

**Ewaldsche Ausbreitungskugel** ↗Ewald-Konstruktion.

**Ewing,** *William Maurice*, amerikanischer Geophysiker, *12.5.1906 Lockney (Tex.), †4.5.1974 Galveston (Tex.); ab 1947 Professor für Geologie an der Columbia University in New York, seit 1949 Direktor des dortigen Lamont-Doherty Geological Observatory; bedeutende Arbeiten zur Seismik, Ozeanographie und Eiszeitforschung; unternahm mehrere Expeditionen zur Erforschung des Meeresbodens; entdeckte, daß die Erdkruste unter dem Meeresboden maximal 10km dick ist, wies die Existenz von Zentralspalten in den mächtigen mittelozeanischen Rücken nach und erkannte deren Bezug zu Erdbeben; führte magnetische und geothermische Messungen sowie Experimente zur Unterwasserakustik durch, leistete Pionierarbeit in der Photographie des Meeresbodens und erforschte Meeressedimente und Mondbeben.

**Exa** [zu griech. hexa »sechs«; $(10^3)^6 = 10^{18}$], Vorsatzzeichen E, Vorsatz vor SI-Einheiten für den Faktor $10^{18}$, z.B. 1 Exameter = 1 Em = $10^{18}$m.

**EXAFS,** *XANES*, *extended X-ray absorption fine structure analysis*, ↗Röntgenabsorptions-Feinstrukturanalyse.

**Excimerlaser,** abgeleitet von »excimer« (*excited dimer*), einem nur im elektronisch angeregten Zustand existierenden zweiatomigen Molekül, aus dem das ↗*Lasermedium* der Excimerlaser besteht. Während Dimere sich eigentlich aus zwei identischen Atomen zusammensetzen und angeregte Moleküle unterschiedlicher Atome normalerweise als »exciplexe« (*excited state complex*) bezeichnet werden, benutzt man die Bezeichnung Excimerlaser heute generell für beide Systeme. Am häufigsten werden Verbindungen von Edelgasen und Halogenen verwendet, wie ArF*, KrF*, XeCl* und XeF*. (Der Stern, der den angeregten Zustand des Moleküls andeutet, wird häufig weggelassen.)

Excimerlaser sind zur Zeit die flexibelsten und leistungsstärksten Quellen kohärenter Strahlung im ultravioletten Bereich des Spektrums. Die erreichbaren Wellenlängen der verschiedenen Systeme liegen zwischen 108nm (NeF*) und 351nm (XeF*). Wegen der notwendigen sehr hohen Pumpleistungen werden Excimerlaser nur gepulst betrieben, bei Pulsdauern im Bereich von 10 bis 30ns, Repetitionsfrequenzen bis zu 1kHz, Durchschnittsleistungen um 200W, Pulsenergien um 1J und entsprechenden Pulsspitzenleistungen von bis zu 50MW. Die kurzen Pulsdauern führen dazu, daß ein Excimerlaser auf vielen Moden gleichzeitig in einem entsprechen breiten Wellenlängenbereich emittiert. Wissenschaftlichen Anwendungen sind unter anderem Isotopentrennung und ↗*LIDAR*. Im Gegensatz zum ebenfalls sehr leistungstarken ↗*$CO_2$-Laser*, der infrarote Strahlung emittiert, erlaubt die kurzwellige, ultraviolette Emission eine nichtthermische Wechselwirkung mit zu bearbeitendem Material, so daß der Excimerlaser auch für Anwendungen mit hoher Präzision geeignet ist, etwa in der Medizin für Augenoperationen oder Gewebeablation und in der Industrie für Materialbearbeitung und Lithographie. Außerdem wird speziell der XeCl*-Laser auch als Pumplaserfür ↗*Farbstofflaser* eingesetzt.

Der Excimerlaser erreicht die zum Laserbetrieb notwendige ↗*Besetzungsinversion* durch den Umstand, daß Excimere praktisch nur im angeregten Zustand vorkommen, weil sie keine oder nur schwach gebundene Grundzustände (mit Lebensdauern $\tau \approx 10^{-12}$s) besitzen, so daß das Vorhandensein der Excimere praktisch allein zu einer Inversion führt. Im Lasermedium gebildete Excimere zerfallen mit einer Lebensdauer um $\tau \approx 10$ns unter Emission eines Photons, wie in Abb. 1 gezeigt. Der Übergang in den nicht-gebundenen Zustand mit seinem kontinuierlichen Energiespektrum erlaubt prinzipiell den Betrieb als ↗*durchstimmbarer Laser*. Die emittierte Strahlung wird durch Resonatorspiegel zur Strahlungsverstärkung rückgekoppelt. Da die Wellenlängen der Emission wegen des kontinuierlichen Spektrums jedoch über eine beträchtliche Bandbreite (über 100nm) verteilt sind, ist der ↗*Wirkungsquerschnitt* $\sigma$ von Excimeren für die stimulierte Emission – also die Wahr-

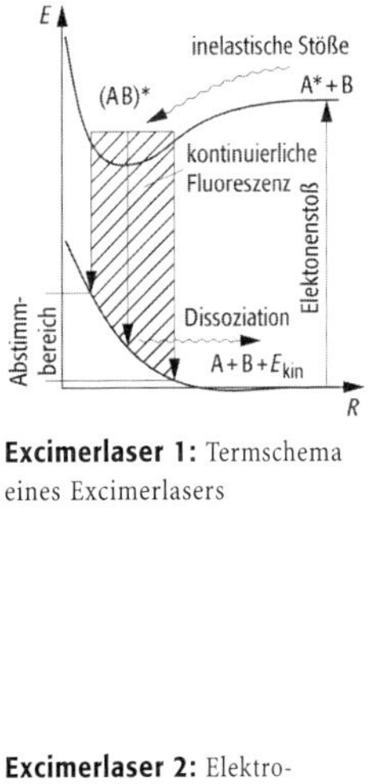


**Excimerlaser 1:** Termschema eines Excimerlasers

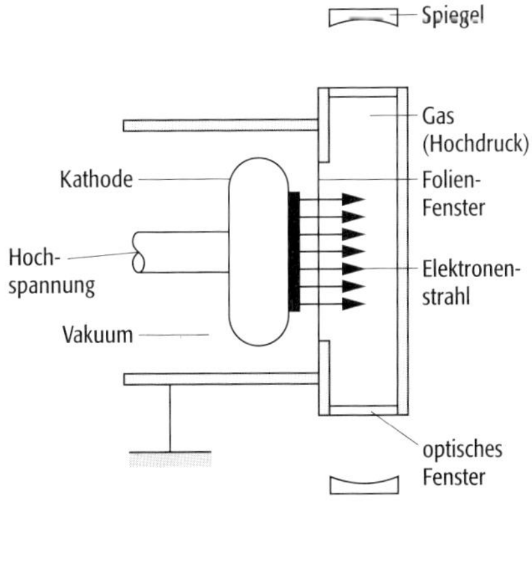


**Excimerlaser 2:** Elektronenstrahl-gepumpter Excimerlaser

scheinlichkeit der Emission weiterer, kohärenter Photonen aufgrund der Rückkopplung – sehr gering. Excimerlaser benötigen somit sehr hohe Pumpleistungen, damit es trotzdem zur Laseremission kommt. Die Anregung des Mediums erfolgt daher meist durch einen Elektronenstrahl (wie in der Abb. 2 dargestellt) oder, bei den meisten kommerziellen Systemen, durch eine ↗*Hochspannungsentladung*. [PVDH]

**Excitonen** ↗Exziton.

**Exergie,** derjenige Anteil $A = \eta W_1$ der bei einem thermodynamischen Umwandlungsprozeß eingesetzten Energie $W_1$, der bei optimaler Prozeßführung in eine gerichtete Form der Energie (mechanische, elektromagnetische etc.) überführt werden kann. $\eta$ bezeichnet hierbei den ↗*Wirkungsgrad* der Umwandlung.

**Exergie-Wirkungsgrad** ↗Exergie.

**exergonisch,** ein mit negativer Änderung der ↗*freien Enthalpie* ($\Delta G < 0$), also ein freiwillig oder spontan ablaufender Prozeß (eine chemische Reaktion). Gegenteil: ↗*endergonisch*.

**Exner,** *Franz Serafin*, österreichischer Physiker, *24.3.1849 Wien, †15.11.1926 Wien; ab 1879 Professor in Wien; Begründer der wissenschaftlichen Erforschung der atmosphärischen Elektrizität; ferner Arbeiten zur Elektrochemie, Kolorimetrie, Spektroskopie und Farbenlehre.

**Exnova,** Zustand eines Sterns nach dem Ausbruch als ↗Nova.

**Exobiologie,** *Astrobiologie*, ↗Kosmobiologie.

**Exoelektronenemission,** Freisetzung von Elektronen mit Energien um 1 eV während eines exothermen Prozesses. Die Exoelektronenemission tritt bei Einwirkung bestimmter Stoffe, z.B. Iod oder Sauerstoff, auf frisch geschmirgelte oder aufgedampfte Metalloberflächen auf. Ursache der Emission ist der exotherme Prozeß selbst, da keine äußere Energie zugeführt wird.

**Exon** ↗Gen.

**Exophysik,** von Finkelstein und Rössler eingeführte Bezeichnung für die Physik von Systemen, bei denen der Beobachter selber nicht Teil dieses Systems ist. Die Welt des Beobachters bezeichnet man auch als Exosystem. Eine exophysikalische Beschreibung eines Systems kann nie vollständig sein und sich auch nie auf erste Prinzipien berufen, da sie immer nur offene Systeme zum Gegenstand hat. Die ↗*Kopenhagener Interpretation* der Quantenmechanik mit ihrer Trennung von Quantensystem und klassischem Beobachtersystem ist ein typisches Beispiel einer Exophysik. Das Gegenteil von Exophysik bezeichnet man als ↗*Endophysik*.

**EXOR-Gatter,** *EXOR-Gate*, *Exclusive OR-Gate*, ein gebräuchlicher Baustein der ↗*logischen Schaltungen*, bei dem die Ausgangsvariable nur dann den Wert 1 annimmt, wenn nicht alle Eingangsvariablen gleich sind.

**EXOSAT,** European X-ray Observatory Satellite, ein im Mai 1983 von der ↗ESA gestarteter europäischer Röntgensatellit, der mit zwei Wolter-Teleskopen von 28 cm Durchmesser und mehreren nichtabbildenden Röntgendetektoren ausgestattet war. Aufgrund seiner hochexzentrischen Bahn (Perigäum 347 km, Apogäum 191709 km) waren ununterbrochene Beobachtungen bis zu 90 Stunden möglich. Im Verlauf der 1986 beendeten Mission wurden Messungen an Röntgen-Doppelsternen, ↗*Burstern* (galaktischen Röntgenquellen mit unregelmäßiger Strahlungsemission), Stern-Koronen, Quasaren und Seyfert-Galaxien durchgeführt.

**Exosphäre,** *Dissipationssphäre*, oberste Schicht der ↗Atmosphäre oberhalb etwa 500 km, von der aus leichte Luftbestandteile in den interplanetaren Raum entweichen können.

**exotherm,** Bezeichnung chemischer Reaktionen, die unter Wärmeabgabe an die Umgebung ablaufen. Diese Wärme ist mit einem negativen Vorzeichen versehen und wird als Reaktionswärme bezeichnet. Bei einer unter konstantem Druck ablaufenden Zustandsänderung ist die Reaktionswärme gleich der Reaktionsenthalpie $\Delta H$. Gegensatz: ↗*endotherm*.

# Exotische Atome

*Gisbert zu Putlitz, Heidelberg*

Als exotisch werden Atome bezeichnet, die neben den natürlichen Bausteinen Elektron ($e^-$) zum Aufbau der Atomhülle sowie Proton ($p^+$) und Neutron ($n^0$) zum Aufbau des Kerns noch andere elementare Teilchen enthalten. Mit der Entwicklung von Beschleunigern für Elektronen und Protonen zu immer höheren Energien und Intensitäten hin gelang es, eine Vielzahl von »exotischen« Teilchen zu erzeugen, die sich aufgrund ihrer negativen Elementarladung für den Einbau in die Hülle oder bei positiver Ladung auch als »Pseudo-Kern« eines Atoms verwenden ließen. In die erste Kategorie fallen die schweren Leptonen negatives Myon ($\mu^-$) und Tauon ($\tau^-$), aber auch die Mesonen Pion ($\pi^-$) und Kaon ($K^-$) sowie die negativen Hadronen ($\Sigma^-$), ($\Xi^-$) und ($\Omega^-$) und das Antiteilchen des Protons ($\bar{p}^-$). Als Pseudo-Kern dienten bislang das Positron ($e^+$), das positive Myon ($\mu^+$), das positive Pion ($\pi^+$) und das Antiproton ($\bar{p}$), die durch die Bindung eines Elektrons die wasserstoffähnlichen Atome Positronium $P = (e^+e^-)$, Myonium $M = (\mu^+e^-)$, Pionium $\Pi = (\pi^+e^-)$ und Antiwasserstoff $\overline{H} = (\bar{p}^-e^+)$ bilden. Schließlich sind noch exotische Atome zu erwähnen, bei denen im Kern ein Hadron wie beispielsweise das neutrale Λ-Teilchen gebunden ist.

## Erzeugung

Im folgenden sollen zuerst die Atome mit negativen Teilchen in der Hülle betrachtet werden. Da die in einem atomaren Zustand eingefangenen negativen Elementarteilchen in Bezug auf das Elektron nicht dem Paulischen Ausschlußverbot unterliegen, können sie jeden Zustand mit allen möglichen Quantenzahlen besetzen, ganz gleich ob einer mit demselben Satz von Quantenzahlen schon mit Elektronen gefüllt ist oder nicht. In der Regel werden die aus einem Beschleuniger stammenden Sekundärteilchen durch Materie abgebremst und im Targetmaterial gestoppt, wo sie meist in Zustände hoher Haupt- und Drehimpulsquantenzahlen eingefangen werden. Aus diesen Zuständen gelangen sie durch Emission von elektromagnetischer Strahlung oder durch Freisetzung von weiteren im System vorhandenen Elektronen in einem Auger-Prozeß in tiefer liegenden Zustände, bis sie den Grundzustand erreichen. Das dabei emittierte elektromagnetische Spektrum ist wasserstoffähnlich und hat Energien im Bereich der Röntgenstrahlung (γ-Spektren). Für die Energie $E$ der Zustände des Atoms gilt

$$E_n = -\frac{\mu_{\text{red}} c^2}{2} \left(\frac{Z\alpha}{n}\right)^2$$

und für den entsprechenden Bohrschen Radius

$$r_n = \frac{\hbar^2}{\mu_{\text{red}} e^2} \frac{n^2}{Z}$$

mit $n$ = Hauptquantenzahl des Zustands; $\mu_{\text{red}}$ = reduzierte Masse des negativen Teilchens X in der Hülle; $\mu_{\text{red}} = \frac{m_X \cdot m_N}{m_X + m_n}$; $\mu_{\text{red}} \approx m_X$ für $m_X \ll m_N$; $c$ = Lichtgeschwindigkeit; $h$ = Plancksches Wirkungsquantum; $Z$ = Kernladungszahl des bindenden Kerns; $\alpha = \frac{e^2}{\hbar c}$ = Feinstrukturkonstante $\approx 1/137$. Für einen mittelschweren Kern (z.B. ${}^{136}_{54}\text{Xe}_{82}$) läßt sich die Energie $\Delta E^{\text{e}}_{\text{L}\alpha}$ für die Lyman-α-Linie (im elektronischen Wasserstoff 10,2eV) für einen myonischen Übergang im gleichen Atom ($m_\mu \approx 207 m_e$) zu $\Delta E^{\text{e}}_{\text{L}\alpha} \approx \Delta E_{\text{L}\alpha} \cdot 207 \cdot (54^2) \approx 6{,}04 \cdot 10^6$eV abschätzen. Tatsächlich ist die beobachtete Energie sehr viel geringer. Der Grund wird sofort offenbar, wenn der Radius des $\mu^-$ im Xe berechnet wird. Es gilt $r_n \approx a_0 \frac{n^2}{\mu_{\text{red}} Z}$

mit $a_0$ = Bohrscher Radius $\approx 5 \cdot 10^{-11}$m für $r = 4 \cdot 10^{-15}$m bei einem Kerndurchmesser von $r_N \approx r_0 \cdot \sqrt[3]{A} \approx 1{,}3 \cdot \sqrt[3]{136} \cdot 10^{-15}\text{m} \approx 7 \cdot 10^{-15}$m.

Daraus folgt, daß die Bahn des Myons im 1s-Zustand des Xe bereits innerhalb des Kerns verläuft und eine beträchtliche Korrektur für die Lage des 1s-Energieniveaus angebracht werden muß. Die Spektren von myonischen, pionischen und hadronischen Atomen sind seit Beginn dieser Untersuchungen Anfang der fünfziger Jahre für eine große Zahl stabiler Kerne durchgeführt worden. Abb. 1 zeigt das Termschema für ein myonisches Spektrum. In Abb. 2 sind die gemessenen Spektrallinien für das myonische Spektrum von Neodym-Isotopen dargestellt.

## Messung von Kerneigenschaften

Apparativ hat die Vermessung dieser Spektren von der Entwicklung hoch auflösender Halbleiterzähler und schließlich auch von Kristall-Diffraktionsspektrometern sehr profitiert. Während aus den von der Kernausdehnung noch weitgehend unbeeinflußten γ-Linien mit hohen Quantenzahlen vor allem die Massen der exotischen Teilchen bestimmt worden sind, dienten die tiefer liegenden Übergänge des Spektrums der Messung von Kernradien, von Isotopie- und Isotonieverschiebungen und von Änderungen der Ladungsverteilung in isomeren Kernen.

Darüber hinaus gibt die Untersuchung der Hyperfeinstruktur in $\mu^-$-Spektren Auskunft über das kernmagnetische Moment und das Kernquadrupolmoment. Letzteres tritt in den myonischen Spektren sehr viel stärker hervor, da die entsprechenden Wechselwirkungsenergien mit $m^2_\mu$ (magnetische Wechselwirkung) und $m^3_\mu$ (elektrische Quadrupolwechselwirkung) anwachsen. Für größere Kernladungen spielen hierbei Strahlungskorrekturen und Kernpolarisationseffekte eine nicht mehr vernachlässigbare Rolle und reduzieren die Interpretierbarkeit der Absolutwerte. Gleichwohl

**Exotische Atome 1:** Termschema von myonischen Atomen. Die Myonen werden in den obersten Zuständen eingefangen, ionisieren die äußere Hülle durch den Auger-Effekt und fallen dann unter Aussendung von Röntgenstrahlung (γ-Strahlung) in den Grundzustand.

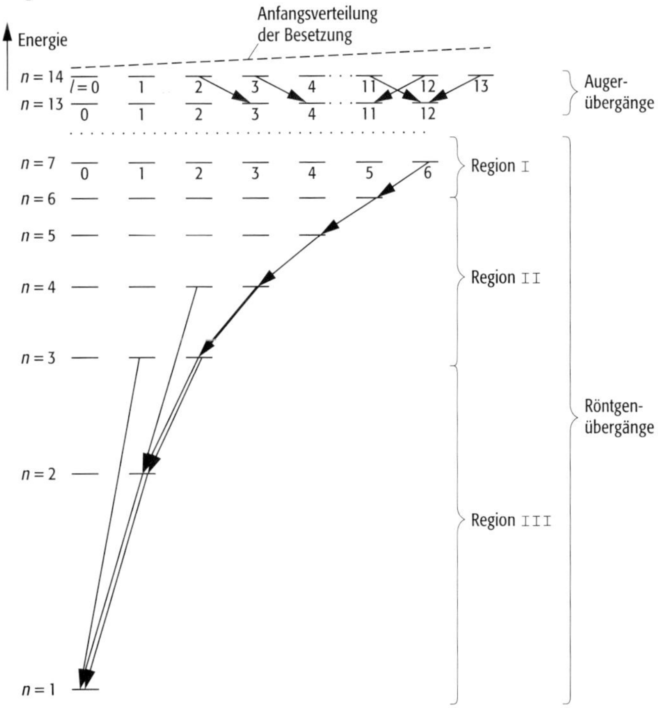

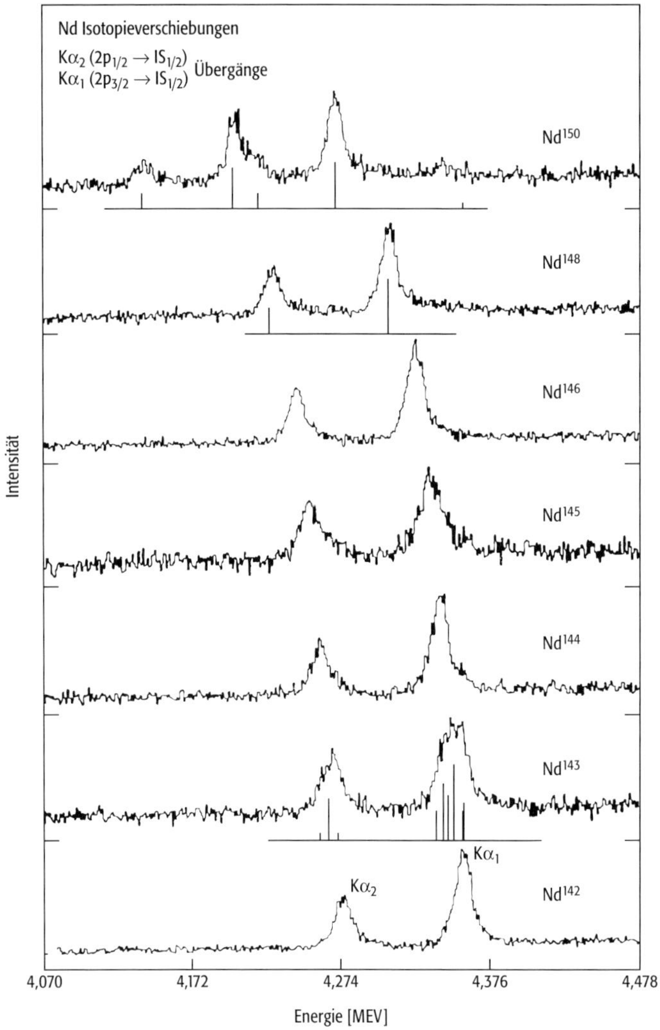


**Exotische Atome 2:** Myonische Röntgenlinien von Neodymisotopen mit Massenzahlen von $A = 142$ bis $A = 150$.

haben die Spektren der kaonischen, mesonischen und hadronischen Atome eine sehr wichtige Rolle bei der Erfassung systematischer Trends der Kernladungsverteilung und Kernmassenverteilung sowie von Kerndeformationen über längere Reihen von Isotopen gespielt. Abb. 3 zeigt die aus myonischen Spektren extrahierten Kernradien von Ca zwischen den magischen Neutronenzahlen $N = 20$ bis $N = 28$.

Aus der Beobachtung von mehreren Übergängen eines myonischen Spektrums lassen sich mindestens zwei Parameter der Kernladungsverteilung bestimmen, der mittlere Ladungsradius $C$ und die Hautdicke dieser Verteilung $t$. Abb. 4 zeigt ein $C$-$t$-Diagramm für Neodym und die Definition dieser Größen.
Neben der Lage der Energieniveaus exotischer Atome ist auch deren Breite von großem Interesse. Beginnen sich die Wellenfunktionen des exotischen Teilchens in der Hülle mit der Ausdehnung der Kernmaterie zu überlappen, treten Kernabsorptionsprozesse auf, wie z.B. $\mu^- + p \rightarrow n + \nu_\mu$ über die schwache Wechselwirkung oder $K^- + N \rightarrow \Lambda + \pi^-$ ($N =$ Nukleon) über die starke Wechselwirkung. Die Lebensdauer $\tau$ der tieferen Zustände (z.B. 1s) und damit deren Verbreiterung aufgrund der Unschärferelation $\Delta E \cdot t \approx \hbar$ gibt Auskunft über den Wirkungsquerschnitt des Kernabsorptionsprozesses. Für myonischen Wasserstoff im 1s-Zustand beträgt die Rate für den Absorptionsprozeß $R_c \approx 500\,s^{-1}$, er ist also selten verglichen mit dem natürlichen Zerfall des Myons $R \approx 1/\tau_\mu \approx 5 \cdot 10^5 s^{-1}$. Für niedrige Kernladungszahlen steigt die Einfangwahrscheinlichkeit mit $Z^4$ an.

## Myonisches Helium

Ein exotisches Atom besonderer Art stellt das myonische He dar. Bei seiner Bildung werden aufgrund der freigesetzten Energie in der Einfangkaskade des Myons beide He-Elektronen über den Auger-Effekt ionisiert. Das verbleibende $(He^{++}\mu^-)^+$-Ion ist wasserstoffähnlich, es wurde auf seine Termenergien untersucht, die mit der Theorie gut übereinstimmen. Später gelang es auch, neutrale $(He^{++}\mu^- e^-)^0$-Atome zu erzeugen und ihre Hyperfeinstruktur (eine Aufspaltung aufgrund der Wechselwirkung zwischen den magnetischen Momenten von Myon und Elektron im Grundzustand) zu vermessen. Wegen der Größenverhältnisse in diesem System $r_N \approx 3\,fm$, $r_\mu \approx 120\,fm$, $r_e \approx 27000\,fm$) wurde es von einer Tageszeitung Matroschka-Atom genannt, in Anlehnung an die ineinander geschachtelten russischen Holzpuppen.

## Eigenschaften exotischer Teilchen

In der Tabelle sind die negativen exotischen Teilchen aufgeführt, die für die Bildung von exotischen Atomen in Frage kommen. Von diesen konnten tauonische Atome bisher nicht beobachtet werden, weil die Lebensdauer des $\tau$-Leptons von $10^{-13}$s sehr breite Linien ver-

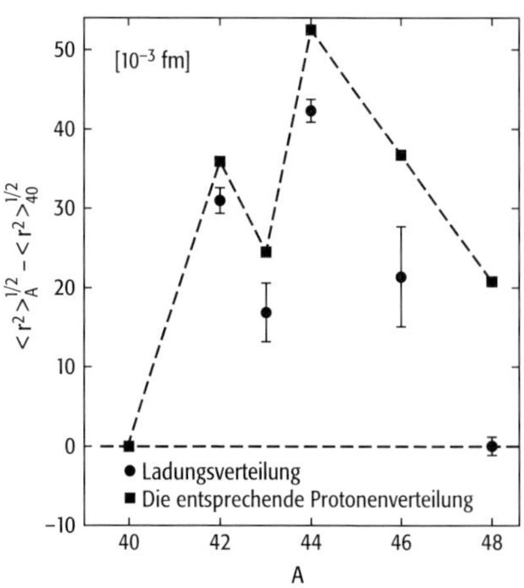


**Exotische Atome 3:** Änderung der Ladungsverteilung für Ca-Isotope von $A = 40$ bis $A = 48$ aus myonischen Spektren.

ursacht und dessen hohe Masse von rund 3500 Elektronenmassen sehr schnell zu seiner Vernichtung durch Kernabsorption führt.

Ein besonderes Gebiet stellen die antiprotonischen Atome dar. Der Einfang in der Hülle läuft zunächst nach den üblichen Regeln des Einfangs schwerer, einfach negativ geladener Teilchen ab, die der elektromagnetischen Wechselwirkung unterliegen. Die beobachteten Spektren in H, He und anderen leichten Atomen entsprechen den theoretischen Vorhersagen für große Quantenzahlen. Für kleinere $n$ beginnt dann die starke Wechselwirkung zu dominieren, es bildet sich beispielsweise im antiprotonischen Wasserstoff das System Protonium $\bar{p}p$, welches ähnlich dem Positronium über die Teilchen-Antiteilchenvernichtung, hier aber über starke Wechselwirkung, mit einer hohen Rate zerfällt. Eine große experimentelle wissenschaftliche Leistung war die genaue Spektroskopie der Energiedifferenzen einiger hochangeregter Zustände in antiprotonischem neutralem $^4$He ($He\bar{p}e^-$) mittels Laserspektroskopie zu Beginn der neunziger Jahre.

## Atome aus Antimaterie

Die Untersuchung von neutraler Antimaterie mit hoher Genauigkeit war spätestens seit der Synthese des Antideuterons, eines stark gebundenen Systems, vor mehr als dreißig Jahren ein vorrangiges Ziel der Physik. Während die starke, die elektromagnetische und die schwache Kraft als gleich für Materie und Antimaterie nachgewiesen wurden, bleibt diese Frage für die Gravitation offen, solange Experimente mit neutraler Antimaterie ausstehen. Deshalb wurde die Erzeugung eines neutralen, nur aus Antimaterie bestehenden Atoms, des Antiwasserstoffs ($\overline{H} = \bar{p}e^+$), auf unterschiedlichen Wegen versucht. Unter den verschiedenen Ansätzen einer Speicherung von Antiprotonen und Positronen in demselben Speichervolumen und einer Bindung durch Dreierstöße, einer laserinduzierten Rekombination von parallelen, in das gleiche Volumen fokussierten $\bar{p}$- und $e^+$-Strahlen gleicher Geschwindigkeit durch laserinduzierte Rekombination aus dem Kontinium und einer assoziierten Produktion von $\bar{p}$ und $e^+$ im gleichen Phasenraum mit simultaner Bindung hat die letztgenannte Methode zu einem ersten Nachweis von Antiwasserstoff geführt. Allerdings eignet sich diese wenig für eine Präzisionsmessung der Gravitationskraft auf den gebildeten Antiwasserstoff. Hier werden am ehesten die Fallenmethoden erfolgreich sein, vor allem wenn es in Zukunft gelingen sollte, ganze Antiwasserstoffkondensate zu erzeugen.

## Positronium und Myonium
### a) Positronium

Schließlich gehören auch die künstlichen Atome Positronium und Myonium zu den exotischen Atomen.

Positronium wurde Anfang der fünfziger Jahre entdeckt und seitdem mit immer größerer Genauigkeit in Bezug auf seine Termenergien und Zerfallskonstanten in den verschiedenen Kopplungszuständen untersucht. Positronium wird gebildet, wenn Positronen ($e^+$) aus einer Quelle, beispielsweise $^{22}$Na oder $^{64}$Cu, in einem Gas (z.B. Argon) oder einem feindispersen Pulver abgebremst werden und dort am Ende des Bremsprozesses an ein Elektron durch Ladungseinfang gebunden werden. (Heute sind eigentlich nur noch die Pulvermethoden von Interesse, Gase werden kaum noch verwendet.) Positron und Elektron bilden den $n=1$-Grundzustand $1^1S_0$ (Spins

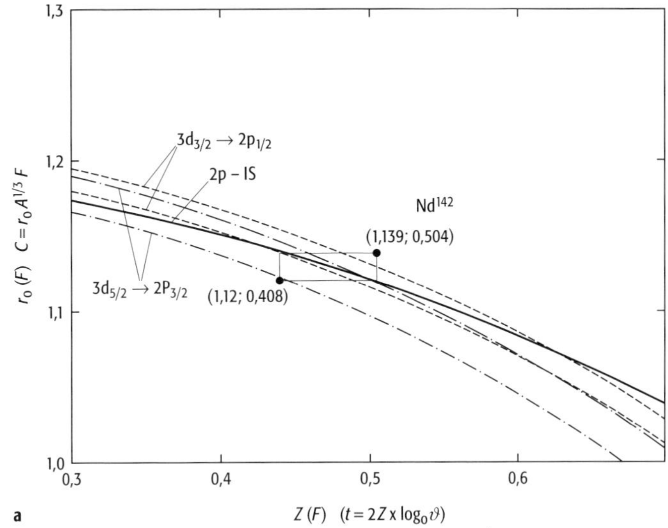

a

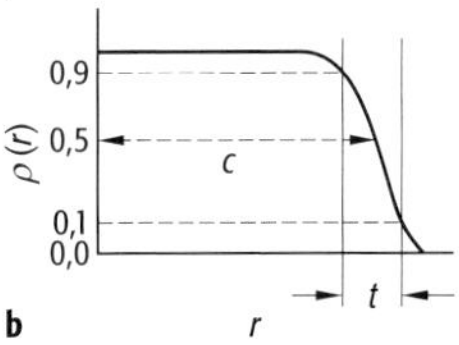

b

**Exotische Atome 4:** $C$-$t$-Diagramm; a) $C$-$t$-Diagramm für Neodym $^{142}$Nd für drei verschiedene Übergänge. Die Überkreuzung der drei Parameterlinien ergibt $C \approx 1{,}13$, $t \approx 0{,}48$.
b) Veranschaulichung der Größen $C$ und $t$.

**Exotische Atome:** Eigenschaften von negativen, nicht stabilen Leptonen, Mesonen, Hadronen und von Antiprotonen

| Teilchen | Ladung $Z$ | Masse $m$ [MeV] | Mittlere Lebensdauer $\tau$ [s] | Bohr-Energie [keV] $E_B = E_0 \frac{\mu_{red}}{m_e} Z^2$ | Bohr-Radius $a_B = \frac{m_e}{\mu_{red}} \frac{a_0}{Z}$ [fm] |
|---|---|---|---|---|---|
| $\mu^-$ | -1 | 106 | $2{,}2 \cdot 10^{-6}$ | $2{,}8 \cdot Z^2$ | 241/Z |
| $\tau^-$ | -1 | 1777 | $2{,}9 \cdot 10^{-13}$ | $47{,}2 \cdot Z^2$ | 14/Z |
| $\pi^-$ | -1 | 140 | $2{,}6 \cdot 10^{-8}$ | $3{,}7 \cdot Z^2$ | 55/Z |
| $K^-$ | -1 | 494 | $1{,}2 \cdot 10^{-8}$ | $13{,}1 \cdot Z^2$ | |
| $\Sigma^-$ | -1 | 1197 | $1{,}5 \cdot 10^{-10}$ | $31{,}8 \cdot Z^2$ | 23/Z |
| $\Xi^-$ | -1 | 1321 | $1{,}7 \cdot 10^{-10}$ | $35{,}2 \cdot Z^2$ | 21/Z |
| $\Omega^-$ | -1 | 1673 | $1{,}3 \cdot 10^{-10}$ | $44{,}5 \cdot Z^2$ | 16/Z |
| $\bar{p}$ | -1 | 938 | $\infty$ | $25 \cdot Z^2$ | 27/Z |

**Exotische Atome 5:** Ausschnitt aus dem Termschema des Myoniums für die ersten beiden Hauptquantenzahlen, die durch doppellinige Pfeile symbolisierten Übergänge wurden bislang vermessen.

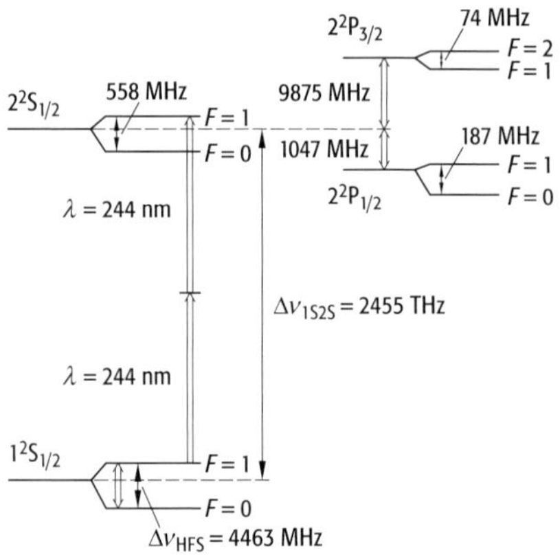


antiparallel, Parapositronium) und $1^3S_1$ (Spins parallel, Orthopositronium). (Im Myonium und bei den Wasserstoffatomen bezeichnet man diese Zustände als Hyperfeinstruktur und belegt sie mit den Quantenzahlen $F = 0$ und $F = 1$). Bei der Annihilation in Photonen spielt die $C$-Parität $(l + s)^{-1}$ eine wichtige Rolle. Da das Photon die $C$-Parität $C = -1$ hat, erfolgt der Zerfall abhängig von den Quantenzahlen des Zustandes jeweils in eine gerade oder ungerade Anzahl von Photonen. Der $^1S_0$-Zustand zerfällt vornehmlich über einen kollinearen Zweiquantenzerfall mit der Energie der Ruhemasse von $e^+$ bzw. $e^-$ von $E_\gamma = 511\,\text{keV}$ und einer Lebensdauer von $\tau(^1S_0) = 1{,}25 \cdot 10^{-10}\,\text{s}$. Der $^3S_1$-Zustand zerfällt hauptsächlich über drei γ-Quanten mit $\tau(^3S_1) = 1{,}4 \cdot 10^{-7}\,\text{s}$. Der große Unterschied in der Lebensdauer der beiden Zustände bewirkt eine Ungleichbesetzung von $^1S_0$ und $^3S_1$, was für eine spektroskopische Messung von deren Energieabstand ausgenutzt werden kann. Induzierte Hochfrequenzübergänge vom $^3S_1$ in den $^1S_0$ Zustand erhöhen die Zahl der kollinearen 2γ-Zerfälle mit der scharfen Energie von 511 keV, was über geeignete Detektoren nachgewiesen werden kann. – Schließlich sei noch erwähnt, daß auch die angeregten $n = 2$-Zustände des Positroniums nachgewiesen und untersucht werden konnten.

Positronium ist ein ideales System, um die Quantenelektrodynamik (QED) und deren Korrekturen zu studieren, da diese fast ausschließlich für die Wechselwirkung zwischen den Leptonen $e^+$ und $e^-$ verantwortlich ist. In niedrigster Ordnung gilt

$$\Delta E(1^3S_1 - 1^1S_0) = \left(\frac{4}{6} + \frac{3}{6}\right)\alpha^2 R_\infty$$

($R_\infty$: Rydberg-Konstante), wobei die Beiträge von der Breit-Wechselwirkung (magnetische WW) und der Paarvernichtung herrühren. Unter Berücksichtigung von Termen höherer Ordnung in $\alpha^2 R_\infty$ und $\alpha^3 R_\infty$ ergibt sich für $\Delta E = (1^3S_1 - 1^1S_0)_{\text{theor}} = 2{,}03380 \cdot 10^{11}\,\text{Hz}$, was mit dem experimentellen Wert $\Delta E = (1^3S_1 - 1^1S_0)_{\text{exp}} = 2{,}03398(11) \cdot 10^{11}\,\text{Hz}$ verglichen werden muß. Die Übereinstimmung beider Werte zeigt die Zuverlässigkeit, mit der Rechnungen in der QED durchgeführt werden können.

Die Annihilationsrate für Positronium in 2γ- oder 3γ-Zerfällen ist in der QED ebenfalls genau berechenbar. Die entsprechenden Ergebnisse lauten für den $1^1S_0$-Zustand: $\tau_{\text{exp}} = 0{,}799(11) \cdot 10^{10}\,\text{s}^{-1}$ und $\tau_{\text{theor}} = 0{,}79854(36) \cdot 10^{10}\,\text{s}^{-1}$, für den $1^3S_1$ Zustand: $\tau_{\text{exp}} = 0{,}7262(15) \cdot 10^7\,\text{s}^{-1}$ und $\tau_{\text{exp}} = 0{,}72119(39) \cdot 10^7\,\text{s}^{-1}$.

Positronium spielt nicht nur als freies Atom zum Test der QED eine bedeutende Rolle, sondern auch als System zur Suche nach seltenen Zerfällen oder nach exotsichen Teilchen wie dem Axion. Schließlich dient es als Sonde im Festkörper, beispielsweise, um lokale Elektronendichten oder Diffusionsprozesse zu untersuchen.

## b) Myonium

Ebenso wie Positronium ist auch Myonium ($M = \mu^+ e^-$) ein rein leptonisches Atom, in dem die elektromagnetische Wechselwirkung dominiert. Da zwischen zwei ungleichen Leptonen aber keine Paarvernichtung stattfinden kann, wird die Lebensdauer von M durch die Lebensdauer des $\mu^+$ von $\tau_\mu^+ = 2{,}19703(4) \cdot 10^{-6}\,\text{s}$ bestimmt. Diese relativ lange Lebensdauer des M-Atoms macht es für hochpräzise Experimente zur Messung seiner Energieaufspaltung besonders geeignet. Das Spektrum von Myonium (Abb. 5) im Grund- und ersten angeregten Zustand zeigt, welche Messungen möglich sind. Aus der Hyperfeinstrukturaufspaltung des Grundzustandes

$$\Delta\nu_{\text{hfs}} = \left(\frac{16}{3}\alpha^2 c R_\infty \frac{\mu_\mu}{\mu_0}\right)\left(1 + \frac{m_e}{m_\mu}\right)^3 (1 + \text{Korr})$$

($\mu_\mu$ magnet. Moment des Myons, $\mu_0$ Bohrsches Magneton, $m$ Massen der Leptonen) lassen sich bei Messungen im Nullfeld sowie im schwachen und starken Magnetfeld das magnetische Moment des Myons bzw. dessen Masse und die Feinstrukturkonstante $\alpha$ extrahieren. Eine Messung der Übergangs-

**Exotische Atome 6:** Aufbau des Myoniumexperiments in Los Alamos zur Messung der Hyperfeinstruktur. In einem supraleitenden Magneten, der ein sehr homogenes Magnetfeld von 1,7 Tesla erzeugt, werden positive Myonen aus einem Beschleuniger in ein Edelgastarget geschossen. Dort bilden sie Myonium und können hochfrequenzspektroskopisch untersucht werden. Da das Myonium polarisiert hergestellt wird, läßt sich aus der Asymmetrie der Zerfallpositronen des Myons nachweisen, ob durch die Mikrowellenresonanz das Myonium depolarisiert wurde.

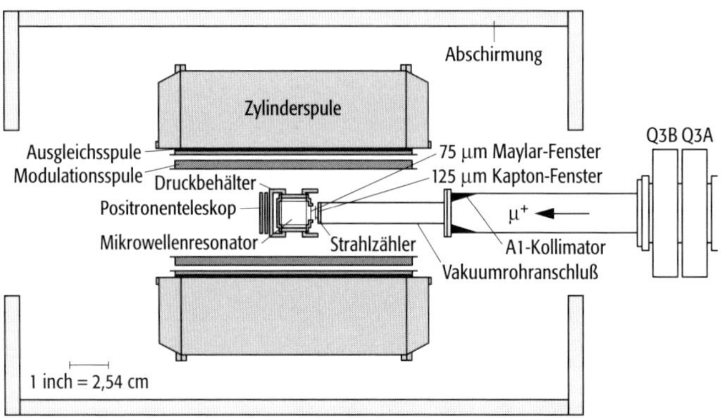

frequenz zwischen dem $1^2S_{1/2}$- und $2^2S_{1/2}$-Zustand ergibt einen präzisen Wert für die Masse $m_\mu$ des Myons. Die genaue Kenntnis dieser Werte ist unabdingbar, wenn aus einer gegenwärtig laufenden, neuen Messung des $g$-Faktors des Myons kleine Beiträge der starken und schwachen Wechselwirkung neben der dominierenden elektromagnetischen isoliert werden sollen, um mögliche Beiträge von bislang unbekannten exotischen Wechselwirkungen zu erkennen.

Experimentell wird Myonium durch Einfang von Elektronen in einem Gastarget oder in einer Festkörperoberfläche aus $SiO_2$-Pulver feinster Körnung hergestellt. Abb. 6 zeigt ein Experiment zur Beobachtung von Hochfrequenzübergängen in M. Da Myonen wegen der Nichterhaltung der Parität im schwachen Zerfall $\pi^+ \to \mu^+ + \nu_\mu$ polarisiert erzeugt werden und diese Ausrichtung des Myonspins auch bei der Myonium-Bildung erhalten bleibt, lassen sich spindepolarisierende Hochfrequenzübergänge an der Änderung der Winkelverteilung der Zerfallspositronen im Zerfall $\pi^+ \to e^+ + \nu_e + \nu_\mu$ nachweisen. Ein so gewonnenes Resonanzsignal zeigt Abb. 7. Nach 38 Jahren der Forschung am Myoniumatom konnte der Wert von $\Delta\nu_{\mathrm{hfs,1s}}$(Myonium) von $4461{,}3 \pm 2{,}2$ MHz zu 4463,302764(54) MHz verbessert werden. Dies wurde auch dadurch möglich, daß eine Verengung der Resonanzlinie unter die natürliche Linienbreite von $\delta\nu \approx 1/(\pi\tau_\mu) \approx 145$ kHz gelang, indem nur solche Zerfälle registriert wurden, die von Myonium-Atomen stammten, die sehr viel länger als $\tau_\mu$ kohärent, d.h. in fester Phasenbeziehung mit dem Hochfrequenzfeld in Wechselwirkung getreten waren. Die Registrierung jedes einzelnen Erzeugungs- und Zerfallszeitpunktes des Myonium-Atoms läßt eine solche Auswahl zu.

Die Messung der 1s–2s-Energiedifferenz in Myonium erfolgte über den induzierten Zweiphotonenübergang $1^2S_{1/2}$–$2^2S_{1/2}$. Hierzu war ein sehr leistungsfähiges Lasersystem bei einer Wellenlänge von $\lambda = 244$ nm notwendig, welches im Takt der durch einen Beschleuniger gepulsten Erzeugung der Myonen arbeitete. Der Nachweis für die induzierte Besetzung des angeregten $2^2S_{1/2}$-Zustands durch Zweiphotonenabsorption wurde über die Photoionisation dieses angeregten Myonium-Atoms durch ein weiteres Quant von 244 nm aus dem gleichen Lichtfeld bewerkstelligt, so daß als Signal ein energie- und massenselektiertes $\mu$ nachgewiesen werden konnte. Als bester Meßwert ergab sich bisher $\Delta\nu(1^2S_{1/2}$–$2^2S_{1/2}) = 2455{,}529002(57)$ MHz. Weitere Untersuchungen im Myonium zielten auf die Lamb-Verschiebung in den $n = 1$- und $n = 1$-Zuständen und die Feinstrukturaufspaltung $2^2P_{1/2}$–$2^2P_{3/2}$.

Für alle Elementarteilchen stellt sich die Frage der Erhaltung ihrer Quantenzahlen. Myonium bietet hier die Möglichkeit, den Übergang des

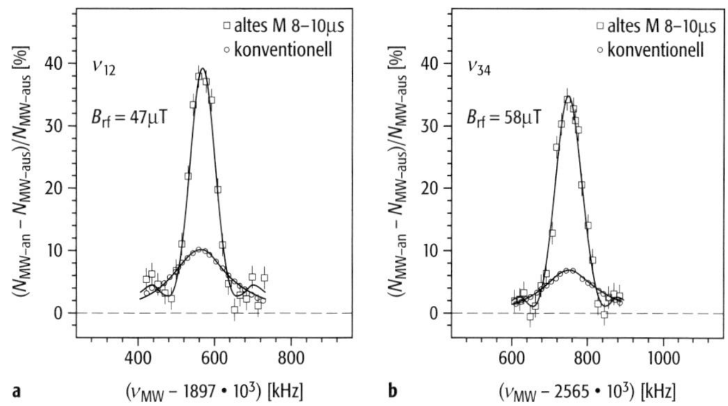


**Exotische Atome 7:** Mikrowellenresonanzlinien der beiden Zeeman-Übergänge (a) $\nu_{12}$ und (b) $\nu_{34}$ in Myonium. Die Breite der mit der Technik der Beobachtung alter Myoniumatome gewonnenen Signale (8–10 µs entsprechend 4–5 Lebensdauern) liegt etwa bei der Hälfte der Breite der mit konventioneller Technik spektroskopierten Resonanzen. Gleichzeitig sind die verschmälerten Signale vierfach höher.

gebundenen Systems $M = (\mu^+ e^-)$ in sein Antisystem $\bar{M} = (\mu^- e^+)$ zu untersuchen, bei dem Energie und Ladungserhalt gegeben sind und nur die separate Leptonenzahlerhaltung für e und $\mu$ verletzt wird. In vielen zum Teil spekulativen Modellen wird aber eine Verletzung dieser Variante der Leptonenzahlerhaltung vorausgesagt, allerdings mit sehr geringer Wahrscheinlichkeit. Die Suche nach dieser Konversion läuft seit dreißig Jahren, im letzten Experiment wurde M im Vakuum erzeugt und die Zerfallsprodukte nach einem hochenergetischen $e^-$ (aus dem $\mu^-$-Zerfall) und einem langsamen $e^+$ (aus der Hülle von $\bar{M}$) analysiert. Die neuesten Messungen ergeben für die Konversionsrate $R_{M\bar{M}} < 8 \cdot 10^{-11}$ (90 % C.L.) und für die Kopplungskonstante $G_{M\bar{M}} \leq 3 \cdot 10^{-3} \leq$ (90 % C.L.) in Einheiten der Fermi-Kopplungskonstanten $G_F$. Durch diese Messungen konnten verschiedene Modelle, die eine $M - \bar{M}$-Konversion mit einer bestimmten Intensität postulieren, ausgeschlossen werden. Außerdem konnte eine untere Grenze für die Masse eines bileptonischen Eichbosons von $m > 2{,}7$ TeV angegeben werden.

Schließlich muß noch die Synthese des Pioniumatoms $\Pi = (\pi^+ e^-)$ erwähnt werden, welches aber wegen der gegenwärtig verfügbaren Pionenquellen noch nicht näher untersucht werden konnte. Da das Pion keinen Spin hat, lassen sich hier vor allem die $n = 1$- nach $n = 2$-Übergänge untersuchen, um Informationen über die endliche Ausdehnung der $\pi$-Ladung (Pion-Formfaktor) zu erhalten. Die kurze Lebensdauer des $\pi^+$ macht solche Experimente aber erst mit der nächsten Generation von Beschleunigern mit wesentlich größeren Intensitäten erfolgversprechend.

Neue Beschleuniger mit hohen Intensitäten lassen auch auf die Erzeugung von solchen exotischen Atomen hoffen, die aus zwei instabilen Teilchen bestehen, beispielsweise $\mu^+\mu^-, \pi^+\pi^-, K^+\pi^-$ und $K^+K^-$ sowie viele andere Kombinationen. Immerhin gelang es schon vor mehr als 20 Jahren, aus dem Zerfall $K_L^0 \to \pi\mu\nu$ einige Fälle zu isolieren, bei denen $\pi$ und $\mu$ mit gleicher Geschwindigkeit in einen so engen Raumwinkel emittiert wurden, daß sie als gebundenes System nachgewiesen werden konnten.

Zusammenfassend läßt sich festellen, daß die exotischen Atome viel zum Wissen über die exotischen Teilchen und deren Bindung im Atom sowie zur Ausdehung und Gestalt der Atomkerne beigetragen haben. Die einfachen, rein leptonischen und wasserstoffähnlichen exotischen Atome dienten mit zu den genauesten Tests der Quantenelektrodynamik, die in gebundenen atomaren Systemen vorgenommen wurden. Außerdem lassen sich in so einfachen Systemen von gebundenen Elementarteilchen fundamentale Symmetrien in der Physik sauber testen.

---

**exotische Kerne,** Kerne mit übergroßer Protonenzahl oder solche, bei denen die Neutronenzahl über das Anderthalbfache der *Protonenzahl* hinausgeht, also z.B. alle *überschweren Kerne.* Auch ↗*Hyperkerne* werden gelegentlich als exotisch bezeichnet.

**Expansion,** *Ausdehnung,* **1)** *Thermodynamik*: die Vergrößerung des verfügbaren Volumens. Die Expansion der Gase wird technisch in Wärmekraftmaschinen genutzt. Gegensatz: *Kompression.* Plötzliche Expansion stark komprimierter Gase bezeichnet man als *Explosion.*
**2)** *Astrophysik*: die Ausdehnung des Universums. Die Theorie, daß das Universum expandiert, basiert historisch auf zwei Befunden: a) 1929 entdeckte E.P. ↗*Hubble*, daß die Spektrallinien in den Spektren von ↗*Galaxien* eine ↗*Rotverschiebung* aufweisen. Bis in nicht allzu große Entfernungen wächst die Rotverschiebung proportional mit der Entfernung an, wobei die Proportionalitätskonstante die ↗*Hubble-Konstante* ist. Dieser Effekt der Galaxienflucht wurde später so gedeutet, daß die Galaxien sich deshalb voneinander entfernen, weil sich der Raum ausdehnt. Der Mathematiker G.E. ↗*Lemaître* leitete aus der Galaxienflucht die Hypothese des ↗*Urknalls* ab, die lange Zeit umstritten blieb. b) Aus den Feldgleichungen der ↗*Allgemeinen Relativitätstheorie* hergeleitete Lösungen führen generell auf ein nicht-statisches Universum. Dies wurde schon 1917 von W. de ↗*Sitter* und 1922 von A. ↗*Friedmann* bemerkt. Auch Einstein selbst stieß auf diese Tatsache. Da zur damaligen Zeit jedoch fast alle Kosmologen an ein statisches Universum glaubten, fügte Einstein seiner Lösung der Feldgleichungen die kosmologische Konstante hinzu. Für einen bestimmten Wert schien sie ein statisches Universum zu ermöglichen. Genaue Rechnungen zeigten jedoch später, daß dies nicht der Fall ist. Die kosmologische Konstante wird heute wieder zunehmend diskutiert und physikalisch mit der ↗*Vakuumenergie* identifiziert.
Heute gilt die Expansion des Universums als weitgehend gesichert. Ein weiteres wichtiges Indiz ist die Existenz der ↗*Hintergrundstrahlung.* Unklar ist jedoch die zeitliche Entwicklung der Expansion seit dem Urknall. Sie hängt vom ↗*Weltmodell* ab, das durch die mittlere Dichte im Universum und den Wert der kosmologischen Konstanten festgelegt wird.

**Expansionskühlung,** Effekt, der sich aufgrund der Jouleschen Expansion bei der irreversiblen Ausdehnung eines Gases in ein ↗Vakuum hinein ergibt. Aus dem ↗ersten Hauptsatz der Thermodynamik folgt, daß die freie Expansion bei konstanter ↗innerer Energie stattfindet, das bedeutet, daß die ↗Temperatur sinkt. In praktischen Prozessen wird allerdings meist die Kühlung auf der Basis des ↗Joule-Thomson-Effekts ausgenutzt (↗Expansionsmaschine).

**Expansionsmaschine,** Kühlmaschine, bei der im Gegensatz zum ↗*Linde-Verfahren* das zu kühlende Gas nicht *isenthalp* (bei konstanter Enthalpie), sondern *isentrop* (bei konstanter Entropie) expandiert wird. Das Kühlmittel leistet bei der Expansion Arbeit, z.B. an einem Kolben, und verliert auf diese Weise Wärmeenergie. In Kälteanlagen dient meist eine isentrope Expansionsmaschine zur Kühlung des Arbeitsmediums unter die *Inversionstemperatur* (↗*Joule-Thomson-Effekt*), während als letzte Kühlstufe die Joule-Thomson-Entspannung verwendet wird, deren Effektivität bei tiefen Temperaturen zunimmt. Bei der sog. nassen Expansionsmaschine ist auch die letzte Kühlstufe insentrop, aus ihr tritt ein Flüssigkeit/Gas-Gemisch aus. Während für kleine Kälteleistungen ausschließlich Expansions-*Kolbenmaschinen* verwendet werden, sind für große Kühlleistungen *Entspannungsturbinen* vorteilhafter (↗*Erzeugung tiefer Temperaturen*).

**Expansionstheorie,** Theorie der ↗Expansion des Universums.

**Expansionsverhältnis,** Verhältnis zwischen dem Volumen einer ↗*Blasenkammer* oder ↗*Nebelkammer* vor und nach der Expansion, durch welche der Dampf bzw. das Gas überhitzt bzw. übersättigt wird. Das Expansionsverhältnis beeinflußt die Empfindlichkeit der Kammer zur Registrierung hochenergetischer Teilchen. Ist es zu hoch, enstehen spontan Blasen bzw. Tröpfchen, ist es zu klein, reagiert die Kammer nur auf Teilchen mit hohem Ionisationsvermögen.

**Expansionszahl,** Kenngröße für ↗*Drosselgeräte*, definiert durch $\varepsilon = \sqrt{1 - \frac{W_{K,12}/\Delta V}{\rho_2 v_2^2/2}}$.
Dabei bedeuten $W_{K,12}$ die ↗*Kompressionsarbeit*, die an einem infinitesimal kleinen Volumenelement $\Delta V$ beim Durchgang durch das Drosselgerät von einer Stelle (Index 1) zu einer anderen Stelle (Index 2) geleistet wird, $\rho_2$ und $v_2$ sind die ↗*Dichte* und die ↗*Strömungsgeschwindigkeit* des Mediums an der Stelle 2.

Multipliziert mit der ↗*Durchflußzahl* ergibt die Expansionszahl das ↗*Korrekturfaktorprodukt*, welches zur Messung von Strömungsgeschwindigkeiten herangezogen werden kann.

**Experimentier-Speicherring,** die bei der ↗*Gesellschaft für Schwerionenforschung* (GSI) in Darmstadt bestehende Anordnung zur Speicherung schwerer Ionen. Der Ring wird mit auf hohe Energie beschleunigten schweren Ionen geladen, die dann, mit derselben Geschwindigkeit durch Magnetfelder geführt, in dem Ring zirkulieren. Der Ring hat einen Umfang aus 108,5m und besteht aus sechs Dipolmagneten, die den Strahl jeweils um 60° ablenken. Zwanzig Quadrupolmagnete fokussieren den Strahl, und acht Sextupolmagnete erzeugen die notwendigen energieabhängigen Korrekturen. Von den beiden 9,5m langen geraden Strecken wird eine für Experimente verwendet, während in die andere ein ↗*Elektronenkühler* eingebaut ist. Besonders einzigartig ist die im ESR vorhandene Möglichkeit, zwei Ionenstrahlen, die sich unter einem kleinen Winkel kreuzen, zu speichern.

**Explosion,** die plötzliche Ausdehnung von Gasen oder Dämpfen. Dabei ist es egal, ob die Gase bereits vor der Explosion vorhanden waren oder erst bei ihr gebildet werden. Es wird zwischen der *thermischen Explosion* und der *Explosion durch Kettenverzweigung* unterschieden. Thermische Explosionen entstehen bei ↗exothermen Reaktionen, wenn oberhalb einer bestimmten Temperatur die Reaktionswärme nicht mehr schnell genug an die Umgebung abgeführt werden kann und die Reaktionsgeschwindigkeit dadurch sehr groß wird. Explosion durch Kettenverzweigung tritt auf, wenn bei einer ↗Kettenreaktion viele Kettenverzweigungen auftreten und somit die Reaktionsgeschwindigkeit stark ansteigt. Als *Explosionsgrenzen* bezeichnet man die untere und obere Grenzkonzentration (erste bzw. zweite Explosionsgrenze) eines brennbaren Gases oder Dampfes in Mischung mit Sauerstoff, zwischen denen das Gemisch explosionsartig reagieren kann. Sie sind temperatur- und druckabhängig.

**Explosionsformung,** die gesteuerte Verformung von Werkstoffen durch Ausnützen der bei einer Explosion auftretenden hohen Drücke. Es hat sich gezeigt, daß der außerordentlich rasche Druckanstieg eine Plastizität des Werkstoffes zur Folge hat, welche die Verformbarkeit sehr begünstigt. Mit diesem Verfahren gelingt es z.B., neuartige Konstruktionswerkstoffe, wie hochfeste Stähle, Titan und Beryllium, die bei der konventionellen Bearbeitung große Schwierigkeiten bereiten, in wirtschaftlich tragbarer Weise zu verformen.

**Explosionsmethode,** Verfahren zur Bestimmung der ↗*inneren Energie* und der ↗*spezifischen Wärmekapazität* von Gasen bei konstantem Volumen ($c_V$) und zum Studium von Explosionsvorgängen.

In einer im günstigsten Fall kugelförmigen Druckbombe wird ein Gemisch von brennbarem Gas, Sauerstoff und zumeist einem Inertgas verbrannt. Bei Entzündung im Kugelmittelpunkt erreicht die Oberfläche des Feuerballs gleichzeitig die Bombenwand; man erhält den schärfsten Druckanstieg. Auf etwaige Dissoziationserscheinungen ist bei der Auswertung zu achten. Derartige Explosionsversuche haben für das Studium technischer Verbrennungsvorgänge große Bedeutung erhalten.

**Explosionsmotor** ↗Verbrennungskraftmaschinen

**explosive Veränderliche,** *kataklysmische Veränderliche*, ↗Eruptionsveränderliche, ↗Veränderliche.

**Exponentialfunktion,** allgemein die Funktion $a^x$ mit $a > 0$ und $a \neq 1$, $x$ beliebig. In der Physik hat die Exponentialfunktion zur Basis $e = 2{,}718281...$ eine besonders große Bedeutung; sie wird $e^x$ bzw. $\exp(x)$ geschrieben und »natürliche Exponentialfunktion« oder kurz »*e-Funktion*« genannt. Sie ist die Umkehrfunktion des natürlichen Logarithmus $\ln x$ und besitzt die Potenzreihenentwicklung

$$\exp(x) = \sum_{n=0}^{\infty} \frac{x^n}{n!}.$$

**Exponentialstromtherapie,** elektrotherapeutisches Verfahren zur Behandlung von geschwächter Muskulatur. Der Anstieg der Stromstärke hat dabei einen dreieckförmigen Verlauf, ist jedoch nicht linear, sondern exponentiell. Der Vorteil eines auf diese Weise ansteigenden Reizstromes liegt darin, daß er im Gegensatz zu einem kontinuierlichen Signal umliegende gesunde Muskeln in geringerem Maße anspricht.

**Exposition, 1)** *Strahlenbiophysik*: der Quotient $X = dQ/dm$ aus der Ladung $Q$ der Ionen gleichen Vorzeichens und der Masse $m$ der Luft, in der diese durch ionisierende Strahlung erzeugt werden. SI-Einheit ist Coulomb pro Kilogramm (C/kg).

**2)** *Photographie*: ↗Belichtung.

**Expositionsdosis** ↗Dosis.

**Expositionsleistung,** *Expositionsrate*, bei ionisierender Strahlung der Quotient aus ↗Exposition und Zeit bzw. aus ↗Ionendosis und Zeit. Die Einheit ist A/kg.

**exposure, maximum permissable** ↗MZB.

**Express,** *Experimental Reentry Space System*, multinationales Raumfahrtunternehmen zur Erprobung neuartiger Hitzeschutzmaterialien äußerst geringer Ablationsrate beim Wiedereintritt in die Erdatmosphäre.

**exp(x)** ↗Exponentialfunktion.

**EXSY,** *Exchange Spectroscopy*, allgemeine Bezeichnung für alle Experimente in der zweidimensionalen ↗*NMR-Spektroskopie*, die auf einem stimulierten Echo basieren.

**extensive Größe,** *Quantitätsgröße*, *additive Größe*, eine Größe, die sich beim Zusammenfügen zweier thermodynamischer Systeme ad-

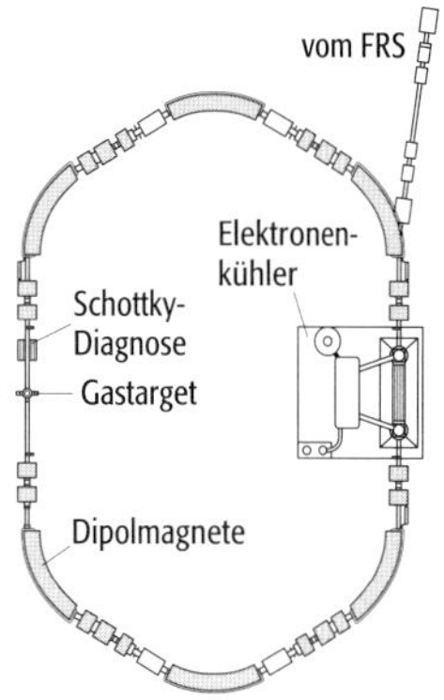


**Experimentier-Speicherring:** Grundriß des Experimentier-Speicherrings ESR für schwere Ionen bei der GSI.

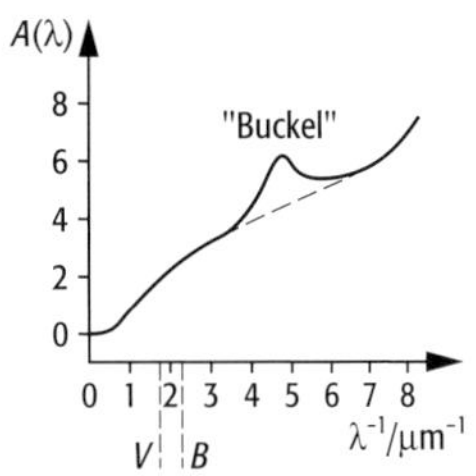


**Extinktion:** Typische interstellare Extinktion in Abhängigkeit von der Wellenlänge. Der »Buckel« wird vermutlich durch Graphitteilchen verursacht.

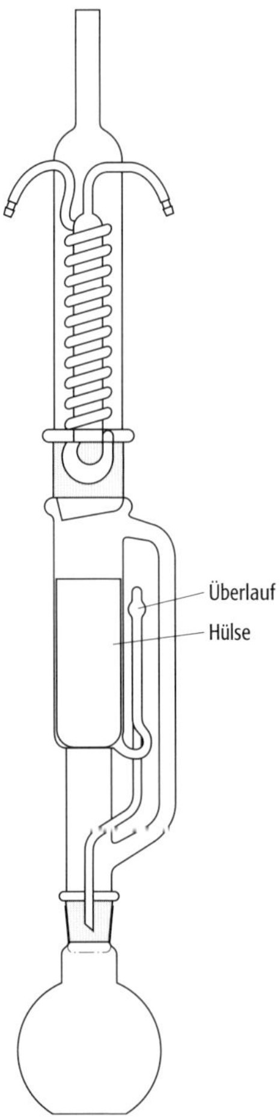


**Extraktion:** Soxhlet-Extraktor zur Fest-Flüssig-Extraktion im Laboratorium. Das Feststoffgemisch in der Hülse wird durch zurückfließendes Kondensat des verdampften Lösungsmittels extrahiert. Das Extrakt fließt in den Kolben zurück.

ditiv verhält, also beim Vergleich gleichartiger, aber verschieden großer Systeme proportional zum Volumen, zur Masse oder Teilchenzahl ist. Eine Verdopplung des Systems bewirkt die Verdopplung des Wertes einer extensiven Zustandsgröße. Beispiele: Masse, Stoffmenge, Volumen, innere Energie, Entropie. Gegensatz: ↗ *intensive Größen*. Bezeichnet man eine beliebige extensive Größe mit $F$, so ist $F$ eine homogene Funktion ersten Grades in den Stoffmengen $n_k$ ($k$ zählt die Komponenten). Wird bei festen Werten der anderen Zustandsgrößen jeder Wert $n_k$ mit $a$ multipliziert, so geschieht das auch mit der Größe $F$: $F(\alpha n_1, \alpha n_2, ..., \alpha n_k, ...) = \alpha F(n_1, n_2, ..., n_k, ...)$.

**externe Linien** ↗ äußere Linien.

**Extinktion, 1)** *Optik, Spektroskopie*: *Schwächung* von elektromagnetischer Strahlung beim Durchgang durch ein Medium aufgrund von ↗ *Absorption* und ↗ *Streuung*. Zur quantitativen Beschreibung dient der *Extinktionskoeffizient a*. Für verdünnte Medien und bei Vernachlässigung von Streuungseffekten ist der Extinktionskoeffizient identisch mit dem ↗ *Absorptionskoeffizienten*, der über das ↗ *Lambert-Beersche Gesetz* definiert wird:

$$I = I_0 e^{-ad},$$

wobei $I_0$ die anfängliche Strahlungsintensität und $I$ diejenige nach Durchlaufen der Strecke $d$ ist. Der Absorptionskoeffizient hängt über $a = \varepsilon c$ von der Konzentration $c$ des Mediums ab, $\varepsilon$ ist der (wellenlängenabhängige) *molare Extinktionskoeffizient*.

**2)** *Astronomie*: a) Schwächung der Strahlungsintensität von Himmelskörpern, insbesondere durch die ↗ *interstellare Materie* (↗ *interstellare Absorption*). Die Extinktion wird zum Teil von Absorption durch ↗ *interstellaren Staub* verursacht. Überwiegend entsteht sie durch Streuung an den Staubteilchen. Die genaue Kenntnis der Extinktion ist sehr wichtig, wenn man z.B. aus der gemessenen ↗ *scheinbaren Helligkeit* über das ↗ *Entfernungsmodul* die Entfernung eines Sterns ermitteln will. In der Sonnenumgebung beträgt die mittlere Extinktion im visuellen Bereich etwa 0,3 ↗ *Größenklassen* pro 1kpc, entsprechend einem Schwächungsfaktor von 1,3. Wesentlich größere Werte werden jedoch im Bereich von ↗ *Dunkelwolken* erreicht.

Die Extinktion zeigt eine ausgeprägte Wellenlängenabhängigkeit. Während im nahen Infrarot bei Wellenlängen größer als etwa 2µm praktisch keine Extinktion mehr auftritt, steigt die in Größenklassen gemessene Extinktion zum Ultravioletten etwa umgekehrt proportional mit der Wellenlänge an. Dadurch ist die Farbe von Sternen, deren Licht durch Extinktion geschwächt ist, systematisch röter als die von nahen Vergleichssternen. Diese Rötung wird als ↗ *Farbexzeß* bezeichnet.

Mit Hilfe der ↗ *Streutheorie* versucht man aus dem Verlauf der Extinktionskurve einiges über die Natur der Staubkörner zu erfahren. Demnach sind vermutlich Teilchen im Bereich von 50nm bis 350nm in etwa mit gleicher Häufigkeit vorhanden. Wodurch die erhöhte Extinktion bei Wellenlängen um etwa 200nm (der sogenannte Buckel) verursacht wird, ist nicht abschließend geklärt. Möglicherweise handelt es sich um Graphitteilchen.

b) Schwächung der Strahlungsintensität von Himmelskörpern durch die Erdatmosphäre, wobei vor allem Rayleigh- und Mie-Streuung für die Extinktion verantwortlich sind.

**3)** *Kristallographie*: Schwächung des einfallenden Röntgenlichts infolge Braggscher Reflexion.

**Extrafokalmethode,** *Hartmann-Methode der Objektivprüfung*, Prüfmethode für Fernrohr- und Photoobjektive, bei der einzelne Strahlen aus einem Strahlenbündel ausgeblendet werden und deren Verlauf untersucht wird. Vor dem zu prüfenden System ist eine Blende angebracht, in der sich symmetrisch zur optischen Achse kleine Löcher befinden. Die durch die Löcher aus dem einfallenden Strahlenbündel separierten Strahlen vereinigen sich im ↗ *Brennpunkt* des Objektives, falls dieses keinen ↗ *Öffnungsfehler* hat. Vor oder hinter der Bildebene werden die Durchstoßpunkte der Strahlen mit Hilfe von Auffangschirmen registriert und daraus die Größe des Öffnungsfehlers rekonstruiert.

**extragalaktisch,** *außergalaktisch*, *anagalaktisch*, außerhalb des ↗ Milchstraßensystems, der Galaxis, liegend.

**Extraktion, 1)** *Physikalische Chemie*: Herauslösen von bestimmten Bestandteilen aus einer Mischung mit Hilfe eines Lösungsmittels (*Extraktionsmittel*):

1) Fest-Flüssig-Extraktion: aus einem Feststoffgemisch wird eine Komponente herausgelöst.

2) Flüssig-Flüssig-Extraktion: eine gelöste Substanz wird aus ihrem Lösungsmittel mittels eines zweiten, mit dem ersten nicht mischbaren Lösungsmittels herausgelöst. In idealen Lösungen ist der Verteilungskoeffizient $K$ bei einer bestimmten Temperatur durch das Konzentrationsverhältnis der Substanz A in beiden Lösungsmitteln (1 und 2) gegeben (*Nernstsches Verteilungsgesetz*): $K = c_A{}^1/c_B{}^2$. Substanzen mit kleinem $K$ können durch Gegenstromverfahren (*fraktionierte Extraktion*) herausgelöst werden.

**2)** *Festkörperphysik*: ↗ Feldionisation, ↗ Feldemission.

**Extraktionssystem,** Teil einer ↗ *Ionenquelle*, der zur Formierung eines ↗ *Ionenstrahls* dient. Ein Extraktionssystem besteht aus zwei oder mehr Elektroden mit kreis- bzw. schlitzförmigen Aperturen. Deren Form und Anordnung bestimmt, zusammen mit den Eigenschaften des Plasmas, Eigenschaften und Qualität des Ionenstrahls. Im einfachsten Fall, dem Diodenextraktionssystem (Abb. 1 oben), werden zwei Elektroden verwendet. Die zwi-

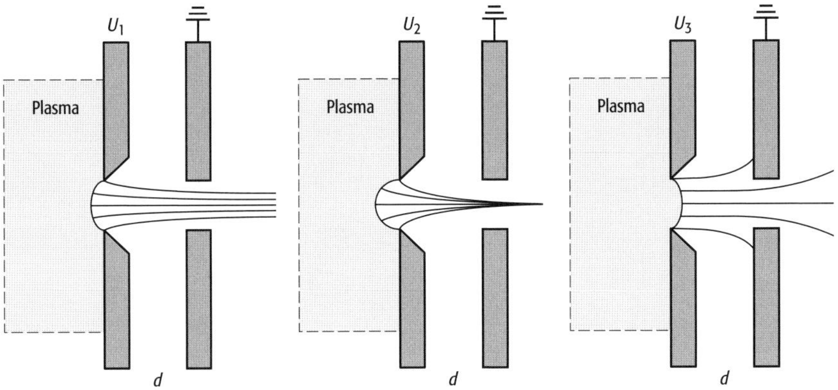


**Extraktionssystem 1:** Dioden-Extraktionssystem: Die Strahlformierung wird durch die Kombination von Plasmadichte ($\rho$) und Extraktionsspannung bestimmt (links). Nicht angepaßte Werte resultieren in einer Überfokussierung ($\rho_1 < \rho_0$, Mitte) bzw. einer zu starken Aufweitung ($\rho_2 > \rho_0$) des Strahls innerhalb des Extraktionssystems (rechts).

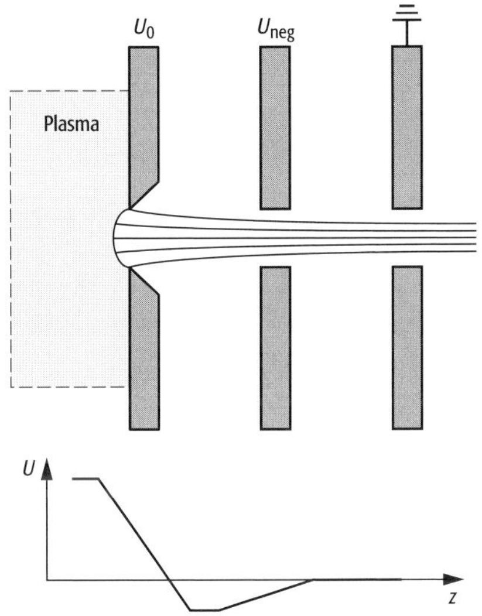


**Extraktionssystem 2:** Trioden-Extraktionssystem: Hier wird eine auf negativem Potential liegende Elektrode eingefügt, um ein Zurückströmen von Sekundärelektronen in die Ionenquelle zu verhindern. Der Potentialverlauf in Elektrodennähe ist ebenfalls dargestellt.

schen den Elektroden angelegte Spannung $U_0$ beschleunigt die geladenen Teilchen auf eine Energie $q(U_0 + U_P)$, wobei $U_P$ die Potentialdifferenz innerhalb der ↗*Plasmarandschicht* beschreibt, die die aus dem Plasma-Innenbereich kommenden Ionen zunächst durchfallen. Der Zusammenhang zwischen der extrahierten Stromdichte $j$ und der angelegten Spannung $U_0$ ist prinzipiell durch das ↗*Child-Langmuir-Gesetz* gegeben. Im Gegensatz zu der dabei verwendeten Geometrie ist der Bereich der beschleunigten Teilchen hier jedoch in seitlicher Richtung durch die verwendete Apertur in der ersten Elektrode begrenzt. Um die somit veränderte Potentialverteilung im Extraktionsbereich auszugleichen, kann eine Elektrodenform ähnlich der ↗*Pierce-Anordnung* gewählt werden. Weiterhin ist die Form der sich einstellenden Plasmarandschicht nicht konstant, sondern hängt von der verwendeten Plasmadichte $\rho$ und der Spannung $U_0$ ab. Die sich hieraus ergebenden verschiedenen Strahlverläufe sind in Abb. 1 schematisch dargestellt. Nur im mittleren Fall sind $\rho$ und $U_0$ aufeinander abgestimmt, in den anderen Fällen ist die Plasmadichte im Vergleich zur angelegten Spannung zu klein bzw. zu groß. Bei einem Triodenextraktionsystem (Abb. 2) wird eine auf negativem Potential befindliche Elektrode zusätzlich in den Extraktionsbereich eingefügt. Hierdurch wird eine Beschleunigung von Sekundärelektronen zurück in die Ionenquelle verhindert.

Für spezielle Anwendungen können auch weitere Elektroden eingefügt werden. Großflächige Extraktion kann mit Hilfe eines Mehrloch-Extraktionssystems realisiert werden, bei dem mehrere solcher oben beschriebenen, meist Dioden-Extraktionsanordnungen, nebeneinandergeschaltet sind.

**Extraktor-Ionisationsvakuummeter,** ein ↗*Ionisationsvakuummeter*, bei dem der *Ionenfänger* derart »versteckt« angeordnet ist, daß die innerhalb der Anode erzeugten Ionen durch die Öffnung einer *Extraktionselektrode* auf den Ionenfänger fokussiert werden. Hierdurch wird der Öffnungswinkel, unter dem an der Anode gebildete Photonen den Ionenfänger

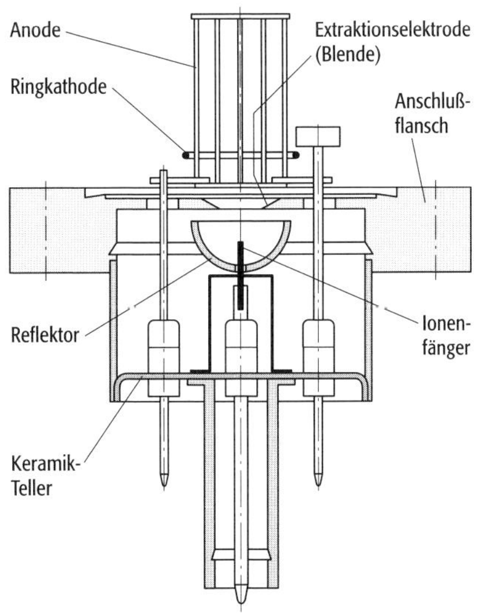


**Extraktor-Ionisationsvakuummeter 1:** Rißzeichnung

erreichen können (↗*Röntgeneffekt*), deutlich reduziert. Dies erlaubt eine Verbesserung der Meßempfindlichkeit gegenüber dem ↗*Bayard-Apert-Vakuummeter* auf unter $10^{-10}$Pa =

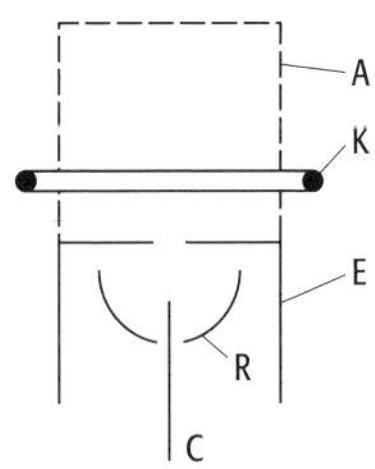


**Extraktor-Ionisationsvakuummeter 2:** elektrische Potentiale der Hauptkomponenten. A: Anode (300 V), K: Ringkathode (200 V), E: Extraktionselektrode (0 V), R: Reflektor (290 V), C: Ionenfänger (0 V).

$10^{-12}$mbar (obere Grenze des Meßbereichs: ca. $10^{-2}$Pa = $10^{-4}$mbar).

**Extrapolationskammer,** eine gasgefüllte Ionenkammer unter hohem Druck, in der der Sättigungsstrom nicht erreicht wird. Bei ihr muß aus den Messungen auf den Sättigungsstrom extrapoliert werden.

**Extrapolationslänge,** charakteristische Größe für das Verhalten der Neutronendichte am Rande eines Streumediums. In der Nähe ebener Oberflächen einer streuenden Substanz bricht der lineare Abfall der Neutronendichte ab, beispielsweise aufgrund von Neutronendiffusion durch die Oberfläche. Die lineare Extrapolation des Verlaufs der Neutronendichte wird daher erst nach einer bestimmten Strecke, die als Extrapolationslänge bezeichnet wird und zur *Transportweglänge* proportional ist, gleich null. Die Extrapolationslänge kennzeichnet die effektive Oberfläche des streuenden Mediums, auf der bestimmte Randbedingungen herrschen müssen, etwa daß der Neutronenfluß dort ganz verschwindet.

**extrasolare Planeten,** Planeten von anderen Sternen. Es gilt heute als wahrscheinlich, daß sich auch um andere Sterne Planeten gebildet haben. Die direkte Beobachtung solcher Körper ist allerdings mit den heutigen Methoden nicht möglich. Allerdings gibt es indirekte Methoden für den Nachweis extrasolarer Planeten, die auf der Schwerkraftwirkung beruhen. Wenn ein Planet einen Stern umkreist, so führt dieser eine geringe Rotation um seinen Massenschwerpunkt mit der Umlaufperiode des Planeten aus. Diese periodische Schwankung äußert sich in einer Störung der ↗*Eigenbewegung* oder der ↗*Radialbewegung* des Sterns. Vermeintliche Nachweise dunkler Begleiter um andere Sterne aufgrund der Schwankung der Eigenbewegung konnten langfristig nicht bestätigt werden. Die ausführlichste Meßreihe dieser Art gab es für ↗*Barnards Pfeilstern*.

Bei der Radialgeschwindigkeitsmethode lassen sich Änderungen mit einer Genauigkeit von etwa 10m/s nachweisen. Hiermit gelang Ende 1995 erstmals der Nachweis unsichtbarer Begleiter um sonnenähnliche Sterne. Aus der Amplitude und Periode der Schwankung sowie der Masse des Sterns lassen sich die Abstände und die Mindestmassen der Begleiter ermitteln. Demnach umkreisen die Körper ihre Zentralsterne in Abständen zwischen 0,05 und etwa 2AE. Die Massen liegen zwischen 0,5 und 6,5 Jupitermassen ($M_J$), entsprechend ca. 160 und 2100 Erdmassen. Diese Werte sind jedoch untere Grenzen, da lediglich die radiale Auslenkung des Sterns gemessen wird, und der Neigungswinkel der Umlaufbahnen gegen die Sichtlinie unbekannt ist. Mit dem Satelliten ↗*Hipparcos* konnte bei den Sternen 70 Virginis und 47 Ursae Majoris keine Eigenbewegung festgestellt werden. Daraus ließen sich auch Obergrenzen für deren Begleiter von 65 bzw. 22$M_J$ festlegen (Tabelle). Beide Werte liegen unterhalb der Mindestmasse für ↗*Braune Zwerge* von etwa 80$M_J$, so daß es sich vermutlich um Planeten handelt.

Auch um einen ↗*Pulsar* konnten massearme Begleiter nachgewiesen werden. Hierbei schloß man aus einer periodischen Schwankung der Ankunftspulse auf die Existenz von drei planetaren Begleitern. Da ein Pulsar als Folge einer ↗*Supernova* entsteht, nimmt man an, daß sich die Körper erst nach diesem Vorgang möglicherweise aus der Materie eines Begleitsterns gebildet haben. [TB]

**Extrastrom,** ältere, auf M. ↗*Faraday* zurückgehende Bezeichnung für den durch ↗*Selbstinduktion* hervorgerufenen Strom.

**extraterrestrisch,** *außerhalb der Erde, außerirdisch.* Neben der ↗*extraterrestrischen Physik* wird der Begriff vor allem im Zusammenhang mit Leben außerhalb der Erde (↗*Kosmobiologie*, außerirdische Intelligenz) verwendet.

**extraterrestrische Physik,** Forschungszweig, der sich mit der Untersuchung des erdnahen Weltraums befaßt. Ursprünglich umfaßte dies im wesentlichen die ↗*Plasmaphysik* innerhalb der ↗*Magnetosphäre* und die Wechselwirkung des Erdmagnetfeldes mit dem ↗*Sonnenwind.* Häufig verbindet man mit der extraterrestrischen Physik heute auch das Studium von Himmelskörpern mit Satelliten. Hierzu zählen insbesondere die ↗*Röntgenastronomie* und ↗*Gammaastronomie.*

**Extreme Ultraviolet Explorer,** *EUVE*, 1992 von der NASA gestartetes Teleskop für den Ultraviolettbereich (7–76nm Wellenlänge). An Bord befinden sich vier Teleskope, Kameras und Spektrographen. Der EUVE lieferte eine komplette Himmelskarte und untersuchte darüber hinaus einzelne Objekte detailliert. Bei der überwiegenden Zahl der entdeckten Quellen handelt es sich um Sterne mit einer aktiven ↗*Korona* und um heiße ↗*Weiße Zwerge.* Bedeutsam ist auch der Nachweis von intergalaktischem Gas in den ↗*Galaxienhaufen* Virgo und Coma. Der EUVE arbeitete auch noch ein Jahr nach dem geplanten Missionsende im Jahr 1997.

**extrasolare Planeten:** Kandidaten für extrasolare Planeten.

| Objekt | Masse des Begleiters in $M_J$ | Abstand vom Zentralkörper in AE | Abstand von der Erde in pc |
|---|---|---|---|
| 51 Pegasi | > 0,46 | 0,05 | 15 |
| 70 Virginis | 7–65 | 0,43 | 18 |
| 47 Uma | 2,3–22 | 2,1 | 14 |
| PSR 1257 + 12 | > 0,01 Erdmassen | 0,19 | 350 |
| | > 2,8 Erdmassen | 0,36 | |
| | > 3,5 Erdmassen | 0,47 | |

**Extremvakuum,** ↗Ultrahochvakuum, der Vakuumbereich mit den geringsten erreichbaren Drücken ($p < 10^{-5}$Pa $= 10^{-7}$mbar). (↗Vakuumtechnik)

**extrinsische Clusterdimension** ↗Clusterdimension.

**Exzentertheorie,** eine Theorie zur Erklärung der scheinbaren Planetenbewegung am Himmel im Rahmen des ↗*geozentrischen Systems*. Hierbei liegen die Zentren der Umlaufbahnen außerhalb des Erdmittelpunktes, also exzentrisch.

**Exzentrizität** ↗Ellipse.

**Exzeßgrößen,** thermodynamische Zusatzgrößen. Sie werden besonders in der Thermodynamik flüssiger Nichtelektrolytmischungen für die Differenzen $\Delta Z = Z^E \equiv {}^E Z = Z_i - Z_i^{\text{id}}$ zwischen einem in der betreffenden realen Mischungsphase auftretenden Wert einer Zustandsfunktion $Z_i$ einer Komponente $i$ und ihrem in einer idealen Mischung gleicher Zusammensetzung geltenden Wert $Z_i^{\text{id}}$ angewandt. Eine der wichtigsten Exzeßgrößen ist das chemische Zusatzpotential, das unmittelbar mit dem Aktivitätskoeffizienten der betreffenden Komponente verknüpft ist nach $\mu_i^E = RT \ln f_i$. Durch die Auftrennung der thermodynamischen Funktionen in einen Ideal- und einen Exzeßanteil wird die theoretische thermodynamische und statistische Behandlung der Mischphasen erleichtert.

**Exziton,** angeregter Zustand im Elektronensystem von Halbleitern und Isolatoren, der mit der Bildung eines Elektron-Loch-Paares zusammenhängt. Die Anregung eines Elektrons im Festkörper läßt am angeregten Atom bzw. im Valenzband ein Loch zurück, dessen positive Ladung infolge der Coulombschen Anziehungskraft das angeregte negativ geladene Elektron anzieht. Elektron und Loch bewegen sich nicht unabhängig, sondern als gemeinsames Gebilde durch den Festkörper und können dabei Anregungsenergie, nicht aber Ladung transportieren. Ein Exziton ist demnach ein beweglicher Anregungszustand, der sich als Welle (Polarisationswelle) im Kristall ausbreiten kann.

Bei der Beschreibung der Struktur der Exzitonen unterscheidet man zwei Grenzfälle: einen von J.I. ↗*Frenkel* angegebenen Fall und einen von N. ↗*Mott* und *Wannier* betrachteten Fall. Die Abbildung veranschaulicht diese beiden Fälle.

Bei einem *Frenkel-Exziton* ist der angeregte Zustand auf die Nähe eines Ions oder Moleküls lokalisiert, d.h., Elektron und Loch befinden sich in der Nähe des gleichen Gitterpunktes. Da jeder Anregungszustand äquivalent, d.h. »in Resonanz« mit Anregungszuständen ist, die an anderen Gitterpunkten lokalisiert sind, kann sich der Anregungszustand von einem Gitterpunkt zum anderen fortpflanzen. Der tatsächlich vorliegende Anregungszustand wird infolge der Translationssymmetrie des Kristalls den Charakter einer Welle mit einem bestimmten Ausbreitungsvektor haben. Infolge des geringen Abstandes des Elektrons vom Loch (kleiner Exzitonenradius) ist die Bindung des Frenkel-Exzitons relativ stark. Frenkel-Exzitonen werden vor allem in Alkalihalogeniden und Molekülkristallen beobachtet.

Wannier und Mott betrachteten den anderen Grenzfall, bei dem sich ein Elektron im Leitungsband und ein Loch im Valenzband eines Halbleiters zu einem gemeinsamen Gebilde zusammenfinden, wobei der Radius des Exzitons groß ist im Vergleich zur Gitterkonstanten und das Exziton folglich vergleichsweise schwach gebunden ist (*Wannier-Mott-Exziton*). Das System hat dann starke Ähnlichkeit mit einem Wasserstoffatom, noch mehr aber mit einem Positroniumatom, das aus einem Positron und einem Elektron besteht und in ein Dielektrikum eingebettet ist. Wannier-Mott-Exzitonen werden in erster Linie in Element- und Verbindungshalbleitern beobachtet. Die Existenz von Exzitonen zeigt sich in einer Vielzahl von optischen Erscheinungen in ↗*Halbleitern* und ↗*Isolatoren*, am überzeugendsten ist das Auftreten von Linien in der optischen Absorption und Emission. Daneben spielen Exzitonen auch eine Rolle bei der Photoemission aus Isolatoren und in der Photoleitung.

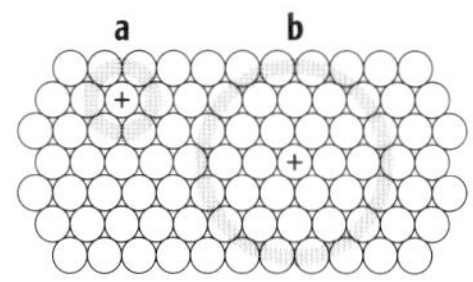


**Exziton:** a) Frenkel-Exziton, b) Wannier-Mott-Exziton. ⊕ durch optische Anregung verbliebene positive Ladung. In beiden Fällen kann das Exziton als Welle durch den Kristall wandern.

**Exzitonenmodell,** ein statistisches Modell zur Beschreibung des Ablaufs von *Kernreaktionen*. Es nimmt eine Zwischenstellung zwischen direkten Einstufenprozessen und ↗*Compoundkernreaktionen* ein und beschreibt für jede Zwischenstufe die Wahrscheinlichkeit zur Teilchenemission vor Erreichen des Gleichgewichtszustandes, der sogenannten Prä-Equilibrium-Emission.

Sie basiert auf einer Reihe von Annahmen: Der Kern wird als Fermi-Gas mit Einteilchenzuständen betrachtet; angeregte Kernzustände lassen sich durch die Zahl angeregter Teilchen $p$ plus Löcher $h$ sowie die Anregungsenergie $E$ klassifizieren; Drehimpulserhaltung wird nicht berücksichtigt; durch schwache Restwechselwirkung erfolgen Übergänge mit $\Delta n = 0, \pm 2$, wobei $n = p + h$ ist; die anfängliche quasifreie Bewegung eines eingeschlossenen Nukleons im Kern entspricht einem 1p0h-Zustand, der nach der ersten Restwechselwirkung (= Absorption) in einen 2p1h-Zustand übergeht. Aus diesem erfolgt Emission oder der Übergang zu $n = 3\text{p}2\text{h} = 5$ usw. Der Wirkungsquerschnitt für die Teilchenemission vor Erreichen des Gleichgewichtszustandes der sogenannten Prä-Equilibrium-Emission (PE) hat die Form

$$\sigma_{ab}^{\text{PE}}(E_a, E_b) = \sigma_a^c \frac{(2I_a + 1)m_b}{\pi^2 \hbar^3} \sigma_{\text{inv}}(E_b) E_b \cdot \sum_{\substack{n=n_0 \\ \Delta n=+2}}^{\bar{n}} \tau_{\text{ph}} \frac{\rho(p-1, h, U)}{\rho(p, h, E^*)}.$$

Unter Verwendung der Exzitonenzustandsdichte $\rho(p,h,E)$, sowie der mittleren Lebensdauer $\tau_{\mathrm{ph}}$ ergibt sich ein sofort anwendbarer Ausdruck für den PE-Wirkungsquerschnitt

$$\sigma_{ab}^{\mathrm{PE}}(E_a, E_b) = \frac{(2I_b+1)m_b}{\pi^2\hbar^3}\frac{\sigma_a^c(E_a)\sigma_b^c(E_b)E_b}{2\lambda_{\mathrm{coll}}\, g_0 E^*} \cdot \sum_{\substack{n=n_0\\ \Delta n=+2}}^{\bar{n}} \left(\frac{U}{E^*}\right)^{n-2} p(n^2-1).$$

Werden schließlich alle Übergänge $\Delta n = 0, \pm 2$ und ebenso die Teilchenemission in alle offenen Kanäle $b$ berücksichtigt, ergibt sich ein komplexer dynamischer Prozeß, der für die Besetzungswahrscheinlichkeiten im Rahmen der Mastergleichung

$$\begin{aligned}\frac{\mathrm{d}}{\mathrm{d}t}W(p,h,t) &= \\ &= [(W(p-1,h-1,t)\lambda_+(p-1,h-1,E)+ \\ &\quad +W(p+1,h+1,t)\lambda_-(p+1,h+1,E]- \\ &\quad -W(p,h,t)\Big[\lambda_+(p,h,E)+\lambda_-(P,h,E)+\sum_b \Gamma_b\Big],\end{aligned}$$

beschrieben wird, wobei $\lambda$ Übergangswahrscheinlichkeiten bezeichnet.

Das Exzitonenmodell wird erfolgreich zur Interpretation von Anregungsfunktionen und Teilchenspektren eingesetzt und ist darüber hinaus auch aus heuristischer Sicht von Interesse, da es eine Antwort gibt auf die Frage nach der Art und Weise der Bildung des *↗Compoundkerns*. [HG1]

**exzitonische Supraleiter,** (hypothetische) *↗Supraleiter*, bei denen die Bindung der Elektronen zu *↗Cooper-Paaren* nicht über den Austausch von Phononen (*↗Elektron-Phonon-Mechanismus der Supraleitung*), sondern durch elektronische Anregungen (z.B. *↗Plasmonen* oder Interbandanregungen) zustande kommt, die in ihrer Gesamtheit etwas irreführend als »Exzitonen« bezeichnet werden. Wegen der vergleichsweise hohen charakteristischen Energien solcher Anregungen ($\hbar\omega_e \approx 1$ eV) erhält man im Rahmen der *↗BCS-Theorie* über die Beziehung $k_B T_c = 1,14\,\hbar\omega_e \exp(-1/\lambda)$ schon für kleine Kopplungskonstanten $\lambda$ hohe *↗Sprungtemperaturen* $T_c$ (ohne weiteres Zimmertemperatur!). Dieser Mechanismus wurde 1964 von W.A. Little vorgeschlagen und am Modell organischer Ketten mit hochpolarisierbaren Liganden (*Little-Modell für Supraleiter, eindimensionale Supraleiter*) diskutiert. Obwohl Littles Idee in zahlreichen Folgearbeiten (vor allem von V.I. Ginsburg und Mitarbeitern) aufgegriffen und auf zwei und drei Dimensionen erweitert wurde, konnte bis heute ein eindeutiger experimenteller Nachweis für die Existenz exzitonischer Supraleitung nicht erbracht werden.

**Eyring,** *Henry*, amerikanischer Physikochemiker, *20.2.1901 Colonia Juárez (Chihuahua, Mexiko), †26.12.1981 Salt Lake City (Utah); ab 1938 Professor an der Princeton University in New Jersey, seit 1946 an der University of Utah in Salt Lake City; förderte die Anwendung der Quantenmechanik und statistischen Mechanik in der Chemie; schuf eine Theorie der Reaktionsgeschwindigkeiten und bearbeitete Fragen zur Theorie des flüssigen Zustands; ferner Beiträge zur Textilchemie, optischen Aktivität, Radioaktivität, Altersforschung, über Photosynthese, Mutationen und Krebsentstehung.

F

**F, 1)** Einheitenzeichen für die abgeleitete SI-Einheit ↗*Farad* der elektrischen Kapazität.
**2)** Elementsymbol für ↗Fluor.

**f,** Vorsatzzeichen für Femto (entsprechend $10^{-15}$).

**f1-Abbildung,** Typ der optischen Abbildung, bei dem die Brennweite der abbildenden Linse dem Durchmesser entspricht.

**Fabry,** *Charles*, französischer Physiker, *11.6.1867 Marseille, †11.12.1945 Paris; ab 1904 Professor in Marseille, seit 1921 an der Sorbonne in Paris; führte präzise Wellenlängenmessungen mit dem 1896 zusammen mit J.-B. ↗*Pérot* konstruierten ↗*Fabry-Pérot-Interferometer* durch und untersuchte die chemische Zusammensetzung und Temperatur der Sterne; gab 1907 eine Definition des Meters auf der Grundlage optischer Wellenlängenmessungen; entdeckte 1913 das Ozon in der oberen Atmosphäre.

**Fabry-Pérot-Etalon,** *Etalon*, Element zur ↗*Wellenlängenselektion.* Ein Etalon besteht aus zwei planparallelen reflektierenden Flächen. Diese können auf zwei getrennte Substrate aufgebracht sein; in diesem Fall hat man die Möglichkeit, einen der beiden Spiegel auf einen *Piezokristall* zu montieren und damit den Abstand zwischen den Spiegeloberflächen zu variieren (*Scanning-Fabry-Pérot*). Eine andere Möglichkeit ist es, die beiden Seiten einer Glasplatte zu verspiegeln; der Abstand der beiden reflektierenden Oberflächen ist dann konstant. Das Etalon wird meistens als Interferometer benutzt (↗*Fabry-Pérot-Interferometer*). Eine Variante ist das *konfokale Etalon*, ein Etalon mit zwei sphärischen Oberflächen, analog einem *konfokalen Resonator*, das besonders bei Etalons veränderlichen Spiegelabstandes zur Analyse der Wellenlängenverteilung von Laserstrahlen in einem Spektralanalysator verwendet wird, da die Parallelität der Spiegeloberflächen hier nicht so kritisch ist wie beim eigentlichen Fabry-Pérot-Etalon.

**Fabry-Pérot-Interferometer,** ein um 1900 von C. ↗*Fabry* und J.-B. ↗*Pérot* entwickeltes ↗*Interferometer* zur Spektroskopie, das die die *Vielstrahlinterferenz* ausnutzt. Das Interferometer besteht aus entweder aus zwei Glasplatten, die parallel mit einem schmalen Luftspalt dazwischen angeordnet sind, oder aus einem an zwei Seiten plan geschliffenen Glasblock. Besonders für letzteres wird auch die Bezeichnung *Etalon* (↗*Fabry-Pérot-Etalon*) verwendet. Der Plattenabstand kann im ersten Fall zum Einstellen der Wellenlänge variiert werden. Die reflektierenden Platten müssen eine sehr hohe Planität aufweisen (Abweichungen kleiner als $\lambda/20$) und werden häufig zusätzlich verspiegelt.

Das Licht tritt in das Interferometer durch die erste Glasplatte ein und wird dann zwischen der ersten und zweiten Platte (bzw. den Seiten des Glasblocks) mehrfach reflektiert. Ein kleiner Teil des Lichts tritt bei jeder (Teil-)Reflexion aus dem Interferometer aus und kann durch eine geeignete Linsenkombination abgebildet werden.

Untersucht man eine ausgedehnte monochromatische Lichtquelle mit einem Fabry-Pérot-Interferometer, dann erhält man das typische Fabry-Pérot-Ringsystem: konzentrische helle Interferenzringe, die nach außen schmaler werden und an Intensität verlieren. Alle Punkte der Lichtquelle, die nicht auf der optischen Achse liegen, werden das Interferometer mit unterschiedlichen Winkeln $\beta \neq 0$ durchlaufen. Für alle Winkel $\beta_m$, für die der Wegunterschied einem ganzzahligen Vielfachen der Wellenlänge entspricht, kommt es zur konstruktiven Interferenz, und man erhält man für den $m$-ten Ring (von innen) die Inteferenzbedingung

$$2n_{\text{Luft}}\, d \cos\beta_m = (m_0 - m)\lambda, \;\; m = 1, 2, 3, \ldots$$

ist hier der Gangunterschied des innersten Rings. Aus den gemessenen Radien der Interferenzringe kann man schließlich die Wellenlänge bestimmen.

Die ↗*Transmission* von Licht durch ein Fabry-Pérot-Interferometer ist abhängig von der Wellenlänge des Lichtes, der Dicke $d$ des Etalons (bzw. dem Abstand der reflektierenden Oberflächen), der Brechzahl $n$ des Etalonmaterials ($n = 1$ für das Etalon aus zwei getrennten Glasplatten) und dem Winkel $\Theta$, in dem die planparallelen Oberflächen zum Strahl stehen, und läßt sich nach der Formel

$$T = \left[1 + \frac{4r}{(1-r)^2}\sin^2\left(\frac{\delta}{2}\right)\right]^{-1}$$

berechnen, wobei $\delta$ eine Abkürzung für

$$\delta = \frac{2\pi}{\lambda}\cdot 2nd\cdot\cos\Theta$$

ist. Die Transmissionskurve wird üblicherweise in Abhängigkeit von der Wellenlänge und vom Winkel aufgetragen. Die Form der Transmissionskurve ist eine *Airy-Funktion.* Das Verhältnis von Transmissionsmaxima ($T_{\max} = 1$) und Transmissionsminima wird *Kontrast* genannt und ist eine Maßzahl dafür, wie gut die Transmissionsminima gegenüber den Maxima unterdrückt sind; der Kontrast $K$ eines

**Fabry-Pérot-Interferometer:** Funktionsschema eines Fabry-Pérot-Interferometers.

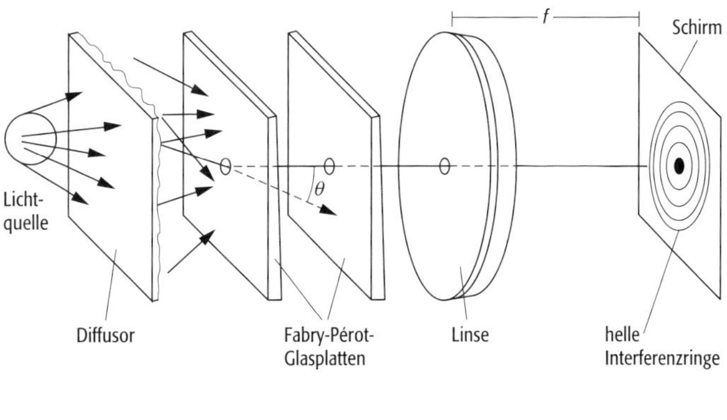

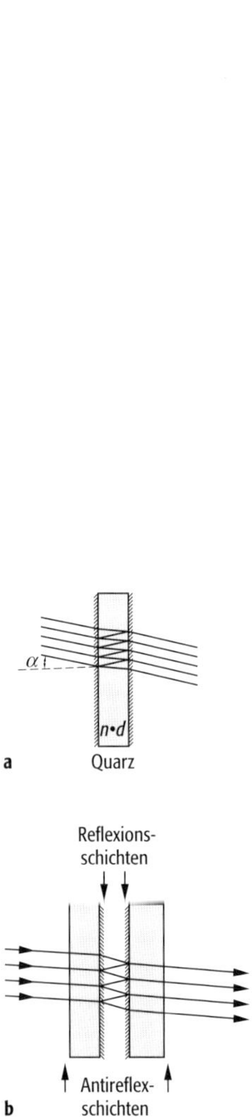


**Fabry-Pérot-Resonator:**
a) aus nur einem Spiegel mit zwei reflektierenden Schichten aufgebaute Variante; b) Bauweise mit zwei Spiegeln.

Etalons berechnet sich zu

$$K=\frac{T_{\text{max}}}{T_{\text{min}}}=\left(\frac{1+r}{1-r}\right)^2 .$$

Der Abstand zweier Maxima wird als *freier Spektralbereich* (*FSR*) angegeben und ist von der Dicke des Etalons abhängig,

$$FSR=\frac{c}{2nL} .$$

Das Verhältnis des freien Spektralbereichs zur Linienbreite $\delta\lambda$ der Transmissionsmaxima heißt *Finesse F* des Etalons und ist von der Reflektivität der Oberflächen abhängig. Es gilt

$$F=\pi\left[2\arcsin\left(\frac{2+4r}{(1-r)^2}\right)^{-1/2}\right]^{-1} ,$$

wobei $r$ die Reflektivität einer einzelnen Oberfläche ist. Oft findet man für die Finesse die Näherungsformel

$$F\approx\frac{\pi\sqrt{r}}{1-r} ,$$

die für $r\geq 0{,}5$ Ergebnisse im Rahmen eines Fehlers von ca. 10–20 % liefert.
Das Auflösungsvermögen $\lambda/\Delta\lambda$ kann mit Hilfe der ↗*Airy-Formeln* berechnet werden:

$$\frac{\lambda}{\Delta\lambda}=\frac{2\pi nd}{(1-r)\lambda}$$

und liegt meist bei mehr als 1 000 000.
Das Fabry-Pérot-Interferometer mit zwei separaten Platten als kann auch als *Laserresonator* verwendet werden (↗*Fabry-Pérot-Resonator*). [MG2, PVDH, RS2]

**Fabry-Pérot-Resonator,** ein offener optischer ↗*Resonator*, der sich aus dem ↗*Fabry-Pérot-Interferometer* entwickelt hat und vor allem in der Laserphysik Anwendung findet. Die ersten *Laserresonatoren*, so. z.B. beim ↗*Rubinlaser*, waren Fabry-Pérot-Resonatoren. Der Fabry-Pérot-Resonator ist ein biplanarer Spiegelresonator, d.h. er besteht aus zwei identischen planparallelen koaxialen Spiegeln, der so justiert wird, daß die Lichtstrahlen achsenparallel verlaufen. Das Lasermedium befindet sich zwischen den Spiegeln. Im Gegensatz zu fokussierten Resonatoren, bei denen das Lasermedium außerhalb der Strahlachse im Bereich des Fokus nicht zur kohärenten Emission beitragen kann, gestattet dieser Resonator prinzipiell, das gesamte aktive Lasermedium zu nutzen. Durch die einfache Geometrie läßt sich der Fabry-Pérot-Resonator auch theoretisch vergleichsweise einfach behandeln. Elektromagnetische Wellen mit Resonanzfrequenzen $\nu_n$ und -wellenlängen $\lambda_n$ bilden im Resonator eine stehende Welle (↗*Resonatormode*). Dabei gilt: $\nu_n=n\cdot(c/2L)$, $\lambda_n=2L/n$ ($L$: Spiegelabstand, $c$: Lichtgeschwindigkeit im Lasermedium).
Der große Nachteil des Fabry-Pérot-Resonators beim Einsatz als Laserresonator ist seine Empfindlichkeit: Die Spiegel müssen zum einen auf Bogensekunden genau ausgerichtet sein, zum anderen müssen sie äußerst eben sein ($\lambda/50$). Außerdem können starke Beugungsverlusten den Laserbetrieb verhindern.

**Facetten, 1)** *Oberflächenphysik*: an der Oberfläche eines Kristalls auftretende kleine Bereiche, deren Orientierung sich von der mittleren Orientierung der Oberfläche unterscheidet, so daß diese Bereiche relativ zur Oberfläche geneigt sind. Facetten entstehen zum Beispiel nach Adsorption und Tempern, aber auch an reinen Oberflächen, immer dann, wenn der Kristall dadurch seine freie Oberflächenenergie verringern kann. Experimentell können Facetten zum Beispiel mit ↗*niederenergetischer Elektronenbeugung* nachgewiesen werden.
**2)** *Festkörperphysik*: Facetten können auch beim Ziehen von Kristallen aus einer Schmelze (↗*Kristallwachstum*) und beim Schleifen von Diamanten entstehen.

**Fachinformationszentrum Chemie GmbH,** *FIZ Chemie*, wissenschaftliche Einrichtung, die bibliographische und Faktendatenbanken für das Online-Angebot beim ↗*Fachinformationszentrum Karlsruhe* (*FIZKA*) bzw. beim *FIZ Technik* erzeugt. Darüber hinaus besitzt das Institut Zugriff auf weltweit angebotene Datenbanken zu fast allen relevanten Themen der Chemie und chemischen Technik.

**Fachinformationszentrum Karlsruhe,** *FIZKA*, fächerübergreifende wissenschaftliche Einrichtung mit der Aufgabe, wissenschaftliche und technische Informationsdienstleistungen auf den Fachgebieten Energie, Kernforschung und Kerntechnik, Luft- und Raumfahrt, Weltraumforschung, Physik, Astronomie und Astrophysik, Mathematik und Informatik für Forschung, Entwicklung, Lehre und Anwendungsbereiche in Industrie, Wirtschaft und Verwaltung bereitzustellen.

**Fachwerk,** Baukonstruktion, bei der Längs- und Querstreben eines Gerüsts sich überkreuzen und an verschiedenen Stellen durch diagonal verlaufende Streben gestützt werden; die Zwischenräume werden verfüllt. Fachwerkkonstruktionen wurden bereits in der Antike benutzt. Im ausgehenden Mittelalter wurden in Mitteleuropa Gebäude errichtet, die aus einem hölzernen Fachwerkgerüst bestanden, das mit Ziegeln oder einer Stroh-Lehm-Mischung »ausgefacht« wurde. Fachwerkkonstruktionen gewannen neue Bedeutung im Flugzeug- und Leichtbau, weil die Beplanung eines Fachwerkes mit einer dünnen Schicht (Leinen, Aluminium, Kunststoff) wesentlich leichter und oft widerstandsfähiger gegen ↗*Biegung* und ↗*Knickung* ist als eine entsprechende massive Konstruktion.

**Fackel,** *Sonnenfackel*, *solare Fackel*, Störerscheinung in der Photosphäre bzw. Chromosphäre der Sonne, die sich als fleckige, lokal begrenzte Aufhellung auf der Sonnenscheibe bemerkbar macht. *Photosphärische Fackeln* treten in der oberen ↗*Photosphäre* der Sonne

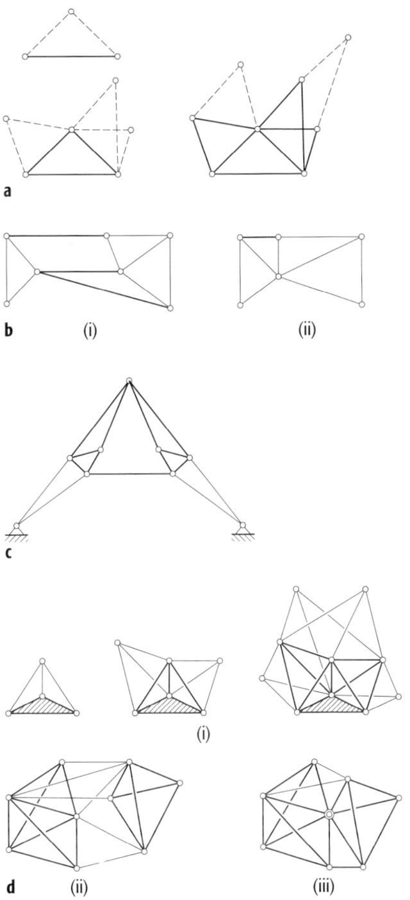


**Fachwerk:** Bildung ebener Fachwerke a) mit einfachem Aufbau und b) mit nicht-einfachem Aufbau; c) ebenes Fachwerk mit Grundfigur; d) Bildung räumlicher Fachwerke (i) mit einfachem Aufbau und (ii), (iii) mit nicht-einfachem Aufbau.

auf und lassen sich nur am Sonnenrand beobachten, wo durch die ↗*Randverdunkelung* der Kontrast zur etwa 100K kühleren ungestörten Umgebung erhöht ist. *Chromosphärische Fackeln* (*Plages*) sind die in die ↗*Chromosphäre* hinein sich erstreckenden photophärischen Fackeln. Sie lassen sich auf monochromatischen Bildern der Chromosphäre, z.B. in der K-Linie von CaII (*Flocculi*), erkennen und sind auf der gesamten Sonnenscheibe sichtbar. Fackelgebiete bestehen aus einem Netzwerk von Lichtadern, wobei benachbarte Fackeln eines Gebietes wiederum durch lange, dünne und dunkel erscheinende Streifen (*Fibrillen*) voneinander getrennt sind. Die Lebensdauer der Fackelgebiete kann mehrere Monate betragen, die der Fibrillen nur 10-20 Minuten. Fackeln gehen oft dem Erscheinen eines ↗*Sonnenflecks* voraus und bleiben im Gebiet einer Sonnenfleckengruppe noch nach deren Verschwinden bestehen. Fackeln folgen somit dem ↗*Sonnenfleckenzyklus* und treten vorwiegend in den Fleckenzonen (bis etwa 45° beiderseits des Sonnenäquators) auf. Kurz vor und während des Sonnenfleckenminimums lassen sich Fackeln auch in hohen heliograhischen Breiten beobachten (*polare Fackeln*).

**Fadejew-Gleichung,** Gleichung, die die numerische Lösung des quantenmechanischen Dreikörperproblems durch iterative Zusammenhänge zwischen verschiedenen Kanälen des Dreikörperproblems und Lösungen des Zweikörperproblems ermöglicht. Sei die Hamilton-Funktion aufgespalten in ein exakt lösbares $H_0$ und einen Wechselwirkungsterm $V$. Aus der *Schrödinger-Gleichung* $(E - H_0 - V)\Psi = 0$ ist die *Lippmann-Schwinger-Gleichung* $T = V + VG_0T$ für die Transfer-Matrix $T$ ableitbar (mit $G_0 = (E - H_0)^{-1}$). Für drei oder mehr Teilchen ist diese Gleichung jedoch analytisch nicht lösbar, da $V$ in der Regel aus Paarpotentialen besteht und deshalb singuläre Delta-Funktionen für das jeweils dritte Teilchen enthält. Dieses Problem umgeht die Fadejew-Gleichung, indem sie die $T$-Matrix iterativ bestimmt:

$$T_{ij} = G_0^{-1}(1 - \delta_{ij}) + \sum_k t_k(1 - \delta_{ik})G_0 T_{kj},$$

wobei $t_k = V_k + V_k G_0 t_k$ für das Zweiteilchenproblem gilt. In der obigen sog. *AGS-Form* stehen die Indizes $i$ für freie Teilchen im Eingangskanal und $j$ für freie Teilchen im Ausgangskanal. Der Summationsindex $k$ läuft über Zweiteilchenzustände. Ein Beispiel: Das System (1) $^{16}O + d$ kann als (2) $^{17}O + p$ oder (3) $^{17}F + n$ umgeordnet werden. $T_{12}$ ist die Transfer-Matrix der Reaktion $^{16}O + d \rightarrow {}^{17}O + p$. Die erfolgreichste Verwendung der Fadejew-Gleichung umfaßt Modellrechnungen von Atomkernstrukturen und Streuexperimenten mit leichten Kernen. Anwendungen in der Atomphysik oder in Quarkmodellen dagegen sind mühsam, da die Fadejew-Gleichung vor allem für kurzreichweitige Wechselwirkungen brauchbar ist.

**Fadejew-Popow-Geister,** ↗Geisterfelder in nichtabelschen Quantenfeldtheorien.

**Fadejew-Popow-Trick,** ein rechnerischer Kunstgriff bei der Auswertung von *Funktionalintegralen* in ↗Eichtheorien. (↗Pfadintegral)

**Fadenelektrometer** ↗Elektrometer.

**Fadeninstrument,** ein elektrisches Meßinstrument, dessen Meßwerk aus einem dünnen Faden (*Wollaston-* oder *Phosphorbronzedraht*, leitend gemachter Quarzfaden) besteht, auf den elektrische, magnetische oder thermische Kräfte wirken, welche ihn einseitig ausbiegen. Die Ausbiegung ist ein Maß für die Meßgröße und kann entweder mikroskopisch mit einer Okularskala oder durch Projektion sehr genau abgelesen werden. (↗*Galvanometer*, ↗*Elektrometer*)

**Fadenkorrektur,** Korrektur des Ablesewertes beim ↗*Flüssigkeitsthermometer*. Im Idealfall ist mit Flüssigkeitsthermometern immer so zu messen, daß die gesamte Meßflüssigkeit in das Meßmedium eintaucht. Dies ist in der Praxis oft nicht möglich, so daß für die Länge des aus dem Meßmedium ragenden Flüssigkeitsfadens die Fadenkorrektur anzuwenden ist.

Dabei werden die Länge des aus dem Meßmedium ragenden Fadens, seine mittlere Temperatur und die vom Thermometer angezeigte Temperatur berücksichtigt. Der vom Thermometer angezeigte Zahlenwert ist um den Betrag $K = \alpha n \cdot (\theta - \theta_F)$ zu korrigieren ($\alpha$: scheinbarer Ausdehnungskoeffizient der Meßflüssigkeit im Thermometerglas mit $\alpha \approx 0,0013\,K^{-1}$, $n$: »Länge« des aus dem Meßmediums ragenden Flüssigkeitsfadens in K (oder einer anderen Temperatureinheit), $\theta$: abgelesene Temperatur, $\theta_F$: mittlere Temperatur des Flüssigkeitsfadens. $\theta_F$ wird entweder geschätzt oder mit einem speziellen ↗*Fadenthermometer* bestimmt.

**Fadenpendel,** ein ↗*Pendel*, bei dem ein kleiner, aber schwerer Körper am Ende eines langen dünnen Fadens aufgehängt ist.

**Fadenstrahl,** Strahl schneller Elektronen, der in Gasen, meist Edelgasen, bei Drücken von etwa 1 bis 0,1 Pa zufällig oder gewollt auftritt und sich bis zu mehreren Metern Länge erstrecken kann. Durch Bremsung und Streuung verlangsamte Strahlelektronen regen das Gas längs ihres Weges an, und die Emission des Gases macht den Fadenstrahl sichtbar. Zugleich wird das Gas etwas ionisiert. Während die dabei frei werdenden Elektronen sehr schnell aus dem Plasmaschlauch herausdiffundieren, bilden die im Vergleich dazu trägeren positiven Ionen im Kern des Elektronenstrahls eine positive Raumladung, die den Strahl über lange Wegstrecken scharf gebündelt zusammenhält. Fadenstrahlen dienten früher z.B. zur Bestimmung der spezifischen Elektronenladung.

**Fadenthermometer,** Instrument zur Messung der mittleren Temperatur des Flüssigkeitsfadens beim Hauptthermometer (↗*Flüssigkeitsthermometer*). Es ist als Hilfsthermometer neben dem Hauptthermometer angebracht und besitzt ein langgestrecktes Gefäß in den Abmessungen der Kapillare des Hauptthermometers. Bei der Messung befindet sich das untere Ende in der Meßflüssigkeit, das obere Ende an der Ablesestelle, so daß das Fadenthermometer die mittlere Temperatur des Fadens anzeigt. (↗*Fadenkorrektur*)

**Fading,** *Schwund*, die nachteilige Beeinflussung der Empfangsbedingungen für elektromagnetische Wellen durch leitende Schichten der Ionosphäre. Es handelt sich um eine Interferenzerscheinung zwischen verschiedenen Wellenzügen, z.B. einem längs des Erdbodens sich ausbeitenden Wellenzug (↗*Bodenwelle*) und einem an der Ionosphäre reflektierten Wellenzug (↗*Raumwelle*). Diese Wellenzüge legen zwischen Sende- und Empfangsantenne verschiedene Entfernungen zurück. Da sich die Schichten der Ionosphäre vor allem während des Sonnenauf- und -untergangs in ihrer Höhe verlagern, erfährt die Laufzeit der Raumwelle zu diesen Tageszeiten eine kontinuierliche Veränderung. Daraus resultiert ein für das Fading typisches periodisches An- und Abschwellen der Empfangsgüte. In Rundfunkempfänger wird zum Ausgleich dieser Einflüsse heute meist eine Schwundregelung eingebaut. Diese steuert den Verstärkungsgrad durch die Amplitude der einfallenden Trägerwelle derart, daß die für die ↗*Demodulation* verfügbare Trägeramplitude innerhalb geringer Grenzen konstant bleibt. Diese Einrichtung korrigiert nicht nur das Fading, sondern bewirkt auch annähernd gleiche Wiedergabebedingungen für nahe und entfernte Sender.

**Fagott,** Blasinstrument mit doppeltem Rohrblatt aus der Gruppe der ↗Aerophone. Das Fagott ist das Baßinstrument der *Oboenfamilie.*

**Fahrenheit,** *Daniel Gabriel*, deutscher Instrumentenbauer und Physiker, *24.5.1686 Danzig, †16.9.1736 Den Haag; lebte überwiegend in Holland und England; Begründer der wissenschaftlichen Thermometrie; baute Barometer und Pyknometer, konstruierte 1714 das erste Thermometer mit Quecksilber als Thermometerflüssigkeit statt Weingeist; stellte das erste brauchbare Aräometer her; erkannte unabhängig von R. ↗*Boyle* die Abhängigkeit des Siedepunkts vom Luftdruck und konstruierte ein Hypsometer (Siedethermometer, Siedebarometer) zur thermometrischen Höhenmessung; führte 1714 eine erste geeichte Temperaturskala (*Fahrenheit-Skala* mit der Einheit Grad ↗*Fahrenheit*) ein.

**Fahrenheit-Skala,** eine von D.G. ↗Fahrenheit 1714 eingeführte, vor allem in angelsächsischen Ländern gebräuchliche Temperaturskala mit der Einheit °F (*Grad Fahrenheit*). Die Skala besitzt drei Fixpunkte: Die mit Hilfe einer Kältemischung tiefste künstlich zu erzeugende Temperatur wurde zu 0 °F festgesetzt, die übliche Körpertemperatur des Menschen zu 100 °F und die Siedetemperatur von Quecksilber zu 600 °F. Dadurch ergibt sich die Temperatur von schmelzendem Eis (0 °C) zu 32 °F und die des Siedepunktes von Wasser (100 °C) zu 212 °F. Für die Umrechnung in die ↗Celsius-Skala gilt: $t/^\circ F = (9/5) \cdot t/^\circ C + 32$, $t/^\circ C = (5/9) \cdot (t/^\circ F - 32)$, in die ↗Kelvin-Skala: $T = 0,5556\, t_F + 255,37$ ($T$ in K, $t_F$ in °F). Zu beachten ist, daß das °F eine nicht mehr gültige, SI-fremde Temperatureinheit ist.

**Fajans,** *Kasimir*, polnisch-amerikanischer Physikochemiker, *27.5.1887 Warschau, †18.5.1975 Ann Arbor (Mich.); 1917–35 Professor in München, nach Emigration 1936–57 an der University of Michigan in Ann Arbor (USA); bekannt durch ↗*Fajans-Soddyschen Verschiebungsregeln* für radioaktive Prozesse (zusammen mit F. ↗*Soddy*, 1912); erkannte die Anwendbarkeit von Adsorptionsindikatoren zur Fällungstitration; ferner Arbeiten über chemische Bindung, Ionenradien, Ionendeformationen, Hydratationswärme und Isotope.

**Fajans-Soddysche Verschiebungsregeln,** *radioaktive Verschiebungssätze*, besagen, daß sich beim $\alpha$-Zerfall die Kernladung und damit die Ordnungszahl des zerfallenden Elements um zwei, ihre Massenzahl um vier Einheiten verringert, während beim β-Zerfall die Massenzahl gleichbleibt und die Ordnungszahl sich um eine Einheit erhöht.

**Fakultät,** die für natürliche Zahlen $n$ definierte Funktion $f(n) = n!$ mit der Eigenschaft $f(0) = 1$, $f(n+1) = f(n) \cdot (n+1)$ für alle $n$, d.h. $1! = 1, 2! = 1 \cdot 2 = 2, 5! = 1 \cdot 2 \cdot 3 \cdot 4 \cdot 5 = 120$ usw. Für große $n$ kann die Fakultät näherungsweise mit Hilfe der *Stirlingschen Formel* $n \approx \sqrt{2\pi n} n^n e^{-n}$ berechnet werden. Eine Verallgemeinerung der Fakultät ist die für alle nicht in der Menge $\{0, -1, -2, ...\}$ enthaltenen reellen Zahlen definierte *Eulersche Gammafunktion* Γ. Die Fakultät zählt zu den kombinatorischen Grundfunktionen und spielt eine wichtige Rolle in der Wahrscheinlichkeitsrechnung.

**Fall** ↗Fallgesetze, ↗freier Fall.

**Fallbeschleunigung** ↗Fallgesetze, ↗freier Fall.

**Fallgeschwindigkeit** ↗Fallgesetze, ↗freier Fall.

**Fallgesetze,** Gesetze zur Beschreibung des ↗*freien Falls* in der Nähe der Erdoberfläche. Die Fallgesetze lauten:

1) Die *Fallgeschwindigkeit* $v$ wächst proportional mit der *Fallzeit* $t$:

$$v = gt.$$

2) Die durchfallene Strecke $h$, der *Fallweg*, wächst proportional zu $t^2$.

$$\Delta h = \frac{1}{2} g \, \Delta t^2.$$

Beim Proportionalitätsfaktor $g$ handelt es sich um die *Fallbeschleunigung*, die in der Nähe der Erdoberfläche konstant ist und den mittleren Wert $g = 9{,}81\,\text{m/s}^2$ hat ($g$ ändert sich nach dem Gravitationsgesetz mit dem Quadrat des reziproken Abstands vom Erdmittelpunkt, ↗*Schwereanomalien*).

Die zentrale Aussage der Fallgesetze läßt sich wie folgt zusammenfassen: Weder Fallweg noch Fallgeschwindigkeit hängen von der Masse oder der Form des fallenden Körpers ab, d.h. ohne Luftwiderstand fallen alle Körper gleich schnell.

Aus den Fallgesetzen folgt für die *Geschwindigkeitshöhe* (die Höhe $h(v)$), die ein frei fallender Körper durchfallen muß, um die Geschwindigkeit $v$ zu erreichen:

$$h(v) = \frac{v^2}{2g}.$$

G. ↗*Galilei* fand die Fallgesetze entgegen einer weitverbreiteten Meinung nicht bereits 1590 – und zwar durch Versuche am schiefen Turm in Pisa – sondern erst 1609 auf der Basis theoretischer Überlegungen; sie wurden in den »*Discorsi*« (1639) veröffentlicht und von Galilei erst in den Jahren nach 1609 durch Versuche mit Fallrinnen auch experimentell erhärtet.

**Fallhöhe,** Terminus aus der Theorie der ↗*Strömungsmaschinen*, bei denen die Differenz der Lageenergie zweier Flüssigkeitsreservoire in nutzbare, etwa ↗*elektrische Energie* umgewandelt wird. Die Differenz der Energiehöhen der beiden Flüssigkeitsreservoire heißt *F*. Bei Vernachlässigung der ↗*Strömungsgeschwindigkeit* ist sie gleich dem vertikalen Abstand der beiden Flüssigkeitsspiegel.

**Fallout,** *radioaktiver Fallout*, Niederschlag von in der Atmosphäre verteilten ↗*Radionukliden*. Gegenüber natürlichen Werten überhöhte Häufigkeiten rühren überwiegend von ↗*Kernwaffentests* und Reaktorunfällen her. Dabei führt die Emission von ↗*Spaltprodukten* in die Atmosphäre zu einem Anstieg von kurz- ($^{95}$Zr, $^{95}$Nb, $^{103}$Ru, $^{140}$Ba) und langlebigen ($^{90}$Sr, $^{137}$Cs) Radionukliden. Durch Niederschlag gelangen diese in den Boden und mit zeitlicher Verzögerung über die Nahrungskette in Lebewesen. Fallout führt somit zu einer äußeren und inneren ↗*Strahlenbelastung* des Menschen.

Größere radioaktive Schwebstoffpartikel sinken innerhalb von 100km zu Boden. Dieser lokale Fallout kann bis zu 50 % der gesamten freigewordenen ↗*Aktivität* betragen. Kleinere radioaktive Schwebstoffpartikel gelangen bis in Höhen von 10 bis 100km und können mit Luftströmungen in wenigen Wochen um die gesamte Erde transportiert werden oder in höheren Luftschichten über Jahre verweilen. Nach dem Höhepunkt der Kernwaffentests in den Jahren 1961/62 lag die *Kontamination* des Bodens in Deutschland 1967 bei 800–3400 Bq/m$^2$ für $^{137}$Cs und ca. 300–1700Bq/m$^2$ für $^{90}$Sr, die mittlere individuelle *Strahlenbelastung* des Menschen bei 0,05–0,1mSv/a. Letztere liegt heute bei weniger als 0,01mSv/a. Die durch den Reaktorunfall in Tschernobyl 1991 freigesetzte $^{137}$Cs-Aktivität war von vergleichbarer Größenordnung.

**Fallschnur,** Schnur, an der Eisenkugeln befestigt sind, deren Abstände sich wie die Quadrate der natürlichen Zahlen verhalten (Abb.). Die Fallschnur dient als Hilfsmittel zur Demonstration der Tatsache, daß sich beim ↗*freien Fall* die durchfallenen Höhen wie die Quadrate der Fallzeiten verhalten (↗Fallgesetze). Hängt man die Fallschnur vertikal auf, so daß die unterste Kugel beinahe den Boden berührt, und löst dann die Aufhängung, so treffen die Kugeln in gleichmäßigen Zeitabständen am Boden auf.

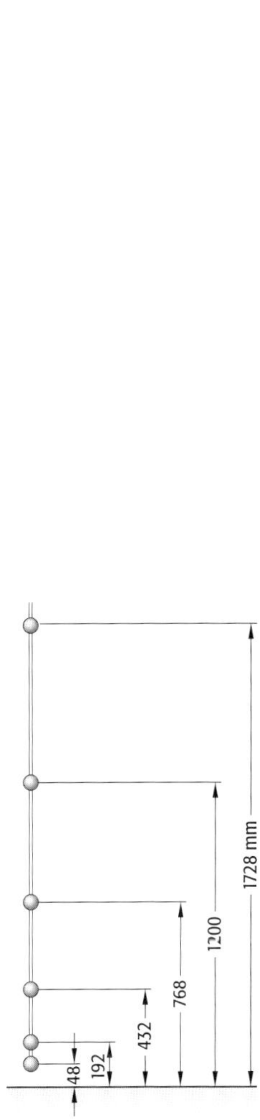


**Fallschnur:** Die Kugeln treffen in regelmäßigen Zeitabständen am Boden auf.

**Fallturm,** experimentelle Einrichtung zum Erzeugen von ↗*Mikrogravitation*. Der physikalische Experimentaufbau wird zusammen mit registrierenden Instrumenten in einen granatenförmigen Fallkörper montiert. Dieser durchfällt die Höhe des Fallturmes in einem Vakuumrohr, um Luftreibung auszuschalten. Im freien Fall ist die Erdanziehung aufgehoben, und der Experimentaufbau befindet sich für kurze Zeit in der Schwerelosigkeit. Experimente im Fallturm sind deutlich preisgünstiger als Experimente im *Parabelflug* oder in einer ↗*Raumstation*. Der höchste Fallturm der Welt mit einer Höhe von 145m befindet sich an der Universität Bremen, dort kann für

4,3 s Mikrogravitation erzeugt werden. Durch Einbau einer Katapultvorrichtung erhöht sich diese Zeit auf 9 s.

**Fällungsvorgänge,** Keimbildung und ↗Kristallwachstum einer schwerlöslichen Ionenverbindung in Lösung, die bei der Überschreitung des *Löslichkeitsprodukts* eintreten. *Niederschläge* entstehen nur aus übersättigten Lösungen, da Kristalle mit einem sehr kleinen Radius ($r < 1\,\mu$m) und hoher Oberflächenspannung wieder in Lösung gehen. Größere Kristalle wachsen weiter und bilden einen makroskopisch sichtbaren Niederschlag (z.B. $BaSO_4$). Bei Vorliegen einer niedrigeren Oberflächenspannung unterscheidet sich die Löslichkeit der kleinen Kristalle nicht von der der großen Kristalle, so daß ein kolloidaler Niederschlag entsteht (z.B. AgCl). Die Keimbildung ist proportional der Wahrscheinlichkeit für erfolgreiche Zusammenstöße der Teilchen (Konzentration). Dabei ist die Keimbildungshäufigkeit $\omega$ proportional zur relativen Übersättigung: $\omega = K' \frac{c_r - c_\infty}{c_\infty}$, $c_r$: Löslichkeit eines kleinen Kristalls vom Radius $r$, $c_\infty$: Löslichkeit des makroskopischen Kristalls, $c_r - c_\infty$: absolute Übersättigung. Die Form des Niederschlags hängt vom Kristallwachstum ab. Die Geschwindigkeit des Kristallwachstums hängt von der Diffusionsgeschwindigkeit (↗*Diffusion*) ab und ist proportional zur absoluten Übersättigung $c_r - c_\infty$. Fällungen von Hydroxiden stark hydratisierter Kationen enthalten einen Teil des Hydratwassers, das bei Alterung des Niederschlags abgegeben wird. Dadurch verringert sich die Löslichkeit des Niederschlags.

**Fallwind,** großräumige, abwärtsgerichtete Luftströmung in der ↗*Atmosphäre.* Kalte Fallwinde (*katabatische Fallwinde*) entstehen durch Abkühlung über kalten Flächen (z.B. ↗*Gletschern*). Großräumige katabatische Fallwinde in den Polargebieten bilden einen Teil der globalen ↗*atmosphärischen Zirkulation.* Warme Fallwinde treten im Lee von Gebirgsketten auf. Sie werden als *Föhn* bezeichnet und entstehen, wenn Luftmassen, der Topographie folgend, über Berge hinwegwehen. Während beim Aufsteigen die Abkühlung der Luftmassen durch das Freiwerden von ↗*Kondensationswärme* auf einen Wert von etwa –0,5 °C pro 100 m beschränkt bleibt (*feuchtadiabatischer* ↗*Temperaturgradient*), findet die Erwärmung nach Überwinden des Bergrückens mit einer Rate von etwa + 1 °C pro 100 m statt (*trockenadiabatischer Temperaturgradient*). Für Luftmassen, die beispielweise den Alpenhauptkamm überqueren, führt dieser Effekt zu einer Erwärmung von typischerweise 10 °C (Abb.). (↗*Wind*)

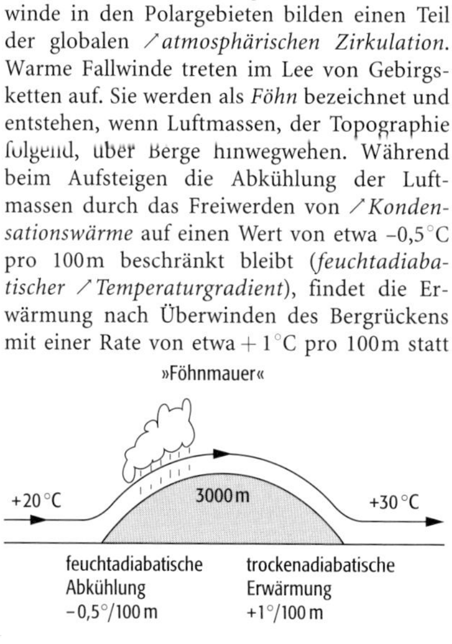


**Fallwind:** Schematische Darstellung des alpinen Föhns (nach Roedel).

**Fallzeit** ↗freier Fall, ↗Fallgesetze.

**β-Faltblattstruktur,** eine periodische ↗*Sekundärstruktur* von Proteinen, in der die Polypeptidketten fast völlig gestreckt und in einer Ebene angeordnet sind. Die Aminosäurereste ragen aus dieser Ebene abwechselnd nach oben und nach unten heraus. Benachbarte Polypeptidketten sind über Wasserstoffbrückenbindungen (↗*chemische Bindung*) miteinander verbunden. Die Polypeptidketten können in der gleichen oder in entgegengesetzter Richtung verlaufen (parallele oder antiparalle β-Faltblattstruktur). Die axiale Entfernung benachbarter Aminosäuren beträgt 0,35 nm (α-Helix: 0,15 nm). Die β-Faltblattstruktur ist ebenso wie die α-Helix in Proteinen weit verbreitet.

**Faltmolekülmethode** ↗Kristallstrukturanalyse.

**Faltung,** Verknüpfung zweier Funktionen $g(t)$ und $h(t)$, die gemäß

$$(g * h)(t) = \int_{-\infty}^{+\infty} g(t)h(t-\xi)\mathrm{d}\xi$$

definiert ist. In der Wellenlehre ist der *Faltungssatz* der ↗*Fourier-Transformationen* von Bedeutung, dem zufolge die Fourier-Transformierte von $(g * h)(t)$ einfach das Produkt aus den Fourier-Transformierten $G(\omega)$ und $H(\omega)$ der Ausgangsfunktionen $f(t)$ und $g(t)$ ist:

$$\begin{aligned} \mathrm{F.T.}\{(g*h)(t)\} &= \mathrm{F.T.}\{(g)(t)\}\cdot \mathrm{F.T.}\{(h)(t)\} \\ &= G(\omega)\cdot H(\omega). \end{aligned}$$

Dies kann zu erheblichen Erleichterungen bei Rechnungen führen. Viele Integraltransformationen in Feldtheorie, Optik oder Elektrotechnik beruhen auf den Eigenschaften solcher Faltungsprodukte. Der Faltungssatz findet auch in der *Signaltheorie* häufig Anwendung.

**Faltungskinetik,** Verteilung der verschiedenen Konformationen als Funktion der Zeit bei der Bildung der nativen Struktur von ↗*Proteinen* aus nichtnativen Konformationen.

**Faltungslamellen,** Konzept zur Beschreibung der Morphologie von kristallinen ↗Polymeren aus regelmäßig gefalteten Polymerketten. (↗Spherulite und ↗Mizellen)

**Faltungssatz** ↗Faltung.

**Familie,** in bezug auf die üblichen Operationen eine ↗*Algebra* mit Einselement, für die die folgenden Operationen gelten: Eine Familie $F$ von Funktionen über einem topologischen Raum $T$ werde regulär genannt, wenn es zu jeder abgeschlossenen Menge $F \subset T$ und jedem Punkt $t_0 \notin F$ eine Funktion $x \in F$ gibt, die die Eigenschaften $x(t_0) \neq 0$, $x(t) = 0$ auf $F$ besitzt. Eine Familie $F$ heißt normal, wenn es zu je zwei disjunkten abgeschlossenen Mengen $F_1$, $F_2 \subset T$ eine Funktion $x \in F$ gibt, für die $x(t) = 0$ auf $F_1$, $x(t) = 1$ auf $F_2$.

**Fano,** *Robert Mario*, italienisch-amerikanischer Elektroingenieur, *11.9.1917; ab 1951 Professor am Massachusetts Institute of Technology in Cambridge (Mass.); bedeutende Arbeiten zur Netzwerksynthese sowie über die Ausbreitung und Anwendung von Mikrowellen für Zwecke der Nachrichtenübertragung; Begründer der statistischen Nachrichtentheorie (1961).

**Fano-Effekt,** das von R. ↗*Fano* an Alkali-Atomstrahlen und Alkali-Festkörperoberflächen beobachtete Phänomen, daß Photoelektronen, die bei der Absorption von zirkular polarisiertem Licht (dessen Photonen für rechts- bzw. linkszirkular polarisiertes Licht den Spin $\pm\, \hbar$ in Ausbreitungsrichtung haben) entstehen, eine *Spinpolarisation*, d.h. eine Vorzugsorientierung des Elektronenspins, zeigen. Der Fano-Effekt beruht auf der ↗*Spin-Bahn-Kopplung* in den Atomen, die zu einer Abhängigkeit des Wirkungsquerschnittes für Photionisation von der Spineinstellung des Elektrons führt. Der Fano-Effekt kann zur Erzeugung polarisierter Elektronen benutzt werden.

**Fanselau-Spule,** eine auf G. *Fanselau* zurückgehende Weiterentwicklung der ↗*Helmholtz-Spule*, die aus mehreren symmetrischen Spulenpaaren mit gemeinsamer Achse besteht; meist werden zwei Paare verwendet. Eine weitere Verbesserung wurde von W. *Braunbeck* vorgeschlagen.

**Farad** nach M. ↗*Faraday* benannte abgeleitete SI-Einheit, Einheitenzeichen F, für die elektrische ↗*Kapazität*. Ausgedrückt in SI-Basiseinheiten ist $1\,\mathrm{F} = 1\,\mathrm{m}^{-2}\cdot\mathrm{kg}^{-1}\cdot\mathrm{s}^4\cdot\mathrm{A}^2$. Das Farad ist definiert durch die elektrische Kapazität eines ↗*Kondensators*, der durch die Elektrizitätsmenge (*Ladung*) 1 C auf die elektrische Spannung 1 V aufgeladen wird.

Für die praktische Anwendung ist das Farad zu groß; gängige Kondensatoren haben Kapazitäten im Bereich von µF bis pF.

**Faraday,** *Michael*, englischer Physiker und Naturphilosoph, *22.9.1791 Newington Butts, Surrey, †25.8.1867 in Hampton Court, Middlesex. 1825–1867 Director of the Laboratory an der Royal Institution, London; 1833–1867 auch Fullerian Professor für Chemie. 1830–1851 Professor für Chemie an der Royal Military Academy, Woolwich.

Faradays wichtigste Beiträge zur Physik waren die Entdeckung der »elektromagnetischen Rotation« (Drehbewegung eines Magnetpols um einen Leiter u.u., 1821), der elektromagnetischen ↗*Induktion* (1831), der Gesetze der Elektrolyse (frühe 1830er Jahre), der magnetooptische Effekt und der Diamagnetismus (beide 1845), und die Einführung der Feldtheorie des Elektromagnetismus (1845–späte 1850er Jahre).

Faraday besuchte eine Tagesschule in London und wurde dann Lehrling bei einem Buchbinder (1805–1812). Während seiner Lehre entwickelte er ein starkes Interesse an den Naturwissenschaften und besuchte zahlreiche Vorlesungen. Als Folge seiner Teilnahme an dem letzten Vorlesungszyklus von Humphrey ↗*Davy* an der Royal Institution wurde er 1813 dort zum chemischen Assistenten ernannt. Ende 1813 bis Anfang 1815 besuchte er als Davys Assistent viele chemische Laboratorien auf dem Kontinent. Nach seiner Rückkehr zur Royal Institution führte er seine chemischen Forschungen fort und half Davy bei der Erfindung einer Sicherheitslampe für Bergleute. 1821 entdeckte Faraday, angeregt durch Hans Christian ↗*Ørsteds* Entdeckung des Elektromagnetismus, die »elektromagnetischen Rotationen«, d.h. die Tatsache, daß Magnetpole Kreisbewegungen um stromdurchflossene elektrische Leiter u.u. ausführen – dies ist das *Dynamo-Prinzip*, das auch dem ↗*Elektromotor* zugrundeliegt. In den 1820er Jahren verflüssigte Faraday Gase und entdeckte das später von Eilhard Mitscherlich so genannte Benzol. 1826 führte er die Weihnachtsvorlesung für Kinder und die Freitagabend-Diskussionen für Mitglieder der Royal Institution ein, beide Veranstaltungen werden bis auf den heutigen Tag durchgeführt. Faraday verbrachte Ende der 1820er Jahre viel Zeit mit der Verbesserung von optischen Gläsern für die britische Admiralität. Daher konnte er erst 1831 zu seinen Forschungen über die Elektrizität zurückkehren. Mit seiner Entdeckung der elektromagnetischen ↗*Induktion* begann ein bemerkenswertes Jahrzehnt physikalischer Forschung, während der er u.a. die Theorie der Elektrochemie neu faßte (er prägte die Begriffe *Elektrode*, *Anode*, *Kathode*, *Ion* und fand die ↗*Faradayschen Gesetze* der Elektrolyse) und den ↗*Faraday-Käfig* baute (1836), mit dem er zeigte, daß die Messung der elektrischen Ladung vom elektrischen Zustand des Beobachters abhängt. Diese Beobachtung führte Faraday zur Entwicklung seiner Theorie, daß Elektrizität eher das Ergebnis der Induktion zwischen zusammenhängenden Partikeln als ein *Fluid* sei, wie bis dahin angenommen wurde. In den 1840er Jahren erweiterte er seinen Skeptizismus gegenüber den vorherrschenden naturwissenschaftlichen Vorstellungen, indem er sowohl die Existenz chemischer Atome als auch des ↗*Äthers* in Frage stellte. Diese Ansicht wurde gestützt durch seine Entdeckung des ↗*magnetooptischen Effekts* und des ↗*Diamagnetismus* 1845, sie führte schließlich zur Theorie des elektromagnetischen Feldes. Diese wurde mathematisch von William Thomson (Lord ↗*Kelvin*) und James Clark ↗*Maxwell* formuliert und ist seitdem eine der wichtigsten Theorien der Physik überhaupt (↗*Elektrodynamik*).

**Michael Faraday**

Faraday gehörte einer kleinen christlichen Sekte, den Sandemaniern, an, die auf wortgetreuer Bibelauslegung bestanden, und blieb dieser sein ganzes Leben lang eng verbunden; er war mehrfach Diakon und Mitglied im Kirchenvorstand. Als führendes Mitglied der

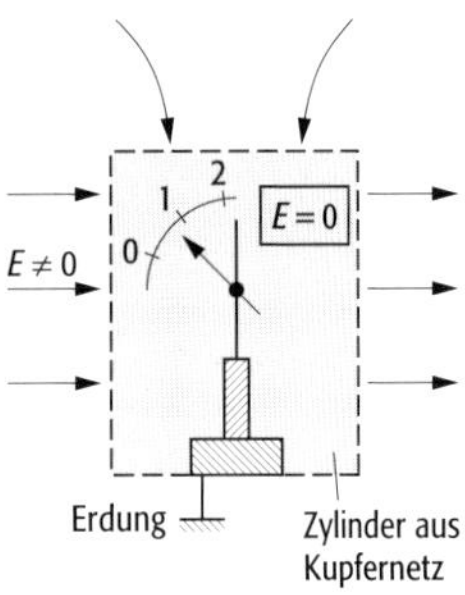


**Faraday-Käfig:** Das Innere des Käfigs ist feldfrei.

Scientific Community war er häufig als wissenschaftlicher Berater für staatliche Institutionen tätig, so war er zwischen 1836 und 1865 wissenschaftlicher Berater des Trinity House (die für Leuchttürme in England und Wales zuständige Behörde) und überwachte als solcher die Elektrifizierung der Leuchttürme.

Die wichtigsten Quellen über sein Leben und Werk sind seine *Experimental Researches in Electricity* (veröffentlicht in den *Philosophical Transactions* (zum größten Teil übersetzt in Poggendorffs *Annalen der Physik*), die er 1839–1855 in drei Bänden zusammenstellte, sein *Labor-Tagebuch* (in sieben Bänden von Thomas Martin herausgegeben) und seine *Correspondence* (in sechs Bänden bis 2003, herausgegegeben von Frank James). [FJ]

**Faraday-Cup,** nach M. ↗*Faraday* benanntes Bauteil für die exakte Messung des Ionenstroms in Implantatoren oder ↗*Massenspektrometern*. Der Faraday-Cup besteht aus einem Metalltopf mit einer tiefen Bohrung, dessen Durchmesser meist etwa so groß wie der Durchmesser des Ionenstrahls ist. Die Ladung, die durch am Boden des Topfes auftreffende Ionen deponiert wird, wird mit einem Elektrometer ausgelesen. Dabei nutzt man das Prinzip des ↗*Faradayschen Bechers*, daß Ladung, die im Innern eines Metalltopfes auftrifft, sich auf der Außenwand des Bechers verteilt, so daß das Innere des Bechers stets feldfrei ist. Beim Auftreffen eines Ionenstrahls von einigen keV Energie werden je nach Material pro Ion drei bis fünf Elektronen aus dem Metall herausgeschlagen. Um zu vermeiden, daß diese Elektronen zur Ladung beitragen, befindet sich eine Blende vor dem Faraday-Cup, an der eine Gegenspannung von etwa –200 V gegenüber dem Becher anliegt.

**Faraday-Drehung,** nach M. ↗*Faraday* benannte Drehung der Polarisationsebene einer linear polarisierten ↗*elektromagnetischen Welle*, z.B. beim Durchgang durch ein magnetisiertes Plasma parallel zum Magnetfeld. Der Effekt der Faraday-Drehung durch ein ↗*Plasma* wird bei interstellaren Plasmen zur Messung der Magnetfeldstärke und bei Laborplasmen im Rahmen der ↗*Polarimetrie* zur Bestimmung der Elektronendichte genutzt.

**Faraday-Effekt,** *Magnetorotation, magnetooptischer Effekt*, Spezialfall des inversen ↗*Zeeman-Effektes*, der – von M. ↗*Faraday* 1846 experimentell entdeckt – die Drehung der Polarisationsrichtung einer linear polarisierten Lichtwelle bei Durchgang durch ein isotropes Medium unter Einfluß eines starken Magnetfeldes beschreibt. Dieses Phänomen war für Faraday der entscheidende Beweis für die elektromagnetische Natur des Lichtes.

Der Drehwinkel $\alpha$ ist proportional der magnetischen Feldstärke $H$ und der Weglänge $l$ innerhalb des Materials und magnetischen Feldes:

$$\alpha = \omega \cdot l \cdot H$$

$\omega$ bezeichnet die stoffspezifische und wellenlängenabhängige *Verdet-Konstante* (Tabelle). Das Magnetfeld bewirkt eine Aufspaltung der Energieniveaus des Mediums in zwei Niveaus, von denen eines linkspolarisiertes Licht absorbiert, das andere rechtspolarisiertes. Unterschiedlich polarisierte Lichtwellen erfahren in Feldrichtung also unterschiedliche ↗*Dispersion* innerhalb des Mediums. Für linear polarisierte Wellen kommt es aufgrund einer Phasenverschiebung zwischen den verschiedenen Polarisationsanteilen, in die die linear polarisierte Welle zerlegt werden kann, zu einer Polarisationsdrehung. Der Faraday-Effekt ist in der Nähe von Absorptionslinien am stärksten.

**Faraday-Effekt:** Verdet-Konstante (in Winkelminuten pro Ampere) ausgewählter Stoffe für Licht der Wellenlänge 589 nm.

| Stoff | Verdet-Konstante |
|---|---|
| Bleisilicatglas | 0,0711 |
| Natriumchlorid | 0,0467 |
| Quarz | 0,0209 |
| Monobromnaphthalin | 0,1029 |
| Schwefelkohlenstoff | 0,0543 |
| Wasser | 0,0163 |
| Kohlendioxid | $0{,}1083 \cdot 10^{-4}$ |
| Sauerstoff | $0{,}0702 \cdot 10^{-4}$ |

**Faraday-Käfig,** eine auf M. ↗*Faraday* zurückgehende ↗*elektromagnetische Abschirmung*, die einen Raum vollständig umschließt und diesen entweder frei von elektromagnetischen Feldern hält oder diese in ihm exakt festlegt. Die Abschirmung braucht nicht massiv zu sein, meist genügt ein Gitter aus Metallstäben bzw. -drähten. Ein Faraday-Käfig schirmt auch gegen ↗*elektromagnetische Wellen* ab, sofern seine Wandstärke größer als die Eindringtiefe der Wellen ist (↗*Skin-Effekt*, ↗*Eindringtiefe elektromagnetischer Wellen*).

**Faraday-Konstante,** $F$, die elektrische Ladung von 1 mol ↗*Elementarladungen* in Coulomb: $F = eN_A = 96485{,}309\,\mathrm{C/mol}$ ($e$: Elementarladung, $N_A$: ↗*Avogadro-Konstante*). Wird die bei der ↗*Elektrolyse* abgeschiedene Stoffmenge $m$ in Mol angegeben, so ist $F$ die Proportionalitätskonstante beim ersten ↗*Faradayschen Gesetz*: $m = FQ = FIt$ ($Q$: mit dem konstanten Strom $I$ in der Zeit $t$ abgeschiedene Ladung). Wenn die Stoffmenge in *Grammäquivalent* (↗*val*) angegeben wird, heißt die Proportionalitätskonstante *elektrochemisches Äuqivalent A*. Da $F$ sehr genau bestimmt werden kann, kann es zur Bestimmung anderer Naturkonstanten herangezogen werden. Beispielsweise wurde früher die Ladungseinheit ↗*Coulomb* mit Hilfe von $F$ aus der elektrolytischen Abscheidung von Silber definiert.

**Faraday-MHD-Generator,** Variante bzw. Betriebsart eines magnetohydrodynamischen Generators (↗MHD-Generator).

**Faradaysche Gesetze,** vom M. ↗*Faraday* 1833/34 untersuchte und quantitativ erklärte Zusammenhänge zwischen dem Stromfluß durch einen Elektrolyten und den an den Elektroden abgeladenen Stoffmengen (↗*Elektrolyse*).

1) *Erstes Faradaysches Gesetz*: Die Menge $m$ der elektrolytischen Zersetzungsprodukte ist proportional zur durchgegangenen Elektrizitätsmenge, d.h. bei konstanter Stromstärke $I$ dem Produkt aus $I$ und der Stromflußzeit $t$: $m = F \cdot I \cdot t$. Die Proportionalitätskonstante $F$ heißt *elektrochemisches Äquivalent* oder ↗*Faraday-Konstante*.

2) *Zweites Faradaysches Gesetz*: Die durch gleiche Elektrizitätsmengen aus einem Elektrolyten abgeschiedenen Mengen $m_1$, $m_2$ zweier verschiedener Stoffe verhalten sich wie die chemischen Äquivalente der Stoffe: $m_1{:}m_2 = M_1/n_1{:}M_2/n_2$. Dabei sind $M_{1,2}$ die Atom- bzw. Molekulargewichte der Stoffe und $n_{1,2}$ die elektrochemischen Wertigkeiten ihrer Ionen.

Die Faradayschen Gesetze bildeten bis 1947 die Grundlage für die Definition der Einheit der elektrischen Stromstärke, des *internationalen Ampere*: Ein Strom hatte demnach die Stärke von 1 $A_{int}$, wenn er während 1 s an der Kathode eines Silbervoltameters 1,11800 mg Silber abschied (↗*Ampere*).

**Faradayscher Becher,** *Becher-Elektrometer*, ein isolierter, mit einem ↗*Elektrometer* verbundener Metallbecher, dessen Inneres feldfrei ist, so daß das Elektrometer von dort aus immer weiter aufgeladen werden kann. Mit ihm entdeckte M. ↗*Faraday* 1843 die elektrische ↗*Influenz*. Auch der Konduktor eines ↗*Bandgenerators* kann als großer Faraday-Becher angesehen werden. (↗*Faraday-Cup*)

**Faradayscher Dunkelraum,** in einer ↗Glimmentladung ein sehr lichtschwacher Bereich zwischen dem negativen Glimmlicht und der ↗positiven Säule.

**Faradayscher Käfig** ↗Faraday-Käfig.

**Faradaysches Induktionsgesetz** ↗Induktionsgesetz, ↗Induktion, ↗Maxwell-Gleichungen.

**Faradaysches Pendel** ↗Pendel.

**Faradisation,** die Verwendung von Stromimpulsen in der Elektrodiagnostik und -therapie. Im Gegensatz zur ↗*Galvanisation* wird dabei kein konstanter, sondern ein unterbrochener Gleichstrom eingesetzt. Im physikalischen Sinne entspricht dies einem unsymmetrischen Wechselstrom. Faradisation wird z.B. bei der Untersuchung von Nerven- und Muskeln eingesetzt, da deren Erregbarkeit bei Schädigungen früher verlorengeht als im Falle eines kontinuierlichen Gleichstroms.

**Farbabweichung** ↗Aberration.

**Farbbildröhre,** spezielle ↗*Elektronenstrahlröhre* für die Wiedergabe farbiger Bilder nach dem Prinzip der additiven ↗*Farbmischung* dreier Grundfarben (Rot, Blau, Grün). Die Farbbildröhre enthält entweder für jede Grundfarbe ein eigenes Elektrodensystem oder, wie beim *Trinitron*, ein dreistrahliges Elektrodensystem. Während bei der *Delta-Röhre* (*Lochmaskenröhre*) die Elektrodensysteme in einem gleichseitigen Dreieck angeordnet sind, bilden sie bei der *In-Line-Röhre* (*Schlitzmaskenröhre*) eine gerade Linie. Der Leuchtschirm besitzt für jeden Bildpunkt drei Leuchtpunkte in den entsprechenden Farben. Eine Loch- oder Schlitzmaske vor dem Leuchtschirm sichert, daß der Elektronenstrahl eines Elektrodensystems nur auf Leuchtpunkte »seiner« Farbe fallen kann.

**Farb-Doppler-Verfahren** ↗Doppler-Verfahren.

**Farbdreieck,** Darstellung der Farbanteile dreier Grundfarben an einer Mischfarbe. Da sich bei einer Mischfarbe die ↗*Farbwert*-Anteile zu eins ergänzen, genügt die Angabe zweier Anteile, um den dritten festzulegen. So läßt sich eine Mischfarbe in ebenen Koordinaten darstellen, z.B. dem gleichseitigen *IBK-Farbdreieck*, bei dem alle Spektralfarben auf einer hufeisenförmigen Linie liegen, die durch die sog. *Purpurgerade* geschlossen wird. Der *Weißpunkt* oder *Unbuntpunkt* liegt im Schwerpunkt des Dreiecks.

Aufgrund seiner rechtwinkligen Koordinaten bevorzugt man heute meist die in DIN 6164 festgelegte CIE-Darstellung.

**Farbe, 1)** *Optik*: durch Licht ausgelöste Empfindung eines Betrachters, die z.B. durch die abstrakten Begriffe Blau, Rot oder Gelb beschrieben wird (↗*Farbempfindung*, ↗*Farbwahrnehmung*). Diese *bunten Farben* unterscheidet man von den *unbunten* Schwarz, Weiß und ihren Mischungen (↗*Farbmischung*). Jede Farbe ist der Strahlung aus einem bestimmten Abschnitt des sichtbaren ↗*elektromagnetischen Spektrums* zugeordnet. Ist der Spektralbereich besonders eng (*monochromatisch*), spricht man auch von *Spektralfarben*.

**2)** *Teilchenphysik*: *Color*, Bezeichnung für die ↗Farbladung bzw. die mit ihr verbundene ladungsartige Quantenzahl.

**3)** *Festkörperphysik*: *Farbe von Kristallen*, durch die Absorptionseigenschaften kristalliner Festkörper hervorgerufenen Farberscheinungen. Die Farbe der Kristalle entspricht der Farbe des Lichts, das *nicht absorbiert*, d.h. durchgelassen wird, sie ist also zur Farbe des absorbierten Lichts komplementär.

Farblose Kristalle haben somit im sichtbaren Wellenlängenbereich (380–740 nm bzw. 1,7–3,3 eV) keine starken Elektronen- oder Schwingungsübergänge; aus diesem Grund ist ein reiner Diamant farblos. Die ↗*Energielücke* (*Bandlücke*) $E_g$ hat in Diamant den Wert 5,33 eV, dies entspricht 232 nm, d.h. im UV-Bereich. Dagegen ist Cadmiumsulfit gelborange: $E_g = 2{,}42$ eV (512 nm, blau-grün).

↗*Silicium* ist metallisch glänzend. Seine Bandlücke liegt mit 1,14 eV (1088 nm) im Infraroten und damit energetisch gesehen unterhalb des sichtbaren Spektralbereichs. Folglich verursachen *alle* Wellenlängen des sichtbaren Lichts elektronische Übergänge vom

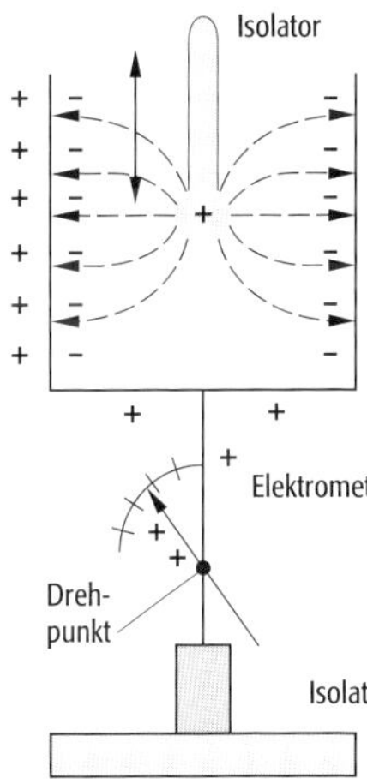


**Faradayscher Becher:** Aufbau.

Valenzband in das Leitungsband. Dem charakteristischen Glanz von ↗*Metallen* liegen ähnliche Vorgänge zugrunde. Allerdings sind hier freie Ladungsträger für die Absorption verantwortlich (↗*Eindringtiefe elektromagnetischer Wellen*). *Rubin* schließlich ist ein dunkelroter Edelstein, *Saphir* ein blauer. Beide sind mit $Cr^{3+}$ bzw. $Ti^{3+}$ verunreinigte Kristalle von $Al_2O_3$, das im reinen Zustand farblos ist. Auch andere im reinen Zustand farblose Kristalle, wie beispielsweise Diamant, können durch Erzeugen von *Fehlstellen* (Beschuß mit energiereichen Teilchen, Gammastrahlen oder ultraviolettem Licht, ↗*Fehlordnung*) gefärbt werden.

**Farbeinschluß** ↗Confinement.

**Farbempfindung,** psychologischer Vorgang, der durch physiologische Prozesse nach einem ↗*Farbreiz* ausgelöst wird. Im Unterschied zum Farbreiz, der durch spektral aufgelöst arbeitende *Photometer* gemessen werden kann, ist die Farbempfindung als seelisches Erlebnis nicht direkt physikalisch meßbar. Die für die Farbempfindung maßgeblichen Größen sind der *Farbton*, die *Sättigung* und die mit der Intensität der Lichtquelle steigende *Helligkeit*. (↗*Farbe und Farberscheinungen*, ↗*Farbwahrnehmung*)

**Farben dünner Plättchen,** eine Interferenzerscheinung (↗*Interferenz*), bei der Orte gleicher Plattendicke im Aussehen übereinstimmen, z.B. bei Seifenblasen oder Ölfilmen auf Wasser. I. ↗*Newton* hat zur Erforschung der Abhängigkeit der Farberscheinungen von der Dicke der Schicht eine Konvexlinse auf eine Glasplatte gelegt. Die eingeschlossene dünne Luftschicht zeigt auf jedem ringförmigen Gebiet gleicher Dicke die zugehörige Farbe dünner Plättchen (*Newtonsches Farbenglas*). Interferenzerscheinungen an dünnen Plättchen werden z.B. bei der Reflexminderung optischer Teile, wie ↗*Linsen* und *Prismen*, praktisch angewendet.

**Farben-Helligkeits-Diagramm,** *FHD*, eine in der Astronomie dem ↗Hertzsprung-Russell-Diagramm gleichwertige graphische Darstellung, die den ↗*Farbindex* von Sternen gegen deren ↗*Helligkeit* aufträgt. Der Farbindex gibt dabei Hinweise auf die Temperatur der Sterne, während die Helligkeit ein Maß für die Leuchtkraft darstellt. Bei Sternen eines Sternhaufens, die sich praktisch alle in derselben Entfernung befinden, genügt die ↗*scheinbare Helligkeit*. Aus Farben-Helligkeits-Diagrammen von Sternhaufen kann man beispielsweise auf deren Alter schließen.

**Farbenlehre,** systematisierte Darstellung der durch ↗*Farbreize* verursachten ↗*Farbvalenzen* (↗*Farbe und Farberscheinungen*, ↗*Farbempfindung*, ↗*Farbwahrnehmung*). Der ↗*Farbmetrik* oder *Farbmaßlehre* liegen die Gesetze der additiven ↗*Farbmischung* zugrunde. Die Deutung von weißem Licht als Überlagerung nicht weiter analysierbarer *Spektralfarben* geht auf I. ↗*Newton* zurück, der 1672 weißes Licht mit einem Prisma zerlegte und 1704 in seiner »Optik« die Lehre von den sieben Grundfarben aufstellte. Die von J.W. v. *Goethe* 1810 aufgestellte Farbenlehre betont die physiologischen Vorgänge, ist aber in ihren physikalischen Aussagen widerlegt.

# Farbe und Farberscheinungen

*Roger Erb, Kassel*

**Farbe und Farberscheinungen 1:** siehe Farbtafelteil.

## 1. Zusammenfassung

Das Thema »Farbe und Farberscheinungen« berührt eine Vielzahl von Phänomenen, die für uns alltäglich sind. In diesem Beitrag sollen einige der interessantesten und auffälligsten beschrieben werden. Zunächst aber sollen einige Grundlagen, die zum Verständnis dieser Phänomene erforderlich sind, dargestellt werden.

## 2. Einleitung

Eine Darstellung oder eine Darbietung bezeichnet man gerne als »farblos«, wenn ihm aus unserer Sicht eine bestimmte Qualität fehlt. Was genau diese Qualität ausmacht, ist jedoch nicht leicht in Worte zu fassen. Damit ist diese Situation nicht unähnlich derjenigen, die sich einstellt, wenn wir die Bedeutung der »Farbe« für unsere visuelle Wahrnehmung erfassen wollen.

Der Aspekt der Farbigkeit spielt in vielen Bereichen unseres Lebens eine Rolle – in der alltäglichen Wahrnehmung farbiger Dinge (Abb. 1), in der Kunst als Gestaltungsmittel, aber auch in Verbindung zu Tönen oder Empfindungen (*Synästhesie*). Im vorliegenden Beitrag sollen die physikalischen Aspekte der Farbwahrnehmung betrachtet werden, soweit sie für unseren Alltag eine Rolle spielen.

## 3. Farbmischung

Bei ↗*Farbmischung* denkt man unwillkürlich an einen Farbkasten und die eigenen Versuche, neue Farbtöne zu erhalten: Blau und Rot ergibt Violett, Blau und Gelb ergibt Grün usw. Wir wollen versuchen, zum Schluß (Abschnitt 5) diese Phänomene auf einfache Weise zu verstehen. Dazu ist es hilfreich, sich zunächst in Bezug auf einen anderen Aspekt mit Farbmischung und mit der Verarbeitung des

Farbreizes in Auge und Gehirn auseinanderzusetzen.

*a) Spektrum*

Farbe scheint auf den ersten Blick eine physikalische Eigenschaft zu sein, was nicht richtig ist. Farbe ist eine *Sinnesempfindung*, die mit physikalischen Größen verknüpft ist. Dieser physikalische Bereich betrifft die äußere Ursache der Farbwahrnehmung, nämlich die *spektrale Verteilung* der Lichtstrahlung (↗*Farbreiz*). Zur Wahrnehmung gehört aber auch die Verarbeitung in Auge und Gehirn. Nur in diesem Zusammenhang ist es überhaupt sinnvoll, von Farbe zu sprechen. Dagegen bezeichnen wir Stoffe, die zur Farbgebung verwendet werden, als Farbstoffe.

Die Vielfalt farbiger Eindrücke wird einem beim Betrachten eines Regenbogens (↗*Optik, atmosphärische*) oder eines mit Hilfe eines ↗*Prismas* erzeugten ↗*elektromagnetischen Spektrums* bewußt (siehe Farbtafelteil). Die Zuordnung der Farbempfindung zu einer physikalischen Größe ist nicht eindeutig. Zwar gibt es, wenn man viele Menschen nach der Farbbezeichnung einer bestimmten Stelle in einem Spektrum befragt, eine Übereinstimmung, und dieser Stelle läßt sich physikalisch ein Wellenlängenbereich zuordnen – dieselbe Farbempfindung kann allerdings auch auf ganz andere Weise ausgelöst werden, wie im nächsten Abschnitt deutlich wird. Beim Hören ist dies anders, denn der Zusammenhang zwischen empfundener Tonhöhe und ↗*Frequenz* ist eindeutig.

*b) Farbe und Wellenlänge*

Weißes Licht, etwa Sonnenlicht, kann mit einem Prisma in ein Spektrum (Abb. zu ↗Elektrodynamik im Farbtafelteil) zerlegt und auf einem Schirm betrachtet werden (↗*Brechung*, ↗*Dispersion*). Ein sehr kleiner Bereich des Spektrums liefert einfarbiges Licht (Spektralfarben, ↗*Spektrallampe*). Im Idealfall hat dieses Licht nur noch eine ↗*Wellenlänge* (oder Frequenz) und wird meist *monochromatisch* oder besser *monofrequent* genannt. Vereinigt man das Spektrum wieder, so ergibt sich erneut ein weißer Lichtfleck auf dem Schirm.

Die physikalische Eigenschaft Wellenlänge wird in der Empfindung durch den *Farb-* oder *Buntton* einer Spektralfarbe repräsentiert. Der sichtbare Wellenlängenbereich reicht etwa von 400nm bis 750nm, und man nimmt bis 485nm blau, von 500nm bis 550nm grün, von 570nm bis 590nm gelb und ab 630nm rot wahr. Bei *Mischfarben* wird der Farbton durch die dominante Wellenlänge (die entsprechende Spektralfarbe) einer Intensitätsverteilung festgelegt. Eine zweite Eigenschaft, die *Sättigung*, charakterisiert die spektrale Reinheit einer Farbe, gibt also Auskunft darüber, ob nur Anteile in der Nähe der dominanten Wellenlänge oder noch weitere vertreten sind. Weißes Licht ist vollkommen ungesättigt, spektrales Rot ist stark gesättigt, Rosa nur schwach. Als dritte Farbeigenschaft nehmen wir die *Helligkeit* wahr. Mit abnehmender Helligkeit ergeben sich die verhüllten Farben (*Schwarzverhüllung*), wie etwa Braun aus Rot. Farben lassen sich folglich in einem dreidimensionalen Diagramm darstellen (Abb. 2).

*c) Farbklassifikation*

Blendet man vor der Vereinigung des Spektrums einen Spektralbereich aus, so wird dies nicht als Fehlen eines Farbreizes empfunden, sondern der Lichtfleck auf dem Schirm erscheint in einer Mischfarbe. Diese Mischfarbe ergibt mit der aus dem Spektrum ausgeblendeten Farbe wieder Weiß. Die beiden Farben werden als *komplementär* bezeichnet.

In ähnlicher Weise kann man auch das Licht zweier oder mehrerer Lichtquellen mischen. Das Licht, das vom Schirm in das Auge kommt, ist eine *additive Mischung*: Die sich ergebende Intensitätsverteilung ist die Summe der Einzelintensitätskurven.

Eine andere Möglichkeit, additive Farbmischung zu erreichen, besteht darin, das Licht von mehreren, eng benachbarten verschiedenfarbigen Stellen ins Auge kommen zu lassen (*partitive Mischung*). Auf diese Weise werden beim Farbfernsehen Farbbilder durch eine Rasterung, die vom Auge nicht mehr getrennt wird, wiedergegeben. Die Pointillisten machten sich diese Möglichkeit durch das Aufbringen kleiner Farbpunkte auf das Papier zunutze, und auch der Mehrfarbendruck kann auf dieser Technik beruhen. In diesem Fall liegen die Rasterpunkte nebeneinander.

Zum Teil erhält man zunächst unerwartete Ergebnisse. So ergibt die additive Mischung aus Rot und Grün ein ungesättigtes Gelb, und allgemein lassen sich alle ungesättigten Farben aus drei Komponenten mischen. Spektralfarben dagegen lassen sich aus drei Grundkomponenten nicht mischen (Tabelle).

Ohne Berücksichtigung der Helligkeit kann man alle Farben in einer Ebene darstellen. Mit Hilfe der *Normfarbtafel* (Abb. 3) kann ein Farbort anhand der Normfarbwertanteile (nicht realisierbare Komponenten) $x$ und $y$ gekennzeichnet werden (↗*Normvalenzsystem*). Der Anteil der dritten Komponente läßt sich daraus errechnen, da die Summe 1 ergeben

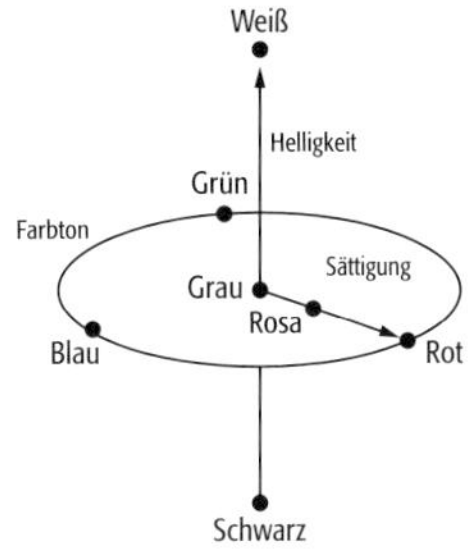


**Farbe und Farberscheinungen 2:** Anordnung von Farben in einer dreidimensionalen Darstellung.

**Farbe und Farberscheinungen 3:** siehe Farbtafelteil.

**Farbe und Farberscheinungen**

| Additive Farbmischung | Subtraktive Farbmischung | Komplementärfarben |
|---|---|---|
| Grün + Rot ≡ Gelb | Zyan + Magenta ≡ Blau | Gelb + Blau ≡ Weiß |
| Blau + Grün ≡ Zyan | Zyan + Gelb ≡ Grün | Zyan + Rot ≡ Weiß |
| Blau + Rot ≡ Magenta | Gelb + Magenta ≡ Rot | Magenta + Grün ≡ Weiß |
| Grün + Rot + Blau ≡ Weiß | Zyan + Magenta + Gelb ≡ Schwarz | |

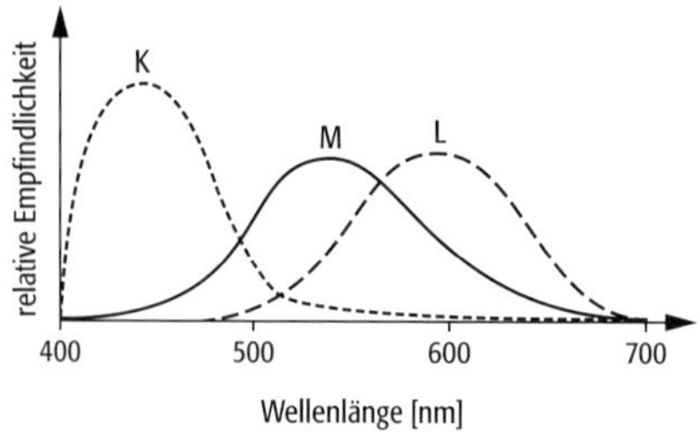


**Farbe und Farberscheinungen 4:** Grundempfindungskurven der Zapfen im menschlichen Auge.

muß. Die den Spektralfarben entsprechenden Reize liegen auf einer Kurve, die beiden äußersten Punkte werden durch die sog. *Purpurgerade* verbunden. Alle Farben liegen in diesem Gebiet, in der Mitte liegt der Weiß- oder Unbuntpunkt. Das Ergebnis einer additiven Mischung findet man auf der geraden Linie, die die Ausgangsfarben verbindet. Die Komplementärfarbe zu einer bestimmten Farbe findet man, indem man eine Gerade von dieser Farbe durch den Weißpunkt zur gegenüberliegenden Seite zieht.

Als *subtraktive Farbmischung* bezeichnet man den Vorgang, wenn Licht nacheinander durch zwei oder mehr Filter (↗ *Filter, optische*) tritt. Das Verhalten eines Filters kann durch seine *spektrale Durchlaßkurve* beschrieben werden, die angibt, welche Anteile des eingebrachten Lichtes nach der Transmission noch vorhanden sind. Beim Hintereinanderstellen zweier Filter fehlen dem Licht die Anteile, die von mindestens einem der beiden weggenommen werden (Tabelle).

Auch bei der *Farbphotographie* werden im Prinzip immer Hell-Dunkel-Aufnahmen in drei verschiedenen Farben gemacht, die bei der Betrachtung durch subtraktive oder additive Farbmischung das Farbbild ergeben (↗ *Photographie*).

## 4. Farbensehen

Bislang haben wir die Farbphänomene mehr von der Seite des Lichtes betrachtet. Konstitutiv für Farbphänomene ist aber die Wahrnehmung mit dem Auge. Wie kann man die Verarbeitung der Farbreize im Auge selbst verstehen?

*a) Auge und Netzhaut*

Im Auge sind die Zapfen und Stäbchen der Netzhaut verantwortlich für das Erzeugen der Reize beim Autreffen von Licht. Diese Zellen enthalten lichtempfindliche Stoffe. Bei niedrigen Intensitäten arbeiten nur die *Stäbchen*, die alle gleich sind, und wir können keine Farben unterscheiden. Erst bei höheren Intensitäten werden die *Zapfen* angesprochen, und dann lassen sich Farben unterscheiden. Infolgedessen muß es mehr als eine Art von Zapfen geben. Thomas Young (1773–1829) und Hermann von Helmholtz (1821–1894) haben angenommen, daß wir drei Zapfenarten haben, wovon jeweils eine vorwiegend im kurzwelligen (K), eine im langwelligen (L) und eine im mittleren Bereich (M) anspricht (↗ *Dreifarbentheorie*). Man kann weiter schließen, daß sich die Empfindlichkeitskurven dieser Sehzellen überschneiden müssen, und auch die Form läßt sich etwa bestimmen (Abb. 4).

Dies erklärt aber noch nicht, weshalb eine Mischung aus Rot, Grün und Blau uns weiß erscheint. Ebenso bleibt unklar, weshalb die Mischung von Rot und Grün kein grünliches Rot, sondern Gelb ergibt. Zur Erklärung ist die *Gegenfarbentheorie* von Ewald Hering (1834–1918) nützlich. Alle Farbempfindungen werden dabei auf die Wichtung von vier *psychologischen Grundfarben* zurückgeführt (Vierfarbentheorie). Als Grundfarben dienen vier Farben, die mit abstrakten Begriffen belegt werden und Grundempfindungen entsprechen: Blau, Gelb, Grün und Rot. (Dagegen orientiert sich für eine große Zahl anderer Farben der Name an einem Gegenstand: Orange, Oliv, Rosa usw.)

Die vier Grundfarben werden in Gegensatzpaaren Blau – Gelb und Grün – Rot angeordnet (zusätzlich gibt es noch das Gegensatzpaar der *unbunten Farben* Schwarz – Weiß). Damit wird zum Ausdruck gebracht, daß man nicht ein gelbliches Blau oder ein grünliches Rot empfindet, wohl aber etwa ein rötliches Gelb.

Es kann nicht leicht entschieden werden, welche der beiden Theorien den Sehvorgang besser beschreibt. Man geht heute davon aus, daß für die erste Stufe der Farbwahrnehmung, die Ereignisse auf der Netzhaut, die Young-Helmholtz-Theorie zutreffend ist, die Weiterverarbeitung aber so wie von Hering beschrieben geschieht. In neueren Theorien versucht man, beide Aspekte gemeinsam zu erfassen.

Eine ähnliche Aufteilung finden wir bei der Übertragung von Fersehbildern wieder: Die Darstellung auf dem Bildschirm geschieht durch drei Farben, bei der Übertragung aber werden (vereinfacht) zwei Farbkanäle und ein Unbuntkanal verwendet.

*b) Farbfehlsichtigkeit*

Einige Prozent aller Menschen sind farbfehlsichtig. Gesunden Menschen stehen drei Zapfenarten mit bestimmten Empfindlichkeitsmaxima zur Verfügung (*Trichroismus*). Bei anomalen *Trichromaten* sind die Maxima verschoben. Am häufigsten führt dies dazu, daß sie rote und grüne Objekte nicht so gut wie normale Trichromaten unterscheiden können. Bei Dichromaten (*Dichromasie*) ist eine der Zapfenarten unwirksam oder realtiv unempfindlich, Monochromaten können keine Farben unterscheiden (*Monochromasie*). Farbfehlsichtigkeiten können mit Hilfe von Farbtafeln erkannt werden. (↗ *Farbsinnstörung*)

## 5. Farbwahrnehmungsphänomene

Die vorangegangenen Abschnitte haben gezeigt, warum wir in der Lage sind, Farbe wahrzunehmen. Diese Fähigkeit macht natürlich nur dann Sinn, wenn es auch farbige

Dinge gibt. Hiermit setzt sich der Abschnitt 6 auseinander. Zunächst soll aber von einigen auffälligen Farbphänomenen die Rede sein, die auf die Wirkungsweise unseres Gesichtssinnes hinweisen.

*a) Phosphene*

Lassen Sie Ihre Augen sich eine ausreichende Zeit an die Dunkelheit gewöhnen, schließen Sie dann die Lider. In der Regel ist der Eindruck nicht der vollkommener Dunkelheit, sondern man sieht helle und farbige Bereiche. Üben Sie leichten Druck mit der Hand auf ein Augenlid aus. Sie können jetzt deutlich hellere Bereiche sehen, eventuell auch Muster. Dieser Eindruck, der nicht von einem gesehenen Objekt herrührt, verdeutlicht, wie komplex unser Sehvorgang ist. In diesem Fall rühren die Bilder daher, daß Sie durch den Druck die Blutzufuhr und auch die Nervenleitung beeinflußt haben.

*b) Farbkonstanz*

Betrachten Sie ein weißes Blatt Papier im Tageslicht, bei Sonnenuntergang, in einem künstlich beleuchteten Raum oder unter dem grünen Blätterdach eines Waldes. Wahrscheinlich werden Sie das Blatt immer als weiß bezeichnen, obwohl der Farbreiz, der von dem Blatt ausgeht, jeweils ein anderer ist. Dieser hängt nämlich stark von der Lichtquelle ab. Die Farbempfindung bleibt jedoch bei Veränderung der Farbe der Lichtquelle weitgehend dieselbe, weil sie auf die Umgebung bezogen wird, die sich entsprechend mitverändert. Das Phänomen ist mit dem der *Helligkeitskonstanz* verwandt, für beide ist die *laterale Hemmung* verantwortlich. Hiermit ist gemeint, daß sich die Signale benachbarter Rezeptoren in bestimmter Weise beeinflussen, wodurch Veränderungen, die die Gesamtwahrnehmung (Helligkeit oder Farbe) betreffen, weniger stark wahrgenommen werden, Kontraste jedoch verstärkt.

*c) Simultankontrast*

Vergleichen sie die Farbe der kleinen grauen Flächen in Abb. 5 miteinander. Obwohl sie objektiv alle gleich sind, scheinen sie die Gegenfarbe der Umgebung anzunehmen (*induzierte Farbe*). Besonders eindringlich schildert J.W. v. Goethe, wie die Schatten sich mit der Beleuchtung verändern. In einem einfachen Experiment können Sie sich dieses Phänomen vergegenwärtigen. Beleuchten Sie ein schattengebendes Objekt mit zwei kleinen, hellen Lampen, so daß Sie zwei Schatten unterscheiden können. Beobachten Sie die Schattenfarbe, wenn Sie die Farbe einer Lampe mit einem Filter verändern.

Die Ursache für die veränderte Farbwahrnehmung ist die schon oben angesprochene laterale Hemmung, die eine Verstärkung des Farbkontrastes verursacht.

*d) Negative Nachbilder*

Wenn Sie ein farbiges Objekt etwa eine Minute lang anschauen, ohne Auge und Kopf zu bewegen, so wirkt das Bild noch eine gewisse Zeitdauer nach. Dies können sie bemerken, wenn Sie den Blick auf eine helle Fläche lenken (als Objekt können Sie eine der Kreisflächen aus Abb. 5 benutzen). Sie werden dann ein *negatives Nachbild* sehen, das sich in den Komplementärfarben darstellt. Dies liegt daran, daß durch das Anschauen der farbigen Fläche die entsprechenden Rezeptoren desensibilisiert werden. Beim sich anschließenden gleichförmigen Weißeindruck reagieren die zuvor nicht desensibilisierten Rezeptoren stärker.

*e) Positive Nachbilder*

Den gegenteiligen Effekt können Sie erleben, wenn Sie ihre Augen für einige Minuten schließen, dann kurz in Richtung eines kontrastreichen Objektes öffnen und erneut schließen. Sie können jetzt ein *positives Nachbild* sehen, welches verdeutlicht, daß die Signalabgabe länger anhält als die eigentliche Belichtung. Beide Effekte, positive und negative Nachbilder, kann man mit der *Bidwell-Scheibe* beobachten. Diese besteht aus einem weißen und einem schwarzen Sektor, die durch einen kleineren durchsichtigen (offenen) getrennt werden. Beim Drehen der Scheibe können Sie für einen kurzen Moment durch den offenen Sektor auf ein hell beleuchtetes Objekt hinter der Scheibe sehen. Je nach Drehrichtung folgt dann der helle Sektor, und Sie sehen ein negatives Nachbild, oder es folgt der schwarze, und Sie sehen ein positives.

*f) Zeitlich veränderlicher Reiz*

Die *Benham-Scheibe* besteht aus einer bestimmten Anordnung von hellen und dunklen Bereichen. Wird sie in Drehung versetzt, so erscheint das Muster leicht gefärbt, obwohl, anders als bei der Bidwell-Scheibe, kein farbiger Gegenstand eine Rolle spielt. Dieses Phänomen ist ein Hinweis darauf, daß der Gesichtsinn in Bezug auf die Farbwahrnehmung auch zeitlich unterschiedlich reagiert. Ein ähnlicher Effekt ist im Fernsehen zu beobachten, wenn die Kamera schnell über einen sehr hellen Bereich schwenkt.

**Farbe und Farberscheinungen 5:** siehe Farbtafelteil.

Auch wenn unsere Augen vermeintlich in Ruhe ein Objekt fixieren, bewegen sie sich kaum merklich, um nicht eine vorzeitige Desensibilisierung zu bewirken. Beim Betrachten eines Schwarz-Weiß-Musters kann dies zu einem ähnlichen Effekt wie bei der Benham-Scheibe führen: Betrachten Sie Abb. 6, so erscheinen zarte Farbschwankungen, die *Fechnerschen Farben*.

**Farbe und Farberscheinungen 6:** siehe Farbtafelteil.

## 6. Farbigkeit

Die Dinge unserer Umwelt erscheinen uns farbig, sie müssen also selbst mit einem bestimmten Spektrum leuchten oder in irgendeiner Weise das Licht, das beispielsweise von der Sonne auf sie fällt, verändern. Wäre dies nicht so, hätte es keinen Sinn, daß unsere Augen Farben unterscheiden können. Die Farbigkeit kann durch verschiedene Mechanismen hervorgerufen werden, wovon einige in diesem Abschnitt betrachtet werden sollen.

*a) Lichtquellen*
Als ↗ *Lichtquellen* begegnen uns in erster Linie ↗ *Temperaturstrahler* wie etwa die Sonne oder auch Glühlampen, deren kontinuierliches Spektrum von der Temperatur abhängt (↗ *Farbtemperatur*, ↗ *Schwarzkörperstrahlung*). Unser Auge empfindet das von der Sonne abgestrahlte Spektrum als weiß, Strahler niedriger Temperatur erscheinen orange oder rot, weil der kurzwellige Bereich zunehmend fehlt. Auch ein nichtkontinuierliches Spektrum, wie das einer ↗ *Leuchtstofflampe*, kann weiß erscheinen, wie die Farbmischungsregeln verdeutlichen. *Leuchtdioden*, ↗ *Laser* und ↗ *Gasentladungslampen* mit bestimmten Gasen emittieren selektiv in einem gewissen Spektralbereich. Neonleuchten etwa leuchten rot, ↗ *Glimmlampen* in Phasenprüfern orangerot und Natriumdampflampen über Straßenkreuzungen orangegelb.

*b) Streuung*
Nichtselbstleuchtende Dinge erscheinen uns farbig, weil sie das Spektrum des eingestrahlten Lichtes verändern – ein alle Wellenlängen gleichermaßen streuendes Objekt erscheint bei Beleuchtung mit weißem Licht weiß.

Allerdings erscheinen auch manche aus durchsichtigen Bestandteilen zusammengesetzte Dinge – wie etwa Wasserdampf (Nebel) – weiß. Das Licht tritt in die Vielzahl der durchsichtigen Tröpfchen ein, wird mehrfach reflektiert und tritt wieder aus. Da das Licht hierbei spektral nicht verändert wird, ist der Farbeindruck weiß. Dies ist der Grund, weshalb auch Milch, Zucker, Schnee, Wolken, Papier und vieles andere – auch Lackfarbe – weiß erscheinen. Ein Fettfleck hingegen ersetzt die Luft im Papier, verhindert die diffusen Reflexionen und macht es durchsichtig. Streuprozesse können allerdings auch wellenlängenabhängig sein, was z.B. zum Himmelsblau führt (↗ *Optik, atmosphärische*).

Körper, die wellenlängenunabhängig absorbieren, erscheinen grau oder schwarz. Eine Fläche, die einen hohen Anteil des einfallenden Lichtes spiegelnd reflektiert, wie es die meisten Metalloberflächen tun, erscheint in (grauem) Glanz. (↗ *Metalloptik*).

*c) Farben von Substanzen*
Die Farben der meisten Substanzen entstehen durch selektive ↗ *Absorption* (infolge von ↗ *Resonanz*). Wasser beispielsweise bekommt seine leicht blaugrüne Färbung, weil Wassermoleküle im roten und infraroten Wellenlängenbereich absorbieren. Der verbleibende Anteil wird gestreut und bewirkt die Färbung. Farbstoffe wie Chlorophyll und Karotin haben Resonanzen im sichtbaren Bereich.

Ein gelber Farbfilter absorbiert blaues Licht. Der rote und grüne Anteil wird sowohl reflektiert als auch durchgelassen. Der Farbfilter sieht deshalb in Durchsicht und in Aufsicht gelb aus. Blaue Tinte sieht in Durchsicht und Aufsicht blau aus. Streichen Sie etwas Tinte auf ein Deckglas und lassen sie antrocknen, so ist sie in Durchsicht blau, in Reflexion aber dunkelrot. Rote Tinte ist entsprechend in Aufsicht grün und in Durchsicht rot. Dies liegt daran, daß sehr konzentrierte Farbstoffe sich anders verhalten: Sie reflektieren in dem Bereich, in dem sie absorbieren, also bei der Resonanzfrequenz.

*d) Pigmente*
Malfarbe besteht aus festen Partikeln, die in einem Bindemittel aus einem transparenten Medium eingelagert sind. Für farbige Lacke werden durchsichtige Teilchen (vgl. Abschnitt 6b) eingefärbt. Pigmentfarben enthalten undurchsichtige, farbige Partikel, die den Blick auf den Farbträger verdecken (Deckfarbe). Diese Begriffe werden allerdings nicht immer in eindeutiger Weise verwendet.

Das auftreffende Licht wird an der Oberfläche des Bindemittels, des Trägers, der Lackteilchen und der Pigmente reflektiert. Das Licht kann dabei an mehreren Teilchen reflektiert und zusätzlich bei der Transmission bei durchsichtigen Teilchen selektiv absorbiert werden. Das genaue Resultat (etwa der Grad der Sättigung) hängt also stark von den Einzelprozessen und damit auch von Pigmentgröße und -konzentration ab.

Wasserfarben aus dem Farbkasten reflektieren wenig Licht, sondern lassen es zum Papier durch, wo es reflektiert wird und nach erneutem Durchsetzen der Farbe zum Beobachter gelangt. Im wesentlichen wirken also Wasserfarben wie Filter, bei denen die Regeln der subtraktiven Farbmischung anzuwenden sind. Aber auch additive (partitive) Farbmischung spielt eine gewisse Rolle. Dies zeigt sich darin, daß eine Mischung aus allen verschiedenen Farbkastenpigmenten eine dunkelbraune Farbe ergibt und nicht etwa Schwarz, wie es bei rein subtraktiver Farbmischung zu erwarten wäre.

*e) Fluoreszenz*
Kann Wäsche »weißer als Weiß« werden? In gewissem Sinne ja! Verunreinigungen machen die Wäsche dunkler und weiße Wäsche meist auch gelblich. Den Weißeindruck könnte man durch leichte Blaufärbung der Wäsche wiederherstellen, dann wird sie insgesamt aber dunkler, also grau statt weiß. *Optische Aufheller* dagegen nutzen die ↗ *Fluoreszenz*. Unsichtbares *ultraviolettes Licht* wird dadurch in (zusätzliches) sichtbares blaues Licht umgewandelt. Auf diese Weise geben auch Leuchtfarben mehr sichtbares Licht ab als die Umgebung.

*f) Interferenz*
Es gibt eine Reihe von farbigen Phänomenen, bei denen kein Farbstoff im Spiel ist. Schauen Sie sich eine Pfauenfeder an oder den Halsbereich einer männlichen Stockente. Die Farben schimmern in eigentümlicher Weise (damit meint man in der Regel, daß der Farbeindruck sich verändert, wenn man den Blickwinkel ändert). Die Ursache hierfür ist ↗ *Interferenz* an einem Gitter, d.h., an einer

regelmäßigen Struktur. Bei der Pfauenfeder etwa wird dies durch regelmäßig eingelagerte Melamin-Stäbchen in der Feder erreicht. In diesem Fall wird durch Interferenz Licht bestimmter Wellenlänge in eine Vorzugsrichtung reflektiert.

Die Farben einer Seifenblase (oder einer vertikal eingespannten Seifenhaut, Abb. 7) und einer Ölschicht auf Wasser entstehen ebenfalls durch Interferenz, in diesem Fall an einer dünnen Schicht. Das *Anlaufen* einer Metallfläche (*Anlaßfarben*) nach dem Erhitzen wird durch Interferenz an einer dünnen Oxidschicht bewirkt. Die Ursache für die hier eher blassen Farben ist, daß Licht bestimmter Wellenlänge durch Interferenz an bestimmten Bereichen der Schicht ausgelöscht wird, wodurch diese in der stark ungesättigten Komplementärfarbe erscheint.

Dünnschichtinterferenz können Sie leicht selbst herstellen. Nehmen Sie dazu zwei Objektträger und legen Sie sie übereinander auf einen dunklen Untergrund. Schauen Sie sich die dünne Schicht, in diesem Fall eine Luftschicht zwischen den Gläsern, im Licht einer ausgedehnten weißen Lampe an. Bei leichtem Druck auf das obere Glas entstehen Interferenzmuster in zarten Farben.

## 7. Ausblick

Das Thema dieses Beitrags ist äußerst facettenreich – auch im übertragenden Sinne farbig! Aus diesem Grund konnten nicht alle Aspekte ausführlich behandelt werden, und für die verbleibenden Fragen muß auf die unten genannte Literatur verwiesen werden. Ein Ziel war aber auch, Sie zu eigenen Experimenten und Beobachtungen zu motivieren, denn die Farbigkeit unserer Umwelt ist ein gutes Beispiel dafür, daß eine große Zahl interessanter physikalischer Gegenstände uns nicht nur im Labor, sondern schon im Alltag begegnet.

**Farbe und Farberscheinungen 7:** siehe Farbtafelteil.

## Literatur:

Falk, David S.; Dieter R. Brill; David G. Stork: *Ein Blick ins Licht*, Birkhäuser, Basel, Boston, Berlin; Springer, Berlin, Heidelberg, New York, 1990;

Goethe, Johann Wolfgang von: *Zur Farbenlehre*;

Hecht, Eugene: *Optik*, Addison-Wesley, Bonn [usw.], 1989.

Richter, Manfred: *Farbmetrik*. In: Gobrecht, Heinrich (Hg.). Bergmann-Schaefer: *Lehrbuch der Experimentalphysik*, Band III *Optik*, Walter de Gruyter, Berlin, New York, 1978.

Treitz, Norbert: *Farben*, Klett, Stuttgart, 1985.

---

**Farbexzeß** ↗Farbindex.

**Farbfehler,** bei optischen Instrumenten: ↗Aberration, bei elektronischen Linsen: ↗Elektronenlinsen.

**Farbgleichung,** die Gleichheit zweier ↗*Farbempfindungen* unter standardisierten Versuchsbedingungen. Jede Farbempfindung kann mit Hilfe der ↗*Farbmischung* durch unendlich viele unterschiedliche ↗*Farbreize* ausgelöst werden.

**Farbindex,** in der Astronomie der Helligkeitsunterschied eines Sternes in verschiedenen Wellenlängenbereichen. Üblicherweise verwendet man zwei der standardisierten astronomischen Filterbereiche, die mittels Glas- oder ↗*Interferenzfiltern* aus dem einfallenden Licht selektiert werden, und bildet den Farbindex aus der Differenz der Sternhelligkeiten im »blauen« und »roten« Filter:

$$FI = B - V = m_B - m_V.$$

Blau und rot beziehen sich dabei auf die relative Lage der Filterbereiche zueinander.
Negative Werte besagen, daß der Stern im Blauen heller ist als im Roten, bei positiven Werten umgekehrt. Der Farbindex ist somit ein direktes Maß für die Temperatur eines Sternes, da in beiden Filtern unterschiedliche Anteile der *Plankschen Strahlungskurve* liegen.
Mehrere Effekte beeinflussen den Farbindex. Die chemische Zusammensetzung bewirkt eine Rötung des Farbindex von metallreichen Sternen gegenüber Sternen mit geringem Metallgehalt, da energiereiches »blaues« Licht in den Spektrallinien der Metalle absorbiert und zumeist in energieärmeren »roten« Spektralbereichen wieder emittiert wird. Alte, metallarme Sterne sind also blauer als junge metallreiche Sterne gleicher Masse und Oberflächentemperatur. Auch die ↗*interstellare Materie*, insbesondere der *interstellare Staub*, verändert durch die wellenlängenabhängige Streuung des hindurchtretenden Lichtes den Farbindex. Diese scheinbare Rötung des Sternlichtes durch ↗*Extinktion* wird *Farbexzeß* genannt.

**Farbindikator,** Stoff, der durch Färbung bzw. *Farbumschlag* den Gleichgewichtszustand einer ablaufenden ↗*chemischen Reaktion* anzeigt. Hierbei kann man zwischen pH-Indikatoren (↗*pH-Wert*), Redox-Indikatoren (Farbreaktion des Indikators bei definiertem Redox Potential, Tabelle) und Metallindikatoren (zur qualitativen Analyse von Metallen in Analysensubstanzen) unterscheiden. Am häufigsten werden Farbindikatoren bei der Durchführung von Säure-Base-↗*Titrationen* verwendet. Sie zeigen einen Farbumschlag bei dem für den jeweiligen Indikator charakteristischen pH-Bereich an. Die dabei verwendeten Indikatoren sind schwache organische Säuren und Basen, deren selektive Absorptionsmaxima für sichtbares Licht unter dem Einfluß der zu analysierenden Säure oder Base infolge komplizierter Elektronenumgruppierungen und/oder intramolekularer Atomumlagerungen verschoben werden. Die für die Farberscheinung zuständige Atomgruppierung

**Farbindikator:** Tabelle einiger ausgewählter Redox-Indikatoren zur Bestimmung des Redox-Potentials einer Lösung durch Farbreaktion.

| Redox-Indikator | Potential [Volt] (pH 0/ 20°C) | Potential [Volt] (pH 7/ 30°C) | Farbe oxidiert - reduziert |
|---|---|---|---|
| Methylenblau | +0,53 | +0,01 | Blau - farblos |
| Neutralrot | +0,24 | −0,29 | Rot - farblos |
| Nilblausulfat | +0,41 | −0,12 | Blaurot - farblos |
| Brillantkresylblau | +0,58 | +0,05 | Blau - farblos |

des Indikatormoleküls wird *chromophore Gruppe* genannt und beinhaltet in den meisten Fällen ein oder mehrere delokalisierte π-Elektronensysteme von Mehrfachbindungen. Viele der üblichen Farbindikatoren, wie z.B. *Methylorange*, sind *Diazofarbstoffe*, mit der *Azogruppe* -N=N- als chromophorer Gruppe. Andere typische Farbindikatoren, wie z.B. das *Alizarin*, gehören zu der Gruppe der *Anthrachinonfarbstoffe*, deren chromophore Gruppen die Ketogruppe C=O ist. Zu praktischen Zwecken werden Farbindikatoren auf Papierstreifen, den sogenannten Indikatorpapieren, aufgebracht, um sie dann in die zu analysierende Lösung zu tauchen.

**Farbladung,** *Farbe*, *Color*, ladungsartige Quantenzahl, die die drei Werte rot (r), grün (g) und blau (b) annehmen kann und den Quarks zugeordnet wird; diese treten für jede Flavor (u, d,...) somit als Farbtriplett

$$\begin{pmatrix} q_r \\ q_g \\ q_b \end{pmatrix}$$

auf. Die ↗*starke Wechselwirkung*, die durch die ↗*Quantenchromodynamik* (*QCD*) beschrieben wird, koppelt an die Farbladungen. In Prozessen der starken Wechselwirkung kann sich also die Farbe eines Quarks, aber *nicht* seine Flavor-Quantenzahl ändern. Die Eichbosonen der starken Wechselwirkung, die ↗*Gluonen*, tragen selbst auch Farbe und wechselwirken daher untereinander. Eine spezielle Eigenschaft der QCD sorgt dafür, daß die aus Quarks zusammengesetzten ↗*Hadronen* stets Farbsinguletts sind, also farbneutral (»weiß«) erscheinen. Die aus drei Quarks bestehenden ↗*Baryonen* treten dabei immer als Superposition verschiedener Farbkombinationen auf, die insgesamt eine total antisymmetrische Konfiguration bilden. Diese Erkenntnis löste das sog. $\Delta^{++}$-Rätsel des alten Quarkmodells ohne Farbe: Wie soll das aus drei u-Quarks im selben Spinzustand aufgebaute $\Delta^{++}$-Teilchen mit symmetrischer Quarkwellenfunkton dem ↗*Pauli-Prinzip*, das solche Zustände identischer Fermionen verbietet, gehorchen? Mit den von M. ↗*Gell-Mann* postulierten drei Farbladungen kann ein solcher Zustand konstruiert werden, der bezüglich der Farbindizes antisymmetrisch ist:

$$|\Delta^{++}\rangle = \frac{1}{\sqrt{6}}\big(|u_g\uparrow u_r\uparrow u_b\uparrow\rangle - |u_r\uparrow u_g\uparrow u_b\uparrow\rangle + |u_r\uparrow u_b\uparrow u_g\uparrow\rangle - |u_b\uparrow u_r\uparrow u_g\uparrow\rangle + |u_b\uparrow u_g\uparrow u_r\uparrow\rangle - |u_g\uparrow u_b\uparrow u_r\uparrow\rangle\big).$$

Das Quark-Antiquark-Paar eines ↗*Mesons* bildet ebenfalls eine Superposition aller Farben (jeweils als Farbe-Antifarbe-Paar). Es existieren auch direkte experimentelle Hinweise auf die Existenz von Farbladungen: zum einen ergibt die Berechnung der Pionzerfallsbreite $\Gamma(\pi \to \gamma\gamma) = 7{,}87(N_c/3)^2\text{eV}$, was für drei Farbladungen ($N_c = 3$) gut mit dem experimentellen Wert $\Gamma = 7{,}95 \pm 0{,}05\,\text{eV}$ übereinstimmt. Zum anderen kann das gemessene Verhältnis

$$R = \frac{\sigma(e^+e^- \to \text{Hadronen})}{\sigma(e^+e^- \to \mu^+\mu^-)} = N_c \sum_q Q_q^2$$

der Wirkungsquerschnitte von Hadron- und Myonproduktion in der $e^+e^-$-Vernichtung, das oberhalb der Bottom-Schwelle den Wert 4/3 annimmt, nur mit der Existenz dreier Farbladungen gedeutet werden. [UK]

**Farblängsfehler** ↗Aberration.

**Farbmetrik,** *Farbmaßlehre*, (engl. *Colorimetry*) auf den Prinzipien der additiven ↗*Farbmischung* beruhende Lehre von der »Messung« von *Farben*. Da Farben keine physikalischen Größen, sondern Sinneswahrnehmungen sind, beruht die Farbmetrik vor allem auf dem Vergleich von Wahrnehmungen. Hierbei wird berücksichtigt, daß eine elektromagnetische Welle des sichtbaren Spektralbereichs (380–780 nm) einen ↗*Farbreiz* beim Betrachter auslöst, der durch eine wellenlängenabhängige Funktion beschrieben wird und zu einer ↗Farbempfindung führt. Abhängig von den Umgebungsbedingungen (Hintergrundfarben etc.) kann ein Farbreiz dabei zu unterschiedlichen Empfindungen führen.

Man unterscheidet zwischen der *niederen* und *höheren Farbmetrik*. Die niedere Farbmetrik bewertet die Gleichheit von Farbempfindungen (↗*Farbvalenzen*), die durch Farbmischung entstanden sind, und gibt die Anteile der Grundfarben in Koordinatensystemen wieder (z.B. in *Farbdreiecken*). Die höhere Farbmetrik wurde von E. ↗*Schrödinger* begründet. Sie versucht auch quantitative Aussagen zur Ähnlichkeit von nicht-gleichen Farbempfindungen zu machen. Die höhere Farbmetrik findet ihre Anwendung z.B. in der Photometrie.

**Farbmischung,** gleichzeitige Wirkung von zwei oder mehr ↗*Farbreizen* auf den Beobachter. Von additiver Farbmischung spricht man, wenn sich der wirksame Farbreiz $\phi$ aus der Summe der Farbreize mehrerer einzelner Wellenlängen zusammensetzt, z.B. bei der Beleuchtung einer Fläche mit mehreren verschiedenen Farblampen ($\phi(\lambda) = \phi_1(\lambda) + \phi_2(\lambda) + \phi_3(\lambda) + \ldots$). Ein Beispiel hierfür ist das Fernsehbild, bei dem der (Misch-)Farbeindruck durch die unscharfe Überlagerung roter, blauer und grüner Punkte im Auge des Betrachters entsteht (↗Farbbildröhre). Bei der *subtraktiven* oder *multiplikativen Farbmischung* absorbieren verschiedene Farbpigmente jeweils einen anderen spektralen Anteil des einfallenden Lichts. Man kann durch Variationen der Konzentration der einzelnen Pigmente und des Mischungsverhältnisses die gleiche Breite von Farben erzeugen wie bei der additiven Farbmischung, benötigt aber andere Grundfarben. Beispiele hierfür sind das Mischen von Farben auf einer Malerpalette und das Entwickeln von *Farbphotos*.

**Farbortsfehler,** *Farblängsfehler, Farbschnittweitenfehler*, Abbildungsfehler erster Ordnung, der im *↗Paraxialgebiet* bei der Abbildung von Achsenpunkten mit polychromatischem Licht auftritt. Strahlen mit verschiedenen Wellenlängen werden aufgrund der *↗Dispersion* in optischen Materialien unterschiedlich stark gebrochen und schneiden daher die optische Achse in unterschiedlichen Schnittweiten $a$, wobei die Ablenkung zu kürzeren Wellenlängen hin zunimmt, d.h. blaues Licht wird stärker als rotes Licht gebrochen (s. Abb. 1 im Farbtafelteil, Abb. 2). Die Größe des Fehlers $\Delta a = a_{F'} - a_{C'}$ ($F' = 480$nm und $C = 642{,}8$nm) ist abhängig von der Linsenform (eine Konvexlinse zeigt eine Unterkorrektion, eine Konkavlinse dagegen eine Überkorrektion), der Brennweite $f$ und der Stellung der Linse im Strahlengang. Der Farbortsfehler ist gegeben durch $\Delta a = -f/\nu_e(1-\beta)^2$ ($\nu_e$: *↗Abbesche Zahl* des Linsenmateriales, $\beta$: *↗Abbildungsmaßstab*). Durch eine Kombination von Linsen mit unterschiedlicher *↗Brechkraft* (*↗Achromat*) läßt sich der Farbortsfehler korrigieren.

**Farbphotographie** ↗Photographie.

**Farbquerfehler,** *Farbfehler des Hauptstrahles*, optischer Abbildungsfehler, der auf dem Hauptstrahl bei der Abbildung außeraxialer Punkte mit polychromatischem Licht auftritt und seine Ursache im *↗Farbortsfehler* der Pupillenabbildung hat (Abb.). Der Farbquerfehler führt zu Farbsäumen und kann bei großen Bildwinkeln und hohen Ansprüchen das Bild stören.

**Farbreiz,** die in das Auge eines Betrachters fallende und eine *↗Farbempfindung* auslösende Strahlung. Der Farbreiz wird u.a. durch die Wellenlänge und die Intensität der Strahlung beeinflußt, nicht aber z.B. durch die Polarisation. Bei Menschen bildet nur Strahlung einer Wellenlänge zwischen ca. 380nm und 780nm einen Farbreiz, wobei der spektrale *↗Hellempfindlichkeitsgrad* die Empfindlichkeit des Auges beschreibt. In der *↗Farbmetrik* verwendet man die spektrale Farbreizfunktion $\phi(\lambda) = S(\lambda)\beta(\lambda)$ zur (vereinfachten) Beschreibung, mit der *Strahlungsfunktion* $S(\lambda)$ der Lichtquelle und dem spektralen *Remissionsgrad* der Oberfläche $\beta(\lambda)$.

Beim Betrachter wird der Farbreiz durch die Sehzellen der *Netzhaut* in ein neuronales Signal umgewandelt, das dann für die *Farbempfindung* im Gehirn sorgt.

**Farbscan** ↗Szintigraphie.

**Farbsinnstörung,** *Farbenfehlsichtigkeit, Farbsehstörung*, angeborene oder z.B. durch Erkrankung der Netz- oder Aderhaut erworbene Abweichung von der normalen ↗Farbenempfindung. Dies führt bei betroffenen Personen zur unterschiedlichen Beurteilungen von Farben und beeinträchtigt die Farberkennung bzw. -unterscheidung erheblich. Man unterscheidet dabei die *Farbasthenopie* (schnelle Ermüdung des sonst normalen Farbsehens), die *Farbamblyopie* (selektiv herabgesetztes Farbunterscheidungsvermögen) und die *Farbanomalie*. Die Farbanomalie findet eine weitere Unterscheidung in die anomale *Trichromasie* (der Farbfehlsichtige besitzt eine verminderte Empfindungsfähigkeit für eine Farbe), in die *Dichromasie* (die Empfindungsfähigkeit für eine bestimmte Farbe fehlt vollständig) und schließlich in die *Achromatopsie* oder auch totale Farbblindheit. Bei der anomalen Trichromasie ist die Empfindung für die Farben Rot, Gelb und Grün und damit alle Farbrezeptoren bzw. *Zäpfchen* vorhanden. Jeweils ein Mechanismus ist aber gestört, und man unterscheidet die *Protanomalie*, die *Deuteranomalie* und die *Tritanomalie* (Rot-, Grün-, Blau-Gelb-Schwäche). Dichromasien sind die häufigsten Formen der Farbsinnstörung und sind geschlechtsgebunden vererbbar. Der Farbfehlsichtige besitzt nur zwei der drei von der Theorie des trichromatischen Farbsehens (*Young-Helmholtz-Theorie*) geforderten Zäpfchentypen, man unterscheidet hierbei in *Protanopie*, *Deuteranopie* und *Tritanopie* (Rot-, Grün- und Blau-Gelb-Blindheit). Bei der totalen Farbblindheit besitzen die Betroffenen keinen der drei Rezeptortypen und können somit keine Farben wahrnehmen. Es ist jedoch möglich, Helligkeitswerte zu unterscheiden.

**Farbstimmung,** *chromatische Adaption*, beschreibt das Phänomen, daß ein *↗Farbreiz* abhängig von den Umgebungsbedingungen unterschiedliche *↗Farbempfindungen* auslösen kann. In einem mit Glühlicht beleuchteten Raum wirken z.B. helle Flächen zunächst leicht gelblich. Nach mehreren Minuten der *Farbumstimmung* verschwindet jedoch der Gelbeindruck, und die Flächen rufen die gleiche Farbempfindung hervor wie bei Beleuchtung mit Tageslicht. Betrachtet man umgekehrt mit einem Auge eine blaue Fläche (während das andere geschlossen ist) und anschließend abwechselnd mit beiden Augen ein unbeschriebenes Blatt Papier, erscheint es dem vorher geschlossenen Auge weiß, dem anderen jedoch gelblich.

**Farbortsfehler 1:** siehe Farbtafelteil.

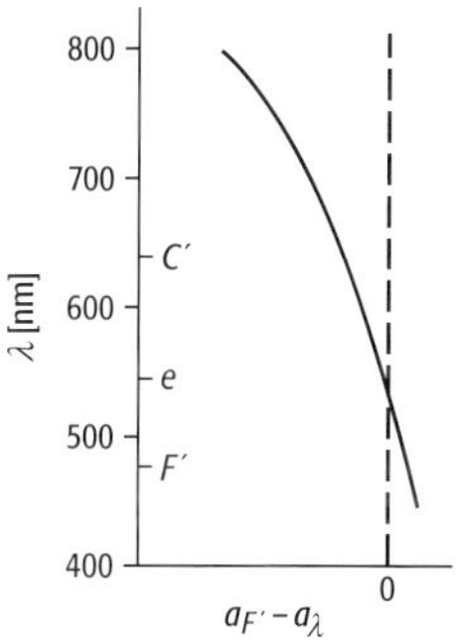


**Farbortsfehler 2:** Größe des Farbortsfehlers als Funktion der Wellenlänge.

**Farbquerfehler:** siehe Farbtafelteil.

**Farbstofflaser,** *Dyelaser*, einer der wichtigsten Lasertypen und der lange Zeit am weitesten verbreitete ↗*durchstimmbare Laser.* Beim Farbstofflaser ist das aktive Medium ein in einer Flüssigkeit (z.B. Ethanol oder Wasser) gelöster Farbstoff (engl.: *dye*). Der Farbstofflaser zeichnen sich durch einen großen kontinuierlichen *Abstimmbereich* (bis zu 90 nm) aus, mit den verschiedenen Farbstoffen kann zudem der gesamte Spektralbereich zwischen 300 nm und 1200 nm abgedeckt werden. Außerdem lassen sich hohe Leistungen bis über 100 W und bei entsprechender ↗*Frequenzstabilisierung* extrem schmalbandige Linienbreiten von unter 1 MHz erreichen. Als ↗*Pulslaser* erlaubt der Farbstofflaser Spitzenleistungen von mehreren Megawatt und Pulsdauern im Bereich von Pikosekunden. Mit im *cw-Betrieb* arbeitenden Pumplasern (z.B. einem *Argonionenlaser*) läßt sich der Farbstofflaser auch als ↗*Dauerstrich-Laser* betreiben. Diese Kombination von Eigenschaften hat dazu geführt, daß der Farbstofflaser lange Zeit insbesondere aus wissenschaftlichen Anwendungen wie der ↗*Laserspektroskopie* nicht mehr wegzudenken war. Mit der Entwicklung neuer durchstimmbarer Lasertypen mit vergleichbaren Fähigkeiten, z.B. der ↗*Dioden-*

**Farbstofflaser 1:** Pumpquellen und Leistungsdaten.

| Pumpe | Abstimmbereich [nm] | Pulsdauer [ns] | Spitzenleistung [W] | Pulsenergie [mJ] | Pulsfolgefrequenz [Hz] | mittlere Ausgangsleistung [W] |
|---|---|---|---|---|---|---|
| Excimer-Laser | 370–985 | 10–200 | $\leq 10^7$ | $\leq 300$ | 20–200 | 0,1–10 |
| $N_2$-Laser | 370–1020 | 1–10 | $\leq 10^5$ | $< 1$ | $< 10^3$ | 0,01–0,1 |
| Blitzlampen | 300–800 | 300–$10^4$ | $10^2$–$10^4$ | $< 5000$ | 1–100 | 0,1–200 |
| $Ar^+$-Laser, $Kr^+$-Laser | 400–1100 | cw | cw | – | cw | 0,1–5 |
| Nd:YAG-Laser $\lambda/2$: 550 nm, $\lambda/3$: 355 nm | 400–920 | 10–20 | $10^5$–$10^7$ | 10–100 | 10–30 | 0,1–1 |
| Kupferdampf-Laser | 530–890 | 30–50 | $\approx 10^4$–$10^5$ | $\approx 1$ | $\leq 10^4$ | $\leq 10$ |

**Farbstofflaser 2:** Abstimmbereiche einiger Farbstoffe.

| Farbstoff (Kurzbezeichnung und Name) | | Maximum der Fluoreszenz [nm] | Abstimmbereich [nm] | Pumplaser, Pumpquellen | Pumpleistung [W] |
|---|---|---|---|---|---|
| PP1: | Polyphenyl 1 | 385 | 375–411 | $Kr^+$, UV | 3,3 |
| S1: | Stilben 1 | 415 | 395–435 | $Ar^+$, UV | 2,5 |
| S3: | Stilben 3 | 435 | 400–465 | $Ar^+$, UV | 2,5 |
| C102: | Coumarin 102 | 495 | 460–520 | $Kr^+$, UV | 2,5 |
| C30: | Coumarin 30 | 510 | 480–545 | $Kr^+$, vis | 4,6 |
| C6: | Coumarin 6 | 538 | 508–560 | $Ar^+$, 488 nm | 6 |
| R110: | Rhodamin 110 | 550 | 535–585 | $Ar^+$, 514 nm | 6 |
| R6G: | Rhodamin 6G | 593 | 560–630 | $Ar^+$, 514 nm | 6 |
| DCM | | 650 | 610–700 | $Ar^+$, 488 nm | 6 |
| Py2: | Pyridin 2 | 730 | 690–790 | $Ar^+$, vis | 6,5 |
| LD 700 | | 750 | 690–835 | $Kr^+$, rot | 6 |
| St9M: | Styryl 9M | 580 | 758–915 | $Ar^+$, 514 nm | 7 |
| IR 140 | | 960 | 880–1010 | $Kr^+$, IR | 2 |

**Farbstofflaser 1:** a) Aufspaltung der Energieniveaus im Molekül mit Vibrations- und Rotationszuständen, b) das Farbstoffmolekül Rhodamin 6G.

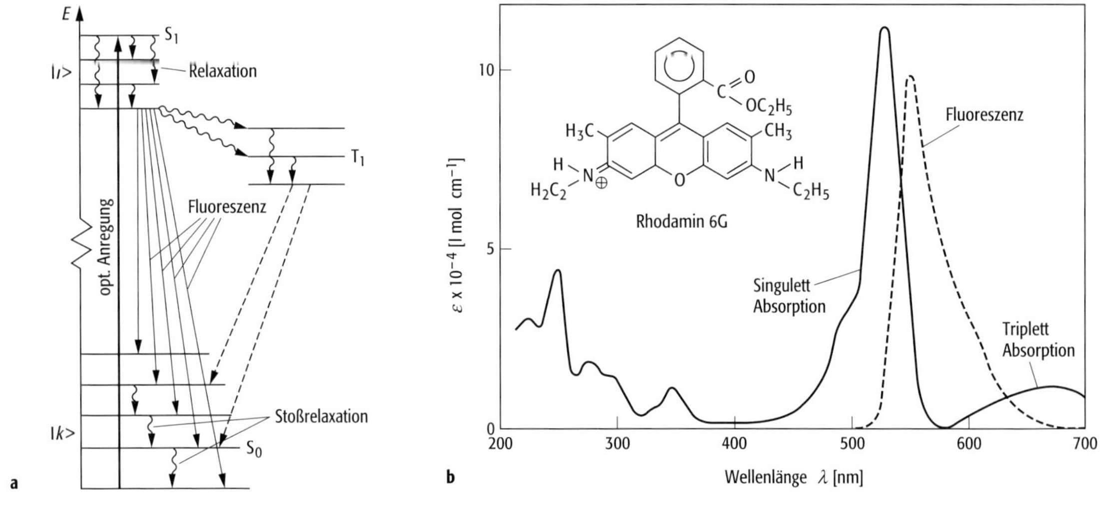

*und der ↗Titan-Saphir-Laser*, begann der Farbstofflaser aber wegen seiner relativ hohen Kosten und des aufwendigen Betriebs an Bedeutung zu verlieren.

Beim Farbstofflaser sind die elektronischen Niveaus der Farbstoffmoleküle, anders als bei den Atomen im Lasermedium eines *↗Gaslasers*, in sehr viele dicht nebeneinander liegende Vibrations- und Rotationsniveaus mit überlappenden Emissionslinien aufgespalten. Dies führt aufgrund der Vielzahl möglicher elektronischer Übergänge zu einem kontinuierlichen Fluoreszenzspektrum, was die Durchstimmbarkeit des Farbstofflasers begründet (Abb. 1a). Die Emissionsbereiche einiger Farbstoffe sind in Tab. 1 aufgeführt. Die über 500 zur Verfügung stehenden Farbstoffe sind meist organische Moleküle mit zum Teil vielen hundert Atomen. Das Molekül des verbreitetsten Farbstoffs, *Rhodamin 6G*, ist in Abb. 1b gezeigt.

Der Farbstofflaser ist nach der Bandenstruktur seines *↗Niveauschemas* ein *↗Vier-Niveau-Laser* (Abb. 2). Das Energie-Niveauschema des Farbstoffmoleküls setzt sich zusammen aus elektronischen Singulettzustäden (S) und Triplettzuständen (T), wobei jeder elektronische Zustand in Vibrationsniveaus aufgespalten ist und sich diese noch einmal in Rotationsniveaus unterteilen. Bei der optischen Anregung durch ein Pumplaserphoton wird ein Farbstoffmolekül aus einem Rotations-Schwingungsniveau des elektronischen Grundzustands $S_0$ in eines der Schwingungsniveaus des ersten angeregten Singulett-Zustands $S_1$ angehoben. Von dort fällt das Molekül durch Stöße mit dem Lösungsmittel sehr schnell ($\tau = 1$–$10\,\text{ps}$) innerhalb der Bandenstruktur zum untersten Vibrationsniveau von $S_1$. Unter Aussendung eines Photons findet dann der Laserübergang von diesem untersten Vibrationsniveau (mit einer relativ langen Lebensdauer von $\tau = 1$–$10\,\text{ns}$) zu einem der angeregten Vibrationsniveaus des elektronischen Grundzustandes $S_0$ statt. Innerhalb des $S_0$-Zustandes fällt das Molekül dann wieder schnell in die unteren Vibrationsniveaus des elektronischen Grundzustands. Die genauen möglichen Übergänge zwischen den einzelnen Vibrationsniveaus werden durch das *↗Franck-Condon-Prinzip* beschrieben.

Die Möglichkeit, daß Moleküle vom Singulett- in das Triplett-System übergehen (*Intersystem-Crossing*), führt bei cw-Farbstofflasern zum Problem des »*Quenchings*«, der Zerstörung der *↗Besetzungsinversion*. Um dieses Problem zu vermeiden, muß der Farbstoff in der aktiven Region kontinuierlich ausgetauscht werden. Dies kann geschehen, indem man die Farbstofflösung von einem Reservoir durch die Farbstoffzelle hindurch wieder zurück zum Reservoir fließen läßt. Bei cw-Farbstofflasersystemen wird die Küvette meist durch einen freien Flüssigkeitsstrahl ersetzt (*Dye-Jet*, Abb. 3).

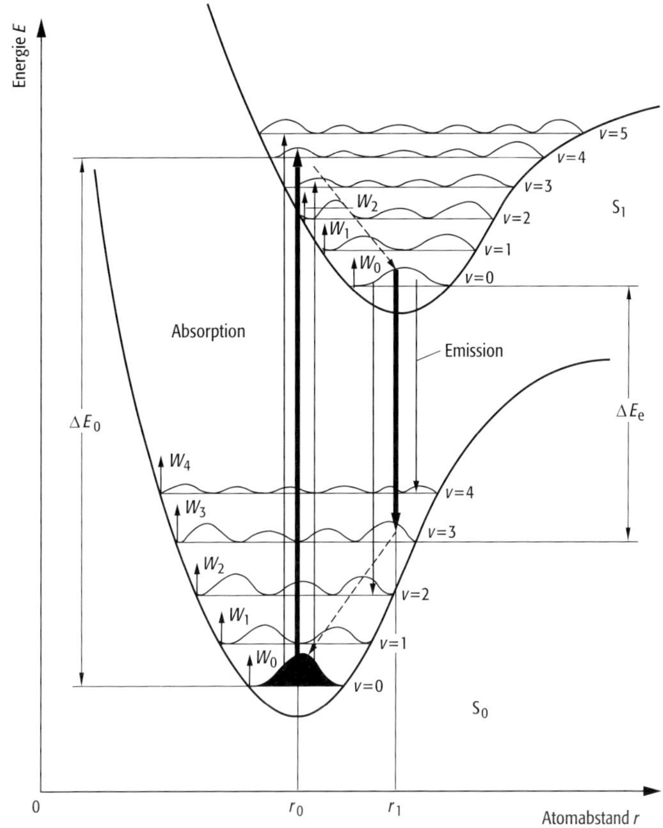


**Farbstofflaser 2:** Ausschnitt aus dem Niveauschema eines zweiatomigen Moleküls und prinzipielles Laserniveauschema des Farbstofflasers. $S_0$, der elektronische Grundzustand und $S_1$, der erste angeregte Singulett-Zustand, sind beide in Vibrationsniveaus aufgespalten, deren ortsabhängige Aufenthaltswahrscheinlichkeiten durch die eingezeichneten Wellenfunktionen angedeutet sind. Die Pfeile geben das Übergangsverhalten nach dem *Franck-Condon-Prinzip* wieder.

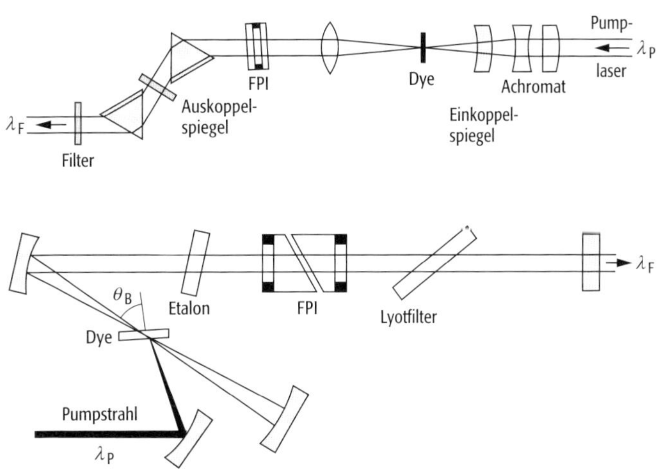


**Farbstofflaser 3:** Zwei typische Dye-Jet-Anordnungen. Oben ein longitudinal gepumptes System. Das hier auftretende Problem der notwendigerweise für die Pumpwellenlänge transparenten, aber für die Laserwellenlänge reflektierenden Beschichtungen am Einkoppelspiegel kann wie unten gezeigt vermieden werden: Der Pumpstrahl wird hier schräg unter dem Brewster-Winkel (für minimale Reflektion) in den Dye-Jet fokussiert.

Ein weiteres wichtiges Problem des Farbstofflasers ist das räumliche »Lochbrennen«, das bei Laserresonatoren mit stehenden Wellen auftritt. An den Knoten der stehenden Welle kommt es nicht zur stimulierten Emission, dies führt zu Leistungsverlusten und zum Anschwingen weiterer ↗*Resonatormoden*, die den Single-Mode-Betrieb, der für schmale Linienbreiten notwendig ist, unmöglich machen. Zur *Frequenzstabilisierung* und Leistungsverbesserung benutzt man daher bei Farbstofflasern oft die aufwendigeren ↗*Ringresonatoren* (mit umlaufender Welle). [PVDH]

**Farbsysteme,** *Farbvalenzsystem*, System zur Quantifizierung von ↗Farbvalenzen.

**Farbtemperatur,** subjektive *Äquivalenttemperatur* bei Vergleich eines *schwarzen Strahlers* mit einem beliebigen Strahler (↗*Strahlungstemperatur, spektrale*).

**Farbvalenz,** Begriff der ↗*Farbmetrik*, der einen Punkt im dreidimensionalen Farbraum beschreibt. ↗*Farbreize* gleicher Farbvalenz sind beim Farbvergleich ununterscheidbar. Bei der additiven ↗*Farbmischung* kann die Farbvalenz $\boldsymbol{F}$ der Mischfarbe als Vektoraddition der mit den jeweiligen *Farbwerten R, G, B* multiplizierten Primärvalenzen $\boldsymbol{R}$, $\boldsymbol{G}$, $\boldsymbol{B}$ beschrieben werden:

$$\boldsymbol{F} = R\boldsymbol{R} + G\boldsymbol{G} + B\boldsymbol{B} \text{ bzw.}$$

$$\begin{pmatrix} R \\ G \\ B \end{pmatrix} = R\begin{pmatrix} 1 \\ 0 \\ 0 \end{pmatrix} + G\begin{pmatrix} 0 \\ 1 \\ 0 \end{pmatrix} + B\begin{pmatrix} 0 \\ 0 \\ 1 \end{pmatrix}.$$

Die Primärvalenzen $\boldsymbol{R}$, $\boldsymbol{G}$, $\boldsymbol{B}$ repräsentieren als Einheitsvektoren des Farbraums dabei die drei Grundfarben.

Mathematisch sind auch Farbvalenzen möglich, die nicht innerhalb des *Spektralfarbenzugs* liegen (↗*Farbdreieck*) und damit nicht durch additive Farbmischung hergestellt werden können. In diesem Fall spricht man von *virtuellen Farbvalenzen*.

**Farbvergrößerungsfehler,** *chromatische Vergrößerungsdifferenz*, optischer Abbildungsfehler, der durch die verschiedene Bildgröße bei der Abbildung eines Objektes mit unterschiedlichen Wellenlängen entsteht. Als quantitativer Wert des Farbvergrößerungsfehlers wird die Brennweitendifferenz $\Delta f = f_{F'} - f_{C'}$ bei den Wellenlängen $F' = 480\,\text{nm}$ und $C = 643{,}8\,\text{nm}$ definiert. Die Größe dieses Abbildungsfehlers erster Ordnung ist gegeben durch $\Delta f = -f_e/\nu_e$, wobei $\nu_e$ die ↗*Abbesche Zahl* des optischen Materiales und $f_e$ die Brennweite für $\lambda_e = 546{,}1\,\text{nm}$ ist. Eine Abbildung mit polychromatischem Licht ohne Farbsäume ist nur dann gewährleistet, wenn die ↗*aplanatische Abbildung* (Sinusbedingung) für alle Wellenlängen erfüllt ist, d.h. die Brennweite bleibt gleich (*stabil achromatisch*).

**Farbwahrnehmung,** Variante der Wahrnehmung optischer Reize durch Organismen, Fähigkeit, elektromagnetische Strahlung nicht nur nach ihrer Intensität (Helligkeitswahrnehmung), sondern auch nach ihrer Wellenlänge zu bewerten.
Der optische Reiz löst biologisch-optische Prozesse im Sehorgan (↗*Auge*) aus (↗*Farbreiz*). Die Information wird in den entsprechenden Gebieten der Hirnrinde verarbeitet und löst dann körperliche Reaaktionen aus. Die Wahrnehmung hängt sowohl von den äußeren Reizbedingungen als auch von den inneren Systembedindungen ab. Dadurch entsteht kein geometrisch-optisches Abbild der der Außenwelt, sondern ein im Interesse der Orientierung optimiertes Bild. Zu der Bildverarbeitung gehören die Auswahl der aufgenommenen Informationen aus der Menge der empfangenen Reize nach Wichtigkeit und die Vervollständigung durch gespeicherte Informationen. Damit erklärt sich das Konstanzphänomen, die Beständigkeit wahrgenommener Eigenschaften wie Helligkeit und Farbe trotz möglicher Änderung der dazu gehörigen Reizgrundlagen. (↗*Farbempfindung*)

**Farbwert,** relative Stärke einer Farbkomponente in einer ↗*Farbmischung* aus drei Grundfarben. Die meist mit *R*, *G* und *B* bezeichneten Farbwerte sind dimensionslos und so normiert, daß für ein Weiß bestimmter Helligkeit gilt: $R = G = B = 1$. Zusammen mit der vektoriellen Beschreibung der ↗*Farbvalenzen* geben die Farbwerte die Koordinaten einer Farbe in einem dreidimensionalen Farbraum an.
Beim ↗*Farbdreieck* benutzt man häufig die *Farbwertanteile* $r = R/(R + G + B)$ usw. Da hier gleichzeitig $r + g + b = 1$ gilt, wird jede Farbe schon durch die Angabe von zwei Dreieckskoordinaten eindeutig beschrieben.

**Farbzentren,** Fehlstellen in Ionenkristallen, die eine charakteristische Absorption elektromagnetischer Strahlung im Bereich sichtbaren Lichts aufweisen. Die am besten untersuchten sind die sog. ↗*F-Zentren* in Alaklihalogeniden. (↗*Farbzentrenlaser*)

**Farbzentrenlaser,** Laser, dessen aktives Medium ein ↗*Farbzentrum* ist. Ein erster Farbzentrenlaser wurde bereits 1964 realisiert (Fritz, Menke), doch erst zehn Jahre später gelang es, die Durchstimmbarkeit eines solchen Lasers zu nutzen (Mollenauer, Olson, 1974). Bei Farbzentren findet man äußerst breite Abstimmbereiche von 800 nm bis zu 3,3 µm im cw- und bis zu 4 µm im gepulsten Betrieb. Zur Erzeugung eines Farbzentrums bildet man zunächst ein F-Zentrum, das aus einer Anionenlücke und einem an diese Lücke gebundenen Elektron besteht. Die Niveaus dieses Elektrons sind im Kristallgitterfeld stark durch Wechselwirkung mit Phononen verbreitert. Die Abb. zeigt ein typisches ↗*Vier-Niveau-Schema*, wie es bei einem sog. *FA(II)-Farbzentrum* entsteht. Die Absorption des Pumplichtes erfolgt aus einem s-ähnlichen Grundzustand in einen p-ähnlichen Zustand, der in zwei meist deutlich voneinander getrennte Niveaus aufgespalten ist. Dieser angeregte Zustand relaxiert mit einer Lebensdauer von 1ps in das obere Laserniveau, dessen Lebensdauer zwischen 10 und 200ns betragen kann. Nach dem Laserübergang relaxiert das Farbzentrum wieder innerhalb einer Lebensdauer kleiner als 1ps in den Grundzustand. Durch gezielte Auswahl des Kristalls und der Störstelle, durch die das Farbzentrum gebildet wird, können Farbzentrenlaser den gesamten Bereich von 800nm bis zu 3,8μm lückenlos überdecken, einige Beispiele zeigt die Tabelle. Die Lebensdauer von in der Praxis eingesetzten Farbzentren beträgt zwischen einer Woche und über einem Jahr.

Farbzentrenlaser finden wegen ihres großen *Abstimmbereiches* vor allem in der hochauflösenden ↗*Atomspektroskopie*, ↗*Molekülspektroskopie* und *Festkörperspektroskopie* ihren Einsatz. Eine neue Entwicklung im Bereich der modengekoppelten Farbzentrenlaser ist der ↗*Solitonenlaser.*

**Farbzentrenlaser:** Pumpwellenlängen und Abstimmbereiche verschiedener Farbzentrenlaser.

| Kristall/ Farbzentrum | Pump-wellenlänge [nm] | Abstimm-bereich [μm] |
|---|---|---|
| $LiF/F_2^+$ | 647 | 0,82–1,05 |
| $NaF/F_2^+$ | 647 | 0,89–1,00 |
| $KF/F_2^+$ | 1064 | 1,26–1,48 |
| $NaCl/F_2^+$ | 1064 | 1,40–1,75 |
| $KCl:Tl/Tl^0(1)$ | 1064 | 1,40–1,60 |
| $KCl:Na/F_2^+$ | 1340 | 1,62–1,91 |
| $KCl:Li/(F_2^+)_A$ | 1340 | 2,00–2,50 |
| $KCl:Na/F_B$ (II) | 514, 568, 647 | 2,25–2,65 |
| $KCl:Li/F_A$ (II) | 514, 647 | 2,50–2,90 |
| $RbCl:Li/F_A$ (II) | 647, 676, 752 | 2,60–3,30 |
| $KI:Li/(F_2^+)_A$ | 1730 | 2,38–3,99 |

**Farnsworth-Röhre** ↗Sondenröhre.

**Faserbündel,** eine ↗Mannigfaltigkeit $B$, die lokal wie ein kartesisches Produkt $X\times F$ von Mannigfaltigkeiten aussieht. Ein Faserbündel besteht aus einem *Bündelraum* $B$, einem *Basisraum* $X$, einer *typischen Faser* $F$, einer ↗Lie-Gruppe $G$ (*Strukturgruppe* des Bündels), einer glatten surjektiven *Bündelprojektion* $\pi: B\to X$ und einer *Linkswirkung* $\rho$ von $G$ auf $F$, d.h. ein Gruppenhomomorphismus von $G$ in die ↗Gruppe Diff$(F)$ der Diffeomorphismen von $F$. Es gibt eine offene Überdeckung $(U_r)$ von $X$, so daß $\pi^{-1}(U_r)$ *diffeomorph* zu $U_r\times F$ ist über eine *Bündelkarte* oder *lokale Trivialisierung*

$$f_r : \pi^{-1}(U_r) \to U_r \times F$$
$$p \mapsto f_r(p) = (\pi(p), \phi(p))$$

mit einer glatten Abbildung $f_r$: $\pi^{-1}(U_r)\to F$. Eine Bündelkarte identifiziert die *Faser* $\pi^{-1}(x)$ über $x\in U_r$ mit der typischen Faser $F$. Zu je zwei Bündelkarten $f_r$, $f_s$ mit *Kartengebieten* gibt es eine *Übergangsfunktion*

$$g_{rs} : U_r \cap U_s \to G$$
$$x \mapsto g_{rs}(x),$$

so daß für alle Punkte $p$ in der Faser über $x$ gilt

$$\phi_r(p) = \rho_{g_{rs}(x)}\phi_s(p).$$

Für je drei Karten mit $f_r$, $f_s$, $f_t$ mit $U_r\cap U_s\cap U_t\neq\emptyset$ gilt die *Kozykelbedingung*

$$g_{rs}(x)g_{st}(x) = g_{rt}(x).$$

Wichtige Typen von Faserbündeln sind die ↗*Vektorbündel* und die *Prinzipalbündel.*

In der Theorie der Strahlensysteme spielen Faserbündel eine gewichtige Rolle. Das einfachste Beispiel eines Strahlensystems ist ein System von Normalen an eine Fläche im euklidischen Raum. In einer Umgebung einer glatten Fläche bildet das System der zugehörigen Normalen ein glattes Faserbündel; jedoch beginnen sich in einem gewissen Abstand von der Fläche verschiedene Normalen zu schneiden.

**Faserdiagramm,** ursprünglich das Muster der Schwärzungen auf einer Photoplatte als Resultat der Streuung von Röntgenstrahlen an Objekten, welche zu faserigen Aggregaten kristallisieren, später die Verteilung der Streuungsdichten von Röntgenstrahlen nach Streuung an solchen Objekten (Diffraktion an Fasern).

Die Methode der Faserdiffraktion hatte ihre größte Bedeutung bei der Bestimmung der Helixparameter der Sekundärstrukturen von Proteinen (*α-Helix* und *β-Faltblatt*), des Kollagens, der Seide und anderer Faserproteine, der Doppelspiralstruktur der DNS und der Struktur einiger Viren.

**Faseroptik,** *Fiberoptik*, *Glasfaseroptik*, Oberbegriff für die Übertragung von Licht in ↗*Lichtwellenleitern.* In der Anwendung werden häufig mehrere Lichtwellenleiter zu einem Bündel zusammengefaßt, wobei Mäntel und Schirmungen Verluste verringern. Sollen mit Faseroptiken Bildinformationen übertragen werden, muß die Ordnung innerhalb des Bündels eingehalten, d.h. die Fasern müssen an beiden Enden gleich angeordnet sein (*kohärente Faseroptik*).

In jüngerer Zeit werden immer häufiger andere optische Bauelemente wie z.B. Linsen direkt mit dem Faserende verbunden oder direkt aus der Faser geformt. Dies verringert Leistungsverluste und erweitert die Anwendungsmöglichkeiten von Lichtwellenleitern z.B. in Medizin und Spektroskopie. *Diodenlaser* können direkt an ein Faserende gekoppelt werden, ebenso wie in *Festkörperlasern* verwendete Kristalle. Auf diese Weise entstehen miniaturisierte *Faserlaser.* Die polierten (und z.T. verspiegelten) Fasern können dabei auch als *Resonatoren* wirken.

**Faserstruktur,** Struktur eines aus Kristalliten oder langgestreckten Molekülen zusammengesetzten Stoffes, wenn dessen Bestandteile so angeordnet sind, daß *eine* Gittergerade oder die Längsrichtung der Moleküle überall die gleiche oder nahezu die gleiche Richtung (Faserrichtung) aufweist. Bei manchen Stoffen (z.B. Gummi) entsteht die Faserstruktur erst durch Zugspannung, bei Metallen durch Ziehen oder Walzen. Faserstrukturen können mittels Röntgen- oder Elektronenbeugung nachgewiesen werden.

**Faserverluste,** in der ↗*Lichtnachrichtenübertragung* mittels ↗*Lichtwellenleitern* wichtiger Begriff zur Beschreibung der Intensitätsverluste bei Transport einer Lichtwelle durch eine Glasfaser. Je geringer die Faserverluste durch Absorption und Streuung aus der Faser heraus sind, desto größer kann der Abstand zwischen zwei optischen Verstärkern ausfallen. Durch hohe Materialreinheit bei der Herstellung erreicht man heute fast die theoretischen Grenzen, bei Fasern aus Quarzglas ($SiO_2$) z.B. eine Abschwächung von weniger als 0,2 dB/km (durch Streuung an Dichtefluktuationen und Fremdatomen), entsprechend einer Transmission von mehr als 1 % nach 100 km Faserlänge (Abb.).

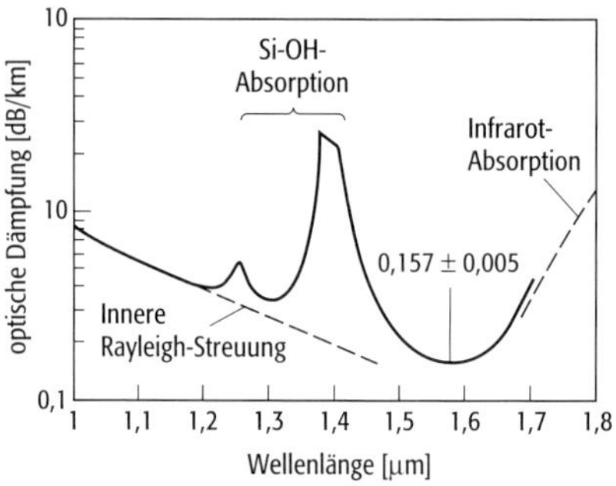


**Faserverluste:** Dämpfungsspektrum einer *Single-Mode-Quarzfaser* mit geringem $GeO_2$-Gehalt im infraroten Spektralbereich.

**Fassung,** Bezeichnung für die mechanische Einrichtung, die ein optisches Bauelement (z.B. Linse und Spiegel) trägt und es erlaubt, mehrere Elemente in einer Relativlage zueinander zu halten.

**Fast-Beam-Spektroskopie,** ↗*Laserspektroskopie* an einem schnellen Atom- oder Ionenstrahl. Unter »schnell« versteht man dabei Partikel mit einer ↗*kinetischen Energie* in der Größenordnung von mindestens einigen keV.

**Fastbus,** standardisiertes, modulares *Bussystem* zur ↗*Datenerfassung*, Datenverarbeitung und -kontrolle. Ein Fastbus-System besteht aus multiplen Bussegmenten, die unabhängig voneinander operieren können, aber verbunden werden, um Daten und Informationen mit maximaler Geschwindigkeit weiterzureichen. Fastbus kann entweder asynchron operieren und mittels eines Handshake-Protokolls die individuellen Geschwindigkeiten der einzelnen am ↗*Bus* befindlichen Geräte (sog. *Devices*) berücksichtigen, oder aber synchron, um Daten mit maximaler Geschwindigkeit zu transferieren. Fastbus wird häufig in Verbindung mit ↗*VME* als Front-End-Elektronik verwendet, hierbei liest der Steuerrechner im VME den Fastbus aus und fügt die Daten anschließend im VME zusammen.

**fast-integrable Systeme,** Hamilton-Systeme, die durch eine Störung eines ↗*integrablen Systems* entstehen. Während integrable und *stark-chaotische Systeme* extreme Ausnahmefälle darstellen, die manchmal exakt behandelt werden können, stellen fast-integrable Systeme den typischen oder generischen Fall dar. Sie können in vielen Aspekten nur qualitativ oder numerisch behandelt werden. Das Charakteristikum dieser Systeme ist die Koexistenz regulären und chaotischen Verhaltens im Phasenraum oder auf der ↗*Energiefläche* konservativer Systeme.

Die einfachsten fast-integrablen Systeme sind solche mit zwei Freiheitsgraden, also vierdimensionalem Phasenraum $H = H(q_1, q_2, p_1, p_2)$, oder getriebene Systeme mit einem Freiheitsgrad $H = H(q, p, t)$ (3/2 Freiheitsgrade). Für letztere können, wenn der Antrieb zeitlich periodisch ist, die typischen Phasenraum-Strukturen sehr leicht veranschaulicht werden, indem man Koordinate $q(t)$ und Impuls $p(t)$ nur zu Zeiten, die Vielfache der Periode $T$ sind, in der $q$-$p$-Ebene markiert $(q_n, p_n) = (q(t = nT), p(t = nT))$, $n = 0, 1, 2, \ldots$ (stroboskopische Abbildung, Wiederkehrabbildung). Für ein viel untersuchtes System, den ↗*periodisch angestoßenen Rotator* $H = p^2/2 + k \cos q \cdot \sum_n \delta(t - nT)$, sind in der Abb. Phasenraumstrukturen dargestellt, die man für verschiedene Anfangsbedingungen $(q_0, p_0)$ erhält. Die linienartigen, regulären Strukturen sind einerseits deformierte Überreste des integrablen Verhaltens für $k = 0$ (Linien bei $p_c^+$ und $p_c^-$). Die Existenz dieser topologisch kreisförmigen Gebilde (1-*d*-Tori, $\vartheta$ = Winkel) wird für kleine $k$ durch das ↗*Kolmogorow-Arnold-Moser-Theorem* (KAM-Theorem) garantiert. Andererseits findet man ellipsenartige Linien (*elliptische Inseln*), die sich in der Nähe stabiler, periodischer Trajektorien befinden. Ihre Existenz ist die Folge einer Resonanz von Antriebsfrequenz und einer internen, natürlichen Systemfrequenz und wird formell durch das ↗*Poincaré-Birkhoff-Theorem* erklärt. Zwischen den elliptischen Inseln, in der Nähe instabiler, periodischer Trajektorien, zeigen Iterationen $(q_n, p_n)$ chaotisches Verhalten, was sich unter anderem in der flächenhaften Verteilung dieser Punkte niederschlägt (↗*chaotischer See*). Bei höherer räumlicher Auflösung findet man innerhalb der elliptischen Inseln auf einer sehr viel kleineren Skala auch noch chaotische Seen, die wiederum noch kleinere elliptische Inseln besitzen, usw., also eine unendliche Hierarchie von chaotischen und regulären Strukturen. Ein qualitativ ähnliches Verhalten findet man im ↗*Poincaré-Schnitt* einer *Energiefläche* eines Systems mit zwei Freiheitsgraden. Auch hier sind die in den chaotischen See eingebetteten elliptischen Inseln und die regulären KAM-Linien für chaotische Trajektorien undurchlässig. In Systemen mit mehr als zwei Freiheitsgraden bilden die regulären Strukturen keine absoluten Barrieren mehr, ein chaotischer Orbit kann dann z.B. in das Innere einer elliptischen Insel hinein diffundieren (↗*Arnold-Diffusion*). [GR2]

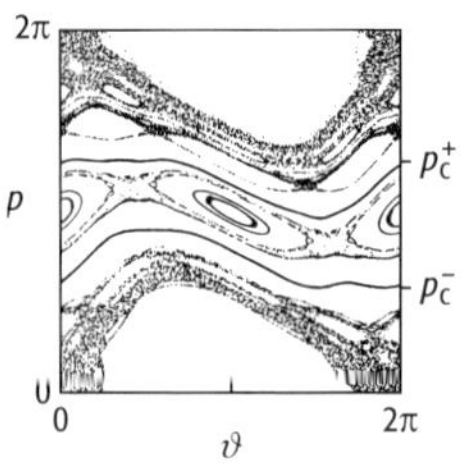


**fast-integrable Systeme:** Phasenraumstrukturen des periodisch angestoßenen Rotators (für $k \approx 0{,}97$, $T = 1$), wie man sie in den typischen fast-integrablen Systemen mit 11/2 oder zwei Freiheitsgraden findet. Gezeigt sind je 5000 Iterationen der entsprechenden Wiederkehrabbildung von 13 verschiedenen Anfangsbedingungen. Die weißen Flächen sind entweder ebenfalls mit elliptischen Inseln besetzt oder durch KAM-Linien von den chaotischen Komponenten abgetrennt.

**Fastmode-Welle,** isotrope und kompressible magnetohydrodynamische Welle in einem magnetisierten Plasma (z.B. in der ↗*Magnetosphäre* der Erde). Gruppen- und Phasengeschwindigkeit sind für ein »kaltes« Plasma bei niedrigen Frequenzen gleich der Alfvén-Geschwindigkeit.

**Fata Morgana,** *Luftschloß*, eine spezielle Form der Luftspiegelung, bei der die Horizontlinie verzerrt erscheint (↗*Optik, atmosphärische*).

**FATE,** *Fast Optimum Angle Spin-Echo Sequence with Short TE*, ↗Pulssequenzen.

**fcc,** *face centered cubic*, ↗kubisch-flächenzentriertes Gitter.

**FCNC,** *Flavor-ändernde neutrale Ströme* (engl. *Flavor changing neutral currents*), Bezeichnung für Prozesse der schwachen Wechselwirkung, bei denen sich die Flavor der beteiligten Quarks ändert, aber nicht die elektrische Ladung, also z.B. der Übergang von einem s- zu einem d-Quark. Allerdings lassen sich solche Prozesse experimentell nicht beobachten (abgesehen von Effekten höherer Ordnung), obwohl die $SU(2)\times U(1)$-Eichtheorie der elektroschwachen Wechselwirkung, das *GWS-Modell* (↗*Glashow-Weinberg-Salam-Modell*), sie nicht ausschließt, wenn das Modell mit nur einem linkshändigen Quark-Dublett $(u,d')$ formuliert wird ($d'$ ist die von N. ↗*Cabibbo* eingeführte Mischung von d- und s-Quark zur Erklärung der Strangeness-ändernden Prozesse).

Die Übergänge verschwinden erst aus der Theorie, wenn eine zu $d'$ orthogonale Mischung $s'$ von s- und d-Quark hinzugefügt wird (↗*GIM-Mechanismus*). Als notwendiger Partner des $s'$-Quarks zur Vervollständigung eines SU(2)-Dubletts wurde vom GIM-Mechanismus das c-Quark vorhergesagt. Es konnte 1974 tatsächlich nachgewiesen werden. Eine Eichtheorie mit zwei linkshändigen Quark-Dubletts $(u, d')$ und $(c, s')$ enthält also in niedrigster Ordnung keine Flavor-ändernden neutralen Ströme mehr.

Über einen speziellen mehrstufigen Teilchenzerfall, den sog. *Pinguin-Zerfall*, sind neutrale Prozesse mit Flavoränderung trotzdem möglich und wurden 1993 mit dem CLEO-Detektor am Speicherring CESR der Cornell University (USA) im Zerfall eines B-Mesons in ein angeregtes K-Meson und ein Photon nachgewiesen: $B \rightarrow K^*\gamma$. Allerdings zerfallen nur etwa 0,005 % aller B-Mesonen auf diese Weise. Der diesem B-Zerfall zugrunde liegende Quark-Übergang ist $b \rightarrow s\gamma$, wobei das b-Quark zunächst in ein Quark mit der Ladung 2/3 und ein W-Boson übergeht und dieses Quark nach der Abstrahlung des Photons wieder mit dem W-Boson zu einem s-Quark rekombiniert.

**FCS** ↗Fluoreszenzkorrelationsspektroskopie.

**FDDI,** *Fiber Distributed Data Interface*, schnelles ringförmiges Netzwerk, das hohe Datenraten von bis zu 100 MByte/s auch bei einem großen Umfang von maximal 200 km ermöglicht. Multimode-↗*Glasfasern* und ↗*LED*-Sender dienen als Rückgrat eines FDDI-Rings. Mit Monomodefasern und Lasern können noch höhere Leistungen erzielt werden. Das FDDI-Netz basiert auf einem Doppelring. Stationen, die an beide Ringe angeschlossen sind, bezeichnet man als A-Stationen, solche, welche nur mit dem Hauptring verbunden sind, als B-Stationen. Ist der Betrieb ungestört, kreisen die Daten auf dem Hauptring, bei einem Defekt wird mit Hilfe des gegenläufigen Reserverings ein neuer, doppelt so langer Ring aufgebaut. B-Stationen können dabei ihren Anschluß verlieren. Angeschlossen werden Rechner an den FDDI-Ring entweder direkt oder über ↗*Konzentratoren*. Ein Anschluß kann auch über ↗*Brücken* erfolgen, welche FDDI mit dem ↗*Ethernet* verbinden. Das FDDI-Protokoll ähnelt dem des ↗*Token-Rings*, es können jedoch mehrere Pakete gleichzeitig im Ring sein.

**FDL,** *Fast Data Link*, autonome Echtzeit-Datenverbindung. Hauptaufgaben des FDL sind die effektive Datenzusammenführung mehrerer Quellen, das Versehen der ↗*Daten* mit Routing-Informationen, die Transferplanung (*transfer scheduling*) und die anschließende Verteilung zu mehreren Zielen. Das Rückgrat des FDL ist eine mit 50 MHz synchonisierte *Multimaster/Multidrop*-Verbindung mit bis zu 15 Knoten. Physikalisch realisiert wurde diese Verbindung mit einem 25-adrigen *Twistet-Pair Kabel* (16 Daten, 2 Parität, 7 für Kontrollsignale) mit einer maximalen Länge von bis zu 30 m. Aufgebaut ist FDL auf dem Client-Server-Konzept.

**FDNC,** *Frequency Dependent Negative Conductor*, eine spezielle Operationsverstärkerschaltung, deren Eingangsleitwert $\sim -\omega^2$ ist.

**FDNR,** *Frequency Dependent Negative Resistor*, eine spezielle Operationsverstärkerschaltung, deren Eingangswiderstand $\sim -\omega^2$ ist.

**Fe,** Elementsymbol für ↗Eisen.

**Fechner,** *Gustav Theodor*, deutscher Philosoph, Psychologe und Physiker, *19.4.1801 Groß Särchen (bei Hoyerswerda), †18.11.1887 Leipzig; 1834–39 Professor für Physik in Leipzig, ab 1843 für Naturphilosophie und Anthropologie; Mitbegründer der Psychophysik und der experimentellen Psychologie; hielt die Erscheinungswelt für die »Außenseite« einer seelischen Wirklichkeit (Idealist und Panpsychist); bekämpfte, von Schelling, Oken und Spinoza beeinflußt, den Materialismus (»Nachtansicht«) durch seinen Idealismus (»Tagesansicht«); erweiterte das 1834 von E.H. Weber aufgestellte Webersche Gesetz 1860 zum ↗*Weber-Fechnerschen Gesetz*; untersuchte die Gültigkeit des Ohmschen Gesetzes in galvanischen Elementen und führte Forschungen zur Farbenlehre durch; nach ihm und dem britischen Physiker C.E. Benham sind die bei Rotation einer mit schwarzen Streifen auf weißem Untergrund versehenen (Benham-)Scheibe erscheinenden *Fechner-Benham-Farben* benannt (↗*Farbe und Farberscheinungen*).

**Fechner,** *Gustav Theodor*

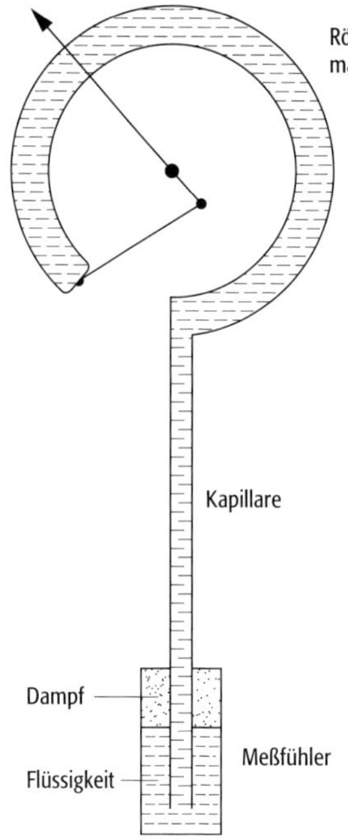


**Federthermometer:** Einfaches Flüssigkeitsfederthermometer, das das Prinzip des Röhrenfedermanometers ausnutzt.

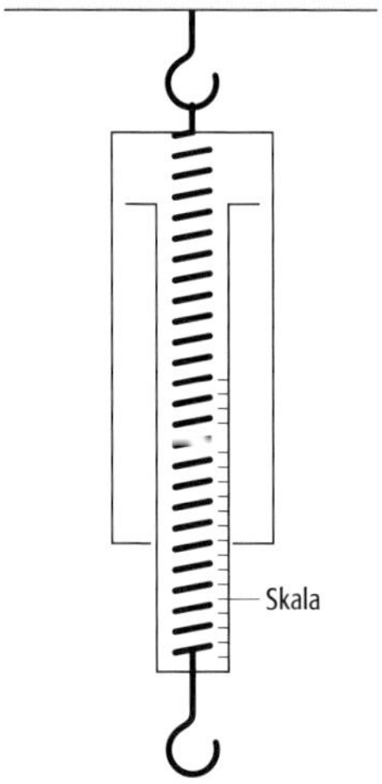


**Federwaage,** bestehend aus Schraubenfeder und Meßskala.

**Feddersen,** *Berend Wilhelm*, deutscher Physiker, *26.3.1832 Schleswig, †1.7.1918 Leipzig; lebte ab 1858 als Privatgelehrter in Leipzig; erbrachte 1859 bei Experimenten mit der Leidener Flasche den Nachweis, daß sich jede elektrische Funkenentladung aus einzelnen (gedämpften) Schwingungen zusammensetzt; erkannte, daß in einem aus Spule, Kondensator und Widerstand bestehenden Stromkreis elektrische Schwingungen entstehen, und wurde hierdurch zum Mitbegründer der Funktechnik (drahtlosen Nachrichtentechnik).

**Federation of Acoustical Societies of Europe,** *FASE*, ↗wissenschaftliche Organisationen.

**Federfesselung,** die ↗*Fesselung* eines ↗*Kreisels* mit Hilfe von Federn.

**Federkonstante,** *Richtgröße*, die im ↗*Hookeschen Gesetz* $F = -Dx$ auftretende Proportionalitätskonstante $D$ zwischen Auslenkung $x$ und Rückstellkraft (Richtkraft, Direktionskraft), die bei gedämpften Schwingungen z.B. bei einer ↗*Federwaage* auftritt und vom ↗*Elastizitätsmodul* des Federmaterials abhängt.

**Federmanometer,** Instrument zur Messung des ↗*Druckes* in einer ↗*Flüssigkeit*. Hierbei wird die auf eine Membran durch den zu messenen Druck ausgeübte Kraft durch die Auslenkung einer Feder (↗*Hookesches Gesetz*) bestimmt. Es werden Rohr- (Bourdon-), Platten-, Kapsel- und Wellenrohrfedermanometer unterschieden. Federmanometer sind preiswerte und robuste Meßgeräte für einen weiten Meßbereich von 60 bis $10^9$ Pa, weshalb sie weit verbreitet sind, etwa als *Aneroidbarometer* (↗*Barometer*) zur Wetterbeobachtung.

**Federpendel,** ein ↗*Pendel*, bei dem eine an einer Feder aufgehängte Masse unter dem Einfluß der Schwerkraft schwingt.

**Federthermometer,** Flüssigkeits- oder Dampfdruckthermometer, bei denen die Anzeige über ein elastisches Meßglied erfolgt – meist auf einer kreisförmigen Skala.

*Flüssigkeitsfederthermometer* sind ↗*Ausdehnungsthermometer* mit einer Füllflüssigkeit, die in einem elastischen Rohr eingeschlossen ist (Abb.). Die an einer Rohrfeder angelötete Kapillare und an das daran anschließende Gefäß werden vollständig mit Quecksilber oder einer organischen Flüssigkeit (z.B. Xylol, Toluol, Petroleum) gefüllt. Bei Temperaturänderung ändert sich der Druck der Flüssigkeit. Von dem dadurch bewegten Zeiger wird die Druckänderung (und damit die Temperaturänderung) angezeigt. Dieses Thermometer stellt ein robustes Betriebsmeßgerät dar. Es wird für Meßbereiche von 0–600 °C hergestellt. Federthermometer werden beispielsweise in Temperaturschreibern eingesetzt.

Das ↗*Dampfdruckthermometer* nutzt den Bereich der Dampfdruckkurven oberhalb der Siedetemperatur unter Normaldruck bis zum kritischen Punkt aus. Zur Messung des dann oberhalb des Normaldrucks liegenden Dampfdrucks wird wie schon beim Flüssigkeitsfederthermometer das Röhrenfedermanometer verwendet.

**Federwaage,** Meßgerät für Kräfte und Gewichte. Die Deformationen gebräuchlicher Federn sind innerhalb relativ großer Bereiche praktisch vollkommen elastisch, also umkehrbar eindeutig und daher als Maß für die deformierende Kraft geeignet. Eine Federwaage ist mithin ein *Kraftmesser*, kann also auch zur Bestimmung von Gewichten (statt Massen wie mittels Hebelwaage) dienen. Sie ermittelt das wahre Gewicht eines Körpers; dieser erscheint infolgedessen wegen der unterschiedlichen Erdanziehung an den Polen schwerer als über dem Äquator (↗*Geoid*). Mit der *Jollyschen Federwaage* bestimmt man ↗*spezifische Gewichte*.

**Fedorow,** *Jewgraf Stepanowitsch*, ↗Fjodorow.

**Fehlanpassung,** in der ↗Elektrotechnik eine fehlerhafte ↗Impedanzanpassung, die zu Reflexionen und damit Leitungsverlusten führt.

**Fehlerfortpflanzung** ↗Fehlerrechnung.

**Fehlerfunktion** ↗Gaußsche Fehlerfunktion.

# Fehlerrechnung

*Walter Seibt, Gießen*

## 1. Einleitung
### Unvermeidbarkeit von Meßfehlern

Jede reale Messung einer physikalischen Größe ist mit einer Unsicherheit im Ergebnis behaftet. Dies ist eng mit der Frage verknüpft, ob es den *wahren Wert X* einer physikalischen Größe, der letztendlich ja doch ermittelt werden soll, überhaupt gibt. Im allgemeinen muß diese Frage wohl verneint werden, da der wahre Wert einer stetigen Variablen nie genau bestimmt werden kann. Wir wollen für unsere Darstellung jedoch an diesem Begriff festhalten und definieren ihn als den Mittelwert einer unendlich langen Meßreihe. Er kann daher im Experiment nie tatsächlich ermittelt werden, die Messung liefert stets nur einen ↗*Bestwert* $x_{Best}$.

Auch der Begriff des *Fehlers* $\delta x$ sollte geklärt werden. Ein Fehler in unserem Zusammenhang ist nicht das Ergebnis eines Fehlverhaltens des Messenden, sondern es handelt sich um die prinzipiell unvermeidliche ↗*Meßunsicherheit*, die jeder Messung auch bei größter Sorgfalt anhaftet. Da sich dieser Begriff jedoch eingebürgert hat, wollen wir auch an ihm festhalten.

Die Angabe eines Meßergebnisses erfolgt daher stets in der Form: wahrer Wert = Bestwert ± Fehler, oder

$$X = x_{Best} \pm \delta x.$$

### Bedeutung der Fehlerabschätzung

Hinter jeder Messung steckt eine gewisse Absicht. Die Größe des Fehlers entscheidet oft darüber, ob eine Messung ihren Zweck erfüllt oder nicht.

Viele Messungen dienen etwa dazu, die Vorhersagen einer Theorie zu überprüfen. Berühmtestes Beispiel eines Experimentes dieser Art war die Messung der Ablenkung eines Lichtstrahls, der nahe an der Sonne vorbeigeht. Auf Grund seiner Allgemeinen Relativitätstheorie sagte Einstein 1916 einen Winkel von $\alpha = 1{,}8''$ voraus. Eine Messung im Jahre 1919 (von Eddington et al.) lieferte einen Wert von $\alpha = 2{,}0'' \pm 0{,}3''$. Dieses Ergebnis bestätigt mit hoher Wahrscheinlichkeit die Vorhersage und damit auch die Theorie. Ein Ergebnis von $\alpha = 0''$, wie es klassisch erwartet wird, liegt weit außerhalb der ermittelten Fehlergrenzen (siehe Randspalte). Wäre der Fehler der Messung wesentlich größer oder völlig unbekannt, könnte keine Entscheidung über die Gültigkeit von Einsteins Theorie getroffen werden.

## 2. Grundbegriffe
### Systematischer und zufälliger Fehler

*Systematische Fehler*, herrührend von Unzulänglichkeiten der Meßgeräte, verfälschen ein Meßergebnis stets um den gleichen Betrag in die gleiche Richtung. Ihnen kommt man durch eine Wiederholung der Messung nicht auf die Spur, und sie können auch durch Rechenaufwand nicht verringert werden. Sie müssen auf andere Weise ermittelt und apparativ beseitigt werden.

Im Gegensatz dazu kann der *statistische* oder *zufällige Fehler* (*zufällige Unsicherheit*) das Ergebnis in beide Richtungen verändern. Er hat seine Ursache im Beobachter selbst. Er ist prinzipiell unvermeidbar, kann jedoch durch wiederholte Messungen und geeignete Auswertungsmethoden in seiner Größe abgeschätzt werden.

### Relativer und absoluter Fehler

Die Angabe der Meßunsicherheit kann auf zwei verschiedene Weisen erfolgen:

Wird die Meßunsicherheit als Zahlenwert $\delta x$ (mit der gleichen Einheit wie die Meßgröße selbst) angegeben, dann spricht man vom *absoluten Fehler.*

Man kann die Qualität einer Messung aber auch durch den Quotienten aus $\delta x$ und $x_{Best}$ anzeigen. Diesen Ausdruck bezeichnet man als *relativen Fehler* (*relative Unsicherheit*):

$$\text{relativer Fehler} = \frac{\delta x}{x_{Best}}.$$

Diese dimensionslose Größe gibt die Größe der Meßunsicherheit (nach Multiplikation mit 100) in Prozent an.

### Signifikante Stellen und Fehlerangabe

Das Hauptanliegen der Fehlerrechnung ist es, nach praktischen Verfahren zu suchen, die es erlauben, eine quantitative Aussage über die Größe der Meßunsicherheit $\delta x$ zu machen. Man muß sich jedoch darüber im klaren sein, daß es exakte Fehlerangaben nie geben kann. Was eine Fehlerrechnung mit ihren anerkannten Methoden leisten kann, sind Angaben darüber, mit welcher Wahrscheinlichkeit man bei einer identisch wiederholten Meßreihe ein Ergebnis innerhalb bestimmter Grenzen erwarten kann.

Unter diesem Aspekt sollte man auch bei der Formulierung eines Meßergebnisses zunächst nur die Stellen angeben, in denen sich der Fehler mit großer Wahrscheinlichkeit noch nicht auswirkt (↗*signifikante Stellen*), plus eine weitere Stelle, die auf Grund der Fehlerrechnung unsicher ist. Da der Fehler selbst ebenfalls mit einer hohen Unsicherheit belastet ist, genügt dort im allgemeinen die Angabe einer, maximal zwei Stellen.

## 3. Messung einer Variablen

Um die Zuverlässigkeit einer Messung der Größe $x$ abschätzen zu können, führen wir sie

Einstein wies 1916 darauf hin, daß nach der Allgemeinen Relativitätstheorie Licht, das nahe an der Sonne vorbeigeht, um einen Winkel $\alpha = 1{,}8''$ abgelenkt wird. Gemäß der vorrelativistischen Physik wird $\alpha = 0$ erwartet, die Berücksichtigung der Speziellen Relativitätstheorie führt zur Vorhersage $\alpha = 0{,}9''$. Auch dieser Wert liegt außerhalb der Fehlergrenzen der Messung von 1919.

mehrmals durch und unterziehen die so gewonnen Meßdaten einer statistischen Analyse (↗*statistische Unsicherheit*).

## Statistische Betrachtungen

*Mittelwert*
Es kann gezeigt werden, daß der (arithmetische) ↗*Mittelwert* $\bar{x}$, der aus den Einzelwerten $x_i$ gewonnen werden kann, einen Bestwert $x_{\text{Best}}$ für die Meßgröße $X$ darstellt:

$$x_{\text{Best}} = \bar{x} = \frac{1}{N}\sum_{i=1}^{N} x_i .$$

*Standardabweichung der Einzelmessung*
Um einen Schätzwert für die mittlere Unsicherheit der Meßwerte zu finden, bildet man die sogenannte ↗*Standardabweichung der Einzelmessung* $\sigma_x$ aus den einzelnen Werten und dem Mittelwert. Diese Größe hängt nur von der Qualität der Meßapparatur ab, nicht jedoch von der Anzahl der durchgeführten Messungen:

$$\sigma_x = \sqrt{\frac{1}{N-1}\sum_{i=1}^{N}(x_i - \bar{x})^2} .$$

*Standardabweichung des Mittelwertes*
Naturgemäß hat man in den Mittelwert einer Meßreihe ein größeres Vertrauen als in die einzelnen Meßwerte. Man verwendet daher die *Standardabweichung für den Mittelwert* $\sigma_{\bar{x}}$ als quantitatives Maß für die Meßunsicherheit $\delta x$:

$$\delta x = \sigma_{\bar{x}} = \frac{\sigma_x}{\sqrt{N}} = \sqrt{\frac{1}{N(N-1)}\sum_{i=1}^{N}(x_i - \bar{x})^2} .$$

Ein Meßergebnis für die Größe $x$ hat daher folgendes Aussehen:

$$X = x_{\text{Best}} \pm \delta x = \bar{x} \pm \sigma_{\bar{x}} .$$

Im folgenden soll versucht werden, zu begründen, daß der Mittelwert einer Meßreihe als Bestwert für die gesuchte Größe verwendet werden kann und daß die Standardabweichung des Mittelwertes eine Größe darstellt, die eine quantitative Aussage über den Fehler ermöglicht.

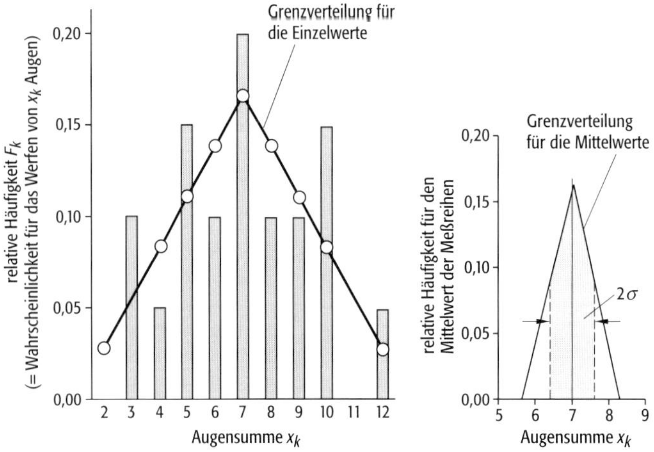


**Fehlerrechnung 1:** Die linke Teilabbildung zeigt in Form eines Stabdiagramms die relative Häufigkeit, mit der beim 20maligen Werfen von zwei Würfeln eine bestimmte Augensumme erzielt wurde. Die für dieses Experiment leicht zu berechnenden Wahrscheinlichkeiten (= Ergebnis bei unendlich vielen Würfen = Grenzverteilung) sind ebenfalls eingetragen. Rechts sieht man die Grenzverteilung für die Mittelwerte, die aus jeder Meßreihe errechnet werden können. Sie ist, wie erwartet, bedeutend schmaler: Die Mittelwerte streuen weniger als die Einzelmessungen (Abszissenwerte beachten!).

## Darstellung der Meßergebnisse

Um dieses Ziel zu erreichen, müssen statistische Verfahren in Anwendung kommen. Dazu ist es erforderlich, die Daten einer umfangreichen Meßreihe in passender Form darzustellen. Eine einfache Möglichkeit bieten *Stabdiagramme.*

*Stabdiagramme*
Die Darstellung in einem *Stabdiagramm* eignet sich besonders, wenn nur diskrete Ergebniswerte auftreten (wie z.B. bei Würfelexperimenten oder anderen Zählexperimenten, bei denen nur die Häufigkeit eines Ereignisses gefragt ist). Es wird die relative Häufigkeit eines Ergebnisses gegen den Meßwert als senkrechter Balken aufgetragen (Abb. 1).

Zunächst soll an einem Würfelexperiment das Verfahren erläutert werden, da in diesem Fall die Wahrscheinlichkeiten für das Eintreten der einzelnen Ergebnisse bekannt sind und deshalb der Mittelwert einer unendlich langen Meßreihe (= wahrer Wert = ↗*Erwartungswert*) berechnet werden kann.

Das Beispiel zeigt im linken Diagramm die beim Wurf mit zwei Würfeln bei $N = 20$ Würfen erzielten Augenzahlen. Die eingezeichnete Linie ist die berechnete Wahrscheinlichkeit. Sie ist gleich der bei unendlich vielen Versuchen erzielten *Häufigkeitverteilung* (= *Grenzverteilung* für die Einzelmessung).

Errechnet man Mittelwert und Standardabweichung für den Mittelwert, dann erhält man als Ergebnis für die dargestellte Meßreihe

$$(\text{Meßwert für } x) = 7{,}05 \pm 0{,}54 .$$

Der wahre Wert $X$ beträgt hier 7,0.

Der rechte Teil von Abb. 1 zeigt die Verteilung der Mittelwerte, wenn man die Meßreihe oft wiederholt. Würde man die gleiche Meßreihe unendlich oft durchführen, dann würden die Ergebnisse, nach ihrer Häufigkeit sortiert, das Dreieck (die Grenzverteilung für den Mittelwert) füllen. Das Flächenverhältnis des schraffierten Teils zur Gesamtfläche gibt also die Wahrscheinlichkeit an, mit der eine erneut durchgeführte Messung innerhalb der angegebenen Fehlergrenzen liegt, in unserem Fall sind das ca. 64,4 %. Damit haben wir ein Verfahren kennengelernt, das eine quantitative Aussage bezüglich des Fehlers erlaubt.

Voraussetzung dafür ist jedoch, wie hier gezeigt wurde, die Kenntnis der *Grenzverteilung.* Wenn es uns gelingt, für reale physikalische Meßreihen die Grenzverteilung mathematisch zu formulieren, dann haben wir unser Ziel erreicht.

*Histogramm*
In den meisten Fällen liefert eine Messung keine ganzzahligen Ergebnisse, da die meisten physikalischen Größen einen kontinuierlichen Bereich möglicher Werte haben. Man teilt dann den Wertebereich in eine geeignete Anzahl von

Intervallen oder Klassen ein und zählt jeweils, wieviele Ergebniswerte in eine solche ↗*Klasse* fallen (↗*Histogramm*). Als Beispiel wurden in Abb. 2 die Messungen einer Zeit von ca. 2,67 s (Meßgenauigkeit 0,001 s, Klassenbreite 0,01 s) dargestellt. Man erkennt qualitativ, daß die zu erwartende Verteilung bei einer Steigerung der Anzahl der Messungen durch eine symmetrische Glockenkurve wiedergegeben wird, wie sie in der Abbildung bereits andeutungsweise eingetragen ist.

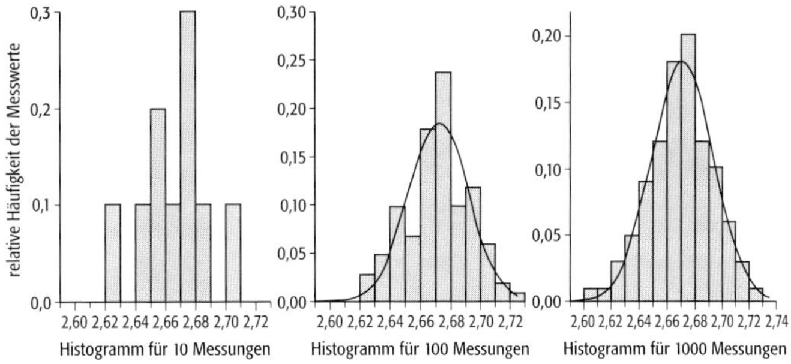


**Fehlerrechnung 2:** So ändert sich die Verteilung der Meßwerte in einem realen physikalischen Meßprozeß, wenn man die Anzahl der Messungen erhöht. Die Verteilung wird glatter, ist symmetrisch und hat die Form einer Glockenkurve. Dies ist die gesuchte Grenzverteilung für das Experiment.

*Grenzverteilungen*
Die Verteilungskurve der Meßresultate für den Grenzfall unendlich vieler Messungen nennt man die ↗*Grenzverteilung* dieser Messung.

Wenn die Grenzverteilung $f(x)$ explizit bekannt ist, dann kann daraus der Mittelwert und die Standardabweichung errechnet werden:

$$\bar{x} = \int_{-\infty}^{+\infty} x f(x)\, dx, \text{ bzw.}$$

$$\sigma_x^2 = \int_{-\infty}^{+\infty} (x - \bar{x})^2 f(x)\, dx.$$

## Verteilungen

Wir stehen nun vor der Frage, ob es möglich ist, die Grenzverteilung für ein bestimmtes Experiment vorauszusagen. Man kann zeigen, daß in den meisten Fällen als Grenzverteilung die sogenannte ↗*Normalverteilung* (Gauß-Verteilung, *normale Dichtefunktion*) angenommen werden kann. Zu Erklärung dieses Zusammenhanges geht man von der sog. ↗*Binomialverteilung* für die Ereignisse aus.

*Binomialverteilung*
Diese Verteilung ist anwendbar, wenn mit vielen identischen Objekten das gleiche Experiment durchgeführt wird, wobei für jedes Objekt ein bestimmtes Ergebnis mit der Wahrscheinlichkeit $p$ möglich ist. Wird mit $n$ Teilchen das gleiche Experiment gemacht, dann ist die Wahrscheinlichkeit dafür, daß bei $\nu$ Teilchen das Ereignis beobachtet wird,

$$P(\nu \text{ Erfolge bei } n \text{ Versuchen}) = b_{np}(\nu) = \frac{n!}{\nu!(n-\nu)!} p^\nu q^{n-\nu}.$$

In Abb. 3 werden die Verteilungen für die folgenden Experimente dargestellt:

- Wahrscheinlichkeit, beim Werfen von drei Würfeln eine bestimmte Anzahl von Einsen zu erhalten (Mittelwert = 1/2);
- Wahrscheinlichkeit, beim Werfen von zwölf Würfeln eine bestimmte Anzahl von Einsen zu erhalten (Mittelwert = 2);
- Wahrscheinlichkeit, beim Werfen von zwölf Würfeln eine bestimmte Anzahl gerader Augen zu erhalten (Mittelwert = 6).

Man erkennt, daß mit steigendem Mittelwert auch diese Verteilung die Form einer symmetrischen Glockenkurve annimmt. Es kann gezeigt werden, daß für diesen Grenzfall die Binomialverteilung in die sogenannte ↗*Gauß-Verteilung* oder ↗*Normalverteilung* $f_{X,\sigma}(x)$ übergeht.

*Poisson-Verteilung*
Auch die ↗*Poisson-Verteilung* kann für den Fall großer Objektzahlen durch die Normalverteilung $f_{X,\sigma}(x)$ beschrieben werden.

*Normal- oder Gauß-Verteilung*
Bei dieser Funktion handelt es sich um eine Glockenkurve, die durch zwei Parameter charakterisiert ist: Sie ist beim Wert $X$ (dem wahren Wert) zentriert und besitzt am Wendepunkt die Breite $2\sigma$ (*Breitenparameter*).

Sie hat das in Abb. 4 dargestellte Aussehen und gehorcht der folgenden Funktion:

$$f_{X,\sigma}(x) = \frac{1}{\sigma\sqrt{2\pi}} e^{-(x-X)^2/2\sigma^2}$$

Wenn es uns gelingt, zu zeigen, daß die Werte einer Meßreihe, die unabhängig und zufällig sind, durch die Binomialverteilung gegeben sind, dann haben wir unser Ziel erreicht.

*Die Normalverteilung als Grenzverteilung bei Meßreihen*
Unter der Annahme, daß bei der Messung einer Größe $x$, deren wahrer Wert $X$ sei, $n$ unabhängige Quellen zufälliger Abweichungen auftreten (*unabhängige Unsicherheit*), die der Einfachheit halber alle gleich groß sein sollen und mit gleicher Wahrscheinlichkeit den Meßwert vergrößern bzw. verkleinern sollen, dann läßt sich zeigen, daß die zu erwartenden Wahrscheinlichkeiten für die einzelnen Meßwerte durch die Binomialverteilung beschrieben werden (Random-Walk-Problem!), welche

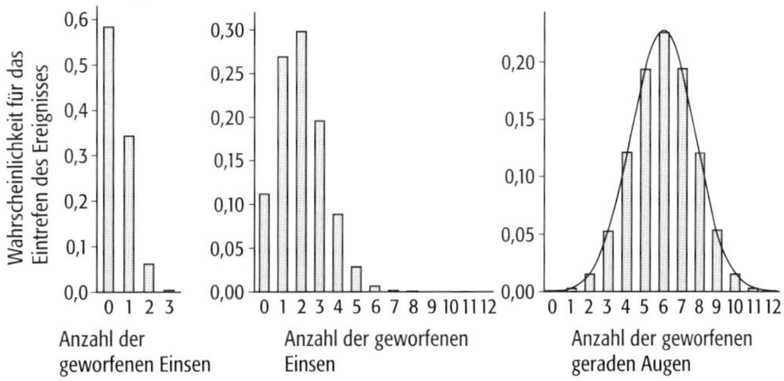


**Fehlerrechnung 3:** Drei Beispiele für Experimente, die mit Hilfe der Binomialverteilung mathematisch korrekt beschrieben werden können. Auch hier wird mit steigendem Mittelwert für die Verteilung eine symmetrische Glockenkurve beobachtet.

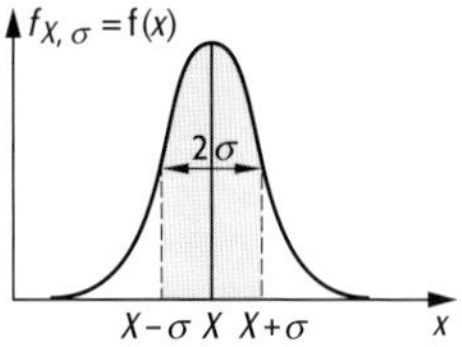


**Fehlerrechnung 4:** Es kann mathematisch exakt gezeigt werden, daß sowohl die Binomial- als auch die Poisson-Verteilung für große Mittelwerte in die sogenannte Gauß- oder Normalverteilung übergeht. Sie ist charakterisiert durch den Wert $X$ und die Breite $2\sigma$. Diese beiden Größen entsprechen den Begriffen Bestwert und Unsicherheit der Messung.

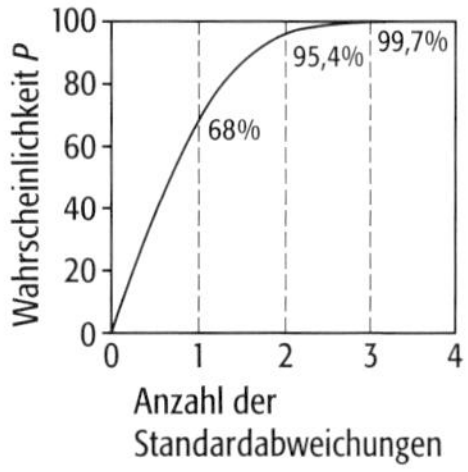


**Fehlerrechnung 5:** Wahrscheinlichkeit, mit der der Mittelwert einer neuen Meßreihe innerhalb der Fehlergrenzen liegt, wenn als Fehlergrenze mehr als eine Standardabweichung angegeben wird. Man erkennt, daß eine Verdreifachung des Fehlerbereichs bereits eine fast hundertprozentige Sicherheit bedeutet, mit einem neuen Ergebnis innerhalb dieser Grenzen zu liegen.

für großes $n$ durch die Normalverteilung ersetzt werden kann. Damit erhalten wir die Möglichkeit, eine quantitative Aussage darüber zu machen, was bei dieser Verteilung die Angabe der Unsicherheitsgrenze $\sigma$ bedeutet.

Wertet man das Integral

$$\int_{X-\sigma}^{X+\sigma} f_{X,\sigma}(x)\,\mathrm{d}x = 0{,}68$$

aus, dann sieht man, daß ca. 68 % aller Messungen (dies entspricht wiederum der gerasterten Fläche in der Abbildung) im Bereich dieser Unsicherheitsgrenzen liegen.

## Fehlerfunktion

Man kann das Vertrauen, das in ein Meßergebnis gesetzt wird, dadurch vergrößern, daß man den möglichen Fehlerbereich auf den Wert $t \cdot \sigma$ erweitert. Mit welcher Wahrscheinlichkeit in diesem Fall eine erneute Messung innerhalb der Fehlergrenzen liegt, kann aus der sogenannten ↗*Gaußschen Fehlerfunktion* (auch normales Fehlerintegral genannt) abgelesen werden.

Die Integralfunktion (Abb. 5) zeigt die Wahrscheinlichkeit $P$, daß ein Ergebniswert von $x$ innerhalb von $t$ Standardabweichungen vom wahren Wert $X$ fällt. Läßt man eine Unsicherheit von $2\sigma$ nach jeder Seite zu, dann liegen bereits ca. 95 % aller Messungen im Fehlerbereich.

*Das Verwerfen von Daten*

Mit Hilfe des ↗*Chauvenetschen Kriteriums* kann beurteilt werden, ob ein etwas ausgefallener Wert innerhalb einer Meßreihe (ein sogenannter »Ausreißer«) bei der Mittelwertbildung berücksichtigt werden sollte, oder ob der Wert aus einem Experimentierfehler resultiert und deshalb verworfen werden muß.

Wir wollen annehmen, daß eine Meßreihe aus $N$ Messungen einen Mittelwert von $\bar{x}$ und eine Standardabweichung von $\sigma_x$ besitze. Wir wollen weiter annehmen, daß unter den Meßwerten ein verdächtiger Wert $x_{\text{verd}}$ ist, der um $(t_{\text{verd}} \cdot \sigma_x)$ vom Mittelwert abweicht. Mit Hilfe der Integralfunktion kann man die Wahrscheinlichkeit $P$ ausrechnen, mit der ein Meßwert außerhalb dieser Schranken fällt. Multipliziert man dieses $P$ mit $N$, dann erhält man die Anzahl der Meßwerte, die im Mittel auf Grund der Normalverteilung außerhalb $(t_{\text{verd}} \cdot \sigma_x)$ fallen. Damit erhalten wir die erwartete Anzahl $n$ von Meßwerten, die mindestens so schlecht wie $x_{\text{verd}}$ sind.

$$n(\text{schlechter als } x_{\text{verd}}) = N\,P\;(\text{außerhalb } t_{\text{verd}} \cdot \sigma_x).$$

Wenn $n$ kleiner als 1/2 ist, dann erfüllt $x_{\text{verd}}$ das Chauvenetsche Kriterium nicht und wird verworfen. Auch dieses Kriterium ist wie alle anderen Aussagen der Fehlerrechnung nur eine Wahrscheinlichkeitsangabe und damit in ihrer Wertung einer subjektiven Beurteilung unterworfen.

## Mittelwert als Bestwert

Es soll nun noch begründet werden, daß der Mittelwert einer Meßreihe tatsächlich als Bestwert für die gesuchte Größe interpretiert werden kann.

Die wahren Werte $X$ und $\sigma$ (aus einer unendlich langen Meßreihe ermittelt!) sind nicht bekannt. Um aus endlich vielen Daten einen Bestwert für diese Größen zu erhalten, wird das Prinzip der größten Wahrscheinlichkeit angewandt.

Wären die Parameter $X$ und $\sigma$ bekannt, dann könnten die Wahrscheinlichkeiten für die tatsächlich gemessenen Werte $x_i$ berechnet werden. So ist z.B. die Wahrscheinlichkeit, den Wert $x_1$ zu messen, auf Grund der Normalverteilung proportional zum Ausdruck

$$P(x_1) \sim \frac{1}{\sigma}\,\mathrm{e}^{-(x_1-X)^2/2\sigma^2}.$$

Die Wahrscheinlichkeit, alle $x_i$ der Meßreihe zu erhalten, ist das Produkt der Einzelwahrscheinlichkeiten:

$$P_{X,\sigma}(x_1, \ldots, x_N) = P(x_1) \cdot P(x_2) \cdot \ldots \cdot P(x_N) \sim \frac{1}{\sigma^N}\,\mathrm{e}^{-\Sigma(x_i-X)^2/2\sigma^2}$$

In dieser Beziehung sind $X$ und $\sigma$ unbekannt. Als Bestwerte ermitteln wir diejenigen Werte dieser Größen, für welche die beobachteten $x_1$, $x_2, \ldots, x_N$ am wahrscheinlichsten sind. $P$ (als Funktion von $X$) ist maximal, wenn der Exponent minimal ist. Differenziert man diesen und setzt die Ableitung gleich null, dann erhält man

$$X = \frac{\sum x_i}{N} = \bar{x}.$$

Der so definierte Bestwert $X$ ist gleich dem Mittelwert der Meßreihe $\bar{x}$. Nach dem gleichen Verfahren ergibt sich, daß der Bestwert für die Breite $\sigma$ gleich der Standardabweichung der $N$ beobachteten Werte $x_i$ ist.

Mit anderen Worten: Für eine Normalverteilung, die am Mittelwert $\bar{x}$ zentriert ist und die Breite $\sigma$ besitzt, ist die Wahrscheinlichkeit am größten, die real gemessene Ergebnisverteilung zu erhalten.

*Der gewichtete Mittelwert*

Oft ergibt sich die Aufgabe, mehrere unabhängige Messungen derselben physikalischen Größe $x_1, x_2, \ldots x_N$ zu einem Bestwert $x_{\text{Best}}$ zu kombinieren, wobei die Messungen mit unterschiedlicher Genauigkeit $\sigma_1, \sigma_2, \ldots, \sigma_N$ durchgeführt wurden. Auch hier hilft uns das Prinzip der größten Wahrscheinlichkeit weiter. Der Bestwert für den unbekannten Wert $X$ ist derjenige Wert, für den die tatsächlichen Beobachtungen $x_{\text{A}}$ und $x_{\text{B}}$ am wahrscheinlichsten sind. Im Exponenten der e-Funktion erscheint diesmal ein Term der Form

$$\chi^2 = \left(\frac{x_1 - X}{\sigma_1}\right)^2 + \left(\frac{x_2 - X}{\sigma_2}\right)^2 + \ldots$$

Wird differenziert und nach $X$ aufgelöst, erhält man den folgenden gewichteten ↗*Mittelwert* als Bestwert

$$x_{\text{Best}} = \frac{\sum\limits_{i=1}^{N} w_i x_i}{\sum\limits_{i=1}^{N} w_i},$$

wobei die als *Gewichte* definierten Größen $w_i = 1/\sigma_i^2$ benutzt wurden: Kleine Standardabweichung bedeutet großes Gewicht bei der Mittelung.

## Der Chi-Quadrat-Test

Um zu testen, ob die Ergebnisse einer Meßreihe der zu erwartenden Grenzverteilung folgen, kann man den sogenannten ↗*Chi-Quadrat-Test* oder *$\chi^2$-Test* durchführen.

Wir wollen annehmen, daß eine Größe $x$ mehrmals gemessen wird, und es soll geprüft werden, ob die Werte einer bestimmten Verteilung $f(x)$ folgen. Dazu teilen wir die Meßwerte in $n$ Klassen ein ($k = 1,...,n$) und ermitteln jeweils die Anzahl $B_k$ der Beobachtungen, die in Klasse $k$ fallen. Diese Zahlen vergleichen wir mit der auf Grund der als bekannt angenommenen Verteilung errechneten Anzahl von erwarteten Meßwerten $E_k$. Die damit gebildete Größe

$$\chi^2 = \sum_{k=1}^{n} \left( \frac{\text{beobachteter Wert} - \text{erwarteter Wert}}{\text{Standardabweichung}} \right)^2$$

ist ein quantitatives Maß dafür, ob die beobachteten Meßwerte mit der angenommenen Verteilung beschrieben werden können.

Bei $\chi^2 = 0$ wäre die Übereinstimmung vollkommen. Im allgemeinen sollten die einzelnen Terme der Summe etwa 1 sein, da im Mittel die Abweichung des Meßwertes vom Idealwert in der Größenordnung der Standardabweichung liegen sollte. Wenn die angenommene Verteilung die Messungen richtig beschreibt, sollte $\chi^2 \cong n$ oder kleiner sein, da die Summe $n$ Terme umfaßt. Ist dagegen $\chi^2$ viel größer als $n$, dann liegt die Vermutung nahe, daß die Meßwerte nicht der erwarteten Verteilung folgen.

## 4. Fehlerfortpflanzung Funktionen mehrerer Variabler

Im allgemeinen Fall beruht die Bestimmung einer unbekannten Größe $q$ auf der Messung mehrerer Variabler $x$, $y$, usw. Unter der Annahme, daß die Fehler der einzelnen Variablen unabhängig und normalverteilt sind, erhält man die Unsicherheit für $q$ (*Fehlerfortpflanzung*) aus der Beziehung

$$\sigma_q = \sqrt{\left(\frac{\partial q}{\partial x}\sigma_x\right)^2 + \left(\frac{\partial q}{\partial y}\sigma_y\right)^2 + \ldots}.$$

## Kovarianz in der Fehlerfortpflanzung

Um festzustellen, ob die Fehler zweier Meßgrößen $x$ und $y$ tatsächlich unabhängig sind, bildet man die ↗*Kovarianz*. Darunter versteht man einen Ausdruck der Form

$$\sigma_{xy} = \frac{1}{N}\sum_{1=N}^{N} (x_i - \bar{x})(y_i - \bar{y}).$$

Bei einer Abhängigkeit (z.B. zu großes $x$ ergibt stets ein zu großes $y$) haben die Klammern stets das gleiche Vorzeichen, und die Varianz ist groß. Bei unabhängigen Meßwerten sollte man erwarten, daß sich die Kovarianz nach vielen Messung dem Wert null nähert.

## Lineare Regression (Methode der kleinsten Quadrate)

Mit dieser Methode wird die Gerade $y = A + Bx$ (d.h. die Konstanten $A$ und $B$) bestimmt, die am besten den Zusammenhang zwischen zwei Variablen $x$ und $y$ wiedergibt, von denen angenommen wird, daß zwischen ihnen ein linearer Zusammenhang besteht (↗*Methode der kleinsten Quadrate*, ↗*lineare Regression*).

Auch hier geht man wieder von der Wahrscheinlichkeit aus, die beobachteten Wertepaare $(x,y)$ zu erhalten, und berechnet die Größen $A$ und $B$, für die die Wahrscheinlichkeiten maximal sind.

Unter der Annahme, daß nur die $y$-Werte unsicher sind und diese Werte um den wahren Wert von $y$ mit dem Breitenparameter $\sigma_y$ normalverteilt sind, sind die Bestwerte für $A$ und $B$ gegeben durch

$$A = \frac{(\sum x_i^2)(\sum y_i) - (\sum x_i)(\sum x_i y_i)}{\Delta} \quad \text{und}$$

$$B = \frac{N(\sum x_i y_i) - (\sum x_i)(\sum y_i)}{\Delta}.$$

Die Abkürzung $\Delta$ bedeutet

$$\Delta = N\left(\sum x_i^2\right) - \left(\sum x_i\right)^2.$$

Diese Beziehungen liefern die Bestwerte für $A$ und $B$ auf der Grundlage der gemessenen Punkte $(x_i,y_i), \ldots, (x_N,y_N)$.

Wenn nach der Unsicherheit dieser Größen gefragt wird, muß erst etwas über die Unsicherheit der Meßwerte von $y_i$ gesagt werden. Die $y_i$ sind nicht Meßwerte derselben Größe, sondern sie sind mit den (als fehlerfrei angenommenen) $x_i$-Werten durch die Geradengleichung $A + Bx_i$ verknüpft. Also sind die Abweichungen $y_i - A - Bx_i$ normalverteilt und alle mit derselben Breite $\sigma_y$ beim Wert 0 zentriert. Auch hier kann das Prinzip der größten Wahrscheinlichkeit angewendet werden. Es liefert als besten Schätzwert für $\sigma_y$ das Resultat

$$\sigma_y^2 = \frac{1}{N-2}\sum_{i=1}^{N} (y_i - A - Bx_i)^2.$$

Es darf hier nicht durch die Anzahl der Wertepaare $N$ dividiert werden, sondern durch die Anzahl der ↗*Freiheitsgrade*. Da die Wertepaare bereits benutzt wurden, um die Konstanten $A$ und $B$ zu berechnen, sind nur noch

$N-2$ dieser Wertepaare voneinander unabhängig und dürfen für die Berechnung verwendet werden. Für die Unsicherheiten von $A$ und $B$ ergeben sich damit die Beziehungen:

$$\sigma_A^2 = \frac{\sigma_y^2 \sum x_i^2}{\Delta} \quad \text{und} \quad \sigma_B^2 = \frac{N\sigma_y^2}{\Delta}.$$

Nach der Methode der kleinsten Quadrate lassen sich Meßwertepaare auch an andere Beziehungen (z.B. Polynome, Exponentialfunktion usw.) anpassen.

## Linearer Korrelationskoeffizient

Von der linearen Regression zu unterscheiden ist eine Fragestellung, bei der untersucht werden soll, ob zwischen zwei Meßgrößen ein z.B. linearer Zusammenhang (↗*Korrelation*) besteht. So könnte man z.B. daran interessiert sein, herauszufinden, ob Studenten, die in den Übungen hohe Punktzahlen, d.h. gute Ergebnisse, erreichen, auch in der Abschlußprüfung gut abschneiden. Dazu muß geprüft werden, wie gut eine Menge von Meßwertepaaren $(x_i,y_i),\ldots,(x_N,y_N)$ einer linearen Beziehung gehorcht. Dazu muß der lineare Korrelationskoeffizient gebildet werden. Dieser ist definiert zu

$$r = \frac{\sigma_{xy}}{\sigma_x\sigma_y} = \frac{\sum (x_i-\bar{x})(y_i-\bar{y})}{\left[\sum (x_i-\bar{x})^2 \sum (y_i-\bar{y})^2\right]^{1/2}}.$$

$R$ kann zwischen $+1$ und $-1$ liegen. Positive Werte wären das erwartete Ergebnis, negative Werte dagegen würden bedeuten, daß gute Übungsergebnisse zu schlechten Abschlußprüfungen führen. Für diese Werte liegen die Punkte dicht bei einer Geraden. Für $r=0$ besteht keine Korrelation zwischen den $x$- und $y$-Werten.

### Literatur:

John R. Taylor: *Fehleranalyse*, VCH Verlagsgesellschaft, Weinheim 1988;
G.L. Squires: *Meßergebnisse und ihre Auswertung*, de Gruyter, Berlin, 1971.

---

**Fehlordnung** ↗Gitterfehler.

**Fehlordnungsarbeit,** ↗Fehlordnungsenergie, ↗Gitterfehler.

**Fehlordnungsenergie,** Energie, die benötigt wird, um in einem idealen Kristall einen ↗*Gitterfehler* zu erzeugen.

**Fehlsichtigkeit,** auf einem Ungleichgewicht zwischen ↗*Brechkraft* von Hornhaut oder Linse einerseits und der Länge der optischen Achse des Augapfels andererseits beruhende Fehlfunktion, die auch als Ametropie bezeichnet wird. Dazu zählen ↗*Kurzsichtigkeit, Übersichtigkeit* und ↗*Astigmatismus*, wohingegen ↗*Weitsichtigkeit* keine Fehlsichtigkeit im eigentlichen Sinne darstellt, sondern rein altersbedingt ist.

**Fehlstellen** ↗Gitterfehler.

**Fehlwinkel** ↗winkelfreier Widerstand.

**Feigenbaum,** *Mitchell J.*, amerikanischer Mathematiker, *1945 Philadelphia; Studium der Elektrotechnik, Promotion am MIT (Cambridge, Mass.), danach an der Cornell University (Ithaca, N.Y.), am Los Alamos National Laboratory (N.M.) und an der Rockefeller University (New York); entwickelte in den 70er Jahren bei Computeruntersuchungen der logistischen Abbildung die mathematischen Konzepte des deterministischen ↗*Chaos* (↗*Feigenbaum-Szenario*).

**Feigenbaum-Attraktor,** fraktaler Attraktor, der am Häufungspunkt der Feigenbaum-Sequenz auftritt (↗Feigenbaum-Szenario).

**Feigenbaum-Konstanten,** universelle Skalenfaktoren, die das Skalenverhalten der Feigenbaum-Sequenz charakterisieren (↗Feigenbaum-Szenario).

**Feigenbaum-Sequenz,** Sequenz von ↗Periodenverdoppelungen im ↗Feigenbaum-Szenario.

**Feigenbaum-Szenario,** *Periodenverdopplungs-Szenario, Periodenverdopplungs-Route zum Chaos*, neben dem ↗*Pomeau-Manneville-Szenario* und dem ↗*Ruelle-Takens-Newhouse-Szenario* einer der wichtigsten universellen Wege zu chaotischem Verhalten (↗*Routen ins Chaos*, ↗*deterministisches Chaos*), der durch Veränderung eines Kontrollparameters herbeigeführt werden kann. Das Phänomen des Übergangs zum Chaos durch eine unendliche Reihe von ↗*Periodenverdopplungen* wurde zunächst für die ↗*logistische Abbildung* $x_{t+1}=\mu x_t(1-x_t)$ gefunden und, nachdem M.J. ↗*Feigenbaum* dessen ↗*Universalität* erkannt hatte, in vielen Experimenten, wie z.B. dem ↗*Rayleigh-Benard-Experiment* oder dem ↗*Couette-Taylor-Experiment*, gemessen. Die Sequenz von Periodenverdopplungen (*Feigenbaum-Sequenz*), die man bei Variation eines Kontrollparameters $\mu$ erhält und die dieses Szenario charakterisiert, ist in der Abb. für eine iterierte Abbildung $x_{t+1}=f_\mu(x_t)$ mit einem quadratischen Maximum und negativer Schwarzscher Ableitung $f'''/f'-3/2(f''/f')^2$ schematisch dargestellt: Für $\mu<\mu_0$ ist ein Fixpunkt $x_0^*=f_\mu(x_0^*)$stabil (durchgezogene Linie), der bei $\mu_0$ instabil wird (gestrichelt) und in einen stabilen Orbit $\{x_1^*,x_2^*\}$der Periode

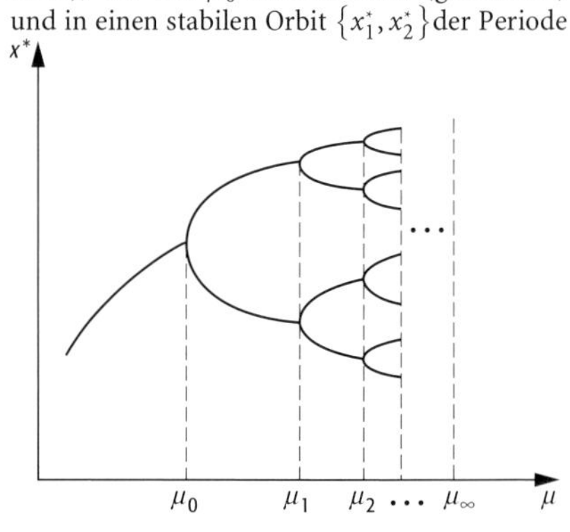


**Feigenbaum-Szenario:** Bifurkationsdiagramm für eine iterierte Abbildung $x_{t+1}=f_\mu(x_t)$. Für $\mu<\mu_0$ ist ein Fixpunkt stabil (durchgezogene Linie), der bei $\mu_0$ instabil wird (gestrichelt) und in einen stabilen Orbit der Periode 2 bifurkiert. Dieser Orbit, der aus den stabilen Fixpunkten der zweiten Iterierten besteht, wird bei $\mu_1>\mu_0$ instabil, usw.

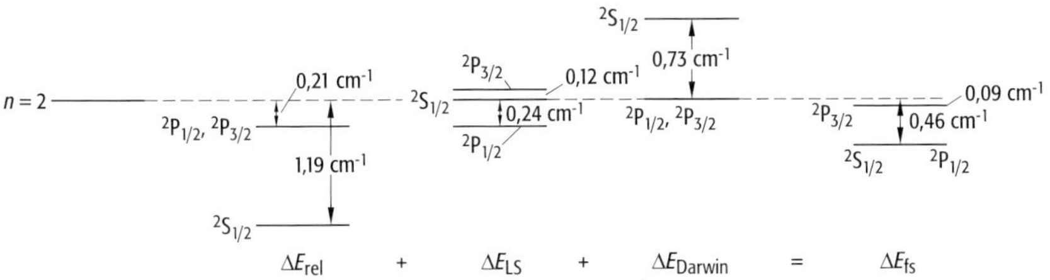


**Feinstruktur 1:** Zusammensetzung der Feinstrukturaufspaltung $\Delta E_{\mathrm{fs}}$ aus relativistischen Korrekturen ($\Delta E_{\mathrm{rel}}$), der Spin-Bahn-Kopplung ($\Delta E_{\mathrm{LS}}$) und dem Darwin-Term $\Delta E_{\mathrm{Darwin}}$.

2 bifurkiert: $x_2^* = f_\mu(x_1^*)$, $x_1^* = f_\mu(x_2^*)$. Dieser Orbit, der aus den stabilen Fixpunkten der zweiten Iterierten $x_{t+1} = f_\mu^2(x_t) \equiv f_\mu(f_\mu(x_t))$ besteht, wird bei $\mu_1 > \mu_0$ wiederum instabil und führt über Periodenverdopplung zu einem stabilen Periode-4-Zyklus im Parameterbereich $\mu_1 < \mu < \mu_2$, dann zur Periode 8 usw. Da Periodenverdopplung einer Halbierung der jeweiligen Grundfrequenz entspricht, spricht man auch von einer Sequenz subharmonischer Bifurkationen. Die sukzessive Halbierung der Grundfrequenz wird experimentell meist durch Messung des Leistungsspektrums erfaßt. Generell existiert in dem resultierenden Bifurkationsdiagramm (»Feigenbaum«) im Intervall $\mu_{n-1} < \mu < \mu_n$ ein stabiler Orbit der Periode $2^n$, der aus den stabilen Fixpunkten der $2^n$-ten Iterierten $f_\mu^{2^n}(x)$ besteht. Die Bifurkations-Parameter $\mu_n$ häufen sich entsprechend einer geometrischen Progression an einem Punkt $\mu_\infty = \lim_{n\to\infty} \mu_n$, wobei das Verhältnis $\delta = \lim_{n\to\infty} \frac{\mu_n - \mu_{n-1}}{\mu_{n+1} - \mu_n} = 4{,}669201...$ die universelle *Feigenbaum-Konstante* darstellt. Bei $\mu_\infty$ ist der Attraktor nicht mehr periodisch, sondern ein Fraktal (*Feigenbaum-Attraktor*) mit ↗*fraktaler Dimension* $D = 0{,}5388...$ Es existiert noch eine weitere universelle Feigenbaum-Konstante $\alpha = 2{,}502807...$, die die Skalierung der »Gabel-Öffnungen« in der Nähe des Funktionsmaximums beschreibt. Die Universalität der Konstanten und des Skalenverhaltens folgt aus der Tatsache, daß $f_{\mu_n}^{2^n}(x)$ und die Funktion $f_{\mu_{n+1}}^{2^{n+1}}(x)$ nach Skalierung mit $\alpha$ für große $n$ in der Nähe des Maximums von $f(x)$ immer ähnlicher werden: $f_{\mu_n}^{2^n}(x) \approx (-\alpha) f_{\mu_{n+1}}^{2^{n+1}} \cdot (-x/\alpha)$, so daß schließlich in die Bestimmung von $\alpha$ nur noch die Ordnung des Maximums und die Dimensionalität der Abbildung eingeht. Die angegebenen Werte für $\alpha$ und $\delta$ gelten für alle eindimensionalen Abbildungen mit quadratischem Maximum. Für Periodenverdopplungs-Szenarien mit anderer Ordnung des Maximums oder z.B. in zweidimensionalen flächenerhaltendenden Abbildungen gelten ähnliche Skalenargumente, die aber auf andere universelle Werte für $\alpha$ und $\delta$ führen. [GR2]

**Feigenbaum-Zahlen,** ↗Feigenbaum-Konstanten, ↗Feigenbaum-Szenario.

**Feinkitten,** Verbindung von zwei oder mehreren optischen Komponenten durch eine dünne Kittschicht, deren ↗*Brechzahl* mit der des optischen Materials übereinstimmt. Als Kittschicht benutzt man z.B. Kanadabalsam, der beim Auftragen auf die Oberflächen erwärmt wird und durch Abkühlen erstarrt.

**Feinstruktur,** im engeren Sinne die Struktur der atomarer Energieniveaus bzw. Spektrallinien in Folge der Aufspaltung durch Spin-Bahn-Kopplung in Feinstrukturterme (↗*Atomspektrum*); diese Terme unterscheiden sich durch die Einstellung des Bahndrehimpulses $l\hbar$ zur Spinrichtung ($2l+1$ mögliche Einstellungen). Der Begriff wird oft auch in einem weiteren Sinne für verschiedene Aufspaltungen in Molekülspektren gebraucht, die durch Spin-Bahn-, Austausch- sowie durch magnetische Wechselwirkungen zwischen den Elektronen zustande kommen. Bei der ↗*Elektronenspinresonanz* beispielsweise kommen Feinstrukturaufspaltungen der Zeeman-Niveaus (↗*Zeeman-Effekt*) vor allem durch magnetische und Austausch-Wechselwirkungen zwischen ungepaarten Spins zustande (z.B. in organischen Polyradikalen, Ionen von seltenen Erden und bestimmten Übergangsmetallen). Im Gegensatz dazu bedingt das viel schwächere Magnetfeld des Kerns nur die sehr viel kleinere Hyperfeinstruktur-Aufspaltung. Schon die Feinstrukturaufspaltung ist fast millionenmal kleiner als die Zustandsenergie selbst und sogar fast tausendmal kleiner als $k_B T$ bei Zimmertemperatur.

Die theoretische Beschreibung der Feinstruktur erfordert eine relativistisch-quantenmechanische Behandlung, die zuerst von A. ↗Sommerfeld durchgeführt wurde und durch eine neue Naturkonstante $\alpha$ gekennzeichnet ist (↗*Feinstrukturkonstante*).

**Feinstruktur 2:** Feinstrukturaufspaltung der Zustände des Wasserstoffatoms (nicht maßstäblich). Energieniveaus a) ohne b) mit Feinstrukturaufspaltung

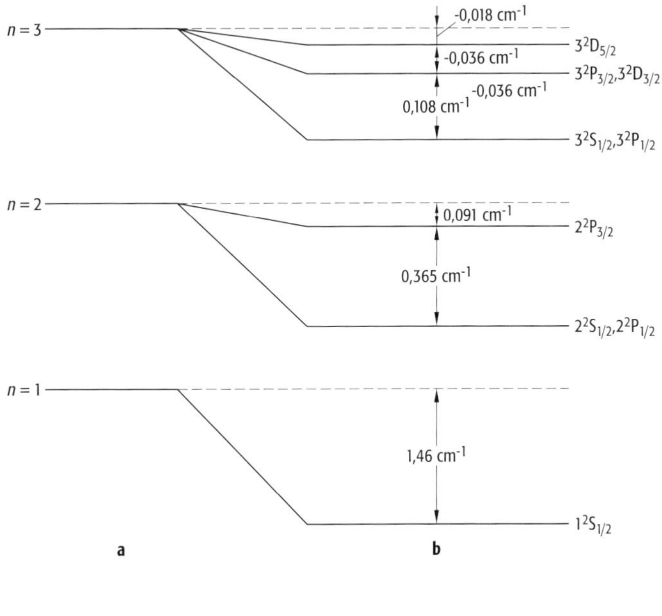

**Feinstrukturkonstante,** *Sommerfeldsche Feinstrukturkonstante* $\alpha$, eine von A. ↗*Sommerfeld* bei der relativistischen Behandlung der ↗*Feinstruktur* von Atomspektren eingeführte dimensionslose Konstante $\alpha = \frac{e^2}{4\pi\varepsilon_0\hbar c} = \frac{\mu_0 c e^2}{2h} = 7{,}297\,353\,0 \pm 0{,}000\,000\,33) \cdot 10^{-3} \approx \frac{1}{137}$ ($e$ Elementarladung, $\varepsilon_0$ Dielektrizitätskonstante, $\mu_0$ Permeabilitätskonstante). $\alpha$ ist ein Maß für die Stärke der elektromagnetischen Wechselwirkung (d.h. der Kopplung geladener Teilchen mit Photonen) und läßt sich anschaulich interpretieren als das Verhältnis zwischen der Coulomb-Energie der Wechselwirkung von zwei elektrischen Ladungen im Abstand $r$ mit einem Photon der Wellenlänge $\lambda = 2\pi r$. Man kann $\alpha$ im Bild des Bohrschen Atoms aber auch als das Verhältnis der Umlaufgeschwindigkeit des Elektrons im Grundzustand des Wasserstoffatoms zur Lichtgeschwindigkeit auffassen.

Die Feinstrukturkonstante spielt für die Bestimmung vieler physikalischer Konstanten eine herausragende Rolle. Sie läßt sich sehr genau direkt experimentell ermitteln (z.B. mit dem ↗*Quanten-Hall-Effekt* oder mit dem ↗*Lamb-Shift*).

**Feinstteilchenmagnet** ↗Pulvermagnet.

**Feinvakuum,** Vakuumbereich mit Drücken zwischen 100 und 0,1 Pa (zwischen 1 und $10^{-3}$ mbar). In diesem Bereich arbeiten die meisten industriell genutzen Vakuumverfahren. (↗Vakuumtechnik)

**Feinvakuum-Ionisationsvakuummeter,** früher: *Hochdruck-Ionisationsvakuummeter*, ein ↗Ionisationsvakuummeter, dessen Druckmeßbereich zwischen 100 und $10^{-4}$ Pa (zwischen 1 und $10^{-6}$ mbar) liegt.

**FEL** ↗Freie-Elektronen-Laser.

**Feld,** im allgemeinen Sinne eine eindeutige *stetige* Zuordnung von Ereignissen zu den Punkten eines abstrakten Raumes; in der Physik die Gesamtheit der allen Punkten des leeren oder stofferfüllten physikalischen Raumes bzw. seiner Teilgebiete zugeordneten Werte einer (unter Umständen auch mehrkomponentigen) Größe, der *Feldgröße*. Die Werte der Feldgröße in den verschiedenen Punkten des Raumes entsprechen den (verallgemeinerten) Koordinaten mechanischer Systeme; daher sind Felder als Systeme mit (überabzählbar) unendlich vielen Freiheitsgraden anzusehen. Der Feldbegriff wird in allen Zweigen der Physik verwendet, z.B. als elektrisches Feld, Temperatur-, Kraft- oder Geschwindigkeitsfeld, auch in der Mathematik, z.B. als Wahrscheinlichkeitsfeld.

Nach den Transformationseigenschaften der (physikalischen) Feldgrößen gegenüber orthogonalen Transformationen unterscheidet man *skalare Felder* (*Skalarfelder*, ↗*Skalare*), z.B. Temperatur oder Massendichte, *vektorielle Felder* (↗*Vektorfeld*), z.B. Kraft, Strömungsgeschwindigkeit, ↗*elektrisches Feld* oder ↗*magnetische Feldstärke* und *tensorielle Felder* (*Tensorfelder*, ↗*Tensoren*), z.B. die mechanische Spannung eines elastisch verformten Körpers (↗*Verformung*). Weiterhin gibt es auch spinorielle Felder (*Spinorfelder*, ↗*Spinoren*), pseudoskalare und pseudovektorielle Felder.

*Statische Felder* haben zeitunabhängige Feldgrößen, *stationäre Felder* haben zeitunabhängige Feldgrößen und beschreiben stationäre Bewegungszustände, z.B. eine stationäre Flüssigkeitsströmung. Ein Feld heißt *quasistationär*, wenn die Retardierung vernachlässigt werden kann. Ein Feld heißt *homogen*, wenn die Feldgröße an jedem Punkt des Raumes den gleichen Wert annimmt, andernfalls *inhomogen*. Homogene Felder sind z.B. das nach Betrag und Richtung konstante elektrische Feld im Innern eines (unendlich ausgedehnten) Plattenkondensators und (in guter Näherung) das Schwerefeld der Erde in der Nähe der Erdoberfläche (↗*Schwere*).

*Vektorfelder* spielen in der Physik eine besonders große Rolle. Sie können anschaulich mit Hilfe von ↗*Feldlinien* beschrieben werden, dies sind Linien, deren Tangenten in jedem Raumpunkt mit der lokalen Richtung des Feldvektors $\boldsymbol{F}$ übereinstimmen, und deren Dichte dem Betrag der Feldvektoren, der *Feldstärke*, proportional ist. Feldlinien können von bestimmten Punkten des Raumes, den *Quellen*, ausgehen und in anderen Punkten, den *Senken*, enden; solche Felder heißen *Quellenfelder*, wie z.B. das Feld zweier ungleichnamiger elektrischer Punktladungen. Treten im Gegensatz dazu nur geschlossene Feldlinien auf, spricht man von *Wirbelfeldern* (z.B. Magnetfeld eines geraden Leiters). Reine Quellenfelder sind wirbelfrei, reine Wirbelfelder quellenfrei. Wirbelfreie Vektorfelder können als Gradient eines skalaren Potentialfeldes geschrieben werden, dieses ist bis auf eine additive Konstante eindeutig bestimmt. Umgekehrt ergibt sich das ↗*Potential* aus dem Vektorfeld durch Pfadintegration, sofern das Integral wegunabhängig ist bzw. entlang geschlossener Wege verschwindet. In wirbelfreien Kraftfeldern ist die Gesamtenegie erhalten, sie heißen daher auch *konservativ*. Wirbelfreie Felder sind sowohl physikalisch als auch mathematisch besonders interessant, da hochentwickelte mathematische Werkzeuge zu ihrer Beschreibung bestehen. Speziell für zweidimensionale Felder ist dies die ↗*Potentialtheorie*, deren Entwicklung eng mit der der komplexen Zahlen verknüpft war. Quellenfreien Vektorfeldern $\boldsymbol{F}$ kann gemäß $\boldsymbol{F} = \nabla \times \boldsymbol{A}$ ein ↗*Vektorpotential* $\boldsymbol{A}$ zugeordnet werden, dieses ist bis auf Addition eines Gradientenfeldes eindeutig bestimmt.

Bei vielen in der Physik auftretenden Feldern handelt es sich um Abstraktionen, mit denen Systeme aus sehr vielen Einzelteilchen, wie Gas- oder Flüssigkeitsmoleküle oder auch die Einzelsterne einer Galaxie, auf wenige Freiheitsgrade reduziert werden können. Im Gegensatz dazu beschreiben das klassische elektromagnetische und das Gravitationsfeld nicht weiter reduzierbare Erscheinungsformen der Materie bzw. des Raumes. In der ↗*Quantenfeldtheorie* betrachtet man diese Felder zwar als aufgebaut aus (einer unvorstellbaren Zahl von) einzelnen *Feldquanten* (↗*Feldoperator*), diese jedoch gehören wiederum zu den fundamentalen, nicht weiter erklärbaren ↗*Elementarteilchen*.

Ursprünglich wurden die physikalischen Felder um 1840 von M. ↗*Faraday* als Hilfsgrößen eingeführt. Erst die von J.C. ↗*Maxwell* hieraus entwickelte Theorie des elektromagnetischen Feldes (1856) und die experimentelle Bestätigung der von dieser Theorie vorausgesagten ↗*elektromagnetischen Wellen* durch H. ↗*Hertz* (1887) führten zu der Erkenntnis, daß die Felder selbst physikalische Realität besitzen (↗*Nahwirkungstheorie*). (↗elektrisches Feld, ↗Feldtheorie, ↗Magnetfeld)

**Feldblende** ↗Blende.

**Feldbus,** *Zubringerbus*, serieller Bus zur Verbindung von Prozeßperipherie auf der Ebene unter dem Prozeßbus. Haupteinsatzgebiet ist die Meßwerterfassungs-, Steuerungs- und Regeltechnik (*MSR*). Diese Bussysteme weisen in der Regel eine niedrige Übertragungsleistung auf, sind aber robust und preiswert (z.B. ↗*BITBUS*).

**Feldebene,** Objektebene oder eine zur Objektebene konjugierte Ebene im mikroskopischen Strahlengang. Eine Blende, die in eine Feldebene eingesetzt wird, nennt man *Feldblende*.

**Feldeffekttransistor,** *FET*, ein Halbleiterbauelement zur Verstärkung und Steuerung von Signalen. Im Gegensatz zum ↗*Bipolar-Transistor* ist nur eine Ladungsträgerart am Stromtransport beteiligt (*Unipolar-Transistor*). FETs werden in der analogen und der digitalen Elektronik eingesetzt. Wie bei den Bipolar-Transistoren haben sie drei Anschlüsse, die mit *Source*, *Drain* und *Gate* bezeichnet werden. Die Funktionsweise beruht auf zwei verschiedenen Prinzipien: 1) Steuerung des Querschnittes eines leitenden Kanals und 2) Steuerung der Ladungsträgerdichte in einem leitendem Kanal. Nach dem ersten Prinzip arbeitet der ↗*Sperrschicht-Feldeffekttransistor* (JFET) und nach dem zweiten der ↗*MOS-Feldeffekttransistor*. Letzterer eignet sich wegen seiner einfachen Struktur hervorragend für die Herstellung von integrierten Schaltungen. Analog zum Bipolar-Transistor sind drei Grundschaltungen möglich: ↗*Source-Schaltung*, ↗*Drain-Schaltung* und ↗*Gate-Schaltung*.

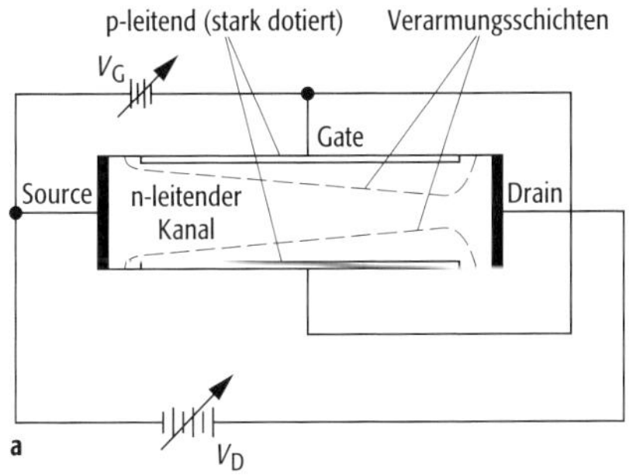


a

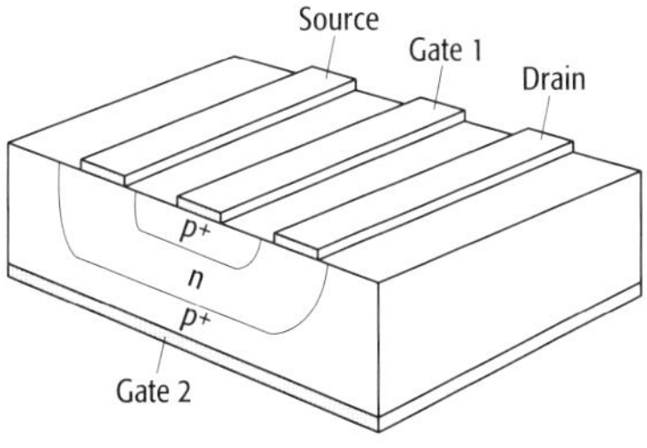


b

**Feldeffekttransistor:** a) Schematischer Querschnitt durch einen Sperrschicht-Feldeffekttransistor bei angelegten Spannungen; b) planare Form eines Sperrschicht-Feldeffekttransistors, die sich besonders für den Einsatz in integrierten Schaltungen eignet.

**Feldelektronenmikroskop** ↗Feldemissionsmikroskop.

**Feldemission,** Austritt von Elektronen aus der Oberfläche eines Metalls aufgrund eines äußeren elektrischen Feldes. Da es sich hierbei um eine nichtthermische Emission handelt, spricht man im Gegensatz zur ↗*Glühemission* auch von Kaltemission. Der Prozeß der Feldemission wurde zuerst 1897 von R.W. Wood entdeckt. Die theoretische Erklärung wurde erst 1928 von Fowler und Nordheim geliefert. Bei der Feldemission einer kalten Metallkathode ins Vakuum sind die elektronischen Energieeigenzustände bei der Temperatur $T = 0$ bis zur *Fermi-Kante* besetzt. Durch Anlegen eines elektrischen Feldes wird die Potentialbarriere für Elektronen an der Oberfläche herabgesetzt. Feldemission findet dann statt, wenn die Potentialbarriere soweit herabgesetzt wird, daß Elektronen an der Fermi-Kante eine nicht zu vernachlässigende Wahrscheinlichkeit haben, diese zu durchtunneln (↗*Tunneleffekt*). Fowler und Nordheim berechneten nach der ↗*Fermi-Dirac-Statistik* die Wahrscheinlichkeit, daß ein Elektron pro Zeiteinheit auf die Oberfläche trifft, und nach der ↗*WKB-Methode* die quantenmechanische Tunnelwahrscheinlichkeit, und gelangten zu dem Ergebnis:

$$J = AE^2 \exp(-B\Phi^{3/2}/E)$$

wobei $J$ die Elektronenstromdichte von der Oberfläche, $A$ eine materialspezifische Konstante, $E$ das elektrische Feld und $B$ eine Konstante ist. Wird der Emitter zusätzlich geheizt, so findet außer der Feldemission auch Glühemission (↗*thermische Elektronenquellen*) statt. Die Emission in diesem Bereich wird auch als Schottky-Emission bezeichnet. In der Praxis wird mit elektrischen Feldern im Bereich von ca. $10^7$ V/cm gearbeitet. Dabei wird in der Regel die Spannung zwischen einer gitterförmigen Anode und einer nadelförmigen Kathode, die als Emitter dient, angelegt. Diese scharfen nadelförmigen Emitter werden durch elektrolytisches Ätzen hergestellt. Typische Spitzenradien liegen bei einigen 100 nm. Gute Leitfähigkeit, hohe mechanische Stabilität sowie ein hoher Schmelzpunkt sind die erforderlichen Eigenschaften solcher Emittermaterialien. Oft werden Halbleiter wie Ge, Si sowie SiC oder andere Materialien wie $LaB_6$ und ZrC verwendet. Technische Anwendung findet die Feldemission z.B. in der ↗*Auger-Elektronenspektroskopie* oder in der ↗*Röntgenspektroskopie* in Elektronenquellen, im ↗*Feldemissionsmikroskop* und in Druckmeßröhren (*Kaltkathoden-Druckmeßröhren* oder *Penning-Meßröhre*).

**Feldemissionsmikroskop,** *Feldelektronenmikroskop, Spitzenübermikroskop,* ein elektronenoptisches Gerät zur Erzielung eines hochvergrößerten Schattenbildes einer Objektspitze (↗*Elektronenoptik*). Die Elektronenauslösung an der Objektspitze – z.B. eine Wolfram-Nadel – erfolgt durch ↗*Feldemission* (↗*Tunnel-Effekt*) unter dem Einfluß eines starken elektrischen Feldes von einigen $10^9$ V/m. Derart hohe Feldstärken können durch sehr kleine Krümmungsradien der Spitze (ca. 0,1 µm) erreicht werden. Das zwischen der als Kathode geschalteten Spitze und einem als Anode geschalteten Leuchtschirm liegende kugelsymmetrische Feld beschleunigt die Elektronen zum Schirm, wo eine stark vergrößerte Abbildung der Emissionverteilung an der Spitze entsteht (Abb.), so daß z.B. die Struktur aufgedampfter Partikel auf der Spitze sichtbar gemacht werden kann. Die Vergrößerung ergibt sich aus dem Verhältnis der Krümmungsradien von Objektspitze und Leuchtschirm, spezielle Anfertigungen können dabei atomare Dimensionen erreichen. Voraussetzung für das Funktionieren ist ein Vakuum von $10^{-7}$ bis $10^{-8}$ Pa ($10^{-12}$ bis $10^{-13}$ bar). Mit einem Feldemissionsmikroskop können Vergrößerungen von bis zu $10^6$ erreicht werden. Typische Untersuchsgegenstände sind z.B. monoatomare Adsorptionsschichten auf metallischen Substraten. Darüber hinaus wird das Feldemissionsmikroskop auch benutzt, um die Zusammensetzung metallischer Proben zu untersuchen. Dazu wird in den darstellenden Schirm eine kleine Lochblende eingebaut, durch die Atome, die durch die extrem großen Feldstärken aus der Metallspitze herausgerissen wurden, hindurchtreten und in einem Massenspektrometer hinter der Lochblende nachgewiesen werden können.

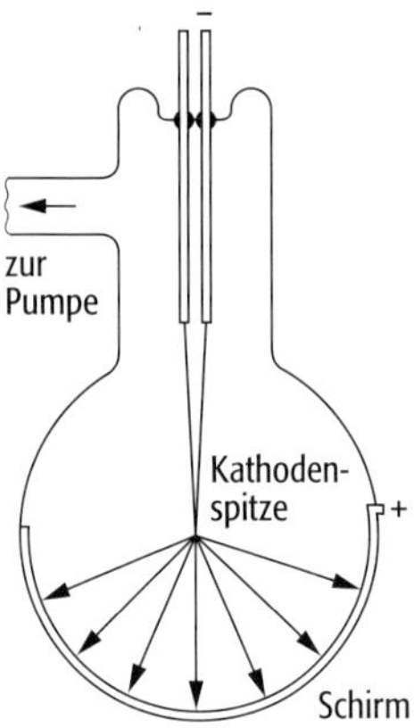


**Feldemissionsmikroskop:** Aufbau.

**Feldemissionsquellen** ↗Feldemission.

**Feldenergie,** ↗elektrische Feldenergie, ↗magnetische Feldenergie.

**Feldflußfraktionierung,** *FFF,* Verfahren zur Trennung neutraler und geladener Makromoleküle, von Kolloiden und Partikeln mit Molmassen von $10^3$ bis $10^{18}$ (Durchmesser bis 100 µm). Die Probenmoleküle werden analog einem chromatographischen Verfahren durch eine Trennsäule (Länge: 50–100 cm; rechteckiger Querschnitt: 10 mm × 0,05–0,5 mm) geschickt, die jedoch leer ist, und an die ein quer zur Strömungsrichtung verlaufendes Feld angelegt wird. Dadurch werden die Moleküle in Richtung der Akkumulationswand bewegt. Das Trennverfahren beruht darauf, daß kleinere Moleküle weiter in den Flußkanal hineinragen und aufgrund des parabolischen Profils der fluiden Phase (größere Fließgeschwindigkeit in der Kanalmitte) schneller weiter transportiert werden als die in der Nähe der Wand liegenden größeren Moleküle. Bei Molekülen mit Durchmessern über 1 µm wird die Elutionsfolge umgekehrt, da diese Moleküle aufgrund ihrer Größe weiter in den Flußkanal hineinragen als kleinere Moleküle (*sterische FFF*). Man unterscheidet in Bezug auf die trennwirksamen Felder zwischen 1) *elektrischer FFF* (elektrisches Feld), 2) *thermischer FFF* (Temperaturunterschied zwischen oberer und unterer Wand), 3) *Fluß-FFF* (Überlagerung eines quer zum Hauptfluß verlaufenden Flusses, aufgrund einer semipermeablen Wand), und 4) *Sedimentations-FFF* (Überlagerung von Zentrifugalfeldern in einer Zentrifuge). Das Bruttoretentionsvolumen $V_R$ ist unabhängig vom Feldtyp und wird wie folgt berechnet:

$$V_R = \frac{F\,w}{6k_B T}\,V_M\,.$$

Dabei sind: $F$ die einwirkende Kraft, $V_M$ das Totvolumen, $w$ die Kanaldicke, über die $F$ wirkt, $k_B$ die Boltzmann-Konstante und $T$ die Temperatur. Mit Hilfe der Feldflußfraktionierung lassen sich Molmassen- und Korngrößenverteilungen bestimmen.

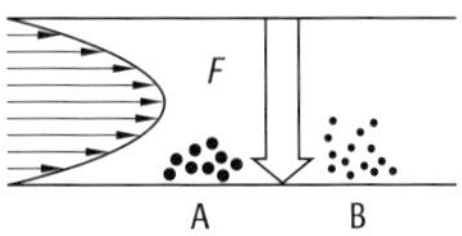


**Feldflußfraktionierung:** Prinzip (schematisch). Die kleineren Moleküle B ragen weiter in den Flußkanal hinein (schnellere Molekulardiffusion). Sie werden durch die fluide Phase schneller weitertransportiert als die größeren Moleküle A, da die Fließgeschwindigkeit in der Mitte des Flußkanals aufgrund des parabolischen Flußprofils größer ist als in Wandnähe.

**Feldgrößen** ↗Feld.

**Feldionenmikroskop,** elektronenoptisches Gerät zur vergrößerten Abbildung einer Objektspitze mit Hilfe von Ionenstrahlen. Das Grundprinzip des auf E.W. ↗Müller (1950) zurückgehenden Feldionenmikroskops ist dem des ↗*Feldemissionsmikroskops* ähnlich. Im Feldionenmikroskop ist aber die Objektspitze als Anode und der Leuchtschirmbelag als Kathode geschaltet. Während beim Feldemissionsmikroskop ein sehr gutes Vakuum vorausgesetzt wird, ist der Innenraum des Feldionenmikroskops mit einem Edelgas, meistens Helium ($10^{-1}$ Pa) gefüllt. Edelgasatome, die sich der Objektspitze nähern, werden ionisiert, und infolge des hohen elektrischen Feldes gelangen die an der Spitze erzeugten Ionen zum Leuchtschirm und bilden dort die Anodenspitze ab. Durch starke Kühlung der Spitze (z.B. mit flüssigem Wasserstoff) ist eine scharfe Abbildung gewährleistet. Mit einem Auflösungsvermögen von 0,2 nm ist die Möglichkeit der Abbildung einzelner Atome gegeben. Zweckmäßigerweise wird das sehr lichtschwache Bild mit einem elektronischen Bildverstärker beobachtet.

**Feldionisation,** 1) Feldemission von Ionen aus Festkörpern. Die sich in einem elektrischen Feld in der Nähe von Elektrodenspitzen ausbildenden hohen Feldstärken können zu einer ↗*Feldemission* von Ionen führen. Der Effekt wird z.B. in ↗*Ionenquellen* für Metallstrahlen und im ↗*Feldionenmikroskop* ausgenutzt.

2) Spezielle Methode der Ionisation neutraler Atome oder Moleküle. Der Mechanismus der

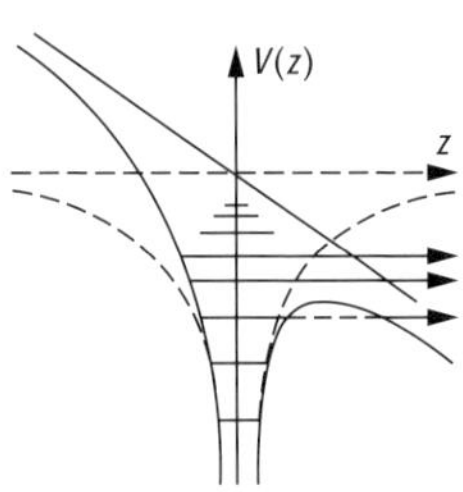


**Feldionisation:** Potentialverlauf bei der Feldionisation eines Atoms oder Moleküls.

Feldionisation ist schematisch in der Abbildung dargestellt. Das Potential eines Außenelektrons im Feld des Atomkerns ist gestrichelt gezeichnet. Durch ein konstantes elektrisches Feld wird der Potentialverlauf gemäß der Abb. derart verändert, daß ursprünglich gebundene Elektronen die Potentialbarriere überwinden oder durchtunneln können. Der Mechanismus ist besonders effizient bei Atomen oder Molekülen mit hoher Hauptquantenzahl, nahe der Ionisationsgrenze. Z.B. für ↗*Rydberg-Atome* liegen die kritischen Feldstärken oft nur im Bereich einiger V/cm. Die Methode wird auch zur Spektroskopie hoch angeregter Zustände eingesetzt. Dabei wird ausgenutzt, daß die kritische Feldstärke der Feldionisation von den Quantenzahlen des entsprechenden Zustandes abhängt.

**Feldkonstante, elektrische** ↗Dielektrizitätskonstante des Vakuums.

**Feldkonstante, magnetische** ↗Permeabilität des Vakuums.

**Feldlinien,** *Kraftlinien*, *Fallinien*, Kurven, deren Tangenten an jedem Punkt mit der Richtung eines *Vektorfeldes* übereinstimmen (Abb. a). Die Anzahl der durch eine Einheitsfläche tretenden Feldlinien, die *Feldliniendichte*, wird meist proportional zur Größe des Feldes gewählt. Durch einen regulären Punkt eines eindeutigen Vektorfeldes können nicht zwei Feldlinien hindurchgehen. Feldlinien beginnen und enden an den *Quellen* des Feldes (z.B. elektrische Ladungen) oder im Unendlichen. In nicht wirbelfreien Feldern kann es auch *geschlossene Feldlinien* geben. In *wirbelfreien*, d.h. als Gradient einer skalaren Funktion darstellbaren Feldern stehen die Feldlinien überall senkrecht auf den *Äquipotentialflächen*. Dies ist z.B. in einem statischen ↗*elektrischen Feld* der Fall (Abb. b–d). Außer den ↗*elektrischen Feldlinien* sind auch die ↗*Magnetfeldlinien* von großer Bedeutung (Abb. e).

**Feldliniendichte,** *elektrische Dichte*, *elektrische Raumdichte*, ↗Feldlinien, ↗elektrische Feldlinien, ↗Magnetfeldlinien.

**Feldlinienresonanz,** Resonanzphänomen bei der ↗*Oszillation* der magnetischen *Dipolfeldlinien* in der ↗*Magnetosphäre* der Erde bei ULF- (Ultralow frequency) ↗*Pulsationen*, analog einer schwingenden Saite. Bei der Feldlinienresonanz koppelt z.B. eine von der Magnetopause stammende ↗*Fast-Mode-Welle* mit einer ↗*Alfvén-Welle*, wenn die Eigenperiode $\left(T = 2\int_a^b \frac{ds}{v_a(s)},\ v_a\text{: Alfvén-Geschwindigkeit}\right)$ derjenigen der Feldlinie der Erregerwelle entspricht.

**Feldlinse,** *Kollektivlinse*, Linse, die bei optischen Instrumenten in der Nähe oder am Ort des vom ↗*Objektivs* entworfenen reellen Bildes angeordnet ist und dadurch Lichtverluste und Bildabschattung bei wiederholter Abbildung vermeidet. Normalerweise beobachtet das Auge durch die Abblendung durch Linsenränder und Blenden nur ein sehr kleines Gesichtsfeld. Durch das Anbringen der Feldlinse an einer geeigneten Stelle lassen sich die abgeschatteten Strahlen auf der begrenzenden Öffnung sammeln und somit das Gesichtsfeld erweitern. Die Feldlinse hat auf die geometrische Größe und Lage des Bildes keinen Einfluß, und die Brennweite wird z.B. im Mikroskop oder Fernrohr so gewählt, daß sie das Objektiv in etwa in die Okularlinse abbildet. Beide Linsen bilden das zusammengesetzte ↗*Okular*, das in dieser Form von Ch. ↗*Huygens* angegeben wurde. In der Sprache der Strahlenoptik dient die Feldlinse meist zur Verlegung der Austrittspupille in die Augenpupille.

**Feldmühle,** ein von H. *Lueder* und H. *Schwenkhagen* konstruiertes Gerät zur kontinuierlichen Aufzeichnung der luftelektrischen Feldstärke am Boden oder in der freien ↗*Atmosphäre*. Beruhend auf dem Prinzip der *Wilsonschen Platte*, besteht die Feldmühle aus einer isolierten Platte, die über einen Kondensator mit der Erde verbunden ist. Deckt man diese Platte in periodischem Wechsel durch eine geerdete Platte ab, so entsteht in dem Kondensator eine veränderliche Spannung, die dem luftelektrischen Feld proportional ist.

**Feldnebel,** *Feldgalaxie*, Bezeichnung für alle einzelnen Galaxien, die allein aufgrund der Beobachtung keinem ↗Galaxienhaufen zugeordnet werden können.

**Feldoperator,** *Quantenfeld*, dem klassischen ↗*Feld* entsprechende Größe in der ↗*Quantenfeldtheorie*. Quantenfelder werden in der sog. zweiten Quantisierung durch eine Summe von Operatorausdrücken beschrieben, die einzeln je ein Quant des freien Oszillators erzeugen oder vernichten:

$$\Phi(x) = \frac{1}{\sqrt{2}}\sum_k \left(h_k(x)a_k^\dagger + h_k^*(x)a_k\right).$$

Dabei stellt $x$ die raumzeitliche Koordinate dar, wo das Feld den Wert $\Phi(x)$ animmt, die $h_k(x)$ sind komplexe Funktionen, die eine orthogonale, normierte Basis im Vektorraum der $L^2$-Funktionen bilden, die $a_k$ und $a_k^\dagger$ sind ↗*Vernichtungs-* bzw. ↗*Erzeugungsoperatoren* der Oszillator-Algebra. Im allgemeinen ist ein Feldoperator keine Observable (beispielsweise in einer Quantenfeldtheorie zu geladenen Teilchen oder zu Fermionen), allerdings lassen sich die Observablen durch die Feldoperatoren ausdrücken. Das zum Feldoperator $\Phi(x)$ im Sinne der klassischen Feldgleichungen konjugierte Feld $\Pi(x)$ erhält die Form

$$\Pi(x) = \frac{1}{\sqrt{2}}\sum_k \left(h_k(x)a_k^\dagger h_k^*(x)a_k\right)$$

Ausgehend von der Austauschrelationen der $a$-Operatoren $[a_k, a_l^\dagger]_\pm = \delta_{kl}$, gilt zwischen den Feldoperatoren

$$(\Phi(x), \Pi(y))_\pm = \delta(x-y).$$

Hier steht das Minuszeichnen für Kommutatoren, das Pluszeichnen für Anti-Kommutato-

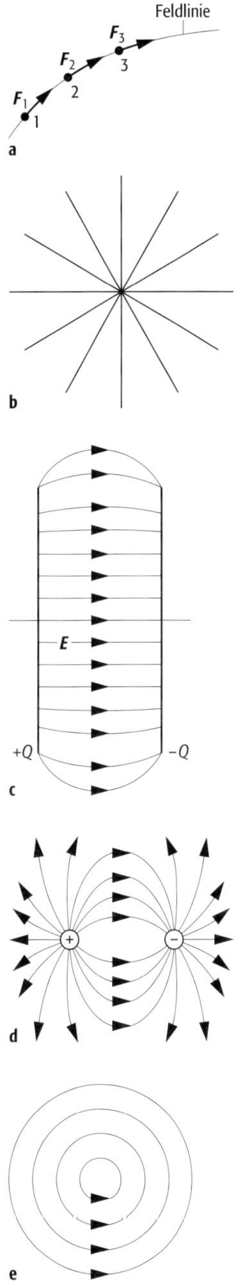


**Feldlinien:** a) Die Richtung der Feldlinie stimmt in jedem Punkt mit der Richtung des Feldvektors überein; b) Feldlinien einer Punktladung; c) im homogenen Feld im Inneren eines Plattenkondensators stehen die Feldlinien senkrecht auf den Äquipotentialflächen; d) offene Feldlinien im Quellenfeld; e) geschlossene Feldlinien im Wirbelfeld.

ren, je nachdem, ob bosonische oder fermionische Felder quantisiert werden. Während in einfachen Fällen (freie Feldtheorie, perturbative Behandlung) die Basisfunktionen $h_k(x)$ ebene Wellen darstellen, steht im allgemeinen Fall der Index $k$ für komplexe innere Eigenschaften der Feldquanten wie Spin, Polarisation oder exotische innere Freiheitsgrade (Flavor, Color). In der abstrakten Feldtheorie definiert die Algebra der Austauschrelationen sogar die Theorie, wobei Kommutatoren und Anti-Kommutatoren gleichwohl auftauchen.

**Feldpopulation** ↗Sternpopulationen.

**Feldquantisierung,** das mathematische Verfahren, wodurch eine ↗*Quantenfeldtheorie* anlehnend an ihren klassischen Vorgänger formuliert wird. (↗Feldoperator, ↗Feldtheorie, ↗zweite Quantisierung)

**Feldröhre,** eine gedachte Röhre, deren Wandung aus (z.B. elektrischen) ↗Feldlinien besteht. Der *Feldfluß* ist in jedem Röhrenquerschnitt der gleiche.

**Feldstärke, elektrische,** ↗elektrische Feldstärke, ↗magnetische Feldstärke, ↗Feld.

**Feldstärketensor,** *Maxwellscher Feldstärketensor*, *Feldtensor*, $F_{\mu\nu}$, in der ↗*kovarianten Formulierung der Elektrodynamik* die Größe, die die klassischen elektrischen und magnetischen Feldstärkevektoren $\boldsymbol{E}$ und $\boldsymbol{B}$ zusammenfaßt, wobei die drei unabhängigen raumartigen Komponenten denjenigen des $B$-Feldes, die zeitartigen denjenigen des $E$-Feldes entsprechen: $F_{0k} = \mathrm{i}E_k/c$, $\boldsymbol{B} = (-F_{23},\ F_{31},\ -F_{12})$ ($c$: Lichtgeschwindigkeit). $F_{\mu\nu}$ ist kovariant und vollständig antisymmetrisch ($F_{\mu\nu} = -F_{\nu\mu}$), die Diagonalelemente verschwinden. Analog zum Feldtensor leitet sich der (kontravariante) *Induktions-* oder *Erregungstensor* $W_{\mu\nu}$ aus den Feldern $\boldsymbol{D}$ und $\boldsymbol{H}$ ab, wobei im SI-System $\boldsymbol{B}$ durch $\boldsymbol{H}$ und $\boldsymbol{E}/c$ durch $c\boldsymbol{D}$ zu ersetzen sind. Es gilt dann: $W_{\mu\nu} = F_{\mu\nu}/\mu_0$ ($\mu_0$: *Induktionskonstante* bzw. ↗*Permeabilität* des Vakuums). Der Feldstärketensor ergibt sich aus dem ↗*Vierer-Potential* durch Bildung der Vierer-Rotation, mit ihm lassen sich die ↗*Maxwell-Gleichungen* auf elegante Weise relativistisch invariant zusammenfassen.

**Feldsterne,** zusammenfassende Bezeichnung für alle Sterne, die keinem ↗Sternhaufen angehören.

**Feldstoß,** impulsartige Änderung der äußeren elektrischen Feldstärke zur Auslenkung eines physikalischen Systems aus dem Gleichgewicht und zur nachfolgenden Beobachtung der Rückkehr zum Gleichgewicht. Der Feldstoß wird z.B. beim Studium der ↗Enzymkinetik angewandt.

**Feld-Sweep** ↗Kernspinresonanz-Tomographie.

**Feldtensor,** ↗Feldstärketensor, ↗kovariante Formulierung der Elektrodynamik.

**Feldtheorie,** Beschreibung der physikalischen Realität vermittels Feldgrößen, die dem speziellen Relativitätsprinzip genügende Feldgleichungen befriedigen.

*Allgemeine Prinzipien*: In der Feldtheorie werden jedem Raumpunkt je nach Anzahl der für die Beschreibung der physikalischen Erscheinung notwendigen Feldgrößen ein oder mehrere Feldwerte zugeordnet, die den physikalischen Zustand charakterisieren (↗*Feld*). Die raumzeitliche Änderung der physikalischen Zustände wird durch Feldgleichungen beschrieben, das sind partielle Differentialgleichungen für die Feldgrößen. Sie sind gewöhnlich von höchstens zweiter Ordnung und dann vom hyperbolischen Typ. In diesem Fall sind die Lösungen der Feldgleichungen durch die Vorgabe der Felder und ihrer ersten Zeitableitungen zu einem festen Zeitpunkt $t = t_0$ eindeutig bestimmt. Dies ist die Widerspiegelung der Makrokausalität in der Feldtheorie: Durch die Werte des Feldes und seiner ersten Ableitungen zu einem Zeitpunkt $t_0$ ist die frühere und spätere Entwicklung eindeutig bestimmt. Aus der ↗*Speziellen Relativitätstheorie* folgt, daß die Feldgleichungen gegenüber Lorentz-Transformationen kovariant, d.h. in ihrer Form unverändert sein müssen. Das Feld ist gewöhnlich durch die Angabe mehrerer Feldgrößen $\varphi_a(x)$ gegeben, die eine Darstellung der ↗*Lorentz-Gruppe* bilden müssen (↗Darstellung einer Gruppe); je nach der Art dieser Darstellung spricht man von Spinor- bzw. Tensorfeldern, die man gewöhnlich als $\psi_{ab\ldots}(x)$ bzw. $\psi_{\mu\nu\ldots}(x)$ bezeichnet. Tensorfelder lassen sich aus Spinorfeldern aufbauen, aber nicht umgekehrt; spezielle Tensorfelder sind das Skalarfeld $\psi(x)$ mit nur einer Komponente und das Vektorfeld $\psi_\mu(x)$ mit vier Komponenten. Die Feldgleichungen werden mit Hilfe des Wirkungsprinzips aus einer Lagrange-Funktion hergeleitet. Das physikalische Geschehen wird dabei im Rahmen des Minkowskischen Raum-Zeit-Kontinuums der Speziellen Relativitätstheorie beschrieben. Die Gültigkeit des speziellen Relativitätsprinzips wird durch die Invarianz der Lagrange-Funktionen bei Lorentz-Transformationen der Bezugssysteme gesichert. Die Lagrange-Funktion $L$ wird durch raumzeitliche Integration über eine Lagrange-Dichte $\mathcal{L}$ gewonnen, die im allgemeinen als nur von den Feldfunktionen $\varphi_i (i = 1, \ldots, N)$ und deren raumzeitlichen Ableitungen $\partial_\mu \varphi_i$ ($\mu = 1,2,3$) abhängt.

Das Wirkungsprinzip lautet dann:

$$\delta W = \int L(\varphi_i,\ \partial_\mu \varphi_i)\mathrm{d}^4 x = 0. \qquad (1)$$

Die Variation $\delta W$ ist null, wenn $\varphi_i$ die ↗*Lagrange-Gleichungen*

$$\frac{\partial L}{\partial \varphi_i} - \partial_\mu \frac{\partial L}{\partial(\partial_\mu \varphi_i)} = 0 \qquad (2)$$

erfüllt (über doppelt auftretende Indizes wird summiert). Aus der Invarianz der Lagrange-Funktion gegenüber infinitesimalen Lorentz-Translationen des Koordinatensystems der Form $\overline{x^\mu} = x^\mu + \delta x^\mu$ ergeben sich aufgrund der zugehörigen Variation entsprechend (1) unter Verwendung der Gültigkeit der Feldgleichungen (2) die Gleichungen

$$\delta W = \int \partial_\mu \left\{ \frac{\partial L}{\partial(\partial_\mu \varphi_i)} \partial_\nu \varphi_i - L\delta^\mu{}_\nu \right\} \delta x^\nu \delta^4 x = 0, \tag{3}$$

wobei $\delta^\mu{}_\nu$ das Kronecker-Symbol ist. Da die infinitesimalen Translationen willkürlich wählbar sind, erfüllt damit der Tensor

$$T^\mu{}_\nu = \frac{\partial L}{\partial(\partial_\mu \varphi_i)} \partial_\mu \varphi_i - L\delta^\mu{}_\nu \tag{4}$$

den differentiellen Erhaltungssatz

$$\partial_\mu T^\mu{}_\nu = 0. \tag{5}$$

Der Tensor $T_{\mu\nu}$ wird als kanonischer ↗*Energie-Impuls-Tensor* bezeichnet. Er ist im allgemeinen unsymmetrisch. Das Auftreten eines unsymmetrischen Anteils entspricht der Existenz eines Eigendrehimpulses der zum Feld gehörigen Teilchen bzw. den Polarisationseigenschaften des Feldes. Mit (5) erfüllt auch der Tensor

$$M^{\mu,\sigma\nu} = \chi^\nu T^{\mu\sigma} - \chi^\sigma T^{\mu\nu} \tag{6}$$

den differentiellen Erhaltungssatz

$$\partial_\mu M^{\mu,\sigma\nu} = 0, \tag{7}$$

wenn $T^{\mu\nu}$ symmetrisch ist. Der kanonische Energie-Impuls-Tensor läßt sich jedoch symmetrisieren, indem man zu dem Ausdruck (4) einen Ausdruck der Form

$$\partial_\lambda f_\mu^{(\nu\lambda)} \tag{8}$$

mit einem entsprechend zu bestimmenden, in $\nu$ und $\lambda$ antisymmetrischen Tensor $f_\mu^{(\nu\lambda)}$ hinzufügt, dessen Divergenz identisch verschwindet. Der symmetrisierte Energie-Impuls-Tensor wird metrischer Energie-Impuls-Tensor genannt und ergibt sich direkt im Zusammenhang mit den Einsteinschen Gravitationsgleichungen. Mit Hilfe des metrischen Energie-Impuls-Tensors kann man immer den Tensor (6) konstruieren. $M^{\mu,\sigma\nu}$ ist der Drehimpulstensor des Feldes. Aus (5) und (7) ergeben sich die Erhaltungssätze für Energie-Impuls und Drehimpuls sowie der Schwerpunkterhaltungssatz. Der differentielle Erhaltungssatz für den Drehimpulstensor hat seinen Ursprung in der Invarianz der Lagrange-Funktion bei Lorentz-Rotationen des Koordinatensystems in Analogie zu (3) und (5). Für komplexe Felder ist noch die Existenz des Viererstromvektors

$$j_\mu = \mathrm{i}\left\{ \frac{\partial L}{\partial(\partial_\mu \varphi_i^*)} \varphi_i^* - \frac{\partial L}{\partial(\partial_\mu \varphi_i)} \varphi_i \right\}, \tag{9}$$

wobei $\varphi_i^*$ konjugiert komplex zu $\varphi_i$ ist, wesentlich. Er resultiert aus der Eichinvarianz gegenüber der Umeichung $\varphi_i \to e^{i\alpha}\varphi_i$ und erfüllt auf Grund der Feldgleichungen (2) für $\varphi_i$ und $\varphi_i^*$ die Kontinuitätsgleichung

$$\partial_\mu j^\mu = 0. \tag{10}$$

In Analogie zum Energie-Impuls-Erhaltungssatz erhält man aus (10) durch Integration über den dreidimensionalen Raum den Erhaltungssatz für die Gesamtladung

$$\partial_0 Q = \partial_0 \int j_0 \, d^3x = 0. \tag{11}$$

Die zugehörigen Feldgleichungen hängen alle eng mit der ↗*Wellengleichung* zusammen. Die Wechselwirkung der verschiedenen Felder wird durch Hinzufügen eines Wechselwirkungsgliedes $\mathcal{L}_I$ zur Summe der Lagrange-Dichten $\mathcal{L}_f$ der freien, nicht wechselwirkenden Felder berücksichtigt. Die Feldgleichungen freier Felder sind linear, wenn $\mathcal{L}$ in den Feldern und deren Ableitungen höchstens quadratisch ist; die Lösungen können dann mit beliebigen Koeffizienten überlagert werden und ergeben stets wieder neue Lösungen. Die Berücksichtigung der Wechselwirkung erfordert die Einführung nichtlinearer Glieder, da sonst keine Kopplung zwischen den verschiedenen Feldern vorliegt. Da die exakte Lösung der Gleichungen wechselwirkender Felder nur in den seltensten Fällen explizit angegeben werden kann, hat man entsprechende Näherungsverfahren entwickelt; am bekanntesten ist die Störungstheorie. Die Nichtlinearitäten führen im Fall lokaler Feldtheorien zu Divergenzen, d.h. zu unendlichen Werten für physikalisch wohldefinierte endliche Größen. Allen bekannten Teilchen und ihren Wechselwirkungen kann man wenigstens im Prinzip ein lokales Feld zuordnen; in einer solchen *klassischen Feldtheorie* der Materie ist dann von Teilchen keine Rede mehr. Die wichtigsten *klassischen Feldtheorien* sind die Maxwellsche Theorie des elektromagnetischen Feldes (↗*Elektrodynamik*) aus den 1860er Jahren und die in der Einsteinschen ↗*Allgemeinen Relativitätstheorie* enthaltene Feldtheorie der Gravitation (1916).

Die quantisierte Feldtheorie, kurz *Quantenfeldtheorie*, ist durch das Zusammenschmelzen der Quantenmechanik und der Speziellen Relativitätstheorie (inklusive Elektrodynamik) in der 1930er Jahren durch die Arbeiten von ↗*Dirac* entstanden. In den 40er Jahren wurde die Renormierung der ↗*Quantenelektrodynamik* (QED) ausgearbeitet (↗*Schwinger*, ↗*Feynman*), in den 60er Jahren das *Quarkmodell* (↗*Gell-Mann*) und andere Theorien der starken und schwachen Wechselwirkung. Anfang der 70er Jahre wurde die Vereinheitlichung der schwachen und elektromagnetischen Kräfte in der nichtabelschen Eichtheorie von ↗*Weinberg* und ↗*Salam* vollzogen. Die starken Kernkräfte wurden auch mit einer ↗*Eichtheorie*, ↗*Quantenchromodynamik* (QCD) genannt, beschrieben. Im weiteren Verlauf der 70er und 80er Jahre wurde das ↗*Standard-Modell der Elementarteilchen* ausgearbeitet, das Confinement-Problem in der QCD formuliert und die Gittereichtheorie entwickelt, wobei eine Analogie zwischen Phasenübergängen und Renormierung (*Wilson*) weitere Entwicklungen förderte. Auch topologische und gruppentheoretische Methoden hielten Einzug in die Quantenfeldtheorie (*Witten*) bei der Suche nach

Modellen, die über das Standardmodell hinausgehen und womöglich die bekannten Wechselwirkungen (einschließlich der Gravitation) einheitlich beschreiben (↗*Supersymmetrie*, ↗*Supergravitation*, ↗*String-Theorie*). Bis heute ist es der Quantenfeldtheorie gelungen, drei der vier grundlegenden Wechselwirkungen der subatomaren Welt mit einer zuvor unbekannten Genauigkeit zu beschreiben und eine überwältigende Menge von neuen Konzepten und mathematischen Verfahren einzuführen. Sie ist in ihrer Bedeutung weit über die ihre ursprünglichen Ansprüche hinausgewachsen und stellt neue Fragen an die Grundlagen der Quantisierung (*Quantenalgebren*, ↗*Knotentheorie*, ↗*Quantengravitation*). (↗*Algebraische Quantenfeldtheorie*, ↗*axiomatische Quantenfeldtheorie*, ↗*effektive Feldtheorie*, ↗*euklidische Quantenfeldtheorie*, ↗*konforme Feldtheorien*, ↗*topologische Feldtheorien*) [TB2]

**Fermat,** *Pierre* de

**Feldtkeller,** *Richard*, deutscher Nachrichtentechniker und Physiker, *26.1.1901 Merseburg/Saale, †5.12.1981 Stuttgart; nach Tätigkeit (seit 1924) als Physiker in Berlin 1936–69 Professor in Stuttgart; neben Arbeiten zum Ferromagnetismus und zur psychologischen Akustik bedeutende Beiträge zur Hochfrequenz- und Nachrichtentechnik, insbesondere zur Siebschaltungs- und Vierpoltheorie.

**Feldverdrängung,** ↗Skin-Effekt, ↗Wirbelströme.

**Feldwaage** ↗Magnetometer.

**Feldwicklung,** ↗Erregerstrom, ↗magnetischer Kreis.

**Felix-Robin-Preis** ↗Preise.

**Femto** [zu dän./norw. »femten« fünfzehn], Vorsatzzeichen f, Vorsatz vor SI-Einheiten für den Faktor $10^{-15}$, z.B. 1 Femtometer = 1 Fm = $10^{-15}$ m.

**Femtosekundenlaser,** *Pikosekundenlaser*, ↗Pulslaser zur Erzeugung kürzester Pulse mit Pulsdauern im Bereich von wenigen Femtosekunden. Bereits wenige Jahre nach der Realisierung des ersten ↗*Rubinlasers* wurden die ersten Pikosekunden-Pulse durch ↗*Modenkopplung* (englisch *mode locking*) erzeugt (Mocker und Collins, 1965). Inzwischen ist die Entwicklung so weit, daß die Pulsdauern durch die Laserbandbreite nach der ↗*Unschärferelation* begrenzt sind. Die heute erreichbaren Pulsdauern entsprechen nur noch wenigen Photonenumläufen im Resonator; z.B. besteht das Wellenpaket eines solchen Pulses bei $\lambda = 600$nm nur noch aus fünf Schwingungsperioden.

Die Erzeugung ultrakurzer Pulse ist durch *Modensynchronisation* oder Modenkopplung realisierbar. Hierzu benötigt man ein Lasermedium mit einer realativ großen Bandbreite des Laserübergangs, so daß mehrere ↗*Resonatormoden* gleichzeitig anschwingen können. Haben diese Moden eine konstante Phasenbeziehung zueinander, spricht man von Modenkopplung. Um die konstante Phasenbeziehung zwischen den Resonatormoden herzustellen, gibt es drei Methoden: die *passive Modenkopplung*, bei der im System selbst eine Modenkopplung vorgegeben wird, die *aktive Modenkopplung*, bei der die Modenkopplung durch einen externen Modulator aufgezwungen wird, und schließlich das ↗*synchrone Pumpen*, bei dem anstatt der Verluste die Verstärkung moduliert wird. Die Femtosekunden-Laserspektroskopie wird in der Physik, Chemie und auch Mikrobiologie eingesetzt, um extrem schnell ablaufende Vorgänge zu untersuchen, die mit längeren Pulsen (↗*Pikosekunden-Laserspektroskopie*) zeitlich nicht aufzulösen sind.

**Femtosekunden-Laserspektroskopie** ↗Femtosekundenlaser.

**Ferdinand-Braun-Institut für Höchstfrequenztechnik,** *FBH*, Forschungsinstitut in Berlin für anwendungsorientierte Arbeiten im Bereich der Mikrowellen- und Millimeterwellentechnik sowie der Optoelektronik.

**Fermat,** *Pierre* de, französischer Mathematiker und Jurist, *20.8.1601 Beaumont de Lomagne (bei Montauban), †12.1.1665 Castres (bei Toulouse); studierte Rechtswissenschaften und arbeitete zunächst als Anwalt und später als Parlamentsrat in Toulouse; zählt, obwohl er die Mathematik nur aus Liebhaberei betrieb, zu den größten Mathematikern seiner Zeit; bedeutende Arbeiten über Zahlentheorie (*Fermatsche Primzahlen, Fermatscher Satz, Fermatsche Vermutung*) und analytische Geometrie; schuf mit B. ↗*Pascal* die Grundlagen der Wahrscheinlichkeitsrechnung (1654); durch seine Methode der Maxima und Minima Wegbereiter der Differentialrechnung; fand das für die Physik bedeutende ↗*Fermatsche Prinzip*, ein Minimalprinzip zur Ableitung des Brechungsgesetzes.

**Fermatsches Prinzip,** *Prinzip der schnellsten Ankunft*, *Prinzip des kürzesten Weges*, von P. ↗*Fermat* für den geometrisch-optischen Strahlenverlauf aufgestelltes allgemeines Prinzip, wonach die Ausbreitung des Lichtes auf dem Weg zwischen A und B erfolgt, für dessen Zurücklegung ein zeitlicher Extremwert notwendig ist. Die optische Weglänge, gegeben durch das Produkt aus ↗*Brechzahl n* und dem geometrischem Weg *l* zwischen A und B, nimmt dabei verglichen mit allen benachbarten Lichtwegen einen Extremwert an:

$$\delta \int_A^B n\,dl = 0$$

Der Lichtweg kann dabei gebrochen, gespiegelt oder auch wie bei inhomogenen Medien gekrümmt sein. Aus dem Fermatschen Prinzip lassen sich das Gesetz der geradlinigen Ausbreitung im optisch homogenen Medium, das ↗*Braggsche Reflexionsgesetz*, das *Brechungsgesetz* (↗*Brechung*) und das Gesetz zur Umkehrbarkeit des Strahlenganges herleiten.

Die Anwendung des Fermatschen Prinzips auf die Ausbreitung eines Teilchenstrahles unter dem Einfluß einer Potentialkraft mit dem Potential $U$ erfordert eine Brechzahl $n(x,y,z) = k \cdot \sqrt{E - U(x,y,z)}$. Für $k = \sqrt{2m}$ entspricht dies dem *Maupertuisschen Prinzip* (↗*Prinzip der kleinsten Wirkung*) für die Bewegung eines Massenpunktes der Masse $m$ mit der Gesamtenergie $E$ im stationären Potentialfeld $U(x,y,z)$.

Das Fermatsche Prinzip zeigt somit eine mechanisch-optische Analogie zwischen der Bewegung eines Massenpunktes im zeitlich konstanten Potentialfeld und dem Strahlengang der ↗*geometrischen Optik* in einem isotropen, optisch inhomogenen Medium.

**Fermi,** Enrico *29.9.1901 Rom, †28.11.1954 Chicago, bedeutendster italienischer Physiker des 20. Jahrhunderts. Nach dem Studium der Physik an der *Scuola Normale Superiore* in Pisa, das er im Juli 1922 mit der Promotion abschloß, einem Gastaufenthalt bei Max ↗*Born* in Göttingen sowie einem Lehrauftrag an der Universität Florenz (1924) bezog Fermi 1926 eine Professur für theoretische Physik in Rom; die erste ihrer Art in Italien. Fermis frühe Arbeiten waren theoretischer Natur. 1925 lieferte er einen bedeutenden Beitrag zur Quantentheorie, indem er Paulis Ausschließungsprinzip auf die Theorie idealer Gase anwandte (Gasentartung). Fermi zeigte, daß das »Pauli-Verbot« für alle Teilchen mit halbzahligem Eigendrehimpuls gelten muß (↗*Fermionen*, ↗*Fermi-Dirac-Statistik*). Zur Erklärung des Betazerfalls hatte Pauli die Existenz eines elektrisch neutralen Teilchens mit Spin 1/2 postuliert, das bei jedem Betazerfall emittiert werden soll. 1933 griff Fermi diese Hypothese auf und formulierte eine Theorie des Betazerfalls, die die quantitative Ableitung des Betaspektrums erlaubt. Fermi führte dazu die »schwache Kraft« ein. Dem spekulativen Teilchen gab Fermi den Namen »Neutrino« (ital.: das kleine Neutrale); seine Ruhmasse bestimmte er zu annähernd null. Im März 1934 entdeckte das Ehepaar ↗*Joliot-Curie* in Paris, daß sich leichte Elemente durch Beschuß mit Alphastrahlen künstlich radioaktiv machen lassen. Fermi beschloß, an Stelle der Alphateilchen erstmals Neutronen zu verwenden. Bis hinauf zum Uran ($Z = 92$) wurden alle verfügbaren chemischen Elemente mit Neutronen beschossen. Bei Fluor ($Z = 9$) konnte erstmals Aktivierung beobachtet werden. Beim Uran wies Fermis Gruppe nach, daß die Ordnungszahl der Folgeprodukte nicht zwischen derjenigen von Blei und Uran lag; folglich, so glaubten sie, müsse sie größer als 92, ein »Transuran«, entstanden sein. Die alternative Möglichkeit, daß das Uran durch den Neutronenbeschuß in zwei nahezu gleich große Bruchstücke zerplatzt sei, wurde von Fermi und Mitarbeitern nie ernsthaft diskutiert, obwohl sie durch eine Arbeit der deutschen Chemikerin Ida Noddack auf diese Möglichkeit hingewiesen worden waren. Die Entdeckung der Kernspaltung wurde so verfehlt. Mehr durch Zufall fanden sie, daß die künstliche Aktivierung besonders intensiv ausfiel, wenn die Neutronen vor ihrem Auftreffen auf die zu aktivierenden Elemente wasserstoffhaltige Substanzen wie Paraffin passierten. Die Entdekkung der Bedeutung dieser verlangsamten, »thermischen Neutronen«, einer Voraussetzung für die spätere Nutzung der Kernenergie in Reaktoren, brachte Fermi den Nobelpreis für Physik des Jahres 1938. Die Nobelpreisverleihung nutzte Fermi, um mit seiner Familie Ende 1938 in die USA zu emigrieren, da seine Frau, Laura Capon, als Jüdin in Italien rassische Verfolgung zu befürchten hatte. An der Columbia University in New York begann Fermi theoretische Studien zum Problem der Spaltungsneutronen. 1941 ergab sich die Situation, kriegswichtige Arbeit im Rahmen des Manhattan-Projektes zu leisten. Am Metallurgical Laboratory in Chicago arbeitete Fermi an der Konstruktion des *pile*, eines »Meilers« zur Einleitung und Aufrechterhaltung der geregelten Kettenreaktion. Mit der Anordnung, die in einem Squash Court unter der Tribüne des Stagg Field Stadions der Universität Chicago errichtet wurde, gelang Fermi und seinen Mitarbeitern am 2. Dezember 1942 erstmals die Einleitung einer kontrollierten, sich selbst erhaltenden Kettenreaktion. Ziel dieser Arbeiten in Chicago war die Gewinnung von Plutonium. Zusammen mit den Ingenieuren von Du Pont arbeitete Fermi in Argonne bei Chicago an der Optimierung der Reaktorkonstruktion. Von September 1944 bis Dezember 1945 verbrachte er viel Zeit in Los Alamos in New Mexico, wo unter der Leitung von J.R. ↗*Oppenheimer* die Montage der Atombomben erfolgte. Im Anschluß an den ersten Test einer Bombe, der am 16. Juli 1945 bei Alamogordo in der Wüste von New Mexico stattfand, wurde Fermi in ein Komitee berufen, das Präsident Truman in Bezug auf den Kriegseinsatz der Atombomben in Japan zu beraten hatte. 1946 ging Fermi, inzwischen naturalisierter Amerikaner, nach Chicago zurück, wo er sich am *Institute for Nuclear Studies* der Universität der Elementarteilchenphysik zuwandte. Neben theoretischen Studien galt sein Interesse der Weiterentwicklung der Teilchenbeschleuniger. Unter Einsatz des neuen Zyklotrons der Universität Chicago studierte er gemeinsam mit H.L. Anderson die Wechselwirkungen von Pionen mit Nukleonen (Protonen und Neutronen). Daneben widmete sich Fermi theoretischen Arbeiten über den Ursprung der kosmischen Strahlung sowie der Entwicklung statistischer Methoden zur Beschreibung von Vielteilchen-Prozessen. Fermi starb am 28. November 1954 in Chicago an den Folgen eines Magenkarzinoms. Er selbst und seine zahlreichen bedeutenden Schüler, darunter Edoardo Amaldi, Bruno Pontecorvo, Bruno Rossi, Emilio ↗Segrè, Gian Carlo Wick, Murray ↗Gell-Mann, Owen Chamberlain, Tsung Dao Lee und Chen Ning Yang, haben die

**Fermi,** *Enrico*

**Werke (Auswahl):**

*Molecole e cristalli.* Bologna 1934. Übers. u.d.T.: *Moleküle und Kristalle.* Übers. von M. Schön und K. Birus. Leipzig 1938.

*Nudear Physics.* A course given at the University of Chicago. With notes compiled by J. Orear, A.H. Rosenfeld, and R.H. Schluter. Chicago 1949.

*Elementary Partides.* New Haven 1951. Ital. Übers. u.d.T.: *Particelle elementari.* Milano 1952.

*Note e memorie (Collected papers).* Hrsg. von E. Segrè, E. Amaldi, H.L. Anderson, E. Persico, F. Rasetti, C.S. Smith und A. Wattenberg. 2 Bde., Rom/Chicago 1962-1965.

**Sekundärliteratur:**

Laura Fermi: *Atoms in the Family.* My life with Enrico Fermi. Chicago 1954. Übers. u.d.T.: *Mein Mann und das Atom.* Düsseldorf/Köln 1956.

Emilio Segrè: *Enrico Fermi, Physicist.* Chicago 1970.

*Enrico Fermi,* in: *Dictionary of Scientific Biography,* ed. by C.C. Gillispie, 16 Bde., New York 1970–1980 Bd. 4, S. 576-583.

Laurie M. Brown, Abraham Pais and Brian Pippard (Hrsg.): *Twentieth Century Physics.* 3 Bde., Bristol, Philadelphia, New York 1955.

Kern- und Elementarteilchenphysik des 20. Jahrhunderts geprägt und dominiert. (↗Fermis Lösung) [BW2]

**Fermi** (nach E. ↗*Fermi*), nicht mehr anzuwendende Einheit der Länge in der Atom- und Kernphysik; ein Einheitenzeichen gab es nicht, man kann das Fermi aber als besonderen Namen für die Einheit Femtometer (Einheitenzeichen fm) ansehen. $1\,\text{Fermi} = 10^{-15}\text{m} = 1\,\text{fm}$.

**Fermi-Alter,** $\tau$, über den Abbremsvorgang gemittelte Neutronendiffusionskonstante. $\sqrt{\tau}$ definiert die mittlere Abbremsstrecke für Neutronen auf thermische Energien. (↗*Neutronendiffusion*, ↗*Neutronentransporttheorie*)

**Fermi-Bewegung,** ↗Nukleonenbewegung im Kern.

**Fermi-Dirac-Statistik,** *Fermi-Statistik*, Quantenstatistik für ein aus Fermionen bestehendes und im Gleichgewicht befindliches Vielteilchensystem. Im Unterschied zur klassischen ↗*Maxwell-Boltzmann-Statistik* sind hier infolge der quantenmechanischen Nichtunterscheidbarkeit der Teilchen Zustände, die sich nur durch den Austausch zweier gleichartiger Teilchen unterscheiden, identisch und dürfen nicht als verschieden gezählt werden. Der wesentliche Unterschied der Fermi-Dirac-Statistik zur ↗*Bose-Einstein-Statistik* besteht darin, daß die Besetzungszahlen der einzelnen Zustände, die dort unbegrenzt sind, hier nur die Werte 0 und 1 annehmen können. Dies ist eine Folge des ↗Pauli-Prinzips (↗*Fermionen*), nach dem sich niemals zwei oder mehr Fermionen im gleichen Quantenzustand befinden können. Ein ideales Fermi-Gas, also ein System aus Fermionen, die nicht miteinander in Wechselwirkung stehen, genügt der Fermi-Dirac-Verteilung $\overline{n_i} = g_i\{\exp[(E-\mu)/k_\text{B}T]+1\}^{-1}$. Dabei ist $\overline{n_i}$ die mittlere Zahl der Teilchen im Zustand $i$ mit der Energie $E_i$, $k_\text{B}$ die Boltzmann-Konstante und $T$ die absolute Temperatur (Abb. 1). Das chemische Potential $\mu$ bestimmt sich implizit aus der Gleichung $\sum_i \overline{n_i} = N$, d.h. die Summe der Teilchenzahlen, summiert über alle Zustände $i$, ist gleich der Gesamtteilchenzahl $N$. In der Fermi-Dirac-Statistik kann das chemische Potential auch positive Werte annehmen. $g_i$ ist das statistische Gewicht des Zustandes $i$, d.h. die Zahl der Quantenzustände mit der Energie $E_i$. Bei den meisten Anwendungen hat man es mit Fermionen mit dem Spin 1/2 zu tun, z.B. mit Elektronen. Es gilt dann $g_i = 2$ entsprechend den zwei verschiedenen Spinorientierungen je Energiezustand.

Im Falle $E_i - \mu \gg k_\text{B}T$ kann man die 1 im Nenner vernachlässigen, und die Fermi-Verteilung geht über in die ↗*Boltzmann-Verteilung*. Ist obige Bedingung nicht erfüllt, weicht das Gas in seinen Eigenschaften vom klassischen idealen Gas ab, es tritt Gasentartung ein. Der Verlauf der Besetzungszahl der einzelnen Niveaus in Abhängigkeit von der Energie unter Weglassung des Faktors $g_i$, also die Funktion

$$f(E) = \frac{1}{\exp[(E-\mu)/k_\text{B}T]+1},$$

weist folgendes Verhalten auf: Bei tiefen Temperaturen, also bei starker Entartung, besetzen die Fermionen vorwiegend die niederen Energiezustände, während die Zustände höherer Energie praktisch leer sind, wobei der Übergang zwischen besetzten und leeren Energieniveaus in der Nähe des chemischen Potentials je für die entsprechende Temperatur verläuft. Im Grenzfall $T = 0$ sind alle Zustände unterhalb des chemischen Potentials mit je zwei (für $g_i = 2$) Fermionen besetzt; die Zustände oberhalb des chemischen Potentials, dessen Grenzwert für $T = 0$ wegen dieser Eigenschaft auch als ↗*Fermi-Energie* $E_\text{F}$ bezeichnet wird, sind leer. Das bedeutet, daß die mittlere Energie der Fermionen auch am absoluten Nullpunkt nicht verschwindet, sie hat einen endlichen Wert (Abb. 2). Der Fermischen Grenzenergie entspricht bei freien Teilchen ein Grenzimpuls $p_\text{F}$. Alle Fermionen des Systems haben am absoluten Nullpunkt Impulse $|\boldsymbol{p}| \leq p_\text{F}$. Diese Ungleichung beschreibt eine Kugel im Impulsraum, die *Fermi-Kugel*. Die Zahl der ungleichen Impulszustände innerhalb der Fermi-Kugel ist $(4\pi p_\text{F}{}^3/3)V/h^3$, dabei ist $V$ das vorgegebene Volumen des Fermi-Gases.

Von besonderer Bedeutung ist die Anwendung der Fermi-Dirac-Statistik auf das Elektronengas in Metallen, denn dieses befindet sich bereits bei normalen Temperaturen im Zustand starker Entartung. Die Fermi-Dirac-Statistik gestattet praktische Aussagen über die Metalleigenschaften, so z.B. die Herleitung des Richardsonschen Gesetzes der Elektronenemission an Glühkathoden. Auch die mittels der Fermi-Dirac-Statistik berechneten spezifischen Wärmen der Elektronen konnten expe-

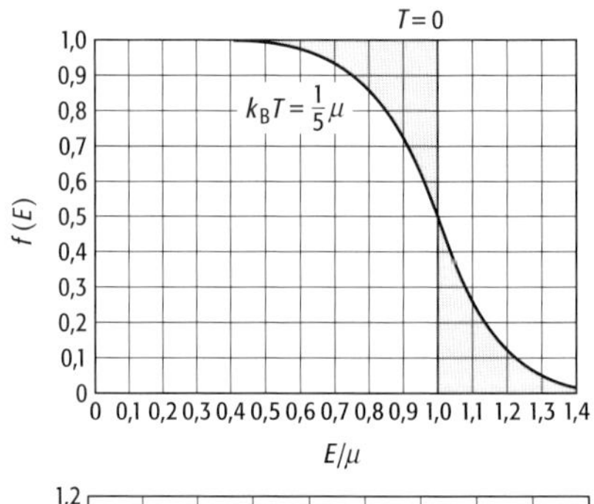


**Fermi-Dirac-Statistik 1:** Fermi-Dirac-Verteilung für $T = 0$ und $k_\text{B}T = (1/5)\mu$. Beide Kurven schneiden sich bei $f(E) = 1/2$.

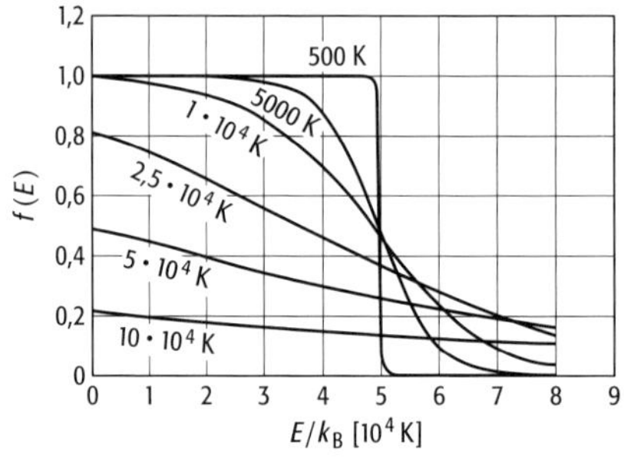


**Fermi-Dirac-Statistik 2:** Fermi-Dirac-Verteilung für ein Gas in drei Dimensionen, gemessen für verschiedene Temperaturen und $E_\text{F}/k_\text{B} = 50\,000\,\text{K}$. Man beachte, daß die Kurven sich nicht bei $f(\varepsilon) = 1/2$ schneiden.

rimentell bestätigt werden. Die Elektronen liefern bei sehr kleinen Temperaturen den Hauptanteil der spezifischen Wärme des Metalles. Die spezifischen Wärmen verschwinden für $T \to 0$ in Übereinstimmung mit dem dritten Hauptsatz der Thermodynamik.

Die Fermi-Dirac-Statistik wurde 1926 von E. Fermi für die Elektronen vorgeschlagen; die theoretische Grundlage gab ihr kurz darauf P.A.M. ↗Dirac, der ihren Zusammenhang mit der Quantentheorie aufdeckte. Die erste Anwendung der Fermi-Dirac-Statistik auf das Elektronengas in Metallen erfolgte durch W. ↗Pauli und A. ↗Sommerfeld.

**Fermi-Dirac-Verteilung** ↗Fermi-Dirac-Statistik.

**Fermi-Energie,** $E_F$, **1)** *Kernphysik*: kinetische Energie des am schwächsten im Kern gebundenen Nukleons. Im ↗Thomas-Fermi-Modell berechnet sich diese zu etwa 30 MeV.

**2)** *Statistische Physik*: *Fermi-Kante*, obere Grenzenergie eines der ↗*Fermi-Dirac-Statistik* gehorchenden Systems, z.B. eines freien Elektronengases, bei der Temperatur $T = 0$ K. Aufgrund des ↗*Pauli-Prinzips* können $N$ Elektronen in einem Volumen $V = L^3$ nicht ein beliebig kleines Volumen im Impulsraum bzw. $\boldsymbol{k}$-Raum einnehmen. Der $\boldsymbol{k}$-Raum zerfällt daher in Zellen der Größe $\left(\frac{2\pi}{L}\right)^3$, die jeweils mit maximal zwei Elektronen der Energie $E(\boldsymbol{k})$ besetzt werden können. Freie Elektronen nehmen bei tiefen Temperaturen ($T = 0$) im $\boldsymbol{k}$-Raum das minimale Volumen einer Kugel mit dem Volumen $4\pi k_F^3/3$ ein, so daß

$$N = 2\frac{4\pi k_F^3/3}{(2\pi/L)^3} = \frac{V}{3\pi^2}k_F^3 \qquad (1)$$

gilt. Mit $E(\boldsymbol{k}) = \hbar^2\boldsymbol{k}^2/2m$ ergibt sich die Fermi-Energie der Elektronen auf der Kugeloberfläche zu

$$E_F = E(k_F) = \frac{\hbar^2}{2m}(3\pi^2 N/V)^{2/3}.$$

Bei $T = 0$ K trennt $E_F$ also besetzte Zustände im Inneren dieser *Fermi-Kugel* von unbesetzten außerhalb.

Bei höheren Temperaturen können auch Zustände oberhalb der Fermi-Energie besetzt weden. Die Besetzungswahrscheinlichkeit dafür ist durch die *Fermi-Statistik* $f(E)$ gegeben (↗*Fermi-Dirac-Statistik*). Für quasifreie Elektronen in einem realen Kristallgitter muß Gl. (1) außerdem durch das Integral über die elektronische ↗*Zustandsdichte* ersetzt werden:

$$N/V = \int_0^\infty D(E)f(T,E)\,dE$$

Im Gegensatz zu einem klassischen Gas besitzt das Fermi-Gas freier oder quasifreier Elektronen aufgrund des Pauli-Prinzips bei $T = 0$ K eine nichtverschwindende innere Energie der Größe:

$$U = \int_0^{E_F} D(E)E\,dE = \frac{3}{5}\frac{N}{V}E_F.$$

**Fermi-Fläche,** Fläche eines Elektronensystems im Impuls-bzw. $\boldsymbol{k}$-Raum, auf der die Energie $E(\boldsymbol{k})$ der Elektronen den Wert der ↗*Fermi-Energie* $E_F$ annimmt. Im Fall freier Elektronen nimmt die Fermi-Fläche die Form einer Kugeloberfläche an (*Fermi-Kugel*). Im periodischen Potential eines Kristallgitters jedoch ist $E(\boldsymbol{k})$ im allgemeinen richtungsabhängig, was eine Deformation der Kugelgestalt zur Folge hat. Schneidet die Fermi-Fläche eine der ↗*Brillouin-Zonen*, so kann man zeigen, daß die Fermi-Fläche senkrecht auf der Randfäche der Brillouin-Zone stehen muß. Teilstücke der Fermi-Fläche einer höheren Brillouin-Zone können durch Verschiebung entlang eines *Gittervektors* in die erste Brillouin-Zone projiziert werden und bilden geschlossene Teilflächen. Diese gehören i.a. unterschiedlichen Elektronenbändern (↗*Bandstruktur*) an. Die Fermi-Fläche hat deshalb oft eine komplizierte Topographie (Abb.). Experimentell kann diese durch Messung der *De-Haas-van-Alphen-Oszillationen* bestimmt werden. [HB2]

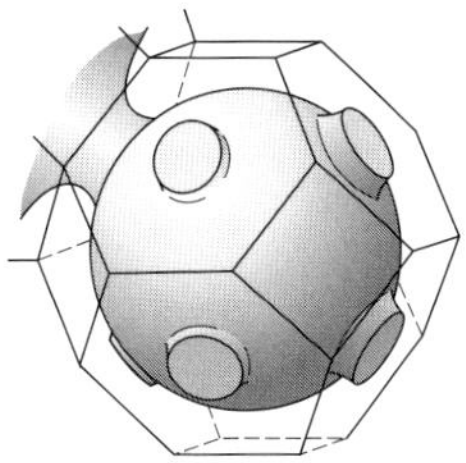

**Fermi-Fläche** von Kupfer.

**Fermi-Flüssigkeit,** eine Flüssigkeit, deren Atome oder Moleküle der ↗*Fermi-Dirac-Statistik* gehorchen. Das wichtigste Beispiel hierfür ist flüssiges ↗$^3He$, dessen Verhalten bei Temperaturen unterhalb von 1 K qualitativ dem eines Elektronengases in einem Metall ähnelt (z.B. die Wärmekapazität hängt linear von der Temperatur ab, die magnetische Suszeptibilität ist konstant). Quantitativ ergeben sich jedoch Abweichungen, die auch durch Einführung einer geeigneten ↗*effektiven Masse* nicht erklärt werden können. Diese können jedoch durch die interatomare Wechselwirkungen berücksichtigende Theorie der Fermi-Flüssigkeiten von L. ↗*Landau* beschrieben werden. Eine wichtige Vorhersage dieser Theorie ist der sog. Nullte Schall, eine Schallanregung, für die $\omega\tau \gg 1$ ist ($\tau$: mittlere Stoßzeit, ↗*Schallanregungen in suprafüssigem Helium*). Ein den Fermi-Flüssigkeiten sehr ähnliches Verhalten zeigen *Schwere-Fermionen-Supraleiter* (↗*Schwere Fermionen*).

**Fermi-Funktion,** $F(Z,E_0)$, in der ↗*Fermi-Theorie* für den ↗*Betazerfall* verwendete Korrekturfunktion zur Berücksichtigung des Coulomb-Potentials des Kerns mit der Kernladungszahl $Z$. $F(Z,E_0)$, mit $E_0$ der Endenergie des $\beta$-Spektrums, ist definiert als das Verhältnis der Wellenfunktion des Elektrons bzw. Positrons am Kernort, $\Psi_e(0)$, zu der des freien Teilchens:

$$F(Z,E_0) = \frac{\Psi_e(0)_{\text{Coulomb}}}{\Psi_e(0)_{\text{frei}}}.$$

**Fermi-Gas-Modell** ↗Thomas-Fermi-Modell.

**Fermi-Kante** ↗Fermi-Energie.

**Fermi-Konstante,** $G_F$, *Kopplungskonstante in der* ↗*Fermi-Theorie* der schwachen Wechselwirkung. Mit der *elektroschwachen Kopplungskonstanten* $g_W$,

$$\frac{g_W^2}{4\pi\hbar c} = 1{,}02\cdot 10^{-5}\frac{m_W}{m_p},$$

vergleichbar der elektromagnetischen Kopplungskonstanten (↗*Feinstrukturkonstante*)

$\alpha \approx 1/137$, bestimmt sich $G_F$ zu:

$$G_F = \frac{g_W^2}{4\pi} \frac{\hbar^2}{m_W^2 c^2} = 8{,}96 \cdot 10^{-5} \mathrm{MeV} \cdot \mathrm{fm}^3.$$

Hierbei sind $m_W$ bzw. $m_p$ die Massen der ↗*Vektorbosonen* $W^\pm$ und des Protons, $\hbar$ das Plancksche Wirkungsquantum und $c$ die Lichtgeschwindigkeit. (↗*elektroschwache Parameter*)

**Fermi-Kugel,** die ↗Fermi-Fläche freier Elektronen.

**Fermi-Kurie-Plot,** *Kurie-Plot,* linearisierte Form des ↗*Betaspektrums* $N(p_e)$ als Funktion von $E_e$. Entsprechend der ↗*Fermi-Theorie* gilt:

$$\sqrt{\frac{N(p_e)}{F(Z, E_e) p_e^2}} \sim M_{if}(E_0 - E_e)$$

$p_e$ und $E_e$ sind der Impuls bzw. die kinetische Energie des β-Teilchens, $F(Z,E_e)$ die ↗*Fermi-Funktion* mit der Kernladungszahl $Z$. Diese Auftragung wurde erstmals von Franz N.D. Kurie zur Bestimmung der Endenergie $E_0$ vorgeschlagen. Bei konstantem Matrixelement, $M_{if}$, wie meist für *erlaubte Übergänge*, ist der Verlauf in der Nähe von $E_0$ sensitiv auf eine von null verschiedene Neutrino-Masse $m_\nu$. Betazerfall-Experimente mit $^3$H ergeben zur Zeit (1998) kein eindeutiges Resultat.

**Fermilab,** Beschleunigerzentrum in der Nähe von Chicago, USA. Unter anderem befindet sich hier mit dem heliumgekühlten ↗*Tevatron* $p\bar{p}$-Collider mit einer Schwerpunktsenergie von 1,8 TeV der gegenwärtig weltweit höchstenergetische ↗Beschleuniger. Am Fermilab sind zur Zeit (1998) etwa 2200 wissenschaftliche Mitarbeiter beschäftigt. Forschungsschwerpunkt sind verschiedene Aspekte des ↗*Standardmodells* der Elementarteilchen, so etwa die Quarkstruktur des Protons und die Mechanismen der ↗*CP-Verletzung*. Unter anderem wurden hier 1977 das ↗*Bottom-Quark* und 1995 das ↗*Top-Quark* entdeckt.

**Fermi National Accelerator Laboratory** ↗Fermilab.

**Fermi National Laboratory** ↗Fermilab.

**Fermi-Niveau** ↗Fermi-Energie.

**Fermionen,** *Fermi-Teilchen,* die Gruppe der ↗*Elementarteilchen* mit halbzahligem ↗*Spin,* die der ↗*Fermi-Dirac-Statistik* gehorchen. Gemäß dem ↗*Standardmodell* der Elementarteilchen bilden Fermionen, nämlich die ↗*Leptonen* (z.B. Elektronen und Neutrinos) und die ↗*Quarks,* die Bausteine aller Materie, während die fundamentalen Wechselwirkungen durch bosonische Austauschteilchen (↗*Eichbosonen*) vermittelt werden. Auch die aus drei Quarks zusammengesetzten Baryonen wie z.B. Neutron und Proton (↗Elementarteilchen) zählen zu den Fermionen.

Das ↗*Spin-Statistik-Theorem* trennt fundamental zwischen Teilchen mit halbzahligem und ganzzahligem Spin. Fermionen werden in der Quantentheorie durch Wellenfunktionen beschrieben, die bezüglich des Austausches zweier Teilchen antisymmetrisch sind, d.h. bei einem solchen Austausch ihr Vorzeichen wechseln; im Gegensatz dazu haben ↗*Bosonen* in dieser Hinsicht symmetrische Wellenfunktionen. Eine Folge der Antisymmetrie der Wellenfunktionen ist das ↗*Pauli-Prinzip,* nach dem sich niemals zwei oder mehr Fermionen im gleichen Quantenzustand befinden, also in ihren sämtlichen Quantenzahlen übereinstimmen können.

**Fermische Altersgleichung,** folgt aus der Kontinuitätsgleichung $\mathrm{div}\, \boldsymbol{j} + \frac{dq}{dt} = 0$ für den Neutronenstrom $\boldsymbol{j}$ im Rahmen der Diffusionstheorie für die Erzeugungsrate $q$ der Neutronen und lautet unter Berücksichtigung des ↗*Fermi-Alters* $\tau$ der Neutronen

$$\Delta q = \frac{\partial q}{\partial \tau}.$$

Sie ist vom Typ einer ↗Wärmeleitungsgleichung. Ihre Lösungen liefern die Bremsdichte als Funktion des Ortes und der Energie der Neutronen bzw. deren Bremszeit (↗*Bremsgleichung*).

# Fermis Lösung

*Hans Christian von Baeyer, Williamsburg, Virginia, USA*

An einem Montagmorgen im Juli 1945 explodierte um 5 Uhr 29 in der Wüste hundert Kilometer nordwestlich von Alamogordo in New Mexico die erste Atombombe der Welt. Vierzig Sekunden später erreichte die Druckwelle das Lager, in dem eine Gruppe von Wissenschaftlern in atemlosem Staunen das historische Geschehen verfolgte. Als erster rührte sich der italienisch-amerikanische Physiker Enrico Fermi, der zugegen war, um den Abschluß eines Projektes zu beobachten, zu dessen Gelingen er wesentliche Beiträge geleistet hatte.

Bevor die Bombe explodierte, hatte Fermi ein Blatt Papier in kleine Fetzen zerissen. Als er die ersten Regungen der Druckwelle in der stillen Luft spürte, ließ er die Papierschnitzel über seinem Kopf fallen. Sie flatterten in entgegengesetzter Richtung zu dem am Horizont aufquellenden Atompilz zu Boden und landeten etwa zweieinhalb Meter hinter ihm. Nach einer kurzen Rechnung mit Hilfe einer Zahlentabelle, die er schon vorher in sein Notizbuch eingetragen hatte, erklärte Fermi, die Energie der Bombe habe der von zehntausend Tonnen TNT entsprochen. Auf dem Versuchsgelände hatte man natürlich auch komplizierte Meßinstrumente installiert, und die Auswertung der von ihnen ermittelten Daten zu Geschwindigkeit und Druck der Welle, eine Arbeit, die mehrere Wochen in Anspruch nahm, bestätigte Fermis rasche Schätzung.

Seine Kollegen bei dem Atombombentest waren von diesem brillanten Beispiel wissenschaftlicher Improvisation beeindruckt, aber nicht sonderlich überrascht. Enrico Fermis Genialität war in der Welt der Physiker überall bekannt. 1938 hatte er den Nobelpreis für seine Untersuchungen über die Wechselwirkungen von Neutronen mit Kernen erhalten. Vier Jahre später erzeugte er in Chicago die erste selbständige nukleare Kettenreaktion und läutete damit das Zeitalter von Atomwaffen und Kernenergie ein. Kein anderer Physiker seiner Generation, und keiner seither, war ein solch meisterhafter Experimentator und führender Theoretiker zugleich. Die Papierschnitzel und die Analyse ihres Flugs sind ein treffliches Beispiel dieser einzigartigen Vereinigung von Gaben.

Wie alle Virtuosen hatte auch Fermi seinen eigenen, unverwechselbaren Stil. Bei der Auseinandersetzung mit physikalischen Fragen kannte er kein Zögern; es kam ihm einfach nicht in den Sinn, er könnte die Lösung eines Problems nicht finden. Seine wissenschaftlichen Aufsätze und Bücher zeugen von Geringschätzung für Schnörkel und Verzierungen – und von einer Vorliebe für den direktesten Weg zu einer Lösung, der nicht der eleganteste zu sein brauchte. Wenn er an die Grenzen seiner Klugheit stieß, vollendete Fermi eine Aufgabe auf recht rohe Weise.

Um diese Verfahren zu verdeutlichen, wollen wir uns vorstellen, daß eine Physikerin das Volumen eines unregelmäßigen Körpers bestimmen muß – beispielsweise der leicht birnenförmigen Erde. Es stehen ihr mehrere Möglichkeiten offen, eine passende Formel zu finden. Sie könnte einen Mathematiker zu Rate ziehen, obwohl es normalerweise schwierig ist, einen zu finden, der das nötige Wissen und Interesse besitzt. Sie könnte auch die mathematische Fachliteratur durchstöbern – eine zeitraubende und wohl zum Scheitern verurteilte Tätigkeit, weil die von den Mathematikern zumeist bevorzugten idealen Körper wenig mit den unregelmäßigen Formen zu tun haben, die in der Natur vorkommen. Schließlich könnte unsere Physikerin ihre Forschungsarbeiten beiseite legen, um die gesuchte Formel aus mathematischen Grundprinzipien abzuleiten. Doch wenn sie den Wunsch verspürt hätte, ihre Zeit der theoretischen Geometrie zu widmen, hätte sie wohl kaum Physik als Hauptfach gewählt.

Statt dessen könnte sie aber auch tun, was Fermi getan hätte: das Volumen numerisch berechnen. Statt sich auf eine Formel zu verlassen, würde sie den Planeten in Gedanken in eine große Zahl winziger Würfel zerlegen und dann deren Volumen aufaddieren. Zwar liefert diese Methode nur einen Näherungswert, ist aber ein sicherer Weg zum gewünschten Ergebnis, und darauf kam es Fermi an. Als nach dem Zweiten Weltkrieg die Computer und später die Taschenrechner aufkamen, wurde die numerische Lösung in der Physik zu einem Standardverfahren.

Die Technik, schwierige Problem in kleine, lösbare Schritte aufzuteilen, läßt sich nicht nur auf Situationen anwenden, die numerischer Berechnung zugänglich sind, sondern auch auf viele andere Aufgaben. Fermi war ein Meister dieses Näherungsverfahrens, und um es seinen Studenten zu vermitteln, entwickelte er eine Art der Fragestellung, die heute mit seinem Namen verknüpft ist. Ein Fermi-Problem hat ein charakteristisches Profil: Hört man es zum ersten Mal, hat man nicht die geringste Ahnung, wie die Antwort aussehen könnte. Zudem ist man überzeugt, daß die gegebene Information nicht ausreicht, um eine Lösung zu finden. Wenn man dann aber das Problem in Unterprobleme zerlegt, läßt sich jedes ohne Hilfe von Fachleuten oder Nachschlagewerken lösen. Im Kopf oder auf der Rückseite eines Briefumschlags kann man so einen Schätzwert errechnen, der der exakten Lösung erstaunlich nahekommt.

Nehmen wir beispielsweise an, wir möchten den Erdumfang bestimmen, ohne ihn nachzuschlagen. Die Entfernung zwischen New York und Los Angeles beträgt etwa fünftausend Kilometer, und der Zeitunterschied zwischen beiden Küsten ist drei Stunden. Nun entsprechen drei Stunden einem achtel Tag, und folglich muß sich der Erdumfang auf acht mal fünftausend, also vierzigtausend Kilometer belaufen – eine Antwort die dem mittleren Erdumfang von 40024km geradezu lächerlich nahe kommt. Das läßt an John Milton denken: *So leicht ist, einmal entdeckt, was einst, da unentdeckt, unmöglich schien.*

Fermi-Probleme scheinen den Denksportaufgaben zu ähneln, die auf den hinteren Seiten von Wochenendbeilagen und anderen populären Magazinen erscheinen (Wie können Sie einen Liter abmessen, wenn Sie drei Gefäße haben, in die jeweils acht, fünf, und drei Liter hineinpassen?), doch die beiden Gattungen unterscheiden sich deutlich voneinander. Im Gegensatz zu Denksportaufgaben kann ein Fermi-Problem nie durch logische Schlußfolgerungen allein gelöst werden und liefert immer nur einen Näherungswert. (Um den Erdumfang genau zu bestimmen, muß man ihn tatsächlich messen.) Ferner ist zur Lösung eines Fermi-Problems ein gewisses Faktenwissen erforderlich, das in der Aufgabenstellung nicht erwähnt ist. (Dagegen enthält das Umfüllrätsel alle Angaben, die zu seiner Lösung nötig sind.)

Diese Unterschiede bedeuten, daß Fermi-Probleme enger mit der Physik zusammenhängen als Denksportaufgaben, die eher in das Gebiet der reinen Mathematik gehören. Ebenso erinnern Fermi-Probleme an die ganz gewöhnlichen Schwierigkeiten, mit denen sich auch Nichtphysiker im täglichen Leben herumschlagen müssen. So sind dieser Problemtyp und seine Lösungsweise nicht nur für die physikalische Praxis von Belang, sondern geben uns auch wertvolle Einblicke in Lebenskunst.

Wie viele Klavierstimmer gibt es in Chicago? Die seltsame Natur dieser Frage, die geringe Wahrscheinlichkeit, daß jemand die Antwort kennt, und der Umstand, daß Fermi sie seinen Studenten an der University of Chicago gestellt hat – all das hat ihr einen legendären Ruf eingetragen. Es gibt keine Standardlösung (genau darum geht es ja), doch jeder kann Annahmen machen, die schnell zu einer ungefähren Antwort führen. Hier ist eine Möglichkeit: Wenn Chicago vier Millionen Einwohner hat, ein Durchschnittshaushalt aus vier Personen besteht, und jeder fünfte Haushalt ein Klavier besitzt, dann gibt es zweihunderttausend Klaviere in der Stadt. Wenn jedes Klavier alle vier Jahre gestimmt wird, müssen jährlich fünfzigtausend Klaviere gestimmt werden. Wenn ein Stimmer vier Klaviere pro Tag schafft, sind das bei zweihundertfünfzig Arbeitstagen tausend Klaviere pro Jahr pro Stimmer. Folglich gibt es in Chicago ungefähr fünfzig Klavierstimmer. Die Antwort ist nicht genau, sie kann auch fünfundzwanzig oder hundert lauten, aber wie die gelben Seiten des Chicagoer Telefonbuches bezeugen, liegen wir mit Sicherheit im richtigen Bereich.

Fermi wollte damit zeigen, daß man von verschiedenen Voraussetzungen ausgehen und dennoch zu Schätzungen gelangen kann, die dem richtigen Wert nahe kommen, selbst wenn man anfangs noch nicht einmal eine Ahnung von der Größenordnung der Antwort besaß. In jeder Folge von Berechnungen haben Fehler nämlich die Tendenz, einander aufzuheben. Wenn man beispielsweise annimmt, das jeder zehnte, nicht jeder fünfte, Haushalt ein Klavier besitzt, könnte man möglicherweise auch annehmen, das ein Klavier zweimal statt einmal in vier Jahren gestimmt werden muß. Es ist genauso unwahrscheinlich, daß alle Fehler auf eine Unterschätzung (Überschätzung) führen, wie es unwahrscheinlich ist, daß man beim Werfen einer Münze stets Kopf (oder stets Zahl) erhält. Nach den Gesetzen der Wahrscheinlichkeitsrechnung neigen die Abweichungen von den korrekten Abschätzungen dazu, sich gegenseitig aufzuheben, so daß sich das Endergebnis der richtigen Zahl annähert.

Sicherlich geht es bei Fermi-Problemen, mit denen Physiker zu tun haben, eher um Atome und Moleküle als um Klaviere. Um sie zu beantworten, muß man sich einige Fundamentalgrößen einprägen, etwa den typischen Durchmesser eines Atoms oder die Anzahl von Molekülen in einem Fingerhut voll Wasser. Mit solchen Fakten ausgerüstet, läßt sich beispielsweise schätzen, welche Entfernung ein Auto zurücklegen muß, bis das Reifenprofil eine Gummischicht von ungefähr der Dicke eines Moleküls verliert. Eine einfache Rechnung, ausgehend von der Distanz, die ein Auto fährt, bevor ein Zentimeter Reifen abgenutzt wird, und die typischen Größen eines Rades und eines Moleküls benutzend, zeigt, daß eine Molekülschicht bei jeder Umdrehung des Rades abgetragen wird, was uns vor Augen führt, wie ungeheuer groß die Zahl der Atome in einem Reifen ist.

Aktuellere Fermi-Probleme können von Energiepolitik (Wie viele Dächer müssen mit Solarzellen bedeckt werden, um ein Großkraftwerk zu ersetzen?), Militärtechnik (Mit welcher Wahrscheinlichkeit kann ein Laserstrahl ein Fernlenkgeschoß entzünden?) oder Umweltschutz handeln. Das dringende Problem der globalen Erwärmung bildet den Rahmen für ein Beispiel. Unser Planet, der sich schon seit etwa fünf Milliarden Jahren im Licht der Sonne badet, ist jetzt mit ihren Strahlen im thermischen Gleichgewicht. Die Erde absorbiert sichtbares Sonnenlicht, wandelt es in Wärme um, die ihre meteorologischen, ozeanographischen und biologischen Kreisläufe ernährt, und liefert dann genau dieselbe Menge Energie als Wärmestrahlung in den Weltraum wieder ab. Die Erde ähnelt einem Brunnen, der von einer entfernten Quelle mit einem Liter Wasser pro Sekunde gespeist wird, sein fröhliches Spiel spielt und einen Liter pro Sekunde in den Abwasserkanal pumpt.

Aber mit dieser Analogie stimmt etwas nicht. Anhand der Strahlungsgesetze kann man sich leicht die Temperatur ausrechnen, die eine Kugel wie die Erde im thermischen Gleichgewicht mit der Sonnenstrahlung haben muß. Das Resultat ist etwa 250 Kelvin, oder 23 Grad Celsius unter null. Das ist auch tatsächlich die Temperatur der obersten Schicht der Atmosphäre, wo die gasförmige Hülle der Erde das Weltall berührt. Aber glücklicherweise für uns ist die mittlere Temperatur am Meeresspiegel 33 Grad wärmer. Woher kommt dieser riesige, lebensnotwendige Temperaturunterschied?

Die Antwort findet man bei den Gasen, die den sogenannten Treibhauseffekt bewirken. Diese bestehen hauptsächlich aus $H_2O$ und $CO_2$ und absorbieren die Wärme, die von der Erdoberfläche aufsteigt, um sie dann wieder in alle Richtungen gleichmäßig auszustrahlen. Aber was hilft das? Ist das nicht einfach eine innerliche Neuverteilung der Wärme für den Energiehaushalt der Erde, genausowenig ausschlaggebend wie das Plätschern des Wassers für den Wasserhaushalt des Brunnens? Ein Fermi-Problem hilft diese Frage zu beantworten.

Man nehme an, daß zwischen dem Brunnen und dem Abwasserkanal ein Faß eingebaut wird, aus dem, analog der isotropen Wärmestrahlung von atmosphärischen Gasen, das Wasser gleichmäßig in zwei Richtungen ausfließt – die eine Hälfte in den Kanal und die andere zurück zum Brunnen. Der Brunnen bekommt also *zwei* Liter Wasser pro Sekunde, einen von der Quelle und den anderen vom Faß. Um im Gleichgewicht zu bleiben, pumpt er auch zwei Liter pro Sekunde in das Faß. Das Resultat ist, daß der Brunnen jetzt doppelt so viel Wasser verbraucht wie vorher, ohne daß sich der Nettofluß von der Quelle in den Abwasserkanal geändert hätte.

Auf diese Weise verdoppelt die Atmosphäre die Energie, die pro Sekunde auf die Erdoberfläche einstrahlt, verglichen mit der Energie, die von der Sonne kommt. Wenn dieser Effekt eine Verdoppelung der Temperatur am Meeresspiegel verursachen würde, also von 250 auf 500 Kelvin, würden wir verbrennen statt zu erfrieren. Aber er tut es glücklicherweise nicht. Nach dem Stefan-Boltzmann-Gesetz wächst die Temperatur nur mit der vierten Wurzel der Wärmestrahlung – in diesem Falle der vierten Wurzel aus zwei, oder dem Faktor 1,2. Der Treibhauseffekt ist also letzten Endes eine Zunahme der Temperatur um 20% über ihren Originalwert von 250 Kelvin, also um 50 Grad Celsius. Diese Abschätzung liegt zwar ziemlich weit vom wirklichen Wert von 33 Grad, ist aber angesichts der Einfachheit des Modells doch bemerkenswert gut.

Bei diesem Fermi-Problem hängt die Lösung von mehr Fakten ab, als Durchschnittsmenschen, auch Durchschnittsphysiker, aus dem Ärmel schütteln können. Doch wer die nötigen Daten parat hat, braucht für die Rechnung nur ein paar Minuten und gelangt zu einem Ergebnis, das zur weiteren Forschung ermutigt. Komplizierte atmosphärische Modelle mit unzähligen Einzelheiten, die im Brunnenmodell vernachlässigt wurden, bestätigen die Richtigkeit des Prinzips und warnen vor den Folgen der bekannten Zunahme von Treibhausgasen wie $CO_2$ in der Luft.

Das Beispiel veranschaulicht einen bewährten Grundsatz vorsichtiger Physiker: Fange nie eine langwierige Rechnung an, ohne den Größenbereich der Werte zu kennen, in dem das Resultat wahrscheinlich liegt. Diejenigen, die Umwege und Sackgassen vermeiden wollen, gehen jedes Problem als Fermi-Problem an, das heißt, sie überschlagen die Größenordnung des Ergebnisses, bevor sie sich auf eine Untersuchung einlassen.

Physiker benutzen Fermi-Probleme auch, um sich miteinander zu unterhalten. Wenn sie sich im Korridor eines Universitätsgebäudes, dem Foyer eines Kogreßzentrums oder in einem gemütlichen Restaurant treffen, um ein neues Experiment oder eine neue Theorie zu erörtern, beginnen sie gewöhnlich damit, das zur Diskussion stehende Problem numerisch einzugrenzen. Nur wer ängstlich ist, zaudert und überläßt das Problem den anwesenden Experten. Diejenigen, die daran gewöhnt sind, mit Fermi-Problemen umzugehen, gehen die Frage an, als gehöre sie in ihr eigenes Fachgebiet, und zeigen durch Überschlagsrechnungen, daß sie verstanden haben, worum es geht. Wenn sich das Gespräch beispielsweise einem neuen Teilchenbeschleuniger zuwendet, schätzen sie, wie stark seine Magneten sein müssen. Geht es um die Struktur eines neuen Kristalls, so berechnen sie den Abstand zwischen den Atomen. Jeder versucht, die Antwort mit möglichst geringem Aufwand zu finden. Diese geistige Unabhängigkeit versuchte Fermi, der sie selbst in hohem Maße besaß, bei seinen Studenten zu wecken, indem er ihnen seine unkonventionellen Aufgaben stellte.

Die Probleme der Wissenschaft – oder des Alltags – in der Weise anzugehen, wie es Fermi tat, hat seinen Wert letzlich in den unabhängigen Entdeckungen und Erfindungen, auf die man stößt. Dabei spielt es keine Rolle, ob es sich um etwas so Bedeutendes wie die Bestimmung der Sprengkraft einer Atombombe oder etwas so Unbedeutendes wie die Abschätzung der Anzahl der Klavierstimmer in Chicago handelt. Wenn wir die Antwort nachschlagen oder uns von jemand anders holen, so erweisen wir uns damit einen schlechten Dienst; wir berauben uns der Freude und des Stolzes, die uns jede kreative Leistung schenkt.

---

**Fermi-Statistik** ↗Fermi-Dirac-Statistik.

**Fermi-Theorie,** klassische Theorie der ↗*schwachen Wechselwirkung*, die auf E. ↗*Fermis* Beschreibung des ↗*Betazerfalls* von 1934 zurückgeht und im niederenergetischen Grenzfall die gleichen Ergebnisse liefert wie die moderne Eichtheorie der schwachen Wechselwirkung, die auf dem Austausch von W-Bosonen beruht. Fermis Ansatz basiert auf der lokalen punktförmigen Kopplung zweier geladener Ströme: einem Hadron- und einem Lepton-Strom, denen Fermi zunächst – analog zur elektromagnetischen Wechselwirkung – die Lorentz-Struktur eines Vektors (V) zuwies. In diesem Bild lautet die Hamilton-Funktion des Betazerfalls

$$H=\frac{G_F}{\sqrt{2}}(\bar{n}\gamma^{\mu}p)\left(\bar{\nu}\gamma_{\mu}e\right)$$

mit der experimentell bestimmten *Fermi-Konstanten* $G_F/(\hbar c)^3 = 1{,}16639(1)\cdot 10^{-5}\,\text{GeV}^{-2}$.

Fermis Vektor-Vektor-Kopplung wurde später experimentell durch die Entdeckung von Betazerfällen mit Spinänderung (↗*Gamow-Teller-Übergänge*) widerlegt; bei ↗*Fermi-Übergängen* haben Anfangs- und Endteilchen den gleichen Drehimpuls. Daraufhin setzte eine Debatte über die richtige *Lorentz-Struktur* der Ströme ein, die bis in die Mitte der fünfziger Jahre dauerte. Entschieden wurde die Frage durch die Entdeckung der maximalen Paritätsverletzung der schwachen Wechselwirkung durch C.-S. ↗*Wu* 1956; innerhalb eines Jahres wurde aus Fermis Theorie die universelle *V – A-Theorie* der schwachen Wechselwirkung.

Die entscheidende theoretische Schwäche der Fermi-Theorie ist ihre Nichtrenormierbarkeit, was sich in der Dimension $1/M^2$ der Kopplungskonstanten widerspiegelt. Eine Vier-Fermion-Wechselwirkung muß, um renormierbar zu sein, durch eine dimensionslose Kopplungskonstante beschrieben werden. Zudem wird die Unitarität verletzt: im Grenzfall hoher Energien verhält sich der differentielle Wirkungsquerschnitt eines beliebigen, mit Hilfe der Fermi-Theorie berechneten schwachen Prozesses proportional zur Energie, $\mathrm{d}\sigma/\mathrm{d}\Omega \sim s$, und nicht – wie es die Unitarität der S-Matrix fordert – umgekehrt proportional, $\mathrm{d}\sigma/\mathrm{d}\Omega \sim 1/s$. Erst die von S.L. ↗*Glashow*, S. ↗*Weinberg* und A. ↗*Salam* entwickelte renormierbare Eichtheorie einer elektroschwachen Wechselwirkung (↗*Glashow-Weinberg-Salam-Modell*) löste diese Probleme. In ihrem Modell werden Prozesse der schwachen Wechselwirkung mit geladenen Strömen durch den Austausch von massiven Vektorteilchen, den W-Bosonen, beschrieben. Für kleine Energien, verglichen mit der Masse der W-Bosonen, also in niedrigster Ordnung der Störungstheorie, erhält man wieder die effektive Vier-Fermion-Wechselwirkung der Fermi-Theorie.

**Fermi-Übergänge,** Typ von ↗*Betazerfällen*, der den Auswahlregeln $\Delta I = 0$ und $\Delta P = 0$, $I_\mathrm{i} = 0 \rightarrow I_\mathrm{f} = 0$ bezüglich der Drehimpuls- und Paritätsänderung $\Delta I$ bzw. $\Delta P$ vom Mutterkern i zum Tochterkern f gehorcht. Die emittierten Leptonen bilden zusammen einen Singulett-Zustand mit antiparallel orientierten Spins (Gesamtspin ist null). Fermi-Übergänge sind mit dem *Vektoranteil* der ↗*schwachen Wechselwirkung* verknüpft. Übergänge, die zu einem Triplett-Zustand führen, heißen ↗*Gamow-Teller-Übergänge* und rühren vom Axialvektoranteil her (↗*Fermi-Theorie*).

**Fermium,** *Eka-Erbium*, *Fm*, nach E. Fermi benanntes chemisches Element der Gruppe der *Actinoiden*, ein *Transuran*-Element der Ordnungszahl 100, das in der Natur nicht vorkommt. Fermium besitzt die Elektronenkonfiguration $[\mathrm{Rn}]5\mathrm{f}^{12}7\mathrm{s}^2$ und ist radioaktiv. Bis jetzt sind 18 Isotope mit den Massenzahlen 242–259 bekannt. Fermium wird durch künstliche Elementumwandlung wie z.B. durch Beschuß von Plutonium mit Neutronen in einem Reaktor hergestellt:

$$^{239}_{94}\mathrm{Pu} \xrightarrow{+16\mathrm{n};-6\beta^-} {}^{255}_{100}\mathrm{Fm}.$$

Durch Bombardierung von Uran mit energiereichen Sauerstoffkernen erhält man die Fermium-Isotope $^{249}_{100}\mathrm{Fm}$ und $^{250}_{100}\mathrm{Fm}$:

$$^{238}_{92}\mathrm{U} \xrightarrow{+^{16}_{8}\mathrm{O};-5\mathrm{n}} {}^{249}_{100}\mathrm{Fm} \text{ bzw.}$$
$$^{238}_{92}\mathrm{U} \xrightarrow{+^{16}_{8}\mathrm{O};-4\mathrm{n}} {}^{250}_{100}\mathrm{Fm}.$$

Das $^{257}_{100}\mathrm{Fm}$ ist mit einer Halbwertszeit von 100,5d das langlebigste der Fermium-Isotope.

**Fermium 1:** Wichtige Isotope

| Isotop | Natürliche Häufigkeit [%] | Atommasse | Halbwertszeit $T_{1/2}$ |
|---|---|---|---|
| $^{253}$Fm | 0 | 253,085173 | 3d |
| $^{254}$Fm | 0 | 254,086846 | 3,24h |
| $^{255}$Fm | 0 | 255,089948 | 20,1h |
| $^{257}$Fm | 0 | 257,075099 | 100,5d |

**Fermium 2:** Eigenschaften.

| Allgemeine, chemische und physikalische Eigenschaften | | |
|---|---|---|
| relative Atommasse ($^{12}$C = 12,0000) | | 257 |
| Termsymbol | | $^3H_6$ |
| 1. Ionisierungsenergie (berechnet) | [eV] | 6,50 |
| Elektronegativität (Pauling) | | 1,3 |
| effektive Kernladung (Slater) | | 1,65 |
| Einfangquerschnitt für thermische Neutronen ($^{257}$Fm) | [barn] | 5800 |

**Fermi-Verteilung** ↗Kernladungsverteilung.

**Fermi-Wechselwirkung** ↗Fermi-Theorie.

**Fernbeobachtungsbetrieb,** die Möglichkeit, astronomische Beobachtungen auch weitab des eigentlichen Teleskops durchzuführen. Ursprünglich wurde der Fernbeobachtungsbetrieb für ↗*astronomische Sonden und Satelliten* eingeführt, die auf das Beobachtungsobjekt ausgerichtet wurden und die Beobachtungsergebnisse zur Erde funkten. Mittlerweile können auch Großteleskope ferngesteuert werden, z.B. werden einige Teleskope des ↗*ESO* in Chile von der Münchner Zentrale aus über Standleitungen ausgerichtet.

**Fernerkundung,** *remote sensing,* Messung physikalischer Felder von Flugzeugen, ↗*Erderkundungssatelliten* oder Raumsonden aus (↗Aerogeophysik). Zum Einsatz kommen Messungen natürlicher und künstlicher elektromagnetischer Strahlung (Spektralbereiche: Ultraviolett, Sichtbar, Infrarot, Mikrowelle, Radar), sowie des Magnet- und Schwerefeldes der ↗*Erde*. Die wichtigsten Verfahren der Fernerkundung sind die Photographie und das Scanning-Prinzip, mit welchem in den von der Atmosphäre ungestörten Spektralbereichen vom Ultraviolett bis zum Infrarot die Oberfläche des zu untersuchenden Planeten abgetastet wird. Es sind aktive von passiven und abbildende von nichtabbildenden Systemen zu unterscheiden. *Aktive Systeme* erfassen ihre Untersuchungsobjekte mit einer von ihnen ausgehenden Strahlung (z.B. Radaraltimetrie), wogegen *passive Systeme* natürliche Strahlung nutzen. Ein *abbildendes System,* unabhängig ob aktiv oder passiv, mißt Strahlungsintensitäten als Funktion des Ortes auf der Erdoberfläche und erstellt daraus zweidimensionale bildhafte Darstellungen (z.B. Luftbildphotographie, Flächenradar). Ein *nichtabbildendes System* erfaßt eindimensionale Profile entlang des Flugweges. Über digitale Bildverarbeitung sind weitergehende, aufgabenspezifische Darstellungsformen möglich. So erlauben v.a. Bilder im Infrarotbereich die Fernanalyse von Anbauzonen und somit frühzeitige Ernteabschätzungen. Neuere Analyseverfahren lassen sogar die Differenzierung geologischer Formationen zu, was für die zukünftige Prospektion von Bodenschätzen von großer Bedeutung sein dürfte.

**Fernfeld,** 1) *Fraunhofer-Zone,* in der ↗*Sonographie* der Bereich des vom ↗*Transducer* erzeugten Ultraschallfeldes, ab dem die Druckamplitude kontinuierlich abnimmt. Das Feld ist hier nicht mehr kreisrund wie im Nahfeldbereich (↗*Nahfeld*), sondern divergiert mit einem von der Wellenlänge $\lambda$ und dem Schallkopfdurchmesser $r$ abhängigen Öffnungwinkel $\theta$: $\sin\theta = 0{,}61\lambda/r$. Die Analyse des Feldes erfolgt unter der Annahme, daß jedes Element des Schallwandlers eine Kugelwelle ausstrahlt, wobei sich die Elemente synchron mit gleicher Amplitude bewegen.
2) ↗Fernzone.

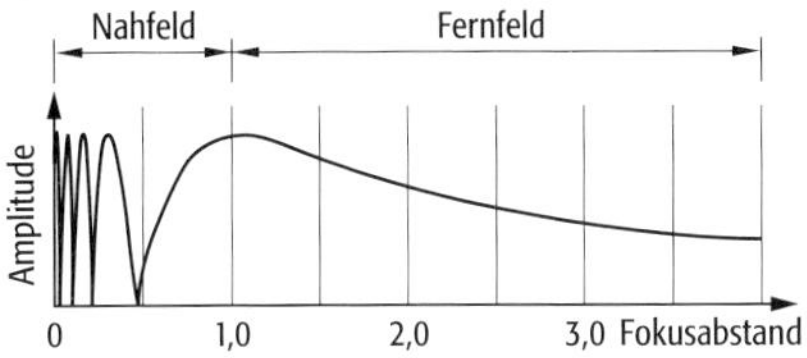


**Fernfeld:** Amplitudenverlauf des Schallfeldes eines runden Ultraschallkopfes. Im Fernfeld fällt die Amplitude kontinuierlich ab.

**Fernglas,** Bezeichnung für Doppelfernrohre mit meist 8–10facher, gelegentlich bis 20facher Vergrößerung (↗*Fernrohr*), bei denen die Bildumkehr durch Prismensysteme stattfindet. Der Objektivdurchmesser liegt zwischen 18 und 60mm. Die Bildschärfe ist häufig über den Mitteltrieb für beide Fernrohre gemeinsam einstellbar. Sonderformen der Ferngläser sind die mit elektronenoptischen Bildwandlern und Lichtverstärkern ausgestatteten IR-Fernrohre sowie Nachtsichtgeräte.

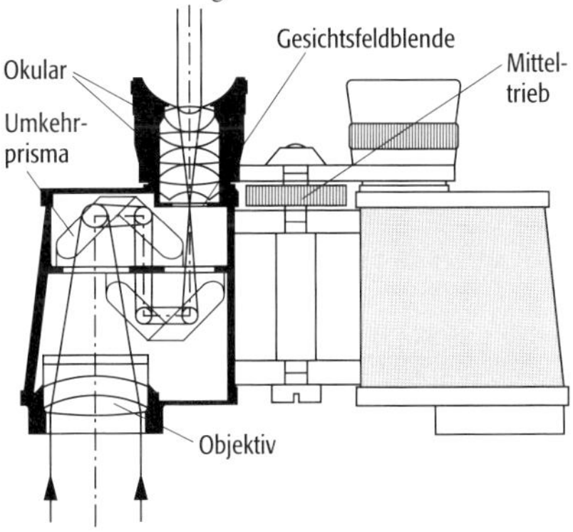


**Fernglas:** Fernglas mit Prismensystem zur Bildumkehr.

**Ferninfrarot-Gaslaser,** *FIR-Laser,* ein Gaslaser, der im Spektralbereich des fernen Infrarot emittiert. Die Ferninfrarot-Gaslaser decken zusammen mit den ↗*Submillimeterwellen-Gaslasern* den Spektralbereich von etwa 50µm bis 1mm Wellenlänge ab, für den zum Zeitpunkt ihrer Entwicklung Anfang der sechziger Jahre keine leistungsstarke Strahlungsquelle zur Verfügung stand. Zwei wichtige Beispiele sind der transversal elektrisch angeregte Atmosphärendruck-HCN-Laser (337µm) und der lasergepumpte $CH_3F$-Laser (496µm). Einsatzgebiete der Ferninfrarot-Gaslaser sind u.a. Frequenzmessungen (im THz-Bereich) und die↗*Laserspektroskopie* von Molekülen und ↗*Rydberg-Atomen.*

**Fernkräfte,** die Kräfte in der ↗Fernwirkungstheorie.

**Fernmeldetechnik,** Gebiet der Nachrichtentechnik, das sich mit der (meist leitungsgebundenen) Übermittlung von Informationen mittels elektrischer Signale befaßt (↗*Telekommunikation*). Schwerpunkt der Fernmeldetechnik ist der Aufbau und Betrieb von *Fernmeldenetzen.* Dabei wird unterschieden zwischen Netzen für die Individualkommunikation (*Vermittlungsnetze,* z.B. Fernsprechnetz) und Netzen für die Massenkommunikation (*Breitbandnetze,* z.B. Fernsehnetz). Mit der zunehmenden digitalen Signalübertragung wurde das *ISDN* entwickelt.

**Fernordnung,** Eigenschaft von Kristallen, bei welcher sich alle Bereiche, mögen sie noch so weit voneinander entfernt sein, in einer wohldefinierten Lage bzw. Orientierung zueinander befinden.

**Fernparallelismus-Theorie,** ↗Eichtheorien der Gravitation.

**Fernpunkt,** *Punctum remotum,* der Punkt, der bei größtmöglicher Entspannung der ↗*Akkommodation* scharf gesehen werden kann. Für das normalsichtige Auge liegt er im Unendlichen, für das kurzsichtige Auge in endlicher Entfernung vom Auge. Mit zunehmendem Alter rückt der Fernpunkt des Auges durch die Brechkraftabnahme der Augenlinse hinaus (↗*Alterssichtigkeit*). Als *Nahpunkt* dagegen bezeichnet man den Punkt, der bei voll angespannter Akkommodation scharf auf der Netzhaut abgebildet wird.

**Fernrohr,** *Teleskop,* optisches Instrument, mit dem entfernte Objekte so abgebildet werden, daß sie unter einem größerem Sehwinkel $\omega$ erscheinen und dem Auge ein helleres und vergrößertes Bild zugeführt wird. Im herkömmlichen Sinn versteht man unter einem Fernrohr eine afokale Spiegel- oder Spiegellinsenkombination. Alle Fernrohre sind aus mindestens zwei optischen Komponenten, dem ↗*Objektiv* und dem ↗*Okular,* aufgebaut, wobei der bildseitige Brennpunkt des Objektives mit dem objektseitigen Brennpunkt des Okulars zusammenfällt. Das langbrennweitige Objektiv hat immer sammelnde Wirkung, während das Okular, das als ↗*Lupe* wirkt und das vom Objektiv erzeugte reelle Bild vergrößert, sammelnd oder zerstreuend sein kann. Um sphärische und chromatische Abbildungsfehler zu minimieren, bestehen die beiden Komponenten aus mehreren Einzelteilen. Allgemein unterscheidet man zwischen Linsenfernrohren (*Refraktoren*) und den ausschließlich in der Astronomie benutzten Spiegelfernrohren (*Reflektoren*).
Zu den Linsenfernrohren gehören das Galileische (holländische), das Keplersche (astronomische) und das terrestrische Fernrohr (Abb. 1). Das nach ↗Galilei benannte, aber von H. ↗Lippershey erfundene Fernrohr besteht aus einer Objektivsammellinse der Brennweite $f_1$ und einer Okularzerstreuungs-

**Fernrohr 1:** Strahlenverlauf im Fernrohr nach a) Galilei und b) Kepler.

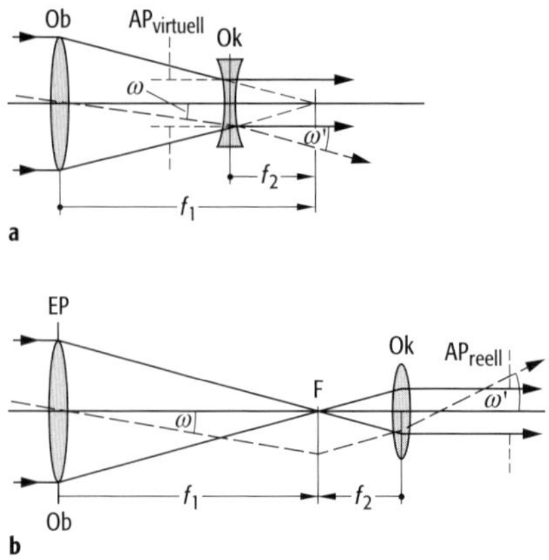


linse der Brennweite $f_2$. Der Abstand $l$ zwischen Objektiv und Okular ist durch $f_1 - f_2$ gegeben. Das erzeugte Bild ist aufrecht und seitenrichtig. Beim *Keplerschen Fernrohr* (Abb. 1b) bestehen Objektiv und Okular aus einer langbrennweitigen bzw. kurzbrennweitigen Sammellinse im Abstand $l = f_1 + f_2$. Das Bild ist reell und umgekehrt, was bei der astronomischen Anwendung unproblematisch ist. Zur Aufrichtung des Bildes wird zwischen Objektiv und Okular eine zusätzliche Linse der Brennweite $f_3$ gestellt; man erhält so ein terrestrisches Fernrohr der Länge $l = f_1 + 4f_2 + f_3$. Im binokularen Fernrohr (↗*Fernglas*) benutzt man Prismen zur Bildaufrichtung, was zu einer wesentlich kürzeren Baulänge führt. Im Vergleich zum Galileischen Fernrohr erscheint beim Keplerschen Fernrohr das Gesichtsfeld erheblich vergrößert.

*Spiegelfernrohre* bestehen aus einem ↗*Hohlspiegel* als Objektiv, der ein reelles, umgekehrtes und verkleinertes Bild erzeugt, das mit der Okularlupe betrachtet wird. Ihr Vorteil liegt darin, daß Spiegel im Gegensatz zu Linsen keine Farbfehler aufweisen. Je nach Okularanordnung im Strahlengang unterscheidet man zwischen dem nach Cassegrain, Gregory, Newton und Schmidt benanntem Fernrohr (Abb. 2). Beim *Gregory-Fernrohr* werden die durch den Hohlspiegel H erzeugten Strahlen durch einen zweiten kleinen Konkavhohlspiegel S in der Öffnung des Hohlspiegels im Bildpunkt B vereinigt und dieser mit dem Okular O betrachtet. Beim *Cassegrain-Fernrohr* wird der Konkavhohlspiegel durch einen konvex geformten ersetzt. Bei den Anordnungen nach Newton und Schmidt vermeidet man das Durchbohren des Hohlspiegels H. Beim *Newtonschen Fernrohr* werden die vom Hohlspiegel kommenden Strahlen über einen Planspiegel seitlich abgelenkt, der so entstehende Bildpunkt wird über das Okular betrachtet. Das *Schmidt-Fernrohr* hat eine Korrektionsplatte K, die es ermöglicht, die sphärischen Abbildungsfehler bei Spiegeln mit großem Durchmesser zu korrigieren. Der Querschnitt der Platte, die im Krümmungsmittelpunkt der Spiegelfläche steht, muß so gestaltet sein, daß die Schnittweite der Randstrahlen im Vergleich zu der der Zentralstrahlen relativ vergrößert wird. Dadurch wird der Hohlspiegel in seiner Wirkungsweise dem Parabolspiegel angeglichen.

**Fernrohr 2:** Spiegelteleskop nach a) Gregory, b) Cassegrain, c) Newton und d) Schmidt.

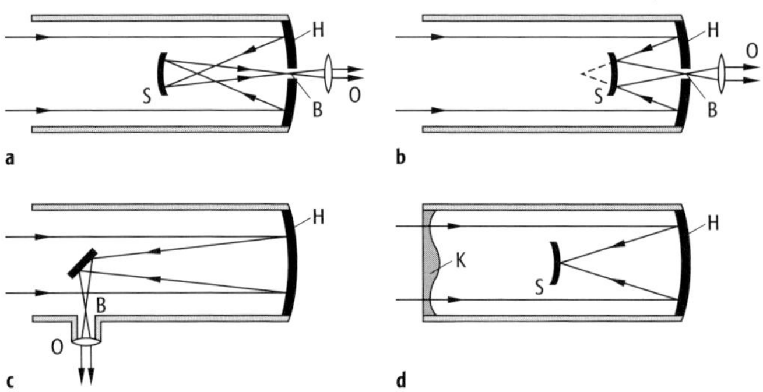


Ohne Fernrohr erscheint das Objekt dem Betrachter unter dem Sehwinkel $\omega_1$ und mit Fernrohr unter dem Sehwinkel $\omega$. Die *Vergrößerung* $\Gamma$ durch das Fernrohr ist gegeben durch das Verhältnis $\tan\omega / \tan\omega_1$ und ist gleich dem Quotienten aus Objektivbrennweite $f_1$ und Okularbrennweite $f_2$. Die Vergrößerung ist damit unabhängig vom Objekt- bzw. Bildort. Die Tiefenschärfe verkleinert sich um $\omega^2$ .

Das *Auflösungsvermögen* $A = 0{,}82 D/\lambda$ ($D$ Objektivdurchmesser, $\lambda$ Wellenlänge) ist im wesentlichen durch die ↗*Beugung* und die ↗*Abbildungsfehler* der optischen Komponenten bestimmt. [KB2]

**Fernrohrbrille** ↗Brille.

**Fernschreiber,** Gerät der ↗*Fernmeldetechnik* zur Übertragung von Schriftzeichen. Die Bedeutung der Fernschreibnetze (z.B. *Telex*) ist mit der Einführung des Fernkopierens (Telefax) drastisch zurückgegangen.

**Fernsehbildröhre,** die im ↗Fernsehempfänger zur Bildwiedergabe eingesetzte ↗Elektronenstrahlröhre. Beim Farbfernsehempfänger handelt es sich dabei um eine ↗Farbbildröhre.

**Fernsehempfänger,** *Fernseher*, *TV-Empfänger*, Gerät für den Empfang von Fernsehprogrammen. Es besteht aus dem Empfangsteil und dem Wiedergabeteil mit den Einheiten zur Ton- und Bildwiedergabe. Für die Bildwiedergabe wird eine spezielle ↗*Elektronenstrahlröhre*, die *Bildröhre* (bei Farbfernsehgeräten ↗*Farbbildröhre*) genutzt. In kleinerem Umfang werden auch LCD-Bildschirme genutzt, Laser-Projektionsverfahren sind in der Entwicklung.

**Fernsehen,** *Television*, die Aufnahme, Übertragung und Wiedergabe von (bewegten) Bildern mit Mitteln der ↗*Nachrichtentechnik*. Das Fernsehen beruht auf dem Prinzip der zeilenweisen Übertragung der Bildinformation in Form elektrischer Signale. Die Auflösung beträgt gegenwärtig (Bildformat 4:3) 625 Zeilen mit insgesamt etwa $5 \cdot 10^5$ Bildpunkten (CCIR-Norm B), das hochauflösende Fernsehen (*HDTV*) mit einem Bildformat von 16:9 hat nach zwei konkurrierenden Standards 1125 oder 1250 Zeilen. Die Umwandlung der Leuchtdichtewerte der Bildpunkte in Stromimpulse erfolgt in einem *Bildwandler* durch die Abtastung eines Ladungsbildes, das mit Hilfe einer photoempfindlichen Schicht gewonnen wird. (Statt Röhren verwendet man heute meist einen ↗*CCD-Bildsensor.*) Beim Farbfernsehen werden die Farbintensitäten dreier Grundfarben (Rot, Grün und Blau) bestimmt und in ein Leuchtdichtesignal und zwei Farbdifferenzsignale umgewandelt. Damit für das Auge ein kontinuierlicher Lichteindruck entsteht, ist die Übertragung von mindestens 16 Einzelbildern/s erforderlich, üblich sind 25 Bilder/s. Zur Verminderung des Flimmerns wird das *Zeilensprungverfahren* (*interlaced mode*) eingesetzt: Das Gesamtbild wird in zwei Halbbilder aufgeteilt, die aus den geraden bzw. ungeraden Zeilen bestehen und – zusammen mit einem Synchronisiersignal – abwechselnd übertragen werden. Zur Übertragung werden Bild-, Synchronisier- und Tonsignal auf eine Trägerfrequenz im UHF oder VHF-Bereich aufmoduliert und entweder von einem ↗*Sender* abgestrahlt oder in ein Kabelnetz eingespeist. Beim *Satellitenfernsehen* empfängt ein Satellit in einer geostationären Umlaufbahn die Signale von einer Bodenstation und strahlt sie zum allgemeinen Empfang wieder ab. Im ↗*Fernsehempfänger* wird das Signal verstärkt, aufbereitet und auf dem *Bildschirm* wiedergegeben.

*Geschichte*

Die erste Idee zur zeilenweisen elektrischen Übertragung von Bildern hatte Alexander Bain (Patentschrift für einen Fernkopierer von 1843), die mit der Entwicklung eines mechanischen Bildzerlegers mit »spiralig gelochter Scheibe« (*Nipkow-Scheibe*) 1884 durch Paul Nipkow umgesetzt werden konnte. Doch erst 1925, in Kombination mit der ↗*Kerr-Zelle* als leistungsfähigem optoelektronischem Wandler, gelangte die Fernsehtechnik mit mechanischer Bildzerlegung über das Versuchsstadium hinaus. Die erste vollelektronische Fernsehübertragung wurde 1930 von Manfred von Ardenne in Berlin realisiert. Das erste Patent für ein Farbbildverfahren ging bereits 1902 an Otto von Bronk, für eine Farbbildröhre 1938 an Walther Flechsig. In den 50er Jahren entstanden die ersten Farbsendenormen (NTSC, SECAM), 1961 entwickelte W. Bruch das PAL-System. 1979 wurden die ersten CCD-Bildwandler vorgestellt. Seit Mitte der 90er Jahre wird auch mit digitaler Fernsehtechnik experimentiert.

**Fernsehfunk,** *Fernsehrundfunk*, Teilbereich des Rundfunks, der Ton- und Bildsignale überträgt. (↗*Fernsehen*)

**Fernsehmikroskop** ↗Videomikroskop.

**Fernsehmikroskopie,** Verfahren zur Echtzeitdarstellung mikroskopischer Bilder mit einem ↗*Videomikroskop*.

**Fernsehröhre,** ↗Fernsehbildröhre, ↗Kathodenstrahlröhre.

**Fernsprecher,** *Telephon*, Apparat zur Übertragung von Sprache auf weite Entfernungen mit Hilfe des elektrischen Stromes.

**Fernthermometer,** Temperaturmeßgeräte mit räumlicher Trennung zwischen Meßstelle (»Geber«) und Ablesestelle (»Empfänger«). Besonders geeignet dazu sind die Verfahren der Temperaturmessung mit ↗*elektrischen Thermometern*.

**Fernwirkungstheorie,** die dem ↗*Coulomb-Gesetz* der ↗*Elektrostatik* und dem ↗*Newtonschen Gravitationsgesetz* zugrundeliegende Auffassung, daß es zwischen elektrischen Ladungen oder Massenpunkten zu einer augenblicklichen Kraftübertragung über beliebig weite Entfernungen kommt. Mit ihr können alle elektrostatischen Erscheinungen beschrieben werden. Auch das ↗*Ampèresche Gesetz* der ↗*Magnetostatik* (magnetische Kraftwirkung zwischen Strömen) kann als Fernwirkung verstanden werden. Bei bewegten Ladungen versagt der Ansatz der Fernwirkungstheorie jedoch, er wurde zuerst von M. ↗*Faraday* durch den Feldbegriff abgelöst (↗*Nahwirkungstheorie*). Alle modernen Wechselwirkungstheorien sind als Nahwirkungstheorien formuliert (↗*Quantenfeldtheorie*). Das quantenmechanische ↗*EPR-Paradoxon* und die ↗*Bellsche Ungleichung* machen allerdings deutlich, daß im Rahmen der Quantenmechanik Fernwirkungseffekte auftreten können. Unter gewissen Umständen kann eine Messung an einem Elementarteilchen die Eigenschaften eines beliebig weit entfernten anderen Teilchens augenblicklich verändern.

**Fernzone,** derjenige Bereich eines realen ↗Dipolfeldes, in dem das Feld wie $\sim 1/r^3$ abfällt (*Fernfeld*).

**Ferranti,** *Sebastian Ziani* de, englischer Elektrotechniker, *9.4.1864 Liverpool, †13.1.1930 Zürich; baute zusammen mit Sir W. ↗*Thomson* 1882 einen elektrischen Wechselstromgenerator (*Ferranti-Thomson-Generator*); wichtige Entwicklungen zur Kabeltechnik und Fabrikation von Dampfturbinen.

**Ferraris,** *Galileo*, italienischer Ingenieur und Physiker, *31.10.1847 Livorno Ferraris (Provinz Vercelli), †7.2.1897 Turin; gründete 1886 in Turin die erste Ingenieurschule für Elektrotechnik Italiens, fand 1885 bei seinen Untersuchungen über die Verkettung von Strom und Magnetfeld in Transformatorenspulen das für Induktionsmotoren und Strommeßgeräte wichtige Drehfeldprinzip (*Ferraris-Prinzip*) und entwickelte 1887 unabhängig von N. ↗*Tesla* die Technik der Mehrphasenströme (Drehstrom); nach ihm ist auch ein ↗Induktionsmeßwerk (*Ferraris-Zähler*) benannt.

**Ferraris-Zähler,** ↗Induktionsmeßwerk, ↗Strom- und Spannungsmessung.

**Ferrel,** *William*, amerikanischer Meteorologe, *29.1.1817 Fulton County (Pa.), †18.9.1891 Maywood (Kans.); bedeutende Beiträge zur Erforschung der physikalischen Grundlagen von atmosphärischen und Meeresströmungen,

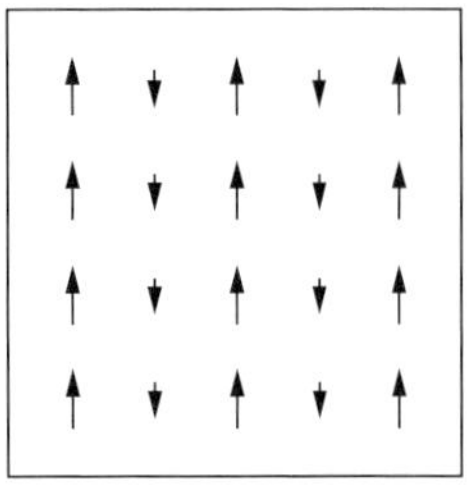

**Ferrielektrizität:** Ausrichtung der entgegengesetzt polarisierten Teilgitter.

**ferrimagnetische Ordnung:** siehe Farbtafelteil.

**Ferrimagnetismus:** a) Spontane Magnetisierungen der Untergitter A und B als Funktion der Temperatur, sowie die Gesamtmagnetisierung eines Ferrimagneten für den Fall, daß eine Kompensationstemperatur $T_k$ existiert ($V$: Volumen).
b) Reziproke Suszeptibilität eines Ferrimagneten oberhalb der Curie-Temperatur $T_C$ im Vergleich mit einer ferromagnetischen Substanz (schematisch).

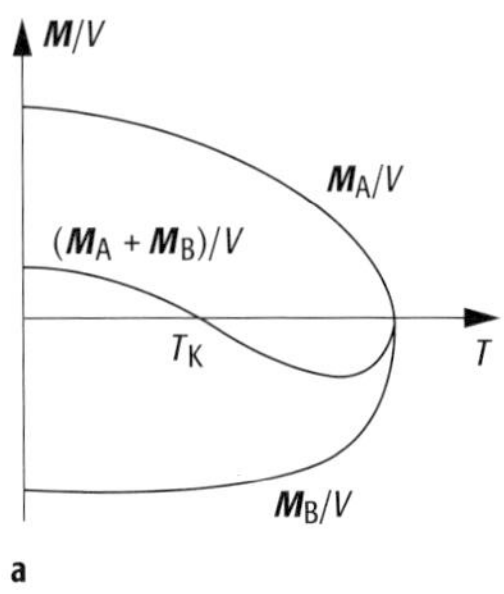


a

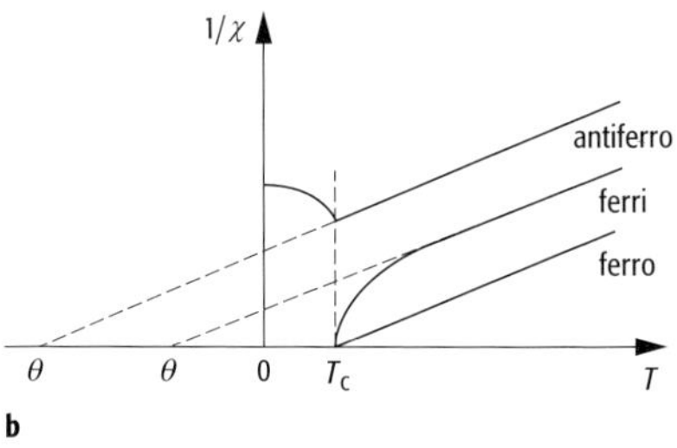


b

insbesondere der planetarischen Zirkulation (Zirkulation der Atmosphäre); untersuchte den Einfluß der Erdrotation auf die Bewegungsrichtung der verschiedenen Winde.

**Ferrielektrikum** ↗Ferrielektrizität.

**Ferrielektrizität,** eine in Analogie zum ↗*Ferrimagnetismus* formulierte Eigenschaft einiger polarer ↗*Dielektrika*, der *Ferrielektrika*. Die sich dabei einstellende ferrielektrische Ordnung der elektrischen Dipole besteht ebenso wie bei den *Antiferroelektrika* und -magnetika in der Bildung zweier Teilgitter aus antiparall ausgerichteten Ketten, jedoch kompensieren sie sich anders als bei den Antiferroelektrika nicht vollständig (↗*Antiferroelektrizität*). Dadurch kommt es zu einer schwachen makroskopischen ↗*elektrischen Polarisation*. Die Ursache hierfür können in unterschiedlicher Größe, Art oder Anzahl der mikroskopischen Dipole in den Teilgittern liegen. Das makroskopische Verhalten der Ferrielektrika gleicht in bestimmten kristallographischen Richtungen dem der Ferroelektrika, in anderen denen der Antiferroelektrika (↗*Ferroelektrizität*).

**Ferrimagnetika,** Substanzen mit *ferrimagnetischer Ordnung* (↗*Ferrimagnetismus*) unterhalb der ↗*Curie-Temperatur*. Eine ferrimagnetische Ordnung tritt nur bei Substanzen mit verschiedenen Ionensorten auf. Diese sind entweder chemisch verschieden oder befinden sich auf physikalisch unterschiedlichen Gitterplätzen, auf denen sich die Umgebung in Sorte und Anordnung der Nachbarionen unterscheidet. Zu den wichtigsten Vertretern zählen die Metall-Oxide. Die Kopplung zwischen den antiparallelen Momenten geschieht vorwiegend durch den ↗*indirekten Austausch* (↗Superaustausch, ↗Austauschintegral) über die Sauerstoffionen. Das Kristallgitter ist hauptsächlich durch die großen $O^{2-}$-Ionen aufgebaut, so daß die kleineren Metallionen leicht durch andere ersetzt und die magnetischen Eigenschaften variiert werden können. Dadurch sind Ferrimagnetika für technische Anwendungen, wie z.B. ↗*Ferritkerne*, geeignet. Bekannte Ferrimagnetika sind ↗*Ferrite*, ↗*Eisengranate* und ↗*Perowskite*.

**ferrimagnetische Ordnung,** *ferrimagnetische Spinstruktur*, eine spezielle Form der *magnetischen Ordnung* in einem Festkörper, bei der die Magnetisierungen $M_A$ und $M_B$ von zwei (oder mehr) ↗*Untergittern* A und B verschieden groß und antiparallel orientiert sind, so daß eine ↗*Spontanmagnetisierung* resultiert (↗*Ferrimagnetismus*). Ursache ist, wie bei der ↗*antiferromagnetischen Ordnung*, ein negatives ↗Austauschintegral $J_{AB}$ für die Wechselwirkung zwischen den Momenten auf A- und B-Gitterplätzen, so daß auch die Kopplung der Momente häufig als antiferromagnetisch bezeichnet wird. Im Unterschied zu einer ↗*antiferromagnetischen Ordnung* sind die atomaren Momente in ↗*Ferrimagnetika* entweder verschieden groß, oder man hat eine Abfolge von antiparallelen Sequenzen von Momenten auf A- und B-Plätzen, die zu unterschiedlichen Magnetisierungen der Untergitter führt (Abb.).
Äußerlich zeigen Ferrimagnetika ferromagnetisches Verhalten (↗*Ferromagnetismus*), jedoch mit einer kleineren Spontanmagnetisierung als bei einer ↗ferromagnetischen Ordnung der Momente.

**Ferrimagnetismus,** eine Form von *Magnetismus* in Festkörpern mit einer ↗*Spontanmagnetisierung* unterhalb der ↗*Curie-Temperatur* $T_C$ ähnlich dem ↗*Ferromagnetismus*. Durch die *ferrimagnetische Ordnung* sind die Spontanmagnetisierungen $M_A$ und $M_B$ der Untergitter A bzw. B entgegengerichtet, so daß es in einigen ↗*Ferrimagnetika* sogar zu einer Richtungsumkehr der Gesamtmagnetisierung $M = M_A + M_B$ bei einer Kompensationstemperatur $T_k$ mit $M(T_k) = 0$ kommen kann (Abb. a). Im Spezialfall gleicher Magnetisierungen der Untergitter wird *Antiferromagnetismus* beobachtet. Die *Molekularfeldnäherung* ergibt für den *Curie-Punkt* $T_C = |\alpha_{AB}|\sqrt{C_A C_B} = |\alpha_{AB}| C_{AB}$ einen ähnlichen Zusammenhang zwischen $T_C$ und der ↗*Molekularfeldkonstanten* $\alpha_{AB} < 0$ bzw. der mittleren ↗*Curie-Konstanten* $C_{AB} = (C_A C_B)^{1/2}$ ($C_A$, $C_B$: Curie-Konstanten der Untergitter A und B) wie bei ferromagnetischen Substanzen. Im paramagnetischen Bereich bei $T > T_C$ berechnet sich die ↗*magnetische Suszeptibilität* gemäß

$$\chi_m = \frac{M_A + M_B}{VB} = \frac{(C_A + C_B)T - 2|\alpha_{AB}| C_A C_B}{T^2 - T_C^2},$$

die bei hohen Temperaturen $T \gg T_C$ in ein ↗*Curie-Weiss'sches Gesetz* der Form

$$\chi_m = \frac{C_A + C_B}{T - \Theta}$$

übergeht, mit der negativen paramagnetischen Curie-Temperatur

$$\Theta = -2|\alpha_{AB}| C_A C_B / (C_A + C_B) \text{ (Abb. b).}$$

**Ferrite,** eine Klasse von *Ferrimagnetika*, die in der einfachsten Form aus den Formeleinheiten $MO \cdot Fe_2O_3$ bestehen, wobei M ein zweiwertiges Metall ist. Bei einer kubisch-flächenzentrierten Kristallstruktur hat man ↗*Spinelle*, in denen sich die Metallionen auf den Plätzen zweier ↗*Untergitter* A und B mit tetraedrischer bzw. oktaedrischer $O^{2-}$-Umgebung befinden. Das A-Gitter ist ausschließlich von $Fe^{3+}$-Ionen besetzt, während die Plätze des Untergitters B von $M^{2+}$- und den restlichen $Fe^{3+}$-Ionen besetzt sind. Im Magnetit $Fe_3O_4$ ($M^{2+} = Fe^{2+}$) besitzen die $Fe^{3+}$-Ionen einen Spin von $S = 5/2$, für $Fe^{2+}$-Ionen ist $S = 2$. In der sogenannten normalen Spinellstruktur sind die Untergitter von nur einer Ionensorte besetzt, während bei inversen Spinellferriten das A-Gitter ausschließlich von $Fe^{3+}$ und das B-Gitter statistisch von $Fe^{3+}$ und $M^{2+}$ besetzt ist. Es kommen auch gemischte Strukturen vor. Neben den kubischen Ferriten gibt es auch hexagonale Ferrite.

**Ferritkerne,** aus einem ↗*Ferrit* bestehende Spulenkerne in Transformatoren. Da die magnetischen und elektronischen Eigenschaften von *Ferrimagnetika* durch den Einbau von Fremdatomen wie Mg oder Al anstelle von Fe gezielt beeinflußt werden können, läßt sich die ↗*Hystereseschleife* so gestalten, daß die Energieverluste beim Ummagnetisieren möglichst gering sind. Die Ferritkerne sind fast nichtleitend, so daß die Wirbelstromverluste nahezu verschwinden.

**Ferroelektrikum,** ein Material, das das Phänomen der ↗*Ferroelektrizität* zeigt. Ferroelektrische Kristalle lassen sich in folgende drei Klassen einteilen (Tabelle):

1) Ferroelektrika, die im nichtpolaren Zustand oberhalb der Curie-Temperatur piezoelektrisch sind: Die Kristallklasse ist orthorhombisch oder tetragonal. Es gibt nur eine polare Achse und damit nur zwei Polarisationsrichtungen. Die spontane Polarisation läßt sich durch mechanische Spannungen umkehren. (z.B. Seignettesalze und KDP-Typen).

2) Ferroelektrika, die im nichtpolaren Zustand nicht piezoelektrisch sind: Die Kristalle weisen eine kubische Symmetrie auf, wodurch mehrere gleichwertige Richtungen der Polarisation entstehen (z.B. $BaTiO_3$-Typen, Perowskite).

3) Ferroelektrika, die bisher keiner der beiden erstgenannten Gruppen zugeordnet werden können (z.B. Sulfate, Alaune etc.).

Eine andere Klassifizierung unterteilt in die Ordnungs-, Unordnungs- und die Verschiebungsgruppe, je nachdem, ob der Übergang mit der Umordnung einzelner Ionen oder mit der Verschiebung eines ganzen Untergitters aus Ionen einer Sorte relativ zu einem anderen Untergitter verbunden ist (↗*ferroelektrische Umwandlung*).

**ferroelektrische Gitterschwingungen,** in *ferroelektrischen Kristallen* stark temperaturabhängige niederfrequente optische ↗*Gitterschwingungen* in der Nähe des ferroelektrischen Phasenüberganges.

**ferroelektrischer Zustand,** in ferroelektrischen Kristallen das Vorhandensein eines elektrischen Dipolmoments auch bei Abwesenheit eines äußeren Feldes. Ursache ist, daß der Schwerpunkt der positiven Ladungen des Kristalls nicht mit dem der negativen Ladungen zusammenfällt. Oberhalb der materialspezifischen Curie-Temperatur geht der ferroelektrische Zustand in den ↗paraelektrischen Zustand über.

**ferroelektrische Umwandlung,** die Deformation des Gitters in Ferroelektrika unterhalb der Übergangstemperatur $T_C$ (↗Curie-Temperatur), die einige für das Phänomen der ↗*Ferroelektrizität* typische Erscheinungen hervorruft. Prinzipiell unterscheidet man Gitterdeformationen, die auf Umordnungen einzelner Ionen beruhen (»*Ordnung-Unordnungs-Ferroelektrika*«), und solche, die von der Verschiebung eines ganzen Untergitters aus Ionen einer Sorte relativ zu einem anderen Untergitter herrühren (»*Verschiebungs-Ferroelektrika*«).

**Ferroelektrikum:** Klassifizierung und physikalische Eigenschaften.

| | Kristall | Curie-Temperatur $T_C$ in K | Spontane Polarisation $P_s$ in C/m² | bei der Temperatur in K |
|---|---|---|---|---|
| KDP-Gruppe (einachsig polar) | $KH_2PO_4$ | 123 | 0,53 | 96 |
| | $KD_2PO_4$ | 213 | 0,45 | |
| | $RbH_2PO_4$ | 147 | 0,56 | 90 |
| | $RBH_2AsO_4$ | 111 | | |
| | $KH_2AsO_4$ | 96 | 0,50 | 80 |
| | $KD_2AsO_4$ | 162 | | |
| | $CsH_2AsO_4$ | 143 | | |
| | $CsD_2AsO_4$ | 212 | | |
| Perowskit-Gruppe (mehrachsig polar) | $BaTiO_3$ | 393 | 2,60 | 296 |
| | $SrTiO_3$ | 32 | 0,30 | 4 |
| | $WO_3$ | 223 | | |
| | $KNbO_3$ | 712 | 3,00 | 523 |
| | $PbTiO_3$ | 763 | 0,50 | 300 |
| TGS-Gruppe (Sonstige) | Triglyzininsulfat | 322 | 0,28 | 293 |
| | Triglyzininselenat | 295 | 0,32 | 273 |
| | $LiTaO_3$ | | | |
| | $LiNbO_3$ | 147 | | |
| | andere Sulfate | | | |
| | andere Selanate | | | |
| | Alaune | | | |

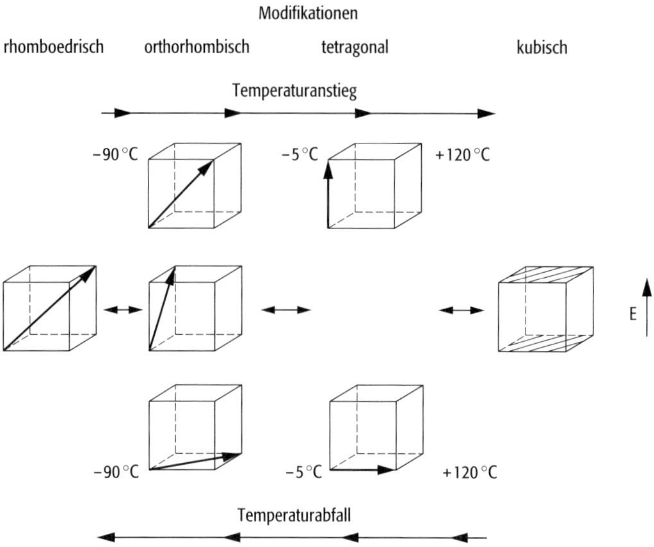


**ferroelektrische Umwandlung 1:** Relative Lagen der polaren Achsen (dicker Pfeil) in den verschiedenen Phasen von Bariumtitanat-Eindomänenkristallen in Bezug auf die kubischen Achsen. Für die einzelnen Gitter gilt: *Kubisches Gitter* ($T > T_C > 120$ °C): Oberhalb $T_C$ ist $BaTiO_3$ paraelektrisch und hat eine kubische Elementarzelle. Es verhält sich wie ein normales Dielektrikum mit Orientierungspolarisation. *Tetragonales Gitter* (−5 bzw. +5 °C < $T$ < 120 °C bei Temperaturerniedrigung bzw. -erhöhung): Liegt das elektrische Feld in der skizzierten Weise an, sind zwei Einstellungsmöglichkeiten der Polarisation vorhanden: Die a-Domäne, in der die tetragonale a-Achse parallel zum ***E***-Feld liegt, und die c-Domäne, in der die tetragonale c-Achse parallel zum ***E***-Feld liegt. Die relativen Dielektrizitätskonstanten $\varepsilon_a$ und $\varepsilon_c$ unterscheiden sich stark. *Orthorhombisches Gitter* (−90 bzw. −80 °C < $T$ < −5 °C bei Temperaturerniedrigung bzw. -erhöhung): In dieser ferroelektrischen Phase liegt die polare Achse in der Flächendiagonalen der Elementarzelle. Es existieren drei Einstellungsmöglichkeiten der Polarisation. *Rhomboedrisches Kristallgitter* ($T$ < −90 °C): Die polare Achse liegt in der Raumdiagonalen. In dieser Modifikation existiert nur eine mögliche Konfiguration der Zuordnung zwischen Polarisationsrichtung und Kristallachsen.

**ferroelektrische Umwandlung 2:** siehe Farbtafelteil.

Bei einigen Ferroelektrika (z.B. Bariumtitanat) treten unter dem Einfluß eines äußeren elektrischen Feldes weitere Kristallumwandlungen auf, wenn die Temperatur weiter abgesenkt wird. (Abb. 1). Makroskopisch kommt es bei $BaTiO_3$ zu einer elastischen Verlängerung der Elementarzelle in Polarisationsrichtung um 1 % (Abb. 2).

**Ferroelektrizität,** eine Erscheinung, die eine makroskopische Polarisation in bestimmten Materialien (sog. *Ferroelektrika*) hervorruft. Die spontane Polarisation beruht auf einer Gitterdeformation bei ↗*ferroelektrischer Umwandlung*.

Typische Begleiterscheinungen der Ferroelektrizität sind: *Paraelektrizität* oberhalb der Curie-Temperatur; *Übergang zu mehreren Kristallstrukturen* niedrigerer Symmetrie bei Temperaturerniedrigung auch unterhalb des Curie-Punkts; Gültigkeit des *Curie-Weiss-Gesetzes* in der Nähe des Curie-Punkts; *optische Doppelbrechung* des Kristallgitters aufgrund der aus der Gitterdeformation folgenden räumlichen Anisotropie; *Hystereseeffekte* der Polarisation unter dem Einfluß eines äußeren elektrischen Feldes; niederfrequente, *»weiche« optische Gitterschwingungen* in der Nähe des ferroelektrischen Übergangs.

**Ferrofluide** ↗magnetische Flüssigkeiten.

**Ferromagnete,** ↗ferromagnetische Substanzen, ↗Ferromagnetismus.

**ferromagnetische Ordnung,** *ferromagnetische Kopplung, ferromagnetische Spinstruktur,* eine Form der *magnetischen Ordnung* in Festkörpern mit paralleler Ausrichtung der atomaren ↗*magnetischen Momente* oder Spins. Die Ursache besteht in einem positiven ↗*Austauschintegral* zwischen benachbarten Atomen oder Ionen, wodurch die parallele Orientierung der Momente der energetisch niedrigste Zustand ist. Die strenge Ausrichtung der Momente besteht allerdings nur am Temperaturnullpunkt. Bei Temperaturerhöhung werden durch thermische Anregungen einzelne Momente umgeklappt und die Spinordnung zunehmend gestört.

Eine ferromagnetische Ordnung kann auch auf bestimmte Kristallebenen oder ↗Untergitter eines Festkörpers beschränkt sein, was häufig bei Substanzen auftritt, die insgesamt eine *antiferromagnetische Ordnung* aufweisen. (↗*Ferromagnetismus*)

**ferromagnetische Relaxation,** Prozeß in ↗*ferromagnetischen Substanzen*, bei dem ↗Magnonen (↗Spinwellen), die z.B. durch ↗ferromagnetische Resonanz angeregt wurden, abgebaut werden und das thermodynamische Gleichgewicht wiederhergestellt wird. Das Streben des Spinsystems in das Gleichgewicht durch direkte Umwandlung von Magnonen in solche mit anderer Wellenzahl hängt stark mit Inhomogenitäten in einer Probe zusammen. So wird auch die ↗*Relaxationszeit* von der ↗*Domänenstruktur*, chemischen Verunreinigungen, Versetzungen und mechanischen Spannungen beeinflußt. Das Spinsystem wird schließlich über ↗*Spin-Gitter-Relaxation* mit dem Phononensystem ins thermische Gleichgewicht gebracht.

**ferromagnetische Resonanz,** *FMR*, hochauflösende Resonanzart in Ferromagneten. Diese Variante der magnetischen Resonanz ist in ihren physikalischen Prinzipien der Kernresonanz (NMR) sehr ähnlich, findet jedoch bei Mikrowellenfrequenzen statt und ist ein Phänomen des Elektronenspins.

Wie bei der NMR werden die Energieniveaus durch ein externes statisches Magnetfeld aufgespalten und sind durch Zeeman-Frequenzen voneinander separiert.

Anders als bei der NMR spielt aber wegen des Einflusses des Entmagnetisierungsfeldes die Form des untersuchten Objektes eine große Rolle. Die Austauschwechselwirkung zwischen den ferromagnetischen Elektronen dämpft die Linienverbreiterung aufgrund der dipolaren Wechselwirkung so stark ab, daß sehr scharfe Linien ($<1$ Gauß) keine Seltenheit sind.

**ferromagnetische Substanzen,** Materialien mit einer ↗Spontanmagnetisierung durch eine ↗*ferromagnetische Ordnung* der atomaren ↗magnetischen Momente bzw. Spins (↗Ferromagnetismus). Die Momente der Atome oder Ionen rühren von nicht vollständig besetzten Elektronenschalen her. Zu den bekanntesten ferromagnetischen Substanzen zählen die 3d-Übergangsmetalle Fe, Co, Ni (offene 3d-Schale) und ihre Legierungen oder die Seltenerd-Metalle Gd, Dy, Er (offene 4f-Schale). Neben den Metallen gibt es auch ferromagnetische Isolatoren wie EuS. Die Stärke der Kopplung zwischen den Momenten kommt in der Größe der Curie-Temperatur $T_C$ (*Curie-Punkt*) zum Ausdruck sowie durch die ↗*Molekularfeld-Konstante* $\lambda = \Theta/C$, die durch die paramagnetische Curie-Temperatur $\Theta$ und die ↗*Curie-Konstante* $C$ (↗*Curie-Weiss'sches Gesetz*) bestimmt ist (Tabelle). Ein weiteres Merkmal von ferromagnetischen Substanzen ist die ↗*Hysterese* (↗*Hystereseschleife*) der Magnetisierung $M(H)$ als Funktion eines äußeren Magnetfeldes $H$. Neben kristallinen Ferromagnetika kennt man auch eine Reihe von ↗*amorphen magnetischen Materialien.*

**ferromagnetische Substanzen:** Daten einiger ferromagnetischer Substanzen. $M_S(0)$: Sättigungsmagnetisierung bei $T = 0$ K, $T_C$ bzw. $\Theta$: ferromagnetische bzw. paramagnetische Curie-Temperatur, $C$: Curie-Konstante.

| Substanz | $M_S(0)$ [Vsm$^{-2}$] | $T_C$ [K] | $\Theta$ [K] | C[K] |
|---|---|---|---|---|
| Ni | 0,635 | 631 | 649 | 0,588 |
| Co | 1,815 | 1130 | | |
| Fe | 2,17 | 1043 | 1100 | 2,22 |
| Gd | 2,54 | 290 | 302 | |
| Dy | 3,67 | 87 | 157 | |
| EuO | 2,4 | 67 | 76 | 4,68 |
| EuS | | 16,3 | 19 | 3,06 |

**Ferromagnetismus,** Form des *Magnetismus* in Festkörpern, bei der unterhalb der Curie-Temperatur $T_C$ (*Curie-Punkt*) eine ↗*Spontanmagnetisierung* auftritt. Am Temperaturnullpunkt sind alle atomaren ↗*magnetischen Momente* ausgerichtet, so daß die Spontanmagnetisierung $M_S$ den Maximalwert $M_S(0) = Jg_J\mu_B n$ animmt ($J$ Gesamtdrehimpuls, $g_J$ ↗*g-Faktor*, $\mu_B$ ↗*Bohrsches Magneton*, $n$ Teilchenzahl pro Volumen). Mit steigender Temperatur wird die *ferromagnetische Ordnung* zunehmend gestört, wodurch $M_S(T)$ abnimmt und bei $T_C$ verschwindet. Die ↗*Molekularfeldnäherung* ergibt die universelle Beziehung:

$$\frac{M_S}{M_S(0)} = B_J\left(\frac{3J}{J+1}\cdot\frac{T_C}{T}\cdot\frac{M_S(T)}{M_S(0)}\right)$$

($B_J$: ↗*Brillouin-Funktion*), wonach die relative Magnetisierung nur von dem Wert von $J$ abhängt und nicht von der speziellen Substanz. Die Näherung für $T \ll T_C$ ergibt

$$\frac{M_S - M_S(T)}{M_S(0)} \sim T^{3/2}$$

(↗*Blochsches Magnetisierungsgesetz*). Oberhalb $T_C$ verhält sich die Substanz paramagnetisch (↗*Paramagnetismus*), wobei die ↗*magnetische Suszeptibilität* für $T \gg T_C$ einem *Curie-Weiss-Gesetz* gehorcht.

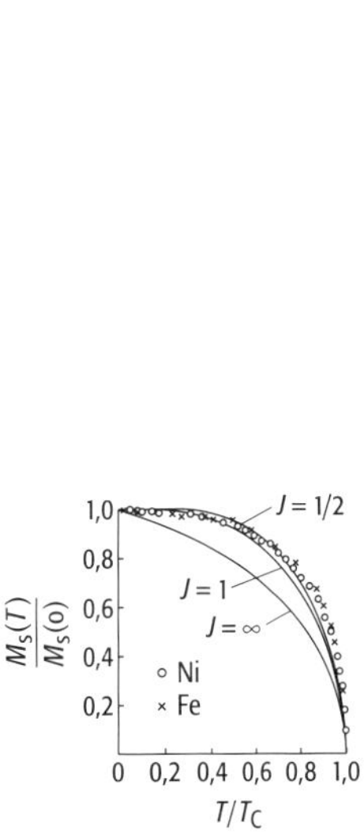


**Ferromagnetismus:** Relative Spontanmagnetisierung von Ni und Fe über $T/T_C$ und der Vergleich mit der Molekularfeldnäherung.

**Ferromagnon** ↗Spinwellen.

**Feshbach-Resonanz** ↗Resonanz.

**Fesselballon,** ein mit einem Tau an der Erdoberfläche verankerter ↗Ballon.

**Fesselung,** die Einschränkung der Bewegungsfreiheit eines ↗*Kreisels.* Ein Kreisel mit ↗kardanischer Aufhängung kann sich frei bewegen und ist somit nicht gefesselt. Wenn der äußere Kardanrahmen dem Kreisel eine Bewegung um die Senkrechte ermöglicht, so kann man durch Verbinden des inneren mit dem äußeren Kardanrahmen durch zwei Federn erreichen, daß die Kreiselachse nach einer Auslenkung unter dem Einfluß der Reibung in den Lagern immer wieder in die Horizontalebene einschwenkt (Fesselung an die Horizontale). Man erhält damit einen einfachen ↗*Kreiselkompaß.*

Auf mikroskopischer Ebene ist die Fesselung eines magnetischen Dipols durch ein Magnetfeld die Grundlage der ↗*Kernspinresonanz.*

**Fessenden,** *Reginald Aubrey,* amerikanischer Elektroingenieur, *6.10.1866 East Bolton (Quebec), †22.7.1932 Bermudainseln; arbeitete unter anderem bei T.A. ↗*Edison*; mit ca. 500 Patenten ungewöhnlich vielseitiger und erfolgreicher Erfinder; entdeckte die Amplitudenmodulation von Radiowellen; konstruierte einen elektrodynamischen Detektor und ein elektrodynamisches Telefon; überbrückte 1907 mit einem zusammen mit E. Alexanderson konstruierten Hochfrequenzgenerator per drahtloser Telephonie eine Entfernung von 320km.

**Festelektrolyt,** ein elektrisch leitender Festkörper, bei dem die ↗*Ionenleitfähigkeit* $\sigma_i$ wesentlich größer ist als die elektronische Leitfähigkeit $\sigma_e$. Meist überwiegt dabei entweder der anionische ($\sigma_a$) oder der kationische ($\sigma_k$) Anteil der Ionenleitfähigkeit: $\sigma_a \gg \sigma_k$ oder $\sigma_k \gg \sigma_a$. Die elektrische Leitfähigkeit weist eine starke, meist exponentielle, Temperaturabhängigkeit auf (Abb. 1). Festelektrolyte können polykristalline ↗*Keramiken*, kristallin erstarrte Schmelzen, ↗*Gläser* und kristalline oder amorphe Filme sein (↗*dünne Schichten*). Beispiele sind *Silberionen-Leiter* wie α-Silberiodid (Abb. 2) oder *Oxidionen-Leiter* (Mischphasen aus Übergangs-, Seltenerd- und Erdalkalioxiden). Anwendungen finden sich vor allem bei der elektrochemischen Stromerzeugung, z.B. benutzen *Hochtemperatur-Brennstoffzellen* stabilisiertes $ZrO_2$ als Festelektrolyt

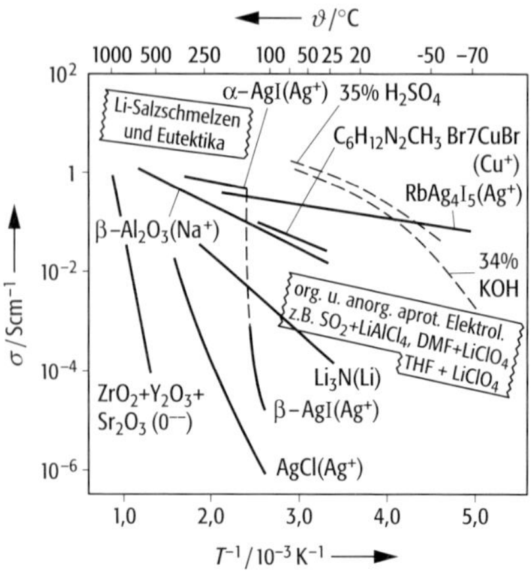


**Festelektrolyt 1:** Temperaturabhängigkeit der elektrischen Leitfähigkeit für verschiedene Festelektrolyte.

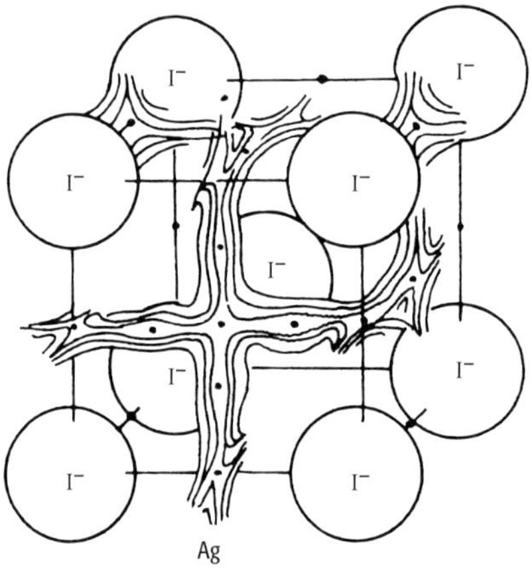


**Festelektrolyt 2:** Kristallgitter des Festelektrolyten α-Silberiodid.

(↗*Brennstoffzellen*) und bei der ↗*Elektrolyse*, z.B. $CO_2$-Elektrolyse bei der Atemgasregeneration in U-Booten und Raumschiffen. Weiterhin werden Festelektrolyte als Analyse- und Meßgeräte in vielen Bereichen der Elektro- und physikalischen Chemie eingesetzt, insbesondere zur ↗*Potentiometrie* und in *ionenselektiven Elektroden.*

**festes Helium,** feste Hochdruckphase ($p > 2{,}5 \cdot 10^5$ Pa) von $^3$He und $^4$He (bei Normaldruck wird Helium auch am absoluten Nullpunkt nicht flüssig). Festes Helium ist der weichste bekannte Festkörper, schon bei geringsten Druckschwankungen verändern sich die Atomabstände und damit die physikalischen Eigenschaften. (↗*Edelgase*)

**Festfrequenzlaser,** ein Laser, der auf einer oder mehreren Spektrallinien emittieren kann, dessen Emissionsfrequenz sich aber nicht kontinuierlich verändern oder in einem begrenzten Spektralbereich beliebig einstellen läßt.
Im Gegensatz zum ↗*durchstimmbaren Laser* beschränkt sich die Emission des Festfrequenzlasers auf die festen Frequenzen der einzelnen Spektrallinien. Um eine gleichzeitige Emission auf mehreren Linien (↗*Resonatormode*) zu vermeiden, benutzt man einen *Laserresonator* (↗*Resonatoren, optische*), dessen Verstärkungsprofil es zuläßt, alle anderen Moden außer der gewünschten zu unterdrükken. Durch eine geeignete Anpassung des Resonators wird so eine der möglichen Linien ausgewählt.
Die Vorteile der Festfrequenzlaser gegenüber den durchstimmbaren Lasern sind neben meist geringeren Anschaffungskosten die leichtere Handhabung, höhere Leistung, eine einfachere ↗*Frequenzstabilisierung* und geringere ↗*Linienbreiten* bei gleichem Aufwand. Typische Festfrequenzlaser sind ↗*Gaslaser* wie z.B. der ↗*Helium-Neon-Laser* oder der ↗*Argon-Ionenlaser*, aber auch viele ↗*Festkörperlaser*, z.B. der ↗*Rubin-Laser*. Ihr großer Nachteil liegt darin, daß der nicht zugängliche Teil des Spektrums sehr groß ist und daß viele »interessante« Frequenzen (z.B. für den Nachweis bestimmter Stoffe) überhaupt nicht zur Verfügung stehen.
Die primären Einsatzbereiche von Festfrequenzlasern liegen heute vor allem noch dort, wo große Leistungen (z.B. als ↗*Pumplaser*, in der ↗*Laserablation* oder in der technischen Anwendung als Schneidwerkzeug) oder schmale Emissions-Linienbreiten ohne Frequenzdurchstimmung benötigt werden. In der ↗*Laserspektroskopie* lassen sie sich nur mit entsprechenden Tricks einsetzen: Unter Ausnutzung des ↗*Doppler-Effekts* kann man z.B. die Energie, die ein Teilchen bei der Absorption eines Laserphotons aufnimmt, ohne Veränderung der Emissionsfrequenz variieren, indem man die Geschwindigkeit der zu untersuchenden Teilchen verändert. Diese Methode wird insbesondere in der *Atomstrahlspektroskopie* genutzt.

**Festigkeit,** die mechanische Beanspruchungsgrenze eines Materials. Je nach Beanspruchung unterscheidet man verschiedene Festigkeiten, z.B. ↗Dauerfestigkeit, ↗Druckfestigkeit, ↗Zugfestigkeit, elektrische Festigkeit (↗Durchschlagfestigkeit).

**Festkegel,** *Rastpolkegel, Spurkegel, Herpolhodiekegel*, ↗Gangpolkegel.

**Festkörper,** ein Körper im festen ↗*Aggregatzustand*, der dadurch gekennzeichnet ist, daß die einzelnen Moleküle durch Bindungskräfte in bestimmten Lagen gehalten werden. Dadurch ist bei einem Festkörper – im Gegensatz zu einer ↗*Flüssigkeit* – eine hohe Formänderungsarbeit erforderlich, um seine Form zu ändern. Sind die atomaren bzw. molekularen Bestandteile eines Festkörpers in einer regelmäßigen Gitterstruktur angeordnet (↗*Kristall*), spricht man von einem *idealen Festkörper*; der *reale Festkörper* unterscheidet sich von ihm durch *Gitterfehlstellen* und *Gitterschwingungen*. Vom Festkörper zu unterscheiden ist der ↗*starre Körper* in der Mechanik (↗*Festkörperphysik*).

**Festkörper, deformierbarer,** realer Körper mit ↗*Formänderungsfähigkeit.*

**Festkörperecho,** durch eine Folge von zwei senkrecht zueinander orientierten 90°-Pulsen erzeugtes Echo in der Puls-NMR (↗*NMR*), bei dem der Einfluß der gegenseitigen magnetischen Dipol-Dipol-Wechselwirkung der Kerne in einem Festkörper refokussiert wird.

**Festkörperlaser,** Laser mit einem laseraktiven Medium im festen Aggregatzustand (Kristall oder Glas). Hierbei handelt es sich meist um kleine Quader oder Zylinder mit Abmessungen im Millimeter- bis Zentimeterbereich, die mit Ionen der Übergangsmetalle oder Seltenerdmetalle dotiert sind (Abb.). Die *Laserübergänge* finden bei den dotierten Ionen zwischen den inneren, ungefüllten Elektronenschalen statt. Deren Energieniveaus werden durch den Einbau in die Struktur des *Wirtskristalls* nur unwesentlich beeinflußt. Obwohl die Dotierung meist nur weniger als ein Gewichtsprozent beträgt, ist die Dichte der laseraktiven Fremdionen mit einer Größenodnung von $10^{19}cm^{-3}$ deutlich höher als beispielsweise bei ↗*Gaslasern*, wo sie maximal etwa bei $10^{17}cm^{-3}$ liegt. Um die ↗*Besetzungsinversion* herzustellen, werden Festkörperlaser meist mit ↗*Blitzlampen*, *Bogenlampen* und neuerdings auch mit ↗*Diodenlasern* gepumpt.

Mit Festkörperlasern lassen sich aufgrund der im allgemeinen guten optischen Eigenschaften der Kristalle und Gläser und deren hohen Zerstörschwellen Laser großer Leistung realisieren. Sie finden deshalb häufig Verwendung zur ↗*Materialbearbeitung*, als Pumplaser und bei allen anderen Anwendungen, wo eine große Lichtintensität benötigt wird. Die wichtigsten Festkörperlaser mit Festfrequenz sind der ↗*Rubin-Laser* und der ↗*Neodym-Laser*.

*Abstimmbare Festkörperlaser* haben vibronisch verbreiterte Laserübergänge, die breite Abstimmbereiche von mehreren hundert Nanometern ermöglichen. Die Spektren der in Kristalle eingebauten Ionen weisen sowohl schmale, rein elektronische Übergänge auf, die *Nullphononenlinien* genannt werden, weil sie nicht durch Wechselwirkung mit ↗*Phononen* verbreitert sind, als auch *vibronische*, d.h. durch Wechselwirkung mit Phononen verbreiterte Übergänge. Es treten jeweils zwei symmetrisch zur Nullphononenlinie liegende vibronische Seitenbänder auf, deren Lage temperaturabhängig ist. Durch Elemente zur ↗*Wellenlängenselektion* lassen sich so abstimmbare Laser realisieren. Entscheidend für die Verwendbarkeit eines Materials in einem abstimmbaren Festkörperlaser ist die Stärke der Wechselwirkung zwischen den dotierten Ionen und dem Wirtskristallgitter; sie ist bei den Ionen der Übergangsmetalle (3d-Schale) stärker als bei denen der seltenen Erden (4f-Schale), da die 4f-Schale durch die 5s- und 5d-Elektronen stärker abgeschirmt wird.

Ein weitverbreiteter Festkörperlaser ist der ↗*Alexandrit-Laser*. Der ↗*Titan-Saphir-Laser* bietet einen besonders großen Abstimmbereich, andere wichtige Laser sind der *Emerald-Laser* und die verschiedenen ↗*Chrom-Laser*, ebenfalls erwähnt seien der ↗*Lanthan-Beryllat-Laser* und der ↗*Forsterit-Laser*. Abstimmbare Festkörperlaser können in allen Anwendungsbereichen der ↗*Farbstofflaser* eingesetzt werden, zusätzlich haben sie meist höhere Energiespeicherkapazitäten, höhere Durchschnittsleistungen, bessere Wirkungsgrade und im Gegensatz zu den meisten Farbstofflasern eine höhere Lebensdauer. [RS2, SW]

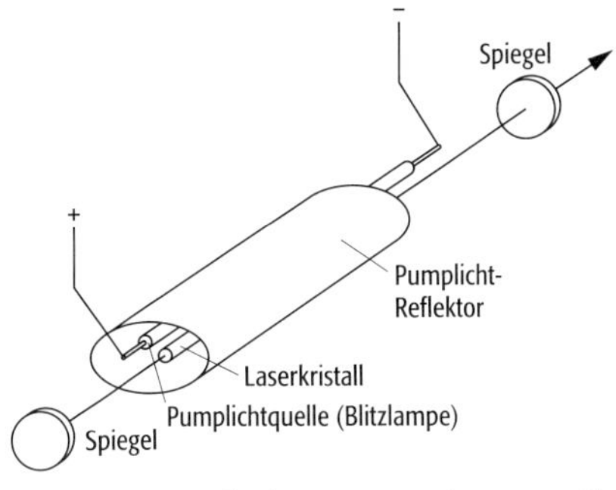


**Festkörperlaser:** Schematischer Aufbau.

**Festkörper-NMR,** die ↗*NMR-Spektroskopie* in kristallinen und amorphen Festkörpern.

**Festkörperphysik,** Zweig der Physik, der einerseits im Rahmen der makroskopischen, phänomenologischen Betrachtungsweise das mit ihrem im allgemeinen kristallinen Aufbau verbundene anisotrope Verhalten der Festkörper erforscht und andererseits vor allem umfassend den mikroskopischen Aufbau dieser Stoffe untersucht und zur möglichst quantitativen Erklärung ihrer Eigenschaften heranzieht. Typisch für den ersten Aspekt sind die klassische ↗Kristallographie und die ↗Kristalloptik, während der zweite Aspekt die gesamte modernere Festkörperphysik umfaßt. Die *kristalline Struktur*, d.h. die Existenz einer Fernordnung im atomaren Aufbau, ist das typische Merkmal der Festkörper im engeren Sinne, das sie von den Flüssigkeiten unterscheidet. *Amorphe, glasartige Stoffe* nehmen eine Sonderstellung ein, sie können sich – außer durch die stark behinderte Beweglichkeit der atomaren Bausteine – von den eigentlichen Flüssigkeiten, in denen lediglich eine statistische Nahordnung bei starken Fluktuationen existiert, durch einen streng geordneten Aufbau in Mikrobereichen unterscheiden und dennoch keinerlei Fernordnung zeigen. Sie sind theoretisch sehr viel weniger verstanden als die kristallinen Festkörper. (↗*amorphe Festkörper*, ↗*Glas*).

Die Festkörperphysik als typische *Querschnittsdisziplin* benutzt experimentelle und theoretische Methoden aus fast allen Gebieten der Physik. Die Streuung von Röntgenstrahlen, Neutronen oder auch Elektronen dient zur ↗Kristallstrukturanalyse und vor allem im Falle der ↗Neutronenstreuung zur Untersuchung der ↗Gitterschwingungen und magnetischen Anregungen (↗Spinwellen). Optische Untersuchungen des emittierten oder reflektierten Lichts und sehr diffizile Resonanzeffekte bei anliegendem Magnetfeld liefern wichtige Ergebnisse über die Elektronenzustände im Festkörper. Aus der Untersuchung von Transportvorgängen, insbesondere der elektrischen Leitfähigkeit und des Hall-Effekts, gewinnt man Aufschlüsse über die Natur, Konzentration und Beweglichkeit der Ladungsträger, ihre Wechselwirkung mit Gitterfehlern und Gitterschwingungen. Aus Untersuchungen der ↗Wärmeleitfähigkeit folgen Aussagen über die gegenseitige Beeinflussung von Gitterschwingungen. Die ↗Diffusion in Festkörpern liefert Informationen über Gitterfehler. Die hochentwickelten Methoden der ↗magnetischen Spinresonanz liefern genaue Angaben über die elektrischen und magnetischen Mikrofelder im Festkörper. Spezielle Verfahren sind für die Untersuchung von Oberflächen- und Grenzflächeneffekten bei dünnen Schichten entwickelt worden.

Eine Einteilung der Festkörper ist nach verschiedenen Gesichtspunkten möglich:

1) rein *geometrisch* nach der Kristallsymmetrie;

2) nach der *Art der Gitterbausteine* (Ionen, Atome, Moleküle) und den sie vorrangig zusammenhaltenden Bindungskräften der Kristallbindung;

3) nach ihrer *Zusammensetzung* in Elemente und Legierungen;

4) nach der Größe ihrer *elektrischen Leitfähigkeit* oder genauer nach der Lage ihrer Fermi-Fläche in Isolatoren oder Dielektrika, Halbleiter und Metalle;

5) nach ihrem *magnetischen Verhalten* in solche ohne magnetische Ordnung, deren Dia- oder Paramagnetismus durch den Magnetismus der isolierten atomaren Bausteine und das magnetische Verhalten der Leitungselektronen in Metallen vollständig erklärt wird, und solche mit magnetischer Ordnung, also die (anti-) ferro- bzw. ferrimagnetischen Substanzen;

6) nach *weiteren besonderen Merkmalen,* z.B. Ferroelektrizität oder Supraleitfähigkeit.

Wichtiges Kennzeichen der Struktur eines festen Körpers sind die als ↗*Gitterfehler* bezeichneten Abweichungen vom streng kristallinen Aufbau. Sie sind z.B. ohne Bedeutung für das thermische, aber entscheidend oder mitbestimmend für das mechanische, elektrische, chemische oder optische Verhalten, beispielsweise für das plastische Verhalten, für die Ionenleitlähigkeit und die Leitungsvorgänge in Halbleitern, für Lumineszenzprozesse, für chemische Festkörperreaktionen u.a.m. Dementsprechend unterscheidet man zwischen strukturempfindlichen und -unempfindlichen Eigenschaften.

Ein Festkörper stellt ein äußerst kompliziertes System dar, zu dessen theoretischer Analyse gerade die reguläre Anordnung der atomaren Bausteine im Kristallgitter einen geeigneten Ausgangspunkt liefert. Als Teilprobleme lassen sich abspalten: die Untersuchung der Gitterschwingungen, der elektronischen Struktur, d.h. vor allem der Bandstruktur, die Wechselwirkung atomarer magnetischer Momente, die gegenseitige Wechselwirkung von Gitterschwingungen (Phononen), Elektronen, gegebenenfalls weiteren Elementaranregungen und Gitterfehlern. Die Festkörperphysik hat bedeutende Grundlagenerkenntnisse für die technische Nutzung geliefert, insbesondere für die gesamte Werkstofforschung und die ↗*Elektronik.*

**Festkörperspurdetektor,** aus *organischen Folien,* z.B. Zellulosenitrat, aufgebauter Detektor, in dem schnelle Teilchen Bahnspuren hinterlassen. Nach Behandlung des Materials mit geeigneten Ätzmitteln können die Spuren unter dem Mikroskop ausgewertet werden. Die Änderung des Spurdurchmessers entlang der Spur und die Spurrichtung geben Aufschluß über die Teilchenart, Energie und Einschußrichtung des Primärteilchens. Vorteile der Folien gegenüber z.B. ↗*Halbleiterdetektoren* sind deren Unempfindlichkeit für $\gamma$-Strahlung sowie eine geringe Energieschwelle, die einen Nachweis niederenergetischer Teilchen möglich macht.

**Feststoffraketen,** Raketen mit einem ↗*Feststofftriebwerk,* die in der Raumfahrt meist als Ergänzung zu den herkömmlichen ↗*Flüssigkeitstriebwerken* eingesetzt werden.

**Feststofftriebwerk,** Triebwerk mit einem festen, pulver- oder pastenförmigen Treibstoff zum Antrieb von Raketen. Der Aufbau ist meist sehr einfach. Sie bestehen aus einer meist zylindrischen *Brennkammer,* in der sich der gesamte Treibstoffvorrat meist in Form parallel angeordneter, stab- oder röhrenförmiger Treibsätze befindet. Er wird dort gezündet und auch verbrannt. Jahrzehntelang war es unmöglich, den ↗*Abbrand* eines einmal gezündeten Feststofftriebwerks zu kontrollieren. Durch eine entsprechende Formgebung des Treibstoffblocks gelingt es heute jedoch, den Verlauf der Schubkraft während der *Brennzeit* individuell einzustellen.

Mit modernen Feststoffraketen kann heute also ein exakter Brennschluß-Zeitpunkt eingehalten werden, sogar die Wiederzündung des Triebwerks durch Einspritzen selbstzündender Substanzen ist möglich. Allerdings sind Feststofftriebwerke aufgrund ihres festliegenden Schubverlaufs, den relativ kurzen Brennzeiten, ihres geringeren spezifischen Impulses sowie den höheren Treibstoffkosten gegenüber Flüssigkeitstriebwerken prinzipiell im Nachteil. Aufgrund ihrer relativ einfachen Beschaffenheit, der unkomplizierteren Handhabung sowie ihrer ständigen Einsatzbereitschaft werden sie dennoch in bestimmten Bereichen eingesetzt, z.B. als Starthilfen im Bereich der Luftfahrt und v.a. in Höhenforschungsraketen, in militärischen Anwendungen, in Raketenoberstufen sowie in Startstufen (sog. *Booster*) moderner Flüssigkeits-Trägerraketen.

**Festwertspeicher,** *Nurlesespeicher, ROM, read only memory,* Speichermedium mit unveränderlichem Dateninhalt. Unterschieden werden kann zwischen Halbleiterspeichern und anderen Formen wie z.B. *CD-ROM* (↗*Compact Disk*), Lochstreifen (Lochkarte) und holographischen Speichermedien. Physikalisch ist ein Halbleiter-ROM aus einzelnen Speicherzellen aufgebaut, die in einer oder mehreren Speichermatrizen angeordnet sind. Die Speicherzellen bestehen aus Halbleiterbauelementen, welche entsprechend der Programmierung unveränderlich in der Speichermatrix eingebaut sind. Jedes Computersystem besitzt mindestens ein ROM, in dem sich für den Systemstart die notwendige ↗*Bootsoftware* befindet; komplexere Systeme haben oft auch einen umfangreichen Teil des Betriebsystems im ROM gespeichert (↗*Firmware*).

**FET** ↗Feldeffekttransistor.

**Fette,** *Triacylglyceride*, Stoffe, in denen drei ↗*Fettsäuren* mit einem Glycerinmolekül verestert sind. Pflanzliche Fette enthalten Fettsäuren mit gerader Kohlenstoffzahl, bei tierischen Zellen kommen auch Fettsäuren mit ungerader Kohlenstoffzahl vor. Der Schmelzpunkt von Fetten mit hohem Anteil an Doppelbindungen liegt unterhalb der Raumtemperatur, so daß diese als »Öle« vorliegen. Zur Verwendung in der Lebensmittelindustrie werden pflanzliche Öle durch Hydrierung der Doppelbindungen »gehärtet«. Fette sind hydrophobe, wasserunlösliche Moleküle, die als hochkonzentrierte Speichermoleküle für die Stoffwechselenergie Bedeutung haben. Die Kohlenwasserstoffketten der Fettsäuren liegen in reduzierter Form vor und liefern bei vollständiger Oxidation ca. 38kJ/g. Die Fette werden in den Fettzellen von Säugetieren und in den Pflanzensamen aufgrund ihres unpolaren Charakters in wasserfreier Form (d.h. ohne Hydratwasser) gespeichert, so daß höhere Energiemengen bei geringerem Gewicht gespeichert werden als z.B. beim Glykogen.

**Fetten,** die ↗*Schmierung* mit Schmierfetten. Diese sind (in Unterscheidung von ↗*Fetten* im Sinne der Chemie) ↗*Gele* aus Ölen (dem eigentlichen Schmiermittel) in einem Gerüst von Alkali- oder Erdalkalisalzkristalliten diverser Fettsäuren (Gerüststoff oder sog. Verdikkungsmittel). Dazu kommen Zusatzstoffe, z.B. als Korrosionsschutz.

Der wichtigste physikalische Parameter beim Fetten ist die hohe Viskosität bzw. Plastizität des Schmiermittels. Sie bewirkt eine Abdichtung des Lagers gegen Schmiermittelverlust nach außen und Feuchtigkeit und Schmutz von außen, außerdem stellt sie sicher, daß auch bei langsamen Bewegungen und bei hohen Drücken auf die Lagerflächen (»Flächenpressung«) ein Schmiermittelfilm erhalten bleibt.

**Fettfleckphotometer,** ein ↗*Photometer* zum Vergleich der Beleuchtungsstärke zweier Lichtquellen. Dabei ist ein Fettfleck (z.B. Stearintropfen) im Strahlengang zweier sich gegenüberliegender Lampen, von denen eine eine bekannte *Normbeleuchtungsstärke* $E_n$ habe, angebracht. Durch ein Spiegelsystem kann das von beiden Lampen ausgehende Licht an einem Beobachtungsschirm gleichzeitig beobachtet werden. Stimmt die Beleuchtungsstärke der zu überprüfenden Lampe mit $E_n$ überein, so verschwindet am Schirm das Bild des Fettflecks, wodurch ein recht empfindlicher Abgleich erreicht werden kann. Präzisere Bestimmungen erlaubt z.B. ein *Photometerwürfel*.

**Fettsäuren,** biologische Makromoleküle, die eine lange Kohlenwasserstoffkette und eine endständige Carboxylgruppe enthalten. Der Schmelzpunkt von Fettsäuren nimmt mit zunehmender Anzahl von Doppelbindungen ab (z.B. Stearinsäure 342,9K, Ölsäure 286,7K), während gleichzeitig die Fluidität zunimmt. Gesättigte Fettsäuren können hoch geordnete, fast kristalline Anordnungen bilden, wobei die Atome einer Kohlenwasserstoffkette über die gesamte Länge Van-der-Waals-Wechselwirkungen mit den Atomen der benachbarten Kette eingehen. Die physiologischen Aufgaben der Fettsäuren liegen u.a. in der Strukturbildung, d.h. sie sind Bestandteil von Zellmembranen (*Phospholipide*), in der Speicherung als Brennstoffmoleküle (*Fette*) und in der Wirkung als hormonähnliche Botenstoffe (*Eicosanoide*, *Steroide*, *Terpene*).

**Feuchtlabilität,** *feuchtlabile Schichtung*, ↗atmosphärische Schichtung, ↗Temperaturgradient, ↗Luftfeuchtigkeit, ↗Kondensationswärme.

**Feuerball,** *Bolide*, Bezeichnung für ↗*Meteore*, die heller sind als die Planeten. Beim Eindringen in die Erdatmosphäre werden die meist nur einige Zentimeter großen Meteore erhitzt, ihre äußeren Bereiche schmelzen, und aufgrund thermischer Spannungen können sie in mehrere Bruchstücke zerbrechen. Bei größeren Meteoren erreichen diese als *Meteorite* den Erdboden.

**FEVI,** *Fourier Encoding Velocity Imaging*, Sequenz in der ↗*NMR-Bildgebung*, bei der durch Aufnahmen von Bildern unter der Wirkung unterschiedlich starker dipolarer Gradienten und eine anschließende weitere Fourier-Transformation ein quantitatives Bild der Geschwindigkeitsverteilung in der Probe gewonnen wird.

**Feynman,** *Richard Phillips*, geb. 11.5.1918 in Far Rockaway (Queens), New York; gest. 15.2.1988 in Los Angeles, Kalifornien. Feynman studierte am Massachusetts Institute of Technology (1935–39 bei John Siater und Philip Morse) und an der Princeton University (1939–42, Ph.D. 1942 bei John A.Wheeler), kam dann nach Los Alamos (1943–46 Gruppenleiter in Hans Bethes Theorieabteilung des Manhattan-Projektes). 1946 holte Bethe ihn als Associate Professor an die Cornell University, Ithaca (N.Y), 1950 wechselte er als Professor ans California Institute of Technology. 1965 erhielt er zusammen mit J. ↗*Schwinger* und S.-I. ↗*Tomonaga* den Nobelpreis für Physik.

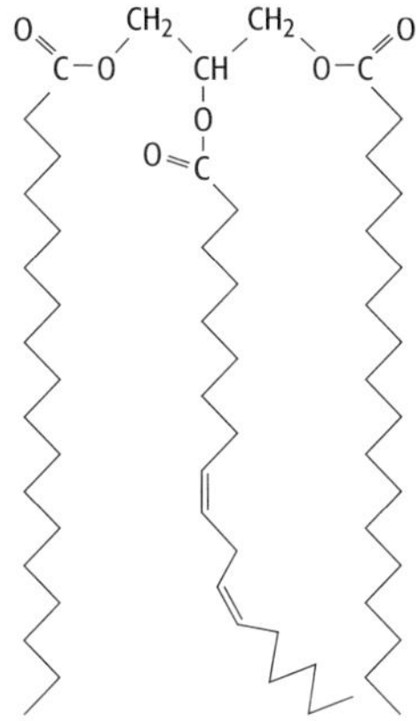

**Fette:** Struktur eines Triacylglycerins. Das Glycerin (1,2,3-Propantriol) ist mit drei langkettigen Fettsäuren verestert.

**Feynmann,** *Richard*

**Literatur über Feynman:**

J. Gleick: *Genius, The Life and Science of Richard Feynman*, New York 1992 (dt.: *Richard Feynman*, München 1993);
J. Mehra: *The Beat of a Different Drum*, Oxford 1994;
J.S. Schweber: *QED and the Men Who Made It*, Princeton 1994;
L. Brown: *R.P. Feynman und J.S. Schwinger*. In K.v. Meÿenn: *Die großen Physiker*, München 1997, S.388–408;
R. Feynman und R. Leighton: *Sie belieben wohl zu scherzen, Mr. Feynman?*, München 1996.

**Bücher von Feynman:**

*Quantenelektrodynamik*, Mannheim-Zürich 1961;
*The Feynman Lectures* (Hrsg. R.P. Leighton und M. Sands), Reading (Mass.) 1963-65; dt.: *Vorlesungen über Physik* (3 Bd.), München 1991–92;
*Quantum Mechanics and Path Integrals* (mit A.R.Hibbs), Reading (Mass.) 1965;
*Vom Wesen physikalischer Gesetze*, München 1990.

Das wissenschaftliche Werk Feynmans erstreckte sich über 50 Jahre, wobei er die bedeutendsten Probleme der Quanten- und Elementarteilchentheorie seiner Zeit behandelte. Eine Leitidee seiner Master Thesis über Kräfte zwischen Molekülen (1939) bestimmte die frühen Arbeiten: Statt der damals üblichen Feldauffassung der Kräfte stellte Feynman das Teilchenbild in den Mittelpunkt, etwa in der Dissertation über das Prinzip der kleinsten Wirkung und der anschließenden Publikation mit Wheeler über die Wechselwirkungen zwischen geladenen Teilchen (1945). »Feldfreie« Teilchen bilden auch die Grundlage der entscheidenden Untersuchungen zur Quantenmechanik und Quantenelektrodynamik zwischen 1945 und 1950, in denen er die »Raum-Zeit-Wege« der Elementarteilchen (die sog. ↗*Feynman-Diagramme*) einführte. Mit ihrer Hilfe schuf er nicht nur eine neue Gestalt der Quantenmechanik (neben Matrizen- und Wellenmechanik), sondern auch eine ebenso begrifflich wie praktisch wirksame Form der sog. renormierten Quantenelektrodynamik (QED). Freeman Dyson bewies deren Äquivalenz mit den gleichzeitig von Julian Schwinger und Shin-Ichiro Tomonaga entworfenen relativistischen Quantenfeldtheorien der elektrischen und magnetischen Kräfte. Diese QED wurde, vor allem in der Feynmanschen Gestalt, das Vorbild aller späteren Elementarteilchentheorien bis hin zum heutigen ↗*Standardmodell*, zu dem Feynman zwei weitere Grundlagen beisteuerte: die mit Murray Gell-Mann (unabhängig von George Sudarshan und Robert Marshak) vorgeschlagene »Vektor-minus-Axialvektor«-Theorie der schwachen Kernkräfte (1958) und das sog. Partonenmodell der Hadronen (1968), das er aus der Skalierungseigenschaft der hochenergetischen Elektron-Protonstreuung herauslas, ein Meilenstein auf dem Weg zur Quantenchromodynamik. Auch zur Quantentheorie kondensierter Phänomene (etwa Suprafluidität) leistete er wertvolle Beiträge.

Feynman gehört zu den größten Naturwissenschaftlern der Periode nach dem Zweiten Weltkrieg, an Originalität war er vielleicht der herausragendste Verteter seiner Generation. Der brillante und äußerst publikumswirksame Lehrer (»Feynman Lectures« über alle Gebiete der Physik mit Experimenten) übernahm auch einige wenige öffentliche Positionen, von denen die Mitarbeit bei der Untersuchung der Challenger-Katastrophe 1986 großes Aufsehen erregte. Seine Bücher zählen zu den Klassikern der Physik. [HR2]

**Feynman-Diagramm,** *Feynman-Graph*, wichtiges Werkzeug der ↗*Quantenfeldtheorie*, das es ermöglicht, alle Terme der störungstheoretischen Entwicklung der S-Matrix zu konstruieren und zu berechnen. Dazu wird aus den beiden Termen nullter und erster Ordnung der Störungsreihe ein Katalog sog. ↗*Feynman-Regeln* zusammengestellt, der sowohl die Konstruktionsvorschrift für die Diagramme höherer Ordnung enthält als auch die Rechenvorschrift für die Amplitude des entsprechenden Wechselwirkungsprozesses. Hat man also diesen Regelkatalog einmal für eine bestimmte Wechselwirkung abgeleitet, läßt sich in jeder Ordnung das vollständige Set der zu berechnenden Beiträge zu einem bestimmten Prozess angeben, ohne jedesmal die gesamte Quantisierungsprozedur und die Störungsentwicklung durchführen zu müssen.

Feynman-Diagramme stellen die Wechselwirkungen von Elementarteilchen in einem Koordinatensystem mit Zeit und Ort dar. Dabei treten drei Bestandteile auf: 1) Ein- und auslaufende reelle Teilchen, 2) innere virtuelle Teilchen, z.B. ausgetauschte Eichbosonen, denen *Propagatoren* zugeordnet werden, und 3) Schnittpunkte von Linien (*Vertizes*), die die Kopplungspunkte der beteiligten Teilchen repräsentieren. Die Anzahl der Vertizes eines Diagramms repräsentiert seine entsprechende störungstheoretische Ordnung. Strahlungskorrekturen, also Beiträge höherer Ordnung der Störungsreihe, werden in Feynman-Diagrammen durch Schleifen (engl. *loops*) dargestellt, über deren umlaufenden Impuls integriert werden muß.

Unter allen möglichen Feynman-Diagrammen sind die Ein-Teilchen-irreduziblen (engl. *one-particle irreducible*, abgekürzt 1PI) Feynman-Diagramme besonders ausgezeichnet. Bei ihnen ist es nicht möglich, den Graphen durch das Durchschneiden *einer* inneren Linie in zwei Teile zu zerlegen. Die Beiträge dieser Diagramme zu den Fermion- und Eichbosonpropagatoren werden *Selbstenergien* genannt. Es läßt sich zeigen, daß die vollen Propagatoren inklusive aller Strahlungskorrekturen durch Selbstenergien iterativ konstruiert werden können.

Die Diagrammtechnik wurde von R. ↗*Feynman* ursprünglich in der ↗*Quantenelektrodynamik* (QED), der einfachsten Quantenfeldtheorie des ↗*Standardmodells*, benutzt. In der niedrigsten Ordnung der Störungsentwicklung tritt in der QED nur der elementare Elektron-Photon-Vertex auf (Abb. a). Zu den Diagrammen zweiter Ordnung zählen neben den Streudiagrammen (Abb. b, c, d) die Selbstenergien mit einer Schleife (Abb. e). Ihre Berechnung führt auf divergente Ausdrücke, die durch eine ↗*Renormierung* der in die Diagramme eingehenden Parameter (Massen, Kopplungskonstanten) endlich gemacht werden können.

Starke und schwache Wechselwirkung erzeugen eine Vielzahl weiterer Feynman-Diagramme. Die nichtabelsche Struktur der entsprechenden Theorien ermöglicht dabei auch Kopplungen der Eichbosonen untereinander. Die Konstruktions- und Berechnungsprinzipien der Diagramme bleiben aber im wesentlichen unverändert. [UK]

**Feynman-Eichung[n],** *'t-Hooft-Feynman-Eichung*, eine mögliche Fixierung der Eichung, die zur Quantisierung von nicht-abelschen ↗*Eichtheorien* notwendig ist. ↗*Eichfixierungen* werden realisiert, indem man zur Lagrange-Dichte den Term $-\frac{1}{2\alpha}(\partial_\mu A^\mu)^2$ addiert, wobei $A_\mu$ für das entsprechende Eichfeld steht. Die aus der Lagrange-Dichte abgeleiteten Propagatoren der Eichfelder sind dann Funktionen von $\alpha$; beispielsweise lautet der W-Boson-Propagator der elektroschwachen Eichtheorie

$$\frac{\mathrm{i}}{q^2 - M_\mathrm{W}^2 + \mathrm{i}\varepsilon}\left[-g_{\mu\nu} + \frac{q_\mu q_\nu(1-\alpha)}{q^2 - \alpha M_\mathrm{W}^2}\right].$$

Im Falle der Feynman-Eichung wählt man nun $\alpha = 1$. Der Vorteil liegt im günstigen Verhalten des W-Propagators bei hohen Energien, da dann der Term $q_\nu q_\mu / M_\mathrm{W}{}^2$ verschwindet, was die Berechnung von Strahlungskorrekturen höherer Ordnung erleichtert. Als Preis hat man dann allerdings das Auftreten unphysikalischer Felder zu bezahlen, die als Folge der spontanen Symmetriebrechung in der Lagrange-Dichte generiert werden und sich für $\alpha = 1$ nicht wegheben.

**Feynman-Graphen** ↗Feynman-Diagramm.

**Feynman-Integrale[n],** Integrale zur Berechnung von Strahlungskorrekturen bei der Auswertung von ↗*Feynman-Diagrammen*; sie sind über die *inneren Schleifenimpulse* dieser Diagramme auszuführen und sind in vielen Fällen divergent, z.B. durch singuläres Verhalten, wenn der Schleifenimpuls sehr groß wird. Beispiel: zum Photonpropagator in der ↗*Quantenelektrodynamik* trägt in niedrigster Störungsordnung eine Elektronschleife, die sog. *Selbstenergie*, bei (Abb.). Sie führt auf das Integral

$$\int \frac{d^4 p}{(2\pi)^4}\, Tr\left[\gamma^\alpha \frac{\mathrm{i}}{\not p - m + \mathrm{i}\eta}\gamma^\beta \frac{\mathrm{i}}{\not p - \not q - m + \mathrm{i}\eta}\right]$$

mit der Konvention $\not a = a_\mu \gamma^\mu$, wobei $p$ der Schleifenimpuls ist und die Terme innerhalb der eckigen Klammern von den beiden Elektronlinien und ihren Vertizes stammen. Die Photon-Selbstenergie ist auf den ersten Blick quadratisch, tatsächlich aber nur logarithmisch divergent, wie die Rechnung zeigt. Diese läßt sich, genau wie bei anderen divergenten Diagrammen, durchführen, wenn das Integral als vierdimensionaler Grenzfall einer in $d \neq 4$ Raumzeit-Dimensionen definierten Funktion betrachtet und somit *dimensiona regularisiert*

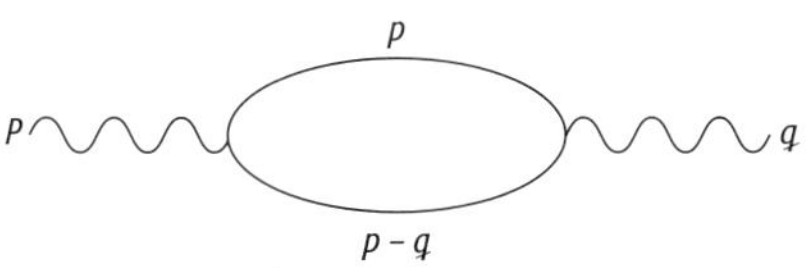


**Feynman-Integrale:** Selbstenergiediagramm des Photonpropagators, der die Divergenz des entsprechenden Feynman-Integrals bewirkt.

wird. Alle weiteren mathematischen Operationen wie die Summation über Lorentz-Indizes und die Berechnung des Integrals werden dann in $d$ Dimensionen ausgeführt. Die Resultate werden anschließend wieder in vier Dimensionen überführt und als Entwicklung in der Variablen $\varepsilon = 4 - d$ ausgedrückt. Die Divergenzen erscheinen nun als Pole in $\varepsilon$, z.B. $1/\varepsilon$ für die logarithmisch divergente Photon-Selbstenergie.

**Feynman-Regeln[n],** Satz von Vorschriften, mit denen ↗*Feynman-Diagramme* konstruiert und in exakte mathematische Ausdrücke übersetzt werden können. Sie werden aus der störungstheoretischen Behandlung der Lagrange-Dichte einer ↗*Quantenfeldtheorie* abgeleitet. Für die ↗*Quantenelektrodynamik*, der einfachsten Quantenfeldtheorie des ↗*Standardmodells*, ergeben sich folgende Feynman-Regeln (Tabelle auf der nächsten Seite):

1) Jeder *inneren Fermion-Linie* mit Impulses $p$ wird der Propagator

$$iS_\mathrm{F}(p) = \frac{\mathrm{i}}{\not p - m + \mathrm{i}\eta}$$

zugeordnet (mit der Konvention $\not a = a_\mu \gamma^\mu$).

2) Jeder *inneren Photon-Linie* wird der Propagator

$$\mathrm{i}D_\mathrm{F}(p)_{\mu\nu} = -\frac{\mathrm{i}g_{\mu\nu}}{p^2 + \mathrm{i}\eta}$$

zugeordnet.

3) Jeder Vertex wird durch den Faktor $-\mathrm{i}e\gamma_\mu$ ersetzt. An jedem Vertex gilt die Erhaltung des Viererimpulses: $p = p' + q$.

4) Zusätzlich erhält jede geschlossene Fermionschleife den Faktor $-1$. Über $\gamma$-Matrizen muß die Spur gebildet werden.

5) Für jede innere Schleife muß eine Integration über den umlaufenden Impuls ausgeführt werden:

$$\int \frac{d^4 q}{(2\pi)^4}.$$

6) Ein relativer Faktor $-1$ tritt bei Diagrammen auf, die sich nur durch den Austausch zweier identischer äußerer Fermionlinien unterscheiden.

7) Äußeren einlaufenden Elektron- und Positronlinien mit Impuls $p$ und Spinstellung $s$ werden die Faktoren $u(p, s)$ bzw. $\bar{v}(p, s)$ zugeordnet. Auslaufende Elektron- und Photonlinien erhalten die Faktoren $\bar{u}(p,s)$ bzw. $v(p,s)$. Elektron- und Positronlinien haben entgegengesetzte Richtung, der Impuls eines einlaufenden Positrons verläßt also das Diagramm.

Die ↗*Quantenchromodynamik* und die *elektroschwache Theorie* besitzen analoge Regeln, die aber wegen der komplizierteren und nichtabelschen Struktur der zugrunde liegenden Eichgruppen wesentlich umfangreicher sind.

**FFAG-Fokussierung,** *AG-Fokussierung*, die ↗Fokussierung von Teilchenstrahlen in einem Ringbeschleuniger durch ↗*Quadrupolmagnete* mit alternierend angeordneten Feldgradienten (fixed field alternating gradient). Auf eine zeitliche Modulation des Magnetfeldes wird verzichtet.

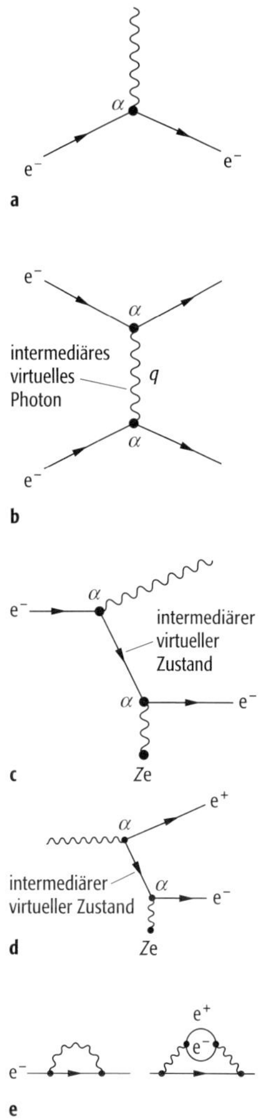


**Feynman-Diagramm:** a) Diagramm, das der niedrigsten Ordnung der Störungsentwicklung der QED entspricht; es tritt nur der elementare Elektron-Photon-Vertex auf. b), c), d) Streudiagramme zweiter Ordnung; e) Selbstenergiediagramme.

**Feynman-Regeln:** Elementare Konstruktionsprinzipien.

| Spin | Beschreibung | Graphische Darstellung | Multiplikationsfakor[1]) |
|---|---|---|---|
| Äußere Linien: | | | |
| 0 | Boson oder Antiboson | 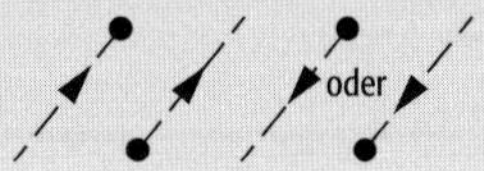 | 1 |
| 1/2 | Fermion:<br>einlaufend<br>auslaufend | 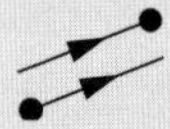 | $u(p)$<br>$\bar{u}(p)$ |
| | Antifermion:<br>einlaufend<br>auslaufend | 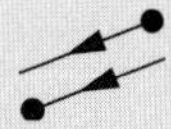 | $\bar{v}(p)$<br>$v(p)$ |
| 1 | Boson oder Antiboson<br>(inklusive Photon) | 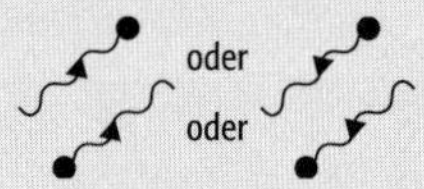 | $\varepsilon_\mu$<br>$\varepsilon^*_\mu$ |
| Innere Linien[2]): | | | |
| 0 | Boson |  | $-i/(k^2-m^2)$ |
| 1/2 | Fermion |  | $i\dfrac{-\gamma^\mu k_\mu + m}{k^2 - m^2}$ |
| 1 | massives Boson |  | $i\dfrac{-g_{\mu\nu} + k_\mu k_\nu / m^2}{k^2 - m^2}$ |
| 1 | Photon | 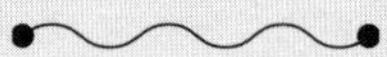 | $i(-g_{\mu\nu}/k^2)$ |
| Elektrodynamischer Vertex: | | | |
| 0–0 | | 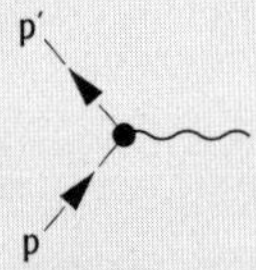 | $-ie(p+p')^\mu$ |
| 1/2–1/2 | | 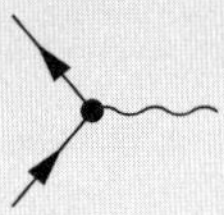 | $-ie\gamma^\mu$ |
| 1–1 | | 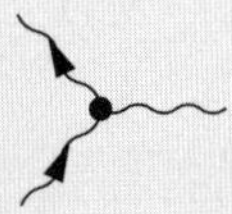 | $-ie[(p+p')^\mu g_{\alpha\beta}$<br>$-p'_\alpha g^\mu_\beta - p_\beta g^\mu_\alpha]$ |

[1] Dieser Faktor taucht in der Konstruktion des Matrixelements $-iM$ auf. $u(p)$ und $v(p)$ sind die Fermion- und die Antifermion-Spinoren, $\varepsilon_\mu$ ist der Polarisationsvektor des Spin-1-Bosons.
[2] In unitärer (massives Boson) bzw. Feynman-Eichung (Photon).

In der modernen Form der ↗*starken Fokussierung* wechseln im Magnetfeld des *Synchrotrons* nichtfokussierende Ablenkmagnete O – also *Dipol-Magnete* – mit jeweils in einer Richtung fokussierenden bzw. defokussierenden *Quadrupol-Magneten* F bzw. D ab, so daß der Beschleunigerring aus einer ungeraden Anzahl von Perioden vom Typ FODO zusammengesetzt ist. Ringbeschleuniger mit FFAG-Fokussierung sollten eine erhebliche Steigerung der Strahlintensität bringen, kamen aber nie über die Modellphase hinaus.

**Fibrillen** ↗Fackel.

**Fick,** *Adolf*, deutscher Mediziner, *3.11.1829 Kassel, †21.8.1901 Blankenberge (Belgien); ab 1862 Professor in Zürich, 1868–99 in Würzburg; zahlreiche Arbeiten über die physikalisch-mathematisch erfaßbaren Funktionen des menschlichen Körpers (u.a. Muskelphysiologie, physiologische Optik, Kreislaufphysiologie); gab 1855 mit den *Fickschen Gesetzen* eine quantitative Beschreibung der ↗*Diffusion.*

**Ficker,** *Heinrich* von, deutscher Meteorologe, *22.11.1881 München, †29.4.1957 Wien; Professor in Graz, seit 1923 in Berlin und Direktor des Preußischen Meteorologischen Instituts, 1937–53 in Wien und Direktor der dortigen Zentralanstalt für Meteorologie und Geodynamik, seit 1946 Präsident der Österreichischen Akademie der Wissenschaften in Wien; organisierte 1928 die deutsch-russische Altai-Pamir-Expedition; unternahm Forschungsreisen in den Kaukasus und nach West-Pamir sowie wissenschaftliche Ballonflüge in den Alpen; bedeutende Arbeiten zur synoptischen Meteorologie, zur Theorie der Front, des Föhns und zur Entstehung von Gewittern.

**Ficksche Diffusion** ↗Diffusion.

**Ficksche Gesetze** ↗Diffusion.

**FID,** *Free Induction Decay*, ↗Kernspinresonanz-Tomographie, ↗Pulssequenzen.

**Field-Cycling,** *Feldzyklus-NMR*, Verfahren zur Bestimmung der Zeit für die ↗*Spin-Gitter-Relaxation* in der NMR als Funktion der Resonanzfrequenz über einen mehrere Größenordnungen umspannenden Magnetfeldbereich. Durch konventionelle Messungen der ↗*NMR-Relaxation* bei konstanten Magnetfeldern kann die Relaxationszeitdispersion nur schlecht bestimmt werden, da NMR-Probenköpfe nur in relativ schmalen Frequenzbereichen befriedigende Gütefaktoren aufweisen und bei niedrigen ↗*Larmor-Frequenzen* nur ein sehr schlechtes Signal-Rausch-Verhältnis erzielt wird; außerdem ist das elektromagnetische Rauschen durch zivilisatorische Einflüsse (↗*Elektrosmog*) in diesen Frequenzbereichen besonders stark. Beide Probleme werden bei der Feldzyklus-Methode umgangen: Die Probe wird in einem relativ hohen Magnetfeld $B_0$ (»*Polarisationsfeld*«, üblicherweise ca. 1T) aufmagnetisiert. Ist das Gleichgewicht erreicht, wird das Feld sehr schnell (in einigen 100μs) auf den Wert $B_R$ geschaltet, bei dem die Relaxationszeit bestimmt werden soll (»*Relaxationsfeld*«). Zur Detektion der verbleibenden Magnetisierung nach einer Zeit $t$ wird das Feld wieder auf einen höheren Wert (»*Detektionsfeld*«) geschaltet. Dieser ist häufig, aber nicht zwingend, mit dem Polarisationsfeld identisch. Zur Messung der Relaxationszeit beim Feld $B_R$ wird dieses Experiment für verschiedene Werte von $t$ wiederholt. Die Relaxationszeit $T_1(B_R)$ ergibt sich dann durch exponentielle Regression über die bei der Detektion erhaltenen Signalamplituden.

Feldzyklus-Messungen haben sich bisher vor allem in Polymeren, porösen Medien, biologischen Systemen, Flüssigkristallen sowie in metallischen Systemen bewährt. Es wurde auch ein Feldzyklus-Spektrometer für Elektronenspins realisiert.

**Fierz-Transformation,** algebraische Umordnung der *Dirac-Felder* $u_i$ in Produkten vom Typ $(\bar{u}_1 \Gamma u_2)(\bar{u}_3 \Gamma' u_4)$. $\Gamma$ und $\Gamma'$ stehen für jeweils eine der 16 Dirac-Matrizen 1, $\gamma_\mu$, $\sigma_{\mu\nu} = (\mathrm{i}/2)[\gamma_\mu, \gamma_\nu]$, $\gamma_5\gamma_\mu$ und $\mathrm{i}\gamma_5$. Bilinearprodukte dieser Art treten typischerweise in der effektiven Lagrange-Dichte für die Vier-Fermion-Wechselwirkung bei niedrigen Energien auf (↗*Fermi-Theorie*).

**FIFO-Prinzip,** *First-in First-out*, Schieberegisterprinzip, welches die in zufälliger Zeitfolge eintreffenden Daten vor der Auslese puffert und damit die ↗*Totzeit* des Systems erheblich reduziert. Dabei werden die zuerst eingelesenen Informationen am Ausgang zuerst wieder ausgeschoben. Im Gegensatz hierzu werden beim *FILO* (kurz für First-in Last-out) die zuerst eingelesenen Daten als letzte ausgeschoben.

**Figurenachse,** bei einem symmetrischen ↗*Kreisel* die Achse, deren Hauptträgheitsmoment sich von den beiden anderen unterscheidet. Sie fällt mit der Symmetrieachse zusammen. Jedes dazu senkrechte Paar zueinander senkrechter Geraden ist eine mögliche Wahl der beiden anderen Hauptträgheitsachsen.

**Filament, 1)** *Astronomie:* a) eine fadenähnlich erscheinende Verdichtung in leuchtenden Nebeln des interstellaren Gases; b) eine ↗*Protuberanz*, die sich nicht am Sonnenrand, sondern auf der Sonnenscheibe befindet und bei monochromatischen Aufnahmen (z.B. im Hα-Licht) der Chromosphäre als dunkler Faden gegen die helle Sonnenoberfläche sichbar wird.
**2)** *Elektronik:* Heizdraht, Leuchtfaden.

**Filament-Entladung,** spektroskopische Lichtquelle für den Vakuum-Ultraviolett-Bereich mit diskretem Emissionsspektrum. Dabei werden aus einem heißen Filament, das bei Spannungen um 100V von einem Strom im Bereich einiger A durchflossen wird, Elektronen emittiert, welche eine ↗*Gasentladung* aufrechterhalten. Derartige Lichtquellen werden verwendet, um Spektren der Edelgase und von Wasserstoff zu erzeugen. Die Spektren gleichen denen der ↗*Glimmentladung*.

**Filamentlampen,** spektroskopische Lichtquelle mit kontinuierlichem Emissionspektrum (thermische Emission aus einem Heizdraht, meist aus Wolfram). Einfache Lampen mit Leistungen bis 1kW bestehen aus einem Glas- oder Quarzröhrchen, das evakuiert oder mit einem Inertgas gefüllt ist; bei Quarz-Halogen-Lampen wird dem Inertgas in einem Quarzröhrchen ein Halogendampf, in der Regel Iod, zugegeben. Derartige Lampen werden oft zur Kalibrierung spektroskopischer Instrumente sowie für die Absorptionsspektroskopie verwendet.

**File Manager,** Softwaremodule unter ↗*OS2*, welche die verschiedenen prinzipiell erlaubten Datenformate verwalten. Sie beschreiben die verschiedenen Datentransportarten, enthalten aber keine technischen Einzelheiten über die speziellen ↗*Steuereinheiten*.

**File Transfer Protocol** ↗Internet.

**Film,** 1) *allgemein:* Schicht auf einem andersartigen Material, meist als Oberflächenschicht, manchmal auch freitragend. (↗*dünne Schichten*)

2) *photographische Filme*, Filme mit einer lichtempfindlichen Emulsion (meist Silberbromid in Gelatine) auf einem Trägermaterial. (↗*Filmempfindlichkeit*)

3) *supraleitende Filme*, dünne Schichten aus einem ↗*Supraleiter* auf geeigneten Trägermaterialien. Sie werden vornehmlich für Anwendungen in der Elektronik und Sensorik eingesetzt (↗*Elektronik, supraleitende*, ↗*Bolometer, supraleitende*, ↗*SQUID*), ferner als Dickfilme auch für magnetische Abschirmungen. Einkristalline Filme aus ↗*Hochtemperatur-Supraleitern* (z.B. $YBa_2Cu_3O_7$ auf Korundscheiben mit $CeO_2$ als Pufferschicht) haben in der Mikrowellentechnik erhebliches Anwendungspotential gefunden.

**Filmdosimeter,** Gerät zur integralen Dosismessung. In einer dünnen Kunststoffkassette befinden sich Filmstreifen zwischen unterschiedlich dicken Metallfiltern. Gammastrahlen rufen eine Schwärzung des Films vermittels durch Photo- und Compton-Effekt ausgelöste Elektronen hervor, aus deren Grad sich die erhaltene Strahlendosis ermitteln läßt. Mit zunehmender Energie werden auch die dickeren Filter durchdrungen, so daß die Zahl der geschwärzten Felder steigt. Bei sehr großen Energien überwiegt die Schwärzung durch Compton-Elektronen hinter dem dicksten Metallfilter. An der Vorder- und Rückseite versetzt angeordnete Bleifilter ermöglichen die Unterscheidung der Einstrahlungsrichtung.

**Filmempfindlichkeit,** *spektrale Empfindlichkeit*, zusammen mit der Feinkörnigkeit und der Gradation der Silberbromidemulsion das wichtigste Charakterisierungsmerkmal photographischer Platten oder Filme. Der spektrale Empfindlichkeitsbereich der Silberbromidemulsion erstreckt sich von 230 nm bis 500 nm. Durch Sensibilisierung kann der Bereich wesentlich erweitert werden (bis ca. 1,5 µm). Empfindlichkeit wird umso geringer, je feinkörniger die Emulsion ist. Dafür steigt mit der Feinkörnigkeit das Auflösungsvermögen.

Die Belichtung $H$ ist durch das Produkt aus Belichtungsstärke $E$ und Belichtungszeit $t$ gegeben. Die Entwicklung der Schichten führt zu einer Verringerung der Transmission $T$, die als *Schwärzung* oder optische Dichte $D = \lg(1/T)$ bezeichnet wird. Der Zusammenhang zwischen $H$ und $D$ wird durch die Schwärzungskurve (*Gradation*) des Materials beschrieben (Abb.). Die Filmempfindlichkeit wird entweder nach dem europäischen DIN- oder dem amerikanischen ASA-System gemessen. Im Gegensatz zum logarithmischen DIN-System ist das ASA-System direkt proportional zur Filmempfindlichkeit (Tabelle).

**Filmempfindlichkeit:** Vergleich von Filmempfindlichkeitswerten nach DIN und ASA.

| DIN | ASA |
|---|---|
| 12 | 12 |
| 15 | 25 |
| 18 | 50 |
| 21 | 100 |
| 24 | 200 |
| 27 | 400 |
| 30 | 800 |

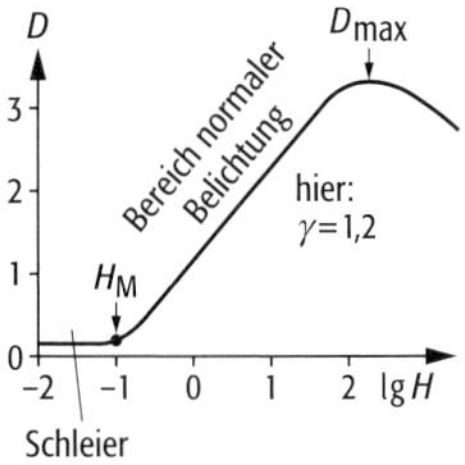


**Filmempfindlichkeit:** Schwärzungskurve. Die Steilheit der Kurve im linearen Bereich wird durch den Gamma-Wert $\gamma = \Delta D/D \lg H$ angegeben; ein hoher $\gamma$-Wert bedeutet hart bzw. steil, ein niedriger $\gamma$-Wert weich bzw. flach arbeitendes Material.

**Filmfluß,** das bei suprafluidem Helium (↗*Suprafluidität*) auftretende Phänomen, daß bei Temperaturen unter dem *Lambda-Punkt* $T_\lambda$ dünne Filme von He-II entlang aller vom Heliumbad aus erreichbaren Flächen, insbesondere auch gegen die Gravitationskraft (d.h. nach oben), wandern. Die antreibende Kraft ist die *Van-der-Waals-Wechselwirkung* zwischen den Helium- und den Wandatomen, die sich wegen der fehlenden Reibung voll entfalten kann, so daß hohe Strömungsgeschwindigkeiten entstehen können.

**Filmplakette,** auch *Strahlenschutzplakette*, ↗*Filmdosimeter* zur Erfassung der persönlichen Strahlenbelastung.

**Filmwachstum,** *Filmbildung*, häufig die Bezeichnung für das Wachstum von Polymerschichten aus einer flüssigen Phase auf einem festen oder flüssigen Substrat. Das Filmwachstum läßt sich durch Verdampfung des Lösungsmittels oder durch eine thermische Behandlung auslösen, wird aber auch durch das Zusammenwachsen von Polymerpartikeln, die sich in einer wäßrigen Lösung befinden, erreicht (z.B. Latexemulsion).

Filme, die mit einer ↗*Beschichtungstechnologie* aus einem meist in der Gasphase vorliegenden Ausgangsmaterial hergestellt werden und ein definiertes Schichtwachstum zeigen, werden als ↗*dünne Schichten* bezeichnet.

**Filter, 1)** *Elektronik*: Schaltungen zum definierten Festlegen von Frequenzbereichen, in denen Signale übertragen werden können. In der Regel dienen Filter dazu, Signale oder Signalgruppen von anderen Signalen zu trennen. Filter für analoge Signale werden aus passiven Bauteilen, d.h. Induktivitäten, Kapazitäten und Widerständen (*passive Filter*) oder mit ↗*Operationsverstärkern* (*aktive Filter*) realisiert. Wandelt man die analogen Signale in digitale um, so können Filter ganz aus digitalen Schaltungen bestehen (↗*digitale Filter*). Filter werden nach vier Gruppen unterschieden: *Tiefpaß* für Signale unterhalb einer Grenzfrequenz, *Hochpaß* für Signale oberhalb einer Grenzfrequenz, *Bandpaß* für Signale innerhalb eines begrenzten Frequenzbereiches und *Bandsperre* für Signale außerhalb eines begrenzten Frequenzbereiches. Dazu kommen noch *Allpässe*, die nur eine frequenzabhängige Phasendrehung aufweisen und zur Phasenentzerrung und Signalverzögerung eingesetzt werden.

Filter werden durch *Übertragungsfunktionen* beschrieben. Die höchste Potenz der Frequenz in der Übertragungsfunktion legt die Ordnung des Filters fest. Für die Tiefpaß-Übertragungsfunktion, die aus einer Konstanten im Zähler und einem Nennerpolynom besteht, werden vielfach bekannte Polynome eingesetzt, die dem Filter typische Übertragungseigenschaften geben. Dies sind: Bessel-Polynome (*Bessel-Filter*) mit einem optimalen Rechteckübertragungsverhalten, aber nicht so steilem Frequenzgangverlauf oberhalb der Grenzfrequenz, Butterworth-Polynome (*Butterworth-Filter*) mit einem möglichst langen horizontalen Frequenzgangverlauf und einem scharfen Abknicken des Frequenzganges bei der Grenzfrequenz und Tschebyschow-Polynome (*Tschebyschow-Filter*) mit einem noch steileren Frequenzgang oberhalb der Grenzfrequenz, aber einer Welligkeit im Frequenzgang unterhalb der Grenzfrequenz. Die beiden letzteren zeigen bei Rechtecksignalen ein Überschwingen.

**2)** *Optik*: Bauelemente, die ausschließlich Licht einer bestimmten *Wellenlänge* transmittieren. Die Charakteristik eines Filters wird dabei durch den wellenlängenabhängigen *spektralen Transmissionsgrad* beschrieben. Die unerwünschte Wellenlänge wird bei optischen Filtern entweder absorbiert (*Massefilter*) oder reflektiert (*Interferenzfilter*). Massefilter bestehen meistens aus einem ursprünglich transparenten Material (z.B. Glas oder Quarz), denen Farbstoffe beigemengt wurden. Solche Filter sind z.B. *Graufilter*, die einen für alle sichtbaren Wellenlängen annähernd konstanten Transmissionsgrad zeigen.

Interferenzfilter bestehen aus einem transparenten Material (z.B. Glas oder Quarz), auf das viele dünne Schichten mit abwechselnd hoher und niedriger ↗*Brechzahl* aufgedampft sind. Eine in das Material eindringende Welle wird an den Brechzahl-Übergängen teilweise reflektiert. Haben die Schichten eine Dicke von ca. einer Viertelwellenlänge, erfahren die reflektierten Teile konstruktive ↗*Interferenz*. Für alle anderen Wellenlängen entsprechen die Phasenunterschiede nicht genau einer Wellenlänge, so daß die Wellen destruktiv interferieren.

Interferenzfilter können mit verschiedenen spektralen Bandbreiten und Transmissionsgraden oder auch als Kantenfilter hergestellt werden.

**Filtration,** *Filtrieren*, ein Verfahren zur Trennung von festen und flüssigen Stoffen; es beruht auf dem Druckunterschied zwischen Zu- und Ablaufseite des Filters. Dieser kann entweder im statischen Druck der Flüssigkeitssäule über dem Filter, in der Saugwirkung einer Flüssigkeitssäule des abfließenden Filtrats (Trichterfilter) oder im Erzeugen eines Unterdrucks unterhalb des Filtermittels mit Hilfe einer Wasserstrahlpumpe liegen. Bei einer *Kuchenfiltration* wird der Feststoff zu Beginn am Filtermittel und später an der Teilchenschicht (Filterkuchen) abgeschieden. Sehr feine Teilchen werden in einer *Klärfiltration* unter Einsatz von Filterhilfsmitteln (Cellulose, Kieselgel, Holzkohle) in einem Druckfilter (Filterpressen mit Filtertüchern oder Membranen) abgetrennt.

**FIM** ↗Feldionenmikroskop.

**Finalismus,** Richtung der Erkenntnistheorie, welche Ziel- und Zwecksetzungen als alleinige oder Haupttriebkraft von Veränderungen und Entwicklungen ansieht. Zweifel an der vollständigen Erklärung der Evolution biologischer Systeme allein auf der Basis fundamentaler Gesetzmäßigkeiten über den Mechanismus der natürliche Auslese (↗*Evolution*) ergaben sich aus dem Widerspruch zwischen der scheinbar perfekten, funktionsorientierten Konstruktion biologischer Systeme und der relativ kurzen Zeit zu deren Entstehung (einige Milliarden Jahre). Forschung im Bereich der ↗*Biophysik* trägt dazu bei, die Mechanismen der Entstehung des ↗*Lebens* auf wissenschaftlicher Grundlage aufzuklären.

**Finesse,** Quotient aus ↗freiem Spektralbereich und spektraler Breite der Transmissionskurve eines ↗Etalons. Bei *Lasern* spricht man auch vom Q-Faktor (↗Resonatorgüte).

**Finger-Regel** ↗Rechte-Hand-Regel.

**Finite-Elemente-Methode,** *FEM*, *Methode der finiten Elemente*, eine der wichtigsten Näherungsmethoden zur Lösung von Feldproblemen der Naturwissenschaft und Technik. Die FEM ist eine Diskretisierungsmethode, d.h. die Randwertaufgabe wird durch ein lineares Gleichungssystem mit endlich vielen Unbekannten approximiert; dabei will man Näherungswerte nur an endlich vielen Punkten, den Knotenpunkten, des Lösungsintervalls bestimmen. In der Regel nimmt man an, daß die Funktionen sich in diesen Gebieten als Polynom darstellen lassen, die in den Knotenpunkten die Näherungswerte der Lösung des Randwertproblems annehmen. Die Teilintervalle, in denen oft ein linearer Verlauf vorausgesetzt wird (Abb. 1), heißen *finite Elemente*. Das Funktionsverhalten zwischen den zwei Knotenpunkten kann man durch lineare Interpolation ermitteln:

$$u(x) = \frac{x - x_i}{x_{i+1} - x_i} u_{i+1} + \frac{x_{i+1} - x}{x_{i+1} - x_i} u_i \qquad x \in (x_i, x_{i+1})$$

Die rechentechnische Realisierung dieser Interpolation ist leicht möglich. Zur Bestimmung der FEM-Näherung für die Lösung des Randwertproblems

$$-(a(x)u')' + c(x)u = f(x), \quad x \in \Omega,$$
$$u(x) = r(x), \quad x \in \Gamma^{(D)},$$
$$a(x)\frac{\partial u}{\partial n}\bigg|_x = \alpha(x)\,(\gamma(x) - u(x)), \quad x \in \Gamma^{(N)}$$

($\Gamma^{(D)}$ und $\Gamma^{(N)}$ disjunkt bezüglich $\Gamma = \{x_u, x_o\}$) ist es notwendig, die Zahlenwerte der stückweise linearen Funktion zu bestimmen. Dazu benutzt man die Variationsgleichung

$$\int_{x_u}^{x_o} a(x)u'v'\mathrm{d}x + \int_{x_u}^{x_o} c(x)uv\mathrm{d}x + \sum_{x\in\Gamma^{(N)}} \alpha(x)u(x)v(x) = \int_{x_u}^{x_o} f(x)v\mathrm{d}x + \sum_{x\in\Gamma^{(N)}} \alpha(x)\gamma(x)v(x),$$

$\forall v \in V^{(0)}$, $u(x) = r(x)\ \forall x \in \Gamma^{(D)}$ (Abb. 2), für die bestimmte Vergleichsfunktionen im Verlauf vorgegeben sind. Das entstehende Gleichungssystem wird mit Hilfe des *Ritz-Galerkin-Verfahrens* gelöst.

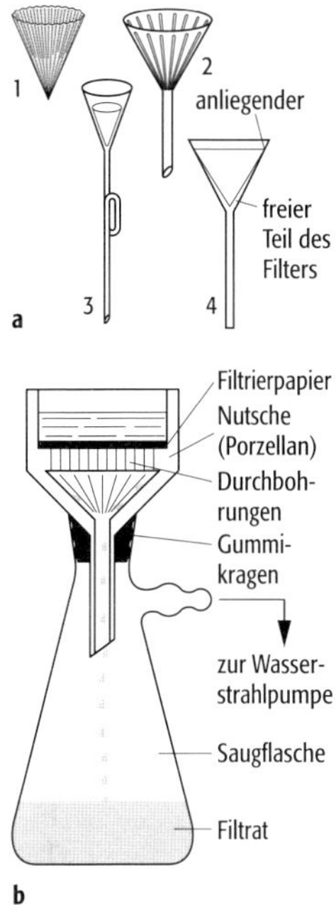


**Filtration:** Verschiedene Filtrationsmethoden und Filter. a) Filtration aufgrund der Saugwirkung des abfließenden Filtrats in Glastrichtern. 1: mit Faltenfilter (größere Oberfläche), 2: im Rippentrichter, 3: mit verlängerter Flüssigkeitssäule, 4: im Analysentrichter; b) Vakuumfiltration.

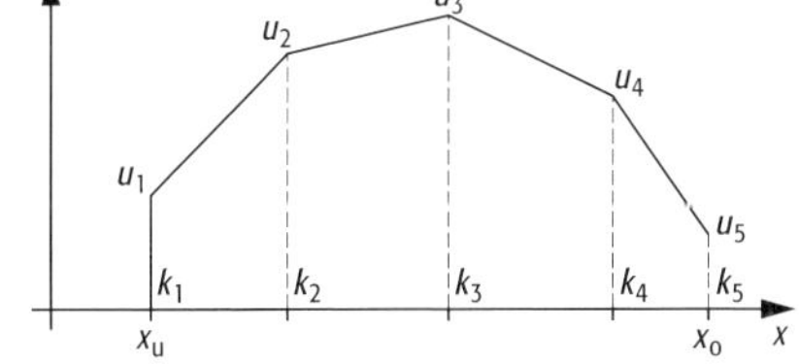


**Finite-Eemente-Methode 1:** Stückweise lineare Funktion.

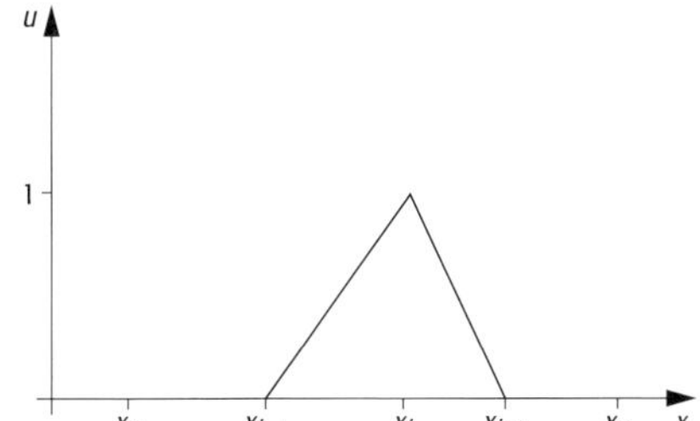


**Finite-Elemente-Methode 2:** Vergleichsfunktion der linearen FEM.

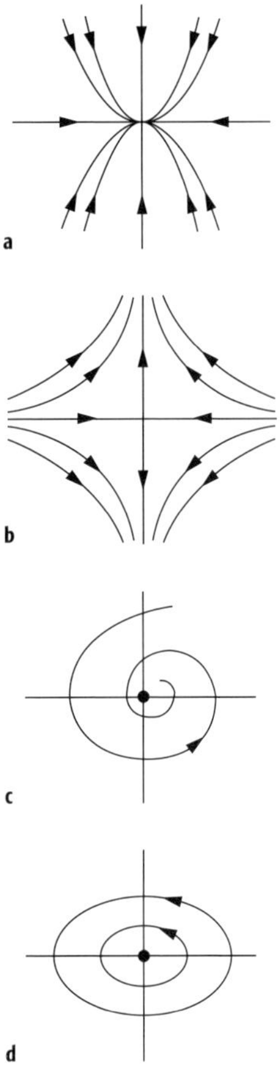


**Fixpunkte:** Verschiedene Arten von Fixpunkten mit den sie charakterisierenden Flußlinien (für zweidimensionale dynamische Systeme): a) stabiler Knoten, b) Sattel, c) stabiler Fokus, d) Zentrum. Die instabilen Versionen zu a) und c) erhält man durch Umkehrung der Vektorpfeile.

**Fitch**, *Val Logsdon*

**Finnische Physikalische Gesellschaft** ↗physikalische und assoziierte Gesellschaften.

**Finsternis,** in der Astronomie der aufgrund der Bedeckung eines Himmelskörpers durch einen anderen hervorgerufene Lichtabfall. Bei Sonnenfinsternissen läuft der Mond vor der Sonne vorbei und verdeckt diese, bei Mondfinsternissen ist es umgekehrt. Wird die Sonne bzw. der Mond vollständig bedeckt, so spricht man von einer *totalen Sonnenfinsternis* (bzw. *Mondfinsternis*), ansonsten von einer *partiellen Sonnen-* bzw. *Mondfinsternis.* Sonnenfinsternisse können auch ringförmig sein, der scheinbare Monddurchmesser ist dann kleiner als die Sonnenparallaxe. Finsternisse treten in dieser Form auch bei den anderen Planeten des Sonnensystems auf, wenn dort ein Mond einen Teil des Planeten verdunkelt. Bei ↗*Bedeckungsveränderlichen* führen Finsternisse zu einer charakteristischen ↗*Lichtkurve.*

**FIR-Filter,** Finite-Impulse-Response-Filter, Transversalfilter, nichtrekursives Filter, ein ↗*digitales Filter.*

**FIR-Laser,** auch *FIR-Gaslaser*, ↗Ferninfrarot-Gaslaser.

**Firmware,** Basissoftware, die zum Betrieb eines Computers erforderlich ist. Es handelt sich dabei um den *Bootstraplader* für das Laden des Betriebssytems und das *BIOS* (kurz für basic-input-output system, ↗*Betriebsystem*) für die hardwarenahen Routinen. Die Firmware kann aber auch komplette Programme für Mikrorechner (z.B. ↗*Steuereinheit*) enthalten. Sie wird in aller Regel in Form von ↗*Festwertspeichern* vom Computerhersteller mitgeliefert.

**FIRST,** *Far Infrared and Submillimeter Space Telescope*, Orbitalteleskop, das eine vollständige Durchmusterung des Himmels im Infrarotbereich und im Bereich der Submillimeterwellen durchführen soll. Das Teleskop soll etwa 2006 starten.

**Fischaugenobjektiv,** *Superweitwinkelobjektiv, Fish-Eye-Objektiv*, Photoobjektiv mit einem objektseitigen Feldwinkel von 180°, welches es ermöglicht, alle vor der Frontlinse liegenden Details zu erfassen. Die Projektion in die äußeren Bereiche ist nur mit einer extremen ↗*Verzeichnung* zu erreichen.

**FISP,** *Fast imaging with steady state precession*, ↗Pulssequenzen.

**Fission,** engl. für ↗Spaltung, i.a. ↗Kernspaltung.

**Fission-track-Methode,** Methode der radioaktiven Altersbestimmung (↗Altersbestimmung, radioaktive), gewöhnlich durch Auszählen der $^{238}$U-Spaltspuren in dem Probenmaterial.

**Fitch,** *Val Logsdon*, amerikanischer Physiker, *10.3.1923 Merriman (Nebr.); ab 1960 Professor in Princeton (N.J.); bedeutende Arbeiten zur Untersuchung von exotischen Atomen, vor allem der Myonatome und der von ihm entdeckten Pionatome; bestimmte mit diesen den Radius und die Ladungsverteilung bei Atomkernen; entdeckte 1964 zusammen mit J.W. ↗*Cronin*, J. Christenson und R. Turlay die Verletzung der (sonst immer gültigen) CP-Invarianz beim $K^0{}_L$-Zerfall (schwache Wechselwirkung) des langlebigen neutralen K-Mesons in zwei Pionen, wofür er und Cronin 1980 den Nobelpreis für Physik erhielten.

**Fitzgerald,** *George Francis*, irischer Physiker, *3.8.1851 Dublin, †22.2.1901 Dublin; ab 1881 Professor für Naturphilosophie in Dublin, seit 1883 Mitglied der Royal Society; entwickelte die Maxwellsche elektromagnetische Lichttheorie weiter; vermutete, daß sich mittels oszillatorischer Entladung eines Kondensators elektrische Wellen erzeugen lassen; gab 1885 (unabhängig von H.A. ↗*Lorentz*) eine Deutung für das negative Ergebnis des Michelson-Versuchs durch Annahme einer Längenkontraktion (↗*Lorentz-Kontraktion*) bewegter Körper und stellte die Formel für deren Abhängigkeit von der Geschwindigkeit auf.

**Fitzgerald-Kontraktion** ↗Lorentz-Kontraktion.

**Fixation, chemische,** Einzelverfahren bei der Herstellung elektronenmikroskopischer Präparate. Bei diesem Verfahren werden Zell- oder Gewebeproben mit einem chemischen Fixierungsmittel stabilisiert. Hierbei vernetzen makromolekulare Strukturen miteinander, und die vorher weiche Probe wird hart. Nach der Fixation wird üblicherweise kontrastiert. Dabei werden schwere Elemente an spezifische Strukturen angelagert, wobei sich der Streuquerschnitt bei der ↗*Transmissionselektronenmikroskopie* erhöht.

**Fixierung** ↗Fixation, chemische.

**Fixpunkte, 1)** *nichtlineare Dynamik*: stationäre Punkte eines zeitlich diskreten ↗*dynamischen Systems* $\boldsymbol{x}_{t+1} = \boldsymbol{f}(\boldsymbol{x}_t)$ oder eines kontinuierlichen Systems $\frac{\mathrm{d}\boldsymbol{x}}{\mathrm{d}t} = \boldsymbol{F}(\boldsymbol{x})$. In letzteren nennt man sie auch Gleichgewichtspunkte oder Ruhelagen. Die Fixpunkte sind durch die Gleichungen $\boldsymbol{x}^* = \boldsymbol{f}(\boldsymbol{x}^*)$ bzw. $\boldsymbol{F}(\boldsymbol{x}^*) = 0$ festgelegt. Man klassifiziert die Fixpunkte nach dem Verhalten der dynamischen Systeme in ihrer unmittelbaren Nachbarschaft, indem man kleine Abweichungen $\boldsymbol{y}(t) \equiv \boldsymbol{x}(t) - \boldsymbol{x}^*$ vom jeweiligen Fixpunkt $\boldsymbol{x}^*$ untersucht. Im Fall zeitlich kontinuierlicher Systeme führt das auf das linearisierte Problem $\frac{\mathrm{d}\boldsymbol{y}}{\mathrm{d}t} = A\boldsymbol{y}$ mit der Jacobi-Matrix $A = \left.\frac{\partial \boldsymbol{F}}{\partial \boldsymbol{x}}\right|_{\boldsymbol{x}=\boldsymbol{x}^*}$ und der Lösung $\boldsymbol{y}(t) = \mathrm{e}^{At}\boldsymbol{y}(0)$. Ein Fixpunkt heißt (lokal) stabil (bzw. instabil), wenn alle Eigenwerte $\lambda_i$ von $A$ negativen (bzw. positiven) Realteil besitzen, da dann alle benachbarten Punkte vom Fixpunkt angezogen (bzw. abgestoßen) werden. Stabile Fixpunkte stellen die einfachste Form eines ↗*Attraktors* dar. Die wichtigsten Typen von Fixpunkten für zweidimensionale Systeme sind: *Stabiler* bzw. *instabiler Knoten*: $\lambda_i$ reell und $\lambda_i < 0$ bzw. $\lambda_i > 0$; *Sattel*: $\lambda_i$ reell und $\lambda_1 \cdot \lambda_2 < 0$; *Stabiler* bzw. *instabiler Fokus*: $\lambda_i$ komplex

und $\mathrm{Re}\lambda_i < 0$ bzw. $\mathrm{Re}\lambda_i > 0$; *Zentrum*: $\lambda_i$ komplex und $\mathrm{Re}\lambda_i = 0$.
Die Normalformen der lokalen Phasenporträts (Vektorfelder) für diese Typen von Fixpunkten sind in der Abbildung dargestellt.
Bei diskreten Abbildungen wird ein Zentrum meist als elliptischer Fixpunkt und ein Sattel als hyperbolischer Fixpunkt bezeichnet. Letztere existieren ohne und mit Reflexion, je nachdem, ob der betragsmäßig größere Eigenwert $\lambda_1$ von $A$ positiv oder negativ ist (eine Unterscheidung, die für kontinuierliche Systeme nicht zutrifft).
Fixpunkte in mehr als zwei Dimensionen lassen sich nach ähnlichen Kriterien klassifizieren. Die Punkte ↗*periodischer Orbits*, z.B. der Periode $n$, sind Fixpunkte der $n$-ten Iterierten einer diskreten Abbildung $\boldsymbol{x}^* = f^n(\boldsymbol{x}^*)$.
**2)** *Thermodynamik*: physikalisch sehr genau definierte und gut reproduzierbare thermodynamische Gleichgewichtszustände, die der Eichung und Kalibrierung von Thermometern dienen. Die Fixpunkte werden durch internationale Übereinkunft definiert und entsprechend dem Stand der Meßtechnik in gewissen Abständen neu festgesetzt (↗*Internationale Temperaturskala von 1990*).

**Fixsterne,** auf die Antike zurückgehende Bezeichnung für alle am Himmel scheinbar feststehenden Sterne, im Gegensatz zu den ↗*Planeten* oder *Wandelsternen*, deren Positionsänderungen am Himmel mit bloßem Auge beobachtet werden können. Trotz der Bezeichnung *Fixsterne* bewegen sich alle Sterne am Himmel aufgrund ihrer Bewegung um das Zentrum der Milchstraße. Die Positionsänderung sind jedoch gering (Bruchteile von Bogensekunden pro Jahr). Die Messung dieser Bewegungen ist eine der Aufgaben der ↗*Astrometrie*.

**Fizeau,** *Armand Hippolyte Louis*, französischer Physiker, *23.9.1819 Paris, †18.9.1896 Venteuil (bei Épernay); Privatgelehrter, ab 1860 Mitglied (seit 1878 Präsident) der Académie des sciences in Paris und Mitglied des Bureau des Longitudes; Arbeiten zur thermischen Ausdehnung von Festkörpern, über Elektrizität, Optik (mit J.B.L. ↗*Foucault*) und Wärmestrahlung; erkannte 1848 exakt die Auswirkung des Doppler-Effekts auf die Spektrallinien; bestimmte 1849 als erster experimentell (Zahnradmethode) die Lichtgeschwindigkeit auf einer irdischen Meßstrecke; stellte 1850 fest, daß die Lichtgeschwindigkeit in Wasser geringer ist als in Luft; bestimmte 1851 im ↗*Fizeau-Experiment* den Fresnelschen Mitführungskoeffizienten; befaßte sich ferner mit der Messung der Ausbreitungsgeschwindigkeit der Elektrizität bei elektrischen Leitern und führte als erster den Kondensator beim Induktor ein.

**Fizeau-Experiment,** Experiment zur Bestimmung des Einflusses bewegter Flüssigkeiten auf die Lichtgeschwindigkeit. In die beiden Zweige eines Interferometers wird ein flüssigkeitsgefülltes Rohr derart eingebracht, daß die Flüssigkeit im ersten Zweig in Ausbreitungsrichtung des Lichts strömt, im anderen Zweig aber entgegen der Ausbreitungsrichtung. Je nach Geschwindigkeit und Brechzahl der Flüssigkeit ergibt sich ein Gangunterschied im Interferometer. Das Meßergebnis bestätigt die ↗*Spezielle Relativitätstheorie* und widerlegt die ↗*Mitführungshypothese*.

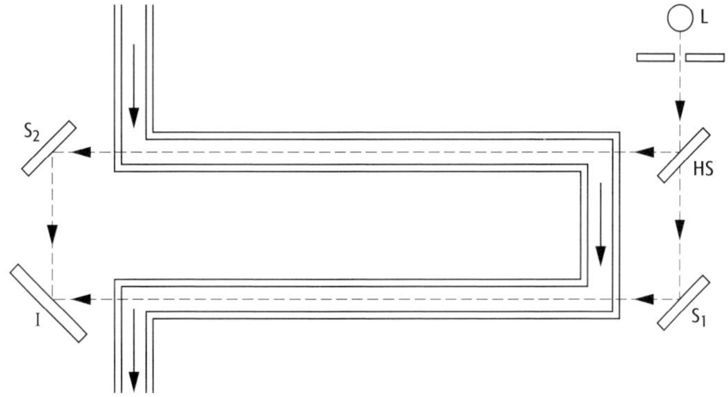


**Fizeau-Experiment:** Aufbau. L: Lichtquelle, HS: halbdurchlässiger Spiegel, $S_{1,2}$: Umlenkspiegel, I: Interferenzschirm.

**Fizeauscher Geschwindigkeitsselektor,** Gerät zur Selektion von Atom-, Molekül- oder Ionenstrahlen nach bestimmten Geschwindigkeiten. Er besteht aus zwei bzw. mehreren konzentrisch gelagerten, schnell rotierenden Kreisscheiben mit offenen Sektoren, durch die Teilchen hindurchtreten können. Die Sektoren der einzelnen Scheiben werden nun so gegeneinander verdreht, daß nur Teilchen mit Geschwindigkeiten innerhalb eines bestimmten Intervalls alle Scheiben passieren können. Der Mittelpunkt des Geschwindigkeitsintervalls ergibt sich aus der Drehgeschwindigkeit, die Breite aus dem Winkel des Kreissektors.

**Fjodorow** (Fedorow), *Jewgraf Stepanowitsch*, russischer Kristallograph und Petrograph, *10.12.1853 Orenburg, †28.5.1919 Petrograd (heute St. Petersburg); Professor in Moskau, seit 1905 in St. Petersburg; bestimmte 1891 (unabhängig von A.M. ↗*Schoenflies*) die 230 möglichen Raumgruppen der Kristallgitter; erfand 1893 den Universaldrehtisch (*Fjodorowscher Drehtisch*) für kristalloptische Untersuchungen und das Zweikreisgoniometer.

**Fizeau,** *Armand Hippolyte Louis*

**Fläche, rationale** ↗Rotationstransformation.

**Flächen, flüssige,** Flächen in einer (strömenden) ↗*Flüssigkeit*, die zu jedem Zeitpunkt von denselben Flüssigkeitsteilchen gebildet werden.

**Flächenanisotropie**
↗Verformungsanisotropie.

**Flächengesetz** ↗Wilsonsches Confinement-Kriterium.

**Flächenintegral,** *Riemannsches Flächenintegral*, auf B. ↗*Riemann* zurückgehende Erweiterung des Integralbegriffs für Funktionen zweier Variablen. Das Flächenintegral einer auf einem beschränkten Bereich $B$ der $xy$-Ebene definierten Funktion $f(x,y)$ existiert, wenn für jede Folge $Z_n$ von Zerlegungen des Bereichs $B$ in Teilbereiche $B_i$ mit Flächeninhalt $\Delta B_i$ die zugehörige Folge von Zwischensummen $S_n(Z) = \sum_{i=1}^{n} f(p_i, q_i)\Delta B_i$ unabhängig von der Wahl der Zwischenpunkte $(p_i, \; q_i) \in B_i$ konvergiert; der Grenzwert ergibt dann gerade das Flächenintegral $\Phi = \int_B f(x,y)\mathrm{d}B$.

Flächenintegrale können berechnet werden, wenn sich der Bereich $B$ durch Ungleichungen für $x$ und $y$ angeben läßt, z.B. $x_u(y) \leq x \leq x_u(y)$, $a \leq y \leq b$. Oftmals erweist sich auch eine Variablentransformation, z.B. auf *Polarkoordinaten*, als günstig.

**Flächenladung,** *elektrische Flächenladung*, eine flächig verteilte ↗elektrische Ladung, z.B. auf der Oberfläche eines Metallkörpers. Ihre auf die Fläche bezogene Dichte heißt *Flächenladungsdichte.*

**Flächenladungsdichte,** *elektrische Flächenladungsdichte*, $\sigma$, die auf die Fläche bezogene Dichte der ↗elektrischen Ladung, Einheit: $C/m^2$.

**Flächenmoment** ↗Flächenträgheitsmoment.

**Flächenpol** ↗Kristallprojektion.

**Flächensatz** ↗Keplersche Gesetze.

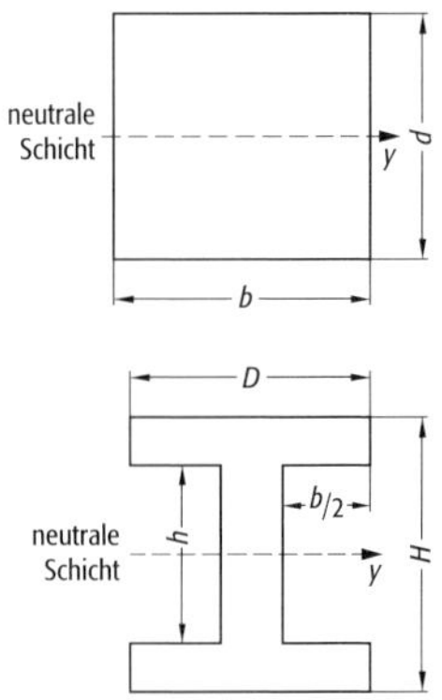


**Flächenträgheitsmoment:** *Oben*: Querschnitt eines Balkens mit Breite $b$ und Dicke $d$, das Flächenträgheitsmoment beträgt $T_A = bd^3/12$; *unten*: Doppel-T-Träger mit gleicher Biegesteifigkeit, aber nur 61 % der Querschnittsfläche und $T_A = (DH^3 - bh^3)/12$. $y$ ist die Richtung der neutralen Schicht.

**Flächenträgheitsmoment,** analog zum ↗*Trägheitsmoment* eines starren Körpers, der sich im wesentlichen in der $x$-$y$-Ebene befindet, definierte Größe. Der Begriff spielt eine wichtige Rolle in der Beschreibung und Berechnung von ↗*Biegungs-* und Knickungsvorgängen (↗*Biegesteifigkeit*).

Bezeichnet $\rho(x,y)$ die Flächendichte des Körpers, so ist $T_p = \int (x^2 + y^2)\rho(x,y)\mathrm{d}x\mathrm{d}y$ das *polare* Flächenträgheitsmoment in bezug auf den Koordinatenursprung, $T_x = \int x^2\rho(x,y)\mathrm{d}x\mathrm{d}y$ und $T_y = \int y^2\rho(x,y)\mathrm{d}x\mathrm{d}y$ die *äquatorialen* (axialen) Flächenträgheitsmomente in bezug auf die Koordinatenachsen. Schließlich bezeichnet man $T_{xy} = \int xy\rho(x,y)\mathrm{d}x\mathrm{d}y$ als *Zentrifugalmoment* (*Deviationsmoment*).

**Flächenvergrößerung,** die Angabe, in welchem Maß sich das objektseitige Flächenelement $\mathrm{d}f = \mathrm{d}y\mathrm{d}z$ bei einer optischen Abbildung vergrößert. Sie setzt sich aus den lateralen Vergrößerungen, also der meridionalen Vergrößerung $\beta_{\mathrm{mer}} = \mathrm{d}y/\mathrm{d}y'$ und der sagittalen Vergrößerung $\beta_{\mathrm{sag}} = \mathrm{d}z/\mathrm{d}z'$ zusammen: $\mathrm{d}f/\mathrm{d}f' = \mathrm{d}y/\mathrm{d}y'\mathrm{d}z/\mathrm{d}z' = \beta_{\mathrm{mer}}\beta_{\mathrm{sag}}$. Ist die Abbildung frei von Verzeichnung, so ist $\beta_{\mathrm{mer}} = \beta_{\mathrm{sag}}$, und die Flächenvergrößerung ergibt sich aus dem Quadrat des Seitenverhältnisses. Im allgemeinen ist das Verhältnis der Strahlendichte dem Verhältnis der Flächen umgekehrt proportional.

**Flächenzentrierung,** kristallgeometrische Operation, bei der zwei primitive Translationsgitter zu einem neuen Translationsgitter zusammengesetzt werden, und zwar dergestalt, daß alle Mittelpunkte der Flächen des ersten Gitters mit einem Gitterpunkt des zweiten Gitters besetzt werden. Die Flächenzentrierung bringt somit neue Gittertypen aus dem rhombischen und kubischen ↗*Kristallsystem* hervor. (↗*Bravais-Gitter*)

**flaches Universum** ↗Einstein-de-Sitter-Kosmos.

**Flachheitsproblem,** die Tatsache, daß die heutige mittlere Materiedichte des Universums im Bereich von einer Größenordnung um die ↗*kritische Dichte* liegt, also der ↗*Dichteparameter* $\Omega$ von der Größenordnung eins ist. Im Rahmen des ↗*Standardmodells* der Kosmologie ist $\Omega = 1$ jedoch ein instabiler Gleichgewichtspunkt: Abweichungen von $\Omega = 1$ wachsen mit der Zeit an, so daß etwa zur ↗*Planck-Zeit* $t_{\mathrm{Pl}}$ mit $|1 - \Omega|/\Omega < 10^{-58}$ eine extreme Feinabstimmung des Dichteparameters postuliert werden muß. Obwohl dies dem Standardmodell nicht widerspricht, erscheint die Notwendigkeit einer so genau festgelegten Anfangsbedingung als unnatürlich. Ebenso wie das ↗*Horizontproblem* kann dieses Problem durch das Postulat einer inflationären Phase (↗*Inflation*) als Erweiterung des Standardmodells erklärt werden.

**Flachkollektor** ↗Sonnenkollektor.

**Flachspule,** eine ↗Spule, bei der die Windungen nicht wie bei *Zylinderspule* nebeneinander, sondern übereinander angeordnet sind.

**Flachwasserwellen,** *Seichtwasserwellen*, in relativ flachen Gewässern auftretende ↗*Wasserwellen.*

**Flackersterne** ↗Flare-Sterne.

**Flade-Potential** ↗Elektrodenvorgänge.

**Flag,** *Statusbit*, *Zustandsbit*, ein ↗*Bit*, das eine Signalwirkung ausübt (z.B. einen Speicherbereich freigibt). Flagbits befinden sich in einem Flagregister (↗*Statusregister*).

**Flageolett-Töne,** Töne, bei denen durch geeignete Spielweise – bei *Saiteninstrumenten* (↗Chordophone) durch Berühren der Saite im Knoten eines Obertones, bei *Blasinstrumenten* (↗Aerophone) durch Überblasen – der ↗*Grundton* unterdrückt wird. Der Ton klingt dadurch hohl und leicht pfeifend.

**Flamme,** unter Licht- und Wärmeausstrahlung brennendes Gas. Man unterscheidet *vorgemischte Flammen* (es liegt ein homogenes Gemisch der reagierenden Gase vor), *Diffusionsflammen* (Brennstoff und Oxidationsmittel werden getrennt zugeführt) und *turbulente Flammen* bei laminaren Gasströmungen. Das Leuchten von Flammen rührt von glühenden Stoffteilchen her oder beruht auf der Flammenfärbung (↗*Flammenspektroskopie*). Die Flammentemperatur hängt vom Brennwert des Brennstoffs und dem Luftüberschuß bzw. -mangel ab. Sie liegt i.a. zwischen 1400 und 2100 °C.

**Flammenkapsel,** *Königsche Flammenkapsel*, eine Anordnung zum optischen Nachweis des ↗*Schalldruckes.* Eine Metallkapsel wird durch eine Membran in zwei Kammern geteilt. Durch eine Kammer wird Leuchtgas zu einem Brenner geleitet, auf dem eine kleine Flamme leuchtet. Die zweite Kammer ist mit einem Trichter verbunden, in den man hineinspricht oder hineinsingt. Die Druckschwankungen werden durch die Membran hindurch auf das Leuchtgas übertragen und bewirken, daß sich die Flammenhöhe entsprechend verändert. In einem rotierenden Spiegel kann man die Schwingungen als Funktion der Zeit beobachten.

**Flammenleitung,** das Phänomen der ↗*elektrischen Leitfähigkeit* von ↗*Flammen*. Sie ist stark temperaturabhängig und kann mit feuerfesten Elektroden, die an unterschiedliche Punkte einer Flamme gehalten werden, gemessen werden. Zugabe von *Alkalisalzen* erhöht die Leitfähigkeit erheblich. Die Vermutung, daß Ionen und Elektronen die (thermisch angeregten) Ladungsträger in Flammen sind, wurde zuerst von J.J. ↗*Thomson* aufgestellt.

**Flammenspektroskopie,** die spektroskopische Untersuchung des Lichts, das von einer ↗*Flamme* emittiert wird. Sie eignet sich zur Bestimmung des Gehalts an chemischen Elementen, die in einer in die Flamme gebrachten Substanz enthalten sind und sich bereits durch die niedrigen Energien in einer Flamme anregen lassen. Die Flammenspektroskopie wird wegen der hohen Nachweisempfindlichkeit u.a. in der Spurenanalytik verwendet; sie ermöglicht sehr schnelle quantitative Untersuchungen in der anorganischen Chemie.

**flankengetriggertes Flipflop,** ein ↗*getaktetes RS-Flipflop*, das seinen Zustand nur bei der Flanke eines Taktimpulses ändern kann, entweder bei der Flanke L-H (*positive Flanke, steigende Flanke*) oder bei der Flanke H-L (*negative Flanke, fallende Flanke*). Ein solches Verhalten dient der genauen Festlegung des Zeitpunktes, in dem der Flipflopzustand geändert werden kann.

**Flansche** ↗Vakuum-Flansche.

**Flares,** 1) *Astronomie*: allgemein kurzfristige und unperiodische Strahlungsausbrüche von Sternen. Während eines stellaren Flares steigt der Strahlungsstrom sprunghaft auf das zehn- bis 1000fache an und klingt innerhalb von einigen Minuten bis Stunden wieder auf den ursprünglichen Wert ab. In dieser Zeit wird ein mehrfaches der gesamten Sonnenleuchtkraft (etwa $6 \cdot 10^{26}$J) abgestrahlt. Sterne, die häufiger Flares aufweisen, heißen ↗*Flare-Sterne*.

2) speziell in der *Sonnenphysik*: *Sonneneruptionen, chromosphärische Eruptionen*, kurzzeitige Helligkeitsausbrüche innerhalb begrenzter Gebiete der Sonnenchromosphäre. Flares treten meist in Sonnenfleckengruppen auf, die stärksten zwischen den Hauptflecken bipolarer Gruppen. Am Sonnenrand machen sie sich als Erhellung und Ausweitung der Chromosphäre in die Korona bemerkbar. Begleitet sind Flares häufig von eruptiven ↗*Protuberanzen*. Die Lebensdauer eines Flares beträgt einige Minuten bis zu mehreren Stunden mit einer typischen Lebensdauer von 20 Minuten, wobei sich der Helligkeitsanstieg innerhalb von Sekunden bis Minuten vollzieht und der Helligkeitsabstieg wesentlich länger dauert. In starken Eruptionen steigt vor allem die UV- und Röngenstrahlung der hohen Sonnenschichten auf ein vielfaches des Normalwertes an, was sich als Störungen in der irdischen Ionosphäre bemerkbar macht (Burst). Die dabei abgegebene Strahlungsenergie liegt zwischen $10^{21}$ und $10^{25}$J. Auch die Partikelstrahlung (vorwiegend Elektronen und Protonen) wird während einer starken Eruption deutlich verstärkt. Im Extremfall werden immer wieder Wolken relativistischer, bis fast auf Lichtgeschwindigkeit beschleunigter Teilchen ausgestoßen. Solche Teilchen bilden einen erheblichen Prozentsatz der kosmischen ↗*Höhenstrahlung*.

**Flare-Sterne,** *UV-Ceti-Sterne, Flackersterne, Flash-Sterne*, eruptiv veränderliche Sterne, bei denen ↗*Flares* beobachtet werden. Spektren zeigen, daß sich die Linien des Wasserstoffs und der Metalle während eines Flares drastisch verstärken. Flares wurden zeitgleich im optischen und im Röntgenbereich beobachtet, was darauf schließen läßt, daß die Sterne eine heiße und dünne Korona besitzen. Linien hochionisierter Ionen wie etwa MgIII, CIV, NV unterstützen diesen Befund.

**Flasche, magnetische** ↗magnetische Flasche.

**FLASH,** *Fast Low Angle Shot*, Sequenz für die schnelle ↗*NMR-Bildgebung*, bei der durch die Spin-Gitterrelaxation bedingte lange Wartezeiten zwischen den einzelnen Codierungsschritten durch kleine Anregungswinkel vermieden werden (↗*Ernst-Winkel*).

**Flash-Analog-Digitalwandler,** *FADC, Parallel-ADC*, schneller ↗*Analog-Digital-Wandler*, der Signale in nur einem Schritt konvertiert. Dies macht ihn $n$-mal schneller als einen konventionellen ADC mit ↗*sukzessiver Approximation*. Aufgebaut ist der FADC aus $2^n$ parallelen ↗*Diskriminatoren*. Zur Digitalisierung liegen die Eingänge der schnellen ↗*Komparatoren* parallel am Eingang des FADC, die Referenzeingänge an einem Präzisions-Spannungsteiler. Das Bitmuster der Komparator-Ausgänge wird in einem Register gespeichert und kann nach Abschluß des Meßvorganges von einer Digitalschaltung ausgelesen werden.

Eine typische Anwendung findet der FADC bei der Auslese von Spurendriftkammern und in der Videotechnik.

**Flashkammer,** Nachweisgerät für ionisierende Teilchen, das mit einer Gasentladung arbeitet. Hierzu werden meist mit Neon gefüllte Glasröhrchen zwischen zwei Metallelektroden gebracht. Beim Anlegen einer Hochspannungspulses wird in den von einem Teilchen durchquerten Röhrchen aufgrund der Ionisation eine Gasentladung ausgelöst. Die Registrierung geschieht photographisch bzw. mittels elektronischer Geräte. Um räumliche Informationen zu erhalten, muß man gekreuzte Lagen von Röhrchen verwenden. Wegen der langen Totzeit des Detektors von bis zu einer Sekunde wird er vorzugsweise in Experimenten zur kosmischen Strahlung, bei der Suche nach Nukleon-Zerfällen oder in Neutrino-Experimenten eingesetzt.

**Flash-Spektrum,** das kurzzeitig aufleuchtende Emissionsspektrum der kurz vor und nach der totalen Phase einer Sonnenfinsternis sichtbaren Chromosphäre. Es besteht aus sichelförmigen Emissionsbögen, von denen etwa 3000 Linien identifiziert sind. Die stärksten Linien sind die des Wasserstoffs, des Heliums und einiger Metalle. Die Emissionslinien sind um so intensiver und um so länger sichtbar, je höher in der Sonnenatmosphäre die entsprechende Spektrallinie entsteht. Daraus können Schlüsse auf die physikalischen Bedingungen in verschiedenen Höhenbereichen gezogen werden sowie auf die Verteilung der chemischen Elemente in den verschiedenen Schichten der Sonnenatmosphäre.

**Flavor,** ladungsartige ↗*Quantenzahl* der Fermionen. Quarks kommen in sechs verschiedenen Flavors vor, nämlich als Up-Quark (u), Down-Quark (d), Charm-Quark (c), Strange-Quark (s), Top-Quark (t) und Bottom-Quark (b). Im statischen ↗*Quarkmodell* der Hadronen werden die Mesonen und Baryonen in Darstellungen entsprechender unitärer ↗*Flavorgruppen* $SU_f(N)$ eingeordnet (z.B. bei Berücksichtigung nur der drei leichten Quarks u, d und s also $SU_f(3)$ usw.).

Von den fundamentalen Wechselwirkungen des ↗*Standardmodells* kann nur die schwache Wechselwirkung eine Elementarteilchenreaktion bewirken, bei der sich die Flavor ändert; deshalb wird die entsprechende ↗*Quantenfeldtheorie* auch *Quantenflavordynamik* genannt. Allerdings treten Flavoränderungen nur bei *geladenen Strömen* auf, denen der Austausch eines W-Bosons zugrunde liegt. Neutrale flavorändernde Ströme werden durch den ↗*GIM-Mechanismus* unterdrückt.

**Flavorgruppe,** unitäre Symmetriegruppe $SU_f(N)$, die sich der ladungsartigen Quantenzahl ↗*Flavor* zuordnen läßt und die der Darstellung der Hadronen im ↗*Quarkmodell* zu Grunde liegt. Das Standardmodell der Elementarteilchen geht von sechs verschiedenen Quarkflavors aus (u, d, s, c, b, t), dementsprechend lassen sich Flavorgruppen bis zu $N=6$ konstruieren.

Die u- und d-Quarks formen ein *Isospin-Dublett* der Flavorgruppe $SU_f(2)$, die sich aber schon in den 50er Jahren durch die Entdekkung der *Strangeness s* als zu klein erwies. Die Flavorgruppe $SU_f(3)$ liegt dem von M. ↗*Gell-Mann* und Y. ↗*Ne'eman* 1961 postulierten ↗*achtfachen Weg* zur Darstellung der Baryonen und Mesonen zugrunde. Dieses Modell ordnet die fundamentale Darstellung **3** der SU(3) dem Quarktriplett (u, d, s), und die höheren Darstellungen, die man durch Produkte der fundamentalen Darstellung erhält, den Hadronen zu. Mesonen werden als Quark-Antiquark-Paare postuliert und sollten sich dementsprechend in der Produktzerlegung $\mathbf{3}\otimes\bar{\mathbf{3}}=\mathbf{8}\oplus\mathbf{1}$ arrangieren lassen. Baryonen werden als Zusammensetzung von drei Quarks postuliert; sie sollten sich gemäß der Zerlegung $\mathbf{3}\otimes\mathbf{3}\otimes\mathbf{3}=\mathbf{10}\oplus\mathbf{8}\oplus\mathbf{8}\oplus\mathbf{1}$ anordnen lassen. Tatsächlich fügten sich die damals bekannten Mesonen und Baryonen bemerkenswert gut in dieses Bild ein (↗*Quarkmodell*). Einer der großen Erfolge des achtfachen Weges war die Vorhersage der $\Omega^-$-Masse aufgrund der $SU_f(3)$-Symmetrie.

Nach dem Vorbild der $SU_f(3)$-Symmetrie wurde versucht, durch die Ausdehnung auf die weiteren Quarkflavors größere Flavorgruppen zu konstruieren, z.B. $SU_f(4)$ mit den entsprechenden Tensorprodukten $\mathbf{4}\otimes\bar{\mathbf{4}}=\mathbf{15}\oplus\mathbf{1}$ und $\mathbf{4}\otimes\mathbf{4}\otimes\mathbf{4}=\mathbf{4}\oplus\mathbf{20}\oplus\mathbf{20}\oplus\mathbf{20}$. Durch die große Massendifferenz zwischen dem c-Quarks und den drei leichten Quarks ist die $SU_f(4)$-Symmetrie in der Natur allerdings nicht so gut realisiert wie die $SU_f(3)$-Symmetrie, d.h. sie ist stärker gebrochen. Die Ausdehnung der Flavorsymmetrie auf das noch schwerere b-Quark ist noch problematischer, so daß dieser Ansatz im wesentlichen auf die drei leichten Quarks und die $SU_f(3)$-Symmetrie beschränkt bleibt.

**Flavorladung** ↗Flavor.

**Flavor-Quantenzahl** ↗Flavor.

**Fleck, blinder,** *Mariotte-Fleck*, ↗Auge.

**Fleck, gelber,** *Macula lutea*, ↗Auge.

**Fleischmann,** *Rudolf*, deutscher Physiker, *1.5.1903 Erlangen; 1941–44 Professor in Straßburg, 1947–53 in Hamburg, danach in Erlangen; Arbeiten zur Kernphysik und über Maßsysteme; erforschte die durch den Beschuß von Atomkernen mit langsamen Neutronen ausgelöste Kern-Gammastrahlung und entwickelte Verfahren zur Erzeugung von polarisierten Deuteronen zum Studium von Kernreaktionen.

**Fleming,** Sir *John Ambrose*, englischer Physiker, *29.11.1849 Lancaster, †18.4.1945 Sidmouth (Devonshire); 1885–1926 Professor am University College in London; arbeitete zeitweise mit G. ↗*Marconi* zusammen; entwickelte 1900 die Diode (Zweielektrodenröhre) mit Glühkathode zur Wechselstrom-Gleichrichtung; verwendete 1904 erstmals eine Elektronenröhre als Audion und als Oszillator und arbeitete an der Übertragung von hochgespannten elektrischen Strömen.

**Flerov** ↗Fljorow.

**Fletchersche Indikatrix** ↗Indexellipsoid.

**Flettner-Rotor,** nach Anton Flettner (1885–1961) benanntes Antriebsgerät von Windkraftfahrzeugen, das nach dem Prinzip des umströmten Zylinders funktioniert (↗*Magnus-Effekt*). Wird ein vertikal montierter rotierender Zylinder von der Seite durch den Wind angeströmt, so erfährt er einen Vortrieb in eine zum Wind senkrechte Richtung. Besonders auf Schiffen wurden in den 20er Jahren Flettner-Rotoren eingesetzt, die *Flettner-Schiffe* konnten sich aber durchsetzen.

**fliegender Holländer,** obere Luftspiegelung eines Schiffes, das sich unter dem Horizont befindet (↗*Optik, atmosphärische*).

**fliegende Schatten** ↗Sonnenfinsternis.

**Fliehkraft** ↗Zentrifugalkraft.

**Fließbedingung,** *Fließbereich, Fließkriterium,* gibt an, wo ein plastischer Zustand erreicht oder verlassen wird. Die Fließbedingung kennzeichnet so den Übergang vom elastischen in den plastischen Zustand, indem sie den vorhandenen räumlichen Spannungszustand mit der bei einachsiger Beanspruchung ermittelten Fließgrenze vergleicht. Jede Fließbedingung kann als Fließfläche dargestellt werden. Alle Spannungszustände $\sigma^0{}_{ij}$, die auf der Fließfläche liegen, erfüllen die Fließbedingung (Abb.). Als *Fließungsgleichung* wird die Ungleichung bezeichnet, der alle Spannungszustände genügen, bei denen noch kein Fließen einsetzt. Schreibt man die Fließbedingung in der Form $F(\sigma^0{}_{ij}) = 0$, so heißt *F Fließfunktion.* Es existieren mehrere Fließbedingungen, von denen die bekanntesten die *Huber-Misessche*, die *Trescasche*, die *Hillsche*, die *Edelmannsche* und die *Misessche Fließbedingung* sind. Diese sind bedeutende Randbedingungen zur Lösung von Problemen der Plastizitätstheorie.

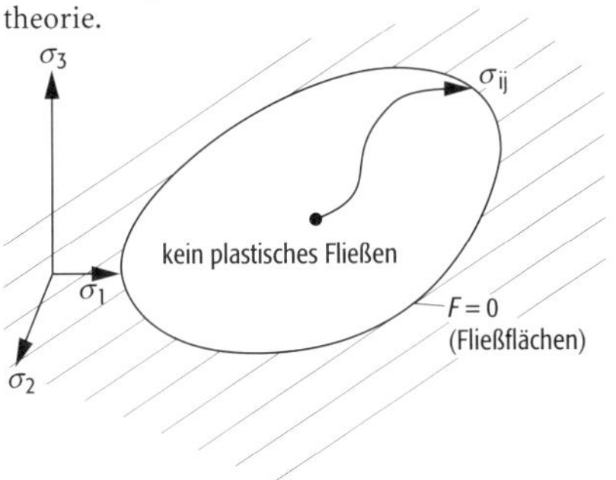


**Fließbedingung:** Darstellung einer Fließbedingung $F = 0$ im Spannungsraum durch die Fließfläche.

**Fließfiguren,** an Oberflächen plastisch verformter Materialien auftauchende Zonen, z.B Lüders-Linien (Farbunterschiede auf blanken Stahloberflächen).

**Fließgrenze** ↗Streckgrenze.

**Fließspannung** *kritische Schubspannung, Formänderungsfestigkeit,* diejenige mechanische Spannung auf einen Festkörper, ab der der Körper anfängt, auch plastisch zu reagieren. Im Spannungs-Dehnungs-Diagramm ist die Fließspannung die zur Fließ- oder auch ↗Streckgrenze gehörige Spannung, unterhalb derer das Material nur elastisch deformiert wird, d.h. nach Wegnahme der Spannung stellt sich der unverformte Zustand von selbst wieder ein. Werkstoffe mit konstanter Fließspannung heißen ideal-plastisch. Einige Materialien (z.B. Metalle, insbesondere kohlenstoffarme Stähle, aber auch keramische Einkristalle) weisen eine obere und eine untere Fließspannung auf (Abb.). (↗Dehngrenze)

**Fließverfestigung** ↗Rheopexie.

**Fließzonentechnik,** *Floating Zone-Verfahren, Zonenschmelzverfahren,* Verfahren zur Herstellung von ↗*Einkristallen,* bei der ein an seinen beiden Enden gehalteter Stab nur in einer schmalen Zone aufgeschmolzen wird. Diese Schmelzzone durchwandert (durch Bewegen des Stabes oder der Heizzone) den Stab. Das untere Ende des Stabes muß dabei einkristallin sein und übernimmt die Rolle des Keimkristalls. Der Vorgang des Zonenschmelzens wird zur Reinigung mehrmals hintereinander durchgeführt. Als Heizung wird üblicherweise eine Hochfrequenzspule benutzt, mittels der direkt im Stab Wirbelströme induziert werden. Die Fließzonentechnik wurde vor allem für die Hochreinigung von Halbleitersubstanzen (Si, Ge) entwickelt und ist für deren Herstellung ein wesentlicher, automatisierter Verfahrensschritt geworden.

**Flimmern der Sterne** ↗Seeing.

**Flintglas,** Bezeichnung für alle Glasarten, deren ↗Abbesche Zahl kleiner 50 ist (↗Glas, optisches).

**Flipflop,** eine Schaltung zur Speicherung einer logischen Variablen. Das einfachste *RS-Flipflop* mit den zwei Eingängen $\bar{S}$ und $\bar{R}$ und den zwei Ausgängen $Q$ und $\bar{Q}$ ist aus zwei kreuzgekoppelten ↗*NAND-Gattern* aufgebaut (Abb.). Mit den zwei Eingängen sind vier Kombinationen der Eingangspegel H (high) und L (low) möglich, aus denen sich verschiedene Ausgangszustände ergeben (Tabelle).

Die ersten drei Eingangskombinationen versetzen die Ausgänge in eindeutige Zustände. In der Eingangskombination H-H sind dagegen die zwei Ausgangskombinationen H-L oder L-H möglich. Dies läßt sich folgendermaßen interpretieren: Liegt zu einem beliebigen Zeitpunkt an den Eingängen die Information L-H oder H-L an, so bleibt sie beim Übergang in die Eingangskombination H-H als Ausgangskombination H-L oder L-H gespeichert. Die Informationsmenge, die auf diese Weise gespeichert wird, wird als 1 bit (binary digit) bezeichnet. Die Eingangskombination L-L kann nicht gespeichert werden. Sie führt beim Übergang auf H-H am Ausgang nicht vorhersehbar auf L-H oder H-L.

An Stelle der NAND-Gattern kann ein Flipflop auch aus zwei ↗*NOR-Gattern* bestehen.

**Flipflop-Übergang,** *transverse Diffusion,* Austausch von Lipidmolekülen zwischen den beiden Schichten (Lamellen) einer Bilipidmembran (↗*Membran, biologische,* ↗*Lipiddoppelschichtmodell*). Während zwei benachbarte Phospholipidmoleküle ihren Platz ca. $10^7$ Mal pro Sekunde bei Zimmertemperatur wechseln, findet Austausch zwischen den beiden Lamellen nur sehr selten statt. So ist die Halbwertszeit des Verschwindens der Lipid-Asymmetrie der Lamellen der Erythrozytenmembran nach Beendigung des Stoffwechsels etwa sechs Stunden.

Die Messung der Häufigkeit von Flipflop-Übergängen erfolgt spektroskopisch z.B. über elektronenparamagnetische Resonanz mit Spinsonden, welche auf einer Membranseite durch Lösungsmittelzusätze reversibel verändert werden.

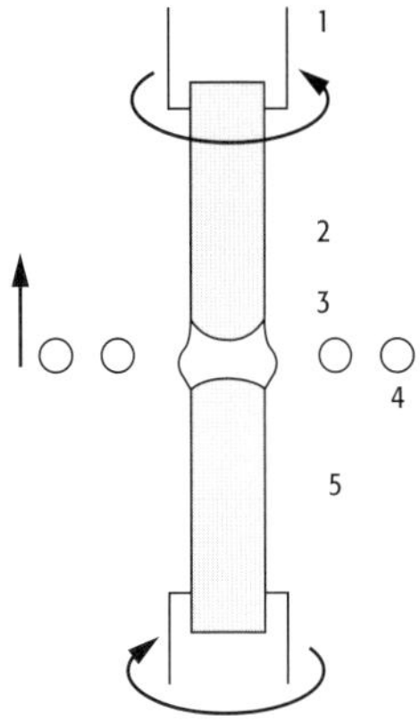


**Fließzonentechnik:** Vertikales Zonenschmelzverfahren, an der oberne Aufhängung (1) befindet sich das polykristalline Ausgangsmaterial (2), in der Mitte befinden sich die Schmelze (3) und die Hochfrequenzheizung (4), unten wächst der reine Einkristall (5).

**Flipflop:** Kombinationen der Eingänge ($\bar{S}$ und $\bar{R}$) und Ausgänge ($Q$ und $\bar{Q}$).

| $\bar{S}$ | $\bar{R}$ | $Q$ | $\bar{Q}$ |
|---|---|---|---|
| L | L | H | H |
| L | H | H | L |
| H | L | L | H |
| H | H | H | L oder |
| | | L | H |

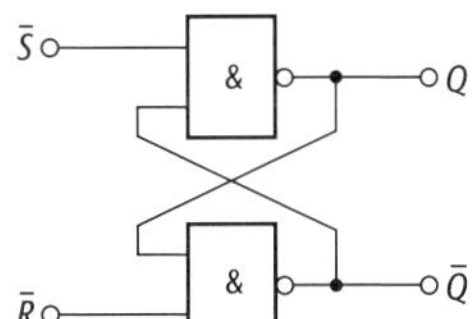


**Flipflop:** RS-Flipflop mit AND-Gattern.

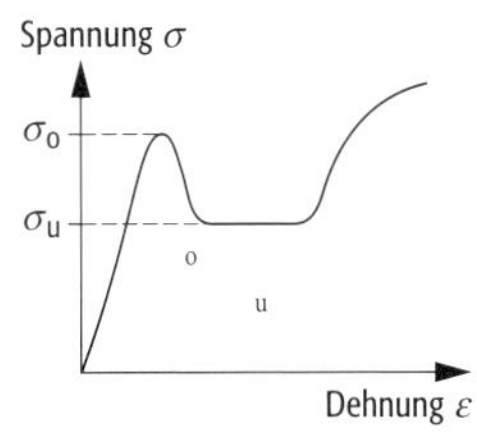


**Fließspannung:** Schematische Spannungs-Dehnungskurve eines Materials mit oberer Fließspannung $\sigma$ und unterer Fließspannung $\sigma$ .

**Fluchtgeschwindigkeit:** Werte der zweiten kosmischen Geschwindigkeit für die Planeten des Sonnensystems.

| Planet | $v_F$ [km/s] |
|---|---|
| Merkur | 4,26 |
| Venus | 10,4 |
| Erde | 11,2 |
| Mars | 5,03 |
| Jupiter | 59,6 |
| Saturn | 35,5 |
| Uranus | 21,3 |
| Neptun | 23,6 |
| Pluto | 1,16 |

**Fljorow** (Flerov), *Georgij Nikolajewitsch*, sowjetischer Physiker, *2.3.1913 Rostow am Don, †9.11.1990 Moskau; ab 1960 Leiter des Laboratoriums für Kernreaktionen am Kernforschungsinstitut in Dubna, seit 1968 Mitglied der sowjetischen Akademie der Wissenschaften; bedeutende Arbeiten zur Kernphysik, über Transurane und kosmische Strahlung; erkannte 1940 mit L.I. Russinow die Möglichkeit der Erzeugung von Kernkettenreaktionen und endeckte im gleichen Jahr mit K.A. Petrschak die spontane Kernspaltung von Uran, 1963 die Protonenradioaktivität und 1964 das künstliche Element ↗*Rutherfordium* (damals *Kurtschatowium* genannt); entdeckte 1958 mit seinen Mitarbeitern das Nobelium-Isotop $^{252}$No durch Beschuß von Plutonium-241 mit $^{16}$O-Kernen; durch Beschuß von $^{243}$Am mit $^{22}$Ne-Kernen erzeugte er 1967 das Element 105, für das er den Namen *Bohrium* vorschlug (heutiger Name ↗*Dubnium* ).

**Flocculi** ↗Fackel.

**Florring** ↗Jupiterring.

**Flossenleitung,** eine in einen ↗Hohlleiter integrierte Schlitzleitung, die als Steghohlleiter mit dielektrischem Einsatz angesehen werden kann.

**Flotation,** *Schwimmaufbereitung*, Verfahren zur Trennung von Feststoffen (Erze, Kohle, Salze, Abwässer), das auf den unterschiedlichen Grenzflächenspannungen verschiedener Feststoffe zu Flüssigkeiten (meist Wasser) und Gasen (meist Luft) beruht. Es können Korngrößen zwischen 5µm und 750µm flotiert werden. Feststoffe, die unter bestimmten Bedingungen von der Flüssigkeit benetzt werden (z.B. die Gangart von Erzen), sinken ab, während Feststoffe, die nicht benetzt werden (z.B. Mineralerze), sich an Luftblasen (stabilisiert durch Schäumer, z.B. Terpene, Fettalkohole, Phenole) anlagern, die durch die Suspension (Trübe) geleitet werden. Die Feststoffe, die mit den Luftblasen an die Oberfläche der Flüssigkeit gelangen, werden mit dem Schaum abgetrennt. Die Benetzbarkeit der verschiedenen Stoffe kann mit Flotationshilfsmitteln (Sammler, oberflächenaktive Substanzen) beeinflußt werden.

**Flöten,** *Flöteninstrumente*, Blasinstrumente aus der Gruppe der ↗*Aerophone*, bei denen der Ton durch Spaltung des Luftstromes an einer *Schneidekante* entsteht.

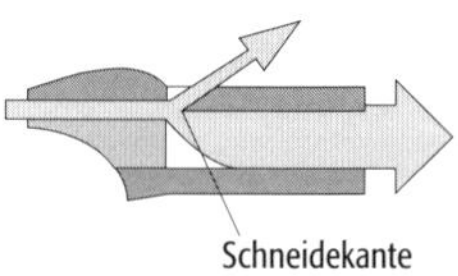


**Flöten:** Schnitt durch das Mundstück einer Blockflöte.

**Fluchtbewegung,** *Galaxienflucht*, systematische scheinbare Bewegung der ↗*Galaxien*, die von der Erde weggerichtet ist. Aufgrund der Expansion des Weltalls ist dabei die *Fluchtgeschwindigkeit* der Galaxien um so größer, je weiter diese von der Erde entfernt sind.

**Fluchtgeschwindigkeit, 1)** *Astronomie*: Die Geschwindigkeit der ↗*Fluchtbewegung* von Galaxien.

**2)** *Raumfahrttechnik*: *Entweichgeschwindigkeit* $v_F$, die Endgeschwindigkeit, die ein von der Oberfläches eines Planeten startender Körper mindestens erreichen muß, um sich aus dem Anziehungsbereich des Planeten zu befreien. $v_F$ berechnet sich gemäß

$$v_F = (2Gm/r)^{1/2}$$

($G$: Gravitationskonstante; $m$: Masse und $r$: Radius des Himmelskörpers).
Im Falle der Erde beträgt die *erste kosmische Geschwindigkeit* 7,9km/s. Der Körper erreicht dann eine Kreisbahn um die Erde. Um das Schwerefeld der Erde ganz zu verlassen und eine parabolische Bahn zu erreichen, muß $v_F$ mindestens 11,2km/s betragen (*zweite kosmische Geschwindigkeit*, Fluchtgeschwindigkeit im eigentlichen Sinne). Zum Verlassen des Sonnensystems auf einer hyperbolischen Bahn gilt $v_F \geq 16{,}7$km/s. (*dritte kosmische Geschwindigkeit*). – Für Körper, die nicht von der Oberfläche des Planeten starten, nimmt $v_F$ mit zunehmender Höhe stetig ab.

**Fluchtpunkt** ↗Apex.

**Flügge,** *Siegfried*, deutscher Physiker, *16.3. 1912 Dresden, †15.12.1997 Freiburg; ab 1944 Professor in Königsberg und Göttingen, 1947–60 in Marburg, danach in Freiburg i.Br.; Arbeiten zur theoretischen Kernpysik und Quantenmechanik, insbesondere zur Mesonentheorie der Kernkräfte und zur Streuung von Teilchen an Kernen; wies 1939 als erster auf die Möglichkeit der technischen Verwendung von Kernenergie hin (J.F. ↗*Joliot-Curie*); bekannt auch als Autor bedeutender Werke der theoretischen Physik; Herausgeber des »Handbuchs der Physik« (ab 1955).

**Flugkreisel,** ein Spielzeug, das aus einem Propeller besteht, der in rasche Drehungen versetzt wird. Durch den dadurch entstehenden Auftrieb kann der Flugkreisel bis zu mehreren Meter hoch steigen. Aufgrund der Rotation des Propellers wird die Drehachse wie bei einem ↗*Kreisel* stabilisiert. Ohne die stabilisierende Wirkung der Rotation würde das Spielzeug nur wild durch die Luft taumeln. Als *Bambuslibelle* sind Flugkreisel in China und Japan schon lange bekannt, nach Europa kam dieses Spielzeug erst im 15. Jh.

**Flugzeitlinienbreiten,** spezielle Form der Breite einer Spektrallinie, in der Laserspektroskopie an Atomen oder Molekülen, die dann auftritt, wenn die Wechselwirkungszeit des Teilchens mit dem elektromagnetischen Strahlungsfeld kleiner ist als die Lebensdauer des beobachteten Übergangs. In diesem Fall ist die beobachtete Linienbreite durch die Wechselwirkungszeit und nicht durch die Lebensdauer bestimmt. Für den Spezialfall des Durchflugs eines schnellen Teilchens durch das Feld eines Lasers mit Gaußschem Intensitätsprofil erhält man auch für die Spektrallinie ein Gauß-Profil. Die Flugzeitlinienbreite ergibt sich dann als Quotient der mittleren Teilchengeschwindigkeit und der Halbwertsbreite des Laserstrahlprofils.

**Flugzeitmethode,** *Laufzeitmethode*, Verfahren zur Identifikation von Teilchen aufgrund der Messung der Flugzeit zwischen zwei Zählern (↗Flugzeitspektrometer).

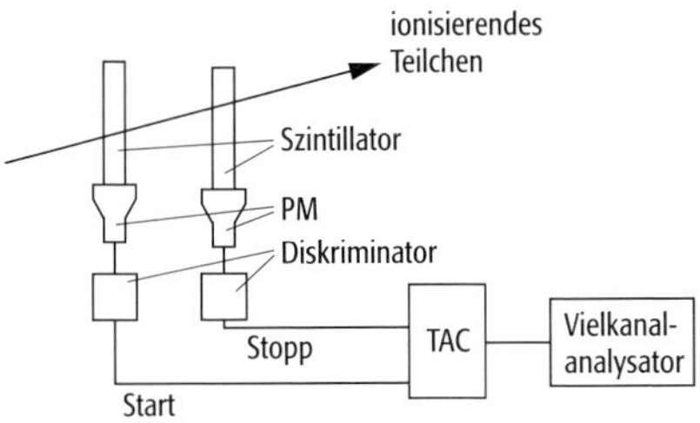


**Flugzeitmethode:** Prinzip der Flugzeitmessung.

**Flugzeitspektrometer,** Meßanordnung der Kern- und Elementarteilchenphysik zur Bestimmung der Geschwindigkeit von Teilchen. Das Zeitintervall $\Delta t$, welches ein Teilchen zum Durchlaufen der Strecke $L$ benötigt, ist proportional zur Geschwindigkeit $v$, $v = L/\Delta t$, woraus bei bekannter Teilchenmasse $m$ die kinetische Energie $E_{kin}$ des Teilchens folgt. Für nichtrelativistische Teilchen gilt:

$$E_{kin} = \frac{m}{2} v^2 = \frac{m}{2} \left( \frac{L}{\Delta t} \right)^2 .$$

Die Zeitmessung erfolgt in einer Koinzidenzanordnung zwischen einem Start- und einem Stoppzähler. Als Startzähler dienen ↗*Transmissionszähler*, in Beschleunigerexperimenten die ↗*Mikropulsung* des Strahls oder, nach Kernreaktionen, der Nachweis anderer Reaktionspartner. Die Zeitauflösung $\delta(\Delta t)$ geht direkt in die Meßgenauigkeit ein. Mit schnellen ↗*Szintillationszählern*, ↗*Tscherenkow-Zählern* und *Pestow-Gas-Zählern* werden Zeitauflösungen von unter 100ps erzielt, so daß selbst bei relativistischen Teilchen Flugstrecken von wenigen Metern genügen. Zur Erzielung großer Effizienz wird die Flugstrecke als magnetisches Transportsystem ausgebildet. Bei Verwendung von Detektorwänden aus Szintillatormaterialien kann der gesamte Raumwinkel, in den die Reaktionsprodukte emittiert werden, abgedeckt werden. (↗*Flugzeitwand*)

**Flugzeitwand,** auch Szintillatorwand, großflächige (mehrere Quadratmeter), granulare Detektoranordnung in Experimenten der Kern- und Elementarteilchenphysik. Die einzelnen Detektoren sind meist Streifen aus schnellen Szintillatormaterialien (↗Szintillator), die beidseitig von Photovervielfacherröhren ausgelesen werden, so daß Ortsempfindlichkeit in beiden Richtungen der Wandebene besteht. Die Granularität richtet sich nach der ↗*Multiplizität*, der Zahl der Reaktionsprodukte, die beispielsweise in Hochenergie-Schwerionenexperimenten mehrere Tausend erreichen kann. Die Detektoren dienen als Multiplizitätszähler und, durch Messung der Flugzeit (↗*Flugzeitspektrometer*), zur Teilchenidentifikation.

**Fluid,** gemeinsame Bezeichnung für die nichtkondensierten Aggregatzustände gasförmig (↗Gas) und flüssig (↗Flüssigkeitsphysik).

**Fluid Dynamics Prize** ↗Preise.

**Fluktuationen** ↗Schwankungen.

**Fluktuations-Dissipations-Theorem** ↗Dissipations-Fluktuations-Theorem.

**Fluor,** *F*, Element der Hauptgruppe VII des Periodensystems, der *Halogene*, Ordnungszahl 9. Fluor besitzt die Elektronenkonfiguration $1s^2 2s^2 2p^5$ und kommt in der Natur nur in Form des Isotops $^{19}F$ vor. Das Mineral Flußspat besitzt emittiert beim Erhitzen Licht (↗Fluoreszenz). Technische Verwendung findet Fluor hauptsächlich zur Synthese anorganischer und organischer Fluorverbindungen: $UF_6$ für Gasdiffusionsanlagen zur Trennung von Uranisotopen; Freongase $CCl_2F_2$ für Kältemaschinen; Polytetrafluorethylen (Teflon) für nichthaftende Kunststoffe. Wasserfreie Fluorwasserstoffsäuren werden in der Raketentechnik zur Erzeugung von Schubkräften eingesetzt.

**Fluor 1:** Wichtige Isotope.

| Isotop | Natürliche Häufigkeit [%] | Atommasse | Halbwertszeit $T_{1/2}$ |
|---|---|---|---|
| $^{18}F$ | 0 | 18,000937 | 109,8m |
| $^{19}F$ | 100 | 18,998403 | stabil |

**Fluor 2:** Allgemeine, chemische und festkörperphysikalische Eigenschaften.

| | |
|---|---|
| relative Atommasse ($^{12}C = 12{,}0000$) | 18,9984 |
| Dichte [g cm$^{-3}$] | |
| gasförmig (273K, 1atm) | 1,69 |
| flüssig | 1,108 |
| Molvolumen [cm$^3$] | 17,1 |
| Oxidationszahlen | −I |

**Fluor 3:** Thermische Eigenschaften.

| | |
|---|---|
| Siedetemperatur [K] | 85,01 |
| Schmelztemperatur (1atm) [K] | 53,53 |
| kritische Temperatur [K] | 144,3 |
| kritischer Druck [kPa] | 5220 |
| kritisches Volumen [cm$^3$mol$^{-1}$] | 66,2 |
| Siedeenthalpie [kJmol$^{-1}$] | 3,26 |
| Schmelzenthalpie [kJmol$^{-1}$] | 1,02 |
| Wärmeleitfähigkeit (300K) [Wm$^{-1}$K$^{-1}$] | 0,0279 |

**Fluor 4:** Atom- und kernphysikalische Eigenschaften.

| Termsymbol | $^2P_{3/2}$ |
|---|---|
| 1. Ionisierungsenergie [eV] | 17,423 |
| 2. Ionisierungsenergie [eV] | 34,971 |
| Elektronenaffinität [eV] | 3,399 |
| Elektronegativität (Pauling) | 3,98 |
| effektive Kernladung (Slater) | 5,20 |
| magnetisches Moment [$\mu_B$] | 2,582 |
| Ionenradius ($F^{1-}$) [nm] | 0,133 |
| Kovalenzradius [nm] | 0,058 |
| Van-der-Waals-Radius [nm] | 0,135 |
| Atomradius [nm] | 0,071 |
| Kernspin ($^{19}F$) | 1/2 |
| kernmagnetisches Moment ($^{19}F$) [$\mu_K$] | 2,6283 |
| Einfangquerschnitt für thermische Neutronen [barn] | 0,0095 |

**Fluoreszenz,** neben der ↗*Phosphoreszenz* eine der Leuchterscheinungen, die unter dem Begriff ↗*Lumineszenz* zusammengefaßt werden. Im Gegensatz zur Phosphoreszenz erlischt die Fluoreszenz gleichzeitig mit der Bestrahlung oder kurze Zeit später und zeigt ein schnelles

($10^{-8}$s) und dem Exponentialgesetz folgendes Abklingverhalten. Die Fluoreszenz wurde 1851 von ↗*Stokes* am Flußspat (Fluorcalcium) beobachtet und folgt der ↗*Stokesschen Regel*, wonach die emittierte Strahlung nicht kurzwelliger, also energiereicher, als die eingestrahlte sein kann. Die Fluoreszenz ist eine charakteristische Leuchterscheinung bei festen Körpern, Flüssigkeiten und Gasen während der Bestrahlung mit Licht-, Röntgen- oder Teilchenstrahlung. Neben organischen und anorganischen Flüssigkeiten zeigen feste Körper aus Salzen der seltenen Erden und Materialien wie Rubin und Saphir, die in Lasern als aktive Medien eingesetzt werden, Fluoreszenz. Eingehend untersucht sind die Gase und hierbei besonders der Ioddampf. Atomtheoretisch läßt sich der Vorgang so erklären, daß ein Atom oder Molekül durch eine eingestrahlte Lichtwelle einer bestimmten Wellenlänge aus seinem Grundzustand in einen angeregten gehoben wird und unter Aussendung von monochromatischem Licht der gleichen Wellenlänge in alle Raumrichtungen in den Grundzustand relaxiert (*Rayleigh-Linie*). Viele Gase zeigen diese einfachste Form der Fluoreszenz, die sogenannte Resonanzfluoreszenz. Bei Bestrahlung mit einer kontinuierlichen Quelle können die Atome oder Moleküle auch auf höhere angeregte Zustände gehoben werden, aus denen sie auf einen weniger angeregten Zustand unter Aussendung von langwelligerem Licht mit geringerer Energie zurückkehren (*Stokes-Linie*). Der Energieverlust kann auftreten, wenn während der Lebensdauer des angeregten Zustandes ein gaskinetischer Zusammenstoß erfolgt, der die Anregungsenergie teilweise oder ganz abführt. Diese Energie kann in kinetische Energie umgewandelt oder vom Stoßpartner aufgenommen und anschließend emittiert werden (Prinzip des Helium-Neon-Lasers). In Festkörpern kann die Emission gegenüber der Absorption zu kleineren Wellenlängen hin verschoben sein, da die Energie durch die Kopplung an die Umgebung in Form von Phononenenergie abgegeben wird. Neben den absorbierten Frequenzen können auch Kombinationen von Linien auftreten, und das Fluoreszenzspektrum besteht dann aus vielen dicht beieinander liegenden Spektrallinien. Wird dem fluoreszierenden Atom Energie in Form von Wärme oder durch Stöße mit anderen Atomen zugeführt, so kann es zu einer Emission von Licht mit einer kleineren Wellenlänge (höherer Energie) gegenüber der absorbierten Wellenlänge kommen (*Anti-Stokes-Linien*). Bei Molekülen kann die gesamte absorbierte Energie in Schwingungs- und Rotationsenergie umgewandelt werden. Die Quantenausbeute der Fluoreszenz ist in allen Fällen kleiner eins, und die Fluoreszenzbande ist gegenüber der Absorptionsbande rotverschoben (*Stokes-Verschiebung*), d.h. sie ist energieärmer. [KB2, SW]

**Fluoreszenzangioskopie** ↗Ophtalmoskopie.

**Fluoreszenzanregung,** Anregung von Atomen oder Molekülen zur Emission von Spektrallinien durch Einstrahlung von Licht. (↗*Fluoreszenz*)

**Fluoreszenzfarbe,** Farbstoff, der die ↗*Fluoreszenz* bestimmter Substanzen ausnutzt. Da Fluoreszenzfarben vor allem blaues und ultraviolettes Licht absorbieren und als längerwellige, grüne bis rote Strahlung emittieren, kann die Ausstrahlung in diesem Wellenlängenbereich die einer identisch beleuchteten mattweißen Fläche übertreffen. Die spektrale *Strahldichte* bei einer Wellenlänge hängt damit nicht nur von der bei dieser Wellenlänge auftreffenden Strahlung ab, sondern auch von Strahlung anderer Wellenlängen und den Fluoreszenzeigenschaften. Der in der technischen Anwendung gebräuchliche *spektrale Strahldichtefaktor* zur Beschreibung der Farbe einer Oberfläche ist damit auf Fluoreszenzfarben nicht anwendbar. Die Literatur beschreibt hier alternative Verfahren.

**Fluoreszenzfärbung,** Präparationstechnik in der Fluoreszenzmikroskopie, bei der ein oder mehrere Fluoreszenzfarbstoffe in das Präparat eingebracht werden (↗Fluoreszenzmarkierung).

**Fluoreszenzfilter,** optische polychroitische ↗*Interferenzfilter* zur Separation von Fluoreszenzlicht vom Anregungslicht. Kurzwelliges Licht, das Fluorochrome zur Fluoreszenz anregt, wird bei diesem Filter üblicherweise unter einem Eintrittswinkel von 45° reflektiert. Fluoreszenzlicht weist gegenüber dem Anregungslicht eine *Stokes-Verschiebung* auf und ist damit langwelliger. Trifft dieses Licht auf den Fluoreszenzfilter, wird er bei entsprechender Spezifikation für diese Lichtwellenlängen transparent. Damit ist das sehr intensive Anregungslicht von der i.a. schwachen Fluoreszenzstrahlung räumlich getrennt.

**Fluoreszenzindikator,** Indikator, der wie ein Farbindikator bei der pH-Messung eingesetzt werden kann. Genutzt wird bei diesem Prinzip die Eigenschaft nichtfluoreszierender Stoffe, die ↗*Fluoreszenz* anderer Stoffe auszulöschen.

**Fluoreszenzkollektor,** ein aus dünnen fluoreszierenden Folien bestehender Kollektor zur Konzentration von (Sonnen-)Licht.

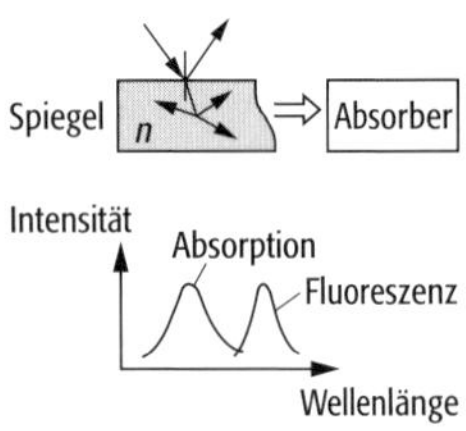

**Fluoreszenzkollektor**

Bei Bestrahlung derartiger Folien wird ein Teil der Photonenenergie in Energie der Molekülschwingungen umgewandelt (*Stokes-Verschiebung*). Dieser somit rotverschobene Lichtanteil wird an der Folien-Luft-Grenzfläche großenteils total reflektiert (↗*Totalreflexion*), so daß die Folie als ↗*Lichtleiter* wirkt. Der Anteil der geführten Lichtleistung beträgt $\sqrt{1 - 1/n^2}$, wobei $n$ die ↗*Brechzahl* der Folie im sichtbaren Spektralbereich bezeichnet. Das auf diese Weise konzentrierte Licht kann nun einem Absorber (z.B. einer ↗*Solarzelle*) zugeführt werden. Bei der praktischen Realisierung sind eine Vielzahl von Parametern zu optimieren, wie ↗*Absorptionsquerschnitt*, Lebensdauer der Farbstoffe und Transparenz des

Wirtsmaterials. Erreicht wurden Konzentrationsgrade von 100.

**Fluoreszenzkorrelationsspektroskopie,** *FCS*, höchstempfindliches optisches Verfahren zum Nachweis von Molekülbeweglichkeiten sowie geringster Konzentrationen fluoreszierender Substanzen. Ein Fluoreszenzkorrelationsspektrometer besteht aus einem Auflichtmikroskop, in das ein Laserstrahl als Beleuchtungsquelle eingekoppelt wird. Meist werden dazu modifizierte Konfokalmikroskope (↗*Konfokalmikroskopie*) verwendet. Das Laserlicht wird durch das Mikroskopobjektiv auf die Probe fokussiert. Das Fokusvolumen, das von Objektivvergrößerung, numerischer Apertur und der Wellenlänge des verwendeten Laserlichtes abhängt, liegt in der Größenordnung von $10^{-15}$ Liter (1 Femtoliter). Es ist so klein, daß sich im zeitlichen Mittel kein fluoreszierendes Partikel darin befindet. Die nachzuweisenden Partikel wandern durch Diffusion und die übliche Brownsche Molekularbewegung in das Fokusvolumen des beleuchtenden Laserstrahls. Hier werden sie für die Dauer der mittleren Aufenthaltszeit von wenigen Millisekunden zur Fluoreszenz angeregt. Wegen der extrem geringen Anzahl tatsächlicher Fluoreszenzereignisse muß dafür Sorge getragen werden, daß der Rauschhintergrund auf ein Minimum reduziert wird. Um dies zu erreichen, werden nur Photonen nachgewiesen, die zeitlich korreliert sind. Untersucht werden mit der FCS z.B. Effekte, die die Moleküldynamik signifikant beeinflussen, wie chemische Reaktionen, ↗*Solvatation* sowie Komplexbildung. Des weiteren können noch Konzentrationen im attomolaren Bereich ermittelt werden.

**Fluoreszenzmarkierung,** Methode zur Lokalisierung spezifischer Biomoleküle. Die Fluoreszenzmarkierung basiert heute überwiegend auf zytochemischen Immunmarkierungstechniken. Dabei werden Fluoreszenzfarbstoffe chemisch an spezifisch wirkende Antikörper gebunden. Diese Antikörper-Fluoreszenzfarbstoff-Aggregate gibt es für eine große Bandbreite von Antigenen, an die sie ankoppeln. Über die Fluoreszenzintensität lassen sich so Ort und Dichte der nachzuweisenden Substanz ermitteln. Die häufigsten Fluoreszenzfarbstoffe sind Fluorescein- und Rhodaminderivate. Über die spektrale Verschiebung der Fluoreszenzspektren in Abhängigkeit von der Farbstoffumgebung lassen sich molekulardynamische Effekte nachweisen.

**Fluoreszenzmikroskopie,** lichtoptisches Kontrastverfahren zur Darstellung fluoreszierender Strukturen. Autofluoreszente Proben verfügen über eine sogenannte primäre Fluoreszenz und brauchen daher nicht mit zusätzlichen fluoreszierenden Substanzen angereichert zu werden. Sekundär fluoreszierende Substanzen müssen dagegen zuerst mit geeigneten Farbstoffen (Fluorochromen) versetzt werden, damit Fluoreszenz beobachtet werden kann (↗Fluoreszenzmarkierung). Spezifische Färbungen erlauben dabei die genaue Lokalisierung der angefärbten Strukturelemente eines Objektes. In einem Fluoreszenzmikroskop liefert eine breitbandige Lichtquelle (i.a. eine Hg-Dampflampe) eine große Anzahl verschiedener Anregungswellenlängen. Da die Fluoreszenzintensität um einige Größenordnungen kleiner ist als die Intensität des Anregungslichtes, muß auf eine möglichst intensive Beleuchtung geachtet werden. Durch spezielle dichromatische Strahlteiler (↗Fluoreszenzfilter) wird das Anregungslicht vom Fluoreszenzlicht separiert. Den Strahlteilern nachgelagert ist meist auch ein optischer Bandpaßfilter, der die Bandbreite des Detektionslichts einengt und letzte Reste des Anregungslichtes vollständig ausblendet. Die aussagekräftigsten Fluoreszenztechniken finden sich heute in der ↗*Konfokalmikroskopie*, wo Strukturen und deren Dynamik räumlich, zeitlich und spektral aufgelöst werden können.

**Fluoreszenznachweis,** Methode zum Nachweis von (neutralen) Atomen, Molekülen oder Ionen. Dabei wird das Detektionsvolumen mit Licht (z.B. eines durchstimmbaren Lasers) bestrahlt und die Teilchen zur ↗*Fluoreszenz* angeregt. Der Nachweis und die Identifizierung der Teilchen geschieht durch Messung dieser Fluoreszenzstrahlung mit einem empfindlichen Strahlungsdetektor (Photomultiplier). Zur Trennung verschiedener Spektrallinien können die Wellenlängen der Fluoreszenzstrahlung zusätzlich mit einem Spektrometer gemessen und getrennt werden.

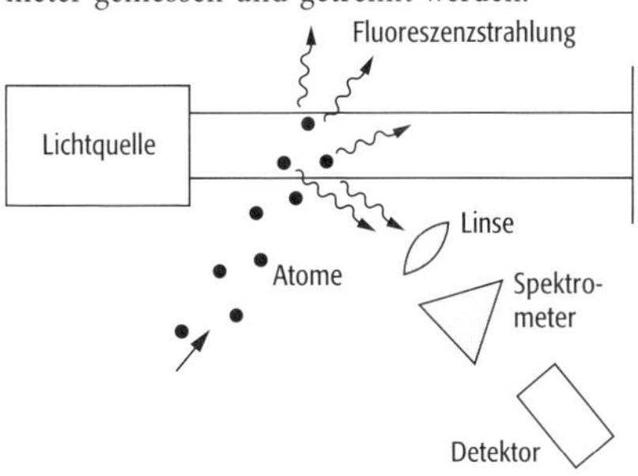


**Fluoreszenznachweis:** Das an den Atomen gestreute Licht wird mit Linse, Spektrometer und Detektor analysiert.

**Fluoreszenzregel,** *Stokessche Regel*, 1852 von Stokes aufgrund empirischer Tatsachen aufgestellte Regel, wonach die Wellenlänge der bei der ↗*Fluoreszenz* emittierten Strahlung immer größer oder gleich groß ist wie die Wellenlänge des anregenden Lichts. Eine Ausnahme von dieser Regel bilden die mehratomigen Moleküle, die aufgrund des ↗Raman-Effekts auch Strahlung kürzerer Wellenlänge emittieren können.

**Fluoreszenz-Röntgenspektroskopie,** spezielle Methode der ↗*Fluoreszenzspektroskopie* und der ↗*Röntgenspektroskopie*, bei der Elektronen in inneren Schalen eines Atoms zur Emission von Fluoreszenzstrahlung angeregt werden. Im Bereich der Röntgenstrahlung konkurriert dieser Prozeß mit der Emission von Auger-Elektronen (↗*Auger-Effekt*).

**Fluoreszenzspektroskopie,** *AFS*, *Atom-Fluoreszenzspektroskopie*, spezielle Methode der ↗*Atomspektroskopie*, bei der die Atome der zu untersuchenden Probe durch elektromagnetische Strahlung in einen angeregten Zustand gebracht werden, von dem aus sie durch spontane Emission von Fluoreszenzlicht (↗*Fluoreszenz*) in den Grundzustand zurückkehren. Durch Untersuchung dieser Fluoreszenzstrahlung lassen sich Erkenntnisse über die Lage der atomaren Energieniveaus gewinnen. Die Abbildung zeigt zwei prinzipielle Möglichkeiten zur Gewinnung eines Fluoreszenzspektrums: (a) Die atomare Probe wird mit kontinuierlichem Licht eines breiten Wellenlängenbereichs bestrahlt (Abb.). Dadurch werden verschiedene angeregte Zustände gleichzeitig bevölkert. Bei der Abregung durch Fluoreszenz werden entprechend viele unterschiedliche ↗*Spektrallinien* emittiert, die sich mit einem ↗*Monochromator* trennen und in Abhängigkeit der Wellenlänge messen lassen. (b) Die Fluoreszenzanregung geschieht mit monochromatischem Licht, z.B. dem Licht eines durchstimmbaren Lasers. In diesem Fall erhält man das Fluoreszenzspektrum, indem man die Wellenlänge des eingestrahlten Lichts kontiniuerlich verändert und die Fluoreszenzstrahlung in Abhängigkeit von der Wellenlänge des eingestrahlten Lichts zu detektiert.

Als Lichtquellen für die Fluoreszenzspektroskopie kommen Glühlampen, Entladungslampen sowie durchstimmbare, kontinuierliche oder gepulste Laser in Frage. Die Monochromatoren sind üblicherweise ↗*Prismenspektrometer* oder ↗*Gitterspektrometer*. Wegen der meist sehr geringen Lichtleistung der Fluoreszenzstrahlung werden zur Detektion in der Regel ↗*Sekundärelektronenvervielfacher* eingesetzt. Die Fluoreszenzspektroskopie dient zur Bestimmung von Energieniveaus in Atomen oder Molekülen, sowie, bei bekannten Energieniveaus der in Frage kommenden Atome, zur Elementanalyse in Gasen. (↗Fluoreszenzkorrelationsspektroskopie)

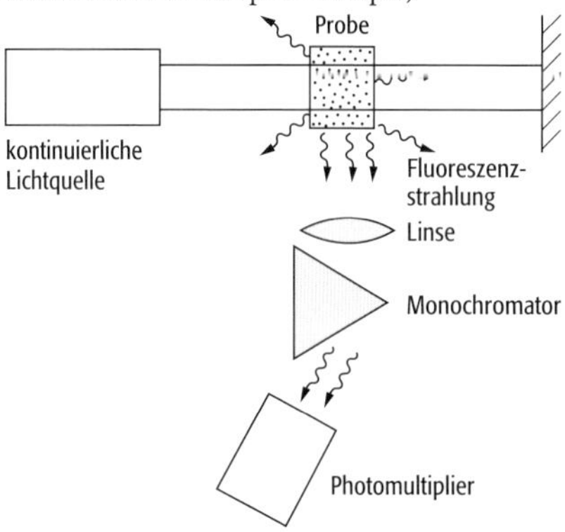


**Fluoreszenzspektroskopie:** Aufbau mit kontinuierlicher Lichtquelle.

**Fluorit,** *Flußspat*, kristallines Calciumfluorid ($CaF_2$), ein Material, das aufgrund der geringen ↗*Dispersion* bevorzugt für optische Linsen zur Korrektur chromatischer Abberationen verwendet wird. Mikroskopobjektive der höheren Korrektionsklasse wie ↗*Apochromate* oder Semi-Apochromate sind meist ↗*Fluoritobjektive*. Synthetischer Flußspat wird durch Umkristallisation aus natürlichem Flußspat gewonnen.

**Fluoritobjektiv,** *Semi-Apochromat*, Mikroskopobjektiv, das in seinem Korrektionsgrad zwischen ↗Achromaten und ↗Apochromaten liegt (↗Fluorit).

**Fluorochrom,** spezielles Farbstoffmolekül, das eingestrahlte Energie in Form von Fluoreszenzlicht wieder abgibt und meist zur spezifischen Kontrastierung oder Markierung ausgewählter Einheiten in biologischen Objekten verwendet wird (↗Fluoreszenzmarkierung).

**Fluorometrie,** photometrisches Verfahren, dem die Messung von Fluoreszenzlicht zugrundeliegt.

**Fluß,** $\Phi$, für eine gegebene (offene oder geschlossene) Fläche $A$ das Integral der Normalkomponente eines ↗*Vektorfeldes* $\boldsymbol{F}$ über diese Fläche: $\Phi(A) = \iint_A \boldsymbol{F}\cdot d\boldsymbol{A} = \iint_A \boldsymbol{F}\cdot\boldsymbol{n}dA = \iint_A F_n dA$ ($\boldsymbol{n}$: Normalenvektor, $d\boldsymbol{A} = \boldsymbol{n}dA$: infinitesimaler Flächenvektor). Für ein beliebiges stetiges und an der Oberfläche $A$ eines Volumens $V$ differenzierbares Vektorfeld $\boldsymbol{G}$ gilt der ↗*Gaußsche Satz* (*Flußregel*), der besagt, daß der durch $A$ tretende Fluß von $\boldsymbol{G}$ gleich dem Volumenintegral über die ↗*Divergenz* von $\boldsymbol{G}$ ist. Bei einem wirbelfreien Feld entspricht dies der Summe über die eingeschlossenen *Quellen*. Wichtig ist der Begriff des Flusses u.a. in der Elektrodynamik (↗elektrischer Fluß, ↗magnetische Flußdichte), in der Hydrodynamik und in der Kern-, Hochenenergie- und Plasmaphysik (↗*toroidaler Fluß*, ↗*poloidaler Fluß*), wo Teilchen- und Energieflüsse betrachtet werden, ferner in der Thermodynamik (↗*Wärmefluß*).

**Flußartefakt,** durch Strömungsprozesse bedingte Verfälschung von Messungen. Flußartefakte werden vor allem in der ↗*NMR-Bildgebung* beobachtet. Unter anderem kommt es zu Signalverlusten durch Abfließen von angeregter Kernmagnetisierung (»Inflow-Outflow-Artefakt«) sowie zu Signalverschiebungen durch bewegungsbedingte Phasenänderungen.

**Flußdiagramm,** Methode zur Skizzierung des groben Ablaufs eines ↗*Algorithmus* bzw. ↗*Programms*. Eine alternative Möglichkeit, die der strukturierten Programmierung mehr entgegenkommt, bietet ein ↗*Struktogramm*.

**Flußdichte,** ↗Fluß, ↗Stromdichte.

**Flußfläche,** ↗Fluß, ↗magnetische Fläche.

**Flußflächenparameter,** *effektiver Plasmaradius*, Maß für den Abstand von der magnetischen Achse (↗Achse, magnetische), insbesondere im ↗Tokamak.

**Flußfunktion, poloidale,** in magnetohydrodynamischen Gleichgewichten (↗Gleichgewicht, magnetohydrodynamisches) der poloidale magnetische Fluß innerhalb einer ↗*magnetischen Fläche*. Im ↗*Tokamak* ergibt sich die poloidale Flußfunktion aus der Lösung der ↗*Grad-Shafranov-Schlüter-Gleichung*.

**Flüssigargon-Ionisationskammer,** ↗Ionisationskammer, betrieben mit einer Flüssigargon-Füllung. Die prinzipiellen Eigenschaften einer Ionisationskammer bleiben dabei erhalten. Flüssigargon- und Flüssigxenon-Ionisationskammern werden wie ↗*Halbleiterzähler* zur Energiemessung durchgehender Teilchen verwendet. Es können aufgrund der höheren Dichte im Vergleich zum ↗*Gasionisationsdetektor* Teilchen höherer Energien absorbiert werden.

**flüssige Edelgase,** Stoffe mit der einfachsten ↗*flüssigen Struktur*, sie kommen einer idealen Flüssigkeit sehr nahe, da sie aus einatomigen, annähernd kugelförmigen Molekülen bestehen, die weder eine geometrische noch eine Kräfteanisotropie aufweisen. Da die äußerste Elektronenschale der Edelgasatome ganz aufgefüllt ist, ist die Verteilung der Elektronenladung in den freien Atomen kugelsymmetrisch. Die einzige bindende Kraft ist die ↗*Van-der-Waals-Wechselwirkung*, die aus Fluktuationen in der Ladungsverteilung der Hülle resultiert.

**flüssige Metalle,** Stoffe, die wie die flüssigen Edelgase einer idealen ↗*Flüssigkeit* recht nahe kommen können, wenn sie aus annähernd kugelförmigen gleichen Atomen bestehen (Bsp.: flüssige Alkalimetalle). Flüssige Metalle sind reine Elektonenleiter, wobei die Elektronenzahl pro Atom exakt gleich der Wertigkeit des Metalls ist. In der Schmelze gilt also das Modell der freien Elektronen. Beim Übergang in den Kristallzustand wird die kugelförmige Fermi-Fläche deformiert, es kommt zu Bandüberlappungen, und es tritt vermehrt Löcherleitung auf. Die Ladung pro Atom und damit die ↗*Hall-Konstante* können sich deshalb beim Erstarren eines flüssigen Metalls stark verändern und wie bei Cd, As, Sb sogar positiv werden.

**flüssige Strukturen,** *Flüssigkeitsstrukturen*, Ordnungsphänomene, die im Gegensatz zum Konzept der ↗*Elementarzelle* eines Kristalls nur statistische Aussagen über Lage und nächste Nachbarn eines Teilchens in der Flüssigkeit machen. Flüssige Strukturen entstehen durch intermolekulare Kräfte und die spezifische Form der Moleküle. Die Abbildungen 1a–f geben ein anschauliches Bild für die Strukturen, die vom Kristall bis zur völlig isotropen Flüssigkeit auftreten können.

**Flüssigkeit,** ein Stoff im flüssigen Aggregatzustand. Alle Stoffe können in bestimmten Bereichen von Druck und Temperatur als Flüssigkeiten vorliegen, vorausgesetzt, daß sie sich im Falle mehrkomponentiger Stoffe beim Übergang in den flüssigen Zustand nicht chemisch umwandeln. Die Flüssigkeiten nehmen eine Mittelstellung zwischen festen Körpern und Gasen ein. Kühlt man eine Flüssigkeit ab, geht sie bei der für den jeweiligen Stoff charakteristischen Temperatur in den festen Zustand über (↗*Schmelzen*), erwärmt man sie, in den gasförmigen (↗*Sieden*). Für den Übergang flüssig–gasförmig existiert eine kritische Temperatur, oberhalb derer es keine Unterschiede zwischen den beiden Zuständen gibt (↗*kritische Zustandsgröße*). Aus Strukturuntersuchungen mittels Neutronen- oder Röntgenstrahlung folgt, daß die Atome, Moleküle oder Ionen einer Flüssigkeit in kleinen Bereichen eine räumliche Ordnung wie in Kristallen zeigen (↗*Nahordnung*), aber nicht wie in diesen an feste Plätze gebunden sind und keine Fernordnung aufweisen. Auf Grund der freien Beweglichkeit der Teilchen kann eine Flüssigkeit beliebige Formen annehmen und eine ebene Niveaufläche bilden. Einer Volumenänderung setzen Flüssigkeiten einen großen Widerstand entgegen. Im Gegensatz zu den Festkörpern existiert jeweils nur eine flüssige Modifikation, eine Ausnahme bildet Helium (↗*Supraflüssigkeit*).

Je nach dem Verhalten in Gefäßen unterscheidet man benetzende und nichtbenetzende Flüssigkeiten (↗*Benetzung*). (↗*Flüssigkeitsphysik*)

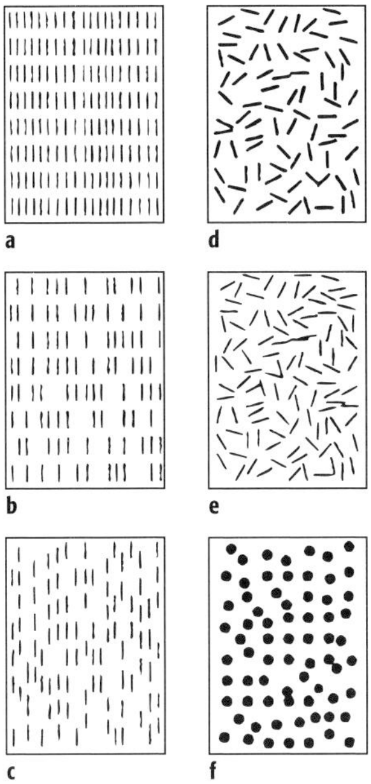

**flüssige Strukturen 1:** a) Kristallstruktur: Nah- und Fernordnung; b–f): Flüssigkeitsstrukturen; b) *flüssig-kristalline Substanz*, smektische Struktur: ausgerichtete Anordnung in Ebenen gleichen Abstands, keine Fernordnung. c) flüssig-kristalline Substanz, *nematische Struktur*: Nahordnung durch Ausrichtung, keine Fernordnung. d) *assoziierte Flüssigkeit*: Assoziation benachbarter Moleküle zu Doppelmolekülen. e) *Schwärme*: Räumlich stark anisotrope Moleküle bilden Molekülanhäufung; ausgeprägte Nahordnung. f) *ideale Flüssigkeit*: kugelförmige Moleküle, Nahordnung nur durch Pakkungsdichte bestimmt.

**Flüssigkeit, ideale,** idealisierte Flüssigkeit ohne ↗*Reibungswiderstand* bzw. mit verschwindender ↗*Zähigkeit*. Der idealen Flüssigkeit begrifflich gegenüber gestellt ist die zähe Flüssigkeit (↗*Flüssigkeit, viskose*). Real existierende Flüssigkeiten weisen immer Reibungswiderstände auf, können aber durch sehr geringe Zähigkeiten der idealen Flüssigkeit sehr nahe kommen. Beipiele für annähernd ideale Flüssigkeiten sind ↗*flüssige Edelgase* und ↗*flüssige Metalle*.

**Flüssigkeit, inkompressible,** ↗*Flüssigkeit*, deren ↗*Dichte* sich selbst bei Anlegen von großen ↗*Drücken* nicht (oder, wie bei Wasser, nur sehr wenig) ändert, deren ↗*Kompressiblität* also gleich null ist. In diesem Fall vereinfachen sich die beschreibenden Gleichungen beträchtlich. Beispielsweise lautet die ↗*Kontinuitätsgleichung* für eine inkompressible Flüssigkeit bei Abwesenheit von äußeren Quellen und Senken: $\nabla \cdot \boldsymbol{v} = 0$, wobei $\nabla$ der ↗*Nablaoperator* und $\boldsymbol{v}$ die ↗*Strömungsgeschwindigkeit* ist. Dies bedeutet, daß das ↗*Geschwindigkeitsfeld* einer inkompressiblen Flüssigkeit quellenfrei ist.

**Flüssigkeit, kompressible,** ↗*Flüssigkeit*, deren ↗*Kompressibilität* nicht vernachlässigt werden kann (z.B. ↗*Gase*). Die Entscheidung, ob eine Flüssigkeit als kompressibel oder inkompressibel angesehen werden darf, hängt dabei vom gegebenen Problem ab. So kann beispielsweise Luft bei Raumtemperatur durchaus noch als inkompressibel behandelt werden, so lange die ↗*Strömungsgeschwindigkeit* kleiner als ein Drittel der ↗*Schallgeschwindigkeit* bleibt, was beträchtliche Vereinfachungen erlaubt. Bei höheren Strömungsgeschwindigkeiten werden allerdings die Effekte der Kompressibilität so groß, daß eine Vernachlässigung auch nicht mehr angenähert zu einer korrekten Beschreibung der Realität führt.

**Flüssigkeit, viskose,** *zähe Flüssigkeit*, die jeder Formänderung einen ↗*Reibungswiderstand* entgegensetzt. Der zähen Flüssigkeit begrifflich gegenüber gestellt ist die ideale Flüssigkeit (↗Flüssigkeit, ideale). Real existierende Flüssigkeiten sind immer zäh.

**Flüssigkeitsbremse,** Verzögerungsmechanismus von Fahrzeugen, bei dem die erforderlichen hohen ↗*Reibungskräfte* an den Bremsbacken durch das Prinzip der *hydraulischen Presse* erzeugt werden. Die beschränkte manuelle Kraft des Benutzers auf das Bremspedal wirkt auf eine verhältnismäßig kleine Flüssigkeitsfläche. Der Querschnitt der durch die Pedalbetätigung bewegten Flüssigkeitssäule erweitert sich durch entsprechende Formgebung der verwendeten Leitungen zu den Bremsbacken. Die dort auf die Bremsbacken ausgeübte Kraft ist aufgrund der größeren Fläche sehr viel größer. Die Verwendung dieses Prinzips bei Bremsen ist möglich, weil der zurückzulegende Weg der Bremsbacken nicht groß sein muß.

**Flüssigkeitschromatographie,** ↗*Chromatographie* mit Hilfe einer flüssigen mobilen Phase. Das Verfahren wird entweder in einer Trennsäule (*Säulenchromatographie, Hochleistungsflüssigkeitschromatographie, Ionenchromatographie*) oder auf einer Platte (*Dünnschichtchromatographie*) durchgeführt. Liegt die stationäre Phase im festen Aggregatzustand vor (Flüssig-Adsorptions-Chromatographie, engl. *Liquid Solid Chromatography*, LSC), beruht der Trennvorgang auf unterschiedlichem Adsorptionsverhalten der Probenmoleküle (*Adsorptionschromatographie*). Wird eine flüssige stationäre Phase verwendet, die von einem inerten Träger mit großem Porenvolumen gebunden wird (Flüssig-Verteilungs-Chromatographie, engl. Liquid Liquid Chromatography LLC), so handelt es sich entweder um

1) eine *Verteilungschromatographie* (Trennung aufgrund unterschiedlicher Löslichkeit),
2) eine *Ausschlußchromatographie* (Trennung nach Molekülgröße) oder
3) eine *Affinitätschromatographie* (Trennung aufgrund spezifischer Ligandenbindung).

**Flüssigkeitsketten,** galvanische Ketten, bei denen sich an der Grenze zwischen unterschiedlichen Lösungen ↗Diffusionspotentiale ausbilden.

**Flüssigkeitsmanometer,** *U-Rohr-Manometer*, Meßgerät zur Messung des ↗*Drucks* in einer ↗*Flüssigkeit*. Hierbei wird ein durchsichtiges gebogenes Rohr (↗*U-Rohr*), welches mit einer Flüssigkeit gefüllt ist, mit dem einen Ende dem zu messenden Druck ausgesetzt. Ist der Druck an den beiden Rohrenden gleich, so steht die Flüssigkeit in den beiden Rohrenden auf gleicher Höhe (↗*Röhren, kommunizierende*), bei ungleichen Drücken sind die Flüssigkeitsmenisken vertikal gegeneinander verschoben. Ist das andere Ende des Rohres offen, so gilt $\Delta p = \rho g \Delta z$ mit $\Delta p$ = Druckdifferenz, $\rho$ = ↗*Dichte* der Flüssigkeit und $\Delta z$ = vertikaler Abstand der beiden Flüssigkeitsmenisken. Auf diese Weise lassen sich auch geringe Druckdifferenzen genau bestimmen. In dieser Form finden Flüssigkeitsmanometer etwa als ↗*Drucksonden*, ↗*Pitot-Rohre*, ↗*Prandtlsche Staurohre*, Töplersche Drucklibellen oder Krellsche Mikromanometer Verwendung. Ist das Rohr an einem Ende geschlossen und befindet sich ein ↗*Gas* im geschlossenen Rohrteil über der Flüssigkeit, so läßt sich aus der ↗*Zustandsgleichung* des Gases sowie der Höhendifferenz der Flüssigkeitsmenisken der absolute Druck bestimmen. Geschlossene Flüssigkeitsmanometer werden als primärer Standard zur Kalibration anderer Vakuummeter verwendet. Die untere Meßgrenze liegt üblicherweise bei einigen hPa (mbar). Zur Vermeidung von Kapillareffekten darf der Innendurchmesser nicht zu klein sein.

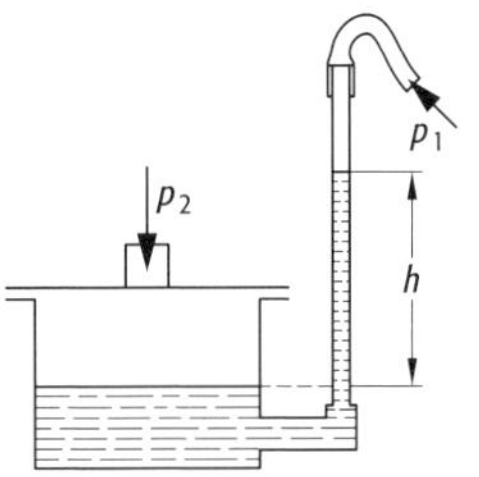

**Flüssigkeitsmanometer:** Aufbau, $h$: Steighöhe, $p_1$: Luftdruck, $p_2$: zu messender Druck.

# Flüssigkeitsphysik

*S. Odenbach, Bremen*

Flüssigkeiten – die jedem aus dem alltäglichen Leben selbstverständlich bekannt sind – stellen vom Standpunkt der physikalischen Beschreibung ein nicht unerhebliches Problem dar, da sie weder die langreichweitige periodische Ordnung von ↗*Kristallen* noch die statistisch gut beschreibbare Unordnung von verdünnten Systemen – also ↗*Gasen* – aufweisen. Nichtsdestoweniger sind die Beschreibung und das Verständnis des Aufbaus und des Verhaltens dieses Zustands der Materie von außerordentlicher Bedeutung: Im Erdinneren, in den Meeren, in lebenden Zellen und zahlreichen technischen Prozessen spielen Flüssigkeiten eine entscheidende Rolle.

Der Zustand »Flüssigkeit« läßt sich am ehesten über die Betrachtung des ↗*Phasendiagramms* (Abb. 1) definieren. In einem engeren Sinne kann man von Flüssigkeiten nur in einem Temperaturintervall zwischen der Temperatur des ↗*Tripelpunkts*, $T_t$, und der Temperatur $T_c$ des ↗*kritischen Punkts* sprechen. Unterhalb des Tripelpunkts können nur noch Gasphase und Festkörper koexistieren, während oberhalb des kritischen Punkts keine Unterscheidung zwischen Gas und Flüssigkeit mehr möglich ist. In erweiterter Form bezeichnet man häufig gasförmige und flüssige Phase gemeinsam als *fluide Phasen* oder einfach als *Fluide*, wobei die Unterscheidung unterhalb des kritischen Punkts durch die ↗*Kompressibilität* gegeben ist. Im weiteren werden wir unter den Flüssigkeiten, die den Bereich Flüssigkeitsphysik betreffen, aber nur die oben definierten Flüssigkeiten im engeren Sinne verstehen.

Um eine mikroskopische Beschreibung der makroskopischen Eigenschaften einer Flüssigkeit möglich zu machen, benötigt man zuerst Information über das Wechselwirkungspotential zwischen den Molekülen. Im Gegensatz zu den Gasen, bei denen die kinetische Energie die potentielle wesentlich übertrifft, so daß letztere nur als Korrekturterm zur Theorie ↗*idealer Gase* hinzugefügt werden muß, überwiegt bei Flüssigkeiten der potentielle Anteil deutlich gegenüber dem kinetischen. Für einfache Flüssigkeiten kann die intermolekulare Wechselwirkung $\Phi(r)$ über das ↗*Lennard-Jones-Potential*

$$\Phi = 4\Phi_0\left[\left(\frac{r_0}{r}\right)^{12} - \left(\frac{r_0}{r}\right)^{6}\right]$$

beschrieben werden, wobei $\Phi_0$ einen Energieparameter und $r_0$ eine charakteristische Länge darstellen. Der Term proportional zu $r^{-12}$ beschreibt die bei kurzen Abständen auftretende repulsive Wechselwirkung, während der zu $r^{-6}$ proportionale Term die langreichweitigen anziehenden Effekte berücksichtigt. Um Aussagen über das Verhalten einer Flüssigkeit machen zu können, benötigt man nun eigentlich eine Berechnung der potentiellen Energie zwischen allen ihren Molekülen. Angesichts des bereits erwähnten Fehlens einer langreichweitigen Ordnung ist dies im allgemeinen nicht möglich. Allerdings zeigen Flüssigkeiten aufgrund der räumlichen Ausdehnung der Moleküle eine *Nahordnung* (Abb. 2), die zu ihrer Beschreibung herangezogen werden kann. Man definiert die

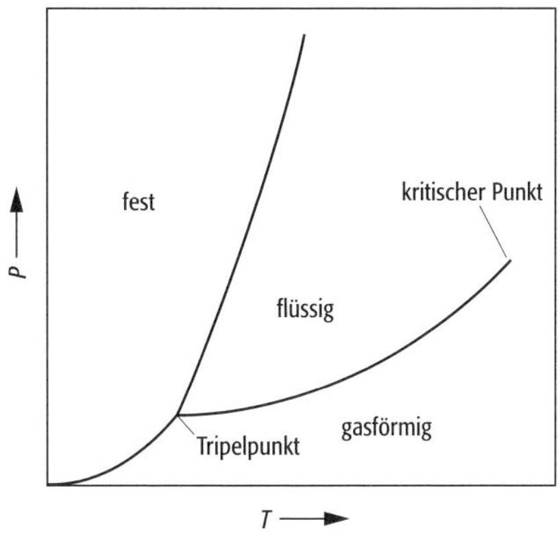


**Flüssigkeitsphysik 1:** Das Phasendiagramm einer einfachen Flüssigkeit.

↗*Korrelationsfunktion* $g(r,t)$, welche die Wahrscheinlichkeit beschreibt, daß am Ort $r$ zur Zeit $t$ ein Molekül gefunden wird, unter der Voraussetzung, daß am Ort $r=0$ zur Zeit $t=0$ eines war. Soll das Teilchen, das am Ort $r$ zur Zeit $t$ gefunden wird, das gleiche Teilchen sein, welches zur Zeit $t=0$ am Ort $r=0$ war, so handelt es sich bei der Korrelationsfunktion um die *Autokorrelationsfunktion*. Handelt es sich um ein anderes Teilchen, so erhält man die *Paarkorrelationsfunktion*. Unter Verwendung der Paarkorrelationsfunktion $g_p(r,0)$ läßt sich die potentielle Energie in der Form

$$U_{\text{pot}} = \frac{N^2}{2V}\int \Phi(r) g_p(r,0)\,\mathrm{d}^3 r$$

schreiben. Damit wird klar, daß die Kenntnis der Paarkorrelationsfunktion – bei vorhandenem Modell für die intermolekulare Wechselwirkung $\Phi(r)$ – den Zugang zur Beschreibung der ↗*inneren Energie* der Flüssigkeit darstellt. Über die bekannten thermodynamischen Beziehungen kann man aus dieser makroskopische Größen wie ↗*Wärmekapazität*, ↗*thermische Ausdehnung* etc. bestimmen. Auch ↗*Transportkoeffizienten* wie der ↗*Diffusionskoeffizient* oder die ↗*Viskosität* der Flüssigkeit können über die Korrelationsfunktionen beschrieben werden, wobei hier – da es sich um dynamische Prozesse handelt – die Zeitabhängigkeit von $g(r,t)$ zum Tragen kommt.

Die Bestimmung der Korrelationsfunktionen kann experimentell durch *Streuverfahren* erfolgen. Die Intensität der gestreuten Partikel als Funktion des *Streuvektors* $\boldsymbol{q}$ kann in der Form

$$I(\boldsymbol{q}) \sim I_0|\boldsymbol{a}|^2 NS(\boldsymbol{q})$$

geschrieben werden, wobei $I_0$ die Intensität des einfallenden Teilchenstrahls, $N$ die Zahl der Streuer und $\boldsymbol{a}$ die ↗*Streuamplitude* (also die Wechselwirkung zwischen streuendem und gestreutem Teilchen) bezeichnen. Die Größe $S(\boldsymbol{q})$ wird als ↗*Strukturfaktor* bezeichnet und ist die Fourier-Transformierte (↗*Fourier-Transformation*) der Korrelationsfunktion. Die Bestimmung des Strukturfaktors über eine Messung der Streuintensität läßt daher die

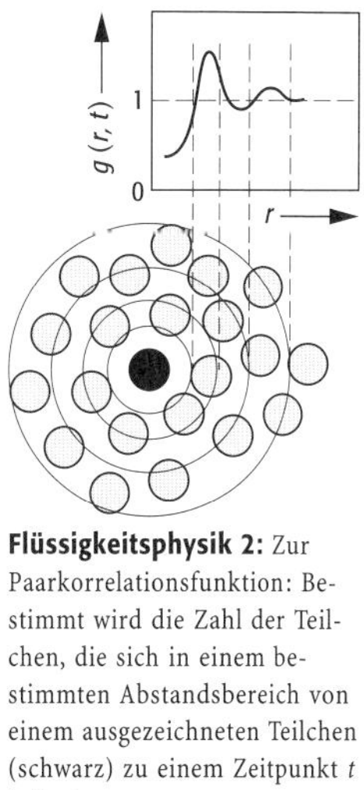


**Flüssigkeitsphysik 2:** Zur Paarkorrelationsfunktion: Bestimmt wird die Zahl der Teilchen, die sich in einem bestimmten Abstandsbereich von einem ausgezeichneten Teilchen (schwarz) zu einem Zeitpunkt $t$ befinden.

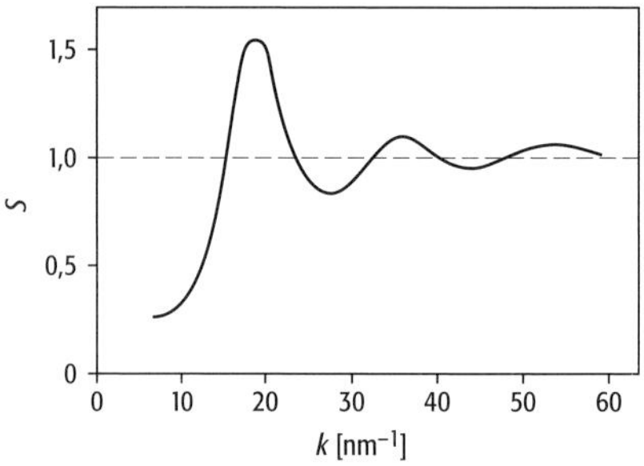


**Flüssigkeitsphysik 3:** Der statische Strukturfaktor für flüssiges Argon (nach Nikolaj, Pings, J. Chem. Phys. 46 (1967) 1401.).

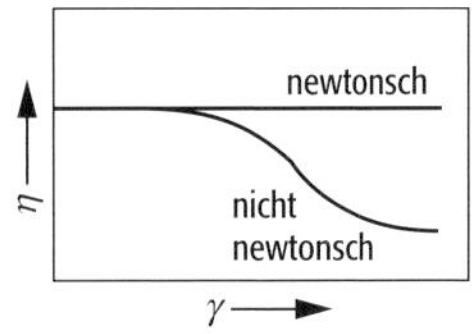


**Flüssigkeitsphysik 4:** Die Scherratenabhängigkeit der Viskosität für eine newtonsche und eine scherverdünnende, nicht-newtonsche Flüssigkeit.

Ermittlung der Korrelationsfunktion einer realen Flüssigkeit zu, wie sie in Abb.3 für flüssiges ↗*Argon* gezeigt ist. Die Wahl der zu streuenden Partikel hängt im Prinzip nur von der Größe der streuenden Einheiten in der Flüssigkeit ab. So werden kolloidale ↗*Suspensionen* bevorzugt mit Streuung sichtbaren Lichts, Flüssigkeiten mit kleineren Streuern mit ↗*Röntgenstrahlung*, ↗*Neutronen* oder ↗*Elektronen* untersucht. Neben der Wahl der geeigneten ↗*Wellenlänge* der Strahlung ist man zudem bemüht, die Strahlung so zu wählen, daß die ↗*Absorption* in der Flüssigkeit klein und die Streuung stark ist.

Nachdem wir somit die Möglichkeiten der mikroskopischen Beschreibung von Flüssigkeiten betrachtet haben, sollen im weiteren ihre charakteristischen makroskopischen Eigenschaften erörtert werden. Dazu ist es zweckmäßig, die Flüssigkeiten in verschiedene Klassen zu unterteilen. Zuvor war bereits von *einfachen Flüssigkeiten* die Rede, wobei dort implizit angenommen wurde, daß dies Flüssigkeiten mit einer einfachen, d.h. nur vom Abstand zwischen den Molekülen abhängigen Wechselwirkung sind. Dies trifft für Systeme wie flüssiges Argon, in guter Näherung auch für niedermolekulare Flüssigkeiten und bei Betrachtung einiger Eigenschaften auch für ↗*Wasser* zu. Als Gegenstück zu den einfachen Flüssigkeiten definiert man die *komplexen Flüssigkeiten* als hochmolekulare Systeme mit komplexen Wechselwirkungen, also z.B. ↗*Polymere*, die größere räumliche Strukturen ausbilden.

Neben dieser Klassifizierung ist es häufig auch nützlich, Flüssigkeiten nach ihrem Fließverhalten einzuteilen. Dabei dient die Abhängigkeit einer der charakteristischen Eigenschaften einer Flüssigkeit, ihrer *Zähigkeit* oder ↗*Viskosität*, von dem ihr aufgeprägten Geschwindigkeitsgradienten, die *Scherrate*, als Klassifizierungsmerkmal. Im einfachsten Fall hängt die Viskosität $\eta$, die nach dem Newtonschen Reibungsansatz (nach I. ↗*Newton*) über den Zusammenhang zwischen Schubspannung $\tau$ und Scherrate $\dot{\gamma}$ gemäß $\tau = -\eta\dot{\gamma}$ definiert ist, nicht von der Scherrate ab. In diesem Falle bezeichnet man die Flüssigkeit als *newtonsch*. Ändert sich die Viskosität mit steigender Scherrate, so spricht man von *nicht-newtonschen Flüssigkeiten*. Es gibt hierbei scherverdünnende oder scherverdickende Flüssigkeiten, bei denen die Viskosität mit steigender Scherrate ab- bzw. zunimmt (Abb.4). Zudem gibt es Flüssigkeiten, bei denen der Zusammenhang zwischen Schubspannung und Scherung neben dem bereits erwähnten Newtonschen Reibungsterm einen *Hookeschen*, elastischen Anteil enthält (nach R. ↗*Hooke*). In diesem Falle, der z.B. bei Klebstofflösungen experimentell leicht zu beobachten ist, spricht man von *viskoelastischen Flüssigkeiten*. Zur Untersuchung der viskosen Eigenschaften von Flüssigkeiten bedient man sich unterschiedlicher Vorrichtungen, die grundsätzlich hinsichtlich der Variabilität der Scherrate unterschieden werden können. Für newtonsche Flüssigkeiten werden bevorzugt ↗*Viskosimeter* verwendet, bei denen die Scherrate nicht variiert werden kann, beispielsweise ↗*Kapillarviskosimeter*. Bei nicht-newtonschen Flüssigkeiten kommen *Rheometer* zum Einsatz, bei denen die Flüssigkeit zwischen Platten variabler Rotationsgeschwindigkeit gehalten wird (Abb.5). Die Variation der Rotationsgeschwindigkeit erlaubt die Änderung der Scherrate. Neben den *isotropen Flüssigkeiten*, also solchen Systemen, die sich makroskopisch im thermischen Gleichgewicht wie Flüssigkeiten aus sphärischen Teilchen verhalten, haben in den letzten Jahren *anisotrope Flüssigkeiten* zunehmendes Interesse gefunden. Solche Flüssigkeiten zeigen auch im thermodynamischen Gleichgewicht richtungsabhängige Eigenschaften, wie man sie bei Festkörpern gewohnt ist. In kolloidalen ↗*Suspensionen* können diese Richtungsabhängigkeiten häufig durch den Einfluß äußerer Felder gesteuert werden, was z.B. im Falle der *Ferrofluide* oder ↗*magnetischen Flüssigkeiten* zu erheblichen technischen Anwendungsmöglichkeiten geführt hat.

Die zweite charakteristische Eigenschaft einer Flüssigkeit neben der schon erwähnten Zähigkeit ist ihre ↗*Oberflächenspannung*. An einer freien Oberfläche einer Flüssigkeit treten ins Innere der Flüssigkeit gerichtete Kräfte auf, die darauf beruhen, daß die Oberflächenmoleküle nur in Richtung des Flüssigkeitsinneren mit anderen Flüssigkeitsmolekülen wechselwirken können. Im Falle einer freien Flüssigkeitsmenge wird die Oberflächenspannung zu einer Minimierung der Flüssigkeitsoberfläche führen, indem sie dafür sorgt, daß das Flüssigkeitsvolumen Kugelform annimmt. Befindet sich die Flüssigkeit in Kontakt mit Wänden und einer Gasphase, so treten

**Flüssigkeitsphysik 5:** Verschiedene Anordnung von Meßzellen für Rheometer. Im allgemeinen wird eine der Platten mit variabler Geschwindigkeit rotiert, während an der zweiten das von der Flüssigkeit übertragene Drehmoment gemessen wird.

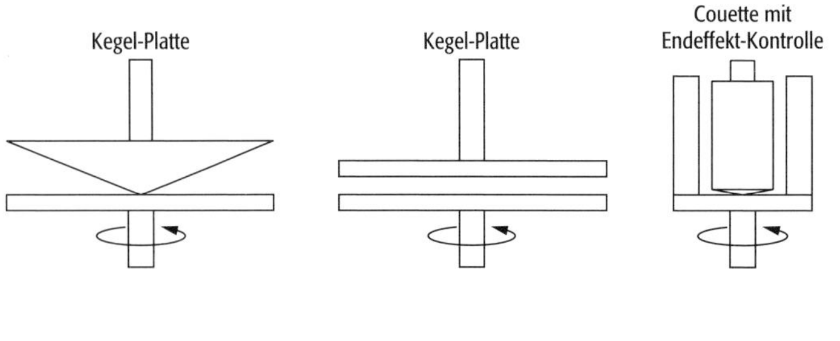

↗*Kapillarkräfte* auf, die z.B. beim Transport von Treibstoffen in Satellitentanks (Abb. 6, s. auch Abb. 7 im Farbtafelteil) von großer technischer Bedeutung für eine wichtige Zukunftstechnologie sind.

Die makroskopische Bewegung von Flüssigkeiten wird im Rahmen der ↗*Hydrodynamik* und ↗*Strömungsmechanik* beschrieben. Die dort untersuchten *Transportphänomene* und die damit verbundenen *Strömungsinstabilitäten* verbinden die Gebiete Flüssigkeitsphysik und Hydrodynamik mit der Erforschung von ↗*Turbulenz* und ↗*Chaos*. Dies zeigt in besonderer Weise, daß die Flüssigkeitsphysik ein interdisziplinäres Feld am Schnittpunkt der Physik kondensierter Materie mit ↗Thermodynamik, Strömungsmechanik, Chaosforschung, technischer Anwendung und zahlreichen anderen Gebieten ist.

Auch in der Quantentheorie spielen Flüssigkeiten eine interessante Rolle – bei extrem tiefen Temperaturen wird flüssiges Helium zu einer *Quantenflüssigkeit* und zeigt das einzigartige Phänomen der ↗*Suprafluidität*, das eng mit der ↗*Bose-Einstein-Kondensation* verwandt ist.

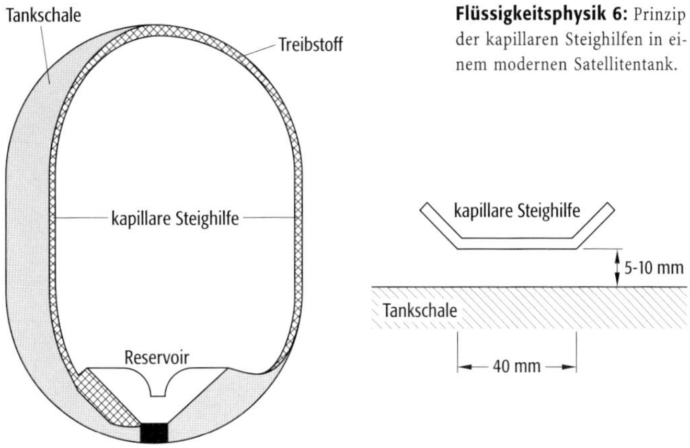


**Flüssigkeitsphysik 6:** Prinzip der kapillaren Steighilfen in einem modernen Satellitentank.

**Literatur:**

K. Stierstadt: *Physik der Materie*, VCH Verlagsgesellschaft, Weinheim 1989;
Bergmann-Schaefer Lehrbuch der Experimentalphysik Band 5: *Vielteilchen-Systeme*, de Gruyter, Berlin, 1992.

**Flüssigkeitsraketen** ↗Flüssigkeitstriebwerk.

**Flüssigkeitsring-Vakuumpumpe,** eine ↗*Vakuumpumpe*, bei der die Förderung des abzusaugenden Gases mit Hilfe einer rotierenden Flüssigkeit erfolgt, sie gehört zu den *Rotations-Verdrängerpumpen*. Der Aufbau besteht aus einem teilweise mit Wasser gefüllten zylindrischen Gehäuse, in dem ein Flügelrad exzentrisch angeordnet ist (Abb.). Bei Rotation des Rades bildet sich ein konzentrischer rotierender Wasserring. Dies führt zur Bildung von Zellen, deren Volumen während der Rotation periodisch zu- und abnimmt. Führt man nun diesen Zellenräumen Gas aus dem angeschlossenen, zu extrahierenden Vakuumgefäß zu, so wird dieses in Richtung der sich verkleinernden Räume gefördert und nach Kompression auf Atmosphärendruck ausgestoßen. Der Flüssigkeitsring dient gleichzeitig auch zur Abdichtung von Ansaugstutzen und Vakuumgefäß gegen den Atmosphärendruck am Auspuffstutzen. Zur Vermeidung einer Überhitzung durch das komprimierte abgesaugte Gas wird die Betriebsflüssigkeit ständig erneuert. Typische Werte für das Saugvermögen liegen bei 10–25 000 m$^3$/h, der Einsatz erfolgt bei Drücken bis hinab zu 3–6 kPa (30–60 mbar), darunter kann die Pumpe durch Dampfbildung und ↗*Kavitationen* zerstört werden.

**Flüssigkeitsstrahlpumpe,** eine Treibmittelpumpe, die vor allem als ↗*Vakuumpumpe* eingesetzt wird, meist als *Wasserstrahlpumpe*. Dabei strömt ein Flüssigkeitsstrahl mit sehr hoher Geschwindigkeit an dem zu evakuierenden Gefäß vorbei. Durch noch nicht im einzelnen verstandene turbulente Vorgänge kommt es zu einer intensiven Mischung von Strahlflüssigkeit und abzupumpendem Gas, so daß dieses mitgerissen und somit abgepumpt wird. Der Enddruck wird durch den Sättigungsdampfdruck des Treibmittels bestimmt, bei Leitungswasser beträgt er 2–3 kPa (20–30 mbar). Ölstrahlpumpen besitzen niedrigere Enddrücke, es konnten aber noch keine wirtschaftlich arbeitenden Pumpen dieses Typs hergestellt werden. Wasserstrahlpumpen sind unempfindlich gegen korrosive und verunreinigende Gase und Dämpfe und werden deshalb besonders in chemischen Laboratorien verwendet.

**Flüssigkeitsströme in Pflanzen,** Stofftransport innerhalb eines Gewebes über wäßrige Diffusionsprozesse im zusammenhängenden Zellwandsystem der das Gewebe bildenden Zellen (passiver Apoplastentransport) oder über Plasmabrücken (Symplasten) zwischen den Zellen (aktiver symplasmatischer Transport). Pflanzen, welche ihren Vegetationskörper im Luftraum mit seinen in der Regel hohen Wassersättigungsdefiziten entwickeln und daher laufend Wasser durch Transpiration verlieren, haben ein leistungsfähiges Wasserleitungssystem (Xylem) entwickelt. Die Basis stellt ein Röhrensystem aus verholzten Zellwänden dar, zwischen denen die Zellen abgestorben sind. In ihnen bewegt sich ein Strom von Wasser und darin gelöster Stoffe von den Wurzeln bis zu den Blättern. Die Ursache der Wasserbewegung sind z.T. ein positiver Druck von den Wurzeln, aber vor allem aber der Transpirationssog. Der Druckgradient im Xylem liegt bei etwa 100 Pa/cm, die Spitzengeschwindigkeit bei ca. 6 m pro Stunde.

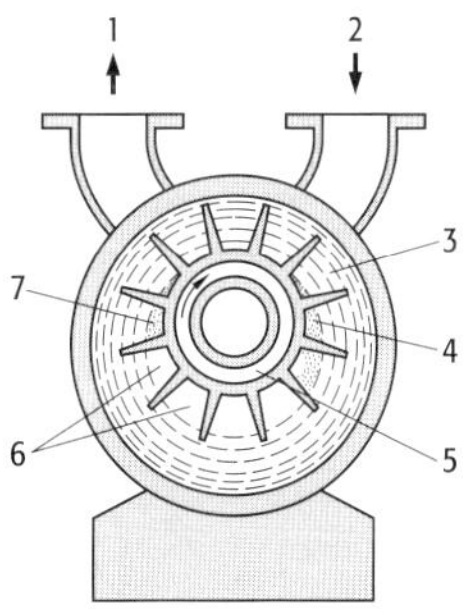


**Flüssigkeitsring-Vakuumpumpe:** Wirkungsweise einer Wasserring-Vakuumpumpe: 1: Auspuffstutzen, 2: Ansaugstutzen, 3: Flüssigkeitsring, 4: Saugschlitz, 5: Rotor, 6: Zellen, 7: Druckschlitz.

Der Assimilattransport wird in höheren Pflanzen durch lebende Zellen (aber ohne Zellkern wie auch Erythrozyten), welche in sogenannten Siebröhren (Phloem) angeordnet sind, erledigt. Die genauen Mechanismen des Phloemtransportes sind nicht geklärt, die Beteiligung aktiver Transportmechanismen durch semipermeable Siebzellenmembranen, osmotische Ursachen und die Kopplung mit dem Xylemtransport werden diskutiert.

**Flüssigkeitsthermometer,** *Glasthermometer*, Temperaturmeßgeräte, bei denen die relative Ausdehnung zwischen einer Flüssigkeit und einem die Flüssigkeit enthaltenden festen Körper – meist Glas – als Maß für die Temperatur verwendet wird (↗Ausdehnungsthermometer).

**Flüssigkeitstriebwerk,** *Flüssigkeitsantrieb*, Triebwerke, die ihren Schub aus der Verbrennung flüssiger Antriebsstoffe wie z.B. Hydrazin, Kerosin oder flüssigem Wasserstoff beziehen. Sie sind zwar prinzipiell wesentlich komplizierter aufgebaut als *Feststofftriebwerke*, finden jedoch aufgrund ihrer längeren Brennzeiten, ihres exakt zu steuernden Schubs, dem problemlosen An- und Abschalten sowie ihres höheren Energieinhaltes als ↗*Raketenantrieb* in der Raumfahrt eine sehr breite Verwendung. Zu ihren Hauptbestandteilen zählen neben der eigentlichen Brennkammer die meist übereinander angeordneten Treibstoffbehälter für den Brennstoff sowie den für die Verbrennung unverzichtbaren Sauerstofflieferanten (Oxydator), meistens flüssiger Sauerstoff, Fluor, Salpetersäure oder Stickstofftetroxid. Ein aufwendiges Fördersystem aus Treibstoffzuleitungen und Ventilen übernimmt bei dieser Art des Antriebs die Aufgabe, die flüssigen Betriebsstoffe entweder durch Druck oder mit Pumpen aus den Tanks in die eigentliche Brennkammer zu befördern, wo sie miteinander reagieren. Da bei der Druckförderung durch komprimiertes Gas alle Tanks für den vollen Förderdruck ausgelegt sein müssen, hat sich für große Trägerraketen die Treibstoffförderung durch Pumpen durchgesetzt. Die Brennkammer selbst, in der je nach Treibstoffkombination Drücke bis zu 300bar sowie Verbrennungstemperaturen bis zu 4500K auftreten können, muß außerdem mit einem eigenen Kühlsystem ausgerüstet sein. Die Wahl der jeweiligen Flüssigtreibstoffkombination wird für jedes Flüssigkeitstriebwerk individuell durchgeführt. Je nach Art des Raumfahrzeuges und der Mission wird sie bestimmt durch den spezifischen Impuls, Gefrierpunkt, Dichte, Siedepunkt, Dampfdruck, Lagerfähigkeit, Toxizität und nicht zuletzt dem Herstellungspreis. Dabei unterscheidet man ganz allgemein zwischen Einstoff-, Zweistoff- und Dreistoffsystemen. Einstoff- oder sog. Monergolsysteme (z.B. Hydrazin) finden in zahlreichen Steuer- und Regeltriebwerken Verwendung. Die überwiegende Mehrzahl der Flüssigkeitsbrennstoffe sind jedoch Zweistoffsysteme, sog. Diergole aus Brennstoff und Oxydator. Triergol- oder sogar Katergolsysteme (Verwendung von Wasserstoffperoxyd) machen weitere getrennte Treibstoffbehälter notwendig und sind daher seltener.

**Flüssigkeitswiderstand,** Bauteil aus einem mit Sodalösung (Elektrolyt) und beweglichen Eisenelektroden gefüllten Trog, dessen ↗*elektrischer Widerstand* durch verschieden tiefes Eintauchen der Elektroden reguliert werden kann und das manchmal als Anlaßwiderstand für ↗*Elektromotoren* benutzt wird.

**Flüssigkristallanzeigen,** *Liquid Crystal Displays*, ↗LCDs.

**Flüssigkristalle,** eine Zustandsform der Materie, die zwischen ungeordneter Flüssigkeit und geordnetem Kristall liegt. Sie bestehen in der Regel aus langgestreckten Molekülen mit etwa 10 bis 100 Atomen, die sich in einer Reihe verschiedener Konfigurationen räumlich anordnen können (↗*flüssige Strukturen*). Obwohl diese Strukturen kristallin aussehen, ist ihnen doch allen das typische Flüssigkeitsverhalten gemeinsam: eine Viskosität der Größenordnung 0,01kg/m·s, ein verschwindender statischer Elastizitätsmodul und eine Platzwechselzeit von etwa $10^{-7}$s. Die Moleküle lassen sich gegeneinander verschieben, behalten aber ihre parallele räumliche Anordnung bei. Die Ursache für diese Nahordnung der Moleküle ist ein richtungsabhängiges Potential $U(r)$, das bei paralleler Anordnung eine größere Anlagerungsenergie zwischen Nachbarmolekülen liefert als bei senkrechter Stellung (Abb. 1).

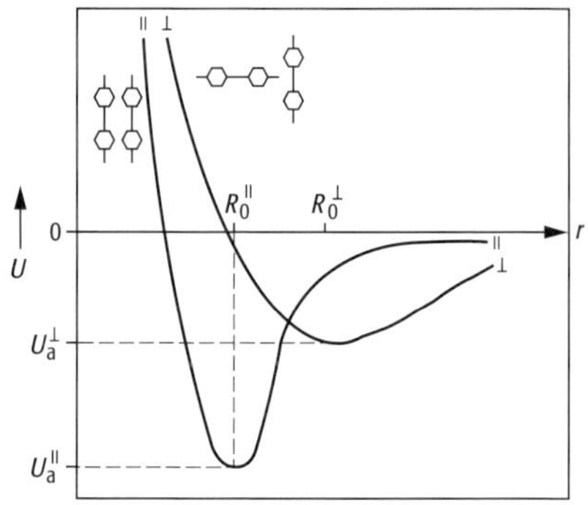


**Flüssigkristalle 1:** Intermolekulares Potential von Flüssigkristall-Molekülen. Bei Parallelstellung der Moleküle sind die Anlagerungsenergie $U_a$ und der Gleichgewichtsabstand $R_0$ kleiner als bei Senkrechtstellung.

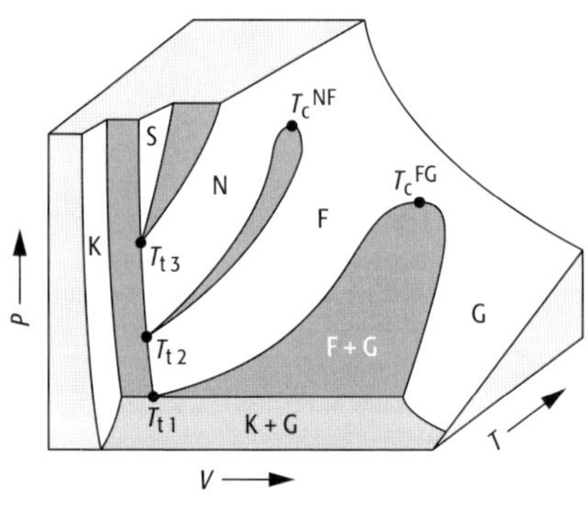


**Flüssigkristalle 2:** Zustandsfläche einer Substanz mit zwei flüssig-kristallinen Phasen. K fester Kristall, S smektischer Flüssigkristall, N nematischer Flüssigkristall, F isotrope Flüssigkeit, G Gas, $T_{t1}$ bis $T_{t3}$ Tripelpunkte, $T_c$ kritische Punkte. Die Zweiphasengebiete sind grau unterlegt.

Dabei entsteht eine Flüssigkeitsstruktur, die eine Mesophase (eine in der »Mitte« zwischen Kristall und isotroper Flüssigkeit befindliche Phase) darstellt: der Ordnungsgrad liegt zwischen der perfekten Struktur des idealen Kristalls und der völligen Unordnung einer statistisch isotropen Flüssigkeit.
Technische Anwendung finden Flüssigkristalle in der digitalen Anzeigentechnik (↗*LCDs*), in Gläsern mit elektronisch gesteuerter Lichtdurchlässigkeit, in variablen Farbfiltern (↗*cholesterische Phase*), in Speichersystemen für Computer etc.

**Flüssigphasenepitaxie,** *Liquid Phase Epitaxy, LPE*, ein Verfahren zum Wachstum einkristalliner Schichten durch Niederschlag aus einer unterkühlten bzw. übersättigten Flüssigkeit (Schmelze) auf einem Substrat. Das für die Schicht benötigte Material ist in einem seiner Bestandteile gelöst (zum Beispiel GaAs in Ga). Die Schmelze wird zeitweise mit dem Substrat in Kontakt gebracht, wo sie als einkristalline Schicht kondensiert. Der Kontakt zwischen Schmelze und Substrat erfolgt durch Eintauchen (*dipping*), Kippen (*tipping*) oder Gleiten (*sliding*) des Substrats (Abb.). Letztere Technik bietet die Möglichkeit, durch Verwendung mehrerer Schmelztiegel verschiedene Schichten nacheinander zu wachsen. Typische Dicken solcher Schichten liegen um 1–50 μm. Die Vorteile der LPE im Vergleich zu anderen Verfahren der ↗*Epitaxie* liegen in der Einfachheit der Methode, den im Vergleich zu anderen Epitaxieverfahren hohen Wachstumsraten und der Tatsache, daß keine parasitären Reaktionen stattfinden. Dem stehen als Nachteile eine rauhe Oberfläche und die Tatsache gegenüber, daß dünne Schichten nicht mit atomarer Genauigkeit erzeugt werden können. Die Grenze liegt bei etwa 100 Å. Die Flüssigphasenepitaxie findet Anwendung in der Halbleitertechnologie, zum Beispiel beim Wachstum von GaP, GaAs, und AlGaAs LEDs.

**Flüssigphasenpolymerisation** ↗Polymerisation.

**Flußkopplung,** Variante von ↗*Membrantransportprozessen*, bei der der Transport (Fluß) einer Art von Molekülen durch die biologische Membran mit dem Transport einer anderen Art von Molekulen in einem stöchiometrischen Verhältnis gekoppelt ist. Beispielsweise ist der Transport von Zuckern durch die Membran der Epithelzellen des Dünndarms aus dem Darmlumen mit dem Transport von Natriumionen in das Zellinnere gekoppelt. Auf diese Weise können die Metaboliten auch gegen ihren eigenen Konzentrationsgradienten bewegt werden, wenn der elektrochemische Gradient für Natriumionen hoch genug ist. (↗*Membranpotential*)

**Flußkriechen** ↗Flußschlauchwandern.

**Flußlinie** ↗Flußschlauch.

**Flußmesser, magnetischer,** *Fluxmeter*, ein *Kriechgalvanometer* zur Messung magnetischer Größen. (↗Galvanometer, ↗Hysterese)

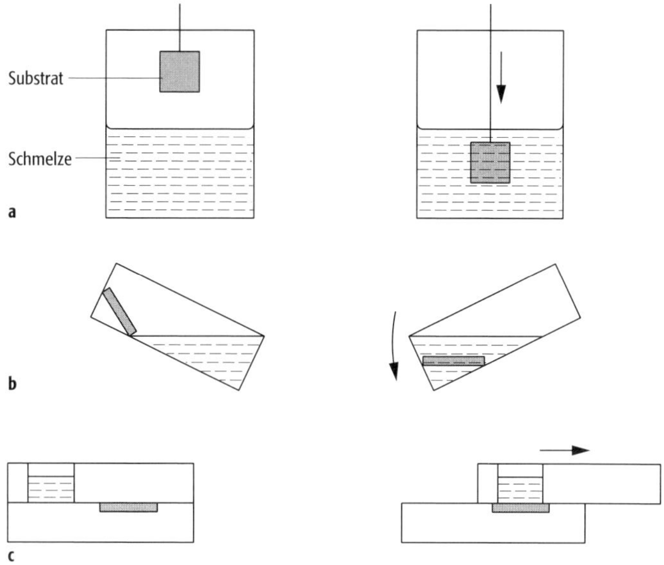


**Flüssigphasenepitaxie:** Die verschiedenen Techniken der Flüssigphasenepitaxie: a) Eintauchen, b) Kippen, c) Gleiten.

**Flußpumpe,** eine Anordnung, bei der unter Ausnutzung der Erhaltung des magnetischen Flusses durch einen supraleitenden Ring (Spule, Zylinder) (↗*Supraleiter*, ↗*Flußquantisierung*) und mittels geeigneter Schaltvorgänge ein magnetischer Fluß wiederholt zwischen zwei supraleitenden Induktivitäten verschoben und damit komprimiert werden kann. Die dadurch erreichbaren Feldstärken sind durch den ↗*kritischen Strom* des verwendeten Supraleiters begrenzt. Die technischen Anwendungsmöglichkeiten solcher Flußpumpen sind bedeutungslos.

**Flußquant,** *Fluxon*, die aus der ↗*Flußquantisierung* des magnetischen Flusses durch einen supraleitenden Ring (↗*Supraleiter*) sich ergebende, kleinste Einheit des magnetischen Flusses $\phi_0 = h/2e \cong 2{,}07 \cdot 10^{-15}\,\mathrm{T\,m^2}$. Quantisierung des Flusses durch einen normalleitenden Ring führt zu Flußquanten doppelter Größe $h/e$, die in mesoskopischen Strukturen auch nachweisbar sind (↗*Aharonov-Bohm-Effekt*).

**Flußquantisierung,** die Quantisierung des magnetischen Flusses, der einen supraleitenden Ring (allgemeiner einen mehrfach zusammenhängenden supraleitenden Körper, ↗*Supraleiter*) durchdringt, in Einheiten von $h/q$ ($h$: Plancksche Konstante, $q$: Ladung der supraleitenden Ladungsträger, ↗*Fluxoid*). Sie wurde von F. ↗*London* 1950 theoretisch vor-

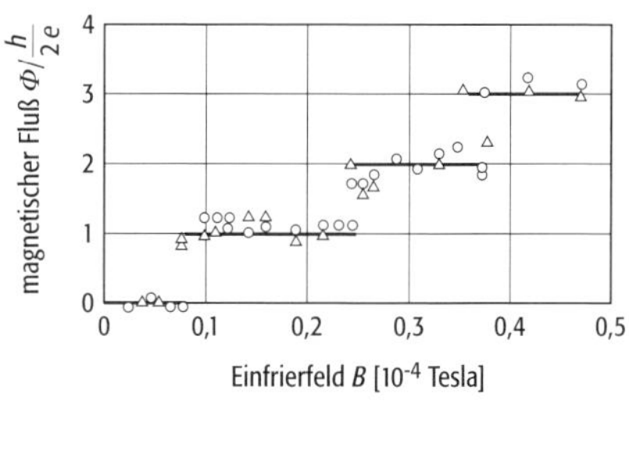


**Flußquantisierung:** magnetischer Fluß $\Phi$ in Abhängigkeit vom Einfrierfeld $B$ in einem Sn-Zylinder (nach Deaver und Fairbank).

hergesagt und unabhängig von Doll und Näbauer und von Deaver und Fairbank 1961 experimentell bestätigt, wobei sich $q = 2e$ und daraus für das ↗*Flußquant* $\phi_0 = h/2e$ ergab.
Neben der ↗*Supraleitfähigkeit* und dem ↗*Meißner-Ochsenfeld-Effekt* ist die Flußquantisierung die bedeutsamste Erscheinungsform der Supraleitung: Zum einen belegt sie über die Anwendbarkeit der Bohrschen Quantisierungsbedingung auf makroskopische Strombahnen den makroskopischen Charakter der supraleitenden Wellenfunktion (↗*BCS-Theorie*), zum anderen liefert sie den direkten Hinweis auf die Existenz von *Elektronenpaaren* (↗*Cooper-Paar*) in Supraleitern.
Auch bei den neu entdeckten ↗*Hochtemperatur-Supraleitern* konnte Flußquantisierung in Einheiten von $\phi_0$ nachgewiesen werden.

**Flußregel** ↗Gaußscher Satz.

**Flußröhre,** Bezeichnung für das Volumen zwischen zwei eng benachbarten ineinandergeschachtelten ↗magnetischen Flächen.

**Flußschlauch,** *Flußlinie*, *Flußwirbel*, das im isotropen Fall zylindersymmetrische Strukturelement des Magnetfeldes im ↗*gemischten Zustand eines Supraleiters zweiter Art*, dessen Gesamtfluß ein ↗*Flußquant* ($2{,}07 \cdot 10^{-15}\,\mathrm{T\,m^2}$) beträgt. Längs der Zylinderachse ist die Supraleitung völlig unterdrückt und erreicht ihre volle Stärke erst in einem radialen Abstand, der etwa der ↗*Kohärenzlänge* des Supraleiters entspricht. Das von den die Achse umfließenden kreisförmigen Suprströmen erzeugte Magnetfeld ist im Zentrum maximal und klingt über eine radiale Entfernung ab, die der ↗*Eindringtiefe des Magnetfeldes in den Supraleiter* vergleichbar ist. Die Gesamtheit der Flußschläuche ordnet sich in der Regel zu einem ↗*Abrikossow-Gitter* an. In anisotropen Supraleitern (z.B. ↗*Hochtemperatur-Supraleiter*) kann die Form der Flußschläuche von der Zylindersymmetrie abweichen und diskusähnliche Gestalt annehmen.

**Flußschlauchwandern,** die Bewegung von ↗*Flußschläuchen* im ↗*gemischten Zustand eines Supraleiters zweiter Art*, hervorgerufen durch die ↗*Lorentz-Kraft*, die ein Transportstrom auf einen Flußschlauch ausübt. Das Flußschlauchwandern führt zu ohmschen Verlusten im Supraleiter und ist deshalb für technische Anwendungen nachteilig (↗*kritischer Strom eines Supraleiters*); es kann durch ↗*Flußverankerung* stark reduziert werden. Das in den ↗*Hochtemperatur-Supraleitern* verstärkt auftretende Flußschlauchwandern wird oft als *Flußkriechen* bezeichnet.

**Flußspat** ↗Fluorit.

**Flußspatgitter,** *Fluoritstruktur*, Struktur eines Kristalls aus Calciumfluorid ($CaF_2$), kubisches Gitter, bei dem die Ca-Ionen die Positionen eines kubisch-flächenzentrierten Gitters besetzen und die F-Ionen die Mitten der Achtelwürfel. Die Ca-Ionen sind hexaedrisch von jeweils acht F-Ionen koordiniert, die F-Ionen jeweils tetraedisch von vier Ca-Ionen. Diese Struktur wird auch als kubisch dichteste Kugelpackung bezeichnet, in der zusätzlich alle tetraedischen Lücken besetzt sind. In dieser Fluoritstruktur kristallisieren zahlreiche Fluoride ($MF_2$ mit M = Ca, Sr, Ba, Ra, Pb, Cd, Hg u.a.) und Oxide ($MO_2$ mit M = Th, U, Ce, Zr u.a.).

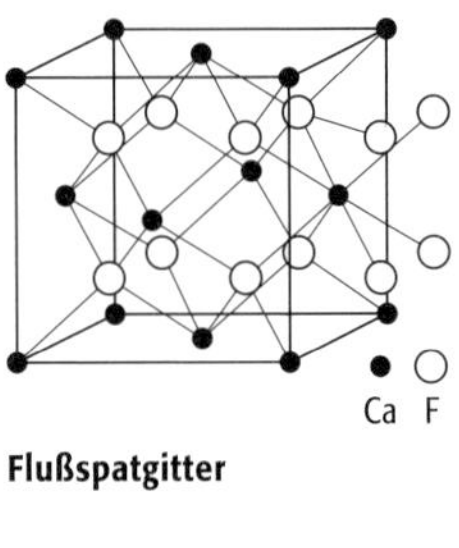


Flußspatgitter

**Flußtransformator,** ein im einfachsten Fall aus zwei räumlich voneinander getrennten Induktivitäten $L_1$, $L_2$ aufgebauter, geschlossener Supraleiterkreis (↗*Supraleitung*). Aufgrund der Erhaltung des magnetischen Gesamtflusses durch diesen Kreis (↗*Flußquantisierung*) führen Flußänderungen, die durch ein äußeres Magnetfeld in $L_1$ erzwungen werden, zu entsprechenden Flußänderungen in $L_2$. Durch geeignete Wahl von $L_1$ und $L_2$ läßt sich so magnetischer Fluß örtlich verschieben und dabei konzentrieren, was vor allem zur Erhöhung der Empfindlichkeit von Magnetfeldsensoren (↗*SQUID*) ausgenützt wird.

**Flußverankerung,** die Verankerung magnetischer ↗*Flußschläuche* im ↗*gemischten Zustand eines Supraleiters zweiter Art*. Dies führt zu einer Reduzierung des ↗*Flußschlauchwanderns* und der damit verbundenen Verluste und ist deshalb für technisch eingesetzte Supraleiter bedeutungsvoll. Wirksame Verankerungszentren sind normalleitende oder isolierende Ausscheidungen mit Abmessungen, die vergleichbar mit der ↗*Kohärenzlänge des Supraleiters* sind.

**Flußwirbel** ↗Flußschlauch.

**Flut** ↗Gezeiten.

**Fluxmeter** ↗Flußmesser, magnetischer.

**Fluxoid,** eine Größe $\phi$ mit der Dimension des magnetischen Flusses, die aus der Anwendung der Bohr-Sommerfeldschen Quantisierungsvorschrift $\oint \boldsymbol{p}\,\mathrm{d}\boldsymbol{s} = nh$ ($\boldsymbol{p}$: kanonischer Impuls, $h$: Plancksche Konstante, $n = 0,1,2, ...$) auf einen supraleitenden Kreisstrom resultiert (↗*Flußquantisierung*):

$$\phi \equiv \oint \frac{m_q}{n_q q^2} \boldsymbol{j}_s \mathrm{d}\boldsymbol{s} + \phi_\mathrm{F} = nh/q$$

$m_q$, $n_q$ und $q$ sind Masse, Dichte und Ladung der supraleitenden Ladungsträger, der Integrationsweg verläuft längs einer im Supraleiter geschlossenen, sonst aber beliebig wählbaren Bahn. $\phi_\mathrm{F}$ ist der Magnetfluß durch die von dieser Bahn begrenzte Fläche. Für einen supraleitenden Ring genügender Dicke läßt sich das Integral über die Suprastromdichte $\boldsymbol{j}_s$ zum Verschwinden bringen, wodurch sich obige Gleichung auf die Quantisierungsvorschrift $\phi_\mathrm{F} = nh/q$ für den Fluß reduziert.

**Fluxon** ↗Flußquant.

**Flux-Transfer-Ereignis,** *FTE*, transiente (temporäre und lokale) Verknüpfung von magnetosphärischen Magnetfeldlinien mit denjenigen der *Magnetosheath* (↗*Rekonnektion*). Hierdurch wird magnetischer Fluß (magnetische Energie) von der Magnetosheath, die letztendlich aus dem Sonnenwind stammt, in die ↗*Magnetosphäre* der Erde transportiert.

Die »gemeinsame« Flußröhre zeichnet sich durch eine bipolare Signatur in den Magnetfeldkomponenten senkrecht zur Magnetopause aus.

**Fly-By-Wire-Technik,** neuartiges Steuerungsverfahren für Luftfahrzeuge, bei dem der Pilot das Flugzeug nicht mehr mittels eines im Rumpf verlaufenden Gestänges und Hydraulikadern, sondern mit dem Computer, einer Art Joystick und einem Computerkabel als Übertragungsleitung steuert.

**Flying-Spot-Mikroskop,** Frühform eines lichtoptischen Laser-Raster-Mikroskops, bei dem das hochintensive Licht auf dem Schirm einer Kathodenstrahlröhre durch Okular und Objektiv in die Präparatebene abgebildet wurde. Das Transmissionslicht wurde hinter dem ↗*Kondensor* mit einem Photodetektor nachgewiesen. Die Detektorsignale wurden verwendet, um den Strahl einer zweite Kathodenstrahlröhre zu modulieren. Diese zweite Kathodenstrahlröhre diente zur Darstellung des gerasterten Durchlichtbildes. Sie wurde mit dem Scanvorgang selbst synchronisiert. Das Flying-Spot-Mikroskop wurde benutzt, um kleine Partikel zu zählen.

**fm,** Kurzzeichen für ↗Femtometer ($10^{-15}$m) bzw. *Fermi.*

**Fm** Elementsymbol für ↗Fermium.

**F-Modell** ↗Sechs-Vertex-Modell.

**FNAL,** *Fermi National Accelerator Laboratory,* ↗*Fermilab.*

**Fock** (*Fok*), *Wladimir Aleksandrowitsch,* sowjetischer Physiker, *22.12.1898 St. Petersburg, †27.12.1974 Leningrad (heute St. Petersburg); ab 1932 Professor in Leningrad, seit 1939 ordentliches Mitglied der Akademie der Wissenschaften der UdSSR; bedeutende Arbeiten zur Quantenmechanik, allgemeinen Relativitätstheorie und Elektrodynamik; formulierte 1926 (unabhängig von O.B. ↗*Klein* und W. ↗*Gordon*) eine Verallgemeinerung der Schrödinger-Gleichung für das Magnetfeld und gab eine relativistische Beschreibung eines geladenen Teilchens im elektromagnetischen Feld (*Klein-Gordon-Fock-Gleichung*); wies 1928 mit M. ↗*Born* die Gültigkeit des Adiabatenprinzips in der Quantenmechanik nach; formulierte 1930 durch Einführung des *Fock-Raums* (für Systeme mit veränderlicher Teilchenzahl) eine mathematisch konsistente Behandlung der Feldquantelung; Mitbegründer der Quantentheorie von Vielteilchensystemen: schuf um 1930 (mit D.R. ↗*Hartree*) die *Hartree-Fock-Methode* zur näherungsweisen Berechnung der Wellenfunktionen und Eigenwerte (Energiezustände) von Mehrelektronensystemen; versuchte, eine philosophische Auslegung des physikalischen Weltbildes (insbesondere von Quantenphysik und Relativitätstheorie) zu geben.

**Fock-Raum,** der besondere ↗*Hilbert-Raum* für solche quantenmechanische Zustände, die nach der Zahl der enthaltenen Energiequanten (Teilchen) vollständig klassifiziert (indiziert) werden können. Die Grundlage des Fock-Raums ist eine Basis von Oszillatorzuständen, die jeweils nicht, einfach oder mehrfach besetzt werden. Für Fermionen ist eine mehrfache Besetzung allerdings nicht möglich (↗*Spin-Statistik-Theorem*). Alle mehrfach besetzten Mehrteilchenzustände können aus dem leeren Zustand (↗*Vakuum*) mit Hilfe von ↗*Erzeugungsoperatoren* gebildet werden:

$$|n_1, n_2, \ldots\rangle = (a_1^\dagger)^{n_1}(a_2^\dagger)^{n_2}\ldots|0\rangle$$

Der Index 1, 2, ... kann jeweils für eine Gruppe von Quantenzahlen stehen, z.B. für Knotenzahlen der Einteilchenwellenfunktion in verschiedenen räumliche Richtungen. Die Erzeugungsoperatoren $a_i^\dagger$ und ↗*Vernichtungsoperatoren* $a_i$ können von der Hamilton-Funktion des einfachen Oszillators abgelesen werden:

$$H = \sum_i \left(a_i^\dagger a_i + 1/2\right)\hbar\omega_i.$$

Diese Operatoren erfüllen verschiedene Austauschrelationen für Bosonen $[a_i, a_j^\dagger] = \delta_{ij}$ bzw. Fermionen $[a_i, a_j^\dagger]_+ = \delta_{ij}$. Die Bildung eines Fock-Raums wird ↗*zweite Quantisierung* genannt; es ist eine passende Beschreibung für quantenmechanische Mehrteilchensysteme.

**Foerster,** *Wilhelm Julius,* deutscher Astronom, *16.12.1832 Grünberg in Schlesien, †18.1.1921 Bornim (heute zu Potsdam); seit 1863 Professor in Berlin, 1865–1903 Direktor der Berliner Sternwarte; Arbeiten über Planetoiden (entdeckte 1860 den Planetoiden Erato), Kometen, Sternbedeckungen und Geodäsie; auch bedeutende Beiträge zur Wissenschaftsorganisation; Mitbegründer (1863) der Astronomischen Gesellschaft, der Berliner Gesellschaft »Urania« und (1874) des Potsdamer Observatoriums; Mitinitiator (1874) der Gründung des Astronomischen Recheninstituts und der Physikalisch-Technischen Reichsanstalt (1887); machte sich um die Einführung des metrischen Systems in Preußen (ab 1868 Direktor der *Normal-Eichungs-Kommission*), um die mitteleuropäische Gradmessung und um die internationale Organisation des Maß- und Gewichtswesens (↗*Meterkonvention*) verdient; seit 1875 Mitglied und ab 1891 Vorsitzender des *Internationalen Komitees für Maß und Gewicht.*

**Föhn,** warmer, trockener ↗Fallwind im Lee von Hochgebirgsketten. (↗Wind)

**Fok** *Wladimir Aleksandrowitsch,* ↗Fock.

**Fokker-Planck-Gleichung,** *Einstein-Fokker-Planck-Gleichung, Smoluchowski-Gleichung,* in der mathematischen Literatur auch als *Kolmogorow-Gleichung* bekannt, von *Fokker* 1914 und ↗*Planck* 1917 erstmals für eine erweiterte Theorie der ↗*Brownschen Bewegung* abgeleitete partielle Differentialgleichung, die in der statistischen Physik des Ungleichgewichtszustandes zur Beschreibung verallgemeinerter diffusiver Prozesse eingesetzt wird. Grundlage ist die Betrachtung dieser diffusiven Vorgänge als eine bestimmte Unterklasse

↗*stochastischer Prozesse*, der *Markow-Prozesse*, gegenüber denen sie durch einen Satz von Forderungen an das Kurzzeitverhalten der Übergangswahrscheinlichkeit $W(y_1,t_1|y_0,t_0)$ eingeschränkt werden, der Wahrscheinlichkeit also, daß die betrachtete Zufallsvariable $Y(t)$ zur Zeit $t_1$ den Wert $y_1$ annimmt unter der Voraussetzung, daß sie zur Zeit $t_0$ den Wert $y_0$ durchlaufen hat. Für kleine $\tau$ soll gelten:

$$\int W(y_2,t+\tau|y_1,t)(y_2-y_1)\,\mathrm{d}y_2 = A(y_1,t)\tau + o(\tau)$$

$$\int W(y_2,t+\tau|y_1,t)(y_2-y_1)^2\,\mathrm{d}y_2 = B(y_1,t)\tau + o(\tau)$$

$$\int W(y_2,t+\tau|y_1,t)(y_2-y_1)^n\,\mathrm{d}y_2 = o(\tau) \quad \text{für } n>2.$$

Es ist sinnvoll, einschränkende Bedingungen bezüglich der betrachteten Prozesse über das Kurzzeitverhalten der Übergangswahrscheinlichkeit einzuführen, da dieses in vielen Fällen aus dem physikalischen Zusammenhang bekannt ist. Das Langzeitverhalten kann dann mittels der Fokker-Planck-Gleichung bestimmt werden, die sich aus der ↗*Chapman-Kolmogorow-Gleichung* mit den obigen Forderungen an die Momente der Übergangswahrscheinlichkeit ergibt. Für eine mehrdimensionale Zufallsvariable $y$ mit kartesischen Komponenten $y_i$ gilt:

$$\frac{\partial}{\partial t}W(y,t) = -\sum_i \frac{\partial}{\partial y_i}(A_i(y)\,W(y,t)) + \frac{1}{2}\sum_{i,j}\frac{\partial^2}{\partial y_i \partial y_j}\Big(B_{ij}(y)\,W(y,t)\Big)$$

Der eindimensionale Fall vereinfacht sich zu:

$$\frac{\partial}{\partial t}W(y,t) = -\frac{\partial}{\partial y}(A(y)\,W(y,t)) + \frac{1}{2}\frac{\partial^2}{\partial y^2}(B(y)\,W(y,t))$$

Der Vergleich dieser wichtigen Beziehung mit dem ↗*Fickschen Gesetz* $\frac{\partial n(x,t)}{\partial t} = D\frac{\partial^2 n(x,t)}{\partial x^2}$, welches reine Diffusionsprozesse beschreibt, weist die Fokker-Planck-Gleichung als eine verallgemeierte Diffusionsgleichung mit einem eigentlichen Diffusionsterm zweiter Ordnung in der Ableitung und mit einem zusätzlichen Term erster Ordnung (*Driftterm* oder *dynamische Reibung*) aus. Die Fokker-Planck-Gleichung beschreibt also die Überlagerung eines Diffusionsprozesses mit einem Driftvorgang im Raum der Variablen $y$.

Beispiele für Anwendungsmöglichkeiten sind die Brownsche Bewegung, der ↗*Ornstein-Uhlenbeck-Prozeß*, der ↗*Wiener-Prozeß* und der ↗*Rayleigh-Prozeß*. Obwohl chemische Reaktionen eher als Sprungprozeß im Rahmen der ↗*Master-Gleichung* behandelt werden sollten, ist eine näherungsweise Beschreibung durch die Fokker-Planck-Gleichung gleichfalls möglich.

In der ↗*Plasmaphysik* werden mit der Fokker-Planck-Gleichung u.a. Relaxationsphänomene untersucht, so z.B. die charakteristischen Zeiten für die Einstellung einer stationären Geschwindigkeitsverteilung oder die dynamischen Vorgänge bei der Abbremsung (»Slowing-Down«) schneller Teilchen, die durch Fusionsreaktionen im Plasma entstanden sind oder zum Zwecke der ↗*Plasmaheizung* ins Plasma injiziert wurden. Eine spezielle, in der Plasmaphysik gebräuchliche Form der Fokker-Planck-Gleichung ist die ↗*Landau-Gleichung*.

**Fokus**, ↗*Brennpunkt*, ↗Fokussierung. [JS 2]

**Fokusebene**, ↗Fokustiefe, ↗Kardinalelemente.

**Fokuslänge**, Abstand parallel zur optischen Achse zwischen der *Fokusebene* und der entsprechenden ↗Hauptebene. (↗Kardinalelemente)

**Fokusserie**, *Bildstapel*, in der ↗*digitalen Bildverarbeitung* eine Serie von zu analysierenden Bildern eines Objekts, die durch sukzessive Verschiebung der Fokussierung entstanden sind und zusammen eine dreidimensionale Darstellung des zu untersuchenden Objekts ermöglichen. (↗*Tomographie*)

**Fokussierung**, **1)** *Optik*: allgemein das Zusammenführen von divergierenden oder parallelen Strahlenbündeln durch geeignete optische Elemente (↗*Linsen* und ↗*Spiegel*) in einem Punkt, dem sogenannten ↗*Brennpunkt*. Durch die Fokussierung der Strahlen erzielt man im Brennpunkt eine hohe Leistungsdichte. Bei normalen Strahlenquellen, die in alle Raumrichtungen abstrahlen, kann nur ein Bruchteil der Gesamtleistung gesammelt und die Leistungsdichte im Brennpunkt nicht wesentlich erhöht werden. Laserstrahlung kann aufgrund ihrer räumlichen Kohärenz und der kleinen Öffnungswinkel ($10^{-6}$ bis $10^{-8}$sr) von einem optischen System erfaßt und besonders effektiv fokussiert werden. Ein paralleler Laserstrahl der Wellenlänge $\lambda$, dessen Strahldurchmesser durch $D$ gegeben ist, wird durch eine Linse der Brennweite $f$ im Brennpunkt $F$ mit einem Durchmesser $d$ vereinigt. Es gilt folgende Beziehung: $D = 4\lambda f/\pi d$.

**2)** *Teilchenphysik*: *Fokussierung von Teilchenstrahlen*, Überführung von divergenten in konvergente Teilchenströme zur Stabilisierung der Teilchenbahnen. Die Stabilität paralleler Teilchenbahnen ist eine notwendige Voraussetzung für den Betrieb von ↗*Beschleunigern*. Abweichungen treten z.B. durch Stöße mit dem Restgas im Beschleuniger auf und führen zu ↗*Betatronschwingungen*. Innerhalb des Stabilitätsbereiches unterscheidet man zwischen *Bahnstabilität* und *Phasenstabilität*.

**Fokussierungsmagnete**, *Führungsmagnete*, Multipolmagnete zur Führung von Teilchenstrahlen von ↗Beschleunigern. (↗Fokussierung, ↗Strahlführung)

**Fokustiefe,** *Schärfentiefe*, axiale Ausdehnung des Fokus. Reale *Fokusebenen* sind nicht infinitesimal schmal, sondern es gibt einen gewissen Tiefenbereich, in dem die Fokussierung maximal ist. Der Abstand, innerhalb dessen der Durchmesser der Strahleinschnürung näherungsweise konstant bleibt, wird als *Rayleigh-Gebiet* bezeichnet. Für einen *Gaußschen Strahl* in einem beugungsbegrenzten optischen System umfaßt das Rayleigh-Gebiet einen Bereich $z$ von $-(\pi\cdot\omega_0^2)/\lambda \le z \le (\pi\cdot\omega_0^2)/\lambda$, wobei $\omega_0$ der Radius der Fokusfläche und $\lambda$ die Wellenlänge des verwendeten Lichtes ist.

**Fold,** relative räumliche Anordnung der Sekundärstrukturelemente (*α-Helices*, *β-Faltblätter*) von ↗*Proteinen*. Der Begriff des Folds wird zur empirischen Klassifikation von Proteinstrukturen (↗*Brookhaven Protein Data Bank*) verwendet. Es gibt aber ernstzunehmende experimentelle und theoretische Hinweise, daß Proteine mit ähnlichem Fold durch völlig unterschiedliche physikalische Ursachen stabilisiert werden können.

**Foldy-Wouthuysen-Transformation[n],** kanonische Transformation, die die ↗*Dirac-Gleichung* in zwei zweikomponentige Gleichungen entkoppelt, wovon die eine im nicht-relativistischen Grenzfall in die *Pauli-Gleichung* übergeht und die andere die Zustände negativer Energie beschreibt. Die Foldy-Wouthuysen-Transformation entfernt also die Kopplung zwischen den Anteilen positiver und negativer Energie in der Dirac-Gleichung.

Ein ↗*Dirac-Spinor* $\Psi$ wird dabei gemäß $\Psi \to e^{-iS}\Psi$ transformiert, so daß $i\partial_t\Psi' = H'\Psi'$. Im freien Fall ist $S = -i\beta(\boldsymbol{\alpha}\cdot\boldsymbol{p})/|\boldsymbol{p}|\Theta$, mit $\sin 2\Theta = |\boldsymbol{p}|/E$, $\cos 2\Theta = m/E$, so daß $H' = H$ wird. Im wechselwirkenden Fall dagegen ergibt sich eine unendliche Reihe:

$$H' = H + i[S,H] - \dot{S} - \frac{1}{2}[S,[S,H]] - \frac{i}{2}[S,\dot{S}] + \ldots$$

**Folgepole,** aneinanderstoßende gedachte Magnetpole bei einem magnetisierten Ring oder Stab. Dabei muß ein Ring so aufmagnetisiert sein, daß an zwei gegenüberliegenden Punkten *entgegengesetzte* Pole liegen, dann kann der Ring auch als aus zwei Halbkreismagneten zusammengesetzt angesehen werden, deren aneinanderstoßende Pole Folgepole heißen. Bei einem Stab spricht man von Folgepolen, wenn die Enden *gleichnamige* Pole tragen und in der Mitte ein ungleichnamiges Polpaar gedacht wird.

**Folgeprodukte,** diejenigen Isotope, die beim Zerfall radioaktiver Elemente stufenweise entstehen. Verzweigungen in verschiedene *Zerfallskanäle* entlang einer ↗*Zerfallskette* sind möglich. (↗*Verzweigungsverhältnis*, ↗*Zerfallsreihe*)

**Folgereaktion,** *Sukzessivreaktion*, Bezeichnung für *Elementarreaktionen*, die nacheinander verlaufen (im Gegensatz zu ↗*Parallelreaktionen*). Jeder einzelne Schritt in einer Reaktionsfolge $A \xrightarrow{k_1} B \xrightarrow{k_2} C \xrightarrow{k_3} D$ ist durch eine für ihn charakteristische ↗*Geschwindigkeitskonstante* $k_i$ und eine eigene ↗*Reaktionsordnung* ausgezeichnet. Unterscheiden sich die Geschwindigkeitskonstanten der Einzelschritte hinreichend, so ist der langsamste Einzelschritt der geschwindigkeitsbestimmende Reaktionsschritt für die Bruttoreaktion.

**FONAR,** *Field Focused Nuclear Magnetic Resonance*, erstes erfolgreich angewandtes Verfahren zur ↗*Kernspintomographie*. Die Ortsauflösung kommt dadurch zustande, daß nur in einem kleinen Bereich (»sweet spot«) des Magnetfelds die Resonanzbedingung erfüllt ist. Der Patient (bzw. die Probe) wird dann relativ zu diesem Resonanzvolumen verschoben.

**Fontänen-Effekt,** *thermomechanischer Effekt*, ein Effekt in suprafluidem Helium (↗*Suprafluidität*), bei dem zwei mit He-II gefüllte Behälter durch eine nur für die supraflüssige Phase durchlässige Kapillare (*Superleck*) verbunden sind. Wird eine der beiden Seiten nun extern beheizt (z.B. elektrisch), so strömt Helium in das wärmere Gefäß, bis ein Gleichgewichtsdruck $p+\Delta p$ erreicht ist. $\Delta p$ kann durch einen von ↗*London* aufgestellten Ausdruck berechnet werden:

$$\Delta p = \int_{T_1}^{T_2} \rho s \mathrm{d}T \text{ bzw. } \Delta p = \rho s \Delta T \quad \text{(für kleine } \Delta T\text{)}.$$

Dabei ist $s = S/m$ die auf die Masse bezogene spezifische Entropie. Für $T_1 = 0{,}2\,\mathrm{K}$ und $T_2 = 0{,}95\,\mathrm{K}$ ist $\Delta p \approx 2{,}7\,\mathrm{hPa}$. Die Gleichung folgt aus dem ↗*Zweiflüssigkeitsmodell*. Der Effekt kann auch analog zum Aufbau des ↗*osmotischen Drucks* an einer semipermeablen Wand verstanden werden. Die Pumpwirkung des Effekts wird bei der *Fontäneneffektpumpe* ausgenutzt, die ganz ohne bewegliche Teile arbeitet.

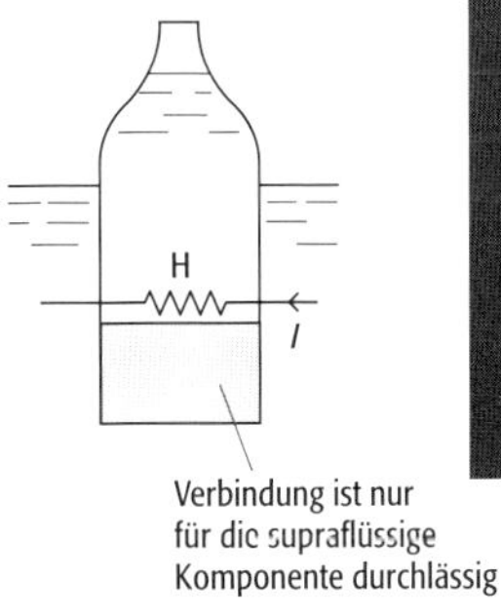

**Fontänen-Effekt:** *links*: die Flasche ist unten mit einem »Superleck« (nur für die supraflüssige Phase durchlässig) verschlossen. Der Strom *I* heizt die Flüssigkeit in der Flasche, wodurch dort der Druck ansteigt. *Rechts*: Bei starker Heizung kommt es zur »Fontäne«.

**Forbush-Effekt,** 1937 von Scott Forbush entdeckter Effekt, durch den die Intensität der ↗kosmischen Strahlung während Phasen erhöhter *Sonnenaktivität* verringert wird.

**Forest,** *Lee* de, amerikanischer Physiker und Funktechniker, *26.8.1873 Council Bluffs (I.), †30.6.1961 Hollywood (Calif.); Mitbegründer der Rundfunktechnik und der drahtlosen Telegraphie; entwickelte 1906 unabhängig von R. von ↗*Lieben* die steuerbare Verstärkerröhre mit Gitter (Dreielektrodenröhre, ↗*Triode*) und erfand 1915 unabhängig von E.H. ↗*Armstrong* und A. ↗*Meißner* eine Rückkopplungsschal-

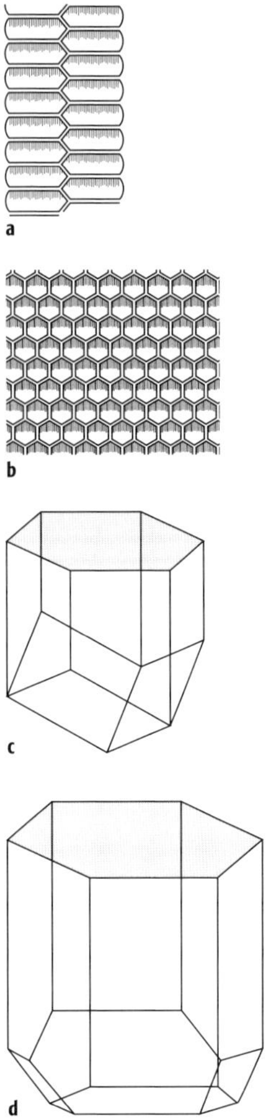


**Formen und Figuren 1:** Bienenwabe. a) Längschnitt, b) Querschnitt, c) Einzelwabe, etwas besser (Flächenersparnis unter 0,5 %) ist die Wabenform nach F. Toth (d). Die absolute Optimalform ist nicht bekannt.

tung; weitere Erfindungen (ca. 300 Patente) zur Rundfunktechnik, Telegraphie, Film- und Fernsehtechnik.

**Forest formula** ↗Wald-Formel.

**Formänderung,** *Verzerrung*, ↗Deformation.

**Formänderungsarbeit,** *Deformationsarbeit*, diejenige Arbeit, die aufgebracht werden muß, um einen Körper zu deformieren (↗*Deformation*). Man unterscheidet äußere und innere Formänderungsarbeit.

*Äußere Formänderungsarbeit* entsteht durch die Verschiebung des Angriffspunkt der äußeren Kraft bei dessen Einwirken auf den Körper.

**Formänderungsfähigkeit,** die Eigenschaft eines Werkstoffes, ohne *Bruch* plastische Formänderungen zu ertragen (↗*Deformation*, ↗*Ermüdung*). Obwohl die Spur des ↗*Spannungstensors* bei metallischen Werkstoffen keinen Einfluß auf die Fließgrenze hat, besteht eine Abhängigkeit der Formänderungsfähigkeit vom hydrostatischen ↗*Spannungszustand*: Mit wachsenden hydrostatischen (allseitigem) Druck wächst die Formänderungsfähigkeit. Hieraus entstanden neue Fertigungsverfahren, z.B. das *hydrostatische Fließpressen*.

**Formant,** in der ↗*musikalischen Akustik* und in der *Phonetik* ein Bereich im ↗*Klangspektrum*, in dem sich unabhängig von der ↗*Tonhöhe* Schallenergie konzentriert. Formanten entstehen durch Resonanzen bei der Schallerzeugung bzw. -übertragung. Sie treten als Erhöhungen in einem sonst gleichmäßigen oder gleichmäßig abklingenden Spektrum in Erscheinung. (Energieminima werden gelegentlich als *Anti-Formanten* bezeichnet.) Beim Sprechen ist besonders die Ausbildung von zwei Formanten im Frequenzbereich von 0,2 bis 3kHz (Abb.) für die Erkennung der Vokale

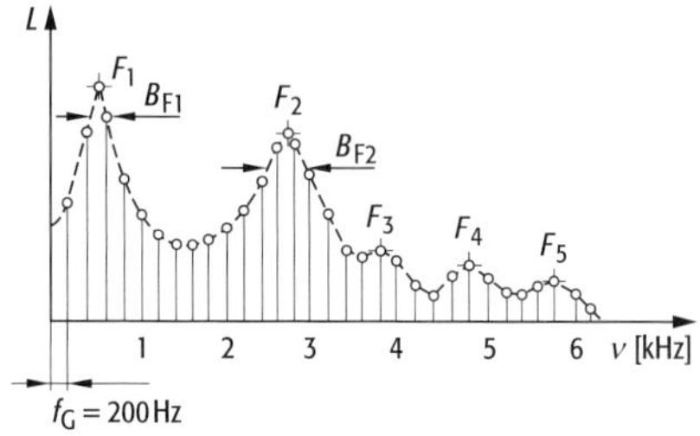


**Formant:** Kurzzeitspektrum des Vokals i.

verantwortlich. Im Klang von Musikinstrumenten wird durch Formanten eine für das Instrument typische vokalähnliche ↗*Klangfarbe* gebildet. Wenn in einer elektroakustischen Übertragungsanlage (↗*Elektroakustik*) zusätzliche Formanten entstehen, kann die Klangfarbe des übertragenen Schallereignisses stark verfälscht werden.

**Formen und Figuren,** Sammelstichwort zur Erfassung der Vielfalt physikalischer Prinzipien, die sich hinter der äußeren Form und geometrischen Struktur vieler natürlicher und technischer Erscheinungen verbergen; sie sind z.T. erst in jüngster Zeit als Forschungsgegenstand erkannt und noch wenig verstanden. Einige nach physikalischen Erklärungsansätzen eingeteilte Hauptgruppen von Formen und Figuren sind:

1) Eigenmoden von Schwingungsgleichungen, z.B. ↗*Chladnische Klangfiguren*.

2) Lösungen von Extremalaufgaben, z.B. *Plateaufiguren*. Insbesondere biologische Optimalität im Sinne der Evolution hilft oft, pflanzen- und tieranatomische Strukturen zu erklären: Bäume z.B. wachsen gerade so, daß sie optimal gegenüber Windlast stabilisiert

**Formen und Figuren 2:** Musterbildung auf Tierfellen durch einen Reaktions-Diffusions-Mechanismus; insbesondere wird der Streifen-Fleck-Übergang für kleinere Radien richtig vorhergesagt!

werden. Dies wurde mit Hilfe von *Evolutionsalgorithmen* auf die Optimierung technischer Metallkonstruktionen angewandt. Bienenwaben stellen eine nahezu optimale Lösung der Aufgabe dar, für gegebenes Volumen und gegebenen Abstand der Berandungsebenen eine Zelle mit kleinstmöglicher Oberfläche zu finden (Abb. 1). Extremalprinzipien im Zusammenhang mit der ↗*Katastrophentheorie* ermöglichen es, die charakteristischen Formen optischer ↗*Kaustiken* zu erklären.
3) Mechanismen der nichtlinearen Dynamik (↗*Chaos*). Sehr bekannte Formen und Figuren aus diesem Bereich sind ↗*Fraktale*, z.B. ↗*Lichtenberg-Figuren*, und Musterbeispiele der Strukturbildung wie die ↗*Bénard*- und die ↗*Taylor-Instabilität.*
Reaktions-Diffusionsmodelle wie das *Gierer-Meinhardt-Modell* (↗*Alltagsphysik*, Abschnitt »Synergetik«) waren in jüngster Zeit sehr erfolgreich bei der Erklärung biologischer Muster, z.B. auf Muschelschalen und Tierfellen (Abb. 2).
4) Mechanismen der *Psychophysik*: Manche Formen und Figuren entstehen erst aus der Wechselwirkung von physikalischem Reiz und menschlicher Wahrnehmung. Dies gilt für sog. »subjektive Konturen« wie das Kanitza-Dreieck (Abb. 3), und ebenso für ↗*Moiré-Figuren*. Derlei Wahrnehmungseffekte werden zunehmend auch von der Physik untersucht, u.a. mit Ansätzen aus der nichtlinearen Dynamik.

[AM 2]

**Formen und Figuren 3:** Kanitza-Dreieck.

**Formfaktor**[n], *elektromagnetischer Formfaktor, Strukturfunktion*, $F(q^2)$, im nichtrelativistischen Fall die Fourier-Transformierte einer Ladungsverteilung $\rho(\boldsymbol{r})$:

$$F(q^2) = \int \varrho(\boldsymbol{r}) e^{i\boldsymbol{q}\boldsymbol{r}} \, d^3r$$

(↗*Fourier-Transformation*, $\boldsymbol{q}$ ist der übertragene Impuls). Formfaktoren spielen eine wichtige Rolle bei der Messung bzw. Berechnung von ↗*Wirkungsquerschnitten* bei der Streuung an nichtpunktförmigen Teilchen wie ↗*Hadronen* (z.B. das Proton p und das Neutron n) oder ↗*Mesonen* (↗*Streutheorie*). Für eine punktförmige Ladungsverteilung $\rho(\boldsymbol{r}) = 1/(4\pi)\delta(r)$ ist $F(q^2) = 1$; für eine homogen geladene Kugel vom Radius $R$ gilt $F(q^2) = 3\beta^3(\sin\beta - \beta\cos\beta)$ mit $\beta = 2\pi VR$. Für $q \to 0$ ist $F(q^2)$ direkt proportional zu dem mittleren quadratischen Radius $< r^2 >$ der Ladungsverteilung.

Der experimentell bestimmte Wirkungsquerschnitt für ein Streuexperiment an Kernen oder Nukleonen kann als Produkt geschrieben werden aus einen Anteil, der die Wechselwirkung mit einem punktförmigen Teilchen beschreibt, und dem Formfaktor:

$$\left(\frac{d\sigma}{d\Omega}\right)_{\text{exp}} = \left(\frac{d\sigma}{d\Omega}\right)_{\text{Punkt}} \cdot \left|F(q^2)\right|^2 .$$

Typische Streuexperimente sind dabei die *Elektron-Nukleon-Streuung* und die *Photoproduktion* $\gamma + N \to N + \pi$. Wird das Nukleon dabei zunächst als punktförmig angenommen, so ergibt sich für den differentiellen Wirkungsquerschnitt der elastischen Streuung in das Raumwinkelelement $d\Omega$:

$$\left.\frac{d\sigma_{\text{el}}}{d\Omega}\right|_{\text{Punkt}} = \frac{\alpha^2(\cos^2\Theta - (q^2/2M)\sin^2\Theta)}{4E^2\sin^4\Theta(1 + (2E/M)\sin^2\Theta)},$$

mit $E$: Energie des einfallenden Elektrons im Ruhesystem (Laborsystem) des Nukleons, $\theta = 2\Theta$: Streuwinkel, $M$: Nukleonmasse, $\alpha$: ↗*Feinstrukturkonstante.* Für den Fall des Verschwindens des Quadrates des Impulsübertrages $t = -q^2 = 4EE'\sin^2\Theta$ ($t$ heißt auch *Mandelstamsche Variable*), wobei $E'$ die Energie des gestreuten Elektrons ist, erhält man den Mottschen Streuquerschnitt $(d\sigma_{\text{el}}/d\Omega)_{\text{Mott}}$. Der Übergang zu einem Nukleon mit ausgedehnter Ladungsverteilung führt unter Ausnutzung der Lorentz-Invarianz und der Eichinvarianz der Streuamplitude auf die elektromagnetischen Formfaktoren $G_e$ und $G_m$, man erhält dann die ↗*Rosenbluth-Formel* (N.M. ↗*Rosenbluth*, 1950):

$$\frac{d\sigma}{d\Omega} = \left(\frac{d\sigma}{d\Omega}\right)_{\text{Mott}} \cdot \left|F(q^2)\right| = \left(\frac{d\sigma}{d\Omega}\right)_{\text{Mott}} \cdot \ldots$$

$$\ldots \left\{ \frac{[G_e^N(t)]^2 - (t/4M^2)[G_m^N(t)]^2}{1 - (t/4M^2)} - \frac{t}{2M^2}[G_m^N(t)]^2 \tan^2\Theta \right\},$$

$G_e^N$ bzw. $G_m^N$ ist der elektrische bzw. der magnetische Formfaktor des Nukleons. Mit den Indizes p für das Proton und n für das Neutron

**Formfaktor 1:** Beispiele für Ladungsverteilung $\rho(r)$ und zugehörigen Formfaktor $F(r)$.

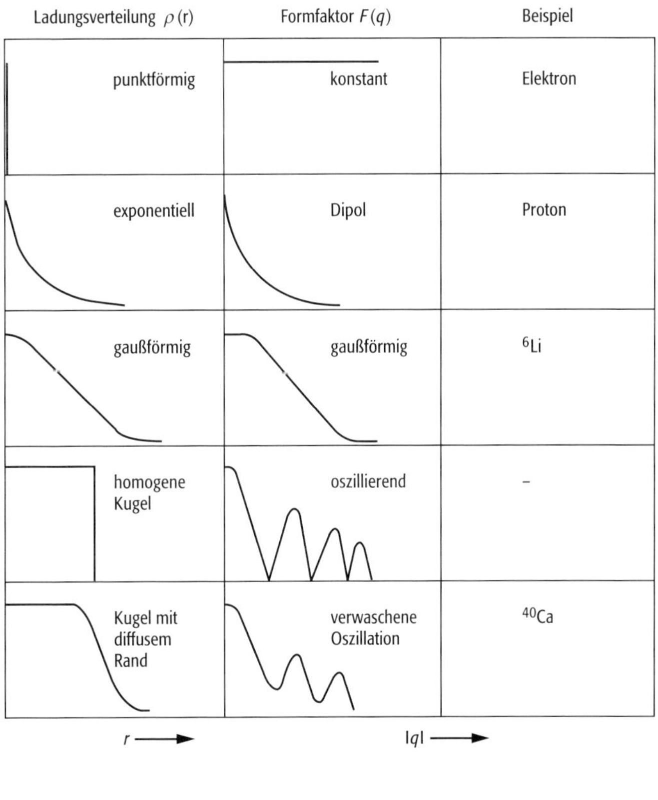

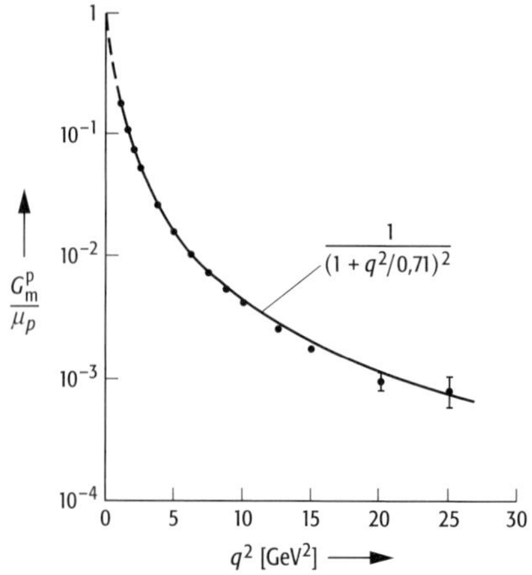


**Formfaktor 2:** elektromagnetischer Formfaktor $G_m^p/\mu_p$ des Protons für hohe $q^2$. Die beobachteten Werte werden gut durch die angepaßte Dipolgleichung beschrieben.

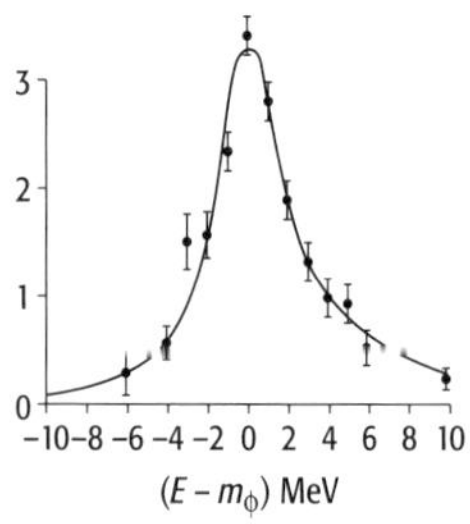


**Formfaktor 3:** elektromagnetischer Kaon-Formfaktor in der Nähe der Masse des $\phi$-Mesons $m_\phi$.

gilt $G_e^p(0) = 1$ und $G_m^p(0) = 1 + \mu_p \approx 2,79$ bzw. $G_e^n(0) = 0$ und $G_m^n(0) = \mu_n \approx -1,91$, wobei $\mu_p$ bzw. $\mu_n$ das ↗*anomale magnetische Moment* des Protons bzw. Neutrons in Einheiten von *Kernmagnetonen* ist.

Theoretisch werden Formfaktoren durch Vertexkorrekturen berechnet, z.B. wird so das anomale magnetische Moment des Elektrons in der ↗*Quantenelektrodynamik* (*QED*) bestimmt: Der perturbative Elektron-Photon-Vertex kann durch die *Gordon-Identität* umgeformt werden, $\bar{u}(p')\gamma_\mu A^\mu(q)u(p) = \frac{1}{2m}\bar{u}(p)\left[(p+p')\cdot A + i\sigma_{\mu\nu}A^\mu q^\nu\right]u(p)$, wobei $q = p' - p$. Der zweite Term in diesem Ausdruck beschreibt im Ruhesystem des Elektrons die Kopplung des Spins zum Magnetfeld: $\sigma_i B_i = \sigma_{\mu\nu}F^{\mu\nu}$. Hieraus ergibt sich ein ↗*gyromagnetisches Verhältnis* von $g = 2$. Durch *Einschleifen-Korrekturen* bekommt man dagegen $g = 2 + \alpha/\pi$ und bis zur dritten Ordnung,

$$\frac{g-2}{2} \approx 0,5\frac{\alpha}{\pi} - 0,32848\left(\frac{\alpha}{\pi}\right)^2 + 1,18124\left(\frac{\alpha}{\pi}\right)^3 + \ldots$$

$g/2 - 1 = a_{th} = 0,001159652411(166)$. Es stimmt mit dem experimentellen Wert gut überein: $a_{exp} = 0,001159652209(31)$.

Aus den bei der *tiefinelastischen Elektron-Nukleon-Streuung* gemessenen Formfaktoren wurde das ↗*Partonmodell* entwickelt. Weitere wichtige Anwendungen sind der Formfaktor des ρ-Mesons (Test der Vektor-Meson-Dominanz) und der des Pions (Ableitung der ↗*Goldberger-Treiman-Relation* aus der ↗*PCAC-Hypothese*). [BK1, UK]

**Formgedächtnis,** die Fähigkeit bestimmter Materialien, nach plastischer ↗Deformation ihre urspüngliche Form wieder anzunehmen, sobald sie über eine charakteristische Temperatur erwärmt werden. Ein Gegenstand aus einem solchen Material »erinnert« sich also an seine Ausgangsform. Das Objekt kann dabei derart starke Formänderungen vollziehen, daß es andere zieht oder schiebt, das heißt Arbeit leistet. Es wurden bereits Wärmekraftmaschinen aus Materialien mit Formänderungsgedächtnis entwickelt. Als solche Materialien sind sogenannte Marmem-Legierungen (von »Martensite-Memory«) bekannt, beispielsweise eine Nitinol genannte Nickel-Titan-Legierung.

**Formzahl,** *Kerbfaktor*, ↗Kerbwirkungsfaktor.

**Forschungsreaktor,** ein Kernreaktor, der überwiegend der wissenschaftlichen Forschung und Ausbildung dient. Neben reaktorspezifischen Studien findet er Anwendung als Neutronenquelle zur Aktivierung und Erzeugung von ↗*Radionukliden*, zur Strukturanalyse von Festkörpern mittels ↗*Neutronenstreuung*, für Materialuntersuchungen sowie als Neutrinoquelle. Der Zugang zum Reaktorkern erfolgt durch eine Anzahl von Kanälen, die entweder mit Proben beschickt werden oder als *Neutronenleiter* ausgebildet sind. Hohe Flüsse überwiegend thermischer Neutronen werden in ↗*Hochflußreaktoren* und *schnellen Impulsreaktoren* durch spezielle Moderatoranordnungen (↗*thermische Säule*) erzielt. ↗*Hochflußreaktoren* sind zudem meist mit einer *kalten Neutronenquelle* ausgerüstet. Eine Alternative zum Reaktor ist die ↗*Spallationsneutronenquelle*.

**Forschungssatelliten,** ↗Satelliten, ↗astronomische Sonden und Satelliten.

**Forschungszentren, allgemein,** siehe Tabelle auf nächster Seite.

**Forschungszentrum Jülich,** *FZJ*, früher: *Kernforschungsanlage Jülich* (*KFA*), Mitglied der ↗*Herrmann von Helmholtz-Gemeinschaft Deutscher Forschungszentren* (*HGF*), interdisziplinäre Forschungseinrichtung mit den Bereichen Struktur der Materie und Materialforschung, Informationstechnik, Biowissenschaften, Umweltvorsorgeforschung sowie Energietechnik. Das *Technologiezentrum Jülich* fördert den Technologietransfer in mittelständische Unternehmen.

**Forschungszentrum Karlsruhe,** *FZK*, früher *Kernforschungszentrum Karlsruhe* (*KFK*), Mitglied der ↗*Herrmann von Helmholtz-Gemeinschaft Deutscher Forschungszentren* (*HGF*), interdisziplinäre Forschungseinrichtung mit Hauptarbeitsgebieten in den Bereichen Umwelttechnik und Klimaforschung, Energie, Supraleitung und Mikrosystemtechnik. Im Rahmen eines Technologietransferprogramms wird in Kooperation mit Industrieunternehmen industrielle Vorlauf- und Grundlagenforschung durchgeführt.

**Forsterit-Laser,** ↗*Chrom-Laser*, in dem der Wirtskristall ($Mg_2SiO_4$) mit vierwertigen Chrom-Ionen $Cr^{4+}$ dotiert ist. Es ergibt sich ein 178 nm großer Abstimmbereich im Infraroten von 1167–1345 nm.

**Förster-Sonde,** *Kernsättigungs-Magnetometer*, *Flux-Gate-Magnetometer*, von Friedrich *Förster* 1940 entwickeltes Gerät zur Messung mittlerer und schwacher Magnetfelder. Das Meßelement besteht aus einem stabförmigen Eisenkern hoher ↗Permeabilität und scharf ausgeprägter magnetischer Sättigung. Der Grad der Magnetisierung wird festgestellt

**Forschungszentren, allgemein** (Auswahl weltweit wichtiger Institute, die physikbezogene Forschung betreiben). Die Zahl der Beschäftigten umfaßt in der Regel Wissenschaftler, Techniker und andere Mitarbeiter. Angaben zu Industrieunternehmen beziehen sich auf die Bereiche Forschung und Entwicklung.

| Name | Standort | Gründungsjahr | Beschäftigte | Forschungsgebiete | Forschungsgeräte | Internet-Adresse |
|---|---|---|---|---|---|---|
| Argonne National Laboratory, ANL | Argonne, IL, USA | 1946 | 4500 | Materialwissenschaften, Hochenergiephysik, Biologie, Umweltforschung, Energiequellen | Advanced Photon Source (Synchrotron), Intense Pulsed Neutron Source, Tandem Linear Beschleuniger | http://www.anl.gov/ |
| ASEA Brown Bovery, ABB | Heidelberg | 1988(BBC 1891, ASEA 1883) | 200 | Informationstechnik, Elektroenergietechnik, industrielle Elektronik | | http://www.abb.ch/ |
| Bell Laboratories | Murray Hill, NJ, USA | 1925 | 25 000 | Halbleiterelektronik, Computerwissenschaft, Festkörperforschung, Mathematik | | http://www.bell-labs.com/ |
| Brookhaven National Laboratory, BNL | Upton, NY, USA | 1947 | > 3000 | Materialwissenschaften, Kern- und Teilchenphysik, Biologie, Chemie, Umweltforschung, medizinische Forschung | Alternating Gradient Synchrotron, National Synchrotron Light Source, Relativistic Heavy Ion Collider | http://www.bnl.gov/ |
| California Institue of Technology, Caltech | Pasadena, CA, USA | 1891 | 1700 | universitäres naturwissenschaftliches Spektrum: Biologie, Chemie, Geologie, Physik, Mathematik, Astronomie | Mount Palomar Observatory (5-m-Teleskop), W.M. Keck Observatory, Hawaii (10-m-Teleskope). | http://www.caltech.edu/ |
| Cornell University | Ithaca, NY, USA | 1870 | 9120 | universitäres Forschungsspektrum | Cornell Electron Storage Ring, Arecibo Radioobservatorium | http://www.cornell.edu/ |
| Fermi National Accelerator Laboratory, Fermilab | Batavia, IL, USA | 1968 | 2200 | Kern- und Teilchenphysik, Astrophysik | Tevatron-Ringbeschleuniger | http://www.fnal.gov/ |
| Forschungszentrum Jülich, FZJ (vormals Kernforschungsanlage Jülich, KFA) | Jülich | 1956 | 4300 | Energie, Umwelt, Kern- und Teilchenphysik, Plasmaphysik, Biomedizin, Materialwissenschaften | Fusionsexperiment Textor, Synchrotron COSY | http://www.kfa-juelich.de/index.html |
| Forschungszentrum Karlsruhe, FZK (vormals Kernforschungszentrum Karlsruhe, KFK) | Eggenstein-Leopoldshafen | 1956 | 3800 | Umwelt, Energie, Mikrosystem-/ Medizintechnik, Grundlagenforschung | Großflächendetektor Kaskade, Teilnahme an den Fusionsexperimenten ITER und Wendelstein | http://www.fzk.de/ |
| Fraunhofer-Institute | mehrere | 1949 | 9000 | ↗Fraunhofer-Gesellschaft | | http://www.fhg.de/ |
| General Electric Company, GE | Schenectady, N.Y | 1892 (Edison Electric Light Comp. 1878) | 1600 | Energietechnik, Medizin, Transport, Informationstechnik | | http://www.ge.com/ |
| Goddard Space Flight Center, GSFC | Greenbelt, MD, USA | 1959 | 3354 | Erderkundung, Raumfahrttechnologie, Organisation und Abwicklung von Raumflugmissionen | | http://www.gsfc.nasa.gov/ |
| Hahn-Meitner-Institut, HMI | Berlin | 1959 | 900 | Grundlagen- und angewandte Forschung mit den Schwerpunkten Struktur- und Festkörperforschung sowie Solarenergieforschung. | Forschungsreaktor BERII, Ionenbeschleuniger | http://www.hmi.de/ |
| Heinrich Hertz-Institut für Nachrichtentechnik, HHI | Berlin | | 300 | Photonik, optische und elektrische Signalverarbeitung | | http://www.hhi.de/ |
| IBM Forschungslaboratorium Zürich | Rüschlikon, Schweiz | | 200 | Mikrotechnologie, Hochgeschwindigkeitsschaltungen, Materialforschung | | http://www.zurich.ibm.com/ |

**Forschungszentren, allgemein** (Fortsetzung)

| Name | Standort | Gründungsjahr | Beschäftigte | Forschungsgebiete | Forschungsgeräte | Internet-Adresse |
|---|---|---|---|---|---|---|
| Institute for Theoretical and Experimental Physics, ITEP | Moskau, Rußland | | | theoretische Physik, Beschleunigerphysik, Kern- und Teilchenphysik | | http://www.itep.ru/ |
| Jet Propusion Laboratory, JPL | Pasadena, CA, USA | 1930 | 5700 | Antriebstechnik, Raumfahrtmissionen, Planetenerkundung, Erderkundung, Robotik | Deep Space Network, Anteile an diversen Satelliten und Raumsonden (z.B. Viking, Voyager, Ulysses, Mars Pathfinder) | http://www.jpl.nasa.gov/ |
| Lawrence Berkeley National Laboratory, LBNL | Berkeley, CA, USA | 1931 | 3800 | Kern- und Teilchenphysik, Nuklearmedizin, Energietechnik, Biologie, Materialforschung | Advanced Light Source Synchrotron | http://www.lbl.gov/ |
| Lawrence Livermore National Laboratory, LLNL | Livermore, CA, USA | 1952 | | Waffentechnolgie, Energieforschung, Umweltforschung Biowissenschaften, Grundlagenforschung | | http://www.llnl.gov/ |
| Los Alamos National Laboratory, LANL | Los Alamos, NM, USA | 1943 | 6800 | Kernenergie, nukleare Entsorgung | | http://www.lanl.gov/external/ |
| Massachusetts Institute of Technology, MIT | Cambridge, MA, USA | 1865 | 7850 | universitäres wissenschaftliches Spektrum | | http://web.mit.edu/ |
| Max-Born-Institut für nichtlineare Optik, MBI | Berlin | | 200 | nichtlineare Optik, Kurzzeitspektroskopie, Laserentwicklung, Meßtechnik | | http://www.mbi-berlin.de/ |
| Max-Planck-Institut für Festkörperforschung*) | Stuttgart | 1969 | 300 | Festkörperforschung, theoretische Physik | | http://www.mpi-stuttgart.mpg.de/start.html |
| Max-Planck-Institut für Plasmaphysik, IPP*) | Garching | 1960 | 1000 | Plasmaphysik, Fusionsforschung | ITER, Stellarator Wendelstein | http://www.ipp.mpg.de/ |
| Max-Planck-Institut für Quantenoptik, MPQ*) | Garching | 1981 | 200 | Laserphysik, Laserchemie, Laserspektroskopie | | http://www.mpq.mpg.de/ |
| Niels-Bohr-Institut, NBI | Kopenhagen, Dänemark | 1921 | | Hochenergiephysik, theoretische Physik, experimentelle Physik, Atomphysik, Astrophysik | | http://www.nbi.dk/ |
| Oak Ridge National Laboratory, ORNL | Oak Ridge, TN, USA | 1943 | 1500 | Energieforschung, Kernfusion, Kernenergie, Nukleartechnologie | | http://www.ornl.gov/ |
| Paul-Scherrer Institut, PSI | Villigen, Schweiz | | | Kern- und Teilchenphysik, Beschleuniger, Biowissenschaften, Materialforschung, Festkörperforschung | Spallationsneutronenquelle SINQ | http://www.psi.ch/ |
| Philips | Aachen | | 400 | Lichterzeugung, Leistungselektronik, Bilderzeugung und -verarbeitung, Materialforschung | | http://www.research.philips.com/research/reslabs/pfl |
| Philips | Eindhoven, Niederlande | 1914 | 3000 | Halbleiterforschung, Elektrotechnik, Materialforschung | | http://www.research.philips.com/ |

*) Weitere Max-Planck-Institute: ↗Max-Planck-Gesellschaft.

**Forschungszentren, allgemein** (Fortsetzung)

| Name | Standort | Gründungsjahr | Beschäftigte | Forschungsgebiete | Forschungsgeräte | Internet-Adresse |
|---|---|---|---|---|---|---|
| Princeton University | Princeton, NJ, USA | 1746 | 1100 | breites universitäres Spektrum | | http://www.princeton.edu/index.shtml |
| Rutherford-Appleton Laboratorium, RAL | Chilton, Oxfordshire, UK | 1957 | 1750 | Teilchenphysik, Beschleunigerphysik, Laserphysik, Weltraumphysik, Materialforschung, Biowissenschaften | Daresbury Synchrotron Light Source, Neutronenquelle ISIS | http://www.rl.ac.uk/ |
| Sandia National Laboratories, SNL | Albuquerque, NM, USA | 1945 | 7550 | Materialforschung, Mikroelektronik, Ingenieurwissenschaften | | http://www.sandia.gov/ |
| Siemens | München | 1847 | 16 500 | Halbleitertechnik, Materialforschung, Energie, Informationstechnologie, Medizin | | http://www.siemens.de/ |
| Thomas Jefferson National Accelerator, Jefferson Lab | Newport News, VA, USA | 1980 | 500 | Elektronenoptik, Beschleunigerphysik, Kern- und Teilchenphysik | Kreisbeschleuniger CEBAF | http://www.jlab.org/index.html |
| Weizmann Institute of Science | Rehovot, Israel | 1934 | 2400 | Biologie, Biophysik, Biochemie, Chemie, Physik, Mathematik | | http://www.weizmann.ac.il/ |

durch Abtastung mit einem sinusförmigen künstlichen magnetischen Wechselfeld, das bis weit in die Sättigung des Kerns reicht. Die Unsymmetrie in der magnetischen Flußdichte (induzierte Spannung) ist ein Maß für die Stärke des magnetisierenden Feldes. Anwendung insbesondere zur Messung des *Erdmagnetfeldes* (↗Geomagnetismus), für *Gesteinsmagnetismus* und zur Vermessung schwacher interplanetarischer Felder mit Satelliten.

**Fortbewegungsmechanik,** Teilgebiet der ↗*Biomechanik*, welches die Fortbewegung biologischer Systeme (Sprung, Lauf, Schwimmen, Flug, Bewegung mit Hydroskelett, Flagellen- und Cilienbewegungen) mit den Mitteln der technischen Mechanik untersucht. Als Beispiel soll hier der Sprung der Wüstenheuschrecke *Schistocerca gregaria* betrachtet werden. Bei einer Körpermasse von 3g, einem Absprungwinkel von 55° und einer Sprungweite von 80cm muß eine Mindeststartgeschwindigkeit von 2,81m/s erreicht werden. Zur Beschleunigung steht eine Sprungbeinlänge von ca. 4cm zu Verfügung, daraus folgt eine mittlere Beschleunigung von etwa der zehnfachen Erdbeschleunigung. Die dazu benötigte Muskelkraft beträgt ca. 5N. Im Bereich des Apodems des Hauptsprungmuskels beträgt die Spannung 500N/mm$^2$, was schon 83% von dessen Reißfestigkeit ausmacht! Da kleine Springer kürzere Sprungbeinlängen und eine größere Oberfläche pro Masseeinheit (und damit einen größeren Luftwiderstand) haben, sind sie physikalisch großen Tieren im Sprung unterlegen.

**Forward-backward-Asymmetrie,** *Vorwärts-rückwärts-Asymmetrie*, $A_{\text{fb}}$, gibt in Elementarteilchenprozessen, die durch eine Richtung ausgezeichnet sind, die relative Differenz zwischen Vorwärts- und Rückwartsrichtung der erzeugten Teilchen relativ zur einfallenden Teilchenrichtung an. Z.B. ist bei der Erzeugung eines Fermion-Paares durch eine Elektron-Positron-Kollision ($e^-e^+ \to f^-f^+$, f: Fermion) $A_{\text{fb}}$, ausgedrückt durch die jeweiligen Wirkungsquerschnitte $\sigma_{\text{f}}$ (Vorwärtsrichtung) und $\sigma_{\text{b}}$ (Rückwärtsrichtung):

$$A_{\text{fb}} = \frac{\sigma_{\text{f}} - \sigma_{\text{b}}}{\sigma_{\text{f}} + \sigma_{\text{b}}},$$

$$\left(\sigma_{\text{f}} = 2\pi \int_0^1 \frac{d\sigma}{d\Omega} d\cos\theta \text{ und}\right.$$

$$\left.\sigma_{\text{b}} = 2\pi \int_{-1}^0 \frac{d\sigma}{d\Omega} d\cos\theta\right).$$

**fossile Energieträger,** weltweit wichtigste Primärenergieträger (↗*Primärenergie*). Im weltweiten Mittel werden etwa 80%, in den Industrieländern etwa 90% des Primärenergiebedarfs durch fossile Energien gedeckt. Die wichtigsten fossilen Energieträger sind *Erdöl*, *Kohle* (Stein- und Braunkohle) sowie *Erdgas*; in geringerem Maße werden auch Ölsande und -schiefer und Torf genutzt. Mit Ausnahme von

**fossile Energieträger:** Vorräte an fossilen Energieträgern, Kohle. *R*: Reserven, *JF*: Jahresförderung, *JV*: Jahresverbrauch, *RW*: Reichweite ($1\,\text{EJ} = 10^{18}\,\text{J}$).

| Kohle (1989) | weltweit | Deutschland |
|---|---|---|
| *R* | 20 000EJ (1 000Gt) | Steinkohle: 700EJ Braunkohle: 300EJ |
| *JF* | 100EJ (5Gt) | Steinkohle: 2,3EJ Braunkohle: 1EJ |
| *RW*= *R*/*JF* | 200 Jahre | 300 Jahre |
| **Erdöl** | **weltweit** | **Deutschland** |
| *R* | 5–200EJ ($125\text{Gt}_{\text{oe}}$) | 2,5EJ ($60\text{Mt}_{\text{oe}}$) |
| *JF* | 120EJ ($3\text{Gt}_{\text{oe}}$) | 0,16EJ |
| *JV* | 120EJ | 4,5EJ |
| *RW*= *R*/*JF* | 40 Jahre | 16 Jahre |
| **Erdgas** | **weltweit** | **Deutschland** |
| *R* | 4 000EJ ($100\text{Tm}^3$) | 10EJ ($270\text{Gm}^3$) |
| *JF* | 70EJ ($2\text{Tm}^3$) | 0,63 EJ |
| *JV* | 70EJ | 2EJ |
| *RW*= *R*/*JF* | 60 Jahre | 16 Jahre |

**Foucault**, *Jean Bernard Léon*

Torf sind die fossilen Energieträge in der geologischen Vergangenheit, vor allem im Erdmittelalter, durch *Fossiliation* entstanden. Erdöl muß zu seiner Nutzung aufbereitet werden, es wird dabei u.a. in *Schweröle*, *Leichtöle*, *Petroleum* und *Benzine* fraktioniert. Fossile Energie wird durch ↗*Verbrennung* genutzt, und zwar entweder direkt zur Wärmeerzeugung (mit ↗*Wirkungsgraden* von 50–70 %, mit Hilfe von *Wärmerückgewinnungsverfahren* bis 90 %) oder zur Erzeugung von ↗*Elektrizität*. Dabei ist der Wirkungsgrad durch den ↗*zweiten Hauptsatz* der Thermodynamik auf ca. 60 % begrenzt, tatsächlich erreicht werden jedoch nur etwa 35 %.

Die nachgewiesenen Vorräte an fossilen Energien haben sich trotz intensiver Ausbeutung in den letzten Jahrzehnten erhöht (Tabelle). Allerdings erforden viele dieser Reserven eine sehr aufwendige Förderungstechnik, so daß die erreichbaren ↗*Erntefaktoren* immer geringer werden. Die prognostizierten Reichweiten (Kohle: 300a, Erdöl/-gas: 50–60a) können bei exponetiellen Wirtschaftswachstum erheblich verkürzt werden.

Die Nutzung fossiler Energien führt zu erheblichen *Umweltproblemen*: Lokal kommt es zu *Sommersmog* und *troposphärischer Ozonbelastung* (↗*Atmosphäre*), regional z.B. zum »sauren Regen«, global zum ↗*Treibhauseffekt*. (↗*Energietechnik*)

**Foto** ↗Photo.

**Foucault,** *Jean Bernard Léon*, französischer Physiker und Astronom, *18.9.1819 Paris, †11.2.1868 Paris; Autodidakt; Mitarbeiter am Pariser Observatorium; ab 1862 Mitglied des Bureau des Longitudes, seit 1865 Mitglied der Académie des sciences in Paris, der Berliner Akademie der Wissenschaften und der Royal Society in London; führte zusammen mit A.H.L. ↗*Fizeau* Untersuchungen zur Optik durch und gewann mit ihm 1845 die erste brauchbare Daguerreotypie-Platte von der Sonne; entwickelte 1850 eine Drehspiegelmethode zur Messung der Lichtgeschwindigkeit (1862 von ihm zu 298 000km/s bestimmt) und wies 1853 nach, daß Licht sich im Wasser langsamer ausbreitet als in Luft; demonstrierte 1851 mit einem 67m langen und 28kg schweren ↗*Pendel* (*Foucaultsches Pendel*) im Pariser Panthéon die Erdrotation; entwickelte das *Foucaultsche Schneidenverfahren* zur Qualitätsprüfung von Objektivlinsen und Parabolspiegeln; erfand das ↗*Gyroskop* (1852) und einen ↗*Heliostaten* und entwickelte um 1852 einen Vorläufer des Kreiselkompasses; verdient auch um die Verbesserung der Uhrwerke zum Antrieb von Fernrohren und um die Herstellung großer Hohlspiegel (Silberspiegel) für astronomische Zwecke (erkannte, daß man durch Belegen einer polierten Glasoberfläche mit einer reflektierenden Silberschicht Spiegel hoher optischer Güte erhalten kann); ferner Arbeiten zur Elektrizität (entdeckte die elektrischen ↗Wirbelströme in Metallen; konstruierte 1848 die erste brauchbare elektrische Bogenlampe), über Magnetismus und Wärmestrahlung.

**Foucault-Preis** ↗Preise.

**Foucaultsches Pendel,** *gyroskopisches Pendel*, *Kamerlingh-Onnes-Pendel*, ein ↗Pendel zum Nachweis der Erdrotation.

**Foucaultsches Prisma,** Bezeichnung für ein aus zwei Teilprismen bestehendes Polarisationsprisma aus einem optisch einachsigen Material. Im Gegensatz zum ↗*Nicolschen Prisma* sind die Teilprismen an den Hypotenusenflächen durch einen Luftspalt getrennt. Der ordentliche Strahl, dessen Lichtvektor senkrecht zum ↗*Hauptschnitt* schwingt, wird am Luftspalt total reflektiert, während der außerordentliche Strahl, der parallel zum Hauptschnitt polarisiert ist, fast unabgelenkt aus dem Prisma heraustritt.

**Foucaultsche Ströme** ↗Wirbelströme.

**Fourier,** *Jean-Baptiste Joseph*, Baron de, französischer Mathematiker und Physiker, *21.3.1768 Auxerre, †16.5.1830 Paris; bereits im Alter von 21 Jahren (ab 1789) Professor für Mathematik an der Kriegsschule in Auxerre, 1796–98 an der École Polytechnique in Paris; begleitete Napoleon 1798 nach Ägypten, nach seiner Rückkehr (1801) nach Frankreich Präfekt (1802–15) des Départements Isère, seit 1817 Mitglied der Académie des sciences und ab 1822 deren ständiger Sekretär; einer der bedeutendsten Mathematiker seiner Zeit und Mitbegründer der theoretischen Physik; schuf eine analytische Theorie der Wärmeausbreitung, in der er die unter anderem für die theoretische Physik bedeutende Methode der Entwicklung von Funktionen in ↗*Fourier-Reihen* einführte und die Wärmeleitungsgleichung formulierte; auch Arbeiten über Statistik, Wahrscheinlichkeits- und Funktionentheorie; konstruierte 1822–23 mit H.C. ↗*Ørsted* die erste Thermosäule; führte den Begriff der physikalischen »Dimension« ein. Nach ihm sind ferner die ↗*Fourier-Analyse* und Fourier-Synthese, das Fourier-Integral, die Fourier-Spektroskopie und ↗*Fourier-Transformation* benannt.

# Fourier-Analyse

*D.S. Broomhead, Manchester, England*

Vermutlich werden alle Wissenschaftler und Ingenieure, zu diesem Thema befragt, der Ansicht zustimmen, daß die »Fourier-Analyse« eine Angelegenheit von großer Bedeutung sei; jedoch fragt man dann, auf welche Weise sie bedeutend sei, so muß man sich auf eine

Vielzahl verschiedener Antworten einstellen. Für den reinen Mathematiker war der Zeitpunkt, zu dem Fouriers Arbeiten entstanden, nämlich der Beginn des 19. Jh., ein Moment, in dem sich eine tiefgreifende Änderung im Verständnis der Grundlagen der Mathematik vollzog. Fouriers Herangehen an die Probleme der Wärmeleitung – Probleme, die wir aus heutiger Sicht eher dem Bereich der angewandten Mathematik oder den Ingenieurwissenschaften zuweisen würden – hat Fragen von fundamentaler Bedeutung für die gesamte Mathematik aufgeworfen; gleichzeitig lieferte Fouriers Ansatz ein bleibendes und mächtiges Werkzeug, das noch heute, zwei Jahrhunderte später, den Mathematikern und den Ingenieuren eine große Hilfe ist.

## Wärmeleitung in einem dünnen Stab

Wir wollen mit einer Demonstration der Nützlichkeit dieses Werkzeugs beginnen. Die Wärmeleitung in einem Festkörper wird durch die Diffusionsgleichung

$$\frac{\partial \theta}{\partial t} = \kappa \frac{\partial^2 \theta}{\partial x^2}, \tag{1}$$

beschrieben, in der $\kappa$ die thermische Diffusivität des Festkörpers und $\theta$ eine Funktion ist, welche die Temperatur an einem beliebigen Punkt zu einer beliebigen Zeit $t$ angibt. Der Einfachheit halber betrachten wir die Wärmeleitung in nur einer Raumdimension. Man nehme zum Beispiel einen zylindrischen Metallstab, der überall bis auf seine Endflächen isoliert ist, und der so dünn ist, daß kein merklicher Temperaturgradient quer zur Längsausdehnung auftreten kann. Wir wollen annehmen, daß sich der Stab von $x = 0$ zu $x = \pi$ erstreckt; es mag unsinnig erscheinen, die Länge des Stabs als $\pi$ zu wählen, aber es geht hier nur darum, eine passende Längeneinheit für unser Problem festzulegen.

Man sieht leicht (beispielsweise durch Einsetzen in die Gleichung), daß die folgenden Ausdrücke

$$\theta(x,t) = \exp\left(-\kappa\mu^2 t\right)\cos(\mu x) \tag{2}$$

$$\theta(x,t) = \exp\left(-\kappa\mu^2 t\right)\sin(\mu x) \tag{3}$$

Lösungen von Gleichung (1) sind, in denen $\mu$ eine freie Konstante ist. Aus der Linearität der Diffusionsgleichung folgt, daß wir weitere Lösungen durch Linearkombination obiger Lösungen gewinnen können. Diese einfache Beobachtung führt uns direkt zur Fourierschen Methode.

Wir wollen davon ausgehen, daß wir unseren Stab dazu gebracht haben, eine einheitliche Gleichgewichtstemperatur $\theta_0$ anzunehmen; dann, zur Zeit $t = 0$, tauchen wir ihn plötzlich in ein kaltes Bad ein, das in geeigneten Einheiten eine Temperatur von null aufweisen soll. Dies kann mathematisch durch

$$\theta(x,0) = \theta_0; \quad 0 < x < \pi \tag{4}$$

dargestellt werden. Dieser Ausdruck gibt zusammen mit den *Randbedingungen*

$$\theta(0,t) = \theta(\pi,t) \quad \forall t \geq 0 \tag{5}$$

die anfängliche Temperaturverteilung wieder. Die Randbedingungen legen für alle Zeiten fest, daß die Temperatur an den Enden des Stabes gleich der Temperatur des Bades ist; dies entspricht der Annahme, daß das Bad gut durchmischt ist und eine sehr große Wärmekapazität aufweist.

## Die Darstellung von Funktionen durch trigonometrische Reihen

Wir suchen nach einer Linearkombination von Lösungen der Form (2) und (3), welche die durch Gleichung (4) und (5) formulierten Randbedingungen erfüllt. Fouriers kühne Behauptung war nun, daß beliebige Anfangsbedingungen mit solchen Summen erfüllt werden können, wenn man $\mu$ über alle positiven ganzen Zahlen variieren läßt. Daher schreiben wir, indem wir die unbekannten Parameter $\{a_k\}_{k=0}^{\infty}$ und $\{b_k\}_{k=0}^{\infty}$ einführen:

$$\theta(x,0) = a_0 + \sum_{k=1}^{\infty} a_k \cos(kx) + \sum_{k=1}^{\infty} b_k \sin(kx) \tag{6}$$

und

$$\theta(x,t) = a_0 + \sum_{k=1}^{\infty} a_k \exp\left(-\kappa k^2 t\right)\cos(kx) + \sum_{k=1}^{\infty} b_k \exp\left(-\kappa k^2 t\right)\sin(kx) \tag{7}$$

Der kritische Leser mag sich an diesem Punkt fragen, inwieweit es sinnvoll ist, mit unendlichen Summen von Funktionen zu hantieren, und mag der Behauptung, beliebige Funktionen könnten in dieser Weise dargestellt werden, skeptisch gegenüberstehen; wir werden uns diesen berechtigten Fragen später wieder zuwenden. Im Moment jedoch wollen wir untersuchen, inwieweit eine solche Darstellung bei der Lösung unseres Problems hilfreich sein könnte. Wenn wir die Bildung unendlicher Summen von Funktionen als möglichen Lösungsansatz akzeptieren, und wenn es uns gleichfalls sinnvoll erscheint, diese Summen gliedweise abzuleiten, so läßt sich durch Substitution von Gleichung (7) in Gleichung (1) zeigen, daß es sich tatsächlich um eine Lösung handelt. Darüber hinaus können wir die Einhaltung der Randbedingungen garantieren, indem wir alle Koeffizienten $\{a_k\}_{k=0}^{\infty}$ zu null setzen, so daß

$$\theta(x,0) = \sum_{k=1}^{\infty} b_k \sin(kx) \tag{8}$$

und

$$\theta(x,t) = \sum_{k=1}^{\infty} b_k \exp\left(-\kappa k^2 t\right)\sin(kx) \tag{9}$$

Da $\sin(0) = 0$ und $\sin(k\pi) = 0$ gilt, ist Gleichung (5) automatisch erfüllt.

Aber was ist mit der Anfangsbedingung an $\theta(x,0)$? Fouriers Idee war es, die unbekannten Koeffizienten $\{b_k\}_{k=0}^{\infty}$ so zu wählen, daß Gleichung (8) die Form von Gleichung (4) annimmt. Dies ist der Kerngedanke der Fourier-Analyse. Es geht an dieser Stelle ja nicht um die Lösung von Differentialgleichungen, sondern lediglich um die Darstellung einer Funktion als trigonometrische Reihe. In unserem Beispiel handelt es sich um eine Funktion, die auf dem offenen Intervall $0 < x < \pi$ einen von null verschiedenen konstanten Wert annimmt, jedoch an den Punkten $x = 0$ und $x = \pi$ verschwindet. Der Gedanke, ein solches Objekt als eine einzelne Funktion zu behandeln oder gar als eine Summe von Sinuswellen darzustellen, erschien zu Fouriers Zeit als abwegig. Damals war die Erörterung der Frage, was die Eigenschaften einer Funktion ausmacht, untrennbar mit den Begriffen der Stetigkeit und der Differenzierbarkeit verknüpft, die jedoch ihrerseits noch nicht sauber definiert waren. Es dauerte noch über zwanzig Jahre, bis der strenge Beweis eines Theorems, das Fouriers Behauptung enthielt, veröffentlicht wurde.

## Der Dirichletsche Satz

Dieses von Dirichlet gefundene Theorem ist, obgleich seither allgemeinere Ergebnisse bewiesen werden konnten, für viele Anwendungen ein nützliches Werkzeug. Dirichlet zeigte, daß unter der Voraussetzung, daß eine auf dem Intervall $[-\pi,\pi]$ definierte Funktion $F$ stückweise stetig und stückweise monoton ist, eine eindeutig festgelegte Fourier-Reihe existiert, die an jedem Punkt $x$, an dem $F$ stetig ist, gegen $F(x)$ konvergiert. An jeder Unstetigkeitsstelle konvergiert die Fourier-Reihe gegen den Mittelwert des rechtsseitigen und des linksseitigen Grenzwertes von $F$ an dieser Stelle.

## Wie man eine Fourier-Reihe konstruiert

Der direkteste und eleganteste Weg, die passenden Fourier-Koeffizienten zu einer gegebenen Funktion $F$ zu finden, besteht darin, die *Orthogonalitätsrelationen* der trigonometrischen Funktionen auszunutzen, die für Sinus-Funktionen von der folgenden Form sind:

$$\int_{-\pi}^{\pi} dx\, \sin(kx)\sin(k'x) = \begin{cases} 0 & k \neq k' \\ \pi & k = k' \end{cases} \qquad (10)$$

Analoge Relationen gelten für die Kosinus-Funktion. Darüber hinaus läßt sich auch

$$\int_{-\pi}^{\pi} dx\, \cos(kx)\sin(k'x) = 0 \quad \forall k, k' \qquad (11)$$

zeigen. Zu Demonstrationszwecken wollen wir in einem kleinen Exkurs folgende auf dem Intervall $-\pi < x < \pi$ definierte Funktion betrachten:

$$f(x) = \begin{cases} 1 & 0 < x < \pi \\ -1 & -\pi < x < 0 \\ 0 & x = 0 \end{cases}$$

Diese Funktion, die aus einsichtigen Gründen als *Stufenfunktion* bezeichnet wird, ist offenbar stückweise stetig und monoton. Sie weist genau eine Unstetigkeitsstelle, nämlich bei $x = 0$, auf, und sie ist so definiert, daß ihr Wert an dieser Stelle gleich dem Mittelwert aus rechts- und linksseitigem Grenzwert ist. Daher können wir die Stufenfunktion unter Ausnutzung des Dirichletschen Satzes als Fourier-Reihe schreiben:

$$f(x) = a_0 + \sum_{k=1}^{\infty} a_k \cos(kx) + \sum_{k=1}^{\infty} b_k \sin(kx) \qquad (12)$$

Wenn wir beide Seiten dieser Gleichung mit $\sin(k'x)$ multiplizieren und anschließend über $x$ von $-\pi$ bis $\pi$ integrieren, wobei aus der Orthogonalitätsrelation folgt, daß sämtliche der unendlich vielen Integrale auf der rechten Seite bis auf eines verschwinden, so ergibt sich:

$$\int_{-\pi}^{\pi} dx\, \sin(k'x) f(x) = \pi b_{k'} \qquad (13)$$

In analoger Weise, nämlich durch Multiplikation mit $\cos(k'x)$ und anschließender Integration, bekommt man einen Ausdruck für $a_{k'}$:

$$\int_{-\pi}^{\pi} dx\, \cos(k'x) f(x) = \pi a_{k'} \qquad (14)$$

Das Schöne an diesem Verfahren ist, daß es explizite Ausdrücke für die Entwicklungskoeffizienten in Form von Integralen über die bekannte Funktion $f$ liefert.

Für die Stufenfunktion sind diese Integrale besonders leicht auszuführen, da es sich bei ihr um eine ungerade Funktion handelt, die dementsprechend die Symmetriebeziehung $f(x) = -f(-x)$ erfüllt. Damit erhält man:

$$\int_{-\pi}^{\pi} dx\, \cos(k'x) f(x) = 0, \qquad (15)$$

woraus folgt, daß alle Koeffizienten $\{a_k\}_{k=0}^{\infty}$ verschwinden, so daß die in Gleichung (12) dargestellte Reihe nur aus Sinus-Termen besteht. Auf ähnliche Weise findet man

$$\int_{-\pi}^{\pi} dx\, \sin(k'x) f(x) = 2\int_{0}^{\pi} dx\, \sin(k'x) f(x) \qquad (16)$$
$$= \begin{cases} 4/k' & \text{für } k \text{ ungerade} \\ 0 & \text{für } k \text{ gerade} \end{cases}$$

Unsere Fourier-Reihe für $f(x)$ reduziert sich also auf eine Summe von Sinus-Funktionen, deren Argumente ungeradzahlige Vielfache von $x$ sind:

$$f(x) = \sum_{k=0}^{\infty} \frac{4}{(2k+1)\pi} \sin((2k+1)x) \qquad (17)$$

In der Praxis wäre es oftmals wünschenswert, diese unendliche Summe durch ihre ersten (möglichst wenigen) Glieder annähern zu können. Wie sinnvoll dies ist, hängt davon ab, wie schnell die Reihe konvergiert – daß die Reihe überhaupt konvergiert, und zwar gegen die richtige Funktion, wissen wir bereits aus dem Dirichletschen Satz. Aus Abb. 1 (Farbtafelteil), in der verschiedene Näherungen von

Gleichung (17) dargestellt sind, können wir entnehmen, daß die Reihe doch eher langsam konvergiert - selbst wenn man die Glieder bis zu $k = 30$ berücksichtigt, zeigt die Näherung besonders in der Nähe der Singularität bei $x = 0$, aber auch noch in der Nähe von $x = -\pi$ und $x = \pi$, starke Oszillationen.

Da trigonometrische Funktionen auf dem gesamten Bereich der reellen Zahlen wohldefiniert sind, kann jede beliebige Fourier-Reihe wie eine Funktion von ganz $\mathbb{R}$ behandelt werden; dies sogar dann, wenn man sie damit über den Definitionsbereich der Funktion, die dargestellt werden soll, hinaus erweitert. Dieser Aspekt impliziert, daß jede Fourier-Reihe (und damit auch die zugrundeliegende Funktion $f$) periodisch sein muß; in unserem Beispiel ergibt sich $f(x+2\pi) = f(x)$ aus der Periodizität der Sinus-Funktionen in den Gliedern der Reihe. In diesem Sinne stellt sich die Fourier-Reihe, obwohl sie auf dem beschränkten Definitionsbereich der Originalfunktion $f$ wie eine Stufenfunktion aussieht, auf dem erweiterten Definitionsbereich als eine periodische, stückweise konstante Funktion dar. Letztere weist zusätzlich zu der Unstetigkeitsstelle bei $x = 0$ eine solche bei $x = \pi$ und, dies erfordert die Periodizität, auch bei $x = -\pi$ auf. Man kann aus dem Dirichletschen Satz oder auch schlicht aus der Tatsache, daß $\sin((2k+1)\pi) = 0$ gilt, folgern, daß $f(\pi) = 0$ gilt.

## Die Lösung der Wärmeleitungsgleichung

Daß wir diese Überlegungen bei der Lösung des Wärmeleitungsproblems gebrauchen können, erkennt man, wenn man die Funktion $f$ durch ihre Fourier-Reihe darstellt, deren Definitionsbereich man auf das Intervall $0 \leq x \leq \pi$ einschränkt. Dann nämlich kann man die Anfangsverteilung der Temperatur als

$$\theta(x,0) = \theta_0 f(x) \qquad (18)$$

schreiben. Daraus ergibt sich, daß die gesamte Zeitentwicklung der Temperaturverteilung des Stabes durch

$$\theta(x,t) = 4\theta_0 \sum_{k=0}^{\infty} \frac{\exp(-\kappa(2k+1)^2 t)}{(2k+1)\pi} \sin((2k+1)x) \qquad (19)$$

gegeben ist. Diese Lösung ist in Abb. 2 im Farbtafelteil dargestellt; offenbar verliert die Verteilung ihre anfängliche charakteristische rechteckige Form sehr schnell. Dies hat mit der langsamen Konvergenz der Fourier-Reihe für $f(x)$ zu tun: Jede Näherung der vollen Fourier-Reihe durch endlich viele Glieder ist ein Versuch der Darstellung einer unstetigen Funktion mit einer glatten, denn der Gradient einer solchen Näherung kann eine Grenze gemäß

$$\left|\frac{d}{dx}\sum_{k=0}^{K-1} \frac{4}{(2k+1)\pi}\sin((2k+1)x)\right| = \left|\frac{4}{\pi}\sum_{k=0}^{K-1}\cos((2k+1)x)\right| \leq \frac{4K}{\pi} \qquad (20)$$

nicht überschreiten. Intuitiv erwarten wir, daß die Unstetigkeiten von $f(x)$ durch solche Stellen der endlichen Reihe angenähert werden, die einen sehr steilen Verlauf aufweisen; um dies zu erreichen, brauchen wir große $K$, also schnell oszillierende Sinus-Funktionen. Für die Lösung der Diffusionsgleichung (19) gilt, daß die Sinus-Funktion um so schneller bei der zeitlichen Entwicklung abfällt, je höher ihre Frequenz ist; daher glättet sich die eckige Form der Anfangsverteilung schnell.

## Weitere Entwicklungen und Anwendungen

Wir haben bereits weiter oben darauf hingewiesen, daß es heikel ist, unendliche Summen wie endliche zu behandeln. Um die Fourier-Analyse zur Lösung von Differentialgleichungen verwenden zu können, müssen wir wissen, ob es erlaubt ist, die Reihe gliedweise abzuleiten. Das ist offenbar nicht selbstverständlich; die Fourier-Reihe der Stufenfunktion beispielsweise ist nicht einmal stetig, geschweige denn stellt sie eine Summe differenzierbarer Funktionen dar. Damit eine Fourier-Reihe stetig ist, reicht es jedoch schon hin, wenn sie *gleichmäßig konvergent* ist - dies ist im wesentlichen eine Bedingung, die sicherstellt, daß die Reihe über den ganzen Definitionsbereich schnell genug konvergiert. Damit eine Fourier-Reihe differenzierbar ist, genügt es, daß die Reihe, die durch gliedweise Ableitung der Originalreihe entsteht, gleichmäßig konvergiert. Zu der Zeit, zu der diese Gedanken ausgearbeitet wurden, herrschte eine beträchtliche Verwirrung bezüglich des Zusammenhangs zwischen Stetigkeit und Differenzierbarkeit. Man hatte irgendwie das Gefühl, daß eine stetige Funktion nur an wenigen besonderen Stellen nicht differenziert werden kann. Diese Illusion zerschlug sich, als Weierstraß 1872 auf folgende Funktion hinwies, die explizit als trigonometrische Reihe definiert ist:

$$w(x) = \sum_{k=0}^{\infty} b^k \cos(a^k \pi x) \qquad (21)$$

Ist $a$ eine ungerade ganze Zahl, und gilt $0 < b < 1$ und $ab > 1 + 3\pi/2$, so ist diese Funktion für alle $x$ stetig, jedoch nirgendwo differenzierbar. Aus der Sicht heutiger Entwicklungen der Geometrie fraktaler Mengen und ihrer Anwendung auf die Beschreibung von Naturphänomenen müssen wir den Graphen dieser Funktion als ein frühes Beispiel eines mathematisch konstruierten Fraktals betrachten.

Die Fourier-Analyse hat aufgrund der Nützlichkeit des Verfahrens beim Lösen linearer Differentialgleichungen einen weiten Anwendungsbereich. Die Diffusionsgleichung (1) und ihr verwandte Gleichungen tauchen in so verschiedenartigen Gebieten wie der elektrischen Leitfähigkeit, der selbständigen Durchmischung von in Flüssigkeiten und Gasen gelösten Materialien, der Wahrscheinlichkeitstheorie und neuerdings sogar bei der Berechnung der zukünftigen Entwicklungen von Finanzmärkten auf. Der Diffusionsgleichung sehr nah verwandt ist die Schrödinger-Gleichung, die von zentraler Bedeutung für die Quantenmechanik ist. Fourier-Reihen können eingesetzt werden, um die Wellengleichung zu lösen, die von der mathematischen Nachbildung schwingender Saiten und Orgelpfeifen bis hin zur Beschreibung der Ausbreitung elektromagnetischer Wellen nahezu überall Anwendung findet. Selbst bei der Behandlung nichtlinearer Gleichungen kann die Fourier-Analyse von großem Nutzen sein, weil es oftmals möglich ist, die Stabilität einer Lösung der vollen nichtlinearen Gleichung zu überprüfen, indem man lineare Gleichungen ableitet, welche die Entwicklung kleiner Störungen des gegeben Zustands beschreiben. In solchen Analysen kann man auf Lösungen, die der Form von Gleichung (7) ähneln, stoßen, wobei jedoch einige der Koeffizienten exponentiell ansteigen. Solche Lösungen bilden eine neue Generation räumlicher Strukturen auf dem Gebiet nichtlinearer Gleichungen.

Schließlich wollen wir darauf hinweisen, daß es noch weit mehr mathematische Techniken gibt, die sich mit Fouriers Namen verbinden, als hier im zur Verfügung stehenden Raum auch nur erwähnt werden kann. Von diesen vielleicht am weitesten verbreitet ist das *Fourier-Integral*, das als Erweiterung der Fourier-Reihe verstanden werden kann. Wenn wir den ganzzahligen Index $k$ in Gleichung (12) als reelle Variable uminterpretieren und die Summenzeichen durch Integrale ersetzen, so gelangen wir zu einem Konstruktionsverfahren für Funktionen $f(x)$, die nicht mehr zwingend periodisch sein müssen. Bei dieser Verallgemeinerung sind die Fourier-Koeffizienten $\{a_k\}_{k=0}^{\infty}$ und $\{b_k\}_{k=0}^{\infty}$ Funktionen der reellen Variablen $k$, die als Fourier-Transformierte von $f(x)$ bezeichnet werden. Diese Verallgemeinerung ist bei der Behandlung von Differentialgleichungen über einem unendlichen Definitionsbereich, bei der Zeitreihenanalyse und in der Spektroskopie von größter Bedeutung.

Ganz zum Schluß sollten wir uns vielleicht zurücklehnen und einen Moment darüber nachsinnen, daß die Geschichte der Fourier-Reihen ein sehr schönes Beispiel für das ist, was die Mathematik und die Wissenschaften allgemein in den letzten drei Jahrhunderten hat so erfolgreich sein lassen. Es ist eine Geschichte darüber, wie Anwendungen die Entwicklung der reinen Mathematik vorantreiben und dann wiederum die Entwicklungen in der reinen Mathematik zu neuartigen, oftmals unerwarteten Anwendungen führen.

---

**Fourier-Paar,** durch ↗Fourier-Transformationen gekoppelte Größen, wie z.B. die *Zeitdomäne* und die *Frequenzdomäne* in der Spektroskopie; hier bilden Zeit und Frequenz das Fourier-Paar.

**Fourier-Reihe,** Darstellung einer Funktion $f$ in einem System *orthonormaler Funktionen* durch die Reihenentwicklung $f(x) = \sum_{k=0}^{\infty} c_k\phi_k(x)$. Die Koeffizienten $c_k$ sind bestimmt durch $c_k = \int_a^b f(x)\phi_k(x)dx$, $k = 0, 1, \ldots$ und werden *Fourier-Koeffizienten* von $f$ genannt. Weil in vielen Anwendungen in Mathematik und Physik $2\pi$-periodische Funktionen eine besondere Rolle spielen, sind die Reihenentwicklungen nach trigonometrischen Funktionen

$$f(x) = \frac{a_0}{2} + \sum_{k=1}^{\infty}(a_k\cos kx + b_k\sin kx)$$

mit Koeffizienten

$$a_k = \frac{1}{\pi}\int_0^{2\pi} f(x)\cos kx dx$$

$$b_k = \frac{1}{\pi}\int_0^{2\pi} f(x)\sin kx dx$$

die am besten erforschten und ältesten Beispiele von Fourier-Reihen. Sie er schienen erstmals in einer Arbeit J. ↗*Fouriers* (1807) über Wärmeleitung. Häufig wird nur von Fourier-Reihen gesprochen, wenn trigonometrische Fourier-Reihen gemeint sind. Das erste Konvergenzkriterium für Fourier-Reihen wurde von P. ↗*Dirichlet* im Jahr 1829 aufgestellt. Er stellte fest: Besitzt eine Funktion $f$ eine endliche Anzahl von Maxima und Minima im Intervall $[-\pi, \pi]$ und ist sie überall stetig bis auf eine endliche Anzahl von Punkten mit Unstetigkeiten erster Art, dann konvergiert die Fourier-Reihe für alle $x$ gegen $f(x)$, sofern $f$ in $x$ stetig ist, und gegen $(f(x+0)+f(x-0))/2$ an den Unstetigkeitsstellen. In der Nachfolge von Dirichlet wurden viele weitere Konvergenzkriterien entwickelt. Einige Beispiele für Reihenentwicklungen einfacher Funktionen zeigt die Tabelle.

Im Komplexen lassen sich die (trignonometrischen) Fourier-Reihen besonders elegant mit der Hilfe der ↗*Exponentialfunktion* ausdrücken: $f(x) = \sum_{k=-\infty}^{\infty} c_k e^{ikx}$. Der Zusammenhang zwischen den reellen $a_k$, $b_k$ und $c_k$ liefert

$$c_k = \frac{1}{2\pi}\int_{-\pi}^{\pi} f(x)e^{-ikx}dx = \begin{cases} (a_k - ib_k)/2 & (k > 0) \\ (a_{-k} + ib_{-k})/2 & (k < 0) \\ a_0/2 & (k = 0) \end{cases}.$$

**Fourier-Reihe:** Einige Beispiele für Fourier-Reihen, bezogen auf das Intervall $[-\pi, \pi]$:

| Funktion | Reihendarstellung |
|---|---|
| $y = x$ | $y = 2\left(\sin x - \frac{\sin 2x}{2} + \frac{\sin 3x}{3} - \ldots\right)$ |
| $y = x^2$ | $y = \frac{\pi^2}{3} - 4\left(\cos x - \frac{\cos 2x}{2^2} + \frac{\cos 3x}{3^2} - \ldots\right)$ |
| $y = \left\{\begin{matrix} -a\,(\text{für } -\pi < x < 0) \\ a\,(\text{für } 0 < x < \pi) \end{matrix}\right\}$ | $y = \frac{4a}{\pi}\left(\sin x + \frac{\sin 3x}{3} + \frac{\sin 5x}{5} + \ldots\right)$ |

**Fourier-Transformation,** eine Integraltransformation, die einer Funktion $f(t)$ ihre *Fou-*

*rier-Transformierte* (*Spektralfunktion*, *Frequenzspektrum*) $F(\omega)$ in Form des *Fourier-Integrals*

$$F(\omega) = \frac{1}{\sqrt{2\pi}} \int_{-\infty}^{+\infty} f(t) e^{i\omega t} dt$$

zuordnet. Der Übergang von $F$ nach $f$ wird als *inverse Fourier-Transformation* bezeichnet. Die Fourier-Integrale sind also das kontinuierliche Analogon der ↗*Fourier-Reihen*. Voraussetzung für die Existenz der Fourier-Transformierten ist, daß die Funktion $f$ von $-\infty$ bis $+\infty$ absolut integrierbar ist, d.h. $f$ muß einschließlich seiner Ableitungen im Unendlichen schneller als $1/t$ verschwinden ($\int_{-\infty}^{+\infty} |f(t)| dt$ existiert) und darf auf jedem endlichen Intervall nur endlich viele Minima und Maxima besitzen (*Dirichlet-Bedingung*).

Aus der Definition der Fourier-Transformation lassen sich die in Tab. 1 zusammengefaßten Symmetrieeigenschaften sowie die in Tab. 2 zusammengestellten Rechenregeln herleiten.

Die Fourier-Transformation läßt sich auch für mehrdimensionaleFunktionen definieren. Ist $f(\mathbf{t})$ eine Funktion der $n$ Variablen $\mathbf{t} = (t_1, ..., t_n)$, so hängt auch ihre Fourier-Transformierte von $n$ Variablen $\boldsymbol{\omega} = (\omega_1, ..., \omega_n)$ ab. Es gilt dann $f(\mathbf{t}) = \int F(\boldsymbol{\omega}) e^{i\boldsymbol{\omega}\mathbf{t}} d^n\omega$, wobei das Intgral über den ganzen Raum zu nehmen ist. Für die Rücktransformation hat man

$$F(\boldsymbol{\omega}) = \frac{1}{(2\pi)^{n/2}} \int f(\mathbf{t}) e^{-i\mathbf{w}\mathbf{t}} d^n t.$$

Die Fourier-Transformation hat zahlreiche Anwendungen in Physik und Mathematik, z.B. bei der Lösung von ↗*Differentialgleichungen*, in der ↗*Elektrotechnik* oder in der ↗*Quantenmechanik*, wo sie den Übergang zwischen Impuls- und Ortsraum beschreibt. [JS1, UK]

**Fourier-Transformation 1:** Symmetrieeigenschaften der Fourier-Transformation.

| Wenn $f(t)$ | dann gilt |
|---|---|
| reell | $F(-\omega) = F(\omega)$ |
| imaginär | $F(-\omega) = -F(\omega)$ |
| gerade | $F(\omega)$ gerade |
| ungerade | $F(\omega)$ ungerade |
| reell und gerade | $F(\omega)$ reell und gerade |
| reell und ungerade | $F(\omega)$ imaginär und ungerade |
| imaginär und gerade | $F(\omega)$ imaginär und gerade |
| imaginär und ungerade | $F(\omega)$ reell und ungerade |

**Fourier-Transformation 2:** Einige Rechenregeln zur Fourier-Transformation.

| $f(t)$ | $F(\omega)$ | |
|---|---|---|
| $f(t-a)$ | $F(\omega)\exp(-i\omega a)$ | Verschiebesatz |
| $f(\omega_0 t)$ | $1/\omega_0 F(\omega/\omega_0)$ | Ähnlichkeitssatz |
| $df/dt$ | $i\omega F(\omega)$ | |
| $\delta(t)$ | $1/2\pi$ | |
| $\exp(i\omega_0 t)$ | $\delta(\omega-\omega_0)$ | |
| $f(t)\cdot g(t)$ | $F(\omega) * G(\omega)$ | Faltungssatz |
| $f(t) * g(t)$ | $F(\omega)\cdot G(\omega)$ | Faltungssatz |

**Fourier-Transformations-NMR,** spezielle Form der ↗Kernspinresonanz.

**Fourier-Transformations-Spektroskopie,** spezielle Meßtechnik der optischen Spektroskopie. Die Anordnung ist die des ↗*Michelson-Interferometers* wie in der Abbildung dargestellt. Dabei ist ein Spiegel beweglich, die Intensität am Detektor in Abhängigkeit der Auslenkung $d = \Delta/2$ dieses Spiegels für eine monochromatische Lichtquelle ist gegeben durch:

$$I(\Delta) = I_0 \cdot \cos^2(2\pi\Delta/\lambda) \qquad (1)$$

$I_0$: maximale Intensität, $\Delta$: Phasenverschiebung des Strahls, $\lambda = c/\nu$ Wellenlänge, $c$: Lichtgeschwindigkeit, $\nu$: Frequenz. Für eine Lichtquelle mit einem bestimmten *Emissionsspektrum* $S(\nu)$ ergibt sich für die detektierte Intensität:

$$I(\Delta) = \int_0^\infty S(\nu) \cdot \cos^2\left(\frac{\Delta}{c}\pi\nu\right) d\nu \qquad (2)$$
$$= \frac{1}{2} \cdot \int_0^\infty S(\nu) \cdot \left[1 + \cos\left(\frac{\Delta}{c} 2\pi\nu\right)\right] d\nu$$

Der von $\Delta$ abhängige Teil der Intensität

$$J(\Delta) = \frac{1}{2} \cdot \int_0^\infty S(\nu) \cdot \cos\left(\frac{\Delta}{c} 2\pi\nu\right) d\nu \qquad (3)$$

wird auch als *Interferogramm* bezeichnet. Formell ist dies die Fourier-Transformierte des Emissionsspektrums $S(\nu)$ der Lichtquelle. $S(\nu)$ läßt sich also aus der gemessenen Intensität $J(\Delta)$ mittels Fouriertransformation bestimmen:

$$S(\nu) = \alpha \cdot \int_0^\infty J(\Delta) \cdot \cos\left(\frac{\Delta}{c} 2\pi\nu\right) d\Delta \qquad (4)$$

Dabei ist $\alpha$ ein Normierungsfaktor. Ein großer Vorteil des Fourier-Transformations-Spektrometers gegenüber anderen Spektrometern wie ↗*Gitterspektrometer* oder ↗*Prismenspektrometer* ist, daß das gesamte Spektrum gleichzeitig aufgenommen wird. Außerdem hat es eine sehr hohe Nachweiseffizienz, da keine Blenden zur Verbesserung der Auflösung notwendig sind.

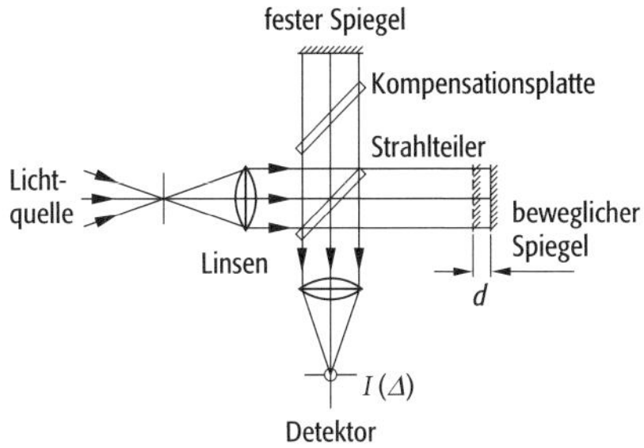


**Fourier-Transformations-Spektrometer:** Aufbau eines Fourier-Transformations-Spektrometers als Michelson-Interferometer.

**Fovea centralis,** *Netzhautgrube*, Bereich der ↗Netzhaut, in dem sich nur zapfenförmige farbempfindliche Zellen befinden. Die Fovea centralis ist die Stelle schärfsten Sehens. (↗Auge)

**Fowler, 1)** *Alfred*, englischer Astrophysiker, *2.3.1868 Wilsden (Yorkshire), †24.6.1940 Ealing; Professor am heutigen Imperial College in London; führte spektralanalytische Untersuchungen von Sonne, Sternen und Kometen durch und identifizierte zahlreiche Spektrallinien und -serien von Atomen und Ionen in

**Fowler**, *William Alfred*

Stern- und Kometenspektren. Nach ihm ist die *Fowler-Serie*, die großenteils im ultravioletten Spektralbereich liegende dritte Spektralserie des Heliumions, benannt.

**2)**, Sir *Ralph Howard*, englischer Physiker und Mathematiker, *17.1.1889 Roydon (bei Harlow), †28.7.1944 Cambridge; 1932–44 Professor für angewandte Mathematik in Cambridge; bedeutende Arbeiten zur statistischen Mechanik (entwickelte mit C.G. ↗*Darwin* die *Darwin-Fowler-Methode*), über Festkörperphysik, Elektrolytlösungen, hoch ionisierte Gase, Feldelektronenemission (Erklärung 1928 mit Hilfe des Tunneleffekts) sowie über die Materie im Innern von Sternen; zeigte 1926, daß die Stabilität von Weißen Zwergen nicht auf dem thermischen Druck, sondern auf dem Entartungsdruck der freien Elektronen beruht; mitbeteiligt am Ausbau und an der Anwendung der quantenmechanischen Elektronentheorie.

**3)**, *William Alfred*, amerikanischer Astrophysiker, *9.8.1911 Pittsburgh (Pa.), †14.3.1995 Pasadena (Calif.); ab 1939 Professor am California Institute of Technology in Pasadena; untersuchte die Mechanismen der Sternentwicklung; erhielt 1983 zusammen mit S. ↗*Chandrasekhar* den Nobelpreis für Physik für seine theoretischen und experimentellen Studien zu thermonuklearen Reaktionen, die für die Bildung der chemischen Elemente (insbesondere der schweren Elemente bis zum Eisen) im Kosmos von Bedeutung sind.

**Fowler-Nordheim-Ausdruck,** Ausdruck für den Tunnelwiderstand in der ↗*Rastertunnelmikroskopie.* Der Fowler-Nordheim-Ausdruck beschreibt in erster Ordnung Störungstheorie den Zusammenhang zwischen dem Tunnelwiderstand und dem Abstand zwischen Tunnelspitze und Präparatoberfläche: $R(s) = e^{A\sqrt{\Phi}s}$ wobei $\Phi$ die Tunnelbarriere in eV ist, $A$ ein fester Faktor (zweifache freie Elektronenmasse geteilt durch $\hbar$) und $s$ der Abstand zwischen Tunnelspitze und Präparatoberfläche ist.

**Fowler-Test,** Hörtest in der überschwelligen ↗*Audiometrie* zur Bestimmung des Lautheitsausgleichs bei einseitig Schwerhörigen oder Menschen mit deutlich seitendifferentem Gehör. Hierzu gibt man dem Patienten mit Hilfe eines Audiometers einen Ton auf dem schlechter hörenden Ohr mit einer Lautheit von 20dB über der Schwelle vor. Anschließend wird durch den automatisch seitenalternierenden Ton auf dem gesunden Ohr in möglichst kleinen dB-Schritten diejenige Lautstärke aufgesucht, die dem Patienten gleichlaut erscheint. Die Messung wird mit einem Ton von 40dB über der ↗*Hörschwelle* wiederholt.

**Fr, 1)** Einheitenzeichen für ↗Franklin.

**2)** Elementsymbol für ↗Francium.

**Fragmentation,** *Fragmentierung*, **1)** in der *Astronomie* Prozesse, bei denen Gas- und Staubwolken in kleinere Einheiten zerfallen. Fragmentation wirkt insbesondere bei der Entstehung von Sternhaufen aus Gaswolken. In der ursprünglichen Mutterwolke bilden sich zufällige oder durch benachbarte ↗*Supernovae* hervorgerufene lokale Verdichtungen. Solange das ↗*Jeans-Kriterium* nicht überschritten wird, können sich diese im Prinzip wieder auflösen, danach kollabieren diese Verdichtungen weiter. Dabei können neue Regionen erhöhter Dichte entstehen, die sich vom Kollaps der Mutterregion ablösen und selbständig kollabieren. Im weiteren Verlauf des Prozesses führt dies zu immer kleineren kollabierenden Bereichen, so daß aus einer Wolke von einigen 100 000 Sonnenmassen ein Sternhaufen mit einigen hundert Sonnenmassen entstehen kann, wobei die Masse der einzelnen Sterne etwa zwischen 0,01 und $10 M_{\odot}$ beträgt.

**2)** *Kernphysik*: eine von mehreren Zerfallsmöglichkeiten hochangeregter ↗*Compoundkerne.* Dabei werden ganze Bruchstücke des Kerns als leichte sekundäre Atomkerne wie z.B. $^4$He, $^{12}$C u.a. emittiert. Bei Anregungsenergien von mehreren 100MeV kommt es zu einem Phasenübergang der Kernmaterie von einem flüssigkeitsartigen zu gasartigem Verhalten. Diese Situation kann in *periphären relativistischen Schwerionenstößen* im Labor beobachtet und mittels Fragmentation untersucht werden. Die Fragmentation gibt dabei Aufschluß über die Kernmaterie im thermischen Gleichgewichtszustand (↗*Multifragmentation*).

**3)** In der *Teilchenphysik* wird unter Fragmentation die ↗*Hadronisierung* eines Quarkpaares in ↗*Hadronen* bzw. *Hadronen-Jets* verstanden.

# Fraktale

*Günter Radons, Stuttgart*

## 1. Einleitung

Früher waren Fraktale ziemlich selten, heute findet man sie überall. Was ist geschehen? Spätestens seit der zweiten Hälfte des 19. Jahrhunderts war Mathematikern wie Bolzano, Riemann oder Weierstraß klar [1, 2], daß es Funktionen gibt, die stetig, aber nirgends differenzierbar sind, also sich von den vorher bekannten analytischen Funktionen fundamental unterscheiden. Heute nennt man solche Funktionen ↗*fraktale Funktionen.* Die von G. ↗*Cantor* ebenfalls in dieser Periode eingeführte Cantor-Menge, die das einfachste Beispiel einer fraktalen Menge darstellt (Abb. 1), teilte mit den fraktalen Funktionen lange Zeit das unverdiente Schicksal, als exotisches mathematisches Objekt ohne Bedeutung für natürliche Gegebenheiten zu gelten. Es ist das Verdienst von B.B. ↗*Mandelbrot*, diesen Zustand grundlegend geändert zu haben. In seinen Büchern [2] zeigte er die Allgegenwärtigkeit fraktaler Strukturen in der Natur auf, sei es durch Betrachtungen der Küstenmorphologie verschiedener Länder, der Struktur von Galaxien-Clustern oder von Preisvariationen und anderen Zeitreihen. Beträchtlichen Aufschwung bekam das Gebiet zudem durch die inzwischen etablierte Erkenntnis, daß das dynamische Verhalten ↗*dissipativer Systeme* typischerweise durch fraktale Strukturen (↗*Seltsamer Attraktor*) gekennzeichnet ist [3], sowie durch die sich in letzter Zeit herauskristallisierende Tatsache, daß viele natürliche Wachstumsprozesse Fraktale generieren [4-6] (↗*fraktales Wachstum*).

## 2. Fraktale und ihre Dimension

Was sind nun Fraktale? Der Begriff »Fraktal« wurde von Mandelbrot eingeführt, um auszudrücken, daß die zu beschreibenden Objekte meist durch gebrochene, d.h ↗*fraktale Dimensionen* charakterisiert sind, die größer als deren topologische Dimension sind. Der Nutzen fraktaler Dimensionen soll an der Messung der Länge von Küstenlinien demonstriert werden. Beim Versuch, die Länge einer Küste zu bestimmen, könnte man auf die Idee kommen, dies in einer Karte durch stückweise Interpolation mit gleich langen Geradenstücken (Maßstäben) der Länge $\delta$ zu tun, indem man zählt, wie viele solcher Stücke man benötigt (Abb. 2). Sei diese Zahl $N(\delta)$, so schätzt man die Länge als $L(\delta) = \delta\, N(\delta)$. Bei dem Verdacht, die Karte wäre möglicherweise zu ungenau gewesen, würde man zu einer detaillierteren Karte mit höherer »Auflösung« greifen und das Experiment mit einem effektiv kürzeren Maßstab wiederholen, usw. Bei einer normalen glatten Kurve, wie beispielsweise einem Kreissegment, wird die Verwendung eines immer kleiner werdenden Maßstabs ein immer genaueres Resultat für die tatsächliche Länge $L^*$ ergeben, $\lim_{\delta\to 0} L(\delta) = L^*$. Für Küstenlinien findet man, daß die so bestimmte Länge anscheinend *divergiert*. In Abb. 3 ist dies durch eine Auftragung von $\log L(\delta)$ gegen $\log(\delta)$ dargestellt. Man sieht, daß sich hier für verschiedene Küsten und Ländergrenzen eine lineare Abhängigkeit ergibt (Steigung $\approx$ -0,25) und somit $L(\delta) \sim \delta^{1-D}$ bzw. $N(\delta) \sim \delta^{-D}$ mit $D \approx 1{,}25$ gilt. Das Resultat bedeutet, daß mit feinerem Maßstab auch immer feinere Strukturen aufgelöst werden (immer kleinere Buchten und Landzungen), die neue Beiträge zur Länge liefern. Der Exponent $D$ kann als eine fraktale Dimension, also als Verallgemeinerung der üblichen euklidischen Dimension aufgefaßt werden. Das macht man sich klar, indem man rekapituliert, wie man Längen, Flächen oder Volumina, also das Maß von »normalen« Objekten bestimmt. Man überdeckt die Objekte z.B. mit dreidimensionalen Kugeln mit Radius $\delta$ oder Kuben mit Kantenlänge $\delta$ und bestimmt die benötigte Anzahl $N(\delta)$. Den Inhalt bekommt man (bis auf eine Konstante) indem man den Grenzwert $I = \lim_{\delta\to 0} \delta^d N(\delta)$ bildet. Der ist jedoch nur dann endlich und von null verschieden, wenn $d$ richtig gewählt wird, also $d = 1$ für (nichtfraktale) Kurven, $d = 2$ für flächige Objekte und $d = 3$ für Volumina. Mißt man mit dem »falschen« $d$, so erhält man als Inhalt null oder unendlich. In dem Küstenbeispiel muß man $d = D \approx 1{,}25$ wählen (wegen $N(\delta) \sim \delta^{-D}$), um ein endliches Maß für die Küstenlänge zu bekommen. Mathematisch präziser formuliert

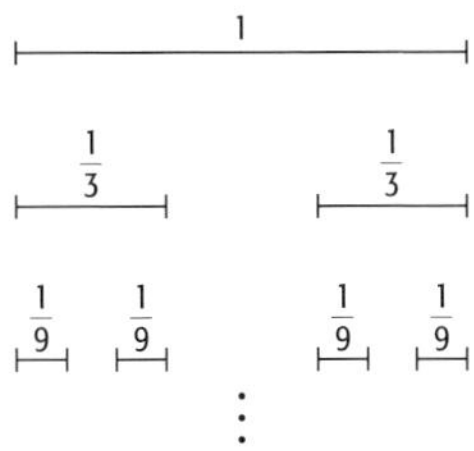


**Fraktale 1:** Das wiederholte Entfernen des mittleren Drittels des Einheitsintervalls und der jeweils verbleibenden Teilintervalle ergibt die klassische triadische Cantor-Menge. Sie besteht aus unendlich vielen Teilen der Gesamtlänge null und hat die fraktale Dimension $D = 0{,}6309\ldots$

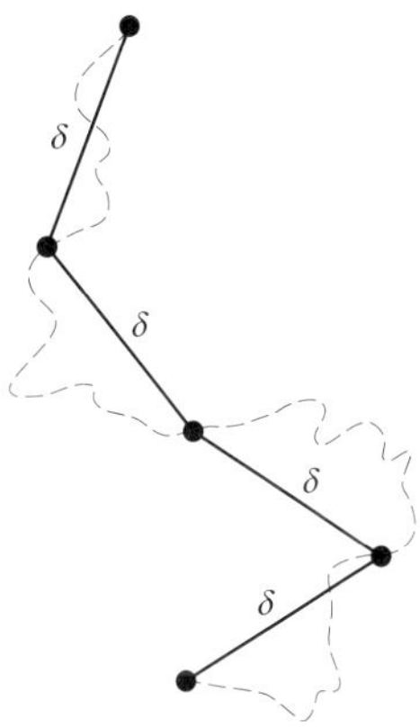


**Fraktale 2:** Längenmessung einer Linie (gestrichelt) mit Maßstäben der Länge $\delta$. Für normale Kurven konvergiert das Verfahren für $\delta \to 0$, für fraktale Grenzlinien dagegen nicht.

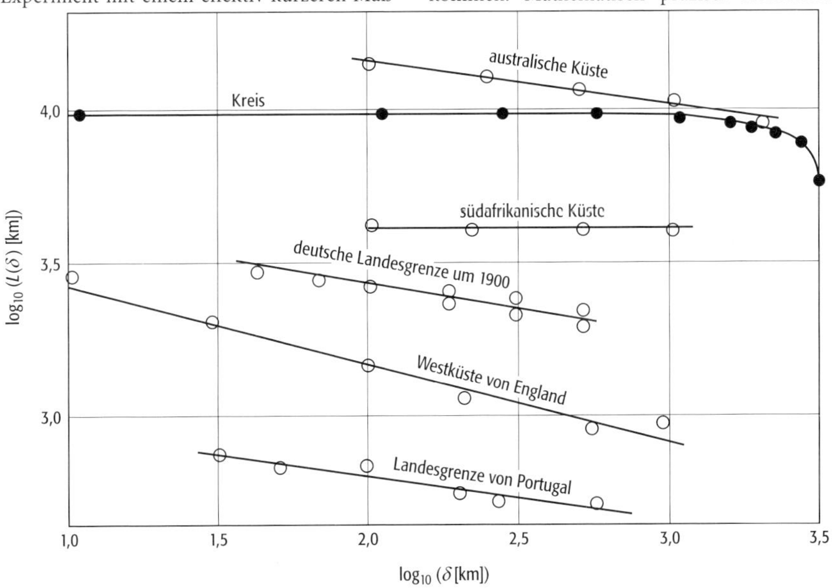


**Fraktale 3:** Divergenz der Länge $L(\delta)$ verschiedener Küsten und Landesgrenzen als Funktion der Maßstabslänge $\delta$ (aus [2]).

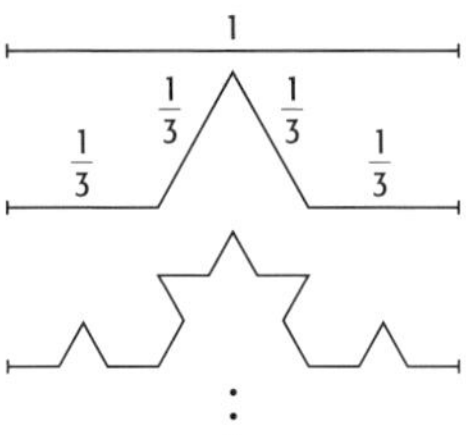


**Fraktale 4:** Die iterative Konstruktion der selbstähnlichen Koch-Kurve mit resultierender Dimension $D = 1{,}2618\ldots$.

(insbesondere durch Wahl einer auf jeder Skala $\delta$ optimierten Überdeckung) ist dies das Verfahren zur Bestimmung der ↗*Hausdorff-Dimension*, der allgemein akzeptierten Definition der fraktalen Dimension eines Objekts. Eine in der Praxis häufig gebrauchte Definition ist die Zellenzahl-Dimension (*box counting dimension*, Kapazitätsdimension) $D = -\lim_{\delta\to 0} \frac{\log N(\delta)}{\log \delta}$, wobei $N(\delta)$ einfach die Anzahl nichtleerer Kästchen auf einem Gitter der Skala $\delta$ (keine Optimierung) ist. Häufig stimmt diese mit der Hausdorff-Dimension überein (aber z.B. nicht für die Menge der rationalen Zahlen auf dem Einheitsintervall).

Bei der Betrachtung von natürlichen Fraktalen, wie Küstenlinien etc., ist klar, daß ein Skalengesetz, wie $N(\delta) \sim \delta^{-D}$, i.A. nicht für beliebige $\delta$ gilt, sondern in günstigen Fällen über mehrere Dekaden erfüllt ist. D.h. es gibt typischer Weise einen unteren und oberen Abschneideparameter, bei denen andere Gesetzmäßigkeiten einsetzen. Im Gegensatz dazu gelten in mathematisch idealisierten Fraktalen die Skalengesetze auch auf infinitesimal kleinen oder unendlich großen Skalen. Diese idealen Fraktale kann man wiederum danach unterscheiden, ob die Gesetzmäßigkeiten deterministischer oder zufälliger Natur sind.

## 2.1 Deterministische Fraktale

An einigen Beispielen einfacher deterministischer Fraktale sollen deren Gesetzmäßigkeiten demonstriert werden. Das einfachste fraktale Objekt ist die triadische Cantor-Menge, wie sie in Abb. 1 dargestellt ist. Bei ihrer Konstruktion wird in einem ersten Schritt aus dem Einheitsintervall das mittlere Drittel entfernt, dann von den verbleibenden Intervallen jeweils wieder das mittlere Drittel, usw. Nach dem $n$-ten Schritt besteht das sog. Prä-Fraktal aus $2^n$ Intervallen der Länge $(1/3)^n$. Im Limes $n \to \infty$ erhält man die Cantor-Menge mit Länge null. Berechnet man die fraktale Dimension nach der Formel

$$2^n D = -\lim_{\delta\to 0} \frac{\log N(\delta)}{\log \delta}$$

auf einem Gitter mit Abständen $\delta_k = (1/3)^k$, so findet man $N(\delta_k) = 2^k$ gefüllte Intervalle und somit

$$D = -\frac{\log(2^k)}{\log\left((1/3)^k\right)} = \frac{\log 2}{\log 3} = 0{,}6309\ldots .$$

Eine wichtige Eigenschaft von Fraktalen, ihre ↗*Selbstähnlichkeit*, wird durch die Konstruktion der Cantor-Menge offensichtlich: Vergrößert man das Fraktal um einen bestimmten Faktor (hier Faktor 3), so erhält man ein Objekt, das aus disjunkten Teilen besteht (hier 2), die exakte Kopien des ursprünglichen Fraktals sind. Diese Eigenschaft kann man benutzen, um eine fraktale Dimension, die Ähnlichkeitsdimension, zu definieren. Sie ist gegeben durch

$$D = \frac{\log(\text{Anzahl der Teile})}{\log(\text{Vergrößerungsfaktor})}$$

und stimmt mit der Hausdorff-Dimension überein.

Die fraktale Dimension der klassischen ↗*Koch-Kurve*, die als deterministisches Modell für Küstenverläufe dienen kann (Abb. 4), ergibt sich aus der Ähnlichkeitsdimension zu

$$D = \frac{\log 4}{\log 3} = 1{,}2618\ldots .$$

Als letztes Beispiel für deterministische Fraktale sei in Abb. 5 ein fraktales Objekt mit einer Dimension $2 < D < 3$ vorgestellt, der Sierpinski-Schwamm (die Projektionen auf die Seitenflächen ergeben jeweils einen sog. ↗*Sierpinski-Teppich*). Solche Objekte haben eine unendlich große Oberfläche und verschwindendes Volumen. Sie können als Modelle für hochporöse Materialien dienen, insbesondere wenn Zufallsaspekte mit berücksichtigt werden.

## 2.2 Zufällige Fraktale

Die strenge Selbstähnlichkeit deterministischer Fraktale ist in natürlich entstandenen fraktalen Strukturen meist nicht gegeben. Letztere sind oft stochastischen Einflüssen durch die Umgebung unterworfen. Deswegen macht es Sinn, Fraktale und entsprechende Modelle zu betrachten, bei denen die Selbstähnlichkeit nur noch statistisch erfüllt ist. Das heißt, daß nach Vergrößerung des Objekts statistisch ähnliche Strukturen vorliegen wie im Ausgangsobjekt. Eine einfache Variation der Cantor-Menge mag dafür als Beispiel dienen. Verschiebt man in jedem Konstruktionsschritt die resultierenden Intervalle nach einer geeigneten Zufallsvorschrift (ohne einen Überlapp der Intervalle zu erzeugen), so wird die strikte Selbstähnlichkeit zerstört, das resultierende Objekt hat aber nach wie vor die gleiche fraktale Dimension. Es gibt eine Reihe anderer durch den Zufall veränderte Varianten dieser Konstruk-

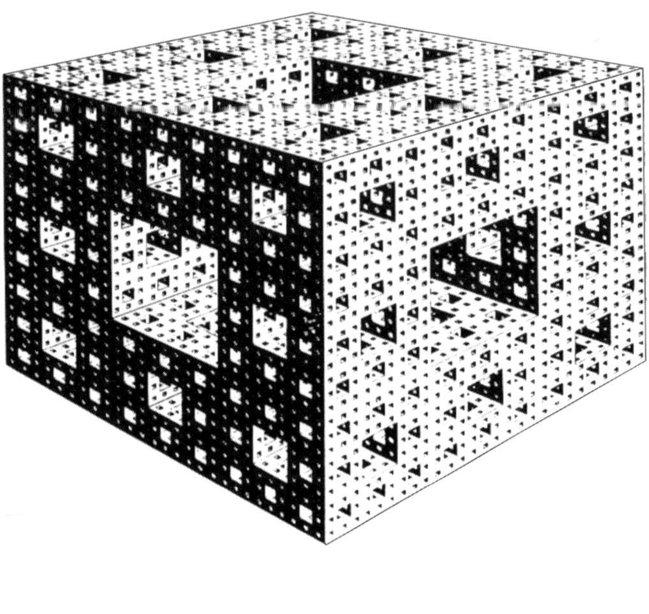

**Fraktale 5:** Der Sierpinski-Schwamm entsteht aus einem Würfel durch wiederholtes Entfernen der zentralen Quader aus den jeweils verbleibenden Würfeln. Seine Dimension ist aufgrund seiner Selbstähnlichkeit (Vergrößerung von drei auf 20 Teile) gegeben durch $D = \frac{\log 20}{\log 3} = 2{,}7268\ldots$.

tion, die beispielsweise in der Theorie der ↗*Turbulenz* eine Rolle spielen.

Das berühmteste Beispiel für zufällige Fraktale sind die Pfade von Brownschen Teilchen, z.B. in einer Dimension (↗*Brownsche Bewegung*): Die zeitabhängige Teilchendichte $\rho(x,t)$, die dem Diffusionsgesetz $\frac{\partial \rho}{\partial t} = \tilde{D}\frac{\partial^2 \rho}{\partial x^2}$ (↗*Diffusion*) mit Diffusionskonstante $\tilde{D}$ genügt, wird erzeugt durch Ensembles von Trajektorien $x(t)$, die der stochastischen ↗*Langevin-Gleichung* $\dot{x}(t) = \xi(t)$ genügen, wobei $\xi(t)$ weißes Gaußsches Rauschen mit Mittelwert null ist:

$$\langle \xi(t) \rangle = 0,\ \langle \xi(t)\xi(t') \rangle = 2\tilde{D}\delta(\mathrm{t} - \mathrm{t}').$$

Eine typische Lösung $x(t)$, ein Brownscher Pfad, ist in Abb. 6 dargestellt. Ein neuer Aspekt dieser Lösungsfunktionen ist, daß sie nicht selbstähnlich – auch nicht im statistischen Sinn –, sondern statistisch *selbstaffin* sind (↗*Selbstaffinität*). Dies bedeutet, daß man die Achsen verschieden skalieren muß, um ein statistisch ähnliches Gebilde zu erhalten: Eine Lösung $\rho(x,t)$ der Diffusionsgleichung erfüllt diese auch nach einer Skalierung $t \to bt$, $x \to b^{1/2}x$. Die Hausdorff-Dimension eines typischen Pfades ergibt sich zu $D = 3/2$, wie man mit einem Zellenzähl-Argument unter Benutzung der Skalierungseigenschaften nachprüfen kann. Mißt man die fraktale Dimension mit der oben geschilderten Maßstabsmethode, so erhält man ein anderes Ergebnis, $D = 2$. Diese Diskrepanz ist eine Besonderheit selbstaffiner Gebilde. Eine Verallgemeinerung der Brownschen Bewegung, die ↗*fraktionale Brownsche Bewegung*, führt zu fraktalen Dimensionen mit $1 < D < 2$. Erweiterungen dieser Konzepte auf Funktionen von $\mathbb{R}^2 \to \mathbb{R}$ ergeben fraktale »Gebirge«, die natürlichen Gebirgen sehr ähnlich sehen (Abb. 7). Die klassischen fraktalen Funktionen sind deterministische selbstaffine Fraktale. Zufällige selbstaffine Fraktale spielen beim fraktalen Wachstum eine fundamentale Rolle [4-6].

## 2.3 Multifraktale

In der bisherigen Behandlung fraktaler Mengen wurden keine Annahmen über eventuell vorliegende Verteilungen gemacht, die auf dem Fraktal »leben« könnten. Es wurde ein gegebener Punkt bisher nur danach beurteilt, ob er Teil der Menge ist oder nicht. In physikalischen Problemstellungen sind jedoch typischerweise quantitative Größen interessant. Man fragt also nicht nur, ob an einem Punkt etwas existiert oder nicht, sondern wieviel. Beispiele für Quantitäten, die auf Fraktalen definiert sein können, sind Teilchendichten, Stromdichten, Konzentrationen chemischer Substanzen in einem Flüssigkeitsgemisch oder allgemein Aufenthaltswahrscheinlichkeiten. Bezieht man solche quantitativen Aspekte mit ein, so untersucht man *multifraktale Maße*, die auf einem geometrischen Träger definiert sind.

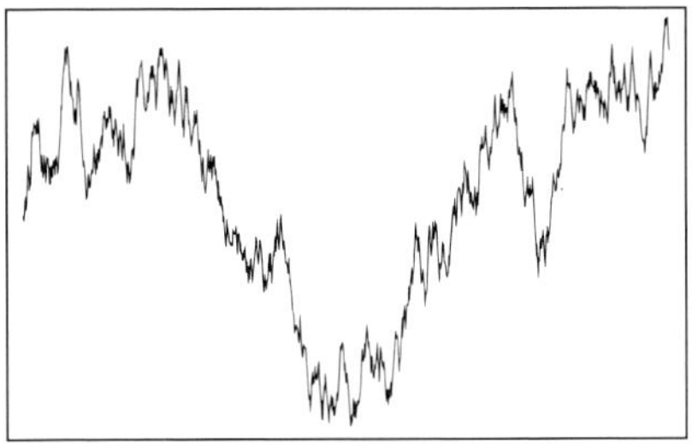

**Fraktale 6:** Ein Beispiel eines Brownschen Pfades $x(t)$. Die fraktale Dimension dieser statistisch selbstaffinen Kurve ist $D = 1{,}5$.

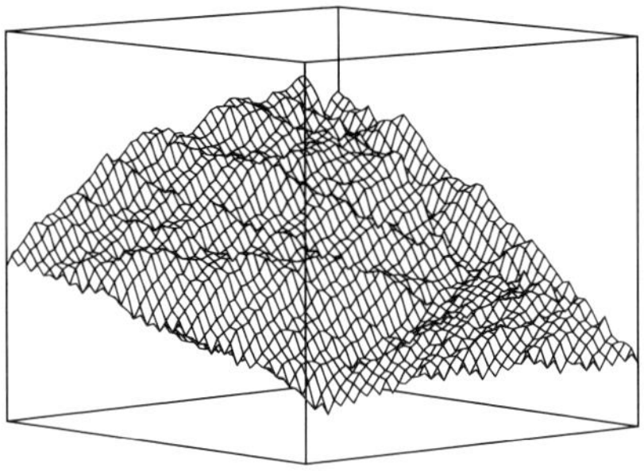

**Fraktale 7:** Ein fraktales »Gebirge« der Dimension $D = 2{,}3$.

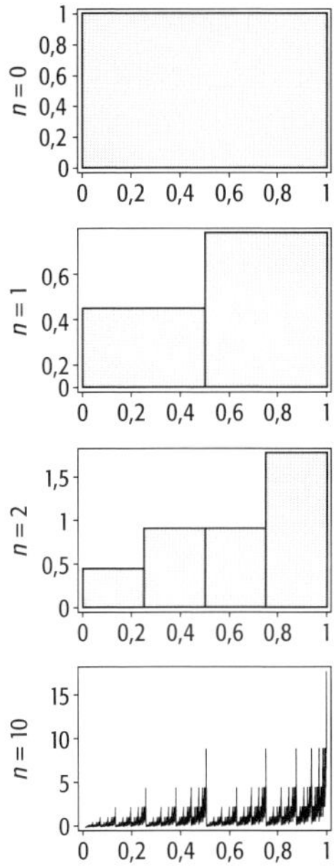


**Fraktale 8:** Die iterative Konstruktion einer multifraktalen Verteilung am Beispiel des binomialen multiplikativen Prozesses.

Eine einfache iterative Konstruktion soll dies verdeutlichen (Abb. 8). Die Ausgangssituation ($n = 0$) sei eine normierte Gleichverteilung (von »Masse«) auf dem Einheitsintervall. In einer ersten Iteration ($n = 1$) wird diese Masse ungleichmäßig auf die beiden Hälften des Intervalls verteilt (in Abb. 8: $p = 1/3$ nach links, $1\text{-}p = 2/3$ nach rechts), so daß die Gesamtmasse erhalten bleibt. Im nächsten Schritt ($n = 2$) wird die gleichverteilte Masse der linken Hälfte nach demselben Schema auf dessen Subintervalle (0,1/4) und (1/4,1/2) verteilt. Analog verfährt man auf der rechten Seite. Dieser Aufteilungsprozeß wird ad infinitum fortgesetzt. Dies ist der binomiale multiplikative Prozeß. An der Verteilung, z.B. in Generation $n = 10$, sieht man, daß die stückweise konstante *Massendichte* $\rho_n(x)$ an vielen Stellen zu divergieren beginnt. Die asymptotische Dichte $\rho_\infty(x)$ ist singulär und mathematisch nicht wohldefiniert, so daß man die integrierte Dichte $\mu(x) = \lim\limits_{n\to\infty} \int_0^x \rho_n(x')\,dx'$ betrachtet (Abb. 9). Die Idee der multifraktalen Analyse (↗*Multifraktale*) besteht darin, den Träger der Verteilung $\rho_n(x)$ in Untermengen gleicher Dichte zu zerlegen (genauer: in Mengen gleichen singulären Verhaltens $\alpha$ im Limes $n \to \infty$), um dann die fraktalen Dimensionen dieser Untermengen zu untersuchen. Die Stärke $\alpha$ der Singularität am Ort $x$ ist definiert durch $\mu(x + \delta) - \mu(x) \sim \delta^\alpha$ für $\delta \to 0$. Die Menge der Punkte mit gleichem (Hölder-)Exponenten $\alpha$ bilden oft eine fraktale Menge, deren Hausdorff-Dimension mit $f(\alpha)$ bezeichnet wird. Die Zerlegung des Trägers der Verteilung nach diesem Schema liefert meist ein Kontinuum von Untermengen mit Skalen-Indizes $\alpha$, die in einem Intervall $[\alpha_{\min}, \alpha_{\max}]$ liegen, und entsprechend erhält man ein *Kon-*

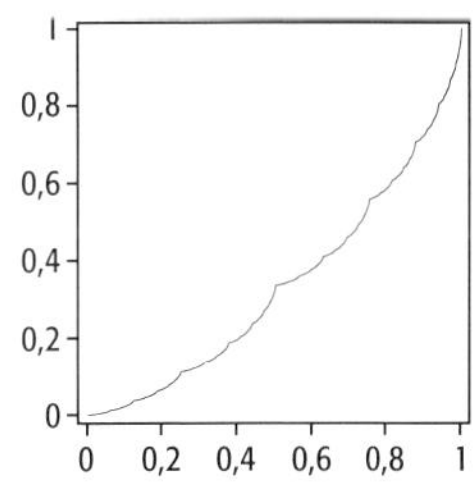


**Fraktale 9:** Das multifraktale Maß $\mu(x)$ zum Prozeß aus Abb. 8. Die Funktion $\mu(x)$ hat fast überall die Ableitung null, sie ist selbstaffin, aber nicht fraktal (Länge = 2).

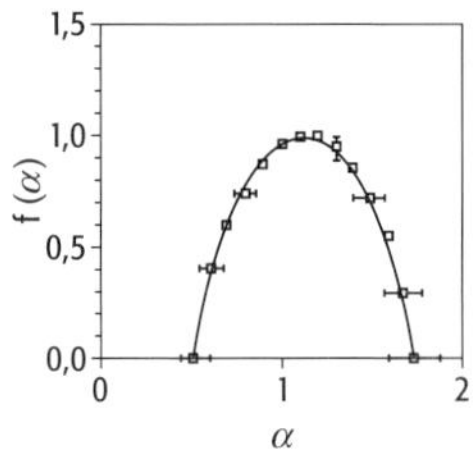


**Fraktale 10:** Das multifraktale Spektrum $f(\alpha)$ des binomialen multiplikativen Prozesses für $p = 0{,}3$ im Vergleich mit experimentellen Turbulenzdaten [7].

**Fraktale 11:** Ein iteriertes Funktionensystem, bestehend aus vier affinen Abbildungen in der Ebene, kann »Farne« generieren.

*tinuum* von fraktalen Dimensionen (*Multifraktal*). $f(\alpha)$ ist daher eine Funktion über $[\alpha_{\min}, \alpha_{\max}]$. Im Falle des binomialen multiplikativen Prozesses kann diese exakt berechnet werden. In Abb. 10 ist sie für $p = 0{,}3$ dargestellt und mit Daten aus einem Turbulenz-Experiment [7] verglichen. Das Maximum von $f(\alpha)$ ist die normale fraktale Dimension $D_0$ des Trägers der multifraktalen Verteilung. In diesem Fall ist $D_0 = 1$, da der Träger das gesamte Einheitsintervall ist. Eine weitere ausgezeichnete Dimension ist die Informationsdimension $D_1$, die Hausdorff-Dimension der Menge, auf der fast alle Massenanteile konzentriert sind. Sie kann aus dem $f(\alpha)$-Graphen als Berührungspunkt mit der Winkelhalbierenden abgelesen werden. Da $D_1 < D_0 = 1$ gilt, ist die »Masse« auf einer Menge von *Lebesgue-Maß* null konzentriert. Weitere sogenannte ↗*verallgemeinerte Dimensionen* $D_q$, mit $-\infty < q < +\infty$, sind durch $\tau(q) = (q-1)D_q$, die Legendre-Transformierte der konvexen Funktion $f(\alpha)$, definiert (↗*Legendre-Transformation*).

### 3. Anwendungen

Die Breite der Anwendungen in fast allen naturwissenschaftlichen Gebieten ist im wesentlichen auf zwei Fraktale erzeugende Mechanismen zurückzuführen. Zum einen entstehen sie auf natürliche Weise als Attraktoren in nichtlinearen dynamischen Systemen, zum anderen als Produkt von Aggregations- oder Wachstumsprozessen. Erstere können aus experimentellen Daten meist erst durch ↗*Attraktor-Rekonstruktion* gewonnen werden. Ein weiterer Anwendungsbereich sind die spektralen Eigenschaften bestimmter Operatoren, z.B. in der Quantenmechanik, oder Leistungsspektren unendlich langer Sequenzen.

### 3.1 Fraktale in dynamischen Systemen

Es existieren zwei Klassen von dynamischen Systemen, die Fraktale als Attraktoren besitzen. Die eine ist durch deterministische Gleichungen, gewöhnliche Differentialgleichungen oder deterministische ↗*iterierte Abbildungen* definiert, während die andere Zufallselemente enhält (↗*iterierte Funktionensyteme*). Dementsprechend spricht man von deterministischen und von stochastischen dynamischen Systemen. Erstere zeigen typischerweise chaotisches Verhalten auf den Attraktoren (↗*deterministisches Chaos*). Das Entstehen fraktaler Attraktoren (↗*Seltsamer Attraktor*) kann man leicht an der dissipativen ↗*Bäcker-Abbildung* nachvollziehen, bei der sich in der kontrahierenden Richtung eine Cantor-Menge ausbildet, oder an topologischen Konstrukten wie dem ↗*Smaleschen Hufeisen*. Andere bekannte fraktale Attraktoren von Abbildungen oder Differentialgleichungssystemen sind der Hénon-Attraktor (↗*Hénon-Abbildung*) oder der Lorenz-Attraktor (↗*Lorenz-System*). Ein interessanter Aspekt dieser Systeme ist die Existenz eines Zusammenhangs zwischen fraktaler Dimension des Attraktors und den Liapunow-Exponenten, die den Grad des chaotischen Verhaltens auf dem Attraktor beschreiben (↗*Kaplan-Yorke-Vermutung*).

Stochastische dynamische Systeme, die Fraktale generieren (iterierte Funktionensysteme), erlangten große Popularität als Basis für mögliche Algorithmen zur Datenkompression (z.B. für natürliche Bilder) [8,9]. Im einfachsten Fall besteht ein solches System aus zwei Funktionen, z.B. $g_s(x) = (s+x)/2$, $s \in \{0,1\}$, und assoziierten Wahrscheinlichkeiten $p(s=0)$ und $p(s=1) = 1 - p(s=0)$. Ein Punkt $x_0$ wird iteriert, indem die Funktionen $g_0$ und $g_1$ in zufälliger, unkorrelierter Reihenfolge mit den zugehörigen Wahrscheinlichkeiten iterativ angewandt werden, $[\alpha_{\min}, \alpha_{\max}]x_n = g_{s_n} \circ \ldots \circ g_{s_2} \circ g_{s_1}(x_0)$. Die (integrierte) Dichte der so erzeugten Punkte konvergiert für $n \to \infty$ mit Wahrscheinlichkeit eins gegen das multifraktale Maß des binomialen multiplikativen Prozesses (Abb. 9: $p(s=0) = 1/3$). Mittels Komposition komplexerer Funktionen, z.B. affiner Abbildungen in der Ebene, erhält man »Farne« (Abb. 11) und andere natürlich erscheinende Objekte. Ähnliche stochastische Prozesse treten in vielen anderen Gebieten, z.B. in der statistischen Physik (1 − *d* ↗*Ising-Modell* im Zufallsfeld) und bei sequentiellen Lernalgorithmen für ↗*neuronale Netze* auf.

### 3.2 Fraktales Wachstum

Der Ausbreitungsprozeß einer Phase (Aggregatzustand, Cluster, Teilchen, Spezies, etc.) auf Kosten einer anderen findet in den verschiedensten Zusammenhängen, aber oft unter Ausbildung fraktaler Strukturen statt [4–6]. Beispiele sind das Kristallwachstum aus einer unterkühlten Schmelze, die Ausbreitung einer weniger viskosen Flüssigkeit in einer zäheren, elektrolytische Abscheidungen (Abb. 12), Perkolationsprozesse (↗*Perkolation*), die Ausbreitung von Bakterienkolonien. Das Wachstum dünner Schichten durch ↗*Molekularstrahl-Epitaxie* oder durch Sputtern sowie die Ausbreitung von Flammenfronten oder die von Flüssigkeiten in porösen Medien führt häufig zu statistisch selbstaffinen oder fraktalen Grenzflächen. Allen diesen Phänomenen liegt eine Instabilität der wachsenden Grenzfläche zugrunde. Vorhersagen zur Morphologie der Grenzflächen sind oft schwierig, da konkurrierende treibende Kräfte (z.B. Teilchen- oder Wärmediffusion gegen Oberflächenspannung) sowie lokale und nichtlokale Effekte zusammenwirken. Einsichten in die Entstehungsvorgänge werden oft durch einfache mikroskopische Modelle (↗*diffusionsbegrenztes Wachstum*, fraktales Wachstum) gewonnen.

### 3.3 Fraktale Spektren

In der Spektraltheorie z.B. von quantenmechanischen Operatoren kennt man neben diskreten Spektren (z.B. Energieniveaus der gebundenen Zustände in Atomen) und kontinuierlichen Spektren (elektronische Bandstruktur in Festkörpern, etc.) eine dritte Klasse, die singulär-stetigen Spektren. Es besteht hier eine Analogie zur Wahrscheinlichkeitstheorie, wo außer diskreten und kontinuierlichen Wahrscheinlichkeitsverteilungen ebenfalls singulär-stetige Verteilungen (= multifraktale Maße) existieren. Ein bekanntes Beispiel für ein fraktales Energiespektrum ist der Hofstadter-Schmetterling (Abb. 13), das Spektrum eines quantenmechanischen Modells für Elektronen im Festkörper unter dem Einfluß eines Magnetfeldes [10]. Die Fourier- oder Leistungsspektren komplexer Sequenzen oder Zeitreihen können ebenfalls singulär-stetige Komponenten besitzen. Ein Beispiel einer selbst-ähnlichen Sequenz, für die nicht-triviale $f(\alpha)$-Kurven für das Fourierspektrum gefunden wurden, ist die zahlentheoretische Thue-Morse-Sequenz, die durch wiederholte parallele Anwendung der Substitutionsregeln $1 \to 1,-1$ und $-1 \to -1,1$ gewonnen werden kann.

### 3.4 Sonstige Anwendungen

Zum Schluß soll erwähnt werden, daß fraktale Konzepte auch in Bereiche wie Signalanalyse, Bildverarbeitung oder gesellschaftliche Organisationsstrukturen [11] eingeflossen sind.

### Literatur:


[1] G.A. Edgar (Hrsg.): *Classics on Fractals*, Addison Wesley, 1993.

[2] B.B. Mandelbrot: *Les Objects Fractals: Forme, Hasard et Dimension*, Flammarion 1975.
*The Fractal Geometry of Nature*, W.H. Freeman, 1982.

[3] H.G. Schuster: *Deterministic Chaos*, VCH-Verlag, 3rd augm. ed., 1995.

[4] J. Feder: *Fractals*, Plenum, 1988.

[5] T. Viczek: *Fractal Growth Phenomena*, World Scientific, 2nd ed., 1992.

[6] A.-L. Barabási, H.E. Stanley: *Fractal Concepts in Surface Growth*, Cambridge University Press, 1995.

[7] C. Meneveau, K.R. Sreenivasan: *Simple multifractal cascade model for fully developed turbulence*, Phys. Rev. Lett. 59, 1424 (1987).

[8] M.F. Barnsley: *Fractals Everywhere*, Academic Press, 1988.

[9] H.-O. Peitgen et al.: *Chaos and Fractals*, Springer, 1993.

[10] D.R. Hofstadter: *Energy levels and wave functions of Bloch electrons in rational and irrational magnetic fields*, Phys. Rev. B 14, 2239 (1976).

[11] H.-J. Warnecke: *Die fraktale Fabrik: Revolution der Unternehmenskultur*. Springer, 1992.

A. Gemmler / G. Radons, FhG-IPA, Stuttgart

**Fraktale 12:** Ein durch Kupferabscheidung aus einem schwefelsauren Elektrolyten gewachsenes fraktales Gebilde.

**Fraktale 13:** Fraktales Energiespektrum (Hofstadter-Schmetterling) für ein Festkörper-Elektron bei Variation eines externen Magnetfelds [10].

**fraktale Dimension,** Größe zur Charakterisierung fraktaler Objekte und Basis für die Bestimmung ihrer Maße (↗*Fraktale*). Sie wird benötigt, da das Messen von Inhalten fraktaler Gebilde in ganzzahligen Dimensionen (Länge, Fläche, Volumen) zu verschwindenden oder divergierenden Werten führt. Die allgemein anerkannte Definition ist die ↗*Hausdorff-Dimension*. Da diese experimentell und numerisch schwer zu bestimmen ist, benutzt man meist andere Definitionen. Die gebräuchlichste ist die *Zellenzähl-Dimension*. Sie wird bestimmt, indem in einem euklidischen Raum genügend hoher Dimension ein Gitter mit Gitterkonstante $\delta$ aufgespannt wird und die Zahl $N(\delta)$ der durch das Objekt besetzten Gitterzellen festgestellt wird (z.B. Kurve in der Ebene, siehe Abb.). Unter Verfeinerung des Gitters divergiert die Anzahl der benötigten Zellen wie $\delta^{-D}$, wobei $D$ die entsprechende (fraktale oder ganzzahlige) Dimension ist. Als Formel ist sie gegeben durch

$$D = -\lim_{\delta \to 0} \frac{\log N(\delta)}{\log \delta}.$$

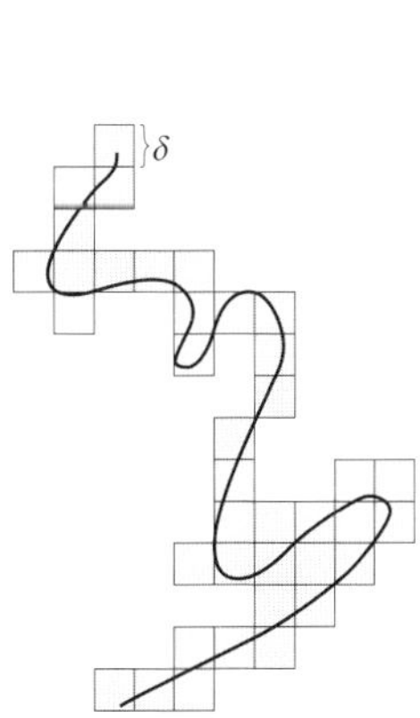


**fraktale Dimension:** Bestimmung der fraktalen Dimension einer Kurve durch Zählen der besuchten Zellen.

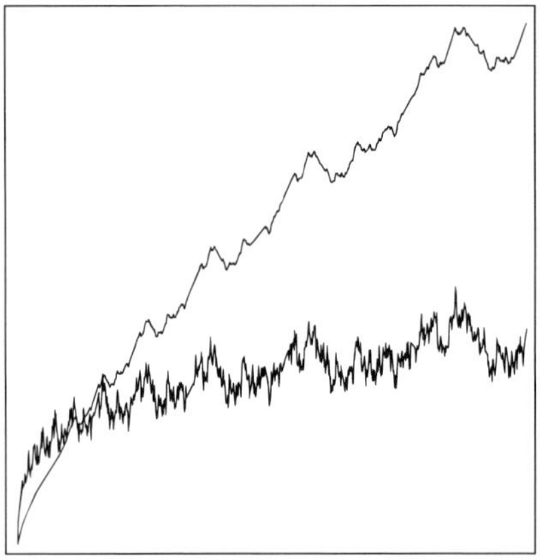

**fraktale Funktionen:** Die Weierstraß-Mandelbrot-Funktion ist stetig und nirgends differenzierbar. Beispiele mit fraktalen Dimensionen $D = 1{,}3$ (glatter) und $D = 1{,}8$ (rauher) sind dargestellt.

Sie ist immer größer oder gleich der Hausdorff-Dimension. Für exakt selbstähnliche Gebilde ist die *Ähnlichkeitsdimension* definiert als

$$D = \frac{\log(Z)}{\log(F)},$$

wobei $Z$ die Zahl der disjunkten Teile ist, die sich bei Vergrößerung des Fraktals mit einem Faktor $F$ ergeben, wobei jedes Teil mit dem ursprünglichen Fraktal in Form und Größe bis auf Verschiebungen und Rotationen identisch sein muß.

**fraktale Funktionen,** Funktionen mit sehr irregulärem Verhalten (↗*Fraktale*). Sie können deterministisch sein, wie die *Weierstraß-Mandelbrot-Funktion* (Abb.)

$$W(t) = \sum_{k=-\infty}^{+\infty} b^{-(2-D)k}\left[1 - \cos(b^k t)\right]$$

mit ↗*fraktaler Dimension* $1 < D < 2$, oder stochastischen Ursprungs, wie die Graphen der eindimensionalen Brownschen und der ↗*fraktionalen Brownschen Bewegung*. Der Exponent $2 - D$ wird auch als Rauhigkeits- oder ↗*Hurst-Exponent* bezeichnet. Zeitreihen, die sich durch langreichweitige Korrelationen auszeichnen, führen häufig zu fraktalen Funktionen. Mit Hilfe eindimensionaler fraktaler Funktionen können höherdimensionale Versionen erzeugt werden.

**fraktale Gebirge,** populärwissenschaftlicher Ausdruck für ↗fraktale Funktionen von $\mathbb{R}^2 \to \mathbb{R}$ (↗Fraktale).

**fraktale Oberflächen,** Sammelbegriff für Grenzflächen, insbesondere von Festkörpern, die durch ↗*fraktale Dimensionen* gekennzeichnet sind. Lokal können sie durch ↗*fraktale Funktionen* von $\mathbb{R}^2 \to \mathbb{R}$ beschrieben werden. Sie sind meist Resultat eines natürlichen Wachstumsprozesses (↗*fraktales Wachstum*), sie können aber auch durch mechanische Bearbeitung von Oberflächen entstehen.

**fraktales Wachstum,** Begriff für natürliche Wachstumsprozesse, die u.a. zu ↗*fraktalen Oberflächen* führen. Beispiele sind das Kristallwachstum aus einer unterkühlten Schmelze, elektrolytische Abscheidungen, die Ausbreitung von Bakterienkolonien oder das Wachstum dünner Schichten durch ↗*Molekularstrahlepitaxie* (↗*Fraktale*). Ein einfaches Modell für fraktales Wachstum ist die ballistische Anlagerung (*ballistic deposition*). Das entsprechende dynamische Modell in einer Raumdimension ist in Abb. 1 illustriert. Teilchen (A oder B) werden an zufällig ausgewählten Orten sequentiell von oben deponiert und an dem schon bestehenden Aggregat angelagert, sobald eine Berührung stattfindet. Bezeichnet man mit $h(l,t)$ die Höhe des Aggregats am diskreten Ort $l$ $(1 \le l \le L)$ zur diskreten Zeit $t$, so kann man die Evolutionsgleichung einfach als

$$h(r,t+1) = \max[h(r-1,\ t),\ h(r,t),\ h(r+1,t)]$$

formulieren, wobei $r$ ein zufällig ausgewählter Ort, mit der Anfangsbedingung $h(l,t=0) = 0$ für alle $l$. Die mittlere Höhe des Aggregats wächst linear in der Zeit,

$$\bar{h}(t) = \frac{1}{L}\sum_{l=1}^{L} h(l,t) \sim t,$$

also mit konstanter Geschwindigkeit, während die mittlere Fluktuation der Höhe, bzw. die »Dicke« der Oberfläche

$$w_L(t) = \sqrt{\frac{1}{L}\sum\nolimits_{l=1}^{L}\left[h(l,t) - \bar{h}(t)\right]^2}$$

zunächst wie $t^\beta$ anwächst, um dann für endliche Systeme bei einem Sättigungswert zu verharren, der mit der Systemgröße $L$ wie $L^\alpha$ skaliert. Im Kontinuumslimes (*Kardar-Parisi-Zhang-Gleichung*) findet man $\alpha = 1/2$ und $\beta = 1/3$ in guter Übereinstimmung mit diskreten Simulationen. Das Anwachsen der Fluktuationen (*Wachstumsexponent* $\beta$) in der Zeit ist aus Abb. 2 ersichtlich. Die $L$-Abhängigkeit der asymptotischen Rauhigkeit (*Rauhigkeits-Exponent* $\alpha$, auch ↗*Hurst-Exponent*) bedeutet, daß sich langreichweitige Korrelationen im Raum aufgebaut haben. Für andere Modelle erhält man qualitativ dasselbe Verhalten, jedoch mit anderen dimensionsabhängigen Exponenten $\alpha$ und $\beta$. Die erhaltenen Oberflächen sind typischerweise statistisch selbstaffin (↗*Selbstaffinität*).

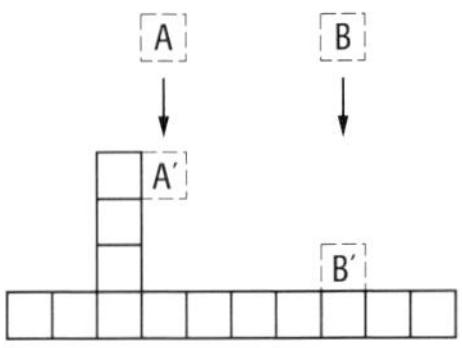


**fraktales Wachstum 1:** Das Modell der ballistischen Anlagerung ist auf einem Gitter definiert. Senkrecht von oben einfallende Teilchen A und B bleiben an den nächstgelegenen Aggregatteilchen hängen (A′ und B′).

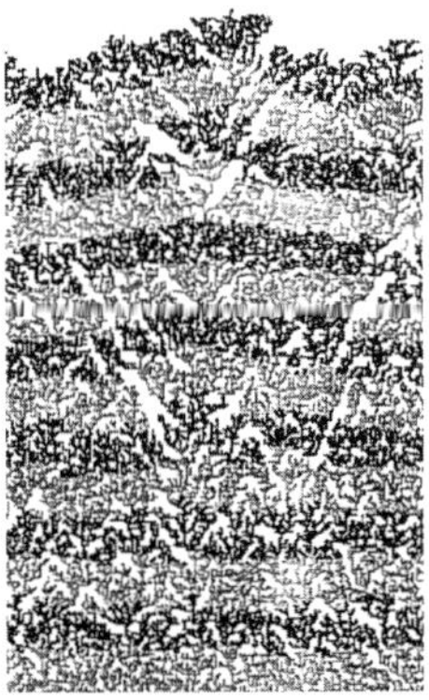

**fraktales Wachstum 2:** Ein Cluster, der durch ballistische Anlagerung erzeugt wurde. Die Änderung der Schattierung wurde nach jeweils 5000 Anlagerungsereignissen vorgenommen, um die mit der Zeit zunehmende Oberflächenrauhigkeit zu visualisieren (nach Barabasi/Stanley 1995).

Eine völlig andere Klasse von fraktalen Wachstumsprozessen wird durch Modelle mit nichtlokalen Regeln beschrieben, von denen das bekannteste die *diffusionsbegrenzte Anlagerung* ist.

**fraktionale Brownsche Bewegung,** eine Verallgemeinerung der ↗*Brownschen Bewegung* (↗*Wiener-Prozeß*) speziell in einer Dimension, wobei der Graph einer typischen Trajektorie eine ↗*fraktale Dimension D*, mit $1 < D < 2$ hat, wobei $D = 1{,}5$ eine normale Brownsche Trajektorie kennzeichnet. Wie diese sind die Graphen der fraktionalen Brownschen Bewegung statistisch selbstaffin (↗*Selbstaffinität*). Wegen dieser Eigenschaft sind sie oft Basis für die Modellierung ↗*fraktaler Oberflächen*.

**fraktionierte Destillation,** *partielle Destillation*, ↗*Rektifikation*.

**fraktionierte Kondensation,** 1) Verfahren zur Reinigung von Gasen durch wiederholtes Verdampfen und Verdichten;
2) Verfahrensvariante der ↗*Destillation*, bei der das Destillat in mehreren Fraktionen gesammelt wird. Die Destillate werden nacheinander, nach Siedebereichen getrennt, aufgefangen. Die fraktionierte Kondensation wird in der organischen Chemie zur Reinigung von organischen Verbindungen und organischen Lösungsmitteln (unter Normaldruck bzw. unter Vakuum) angewandt.

**fraktionierte Kristallisation,** Verfahren zur Reinigung von Feststoffen (z.B. Silicium, Germanium) durch wiederholtes Schmelzen und Erstarren. Wird eine Flüssigkeit A, die mit B verunreinigt ist, auf die Schmelztemperatur abgekühlt, so kristallisiert nach dem Hebelgesetz ein Feststoff aus, der einen niedrigeren Gehalt an B hat als die Schmelze. Dieser mit etwas weniger B verunreinigte Feststoff kann erneut geschmolzen und kristallisiert werden. Das Verfahren kann so lange fortgeführt werden, bis die Schmelze A kein B mehr enthält (Abb. 1). Die Gleichgewichtseinstellung des Festkörpers dauert jedoch sehr lange, so daß dieses Verfahren sehr kostspielig ist. In der Praxis verwendet man daher das *Zonenschmelzen* (Abb. 2). Es beruht auf der Umkehrung der fraktionierten Kristallisation, indem der Feststoff in fortschreitenden Zonen aufgeschmolzen wird. In der Schmelze reichert sich die Verunreinigung B an und befindet sich nach mehrmaligem Wiederholen des Aufschmelzens und Erstarrens an einem Ende der Probe. Mit Hilfe einer Modifikation dieses Verfahrens – der *Zonendotierung* – wird eine definierte Menge eines Zusatzstoffes (z.B. Indium in Germanium) gleichmäßig eingebracht. Dabei wird eine mit der Dotierungssubstanz angereicherte Zone mehrfach durch Aufschmelzen und Erstarren in die Probe eingebracht.

**fraktionierter Quanten-Hall-Effekt** ↗Quanten Hall Effekt.

**fraktionierte Sublimation,** Verfahren zur Reinigung von Feststoffen (z.B. Iod) durch wiederholtes Verdampfen und Verdichten.

**Fraktionierung,** allgemein die Trennung eines gasförmigen oder flüssigen Stoff- oder Isotopengemischs in einzelne Komponenten oder *Fraktionen*. Dies kann entweder auf natürlichem Wege geschehen (z.B. Isotopenfraktionierung bei der Niederschlagsbildung, ↗*Isotopenhydrologie*), oder auf technischem Wege wie bei vielen Trennverfahren in der physikalischen Chemie (z.B. ↗*Chromatographie*) und Biophysik (z.B. *Gel-Elektrophorese*). Auch die ↗*Anreicherung* spaltbarer Uranisotope aus Natururan wird Fraktionierung genannt. In der ↗*Vakuumtechnik* wird die Fraktionierung hochmolekularer Treibmittel bei ↗*Diffusionspumpen* ausgenutzt, um schwerverdampfende Treibmittelbestandteile mit niedrigem Dampfdruck in der höchsten Vakuumstufe anzureichern.

**Fraktonen,** Bezeichnung für die ↗*Quasiteilchen* zu den elastischen Anregungen von fraktionalen ↗*elastischen Netzwerken*. Bei regulären Netzwerken entsprechen den Fraktonen die ↗*Phononen*, d.h. die Quasiteilchen zu den elastischen Gitteranregungen eines Kristalls oder Festkörpers. Im Gegensatz zu den Phononen, die wegen der Regularität des Gitters langreichweitige Anregungen darstellen, können Fraktonen aufgrund der ungeordneten fraktalen Struktur der Netzwerke jedoch lokalisiert sein.

**Fraktonendimension** ↗spektrale Dimension.

**France,** *Henri* de, französischer Elektrotechniker, *7.9.1911 Paris, †29.4.1986 Paris; bedeutende Arbeiten zur Enwicklung der Fernsehtechnik; konstruierte 1932 eine Fernsehbildröhre; entwickelte ein 1948 in Frankreich eingeführtes Fernsehsystem mit 819 Zeilen und das seit 1966 ebenfalls in Frankreich verbreitete SECAM-Farbfernsehsystem.

**Francium,** *Fr*, Element der Hauptgruppe I des Periodensystems, den *Alkalimetallen*, mit der Ordnungszahl 87; frühere Namen: *Virginium* (1930), *Moldavium* (1939). Es besitzt die Elektronenkonfiguration [Rn]7s. Bis heute sind 30 Isotope mit den Massenzahlen von 201 bis 230 bekannt, die alle kurzlebig sind und sich unter Aussendung von α- und β-Strahlung entweder in Isotope des Astats oder des Radiums umwandeln. Das natürlich vorkommende Isotop $^{223}_{87}$Fr ist ein Abzweigungsprodukt der *Actinium-Zerfallsreihe* und geht mit einer Halbwertszeit von 21,8min in das Radium-Isotop $^{223}_{88}$Ra über. Das Francium-Isotop mit der Massenzahl 223 ist das lang-

**Francium 1:** Wichtige Isotope.

| Isotop | Natürliche Häufigkeit [%] | Atommasse | Halbwertszeit $T_{1/2}$ |
|---|---|---|---|
| $^{212}$Fr | 0 | 211,996130 | 20,0m |
| $^{223}$Fr | gering | 223,019733 | 21,8m |

**Francium 2:** Allgemeine, chemische, thermische und elektromagnetische Eigenschaften.

| | |
|---|---|
| relative Atommasse ($^{12}$C = 12,0000) | 223 |
| Oxidationszahlen | I |
| Siedetemperatur [K] | 950 |
| Schmelztemperatur [K] | 300 |
| Wärmeleitfähigkeit [$Wm^{-1}K^{-1}$] | 15 |

**Francium 3:** Atom- und kernphysikalische Eigenschaften.

| | |
|---|---|
| Termsymbol | $^2S_{1/2}$ |
| 1. Ionisierungsenergie [eV] | 3,97 |
| Elektronenaffinität (berechnet) [eV] | 0,44 |
| Elektronegativität (Pauling) | 0,7 |
| effektive Kernladung (Slater) | 2,20 |
| Ionenradius (Fr$^{1+}$) [nm] | 0,180 |
| Atomradius [nm] | 0,270 |

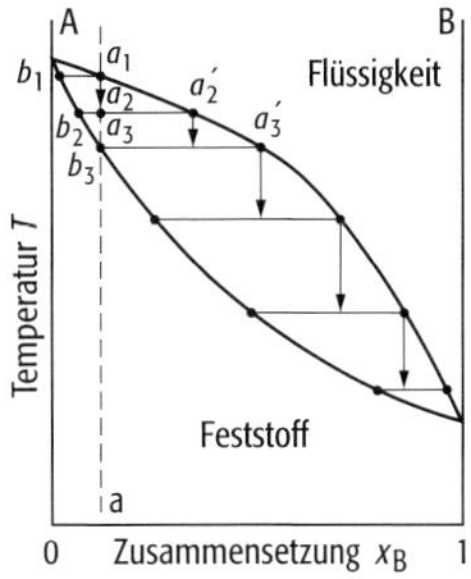


**fraktionierte Kristallisation 1:** Schmelzdiagramm einer Substanz A in Abhängigkeit vom Molenbruch $x_B$ der Substanz B. 1) Fraktionierte Kristallisation mit Gleichgewichtseinstellung: Abkühlung der Schmelze entlang der Isoplethe durch *a*. Bei $a_1$ kristallisiert ein Feststoff der Zusammensetzung $b_1$ aus. 2) Zonenschmelzen ohne Gleichgewichtseinstellung im Festkörper: Abkühlung der Schmelze entlang der Isoplethe durch *a* bis $a_2$. Es kristallisiert ein Feststoff der Zusammensetzung $b_2$ aus. Die Schmelze hat dann die Zusammensetzung $a_2'$. Durch Abkühlung entlang der neuen Isoplethe entsteht ein Feststoff $b_3$ und eine Schmelze $a_3'$. Nach einer Serie von Zonenschmelzungen hat sich B an einem Ende der Probe angereichert und A liegt rein vor.

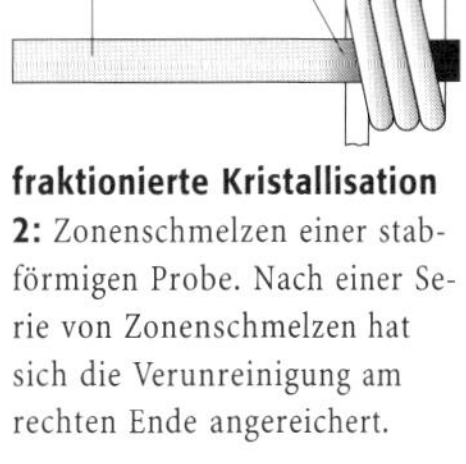


**fraktionierte Kristallisation 2:** Zonenschmelzen einer stabförmigen Probe. Nach einer Serie von Zonenschmelzen hat sich die Verunreinigung am rechten Ende angereichert.

**Franck**, *James*

**Literatur:**

Heinrich Kuhn: *James Franck 1882–1964*; Biogrl. Mem. Fell. Roy. Soc. 11(1965);

James Franck und Gustav Hertz: *Die Elektronenstoßversuche* (Dokumente der Naturwissenschaften Bd. 9) München 1967.

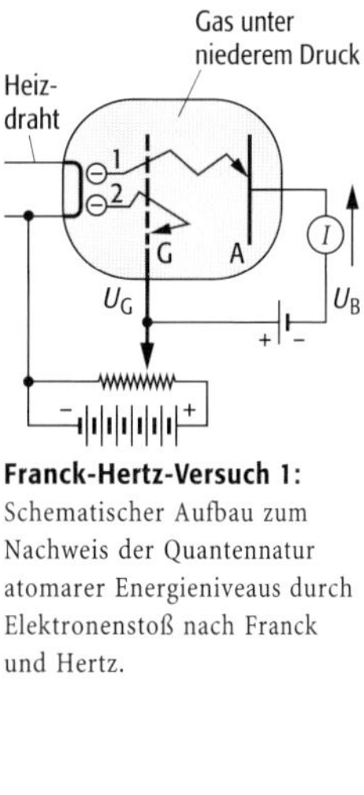


**Franck-Hertz-Versuch 1:** Schematischer Aufbau zum Nachweis der Quantennatur atomarer Energieniveaus durch Elektronenstoß nach Franck und Hertz.

lebigste Isotop dieses Elements. Das Isotop $^{221}_{87}Fr$ ist ein Glied der künstlichen Neptunium-Zerfallsreihe und zerfällt mit einer Halbwertszeit von 4,9min in das Astat-Isotop $^{217}_{85}At$.

**Franck,** *James*, deutsch-amerikanischer Physiker, *26.8.1882 Hamburg, †21.5.1964 Göttingen. Schulbesuch in Hamburg, Gymnasium. Studium in Heidelberg, Berlin bei E. ↗Warburg, P. ↗Drude, Promotion 1906, Habilitation 1911, Heirat mit Ingrid Josephson, zwei Töchter, 1946 Heirat mit Hertha Sponer. Franck nahm am ersten Weltkrieg teil, wurde 1916 in Berlin Professor und Abteilungsleiter im Kaiser-Wilhelm-Institut für Physikalische Chemie u. Elektrochemie in Berlin-Dahlem, 1921 ordentlicher Professor und Institutsdirektor in Göttingen. 1933 legte er aus Protest gegen die antijüdischen nationalsozialistischen Gesetze seine Ämter nieder. Es folgte eine Gastprofessur in den USA, 1934 ging er nach Kopenhagen in das Institut von ↗Niels Bohr. Ab 1935 war Franck Professor an der *John-Hopkins-Universität*, Baltimore, ab 1938 bis 1947 an der Universität Chicago erhielt er eine Professur für Physikalische Chemie. 1941 wurde er US-amerikanischer Staatsbürger. Franck arbeitete am *Manhattan-Projekt* im metallurgischen Labor mit. Nach 1947 war er Professor emeritus in Chicago.

Franck wurde vielfach wissenschaftlich ausgezeichnet. 1925 erhielt er gemeinsam mit G. Hertz den Nobelpreis für Physik, 1951 die Max-Planck-Medaille, 1955 die Rumford-Medaille der Amerikanischen Akademie, Boston. Zudem erfolgten zahlreiche andere Ehrungen; Franck war Mitglied vieler Akademien.

Das wissenschaftliche Werk beginnt mit der Dissertation über die Beweglichkeit von Ionen und einer selbstständigen Vertiefung des Themas. Franck wies die Existenz freier Elektronen in Gasen und elastischer Stöße von Elektronen in Gasen nach. Mit G. ↗Hertz unternahm er 1911 Versuche über die Wechselwirkung langsamer Elektronen mit Quecksilberdampf (↗*Franck-Hertz-Versuch*). Sie beobachteten unelastische Stöße mit Energieverlust bei 4,9V und die Emission der Hg-Linie bei $\lambda = 2536$ Å. Sie berechneten daraus das Plancksche Wirkungsquantum $h$ und glaubten, das Ionisationspotential gefunden zu haben. Erst Bohrs Atommodell ermöglichte die richtige Zuordnung zur ersten Anregungsstufe. Mit F. Reich, P. Knipping u. W. Grotrian entdeckte Franck den »metastabilen« Zustand. Es folgten Untersuchungen von Bandenspektren, Intensitätsregeln, Bestimmung der Dissoziationsenergie, der Nachweis der Stöße zweiter Art und der Molekülbildung durch Dreierstöße, Aufstellung des ↗*Franck-Condon-Prinzips*, Arbeiten zur sensibilisierten Fluoreszenz, Photodissoziation, Predissoziation, zum physikalischen Problem der Photosynthese, hier insbesondere zum Lichtquantenbedarf bei der Primärreaktion $H_2O + CO_2$. Abweichend von den Vorstellungen vieler Biochemiker nahm Franck einen größeren Lichtquantenbedarf von sechs bis acht Quanten an.

Nach der Kapitulation Deutschlands formulierten Franck und Mitarbeiter des Metallurgical Projects ein Memorandum über die Konsequenzen des Einsatzes der Atombombe auf die amerikanische Politik, den *Franck Report*. Obwohl Franck die Ausarbeitung selbst nach Washington brachte, wurden die wohlbegründeten Warnungen nicht beachtet. [JL]

**Franck-Condon-Prinzip,** zwei einschränkende Aussagen über die möglichen Absorptions- und Emissionsprozesse von Photonen in einem zweiatomigen Molekül, in dessen ↗*Niveauschema* elektronische Energieniveaus wiederum in Vibrationsniveaus aufgespalten sind. Das Franck-Condon-Prinzip besagt, daß der Kernabstand des Elektrons sich bei der Emission und Absorption eines Photons nicht ändert, und daß der Übergang zwischen zwei Maxima der Aufenthaltswahrscheinlichkeiten der beiden beteiligten elektronischen Zustände stattfindet. Das Franck-Condon-Prinzip ist für den ↗*Farbstofflaser* und sein Laserniveauschema von besonderer Bedeutung.

**Franck-Hertz-Experiment** ↗Franck-Hertz-Versuch.

**Franck-Hertz-Versuch,** 1913 von J. ↗*Franck* und G. ↗*Hertz* durchgeführter Versuch zum Nachweis der diskreten Struktur der Energieniveaus im Atom durch Elektronenstoßanregung. In der historischen Entwicklung der Atomphysik spielte der Franck-Hertz-Versuch eine bedeutende Rolle, da er den ersten Nachweis der Quantennatur der Atome darstellt, der nicht mit optischen Methoden erbracht wurde.

Der Versuchsaufbau ist schematisch in Abb. 1 dargestellt. In einem evakuierten Gefäß befindet sich Quecksilberdampf. Innerhalb des Gefäßes befindet sich eine Glühkathode K in Form eines Drahtes. Koaxial dazu angeordnet ist ein zylindrisches Drahtnetz A, das als Anode dient. Dieses Drahtnetz wiederum ist umgeben von einem Hohlzylinder Z aus Platin. Der Strom der in Z ankommenden Elektronen kann mit einem ↗*Galvanometer* gemessen werden. Zwischen Z und A wird ein leichtes Gegenfeld (z.B. 0,5V Potentialdifferenz) für die aus K kommenden Elektronen angelegt. Erhöht man die Anodenspannung, so steigt der Galvanometerstrom, wie in Abb. 2 dargestellt, zunächst an, durchläuft ein Maximum und beginnt bei einer Anodenspannung von ca. 5V stark abzusinken. Dies läßt sich dadurch erklären, daß die Elektronen bei einer Energie von 4,9eV gerade in der Lage sind, Hg-Atome in einen angeregten Zustand anzuheben (bei optischer Anregung entspricht dies der Spektrallinie bei 253,7nm) und deshalb fast ihre gesamte Energie beim Stoß verlieren. Die Elektronen, die ein Hg-Atom angeregt haben, sind also nicht mehr in der Lage, das Gegenfeld zwischen A und Z zu passieren, der Galvanometerstrom sinkt. Bei weiterer Erhöhung der Anodenspannung durchläuft der Strom ein Minimum und steigt dann wieder an, bis bei einer Anodenspannung von 2 · 4,9 V = 9,8 V die Energie eines Elektrons ausreicht, um zwei Hg-Atome anzuregen. Der Galvanometerstrom sinkt also wieder ab usw. Der Resonanzstruktur überlagert ist ein stetiger Anstieg des Galvanometerstroms bei Erhöhung der Anodenspannung, der dadurch zu erklären ist, daß immer mehr Elektronen die Kathode verlassen und ohne Stöße den Dampf durchqueren. Führt man das Experiment anstatt mit Hg z.B. mit Natrium durch, so kann man die Anregung der Atome auch als Leuchten des Dampfes erkennen.

Detailliertere Untersuchungen zeigen, daß, wie in der optischen Spektroskopie, die Anregung verschiedener angeregter Zustände möglich ist, d.h. man erhält Überlagerungen der Resonanzstruktur verschiedener Übergänge. Dazu ist es notwendig, die Energieauflösung zu verbessern. Dies kann z.B. dadurch erreicht werden, daß zwischen A und Z aus Abb. 1 ein zweites zylindrisches Drahtgitter eingeführt wird, welches auf gleichem Potential wie A liegt. Der überwiegende Teil der Stöße findet dann im feldfreien Raum zwischen den beiden Gittern statt. Dadurch ist gewährleistet, daß alle an Stößen beteiligten Elektronen die gleiche Energie haben. Mit derartigen Anordnungen ist es möglich, verschiedene Energieniveaus aufzulösen. Dabei ist allerdings zu beachten, daß die ↗*Auswahlregeln* für Stoßanregung andere sind als diejenigen für optische Anregung.

**Frank, 1)** *Ilja Michailowitsch*, sowjetischer Physiker, *23.10.1908 St. Petersburg, †22.6.1990 Moskau; ab 1934 Leiter des kernphysikalischen Laboratoriums des Lebedew-Instituts der Sowjetischen Akademie der Wissenschaften, seit 1944 Professor in Moskau, ab 1957 Leiter des Laboratoriums für Neutronenphysik am Kernforschungsinstitut in Dubna; Arbeiten zur Photochemie, physikalischen Optik, Kern- und Neutronenphysik; erhielt 1958 zusammen mit I.J. ↗*Tamm* und P.A. ↗*Tscherenkow* den Nobelpreis für Physik für die 1937 mit Tamm gegebene Deutung des Tscherenkow-Effekts.

**2)** *Gleb Michailowitsch*, *11.(24.)5.1904 Nischni Nowgorod, Rußland, †10.10.1976 Moskau, Biophysiker und Wissenschaftsorganisator, arbeitete auf dem Gebiet der Strahlenbiophysik (Wirkung von UV, theoretische Grundlagen und praktische Methoden des Strahlenschutzes) und der Muskelkontraktion.

1957 übernahm er die Leitung des von ihm organisierten Institutes für biophysikalische Physik der AdW der UdSSR.

**Frank Isakkson Prize for Optical Effects in Solids** ↗Preise.

**Franklin, 1)** *Benjamin*, amerikanischer Politiker, Naturwissenschaftler und Schriftsteller, *17.1.1706 Boston (Mass.), †17.4.1790 Philadelphia (Pa.); zunächst Buchdrucker, dann Zeitungsverleger; Wegbereiter des amerikanischen Pressewesens; veröffentlichte zahlreiche philosophische und naturwissenschaftliche Schriften (»The Papers of Benjamin Franklin«, 40 Bände, herausgegeben von L.W. Labaree, 1959); entscheidend an der Ausarbeitung der amerikanischen Verfassung beteiligt; genoß als Politiker wie als Wissenschaftler internationales Ansehen; war Mitglied der französischen Akademie und erhielt 1753 die Copley-Medaille der Royal Society; schuf eine Theorie der Elektrizität; führte die Bezeichnungen »positiv« (plus) und »negativ« (minus) für unterschiedliche elektrische Ladungen ein, definierte den Begriff der Ladung und prägte die Bezeichnung »Batterie«; konstruierte einen Vorläufer des Plattenkondensators (↗*Franklinsche Tafel*); erforschte mit Drachenversuchen die elektrische Natur des Blitzes (Gewitterelektrizität) und erfand 1752 den Blitzableiter; ferner Forschungen auf den Gebieten der Hydrodynamik, der Wärmelehre (insbesondere zur Wärmeleitfähigkeit), des Magnetismus und der Meteorologie. Nach ihm ist die (nicht-gesetzliche) Einheit der elektrischen Ladung (↗*Franklin*) benannt.

**2)** *Rosalind Elsie*, englische Biochemikerin, *25.7.1920 London, †16.4.1958 London (Krebs); arbeitete nach Studium der physikalischen Chemie (in Cambridge) 1942-47 bei der British Coal Utilization Research Association (BCURA). 1947-1950 in Paris, ab 1950 Mitarbeiterin am King's College (London), ab 1953 am Birbeck-College in London; führte 1953 mit M.H.F. ↗*Wilkins* röntgenanalytische Untersuchungen der Nucleinsäuren durch und entdeckte, daß die Phosphatgruppen außerhalb des Moleküls liegen und daß die ↗DNS eine spiralförmige Grundstruktur besitzt. Auf dieser Grundlage entwickelten J.D. ↗*Watson* und F. ↗*Crick*, das Doppelhelix-Modell, wofür sie mit Wilkins 1962 den Nobelpreis für Physiologie oder Medizin bekamen.

**Franklin** (nach B. ↗*Franklin*), Einheitenzeichen Fr, nicht mehr anzuwendende Basiseinheit der elektrischen Ladung in einem erweiterten CGS-System. Definition: 1 Fr ist diejenige Ladung, die auf eine gleich große Ladung in einem Abstand von 1 cm eine Kraft von 1 dyn ausübt. $1\,\text{Fr} = (10/c)\,\text{C} \approx (1/3) \cdot 10^{-9}\,\text{C}$ ($c$: Lichtgeschwindigkeit in cm/s).

**Franklinsche Tafel,** von B. ↗Franklin erfundener Vorläufer des Plattenkondensators in Form einer Glas- oder Hartgummiplatte, die beiderseits eine metallische Belegung besitzt.

**Frank-Read-Mechanismus** ↗Frank-Read-Quelle.

**Frank-Read-Quelle,** von *Frank* und *Read* erdachter Mechanismus, der es ermöglicht, im unter einer ↗*Schubspannung* stehenden *Realkristall* bei Vorhandensein von unbeweglichen Versetzungsknoten mit einer einzigen *Versetzungslinie* sehr große *Abgleitungen* zu erhalten. Es kann sich dabei auch um ↗*Versetzungen* handeln, deren Beweglichkeit unter

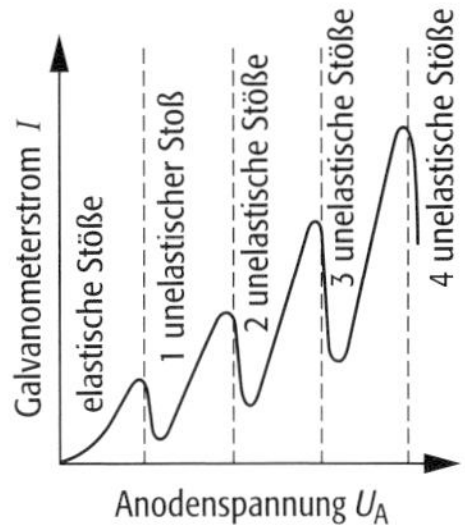


**Franck-Hertz-Versuch 2:** Meßergebnis der Apparatur nach Abb. 1.

**Frank,** *Ilja Michailowitsch*

**Franklin,** *Benjamin*

den praktisch auftretenden Spannungen so gering ist, daß sie als solche Verankerungen wirken können. Bei genügend großer Schubspannung werden sich die Versetzungsstücke zwischen zwei Knoten so ausbreiten, daß schließlich ein positives und ein negatives Versetzungsstück mit gleichen ↗*Burgers-Vektoren* einander näher kommen. Die von den Versetzungslinien eingeschlossenen Schnittflächen können dann miteinander verschmelzen; die beiden Linienstücke heben sich weg, und es stellt sich im wesentlichen wieder die ursprüngliche Versetzungsanordnung ein. Durch diesen Mechanismus der *Versetzungsquellen* können immer neue, vom Netz abgelöste Versetzungsringe erzeugt werden, und damit ist es möglich, die in Metallen zu beobachtende große, oft viele 100 % betragende Verformbarkeit zu erklären.

Die kleinste, für eine solche ebene Quelle nötige Schubspannung ergibt sich zu $\tau_0 = 2\frac{E_L}{b \cdot l_0}$, wo $b$ die Länge des Burgers-Vektors, $l_0$ die betreffende Maschenlänge und $E_L$ die Linienenergie (Versetzungsenergie je Länge) ist, für die näherungsweise gilt $E_L = b^2G/2$. Neben den ebenen Versetzungsquellen treten am häufigsten die räumlichen Versetzungsquellen und die Spiralquellen auf.

**Frank-van-der-Merwe-Wachstum,** Wachstumsmodus eines Festkörpers bzw. einer ↗*dünnen Schicht* auf einer einkristallinen Unterlage. Frank-van-der-Merwe-Wachstum liegt dann vor, wenn die Schicht lagenweise aufwächst. Eine neue Atomlage entsteht erst dann, wenn die vorhergehende abgeschlossen ist. Im Unterschied dazu bezeichnet man das Entstehen von dreidimensionalen Inseln als ↗*Vollmer-Weber-Wachstum* und das Wachstum einer (oder mehrerer) Monolagen gefolgt von Inseln als ↗*Stranski-Krastanow-Wachstum*. Entscheidend dafür, welcher Wachstumsmodus bei einem bestimmten Materialpaar auftritt, sind die freien Oberflächenenergien von Substrat und Schicht, die Grenzflächenenergie und die durch die ↗*Gitterfehlanpassung* induzierte Verspannungsenergie. Für unverspannte Schichten tritt immer dann Frank-van-der-Merwe-Wachstum auf, wenn die Summe aus freier Oberflächenenergie des Adsorbates und der Grenzflächenenergie kleiner als die freie Oberflächenenergie des Substrates ist.

**Franz-Keldysh-Effekt,** die Veränderung der optischen Absorption eines Halbleiters durch Einwirkung eines äußeren elektrischen Feldes. Sie äußert sich unter anderem in der Verschiebung der Bandkante in Richtung längerer Wellen. Auf der langwelligen Seite wird ausschließlich eine Vergrößerung der Absorption beobachtet, auf der kurzwelligen Seite eine über der Wellenlänge liegende periodische Vergrößerung und Verkleinerung derselben. Der Franz-Keldysh-Effekt läßt sich als eine Variante des ↗*Tunneleffekts* auffassen, der durch die gleichzeitige Energiezufuhr durch die absorbierten Lichtquanten erleichtert wird.

**Französische Physikalische Gesellschaft,** *Société Francaise de Physique*, *SFP*, ↗physikalische und assoziierte Gesellschaften, bedeutende.

**Fräsen,** das Spanen mit ein- oder mehrschneidigem drehenden Werkzeug. Die Schneiden sind infolge der drehenden Hauptbewegung nicht ständig im Eingriff. Das Werkstück oder das Werkzeug führen als Nebenbewegung einen Vorschub aus. Je nach Art der Relativbewegung und Lage der Werkzeugachse zum Werkstück unterscheidet man nach *Gleichlauffräsen*, *Gegenlauffräsen* und *Stirnfräsen*.

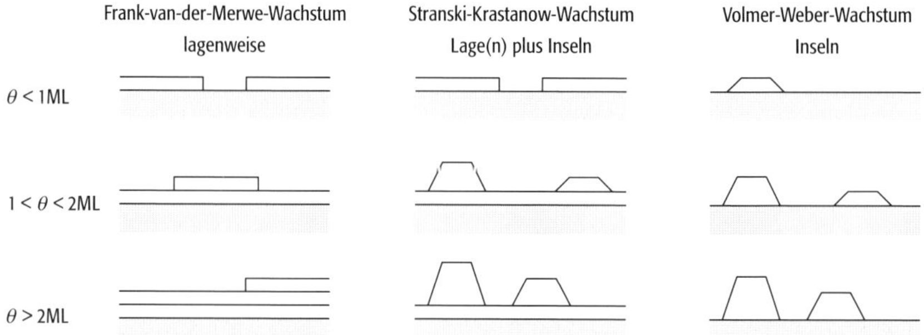


**Frank-van-der-Merwe-Wachstum:** Schematische Darstellung der drei Wachstumsmodi für unterschiedliche Materialbedeckungen $\Theta$.

# Frauen in der Physik

Bunny C. Clark, Ohio, und Mildred S. Dresselhaus, Cambridge, Massachusetts, USA

## 1 Einführung

In fast allen Ländern der Erde waren unter den Physikstudenten und den forschenden Physikern stets deutlich weniger Frauen als Männer. Der Frauenanteil war hier wohl noch geringer als in den anderen Wissenschaften. Zwar stieg die Anzahl der Frauen in der Physik in den letzten Jahren deutlich an, aber ihr Anteil bleibt im Vergleich zu anderen Gebieten gering und ist ähnlich hoch wie in der Technik. Allerdings gibt es deutlich weniger Physikerinnen als Ingenieurinnen, da es viel weniger Physiker als Ingenieure gibt. In Ländern mit großer Physiktradition, beispielsweise Frankreich und Italien, waren Frauen in der Physik stärker beteiligt; daraus kann man schließen, daß ein geringer Frauenanteil keine prinzipielle Ursache hat, sondern von den gesellschaftlichen Bedingungen herrührt. Daher darf man annehmen, daß entsprechende Maßnahmen eine substantielle Änderung der Situation bewirken können. In diesem Beitrag wollen wir auch Beispiele für entsprechende Maßnahmen besprechen.

## 2 Statistik

Die in diesem Abschnitt vorgestellten statistischen Daten belegen, wie stark die Beteiligung der Frauen an der Physik in jüngerer und jüngster Vergangenheit war. Derzeit sind, anders als in der Astronomie, nicht für alle Länder Daten verfügbar. Deshalb beschränken wir uns auf einige ausgewählte Länder, um die Situation in der Welt zu veranschaulichen. Wir legen dabei das Schwergewicht auf die Vereinigten Staaten, weil hier relativ viele Personen in der Physik tätig sind und weil die Autorinnen mit den hiesigen Verhältnissen vertraut sind.

Tabelle 1 zeigt, daß der Anteil der Frauen in der Physik insgesamt gering und zudem von Land zu Land sehr unterschiedlich ist [1]. Ähnliche Trends zeigten sich bei neueren Erhebungen für das Jahr 1992 [2]; der Anteil der Frauen bei den Physik-Promotionen betrug 18,7 % in Frankreich, 12,7 % in Großbritannien, 12,1 % in den USA und 7,1 % in Deutschland. Zur Zeit haben wir keine zuverlässigen Daten über die Anzahl von Physikerinnen in den verschiedenen Ländern. Jedoch enthält Tabelle 2 einige Werte von 1993, aus denen der Anteil verschiedener Länder und Regionen an den physikalischen Publikationen hervorgeht; dies mag ein Gefühl für die Verteilung von Physikerinnen über die Welt geben. Es ist jeweils der Prozentsatz und derdiesem entsprechende Rang angegeben [2].

### 2.1 Frauen in der Physik in den USA

Vom *American Institute of Physics* (AIP) wurden umfassende Daten über Physikerinnen in den Vereinigten Staaten zusammengestellt und veröffentlicht [3]. Daraus kann man verschiedene Folgerungen ableiten, die auch durch die hier wiedergegebenen Daten veranschaulicht werden. Die Abb. 1 zeigt die drastische Zunahme des Anteils der Frauen an den Studienabschlüssen in Physik in den USA. In den letzten 25 Jahren (von 1971 bis 1996) ergab sich bei den Studienabschlüssen (Bachelor) ein Anstieg um den Faktor 2,6 auf 18 % und um den Faktor 4,3 auf 13 % bei den Promotionen.

**Frauen in der Physik 1:** Relative Anzahl von Frauen bei Studienabschlüssen, Promotionen und Mitgliedern der Lehrkörper in der Physik (angegeben ist jeweils der prozentuale Anteil der Frauen an der betreffenden Gruppe in den letzten Jahren) [1].

| Land | Studien-abschluß | Pro-motion | Lehr-körper |
|---|---|---|---|
| Belgien | 33 | 29 | 11 |
| Brasilien | 24 | 31 | 18 |
| Deutschland | 12 | 8 | 8 |
| Frankreich | 24 | 21 | 23 |
| Großbritannien | 16 | 12 | 4 |
| Indien | 25 | 26 | 10 |
| Irland | 22 | 20 | 7 |
| Italien | 29 | 21 | 23 |
| Japan | 7 | 4 | 6 |
| Korea | 20 | 5 | 3 |
| Neuseeland | 10 | 11 | 6 |
| Niederlande | 20 | 4 | 6 |
| Philippinen | 28 | 60 | 31 |
| Polen | 14 | 17 | 17 |
| Spanien | 17 | 21 | 16 |
| Südafrika | 24 | 21 | 9 |
| Türkei | 38 | 17 | 23 |
| UdSSR (ehemalige) | 34 | 25 | 30 |
| Ungarn | 50 | 27 | 47 |
| Vereinigte Staaten | 15 | 9 | 3 |

**Frauen in der Physik 2:** Beiträge einzelner Länder und Regionen zur physikalischen Forschung anhand des Anteils an den Publikationen [2].

| Land (oder Region) | Publika-tionen (%) | Rang |
|---|---|---|
| Afrika | 0,6 | 19 |
| Amerika: Mittel- und Südamerika | 1,9 | 15 |
| Asien, restliches, und Pazifikraum | 0,4 | 20 |
| Australien und Neuseeland | 1,3 | 17 |
| China | 2,8 | 11 |
| Deutschland | 8,4 | 4 |
| Europa: Osteuropa und restliches Westeuropa | 3,0 | 9 |
| Europa: restliches Südeuropa | 2,6 | 12 |
| Europa: restliches Westeuropa | 4,5 | 7 |
| Frankreich | 5,9 | 5 |
| Großbritannien | 5,1 | 6 |
| Indien | 2,4 | 13 |
| Israel | 1,1 | 18 |
| Italien | 3,3 | 8 |
| Japan | 10,9 | 3 |
| Kanada | 2,9 | 10 |
| Mittelost, restliche Länder | 0,2 | 21 |
| Ostasien, in jüngerer Zeit industrialisiert | 1,8 | 16 |
| Skandinavien | 2,3 | 14 |
| Sowjetunion (ehemalige) | 12,3 | 2 |
| Vereinigte Staaten | 26,5 | 1 |

In Abb. 2 sind die Prozentsätze der in Technik, Physik und anderen Naturwissenschaften promovierten Frauen für die Jahre 1980 bis 1996 einander gegenübergestellt [3]. Hier wird deutlich, daß der Frauenanteil in allen Fachgebieten anstieg; ferner zeigen sich Ähnlich-

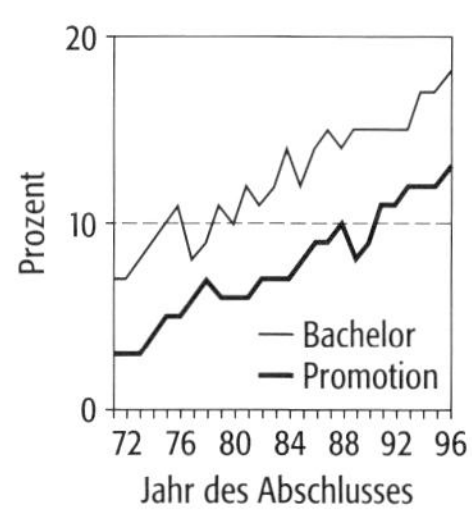


**Frauen in der Physik 1:** Anteil der Frauen bei Studienabschlüssen (Bachelors) und Promotionen in den USA von 1971 bis 1996 [3].

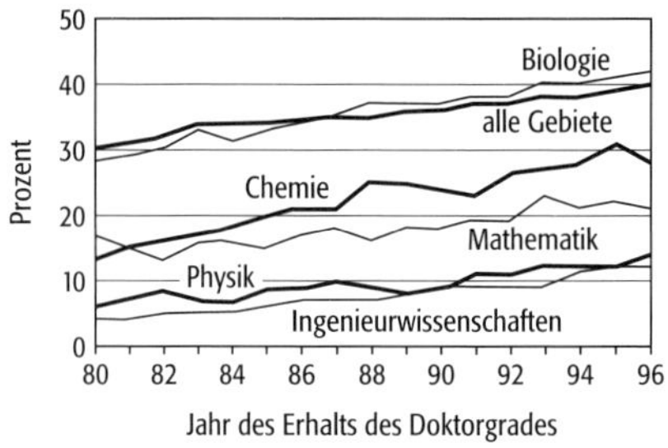


**Frauen in der Physik 2:** Anteil der Frauen an den Promotionen in den USA in ausgewählten Fachgebieten von 1980 bis 1996 [3].

keiten zwischen Physik und Technik, aber auch Unterschiede zwischen der Physik einerseits sowie Chemie, Biologie und allen Gebieten andererseits. Wir nutzen die Anzahlen der Promotionen als Maßstab für den Anteil an der Physik, weil seit rund 50 Jahren bei vielen Stellenbesetzungen die Promotion vorausgesetzt wird. Einige Zahlen: Im Jahre 1996 promovierten in den USA nur 184 Frauen in Physik, gegenüber 776 in technischen Fächern und 1384 in den gesamten Naturwissenschaften. Die Gesamtzahl der Promotionen von Frauen betrug 16945. Tabelle 3 macht deutlich, daß insgesamt viele Frauen promovieren, jedoch in manchen Fachgebieten nur wenige, so auch in der Physik. Nur wenige Frauen streben eine Karriere in der Physik an; daher ist ihr Anteil an den Promotionen in den USA – mit beispielsweise 4,6 % im Jahre 1991 – sehr gering. Allerdings betrug der Anteil der Frauen an den Doktoranden, die im Jahre 1996 begannen, bereits 12,8 % [4].

In den letzten Jahren stieg in den USA der Frauenanteil in der Physik an; dies führte dazu, daß die Physikerinnen im Durchschnitt nun deutlich jünger als ihre Kollegen sind [6] (Tabelle 4). Daher nehmen in den USA die Physikerinnen eher als ihre männlichen Konkurrenten an, daß für bestimmte Aufgaben in der Physik Frauen qualifiziert sind, denn während des Berufslebens einer durchschnittlichen Physikerin war der Frauenanteil merklich höher als während des Berufslebens eines durchschnittliches Physikers. Aus den Daten in Tabelle 4 geht außerdem hervor, daß Männer und Frauen in der Physik nahezu gleich wahrscheinlich eine Ganztagsstellung haben. Jedoch ist bei den Frauen die Wahrscheinlichkeit größer, eine Teilzeitstelle innezuhaben oder arbeitslos zu sein. Die Gründe dafür können in Zeiten der Kindererziehung oder in anderen familiären Verpflichtungen liegen. Männliche Physiker gehen in den USA derzeit mit höherer Wahrscheinlichkeit in Rente als weibliche, weil die Altersverteilungen beider Geschlechter unterschiedlich sind. Allgemeiner gesagt: Bei den Arbeitslosen in den USA war das Zahlenverhältnis der Frauen zu den Männern in Physik und Technik in der Vergangenheit stets wesentlich größer als eins, nahm aber in den letzten zwanzig Jahren auf ungefähr eins ab; dies entspricht etwa dem Trend in der allgemeinen Bevölkerung [4].

**Frauen in der Physik 3:** Anzahlen der Promotionen in den USA im Jahre 1996, aufgeteilt nach Fachgebieten [3, 5].

| | Promotionen insgesamt | Promotionen von Frauen Anzahl | Promotionen von Frauen Prozent |
|---|---|---|---|
| **Gesamt** (alle Fachgebiete) | 42415 | 16945 | 40 |
| **Naturwissenschaften** | 6675 | 1384 | 21 |
| Chemie | 2148 | 605 | 28 |
| Umweltwissenschaften | 807 | 175 | 22 |
| Mathematik | 1222 | 231 | 19 |
| Informatik | 921 | 139 | 15 |
| Physik | 1438 | 184 | 13 |
| **Technik** | 6305 | 776 | 12 |
| **Biowissenschaften** | 8255 | 3595 | 43 |
| Gesundheitswesen | 1324 | 861 | 65 |
| Biologie | 5723 | 2415 | 42 |
| Agrarwissenschaft | 1208 | 319 | 26 |
| **Sozialwissenschaften** | 6814 | 3514 | 52 |
| Psychologie | 3340 | 2207 | 66 |
| **Philologie** | 5116 | 2544 | 50 |
| Sprache / Literatur | 1618 | 979 | 60 |
| **Pädagogik** | 6772 | 4179 | 62 |
| **Andere Gebiete** | 2478 | 953 | 38 |

**Frauen in der Physik 4:** Beschäftigungsverteilung und Alter (Medianwerte) von promovierten Physikern in den Vereinigten Staaten, aufgeteilt nach Geschlecht, für das Jahr 1996 [3].

| | Männer % | Alter Medianwert | Frauen % | Alter Medianwert |
|---|---|---|---|---|
| Ganztagsstellen | 81 | 49 | 83 | 40 |
| Teilzeitstellen | 3 | 64 | 7 | 45 |
| In Rente | 14 | 72 | 5 | 73 |
| Nicht beschäftigt, suchend | 1 | – | 3 | – |
| Nicht beschäftigt, nicht suchend | 1 | – | 2 | – |

Die Anfangsgehälter der Frauen in Wissenschaft und Technik betrugen in den USA nur 84,2 % von denjenigen der Männer [7]; diese Zahl bezieht sich auf den Medianwert des Abschlußjahrgangs 1993. Der Grund dafür kann teilweise in der unterschiedlichen Verteilung von Frauen und Männern auf die verschiedenen Fachgebiete liegen, aber auch in der Art der ersten Stelle, d.h. darin, ob es eine befristete Forschungs- oder eine Dauerstelle war oder ob sie in Universität, Industrie oder Behörde angetreten wurde. Die Unterschiede in den Gehältern werden meist um so größer, je mehr Jahre seit Studienabschluß oder Promotion vergangen sind [7]. Ein Überblick über die im Jahre 1992 in den USA promovierten Physikerinnen und Physiker ergab, daß Frauen öfter eine Post-Doc-Stelle antraten als Männer (80 % gegenüber 64 %), mit gleicher Wahrscheinlichkeit (11 %) eine akademische Stelle annahmen, aber seltener in die Industrie gingen (9 % gegenüber 15 %) [8].

In den USA ist ungefähr die Hälfte der Physikerinnen und Physiker in der Wissenschaft tätig. Wie aus Tabelle 5 hervorgeht, nahm der Anteil der Frauen am Physiklehrkörper deutlich zu [9], und zwar von 2,9 % im Jahre 1984 auf 5,1 % im Jahre 1993. Dennoch sind diese Prozentsätze sehr gering, und es gibt in den USA immer noch Physikfakultäten, in deren Lehrkörper keine Frauen sind, gleichgültig in welcher Qualifikationsstufe (die Anteile betrugen im Jahre 1994 in den USA 36 % bei promotionsverleihenden Institutionen bzw. 62 % bei allen Colleges und Universitäten) [3]. Diejenigen Frauen, die eine Stellung in der Wissenschaft erlangt haben, sind mit höherer Wahrscheinlichkeit als Männer in niedrigeren Rängen (Dozenten) und auch in befristeten Stellen anzutreffen. Das kann mit den unterschiedlichen Altersverteilungen von Frauen und Männern in der Physik zusammenhängen. Tabelle 5 zeigt auch, daß Frauen häufiger als Männer befristete Stellen innehaben oder an Institutionen beschäftigt sind, die kein Promotionsrecht haben. Aber diese Unterschiede in den Verteilungen beider Geschlechter auf die Physik werden mit der Zeit geringer [10]. Anzeichen für eine allmähliche Zunahme des Frauenanteils in den Physikfakultäten in den nächsten Jahren ergeben sich aus den Immatrikulationsdaten. Danach waren in den USA im Jahre 1993 im Hauptstudium 14 % der Studenten weiblich, und im Jahre 1996 waren es 13 % der Promovierenden [3]. Der relativ geringe Frauenanteil in der Physik in den USA kann auf gesellschaftlichen Faktoren beruhen; so ergab eine Befragung, daß 83 % der Studentinnen Hindernisse für Frauen in der Wissenschaft wahrnehmen [8, 11].

**Frauen in der Physik 5:** Die Verteilung der akademischen Ränge auf die Geschlechter bei Physikfakultäten an USA-Hochschulen mit Promotionsrecht. Die Daten beziehen sich auf die Jahre 1985 bzw. 1994.

| Rang | Frauen | | | Männer | | |
|---|---|---|---|---|---|---|
| (1985)[a] | N[c] | % | Gesamt | N[c] | % | Gesamt |
| Ordentlicher Professor | 44 | 33 % | 2 % | 2832 | 63 % | 98 % |
| Außerordentlicher Professor | 23 | 17 % | 3 % | 793 | 18 % | 97 % |
| Dozent | 33 | 25 % | 7 % | 467 | 10 % | 93 % |
| Befristete Stelle | 33 | 25 % | 7 % | 420 | 9 % | 93 % |
| Gesamt | 133 | 100 % | 3 % | 4512 | 100 % | 97 % |
| (1994)[b] | | | | | | |
| Ordentlicher Professor | 72 | 31 % | 3 % | 2695 | 60 % | 97 % |
| Außerordentlicher Professor | 60 | 26 % | 7 % | 757 | 17 % | 93 % |
| Dozent | 60 | 26 % | 10 % | 532 | 12 % | 90 % |
| Befristete Stelle | 37 | 25 % | 7 % | 533 | 12 % | 93 % |
| Gesamt | 229 | 100 % | 5 % | 4517 | 100 % | 95 % |

[a] Die Daten beruhen auf Erhebungen bei den 161 Fakultäten, die in allen Studienjahren 1982/83 bis 1986/87 Promotionen verliehen.

[b] Die Daten beruhen auf Angaben von 175 der 183 Fakultäten, die im Studienjahr 1993/94 Promotionen verliehen.

[c] Hier ist *N* die Gesamtzahl der Personen, die zum Lehrkörper gehören, und in der Spalte »%« ist der Anteil der weiblichen Fakultätsmitglieder im jeweiligen Rang angegeben, bezogen auf die Gesamtzahl der Frauen in der betreffenden Fakultät. Die Spalte »Gesamt« enthält jeweils den Anteil der Männer bzw. Frauen an der Gesamtzahl der Fakultätsmitglieder im betreffenden Rang.

## 2.2 Internationale Vergleiche

Die Tabelle 1 zeigt für viele Länder, darunter die USA und Deutschland, einen relativ geringen Frauenanteil in der Physik. In einigen Ländern, wie den USA und Großbritannien, wird der Frauenanteil um so geringer, je höher die Qualifikation ist. In diesen Ländern ist also der Frauenanteil bei den Studienabschlüssen höher als bei den Promotionen, und hier ist der Anteil wiederum höher als bei den akademischen Positionen. Manche Länder, wie Frankreich, Italien und Rußland, haben in der Physik auf allen Stufen einen höheren Frauenanteil als andere Länder, und in ihnen nimmt der Anteil bei höheren Qualifikationen nicht ab.

Beispielsweise hat Italien in der Forschung einen recht hohen Frauenanteil [14]. Hier beträgt er 33 % beim Studienabschluß, 31,5 % bei den besetzten Stellen, 25,2 % bei den Dozenten, 15,5 % bei den außerordentlichen Professuren 6,5 % bei den ordentlichen Professuren. In Frankreich sind derzeit (1998) rund 24 % der akademischen Positionen von Frauen besetzt, und zwar 26 % in den unteren Rängen und 9 % bei den ordentlichen Professuren [12]. Das französische CNRS (*Centre National de la Recherche Scientifique*) wird von einer Frau, Cathérine Brechignac, geleitet; hier haben Frauen 18 % der wissenschaftlichen Stellen in den Bereichen Mathematik und Naturwissenschaften inne, ähnlich wie in der gesamten Forschung. Aber immer noch sind weniger als 10 % der leitenden Stellen in der Physik (Professoren an Universitäten oder Forschungsdirektoren am CNRS) von Frauen besetzt [13]. Im internationalen Vergleich schneiden die französischen Physikerinnen zwar relativ gut ab, starten aber dennoch Initiativen, um ihren Anteil zu erhöhen [12].

In mehreren Ländern mit geringerem Frauenanteil in der Physik stieg dieser in den letzten Jahren an; dieser Zeitraum liegt nach der Studie von Megaw [1]; (Tabelle 1). An australischen Universitäten (die von der Megaw-Studie nicht erfaßt wurden) betrug im Jahre 1996 der Frauenanteil im Aufbaustudium 18 %. Er hatte 1991 noch bei 12 % gelegen, als die ersten Daten über die Geschlechterverteilung bei den Physikstudenten ermittelt wurden [15]. Die Gesamtzahl der Immatrikulationen für das Aufbaustudium stieg in diesem Zeitraum um 17 %. Daher hatte die Anzahl der Physikstudentinnen um 58 % zugenommen. Der Anteil der Frauen im vierten Studienjahr stieg von 16 % im Jahre 1991 auf 25 % im Jahre 1996.

Der Zusammenhalt und die gegenseitige Information wurde für die Entwicklung des Bewußtseins der Physikerinnen in vielen Ländern sehr bedeutsam. So konnten sie beispielsweise in Österreich die Aufmerksamkeit der Physikalischen Gesellschaft und des Wissenschaftsfonds (FWF) wecken. Der Anteil der Frauen, die in Österreich das Physikstudium abschließen, ist mit rund 20 % ähnlich hoch wie in vielen anderen Ländern (Daten von 1995). Aber im Lehrkörper ist er viel geringer, und unter den Ordinarien ist hier überhaupt keine Frau. Unter den außerordentlichen Professoren ist nur eine Frau, und unter den Dozenten sind 11 Frauen. Demnach betrug im Jahre 1995 der Frauenanteil am gesamten Lehrkörper 5,5 % [16]. Österreichische Frauen setzten sich das Ziel, einen Anteil von 40 % in den verschiedenen Berufszweigen zu erreichen, in denen sie derzeit unterrepräsentiert sind. Dazu wurden Gesetzesinitiativen eingebracht. Doch aufgrund der geringen Zahl von Frauen in der Ausbildung wird angestrebt, vor allem diese Basis zu erweitern. So wurde vom FWF eine Initiative gestartet, um den Frauenanteil bei der Habilitation zu erhöhen, die die Voraussetzung für die Professorenlaufbahn ist. Zudem werden beträchtliche Anstrengungen unternommen, mehr Schülerinnen zu ermutigen, ein Physikstudium anzustreben.

In Großbritannien, wo die physikalische Forschung eine lange Tradition hat, zeigen die Daten der Jahre 1995/96, daß von insgesamt 2759 Studienabschlüssen und Promotionen in Physik nur 17,8 % von Frauen erzielt wurden. Lediglich 4 % der Mitglieder von Physikfakultäten sind Frauen. In den Naturwissenschaften allgemein wurden 37,8 % der Studienabschlüsse und 25,2 % der Promotionen von Frauen absolviert. Diese Anteile ähneln denen in allen wissenschaftlichen und technischen Fächern (einschließlich der Sozialwissenschaften) mit 36,9 % bei den Studienabschlüssen und 27,6 % bei den Promotionen [17].

In Deutschland, wo die physikalische Forschung ebenfalls eine lange Tradition hat, ist der Anteil der Frauen in der Physik relativ gering [18]. Für das Jahr 1994 wurden Daten aus verschiedenen Wissenschaftsgebieten ermittelt [18]; sie zeigen, daß der Frauenanteil mit 39,2 % bei den Studienabschlüssen und mit 28,5 % bei den Promotionen ähnlich dem in Großbritannien ist. Dagegen waren in Deutschland 75,1 % aller Personen, die 1994 (in irgendeinem Fach) ein Lehramtsstudium absolvierten, Frauen. Der Frauenanteil bei den Physiklehrern war mit 31,8 % relativ hoch, aber die Frauen waren beim Physikdiplom mit 9,2 % und bei der Promotion mit 6,4 % deutlich geringer vertreten.

## 3 Bedeutende Frauen in der Physik

### 3.1 Quellen

Im Jahre 1970 gründete die *American Physical Society* (APS) das Komitee CSWP (*Comittee on the Status of Women in Physics*), das sich mit dem Status von Frauen in der Physik befaßt. Die erste Vorsitzende war die junge Hochenergiephysikerin Vera Kistiakowsky, die am *Massachusetts Institute of Technology* Experimentalphysik betrieb. Zu ihr sagte ein Kollege, er sähe keinen Grund für ein solches Komitee, denn es gäbe in der Physik nur zwei Frauen, nämlich Chien-Shiung Wu und Gertrude Goldhaber, und die beiden seien ja zufrieden. Der gute Mann hatte dabei tatsächlich übersehen, daß auch seine Gesprächspartnerin eine Frau in der Physik war! Diese Anekdote veranschaulicht, wie sehr sich die Zeiten inzwischen geändert haben. Es gibt aber immer noch Leute, die es überrascht, daß etliche Frauen bedeutende Beiträge zur Physik leisteten. In diesem Abschnitt werden einige der mutigen Frauen kurz vorgestellt, die den Weg für andere Frauen bereitet haben. Zudem werden einige Quellen (Bücher und auch Web-Seiten [19]) angegeben, in denen man sich weitere Informationen beschaffen kann.

In ihrem Buch *Nobel Prize Women in Science; Their Lives, Struggle and Momentous Discoveries* (Nobelpreisträgerinnen in der Wissenschaft; Ihr Leben, Kämpfen und bedeutsame Entdeckungen) beschreibt Sharon Bertsch McGrayne eindruckvoll die Lebensläufe berühmter Wissenschaftlerinnen, deren Arbeiten die Welt veränderten, und gibt auch zahlreiche ausgezeichnete Quellen an [20]. Nina Byers, Professorin an der University of California in Los Angeles, erstellte ein schöne Web-Seite [21] mit Bildern und Biographien von 48 ausgezeichneten Physikerinnen unserer Zeit. Einige der vorzüglichen Artikel und Bücher sind auch in den Literaturhinweisen zu den hier folgenden Abschnitten enthalten, in denen einige hervorragende Physikerinnen vorgestellt werden.

### 3.2 Viel Mut!

Es gab und gibt zu viele ausgezeichnete Physikerinnen, als daß man sie alle auch nur namentlich aufführen könnte, geschweige denn näher auf sie eingehen. Daher entschlossen wir uns, nur einige in wenigen Worten vorzustellen sowie Bedeutung und Auswirkungen ihrer Arbeiten auf die Gesellschaft zu skizzieren. Dabei beschränken wir uns auf die Kernphysik, obwohl natürlich Frauen auch auf anderen Gebieten Bedeutendes beitrugen [20, 21].

*Marie Sklodowska-Curie*

In Frankreich ist der Anteil der Frauen in der Physik schon seit langem deutlich höher als in vielen anderen Ländern, unter anderen aufgrund des Einflusses von Marie Sklodowska-Curie; sie war die erste Frau, der ein Nobelpreis zuerkannt wurde. Ihre Arbeit und ihr Leben inspirieren noch immer viele junge Frauen. Im Jahre 1903 erhielt das Ehepaar Marie und Pierre Curie für die Entdeckung der radioaktiven Elemente Polonium und Radium gemeinsam den Physik-Nobelpreis. Nach dem Tode ihres Gatten wurde Marie Curie als erste Frau Mitglied einer Fakultät an der Sorbonne. Sie verfeinerte ihre Experimente weiter, und es

**Literaturverzeichnis**

[1] W.J. Megaw: *Gender Distribution in the World's Physics Departments.* Proceedings of a Conference on Gender and Science and Technology 6, Melbourne, Australia, July 1991.

[2] The U.S. National Science Foundation: *Science and Engineering Indicators* (1996). U.S. National Science Board.

[3] Roman Czujko. Daten vom AIP (American Institute of Physics).

[4] The U.S. National Science Foundation: SRS Survey of Doctorate Recipients, 1996. U.S. National Science Foundation, Survey of Doctorate Recipients and U.S. Bureau of Labor Statistics, Current Population Survey.

[5] Quelle: *NRC Summary Report*, 1996. Die Daten, die für Physik- und Astronomie-Promotionen zitiert werden, stammen aus dem AIP Enrollments and Degrees Report, 1996.

[6] American Institute of Physics (AIP): Mitglieder-Übersicht 1996.

[7] NCES (National Center for Education Statistics) Recent College Graduates Surveys (1977–90) and 1993 Baccalaureates and Beyond Longitudinal Study, First Follow-up (B & B: 93/94).

[8] Stephanie J. Bird, Catherine J. Didion, Elizabeth S. Niewoehner, Mary D. Fillmore: *Mentoring Means Future Scientists,*

gelang ihr, Proben von reinem Polonium und Radium herzustellen. Hierfür wurde ihr im Jahre 1911 der Chemie-Nobelpreis zuerkannt. Marie Curie veränderte mit ihren Arbeiten die Welt und bewog zahlreiche Frauen, eine wissenschaftliche Karriere anzustreben, beispielsweise ihre Tochter Irène Joliot-Curie. Diese erhielt gemeinsam mit ihrem Ehemann Frédéric Joliot-Curie im Jahre 1935 für die Entdeckung der künstlichen Radioaktivität den Chemie-Nobelpreis.

*Rosalyn Sussman Yalow*
Die Kernphysikerin Rosalyn Sussman Yalow war (1977) die zweite Frau, die den Medizin-Nobelpreis erhielt. Die erste war 1947 die Biochemikerin Gerty T. Cori gewesen, die erforscht hatte, wie die Zellen Energie aus der Nahrung beziehen. R. S. Yalow begann im Jahre 1950 eine fruchtbare Zusammenarbeit mit Solomon A. Berson am *Veterans Administration Hospital* in Bronx (New York). Sie untersuchten die Anwendung radioaktiver Isotope in der Medizin und entwickelten ein Verfahren, das heute Radioimmunoassay (RIA) genannt wird. Es bewies in den nächsten Jahren seinen unschätzbarem Nutzen für die Weltgesundheit. Die Arbeiten der beiden Forscher beeinflußten die Medizin in mancherlei Hinsicht, von der Grundlagenforschung über neue Erkenntnisse hinsichtlich von Blutspenden bis zur konkreten Behandlung von Patienten.

*Chien-Shiung Wu*
Der wichtigste Beitrag von Chien-Shiung Wu zur Physik war das Experiment zur Paritätsverletzung, das sie konzipiert und dann mit ihren Kollegen am *National Bureau of Standards* durchgeführt hatte. Es bewies, daß beim nuklearen Betazerfall die Parität nicht erhalten bleibt. Ihr Experiment lieferte Indizien für die von Lee und Yang vorgeschlagene Lösung der Tau-Theta-Frage. Frühere Gespräche mit Lee brachten sie auf die Idee, den Versuch mit $^{60}Co$ durchzuführen. Damit konnte sie schließlich beweisen, daß die schwache Wechselwirkung die Parität verletzt. Zehn Monate nach der Veröffentlichung ihrer Ergebnisse wurde Lee und Yang der Physik-Nobelpreis 1957 zuerkannt. Damals waren, wie auch heute noch, viele Physiker der Meinung, auch Wu hätte am Preis teilhaben müssen. Chien-Shiung Wu absolvierte eine wunderbare und produktive Karriere an der *Columbia University*, wo sie lange Jahre Professorin war. Wu war die erste Frau, die (1975) der *American Physical Society* vorstand. Unter den vielen Ehrungen, die ihr zuteil wurden, waren die Wahl in die *U. S. National Academy of Sciences*, ferner die *U. S. National Medail of Science* sowie der Wolfe-Preis für Physik.

*Lise Meitner*
In der Zeitschrift *Physics Today* erschien im September 1997 ein Artikel, in dem sich Elisabeth Crawford, Ruth Lewin Sime und Mark Walker mit der Verleihung des Chemie-Nobelpreises 1944 befaßten. Er war an Otto Hahn gegangen, und zwar für die Entdeckung der Kernspaltung [22, 23]. Im Jahre 1939 hatten Lise Meitner und Otto Frisch die erste theoretische Erklärung des Spaltprozesses gegeben. Die Zuerkennung des Nobelpreises war 1944 umstritten und ist es auch heute noch, denn viele Physiker schreiben die Entdeckung der Kernspaltung Lise Meitner zusammen mit Otto Hahn und Friedrich Straßmann zu. Die Auswirkung des Zweiten Weltkriegs sowie die Tatsache, daß Lise Meitner als Jüdin ihr Institut verlassen, ihren Lehrstuhl aufgeben und aus Deutschland fliehen mußte, haben sicher eine Rolle dabei gespielt, daß ihr die Anerkennung versagt blieb.

*Maria Goeppert-Mayer*
Am 3. November 1963 gab die örtliche Zeitung von La Jolla in Kalifornien bekannt, daß eine Mitbürgerin den Nobelpreis erhalten sollte [20]. An jenem Morgen, früh um 5 Uhr, läutete bei der Familie Mayer das Telefon; Joe Mayer nahm den Telefonhörer ab und reichte ihn an Maria weiter. Am Apparat war ein Vertreter des Nobel-Komitees. Er teilte mit, sie erhalte zusammen mit Hans Jensen eine Hälfte des Nobelpreises für die Entwicklung des Schalenmodells für den Atomkern, und die andere Hälfte ginge an Eugene Wigner. Kurz nachdem sie erstmals eine Professorenstelle erhalten hatte, wurde ihr nun auch noch die höchste Auszeichnung zuteil, die sich ein Physiker denken kann. Mit dem Schalenmodell des Atomkerns können bis heute viele Eigenschaften der Kernstruktur beschrieben werden, und es ist aus der Kernphysik nicht mehr wegzudenken.

## 4 Maßnahmen

### 4.1 Organisationen und Frauen in der Physik

Trotz der seit rund zehn Jahren steigenden Karrierechancen für Frauen in den Naturwissenschaften sind die Frauen in der Physik immer noch schwächer vertreten als in den anderen Wissenschaftsgebieten. Die berufsständischen und wissenschaftlichen Gesellschaften, die insbesondere Frauen in Wissenschaft und Technik ansprechen, haben entscheidend dazu beigetragen, die Chancen für die Frauen zu verbessern [19]. Das Komitee CSWP (*Comittee on the Status of Women in Physics*) der American Physical Society (APS) ist ein Beispiel für ein Gremium, das – mit bescheidener finanzieller Unterstützung durch die APS – die Akzeptanz von Frauen in der Physik in den USA wesentlich gefördert hat. Dieses Komitee wurde im Jahre 1970 gegründet, also zu einer Zeit, als die Frauenbewegung in den USA ihren Aufschwung erlebte. Seit der Gründung dieses Komitees haben seine Mit-


1993. Ein Leitfaden zum Entwickeln von Mentor-Programmen auf der Basis des AWIS-Mentor-Projekts.
[9] Mildred S. Dresselhaus, Judy R. Franz, Bunny C. Clark: *American Physical Society and American Association of Physics Teachers Report* (1995). *Improving the climate for women in physics departments: A program of site visits*; funded by the NSF.
[10] U.S. National Research Council: *Biennial survey of Doctorates*, 1989.
[11] Jean M. Curtin, Christine J. Cassagnau (American Institute of Physics): *Physics Department Climate Study.*
[12] M.-N. Bussac, C. Hermann, 1998. Bull, SFP (Paris), Nr. 114 (im Druck).
[13] C. Hermann, 1998. *Workshop über Frauen an Universitäten in Europa: Gemeinsame Strategien für eine gleiche Beteiligung.*
[14] Judith Mulvey (AIP) und Prof. Sergio Focardi (Italienische Physikalische Gesellschaft), 1998.
[15] Phillip Jennings, John de Laeter, Graeme Putt. *Australian and New Zealand Physicist* **33**, 292–297 (1996).
[16] Claudia Ambrosch-Draxel, Monika Ritsch-Marte: *Frauen in Wissenschaft und Technik in Österreich*, 1995.
[17] HESA, Higher Education Statistics Agency (1997). Students in Higher Education Institutions, 1995/96. Published by HESA, Cheltenham, 1997.
[18] In: Statistisches Bundesamt: *Prüfungen an Hochschulen*, 1994, 1996. Reihe 4.2, Fachserie 11, Wiesbaden, 1996.
[19] Weitere Informationen erhält man auf verschiedenen »Web«-Seiten, darunter: http://www.aps.org/cswpmiss.html (APS-Komitee CSWP); http://physics.carelton.edu/careers/women.html (Carlton College compilation); http://www.awis.org (As-

sociation for Women in the Sciences, AWIS).
[20] Sharon Bertsch McGrayne, in: *Nobel Prize Women in Science, Their Lives, Struggles and Momentous Discoveries.* Birch Lane Press, Carol Publishing Group, 1993.
[21] Die von Prof. Nina Byers, University of California, Los Angeles, erstellte »Web«-Seite (html://www.physics.ucla.edu/cwp) bietet Abbildungen, Biographien und Literaturhinweise für 48 berühmte Physikerinnen.
[22] Elisabeth Crawford, Ruth Lewin Sime, Mark Walker: *A Nobel Tale of Postwar Injustice. Physics Today*, September 1997, S. 26.
[23] Mehr über Lise Meitners Leben und Werk findet man in der ausgezeichneten Biographie von Ruth Lewin Sime: *Lise Meitner: A Life in Physics.* University of California Press, Los Angeles 1996.
[24] Um sich bei WIPHYS einzuschreiben, sende man eine E-Mail an majordomo@APS.ORG. Die Betreff-Zeile soll leer sein, und der Text soll lauten: *subscribe-wiphys.*
[25] Es wurden die Physikfakultäten von 17 Universitäten besucht.
[26] Ein Bericht über das AWIS-Visitations-programm. Informationen von Kitty Didion.
[27] Eine moderierte E-Mail-Diskussionsgruppe über Themen rund um Frauen in der Physik wurde im Zusammenhang mit dem Visitationsprogramm eingerichtet. Zum Einschreiben sende man eine E-Mail an: clim-fys@physics.wm.edu.
[28] Judy Franz: *Structural Issues.* Vortrag auf der Konferenz *Choices and Successes, Women in Science and Engineering,* veranstaltet von der New Your Academy of Sciences, 12.–13. März 1998, New York City.

glieder zahlreiche verschiedene Aktionen gestartet, darunter die Kinderbetreuung bei den APS-Tagungen, die Herausgabe der Zeitschrift *Gazette*, die Veröffentlichung einer Seminar- und Kolloquiumsbroschüre mit Beiträgen von Frauen, das Sponsoring bestimmter Programme bei den APS-Tagungen sowie die Gründung des *Women in Physics Network* (WIPHYS) [24]. Außerdem werden junge Physikerinnen beraten, und es wird allgemein darauf hingearbeitet, das Bewußtsein ihrer männlichen Kollegen hinsichtlich der besonderen Herausforderungen der Frauen in der Physik zu schärfen. Eines der Programme des CSWP, das eine deutliche Wirkung hervorrief, war eine Studie über die »Verbesserung der Atmosphäre für Frauen in Physikfakultäten«. Sie wurde gefördert von der APS und von der National Science Foundation (NSF) und sollte Möglichkeiten erschließen, Frauen zu fördern, die bereits in der Physik tätig sind [9]. Dieses Programm bestand vor allem aus Visiten bei den Universitäten, an denen Physiker ausgebildet werden und ihre ersten Berufserfahrungen machen und an denen auch erfahrene Physiker tätig sind [25].

Das Projekt machte deutlich, daß in vielen US-amerikanischen Physikfakultäten das Klima derzeit so beschaffen ist, daß Frauen ihre Möglichkeiten für eine Karriere in der Physik kaum nutzen können. Das Projekt identifizierte die Faktoren, die eine ungünstige Atmosphäre schaffen, und es schlug Abhilfe vor. Weil klar wurde, daß eine für Frauen in der Physik verbesserte Atmosphäre fast überall allen Beteiligten zugute käme, würden also sämtliche Mitglieder der Fakultät davon profitieren. Die jeweils ein halbes Jahr nach der Visite gelieferten Berichte der Fakultätsleitungen zeigten, daß sich die Atmosphäre für die Physikerinnen verbessert hatte, wie auch die Einstellungssituation an den Fakultäten.

Jüngst ermöglichte eine Befragung der Physikfakultäten durch die NSF-APS-Besuchsteams einen Überblick über die Fortschritte, die in den letzten fünf Jahren in diesen Fakultäten erzielt werden konnten [28]. Bisher haben dreizehn der siebzehn Fakultäten die Umfrage beantwortet. Vielleicht der wichtigste Fortschritt ergab sich bei den Anstellungen von Frauen im Lehrkörper. Zwei der Fakultäten stellten je drei Frauen ein, zwei weitere je zwei, und sechs je eine, darunter eine Fakultät, die erstmals eine Frau einstellte. Die Aktion wird sicherlich das Klima für Frauen in diesen Fakultäten verbessern. Mehrere andere Fakultäten versuchten jedoch erfolglos, Frauen einzustellen. In mehreren Fällen wurden die Usancen der Fakultät geändert, um den Druck auf die Studenten zu mindern. Viele Fakultäten änderten ihre Qualifikationsprüfungen, und eine Fakultät strukturierte die Lehraufträge um. In einem Fall wurde einem Fakultätsmitglied, das sich sexueller Übergriffe schuldig gemacht hatte, professionelle Hilfe zugewiesen, und in einem anderen Fall organisierte die Verwaltung eine Ausbildung zum Vermeiden herablassender Behandlung der Studentinnen durch ihre Kommilitonen. An der betreffenden Universität veranlaßte der Präsident eine entsprechende Revision in allen Fakultäten. In mehreren Fällen wurde von einem verbesserten Gemeinschaftssinn unter den Frauen in den Fakultäten berichtet. Hier ist ein Fall besonders bemerkenswert. Ein weibliches Fakultätsmitglied wurde zur Fürsprecherin der Studentinnen und erreichte deutliche Verbesserungen der Lebensqualität für sie, und dadurch auch für sich selbst. Sie ist inzwischen eine der führenden Wissenschaftlerinnen an der betreffenden Universität.

Als die positiven Ergebnisse dieses Visitationsprogramms durch Veröffentlichungen und Vorträge bekannt wurden, wurden auch andere Organisationen in den USA und in anderen Ländern auf die Möglichkeiten aufmerksam, die Situation der Frauen in der Physik zu verbessern. So hat die Vereinigung für Frauen in der Wissenschaft (*Association for Women in Science*, AWIS) inzwischen ein ergänzendes Visitationsprogramm für andere Fachgebiete an US-Universitäten durchgeführt. Auch dieses erwies sich als eine sehr erfolgreiche Maßnahme [26]. Im »Web« entstand eine recht aktive Diskussionsgruppe [27], die die Wirkung des Visitationsprogramms zu verstärken sucht. Aufgrund der Nachfragen anderer Universitäten nach Visiten hat das CSWP sein Programm erneut gestartet, mit finanzieller Unterstützung durch die American Physical Society.

## 5 Schlußbemerkung

Frauen haben in der Vergangenheit, wie natürlich auch heute noch, Bedeutendes zur Physik beigetragen – viel mehr, als ihrem zahlenmäßigen Anteil enspricht. In den verschiedenen Ländern sehen sich Frauen, die sich der Wissenschaft zuwenden, unterschiedlichen Herausforderungen und Chancen gegenüber. Daher ist es ein ermutigendes Zeichen, daß Maßnahmen zum Verbessern des Klimas für Physikerinnen erfolgreich waren. Es hat sich bereits vieles geändert, aber es sind noch mehr Veränderungen nötig, damit die Welt von den hervorragenden Leistungen der erfolgreichen Physikerinnen profitieren und damit ein Land die Fortschritte nützen kann, die in einem anderen erzielt wurden. Die Herausforderung ist klar, der Nutzen wird großartig sein, und die Wissenschaft wird profitieren, wenn die Frauen in der Physik endlich integriert werden.

**Fraunhofer,** *Joseph* von, deutscher Physiker und Glastechniker, *6.3.1787 Straubing, †7.6. 1826 München; hervorragender Glasschmelzer und Optiker; ab 1806 Mitarbeiter in der mechanisch-optischen Werkstätte von G.F. von ↗*Reichenbach*, J. Liebherr und J. von Utzschneider in München, in der geodätische und astronomische Instrumente gefertigt wurden, ab 1809 Teilhaber der Werkstätte und ab 1813 Leiter der optischen Abteilung, die sich 1807–19 in Benediktbeuern befand; ab 1819 Professor in München, seit 1823 Konservator des Physikalischen Kabinetts der Bayerischen Akademie; führte um 1817 Untersuchungen zur Beugung paralleler Lichtstrahlen (*Fraunhofersche Beugung*) durch; Erfinder des Beugungsgitters (300 Striche pro mm) zur absoluten Messung von Lichtwellenlängen und Entdecker (1814, unabhängig von W.H. ↗*Wollaston*) der nach ihm benannten ↗*Fraunhofer-Linien*, dunkler Absorptionslinien im Sonnenspektrum, die er mit einzelnen Buchstaben bezeichnete; diese Absorptionslinien wurden später auch bei den irdischen Substanzen gefunden und dienen zur Unterscheidung und Identifizierung der Stoffe; bis 1814 bestimmte er mit Beugungsgittern die Wellenlängen von etwa 1 500 Absorptionslinien und benutzte sie zur Definition monochromatischer Strahlung sowie zur Messung von Brechzahlen; erfand ferner die deutsche Montierung und stellte auf der Grundlage von ihm eingeführter neuer Schleif-, Berechnungs- und Prüfmethoden hervorragende achromatische Linsen her, die als Refraktorobjektive (z.B. im 24-cm-Dorpat-Refraktor oder im Königsberger 15,8-cm-Heliometer, mit dem F.W. ↗*Bessel* seine erste Sternparallaxenbestimmung machte) berühmt wurden. Nach ihm ist die 1949 gegründete *Fraunhofer-Gesellschaft zur Förderung der angewandten Forschung e.V.* mit Sitz in München benannt, die in (1998) 47 (Haupt-)Instituten in Deutschland im wesentlichen anwendungsorientierte Forschung auf natur- und ingenieurwissenschaftlichem Gebiet betreibt.

**Fraunhofer**, *Joseph* von

**Fraunhofersche Beugung,** *Beugung im parallelen Licht*, Spezialfall der ↗*Beugung*, bei der die Wellenstrahlen vor und nach der Beugung parallel oder quasi-parallel verlaufen. In optischen Apparaten wird der Strahlengang durch Linsen parallelisiert; damit werden in der Bildebene des Objektivs Fraunhofersche Beugungseffekte beobachtet. Defokussiert ergibt sich das Bild durch ↗*Fresnelsche Beugung*. Die Intensitätsverteilung hinter einer Blende kann mit Hilfe der *Kirchhoffschen Formel* beschrieben werden, die gleichermaßen für Fresnelsche Beugung und Fraunhofersche Beugung gilt. (Beugung am einfachen ↗Spalt)

**Fraunhofer-Gesellschaft,** *FhG*, gemeinnütziger Verein zur Förderung der angewandten Forschung, der 1949 gegründet wurde und heute (1998) 47 Forschungseinrichtungen an 40 Standorten in Deutschland unterhält, in denen rund 9000 Mitarbeiter – überwiegend Wissenschaftler und Ingenieure – beschäftigt sind. Sitz der Gesellschaft ist München. Zu den Mitgliedern zählen namhafte Unternehmen und private Förderer, die die Entwicklung der FhG bedarfsorientiert mitgestalten. Ihren Namen verdankt die FhG dem Physiker, Erfinder und Unternehmer J. v. ↗*Fraunhofer*. Die Gesamtaufwendungen der FhG betrugen 1997 rund 1,3 Milliarden DM. Davon erwirtschaftete die FhG rund zwei Drittel aus Aufträgen der Industrie und öffentlich finanzierten Forschungsprojekten. Mehr als 50 % der Industrieeinnahmen stammen von kleinen und mittleren Unternehmen. Die Forschungsgebiete der FhG sind: Werkstofftechnik, Bauteilverhalten, Produktionstechnik, Fertigungstechnologie, Informations- und Kommunikationstechnik, Mikroelektronik, Mikrosystemtechnik, Sensorsysteme, Prüftechnik, Verfahrenstechnik, Energie- und Bautechnik, Umwelt- und Gesundheitsforschung, technisch-ökonomische Studien, Informationsvermittlung. Die FhG entwickelt Produkte und Verfahren bis zur Anwendungsreife, wobei in direktem Kontakt mit dem Auftraggeber individuelle Lösungen erarbeitet werden. (↗Normeninstitute, Behörden und andere übergeordnete Forschungseinrichtungen).

**Fraunhofersche Linien,** starke, dunkle Absorptionslinien im Sonnenspektrum. Sie entstehen durch Absorption des von der *Photosphäre* ausgesandten Lichtes in der unteren *Chromosphäre*, die etwa 1000K kühler ist. J. von ↗*Fraunhofer* katalogisierte ab 1815 etwa 500 Spektrallinien, wobei er die Linien zunächst mit Buchstaben kennzeichnete. Die markantesten Linien werden auch heute noch so bezeichnet, wie etwa die D-Linien des Na-Dubletts oder die H- und K-Linien des Calciums, wobei letztere als Linien, die auch im interstellaren Medium erzeugt werden, für die ↗*Astrospektroskopie* von besonderer Bedeutung sind. Die Fraunhoferschen Linien zeigen eine durch die Sonnenrotation hervorgerufene Doppler-Verschiebung. Die Bezeichnung Fraunhofer-Linien wird heute meist auf diese klassischen Linien eingeschränkt, während man bei den über 25 000 bekannten Spektrallinien der Sonne vom Sonnenspektrum spricht.

**Fraunhofersche Linien:** Wichtige Fraunhofersche Linien

| Bezeichnung | Element | Wellenlänge [nm] |
|---|---|---|
| C (= $H_a$) | Wasserstoff | 656,28 |
| $D_1$ | Natrium | 589,59 |
| $D_2$ | Natrium | 589,00 |
| $E_1$ | Calcium, Eisen | 527,03 |
| $E_2$ | Eisen | 256,95 |
| $b_1$ | Magnesium | 518,36 |
| $b_2$ | Magnesium | 517,27 |
| F (= $H_b$) | Wasserstoff | 486,13 |
| G | Calcium, Eisen | 430,78 |
| g | Calcium | 422,67 |
| H | Calcium | 396,85 |
| K | Calcium | 393,37 |

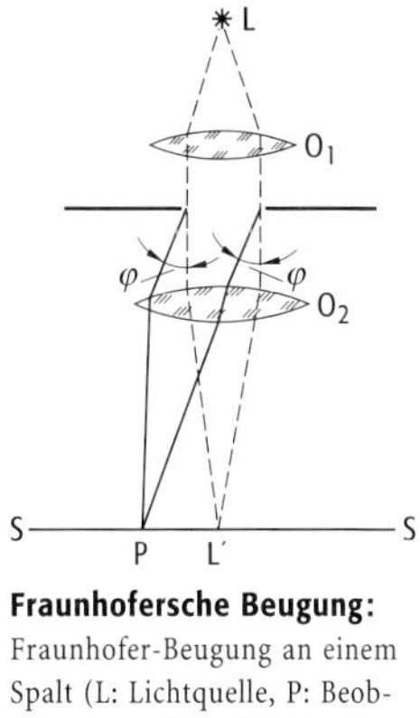


**Fraunhofersche Beugung:** Fraunhofer-Beugung an einem Spalt (L: Lichtquelle, P: Beobachtungspunkt auf Schirm S, gestrichelt: geometrischer Strahlengang, durchgezogen: Strahlengang mit Beugung, $O_{1,2}$: Linsen)

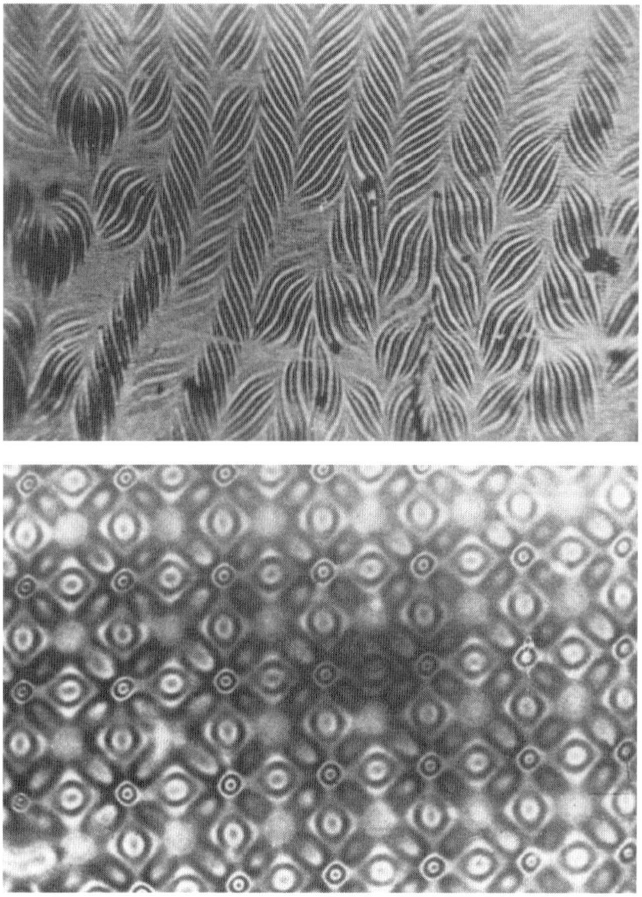

a

b

**Fredericks-Effekt 1:** Ordnungsphänomene in diamagnetischen kristallinen Flüssigkeiten als Folge konkurrierender äußerer und innerer Kräfte. Die Aufnahmen entstanden mit polarisiertem Licht.

**Fredericks-Effekt,** Entstehung makroskopischer Ordnungsstrukturen in einem zwischen zwei Grenzflächen eingeschlossenen ↗*Flüssigkristall* bei Anlegen eines äußeren (elektrischen oder magnetischen) Feldes. Der Fredericks-Effekt ist auf die konkurrierenden Effekte der parallelen Orientierung der Flüssigkeitskristallmoleküle entlang der Grenzfläche und der senkrecht dazu wirkenden äußeren Kraft zurückzuführen. Zwei solcher Strukturen sind in Abb. 1 dargestellt. Diese lokale Verzerrung der elektrischen oder magnetischen Momente entsteht erst, wenn die Stärke des äußeren Feldes eine materialabhängige kritische Feldstärke überschreitet. Dieses kritische Feld ist – bei geeignet gewählter Geometrie der Anordnung – eine Funktion der elastischen Konstanten. Dieser Übergang wird Fredericks-Übergang genannt (Abb. 2). Der Fredericks-Übergang kann mit Hilfe von Polarisationsfiltern sichtbar gemacht werden und so zur experimentellen Bestimmung der elastischen Konstanten von Flüssigkristallen herangezogen werden (↗*Orientierungsdeformation*).

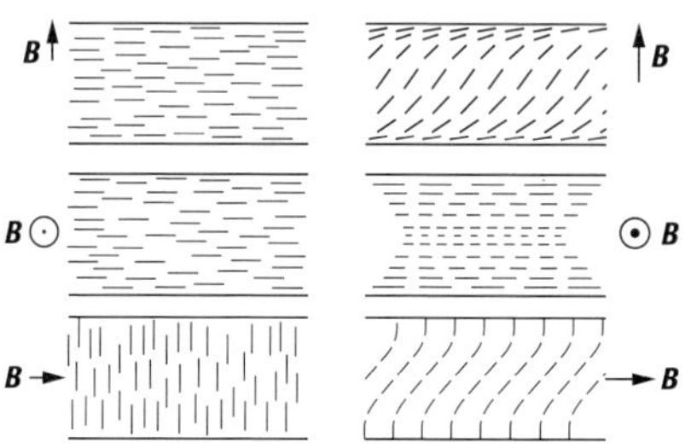


**Fredericks-Effekt 2:** Entstehung makroskopischer Strukturen in einer nematischen Flüssigkeit bei Anlegen eines äußeren magnetischen Feldes oberhalb einer kritischen Feldstärke $B_{cr}$ (ca. 0,1–0,5 Tesla). Die Pfeile zeigen die Richtung des Magnetfeldes $B$.

**Fredholmsche Alternative,** von E.I. *Fredholm* aufgestellter Satz über die *lineare Fredholmsche Integralgleichung* der zweiten Art. Er sagt aus, daß *entweder* die Gleichung

$$\phi(x) - \lambda \int_a^b K(x,s)\phi(s)\mathrm{d}s = f(x), \ \ x \in [a,b] \quad (1)$$

und ihre Konjugierte,

$$\psi(x) - \bar{\lambda} \int_a^b \bar{K}(s,x)\psi(s)\mathrm{d}s = g(x), \quad x \in [a,b],$$

eindeutige Lösungen $\phi$ und $\psi$ haben (für gegebene Funktionen $g$ und $f$) *oder* die zugehörigen homogenen Gleichungen

$$\phi(x) - \lambda \int_a^b K(x,s)\phi(s)\mathrm{d}s = 0$$

$$\psi(x) - \bar{\lambda} \int_a^b \bar{K}(s,x)\psi(s)\mathrm{d}s = 0$$

nichttriviale Lösungen haben. In diesem Fall hat Gleichung (1) nur dann eine Lösung, wenn

$$\int_a^b f(x)\bar{\psi}_k(x)\mathrm{d}x = 0, \quad k = 1, \ldots, n,$$

wobei die $\psi_1,\ldots, \psi_n$ ein vollständiges System linear unabhängiger Lösungen der homogenen Gleichung bilden. Die wesentlichen Ergebnisse über Fredholmsche Integralgleichungen lassen sich auf lineare Operatoren $T$ in einem *Banach-Raum* $E$ übertragen, so auch die Fredholmsche Alternative, die in diesem Zusammenhang besagt, daß entweder die Gleichungen $T(x) = y$ $(x, y \in E)$ und $T^*(g) = f$ $(g, f \in E^*)$ eine eindeutige Lösung haben ($T^*$ ist der zu $T$ duale Operator, $E^*$ der zu *E duale Raum*), oder die homogenen Gleichungen $T(x) = 0$ $(x \in E)$ und $T^*(g) = 0f$ $(g \in E^*)$ haben die gleiche Anzahl linear unabhängiger Lösungen $x_1,\ldots x_n$ und $g_1,\ldots g_n$. In diesem Fall haben die Gleichungen nur Lösungen, wenn $g_k(y) = 0$, $k = 1,\ldots,n$ bzw. $f(x_k) = 0$, $k = 1,\ldots,n$.

**Freeman-Ionenquelle,** eine zu Beginn der 60er Jahre von J.H. Freeman ursprünglich für Anwendungen im Bereich der elektromagnetischen Isotopentrennung entwickelte ↗*Ionenquelle*. Sie fand später insbesondere im Bereich der Ionenimplantation für die Mikrochipherstellung große industrielle Anwendung. Freeman-Ionenquellen können für die Erzeugung von ↗*Ionenstrahlen* sowohl aus Gasen als auch aus Feststoffen eingesetzt werden. Ein wenige Millimeter dicker Heizstab liefert freie Elektronen, die in einem parallel zu dem Heizstab orientierten Magnetfeld in Richtung Anode beschleunigt werden. Durch ↗*Elektro-*

*nenstoßionisation* wird ein Plasma erzeugt, aus dem mit Hilfe eines schlitzförmigen ↗*Extraktionssystems* ein Rechteckstrahl extrahiert wird. Freeman-Ionenquellen zeichnen sich i.a. durch einen äußerst rauscharmen Ionenstrahl aus.

**Freiballon,** freifliegender, in seiner Flugrichtung nur von den Luftströmungen beeinflußter ↗Ballon.

**freie Achsen,** diejenigen Achsen, um die sich ein ↗*Kreisel* frei bewegen kann. Jeder Kreisel hat mindestens eine freie Achse, nämlich seine Drehachse. Durch eine ↗*kardanische Aufhängung* kann man erreichen, daß sich diese frei bewegen kann.

Schränkt man die Bewegungsfreiheit eines Kreisels ein, z.B. durch Federn oder bei kardanischer Aufhängung durch Festhalten eines Kardanrahmens, so spricht man von ↗*Fesselung*.

**Freie-Elektronen-Laser,** *FEL*, ↗*Laser* mit großer Durchstimmbarkeit, hoher Leistung, hohem Wirkungsgrad und sehr kurzen Pulsen, die auf der Wechselwirkung eines Elektronenstrahls als Lasermedium in einem periodisch alternierenden Magnetfeld mit einem Photonenpuls beruhen. Zur Zeit (1998) gibt es weltweit 31 FELs, die das Wellenlängenspektrum von 280 nm im Ultravioletten bis zu einigen mm im Mikrowellenbereich abdecken.

Der FEL besteht aus einem in einem Ring umlaufenden, hochrelativistischen Elektronenstrahl, der von einem ↗*Elektronenbeschleuniger* geliefert wird, einer periodischen Anordnung alternierend gepolter Magnete, einem sog. ↗*Undulator*, und der durch zwei Spiegel begrenzten *optischen Kavität* (Resonator).

Aufgrund der Wechselwirkung der Elektronen mit dem Undulatorfeld oszillieren die Elektronen in transversaler Richtung, und als beschleunigte Ladung emittieren sie Strahlung. Ähnlich wie bei der Synchrotronstrahlung wird diese sogenannte spontane Strahlung bei hochrelativistischen Elektronen in einen sehr kleinen Vorwärtskegel mit dem Öffnungswinkel $\sim 1/\gamma$ emittiert. Die spontane Strahlung ist um die Wellenlänge $\lambda = \frac{\lambda_U}{2\gamma^2}(1+K^2)$ zentriert mit $K = \frac{e\lambda_U B}{2\pi m_e c}$ und $\lambda_U$ die Periodenlänge des Undulators, $B$ die Magnetfeldstärke, $\gamma$ die Energie des Elektronenstrahls in Einheiten von $m_e c^2$, $m_e$ die Elektronenmasse und $c$ die Lichtgeschwindigkeit. Für Undulatoren gilt $K \sim 1$, für $K \gg 1$ ↗*Wiggler*. Im Gegensatz zur Synchrotronstrahlung ist die spontane Strahlung sehr schmalbandig: Jedes Elektron emittiert bei $N$ Undulatorperioden einen Wellenzug mit $N$ Perioden, woraus die relative spektrale Bandbreite zu $\Delta\omega/\omega = 1/N$ folgt.

Die Wellenlänge der spontanen Strahlung läßt sich mit der Energie des Elektronenstrahls und der Magnetfeldstärke variieren. Zum FEL wird die Strahlungsquelle durch Einbau in eine optische Kavität, so daß die spontane Strahlung mit den nachfolgenden Elektronenbündeln wechselwirkt. Die Laserverstärkung wächst mit der dritten Potenz der Wechselwirkungszone, d.h. der Undulatorlänge, und hängt linear vom Elektronenstrom ab.

**freie Energie,** $F$, thermodynamische Zustandsfunktion bzw. thermodynamisches Potential $F = F(T, V)$, für das $F = U - TS$ gilt. Hierbei sind $U$ die innere Energie, $T$ die absolute Temperatur und $S$ die Entropie. Das Produkt $TS$ wird gebundene Energie genannt. Das totale Differential der freien Energie hat in den natürlichen Variablen $V$ und $T$ die Form $\mathrm{d}F = -S\mathrm{d}T - p\mathrm{d}V$. So folgt bei einer isothermen Zustandsänderung ($\mathrm{d}T = 0$) für die geleistete Arbeit $W = \int_1^2 p\,\mathrm{d}V \leq F_1 - F_2$.

Bei einem isothermen Prozeß leistet das System auf Kosten von $F$ Arbeit, und nicht wie beim adiabatischen Prozeß auf Kosten der inneren Energie. Aus diesem Grunde wird diese Energie als »frei« bezeichnet.

Aus $\partial^2 F/(\partial V \partial T) = \partial^2 F/(\partial T \partial V)$ resultiert die thermodynamische Relation $(\partial S/\partial V)_T = (\partial p/\partial T)_V$. Ein isotherm-isochores System strebt stets einem Minimum der freien Energie zu.

Aus der freien Energie läßt sich die spezifische Wärme bei konstantem Volumen $C_V = -T\left(\frac{\partial^2 F}{\partial T^2}\right)_V$ und die Kompressibilität $\beta$ bzw. das isotherme Elastizitätsmodul ($\varepsilon_T = 1/\beta$) aus $\beta = \frac{1}{V_0\left(\frac{\partial^2 F}{\partial T^2}\right)_V}$ berechnen.

**freie Enthalpie,** $G$, *Gibbssches Potential*, *Gibbssche Funktion*, thermodynamische Zustandsfunktion bzw. thermodynamisches Potential $G = G(T, p)$. Für die freie Enthalpie gilt:

$$G = U + pV - TS = H - TS.$$

$U$ ist die innere Energie, $p$ der Druck, $V$ das Volumen, $T$ die absolute Temperatur, $S$ die Entropie und $H$ die Enthalpie.

Die freie Enthalpie ist der Anteil der ↗*Enthalpie*, der bei reversibler isobarer Führung eines in einem thermodynamischen System ablaufenden Prozesses in jede beliebige Energieform umwandelbar ist. Das totale Differential hat in den natürlichen Variablen $p$ und $T$ die Form $\mathrm{d}G = -S\mathrm{d}T + V\mathrm{d}p$. Aus $\partial^2 G/(\partial p \partial T) = \partial^2 G/(\partial T \partial p)$ folgt die Beziehung $(\partial S/\partial p)_T = -(\partial V/\partial T)_p$.

Ein isotherm-isobares System strebt einem Minimum der freien Enthalpie zu.

Aus der freien Enthalpie läßt sich sowohl die spezifische Wärme bei konstantem Druck $C_p$ aus $C_p = -T\left(\frac{\partial^2 G}{\partial T^2}\right)_p$ als auch die Kompressibilität $\beta$ aus $\beta = -\frac{1}{V_0}\left(\frac{\partial^2 G}{\partial p^2}\right)_T$ berechnen.

**freie Expansion,** Expansion eines thermodynamischen Systems, z.B. eines Gases, bei verschwindendem äußeren Druck. Bei der freien

Expansion fehlt die Gegenkraft. Es wird somit keine Arbeit geleistet.

**freie Ladungen** ↗Ladungsträger.

**freier Arbeitsabstand** eines Objektivs, ↗Arbeitsabstand.

**freier Fall,** historisch bedeutsamer Spezialfall der ↗*gleichmäßig beschleunigten Bewegung*, bei der sich ein Massenpunkt – oder allgemeiner ein Körper – unter dem Einfluß der als konstant angenommen ↗*Erdbeschleunigung* unter Vernachlässigung der Luftreibung bewegt. G. ↗*Galilei* kam um 1609 aufgrund theoretischer Überlegungen zu dem Ergebnis, daß unter diesen Bedingungen alle Körper gleich schnell fallen, und er fand auch die ↗*Fallgesetze*, die den freien Fall quantitativ beschreiben; die Veröffentlichung erfolgte 1639 in den »*Discorsi*«. Die in diesem Werk enthaltene Untersuchung des bewegten Körpers bildet die Grundlage der neuzeitlichen Mechanik.

**freier Induktionszerfall,** *FID*, *free induction decay*, Abbau der nach einem Anregunspuls in der ↗*magnetischen Resonanz* detektierbaren Magnetisierung; dies kann durch unterschiedliche Präzessionsphasen (reversibel) oder durch ↗*Spin-Spin-Relaxation* (irreversibel) oder auch durch Energieaustausch mit dem Gitter (↗*Spin-Gitter-Relaxation*) erfolgen. Die charakteristischen *Relaxationszeiten* sowie die Linienform des durch eine ↗*Fourier-Transformation* gewonnenen ↗*Spektrums* erlauben Rückschlüsse auf lokale physikalische Wechselwirkungen sowie lokale Strukturen (ca. 5 Å Umkreis). (↗Kernspinresonanz-Tomographie, ↗Pulssequenzen)

**freier Spektralbereich,** *free spectral range*, *FSR*, in der Spektroskopie und Interferometrie der Wellenlängenbereich, in dem kein Überlapp mit benachbarten Beugungsordnungen besteht. Beim ↗*Etalon*, beim ↗*Gitter* und bei ↗*doppelbrechenden Filtern* ist der freie Spektralbereich gleich dem Abstand zweier benachbarter Ordnungen.

**freie Teilchen,** Teilchen, die keiner Krafteinwirkung unterliegen, deren Hamilton-Operator sich demnach auf den Operator der kinetischen Energie $H = \frac{p^2}{2m}$ reduziert. Die zugehörige Wellenfunktion ist eine ebene Welle, deren Normalenvektor die Bewegungsrichtung des Teilchens angibt. Freie Teilchen können auch durch Wellenpakete beschrieben werden, die im allgemeinen nicht auseinanderlaufen. Im Fall schwach wechselwirkender Teilchen genügt oft die Berücksichtigung einer Störung erster Ordnung in der Näherung freier Teilchen, um zu Ergebnissen zu kommen, die gut mit dem Experiment übereinstimmen. In der Halbleiterphysik wird so z.B. die schwache Wechselwirkung des Teilchens mit der Umgebung berücksichtigt, indem man den als frei betrachteten Teilchen eine effektive Masse zuschreibt, die sich von der physikalischen Masse unterscheidet.

**freie Weglänge** ↗mittlere freie Weglänge.

**Freifeldverfahren,** in der ↗*technischen Akustik* eine Methode zur Messung der von einer Schallquelle abgestrahlten ↗*Schalleistung P*. Diese tritt durch jede die Schallquelle einhüllende nicht reflektierende Fläche hindurch und ergibt sich aus der Integration der ↗*Schallintensität J* über die gesamte durchstrahlte Fläche:

$$P = \oint J \mathrm{d}S = \oint \tilde{p}\tilde{v} \mathrm{d}S \quad (p \nearrow \textit{Schalldruck}).$$

Die Meßfläche $S$ muß im Fernfeld der Schallquelle liegen und so geformt sein, daß die ↗*Schallschnelle* $v$ und die Normale auf $\mathrm{d}S$ die gleiche Richtung haben. Das diffuse Feld des Raumes darf die Meßwerte nicht verfälschen. Bei ausreichendem Abstand wird die Richtungsforderung durch eine kugel- bzw. halbkugelförmige Hüllfläche erfüllt, je nachdem, ob eine reflektierende Grundfläche vorhanden ist oder nicht. Im Idealfall gilt dann für den *Schalleistungspegel* $L_P$

$$L_P = L_m + 10 \lg \frac{S}{S_0} \text{ dB}$$

$L_m$ ist der zeitlich und räumlich gebildete Mittelwert des ↗*Schalldruckpegels* auf der Meßfläche $S$, $S_0 = 1\,\mathrm{m}^2$.

**Freiflugbahn,** Bahn eines Raumflugkörpers, auf der sich dieser ohne Einwirkung jeglicher Antriebskräfte frei bewegt. Die Freiflugbahn einer Raumsonde oder eines Satelliten beginnt jeweils nach ↗*Brennschluß* seines Trägersystems und wird in ihrem weiteren Verlauf dann nur noch durch die Gravitation der Himmelskörper bestimmt. Die Freiflugbahn kann aber auch durch weitere Antriebsmanöver (z.B. *Bahnkorrekturmanöver*) unterbrochen sein. So setzte sich der Flug zum Mond aus mehreren Antriebs- und Freiflugphasen zusammen.

**Freigrenze für radioaktive Stoffe,** entsprechend der gültigen *Strahlenschutzverordnung* festgelegte Aktivitätswerte, bis zu denen im beruflichen Bereich der Umgang mit Radionukliden genehmigungs- und anzeigefrei ist. Die Freigrenzen richten sich stark nach der Radiotoxidität der Isotope (Tabelle). Eine sehr hohe Radiotoxizität besitzt $^{226}$Ra, da es ein langlebiger α-Strahler ist ($t_{1/2} = 1600\,\mathrm{a}$), sich in den Knochen ablagert und – verglichen mit der Lebensdauer des Menschen – relativ langsam wieder ausgeschieden wird. Dagegen hat $^{137}$Cs eine ↗*biologische Halbwertszeit* von nur 70 Tagen.

**Freigrenzen für radioaktive Stoffe**

| Radiotoxidität | Radionuklide | Freigrenzen [Bq] |
|---|---|---|
| sehr hoch | $^{226}$Ra, $^{239}$Pu | $5 \cdot 10^3$ |
| hoch | $^{131}$Ir, $^{134}$Cs | $5 \cdot 10^4$ |
| mittel | $^{137}$Cs, $^{140}$Ba | $5 \cdot 10^5$ |
| niedrig | Nat. U, $^{99m}$Tc | $5 \cdot 10^6$ |

**Freiheitsgrad,** im engen mechanischen Sinne jede Bewegungsmöglichkeit eines Körpers oder materiellen Systems, die in der Kinematik dieses Systems durch eine unabhängige (verallgemeinerte) Koordinate dargestellt wird; im weiteren Sinne jeder unabhängige veränderliche innere oder äußere Parameter eines Systems. Die Freiheitsgrade sind nicht eindeutig, sondern können frei gewählt werden; dadurch jedoch, daß sie voneinander unabhängig sein müssen, gleichzeitig aber die Lage des Systems eindeutig festlegen müssen, ist ihre Anzahl eindeutig fixiert.

**1)** *Mechanik*: Ein Massenpunkt, der im Raum frei beweglich ist, hat drei Freiheitsgrade, die den drei möglichen Translationsrichtungen im Raum entsprechen (*Translationsfreiheitsgrad*). Betrachtet man ein System aus $N$ frei beweglichen Massenpunkten, so hat dieses $3N$ Freiheitsgrade. Die Anzahl der Freiheitsgrade kann durch Einschränkung der *Bewegungsfreiheit* verringert werden. So ist beispielsweise für einen Massenpunkt, der sich nur auf einer vorgegebenen Kurve im Raum bewegen kann, die Anzahl der Freiheitsgrade gleich eins, da er auf jedem Punkt seiner Bahn nur eine mögliche Bewegungsrichtung besitzt. Weiterhin gibt es für $N$ Massenpunkte, die fest miteinander verbunden sind, d.h. deren Abstände zueinander unveränderlich sind, $\binom{N}{2} = \frac{N(N-1)}{2}$ einschränkende Bedingungen der Form $|\boldsymbol{r}_i - \boldsymbol{r}_j| = const$, wobei $i, j = 1, 2, ..., N$ und wobei $\boldsymbol{r}$ dem Ortsvektor eines Massenpunktes des Systems entspricht. Von diesen Bedingungen sind allerdings nur $(3\,N-2)\cdot 3$ voneinander unabhängig, so daß von den $3N$ Freiheitsgraden, unabhängig von $N$, immer nur sechs übrig bleiben. Ein starrer Körper ($N = \infty$), der dem beschriebenen Beispiel entspricht, besitzt also ebenfalls sechs mechanische Freiheitsgrade, drei der Translation und drei der Rotation. Wird ein Punkt des starren Körpers festgehalten, so entfallen die drei Translationsfreiheitsgrade. Sind die $N$ Massenpunkte des physikalischen Systems zwar miteinander verbunden, können sich aber noch gegeneinander bewegen, wie z.B. in einem schwingungsfähigen Molekül, so sind auch noch *Schwingungsfreiheitsgrade* zu berücksichtigen. Ein deformierbares Medium (z.B. biegsamer Stab, Wassertropfen) besitzt eine unendliche Anzahl von Freiheitsgraden.

**2)** *Thermodynamik*: ↗thermodynamische Freiheitsgrade, ↗Einfrieren von Freiheitsgraden, ↗Gleichverteilungssatz.

**Freiluftschwere,** Korrekturterm bei gravimetrischen Messungen, mit dem der Höhenunterschied zu einer Referenzhöhe ausgeglichen wird:

$$G(R_E + h) = g_E/(1 + h/R_E)^2$$

$g_E =$ ↗Erdbschleunigung bei $R_E$, $H =$ Höhe über der Referenzkugel.

**Freistrahlgeräusch,** ↗*Schall*, der aus den Wirbeln einer in ein ruhendes ↗*Medium* (Gas, Flüsigkeit) eintretenden turbulenten Strömung des gleichen Mediums entsteht. Das Freistrahlgeräusch hat eine ausgeprägte ↗*Richtcharakteristik*.

**Fréjus,** von 1984 bis 1988 in den französischen Alpen im Fréjus-Tunnel betriebenes Experiment der Elementarteilchenphysik. Der Detektor bestand aus 900t Eisen als Kalorimeter, die mit Detektoren zur Spurerkennung durchsetzt waren. Zu den Hauptforschungsgebieten gehörte die Suche nach dem Protonzerfall und die Untersuchung atmosphärischer Myonen und Neutrinos.

**Fremdatome,** ↗Gitterfehler, ↗Verunreinigungen in Festkörpern.

**Fremddiffusion** ↗Diffusion.

**Fremdkörpertheorie,** theoretisches Modell für den ↗*Magnetisierungsprozeß* von ↗*ferromagnetischen Substanzen* in einem äußeren Magnetfeld, speziell für die Kräfte, die den *Wandverschiebungen* entgegenwirken. Danach wirken unmagnetische Einschlüsse, sogenannte Fremdkörper, im Volumen der ↗*Bloch-Wände*, als Hindernis für deren Verschiebung durch das äußere Feld. Diese Barriere wird erst bei einer kritischen Feldstärke überwunden. Eine Abschätzung der *Koerzitivkraft* $H_k$ ergibt:

$$H_k \sim \frac{\delta}{d} \cdot \frac{KV^{2/3}}{M_S}$$

Hier sind $\delta$ der Durchmesser der Fremdkörper, $V$ deren Volumenanteil, $d$ die Wanddicke, $K$ die ↗*Anisotropiekonstante* und $M_S$ die ↗*Sättigungsmagnetisierung*.

**Fremdleitung,** ↗Halbleiter, ↗Ionenleitung.

**Fremdmarkierung,** Markierungsverfahren in der Radiopharmazie zur Herstellung radioaktiver Verbindungen für die Diagnose und Therapie menschlicher Erkrankungen. Neben ↗*Austauschmarkierung*, ↗*chemischer Synthese* und ↗*Biosynthese* ist es das am häufigsten verwendete Verfahren. Es kommt zum Einsatz, wenn die Verbindung kein Element enthält, zu dem es ein geeignetes Radioisotop gibt. Ein fremdes Radionuklid oder ein damit markiertes Molekül werden entweder zusätzlich (*Additionsverfahren*) oder als Ersatz für ein Atom bzw. eine Gruppe (*Substitutionverfahren*) in die Verbindung eingebracht. Durch den Einbau des Fremdatoms können Veränderungen der biologischen bzw. chemischen Eigenschaften der Substanz auftreten. Mit diesem Verfahren werden hauptsächlich mit $^{99m}$Tc markierte Präparate und $^{51}$Cr markierte Blutzellen hergestellt.

**Fremdspannungsabstand,** *unbewerteter Störspannungsabstand*, in elektroakustischen Übertragungsanlagen die Pegeldifferenz $\Delta L_{fr}$ zwischen dem ↗*Pegel* der Nennspannung $L_N$ und dem Pegel der von der Anlage selbst im Frequenzbereich von 20Hz bis 20kHz erzeugten *Fremdspannung* $L_{fr}$, den man messen kann, wenn das akustische Signal am Eingang der Anlage null ist:

$$\Delta L_{fr} = L_N - L_{fr}$$

Die Fremdspannung entsteht durch ↗*Rauschen* in den elektronischen Bauelementen und elektromagnetische oder anderweitig schal-

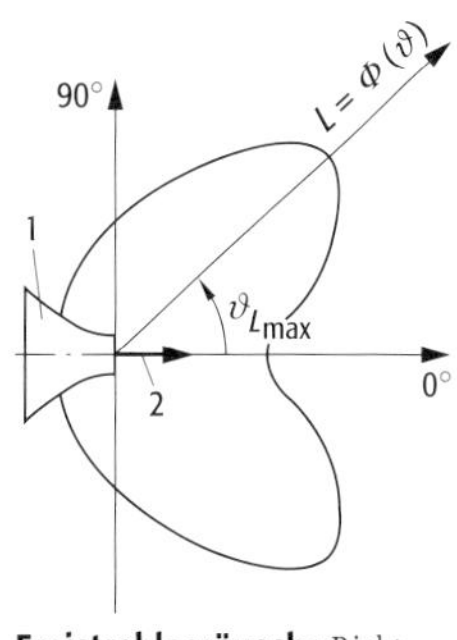


**Freistrahlgeräusch:** Richtcharakteristik des Freistrahlgeräusches, 1 Düse, 2 Strahl.

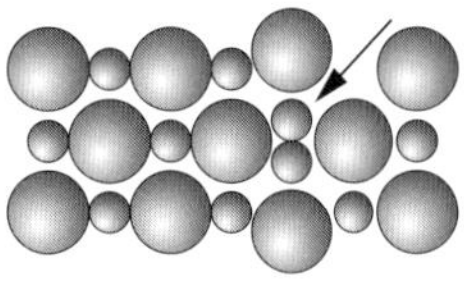

**Frenkel-Defekt:** Leerstellen-Zwischengitteratom-Paar (Pfeil).

**Werke:**

*Lehrbuch der Elektrodynamik.* 2 Bd. (Berlin, 1926–1928, Leningrad/Moskau 1934/35)
*Einführung in die Wellenmechanik* (Berlin, 1929)
*Wave Mechanics* (2 Bände) (Oxford 1932–34, Leningrad 1933, New York 1950)
*Kinetic Theory of Liquids* (Moskau 1945, Oxford 1946)
*Wwedenie w Teoriju Metallow* (*Introduction to the Theory of Metals*) (Leningrad, 1948, 1950)
*Statistical Physics* (Moskau-Leningrad, 1948)
*Sobranie Isbrannych Trudow* (Selected Works) 3 Bände. Moskau-Leningrad 1956–1959

**Sekundärliteratur:**

Viktor J. Frenkel: *Yakov Ilich Frenkel. His Work, Life and Letters.* (Basel: Birkhäuser 1996)
*J.I. Frenkel. Wospominaniia, pisma, dokumenty.* 2. Aufl. (Leningrad: Nauka, 1986)

tungsbedingte *Einstreuungen* fremder Signale in den elektrischen Signalweg. Da aus dem Vorhandensein von Fremdspannung ohne bewertete Messung noch keine Aussage über die Hörbarkeit oder Störwirkung möglich ist, wird bei Angaben zur Übertragungsqualität der ↗*Geräuschspannungsabstand* bzw. der ↗*Störspannungsabstand* verwendet.

**Frenetsche Formeln,** Gleichungen der *Differentialgeometrie*, welche die Ableitungen des Tangentenvektors $\boldsymbol{t}$, des Hauptnormalenvektors $\boldsymbol{h}$ und des Binormalenvektors $\boldsymbol{b}=\boldsymbol{t}\times\boldsymbol{h}$ bezüglich der Bogenlänge $s$ (auch als *natürlicher Parameter* bezeichnet) durch diese Vektoren selbst sowie die *Krümmung* $k_1$ und die *Torsion* $k_2$ der Kurve ausdrücken:

$$\dot{\boldsymbol{t}}(s) = k_1\boldsymbol{h}(s)$$
$$\dot{\boldsymbol{h}}(s) = -\,k_1\boldsymbol{t}(s) - k_2\boldsymbol{b}(s)$$
$$\dot{\boldsymbol{b}}(s) = -\,k_2\boldsymbol{b}(s)$$

Der Punkt steht hier für die Ableitung nach $s$. Die drei Vektoren formen ein orthonormiertes Rechtssystem und bilden das sog. ↗*begleitende Dreibein* einer Kurve im $\mathbb{R}^3$. Die Veränderung dieses Dreibeins beim Durchlaufen der Kurve ist charakteristisch für diese Kurve. Die Krümmung $k_1$ einer Kurve ist definiert als der Betrag der zweiten Ableitung des Kurvenbogens. Die Torsion $k_2$ gibt an, in welchem Maß die Kurve von einem ebenen Verlauf abweicht. Wie der dritten Frenetschen Gleichung zu entnehmen ist, verschwindet die Torsion dann, wenn die Kurve eben, d.h. $\dot{\boldsymbol{b}}=0$ ist.

**Frenkel,** *Jakow Iljitsch*, *10.2.1894 Rostow am Don, †23.1.1952 Leningrad. Sowjetischer theoretischer Physiker, schloß die Universität Petrograd (heute St. Petersburg) 1916 ab, 1918–1921 Universität der Krim, seit 1921 staatliches physikalisch-technisches Institut in Petrograd/Leningrad und Professor am dortigen Polytechnischen Institut, 1930/31 Gastprofessur an der Universität von Minnesota. 1929 wurde er zum korrespondierenden Mitglied der Akademie der Wissenschaften der Sowjetunion gewählt.
Er war einer der Pioniere der Quantentheorie des festen und flüssigen Aggregatzustandes, 1924 erste Quantentheorie der Elektronenleitfähigkeit in Metallen, 1926 Einführung der Löcher im Kristallgitter als Quasiteilchen und Beschreibung der »Frenkel-Defekte« in Kristallen. Schlug 1928 unabhängig von W. ↗*Heisenberg* eine Erklärung des ↗*Ferromagnetismus* auf der Basis von Austauschkräften vor und formulierte die klassische Elektrodynamik als Fernwirkungstheorie neu. 1930 begründete er mit J.G. Dorfman theoretisch, daß Ferromagnetika aus kleinen Domänen gleicher spontaner Magnetisierung bestehen.
1931 führte er die »Exzitations-Quanten« ein und gab ihnen 1936 den Namen ↗*Exzitonen*, eines der ersten Quasipartikel, 1932 schlug er den Namen »Phonon« für das 1930 von I.E. Tamm eingeführte »Schall-Quantum« vor (quantisierte elastische Wellen in Kristallen). 1932 (unabhängig von anderen Autoren) Theorie des Metall-Halbleiter-Kontakts auf der Basis des Tunneleffekts. 1937/38 (mit T.A. Kontorowa) Theorie der plastischen Verformung von Festkörpern (*Frenkel-Lösung*). Frenkel begründete die moderne Theorie des flüssigen Aggregatzustandes auf Grundlage der Annahme, daß das Verhalten von Flüssigkeiten mehr dem von Festkörpern als dem von Gasen ähnelt, Flüssigkeiten jedoch im Gegensatz zu Festkörpern nur eine kurzreichweitige Ordnung besitzen. Eine Reihe von Veröffentlichungen hierzu ist in dem Buch »Kinetic Theory of Liquids« (Moskau 1945, Oxford 1946) zusammengefaßt. 1936 und 1939 entwickelte er unabhängig von N. ↗*Bohr* und J.A. ↗*Wheeler* das ↗*Tröpfchenmodell* des Atomkerns und eine darauf aufbauende Erklärung der Kernspaltung. [AK3]

**Frenkel-Defekt,** *Frenkel-Fehlstellen*, ein Defekt im Kristallgitter, der entsteht, wenn ein Atom seinen regulären Platz verläßt und in eine Gitterlücke wandert (↗*Gitterfehler*). Diese besteht also aus einem Zwischengitteratom *und* einer Gitterlücke. Beide sollen so weit voneinander entfernt sein, daß sie nicht mehr miteinander in Wechselwirkung stehen. Mit den von J.I. ↗*Frenkel* und T.A. *Kontorowa* entwickelten Modellvorstellungen konnten zum erstenmal dynamische Probleme, insbesondere das dynamische Verhalten der Versetzungen, behandelt werden. Beim eindimensionalen Fall werden die Atome als durch Federn miteinander verbunden gedacht. Die Verschiebungen $u_K$ der Atome erfolgen in der ↗*Gleitebene* und in deren nächster Umgebung unter der Wirkung eines Potentials $U$, das die Wirkung der Kristallteile unmittelbar oberhalb und unterhalb der Gleitebene auf die Atome in der Gleitebene berücksichtigt.

**Frenkelsches Modell** ↗Frenkel-Defekt.

**Freon,** verbreiteter Sammelbegriff für Kältemittel auf der Basis von fluorierten Halogenkohlenwasserstoffen. Am meisten verbreitetet ist *Chlordifluormethan* ($CHClF_2$) bzw. *R22.* Andere derartige Herstellerbezeichnungen sind *Frigen*, *Kaltron* (Deutschland), *Arcton* (England), *Freon*, *Genetron* (USA), *Forane* (Frankreich).
Der Begriff Freon wird in den USA auch für neu entdeckte Kältemittel benutzt. Die Verwendung des Begriffs Freon wird aber nicht empfohlen, da er markenrechtlich durch die Firma Du Pont (USA) geschützt ist.

**Frequenz,** *Schwingungszahl*, die Anzahl der vollen Schwingungen pro Zeiteinheit. Sie ist der Kehrwert der Schwingungs- oder Periodendauer $T$. Im weiteren Sinne bezeichnet man mit Frequenz auch die Häufigkeit eines beliebigen, periodisch wiederkehrenden Ereignisses, ausgedrückt als Anzahl der Wiederholungen pro Zeiteinheit. Die Einheit der Frequenz ist das Hertz: 1 Hz = 1/s.

**frequenzanaloge Sensoren,** ↗*Sensoren*, welche ein Frequenzsignal in ein analoges Spannungssignal umsetzen. Frequenzanaloge Sensoren werden häufig als Schwingungs-und Beschleunigungssensoren eingesetzt. Die Wandlung von Schwingungen in elektrische Signale erfordert besonders für Beschleunigungssensoren einen hohen Dynamikbereich (2Hz–10kHz). Die Eigenschwingungen des Meßobjektes sollten durch den Sensor nur minimal beeinflußt werden.

**Frequenzgang,** allgemein das frequenzabhängige Verhalten eines elektrotechnischen Bauteils. So zeigt jede Stufe im ↗*Operationsverstärker* in der Regel ein Tiefpaßverhalten, so daß jede Stufe eine Grenzfrequenz besitzt und oberhalb dieser Frequenz einen Frequenzgang der ↗*Leerlaufverstärkung* proportional zu 1/Frequenz aufweist. Hiermit ist eine Phasendrehung von maximal 90° verbunden. Bei einem dreistufigen Aufbau kann daher die Phasendrehung bis zu 270° betragen, was bei einer Beschaltung des Operationsverstärkers mit einer Gegenkopplung zu einem instabilen Verhalten führen kann. Die Frequenz, bei der die Leerlaufverstärkung den Wert eins erreicht, wird als *Transitfrequenz* bezeichnet.

**Frequenzgeber,** ein (meist quarzstabilisierter) ↗*Oszillator*, der eine definierte Frequenz für Steuer-, Regel- und Zähleinrichtungen bereitstellt.

**Frequenzgruppe,** engl. *critical band*, 1956 von ↗*Zwicker* und ↗*Feldtkeller* geprägter Begriff für einen Frequenzbereich, in dem das ↗*Gehör* Erregungen zu einer (Teil-)Empfindung verknüpft. Die Größe dieses Bereiches ist von seiner Frequenzlage abhängig: Zwischen 16Hz und 500Hz bilden sich etwa 100Hz breite Frequenzgruppen, oberhalb von 500Hz nimmt ihre Breite logarithmisch zu und ist etwas kleiner als die Bandbreite eines *Terzfilters*. Ist der Frequenzbereich der Erregung größer als eine Frequenzgruppe, werden mehrere (maximal 24 lückenlos aneinandergrenzende) Frequenzgruppen gebildet. Auf der ↗*Basilarmembran* (Gesamtlänge 31mm) entspricht eine Frequenzgruppe unabhängig von ihrer Frequenzlage einem Abschnitt von 1,3mm Länge.

Die Frequenzgruppenbildung ist ein wesentlicher Teilvorgang bei der Bildung der ↗*Lautstärke* und bei der ↗*Verdeckung*.

**Frequenzketten,** hochpräzises Meßverfahren für Frequenzen von ↗*elektromagnetischen Wellen* auf der Basis der ↗*nichtlinearen Optik*. Über eine Frequenzkette wird die Frequenz eines anerkannten ↗*Frequenznormals* so lange durch ↗*Frequenzvervielfachung* und ↗*Frequenzmischung* manipuliert, bis ein präziser Vergleich mit der zu messenden Frequenz möglich ist.

**Frequenzkodierung,** Kodierung von Ortsinformation durch unterschiedliche Resonanzfrequenzen in der ↗*NMR-Bildgebung*. Dies geschieht üblicherweise durch Anlegen eines Magnetfeldgradienten während des Auslesens der Resonanzsignale.

**Frequenzmeßbrücke,** von *Wien* und *Robinson* entwickelte Variante einer ↗*Brückenschaltung* zur Messung von Wechselstromfrequenzen. Bei abgeglichener Schaltung ergibt sich die Frequenz des angelegten Wechselstroms direkt aus den Impedanzwerten der Schaltung.

**Frequenzmischung,** Erzeugung ↗*elektromagnetischer Wellen* anderer Frequenz (*Differenzfrequenzen*, *Summenfrequenzen* und ↗*Oberwellen*) aus zwei oder mehr eingestrahlten Grundwellen durch Ausnutzen nichtlinearer optischer Effekte (↗*nichtlineare Optik*). Die nichtlinearen Effekte beruhen entweder auf der Nichtlinearität des optischen Mediums oder einer sehr hohen Intensität der eingestrahlten Wellen (↗*Vierwellenmischen*, *Oberwellenerzeugung*, ↗*OPO*).

Die Frequenzmischung ist eine Verallgemeinerung der ↗*Frequenzvervielfachung*, anstelle von mehreren Photonen der gleichen Frequenz werden bei der Frequenzmischung Photonen unterschiedlicher Frequenzen $\omega$ zu einer Oberwelle zusammengesetzt.

**Frequenzmodulation, 1)** *Funk- und Nachrichtentechnik*: *FM*, eine Methode zur Übertragung von Informationen mittels einer Trägerwelle. Wird die *Frequenz* der Trägerwelle fester Amplitude abhängig von einem zu übertragenden Signal $a(t)$ moduliert (↗*Modulation*), so nennt man dies Frequenzmodulation. Die modulierte Schwingung läßt sich darstellen als

$$u(t) = A\cos(\omega_0 + a(t))t$$

wobei $\omega_0$ die Kreisfrequenz der Trägerwelle und $A$ die Amplitude derselben bezeichnet. Die maximale Abweichung $\Delta f$ der Frequenz der modulierten Schwingung von der Trägerfrequenz wird *Frequenzhub* genannt. Das Verhältnis aus Frequenzhub und höchster zu übertragender Frequenz $M = \Delta f / f_{max}$ heißt *Modulationsindex*.

Die frequenzmodulierte Schwingung enthält unendlich viele Seitenfrequenzen, deren Amplituden mit zunehmender Abweichung von der Trägerfrequenz jedoch rasch kleiner werden. Eine frequenzmodulierte Schwingung benötigt ein breiteres Frequenzband als eine amplitudenmodulierte (↗*Amplitudenmodulation*) und kann darum erst bei höheren Frequenzen (ab etwa 100MHz) verwendet werden. Dafür ist die Frequenzmodulation weit weniger anfällig für Störungen wie Einstrahlungen in die Antenne, da diese meist nur die Amplitude der modulierten Schwingung ändern, nicht jedoch ihre Frequenz.

Die Frequenzmodulation wird aus den genannten Gründen zur qualitativ hochwertigen Übertragung von Radioprogrammen im Kurzwellen- und UKW-Bereich verwendet. Es sind Werte von $M \approx 5$ üblich. Will man Schall mit Frequenzen bis $f_{max} \approx 15$kHz übertragen, bedeutet dies, daß der Frequenzhub etwa 75kHz betragen muß. Damit wird ein ungefähr 150kHz breites Frequenzband benötigt.

**2)** *Laserphysik*: Modulation der optischen Weglänge im Resonator (↗Modenkopplung, aktive).

**Frequenznormal,** *Frequenzstandard*, ein Gerät zur Erzeugung eines Signals mit genau definierter, hochgenauer Frequenz, das z.B. zu Eich- oder Meßzwecken oder auch als Zeitnormal verwendet wird.

Grundlage für das Quarz-Frequenznormal (Quarzuhr), mit dem Genauigkeiten von bis zu $10^{-9}$ erreicht werden, bilden die Eigenschwingungen eines Schwingquarzes.

Noch höhere Genauigkeiten realisiert man mit Atom-Frequenznormalen, den ↗*Atomuhren*, bei welchen atomare Übergänge zwischen zwei langlebigen Energieniveaus der Energiedifferenz $\Delta E$, die durch äußere elektrische und magnetische Felder nur wenig beeinflußt werden, zur Frequenzerzeugung genutzt werden. Gemäß der Planckschen Beziehung wird bei einem solchen Übergang ein Photon der Frequenz $\nu = \Delta E/h$ emittiert. Mit der Caesium-Atomuhr werden Genauigkeiten im Bereich von $10^{-13}$, mit dem Wasserstoffmaser sogar bis zu $10^{-15}$ erreicht.

Zeitsignale dieser Güte werden z.B. für das Satellitennavigationssystem *GPS* (↗Global Positioning System), aber auch in der Telekommunikation zur Datenübertragung benötigt.

Für Tonfrequenzen werden bei geringeren Genauigkeitsansprüchen als Frequenznormale häufig Stimmgabeln verwendet.

**Frequenzspektrum** ↗Fourier-Analyse.

**Frequenzstabilisierung,** in der *Laserphysik* die zusammenfassende Bezeichnung für alle Methoden, die es erlauben, die ansonsten unvermeidlichen Schwankungen der Emissionsfrequenz eines ↗*Lasers* zu kompensieren. Viele Anwendungen von Lasern – besonders als ↗*Frequenznormale* und in der ↗*Laserspektroskopie* – sind nur mit extrem stabilen Frequenzen möglich. Soll zum Beispiel in der Spektroskopie ein bei $\lambda = 500\,\text{nm}$ emittierender Laser für die Untersuchung eines 40MHz breiten atomaren Übergangs verwendet werden, dann sollte seine Frequenz mindestens auf 10MHz stabil sein. Bei dieser Emissionsfrequenz von $c/\lambda \approx 6 \cdot 10^{14}\,\text{Hz}$ darf die Schwankung somit nicht mehr als den hundertmillionsten Teil der Frequenz ausmachen. Für die Verwendung von Lasern in Frequenzstandards will man relative Schwankungen bis auf $10^{-15}$ reduzieren.

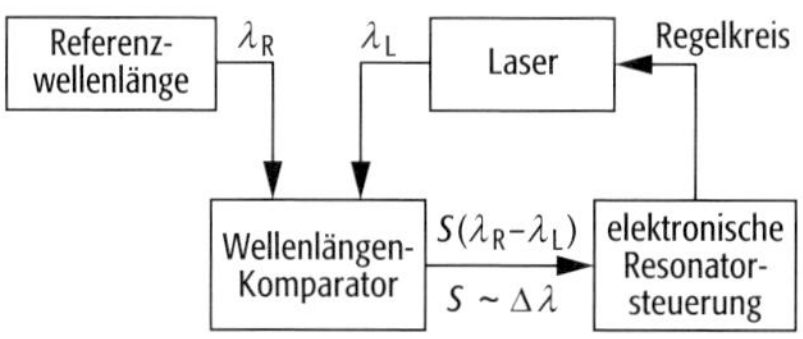


**Frequenzstabilisierung:** Aufbau zur Frequenzstabilisierung eines Lasers mit Hilfe einer Referenzwellenlänge.

Voraussetzung für eine Frequenzstabilisierung ist zuerst der *Single-Mode-* oder auch *Monomoden-Betrieb* des Lasers, d.h. daß jeweils nur eine ↗*Resonatormode* schwingt und der Laser entsprechend nur auf einer Frequenz emittiert. Zudem muß sichergestellt werden, daß sich Resonatormoden und Verstärkungsprofil nicht unkontrolliert gegeneinander verschieben können. Im Fall einer ausreichenden Verschiebung der Resonatormoden kann plötzlich eine andere als die bisher oszillierende Mode eine größere Verstärkung erfahren und zu schwingen beginnen, was zu einem Moden- und Frequenzsprung (*mode-hopping*) führt.

Alterungserscheinungen, z.B. die Degradation von Laserdioden oder des Mediums in Gaslasern, haben nur geringere Bedeutung für die Frequenzstabilisierung, da ihre Effekte meist erst im Bereich von Tagen spürbar werden und zudem – ohne kompletten Austausch des Mediums – oft irreversibel sind.

Obwohl es sehr effektive Mechanismen zur Unterdrückung von Temperaturschwankungen, zur Schallisolierung und zur Stabilisierung von Stromquellen gibt, lassen sich die benötigten Frequenzstabilitäten ohne eine zusätzliche aktive Frequenzstabilisierung nicht erreichen. Zur Detektion der Abweichung der Frequenz von einem relativen oder absoluten Sollwert verwendet man unter anderem die Ankopplung an atomare Übergänge (mit der Möglichkeit zur absoluten Frequenzeichung), die Frequenzmessung mit ↗*Interferometern* oder die Mischung mit anderen Laserstrahlen bekannter Frequenz. Das ermittelte Fehlersignal wird zur Korrektur der Lage der Resonatormoden und des Verstärkungsprofils benutzt. Dies geschieht vor allem durch eine Anpassung der Resonatorlänge oder optischer Elemente im Resonator (Gitter, Etalons). Begrenzt wird die erreichbare Frequenzstabilität vor allem durch die Reaktionszeit des Korrektursystems, das aufgrund der Massenträgheit der zu bewegenden optischen Elemente nur endlich schnell reagieren kann. [PVDH]

**Frequenzstandard** ↗Frequenznormal.

**Frequenz-Sweep** ↗Kernspinresonanz-Tomographie.

**Frequenzteiler,** *Frequenzumsetzer*, Schaltungsanordnung, bei der die Frequenz der Eingangsgröße ein ganzzahliges Vielfaches der Ausgangsfrequenz beträgt. Frequenzteiler bestehen meist aus hintereinandergeschalteten bistabilen Multivibratoren oder anderen Schaltungen aus logischen Verknüpfungsgliedern. Man verwendet Frequenzteiler z.B. in Quarzuhren und in der Steuerungstechnik, in letzteren als Taktgeber, wobei die Taktfolgen aus einem vorgegebenen Grundtakt abgeleitet werden.

**Frequenzverdopplung,** Verdopplung der eingestrahlten Frequenz in einem nichtlinearen optischen Kristall (wie zum Beispiel ↗*ADP*, ↗*Banana*, ↗*BBO* oder ↗*CDA*). Die in den Kristall eingestrahlte Feldstärke erzeugt eine anharmonische Auslenkung der Elektronen, so daß man Obertöne erhalten kann. Die zweite Harmonische, die zur Frequenzverdopplung führt, kann immer dann auftreten, wenn der

Kristall kein Inversionszentrum besitzt. (↗Frequenzverdreifachung, ↗Frequenzvervielfachung)

**Frequenzverdreifachung,** Verdreifachung der eingestrahlten Frequenz in einem nichtlinearen optischen Kristall. Die dritte Harmonische, die zur Frequenzverdreifachung führt, kann immer dann auftreten, wenn der Kristall ein Inversionszentrum besitzt. Eine ↗*Frequenzverdopplung* ist dann nicht möglich.

**Frequenzvervielfacher,** eine meist passive elektrotechnische Schaltungsanordnung zur Erzeugung von elektromagnetischen Schwingungen eines ganzzahligen Vielfachen einer vorgegebenen Grundfrequenz (↗*Frequenzvervielfachung*).

Für die Frequenzvervielfachung wird eine gegebene Grundfrequenz mit Hilfe nichtlinearer Schaltelemente verzerrt. Nach Fourier läßt sich die verzerrte Wechselspannung als eine Summe reiner Sinusschwingungen auffassen (↗*Fourier-Analyse*). Mit einem ↗*Bandfilter* wird die gewünschte Frequenz ausgesiebt. Frequenzvervielfacher werden vor allem in der Mikrowellentechnik verwendet, um Schwingungen hoher Genauigkeit und Stabilität zu erzeugen.

**Frequenzvervielfachung,** Erzeugung von elektromagnetischen Wellen mit einer Frequenz, die ein ganzzahliges Vielfaches der Eingangsfrequenz sind. Bei nichtverschwindenden ↗*Suszeptibilitäten* $n$-ter Ordnung $\chi^{(n)}$ (↗*nichtlineare Optik*) tritt eine entsprechende Vervielfachung der Grundfrequenz auf, also bei $\chi^{(2)} \neq 0$ eine ↗*Frequenzverdopplung*, bei $\chi^{(3)} \neq 0$ eine Verdreifachung der Frequenz etc. Um eine konstruktive Interferenz der Teilwellen zu erhalten, ist es nötig, daß die Bedingung zur ↗*Phasenanpassung* erfüllt ist,

$$\boldsymbol{k}_{\mathrm{res}}(n \cdot \omega) = n \cdot \boldsymbol{k}(\omega),$$

wobei $\boldsymbol{k}$ die Wellenzahl der Grundwelle, $\boldsymbol{k}_{\mathrm{res}}$ die der erzeugten Oberwelle der $n$-fachen Frequenz ist. Um die Erfüllung dieser Bedingung sicherzustellen, betrachtet man den ↗*Indexellipsoid* des verwendeten nichtlinearen optischen Kristalls. Durch Wahl der Kristallgeometrie und -orientierung (*angle tuning*) und der Betriebstemperatur (*temperature tuning*, die Brechzahlen sind temperaturabhängig) kann man gezielt die gewünschte Frequenzvervielfachung für die jeweilige Wellenlänge der Grundfrequenz begünstigen.

Die Effizienz der Frequenzvervielfachung ist proportional zu der $n$-ten Potenz der Intensität der Grundwelle:

$$I(n \cdot \omega) \sim (I(\omega))^n .$$

**Frequenzweiche,** aus ↗*Filtern* aufgebaute Schaltungsanordnung zum Trennen oder Vereinen von Signalen unterschiedlicher Frequenz. Über eine Frequenzweiche können Signale aus verschiedenen Frequenzbereichen ohne gegenseitige Beeinflussung auf eine gemeinsame Übertragungsleitung gegeben werden. Auch zur Trennung von Signalen unterschiedlicher Frequenzbereiche wird die Frequenzweiche eingesetzt.

Typische Anwendungen sind die Antennenweiche zum Anschluß mehrerer Antennen an ein gemeinsam genutztes Antennenkabel und der Einsatz in Lautsprecherboxen zur Aufteilung des Tonsignales auf Hoch- und Tieftöner oder in der Videotechnik zum Ausfiltern von Leuchtdichte- und Farbartsignal.

**Fresnel,** *Augustin Jean*, französischer Physiker und Ingenieur, *10.5.1788 Broglie (bei Bernay), †14.7.1827 Ville d'Avray (bei Paris); ab 1806 als Straßen- und Brückenbauingenieur tätig, 1815 nach Rückkehr Napoleons von Elba als Royalist gefangengesetzt und seines Amtes enthoben, ab 1816 Inspektor für Straßen- und Brückenbau sowie Sekretär bei der Kommission für Leuchttürme, ferner Examinator an der École Polytechnique in Paris; ab 1823 Mitglied der Académie des sciences; befaßte sich nebenberuflich mit physikalischer Optik und legte 1815 der Académie des sciences eine bahnbrechende, mathematisch exakt formulierte Abhandlung über die Wellentheorie des Lichts vor; erweiterte das *Huygenssche Prinzip* durch Einbeziehung der Interferenz- und Beugungsphänomene zum *Huygens-Fresnelschen Prinzip*; wies die Wellennatur des Lichts mittels Interferenz in seinem *Fresnelschen Spiegelversuch* nach und schuf eine Theorie der Beugung an Öffnungen, Gittern und Schirmen (*Fresnelsche Beugung, Fresnelsche Zonenkonstruktion*); führte die erste Bestimmung von Lichtwellenlängen durch; sagte 1818 den von A.H.L. ↗*Fizeau* 1851 experimentell gefundenen Mitführungskoeffizienten (*Fresnelscher Mitführungskoeffizient*) voraus; untersuchte die Doppelbrechung und 1821 zusammen mit D.F.J. ↗*Arago* die Polarisation des Lichts, entdeckte dabei dessen Zusammensetzung aus Transversalwellen, die zirkulare und elliptische Polarisation sowie die aufgrund von Reflexion entstandene Polarisation und gab eine Erklärung für die Drehung der Polarisationsebene von linear polarisiertem Licht; stellte die ↗*Fresnelschen Formeln* auf, erfand den Doppelspiegel und das Biprisma und entwickelte 1821 die ↗*Fresnel-Linse* (Zonenlinse), die unter anderem in Leuchttürmen verwendet wird; entdeckte 1825 den Radiometer-Effekt.

**Fresnel**, *Augustin Jean*

**Fresnel-Linse,** *Fresnelsche Stufenlinse, Fresnelsche Zonenplatte*, von A.J. ↗*Fresnel* vorgeschlagene Form der Sammellinse, bestehend aus einer zentralen dünnen sphärischen oder asphärischen Linse, die von stufenartig angeordneten Ringzonen umgeben ist. Durch diese Anordnung wird die bei herkömmlichen Sammellinsen mit großem Öffnungsverhältnis auftetende große Dicke der Linse vermieden. Die einzelnen Zonen werden dabei so schmal gehalten, daß sie unterhalb des ↗*Auflösungsvermögens des Auges* liegen. Die Krümmungsradien der Ringzonen sind unter-

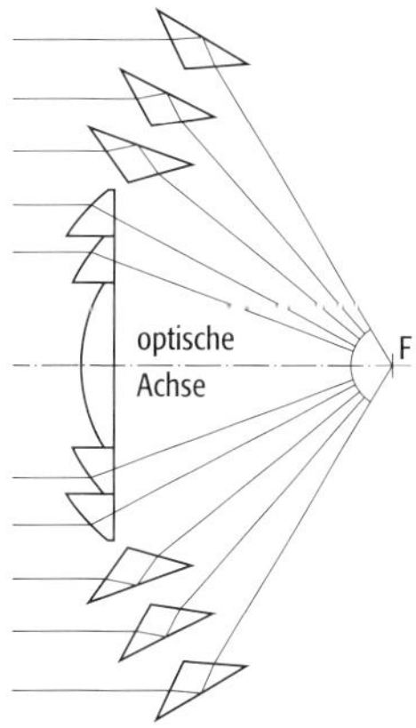


**Fresnel-Linse:** Strahlengang durch eine Fresnel-Linse, F: Brennpunkt.

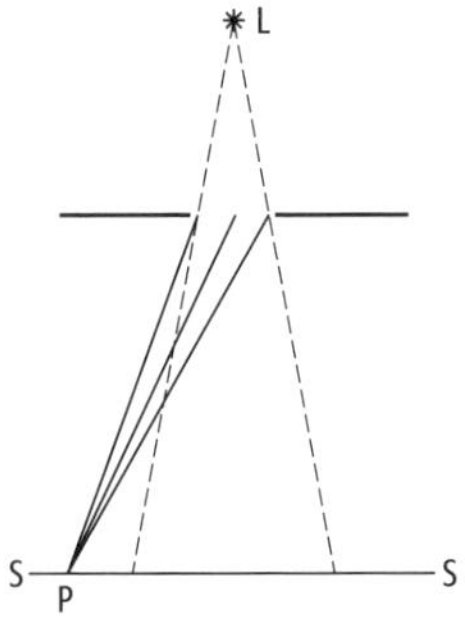


**Fresnelsche Beugung** an einem Spalt (L: Lichtquelle, P: Beobachtungspunkt auf Schirm S, gestrichelt: geometrischer Strahlengang, durchgezogen: Strahlengang mit Beugung).

schiedlich und so gewählt, daß die einzelnen Brennpunkte mit dem Brennpunkt $F$ des zentralen Teiles zusammenfallen. Fresnel-Linsen werden bei einfachen Abbildungen mit großer ↗*Apertur*, z.B. in Overheadprojektoren und Scheinwerfern, als Feldlinsen eingesetzt.

**Fresnelsche Beugung,** *Beugung mit divergentem Licht*, Spezialfall der ↗*Beugung*, bei der die in einem Punkt konstruktiv interferierenden Strahlen unter verschiedenen Winkeln vom Objekt abgebeugt wurden, z.B. aufgrund endlicher Entfernung zwischen Lichtquelle und Beobachtungspunkt. Mit der Fresnel-Beugung kann man u.a. die Beugung an einer Kante (unendlich ausgedehnter Spalt) erklären, bei die einzelnen Teilstrahlen eine Winkeldifferenz und damit Phasendifferenz besitzen. Bei parallelem Strahlengang spricht man dagegen von ↗*Fraunhoferscher Beugung*.

**Fresnelsche Formeln,** *Fresnelsche Gleichungen*, von A.J. ↗*Fresnel* aus der elastischen Lichttheorie hergeleitete Formeln, die die Reflektion und Polarisation von Licht an Grenzflächen beschreiben. Fällt natürliches, unpolarisiertes Licht unter dem Einfallswinkel $\alpha$ aus einem Medium der ↗*Brechzahl* $n_1$ in ein Medium mit der Brechzahl $n_2$ ($n_1\sin\alpha = n_2\sin\beta$, ↗*Snelliussches Brechungsgesetz*), so tritt ein Teil mit der Intensität $d$ unter dem Brechungswinkel $\beta$ in das Medium ein und ein Teil mit der Intensität $A$ wird unter dem Winkel $\alpha$ an der Oberfläche reflektiert. Beide Anteile werden dabei teilweise polarisiert, und die Polarisationsrichtungen parallel ($\|$) und senkrecht ($\perp$) werden bzgl. der Einfallsebene des einfallenden Strahles angegeben. Die Fresnelschen Formeln geben die Größe der Amplituden des reflektierten und gebrochenen Lichtes bezüglich der des einfallenden Lichtes wieder. Bezeichnet man die Komponenten der Amplitude mit $A_{\|}$ (einfallend), $A_{r\|}$ (reflektiert) und $A_{t\|}$ (transmittiert) bzw. $A_{\perp}$, $A_{r\perp}$ und $A_{t\perp}$, so gilt:

$$\frac{A_{r\|}}{A_{\|}} = \frac{\tan(\alpha-\beta)}{\tan(\alpha+\beta)} = \frac{n_{rel}^2\cos\alpha - \sqrt{n_{rel}^2-\sin^2\alpha}}{n_{rel}^2\cos\alpha + \sqrt{n_{rel}^2-\sin^2\alpha}}$$

$$\frac{A_{t\|}}{A_{\|}} = \frac{2\sin\beta\cos\alpha}{\sin(\alpha+\beta)\cos(\alpha-\beta)} = \frac{2n_{rel}\cos\alpha}{n_{rel}^2\cos\alpha + \sqrt{n_{rel}^2-\sin^2\alpha}}$$

$$\frac{A_{r\perp}}{A_{\perp}} = -\frac{\sin(\alpha-\beta)}{\sin(\alpha+\beta)} = -\frac{\left(\sqrt{n_{rel}^2-\sin^2\alpha}-\cos\alpha\right)^2}{n_{rel}^2-1}$$

$$\frac{A_{t\perp}}{A_{\perp}} = \frac{2\sin\beta\cos\alpha}{\sin(\alpha+\beta)} = \frac{2\cos\alpha\sqrt{n_{rel}^2-\sin^2\alpha}-2\cos^2\alpha}{n_{rel}^2-1}$$

mit $n_{rel} = n_1/n_2$. Das Minuszeichen in der dritten Gleichung zeigt, daß die Komponenten der einfallenden und der reflektierten Welle einander entgegengesetzt sind, die Welle also einen *Phasensprung* von 180° erlebt (*Reflexion am dichteren Medium*).

Da die Intensität gleich dem Quadrat der Amplitude ist, erhält man für den Reflexionskoeffizienten als Quotient der reflektierten ($E_r$) zur eingestrahlten ($E$) Intensität

$$r_{\|} = \frac{E_{r\|}}{E_{\|}} = \frac{\tan^2(\alpha-\beta)}{\tan^2(\alpha+\beta)}$$

$$r_{\perp} = \frac{E_{r\perp}}{E_{\perp}} = \frac{\sin^2(\alpha-\beta)}{\sin^2(\alpha+\beta)}$$

Die Größen $r_{\|}$ und $r_{\perp}$ werden auch als *Reflexionskoeffizienten* bezeichnet. Für senkrechten Einfall gibt es keinen Unterschied in den Polarisationsrichtungen, und die Fresnelschen Formeln vereinfachen sich zu:

$$\frac{A_r}{A_t} = \frac{4n_{rel}}{(n_{rel}+1)^2} \text{ und } r_{\|} = r_{\perp} = \left(\frac{n_{rel}-1}{n_{rel}+1}\right)^2 .$$

**Fresnelscher Mitführungskoeffizient** ↗Mitführungshypothese.

**Fresnelscher Spiegelversuch,** erstmals von A.J. ↗*Fresnel* (1816) durchgeführter Versuch zum Nachweis der ↗*Interferenz* des Lichts. Bei diesem Versuch beleuchtet eine monochromatische Lichtquelle L zwei einen Winkel von nahezu 180° einschließende Planspiegel $S_1$ und $S_2$ (*Fresnel-Spiegel*) mit Knickpunkt S so, daß zwei virtuelle Lichtquellen $L_1$ und $L_2$ entstehen. Diese sind kohärent und beleuchten einen Schirm, der von den Spiegeln weiter entfernt ist, als diese von L. Aufgrund der Kohärenz der virtuellen Lichtquellen zeigen sich auf dem Schirm Interferenzmuster aus abwechselnd hellen und dunklen Bereichen. Im Punkt O herrscht Helligkeit, da hier der Gangunterschied der Strahlen aus $L_1$ und $L_2$ gleich null ist, während er in $D_1$ genau $\lambda/2$ beträgt, also ein Interferenzminimum erzeugt. Fresnel benutzte die Anordnung bereits zum Messen der Wellenlänge über die angenäherte Formel

$$\lambda = \alpha\frac{2r\delta}{r+l}$$

mit $r = \overline{LS}$, $l = \overline{OS}$, $\alpha$: Winkel, um den die beiden Spiegel gegeneinander geknickt sind, und $\delta = \overline{D_1D_2}$.

**Fresnelsche Zonenplatte** ↗Fresnel-Linse.

**Freundlich-Isotherme,** auf H.M.F. Freundlich (1880–1941) zurückgehende *Adsorptionsisotherme*, welche die Abhängigkeit der Anzahl der adsorbierten Moleküle $N$ vom Gasdruck $p$ durch die empirische Beziehung $N = ap^{1/m}$ wiedergibt ($a$ und $m$ sind systemspezifische Konstanten). Diese Formel gilt insbesondere bei starker Adsorption (z.B. Adsoption aus Lösungen) und für uneinheitliche Oberflächen. Uneinheitlichkeit kann entweder auf eine Verschiedenartigkeit der Adsorptionsstellen zurückzuführen sein oder aber erst beim eigentlichen Adsorptionsvorgang durch die Abstoßungskräfte zwischen den adsorbierten Atomen oder Molekülen entstehen. Diese Abstoßungskräfte durch eine partiell bedeckte Oberfläche können besonders groß werden, wenn die Bindung zwischen dem Adsorbens und der Oberfläche teilweise ionischen Charakter besitzt. In diesem Fall nimmt die Adsorptionsenthalpie (↗*Enthalpie*) bei dichterer Belegung besonders stark ab.

**Fricke-Dosimeter,** Gerät zur Messung der ↗Dosis von ↗ionisierender Strahlung auf der Basis der Oxydation von Eisenionen in wäßriger Lösung. (↗Dosimetrie)

**Fridman,** *Aleksandr Aleksandrowitsch*, ↗Friedmann.

**Friedel-Oszillationen,** periodische Schwankungen der Leitungselektronendichte um ein Ion in einem Festkörper. Eine anfänglich homogene Elektronendichte wird durch die Ladung eines Ions gestört. Um die Ionenladung abzuschirmen, müssen die Elektronen ihren Energiezustand ändern. Wegen des ↗*Pauli-Prinzips* kann eine Umbesetzung von Elektronen nur zwischen Energiezuständen nahe der ↗*Fermi-Energie* erfolgen, so daß nur Elektronen mit bestimmten Wellenlängen angeregt werden können. Damit ist die Abschirmung der Ionenladung zunächst unvollständig, so daß weitere Elektronenwolken um das Ion polarisiert werden und auf diese Weise eine periodische Ladungsverteilung um das Ion entsteht, die mit der sogenannten Friedel-Wellenlänge $\lambda_F$ oszilliert. Durch die periodische Elektronendichte um ein Ion i (Abb.) besteht mit einem zweiten Ion j, dessen abschirmende Elektronenwolke nicht eingezeichnet ist, eine indirekte Wechselwirkung. Entsprechend der Elektronenverteilung oszilliert auch das Wechselwirkungspotential $\phi$ zweier Ionen im Abstand $r$ mit der Friedel-Wellenlänge $\lambda_F$:

$$\phi(r) = \frac{\cos(2k_F r)}{r^3}$$

mit $k_F = 2/\lambda_F$. Die Friedel-Oszillationen nehmen auch Einfluß auf die ↗*RKKY-Wechselwirkung* zwischen den ↗*Spins* der Ionen.

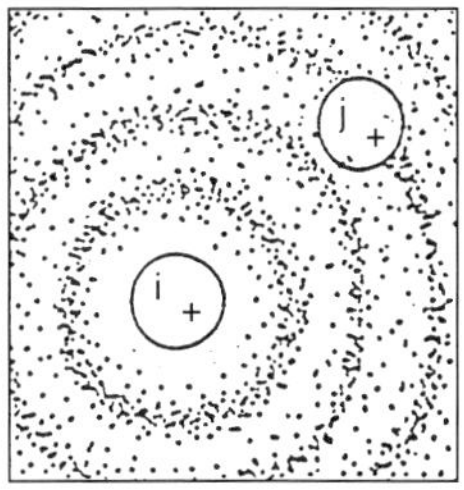


**Friedel-Oszillationen** der Dichteverteilung von Leitungselektronen um das Ion *i*.

**Friedman, 1)** *Jerome Isaac*, amerikanischer Physiker, *28.3.1930 Chicago (Ill.); ab 1967 Professor am Massachusetts Institute of Technology in Cambridge (Mass.); erhielt 1990 zusammen mit H.W. ↗*Kendall* und R.E. ↗*Taylor* den Nobelpreis für Physik für die Bestätigung (um 1970) des Quarkmodells bei stark wechselwirkenden Elementarteilchen (Hadronen) durch Erforschung der Streuung von Elektronen an Protonen und Neutronen.

**2)** (*Fridman*), *Aleksandr Aleksandrowitsch*, russischer Mathematiker und Physiker, *17.6.1888 St. Petersburg, †16.9.1925 Leningrad (heute St. Petersburg); ab 1918 Professor für Mechanik in Perm, seit 1920 in Leningrad; schuf 1922 und 1924 in seinen kosmologischen Modellen der Allgemeinen Relativitätstheorie die mathematischen Grundlagen für ein offenes und geschlossenes expandierendes Weltall (↗*Friedmann-Modell*, ↗*Friedmann-Zeit*); entwickelte dabei aus den Einstein-Gleichungen die nach ihm benannten ↗*Friedmann-Gleichungen*, die zeitabhängige Lösungen zulassen, welche Universen beschreiben, in denen sich die Raumkrümmung und die Verteilung der Materie mit der Zeit ändern; ferner Arbeiten über die Entstehung von Wirbeln in Flüssigkeiten sowie von vertikalen Strömungen und Turbulenzen in der Atmosphäre; dadurch Mitbegründer der Turbulenztheorie.

**Friedmann-Gleichungen,** die ↗*Einstein-Gleichungen* für kosmologische Modelle, die dem ↗*kosmologischen Prinzip* unterworfen sind und deren Materie durch eine perfekte Flüssigkeit (↗*Flüssigkeit, ideale*) angenähert wird (↗*Friedmann*, A.A.). Die Friedmann-Gleichungen bestimmen die zeitliche Entwicklung der Skalenfunktion $R$ in Abhängigkeit von Energiedichte $\rho$, Druck $p$, kosmologische Konstante $\Lambda$ und Raumkrümmung $k$. Mit der allgemeinsten Metrik, die das kosmologischen Prinzip erfüllt (↗*Robertson-Walker-Metrik*) und dem Energie-Impuls-Tensor $T_{\alpha\beta} = (\rho + p)u_\alpha u_\beta - p g_{\alpha\beta}$ einer perfekten Flüssigkeit reduzieren sich die Einstein-Gleichungen auf die Friedmann-Gleichungen

$$3\frac{\dot{R}^2 + k}{R^2} - \Lambda = 8\pi\rho$$

$$\frac{2R\ddot{R}}{\dot{R}^2 + k} - \Lambda = -8\pi\rho$$

Dabei sind die Koordinaten so gewählt, daß die Geschwindigkeit die spezielle Form $u^\alpha = (1,0,0,0)$ annimmt. Für $p = 0$ (↗*materiedominierter Kosmos*) vereinfachen sich die Friedmann-Gleichungen auf $\dot{R}^2 = \frac{C}{R} + \frac{1}{3}\Lambda R^2 - k$, wobei $C = 8\pi R^3\rho/3$. Die verschiedenen ↗*Friedmann-Modelle* des Universums werden durch die vier Parameter $\rho$, $p$, $\Lambda$ und $k$ klassifiziert.

**Friedmann-Kosmos** ↗Friedmann-Modelle.

**Friedmann-Modelle,** *Friedmann-Kosmos*, die Klasse der homogen-isotropen ↗*kosmologischen Modelle*, deren Materie durch eine perfekte Flüssigkeit (↗*Flüssigkeit, ideale*) angenähert wird. Friedmann-Modelle sind Lösungen der ↗*Friedmann-Gleichungen*, wobei die wichtigsten Modelle ein Universum mit verschwindendem Druck $p$ beschreiben (↗*materiedominierter Kosmos*). Dazu gehören der ↗*Einstein-Kosmos* (1917), der ↗*De-Sitter-Kosmos* (1917), und der ↗*Lemaître-Kosmos* (1935). Die Friedmann-Modelle ohne kosmologische Konstante bilden die geometrische Grundlage des ↗*Standardmodells* der Kosmologie, wobei der Wert der Energiedichte $\rho$ die Raumkrümmung $k = 0; \pm 1$ bestimmt. Ist $\rho$ kleiner als die ↗*kritische Dichte* $\rho_c$, dann ist $k = -1$ (↗*offenes Weltall*), für $\rho > \rho_c$ ist $k = +1$ (↗*geschlossenes Weltall*), und $\rho = \rho_c$ entspricht $k = 0$ (↗*Einstein-de Sitter-Kosmos*).

**Friedman,** *Jerome Isaac*

**Friedmann-Zeit,** die seit dem Beginn der Expansion des Weltalls verstrichene Zeit, wobei eine verzögerte nichtlineare Expansion zugrundegelegt wird. Mit 19 Milliarden Jahren ist die Friedmann Zeit etwa doppelt so groß wie die ↗*Hubble-Zeit*. (↗Weltalter)

**Friedrich,** *Walter*, deutscher Physiker, *25.12. 1883 Salbke (heute zu Magdeburg), †16.10. 1968 Berlin; ab 1921 Professor für Physik in Freiburg i.Br., seit 1923 in Berlin, zugleich ab 1948 Direktor des Instituts für Medizin und Biologie der Deutschen Akademie der Wissenschaften (1951/56 deren Präsident); entdeckte 1912 in einem zusammen mit Paul Knipping (1883–1935) auf Anregung von M. von ↗*Laue* durchgeführten Experiment die Röntgenstrahlinterferenzen an Kupfersulfatkristallen und wies damit die elektromagnetische Natur der Röntgenstrahlung nach; untersuchte die biologische Wirksamkeit der Röntgenstrahlung und förderte die Strahlentherapie von Tumoren.

**Frigen** ↗Freon.

**Frigorimeter,** *Abkühlungsmeßgerät*, ein in der Klimatechnik übliches Meßgerät zur Bestimmung der Abkühlung eines Körpers infolge seiner kälteren Umgebung.

Die Temperatur des Körpers wird auf einem Wert über der Umgebungstemperatur konstant gehalten, und es wird die Zeit bis zum Eintreten eines vorher festgelegten Wärmeverlusts gemessen bzw. die Temperatur des Körpers durch elektrische Beheizung auf einem konstanten Wert gehalten und die dazu notwendige elektrische Arbeit gemessen (*Schadesches Frigorimeter*) oder registriert (*Jötten-Grube-* und *Pfleiderer-Büttner-Frigorigraf*). Gemessen werden relative Werte. Auch das ↗*Katathermometer* ist ein Frigorimeter.

**Frisbee,** eine meist aus Kunststoff hergestellte, tellerförmige Scheibe, die zu Wurfspielen benutzt wird. Der Spieler wirft den Frisbee so, daß er in eine möglichst schnelle Rotation versetzt wird. Infolge der Erhaltung des ↗*Drehimpulses* stabilisiert sich seine Drehachse wie bei einem ↗*Kreisel*, wodurch die Scheibe immer dieselbe Richtung im Raum beibehält.

**Frisch**, *Otto Robert*

**Frisch,** *Otto Robert*, österreichisch-britischer Physiker, *1.10.1904 Wien, †22.9.1979 Cambridge; nach Forschungstätigkeit in Berlin und Hamburg ab 1934 Mitarbeiter von N. ↗*Bohr* in Kopenhagen, 1939 Emigration nach England, 1943–46 Mitarbeit an der Entwicklung der amerikanischen Atombombe in Los Alamos, 1947–72 Professor in Cambridge; Arbeiten zur Atom- und Kernphysik, über Atom- und Molekularstrahlen sowie zur Quantenmechanik; gab 1939 (zusammen mit L. ↗*Meitner*) auf der Grundlage des Tröpfchenmodells des Atomkerns eine physikalische Interpretation der Versuchsergebnisse von O. ↗*Hahn* und F.W. ↗*Straßmann* zur Uran-Kernspaltung und untersuchte mit R.E. ↗*Peierls* die Möglichkeit einer Kettenreaktion in angereichertem Uran.

**Fritz-Kohlrausch-Preis** ↗Preise.

**FRM-II,** ein Forschungsreaktor an der TU München, ↗Neutronenstreuungsanlagen und Neutronenquellen.

**Frobenius,** *Ferdinand Georg*, deutscher Mathematiker, *26.10.1849 Berlin, †3.8.1917 Charlottenburg (heute zu Berlin); ab 1875 Professor in Zürich, seit 1891 in Berlin; Arbeiten über Differentialgleichungen und Zahlentheorie sowie insbesondere zur Gruppentheorie; Mitbegründer der Darstellungstheorie der Gruppen, die unter anderem für die relativistische Quanten- und Quantenfeldtheorie, für das Bändermodell der theoretischen Festkörperphysik und für die Elementarteilchentheorie von großer Bedeutung ist.

**Frobenius-Perron-Operator,** ein Integraloperator $\hat{F}$, der durch die Gleichung $\rho_{t+1}(\boldsymbol{x}) = \hat{F}\rho_t(\boldsymbol{x}) = \int \delta(\boldsymbol{x} - \boldsymbol{f}(\boldsymbol{x}'))\rho_t(\boldsymbol{x}')\,\mathrm{d}\boldsymbol{x}'$ definiert ist. Die Zeitentwicklung von (Wahrscheinlichkeits-) Dichten $\rho_t(\boldsymbol{x})$ im ↗*Phasenraum* diskreter ↗*dynamischer Systeme* $\boldsymbol{x}_{t+1} = \boldsymbol{f}(\boldsymbol{x}_t)$ kann damit in Analogie zur ↗*Liouville-Gleichung* der klassischen Mechanik geschrieben werden als $\rho_{t+1}(\boldsymbol{x}) = \hat{F}\rho_t(\boldsymbol{x})$. *Invariante Dichten* $\rho^*(\boldsymbol{x})$ dynamischer Systeme sind Rechtseigenvektoren von $\hat{F}$ zum Eigenwert eins, $\rho^*_{t+1}(\boldsymbol{x}) = \rho^*_t(\boldsymbol{x})$. Ergeben sich diese asymptotisch aus der Zeitentwicklung glatter Anfangsverteilungen

$$\rho_\infty(\boldsymbol{x}) = \lim_{t\to\infty} \rho_t(\boldsymbol{x}) = \lim_{t\to\infty} \hat{F}^t \rho_0(\boldsymbol{x}),$$

so spricht man auch von Gleichgewichtsverteilungen.

**Fröhlich,** *Herbert*, deutsch-britischer Physiker, *9.12.1905 Rexingen (heute zu Horb am Neckar); ab 1932 Professor in Freiburg i.Br., nach Emigration ab 1933 in Bristol, seit 1948 in Liverpool; Arbeiten über Dielektrika und zur Elektronentheorie der Metalle; führte ferner quantenfeldtheoretische Untersuchungen zur Supraleitung durch; erkannte 1950 die Bedeutung der Elektron-Phonon-Wechselwirkung für den Mechanismus der Supraleitung und leitete mit J. ↗*Bardeen* die daraus resultierende Wechselwirkung der Elektronen ab.

**Front,** in der ↗Meteorologie Übergangszone zwischen zwei Luftmassen mit unterschiedlichen Eigenschaften (z.B. Temperatur). (↗atmosphärische Zirkulation, ↗Zyklogenese, ↗Wind)

**Frontlinse,** Linse eines Objektivs, die dem Beobachtungsgegenstand am nächsten liegt.

**Froude,** *William*, britischer Ingenieur und Schiffbauer, *28.11.1810 Dartington (Devon), †4.5.1879 Simonstown (Südafrika); grundlegende Arbeiten über den Widerstand von Schiffsrümpfen und über Schiffsmodellversuche (Schleppversuche); nach ihm benannt ist die ↗*Froude-Zahl*.

**Froude-Zahl,** *Fr*, eine nach W. ↗*Froude* benannte Kennzahl, die das Verhältnis von Trägheitskraft zu Schwerkraft in ↗*Strömungen* angibt: $Fr = c/\sqrt{g \cdot l}$; dabei ist $c$ die Strömungsgeschwindigkeit, $g$ die Erdbeschleunigung, $l$ eine charakteristische Länge. Die Froude-Zahl ist von Bedeutung für die sich bei Strömungen mit freier Oberfläche ausbildenden Wellensysteme und Schwebeteilchen in Strömungen.

**Frühlingsäquinoktium** ↗Frühlingspunkt.

**Frühlingspunkt,** *Frühlingsäquinoktium, Widderpunkt,* einer der *Äquinoktialpunkte,* in dem sich die Ebene der ↗*Ekliptik* und der Himmelsäquator schneiden. Die Sonne passiert diesen Punkt am Frühlingsanfang um den 21. März von Süd nach Nord.

**Frumkin,** *Aleksandr Naumowitsch,* sowjetischer Physikochemiker, *24.10.1895 Kischinjow, †27.5.1976 Tula; ab 1930 Professor für Elektrochemie in Moskau, seit 1958 Direktor am Institut für Elektrochemie der Akademie der Wissenschaften der UdSSR; Mitbegründer der modernen Theorie der Elektrodenvorgänge; Arbeiten über Elektrochemie, Elektrokapillarität, Polarographie, Diffusion und Adsorptionsprozesse an Phasengrenzflächen sowie über die Bildung von elektrochemischen Doppelschichten; führte die rotierende Platinelektrode in die Elektrochemie ein.

**FSR,** *Free Spectral Range,* ↗freier Spektralbereich.

**F-Sterne,** Sterne der ↗*Spektralklassifikation* F mit Oberflächentemperaturen von 6 100K bis 7 400K und Massen zwischen 1,2 und 1,7 Sonnenmassen. Die Mehrzahl der F-Sterne haben eine ähnliche chemische Zusammensetzung wie die Sonne. F-Riesen (↗*Riesensterne*) und F-↗*Überriesen* entstanden jedoch zumeist aus ehemals massereicheren Sternen. Da sie deshalb wesentlich jünger sind als normale ↗*Zwergsterne,* haben sie einen höheren Metallgehalt. F-Sterne befinden sich etwa in der Mitte der ↗*Hauptreihe.* Im Vergleich zu *A-Sternen* nimmt die Intensität der Wasserstoff-Linien ab und die der einfach ionisierten Linien zu.

**FTP,** *File Transfer Protocol,* ↗Internet.

**ft-Wert,** das Produkt aus der ↗*Halbwertszeit* $T_{1/2}$ und der *Fermi-Integralfunktion* $f(Z,\varepsilon_0)$ beim ↗*Betazerfall* von Kernen (↗*Fermi-Theorie*):

$$f(Z,\varepsilon_0)T_{1/2}=\frac{\tau_0\ln 2}{|M_{if}|^2}\,.$$

Dabei sind $\tau_0$ die sog. universelle Betazerfallzeit ($\tau_0\approx 7000$s) und $\varepsilon_0$ die Gesamtenergie der beiden emittierten Leptonen (Elektron und Antineutrino). Die Fermi-Integralfunktion berücksichtigt die Tatsache, daß das Betaspektrum auch vom Coulomb-Feld des Kernes beeinflußt wird, das Übergangsmatrixelement $M_{\rm if}$ (i und f stehen für Anfangs- bzw. Endzustand) erlaubt direkte Aussagen über die Struktur des Kerns. Über den *ft*-Wert ergibt sich also der Zugang zur Kernstruktur. Das Kernmatrixelement $M_{\rm if}$ ist im wesentlichen konstant. Bei genauer Betrachtung zeigt sich, daß man $M_{\rm if}$ entsprechend dem unterschiedlichen Drehimpulsverhalten der beiden Leptonen in das Fermi- und das Gamow-Teller-Matrixelement aufteilen kann: $G^2|M_{if}|^2 = G_{\rm F}^2|M_{\rm F}|^2+G_{\rm GT}^2|M_{\rm GT}|^2$ (wobei $G_{\rm F}$ und $G_{\rm GT}$ Kopplungskonstanten sind). $M_{\rm F}$ beschreibt den ↗*Fermi-Übergang* mit entgegengesetztem Spin von Elektron und Antineutrino, $M_{\rm GT}$ den ↗*Gamow-Teller-Übergang* mit gleichgerichteten Spins. *ft* liegt zwischen $10^3$ und $10^{23}$ und wird üblicherweise als $\lg(f\cdot T_{1/2})$ angegeben. Es wird experimentell bestimmt über die Messung von $T_{1/2}$ und $\varepsilon_0$. Betazerfälle gleichen Verbotenheitsgrades gruppieren sich um einen gemeinsamen ($\lg ft$)-Wert, woraus ein Meßverfahren für den Verbotenheitsgrad des Betaübergangs, der Drehimpulsänderung und des Paritätswechsels resultiert.

**ft-Wert:** Klassifizierung des Betazerfalls nach $\lg ft$-Werten ($\Delta I$ = Änderung des Kernspins; $\Delta P$ = (0)1 (keine) Änderung der Parität).

| Typ | $\Delta I$ | $\Delta P$ | $\lg ft$ | Beispiel | Halbwertszeit |
|---|---|---|---|---|---|
| übererlaubt | $0,\pm 1$ | 0 | $3{,}5\pm 2$ | $^{1}$n | 11,7m |
| erlaubt | $0,\pm 1$ | 0 | $5{,}7\pm 1{,}1$ | $^{60}$Co | 5,26a |
| einfach verboten | $0,\pm 1$ | 1 | $7{,}5\pm 1{,}5$ | $^{198}$Au | 2,7d |
| »unique« einfach verboten | $\pm 2$ | 1 | $8{,}5\pm 0{,}7$ | $^{91}$Y | 61d |
| zweifach verboten | $\pm 2$ | 0 | $12{,}1\pm 1$ | $^{137}$Cs | 30a |
| dreifach verboten | $\pm 3$ | 1 | $18{,}2\pm 0{,}6$ | $^{87}$Rb | $6\cdot 10^{10}$a |
| vierfach verboten | $\pm 4$ | 0 | $22{,}7\pm 2$ | $^{115}$In | $6\cdot 10^{14}$a |

Man klassifiziert den Betazerfall mit Hilfe der *ft*-Werte nach dem Grad ihrer Behinderung oder Verbotenheit. Typische Werte liegen zwischen $\lg ft = 2{,}95$ für $^6$He und $\lg ft = 22{,}7$ ($^{115}$In) und entsprechend die Halbwertszeiten zwischen einer Sekunde und $6\cdot 10^{14}$ Jahren. Als »übererlaubt« bezeichnet man Betazerfälle, für die $\lg ft < 4$ ist. Diese Übergänge haben ein besonders großes Kernmatrixelement, sie treten nur bei leichten Kernen und dort meist zwischen *Spiegelkernen* auf (z.B. $^{17}_{9}F_8 \rightarrow {}^{17}_{8}O_9$, $\lg ft = 3{,}38$). [HB2]

**Fugazität,** *Flüchtigkeit,* nach G.N. ↗*Lewis* eine fiktive Größe $f$ von der Dimension eines Druckes, die bei realen Gasen anstelle des Druckes eingesetzt werden kann, um bestimmte für ideale Gase aufgestellte Formeln auch auf reale Gase anwenden zu können.

Beim Übergang zum idealen Gas wird $f$ mit dem Druck $p$ identisch. Der Proportionalitätsfaktor $\gamma$ in der Beziehung $f=\gamma\cdot p$ wird Fugazitätskoeffizient genannt.

Für ein ideales Gas ist z.B. die freie Enthalpie $G = RT\ln p$, für ein reales Gas kann man entsprechend $G = RT \ln f$ schreiben. Dementsprechend spricht man bei realen Lösungen anstatt von Konzentrationen von Aktivitäten. Den entsprechenden Proportionalitätsfaktor zwischen Aktivität und Konzentration nennt man dann ↗*Aktivitätskoeffizient.*

**Führung des Auges,** *Äugigkeit,* physiologisches Phänomen, daß ein Auge beim normalen binokularen Sehen dominant ist, d.h. die Führung für das andere Auge übernimmt.

**Führungsfeld, 1)** *Kern- und Elementarteilchenphysik:* ↗Führungsmagnet.

**2)** *Quantenmechanik:* ein Feld, das sich aus der 1928 von de Broglie entwickelten Theorie zu einer deterministischen Interpretation der

Quantenmechanik ergibt, die unter anderem von Bohm 1951 erweitert wurde. Danach sind Teilchen immer lokalisiert, aber in ein Führungsfeld $\psi$ eingebettet, das der ↗*Schrödinger-Gleichung* genügt. Dieses Feld dient gleichsam als Lebensraum für das Teilchen. Für die Dynamik des Teilchens in diesem Führungsfeld wurden unterschiedliche Ansätze entwickelt, die jedoch darin übereinstimmen, daß aufgrund dieser Dynamik die Aufenthaltswahrscheinlichkeit des Teilchens in einem Volumen $V$ proportional zu $\int_V |\psi(x)|^2 d^3x$ ist. Die Führungsfeldtheorie umgeht das ↗*von Neumannsche Theorem* hinsichtlich der Unmöglichkeit von ↗*verborgenen Parametern* zur Deutung der Quantenmechanik, ist aber eine Theorie mit Fernwechselwirkung.

**Führungsgröße,** *Sollwert*, ↗Regelung.

**Führungsmagnet,** Magnet, der in ↗Kreisbeschleunigern die Teilchen auf ihrer Sollbahn hält. (↗Fokussierung)

**Führungszentrum,** Mittelpunkt der Kreisbewegung (↗*Gyration*) geladener Teilchen in einem Magnetfeld. Bei der Beschreibung der Bewegung in komplizierten Feldern ist es oft hilfreich, statt des realen Teilchens ein Ersatzteilchen zu betrachten, das im Führungszentrum lokalisiert ist und das ein magnetisches Moment entsprechend des durch die Gyration bewirkten Kreisstroms besitzt.

**Fukui,** *Kenichi*, japanischer Physikochemiker, *4.10.1918 Nara; 1951–83 Professor in Kyoto; bedeutende Arbeiten zur Quantenchemie von Reaktionen; stellte 1952 die FMO- oder Grenzorbitaltheorie auf; erhielt 1981 für die (unabhängig von R. ↗*Hoffmann*) aufgestellten Theorien über den Ablauf organisch-chemischer Reaktionen zusammen mit Hoffmann den Nobelpreis für Chemie.

# Fullerene

*Siegmar Roth, Stuttgart, und Kun Liu, Shanghai*

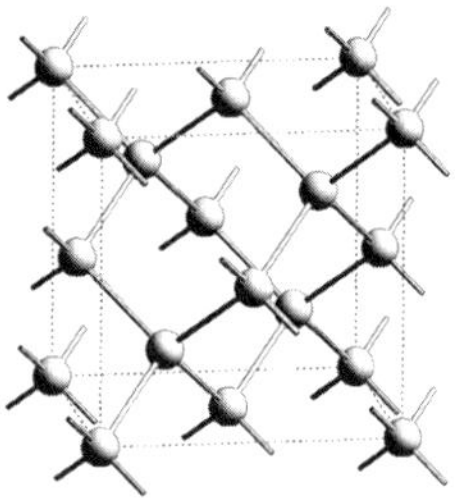

**Fullerene 1:** Kristallstruktur des Diamants. Diamant besteht aus vierbindigem Kohlenstoff und ist ein Halbleiter mit großer Bandlücke (Isolator).

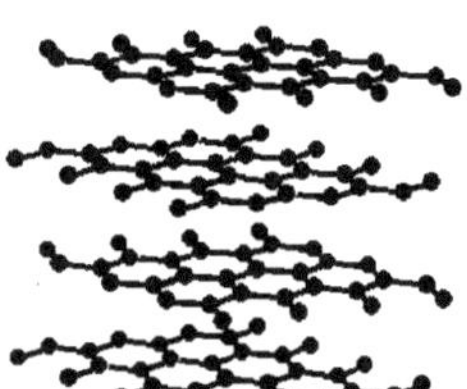

**Fullerene 2:** Kristallstruktur des Graphits. Die Kohlenstoffatome in den Schichten sind dreibindig, das vierte Elektron der Außenhülle der Kohlenstoffatome steht für metallähnliche Leitfähigkeit entlang der Schicht zur Verfügung.

Fullerene sind fußballartige Kohlenstoffgebilde. Wichtig ist, daß es sich hierbei um *graphitartigen* Kohlenstoff handelt, während die klassischen Kohlenstoffmodifikationen Diamant (Abb. 1) und Graphit (Abb. 2) sind. Diamant ist vierbindig (»$sp^3$-hybridisiert«), und jedes Kohlenstoffatom ist von vier nächsten Nachbarn umgeben. Diamant ist somit ein Verwandter des Germaniums und Siliciums, nämlich ein Halbleiter (und zwar ein Halbleiter mit einer so großen Energielücke, $\approx 5$eV, daß er zur Klasse der Isolatoren gehört). Graphit ist schichtartig aufgebaut, die Kohlenstoffatome in einer Schicht sind nur von drei Nachbarn umgeben, der Kohlenstoff ist hier nur dreibindig (»$sp^2$-hybridisiert«), das vierte Elektron ist über die ganze Schicht »delokalisiert« und steht für eine metallähnliche elektrische Leitfähigkeit zur Verfügung.

In grober Näherung kann man sich die Fulleren-Bälle als Graphitkugeln vorstellen. Das bienenwabenartige Kristallgitter einer Graphit-Schicht besteht aus lauter aneinandergereihten Sechsecken. Wenn sie nur Sechsecke enthält, ist eine Schicht eben, doch wenn man einige Sechsecke durch Fünfecke ersetzt, beginnt sie sich zu wölben. Es stellt sich heraus, daß man 12 Fünfecke braucht, um eine geschlossene Struktur zu erhalten. Der kleinste und regelmäßigste Fulleren-Ball besteht aus 12 Fünfecken und 20 Sechsecken. Er enthält insgesamt 60 Kohlenstoffatome und bildet das Molekül $C_{60}$. Der Name Fulleren soll an den Architekten Richard Buckminster Fuller erinnern, der ähnliche Polyederkonstruktionen für seine Kuppelbauten verwandte.

Die Struktur des Fulleren-Moleküls $C_{60}$ ist in Abb. 3 dargestellt. Wegen der Krümmung und wegen der geringen Abmessungen ist Fulleren nicht ganz so metallisch wie Graphit, es ist aber auch nicht so isolierend wie Diamant. Für die Synthese dieses Moleküls erhielten Curl, Kroto und Smalley 1996 den Nobelpreis für Chemie [1].

Ein Fulleren-Herstellungsverfahren besonderer Art ergab sich bei den Bemühungen, Substanzen mit ähnlichen Absorptionslinien zu erzeugen, wie sie in der interstellaren Materie beobachtet werden. Dabei haben Krätschmer und Mitarbeiter die Fulleren-Synthese in der Bogenlampe entwickelt [2], die es erlaubt, mit einfachen Mitteln verhältnismäßig große Mengen von Fulleren zu erzeugen. Das Krätschmer-Verfahren ist in Abb. 4 skizziert. Zwischen zwei Graphitelektroden brennt ein stark rußender elektrischer Entladungsbogen. Eine inerte Atmosphäre schützt den Ruß vor Oxidation. Im Ruß befinden sich neben anderen Kohlenstoffpartikeln verschiedene Fullerene. Diese können mit organischen Lösungsmitteln extrahiert und anschließend chromatographisch getrennt werden.

Ein Molekül aus 60 Atomen ist bereits ein kleiner Festkörper. Genau genommen ist es ein *Cluster*, ein Gebilde, das zwischen Molekül und Festkörper steht. Man kann im $C_{60}$-Molekül – da es eine Hohlkugel ist, sollte man vielleicht besser sagen: man kann *auf* dem $C_{60}$-Molekül Festkörperphysik betreiben: Man kann Energiebänder berechnen, Energielücken, Exzitonen, Korrelationsenergien u.v.a.m. Man kann aber auch die Moleküle zu einem geordneten

Molekülkristall zusammenfügen und so aus lauter Minifestkörpern einen großen Festkörper machen. Ein derartiger Molekülkristall ist in Abb. 5 angedeutet. Natürlich sind die Wechselwirkungen innerhalb der Minifestkörper (die intramolekularen Wechselwirkungen) viel größer als die zwischen den Minifestkörpern (die intermolekularen Wechselwirkungen). Chemisch gesprochen handelt es sich in einem Fall um kovalente Bindungen, im anderen um Van-der-Waals-Bindungen.

Diese unterschiedliche Stärke der Wechselwirkungen führt auch zu unterschiedlichen Energieskalen. Elektronische Energien innerhalb des Minifestkörpers liegen im Bereich von einigen 10 eV, im Molekülkristall betragen sie nur einige Zehntel eV. Das bedeutet, daß die Energiebänder im Molekülkristall sehr schmal sind. Die Minifestkörper sind Halbleiter und auch der Molekülkristall ist ein Halbleiter. Aber den Molekülkristall kann man dotieren, und zwar so stark, daß er zum Metall und sogar zum Supraleiter wird.

Geeignete Dotiermittel sind z.B. die Alkalimetalle. Diese diffundieren in die Lücken zwischen den $C_{60}$-Molekülen. In der Halbleiter-Terminologie würde man von interstitiellem Dotieren sprechen. Ähnlich wie bei leitenden Polymeren und bei Graphit-Einlagerungsverbindungen wird auch der Ausdruck Interkalieren verwendet. Abb. 6 zeigt die erste Beobachtung der Supraleitung in kaliumdotiertem Fulleren [3]. Man sieht deutlich, wie der elektrische Widerstand beim Abkühlen der Probe bei etwa 12 oder 13 K verschwindet. Inzwischen hat man in Fullerenen bereits supraleitende Sprungtemperaturen von fast 40 K erreicht. Wenn Müller und Bednorz 1986 nicht die Hochtemperatur-Supraleitung in Perowskiten entdeckt hätten, bei denen heute $T_c$ bereits wesentlich über 100 K liegt, hätte man auch für die Supraleitung in Fullerenen einen Nobelpreis vergeben können.

Normalerweise gibt es nur die schwachen Van-der-Waals-Bindungen zwischen den $C_{60}$-Molekülen im Fulleren-Kristall. Durch besondere Behandlung (Druck, Dotieren, Lichteinstrahlung) kann man Fulleren aber auch polymerisieren. Dann bilden sich kovalente Bindungen zwischen den Molekülen aus [1]. Abb. 7 zeigt eine Fulleren-Kette. Solche Ketten entstehen gelegentlich in alkalidotiertem Fulleren. Sie zeigen dann ähnliche elektrische und magnetische Anomalien wie andere eindimensionale Leiter. So gibt es z.B. Hinweise für Ladungs- und Spindichtewellen.

Da die Fulleren-Bälle Hohlkugeln sind, liegt es nahe, Atome oder Moleküle in den Hohlraum hineinzutun. Man spricht dann von endohedralem Dotieren (↗*endohedrale Fullerene*). In $C_{60}$ kann man vor allem Stickstoff oder Lithium unterbringen, aber bei den höheren Fullerenen gibt es eine ganze Reihe von endohedralen Verbindungen: Sc@$C_{82}$, La@$C_{82}$, Y@$C_{82}$ etc. (Die Schreibweise mit dem »Klammeraffen« hat sich im Zusammenhang mit endohedralen Verbindungen eingebürgert.) Eines dieser endohedralen Metallofullerene zeigt Abb. 8.

In der organischen Chemie spielt das Benzol eine große Rolle. Benzol ist ein geschlossener Ring aus dreibindigem Kohlenstoff. Es liegt nun nahe, eine analoge Chemie auf Kohlenstoff-Kugeln aufzubauen, etwa indem man eine Bindung auf der Kugel öffnet und daran andere organische Komponenten anhängt. In der Tat gibt es heute bereits eine Vielzahl von Fulleren-Derivaten (die Datenbanken verzeichnen mehr als 10 000 sogenannte Fulleren-Spezies). Als Beispiel eines Fulleren-Derivats ist in Abb. 9 ein Fulleren-Azo-Kronenether gezeigt.

Das Fulleren mit der höchsten Symmetrie ist $C_{60}$. Aber es gibt zahlreiche größere Fullerene:

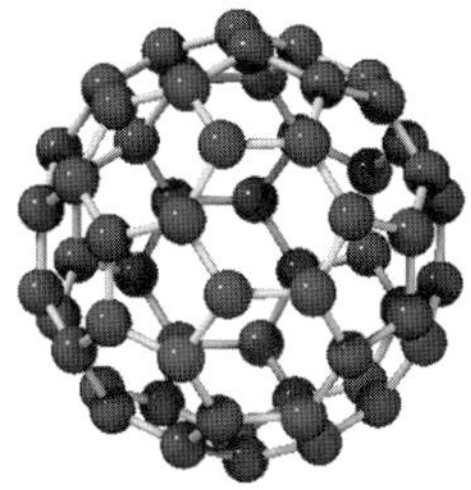

**Fullerene 3:** Struktur des Fulleren-Moleküles $C_{60}$. Das Gebilde ist fast kugelartig mit einem Durchmesser von ungefähr 10 Å (1 Nanometer). Wenn man die Kohlenstoff-Atome durch Kugeln mit dem Van-der-Waals-Radius darstellt, bleibt im Innern ein Hohlraum von etwa 7 Å Durchmesser.

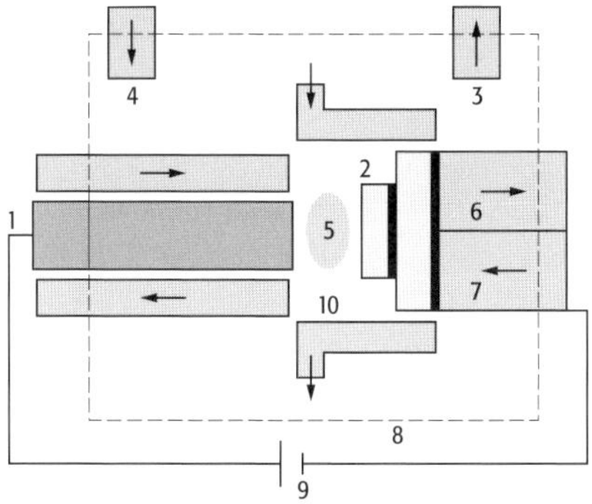


**Fullerene 4:** Fulleren-Synthese nach Krätschmer: rußender Entladungsbogen zwischen Graphitelektroden.; 1 positive Graphitelektrode, 2 negative Graphitelektrode, 3 Pumpe, 4 Einlaß für Inertgas, 5 Plasmaregion, 6 Kühlwasser ein, 7 Kühlwasser aus, 8 Reaktionskammer, 9 Stromquelle, 10 Reaktionsraum.

**Fullerene 5:** Anordnung von $C_{60}$-Molekülen zu einem Molekülkristall.

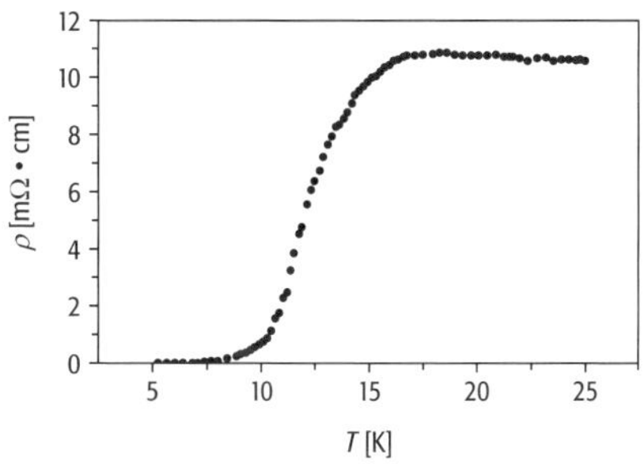


**Fullerene 6:** Supraleitung in alkalidotiertem Fulleren [4]. Der spezifische Widerstand ist über der Temperatur aufgetragen.

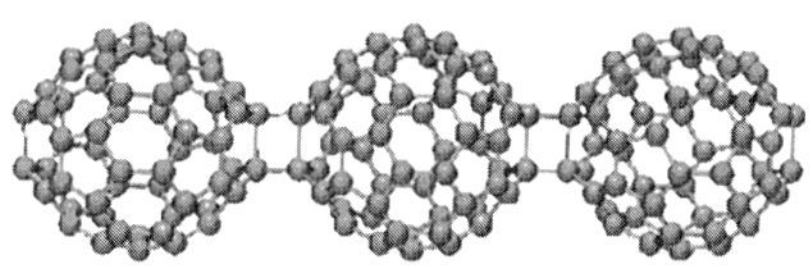

**Fullerene 7:** Kette eines Fulleren-Polymers.

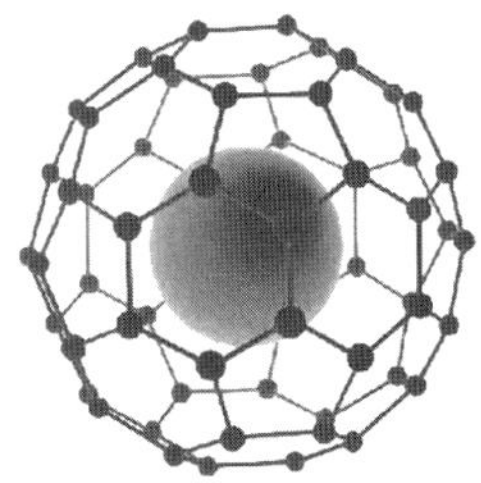

**Fullerene 8:** Endohedrales Metallofulleren.

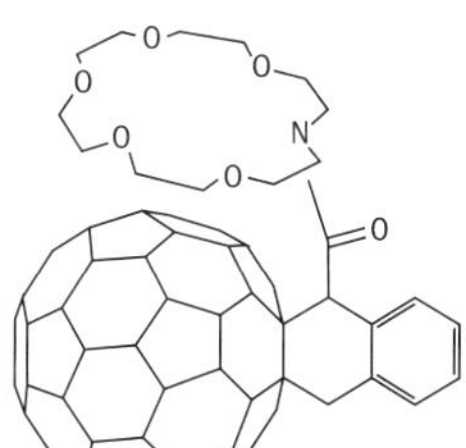


**Fullerene 9:** Fulleren-Azo-Kronenether als Beispiel eines der zahlreichen Fullerenderivate.

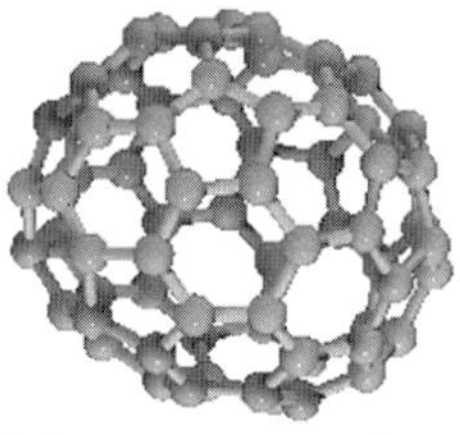

**Fullerene 10:** $C_{70}$, ein Fulleren, das nicht wie ein europäischer, sondern eher wie ein amerikanischer Fußball aussieht.

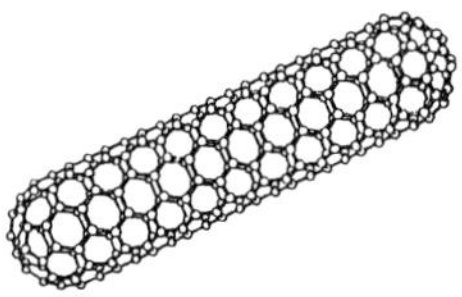

**Fullerene 11:** Kohlenstoff-Nanoröhrchen können bei Durchmessern von nur wenigen Nanometern einige Mikrometer oder gar Zentimeter lang werden.

$C_{70}$, $C_{82}$, $C_{84}$,... $C_{240}$,... Abb. 10 zeigt das eiförmige $C_{70}$, das nicht wie ein europäischer, sondern eher wie ein amerikanischer Fußball aussieht. Man kann in Gedanken – und auch in der Realität – die Ellipsoide immer länger und länger machen und gelangt so schließlich zu den Kohlenstoff-Nanoröhrchen (Carbon Nanotubes). Diese können bei Durchmessern von nur einigen Nanometern mehrere Mikrometer oder gar Zentimeter lang werden (Abb. 11).

Seit der ersten Synthese sind über 15 000 Einzelveröffentlichungen über Fullerene erschienen, darüber hinaus gibt es zahlreiche Übersichtsarbeiten und Monographien zu diesem Thema. Einen guten Überblick über das Gebiet kann man sich auch durch die Konsultation der Proceedings der Winterschulen in Kirchberg verschaffen [5].

**Literatur:**


[1] H.W. Kroto, J.R. Heath, S.C. O'Brien, R.F. Curl, R.E. Smalley: Nature **318**, 162 (1985).

[2] W. Krätschmer, L.D. Lamb, K. Fostiropoulous, D. Huffmann: Nature **347**, 354 (1990).

[3] A.F. Hebard, M.J. Rosseinsky, R.C. Haddon, D.W. Murphy, S.H. Glarum, T.T.M. Palstra, A.P. Ramirez, A.R. Kortan: Nature **350**, 600 (1991).

[4] P.W. Stephens, G. Bortel, G. Faigel, M. Tegze, A. Janossy, S. Pekker, G. Oszlanyi, L. Forro: Nature **370**, 636 (1994).

[5] Kuzmany, J. Fink, M. Mehring und S. Roth (Hrsgb.): *Electronic Properties of Fullerenes*, Springer, Heidelberg 1993.
H. Kuzmany, J. Fink, M. Mehring und S. Roth (Hrsgb.): *Progress in Fullerene Research*, World Scientific, Singapore 1994.
H. Kuzmany, J. Fink, M. Mehring und S. Roth (Hrsgb.): *Physics and Chemistry of Fullerenes and Derivatives*, World Scientific, Singapore 1995.
H. Kuzmany, J. Fink, M. Mehring und S. Roth (Hrsgb.): *Fullerenes and Fullerene Nanostructures*, World Scientific, Singapore 1996.
H. Kuzmany, J. Fink, M. Mehring und S. Roth (Hrsgb.): *Molecular Nanostructures*, World Scientific, Singapore 1998.


**Fulleren-Röhren,** *Buckytubes*, ↗Kohlenstoff-Nanoröhren, ↗Fullerene.

**Fullerit,** kristalline Form der ↗*Fullerene*. $C_{60}$, das bekannteste Fulleren, kristallisiert in einem flächenzentrierten kubischen Gitter (fcc-Struktur) mit einer Gitterkonstante von 14,17 Å. Der Abstand der Mittelpunkte benachbarter Kugeln beträgt dabei 10,02 Å. Die vierzählige Symmetrie der fcc-Struktur ist mit der fünfzähligen Symmetrie von $C_{60}$ nur durch dessen freie Rotation bei Zimmertemperatur in allen drei Raumrichtungen in Einklang zu bringen. Unterhalb von etwa 260 K erfolgt daher ein Phasenübergang in eine einfach kubische Struktur mit vier Molekülen pro Einheitszelle. Im Gegensatz zum $C_{60}$ ist z.B. die Kristallstruktur von $C_{70}$ aufgrund der niedrigeren Symmetrie erheblich komplexer.
Zum ersten mal hergestellt wurde Fullerit von *Krätschmer* und ↗*Huffman* durch Verdampfen einer Lösung von $C_{60}$ (und geringem Anteil $C_{70}$) in Benzol.

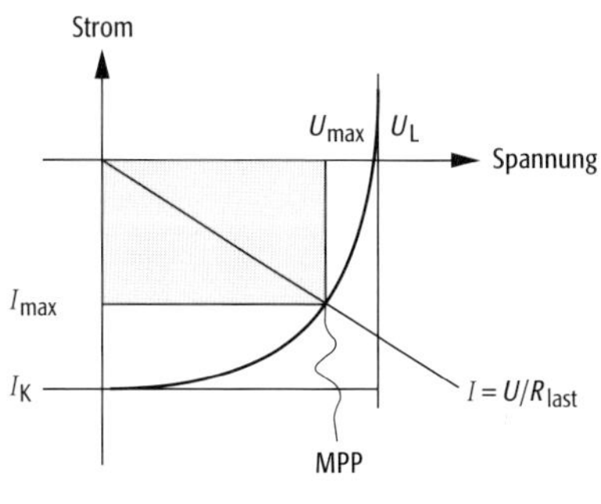


**Füllfaktor einer Solarzelle:** Illustration des Begriffs des Füllfaktors einer Solarzelle anhand ihres Strom-Spannungs-Diagramms. Die von den Werten von Strom und Spannung bei maximaler Leistungsabgabe (*MPP* = »maximum power point«) gebildete Rechtekkfläche $U_L\, I_K$ nähert sich um so mehr dem Wert $U_{max}\, I_{max}$ an, je rechteckiger die Form der Kennlinie ist. Im idealen Falle ist eine Kennlinie nach dem Schottky-Modell zu erwarten, während in der Praxis aufgrund von Reihen- und Parallelwiderständen eine rundere Form zu beobachten ist.

**Füllfaktor einer Solarzelle,** Maß für die Form der Kennlinie einer ↗*Solarzelle*. Der Füllfaktor $FF = U_L, I_K/(U_{max}, I_{max})$ beschreibt anschaulich gesprochen das Verhältnis der Rechteckflächen $(U_L, I_K)$ und $(U_{max}, I_{max})$ in einem Strom-Spannungs-Kennliniendiagramm, wobei $U_L$ die Leerlaufspannung sowie $I_K$ den Kurzschlußstrom der Solarzelle beschreiben, während $U_{max}$ und $I_{max}$ diejenigen Werte von Spannung und Strom darstellen, bei denen die Solarzelle ihre maximale Leistung abgibt. Hohe Werte von *FF* kennzeichnen Solarzellen mit relativ rechteckiger Kennlinie, die sich unterhalb der Leerlaufspannung also annähernd wie eine Stromquelle verhalten. Da *FF* nur relativ schwach von der Einstrahlung auf die Solarzelle abhängt, lassen sich die maximale Leistung der Zelle sowie ihr Wirkungsgrad bequem aus den leicht meßbaren Größen Leerlaufspannung und Kurzschlußstrom bestimmen: Die maximale Leistung ist $P_{max} = U_L\, I_K\, FF$ und somit der Wirkungsgrad $\eta = U_L\, I_K\, FF/P_L$, wobei $P_L$ die einfallende Lichtleistung angibt.

**Fundamentalabstand,** die Temperaturdifferenz zwischen den beiden Fundamentalpunkten Eispunkt bzw. Tripelpunkt des Wassers und Dampfpunkt. (↗Fixpunkte)

**Fundamentalfrequenz,** *Normalfrequenz*, ↗Eigenfrequenz bei der Behandlung kleiner Schwingungen (↗Schwingung, kleine).

**Fundamentalgrößen,** von Gibbs eingeführte Bezeichnungen für die charakteristischen Funktionen der Thermodynamik. (↗thermodynamische Potentiale)

**Fundamentalkatalog** ↗Fundamentalsystem.

# Fundamentalkonstanten

*Brian W. Petley, Teddington, Großbritannien*

## 1. Die fundamentalen physikalischen Konstanten

Die fundamentalen physikalischen Konstanten sind die Lichtgeschwindigkeit $c$, die Elementarladung $e$, das Plancksche Wirkungsquantum $h$, die Elektronenmasse $m_e$, die Protonenmasse $m_p$, die Permeabilität des Vakuums (magnetische Feldkonstante) $\mu_0$, die Dielektrizitätskonstante des Vakuums (elektrische Feldkonstante) $\varepsilon_0$, die Newtonsche Gravitationskonstante $G$, die Avogadro-Konstante $N_A$ und die Boltzmann-Konstante $k_B$. Diese Größen haben - soweit man feststellen kann - die Eigenschaft, daß sie im ganzen Universum jeweils denselben Wert besitzen. Die Fundamentalkonstanten mit Ausnahme von $G$ und $k_B$ nennt man oft fundamentale atomare Konstanten.

Während der letzten hundert Jahre haben die fundamentalen physikalischen Konstanten eine bedeutende Rolle dabei gespielt, unser Verständnis des Universums zu erweitern. Das gilt vor allem in Zusammenhang mit der Quantenelektrodynamik (QED) und mit der Deutung des Verhaltens von Systemen atomarer Größenordnung.

### Warum besitzen die Fundamentalkonstanten gerade die Werte, die sie haben?

Die Elementarladung, also das Quantum der elektrischen Ladung, wird gewöhnlich mit der Elektronenladung $-e$ oder der Protonenladung $+e$ assoziiert, außerdem mit den Ladungen anderer atomarer Teilchen oder von Kernteilchen. Kleinere Ladungen wurden im Labor noch nicht beobachtet; dennoch schreibt man den Quarks, die nur innerhalb der Atomkerne existieren sollen, die Ladung $e/3$ zu. Eine Ladung mit diesem Betrag wurde 1982 von R. Laughlin auch für kleine Aggregate von Quasiteilchen postuliert, die sich in einem Elektronengas bewegen. Hierbei sollte der gequantelte Hall-Widerstand in sehr kleinen Halbleitern bei tiefen Temperaturen in starken Magnetfeldern eine Rolle spielen. Auf die Existenz dieser Quasiteilchen deuteten erstmals im September 1997 Experimente von zwei Arbeitsgruppen hin, die das Schottky-Rauschen in derart kleinen Anordnungen untersuchten. Heute nimmt man aber an, daß Ladungen, die einen Bruchteil von $e$ ausmachen, auf separaten Teilchen nicht vorliegen. Allerdings kann die Natur noch Überraschungen für uns bereithalten.

**Fundamentalkonstanten 1:** Übersicht.

| Fundamentale Größe | Symbol |
|---|---|
| Lichtgeschwindigkeit im Vakuum | $c$ |
| Elementarladung (des Protons) | $e$ |
| Ruhemasse des Elektrons | $m_e$ |
| Ruhemasse des Protons | $m_p$ |
| Planckschess Wirkungsquantum | $h$ |
| Avogadro-Konstante | $N_A$ |
| Newtonsche Gravitationskonstante | $G$ |
| Boltzmann-Konstante | $k_B$ |
| magnetische und elektrische Feldkonstante | $\mu_0$, $\varepsilon_0$ |

Man kann sich fragen, warum die Konstanten gerade die Werte haben, die sie aufweisen. Eine Antwort darauf besagt, daß das Leben auf der Erde, wie wir es kennen, nicht möglich wäre, wenn die Werte andere wären. Das nennt man das schwache anthropische Prinzip. Man kann aber auch hoffen, irgendwann die Werte einiger dimensionsloser Verhältnisse, beispielsweise $m_p/m_e$, berechnen zu können.

### Ableitung weiterer Konstanten

Wir können aus den oben genannten Größen einige andere wichtige Fundamentalkonstanten *ableiten*. Zwei wichtige Beispiele sind die Feinstrukturkonstante $\alpha = \mu_0 ce^2/2h$ und die Rydberg-Konstante $R_\infty = (\mu_0 c^2/4\pi) \cdot (2\pi^2 m_e e^4/h^3 c)$. Sie spielen vor allem in der Spektroskopie eine bedeutende Rolle. Die Konstante, die etwas über die Größe von Atomen aussagt, ist der Bohrsche Radius $a_0 = \alpha/(4\pi R_\infty)$. Zudem kennen wir magnetische Größen wie das Bohrsche Magneton $\mu_B$ und das Kernmagneton $\mu_N$. Das sind hilfreiche Einheiten für magnetische Momente, weil sie den magnetischen Momenten von Elektron bzw. Proton entsprechen, die man nach einer einfachen Theorie erwartet. Man bezeichnet diese beiden letztgenannten Größen aber mit $\mu_e$ bzw. $\mu_p$, weil man feststellte, daß $\mu_e/\mu_B$ und $\mu_p/\mu_N$ von den oben angegebenen Werten abweichen. Sie sind 1,0011...-mal bzw. 2,7927...-mal größer. Der g-Faktor des Elektrons, $g_e$, beträgt gerade $2(\mu_e/\mu_B)$. Die Größe $a_e = (g_e - 2)/2$, die die Anomalie des magnetischen Moments des Elektrons beschreibt, kann als Potenzreihe in $\alpha/2\pi$ berechnet werden, die einige geringfügige Terme höherer Potenzen beinhaltet. Diese Größe wurde im Rahmen der Quantenelektrodynamik (QED) mit Hilfe der Potenzreihe in $\alpha$ auf neun Dezimalstellen genau berechnet. Dabei wurden 826 Feynman-Diagramme ausgewertet.

## 2 Die Konstanten als natürliche Maßeinheiten

Schon bald nach der Entdeckung der Fundamentalkonstanten erkannte man ihre Bedeutung als natürliche Maßeinheiten. Wir können aus den Konstanten ohne weiteres Einheiten für Masse, Länge und Zeit ableiten. In Tabelle 2 sind die Einheiten angegeben, die auf den Größen $h/2\pi$, $m_e$, $e$ und $\varepsilon_0$ basieren; $\varepsilon_0$

**Fundamentalkonstanten 2:** Die natürlichen Einheiten von Länge, Masse, Zeit und elektrischer Stromstärke in dem System, das auf Kombinationen der Grundgrößen $\hbar = h/2\pi$, $m_e$, $\varepsilon_0$ und $e$ beruht.

| Größe | Natürliche Einheit | Näherungswert in SI-Einheiten |
|---|---|---|
| Länge | $4\pi\varepsilon_0\hbar^2/m_e e^2$ | $5{,}292 \cdot 10^{-11}$m |
| Masse | $m_e$ | $9{,}109 \cdot 10^{-31}$kg |
| Zeit | $(2/\pi)\varepsilon_0 h^3/m_e e^4$ | $2{,}418 \cdot 10^{-17}$s |
| elektrische Stromstärke | $m_e e^5/(4\pi\varepsilon_0)^2 h^3$ | $6{,}623 \cdot 10^{-3}$A |

zählt dazu, obwohl es im cgs-System oft weggelassen wird, weil es hier den Zahlenwert eins hat.

Außerdem gibt es die Planckschen Einheiten, die man aus $h$, $c$ und $G$ bildet: die Plancksche Masse $m_P$, die Plancksche Länge (oder Elementarlänge) $l_P$ und die Plancksche Zeit $t_P$. Sie spielen die Rolle von lokalen Einheiten, wenn es um die kleinen Längen- und Zeitmaßstäbe bei der Beschreibung des »Urknalls« im frühen Universum geht. Eine andere interessante dimensionslose Größe ist in diesem Zusammenhang die Gravitations-Feinstrukturkonstante $\alpha_G = 2\pi G m_p^2/hc \approx 5 \cdot 10^{-39}$.

Aus alldem wird deutlich, daß uns die Natur kein bestimmtes »natürliches« Maßsystem anbietet. Es gibt sogar noch viel mehr Möglichkeiten, wenn man die gegebenen Ausdrücke mit $\alpha$ bzw. $\alpha_G$ multipliziert oder durch sie dividiert. Diese Größen sind besser für Systeme mikroskopischer Größenordnungen geeignet als für makroskopische Systeme.

## 3 Sind die Konstanten wirklich konstant?

Man sieht leicht darüber hinweg, daß wir uns inmitten eines Universums befinden und von ihm beeinflußt werden, ebenso wie alle unsere Uhren, Maßstäbe, Waagen usw. Einige Physiker scheinen dies aber zu ignorieren, wenn sie von der Großen Vereinheitlichung von Kernkräften, Gravitationskräften und elektromagnetischen Kräften sprechen und dabei eine Variation der fundamentalen Konstanten bei den extrem kleinen Zeiträumen während des Urknalls erwägen. Dazu müßten sie effektive »Maßstäbe« und »Uhren« haben, um physikalische Größen von größerer Konstanz zu ermitteln, mit denen solche Variationen zu beschreiben wären. Ein derartiger grundlegenderer Satz invarianter Größen könnte existieren, jedoch wurden noch keine solchen Größen gefunden.

Vor allem in den dreißiger Jahren gab es aufgrund einiger Messungen Diskussionen darüber, ob die Lichtgeschwindigkeit sich im Laufe der Zeit ändert. Inzwischen ist man sicher, daß die scheinbar gemessenen Variationen auf Meßfehlern beruhten, die größer waren als ursprünglich angenommen. Das Vertrauen der heutigen Physiker in die Konstanz der Lichtgeschwindigkeit $c$ ist so groß, daß deren Zahlenwert zur Definition der Einheit Meter im SI-Einheitensystem herangezogen wurde. Das macht es fast (aber keineswegs ganz) unmöglich, irgendeine Variation von $c$ mit der Zeit zu entdecken, denn wir würden unwissentlich unsere Längeneinheit anpassen und damit jede Veränderung der Lichtgeschwindigkeit kompensieren! Wieder sehen wir uns dem Problem gegenüber, einen »Maßstab« zu finden, der stabiler ist als die Größe, die wir untersuchen.

Es ist interessant, nach zeitlichen Variationen dimensionsloser Konstanten über kosmologische Zeiträume hinweg zu suchen. Sowohl $\alpha$ als auch $m_p/m_e$ sind dimensionslose Größen, die gut untersucht wurden. Ihre Obergrenzen entsprechen derzeit einer Konstanz von besser als 1% während der gesamten bisherigen Existenzdauer des Universums – vorausgesetzt, daß die zugrunde liegenden Annahmen zutreffen. Man muß aber beachten, daß einige Versuche, mit denen man mögliche zeitliche Variationen von $G$ überprüfen will, eigentlich die Konstanz von $\alpha_G$ testen; außerdem wird dabei die Konstanz von $c$ und $h$ vorausgesetzt, die durch andere Messungen bestätigt wurde.

**Fundamentalkonstanten 3:** Die Planckschen Einheiten.

| Einheit | Symbol | Formel | Näherungswert in SI-Einheiten |
|---|---|---|---|
| Plancksche Masse | $m_P$ | $(hc/2\pi G)^{1/2}$ | $2{,}177 \cdot 10^{-8}$kg |
| Plancksche Elementarlänge | $l_P$ | $(Gh/2\pi c^3)^{1/2}$ | $1{,}616 \cdot 10^{-35}$m |
| Plancksche Zeit | $t_P$ | $(Gh/2\pi c^5)^{1/2}$ | $5{,}391 \cdot 10^{-44}$s |
| Gravitations-Feinstrukturkonstante | $\alpha_P$ | $Gm_P{}^2 2\pi/hc$ | $\approx 5 \cdot 10^{-39}$ |

## 4 Das Problem der SI-Einheiten

Die Genauigkeit, die wir den Konstanten zuschreiben, erhöhte sich etwa alle 15 Jahre um eine Dezimalstelle. Solche Verbesserungen können nicht endlos weitergehen, denn es muß offensichtlich eine Grenze dafür geben, wie genau man physikalische Messungen durchführen kann. Derzeit sind wir noch weit von allen natürlichen Limits entfernt. Aber es gibt eine praktische Begrenzung, die darauf beruht, daß wir die Definitionen der SI-Einheiten nicht beliebig genau realisieren können. Nachdem die Messung der Lichtgeschwindigkeit $c$ genauer als die Verkörperung des Meters wurde, ging $c$ in die Definition des Meters ein. In den letzten 20 Jahren wurde die Genauigkeit der elektrischen Konstanten im selben Ausmaß erhöht wie diejenige der elektrischen Einheiten. Die Unbestimmtheit in deren Verkörperung, in Verbindung mit unserer Kenntnis der Feinstrukturkonstanten, beherrscht die derzeitigen Bewertungen. Es ist möglich, daß elektrische Verkörperungen der Einheit Watt eine derart hohe Genauigkeit erreichen, daß sie einen Weg eröffnen, die Stabilität der Einheit Kilogramm zu überprüfen und eine neue Basis für sie zu schaffen, die nicht mehr auf dem Platinum-Iridium-Urkilogramm beruht, sondern auf fundamentalen Konstanten.

Setzen wir einen globalen Satz elektrischer Einheiten mit dem gleich, den das International Bureau of Weights und Measures (BIPM) ansetzt; nehmen wir ferner an, daß die derzeit gültigen Einheiten von Stromstärke, Widerstand und Spannung - also Ampere, Ohm und Volt - die Werte $A_{BI85}$, $\Omega_{BI}$ bzw. $V_{BI}$ haben. Dann beinhalten die Messungen der Fundamentalkonstanten auch diese Größen und liefern Informationen sowohl über die Fundamentalkonstanten als auch über die Verkörperungen der SI-Einheiten. (Im folgenden geben die Indizes das Jahr an; so war $\Omega_{BI85}$ der im Jahre 1985 gültige Mittelwert einer Reihe von Standard-Widerständen am BIPM.) Außerdem gilt $A_{BI85} = V_{BI76}/\Omega_{BI85}$, und nach dem Josephson-Effekt gilt für das Volt: $V_{BI76} = [E/(2e/h)]$ V. Im Jahre 1972 legte das Consultative Committee on Electricity (CCE) in der General Conference on Weights and Measures (CGPM) für $E$ exakt den Wert 483594GHz/V fest.

Im Jahre 1990 ersetzte das CCE diesen Wert durch eine andere Größe, nämlich die Josephson-Konstante $K_{J\text{-}90} = 483597{,}9(1 \pm 0{,}4 \cdot 10^{-6})$GHz/V. Die Einheit der Spannung wurde in allen Ländern entsprechend angepaßt. Der international anerkannte Wert der Von-Klitzing-Konstanten $R_K$, die mit dem Quanten-Hall-Effekt zusammenhängt, ist danach $R_{K-90} = 25812{,}807(1 \pm 0{,}2 \cdot 10^{-6})\Omega$. Die Invarianz der Größe $K_{J\text{-}90}$ ist die Basis für $V_{BI90}$, die Verkörperung des BIPM für die Einheit Volt, und $R_{K\text{-}90}$ ist die Basis für $\Omega_{BI90}$, die Verkörperung des BIPM für die Einheit Ohm. Das ist nicht zu verwechseln mit dem quantisierten Hall-Widerstand $R_H = h/e^2$ oder mit den Konstanten $2e/h$ in der Josephsonschen Spannungs-Frequenz-Relation.

## 5 Wie bestimmen wir die Werte der Fundamentalkonstanten?

Die Bestimmung der Werte der physikalischen Konstanten stellt eine wichtige Verknüpfung zwischen Theorie und Experiment dar. So können unsere Kenntnisse in den einzelnen Bereichen der Physik sehr wirksam überprüft und gegeneinander abgeglichen werden, weil verschiedene Kombinationen der Zahlenwerte der Konstanten aus Messungen unterschiedlicher physikalischer Phänomene stammen können. Spektakuläre neue Verfahren, die den betreffenden Wissenschaftlern oft den Nobelpreis einbrachten, ersetzten ältere und gaben der Physik neue Impulse. So wurde Millikans Messung der Elementarladung mit Hilfe der Öltröpfchen ersetzt durch indirekte Messungen, bei denen Kombinationen von Fundamentalkonstanten eine Rolle spielten. Die Lichtgeschwindigkeit ist keineswegs mehr Bestandteil der Bewertung und wurde sogar Basis der Definition der Längeneinheit Meter.

Normalerweise muß man Messungen von mehr Größen einbeziehen, als Fundamentalkonstanten zu bestimmen sind. Dadurch ist man in der Lage, Diskrepanzen zu erkennen. Bei Messungen von $G$ besteht derzeit ein besonderes Problem. Neuere Bestimmungen weichen viel stärker voneinander ab, als es den Fehlergrenzen entspricht. Die Folge waren neue Überlegungen und weitere Messungen. Bisher trat $G$ in keiner meßbaren Kombination mit irgendeiner anderen Fundamentalkonstante auf, die eine genauere Bestimmung erlaubte.

Anfangs waren die Werte, die von verschiedenen Forschern aus den verfügbaren Daten abgeleitet wurden, nicht konsistent. Die erste systematische Bewertung wurde 1929 von R.T. Birge durchgeführt. Die von ihm vorgeschlagenen Werte wurden international anerkannt. Er stellte in seinen Arbeiten einige interessante Unstimmigkeiten heraus, vor allem hinsichtlich der Messungen von Elementarladung und Rydberg-Konstante. Lange vor der Ära von Rechenmaschinen oder gar Computern mußte Birge vergleichsweise simple Rechenverfahren - oft halbgraphische - anwenden, um die Daten auszuwerten. Heute können wir Computer zu Hilfe nehmen und kennen auch etliche sehr ausgeklügelte Verfahren, um einen einheitlichen, stimmigen Satz von Werten aus einer überbestimmten Datenmenge zu erhalten (↗*Fundamentalkonstantenausgleich*). Doch stets ist die Urteilskraft der Auswertenden entscheidend.

Zur Zeit befaßt sich ein Komitee angesehener Wissenschaftler, die CODATA Task Group on Fundamental Constants, mit der Bewertung experimenteller Daten. Sobald man sich hier darüber einig ist, welche Messungen einzubeziehen sind und ob die ursprünglichen Bewertungen der Meßunsicherheiten modifiziert werden müssen, ermittelt man mit statistischen Methoden einen sozusagen unparteiischen Satz von Werten und Abschätzungen der Unsicherheiten.

Die jüngste derartige Bewertung wurde 1986/87 vorgenommen und ersetzte diejenige von 1973. Die Werte von 1987 sollen angepaßt werden, sobald man sicher ist, daß ausreichend neue Daten vorliegen. Momentan gibt es relativ wenige Messungen, die Einfluß auf die Werte haben, und seit 1987 wurden nur wenige Werte publiziert, die sich auf die wichtigsten Größen beziehen. Als dieser Artikel geschrieben wurde (Ende 1997), schien es so, als seien die Werte von 1987 im Rahmen der jeweiligen Unsicherheiten im wesentlichen korrekt. Allerdings legen einige Präzedenzfälle in solchen Situationen es nahe, vorsichtig zu sein!

Man kann die experimentellen Daten in zwei Gruppen einteilen. In die erste fallen die sogenannten Hilfs- oder Stützkonstanten; zu ihnen gehören Größen, die einige zehnmal genauer ermittelt wurden als die übrigen. So liefern Größen wie $m_p/m_e$ oder die Rydberg-Konstante Kombinationen von $e$, $m_e$, $m_p$ und $h$, die so viel genauer bekannt sind als andere Meßwerte, daß sie dazu dienen können, die Relationen zwischen Werten der verschiedenen Konstanten festzulegen. Daher konnte man die

Anzahl der weniger genau bekannten Konstanten drastisch herabsetzen. Zu den 1986/87 evaluierten Stützkonstanten zählen die relativen oder reduzierten Atommassen (angegeben in der Form $1 + m_e/m_a$), die Molmasse $M_p$ des Protons, ferner $\mu_0$, $R_\infty$, der Myonen-g-Faktor $g_\mu$ sowie $\mu_e/\mu_p$ und $\mu_p/\mu_B$. Alle diese Größen sind heute mit einer Genauigkeit von besser als 2 zu $10^8$ bekannt (zur zweiten Gruppe der Größen siehe Tabelle 4).

Man kann sich vorstellen, daß jede einzelne Kombination weniger genauer Konstanten die Werte in eine andere Richtung beeinflußt, wobei dieser Trend für die genauesten Messungen am größten ist. Daher »ziehen« Messungen des redundanten Satzes $e$, $h/e^2$ und $2e/h$ die Größen $e$ und $h$ in unterschiedliche Richtungen.

## 6 Die weniger genauen Daten, die zur Festlegung beitrugen

In einer vorläufigen Bewertung sollte festgelegt werden, welche der vorliegenden Messungen auszuschließen waren, weil sie von den übrigen zu stark abwichen, und welche Unsicherheiten zu erweitern oder einzuschränken waren. Das Zurückweisen vorliegender Daten ist stets riskant, vor allem da sich in der Vergangenheit schon gezeigt hatte, daß sich publizierte Werte um einen unrichtigen Wert gruppierten. Daher sind die 1987 vorgeschlagenen relativen Veränderungen der Werte von $e$, $h$ und $m_e$ um rund 1,5 Teile von $10^5$ darauf zurückzuführen, daß zwei Messungen der Faraday-Konstanten, die im Jahre 1973 einbezogen worden waren, nun ausgeschlossen wurden. Die meisten Messungen kombinieren eine kleine statistisch ermittelte Komponente mit einer größeren Unsicherheitskomponente, die in beträchtlichem Ausmaß vom Gefühl des betreffenden Metrologen bestimmt wird.

Die experimentellen Größen, die im Jahre 1986 in die Bewertung der Konstanten eingingen, sind in Tabelle 4 zusammengestellt. Jede von ihnen wird über die Stützkonstanten und die ausgewählten Unbekannten ausgedrückt: $\alpha$, $K_\Omega$, $K_V$, $\mu_\mu/\mu_p$ und die Gitterparameter $d_{220}$ des Siliciums.

## 7 Die in den Jahren 1986/87 evaluierten Werte

Tabelle 5 enthält eine Auswahl der im Fundamentalkonstantenausgleich von 1986/87 erzielten Werte. Derzeit geht man davon aus, daß noch vor dem Jahre 2000 ausreichend viele Daten vorliegen werden, um eine neue Bewertung durchzuführen. Außerdem hofft man auf neue Realisierungen der Einheit Watt $K_W = K_V \cdot K_A$ mit neuer relativer Unsicherheit $< 10^{-7}$. Dies hätte größere Auswirkungen auf die Bewertung als die Messungen (2) bis (4) und (6) in Tabelle 4. Eine erste Bestimmung von $K_W$ nach der neuen Methode wurde beim Festsetzen des Wertes von $K_{J-90}$ berücksichtigt.

**Fundamentalkonstanten 4:** Die Bestimmungen der in die Bewertung von 1986/87 schließlich einbezogenen Größen und die Ausdrücke in Abhängigkeit von den Stützkonstanten [ ] und den Unbekannten $\alpha$, $K_\Omega$, $K_V$, $\mu_\mu/\mu_p$ und $d_{220}$.

| | Gemessene Größe |
|---|---|
| 1. | Fünf Bestimmungen von $K_\Omega$, ermittelt aus berechenbaren Kapazitäts-Realisierungen; relative Genauigkeit 1,1 bis 3,6 zu $10^7$<br>$\Omega_{BI85} = K_\Omega \Omega$ |
| 2. | Sechs Stromwaagen-Messungen von $K_A = A_{BI85}/A = K_V/\ K_\Omega$. Dabei ist $A_{BI85} = V_{BI76}/\Omega_{BI75}$; relative Genauigkeit 4,1 bis 6,1 zu $10^6$<br>$A_{BI85} = K_V\ K_\Omega{}^{-1} A$ |
| 3. | Zwei Bestimmungen von $K_V$ aus Spannungswaagen-Messungen; relative Genauigkeit $2{,}4 \cdot 10^{-6}$ bzw. $6 \cdot 10^{-7}$<br>$V_{BI76} = K_V\ V$ |
| 4. | Eine Messung der Faraday-Konstanten durch Coulometrie; relative Genauigkeit $1{,}33 \cdot 10^{-6}$<br>$F_{BI85} = [M_p cE/(4R_\infty m_p/m_e))]\ \alpha^2 K_V{}^{-2} K_\Omega$ |
| 5. | Sechs Messungen des gyromagnetischen Verhältnisses $\gamma'_p$ (low) des Protons in Wasser bei schwachem Feld; relative Genauigkeit zwschen $2{,}4 \cdot 10^{-7}$ und $3{,}25 \cdot 10^{-6}$<br>$\gamma'_{pBI85} = [c(\mu_p/\mu_B)E/4R_\infty]\ \alpha^{-2} K_\Omega{}^{-1}$ |
| 6. | Vier Messungen des gyromagnetischen Verhältnisses $\gamma'_p$(high) des Protons in Wasser bei starkem Feld; relative Genauigkeit zwischen $1 \cdot 10^{-6}$ und $5{,}4 \cdot 10^{-6}$<br>$\gamma'_p(\text{high})_{BI85} = [c(\mu_p/\mu_B)E/4R_\infty]\ \alpha^{-2} K_V{}^{-2} K_\Omega$ |
| 7. | Zwei Messungen des Gitterparameters $d_{220}$(Si) reinen Siliciums durch Auszählen der Röntgen-Interferenz-Ringe; relative Genauigkeiten $1 \cdot 10^{-7}$ und $2{,}3 \cdot 10^{-6}$ |
| 8. | Eine Messung der Molmasse $V_m$(Si) reinen Siliciums im Vakuum bei 22,5 °C, bestimmt aus Molgewicht und Dichte des Siliciums.<br>$V_m(\text{Si}) = [M_p \mu_0 c^2 E^2/\{32^{1/2}(m_p/m_e)R_\infty\}] \cdot \alpha K_V{}^{-2} d^3{}_{220}$ |
| 9. | Sechs Messungen des Quanten-Hall-Effekt-Widerstands, ausgedrückt in Abhängigkeit von $\Omega_{BI85}$; relative Genauigkeit zwischen $1{,}2 \cdot 10^{-7}$ und $2{,}2 \cdot 10^{-7}$<br>$(R_H)_{BI85} = [\mu_0 c/2] \cdot \alpha^{-1} K_\Omega{}^{-1}$ |
| 10. | Zwei Messungen der Feinstruktur-Konstanten $\alpha$ aus $a_e$(expt) und $a_e$(theor); relative Genauigkeit $6{,}5 \cdot 10^{-8}$ und $3{,}25 \cdot 10^{-7}$ |
| 11. | Zwei Messungen des magnetischen Moments des Myons, ausgedrückt in Abhängigkeit des Proton-Moments, $\mu_\mu/\mu_p$; relative Genauigkeit $3{,}6 \cdot 10^{-7}$ bei den Messungen des Myon-Grundzustands der Hyperfeinaufspaltung $\nu_{\mu(hfs)}$ bzw. $6{,}5 \cdot 10^{-8}$ bei einem Resonanz-Experiment |
| 12. | Eine Messung der Hyperfeinaufspaltung $\nu_{\mu(hfs)}$ des Myons, unter Berücksichtigung der theoretischen Unsicherheit in $\nu_{\mu(hfs)}$<br>$\nu_{\mu(hfs)} = [16R_\infty c(\mu_p/\mu_B)/\{3(1 + m_e/m_\mu)^3\}]q \cdot \cdot \alpha^2(\mu_\mu/\mu_p)$; $q = 1{,}00095761(14)$ |

Bei der nächsten Bewertung sollten die Unsicherheiten vieler Konstanten rund zehnmal kleiner als derzeit sein.

**Fundamentalkonstanten 5:** Einige im Jahre 1986 von CODATA empfohlenen Werte fundamentaler physikalischer Konstanten.

| Größe | Symbol | Wert | Einheiten |
|---|---|---|---|
| Lichtgeschwindigkeit im Vakuum | $c$ | 299792458 (exakt) | $m\,s^{-1}$ |
| magnetische Feldkonstante | $\mu_0$ | $4\pi$ (exakt) | $\cdot 10^{-7} N\,A^{-2}$ |
| elektrische Feldkonstante | $\varepsilon_0$ | 8,854187817...(exakt) | $\cdot 10^{-12} F\,m^{-1}$ |
| Plancksches Wirkungsquantum | $h$ | 6,6260755(40) | $\cdot 10^{-34} J\,Hz^{-1}$ |
| Elementarladung (des Protons) | $e$ | 1,60217733(49) | $\cdot 10^{-19} C$ |
| Avogadro-Konstante | $N_A$ | 6,0221367(36) | $\cdot 10^{23} mol^{-1}$ |
| Newtonsche Gravitationskonstante | $G$ | 6,67259(85) | $\cdot 10^{-11} m^3 kg^{-1} s^{-2}$ |
| Boltzmann-Konstante | $k_B$ | 1,380658(12) | $\cdot 10^{-23} J\,K^{-1}$ |
| Molare Gaskonstante | $R$ | 8,314510(70) | $J\,mol^{-1} K^{-1}$ |
| Ruhemasse des Elektrons | $m_e$ | 9,1093897(54) | $\cdot 10^{-31} kg$ |
| Ruhemasse des Protons | $m_p$ | 1,672623(10) | $\cdot 10^{-27} kg$ |
| als Vielfaches der Elektronen-Ruhemasse | $m_p/m_e$ | 1836,152701(37) | |
| Feinstrukturkonstante | $\alpha$ | 7,29735308(33) | $\cdot 10^{-3}$ |
| inverse Feinstrukturkonstante | $a^{-1}$ | 137,0359895(6) | |
| Rydberg-Konstante | $R_\infty$ | 10973 731,534(13) | $m^{-1}$ |
| Bohrscher Radius | $a_0$ | 0,529177 249(24) | $\cdot 10^{-10} m$ |
| magnetisches Flußquantum | $\Phi_0$ | 2,067834 61(61) | $\cdot 10^{-15} Wb$ |
| Stefan-Boltzmann-Konstante | $\sigma$ | 5,67051(19) | $\cdot 10^{-8} W\,m^{-2} K^{-4}$ |
| magnetisches Moment des Elektrons | $\mu_e$ | 928,47701(31) | $\cdot 10^{-26} J\,T^{-1}$ |
| in Bohrschen Magnetonen | $\mu_e/\mu_B$ | 1,001159652193(10) | |
| magnetisches Moment des Protons | $\mu_p$ | 1,41060761(47) | $\cdot 10^{-26} J\,T^{-1}$ |
| in Kernmagnetonen | $\mu_p/\mu_N$ | 2,792847386(63) | |
| gyromagnetisches Verhältnis des Protons (sphärische Wasserprobe bei 25 °C) | $\gamma'_p$ | 42,576375(13) | $\cdot 10^{6} Hz\,T^{-1}$ |
| Einige Größen, die als »Einheiten« dienen: | | | |
| atomare Masseneinheit | u | $1,660540 \cdot 2(10)$ | $\cdot 10^{-27} kg$ |
| Elektronenvolt | eV | $1,602177 \cdot 33(49)$ | $\cdot 10^{-19} J$ |
| Plancksche Masse | $m_P$ | 2,17671(14) | $\cdot 10^{-8} kg$ |
| Plancksche Elementarlänge | $l_P$ | 1,61605(10) | $\cdot 10^{-35} m$ |
| Plancksche Zeit | $t_P$ | 5,39056(34) | $\cdot 10^{-44} s$ |
| Josephsonsches Frequenz-Spannungs-Verhältnis | $2e/h$ | 4,8359767(14) | $\cdot 10^{14} Hz/V$ |
| Josephson-Konstante | $K_{J-90}$ | $483597,9(1 \pm 0,4 \cdot 10^{-6})$ | GHz/V |
| quantisierter Hall-Widerstand | $R_H$ | 25812,8056(12) | Ω |
| Von-Klitzing-Konstante | $R_{K-90}$ | $25812,807(1 \pm 0,2 \cdot 10^{-6})$ | Ω |

1) Ziffern in Klammern sind die abgeschätzten Standardabweichungen der letzten angegebenen Stelle. Zum Beispiel ist 6,6260755(4) zu lesen als 6,6260755 ± 0,000 0004

Für die Zukunft können wir erwarten, daß die Unsicherheiten der meisten Fundamentalkonstanten weiter sinken und daß einige von diesen eine immer größere Rolle bei der Definition der SI-Einheiten spielen werden. Die heutigen Größen charakterisieren die Physik des 20. Jahrhunderts, und man sollte sich darüber im klaren sein, daß die bloße Existenz vieler von ihnen vor 100 Jahren kaum erkannt wurde. Es kann gut sein, daß ein weitaus grundlegenderer Satz von Konstanten erarbeitet wird, wenn unser Verständnis der Physik im 21. Jahrhundert tiefer wird. Wichtig werden dabei vor allem Erkenntnisse aus der Quantenchromodynamik (QCD) und hinsichtlich der elektroschwachen Wechselwirkung sein – möglicherweise als Resultat einer erfolgreichen Großen Vereinheitlichten Theorie.

[*Anmerkung*: Manche Leser benötigen vermutlich die Werte der Fundamentalkonstanten in ihren zitierten Genauigkeiten. Dabei ist aber zu beachten, daß viele der ermittelten Größen stark miteinander verknüpft sind. Das bedeutet: Wenn sich eine der Konstanten als fehlerhaft herausstellt, dann werden auch andere nur eine vergleichbare Genauigkeit aufweisen. Diese Korrelationen bedeuten auch, daß beispielsweise die Unsicherheit von $m_p/m_e$ viel geringer ist als die kombinierte Unsicherheit von $m_p$ und $m_e$. Zudem könnten u.a. Veränderungen von $m_p$ und $m_e$ viel größer sein als Veränderungen von $m_p/m_e$. Daher wird davor gewarnt, die Unsicherheit von Kombinationen von Konstanten zu berechnen, die nicht in der Tabelle angegeben sind, ohne die volle Varianz anzusetzen, nämlich die Kovarianz-Unsicherheits-Matrix. Vorläufig müssen auch die von der Größe $G$ abhängigen Werte mit Vorsicht verwendet werden.]

## Literaturhinweise

E.R. Cohen, K.M. Crowe, J.W. M. DuMond: *Fundamental Constants of Physics.* (New York: Interscience, 1957);

K.D. Froome, L. Essen: *Velocity of light and radio waves.* (London: Academic Press, 1969);

E.R. Cohen, B.N. Taylor: *J. Phys. Chem. Ref. Data* **17**, 1795–1803 (1988);
B.W. Petley: *Fundamental Constants and the frontier of Measurement.* Update 1988 (Bristol: Adam Hilger, 1988) ISBN 0-85274-388-2;
J. Bordtfeldt, B. Kramer: *Units and Fundamental Constants in Physics and Chemistry.* Sub-volume b: *Fundamental Constants in Physics and Chemistry.* (Berlin: Springer-Verlag, 1992).

**Fundamentalkonstantenausgleich,** eine Ausgleichsrechnung nach der Methode der kleinsten Quadrate, um einen konsistenten Satz von ↗Fundamentalkonstanten zur Verfügung zu stellen. Hierbei sollen erstens die anzugebenden Unsicherheiten auf der Basis der vorliegenden Experimente so gering wie möglich sein, zweitens sollen aber in den Tabellenwerten die Verknüpfungen der Fundamentalkonstanten untereinander berücksichtigt sein, so daß die Unsicherheit des Tabellenwertes nicht von einer bestimmten verwendeten Beziehung abhängt.
Voraussetzung des Fundamentalkonstantenausgleichs ist, daß die verschiedenen experimentellen Bestimmungen einer Fundamentalkonstante nicht zu signifikant anderen Ergebnissen führen. Ist dies doch der Fall, muß im Rahmen einer Bewertung entschieden werden, welche Experimente für die höhere Unsicherheit in Frage kommen. Solche Bewertungen führt das Committee on Data for Science and Technology (CODATA) im International Council of Scientific Unions (ICSU) durch und gibt im Abstand von etwa 10 bis 15 Jahren neue Tabellen mit zum allgemeinen Gebrauch empfohlenen Werten der Fundamentalkonstanten heraus (letzte Ausgabe 1986/87).

**Fundamentalpunkte,** physikalisch sehr genau definierte Zustände, deren Temperatur, je nach Temperaturskala, ein bestimmter Temperaturwert zugeordnet wird. Da die Temperatur im kalorischen Vierersystem als Grundgrößenart vorkommt, müssen die Temperatureinheiten als Grundeinheiten willkürlich festgelegt werden. Dazu dienen in den Temperaturskalen die Fundamentalpunkte.
Die Fundamentalpunkte der ↗*internationalen Temperaturskala* sind der Tripelpunkt des Wassers mit 273,16K und der Siedepunkt des Wassers mit 373,15K.

**Fundamentalschwingung,** *Hauptschwingung*, Normalschwingungen, ↗Schwingung, kleine.

**Fundamentalstern,** ein Stern, dessen Koordinaten und deren zeitliche Änderungen mit höchstmöglicher Genauigkeit bekannt sind. Seine Koordinaten müssen absolut, also unabhängig von denen anderer Sterne, bestimmt werden. Als Fundamentalsterne wählt man möglichst gleichmäßig über den gesamten Himmel verteilte Sterne aus. In ihrer Gesamtheit bilden sie ein *Fundamentalsystem* (Referenzsystem), die Grundlage zur Positionsbestimmung für alle anderen Himmelkörper.

**Fundamentalsystem, 1)** *Astronomie*: ↗Fundamentalstern.
**2)** *Mathematik*: eine Basis des ↗Vektorraums $L_h$ aller Lösungen einer homogenen linearen ↗Differentialgleichung *n*-ter Ordnung.

**Fünfer,** *Ewald*, deutscher Physiker, *14.10. 1908 Heidenheim a.d. Brenz, †29.6.1995 München; ab 1953 Dozent an der TH (später TU) in München, ab 1960 leitendes Mitglied des Instituts für Plasmaphysik in Garching; bedeutende Arbeiten zur Physik der Gasentladungen, der Plasmaphysik und Kernfusion; erzeugte mit seiner Arbeitsgruppe 1958 mit einem Z-Pinch erstmals in Deutschland in einem heißen Plasma Fusionsneutronen; konzipierte ab 1961 mit ISAR I eine der weltweit größten Pinch-Anlagen; bestimmte 1963 mittels der Streuung von Laserlicht erstmals die Temperatur von Plasmaelektronen.

**Fünf-Niveau-Schema,** ↗Niveauschema eines Lasers, bei dem fünf Energieniveaus beteiligt sind und der Laserübergang zwischen zwei mittleren angeregten Niveaus stattfindet.

**fünfte Kraft,** 1) eine spekulative neue, d.h. nicht zu den vier *fundamentalen Wechselwirkungen* gehörende, mittelreichweitige Kraft. Eine neue Auswertung der Originaldaten des ↗*Eötvös-Experiments* zur Überprüfung des schwachen ↗*Äquivalenzprinzips*, die von E. Fischbach und Mitarbeiter im Jahr 1985 durchgeführt wurde, ergab eine Abweichung von der universellen Gleichheit von träger und schwerer Masse, die proportional zur mittleren ↗*Baryonenzahl* der verwendeten Massen sein sollte. Die daraufhin postulierte fünfte Kraft sollte ca. 100mal schwächer als die Gravitationskraft und eine Reichweite von einigen hundert Metern besitzen. Neuere Experimente zur Überprüfung der Resultate ergaben jedoch, daß die Stärke einer fünften Kraft – wenn sie überhaupt existiert – im Bereich von $1\text{–}10^4$m mindestens $10^3\text{–}10^6$ mal schwächer als die Gravitationskraft sein muß.
2) ↗Superschwache Wechselwirkung.

**Funke,** *Funkenentladung*, elektrischer Ladungsausgleich in Form einer kurzen ↗*Gasentladung*. Der Funke unterscheidet sich vom ↗*Lichtbogen* durch die Dauer des Stromflusses, die beim Funken im Mikrosekundenbereich liegt, beim Lichtbogen über einen wesentlich längeren Zeitraum anhält. Ein Sonderfall ist der durch atmosphärische Aufladungen hervorgerufene ↗*Blitz*. Der Funke bildet sich in Form eines zeitlich begrenzten elektrischen Durchbruchs einer Isolierstrecke (meist Luft) aus und wird von Lichterscheinungen und je nach Stärke von knisternden oder knallenden Geräuschen begleitet. Das Auftreten des Funkens hängt sowohl von der elektrischen Feldstärke als auch von der Beschaffenheit und dem Druck des Gases in der ↗*Funkenstrecke* ab. Ein Funke entsteht, wenn in der Funkenstrecke die Ionenerzeugung durch Stoßionisation das Verschwinden der

Ionen durch Rekombination und Diffusion übertrifft. Es kommt zum lawinenartigen Anwachsen der Zahl der Ladungsträger (*Elektronenlawine*). Dadurch sinkt der Widerstand der Funkenstrecke innerhalb weniger Mikrosekunden um mehrere Größenordnungen, es kommt zum *Durchbruch* mit einem schnell wachsenden Stromfluß. In der Funkenstrecke bilden sich ein oder mehrere Funkenkanäle aus. Die umgesetzte Energie führt einerseits zu den funkenartigen Lichterscheinungen und andererseits durch eine rapide Erwärmung (und damit Ausdehnung) des umgebenden Gases zu dem typischen Knistern oder Knallen. Charakteristisch für eine Funkenentladung ist, daß der Energienachschub nicht ausreicht, um die Entladung über längere Zeit aufrechtzuerhalten: Die Feldstärke sinkt unter den zur Aufrechterhaltung des Ladungsübergangs durch Stoßionisation nötigen Wert ab, und der Funke erlischt. Der durch eine Funkenentladung bewirkte impulsartige Stromfluß wurde von H. ↗*Hertz* zur Schwingungsanregung bei der Erzeugung elektromagnetischer Wellen im ↗*Funkensender* genutzt.

**Funkendämpfung,** Verhältnis zweier aufeinanderfolgender Scheitelwerte der Stromstärke einer oszillatorischen Funkenentladung.
Wird durch einen Überschlag in einer ↗*Funkenstrecke* ein Ladungsausgleich in einem Reihenschwingkreis eingeleitet, so kann der Ladungsausgleich unter bestimmten Voraussetztungen oszillatorisch, d.h. unter mehrfachem Wechsel der Stromrichtung erfolgen. Eine solche oszillatorische Entladung findet immer dann statt, wenn das Verhältnis Induktivität/Kapazität größer ist als das Quadrat des halben Widerstandes.
An dem Widerstand des Schwingkreises ist der Widerstand der Funkenstrecke selbst beteiligt, meist ist er wesentlich größer als die Widerstände der Zuleitungen und somit auch ein entscheidender Faktor für den Wert der Funkendämpfung. Da der Widerstand der Funkenstrecke je nach dem Ionisierungszustand um mehrere Größenordnungen schwanken kann, ist auch die Funkendämpfung ein stark schwankender und der Vorausberechnung nur sehr begrenzt zugänglicher Wert.

**Funkenentladung** ↗Funke.

**Funkeninduktor,** *Induktor*, Gerät zur Umwandlung von Gleichstrom in Wechselstrom hoher Spannung. wobei das Prinzip der Funkenentladung (↗*Funke*) genutzt wird. Ein Funkeninduktor besteht aus einem Hochspannungstransformator mit Kern, Primär- und Sekundärspule, einer ↗*Funkenstrecke* und einem Unterbrecher (*Wagnerscher Hammer* oder *Wehnelt-Unterbrecher*). Durch die Wirkung des Unterbrechers werden bei angelegter Gleichspannung Gleichstromimpulse auf die Primärspule gegeben. In der Sekundärspule werden durch elektromagnetische ↗*Induktion* Wechselspannungsstöße hoher Intensität erzeugt, die zur Funkenentladung über die Elektroden der Funkenstrecke führen. Mit Funkeninduktoren lassen sich Spannungen von einigen 100kV bei Funken-Schlagweiten von etwa 1m erzeugen. Vor der Entwicklung von Wechselstromgeneratoren diente der Funkeninduktor als Hochspannungserzeuger, vor allem zum Betrieb von Röntgenröhren. Der Funkeninduktor ist auch Kernstück des von H. ↗*Hertz* bei seinen Versuchen zum Nachweis der elektromagnetischen Wellen verwendeten *Funkensenders*. Heute wird der Funkeninduktor nur noch zu Demonstrations- oder Experimentierzwecken verwendet.

**Funkenkammer,** in der Hochenergiephysik ein *Spurdetektor* mit Gasfüllung, der zum Nachweis der Spur des einfallenden geladenen Teilchens dient (neben ↗*Szintillatoren*). Die Spur wird durch die gesteuerte Erzeugung einer Elektronenlawine (Prinzip der ↗*Gasverstärkung*) entlang der primären Ionisationsspur des geladenen Teilchens im Gas des Detektors sichtbar gemacht. Funkenkammern zählen zu den optischen ↗*Gasspurkammern*. Im Aufbau sind Funkenkammern identisch mit den ↗*Funkenzählern*, von denen sie sich nur dadurch unterscheiden, daß bei letzteren zwischen den Elektroden eine Gleichspannung anliegt, bei den Funkenkammern dagegen ein Hochspannungsimpuls. Über die Zeitdauer dieses Impulses lassen sich die Lawinengröße bzw. die Lichtintensität regeln.

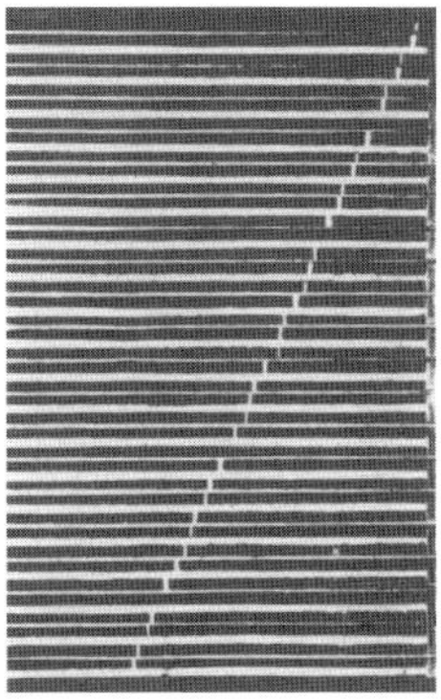

**Funkenkammer:** Spur eines Höhenstrahlungsmyons in einer Vielplatten-Funkenkammer.

**Funkensender,** ältester ↗Sender, der von H. ↗Hertz für seine grundlegenden Versuche mit elektromagnetischen Wellen verwendet wurde (↗Funke, ↗Funkeninduktor).

**Funkenstrecke,** 1) der Raum zwischen den Elektroden bei einer *Funkenentladung* (↗*Funke*);
2) in die Strombahn eingeschaltete Gasstrecke, die von einem Funken durchschlagen wird, wenn die anliegende Spannung einen Grenzwert überschreitet. Vorwiegend zum Schutz vor Überspannungen eingesetzt.
3) Meßfunkenstrecke, Gerät mit zwei im Abstand veränderbaren, gegeneinander isolierten metallischen Elektroden zum Messen hoher Spannungen aus dem Elektrodenabstand, bei dem die Funkenentladung einsetzt. Je nach der Form der Elektroden unterscheidet man Kugelfunkenstrecken und Spitzenfunkenstrecken.

**Funkenzähler,** ein Gasdetektor (↗*Gasspurkammer*), in dem ein hochenergetisches ionisierendes Teilchen einen Funken auslöst. Die Entladung erfolgt in $<10^{-9}$s, weshalb der Zähler als schneller Zeitzähler zum Einsatz kommt. Ein Nachteil des Zählers liegt in der relativ großen ↗*Totzeit* von 1ms bis 200ms. Der Funkenzähler besteht aus mehreren in etwa 2mm Abstand voneinander befindlichen parallelen Plattenelektroden. Die ↗*Gleichspannung* zwischen den Elektroden liegt gerade oberhalb der statischen ↗*Durchbruchsspannung* bei Normaldruck (etwa 2000V). Der Funkenzähler wird bei leichtem Überdruck betrieben und ähnelt im Betrieb einer *Fun-*

*kenkammer*, die nicht getriggert wird. Als Gasfüllung werden ↗*Edelgase* mit Löschgaszusätzen verwendet, die sekundäre Funkenbildung verhindern. Der Funken markiert den Ort des Teilchendurchgangs. Der Funken ist sichtbar und kann elektronisch mit Impulsanstiegszeiten von $10^{-10}$s oder photographisch bzw. mit elektronischen Bildverarbeitungstechniken registriert werden. Die Doppelspurauflösung ist $< 1$mm.

**Funkmeßtechnik,** ↗*Radar*, aktive Ortungstechnik mittels Funkwellen, im weiteren Sinne jede Art von Meßtechnik, die das Messen und Auswerten gesendeter oder empfangener Funkwellen umfaßt.

**Funknavigation,** spezielles Verfahren der Radartechnik (↗*Radar*) zur Führung eines Objektes in der Ebene (Schiffahrt) oder im Raum (Luft- und Raumfahrt) von einem Ausgangspunkt zu einem vorgegebenen Zielpunkt mit funktechnischen Mitteln, wobei meist bestimmte Bahnen und Zeiten einzuhalten sind. An Bord eines Wasser-, Raum- oder Luftfahrzeugs befindet sich jeweils ein eigener Sender und ein Empfänger für Fremdsendersignale oder die reflektierten Bordsendersignale. Diese Signale liefern Informationen über den momentanen Standort und/oder Bewegungszustand des Fahrzeuges und können über einen Computer gespeichert und ausgewertet werden.

**Funkschatten,** der Bereich, welcher hinter einem von elektromagnetischen Wellen angestrahlten Objekt bei quasioptischer Wellenausbreitung liegt. Um einen Funkschatten zu werfen, muß das Objekt groß gegenüber der Wellenlänge sein. Im Funkschatten kann eine Unterbrechung des Funkkontaktes zwischen Sender und Empfänger auftreten. So ist zum Beispiel die Funkverbindung zu einem Mondsatelliten unterbrochen, solange sich der Satellit hinter dem Mond (also im Funkschatten des Mondes) befindet.

**Funkstille** ↗Grenzfrequenz.

**Funktechnik,** *drahtlose Nachrichtentechnik*, Teilbereich der ↗*Nachrichtentechnik* und der *HF-Technik*, der sich mit der Erzeugung ↗*elektromagnetischer Wellen* (*Funkwellen*, ↗*Radiowellen*, ↗*Hertzsche Wellen*) und ihrer Anwendung bei der Informationsübertragung und zu Meßzwecken befaßt. Der Wortstamm »*Funk*« geht auf die anfangs übliche Erzeugung der Wellen mit ↗*Funkensendern* zurück und wird auch als Kurzbezeichnung für die Funktechnik oder ihre Teilbereiche verwendet. Wichtige Anwendungen sind die *Funkdienste* zur Informationsübertragung (Funktelegraphie, -fernschreiben und -telephonie, ↗Rundfunk, ↗*Fernsehen*, Richtfunk, Sprechfunk, Mobiltelefon), die Funkmeßtechnik und Funknavigation (↗*Radar*), die *Fernwirktechnik* (*Funkfernsteuerung*) sowie die ↗*Radioastronomie*.

**Funktional,** Abbildung einer Funktion $f$ auf einen Zahlkörper. Ein Beispiel für ein Funktional ist die auf dem ↗Hilbert-Raum gemäß $|\psi|^2 = \int \psi^*(\boldsymbol{x})\psi(\boldsymbol{x})\,\mathrm{d}^3x$ definierte Norm der Wellenfunktion $\psi$, durch die der Wellenfunktion eine reelle Zahl zugeordnet wird.
Der Begriff der ↗*Distribution* (z.B. der Diracschen ↗Delta-Funktion) kann als Erweiterung des Funktionalbegriffes verstanden werden.

**Funktionalanalysis,** Gebiet der Mathematik, dessen Wesen darin besteht, die übergreifenden Begriffe und Methoden der (elementaren) Analysis, der Geometrie und der Algebra auf allgemeinere Objekte auszudehnen, auf verallgemeinerte Funktionen, deren Wertevorrat und Definitionsbereich allgemeine topologische (meist lineare) Räume sind. Die im Zusammenhang mit der Quantenmechanik wichtigen Gebiete der Funktionalanalysis sind die Theorie der linearen Operatoren im Hilbert-Raum und die Theorie der ↗Distributionen.

**Funktionalintegral** ↗Pfadintegral.

**funktionelle NMR-Bildgebung,** Bezeichnung für Verfahren der ↗*Kernspintomographie* in Biologie und Medizin, bei denen der Bildkontrast durch physiologische Prozesse bedingt ist, die mit der Funktion des untersuchten Organs einhergehen (z.B. neuronale Erregung im visuellen Cortex nach optischer Stimulation).

**Funktionentheorie,** Teilgebiet der Mathematik, das sich mit den prinzipiellen Eigenschaften von Funktionen beschäftigt. Es teilt sich in zwei Zweige: die Theorie der Funktionen mit reellen Variablen und die Theorie der Funktionen mit komplexen Variablen. Erstere hat ihren Ursprung bereits in der klassischen Analysis, wo man überwiegend stetige Funktionen untersuchte. In der zweiten Hälfte des 19. Jh. wandte man sich dann allgemeineren Funktionenklassen zu und studierte Probleme wie Integration und Differentiation, die Definition von Funktionen als Grenzwert, die Länge von Kurven usw. Es zeigte sich, daß die klassischen Methoden nicht länger ausreichten und eine neue Fundierung der Analysis auf mengentheoretischer Grundlage gelegt werden mußte. Bei der Entwicklung der Theorie der Funktionen mit komplexem Argument, die als die eigentliche Funktionentheorie betrachtet wird, sind historisch verschiedene Wege gegangen worden, die jedoch alle auf die gleiche Klasse der sog. *analytischen* (*holomorphen*) *Funktionen* führten. K. ↗*Weierstraß* definierte analytische Funktionen über ihre Entwikkelbarkeit in eine Potenzreihe in der Umgebung eines einzelnen Punktes; den Funktionswert an einem anderen Punkt erhält man dann durch *analytische Fortsetzung* in die komplexe Ebene entlang verschiedener Wege, die die beiden Punkte verbinden. Dabei stößt man unvermeidlich auf ↗*Singularitäten*, die keine analytische Fortsetzung gestatten und das Problem von Funktionen aufwerfen, die in ihrem natürlichen Definitionsbereich mehrwertig sind, beispielsweise $w = z^{1/2}$ oder $w = \ln z$. Das Problem kann überwunden werden, wenn anstelle der komplexen Ebene ihr überlagerte Punktflächen, die *Riemannschen Flächen*, als Argumentbereiche benutzt werden. A.L. ↗*Cauchy* ging bei seiner Theorie der analytischen Funktionen vom Konzept der *Differenzierbarkeit* aus. Er entwickelte die Integrationstheorie analytischer Funktionen, bewies den bedeutenden ↗*Residuensatz* und den nach ihm benannten Integralsatz (↗*Cauchyscher Integralsatz*), und schuf das Konzept des Cauchy-Integrals

$$f(z)=\frac{1}{2\pi i}\int_{\Gamma}\frac{f(\zeta)d\zeta}{\zeta - z},$$

das den Funktionswert einer analytischen Funktion durch die Funktionswerte entlang eines geschlossenes Weges $\Gamma$ um $z$, wobei innerhalb des Weges keine singulären Punkte liegen, ausdrückt. Da komplexe Funktionen auf reelle Funktionen zurückführbar sind, stellt sich die Frage, ob sich aus der partiellen Differenzierbarkeit der reellen Komponenten auf die *komplexe Differenzierbarkeit* und damit auf die Holomorphie einer komplexen Funktion schließen läßt. Benutzt man komplexe Variablen $z=x+iy$ und $\bar{z}=x-iy$, kann jede Funktion $w=f(x,y)=u(x,y)+iv(x,y)$ zweier Veränderlicher $x$ und $y$ als Funktion von $z$ und $\bar{z}$ ausgedrückt werden. Analytisch ist sie dann, wenn die *Cauchy-Riemannschen Bedingungen* erfüllt sind, die fordern, daß $w=u(x,y)+iv(x,y)$ stetig partiell differenzierbar ist und überall im Gebiet $D$, auf dem die komplexe Funktion definiert ist, die Differentialgleichungen

$$\frac{\partial u}{\partial x}=\frac{\partial v}{\partial y},\quad \frac{\partial v}{\partial x}=-\frac{\partial u}{\partial y}$$

(*Cauchy-Riemannsche Differentialgleichungen*) erfüllt sind. Ein entscheidender Punkt für B. ↗*Riemann* war die Tatsache, daß durch bestimmte Abbildungseigenschaften analytischer Funktionen die Eigenschaft der Holomorphie der Eigenschaft der sog. *Konformität* äquivalent ist. Die Verbindung zwischen analytischen Funktionen und konformen Abbildungen eröffnete die Möglichkeit, zahlreiche Probleme der mathematischen Physik zu lösen. Die Zusammenfassung aller Aspekte gibt der Funktionentheorie eine beeindruckende Geschlossenheit, die auch Fragen beantwortet, die in der Theorie der reellen Funktionen offen bleiben. [UK]

**Funktionsanalyse,** Meßmethode in der ↗*Nuklearmedizin* zur quantitativen Erfassung der Dynamik biologischer Vorgänge. Dies geschieht durch die Registrierung zeitlicher Aktivitätsänderungen im untersuchten Organ nach Applikation eines ↗*Radiopharmazeutikums*. Die Durchführung der Messung erfolgt mit einer oder mehreren Szintillationsmeßsonden, an die ein integrierendes Meßsystem (Ratemeter) und ein Kurvenschreiber angeschlossen sind. Das Ratemeter gibt den Mittelwert der über eine gewisse Zeit gemessenen Quanten wieder. Eine weitere Möglichkeit der Funktionsanalyse ist die Funktionsszintigraphie (↗*Szintigraphie*) und für spezielle Stoffwechselvorgänge die Untersuchung mit *PET* (*Positronen-Emissionstomographie*). Angewandt wird diese Diagnosemethode häufig in der Nieren- und Schilddrüsenfunktionsanalyse.

**Funktionsgenerator,** ein Meßgenerator, mit dem Wechsel- und Mischspannungen vorgegebener Kurvenform erzeugt werden können. *Analoge Funktionsgeneratoren* wandeln z.B. Rechteck- in Sinusschwingungen um, sie zeigen ein überschwingungsfreies Frequenz-Umschaltverhalten, haben jedoch geringe Frequenzstabilität (Abb.). Handelsübliche Geräte überdecken einen Frequenzbereich von 1 μHz–50 MHz. *Digitale Funktionsgeneratoren* können beliebige Kurvenformen erzeugen. Sie bestehen aus einem ↗*Rechner*, einem ↗*Digital-Analog-Wandler* (*DAC*) und einem Ausgangs-Tiefpaßfilter, der das von Rechner und DAC erzeugte treppenförmige Signal glättet.

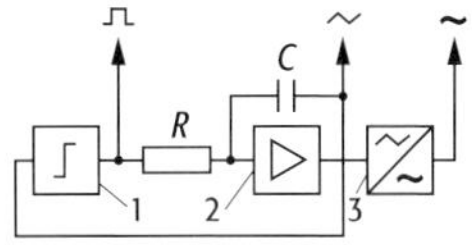


**Funktionsgenerator:** Prinzipschaltbild eines analogen Funktionsgegerators, 1: Schwellwertschalter, 2: Integrator, 3: Sinusmatrix.

**Funktionsszintigraphie** ↗Szintigraphie.

**Furry-Theorem,** Satz der Quantenfeldtheorie, dem zufolge ↗*Feynman-Diagramme* mit einer geschlossenen Fermionschleife und einer ungeraden Zahl äußerer Vektorbosonen keinen Beitrag für die Amplitude des zugehörigen Prozesses liefern. Ursprünglich wurde das Theorem 1937 von W.H. *Furry* im Rahmen der ↗*Quantenelektrodynamik* für Feynman-Diagramme mit einer geschlossenen Elektronenschleife und äußeren Photonen aufgestellt. Das Furry-Theorem beruht auf der ↗*C-Symmetrie* und hat eine große Bedeutung bei der Berechnung von Strahlungskorrekturen im Standardmodell der Elementarteilchenphysik.

**Fusion** ↗Kernfusion.

**Fusionsbarriere,** minimale Einschußenergie, die erforderlich ist, um in einer ↗*Fusionsreaktion* die elektrostatische Abstoßung der Kerne aufgrund ihrer Ladung zu überwinden. In einem schematischem Bild ist die Coulomb-Barriere das Maximum im Verlauf des effektiven *Streupotentials* als Funktion des Abstandes zwischen Projektil und Target, welches die Gebiete anziehender Kernkräfte und abstoßender Coulomb-Kräfte trennt. Die Fusionsbarriere ist formal identisch zur ↗*Coulomb-Barriere* (↗*Streuung*).

Die Höhe der Fusionsbarriere hängt stark vom System ab. Man berechnet für $^{14}N+^{12}C$, $^{14}N+^{238}U$ und $^{86}Kr+^{238}U$ die Werte 7,0, 74,6 und 333 MeV. Normiert auf die ↗*reduzierte Masse* ist sie in etwa konstant.

**Fusionsenergie,** ↗Q-Wert eines ↗*Fusionsprozesses*. Die Fusionsenergie wird bei der Verschmelzung von Nukleonen bzw. Kernen zu einem Kern frei. Sie resultiert aus dem ↗*Massendefekt* $Q_F=c^2(M_1+M_2-M_{1+2})$ aufgrund der Bindung von Protonen und Neutronen in einem Kern und wird entweder in Form von ↗*Gammastrahlung* abgegeben oder in kinetische Energie umgewandelt (↗*Zerfall* von Compoundkernen).

**Fusionsexperimentieranlagen** (Auswahl wichtiger Anlagen weltweit)

| Name und Abkürzung | Standort | Baujahr | Einschlußmethode | Laserleistung/ Magnetfeld/ Heizleistung | Forschungsbereiche | Internet-Adresse |
|---|---|---|---|---|---|---|
| MT1-1M Tokamak | KFKI Research Institute for Particle and Nuclear Physics Budapest | | Tokamak; Magnetfeld; Material: Wasserstoff | 1 Tesla | Plasmaverhalten; Verhalten von Pellet Wolken | http://www.rmki.kfki.hu/ |
| JET Joint European Undertaking | JET; Culham/UK | seit 1978 | Tokamak; Magnetfeld | 3 MA mit Radiowellen; 20 MW | Plasmaheizung; Plasmaparameter; Wechselwirkung Plasma/Reaktor; Plasmaverunreinigungen | http://www.jet.uk/ |
| ITER International Thermonuclear Reactor | ITER | seit 1987 | Tokamak; Magnetfeld | 4–5,7 T; Heizleistung 100 MW | supraleitende Magnetfeldspulen; Tritium-Technologie; Wärmeabführung; Sicherheits- und Umweltfragen | http://www.iter.org/ |
| Wendelstein 7-X | IPP Institut für Plasmaphysik Greifswald | in Planung seit 1994 | Stellarator; Magnetfeld | 3 T | Kraftwerkseigenschaften von Stellaratoren | http://www.ipp.mpg.de/ipp/w7x.html |
| Wendelstein 7-AS | IPP Institut für Plasmaphysik | 1988 | Stellarator; Magnetfeld | 2,5–3,5 T; Zusatzheizung 4,5 MW | Langzeitverhalten von Plasmen | http://www.ipp.mpg.de/ipp/w7as.html |
| JT-60U Tokamak | Jaeri, Japan | | Tokamak; Reversed Shear Plasma | Neutralstrahlinjektion 10MW | Verbesserung d. Plasma-Einschlusses; Kontrolle der Verunreinigungen; hochenergetische Teilchen | http://www-jt60.naka.jaeri.go.jp/ |
| ASDEX Upgrade; axialsymmetrisches Divertorexperiment; | IPP, Garching | 1990 | Tokamak; Magnetfeld | 3,9 T; 12 MW Neutralteilcheninjektion 6-9 MW; Hochfrequenzheizung 6 MW | Plasmaheizung; Plasmaparameter; Wechselwirkung Plasma/Reaktor; Plasmaverunreinigungen | http://www.ipp.mpg.de/ipp/asdup.html |

**Fusionsexperimentieranlagen** siehe obenstehende Tabelle.

**Fusionsforschung** ↗Kernfusion.

**Fusionsheizung** ↗Alphateilchenheizung.

**Fusionskraftwerk** ↗Kernfusionsreaktor.

**Fusionsplasma** ↗Plasma.

**Fusionsprozesse,** ↗*Fusionsreaktionen* leichter Kerne mit positivem Q-Wert. Der Energiegewinn wird in Form von kinetischer Energie der Reaktionsprodukte freigesetzt: zum Beispiel beträgt in der (d,t)-Reaktion mit einem Q-Wert von 17,6 MeV die kinetische Energie des Neutrons 14,1 MeV.

**Fusionsreaktion,** Bezeichnung für einen Prozeß der *inelastischen Kern-Kern-Streuung*, der zur Verschmelzung der beiden Kerne und damit zur Bildung eines ↗*Compoundkerns* führt. Der ↗*Zerfall* von Compoundkernen erfolgt durch Emission von Teilchen oder $\gamma$-Strahlung. Fusionsreaktionen leichter Kerne haben eine Bedeutung zur Gewinnung von Energie. (↗*Fusionsprozesse*)

**Fusionsprozesse** bis zur Kernladungszahl $A = 11$.

1. D + D → T + p + 4,03 MeV (50 %) → $^{3}$He + n + 3,27 MeV (50 %)
2. D + T → $^{4}$He + n + 17,6 MeV
3. T + T → $^{4}$He + 2n + 11,3 MeV
4. D + $^{3}$He → $^{4}$He + p + 18,3 MeV
5. T + $^{3}$He → $^{5}$Li + n + 12,1 MeV (51 %) → $^{4}$He + D + 14,3 MeV (43 %) → $^{5}$He + p + 14,3 MeV (6 %)
6. $^{3}$He + $^{3}$He → $^{4}$He + 2p + 12,8 MeV → $^{5}$Li + p + 11,0 MeV
7. p + $^{6}$Li → $^{3}$He + $^{4}$He + 4,0 MeV
8. D + $^{6}$Li → 2$^{4}$He + 22,4 MeV → $^{7}$Be + n + 3,4 MeV → $^{7}$Li + p + 5,0 MeV → $^{4}$He + T + p + 2,6 MeV → $^{4}$He + $^{3}$He + n + 1,8 MeV
9. $^{3}$He + $^{6}$Li → 2$^{4}$He + p + 16,8 MeV → D + $^{7}$Be + 0,1 MeV
10. $^{6}$Li + $^{6}$Li → 3$^{4}$He + 20,9 MeV → 2$^{4}$He + T + p + 1,1 MeV → 2$^{4}$He + $^{3}$He + n + 0,3 MeV → $^{11}$B + p + 12,2 MeV → $^{7}$Be + $^{4}$He + n + 1,9 MeV → $^{11}$C + n + 9,4 MeV → $^{10}$B + D + 3,0 MeV → $^{9}$B + T + 0,8 MeV
11. p + $^{7}$Li → 2$^{4}$He + 17,3 MeV
12. D + $^{7}$Li → 2$^{4}$He + n + 15,0 MeV
13. p + $^{9}$Be → 2$^{4}$He + D + 0,6 MeV (50%) → $^{6}$Li + $^{4}$He + 2,1 MeV (50 %)
14. p + $^{10}$B → $^{7}$Be + $^{4}$He + 1,15 MeV
15. p + $^{11}$B → 3$^{4}$He + 8,68 MeV
16. $^{4}$He + $^{11}$B → $^{14}$C + p + 0,8 MeV → $^{14}$N + n + 0,2 MeV

**Fusionsreaktor** ↗Kernfusionsreaktor.

**Futurebus,** ein von der ↗*IEEE* geplantes, nicht systemspezifisches skalierbares Bussystem mit Datenbus-Breiten zwischen 32 und 256 Bit und Adreßbus-Breiten von 32 bis 64 Bit. Mit dem *Futurebus+* wurde ein erster Entwurf dieses Systems realisiert. Die zu erwartende Datenrate dieses Bussystems beträgt bis zu 3200MByte/s. Problematisch erscheint, daß der Futurebus keine Behandlung von ↗*Interrupts* erlaubt.

**f-Zahl,** *F-Zahl*, der Kehrwert der *relativen Apertur*. Wird das Licht einer ausgedehnten Quelle mit einer ↗Linse der Brennweite $f$ abgebildet, so ist der gesammelte Energiebetrag in der Bildebene direkt proportional zur Fläche $A$ der Linse bzw. der *Eintrittspupille*. Ist diese Fläche kreisförmig, so ist $A \sim \sqrt{D}$ ($D$: Linsen- bzw. Aperturdurchmesser). Da die Bildfläche proportional zu $f^2$ ist, variiert die Flußdichte in der Bildebene mit $(D/f)^2$. Das Verhältnis $D/f$ wird als relative Apertur bezeichnet, dessen Kehrwert ist die f-Zahl. Eine Linse mit $f=$ 50mm und $D=25$mm hat demnach eine f-Zahl von 2 oder kurz f/2. Je kleiner die f-Zahl, desto mehr Licht gelangt in die Bildebene. Besonders Kameraobjektive werden mittels der f-Zahl gekennzeichnet, da die Belichtungszeit proportional $(D/f)^2$ ist.

**F-Zentrum,** Farbzentrum in Halogenidkristallen, bei denen in einer Halogenlücke ein einzelnes Elektron eingefangen ist. Das Elektron sitzt dabei aber nicht im Mittelpunkt der Lücke, sondern in der Nähe der Metallionen, die die Lücke umgeben.

# G

**g,** Einheitenzeichen für ↗Gramm.

**G, 1)** *Gs*, Einheitenzeichen für ↗Gauß.

**2)** Abkürzung für das Vorsatzzeichen ↗Giga ($10^9$).

**Ga,** Elementsymbol für ↗Gallium.

**Gabelbifurkation,** *Pitchfork Bifurcation*, Kodimension-1-Bifurkation (↗*Bifurkation*) eines stabilen ↗*Fixpunktes* mit Variation eines Parameters $\mu$. In diskreten oder kontinuierlichen ↗*dynamischen Systemen* ist eine Gabelbifurkation nicht generisch, da eine spezielle Symmetrie vorliegen muß. Ein dynamisches System

$$\frac{d\boldsymbol{x}}{dt} = \boldsymbol{F}_\mu(x)$$

mit eindimensionalem Parameter $\mu$ habe bei $\mu = 0$ die Ruhelage $\boldsymbol{x}^* = 0$. Hat die Jacobi-Matrix

$$\left.\frac{\partial \boldsymbol{F}_\mu}{\partial \boldsymbol{x}}\right|_{\boldsymbol{x}=\boldsymbol{x}^*}$$

nur einen Eigenwert mit Realteil null (*eindimensionale Zentrumsmannigfaltigkeit*), so wird das Bifurkationsverhalten durch ein eindimensionales dynamisches System erfaßt (Abb.). Im Falle der Gabelbifurkation hat dieses reduzierte System die Form $\dot{\boldsymbol{x}} = \mu\boldsymbol{x} - \boldsymbol{x}^3$. Für $\mu < 0$ findet man einen stabilen Fixpunkt $\boldsymbol{x}^* = 0$, der für $\mu > 0$ instabil wird, wobei zwei neue symmetrisch gelegene Fixpunkte $\boldsymbol{x}_i^* \neq 0$, $i = 1, 2$ entstehen (Abb.). Ein analoges Verhalten existiert auch für *iterierte Abbildungen*. Liegt die erwähnte Symmetrie nicht vor, so findet man typischerweise eine ↗*Tangentenbifurkation* (*Sattel-Knoten-Bifurkation*).

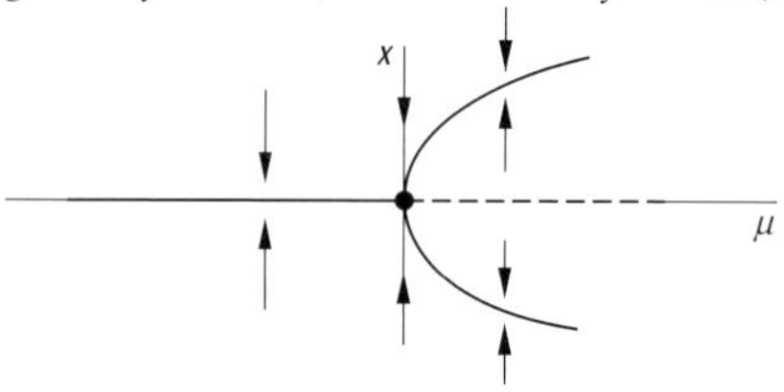


**Gabelbifurkation:** Das Bifurkationsdiagramm für eine Gabelbifurkation beschreibt Lage und Charakter der beteiligten Fixpunkte als Funktion eines Kontrollparameters $\mu$. Der Ort der (des) attraktiven Fixpunkte(s) ist durch volle, die des instabilen Fixpunktes durch gestrichelte Linien gekennzeichnet.

**Gábor,** *Dennis*, ungarisch-britischer Physiker, *5.6.1900 Budapest, †9.2.1979 London; ab 1959 Professor für angewandte Elektronenphysik am Imperial College in London, seit 1967 Leiter der Forschungslaboratorien des Columbia Broadcasting System (CBS) in Stanford (Conn.); Arbeiten zur Informationstheorie, über Transportmechanismen in Plasmen, oszillographische Untersuchungen von Kurzzeitvorgängen in Gasentladungen, Farbfernsehtechnik, Interferenzmikroskopie und Elektronenoptik; erhielt 1971 den Nobelpreis für Physik für die Entwicklung der ↗*Holographie* (1948); nach ihm ist das *Gábor-Verfahren* (Mikroskopie mittels rekonstruierter Wellenfronten) benannt.

**Gábor**, *Dennis*

**Gadolinium,** *Gd*, Element der Gruppe der *Lanthanoide* des Periodensystems mit der Ordnungszahl 64. Gadolinium besitzt die Elektronenkonfiguration $[Xe]4f^{14}5d^{10}6s^1$ und kommt in der Natur in sieben Isotopen vor (Tab. 1).

**Gadolinium 1:** Wichtige Isotope.

| Isotop | Natürliche Häufigkeit [%] | Atommasse | Halbwertszeit $T_{1/2}$ |
|---|---|---|---|
| $^{152}Gd$ | 0,20 | 151,919786 | $1{,}1 \cdot 10^{14}$a |
| $^{153}Gd$ | 0 | 152,921745 | 241,6d |
| $^{154}Gd$ | 2,18 | 153,920861 | stabil |
| $^{155}Gd$ | 14,80 | 154,922618 | stabil |
| $^{156}Gd$ | 20,47 | 155,922118 | stabil |
| $^{157}Gd$ | 15,65 | 156,923956 | stabil |
| $^{158}Gd$ | 24,84 | 157,924049 | stabil |
| $^{160}Gd$ | 21,86 | 159,927049 | stabil |

**Gadolinium 2:** Allgemeine, chemische und festkörperphysikalische Eigenschaften.

| | |
|---|---|
| relative Atommasse ($^{12}C = 12{,}0000$) | 157,25 |
| Dichte (298K) [$g\,cm^{-3}$] | 7,898 |
| Molvolumen [$cm^3$] | 19,90 |
| Oxidationszahlen | II, III |
| photoelektrische Arbeit [eV] | 3,1 |

**Gadolinium 3:** Thermische und elektromagnetische Eigenschaften.

| | |
|---|---|
| Siedetemperatur [K] | 3506 |
| Schmelztemperatur [K] | 1585 |
| Siedeenthalpie [$kJ\,mol^{-1}$] | 301,9 |
| Schmelzenthalpie [$kJ\,mol^{-1}$] | 15,5 |
| Wärmeleitfähigkeit (300K) [$W m^{-1} K^{-1}$] | 10,6 |
| spezifische Wärme [$kJ kg^{-1} K^{-1}$] | 0,23 |
| thermischer Längenausdehnungskoeffizient [$10^{-6} K^{-1}$] | 8,6 |
| spezifischer Widerstand [$10^{-8}\Omega m$] | 134 |
| Curie-Temperatur [K] | 289 |
| spezifische magnetische Suszeptibilität [$10^{-5} kg^{-1} m^3$] | 6,030 |

**Gadolinium 4:** Atom- und kernphysikalische Eigenschaften.

| | |
|---|---|
| Termsymbol | $^9D_2$ |
| 1. Ionisierungsenergie [eV] | 6,15 |
| 2. Ionisierungsenergie [eV] | 12,09 |
| Elektronenaffinität [eV] | < 0,5 |
| Elektronegativität (Pauling) | 1,20 |
| effektive Kernladung (Slater) | 2,85 |
| Magnetisches Moment [$\mu_B$] | 6,532 |
| Ionenradius ($Gd^{3+}$) [nm] | 0,094 |
| Kovalenzradius [nm] | 0,161 |
| Atomradius [nm] | 0,1802 |
| Kernspin | |
| $^{155}Gd$ | 3/2 |
| $^{157}Gd$ | 3/2 |
| kernmagnetisches Moment [$\mu_K$] | |
| $^{155}Gd$ | −0,2584 |
| $^{157}Gd$ | −0,36 |
| Einfangquerschnitt für thermische Neutronen [barn] | 49 000 |

**GAE,** *globale Alfvén-Eigenmoden*, stehende ↗*Alfvén-Wellen* in toroidalen Plasmen, die eine mögliche Störquelle bei der ↗*Plasmaheizung* dastellen.

**Gaede,** *Wolfgang*, deutscher Physiker, *25.5.1878 Lehe (heute zu Bremerhaven), †24.6.1945 München; 1919–34 Professor in Karlsruhe, richtete nach vorzeitiger Versetzung in den Ruhestand (auf Betreiben der Nationalsozialisten) Privatlaboratorien in Karlsruhe und München ein; begründete die moderne

Hochvakuumtechnik; konstruierte zahlreiche Vakuummeßgeräte (↗*Vakuummeter*) und mehrere, zum Teil nach ihm benannte Vakuumpumpen (*Gaede-Pumpen*), so 1905 die rotierende Quecksilberpumpe (Gaede-Pumpe im engeren Sinne), 1912 die rotierende Molekularpumpe, 1913 die ↗*Diffusionspumpe*, 1931 die Wälzpumpe und 1936 die Gasballastpumpe.

**Gaede-Preis** ↗Preise.

**Gagarin,** *Jurij Aleksejewitsch*, sowjetischer Kosmonaut, *9.3.1934 Kluschino (Gebiet Smolensk), †27.3.1968 bei Nowosjolowo (Flugzeugabsturz); führte am 12.4.1961 in der Raumkapsel »Wostok 1« den ersten bemannten Weltraumflug (Erdumkreisung in 300km Höhe, 89,1 Minuten) durch.

**Gal,** Einheitenzeichen gal, nach G. ↗Galilei benannte abgeleitete Einheit der Beschleunigung im ↗CGS-System. Die zugehörige SI-Einheit ist $m/s^2$: $1\,gal = 1\,cm/s^2$.

**galaktische Haufen,** zur ↗*Milchstraße* gehörende ↗*Sternhaufen*, wie ↗*offene Sternhaufen* und ↗*Sternassoziationen*. Nicht dazu zählen ↗*Kugelsternhaufen* im ↗*Halo* der Milchstraße.

**galaktische Korona** ↗interstellare Materie.

**galaktische Nebel,** relativ dichte Materieansammlungen in der ↗*Milchstraße*. Hierzu zählen ↗*planetarische Nebel*, ↗*Emissionsnebel* und ↗*Reflexionsnebel*. Die Durchmesser der Nebel liegen zwischen 0,5 und 200pc, die Dichten zwischen 100 und einigen 1000 Wasserstoffteilchen pro $cm^3$.

**galaktischer Staub** ↗interstellare Materie.

**galaktisches Magnetfeld,** das ↗*Magnetfeld* innerhalb der ↗*Milchstraße*. Es ist im wesentlichen entlang der ↗*Spiralarme* ausgerichtet und besitzt eine mittlere Feldstärke von $3 \cdot 10^{-10}$T. Es ist damit etwa $10^5$-mal schwächer als das mittlere Magnetfeld an der Erdoberfläche. Das galaktische Magnetfeld wirkt auf ↗*Plasmen*, z.B. in Sternentstehungsgebieten, ein. Die Entstehung des Magnetfeldes ist nicht abschließend geklärt. Ein ↗*Dynamo-Effekt* aufgrund der Rotation des galaktischen Plasmas erscheint am wahrscheinlichsten.

**galaktisches Rauschen,** frühere Bezeichnung für die allgemeine Radiostrahlung aus der ↗Milchstraße.

**galaktisches System** ↗Koordinatensysteme, astronomische.

**galaktisches Zentrum,** das Zentralgebiet der ↗*Milchstraße*. Es befindet sich etwa 8,6kpc von der Sonne entfernt in Richtung des Sternbilds Schütze. Der Zentralbereich ist durch ausgedehnte ↗*Dunkelwolken* verdeckt. Eine ↗*Extinktion* im visuellen Bereich von etwa 31 Größenklassen verhindert die direkte Beobachtung in diesem Spektralbereich. Untersuchungen im Infrarot- und Radiobereich brachten jedoch zahlreiche neue Erkenntnisse. Im Zentralbereich der Milchstraße ließ sich ein dichter Sternhaufen ausmachen, dessen Mitglieder sich um die Zentralquelle ↗*Sagittarius A** bewegen. Dieses Zentralobjekt ist eine variable Radioquelle, die auch im Infrarotbereich schwach sichtbar ist. Aus Messungen von ↗*Radialgeschwindigkeiten* und ↗*Eigenbewegungen* zahlreicher Sterne in unterschiedlichen Abständen vom galaktischen Zentrum schließt man, daß es sich bei Sagittarius A* wahrscheinlich um ein ↗*Schwarzes Loch* mit der Masse $2{,}6 \cdot 10^6 M_\odot$ handelt, das von einer Gasscheibe umgeben ist, aus der es Materie aufnimmt (↗*Akkretion*).

**Galaxie,** *extragalaktischer Nebel*, ursprünglich synonym zur ↗*Milchstraße* bzw. *Galaxis*, heute allgemeine Bezeichnung für extragalaktische *Sternsysteme*. Sie lassen sich in unterschiedliche Typen einteilen, wobei das heutige Klassifikationsschema auf der 1929 von Edwin P. ↗*Hubble* eingeführten ↗*Hubble-Sequenz* beruht. Im wesentlichen unterscheidet man fünf Galaxienklassen: ↗*elliptische Galaxien* (massereiche ellipitsche Galaxien sind häufig die Zentralobjekte in ↗*Galaxienhaufen*), zwei Arten von ↗*Spiralgalaxien* (normale Spiralgalaxien und ↗*Balkengalaxien*) sowie *irreguläre Galaxien* und *Zwerggalaxien*. Elliptische Galaxien umfassen einen Massenbereich von $10^5$–$10^{13} M_\odot$, Spiralgalaxien einen Massenbereich von $10^9$ bis über $10^{12} M_\odot$. Die Massenangaben sind sehr unsicher, da Spiralgalaxien wahrscheinlich von einer ausgedehnten Wolke aus ↗*dunkler Materie* umgeben sind. Zählt man diese Masse im ↗*Halo* hinzu, so ergeben sich rund zehnmal höhere Werte.

Die ↗*Milchstraße* ist eine Spiralgalaxie, wahrscheinlich mit einem kleinen Balken. Mit schätzungsweise $10^{12} M_\odot$ (einschließlich Halo) gehört sie zu den großen Spiralgalaxien.

Irreguläre Galaxien ähneln Spiralgalaxien, sind jedoch wesentlich kleiner. Zwerggalaxien und irreguläre Galaxien sind meist so lichtschwach, daß sie sich lediglich bis zur Entfernung der Andromeda-Galaxie (↗*Andromeda-Nebel*) nachweisen lassen. Ihr Anteil an der Gesamtzahl der Galaxien ist unbekannt. Möglicherweise bilden sie sogar die häufigste Galaxienklasse im Universum.

Eine wichtige Gruppe sind die *aktiven Galaxien*. Einige von ihnen erzeugen im Zentralgebiet zwei Gasstrahlen, sogenannte Jets, die bis zu einer Million Parsec weit in den Weltraum hinausschießen können. Sie treten als ↗*Radiogalaxien* in Erscheinung. Die leuchtkräftigsten aktiven Galaxien sind die ↗*Quasare*. *Starburst-Galaxien* weisen eine ungewöhnlich hohe Sternentstehungsrate im Bereich der galaktischen Scheibe auf. Sie emittieren vorwiegend im Infrarotbereich. Daneben gibt es weitere aktive Galaxien, wie ↗*Seyfert-Galaxien* oder ↗*Blazare*.

Die Gesamtzahl aller Galaxien im Universum ist nicht bekannt. Aus Langzeitaufnahmen mit dem ↗*Hubble-Weltraumteleskop* kann eine Mindestanzahl von 25 Milliarden Galaxien

**Gagarin**, *Jurij Aleksejewitsch*

abgeschätzt werden. Vermutlich gibt es aber noch wesentlich mehr Galaxien, da mit zunehmender Entfernung nur noch die hellsten Galaxien erkennbar sind.
Eine der wichtigsten Entdeckungen in der modernen Astronomie machte Edwin Hubble in den zwanziger Jahren. Er stellte fest, daß sich nahezu alle Galaxien von der Milchstraße entfernen, wobei ihre Fluchtgeschwindigkeit mit der Entfernung zunimmt. Im Rahmen der modernen ↗*Kosmologie* erklärt sich dieser Befund als sichtbare Wahrnehmung der *Expansion des Weltalls.* [TB]

**Galaxienhaufen,** *Nebelhaufen*, Ansammlung von einigen zehn bis zu mehreren tausend ↗*Galaxien.* F. ↗*Zwicky* bemerkte in den dreißiger Jahren als erster, daß fast alle Galaxien in solchen Haufen gruppiert sind. Damit ist es nahezu ausgeschlossen, daß es sich hierbei um zufällige, temporäre Inhomogenitäten in der Galaxienverteilung handelt. Galaxienhaufen werden durch die ↗*Gravitation* zusammengehalten und sind nach den Galaxiensuperhaufen (↗*Superhaufen*) die größten »Strukturbausteine« im Universum. Sie erreichen Durchmesser von einem bis über zehn Mpc.
Man unterscheidet zwischen regulären und irregulären Haufen. *Reguläre Galaxienhaufen* sind nahezu sphärisch mit einer starken Konzentration der Galaxiendichte zum Zentrum hin, wo sich häufig eine riesige ↗*elliptische Galaxie* aufhält.
Zu den kleinen Galaxienhaufen zählt die ↗*Lokale Gruppe*, welche die ↗*Milchstraße* und den ↗*Andromeda-Nebel* enthält.
Der nächste Galaxienhaufen ist der 20 Mpc entfernte ↗*Virgo-Haufen* (2500 Galaxien, Durchmesser: 3 Mpc). Der am nächsten gelegene reguläre Galaxienhaufen ist der 130 Mpc entfernte *Coma-Haufen.*
Die Massen von Galaxienhaufen lassen sich durch Beobachtung der ↗*Radialgeschwindigkeiten* ihrer Mitglieder aufgrund des ↗*Virialsatzes* berechnen. Außerdem ist es möglich, aus der Anzahl und der Leuchtkraft der Galaxien die Masse der leuchtenden Materie (im wesentlichen der Sterne) abzuschätzen. In den meisten Fällen übersteigt die *Virialmasse* diejenige der leuchtenden Materie bei weitem (↗*dunkle Materie*). In den siebziger Jahren wurde mit Röntgensatelliten die $\sim 10^8$ K heiße ↗*intergalaktische Materie* entdeckt, die 10–40 % der Virialmasse in einem Galaxienhaufen ausmachen kann.

**Galaxis,** die ↗Milchstraße. (↗Galaxie)

**Galilei,** *Galileo*, italienischer Wissenschaftler und Ingenieur, *15.2.1564 Pisa, †8.1.1642 Arcetri bei Florenz. Aufgrund seiner astronomischen Entdeckungen wurde er zum bedeutendsten frühen Vertreter des Kopernikanismus. Seine Beiträge zur Mechanik bilden die Grundlage für die spätere klassische Physik.

**Galilei**, *Galileo*

Galilei wurde als Sohn des Intellektuellen und Musikers Vincenzio Galileo in Pisa geboren. Nach der Rückkehr der Familie nach Florenz im Jahre 1574 wurde er in der Klosterschule Santa Maria di Vallombrosa erzogen. Auf Wunsch des Vaters studierte er ab 1581 Medizin an der Universität von Pisa.
Galileis Interesse an der Medizin war allerdings gering. Er hörte außer medizinischen Vorlesungen vor allem Vorlesungen über Werke des Aristoteles bei Francesco Buonamici und Girolamo Borro. Den größten Einfluß auf seine spätere wissenschaftliche Arbeit hatten Privatstunden in Mathematik, die er von dem Ingenieur Ostilio Ricci erhielt. Dem Einfluß Riccis war es auch zuzuschreiben, daß Galileis Vater schließlich dem Wunsch des Sohns zustimmte, das Medizinstudium aufzugeben und sich stattdessen der Mathematik zu widmen. 1585 verließ Galilei die Universität, ohne einen Abschluß erworben zu haben.
In den folgenden Jahren gab Galilei in Florenz und in Siena Privatstunden. In dieser Zeit entstanden auch seine ersten eigenen Arbeiten, die deutlich durch sein intensives Studium von Euklid und Archimedes geprägt waren. Seine fundierten mathematischen Kenntnisse brachten ihn in Kontakt mit führenden Wissenschaftlern dieser Zeit, insbesondere auch mit *Guidobaldo del Monte*, dem Autor des einflußreichsten Lehrbuchs der Mechanik des 16. Jahrhunderts. Guidobaldo del Monte wurde in der Folgezeit zum wichtigsten Gönner Galileis und mit seiner Orientierung an technischen Problemen der Praxis auch zu dessen Vorbild. Seinem Einfluß hatte Galilei seine erste Anstellung als Professor der Mathematik an der Universität Pisa zu verdanken, die er 1589 antrat.
Aus der Zeit, in der Galilei in Pisa lehrte, sind eine Reihe von Manuskripten und Exzerpten überliefert, die Themen, Begriffsbildungen und Methoden der spätmittelalterlichen Naturphilosophie zum Gegenstand haben. Wichtig für unsere Kenntnis der Entwicklung Galileis ist ein etwa 1590 verfaßtes und später mehrfach überarbeitetes Manuskript über die Bewegung, in dem er sich bereits mit zentralen Gegenständen seiner späteren Mechanik befaßt. Galilei sucht die Fehlerhaftigkeit der Aristotelischen Bewegungslehre nachzuweisen, geht dabei jedoch selbst weitgehend von Aristotelischen Annahmen aus. Er bewies z.B., daß die Körper nicht, wie dies Aristoteles behauptete, mit einer Geschwindigkeit proportional zu ihrem Gewicht, sondern proportional zu ihrem spezifischen Gewicht fallen, wobei er, wie die Aristoteliker, die Fallbeschleunigung als ein akzidentielles Randphänomen ansah.
1592 erhielt Galilei, wiederum durch den Einfluß von Guidobaldo del Monte, eine besser dotierte Professur für Mathematik in Padua. Diese Berufung stellte eine einschneidende Wende in seinem Leben dar. Galilei wurde Mitglied des einflußreichen Kreises venezianischer Intellektueller und erhielt Zugang zum Arsenal von Venedig, dem technologi-

schen Zentrum des damaligen Mittelmeerraumes. Nach dem Vorbild seines Gönners Guidobaldo del Monte befaßte sich Galilei vorwiegend mit praktisch-technischen Problemen wie denen des Festungsbaus und der Ballistik. In einer eigenen Werkstatt, in der er einen Mechaniker beschäftigte, stellte er Instrumente her. Schüler aus ganz Europa kamen nach Padua, um bei ihm Privatunterricht zu nehmen.

Eine Reihe von Manuskripten über Gegenstände wie Militärarchitektur, Ballistik und Mechanik sind überliefert, die Galilei für diesen Unterricht verfaßte. Eines dieser Manuskripte, das später die Grundlage für seine erste Veröffentlichung wurde, betrifft ein von Galilei zu einem vielseitigen Rechenhilfsmittel weiterentwickeltes, in seiner eigenen Werkstatt hergestelltes Instrument, den Galileischen Proportionalzirkel.

Galilei entdeckte während seiner Zeit in Padua unter anderem die Konstanz der Schwingungszeit eines Pendels, die Parabelform der Bahn eines geworfenen Körpers, das Fallgesetz und verschiedene Eigenschaften der Bewegung auf einer schiefen Ebene. Eine Fülle von Notizen Galileis sind überliefert, die diese Arbeiten dokumentieren (»Ms. Gal. 72« der Biblioteca Nazionale Centrale, Florenz). Physikalische Überlegungen (die aus der Sicht der klassischen Physik weitgehend fehlerhaft sind), insbesondere Überlegungen zu den Ursachen von Ebbe und Flut, brachten Galilei außerdem zu der Überzeugung, daß die kopernikanische Annahme einer Bewegung der Erde um die Sonne korrekt sein müsse.

Im Jahr 1609 brachte ein einschneidendes Ereignis erneut eine Wende in Galileis Leben. Nachrichten über die Erfindung des Fernrohrs in den Niederlanden veranlaßte Galilei zu einer Nacherfindung dieses Instruments, das er in kurzer Zeit zu einem Instrument mit beträchtlicher Leistungsfähigkeit weiterentwickelte. Beobachtungen mit diesem Instrument führten ihn zu astronomischen Entdeckungen (Mondgebirge, Zusammensetzung der ↗*Milchstraße* aus Sternen, ↗*Jupitermonde*, Venusphasen), die ihn veranlaßten, den Kopernikanismus offen zu vertreten. Seine Schrift über diese Entdeckungen, »*Der Sternenbote*«, veröffentlicht 1610, fand in ganz Europa schnell weite Verbreitung.

Die plötzliche Berühmtheit, die Galilei erlangte, brachten ihm nicht nur eine unbefristete Anstellung in Padua mit einer für damalige Zeit beispiellos hohen Vergütung ein, sondern sie veranlaßte ihn auch darüberhinaus, sich um eine Anstellung beim Großherzog der Toskana in Florenz zu bemühen, eine Bemühung, der schneller Erfolg beschieden war. Im Sommer 1610 legte Galilei gegen den Rat seiner venezianischen Freunde seinen Lehrstuhl in Padua nieder und wurde Philosoph und Mathematiker am Hof des Großherzogs Cosimo II. in Florenz.

Schon kurz nach seiner Übersiedelung nach Florenz wurde Galilei in Konflikte um seine Lehren verwickelt, die in den Auseinandersetzungen um sein 1632 veröffentlichtes Hauptwerk, den »*Dialog über die beiden hauptsächlichsten Weltsysteme* ...« gipfelten, in dem der Kopernikanismus diskutiert wird. Das Werk wurde auf den Index gesetzt und Galilei, nachdem er im Juni 1633 dem Kopernikanismus abgeschworen hatte, zu lebenslanger Haft verurteilt, die kurze Zeit später zu lebenslangem Hausarrest abgemildert wurde.

Paradoxerweise verdanken wir wahrscheinlich der Verurteilung Galileis sein für die Entstehung der klassischen Mechanik wichtigstes Werk, die »*Unterredungen und mathematische Demonstrationen über zwei neue Wissenszweige, die Mechanik und die Fallgesetze betreffend*«. Unter dem Einfluß des Erzbischofs Ascanio Piccolomini, eines ehemaligen Schülers Galileis, nahm er seine Arbeiten zur Mechanik wieder auf und erlebte noch die Veröffentlichung der ersten Auflage seines nach Holland geschmuggelten Manuskripts.

Die letzten Jahre seines Lebens wurde Galilei, inzwischen völlig erblindet, von seinen Schülern Evangelista ↗*Torricelli* und Vincencio ↗*Viviani*, sowie seinem Sohn betreut, die, ebenso wie andere seiner Schüler und Freunde, seine Arbeiten nach seinem Tode fortführten. Die Verurteilung Galileis hat lange Zeit das Verhältnis der Naturwissenschaft zur Kirche belastet. Erst nahezu 100 Jahre nach seinem Tod wurde sein Leichnam in ein repräsentatives Grab in der Kirche Santa Croce in Florenz umgebettet. Seine formelle Rehabilitierung durch die katholische Kirche erfolgte im Jahre 1992. [PD, JR2]

**Galilei-Fernrohr,** *holländisches Fernrohr*, ↗Teleskop.

**Galilei-Gruppe,** die mathematische ↗Gruppe der ↗Galilei-Transformationen.

**Galilei-Invarianz,** die Invarianz gegenüber der ↗Galilei-Transformation.

**Galileische Monde,** *Mediceische Monde*, die vier im Jahre 1610 von G. ↗*Galilei* entdeckten ↗*Jupitermonde* Io, Europa, Ganymed und Kallisto. Sie galten Galilei damals als ein »ausgezeichnetes und durchschlagendes Argument« für das ↗*heliozentrische System*.

**Galileisches Relativitätsprinzip** ↗Relativitätsprinzip.

**Galileisches Trägheitsprinzip** ↗Newtonsche Axiome.

**Galilei-Transformation,** die nach G. ↗*Galilei* benannte Umrechnung von einem unbeschleunigten Raum-Zeit-Koordinatensystem (↗*Inertialsysteme*) auf ein anderes. Mathematisch bilden die Galilei-Transformationen die *Galilei-Gruppe* (↗*Gruppe*). Die *Newtonsche Mechanik* ist invariant gegenüber Galilei-Transformationen, auch die ↗*Laplace-Gleichung* ist Galilei-invariant. Die *eigentliche Galilei-Gruppe* enthält im einzelnen die dreidimensionalen räumlichen ↗*Drehungen* (*Rotationen*) um

**Werke:**

*Le Opere di Galileo Galilei*, Edizione Nazionale (hrsg. von Antonio Favaro), 20 Bde., Florenz 1890–1909 (und Neuauflagen)

**Biographien:**

Wohlwill: *Galilei und sein Kampf für die copernikanische Lehre*, 2 Bde. Hamburg/Leipzig 1909/1926

Stillman Drake: *Galileo at Work. His Scientific Biography*, Chicago/London 1978

Albrecht Fölsing: *Galileo Galilei, Prozeß ohne Ende. Eine Biographie*, München 1983

**Zu Galileis Wissenschaft:**

Mario Biagioli: *Galileo, Courtier: The Practice of Science in the Culture of Absolutism*, Chicago/London 1993

Peter Damerow, Gideon Freudenthal, Peter McLaughlin, Jürgen Renn: *Exploring the Limits of Preclassical Mechanics. A Study of Conceptual Development in Early Modern Science: Free Fall and Compound Motion in the Work of Descartes, Galileo, and Beeckman*, New York 1992

Rivka Feldhay: *Galileo and the Church: Political Inquisition or Critical Dialogue?*, Cambridge 1995.

konstante Winkel $\boldsymbol{r}' = A\boldsymbol{r}$, $t' = t$, $A^{\mathrm{T}}A = AA^{\mathrm{T}} = 1$ (*A*: *Drehmatrix*), die Verschiebungen (*Translationen*) des räumlichen und zeitlichen Nullpunktes $\boldsymbol{r}' = \boldsymbol{r} + \boldsymbol{r}_0$, $t' = t + t_0$ und die Transformationen in ein mit der Geschwindigkeit $\boldsymbol{v}$ geradlinig-gleichförmig bewegtes nichtrotierendes Bezugssystem $\boldsymbol{r}' = \boldsymbol{r} - \boldsymbol{v}\,t$, $t' = t$ (*spezielle Galilei-Transformation*). Zur vollen Gruppe gehören noch die ↗*Spiegelungen* des Raumes und der Zeit.

Die Galilei-Transformationen sind näherungsweise anwendbar, wenn die Geschwindigkeiten $v \ll c$ sind (*c*: Vakuumlichtgeschwindigkeit). Die Gültigkeit der Galilei-Gruppe bedeutet nämlich, daß sich ein Wellenphänomen in höchstens einem Inertialsystem isotrop ausbreiten kann. Es gibt aber Wellenphänomene, die sich in jedem Inertialsystem isotrop ausbreiten (*Konstanz der Lichtgeschwindigkeit*). Allgemein gilt die ↗*Lorentz-Gruppe* (↗*Speziellen Relativitätstheorie*). Für $c \to \infty$ erhält man aus der Lorentz-Gruppe die Galilei-Gruppe.

**Galileo,** 1) die am 18.10.1989 gestartete amerikanisch-deutsche Planetensonde, die am 7. Dezember 1995 Jupiter erreichte. Auf dem Weg dorthin lieferte Galileo bereits Messungen am interplanetaren Staub sowie multispektrale Mondaufnahmen. Sehr erfolgreich waren die Vorbeiflüge an den Asteroiden Gaspra am 29.10.1991 mit einer geringsten Annäherung von 1600km und ↗*Ida* am 28.8.1993 in einer Entfernung von 2400km. Bei Ida wurde hierbei erstmals ein *Asteroidenmond*, genannt Dactyl, entdeckt. Er besitzt einen Durchmesser von 1,5km und umkreist Ida in einer Entfernung zwischen 50 und 100km.

Eine von Galileo abgesetzte Sonde flog im Dezember 1995 in die Jupiteratmosphäre hinein und übertrug von dort eine Reihe von Meßdaten. Galileo selbst schwenkte zur selben Zeit in eine Umlaufbahn um Jupiter ein und funkte von dort Bilder des Planeten selbst sowie der vier *Galileischen Monde* zur Erde (↗*Jupitermonde*).

2) Ein 3,5-m-Teleskop, das 1996 am *Roque-de-los-Muchachos-Observatorium* auf der spanischen Kanareninsel La Palma in Betrieb ging. Es wird vom Observatorium Padua betrieben.

**GALLEX,** radiochemisches Experiment zum Nachweis der bei thermonuklearen Reaktionen im Innern der Sonne entstehenden ↗*solaren Neutrinos*. Die hierbei frei werdenden Elektron-Neutrinos ($\nu_e$) lassen sich durch die Kernreaktion $\nu_e + {}^{71}\mathrm{Ga} \to {}^{71}\mathrm{Ge} + e^-$ nachweisen. Hierzu wurde im Gran-Sasso-Laboratorium in den italienischen Abruzzen eine Meßapparartur mit 30t Gallium aufgebaut. Die Anzahl der hierin durch Wechselwirkung mit den Elektron-Neutrinos entstehenden Germanium-Atome ließ sich anhand deren radioaktiven Zerfalls (Halbwertszeit 11,4 Tage) bestimmen. Aus dieser Rate ergab sich ein Wert von $(77{,}5 \pm 7{,}8)$SNU (*Solar Neutrino Unit*, 1SNU = 1 Neutrino-Einfang/($10^{36}$Targetatome · sec). Nach dem Standardsonnenmodell sollte GALLEX $(128 \pm 8)$ SNU messen. Vermutete Ursache für diese Diskrepanz ist eine nicht-verschwindende Ruhemasse der Neutrinos und daraus folgende *Neutrino-Oszillationen*. (↗*Super-Kamiokande*)

**Gallium,** *Ga*, Element der Hauptgruppe III des Periodensystems mit Ordnungszahl 31. Das

**Gallium 1:** Wichtige Isotope.

| Isotop | Natürliche Häufigkeit [%] | Atommasse | Halbwertszeit $T_{1/2}$ |
|---|---|---|---|
| $^{67}$Ga | 0 | 66,928429 | 78,25h |
| $^{69}$Ga | 60,1 | 68,925581 | stabil |
| $^{71}$Ga | 39,9 | 70,924701 | stabil |
| $^{72}$Ga | 0 | 71,926365 | 13,95h |

**Gallium 2:** Allgemeine, chemische und festkörperphysikalische Eigenschaften.

| | |
|---|---|
| relative Atommasse ($^{12}$C = 12,0000) | 69,723 |
| Dichte [gcm$^{-3}$] | 5,904 |
| Molvolumen [cm$^3$] | 11,81 |
| Oxidationszahlen | I,II, III |
| photoelektrische Arbeit [eV] | 4,2 |
| Debye-Temperatur [K] | 125 |

**Gallium 3:** Thermische und elektromagnetische Eigenschaften.

| | |
|---|---|
| Siedetemperatur [K] | 2676 |
| Schmelztemperatur [K] | 302,93 |
| Siedeenthalpie [kJg$^{-1}$] | 270,3 |
| Schmelzenthalpie [kJg$^{-1}$] | 5,59 |
| Wärmeleitfähigkeit (300K) [Wm$^{-1}$K$^{-1}$] | 40,6 |
| spezifische Wärme [kJkg$^{-1}$K$^{-1}$] | 0,330 |
| thermischer Längenausdehungskoeffizient [10$^{-6}$K$^{-1}$] | |
| a-Achse | 11,5 |
| b-Achse | 31,5 |
| c-Achse | 16,5 |
| spezifischer Widerstand [10$^{-8}\Omega$m] | |
| fest (anisotrop) | 15,5 |
| flüssig | 25,8 |
| Übergangstemperatur Supraleiter [K] | |
| $\alpha$-Ga | 1,09 |
| $\beta$-Ga | 6,50 |
| $\gamma$-Ga | 7,50 |
| spezifische magnetische Suszeptibilität [10$^{-9}$kg$^{-1}$m$^3$] | −3,9 |

**Gallium 4:** Atom- und kernphysikalische Eigenschaften.

| | |
|---|---|
| Termsymbol | $^2P_{1/2}$ |
| 1. Ionisierungsenergie [eV] | 6,0 |
| 2. Ionisierungsenergie [eV] | 20,51 |
| Elektronenaffinität [eV] | 0,3 |
| Elektronegativität (Pauling) | 1,81 |
| effektive Kernladung (Slater) | 5,00 |
| magnetisches Moment [$\mu_B$] | 0,577 |
| Ionenradius (Ga$^{3+}$) [nm] | 0,062 |
| Atomradius [nm] | 0,135 |
| Kernspin | |
| $^{69}$Ga | 3/2 |
| $^{71}$Ga | 3/2 |
| kernmagnetisches Moment [$\mu_K$] | |
| $^{69}$Ga | 2,0145 |
| $^{71}$Ga | 2,5597 |
| Einfangquerschnitt für thermische Neutronen [barn] | 3,1 |

Halbmetall Gallium ist Bestandteil der Zinkblende. Es hat die Elektronenkonfiguration $[Ar]3d^{10}4s^24p$ und kommt in der Natur in zwei Isotopen vor (Tab. 1). Es besitzt einen Flüssigkeitsbereich von fast 2400° und wird als Füllung von Quarzthermometern für hohe Temperaturen (1300 K) eingesetzt. [AFM]

**Gallium-Aluminium-Arsenid-Laser,** ↗Diodenlaser.

**Gallium-Arsenid-Technik,** Teilgebiet der ↗*Halbleitertechnik*, welche den direkten III-V-↗*Verbindungshalbleiter* GaAs besonders als Basismaterial für Anwendungen in der Optoelektronik (Herstellung von Laserdioden, LEDs) nutzt. Hierbei können, im Gegensatz zum ↗*indirekten Halbleiter* Silicium, strahlende Übergänge zwischem dem Leitungsband und dem Valenzband stattfinden (*Lumineszenz*). Die Herstellung von GaAs-Einkristallen ist aufgrund der unterschiedlichen Dampfdrücke von Gallium und Arsen wesentlich komplizierter als bei Silicium.

**Gallium-Experiment** ↗GALLEX.

**Galton-Pfeife,** *Grenzpfeife*, von F. *Galton* konstruierte ↗*Pfeife* (Abb.). Sie dient zur Erzeugung sehr hoher noch hörbarer Töne und von ↗*Ultraschall* (bis ca. 100 kHz). Die Galton-Pfeife wurde früher u.a. zur Ermittlung der oberen ↗*Hörgrenze* benutzt.

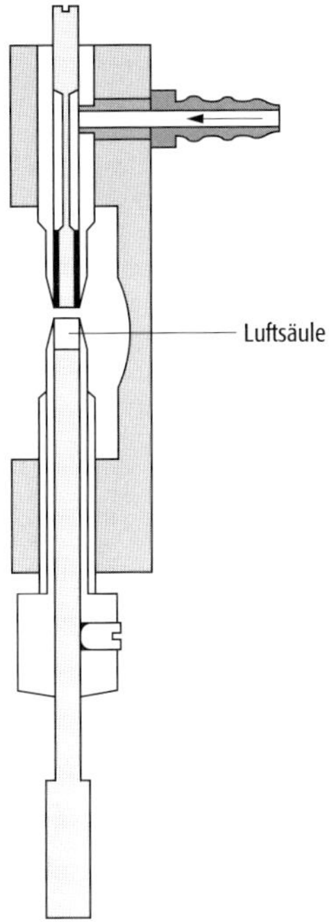


**Galton-Pfeife:** Längsschnitt.

**Galvani,** *Luigi*, italienischer Arzt und Naturforscher, *9.9.1737 Bologna, †4.12.1798, Bologna; ab 1782 Professor für Anatomie und Geburtshilfe in Bologna; wurde berühmt durch seine ab 1780 durchgeführten Reizversuche mit Froschschenkeln, deren Zuckungen nach Kontakten mit elektrisiertem Metall er als »*tierische Elektrizität*« beschrieb, jedoch falsch interpretierte (richtige Erklärung durch A. ↗*Volta*), dies führte zur Begründung der *Elektrochemie* (*Galvanismus*, *Voltaismus*); wichtige Anregungen zur Erforschung elektrischer Erscheinungen in Nerven und Muskeln (u.a. durch A. von *Humboldt* und E.H. ↗*Du Bois-Reymond*); nach Galvani sind wichtige Begriffe in Physik und Elektrotechnik benannt, u.a. ↗*Galvanisation*, ↗*Galvanometer*, ↗*galvanomagnetische Effekte*.

**Galvani**, *Luigi*

**Galvanisation, 1)** *Elektrochemie*: *Galvanisierung*, *galvanische Abscheidung*, *Galvanik*, *Galvanostegie*, die elektrolytische Herstellung von dünnen Metallüberzügen (↗*dünne Schichten*) auf anderen Metallen, vor allem zum Korrosionsschutz. Das aufzutragende Metall (oder Legierung) liegt in wässriger Lösung in Ionenform vor (*galvanisches Bad*, Abb.). Das Werkstück bildet dabei die Kathode, die Anode besteht meist aus dem abzuscheidenden Metall. Bei Anlegen einer Gleichspannung von wenigen Volt wandern die positiv geladenen Metallionen zur Kathode und werden dort zu Metallatomen reduziert. Galvanisieren kann auch stromlos erfolgen, wenn die Ionen eines unedleren Metalls gegen die eines edleren ausgetauscht werden.

Die häufigste Form des Oberflächenschutzes ist die *Vernickelung*, die sich durch große Härte und Widerstandsfähigkeit gegen aggressive Stoffe auszeichnet. Der Nickelniederschlag wird oft noch mit einer dünnen Chromschicht überzogen, die diesen vor Anlaufen schützt. Vor allem bei Eisenwerkstücken werden auch Zink- oder Cadmiumüberzüge verwendet. Weitere gebräuchliche Galvanisierungsmetalle sind Zink, Kupfer, Silber und Gold.

**2)** *Medizinische Physik*: die Verwendung von Gleichstrom in der Elektrotherapie. Zur Behandlung werden entweder Elektroden direkt auf die Haut gebracht oder an einer Wanne angebracht, in der ein Patient ein sog. hydroelektrisches Bad nimmt. Im menschlichen Körper tritt dann eine Ionenwanderung ein, an der beispielsweise positive Natrium- und Magnesiumionen beteiligt sind. Der Gleichstrom hat eine durchblutungsfördernde und schmerzstillende Wirkung und wird zur Steigerung der Erregbarkeit bei Lähmungen genutzt.

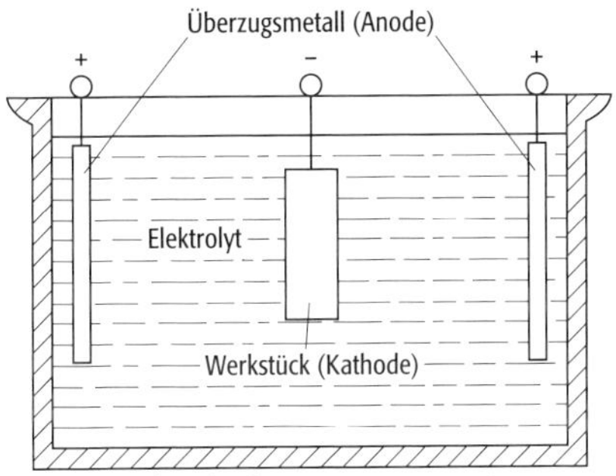


**Galvanisation:** Galvanisches Bad.

**galvanisch, 1)** *Physikalische Chemie*: *elektrochemisch*, ein ↗*galvanisches Element* erzeugt elektrische Energie mit Hilfe von elektrochemischen Vorgängen. (↗*Galvanisation*)

**2)** *Elektrotechnik*: eine *galvanische Verbindung* ist eine leitende Verbindung im Gegensatz zu rein kapazitiven bzw. induktiven Kopplungen.

**galvanische Abscheidung** ↗Galvanisation.

**galvanische Kette,** eine Hintereinanderschaltung mehrerer ↗galvanischer Elemente, wird auch als Synonym für galvanisches Element gebraucht.

**galvanische Polarisation,** *elektrolytische Polarisation*, bei der ↗Elektrolyse eine Abscheidung von Material an den Elektroden, die oberhalb der ↗Zersetzungsspannung auftritt.

**galvanisches Element,** *galvanische Zelle*, elektrolytische Zelle, die in der Lage ist, elektrische Energie durch einen elektrochemischen Vorgang zu erzeugen (↗*Elektrolyse*). Es handelt sich um eine Anordnung, in der ↗*Redox-Reaktionen* stattfinden. Das übersichtlichste und zugleich eines der ältesten galvanischen Elemente ist das 1835 von J.F. ↗*Daniell* erfundene ↗*Daniell-Element* (*Kupfer-Zink-Element*).

Die stromlos (kompensiert) gemessene Spannung zwischen den Elektroden, die Leerlaufspannung (früher: *elektromotorische Kraft*) $U_0$, hängt von der freien Enthalpie $\Delta G$ der betreffenden Reaktion gemäß $U_0 = \Delta G/(nF)$ ab ($F$: ↗*Faraday-Konstante*, $n$: Anzahl der je Formelumsatz ausgetauschten Elektronen). $U_0$ hängt daher wie $\Delta G$ von den Konzentrationen und (bei Gasen!) vom Druck der Reaktionsteilnehmer sowie von der Temperatur ab. Da $U_0$ der maximalen Nutzarbeit der betreffenden chemischen Reaktion entspricht, kann diese in einem galvanischen Element zu einem viel höheren Anteil in praktisch nutzbare Energie umgesetzt werden als in thermischen Reaktionen. Voraussetzung dabei ist, daß die im belasteten Zustand zwischen den Elektroden meßbare Spannung, die ↗*Klemmenspannung* $U$, möglichst wenig von $U_0$ abweicht.

Die Anzahl der in galvanischen Elementen möglichen Reaktionen ist groß, doch scheitert in den meisten Fällen der praktische Einsatz daran, daß es nicht gelingt, Elektroden herzustellen, an denen der Elektronenaustausch genügend schnell, d.h. mit ausreichend geringer Aktivierungsenergie, stattfindet. Das führt zu irreversiblen *Polarisationserscheinungen* bzw. zu Überspannungen, die das galvanische Element praktisch unbrauchbar machen (↗*Elektrodenvorgänge*). Als Elektronenlieferanten werden vorzugsweise unedle Metalle (vor allem Zink, ferner Blei, Alkalimetalle u.a.), als Elektronenakzeptoren vorwiegend Oxide oder Luftsauerstoff verwendet; als Elektrolyte dienen überwiegend wäßrige Salzlösungen. Bei Verwendung stark elektropositiver Metalle (z.B. Lithium) erscheinen Elektrolyte auf organischer Basis (ohne Wasser) recht aussichtsreich.

In der Praxis unterscheidet man die nicht wieder aufladbaren ↗*Primärelemente* (z.B. die ↗*Braunsteinzelle*) und die wiederaufladbaren Sekundärelemente (↗*Akkumulatoren* oder *Sammler*, z.B. ↗*Bleiakkumulator*). Bei ↗*Brennstoffzellen* werden die Reaktanden kontinuierlich zu- bzw. abgeführt. *Biochemische Zellen* beruhen auf der Ausnutzung biogener Gase wie Ammoniak, Wasserstoff oder Methan unter Verwendung von Brennstoffzellen oder auf enzymatischen Prozessen, sie befinden sich im Anfangsstadium der Entwicklung. ↗*Normalelemente* dienen zur genauen Messung unbekannter Spannungen und als *Spannungsnormal*.

**galvanisch-faradische Prüfung,** Methode der *Reizstromdiagnostik*, welche die Funktion eines Muskels und seines zugehörigen Nervs untersucht. Dabei wird sowohl mit einem kurzen Puls (faradisch) als auch mit einem längeren Gleichstromimpuls (galvanisch) gearbeitet.

**Galvanisierung** ↗Galvanisation.

**Galvani-Spannung,** die Differenz der elektrostatischen Potentiale im Inneren von ↗Metallen oder ↗Halbleitern, die miteinander im thermodynamischen Gleichgewicht stehen. (↗Kontaktpotential).

**galvanomagnetische Effekte,** Gesamtheit der Effekte, die in einem Leiter auftreten, der sich in einem homogenen Magnetfeld $\boldsymbol{B}$ und einem elektrischen Feld $\boldsymbol{E}$ befindet. Ist $\boldsymbol{B} = 0$, so fließt ein Strom $I$ durch den Leiter, wobei noch ↗*thermoelektrische Effekte* auftreten können. Bei $\boldsymbol{B} \neq 0$ wird die Bahn der Leitungselektronen zwischen zwei Zusammenstößen mit dem Gitter durch die ↗*Lorentz-Kraft* $\boldsymbol{F} = e\boldsymbol{v} \times \boldsymbol{B}$ gekrümmt. ($e$: Elementarladung, $\boldsymbol{v}$: Geschwindigkeit der Elektronen). Das erhöht die Stoßwahrscheinlichkeit der Elektronen mit dem Gitter und damit den elektrischen Widerstand (↗*Magnetowiderstand*, ↗*Thomson-Effekt*). Weiter bekommt der Elektronenstrom hierdurch eine Komponente senkrecht zu $\boldsymbol{E}$ und $\boldsymbol{B}$, wodurch ein Gradient der Elektronendichte senkrecht zu $\boldsymbol{E}$ entsteht, der eine Hall-Spannung induziert (↗*Hall-Effekt*). Da die Elektronen auch Träger der Wärmeenergie des Körpers sind, tritt an Stellen mit erhöhter mittlerer Elektronengeschwindigkeit eine Temperaturerhöhung auf. (↗*Ettinghausen-Effekt*, ↗*Nernst-Effekt*)

Die Abhängigkeit der galvanomagnetischen Effekte von Magnetfeld, Temperatur und Kristallorientierung wird stark durch die Gestalt der ↗*Fermi-Fläche* des Metalls beeinflußt. In ferromagnetischen Stoffen beeinflußt außer dem äußeren Feld auch das ↗*Molekularfeld* die Ladungsträger. Im gemischten Zustand der Supraleiter zweiter Art treten den galvanomagnetischen Effekten analoge Phänomene auf (↗*Flußschlauchwandern*).

**Galvanometer,** ein elektrisches Meßinstrument oder Meßgerät zum Nachweis kleinster Gleich- und Wechselströme. Das Galvanometer nutzt das Prinzip des ↗*Drehspulinstruments*, seltener auch des ↗*Drehmagnetinstruments*, und ist für hohe Stromempfindlichkeit bei Verzicht auf hohe Genauigkeit ausgelegt. Es eignet sich daher vor allem als *Nullindikator* bei ↗*Meßbrücken* und ↗*Kompensationsschaltungen*. Es weist in der Regel einen Lichtzeiger auf.

Das *Spiegelgalvanometer* (Abb.) ist ein Drehspulgalvanometer mit Fadenaufhängung, das eine sehr hohe Empfindlichkeit besitzt ($\geqslant 10^{-12}$ A). Robuster und unempfindlicher ist das *Lichtmarkengalvanometer* mit Empfindlichkeiten bis $10^{-9}$ A. Bei beiden Typen wird die Strom- bzw. Spannungsempfindlichkeit durch die *Galvanometerkonstante* charakterisiert, die den Strom- bzw. Spannungsbedarf je Winkeleinheit Zeigerausschlag angibt. Die ↗*Dämpfung* dieser Geräte hängt stark vom ↗*Wirkwiderstand* der äußeren Schaltung ab. Der Widerstand, der dem ↗*aperiodischen Grenzfall* entspricht, heißt *äußerer Grenzwiderstand*. Die beiden genannten Typen können als *ballistisches Galvanometer* (*Stoßgalvanometer*) ausgelegt werden, wenn das Träg-

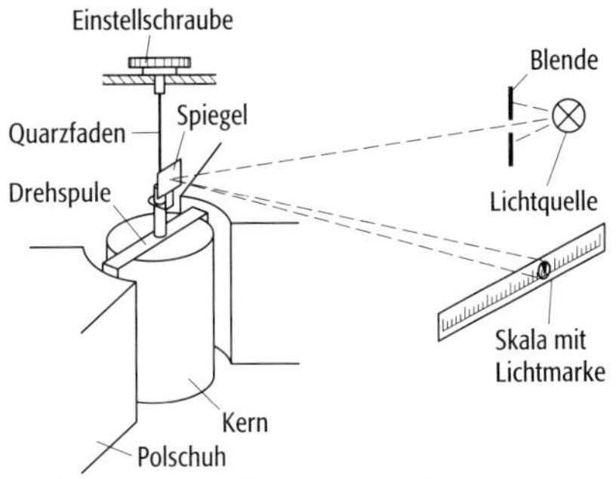


**Galvanometer:** Aufbau eines Spiegelgalvanometers.

heitsmoment des beweglichen Organs so weit vergrößert wird, daß die Einschwingdauer sehr groß gegen die Dauer des zu messenden Stromimpulses wird. Der erste Maximalausschlag ist dann proportional zur durchgeflossenen Ladungsmenge.

Bei sehr starker Dämpfung und verschwindendem Rückstellmoment spricht man vom *Kriechgalvanometer*, das ebenfalls zur Messung von Stromimpulsen dient. Eine speziell für die Aufnahme von magnetischen ↗*Hystereseschleifen* vorgesehene Ausführung ist das *Fluxmeter* (*Flußmesser*).

Das *Vibrationsgalvanometer* dient zur Messung von Wechselspannungen. Dabei wird der zu messende Strom durch eine feste Spule geschickt, wodurch in dem Spuleninneren ein magnetisches Wechselfeld erzeugt wird. Eine dort an einem Faden aufgehängte Magnetnadel wird durch das Wechselfeld des Stromes zu Schwingungen angeregt. Auf der Skala entsteht durch die rasche Vibration ein Lichtband, dessen Breite der Amplitude des Wechselstromes proportional ist. Das Vibrationsgalvanometer eignet sich sehr gut als empfindlicher Nullindikator für ↗*Wechselstrombrücken* im Bereich von 20–150 Hz.

*Supraleitende Galvanometer* sind Nadelgalvanometer mit supraleitender Feldwicklung. Sie besitzen in niederohmigen Meßkreisen eine sehr hohe Spannungsempfindlichkeit von $\gtrsim 10^{-12}$ V. Auch supraleitende ↗*Quanteninterferometer* (*SQIDs*) werden manchmal als supraleitende Galvanometer bezeichnet, sie besitzen Empfindlichkeiten bis $\gtrsim 10^{-15}$ V.

**Galvanometerkonstante** ↗Galvanometer.

**Galvanoplastik,** die Herstellung von plastischen, metallischen Abzügen einer Form (*Matrize*) durch ↗*Elektrolyse.* Vom Urstück wird zunächst ein Abdruck aus Wachs, Gips o.ä. angefertigt, der mit einem Graphitüberzug leitend gemacht und dann in ein *galvanisches Bad* gehängt wird. Auf dem kathodischen Urstück bildet sich dann ein von der Zusammensetzung des Bades abhängiger metallischer Überzug, der alle Feinheiten des Originals exakt nachbildet. Das Verfahren wird z.B. zur Herstellung von Druckfahnen für schwierige Reproduktionen angewandt, bei denen das *Stereotypie-Verfahren* nicht ausreicht.

**Galvanoskop,** ein empfindliches Zeigerinstrument zum Nachweis eines elektrischen Stromes ohne exakte Meßwertangabe.

**Galvanostegie** ↗Galvanisation.

**Galvanotechnik,** Sammelbegriff für ↗Galvanoplastik und *Galvanostegie* (↗Galvanisation).

**Gamma,** Kurzzeichen $\gamma$, nicht mehr anzuwendende Bezeichnung für Mikrogramm ($1\gamma = 10^{-9}$ kg).

**GAMMA,** ein von der ehemaligen UdSSR unter französischer und polnischer Beteiligung gebautes Satellitenobservatorium für den Röntgen- und Gammabereich.

**Gammaabsorption** ↗Wechselwirkung von Gammastrahlung mit Materie.

**Gammaabsorptionskoeffizient** ↗totaler Gammaabsorptionskoeffizient, ↗Wechselwirkung von Gammastrahlung mit Materie.

**Gammaastronomie,** *Gammastrahlenastronomie*, Zweig der modernen Astronomie, der sich mit dem kurzwelligsten Teil des elektromagnetischen Spektrums oberhalb von etwa 100 keV beschäftigt. Gammastrahlung wird von der ↗*interstellaren Materie* nur schwach absorbiert, was sie für die Beobachtung weit entfernter Objekte prädestiniert. Andererseits ist die Leuchtkraft der meisten astronomischen Objekte im Gammabereich sehr klein, so daß lange Integrationszeiten nötig sind.

Gammastrahlen werden im Kosmos durch verschiedene Prozesse erzeugt, insbesondere beim ↗*radioaktiven Zerfall* und beim inversen ↗*Compton-Effekt*, bei Annihilation von Elektronen und Positronen und durch Beschleunigung von Elektronen in Magnetfeldern (↗*Synchrotronstrahlung*). In der Milchstraße dominiert Gammastrahlung aus dem interstellaren Medium. Sie entsteht vorwiegend durch inversen Compton-Effekt der Elektronen aus der ↗*kosmischen Strahlung* mit Nukleonen der interstellaren Materie. Bei den Punktquellen dominieren ↗*Pulsare* und ↗*Supernova*-Überreste. Auch einige ↗*aktive Galaxien* und ↗*Blazare* konnten als Gammastrahler identifiziert werden.

**Gamma-Burster** ↗Burster.

**Gamma-Compton-Monochromator,** Aufbau zur Erzeugung hochenergetischer, monoenergetischer Gammastrahlung. (↗Tagging-Spektrometer)

**Gammadefektoskopie,** Verfahren zur *zerstörungsfreien Materialprüfung* von Werkstoffen vermittels der unterschiedlichen Absorption von ↗Gammastrahlung. (↗totaler Gammaabsorptionskoeffizient)

**Gamma-Detektor,** Nachweisgerät für ↗Gammastrahlung. Hierbei kommen vorwiegend ↗Halbleiter- und ↗Szintillationszähler zum Einsatz.

**Gamma-Elektroskop,** veraltete Meßanordnung zur Messung der ↗*Aktivität* eines Gammastrahlers. Diese besteht aus einem ↗*Elektroskop*, bei dem die Luft im Behälter durch ↗*Gammastrahlung* ionisiert wird, was zur Entladung führt.

**Γ-Funktion,** *Gammafunktion*, *Eulersche Gammafunktion*, eine Erweiterung der ↗*Fakultät* auf beliebige (auch komplexe) Argumente. Es gilt dann $x! = \Gamma(x+1)$. Die Gamma-Funktion kann auf zwei Arten definiert werden:
1. $\Gamma(x) = \int_0^\infty e^{-t} t^{x-1} dt$ (für $\mathrm{Re}\, x > 0$, *zweites Eulersches Integral*),
2. $\Gamma(x) = \lim\limits_{n\to\infty} \frac{n! n^{x-1}}{x(x+1)(x+2)\dots(x+n-1)}$
(für beliebige $x$).
Die wichtigsten Eigenschaften der Γ-Funktion sind:
$\Gamma(x+1) = x\Gamma(x)$, $\Gamma(x)\cdot\Gamma(1-x) = \pi/\sin(\pi x)$
und $\Gamma(x)\cdot\Gamma\left(x+\frac{1}{2}\right) = \frac{\sqrt{\pi}}{2^{2x-1}}\Gamma(2x)$. (↗*Stirling-Formel*)

**Gamma-Gamma-Winkelkorrelation** ↗Winkelverteilung von Gammastrahlung.

**Gammakamera,** *Angerkamera*, *Szintillationskamera von Anger*, Gerät zur Detektion der räumlichen und zeitlichen radioaktiven Verteilungsmuster eines Nukleopharmakons im Körper des Patienten mit guter räumlicher Auflösung. Im Gegensatz zu Systemen mit bewegtem Detektor (↗*Gammascanner*) erfaßt die Gammakamera den gesamten Bildbereich gleichzeitig. Der Meßkopf besteht aus einem großflächigen *Szintillationskristall* von 20–50 cm Durchmesser und 1 cm Dicke. Ein vorgeschalteter Kollimator mit bis zu 40 000 Bohrungen übernimmt die Funktion des Objektives beim Fotoapparat und bildet die räumliche Aktivitätsverteilung auf den Szintillationskristall ab, indem jede Bohrung nur einem eng abgegrenzten Strahlenbündel von $\gamma$-Quanten den Durchgang zum Kristall gestattet. Die im Kristall absorbierten $\gamma$-Quanten erzeugen im Detektor Lichtblitze, welche von dahinterliegenden *Photomultipliern* geortet und in elektrische $x$- und $y$-Koordinaten umgewandelt werden, wobei die Signalverteilung in den Photomultipliern zur Bestimmung der Absorptionskoordinaten verwendet wird. Die über die Meßzeit aufintegrierten Signale ergeben das *Szintigramm* (↗*Szintigraphie*). Die Kamera arbeitet zuverlässig in einem Bereich von 100–400 keV mit einer Auflösung von 0,7 cm bei 140 keV und einer Totzeit von 1 µs. Dabei wird nur jedes zehntausendste der im Gesichtsfeld emittierten $\gamma$-Quanten registriert. Die Gammakamera wird für Funktionsuntersuchungen, z.B. der Schilddrüse, und zur Darstellung maligner Bereiche eingesetzt.

**Gammakorrektur,** eine Maßnahme in der ↗*Lichttontechnik*, um ↗*nichtlineare Verzerrungen* bei ↗*Sprossenschrift* zu vermeiden. Weil bei der Sprossenschrift die Information in der Intensität der Schwärzung gespeichert ist, muß diese im Positiv (*Theaterkopie*) zur Amplitude des elektrischen Signals proportional sein. Nach dem Kopierprozeß ist das nur dann der Fall, wenn das Produkt der *Gammawerte* von Negativ- und Positivfilm 1 ergibt. Da für Bild- und Ton-Negativ unterschiedliche Filmmaterialien verwendet werden, wird bei der Aufzeichnung des Ton-Negativs das elektrischen Signal so vorverzerrt, daß sich die durch vom Gammawert 1 abweichenden nichtlinearen Verzerrungen kompensieren. Bei ↗*Zakkenschrift* ist keine Gammakorrektur erforderlich.

**Gamma-Matrizen** ↗Dirac-Matrizen.

**Gamma-Pulsar** ↗Pulsare.

**Gammaquant,** in der Kernphysik übliche Bezeichnung eines ↗Photons mit einer Energie $E_\gamma = \hbar\omega = hc/\lambda$ von typischerweise $> 10$–$100$ keV. (↗Gammastrahlung)

**Gammaquellen, 1)** *Kernphysik*: Präparate von Gammastrahlern, oftmals zur Eichung von Detektoren oder in der Medizin als ↗*Tracer*-Präparat eingesetzt. Sie werden meist künstlich durch n- oder p-Bestrahlung im Reaktor bzw. an Beschleunigern hergestellt (Tabelle).
**2)** *Astronomie*: *kosmische Gammaquellen*, ↗Gammaastronomie.

**Gammaquellen:** Typische Eichquellen.

| Quelle | $E_\gamma$ [keV] |
|---|---|
| $^{207}$Bi | 480; 967; 1047 |
| $^{137}$Cs | 624 |
| $^{57}$Fe | 14,4; 136 |
| $^{22}$Na | 511; 1277 |
| $^{60}$Co | 1157; 1330 |
| $^{113}$Sn | 365 |
| $^{133}$Ba | 266; 319 |

**Gamma Ray Observatory** ↗Compton Gamma Ray Observatory.

**Gammascanner,** Gerät zur räumlichen Abtastung der Aktivitätsverteilung eines Nukleopharmakons im Körper des Patienten mit zweidimensionaler Darstellung (↗*Szintigraphie*). Es besteht aus einem ↗*Szintillationsdetektor* mit einem durch einen ↗*Kollimator* stark eingeschränkten Gesichtsfeld, einem Antriebsmotor mit zugehöriger Steuerung, einer Meßelektronik für die Verarbeitung der Detektorimpulse und einer Wiedergabeeinheit, die mechanisch mit dem Detektor gekoppelt ist. Als Registriereinheit dienen Strichdrucker oder Photoaufzeichnung. Der Szintillationsdetektor wird zeilenweise über das zu untersuchende Areal bewegt. Wegen des relativ langsamen Bildaufbaus werden die Gammascanner zunehmend von ↗*Gammakameras* abgelöst.

**Gammaspektrometrie** ↗Gammaspektroskopie.

**Gammaspektroskopie,** kernphysikalische Meßtechnik zur Untersuchung der elektromagnetischen Eigenschaften von Kernzuständen vermittels des Nachweises der *Kerngammastrahlung*. Die experimentellen Meßgrößen sind die Energie, *Winkelverteilung* und ↗*Polarisation* der Gammaquanten, die sich typischerweise als Linien oder als kontinuierliche Verteilungen in *Gammaspektren* manifestieren. Die zur Interpretation erforderliche Theorie der elektromagnetischen Wechselwirkung des Kerns kann störungstheoretisch behandelt werden und geht auf Arbeiten von *Blatt* und V. ↗*Weißkopf* (*Kernübergangswahrscheinlichkeit*) in den fünfziger Jahren zurück. Man erhält die Anregungsenergie, den ↗*Kernspin*, die ↗*Parität* und die statischen und dynamischen elektromagnetischen Momente der angeregten Kernniveaus. Die Kernanregung kann durch Kernzerfälle oder in ↗*Streuexperimenten* durch ↗*Coulomb-Anregung* oder ↗*Kernreaktionen* erzielt werden.
Der experimentelle Erfolg der Gammaspektroskopie beruht auf dem Einsatz von ener-

gieauflösenden *Gammadetektoren* (↗*Wechselwirkung von Gammastrahlung mit Materie*). Solche Detektoren sind *Gas-*, ↗*Szintillations-* und insbesondere hochauflösende ↗*Germaniumdetektoren*. Modernste Detektorsysteme erzielen eine nahezu vollständige Abdeckung des gesamten Raumwinkels (↗*Nachweissysteme für Gammastrahlung*). Der meßbare Energiebereich erstreckt sich über das gesamte für die Kern- und Hadronenphysik typische Gammaspektrum von wenigen keV bis einigen 10GeV. In Kombination mit Beschleunigern lassen sich mittels der Gammaspektroskopie praktisch alle stabilen und erzeugbaren instabilen Kerne untersuchen. Durch *Kern-Coulomb-Anregung* in Schwerionenstößen können Kerne in ↗*Hochspinzustände* angeregt und damit der gesamte Bereich der *Yrast-Linien* bis hin zur Instabilität an der ↗*Zentrifugalbarriere* bei etwa 5MeV untersucht werden. Nach Kernreaktionen dient sie zur Untersuchung der Reaktionsprodukte.

**Gammaspektrum,** Energieverteilung einer ↗Gammastrahlung emittierenden Quelle, wird meist als *Impulshöhenspektrum* dargestellt. Experimentell aufgenommene γ-Spektren zeigen je nach dem verwendeten Spektrometer zusätzliche Linien und einen kontinuierlichen Untergrund (↗*Wechselwirkung von Gammastrahlung mit Materie*, Abb. 1 und 2). Der ↗*Compton-Effekt* führt zu einem kontinuierlichen Untergrund mit einer charakteristischen Kante, die der 180°-Streuung entspricht. Der *Paarbildungseffekt* führt bei hochenergetischen Peaks zum Auftreten von zwei zusätzlichen Peaks (*Doppel-Escape-Peak* und *Einfach-Escape-Peak*), die um die Elektronenruhemasse (511keV) nach kleineren Energien verschoben sind.

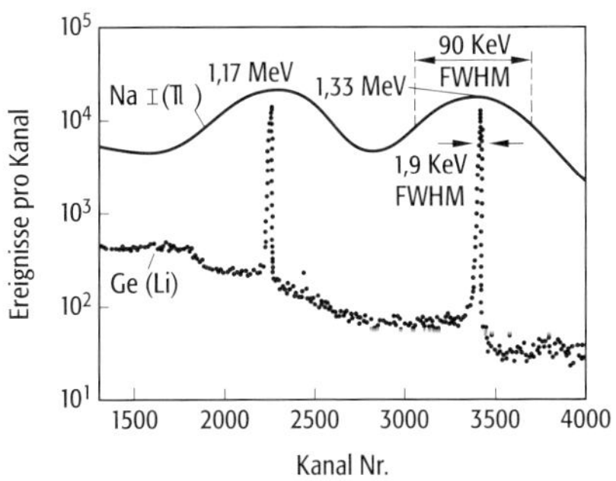


**Gammaspektrum 1:** Vergleich eines mit einem Ge(Li)-Halbleiterdetektor und eines mit einem NaI(Tl)-Szintillator aufgenommenen $^{60}$Co-Spektrums.

**Gamma-Sterilisation,** ↗Sterilisationsmethode, bei der ↗Gammastrahlung verwendet wird.

**Gammastrahler,** radioaktive Kerne, die (vorwiegend) Gammastrahlung emittieren, meist nach einem ↗Alpha- oder ↗Betazerfall in angeregte Kernzustände der Tochterkerne. (↗Gammaquellen, ↗Gammastrahlung)

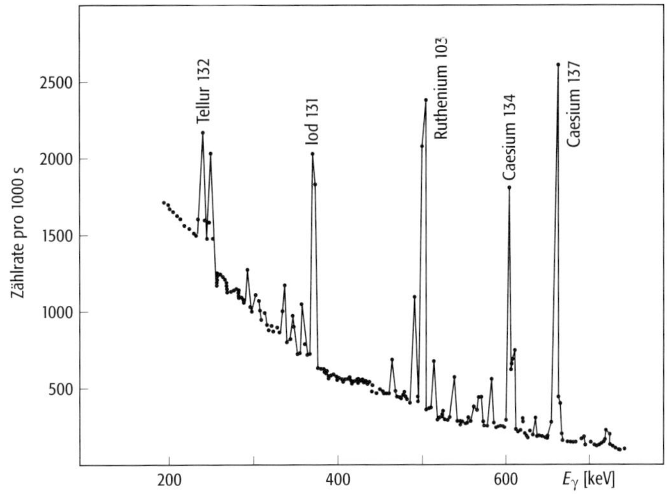


**Gammaspektrum 2:** Ausschnitt aus dem Gammaspektrum eines radioaktiv belasteten Luftfilters, die Gammalinien einiger typischer Fallout-Komponenten (»Tschernobyl-Isotope«) sind gekennzeichnet.

**Gammastrahlung,** *γ-Strahlung*, hochenergetische elektromagnetische Strahlung mit Energien $E_\gamma = \hbar\omega$ mindestens oberhalb einiger keV pro Gammaquant, d.h. Wellenlängen unter 10pm.Bei diesen kurzen Wellenlängen sind i.a. keine Interferenzerscheinungen beobachtbar, es dominiert der Teilchencharakter der γ-Quanten. Die Energieverteilung der Gammastrahlung gibt das ↗*Gammaspektrum* wieder. Gammastrahlung entsteht entweder als ↗*Bremsstrahlung* beim Auftreffen schneller Elektronen auf Materie oder beim Strahlungsübergang eines angeregten Atomkerns oder Hadrons (*Gammaabregung*, *Kerngammaübergänge*). Die angeregten Kerne können beim ↗*Alpha-* und ↗*Betazerfall* radioaktiver Kerne oder durch Kernreaktionen einschließlich inelastischer Streuung entstehen, aber auch als *isomere Kerne* vorliegen (↗*Kernisomerie*). Vorrangig Gammastrahlung aussendende Radionuklide werden als *Gammastrahler* bezeichnet. Ferner tritt Gammastrahlung als *Annihilationsstrahlung*, z.B. bei der ↗*Elektron-Positron-Vernichtung* auf. Historisch wurde Gammastrahlung als ein magnetisch nicht ablenkbarer Anteil der radioaktiven Strahlung radioaktiver Elemente erstmals von P.U. ↗*Villard* identifiziert. Die wichtigsten ↗*Wechselwirkungen von Gammastrahlung mit Materie* sind der ↗*Photoeffekt*, der ↗*Compton-Effekt* und die ↗*Paarbildung*. Gammastrahlung wird u.a. in der Materialforschung und in der Medizin technisch genutzt (↗*Gammatherapie*). Die Untersuchung der Gammastrahlung kosmischer Quellen ist Gegenstand der ↗*Gammaastronomie*.

**Gammastrahlungsabschirmung** ↗Abschirmung.

**Gammastrahlungskonstante,** $\Gamma_\gamma$ bzw. $\Gamma_q$, Materialkonstanten bezüglich der Umwandlung von ↗*Gammastrahlung* in elektrische Ladung. Für eine punktförmige Quelle im Abstand $r$ mit der ↗*Aktivität* $A$ ist $\Gamma_\gamma$ über die

↗*Ionendosisleistung* $\dot{I}$ definiert als $\Gamma_\gamma = \frac{\dot{I}r^2}{A}$ und $\Gamma_q$ analog über die *Äquivalentdosisleistung*. Für Körpergewebe liegt $\Gamma_\gamma$ bei $10^{-15}$–$10^{-17}$ Cm²/kg h Bq und $\Gamma_q$ bei $10^{-13}$–$10^{-16}$ Sv m²/h Bq.

**Gammatherapie,** die Verwendung von ↗*Gammastrahlung* in der *Strahlentherapie*. Der Vorteil der Gammastrahlung liegt in ihrer hohen, genau festgelegten Energie. Man verwendet natürliche und künstliche radioaktive Strahler, wie z.B. Cobalt-60 oder Caesium-137. Diese werden entweder direkt (*Kontakttherapie*) oder aus Entfernungen von 50–80 cm (*Telegammatherapie*) mit dem Bestrahlungsherd in Kontakt gebracht.

**Gammazerfall,** *elektromagnetischer Kernzerfall*, ↗Kerngammaübergang.

**Gamow**, *George*

**Gamow,** *George Anthony*, russisch-amerikanischer Physiker, *4.3.1904 Odessa, †19.8.1968 Boulder (Colo.); 1931–33 Professor in Leningrad, danach in Washington (D.C.), seit 1965 an der University of Colorado in Boulder; bedeutende Arbeiten zur Struktur der Atomkerne, zur Theorie des Betazerfalls und der schwachen Wechselwirkung; schuf 1928 unabhängig von E.U. ↗*Condon* und R.W. *Gurney* die ↗*Gamow-Theorie* des Alphazerfalls; ferner wichtige Beiträge zur Kosmologie, insbesondere zur Urknall- oder Big-Bang-Theorie (prägte die Begriffe »Big Bang« und »Ylem«); sagte 1949 die Existenz einer kosmischen ↗*Hintergrundstrahlung* voraus (1965 von A.A. ↗*Penzias* und R.W. ↗*Wilson* entdeckt); auch Pionierarbeiten zur Energieerzeugung in Sternen durch Fusionsreaktionen und zur Sternentwicklung zum Rote-Riesen-Stadium; darüber hinaus Forschungen zur Biochemie (vermutete, daß der genetische Code aus Tripletts von Nucleotiden, den Bausteinen der Nucleinsäuren, aufgebaut ist).

**Gamow-Berg** ↗Gamow-Theorie.

**Gamow-Faktor** ↗Gamow-Theorie.

**Gamow-Teller-Übergänge,** ↗*Betazerfälle* mit den Auswahlregeln $\Delta I = 0$, 1 und $\Delta P = 0$, $I_i = 0 \rightarrow I_f = 0$ ist nicht erlaubt ($\Delta I$, $\Delta P$: Drehimpuls- und Paritätsänderung, i: Mutterkern, f: Tochterkern). Die emittierten Leptonen bilden zusammen einen Triplett-Zustand mit parallel orientierten Spins (Gesamtspin 1). Übergänge, die zu einem Singulett-Zustand führen, heißen ↗*Fermi-Übergänge*.

Gamow-Teller-Übergänge hängen eng mit dem *Axialvektoranteil* der allgemeinen, relativistisch invarianten Formulierung der schwachen Wechselwirkung zusammen (↗*V-A-Kopplung*). (↗*Fermi-Theorie*)

**Gamow-Theorie,** von G. ↗*Gamow* 1928 gefundene halbklassische Erklärung des ↗*Alphazerfalls* mit Hilfe des ↗*Tunneleffekts*. Danach formieren sich Protonen und Neutronen im Kern zu einem Alphateilchen mit einer Wahrscheinlichkeit $p(\alpha)$, wobei die dabei freiwerdende Energie (↗*Kernbindungsenergie*) ausreicht, um es auf einen Zustand höherer Energie oberhalb der Kontinuumsgrenze zu heben, bei der es nur noch durch die ↗*Coulomb-Barriere* gebunden ist. Dort stößt das Alphateilchen mit einer durch seine Geschwindigkeit $v_0 \approx 0{,}1c$ im Kern bestimmten Frequenz $\nu = v_0/2R$ gegen die Potentialbarriere ($R$: ↗*Kernradius*), die es in der quantenmechanischen Vorstellung mit einer Wahrscheinlichkeit $P = \exp(-2G)$ durchtunneln kann und den Kern mit einer Zerfallswahrscheinlichkeit pro Zeiteinheit $\lambda = p(\alpha)v_0/(2R)\exp(-2G)$ verläßt. $G$ ist der *Gamow-Faktor*, der sich aus der Breite und Höhe der Barriere berechnet und genähert proportional zu $Z/\sqrt{E}$ ist ($E$: kinetische Energie des Alphateilchens). Die Gamow-Theorie erklärt die Emission von Alphateilchen mit Energien, die niedriger sind als die der Coulomb-Barriere, und die starke Abhängigkeit der Lebensdauer von der Alphaenergie entsprechend der empirischen ↗*Geiger-Nutall-Regel*, aber nicht die Größe der Zerfallswahrscheinlichkeit.

**Gangpolkegel,** *Laufkegel*, *Polhodiekegel*, *Polkegel*, eine von L. ↗*Poinsot* zusammen mit dem *Rastpolkegel* eingeführte Hilfskonstruktion zur Beschreibung der ↗*Nutation* des drehmomentfreien symmetrischen ↗*Kreisels*. Diese Bewegung läßt sich als schlupffreies Abrollen des Gangpolkegels auf dem Rastpolkegel beschreiben. Die Achse des Rastpolkegels ist dabei die Richtung des Drehimpulses und, aufgrund der Abwesenheit von äußeren Drehmomenten, raumfest. Man nennt den Rastpolkegel deshalb auch *Festkegel*. Die Berührungslinie der beiden Kegel ist die momentane ↗*Drehachse*, die Achse des Gangpolkegels die ↗*Figurenachse*.

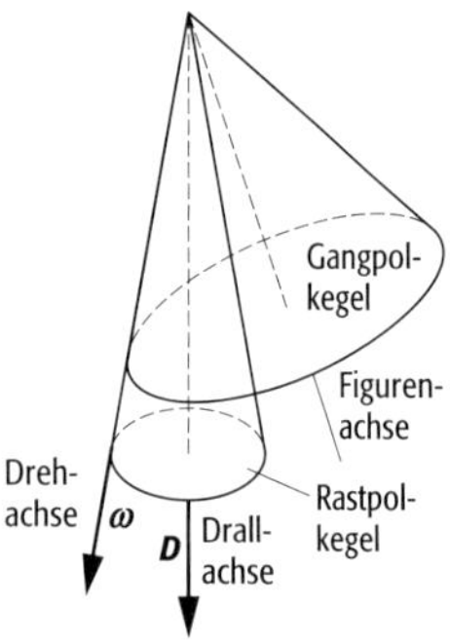


**Gangpolkegel 1:** Das Trägheitsmoment bezüglich der Figurenachse ist größer als bezüglich einer dazu senkrechten Richtung.

Ist das ↗*Hauptträgheitsmoment* des Kreisels bezüglich der Figurenachse größer als das bezüglich einer Achse senkrecht dazu (*abgeplatteter Kreisel*), so umschließt der Gangpolkegel den Rastpolkegel (Abb. 1). Im anderen Fall liegt der Rastpolkegel außerhalb des Gangpolkegels (Abb. 2). Bei einem *Kugelkreisel*, d.h. einem Kreisel, bei dem alle Hauptträgheitsmomente übereinstimmen, entartet der Rastpolkegel zu einer Geraden, die mit der Richtung des Drehimpulsvektors zusammenfällt.

Die Figurenachse beschreibt einen Kegel um den feststehenden Drehimpulsvektor. Ihre Umlaufgeschwindigkeit wird als *Nutationsfrequenz* bezeichnet.

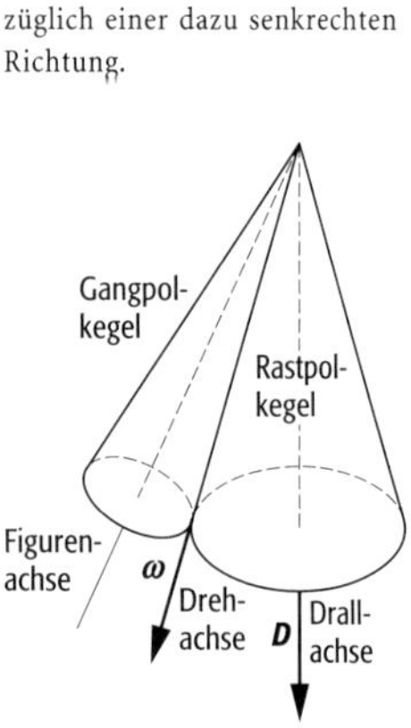


**Gangpolkegel 2:** Kleineres Trägheitsmoment bezüglich der Figurenachse.

**Gangunterschied,** *Wegunterschied*, die Wegstreckendifferenz zweier Wellenzüge, die an einer bestimmten Stelle des Raumes miteinander interferieren, wobei bei Lichtwellen auch die evtl. unterschiedlichen ↗*Brechzahlen* bei Durchgang durch verschiedene Medien berücksichtigt werden müssen. Dem *optischen Lichtweg* entspricht nämlich das Produkt aus Brechzahl und geometrischen Lichtweg. Meist wird der Gangunterschied in Wellenlängen oder Bruchteilen von Wellenlängen angegeben (↗*Interferenz von Wellen*). Einem Gangunterschied von einer Wellenlänge entspricht eine ↗*Phasenverschiebung* von $2\pi$.

**Gantmacher-Effekt,** *Radiofrequenz-Size-Effekt*, ↗Size-Effekt.

**Gantry** ↗Linearbeschleuniger.

**Ganzkörperdosis,** der Mittelwert der ↗*Äquivalentdosis* über Kopf, Rumpf, Oberarme und Oberschenkel als Folge einer als homogen angesehenen radioaktiven Bestrahlung des ganzen Körpers.

**Ganzkörperplethysmographie,** Verfahren zur Lungenfunktionsprüfung. Dabei befindet sich der Patient in einer luftdicht abgeschlossenen Kammer. Anhand der Druckschwankungen, die durch seine Atmung verursacht werden, können u.a. der *Atemwegwiderstand* oder das im Brustkorb befindliche Gasvolumen bestimmt werden.

**Ganzkörper-Szintigramm,** Darstellung der ↗*Aktivität* im Körper bei nuklearmedizinischen Untersuchungen mit einem ↗*Ganzkörperzähler*. Dabei wird die Strahlung radioaktiver ↗*Tracer* gemessen, die nach Verabreichung vom Körper resorbiert und aufgrund ihrer chemischen Eigenschaften bevorzugt in bestimmte Organe transportiert werden. Aus der Aufnahmegeschwindigkeit und der Konzentrationsverteilung im Organ lassen sich Rückschlüsse auf die Organfunktion ziehen oder auch Tumore erkennen.

Bevorzugt werden radioaktive Isotope mit kurzer ↗*biologischer Halbwertszeit* und geringer ↗*relativer biologischer Wirksamkeit*. Besonders bekannt ist die Schilddrüsen-Funktionsprüfung mit $^{131}$I oder $^{99m}$Tc.

**Ganzkörperzähler,** *whole body counter*, Meßgerät, das die im gesamten Körper des Patienten vorhandene Aktivität eines oder mehrerer ↗*Radionuklide* bestimmt. Als Detektor verwendet man einen oder mehrere ↗*Szintillationszähler* mit hoher Empfindlichkeit, die so auf den Patienten gerichtet werden, daß die Position des Radionuklides einen möglichst geringen Einfluß auf das Meßergebnis hat. Da die Messung von außen erfolgt, können aufgrund der Reichweite nur gammastrahlende Substanzen und hochenergetische Betastrahler registriert werden. Um Hintergrundstrahlung zu unterdrücken, findet die Messung in einem abgeschirmten Raum statt, dessen Abschirmung selbst keine radioaktiven Substanzen enthalten darf.

Das Gerät wird zur Strahlendosisüberwachung von im Gefahrenbereich arbeitenden Menschen und auch von intrakavitär bestrahlten Patienten verwendet.

**Gap,** *Bandlücke*, ↗Energielücke, ↗Energielücke eines Supraleiters.

**Garvey-Kelson-Massenformel,** ein Gleichungssatz, der Beziehungen zwischen den Massen $M(N, Z)$ benachbarter Atomkerne im Kerngrundzustand herstellt und auf generellen physikalischen Überlegungen beruht ($N$: Neutronen-, $Z$: Protonenanzahl). In der einfachsten Form gilt für $N_0 - Z_0 \geq 2$:

$$\begin{aligned} &M(N_0, Z_0 - 1) - M(N_0 - 1, Z_0) \\ &+ M(N_0 - 1, Z_0 + 1) - M(N_0 + 1, Z_0 - 1) \\ &+ M(N_0 + 1, Z_0) - M(N_0, Z_0 + 1) \\ &= 0. \end{aligned}$$

Massenunterschiede zwischen Kernen liegen im Bereich von 5 MeV, die Gleichung ist im Mittel auf 0,2 MeV genau. Sie findet Anwendung in der Astrophysik zur Bestimmung von Kernmassen in z.B. neutronenreicher Sternumgebung.

**Gas,** ein Aggregatzustand, in dem die einzelnen Moleküle relativ frei beweglich sind, so daß sich ihre gegenseitige Anordnung dauernd verändert. Eine Gasmenge hat deshalb keine feste Gestalt und kann ein beliebig großes Volumen einnehmen. Die Beziehungen zwischen der Temperatur, dem Druck und dem Volumen einer Gasmenge werden durch die *Gasgesetze* (↗*Zustandsgleichung*) beschrieben. Unterhalb einer für jeden Stoff charakteristischen Temperatur, der *kritischen Temperatur* $T_c$, können Gase durch Kompression verflüssigt werden (↗*Gasverflüssigung*).

Ein ↗*ideales Gas* stellt ein Modell dar, bei dem das *Eigenvolumen* der Gasmoleküle und die intermolekulare Wechselwirkung vernachlässigt werden. Die Moleküle werden als Massepunkte betrachtet, die sich wie elastische Kügelchen im Raum bewegen und den Gesetzen der klassischen Physik genügen (↗*kinetische Gastheorie*). Für ↗*reale Gase* gibt es eine Vielzahl von verschiedenen Zustandsgleichungen, die in bestimmten Temperatur- und Druckbereichen die Einflüsse von Eigenvolumen und intermolekularen Wechselwirkungen gut beschreiben. Die ↗*innere Energie* des realen Gases ist volumen- bzw. druckabhängig (↗*Joule-Thomson-Effekt*). Die einfachste Zustandsgleichung, die das reale Gas qualitativ richtig beschreibt, ist die ↗*Van-der-Waals-Gleichung*. Bei sehr tiefen Temperaturen bzw. hohen Drücken kann es auf Grund von Quanteneffekten zur ↗*Gasentartung* kommen.

**Gas, ideales,** ↗Gas, ↗ideales Gas.

**Gasaggregationsquelle** ↗Clusterquelle.

**Gasballast-Verfahren,** Methode zur Vermeidung von Kondensationsvorgängen in ↗*Vakuumpumpen*. Sie besteht darin, daß in den Schöpfraum der Pumpe eine dosierte Menge Frischgas, der sog. Gasballast, eingelassen wird, wodurch der Öffnungsdruck des Auspuffventils erreicht wird, bevor der Wasserdampf auf Sättigungsdampfdruck komprimiert ist. Eine Gasballasteinrichtung wurde erstmals 1935 von W. ↗*Gaede* in der von ihm entwickelten *Kapselpumpe* eingesetzt.

**Gaschromatographie,** *GC*, Verfahren der ↗*Chromatographie* zur Trennung von Substanzgemischen, die entweder in gasförmigem Zustand vorliegen oder sich unzersetzt verdampfen lassen. Es handelt sich um eine *Säulenchromatographie*, bei der die mobile Phase aus der gasförmigen Probe und einem

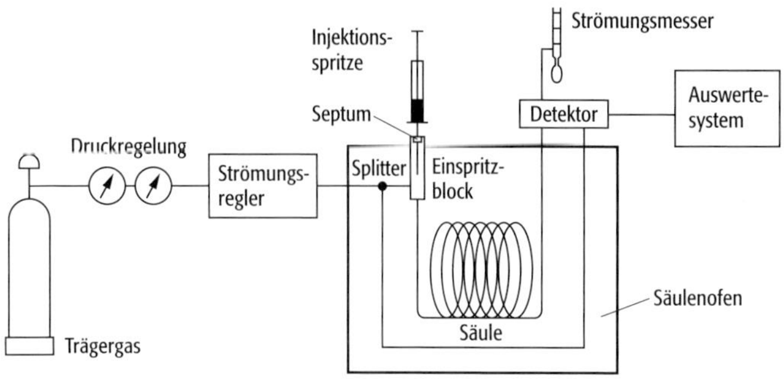


**Gaschromatographie:** Schematischer Aufbau eines Gaschromatographen.

inerten Trägergas (z.B. He, $N_2$, $H_2$) besteht und die stationäre Phase entweder in flüssiger Form (*Gasflüssigkeitsverteilungschromatographie*, engl.: gas liquid chromatography, *GLC*) oder fester Form (*Adsorptionsgaschromatographie*, engl. gas solid chromatography, *GSC*) vorliegt (Abb.). Bei der GLC ist die Trennflüssigkeit (z.B. Paraffine, Siliconöle, Wachse) an eine Trägersubstanz (z.B. Kieselgur, Tonerde, Celite) gebunden. Für analytische Zwecke wird diese benetzte Trägersubstanz in Kapillarsäulen (Durchmesser: einige Millimeter, Länge: einige Meter) gefüllt, die aufgrund ihrer Länge eine hohe *Bodenzahl* erreichen. Man unterscheidet zwischen *Dünnfilm-* und *Dünnschichtkapillarsäulen.* Die am Säulenende austretenden, getrennten Substanzen werden mit Hilfe eines Detektors analysiert und in Abhängigkeit von der Retentionszeit graphisch dargestellt bzw. digital aufgezeichnet. Als universelle Detektoren werden der *Wärmeleitfähigkeitsdetektor* (WLD) und der *Flammenionisationsdetektor* (FID) eingesetzt.

**Gasdetektor** ↗Gasionisationsdetektor.

**Gasdichte,** die ↗*Dichte* $\rho$ eines ↗*Gases.* Alle idealen Gase haben unter Normalbedingungen dasselbe Molvolumen $V_{\mathrm{m}} = \frac{RT}{p} = 22,414 \frac{\mathrm{l}}{\mathrm{mol}}$, daraus ergibt sich die Dichte eines idealen Gases zu

$$\rho = \frac{\text{Molekulargewicht}}{\text{Molvolumen}} = \frac{\text{Molekulargewicht}}{22414}\ \mathrm{g/cm^3}.$$

**Gasdichtewaage,** eine Variante der ↗Luxschen Gaswaage zur Bestimmung der Gasdichte mittels Wägung eines Gasvolumens.

**Gasdiffusionsverfahren,** Verfahren zur ↗Anreicherung von ↗Isotopen vermittels ↗Gaschromatographie.

**Gasdruck,** der ↗*Druck*, den ein ↗*Gas* auf die Wände eines einschließenden Gefäßes ausübt; er wird durch Stöße der Gasmoleküle gegen die Gefäßwand hervorgerufen. Für den Gasdruck $p$ gilt die *Bernoullische Beziehung* (vgl. ↗*Bernoullische Gleichung*) $p = 2n\bar{\varepsilon}/3$ ($n$: Anzahl der Moleküle je Volumeneinheit, $\bar{\varepsilon}$: mittlere kinetische Energie eines Moleküls).

**Gasdurchflußzähler,** Zählrohr, in dem das zu untersuchende Präparat sich im Zählerinneren befindet. Dadurch können auch geringreichweitige Strahlungen (z.B. *Alpha-* oder *Betastrahlung*) gemessen werden. Der Zähler wird im Proportionalbereich bei ↗*Normaldruck* betrieben, wobei das Füllgas, z.B. Methan, dauernd ersetzt wird. Durch den Normaldruck wird ein Eindringen von Verunreinigungen von außerhalb weitgehend verhindert.

**Gasdynamik,** Teilgebiet der Strömungslehre, das die Bewegungsgesetze strömender Fluide bzw. ↗Gase, in denen wegen ihrer ↗*Kompressibilität* Dichteänderungen auftreten, behandelt. Als Spezialfall umfaßt die Gasdynamik auch die ↗*Hydrodynamik* der inkompressiblen Flüssigkeiten. Erhebliche Dichteänderungen ergeben sich hauptsächlich beim Strömen von Gasen und Dämpfen unter großen Druckunterschieden. Dafür lassen sich im wesentlichen folgende Ursachen anführen:

1) *Große Höhenerstreckungen* von sich im Schwerefeld der Erde befindenden Gasmassen, was besonders für Strömungserscheinungen in der freien ↗*Atmosphäre* zutrifft (↗*atmosphärische Dynamik*).

2) *Große Strömungsgeschwindigkeiten* in der Größenordnung der *Schallgeschwindigkeit.* Sie treten auf, wenn sich im Gas Körper mit einer sehr hohen Geschwindigkeit bewegen oder wenn zwischen zwei Stellen des Strömungsfeldes ein Druckunterschied besteht, der mit der Größe des absoluten Druckes vergleichbar ist. Diese Fälle liegen in Turbomaschinen und bei der Bewegung von Geschossen, Raketen und schnellen Flugzeugen vor.

3) *Große Beschleunigungen*, die in ruhenden oder strömenden Gasmassen auftreten, wenn Wandteile oder Körper plötzliche Bewegungen ausführen. Beispiele sind die Ausbreitungsvorgänge bei Schwingungen und ↗*Explosionen* sowie die Strömungserscheinungen beim schnellen Öffnen und Schließen von Ventilen und Schiebern (↗*Vakuum-Leitungen, Strömung durch*).

4) *Große Temperaturunterschiede*: Wenn die Dichteänderung klein ist, kann die Gasströmung näherungsweise mit den Beziehungen der Hydrodynamik berechnet werden. Für Luftströmungen unter Normalbedingungen ist dies bis zu Strömungsgeschwindigkeiten von etwa 75 m/s bzw. von einer ↗*Mach-Zahl* $Ma <$ 0,2 zulässig.

Zur Berechnung kompressibler Strömungen sind neben den ↗*Eulerschen Gleichungen* und der *Kontinuitätsgleichung* zusätzlich noch der erste und zweite Hauptsatz der Thermodynamik und die Zustandsgleichung der ↗*idealen Gase* zu berücksichtigen.

Verdichtungsstöße führen in Strömungen häufig zur ↗*Grenzschichtablösung.* In instationären Strömungen kommt es zur Ausbreitung, Reflexion und Überlagerung von ↗*Druckwellen.*

Die Gasdynamik findet praktische Anwendung bei Turbomaschinen, Strahlantrieben, schnell fliegenden Flugzeugen und Raketen, in der

Ballistik, in Verbrennungsmotoren (besonders zur Bestimmung der Gasschwingungen in Ansaug- und Auspuffleitungen), zur Untersuchung und Verbesserung des Lärmverhaltens von Ventilen, in Strahlapparaten, bei Explosionen und Detonationen.

**Gaseinlaßventile,** *Dosierventile*, Präzisionsventile in der ↗ *Vakuumtechnik*, mit denen genau definierte Gasströme in evakuierte Behälter eingelassen werden können. Die Einstellung des Öffnungsspalts erfolgt meist mit einer Mikrometerschraube (Abb.). Die Gaseinlaßraten werden meist als Normvolumen pro Zeit angegeben, sie liegen bei handelsüblichen Ventilen im Bereich $10^{-12}$–$10^{-3}\,\mathrm{cm}^3 T_n$, $p_n$)/s ($T_n$, $p_n$: Normtemperatur bzw. -druck). Ausheizbare Dosierventile im Bereich des Ultrahochvakuums werden aus metallgedichteten Ventilen abgeleitet, indem der Ventilantrieb durch einen Dosieraufsatz mit Skala ersetzt wird. Die Gaseinlaßraten solcher Ventile liegen im Bereich $10^{-16}$–$10^{-7}\,\mathrm{cm}^3(T_n, p_n)$/s.

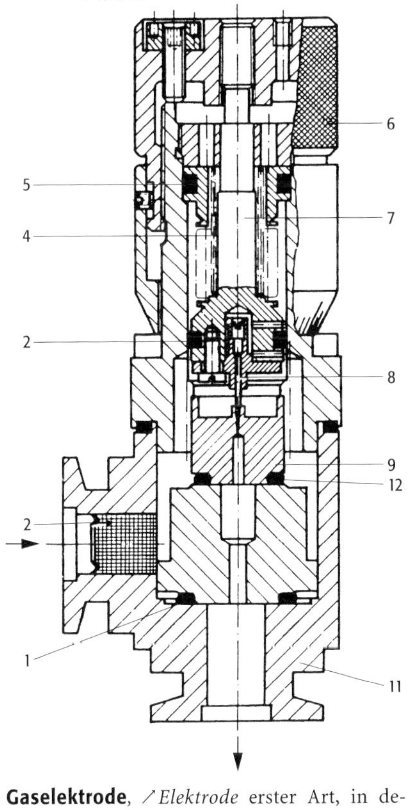


**Gaseinlaßventile:** Schnitt durch ein Dosierventil. 1, 3, 5, 10: Abdichtungen mit gummielastischem Material, 2: Filter in Gas oder Lufteinlaß, 4: Feder, 6: Verstellschraube mit Skalenring, 7: Innenteil, 8: Ventilnadel, 9: Metallsitz, 11: Gehäuse mit zwei Kleinflanschen.

**Gaselektrode**, ↗ *Elektrode* erster Art, in derem Inneren sich ein Gas im Gleichgewicht mit einer Lösung seiner Ionen unter Anwesenheit eines Inertmetalles (z.B. Platin) befindet. Dieses fungiert dabei als Katalysator, weil es Elektronen abgeben oder aufnehmen kann, aber nicht selbst an der Reaktion teilnimmt. Beispiele für Gaselektroden sind die ↗ *Normalwasserstoffelektrode*, die ↗ *Wasserstoffelektrode* und die *Chlorgaselektrode*.

**Gasentartung,** durch Quanteneffekte bedingte Abweichung des Verhaltens eines Gases von den Voraussagen der *klassischen Statistik*. Im Falle der Gasentartung sind die Voraussetzungen der *Boltzmann-Näherung* nicht mehr erfüllt, und das Gas muß statt mit der ↗ *Maxwell-Boltzmann-Statistik* mit einer *Quantenstatistik*, d.h. bei Gasteilchen mit halbzahligem Spin mit der ↗ *Fermi-Dirac-Statistik* und bei Gasteilchen mit ganzzahligem Spin mit der ↗ *Bose-Einstein-Statistik*, beschrieben werden (↗ *Spin-Statistik-Theorem*). Gasentartung tritt bei hohen Dichten bzw. bei niedrigen Temperaturen auf. Der Grad der Gasentartung kann durch Angabe der Entartungstemperatur $T_E = \frac{h^2}{2\pi m k_B}\left(\frac{V}{N}\right)^{2/3}$ charakterisiert werden ($m$: Masse des Gasteilchens, $V$: Volumen, $N$: Teilchenzahl, $k_B$: Boltzmann-Konstante). Für $T \ll T_E$ tritt starke Entartung ein, für $T \gg T_E$ liegt der klassische Grenzfall (keine Entartung) vor.

Die meisten gewöhnlichen Gase kondensieren, bevor Gasentartung eintreten kann; nur bei den leichtesten Gasen ↗ *Wasserstoff* und ↗ *Helium* wird das Gebiet der Gasentartung erreicht. Ein weiteres Beispiel für ein stark entartetes Gas ist das *Elektronengas* der Leitungselektronen in Metallen (↗ *Elektronengasmodell, klassisches*).

**Gasentladung,** ein meist mit einer Leuchterscheinung verbundener Durchgang eines elektrischen Stromes durch ein Gas oder einen Dampf, wobei die Leuchterscheinung vom Druck und von der Stromdichte abhängig ist. Gase bestehen i.a. aus elektrisch neutralen Molekülen oder Atomen, d.h. sie besitzen keine oder nicht genügend Ladungsträger zur Leitung des elektrischen Stromes, so daß einer Gasentladung immer die Erzeugung einer hinreichende Menge von Ladungsträgern vorausgeht. Gasentladungen, die nur wenige Mikrosekunden andauern, heißen *Funkenentladungen* (↗ *Funke*).

Die wichtigste Rolle bei der Erzeugung von Ladungsträgern spielt die ↗ *Stoßionisation*. Dabei werden »zufällig« im Gas vorhandene Primärladungsträger im elektrischen Feld der Elektroden so stark beschleunigt, daß sie durch Stöße mit anderen neutralen Atomen oder Molekülen oder mit den Elektroden weitere Ladungsträger erzeugen. Eine Gasentladung, bei der die Primärladungsträger im wesentlichen durch Stoßionisation entstehen, wird auch *selbständige Gasentladung* genannt. Werden die Ladungsträger von außen, etwa durch Bestrahlung des Gases mit Röntgen- oder Gammastrahlen, erzeugt, spricht man von *unselbständiger Gasentladung*. Die Anzahl der sekundären Ladungsträger ist gegeben durch die ↗ *Townsend-Formel*. Wenn das Feld so stark wird, daß jeder Primärladungsträger eine bis zur Sättigung anschwellende Lawine sekundärer Ladungsträger erzeugt, geht eine unselbständige Gasentladung in eine selbstän-

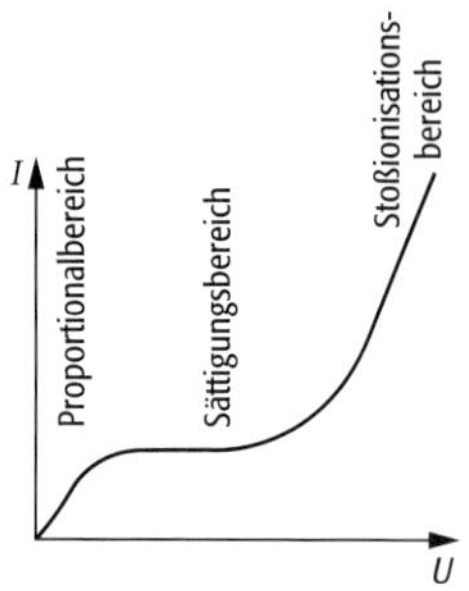


**Gasentladung 1:** Strom-Spannungs-Kennlinie (*I-U*-Kennlinie) einer unselbständigen Gasentladung.

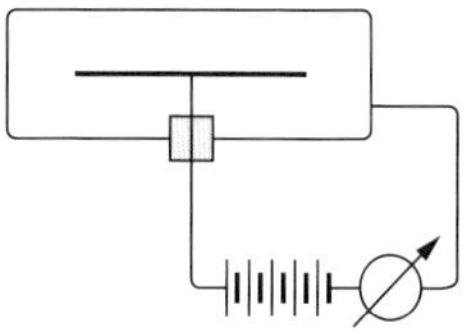

**Gasentladung 2:** Ionisationskammer. Das Strommeßgerät mißt linear die Erzeugungsrate von Ionen durch radioaktive Strahlung o.ä.

dige über. In diesem Bereich wird der *differentielle Widerstand* $dU/dI$ negativ, d.h. je mehr Strom fließt, desto kleiner wird der Spannungsabfall (↗*Strom-Spannungs-Kennlinie*, Abb. 1).

Neben der Einteilung in selbständige und unselbständige Entladungen läßt sich auch eine Einteilung der Gasentladungen nach dem Charakter der mit ihnen verbundenen Leuchterscheinungen durchführen, die wichtigsten Typen sind: ↗*Dunkelentladung*, ↗*Glimmentladung*, ↗*Bogenentladung*, *Funkenentladung* (↗*Funke*) und ↗*Coronaentladung*.

Das Studium von Gasentladungen war von großer Bedeutung bei der Entwicklung der heutigen Vorstellung vom Aufbau der Atome. So wurden z.B. in der ↗*Atomspektroskopie* lange Zeit ↗*Anregungsspektren* bestimmter Atome mit Hilfe von Gasentladungen untersucht. In diesem Zusammenhang wurden eine Vielzahl von ↗*Gasentladungslampen* entwikkelt. Aber auch im täglichen Leben spielen Gasentladungslichtquellen eine bedeutende Rolle bei der Raumbeleuchtung (z.B. ↗*Leuchtstoffröhre*).

Als weitere wichtige Anwendung von Gasentladungsröhren sind die *Ionisationskammern* (Abb. 2) und die Detektion ionisierender Strahlung, z.B. im ↗*Geiger-Müller-Zählrohr*, zu nennen. [KB2, SW]

**Gasentladungslampe,** *Gleichstromentladungslampe*, Lichtquelle, die auf einer ↗*Gasentladung* beruht. Bei *Niederdrucklampen*, wie z.B. der verbreiteten ↗*Leuchtstoffröhre*, leuchtet die positive Säule einer ↗*Glimmentladung*. Bei ↗*Glimmlampen* ist der Elektrodenabstand so klein, daß sich keine positive Säule ausbildet, man sieht dann das negative Glimmlicht. Deutlich höhere Leuchtdichten erreicht man mit *Hochdrucklampen*, in denen eine ↗*Bogenentladung* brennt. Diese wird in einem zylinderförmigen Entladungsrohr in einem Gasgemisch aus Quecksilber und einem Edelgas (meist Argon oder Neon) gezündet. Das dabei überwiegend emittierte Licht (Wellenlänge 254nm, *Hg-Resonanzlinie*) wird von einer Pigmentschicht auf der Innenseite der Röhre absorbiert, die ihrerseits ein kontinuierliches Spektrum sichtbaren Lichts emittiert. Gasentladungslampen werden darum auch oft als *Leuchtstofflampen* (»Neonröhren«) bezeichnet. Durch geeignete Mischung der Leuchtstoffe kann neben den Linienspektren der Entladung ein tageslichtähnliches Spektrum erzeugt werden. Die *Lichtausbeute* ist mit ca. 60lm/W deutlich höher als die einer *Glühlampe* (ca. 10lm/W). Es gibt auch kontinuierliche Entladungslampen, die bei hohem Druck betrieben werden und aufgrund der ↗*Stoßverbreiterung* der Spektrallinien ein kontinuierliches Spektrum emittieren.

**Gasentladungsplasma,** Plasma, das mit Hilfe einer Gasentladung erzeugt wird. Die positive Säule einer ↗*Glimmentladung* bildet ein Plasma, dessen Elektronentemperatur mit $\approx$10000K weit über der Ionentemperatur von $\approx$300K liegt. Das stromführende Gas in einer ↗*Bogenentladung* bildet ebenfalls ein Plasma, bei dem allerdings Elektronen- und Ionentemperatur annähernd gleich sind.

**Gasentladungsröhre,** *Geißler-Röhren*, evakuierte oder evakuierbare Glasröhre mit eingeschmolzenen Metallelektroden, die zum Betrieb einer ↗*Gasentladung* verwendet werden kann.

**Gasgemisch,** Gemisch zweier oder mehrerer Gase, wobei man zwischen Gemischen idealer und realer Gase unterscheiden muß.

Während bei Gemischen ↗*realer Gase* die zwischenmolekularen Kräfte schwer zu erfassen sind, gilt für Gemische ↗*idealer Gase* das ↗*Daltonsche Gesetz*, nach dem der Gesamtdruck gleich der Summe der Teildrücke ist. Die ↗*Zustandsgleichung* idealer Gase gilt auch für Gasgemische, falls man in ihr die *individuellen Gaskonstanten* der Komponenten $R^i_{\text{ind}}$ durch die Gaskonstante $R^{\text{Gemisch}}_{\text{ind}}$ des Gasgemisches ersetzt:

$$R^{\text{Gemisch}}_{\text{ind}} = \frac{\sum_i M_i R^i_{\text{ind}}}{\sum_j M_j}\,.$$

**Gasgesetze,** häufig gebrauchte Ausdrücke für die in den ↗*Zustandsgleichungen* der Gase formulierten Gesetzmäßigkeiten.

Ideale Gase werden einheitlich durch die ↗*ideale Gasgleichung* beschrieben; für reale Gase gibt es hingegen kein einheitliches Gesetz, da bei ihnen die molekularen Wechselwirkungen sehr verschieden sein können. Daher gibt es für diese zahlreiche angepaßte Ansätze. Beispiele für Gasgesetze sind das ↗*Boyle-Mariottesche Gesetz*, das ↗*Gay-Lussacsche Gesetz*, die ↗*Berthelot-Gleichung*, die ↗*Beattie-Bridgman-Gleichung* und die ↗*Van-der-Waals-Gleichung*.

**Gasgleichgewicht,** Gleichgewichtszustand eines Gases, der dadurch charakterisiert ist, daß sich seine ↗Zustandsgrößen nicht ändern. (↗thermodynamisches Gleichgewicht)

**Gasgleichung** ↗Gasgesetze, ↗Zustandsgleichung.

**Gasglühkörper** ↗Auerstrumpf.

**Gasionisationsdetektor,** *Gaszähler*, Zähler zum elektrischen Nachweis radioaktiver Strahlung mit Hilfe einer unselbständigen ↗*Gasentladung*. Als *Zählgase* eignen sich elektropositive Edelgase oder Gemische. Die von der Strahlung durch Ionisation im Zählergas freigesetzten negativen (Elektronen) und positiven (Gasionen) Ladungen (↗*Primärionisation*) werden vermittels des elektrischen Feldes an der direkten ↗*Rekombination* gehindert, zu den Elektroden transportiert und dort weiterverarbeitet (↗*Nuklearelektronik*). Bei höherer Feldstärke setzt Sekundärionisation durch die primären Elektronen und damit eine Multiplikation der primären Ladung ein (↗*Gasverstärkung*). Dementsprechend werden prinzipielle Zählertypen unterschieden: Ionisationskammer (*Parallelplattenzähler*), ↗*Proportionalzähler*, ↗*Geiger-Müller-* oder Auslösezähler und ↗*Funkenzähler*.

Gaszähler sind wegen der hohen Mobilität der Ladungsträger und der Regenerationsfähigkeit der Gase bei Strahlenschäden schnelle Zähler, die bei hohen Strahlungsintensitäten, wie sie in Kernreaktionsexperimenten an Beschleunigern auftreten, eingesetzt werden. Zur genauen Energiebestimmung der Strahlung sind ↗*Szintillationszähler* und ↗*Halbleiterdetektoren* besser geeignet, wobei eine Kombination mit Gaszählern die Unterscheidung von Gammastrahlung und die zusätzliche Bestimmung der Ladungen der Reaktionsprodukte erlaubt. Moderne Gasdetektoraufbauten wie ↗*Vieldrahtproportionalkammern*, ↗*Driftkammern* und *Zeitprojektionszähler* sind darauf ausgelegt, auch die Position des Teilchendurchgangs durch den Zähler zu messen.

**Gasisolierung,** eine elektrische Isolierung mit gasförmigen Stoffen. Bricht eine Gasisolierung zusammen, so kommt es zum ↗*Durchschlag*. Die *Scheiteldurchschlagfestigkeit* $\hat{E}_d$ (die Feldstärke, bei der der Durchschlag einsetzt) liegt z.B. für Luft und Schwefelhexafluorid ($SF_6$) im Bereich von 5–15kV/mm.

**Gasisotherme** ↗Isotherme.

**Gaskältemaschinen** ↗Refrigeratoren.

**Gaskette,** ein ↗galvanische Element mit gasförmigen Elektroden, z.B. eine ↗Brennstoffzelle.

**Gaskinetik** ↗kinetische Gastheorie.

**Gaskonstante,** ↗*allgemeine Gaskonstante*, ↗Fundamentalkonstanten.

**Gaslaser,** ein ↗*Laser* mit gas- oder dampfförmigem aktivem Medium. Man unterscheidet zwischen Neutralatom- (z.B. ↗*Helium-Neon-Laser*, Kupfer-, Golddampflaser), Ionen- (z.B. ↗*Argon-Ionen-Laser*), Molekül- (z.B. ↗*Kohlendioxid-Laser*, ↗*Kohlenmonoxid-Laser*) und ↗*Excimerlasern*. Mit den verschiedenen Typen lassen sich Emissionsbereiche vom Submillimeterwellen- bis zum UV-Bereich realisieren. Die ↗*Besetzungsinversion* wird üblicherweise durch eine elektrische Entladung erreicht. Typische Leistungen von Gaslasern liegen im cw-Betrieb (↗*Dauerstrich-Laser*) im Bereich um 1–100W; die Pulsspitzenleistungen erreichen mehrere hundert Kilowatt.

**Gasmotoren,** mit Gas betriebene Kolbenmotoren.

Der Otto-Viertaktmotor war ursprünglich ein mit Leuchtgas oder Generatorgas betriebener Gasmotor. In Kokereien, Hüttenbetrieben und in der chemischen Industrie spielen Gasmotoren als Großgasmaschinen verschiedener Bauart noch heute eine Rolle, teilweise auch als Zweitaktmaschinen. Als mit Erdgas betriebene Gasmotoren gewinnen sie in letzter Zeit erneut an Bedeutung.

**Gasnebel** ↗Emissionsnebel.

**Gasphasenbeschichtung,** die ↗*Beschichtung* eines festen Substrats mit einem während der Beschichtung in der Gasphase vorliegendem Material. Sind chemische Reaktionen an der Schichtbildung beteiligt, wird das Verfahren als ↗*chemische Gasphasenabscheidung* bezeichnet. Erfolgt die Beschichtung ohne Beteiligung einer chemischen Reaktion, wird die Beschichtungstechnologie als ↗*physikalische Gasphasenabscheidung* bezeichnet. (↗*Gasphasenepitaxie*)

**Gasphasenepitaxie,** *Dampfphasenepitaxie, Vapor Phase Epitaxy, VPE*, Überbegriff der Epitaxiemethoden, die gasförmige Stoffe als Ausgangsmaterialien für das Schichtwachstum verwenden. Sie kann unterteilt werden in die *chemische Gasphasenepitaxie* und die ↗*Molekularstrahlepitaxie*. Die ↗*Gasphasenbeschichtung* umfaßt auch das Wachstum von polykristallinen oder amorphen Stoffen. (↗Beschichtung, ↗Epitaxie)

**Gasphasenpolymerisation,** eine Substanzpolymerisation in gasförmiger Phase. Ihr Ablauf unterscheidet sich nicht wesentlich von dem der *Flüssigphasenpolymerisation*. (↗Polymerisation)

**Gaspyrometer,** ↗*Thermometer* zur Messung der Temperatur heißer Gase. Strömt das Gas an einem elektrisch erhitzten ↗*Thermoelement* vorbei, so wird es dessen Temperatur erniedrigen, wenn es kälter ist, oder erhöhen, wenn es wärmer ist. Regelt man die elektrische Aufheizung des Thermoelementes so, daß sich seine Temperatur durch das vorbeiströmende Gas nicht ändert, dann hat das Thermoelement die Gastemperatur.

**Gasreibung,** die innere Reibung von Gasen. (↗Viskosität)

**Gasröntgenröhre,** die am weitesten verbreitete ↗*Röntgenröhre*. Bei der Gasröntgenröhre werden ↗*Elektronen* aus einer kalten ↗*Kathode* durch Beschuß mit positiven ↗*Ionen* freigesetzt. Kritische Größe für den Betrieb ist der Gasdruck. Es gibt viele Variationen, insbesondere für medizinische Anwendungen.

**Gassendi,** *Pierre*, französischer Philosoph, Mathematiker und Astronom, *22.1.1592 Champtercier (bei Digne, Basses-Alpes), †24.10.1655 Paris; wurde nach Theologiestudium und Priesterweihe 1617 (bis 1623) Professor der Philosophie in Aix-en-Provence, zog sich zwischenzeitlich auf sein Kanonikat an der Kathedralkirche in Digne zurück, wo er seine philosophischen und naturwissenschaftlichen Studien vertiefte, und wurde 1645 (bis 1648) Professor der Mathematik am Collège Royal in Paris; lehrte in Kritik zu ↗*Aristoteles* und R. ↗*Descartes* ein auf epikureischer Atomistik aufgebautes System (Erneuerung des antiken Gedankens des Atomismus), welches das moderne physikalisch-mechanistische Weltbild vorbereitete; lehnte die Theorie der Blutzirkulation von W. *Harvey* ab, gab eine Formulierung des Trägheitsprinzips, bestimmte mit dem französischen Mathematiker M. *Mersenne* die Schallgeschwindigkeit und zeigte, daß diese von der Tonhöhe unabhängig ist (womit er Aristoteles' Meinung widerlegte), und wies mit Hilfe des Barometers die Existenz des ↗*Vakuums* nach; untersuchte das Polarlicht und prägte dafür 1621 die Bezeichnung »Aurora borealis«; beobachtete 1631 als erster einen von J. ↗*Kepler* vorausberechneten Merkurdurchgang; veröffentlichte Biographien von bedeutenden Astronomen, wie N. ↗*Kopernikus* und T. ↗*Brahe*.

**Gassensoren,** größtenteils mikromechanisch gefertigte ↗*Sensoren* zum Nachweis von geringen Gasmengen. Gassensoren sind häufig für ein Gas oder eine Gasklasse ausgelegt. In der Regel werden die chemischen Reaktionen der Gase mit auf der Oberfläche des Sensors angebrachten Substanzen genutzt, um chemische Veränderungen in mechanische, optische oder elektrische Antworten umzusetzen. Z.B. erfolgen die Messungen von Abgasen im Autoauspuff und die damit verbundene Optimierung des Kraftstoffgemischs mit der sogenannten *Lambda-Sonde*. Die Messung beruht auf dem Prinzip der Ionenleitung, wobei als Material dotiertes Zirkoniumdioxid verwendet wird. Die ↗*Elektroden* des Sensors bestehen aus Platin, wobei bei veränderter Sauerstoffkonzentration die Spannung an den Elektroden variiert.

**Gasspurkammer,** ein gasgefüllter Detektor zum Nachweis der Bahnspuren geladener Teilchen. Die Wirkungsweise von Gasspurkammern beruht auf einer gesteuerten Erzeugung von Elektronenlawinen aus freien Elektronen einer primären Ionisationsspur, die ein beschleunigtes Teilchen im Gas hinterläßt. Die Auslösung der Gasverstärkung erfolgt mit Hilfe eines elektrischen Hochspannungsimpulses, der nach dem Durchgang eines Teilchens an die Elektroden gelegt wird.

Man unterscheidet Gasspurkammern mit photographischer (optischer) und filmloser Registrierung der räumlichen Orientierung von Bahnspuren. Zu den optischen Gasspurkammern zählen die Funkenkammer und die Streamerkammer. Bei der filmlosen Registrierung werden entweder die elektrischen Ladungsträger der Elektronenlawinen selbst oder sekundäre Effekte beim Funkenüberschlag, wie Schallwellen oder Magnetfelder, verwendet. Die filmlosen Gasspurkammern, zu denen die Drahtfunkenkammer, die Proportionalkammer, die akustische Funkenkammer und die magnetostriktive Funkenkammer gehören, unterscheiden sich wenig von den gasgefüllten Zählern (↗*Funkenzähler*).

In der ↗*Funkenkammer* wird die Gasentladung durch entsprechende Wahl der Zeitdauer des elektrischen Hochspannungsimpulses erst dann unterbrochen, wenn sich der Entladungskanal zwischen den Elektroden der Kammer ausgebildet hat. Unter bestimmten Bedingungen folgt die Gasentladung der Bahnspur bis zu Winkeln von $< 50^\circ$ zur elektrischen Feldrichtung.

Soll eine Gasspurkammer als *Streamerkammer* betrieben werden, wird der Hochspannungsimpuls so kurz bemessen, daß die Entwicklung der Elektronenlawinen beim Erreichen einer bestimmten kritischen Größe unterbrochen wird. Letzteres ist dann der Fall, wenn das Raumladungsfeld im Lawinenkopf mit dem äußeren Feld in der Kammer vergleichbar wird. Durch diese Betriebsweise kommt es nicht zur Ausbildung eines Gasentladungskanals zwischen den Elektroden, vielmehr bleibt die Entladung auf das Anfangsstadium der »Streamer« (Elektronenlawinen, die durch Photoionisation entstehen) begrenzt. Die Atome des Füllgases werden dadurch in unmittelbarer Nähe (etwa $\pm$ 1 mm) der primären Ionisationsspur zur Lichtemission angeregt. Die Teilchenspur wird in Form einer doppelten Perlschnur (positive und negative Streamer) sichtbar. Die Lage der Perlschnur ist von der elektrischen Feldrichtung unabhängig. Dadurch gelingt es mit einer Streamerkammer, Bahnspuren mit beliebiger räumlicher Orientierung zu registrieren. Aus der Dichte der Spurpunkte einer Streamerkammer-Filmaufnahme kann man auf die Ionisationseigenschaften der Teilchen bis zu sehr hohen Energien schließen.

Die *akustische Funkenkammer* besteht im einfachsten Fall aus einem Parallelplattensystem mit mehreren Mikrophonen für die Registrierung der vom Funkendurchschlagsort ausgehenden Schallwellen. Die Koordinaten der am Teilchendurchgangsort erzwungenen Gasentladung erhält man durch Messung der Laufzeit der Schallwellenfront zu den versetzt angeordneten Mikrophonen.

Die Drahtfunkenkammer (↗*Drahtkammer*) arbeitet mit einem Elektrodensystem aus dünnen Drähten, die um 90° verdreht angeordnet sind. Hier erfolgt eine Registrierung der elektrischen Stromimpulse auf den Drähten beim Funkendurchschlag. Betreibt man eine Drahtfunkenkammer im Proportionalbereich der Gasverstärkung, so läßt sich die Arbeitsgeschwindigkeit der Kammer wesentlich erhöhen und außerdem durch Amplitudenmessungen noch Information über die Ionisationseigenschaften der einfallenden Teilchen gewinnen. Derartige Drahtfunkenkammern heißen Proportionalkammern.

Bei der *magnetostriktiven Funkenkammer* bestehen die Elektrodendrähte aus ferromagnetischem Material. Durch mechanische Deformation der Drähte infolge des bei der Gasentladung entstehenden starken Magnetfelds (↗*Magnetostriktion*) werden akustische Wellen erzeugt, die an den Drahtenden über Spulen gemessen werden können. Die Koordinatenmessung des Teilchendurchgangsorts wird auf eine Zeitmessung zwischen Funkendurchschlag und Spulensignal zurückgeführt.

**Gasstrahlen,** freie Strahlen eines Gases, die aus einer ↗Düse, z.B. einer ↗Laval-Düse, austreten.

**Gasstrahlpumpen,** Treibmittelpumpen, die vor allem als ↗*Vakuumpumpe* eingesetzt werden und bis auf die Wahl eines gasförmigen Treibmittels mit den ↗ *Flüssigkeitsstrahlpumpen* (z.B. *Wasserstrahlpumpe*) übereinstimmen. Als Treibmittel wird meistens Wasserdampf benutzt. Der Ansaugdruck liegt bei $\gtrsim$10kPa (100mbar), bessere Werte werden mit mehrstufigen Aufbauten erreicht. Dabei werden die einzelnen Stufen durch Zwischenkondensatoren getrennt. Gasstrahlpumpen werden oft in Kombination mit Wasserringpumpen verwendet (↗ *Flüssigkeitsring-Vakuumpumpe*).

**Gasstrahlung,** die von Gasen absorbierte und emittierte ↗ *elektromagnetische Strahlung. Wärmestrahlung* wird von einfachen Gasen, wie $H_2$, $N_2$, $O_2$ usw. nicht absorbiert und daher auch nicht ausgestrahlt. Gasförmige Verbindungen jedoch haben häufig Absorptionsbanden im Bereich der Wärmestrahlung. Praktisch wichtig sind vor allem $H_2O$ und $CO_2$ mit drei breiten Absorptionsstreifen (↗ *Treibhauseffekt*).

Die Intensität der Gasstrahlung hängt von der Temperatur, dem durch die Zusammensetzung der Gase bedingten wellenlängenabhängigen Absorptionskoeffizienten und den geometrischen Verhältnissen in komplizierter Weise ab, so daß die Berechnung schwierig ist.

**Gasstrom** ↗ Vakuum-Leitungen, Strömung durch.

**Gasthermometer,** spezielle Variante des ↗ *Ausdehnungsthermometers*. Die Temperaturmessung beruht auf der Ausdehnung eines Gases bei konstantem Druck oder seiner Druckzunahme bei konstantem Volumen. Durch die Wahl eines annähernd idealen Gases nähert man sich weitgehend der durch die Zustandsgleichung der idealen Gase definierten Temperatur (↗ *Gay-Lussacsches Gesetz*) und der thermodynamischen ↗ *Temperaturskala*. Im Gasthermometer wird eine abgemessene Gasmenge (z.B. Wasserstoff) in einem Gefäß aus Glas oder Metall, das mit einem Quecksilbermanometer verbunden ist, der Meßtemperatur ausgesetzt. Wichtig ist dabei die Kenntnis des (möglichst klein zu haltenden) »*schädlichen Raumes*« und des Wärmeausdehnungskoeffizienten des Gefäßmaterials. Statt Wasserstoff wird für tiefe Temperaturen häufig Helium, für hohe Temperaturen Stickstoff verwendet, als Gefäßmaterial dient meist Platin-Iridium oder Quarzglas.

**Gasturbine,** Turbinentyp, in dem hocherhitzte Gase zum Antrieb eines Turbinenlaufrades verwendet werden, in ähnlicher Weise wie Dampf in der ↗ *Dampfturbine*. Man unterscheidet:

1) Gasturbinenprozesse mit *offenem Kreislauf*, wo verdichtete Luft durch Einspritzen von Brennstoff in einer Brennkammer durch innere Wärmezufuhr erhitzt wird und nach Wärmeabgabe in einem ↗ Wärmeaustauscher ins Freie entweicht.

2) Gasturbinenprozesse mit *geschlossenem Kreislauf*, bei denen immer dasselbe Arbeitsgas umläuft. Diesem wird vor der Gasturbine über Heizflächen Wärme zugeführt (äußere Wärmezufuhr). Hinter der Gasturbine wird, ebenfalls mittelbar durch Wärmeaustauscher und Kühler, Wärme entzogen.

Außerdem gibt es Gasturbinenprozesse mit halboffenem Kreislauf. Ein Vorteil der Gasturbine gegenüber der Dampfturbine ist der Wegfall des Dampfkessels, wodurch ein einfacherer und billigerer Betrieb möglich ist. Nachteilig ist die hohe Betriebstemperatur ($> 1000\,^\circ$C), die zur Erzielung eines ausreichenden Wirkungsgrades erforderlich ist.

**Gasverflüssigung,** Überführung eines ↗ *Gases* in den flüssigen Aggregatzustand. Alle Gase können verflüssigt werden, wenn man sie bei genügend hohem Druck genügend tief abkühlt. Die Temperatur und damit die mittlere Geschwindigkeit der Gasmoleküle sinkt, wenn bei adiabatischer Expansion Arbeitet geleistet wird (↗ *Joule-Thomson-Prozeß*). Die höchste Temperatur, bei der eine Verflüssigung möglich ist, ist die *kritische Temperatur* $T_c$ des Gases, der dazu notwendige Druck heißt *kritischer Druck*. Die theoretische Behandlung der Gasverflüssigung wird besonders einfach und für alle Gase einheitlich, wenn man Temperatur, Druck und Volumen auf diese kritischen Größen bezieht (↗ *reduzierte Größen*). Wichtige Verfahren, insbesondere zur *Luftverflüssigung*, sind das ↗ *Linde-Verfahren* sowie das Verfahren von Claude-Heylandt (↗ *Claude-Verfahren*).

**Gasverstärkung,** Erhöhung der Anzahl der von radioaktiver Strahlung in einem ↗ *Gasionisationsdetektor* primär erzeugten Ladungsträger $2\,n_0$ durch *Sekundärionisation*. Diese setzt im *Proportionalbereich* ein (↗ *Proportionalzähler*). Die Anzahl der erzeugten Elektronen $n$ folgt einem exponentiellen Wachstumsgesetz, und zwar $n = n_0 \cdot \exp(\alpha x)$ ($\alpha$: erster ↗ *Townsend-Koeffizient*, $x$: Multiplikationsstrecke), bis bei Erreichen eines Multiplikationsfaktors $M = n/n_0 \approx 10^8$ bzw. $\alpha x \approx 20$ ein elektrischer *Durchbruch* erfolgt, der das gesamte Zählervolumen erfaßt (↗ *Auslösebereich*). Die Gasverstärkung skaliert mit dem Verhältnis der Feldstärke $E$ zum Druck $p$ des Gases gemäß $\alpha/p = A \cdot \exp(-Bp/E)$. $A$ und $B$ sind Materialkonstanten des Gases. (↗ Auslösezähler)

**Gasvolumengesetz** ↗ Gay-Lussac-Humboldtsches Gesetz.

**Gaszentrifuge,** besonders zur Anreicherung von spaltbaren Uranisotopen ($U^{235}$ gegenüber $U^{238}$, jeweils als gasförmiges $UF_6$) verwendeter Zentrifugentyp. Dabei wird ausgenutzt, daß in einem rotierenden Gemisch zweier Gase mit verschiedenem Molekulargewicht die massiveren Moleküle zum Rand abgedrängt werden, wo sie vom Gemisch abgetrennt werden können. Betrachtet man $^{235}UF_6$ und $^{238}UF_6$ jeweils als ↗ *ideale Gase*, so erhält man unter Verwendung der Zustandsgleichung für die radiale Druckverteilung den Ausdruck $p(r) = p_0 \exp\left(M\omega^2 r^2/(nk_BT)\right)$ ($M$: Moleku-

**Gauß**, *Carl Friedrich*

largewicht, $\omega$: Drehfrequenz, $n$: Zahl der Moleküle im Volumen). Daraus erhält man den *Trennfaktor* $q=(\rho_1/\rho_2)|_r/(\rho_1/\rho_2)|_{r=0} = \exp((M_1-M_2)\omega^2 r^2/nk_B T)$, wobei $\rho_{1,2}$ die Dichten der beiden zu trennenden Gaskomponenten sind. Man erhält für eine Zentrifuge mit $r=6{,}5$cm und einer Drehfrequenz von $\omega/2\pi=1200$Hz einen Trennfaktor von 1,16, also eine Anreicherung von 16 %. Zur Erhöhung des natürlichen Anteils von $^{235}$U von 0,7 % auf 3 % werden somit etwa zehn Trennschritte gebraucht. Die energetischen Kosten des Gaszentrifugenverfahrens liegen bei etwa 200kWh pro kg Urangemisch.

**Gate and Delay** ↗Verzögerungsstufe.

**Gate-Schaltung,** Grundschaltung des ↗*Feldeffekttransistors*, bei der das Gate der Bezugspunkt ist und das Signal am Sourceanschluß liegt. Sie ist wenig gebräuchlich, da der hohe Eingangswiderstand verlorengeht.

**Gateway,** Komponente, welche zwei oder auch mehrere unterschiedliche Netze oberhalb der ↗Netzwerkebene miteinander verbindet. Diese Bezeichnung gilt auch für Netze, die nicht zum OSI-Standard (↗OSI-Modell) gehören.

**GAU,** *größter anzunehmender Unfall*, schwerster sicherheitstechnisch noch beherrschbarer Unfall in einem ↗*Kernkraftwerk*; der Begriff *Super-Gau* umschreibt dagegen (nicht beherrschbare) Unfälle mit Kernschmelze, wobei ein Versagen aller Sicherheitssysteme angenommenen wird.

**Gauche-Konformation,** *g-Konformation*, stereochemische Bezeichnung für spezielle relative Lagen der jeweils schwersten Substituenten von zwei sp3-hybridisierten (tetrahedralen) und mit einer $\sigma$-Bindung verbundenen Kohlenstoffatomen. In diesem Fall unterscheiden sich verschiedene ↗*Konformationen* durch Drehungen um Einfachbindungen (Rotamere, Rotationsisomerie). Die verschiedenen Drehwinkel haben wegen der Wechselwirkungen der Substituenten an den beiden Atomen unterschiedliche Konformationsenergien.

**Gaugainsche Spule,** eine Hintereinanderschaltung von mehreren ↗*Helmholtz-Spulen* mit gemeinsamer Achse und gemeinsamem Mittelpunkt, bei der die Radien so nach außen hin zunehmen, daß die Spulen einen Doppelkegel mit einem Öffnungswinkel von 63,5° bilden. Wie die *Helmholtz-* und die ↗*Fanselau-Spule* liefert sie in der Nähe des Mittelpunktes ein sehr homogenes Magnetfeld.

**Gaugino,** in der ↗*Supersymmetrie* postulierte fermionische Partnerteilchen zu den Eichbosonen Photon, Z, W und Gluon. Die entsprechenden hypothetischen supersymmetrischen Partnerteilchen werden Photino, Zino, Wino und Gluino genannt. Sie tragen Spin 1/2 und haben untere Massenschranken $\geq 12$GeV für das sog. LSP (Lightest Supersymmetric Particle) bzw. $\geq 62$GeV für alle anderen Gauginos. Da die supersymmetrischen Partnerteilchen der skalaren Higgs-Bosonen (*Higgsinos*) dieselben Quantenzahlen tragen wie die Gauginos, mischen Photino und Zino mit den neutralen Higgsinos zu den sogenannten *Neutralinos*, die Winos mit den geladenen Higgsinos zu den *Charginos*.

**Gauß,** *Carl Friedrich*, *30.4.1777 Braunschweig, †23.2.1855 Göttingen, deutscher Mathematiker, Astronom, Geowissenschaftler und Physiker. Der *Princeps Mathematicorum*, der mit seinen *Disquisitiones Arithmeticae* (Untersuchungen über höhere Arithmetik) 1801 die moderne Zahlentheorie begründete, wandte sich auch dem Konkreten und den Anwendungen der Mathematik zu. Nach der Entdeckung des Planetoiden *Ceres* durch Giuseppe Piazzi entwickelte er eine neue praktikablere Methode der Bahnbestimmung, die er in seinem astronomischen Hauptwerk *Theoria motus corporum coelestium in sectionibus conicis Solem ambientium* (Theorie der Bewegung der Himmelskörper, welche in Kegelschnitten die Sonne umkreisen) 1809 niederlegte. Gauß errang so früh Berühmtheit; man baute ihm eine Sternwarte in Göttingen und machte ihn zum Professor der Astronomie. Bereitwillig nahm er auch 1820 den Auftrag zur Hannoverschen Landesvermessung an. In seiner Abhandlung zur Geodäsie *Disquisitiones generales circa superficies curvas* (Allgemeine Untersuchungen über krumme Flächen) von 1827 ging Gauß ebenfalls neue Wege. Darin finden sich z.B. der zentrale Begriff des Krümmungsmaßes und die sogenannten inneren Eigenschaften einer Fläche. Bernhard Riemann griff in seiner berühmten Habilitationsvorlesung 1854 auf Wunsch von Gauß diese Gedanken auf, verallgemeinerte sie und schuf so ein Rüstzeug für Einsteins Relativitätstheorie.

Auch in der Physik lieferte Gauß wichtige und z.T. bahnbrechende Arbeiten. Als Astronom mußte er sich mit der Optik auseinandersetzen. Er beriet Johann Georg Repsold bei der Konstruktion achromatischer Objektive. Zur geometrischen Bildkonstruktion bei dicken Linsen und Linsensystemen führte Gauß die beiden Hauptebenen ein. Den Wellencharakter des Lichtes berücksichtigte er allerdings in seinen Überlegungen nicht.

Gauß' bedeutendste Arbeiten galten dem Magnetismus und Geomagnetismus. Mit den erdmagnetischen Forschungen Alexander von Humboldts und den Entdeckungen des Elektromagnetismus durch Hans Christian Oersted 1820 und der Induktion durch Michael Faraday 1831 war dieses Gebiet in ein Zentrum des Interesses der Naturforscher gerückt. Auf der Versammlung deutscher Naturforscher und Ärzte in Berlin 1828 lernte Gauß den 27 Jahre jüngeren Wilhelm Weber kennen, der sich in der Akustik schon einen Namen gemacht hatte. Als durch den Tod Tobias Mayer des Jüngeren der Lehrstuhl für Physik in Göttingen frei geworden war, konnte Gauß mit seinem Gutachten Weber nach Göttingen ziehen. Damit begann eine Zusammenarbeit, wie man sie nur selten antrifft. Wilhelm Weber nahm ganz die Ideen von Gauß auf und setzte sie, was die absoluten Maßsysteme in Magnetik und Elektrik betrifft, in seinem Lebenswerk in die Tat um. 1832 erschien die bahnbrechende Arbeit von Gauß *Intensitas vis magneticae terrestris ad mensuram absolutam revocata* (Die erdmagnetische Kraft auf absolutes Maß zurückgeführt). Absolute Messungen stehen hier zunächst im Gegensatz zu den bis dahin gemachten relativen Messungen. Bei der Bestimmung der Horizontalintensität durch Schwingungen eines Stabmagneten war eine gleichbleibende Größe des magnetischen Momentes nie garantiert. Mit den nach Gauß benannten Hauptlagen konnten nun die Horizontalintensität und das magnetische Moment in den drei Basiseinheiten für Länge, Masse und Zeit (damals mm, mg, sec) gleichzeitig bestimmt werden. Unter absoluten magnetischen und elektrischen Maßeinheiten verstand man später solche in diesem Dreiersystem. Das heutige Vierersystem (MKSA-Einheiten) ging aus dem Dreiersystem hervor.

Als W. Weber 1845 sein Grundgesetz der elektrischen Wirkung schuf – es beherrschte für drei Jahrzehnte die damalige Elektrodynamik – schrieb ihm Gauß in einem vielzitierten Brief vom 19. März 1845, daß er etwa ein Jahrzehnt zuvor sich ebenfalls mit Grundgesetzen der Elektrodynamik befaßt hatte, aber zu keinem befriedigenden Ergebnis gekommen war. Gauß hatte dabei eine ähnlich wie beim Licht sich fortpflanzende Wirkung der elektrischen und magnetischen Kräfte vor Augen. Webers Grundgesetz dagegen war ein Fernwirkungsgesetz (unendlich große Fortpflanzungsgeschwindigkeit).

Gauß und Weber errichteten 1833 ein magnetisches Observatorium. Unter Mitwirkung A. von Humboldts entstand der *Göttinger Magnetische Verein*. Sozusagen als Nebenprodukt der Gauß-Weberschen Untersuchungen zum Ohmschen Gesetz entstand 1833 der erste, über eine größere Strecke hinweg funktionierende elektrische Telegraph.

Zwei Abhandlungen von Gauß in den *Resultaten*, dem Publikationsorgan des *Magnetischen Vereins*, sind von besonderer Bedeutung.

1) *Allgemeine Theorie des Erdmagnetismus* (1838);

2) *Allgemeine Lehrsätze in Beziehung auf die im verkehrten Verhältnisse des Quadrats der Entfernung wirkenden Anziehungs- und Abstoßungskräfte* (1839).

In der Abhandlung von 1838 entwickelte Gauß eine mathematische Theorie (rein phänomenologisch) mit Hilfe von Potentialsätzen. Sie stellt heute noch eine der Säulen in der geomagnetischen Forschung dar. Die zweite Abhandlung trug wesentlich zur Verbreitung und zum Gebrauch des Potentialbegriffs bei. [KHW]

**Gauß** (nach C.F. ↗Gauß), international *Gauss*, Einheitenzeichen G oder Gs, abgeleitete Einheit der magnetischen Flußdichte im CGS-System. SI-Einheit ist das Tesla.

$$1\,\mathrm{G} = 1\,\mathrm{dyn}^{1/2}\cdot\mathrm{cm}^{-1} = 10^{-4}\mathrm{T}.$$

**Gauß-Algorithmus,** *Gauß-Verfahren*, von C.F. ↗*Gauß* eingeführte Methode zur Lösung eines linearen Gleichungssystems, die darauf beruht, daß man durch äquivalente Umformungen des ursprünglichen Systems sukzessive die unbekannten Variablen eliminiert. Ein solches lineares Gleichungssystem hat die Form $Ax - b = 0$, d.h. $\sum_i a_{ji}x_i - b_j = 0$ für $j = 1,\ldots, n$.

Das Gauß-Verfahren besteht nun aus folgenden Operationen:

Die erste Gleichung wird als Ausgangspunkt gewählt ($k = 1$), mit $a_{21}/a_{11}$ multipliziert (sofern $a_{11} \neq 0$) und von der zweiten abgezogen; dann mit $a_{31}/a_{11}$ multipliziert von der dritten Gleichung abgezogen usw., bis die erste Gleichung, multipliziert mit $a_{n1}/a_{11}$, von der $n$-ten Gleichung subtrahiert wird. Anschließ end setzt man $k = k + 1$ und wiederholt dieses Verfahren für das neu entstandene Gleichungssystem mit einem von null verschiedenen Koeffizienten, und zwar so lange $k < n - 1$ ist. Das Verfahren ist abgeschlossen, wenn $k = n - 1$ ist; die Koeffizientenmatrix hat dann die Form

$$A' = \begin{pmatrix} a'_{11} & a'_{12} & \ldots & a'_{1n} \\ 0 & a'_{22} & \ldots & a'_{2n} \\ \ldots & \ldots & \ldots & \ldots \\ 0 & 0 & \ldots & a'_{nn} \end{pmatrix}$$

(*Dreiecksmatrix*), für die ausgehend von der Gleichung $x'_n = b'_n/a'_{nn}$ ein Lösungsvektor $x^T = (x_1, x_2 \ldots, x_n)$ berechnet werden kann:

$$x_l = \frac{1}{a'_{ll}}\left(b'_l - \sum_{i=1}^{n-l} a_{ll+i}x_{l+i}\right)$$

Beim *Gauß-Jordan-Verfahren*, einer Modifikation des Gauß-Verfahrens, läßt man im Schritt $k$ den Zeilenindex $i$ der sukzessiven Subtraktionen anstelle von 1 bis $n - 1$ von 1 bis $k - 1$ und von $k + 1$ bis $n - 1$ laufen. Im Endergebnis erhält man dann eine Koeffizientenmatrix in Diagonalform (*Diagonalmatrix*), was die Berechnung des Lösungsvektors vereinfacht. Allerdings müssen beim Gauß-Jordan-Verfahren mehr Operationen durchgeführt werden.

**Gauß-Beam-Methode,** Näherungsmethode zur Hochfrequenzlösung der strahlnahen Wellengleichung mit Wichtung der Lösungsbeiträge um den Strahl, entsprechend einer Gauß-Funktion. Die Gauß-Beam-Methode wird vorwiegend auf seismische Wellenausbreitung angewendet.

**Gauß-Bonnet, Satz von,** wichtiges Theorem der *Differentialgeometrie* (↗*Riemannsche Geometrie*), welches die *Eulersche Charakteristik* $\chi$ einer zweidimensionalen kompakten Riemannschen Mannigfaltigkeit $M$ mit dem Integral über die *Gaußsche Krümmung* $G$ verknüpft: $\int_M \mathrm{d}AG = 2\pi\chi$. Das Gauß-Bonnet-

**Literatur:**

C.F. Gauß: *Werke*, hrsg. von der Ges. d. Wiss. zu Gött., 12 Bde., Göttingen 1870-1929;

U.C. Merzbach: *Carl Friedrich Gauß. A Bibliography*, Wilmington/Delaware 1984;

K.H. Wiederkehr: *Aus der Geschichte des Göttinger Magnetischen Vereins und seiner Resultate.* In: *Nachrichten der Akad. d. Wiss. in Gött.*, II. Mathem.-Physikal. Klasse Nr. 14/1964, S. 165-205;

K.v. Meÿenn (Hrsg.): *Die großen Physiker*, 1. Bd. S. 357–370, *C.F. Gauß (1777–1855) und W. Weber (1804–1891).* München 1997 (mit umfangreicher Literatur).

Theorem verbindet also *Geometrie* und *Topologie* einer Fläche. Die Euler-Charakteristik von $M$ ergibt sich aus einer Polygonzerlegung von $M$ mit $V$ Vertizes, $E$ Ecken und $F$ Flächen zu $\chi = V-E+F$. Die Zerlegung der Einheitssphäre $S^2$ durch den Äquator und zwei dazu orthogonale Großkreise liefert z.B. $\chi = 6 - 12 + 8 = 2$, das Gauß-Bonnet-Theorem sagt also in diesem Fall $\int_{S^2} dAG = 4\pi$.

Aus dem Gauß-Bonnet-Theorem folgt, daß die Euler-Charakteristik unabhängig von der Wahl der Zerlegung und damit eine *topologische Invariante* ist. Tatsächlich ist $\chi$ für eine Fläche vom Geschlecht $g$ (also einer Fläche, die aus $S^2$ durch Anfügen von $g \geq 0$ Henkeln entsteht) durch $\chi = 2 - 2g$ gegeben. In der lokalen Fassung, für ein Flächenstück $R$ in $M$, lautet der Gauß-Bonnet-Satz:

$$\int_R dAG + \int_{\partial R} ds\kappa_g + \sum_i (\pi - \alpha_i) = 2\pi,$$

wobei $\kappa_g$ die geodätische Krümmung der Randkurve $\partial R$ ist und die Summe über alle Ecken von $\partial R$ mit Innenwinkeln $\alpha_i$ läuft.

**Gauß-Gebiet** ↗Paraxialgebiet.

**Gauß-Jordan-Verfahren** ↗Gauß-Algorithmus.

**Gauß-Moment,** Maß für die optische Totalundeutlichkeit. Das Gauß-Moment ist ein Gütekriterium für die geometrische Bewertung optischer Systeme. Die quadratische Abweichung der Strahldurchstoßpunkte vom Schwerpunkt der Zerstreuungsfigur in der Auffangebene ist definiert durch das Doppelintegral:

$$M = \int_0^{2p} \int_0^{\infty} J_B(\rho)\rho^2 \cdot \rho d\rho d\varphi$$

Bei Voraussetzung der Rotationssymmetrie ist $J_B(\rho)$ die Bildintensität des Achsenbildpunktes im Abstand $\rho$ von der Achse und $\rho d\rho d\varphi$ das Flächenelement in der Bildebene. Wegen der starken Bewertung ($\approx \rho^2$) der Bildelemente mit großer Queraberration $\rho$ ist das Gauß-Moment als Qualitätsmaß für die Abbildung von Objekten geeignet, die aus sehr vielen leuchtenden Punkten zusammengesetzt sind. Bei aberrationsfreier Abbildung wird $M = 0$.

**Gauß-Profil,** graphische Darstellung einer Meßwertverteilung, die einer ↗*Gauß-Verteilung* entspricht, wie es bei einer Vielzahl statistischer Prozesse der Fall ist. In der ↗*Atomspektroskopie* zeigt z.B. die spektrale Verteilung einer dopplerverbreiterten Absorptions- oder Emissionslinie diese Form (↗*Doppler-Verbreiterung*). Ein weiteres Beispiel ist die räumliche Verteilung der Intensität eines Laserstrahls in der niedrigsten *Transversalmode* senkrecht zur Ausbreitungsrichtung.

**Gauß-Quadratur,** eines von mehreren Verfahren zur numerischen Berechnung eines eindimensionalen bestimmten Integrals $\int_a^b f(x)dx$ auf der Basis einzelner Funktionswerte des Integranden. Solche Verfahren versuchen, das Integral in der Form

$$\int_a^b f(x)dx \approx \sum_{k=1}^n H_{kn} f(x_{kn})$$

mit bestimmten Stützstellen $x_{kn}$ und Koeffizienten $H_{kn}$ zu approximieren. Bei der Gauß-Quadratur führt man zunächst die Integration über das Intervall [a, b] auf eine Integration über das Standardintervall [−1, 1] zurück. Dann sind die Koeffizienten $H_{kn}$ und die Stützstellen $x_{kn}$ so zu bestimmen, daß die obige Formel für alle Polynome bis zu einem möglichst hohen Grad $p$ exakt wird. Das führt auf $p+1$ Bedingungsgleichungen

$$\int_{-1}^{1} x_s dx = \sum_{k=1}^n H_{kn} x_{kn}^s, \quad (s = 0, \ldots, p).$$

Als Stützstellen ergeben sich daraus die Nullstellen der ↗*Legendre-Polynome* $P_m(x)$ und als Koeffizienten (Tabelle):

$$H_{kn} = \frac{2(1 - x_{kn}^2)}{n^2 (P_{n-1}(x_{kn}))^2}.$$

Die Gauß-Quadratur eignet sich immer dann, wenn die Funktion analytisch oder hinreichend dicht tabelliert gegeben ist. In anderen Fällen muß auf einfachere, aber auch ungenauere Verfahren zurückgegriffen werden.

**Gauß-Quadratur:** Einige beispielhafte Werte der Stützstellen und Koeffizienten.

| | |
|---|---|
| $n=2$ | $x_{12} = -x_{22} = 0{,}57735$, $H_{12} = H_{22} = 1$, |
| $n=3$ | $x_{13} = -x_{33} = 0{,}77460$, $x_{23} = 0$,<br>$H_{13} = H_{33} = 5/9$, $H_{23} = 8/9$, |
| $n=4$ | $x_{14} = -x_{44} = 0{,}86114$, $x_{24} = -x_{34} = 0{,}33998$,<br>$H_{14} = H_{44} = 0{,}34785$, $H_{24} = H_{34} = 0{,}65215$. |

**Gaußsche Abbildung,** *Gaußsche Dioptrik*, Bezeichnung für die optische ↗*Abbildung* von zentrierten optischen Systemen im ↗Paraxialgebiet. Aus den Gesetzmäßigkeiten für die ideale optische Abbildung folgen die ↗*Abbildungsgleichungen*. Mit Hilfe der ↗*Kardinalelemente* kann daraus die Lage des Bildpunktes bestimmt werden. Die dazu achsensenkrechte Ebene wird als *Gaußsche Bildebene* bezeichnet, auf die dann die Größe der ↗*Abbildungsfehler* bezogen werden kann.

**Gaußsche Bildebene,** achsensenkrechte Ebene durch den Bildpunkt bei der ↗Gaußschen Abbildung.

**Gaußsche Bündeltaille** ↗Gaußsches Bündel.

**Gaußsche Ensembles,** Gesamtheiten von Zufallsmatrizen (↗*Zufallsmatrizen-Theorie*). Die wichtigsten sind das *Gaußsche orthogonale Ensemble* (GOE), das *Gaußsche unitäre Ensemble* (GUE), sowie das *Gaußsche symplektische Ensemble* (GSE). Die Theorie der Zufallsmatrizen wurde ab Mitte der 50er Jahre vor allem von E.P. ↗*Wigner* vorangetrieben, um die statistischen Eigenschaften der komplexen *Energieniveau-Struktur* von schweren ↗*Kernen* zu erklären. Seit etwa 1980 fand diese

Theorie im Zusammenhang mit Fragen des ↗*Quantenchaos* erneutes Interesse, da klassisch chaotische Quantensysteme die einfachsten Systeme bereitstellen, die den Gesetzmäßigkeiten der Theorie der Zufallsmatrizen gehorchen. Die grundlegende Idee besteht darin, die Matrixelemente des ↗*Hamilton-Operators* (Matrix $H$) als gaußverteilte Zufallszahlen anzunehmen und dabei nur den raum-zeitlichen Symmetrieeigenschaften des Problems Rechnung zu tragen. Das einfachste Ensemble, das GOE, besteht aus reellen, symmetrischen $N\times N$-Matrizen und ist dadurch definiert, daß die Gesamtheit unter beliebigen orthogonalen Transformationen $H' = O^T HO$ mit einer orthogonalen Matrix $O$ invariant bleibt. Dies bedeutet, daß für die Wahrscheinlichkeit $P(H)\mathrm{d}H$, eine Matrix $H$ im Volumenelement $\mathrm{d}H \sim \prod_{i=1}^{N} \mathrm{d}H_{ii} \prod_{i<j} \mathrm{d}H_{ij}$ zu finden, gilt, daß $P(H)\mathrm{d}H = P(H')\mathrm{d}H'$. Zusätzlich verlangt man, daß die Matrixelemente unabhängige Zufallsvariable sind. Daraus folgt, daß die Matrixelemente $H_{ij}$ gaußverteilt sind mit Mittelwert null $\langle H_{ij}\rangle = 0$ und Varianz $\langle H_{ij}^2\rangle = (1+\delta_{ij})\,\sigma^2$. Von Interesse sind statistische Eigenschaften der Energieniveaus, also der Eigenwerte von $H$, wie z.B. die gemittelte *Energieniveau-Dichte* $\langle\rho(E)\rangle$. $\rho(E)\mathrm{d}E$ ist die Anzahl der Niveaus im Intervall $[E, E+\mathrm{d}E]$, wobei $\int\rho(E)\mathrm{d}E = N$ gilt. Für das GOE und für große $N$ findet man das Wignersche Halbkreis-Gesetz, welches besagt, daß $\langle\rho(E)\rangle$ nur für $E^2 < 4N\sigma^2$ von null verschieden ist mit $\langle\rho(E)\rangle = (2\pi\sigma^2)^{-1}\cdot(4N\sigma^2 - E^2)^{1/2}$.

Eine weitere wichtige Größe, die die Fluktuationen in den Energieniveaus erfaßt, ist die Abstandsverteilung der Niveaus $p(s)$. $p(s)\mathrm{d}s$ ist die Wahrscheinlichkeit dafür, daß in dem Ensemble (oder auch in einer genügend großen Matrix $H$) zwei benachbarte Niveaus einen Abstand im Intervall $[s, s+\mathrm{d}s]$ haben. Für das GOE erhält man für $N=2$ als exaktes Resultat die sog. ↗*Wigner-Verteilung* (auch Wignersche Vermutung) $p(s) = \frac{\pi}{2D^2}s\,\exp\left(-\frac{\pi}{4D^2}s^2\right)$ mit dem mittleren Niveau-Abstand $D$. Das entsprechende Resultat für große $N$ kann nicht in einfacher Form geschrieben werden, doch ist die Wigner-Verteilung auch für diese Fälle eine sehr gute Approximation. Von Interesse ist insbesondere der lineare Anstieg für kleine Abstände $s$, der auch für $N\to\infty$ korrekt ist. Er bedeutet, daß sich die Energieniveaus abstoßen. Dieses Verhalten wurde experimentell in Atomkernspektren, aber auch in klassisch stark chaotischen Quantensystemen, wie dem quantisierten ↗*Bunimowitsch-Stadion* oder dem ↗*Sinai-Billard*, gefunden (↗*Quantenchaos*).

Die Beschränkung auf reelle symmetrische Matrizen im GOE ist durch Rotations- und Zeitumkehrinvarianz begründet. Wird letztere gebrochen (mit oder ohne Rotationsinvarianz), beispielsweise durch ein äußeres Magnetfeld, so muß man Ensembles hermitescher, also komplexer Matrizen betrachten, die unter unitären Transformationen invariant sind. Die Annahme statistisch unabhängiger Matrixelemente führt in diesem Fall auf das *Gaußsche unitäre Ensemble* (GUE). Für zeitumkehrinvariante Systeme mit halbzahligem ↗*Spin*, die nicht rotationsinvariant sind, ist das *Gaußsche symplektische Ensemble* (GSE) maßgeblich, bei dem die die Hamilton-Matrix hermitesch ist, aber aus ↗*Quaternionen* aufgebaut ist. Diese Matrixstruktur ist unter unitären symplektischen Transformationen invariant. Für GUE und GSE findet man ebenfalls Niveau-Abstoßung, wobei $p(s)$ sich für kleine $s$ wie $s^\beta$ verhält, mit $\beta = 2$ für das GUE und $\beta = 4$ für das GSE. Die exakte Abstandsverteilung $p(s)$ ist für die drei Gaußschen Ensembles für $N = 2$ in der Abbildung dargestellt. Die Niveaudichte hat in allen Fällen die Halbkreisform, mit der Ersetzung $\sigma^2 \to \sigma^2\beta$. [GR2]

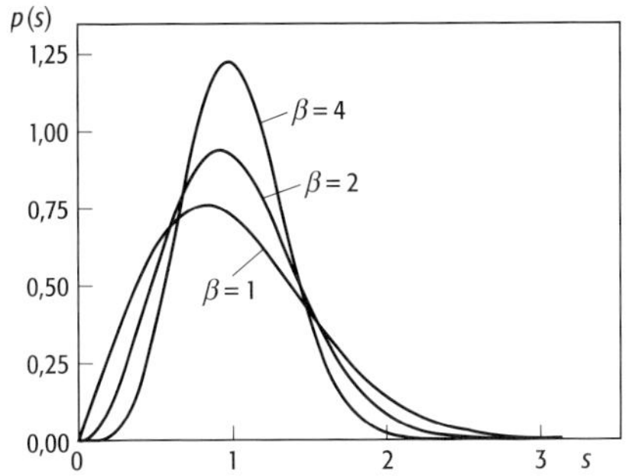


**Gaußsche Ensembles:** Die Niveau-Abstandsverteilung für die Gaußschen Ensembles GOE ($\beta = 1$), GUE ($\beta = 2$) und GSE ($\beta = 4$).

**Gaußsche Fehlerfunktion,** *erf(x)*, spezielle Funktion, die angibt, wie sich die Fehler eines Meßresultats um den Mittelwert gruppieren:

$$\mathrm{erf}(x) = N\mathrm{e}^{-\frac{1}{2}cx^2}.$$

Das Integral über erf$(x)$, das *Gaußsche Fehlerintegral*, gibt an, welcher Bruchteil der Meßwerte innerhalb einer bestimmten Umgebung des Mittelwertes liegt:

$$\Phi(\xi) = \frac{2}{\sqrt{\pi}}\int_0^\xi \mathrm{e}^{-x^2}\,\mathrm{d}x.$$

Die Fehlerfunktion und das Fehlerintegral spielen eine wichtige Rolle in der ↗*Fehlerrechnung*. (↗Gauß-Verteilung)

**Gaußsche Hauptlagen,** Anordnungen zur Messung von ↗*Magnetfeldern* mit Hilfe von zwei makroskopischen magnetischen Dipolen (z.B. *Magnetnadeln*). Dabei wird eine Nadel mit unbekanntem Dipolmoment $\boldsymbol{m}$ frei beweglich aufgehängt, durch das vom Magnetfeld $\boldsymbol{H}$ ausgeübte Drehmoment wird sie zu Schwingungen der Periode $T = 2\pi\sqrt{J/mH}$ ($J$: Trägheitsmoment der Nadel) gezwungen. Die Nadel erzeugt selbst ein Feld $\boldsymbol{H}'$, das sich $\boldsymbol{H}$ überlagert. Aus der dadurch auf eine zweite Nadel ausgeübten Wirkung läßt sich eine

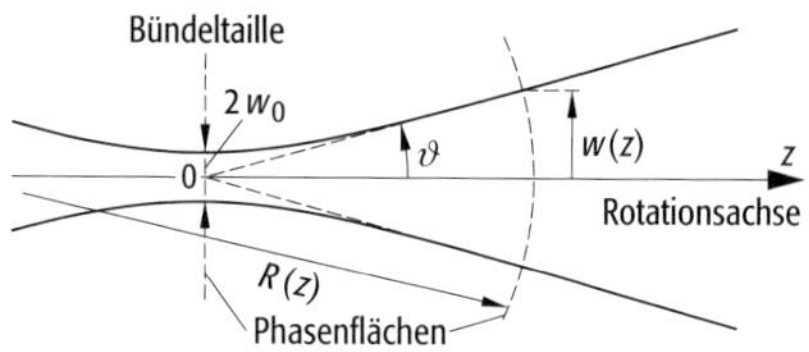


**Gaußsches Bündel:** Lage von Bündeltaille, Phasenflächen und Bündeldurchmesser $w(z)$ ($\theta$: Öffnungswinkel).

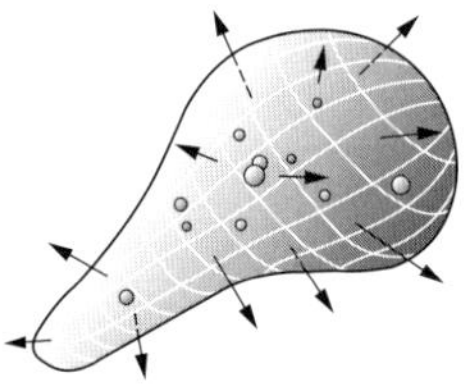

**Gaußscher Satz:** Der elektrische Fluß aus einer geschlossenen Fläche ist proportional zur Summe der eingeschlossenen Ladungen.

weitere Bestimmungsgleichung für $m$ und $H$ ableiten, sofern $\boldsymbol{H}$ und $\boldsymbol{H}'$ senkrecht stehen: $m/H = 2\pi\mu_0 r^3 \tan\phi$ (erste Hauptlage) bzw. $m/H = 4\pi\mu_0 r^3 \tan\phi$ (zweite Hauptlage, $r$: Abstand der beiden Nadeln, $\phi$: Winkel zwischen zweiter Nadel und $\boldsymbol{H}$). Die beiden möglichen Anordnungen hierfür werden Gaußsche Hauptlagen genannt.

**Gaußsche Ionenoptik** ↗Ionenoptik.

**Gaußsche Linsenformel** ↗Linsengleichung.

**Gaußscher Integralsatz** ↗Gaußscher Satz.

**Gaußscher Raum** ↗Paraxialgebiet.

**Gaußscher Satz,** *Flußregel*, *Gaußsches Gesetz*, **1)** *Mathematik*: *Gaußscher Integralsatz*, *Satz von Gauß-Ostrogradski*, von C.F ↗*Gauß* gefundener Integralsatz über ein beliebiges stetiges und an der Oberfläche $A$ eines Volumens $V$ differenzierbares Vektorfeld $\boldsymbol{F}$, für das gilt:

$$\iiint_V \nabla \cdot \boldsymbol{F}\,\mathrm{d}V = \oiint_A \boldsymbol{F} \cdot \mathrm{d}\boldsymbol{A} = \oiint_A F_\mathrm{n}\mathrm{d}A$$

($\mathrm{d}\boldsymbol{A} = \boldsymbol{n}\mathrm{d}A$: Flächenelement mit dem Normalenvektor $\boldsymbol{n}$), $F_\mathrm{n}$: Normalkomponente von $\boldsymbol{F}$). Das Gaußsche Gesetz überführt also ein Volumenintegral über die ↗*Divergenz* eines Vektors in ein Oberflächenintegral über den Vektor selbst. Die rechte Seite der Gleichung wird auch als ↗*Fluß* $\Phi$ des Vektorfeldes durch die Fläche $A$ bezeichnet, daher der Name *Flußregel* (Abb.).

Es gibt auch eine allgemeine Version des Gaußschen Integralsatzes für eine $n$-dimensionale ↗*Mannigfaltigkeit* $X$ mit Rand $\partial X$ und einem ↗*Volumenelement* $\varepsilon$: Für ein Vektorfeld $\boldsymbol{v}$ auf $X$ ist die Lie-Ableitung der Volumenform in Richtung $\boldsymbol{v}$ wieder eine $n$-Form und daher gleich dem Produkt von $\varepsilon$ mit einer Funktion, welche man als die Divergenz von $\boldsymbol{v}$ bezüglich $\varepsilon$ bezeichnet, $(\mathrm{div}_\varepsilon \boldsymbol{v})\varepsilon := \mathcal{L}_v\varepsilon$ (↗*Differentialformen*). Aus $\mathcal{L}_v\varepsilon = \mathrm{d}(\boldsymbol{v} \lrcorner \varepsilon)$, folgt der ↗*Stokessche Integralsatz*:

$$\int_X (\mathrm{div}_\varepsilon \boldsymbol{v})\varepsilon = \int_{\partial X} \boldsymbol{v} \lrcorner \varepsilon.$$

**2)** *Gaußsches Gesetz der Elektrostatik*: Für die ↗*elektrische Feldstärke* $\boldsymbol{E}$ gilt speziell:

$$\iiint_V \nabla \cdot \boldsymbol{E}\,\mathrm{d}V = \oiint_A \boldsymbol{E} \cdot \mathrm{d}\boldsymbol{A} = \frac{1}{\varepsilon} Q_\mathrm{innen} = \frac{1}{\varepsilon}\iiint_V \rho\,\mathrm{d}V$$

($\varepsilon$: ↗*Dielektrizitätskonstante*, $Q_\mathrm{innen}$: Summe der eingeschlossenen ↗*elektrischen Ladungen*, $\rho$: *elektrische Raumladungsdichte*), der elektrische Fluß durch eine geschlossene Oberfläche ist also proportional zur Summe der eingeschlossenen Ladungen (Abb.). In differentieller Form gilt $\nabla \cdot \boldsymbol{E} = \rho/\varepsilon$, mit dem elektrischen Potential $\phi$ ($\boldsymbol{E} = \mathrm{grad}\phi$ ) folgt hieraus die ↗*Poisson-Gleichung* $\Delta\phi = \rho/\varepsilon$ ($\Delta = \nabla\cdot\nabla$: ↗*Laplace-Operator*). Das Gaußsche Gesetz gilt auch in der ↗*Elektrodynamik*, es wird dort als *erste Maxwellsche Gleichung* bezeichnet (↗*Maxwell-Gleichungen*).

**Gaußsches Bündel,** Bezeichnung für Strahlenbündel, die bevorzugt von ↗*Lasern* emittiert werden. Sie zeichnen sich durch ihre Amplitudenabhängigkeit senkrecht zur Ausbreitungsrichtung aus, die durch die Feldverteilung der im optischen Resonator angeregten Transversalmoden bestimmt wird. Bedingt durch die meist zylindrische Form des aktiven Mediums weisen Gaußsche Bündel vornehmlich Zylindersymmetrie auf (Abb.). Die Grundmoden $\mathrm{TEM}_{00q}$ eines konfokalen Laserresonators sind charakterisiert durch ein besonders einfaches Feld, und die transversale Feldverteilung $E_{00q}$ entspricht einer Gauß-Funktion. Die Phasenflächen stellen genähert Kugelflächen mit dem Krümmungsradius $R$ dar. Der Durchmesser $2w$ eines Gaußschen Bündels wird zwischen den Orten in einer Querschnittsfläche $\pi w^2$ gemessen, in der die Maximalintensität $I_0$ auf den Wert $I_0/\mathrm{e}^2$ gesunken ist, durch die also 86,5 % der Gesamtleistung fließen. Diese engste Stelle, in welcher der Nullpunkt der Ausbreitungsachse $z$ liegt, wird als *Gaußsche Bündeltaille* mit dem Radius $w_0$ bezeichnet. In der Entfernung $z$ von der Bündeltaille betragen der Radius $w(z) = w_0\sqrt{1 + \left(\frac{\lambda z}{\pi w_0^2}\right)^2}$ und der Krümmungsradius der Phasenflächen $R(z) = z\left[1 + \left(\frac{\pi w_0}{\lambda z}\right)^2\right]$ mit $\lambda$ als Wellenlänge. Das Gaußsche Bündel stellt ein einschaliges Rotationshyperboloid mit der $y$-Achse als Rotationsachse dar, welches sich im Fernfeld einem Kegel mit dem halben Öffnungswinkel $\Theta = \lambda/(\pi w_0)$ nähert (Divergenzwinkel).

**Gaußsches CGS-System** ↗CGS-System.

**Gaußsches Fehlerintegral,** ↗Gaußsche Fehlerfunktion, ↗Gauß-Verteilung.

**Gaußsches Gesetz** ↗Gaußscher Satz.

**Gaußsches orthogonales Ensemble,** *GOE*, ↗Gaußsche Ensembles.

**Gaußsches symplektisches Ensemble,** *GSE*, ↗Gaußsche Ensembles.

**Gaußsches unitäres Ensemble,** *GUE*, ↗Gaußsche Ensembles.

**Gaußsches Wellenpaket,** Wellenzug in Form einer ↗*Gauß-Verteilung*. In der Quantenmechanik bezeichnet man allgemein einen Zustand, in dem die Wellenfunktion nur in einem sehr kleinen Raumteil $x$ merklich von null verschieden ist, als Wellenpaket. Es gibt Bedingungen, unter denen die Gruppengeschwindigkeit annähernd gleich der Phasengeschwindigkeit ist, die Bewegung des gesamten Wellenpaketes also mit derjenigen eines Massenpunktes übereinstimmt (Abb.). Das Gaußsche Wellenpaket ist dann oft eine gute

Beschreibung der Bewegung:

$$\psi(x,t) \sim \exp\left(-\frac{x^2}{2[\Gamma^2 + \mathrm{i}\hbar t/m]}\right),$$

($x$: Ort, $t$: Zeit, $\Gamma$: Halbwertsbreite, $m$: Masse).

**Gauß-Seidel-Verfahren,** Methode zur numerischen Lösung mehrdimensionaler Optimierungsprobleme, also von Problemen der Form: $\min_{x\in\mathbb{R}^n} f(x)$, mit $n$ im Vektor $x$ zusammengefaßten Optimierungsvariablen $x_{1,\dots n}$. Die Aufgabe besteht darin, ein lokales Minimum auf einer $n$-dimensionalen Hyperfläche (*Sattelfläche*) zu finden, d.h. einen Vektor $x^*$, für den der Gradient $f_x(x^*)$ verschwindet. Das Prinzip einer iterativen Struktur von numerischen Verfahren zur Lösung dieses Problems besteht nun darin, ausgehend von einem Startpunkt $x^0$ eine Suchrichtung $s^0$ zu bestimmen und mit einer bestimmten Schrittweite $a$ den Startpunkt in diese Richtung zu variieren, wobei sich $a$ aus der Lösung des Minimierungsproblems $\min f(x^0 + as^0)$ ergibt. Anschließend setzt man $x^1 = x^0 + as^0$, sucht erneut eine Suchrichtung usw. Die Suchrichtung muß dabei auf jeden Fall mit dem Gradienten einen stumpfen Winkel, d.h. ein negatives *Skalarprodukt* bilden, um eine Abstiegsrichtung zu sein und tatsächlich dem Minimum zuzustreben. Beim Gauß-Seidel-Verfahren sucht man nun bei jeder Iteration abwechselnd in eine der Koordinatenrichtungen: $s^k = (0\dots, 0, -\mathrm{sign}(f_x)_j(x^k), 0\dots)^T$, $s^{k+1} = (0\dots, 0, -\mathrm{sign}(f_x)_{j+1}(x^{k+1}), 0\dots)^T$ usw. Damit ist automatisch die Bedingung des stumpfen Winkels erfüllt. Das Gauß-Seidel-Verfahren hat den Vorteil, daß es ohne eine vollständige Berechnung des Gradienten auskommt, sondern immer nur eine Komponente benötigt. Allerdings leidet die Effizienz unter der erheblichen Anzahl an Iterationen.

**Gauß-Spiegel,** *Gradientenspiegel*, zur Verbesserung des Strahlprofiles im Laserresonator eingebaute Spiegel, die dielektrisch beschichtet sind und sich durch von der Wellenlänge $\lambda$ abhängige definierte lokale Reflexionswerte auszeichnen. Beträgt die Schichtdicke ein geradzahliges bzw. ungeradzahliges Vielfaches von $\lambda/4$, so ist das System transparent bzw. hochreflektierend. Im einfachsten Fall handelt es sich um ein kreisförmiges bzw. rechteckiges Reflexionsprofil. Generell ist der Reflexionsgrad im Zentrum größer als am Rand. Als weiche Blenden bezeichnet man dagegen Gaußspiegel, bei denen der Reflexionsgrad am Rand größer als im Zentrum ist.

**Gauß-Verfahren** ↗Gauß-Algorithmus.

**Gauß-Verteilung,** *Normalverteilung*, *Gaußsche Normalverteilung*, die wichtigste *Verteilungsfunktion* in der mathematischen ↗*Statistik* und Stochastik, die auch in der ↗*statistischen Physik* eine große Bedeutung hat. Die *Dichtefunktion* der Gauß-Verteilung hat die Form

$$\phi_{\mu,\sigma}(x) = \frac{1}{\sigma\sqrt{2\pi}}\exp\left(-\frac{(x-\mu)^2}{2\sigma^2}\right).$$

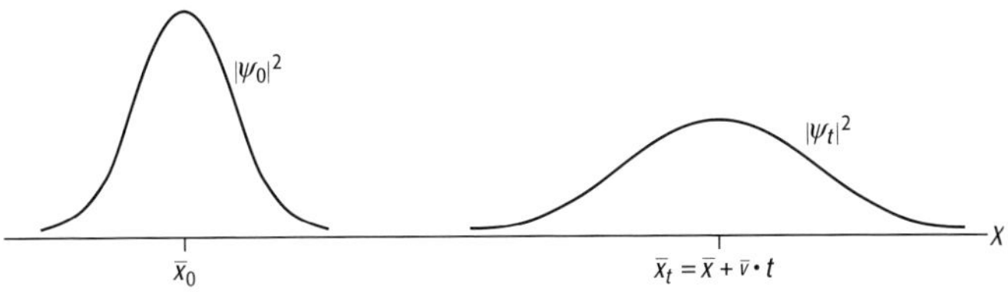


**Gaußsches Wellenpaket:** Zerfließen eines Wellenpakets bei Abwesenheit äußerer Kräfte. Der Querstrich über den Variablen symbolisiert räumliche Mittelung.

Die zugehörige Verteilungsfunktion lautet:

$$\Phi_{\mu,\sigma}(x) = \int_{-\infty}^{x} \phi_{\mu,\sigma}(t)\,\mathrm{d}t.$$

Die beiden Parameter $\mu$ und $\sigma$ haben die Bedeutung des *Erwartungswertes* und der *Standardabweichung* der Gauß-Verteilung. Die zugehörigen Graphen sind die sog. *Gaußschen Glockenkurven*, die mit zunehmendem $\sigma$ immer breiter und flacher werden. Zur normierten und zentrierten Dichtefunktion

$$\phi_{0,1}(x) = \frac{1}{\sqrt{2\pi}}\exp\left(-\frac{x^2}{2}\right)$$

der sog. *standardisierten Gauß-Verteilung* oder *Standardnormalverteilung* gehört die Verteilungsfunktion $\Phi(x) = \frac{1}{\sqrt{2\pi}}\int_{-\infty}^{x}\exp(-x^2/2)\mathrm{d}x$, die auch als *Gaußsches Fehlerintegral* bezeichnet wird. Der Erwartungswert der standardisierten Gauß-Verteilung ist 0, die Standardabweichung 1.

**Gay-Lussac,** *Joseph Louis*, französischer Chemiker und Physiker, *6.12.1778 Saint-Léonard-de-Noblat (bei Limoges), †9.5.1850 Paris; seit 1806 Mitglied der Académie des sciences in Paris, ab 1808 (bis 1832) Professor für Physik an der Sorbonne, ab 1809 auch für Chemie an der École Polytechnique, seit 1832 am Musée National d'Histoire Naturelle; wurde 1832 zum »Pair de France« ernannt; entdeckte 1802 (nach und unabhängig von J.A.C. ↗*Charles*), daß alle Gase nahezu dieselbe Wärmeausdehnung haben (↗*Gay-Lussacsches Gesetz*); führte ab 1804 (zum Teil mit J.-B. ↗*Biot*) die ersten wissenschaftlichen Freiballonfahrten bis in 7000m Höhe durch und analysierte aus verschiedenen Höhen gewonnene Luftproben; bestimmte mit A. von ↗*Humboldt* das Verhältnis von Wasserstoff und Sauerstoff im Wasser und verifizierte 1808 (mit Humboldt), daß die Volumina miteinander reagierender Gase (bei gleichem Druck und gleicher Temperatur) in einem einfachen ganzzahligen Verhältnis zueinander stehen (*Gay-Lussac-Humboldt-Gesetz*); fand 1807 den Zusammenhang zwischen der Dichte und der spezifischen Wärme von Gasen, bestimmte mit einer von ihm entwickelten Methode Dampfdichten und wandte diese zur Ermittlung von Molekülmassen an. Gay-Lussac schuf ferner die Grundlagen der chemischen Gasanalyse; er entdeckte 1808 mit L.J. *Thenard* das Element Bor durch Reduktion von Bortrioxid mit Kalium und führte (zum Teil mit Thenard) chemische Untersuchungen u.a. von Iod (fand 1813 Iodwasserstoff und Kaliumiodid), der Salze der unterschwefligen Säure und von Cyanwas-

**Gay-Lussac,** *Joseph Louis*

serstoffsäure (1815) durch, entdeckte 1819 Natrium- und Kaliumamid, stellte wasserfreie Flußsäure und Bariumperoxid her; formulierte 1816 die Bruttogleichung der Gärungsreaktion und stellte 1819 aus Cellulose Traubenzucker (Glucose) her; er machte sich auch um die Entwicklung maßanalytischer Bestimmungsverfahren verdient, z.B. der Chlorimetrie (1824), Alkalimetrie (1828) und Argentometrie (1832); untersuchte die technische Verwertbarkeit von Steinkohlengas und führte 1835 den *Gay-Lussac-Turm* zur Absorption nitroser Gase bei dem Bleikammerverfahren zur Schwefelsäurefabrikation ein.

**Gay-Lussac-Humboldtsches Gesetz,** *Gasvolumengesetz*, Gesetzmäßigkeit der physikalischen Chemie, der zufolge Gase bei gleichem Druck und gleicher Temperatur stets in einfachen Volumenverhältnissen miteinander reagieren, die sich durch ganze Zahlen ausdrücken lassen.

Aus diesen Tatsachen schloß Avogadro (1811) auf die Existenz von Molekülen. Er erklärte dieses Verhalten der Gase durch die später bestätigte Hypothese, daß alle Gase bei gleichem Druck und gleicher Temperatur in gleichen Volumina gleich viele Moleküle enthalten.

**Gay-Lussacsches Gesetz,** thermodynamische Gesetzmäßigkeit, die die proportionale Abhängigkeit des Volumens bzw. Druckes eines Gases von der Temperatur beschreibt, wobei die jeweilige anderen Zustandsgrößen konstant gehalten werden.

Das Gay-Lussacsche Gesetz formuliert zum einen die Änderung des Volumens $V$ eines Gases mit der Temperatur $\theta$ (in °C) bei konstantem Druck $p$ und lautet $V(\theta) = V_0(1+\alpha\theta)$. Dabei ist $\alpha$ der thermische Volumenausdehnungskoeffizient und $V_0$ das Volumen bei 0°C. Für ein ideales Gas ist $\alpha = \frac{1}{T_0} = \frac{1}{273,15}\,\mathrm{K}^{-1}$, und mit der absoluten Temperatur $T = T_0 + \vartheta$ gilt zugleich die Beziehung $\frac{V}{T} = \frac{V_0}{T_0}$.

Eine weitere Aussage des Gay-Lussacsche Gesetzes drückt aus, daß sich der Druck $p$ bei konstantem Volumen mit der Temperatur $\theta$ (in °C) nach der Beziehung $p(\theta) = p_0(1+\alpha\theta)$ bzw. $\frac{p}{T} = \frac{p_0}{T_0}$ ändert.

Beide Aussagen des Gay-Lussacsche Gesetzes sind Spezialfälle der Zustandsgleichung des idealen Gases $pV = nRT$ ($n$ Molzahl, $R$ Gaskonstante).

Beim Gay-Lussacschen Gesetz handelt es sich zugleich um eine Definition der Temperaturskala, bei der die absolute Temperatur $T$ durch den Volumenquotient $V/V_0$ gegeben ist:

$$T = \frac{1}{\alpha}\frac{V}{V_0}.$$

Das Gay-Lussacsche Gesetz besagt außerdem, daß die innere Energie eines idealen Gases nur eine Funktion der Temperatur ist und nicht vom Volumen oder vom Druck abhängt. Diese Aussage wird durch den ↗*Gay-Lussac-Versuch* bestätigt. Aufgrund des allgemeinen Zusammenhangs $\left(\frac{\partial U}{\partial V}\right)_T = T\left(\frac{\partial p}{\partial T}\right)_V - pV$ ist für ein ideales Gas $\left(\frac{\partial U}{\partial V}\right)_T = 0$ bzw. $U = U(T)$.

**Gay-Lussac-Versuch,** *Überströmversuch*, experimentelle Bestimmung der Volumenabhängigkeit der inneren Energie $U$ eines Gases. Das aus den Gefäßen I und II bestehende System sei vollständig wärmeisoliert. Zu Beginn des Versuches befindet sich Gas mit der Temperatur $T$ nur im Gefäß I, das Gefäß II möge vorher vollständig evakuiert sein. Sodann läßt man das Gas aus dem Gefäß I in das Gefäß II strömen und mißt die Temperatur in beiden Gefäßen. Für Gase, die sich in guter Näherung ideal verhalten, z.B. Helium, wurde mit hoher Genauigkeit festgestellt, daß keine Temperaturänderung auftritt.

Der erste Hauptsatz der Thermodynamik reduziert sich auf $U = const.$, da beim Überströmen ins Vakuum keine Arbeit geleistet wird und das Gesamtsystem wärmeisoliert ist. Faßt man die innere Energie als Funktion von $T$ und Volumen $V$ auf, so folgt aus dem Versuch $U(T, V_\mathrm{I}) = U(T, V_\mathrm{I} + V_\mathrm{II})$ mit unveränderter Temperatur $T$, d.h. die innere Energie eines idealen Gases ist vom Volumen unabhängig. Bei realen Gasen hingegen hängt die innere Energie im allgemeinen vom Volumen ab (↗*Joule-Thomson-Effekt*).

**Gd,** Elementsymbol für ↗Gadolinium.

**GE,** *General Electric*, ↗Forschungszentren, allgemein.

**Ge,** Elementsymbol für ↗Germanium.

**Gebirgswurzel,** tief in den Untergrund eintauchende Krustenverdickung unter hoch aufragenden Gebirgskörpern. Die spezifisch leichtere Gebirgswurzel erfährt im Erdmantel Auftriebskräfte, welche die Last des Gebirgskörpers tragen (↗*Isostasie*).

**gebundene Bahnen,** in sich geschlossene Bahnen von Raumflugkörpern um ein Gravitationszentrum, z.B. einen Planeten.

**gebundene Ladungen** ↗Ladungsträger.

**gebundener Betazerfall** ↗monoenergetischer Betazerfall.

**gebundene Ströme,** Bezeichnung für die atomaren Kreisströme, die im Gegensatz zu den freien Strömen in elektrischen Leitern zu keinem makroskopischen Stromfluß führen, jedoch die atomaren magnetischen Momente erzeugen und so zu makroskopischen magnetischen Kraftwirkungen führen können. (↗*Ampèresche Molekularströme*)

**Gedankenexperiment,** ein Experiment, das gedanklich konzipiert wird und im Prinzip auch ausführbar wäre, jedoch in der Praxis nicht ausgeführt wird. Gedankenexperimente dienen meist zur Konkretisierung abstrakter theoretischer Sachverhalte. Ein berühmtes Beispiel ist das ↗*Zwillingsparadoxon* zur Klärung scheinbarer Widersprüche im Raum-

Zeit-Konzept der Einsteinschen *Speziellen Relativitätstheorie.*

**gedeckte Pfeife,** in der Orgel *gedackte Pfeife*, als Register Kurzform *Gedackt*, eine ↗*Labialpfeife*, bei der das zweite Ende des Rohres geschlossen ist. Die Luftsäule schwingt mit $\lambda/4$; dadurch klingt die Pfeife eine ↗*Oktave* tiefer als eine offene Pfeife, und es bilden sich nur ↗*Obertöne* mit ungerader Ordnungszahl aus.

**Ge-Detektor** ↗Germanium-Detektoren.

**Gefährdungsdosis,** kritische Dosis für ein wahrscheinliches Eintreten von Schäden, die eine klinische Behandlung erfordern. Bei einmaliger Bestrahlung wird für die Gefährdungsdosis eine ↗*Ionendosis* von $6 \cdot 10^{-3}$C/kg angenommen.

**gefilterte Rückprojektion,** Verfahren zur Rekonstruktion tomographischer Aufnahmen, das u.a. bei der Rekonstruktion computertomographischer Aufnahmen (↗*Computertomographie*) eingesetzt wird. Hierbei wird das Objekt innerhalb einer Schicht mit einer punktförmigen Röntgenquelle durchstrahlt. Man erhält dann auf dem gegenüberliegenden Detektor hinter dem Objekt eine perspektivische Projektion. Dreht man die Röntgenquelle und den Detektor um das Objekt, erhält man für jede Projektionsrichtung ein Profil $P(r,\Phi)$ senkrecht zur jeweiligen Projektionsachse. Um zur gewohnten zweidimensionalen Darstellung zurückzukehren, ist eine mit einer Wichtungsfunktion gefaltete Rücktransformation notwendig (Abb. d). Wird diese Filterung der Projektionen vor der Projektion weggelassen, führt dies zu stark verschmierten Strukturen (Abb. c).

Neben der Computertomographie gibt es noch viele andere indirekte Bildaufnahmemethoden, die eine solche zusätzliche Rekonstruktionstechnik erfordern, so z.B. die ↗*Emissionscomputertomograpie* und die akustische Tomographie.

**Gefrierätzen,** *Gefrierbruchpräparation*, klassische Methode zur Herstellung einer Probe für die ↗*Transmissionselektronenmikroskopie* (TEM) durch Entwässerung. Das Gefrierätzen ist nur ein Teil der gesamten Methode zur Erzeugung einer Kryoprobe für die TEM. Es bewirkt eine Sublimation des Wassers innerhalb der Probe selbst. Dies ist bei TEM-Proben besonders wichtig, da gefroren-hydratisierte Proben bei Elektronenbestrahlung leicht zerstört werden können.

**Gefrierkerne,** *Eiskeime*, *Kristallisationskerne*, ↗Aerosole, die aufgrund ihrer Größe sowie ihrer Kristallstruktur und Löslichkeit für die Bildung von gefrorenen Wolkenpartikeln geeignet sind. (↗*Wolken*, ↗*Niederschlag*)

**Gefrierpunktserniedrigung,** Herabsetzung des Erstarrungspunkts einer Lösung gegenüber dem reinen Lösungsmittel infolge Dampfdruckerniedrigung durch den gelösten Stoff. Diese ↗*kolligative Eigenschaft*, die nur von der Zahl der Teilchen abhängt, kann zur Molmassenbestimmung herangezogen werden

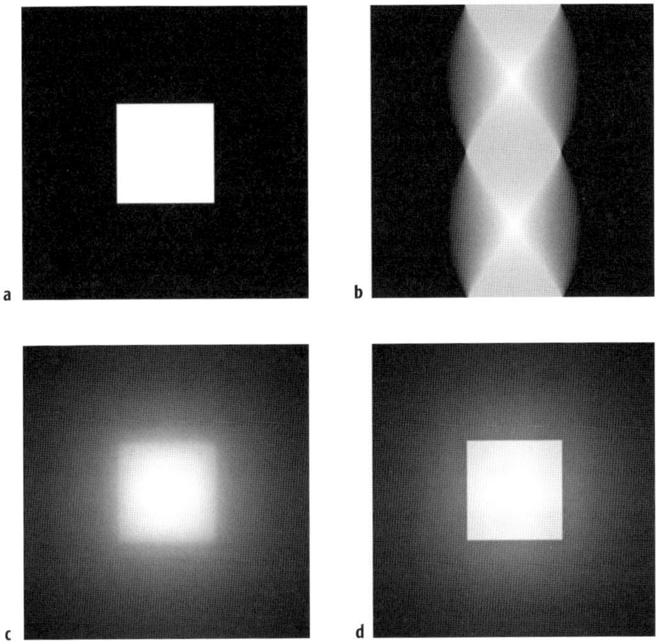


**gefilterte Rückprojektion:** a) Originalbild eines simulierten quadratischen Objektes (Matrix 256×256). b) Das zugehörige Sinogramm zeigt 256 Projektionen des Objektes aus verschiedenen Richtungen, die zeilenweise in die Matrix eingetragen werden. Abb. c) zeigt das aus dem Sinogramm rückprojizierte Bild ohne Filterung der Daten. Das Bild erscheint verschwommen. Mit Filterung der Daten vor der Rückprojektion erhält man ein scharfes, dem Originalbild adäquates Bild (Abb. d).

(*Kryoskopie*). Mit Hilfe der chemischen Potentiale $\mu$ des Lösungsmittels A für das heterogene Gleichgewicht (s = feste Phase, l = flüssige Phase, $x_A$ = Molenbruch von A)

$$\mu^*_A(s) = \mu^*_A(l) + RT \ln x_A,$$

läßt sich für die Gefrierpunktserniedrigung $\Delta T$ folgende Beziehung herleiten:

$$\Delta T = \frac{K_k \cdot c}{M_n} \cdot 10^{-3},$$

mit der kryoskopischen Konstante $K_k$ (in K kg mol$^{-1}$, molare Gefrierpunktserniedrigung, die für viele Lösungsmittel bekannt ist (z.B. Wasser 1,86; Dioxan 4,63; Cyclohexan 14,8), der Konzentration $c$ und dem Zahlenmittel der Molmasse $M_n$. Der Erstarrungspunkt der Lösung kann mit dem ↗*Beckmann-Thermometer* oder mit (wesentlich empfindlicheren) ↗*Thermistoren* bestimmt werden.

**Gefriertrocknung,** Verfahren zur Dehydratation von biologischen Objekten. Im Gegensatz zur Lufttrocknung führt die Gefriertrocknung zu keinen wesentlichen strukturellen Änderungen.

**Gefüge,** metallurgische Bezeichnung für die Mikrostruktur eines Kristalls, der sich aus einer großen Anzahl kleiner Einkristalle, den sogenannten Kristalliten, zusammensetzt (Polykristall) und welche unterschiedlich zueinander orientiert aneinander stoßen. Das Gefüge beeinflußt verschiedene technisch bedeutsame Eigenschaften, wie z.B. das Zug- und Druckverhalten. Um das Gefüge eines Werkstoffes zu bestimmen, betrachtet man unter einem Mikroskop eine geschliffene, polierte und geätzte Schnittfläche, den »Schliff«.

**geführte Wellen,** in der ↗*Seismologie* elastische Wellen, die entlang der freien Oberfläche geführt werden (*Rayleigh-Wellen* und *Love-Wellen*), sowie Wellen (vom Typ der *Rayleigh-Wellen*), die Geschwindigkeitsgrenzflächen im Erdinnern folgen (*Stoneley-Wellen*), und »*Kanalwellen*« (engl.: *channel waves*), die sich entlang von Wellenleitern mit niedrigerer Geschwindigkeit als ihre Umgebung ausbreiten. Zur Ausbreitung in Wellenleitern über größere Entfernungen müssen die Bedingungen für aufbauende Überlagerung (*konstruktive Interferenz*) zwischen den mehrfach reflektierten Wellen erfüllt sein. Dies führt zu Abhängigkeit der Ausbreitungsgeschwindigkeit von der Wellenlänge (↗*Dispersion*).

**Gegendiffusion** ↗Diffusion.

**Gegenfeldspektrometer** ↗Energiespektrometer.

**Gegeninduktion,** veralteter Begriff für ↗Gegeninduktivität. (↗Induktivität)

**Gegeninduktionskoeffizient** ↗Induktionskoeffizienten.

**Gegeninduktivität,** im Unterschied zur Selbstinduktivität eine die induktive Wirkung eines Leiters auf einen anderen beschreibende Größe mit dem Symbol $M$ oder $L_{12}$. (↗*Induktionskoeffizienten*, ↗*Induktivität*, ↗*Induktion*).

**Gegenkopplung,** eine ↗*Rückkopplung*, bei der ein Teil des Ausgangssignales eines Systems gegenphasig auf den Eingang zurückgeführt wird. Da die Signale in der Regel Spannungen oder Ströme sind, unterscheidet man je nachdem, welches Ausgangssignal auf welches Eingangssignal einwirkt, vier Gegenkopplungsarten: *Spannungs-Spannungs-Gegenkopplung*, *Spannungs-Strom-Gegenkopplung*, *Strom-Spannungs-Gegenkopplung* und *Strom-Strom-Gegenkopplung*. Die meisten Systeme zeigen eine frequenzabhängige interne Phasendrehung, so daß bei einer bestimmten Frequenz eine ↗*Mitkopplung* auftritt, die unter ungünstigen Bedingungen zu einem instabilen Verhalten des Systems führen kann. Stabile Verstärkerschaltungen benötigen immer eine Gegenkopplung; eine Herabsetzung der Verstärkung muß dabei aber in Kauf genommen werden.

**Gegenkraft** ↗Newtonsche Axiome.

**gegenphasig,** die Eigenschaft zweier Schwingungen oder Wellen, um ein ungeradzahliges Vielfaches von 180° (im Gradmaß) bzw. $\pi$ (im Bogenmaß) in der Phasenlage gegeneinander verschoben zu sein, so daß die Auslenkungen in je entgegengesetzter Richtung verlaufen.

**Gegenschein,** 1) ↗*Opposition*.

2) Schwache Aufhellung des ↗*Zodiakallichts* im Gegenpunkt der Sonne, die durch Rückstreuung des Sonnenlichts an Staubteilchen der ↗*interplanetaren Materie* entsteht.

**Gegenstandsweite,** *Objektweite*, *Dingweite*, ↗Objekt.

**Gegenstromprinzip** ↗Helium-Lecksuchgeräte.

**Gegentaktschaltung,** bei auf ↗*Elektronenröhren* basierenden ↗*Verstärkern* eine Schaltung, die mit zwei gleichartigen Röhren arbeitet, welche in entgegengesetzter Phase arbeiten. Solche Verstärker haben einen sehr geringen ↗*Klirrfaktor*, sind also fast verzerrungsfrei. Der Einsatz erfolgt vorwiegend in Senderstufen und im Kurzwellengebiet. (↗*Ignitron*, ↗*Thyratron*)

**Gegenuhrzeigersinn** ↗Drehsinn.

**Gehäuserahmen** ↗Geräterahmen.

**Gehör,** *Gehörsinn*, *Hörsinn*, beim Menschen und zahlreichen Tieren vorhandene Fähigkeit, mit Hilfe spezieller Gehörorgane ↗*Schallwellen* wahrzunehmen und auszuwerten. Die von schwingenden Körpern ausgehenden Schallwellen werden durch Luft oder Flüssigkeit übertragen, sie sind der adäquate Reiz für die Gehörorgane. Je nach Bau und Funktionsweise wird unterschieden zwischen *Schallschnelleempfängern*, bei denen die Teilchenbewegungen des Mediums (die *Schallschnelle*) den adäquaten Reiz darstellen (z.B. die Hörhaare der Insekten), und *Schalldruckempfängern*, die auf einseitig einwirkende Druckschwankungen als adäquatem Reiz reagieren. Zu letzteren zählen die *Tympanalorgane*, die genaugenommen Druckgradientenempfänger sind, und die Hörorgane der Wirbeltiere.

**Gehörschaden,** Erkrankung des ↗*Gehörs* mit dauernder Abweichung der ↗*Hörschwelle* von ihrem normalen Verlauf (Abb.). Nach dem physiologischen Befund am ↗*Ohr* unterscheidet man Schäden in der Schalleitung, d.h. die Schallübertragung vom ↗*Trommelfell* über die Gehörknöchelchen bis zum ovalen Fenster ist gestört, und Innenohrschäden. Gehörschäden beginnen in der Regel mit einer Absenkung der Hörschwelle im Gebiet um 4000 Hz (sog. $c^5$-Senke) und breiten sich dann zuerst nach höheren Frequenzen hin aus.

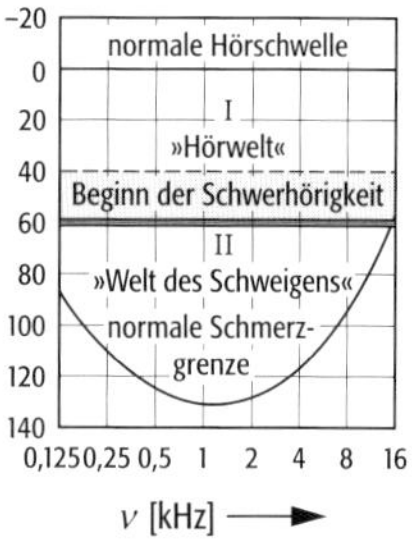


**Gehörschaden:** Bereich des Hörens und der Schwerhörigkeit im Audiogramm.

**Gehrcke,** *Ernst Johann*, deutscher Physiker, *1.7.1878 Berlin, †25.1.1960 Birkenwerder (bei Berlin); 1901–46 (seit 1926 als Direktor) an der Physikalisch-Technischen Reichsanstalt in Berlin-Charlottenburg tätig, ab 1946 Leiter des Instituts für physiologische Optik der Universität Jena, seit 1953 Abteilungsleiter am Deutschen Amt für Maß und Gewicht in Berlin (Ost); bekannt vor allem durch das 1902 mit O. Lummer erfundene hochauflösende, nach dem Prinzip der Vielstrahlinterferenz arbeitende Interferometer (*Lummer-Gehrcke-Platte*); erfand 1904 den Glimmlichtoszillographen und entdeckte (mit O. Reichenheim, 1919) die Anodenstrahlen; entwickelte 1927 (zusammen mit E. Lau) das Multiplex-Interferenzspektroskop; führte auch medizinische Untersuchungen (z.B. über den Einfluß von Staub auf Atmung und Kreislauf) durch; stand der Relativitätstheorie von A. ↗*Einstein* ablehnend gegenüber.

**Geige** ↗Violine.

**Geiger**, *Hans Wilhelm*

**Geiger,** *Hans (Johannes) Wilhelm*, deutscher Physiker, *30.9.1882 Neustadt a.d. Haardt (heute Neustadt a.d. Weinstraße), †24.9.1945 Potsdam; 1907–1912 Assistent und Dozent am

Physikalischen Institut der Universität Manchester, bei E. ↗*Rutherford*, ab 1912 Leiter des Laboratoriums für Radioaktivität der Physikalisch-Technischen Reichsanstalt in Berlin-Charlottenburg, ab 1925 Professor und Direktor des physikalischen Instituts in Kiel, ab 1929 in Tübingen, ab 1936 Berlin an der TH, schuf mit seinen zusammen mit Ernest Marsden (1889–1970) durchgeführten Versuchen über die Ablenkung von Alphastrahlen beim Durchgang durch Materie die experimentelle Voraussetzung für die Aufstellung der Rutherford-Streuformel; fand 1911 mit John Mitchell Nuttall (1890–1958) die ↗*Geiger-Nuttall-Regel*; erkannte 1913 bei Untersuchung der Ablenkung von Alphateilchen um große Winkel, daß die Atomnummer eines Elements im Periodensystem die Zahl der Elementarladungen angibt, und stellte damit die Identität von Ordnungszahl und Kernladungszahl fest; entwickelte 1928 zusammen mit Walter M. Müller (1905–79) das Auslösezählrohr (↗*Geiger-Müller-Zählrohr*), eine Weiterentwicklung des ↗*Geiger-Spitzenzählers* von 1913; nach ihm ist auch das ↗*Geigersche Reichweitengesetz* benannt; gab (zusammen mit K. ↗*Scheel*) das »Handbuch der Physik« in 24 Bänden (1926–29) heraus; ab 1937 Herausgeber der »Zeitschrift für Physik«.

**Geiger-Müller-Zählrohr,** *Geiger-Zähler*, *Auslösezähler*, im Auslösebereich betriebener ↗*Gasionisationsdetektor* in Form einer *Gasentladungsröhre* mit axialem Kathodendraht ohne selbstlöschende Eigenschaften (Abb.). Bei Anliegen einer Zählrohrspannung oberhalb des Proportionalbereiches ist das durch ↗*Gasverstärkung* erzielte Ladungssignal unabhängig von der primären Ladung und bedarf keiner weiteren Verstärkung. Die langsame Signalanstiegszeit wird durch die Sammelzeit von etwa $10^{-4}$s der positiven Ionen im Zählrohr bestimmt. Die Unterbrechung der Gasentladung wird durch einen großen Ladewiderstand (Löschung durch Widerstand) oder eine große Detektorkapazität erreicht, wobei die Zeitkonstante der Entladung $\tau = C_z R$ größer ist als die Sammelzeit der Ionen. Der Zähler findet Verwendung im Strahlenschutzbereich und in der Untersuchung von Höhenstrahlung, wo der geringe Bedarf an Nuklearelektronik von Vorteil ist. Für den *Neutronennachweis* wird er mit einem Cadmiummantel und Paraffin als ↗*Moderator* umgeben oder mit Bortrifluorid $BF_3$ als Zählrohrgas betrieben. Der Nachteil des Geiger-Müller-Zählrohrs ist seine geringe Auslesegeschwindigkeit.

**Geiger-Nuttall-Regel,** empirische Regel (1911), welche die Lebensdauer bzw. ↗*Zerfallskonstante* $\lambda = \ln 2/t_{1/2}$ von Alphastrahlern der natürlichen Zerfallsreihen mit der kinetischen Energie $E_\alpha$ der Alphateilchen zu

$$\log(\lambda/\mathrm{s}^{-1}) = A + B\log(E_\alpha/\mathrm{MeV})$$

verknüpft. $A$ und $B$ sind empirische Konstanten, die für die einzelnen Zerfallsreihen leicht variieren. In modifizierter Form mit Paarungskorrekturen gilt die Systematik für alle $\alpha$-Emitter. Die starke Variation der Lebensdauern mit der $\alpha$-Energie wird von der ↗*Gamow-Theorie* erklärt.

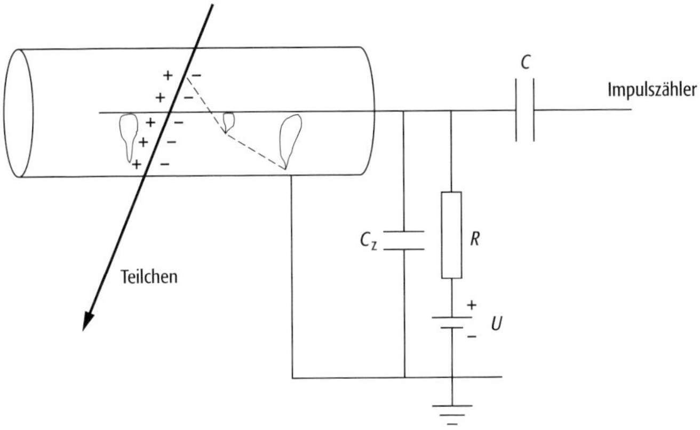


**Geiger-Müller-Zählrohr:** Beim Durchgang eines hochenergetischen Teilchens werden positive und negative Ionen erzeugt, wodurch das Zählgas kurzfristig leitend wird. Die so erzeugten Stromstöße registriert ein Impulszähler.

**Geiger-Spitzenzähler,** ↗*Ionisationszähler* zum Betrieb im Proportional- oder ↗*Auslösebereich*, dessen positive Elektrode als kugelförmige Spitze von nur 100 μm Durchmesser ausgebildet ist. Der Geiger-Spitzenzähler, der Vorläufer des ↗*Geiger-Müller-Zählrohrs*, findet Einsatz im Strahlenschutzbereich als kleinvolumiges Zählrohr mit Frontfenster.

**Geigersches Reichweitegesetz,** empirischer Zusammenhang zwischen der Reichweite $R_\alpha$ und kinetischer Energie $E_\alpha$ von $\alpha$- Teilchen in Luft im Energiebereich $4\,\mathrm{MeV} < E_\alpha < 7\,\mathrm{MeV}$:

$$R_\alpha \sim E_\alpha{}^{3/2}.$$

**Geiger-Zähler** ↗Geiger-Müller Zählrohr.

**Geiringer-Gleichungen,** Gleichungen aus der Theorie der deformierbaren Körper, die das Geschwindigkeitsfeld bei der Deformation eines ideal plastischen Körpers beschreiben:

$$dv_\alpha - v_\beta d\vartheta = 0 \quad \text{längs } \alpha\text{-Gleitlinien}$$
$$dv_\beta - v_\alpha d\vartheta = 0 \quad \text{längs } \beta\text{-Gleitlinien,}$$

wobei $v_\alpha$ die Geschwindigkeitskomponente tangential zur $\alpha$-Gleitlinie ist, $v_\beta$ die Geschwindigkeitskomponente tangential zur $\beta$-Gleitlinie und $\vartheta$ der Neigungswinkel der ↗*Gleitlinien* ist. Ist ein Gleitlinienfeld bekannt, dann kann mit Hilfe der Geiringer-Gleichungen und der Geschwindigkeitsrandbedingungen die Geschwindigkeitsverteilung im plastischen Gebiet berechnet werden (↗*Gleitlinientheorie*).

**Geißler-Röhre,** ↗Gasentladungsröhre, ↗Glimmentladung.

**Geisterbögen** ↗Lichtbögen.

**Geisterfelder,** unphysikalische Zustände mit negativer Norm, die in der Quantenfeldtheorie im Fall der bedingten Quantisierung vorkommen. Ob Geisterfelder in einer Rechnung auftauchen, hängt von der Natur der gestellten Bedingungen ab und davon, welche Quantisierungsmethode gewählt wurde. Bei der ↗*ka-*

*nonischen Quantisierung* treten keine Geister auf, nur die physikalische Freiheitsgrade erscheinen; dafür ist jedoch die effektive Wirkung so kompliziert, daß die ursprüngliche Lorentz-Kovarianz der Theorie nicht mehr offensichtlich ist. Beim ↗*Gupta-Bleuler-Formalismus* wird der Lorentz-Invarianz Rechnung getragen, die möglichen Polarisationszustände eines Eichfeldes (Vektorpotentials) beinhalten aber »zeitartige« Komponenten mit umgekehrtem Vorzeichnen im Propagator (als Folge der *Minkowski-Metrik*). Hier werden die unphysikalischen Zustände durch eine Bedingung an den Zustandsvektor im Hilbert-Raum wegprojiziert. Bei der ↗*BRS-Quantisierung* erzeugt diese Bedingung eine infinitesimale supersymmetrische Transformation der Eichfelder und Geister, die sog. *Superladung*.

Die Geister tragen die gleichen Quantenzahlen wie die Eichfelder, die sind aber Fermionen.

Insbesondere bei der Quantisierung nichtabelscher ↗*Eichtheorien* im Formalismus der ↗*Pfadintegral-Quantisierung* treten Geisterfelder auf, die *Fadejew-Popow-Geister*, da man in diesem Fall, um den Propagator des Eichfeldes ableiten zu können, zur Lagrange-Funktion einen eichfixierenden Term addieren muß, welcher dann bei der Quantisierung die Einführung skalarer, aber nicht vertauschender Felder (sog. *Graßmann-Variablen*) nach sich zieht, die nur an die Eichfelder koppeln und nur in Schleifen von ↗*Feynman-Diagrammen*, also nicht als physikalische, experimentell nachweisbare Teilchen, auftreten. Die Anzahl der Geisterfelder entspricht der Anzahl der Eichfelder, in der QCD (↗*Quantenchromodynamik*) z.B. also acht.

**Geisterzahl,** die Zahl der Geisterquanten in einer Darstellung des Vakuumzustandes in ↗*konformen Feldtheorien*. Es gibt unendlich viele (fermionische und bosonische) Vakua, die sich nur in der Geisterzahl, einer zum U(1)-Strom gehörenden erhaltenen Ladung, unterscheiden. Der Ursprung solcher erhaltener Ladungen liegt in der Tatsache, daß Geister immer in konjugierten Paaren in der Wirkung auftauchen. Die Übergangswahrscheinlichkeiten zwischen Zuständen mit unterschiedlichen Geisterzahlen hängen nur von deren Differenz ab; diese Differenz enthält also letztendlich die physikalische Information.

Der Geisterzahl-Strom, der aus zwei Geisterfeldern gemäß $j(z) = -bc = \sum_n z^{-n-1} j_n$ konstruiert wird, enthält die Entwicklungskoeffizienten der Quanten der Geister,

$$j_n = \sum_k \varepsilon\, c_{n-k} b_k$$

mit $\varepsilon = +1$ (–1) für Fermionen (Bosonen). Dieser Strom verhält sich unter komplexer Konjugation als $j_m^\dagger = j_{-m} - Q\delta_{m0}$, enthält also einen anomalen Term. Nichtverschwindende Matrixelemente gibt es dann nur zwischen solchen Vakuumzuständen, die sich in der Geisterzahl genau um $Q$ unterscheiden: $\langle -q - Q \mid q \rangle = 1$

**Geisterzustände,** quantenmechanische Zustände mit negativer Norm $\langle \Psi \mid \Psi \rangle < 0$. Sie beschreiben unphysikalische Zustände, die in die Theorie eingeführt werden, um anderen unphysikalischen Freiheitsgraden mit positiver Norm entgegenzuwirken, die aufgrund zusätzlicher Bedingungen nicht existieren dürfen. Die Geisterzustände werden in der Theorie zudem verwendet, um die Lorentz-Invarianz der Beschreibung zu erhalten. Insbesondere bei der Quantisierung nichtabelscher Feldtheorien (↗*Eichtheorie*) sind solche ↗*Geisterfelder* (*Fadejew-Popow-Geister*) von Bedeutung.

**Geitel,** *Hans Friedrich*, deutscher Physiker, *16.7.1855 Braunschweig, †15.8.1923 Wolfenbüttel; ab 1879 Gymnasiallehrer in Wolfenbüttel; arbeitete (zusammen mit J. ↗*Elster*) über den lichtelektrischen und glühelektrischen Effekt, Ionisation (insbesondere der Luft), atmosphärische Elektrizität und Radioaktivität; konstruierte 1889 erstmals eine Glühkathodenröhre; erkannte (unabhängig von W. ↗*Crookes*) die Szintillationswirkung von Alphastrahlen; fand 1899 mittels Entladungsexperimenten erste Hinweise für die Existenz der kosmischen Strahlung; wies die radioaktiven Eigenschaften von Kalium und Rubidium nach und erkannte das Zerfallsgesetz der Radioaktivität; prägte 1899 den Begriff »Atomenergie«.

**GEK,** *geomagnetischer Elektrokinetograph*, Gerät zur Messung von ↗*Meeresströmungen*. Es nutzt aus, daß in einem Leiter (Meerwasser), der durch ein Magnetfeld bewegt wird (Erdmagnetfeld), senkrecht zur Bewegung eine Spannung induziert wird (↗*Faradaysche Gesetze*). Ein Versuch von Faraday, mit dieser Methode die Fließgeschwindigkeit der Themse zu messen, hatte jedoch wegen Problemen mit den Kupferelektroden keinen Erfolg. Das GEK ist eine Weiterentwicklung dieser Idee. Bei Ausnutzung des Erdmagnetfeldes muß der Elektrodenabstand etwa 100m betragen, bei modernen Geräten mit einem künstlichen Magnetfeld kann der Abstand auf 20cm gesenkt werden. Verfälschungen können von elektrochemischen Effekten an den Elektroden herrühren.

**gekoppelte Schwingkreise** ↗Schwingkreis.

**gekoppeltes Pendel** ↗Pendel.

**gekreuzte Felder, Methode der** ↗Geschwindigkeitsfilter.

**gekrümmter Raum** ↗Krümmung.

**geladene Ströme,** Bezeichnung für Prozesse der schwachen Wechselwirkung, bei denen sich die elektrische Ladung der beteiligten Leptonen und Quarks ändert, also beispielsweise ein neutrales Elektron-Neutrino in ein Elektron oder ein Up-Quark (Ladung $+(2/3)e$) in ein Down-Quark (Ladung $-(1/3)e$).

Das ↗*Glashow-Weinberg-Salam-Modell* (GWS-Modell), das die schwache Wechselwirkung in eine elektroschwache Eichtheorie einbettet, beschreibt Prozesse mit geladenen Strömen durch den Austausch von geladenen $W^{\pm}$-Bosonen, den Eichbosonen des GWS-Modells. Der Wechselwirkungsterm der Lagrange-Dichte, der beispielsweise die Kopplung der W-Bosonen an Elektron und Neutrino enthält, lautet

$$-\frac{e}{2\sqrt{2}\sin\theta_W}\,[W_\mu^- \bar{e}\gamma^\mu(1-\gamma_5)\nu + W_\mu^+ \bar{\nu}\gamma^\mu(1-\gamma_5)e].$$

Für kleine Impulse (im Vergleich zur W-Masse) geht dieser Term in die Vier-Fermion-Wechselwirkung der ↗*Fermi-Theorie* über.

**Gelchromatographie** ↗Ausschlußchromatographie.

**Gele,** disperse Materialien, in denen die dispergierte Substanz ein dreidimensionales Netzwerk in einer Flüssigkeit (z.B. Wasser) bildet. Gele bestehen aus Kettenmolekülen (z.B. Si-O-Si-Ketten in Silicatgelen), die sich zu Clustern zusammenfinden und schließlich ein unregelmäßiges Netzwerk aufbauen, weshalb sie zu den *ungeordneten Festkörpern* zählen. Die Strukturgrößen reichen vom Nanometer- bis Millimeterbereich, wobei der Anteil des Dispersionsmittels bis zu 99 % betragen kann. Gele werden mit der ↗*Sol-Gel-Methode* hergestellt. Bei Trocknung des Gels entstehen in der Regel sogenannte *Xerogele*, in denen die netzartigen Strukturen durch Kapillarkräfte in den Poren zusammengepreßt sind. Getrocknete Gele sind extrem hydrophil und werden z.B. zur Trocknung und Reinigung von Gasen, in der Elektrophorese und der Katalysetechnik verwendet. Durch geeignete Druck- und Temperaturerhöhung in den überkritischen Bereich der Flüssigkeit kann die Kapillarwirkung durch das Verschwinden der Flüssigkeits-Dampf-Grenzfläche aufgehoben werden, so daß die hochporöse Gelstruktur erhalten bleibt und sogenannte Aerogele entstehen (↗*Pulver und poröse Materialien*). $SiO_2$-, $Al_2O_3$-, $TiO_2$-Aerogele sind nahezu perfekte Isolatoren und Dämmstoffe.

**Gelfiltration,** Variante der ↗*Chromatographie*. Bei der Gelfiltration wird das aufzutrennende Stoffgemisch durch Säulen, welche sogenannte molekulare Siebe (z.B. quervernetzte Polydextrane oder Polyacrylamide, porenreiche Glaskügelchen, Agarose-Gel) enthalten, hindurchgeleitet. Kleine Moleküle halten sich länger in den Poren des Säulenmaterials auf, während große Moleküle ungehindert mit der mobilen Phase die Säule passieren.

**Ge(Li)-Detektor,** mit Lithium dotierter ↗*Halbleiterzähler* auf der Basis von ↗*p-dotiertem* Germanium (↗*Germanium-Detektoren*). Ge(Li)-Detektoren können in *planarer* oder *koaxialer Geometrie* hergestellt werden. Da die Kompensation durch Lithium auf etwa 20 mm Tiefe begrenzt ist, wird für großvolumige Zähler die koaxiale Geometrie verwendet. Dazu wird Lithium von der äußeren Oberfläche eines p-leitenden Ge-Zylinders her eindiffundiert, so daß der kompensierte Bereich einen dickwandigen Zylindermantel bildet (*true coaxial*); es bilden sich, analog wie bei ↗*Si(Li)-Detektoren*, ↗*p-i-n-Strukturen*, so daß dickere ↗*Sperrschichten* erzeugt werden (Abb.). Zusätzlich kann Lithium von der Stirnseite her eindiffundiert werden (*closed end coaxial*, Abb.). Auf der Oberfläche des kompensierten Kristalls verbleibt ein Lithiumkontakt von 0,5 bis 1 mm Dicke. Wegen der hohen Beweglichkeit von Lithium muß der Zähler bei der Temperatur von flüssigem Stickstoff (78 K) gehalten und in einen Kryostaten eingebaut werden. Verwendung finden diese Detektoren aufgrund ihrer hohen Auflösung in der ↗*Gamma-* und ↗*Elektronenspektroskopie* im MeV-Bereich. Zum Nachweis niederenergetischer Gamma- und Röntgen-Strahlung von wenigen keV werden die Detektoren mit einem Eintrittsfenster aus Beryllium versehen und der Lithiumkontakt des Zählers durch einen dünnen Goldkontakt ersetzt.

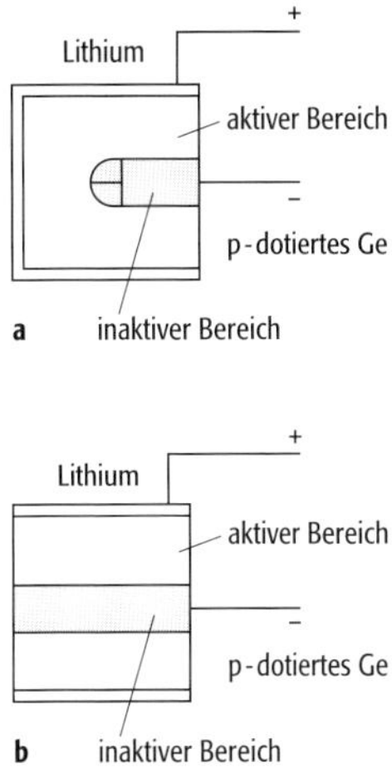

**Ge(Li)-Detektor:** a) Closed-End-Geometrie; b) True-Coaxial-Geometrie.

**Gell-Mann,** *Murray*, amerikanischer Physiker, *15.9.1929 New York; ab 1955 Professor am California Institute of Technology in Pasadena (Calif.); bahnbrechende Arbeiten zur Theorie der Elementarteilchen und Quantenchromodynamik; führte 1953 eine neue Quantenzahl (»Seltsamkeit«, »Strangeness«) ein und stellte im gleichen Jahr mit K. ↗*Nishijima* die *Gell-Mann-Nishijima-Formel* für stark wechselwirkende Elementarteilchen (Hadronen) auf; 1958 Arbeiten zur Theorie der schwachen Wechselwirkung: die von ihm und R.P. ↗*Feynman* 1958 formulierte Theorie des Betazerfalls wurde 1964 experimentell von C.S. ↗*Wu* bestätigt; stellte 1961 unabhängig von Y. ↗*Ne'eman* ein Schema (Oktettmodell, Achtfacher-Weg-Modell) auf, mit dem sich die Hadronen durch Beschreibung mit acht Quantenzahlen in Familien gruppieren lassen; führte 1964 unabhängig von G. ↗*Zweig* das Konzept der Quarks als Grundbestandteile der Hadronen ein und stellte das erste Quark-Modell auf; erhielt 1969 den Nobelpreis für Physik.

**Gell-Mann,** *Murray*

**Gell-Mann-Matrizen,** eine Basis der fundamentalen Darstellung der Gruppe SU(3) (↗*Darstellung einer Gruppe*), die dem Quarkmodell zugrunde liegt, als eine Verallgemeinerung der Isospin-SU(2). Die Gell-Mann-Matrizen sind gegeben durch

$$\lambda_1 = \begin{pmatrix} 0 & 1 & 0 \\ 1 & 0 & 0 \\ 0 & 0 & 0 \end{pmatrix},\ \lambda_2 = \begin{pmatrix} 0 & -i & 0 \\ i & 0 & 0 \\ 0 & 0 & 0 \end{pmatrix}$$

$$\lambda_3 = \begin{pmatrix} 1 & 0 & 0 \\ 0 & -1 & 0 \\ 0 & 0 & 0 \end{pmatrix},\ \lambda_4 = \begin{pmatrix} 0 & 0 & 1 \\ 0 & 0 & 0 \\ -1 & 0 & 0 \end{pmatrix}$$

$$\lambda_5 = \begin{pmatrix} 0 & 0 & -i \\ 0 & 0 & 0 \\ i & 0 & 0 \end{pmatrix},\ \lambda_6 = \begin{pmatrix} 0 & 0 & 0 \\ 0 & 0 & 1 \\ 0 & 1 & 0 \end{pmatrix}$$

$$\lambda_7 = \begin{pmatrix} 0 & 0 & 0 \\ 0 & 0 & -i \\ 0 & i & 0 \end{pmatrix}, \lambda_8 = \frac{1}{\sqrt{3}} \begin{pmatrix} 1 & 0 & 0 \\ 0 & 1 & 0 \\ 0 & 0 & -2 \end{pmatrix}$$

Es gilt $\lambda_i^\dagger = \lambda_i$, $\operatorname{tr}\lambda_i = 0$ und $[\lambda_i, \lambda_j] = 2\mathrm{i}f_{ijk}\lambda_k$ mit den antisymmetrischen Strukturkonstanten $f_{ijk}$ der SU(3)-Lie-Algebra.

**Gell-Mann-Nishijima-Formel,** von Gell-Mann (1953) und Nishijima und Nakano (1953) unabhängig voneinander vorgeschlagener Zusammenhang zwischen Ladung $Q$, dritter Komponente des ↗*Isospins* $T_3$, ↗*Baryonenzahl* $B$ und ↗*Strangeness* $S$ von hadronischen Elementarteilchen, wobei die letzten beiden in der Quantenzahl $Y = B + S$, der sog. ↗*Hyperladung*, zusammengefaßt werden:

$$Q = T_3 + \frac{Y}{2}.$$

Die Gell-Mann-Nishijima-Formel erweitert damit den analogen Zusammenhang $Q = T_3 + B/2$ des auf der Gruppe SU(2) basierenden Isospinmodells zur Klassifikation von Nukleonen und Pionen, das die Strangeness noch nicht kannte, auf die Gruppe SU(3), deren Darstellungen (↗*Darstellung einer Gruppe*) mit Hilfe der beiden additiven Quantenzahlen $T_3$ und $Y$ bezeichnet werden. (↗Quark-Modell)

**Gell-Mann-Okubo-Formel,** Massenbeziehung des auf der unitären Symmetrie SU(3) basierenden ↗*Quark-Modells*, die auf der Annahme beruht, daß die Terme im Hamilton-Operator, die die exakte SU(3)-Symmetrie brechen und zu den beobachteten Unterschieden der Hadronmassen führen, selbst SU(3)-invariant sein sollten. Aus der Gell-Mann-Okubo-Formel lassen sich eine Reihe von Massenrelationen ableiten, z.B. für die Oktett-Baryonen des Quark-Modells $m_\mathrm{N} + m_\Xi = 1/2(m_\Sigma + 3m_\Lambda)$, welche gut mit experimentellen Daten übereinstimmt: die linke Seite ergibt 2,25GeV, die rechte Seite 2,23GeV. Für die Baryonen des Dekupletts liefert die Gell-Mann-Okubo-Formel die Vorhersage gleicher Massendifferenzen:

$$m_\Omega - m_{\Xi^*} = m_{\Xi^*} - m_{\Sigma^*} = m_{\Sigma^*} - m_{\mathrm{N}^*}.$$

Die entsprechenden experimentellen Werte sind 139, 149 und 152MeV. Mit Hilfe dieser Relation konnte die Masse des vom Quark-Modell vorhergesagten $\Omega^-$ richtig abgeschätzt werden.

**Gemenge,** eine Menge von alternativen reinen Zuständen $|A_\mathrm{i}\rangle$ mit zugehörigen Wahrscheinlichkeiten $w_i$. Ein Gemenge ist somit immer auch ein ↗*Gemisch*, das durch eine ↗*Dichtematrix* beschrieben werden kann, jedoch entspricht nicht jede Dichtematrix einem Gemenge, da bei einem Gemenge die Zerlegung in alternative Zustände immer eindeutig ist. Der Begriff wurde von Heisenberg im Rahmen der Diskussion des quantenmechanischen Meßprozesses eingeführt. Er bezeichnet damit den Zustand eines quantenmechanischen Systems, nachdem es mit einem idealen klassischen Meßgerät in Wechselwirkung getreten ist, aber bevor das Meßergebnis von einem Beobachter abgelesen wurde.

**Gemini-Programm,** US-amerikanisches Raumfahrtprogramm, das in den Jahren 1965 und 1966 zu zwölf bemannten Raumflügen mit einer Zwillingskapsel für jeweils zwei Astronauten führte. In Vorbereitung auf die schon geplanten Mondlandemissionen gingen vom Gemini-Programm viele technische Entwicklungen für das spätere ↗*Apollo-Programm* aus. Von besonderem Interesse beim Gemini-Programm waren die ↗*Rendezvous*-Versuche mit den getrennt gestarteten Agena-Raketen. Der längste Gemini-Flug dauerte mit zwei Wochen bereits länger als die späteren Apollo-Mondlandemissionen. Unter anderem lernten die Astronauten während der Gemini-Missionen bei diversen Außenbord-Manövern, in kritischen Situationen auch Arbeiten in der Schwerelosigkeit auszuführen.

**Gemisch,** *gemischter Zustand*, *Mischung*, in der Quantenmechanik ein ↗*Zustand*, der durch eine ↗*Dichtematrix* $\rho$ mit $\rho^2 < \rho$ beschrieben wird. Im Gegensatz zu einem ↗*reinen Zustand* (für den $\rho^2 = \rho$ gilt) ist bei einem Gemisch weniger als die maximal mögliche Anzahl von Quantenzahlen bekannt. Ein Gemisch beschreibt entweder die Unkenntnis des Beobachters (z.B. im Rahmen eines ↗*quantenmechanischen Meßprozesses*) oder auch ein Ensemble von physikalischen Systemen zu verschiedenen Quantenzahlen, beispielsweise in der quantenmechanischen Beschreibung statistischer Systeme. Ist die Zerlegung eines Gemisches in eine Summe von reinen Zuständen eindeutig, so spricht man manchmal auch von einem ↗*Gemenge*. Für eine Dichtematrix mit entarteten Wahrscheinlichkeiten zu verschiedenen reinen Zuständen ist diese Zerlegung jedoch nicht eindeutig.

**gemischter Zustand** ↗Gemisch.

**gemischter Zustand eines Supraleiters zweiter Art,** *Schubnikow-Phase*, thermodynamischer Gleichgewichtszustand eines ↗*Supraleiters der zweiten Art* im Magnetfeld, dessen Feldstärke zwischen dem *unteren kritischen Feld* $B_{c1}$ und dem *oberen kritischen Feld* $B_{c2}$ liegt. Dabei durchdringt das Magnetfeld den Supraleiter in Form von ↗*Flußschläuchen*, die sich zu einem ↗*Abrikossow-Gitter* anordnen. Während die Flußschläuche selbst einen normalleitenden Kern besitzen, bleibt zwischen ihnen die Supraleitung bestehen.

**gemischtes CGS-System** ↗Dreiersysteme.

**Gen,** *Cistron*, Abschnitt der genomischen ↗*DNS*, welcher die genetische Information (↗*genetischer Code*) für die spezifische Aminosäuresequenz eines ↗*Proteins* (bzw. für die spezifische Nukleinsäurebasensequenz eines ↗*RNS*-Moleküls) enthält. Das Gen stellt bei Eubakterien einen durchgehenden DNS-Strang dar, welcher als Matrize für die Transkription in RNS (und der späteren Translation in ein Protein) dient. Gene von Archeabakterien und Eukaryoten sind in der Regel in Exone und

Introne unterteilt, wobei nur die Exone die endgültige Monomersequenz des Effektormoleküls (RNS bzw. Protein) kodieren.

**General Electric,** *GE,* ↗Forschungszentren, allgemein.

**generalisierter Strom,** die Summe aus Leitungs- und ↗Verschiebungsstrom. (↗Maxwell-Gleichungen)

**Generalkonferenz für Maße und Gewichte,** *Conférence Générale des Poids et Mesures, CGPM,* höchstes Organ der Meterkonvention. Die CGPM wird aus Delegierten aller Mitgliedstaaten gebildet und tritt mindestens alle sechs Jahre zusammen. Zu ihren Aufgaben gehören: die Diskussion und Veranlassung der notwendigen Messungen, um die Ausbreitung des Internationalen Einheitensystems (↗*SI-System*) als moderner Version des Metrischen Systems zu gewährleisten; die Sanktionierung der Ergebnisse von neuen metrologischen Fundamentalbestimmungen und wissenschaftlichen Entschließungen von internationaler Tragweite; wichtige Entscheidungen über die Organisation und die Entwicklung des Internationalen Büros für Maß und Gewicht (BIPM).

**General-Purpose-Kollimator** ↗Kollimator.

**Generations-Rekombinationsrauschen,** Ladungsträgerdichteschwankungen infolge der Vorgänge bei der Erzeugung und der Vernichtung von Elektron-Loch-Paaren in einem Halbleiter. Sie führen zu einem statistisch schwankenden elektrischen Leitwert. Durch diesen wird beim Anlegen eines elektrischen Feldes ein Rauschstrom erzeugt. Im einzelnen hängt dieses Rauschen davon ab, ob es sich um einen eigenleitenden oder dotierten Halbleiter handelt und von welcher Art die Struktur des Halbleiterbauelementes ist.

**Generator, 1)** *Elektrotechnik*: Bezeichnung für einen *Stromerzeuger* (Abb.). Bei den umlaufenden Generatoren (↗*Gleichstromgenerator*, ↗*Drehstromgenerator*) wird mechanische Energie in elektrische umgewandelt. Der ↗*Röhrengenerator* (meist *RC-Generator*) erzeugt hochfrequenten Wechselstrom durch selbsterregte Schwingungen. Er benötigt hierzu jedoch ebenfalls elektrische Energie, so daß dieser Generator genaugenommen kein Energie-, sondern ein Frequenz-Umformer ist.
Als *supraleitenden Generator* bezeichnet man einen elektrischer Generator, dessen Läufer mit supraleitendem Leitermaterial (↗*Supraleiter*) bewickelt und im Betrieb unter dessen ↗*Sprungtemperatur* $T_c$ gekühlt wird. Solche Generatoren besitzen einen höheren Wirkungsgrad und geringere Abmessungen als herkömmliche Generatoren, sind aber erst oberhalb einer Leistungsschwelle von etwa 500MW rentabel. Die bislang einzigen erfolgreich getesteten Prototypen wurden in Japan entwickelt und besitzen eine Leistung von 70MW. Als Leitermaterial wurde die Legierung NbTi ($T_c \approx 1$K) eingesetzt. (↗thermoelektrischer Generator)

**2)** *Mathematik*: ↗erzeugender Operator einer ↗*unitären Transformation*, z.B. der ↗*Symmetriegruppe* des ↗*Hamilton-Funktion* eines Systems oder der ↗*Lorentz-Transformation.*

**3)** *Verhüttungstechnik*: ein Schachtofen zur Vergasung von Kohle, Koks oder Holz.

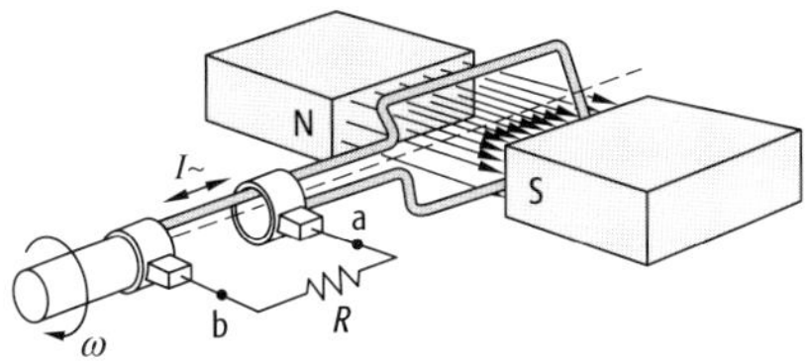


**Generator:** Rotiert eine Spule im konstanten Magnetfeld, so wird eine Spannung induziert (*Generatorprinzip*).

**Generatornuklide** ↗Radionuklide.

**genetischer Algorithmus,** stochastisches Optimierungsverfahren, welches (entfernt) der biologischen ↗*Evolution* nachempfunden ist. Ausgangspunkt ist eine Menge von Objekten (»Population«), welche durch eine Fitneßfunktion (Zielfunktion) bewertet werden können. Eine neue Menge von Objekten (»neue Generation«) wird aus der ursprünglichen Menge erzeugt, indem neue Objekte durch zufällige Veränderungen (»Mutationen«) eines oder durch die Kombination von Eigenschaften (»Rekombination«) mehrerer vorhandener Objekte geschaffen werden. Je besser die Objekte der Zielfunktion genügen, desto wahrscheinlicher geben sie Nachfolgeobjekte in der nächsten Generation. Nach vielen Zyklen genügen die Objekte der letzten Generation der Zielfunktion deutlich besser als die der ursprünglichen Menge.

**genetischer Code,** Beziehung zwischen der Nukleotidfolge in der ↗*DNS* bzw. in der Messenger-↗*RNS* und der Aminosäuresequenz in den durch Proteinbiosynthese gebildeten ↗*Proteinen.* Die Existenz eines (innerhalb von ↗Taxonen) einheitlichen genetischen Codes sichert die genetische und biochemische Kontinuität der Individuen und erklärt die Übersetzung der aus vier Basentypen zusammengesetzten Nukleotidsequenz in die aus 20 Aminosäuretypen bestehenden Proteine. Der sogenannte universale genetische Code ist für die meisten Lebewesen gültig.

**Gennes,** *Pierre-Gilles* de ↗de Gennes.

**Genom,** Gesamtheit der chromosomalen ↗*DNS* eines vollständigen Chromosomensatzes einer Zelle. Durch technologische Fortschritte in der Sequenzierungstechnik von DNS ist es seit 1995 möglich, die komplette Nukleotidsequenz von Genomen der pro- und eukaryotischen Organismen aufzuklären. (↗genetischer Code)

**Gentner,** *Wolfgang,* deutscher Physiker, *23.7.1906 Frankfurt a.M., †4.9.1980 Heidelberg; 1946–58 Professor in Freiburg i.Br., 1955–59 Direktor beim CERN in Genf, seit 1958 (bis 1973) Direktor des von ihm 1958 gegründeten Max-Planck-Instituts für Kernphysik in Heidelberg; unter anderem Arbeiten zur Kernphysik (insbesondere Kernphotoef-

**Gentner,** *Wolfgang*

fekt und Gammastrahlung) und Radioaktivität, zur Biophysik, Archäometrie, Kosmochemie sowie zur absoluten Altersbestimmung (Entwicklung der Kalium-Argon-Methode) von Mineralien und Meteoriten (vor allem von Tektiten); erstellte zusammen mit W. ↗*Bothe* und H. ↗*Maier-Leibnitz* den »Atlas typischer Nebelkammerbilder«.

**Gentner-Kastler-Preis** ↗Preise.

**GEO 600** ↗Gravitationswellendetektoren.

**Geobiophysik,** Zweig der ↗*Biophysik*, welcher den Einfluß der physikalischen Bedingungen der Erde auf die Existenz biologischer Systeme untersucht. Einige der geophysikalischen Einflüsse sind geläufig, andere sind nur durch besondere Meßinstrumente oder durch indirekte Wirkungen auf Organismen erfaßbar und wieder andere sogar oft zweifelhaft. Zu den wichtigsten geophysikalischen Bedingungen zählen:

- elektromagnetische Strahlung aus dem Kosmos (Hauptquelle: die Sonne),
- das Magnetfeld der Erde,
- die elektrischen Felder der Atmosphäre,
- das Gravitationsfeld der Erde (evtl. zusammen mit dem des Mondes und der Sonne),
- die Druckkräfte der umgebenden Medien (Wasser oder Luft),
- die Coriolis-Kraft (Erdrotation).

Manche dieser Kräfte sind für stationär lebende Organismen konstant (Schwerkraft), andere unterliegen geringfügigen periodischen oder aperiodischen Schwankungen (Magnetfeld, Mediendruck), wieder andere verändern sich im tages- oder jahreszeitlichen Rhythmus. So sind ↗*Proteine* von Tiefseelebewesen an hohe Drücke angepaßt (Barophilie), Pflanzen benutzen die Schwerkraft als Bezugssytem für die Definition der Oben-unten-Richtung (Geotropismus beim Wachsen von Wurzel und Sproß), der Bau der Knochen (↗*Biostatik*) und die tonische Spannung der Muskulatur unterstützen den Körper von Tieren bei der Haltung und Bewegung im Schwerefeld der Erde und gegenüber dem Medium.

**Geochronologie,** ↗Altersbestimmung, radioaktive, ↗Datierung, ↗Paläogeophysik.

**Geodäte,** die extremale, d.h. kürzeste oder längste, Verbindung zweier Punkte A und B einer Riemannschen Mannigfaltigkeit. Dementsprechend sind Geodäten die Lösungskurven $x^\alpha$ der Variationsgleichung $\delta\int \mathrm{d}s = 0$ ($\mathrm{d}s$ = Linienelement), aus der die Differentialgleichung

$$\frac{\mathrm{d}^2x^\alpha}{\mathrm{d}s^2} + \Gamma^\alpha{}_{\beta\gamma}\frac{\mathrm{d}x^\beta}{\mathrm{d}s}\frac{\mathrm{d}x^\gamma}{\mathrm{d}s} = 0,$$

die *Geodätengleichungen*, resultieren. Dabei sind $\Gamma^\alpha{}_{\beta\gamma}$ die Komponenten der ↗*Christoffel-Konnexion* der Mannigfaltigkeit. Die physikalische Bedeutung der Geodäten rührt daher, daß sich massive Teilchen im Gravitationsfeld der ↗*Allgemeinen Relativitätstheorie* auf Geodäten bewegen. Die Geodätengleichungen, die mathematisch aus den ↗*Einstein-Gleichungen* folgen, sind daher die *Bewegungsgleichungen der Allgemeinen Relativitätstheorie*. Wie bei ↗*Weltlinien* üblich, werden zeitartige, raumartige und Nullgeodäten unterschieden. Teilchen mit nichtverschwindender Ruhemasse bewegen sich auf zeitartigen Geodäten, während Photonen Nullgeodäten folgen, woraus als wichtigste Konsequenz die ↗*gravitative Lichtablenkung* folgt.

**geodätische Gleichungen** ↗Geodäte.

**geodätische Satelliten,** künstliche Erdsatelliten, die mit speziellen optischen oder funktechnischen Einrichtungen zur äußerst präzisen Ortsbestimmung und Bahnvermessung durch Bodenstationen ausgerüstet sind.

# Geodynamik

*Rolf vom Stein, Köln*

Erdbeben, Vulkane, heiße Quellen und auch die Polarlichter in hohen Breiten sind Phänomene, die ihren Ursprung in den dynamischen Vorgängen des Erdinneren haben. Die seismische Aktivität der Erde ist an vielen Stellen, wie z.B. an den San-Andreas-Verwerfungen in Kalifornien durch die Versetzung von Straßen, dramatisch sichtbar. Auch spektakuläre Vulkanausbrüche, wie beispielsweise der des Ätna auf Sizilien oder von Vulkanen auf Hawaii, zeigen uns, daß das Innenleben der Erde nicht so ruhig abläuft, wie es meistens den Anschein hat. Nicht zuletzt hat das Magnetfeld der Erde seinen Ursprung in den Konvektionsbewegungen im äußeren Erdkern.

Die Geodynamik, d.h. die Dynamik des Erdkörpers und des Erdinneren, ist eine der jüngsten Disziplinen der Geophysik. Die Ergebnisse aufwendiger numerischer Simulationen und die Erkenntnisse aus Messungen der jüngeren Raumsonden wie z.B. Magellan und Galileo an den Planeten Venus und Jupiter bzw. dessen Monden konnten das Verständnis für die komplexe Dynamik der Erde erweitern. Auch neueste Forschungen im Bereich der seismischen Tomographie und Laboruntersuchungen an Proben, die den Bedingungen des Erdinneren bezüglich der chemischen Zusammensetzung, Druck und Temperatur angenähert sind, dienen wesentlich zur Erforschung des physikalischen Verhaltens der nur auf den ersten Blick so starren Erde.

Als Wegbereiter in diesem Zweig der Geophysik gilt A. ↗Wegener. 1912 stellte er auf

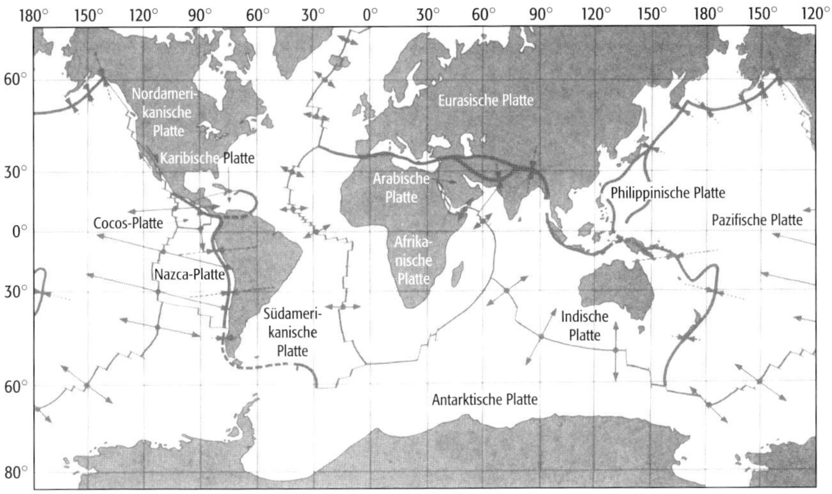


**Geodynamik 1:** Die zwölf wichtigsten Lithosphärenplatten und die Relativbewegung an den Plattengrenzen.

einer Geologentagung in Frankfurt/Main seine *Kontinentalverschiebungstheorie* vor. Dort wurde sie, wie auch später, von der überwiegenden Mehrheit der Geowissenschaftler abgelehnt, die von einem starren Bild der Erde und ihrer Oberfläche nicht abrücken wollten. Gängig war zu dieser Zeit die Meinung, daß sich die Erde nach einem kurzen heißen Frühstadium schnell abgekühlt und sich dabei die Kontinente in der jetzigen Form gebildet haben. Durch diesen Abkühlungsprozeß sollte der Erdkörper geschrumpft sein und somit Kompressionskräfte freigesetzt haben, die wiederum für die Gebirgsbildung an den Schwächezonen verantwortlich waren. Als diese Zonen wurden Kontinentalränder oder mit Sedimenten gefüllte Ozeanbecken betrachtet.

Angeregt durch die geometrische Paßform der Kontinente beim Betrachten der Weltkarte, formulierte Wegener eine Theorie, wonach die Kontinente, aufgeteilt in viele Schollen, sich gleichsam schwimmend auf dem Erdmantel bewegen sollten, und sammelte als Geowissenschaftler im Laufe seines Lebens Indizien für die Richtigkeit seiner Theorie. So konnten durch paläomagnetische Messungen der Gesteine aus verschiedenen Gebieten die Positionen der einzelnen Segmente der Erdoberfläche zu unterschiedlichen geologischen Epochen bestimmt werden. Neben diesen Messungen verhalfen geologische Äquivalenzen der unterschiedlichen Kontinente und nicht zuletzt auch biologische Gemeinsamkeiten der Fauna und Flora der Kontinentalverschiebungstheorie 50 Jahre später zur allgemeinen Akzeptanz. Mittlerweile ist man durch geodätische Messungen – insbesondere durch die Satellitengeodäsie – in der Lage, die Bewegungen der einzelnen Erdplatten gegeneinander genau zu registrieren.

Die moderne Form der Plattentektonik geht davon aus, daß die Erdkruste in verschieden große Platten unterteilt ist, die ständig relativ zueinander in Bewegung sind. Hierbei werden drei Typen der Bewegung unterschieden: die Subduktion, d.h. das Abtauchen einer Platte unter einer anderen; die Bildung von sogenannten Spreizungszonen, also Bereichen, in denen sich neue ozeanische Kruste formt; und die Transformstörungen, an denen zwei Platten aneinander vorbeigleiten. In Abb. 1 ist die heutige Lage der einzelnen Krustenplatten und deren Bewegungen dargestellt.

Was treibt nun die Kontinente? Auch die frühen Befürworter der Kontinentalverschiebungstheorie hatten am Anfang Schwierigkeiten, die Kräfte zu benennen, die diese Bewegung verursachen. Erste Erklärungsversuche mit Hilfe der Rotation der Erde und der daraus resultierenden Abplattung konnten schnell als unzureichend widerlegt werden. Erst in der Mitte der sechziger Jahre ist die *Konvektion im Erdmantel* als treibende Energiequelle akzeptiert worden. Um zu erklären, wie es zum Auftreten der Konvektion kommt, betrachten wir hier kurz die Theorien, die die Entstehung der Erde als planetaren Körper beschreiben. Hierzu gibt es zwei konkurrierende Ansätze:

- die Erdentstehung durch einen Gravitationskollaps, der durch lokale Verdichtung von Staub- und Gasmassen angeregt wurde, ähnlich den Vorgängen, die für die Entstehung von Sternen verantwortlich gemacht werden.
- Entstehung durch die Anlagerung von Kleinstkörpern, sogenannten Planetesimals, die in einem früheren Stadium aus der Wolke auskondensierten und später miteinander kollidierten.

Beide Theorien bedingen, daß die Erde in einem frühen Stadium sehr heiß gewesen ist, das zweite Modell erfordert zusätzlich, daß ihr Material im Inneren weitgehend geschmolzen war.

Die Abkühlung der Erde erfolgte anschließend durch Konvektion der Schmelze und durch konvektiven Wärmetransport durch das nicht geschmolzene Gestein. Erstarrt eine Schmelze infolge der Abgabe von Wärme, so stellen sich chemische Trennprozesse ein, die sogenannte *Differentiation.* Diese Differentiation wird für die unterschiedliche chemische Zusammensetzung der kontinentalen und ozeanischen Kruste verantwortlich gemacht. Man nimmt heute an, daß sogenannte Magmaozeane (*magma oceans*), in denen sich solche Differentiationsprozesse abspielten, die Reservoire für die Bildung der Kontinente im Frühstadium der Erdenstehung waren.

Dieser Abkühlungsprozeß dauert heute noch an. Da der Erdmantel nicht (mehr) aufgeschmolzen ist, wird die Wärme durch Konvektion innerhalb des »festen« Gesteins transportiert. Diese Konvektion läuft sehr langsam ab, und die Umlaufzeit einer virtuellen Probe um eine Konvektionszelle beträgt mehrere hundert Millionen Jahre.

Das *Innere der Erde* selbst ist, von wenigen Tiefbohrungen in der Kruste abgesehen, unzugänglich für direkte Messungen, und die Geowissenschaft ist von der indirekten Bestimmung der physikalischen Parameter wie Druck, Temperatur, Kompressionsmodul usw. durch Analyse der Erdbebenwellen und von Modellannahmen abhängig. Um ein detailliertes Bild von der Dynamik des Erdinneren zu erhalten, wird auf die Methodik der Computersimulationen zurückgegriffen. Waren die ersten Modelle noch recht einfach und betrachteten nur die grundlegenden hydrodynamischen Gesetze, die zudem auf zwei Raumdimensionen beschränkt waren, so sind die modernen Modelle demgegenüber wesentlich verfeinert. Wichtige physikalische Eigenschaften wie Kompressibilität des Mediums, interne Wärmequellen im Erdmantel durch radioaktiven Zerfall, Phasenumwandlungen der Mineralien und die damit verbundene Freisetzung von latenter Wärme sowie thermochemische Effekte werden ebenso berücksichtigt wie die kugelförmige Gestalt des Erdmantels. Daher hat sich auch die Topologie des Konvektionsmusters mit dieser Entwicklung von der einfachen regelmäßigen und auch zeitlich stationären Walzenstruktur der ersten Rechnungen, wie sie im oberen Teil von Abb. 2 dargestellt sind, hin zu den unregelmäßigen, teilweise chaotisch anmutenden Strömungsmustern als Ergebnis der verfeinerten Rechnungen (Abb. 2 unten) geändert. Diese Strukturen sind stark zeitabhängig, so daß man dieses Bild nur als Momentaufnahme der Zustände im Erdinnern interpretieren darf. Ergebnisse der seismischen Tomographie lassen darauf schließen, daß das Innere der Erde eher diesem »chaotischen« Muster entspricht als den regelmäßigen Rollen in Abb. 2 (oben).

**Geodynamik 2:** siehe Farbtafelteil.

Aufgrund der Unsicherheiten über die Zahlenwerte der dominierenden physikalischen Parameter und wegen der nichtlinearen Natur dieser Dynamik des Erdmantels können diese Rechnungen nicht den genauen Zustand des Erdmantels bestimmen oder gar seine zukünftige Entwicklung vorhersagen, doch tragen sie wesentlich zum besseren Verständnis der Physik solcher Systeme wie des Erdmantels bei.

Noch unzugänglicher als der Erdmantel ist der *Erdkern* für Beobachtungen durch den Geowissenschaftler. Zwar gibt es auch hier erste Simulationsrechnungen, doch stehen diese noch am Beginn ihrer Entwicklung. Die Materialströme im flüssigen äußeren Kern beziehen ihre Energie ebenso wie die Kontinentaldrift aus dem Abkühlen des festen inneren Erdkerns und dem Absinken schwererer Bestandteile und der damit verbundenen Umsetzung von potentieller Energie in Wärme. Diese Wärme wird durch Konvektionsbewegung an die Kern-Mantel-Grenze transportiert und an den unteren Erdmantel abgegeben. Wegen des flüssigen Aggregatzustandes des Materials sind die Bewegungen wesentlich heftiger als im »festen« Gestein, und die Erdrotation muß in der physikalischen Modellvorstellung über die Vorgänge in diesem Bereich mit berücksichtigt werden. Die Kopplung zwischen der Konvektionsbewegung und der Erdrotation bewirkt ein walzenförmiges Konvektionsmuster (Abb. 3). Aufgrund des hohen Eisenanteils des äußeren Erdkerns ist dieser elektrisch leitfähig, und mit den Konvektionströmen ist ein elektrischer Stromfluß verbunden, der wiederum das Erdmagnetfeld erzeugt. Der Mechanismus dieses Dynamos ist in seinen Einzelheiten noch nicht ganz erforscht (↗Geomagnetismus). Neben den Gesetzen der Thermodynamik müssen hier auch diejenigen der Elektrodynamik mit berücksichtigt werden.

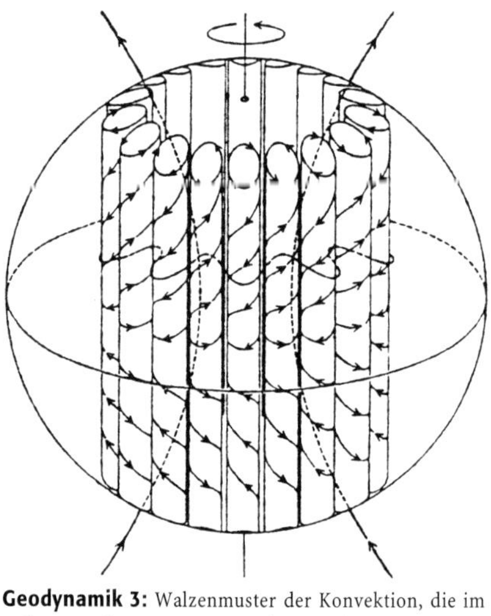

**Geodynamik 3:** Walzenmuster der Konvektion, die im äußeren Erdkern vermutet wird. Die Achsen der Walzen sind parallel zur Drehachse

**Geodynamo,** ↗Dynamoeffekt, ↗Geomagnetismus.

**Geoelektrik,** Verfahren zur Erkundung der räumlichen Verteilung (und eventuell zeitlichen Abhängigkeit) der elektrischen Leitfähigkeit, Aufladbarkeit und Polarisierbarkeit sowie der dielektrischen Eigenschaften des Untergrundes.

Die Ermittlung der Parameter erfolgt durch die Einspeisung von elektrischen Strömen in den Erdboden und der simultanen Messung von den damit einhergehenden Potentialgradienten und/oder Magnetfeldern an der Erdoberfläche, sowie durch die Beobachtung von Streuung und Reflexion elektromagnetischer Wellen an Heterogenitäten im Untergrund (Abb.).

Die Verfahren lassen sich in drei Hauptbereiche einteilen: Galvanische Ankopplung über direkte Stromeinspeisung (↗*Widerstandsmessungen*, geoelekrische, ↗*induzierte Polarisation*), induktive Ankopplung (Elektromagnetik) und elektromagnetische Wellenausbreitung (↗*Georadar*).

Die Anwendungen reichen von der Charakterisierung oberflächennaher Strukturen (anthropogene Ablagerungen, hydrogeologische Einheiten) bis hin zur großräumigen geologischen Erkundung der oberen und mittleren *Erdkruste*.

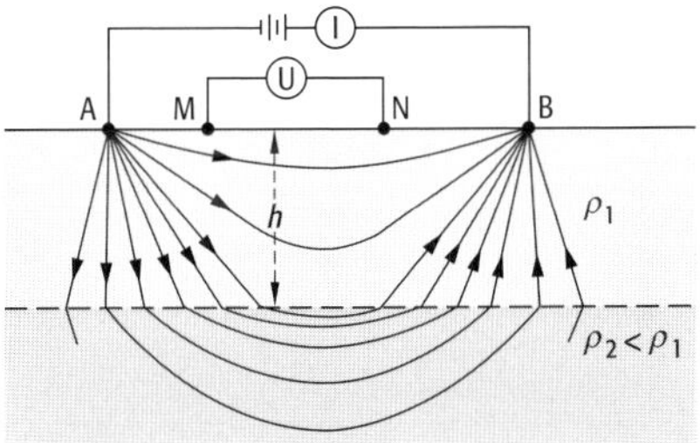


**Geoelektrik:** Elektroden- (A, B) und Sonden- (M, N) Anordnung bei Widerstandssondierung in einem Medium mit zwei Schichten unterschiedlichen spezifischen Widerstandes $\rho$.

**GeoForschungsZentrum Potsdam,** *GFZ*, geowissenschaftliches Forschungsinstitut, Mitglied der ↗*Herrmann von Helmholtz-Gemeinschaft Deutscher Forschungszentren* (*HGF*). Das GFZ vereinigt als weltweit einziges Institut alle Bereiche der Geowissenschaften unter einem Dach (↗*Geophysik*, ↗*Umweltphysik*). Die Mitarbeiter erforschen das System Erde und die Wechselwirkungen zwischen Geosphäre, Hydrosphäre, Atmosphäre und Biosphäre. Das vom Laborexperiment bis zum Fernerkundungssatelliten reichende Instrumentarium dient zur Bearbeitung unterschiedlichster Fragen, etwa auf den Gebieten Plattentektonik, Klimageschichte, Vulkanismus, Transportmechanismen in Gesteinen und Nutzung der Erdwärme.

**Geoid,** *Erdfigur*, die Äquipotentialfläche der terrestrischen Schwerkraft, die mit der ruhenden Oberfläche der Ozeane zusammenfällt. Aufgrund seiner Definition steht die Richtung der ↗*Erdbeschleunigung* ***g*** überall senkrecht auf dem Geoid. Das Geoid beschreibt die Form der ↗*Erde* unter Vernachlässigung des Reliefs der Kontinente; es kann in erster Näherung durch einen Rotationsellipsoid (*Referenzellipsoid*) mit einem Polarradius von 6378,388km und einem Äquatorialradius von 6356,912km beschrieben werden (Abb.). Es wird durch geodätische Messungen und die präzise Beobachtung von Satellitenbahnen bestimmt. Die *Erdgestalt* läßt sich mathematisch durch die Form des Geoids definieren.

**Geomagnetik** ↗Geomagnetismus.

**geomagnetische Achse,** die Dipolachse des durch Kugelfunktionsanalyse berechneten besten Dipols für das erdmagnetische Innenfeld (↗*Geomagnetismus*). Die geomagnetische Achse ist ist zeitlich variabel (↗*geomagnetischer Pol*).

**geomagnetische Aktivität,** der Aktivitätszustand des erdmagnetischen Außenfeldes (↗*Geomagnetismus*) und damit der ↗*Magnetosphäre* der Erde. Sie wird charakterisiert durch erdmagnetischen Kennziffern. Bekannte Beispiele der geomagnetischen Aktivität sind magnetosphärische Stürme und Polarlichter.

**geomagnetische Koeffizienten,** durch Kugelfunktionsanalyse berechnete Koeffizienten für das Erdmagnetfeld. Die führenden Koeffizienten für $l = 1$ bestimmen den Dipolanteil und damit die Lage des ↗*geomagnetischen Pols* und der ↗*geomagnetischen Koordinaten*.

**geomagnetische Koordinaten,** Oberflächenkoordinaten der Erde, die aus der geomagnetischen Breite [$\beta^*$] (positiv nach Norden)

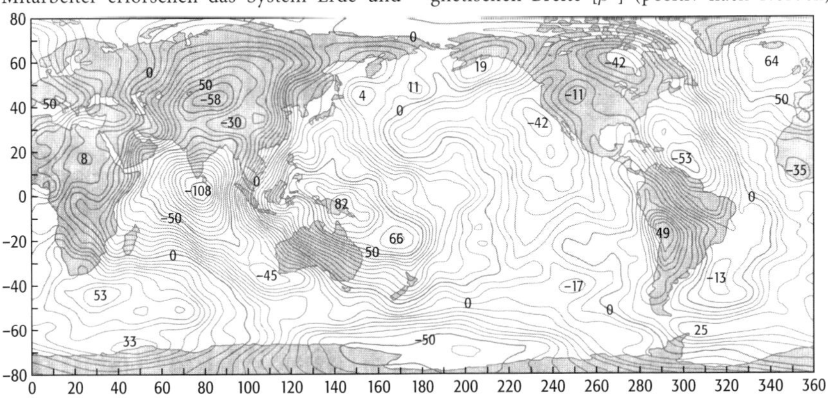


**Geoid:** Abweichung der tatsächlichen Erdoberfläche (GRIM2-Geoid) vom Referenzellipsoid in Metern (Höhenlinienabstand: 5m). Vgl. dazu die Falschfarbendarstellung des Erdkörpers im Farbtafelteil, Stichwort »Erde«.

und der geomagnetischen Länge [$\lambda^*$] (positiv nach Osten gerechnet vom Schnittpunkt des geographischen Meridians durch den borealen ↗*geomagnetischen Pol* mit dem geomagnetischen Äquator) bestehen. Der geomagnetische Äquator wird durch [$\beta^*$] $=0$ definiert, im Gegensatz zum magnetischen Äquator ($I=0$). Aus der sphärischen Trigonometrie ergibt sich folgender Zusammenhang zwischen geographischen Koordinaten (Länge $\lambda$ und Breite $\beta$) und geomagnetischen Koordinaten:

$$\sin(\beta^*) = \sin(\beta^*_{\mathrm{b}})\sin(\beta) + \\ + \cos(\beta^*_{\mathrm{b}})\cos(\beta^*)\cos(\lambda-\lambda_{\mathrm{b}})$$

$$\sin(\lambda^*) = \cos(\beta^*)\sin(\lambda-\lambda\beta)/\cos(\beta^*)$$

mit $\lambda_{\mathrm{b}}$ und $\beta_{\mathrm{b}}$ als geographische Länge und Breite des borealen geomagnetischen Pols für die jeweilige Epoche. (↗*Geomagnetismus*)

**geomagnetischer Pol,** Durchstoßpunkte der ↗*geomagnetischen Achse* durch die Erdoberfläche. Der magnetische Südpol des Erdmagnetfeldes (↗*Geomagnetismus*) liegt in der Nähe des geographischen Nordpols und wird als *borealer* Pol bezeichnet (der geomagnetische Pol für die Südhalbkugel entsprechend als *australer* Pol).

**Geomagnetismus,** magnetische Erscheinungen des Erdkörpers und der Atmosphäre. Das überwiegend dipolartige erdmagnetische Hauptfeld hat seinen Ursprung in Konvektionsbewegungen und elektrischen Stromsystemen im niedrigviskosen äußeren Erdkern (↗*Dynamoeffekt*). Die Achse des Hauptfeldes (↗*geomagnetische Achse*) ist gegenwärtig um etwa 11,4° gegen die Rotationsachse der Erde (*Erdachse*) geneigt (Abb.). Dem Hauptfeld sind kleinere Variationen extraterrestrischen Ursprungs überlagert. Dabei bewirken induzierte elektrische Ströme in der ↗*Ionosphäre* tagesperiodische Variationen, der von der Sonne ausgehende Partikelstrom (↗*Sonnenwind*) bis zu mehrtägige magnetische Stürme.

Die derzeitige Stärke des Magnetfeldes nimmt von den Polen zum Äquator von etwa $6 \cdot 10^{-5}$T auf $3 \cdot 10^{-5}$T ab. Innerhalb geologischer Zeiten unterliegt sie jedoch stärkeren Schwankungen in Intensität und Richtung, bis hin zu kompletten Polaritätsumkehrungen.

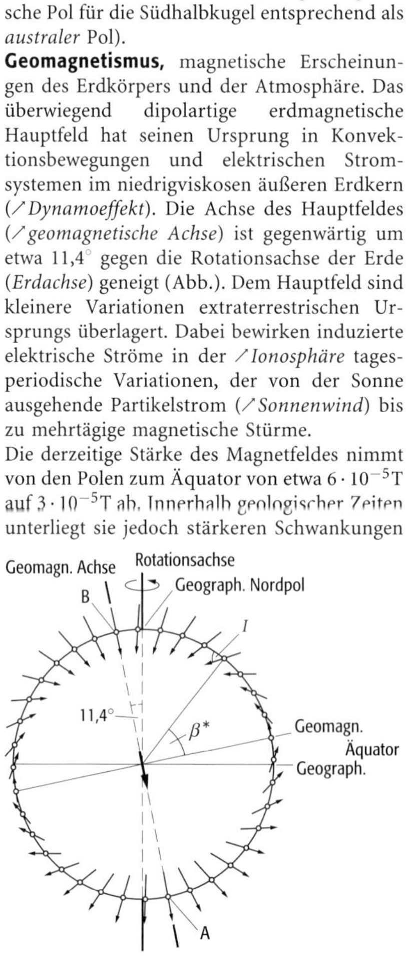


**Geomagnetismus:** Lage der Achse des Hauptfeldes relativ zur Drehachse.

Das Magnetfeld der Erde erstreckt sich über mehrere Erdradien in den Weltraum, wo es zu Wechselwirkungen der ↗*Magnetosphäre* mit dem Sonnenwind kommt. So werden in den Van-Allen-Strahlungsgürteln elektrisch geladene Teilchen, vor allem Elektronen und Protonen, des Sonnenwindes eingefangen, welche durch Kollisionen zu Erscheinungen wie ↗*Polarlichtern* führen können.

**geometrische Aufweitung,** in der Teilchenphysik die Verbreiterung eines Teilchenstrahls beim Durchgang durch Materie. Sie wird bestimmt durch die Größe des Strahlflecks, also den Durchmesser des Strahls, den Detektorakzeptanzwinkel sowie die innere Divergenz des Strahls. Letztere darf vernachlässigt werden, wenn sie weniger als 0,1° beträgt.

**geometrische Optik,** *Strahlenoptik*, Gebiet der Optik, das mit dem Grundbegriff des Strahls operiert, wobei diese Strahlen sowohl durch Teilchen- als auch durch Lichtstrahlen realisiert werden können. Die Strahlenoptik ergibt sich theoretisch aus der Wellenoptik als Grenzfall sehr kurzer Wellenlängen $\lambda$, d.h. $\lambda$ klein gegen alle charakteristischen Längen des Problems, insbesondere gegen den Durchmesser von Blenden u.ä. Der Strahlengang der von einem beliebigen Punkt ausgehenden Strahlen wird in allgemeiner Form durch das Fermatsche Prinzip bestimmt, das mit entsprechender Definition der Brechzahl sowohl auf die Lichtoptik als auch auf die Teilchenoptik (Elektronen- und Ionenoptik) angewendet werden kann und insbesondere den Strahlengang auch bei kontinuierlich veränderlicher Brechzahl bestimmt. Dieser Fall ist in der Teilchenoptik die Regel, während in der Lichtoptik meist eine sprunghafte Änderung der Brechzahl an den Grenzflächen unterschiedlicher Medien vorliegt. Das Fermatsche Prinzip führt auf die geradlinige Ausbreitung der Strahlen in jedem homogenen Medium, auf die Umkehrbarkeit des Strahlengangs und auf die Gesetze der Reflexion und Brechung an den Grenzflächen. Im Falle des Lichts werden alle auf der Wellennatur des Lichts beruhenden Erscheinungen, insbesondere alle Beugungseffekte, vernachlässigt.

*Geschichte*: Mit den Ansätzen der Antike (Euklids Katoptrik und die Dioptrik des Ptolemäus), den Arbeiten von Alhazen und der Auffindung des richtigen Brechungsgesetzes (W. Snellius 1621, R. Descartes 1629) war bis zum 17. Jh. die Grundlage der geometrischen Optik geschaffen. Ihre Anwendung führte zu Beginn des 17. Jh. zur Erfindung des Fernrohres (Lippershey) und des Mikroskopes (H. und Z. Janssen). Ab Mitte des 17. Jh. entwickelten sich die verschiedenen Vorstellungen von der Natur des Lichtes, insbesondere die Wellentheorie (F.M. Grimaldi und R. Hooke 1665, C. Huygens 1678) und die Korpuskulartheorie (I. Newton 1704). Die zweite Hälfte des

19. Jh. brachte die Erkenntnis der elektromagnetischen Natur des Lichtes (J.C. Maxwell 1864) sowie eine erste atomistische Deutung mit Hilfe der Elektronentheorie (H.A. Lorentz 1892–95).

**geometrische Phase** ↗Berry-Phase.

**geometrische Quantisierung,** von Kostant und Souriau entwickeltes geometrisches Verfahren zur ↗*Quantisierung* eines $2n$-dimensionalen klassischen Phasenraumes $M$ mit symplektischer Form $\omega$. In einem ersten Schritt, der sogenannten *Präquantisierung*, definiert man auf dem komplexen Linienbündel über dem Phasenraum ein hermitesches Skalarprodukt und eine *kovariante Ableitung* D, deren Krümmung gleich $-h^{-1}\omega$ ist. Dies ist immer möglich, wenn $-h^{-1}\omega$ eine ganzzahlige *De-Rham-Kohomologieklasse* definiert. Jeder Funktion $f$ auf dem Phasenraum läßt sich nun ein bezüglich des Skalarproduktes hermitescher Operator $P_f$ zuordnen nach der Vorschrift: $P_f = f - i\hbar D_{X_f}$, wobei $X_f$ das *Hamiltonsche Vektorfeld* zu $f$ ist. Es gilt die Quantisierungsbedingung

$$[P_f, P_g] = i\hbar P_{\{f,g\}}.$$

In einem zweiten Schritt schränkt man das Linienbündel durch Wahl einer ↗*Polarisation* auf einen geeigneten physikalischen Hilbert-Raum ein.

Die Vorteile der geometrischen Quantisierung liegen insbesondere in ihrer Anwendbarkeit auf topologisch nicht-triviale Phasenräume.

**geometrisches Mittel,** der für eine Menge von $n$ reellen Zahlen $x_1, x_2, \ldots, x_n$ (z.B. *Meßwerten*) durch den Ausdruck $\bar{x}_g = \sqrt[n]{x_1 \cdot x_2 \cdot \ldots \cdot x_n}$ definierte Wert. (↗*Mittelwert*)

**Geon,** *Gravitational Electromagnetic Entity*, ein im Jahr 1955 von J.A. ↗*Wheeler* konstruiertes, hypothetisches Teilchen, das ausschließlich aus elektromagnetischer Strahlung und/oder Gravitationswellen besteht. Die gravitative Beschleunigung, die nötig ist, um Strahlung auf einer Bahn mit Radius $r$ zu halten, ist von der Größenordnung $c^2/r$, während die Beschleunigung durch Strahlungsenergie der Masse $M$ durch $GM/r^2$ gegeben ist. Daraus ergibt sich $R = GM/c^2 = (0{,}7 \cdot 10^{-27}$ m/kg$) \cdot M$ für den Radius $R$ eines Geons der Masse $M$. Ein rein gravitatives Geon (d.h. eines ohne elektromagnetischen Anteil) ist – aus genügend großem Abstand betrachtet – nicht von einem »normalen« Teilchen der gleichen Masse unterscheidbar, obwohl ein solches Objekt lediglich ein Gebiet gekrümmter, ansonsten »leerer« Raumzeit darstellt. Allerdings sind Geonen keine stabilen Gebilde, sondern befinden sich im labilen Gleichgewicht zwischen der Explosion in freie Photonen und Gravitonen einerseits, und dem ↗*Gravitationskollaps* zu einem Schwarzen Loch andererseits.

**Geophon,** Detektor zur Aufnahme hochfrequenter seismischer Bodenbewegungen in der angewandten ↗Seismik.

**Geophysik,** die Wissenschaft von der Erforschung und Beschreibung des Planeten ↗*Erde* mit physikalischen Methoden.

Die Bezeichnung »Geophysik« wurde in Deutschland vor etwa hundert Jahren eingeführt. Die weltweit erste Professur für Geophysik wurde 1898 an der Universität Göttingen eingerichtet und mit dem Physiker E. ↗*Wiechert* besetzt. Er hat dort eine bedeutende Schule der Erdbebenforschung (↗*Seismologie*) gegründet.

Da der Erdkörper zu zwei Drittel der Oberfläche von ↗*Ozeanen* bedeckt und von einer gasförmigen ↗*Atmosphäre* umgeben ist und der Einflußbereich der Erde mehrere Erdradien weit in den interplanetaren Raum hinausreicht, umfaßt die *Geophysik im weiteren Sinne* die folgenden Teilgebiete:

- Physik des Erdkörpers;
- Physik der ↗*Hydrosphäre* oder ↗*Ozeanographie* (Meeresforschung) und ↗*Hydrologie* (Gewässer und Grundwasserkunde);
- Physik der Atmosphäre oder ↗*Meteorologie*;
- Physik der Hochatmosphäre und der ↗*Magnetosphäre* oder *Aeronomie* und *extraterrestrische Physik*.

Die Physik derjenigen Teilsysteme der Erde, welche die für die Menschen erfahrbare Umwelt darstellen, also Hydrosphäre, Atmosphäre, Ozeane, Kryosphäre (↗*Glaziologie*) und ↗*Boden*, wird heute meist als ↗*Umweltphysik* bezeichnet und bildet als solche seit 1998 einen eigenständigen Fachverband der *DPG* (↗*Deutsche Physikalische Gesellschaft*). Darüber hinaus wird oft auch die Physik der (erdähnlichen) ↗*Planeten* der Geophysik zugerechnet.

Unter »Geophysik im engeren Sinne« versteht man im deutschen Sprachraum die *Physik des Erdkörpers*, die sich ihrerseits in einige Unterdisziplinen gliedert (Tabelle).

Dem entspricht auch die Gliederung der internationalen Dachorganisation für die Koordination globaler Forschungsprojekte auf dem

**Geophysik:** Untergliederung der Physik des Erdkörpers.

| Bezeichnung | Aufgabe |
|---|---|
| *physikalische Geodäsie* und *Gravimetrie* | Bestimmung der Gestalt des Erdkörpers und seines Schwerefeldes durch Satelliten, Messungen am Erdboden |
| *Seismologie* und *Physik des Erdinnern* | Erforschung des Vorgangs im Erdbebenherd und der Ausbreitung seismischer Wellen im Erdkörper; Gewinnung von Strukturmodellen des Erdinnern |
| *Erdmagnetismus* | Messung des Magnetfeldes der Erde und Erforschung seiner intra- und extraterrestrischen Ursachen |
| *Gesteinsphysik* | Labormessungen an Gesteinen und Festkörperphysik |
| *Geodynamik* | Prozesse im Erdinnern |

Gebiet der Geophysik (im weiteren Sinne), der ↗*International Union of Geodesy and Geophysics* (IUGG) in sieben Assoziationen.

Die angewandte Geophysik ist international in der *Society of Exploration Geophysicists* (SEG) organisiert. Auf europäischer Ebene entspricht der IUGG die *European Geophysical Society* (EGS) und der SEG die *European Association for Exploration Geophysicists* (EAEG). Die Geophysiker in Deutschland sind in der *Deutschen Geophysikalischen Gesellschaft* (DGG) vereinigt.

*Aufgaben*: Die grundlegenden Aufgaben der Geophysik sind die Erforschung

- des Aufbaus und des physikalischen Stoffbestands der Erde sowie der dort ablaufenden Prozesse;
- der Kraftfelder, die von der Erde ausgehen und sie umgeben;
- der Einflüsse, die von anderen Himmelskörpern, insbesondere von Mond und Sonne, ausgehen und am Planeten Erde nachweisbar sind.

Die Geophysik ist aufgrund des Charakters ihres Forschungsobjekts in hohem Maße auf internationale und auf interdisziplinäre Zusammenarbeit mit den Nachbarfächern wie Geodäsie, Festkörperphysik, Mineralogie, Geologie, Geochemie, Lagerstättenkunde und Bergbauwissenschaften angewiesen.

Neben der Grundlagenforschung besitzt die Geophysik in der Anwendung speziell entwickelter Methoden auf oberflächennahe Objekte ein außerordentliches wirtschaftliches Potential. Die geophysikalische Rohstoffexploration führte besonders bei der Lokalisierung kohlenstoffhaltiger geologischer Strukturen, aber auch bei anderen Lagerstätten, bei der *Grundwasserexploration* und neuerdings auch bei der *Altlastenproblematik* (↗*Umweltgeophysik*) und in der Archäologie (↗*Archäogeophysik*) zu erfolgreichen und erfolgversprechenden Anwendungen. Das weite Spektrum der Methoden der *angewandten Geophysik* umfaßt seismische (↗*Seismik*), gravimetrische, geomagnetische (↗*Geomagnetismus*) und geoelektrische Verfahren mit Gleich- und Wechselstrom (↗*Geoelektrik*). Spezielle Sonden wurden für bohrlochgeophysikalische Messungen entwickelt (↗*Bohrlochgeophysik*). Aerogeophysikalische Messungen (↗*Aerogeophysik*; ↗*Fernerkundung*) eignen sich für einen raschen, lückenlosen Überblick über physikalische Felder auch großer Gebiete. Lokale Untersuchungen der Eigenschaften von Untergrund und Bauwerk haben in der ↗*Ingenieurgeophysik* praktische Bedeutung, auch im Hinblick auf die Verminderung der Gefährdung durch Erdbeben und Bergschläge über und unter Tage.

*Arbeitsmethodik*: Das Charakteristikum der Arbeitsweise des Geophysikers ist es, durch Vermessung physikalischer Felder an oder oberhalb der Erdoberfläche (Schwerefeld, Deformationen der Erdoberfläche, Magnetfeld, seismische Wellenfelder usw.) auf physikalische Prozesse und auf die räumliche Verteilung physikalischer Eigenschaften im Innern des Erdkörpers wie Dichte, Elastizität, Viskosität, Magnetisierung usw. zu schließen.

Feldmessungen werden, meist in Form von Relativmessungen, entweder an wenigen Punkten der Erdoberfläche über lange Zeit durchgeführt, z.B. in seismologischen oder erdmagnetischen Observatorien, oder aber möglichst gleichzeitig an vielen Punkten, flächenhaft oder auf Profillinien an der Erdoberfläche verteilt.

Zur Auswertung müssen die Meßdaten vergleichbar gemacht werden, z.B. beim Schwerefeld durch »Reduktion« auf einheitliches Höhenniveau. Meßdaten können auch durch *Dekonvolution* (↗*Dekonvolution geophysikalischer Signale*) von störenden Einflüssen befreit werden.

Dann folgt die Umsetzung der bereinigten Meßdaten in Strukturmodelle mit entsprechenden physikalischen Materialparametern. Dies erfordert eine physikalische Feldtheorie und geologisch realistische Vorstellungen. Dies ist ein mathematisches Problem, das als *Dateninversion* bezeichnet wird. Häufig gibt es keine eindeutige Lösung.

Schließlich kann durch Vergleich mit Daten von Labormessungen an Gesteinen unter den Bedingungen der Tiefe auf Stoffbestand und Struktur der Materie in der Erde geschlossen werden.

*Literatur:*
*Mit Geophysik in die Zukunft* – eine Denkschrift.– Mitteilungen der Deutschen Geophysikalischen Gesellschaft e.V., Frankfurt; Nr.4/1996; 1996. [HB1, HM3, RVS]

**Georadar,** *Bodenradar, EMR, elektromagnetisches Reflexionsverfahren, GPR, Ground Penetrating Radar*, oberflächennahes Sondierungsverfahren der ↗*Geophysik*, wobei kurze elektromagnetische Impulse (Frequenzbereich 10 MHz–1 GHz) von der Oberfläche aus in den Untergrund abgestrahlt und nach Reflexion an Schichtgrenzen durch Aufzeichnung der Impulslaufzeiten und -amplituden wieder empfangen werden. Die so erhaltenen Radargramme werden mit den Methoden der ↗*Reflexionsseismik* ausgewertet. Die Erkundungstiefe des Georadars richtet sich im wesentlichen nach den dielektrischen Eigenschaften des Untergrundes und ist bei erhöhtem Feuchtigkeitsgehalt oft auf wenige Meter (bis enige zehn Meter) beschränkt. Durch Einbeziehung niedriger Frequenzbereiche ($<$ 5 MHz) werden größere Eindringtiefen auch in leitfähigeren Substraten angestrebt.

**George E. Pake Prize** ↗Preise.

**Georgi-Glashow-Modell,** theoretisches Modell, mit dem die Vereinheitlichung von elektromagnetischen und schwachen Kräfte versucht wurde. Es enthält drei Eichfelder mit SO(3)-Symmetrie, die auf U(1) = SO(2) gebrochen wird. Diese ↗*spontane Symmetrie-*

*brechung* versieht zwei Eichbosonen mit einer Masse $W^{\pm}$ und läßt eines masselos (das Photon). Durch die topologische Klassifizierung der Randbedingung $\pi_2[SO(3)/U(1)] = Z$ wird die elektrische Ladung quantisiert. Experimente deuteten aber darauf hin, daß auch paritätsverletzende neutrale Ströme und deshalb ein drittes massives Boson ($Z^0$) existieren. Dies wird richtig im ↗*Glashow-Weinberg-Salam-Modell* beschrieben.

**geostationäre Bahn,** *geosynchrone Bahn*, kreisförmige Umlaufbahn eines Satelliten in knapp 35 800 km Höhe über der Erde. Im Idealfall (Bahnneigung gegenüber dem Äquator gleich null, kugelsymmetrischer Erdkörper, keine gravitativen Anomalien) bleibt ein Satellit auf einer solchen Bahn stets auf dem gleichen Punkt über der Erdoberfläche stehen, da er die Erde einer Umlaufszeit von genau einem Tag umrundet. So können Nachrichten- oder Wettersatelliten immer fest über dem gleichen Gebiet installiert werden. Mit drei gegeneinander versetzten Satelliten auf geostationären Bahnen ist es im Prinzip möglich, zu jedem Zeitpunkt die gesamte Erdoberfläche zu erfassen.

**geostrophische Näherung,** Vereinfachung der Bewegungsgleichung für Wasser- oder Luftmassen in der Atmosphäre bzw. im Ozean, wenn nur die Corioliskraft und die horizontale Druckgradientenkraft berücksichtigt werden. (↗*geostrophisches Gleichgewicht*)

**geostrophischer Wind** ↗Gradientwind.

**geostrophisches Gleichgewicht,** Gleichgewichtszustand, der sich in der Atmosphäre oder im Ozean einstellt, wenn nur die Coriolis-Kraft und die horizontale Druckgradientenkraft berücksichtigt werden (*geostrophische Näherung*) und sich beide Kräfte gegenseitig aufheben. Als Resultat stellt sich ein geostrophischer Wind bzw. eine geostrophische Strömung ein, die senkrecht zur Druckgradientenkraft gerichtet ist.

**geosynchrone Bahn** ↗geostationäre Bahn.

**Geothermie** ↗geothermische Energie.

**geothermische Energie,** *Geothermie*, *Erdwärme*, als Wärme im Erdinnern gespeicherte Energie. Der an der Erdoberfläche registrierbare Wärmefluß besteht aus einer primären, von dem zwischen 2000 und 12 000 °C heißen Erdinneren herrührenden, sowie einer sekundären, vom Zerfall der Radioisotope $^{40}$K, $^{232}$Th, $^{235}$U, $^{238}$U stammenden Komponente. Der mittlere Wärmefluß an die Erdoberfläche wäre viel zu gering für eine praktische Nutzung; jedoch existieren sog. *geothermische Anomalien*, an denen die heißen Magmamassen nur wenige Kilometer unter der Erdoberfläche liegen. Fällt eine geothermische Anomalie mit einer Reihe weiterer Voraussetzungen (Vorliegen eines großen wasserdurchlässigen Gesteinskörpers, der seinerseits nach oben und unten von impermeablen Gesteinsschichten begrenzt sein muß (Abb.), zusammen, so hat man ein geothermisches Feld, an dem man mit vertretbarem Aufwand eine Nutzung der Erdwärme betreiben kann. Das im Gestein (*Aquifer*) gespeicherte Wasser erhitzt sich und kann durch natürlich vorliegende Gesteinsrisse als Heißwasser oder -dampf an die Oberfläche austreten; eine kommerzielle Nutzung der Geothermie bedarf jedoch in der Regel der Niederbringung einer Tiefenbohrung. Bei der *elektrischen Nutzung* bestehen im wesentlichen die Optionen der direkten Entspannung des Heißdampfes über eine Turbine sowie der Verwendung eines Kondensators mit angeschlossenem Kühlturm. Die Wirkungsgrade liegen im Bereich von 10–17 %. Die weltweit installierte Kapazität für die Stromerzeugung aus geothermischer Energie lag im Dezember 1996 bei 7173,5 $MW_{elekt.}$ bei stark steigender Tendenz. Für das Jahr 2000 wird eine installierte Kapazität von über 11 000 $MW_{elekt.}$ erwartet. Der weltweite Beitrag zur Stromerzeugung betrug 1995 etwa 0,4 % bei wettbewerbsfähigen Kosten von 0,03–0,12 US-$/kWh. Neben den konventionellen Nutzungsformen der Geothermie wird seit einiger Zeit die Ausnutzung heißer Tiefengesteinswärme diskutiert (↗*Hot-Dry-Rock-Verfahren*). [OP]

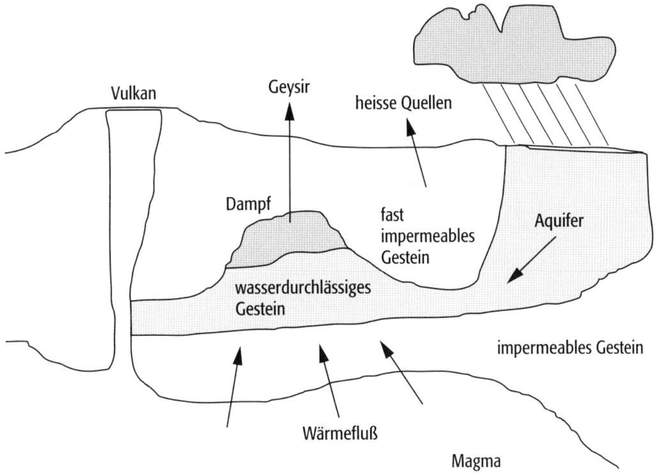


**geothermische Energie:** Schema eines geothermischen Feldes mit seinen wichtigsten Elementen: Wasserdurchlässiger Gesteinskörper, impermeable Begrenzungsschichten, Wärmequelle und Auffüllregion. Das Heißwasser bzw. der Heißdampf treten entweder durch natürlich vorkommende Risse an die Oberfläche aus oder werden erbohrt.

**geozentrisches System,** Weltbild, das im Altertum von den Griechen entwickelt wurde. Demnach ruht die Erde im Zentrum des Universums, und Sonne, Mond, Planeten und die Fixsterne umrunden die Erde einmal pro Tag. Das erste geozentrische System geht auf Eudoxos von Knidos (408 v.C.–355 v.C.) zurück. Das nach dem Alexandrinischen Astronomen Claudius ↗*Ptolemäus* (um 90 n.C.–160 n.C.) benannte ptolemäische Weltbild ist das bekannteste. Es blieb bis zur Aufstellung des ↗*heliozentrischen Systems* durch ↗*Kopernikus* (1543) das bestimmende Weltbild.

**gepulste Neutronenquelle** ↗Spallationsneutronenquelle.

**gequetschte Zustände,** *squeezed states*, kohärente Zustände, die aus zeitkonjugierten

Paarzuständen gebildet werden:

$$|S\rangle = \prod_k \exp(z_k a_k^\dagger a_{-k}^\dagger - z_k^* a_k a_{-k}|0\rangle.$$

**Geradeausbeschleuniger,** zusammenfassende Bezeichnung für ↗Potentialbeschleuniger und ↗Linearbeschleuniger.

**Geradeausempfänger,** Rundfunkempfänger, in dem die HF-Signale die vor dem Empfangsgleichrichter liegenden Stufen ohne Frequenzwandlung durchlaufen. Geradeausempfänger wurden vom Überlagerungsempfänger verdrängt. (↗Rundfunk)

**Geradenanpassung,** ↗Fehlerrechnung, ↗lineare Regression.

**geradlinige Bewegung,** *lineare Bewegung*, Bewegung mit konstanter Richtung der Geschwindigkeit. Der Betrag der Geschwindigkeit kann konstant sein (↗geradlinig gleichförmige Bewegung) oder variieren (geradlinig ungleichförmige Bewegung).

Bei der geradlinig ungleichförmigen Bewegung variiert die Beschleunigung $\boldsymbol{a}$ mit der Zeit und zeigt stets parallel zur Geschwindigkeit. Ein weiteres Beispiel ist die geradlinig gleichmäßig beschleunigte Bewegung mit konstanter Beschleunigung. Der ↗*freie Fall* ist eine solche geradlinig gleichmäßig beschleunigte Bewegung mit $\boldsymbol{a} = \boldsymbol{g}$, wobei $\boldsymbol{g}$ die Gravitationbeschleunigung ist. (↗Bewegung)

**geradlinig gleichförmige Bewegung,** Bewegung mit in Betrag und Richtung konstanter Geschwindigkeit $\boldsymbol{v}$. Für die Bahnkurve gilt: $\boldsymbol{r}(t) = \boldsymbol{v} \cdot t + \boldsymbol{r}_0$ mit dem Anfangswert $\boldsymbol{r}_0$ und der Zeit $t$.

Ein Körper, an dem keine Kräfte angreifen, bewegt sich geradlinig gleichförmig (Galileisches Trägheitsprinzip). Der ruhende Körper stellt einen Spezialfall der geradlinig gleichförmigen Bewegung mit $\boldsymbol{v} = 0$ dar. (↗Bewegung)

**Gerlach**, *Walther*

**Geräterahmen,** *Crate*, Rahmen für alle zur Datenerfassung benötigten Geräte (z.B. Analog-Digital-Konverter, Speichermodule und Taktgeber), meist mit Stromversorgung und einem ↗Backplane-Bus (z.B. ↗CAMAC oder Fastbus).

**Geräte-Treiber,** *Device Driver*, ↗*Treiber*-Software, welche die physikalische Ein- und Ausgabe für verschiedene ↗*Steuereinheiten* behandelt. Sie gehört zum hardwarespezifischen Kern eines ↗*Betriebssystems* und ist meist in Assembler programmiert.

**Geräusch,** 1) im physikalischen Sinne eine Schallform, deren Frequenzspektrum – im Unterschied zu *Tönen* und *Klängen* – kontinuierlich ist (Abb.) oder Frequenzen aufweist, die nicht im Verhältnis kleiner ganzer Zahlen zueinander stehen.

**Geräusch:** Kontinuierliches Frequenzspektrum.

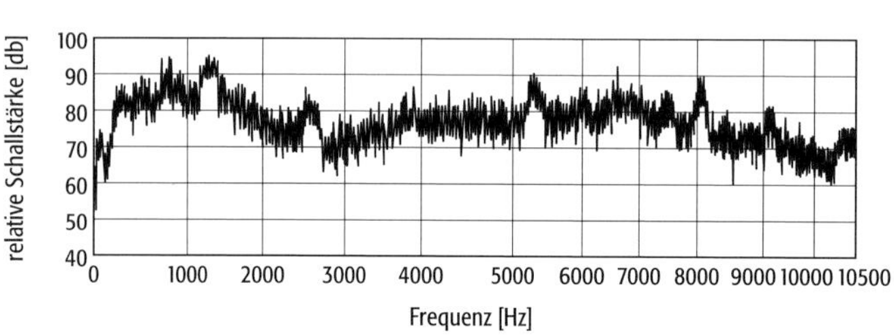


2) im Sinne technischer und juristischer Normen jedes unbeabsichtigte Schallereignis, im Unterschied zum ↗*Lärm*, der als unangenehmes Schallereignis aufgefaßt wird.

Verschiedene Geräusche, z.B. ein ↗*Knall*, können ganz charakteristische Spektren haben, was die physikalische Grundlage für einschlägigen Begriffsbildungen der Alltagssprache ist (Blubbern, Knacken, Knirschen, Knistern, Prasseln, Rauschen, Zischen).

**Geräuschaudiogramm,** die Auftragung der *Geräuschtonschwelle* für verschiedene Frequenzen. Das Hörbarwerden eines Tones über dem Untergrund eines Geräuschs desselben Kopfhörers kennzeichnet hierbei die *Geräuschtonschwelle*. Die Geräuschaudiometrie ermöglicht u.a. die Diagnose der neuralen Schwerhörigkeit.

**Geräuschspannungsabstand,** *bewerteter Störspannungsabstand*, Qualitätsparameter in der ↗*Studiotechnik*; die Pegeldifferenz $\Delta L_{\mathrm{Ger}}$ zwischen dem ↗*Pegel* der Nennspannung $L_{\mathrm{N}}$ und dem Pegel der *Geräuschspannung* $L_{\mathrm{Ger}}$, die mit einem Meßgerät nach DIN 45405 gemessen wird, wenn das elektrische Signal am Eingang der Anlage null ist, beträgt

$$\Delta L_{\mathrm{Ger}} = L_{\mathrm{N}} - L_{\mathrm{Ger}}.$$

Bei elektroakustischen Geräten für den Heimgebrauch wird der bewertete ↗*Störspannungsabstand* mit einem Meßgerät nach DIN 45412 gemessen.

Die beiden Normen schreiben unterschiedliche ↗*Bewertungsfilter*, unterschiedliche Meßwertbildung und unterschiedliche ↗*Anzeigedynamik* vor. Dadurch können sich die Werte von Geräusch- und Störspannungsabstand an dem gleichen Meßobjekt um mehr als 12dB unterscheiden. (↗*Fremdspannungsabstand*)

**Gericke,** *Otto* von, ↗Guericke.

**Gerlach,** *Walther*, deutscher Physiker, *1.8. 1889 Biebrich (heute zu Wiesbaden), †10.8. 1979 München; ab 1921 Professor in Frankfurt a.M., ab 1924 in Tübingen, 1929–57 in München und Direktor des I. Physikalischen Instituts der Universität; Arbeiten zur experimentellen Erforschung der Quantentheorie, über Spektralanalyse, Probleme der Wärmestrahlung und des photoelektrischen Effekts sowie zum Zusammenhang zwischen Atombau und Magnetismus; führte 1916 eine exakte Bestimmung der Konstanten des Stefan-Boltzmann-Gesetzes durch; unternahm mit O. ↗*Stern* 1921–22 grundlegende Versuche mit Atomstrahlen (*Stern-Gerlach-Versuch*) und wies damit die Existenz atomarer Dipole und deren Richtungsquantisierung nach; klärte 1922–23 mit A. Golson den Strahlungsdruck und bestimmte die Größe des Bohrschen Magnetons.

**Germanium,** *Ge*, *Eka-Silicium*, Element der Hauptgruppe IV des Periodensystems mit der Ordnungszahl. Germanium besitzt die Elektronenkonfiguration [Ar]$3d^{10}4s^24p^2$ und und kommt in der Natur in fünf Isotopen vor (Tabelle). Die unter Standardbedingungen stabile α-Form des Germaniums mit der relativen Masse von 72,61 ist ein Halbleiter, der häufig als Detektormaterial verwendet wird. Aus Halbleiterlegierungen des Germaniums werden Transistoren (n-p-n-Leiter) hergestellt. Im optischen Bereich wird Germanium auf Grund seiner Durchlässigkeit für infrarote Strahlung für Fenster, Prismen und Linsen verwendet. [AFM]

**Germanium 1:** Wichtige Isotope.

| Isotop | Natürliche Häufigkeit [%] | Atommasse | Halbwertszeit $T_{1/2}$ |
|---|---|---|---|
| $^{68}$Ge | 0 | 67,928096 | 288 d |
| $^{70}$Ge | 20,5 | 69,924250 | stabil |
| $^{71}$Ge | 0 | 70,924953 | 11,2 d |
| $^{72}$Ge | 27,4 | 71,922080 | stabil |
| $^{73}$Ge | 7,8 | 72,923464 | stabil |
| $^{74}$Ge | 36,5 | 73,921179 | stabil |
| $^{76}$Ge | 7,8 | 75,921403 | stabil |
| $^{77}$Ge | 0 | 76,923548 | 11,3 h |

**Germanium 2:** Allgemeine, chemische und festkörper-physikalische Eigenschaften.

| | |
|---|---|
| Dichte (293K) [g cm$^{-3}$] | 5,323 |
| Molvolumen [cm$^3$] | 13,64 |
| Oxidationszahlen | II, IV |
| photoelektrische Arbeit [eV] | 5,0 |

**Germanium 3:** Thermische und elektromagnetische Eigenschaften.

| | |
|---|---|
| Siedetemperatur [K] | 3103 |
| Schmelztemperatur [K] | 1210,6 |
| Siedeenthalpie [kJ mol$^{-1}$] | 327,6 |
| Schmelzenthalpie [kJ mol$^{-1}$] | 34,7 |
| Wärmeleitfähigkeit (300K) [W m$^{-1}$ K$^{-1}$] | 59,9 |
| spezifische Wärme [kJ kg$^{-1}$ K$^{-1}$] | 0,322 |
| spezifischer Widerstand (295K) [Ωm] | 0,46 |
| Übergangstemperatur Supraleiter ($p$ > 10 GPa) [K] | 5,4 |
| spezifische magnetische Suszeptibilität [10$^{-9}$kg$^{-1}$m$^3$] | – 1,328 |

**Germanium 4:** Atom- und kernphysikalische Eigenschaften.

| Termsymbol | $^3P_0$ |
|---|---|
| 1. Ionisierungsenergie [eV] | 7,90 |
| 2. Ionisierungsenergie [eV] | 15,935 |
| Elektronenaffinität [eV] | 1,2 |
| Elektronegativität (Pauling) | 2,01 |
| effektive Kernladung (Slater) | 5,65 |
| magnetisches Moment [$\mu_B$] | 0 |
| Ionenradius (Ge$^{4+}$) [nm] | 0,053 |
| Kovalenzradius [nm] | 0,122 |
| Atomradius [nm] | 0,1225 |
| Kernspin ($^{73}$Ge) | 9/2 |
| kernmagnetisches Moment ($^{73}$Ge) [$\mu_K$] | – 0,8792 |
| Einfangquerschnitt für thermische Neutronen [barn] | 2,3 |

**Germanium-Detektoren,** *Ge-Detektoren*, zu den ↗*Halbleiterzählern* gehörende ↗*Festkörperdetektoren*, bestehend aus hochreinem HPGe (*High Purity Germanium*, weniger als $10^{10}$ Fremdatome/cm$^3$), *p-* oder *n-dotiertem* Germanium. Durch die im Vergleich zu Silicium hohe ↗*Kernladungszahl* ($Z_{Si} = 14$, $Z_{Ge} = 32$) eignen sich Germanium-Detektoren aufgrund des vergrößerten ↗*Wirkungsquerschnittes* für ↗*Photoeffekt* besonders zur *Photonenspektroskopie*; die notwendige Energie zur Erzeugung eines Elektron-Loch-Paares beträgt 2,85 eV. Für die Energieauflösung gelten Werte von $\Delta E/E \leq 0{,}1$ % für Gammaquanten mit einer Energie von $E \cong 1$ MeV; Germanium-Detektoren finden auch als ↗*Festkörperspurdetektoren* Verwendung. Ein Nachteil ist die notwendige Kühlung aufgrund der kleinen Bandlücke (↗*Energielücke*) von 2,9 eV, meistens mittels flüssigem Stickstoff. (↗*Ge(Li)-Detektor*)

**Germanium-Thermometer,** ein ↗Halbleiter-Dioden-Thermometer mit Germanium als Halbleitermaterial.

**Germer,** *Lester Halbert*, amerikanischer Physiker, *10.10.1896 Chicago (Ill.), †3.10.1971 Gardiner (N.Y.); 1917–61 bei der Western Electric Company und den Bell Telephone Laboratories in New York tätig, ab 1961 Professor in Ithaca (N.Y.); unter anderem Arbeiten zur Grenzflächenphysik; bewies mit dem 1927 zusammen mit C.J. ↗*Davisson* durchgeführten *Davisson-Germer-Versuch* die Wellennatur (und führte damit den Nachweis des Welle-Teilchen-Dualismus) von Elektronen durch Beobachtung von Interferenzen ihrer Materiewellen.

**Gerthsen,** *Christian*, Physiker, *21.11.1894 Hørup (auf Alsen, Dänemark), †8.12.1956 Karlsruhe; ab 1932 Professor in Gießen, ab 1939 in Berlin, seit 1948 in Karlsruhe; Arbeiten über Kanalstrahlen und die Röntgenstrahlerzeugung durch Abbremsung von Protonen und Alphateilchen in Materie; bekannt vor allem durch sein weit verbreitetes, vielfach aufgelegtes Lehrbuch »Physik« (1948; 18. Auflage, 1995, bearbeitet von H. Vogel); schrieb ferner »Atomphysik« (mit K. Bechert; 2 Bände, 1938).

**Gesamtdrehimpuls** ↗Drehimpuls.

**Gesamtdruck** ↗Daltonsche Gesetze.

**Gesamtheit** ↗*Ensemble*.

**Gesamtpolarisation, elektrische** ↗elektrische Polarisation.

**Gesamtvergrößerung,** Produkt aller vergrößernden Elemente innerhalb eines mikroskopischen Strahlengangs. Üblicherweise ist die Gesamtvergrößerung bei der visuellen Betrachtung lediglich das Produkt aus Objektivvergrößerung und Okularvergrößerung.

**gesättigte Zone,** derjenige Teil des ↗Bodens, dessen Porenraum vollständig mit Wasser gefüllt ist. (↗Bodenwasser, ↗Hydrologie)

# Geschichte der Physik

*Dieter Hoffmann, Berlin*

## Anfänge – Die frühen griechischen Theoretiker

Die Physik in dem Sinne, wie sie heute verstanden und betrieben wird, ist ein Kind der Neuzeit. Sie begann sich mit dem 17. Jahrhundert und im Rahmen der wissenschaftlichen Revolution herauszubilden. Allerdings lassen sich schon in den babylonischen und altägyptischen Hochkulturen entwickelte Kenntnisse in praktischer Mechanik und angewandter Mathematik, z.B. für astronomische Kalkulationen und die Kalenderberechnung, nachweisen; auch war bereits die Hebelwaage erfunden, und man besaß ein Maß- und Gewichtssystem. Von einer Wissenschaft von der Natur kann man in dieser Zeitepoche aber noch nicht sprechen. Ihre Begründung erfolgte erst in der griechischen Antike, in der die Physik ein Teil der (Natur-)Philosophie war. Diese fragte nach dem Prinzip bzw. den Prinzipien für eine rationale – im Gegensatz zur bis dahin dominierenden mythischen – Erklärung der bestehenden Ordnung in der materiellen Welt und versuchte die natürlichen Ursachen der Entstehung, Entwicklung und des Aufbaus der Welt aufzudecken. Als ihr Stammvater gilt Thales von Milet (um 600 v.u.Z.). Auf ihn, dem bereits die Anziehungskraft des natürlichen Magnetsteins, wohl auch des geriebenen Bernsteins bekannt war, geht die Idee zurück, daß allem Physischen ein gemeinsamer Urstoff zugrunde liegt. Für Thales war das Wasser das stoffliche Grundprinzip, der Ursprung aller Dinge. Spätere Naturphilosophen wie Empedokles (um 480 v.u.Z.), aber auch Aristoteles (184–322 v.u.Z.), legten die vier Elemente Feuer, Wasser, Luft und Erde dem Bau der Welt zugrunde. Für Pythagoras (um 530 v.u.Z.) und seine Schule war hingegen die Zahl das Wesen aller Dinge. Damit wurden wichtige Grundlagen für eine Mathematisierung der Naturerkenntnis gelegt. Im Zusammenhang mit ihrer Musiklehre entwickelten die Pythagoräer eine mathematische Harmonielehre und, darauf aufbauend, das Monochord, eines der ältesten physikalischen Meßgeräte. Ein weiterer Erklärungsversuch war der Atomismus, den Leukipp (um 500 v.u.Z.) und sein Schüler Demokrit (um 460–370 v.u.Z.) in die Wissenschaft eingeführt hatten. Danach wurde die Vielfalt der Stoffe auf eine große, aber endliche Anzahl von winzigen Urbestandteilen, den Atomen (wörtlich den »*Unteilbaren*«) zurückgeführt. Die Atome sollten sich nur in Gestalt und Größe unterscheiden, absolut undurchdringlich und durch das Leere voneinander getrennt sein. »Der (landläufigen) Übezeugung nach gibt es Farbe, Süßes, Bitteres, in Wirklichkeit aber nur Atome und Leeres«, lautete einer der Kernsätze der antiken Atomistik, die aber bei vielen antiken Denkern – nicht zuletzt bei Aristoteles – wegen ihres materialistisch-atheistischen Gehalts auf starke Kritik stieß.

## Aristoteles

Aristoteles aus Stagira schuf die umfassendste und einflußreichste Naturlehre der Antike. Auf dessen *physiké akróasis* (Vortrag über die Natur) geht wahrscheinlich auch die Bezeichnung »*Physik*« zurück. Bei Aristoteles war Physik in erster Linie die philosophische Erörterung von Begriffen wie Raum, Zeit, Bewegung und Kausalität, und bis ins 18. Jahrhundert hinein umfaßte sie die naturwissenschaftliche Forschung schlechthin. Die aristotelische Physik untersuchte damit auch solche Erscheinungen, die wir heute nicht zur Physik zählen – von der Botanik und Zoologie, Gebiete, die Aristoteles als Wissenschaft begründen half und zu denen er bis heute gültige Erkenntnisse geliefert hat, bis hin zur Psychologie. Für die Physikentwicklung im eigentlichen Sinne war vor allem die aristotelische Bewegungslehre von Bedeutung. Sie unterscheidet zwischen erzwungenen und natürlichen Bewegungen. Bei letzteren streben die Körper nach ihrem natürlichen Ort im Weltall: Erde und Wasser zum Mittelpunkt des geozentrischen Kosmos, und die leichten Elemente seiner Vier-Elemente-Lehre, Feuer und Luft, zur Peripherie der Mondsphäre. Die himmlische Bewegung ist im Gegensatz zur irdischen die vollkommene: sie ist ohne Anfang und Ende und kreisförmig. Erzwungene (irdische) Bewegungen wie der Stoß oder der Fall haben dagegen Anfang und Ende und sind geradlinig oder aus geraden und kreisförmigen Teilen zusammengesetzt. Die Bewegung folgt einem (quasi-dynamischen) Bewegungsprinzip, daß »Alles, was sich bewegt, von einem Beweger bewegt wird.« Zur Erklärung des Wurfes nahm Aristoteles an, daß die horizontale Bewegung eines geworfenen Steines dadurch bewirkt wird, daß die Luft als umgebenes Medium den Stein nach Verlassen der werfenden Hand weitertreibt. Diese Auffassung wurde bereits im frühen Mittelalter in Frage gestellt. Nach Johannes Philoponos (6. Jh. u.Z.), einem christlichen Kommentator der aristotelischen Lehre, ist es nicht das umgebende Medium, sondern eine durch den Werfenden mitgeteilte Kraftmenge (impetus), die den Stein weitertreibt; auch kritisierte er die Behauptung der Peripatetiker, daß ein Körper desto schneller falle, je schwerer er ist. Trotz solcher Modifizierungen, an die z.B. die Impetustheorie der mittelalterlichen Scholastik anknüpft, haben Aristoteles' physikalische

Ansichten als Folge der allgemeinen Dogmatisierung des peripatetischen Weltbildes die Entwicklung der Physik für nahezu 2000 Jahre geprägt. Im 16. und 17. Jahrhundert ging dann im Rahmen der sogenannten wissenschaftlichen Revolution aus Auseinandersetzungen mit der aristotelischen Lehre die klassischen Physik hervor.

## Die Blüte der antiken Physik

Im Hellenismus (etwa 300 v.u.Z. bis 150 u.Z.) erlangte die antike Physik ihren Höhepunkt. Charakteristisch für diese Periode war die Mathematisierung physikalischer Sachverhalte, die Öffnung der Physik für die Lösung praktischer Probleme und die beginnende Ausbildung spezieller Fachdisziplinen; auch gab es in Gestalt des Museion in Alexandria ein Forschungszentrum, in dem erstmals Forschung, einschließlich naturwissenschaftlich-physikalischer Untersuchungen, systematisch betrieben und staatlich finanziert wurde. Die bedeutendsten Leistungen wurden in dieser Zeit in der Mechanik erbracht. So mathematisierte Archimedes (287–212 v.u.Z.) Statik und Hydrostatik, wobei er im Stile Euklids (4. Jh. v.u.Z.) Definitionen, Postulate und Axiome an den Anfang seiner Überlegungen stellte und daraus deduktiv das Hebelgesetz und andere Lehrsätze über Gleichgewichtsbedingungen, den Schwerpunkt oder das spezifische Gewicht ableitete. Daß Archimedes seine rein wissenschaftlichen Studien mit praktischer Tätigkeit zu verbinden wußte, machen seine Konstruktionen von Kränen und Katapulten deutlich; inwieweit allerdings die Erfindung des Potentialflaschenzuges, der Wasserschnecke oder der sogenannten Archimedischen Schraube tatsächlich auf ihn zurückgehen, ist historisch nicht eindeutig zu belegen und zweifelhaft. Euklid selbst schuf mit seiner »*Katoptrik*« die Grundlage der geometrischen Optik, in der man u.a. eine mathematische Theorie der Spiegelung findet und das Reflexionsgesetz bereits fixiert ist. Heron (1. Jh. u.Z.) hat letzteres dann experimentell bewiesen, und durch Claudius Ptolemäus (2. Jh. u.Z.), der bedeutendste Systematiker der antiken Astronomie, wurde experimentell die Refraktion gemessen und die Dioptrik gefördert. Trotz solcher Erfolge spielte das Experiment in der antiken Physik, wie in den Wissenschaften überhaupt, kaum eine Rolle. Allerdings läßt sich in der hellenistischen Periode eine wachsende Vielfalt physikalisch-technischer Errungenschaften konstatieren, die mit ihrer langsam steigenden gesellschaftlichen Wertschätzung einher geht. So konstruierte Ktesibios (um 190 v.u.Z.) eine Feuerspritze, Luftpumpen sowie eine genaugehende Wasseruhr, sein Schüler Philon von Byzanz (um 250 v.u.Z.) entwickelte verschiedene Hebezeuge, und Heron von Alexandria (1.Jh. u.Z.) erfand u.a. Wegemesser sowie Apparate mit Luft-, Wasser- bzw. Dampfantrieb, wobei letztere weniger für praktische als für Kultzwecke genutzt wurden. Die wissenschaftliche Erklärung der zugrundeliegenden mechanischen, hydraulischen und pneumatischen Phänomene blieb zumeist weit hinter den praktischen Fertigkeiten der antiken Erfinder zurück.

## Stagnation im Mittelalter

Nach dem Untergang des Römischen Reiches, das den antiken Erkenntnisstand zwar bewahrt, doch kaum weiterentwickelt hatte, wurde das physikalische Wissen der Antike über arabische Quellen in das Mittelalter überliefert. Die Araber selbst trugen zur Weiterentwicklung des physikalischen Wissens, vornehmlich auf dem Gebiet der Optik bei. Ibn al-Haitham (lat. Alhazen, 965–1040), der bedeutendste islamische Physiker, beschäftigte sich u.a. mit dem Sehvorgang sowie mit den Gesetzen der Lichtausbreitung und -brechung, und er konnte das Reflexionsgesetz verifizieren. Da hierbei technische Geräte zur Überprüfung physikalischer Hypothesen zielgerichtet eingesetzt wurden, markieren diese Versuche den Übergang zur Experimentalphysik der Moderne. Al-Haithams optische Schriften sind u.a. durch die Arbeiten Roger Bacons (1219–1292) und Vitelos (1230–1275) bis in die Renaissance hinein rezipiert worden, einzelne Spuren lassen sich sogar in den optischen Untersuchungen Johannes Keplers (1571–1630) nachweisen. Die wichtigsten Leistungen islamischer Gelehrter in der Mechanik sind mit praktischen Problemen des Wägens und Messens verbunden – so wurde das hydrostatische Gesetz von Archimedes auf Gegenstände in Luft erweitert, bauten u.a. der Erfinder des Pyknometers al Biruni (973–1050) und al Chazini (Mitte 12. Jh.) Präzisionswaagen, mit denen umfangreiche Tabellen zum spezifischen Gewicht verschiedenster Substanzen erstellt wurden. Im Rahmen der Übersetzung und Kommentierung der aristotelischen Schriften beschäftigte man sich auch mit dessen Bewegungstheorie und der Bewegung geworfener Körper. Die dabei u.a. von Ibn Sina (lat. Avicenna, 980–1037) entwickelten Ideen gehören zu den Vorläufern des Trägheitsgesetzes und gingen in die Überlegungen zur Impetustheorie im europäischen Mittelalters ein.

Das physikalische Denken des europäischen Mittelalters ist vor allem durch eine weitere Durchdringung der Idee des *Impetus* charakterisiert, die u.a. bei William von Ockham (1285–1349), Johannes Buridan (1295–1358) und Nicolaus von Oresme (1320–1382) zu ersten Ansätzen solcher Begriffe wie gleichförmige und ungleichförmige Bewegung, der Vorstellung von der Proportionalität zwischen Masse und Impuls eines bewegten Körpers und schließlich zu Zweifeln an der Allgemeingültigkeit der aristotelischen Bewegungslehre führten; auch wurde zunehmend die mögliche Existenz eines Vakuums akzeptiert, das die aristotelische Physik ja grundsätzlich ablehnte.

Experimentalphysikalisch orientierte Abhandlungen wie Petrus Pegrinus' »*Brief über die Magneten*« (1269) oder Nicolaus von Cues' »*Versuche mit der Waage*« (1450) trugen zudem zu einer allmählichen Entwicklung und langsam wachsenden Akzeptanz der experimentellen Forschungsmethode im späten Mittelalter bei.

## Aufbruch zur klassischen Physik

Die sozialen und weltanschaulichen Umbrüche der Renaissance (etwa 1450 bis 1600) machten schließlich die Bühne frei für die Entstehung der klassischen Physik. Das Wirken solcher Universalgenies wie Leonardo da Vinci (1452–1519) und der sogenannten Künstler-Ingenieure (*Artefici* bzw. *Virtuosi*) führte zu einer zunehmenden Annäherung von handwerklich-praktischer Erfahrung und wissenschaftlicher Erkenntnisgewinnung. Die Aufwertung praktischer Erfahrungen, z.B. bei der Einführung neuer Maschinen, ging einher mit einer wachsenden Wertschätzung des Experiments und der mathematischen Verarbeitung gewonnener Erkenntnisse. Dies ebnete den Weg für ein grundsätzlich neues Wissenschaftsverständnis, das zu einem tiefgreifenden Umschwung der Wissenschaften im 17. Jahrhundert führte. Diese wissenschaftliche Revolution war für die Physik durch eine schrittweise Lösung von den Dogmen der aristotelischen Physik und der Ausbildung der modernen Forschungsmethodik, d.h. einer messenden, experimentierenden und mathematisierten Physik gekennzeichnet. Entscheidende Impulse gingen in diesem Prozeß von der Astronomie aus. Mit der Einführung des heliozentrischen Weltbildes durch Nikolaus Kopernikus (1473–1543) wurde der Sonderstatus der Erde aufgehoben und eine neue Astronomie begründet. Für diese formulierte Johannes Kepler (1571–1630) – unter Verwendung der präzisen Beobachtungsdaten seines Lehrers Tycho Brahe (1546–1601) – die für alle Planeten gültigen kinematischen Bewegungsgesetze. Der Übergang von der Kinematik zur Dynamik und damit zugleich die endgültige Aufhebung des Unterschieds zwischen irdischen und kosmischen Bewegungen füllte das gesamte 17. Jahrhundert. Sein krönender Abschluß wurde durch Isaac Newton (1648–1727) und die Aufstellung eines in sich geschlossenen Systems der Mechanik für Himmel und Erde erreicht. Nicht zufällig waren die führenden Physiker dieser Zeitepoche Kopernikaner, denn sobald man nicht nur die mathematische Theorie, sondern auch die physikalische Realität des kopernikanischen Systems akzeptierte, mußte eine Neubegründung der gesamten Physik erfolgen. Unter den Begründern der neuen Physik und Propagandisten der kopernikanischen Lehre ragte Galileo Galilei (1564–1642) heraus. Seine wichtigste Leistung war die Formulierung der Fall- und Wurfgesetze. Ausgangspunkt der Galileischen Überlegungen war die mittelalterliche Bewegungslehre, insbesondere die Impetustheorie, die er nicht von vornherein verwarf, sondern analog zur Mathematisierung der Statik durch Archimedes zu formalisieren suchte. Schritt für Schritt gelangte er in diesem Prozeß, der fast drei Jahrzehnte umfaßt, zu einer Kinematik der Fall- und Wurfbewegung und zur richtigen Formulierung des Fallgesetzes. Dieses wurde von ihm keineswegs – wie die Legende vielfach behauptet – durch Experimente ermittelt, sondern zunächst hypothetisch-deduktiv abgeleitet. Erst danach schlossen sich gezielte Beobachtungen bzw. Experimente an, mit denen klar formulierte Hypothesen bestätigt und mögliche Störfaktoren bewußt – z.B. durch die Entwicklung neuer Beobachtungs- und Meßinstrumente bzw. Experimentieranordnungen wie die Fallrinne – ausgeschlossen bzw. minimiert wurden. Damit wird der Ausgang eines Experiments und nicht die Meinung von Autoritäten zum Prüfstein der Wahrheit. Galilei kann so als der erste Experimentalphysiker im Sinne der Moderne, ja, als Vater der modernen Naturwissenschaft überhaupt gelten, denn der Aufstieg der mathematisch-experimentellen Methode der Naturwissenschaft wird durch sein Schaffen eingeleitet. Galilei hat seine physikalischen Erkenntnisse wie seine Forschungsmethode in seinem Alterswerk »*Discorsi*« (1638) dargestellt, das als das erste Lehrbuch der theoretischen Physik gilt. Neben der Bewegungslehre, in deren Rahmen auch das klassische Relativitätsprinzip und erste Überlegungen zur Trägheit eines Körpers entwickelt wurden, wird in den *Discorsi* – als zweite neue Wissenschaft – die Festigkeitslehre begründet. Über seinen Schüler Evangelista Torricelli (1606–1647), der 1644 das Quecksilberbarometer erfand und erste Experimente zum Vakuum durchführte, hat Galilei auch Einfluß auf die Begründung der Hydrodynamik genommen.

In ganz anderer Weise wurde René Descartes (1596–1650) zum Mitbegründer der naturwissenschaftlichen Moderne. In den »*Principia Philosophiae*« (1644) begründete er ein Programm der Physik, das die Erscheinungen des Himmels und der Erde auf Bewegungen zurückführte, die von Materiewirbeln, d.h. durch Druck und Stoß, verursacht wurden, und die das gesamte Weltall ausfüllen sollten. Obwohl die cartesische Physik im einzelnen wenig durchgebildet war, faszinierte ihr mechanistischer Ansatz die damaligen Naturforscher und prägte die Physikentwicklung für mehr als ein Jahrhundert. Aus der Vollkommenheit Gottes schloß Descartes auf Erhaltungssätze physikalischer Größen, z.B. die Erhaltung der Bewegung ($mv$) beim Stoß, aus der er die Stoßgesetze abzuleiten suchte. Da Descartes den Vektorcharakter des Impulses noch nicht erkannte, vielfach diese Größe auch mit »Kraft« im Sinne von »Arbeit« gleichsetzte, konnte er nur in Ansätzen eine Stoßtheorie liefern. Erst Christian Huygens (1629–1695) gelang es, eine gültige Theorie des elastischen Stoßes zu entwickeln. Dabei erkannte er, daß hierbei eine zweite Erhaltungsgröße von Bedeutung ist – das Produkt aus der Masse und dem Quadrat der Geschwindigkeit eines Körpers, wofür G.W. Leibniz (1646–1717) 1686 den Begriff »*lebendige Kraft*« einführte. Huygens gelang ebenfalls eine weitere Präzisierung des Relativitäts- und Trägheitsprinzips.

## Die klassische Mechanik

Die Arbeiten von Kepler, Galilei, Descartes, Huygens und anderen Physikern des 17. Jahrhunderts bildeten die Grundlage für die Vereinheitlichung von irdischer und Himmelsmechanik durch Isaac Newton (1643–1727). Im Zentrum der Newtonschen Physik stehen das universelle Gravitationsgesetz und die drei Newtonschen Gesetze bzw. Axiome der Mechanik, aus denen sowohl die Physik des Himmels (Keplersche Gesetze) als auch die Bewegungsgesetze der irdischen Körper abgeleitet wurden, wobei jeweils ihre Übereinstimmung mit der (experimentellen) Erfahrung verifiziert wurde. Seine Überlegungen und Ergebnisse zur Schaffung eines konsistenten Systems der Mechanik publizierte Newton 1687 in seinem Hauptwerk »*Philosophiae naturalis principia mathematica*«, das zum Prototyp des physikalischen Lehrbuchs und zur Bibel der klassischen Physik wurde. Allerdings war die Anerkennung der Newtonschen Physik zunächst nur in England gesichert, wogegen sie auf dem europäischen Kontinent fast ein halbes Jahrhundert mit dem cartesischen Weltmodell konkurrieren mußte, das den damaligen Physikern sehr viel einleuchtender, weil mechanischer erschien. Danach konnte aber nichts mehr den Siegeszug der Newtonschen Physik aufhalten, und im Laufe des 18. Jahrhundert zeigte diese u.a. durch die mathematische Durchdringung der Gravitationsprobleme - von der Bewegung der Planeten bis zur Behandlung des Dreikörperproblems - ihre erstaunliche Leistungsfähigkeit. Dabei war von großer Bedeutung, daß die theoretische Physik mit der Erfindung der Infinitesimalrechnung - unabhängig durch I. Newton und G.W. Leibniz zwischen 1665 und 1675 - ein Hilfsmittel erhielt, mit dem mechanische Probleme allein durch ein System von Differentialgleichungen beschrieben werden konnten. L. Euler (1707–1783), D. Bernoulli (1700–1782), J.L. d'Alembert (1717–1783) und vor allem J.L. Lagrange (1736–1813) mit seiner »*Mecanique analytique*« (1788) begründeten auf dieser Grundlage im 18. Jahrhundert die analytische Mechanik und machten sie zugleich zu einem Teil der mathematischen Analysis. Im Rahmen ihrer Anwendung auf die Mechanik der Kontinua stellte z.B. Euler die allgemeinen Gleichungen der Hydrodynamik auf, und d'Alembert führte zur Beschreibung des Schwingungsverhaltens einer Saite partielle Differentialgleichungen in die Physik ein. Für mehr als zwei Jahrhunderte wurde die Newtonsche Mechanik zum Modell für die physikalische Erkenntnisgewinnung schlechthin und galt als methodisches Fundament für die gesamte Physik. Allerdings verfügten die anderen Gebiete physikalischer Forschung, in denen qualitative Betrachtungen nach wie vor einen hohen Stellenwert besaßen, für lange Zeit nicht über jene Reife und mathematische Vollkommenheit, die eine Synthese mit der Mechanik möglich gemacht hätte. Hierdurch blieb die Aufspaltung der Physik in separate, mehr oder weniger unabhängig agierende Teilgebiete bis zum 19. Jahrhundert weitgehend erhalten.

## Optik – Vom Fernrohr zur Spektralanalyse

Das Zeitalter der Begründung der Mechanik war nicht nur eine Zeit revolutionärer Veränderungen in den theoretischen Grundlagen der Physik, es war auch eine Epoche, in der sich die physikalische Forschung durch die Erfindung solcher Geräte wie des Fernrohrs, des Mikroskops, der Pendeluhr, des Barometers oder der Luftpumpe grundsätzlich neue Erkenntnismöglichkeiten erschloß. Neben der Mechanik war die Optik ein bevorzugter Gegenstand damaliger physikalischer Forschungstätigkeit. Das für die Entwicklung der Optik zentrale Brechungsgesetz wurde bereits um 1620 auf der Grundlage der Brechungstabellen von Vitelo durch W. Snellius (1580–1626) experimentell verifiziert, doch wegen seines frühen Todes findet sich die erste Publikation des Gesetzes erst in Descartes' »*Dioptrique*« (1637); 1662 bewies Pierre Fermat (1601–1665) auf der Grundlage des von ihm selbst entwickelten Extremalprinzips das Prinzip, daß in der Natur alles auf schnellstem Wege geschieht. Lange Zeit umstritten war, ob sich das Licht mit endlicher Geschwindigkeit oder instantan ausbreitet, und erst O. Römer (1644–1710) konnte 1676 auf der Grundlage astronomischer Beobachtungen die endliche Ausbreitungsgeschwindigkeit des Lichtes nachweisen. Das Problem der Farben bildete ein weiteres zentrales Forschungsthema der damaligen Zeit, das eng mit der Frage nach der Natur des Lichtes verknüpft war. Huygens hatte in seinem »*Traite de la lumiere*« (1678) das Licht als Wellenerscheinung aufgefaßt und die Lichtausbreitung mit der des Schalls verglichen. Auf der Grundlage dieser Wellentheorie versuchten u.a. R. Hooke (1635–1703) und R. Grimaldi (1618–1663) die Farben dünner Plättchen und andere Brechungs- und Beugungserscheinungen zu erklären. In teilweise scharfer Auseinandersetzung mit diesen Erklärungsversuchen und auf der Grundlage umfangreicher eigener Experimente zur spektralen Zerlegung des Lichtes in Prismen entwickelte Newton eine korpuskulare Lichttheorie, die in den »*Opticks*« (1704) publiziert wird. Obwohl Newtons Korpuskulartheorie viele optische Phänomene – z.B. das 1669 erstmals beschriebene Phänomen der Doppelbrechung oder die durch Huygens entdeckte Polarisation – schlecht oder gar nicht erklären konnte, trug der Siegeszug der Newtonschen Mechanik und die daraus resultierende Autorität ihres Schöpfer entscheidend dazu bei, daß die Emissionstheorie des Lichts im 18. Jahrhundert zur dominierenden Lehrmeinung avancierte. Erst zu Beginn des 19. Jahrhunderts wurde die Wellentheorie des Lichts durch Thomas Young (1773–1829) und Antoine Fresnel (1788–1827) neu begründet, und sie trat nun ihrerseits einen beispiellosen Siegeszug an. Zu Youngs wichtigsten Erkenntnissen gehörte das Prinzip der Interferenz, mit dem sich z.B. Erscheinungen wie die Farben dünner Plättchen erklären ließen; auch erkannte er bei der Erklärung der Polarisation die Transversalität des Lichts. An der Wende zum 19. Jahrhundert wurde ebenfalls das Spektrum des Lichts um die Entdeckung der Infrarot- (F.W. Herschel, 1800) und der Ultraviolett-Strahlen (J.W. Ritter, 1801) erweitert. Anknüpfend an die Entdeckung der sogenannten Fraunhoferschen Linien im Sonnenspektrum (1816), setzt in der zweiten Hälfte des 19. Jahrhunderts mit den Arbeiten Gustav Robert Kirchhoffs (1824–1887) und Robert Bunsens (1811–1899) die Entwicklung der Spektralanalyse ein, die zur Jahrhundertwende einen wichtigen Grundstein für die Entwicklung der modernen Atomphysik bildet.

## Elektrizität und Magnetismus: Elektro- und Magnetostatik

Mit der Zunahme der Entdeckungsfahrten und der damit einhergehenden wachsenden Verwendung und Verbreitung des Kompasses erfuhren magnetische Erscheinungen seit dem 16. Jahrhundert eine verstärkte Aufmerksamkeit. In William Gilberts »*De Magnete*« (1600) fand das Gebiet eine erste zusammenfassende Beschreibung, wobei das Buch zugleich ein Dokument der neuen physikalischen Forschungsmethode ist und zu den klassischen Werken der Physikgeschichte gehört. Obwohl elektrische und magnetische Erscheinungen zunächst häufig miteinander verwechselt wurden, blieben sie bis zum Ende des 18. Jahrhundert weitgehend unverbundene Erscheinungen. Gefördert durch das breite Bildungsinteresse der Aufklärung, nahm insbesondere die Elektrizitätslehre im Laufe des 17. Jahrhunderts einen gewaltigen Aufschwung und entwickelte sich zu einem eigenständigen Wissenszweig sowie zu einem Beispiel für experimentalphysikalische Forschung par excellence. Die Art und Weise des elektrischen Experimentierens wurde zu einem attraktiven Vorbild auch für andere Bereiche der Physik, und sie gab Anlaß für spektakuläre Aufführungen an den Höfen und in der Öffentlichkeit. Einen ersten Abschluß fand die Entwicklung der Elektrizitätslehre und des Magnetismus im ausgehenden 18. Jahrhundert mit der begrifflichen Klärung solcher Grundgrößen wie elektrischer Leitfähigkeit, Ladungsmenge oder Spannung sowie die Formulierung der Gesetze der Elektro- und Magnetostatik durch Henri Cavendish (1731–1810) und Charles Augustin de Coulomb (1736–1806). Mit den Arbeiten von Simeon Poisson (1781–1840), George Green (1793–1841) und Carl Friedrich Gauß (1777–1855) erreichten Elektro- und Magnetostatik schließlich in der ersten Hälfte des 19. Jahrhunderts hinsichtlich ihrer mathematischen Durchdringung den gleichen Grad der Vollkommenheit wie die Mechanik und erhielten ihre bis heute gültige Form.

Die Entdeckung einer vermeintlichen tierischen Elektrizität durch Luigi Galvani (1737–1798) und die daran anknüpfenden Arbeiten von Alessandro Volta (1745–1827) mit der Erfindung der sogenannten Voltaschen Säule, d.h. des Prototyps einer Batterie, eröffneten der Elektrizitätslehre an der Wende zum 19. Jahrhundert neue Entwicklungsmöglichkeiten, da nun sehr viel leistungsfähigere und auch konstante Stromquellen zur Verfügung standen als die bisher üblichen Elektrisiermaschinen und Entladungsflaschen/Kondensatoren (Leidener Flasche, 1745), so daß nun auch die Gesetzmäßigkeiten dauernd fließender Entladungsströme untersucht werden konnten. Im Jahre 1826 schloß Georg Simon Ohm (1789–1854) seine Untersuchungen zur Bestimmung des Widerstandes eines Stromkreises ab und formulierte das nach ihm benannte Gesetz für die Stromleitung. Dieses war sowohl für die Theoriebildung in der Elektrizitätslehre wie für die Entwicklung von Drahttelegrafie, elektrischer Meßtechnik und anderer technischer Anwendungen der Elektrizität von grundlegender Bedeutung. Die Ohmsche Theoriebildung wurde von Gustav Robert Kirchhoff (1824–1887) zu den allgemeinen Gesetzen der Stromverzweigung (1845) weitergeführt.

## Elektromagnetismus – Triumph der Feldtheorie

Mit der Entdeckung des Elektromagnetismus (1820) durch H.C. Ørsted (1777–1851) erfuhr die Entwicklung der Elektrizitätslehre eine völlig neue Richtung. Ørsteds Nachweis der Ablenkung einer Magnetnadel durch den elektrischen Strom nahm André Marie Ampère (1775–1836) zum Ausgangspunkt, um die Wechselwirkung von Strömen generell zu untersuchen und hierfür im Jahre 1827 eine mathematische Theorie des Elektromagnetismus zu liefern, deren Vorbild die analytischen (Fernwirkungs-)Theorien der Newtonschen Mechanik und Coulombschen Elektrostatik waren. Die erste Entwicklungsphase der Elektrodynamik wurde durch Michael Faraday (1791–1867) abgeschlossen. Mit seiner Vorstellung von (elektrischen und magnetischen) Kraftlinien entwickelte er nicht nur ein anschauliches Modell des Elektromagnetismus, sondern seine Idee war zugleich der Anfang der Entwicklung physikalischer Feldtheorien, die zur Brechung der Dominanz der Newtonschen Fernwirkungstheorien führten. Sein experimentelles Genie entdeckte zudem 1831 die elektromagnetische Induktion, Grundlage für die Entwicklung von Nachrichten- und Starkstromtechnik, die Gesetze der Elektrolyse (1834) sowie die Drehung der Polarisationsebene des Lichtes im Magnetfeld (1845). Seiner Grundüberzeugung vom inneren Zusammenhang aller Naturkräfte folgend, stellte Faraday auch umfangreiche, aber vergebliche Experimente zur Beeinflussung der Spektralinien durch ein Magnetfeld an. Versuche, die noch weitgehend qualitativen Faradayschen Ideen in eine präzise mathematische Form und konsistente elektrodynamische Theorie zu bringen, mündeten in die Arbeiten von James Clerk Maxwell (1831–1879). Ihm gelang 1861/62 die Formulierung der Feldgleichungen der Elektrodynamik, aus denen sich als Lösung transversale elektromagnetische Wellen herleiten lassen – mit einer Fortpflanzungsgeschwindigkeit, die mit der des Lichtes identisch ist, so daß man auf den inneren Zusammenhang beider Phänome schloß. Damit verschmolzen Optik und Elektrodynamik, und eine weitere Synthese physikalischer Theorien war erreicht. Der experimentelle Nachweis der postulierten elektromagnetischen Wellen gelang 1887 Heinrich Hertz (1857–1894), der auch 1884 den Maxwellschen Gleichungen ihre heute übliche Form gegeben hat.

## Thermodynamik – vom Wärmestoff zur statistischen Mechanik

Völlig neu erschlossen wurde im 17. und 18. Jahrhundert die Wärmelehre, die sich in dieser Zeit vor allem mit ihren begrifflichen Grundlagen beschäftigte. Nachdem die Entwicklung des Thermometers im 17. Jahrhundert das Messen in der Wärmelehre überhaupt erst ermöglicht hatte, führten in der Mitte des 18. Jahrhunderts Untersuchungen Joseph Blacks (1728–1799) über den Wärmeaustausch und die Temperaturerhöhung von Körpern zur Einführung des Begriffs der spezifischen Wärme und damit erstmalig zu einer begrifflichen und meßtechnischen Unterscheidung der Größen Temperatur und Wärmemenge. Die Frage nach dem Wesen der Wärme wurde von Black und vielen seiner Zeitgenossen auf der Grundlage eines speziellen Wärmestoffes beantwortet, der beim Wärmeaustausch von den Körpern aufgenommen bzw. abgegeben werden sollte. Eine solche Hypothese wurde zusätzlich dadurch gestützt, daß auch andere Gebiete der Physik – von den magnetischen und elektrischen Fluida bis hin zum Lichtäther – und nicht zuletzt die Phlogistontheorie der Verbrennung mit ähnlichen Inponderabilien operierten. Einen bedeutenden Erfolg, der zugleich die Grenzen ihrer Leistungsfähigkeit zeigte, erzielte die Wärmestofftheorie durch Joseph Fourier (1768–1830), der auf der Grundlage dieser Hypothese seine mathematische Theorie der Wärmeleitung im 1822 erschienenen Buch »*Theorie analytique de chaleur*« entwickelte; dort findet man im übrigen auch die seinen Namen tragende Reihenentwicklung. Mit den Versuchen Graf Rumfords (1753–1814) und Humphrey Davys (1778–1829) zur Entstehung von Wärme durch Reibung, vor allem jedoch durch die Abkehr der Chemie von der Phlogistontheorie wurde an der Wende zum 19. Jahrhundert der allmählichen Lösung von der Stofftheorie und der Hinwendung zur kinetischen Wärmetheorie der Weg bereitet, wobei letztere schon im 17. und 18. Jahrhundert in Robert Boyle (1627–1691), Daniel Bernoulli (1700–1782) und Leonard Euler (1707–1783) kompetente Fürsprecher besaß. Um 1800 wurden ebenfalls die allgemeinen Zustandsgleichungen der Gase durch Joseph-Louis Gay-Lussac (1778–1850), John Dalton (1766–1844), Benoit Clapeyron (1799–1864) und andere aufgestellt, nachdem dazu bereits im ausgehenden 17. Jahrhundert, im Zusammenhang mit der Entwicklung präziser Gasthermometer, durch R. Boyle, Edme Mariotte (1620–1684) und Guillaume Amontons (1663–1705) wichtige Vorleistungen erbracht worden waren. Ebenfalls an der Wende zum 19. Jahrhundert führte die Entwicklung und industrielle Nutzung der Dampfmaschine zu einer intensiven Wechselwirkung von Theorie und Praxis in der Wärmelehre, und es wurde dabei die Methode der Beschreibung von Wärmeprozessen mit Hilfe vollständiger Kreisprozesse geschaffen. Ihr Schöpfer war N.L. Sadi Carnot (1796–1832), dem bei seinem Studium der Arbeitsweise von Wärmekraftmaschinen und der Bestimmung ihres Wirkungsgrades auch die Berechnung des mechanischen Wärmeäquivalentes gelang. Infolge seines frühen Todes blieben seine Resultate zunächst unveröffentlicht und verzögerten die Rezeption seiner revolutionären Ideen für Jahrzehnte. Die Carnotschen Arbeiten bildeten nicht nur die Grundlage für die Definition einer absoluten (thermodynamischen) Temperaturskala durch William Thomson (Lord Kelvin, 1824–1907), sie gehören auch zur Vorgeschichte der Entdeckung des Energieprinzips.

Bereits im 18. Jahrhundert hatte sich die Einsicht durchgesetzt, daß es unmöglich ist, ein perpetuum mobile mechanisch zu konstruieren. An der Wende zum 19. Jahrhundert wurden weitere Bereiche der Physik und Technik, namentlich Wärmelehre und Dampfmaschinenentwicklung, in energetische Betrachtungen einbezogen, und es entwickelte sich langsam die Überzeugung, daß auch andere Energieformen äquivalent ineinander überführbar seien. Neben Carnot kamen Forscher wie Faraday der Formulierung eines allgemeinen Energiesatzes sehr nah. Der letzte und entscheidende Schritt wurde in den vierziger Jahren vor allem durch Julius Robert

Mayer (1814–1878), James Prescot Joule (1818–1889) und Hermann von Helmholtz (1821–1894) vollzogen. Ausgehend von physiologischen Beobachtungen gelangte Mayer im Jahre 1842 als erster zur expliziten Formulierung eines universell gültigen Energieerhaltungssatzes; im gleichen Jahr gelang ihm auch die richtige Berechnung des mechanischen Wärmeäquivalentes. Joules Verdienst ist es, ab 1843 in einem großangelegten Programm systematisch die verschiedenen Wärmeäquivalente experimentell bestimmt und daraus das Energieprinzip gefolgert zu haben. Helmholtz gab dem Prinzip schließlich 1847 eine mathematisch durchgearbeitete und allgemeine Form und analysierte damit die Gesamtheit der physikalischen, chemischen und physiologischen Erscheinungen. Alle drei Forscher, die ihre Überlegungen weitgehend unabhängig voneinander angestellt hatten, stießen mit ihren Resultaten zunächst bei ihren Kollegen auf Ablehnung bzw. Ignoranz. Erst in den fünfziger Jahren änderte sich die Situation, und die Physik beschäftigte sich zunehmend mit der Verallgemeinerung des Prinzips und machte es zu einem zentralen Bestandteil von Naturwissenschaft und Technik. Im Rahmen dieser Beschäftigung wurde sehr schnell klar, daß man mit dem Energiesatz keine Aussage über die Richtung der Wärmeprozesse treffen kann. Diese Lücke in der theoretischen Fundierung der Wärmelehre wurde 1850 bzw. 1851 unabhängig voneinander durch Rudolf Clausius (1822–1888) und W. Thomson (Kelvin) mit der Formulierung des sog. zweiten Hauptsatzes der Wärmelehre geschlossen; 1865 prägte Clausius für die Zustandsfunktion dieses Hauptsatzes den Begriff Entropie. Die Entdeckung des Energieprinzips führte auch zu einer Wiederbelebung der kinetischen Gastheorie und damit zur Forderung, die zunächst phänomenologisch entwickelte Thermodynamik auf den Grundlagen der statistischen Mechanik, d.h. mit Hilfe der Prinzipien der Mechanik, zu begründen. August Krönig (1822–1879), Clausius, Maxwell und Ludwig Boltzmann (1844–1906) leisteten dies in der zweiten Hälfte des 19. Jahrhunderts und gaben der kinetischen Gastheorie ihre moderne und mathematisch durchgebildete Form.

## Abschluß der klassischen Physik und Institutionalisierung

Mit der Entdeckung des Energieprinzips, der Entwicklung der Thermodynamik zu einer kinetischen Theorie der Materie sowie der Faraday-Maxwellschen Elektrodynamik hatte die Physik im ausgehenden 19. Jahrhundert ihre klassische Form gefunden und eine Vereinheitlichung erfahren, die die ursprünglich voneinander getrennten Teilgebiete der Physik zusammenschloß. Je nachdem, welcher Disziplin man den Status einer Leitdisziplin zubilligte, war man davon überzeugt, daß es prinzipiell möglich sein sollte, das gesamte Naturgeschehen auf mechanischer Grundlage, im Rahmen eines elektromagnetischen Weltbildes oder des Energetismus zu konstruieren.

Man war der Überzeugung, daß sich auch alle künftigen Erfahrungen und Erkenntnisse ohne größere Probleme und Änderungen in den Grundlagen der Physik in diesen Rahmen würden einordnen lassen. Die Physik schien – ähnlich der Geometrie – eine voll ausgereifte und abgeschlossene Wissenschaft zu sein, so daß man die Zukunft der Physik nicht in der Suche nach grundsätzlich Neuem, sondern in der Verfeinerung der theoretischen und experimentellen Methoden, in der Messung der $n$-ten Dezimalen der einschlägigen physikalischen Größen sah. Die Klassizität und Omnipotenz der Physik wurde zusätzlich dadurch unterstrichen, daß sie zunehmend zu einer Leitdisziplin für die gesamte Naturwissenschaft wurde und ihre Ergebnisse und Methoden wachsende Anwendung in anderen Gebieten der Naturwissenschaften und Technik fanden, was zur Herausbildung neuer, interdisziplinärer Fachrichtungen wie der Astro-, Geo- und Biophysik, der physikalischen Chemie, aber auch von Elektrotechnik und Elektronik führte. In enger Wechselwirkung mit diesen disziplinären Differenzierungsprozessen entwickelten sich im ausgehenden 19. Jahrhundert in Gestalt von Elektroindustrie und optischem Gerätebau auch die ersten physikbasierten Industriezweige. Parallel zum Prozeß der Etablierung der klassischen Physik vollzog sich die Ausgestaltung ihres institutionellen Rahmens. An den Universitäten wurden seit dem 18. Jahrhundert spezielle Lehrstühle für Physik, im letzten Drittel des 19. Jahrhunderts zusätzlich eigenständige für mathematische bzw. theoretische Physik (Berlin, 1874) eingerichtet, und an der Wende zum 20. Jahrhundert kam es zudem zur Gründung der ersten außeruniversitären Stätten physikalischer Forschung (Physikalisch-Technische Reichsanstalt Berlin, 1887); auch die Einrichtung der ersten Industrielaboratorien fällt in diese Zeit (Siemens, 1873). Diese Gründungen weisen nicht nur den Weg zu den Großforschungseinrichtungen der Moderne, sondern etablieren auch ein grundsätzlich neues Berufsbild des Physikers, entkoppeln es vom universitären Bereich und der akademischen Lehre, was im 20. Jahrhundert zu einem gravierenden Wandel der Physikausbildung und zu einem rapiden Wachstum der Physikerpopulation führt. Ebenfalls bilden sich im 19. Jahrhundert die modernen Kommunikationsformen der Disziplin heraus – es kommt zur Gründung eigener physikalischer Fachgesellschaften (Physikalische Gesellschaft zu Berlin, 1845) und Fachzeitschriften (Journal bzw. Annalen der Physik, 1790; Philosophical Magazine, 1798; Physikalische Zeitschrift, 1899) sowie zur Herausgabe spezieller Lehr- und Handbücher.

## Neuer Aufbruch im 20. Jahrhundert: Quantentheorie – von der Hohlraumstrahlung zur Quantenelektrodynamik

Mit einer Reihe experimenteller Entdeckungen findet das Zeitalter der klassischen Physik an der Wende zum 20. Jahrhundert seinen Ausklang, und der Weg zur modernen Physik wird eröffnet. Die Entdeckung der Röntgenstrahlen (1895), des Zeeman-Effektes (1896), der Radioaktivität (1896) und des Elektrons (1897), die alle nicht mit den Hilfmitteln der klassischen Physik zu erklären waren, mehrten die Zweifel der zeitgenössischen Physiker, ob die Physik tatsächlich eine in ihren Grundlagen abgeschlossene Wissenschaft sei. Parallel zu diesen experimentellen Forschungen und Entdeckungen wies auch die theoretische Physik auf Lücken und Widersprüche im so festgefügt scheinenenden Weltbild der klassischen Physik hin. Beim Versuch, aus Messungen zur spektralen Energieverteilung der Hohlraumstrahlung ein gültiges Strahlungsgesetz abzuleiten, wird Max Planck (1858–1947) im Herbst 1900 zum Schluß geführt, daß die Strahlungsenergie nicht kontinuierlich, sondern nur in diskreten Portionen emittiert bzw. absorbiert wird. Obwohl dies die Geburtsstunde der Quantentheorie war, haben weder Planck noch seine Zeitgenossen sofort die revolutionäre Tragweite der Energiequantenhypothese erkannt. 1905 ist es Albert Einstein (1879–1955), der als erster die Plancksche Idee verallgemeinert und mit seiner Lichtquantenhypothese den nächsten Schritt wagt. Erst ab 1911 rückte eine systematische Suche nach weiteren Quantenphänomenen in den Vordergrund der physikalischen Forschung. Den endgültigen Durchbruch brachte die Atomtheorie von Niels Bohr (1885–1962) im Jahre 1913, der das Kernmodell des Atoms von Ernest Rutherford (1871–1937) aufgriff und mit dem Planckschen Wirkungsquantum verknüpfte. Um den Preis gravierender Widersprüche zur Newtonschen Mechanik und Maxwellschen Elektrodynamik lieferte die Bohrsche Theorie nicht nur eine Erklärung für die Stabilität des Atoms, auch konnten mit Hilfe des Modells die Balmer-Serie und die Rydberg-Konstante berechnet und damit erstmals eine theoretische Grundlage im Wirrwar der spektroskopischen Daten gefunden werden. 1915/16 wird die Bohrsche Theorie durch Arnold Sommerfeld (1868–1951) verfeinert, so daß die Feinstruktur des Wasserstoffspektrums sowie der Zeeman- und Stark-Effekt erklärt werden können. Der Höhepunkt in der Entwicklung der Bohrschen Atomtheorie wird 1922 mit Bohrs Versuch einer physikalischen Deutung des Periodensystems der Elemente erreicht; eine endgültige Erklärung gelingt aber erst mit der Entdeckung des Ausschließungsprinzips (W. Pauli, 1924) und des Elektronenspins (S. Goudsmit, G. Uhlenbeck, 1925). Trotz der Erfolge der Bohrschen Theorie befriedigte ihre Vermischung klassischer und quantentheoretischer Prinzipien immer weniger, wurden auch die Grenzen ihrer Leistungsfähigkeit immer deutlicher, so daß insbesondere von der jüngeren Physikergeneration ein grundsätzlich neuer Ansatz zur Lösung des Dilemmas gesucht wurde. Eine Verschärfung des Bohrschen Ansatzes brachte schließlich im Jahre 1925 die Matrizenmechanik von Werner Heisenberg (1901– 1976), die nur »prinzipiell beobachtbare Größen« zur Grundlage einer Atommechanik machte; gemeinsam mit Max Born (1882–1970) und Pascual Jordan (1902–1980) wurde noch im selben Jahr eine geschlossene mathematische Beschreibung der Theorie geliefert. Ein zweiter Entwicklungsstrang der Quantentheorie, der fast gleichzeitig ebenfalls eine Lösung für das Quantenrätsel lieferte, ging von Einsteins Lichtquantenhypothe aus. Einstein selbst hatte zwar seine Hypothese schon 1916 zu einer Quantentheorie der Strahlung weitergeführt und auf die Fundamentalität des Welle-Teilchen-Dualismus des Lichtes hingewiesen, doch folgten ihm seine Physikerkollegen nur zögernd. Ein grundsätzlicher Wandel bahnte sich nach der Entdeckung des Compton-Effektes (1922) an, dessen Erklärung nur mit Hilfe der Einsteinschen Lichtquantenhypothese möglich war. Den entscheidenden Durchbruch vollzog aber Louis de Broglie (1892–1987), der in seiner Dissertationschrift (1924) die Dualität des Lichtes auf die gesamte Materie verallgemeinerte. Eine glänzende Bestätigung erfuhr die de Brogliesche Idee der Materiewellen durch die Beugungsexperimente mit Elektronen (C. Davisson, L. Germer, G. Thomson, 1927), vor allem aber durch die Wellenmechanik von Erwin Schrödinger (1887–1961). Letztere lieferte 1926 eine unabhängige Lösung für die Rätsel der Atommechanik, wobei Schrödinger selbst sehr schnell deren mathematische Äquivalenz zur Heisenbergschen Matrizenmechanik nachweisen konnte. Max Born schlug schließlich 1926 eine wahrscheinlichkeitstheoretische Deutung der Wellenfunktion der Schrödinger-Gleichung vor. Zusammen mit der Heisenbergschen Unschärferelation, die an die Stelle des klassischen Determinismus trat, sowie dem Bohrschen Komplementaritätsprinzip, das die Gleichberechtigung sich gegenseitig ausschließender Betrachtungsweisen wie z.B. Welle und Teilchen herausstellt, waren nun die wichtigsten theoretischen Grundlagen für ein Verständnis all jener atomarer Phänomene geschaffen worden, die im ersten Viertel unseres Jahrhunderts die Physiker so bewegt hatten: die Herausbildungsphase der Quantenmechanik fand damit faktisch ihren Abschluß und ihren bis heute gültigen, wenn auch nicht unwidersprochenen Interpretationsrahmen. Parallel zu diesen Entwicklungen begann man, die Quantenmechanik auch auf die elektromagnetische Strahlung anzuwenden und die Quantenfeldtheorie zu entwickeln. Der erste Abschnitt in der Entwicklung der Quantenelektrodynamik wird durch Arbeiten von Dirac, Jordan, Pauli, Klein, Fock und Podolsky geprägt und fand zu Beginn der dreißiger Jahre ihren ersten Abschluß; ein zweiter Schritt in Richtung einer konsistenten Theorie wurde in den vierziger Jahren unabhängig voneinander durch Shin-Ichiro Tomonaga (1906–1979), Julian Schwinger (1918–1994), Richard Feynmann (1918–1988) und Freeman Dyson (geb. 1923) vollzogen.

### Quantentheorie – Anwendungen nach 1930

Ausgang der zwanziger Jahre setzte auf breiter Front eine Ausdehnung des Anwendungsbereichs der quantenmechanischen Methoden ein, die von der Berechnung des Heliumatoms über die theoretische Deutung von Magnetismus, chemischer Bindung und der Rolle der Elektronen im festen Körper (Metall- und Halbleitertheorie) bis hin zur Erklärung der Vorgänge im Innern der Sterne reichte. Darüber hinaus wurden sehr bald auch Teile der Biologie (Molekularbiologie) sowie Gebiete wie die Supraleitung und die Kernphysik in den Gültigkeitsbereich der Quantentheorie einbezogen. Die Supraleitung wurde im Jahre 1911 durch Heike Kamerlingh-Onnes (1853–1926) entdeckt und hatte sich trotz weiterer großer experimenteller Erfolge bei der Erzeugung immer tieferer Temperaturen, dem Nachweis supraleitender Stoffe und der Entdeckung wichtiger Effekte (Meißner-Ochsenfeld-Effekt, 1933) lange einer konsistenten theoretischen Erklärung entzogen – 1935 stellten Fritz und Heinz London eine phänomenologische Theorie auf, und erst 1957 lieferten J. Bardeen, L. Cooper und J.R. Schrieffer eine gültige mikroskopische Theorie der Supraleitung. Die seit den vierziger Jahren erfolgende Etablierung der Festkörperphysik als einer speziellen Querschnittsdisziplin, zu der auch die Supraleitungsforschung gehört, war einerseits durch die Entwicklung der theoretischen Grundlagen – z.B. des Wilsonschen Bändermodells, 1931 – aber mehr noch durch die Entwicklung neuer Untersuchungsmethoden (z.B. Elektronenmikroskopie seit den dreißiger Jahren), neuartiger, hochreiner Materialien sowie durch Erfindungen geprägt, unter denen der Transistor (W. Shockley, J. Bardeen, W. Brattain, 1947) und der Laser (T.H. Maiman, 1960) herausragten, weil sie den Ausgangspunkt von moderner Mikroelektronik und Lasertechnik mit ihren vielfältigen Anwendungsmöglichkeiten markieren.

### Vom Atomkern zu den Elementarteilchen – Quark-Modell und Atombombe

Die Kernphysik ging aus der Erforschung radioaktiver Phänomene hervor. Ihr großer Pionier war Ernest Rutherford, und ihm und seiner Schule verdankt das Gebiet die wichtigsten Entdeckungen – vom Rutherfordschen Atommodell über effektive Nachweismethoden für radioaktive Teilchen (Geiger-Zähler, 1908ff; Wilson-Kammer, 1912; Astonscher Massenspektrograph, 1919) und bis hin zum Isotopiebegriff (Soddy, 1913) und der ersten künstlichen Kernreaktion (Rutherford, 1920). Auch jene Entdeckung, die für die Etablierung der Kernphysik als eigenständige Wissenschaftsdisziplin konstitutiv werden sollte, geht auf einen Schüler Rutherfords zurück – die Entdeckung des Neutrons durch James Chadwick (1891–1974) im Jahre 1932. Mit der Entdeckung des Neutrons ergab sich nicht nur eine neues Konzept des Kernaufbaus (W. Heisenberg, D. Iwanenko, 1932), zugleich war damit eine »Sonde« für das Studium der Vorgänge im Atomkern gefunden. Andere wichtige kernphysikalische Entdeckungen in dieser Zeit waren der Nachweis der künstlichen Radioaktivität (F. und I. Joliot-Curie, 1934), die Neutrino-Hypothese (W. Pauli, 1931) und die Theorie des Betazerfalls (E. Fermi 1934). Letztere war auch Anlaß für die Hypothese einer neuen Wechselwirkungsart, der sogenannten schwachen Wechselwirkung, deren ungewöhnlichste Eigenschaft die Paritätsverletzung (C.N. Yang, T.D. Lee, 1955) ist. Die Theorie der schwachen Wechselwirkung war für H. Yukawa (1907–1981) der Anlaß, 1935 eine Theorie der starken Wechselwirkung, Ursache für die Stabilät des Atomkerns, zu entwickeln. Diese Arbeiten führten bereits in das Gebiet der Elementarteilchenphysik, das sich in den vierziger Jahren von der Kernphysik abzuspalten begann. Voraussetzung hierfür war, daß man mit der Entwicklung immer leistungsfähigerer Beschleuniger und empfindlicher Detektoren, wie z.B. des Zyklotrons (E.O. Lawrence, 1930) oder der Blasenkammer (R. Glaser, 1952), künstliche Quellen zur Erzeugung hochenergetischer Teilchen für die Forschung einsetzen und sich so von der Untersuchung der Höhenstrahlung unabhängig machen konnte. Sehr schnell stieg ab den vierziger Jahren die Zahl neu entdeckter Elementarteilchen an, und es wurde nötig, sie nach einem Ordnungsschema zu klassifizieren. Die in diesem Zusammenhang entwickelte Theorie der Quarks (Y. Ne'eman, M. Gell-Mann, 1961) bildet eine Grundlage für das heute gültige Standardmodell der Elementarteilchenphysik. Ein anderes wichtiges Ergebnis unseres physikalischen Verständnisses des Aufbaus der Welt waren die Fortschritte, die seit den sechziger Jahren bei der Vereinheitlichung der verschiedenen Wechselwirkungsarten gemacht wurden (u.a. S. Weinberg, A. Salam, S. Glashow).

Ganz in den Bereich der klassischen Kernphysik fällt der Nachweis und die theoretische Deutung der Uran-Kernspaltung (O. Hahn, F. Straßmann, L. Meitner, O.R. Frisch, 1938), die die Grundlage für die Entwicklung der Atombombe im Rahmen des amerikanischen Manhattan-Projektes war. Der Abwurf der ersten Atombombe auf Hiroshima und Nagasaki im

August 1945 markiert den Sündenfall der modernen Physik und rückte die Physik ins Blickfeld einer breiten Öffentlichkeit. Aus der Atombombenentwicklung hat sich nach dem zweiten Weltkrieg auch die friedliche Nutzung der Kernenergie entwickelt. Sie ist einerseits durch die Entwicklung immer leistungsfähigerer Reaktortypen, aber auch durch eine immer kritischer werdende öffentliche Diskussion um die Gefahren der Kernenergie geprägt.

## Die Relativitätstheorie

Die zweite Rahmentheorie der modernen Physik, die Relativitätstheorie, entstand wie die Quantentheorie in den Jahren der Jahrhundertwende. Ihr Ausgangspunkt waren Widersprüche und offene Fragen, die sich im Rahmen der Maxwellschen Elektrodynamik ergeben hatten. Eine besondere Schwierigkeit war, die Existenz eines Äthers, der ja der Träger des Lichtes und aller anderen elektromagnetischen Erscheinungen sein sollte, zu rechtfertigen, da er mit keinerlei Experimenten (z.B. Michelson-Morley-Versuch, 1881ff) nachzuweisen war. Um eine theoretische Begründung dieses Faktums hatte sich im ausgehenden 19. Jahrhundert u.a. H.A. Lorentz (1853–1928) bemüht, der zur Lösung des Dilemmas in der Maxwellschen Elektrodynamik die klassische Galilei-Transformation durch die sogenannte Lorentz-Transformation ersetzte und damit das negative Ergebnis des Michelson Versuchs, die Konstanz der Lichtgeschwindigkeit in allen Bezugssystemen, berücksichtigt hatte. Einstein beließ es nun nicht bei einer Beschränkung auf Maxwellsche Elektrodynamik und Lorentzsche Elektronentheorie, sondern verknüpfte in seiner Abhandlung »*Zur Elektrodynamik bewegter Körper*« (1905) die Ersetzung der Transformationsgruppen mit der Einführung neuer Begriffe von Raum und Zeit, insbesondere eines neuen Begriffs der Gleichzeitigkeit. Dies ermöglichte ihm die Ausdehnung des Galileischen Relativitätsprinzips der Mechanik auf die gesamte Physik und begründete die sogenannte Spezielle Relativitätstheorie, die H. Minkowski zum Ausgangspunkt für die Entwicklung eines vierdimensionalen Raum-Zeit-Kontinuums (1908) nahm. Die Spezielle Relativitätstheorie war auf Inertialsysteme beschränkt, doch bemühte sich Einstein seit 1907 um eine Verallgemeinerung und suchte die Grundlagen für eine relativistische Gravitationstheorie zu legen. Ausgehend von der empirisch gesicherten Gleichheit von träger und schwerer Masse, war seine Leitidee das sogenannte Äquivalenzprinzip, nach dem ein gleichförmig beschleunigtes Bezugssystem und ein Inertialsystem mit einem homogenen statischen Gravitationsfeld als äquivalent angesehen werden könne. Auf dieser Grundlage konnte Einstein bereits 1912/13 mit Hilfe seines Freundes Marcel Grossmann die im wesentlichen korrekten Feldgleichungen der Gravitation ableiten, die er jedoch zunächst wieder verwarf, weil ihm ihre physikalische Interpretation nicht gelang. 1915 kehrte er zu ihnen zurück und vollendete die Formulierung der Allgemeinen Relativitästheorie. In dieser ergibt sich das Newtonsche Gravitationsgesetz als erste Näherung eines umfassenderen Gesetzes, das eine quantitative Erklärung der sogenannten Periheldrehung des Merkur lieferte, die den Astronomen schon lange ein Rätsel aufgeben hatte. Darüber hinaus macht die Einsteinsche Gravitationstheorie Vorhersagen zu anderen nichtklassischen Effekten, wie der spektralen Rotverschiebung im Gravitationsfeld oder der Lichtablenkung im Schwerefeld der Sonne. Sie konnten durch Beobachtungen im wesentlichen bestätigt werden, so daß man von der grundsätzlichen Richtigkeit der Allgemeinen Relativitätstheorie ausgehen kann. Die Einsteinsche Theorie wurde auch auf kosmologische Fragen angewendet, und 1922 wies A. Friedmann (1888–1925) auf die Möglichkeiten eines expandierenden Kosmos hin. E. Hubble (1889–1953) beobachtete daraufhin die Fluchtbewegung von Galaxien (1929), und überhaupt läßt sich feststellen, daß sich auf dieser Grundlage Beobachtungen wie die kosmische Hintergrundstrahlung oder die kosmologische Rotverschiebung plausibel erklären lassen. Ausgehend von der Allgemeinen Relativitätstheorie haben Einstein, Schrödinger und andere Physiker des 20. Jahrhunderts nach einer einheitlichen Feldtheorie gesucht, die die Gravitationstheorie mit der Elektrodynamik verknüpfen soll.

Diese Bemühungen, wie auch die Suche der zeitgenössischen Physik nach einer Theorie, die die Gravitation mit den drei anderen Feldern vereinigt, sind bisher ohne durchschlagenden Erfolg geblieben, da es u.a. nicht gelang, Quantenmechanik und Allgemeine Relativitätstheorie widerspruchsfrei zu verknüpfen. Die Verwirklichung des uralten Traums der Physiker, alle Naturgesetze zu vereinheitlichen und somit auf eine »Weltformel« zu reduzieren, steht weiterhin auf der Tagesordnung der aktuellen physikalischen Forschung. Letztere ist aber nicht nur durch das Streben nach einer Vereinheitlichung der Physik gekennzeichnet, sondern in ihrer Breite vor allem durch eine immer stärker werdende Dominanz von angewandter bzw. industrienaher Forschung sowie durch einen immer breiter und tiefer werdenden Anwendungsbezug physikalischer Theorien und Methoden, wodurch zunehmend auch Gebiete zum Gegenstand physikalischer Erkenntnisgewinnung werden, die durch eine starke Abweichung vom physikalischen »Idealzustand« bzw. hohe Komplexität gekennzeichnet sind – von den dissipativen Strukturen über das Studium flüssiger Kristalle bis hin zu den rheologischen Eigenschaften der Materie.

**Literatur:**

A.C. Crombie: *Von Augustinus bis Galilei*, Köln 1959.

E.J. Dijksterhuis: *Die Mechanisierung des Weltbildes*, Berlin 1956.

A. Hermann.: *Lexikon der Geschichte der Physik*, Köln 1972.

A. Hermann: *Weltreich der Physik*, Esslingen 1980.

F. Hund: *Geschichte physikalischer Begriffe*, Mannheim 1975.

Ch. Jungnickel, R. McCormmach: *Intellectual mastery of nature*, Chicago 1986.

W. Schreier (Hrsgb.): *Geschichte der Physik*, Berlin 1988.

E. Segrè: *Die großen Physiker und ihre Entdekkungen*, München 1996.

K. Simonyi: *Kulturgeschichte der Physik*, Leipzig, Jena, Berlin 1990.

R. Stichweh: Zur *Entstehung des modernen Systems wissenschaftlicher Disziplinen. Physik in Deutschland 1740–1890*, Frankfurt/M. 1984.

I. Szabo: *Geschichte der mechanischen Prinzipien*, Basel 1987.

E. Whittacker: *A History of the Theory of Aether and Electricity*, New York 1960.

**geschlossenes Flüssigkeitsmanometer,** *U-Rohr-Manometer*, ↗Flüssigkeitsmanometer.

**geschlossenes Universum,** *geschlossenes Weltall*, mögliches kosmologisches ↗*Weltmodell* im Rahmen der ↗*Friedmann-Modelle*. Ein geschlossenes Weltall besitzt eine sphärische ↗*Metrik*. In ihm ist die mittlere Dichte größer als die kritische Dichte, so daß in diesem Fall die Expansion irgendwann in der Zukunft zum Stillstand kommen und sich in einen Kollaps umkehren wird. Ein geschlossenes Weltall besitzt zeitlich einen Beginn und ein Ende und räumlich ein endliches Volumen. (↗kosmologische Rotverschiebung)

**Geschoßknall,** bei Geschossen, die sich mit Überschallgeschwindigkeit fortbewegen, der von der ↗*Kopfwelle* herrührende Knall. Von der Spitze des Geschosses geht eine nach hinten offene kegelförmige Wellenfläche aus (*Machsche Welle*), die durch hohe Luftverdichtung gekennzeichnet ist und an die sich zum Innern des Kegels hin eine luftverdünnte Schicht anschließt. Erreicht dieser Kegelmantel beim Vorbeifliegen des Geschosses einen Beobachter, hört dieser den Geschoßknall. Sinkt die Fluggeschwindigkeit unter die Schallgeschwindigkeit, so löst sich die Kopfwelle vom Geschoß ab und eilt diesem voraus. Vom Geschoßknall ist der *Mündungsknall* zu unterscheiden, der durch die beim Abfeuern des Geschosses von der Geschützmündung ausgehende Kugelwelle bedingt ist. Ein Beobachter hört beim Vorbeifliegen eines Geschosses zunächst den Geschoßknall und erst danach den Mündungsknall.

**Geschwindigkeit,** *Geschwindigkeitsvektor*, Ortsänderung (zurückgelegte Wegstrecke) pro Zeitintervall. Die Geschwindigkeit ist eine vektorielle Größe, ihre SI-Einheit ist m/s. Die Richtung des Geschwindigkeitsvektors entspricht derjenigen der ↗Bahntangente der Bewegung (Abb.).

Die Geschwindigkeit $\boldsymbol{v}(t)$ zu einem beliebigen Zeitpunkt $t$ der Bewegung eines Massenpunktes (*Momentangeschwindigkeit*) berechnet sich als erste Ableitung des Ortsvektors nach der Zeit: $\boldsymbol{v}(t) = \frac{\mathrm{d}\boldsymbol{r}(t)}{\mathrm{d}t}$.

Der Betrag der Geschwindigkeit $v$ heißt *Bahngeschwindigkeit*; er wird bisweilen ungenau ebenfalls einfach als Geschwindigkeit bezeichnet.

Die *Durchschnittsgeschwindigkeit* im Zeitintervall $[t_1,t_2]$, also der Mittelwert der Geschwindigkeit in diesem Zeitintervall, bestimmt sich gemäß:

$$\boldsymbol{v}(t_1,t_2) = \frac{\boldsymbol{r}(t_2) - \boldsymbol{r}(t_1)}{t_2 - t_1}.$$

Ist die Richtung des Geschwindigkeitsvektors $\boldsymbol{v}$ zu allen Zeitpunkten der Bewegung konstant, so ist diese geradlinig. Das einfachste Beispiel hierfür ist die ↗geradlinig gleichförmige Bewegung, bei der Richtung und Betrag des Geschwindigkeitsvektors $\boldsymbol{v}$ konstant bleiben. In gleichen Zeitintervallen werden gleiche Wegstrecken zurückgelegt, die Durchschnittsgeschwindigkeit ist gleich der Momentangeschwindigkeit.

Ein weiterer spezieller Fall ist die gleichförmige ↗Kreisbewegung, bei der die Richtung der Geschwindigkeit sich ständig ändert, aber der Betrag konstant ist. Letzteres bewirkt, daß wie bei der geradlinig gleichförmigen Bewegung in gleichen Zeitintervallen gleiche Wegstrecken, hier Kreisstücke, zurückgelegt werden.

In der klassischen Mechanik addieren sich die Geschwindigkeiten relativ zueinander bewegter Objekte linear; im relativistischen Bereich nahe der ↗Lichtgeschwindigkeit gilt jedoch das nichtlineare relativistische ↗Additionstheorem der Geschwindigkeiten, in das die Lichtgeschwindigkeit als eine prinzipelle obere Grenzgeschwindigkeit eingeht.

**Geschwindigkeitsadditionstheorem** ↗Additionstheorem der Geschwindigkeiten.

**Geschwindigkeitsanalysator,** Gerät zur Analyse der Geschwindigkeitsverteilung von Elektronen-, Ionen-, Atom- oder Molekülstrahlen. Für neutrale Teilchen kann man eine mechanische Selektion von Teilchen einer bestimmten Geschwindigkeit an einer Anordnung verschiedener konzentrisch gelagerter, gegeneinander versetzter, rotierender Scheiben anwenden (↗*Fizeauscher Geschwindigkeitsselektor*). Für geladene Teilchen kann man die geschwindigkeitsabhängige Ablenkung der Teilchen in einem elektrischen oder magnetischen Feld ausnutzen, um Teilchen bestimmter Geschwindigkeitsklassen zu selektieren (Abb.). Bei hochenergetischen Teilchen kann die Geschwindigkeitsmessung bei bekannter Masse auf eine Energiemessung zurückgeführt werden. Dafür kommen Ionenkammern, ↗*Proportionalzähler*, ↗*Halbleiterdetektoren* und ↗*Szintillationsdetektoren* in Frage.

Eine im Prinzip einfache Methode der Geschwindigkeitsanalyse ist die *Flugzeitmessung*, bei der die Flugzeit gemessen wird, die das Teilchen braucht, um eine bekannte Strecke bei bekannter Feldverteilung zurückzulegen.

**Geschwindigkeitsdispersion,** Bezeichnung für die Geschwindigkeitsabweichung einer Gruppe von Himmelskörpern von der mittleren Geschwindigkeit. In der Astronomie

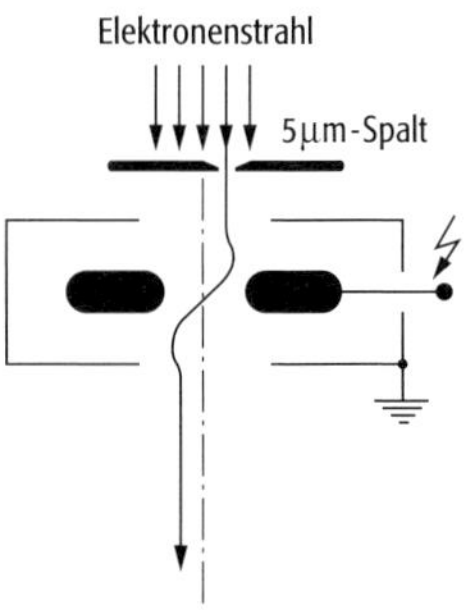


**Geschwindigkeitsanalysator:** Elektrostatischer Geschwindigkeitsanalysator für Elektronen.

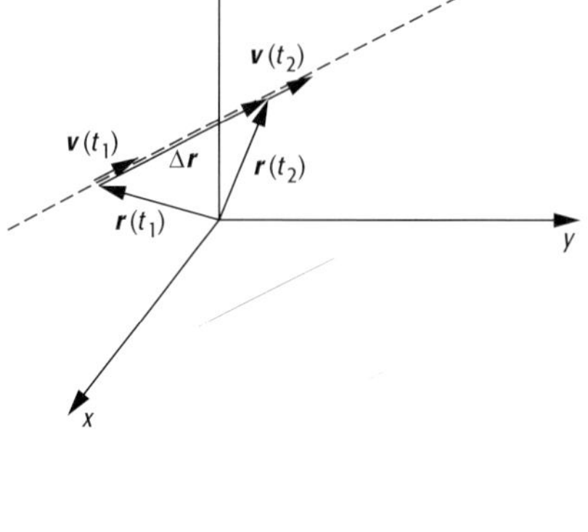


**Geschwindigkeit:** Bahnlinie, momentane Geschwindigkeiten und Ortsvektoren bei der geradlinig-gleichförmigen Bewegung.

kann die Geschwindigkeitsdispersion Aufschlüsse über eine Materieverteilung geben. In einem ↗*Galaxienhaufen* läßt sich z.B. aus der gemessenen Geschwindigkeitsdispersion unter Voraussetzung des ↗*Virialsatzes* die insgesamt vorhandene Masse errechnen, die mit ihrer Schwerkraft den Haufen zusammenhält.

**Geschwindigkeitsfeld,** in einer (strömenden) ↗Flüssigkeit die Funktion, die jedem räumlichen Punkt in der Flüssigkeit den Vektor der dort herrschenden Geschwindigkeit der Strömung zuordnet. In einer rotationsfreien Strömung ist das Geschwindigkeitsfeld ein ↗Gradientenfeld und damit aus einem ↗*Potential* eindeutig ableitbar (↗*Geschwindigkeitspotential*). Ist das Geschwindigkeitsfeld der Flüssigkeit bekannt, können durch Berechnung der ↗*Divergenz* und der ↗*Rotation* des Geschwindigkeitsfeldes dessen Quellen, Senken und Wirbel ermittelt werden, und umgekehrt.

**Geschwindigkeitsfilter,** Spektrometeranordnung von bezüglich ihrer Richtung gekreuzten elektrostatischen und magnetischen Feldern zur Selektion der Geschwindigkeit $v$ oder des Ladung-zu-Masse-Verhältnisses $Ze/m$ durchfliegender Ionen. Für senkrechten Eintritt in homogene elektrische bzw. magnetische Felder der Stärke $E$ bzw. $B$ sind die Ablenkung (Tangens des Ablenkwinkels $\alpha$ pro Wegeinheit $l$) bzw. der ↗*Krümmungsradius* der jeweiligen Bahnen gegeben zu $\rho_E = \left(\frac{\tan\alpha}{l}\right)^{-1} = (m/Ze)v^2/E$ und $\rho_B = (m/Ze)v/B$. Durch geeignete Wahl von $E$ und $B$ kann bezüglich $(Ze)/m$ oder bezüglich $v$ fokussiert werden. Das Verfahren findet Anwendung zur hochauflösenden Massenspektroskopie (↗*Mattauchscher Massenspektrograph*) und als Geschwindigkeitsseparator (↗*Wien-Filter*) an Beschleunigern (↗*SHIP*). (↗*Compoundkernreaktionen* und ↗*überschwere Elemente*)

**Geschwindigkeitsfokussierung** ↗Massenspektrometer, ↗Geschwindigkeitsfilter.

**Geschwindigkeitsgesetz,** *Zeitgesetz*, Verknüpfung zwischen der ↗*Reaktionsgeschwindigkeit* $v$ und den Konzentrationen der an einer chemischen Reaktion beteiligten Stoffe. Bei einer Reaktion ist die gemessene ↗*Reaktionsgeschwindigkeit* nach Durchlaufen einer Anfangsphase einer bestimmten Potenz der Konzentrationen der Ausgangssubstanzen proportional. Geschwindigkeitsgesetze können nur experimentell bestimmt werden. Sie lassen sich nicht aus der Reaktionsgleichung herleiten. Bei bekanntem Geschwindigkeitsgesetz ist man in der Lage, die Reaktionsgeschwindigkeit für gegebene Konzentrationen der Reaktanten zu berechnen. Weiterhin liefert das Geschwindigkeitsgesetz Hinweise auf den Mechanismus einer Reaktion.

**Geschwindigkeitshöhe** ↗Fallgesetze.

**Geschwindigkeitskonstante,** *Reaktionsgeschwindigkeitskonstante*, *spezifische Reaktionsgeschwindigkeit*, Proportionalitätsfaktor $k$ im ↗*Geschwindigkeitsgesetz*. Die Geschwindigkeitskonstante ist die zentrale Größe der Reaktionskinetik. Sie besitzt für jede homogene Reaktion bei konstanter Temperatur und vorgegebenem Lösungsmittel einen charakteristischen Wert, der unabhängig von der Konzentration der Reaktanten und ein Maß für ihre Reaktionsfähigkeit ist. Die Temperaturabhängigkeit wird durch eine ↗*Arrhenius-* oder *Eyring-Gleichung* beschrieben. Für Reaktionen erster und höherer Ordnung ist $k$ gleich der Größe der ↗*Reaktionsgeschwindigkeit* bei einer Konzentration der Ausgangsstoffe von 1 mol/l.

**Geschwindigkeitskoordinaten** ↗Geschwindigkeitsraum.

**Geschwindigkeitsmessung,** direkte oder indirekte Bestimmung der Geschwindigkeit eines Teilchens, eines festen Körpers oder eines Kontinuums, z.B. einer Strömung. Die Geschwindigkeitsmessung kann elementar durch die Messung des zurückgelegten Weges und der dazu benötigten Zeit erfolgen, wofür in Fahrzeugen meist ein ↗Tachometer verwendet wird. Sehr große Geschwindigkeiten werden meist unter Einsatz der Kurzzeitmeßtechnik, bei atomaren und subatomaren Partikeln mit Flug- oder Laufzeitspektrometern bestimmt. In der Verkehrsüberwachung und im Schiff- oder Luftverkehr werden oft Radarverfahren (↗*Radarortung*) benutzt, die auf dem Dopplereffekt sich relativ zueinander bewegender Objekte beruhen. (↗Anemometer)

**Geschwindigkeitspotential,** in einer wirbelfreien, strömenden ↗*Flüssigkeit* definiertes skalares ↗*Feld U*, aus dem die Geschwindigkeitsverteilung $v$ durch Gradientenbildung eindeutig ermittelbar ist:

$$v(\boldsymbol{r}) = -\operatorname{grad} U(\boldsymbol{r}).$$

Da das Geschwindigkeitspotential ausschließlich zur Berechnung der Geschwindigkeitsverteilung dient, ist es nicht eindeutig in dem Sinn, daß eine additive Konstante hinzugefügt werden kann, die bei der Gradientenbildung wieder verschwindet.

**Geschwindigkeitsprofil der Schallgeschwindigkeit,** Bezeichnung für die Abhängigkeit der ↗*Schallgeschwindigkeit* von der Wassertiefe im Meerwasser. Sie verändert sich mit der Temperatur, dem statischen Druck (der Wassertiefe) und dem Salzgehalt. Bis in eine Wassertiefe von ca. 1800 m wirken sich Schwankungen von Temperatur und Salzgehalt auf das Geschwindigkeitsprofil aus, wobei bis in eine Tiefe von 200 m mit typischen tageszeitlichen Schwankungen zu rechnen ist.

**Geschwindigkeitsraum,** Raum, in dem jeder Punkt einer Geschwindigkeit $\boldsymbol{v} = (v_1, v_2, v_3)$ entspricht. $v_1$, $v_2$ und $v_3$ stellen die Projektionen des Geschwindigkeitsvektors $\boldsymbol{v}$ auf die Koordinatenachsen des gewählten Bezugssystems dar. Die graphische Darstellung der Geschwindigkeit eines Massenpunktes bei seiner Bewegung im Raum in Abhängigkeit von der Zeit entspricht einer stetigen Kurve im

Geschwindigkeitsraum, dem *Hodographen*. Dieser hat die gleiche Bedeutung wie die Bahn im Ortsraum.

**Geschwindigkeitsresonanz,** bei erzwungenen Schwingungen (↗*Schwingung, erzwungene*) das zur ↗*Amplitudenresonanz* analoge Verhalten der Geschwindigkeit bzw. der Energie in Abhängigkeit von der Erregerfrequenz.
Man beobachtet, daß der Energieübertrag für die ↗*Eigenfrequenzen* des Systems ein Maximum hat. Für geringe ↗*Dämpfung* hat die Geschwindigkeit bzw. Energie bei den Eigenfrequenzen ein hohes, schmales Maximum, das mit zunehmender Dämpfung breiter und niedriger wird, bis es bei genügend großer Dämpfung ganz verschwindet.

**Geschwindigkeitsselektion von Atomstrahlen** ↗Fizeauscher Geschwindigkeitsselektor.

**Geschwindigkeitsspektrograph** ↗Geschwindigkeitsanalysator.

**Geschwindigkeitsvektor** ↗Geschwindigkeit.

**Geschwindigkeits-Zeit-Diagramm,** *v-t-Diagramm*, graphische Darstellung der Bahngeschwindigkeit $v$ eines bewegten Massenpunktes in Abhängigkeit von der Zeit (Abb.). Das Geschwindigkeits-Zeit-Diagramm einer geradlinig gleichförmigen Bewegung beispielsweise ist eine Parallele zur Zeitachse $v(t) = v_0$ mit der Geschwindigkeit des Massenpunktes $v_0$. Die gleichförmige Kreisbewegung besitzt dasselbe Geschwindigkeits-Zeit-Diagramm. Eine gleichmäßig beschleunigte Bewegung wird durch eine Gerade im Geschwindigkeits-Zeit-Diagramm dargestellt: $v(t) = at + v_0$, wobei $a$ die Beschleunigung und $v_0$ den Betrag der Anfangsgeschwindigkeit bezeichnen.

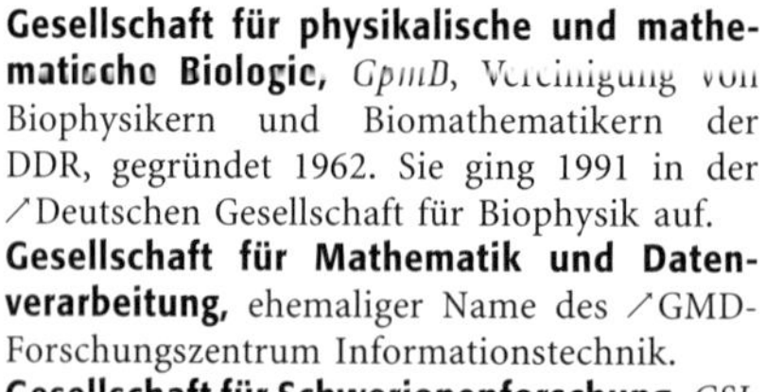


**Geschwindigkeits-Zeit-Diagramm:** Die Zeitachse stellt das *v-t*-Diagramm eines ruhenden Körpers dar (1), die Parallele zur Zeitachse beschreibt einen gleichförmig bewegten Körper (2). Gleichmäßig beschleunigte Körper werden durch Geraden mit der Steigung *a* dargestellt (3).

**Gesellschaft für physikalische und mathematische Biologie,** *GpmD*, Vereinigung von Biophysikern und Biomathematikern der DDR, gegründet 1962. Sie ging 1991 in der ↗Deutschen Gesellschaft für Biophysik auf.

**Gesellschaft für Mathematik und Datenverarbeitung,** ehemaliger Name des ↗GMD-Forschungszentrum Informationstechnik.

**Gesellschaft für Schwerionenforschung,** *GSI*, von der Bundesrepublik Deutschland und dem Land Hessen 1969 gegründete Großforschungseinrichtung mit Sitz in Darmstadt (↗*Hermann von Helmholtz-Gemeinschaft Deutscher Forschungszentren* (*HGF*)). Die GSI betreibt eine Beschleunigeranlage, mit der Schwerionen auf bis zu 90 % der Lichtgeschwindigkeit beschleunigt werden können. Sie besteht aus dem Linearbeschleuniger UNILAC (2–20 MeV pro Nukleon), dem Schwerionen-Synchrotron SIS (1–2 GeV pro Nukleon) und dem Experimentier-Speicherring ESR (↗*Beschleuniger*). Die GSI hat ca. 700 Beschäftigte (davon 300 Wissenschaftler). Das Forschungsgebiet umfaßt Grundlagenforschung auf dem Gebiet der Kern- und Hadronenphysik, der Atomphysik, der theoretischen Physik, der Plasmaphysik und der Materialwissenschaften sowie der Strahlentherapie mit schweren Ionen. An der GSI wurden durch Beschuß von schweren Ionen 1981–84 die Elemente Bohrium, Hassium und Meitnerium sowie 1994–96 die Elemente mit den Ordnungszahlen 110, 111 und 112 erzeugt.

**Gesellschaft für Strahlen- und Umweltforschung,** ehemaliger Name des ↗GSF–Forschungszentrums für Umwelt und Gesundheit.

**Gesetz der ersten Wellenfront,** engl. *precedence effect*, Beschreibung der für die Richtungswahrnehmung wichtigen Eigenschaft des ↗*Gehörs*, daß in einem diffusen ↗*Schallfeld* die Schallquellen aus der Richtung gehört werden, aus der die erste Schallwellenfront, d.h. der ↗*Direktschall*, beim Hörer eintrifft. Der dadurch geprägte Richtungseindruck bleibt erhalten, auch wenn in den darauf folgenden 150 ms Schallanteile aus anderen Richtungen eintreffen, die im Zeitraum 3–30 ms sogar einen bis zu 10 dB höherem Pegel haben können als der Direktschall. Noch später eintreffende Schallanteile werden getrennt als ↗*Nachhall* oder ↗*Echo* wahrgenommen. Die Kenntnis dieser Zusammenhänge ist für die ↗*Stereophonie* und die ↗*Beschallungstechnik* von Bedeutung.

**Gesetz der großen Zahlen,** Aussage aus der ↗*Statistik* über die relative Häufigkeit eines Ereignisses A bei einem Wahrscheinlichkeitsexperiment: Wiederholt man das Experiment bei gleichen Bedingungen $n$-mal, so nähert sich die *relative Häufigkeit* $h_n(\mathrm{A}) = H(\mathrm{A})/n$ ($H(\mathrm{A})$ ist die *absolute Häufigkeit*) mit wachsendem $n$ immer mehr der Wahrscheinlichkeit $p(\mathrm{A})$ des Ereignisses an. Dies ist aber nicht im Sinne einer Folgenkonvergenz aufzufassen. Man kann zu einem vorgegeben $\varepsilon > 0$ kein $\tilde{n}$ angeben, von dem ab der Betrag der Differenz zwischen relativer Häufigkeit und Wahrscheinlichkeit mit Sicherheit kleiner als $\varepsilon$ ist. Größere Abweichungen werden lediglich immer unwahrscheinlicher. Man sagt auch, $h_n(A)$ strebt »in Wahrscheinlichkeit« gegen $p(A)$, d.h.

$$\lim_{n\to\infty} P(|h_n(A) - p(A)| < \varepsilon) = 1 .$$

**Gesetz von der Erhaltung der Masse,** Lehrsatz, nach dem bei allen chemischen Vorgängen die Gesamtmasse der Reaktionsteilnehmer unverändert bleibt (Lavoisier, 1774). Es findet keine Umwandlung von Materie, sondern lediglich eine Umgruppierung von Atomen statt. Die Gültigkeit dieses Gesetzes innerhalb der Fehlergrenze der Massebestimmung (0,03 mg) wurde 1908 durch H. ↗Landolt und 1909 durch L.v. ↗Eötvös bestätigt. Die Masseänderungen auf Grund der relativistischen ↗*Masse-Energie-Äquivalenz* (Masseverlust bei exo-

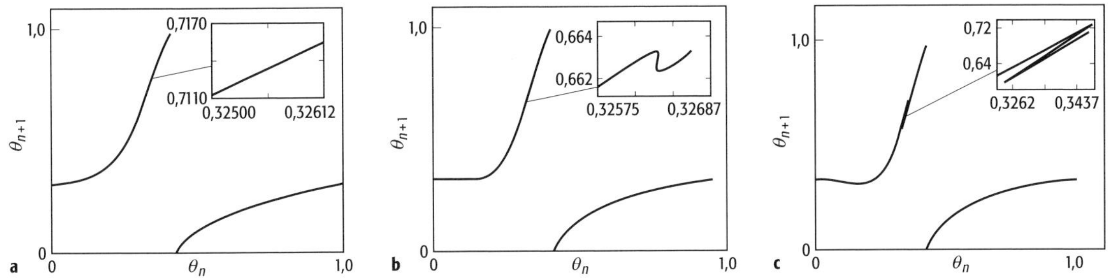


**getriebenes Pendel:** Poincaré-Schnitt einer numerischen Integration der Pendelgleichung mit $A = 0$, $\omega = 1{,}76$.
a) $\gamma = 1{,}576$, $\Omega = 2\pi(A + B)/(\omega\gamma) = 1{,}4$: lineares Verhalten;
b) $\gamma = 1{,}253$, $\Omega = 1{,}2$: kubischer Wendepunkt (Vergrößerung);
c) $\gamma = 1{,}081$, $\Omega = 1{,}094$: chaotisches Verhalten (Vergrößerung).

thermen, Massegewinn bei endothermen Reaktionen) sind experimentell nicht meßbar.

**Gesichtsfeld,** *Sichtfeld, Blickfeld,* 1) bei astronomischen Beobachtungen der Ausschnitt der Himmelssphäre im ↗Winkelmaß, der beim Blick durchs Fernrohr sichtbar ist (*wahres Gesichtsfeld*). Er nimmt mit steigender Vergrößerung ab.
2) Bei ↗Okularen derjenige Winkel, unter dem der Durchmesser der Gesichtsfeldblende (Randbegrenzung des Gesichtsfeldes) von der Mitte der Austrittspupille erscheint. Dieses *scheinbare Gesichtsfeld* hängt wesentlich von der Bauart des Okulars ab.

**Gestaltelastizität** ↗Schubelastizität.

**Gesteinsphysik** ↗Geodynamik, ↗Geophysik.

**Gestirne,** allgemeine Bezeichnung für Sonne, Mond, Planeten und Fixsterne.

**gestreckte Kettenmoleküle,** Kettenmoleküle in ↗Polymeren, die durch äußere Krafteinwirkung parallel ausgerichtet wurden und in diesem Zustand auch bei nachlassender Kraftwirkung verbleiben.

**gestreckte Polymere,** thermoplastisch verformte ↗*Polymere*, deren Parallelketten dabei durch starke oder schnelle Verformung parallel orientiert sind. Die Orientierung bleibt bei einer schnellen Abkühlung erhalten. Dies führt zur Verstärkung der anisotropen Eigenschaften des Polymers, z.B. bei Polymerfasern zu einer Erhöhung der Reißfestigkeit in der Faserrichtung (Recken). Bei der Verstreckung werden innere Spannungen eingefroren, die bei einer erneuten Wärmezufuhr relaxieren und eine deutliche Formänderung bewirken können (Schrumpffolien).

**getaktetes RS Flipflop,** ein ↗*Flipflop* mit den Eingängen *R* (*Reset*) und *S* (*Set*). Ein Zustand L-H an den Eingängen setzt den Ausgang *Q* auf H und H-L an den Eingängen auf L. Zusätzlich zu den Bedingungen beim einfachen RS-Flipflop kann es seinen Zustand nur ändern, wenn ein H-Taktsignal (Clock) anliegt.

**getriebenes Pendel,** ein einfaches Beispiel für ein ↗*getriebenes System*. Die Bewegungsgleichung lautet $\ddot{\theta} + \gamma\dot{\theta} + \sin\theta = A\cos(\omega t) + B$ und beschreibt die Bewegung eines Pendels (Auslenkung $\theta$) im Schwerefeld unter dem Einfluß von Reibung (Dämpfungskonstante $\gamma$) und einer externen periodischen Kraft (Amplitude $A$, Frequenz $\omega$). Die Bewegung ist i.a. chaotisch (↗*deterministisches Chaos*) auf einem ↗*Seltsamen Attraktor*. Es können auch mehrere einfache ↗*Attraktoren* koexistieren, wobei sich komplexe ↗*Attraktorbassins* ausbilden können.

**getriebene Systeme,** *nicht-autonome Systeme,* ↗*dynamische Systeme* der Form $dx/dt = F(x,t)$ mit $x \in \mathbb{R}^n$, bei denen, im Unterschied zu autonomen Systemen, $F$ explizit von der Zeit abhängt. Formal kann man zwar ein nichtautonomes System durch Einführung einer zusätzlichen Variablen $x_{n+1} = 1$, die der Differentialgleichung $\dot{x}_{n+1} = 0$ genügt, auf ein autonomes transformieren, doch ist der ↗*Phasenraum* in dieser Variablen unendlich ausgedehnt, so daß gegenüber autonomen Systemen mit kompakten Zustandsräumen qualitativ neue Phänomene auftreten können. Physikalisch resultiert die explizite Zeitabhängigkeit aus externen, zeitlich variierenden Kräften oder Feldern. Beispiele aus dem Bereich der ↗*dissipativen Systeme* sind das ↗getriebene und das gedämpfte Pendel, der ↗Duffing-Oszillator und andere getriebene Oszillatoren.
Eine Sonderrolle spielen getriebene Hamilton-Systeme mit ↗Hamilton-Funktion $H = H(q, p, t)$, da die Energie hier keine Erhaltungsgröße mehr ist (↗Energiesatz). Letztere sind von Interesse, da sie im Falle nur eines Freiheitsgrades die einfachsten Systeme darstellen, die typischerweise chaotisches Verhalten zeigen (↗deterministisches Chaos, ↗fast-integrable Systeme). Viel untersuchte nicht-autonome Hamilton-Systeme sind der ↗periodisch angestoßene Rotator sowie Atome und Moleküle in externen Wechselfeldern (Mikrowellen, Laser). Diese Systeme sind zudem Modellbeispiele zu Fragen des ↗*Quantenchaos*. In Quantensystemen wird die Sonderrolle der Zeitvariablen besonders deutlich, da es keinen Zeitoperator gibt.

**Getterpumpe,** eine ↗*Sorptionspumpe*, in der das auszupumpende Gas in einem *Gettermaterial* durch ↗Absorption, ↗Chemisorption oder chemische Reaktion festgehalten wird. Gettermaterial ist meist ein Metall oder eine Legierung, entweder als massiver Körper oder als frisch niedergeschlagene ↗*dünne Schicht*. Dabei kann das Gettermaterial durch Erhitzen bis zu einem gewissen Grad regeneriert werden. Es wird unterschieden zwischen *nicht ionisierenden Getterpumpen* (↗*Volumengetterpumpen*, ↗*Verdampfergetterpumpen*) und *Ionengetterpumpen* (z.B. ↗*Ionenzerstäuberpum-*

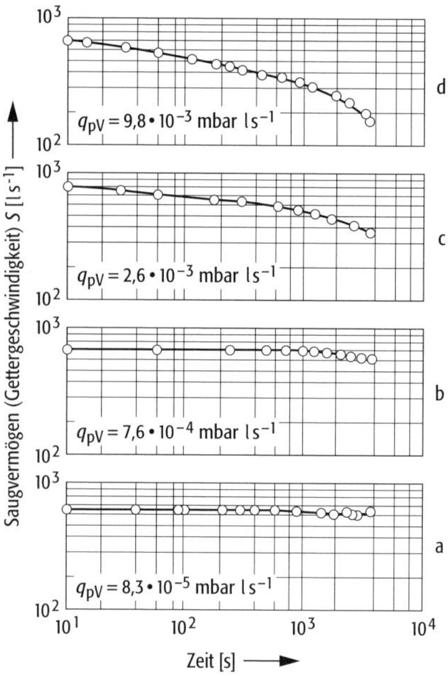


**Getterpumpe 1:** Abhängigkeit des Saugvermögens $S$ (*Gettergeschwindigkeit*) von der Zeit bei einem Titan-Verdampfungsgetter (Getterfläche $0{,}08\,m^2$, $\theta = 20°C$) für Wasserstoff bei verschiedenen Drükken: a) $2{,}44 \cdot 10^{-9}$mbar; b) $2{,}25 \cdot 10^{-8}$mbar; c) $7{,}59 \cdot 10^{-8}$mbar; d) $2{,}87 \cdot 10^{-7}$mbar. $q_{pV}$ ist die $pV$-Stromstärke.

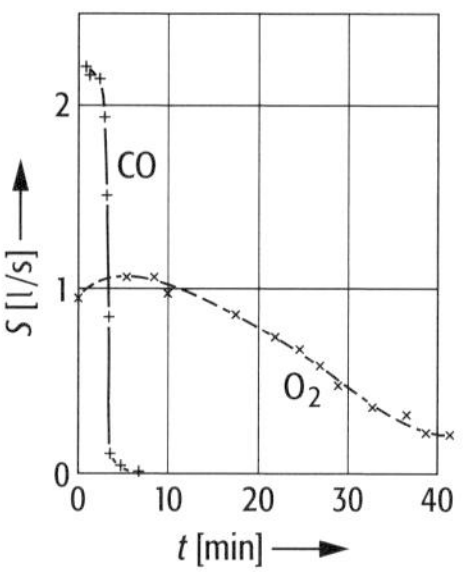


**Getterpumpe 2:** Zeitabhängigkeit des Saugvermögens $S$ eines Barium-Verdampfungsgetters für Sauerstoff und Kohlenmonoxid.

*pe*), bei denen die Gasteilchen ionisiert und dann mit einem elektrischen Feld zum Gettermaterial hin beschleunigt werden.

**Gewebeäquivalenz,** Eigenschaft von Materialien, bei Bestrahlung mit ionisierender Strahlung die gleiche spezifische Energieübertragung wie biologisches Gewebe zu erfahren. Während für Röntgen- und γ-Strahlung die Übereinstimmung in den effektiven Ordnungszahlen und der Elektronenkonzentration der Materialien mit denen für die betrachtete Gewebeart, meist weiches Gewebe (Muskel), etwa der effektiven Zusammensetzung $C_5H_{40}O_{18}N$, ausreicht, muß für langsame Neutronen der gleiche Wasserstoff- und Stickstoffanteil, für schnelle Neutronen der gleiche Wasserstoffanteil enthalten sein. Von besonderer Bedeutung ist die Einhaltung der Gewebeäquivalenz bei Phantomsubstanzen sowie bei den Materialien der Ionisationskammern und anderer Detektoren zur Messung der Energiedosis, besonders bei der Neutronendosimetrie.

**Gewicht,** die ↗Gewichtskraft. Im Alltag wird der Begriff oft synonym zur ↗Masse verwandt.

**Gewichtsbestimmung,** *Wägung*, Messung des *Gewichts* einer Substanz. Während eine ↗*Waage* wie die Balkenwaage die ↗*Masse* bestimmt, wird bei zahlreichen Meßprinzipien die ↗*Gewichtskraft* der zu wägenden Substanz mit einem geeignet kalibrierten Normal verglichen. Dies ist beispielsweise der Fall bei Federwaagen oder bei Waagen mit elektronischen Meßwertaufnehmern. Bei sehr genauen Wägungen muß die Ortsabhängigkeit der Gewichtskraft berücksichtigt werden.

**Gewichtskraft,** *Gewicht*, die Kraft, mit der ein Körper von der Erde angezogen wird. Sie ergibt sich aus dem Produkt der Masse mit der Schwerebeschleunigung (↗*Gravitationsfeld*) zu $G = mg$. Die SI-Einheit des Gewichts ist das ↗*Newton* (N). Die Gewichtskraft wirkt in Richtung der Erdbeschleunigung, wirkt wie diese nicht genau zum Erdmittelpunkt und hängt von der geographischen Breite ab.

**Gewichtslosigkeit** ↗Schwerelosigkeit.

**Gewitter,** komplexe meteorologische Erscheinung, bei der durch Blitz und Donner gekennzeichnete luftelektrische Entladungen in der Atmosphäre stattfinden. Sie tritt bei der Konvektion von Luft relativ hohen Wassergehalts bei feucht-labiler Schichtung der Atmosphäre auf und ist gekennzeichnet durch die Bildung sich rasch vergrößernder Quellwolken (*Cumulonimben*), in denen starke Vertikalströmungen herrschen. Dadurch kann es zu Ladungstrennungen in den Gewitterwolken kommen (Abb.). Die positive Hauptladung wird von den Eisteilchen der hohen Wolkenpartien getragen. Die sich bildenden elektrischen Felder gleichen sich durch Entladungen zwischen unterschiedlich geladenen Wolkenteilen (*Wolkenblitze*) oder durch ↗*Blitze* zwischen Wolken und Erdoberfläche (*Erdblitze*) aus.

Den Antrieb der Gewitter liefert feuchtwarme Luft am Erdboden, die an einer Stelle eine höhere Temperatur als ihre weitere Umgebung hat (*Wärmegewitter*); *Frontgewitter* sind mit einer meteorologischen Front (meist einer Kaltfront) verbunden, sie bewegen sich mit bis zu 100km/h und haben eine größere Ausdehnung.

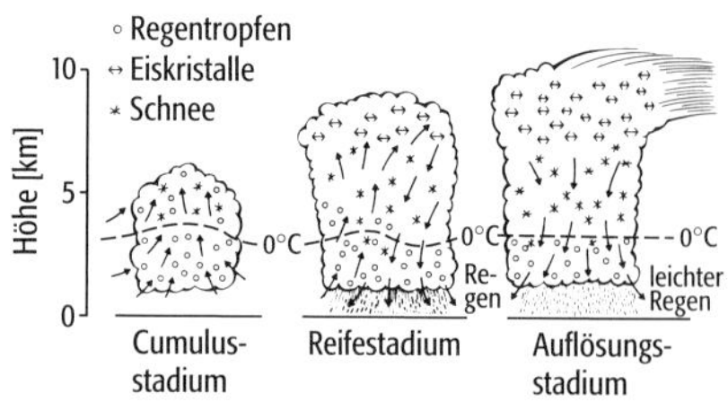


**Gewitter:** Entwicklung einer Gewitterwolke mit Null-Grad-Isotherme.

**gewöhnliche Differentialgleichung,** ↗Differentialgleichung.

**Gezeiten,** *Tiden*, periodische Schwankungen des Meeresspiegels, der Atmosphäre und der festen Erdkruste, die durch das Zusammenwirken der Anziehungskräfte von Sonne und Mond mit der Fliehkraft erzeugt werden (Abb.). Da bei der Bewegung des Systems Erde-Mond um den gemeinsamen Schwerpunkt alle Punkte auf der Erde die gleiche Bahn beschreiben, ist die damit verbundene Fliehkraft an allen Punkten der Erde gleich groß und gleich gerichtet. Dagegen ist die Anziehungskraft des Mondes von der Entfernung der Erde zum Mond abhängig und führt zu *Gezeitenkräften*, deren Variation etwa $2{,}4 \cdot 10^{-7}$ der Schwerkraft beträgt. Sie werden mathematisch in einer Reihe nach den sog. *Partialtiden* entwickelt. Die vier wichtigsten sind die halbtägige Haupt-Mondtide $M_2$ (Periode

12,42h), die eintägige Hauptdeklinationstide $K_1$ (23,93h), die halbtägige Haupt-Sonnentide $S_2$ (12,00h) und die eintägige Haupt-Mondtide $O_1$ (25,82h).

Bei den *Gezeiten des Meeres* bezeichnet man das Ansteigen des Wasserspiegels als *Flut*, das Fallen als *Ebbe*. Der Tidenhub ist von Ort zu Ort sehr verschieden, da sich eine einheitliche Gezeitenwelle wegen der Kontinente nicht ausbilden kann. Bei ansteigendem Meeresboden und speziell an den Küsten steigt der Tidenhub stark an, besonders da, wo die Küstenumrisse trichterförmig zusammenlaufen. Hier kann es auch zu Resonanzerscheinungen kommen (z.B. Fundybai an der kanadischen Atlantikküste, Tidenhub bis 15m). Die hohe Energie der Gezeitenströme wird in ↗*Gezeitenkraftwerken* nutzbar gemacht.

Zur Vereinfachung des schwierigen Systems der Bewegungsgleichungen und zur Berücksichtigung des Einflusses von Meeresbodentopographie und Küstenlinien auf die Gezeiten wurden verschiedene *Gezeitentheorien* aufgestellt. Die *Gleichgewichtstheorie* von Bernoulli (1741) geht davon aus, daß sich der Meeresspiegel trägheitslos auf die Gezeitenkräfte einstellt. Die *dynamische Gezeitentheorie* von Laplace (1775) besagt, daß jede Partialtide eine Schwingung im Meer erzeugt. Heute erfolgt die Berechnung der Gezeiten mit Hilfe numerischer Verfahren auf der Grundlage der Gezeitenkräfte und unter Berücksichtigung der unregelmäßigen Form der Meeresbecken.

Als *Gezeiten des Erdkörpers* bezeichnet man die durch die Wirkung der Gezeitenkräfte verursachten Deformationen des viskosen Erdkörpers (Amplitude bis 40cm, in mittleren Breiten 9–21cm). Die Deformation des Erdkörpers führt zu einer Verlängerung der Rotationsperiode und einer allmählichen Dissipation der Rotationsenergie in Wärme (↗*Gezeitenreibung*). Beobachtungen der Gezeiten des Erdkörpers dienen zur Untersuchung der inneren Struktur der Erde, insbesondere der elastischen Eigenschaften der ↗*Erdkruste*.

Es gibt auch *Gezeiteneffekte an anderen Himmelskörpern*. Bei den sog. ↗*ellipsoidischen Veränderlichen* umkreisen sich zwei Sterne in so geringem Abstand, daß sie sich zu Ellipsoiden verformen. Bei nahe aneinander vorbeifliegenden Galaxien bewirken Gezeitenkräfte, daß Gas aus den Sternsystemen herausgeschleudert wird. Markantes Beispiel hierfür sind die ↗*Antennengalaxien*.

[HJR, RVS, TB]

**Gezeitenkräfte** ↗Gezeiten.

**Gezeitenkraftwerk,** ein Wasserkraftwerk, das die Energie der ↗*Gezeiten* zur Erzeugung von elektrischer Energie ausnützt. Für eine wirtschaftliche Nutzung muß der Tidenhub mind. 3m betragen (Abb.). Ein Gezeitenkraftwerk besteht aus einem vom Meer abgeriegelten Becken (z.B. einer Bucht) und mehreren Turbinen, die sowohl beim Auffüllen des Beckens bei Flut als auch beim Leeren des Beckens bei Ebbe vom Wasser durchströmt werden. Beispiele sind das Kraftwerk bei St. Malo (10 MW) und die Versuchsanlage an der kanadischen Fundybai. Das weltweit nutzbare Potential der Gezeitenenergie wird auf 200GW geschätzt.

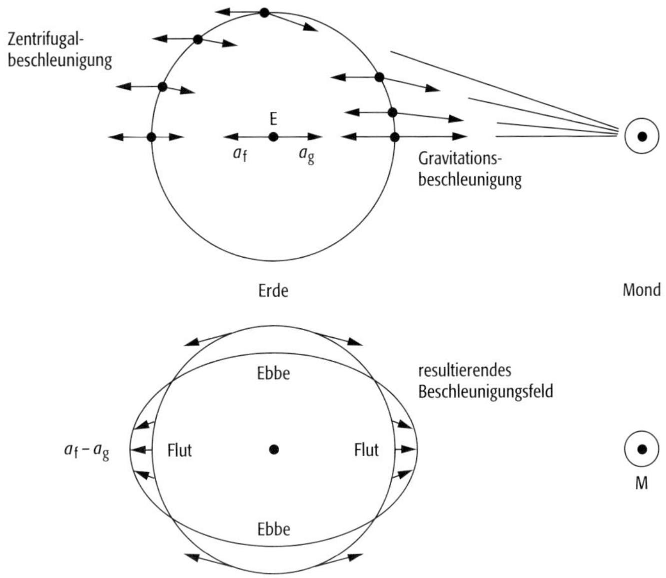


**Gezeiten:** Zusammenspiel von Zentrifugal- und Gravitationsbeschleunigung beim Entstehen der Ebbe- und Flutberge.

**Gezeitenreibung,** 1) die Summe der durch die Gezeitenbewegungen hervorgerufenen Reibungskräfte auf einen viskosen Himmelskörper. Sie führt zu einem Drehimpulsverlust und damit zu einer Abbremsung der Rotation. Dies kann zur gebundenen Rotation führen, bei der die Rotationsdauer gleich der Umlaufdauer wird, wie es beim Erde-Mond-System der Fall ist. Bei dem Jupitermond Io bewirkt sie vermutlich eine Erwärmung des Innern, mit der man den Vulkanismus auf Io erklärt. 2) ↗Gezeitenströmungen.

**Gezeitenströmungen,** Meeresströmungen, die durch die ↗*Gezeiten* hervorgerufen werden und für das Senken und Heben des Wasserspiegels bei Ebbe und Flut verantwortlich sind.

**Gezeitenkraftwerk:** Weltweite Darstellung der Gebiete mit ausreichendem Tidenhub für den Betrieb von Gezeitenkraftwerken.

Sie erfassen die gesamte Wassersäule und sind daher Reibungskräften am Boden unterworfen (*Gezeitenreibung*). Auf Grund der Ablenkung durch die Coriolis-Kraft beschreibt der Stromvektor im offenen Ozean eine Ellipse (*Gezeitenstromellipse*).

**g-Faktor,** *g*, *gyromagnetischer Faktor*, *Landéscher g-Faktor*, dimensionsloser Proportionalitätsfaktor zwischen Drehimpulsgrößen $I$ und den zugehörigen magnetischen Momenten $m$:

$$m = g\frac{\mu_B}{\hbar}I$$

($\mu_B$: Bohrsches Magneton, in die entsprechenden Beziehungen für Nukleonen wird statt $\mu_B$ das Kernmagneton eingesetzt). Soweit ein reiner Bahndrehimpuls $L$ für das magnetische Moment verantwortlich ist, gilt $g = g_L = 1$.

Der Spin-g-Faktor $g_S$ wird entsprechend mit der ↗*Dirac-Gleichung* berechnet. Experimentell beobachtete Abweichungen vom Wert $g_S = 2$ werden im Rahmen der ↗*Quantenelektrodynamik* verstanden. Für das Elektron ist $g_L = 1$, $g_S = 2{,}002319304$.

Für die *Nukleonen* wurden folgende experimentellen Werte gemessen: $g_L = 1$, $g_S = 5{,}5858$ (Proton) und $g_L = 0$, $g_S = -3{,}8261$ (Neutron). Die Werte für $g_S$ sind in der Unterstruktur der Nukleonen begründet, wie sie im ↗*Quark-Modell* beschrieben wird.

In Systemen, bei denen *mehrere Drehimpulse* gekoppelt sind (z.B. Atome, Kerne, Moleküle, Leitungselektronen), ergeben sich die g-Faktoren durch komplizierte Kopplungsmechanismen zwischen den Bahn- und Spin-Drehimpulsen. Ein wichtiger Kopplungsmechanismus für *atomare und molekulare Systeme* ist beispielsweise die ↗*Russel-Saunders-Kopplung*, bei der man für den g-Faktor erhält:

$$g = \frac{3J(J+1) + S(S+1) - L(L+1)}{2J(J+1)}$$

($L$ Bahndrehimpuls, $S$ Spindrehimpuls, $J$ Gesamtdrehimpuls).

Für Leitungselektronen in *Halbleitern* kann der g-Faktor im Rahmen der *k-p-Theorie* berechnet werden, bei der neben dem ↗Leitungsband auch höhere Bänder sowie das ↗Valenzband Beiträge leisten. Bei Materialien mit kleinen Bandlücken können so extrem große negative Werte für $g$ auftreten (z.B. $-51$ in InSb).

Die *g-Faktoren für Kerne* berechnen sich aus der Drehimpulskopplung der Nukleonen. Für einen ↗*Einteilchenzustand* mit dem Gesamtdrehimpuls $j = l \pm 1/2$ gilt $g = g_l \pm (g_S - g_l)/(2l+1)$, wodurch die ↗*Schmidt-Linien* für die *magnetischen Kernmomente* bestimmt sind, die sich als Grenzwerte für die experimentellen Werte erweisen.

Der g-Faktor ist eine wichtige Meßgröße in der ↗*magnetischen Resonanz*, vor allem auch in der ↗*Elektronenspinresonanz*. Außerdem ist er ein wichtiger Parameter bei der ↗*Hyperfeinaufspaltung* in optischen Spektren und bei vielen Prozessen in Halbleitern sowie in der Physik der Hadronen und Kerne. [HB2,NN]

**gg-Kern,** Kern mit gerader Protonenzahl und gerader Neutronenzahl, wie $^{56}_{26}Fe_{30}$ oder $^{200}_{80}Hg_{120}$. gg-Kerne sind auf Grund des Paarungstermes in der ↗*Massenformel* besonders stabil. Entsprechend der ↗*Massenparabel* sind gg-Kerne die stabilen Endkerne für Betazerfälle zwischen geradzahligen Isobaren. Ihre Häufigkeit ist größer als die der ug-, gu- oder uu-Kerne. 80 % der Erdkruste bestehen aus den gg-Kernen $^{16}O$, $^{24}Mg$, $^{28}Si$, $^{40}Ca$, $^{48}Ti$ und $^{56}Fe$. 165 der 276 stabilen Isotope sind gg-Kerne.

**Ghiorso,** *Albert*, amerikanischer Physiker, *15.7.1915 Vallejo (Calif.); Professor für Kernchemie in Berkeley, seit 1969 Leiter der Schwerionen-Beschleunigeranlage des Lawrence Radiation Laboratory; Arbeiten über Radioaktivität, Neutronen und die Eigenschaften der Atomkerne schwerer Elemente; war zusammen mit G.T. ↗*Seaborg* an der Entdeckung zahlreicher Transurane beteiligt: 1944 Americium und Curium, 1949 Berkelium, 1950 Californium, 1954 Einsteinium, 1955 Mendelevium, 1958 Nobelium, 1959 Lawrencium.

**GHZ-Theorem** (nach D.M. *Greenberger*, M.A. *Horne* und A. *Zeilinger*), eine Erweiterung der ↗*Bellschen Ungleichungen* auf Systeme aus drei oder mehr Teilchen, deren Spin genau korreliert ist. Das GHZ-Theorem besagt, daß sich kein realistisches, lokales Modell konstruieren läßt, um die Spin-Korrelation zu erklären. Solche korrelierten Zustände sind jedoch experimentell noch nicht realisiert worden.

**Gi,** Einheitenzeichen für ↗Gilbert.

**Giaever,** *Ivar*

**Giaever,** *Ivar*, norwegisch-amerikanischer Physiker, *5.4.1929 Bergen (Norwegen); arbeitete ab 1958 bei der General Electric Company in Schenectady (N.Y.); Arbeiten zur Halbleiterphysik und Supraleitung sowie zur Biophysik, über Gewebekulturen und Immunologie; lieferte 1960–61 durch Nachweis des Tunneleffekts in Supraleitern eine Bestätigung der quantenmechanischen BCS-Theorie, welche die Existenz der von Giaever experimentell aufgefundenen Energielücke im Anregungsspektrum von Supraleitern vorausgesagt hatte; erhielt 1973 zusammen mit L. ↗*Esaki* und B. ↗*Josephson* den Nobelpreis für Physik.

**Giant Magnetoresistance,** *GMR*, ↗Riesenmagnetowiderstand.

**Giauque,** *William Francis*

**Giauque,** *William Francis*, amerikanischer Physikochemiker, *12.5.1895 Niagara Falls (Kanada), †28.3.1982 Oakland (Calif.); 1927–62 Professor in Berkeley; unter anderem Arbeiten zur Tieftemperaturphysik und Thermodynamik; wies nach, daß der dritte Hauptsatz der Thermodynamik als fundamentales Naturgesetz anzusehen ist; erfand bei Untersuchungen über die Wirkung von Magnetfeldern auf die Entropie paramagnetischer Substanzen 1926/27 das Verfahren der ↗*adia-*

*batischen Entmagnetisierung* (unabhängig von P.J.W. ↗*Debye*) und erzielte 1933 eine Temperatur von 0,1K; entdeckte 1929 mit H.L. Johnston die stabilen Sauerstoffisotope $^{17}O$ und $^{18}O$ in der Erdatmosphäre und zeigte auf, daß die von Physikern und Chemikern bis dahin verwendeten Atomgewichtsskalen voneinander abwichen (↗atomare Masseneinheit); erhielt 1949 für seine Beiträge zur Tieftemperaturphysik den Nobelpreis für Chemie.

**Gibbs,** *Josiah Willard*, amerikanischer Mathematiker und Physiker, *11.2.1839 New Haven (Conn.), †28.4.1903 New Haven. Gibbs verbrachte sein ganzes Leben, außer einer dreijährigen Europareise (1866–1869), in seiner Heimatstadt. Sein Studium an der Yale Universität (1859–63) schloß er mit einer Dissertationsarbeit über das Stirnradgetriebe ab, in der er bereits seine geometrische Interpretationsfähigkeit zeigte. Nach einer dreijährigen Lehrtätigkeit in Latein und Naturphilosophie verließ er New Haven und ging zunächst nach Paris, dann nach Berlin und Heidelberg. Im Jahre 1871 wurde er Professor für mathematische Physik an der Yale Universität, wo er bis zu seinem Tode wirkte.

Gibbs veröffentlichte 1873 seine ersten wissenschaftlichen Arbeiten, in denen er die graphische bzw. geometrische Darstellungsmethode in der *Thermodynamik* entwickelte. In diesen stellte er die ↗Entropie von Beginn an als eine fundamentale Größe neben Energie, Temperatur, Druck und Volumen dar. Der Begriff der Entropie war zwar bereits von R. ↗Clausius entwickelt worden (1850, 1865), doch wurde er von vielen zeitgenössischen Wissenschaftlern mißverstanden. Gibbs verallgemeinerte außerdem das Druck-Volumen-Diagramm Sadi Carnots (1824) zu einer dreidimensonalen Darstellung mit den Achsen Entropie, Energie und Volumen. Die Anwendung der sog. thermodynamischen Oberfläche ermöglichte die Herleitung thermodynamischer Gleichungen für Temperatur und Druck, die man sehr gut zur Diskussion der Koexistenz verschiedener Phasen einer Substanz nutzen konnte. Gibbs' wichtigste Beiträge zur Thermodynamik stammen aus den Jahren 1875/78 und beziehen sich auf gemischte Substanzen im Gleichgewichtszustand. In diesen Arbeiten definierte er eine neue Größe – das *chemische* (oder *Gibbssche*) *Potential* – für die einzelnen Substanzkomponenten, stellte die (*Gibbssche*) *Phasenregel* zwischen den Substanzen auf und führte die graphische Analyse ein. Damit wurde die Theorie des chemischen Gleichgewichts zu einem wichtigen Bestandteil der Physikalischen Chemie. Seine fundamentalen Beiträge zur Thermodynamik machen nicht zuletzt die zahlreichen nach ihm benannten Begriffe deutlich: z.B. die *Gibbssche Energie* oder *Gibbs-Funktion* (↗freie Enthalpie), die *Gibbssche Wärmefunktion* (↗Enthalpie), die ↗*Gibbssche Fundamentalgleichung*, das *Gibbssche Dreieck* (graphisches Verfahren zur Berechnung von Anteilen aus Stoffmengen), das *Gibbssche Adsorptionsgesetz*, das den Zusammenhang zwischen der Konzentration und der Oberflächenspannung einer Lösung angibt; die *Gibbs-Helmholtz-Gleichungen*, die ↗*Gibbssche Phasenregel* u.v.m. In den frühen 80er Jahren befaßte sich Gibbs intensiv mit der elektromagnetischen Theorie von J.C. ↗Maxwell, was ihn dann zur Entwicklung der *Vektoranalysis* veranlaßte. Die Theorie der Quarternionen, von R. Hamilton eingeführt (1844) und von Maxwell weiter entwickelt, galt damals als ein in der Physik wenig hilfreiches mathematisches Mittel. Gibbs entwickelte diese Theorie und die Geometrie von H.G. Graßmann (1844) zu einer Theorie der Vektoranalysis (1891–1893), die viel einfacher und dadurch anwendungsfähiger für die theoretische Physik war.

Von allen Beiträgen Gibbs' zur Physik waren seine Beiträge zur statistischen Mechanik am folgenreichsten für die Physik des 20. Jahrhunderts. Seit den späten 80er Jahren beschäftigte sich Gibbs mit der kinetischen Gastheorie von J.C. Maxwell und L. ↗*Boltzmann*. Beide hatten versucht, mit Hilfe der Wahrscheinlichkeitsrechnung eine mechanische Analogie der Wärmetheorie herzustellen. Das Hauptinteresse Gibbs' galt dabei der »A-priori-Deduktion der thermodynamischen Prinzipien aus der Wahrscheinlichkeitstheorie«. Zu diesem Zweck führte er den neuen Begriff eines 6$N$-dimensionalen *Phasenraums* ein, der aus den generalisierten Koordinaten $Q_i$ und den generalisierten Impulsen $P_i$ bestehen sollte (mit $i = 1, \ldots, 3N$), für $N$ Konstituenten der Gase. Er definierte den ursprünglich von Maxwell (1879) eingeführten Begriff des *Ensembles* neu, wobei die Anzahl seiner Teilsysteme durch $D(Q_i,P_i,t)\,dP_1...dP_N\ dQ_1...dQ_N$ angegeben wurde. Dabei sollen die Verteilungsfunktion $D(Q_i,P_i,t)$ oder ihre Veränderungen allein durch die Bewegungsgleichungen des Systems bestimmt werden. Mit dieser Verallgemeinerung hatte er eine »rationale Grundlage« geschaffen, aus der sich alle thermodynamischen Größen ableiten ließen. Er nannte sie die *Statistische Mechanik*. Der Formalismus Gibbs' hielt allen späteren Prüfungen stand und zeigte seine Fruchtbarkeit auch im Rahmen der Quantenmechanik und späterer physikalischer Entwicklungen. [YC]

**Gibbs-Duhem-Gleichung,** Bedingungsgleichung für die Änderung der partiellen molaren Größen einer Mischung bei differentieller Änderung ihrer Zusammensetzung. Sie lautet in allgemeiner Form:

$$SdT - Vdp + \sum_i n_i d\mu_i = 0 \qquad (1)$$

($S$ Entropie, $T$ absolute Temperatur, $V$ Volumen, $p$ Druck, $n_i$ Molzahl und $\mu_i$ chemisches Potential der $i$-ten Komponente).

Man erhält die Gibbs-Duhem-Gleichung aus der Gibbs-Duhem-Beziehung $G = \sum_i n_i\mu_i$ ($G$:

**Gibbs,** *Josiah Willard*

Für Gibbs hatte die Anwendung der Vektoranalysis – oder allgemein der Mathematik – in der Physik nach einer Äußerung von 1893 etwas eminent praktisches: »It [the first duty of the physical vector analyst] is to present the subject in such a form as to be most easily acquired, and most useful when acquired.«

**Wichtigste Arbeiten:**

*Graphical Methods in the Thermodynamics of Fluids*, 1873;
*A Method of Geometrical Representation of the Thermodynamic Properties of Substances by means of Surfaces*, 1873;
*On the Equlibrium of Heterogeneous Substances*, 1875–78;
*Vector Analysis, a textbook for the use of students of mathematics and physics*, 1901;
*Elementary Principles in Statistical Mechanics, developed with especial reference to The Rational Foundation of Thermodynamics*, 1902.

freie Enthalpie), die als Ergebnis aus der Feststellung folgt, daß $G$ eine homogene Funktion vom Grade eins ist. Anderseits ist $G$ durch $G = U + pV - TS$ gegeben. Aus der differentiellen Form der Gleichheit beider Ausdrücke für $G$ findet man mit Hilfe der ↗*Gibbsschen Fundamentalgleichung* die Beziehung (1).
Bei konstanter Temperatur und konstantem Druck gilt insbesondere:

$$\sum_i n_i \mathrm{d}\mu_i = 0. \qquad (2)$$

Die Differentiale des chemischen Potentials lassen sich wiederum durch die der Molzahlen ausdrücken. Setzt man die Unabhängigkeit der Molzahlen voraus, erhält man für jede der Komponenten die *Duhem-Marguleschen Beziehungen*

$$\sum_i n_i \left(\frac{\partial \mu_i}{\partial n_k}\right)_{T,p,n_i \neq n_k} = 0.$$

Aus der Gibbs-Duhem-Gleichung lassen sich für die Behandlung von Gleichgewichtsverschiebungen nützliche Beziehungen zwischen den partiellen molaren Größen der verschiedenen Komponenten herleiten.

**Gibbs-Energie,** $G$, *Gibbssche freie Energie, Gibbs-Funktion,* ↗*freie Enthalpie.*

**Gibbs-Helmholtz-Gleichungen,** Beziehungen, die ein thermodynamisches Potential durch ein anderes ausdrücken. Für die einzelnen Größen gilt:
1) Innere Energie $U$ und freie Energie $F$:

$$U = F - T\left(\frac{\partial F}{\partial T}\right)_V \qquad (1)$$

2) Innere Energie $U$ und freie Enthalpie $G$:

$$U = G - T\left(\frac{\partial G}{\partial T}\right)_p - p\left(\frac{\partial G}{\partial p}\right)_T \qquad (2)$$

3) Enthalpie $H$ und freie Enthalpie $G$ (*Gibbssche Differentialgleichung*):

$$H = G - T\left(\frac{\partial G}{\partial T}\right)_p. \qquad (3)$$

Beispiel: Die bei reversibler Führung einer chemischen Reaktion gewinnbare nichtmechanische Arbeit ist ein Maß für die Affinität der Reaktion. Beim isobar-isothermen Übergang von einem Zustand 1 in den Zustand 2 wird nach (3) vom System die Arbeit

$$Z_1 - Z_2 = W = Q_p + T\left(\frac{\mathrm{d}W}{\mathrm{d}T}\right)_p \qquad (4)$$

geleistet, wobei $Q_p = H_1 - H_2$ die Wärmetönung des isobaren Prozesses ist. Kennt man diese in Abhängigkeit von der Temperatur, so läßt sich aus (4) die Arbeit durch Integration berechnen:

$$\frac{W}{T} = -\int \frac{Q_p}{T^2}\mathrm{d}T. \qquad (5)$$

Die im allgemeinen hierbei erscheinende Integrationskonstante, eine beliebige vom Druck abhängige Funktion, wird jedoch durch das ↗*Nernstsche Theorem* mit

$$\lim_{T\to 0}\left(\frac{\partial W}{\partial T}\right)_p = \lim_{T\to 0}\frac{\partial Q_p}{\partial T} = 0$$

zu konstant null festgelegt. – Eine Merkregel bietet das ↗Guggenheim-Schema.

**Gibbssche Determinanten,** die aus den Zustandsfunktionen $F$ (freie Energie) und $G$ (freie Enthalpie) durch Differentiation nach dem Volumen $V$ und den Molenbrüchen $x_1$, $x_2$, ..., $x_N$ bei konstanter Temperatur gebildeten Determinanten. Sie geben Rückschlüsse auf den Verlauf der ↗*Spinodalkurven* in Mischphasensystemen.

**Gibbssche freie Energie** ↗freie Enthalpie.

**Gibbssche Fundamentalgleichung,** Grundgleichung der Gleichgewichtsthermodynamik:

$$T\mathrm{d}S = \mathrm{d}U + p\mathrm{d}V - \sum_i \mu_i \mathrm{d}n_i$$

($T$ absolute Temperatur, $S$ Entropie, $U$ innere Energie, $p$ Druck, $V$ Volumen, $\mu_i$ chemisches Potential des $i$-ten Stoffes im Gemisch, $n_i$ Molzahl des $i$-ten Stoffes).
Wie beim ↗chemischen Potential bildet man hieraus die partiellen molaren Größen:

$$s_i = \frac{\partial S}{\partial n_i} = \frac{\partial^2 G}{\partial T \partial n_i} = -\frac{\partial \mu_i}{\partial T},$$

$$v_i = \frac{\partial V}{\partial n_i} = \frac{\partial^2 G}{\partial p \partial n_i} = \frac{\partial \mu_i}{\partial p},$$

$$h_i = \frac{\partial H}{\partial n_i} = \frac{\partial (G + TS)}{\partial n_i} = \mu_i - T\frac{\partial \mu_i}{\partial T},$$

$$u_i = \frac{\partial U}{\partial n_i} = \frac{\partial (H - pV)}{\partial n_i} = \mu_i - T\frac{\partial \mu_i}{\partial T} - p\frac{\partial \mu_i}{\partial p}$$

($s$ molare Entropie, $v$ molares Volumen, $h$ molare Enthalpie, $u$ molare Energie, $G$ freie Enthalpie).
Als äquivalent zur Gibbsschen Fundamentalgleichung ist die Beziehung

$$S = \frac{U}{T} + \frac{pV}{T} - \sum_i \frac{\mu_i}{T} n_i \text{ anzusehen.}$$

**Gibbssche kanonische Gesamtheit** ↗Gibbssche Statistik.

**Gibbssche Phasenregel,** *Gibbssches Phasengesetz,* thermodynamisch abzuleitender und durch die Erfahrung bestätigter Zusammenhang zwischen der Anzahl $P$ der Phasen in einem sich im thermodynamischen Gleichgewicht befindenden heterogenen System aus $K$ Komponenten und der Anzahl $F$ der thermodynamischen Freiheitsgrade:

$$P + F = K + 2.$$

$K$ ist die kleinste Zahl von chemisch einfachen Stoffen, die zum Aufbau aller Phasen notwendig und hinreichend ist.
Beispiele:
1) *Einkomponentensystem,* $K = 1$: Drei Phasen ($P = 3$) können wegen $F = 0$ (nonvariantes Phasengleichgewicht) nur in einem ausgezeichneten Punkt, dem Tripelpunkt, im Gleichgewicht stehen. Für zwei Phasen ($P = 2$) im Gleichgewicht läßt sich wegen $F = 1$ (univariantes Phasengleichgewicht) eine Zustandsgröße frei wählen. Man erhält z.B. im ↗*p-T-Diagramm* eine Dampfdruckkurve, der die zweite Zustandsgröße zu entnehmen ist,

analog eine Sublimations- bzw. Schmelzkurve. Beim Vorliegen einer Phase ($P=1$) ist $F=2$ (bivariantes Phasengleichgewicht), und man kann beide Zustandsgrößen frei wählen.

2) *Zweistoffsystem*, $K=2$: Hierbei lassen sich (z.B. in einer wäßrigen Salzlösung, $P=1$) drei Zustandsvariable ($F=3$) frei wählen. Bei zwei Phasen ($P=2$), z.B. Flüssigkeit und Dampf, lassen sich noch zwei Zustandsgrößen ($F=2$) frei wählen. Für drei Phasen verbleibt nur ein Freiheitsgrad ($F=1$). Im Fall $P=4$ ist keine Variation der Zustandsvariablen ($F=0$) im Gleichgewichtszustand möglich; eine infinitesimale Variation läßt eine der vier Phasen verschwinden, und es stellt sich ein neuer Gleichgewichtszustand ein. Bei der Anwendung der Gibbsschen Phasenregel ist zu beachten, daß zusätzliche Nebenbedingungen die Zahl der Freiheitsgrade reduzieren können. So gilt für Systeme ohne Gasphase $P+F=K+1$. Sind chemische Reaktionen zwischen den Komponenten zugelassen, so erniedrigt sich die Zahl der Freiheitsgrade um die Zahl $R$ der voneinander unabhängigen Reaktionsgleichungen, d.h. es ist $P+F=K+2-R$.

**Gibbssches Potential** ↗freie Enthalpie.

**Gibbssche Statistik,** *Gibbssche Methode*, *Γ-Raum-Statistik*, Statistik für Systeme, deren Teilchen miteinander in Wechselwirkung stehen können, z.B. für reale Gase. Die Gibbssche Statistik geht von dem Begriff des $2f$-dimensionalen Γ-Raumes (↗*Phasenraum*) aus, wobei $f$ das Produkt aus der Anzahl der Teilchen und der Freiheitsgrade je Teilchen, z.B. je Gasmolekül, ist. Das konkrete System wird durch einen Bildpunkt im hochdimensionalen Γ-Raum dargestellt; jedem System der Gesamtheit, die aus dem konkreten System und einer großen Anzahl gedachter, physikalisch dem konkreten System gleichwertiger Systeme besteht, entspricht ein Bildpunkt. Die Verteilung dieser einzelnen Systeme der Gesamtheit wird durch die Verteilungsfunktion beschrieben, die der ↗*Liouville-Gleichung* genügt.

Aufgabe der Gibbsschen Statistik ist es, aus Aussagen über die Gesamtheit aller Systeme auf das konkrete System zurückzuschließen, genauer gesagt, das Zeitmittel über das konkrete System wird geliefert durch eine Mittelung über die Gesamtheit. Als Elemente der Gibbsschen Statistik werden nicht einzelne gleichartige Teilchen, sondem dem konkreten System physikalisch gleichwertige, voneinander unabhängige Systeme verwendet. Die Beschreibung wird deshalb nicht davon beeinflußt, ob innerhalb eines Systems eine Wechselwirkung der einzelnen Teilchen untereinander besteht oder nicht. Von Gibbs wurde besonders die Gleichgewichtsstatistik im Γ-Raum ausgebaut.

Zur Behandlung eines abgeschlossenen Systems, für das neben dem Volumen und der Gesamtteilchenzahl die Energie vorgegeben ist, führte Gibbs die *mikrokanonische Gesamtheit* ein. Sie wird charakterisiert durch eine Verteilungsfunktion $f$, die im gesamten Phasenraum verschwindet, außer auf der zur vorgegebenen Energie $E$ gehörenden Energieschale der Dicke $\Delta E$, wo sie den Wert 1 annimmt:

$$f(q_1,p_1,\ldots,q_f,p_f) = \begin{cases} 1 \text{ für } E \le H(q_1,p_1,\ldots,q_f,p_f) \le E+\Delta E \\ 0 \text{ sonst} \end{cases}$$

$H$ ist die Hamilton-Funktion. Eine im wesentlichen äquivalente Definition dieser mikrokanonischen Verteilung mit Hilfe der Diracschen δ-Funktion lautet

$$f(q_1, p_1 \ldots, q_f, p_f) = const\cdot\delta(E - H(q_1 \ldots, p_f)).$$

Die mikrokanonische Gesamtheit stellt insofern eine Idealisierung dar, als es in der Natur wirklich streng abgeschlossene Systeme nicht gibt. Sie hat aber eine erhebliche Bedeutung in der Theorie und kann als Ausgangspunkt für die Behandlung praktisch wichtiger Gesamtheiten, z.B. der Gibbsschen kanonischen Gesamtheit, dienen. Die *Gibbssche kanonische Gesamtheit* dient der Behandlung von Systemen, für die neben dem Volumen und der Gesamtteilchenzahl die Temperatur $T$ vorgegeben ist. Das betrachtete System ist also nicht vollständig isoliert, sondern steht mit seiner Umgebung, die hier als Wärmebad oder Thermostat wirkt, in einer schwachen Wechselwirkung. Die Wechselwirkung heißt schwach, wenn die Wechselwirkungsenergie klein gegen die Gesamtenergie des Systems ist. Für die *kanonische Verteilung* ergibt sich:

$$f(q_1,p_1,\ldots q_f,p_f) = \frac{\exp\left(-\frac{H(q_1,\ldots p_f)}{k_B T}\right)}{\int\cdots\int \exp\left(-\frac{H(q_1,\ldots p_f)}{k_B T}\right) dq_1,\ldots,dp_f}.$$

Hierbei ist $k_B$ die Boltzmann-Konstante, und im Nenner steht bis auf einen Faktor $1(N!h^f)$ gerade das Zustandsintegral (↗*Zustandssumme*) des betrachteten Systems. Durch eine Mittelung über die kanonische Gesamtheit kann man Mittelwerte beliebiger Größen finden, die den Zustand des Systems charakterisieren; z.B. ist der *Mittelwert* $\bar{L}$ einer Größe $L(q_1, p_1 \ldots, q_f, p_f)$ gegeben durch

$$\bar{L} = \frac{\int\cdots\int L(q_1,\ldots p_f)\exp\left(-\frac{H}{k_B T}\right) dq_1\ldots dp_f}{\int\cdots\int \exp\left(-\frac{H(q_1,\ldots p_f)}{k_B T}\right) dq_1\ldots dp_f}.$$

Zur Behandlung von Systemen mit veränderlicher Teilchenzahl $N$, für die neben dem Volumen die Temperatur $T$ und das ↗chemische Potential $\mu$ vorgegeben sind, führt man die *großkanonische Gesamtheit* ein. Beispiel eines Systems mit veränderlicher Teilchenzahl ist eine Phase eines Stoffes, z.B. die flüssige, die mit einer anderen, z.B. der gasförmigen, im Gleichgewicht steht. Die großkanonische Verteilung wird durch die Formel

$$f(q_1,p_1,\ldots q_f,p_f;N)=$$
$$=\frac{\exp\left\{-\left[H_N(q_1,\ldots p_f)-\mu N\right]/k_\mathrm{B}T\right\}}{\sum\limits_{N=0}^{\infty}\int\ldots\int\exp\{-[H-\mu N]/k_\mathrm{B}T\}\mathrm{d}q_1,\ldots,\mathrm{d}p_f}$$

beschrieben. $H_N$ hängt natürlich von der Anzahl der Teilchen ab.

Neben diesen fundamentalen, bereits von Gibbs beschriebenen Gesamtheiten kann man noch weitere, speziellen Problemstellungen angepaßte Gesamtheiten einführen. Zu erwähnen ist vor allem die *isotherm-isobare Gesamtheit*, die zur Beschreibung chemischer Vorgänge herangezogen werden kann.

**Gibbssches Theorem,** die Aussage, daß die Entropie eines Gasgemisches $S$ zweier idealer Gase gleich der Summe der Entropien der Einzelgase ($S_1$ bzw. $S_2$) ist, insofern jede Komponente vor der Mischung das gleiche Volumen wie das Gemisch einnehmen würde, d.h. es ist $S=S_1+S_2$.

Das Gibbssche Theorem gilt nicht für die Mischung identischer Gase. Würde es auch für diesen Fall gelten, so müßte man folgern, daß sich die Entropie nicht nur bei der Diffusion verschiedener Gase, sondern auch bei der Selbstdiffusion ändert; für diese ist aber makroskopisch keine Zustandsänderung festzustellen (Gibbssches Paradoxon). (↗*Mischungsentropie*)

**Gießen,** ein Umformverfahren, bei dem flüssige Werkstoffe (z.B. Metalle oder Kunststoffe) durch Füllen einer Gußform mit Kontur des Werkstücks in ein Gußstück mit definierter Gestalt überführt werden. Reicht druckloses Gießen nicht aus, um die Gußform zu füllen, werden häufig auch mit *Spritzgießen* gearbeitet.

**Gifford-MacMahon-Maschine,** eine ↗*Kältemaschine*, die nach dem Prinzip des ↗*Ericsson-Prozesses* arbeitet (↗Kreisprozesse in der Kältetechnik). Im Gegensatz zur *Stirling-Maschine* (↗Stirling-Motor) benötigt die Gifford-MacMahon-Maschine zwei Ventile, die jedoch auf Raumtemperatur gehalten werden können. Sie benötigt außer einem langsam bewegten Verdrängerkolben keine auf tiefen Temperaturen gehaltenen beweglichen Teile, da der *Kompressor* von der eigentlichen Kältemaschine räumlich getrennt ist. Die Kälteleistung übersteigt selten einige Watt bei 20K, bei Temperaturen unterhalb von 10K wird die Wärmekapazität des *Regenerators* so klein, daß keine nennenswerte Kälteleistung mehr erzielt werden kann.

**Giga** [griech. gigas »Riese«], Vorsatzzeichen G, Vorsatz vor SI-Einheiten für den Faktor $10^9$, z.B. 1 Gigameter = 1 Gm = $10^9$ m.

In der *Informatik* (Angabe von Speicherkapazitäten) wird Giga auf eine Potenz von 2 zurückgeführt: 1 Gigabyte = 1 GB = $2^{30}$ Bytes = $1{,}074\cdot10^9$ Bytes.

**Gilbert** [nach W. ↗*Gilbert*], Einheitenzeichen Gi, abgeleitete Einheit der magnetomotorischen Kraft (d.h. dem magnetischen Potential) im CGS-System, ursprünglich definiert als 1 Gb = 1 Oe · cm. Umrechnung in SI-Einheiten: 1 Gb = $(10/4\pi)$ A.

**Gilbert,** *William*, englischer Physiker und Arzt, *24.5.1544 Colchester, †30.11.1603 London; seit 1573 praktischer Arzt in London; Mitbegründer der Lehre des Erdmagnetismus; entdeckte viele Erscheinungen der Elektrizität und des Magnetismus, z.B. (neben G. ↗Hartmann) die magnetische Inklination; studierte die elektrostatischen Kraftwirkungen von Stoffen (z.B Bernstein) nach Reibung und prägte den Begriff »Elektrizität«. Nach ihm sind die Einheit ↗Gilbert und die *Gilbert-Epoche* (paläomagnetische Epoche vor ca. 4,5–3,3 Millionen Jahren mit gegenüber den heutigen Verhältnissen umgekehrter Richtung des Erdmagnetfelds) benannt.

**GIM-Mechanismus,** *Glashow-Iliopoulos-Maiani-Mechanismus*, das Verschwinden der flavorändernden neutralen Ströme (FCNC, *flavor-changing neutral currents*) in führender Ordnung in der Störungstheorie. Für die FCNC gibt es sehr starke experimentelle Schranken. Die Unterdrückung durch den GIM-Mechanismus ist im ↗*Standardmodell* automatisch »eingebaut«, da Quarks und Leptonen immer als Isospin-Dubletts auftreten.

**Ginsburg** (Ginzburg), *Witalij Lasarewitsch*, sowjetischer Physiker, *4.10.1916 Moskau; ab 1945 Professor in Gorkij, ab 1968 in Moskau; bedeutende Arbeiten zur Theorie der Supraleitung (1950 zusammen mit L.D. ↗Landau Entwicklung der *Ginsburg-Landau-Theorie*), ferner zur Elementarteilchenphysik, Kristalloptik, Ferroelektrizität, Ausbreitung elektromagnetischer Wellen in der Ionosphäre sowie zur Astrophysik.

**Ginsburg-Landau-Gleichungen** ↗Ginsburg-Landau-Theorie der Supraleitung.

**Ginsburg-Landau-Theorie der Supraleitung,** *GL-Theorie*, eine von W.L. ↗Ginsburg und L.D. ↗Landau 1950 veröffentlichte phänomenologische Theorie der ↗*Supraleitung*, eine Erweiterung der ↗*Londonschen Theorie der Supraleitung* für den Fall einer räumlich variierenden Dichte $n_\mathrm{s}(\boldsymbol{r})$ mit dem Betragsquadrat einer Pseudowellenfunktion $\Psi(\boldsymbol{r})$, $n_\mathrm{S}(\boldsymbol{r})=|\Psi(\boldsymbol{r})^2|$, die als komplexer ↗*Ordnungsparameter* eines Phasenübergangs der zweiten Art aufgefaßt wird. Entwicklung der freien Energiedichte nach Potenzen von $\Psi(\boldsymbol{r})$ und $\nabla\Psi(\boldsymbol{r})$ und Minimierung der resultierenden freien Energie führen auf die *Ginsburg-Landau-Gleichungen*

$$\alpha\Psi+\beta|\Psi|^2\Psi+\frac{1}{2m^*}\left(\frac{\hbar}{i}\nabla-e^*\boldsymbol{A}\right)^2\Psi=0$$

$$j_\mathrm{s}=\frac{e^*\hbar}{2m^*\mathrm{i}}(\Psi^*\nabla\Psi-\Psi\nabla\Psi^*)-\frac{e^{*2}}{m^*}|\Psi|^2\boldsymbol{A},$$

wobei $\boldsymbol{A}(\boldsymbol{r})$ das magnetische ↗Vektorpotential, $j_\mathrm{s}(\boldsymbol{r})$ die Suprastromdichte und $m^*$ und $e^*$ Masse und Ladung der supraleitenden Ladungsträger sind. Aus der erst 1958 aufgestellten ↗*BCS-Theorie* folgt, daß diese Ladungsträger ↗*Cooper-Paare* mit $m^* = 2m$ und $e^* = 2e$ sind. Die temperaturabhängigen Größen $\alpha(T)$ und $\beta(T)$ sind definiert durch

$$\alpha(T) = -\frac{1}{\mu_0}\frac{B_c^2(T)}{n_{s0}(T)}, \ \beta(T) = \frac{1}{\mu_0}\frac{B_c^2(T)}{n_{s0}^2(T)},$$

wobei $B_c(T)$ das *thermodynamische kritische Feld des Supraleiters* und $n_{s0}$ der Gleichgewichtswert von $n_s(\boldsymbol{r})$ ist. Dieses Gleichungssystem muß durch eine geeignete Randbedingung ergänzt werden. Für einen galvanisch isolierten Supraleiter fordert man

$$\boldsymbol{n} \cdot \left(\frac{\hbar}{i}\nabla - e^*\boldsymbol{A}\right)\Psi = 0,$$

wobei $\boldsymbol{n}$ der Normalenvektor der Oberfläche des Supraleiters ist.

Die GL-Theorie ist streng nur nahe der ↗*Sprungtemperatur* $T_c$ des Supraleiters gültig, also für $n_s(T)/n_{s0} \ll 1$. Sie wird vor allem zur Beschreibung ortsabhängiger Phänomene herangezogen (z.B. ↗*Zwischenzustand eines Supraleiters*, ↗*Proximity-Effekt*), wobei der GL-Kohärenzlänge $\xi(T)$ (↗*Kohärenzlänge eines Supraleiters*) eine zentrale Bedeutung zukommt. Diese charakteristische Länge ergibt sich aus den linearisierten GL-Gleichungen zu $\xi(T) = \hbar/\sqrt{2m^*|\alpha(T)|}$. Ihren wohl größten Erfolg hatte die GL-Theorie bei der Beschreibung von ↗*Supraleitern der zweiten Art* durch A.A. ↗Abrikossow, der die innere Struktur der ↗Flußschläuche aufklärte und deren Anordnung in einem Dreiecksgitter (↗*Abrikossow-Gitter*) voraussagte. Insbesondere fand er, daß Supraleitung der zweiten Art dann auftritt, wenn der GL-Parameter $\kappa = \xi/\lambda$ ($\xi$: Kohärenzlänge; $\lambda$: ↗*Eindringtiefe des Magnetfeldes in Supraleiter*) größer wird als $1/\sqrt{2}$. L.P. Gorkow hat die GL-Theorie auf eine mikroskopische Basis gestellt, indem er deren Äquivalenz mit der BCS-Theorie nachwies. Die durch die Arbeiten von Abrikossow und Gorkow erweiterte GL-Theorie wird als *GLAG-Theorie* bezeichnet. [HR1]

**Ginsburg-Landau-Ordnungsparameter,** eine komplexe Größe, die als Summenwellenfunktion des Systems der supraleitenden Ladungsträger (↗Cooper-Paare) aufgefaßt werden kann. Der Wert $\psi > \psi^*$ gibt die Dichte der supraleitenden Ladungsträger an, die als Cooper-Paare (↗*BCS-Theorie* der Supraleitfähigkeit) mit der Ladung $2e$ identifiziert werden konnten. Die Bezeichnung »Ordnungsparameter« hängt mit der höheren Ordnung der Leitungselektronen im Supraleiter zusammen. Statistische zeitliche Schwankungen von $\psi$, die in der Nähe der Übergangstemperatur eines Supraleiters auftreten, werden als *thermodynamische Fluktuationen* des Ordnungsparameters bezeichnet. Sie sind insbesondere an Präparaten sehr kleiner Abmessungen beobachtbar. Die thermodynamischen Fluktuationen bewirken das kurzzeitige Auftreten von Cooper-Paaren auch oberhalb der Übergangstemperatur des Supraleiters und führen damit zur Abrundung der Übergangskurve des Supraleiters bzw. zur *Paraleitfähigkeit*.

**Giorgi,** *Giovanni*, italienischer Physiker, *27.11.1871 Lucca, †19.8.1950 Castiglioncello; Professor in Cagliari, Palermo und Rom; führte 1901 ein physikalisches Vierersystem (MKSΩ-System, *Giorgisches Vierersystem*) mit den Grundeinheiten Meter (m), Kilogramm (kg), Sekunde (s) und Ohm (Ω) ein, das 1948 (mit der elektrischen Einheit Ampere statt Ohm) in das MKSA-System (*Giorgi-System*) überging und 1960 zum Internationalen Einheitensystem (↗SI-System) erweitert wurde.

**Giotto,** Raumsonde der europäischen Weltraumbehörde ESA. Sie startete am 2.7.1985 und flog am 14.3.1986 in einer Entfernung von 600km am ↗*Halleyschen Kometen* vorbei. Eine Mehrfarbenkamera übermittelte erstmals Bilder von einem Kometenkern zur Erde. Am 10.7.1992 flog sie in einem Abstand von 200km an dem Kometen Grigg-Skjellerup vorbei.

**Gitarre,** zur Gruppe der ↗Chordophone gehörendes *Zupfinstrument* mit flachem, beidseitig eingebuchtetem Korpus, offenem Schallloch und einem Hals mit Bünden.

**Gitter,** Bezeichnung für eine periodische Anordnung beliebiger Strukturelemente. Man unterscheidet einerseits ↗*Raumgitter*, ↗*Kreuzgitter* und *lineare Gitter*, je nachdem, ob eine drei-, zwei- oder eindimensional periodische Wiederholung vorliegt, andererseits ↗*Kristallgitter* und ↗*Beugungsgitter*, je nachdem, ob es sich um eine periodische Anordnung von Atomen oder um ein – meist künstlich hergestelltes – Gebilde handelt, das der spektralen Zerlegung von Licht dient. Bei den Kristallgittern werden viele Gittertypen unterschieden.

Die Periodizität beim Kristallgitter läßt sich wie folgt beschreiben: Für jede in Betracht gezogene Ortsfunktion $\rho(\boldsymbol{r})$ gibt es ein Tripel nicht komplanarer Vektoren $\boldsymbol{a}$, $\boldsymbol{b}$, $\boldsymbol{c}$ (↗*Basisvektoren*) derart, daß $\rho(\boldsymbol{r}) = \rho(\boldsymbol{r} + m\boldsymbol{a} + n\boldsymbol{b} + p\boldsymbol{c})$ für Raumgitter, $\rho(\boldsymbol{r}) = \rho(\boldsymbol{r} + m\boldsymbol{a} + n\boldsymbol{b})$ für Kreuzgitter und $\rho(\boldsymbol{r}) = \rho(\boldsymbol{r} + m\boldsymbol{a})$ für lineare Gitter gilt; dabei bedeuten $m$, $n$, $p$ beliebige ganze Zahlen. Die Vektoren $\boldsymbol{R}_{mnp} = m\boldsymbol{a} + n\boldsymbol{b} + p\boldsymbol{c}$ bzw. $\boldsymbol{R}_{mn} = m\boldsymbol{a} + n\boldsymbol{b}$ oder $\boldsymbol{R}_m = m\boldsymbol{a}$ heißen *Translationsvektoren*.

Die Gesamtheit der Punkte, die durch Anwendung der Translationen des Translationsgitters aus dem Ursprung entstehen, wird *Punktgitter* oder auch *Translationsgitter* genannt, die Punkte des Punktgitters heißen *Gitterpunkte*. Sind in einem Kristall nur die Gitterpunkte, und zwar mit Atomen desselben Elements besetzt, nennt man das Kristallgitter ein *einfaches Gitter*. Jedes Kristallgitter kann man sich als durch Zusammensetzung gegeneinander verschobener einfacher Gitter entstanden denken. Dieser Vorstellung entspricht die Bezeichnung *zusammengesetztes Gitter* (↗*reziprokes Gitter*).

**Gitterabsorption,** im engeren Sinne die optische Absorption von elektromagnetischer Strahlung in einem Festkörper, bei der die absorbierte Energie in ↗*Gitterschwingungen* übergeht, im weiteren Sinne auch die Anregung von Gitterschwingungen durch Einstrahlung von z.B. Neutronen oder Elektronen. Mit der Einführung des ↗*Phonons* als gequantelter Gitterschwingung kann man die Gitterabsorption als einen Stoßprozeß der einfallenden Strahlung mit Phononen auffassen.

Die Frequenzen der angeregten Gitterschwingungen liegen im allgemeinen im Infraroten, daher hat die Gitterabsorption ihre praktische Bedeutung insbesondere in der ↗*Infrarotspektroskopie* zur Untersuchung des Absorptions- bzw. Phononenspektrums von Festkörpern. Bei der Infrarotspektroskopie ist die Gitterabsorption in erster Näherung proportional zum Betragsquadrat des elektrischen Moments $M^2$, das durch die Schwingung der Atome erzeugt wird; man unterscheidet die Gitterabsorption durch Momente erster und zweiter Ordnung. Gitterabsorption durch Momente erster Ordnung existiert nur in Kristallen mit polarem Bindungsanteil (↗*polare Gitterschwingungen*) und entspricht im Schwingungsspektrum der Anregung von Phononen im Zentrum der ↗*Brillouin-Zone*, d.h. wenn alle Elementarzellen in Phase schwingen. Gitterabsorption durch Momente zweiter Ordnung tritt sowohl in polaren als auch homöopolaren Kristallen auf und kann im Schwingungsspektrum als ein *Zweiphononenprozeß* verstanden werden.

Die Gitterabsorption ist sensibel für strukturelle und chemische Defekte im Kristallgitter, die, bei entsprechend hoher Konzentration, zu zusätzlichen charakteristischen Schwingungen führen. Auf diese Weise können auch schwache Verunreinigungen, die beispielsweise mit gängigen Diffraktionsmethoden nicht sichtbar sind, nachgewiesen werden.

**Gitterauflösungsvermögen** ↗Auflösungsvermögen.

**Gitterbindung,** chemische Bindung im Kristallgitter, welche den Zusammenhalt der Kristallstruktur bewirkt. Die vier Grenztypen dieser kristallchemischen Bindung sind die ↗*Ionenbindung*, die ↗*kovalente Bindung*, die ↗*metallische Bindung* und die ↗*Van-der-Waals-Bindung*.

**Gitterdynamik** ↗Phononen.

**Gittereichtheorie,** von K.G. ↗*Wilson* (1974) allgemein formulierte nichtperturbative Renormierungsmethode von Quantenfeldtheorien, die vor allem auf die ↗*Quantenchromodynamik* (QCD) angewendet wird. Sie erlaubt es, die grundlegenden Eigenschaften des Niederenergiespektrums der starken Wechselwirkung wiederzugeben und Effekte zu berechnen, die außerhalb des Anwendungsbereichs der Störungstheorie liegen. So liefert die QCD auf dem Gitter überzeugende Argumente für den Quarkeinschluß (↗*Confinement*), obwohl der strenge Beweis dieses Phänomens noch aussteht.

Das mathematische Konzept der Gittereichtheorie besteht in der Verwendung eines kubischen Gitters mit diskreten Punkten anstelle des Raum-Zeit-Kontinuums. Dieser Kunstgriff, auch als *Regularisierung* bezeichnet, erlaubt Rechnungen, die für ein Kontinuum undurchführbar sind. Der endliche Gitterpunktabstand sorgt für das nötige *Cut-off* der UV-Divergenzen (↗*Abschneidevorschrift*). Die Untersuchung des Skalierungsverhaltens von physikalischen Größen mit dem Gitterabstand führt, ähnlich wie das Studium von Kritikalität und Phasenübergängen bei Festkörpergittern, zu den Renormierungsgruppengleichungen (↗*Gittermodelle*). Um Eichtheorien auf dem Gitter berechnen zu können, braucht man eine eichkovariante Darstellung der Konnexion (des Vektorpotentials). Die Bildung der Exponentialfunktion des Vektorpotentials, $U = \exp(\mathrm{i}a_\mu A^\mu_a(x) T^a_{ij})$, führt zu den Gruppenelementen der ↗*Eichgruppe*, die auf den Verbindungslinien des Gitters plaziert sind. Die *Yang-Mills-Wirkung* (↗*Yang-Mills-Theorie*) kann mit einer Summe über die kleinsten geschlossenen Pfade (*Plaketten*) genähert werden: $S_\mathrm{W}(U) = \sum \left(1 - \frac{1}{N}\mathrm{Tr}U\right)$ für SU($N$). Erwartungswerte, z.B. die des ↗*Wilson-Loops*, können numerisch berechnet werden, als wären sie Erwartungswerte eines kanonischen Ensembles, das der Boltzmann-Verteilung $\exp(-\beta S_\mathrm{W}(U))$ gehorcht, wobei $\beta = 2N/g^2$ die inverse Kopplungsstärke darstellt.

Allerdings müssen einige Nachteile in Kauf genommen werden, wenn man die QCD auf ein Gitter bringt: zum einen erlaubt die verwendete euklidische Metrik nur die Berechnung statischer Eigenschaften; darüber hinaus bricht die Diskretisierung der Raum-Zeit die kontinuierlichen Rotations- und Translationssymmetrien; schließlich ist die Genauigkeit der Rechnungen durch die zur Verfügung stehende Computerrechenzeit beschränkt. Trotzdem bleibt die gittertheoretische Behandlung der QCD attraktiv, da die berechneten physikalischen Größen, beispielsweise die Energiezustände eines Quark-Antiquark-Paares ($q\bar{q}$), experimentell meßbar sind. Solche Ergebnisse können dann u.a. dazu benutzt werden, die QCD-Kopplungskonstante $\alpha_s$ zu bestimmen und die Phasenübergänge im ↗*Standardmodell* eingehend zu untersuchen. [UK, TB2, TF3]

**Gitterenergie,** *Gitterpotential*, die auf ein Mol bezogene Bindungsenergie $U_g$ eines Kristalls. Diese Bindungsenergie ist diejenige Energie, die beim absoluten Nullpunkt aufgewendet werden müßte, um den Kristall aus seinen unendlich weit voneinander gedachten Bausteinen aufzubauen (thermodynamische Definition). Die Gitterenergie ist dann eine negative Größe, da beim Zusammensetzen des Kristalls Energie frei wird. Oft wird die Gitterenergie auch als Energie definiert, die benötigt wird, um einen Kristall in seine einzel-

**Gitterenergie:** Typische theoretische Werte.

| | $U_g$ [kJ/mol] |
|---|---|
| NaCl | 762,0 |
| KCl | 678,3 |
| NaBr | 716,0 |
| NaI | 661,6 |

nen Bausteine zu zerlegen (vor allem in der Kristallchemie). Dann ist die Gitterenergie positiv. Aufgrund dieser beiden Definitionen begnügt man sich in der Praxis mit dem Betrag der Gitterenergie.

**Gitterfehlanpassung, 1)** *Oberflächenphysik*: ein Maß für den Unterschied zwischen den Gitterkonstanten zweier Materialien, die in der ↗*Heteroepitaxie* aufeinander aufwachsen. Für rechtwinklige Elementarmaschen beider Materialien an der Grenzfläche und einer ↗*Epitaxieschicht*, die dünn ist im Vergleich zum Substrat, ist die Gitterfehlanpassung definiert zu:

$$f = \frac{a_{\mathrm{sub},i} - a_{\mathrm{epi},i}}{a_{\mathrm{epi},i}}, \quad i = x, y,$$

wobei $a$ die unverspannte Gitterkonstante (Basisvektoren der zweidimensionalen Elementarmasche) von Substrat bzw. Epitaxieschicht darstellt. Für sehr dünne Epischichten (1–2 Moleküllagen) kann sie auch in Bezug zum Substrat, bei vergleichbaren Dicken beider Systeme relativ zum arithmetischen Mittel der Gitterkonstanten angegeben werden.

Wenn in der Heteroepitaxie zwei Materialien mit Gitterfehlanpassung aufeinander aufwachsen, führt dies zu Verspannungen und, bedingt dadurch, zur Bildung einer Verspannungsenergie. Bei kleinen Gitterfehlanpassungen wächst die Epitaxieschicht zunächst ↗*pseudomorph* auf. Mit zunehmender Schichtdicke jedoch nimmt die Verspannungsenergie zu, und es wird ab einer sogenannnten kritischen Schichtdicke energetisch vorteilhafter, Versetzungen auszubilden.

**2)** *Halbleiterphysik*: die Veränderung der Gitterkonstante des Wirtskristalls (z.B. Silicium) durch Einbringung einer hochkonzentrierten Dotierungsschicht (z.B. Bor). Die Gitterfehlanpassung verursacht eine elastische Verzerrung der Siliciumscheibe sowie eine plastische Verformung des Kristallgitters. Diese Effekte kompensieren teilweise die durch die Gitterfehlanpassung entstandenen mechanischen Spannungen im Kristallgitter. Abhängig von der Größe des dotierten Fremdatoms kann es zu Zug- oder Druckspannungen in der Siliciumscheibe kommen (Abb.). Hochdotiert eingebrachte Schichten werden in der Mikromechanik als Ätzstoppschichten verwendet.

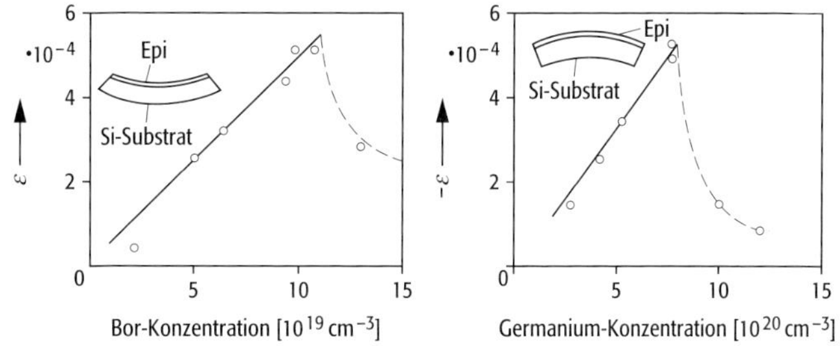


**Gitterfehlanpassung:** Elastische Verzerrung von Si-Scheiben als Funktion der Dotierstoffkonzentration in der Epitaxieschicht (Epi).

**Gitterfehler,** *Kristalldefekt*, *Fehlordnung*, jede Abweichung von einer streng periodischen Anordnung der Gitterbausteine im Kristall.

Für fast alle makroskopischen Eigenschaften, insbesondere die mechanischen und elektrischen, sind Gitterfehler von entscheidender Bedeutung. Man kann Gitterfehler nach der Größe und der Art der Entstehung einteilen.

a) *Größe*: Man unterscheidet atomare Fehlordnungen, *Punktdefekte*, die eindimensional sind, und *makroskopische Defekte*, die, je nachdem ob sie zwei- oder dreidimensional ausgedehnt sind, *Liniendefekte* oder *Oberflächendefekte* genannt werden.

Zu den atomaren Defekten gehören die *thermischen Defekte*, die in jedem perfekten Kristall oberhalb des absoluten Temperatur-Nullpunkts entstehen. Desweiteren zählen zu den Punktdefekten: *Leerstellen* (*Schottky-Defekte*), *Zwischengitteratome*, *Frenkel-Defekte* und *Farbzentren*. Auch *Fremdatome*, das heißt chemische Fehlordnungen, sind Punktdefekte. Zu den makroskopischen Defekten gehören *Versetzungen*, *Kleinwinkelkorngrenzen*, *Stapelfehler* und *Korngrenzen* zwischen verschieden orientierten Kristalliten.

Chemische Fehlordnungen und Versetzungen werden auch Kristallbaufehler genannt, da sie im idealen Kristall nicht vorkommen.

b) *Art der Entstehung:* Vier Mechanismen sind im wesentlichen die Ursache für Gitterfehler:

- Aufgrund der *Wärmebewegung* schwingen die Atome um ihre Ruhelage, bei Raumtemperatur mit Frequenzen um $10^{12}$–$10^{13}$Hz und Amplituden um 0,01nm, wobei diese Bewegung auch am absoluten Nullpunkt ($T = 0$K) nicht aufhört (↗*Nullpunktsenergie*).
- Durch Stöße mit von außen kommenden Teilchen oder γ-Quanten oder auch durch thermische Anregung können Atome ihren Platz ganz verlassen und sich an irgendeiner anderen Stelle des Kristalls anlagern (*Punktfehler*, *Fehlstelle*).

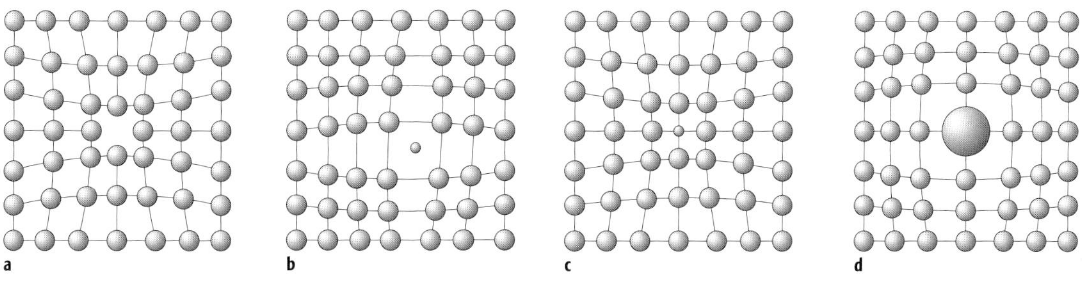


**Gitterfehler 1:** Punktdefekte; a: Leerstelle, b: Zwischengitteratom, c: kleines Substitutionsatom, d: großes Substitutionsatom).

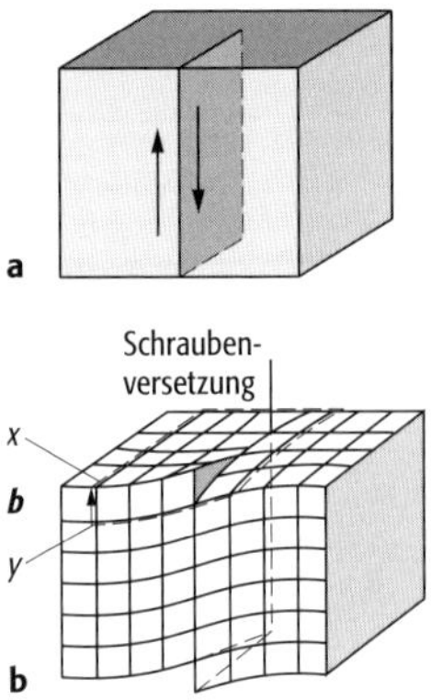


**Gitterfehler 2:** Schraubenversetzung; ein Kristall wird partiell aufgetrennt (a) und um einen Atomabstand geschert (b).

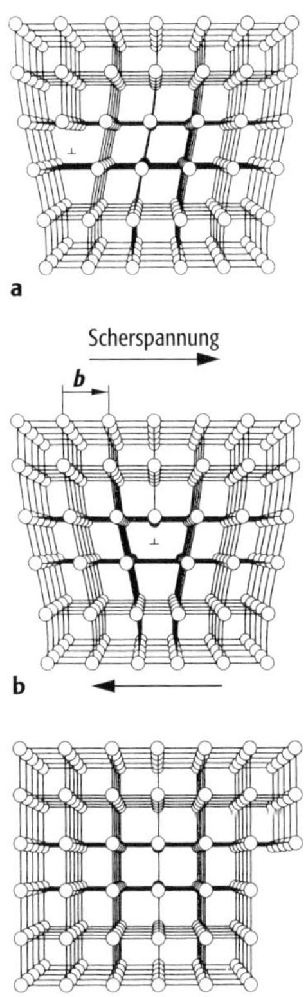


**Gitterfehler 3:** linearer Defekt; eine Versetzung (a) verlagert sich schrittweise in Gleitrichtung (b), an der Außenseite entsteht eine Stufe (c).

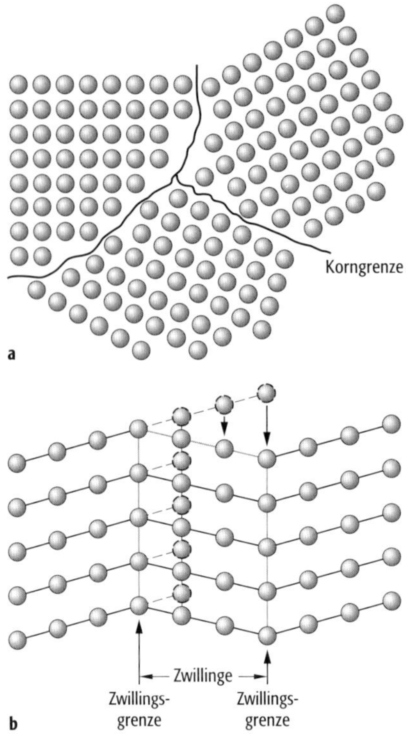


**Gitterfehler 4:** Flächendefekt; a: Korngrenze, b: Zwillingskristall.

**Gitterfehler 5:** Mikrophotographie von Zwillingen innerhalb eines Messing-Kristallkorns (250fach vergrößert).

• ↗*Versetzungen* sind linienartige Fehlordnungen in Kristallen, sie können sowohl beim ↗*Kristallwachstum* als auch durch mechanische ↗*Verformung* entstehen. Lage und Orientierung einer Versetzung werden durch den ↗*Burgers-Vektor* charakterisiert, dieser steht bei einer *Stufenversetzung* senkrecht zur Kante der eingeschobenen Netzebene, bei einer *Schraubenversetzung* parallel zur Schraubenrichtung.

• Flächenhafte Fehlstellen werden *Stapelfehler* genannt, dabei sitzen entweder ganze Netzebenen an einer falschen Stelle oder bestehen aus einer »falschen« Atomsorte.

**Gittergas** ↗Ising-Modell.

**Gittergeister,** unerwünschte Beugungsmaxima bei ↗*Spektrographen*, die aufgrund periodischer Abweichungen der Furchenform des ↗*Beugungsgitters* von der Idealen entstehen. Beugungsgitter in Spektrographen sind idealerweise so konstruiert, daß nur ein Beugungsmaximum entsteht, damit sich die einzelnen Ordnungen nicht wellenlängenabhängig überlagern. *Rowland-Geister* liegen nahe den eigentlichen Spektrallinien und können mit schwachen Linien verwechselt werden. *Lyman-Geister* sind weiter vom eigentlichen Maximum entfernt.

Unperiodische Abweichungen von der idealen Furchenform führen zu einer Aufhellung der Minima (Hintergrundhelligkeit) und zu einer Verbreiterung der Spektrographenfunktion (Linienbreite).

**Gittergerade,** eine Gerade, die unendlich viele translationsäquivalente *Gitterpunkte* enthält. (↗Gitter)

**Gittergleichrichtung,** in der *Elektrotechnik*: Verfahren zur Gleichrichtung und ↗*Demodulation* vor allem von Hochfrequenz-Wellen (↗*Gleichrichter*, ↗*Hochfrequenztechnik*), bei dem eine ↗*Elektronenröhre* verwendet wird, die ein Gitter enthält. Im Gegensatz zur *Anodengleichrichtung* wird dabei die Abhängigkeit des Gitterstromes von der Spannung des Gitters gegenüber der Kathode benutzt. Das Gitter arbeitet dabei im exponentiellen Bereich des Anlaufstromes. Die Umwandlung des Richtstromes in eine Richtspannung mit einem großen Gitterkreiswiderstand macht eine anschließende Verstärkung möglich (*Audiongleichrichtung*, ↗*Audion*).

**Gittergleichung,** eine Gleichung, die die Lage der Interferenzmaxima bei ↗*Beugung* elektromagnetischer Wellen hinter einem Doppelspalt oder ↗*Beugungsgitter* beschreibt:

$$g(\sin\beta - \sin\alpha) = n\lambda,$$

mit $g$ Gitterkonstante, $\alpha$ Einfallswinkel der Welle, $\beta$ Beugungswinkel, $\lambda$ Wellenlänge und $n$ Beugungsordnung $(0, \pm 1, \pm 2, ...)$. Die Gittergleichung läßt sich aus dem ↗*Huygensschen Prinzip* ableiten.

**Gitterkonstante, 1)** *Optik*: *Gitterperiode*, bei der ↗*Beugung* am Doppelspalt oder ↗*Beugungsgitter* Abstand der Mitten zweier durchlässiger Spalte. Die Gitterkonstante geht ein in die Berechnung der (winkelabhängigen) Intensitätsverteilung innerhalb des *Interferenzmusters*.

**2)** *Festkörperphysik*: die Länge (Betrag) der ↗Basisvektoren eines Kristallgitters. Diese Längen entsprechen dem Abstand zweier gleichwertiger Netzebenen in dem Kristallgitter und sind in der Größenordnung von einigen Zehntel bis einigen 10nm.

**Gitterkoordinaten,** die Faktoren $r_i$ des ↗*Gittervektors* $\boldsymbol{r} = r_1\boldsymbol{a}_1 + r_2\boldsymbol{a}_2 + r_3\boldsymbol{a}_3$, welche alle ganzen Zahlen durchlaufen und somit die Koordinaten eines Punktes in einem ↗*Raum-*

*gitter* festlegen. Die $\boldsymbol{a}_i$ sind die Basisvektoren des Gitters.

**Gitter-Laplace,** Analogon des ↗*Laplace-Operators* auf einem Gitter. Seien $\varphi_i$ Felder, die auf den Punkten $i$ eines Gitters definiert sind, dann ist

$$(\Delta\varphi)_i = \sum_{j|i} \varphi_j - n_i\varphi_i ,$$

wobei die Summe über alle Nachbarpunkte $j$ zum Punkt $i$ läuft und $n_i$ die Anzahl der Nachbarpunkte von $i$ bezeichnet. Insbesondere gilt auch

$$\sum_{\langle i,j\rangle} (\varphi_i - \varphi_j)^2 = -\sum_i \varphi_i(\Delta\varphi)_i ,$$

wobei sich die Summe auf der linken Seite über alle direkt benachbarten Gitterpunkte $\langle i,j\rangle$ (jedes Paar tritt einmal auf) erstreckt. Der Gitter-Laplace spielt für ↗*Gittermodelle* eine große Rolle, die Diskretisierungen von Feldtheorien darstellen, so beispielsweise auch für die ↗*euklidischen Feldtheorien* des Standardmodells.

**Gittermodelle,** Klasse von Modellen in der ↗*statistischen Mechanik*, bei denen den Punkten (Linien, Elementarflächen, Elementarzellen, etc.) eines ↗*Gitters* physikalische Freiheitsgrade zugeordnet werden. Gittermodelle dienen in erster Linie der Beschreibung von Festkörpern, bei denen die Ruhelagen der molekularen Rümpfe als statisch angesehen werden können, finden aber auch in anderen Bereichen der Physik Anwendung.

Obwohl schon sehr früh Gitterstrukturen für Festkörper untersucht wurden (Huygens 1690, Haüy 1822), gewannen sie erst nach der experimentellen Entdeckung der Kristallstrukturen von Festkörpern 1912 an Bedeutung. Die ersten Gittermodelle hatten die Schwingungsmoden eines Festkörpers zum Gegenstand. Die lokalen Freiheitsgrade entsprechen in diesem Fall den Auslenkungen der Rumpfmoleküle aus einer Gleichgewichtslage. In der *harmonischen Näherung* ist die Energie eine Funktion der Quadrate der relativen Abstände benachbarter Rumpfatome. Die Quantisierung dieses Modells führt zu den ↗*Phononen* als den ↗*Quasiteilchen* der Gitteranregungen.

Generell werden klassische und quantenmechanische Gittermodelle unterschieden. Bei klassischen Gittermodellen sind die lokalen Freiheitsgrade Elemente eines Zustandsraumes. Die Konfigurationen eines klassischen Gittermodells sind somit Abbildungen von den Gitterpunkten (-linien, etc.) in diesem Zustandsraum. Auf dem Raum der Konfigurationen ist im allgemeinen ein Energiefunktional definiert, zu dem man die ↗*Boltzmann-Konstante* bestimmen kann. Daraus ergibt sich nach dem üblichen Formalismus der statistischen Mechanik die ↗*Zustandssumme* als Summation über alle Konfigurationen, jeweils gewichtet mit der Boltzmann-Konstante, sowie die Möglichkeit der Berechnung von Erwartungswerten. Damit die Energie zu allen Konfigurationen endlich ist, muß man das Gitter zunächst als endlich ausgedehnt annehmen, was die Festlegung von ↗*Randbedingungen* erfordert. Für intensive Größen (beispielsweise die ↗*freie Energie* pro Gitterpunkt) erhält man die thermodynamischen Größen im Grenzfall unendlicher Gittergröße (dem sogenannten *thermodynamischen Limes*).

Bekannte klassische Gittermodelle sind das ↗*Ising-Modell* (der Raum der lokalen Zustände besteht hier aus den beiden Spinorientierungen $\pm 1$), das ↗*Potts-Modell* (der Zustandsraum besitzt $q$ Elemente), ↗*Vertex-Modelle* (der lokale Zustandsraum besteht aus den beiden möglichen Orientierungen einer Gitterlinie, die Energie bestimmt sich aus den Konfigurationen um Gitterpunkte), der klassische *Heisenbergsche Ferromagnet* (der Zustandsraum entspricht einer Kugeloberfläche), oder auch ↗*Gittereichtheorien* (der Zustandsraum besteht aus der unitären Darstellung einer Gruppe). Im diesem Fall sind die Freiheitsgrade für die Gitterlinien definiert.

Bei quantenmechanischen statistischen Modellen sind den Gitterpunkten (Linien, etc.) Matrizen oder lineare Operatoren in einem Vektorraum bzw. Hilbert-Raum zugeordnet. Die Energie und die Boltzmann-Konstante sind ebenfalls Operatoren, die Zustandssumme ist gleich der Spur der Boltzmann-Konstanten. Eine wichtige Klasse quantenmechanischer statistischer Modelle bilden die *Quantenspinketten*, bei denen das Gitter aus einer eindimensionalen Kette besteht und den Punkten dieser Kette Spin-Matrizen zugeordnet werden. Sie beschreiben die Propagation von Spinwellen entlang einer eindimensionalen Kette. In anderen Modellen, z.B. zur Beschreibung der Propagation von Teilchen in einem Gitter, werden den Gitterpunkten Erzeugungs- bzw. Vernichtungsoperatoren zugeordnet. Ein bekanntes Beispiel zur Beschreibung von Gitterelektronen in einem Magnetfeld ist das ↗*Hubbard-Modell*. Über den ↗*Transfermatrix*-Formalismus sind $d$-dimensionale klassische Gittermodelle mit $(d-1)$-dimensionalen quantenmechanischen Gittermodellen verknüpft. [TF3]

**Gittermonochromator** ↗Gitterspektrometer.

**Gitteroptik,** Oberbegriff für die theoretische Beschreibung der optischen Erscheinungen beim Durchgang des Lichtes durch Kristalle. Die Gitterpunkte werden als dreidimensionale Anordnung diskreter, schwingungsfähiger Teilchen (Oszillatoren) betrachtet, die bei entsprechender Anregung durch eine Lichtwelle (Primärwelle) um ihre Gleichgewichtslage schwingen. Jeder Oszillator sendet bei Anregung durch die Primärwelle kugelförmige Sekundärwellen gleicher Frequenz aus. Durch Überlagerung der Sekundärwellen untereinander und mit den Primärwellen kommt es zu Interferenzerscheinungen. Diese werden bestimmt durch die infolge des jeweiligen Netzebenenabstandes hervorgerufene Größe der Phasendifferenz der Sekundärwellen. Dabei erfolgt eine Auslöschung der Primärwelle. Die infolge Verstärkung durch Interferenz ausgezeichneten Richtungen der Sekundärwellen bestimmen die Wellenfront des gebrochenen bzw. reflektierten Lichts.

Die gitteroptische Beschreibung der kristallographischen Erscheinungen erfolgte durch P.P. Ewald (1912), M. Born (1915) und auf quantentheoretischer Grundlage durch G. Wentzel (1933).

**Gitterparameter,** die sechs Größen, die aus den ↗Gitterkonstanten $a$, $b$, $c$ und den von den *Basisvektoren* eingeschlossenen Winkeln $\alpha$, $\beta$, $\gamma$ bestehen und zur Bestimmung eines Raumgitters dienen.

**Gitterperiode** ↗Gitterkonstante.

**Gitterplatz** ↗Gitterpunkt.

**Gitterpolarisation,** eine Form der ↗*elektrischen Polarisation*, bei der geladene Atome bzw. -gruppen im Gitter eines ↗*Festkörpers* gegeneinander verschoben werden. Die Gitterpolarisation gehört zu den *dielektrischen Polarisationseffekten*.

**Gitterpotential** ↗Gitterenergie.

**Gitterpunkte,** die Punkte eines ↗*Raumgitters*, welche vom Endpunkt des Gittervektors $\boldsymbol{r} = r_1\boldsymbol{a}_1 + r_2\boldsymbol{a}_2 + r_3\boldsymbol{a}_3$ überstrichen werden, wobei die ↗*Gitterkoordinaten* $r_i$ alle ganzen Zahlen durchlaufen und die $\boldsymbol{a}_i$ die Basisvektoren des Gitters sind.

**Gitterschwingungen,** *thermische Gitterbewegung*, kleine Schwingungen, welche die Atome in einem Festkörper in der Nähe ihrer Gleichgewichtslage vollführen und deren Amplitude mit der Temperatur wächst. Die Gesamtheit der möglichen Schwingungen bildet den Gegenstand der *Gitterdynamik*. Befinden sich in der ↗Elementarzelle des betrachteten Kristallgitters $r$ Atome und enthält der Kristall $N$ Elementarzellen, dann beträgt die Zahl der Bewegungsfreiheitsgrade aller Atome $3Nr - 6 \approx 3Nr$ (da $N$ gewöhnlich sehr groß ist), wenn man von den je drei Freiheitsgraden der Translation und der Rotation des Kristalls als Ganzes absieht. Da die die Kerne umgebenden Elektronen eine um mehr als $10^3$ kleinere Masse als die Kerne haben, können in der adiabatischen Näherung (↗*Born-Oppenheimer-Näherung*) die Kern- und die Elektronenbewegung getrennt behandelt werden, so daß die Gitterschwingungen in dieser Näherung die Kernschwingungen darstellen, denen die Elektronen adiabatisch folgen. In der *harmonischen Näherung* wird die Entwicklung der Energie nach kleinen Auslenkungen aus der Gleichgewichtslage mit dem Glied zweiter Ordnung abgebrochen. Wegen der Translationsinvarianz des Gitters (↗*Bandstruktur*) wird die Bewegungsgleichung für die Auslenkung der Gitterschwingungen $u$ als eine ebene Welle zu

$$u_s(l, \boldsymbol{k}) \sim u_s(\boldsymbol{k}) \exp[\mathrm{i}\boldsymbol{k}\boldsymbol{r}_s(l) \pm \mathrm{i}\omega(\boldsymbol{k})t]$$

gelöst; $\boldsymbol{k}$ ist der Wellenzahlvektor, $l$ die Nummer der Elementarzelle, $s$ ein Index, der sowohl die Anzahl der Atome in der Elementarzelle als auch die drei Raumrichtungen bei Verwendung kartesischer Koordinaten erfaßt.

Die Abhängigkeit der Frequenz von den Wellenzahlvektoren $\boldsymbol{k}$ wird als ↗*Dispersionsrelation* der Gitterschwingungen bezeichnet. Zu jedem Vektor $\boldsymbol{k}$ gehören $3r$ Frequenzen; davon verschwinden drei Frequenzen für $\boldsymbol{q} \to 0$ gemäß $\omega \sim |\boldsymbol{k}|$, die dazugehörigen Lösungen werden als ↗*akustische Zweige* bezeichnet. Es läßt sich zeigen, daß dann alle $r$ Atome in der Elementarzelle in Phase und mit einheitlicher Amplitude schwingen. Das ist auch charakteristisch für die Verschiebungen eines elastischen Mediums bei der Ausbreitung von Schallwellen. Die verbleibenden $(3r - 3)$ Schwingungen, deren Frequenzen bei $\boldsymbol{k} = 0$ nicht verschwinden, heißen ↗*optische Zweige*. Die Atome in der Elementarzelle schwingen nicht in Phase (in zweiatomigen Gittern schwingen die entsprechenden Atome bei $\boldsymbol{k} \to 0$ in Gegenphase, ↗*AB-Kette*); dadurch können z.B. in Ionenkristallen schwingende ↗*elektrische Dipole* auftreten, die Lichtwellen mit Wellenlängen im optischen Bereich absorbieren oder emittieren.

Beim Übergang zur quantenmechanischen Beschreibung muß man die Vertauschungsrelationen der Operatoren der Koordinaten und Impulse berücksichtigen (↗*Phononen*).

**Gitterspektrometer,** *Gittermonochromator*, Gerät zur Analyse der spektralen Intensitätsverteilung von elektromagnetischen Strahlungsquellen, wie es z.B. in der Atomspektroskopie eingesetzt wird. Der davon abgedeckte Spektralbereich reicht vom infraroten bis zum ultravioletten Spektralbereich.

Der schematische Aufbau eines Gitterspektrometers ist in Abb. 1 dargestellt. Zentrales Bauteil eines Gitterspektrometers ist ein ↗*Beugungsgitter*. Die zu untersuchende Strahlung wird auf einen Eintrittsspalt fokussiert und mit einer Linse kollimiert, so daß das Gitter möglichst großflächig ausgeleuchtet wird. Die vom Gitter reflektierte Strahlung wird durch eine zweite Linse auf eine photographische Platte oder einen Austrittsspalt fokussiert. Im zweiten Fall befindet sich hinter dem Spalt ein Strahlungsdetektor, in der Regel ein ↗*Sekundärelektronenvervielfacher*.

Der genaue Aufbau eines Gitterspektrometers hängt vom speziellen Anwendungsfall ab. Meist werden statt Linsen gekrümmte Spiegel

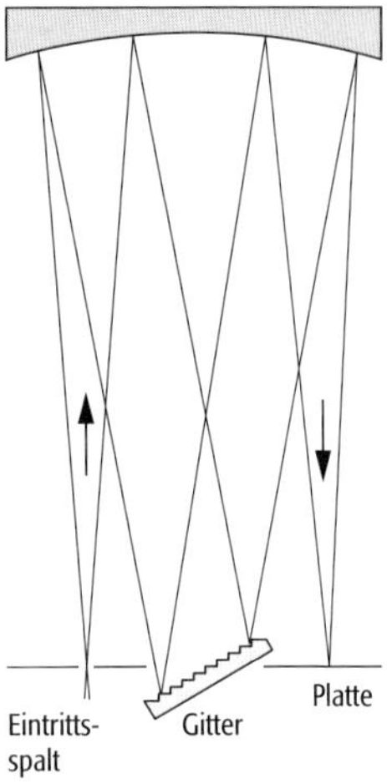


a

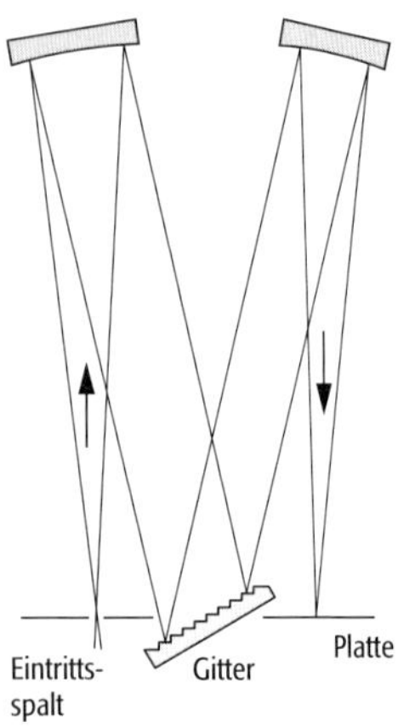


b

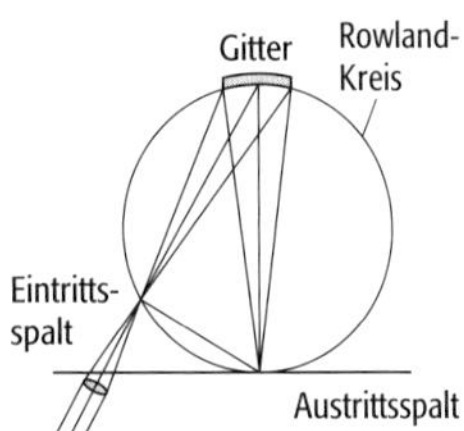


c

**Gitterspektrometer 2:** Spezielle Gitterspektrometer:
a) Ebert-Fastie-Anordnung;
b) Czerny-Turner-Anordnung;
c) Rowland-Anordnung.

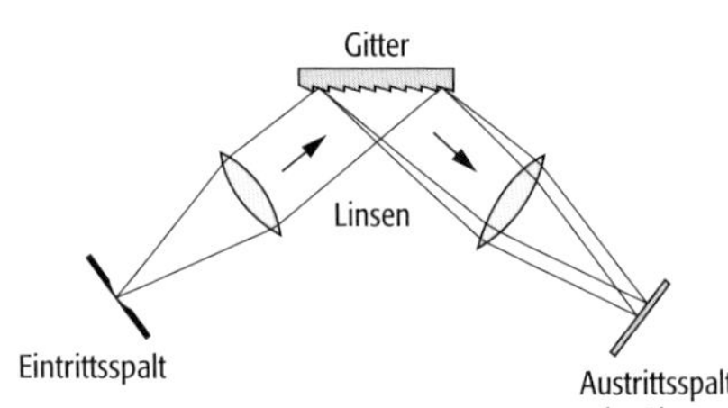


**Gitterspektrometer 1:** Schematische Darstellung.

verwendet, wie z.B. in der *Ebert-Fastie-* und der *Czerny-Turner-Anordnung* (Abb. 2). Im Bereich sehr kurzwelliger UV-Strahlung versucht man in der Regel die Anzahl der fokussierenden optischen Komponenten möglichst klein zu halten, da herkömmliche Linsen und Spiegel nur unzureichend funktionieren. In diesem Fall kann man gekrümmte Gitter verwenden, um das Licht zu kollimieren bzw. zu fokussieren. Dies ist z.B. in der Rowland-Anordnung realisiert, wo Eintrittsspalt, Gitter und Austrittsspalt auf einem Kreis mit dem Durchmesser des Krümmungsradius des Gitters liegen.

Gitterspektrometer können heute mit Auflösungen bis ca. $10^6$ realisiert werden und werden überall dort eingesetzt, wo die spektrale Intensitätsverteilung von Lichtquellen oder die frequenzabhängige Absorption von Proben von Interesse ist, wie z.B. in der ↗*Atomspektroskopie.* [SW]

**Gitterspektroskop** ↗Gitterspektrometer.

**Gitterspektrum** ↗Normalspektrum.

**Gittertiere,** in der ↗Perkolationstheorie scherzhafte Bezeichnung für die verschiedenen Clusterformen, insbesondere für kleine Cluster, bei denen sich die Kombinatorik ihrer Häufigkeit noch explizit angeben läßt.

**Gittertypen** ↗Bravais-Gitter.

**Gittervektor,** der Vektor $\boldsymbol{r} = r_1\boldsymbol{a}_1 + r_2\boldsymbol{a}_2 + r_3\boldsymbol{a}_3$ eines ↗Raumgitters, wobei die $r_i$ alle ganzen Zahlen durchlaufen und die $\boldsymbol{a}_i$ die ↗Basisvektoren des Gitters sind.

**Gitterversuch** ↗Hertzscher Gitterversuch.

**Gitterzelle** ↗Elementarzelle.

**GKSS Geesthacht GmbH,** Mitglied in der ↗*Hermann von Helmholtz-Gemeinschaft deutscher Forschungszentren* (*HGF*); Forschungsschwerpunkte: Materialforschung und Umweltforschung/-technik. Von den rund 800 Mitarbeitern sind etwa 220 Wissenschaftler, davon 80 Physiker. Die GKSS betreibt einen Forschungsreaktor, der als Neutronenquelle für Materialuntersuchungen dient (↗Neutronenstreuungsanlagen und Neutronenquellen). Träger der GKSS sind die Bundesrepublik Deutschland sowie die Länder Brandenburg, Bremen, Hamburg, Niedersachsen und Schleswig-Holstein.

**GL(*n*,C),** die Gruppe der allgemeinen (G) linearen (L) komplexwertigen (C) $n \times n$-Transformationsmatrizen. Sie ist die größte Gruppe, welche die in der Physik wichtigen Gruppen als Untergruppen beinhaltet. Sei $g_{ab}$ der metrische Tensor im $n$-dimensionalen Vektorraum; $g_{ab}$ ist lokal diagonalisierbar mit $p$ positiven und $q$ negativen Diagonalelementen. Untergruppen von GL($n$,C) werden wie folgt gebildet: SL($n$,C)-Elemente haben Determinante $\det M = \pm 1$. Elemente der orthogonalen Gruppe, O($n$,C), erfüllen $g_{ab}M^a{}_\mu\,(M^*)^b{}_\nu = g_{\mu\nu}$. Eine gemeinsame Untergruppe der beiden ist SO($n$,C). Die Elemente der unitären Gruppe U($p$,$q$) erfüllen $g_{ab}M^a{}_\mu M^{\dagger b}{}_\nu = g_{\mu\nu}$, ihre Untergruppe ist SU($p$,$q$). Schließlich die symplektische Gruppe, Sp([$n$/2],C), bestehend aus $n/2 \times n/2$ antisymmetrischen Matrizen (nur für gerade $n$ verwendbar) mit $g_{ab}M^a{}_\mu(M^T)^b{}_\nu = g_{\mu\nu}$. Einige Beispiele: SU($n$): *Yang-Mills-Theorien*; SL(2,C): *konforme Feldtheorien*; die *Lorentz-Gruppe* kann sowohl SO(3,1,R)- als auch SL(2,C)-Darstellungen haben, SO(10) ist eine GUT-Gruppe, etc.

**GLAG-Theorie der Supraleitung,** *Ginsburg-Landau-Abrikossow-Gorkow-Theorie der Supraleitfähigkeit*, Weiterentwicklung der ↗*Ginsburg-Landau-Theorie der Supraleitung* zunächst durch Abrikossow, der sie auf Supraleiter zweiter Art anwandte, und später durch Gorkow, der die Äquivalenz des *Ginsburg-Landau-Ordnungsparameters* mit der Summenwellenfunktion der ↗*Cooper-Paare* nachwies und die *Ginsburg-Landau-Gleichungen* direkt aus der mikroskopischen ↗*BCS-Theorie* der Supraleitfähigkeit ableiten konnte. Die GLAG-Theorie ist daher eine aus der mikroskopischen Theorie ableitbare phänomenologische Theorie, die ganz wesentlich die vielfältigen mit der Supraleitfähigkeit verknüpften Erscheinungen aufzuklären half. Die einfachere ↗*Londonsche Theorie der Supraleitung* ist in der GLAG-Theorie als Spezialfall enthalten.

**Glan-Thompson-Prisma,** Bezeichnung für ein Polarisationsprisma, das aus zwei zusammengekitteten Teilprismen besteht, die aus Kalkspat geschnitten sind. Der ordentliche Strahl (o) wird total reflektiert, während der außerordentliche Strahl (ao) durchgelassen wird. Benutzt man Leinöl mit $n = 1{,}49$ als Kittmittel, so beträgt der Gesichtsfeldwinkel 42°, und die schräg einfallenden Strahlen dürfen zur Erzielung einer vollständigen Polarisation keinen größeren Einfallswinkel als 21° besitzen. Das Glan-Thompson Prisma besitzt im Vergleich zum ↗*Nicolschen Prisma* zur Längsrichtung senkrecht stehende Endflächen.

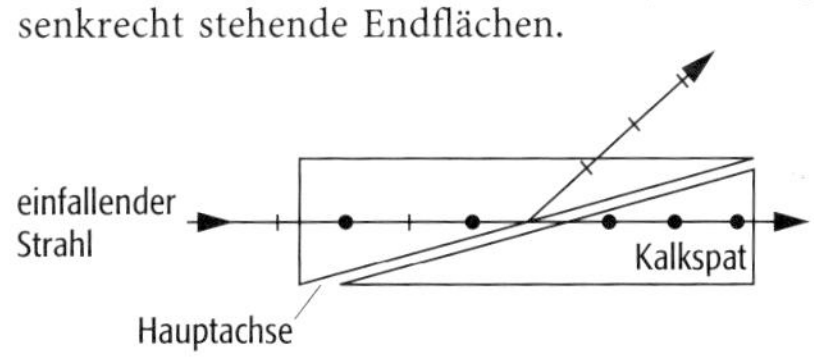


**Glan-Thompson-Prisma:** Die optische Achse steht senkrecht zur Papierebene.

**Glänzen** ↗Metalloptik.

**Glanzmesser,** photometrische Einrichtung zur Bestimmung des Glanzes eines Objektes. Der Glanz ist durch das Verhältnis der am Objekt gerichtetet und diffus reflektierten Lichtströme bestimmt. Die verschiedenen Verfahren der Glanzmessung beruhen im wesentlichen auf der Messung des gerichteten Anteiles des reflektierten Lichtstromes. Beim Verfahren nach *Kieser* und *Ingersoll* fällt paralleles Licht unter dem Polarisationswinkel auf das Objekt. Das gerichtet reflektierte Licht ist im Gegensatz zum diffus reflektierten polarisiert und das Verhältnis der beiden Komponenten wird mit Hilfe eines ↗*Polarisationsphotometers* bestimmt. Beim Verfahren nach *Goerz* wird das Verhältnis der unter einem bestimmten Lichteinfallswinkel gerichtet und diffus reflektierten Lichtströme zur Festlegung einer Glanzzahl verwendet.

**Glanzwinkel,** in der ↗*Röntgenbeugung* z.B. beim ↗*Braggschen Reflexionsgesetz* geläufige Bezeichnung für den Winkel zwischen einfallendem Strahl und den reflektierenden Kristallebenen.

**Glas,** ↗amorpher Festkörper, der sich im ↗Glaszustand befindet bzw. der durch einen ↗*Glasübergang* aus der Schmelze entstanden ist (*ungeordneter Festkörper*). Der Unterschied der Gläser zu anderen amorphen Festkörpern besteht vor allem darin, daß letztere beim Aufheizen kristallisieren, während die Gläser bei der *Glasübergangstemperatur* $T_g$ wieder in den flüssigen Zustand übergehen. In der Materialklasse der Gläser sind die unterschiedlichsten Substanzen und jeder Typ der chemischen Bindung vertreten (Tabelle). Man kennt die Oxid-Gläser (z.B. $SiO_2$, $B_2O_3$, $GeO_2$, $P_2O_5$), die Chalkogenid-Gläser (z.B. $As_2S_3$, $P_2Se$) sowie molekulare bzw. organische Gläser und ↗*Polymere.* Weiterhin gibt es eine Reihe von ↗*metallischen Gläsern.* (↗*Spingläser*)

**Glas:** Eine Auswahl von Gläsern mit dem Bindungstyp und der Glastemperatur $T_g$.

| Glas | Bindungstyp | $T_g$ [K] |
|---|---|---|
| $SiO_2$ | kovalent | 1430 |
| $As_2S_2$ | kovalent | 470 |
| $Pd_{40}Ni_{40}P_{20}$ | metallisch | 580 |
| $Au_{80}Si_{20}$ | metallisch | 290 |
| $BeF_2$ | ionisch | 570 |
| Isopentan | van der Waals | 65 |
| $H_2O$ | H-Brücke | 140 |
| $C_2H_5OH$ | H-Brücke | 90 |
| Polystyren | polymerisch | 370 |

**Glas, optisches,** strahlungsdurchlässiger, amorpher, fester und weitgehend homogener Stoff, der aus einer Schmelze hervorgeht und durch plastische und mechanische Verfahren geformt werden kann. Das optische Glas unterscheidet sich vom einfachen Glas durch hohe Reinheit der verwendeten Materialien, hohe Lichtdurchlässigkeit, Durchsichtigkeit sowie durch Spannungs- und Schlierenfreiheit. Die einzelnen optischen Gläser mit speziellen Werten bei den Kennzahlen wie ↗*Brechzahl* $n_d$, ↗*Abbesche Zahl* $\nu_d$, ↗*Dispersion* und dem Transmissionsbereich werden als Glastypen bezeichnet, die in einem zweidimensionalen Glasdiagramm bezüglich ihrer Kennzahlen geordnet sind (Abb.). Ursprünglich unterschied man die optischen Gläser in ↗*Krongläser* mit schwacher Brechkraft und kleiner Dispersion und *Flintgläser* mit starker Brechkraft und hoher Dispersion. Heute versteht man unter Flintgläsern solche mit einem hohen Bleioxidanteil und einer Abbeschen Zahl kleiner als 50. Optische Gläser sind nicht frei von Absorption und Streuung und werden deshalb durch den wellenlängenabhängigen Retransmissionsgrad, der nach ↗*Lambert* mit der durchstrahlten Dicke abnimmt, gekennzeichnet.

Die Schmelze zur Gewinnung optischer Gläser besteht aus Glasbildnern und Flußmitteln, in denen der Glasbildner bereits bei Temperaturen unterhalb seines Schmelzpunktes schmilzt. Als Glasbildner dienen Kiesel- und Borsäure, denen zur Variation der optischen Eigenschaften z.B. Alkali-, Erdalkali- und Bleioxide zugesetzt werden. Um eine gute Durchlässigkeit im UV- und IR-Bereich zu erreichen, benutzt man z.B. Siliciumoxid oder Lithiumfluorid. Zusätzliche Stabilisatoren dienen dazu, das Glas chemisch beständig zu machen. Wichtig bei der Herstellung von optischen Komponenten wie Linsen und Prismen ist die optimale Führung des Schmelz- und Abkühlvorganges, um eventuellen Spannungen

**Glas, optisches:** Glasdiagramm ($\nu_d$, $n_d$) für verschiedene optische Gläser.

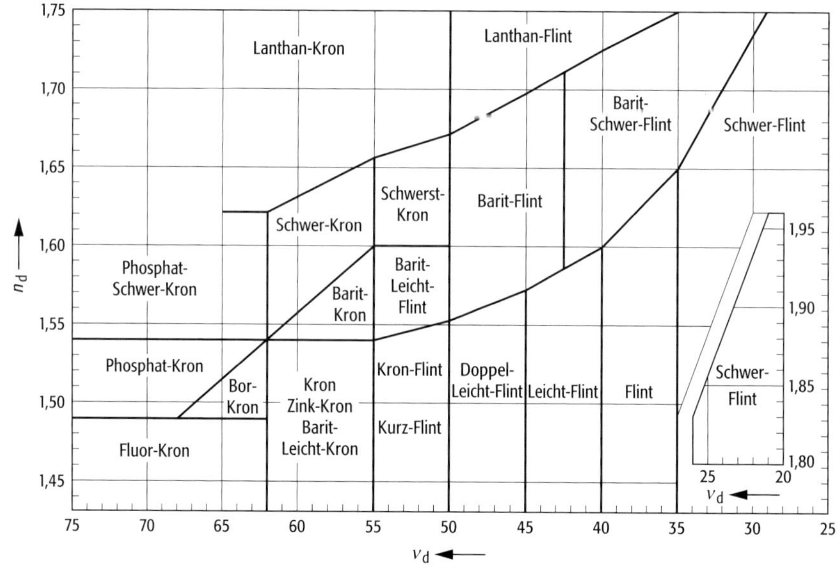

vorzubeugen und die Isotropie des Glases zu gewährleisten. Zur Formgebung benutzt man plastische Verfahren, z.B. das Pressen und Blasen, und mechanische Verfahren wie das Trennen und Fräsen. [KB2]

**Glasdiagramm** ↗Glas, optisches.

**Glaser, 1)** *Donald Arthur*, amerikanischer Physiker und Molekularbiologe, *21.9.1926 Cleveland (Oh.); ab 1955 Professor an der University of Michigan in Ann Arbor, seit 1959 Professor für Physik und Molekularbiologie an der University of California in Berkeley; Arbeiten zur Kern- und Elementarteilchenphysik (vor allem über schwache Wechselwirkung) und kosmischen Strahlung; entwickelte 1952 die als Teilchen-Nachweisgerät in der Elementarteilchenphysik bedeutende Blasenkammer; zuletzt Arbeiten auf dem Gebiet der Mikro- und Molekularbiologie, insbesondere zur Automatisierung der Züchtung von Zellen und Mikroorganismen zum Nachweis selten auftretender Mutanten; erhielt 1960 für die Erfindung der Blasenkammer den Nobelpreis für Physik.

**Glaser**, *Donald Arthur*

**2)** *Walter*, österreichischer Physiker, *31.7. 1906 Oberbaumgarten (Böhmen), †3.2.1960 Wien; Professor in Prag, Wien und den USA; verdient um die praktische und theoretische Weiterentwicklung der Elektronenoptik und ihre Anwendung im magnetischen Elektronenmikroskop.

**Glasfaser,** aus Glas (häufig Quarzglas) gefertigter, zylindrischer ↗*Lichtwellenleiter* zur Übertragung von Licht, z.B. in der ↗*Lichtnachrichtenübertragung* oder Medizin. Um den für die *Totalreflexion* am Faserrand benötigten Brechzahlunterschied zu erzielen, sind Glasfasern meist mit einem Glas geringerer ↗*Brechzahl* oder einem Kunststoff ummantelt. Der Übergang erfolgt bei ↗*Stufenindexfasern* diskontinuierlich, bei den für die Übertragung von Signalen über große Entfernungen bevorzugten ↗*Gradientenindexfasern* dagegen stetig. In *Multimodefasern* können mehrere Schwingungsmoden angeregt werden, sie haben Durchmesser zwischen 50 μm und 1 mm. Durch ihre großen Durchmesser sind sie relativ unproblematisch einzusetzen. *Monomodefasern* (*single mode fibers*) haben kleinere Kerndurchmesser, sind deutlich problematischer in der Benutzung, haben aber eine höhere Bandbreite und geringere Dämpfungsverluste.

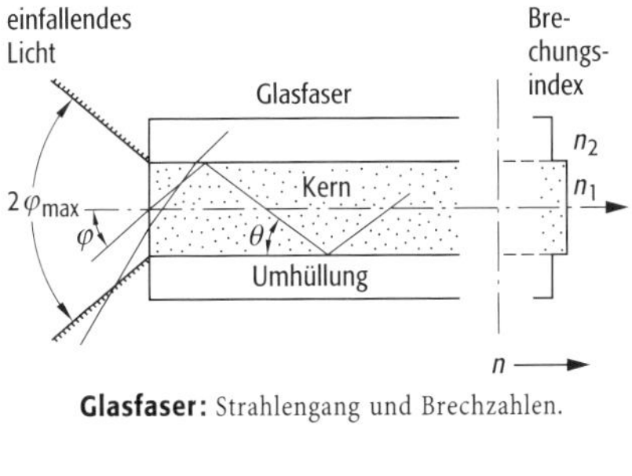


**Glasfaser:** Strahlengang und Brechzahlen.

**Glasfaserkabel** ↗Glasfaser, ↗Glasfaseroptik.

**Glasfaseroptik,** Teilgebiet der ↗*Optik*, das sich mit den Eigenschaften von Licht in einer ↗*Glasfaser* beschäftigt.
Wird Licht in eine Faser eingkoppelt, so werden transversale ↗*Moden* angeregt, analog den ↗*Resonatormoden*. Zum effizienten Einkoppeln in eine Faser muß das Licht fokussiert werden; die Größe des Fokus und des Kerns der Faser sollten ungefähr übereinstimmen. Ein wichtiger Faserparameter ist beim Einkoppeln die *numerische Apertur* (*NA*) der Faser, der Sinus des größtmöglichen Winkels, den ein einfallender Strahl haben darf, damit noch Totalreflexion in der Faser auftritt (↗*Apertur, numerische*). Darüber hinaus werden die Eigenschaften der Faser charakterisiert durch ihren *normalisierten Frequenzparameter* (*V-Zahl*) *V*, der sich aus der Fasergeometrie berechnet,

$$V = 2\pi \cdot NA \cdot \frac{a}{\lambda},$$

wobei $a$ der Kernradius und $\lambda$ die Wellenlänge des eingekoppelten Lichtes ist. Für eine Multimode-Stufenindexfaser ist die Zahl der Moden, die angeregt werden können, gleich $V^2/2$, sie verhält sich also bei gegebener Wellenlänge wie eine Monomodefaser, wenn $V < 2{,}405$ ist.

**Glasfaserverstärker** gleichen *Faserverluste* bei der ↗*Lichtnachrichtenübertragung* über Strecken von mehreren Hundert Kilometern aus. Die ersten Glasfaserverstärker registrierten das Lichtsignal elektronisch, verstärkten es elektronisch und setzten es erneut in ein optisches Signal um. Neuere Verstärker verwenden mit Seltenerdmetallen (z.B. Erbium) dotierte Faser-Abschnitte. Die Erbium-Atome werden mit Hilfe eines sekundären *Lasers* auf ein höheres Energieniveau angeregt (gepumpt). Passiert ein Signal-Photon ein Erbium-Atom, kommt es zu *stimulierter Emission* und damit zu einer Verstärkung (Abb.). Dieses Verfahren ist sehr viel schneller als die elektronische Verstärkung und eignet sich – da es die zeitlichen Eigenschaften der Signale nicht verändert – auch für Multiplex-Übertragung.

**Glasfaserverstärker:** siehe Farbtafelteil.

**Glashow,** *Sheldon Lee*, amerikanischer Physiker, *5.12.1932 New York; 1962–66 Professor in Berkeley, danach in Cambridge (Mass.); bedeutende Arbeiten zur theoretischen Elementarteilchenphysik; vermutete bereits 1961 die Existenz des 1983 von der Arbeitsgruppe um C. ↗*Rubbia* (am CERN in Genf) entdeckten elektrisch neutralen $Z^0$-Bosons (Vektorbosons); sagte 1970 die Existenz eines vierten Quarks (Charm-Quark) voraus; entwickelte mit Howard Georgi (*1947) das *Georgi-Glashow-Modell*; erhielt für seine Beiträge zur Aufstellung des *Glashow-Weinberg-Salam-Modells*, in dem die schwache und elektromagnetische Wechselwirkung in einer einheitlichen Eichtheorie zusammengefaßt werden (elektroschwache Wechselwirkung), 1979 zusammen mit A. ↗*Salam* und S. ↗*Weinberg* den Nobelpreis für Physik.

**Glashow**, *Sheldon Lee*

**Glashow-Weinberg-Salam-Modell,** *GWS-Modell*, nichtabelsche ↗*Eichtheorie* (*Yang-Mills-Theorie*) der elektroschwachen Wechselwirkung, die von S.L. ↗*Glashow*, S. ↗*Weinberg* und A. ↗*Salam* in den sechziger Jahren entwickelt wurde. Das Modell basiert auf der elektromagnetische und der schwache Kraft vereinigenden Eichgruppe $SU(2)\times U(1)$ mit zunächst masselosen Eichbosonen, die ihre erforderliche Masse durch die ↗*spontane Symmetriebrechung* erhalten. Seit der Theorie von Fermi (↗*Fermi-Theorie*) hatten eine Reihe von Arbeiten die Existenz eines massiven Vektorbosons als Träger der schwachen Wechselwirkung postuliert und entsprechende Theorien formuliert, die jedoch nur als phänomenologische Beschreibung und nicht als fundamentale Theorie betrachtet wurden, da sie sich als nicht renormierbar erwiesen. 1971 zeigte G. ↗*t'Hooft* jedoch, daß ↗*Yang-Mills-Theorien* auch dann, wenn ihre Symmetrie spontan gebrochen ist, renormierbar sind. Eichtheorien konnten nun also konkrete und experimentell überprüfbare numerische Vorhersagen machen und wurden daher untereinander vergleichbar. Das GWS-Modell setzte sich dabei gegen konkurrierende Theorien durch: seine Übereinstimmung mit dem Experiment, die einen Höhepunkt in der Entdeckung der vorhergesagten W- und Z-Bosonen 1983 hatte, wurde in den letzten Jahrzehnten immer präziser bestätigt. Das GWS-Modell bildet zusammen mit der Eichtheorie der starken Wechselwirkung, der ↗*Quantenchromodynamik*, das moderne ↗*Standardmodell* der Elementarteilchen. Streng gesprochen handelt es sich beim GWS-Modell nicht um eine vereinigte Feldtheorie, da für jede der beiden Wechselwirkungen eine eigene Kopplungskonstante eingeführt werden muß.

Der SU(2)-Sektor des GWS-Modells besteht in jeder Generation als Konsequenz der paritätsverletzenden $(V-A)$-Struktur der schwachen Wechselwirkung aus einem Isodublett der linkshändigen Leptonen, dem Elektron und seinem Neutrino: $L=\begin{pmatrix}\nu_e\\ e\end{pmatrix}_L$ sowie dem rechtshändigen Elektron, einem Isosingulett: $R=(e)_R$.

Zur Eichgruppe SU(2) gehören weiterhin drei Eichbosonen $W^i_\mu$ ($i=1,2,3$), zur U(1) eines: $B_\mu$. Die entsprechenden Kopplungskonstanten sind $g$ und $g'$. Schließlich besitzt das GWS-Modell noch ein Higgs-Dublett $\phi=\begin{pmatrix}\phi^+\\ \phi^0\end{pmatrix}$, dessen Erwartungswert $\langle\phi\rangle=\begin{pmatrix}0\\ v/\sqrt{2}\end{pmatrix}$ die Symmetriebrechung der Theorie induziert.

Durch die Symmetriebrechung rekombinieren die Eichfelder $B_\mu$ und $W_\mu$ zum masselosen Photonfeld $A_\mu=-\sin\theta_W W^3_\mu+\cos\theta_W B_\mu$, einem neutralen massiven Vektorfeld $Z_\mu=\cos\theta_W W^3_\mu+\sin\theta_W B_\mu$ sowie einem massiven, geladenen Dublett $W^\pm_\mu=(1/\sqrt{2})(W^1_\mu\pm iW^2_\mu)$. Die Mischung der Kopplungskonstanten wird durch den *Weinberg-Winkel* $\theta_W=\tan^{-1}(g'/g)$ parametrisiert. Die Massen der neuen Vektorteilchen lassen sich aus dem Massenterm ablesen, den die Symmetriebrechung aus dem Higgs-Sektor der ursprünglichen Lagrange-Dichte erzeugt: $M_{W^+}=M_{W^-}=gv/2$ und $M_Z=v/2\sqrt{g^2+g'^2}$. Der Weinberg-Winkel fixiert also das Verhältnis der Vektorteilchenmassen, $\cos\theta_W=M_W/M_Z$; diese Beziehung ist durch die aktuellen experimentellen Werte der drei Parameter $\sin^2\theta_W=0{,}23124(24)$, $M_W=80{,}405(89)\,\text{GeV}/c^2$ und $M_Z=91{,}1867(20)\,\text{GeV}/c^2$ hervorragend erfüllt.

Die Einbeziehung der anderen Leptonpaare $(\nu_\mu, \mu^-)$ und $(\nu_\tau, \tau^-)$ in das GWS-Modell geschieht einfach dadurch, daß man zur bisherigen Lagrange-Dichte entsprechende, in der Struktur völlig identische Terme addiert. Auch die Ausdehnung auf Quarks ist problemlos: analog zu den Leptonen bildet man die linkshändigen SU(2)-Dubletts $L_u=\begin{pmatrix}u\\ d'\end{pmatrix}$, $L_c=\begin{pmatrix}c\\ s'\end{pmatrix}$, $L_t=\begin{pmatrix}t\\ b'\end{pmatrix}$, wobei die Quark-Mischungen $q_i=\sum V_{ij}q_j$ durch die *Cabibbo-Kobayashi-Maskawa-Matrix* (↗*CKM Matrix*) $V$ generiert werden.

Neben der Entdeckung der Vektorbosonen $W^\pm$ und Z gehören Vorhersage und Nachweis der neutralen schwachen Wechselwirkung zu den wichtigen Tests des GWS-Modells. Der Nachweis gelang 1973 durch die Beobachtung von Prozessen des Typs $\nu+N\to\nu+\text{Hadronen}$, wobei im Endzustand kein Myon zu beobachten ist. Solchen Reaktionen liegt der Austausch neutraler Z-Bosonen zugrunde. Da auch die elektromagnetische Wechselwirkung neutrale Prozesse durch Photonaustausch ermöglicht, gibt es interessante Interferenzphänomene zwischen elektromagnetischer und schwacher Wechselwirkung, die von kleinen paritätsverletzenden Effekten begleitet sind. Einige raffinierte Experimente konnten auch diese Vorhersage bestätigen. Das GWS-Modell

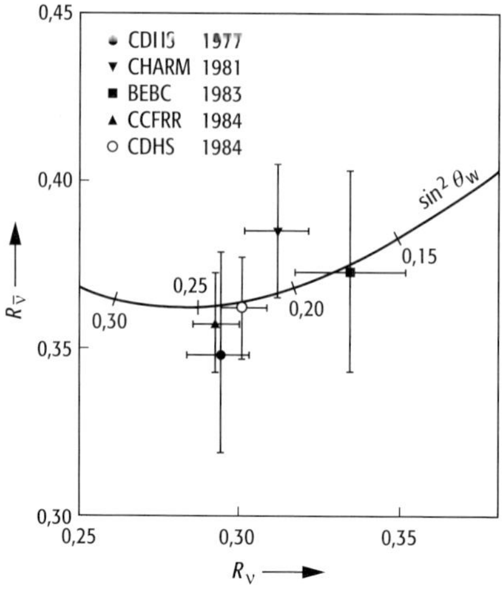


**Glashow-Weinberg-Salam-Modell:** Bestimmung des Weinbergwinkels $\theta_W$ aus verschiedenen Messungen des Verhältnisses $R$ von neutralen zu geladenen Strömen bei Antineutrino- ($\bar\nu$) und Neutrinostreuung ($\nu$).

stellt somit einen der QED ebenbürtigen Erfolg in der Quantenfeldtheorie dar und wird zu Recht als *elektroschwaches Standardmodell* bezeichnet. [UK]

**Glasübergang,** Übergang einer unterkühlten Schmelze in den ↗Glaszustand bei einer charakteristischen *Glasübergangstemperatur* $T_g$, bei der die Nahordnung des Systems »eingefroren« wird. Die Glasübergangstemperatur $T_g$ wird für gewöhnlich als diejenige Temperatur definiert, bei der die Relaxationszeit der ↗*Alpha-Relaxation* 100s beträgt. Die Alpha-Relaxation ist ein Prozeß, der das dynamische Verhalten der Substanz bei äußeren Störungen beschreibt; in diesem Sinne wird der dynamische Glasübergang bisweilen mit der Alpha-Relaxation identifiziert. Beim Glasübergang selbst kann es sich nicht um einen ↗Phasenübergang handeln, da sich der Glaszustand weit entfernt vom thermodynamischen Gleichgewicht befindet; dies zeigt sich z.B. daran, daß $T_g$ keine rein materialspezifische Größe ist, sondern auch von der Heiz- bzw. Abkühlrate abhängt, mit der die Temperatur des Glasbildners den Glaspunkt durchläuft. Trotzdem ist nicht unmittelbar klar, ob die Erstarrung im amorphen Zustand ein rein kinetischer Übergang ist oder ob sie nicht doch mit einem unterhalb von $T_g$ ablaufenden Phasenübergang zweiter Art gekoppelt sein könnte; die experimentellen Indizien deuten in letzter Zeit auf ersteres hin. Eine allgemein akzeptierte Theorie des Glasübergangs gibt es heute (1998) noch nicht; neben einigen phänomenologischen Modellen zeigt die in den achtziger Jahren von W. *Götze* entwickelte *Modenkopplungstheorie* vielversprechende Ansätze zu einem tieferen Verständnis des Phänomens.

**Glasübergangstemperatur** ↗Glasübergang, ↗Glaszustand.

**Glaszustand,** fester Aggregatzustand, in dem die Atome oder Moleküle nicht in einem Kristallgitter angeordnet sind, sondern der die ungeordnete Struktur der flüssigen Phase aufweist (↗*amorphe Festkörper*). Der Glaszustand entsteht aus einer Schmelze, bei der die Kristallkeimbildung unterdrückt wird, so daß sie unter die Schmelztemperatur $T_m$ unterkühlt werden kann, ohne zu kristallisieren. Bei der *Glasübergangstemperatur* $T_g$, die in der Regel weit unterhalb $T_m$ liegt, setzt der ↗*Glasübergang* ein, bei dem die Nahordnung der unterkühlten Flüssigkeit eingefroren wird. Der Glaszustand ist somit weit entfernt vom thermodynamischen Gleichgewicht. Während die unterkühlte Schmelze die Merkmale einer Flüssigkeit wie das viskose Fließen aufweist, vollzieht sich im Glaszustand der Stofftransport überwiegend durch Diffusionssprünge, wie es für Festkörper typisch ist. Bei Annäherung an $T_g$ ist deshalb ein starker Anstieg der Viskosität der Schmelze zu verzeichnen, die bei $T_g$ in der Größenordnung $10^{12}\,\mathrm{Pa\cdot s}$ liegt.

**Glauber-Zustand,** ein quantenmechanischer Zustand, in dem Zustände mit beliebiger Teilchenzahl kohärent (d.h. mit bestimmten Phasen) beigemischt werden

$$|G\rangle = \exp(\alpha a^\dagger - a^\star a)|0\rangle .$$

**Glazebrook Medal and Prize** ↗Preise.

**Glaziologie,** die Wissenschaft von Entstehung, Vorkommen und Wirkung des natürlich auf der Erde vorkommenden ↗*Eises*; dieses tritt auf in ↗*Gletschern*, *Meereis*, ↗*Schnee* und gefrorenem ↗*Bodenwasser*, insbesondere in *Permafrostböden*. Die Bereiche der Erdoberfläche, in denen die genannten Formen des Eises vorherrschend sind bzw. die aus ihnen bestehen, werden als *Kryosphäre* bezeichnet. Die Glaziologie ist ein Teilgebiet von ↗*Geophysik* und ↗*Umweltphysik*. Während die Glaziologie früher überwiegend beschreibenden Charakter hatte (Glazialmorphologie), werden heute zunehmend die physikalischen Ursachen der Enstehung und der Bewegungen insbesondere von Gletschern sowie die Auswirkungen von Veränderungen in der Kryosphäre auf ↗*Atmosphäre*, *Hydrosphäre* und Welt- und Regionalklima untersucht (↗*Klimaänderungen*). Eine weiterer wichtiger Zweig der Glaziologie besteht in der Erforschung der in Gletschern und Eisschilden enthaltenen paläoklimatologischen Informationen (↗*Eisbohrkerne*, ↗*Paläoklimatologie*).

**Gleasonsches Theorem,** Aussage im Rahmen der *Verbandstheorie*, wonach sich jedes Wahrscheinlichkeitsmaß auf bestimmten Verbandsstrukturen, wie sie der quantenmechanischen Aussagenlogik entsprechen, durch eine ↗*Dichtematrix* in einem entsprechenden Hilbert-Raum beschreiben läßt. Ein wesentliches Korrolar des Gleasonschen Theorems besagt, daß in mehr als zweidimensionalen Zustandsräumen die Forderung der Additivität von Erwartungswerten kommutierender Operatoren nicht mehr durch dispersionsfreie Zustände (bei denen zumindest prinzipiell alle Meßgrößen eindeutig bestimmt sind) erfüllbar ist. Das Gleasonsche Theorem ist eine über das ↗*von Neumannsche Theorem* hinausgehende Einschränkung an die Möglichkeit von Theorien mit ↗*verborgenen Parametern* zur Beschreibung des quantenmechanischen Indeterminismus.

**Gleichanteil** ↗Wellenoptik.

**Gleichdruckmotor,** anderer Name für den ↗*Diesel-Motor*, bei dem die Verbrennung mit gleichbleibendem Druck verläuft. (↗Verbrennungskraftmaschinen)

**Gleichdruckprozeß,** Sammelbezeichnung für einige thermodynamische Prozesse:

1) Für einen *thermodynamischen Kreisprozeß*, bei dem die Wärmezu- und abfuhr adiabat erfolgt (*Diesel-Motor-Prozeß*, *Joule-Prozeß*).

2) Bei *Verbrennungskraftmaschinen* spricht man vom Gleichdruckprozeß, wenn der Brennstoff bei etwa konstantem Druck eingespritzt wird.

3) Bei *Arbeitsmaschinen* spricht man dann von einem Gleichdruckprozeß, wenn das Arbeitsmittel bei konstantem Druck zugeführt und

nach der Arbeitsleistung wieder bei konstantem Druck abgeführt wird. (↗*Gleichdruckmotor*)

**gleichförmige Bewegung,** Bewegung mit konstantem Geschwindigkeitsbetrag. Die Richtung des Geschwindigkeitsvektors kann sich ändern, so daß die Bewegung auf einer beliebig gekrümmten Bahn stattfinden kann. Spezielle Formen sind die *geradlinig gleichförmige Bewegung*, bei der sich weder die Richtung noch der Betrag des Geschwindigkeitsvektors ändert, oder die *gleichförmige Kreisbewegung*, eine krummlinig gleichförmige Bewegung, bei der der Beschleunigungsvektor mit konstantem Betrag senkrecht auf dem Geschwindigkeitsvektors steht. (↗Bewegung)

**Gleichgewicht,** im (engeren) statischen Sinne derjenige Zustand eines einzelnen starren Körpers oder eines (gekoppelten) Systems von solchen, bei dem sich die Wirkungen aller am System angreifenden Kräfte gegenseitig aufheben, d.h. die resultierenden Beschleunigungen verschwinden. Dies ist der Fall, wenn die Resultierende $\boldsymbol{F}$ aller Kräfte und die Resultierende $\boldsymbol{M}$ aller Drehmomente verschwindet (*statische Gleichgewichtsbedingung*). Das Gleichgewicht eines mechanischen Systems kann mit Hilfe des ↗*Prinzips der virtuellen Arbeit* bestimmt werden. Die Art des Gleichgewichts kann jedoch nur über die reale Arbeit $W$ bestimmt werden, die zu leisten ist, um das System aus der Gleichgewichtslage zu entfernen. Bei $W > 0$ spricht man von *stabilem Gleichgewicht*, bei $W = 0$ von *indifferentem Gleichgewicht*, bei $W < 0$ von *labilem Gleichgewicht* (*Labilität*, Abb.). Beispielsweise befindet sich ein Körper unter dem Einfluß des Schwerefeldes der Erde im stabilen Gleichgewicht, wenn der Körperschwerpunkt unterhalb des Aufhängepunktes liegt. Nach einer kleinen Auslenkung werden Kräfte bzw. Momente wirksam, die ihn wieder in die Ausgangslage zurückführen (Abb. a).

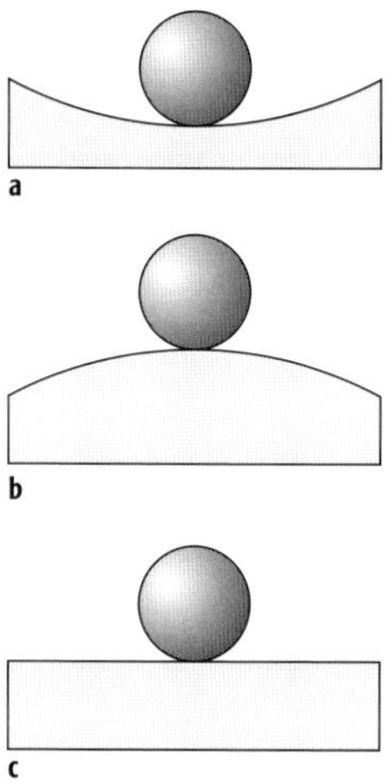


**Gleichgewicht:** stabiles (a), labiles (b) und indifferentes (c) Gleichgewicht.

Der Gleichgewichtszustand eines Körpers im Schwerefeld der Erde ist labil, wenn der Schwerpunkt über dem Unterstützungspunkt liegt. Die bei einer kleinen Störung auftretenden Kräfte bzw. Momente führen ihn in eine stabile Gleichgewichtslage über (Abb. b).

In der indifferenten Gleichgewichtslage eines Körpers im Schwerefeld der Erde fallen der Schwer- und der Stützpunkt zusammen. Jede Nachbarlage des Körpers ist eine Gleichgewichtslage (Abb. c).

Ein beliebiges mechanisches System befindet sich in einem stabilen Gleichgewicht, wenn die potentielle Energie $V(q_i)$ für die Gleichgewichtskoordinaten $q_{i0}$ ein Minimum hat.

Bei physikalischen Systemen spricht man von *dynamischem Gleichgewicht*, wenn sich zwei entgegengesetzt verlaufende Prozesse in ihrer Wirkung gerade aufheben. (↗*Gleichgewicht chemischer Reaktionen*, ↗*magnetohydrodynamisches Gleichgewicht*, ↗*thermodynamisches Gleichgewicht*)

**Gleichgewicht chemischer Reaktionen,** Spezialfall des ↗*thermodynamischen Gleichgewichts* in einem System, in dem chemische Reaktionen ablaufen. Es gelten naturgemäß die allgemeinen thermodynamischen Gleichgewichtsbedingungen, aus denen folgt, daß die Affinitäten aller möglichen Reaktionen in dem System null sind, d.h., daß die Reaktionen zum Abschluß gekommen sein müssen. Makroskopisch erscheint ein chemisches Gleichgewicht als Ruhezustand, mikroskopisch dagegen wandeln sich in der Zeiteinheit gleich viele Moleküle entsprechend den Reaktionsgleichungen ineinander um, so daß insgesamt der Anteil jeder Komponente konstant bleibt. Damit sich ein chemisches Gleichgewicht einstellen kann, darf die Reaktionsgeschwindigkeit nicht zu klein sein, sonst entsteht ein eingefrorener Zustand.

Besteht das betrachtete System nur aus einer Phase, z.B. einer Gasphase oder aus sich mischenden Flüssigkeiten bzw. Lösungen, so spricht man vom *homogenen chemischen Gleichgewicht*. Sind mehrere Phasen vorhanden, so spricht man vom *heterogenen chemischen Gleichgewicht*. Beim homogenen chemischen Gleichgewicht kann kein Partner durch die Reaktion verschwinden, beim heterogenen nur dann, wenn ein Reaktionsprodukt in eine andere Phase übergeht und dem Gleichgewicht entzogen wird.

Ein metastabiles chemisches Gleichgewicht erfüllt wie ein stabiles die Gleichgewichts- und Stabilitätsbedingungen, die Aussagen über das thermodynamische Potential bei infinitesimalen Änderungen der Zustandsvariablen (z.B. Druck, Temperatur, Molenbrüche) machen, ist aber instabil gegen große Änderungen dieser Größen. So befindet sich z.B. eine unterkühlte wäßrige Lösung von Essigsäure im Gleichgewicht bezüglich der Dampfphase und der Dissoziation, ist aber instabil gegen das Gleichgewicht der festen Eisphase mit der Lösung bei gleichem Druck, gleicher Temperatur und Konzentration.

Gleichgewichte chemischer Reaktionen werden oft mit dem ↗*Massenwirkungsgesetz* berechnet.

**Gleichgewichtsbedingung** ↗Gleichgewicht, ↗thermodynamisches Gleichgewicht.

**Gleichgewichtsgeometrie,** selten benutzter Ausdruck für die sich bei Molekülen einstellende räumliche Anordnung der Bindungen mit der geringsten Energie, dies führt zur Einstellung bestimmter *Bindungswinkel*. (↗*chemische Bindung*)

**Gleichgewichtskonstante** ↗Massenwirkungsgesetz.

**Gleichgewichtsladung** ↗Ionengleichgewichtsladung.

**Gleichgewichtstrennung** ↗Isotopenhydrologie.

**Gleichgewichtszellspannung** ↗Leerlaufspannung, ↗galvanisches Element.

**Gleichgewichtszustand** ↗Gleichgewicht.

**Gleichlaufschwankungen,** *Tonhöhenschwankungen, Geschwindigkeitsschwankungen,* in der ↗*Elektroakustik* ein Fehler bei der Speicherung analoger Signale auf einem bewegten Aufzeichnungsträger (↗*Tonband,* ↗*Schallplatte,* ↗*Tonfilm*), verursacht durch Schwankungen der Arbeitsgeschwindigkeit des Aufzeichnungsträgers, die bei der Wiedergabe die Tonhöhe verändern. Man unterscheidet *langsame,* direkt als Tonhöhenänderung (*Jaulen,* engl. *wow*) wahrnehmbare und *schnelle Gleichlaufschwankungen,* die man als Rauhigkeit (engl. *flutter*) empfindet. Ihre störende Wirkung ist von der Schwankungsfrequenz abhängig und bei 4 Hz am größten. Als Qualitätsparameter werden deshalb Werte aus einer bewerteten Messung (↗*Bewertungsfilter*) angegeben.

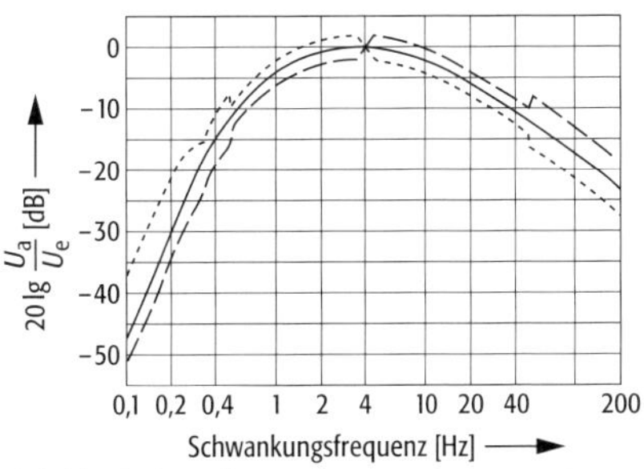


**Gleichlaufschwankungen:** Bewertungsfilter nach DIN IEC 386.

**gleichmäßig beschleunigte Bewegung,** Bewegung mit konstantem Beschleunigungsbetrag *a*. Die Richtung des Beschleunigungsvektors kann sich ändern, so daß die Bewegung auf einer beliebig gekrümmten Bahn stattfinden kann. Eine geradlinig gleichmäßig beschleunigte Bewegung ist beispielsweise der freie Fall oder der senkrechte Wurf. Eine krummlinig gleichmäßig beschleunigte Bewegung ist die gleichförmige Kreisbewegung, bei der der Beschleunigungsvektor stets senkrecht auf dem Geschwindigkeitsvektor steht. (↗Bewegung)

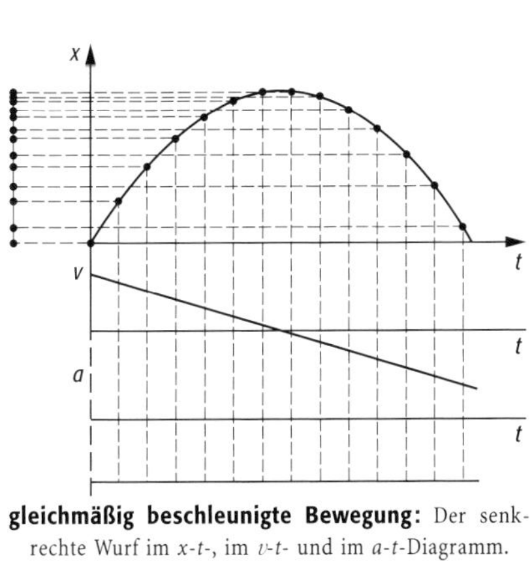


**gleichmäßig beschleunigte Bewegung:** Der senkrechte Wurf im *x*-*t*-, im *v*-*t*- und im *a*-*t*-Diagramm.

**gleichphasig,** Eigenschaft zweier Schwingungen oder Wellen, eine relative *Phasenlage* von null oder einem ganzzahligen Vielfachen von 360° (im Gradmaß) bzw. 2π (im Bogenmaß) aufzuweisen; die Auslenkungen der Schwingungen verlaufen also gleichgerichtet synchron.

**Gleichpolmaschine,** *Vielpolmaschine,* ↗Drehstrommotor.

**Gleichrichter,** elektrotechnisches Gerät zur Umwandlung von Wechselstrom in Gleichstrom, meist mit Hilfe von ↗*pn-Dioden* und ↗*Schottky-Dioden.* In der *Einweggleichrichtung* (*Halbwellengleichrichtung*) wird nur die eine Halbwelle der Wechselspannung durchgelassen, so daß ein pulsierender Gleichstrom entsteht. Dieser wird durch einen *Ladekondensator* geglättet. Ohne Belastung lädt sich der Kondensator auf den Spitzenwert der Wechselspannung auf. Bei Belastung sinkt der Gleichstrom, und es tritt eine überlagerte Wechselspannung (*Brummspannung, Restwelligkeit*) auf, die durch einen Tiefpaß oder bei modernen ↗*Netzgeräten* durch Regelung (↗*Längsregler*) unterdrückt wird. In der *Doppelweggleichrichtung* (*Zweiweggleichrichtung, Vollwellengleichrichtung*) werden beide Halbwellen gleichgerichtet. Dazu muß zusätzlich eine gleichhohe Wechselspannung mit entgegengesetzter Phase vorhanden sein. Günstiger ist der *Brückengleichrichter* (*Graetz-Schaltung*) mit vier Dioden, da er eine Vollwellengleichrichtung mit einer Wechselspannungsquelle durchführt.

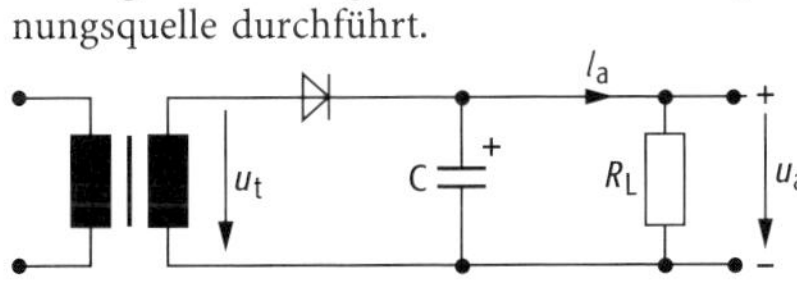


**Gleichrichter 1:** Einweggleichrichter.

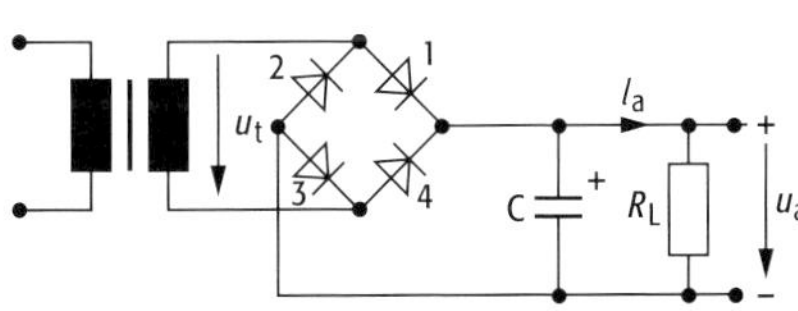


**Gleichrichter 2:** Graetz-Schaltung (Brückengleichrichter).

**Gleichrichtung, optische,** 1962 entdeckter nichtlinearer Effekt quadratischer Ordnung, der bei der ↗*Frequenzverdopplung* auftritt. Beim Quadrieren der Feldstärke tritt ein Gleichfeld auf, und die optische Gleichrichtung wirkt so wie ein ↗*Diodengleichrichter* in der ↗*Hochfrequenztechnik.*

**Gleichspannung,** eine ↗elektrische Spannung, die zeitlich konstant ist oder zumindest konstante Polarität besitzt (pulsierende Gleichspannung). (↗Gleichstrom)

**Gleichspannungswandler** ↗Schaltregler.

**Gleichstrom,** im engen Sinne ein elektrischer Strom, dessen Augenblickswerte zeitlich konstant sind (*stationärer* oder *binärer Gleichstrom*) im weiteren Sinne ein elektrischer Strom, der zwar nur in einer Richtung fließt, also eine konstante Polarität hat, aber eine

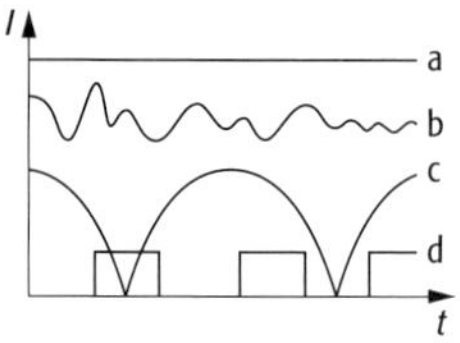


**Gleichstrom:** zeitlicher Verlauf des Stromes bei a) reinem Gleichstrom, b) unperiodisch pulsierendem Gleichstrom, c) periodisch pulsierendem Gleichstrom und d) zerhacktem Gleichstrom.

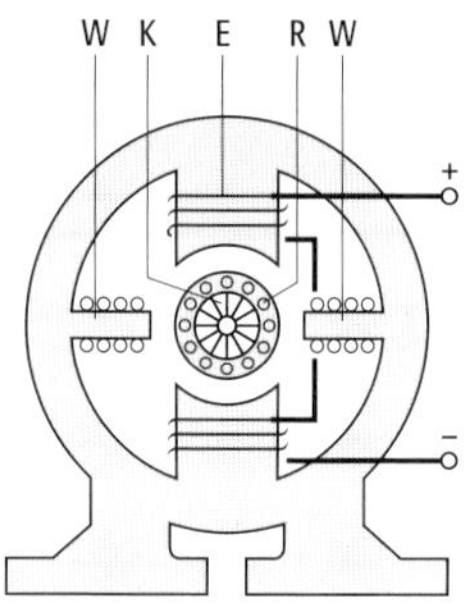


**Gleichstromgenerator 1:** Aufbau; E: Erregerwicklung, R: Rotor (Läufer), K: Kollektor (Stromwender), W: Wendepole.

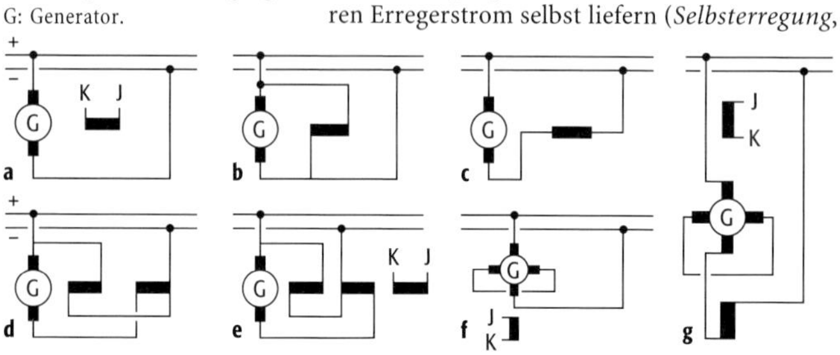


**Gleichstromgenerator 2:** Schaltungen der Erreger- und Ankerwicklung: a) fremderregter Generator; b) Nebenschlußgenerator; c) Reihenschlußgenerator; d) Doppelschlußgenerator; e) Krämer-Generator mit Nebenschluß-, Gegenreihenschluß- und fremderregender Wicklung, liefert annähernd konstanten Strom z.B. für Elektroschweißen; f) Metadyne, fremderregt (Ausnutzung des Ankerquerfeldes); g) Amplidyne: Fremderregung mit Reihenschluß und zweitem Bürstensatz zur Ausnutzung des Ankerquerfeldes, Verstärkermaschine. K, J: Klemmenbezeichnung bei Fremderregung, G: Generator.

zeitlich variierende Stromstärke aufweist (*pulsierende* oder *technische Gleichströme* bzw., falls die Augenblickswerte periodisch null werden, *zerhackte Gleichströme*, Abb.).

Reiner Gleichstrom entsteht bei allen elektrochemischen Vorgängen, z.B. in ↗*Akkumulatoren* und ↗*galvanischen Elementen*, in ↗*Thermoelementen*, in *Unipolarmaschinen*, in ↗*Photoelementen* sowie in ↗*MHD-Generatoren*. Pulsierender Gleichstrom wird großtechnisch mit Generatoren aus Wechselstrom mittels ↗*Stromrichtern* erzeugt (↗*Gleichstromgenerator*).

Heute ist der Gleichstrom aus der Stromversorgung durch den als ↗*Drehstrom* erzeugten und verteilten ↗*Wechselstrom* weitgehend verdrängt, weil dieser den großen Vorteil leichter Transformierbarkeit hat. In größerem Maße wird Gleichstrom heute noch in der chemischen Industrie bei der ↗*Elektrolyse*, z.B. bei der Aluminiumgewinnung, benutzt. ↗*Gleichstrommotoren* werden beim Betrieb von elektrischen Bahnen und anderen Fahrzeugen bevorzugt eingesetzt. Wichtig ist der Gleichstrom außerdem bei der Übertragung großer Leistungen über große Entfernungen, da Hochspannungsleitungen für sehr hohe Spannungen (400kV und höher) für Gleichstrom wirtschaftlicher sind als für Wechselstrom.

**Gleichstrombrücke,** ↗Wheatstone-Brücke, ↗Thomson-Brücke, ↗Brückenschaltung

**Gleichstromentladungslampe** ↗Gasentladungslampe.

**Gleichstromgenerator,** *Dynamomaschine*, ein umlaufender Stromerzeuger (↗*Generator*) für ↗*Gleichstrom*. Der ↗*Anker* des Gleichstromgenerators rotiert in einem magnetischen Gleichfeld, das von der stromdurchflossenen *Erregerwicklung* im feststehenden Teil (↗*Ständer*) der Maschine erzeugt wird. In den Teilspulen der Ankerwicklung werden dadurch Wechselspannungen induziert, die mit sog. Bürsten abgenommen werden. Wie beim Gleichstrommotor wird diese im Anker induzierte Wechselspannung mit Hilfe eines ↗*Stromwenders* (*Kommutator*, *Kollektor*) gleichgerichtet, so daß die Maschine nach außen Gleichstrom liefert, obwohl der Strom in den einzelnen Ankerleitern ständig seine Richtung wechselt (kommutiert wird, Abb. 1).

Die Erregung des Magnetfeldes kann einer fremden Spannungsquelle entnommen werden (*Fremderregung*) oder die Maschine kann ihren Erregerstrom selbst liefern (*Selbsterregung*, ↗*dynamoelektrisches Prinzip*, Abb. 2). Wird im letzteren Fall die Erregerwicklung mit der Ankerwicklung in Reihe geschaltet (*Hauptschlußerregung*), so ist der Erregerstrom gleichzeitig der Belastungsstrom des Generators. In diesem Falle wird das Feld und damit die Spannung der Maschine, die dem Produkt aus Drehzahl und Feld proportional ist, stark von der Belastung abhängig. Diese Schaltung wird daher selten angewendet. Gebräuchlicher dagegen ist die *Nebenschlußerregung*, bei der die Erregerwicklung parallel zu den Bürsten liegt und daher eine praktisch konstante Spannung erhält. Die hierbei noch geringe Spannungsänderung bei Belastung gleicht man oft durch eine zusätzliche Reihenschlußwicklung mit wenigen Windungen auf den Erregerpolen aus (*Verbundgenerator*, *Compoundgenerator*, ↗*Doppelschlußmaschine*).

Der Gleichstromgenerator kann in derselben Schaltung auch als ↗*Elektromotor* betrieben werden (↗*Gleichstrommotor*). Lediglich etwa vorhandene Reihenschluß-Erregerwicklungen müssen für diesen Zweck umgepolt werden.

Da der Strom des Gleichstromgenerators durch Gleichrichtung eines Wechselstromes erhalten wird, ist dieser Gleichstrom nicht frei von Oberwellen, die einige Prozente des Stromes betragen (*Restwelligkeit*).

**Gleichstromleitfähigkeit** ↗elektrische Leitfähigkeit.

**Gleichstrom-Linearmotor** ↗Elektromotor, ↗Gleichstrommotor.

**Gleichstrommotor,** ein ↗*Elektromotor*, der mit ↗*Gleichstrom* gespeist wird. Gleichstrommotoren sind im Prinzip von ähnlichem Aufbau wie ↗*Gleichstromgeneratoren*; sie haben feste Erregerwicklungen und einen beweglichen ↗*Anker*, der ↗*Läufer* trägt also die Ankerwicklung, und ein *Kommutator* oder ↗*Stromwender* sorgt für die regelmäßige Umpolung der Stromrichtung, um eine kontinuierliche Drehung aufrechtzuerhalten (Abb. 1). Bei Gleichstrommotoren wird noch einmal danach unterschieden, ob Erreger- und Ankerwicklung in Reihe (↗*Hauptschlußmotor*, *Reihenschlußmotor*) oder parallel (↗*Nebenschlußmotor*) geschaltet sind. Eine Zwischenstellung nimmt der *Compoundmotor* (↗*Doppelschluß-*

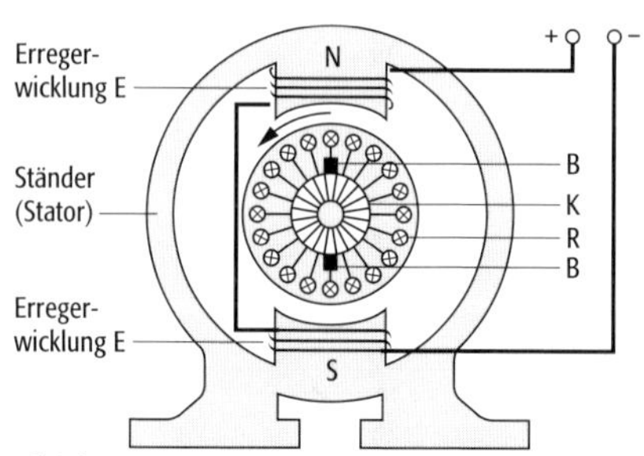


**Gleichstrommotor 1:** Aufbau; B: Kohlebürsten, R: Rotorwicklung (Läuferwicklung), K: Kommutator (Kollektor, Stromwender).

*maschine*) ein. Haupt- und Nebenschlußmotoren haben verschiedene *Winkelgeschwindigkeits-Drehmoment-Kennlinien* (↗*Momentenkennlinie*): Beim Hauptschluß steigt die Drehzahl bei abnehmender Belastung stark an (der Motor »geht durch«), bei Nebenschluß variiert die Drehzahl nur um 5–10 % zwischen Leerlauf und Vollast (Abb. 2).

**Gleichstrom-Nebenschlußmotor** ↗Elektromotor, ↗Gleichstrommotor.

**Gleichstrompolarisation,** Methode zur Erzeugung von ↗*Kernpolarisation*. Dabei wird durch eine geeignet dotierte Halbleiterprobe, z.B. InSb, die sich bei tiefen Temperaturen in einem Magnetfeld befindet, ein Gleichstrom geschickt. Durch Wechselwirkung der Kerne mit den Leitungselektronen entsteht eine Vergrößerung der Kernpolarisation.

**Gleichstrom-Rotationsmotoren** ↗Elektromotor, ↗Gleichstrommotor.

**Gleichtaktunterdrückung,** *Common-Mode-Rejection-Ratio, CMRR*, das Verhältnis der ↗*Leerlaufverstärkung* zur Gleichtaktverstärkung des ↗*Operationsverstärkers* und des ↗*Differenzverstärkers*. Die Gleichtaktunterdrückung liegt je nach Typ im Bereich 50–120dB.

**Gleichverteilung,** Begriff aus der *Wahrscheinlichkeitsrechnung*: eine Zufallsgröße ist in einem Intervall [a,b] gleichverteilt, wenn ihre Dichtefunktion $f$ in dem Intervall konstant und außerhalb null ist. Da für die Dichtefunktion $\int_{-\infty}^{+\infty} f(x)dx = 1$ gilt, muß $f(x) = 1/(b-a)$ sein. Die zugehörige Verteilungsfunktion ist dann in diesem Intervall eine Gerade.

**Gleichverteilungssatz,** Aussage über die Verteilung der Gesamtenergie eines Systems auf seine Freiheitsgrade. Wenn sich ein System, für das die klassische (Boltzmannsche) Näherung der statistischen Mechanik gilt, bei der Temperatur $T$ im Gleichgewicht befindet, ist der Mittelwert für alle unabhängigen quadratischen Terme seiner Energiefunktion gleich $k_BT/2$. Aus dem Gleichverteilungssatz folgt, daß für einatomige ideale Gase die molare spezifische Wärme bei konstantem Volumen $c_V = 3/2R$ ist, wobei $R$ die Gaskonstante ist, und daß in einem beliebigen Gas mit Temperatur $T$ die mittlere kinetische Energie eines Moleküls $\bar{E} = 3/2k_BT$ ist. Für die ↗*spezifische Wärme* von Festkörpern gilt folglich bei genügend hohen Temperaturen das *Dulong-Petitsche Gesetz* $c_V = 3R$.

**Gleitbänder** ↗Elementarstruktur der Gleitlinien.

**Gleitebene,** dichtbesetzte kristallographische Ebenen eines Kristalls, entlang derer infolge von Schubspannung Kristallschichten gegeneinander verschoben werden (↗*Elementarstruktur der Gleitlinien*), so daß entlang ihnen das Gleiten (↗*Gleitung*) erfolgt. Gleitebenen sind demzufolge Ebenen mit kleinen *Millerschen Indizes*, so z.B. bei fcc-Metallen in den {111}-Ebenen und bei bcc-Metallen in den {110}-, {112}- und {113}-Ebenen. Je nach Kristallstruktur sind also nur eine oder mehrere kristallographisch gleichwertige Gleitebenen vorhanden.

**Gleiten,** Verschieben zweier sich ständig berührender Körperoberflächen. Im allgemeinen tritt beim Gleiten ↗Reibung (↗Gleitreibung) auf. (↗Gleitung)

**Gleitlinien,** 1) bei einem ebenen Spannungsproblem Linien, deren Tangentenrichtung in jedem Punkt mit einer der beiden zu diesem Punkt gehörenden Gleitrichtungen übereinstimmt. Gleitrichtungen sind gegenüber den Hauptschubspannungslinien um 45° gedreht. Zu jedem Punkt laufen zwei zueinander senkrechte Gleitlinien, die als erste und zweite oder α- und β-Gleitlinien bezeichnet werden. Die orthogonalen Kurvenscharen dieser α- und β-Gleitlinien bilden das sogenannte Gleitlinienfeld oder Gleitliniennetz (Abb. 1). Die Verformung des Materials erfolgt entlang dieser Linien und ist an der Oberfläche teils mit bloßem Auge, im Detail nur mit dem Elektronenmikroskop sichtbar.

Gleitlinienfelder sind für zahlreiche technologische Probleme bestimmt worden und sind für die Lösung von Deformationsproblemen im Rahmen der ↗*Gleitlinientheorie* von besonderer Bedeutung. Geschlossene Lösungen sind nur für einige spezielle Fälle bekannt, z.B. für ebenes Fließpressen ohne Wandreibung und mit 50 % Dickenabnahme (Abb. 2).

2) die bei der Verformung von Kristallen an der Oberfläche teils mit bloßem Auge, im Detail jedoch nur mit dem Elektronenmikroskop sichtbaren Gleitspuren entlang der Gleitebenen.

Gleitlinien sind in der Regel nicht die Spuren einheitlich abgeglittener Gebiete, sondern setzen sich aus einzelnen Gleitstufen zusammen. So beträgt beispielsweise die ↗*Abgleitung* auf einer einzelnen solchen Stufe bei Aluminium zwischen 70 und 120nm. Die feinen Gleitlinien von 20nm und weniger, wie sie besonders bei kleinen Abgleitungen gefunden werden, werden in der Literatur häufig als ↗*Elementarstruktur der Gleitlinien* bezeichnet.

Die Gleitlinienbildung hängt von der Kristallstruktur und der ↗*Verfestigung* ab. Je nach Verfestigungsbereich treten gleichmäßige oder unregelmäßige, lange oder kurze, stärker oder schwächer sichtbare, dichtere oder weniger dichte Gleitlinien auf. [CS2].

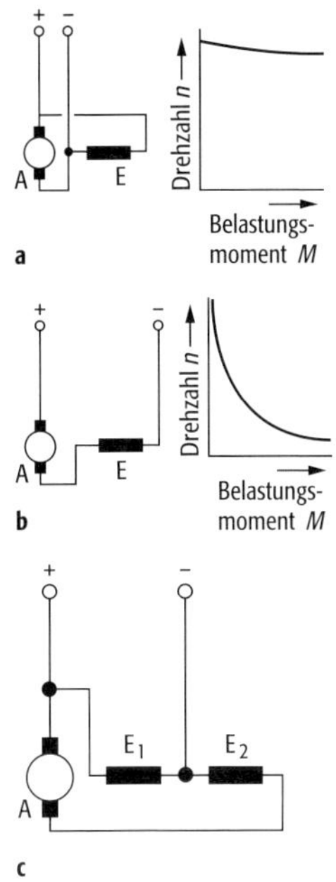


**Gleichstrommotor 2:** Schaltbild und Kennlinie bei a) Nebenschlußmotor; b) Hauptschlußmotor; c) Doppelschlußmotor.

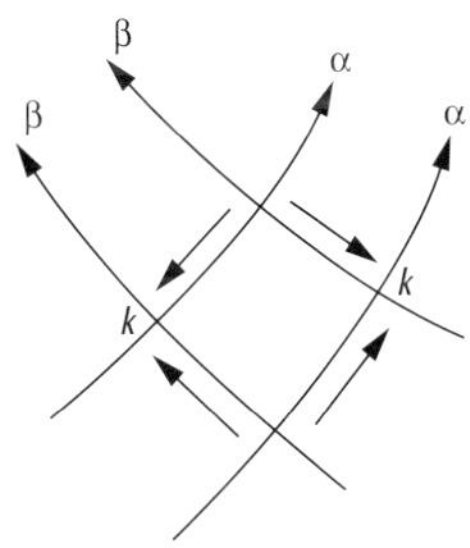


**Gleitlinien 1:** Element einer Gleitlinienschar eines ebenen, ideal-plastischen Spannungszustandes. Die durch die α- und β-Gleitlinien gekennzeichneten Gleitrichtungen sind die Linien extremaler *Schubspannung k* von überall gleichem Betrag $Y/2$ ($Y$ = Fließspannung). Sie sind gegenüber den Hauptspannungsrichtungen um 45° gedreht.

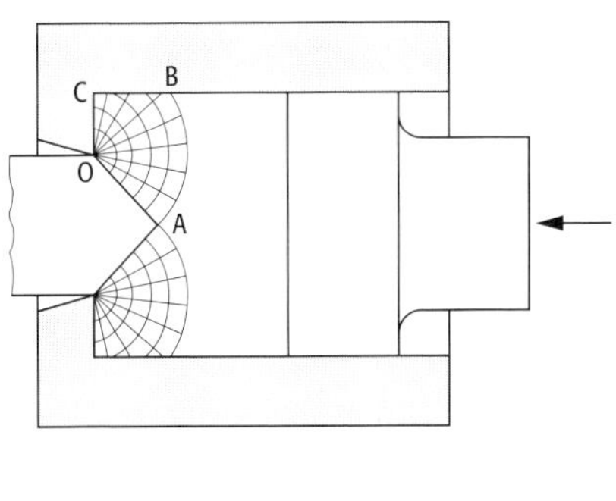


**Gleitlinien 2:** Gleitlinienfeld beim ebenen Fließpressen mit 50 % Dickenabnahme. Im Fächer OAB wird der Werkstoff plastisch umgeformt. Die Zone OBC ist plastifiziert, aber starr. Gleiches gilt für die Zonen unterhalb der Symmetrieachse. Die restlichen Zonen sind nicht plastifiziert.

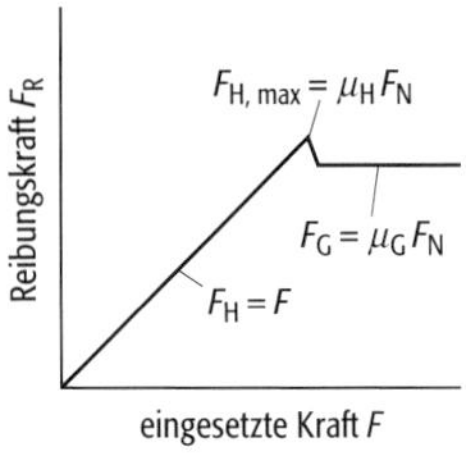


**Gleitreibung 1:** Reibungskraft $F_R$ auf einen Körper in Abhängigkeit von der eingesetzten Kraft $F$. Für $F > \mu_H F_N$ (*maximale Haftreibungskraft*) beginnt der Körper zu gleiten.

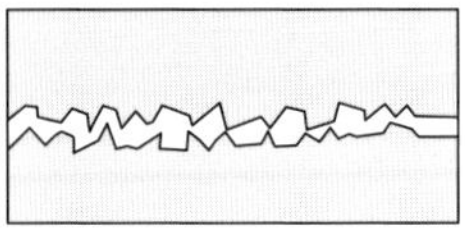

**Gleitreibung 2:** Mikroskopisches Modell der Gleitreibung.

**Gleitung:** Translationsgleiten bei einem Zink-Einkristall.

**Gleitlinientheorie,** eine Lösungsmethode für Probleme des ebenen Deformationszustandes bei ideal plastischem Werkstoffverhalten.

Zur Lösung statisch bestimmter Probleme der ↗*Plastizitätstheorie* liegen die zwei Gleichgewichtsbeziehungen

$$\left.\begin{aligned}\frac{\partial\sigma_{xx}}{\partial x}+\frac{\partial\sigma_{xy}}{\partial y}=0\\ \frac{\partial\sigma_{xy}}{\partial x}+\frac{\partial\sigma_{xy}}{\partial y}=0\end{aligned}\right\} \qquad (1)$$

und die Fließbedingung nach Mises

$$\left(\sigma_{xx}-\sigma_{yy}\right)^2+4\sigma_{xy}^2=4k^2 \qquad (2)$$

vor. Dabei sind $\sigma_{ij}$ die Elemente des Spannungstensors, $k$ die Schubfließspannung.

Werden die gesuchten Spannungen $\sigma_{xx}$, $\sigma_{yy}$ und $\sigma_{xy}$ durch die neuen Funktionen $p$ und $\vartheta$ ausgedrückt, wobei $p$ die mittlere Normalspannung ist und $\vartheta$ den Neigungswinkel der Gleitlinien bedeutet,

$$\left.\begin{aligned}\sigma_{xx}=\sigma_{yy}&=p\pm k\sin 2\vartheta\\ \sigma_{xy}&=-\,k\cos 2\vartheta\end{aligned}\right\}, \qquad (3)$$

so können folglich die Spannungen im gesamten plastischen Gebiet durch die Variablen $p$ und $\vartheta$ beschrieben werden (↗*Misessche Theorie*).

Durch Einsetzen der Beziehung (3) in die Gleichgewichtsbedingungen (1) und Drehung des $x$-$y$-Systems, so daß es mit den Tangenten an die $\alpha$-, $\beta$-Gleitlinien zusammenfällt, wird die Integration möglich. Der Neigungswinkel $\vartheta$ der Gleitlinien wird damit null.

Die entstehenden Beziehungen (4)

$$\begin{aligned}p+2k\vartheta&=f(s_\beta)=const \text{ längs } \alpha\text{-Gleitlinien}\\ p-2k\vartheta&=g(s_\alpha)=const \text{ längs } \beta\text{-Gleitlinien}\end{aligned}$$

werden *Henckysche Gleichungen* genannt. $p$ ist die mittlere Normalspannung, $k$ die Fließgrenze; $s_\alpha$ und $s_\beta$ sind die Bogenlängen der Gleitlinien. Die Henckyschen Gleichungen bringen zum Ausdruck, daß sich die mittlere Normalspannung entlang der Gleitlinien proportional zum Winkel $\vartheta$ ändert.

Liegen die Spannungsrandbedingungen vor, so kann auf Grundlage der Randwertprobleme nach *Prager* und *Hodge* das Gleitlinienfeld berechnet werden. Es existieren mehrere Spannungsrandbedingungen, von denen die bekanntesten die *Huber-Misessche*, die *Trescasche*, die *Hillsche*, die *Edelmannsche* und die *Misessche Fließbedingung* sind.

Die Gleitlinientheorie berücksichtigt keine Abhängigkeit der Fließgrenze von der Formänderungsgeschwindigkeit.

**Gleitmodul** ↗Schubmodul.

**Gleitreibung,** *Coulomb-Reibung*, *trockene Reibung*, Reibung bei der Bewegung eines Körpers ohne Schmiermittel über eine Oberfläche. Die *Gleitreibungskraft* ist zur Normalkraft proportional: $F_R = \mu \cdot F_N$, $\mu$ ist der dimensionslose ↗*Reibungskoeffizient*. Bei idealer Gleitreibung hängt die Reibungskraft weder von der Berührungsfläche der Körper (Abb. 1) noch von ihrer Geschwindigkeit ab. Man stellt sich auf mikroskopischer Ebene vor, daß Unebenheiten von Körper und Unterlage sich ineinander verzahnen (Abb. 2). Die »Eindringtiefe« wird durch den ↗*Druck* bestimmt, den der Körper auf die Oberfläche ausübt, daher die Unabhängigkeit von der Fläche. Um den Körper eine Strecke $dx$ fortzubewegen, muß eine feste Anzahl solcher Unebenheiten mit der Arbeit $đW$ überwunden werden. $đW$ wird von der Reibungskraft aufgebracht, sie ist demnach unabhängig von der Geschwindigkeit.

**Gleitreibungskraft** ↗Gleitreibung.

**Gleitreibungszahl** ↗Reibungskoeffizient.

**Gleitspiegelung,** Symmetrieoperation der Kristallstrukturlehre, welche sich durch die Kopplung einer ↗*Spiegelung* mit einer ↗*Translation* um einen halben Identitätsabstand (z.B. $c/2$) parallel zur betreffenden Spiegelebene ergibt. Das zugehörige Symmetrieelement ist die Gleitspiegelebene.

**Gleitung,** der Verformungsvorgang bei der plastischen Verformung von Kristallen, die auf einer gegenseitigen Verschiebung von Kristallschichten parallel zu einer kristallographisch bestimmten Richtung beruht (Abb.).

Im Gegensatz zur elastischen Formänderung, bei der eine Formänderung der ↗*Elementarzelle* auftritt, also eine Gitterkonstantenänderung, werden bei der plastischen Verformung Elementarzelle und ↗*Gitterkonstante* nicht verändert. Vielmehr gleiten größere Gitterbereiche gegeneinander ab. Aus Elektronenmikroskopuntersuchungen und Röntgenaufnahmen der Kristalloberfläche läßt sich erkennen, daß es sich bei der Gleitung um eine kristallographisch gesetzmäßige Verschiebung von Gitterbereichen handelt (↗*Abgleitung*). Die sich abzeichnenden ↗*Gleitlinien* werden häufig zur Bestimmung des kristallographischen Charakters des Kristalls herangezogen. (↗*Gleitlinientheorie*)

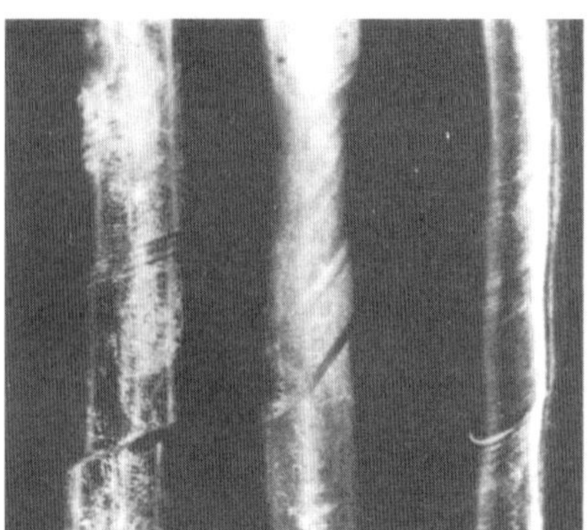

**Gleitvektor,** Vektor, der Größe und Richtung des Elementarschritts einer Versetzungsbewegung bestimmt, bei dem durch eine Schubspannung $\tau$ ein Gitterblock gegenüber einem anderen verschoben wird.

Bei einer plastischen Deformation ermöglichen Versetzungen (Gitterbaufehler) den energetisch günstigsten Elementarschritt. Die ↗*Abgleitung* längs der Gleitebene erfolgt dann stufenweise um den Betrag des ↗*Burgers-Vektors* (Abb.).

**Gleitwinkel** ↗Reibungswinkel.

**Gleitzonen,** Bezeichnung für die verschiedenen Versetzungsanordnungen, die sich bei der mikroskopischen Betrachtung der ↗*Gleitung* ergeben. Sobald bei der ↗*Abgleitung* die vorderste Versetzung an einem Hindernis aufgehalten wird und die hinteren Versetzungen aufgestaut werden, sendet die Versetzungsquelle (bei hinreichend großer äußerer Schubspannung) eine Folge von Versetzungsringen aus. Die entstehenden Versetzungsanordnungen oder Gleitzonen hängen von der Art des Hindernisses ab und können sehr kompliziert sein.

**Gletscher,** Eisströme oder -felder, die zumindest teilweise auf festem Grund liegen und sich, von der Schwerkraft angetrieben, langsam hangabwärts bewegen. Gletscher bilden sich, wenn im Jahresmittel die *Akkumulation* (Schneefall) die *Ablation* (Abschmelzen, Sublimation) übersteigt. Gletscher kommen in Gebirgen und hohen Breiten vor, dabei kann es bei entsprechenden klimatischen Bedingungen zur Vergletscherung großer Gebiete und ganzer Kontinente kommen (z.B. der Antarktis, während der ↗*Eiszeit* auch von großen Teilen Nordamerikas und Europas). Dabei kommt es durch ↗*Erosion* und Deposition zu tiefgreifenden Umgestaltungen der Erdoberfläche (*Moränen*, *Fjorde*). Gletscher sind ideale Klimaarchive, da sie in Lufteinschlüssen ungestörte Luftproben aus der Entstehungszeit der jeweiligen Schicht enthalten, auch die Zusammensetzung des (aufgeschmolzenen) Eises selbst liefert wertvolle Informationen (pH-Wert, Ionen-Konzentrationen, Isotopengehalte). Darüberhinaus besitzt Gletschereis aufgrund von jahreszeitlichen Niederschlagsvariationen eine baumringartige Struktur, die eine sehr genaue absolute Datierung durch Abzählen ermöglicht. An Eisbohrkernen aus den Alpen, Grönland und der Antarktis konnten so Rückschlüsse über die Klimageschichte der letzten 200 000 Jahre gewonnen werden. (↗*Glaziologie*, ↗*Paläoklimatologie*)

**Glimmentladung,** dauerhafte selbständige ↗*Gasentladung* mit kalten Elektroden. Typische Parameter sind $0{,}1\,\mathrm{mA} < I < 100\,\mathrm{mA}$, $70\,\mathrm{V} < U < 500\,\mathrm{V}$, $5\,\mathrm{Pa} < p < 10\,\mathrm{kPa}$. Glimmentladungen, die mit Gleichstrom betrieben werden, weisen ein charakteristisches Muster von Leuchterscheinungen auf, deren hervorstechendste das negative Glimmlicht (↗*Glimmlicht, negatives*) und die ↗*positive Säule* sind, die durch den ↗*Faradayschen Dunkelraum* getrennt werden. Bei Wechselstrombetrieb dagegen nimmt das menschliche Auge nur ein gleichmäßiges Leuchten wahr. Die Größe des negativen Glimmlichts hängt kaum vom Elektrodenabstand ab, während die positive Säule bei Vergrößerung des Abstands den gesamten zusätzlichen Raum einnimmt und durch Verkleinerung des Abstands völlig zum Verschwinden gebracht werden kann. Diese Phänomene werden folgendermaßen erkärt: In der gezündeten Glimmentladung lösen positive Ionen bei ihrem Aufprall auf die Kathode Elektronen aus, die zur Anode hin beschleunigt werden und im Abstand einer freien Weglänge durch Elektronenstoßionisation für den Nachschub an Ionen sorgen. In diesem Bereich, dem negativen Glimmlicht, werden auch besonders viele Atome durch Elektronenstoßanregung zum Leuchten gebracht. Aufgrund ihrer geringen Beweglichkeit stauen sich die Ionen im negativen Glimmlicht und schirmen fast das ganze Feld ab, so daß der größte Teil der Spannung in einem relativ kleinen Bereich an der Kathode abfällt (↗*Kathodenfall*). Weiter zur Anode hin werden die Elektronen nur noch schwach beschleunigt und kriechen hauptsächlich durch Diffusion weiter. In diesem Bereich, dem Faradayschen Dunkelraum, reicht die Energie der Elektronen nicht zur Elektronenstoßanregung aus, die Atome leuchten daher nicht. Außerdem herrscht in diesem Bereich eine negative Raumladung, die die Elektronen in der sich anschließenden positiven Säule wieder elektrostatisch zur Anode treibt.

**Glimmer,** Kristalle aus der Gruppe der *Schichtsilicate*, bei denen im Tetraeder des Anionenverbandes Al-Ionen eingebaut sind, wodurch die Schichtpakete insgesamt eine negative Ladung erhalten. Diese negative Ladung wird durch den Einbau von großen Kationen, wie $K^+$, $Na^+$, $Ca^{2+}$, $Ba^{2+}$, zwischen den Schichtpaketen kompensiert. Die Schichtstruktur der Glimmer führt zu einer bis zu feinsten Blättchen fortsetzbaren Spaltbarkeit (↗*Blattspalter*). Beim Aufeinanderstapeln der

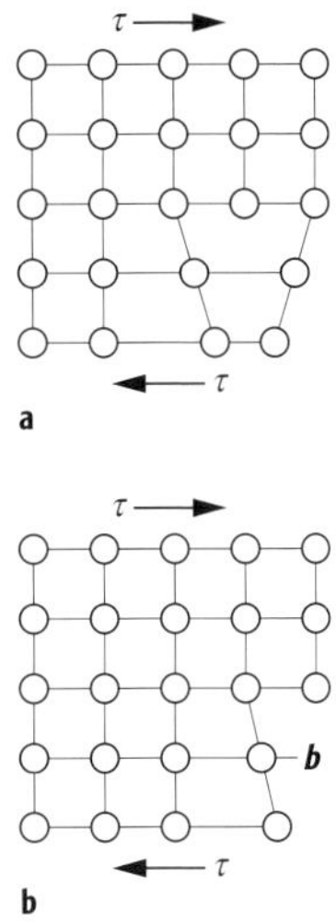


**Gleitvektor:** Bewegung einer Stufenversetzung (Abgleitung) unter Schubspannung $\tau$ um den Burgers-Vektor $\boldsymbol{b}$.

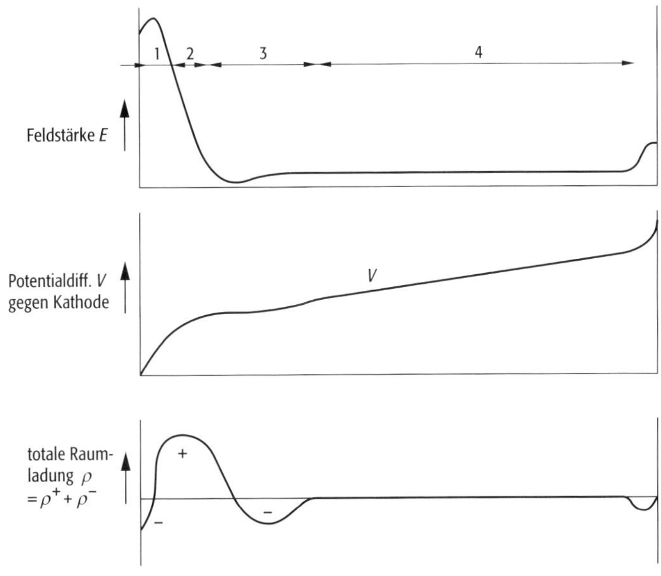


**Glimmentladung:** Verlauf der Feldstärke, des Potentials und der Raumladung über die Röhre bei der Glimmentladung. 1: Kathodenschicht, 2: Kathodendunkelraum, 3: negatives Glimmlicht und Faradayscher Dunkelraum, 4: positive Säule.

Schichten sind aus gleichen Baueinheiten und nach den gleichen Prinzipien ihrer gegenseitigen Anordnung verschiedene Varianten möglich (Polytpie). Glimmer wird in der Optik für ↗*Phasenplättchen* verwendet.

**Glimmkathode,** negative Elektrode einer Entladungsröhre bei der ↗*Glimmentladung*.

**Glimmlampe,** ↗*Gasentladungslampe*, die das Leuchten des negativen Glimmlichts einer ↗*Glimmentladung* ausnutzt. Die Elektroden sind so nahe beieinander, daß sich keine positive Säule ausbildet. Außerdem sind sie mit einem Metall geringer Austrittsarbeit, z.B. Barium, überzogen, so daß die Glimmentladung schon bei Spannungen um 100V zündet. Eine bekannte Anwendung der Glimmlampe ist der *Phasenprüfer*.

**Glimmlicht, negatives,** in einer ↗*Glimmentladung* eine hell leuchtende Schicht, die sich zur Kathode hin scharf gegen den ↗*Kathodendunkelraum* abgrenzt, zur Anode hin allmählich verblaßt und in den ↗*Faradayschen Dunkelraum* übergeht.

**Glitch** ↗Pulsare.

**Global Positioning System,** *GPS*, wetterunabhängiges, satellitengestütztes System zur Positionsbestimmung an Land, auf See und in der Luft bei bekannten Bahndaten der Satelliten. Zur Positions- und Zeitbestimmung ist der gleichzeitige Empfang der Signale von mindestens vier Satelliten erforderlich. Seit 1993 umkreisen 24 GPS-Satelliten die Erde in einer Höhe von 20200km. Die Bestimmung der Entfernung von der Bodenstation zum Satelliten erfolgt durch Laufzeitmessung der kodierten Signale und zusätzlicher Information aus der Doppler-Frequenzverschiebung. Mit GPS-Empfängern lassen sich Genauigkeiten der Positionsbestimmung von bis zu wenigen Zentimetern erreichen.

**Globalstrahlung,** gesamte auf eine ebene Fläche fallende Strahlungsenergie im Bereich des Sonnenspektrums. Im Falle einer horizontal orientierten Fläche läßt sich die Globalstrahlung $G$ zerlegen in eine Summe aus der *direkten Strahlung I* sowie der *diffusen Strahlung D*, wobei sich letztere aus verschiedenen ↗*Streuprozessen* sowie der Reflexion des Sonnenlichts an Wolken ergibt. Die wichtigsten Streuprozesse sind die ↗*Rayleigh-* sowie die ↗*Mie-Streuung*.

**Globulen,** *Bok-Globulen*, nach B. ↗*Bok* benannte kleine, rundliche ↗*Dunkelwolken*. Sie weisen Duchmesser zwischen 0,04pc und 1pc auf und erscheinen vor einem hellem Hintergrund als dunkle Flecken. Ihre Massen schätzt man auf $0{,}1M_\odot$–$2000M_\odot$. Zumindest in einigen von ihnen entstehen vermutlich neue Sterne.

**Globulus,** Konformationszustand eines ↗*Polymers* bei vorwiegend anziehenden Wechselwirkungen zwischen sequentiell weit auseinanderliegenden Monomeren.

**Glocke,** ↗*Schallsender* in Form einer stark gekrümmten Platte. Glocken im engeren Sinne sind rotationssymmetrische Körper, die zur Schallerzeugung von innen mit einem Klöppel geläutet oder von außen mit einem Hammer angeschlagen werden. Ihr Klang hat ein kompliziertes, nicht unbedingt harmonisches Spektrum, dessen ↗*Teiltöne* unterschiedlich schnell abklingen. Kirchenglocken und Glokken für Glockenspiele werden als ↗*Musikinstrumente* zu den ↗*Idiophonen* eingeordnet. Bei ihnen wird durch die Formgebung erzwungen, daß die Teiltöne in der ersten und ggf. auch der zweiten Oktave konsonante Intervalle bilden (↗*Konsonanz*) und der sehr laute, aber schnell wieder abklingende Schlagton, der die ↗*Tonhöhe* des Glockenklanges bestimmt, genau eine Oktave höher als der tiefste Teilton ist. Eine Glocke kann nicht durch Resonanz mit der Frequenz des Schlagtones erregt werden, d.h. der Schlagton gehört nicht zu ihren ↗*Eigenschwingungen*.

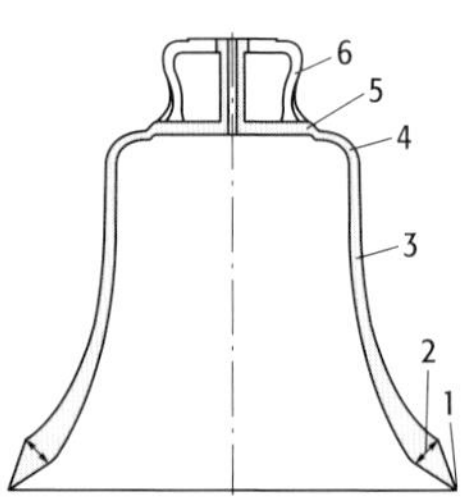


**Glocke:** Längsschnitt (nach Meyer und Klaes), 1 Schärfe (Bord, Mündung), 2 Schlagwulst (Schlagring), 3 Mantel, 4 Haube, 5 Platte, 6 Krone

**Glorie** ↗Optik, atmosphärische.

**Glory-Effekt,** eine bei Schwerionenstößen mögliche klassische Trajektorie, bei der das Projektil den Targetkern umrundet und unter Rückwärtswinkeln wieder austritt. (↗Potentialstreuung)

**Glueball,** durch die Selbstwechselwirkung der ↗*Gluonen* in der ↗*Quantenchromodynamik* (*QCD*) möglicher Bindungszustand aus zwei oder drei Gluonen (gg, ggg), der aber experimentell noch nicht eindeutig nachgewiesen wurde. Ein Glueball läßt sich nicht in das Nonett der $q\bar{q}$-Mesonen einordnen. Er ist ein Flavor-Singulett, sollte vorwiegend in gluonreichen Elementarteilchenprozessen, z.B. Proton-Antiproton-Vernichtung, erzeugt werden und nur schwach an ein Photonpaar koppeln. Das Auffinden einer eindeutigen experimentellen Glueball-Signatur wird aber durch Mesonen mit gleichen Quantenzahlen erschwert. Berechnungen mit Hilfe der ↗*Gittereichtheorie* und der ↗*QCD-Summenregeln* legen nahe, als leichtesten Glueball eine skalare Resonanz (Quantenzahlen $J^{PC}=0^{++}$) mit einer Masse von $1600\pm150$MeV zu erwarten. Vier isoskalare Resonanzen mit $J^{PC}=0^{++}$ betrachtet der Review of Particle Physics 1998 als etabliert, u.a. das $f_0(1500)$, das von einigen Modellen tatsächlich als Mischung eines Glueballs mit einem $q\bar{q}$-Zustand interpretiert wird.

**Glühelektronen** ↗Richardson-Effekt, ↗Elektronenquelle, thermische.

**Glühemission,** ↗*Richardson-Effekt*, Effekt, der die Emission von Elektronen aus Metallen und Halbleitern durch thermische Anregung beschreibt (↗Elektronenquelle). In Metallen und Halbleitern müssen die am losesten gebundenen Elektronen, die Leitungselektronen, die sog. *Ablösearbeit* $\Phi$ aufbringen, um die Anziehung der positiv geladenen Ionenrümpfe zu überwinden. Elektronenzustände sind bei der Temperatur $T=0$ bis zur *Fermi-Kante* besetzt. Für Temperaturen $T>0$ sind auch energetisch höher liegende Zustände gemäß der ↗*Fermi-Dirac-Statistik* besetzt. Elektronen, deren Energie ausreicht, die Potentialbarriere $\Phi$ zu überwinden, werden von dem Metall emittiert. In Metallen liegen typische Werte für $\Phi$ bei 1–5eV. Der Elektronenstrom $J$ wird beschrieben durch das *Richardson-Gesetz*: $J = AT^2 e^{-\Phi/k_BT}$, wobei $A$ eine Konstante, $k_B$ die Boltzmann-Konstante und $T$ die Temperatur ist. $\Phi$ ist i.d.R. temperaturabhängig. Für die meisten Metalle läßt sich $\Phi$ in der Form: $\Phi = \Phi_0 + \alpha T$ angeben, wobei $\Phi_0$ nicht von der Temperatur abhängig ist. Gewöhnlich werden diese Emissionscharakteristika in der *Richardson-Auftragung* dargestellt, d.h. $\log(J/T^2)$ über $T^{-1}$. Dann ergibt der Schnittpunkt mit der $x$-Achse die Konstante $A$ und die Steigung der Kurve den Wert $\Phi_0/k_B$. Bei Halbleitern ist $\Phi$ temperaturabhängig, dies wird bestimmt durch die Besetzungswahrscheinlichkeit der Elektronenzustände im Leitungsband sowie die Verteilung der Donatorniveaus.

**Glühen,** in der Materialwissenschaft eine der ↗*Hitzebehandlungen*, die einen Gefügezustand erzeugt, der näher am Gleichgewicht liegt. Durch langsames, schrittweises Abkühlen werden Eigenspannungen reduziert. Man kann die Arten der Glühbehandlungen in zwei große Gruppen einteilen. In der ersten Gruppe befinden sich Glühverfahren, die auf Eigenschaften abzielen, welche nicht vom erreichten Gefügezustand abhängig sind. Hierzu gehören das *Diffusionsglühen*, das *Grobkornglühen* und das *Rekristallisationsglühen*. Ziel der Glühverfahren der zweiten Gruppe ist das Erreichen eines bestimmten Gefügezustandes. Hierzu zählen das *Weichglühen* und das vollständige Austenitisieren durch *Normalglühen*.

**Glühfarben,** Farbwerte eines Temperaturstrahlers bei hohen Temperaturen. Nach den ↗*Strahlungsgesetzen* verschiebt sich die von einem erhitzten Körper emittierte Strahlung mit steigender Temperatur immer mehr ins kurzwellige Gebiet. Dies kann zu einer Abschätzung der Glühtemperatur mittels der Glühfarben benützt werden (Tabelle). Oberhalb 2400 °C ändert sich die Farbe eines glühenden Körpers nicht mehr merklich.

**Glühfarben** in Abhängigkeit von der Temperatur.

| T [°C] | Glühfarbe |
|---|---|
| 400 | Grauglut |
| 525 | beginnende Rotglut (im Dunkeln schon merklich früher sichtbar) |
| 700 | Dunkelrotglut |
| 850 | Kirschrotglut |
| 950 | Hellrotglut |
| 1100 | Gelbglut |
| 1300 | beginnende Weißglut |
| 1500 | volle Weißglut |

**Glühkathode,** geheizte negative Elektrode in Elektronenröhren. In der Glühkathode werden durch ↗*thermische Emission* Elektronen freigesetzt. Man unterscheidet direkt und indirekt geheizte Glühkathoden. (↗*Elektronenquelle, thermische*)

**Glühkathoden-Ionisationsvakuummeter,** ein ↗*Ionisationsvakuummeter*, bei dem die zur Ionisation des Gases notwendigen Elektronen im Gegensatz zum *Kaltkathoden-Vakuummeter* (*Penning-Vakuummeter*) von einer Glühkathode emittiert werden.

**Glühlampe,** elektrische Lampe, bei der feste Stoffe durch Stromwärme, d.h. infolge Widerstandserwärmung, unmittelbar oder mittelbar so hoch erhitzt werden (2100–2600 °C), daß sie Lichtstrahlung aussenden. 1854 erfand H. *Goebel* die Glühlampe, und 1879 entwickelte ↗*Edison* die *Kohlenfadenlampe*. 1910 gelang es, unlegiertes Wolfram herzustellen, damit war der Grundstein zur heutigen Technologie gelegt. Um die rasche Verdampfung oder Oxidation der Festkörper zu verhindern, befinden sich diese als Draht oder Band in einem evakuierten Glasgefäß, das zur Erzielung höherer Lichtstöme auch mit einer indifferenten Gasatmosphäre (Argon, Krypton) gefüllt sein kann. Glühlampen sind ohmsche Widerstände und können an Wechsel- oder Gleichstromspannung ohne Vorschaltgerät angeschlossen werden. *Wolframlampen* stellen die weitverbreitesten Glühlampen dar und zeigen als *Temperaturstrahler* ein kontinuierliches Spektrum, dessen Hauptanteil im Infraroten liegt. Das Verhältnis der sichtbaren zur Gesamtstrahlung erreicht bei 6500K sein Maximum mit 40 %. Berücksichtigt man die spektrale Empfindlichkeit, so erreicht man einen visuellen Wirkungsgrad von 14 % im sichtbaren Bereich. Bei Wolfram erhält man bei 3000K einen visuellen Wirkungsgrad von 4,4 %. Wegen ihrer guten Farbwiedergabe, der günstigen geometrischen Form, der hohen Leuchtdichte und sofortigen Betriebsbereitschaft findet die Glühlampe trotz ihres schlechten Wirkungsgrades häufige Verwendung. Die Leuchtdichte bei Klarglaskolben liegt zwischen 250 und 1800cd/cm$^2$. Die hohen Leuchtdichten können durch Einsatz von Opalglaskolben herabgesetzt werden.

**Glühstrumpf** ↗Auerstrumpf.

**Glühwendel,** ein spiralförmiger *Glühfaden* bzw. -draht bei einer ↗Glühlampe, häufig wird die Spirale ein weiteres Mal verdreht (*doppelt gewendelter Glühfaden*).

**Gluino,** in der ↗*Supersymmetrie* postuliertes fermionisches Partnerteilchen des Gluons mit Spin 1/2, Farbladung und möglicherweise einer Masse im hohen GeV-Bereich.

**Gluonen,** masselose Elementarteilchen mit Spin 1, die mit den acht Eichfeldern der ↗*Quantenchromodynamik* (QCD), der Eichtheorie der starken Wechselwirkung, identifiziert werden. Sie bilden also ein Oktett der Farbgruppe $SU(3)_c$ und tragen daher selbst

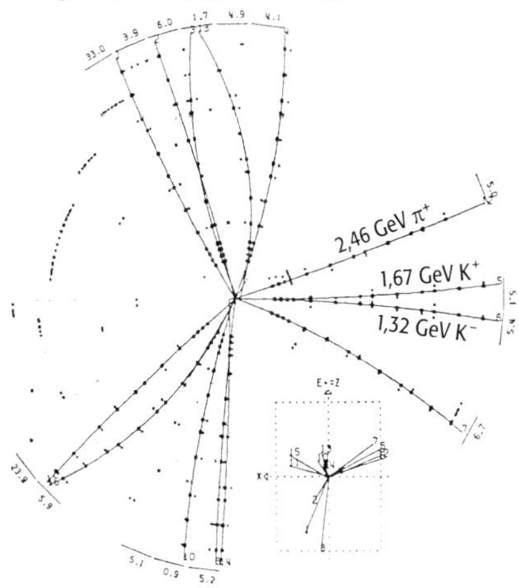


**Gluonen:** indirekter Nachweis eines Gluons bei einem Drei-Jet-Ereignis; die Jets werden als zwei hadronisierte Quarks und ein hadronisiertes Gluon interpretiert.

Farbe. Die Farbkombinationen der Gluonen ergeben sich aus dem direkten Produkt des Farbtripletts **3** (r,g,b) mit dem Anti-Farbtriplett $\bar{\mathbf{3}}$ analog zu den Flavor-Kombinationen bei den Mesonen. Man erhält dann $r\bar{b}$, $r\bar{g}$, $g\bar{r}$, $g\bar{b}$, $b\bar{r}$, $b\bar{g}$ sowie $(g\bar{g}-r\bar{r})/\sqrt{2}$ und $(g\bar{g}+r\bar{r}-2b\bar{b})/\sqrt{2}$. Die Farbladungen der Gluonen haben zur Folge, daß Gluonen miteinander stark wechselwirken können.

Bereits vor der Formulierung der QCD ergaben sich im Rahmen des ↗*Quark-Parton-Modells* Hinweise auf die Existenz von neutralen, nicht an Photonen koppelnden Partonen im Nukleon, da sich mit den geladenen Partonen allein nur etwa die Hälfte des Nukleonenimpulses erklären ließ. Da Gluonen selbst miteinander wechselwirken, sollten sie auch gebundene Zustände bilden können (↗*Glueballs*). Nach ihnen wird intensiv experimentell geforscht.

**Gluon-String,** *Gluon-Flußschlauch*, Einschluß der Farbfeldlinien (↗*starke Wechselwirkung*), die zwei Quarks verbinden, zu einem »Schlauch« oder String bei großen Entfernungen. Das Modell dient als anschauliche Beschreibung des ↗*Confinements.*

**GMD-Forschungszentrum Informationstechnik,** früher *Gesellschaft für Mathematik und Datenverarbeitung*, von der Bundesrepublik Deutschland und den Ländern Nordrhein-Westfalen, Hessen und Berlin 1968 gegründete Großforschungseinrichtung für die mathematische und informatische Grundlagenforschung, Mitglied der ↗*Herrmann von Helmholtz-Gemeinschaft Deutscher Forschungszentren* (*HGF*); Sitz in St. Augustin bei Bonn mit weiteren Instituten in Darmstadt und Berlin sowie einer Außenstelle in Tokyo. Die GMD hat ca. 1045 Beschäftigte und einen Etat von (1998) 179 Mio. DM. Schwerpunkte sind Entwurfsverfahren komplexer rechnerbasierter Systeme, Kommunikations- und Kooperationssysteme, intelligente multimediale Systeme und paralleles Rechnen.

**G-Modul** ↗Torsionsmodul.

**Gnomonik** ↗Sonnenuhr.

**GNS-Konstruktion,** *Gelfand-Naimark-Siegel-Konstruktion*, allgemeines Verfahren, aus den ↗*Erwartungswerten* einer *C*-Algebra* bezüglich eines ↗*Zustandes* einen Hilbert-Raum und eine Darstellung der Algebra durch Operatoren in diesem Hilbert-Raum zu konstruieren.

Speziell im Rahmen von Quantenfeldtheorien versteht man unter der GNS-Konstruktion auch ein Verfahren, aus der Kenntnis der Vakuumerwartungswerte (↗*Wightman-Funktionen*) einer Quantenfeldtheorie den physikalischen Hilbert-Raum, den Vakuumzustand sowie einen Satz von ↗*Feldoperatoren* zu konstruieren, so daß sich die Wightman-Funktionen als Vakuumerwartungswerte dieser Feldoperatoren darstellen lassen. (↗axiomatische Quantenfeldtheorie)

**Goddard**, *Robert Hutchings*

**Goddard,** *Robert Hutchings*, amerikanischer Physiker und Raketentechniker, *5.10.1882 Worcester (Mass.), †10.8.1945 Baltimore (Md.); Professor an der Clark University in Worcester; bedeutende Beiträge zur Entwicklung der Raketentechnik; konzipierte unabhängig von H.J. ↗*Oberth* und K.E. ↗*Ziolkowski* das Stufenprinzip des Raketenantriebs; entwickelte nach Konstruktion (1914) einer zweistufigen Feststoffrakete 1923 einen Flüssigkeitsraketenmotor, startete 1926 als erster eine (1,20m hohe) Flüssigkeitsrakete, die ca. 65m Höhe erreichte, 1929 eine mit Meßinstrumenten bestückte Rakete; 1935 erreichte eine seiner Raketen zum ersten Mal Überschallgeschwindigkeit und eine Höhe von 2300m. Nach ihm ist das 1959 gegründete *Goddard Space Flight Center*, ein Raumfahrtzentrum der NASA in Greenbelt (Md.), benannt.

**Goddard-Raumfahrt-Zentrum** ↗Forschungszentren, allgemein.

**Gödel** (Goedel), *Kurt*, österreichisch-amerikanischer Mathematiker und Logiker, *28.4. 1906 Brünn, †14.1.1978 Princeton (N.J., USA); 1940 Emigration in die USA, ab 1953 Professor am Institute for Advanced Study in Princeton; bahnbrechende Arbeiten zur Logik und mathematischen Grundlagenforschung; bewies 1931, daß es »prinzipiell unentscheidbare« Probleme der Aussagenlogik gibt, was bedeutet, daß der Nachweis der Widerspruchsfreiheit eines formalen Systems nicht mit den Mitteln des Systems selbst erbracht werden kann; ferner Beiträge zur Mengenlehre, Zahlentheorie, Kosmologie und über Grundlagen der Relativitätstheorie.

**Gödel-Kosmos,** das 1949 von K. ↗*Gödel* gefundene kosmologische Modell, das ein homogenes, aber im allgemeinen anisotropes Universum beschreibt und somit nicht dem ↗*kosmologischen Prinzip* gehorcht. Der Gödel-Kosmos ist rotationssymmetrisch um eine Achse und beschreibt ein »rotierendes Universum«, in dem Galaxien relativ zu lokalen ↗*Gyroskopen* rotieren. Das ursprüngliche Modell beschreibt ein mit Staub (*ideale* ↗*Flüssigkeit* mit Energiedichte $\varepsilon$ und verschwindendem ↗*Druck* $p=0$) gefülltes Universum mit nichtverschwindender ↗*kosmologischer Konstante* $\Lambda$. Obwohl der Gödel-Kosmos stationär ist und daher nicht die beobachtete Expansion des Universums beschreiben kann, besitzt das Modell eine Reihe von interessanten Eigenschaften; so weisen geschlossene zeitartige Kurven keine Singularitäten auf.

**Gödelscher Unvollständigkeitssatz,** von K. ↗*Gödel* 1931 bewiesenes Theorem, demzufolge die Konsistenz eines logischen Systems nicht innerhalb dieses Systems bewiesen werden kann; in jedem logischen System gibt es demnach mindestens eine unbeweisbare Aussage.

**GOE,** *Gaußsches orthogonales Ensemble*, ↗Gaußsche Ensembles.

**Goedel** ↗Gödel.

**Goeppert-Mayer,** *Maria,* deutsch-amerikanische Physikerin, *28.6.1906 Kattowitz, †20.2. 1972 San Diego (Calif.); nach Forschungstätigkeit in Baltimore (wo sie 1930–39 zusammen mit ihrem Mann, *Joseph Edward Mayer* [1904–1983], wirkte), New York und Chicago (unter anderem am Argonne National Laboratory) ab 1960 Professorin an der University of California in La Jolla; Arbeiten zur Isotopentrennung, über Absorptionsspektren organischer Moleküle, statistische Mechanik und Kernphysik; erhielt 1963 zusammen mit H. ↗*Jensen* und E.P. ↗*Wigner* den Nobelpreis für Physik für ihre unabhängig von Jensen, O. ↗*Haxel* und Hans Eduard Suess (*1909) ab 1947 durchgeführten Arbeiten über das Schalenmodell des Atomkerns, mit dem sich unter anderem Stabilitätseigenschaften verschiedener Atomkerne deuten lassen.

**Goeppert-Mayer,** *Maria*

**Gold,** *Thomas,* österreichisch-amerikanischer Astronom, *22.5.1920 Wien; nach Emigration nach England seit 1956 in den USA, Professor in Cambridge (Mass.) und Ithaca (N.Y.); entwickelte 1948 zusammen mit H. ↗*Bondi* und F. ↗*Hoyle* die »Steady-State-Theorie« des Kosmos, nach der die mittlere Dichte im expandierenden Weltall infolge ständiger Neuschöpfung der Materie nahezu unverändert bleibt.

**Gold,** *Au,* Element der Nebengruppe I des Periodensystems bzw. der Gruppe Nr. 11 des Langperiodensystems mit der Ordnungszahl 79. Gold besitzt die Elektronenkonfiguration $[Xe]4f^{14}5d^{10}6s^1$ und besteht in der Natur zu 100 % aus dem Isotop $^{197}_{79}Au$ mit einem spezifischen Gewicht von 19,93 g/cm³ und einer relativen Masse von 196,96654. Das metallische Gold besitzt die beste Dehn- und Walzbarkeit aller Metalle. Seine thermische und elektrische Leitfähigkeit beträgt etwa 70 % von der des Silbers. Da Gold sehr weich ist, wird es selten in reiner Form verwendet, sondern durch Legierungsbildung z.B. mit Kupfer oder Silber gehärtet. In der Elektronik wird Gold als Trägermetall für Dotierungsstoffe und elektrische Kontaktierung von Halbleitern verwendet, in der Optik wird es zur Herstellung hochwertiger Spiegel und von Zonenplatten in UV-Spektrometern eingesetzt.

**Gold 1:** Wichtige Isotope.

| Isotop | Natürliche Häufigkeit [%] | Atommasse | Halbwertszeit $T_{1/2}$ |
|---|---|---|---|
| $^{195}Au$ | 0 | 194,965013 | 186,1 d |
| $^{197}Au$ | 100 | 196,966543 | stabil |
| $^{198}Au$ | 0 | 197,968217 | 2,693 d |
| $^{199}Au$ | 0 | 198,968740 | 3,14 d |

**Gold 2:** Allgemeine, chemische und festkörperphysikalische Eigenschaften.

| | |
|---|---|
| Molvolumen [cm³] | 10,2 |
| Oxidationszahlen | – I, 0, I–VII |
| photoelektrische Arbeit [eV] | 4,8 |
| Debye-Temperatur [K] | 165 |

**Gold 3:** Thermische und elektromagnetische Eigenschaften.

| | |
|---|---|
| Siedetemperatur [K] | 3080 |
| Schmelztemperatur [K] | 1337,58 |
| Siedeenthalpie [kJ mol$^{-1}$] | 342,3 |
| Schmelzenthalpie [kJ mol$^{-1}$] | 12,78 |
| Wärmeleitfähigkeit (300 K) [W m$^{-1}$ K$^{-1}$] | 318 |
| spezifische Wärme [kJ kg$^{-1}$ K$^{-1}$] | 0,129 |
| thermischer Längenausdehnungskoeffizient [$10^{-6}$ K$^{-1}$] | 14,16 |
| spezifischer Widerstand [$10^{-8}$ Ω m] | 2,35 |
| spezifische magnetische Suszeptibilität [$10^{-9}$ kg$^{-1}$ m³] | – 1,78 |

**Gold 4:** Atom- und kernphysikalische Eigenschaften.

| | |
|---|---|
| Termsymbol | $^2S_{1/2}$ |
| 1. Ionisierungsenergie [eV] | 9,226 |
| 2. Ionisierungsenergie [eV] | 20,5 |
| Elektronenaffinität [eV] | 2,309 |
| Elektronegativität (Pauling) | 2,54 |
| effektive Kernladung (Slater) | 4,20 |
| magnetisches Moment [$\mu_B$] | 1,732 |
| Ionenradius ($Au^{3+}$) [nm] | 0,085 |
| Kovalenzradius [nm] | 0,134 |
| Atomradius [nm] | 0,144 |
| Kernspin ($^{197}Au$) | 3/2 |
| kernmagnetisches Moment ($^{197}Au$) [$\mu_K$] | 0,14486 |
| Einfangquerschnitt für thermische Neutronen [barn] | 98,8 |

**Goldberg,** *Emanuel,* Photochemiker, *19.8. 1881 Moskau, †13.9.1970 Tel Aviv; ab 1907 Professor in Leipzig, ab 1917 in Darmstadt und in leitender Stellung bei der Zeiss-Ikon AG; emigrierte 1933 zunächst nach Paris und gründete 1937 in Tel Aviv ein Labor für angewandte Optik; wichtige Beiträge zur Photochemie und Densitometrie; entwickelte verschiedene Geräte für die Phototechnik, z.B. den Densographen (1910) und Graukeil (1911), eine Mikrofilmkamera (1921) und das *Goldberg-Refraktometer* (1942); formulierte die *Goldberg-Bedingung* (für die richtige photographische Wiedergabe von Helligkeits- bzw. Tonwerten beim Kopierprozeß) und entwikkelte die *Goldberg-Emulsion* (photographische Schicht mit in Kollodium eingebetteten Silberhalogenidkristallen, die vor allem für Meßzwecke eingesetzt wird und ein sehr hohes Auflösungsvermögen aufweist).

**Goldberger-Treimann-Relation,** aus der ↗*PCAC-Hypothese* der ↗*Quantenchromodynamik* abgeleitete Beziehung, die die Zerfallskonstante $f_\pi$ des Pions mit der Pion-Nukleon-Kopplungskonstanten $g_{\pi NN}$ verbindet: $f_\pi g_{\pi NN} = m_N g_A(0)$. $m_N$ gibt dabei die Masse des Nukleons an und $g_A$ ist die Axialvektor-Kopplungskonstante des Nukleons. Experimentell ergibt sich $g_A(0) \sim 1{,}22$ und $f_\pi g_{\pi NN}/m_N \sim 1{,}34$, die Goldberger-Treiman-Relation ist also recht gut erfüllt.

**Golddampflaser,** ein dem ↗*Kupferdampflaser* sehr ähnlicher gepulster Metalldampf- bzw. ↗*Gaslaser.* Der Golddampflaser emittiert im roten Bereich des Spektrums bei 627,8 nm und im UV bei 312nm. Typische Durchschnittsleistungen liegen um 10W und Spitzenleistungen über 50kW bei Repetitionsfrequenzen bis zu 10kHz. Abhängig von der Pulsrate lassen sich Pulsdauern zwischen 10 und 60ns und Pulsenergien bis zu 2mJ erreichen. Beim Golddampflaser liegt das aktive Medium in Form von Metallatomen in der gasförmigen Phase vor, so daß man auch von einem Neutralgaslaser spricht. Das ↗*Laserniveauschema* eines Golddampflasers ähnelt dem des ↗*Kupferdampflasers*. Die unteren Niveaus der möglichen Laserübergänge besitzen relativ große Lebensdauern, so daß die Besetzungsinversion nicht kontinuierlich aufrecht erhalten und der Golddampflaser nur als ↗*Pulslaser* betrieben werden kann.

Eingesetzt wird der Golddampflaser wegen seiner hohen Leistung und Repetitionsraten vor allem als Pumplaser für gepulste ↗*Farbstofflaser*, aber auch in Technik und Medizin.

**goldene Regel, 1)** *Mechanik*: Regel, der zufolge der Betrag der mechanischen ↗*Arbeit* als Produkt aus der Kraftkomponente in Richtung der Verschiebung des Kraftangriffspunktes und dem Verschiebungsweg definiert ist. Um eine bestimmte Arbeit zu leisten, muß entweder eine große Kraft längs eines kleinen Weges oder eine kleine Kraft längs eines großen Weges wirken. Die Anpassung der Kraft oder des Weges an die speziellen Bedingungen der geforderten Arbeitsleistung geschieht aufgrund dieser Regel mit Hilfe der einfachen Maschinen (Hebel, Rolle, Schiefe Ebene, Flaschenzug, Keil, Schraube usw.).

**2)** *Atomphysik*: *Fermis goldene Regel*, quantenmechanische Formulierung der Übergangswahrscheinlichkeit $W_{\text{fi}}$ von einem Anfangszustand i zu einem Endzustand f in erster Ordnung zeitabhängiger ↗*Störungsrechnung*:

$$W_{\text{fi}}=\frac{2\pi}{\hbar}|H_{\text{fi}}|^2\rho(E_{\text{f}}).$$

$H_{\text{fi}}$ ist das ↗*Übergangsmatrixelement* oder die *Wahrscheinlichkeitsamplitude*, $\rho(E_{\text{f}})=\mathrm{d}n/\mathrm{d}E_{\text{f}}$ die Endzustandsdichte oder Zahl der möglichen Endzustände pro Energieintervall $\mathrm{d}E_{\text{f}}$, $\hbar$ das Plancksche Wirkungsquantum. $H_{\text{fi}}$ ist gegeben durch die ↗*Wellenfunktionen* $\Psi$ und den ↗*Hamilton-Operator* für die Wechselwirkung $H_{\text{int}}$ zu

$$H_{\text{fi}}=\int\Psi_{\text{f}}^{*}H_{\text{int}}\Psi_{\text{i}}\,\mathrm{d}V.$$

In Bornscher Näherung lassen sich die Anfangs und Endzustände durch ebene Wellen beschreiben, so daß

$$H_{\text{fi}}=\frac{1}{\tau}\int V(\boldsymbol{r})\mathrm{e}^{\mathrm{i}(\boldsymbol{k}_{\text{f}}-\boldsymbol{k}_{\text{i}})\boldsymbol{r}}\mathrm{d}\tau$$

mit dem Wechselwirkungspotential $V(\boldsymbol{r})$, der Wellenzahl $\boldsymbol{k}$ zum Impuls $\boldsymbol{p}$ und dem Normierungsvolumen $\tau$. Die Zahl der Endzustände, die für die Reaktion offenstehen, ist durch die Phasenraumdichte gegeben. Aufgrund der ↗*Unschärferelation* hat jedes Teilchen im Phasenaum das Volumen $\tau(2\pi\hbar)^3$. Mit der Geschwindigkeit des Teilchens $v$ wird

$$\frac{\mathrm{d}n}{\mathrm{d}E_{\text{f}}}=\frac{\tau\cdot 4\pi p_{\text{f}}^2}{v_{\text{f}}\cdot(2\pi\hbar)^3}.$$

Aus der Übergangswahrscheinlichkeit $W_{\text{fi}}$ berechnet sich für Streuprozesse der differentielle ↗*Wirkungsquerschnitt* $\mathrm{d}\sigma/\mathrm{d}\Omega=f(\theta)^2$ durch Normierung auf den Teilchenstrom $j=v/\tau$, woraus sich die ↗*Streuamplitude* $f(\theta)$ zu

$$f(\theta)=\frac{m}{2\pi\hbar^2}\int V(\boldsymbol{r})\mathrm{e}^{(\mathrm{i}/\hbar)\boldsymbol{q}\cdot\boldsymbol{r}}\mathrm{d}\tau$$

mit dem Impulsübertrag $\boldsymbol{q}=\boldsymbol{k}_{\text{i}}-\boldsymbol{k}_{\text{f}}$ ableitet.

**Goldpunkt,** die Erstarrungstemperatur des Goldes bei Normaldruck, sie beträgt 1337,33K. Der Goldpunkt ist einer der Fixpunkte der ↗Internationalen Temperaturskala (ITS-90).

**Goldschmidt,** *Victor Mordechai*, deutscher Mineraloge und Kristallograph, *10.2.1852 Mainz, †8.5.1933 Salzburg; ab 1893 Professor in Heidelberg; bedeutende Beiträge zur Weiterentwicklung der Kristallberechnung und -vermessung; konstruierte das Zweikreis-Reflexionsgoniometer; untersuchte ferner die Wirkungsweise zwischenmolekularer Kräfte und die molekulare Struktur von Festkörpern.

**Goldstein,** *Eugen*, deutscher Physiker, *5.9. 1850 Gleiwitz, †25.12.1930 Berlin; arbeitete nach Tätigkeit an der Universitätssternwarte in Berlin und an der Physikalisch-Technischen Reichsanstalt ab 1896 als Privatgelehrter; wies 1876 die Ablenkung (»Deflexion«) der Kathodenstrahlen im elektrischen Feld nach und entdeckte 1886 die positiv geladenen Kanalstrahlen (Ionenstrahlen); beobachtete 1907 als erster Funkenspektren einfach ionisierter Atome.

**Goldstone-Boson,** *Nambu-Goldstone-Boson*, ↗Goldstone-Theorem.

**Goldstone-Theorem[n],** *Nambu-Goldstone-Theorem*, im Zusammenhang mit dem ↗*Higgs-Mechanismus* des Standardmodells der Elementarteilchen ein wichtiges Theorem, dem zufolge eine Theorie, deren Lagrange-Dichte eine globale Symmetrie besitzt, ihr Vakuum jedoch nicht, die Existenz eines oder mehrerer masseloser Bosonen – der sog. *Goldstone-Bosonen* – hervorruft. Man nennt diese Symmetrie *spontan gebrochen* (↗*spontane Symmetriebrechung*), und die Anzahl der Goldstone-Bosonen entspricht der Anzahl der spontan gebrochenen Erzeugenden der Symmetriegruppe.

Zur Verdeutlichung betrachten wir die allgemeine Lagrange-Dichte $\mathcal{L}=\frac{1}{2}\partial_\mu\Phi\cdot\partial^\mu\Phi-V(\Phi)$, wobei $\Phi$ sich als eine Darstellung der Symmetriegruppe $G$ mit $N$ Generatoren $T_{ij}^{a}$ transformiert. Ein nichttrivialer Vakuumzustand erfüllt $\frac{\delta V}{\delta\Phi_i}=0$ für $\langle\Phi_i\rangle=v_i$. Dieser Zustand bricht einen Teil der Symmetrie, es bleibt aber die Symmetrie unter der Untergruppe $H$ von $G$ mit $M$ Generatoren erhalten. Diese ändern $v_i$ nicht: $H_{ij}^{a}v_j=0$. Eine infinitesimale Transformation der Felder, $\delta\Phi_i=-\mathrm{i}\vartheta^aT_{ij}^{a}\Phi_j$, angewendet auf die Bestimmungsgleichung des symmetriebrechenden Vakuumzustandes, er-

gibt
$$\left|\frac{\delta^2 V}{\delta\Phi_k\delta\Phi_i}\right|_{\Phi=v} T^a_{ij}v_j = 0.$$
Da bei der Entwicklung des Feldes nach dem Vakuumzustand die obige zweite Variation des Potentials gleich dem –1/2-fachen der Massenmatrix ist, kann die Gleichung $(M^2)_{ki}T^a_{ij}v_j = 0$ entweder durch $H^a_{ij}v_j = 0$ in der ungebrochene Untergruppe erfüllt werden, oder, für die übrigen $N-M$ Generatoren, durch Nulleigenwerte der Massenmatrix $(M^2)_{ij}$. Es gibt also $N-M$ massenlose Teilchen, die Goldstone-Bosonen.

Beispiel: $G=\mathrm{O}(n)$ hat $N=n(n-1)/2$ Generatoren. Falls die Symmetrie auf $H=\mathrm{O}(n-1)$ gebrochen wurde, gibt es in der Untergruppe $M=(n-1)(n-2)/2$ Generatoren und $N-M=n-1$ Goldstone-Bosonen.

Bei der spontanen Brechung einer lokalen Eichsymmetrie können die Goldstone-Bosonen eliminiert werden, dafür erhält das Eichfeld eine Masse (↗Higgs-Mechanismus).

**Golfstrom,** starke ↗*Meeresströmung* am westlichen Rand des Nordatlantiks. Er beginnt am Nordausgang der Floridastraße als Verlängerung des Floridastroms und erstreckt sich bis vor Neufundland, wo er in den Nordatlantischen Strom übergeht. Der große Wassertransport von über $100\cdot10^6\,\mathrm{m}^3/\mathrm{s}$ bei extrem hohen Strömungsgeschwindigkeiten von bis zu 2,5 m/s wird durch die Theorie der *westlichen Verstärkung* (↗*Stommel-Modell*) erklärt. Horizontale Schwingungen des Golfstroms führen zu Strommäandern, von denen sich Stromwirbel ablösen können, die als selbständige Ringe mit Durchmessern von über 100 km über ein Jahr lang bestehen können. Durch den Transport von subtropischem warmem Oberflächenwasser, das vom Nordatlantischen Strom übernommen wird, sorgt der Golfstrom für eine extreme klimatische Begünstigung Nordwesteuropas.

**Gon** [griech. gonia »Winkel«], Einheitenzeichen gon, allgemein anwendbare Einheit außerhalb des SI für den ebenen Winkel. Das Gon ist der hundertste Teil eines rechten Winkels. Die Einheit ist hauptsächlich in der Geodäsie gebräuchlich. Sie wurde früher (im Unterschied zum ↗*Grad* °, dem sog. *Altgrad*) auch als *Neugrad* bezeichnet. $1\,\mathrm{gon}=\pi/200\,\mathrm{rad}=15{,}708\,\mathrm{mrad}=0{,}9^\circ$.

**Gonadendosis,** der Grenzwert bezüglich der Strahlenbelastung der Keimdrüsen. Er beträgt 0,3 mSv/a, was dem Ausmaß der natürlichen Strahlenbelastung für die Mehrzahl der Bewohner in Deutschland entspricht.

**Goniometer,** *Winkelmesser*, Instrument zum Messen von ebenen Winkeln. Das einfachste Goniometer ist das *Anlegegoniometer*, auch *Hand-* oder *Kontaktgoniometer*. Es besteht aus zwei scherenartig gegeneinander beweglichen Stahlschienen, deren eine mit einem Transporteurbogen verbunden ist, an dem man direkt den Winkel von zwei zum Kontakt gebrachten Kristallfäden auf etwa 1° genau ablesen kann. Es kann also nur für grobe Messungen benutzt werden. Gebräuchlicher ist das 1809 von W. ↗*Wollaston* erfundene *Reflexionsgoniometer*. Dieses besitzt einen Drehtisch, auf dessen Achsenverlängerung ein Kristall mit Wachs so befestigt wird, daß er mit den Flächenkanten, deren Winkel gemessen werden sollen, aufrecht steht. Auf sie wird ein schmales paralleles Lichtbündel gelenkt. In einer bestimmten Drehlage wird nun eine Fläche so liegen, daß sie diesen Strahl genau in das Fadenkreuz eines senkrecht zum Kollimator angebrachten Fernrohres reflektiert. Die Stellung des Drehtisches wird mit Hilfe eines angebrachten Nonius abgelesen. Nun wird der Tisch gedreht, bis die benachbarte Fläche die Lage der ersten einnimmt und im Fadenkreuz aufblitzt. Der jetzt ablesbare Winkelunterschied ist gleich dem Komplement des wirklichen Kristallwinkels (zu 180°). In der Literatur wird meist einfachheitshalber der gemessene Winkel angegeben (Abb.). Bei Drehung um 360° erhält man so alle Winkel einer Kristallzone. Um das lästige Neuaufkitten, Neuzentrieren usw. zu vermeiden, benutzt man ein *Theodolitgoniometer* mit mehreren Teilkreisen (2 bis 3).

Auch eines der für die Kristallstruktur-Bestimmung durch Röntgentrahlen (↗*Röntgenstrukturanalyse*) entwickelten Geräte wird als Goniometer bezeichnet.

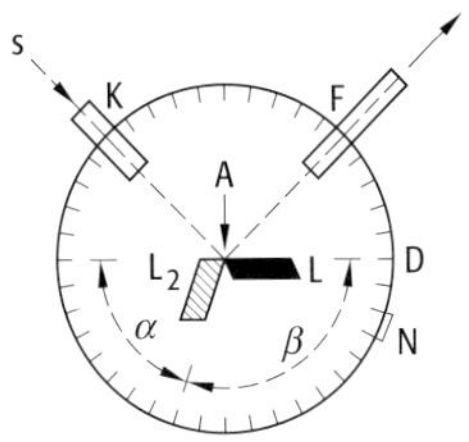


**Goniometer:** Arbeitsweise des Reflexgoniometers. D: Drehtisch, N: Nonius, A: Achse, K: Kollimator, F: Fernrohr, L: 1. Kristall-Lage, $L_2$: 2. Lage, S: Strahl, $\beta$: gemessener Winkel, $\alpha$: der daraus zu berechnende gesuchte Kristallwinkel (180° – $\beta$).

**Goniometerokular,** mikroskopisches ↗*Okular*, bei dem eine Glasplatte mit aufgetragener Skala zur Winkelmessung in die ↗*Zwischenbildebene* eingebracht wird.

**Gordon,** *Walter*, deutscher Physiker, *3.8.1893 Apolda, †24.12.1939 Stockholm; ab 1930 Professor in Hamburg, nach seiner Emigration ab 1933 in Stockholm; Arbeiten zur Quantenmechanik und Quantenfeldtheorie; stellte 1926 unabhängig von O.B. ↗*Klein* eine relativistische Wellengleichung, die *Klein-Gordon-Gleichung* auf.

**Gorter,** *Cornelius Jacobus*, niederländischer Physiker, *14.8.1907 Utrecht, †30.3.1980 Oegstgeest; ab 1940 Professor in Amsterdam, seit 1946 in Leiden und Direktor des dortigen Kamerlingh-Onnes-Laboratoriums; bedeutende Arbeiten zum Paramagnetismus, Antiferromagnetismus und zur Supraleitung; lieferte 1933 eine Erklärung für den Einfluß von äußeren Magnetfeldern auf Supraleiter, stellte 1934 zusammen mit H.B.G. ↗*Casimir* ein Zweiflüssigkeitenmodell für die Leitungselektronen zur Erklärung des supraleitenden Zustands der Materie auf und schlug im gleichen Jahr das Verfahren der adiabatischen Entmagnetisierung von Kernmomenten zur Erzeugung tiefster Temperaturen vor; untersuchte die Eigenschaften des flüssigen *Helium-II*. (↗*Suprafluidität*)

**Goubau-Leitung,** ein metallischer, von einer dünnen Isolierschicht umgebener Draht zur Leitung von elektromagnetischen ↗*Oberflächenwellen*. Goubau-Leitungen wurden häufig zur Anbindung von Gemeinschaftsfernsehanlagen oder abgelegener Orte an das Fernsehnetz verwendet.

**Goudsmit,** *Samuel Abraham*, niederländisch-amerikanischer Physiker, *11.7.1902 Den Haag, †4.12.1978 Reno (Nev.); seit 1927 in den USA, 1932–46 Professor in Ann Arbor (Mich.), 1948–70 am Brookhaven National Laboratory in Upton (N.Y.); arbeitete über Atombau, die Feinstruktur von Atomspektren und Radartechnik; entdeckte 1925 zusammen mit G.E. ↗*Uhlenbeck* den Elektronenspin (nach ihnen benannt ist die *Goudsmit-Uhlenbecksche Hypothese*); wissenschaftlicher Leiter der amerikanischen Alsos-Mission zur Auskundschaftung des Atombombenprojekts in Deutschland.

**Goudsmit-Uhlenbecksche Hypothese,** die von S.A. ↗*Goudsmit* und G.E. ↗*Uhlenbeck* aufgestellte halbklassische Hypothese, daß das Elektron eine endliche Ausdehnung besitzt und dadurch ein mechanisches Trägheitsmoment und Eigendrehimpuls und daher auch ein magnetisches Moment besitzt. (↗*Elektronenspin*)

**Gouy-Chapman-Gleichung,** Variante der eindimensionalen Poisson-Boltzmann-Gleichung, angewandt auf eine ebene Membran. M. Gouy (1910) und unabhängig D.L. Chapman (1913) erhielten einen allgemeinen Ausdruck für das Potential $\varphi(x)$ als Funktion des Abstandes $x$ von der Membranoberfläche mit der Ladungsdichte $\sigma$, welche von einer Elektrolytlösung mit der Ladungszahl $z$, der Konzentration $c$ und der Debye-Länge $\kappa^{-1}$ umgeben ist:

$$\varphi(x) = \frac{2k_\mathrm{B}T}{e}\ln\frac{1+\alpha\exp(-\kappa x)}{1-\alpha\exp(-\kappa x)},$$

wobei

$$\alpha = (\exp[e\varphi(0)/(2k_\mathrm{B}T)]-1)/(\exp[e\varphi(0)/(2k_\mathrm{B}T)]+1)$$

ist und für das Oberflächenpotential $\varphi(0)$

$$\sinh[ze\varphi(0)/(2k_\mathrm{B}T)] = (8\varepsilon_a\varepsilon_0 k_\mathrm{B}T)^{-0,5}\sigma/\sqrt{c}$$

gilt ($\varepsilon_\mathrm{a}\approx 80$ ist die Dielektrizitätszahl von Wasser; $k_\mathrm{B}$ die Boltzmann-Konstante und $T$ die Temperatur).

Im Falle kleiner Potentiale $\varphi(x)$ reduzieren sich die beiden Gleichungen für $\varphi(x)$ und $\varphi(0)$ auf bekannte Ausdrücke der Debye-Hückel-Theorie im eindimensionalen Fall.

**Gowdy-Geometrie,** *Gowdy-Universum*, Raumzeitgeometrie, die ein im allgemeinen inhomogenes und anisotropes Universum beschreibt und somit nicht dem ↗*kosmologischen Prinzip* gehorcht. Die Gowdy-Geometrie ist geschlossen und beschreibt ein Universum, das ↗*Gravitationswellen* enthält. Diese haben eine gemeinsame Ausbreitungsrichtung und Polarisation, wobei die Wellenform beliebig ist. Verschiedene Wellenformen prägen der Gowdy-Geometrie verschiedene Topologien auf, z.B. $S^3$ oder $S^1\times S^2$.

**GPS** ↗Global Positioning System.

**Graaff,** *Robert Jemison* van de, ↗van de Graaff.

**Grabenbildung,** geologische Formationsbildung, die bei Dehnung kontinentaler ↗*Lithosphärenplatten* abläuft, dabei sinkt das Grabeninnere ab und die Grabenschultern heben sich (Beispiel: Rheingraben). Grabenbildung kann die Initialphase einer kontinentalen Plattentrennung (↗*Plattentektonik*) sein.

**Grad,** (von lat. *gradus* »Schritt«) 1) zulässige Einheit außerhalb des SI für den ebenen Winkel. Das Einheitenzeichen ° wird direkt an den Zahlenwert angehängt, eine Kombination mit ↗*Einheitenvorsätzen* ist nicht zulässig. 1 Grad = 1° = 60' = 3600" = (π/180) rad. In technischen Berechnungen sollen das Grad und seine Unterteilungen ↗*Bogenminute* (Minute) und ↗*Bogensekunde* (Sekunde) nicht gleichzeitig verwendet werden.

2) Bezeichnung für die Einteilung von Skalen, z.B. bei Thermometern. 1 Grad ist damit ein Skalenteil bzw. die dadurch dargestellte Einheit, z.B. Härtegrad, insbesondere eine Temperatureinheit in Verbindung mit einem Hinweis auf die verwendete ↗*Temperaturskala* (z.B. Grad Celsius, °C; Grad Fahrenheit, °F, usw.). Als Einheitenzeichen wird meist ein ° verwendet, dem weitere erklärende Zeichen unmittelbar folgen.

**Grad-B-Drift** ↗Gradientendrift.

**Grad Celsius,** °*C*, ↗Celsius-Grad.

**Grad E,** °*E*, ↗Engler-Grad.

**Grad Fahrenheit,** °*F*, ↗Fahrenheit-Skala.

**Gradient,** auf $n$-dimensionalen Räumen definierter Ableitungsoperator mit dem Symbol $\nabla$ oder grad, der die Änderung einer skalaren Größe $\phi$ in alle Raumrichtungen angibt. Für den $\mathbb{R}^3$ gilt in kartesischen Koordinaten:

$$\nabla\phi = \begin{pmatrix}\frac{\mathrm{d}}{\mathrm{d}x}\\ \frac{\mathrm{d}}{\mathrm{d}y}\\ \frac{\mathrm{d}}{\mathrm{d}z}\end{pmatrix}\phi = \begin{pmatrix}\frac{\mathrm{d}\phi}{\mathrm{d}x}\\ \frac{\mathrm{d}\phi}{\mathrm{d}y}\\ \frac{\mathrm{d}\phi}{\mathrm{d}z}\end{pmatrix}$$

Der Gradient des Skalars $\phi$ ist ein Vektor, der in Richtung der stärksten Änderung von $\phi$ weist.

**Gradientendrift,** senkrecht zur Ringebene gerichtete Bewegung der Teilchen eines Plasmas in einer Ringspule. Sie ist hervorgerufen durch das innerhalb der Spule nach innen ansteigende Magnetfeld und läßt sich kompensieren, wenn man den Ring zu einer »8« verwindet (↗*Stellerator*-Prinzip).

**Gradientenecho,** vor allem in der ↗*NMR-Bildgebung* angewandte Technik, bei der durch Umkehren des Vorzeichens eines angelegten Magnetfeldgradienten eine Refokussierung der Kernmagnetisierung erreicht wird. (↗Kernspinresonanz-Tomographie)

**Gradientenechosequenzen** ↗Pulssequenzen.

**Gradientenfaser** ↗Lichtleiter.

**Gradientenfeld,** ↗ein *Vektorfeld* $\boldsymbol{v}$, welches durch Gradientenbildung aus einem ↗*Geschwindigkeitspotential* $U$ hervorgegangen ist: $\boldsymbol{v}(\boldsymbol{r}) = -\,\mathrm{grad}\,U(\boldsymbol{r})$. Gradientenfelder sind immer wirbelfrei, es gilt:

$$\mathrm{rot}\,(\boldsymbol{v}(\boldsymbol{r})) = -\,\mathrm{rot}\,(\mathrm{grad}\,U(\boldsymbol{r})) = 0.$$

**Gradientenindexfaser,** ↗*Glasfaser* mit kontinuierlichem Übergang der ↗*Brechzahl* zwischen Faserkern und -mantel (Abb.), die überwiegend in der ↗*Lichtnachrichtenübertragung* eingesetzt werden. Gegenüber ↗*Stufenindexfasern* zeigen sie eine geringere Pulsverzerrung bei vergleichbarer *numerischer Apertur*. Die einzelnen *Moden* der Lichtwelle breiten sich zwar über unterschiedliche Durchmesser innerhalb der Faser aus, die unterschiedlichen Weglängen werden aber durch die brechzahlabhängige Lichtgeschwindigkeit ausgeglichen. Aufgrund der ↗*Dispersion* gilt dies jedoch immer nur für ein kleines Wellenlängenintervall.

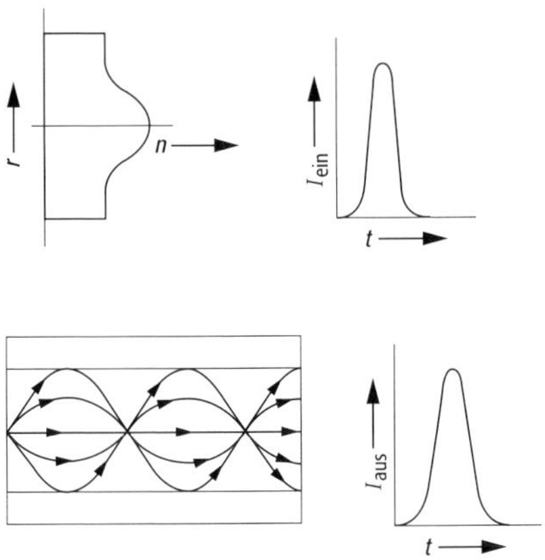


**Gradientenindexfaser:** Querschnitt, Lichtausbreitung und Pulsverformung in einer Gradientenindexfaser

**Gradientenlinse,** abbildendes optisches Bauelement, das aus einem inhomogenen Medium besteht, bei dem die ↗*Brechzahl* eine stetige Funktion des Ortes ist. Dabei kann die Änderung der Brechzahl radial oder axial sein. Mit Hilfe von Gradientenlinsen ist eine beugungsbegrenzte Fokussierung möglich.

**Gradientenverfahren,** Methode zur Minimierung einer Funktion $F$, die von mehreren Variablen abhängt. Sie nutzt aus, daß ausgehend von einer Anfangsnäherung $x^1$ die weiteren Näherungen mit Hilfe des Gradienten der Funktion konstruiert werden:

$$x^{n+1} = x^n - \beta_n\, F'(x).$$

Die Schrittweite kann aus der Forderung

$$F(x^n \quad \beta_n F'(x^n)) = \min_{\beta \geq 0} F(x^n - \beta\, F'(x^n))$$

bestimmt werden. Das Gradientenverfahren wird sowohl in der nichtlinearen Optimierung wie auch der Variationsrechnung und der Steuerung optimaler Prozesse eingesetzt.

**Gradientenwind,** ↗*Wind* als Folge eines horizontalen Druckgradienten. In der freien Atmosphäre (oberhalb etwa 1 km), wo Bodenreibungskräfte keine Rolle spielen, stellt sich im Kräftegleichgewicht von Druckgradientenkraft $F_p$ und Coriolis-Kraft $F_C$ ein den ↗*Isobaren* paralleler, sogenannter *geostrophischer Wind* ein, der die bestehenden Druckunterschiede nicht ausgleichen kann (Abb.). Im Bereich der ↗*planetaren Grenzschicht* gewinnt

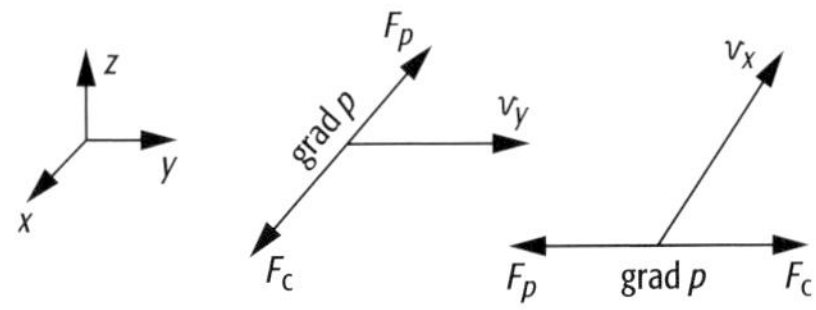


**Gradientenwind:** Richtung des geostrophischen Windes (nach Roedel).

der Einfluß der Bodenreibung zunehmend an Bedeutung, und der Wind dreht sich zum Boden hin zunehmend in Richtung des Druckgradienten (↗*Ekman-Spirale*).

**Gradmaß,** Maß für den ebenen Winkel in der Einheit ↗*Grad*.

**Gradsche Lösung,** Ansatz zur Lösung der ↗*Boltzmann-Gleichung*, der auf einer Reihenentwicklung nach Ableitungen der lokalen *Maxwell-Verteilung* $f^0$ beruht. Er lautet

$$f(t,\boldsymbol{r},\boldsymbol{v}) = \left(1 + A_1(t,\boldsymbol{r})\frac{\partial}{\partial \boldsymbol{v}} + A_2(t,\boldsymbol{r})\frac{\partial^2}{\partial \boldsymbol{v}\partial \boldsymbol{v}} + \ldots\right) \times f^0(t,\boldsymbol{r},\boldsymbol{v})$$

mit der Geschwidigkeit $\boldsymbol{v}$ und dem Ort $\boldsymbol{r}$, wodurch die Lösung der Boltzmann-Gleichung auf die Lösung sämtlicher Momentengleichungen zurückgeführt wird. Grad betrachtet 13 Momente: die lokale Teilchenzahldichte, drei Komponenten der lokalen Strömungsgeschwindigkeit, sechs linear unabhängige Komponenten des Drucktensors und drei Komponenten der Wärmestromdichte. Diese *Gradsche Momentenmethode* liefert die ↗*Navier-Stokes-Gleichung*.

**Grad-Shafranov-Schlüter-Gleichung,** partielle Differentialgleichung, die axialsymmetrische ↗*magnetohydrodynamische Gleichgewichte*, insbesondere in ↗*Tokamaks*, beschreibt. Die Grad-Shafranov-Schlüter-Gleichung

$$\Delta^*\psi + \mu_0 R^2 \frac{dp}{d\psi} + \mu_0^2 F(\psi)\frac{dF}{d\psi}$$

enthält die poloidale Flußfunktion $\psi$ (↗*Flußfunktion, poloidale*), den Plasmadruck $p$ und die poloidale Stromfunktion (↗*Stromfunktion, poloidale*) $F$, die alle auf ↗*magnetischen Flächen* konstant sind. Der Operator $\Delta^*$ ist durch $\Delta^* = \frac{\partial^2\psi}{\partial R^2} - \frac{1}{R}\frac{\partial\psi}{\partial R} + \frac{\partial^2\psi}{\partial z^2}$ definiert, wobei $R$ der Abstand von der Symmetrieachse, $z$ die Koordinate in Richtung der Symmetrieachse und $\psi$ wieder die poloidale Flußfunktion ist.

**Graduiertenkolleg** ↗Deutsche Forschungsgemeinschaft, ↗Studienförderung.

**Graetz,** *Leo*, deutscher Physiker, *26.9.1856 Breslau, †12.11.1941 München; 1893–1926 Professor in München; vielseitige Arbeiten über Kathodenstrahlen, Röntgenstrahlen, Rei-

**Gradientenlinse:** a) Herkömmliche Linse mit konstanter Brechzahl im Vergleich mit einer Gradientenlinse (b).

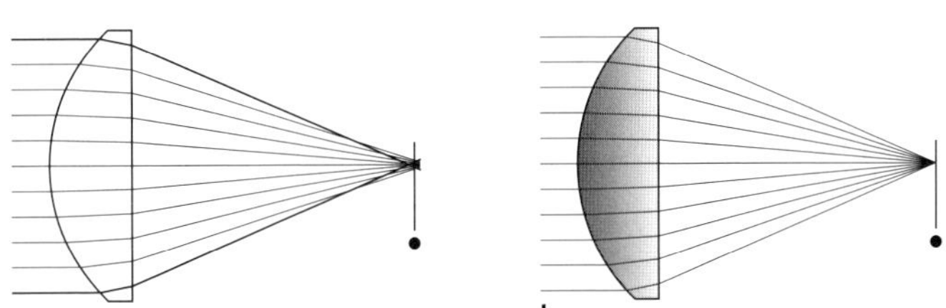

a b

bungsphänomene in Gasen und Flüssigkeiten, Dispersion elektrischer Wellen, Wärmeleitung und Infrarotstrahlung; erfand eine Gleichrichterschaltung (↗*Graetz-Schaltung*) und einen elektrolytischen Gleichrichter (*Graetz-Zelle*, Aluminium-Blei-Zelle).

**Graetz-Schaltung,** *Brückengleichrichter*, ↗Brückenschaltung zur Gleichrichtung von Wechselströmen mit einer *Welligkeit* (*Wechselstromanteil*) von ca. 50 %. (↗Gleichrichter)

**Graham,** *Thomas*, britischer Physiker und Chemiker, *21.12.1805 Glasgow, †16.9.1869 London; ab 1830 Professor in Glasgow, seit 1837 in London, ab 1835 Mitglied der Royal Society; war an der Gründung der Chemical Society of London (1841) und an der Konstituierung der Cavendish Society (1846) beteiligt; Mitbegründer der physikalischen Chemie, insbesondere der Kolloidchemie; forschte über die Absorption und Diffusion von Gasen und Flüssigkeiten; fand 1833 das *Graham-Gesetz* (über die Wechselwirkungen bei der Diffusion von Gasen); unterschied 1854 den kolloidalen Zustand (prägte den Begriff »Kolloid«) vom kristallinen Zustand der Materie; entdeckte und benannte 1861 die Dialyse und stellte kolloidale Lösungen von Aluminium, Chrom und Metalloxiden her; auch eingehende Forschungen über osmotische Vorgänge.

**Grahamsches Gesetz,** von T. ↗*Graham* (1805–1854) gefundene Gesetzmäßigkeit bei den ↗*Transportphänomenen* der *Transfusion* und der *Effusion*. Die Geschwindigkeiten $v$, mit denen Gase durch eine poröse Wand (Transfusion) oder aus sehr feinen Öffnungen in einer dünnen Wand (z.B. Effusion aus einer Kapillare) diffundieren, sind der Quadratwurzel aus ihren Molgewichten $M$ umgekehrt proportional:

$$\frac{v_1}{v_2} = \sqrt{\frac{M_2}{M_1}}.$$

Mit Hilfe dieser Gesetzmäßigkeit ist man in der Lage, *Molekulargewichtsbestimmungen* von Gasen durchzuführen. Weiterhin kann man durch wiederholte fraktionierte Transfusion Gasgemische trennen.

**Gramm,** Einheitenzeichen g, Basiseinheit der Masse im ↗CGS-System. $1\,g = 10^{-3}\,kg$. (↗Kilogramm)

**Grammkalorie,** eine nicht mehr übliche Bezeichnung für die kalorische Energieeinheit ↗Kalorie.

**Grammophon,** *Sprechmaschine*, 1887 von E. *Berliner* entwickeltes Gerät zur Aufzeichnung und Wiedergabe von ↗*Schallsignalen* auf ↗*Schallplatten* mit *Seitenschrift* (*Berliner-Schrift*). Zu Berliners Erfindung gehören außerdem die ↗*Schalldose*, mit der die Seitenschrift von einer auswechselbaren *Grammophonnadel* abgetastet und die Schwingungen auf eine Membran übertragen werden, sowie ein gelenkiger rohrförmiger Tonarm, durch den die Schallwellen in einen feststehenden Trichter geleitet und abgestrahlt werden. Nach 1924 begannen sich die elektroakustische Aufnahme und Wiedergabe durchzusetzen, und das Grammophon wurde durch den ↗*Plattenspieler* verdrängt.

**Grammröntgen,** ein Maß für die *Integraldosis* in veralteten Einheiten. Es steht für die Energie, die an einem Gramm Luft bei Bestrahlung mit der Intensität von $1\,R = 2{,}58 \cdot 10^{-4}\,C/kg$ abgegeben wird. Da zur Erzeugung eines Ionenpaares Luft etwa 32 eV benötigt werden, entspricht 1 Grammröntgen einer Energie von $8{,}26 \cdot 10^{-6}\,J$.

**Gram-Schmidtsches Orthogonalisierungsverfahren,** *Schmidtsches Orthogonalisierungsverfahren*, die Konstruktion eines normierten Orthogonalsystems (*Orthonormalsystem*) $\{w_i\}$ eines $n$-dimensionalen ↗*Hilbert-Raums* aus einem gegebenen System $\{v_j\}$ von linear unabhängigen Vektoren. Jeder orthonormale Vektor ist dabei eine Linearkombination der $v_j$:

$$w_i = \lambda_{i1} v_1 + \dots + \lambda_{ii} v_i,\ \lambda_{ii} \neq 0 \text{ für } i = 1, \dots, n.$$

Man beginnt die Konstruktion mit $w_1 = v_1 / \|v_1\|$, d.h. $\lambda_{11} = 1/\|v_1\|$. Die weiteren orthonormalen Vektoren folgen dann aus der Regel

$$w_{k+1} = \frac{\tilde{w}_{k+1}}{\|\tilde{w}_{k+1}\|} \text{ mit}$$

$$\tilde{w}_{k+1} = \left(\sum_{i=1}^{k} (w_i, v_{k+1}) w_i\right) - v_{k+1}.$$

**Granat,** technisch wichtigste Gruppe von Inselsilicaten mit der allgemeinen Formel $A_3B_2[ZO_4]_3$. Granate haben eine kubische Struktur. Die relativ große Elementarzelle enthält acht dieser Formeleinheiten und ist deswegen nur schwer darzustellen. In den als Minerale vorkommenden Granaten tritt in die A-Positionen $Mg^{2+}$, $Ca^{2+}$, $Fe^{2+}$, $Mn^{2+}$, in die B-Positionen $Al^{3+}$, $Fe^{3+}$, $Cr^{3+}$ und in die Z-Positionen $Si^{4+}$, wobei vollständige oder weitgehende Mischbarkeit besteht. Zu den Granaten zählen auch die Oxidgranate, welche eine große Bedeutung als ferrimagnetische Materialien, als Laser-Wirtskristalle und als Substratskristalle erlangt haben. Beispiele sind $Y_3Fe_5O_{12}$ (YIG, *Yttrium-Iron-Garnet*) und $Y_3Al_5O_{12}$ (YAG).

**GRANAT,** am 1.12.1989 gestarteter russisch-französischer Satellit für den Gamma- und Röntgenbereich. GRANAT besitzt u.a. zwei Teleskope, die für die Energiebereiche von 30 keV bis 1,5 MeV sowie 4 keV bis 60 keV empfindlich sind. GRANAT hat einige wichtige Ergebnisse geliefert, darunter die Identifizierung des ersten ↗*Mikro-Quasars*.

**Grand Unified Theories** ↗GUT.

**Gran-Sasso-Labor,** Untergrundlabor zur Untersuchung seltener Prozesse in den italienischen Abruzzen (siehe Abb. im Farbtafelteil). Forschungsschwerpunkte sind die Suche nach seltenen Zerfällen, die Neutrinophysik und die Suche nach dunkler Materie.

**Granulate,** körnige Materialien mit Korndurchmessern, die je nach Substanz und Anwendung zwischen etwa 0,1 mm und einigen mm liegen. Dabei handelt es sich z.B. um

↗*keramische Verbindungen*, Quarz, Kalk, Kohle, Tone, aber auch Metalle für pulvertechnologische Verwendungen (↗*Sintern*). Durch mechanische Zerkleinerung (Druck, Scherung, Schlag, Zermalen) oder Vergröberungsverfahren (Pressen) können bestimmte, i.a. enge, Korngrößenverteilung und gewünschte Kornformverteilungen eingestellt werden, um günstige Eigenschaften bezüglich Verarbeitung sowie Schütt- und Transportverhalten zu erzielen.

**Granulation,** die im optischen Spektralbereich körnig erscheinende Struktur der ↗*Photosphäre* der Sonne (Abb.). Die Granulation besteht aus hellen *Granulen*, in deren Zentren Gas mit ca. 1000m/s nach oben aufsteigt, und einem die Granulen voneinander trennenden dunklen, etwa 200–300K kühleren *intergranularen Raum*, in dem das Gas wieder nach unten absinkt. Die Granulation ist auf Störungen in den mittleren und tieferen Photosphärenschichten zurückzuführen, die ihren Ursprung in der darunterliegenden Konvektionszone haben. Der Durchmesser eines Granulums ist etwa 1000km, die mittlere Lebensdauer beträgt einige Minuten, dann zerfällt es oder verschmilzt mit Nachbargranulen. Als *Supergranulation* bezeichnet man eine im größeren Maßstab auf der Photosphäre beobachtete Konvektionserscheinung. Die Zellen der Supergranulation können etwa 1′ im Durchmesser sein und die beobachteten Geschwindigkeiten sind hauptsächlich entlang der Sonnenoberfläche gerichtet.

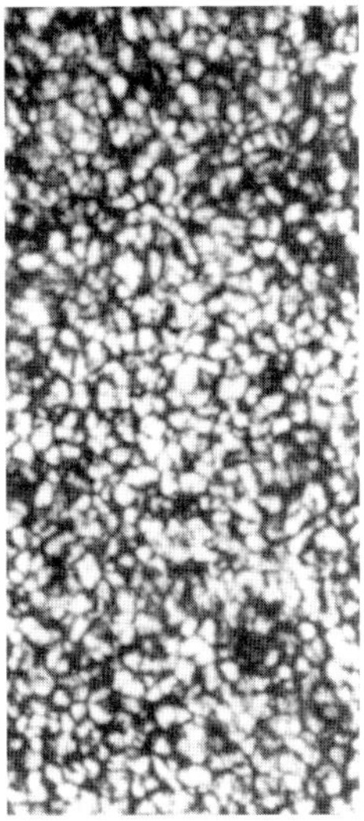

**Granulation:** Aufnahme der Sonnengranulation (19.8.1975).

**Graphit,** unter normalen Druckverhältnissen die stabile Modifikation des Kohlenstoffs (C). Der Graphit besteht aus ebenen Schichten, die Kohlenstoff-Atome in den Ebenen bilden Sechserringe. Die Schichtstruktur hat eine [3]-Koordination. Die Abstände zwischen nächsten Nachbarn betragen 0,142nm und weisen auf einen stark kovalenten Charakter der Bindung hin. Die Bindung zwischen benachbarten C-Atomen in einer Schicht ist jeweils eine $\sigma$-Bindung, die aus einer $sp^2$-Hybridisierung der C-Atome resultiert, die die ebene Anordnung der Atome mit Bindungswinkeln von 120° bewirkt. Jedes C-Atom betätigt so drei $\sigma$-Bindungen, in die je eines der vier äußeren Elektronen eintritt. Die p-Orbitale der einzelnen Atome überlappen sich und führen zu $\pi$-Molekularorbitalen, die die Schichten gleichsam bedecken und den teilweise metallischen Bindungscharakter des Graphits erklären. Die Beweglichkeit der $\sigma$-Elektronen bewirkt die gute elektrische Leitfähigkeit des Graphits parallel zu den Schichten, die um einen Faktor $10^5$ größer ist als senkrecht zu den Schichten. Der Zusammenhalt zwischen den Schichten beruht auf nur schwachen Restbindungen, was die sehr geringe Härte des Graphits erklärt. Bei der Aufeinanderfolge der Schichten sind verschiedene Stapelfolgen möglich (*Polytypie*).

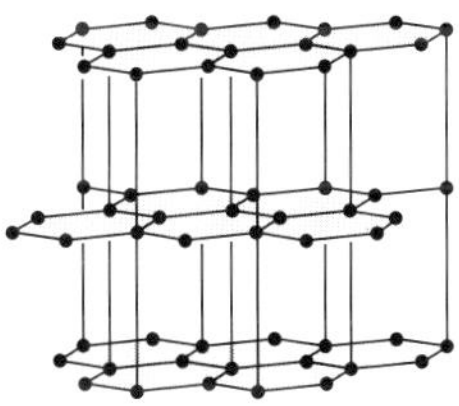

**Graphit:** Kristallstruktur.

**Graphit-Ofen,** Bauelement der ↗*Atomspektroskopie*. Es besteht aus einem Graphitröhrchen, welches durch einen umwickelten Heizdraht geheizt wird. Typische erreichbare Temperaturen liegen im Bereich von 3000K.

1) *Verwendung als spektroskopische Lichtquelle*: Eine in dem Röhrchen befindliche Substanz wird so hoch erhitzt, daß sich ein signifikanter Anteil der Atome oder Moleküle in einem thermisch angeregten Zustand befindet. Die spektrale Verteilung der bei der anschließenden ↗*Abregung* emittierten Strahlung entspricht dem ↗*Emissionspektrum* der betreffenden Substanz und wird mit einem ↗*Spektrometer* untersucht.

2) *Verwendung als Quelle für Atome oder Moleküle*: Dabei wird eine flüssige oder feste Probe verdampft, um den Dampf mit spektroskopischen Methoden zu untersuchen.

**Grashof,** *Franz*, deutscher Maschinenbauingenieur, *11.7.1826 Düsseldorf, †26.10.1893 Karlsruhe; ab 1854 als Lehrer an der Berliner Gewerbeakademie tätig, seit 1863 Professor für angewandte Mechanik und Maschinenbau am Polytechnikum in Karlsruhe (Nachfolger von F.J. ↗*Redtenbacher*); 1856 an der Gründung des Vereins Deutscher Ingenieure (VDI) beteiligt, dessen langjähriger Vorsitzender (34 Jahre) er war; einer der Schöpfer der Vereinigung Grundlagen des Maschinenbaues; förderte die Entwicklung der modernen Festigkeitslehre; ferner Arbeiten zur Hydraulik und Wärmelehre; nach ihm ist die ↗*Grashof-Zahl* benannt. Als höchste Auszeichnung des VDI für besondere Verdienste um die Technik wird seit 1894 jährlich die *Grashof-Gedenkmünze* verliehen.

**Grashof-Zahl,** *Gr*, in der Strömungsmechanik eine Kennzahl, die das Verhältnis von hydrostatischer Auftriebskraft zu Zähigkeitskraft angibt:

$$Gr = \frac{g \cdot \beta \cdot \vartheta \cdot l}{\nu^2} .$$

Dabei ist $g$ die Erdbeschleunigung, $\beta$ die thermische Ausdehnungszahl, $\vartheta$ die Temperaturerhöhung der erwärmten Flüssigkeitsteilchen gegenüber den kalt gebliebenen, $l$ eine charakteristische Länge und $\nu$ die kinematische Zähigkeit des Strömungsmediums. Die Grashof-Zahl ist von Bedeutung für den Wärmeübergang in natürlichen Strömungen, die durch Dichteunterschiede entstehen (↗*Konvektion*).

**GRASS,** *Gradient recalled acquisition in the steady state*, ↗Pulssequenzen.

**Graßmann,** *Hermann Günther*, deutscher Mathematiker, Physiker und Philologe, *15.4.1809 Stettin, †26.9.1877 Stettin; ab 1832 als Lehrer an verschiedenen Schulen in Berlin und Stettin tätig, ab 1852 Gymnasialprofessor; begründete (als Autodidakt) die Vektor- und Tensorrechnung; gab 1844 eine erste Darstellung der $n$-dimensionalen euklidischen Geometrie (»Ausdehnungslehre«); in der Physik Untersuchungen zur Theorie der Gezeiten, über Elektrodynamik (formulierte 1845 das Grundgesetz der Wirkung von zwei unendlich kleinen Stromelementen aufeinander), zur Theorie der Farbenmischung (1853) und zur Konstruktion eines Heliometers (1870); veröffentlichte 1853 die drei empirisch gefundenen ↗*Graßmannschen Gesetze* über additive Farbenmischung, welche die Grundlage der Farbmetrik und Farbmessung bilden; betrieb später Sanskritstudien.

**Graßmannsche Gesetze,** in der ↗*Farbmetrik* Beziehung zwischen *Farbreizen* und *Farbvalenzen*. Das *erste Graßmannsche Gesetz* besagt, daß zur Kennzeichnung eines Farbreizes drei voneinander unabhängige Größen (Farben) notwendig und hinreichend sind (↗*Farbmischung*), d.h., vier Farbreize lassen sich so in einen mathematischen Zusammenhang bringen, daß einer durch die drei anderen beschrieben wird (↗*Farbwert*). Dies führt zu der Aussage, daß in einer additiven Farbmischung das Ergebnis unverändert bleibt, wenn man eine Komponente durch eine andere mit gleichem Aussehen, aber verschiedenem Farbreiz ersetzt (*Metamerie*, *zweites Graßmannsches Gesetz*). Das *dritte Graßmannsche Gesetz* besagt, daß eine Farbmischungsreihe genau dann stetig ist, wenn die Komponenten der Mischung stetig verändert werden.

**Graßmann-Variablen,** *Graßmann-Koordinaten*, antikommutierende Operatoren, die in supersymmetrischen Theorien Fermionen repräsentieren. Eine endliche Zahl von Graßmann-Variablen bildet eine *Graßmann-Algebra*. (↗*Supersymmetrie*)

**Grätz** ↗Graetz.

**Graufilter,** spezieller optischer ↗*Filter*, der einen über einen breiten Wellenlängenbereich konstanten Transmissionsgrad besitzt. Bei *Graukeilen* ist der Transmissionsgrad eine Funktion des Ortes auf der Filterplatte und nimmt z.B. linear oder logarithmisch über die Filterbreite ab.

**Grauglut** ↗Glühfarben.

**Graukeil,** *Neutralkeil*, ↗Graufilter.

**Gravesande,** *Willem Jacob*, niederländischer Physiker, *27.9.1688 's-Hertogenbosch (Herzogenbusch), †28.2.1742 Leiden; ab 1717 Professor in Leiden; machte sich als hervorragender Experimentalphysiker einen Namen und um die Verbreitung der Newtonschen Mechanik verdient; entwickelte eine Experimentalphilosophie Newtonscher Prägung.

**Gravimeter,** Instrument zur Messung des Betrags des Schwerefeldvektors (↗*Schwere*). Die Meßgröße ist die Kraft, die eine im Gerät eingebaute Probemasse $m$ im Schwerefeld erfährt. Die meisten Gravimeter arbeiten nach dem Prinzip der *Federwaage*. Gravimeter sind portabel und ermöglichen die Messung räumlicher und zeitlicher Unterschiede $\Delta g$ der Schwerebeschleunigung entsprechend $\Delta g = (f/m)\Delta l$. ($f$: »Federkonstante«, $l$: Federlänge). Relative Genauigkeiten von 0,01–0,001 mGal werden angestrebt und erreicht. Dazu werden höchste Anforderungen an die Konstanz der Federkraft gestellt (1 µGal Schwereänderung entspricht $10^{-9}$ der Federkraft). Gravimeterfedern werden aus Speziallegierungen oder aus Quarzglas hergestellt und temperaturkompensiert. Die Empfindlichkeit kann gesteigert werden durch Verringern der Federkonstanten $f$ (*Astasierung*). Ein Beispiel zeigt die Federanordnung in dem viel benutzten *La-Coste-Romberg-Gravimeter* (Abb.). Absolutmessungen der Schwere mit dem Gravimeter erfordern die Kalibrierung auf einer Gravimetereichstrecke mit möglichst großen Schwereunterschieden (z.B. »Europäische Eichstrecke« zwischen Nordkap und Rom mit einer Schweredifferenz von 2300 mGal). Anwendung findet das Gravimeter z.B. bei der Baugrunduntersuchung und der Erkundung nutzbarer Lagerstätten von Erz oder Erdöl. (↗*Schweremessungen*)

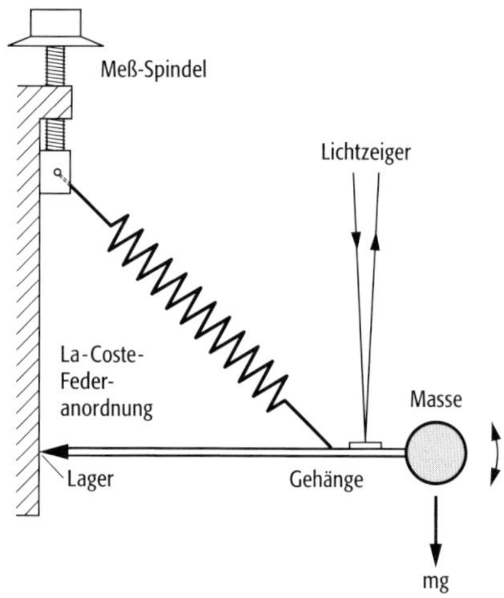


**Gravimeter:** Prinzip eines Gravimeters mit Federaufhängung nach La Coste.

**Gravimetrie,** Untersuchung der Struktur des Erdschwerefeldes (↗*Schwere*) mittels ↗*Gravimeter* zur Identifikation von Bereichen unterschiedlicher Gesteinsdichten und daraus abgeleiteter Gesteinsarten. Kleinräumig ist Gravimetrie eine der klassischen Potentialmethoden der *angewandten Geophysik*. Unerläßliche Voraussetzung für die Erkennung, Auswertung und Interpretation von Schweremessungen ist deren Reduktion auf ein einheitliches Bezugsniveau, das entweder das Meeresniveau oder die mittlere Höhe des Untersuchungsgebiets sein kann (↗Geoid).

Durch Reduktion aller Meßwerte auf einheitlichen Abstand vom Erdmittelpunkt, die *Freiluftreduktion*, erhält man die *Freiluftschwere*. Sie gibt Auskunft über die gesamte Massenbilanz unter dem Meßgebiet und näherungsweise über Abweichungen vom *isostatischen Gleichgewichtszustand* der Erdrinde (↗*Isostasie*) und über geodynamische Prozesse im Erdinnern.

**Gravisphäre,** Bereich um einen Himmelskörper, in dem dessen ↗*Gravitation* auf einen anderen Körper stärker ist als die eines anderen Himmelskörpers.

**Gravitation,** die durch das Gravitationsgesetz beherrschte Erscheinung der gegenseitigen Massenanziehung. Alle Massen führen zur Entstehung von Gravitationsfeldern. Die ↗*Allgemeine Relativitätstheorie* ist eine ↗*Feldtheorie* der Gravitation, in ihr wird das Gravitationsfeld auf die Geometrie der Raumzeit zurückgeführt. Nach den *Einstein-Gleichungen* breiten sich Störungen des Gravitationsfeldes als ↗*Gravitationswellen* aus.

**Gravitationsenergie** ↗Gravitationsfeld.

**Gravitationsfeld,** *Schwerefeld*, ein vektorielles ↗*Kraftfeld*, das die Gravitationswechselwirkung vermittelt. Zur Einführung des Feldbegriffes stellt man sich beim ↗*Newtonschen Gravitationsgesetz* auf den Standpunkt, das eine der beteiligten Massen (hier $m_q$) die Quelle des Feldes darstellt, das auf die Probemasse $m_p$ wirkt:

$$F = m_p \frac{Gm_q}{r^3} r = m_p g(r) \, .$$

$g(r)$ ist die Feldstärke des Gravitationsfeldes. Die Newtonsche Gravitationstheorie kann nur im statischen Sinne als eine ↗*Feldtheorie* betrachtet werden; aus dynamischer Sicht handelt es sich um eine ↗*Fernwirkungsthorie*, in der der Feldbegriff nicht organisch verwendet werden kann. Eine dynamische Feldtheorie der Gravitation ist in der ↗*Allgemeinen Relativitätstheorie* enthalten. In der linearen Näherung der ↗*Einstein-Gleichungen* ist auch eine Quantisierung des Gravitationsfeldes möglich (↗*Quantengravitation*). Das resultierende Feldquantum besitzt Spin 2 und heißt ↗*Graviton*. (↗*Gravitationspotential*)

**Gravitationsgesetz, Newtonsches** ↗Newtonsches Gravitationsgesetz.

**Gravitationskollaps,** der Zusammenbruch massiver Gebilde, insbesondere von Sternen, unter der Gravitationskraft ihrer eigenen Masse. Dazu kommt es dann, wenn der zwischen Gravitations- und anderen Kräften herrschende Gleichgewichtszustand verlorengeht, etwa dadurch, daß die thermonukleare Energie eines Sterns versiegt und so die Temperatur und damit der Strahlungsdruck, der der Gravitation entgegenwirkt, nicht mehr aufrechterhalten werden kann. Einzelheiten des Kollapses, etwa ob es zu einer späteren Restabilisierung kommen kann, hängen von den Gleichgewichtsbedingungen und insbesondere von der ↗*Zustandsgleichung* der Materie ab. Die Theorie des Gravitationskollaps gehört zu den interessantesten Gebieten der ↗*Allgemeinen Relativitätstheorie*, da eine realistische Zustandsgleichung aus der Hochenergiephysik abgeleitet werden muß und dadurch eine aussagekräftige Verknüpfung zwischen Gravitation und Elementarteilchenphysik hergestellt ist. Bereits 1935 wurde die Grenzmasse $M = 1{,}35\ M_\odot$ (↗*Chandrasekhar-Limit*) gefunden, oberhalb derer ↗*Weiße Zwerge* zu ↗*Neutronensternen* kollabieren müssen. In gleicher Weise kollabieren Neutronensterne zu ↗*Schwarzen Löchern*, wenn eine analoge Grenzmasse von etwa $4M_\odot$ überschritten wird.

**Gravitationskonstante,** 1) *Newtonsche Gravitationskonstante G*, Proportionalitätsfaktor im *Newtonschen Gravitationsgesetz* $F = G \cdot \frac{m_1 m_2}{r^2}$, das die Kraft $F$ zwischen zwei Massen $m_1$ und $m_2$ im Abstand $r$ voneinander beschreibt mit $G = (6{,}67259 \pm 0{,}00085) \cdot 10^{-11} \mathrm{N} \cdot \mathrm{m}^2/\mathrm{kg}^2$. Um sie zu bestimmen, ist ein Laborexperiment nötig, in dem die Massen und Abstände der Probekörper genau bekannt sind. Das erste Experiment dieser Art wurde 1798 von ↗*Cavendish* mit einer ↗*Drehwaage* durchgeführt. In einigen kosmologischen Hypothesen wird $G$ nicht als ↗*Fundamentalkonstante*, sondern als mit der Zeit veränderlich betrachtet.

2) *Einsteinsche Gravitationskonstante* $\kappa$, in der *Allgemeinen Relativitätstheorie* benutzte Konstante $\kappa = 8\pi G/c = 2{,}07612 \cdot 10^{-43} \mathrm{s}^2/(\mathrm{m} \cdot \mathrm{kg})$.

3) *Gaußsche Gravitationskonstante k*, im *dritten Keplerschen Gesetz* (das Quadrat der Umlaufzeit eines Körpers um ein Zentralgestirn der Masse $m_2$ ist proportional zur dritten Potenz seines mittleren Abstands um $m_2$) Bestandteil der Konstante $4\pi^2/k^2 m_2$. Die in der Astronomie gebräuchliche Bezeichnung rührt daher, daß in der Beziehung $Gm_2 = \omega^2 r^3 = 4\pi^2 \frac{r^3}{T^2} = k^2 m_2$ die Zahlenwerte von $\sqrt{G}$, $\omega$ und $k$ gleich sind, wenn die Masse der Sonne, die astronomische Einheit AE und der Tag als Einheit verwendet werden. (↗astronomische Konstanten)

**Gravitationskraft** ↗Gravitation.

**Gravitationslinse,** eine durch das Gravitationsfeld eines massereichen Körpers hervorgerufene Erscheinung, bei der Licht einer weit entfernten Quelle so abgelenkt wird, daß ein Beobachter zwei oder mehrere Bilder wahrnimmt (↗*gravitative Lichtablenkung*, Abb. 1 und 2 im Farbtafelteil). In dem speziellen Fall, in dem entferntes Objekt und wirkende Masse auf einer Sichtlinie mit der Erde liegen, wird das hintere Objekt ringförmig abgebildet. Man nennt dieses Phänomen ↗*Einstein-Ring*.

1979 entdeckte eine Gruppe amerikanischer und britischer Astronomen das erste Gravitationslinsenbild. Es handelte sich um zwei nahe beieinanderstehende Bilder eines ↗*Quasars*. Es folgten weitere Entdeckungen, darunter das Vierfachbild eines Quasars (sog. Kleeblatt) und Einstein-Ringe. Insbesondere kann auch das Gravitationsfeld eines gesamten ↗*Galaxienhaufens* als Gravitationslinse wirken und bogenförmig verzerrte Bilder weit entfernter Galaxien erzeugen.

Darüber hinaus verstärkt der Gravitationslinseneffekt die Intensität eines der erzeugten Bilder. Das Objekt besitzt dann eine größere ↗*scheinbare Helligkeit* als es ohne Gravitationslinseneffekt der Fall wäre. (↗Mikrogravitationslinseneffekt)

**Gravitationspotential,** das der *Gravitationskraft* zugrunde liegende ↗*Potential*. Dessen

Gradient kann formal als Gravitations-Feldstärke angesehen werden, die Gravitationskraft auf den Probekörper ergibt sich dann aus dem Produkt seiner Masse mit der Feldstärke. Die Stärke des ↗*Gravitationsfeldes* an einem bestimmten Ort $\boldsymbol{g}(\boldsymbol{r})$ ist gleich der ↗*Schwerebeschleunigung* eines Massenpunktes in $\boldsymbol{r}$. Dies ist eine Eigenart des Graviationsfeldes, die von der Äquivalenz von träger und schwerer Masse rührt. Die Stärke des Gravitationsfeldes kann gemessen werden, indem die Kraft auf eine Probemasse bestimmt wird. Dies ist die Grundlage der ↗*Schweremessung*.

Das Gravitationspotential wird konventionsgemäß so normiert, daß es in unendlicher Entfernung null wird. Das Potential des Gravitationsfeldes einer Masse $m_q$ ergibt sich damit zu:

$$\varphi = -\frac{Gm_q}{r}.$$

Es genügt im massefreien Raum der *Laplace-Gleichung*: $\Delta\varphi = 0$. Im Falle einer beliebigen Masseverteilung mit der Dichte $\rho$ tritt an ihre Stelle die *Poisson-Gleichung* ($m_p$: Probemasse):

$$\Delta\varphi = \frac{1}{m_p} 4\pi G\rho.$$

Durch die Angabe von Stetigkeits- und Randbedingungen (z.B. $\varphi(r = \infty) = 0$) ist das Potential $\varphi$ vollständig festgelegt.

**Gravitations-Rotverschiebung,** die Änderung der Frequenz elektromagnetischer Wellen bei der Überwindung eines Gravitationspotentials. Die von ↗*Einstein* bereits 1907 erwähnte und in der ↗*Allgemeinen Relativitätstheorie* enthaltene Gravitations-Rotverschiebung ist eine direkte Konsequenz des Einsteinschen ↗*Äquivalenzprinzips*. Im Feld einer sphärischen Masse $M$ bestimmt das Newtonsche Gravitationspotential $U = -GM/r$ das Verhältnis der Frequenzen von Emitter e und Absorber a: $\nu_a/\nu_e = 1 - (U_a - U_e)/c^2$. Folglich kommt es im Gravitationsfeld der Erde für $U_e < U_a$ (d.h. der Absorber liegt »über« dem Emitter) zu einer Rotverschiebung ($\nu_a < \nu_e$), andernfalls wird die Frequenz blauverschoben. Die Gravitations-Rotverschiebung ist eine Konsequenz der ↗*Gravitations-Zeitdilatation*, da eine Uhr, die zur Frequenzmessung nötig ist, wegen $U_e < U_a$ beim Absorber schneller läuft als beim Emitter. Die experimentelle Überprüfung der Gravitations-Rotverschiebung gehört zu den drei »klassischen« Tests der Allgemeinen Relativitätstheorie (↗*Pound-Rebka-Snyder-Experiment*); der Nachweis gelang bei dem Stern Sirius und der Sonne.

**Gravitationstheorie, metrische** ↗metrische Gravitationstheorien.

**Gravitationstheorien, erweiterte/alternative,** jene klassischen, d.h. nicht quantisierten, Theorien zur Beschreibung der Gravitation, die als Erweiterung und/oder Alternative zur ↗*Allgemeinen Relativitätstheorie* entwickelt wurden. Dazu werden neben dem Feld der ↗*Metrik* der Allgemeinen Relativitätstheorie zusätzliche Felder postuliert, oder es werden allgemeinere Geometrien als die Riemannsche zugelassen, oder beides. Die wesentliche Motivation zur Untersuchung solcher Modelle liegt erstens in der Suche nach einer einheitlichen Beschreibung der Gravitation mit den restlichen drei fundamentalen Wechselwirkungen der Natur (↗*GUT*), und zweitens, eng damit verknüpft, in der Suche nach einer ↗*Quantengravitation*. Die ersten Schritte in diese Richtung machten u.a. Einstein, Schrödinger und Weyl. Da die elektromagnetische, die starke und die schwache Wechselwirkung seit 1954 erfolgreich als ↗*Yang-Mills-Theorien* dargestellt werden, und darüberhinaus die Allgemeine Relativitätstheorie bereits viele Züge einer Eichtheorie trägt, wurde eine ganze Klasse von ↗*Eichtheorien* der Gravitation formuliert, die jedoch bis heute ebensowenig wie die Allgemeine Relativitätstheorie quantisiert werden konnten. Das prominenteste Beispiel für eine Gravitationstheorie mit einem zusätzlichen Feld ist die ↗*Jordan-Brans-Dicke-Theorie*, die neben dem metrischen Tensor ein skalares Feld enthält (*Skalar-Tensor-Theorie*). Daneben spielen diejenigen Modelle eine zentrale Rolle, die dieselben Bewegungsgleichungen (↗*Geodäten*), aber allgemeinere Feldgleichungen als die ↗*Einstein-Gleichungen* besitzen. Zur approximativen Beschreibung dieser Klasse von Theorien kann der *PPN-Formalismus* (*Parametrized Post-Newtonian Formalism*) verwendet werden. Frühe Versionen wurden 1922 von ↗*Eddington* und 1962 von ↗*Robertson* entwickelt, um Vorhersagen der Allgemeinen Relativitätstheorie für Experimente im Sonnensystem zu berechnen. Der 1968 von *Nordtvedt* entwickelte allgemeine PPN-Formalismus ist unter folgenden Voraussetzungen anwendbar:

1) schwaches Gravitationsfeld $\Phi$;
2) kleine Geschwindigkeiten $v^2$;
3) geringe Spannung pro Baryonenzahldichte $T^{ij}/\rho_0$;
4) kleine innere Energie pro Baryonenzahldichte $\Pi$.

Damit kann für jede metrische Gravitationstheorie eine ↗*Taylor-Entwicklung* nach den Größen $|\Phi|$, $v^2$, $T^{ij}/\rho_0$, $\Pi$ durchgeführt werden, wobei die Entwicklungskoeffizienten charakteristisch für die jeweilige Theorie sind. Für die Allgemeine Relativitätstheorie ergibt sich in nullter Ordnung die (flache, leere) Minkowski-Raumzeit, in erster Ordnung die *Newtonsche Gravitationstheorie* und in zweiter Ordnung die *post-Newtonsche Näherung* der Allgemeinen Relativitätstheorie. Die Güte der Näherung hängt von der Größe der Parameter ab. Zum Beispiel ist für Experimente im Sonnensystem jede der Größen $|\Phi|$, $v^2$, $T^{ij}/\rho_0$, $\Pi$ kleiner als $10^{-6}$. Daraus resultiert etwa ein Fehler von ca. $10^{-6}$ Bogensekunden bei der ↗*gravitativen Lichtablenkung* (in erster Ordnung) und ein Fehler von ca. 10cm durch relativistische Deformation der Erdbahn (in zweiter Ordnung). Wesentliche Nachteile des

PPN-Formalismus bestehen beispielsweise darin, daß weder ↗*Gravitationswellen* noch die ↗*Expansion* des Universums beschrieben werden können. [RAP]

**Gravitationswechselwirkung** ↗Gravitation.

**Gravitationswellen,** die von ↗*Einstein* als Konsequenz der ↗*Allgemeinen Relativitätstheorie* vorhergesagten Krümmungsstörungen der Raumzeit, die sich im Vakuum mit Lichtgeschwindigkeit ausbreiten. Gravitationswellen sind transversal und besitzen zwei Polarisationsfreiheitsgrade, sie verändern also temporär die Metrik der Raumzeit und sind in der Lage, Massen senkrecht zur Ausbreitungsrichtung zu beschleunigen, was prinzipiell ihren Nachweis ermöglicht. Mögliche Quellen von Gravitationswellen müssen ein zeitlich veränderliches Massenquadrupolmoment aufweisen (*Quadrupolstrahlung*). Die Frequenz von Gravitationswellen liegt im Bereich von $10^{-18}$Hz (stochastischer Gravitationswellenhintergrund) bis $10^4$Hz (stellare ↗*Schwarze Löcher*). Gravitationswellen konnten bisher nicht *direkt* beobachtet worden, da die von realistischen Quellen emittierte Strahlung extrem schwach ist. So erzeugt der massereichste Planet des Sonnensystems, Jupiter, durch seinen Umlauf um die Sonne Gravitationswellen mit einer Leistung von lediglich 1kW und einer Periode von nahezu 12a, entsprechend seiner Umlaufzeit. Die Wellenlänge beträgt zwölf Lichtjahre. Als *indireker* Nachweis von Gravitationswellen kann allerdings die Abnahme der Bahnfrequenz des Doppelpulsars PSR 1913 + 16 gelten: der gemessene Wert stimmt sehr genau mit dem aus der Allgemeinen Relativitätstheorie resultierenden Wert überein, der durch den Enerieverlust des Systems durch die Abstrahlung von Gravitationswellen verursacht wird.

Grundsätzlich sind alle beschleunigten massebehafteten Körper Quellen von Gravitationsstrahlung. Ein mit der Frequenz $\omega$ rotierender Stab strahlt näherungsweise die Leistung $P = 32G/(5c^5)I^2\omega^6$ in Form von Gravitationswellen ab, wobei $I \approx ML^2/12$ das Trägheitsmoment um die Drehachse ist. Für einen $L = 20$m langen Stab der Masse $M = 500$t ist $P \approx 2{,}5 \cdot 10^{-29}$W, also extrem klein. Zum Vergleich: zwei Sterne im Abstand $R$ mit reduzierter Masse $\mu = M_1M_2/(M_1 + M_2)$ rotieren in einfachster Näherung mit der Frequenz $\omega = \sqrt{G(M_1 + M_2)/R^3}$ und strahlen die Leistung $P = 32G/(5c^5)\mu^2R^4\omega^6$ ab. Ein hypothetisches System aus zwei Neutronensternen mit $M_1 = M_2 = M_\odot$ und $R = 100$km strahlt in der gegebenen Näherung $3{,}3 \cdot 10^{44}$W ab, allerdings nur für rund eine Sekunde, bevor die Sterne kollidieren. Zu realistischen Prozessen, die mit der Abstrahlung von Gravitationswellen verbunden sind und auf der Erde gemessen werden könnten, gehören neben der Bewegung (und Kollision) von Binärsystemen auch Supernovaexplosionen und rotierende, deformierte Sterne bzw. Neutronensterne. Numerische Untersuchungen haben gezeigt, daß die Energie, die ein kollabierender Stern in Form von Gravitationswellen abstrahlt, etwa 1–2 % seiner Masse entspricht. Zum direkten Nachweis von Gravitationswellen sind gegenwärtig mehrere ↗*Gravitationswellendetektoren* in Betrieb. Mit der bisher erreichten Empfindlichkeit ließen sich zwar noch keine Signale nachweisen, eine neue Generation von Detektoren mit wesentlich höherer Empfindlichkeit befindet sich aber in Bau. [RAP, TB]

**Gravitationswellendetektoren,** Meßgeräte zum Nachweis von ↗*Gravitationswellen*. Bis heute konnte die Existenz von Gravitationswellen wegen der zu erwartenden extrem kleinen Amplitude nicht *direkt* bestätigt werden. Die direkte Messung von Gravitationswellen durch Detektoren auf der Erde ist jedoch von großem Interesse, da sich dadurch neben der Spektroskopie an elektromagnetischer Strahlung ein ganz neues Fenster der Astronomie öffnen würde. Das Prinzip von Gravitationswellendetektoren beruht darauf, daß benachbarte Testmassen durch eine einfallende Gravitationswelle eine Relativbeschleunigung erfahren. Aus diesem Grundprinzip können im wesentlichen zwei unterschiedlichen Typen von Detektoren konstruiert werden. *Resonanzdetektoren* wurden ab 1956 an der Universität Maryland von J. Weber entwickelt, der dafür massive, 1000–2000kg schwere Aluminium-Zylinder mit einer mechanischen Resonanzfrequenz von rund 1000Hz verwendete. Beim Einfall einer Gravitationswelle mit Frequenzanteilen in der Nähe der Resonanz wird der Detektor zu Schwingungen angeregt, die piezoelektrisch registriert werden. Die minimale Strahlungsintensität, auf die ein solcher Detektor anspricht, beträgt

$$I_{\min} = A\frac{k_B T}{mQ}.$$

Daher besitzt ein möglichst empfindlicher Resonanzdetektor neben einer großen Masse $m$ eine hohe mechanische Güte $Q$ und arbeitet bei niedriger Temperatur $T$. Der Faktor $A$ ist eine Gerätekonstante. In den Jahren 1968–1973 berichtete Weber davon, mit einer Rate von einigen Ereignissen pro Tag erste Signale gemessen zu haben. Diese wurden aber von anderen Gruppen, die daraufhin eigene Resonanzdetektoren bauten und in Betrieb nahmen, nicht bestätigt. Heute befinden sich eine Reihe von Resonanzdetektoren u.a. in Genf, Moskau, Peking, Stanford und Tokyo in Betrieb. Während Weber bei Raumtemperatur eine maximale Empfindlichkeit von $h = 10^{-16}$ erreichte, werden Resonanzdetektoren heute bei tiefsten Temperaturen betrieben. So erreicht z.B. das am CERN in Genf betriebene Gerät bei $T = 3$mK eine Empfindlichkeit von $h = 10^{-18}$–$10^{-19}$ für Stoßwellen. Ein schwerwiegender Nachteil von Resonanzdetektoren liegt darin, daß ihre Empfindlichkeit außerhalb eines sehr engen Frequenzbereichs um die

**Gravitationswellendetektoren:** Derzeit im Bau bzw. in der Planung befindliche Projekte.

| Projekt | Länder | Armlänge | Frequenz [Hz] | Standort |
|---|---|---|---|---|
| LISA | international | $5 \cdot 10^6$km | $10^{-4}$–1 | Weltraum |
| MIGO | international | 60 000km | $10^{-3}$–$10^{-1}$ | Weltraum |
| LIGO (2 Anlagen) | USA | je 2×4km | 1–1000 | Hanford/Livingston |
| VIRGO | Fr/I | 2×3km | 1–1000 | Pisa |
| GEO600 | GB/D | 2×600m | 1–1000 | Hannover |
| TAMA300 | JPN | 2×300m | 1–1000 | Mitaka |

**gravitative Lichtablenkung:** siehe Farbtafelteil

Resonanzfrequenz schnell gegen null geht. *Laser-Interferometerdetektoren* werden nach dem Prinzip des ↗*Michelson-Interferometers* konstruiert. Trifft eine Gravitationswelle so auf das Interferometer, daß die beiden Arme unterschiedlich verformt werden, so ändert sich das Interferenzmuster. Die maximale Empfindlichkeit $h = \sqrt{\hbar\tau/(mL^2)}$ hängt von der Meßdauer $\tau$, der Armlänge $L$ des Interferometers und der Masse $m$ der Interferometerspiegel ab. Für die typischen Werte $\tau = 1$ms, $L = 3$km und $m = 100$kg resultiert die theoretische Meßgrenze $h = 10^{-23}$. Seit einigen Jahren befindet sich eine Reihe von Laser-Interferometerdetektoren in Bau (Tabelle). Erste Ergebnisse werden frühestens im Jahr 2000 erwartet. Laser-Interferometerdetektoren arbeiten in einem breiten Frequenzband. Erdgebundene Detektoren wie *GEO 600*, *LIGO* oder *VIRGO* sollen den Bereich $\omega = 1$–1000Hz abdecken. Bei niedrigeren Frequenzen fällt die Empfindlichkeit solcher Detektoren durch das praktisch nicht mehr abschirmbare Vibrationsrauschen proportional zu $\omega^{-4}$. Daher kommt für den vielversprechenden Frequenzbereich $10^{-4}$–1Hz nur ein im Weltraum stationiertes Laser-Interferometer in Frage (↗*LISA*, *MIGO*). Das Weltraumexperiment MIGO (Michelson Millimeter Wave Interferometer Gravitational-Wave Observatory) soll aus drei Satelliten in geostationären Umlaufbahnen bestehen, die ein Michelson-Interferometer mit ca. 60 000km Armlänge im Weltraum bilden. Die Satelliten von LISA sollen ein gleichseitiges Dreieck mit einer Armlänge von 5Mio. km bilden. [PVDH, RAP, TB]

**Gravitationswellen-Observatorien** ↗Gravitationswellendetektoren.

**Gravitations-Zeitdilatation,** die von der ↗*Allgemeinen Relativitätstheorie* sowie von allen ↗*metrischen Gravitationstheorien* vorhergesagte Veränderung der Frequenz einer Uhr, die in einem räumlich variablen Gravitationsfeld bewegt wird. Im Feld einer statischen, sphärischen Masse $M$ (↗*Schwarzschild-Lösung*) gilt für die Eigenzeitintervalle $d\tau_1$ bzw. $d\tau_2$ zweier Uhren die Relation $\frac{d\tau_2}{d\tau_1} = \sqrt{\frac{1 - r_s/r_2}{1 - r_s/r_1}} \approx 1 + \frac{U_2 - U_1}{c^2}$. Dabei ist $U = -GM/r$ das Newtonsche Gravitationspotential und $r_S = 2GM/c^2$ der ↗*Schwarzschild-Radius*. Daher geht für $r_1 < r_2$ bzw. $U_1 < U_2$ die Uhr bei $r_1$ langsamer als die bei $r_2$: Uhren im Gravitationsfeld ticken langsamer. Für eine Uhr auf der Erdoberfläche (Eigenzeit $d\tau_\Phi$) und eine weit entfernte (Eigenzeit $d\tau_\infty$) gilt $\frac{d\tau_\infty}{d\tau_\Phi} \approx 1 + 7{,}1 \cdot 10^{-10}$. Die Gravitations-Zeitdilatation, die eng mit der ↗*Gravitations-Rotverschiebung* und mit dem Shapiro-Effekt (↗*Shapiro-Experiment*) verwandt ist, wurde mit dem ↗*Hafele-Keating-Experiment* sowie, mit höherer Genauigkeit, mit ↗*Gravity Probe-A* experimentell bestätigt.

**gravitative Lichtablenkung,** die Ablenkung elektromagnetischer Strahlung im Gravitationsfeld. In der ↗*Allgemeinen Relativitätstheorie* wird ein Lichstrahl im kugelsymmetrischen Gravitationsfeld eines Zentralkörpers (↗*Schwarzschild-Lösung*) der Masse $M$ näherungsweise um den Winkel $\delta = 4GM/(c^2R)$ abgelenkt, wobei $R$ den minimalen Abstand vom Mittelpunkt des Zentralkörpers bezeichnet (Abb.). Für einen Lichtstrahl, der gerade die Sonne streift, ist $M = M_\odot$, $R = R_\odot$ und $\delta = 1{,}768''$. Aufgrund der speziell-relativistischen Masse-Energie-Äquivalenz ist ein entsprechender Effekt auch in der Newtonschen Gravitation zu erwarten. Die Krümmung der Raumzeit bewirkt allerdings, daß die Stärke der Ablenkung in der Allgemeinen Relativitätstheorie um einen Faktor zwei größer ist. Die erste Bestätigung dieser Vorhersage gelang A. ↗*Eddington* durch die Beobachtung von Sternen in der Nähe der Sonne während der Sonnenfinsternis im Mai 1919 mit einer Genauigkeit von ca. 30%. Seit 1969 wird die gravitative Ablenkung von Radiosignalen von ↗*Quasaren* durch die Sonne untersucht. Die dabei erreicht Genauigkeit liegt bei $10^{-3}$. Darüber hinaus ist der Effekt der ↗*Gravitationslinse* eine beobachtbare Konsequenz der gravitativen Lichtablenkung.

**Gravitino,** ein hypothetisches masseloses Elementarteilchen mit Spin 3/2, es ist das supersymmetrische fermionische Partnerteilchen des ↗*Gravitons*. (↗*Supersymmetrie*)

**gravitomagnetisches Feld,** ein im Rahmen der ↗*Allgemeinen Relativitätstheorie* auftretendes Feld, das von bewegten Massen, also Massen*strömen*, verursacht wird. In der Näherung schwacher Felder und nichtrelativistischer Geschwindigkeiten wird das Gravitationspotential durch die Metrik $\eta_{\alpha\beta} + h_{\alpha\beta}$ beschrieben ($\eta_{\alpha\beta}$: ↗*Minkowski-Metrik*, $h_{\alpha\beta}$: kleine Störung). Damit wird das Vektorpotential $\boldsymbol{h} = (h_{01}, h_{02}, h_{03})$ des gravitomagnetischen Feldes $\boldsymbol{H} := \frac{c}{2}\nabla \times \boldsymbol{h}$ definiert. Aus der Geodätengleichung (↗*Geodäte*) folgt für die Beschleunigung eines Testteilchens $m\frac{d^2\boldsymbol{x}}{d\tau^2} = m\left(\boldsymbol{G} + \frac{d\boldsymbol{x}}{d\tau} \times \boldsymbol{H}\right)$. Der erste Term, der die Newtonsche Gravitationsbeschleunigung $\boldsymbol{G} := -\frac{c^2}{2}\nabla h_{00}$ enthält, verursacht den ↗*De-Sitter-Effekt*, während das gravitomagnetische

Feld $\boldsymbol{H}$ zum ↗*Lense-Thirring-Effekt* führt. Der Name gravito*magnetisches* Feld verweist auf die formale Analogie zur ↗*Elektrodynamik*, in der elektrische *Ströme* mit *Magnetismus* verbunden sind. Bisher konnte die Existenz des gravitomagnetischen Feldes experimentell nicht nachgewiesen werden (↗*Gravity Probe B*).

**Graviton,** ein hypothetisches masseloses Elementarteilchen mit Spin 2, das die Schwerkraft übertragen soll. Ausgangspunkt für die mathematische Beschreibung ist die lineare Näherung in der ↗*Allgemeinen Relativitätstheorie*, wobei man annimmt, daß die Raumzeit diffeomorph zu $\mathbb{R}^4$ ist. Für ein schwaches Gravitationsfeld gibt es dann Koordinaten $x^\mu$, in denen sich die Metrik $g$ darstellen läßt als

$$g_{\mu\nu}(x) = \eta_{\mu\nu} + h_{\mu\nu}(x) + o(h^2),$$

mit der Minkowski-Metrik $\eta$, gegeben durch $\eta_{00} = -1$, $\eta_{0i} = 0$, $\eta_{ij} = \delta_{ij}$ für $i, j \in \{1, 2, 3\}$. Verwendet man $\eta$ als Hintergrund-Metrik, mit der alle Indizes hinauf- bzw. hinuntergezogen werden, und wählt die *Hilbert-Eichung* $h_{\mu\nu}{}^{;\nu} = (1/2)h^\nu{}_{\nu;\mu}$, so erhält man für die Lagrange-Dichte der ↗*Einstein-Hilbert-Wirkung*

$$\mathcal{L} = \frac{1}{32G}\left(\frac{1}{4}h^\mu{}_\mu \Box h^\nu{}_\nu - \frac{1}{2}h^{\mu\nu}\Box h_{\mu\nu}\right) + \mathcal{O}(h^3).$$

$\Box$ ist der ↗*D'Alembert-Operator* im Minkowski-Raum und $G$ die Newtonsche ↗*Gravitationskonstante*. Die in $h$ quadratischen Terme bilden eine Lagrange-Dichte $\mathcal{L}_h$ für ein freies symmetrisches Tensorfeld zweiter Stufe im Minkowski-Raum. Die Teilchen der zugehörigen Quantenfeldtheorie sind *freie Gravitonen*. Die Terme höherer Ordnung beschreiben die Selbstwechselwirkung der Gravitonen. Der Versuch, auf diese Weise eine perturbative Quantenfeldtheorie der Gravitation zu gewinnen, scheitert jedoch an der fehlenden Renormierbarkeit der Theorie (↗*Renormierung*). Gravitonen tauchen auch in der ↗*String-Theorie*, einem neueren Zugang zur ↗*Quantengravitation*, auf.

**gravitooptische Atomfalle,** Anordnung zur Speicherung neutraler Atome. Dabei werden die aufgrund der ↗*Dipolkraft* abstoßende Wirkung eines blauverstimmten Lasers und die Gravitationskraft genutzt. Aminoff und Mitarbeiter konnten 1993 zeigen, daß Caesium-Atome, die frei in ein solches Laserfeld fallen, abgestoßen werden. Die verwendete Anordnung ist in der Abb. zu sehen. Cs-Atome werden magnetooptisch eingefangen (↗*magnetooptische Atomfalle*) und fallen nach Abschalten der Fallenkräfte im Gravitationspotential nach unten auf eine Glasoberfläche, an der die evaneszente Welle eines blauverstimmten, von der Gegenseite her eingekoppelten Laserstrahls ins Vakuum propagiert. Atome, die langsam auf die Oberfläche fallen, werden abgestoßen und springen wieder zurück. Auf diese Weise können bei geschickt gewählter Geometrie der Anordnung auch Atome gespeichert werden. (↗*Atom- und Ionenfallen*)

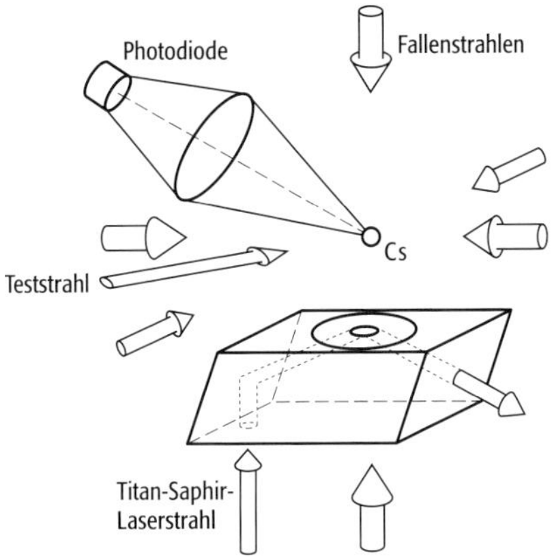


**gravitooptische Atomfalle:** Aufbau.

**Gravity Probe-A,** *GPA*, *Vessot-Levine-Experiment*, ein im Juni 1976 von der ↗*NASA* durchgeführtes Experiment zur Messung der ↗*Gravitations-Zeitdilatation*. Dabei wurde eine ↗*Wasserstoff-Maser*-Uhr in einer Rakete bis in 10 000km Höhe geschossen; das entspricht etwa dem 1,5-fachen Erdradius. Während der zweistündigen Flugzeit wurde die Frequenz mit der eines identischen Masers auf der Erde verglichen und die Gangdifferenz der Uhren als Funktion von Höhe und Geschwindigkeit der Rakete gemessen. Nach der Eliminierung von konkurrierenden Effekten, wie etwa der speziell-relativistischen ↗*Zeitdilatation*, bestätigte das Experiment die Vorhersage der ↗*Allgemeinen Relativitätstheorie* mit einer Genauigkeit von $2 \cdot 10^{-4}$. Das Experiment ist auch heute noch der mit Abstand genaueste Test der Gravitations-Zeitdilatation.

**Gravity Probe-B,** *GPB*, *Stanford Gyroscope*, ein an der Stanford-Universität konzipiertes Satellitenexperiment zur Messung des ↗*Lense-Thirring-Effekts* im ↗*gravitomagnetischen Feld* der Erde sowie des ↗*De-Sitter-Effekts*. Der mit vier Gyroskopen ausgerüstete Satellit soll 1999 für mindestens 14 Monate in einem polaren Orbit in einer Höhe von 550km stationiert werden. Die Orientierung der Gyroskopachsen relativ zu den Fixsternen wird mit einer Genauigkeit von 0,005–0,3 Millibogensekunden pro Jahr gemessen. Damit soll der De-Sitter-Effekt (6,6″ pro Jahr) und der Lense-Thirring-Effekt (0,042″ pro Jahr) mit 0,1 % bzw. 1 % Genauigkeit gemessen werden (der Winkel 0,042″ entspricht etwa dem Winkel, unter dem ein menschliches Haar aus 15km Entfernung erscheint!). Um diesen winzigen Effekt des gravitomagnetischen Feldes, und damit eine der letzten unbestätigten Vorhersagen der ↗*Allgemeinen Relativitätstheorie*, nachzuweisen, wurde fast 40 Jahre an dem Experiment gearbeitet.

**Gray,** *Louis Harold*, englischer Radiologe und Physiker, *10.11.1905 London, †9.7.1965 Northwood (Greater London); ab 1937 am Mount

Vernon Hospital in Northwood; Arbeiten zur Radiologie, Strahlenbiologie und medizinischen Anwendung von Radionukliden; untersuchte die gewebeschädigenden Eigenschaften ionisierender Strahlung und lieferte Beiträge zur Krebs-Strahlentherapie. Nach ihm ist die Einheit ↗*Gray* benannt.

**Gray** [nach L.H. ↗*Gray*], Einheitenzeichen Gy, abgeleitete SI-Einheit für die *Energiedosis* (↗*Dosis*); ausgedrückt in SI-Basiseinheiten: $1\,\text{Gy} = 1\,\text{m}^2 \cdot \text{s}^{-2} = 1\,\text{J/kg}$. 1 Gray ist gleich der Energiedosis, die bei der Übertragung der Energie 1 J auf homogene Materie der Masse 1 kg durch ionisierende Strahlung einer räumlich konstanten spektralen Energiefluenz entsteht. Eine ältere, seit 1986 nicht mehr zulässige Einheit ist das Rad: $1\,\text{Gy} = 100\,\text{rd}$.

Das Gray ist nicht generell der Name für J/kg, sondern soll nur im Zusammenhang mit ionisierender Strahlung verwendet werden, um Verwechslungen mit der ↗Äquivalentdosis zu vermeiden.

**Grazing-Bedingung,** Grenzfall für elastische ↗*Kern-Kern-Streuung* am Coulomb-Potential, bevor für größere Annäherung der beiden Kerne die Kernwechselwirkung einsetzt. Die Trajektorie ist charakterisiert durch den *Grazing-Winkel* $\theta_{\text{gr}}$. (↗*Coulomb-Streuung*)

**Grazing incidence-Resonator** ↗Littman-Metcalf-Resonator.

**Green,** *George*, englischer Mathematiker und Physiker, getauft 14.7.1793 Sneinton (heute zu Nottingham), †31.5.1841 Sneinton; war Autodidakt; verdient um die mathematische Theorie der Elektrizität und des Magnetismus; führte die nach ihm benannte ↗*Green-Funktion* in die Theorie der elektrischen und magnetischen Felder ein und stellte die Greenschen Integralsätze (↗*Greensche Formeln*) auf.

**Green Flash,** *Grüner Strahl*, der grüne, manchmal ausgeprägt erscheinende Saum am oberen Rand der untergehenden Sonne. Der eigentliche grüne Strahl entsteht, wenn dieses letzte Segment hell aufleuchtend und isoliert von der übrigen Sonnenscheibe erscheint (↗*Optik, atmosphärische*).

**Green-Funktionen,** Funktionen, die *elementare Lösungen* linearer ↗*Differentialoperatoren* darstellen. Ist $\mathcal{D}$ ein linearer Differentialoperator auf einem Gebiet $X \subset \mathbb{R}^n$ mit differenzierbaren Koeffizientenfunktionen, so heißt eine (verallgemeinerte) Funktion $G_\xi(x) = G(x,\xi)$ eine Green-Funktion von $\mathcal{D}$, falls

$$\mathcal{D}G_\xi(x) = \delta_x(x),$$

mit $x, \xi \in X$ und der *Diracschen* ↗*Delta-Funktion* $\delta_x(x) = \delta(x,\xi) = \delta(x-\xi)$. Aus der Kenntnis der Green-Funktionen kann man dann *spezielle Lösungen* $f$ der inhomogenen Gleichung

$$\mathcal{D}f(x) = s(x) \qquad (1)$$

für beliebige »Quellen« $s$ gewinnen durch die *magische Formel*

$$f(x) = \int_X s(\xi) G_\xi(x) \mathrm{d}^n \xi. \qquad (2)$$

*Allgemeine Lösungen* erhält man dann durch Addition von Lösungen der homogenen Gleichung ($s = 0$).

Aus einer bestimmten Green-Funktion lassen sich mit Gl. (2) nicht *alle* Lösungen gewinnen. Verschiedene Klassen von Lösungen, für die unterschiedliche Green-Funktionen benötigt werden, unterscheiden sich durch ihre Anfangs- oder ↗*Randbedingungen*. Die Auswahl einer geeigneten Green-Funktion zur Lösung der inhomogenen Differentialgleichung (1) hängt auch ab von den Eigenschaften der Quellfunktion $s$. Bei der Ermittlung von Green-Funktionen findet häufig die ↗*Fourier-Transformation* Anwendung. – In der Operatorendarstellung spricht man vom *Greenschen Operator*, der in den Quantenfeldtheorien als ↗*Propagator* bezeichnet wird.

*Beispiele*:

1) $X = \mathbb{R}$, $\mathcal{D} = \mathrm{d}/\mathrm{d}x$: eine Green-Funktion ist $G_\xi(x) = \theta(x-\xi)$ mit der ↗Heaviside-Funktion $\theta$. Aus Gl. (2) wird

$$f(x) = \int_{-\infty}^{+\infty} s(\xi)\theta(x-\xi)\mathrm{d}\xi = \int_{-\infty}^{x} s(\xi)\mathrm{d}\xi.$$

Der Ausdruck ist genau dann definiert, wenn $s$ bei $-\infty$ integrierbar ist. Es ist aber auch $\theta(x-\xi) + K$ eine Green-Funktion für jede Konstante $K$. Diese Mehrdeutigkeit kann durch Wahl einer Anfangsbedingung, z.B. $x = -\infty$, für $G$ vermieden werden. Die Anfangsbedingung diktiert dann die Wahl der zulässigen Quellen. So muß für $K = -1$ die Quellfunktion $s$ bei $x = +\infty$ integrierbar sein, für $K \notin \{0, -1\}$ muß $s$ bei $x = \pm\infty$ integrierbar sein.

2) *Gedämpfter harmonischer Oszillator*: $X = \mathbb{R}$, $\mathcal{D}f(t) = \left(\left(\frac{\mathrm{d}}{\mathrm{d}t}\right)^2 + 2\lambda\frac{\mathrm{d}}{\mathrm{d}t} + \omega_0^2\right) f(t) = s(t)$,

mit $\omega_0 > \lambda > 0$. Eine Green-Funktion ist

$$G_\tau(t) = \begin{cases} 0 & \text{für } \tau > t \\ \frac{1}{\omega}\mathrm{e}^{-\lambda(t-\tau)} \sin(\omega(t-\tau)) & \text{für } t > \tau \end{cases}$$

mit $\omega = \sqrt{\omega_0^2 - \lambda^2}$. Diese *kausale Green-Funktion* beschreibt die Zeitentwicklung eines Oszillators, der am Anfang ($t = -\infty$) in Ruhe ist und zur Zeit $\tau$ durch einen kurzen Kraftstoß in Schwingung versetzt wird.

3) *Dirichlet-Problem* für die ↗*Poisson-Gleichung*: $\mathcal{D}\phi(x) = -\Delta\phi(x) = \rho(x)$ in einem Gebiet $X \subset \mathbb{R}^3$. Die Greenschen Funktionen von $\mathcal{D}$ sind

$$G_\xi(x) = \frac{1}{4\pi|x-\xi|} + h_\xi(x),$$

$\xi, x \in \bar{X}$, wobei $h_\xi$ die ↗*Laplace-Gleichung* $\Delta h_\xi = 0$ erfüllt (↗*harmonische Funktionen*). Für eine Ladungsverteilung $\rho$ mit kompaktem Träger in $X$ ist $\phi(x) = \int_X \rho(\xi) G_\xi(x) \mathrm{d}^3\xi$, $x \in X$ eine Lösung. Jede Lösung muß nach dem ↗*Greenschen Satz* die Integralgleichung

$$\phi(x) = \int_X G_x(\xi)\rho(\xi)\,\mathrm{d}^3\xi + \int_{\partial X} \left[ G_x(\xi)\frac{\partial\phi(\xi)}{\partial n} - \phi(\xi)\frac{\partial G_x(\xi)}{\partial n} \right] \mathrm{d}a,$$

erfüllen ($\mathrm{d}a$: Flächenelement von $\partial X$ mit äußerer Flächennormale $n$). Beim Dirichletschen Randwertproblem sucht man die (eindeutige) Lösung $\phi$, die auf $\partial X$ vorgegebene Werte annimmt. Dazu wählt man $h$ so, daß $G^{\mathrm{D}}_{\xi}(x)=0$ $(\forall x\in\partial X)$ und erhält

$$\phi(x)=\int_X G^{\mathrm{D}}_x(\xi)\,\rho(\xi)\,\mathrm{d}\xi-\int_{\partial X}\phi(\xi)\,\frac{\partial G^{\mathrm{D}}_x(\xi)}{\partial n}\,\mathrm{d}a.$$

$G^{\mathrm{D}}$ ist symmetrisch: $G^{\mathrm{D}}(x,\xi)=G^{\mathrm{D}}(\xi,x)$.

4) *Wellengleichung im Minkowski-Raum*: $\Box f(t,x)=s(t,x)$, $\Box$: ↗ *D'Alembert-Operator*. Die sog. *kausale* oder *retardierte Green-Funktion* ist

$$G^{\mathrm{ret}}_{(\tau,\xi)}(t,x)=\frac{\theta(t-\tau)}{4\pi(t-\tau)}\delta(|x-\xi|-(t-\tau)),$$

mit der ↗ *Heaviside-Funktion* $\theta$. Sie beschreibt eine Welle, die zur Zeit $\tau$ am Ort $\xi$ erzeugt wird. Ihr Träger ist der von $(\tau,\xi)$ ausgehende Zukunftslichtkegel. Die *avancierte Green-Funktion*

$$G^{\mathrm{av}}_{(\tau,\xi)}(t,x)=\frac{\theta(t-\tau)}{4\pi(t-\tau)}\delta(|x-\xi|+(t-\tau))$$

beschreibt eine Welle, die zur Zeit $\tau$ am Ort $\xi$ vernichtet wird. Ihr Träger ist der in $(\tau,\xi)$ mündende Vergangenheitslichtkegel (↗ *Wellengleichung*).

5) *Klein-Gordon-Operator*[n]: $\Box+m^2$: Wie bei der Wellengleichung gilt für die Green-Funktionen

$$G_{(\tau,\xi)}(t,x)=G_{(0,0)}(t-\tau,x-\xi)$$
$$=:G(t-\tau,x-\xi).$$

Die *retardierte Green-Funktion* ist

$$G^{\mathrm{ret}}(t,x)=\lim_{\varepsilon\to+0}\int_{\mathbb{R}^3}\mathrm{d}^3k\int_{-\infty}^{+\infty}\mathrm{d}\omega\,\hat{G}^{\mathrm{ret}}_{\varepsilon}(\omega)\,\mathrm{e}^{\omega t-k_a x^a}$$

mit der Fourier-Transformierten

$$\hat{G}^{\mathrm{ret}}_{\varepsilon}(\omega,k)=\frac{1}{4\pi^2}\cdot\frac{1}{m^2-\omega^2+|k|^2-\mathrm{i}\omega\varepsilon}.$$

Die *avancierte Green-Funktion* erhält man, indem man $\varepsilon$ durch $-\varepsilon$ ersetzt. Wichtig für die ↗ *Quantenfeldtheorie* ist die als *Feynman-Propagator* (↗ *Propagator*) bekannte Green-Funktion

$$\hat{G}^{\mathrm{ret}}_{\varepsilon}(\omega,k)=\frac{1}{4\pi^2}\cdot\frac{1}{m^2-\omega^2+|k|^2-\mathrm{i}\varepsilon}.$$

Die expliziten Ausdrücke für $G(t,x)$ enthalten ↗ *Bessel-Funktionen* und ↗ *Neumann-Funktionen*. [SD]

**Greenough-Mikroskop,** ↗ *Stereomikroskop* aus zwei getrennten, um einen Winkel von 14–16 Grad gegeneinander geneigten Mikroskopstrahlengängen. Dieser Winkel entspricht in etwa dem Konvergenzwinkel der Augenachsen bei der Betrachtung eines Gegenstandes aus der konventionellen relaxierten Sehweite von 25 cm. Der Vorteil dieser Art von Stereomikroskopen liegt in der raumsparenden Anordnung der Objektivpaare.

**Greensche Formeln,** *Greensche Theoreme*, *Greensche Identitäten*, auf G. ↗ *Green* zurückgehende Integralgleichungen, die einen Zusammenhang zwischen bestimmten Oberflächen- und Volumenintegralen herstellen. Für zwei glatte Funktionen $\phi$, $\psi$: $\mathbb{R}^3\to\mathbb{R}$ und ein Gebiet $V\subset\mathbb{R}^3$ gelten

$$\int_V(\phi\Delta\psi+\nabla\phi\cdot\nabla\psi)\mathrm{d}^3x=\int_{\partial V}\phi\boldsymbol{n}\cdot\nabla\psi\mathrm{d}a,$$

(*erste Greensche Formel*) und

$$\int_V(\phi\Delta\psi-\psi\Delta\phi)\mathrm{d}^3x=\int_{\partial V}(\phi\nabla\psi-\psi\nabla\phi)\cdot\boldsymbol{n}\mathrm{d}a$$

(*zweite Greensche Formel*). Hierin ist $\partial V$ die Oberfläche von $V$ mit dem Flächenelement $\mathrm{d}a$ und $\boldsymbol{n}$ die von $\mathrm{d}a$ ausgehende äußere Flächennormale. $\nabla\phi$ ist der ↗ *Gradient* von $\phi$ und $\Delta$ der ↗ *Laplace-Operator*.

**Greensche Identitäten** ↗ Greensche Formeln.

**Greensche Funktionen** ↗ Green-Funktionen.

**Greenscher Operator** ↗ Green-Funktionen.

**Greenscher Satz,** die zweite ↗ Greensche Formel.

**Greensche Theoreme** ↗ Greensche Formeln.

**Greinacher,** *Heinrich*, schweizer. Physiker, *31.5.1880 St. Gallen, †17.4.1974 Bern; ab 1907 Professor in Zürich, 1924–52 in Bern; Arbeiten zur Elektronik, Hochspannungserzeugung, Radioaktivität und Ionisierung durch Teilchen; erfand 1914 eine Gleichrichterschaltung zur Spannungsverdopplung (↗ *Greinacher-Schaltung*), entwickelte 1920 das System der Spannungsvervielfachung beim ↗ *Kaskadengenerator* und konstruierte 1934 den ↗ *Funkenzähler* zum Teilchennachweis.

**Greinacher-Kaskadenschaltung,** ↗ *Greinacher-Schaltung*, ↗ Kaskadenschaltung.

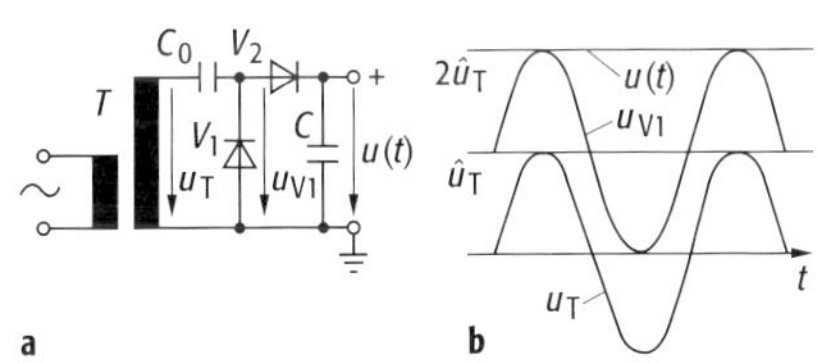


**Greinacher-Schaltung 1:** Greinacher-Verdopplungsschaltung, a) Schaltbild; b) Spannungsverlauf im Leerlauf ($V_{1,2}$: Ventile, T: Transformator, $C_0$: Schubkondensator, C: weiterer Kondensator, $u_{\mathrm{T}}(t)$: Eingangsspannung am Transformator, $u(t)$: Ausgangsspannung).

**Greinacher-Schaltung,** *Stabivolt-Schaltung*, Anordnung zur Spannungsverdoppelung bzw. -vervielfachung (*Greinacher-Verdopplungsschaltung* bzw. *Greinacher-Kaskadenschaltung*). Der in Reihe zum Schubkondensator $C_0$ geschaltete ↗ *Transformator* T nimmt die im Leerlauf konstante Gleichspannung $\hat{u}_{\mathrm{T}}$ an, alle anderen Kondensatoren werden auf die Spannung $2\hat{u}_{\mathrm{T}}$ geladen. Die $n$ Ventile müssen für eine Scheitelsperrspannung von $\bar{u}/n=2\hat{u}_{\mathrm{T}}$ bemessen werden. Die an den Klemmen auftretende geglättete Spannung beträgt im Leerlauf $\bar{u}_0=2n\hat{u}_T$. Die Spannungsvervielfachung hat gegenüber der *Einwegschaltung* größere Überlagerungen $\delta u$ und Spannungsabfälle $\Delta u$ zur Folge, da die an den Klemmen entnommene Ladung durch Nachladung ersetzt werden muß. Eine weitere Möglichkeit zur Erzeugung hoher Gleichspannungen als Wechselspannungen ist eine Kaskadenschaltung mit transformatorischer Stützung.

Im angelsächsischen Sprachraum wird die Greinacher-Kaskadenschaltung auch als *Cockcroft-Walton-Schaltung* bezeichnet.

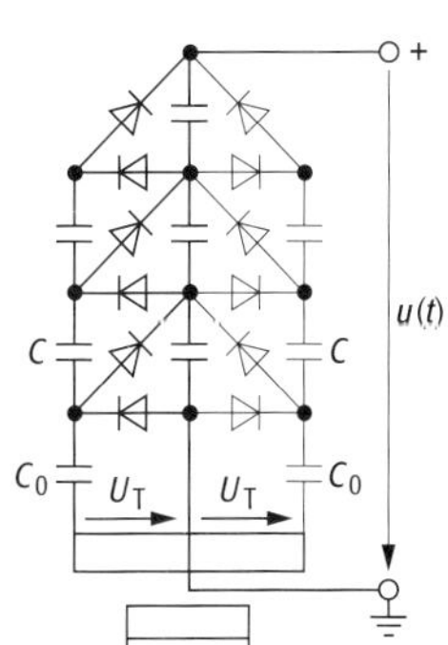


**Greinacher-Schaltung 2:** Greinacher-Kaskadenschaltung, stark ausgezogen: unsymmetrische Schaltung, gesamtes Schaltbild: symmetrische Schaltung. Bezeichnungen wie in Abb. 1.

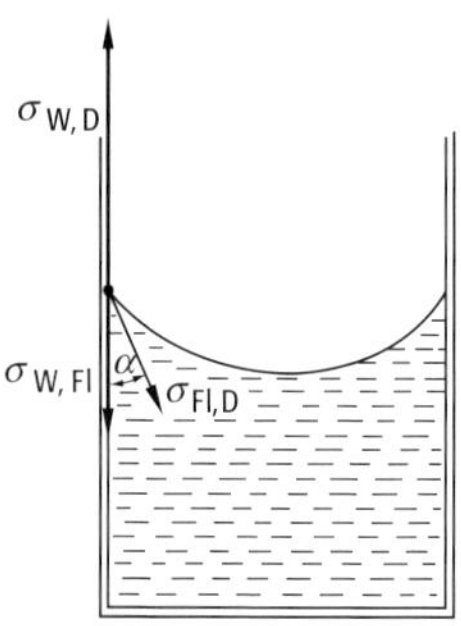


**Grenzflächenspannung:** Gleichgewicht zwischen Grenzflächenspannung und Schwerkraft.

**Greinacher-Verdopplungsschaltung** ↗Greinacher-Schaltung.

**Grenzfläche,** die geometrische Grenze zwischen zwei verschiedenen Körpern oder Phasen, von denen mindestens einer fest oder flüssig sein muß. Im speziellen Fall einer Grenzfläche gegen das Vakuum oder ein Gas spricht man auch von ↗*Oberfläche*.

Die *spezifische Grenzfläche* ist der Quotient aus Volumen und Grenzfläche einer dispergierten Substanz (↗Dispersion). Sie dient als Maß für den Dispersitätsgrad und bestimmt das Ausmaß, in dem die Anteile der Grenzflächenenergie für das thermodynamische Verhalten der Substanz mitbestimmend werden.

Eine ideale Grenzfläche ist eine Unstetigkeitsfläche, da sich dort charakteristische Eigenschaften (z.B. Brechzahl, Dielektrizitätskonstante, Leitfähigkeit und Wärmeausdehnungskoeffizient) sprunghaft ändern. Im submikroskopischen Bereich gibt es jedoch keine ideal scharfe Grenzfläche. Es existiert immer ein (möglicherweise auf wenige Atomabstände beschränkter) Übergangsbereich, in dem sich die Eigenschaften allmählich ändern. In diesem Übergangsbereich kann es zur wechselseitigen Eindiffusion kommen, oder die Atome der beiden Körper gehen in der Grenzschicht neue Bindungen ein (so entsteht z.B. an der Grenzfläche zwischen CdS und InP die Verbindung InS). Die spezifischen physikalischen Eigenschaften von Grenzflächen und ihre Entstehung sind Gegenstand der ↗*Grenzflächenphysik*.

Grenzflächeneigenschaften spielen eine bedeutende Rolle in vielen praktischen Anwendungen, darunter die Grenzflächen- und Oberflächenspannung, Adsorption, Adhäsion, Kristallwachstum, Elektronenemission, Oberflächenkatalyse und biochemischer Stoffaustausch.

**Grenzflächeneffekte,** zusammenfassende Bezeichnung für verschiedene, an ↗*Grenzflächen* auftretende Phänomene. Auf molekularer Ebene sind sie auf ↗*Kohäsionskräfte* (zwischen gleichen Molekülen) oder ↗*Adhäsionskräfte* (zwischen verschiedenartigen Molekülen) zurückzuführen, zusammenfassend auch ↗*Van-der-Waals-Kräfte* genannt. Bei der thermodynamischen Behandlung führt man die Oberflächenenthalpie, -entropie und -energie ein und erfaßt damit die Erscheinungen der ↗*Oberflächenspannung*, der ↗*Benetzung*, der ↗*Grenzflächenspannung* und der ↗*Kapillarität*, die im Alltag eine große Rolle spielen.

**Grenzflächenenergie, spezifische** ↗Grenzflächenspannung.

**Grenzflächenmodelle,** Modelle der statistischen Mechanik, die der Beschreibung der Eigenschaften von Grenzflächen zwischen zwei Phasen dienen. Manche Grenzflächenmodelle (z.B. das ↗*Ising-Modell* in drei Dimensionen, bei dem durch die Vorgabe geeigneter Randbedingungen eine Grenzfläche erzwungen wird) beschreiben einen sog. *Roughening-Übergang* zwischen einer Phase, bei der die Grenzfläche auch im unendlichen Gitter endliche Fluktuationen hat, und einer Phase mit unendlichen Fluktuationen (meist logarithmisch als Funktion der linearen Ausdehnung der Grenzfläche).

**Grenzflächenphysik,** eine Unterdisziplin der Physik der kondensierten Materie, entstanden aus der Festkörperphysik, welche die spezifischen Eigenschaften einer Grenzfläche oder Grenzschicht zwischen zwei Körpern untersucht. Mit der einfachsten Grenzfläche, der zwischen Festkörper und – im Idealfall – Vakuum, beschäftigt sich die ↗*Oberflächenphysik*. Deren theoretische Konzepte und experimentelle Methoden werden auch in der Grenzflächenphysik angewendet.

**Grenzflächenspannung,** *spezifische Grenzflächenenergie*, an der Grenzfläche zweier Phasen (z.B. fest/flüssig) auftretende Kraft, die tangential zur Grenzfläche gerichtet ist und diese zu verkleinern trachtet. Die Grenzflächenspannung zwischen den Phasen A und B ist definiert als die Arbeit d$W$, die pro Fläche d$A$ geleistet werden muß, um die Grenzfläche der Phase A gegen die Phase B zu vergrößern:

$$\sigma_{\text{AB}} = \frac{\text{d}W}{\text{d}A}; \; [\sigma_{\text{AB}}] = \frac{\text{J}}{\text{m}^2} = \frac{\text{N}}{\text{m}}$$

Die Grenzflächenspannung wird auf molekularer Ebene durch die ↗*Adhäsionskräfte* zwischen den Materialien verursacht. Bei Flüssigkeiten nennt man die negative Grenzflächenspannung auch *Adhäsionsdruck*. Bei stabilen Grenzflächen flüssig/gasförmig und flüssig/flüssig muß $\sigma_{\text{AB}} > 0$ sein, weil sonst die Flüssigkeit von selbst verdampfen würde oder sich die Flüssigkeiten mischen würden. Die Grenzflächenspannung von Flüssigkeiten gegen das Vakuum oder eine gasförmige Phase wird als ↗*Oberflächenspannung* bezeichnet. Treffen mehrere Phasen aufeinander, so erfordert die Einstellung eines Gleichgewichts, daß die Grenzflächenspannungen unter ganz bestimmten Winkeln zusammentreffen. Ein wichtiger Spezialfall ist das Verhalten von Flüssigkeiten an einer Gefäßwand (↗*Benetzung*). Die Existenz der Grenzflächenspannung ist auch verantwortlich für die ↗*Kapillarität*.

**Grenzfrequenz,** *Abschneidefrequenz*, *Cut-off-Frequenz*, charakteristische Frequenz in einem Medium, unterhalb der sich elektromagnetische Wellen nicht ausbreiten können und beim Versuch, in ein solches Medium einzudringen, reflektiert werden. Für ein unmagnetisiertes Plasma ist die Grenzfrequenz identisch mit der ↗*Plasmafrequenz*. Beispielsweise werden Radiowellen unterhalb 10 MHz am Plasma der Ionosphäre reflektiert. So erklärt sich die große Reichweite von Kurz-, Mittel- und Langwellensendern gegenüber der geringen Reichweite von UKW-Sendern. Die Existenz einer Grenzfrequenz ermöglicht auch die Messung von Elektronendichteverteilungen, in der Ionosphäre durch Radarreflexion und in

Laborplasmen durch optische ↗*Reflektometrie*. Auch die zeitweilige *Funkstille* beim Wiedereintritt von Raumschiffen in die Erdatmosphäre beruht auf diesem Effekt: Die das Raumschiff umgebende Luft wird durch Reibung und starke Wärmeentwicklung in ein Plasma sehr hoher Elektronendichte verwandelt, das selbst Ultrakurzwellen nicht mehr durchdringen können.

**Grenzgröße,** die ↗*scheinbare Helligkeit* eines Gestirns, das bei einer Beobachtung gerade noch sichtbar ist. Sie hängt von der Wellenlänge und dem verwendeten optischen System ab. Die Grenzgröße für das bloße menschliche Auge liegt bei etwa $6^m$, mit modernen Teleskopen erreicht man im sichtbaren Wellenlängenbereich etwa $29^m$.

**Grenzkurven,** *Lärmbewertungskurven*, standardisierte Kurvenschar in einem Schalldruckpegeldiagramm zur Bewertung von ↗*Lärm* nach dem *Oktavpegelgrenzkurvenverfahren*. Die mit einem Oktavfilter (↗*Terz-Oktav-Filter*) gemessenen ↗*Schalldruckpegel* werden mit den Lärmbewertungskurven verglichen. Die erste Grenzkurve, die nicht überschritten wird, gibt den gesuchten Wert an. (Im Beispiel handelt es sich um einen mit N 85 bewerteten Lärm.) Der Vorteil dieser Bewertungsmethode besteht darin, daß man unmittelbar eine Information über die spektrale Zusammensetzung des Lärms erhält.

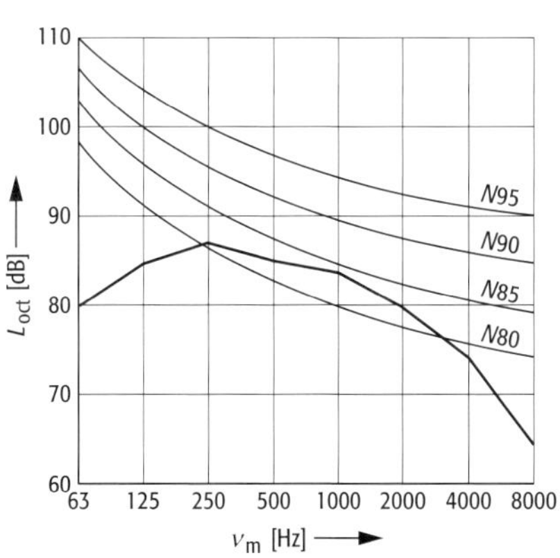


**Grenzkurven:** *dicke Linie*: gemessene Oktavpegel, *dünne Linie*: Oktavpegel-Grenzkurven (N-Kurven).

**Grenzlinie,** *Bruchlinie*, in der *Festkörperphysik* die Einhüllende einer Schar von ↗*Gleitlinien*. Es ist nicht möglich, die Gleitlinien der anderen Schar über diese Grenze hinaus fortzusetzen (Abb.). Häufig wird auch das Synonym Bruchlinie verwendet, da längs dieser Linie die Schiebungsgeschwindigkeit unendlich ist.

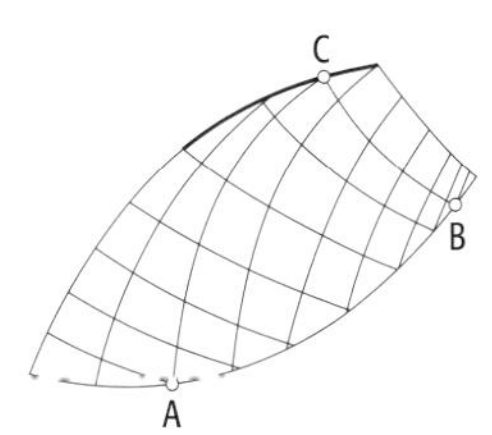


**Grenzlinie:** Sind längs des Randes AB eines Gleitlinienfeldes die Schubspannungen und die Normalspannung gegeben, dann wird das Einflußgebiet durch die Gleitlinien AC und BC begrenzt. Da der Punkt C auf der Einhüllenden der einen Schar, also auf einer Grenzlinie, liegt, ist es auch durch Erweiterung der Randlinie über AB hinaus nicht möglich, ein Einflußgebiet mit C als inneren Punkt zu erhalten.

**Grenzmoment,** *Fließmoment*, *plastisches Grenzmoment*, bei Tragwerken aus ideal plastischem Werkstoff dasjenige Biegemoment, bei dem der Querschnitt vollplastisch wird, so daß sich ein Knick bildet.

Hiervon zu unterscheiden ist das *elastische Grenzmoment*, bei dem zum ersten Mal an irgendeiner Stelle des Querschnitts (aber noch nicht im gesamten Querschnitt) die Fließspannung erreicht wird. Das Verhältnis aus plastischem und elastischem Grenzmoment wird als *Tragfähigkeitsreserve* bezeichnet.

**Grenzschicht, 1)** *Geophysik*, *Meteorologie*: ↗planetare Grenzschicht.

**2)** *Oberflächenphysik*: ↗Grenzfläche.

**3)** *Plasmaphysik*: ↗Plasmarandschicht.

**4)** *Strömungsdynamik*: *Prandtlsche Grenzschicht*, *Reibungsschicht*, eine sehr dünne Schicht in unmittelbarer Nähe eines von einem *Fluid* umströmten Körpers, auf die sich der Einfluß der Reibung bei großen Reynolds-Zahlen beschränkt. Sie hat wichtige Auswirkungen auf den Wärme- und Stoffaustausch zwischen Fluid und Wand, etwa bei der Wärmeisolierung von Häusern oder den $CO_2$- und $H_2O$-Austausch von Pflanzenblättern.

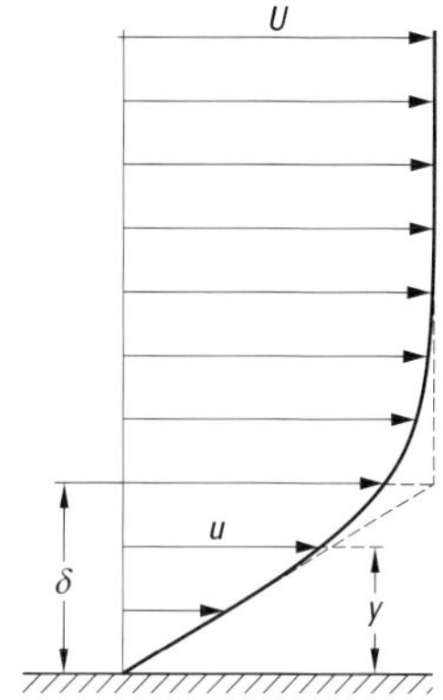


**Grenzschicht:** Geschwindigkeitsprofil einer Strömung in Wandnähe.

Wird ein Körper in eine homogene Strömung mit der Strömungsgeschwindigkeit $U$ gebracht, so ist sie direkt am Körper null (↗*Haftbedingung*), und erst in einiger Entfernung vom Körper ist sie gleich $U$. Das Gebiet, in dem sich die Strömungsgeschwindigkeit von 0 auf $U$ merklich ändert, heißt nach L. ↗Prandtl auch *Prandtlsche Grenzschicht*. Je nach Ausbildung der Strömung innerhalb Schicht unterscheidet man *laminare* oder *turbulente Grenzschichten*. Während für die laminaren Grenzschichten eine umfassende Theorie ausgearbeitet wurde, die auf der ↗*Grenzschichtgleichung* beruht, gibt es bislang keine umfassende Theorie der turbulenten Grenzschicht, und alle Berechnungsverfahren haben noch einen halbempirischen Charakter (↗*Turbulenz*).

Die *Grenzschichtdicke* wird auf verschiedene Weise definiert. Sie nimmt mit der Ausdehnung des umströmten Körpers in Strömungsrichtung und der Viskosität der Flüssigkeit zu und ist um so kleiner, je größer $U$ ist. Wird die Strömung um den Körper verzögert, so kommt es zur unerwünschten ↗*Grenzschichtablösung*, die den ↗*Strömungswiderstand* wesentlich heraufsetzt. Es wird daher versucht, dies durch geeignete Maßnahmen (z.B. ↗Grenzschichtabsaugung) zu verhindern. Aus dem gleichen Grund wird versucht, die Grenzschicht laminar zu halten, d.h. den Grenzschichtumschlag möglichst nach hinten zu verschieben. Die auf der Grenzschichtgleichung beruhende Grenzschichttheorie kann den Ort der Grenzschichtablösung berechnen und damit den Ort, an dem die Bildung von ↗*Wirbeln* bei der Umströmung des Körpers einsetzt.

**Grenzschichtablösung,** *Ablösung*, Strömungsvorgang, bei dem in der ↗*Grenzschicht* ein Rückströmen auftritt und das verzögerte Grenzschichtmaterial von der Wand in die Außenströmung abgedrängt wird. Der Ort der Grenzschichtablösung heißt *Ablösestelle* bzw. *Ablöselinie*. Für laminare Grenzschichten folgt die Lage der Grenzschichtablösung aus der ↗*Grenzschichtgleichung*. Sie befindet sich stets im Gebiet des Druckanstiegs, der sich bei umströmten Körper an der Hinterseite des

**Grenzschichtablösung 1:** Beispiele dreidimensionaler Ablösung. a) Trennstromfläche einer abgelösten Strömung, gebildet durch den Sattelpunkt S und den Anlegepunkt $N_a$ (*Knotenpunkt*), 1: Ablöselinie, 3D: dreidimensionaler singulärer Punkt; b) offene Ablösung: V: Wirbellinien auf der Oberfläche, O: Fehlen eines singulären Punktes auf der Oberfläche, 3: Ablöselinie.

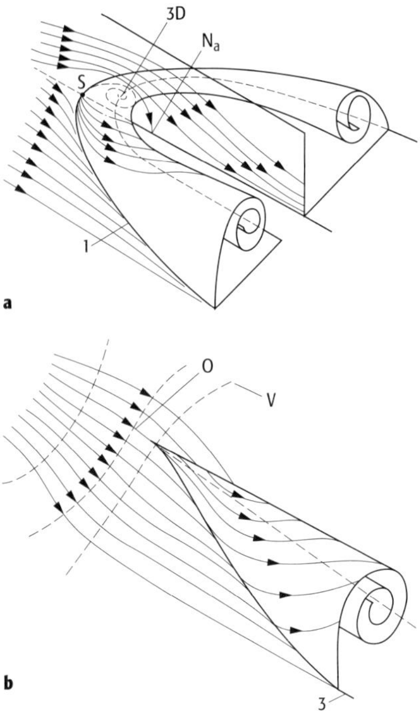

a
b

Körpers befindet, und ist mit der Bildung von ↗*Wirbeln* verbunden. Die Lage der Grenzschichtablösung bestimmt wesentlich den ↗*Strömungswiderstand* mit. In technischen Strömungen wird versucht, ihre Lage möglichst weit in Strömungsrichtung zu verschieben, z.B. durch ↗Grenzschichtabsaugung, Hilfsflügel, bewegte Wände oder eine entsprechende Formgebung des umströmten Körpers (↗Stromlinienform).

**Grenzschichtablösung 2:** Ablöselinie an einem Rotationsellipsoid (Seitenansicht), 1: singuläre Ablösung, 2: Ablöselinien (offene Ablösung), 3: singuläre Ablösepunkte.

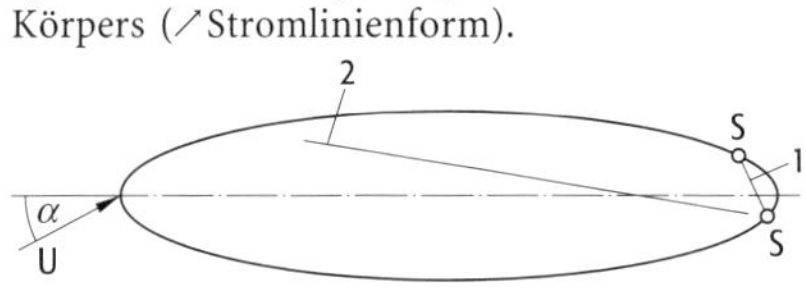

c

**Grenzschichtabsaugung,** Verfahren, mit dem man die ↗*Grenzschichtablösung* bei der Umströmung von Körpern möglichst weit in Strömungsrichtung verschiebt, um den ↗*Strömungswiderstand* klein zu halten. Die Grenzschicht wird hierbei durch kleine Schlitze in der Wand des umströmten Körpers abgesaugt, wodurch sich die Strömung an den umströmten Körper anlegt.

**Grenzschichtanfachung,** Verfahren, mit dem der Grenzschicht Energie zugeführt wird, z.B. indem eine Strömung durch schmale Schlitze in der Körperwand geblasen wird. Dadurch läßt sich die ↗Grenzschichtablösung vermeiden.

**Grenzschichtdicke,** die Dicke der Prandtlschen ↗*Grenzschicht* bei der ↗*Umströmung* von Körpern. Da die Grenzschicht asymptotisch ausläuft, sind verschiedene Ansätze zur Definition möglich. Häufig wird darunter der Abstand $\delta_1$ von der umströmten Wand verstanden, für die $u = 0{,}99U$ gilt ($u$: Strömungsgeschwindigkeit im Abstand der Grenzschichtdicke, $U$: ↗*Anströmgeschwindigkeit* des Körpers). Andere Definitionen sind

$$\delta_2 = \int_0^\infty \left(1 - \frac{u}{U}\right) dy \text{ (Verdrängungsdicke) und}$$

$$\delta_3 = \int_0^\infty \frac{u}{U}\left(1 - \frac{u}{U}\right) dy \quad \text{(Impulsverlustdicke),}$$

($y$ ist die Koordinate in Richtung der Flächennormalen des umströmten Körpers). Bei der Umströmung einer ebenen Platte, die parallel zur Strömungsrichtung in der Strömung ausgerichtet ist, ergibt sich damit aus der ↗*Grenzschichtgleichung* für die *laminare Grenzschicht* ($x$: Koordinate entlang des Körpers, $v$: Geschwindigkeit in $y$-Richtung):

$$\delta_1 = 5\sqrt{\frac{vx}{U}}, \ \delta_2 = 1{,}72\sqrt{\frac{vx}{U}} \text{ und}$$

$$\delta_3 = 0{,}66\sqrt[5]{\frac{vx}{U}}\,.$$

Bei der *turbulenten Grenzschicht* ist die Grenzschichtdicke meist wesentlich größer und theoretisch schwieriger zugänglich.

**Grenzschichtgleichung,** Gleichung zur Beschreibung von dünnen laminaren *Prandtlschen* ↗*Grenzschichten.* Man setzt voraus, daß sich der Druck entlang einer Normalen zum umströmten Körper nicht wesentlich ändert. Ist der umströmte Körper nur mäßig gekrümmt, so lautet die Grenzschichtgleichung einer zweidimensionalen Strömung um den Körper

$$\frac{\partial u}{\partial t} + u\frac{\partial u}{\partial x} + v\frac{\partial u}{\partial y} = -\frac{\rho}{x}\frac{\partial p}{\partial x} + v\frac{\partial^2 u}{\partial y^2}$$

($x$ die Richtung entlang des Körpers, $y$ die Richtung entlang der Normalen des umströmten Körpers, $u$ und $v$ die Strömungsgeschwindigkeit in $x$- bzw. $y$-Richtung, $\rho$ die Dichte der als inkompressibel angenommenen Flüssigkeit). Der Druck $p$ innerhalb der Grenzschicht soll nur von $x$ und $t$ abhängen. Die Grenzschichtgleichung folgt aus der ↗*Navier-Stokes-Gleichung.* Zusammen mit der Kontinuitätsgleichung bildet sie ein lösbares Gleichungssystem, mit dem die Strömungsgeschwindigkeit und der Druck innerhalb der Grenzschicht sowie die Lage der Grenzschichtablösung und des Grenzschichtumschlags (↗Umschlag) berechnet werden können. Benutzt man den Ansatz $\Psi = \sqrt{vxU}f(\eta)$ für die ↗*Stromfunktion*, so wird man auf die *Blasiussche Differentialgleichung* $ff'' + 2f''' = 0$ geführt, die durch Reihenentwicklung lösbar ist.

**Grenzschichtumschlag** ↗Umschlag.

**Grenzwiderstand,** der Wert des äußeren Wirkwiderstandes eines ↗Netzwerkes, bei dem der Übergang zwischen aperiodischem und schwingendem Verhalten bei ↗*Einschaltvorgängen* (bzw. *Ausschaltvorgängen*) stattfindet. (↗*aperidoscher Grenzfall*)

**Grenzwinkel** ↗Totalreflexion.

**Grenzzyklus,** eine einfache geschlossene Kurve im Zustandsraum eines *dissipativen ↗dynamischen Systems*, die periodisch in der Zeit durchlaufen wird. Er stellt einen einfachen ↗Attraktor dar (↗Poincaré-Bendixon-Theorem). Ein typischer Entstehungsmechanismus bei Variation eines Systemparameters ist die *↗Hopf-Bifurkation*, bei der er aus einem stabilen ↗Fixpunkt entsteht. Im ↗Poincaré-Schnitt erscheint er als stabiler Fixpunkt der zugehörigen ↗Poincaré-Abbildung.

**Gribow-Ambiguität,** die Aussage, daß die *↗Coulomb-Eichung* die Eichfreiheit trotz der naiven Erwartung nicht ganz eliminiert. Zu einem Vektorpotential $A_i = A_i^a T_a$, das $\nabla_i A_i^a = 0$ genügt, kann noch ein anderes, eichäquivalentes $A_i' = \Omega A_i \Omega^{-1} - \frac{i}{g}(\nabla_i \Omega)\Omega^{-1}$ gefunden werden, so daß $\nabla_i A_i^{a'} = 0$ auch erfüllt ist. Für die Eichgruppe SU(2) nimmt man

$$\Omega = \cos\frac{\omega(r)}{2} + i\sigma n \sin\frac{\omega(r)}{2}$$

mit $n_i = x_i / r$. Die Coulombsche Eichbedingung für die Eichtransformierte von 0 führt zu

$$\frac{d^2\omega}{dt^2} + \frac{d\omega}{dt} - \sin(2\omega) = 0$$

mit $t = \ln r$. Dies wird für unendlich viele $\omega(r)$ erfüllt. So ergeben sich unendlich viele Gribow-Kopien; daher ist die Coulomb-Eichung nicht vollständig.

**Griechische Physikalische Gesellschaft** ↗physikalische Gesellschaften und assoziierte Gesellschaften.

**Grimaldi,** *Francesco Maria*, italienischer Physiker, Mathematiker und Astronom, *2.4.1618 Bologna, †28.12.1663 Bologna; Jesuit, Professor in Bologna; entdeckte die Beugung des Lichts (prägte dafür die Bezeichnung »Diffraktion«) und stellte zu deren Erklärung eine Wellentheorie auf ; untersuchte die Zerlegung des Lichts in Spektralfarben; bekannt auch durch seine Beiträge zur Erforschung des Mondes; gab mit G.B. Riccioli eine Mondkarte heraus.

**Grobstrukturuntersuchung,** zerstörungsfreie Prüfung von Werkstücken auf das Vorhandensein von äußerlich nicht wahrnehmbaren, makroskopischen Lunkern oder Einschlüssen unter Verwendung von Röntgen- oder Gammastrahlen und auch Neutronenstrahlen.

**Grobtrieb,** mikroskopische Fokussiereinrichtung, mit der schnelle zeitliche und große räumliche Schritte entlang der optischen Achse möglich sind.

**Grobvakuum,** der Vakuumbereich zwischen Atmosphärendruck (1013hPa) und 100Pa (1mbar). In diesem Bereich werden viele industrielle Fertigungsschritte (z.B. Spannen, Halten, Sortieren, Imprägnieren) und auch die sog. *Vakuumverpackung* von Lebensmitteln durchgeführt.

**Gross,** *Jewgenij Fjodorowitsch*, sowjetischer Experimentalphysiker, *20.10.1897 Kolpino (bei St. Petersburg), †4.4.1972 Leningrad. Seit 1938 Professor an der Leningrader Universität, seit 1944 auch am dortigen physikalisch-technischen Institut der Akademie der Wissenschaften der UdSSR, seit 1964 auch am Akademie-Institut für Halbleiter; grundlegende Forschungsarbeiten zur Optik und Spektroskopie; entdeckte 1930 die Feinstruktur von rayleigh-gestreutem Licht in Kristallen und Flüssigkeiten (auf Grund der Streuung an Hyperschall-Wellen), die theoretisch von L.I. *↗Mandelstam* und L. *↗Brillouin* vorhergesagt worden waren; 1935 untersuchte er das Spektrum der niederfrequenten Streuung in Kristallen (*Gross-Frequenzen*); untersuchte elektronische Spektren von Metallen und bewies 1951 mit einer Analyse des Spektrums der Wannier-Mott-Exzitonen die Existenz der *↗Exzitonen*.

**Großdyn,** gelegentlich verwendetes Einheitenzeichen *Dyn*, alte Einheit der Kraft im MKS-System; identisch mit Newton: 1 Dyn = $10^5$ dyn = 1 N.

**Größe, 1)** *Astronomie*: die ↗Helligkeit eines Gestirns.

**2)** *Metrologie*: *physikalische Größe*, eine quantitative und qualitative Beschreibung von Einzelmerkmalen eines physikalischen Phänomens (z.B. eines Körpers, eines Vorgangs oder eines Zustands). Größen können Skalare, Vektoren oder Tensoren sein und beschreiben meßbare Eigenschaften. Man unterscheidet Größen mit unbestimmter Quantität (*allgemeine Größen*) und die Größen mit spezieller Quantität (*Größenwert*, im Bereich der Meßtechnik auch *Meßwert* genannt). Jeder spezielle Wert einer Größe läßt sich als Produkt ausdrücken:

$$\text{Größenwert} = \text{Zahlenwert} \cdot \text{Einheit}.$$

Beispiele sind $l = 5\,\mathrm{m}$ als spezieller Wert einer Länge, $I = 6\,\mathrm{A}$ als spezieller Wert einer Stromstärke oder $P = 100\,\mathrm{W}$ als spezieller Wert einer Leistung. Ein Beispiel für eine allgemeine Größe ist $\lambda \cdot 1\,\mathrm{V}$ mit $0 < \lambda < \infty$, und zwar die Größe elektrische Spannung mit dem Formelzeichen $U$. Eine Größe kann einen Sachbezug haben und sich von einer anderen nur durch den Sachbezug unterscheiden; solche zwei (allgemeinen) Größen haben dann dieselbe *↗Dimension*, gehören aber unterschiedlichen *Größenarten* an.

Der Größenwert ist invariant gegen einen Einheitenwechsel (*Einheiteninvarianz*).

**Größenart** ↗Dimension.

**Größenklassen,** in der Astronomie gebräuchliche Einheit für die ↗Helligkeit eines Gestirns.

**Großer Attraktor,** mutmaßlicher *Galaxiensuperhaufen* (*↗Superhaufen*) mit einer Gesamtmasse von etwa $5 \cdot 10^{16} M_{\odot}$, der sich in einer Entfernung von 50Mpc von der Milchstraße befinden soll. Anlaß für die Vermutung seiner Existenz waren Beobachtungen Mitte der 80er Jahre, wonach die Bewegung zahlreicher Galaxien, darunter auch die der ↗*Lokalen Gruppe*, systematisch von der allgemeinen ↗*Expansion* des Weltalls abweicht. Zurückgeführt wurde dies auf die Gravitationswirkung des Großen Attraktors. Dieser sollte sich in Richtung des galaktischen Äquators befinden, wo er wegen der starken ↗*Extinktion* der ↗*interstellaren Materie* nicht beobachtbar war. Erst 1996 wurde ein bereits bekannter Galaxienhaufen mit der Bezeichnung Abell 3627 als Teil des Großen Attraktors identifiziert. Abell 3627 besitzt eine Gesamtmasse von etwa $5 \cdot 10^{15} M_\odot$.

**Großerg,** (gelegentlich verwendetes) Einheitenzeichen *Erg*, alte Einheit der Energie im MKS-System, identisch mit Joule. $1\,\mathrm{Erg} = 10^7\,\mathrm{erg} = 1\,\mathrm{J}$.

**Große Vereinheitlichung,** die einheitliche Beschreibung aller vier Wechselwirkungsarten der Physik. Die entsprechende Feldtheorien sind die ↗GUTs.

**Großfeldokular,** ↗*Okular* mit großer ↗Sehfeldzahl, das einen großen Bereich des mikroskopischen ↗Zwischenbildes vergrößert. Voraussetzung für die Verwendung von Großfeldokularen ist eine Korrektur der sphärischen Aberrationen des Objektives.

**großkanonisches Ensemble,** *großkanonische Gesamtheit*, ↗Ensemble, ↗Gibbssche Statistik.

**großkanonisches Potential,** das thermodynamische Potential $J = J(T,V,\mu) = E - TS - \mu N = F - \mu N$ ($T$ absolute Temperatur, $S$ Entropie, $E$ Energie, $\mu$ chemisches Potential, $N$ Teilchenzahl, $V$ Volumen, $F$ freie Energie). Mit der freien Enthalpie $G = E - TS + pV$ folgt der Zusammenhang $J = -pV$.

**großkanonische Verteilung** ↗Gibbssche Statistik.

**Großkreis,** Schnittlinie einer Kugeloberfläche mit einer durch den Mittelpunkt der Kugel gelegten Ebene. Auf der Erde sind dies der Äquator sowie die Längengrade. Großkreise sind die kürzeste Verbindung zwischen zwei Punkten auf einer Kugeloberfläche.

**Gross-Neveu-Modelle,** Klasse $N$-komponentiger fermionischer Feldtheorien in $1+1$ Raum-Zeit-Dimensionen mit einer chiral invarianten Vier-Fermion-Wechselwirkung. Die Lagrange-Dichte hat die Form:

$$\mathcal{L} = \mathrm{i}\bar{\psi}_a \partial^\mu \gamma_\mu \psi_a + g[(\bar{\psi}_a \psi_a)^2 - (\bar{\psi}_a \gamma_5 \psi_a)^2]$$

$(a = 1 \ldots, N)$.

Die Eigenwerte und Eigenzustände des zugehörigen Hamilton-Operators lassen sich mit Hilfe des ↗*Bethe-Ansatzes* bestimmen. Die Modelle sind von besonderer Bedeutung, da sie nicht-triviale Renormierungsgruppeneigenschaften, ↗*asymptotische Freiheit* und dynamische Massenerzeugung besitzen. Die chirale Symmetrie ist ungebrochen, die massiven Teilchen besitzen keine ↗*Chiralität*.

**größter anzunehmender Unfall** ↗GAU.

**Groth,** *Wilhelm*, deutscher Physikochemiker, *9.1.1904 Hamburg, †20.2.1977 Bonn; ab 1945 Professor in Hamburg, seit 1950 in Bonn; Arbeiten zur Aeronomie, Photochemie, Gas- und Reaktionskinetik sowie zur Isotopentechnik; konstruierte Gas-Ultrazentrifugen für Zwecke der Isotopentrennung und Anreicherung von Spaltmaterial für Kernreaktoren.

**Grotrian-Diagramm,** ein Schema zur Darstellung der Energieterme eines Atoms. Als Beispiel zeigt die Abbildung das Grotrian-Diagramm des Natrium-Atoms. In vertikaler Richtung ist die Anregungsenergie aufgetragen, links in der Einheit eV, rechts als Wellenzahl $\tilde{\nu}$ in $\mathrm{cm}^{-1}$. In der Horizontalen sind die Energieniveaus nach aufsteigender Drehimpulsquantenzahl $L$ geordnet, die ↗Feinstruktur ist nicht immer aufgelöst. Wellenlängen optischer Übergänge sind in Angström angegeben. Die $D_1$- und $D_2$-Linien sind die beiden Feinstrukturkomponenten der orangefarbenen Natrium-D-Linie.

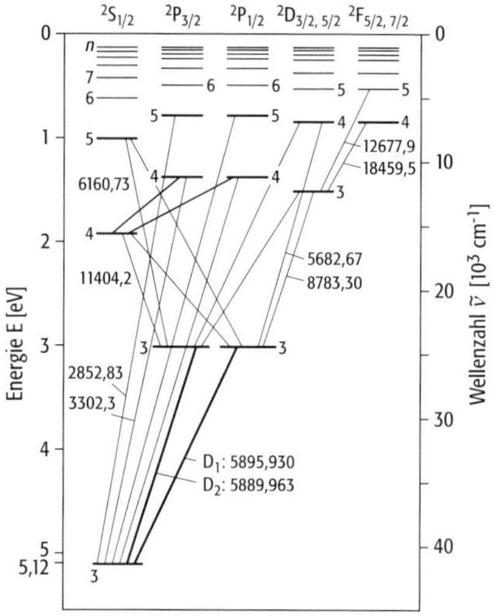

**Grotrian-Diagramm** des Natrium-Atoms.

**Grove,** Sir *William Robert*, britischer Physiker, *11.7.1811 Swansea (Wales), †1.8.1896 London; nach einem Studium der Rechtswissenschaften als Advokat und Richter tätig, außerdem 1841–46 Professor für Experimentalphysik in London; Arbeiten über Elektrolyse und Elektrochemie; erfand 1839 das elektrochemische *Grove-Element* und ein Gaselement, in dem Zink und Kupfer durch Wasserstoff bzw. Sauerstoff ersetzt waren; lieferte 1846 (durch Aufspaltung von Wasserdampf an erhitzten Platindrähten in Wasserstoff und Sauerstoff) einen experimentellen Nachweis für die Dissoziation.

**Grove-Element,** ein elektrochemisches Element mit einer in Salpetersäure tauchenden Anode aus Platin und einer in Schwefelsäure tauchenden Zink-Kathode, die durch einen Tonzylinder voneinander getrennt sind. Es liefert eine Spannung von 1,8–2 V.

**Grubenmann,** *Johann Ulrich*, schweizerischer Mineraloge, *15.4.1850 Trogen (Appenzell-Außerrhoden), †16.3.1924 Zürich; seit 1893 Professor in Zürich; unterschied verschiedene

Bereiche in der Erdkruste und begründete gemeinsam mit F. ↗Becke die Lehre von den Zonen in der Gesteinsmetamorphose.

**Grundeinheit** ↗Basiseinheit.

**Grundgitterabsorption,** *Interbandabsorption*, optische Absorption in Festkörpern infolge der Anregung der Valenzelektronen der Gitteratome. Sie setzt bei einer vom Material abhängigen Wellenlänge ein und erstreckt sich bei allen Materialien bis in den fernen ultavioletten Spektralbereich. Bei Metallen wird der Einsatz der Grundgitterabsorption vielfach von der Absorption durch freie Elektronen verdeckt. Bei Halbleitern und Isolatoren ist hingegen meist eine deutliche Absorptionskante im Absorptionsspektrum zu beobachten (siehe Abb.). Ursache der Grundgitterabsorption ist bei Halbleitern und Isolatoren die Anregung von Elektronen aus den Valenzbändern in Leitungsbänder, bei Metallen die Anregung von Elektronen aus dem Leitungsband und tieferen Bändern in höhere Leitungsbänder. Deshalb wird auch häufig von Interbandabsorption gesprochen ( ↗*Interbandübergänge*).

**Grundschwingung,** *erste Harmonische*, diejenige Teilschwingung eines periodischen Vorgangs mit der kleinsten Frequenz. ↗*Fourier* hat gezeigt, daß jeder Vorgang mit einer Periode $T$ aus harmonischen Schwingungen der Frequenz $1/T$ (Grundschwingung oder erste Harmonische) und ganzzahligen Vielfachen davon (*harmonische Oberschwingungen*, höhere Harmonische oder *Oberwellen*) zusammengesetzt werden kann (↗*Fourier-Analyse*). Dabei wird die Teilschwingung mit der doppelten Frequenz der Grundschwingung als zweite Harmonische bzw. erste Oberschwingung oder erste Oberwelle bezeichnet. Entsprechend sind die Bezeichnungen für die höherfrequenten Teilschwingungen. Im Falle von akustischen Schwingungen spricht man auch von *Obertönen*.

**Grundton,** in einem ↗*Klang* aus harmonischen Teiltönen der ↗*Teilton* mit der niedrigsten Frequenz. Teiltöne, deren Frequenz ein ganzzahliges Vielfaches der Frequenz des Grundtones beträgt (harmonische Teiltöne), werden als ↗*Obertöne* bezeichnet. Bei den ↗*Schallwellen* unterscheidet man entsprechend zwischen der ↗*Grundwelle* und einer zu jedem Oberton gehörenden ↗*Oberwelle*.
In einem obertonhaltigen Klang bestimmt der Grundton die ↗*Tonhöhe* und die Obertöne bestimmen die ↗*Klangfarbe*.

**Grundwasser,** unterirdisches Wasser, das die Hohlräume der Erdrinde zusammenhängend ausfüllt und dessen Bewegungsmöglichkeit ausschließlich von der Schwerkraft bestimmt wird. Der wassergesättigte Teil der Erdrinde wird als *Grundwasserleiter* oder *Aquifer* bezeichnet. Er wird nach unten meist durch eine wasserundurchlässige Schicht, den *Aquitard*, begrenzt. Das sich in den wasserungesättigten, oberflächennahen Bodenschichten befindende Wasser heißt ↗*Bodenwasser*. Je nach Art des geologischen Untergrundes und der damit verbundenen Größe und Ausbildung der Hohlräume der Erdrinde unterscheidet man Poren- und Kluftgrundwasser. Die Bildung von Grundwasser erfolgt über die Versickerung von ↗Niederschlägen (*natürliches* oder *echtes Grundwasser*) oder über die Versickerung von Oberflächenwasser bzw. Grundwasseranreicherung (*unechtes Grundwasser*). Die Strömung des Grundwasser ist abhängig von der Struktur der Bodenmatrix. In kleinkörnigen porösen Medien ist sie einer ↗*Darcy-Strömung* identisch. Die Verlagerungsgeschwindigkeiten (*Filtergeschwindigkeiten*) betragen für junges Grundwasser typischerweise 1 m/d, für älteres Grundwasser können sie nahezu beliebig klein werden.

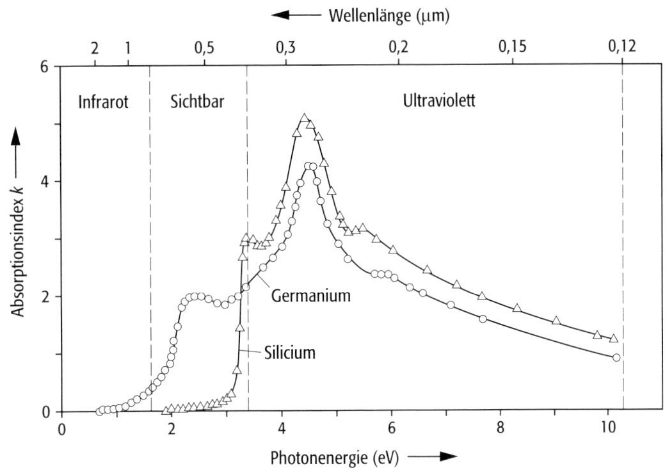


**Grundgitterabsorption:** Absorptionsverhalten von Germanium und Silicium im Bereich der Grundgitterabsorption. Deutlich sichtbar ist jeweils die Absorptionskante.

**Grundwelle** ↗Wellenoptik.

**Grundzustand,** stationärer Zustand eines quantenmechanischen Systems, z.B. eines Atoms oder eines Kerns, in dem das System die kleinste Energie hat. Unter Normalbedingungen befinden sich z.B. die Atome bevorzugt im Grundzustand. Beim Übergang zu angeregten Zuständen muß Anregungsenergie zugeführt werden (↗*Anregung*). Der Grundzustand quantisierter Felder wird meist als ↗*Vakuumzustand* bezeichnet.

**Grüneisen,** *Eduard*, deutscher Physiker, *26.5. 1877 Giebichenstein (Halle/Saale), †5.4.1949 Marburg; ab 1904 an der Physikalisch-Technischen Reichsanstalt in Berlin tätig, 1927–47 Professor in Marburg; Arbeiten zur Messung der Schallgeschwindigkeit und zur Physik der Festkörper, für die er eine thermodynamische Theorie aufstellte; veröffentlichte (unabhängig von F. ↗*Bloch*) 1930 den formelmäßigen Zusammenhang zwischen dem elektrischen Widerstand reiner Metalle und der Temperatur (*Grüneisen-Bloch-Widerstandsformel*, ↗*Bloch-Grüneisen-Gesetz*), 1946/49 Mitherausgeber der Annalen der Physik.

**Grüneisen-Beziehung,** Zusammenhang zwischen dem linearen Wärmeausdehnungskoeffizienten $\beta$ und der ↗*spezifischen Wärmeka-*

*pazität* des Festkörpers $c_V$. Das 1908 von E. ↗*Grüneisen* aufgestellte *Grüneisen-Gesetz* besagt, daß das Verhältnis $\beta/c_V$ unabhängig von der Temperatur ist. Die Grüneisen-Beziehung ergibt sich aus der Debyeschen Näherung der Gitterschwingungen und ist annähernd für einfache Kristallgitter gültig: $\beta/c_V = \gamma/K$. ($K = V\left(\frac{\partial p}{\partial V}\right)_T$: Kompressionsmodul, $V$: Volumen, $T$: absolute Temperatur, $p$: Druck, $\gamma = -\frac{V}{\theta}\frac{d\theta}{dV}$: *Grüneisen-Konstante* mit $\theta$: ↗*Debye-Temperatur*).

**Gruppe, 1)** *Chemie*: eine Zusammenfassung homologer chemischer Elemente, die im Periodensystem senkrecht untereinander stehen. Im allgemeinen unterscheidet man (nach der alten IUPAC-Empfehlung vor 1985) zwischen den *Hauptgruppen* (s- und p-Elemente) mit den Gruppennummern Ia bis VIIIa und den *Nebengruppen* der Übergangselemente (d-Elemente) mit den Gruppennummern Ib bis VIIIb und der inneren Übergangselemente (f-Elemente). Nach einer neuen Empfehlung der IUPAC (1985) werden die Gruppen des Langperiodensystems (ohne die inneren Übergangselemente) von 1 bis 18 durchnumeriert. Die Einteilung in Haupt- und Nebengruppen entfällt dann. Nach einem Vorschlag von F. Seel erhalten die inneren Übergangselemente die Gruppennummern 19 bis 32 (32-Gruppensystem).

**2)** *Mathematik*: eine Menge $G$, die folgenden Forderungen genügt:

a) Für jedes Paar von Elementen $x, y \in G$ ist eine *Verknüpfung* $\circ$ erklärt, deren Ergebnis $x \circ y$ in $G$ enthalten ist.

b) Die Verknüpfung ist *assoziativ*, d.h., $(x \circ y) \circ z = x \circ (y \circ z)$.

c) Es existiert stets ein *Einselement* $e \in G$, so daß für alle $x \in G$ gilt $e \circ x = x \circ e = x$.

d) Jedes Element $x \in G$ hat ein *inverses Element* $x^{-1} \in G$, so daß gilt $x \circ x^{-1} = e$ oder $x^{-1} \circ x = e$.

Im allgemeinen gilt für die Verknüpfung nicht das Kommutativgesetz, d.h. $y \circ x \neq y \circ x$. Eine Gruppe $A$, in der $x \circ y = y \circ x$ für alle $x, y \in A$ gilt, heißt *abelsche Gruppen*. In jeder endlichen Gruppe gibt ihre *Ordnung* die Anzahl ihrer Elemente an.

*Zuordnungen von Gruppen*: Eine Gruppe $G$ wird in eine Gruppe $G'$ *homomorph* abgebildet, wenn bei dieser Abbildung die Gruppenoperation erhalten bleibt, d.h., wenn aus $x$, $y \in G$ und $x'$, $y' \in G'$ folgt $(x \circ y)' = x' \circ y'$. Die Menge aller Elemente von $G$, die in das Einselement $e'$ der Gruppe $G'$ abgebildet wird, nennt man den *Kern des Homomorphismus*; er ist ein *Normalteiler* der Gruppe $G$ (s.u.). Ist die Abbildung von $G$ in $G'$ umkehrbar eindeutig, so spricht man von einem *Isomorphismus*. Ein spezieller, der *natürliche Isomorphismus*, besteht zwischen der Gruppe $G'$, auf die $G$ homomorph abgebildet wird, und der *Faktorgruppe* $G/N$. Spezialfälle der Isomorphismen sind die *Automorphismen*, bei denen isomorphe Abbildungen der Gruppe auf sich selbst betrachtet werden.

*Untergruppe, Klasse, Restklasse*: Eine Gruppe $G' \subseteq G$ heißt *Untergruppe* von $G$, wenn $G'$ eine Gruppe ist. Das Einselement $e \in G$ und $G$ selbst werden als uneigentliche oder triviale Untergruppe bezeichnet, alle anderen Untergruppen heißen echte Untergruppen. Die wichtigsten Untergruppen sind die *invarianten Untergruppen* oder *Normalteiler* $G'$, die für alle $x \in G$ die Eigenschaft $xG'x^{-1} = G'$ haben. Eine *einfache Gruppe* enthält keinen Normalteiler im Sinne einer echten Untergruppe.

Mit Hilfe der Untergruppen kann man Zerlegungen der vorgegebenen Gruppen definieren. Ist $G'$ eine Untergruppe von $G$, so erhält man die Zerlegung von $G$ nach $G'$ in *linksseitige Rest-* oder *Nebenklassen*, indem man die Mengen $G'$, $x_1 \circ G'$, $x_2 \circ G' \ldots, x_n \circ G'$, ... bildet und dabei die $x_i$ so auswählt, daß sie nicht in $G'$ und auch nicht in $x_j \circ G'$ für $i > j$ enthalten sind. Analog werden die rechtsseitigen Nebenklassen gebildet, indem man die Elemente von $G'$ von rechts mit entsprechenden Elementen $y_k$ multipliziert. Die Nebenklassen sind, abgesehen von $G'$, keine Untergruppen. Nebenklassen einer Zerlegung haben nach ihrer Bildungsvorschrift keine gemeinsamen Elemente. Die Mächtigkeit jeder Nebenklasse ist der Mächtigkeit der Untergruppe $G'$ gleich. Ist $G$ eine endliche Gruppe der Ordnung $n$ und hat $G'$ die Ordnung $n'$, so ist $n'$ Teiler von $n$, und es ist $n/n' = m$, wenn $m$ die Anzahl der betreffenden Nebenklassen ist; $m$ nennt man auch den *Index der Untergruppe* $G'$. Offensichtlich können Gruppen, deren Ordnung gleich einer Primzahl ist, keine nichttrivialen Untergruppen haben. Ist die Untergruppe $G'$ Normalteiler, dann fallen die rechtsseitigen Nebenklassen mit den linksseitigen zusammen. Die Nebenklassen bilden dann selbst eine Gruppe, die als *Faktorgruppe* $G/G'$ bezeichnet wird; offenbar hat die Faktorgruppe die Ordnung $m$. Eine weitere *Klasseneinteilung* gewinnt man, wenn man die Elemente jeweils zusammenfaßt, die im folgenden Sinne zueinander *äquivalent* (man sagt auch *konjugiert*) sind: $x$ ist äquivalent zu $y$, $x \sim y$, wenn ein Element $z \in G$ existiert, so daß $x = z \circ y \circ z^{-1}$ ist. Offenbar sind dadurch die drei Bedingungen einer echten *Äquivalenzrelation* erfüllt, denn 1) gilt $x \sim x$, 2) aus $x \sim y$ folgt $y \sim x$ und 3) aus $x \sim y$ und $y \sim z$ folgt $x \sim z$. Alle Elemente, die zueinander äquivalent sind, gehören zur selben Klasse. Die Klassen sind elementfremd. Ist $x \in G$, so ist $GxG^{-1}$ die zu $x$ gehörige Klasse. Offenbar besteht die Klasse des Einselements nur aus diesem selbst. Bei abelschen Gruppen bildet jedes Element eine Klasse. Schließlich ist die Anzahl der Elemente einer Klasse Teiler der Ordnung der Gruppe.

Eine Gruppe von Matrizen, zu der eine vorgegebene Gruppe homomorph ist, heißt ↗*Darstellung einer Gruppe*.

In der *Physik* dient die Gruppentheorie als wichtiges Hilfsmittel zur Beschreibung der Symmetrien und der daraus folgenden Invarianzen, die auf die Eigenschaften der Wechselwirkungen physikalischer Systeme und deren besondere Struktur bzw. Anordnung zurückgeführt werden können. Jeder derartigen Symmetrie entspricht eine endliche oder unendliche Menge von *Symmetrietransformationen*, d.h. Bewegungen, Verschiebungen oder Drehungen um endliche oder infinitesimale Strecken bzw. Winkel in Raum und Zeit oder auch allgemeiner definierten mathematischen Räumen, die eine diskrete oder stetige Transformationsgruppe bilden, d.h. 1) hintereinander ausgeführte, zur gleichen Symmetrie gehörenden Transformationen bilden wieder eine zulässige Symmetrietransformation, 2) eine Symmetrietransformation kann rückgängig gemacht werden (mittels der jeweils inversen Transformation) usw. Das Studium der physikalischen Symmetrien kann daher durch das Studium der zugehörigen Transformationsgruppen ersetzt werden; ferner müssen die Lösungen der die physikalischen Systeme beschreibenden Grundgleichungen, die diese System widerspiegeln, spezielle Darstellungen der zugehörigen Gruppe sein, wodurch sich die große Wichtigkeit der *Darstellungstheorie* für die Physik erklärt.

**Gruppengeschwindigkeit,** $v_g$, die Geschwindigkeit, mit welcher sich der Schwerpunkt eines ↗*Wellenpakets* fortbewegt. Im allgemeinen ist die Ausbreitungsgeschwindigkeit $v_p$ (Phasengeschwindigkeit) der einzelnen Teilwellen des Wellenpakets nicht konstant, sondern hängt von ihrer Frequenz $\omega$ bzw. ihrem Wellenzahlvektor $k$ ab ($v_p = \omega/k$) (man spricht dann von ↗*Dispersion*). Die Gruppengeschwindigkeit kann mit Hilfe der Rayleighschen Beziehung

$$v_g = \left.\frac{d\omega(k)}{dk}\right|_{k=k(0)} = v_{p_0} - \lambda_0 \left.\frac{dv_p}{d\lambda}\right|_{\lambda=\lambda(0)}$$

berechnet werden ($k_0$: mittlerer Wellenzahlvektor des Wellenpakets; $\lambda_0$, $v_{p0}$: dazugehörige Wellenlänge und Phasengeschwindigkeit). $v_g$ ist gleich $v_p$, wenn $v_p$ unabhängig von der Wellenlänge ist, also keine Dispersion vorliegt. Obiger Ausdruck gilt für jede Art von Wellenausbreitung, etwa von ↗*Wasserwellen*, ↗*elastischen Wellen*, ↗*Licht* und *Materiewellen* (↗*De-Broglie-Wellen*) oder ↗*Spinwellen*. Die Gruppengeschwindigkeit repräsentiert diejenige Geschwindigkeit, mit der Energie oder Informationen transportiert werden können.

In der Wellentheorie der Materie steht die Gruppengeschwindigkeit für die Teilchengeschwindigkeit der Korpuskeln. Hier besteht folgender Zusammenhang mit der ↗*Vakuumlichtgeschwindigkeit c*: $v_p = c^2/v_g$. Die Gruppengeschwindigkeit muß nach der ↗*Speziellen Relativitätstheorie* stets kleiner oder gleich $c$ sein, d.h. die Phasengeschwindigkeit ist größer oder gleich $c$. Dies ist jedoch kein Widerspruch mit der Relativitätstheorie, da sich mit der Phasengeschwindigkeit keine Energie ausbreitet.

In der *Optik* spielt die Gruppengeschwindigkeit eine wichtige Rolle u.a. bei der Betrachtung ultrakurzer Laser-Pulse von einigen Femtosekunden Dauer ($10^{-15}$s), deren spektrale Breite sich durch *Fourier-Transformation* ergibt. Bei Durchtritt durch ein optisches Bauteil, z.B. Prisma, kommt es aufgrund der Dispersion der Gruppengeschwindigkeit zu einer Verlängerung und spektralen Separierung des Wellenzuges.

In der *Festkörperphysik* ist bei ↗*Spinwellen* in Materialien mit ↗*antiferromagnetischer Ordnung* der Spins (↗*antiferromagnetische Magnonen*) im langwelligen Bereich die Gruppengeschwindigkeit gleich der Phasengeschwindigkeit. Die mittlere Geschwindigkeit eines ↗*Kristallelektrons* ist die Gruppengeschwindigkeit der ↗*Elektronenwelle*.

**Gruppentheorie,** die Lehre von der Struktur und den Darstellungen von ↗Gruppen. (↗Darstellung einer Gruppe)

**GSE,** *Gaußsches symplektisches Ensemble*, ↗Gaußsche Ensembles.

**GSF-Forschungszentrum für Umwelt und Gesundheit,** *GSF*, früher *Gesellschaft für Strahlen- und Umweltforschung*, eine 1964 gegründete Großforschungseinrichtung (↗*Hermann von Helmholtz-Gemeinschaft Deutscher Forschungszentren, HGF*) in Trägerschaft der Bundesrepublik Deutschland und des Freistaats Bayern; Sitz Neuherberg bei München. Das GSF beschäftigt ca. 1600 Mitarbeiter und hat einen Etat von rund 200 Mio.DM. Arbeitsschwerpunkt ist der Schutz des Menschen und der Umwelt vor schädigenden Einflüssen sowie die Verbesserung des Umweltschutzes und der Gesundheitsversorgung. Forschungen betreffen u.a. die Gebiete Expositions- und Prozeßanalysen in Umweltbereichen, Wirkungsketten in Ökosystemen, Wirkungsmechanismen von Chemikalien und Strahlung in Zellen, Gesundheitsrisiken durch interne und externe Exposition und Grundlagen zur Verbesserung von Diagnose- und Therapieverfahren.

**GSI,** ↗Gesellschaft für Schwerionenforschung, ↗Beschleuniger

**G-Sterne,** Stern der ↗*Spektralklasse* G mit Maximum im gelben Spektralbereich, zu der auch die ↗*Sonne* gehört. Hauptreihensterne (↗*Zwergsterne*) vom Spektraltyp G haben Oberflächentemperaturen von 5000K bis 6050K und als ↗*Riesensterne* Temperaturen von 4600K bis 5600K (↗*Hertzsprung-Russell-Diagramm*). Die kühlsten ↗*Überriesen* vom Spektraltyp G besitzen Oberflächentemperaturen von etwa 4200K. Die Massen von G-Zwergen betragen etwa 0,8 bis 1,1 Sonnenmassen. Ein kleiner Teil der G-Riesen hat eine so ungewöhnliche Zusammensetzung, daß man solche Sterne als ↗*Barium-Sterne* klassifiziert. Alle G-Sterne rotieren langsam (sofern sie nicht Komponenten eines kurzperiodischen Doppelsternsystems sind).

**g-Tensor,** verallgemeinerte Form des ↗*g-Faktors* in anisotropen Medien. Der g-Tensor kann in Einkristallen durch Aufnahme von Spektren entlang der Hauptachsen des Kristalls (↗*Kristallachsen*) bestimmt werden, in polykristallinen oder amorphen Medien beobachtet man dagegen normalerweise ein sogenanntes *Pulverspektrum.*

**GTO-Thyristor,** *abschaltbarer Thyristor, Gate-Turn-Off-Thyristor,* ein ↗*Thyristor,* der über das Gate abgeschaltet wird.

**Gudden,** *Bernhard Friedrich Adolf,* deutscher Physiker, *14.3.1892 Pützchen (heute zu Bonn), †3.8.1945 Prag; Professor in Erlangen und Prag; Arbeiten über Photochemie, Photoelektrizität und Halbleiter.

**GUE,** *Gaußsches unitäres Ensemble,* ↗Gaußsche Ensembles.

**Guericke**, *Otto* von

**Guericke,** *Otto* von, auch: *Gericke,* deutscher Ingenieur und Physiker, *20.11.1602 (alten Stils) Magdeburg, †11.5.1686 (alten Stils) Hamburg; studierte Jura und Naturwissenschaften; ab 1632 Oberingenieur in Erfurt; ab 1646 Bürgermeister in Magdeburg; zog 1681 nach Hamburg; einer der Begründer der modernen Naturwissenschaften, der seine Forschungen aus Liebhaberei betrieb; erfand um 1650 die Luftpumpe und 1664 das Manometer; erkannte die Stofflichkeit der Luft und bestimmte ihr Gewicht und ihre Wärmeausdehnung; bemerkte die Abnahme der Luftdichte mit zunehmender Höhe; zeigte (vermutlich 1654 auf dem Reichstag zu Regensburg) in einem berühmten Schauversuch durch seine leergepumpten »Magdeburger Halbkugeln« das Vorhandensein und die Größe des Luftdrucks; konstruierte das erste Barometer (10m hohes Wasserbarometer), bewies die Abhängigkeit des Wetters vom Luftdruck und sagte aufgrund eines von ihm beobachteten starken Luftdruckabfalls für den Dezember 1660 ein starkes Unwetter richtig voraus; führte Schallversuche in evakuierten und lufterfüllten Räumen durch; erfand ferner ein Luftgewehr, bemerkte die elektrische Abstoßung, Leitfähigkeit und Influenz.

**Guerin-Teilung** ↗Saturnringe.

**Guggenheim-Daviessche Gleichung** ↗Güntelbergsche Gleichung.

**Guggenheim-Schema,** *Guggenheim-Quadrat,* Merkschema für die funktionale Abhängigkeit der thermodynamischen Potentiale *U* (innere Energie), *F* (freie Energie), *H* (Enthalpie), *G* (freie Enthalpie) von ihren Variablen und den Ableitungen nach einer ihrer Variablen, das als Quadrat angeordnet ist (Abb.).

(Man kann sich diese Anordnung auch durch den folgenden Spruch im schlechten Deutsch merken: »SUV Hilft Fysikern pei Großen Taten.«)

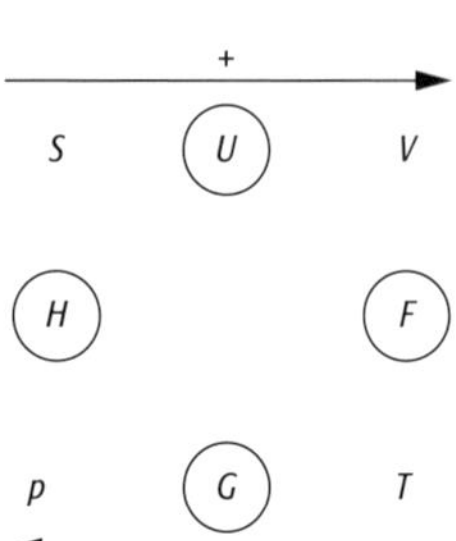


**Guggenheim-Schema**

Den Kanten dieses Quadrates ist jeweils ein thermodynamisches Potential zugeordnet, den zugehörigen Ecken entsprechend ihre Variablen. Die Ableitung nach einer der an ihren Ecken befindlichen Variablen ist gleich der diagonal entgegengesetzten Größe, wobei eine sich links befindliche Zielgröße ein negatives Vorzeichen erhält, eine sich rechts befindliche ein positives Vorzeichen. Bei der Ableitung wird die jeweils andere Variable konstant gehalten.

Beispiel: Die freie Enthalpie *G* hängt als thermodynamisches Potential vom Druck *p* und der absoluten Temperatur *T* ab: $G = G(p,T)$. Für die Ableitung nach *T* entnimmt man dem Schema als Ergebnis *S* mit negativem Vorzeichen, somit ist: $\left(\frac{\partial G}{\partial T}\right)_p = -S.$

**Guillaume**, *Charles Édouard*

**Guillaume,** *Charles Édouard,* französisch-schweizerischer Physiker, *15.2.1861 Fleurier (Kanton Neuenburg), †13.6.1938 Sèvres; ab 1883 Mitarbeiter (1915–36 Direktor) des Bureau International des Poids et Mesures in Sèvres bei Paris; besonders verdient um die Entwicklung und exakte Bestimmung der internationalen Maße und Gewichte und die Herstellung geeigneter Vergleichsmaße (Prototypen), z.B der standardisierten »nationalen Meter« (1889); erhielt 1920 den Nobelpreis für Physik für seine Entdeckung der Anomalien von Nickel-Eisen-Legierungen und die Erfindung des ↗*Invars.*

**Guinier-Preston-Zone,** in Metall-Legierungen durch Entmischungsvorgänge entstehende Bereiche, in welchen sich die übersättigten Atome eines Legierungselements zu stäbchen- oder plättchenförmigen Aggregaten zusammenlagern. Solche Vorgänge sind Ursache für ein Ansteigen der Härte und der Sprödigkeit mancher Legierungen bei Temperaturbehandlung oder beim Altern.

**gu-Kern,** Kern mit gerader Protonenzahl und ungerader Neutronenzahl (z.B. ${}^{61}_{28}Ni_{33}$ oder ${}^{117}_{50}Sn_{67}$). Diese Kerne sind weniger stabil als ↗*gg-Kerne,* insgesamt sind 55 der bekannten 276 stabilen Isotope gu-Kerne.

**Gummi,** Bezeichnung für *vulkanisierten Kautschuk,* ↗Elastomere.

**Gummielastizität** ↗Elastomere.

**Gunn-Diode,** *Gunn-Oszillator, Gunn-Element,* Bauelement aus GaAs zur Erzeugung von Schwingungen im Mikrowellengebiet. Die Funktionsweise der Gunn-Diode basiert auf Schwingungen, die den ↗*Gunn-Effekt* (Auftreten zweier Leitungsbandminima) begleiten können. Wird an ein GaAs-Stäbchen eine geringe Spannung angelegt, so wird der Strom nur durch die leichten Elektronen des niedrigeren Energiemimimums getragen. Wird die Spannung so weit erhöht, daß die Energie der Elektronen ausreicht, das höhere Minimum zu erreichen, so werden aus den leichten schwere Elektronen mit geringerer ↗*Beweglichkeit* $\mu$, die entsprechend langsamer driften. Da geringeres $\mu$ eine kleinere Leitfähigkeit bedeutet, fällt im Bereich der schweren Elektronen der größte Teil der anliegenden Spannung ab. Es bildet sich eine *Hochfelddomäne* aus, in der sich immer mehr schwere Elektronen ansammeln, und der Strom nimmt in der Aufbauphase ab. Die Domäne bewegt sich, durch das restliche elektrische Feld getrieben, durch das Stäbchen, und es fließt ein niedriger Strom. Am Ende angekommen, verschwindet die Domäne unter Stromanstieg. Anschließend bildet sich erneut eine Domäne aus, so daß periodische Stromimpulse entstehen. Bei noch höherer Spannung können auch mehrere Domänen auftreten. Mit Gunn-Dioden werden *Mikrowellengeneratoren* mit Frequenzen von 10–30GHz und Leistungen von 10–500mW hergestellt.

**Gunn-Effekt,** eine mit der Interbandstreuung heißer Ladungträger verknüpfte Transporterscheinung in Halbleitern (↗*Halbleiterphysik*). Wenn die Energie der Ladungsträger ausreicht, um die Ladungsträger in die unteren Zustände eines energetisch höher gelegenen Bandes zu bringen, wozu außerdem aus Gründen der Impulserhaltung Streuung an ↗*Phononen* erforderlich ist, und wenn dort die Beweglichkeit infolge einer größeren ↗*effektiven Masse* wesentlich geringer als bei der energetisch tiefer gelegenen Bandkante ist, so kann diese Umverteilung der Ladungsträger auf die Umgebungen der verschiedenen Bandkanten zur Verringerung der elektrischen Leitfähigkeit führen. Oberhalb eines kritischen Wertes der elektrischen Feldstärke kann dadurch ein Gebiet *negativer differentieller Leitfähigkeit* auftreten, das instabil ist.

Außer einem genügend großen Verhältnis der effektiven Massen von oberem und unterem Band muß der energetische Abstand $\Delta$ der betreffenden Bandkanten in einem bestimmten Bereich liegen.

Außer n-GaAs, an dem der Gunn-Effekt entdeckt wurde (↗*Gunn-Diode*), können noch an einer Reihe weiterer Stoffe, die den obengenannten Bedingungen genügen, durch die ↗*Beweglichkeit* bedingte Instabilitäten beobachtet werden. Dazu gehören beispielsweise n-Ge (bei Temperaturen unter 150K), InP und Mischkristalle vom Typ $GaAs_{1-x}P_x$ oder $In_xGa_{1-x}Sb$, bei denen die energetischen Abstände der Bandkanten durch Variation der Zusammensetzung $x$ geeignet gewählt werden können. Die geforderten Bandeigenschaften können auch gezielt durch uniaxialen Druck erzeugt werden, wenn man dabei sonst miteinander entartete Bandkanten, beispielsweise Valenzbänder im p-Ge oder die Täler in äquivalenten Punkten der ↗*Brillouin-Zone* wie im n-Ge, energetisch aufspaltet.

**Gunn-Oszillator** ↗Gunn-Diode.

**Güntelbergsche Gleichung,** eine parameterfreie Näherungsformel für den ↗*Aktivitätskoeffizienten f* eines Elektrolyten:

$$\ln f = az_+z_-\frac{\sqrt{I}}{(1+\sqrt{I})}$$

mit $a = \sqrt{2\pi N_A\rho_0}\left(e^2/\varepsilon k_B T\right)^{3/2}$

($z_\pm$: Ladung der Kationen bzw. Anionen, $I$: Ionenstärke, $N_A$: Avogadro-Konstante, $\rho_0$, $\varepsilon$: Dichte und Dielektrizitätskonstante des Lösungsmittels, $e$: Elementarladung, $k_B$: Boltzmann-Konstante, $T$: absolute Temperatur). Die Gleichung gilt für Werte von $I\lesssim 0{,}1$. Der ↗*mittlere Aktivitätskoeffizient* $(f)^\nu$ kann mit der *Guggenheim-Daviesschen Gleichung* abgeschätzt werden:

$$\ln(f)^\nu = az_+z_-\frac{\sqrt{I}}{(1+\sqrt{I})} + 0,23\cdot z_+z_- .$$

**Gupta-Bleuler-Formalismus,** Quantisierungsschema in *Eichfeldtheorien*, bei dem Nebenbedingungen wie das Gaußsche Gesetz als eine Bedingung für den Zustandsvektor im ↗*Hilbert-Raum* der Feldkonfigurationen gestellt sind. In den Eichfeldtheorien heben sich die Beiträge der nichtphysikalische Freiheitsgrade des Vektorpotentials (skalare und longitudinale) zum Propagator gegenseitig auf. Der große Vorteil dieser Methode ist ihre explizite Lorentz-Kovarianz. Ein Nachteil ist, daß ↗*Geisterfelder* (unphysikalische Zustände mit negativer Norm) auch propagieren. Diese werden erst durch die Bedingung $k^\mu a_\mu|\Psi\rangle = 0$ entfernt.

**Gustav-Hertz-Preis** ↗Preise.

**GUT,** *Grand Unified Theory*, *Große Vereinheitlichte Theorie*, Sammelbegriff für Theorien, die die elektromagnetische, schwache und starke Wechselwirkung von ↗*Elementarteilchen* durch ein einziges Grundprinzip zu beschreiben versuchen. Theorien, die auch noch die Gravitation mit einbeziehen, fallen unter die Bezeichnung *Theorie für alles* (engl. *Theory of Everything, TOE*). Man erhofft sich durch eine solche GUT, die phänomenologischen Unterschiede zwischen den Wechselwirkungen besser verstehen und eine fundamentale Erklärung der verschiedenen Kopplungskonstanten finden zu können. Damit würde sich evtl. auch die Zahl der nur experimentell bestimmbaren Parameter des ↗*Standardmodells* reduzieren. Die Suche nach einer vereinheitlichten Theorie wird vor allem durch die Tatsache motiviert, daß die energieabhängigen Kopplungs-»Konstanten« der drei Wechselwirkungen bei zunehmend höherer Energie konvergieren, um schließlich bei einer sehr hohen Energie $M_X \sim 10^{15}$GeV, der *GUT-Skala*, zusammenzulaufen. Die GUT-Skala liegt leider weit jenseits der experimentellen Möglichkeiten; trotzdem gibt es einen Test für GUT-Modelle, nämlich den von ihnen vorhergesagten und im Labor möglicherweise meßbaren ↗*Protonzerfall*. Die untere experimentelle Schranke liegt hierfür derzeit bei $\Gamma^{-1}(p\to e^+ + \pi^0) = 6\cdot 10^{31}$a. GUT-Modelle gruppieren generell Quarks und Leptonen in ein gemeinsames Multiplett, so daß Übergänge zwischen ihnen und damit ein Zerfall des im Standardmodell stabilen Protons möglich sind. Die quantitativen Voraussagen zum Protonzerfall bilden das entscheidende Unter-

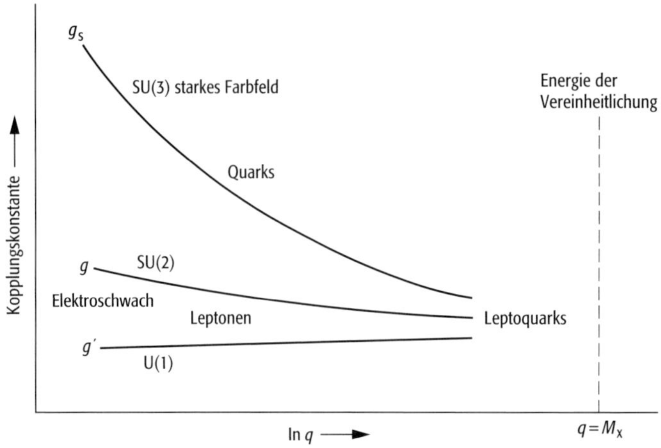


**GUT:** Die laufenden Kopplungskonstanten $g$, $g'$ und $g_s$ der elektroschwachen und starken Wechselwirkung scheinen bei hohen Energien gegen einen gemeinsamen Wert von etwa $q \sim 10^{15}$GeV zu »konvergieren« ($q^2$: Impulsübertrag).

scheidungsmerkmal verschiedener GUT-Modelle.

Die Wechselwirkungen des Standardmodells lassen sich aus der Symmetrie unter bestimmten Eichtransformationen, sog. ↗*Eichsymmetrien*, ableiten, z.B. die starke Wechselwirkung aus einer SU(3)-Eichsymmetrie. Elektromagnetische und schwache Wechselwirkung ergeben sich zusammen als elektroschwache Wechselwirkung im Rahmen des GWS-Modells (↗*Glashow-Weinberg-Salam-Modell*) aus einer SU(2)×U(1)-Eichsymmetrie, die als direktes Produkt mit getrennten Eichtransformationen und Kopplungskonstanten und somit nicht als echte vereinigte Theorie aufzufassen ist. Die Suche nach einer GUT hat vielmehr die Konstruktion einer *einfachen* Eichgruppe $G_{GUT}$ zum Ziel, die nicht das direkte Produkt der Eichgruppen des Standardmodells ist, sondern dieses als Untergruppe enthält, also $G_{GUT} \supset SU(3) \otimes SU(2) \otimes U(1)$.

Die kleinste Gruppe dieser Art, die eine saubere Darstellung der Fermionen des Standardmodells mit den korrekten Quantenzahlen erlaubt, ist die ↗*SU(5)*. Zudem ist die SU(5)-Theorie frei von Anomalien, gibt einen vernünftigen Wert für den ↗*Weinberg-Winkel* und läßt sich durch den ↗*Higgs-Mechanismus* auf das Standardmodell brechen.

Obwohl die SU(5)-Theorie also ein attraktives Modell für eine GUT ist, spricht ihre vorhergesagte Proton-Lebensdauer von $\Gamma^{-1}(p \rightarrow e^+ + \pi^0) = 4{,}5 \cdot 10^{29 \pm 1{,}7}$a gegen sie. Außerdem wird die Anzahl der freien Parameter gegenüber dem Standardmodell sogar noch vergrößert, obwohl man sich von einer fundamentalen, vereinheitlichten Theorie eine Reduktion erhofft. Modelle mit größeren Eichgruppen (SO(10), $E_6$) enthalten noch mehr freie Parameter, so daß quantitative Vorhersagen nahezu unmöglich sind. Schließlich haben nicht nur die SU(5)-Theorie, sondern nahezu alle GUT-Modelle, mit dem ↗*Hierarchie-Problem* zu kämpfen: Um das sehr kleine Verhältnis der beiden Massenskalen $M_W$ (Standardmodell) und $M_X$ (GUT) nicht zu zerstören, müssen die Modellparameter der Higgs-Bosonen, welche die beiden Skalen zu vermischen drohen, in jeder Ordnung der Störungsreihe extrem genau abgestimmt werden – eine Eigenschaft, die man sich ebenfalls bei einer fundamentalen Theorie nicht wünscht.

Die Vorhersage der SU(5)-Theorie zum Protonzerfall wird verbessert, wenn man sie *supersymmetrisch* formuliert. ↗*Supersymmetrie* ist eine Symmetrie zwischen Bosonen und Fermionen und hat zur Folge, daß in allen supersymmetrischen Theorien jedes Fermion einen bosonischen Super-Partner und umgekehrt besitzt. Da sich die bekannten Elementarteilchen nicht auf diese Weise einander zuordnen lassen, besitzen supersymmetrische GUT-Theorien mindestens doppelt so viele Teilchen wie die jeweiligen nicht-supersymmetrischen Versionen. Die Erweiterung des Teilchenspektrums verschiebt nun die GUT-Skala zu noch größeren Energien hin, und damit verschiebt sich auch die Protonlebensdauer, die proportional zur vierten Potenz der GUT-Skala $M_X$ ist, zu experimentell nicht ausgeschlossenen Werten.

Supersymmetrische Theorien besitzen zwei weitere Vorteile: zum einen beschreiben sie, wenn die Supersymmetrie *lokal* formuliert wird, automatisch auch die Gravitation (↗*Supergravitation*) und eignen sich daher für die Vereinigung *aller* Wechselwirkungen, zum anderen reduzieren sie eine Reihe der quantenfeldtheoretischen ↗*Divergenzen*, allerdings leider gerade nicht die, die mit der Quantisierung der Gravitation verknüpft sind. Dieses Problem lösen erst *Superstring-Theorien*, die Elementarteilchen nicht länger als punktförmige Objekte, sondern als eindimensionale »Fäden« auffassen. Die Suche nach einer fundamentalen ↗*String-Theorie* gehört deshalb zu den stärksten Aktivitäten der theoretischen Elementarteilchenphysik. [UK]

**Güte,** eine dimensionslose Größe, welche die ↗*Dämpfung* und damit die Schärfe der Resonanzen in einem schwingungsfähigen System im ↗*Schwingfall* beschreibt. Die Güte $Q$ ist definiert gemäß

$$Q = 2\pi \frac{W(t)}{W(t) - W(t+T)}$$

($T$: Periodendauer, $W(t)$: Energie des Systems zum Zeitpunkt $t$). Da die Energie einer Schwingung dem Quadrat der Amplitude $A$ proportional ist, gilt auch

$$Q = 2\pi \frac{A^2(t)}{A^2(t) - A^2(t+T)} = \frac{1}{1 - e^{2\Lambda}}$$

($\Lambda$: logarithmisches Dekrement).

Der reziproke Wert von $Q$ wird als *Verlustfaktor* bezeichnet: $d = 1/Q$. Gedämpfte freie Schwingungen klingen um so langsamer ab, je größer die Güte des schwingenden Systems ist. Je größer die Güte ist, desto schärfer verläuft die Resonanzkurve. Für die *Bandbreite* (auch *Resonanzbreite* genannt) gilt: $\Delta f = f_0/Q$ ($f_0$: Resonanzfrequenz).

Die Güte wird insbesondere zur Charakterisierung von elektrischen ↗*Schwingkreisen* und elektrischen und optischen ↗*Resonatoren* benutzt.

**gute Akustik,** populärer, aber unscharfer Begriff für eine deutlich wahrnehmbare angenehme akustische Umgebung (↗Hörsamkeit). Sie herzustellen, ist ein Problem der ↗Raumakustik.

**Gütegrad** thermodynamischer ↗Wirkungsgrad.

**Gutenberg,** *Beno*, deutsch-amerikanischer Geophysiker, *4.6.1889 Darmstadt, †25.1.1960 Los Angeles (Calif.); ab 1926 Professor in Frankfurt a.M., 1930–57 am California Institute of Technology in Pasadena (Calif.), 1936 naturalisiert; bahnbrechende Arbeiten zur modernen Erdbebenforschung (↗*Seismologie*); postulierte 1913 die Existenz eines Erdkerns (die Grenze Erdkern-Erdmantel in etwa 2 900km Tiefe heißt *Gutenberg-Wiechert-Diskontinuität; ↗Wiechert*) und klärte den Verlauf von Erdbebenwellen im Erdinnern, insbesondere die Ursache der sogenannten Schattenzone, in der keine seismischen Wellen auftreten; als *Gutenberg-Zone* wird die von ihm entdeckte Asthenosphäre (Zone des oberen Erdmantels unterhalb der Lithosphäre) bezeichnet.

**Gutenberg-Zone,** Zone erniedrigter seismischer Geschwindigkeit im obersten ↗Erdmantel. (↗Seismologie)

**Güteschalten,** *Q-Switching*, periodisches Verändern der Resonatorgüte $Q$ zur Verkürzung der Pulse bei ↗*Pulslasern* bei gleichzeitiger Erhöhung der Laserleistung während des Pulses. Das Prinzip des Güteschaltens wurde bereits kurz nach der Erfindung des Lasers vorgeschlagen (Hellwart, 1961).

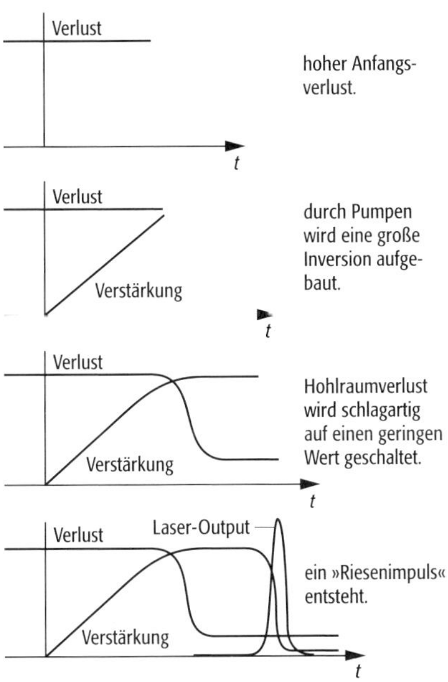


**Güteschalten**

Nimmt man einen Pumppuls von 100µs, durch den der Laser nach 1µs seine Schwelle überschreitet, dann wird der Laser ebenfalls einen Puls von etwa 100µs emittieren, der jedoch eine relativ kleine Leistung hat. Um nun die Laserleistung während des Pulses zu erhöhen, wird die Pulsdauer verkürzt, indem die ↗*Güte* des Resonators während des Pumppulses künstlich verschlechtert wird. So wird ein Anschwingen des Resonators unterdrückt. Erst bei der maximal möglichen Besetzungsinversion wird die Resonatorgüte wieder erhöht, wodurch der Laser sofort über die Schwelle gelangt und der Laserpuls sich aufbauen kann. Die gesamte Besetzungsinversion wird dann in einem kürzeren Puls höherer Leistung abgerufen (*Riesen-Puls-Laser*). Zum Schalten der Resonatorgüte eignen sich mechanische optische Schalter bei langsamen Schaltvorgängen, für schnellere Schaltvorgänge setzt man einen *elektrooptischen Schalter*, einen ↗*akustooptischen Modulator* oder einen ↗*sättigbaren Absorber* ein. Durch Güteschalten lassen sich Pulsdauern im Bereich von Nanosekunden und länger realisieren.

**Gütezahl,** Kennzahl für die Bildgüte eines optischen Systemes. Zur Bewertung sind im allgemeinen mehrere Gütezahlen notwendig.

**Guthnick,** *Paul*, deutscher Astronom, *12.1. 1879 Hitdorf (heute zu Leverkusen), †6.9.1947 Berlin; Professor in Berlin, 1921–46 Direktor der Sternwarte Berlin-Babelsberg; begründete im Zusammenhang mit der Untersuchung veränderlicher Sterne die photoelektrische Sternphotometrie und die photographische Himmelsüberwachung in Deutschland; konstruierte eines der ersten lichtelektrischen Photometer (↗*Sekundärelektronenvervielfacher*).

**Guthrie Medal and Prize** ↗Preise.

**Gutzwillers Spurformel,** ein semiklassischer Ausdruck für die Zustandsdichte in Quantensystemen, die klassisch chaotisch sind (↗*Quantenchaos*). In diesem Sinne liefert sie eine Quantisierungsvorschrift für chaotische Systeme, ähnlich wie die *Einstein-Brillouin-Keller-Quantisierung* (EBK- oder Torus-Quantisierung) für ↗*integrable Systeme*. Sie wurde von M.C. ↗*Gutzwiller* Ende der 60er Jahre entwickelt und beruht auf einer Darstellung der Zustandsdichte $\rho(E) \equiv \sum_i \delta(E-E_i) = \mathrm{Sp}\left[\delta(E-\hat{H})\right]$ eines Quantensystems mit ↗*Hamilton-Operator* $\hat{H}$ durch die ↗*periodischen Orbits* des entsprechenden klassischen Systems. Die Herleitung benutzt eine Darstellung der Spur über die Delta-Funktion

$$\mathrm{Tr}\left[\delta(E-\hat{H})\right] = -\frac{1}{\pi}\lim_{\varepsilon\to 0}\mathrm{Im}\frac{1}{\mathrm{i}\hbar}\int_0^\infty \mathrm{d}t\; \mathrm{e}^{\frac{\mathrm{i}}{\hbar}(E+\mathrm{i}\varepsilon)t}\int \mathrm{d}q\left\langle q\middle|\mathrm{e}^{-\frac{\mathrm{i}}{\hbar}\hat{H}t}\middle|q\right\rangle ,$$

wobei die Spurbildung im Ortsraum $\int \mathrm{d}q\ \langle q|\ldots|q\rangle$ und eine anschließende Sattelpunktsnäherung ($\hbar \to 0$) für den Propagator

$\left\langle q \middle| \exp(-\frac{\mathrm{i}}{\hbar}\hat{H}t) \middle| q \right\rangle$ bewirken, daß nur periodische Orbits beitragen.

Gutzwillers Arbeiten stellen somit einen frühen Beitrag zum quantenmechanischen Zweig der ↗*Periodische-Orbit-Theorie* dar. Die Spurformel lautet im Spezialfall eines stark chaotischen Systems mit zwei Freiheitsgraden (alle periodischen Orbits isoliert und instabil) $\rho(E) = \bar{\rho}(E) + \frac{1}{\mathrm{i}\hbar}\sum_{\text{p.O.}} \frac{T_0 \mathrm{e}^{\mathrm{i}(\frac{S(E)}{\hbar}+l\frac{\pi}{2})}}{2\sinh(\chi/2)}$, wobei die gemittelte Zustandsdichte $\bar{\rho}(E)$ abgespalten wurde und der zweite Teil oszillatorische Korrekturen $\rho_{\text{osz}}(E)$ darstellt. Die Summe geht über alle periodischen Orbits (inklusive wiederholter Durchgänge), $T_0$ ist die einfache Periodendauer des jeweiligen Orbits, $S(E) = \oint \boldsymbol{p}(E)\,\mathrm{d}\boldsymbol{q}$ die ↗*Wirkung* entlang des Orbits, $\chi$ sein Instabilitätsindex (d.h. $\mathrm{e}^{\chi}$ ist der maximale Eigenwert der linearisierten Stabilitätsmatrix des zugehörigen ↗*Fixpunktes* in der ↗*Poincaré-Abbildung*) und $l$ ist ein ganzzahliger Index, der mit der Torsion des jeweiligen Orbits zusammenhängt. Mit Hilfe der Spurformel konnten Aspekte der ↗*Zufallsmatrizen-Theorie* (↗*Gaußsche Ensembles*) für klassisch chaotische Quantensysteme hergeleitet werden. In praktischen Anwendungen der Formel erhält man typischerweise verbreiterte Spektrallinien (wie sie häufig im Experiment gemessen werden), da meist nicht alle periodischen Orbits eines klassisch chaotischen Systems bekannt sind. Es existieren verschiedene Varianten der Spurformel (Resummation der Terme) mit verbesserten Konvergenzeigenschaften.

**GWS-Modell** ↗Glashow-Weinberg-Salam-Modell.

**Gy,** Einheitenzeichen für die abgeleitete SI-Einheit ↗*Gray* der Energiedosis.

**Gyration, 1)** *Optik*: die optische Drehung der Polarisationsrichtung des Lichts (↗*Drehvermögen*);

**2)** *Elektrodynamik, Plasmaphysik*: Kreisbewegung geladener Teilchen in einem Magnetfeld. Ein Teilchen der Ladung $q$ und der Masse $m$, das sich mit der Geschwindigkeit $\boldsymbol{v}_\perp$ senkrecht zu einem Magnetfeld der Stärke $\boldsymbol{B}$ bewegt, unterliegt der ↗*Lorentz-Kraft* $\boldsymbol{F} = q\cdot\boldsymbol{v}_\perp\times\boldsymbol{B}$, die senkrecht zur Bewegungsrichtung und senkrecht zum Magnetfeld angreift. Dies führt zu einer Kreisbewegung um die Magnetfeldlinien mit der Frequenz $\nu_c = |q|B/(2\pi m)$ (↗*Zyklotronfrequenz*) und dem Radius $r_L = mv_\perp/(|q|B)$ (↗*Larmor-Radius*). Das kreisende Teilchen erzeugt wiederum ein Magnetfeld, das dem ursprünglichen entgegengerichtet ist. Auf diesem Effekt beruht der ↗*Diamagnetismus* von Plasmen. Überlagert man der Gyration eine gleichförmige Bewegung parallel zum Magnetfeld, die von $\boldsymbol{B}$ nicht beeinflußt wird, erhält man als allgemeine Bahnkurve eines geladenen Teilchens im homogenen Magnetfeld eine Schraubenlinie (*Helix*).

**Gyrationsfrequenz** ↗Zyklotronfrequenz.

**Gyrationsradius 1)** *Atomphysik, Plasmaphysik*: ↗Larmor-Radius.

**2)** in der ↗*Polymerphysik*, ↗*Clusterphysik* und ↗*Perkolationstheorie* verwendete Größe, die als Maß für die linare Ausdehnung eines Polymers oder Clusters dient. Seien $\boldsymbol{r}_i$ die Positionen von Massepunkten mit Masse $m_i$, so ergibt sich der Gyrationsradius $R_g$ als Wurzel des mittleren Abstands, d.h.

$$R_g^2 = \frac{1}{2M^2}\sum_{i,j} m_i m_j (\boldsymbol{r}_i - \boldsymbol{r}_j)^2 = \frac{1}{M}\sum_i m_i (\boldsymbol{r}_i - \boldsymbol{r}_c)^2 ,$$

wobei $\boldsymbol{r}_c = \frac{1}{M}\sum_i m_i\boldsymbol{r}_i$ den ↗*Schwerpunkt* des Systems bezeichnet und $M = \sum_i m_i$ die Gesamtmasse. Für zweidimensionale Systeme entspricht diese Definition dem Radius eines Ringes, auf dessen Rand die Masse $M$ homogen verteilt ist, und der dasselbe ↗*Trägheitsmoment* wie das beschriebene System besitzt. Der Gyrationsradius ist identisch mit dem *Inertionsradius* eines Moleküls. Dieser Begriff spielt bei der ↗*Ultrazentrifugierung* und bei der ↗*Röntgenkleinwinkelstreuung* von Biomakromolekülen eine Rolle.

**Gyrator,** eine Schaltung, die eine beliebige Impedanz in ihren reziproken Wert umwandelt. Sie findet in den ↗*aktiven Filtern* Anwendung. Speziell in der ↗*Hochfrequenztechnik* ein *Ferrit-Bauteil*, das je nach Laufrichtung um $\pi$ unterschliedliche Phasenverschiebungen bewirkt. Aus einem Gyrator und zwei *Mikrowellenbrücken* läßt sich ein ↗*Zirkulator* aufbauen, eine von der Fortpflanzungsrichtung abhängige Leitungsverzweigung.

**Gyre,** die ↗Drehachse der ↗Kristallsymmetrie.

**gyromagnetische Effekte,** *kreiselmagnetische Effekte*, Bezeichnung für Effekte, die sich aus der Wechselwirkung von Bahn- bzw. Eigendrehimpulsen (↗*Drehimpuls, quantenmechanischer*) und magnetischen Momenten von Elementarteilchen, Atomkernen oder Atomen ergeben. Wichtige gyromagnetische Effekte sind der ↗*Ferromagnetismus*, der Einstein-de-Haas-Effekt (↗*Einstein-de-Haas-Versuch*) oder der ↗*Barnett-Effekt*.

**gyromagnetischer Faktor** ↗g-Faktor. (↗gyromagnetisches Verhältnis)

**gyromagnetisches Verhältnis,** Formelzeichen $\gamma$, der Quotient aus dem magnetischen Moment $\mu$ und dem Gesamtdrehimpuls $J$ eines Teilchens (Elektron, Atom, Atomkern, Elementarteilchen); es ist für jede Teilchenart eine charakteristische Konstante. Da die Vektoren $\boldsymbol{\mu}$ und $\boldsymbol{J}$ im allgemeinen nicht parallel sind, definiert man $\gamma$ über die entsprechenden quantenmechanischen Mittelwerte zu $\gamma = g\mu/\varepsilon$ ($g$: ↗*g-Faktor*). Für Elektronen auf geschlossenen Bahnen wird für $\mu$ das ↗*Bohrsche Magneton* $\mu_B$ benutzt, für Atomkerne das ↗*Kernma-*

*gneton* $\mu_K$. Die SI-Einheit von $\gamma$ ist $A \cdot m^2/(J \cdot s) = m^2/(V \cdot s^2) = 1/(T \cdot s) = C/kg$, daneben ist auch MHz/T gebräuchlich. Für das Proton gilt: $\gamma_P = (26752{,}2128 \pm 0{,}0081) \cdot 10^4/(s \cdot T)$, $\gamma_P/(2\pi) = (42{,}577469 \pm 0{,}000013)$ MHz/T.
Aus Messungen von $\gamma$ kann geschlossen werden, ob die atomaren Momente einer magnetisierbaren Substanz von Bahnmomenten oder Spinmomenten herrühren.

**Gyroskop,** ein Gerät zur Untersuchung von Kreiselbewegungen unter dem Einfluß von äußeren Kräften. Meist handelt es sich dabei um einen symmetrischen ↗*Kreisel*, der in einer ↗*kardanischen Aufhängung* so gelagert ist, daß sich seine ↗*Figurenachse* frei bewegen kann, der Schwerpunkt aber fest bleibt. Einmal in Drehung versetzt, behält die Figurenachse dann ihre Richtung im Raum bei. Als erster konstruierte F.G. v. Bohnenberger 1817 einen Apparat nach diesem Prinzip, das *Bohnenbergersche Maschinchen*. Unabhängig davon entwickelte J.B.L. ↗*Foucault* 1852 ein ähnliches Gerät, mit dem er die ↗*Präzession* der Erde untersuchte.

**gyroskopisches Pendel,** *Foucaultsches Pendel, Kamerlingh-Onnes-Pendel,* ↗*Pendel* zum Nachweis der Erdrotation.

**Gyrotron** ↗Hochfrequenztechnik.